压缩机工程手册

郁永章　姜培正　孙嗣莹　主编

中国石化出版社

图书在版编目(CIP)数据

压缩机工程手册／郁永章，姜培正，孙嗣莹主编. —北京：中国石化出版社，2011.10(2023.2 重印)
ISBN 978-7-5114-1114-3

Ⅰ.①压… Ⅱ.①郁… ②姜… ③孙… Ⅲ.①压缩机-技术手册 Ⅳ.①TH45-62

中国版本图书馆 CIP 数据核字(2011)第 153636 号

中国石化出版社出版发行
地址:北京市东城区安定门外大街 58 号
邮编:100011　电话:(010)57512500
发行部电话:(010)57512575
http://www.sinopec-press.com
E-mail:press@sinopec.com
北京艾普海德印刷有限公司印刷
全国各地新华书店经销
*
787×1092 毫米 16 开本 67.5 印张 1715 千字
2023 年 2 月第 1 版第 3 次印刷
定价：298.00 元

前　言

从20世纪80年代开始，中国的经济建设突飞猛进。其中，在国计民生中得到广泛应用的压缩机，也在生产与科研等各个方面取得了长足的进步。现在我国已能生产满足国民经济各个部门需要的各种类型压缩机，并有不少产品远销国外。

在现代工业中，石油炼制、气体输送等行业广泛应用各种类型的压缩机，而以煤、石油、天然气为原料的化学工业更是与压缩机密不可分。由于企业的大型化发展，使压缩机处理的气量大为增加，由此使压缩机驱动功率高达数千千瓦，甚至数十兆瓦。

为适应市场的需要，满足广大运行工程技术人员、设计制造及研究人员的需求，应中国石化出版社之约，我们主编了这本《压缩机工程手册》。

手册中阐述的内容包括往复、回转、离心、轴流压缩机与风机；电动机、工业汽轮机、燃气轮机等驱动机械。此外，还包括测量、控制与自动化、气体净化、压缩机噪声源、降噪措施与噪声测量。

手册中未涉及日常生活用制冷、空调压缩机，但对工业中应用的制冷与热泵压缩机、机械真空设备等有所阐述。

在手册即将出版之际，我们向为手册提供宝贵资料的企业单位及个人致以深深的谢意。同时，也对编撰过程中引用的杂志及图书资料中的文献作者表示由衷的感谢。

基于手册内容广泛、篇幅较大，以及作者水平有限，手册中难免有欠妥之处，敬希读者批评指正。

主编　郁永章、姜培正、孙嗣莹

撰写人名单

章节目录	撰写人
第一篇	
1　气体种类与性质	郁永章
2　压缩机工况与应用选型	郁永章
3　零件材料、许用应力及强度计算	郁永章
第二篇	
4　往复压缩机热力性能与热力计算	孙嗣莹　任廷荣
5　往复压缩机动力性能分析与计算	孙嗣莹　任廷荣
6　往复压缩机结构与零部件	郁永章　李　云
7　往复压缩机辅助系统	孙嗣莹　郁永章
第三篇	
8　隔膜压缩机与液、气力驱动往复压缩机	李　云
9　螺杆压缩机	吴伟烽　冯全科　高秀峰
10　液环压缩机与罗茨鼓风机	高秀峰　郁永章
第四篇	
11　离心压缩机	姜培正
12　轴流压缩机	姜培正
13　通风机	姜培正
第五篇	
14　电动机与内燃机	郁永章
15　工业汽轮机	丰镇平
16　燃气轮机和烟气轮机	丰镇平
第六篇	
17　压缩机装置控制和自动化	郑学鹏　张早校
18　压缩机、通风机噪声及降噪措施	姜培正　郁永章
19　气体净化与净化设备	冯诗愚
附录一　部分常用图表与数据	郁永章
附录二　国内部分相关工厂、企业信息介绍	高秀峰

目　录

第一篇　基础知识

第二篇　往复压缩机

第三篇　特种往复压缩机与回转压缩机

第四篇　动力式压缩机

第五篇　压缩机驱动

第六篇 自动控制、防噪声与气体净化

第一篇 基础知识

1 气体种类与性质

1.1 气体的种类与计量

从事压缩机设计与研究，或选型与运行的人，都得与气体打交道。因此，对被处理气体，必须有基本的认识。

1.1.1 气体定义

（1）对单一气体的界定

ISO/FDIS 11622—2005 将单一气体界定为：

① 永久气体 临界温度 < -10℃，如 N_2、O_2、H_2、Ar 等双、单原子气体；

② 高压液化气体 临界温度 > -10 ~70℃，如 CO_2，SF_6、HCl 等；

③ 低压液化气体 临界温度 >70℃，如 NH_3、SO_2、H_2S 等。

（2）理想气体与实际气体

① 理想气体 指气体分子既不占有体积也没有质量。实际上，这种气体是不存在的。但在计算中将某些气体处理成理想气体可使问题的讨论简化。比如，对于一些单原子气体，如氩、氦，以及一些双原子气体，如氮、氧等，在常温下压力小于 10MPa 时当成理想气体来处理，误差仅 1% ~2%。即使是 CO_2、NH_3 等多原子气体压力在 3MPa 以下，也可当成理想气体来处理。

② 实际气体 气体分子实际具有体积，当直径为 Å($=10^{-10}$ m)数量级，并且彼此间具有相对复杂的作用力，它们主要有下列诸种：

范德华力 又称为分子间引力，主要包括静电力、诱导力和色散力三种力。静电力指分子的永久偶极矩间的相互作用；诱导力指被诱导的偶极矩和永久偶极矩间的相互作用；色散力指被诱导偶极矩之间的相互作用，它是存在于分子或原子之间的一种相互作用的吸引力，作用势能的能量级是 0.41868 ~4.1868J/mol。范德华力的作用范围是 3 ~5Å，即(3 ~5) $\times 10^{-10}$ m。范德华力中最主要的是色散力，但对于强极性分子，主要作用力是静电力。

氢键 有些化合物中，氢原子可以同时和两个电负性很大而原子半径很较小的原子(O、F、N 等)相结合，这种结合称为氢键。一般认为，H 和另外两个原子 X、Y 结合成 X - H…Y 时，其中 X - H 键基本上是共价键，而 H…Y 则是强力的有方向的范德华力。这种吸引作用一般在 41.86J/mol 以下，比化学键的键能小，但和范德华力数量级相同，所以常把氢键归入范德华力。但是，氢键有两个与一般范德华力不同的特点，即它的饱和性和方向性。氢键的饱和性表现在 X - H 只能和一个 Y 原子相结合，因为 H 原子很小，而 X、Y 原子都相当大，另一个 Y 原子接近时，受到的 X、Y 原子的推斥力大于 H 原子的吸引力；另一方面，

X－H的电偶极矩与Y的相互作用，只有当X－H…Y在同一直线上时才最强烈，这就是氢键具有方向性的原因。

相斥力　原子间和分子间不仅有相互吸引力，而且当其距离小时相互间有相斥力。相斥力的产生有两种情况：其一，当分子间相互接近至电子云相互渗透时，电子负电荷间有相斥作用，而且核电荷间也有相斥作用；其二，当分子间外层轨道中的电子发生交换时，自旋同向电子相互回避，产生相斥力。

偏心力　不规则形状的非极性分子间的相互作用，不仅应考虑分子中心的相互作用，而且应该考虑分子各部分间的相互作用。不规则形状的分子之间的相互作用力是分子各部分相互作用力之和。偏心因子 ω（表征分子的偏心性或非球形分子偏离球对称的程度）就反映了非中心部分相互作用的影响。偏心因子这一物性常数的值一般在0～0.7之间。

③ 极性气体、非极性气体和量子气体

根据分子间相互作用力性质的不同，还可以把实际气体区分为极性气体、非极性气体和量子气体。

极性气体　指由极性分子（所带正负电荷的中心不重合的分子）组成的气体。极性气体分子有永久偶极矩，相互作用力除色散力和诱导力外，强极性气体的静电力较大。氢键作用气体也可称极性气体的一种形式。水蒸气、氨和某些氟利昂气体都是极性气体。

非极性气体　指由非极性分子（所带正负电荷的中心重合的分子）组成的气体。非极性气体分子没有偶极矩，相互作用力主要是色散力，即瞬时的诱导偶极矩之间的作用力，如惰性气体Ar、Kr、Xe等。

量子气体　指相对分子质量很小的轻气体，如Ne、H_2、He、D_2（重氢）等。在低温时，这些气体分子可能占据的能量级数很小，因此能量变化时呈离散型而不是连续型，即低温时平动模型必须量子化，有显著的量子效应。

1.1.2　气体的温度与压力

（1）气体温度

气体温度是气体分子热运动的一种表现形式，它可以进行具体计量。

① 摄氏温度　在标准压力 $p_0 = 101.3\text{kPa}$ 下，以水的三相点温度（习称冰点），定义为零度，水的沸点定义为100度，其间为100个等分刻度，单位为℃，用英文字母 t 表示摄氏温度。

② 热力学温度　以物质分子完全停止运动时为绝对零度，单位为K。以水的三相点定义为273.15K，并以 T_0 表示，刻度与摄氏温度相同，以英文字母 T 表示热力学温度。0K相当于－273.15℃，因此

$$t = T - T_0 \text{ 或 } T = T_0 + t \tag{1-1}$$

式中，$T_0 = 273.15\text{K}$ 或可近似地用 $T_0 = 273\text{K}$。

（2）气体压力

① 定义　气体压力也称压强，是气体分子热运动作用在壁面上的力。气体压力在SI单位制中，定义为每平方米壁面上作用1牛顿力为1帕斯卡（Pascal），简称帕，代号为Pa，也即 $1\text{Pa} = 1\text{N/m}^2$。根据所计量压力的高低，压力单位还可用表1－1中各种代号。此外，还定义 $10^5\text{Pa} = 1\text{bar}$（巴），在英语国家常用bar为单位。

表 1－1　压力单位符号

量级	帕	百帕	千帕	兆帕	吉帕	毫帕	微帕
	$1Pa=1N/m^2$	10^2Pa	10^3Pa	10^6Pa	10^9Pa	$10^{-3}Pa$	$10^{-6}Pa$
代号	Pa	hPa	kPa	MPa	GPa	mPa	μPa

② 大气压力　地球表面的空气作用于地表的力，其值与海拔高度及温度有关，表 1－2 所列为大气压力与海拔高度等的一般关系数值。此外，人们定义北纬 45°、海平面（海拔为 0m）、温度为 15℃时的大气压力为 760mmHg 柱为 1 物理大气压，也即 1 标准大气压，因为 760mmHg＝101.33kPa，故在化工等计算中，均把 101.33kPa 作为 1 标准大气压力。

表 1－2　不同海拔高度时的大气状态（US，1962）

海拔高度/m	大气压力/（$\times10^5$Pa）	大气温度/℃	大气密度/（kg/m^3）
－200	1.038	16.3	1.249
－100	1.025	15.7	1.237
0	1.013	15.0	1.225
100	1.001	14.4	1.213
200	0.989	13.7	1.202
300	0.977	13.1	1.190
400	0.966	12.4	1.179
500	0.955	11.8	1.167
600	0.943	11.1	1.156
800	0.921	9.8	1.134
1000	0.899	8.5	1.112
1200	0.877	7.2	1.090
1400	0.856	5.9	1.069
1600	0.835	4.6	1.048
1800	0.815	3.3	1.027
2000	0.795	2.0	1.007
2200	0.775	0.7	0.986
2400	0.756	－0.6	0.967
2600	0.738	－1.9	0.947
2800	0.719	－3.2	0.928
3000	0.701	－4.5	0.909
3200	0.684	－5.8	0.891
3400	0.666	－7.1	0.872
3600	0.649	－8.4	0.854
3800	0.633	－9.7	0.837
4000	0.617	－11.0	0.819
4500	0.577	－14.2	0.777
5000	0.540	－17.5	0.736
5500	0.505	－20.7	0.697
6000	0.472	－24.0	0.660
6500	0.441	－27.2	0.624
7000	0.411	－30.5	0.590
7500	0.383	－33.7	0.557
8000	0.357	－36.9	0.526

③ 表压力与绝对压力　用压力表测得的压力称为表压力。它是容器中的压力与当地大气压力之差。大气压力由气压计测量。

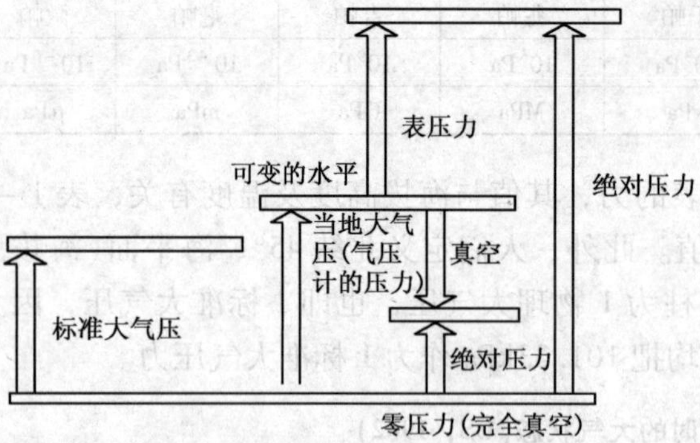

图 1－1　各种压力及真空的关系

容器中的绝对压力为表压力与当地大气压力之和。在本手册中，凡压力单位后不加说明的，均指绝对压力。

④ 真空　指容器中或系统中的一种气体压力状态，它低于周围环境的大气压力，用真空计测量。真空如用绝对压力表示，即环境大气压力减去真空计压力读数，单位为 Pa。图 1－1 中示出了各种压力及真空的关系。

1.1.3　气体的度量

(1) 摩尔(mole)

气体的物质量以摩尔计算，代号为 mol。定义单位物质的量(1mol)在 1 标准大气压，293K(20℃)时，任何气体有 6.023×10^{23} 个分子，其具有的质量叫做摩尔质量，如 H_2O 的摩尔质量为 18g/mol。每一种气体 1 摩尔有一定的体积量。一些气体在标准状态下的摩尔体积可见表 1－3，在临界状态时摩尔体积值见表 1－4。

表 1－3　一些气体标准状态下的摩尔体积值　(L/mol)

气体名称	摩尔体积	气体名称	摩尔体积
空气	22.414	甲烷	22.36
氮	22.40	乙烷	22.16
氧	22.39	丙烷	22.00
氦 He^3	22.42	正丁烷	21.50
氦 He^4	22.63	异丁烷	21.78
氖	23.16	正戊烷	20.87
一氧化碳	22.4	乙烯	22.257
二氧化碳	22.26	丙稀	21.990
水蒸气	22.45	丁烯	21.607
硫化氢	22.14	乙炔	22.223
二氧化硫	21.89	氢化锗(GeH_4)	*24.147
氨	22.08		

*温度为 21.1℃。

表 1－4　一些气体临界状态下的摩尔体积值　(cm^3/mol)

气体名称	摩尔体积	气体名称	摩尔体积
氮	90.1	一氧化碳	57.7
氩	74.59	硅烷(SiH_4)	132.7
氟	66.2	六氟化硫(SF_6)	79.17

（2）气体密度与比体积

① 密度　指单位体积气体的质量，符号为ρ，单位为g/cm^3或kg/m^3。

② 比体积　指单位质量气体所占有的体积，符号为υ，单位为cm^3/g或m^3/kg。

因此，两者的关系为$\rho = 1/\upsilon$或$\upsilon = 1/\rho$。

1.1.4 气体状态与状态参数 p 与 T

（1）状态参数

气体会因受热而温度上升，体积膨胀，因冷却而温度降低，体积缩小；并且气体会因受到压缩而体积缩小，而降低压力则体积膨胀而增大。因此，ρ与υ并非定值，它与气体所处的状态，即气体所处的温度T和压力p有关。由此人们称p和T为气体的状态参数。因此，还有必要确定一个标准状态。

（2）标准状态（Standard Condition）与参考状态（Normal Condition）

国际标准化组织（ISO 504—1984）规定：气体标准状态的温度$T_0 = 273.15K$，压力$p_0 = 101.325kPa$。

ISO与1991年TC 193文件公布部分国家还用参考状态，其压力与标准状态相同，而温度则有所差别。欧洲大陆国家，如德国、法国、意大利、奥地利、丹麦、荷兰、比利时等，此外还有日本，参考状态温度均与标准状态相同为0℃。英语国家，如美国、英国、加拿大、澳大利亚均为15℃，但爱尔兰为1℃；俄罗斯为0℃或20℃。

中国标准GB 1314—1977及GB 17820—1999规定参考状态温度为20℃。

1.1.5 气体相变

（1）临界温度与临界压力

气体是能转变成液体的，在化学工业中把气体所处的状态称为气相，液体状态为液相，故气体变为液体便称为相变。气体的相变取决于气体所处的温度和压力。

当气体被冷却，其温度不断降低时便可能液化。气体刚开始液化时的温度便称为“临界温度”，以T_c表示；与这一温度相应的气体压力称为“临界压力”，以p_c表示。临界温度是气体液化的最高温度，气体温度高于临界温度永远不会液化，成为永久气体；若气体温度低于临界温度则均能液化，其相应的压力也低于临界压力。

（2）单组分气体相变曲线图

可以用状态参数作为坐标来表示相变的情况。图1－2是$p-\upsilon-T$三维坐标来全面表示单一气体的相变情况。图中HCK曲线称为相界曲线，相界曲线内HI线以上称为气液两相区，T_c为临界温度，相应的临界压力为p_c。关于气、液、固相的情况可直接从图中看出，其中H点为气、液、固三相点。

图1－3为纯组分相变在$p-T$图上的表示，其中$H-D$为固液分界线，$H-C$为气液分界线，相界曲线范围内$b-d$相重合。

（3）饱和蒸气压与饱和蒸气温度

在相界曲线内气体呈饱和状态。曲线右边CI称为露点线，气体进入该线便开始凝露（液）；曲线左边的CH称为泡点线，液体进入该线便开始发泡汽化。在相界曲线内某一状态的压力与温度都是恒定的，整个液化或汽化的过程是靠外界的冷却或加热来实现。

气体在标准状态压力（$p = 101.325kPa$）下的饱和蒸气温度称为该气体的饱和蒸气温度，用符号T_b表示。

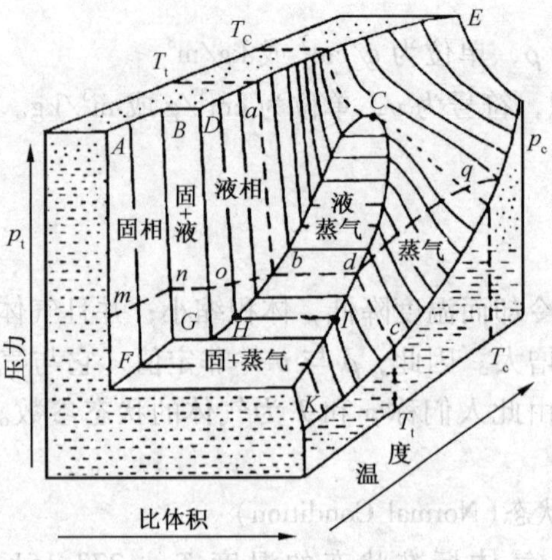

图 1-2　纯组分的 $p-v-T$ 图

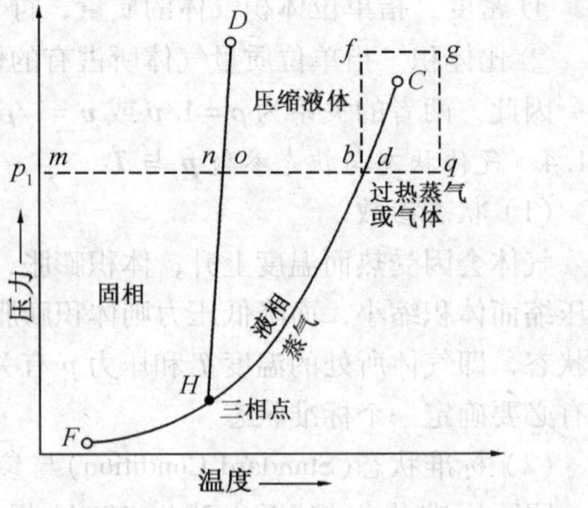

图 1-3　纯组分的 $p-T$ 图

(4) 两组分及多组分体系相变

图 1-4 为组成一定的两组分体系的 $p-T$ 图。图中，由泡点线、临界点和露点线构成的相包络线以及所包围的相包络区位置，取决于体系组成和各组分的蒸气压线。图 1-4 与图 1-3 之间的区别在于两组分体系的露点线与泡点线并不重合但却交汇于临界点，因而在相包络区内还有表示不同气、液含量或汽化百分数的等汽化率线（图 1-4 中仅表示了 90% 汽化率线）。此外，两组分体系在高于临界温度 T_c 时仍可能有饱和液体存在，直至最高温度点 M 为止。T_M 是相包络区内气、液能够平衡共存的最高温度，称为临界冷凝温度。同样，在高于临界压力 p_c 时仍有可能有饱和蒸气存在，直至最高压力点 N 为止。p_N 是相包络区内气、液能够平衡共存的最高压力，称为临界冷凝压力。T_M 和 p_N 的大小和位置取决于体系中的组分和含量。

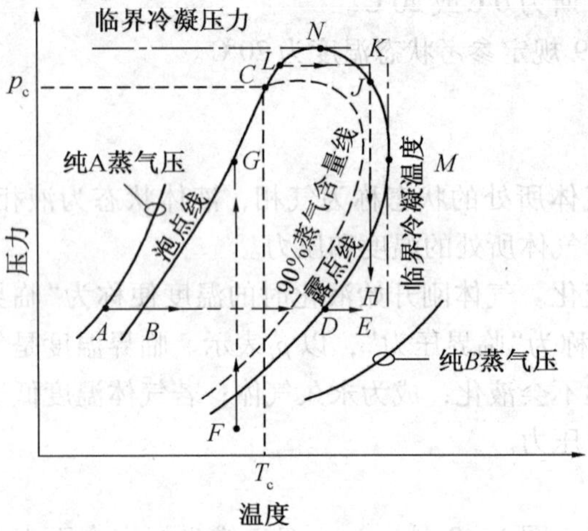

图 1-4　两组分体系相变 $p-T$ 图

正是由于两组分体系的临界点 C、临界冷凝温度点 M 和临界冷凝压力点 N 并不重合，因而在临界点附近的相包络区内会出现反凝析（倒退冷凝、反常冷凝）现象，即在等压下升高温度时可以析出液体（见 LK 线），而在等温下降低压力时会使蒸气冷凝（见 JH 线）。对于纯组分，这是完全不可能的。

1.2　气体的状态方程

1.2.1　理想气体状态方程

$$pv = RT \text{ 或 } pV = mRT \tag{1-2}$$

$$PV = NR_m T \tag{1-3}$$

式中：R 为气体常数，各种气体常数不同，见附录一表 A-1，对于各种气体它是一定值；v 为比体积，m^3/kg；m 为气体质量，kg；N 为物质的量，$N=m/M$，其中 M 为相对分子质量；

R_m 为通用气体常数，$R_m = MR$，对任何气体 $R_m \approx 8310\text{J/(kmol·K)}$。

实际气体要计及分子体积与分子间作用力的影响，可用以下两种方法对理想气体状态方程进行修正：

（1）压缩因子法

将气体状态方程表示为

$$pv = ZRT \tag{1-4}$$

式中，Z 为修正系数，称为压缩因子，也称压缩性系数，其值由实验确定，或由对比态原理求得。

令：$p_r = p/p_c$，$v_r = v/v_c$，$T_r = T/T_c$，并 $Z_c = p_c v_c/(RT_c)$

对比态方程中也只两个参数独立，故方程中(1-4)Z 可表示为 $Z = f(p_r, T_r, Z_c)$。

Lyderson-Greenkonn-Hougen 分析了常用的 82 种物质的 Z_c 值（在附录 A-3 中列有一些气体的 Z_c 值），根据 Z_c 值的不同而把物质分为四个热相似组：

$Z_c = 0.23$	水
平均 $Z_c = 0.25\ (0.24 < Z_c < 0.26)$	氨
平均 $Z_c = 0.27\ (0.26 < Z_c < 0.28)$	80% 烃类
平均 $Z_c = 0.29\ (0.28 < Z_c < 0.30)$	O_2、N_2、CO、CH_4、C_2H_6、Ar、H_2S

对每组物质仍应用二参数对比态原理计算，构造了以 p_r、T_r、Z_c 三个参数来确定物质的压缩因子的表，简称 LGH 表，可参阅参考文献[7]及附录 B-1。

压缩系数 Z 的简捷估算可查图 1-5 的列线图。

除了氦、氢、蒸气、氨气体外，据称准确度可达 1%。

（2）实际气体状态方程对容积与压力进行修正

① 范德华方程

$$p = \frac{RT}{v-b} - \frac{a}{v^2} \tag{1-5}$$

式中，a、b 是物理常数，其值可根据临界参数（p_c，T_c）求取。

$$\left.\begin{aligned} a &= \frac{27}{64}\frac{(RT_c)^2}{p_c} \\ b &= \frac{RT_c}{8p_c} \end{aligned}\right\} \tag{1-6}$$

范德华方程是实际气体状态方程最基本的形式，后来又在此基础上导出了许多更精确的修正形式。

② RKS（Redlich-Kwong-Soave）方程

$$p = \frac{RT}{v-b} - \frac{a(T)}{v(v+b)} \tag{1-7}$$

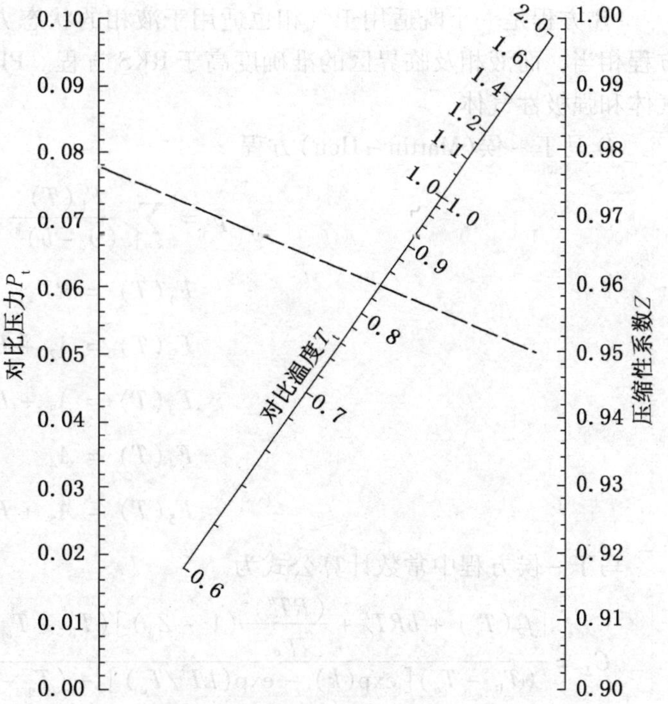

图 1-5 气体的通用压缩系数（摘自《Petroleum Refiner》Vol. 37, No. 11, Houston Gulf 出版公司，1961 年）

其中

$$
\left.\begin{aligned}
a &= a_c \cdot \alpha = \frac{\Omega_a (RT_c)^2}{p_c}\alpha \\
b &= \frac{\Omega_b RT_c}{p_c} \\
\alpha^{0.5} &= 1 + m(1 - T_r^{0.5}) \\
m &= f(\omega) = 0.480 + 1.574\omega - 0.176\omega^2
\end{aligned}\right\} \tag{1-8}
$$

式中：$\Omega_a = [9 \times (2^{1/3} - 1)]^{-1} \approx 0.42748$；$\Omega_b = (2^{1/3} - 1)/3 \approx 0.08664$；$\omega$ 为偏心因子（见附录 A-3）。

RKS 方程能较准确地反映温度的影响，改进了计算气液相平衡时的准确度。RKS 方程不适用于量子气体及强极性气体。

③ PR（Peng-Robbinson）方程

$$
p = \frac{RT}{v - b} - \frac{a(T)}{v(v + b) + b(v - b)} \tag{1-9}
$$

$$
\left.\begin{aligned}
a(T) &= a(T_c) \cdot a(T_r, \omega) \\
b &= 0.0778RT_c/p_c \\
a(T_c) &= 0.45727R^2T_c/p_c \\
[\alpha(T_r, \omega)]^{0.5} &= 1 + k'(1 - T_r^{0.5}) \\
k' &= 0.37464 + 1.54226\omega - 0.26992\omega^2
\end{aligned}\right\} \tag{1-10}
$$

PR 方程是一个既适用于气相也适用于液相的状态方程。计算气相容积的准确度与 RKS 方程相当，而液相及临界区的准确度高于 RKS 方程。PR 方程与 RKS 方程同样不适用于量子气体和强极性气体。

④ 马丁－侯（Martin－Hou）方程

$$
p = \sum_{k=1}^{5} \frac{F_k(T)}{(v - b)^k} \tag{1-11}
$$

$$
\left.\begin{aligned}
F_1(T) &= RT \\
F_2(T) &= A_2 + B_2T + C_2\exp(-kT/T_c) \\
F_3(T) &= A_3 + B_3T + C_3\exp(-kT/T_c) \\
F_4(T) &= A_4 \\
F_5(T) &= A_5 + B_5T + C_5\exp(kT/T_c)
\end{aligned}\right\} \tag{1-12}
$$

马丁－侯方程中常数计算公式为

$$
C_2 = \frac{\left[f_2(T_c) + bRT' + \frac{(RT'')^2}{p_c}(1 - Z_c)\right](T_B - T_c) + [f_2(T_c) + bRT_B](T_c - T')}{(T_B - T_c)[\exp(k) - \exp(kT'/T_c)] - (T_c - T')[\exp(kT_B/T_c) - \exp(k)]}
$$

$$
B_2 = \frac{-f_2(T_c) - bRT_B - C_2[\exp(kT_B/T_c) - \exp(k)]}{T_B - T_c}
$$

$$A_2 = f_2(T_c) - B_2 T_c - C_2 \exp(k)$$

$$A_4 = f_4(T_c)$$

$$C_3 = C_2 \frac{(v_c - b)^3 - [(v_c/n) - b)]^3}{[(v_c/n) - b)]^2 - (v_c - b)^2}$$

$$B_3 = \frac{m(v_c - b)^5 - my[(v_c/n) - b)]^5}{(v_c - b)^2 - [(v_c/n) - b)]^2} - B_2 \frac{(v_c - b)^3 + [(v_c/n) - b)]^3}{(v_c - b)^2 - [(v_c/n) - b)]^2}$$

$$- R\{(v_c - b)^2 - [(v_c/n) - b)]^2\}$$

$$A_3 = f_3(T_c) - B_3 T_c - C_3 \exp(k)$$

$$C_5 = -C_2(v_c - b)^3 - C_3(v_c - b)^2$$

$$B_5 = m(v_c - b)^5 - R(v_c - b)^4 - B_2(v_c - b)^3 - B_3(v_c - b)^2$$

$$A_5 = f_5(T_c) - B_5 T_c - C_5 \exp(k)$$

$$b = v_c - \frac{\beta v_c}{15 Z_c}$$

$$f_2(T)_c = 9p_c(v_c - b)^2 - 3.8RT_c(v_c - b)$$

$$f_3(T)_c = 5.4RT_c(v_c - b)^2 - 17p_c(v_c - b)^3$$

$$f_4(T)_c = 12p_c(v_c - b)^4 - 3.4RT_c(v_c - b)^3$$

$$f_5(T)_c = 0.8RT_c(v_c - b)^4 - 3p_c(v_c - b)^5$$

马丁－侯方程常数的计算步骤如下：

选定准确的临界参数 p_c(atm)、v_c(cm^3/mol)、T_c(K)，算出临界压缩因子 $Z_c = p_c v_c/(RT_c)$；

计算波意尔温度 $T_B = 30 + 2.42T_c - 5.67 \times 10^{-4} T_c^2$；

计算马丁－侯方程的特征温度 $T' = (0.9869 - 0.6751Z_c)T_c$；

计算参数 $\beta = -31.883Z_c^2 + 20.533Z_c$；

根据任一蒸气压数据计算 $p_r = p_s/p_c$，$1/T_r = T_c/T_s$，由图 1－6 读出 M，并计算 $m =$

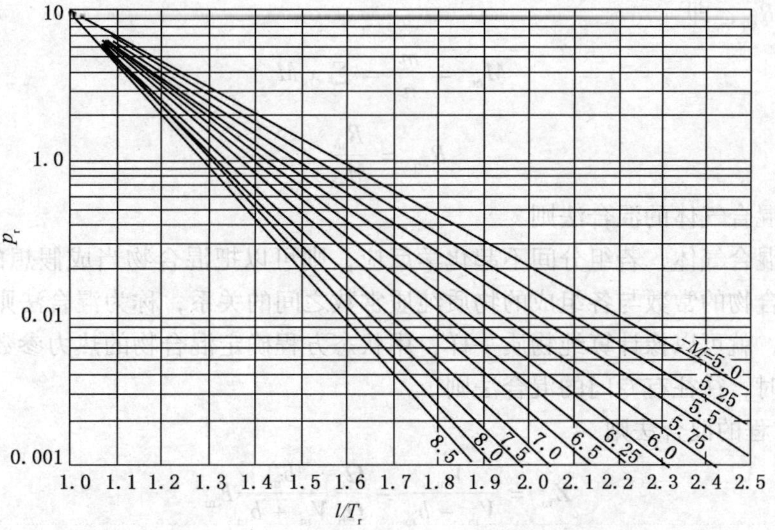

图 1－6　按 p_r、T_r 确定马丁－侯方程 M 值

$-Mp_c/T_c$；按马丁－侯方程常数确定方法的次序依次算出马丁－侯方程中的所有常数，此时需要实验数据先拟合出 n，y，k。若无实验数据，可取 $k=-5$，$n=1.8$，$y=3$。

马丁－侯方程可用于烃类、各种制冷剂、极性和非极性气体。气相体积计算的误差一般在1%以下。与同类方程相比，马丁－侯方程的常数只需要临界参数以及一个饱和蒸气压数据就能确定，而不需要 p，v，T 的实验数据。但马丁－侯方程在液相区准确度较差，不过对压缩机而言无关紧要。

1.2.3 混合气体状态方程

（1）混合物的成分表示法

① 质量分数 w_i　混合物中第 i 组分的质量 m_i 与混合物总质量 m 之比，即

$$w_i = \frac{m_i}{m} \tag{1-13}$$

$$\sum w_i = 1 \tag{1-14}$$

② 摩尔分数 x_i　混合物中第 i 组分的物质的量 n_i 与混合物总物质的量 n 之比，即

$$x_i = \frac{n_i}{n} \tag{1-15}$$

$$\sum x_i = 1 \tag{1-16}$$

对于理想气体

$$x_i = \frac{n_i}{n} = \frac{p_i}{p} \tag{1-17}$$

③ 体积分数 φ_i 混合物中第 i 组分的分体积 V_i 与混合物总体积 V 之比，即

$$\varphi_i = \frac{V_i}{V} \tag{1-18}$$

$$\sum \varphi_i = 1 \tag{1-19}$$

对于理想气体

$$\varphi_i = \frac{V_i}{V} = \frac{p}{p} = x_i \tag{1-20}$$

（2）理想混合气体的状态方程

理想气体混合物遵循理想气体状态方程，但必须确定混合物的折算相对分子质量 M_{eq} 和折算气体常数 R_{eq}，即

$$M_{eq} = \frac{m}{n} = \sum x_i M_i \tag{1-21}$$

$$R_{eq} = \frac{R_m}{M_{eq}} \tag{1-22}$$

（3）实际混合气体的混合法则

对于实际混合气体，若组分间不起化学反应，则可以把混合物当成假想的纯质来处理。状态方程中混合物的常数与各组成的物质纯质常数之间的关系，称为混合法则。一旦混合物的常数确定了，就可以像计算纯物质一样，用状态方程确定混合物的热力参数。各种状态方程用于混合物时，往往有专门的混合法则。

① RKS 方程的混合法则

$$Z_m = \frac{V_m}{V_m - b_m} - \frac{\Omega_a}{\Omega_b}\frac{b_m}{V_m + b_m}F_m \tag{1-23}$$

其中，

$$b_m = \sum_j b_j$$

$$b_j = \frac{\Omega_b R_m T_{cj}}{p_{cj}}$$

$$F_m = \frac{\sum_i \sum_j x_i x_j (1 - k_{ij}) [T_{ci} T_{cj} / (p_{ci} p_{cj})^{F_i F_j}]^{1/2}}{\sum_j x_j T_{cj} / p_{cj}}$$

$$F_i = \frac{1}{T_n} [1 + (0.480 + 1.574\omega_i - 0.176\omega_i^2)(1 - T_n^{0.5})]^2$$

式中，k_{ij}值是与 i，j 分子相互作用有关的常数，称为二元交互作用参数，对烃－烃相互作用近似为零。

一些混合物的值 k_{ij}见表 1－5。

表 1－5　一些混合物的 k_{ij} 值

物　　质	二氧化碳	硫化氢	氮	一氧化碳
甲烷	0.12	0.08	0.08	—
乙烯	0.15	0.07	0.04	—
乙烷	0.15	0.07	0.06	—
丙烯	0.08	0.07	0.06	—
丙烷	0.15	0.07	0.08	—
异丁烷	0.15	0.06	0.08	—
正丁烷	0.15	0.06	0.08	—
异戊烷	0.15	0.06	0.08	—
正戊烷	0.15	0.06	0.08	—
正己烷	0.15	0.05	0.08	—
正庚烷	0.15	0.04	0.08	—
正辛烷	0.15	0.04	0.08	—
正壬烷	0.15	0.03	0.08	—
正癸烷	0.15	0.03	0.08	—
二氧化碳	—	0.12	—	-0.04
环己烷	0.15	0.03	0.08	—
甲基环己烷	0.15	0.03	0.08	—

② PR 方程的混合法则

$$\left.\begin{aligned} a &= \sum_i \sum_j x_i x_j a_{ij} \\ b &= \sum_j x_i b_i \\ a_{ij} &= (1 - k_{ij}) \sqrt{a_i b_j} \end{aligned}\right\} \qquad (1-24)$$

式中，二元交互作用参数 k_{ij}值一般需要由二元相平衡实验数据确定。

（4）实际混合物对比态法　混合物的性质也可以用对比态来计算，此时的关键在于确定混合物的假临界常数 T_{cm}和 p_{cm}，然后把混合物看成有着“和”的假想物质，采用纯质的通用图表及方程。

① Key 法则

$$\left.\begin{aligned} T_{cm} &= \sum_i x_i T_{ci} \\ p_{cm} &= \sum_i x_i p_{ci} \end{aligned}\right\} \tag{1-25}$$

当 $0.5 < \frac{T_{ci}}{T_{cj}} < 2$，$0.5 < \frac{p_{ci}}{p_{cj}} < 2$ 时，Key 法则有较好的准确性。

② MPG 法则　若混合气体中二组元的临界压力相差较大，为了提高精度，可采用 MPG (Modified Prausnitze-Gunn) 法则。

$$\left.\begin{aligned} T_{cm} &= \sum_i x_i T_{ci} \\ p_{cm} &= \frac{R_m\left(\sum_i x_i \varphi_{ci}\right) T_{cm}}{\sum_i x_i v_{ci}} \end{aligned}\right\} \tag{1-26}$$

若采用三参数对比态原理，混合物的偏心因子可近似用下式计算为

$$\omega_m = \sum_i x_i \omega_i \tag{1-27}$$

1.3 其他热物理性质

1.3.1 黏度

黏度分为动力黏度与运动黏度。动力黏度定义为流体中任一点上单位面积的切应力与速度梯度的比值，用 μ 表示，单位是 Pa · s。

动力黏度与密度的比值为运动黏度，用 ν 表示，单位为 m^2/s。

$$\nu = \frac{\mu}{\rho} \tag{1-28}$$

(1) 空气黏度

$$\mu(T) = \sum_{N=0}^{6} X(N) T^N \tag{1-29}$$

当 $250K \leqslant T < 600K$ 时

$$X(0) = -9.8601 \times 10^{-1}$$

$$X(1) = -9.080125 \times 10^{-2}$$

$$X(2) = -1.17635575 \times 10^{-4}$$

$$X(3) = 1.2349703 \times 10^{-7}$$

$$X(4) = -5.7971299 \times 10^{-11}$$

$$X(5) = 0.0$$

$$X(6) = 0.0$$

当 $600K \leqslant T < 1050K$ 时

$$X(0)=4.8856745$$
$$X(1)=5.43232\times10^{-2}$$
$$X(2)=-2.4261775\times10^{-5}$$
$$X(3)=7.9306\times10^{-9}$$
$$X(4)=-1.10398\times10^{-12}$$
$$X(5)=0.0$$
$$X(6)=0.0$$

(2) 非极性纯质气体黏度

低压下非极性纯质气体黏度可用半理论关联式 Chapman – Enskog 法计算，该式误差通常在1% ~3%。

$$\mu = 2.669(MT)0.5/(\sigma^2\Omega_V) \tag{1-30}$$

式中 Ω_V 为碰撞积分，可用下式计算为

$$\Omega_V = A/(T^{*B}) + C/[\exp(DT^*)] + E/[\exp(FT^*)] \tag{1-31}$$

式中：$T^*=kT/\varepsilon$，各系数为 $A=1.16145$；$B=0.14874$；$C=0.52487$；$D=0.77320$；$E=2.16178$；$F=2.43787$；k 为波耳兹曼常数。

ε/k 和 σ 可用下式估算为

$$\varepsilon/(kT_c) = 0.7915 + 0.1693\omega \tag{1-32}$$

$$\sigma\ (p_c/T_c)^{1/3} = 2.3655 - 0.08778\omega \tag{1-33}$$

压力对非极性气体黏度的影响，可用通用关联式 Jossi – Stiel – Thodos 法预测，即

$$[10(\mu-\mu_0)\xi+1]0.25 = 1.0230 + 0.23364\rho_r + 0.58533\rho_r^2 - 0.40758\rho_r^3 + 0.093324\rho_r^4 \tag{1-34}$$

$$\xi = 1.00881T_c^{1/6}/(M^{1/2}p_c^{2/3}) \tag{1-35}$$

式中：μ 为高压气体的黏度；μ_0 为低压气体的黏度；$\rho_r=\rho/\rho_c$ 为对比密度。

式(1 –34)的适用范围为 $0.1<\rho_r<3$。

(3) 极性纯质气体黏度

低压下极性纯质气体黏度仍可用式(1 –30)计算，但式中的碰撞积分由下式计算为

$$\Omega_{Vp} = \Omega_{VNp} + 0.2\delta^2/T^* \tag{1-36}$$

$$\delta = 104\mu_p/(2\varepsilon\sigma^2) \tag{1-37}$$

式中：Ω_{Vp}为极性气体的碰撞积分；Ω_{VNp}为非极性气体的碰撞积分，仍由式(1 –31)计算；μ_p为偶极矩，见附录 A 中表 A –3。

压力对极性气体黏度的影响可用下列关联式预测为

$$\left.\begin{array}{ll}(\mu-\mu_0)\xi = 0.1656\rho_r^{1.111} & \rho_r \leqslant 0.1\\ (\mu-\mu_0)\xi = 0.00607(9.045\rho_r+0.63)^{1.739} & 0.1<\rho_r\leqslant 0.9\\ \lg\{3-\lg[(\mu-\mu_0)\xi]\} = 0.6439-0.1005\rho_r-\Delta & 0.9\leqslant\rho_r<2.6\end{array}\right\} \tag{1-38}$$

式中：ξ 用式(1 –35)计算。

$$\Delta = \begin{cases}0 & 0.9\leqslant\rho_r\leqslant2.2\\ 4.75\times10^{-4}(\rho_r-10.65)^2 & 2.2<\rho_r<2.6\end{cases} \tag{1-39}$$

(4)混合气体的黏度 低压混合气体的黏度可用 Wilke 法计算。

$$\mu_m = \sum_{i=1}^{n} \frac{x_i \mu_i}{\sum_{j=1}^{n} x_j \phi_{ij}}$$

$$\phi_{ij} = \frac{[1 + (\mu_i/\mu_j)^{1/2} (M_j/M_i)^{1/4}]^2}{[8(1 + M_i/M_j)]^{1/2}} \quad (1-40)$$

$$\phi_{ij} = \frac{[1 + (\mu_i/\mu_j)^{1/2} (M_j/M_i)^{1/4}]^2}{[8(1 + M_i/M_j)]^{1/2}} \quad (1-41)$$

式中：x_i 或 x_j 为组分 i 或 j 的摩尔分数；μ_i 为纯组分 i 的黏度；φ_{ij}为结合因子；M_i，M_j 为组分 i，j 的相对分子质量。

通过广泛验算，该方法的平均误差为 2.9%。

压力对非极性混合气体的影响可用 Dean-Stiel 法预测为

$$(\mu_m - \mu_{m0})\xi_m - 0.108[\exp(1.439\rho_m) - \exp(-1.111\rho_{rm}^{1.858})] \quad (1-42)$$

其中，

$$\rho_{rm} = \rho_m/\rho_{cm}$$

$$\rho_{cm} = 1/V_{mcm} = 1/(\sum_i x_i V_{mci})$$

式中：μ_m 为高压混合气体黏度；μ_{m0}为低压混合气体黏度，由式(1－40)计算；ρ_{rm}为虚拟混合物对比密度；ρ_m 为混合物密度；V_{mci}为组分 i 的临界摩尔体积。

1.3.2 热导率

热导率 λ 标志着物质导热的能力，单位为 W/(m · K)，它与物质种类及温度等有关。

(1) 单原子气体

$$\lambda = \frac{0.0833\ (T/M)^{1/2}}{\sigma^2 \Omega_V} \quad (1-43)$$

式中：T 为热力学温度；M 为相对分子质量；σ 为分子的特征尺寸，Å，见式(1－33)；Ω_V 为碰撞积分，见式(1－31)。

(2)多原子气体

Eucken 修正式(1－44)和 Stiel-Thodos 推算式(1－45)可适用于低压气体热导率的计算。

$$\lambda M/\mu = 10^3(1.32C_{V,m} + 14.7) \quad (1-44)$$

$$\lambda M/\mu = 10^3(1.15C_{V,m} + 16.9) \quad (1-45)$$

式中：μ 为动力黏度，Pa · s；$C_{V,m}$为理想气体状态下的摩尔定容比热容，J/(mol · K)。

计算表明，除极性气体外，μ 的实验数据介于式(1－44)和式(1－45)之间。此外，可由附录 B 中图 B－5直接查出常压下某温度时气体的热导率。

(3) 温度对低压气体热导率的影响

若已知气体在0℃时的热导率 λ_0，则该气体在其他温度下的热导率为

$$\lambda = \lambda_0\ (T/273.15)^n \quad (1-46)$$

式中：T 为热力学温度，K；n 见表 1－6。

表 1-6　一些气体的 n 值

气体	n	适用范围/℃	气体	n	适用范围/℃
He	0.73	0~500	CO_2	1.23	0~1000
Ar	0.80	0~500	CH_4	1.33	0~600
N_2	0.80	0~1000	C_2H_6	1.67	0~600
H_2	0.78	0~1000	C_3H_8	1.77	0~600
空气	0.82	0~1000	C_5H_{12}	1.85	0~600
O_2	0.87	0~1000	NH_3	1.53	0~1000

(4) 压力对气体热导率的影响

虽然在低压和中压下，压力对气体热导率的影响较小，但高压下气体热导率是随压力增加而增加的。下面介绍几种高压下热导率的预测方法：

① Stiel-Thods 法　此法用于计算低压和高压时热导率之差。关联式为

$$(\lambda-\lambda_0)\Gamma Z_c^5=\begin{cases}1.22\times10^{-2}[\exp(0.535\rho_r)-1] & \rho_r\leqslant0.5\\1.14\times10^{-2}[\exp(0.67\rho_r)-1.069] & 0.5\leqslant\rho_r\leqslant2.0\\2.60\times10^{-3}[\exp(1.155\rho_r)+2.016] & 2.0\leqslant\rho_r\leqslant2.8\end{cases}\tag{1-47}$$

$$\Gamma=210T_c^{1/6}M^{1/2}/p_c^{2/3}\tag{1-48}$$

式中：λ 为高压热导率；λ_0 低压热导率；Z_c 为临界压缩因子；T_c 为临界温度；p_c 为临界压力，10^5Pa。

Stiel-Thods 法不适用于极性物质和氢、氦等气体，对其他物质的计算误差大约在 10% ~ 20%之间。

② 对比热导率法　对比热导率 $\lambda_r=\lambda_0/\lambda_c$ 是对比温度 T_r 和对比压力 p_r 的函数，可以由附录 B 的图 B-5、图 B-6 查得。临界状态下的热导率 λ_c 可按下式计算为

$$\lambda_c=\lambda_0\left(\frac{273+S}{T_c+S}\right)(T_c/273)^{3/2}/0.385\tag{1-49}$$

$$S=1.5T_b\tag{1-50}$$

式中：λ_0 为常压下 0℃时的热导率；T_c 为临界温度，K；T_b 为正常沸点，K。

③ 压力校正法　先求低压下的热导率 λ_0，然后根据对比温度和对比压力从附录 B 中图 B-6 查出比值 λ/λ_0，则可求得高压下的热导率。

(5) 气体混合物的热导率

气体混合物的热导率可按下式计算为

$$\lambda_m=\sum_{i=1}^{n}\frac{\lambda_i}{1+\sum\limits_{\substack{j=1\\j\neq i}}^{n}G_{ij}^{*}x_j/x_i}\tag{1-51}$$

式中：λ_m 为气体混合物的热导率；λ_i 为组分 i 的热导率；x_i 为组分 i 的摩尔分数。

$$G_{ij}^{*}=\varepsilon_{ij}\frac{1}{4}\left(\frac{M_{ij}}{M_j}\right)^{-1/2}\left\{1+\left[\left(\frac{\mu_i}{\mu_j}\right)\left(\frac{M_j}{M_i}\right)^{1/2}\frac{1+S_i}{1+S_j/T}\right]^{1/2}\right\}^{2}\frac{1+S_{ij}}{1+S_i/T}\tag{1-52}$$

$$
\left.\begin{aligned}
\varepsilon_{ij} &= \varepsilon_{ji} = (M_{ij}/\overline{M})^{1/4} \\
M_{ij} &= (M_i + M_j)/2 \\
\overline{M}_{ij} &= \sqrt{M_i M_j}
\end{aligned}\right\} \tag{1-53}
$$

$S_i = 1.5T_{bi}$（T_{bi}为组分 i 的正常沸点），对氦、氖、氢、氚，$S_i = 79$。

$S_{ij} = S_{ji} = C_s(S_iS_j)^{1/2}$。对一般问题，$C_s = 1$；对含强极性气体（如氨、水蒸气等）的体系，取 $C_s = 0.733$。

式(1-51)对气体混合物的 200 个数据点计算的结果为：平均误差 2.1%；最大误差为 10%。

温度对气体混合物热导率的影响，可用 Ulybin 提出的经验式关联为

$$
\lambda_m(T_2) = \lambda_m(T_1)\sum_{i=1}^{n} x_i \frac{\lambda_i(T_2)}{\lambda_i(T_1)} \tag{1-54}
$$

即已知各纯组分 i 在 T_1、T_2 下的热导率 $\lambda_i(T_1)$、$\lambda_i(T_2)$，以及 T_1 温度下混合气体的热导率 $\lambda_m(T_1)$，就可以用式(1-54)计算 T_2 温度下混合气体的热导率 $\lambda_m(T_2)$。此式对轻气体混合物尤其适用。

压力对气体混合物热导率的影响，可以使用假临界参数用式(1-47)计算。

1.3.3 溶解度

本手册中的溶解度，只考虑气体在水和油中的溶解度。常见气体在水中的溶解度见附录 A 中表 A-4。

无机气体在石油产品中的溶解度可用下式计算为

$$
\begin{aligned}
G &= \left(\frac{BM}{0.0224}\right)\left\{\rho_0\left[1 - 0.000595\left(\frac{T - 288.6}{\rho_0^{1.21}}\right)\right]\right\}^{-1} \\
B &= 273pW'/T
\end{aligned} \tag{1-55}
$$

式中：G 为气体在液体中的溶解度（质量分数）(10^{-6})；M 为气体相对分子质量；T 为系统温度，K；ρ_0 为在 15.5℃时液体的密度，g/cm^3；B 为 Bensen 系数；p 为系统总压；W' 为校正的 Ostwald 系数，它考虑液体密度对溶解度的影响。

$$
W' = 7.70W(0.980 - \rho) \tag{1-56}
$$

式中：W 是液体密度为 $0.85g/cm^3$ 时，在系统温度下的 Ostwald 系数，它与液体密度为 $0.85g/cm^3$、温度为 0℃时的 Ostwald 系数 W_0 的关系为

$$
W = 0.300\exp\left[0.639\left(\frac{700 - T}{T}\right)\ln(3.333W_0)\right] \tag{1-57}
$$

表 1-7 为一些气体的 W_0 值。

表 1-7 0℃时 Ostwald 系数 W_0

He	Ne	H_2	N_2	空气	CO	O_2	Ar	CO_2	Kr	Xe	NH_3
0.010	0.021	0.039	0.075	0.095	0.10	0.15	0.23	1.0	1.3	2.0	2.3

上述计算是假定石油液体的蒸气压小于总压的 10%，在蒸气压高于此值时，需要用下式进行校正，即

$$
G' = [(p - p_V)/p]G \tag{1-58}
$$

式中 p_V 为液体蒸气压。

式(1－55)的应用范围：①克劳修斯－克拉佩龙方程、亨利(Henry)定律和理想气体定律适用的情况；②石油液体密度0.63～0.90g/mL(15.5℃时)，相当于相对密度指数93～25(15.5℃)；温度－45～150℃。

式(1－55)也可用附录B中图B－8采用图解法求解。步骤如下：①根据15.5℃时的液体密度和系统温度，在栅格坐标中确定一点；②通过第一标尺 p_1 上的给定组分点与密度－温度栅格点，作直线与参考线 R_1 相交；②通过参考线 R_1 的交点与第二标尺 p_2 上的给定组分点，做直线与参考线 R_2 相交；③通过参考线 R_2 的交点与压力标尺上的点，做直线与溶解度标尺的交点即为所求溶解度值。

氟利昂制冷剂与矿物油的混溶程度可用下式判断为

$$G = \frac{n_1}{n_1 + n_2 + n_3/4 + 2n_4} \qquad (1-59)$$

式中，n_1、n_2、n_3、n_4 分别为氟原子数、氯原子数、氢原子数和溴原子数。

当 $G \leqslant 1/2$ 时为无限混溶，$1/2 \leqslant G \leqslant 2/3$ 时为部分混溶；$G > 2/3$ 时为难溶。可见，氟利昂在油中的溶解程度是随氯原子数和溴原子数的减少而减少的。

1.4 理想气体状态改变——过程、热量与外功

1.4.1 比热容

(1) 定义

单位气体温度改变1K(或1℃)所加入或放出的热量称为比热容。因有三种气体度量单位(质量、摩尔及体积)，相应也应有三种比热容值。并且气体又可分容积固定时与压力固定时改变温度两种情况，相应称为定容比热容与定压比热容，它们的符号见表1－8。

表1－8 比热容的种类

名　　称	比热容	摩尔比热容	容积比热容
单位	J/(kg·K)	J/(mol·K)	$J/(m^3 \cdot K)$
定压比热容	c_p	$c_{p,m}$	c'_p
定容比热容	c_V	$c_{V,m}$	c'_V

按迈耶(Mayer)公式，两种比热容间存在如下关系，即

$$c_p - c_V = R \text{ 或 } c_{p,m} - c_{V,m} = R_m \qquad (1-60)$$

式中：R，R_m 为气体常数或通用气体常数。

(2) 比热容计算

比热容本身不是一个定值，即使理想气体也随温度而变，即 $c = f(t)$。因此，实际计算中只能使用平均值，首先是应用相关表格中提供的 $0 \sim t_1$℃与 $0 \sim t_2$℃的平均值，然后再求 $t_1 \to t_2$ 的平均值，即

$$c\Big|_{t_1}^{t_2} = \frac{c\Big|_0^{t_2} t_2 - c\Big|_0^{t_1} t_1}{t_2 - t_1} \qquad (1-61)$$

附录A－3有许多气体定压摩尔比热容随温度变化的计算式。附录B－2、B－3为各对比态温度及不同压力下定压摩尔比热容的差值 Δc_{pm}。

1.4.2 状态改变过程中的能量守恒

(1) 能量守恒方程

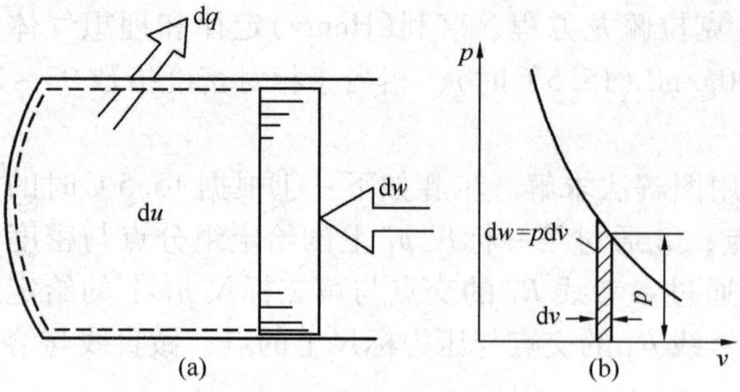

图 1－7　气缸中气体能量守恒关系

（a）能量关系；（b）外功计算

如图 1－7 所示，在一个气缸中气体状态的改变（压缩或膨胀），应满足方程（1－62）的关系，即

$$dq = du + dw \tag{1-62}$$

也即如果压缩气体，则推动活塞施加外功（也称技术功）dw，气体内能 du 增加，与气缸中传出的热量 dq，三者成一定关系。若为气体膨胀则对外做功、内能减少，并可能吸收热量。

（2）内能（也称热力学能）

气体内能即气体分子动能，主要取决于气体温度。内能可表示为温度的关系式，即 $du = c_V dT$，或对于一个特定温度时，其内能 $U = c_V T$。

（3）外功（技术功）

状态改变中对气体所作之功为

$$dw = p d\upsilon \tag{1-63}$$

其值与状态改变过程中有否热量传入或传出的热交换有关。

① 关于绝热过程指数 k　绝热过程中 $dq = 0$，则式（1－62）变为 $c_V dT + p dV = 0$，计及状态方程（1－2）的微分式及迈耶公式，该式可整理得

$$\frac{c_p}{c_V}\frac{d\upsilon}{\upsilon} + \frac{dp}{p} = 0 \tag{1-64}$$

令 $c_p / c_V = k$，称为比热容比。

由积分式（1－64）可得 $k\ln\upsilon + \ln p = C$，其中 C 为积分常数，由此可得绝热过程方程为

$$p\upsilon^k = \text{定值，或当 } m\text{kg 气体时，} pV^k = \text{定值} \tag{1-65}$$

式中 k 特称为绝热过程指数，这就是理想气体绝热过程指数，即比热容比的由来。既然理想气体比热容是温度的函数，那么理想气体的绝热过程指数 k 当然也为温度的函数，一些气体的 k 值与温度的关系可见图 1－18。

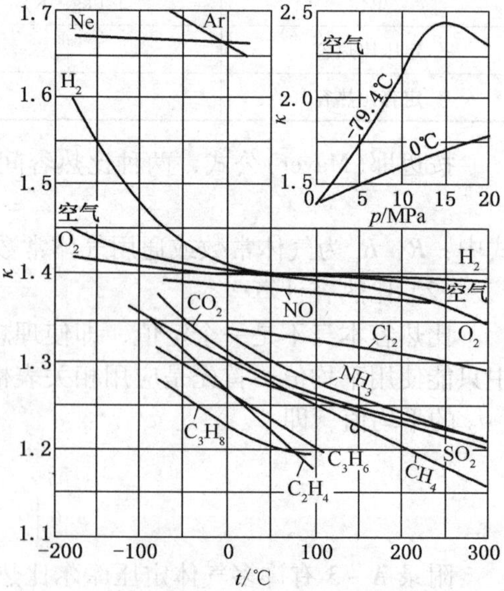

图 1－8　101.3kPa 下一些气体的绝热过程指数与温度的关系及空气绝热过程指数与压力温度的关系

② 绝热过程中的压缩功

若单位气体从压力 p_1 绝热压缩至 p_2，该过程所需的外功为

$$\left.\begin{aligned}
w_{ad} &= \int_{p_1}^{p_2} p d\upsilon = p_1\upsilon_1 \frac{1}{k-1}\left[\left(\frac{p_2}{p_1}\right)^{\frac{k-1}{k}} - 1\right] \\
\text{若为 } m\text{kg 气体 } W_{ad} &= p_1 V_1 \frac{1}{k-1}\left[\left(\frac{p_2}{p_1}\right)^{\frac{k-1}{k}} - 1\right] \\
\text{计及状态方程 } W_{ad} &= mRT_1 \frac{1}{k-1}\left[\left(\frac{p_2}{p_1}\right)^{\frac{k-1}{k}} - 1\right]
\end{aligned}\right\} \tag{1-66}$$

③ 多变过程（也称多方过程）指数与压缩功

状态改变过程中有热交换，即 $dq = c_n dT$，且 c_n 为定值，可得

$$\frac{c_n - c_p}{c_n - c_v}\frac{dv}{v} + \frac{dp}{p} = 0 \tag{1-67}$$

令 $n = \frac{c_n - c_p}{c_n - c_v}$，称为多变指数，并积分上式可得

$$pv^n = 定值,或\ pV^n = 定值 \tag{1-68}$$

相应的压缩功形式与式(1-66)相同，仅将指数 k 换成 n 即可。

④ 各种过程中初、终状态、功量、热量交换关系，见表1-9。

表1-9　各过程中状态参数、单位气体功量及热交换关系

过程	过程方程式	初、终状态参数间的关系	功量(以压缩功为正值)		热量交换
			压缩过程功，w	压缩循环指示功，w_i^*	
等温	$pv=$定值	$T_2=T_1$；$\frac{p_2}{p_1}=\frac{v_1}{v_2}$	$p_1v_1\ln\frac{v_2}{v_1}$	w	w
可逆绝热	$pv^k=$定值	$\frac{p_2}{p_1}=\left(\frac{v_1}{v_2}\right)^k$ $\frac{T_2}{T_1}=\left(\frac{v_1}{v_2}\right)^{k-1}$ $\frac{T_2}{T_1}=\left(\frac{p_2}{p_1}\right)^{\frac{k-1}{k}}$	$\frac{p_1v_1}{k-1}\left[\left(\frac{p_2}{p_1}\right)^{\frac{k-1}{k}}-1\right]$； $\frac{R}{k-1}(T_2-T_1)$； $\frac{RT_1}{k-1}\left[\left(\frac{p_2}{p_1}\right)^{\frac{k-1}{k}}-1\right]$	kw	0
多变	$pv^n=$定值	$\frac{p_2}{p_1}=\left(\frac{v_1}{v_2}\right)^n$ $\frac{T_2}{T_1}=\left(\frac{v_1}{v_2}\right)^{n-1}$ $\frac{T_2}{T_1}=\left(\frac{p_2}{p_1}\right)^{\frac{n-1}{n}}$	$\frac{p_1v_1}{n-1}\left[\left(\frac{p_2}{p_1}\right)^{\frac{n-1}{n}}-1\right]$； $\frac{R}{n-1}(T_2-T_1)$； $\frac{RT_1}{n-1}\left[\left(\frac{p_2}{p_1}\right)^{\frac{n-1}{n}}-1\right]$	nw	$c_n(T_2-T_1)$ $=\frac{n-k}{n\ \ 1}c_V(T_2-T_1)$

* w_i 在以后各种压缩机叙述中还会详细讨论。

(4) 焓

气体的焓也是一种能量的表示形式，用 h 来表示，定义：$dh = c_p dT$，对于一个特定状态下的焓值，即为 $h = c_p T$。计及迈耶公式与状态方程可得

$$h = u + RT\ 或\ h = u + pv \tag{1-69}$$

(5) 熵

表示一个过程中热量增加或减少的情况，用 S 表示。对理想气体的等温可逆膨胀或压缩过程，熵的增量 ΔS 可按下式计算为

$$\Delta S = Q/T \tag{1-70}$$

式中：Q 为体系在过程中吸收或放出的热量；T 为体系的温度。

在变温可逆条件下，若初始温度为 T_1，终结温度为 T_2，则非等温过程熵值增量为

$$dS = dQ/T \tag{1-71}$$

$$\Delta S = \int_{T_1}^{T_2} dS = \int_{T_1}^{T_2} dQ/T \tag{1-72}$$

由式(1-71)可知，当工质在任何可逆过程中吸热时，工质的熵增大；反之，工质在可逆过程中放热时，工质的熵减小；若该工质在可逆过程是绝热的，则为等熵过程。可逆绝热与等熵是相互等价的，但绝热过程却未必等熵，需保证过程是可逆的这一先决条件。

1.5 实际气体状态改变

1.5.1 实际气体比热容

理想气体比热容仅与温度有关，实际气体比热容与温度、压力有关。实际气体比热容一般先求取定压比热容

$$c_p = c_{p0} + \Delta c_p$$

式中：c_{p0}为理想气体定压比热容，其中压力趋近于零，温度为0℃时的定压比热容，见附录表3；Δc_p 为考虑到实际气体压力和温度后的修正项，由实验获得。图1-9所示为按对比态两参数(p_r、T_r)作成的 Δc_p 曲线。

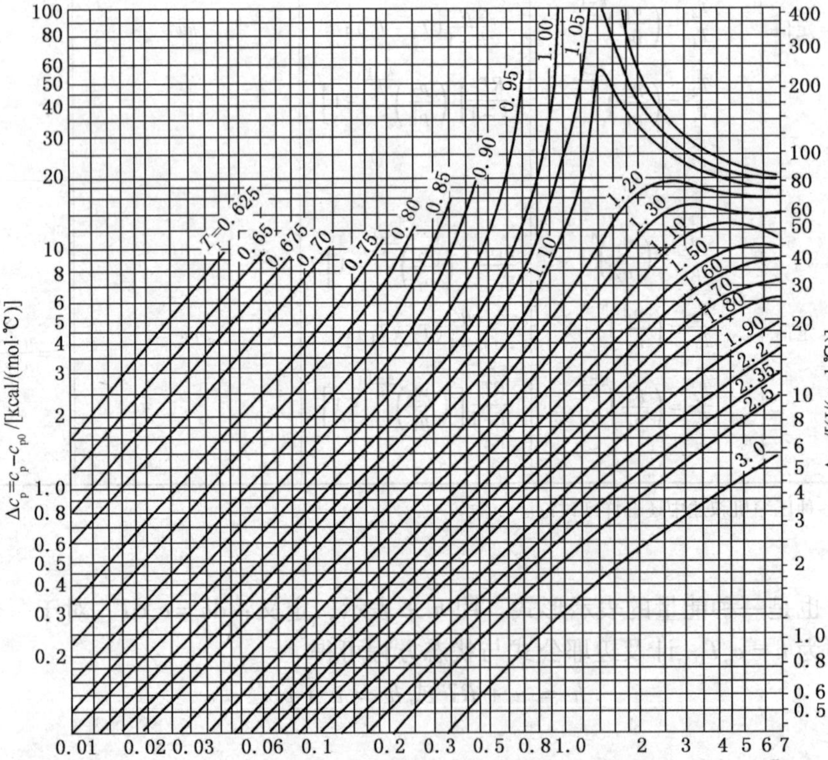

图1-9 按 p_r、T_r 确定 Δc_p

要求取 c_V 之值，先按对比态参数 p_r、T_r 由图1-10曲线求取 Δc，则 $c_V = c_p - \Delta c$。

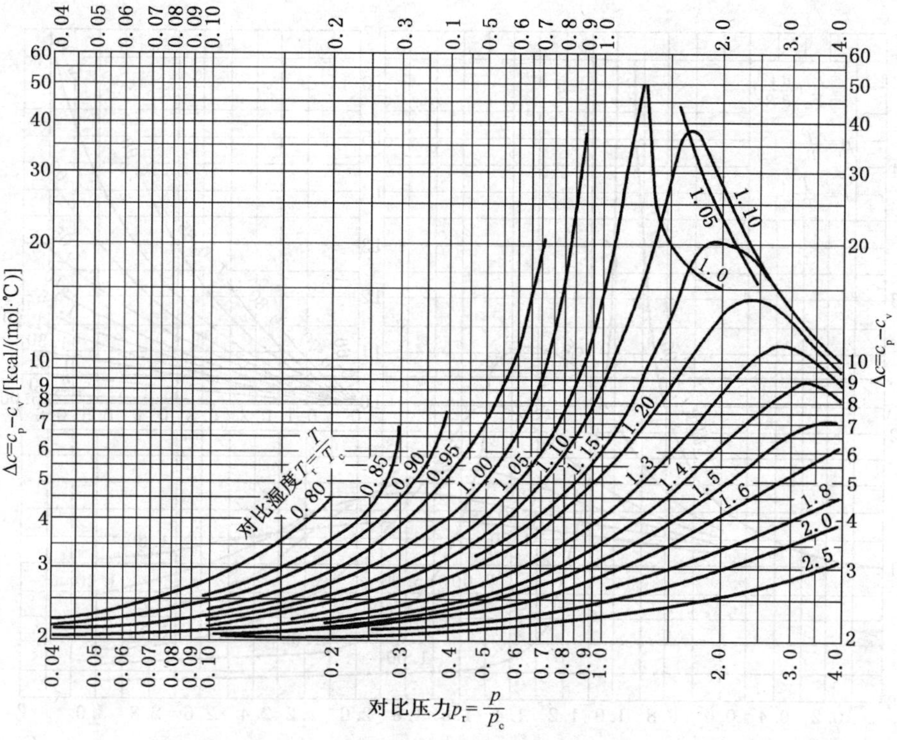

图1－10　按p_r、T_r确定Δc

实际气体(c_p/c_V)与绝热过程之间无特定的关系。

1.5.2　绝热过程的容积过程指数k_V与温度过程指数k_T

(1) 容积过程指数k_V

其值随压力变化很大，以氮为例：当$t=25$℃时，其k_V值可见表1－10。

表1－10　氮的k_V值($t=25$℃)

p/MPa	0.1	30	60	80	100
k_V	1.41	2.39	3.30	3.80	3.90

在工程上各种气体的k_V值可用下式求取，即

$$k_V = k/Y \tag{1-73}$$

式中：k为理想气体绝热过程指数，其值也是温度的函数，一些气体的k值见图1－8；Y由图1－11对比态参数求得。

(2) 温度绝热指数k_T

其值符合下式关系

$$\frac{k_T - 1}{k_T} = \frac{ZR}{C_p}(1 + X) \tag{1-74}$$

式中X之值可按由图1－12对比态参数求得。

温度绝热指数受压力与温度影响较小，一些气体的k_T与压力和温度的关系见表1－11。

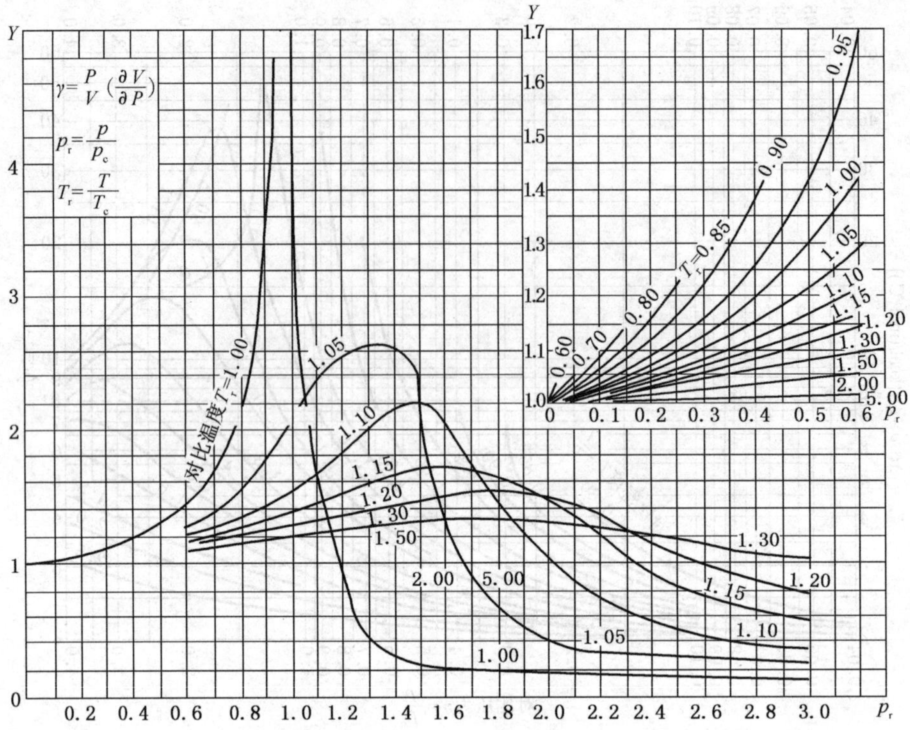

图 1－11　*Y* 之值

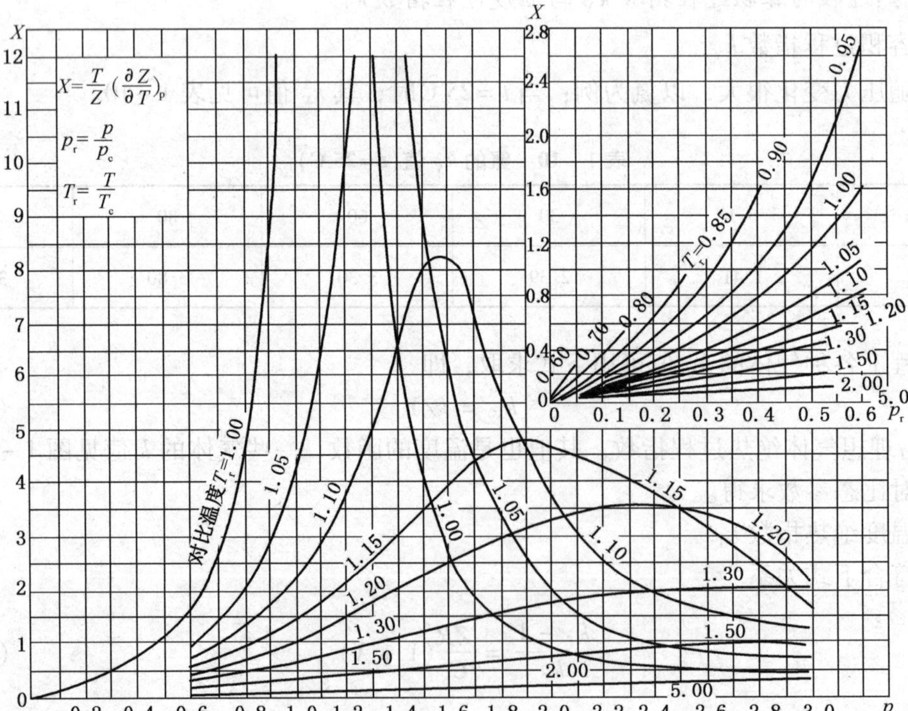

图 1－12　*X* 之值

表 1－11　几种气体的温度绝热指数 k_T

气体名称	温度/℃	p/MPa 0.1	10	20	30	60	80	100
氮	20	1.410	1.416	1.400	1.379	1.345	1.340	1.346
	100	1.406	1.419	1.426	1.419	1.377	1.372	1.373
	200	1.400	1.409	1.409	1.408	1.387	1.380	1.374
氢	25	1.404	1.407	1.408	1.407	1.402	1.394	1.390
	100	1.398	1.399	1.400	1.401	1.396	1.393	1.388
	200	1.396	1.397	1.398	1.399	1.396	1.394	1.392
二氧化碳	25	1.400	1.433	1.414	1.394	1.349	1.344	1.341
	100	1.400	1.422	1.424	1.422	1.395	1.390	1.390
	200	1.399	1.407	1.415	1.422	1.408	1.403	1.398
甲烷	25	1.32	1.36	1.28	1.24	1.22	1.21	1.21
	100	1.27	1.30	1.30	1.28	1.25	1.23	1.22
	200	1.23	1.26	1.25	1.25	1.24	1.24	1.23
氨	150	1.271	1.335	1.086	1.073	1.079	1.083	1.094
	300	1.234	1.252	1.286	1.286	1.216	1.187	1.179
氮氢混合气 (N_2+3H_2)	25	1.405	1.407	1.406	1.404	1.397	1.393	1.395
	100	1.399	1.397	1.402	1.403	1.400	1.396	1.395
	200	1.398	1.400	1.402	1.407	1.403	1.398	1.395

因此，工程上利用温度绝热指数来计算绝热过程中的状态参数比较方便，如式(1－74)所示，k_T 取两压力和温度间平均值。

$$\frac{T_2}{T_1}=\left(\frac{p_2}{p_1}\right)^{\frac{k_T-1}{k_T}};\quad \frac{V_2}{V_1}=\frac{Z_2}{Z_1}\left(\frac{p_1}{p_2}\right)^{\frac{1}{k_T}} \tag{1-75}$$

在大多数压缩机工作的气体参数范围内，用 k 取代 k_T 的误差也在5%范围内。

1.5.3　热力性质图表的应用

人们已经将许多气体制成热力性质图表供工程上应用，尤其是具有焓值的图表。可以方便地证明，压缩机将气体从状态1(p_1，T_1)绝热压缩至状态2(p_2，T_2)的一个循环所消耗的功，可由焓的定义式(1－69)微分得 $dh=du+pdv+vdp$，再由式(1－62)和式(1－63)，并在绝热过程中 $dq=0$ 可得 $dh=vdp$，积分后可得绝热压缩1kg气体的循环功 $w_{ad}=h_2-h_1$；若为 $m$kg气体，则 $W_{ad}=m(h_2-h_1)$。因此，在焓－熵($h-S$)图上或压－焓($\lg p-h$)图上，如图1－13所示，只要从状态点1作一垂直线到状态点2，其焓差值便是所求单位质量气体压缩机的循环功。

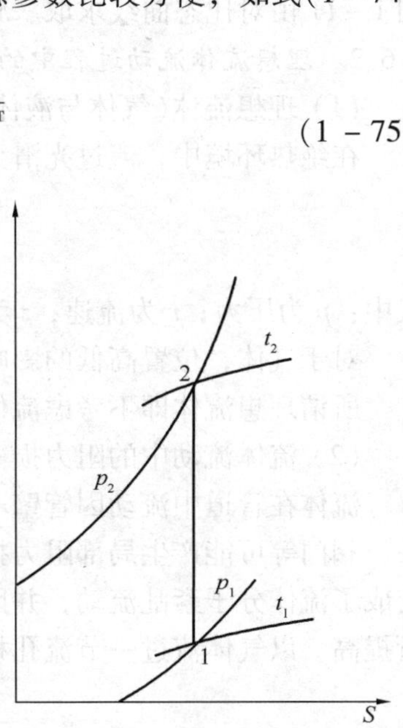

图1－13　由热力参数图求循环功示意图

若为多变过程，则需先求得状态点 2 的位置点，其间焓差便是单位质量气体压缩机的循环功。

因此，如超高压乙烯压缩机用 $h-S$ 图求取压缩功，在乙烯、丙烯等制冷压缩机中用 $p-h$图求取压缩机循环功较方便。

1.6 气体的流动性质

1.6.1 雷诺数(Reynolds)与马赫数(Mach)

（1）雷诺数 Re

它是决定流体(包括液体与气体)状态是层流还是紊流的一个准则数。

$$Re = \frac{ud}{\nu} \tag{1-76}$$

式中：u 为气体在决定截面或称特征截面上的流速；d 为管道内径，当非圆形时用当量直径，称为特征尺寸；ν 为气体运动黏度，一些气值 ν 值可从附录图 B-7 查得，或由式(1-29)及式(1-30)求取。

Re 是气体惯性力与黏滞力的比值，它决定流体流动状态—层流或紊流；同时 Re 决定流体摩擦阻力系数 $\lambda = f(Re, r/k)$，其中 r/k 为管壁相对粗糙度。

实验表明：当 Re 增大初始时 λ 急剧下降，随后下降平缓，再后来 λ 不再随着 Re 变化，仅为 r/k 的函数，这个 Re 数称为临界雷诺数 Re_{cr}，此后流体处于紊流状态。

压缩机中涉及气体的流动，几乎都为紊流。

（2）马赫数 Ma

它是气体流速 v 与当地音速 a 之比值，即 $Ma = v/a$。气体中声波传递的速度与气体性质、状态等有关。对于理想气体，$a = \sqrt{kRT}$；对于实际气体，$a = \sqrt{kRTZ/Y}$，其中 Y 可按图 1-11 由对比态曲线求取。$Ma < 1$ 为亚音速流动；$Ma > 1$ 为超音速流动。

1.6.2 理想流体流动过程中的能量守恒

（1）理想流体(气体与液体)

在绝热环境中，流过光滑无摩擦损失、不同截面与不同高度时，应符合如下关系

$$p + \frac{\rho v^2}{2} + \rho g z = 常数 \tag{1-77}$$

式中：p 为压力；v 为流速；z 为位置，即高低；ρ 为气体密度。

对于气体，位置高低的影响可以忽略不计，则 $p + \rho v^2/2$ 为常数。

所谓理想流体即不考虑流体的黏性。当流速小于 0.3Ma 时，都可作为理想流体来考虑。

（2）流体流动中的阻力损失

流体在管道中流动因管壁不可能绝对光滑，故可能产生沿程阻力损失；流体经过管道弯头、阀门等可能产生局部阻力损失。以 Δp 来表示这些原因所造成的压力损失，而这一损失变成了流体分子紊乱流动，并因相互摩擦转变成热量加给了气体，使气体温度一定程度上有所提高。以气体流过一节流孔板为例，如图 1-14 所示，其压力损失为

$$\Delta p = \xi \rho \frac{v^2}{2} \tag{1-78}$$

式中 ξ 为阻力系数，与流道几何状况有关。

(3) 节流阀节流

节流是一个高压气体通过节流装置，如节流阀(见图1-15所示)向低压区流动的过程，故节流是一个膨胀过程。已知在该过程中气体焓值不变，因气流速度极快可认为绝热，所以节流阀中是一个绝热等焓过程。节流过程是典型的不可逆过程。流体在孔口附近发生强烈的扰动及涡流，处于极度不平衡状态，故不能用平衡态热力学方法分析孔口附近的状况。

图1-14　孔板绝热节流示意图

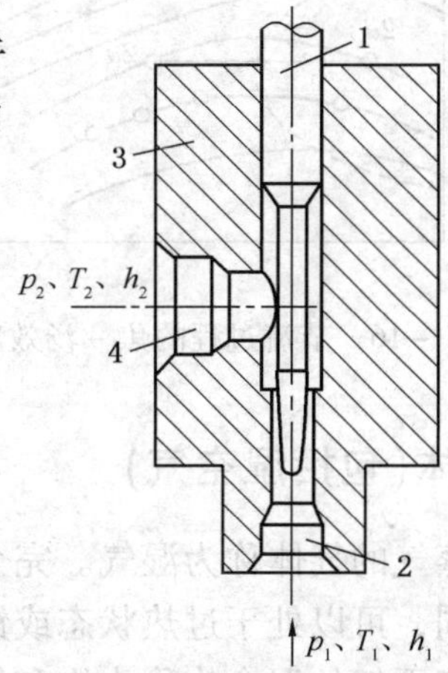

图1-15　节流阀示意图

1—阀芯；2—高压腔；3—阀体；4—低压腔

因理想气体的焓值只是温度的函数，因此理想气体节流前后的温度不变。而实际气体的焓值是温度和压力的函数，所以实际气体节流前后的温度一般将发生变化，这一现象称为焦尔-汤姆逊(简称焦-汤)效应。图1-16展示了 $T-p$ 坐标图中的一簇等焓线。由图可见，每条等焓线上有一个点达到温度的最大值，在此点上节流的微分效应为 $a_h=\left(\frac{\partial T}{\partial p}\right)_h=0$。

该点的温度即为转回温度。连接每条等焓线上的转回温度点，就得到一条转回温度曲线。转回曲线将划分为两个区域：在曲线与温度轴所包围的区域内，节流的微分效应 $a_h>0$，此区域亦称冷效应区；在曲线与温度轴所包围的区域外，节流的微分效应 $a_h<0$，此区域则称热效应区。初始节流处于冷效应区域的气体，节流后无论压力改变一个微量 dp，或者压力下降较大，温度总是下降，且压力下降愈大温度下降愈多。初始状态处于热效应区域的气体，节流后当压力改变一个微量 dp 或压力下降较小时，温度则上升。只是当压力下降较大，如图1-16中由 $2a$ 经节流后压力下降到 $2d$ 的压力以下时，温度才开始下降。转回曲线与温度轴上方交点的温度是最大转回温度 T_{imax}，下方交点的温度是最小转回温度 T_{imin}。流体温度高于最大转回温度或低于最小转回温度时不可能发生节流冷效应。图1-17示出了以对比参数 T_r、P_r 为坐标的空气、N_2 及 H_2 的转回温度曲线。

节流过程存在冷、热效应这一现象可解释为在等焓过程中，$dh=0$，因此由式(1-69)知 $du+d(pv)=0$，即 $d(pv)=-du$，也即 $pdv+vdp=-c_V dT$。该等式左边第一项积分为正值，第二项积分为负值。因为膨胀过程体积总是增大、压力总是降低，所以若第一项大于第二项时，则温度降低，反之则温度升高，两者相等时则温度不变。而所有这一切取决于气体性质与节流时的压力差及原始温度，这是节流过程一种非常特殊的情况。

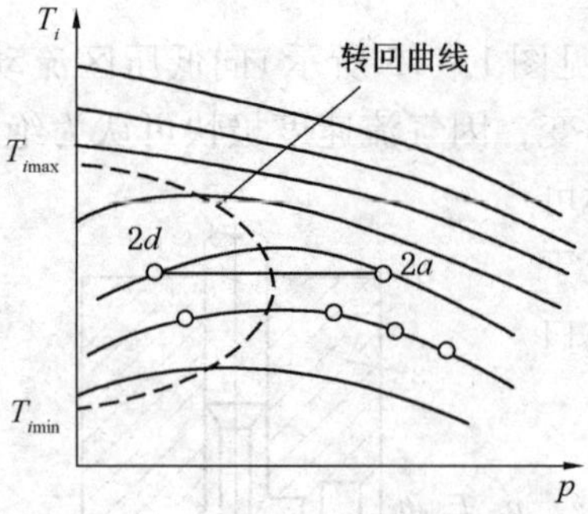

图 1 – 16　节流过程的焦 – 汤效应

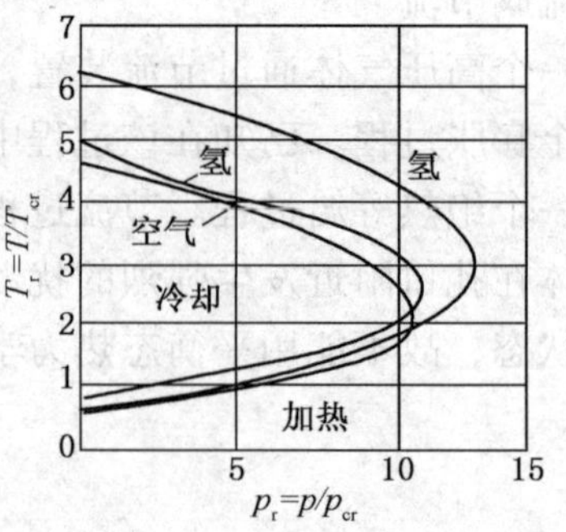

图 1 – 17　空气、N_2、H_2 的转回温度曲线

1.7　湿气体(包括湿空气)

含有水蒸气的气体称为湿气。完全不含水蒸气的气体称为干气。湿气所含的水蒸气由于量和温度不同，可以处于过热状态或饱和状态。过热水蒸气和干气的混合物称为未饱和气；饱和水蒸气和干气的混合物称为饱和气。

1.7.1　假设

为了简化湿气性质的分析与计算，工程上提出如下假设：

(1) 湿气视为由两种组分组成的混合气体，例如将干空气看作一个整体，并不单独考察 O_2、N_2 等成分，水蒸气则看作另一种组分。

(2) 湿气中任一组分及其混合物整体，均视为理想气体。湿气遵守道尔顿分压定律，即

$$p = p_a + p_v \tag{1-79}$$

式中：p_a 为干气的分压；p_v 为水蒸气的分压。

(3) 干气的存在，不影响水蒸气与其凝聚相之间的相平衡，即在相同温度下，湿气中水蒸气的饱和蒸气压与其单独存在时相同。

1.7.2　湿气的状态参数

描述湿气的参数除了一般的压力、温度外，还有以下状态参数：

(1) 饱和蒸气压 p_s

对于一定的气体温度 t，有一个饱和水蒸气压 p_s。它就是在温度 t 时水蒸气在气体中的最大分压。含有最大水蒸气量的空气称为饱和空气。

(2) 露点 t_d

气体在含湿量 d 不变的情况下冷却，达到饱和状态时的温度称为露点 t_d，此时开始有水珠冷凝出来。当气体的含湿量 d 和总压 p 一定时，对应的饱和蒸气压 p_s 和露点 t_d 也就确定了。可根据下式计算饱和蒸气压，即

$$p_s = \frac{dp}{0.622 + d} \tag{1-80}$$

(3) 相对湿度 ϕ

未饱和湿空气中水蒸气的物质的量 n_v 与相同温度、相同总压下饱和气体中水蒸气的物质的量 n_{vs} 之比称为相对湿度。

$$\phi = \frac{n_v}{n_{vs}} = \frac{p_v}{p_s} \tag{1-81}$$

式中：p_s 为湿气温度下水蒸气的饱和压力；ϕ 的大小表示湿气接近饱和蒸气的程度，ϕ 越小，说明湿气吸收水分的能力越大。

（4）含湿量 d

每 1kg 干气所携带的水蒸气质量，称为含湿量，单位为 kg/kg（干气）。

$$d = \frac{m_v}{m_a} = 0.622\frac{\phi p_s}{p - \phi p_s} \tag{1-82}$$

当已知空气温度 t 与相对湿度 ϕ 时，可按图 1－18 求得每 $1m^3$ 空气中所含水的质量。

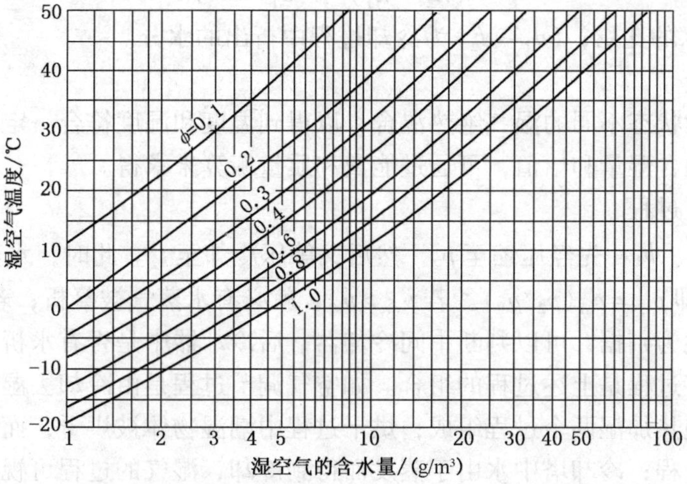

图 1－18　按湿空气的 t 与 ϕ 求每 $1m^3$ 含水质量

（5）湿气比焓 h

湿气的比焓为每 1kg 干气与它相混合的 $d$kg 水蒸气的总焓值，单位为 kJ/kg（干气）。

$$h = h_a + dh_v = 1.004t + d(2501 + 1.859t) \tag{1-83}$$

（6）干球温度 t、湿球温度 t_w

通常采用干－湿球温度计来测量相对湿度。干球温度计就是通常使用的温度计，测得的湿气温度 t 为湿气的实际温度，称为干球温度。湿球温度计的温包，用浸透水的纱布条包裹，所测得的温度称为湿球温度 t_w。读得 t 和 t_w 后，可以在干－湿球温度计的标尺上读得 ϕ。

湿气的湿球温度总是介于干球温度和露点之间。当 $\phi = 1$ 时，三个温度相等。

（7）湿蒸气的状态参数图

工程上为了简化计算，将湿蒸气的主要状态参数之间的关系绘制成各种图线。由于湿气的状态需要三个状态参数才能确定，所以常在总压一定的条件下，另选两个独立参数为纵坐标和横坐标制成平面图，例如 $h-d$ 图和 $t-d$ 图。附录 B 中图 B－4 给出了湿气的 $t-d$ 图。

1.7.3　湿气的典型过程及其应用

（1）加热和冷却过程

湿气的加热或冷却过程是在等压下保持含湿量不变的过程。在加热过程中，湿气经加热温度升高，焓增加，含湿量不变，而相对温度降低；冷却过程刚好相反。对于单位质量干气，若忽略宏观动能和位能的变化，由状态 1 变化至状态 2 的过程中，吸收或放出的热量为

$$q = h_2 - h_1 \tag{1-84}$$

（2）绝热加湿过程

湿气在绝热条件下的加湿过程，可近似看作湿气焓值不变的过程，其特征是温度降低，含湿量增大。在由状态 1 变化至状态 2 的过程中，每 1kg 干气增加的水分为

$$\Delta d = d_2 - d_1 \tag{1-85}$$

（3）冷却去湿过程

当湿气被冷却到露点以下时，就有蒸气不断凝结析出。若忽略宏观动能和位能的变化，由状态 1 变化至状态 2 的过程中，放出的热量为

$$q = (h_2 - h_1) - (d_1 - d_2)h_w \tag{1-86}$$

式中：h_w 为凝结水的比焓；$(d_1 - d_2)$ 为冷却过程中析出的水分。

（4）绝热混合

将两股或多股状态不同的湿气绝热混合，以得到温度和湿度符合一定要求的气体。绝热混合得到的湿气的含湿量和焓值，可通过能量和质量衡算来求得。

（5）增压冷凝过程

由初态 p_1、t_1、ϕ_1，先经压缩至 p_2，然后又等压冷却至 t_2。此时，水蒸气的分压力也提高了 (p_2/p_1) 倍，即 $p_{v2} = p_{s1}(p_2/p_1)$。若 $p_{v2} > p_{s2}$，就必有水蒸气被凝析；若 $p_{v2} < p_{s2}$，就不会有凝析现象。以此为判据，可以判断中间冷却器、后冷却器中是否有水析出。

工业中的一些过程是上述过程的组合。如空气调节过程是由冷却去湿和加热两个过程组成，或由加热和绝热加湿两个过程组成；烘干过程中潮湿物体被烘干，而对湿气进行的则是加热和绝热加湿过程；冷却塔中水由于蒸发而得到冷却，湿气的过程可视为加热和加湿两个过程叠加而成。

1.8 气体的化学性质

气体的化学性质主要有可燃性、爆炸性、热稳定性、腐蚀性、毒性、对环境污染与破坏等。

1.8.1 可燃性

含有碳与氢原子等的气体在空气中具有自燃的能力，按气体的自燃温度 T 及不传爆间隙 δ，气体可分为 a、b、c、d、e 五组及 1、2、3、4 四个等级，如表 1-12 所示。其中 1a 组较安全，4e 最危险。

表 1-12 按不传爆间隙和自燃温度分级分组

组别 \ 级别	1 $\delta > 1.0$	2 $0.6 < \delta \leq 1.0$	3 $0.4 < \delta \leq 1.0$	4 $\delta \leq 0.4$
a ($T > 450$)	甲烷、氨、乙酸	乙烷、丙烷、丙酮、苯、氯乙烯、苯乙烯、氯苯、甲苯、甲醇、一氧化碳	市用煤气	水煤气、氢
b ($300 < T \leq 450$)	丁醇、乙酸酐	丁烷、乙醇丙烯	环氧乙烷、环氧丙烷、丁二烯、1,4 二氧基乙烷、乙烯	乙炔
c ($200 < T \leq 300$)	环乙烷	戊烷、乙烷、庚烷、辛烷、癸烷、硫化氢、汽油	异戊二烯	

续表

组别 \ 级别	1	2	3	4
	$\delta > 1.0$	$0.6 < \delta \leqslant 1.0$	$0.4 < \delta \leqslant 1.0$	$\delta \leqslant 0.4$
d ($135 < T \leqslant 200$)		乙醚、乙醛		
e ($100 < T \leqslant 135$)				二硫化碳

1. 在标准试验条件下，按传爆能力分为4级，以数字1、2、3、4表示；按自燃温度分为5组，以字母a、b、c、d、e表示。
2. δ为试验最大不传爆间隙，mm；T为介质自燃温度，℃。

1.8.2 爆炸性

在空气中可燃气体混合达到一定浓度范围时，遇到明火便能瞬时闪火发生爆炸。在此浓度范围以下时，遇到明火也不会爆炸，但在爆炸范围以上时，遇火源混合气能燃烧。各种气体的爆炸极限见附录一表A－5。

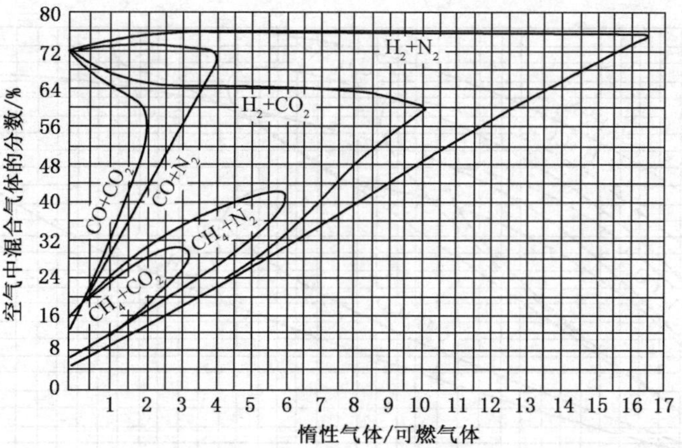

图1－19 H_2、CO、CH_4与N_2、CO_2混合时的爆炸极限

若可燃气体中含有N_2、CO_2、H_2O等不可燃气体时，爆炸极限要发生改变，一些气体改变的情况可见图1－19～图1－21。此时的爆炸极限也可用式(1－87)来计算，即

$$L_d = L\frac{\left(1+\dfrac{B_i}{1+B_i}\right)100}{100+L\left(\dfrac{B_i}{1-B_i}\right)}(\%) \qquad (1-87)$$

式中：L_d为含有惰性气体燃气的爆炸下限,%；L为不含惰性气体燃气的爆炸上、下限,%；B_i为惰性气体的体积分数,%。

当燃气含有氧气时，可当作燃气混入了空气，可扣除氧含量及相应空气比例的氮含量，调整燃气各组分的体积分数，按式(1－87)近似计算其爆炸上、下限。

此外，氢与N_2O及NO混合，也能产生爆炸。氢与一氧化二氮的混合物的爆炸范围为5.2%～80%，与一氧化氮混合物的爆炸范围为13.5%～49%。

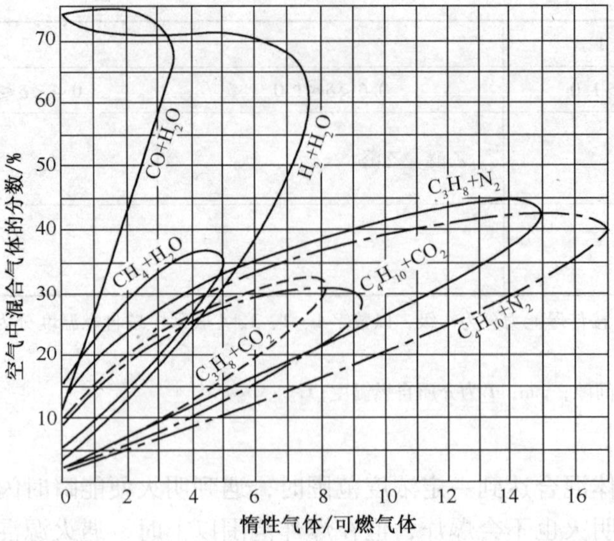

图 1-20　H_2、CO、CH_4、C_3H_8、C_4H_{10} 与 N_2、CO_2、H_2O 混合时的爆炸极限

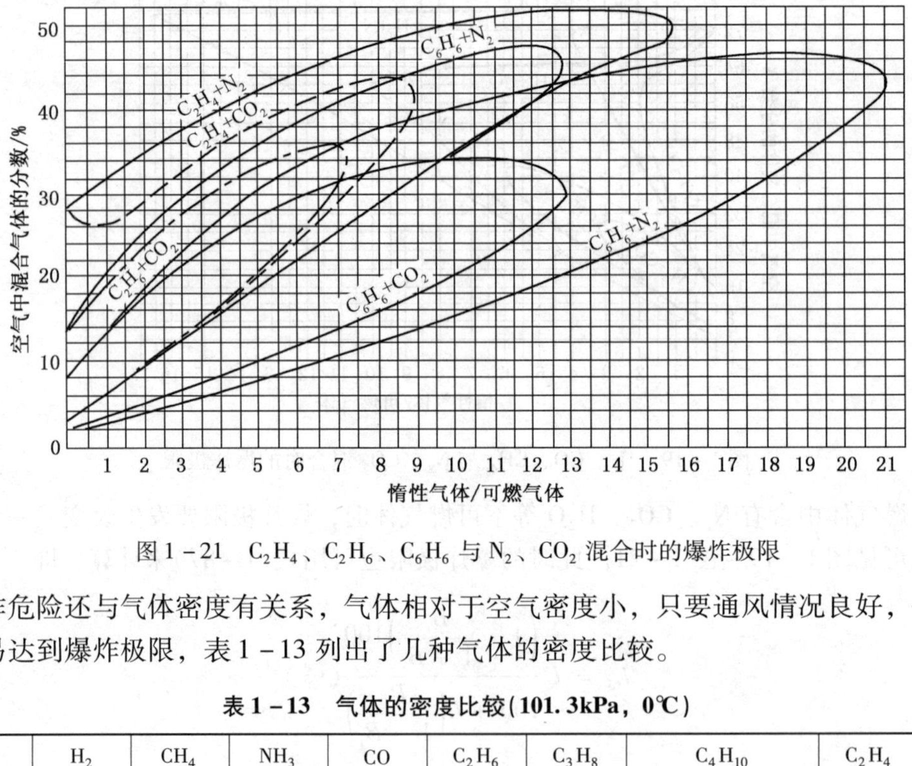

图 1-21　C_2H_4、C_2H_6、C_6H_6 与 N_2、CO_2 混合时的爆炸极限

爆炸危险还与气体密度有关系，气体相对于空气密度小，只要通风情况良好，便极易散逸，不易达到爆炸极限，表 1-13 列出了几种气体的密度比较。

表 1-13　气体的密度比较(101.3kPa，0℃)

气体	H_2	CH_4	NH_3	CO	C_2H_6	C_3H_8	C_4H_{10}	C_2H_4	C_6H_6
密度/(kg/m^3)	0.0899	0.7167	0.7714	1.2504	1.3567	2.005	2.703(正丁烷) 2.675(异丁烷)	1.2604	3.300

1.8.3　腐蚀作用

腐蚀可以分为化学腐蚀和电化学腐蚀两大类。

单纯由化学作用而引起的腐蚀叫作化学腐蚀，如金属与干燥 O_2、H_2S、Cl_2 等相接触时，在金属表面上生成了相应的化合物(氧化物、硫化物、氯化物等)为化学腐蚀。这种腐蚀在低温下可能不显著，但在高温下，金属表面所发生的化学腐蚀影响就很显著。

电化学腐蚀是指当金属与电解质溶液接触时，由于电化学作用而引起的腐蚀。例如，钢铁在潮湿空气中的腐蚀是电化学腐蚀。

例如干燥的氯气，温度在121℃以下，氯气的腐蚀不是一个问题。在这些条件下，处理氯气能用最普通的结构材料。高于这个温度，可以预料碳钢、不锈钢和铸铁的腐蚀将会加快。因为碳钢在250℃存在氯气的情况下会着火，所以压缩机排气温度必须监控，并维持在150℃以下。

水分含量大于150×10^{-6}的氯气，会腐蚀所有的黑色金属材料，包括不锈钢、镍基合金和镍合金。为了避免使用稀有的合金，气体在压缩前宜采取干燥，并且建议采取措施来避免气体与水意外地接触。用于工艺流程空气或其他混合有氯气的气体宜干燥到露点-40℃或更低温度。已知耐潮湿氯气的材料只有玻璃、陶瓷、钽和纤维增强塑料。钛可以用于潮湿氯气，但由于燃烧的危险不能用于干燥的氯气。

氯气与所有普通润滑剂起反应，因此建议使用无油润滑压缩机。在必须有润滑剂的场合，可使用氟化润滑剂。业已证明，回转压缩机用98%硫酸作为密封/冷却剂，能很好地适用于干燥的氯气。

1.8.4 化学稳定性

这里主要是指气体受热后自身起化学变化。它们主要是一些不饱和烃类气体，如乙烯、丙烯、乙炔、丙炔等，这些气体既能在一定条件下聚合成白色胶状物，也能分解成炭和氢并导致爆炸。

以乙炔为例，当加热至480℃，乙炔即开始分解，800℃时显著加快，高于1100℃时则迅速分解。某些杂质有催化其分解而降低其分解温度的作用，如表1-14所示。

在加热条件下，450℃时乙炔即能发生自聚合反应，至650℃最为激烈，当高于800℃时则主要是分解了。铜对于乙炔聚合有催化作用。

表1-14 杂质对乙炔最低分解温度的影响

杂　质	铜　屑	活性炭	铁　锈	氧化铁	氧化铜
最低分解温度/℃	460	400	280~300	284	240

乙炔与银、汞也能起化学反应，与氟、氯能起剧烈的化学反应。

1.8.5 气体毒性与窒息性

毒性与窒息性对人而言都能导致对人的伤害与死亡。一些气体的毒性与窒息性见表1-15。

表1-15 常见气体的毒性与窒息性危害

气体名称	空气中含量		毒　性	窒息性
	%	mg/L		
H_2S		0.197×10^{-3}	能嗅出臭鸡蛋味	
		310×10^{-3}	引起流泪、呕吐、头痛	
		1.54~4.62	昏迷、死亡	

续表

气体名称	空气中含量		毒 性	窒息性
	%	mg/L		
SO_2	0.0005	0.0146	长时间作用无危险	
	0.01 ~ 0.002	0.029 ~ 0.058	长时间作用后，呼吸道黏膜受刺激，咳嗽	
	0.005 ~ 0.01	0.146 ~ 0.293	1h 内无生命危险	
	0.05	1.46	短时间作用对生命有危险	
NO_x （NO、NO_2）	0.004	0.19	短时间作用无明显反应	
	0.006	0.29	短时间作用气管感到刺激	
	0.010	0.48	短时间内就会咳嗽，长时间对生命有危险	
	0.025	1.20	短时间内会迅速死亡	
CO	0.02		2 ~ 3h，感到轻微头疼	
	0.04		1 ~ 2h，前头疼；2，5 ~ 3.5h，后头疼	
	0.08		45min，头疼，随着呕吐；2h，神志昏迷	
	0.16		20min，头疼，随着呕吐；2h，死亡	
	0.32		5 ~ 10min，头疼；30min，死亡	
	0.64		1 ~ 2min，头疼；10 ~ 15min，死亡	
	1.28		吸入几次即昏迷，1 ~ 3min，死亡	
CO_2	2.5			吸入数小时无妨
	3.0			呼吸次数增加
	4.0			出现局部刺激症状
	6.0			喘气
	8.0			呼吸困难
	10.0			意识不清，不久死亡
	20.0			数秒内心脏停止跳动
O_2	>40		富氧中毒：长期吸入高浓度氧气会发生肺泡表面活性物质减少，引发肺泡内渗液，出现肺水肿，出现头昏、面色苍白、心跳加快等	
	20.95			自然状态空气中氧含量
	17 ~ 19			必须的最低限度
	14			警惕界限
	10			呼吸困难
	7			有窒息危险
NH_3	5×10^{-5}		嗅到臭味	
	10×10^{-5}		呼吸急迫	
	70×10^{-5}		强烈刺激眼睛	
			剧烈咳嗽	
	100×10^{-5}		喉部、肺部水肿	
			损害心脏和中枢神经系统，导致昏迷、死亡	

续表

气体名称	空气中含量		毒 性	窒息性
	%	mg/L		
Cl_2		0.09	可致剧咳	
		0.12～0.18	30～60min 可引起中毒性肺炎和肺水肿	
		0.3	致命损害	
		3	危及生命	
		30	一般滤过性防毒面具无保护作用	
HCl		1.4×10^{-3}	嗅觉浓度	
		3.5×10^{-3}	有毒气体范围	
		7×10^{-3}	最高容许浓度	
		12.6×10^{-3}	出现障碍，但可忍耐 6h	
		14×10^{-3}	刺激性浓度	
		49×10^{-3}	可以忍耐 10min，但引起打喷嚏，刺激喉头，嗓音嘶哑，有窒息感及胸部压迫感	
		$(14\sim70)\times10^{-3}$	可以工作，但长时间吸入就无法工作	
		$(56\sim126)\times10^{-3}$	可以忍耐 0.5～1h，以后并不出现障碍	
		1.4～1.89	在 0.5～1h 内就有危险	
		1.75～2.45	在 0.5～1h 内死亡或 1h 后死亡	

在我国《工业企业设计卫生标准》中规定，车间中最高允许含量：CO 为 $30mg/m^3$；SO_2 为 $15mg/m^3$；NO_x 为 $5mg/m^3$；NH_3 为 $30mg/m^3$（居民区 $0.2mg/m^3$）。

1.8.6 对地球环境的影响

对于地球环境，目前人们关心的主要是温室效应与对臭氧层的破坏。所谓温室效应是指该种气体的存在能使地球的平均气温增加，已知一些气体具有温室效应，众所周知的是 CO_2，但如以 CO_2 为 1，则 NH_3、CH_4 约为 CO_2 的 3 倍，所以它们（包括天然气）也不应任意泄入大气。

对臭氧层的破坏发生在平流层。臭氧层破坏后太阳紫外线能直接辐射至地球，使人们增加皮肤癌的发病率。已知氯离子最具破坏臭氧层作用，因此一些含氯气体在处理时要注意这一问题。

参 考 文 献

1 黄建彬主编．工业气体手册．北京：化学工业工业出版社，2002

2 郁永章主编．容积式压缩机手册．北京：机械工业出版社，2000

3 苏长荪，谭连城，刘桂玉．高等工程热力学．北京：高等教育出版社，1987

4 张家荣，赵廷元．工程常用物质的热物理性质手册．北京：新时代出版社，1987

5 徐文渊，蒋长安．天然气利用手册．北京：石油化工出版社，2001

6 时钧，汪家鼎，余国琮，陈敏恒主编．化学工程手册．北京：化学工业出版社，1996

7 Reid. R. C.，Prausnitz. J. M.，Sherwood. T. K. The Properties of Gases and Liquids. McGraw-Hill Book Company，4th Edition，1987

8 何雅玲．工程热力学—精要分析、典型题解（新版）．西安：西安交通大学出版社，2008

9 张祉祐．低温技术原理与装置．西安：西安交通大学出版社，1985

2　压缩机工况与应用选型

“压缩机”是一种用来压缩气体，借以提高气体压力的工作机械。也可以说，是将机械能转变为气体压力能的机械。压缩机也称为“压气机”、“气泵”等。

压缩机用途繁多，但归纳起来可分成以下几大类：

（1）气体与气体或气体与液体在压力条件下合成相应的新产品，例如氮与氢在压力下合成氨，氨与二氧化碳合成尿素等；

（2）某些气体能在压力下聚合成相应的产品，例如聚乙烯、聚丙烯等；

（3）气体或混合气体通过压缩、冷却、膨胀而液化，由此可以实现气体液化运输，如液化天然气装船运输等；若要液体蒸发吸收周围的热量，使周围物质降温，便是“制冷”，或将混合气体液化后按各组分不同的蒸发温度逐一分离，例如用氨、丙烯作为工作介质进行制冷；将空气液化后分离出氧、氮等，或将石油、天然气裂解后的原料气分离出各种相应气体等；

（4）压缩空气作为推动其他机械或器械的动力，例如，爆破用的钻孔机械、风动工具、车辆制动、门窗启闭等。此外，如军事上用于潜艇沉浮、鱼雷、导弹发射等也都应用压缩空气。

2.1　压缩机的工况

压缩机工况即压缩机运行时的工作状况，它是压缩机结构形式的选择与设计计算的基础。

一般在选择压缩机时，工况系由用户提出，比如：

（1）气体组分　确定被压缩的气体是纯组分还是混合气。若为混合气，各组分百分数多少；各组分物理化学性质；是干气还是湿气。

（2）供气量　用户要求处理气体的数量，它是指单位时间内、标准状态下或参考状态下，压缩机能处理的有效气体成分的容积、或质量、或摩尔流量，单位分别为 Nm^3/h 或 kg/h或 mol/h。

所谓有效成分系指工艺流程目标产品实际需要的气体组分。

供气量不能直接用于设计计算机器的尺寸大小，它需要换算成当时当地条件的“容积流量”（在我国也称为排气量）。

所谓容积流量，系指压缩机末级排出气体的数量，折算到进口状态时的压力与温度下的气体容积或质量值，并加入压缩过程中分离掉的水分与洗涤掉的无用组分，或因工艺原因中间抽气量。但若有中间补气，则应扣除。容积流量也称为输气量。

（3）排气压力　系指压缩机末级排出气体的压力，它是工艺系统中最终要求的压力，也是应用压缩机的目的所在，是一个十分重要的参数。

（4）进气压力与进气温度　进气压力与温度会随着季节、地域、昼夜而变，因此设计时要有一个合适的设定值。

（5）其他方面　气体是否允许接触润滑油，易燃易爆性，腐蚀性，毒性等等。

（6）排气温度　是一个较复杂的问题，由气体性质、机器结构等因素要求加以限制。此外，也可能工艺本身要求达到某一排气温度。

2.1.1　按工艺对压缩机进、排气系统压力进行分类

压缩机按进、排气系统的压力变化情况可分成四类，见图 2－1。

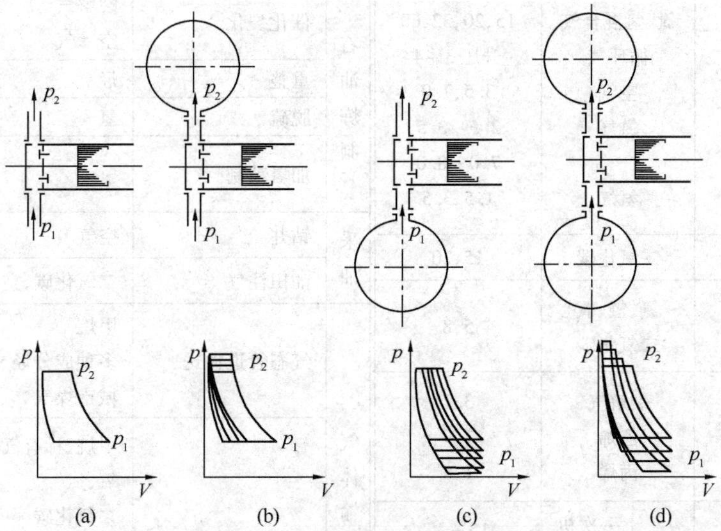

图 2－1　压缩机进、排气系统种类

（a）p_1、p_2＝定值；（b）p_1＝定值、$p_2 \neq$定值；（c）$p_1 \neq$定值、p_2＝定值；（d）p_1、$p_2 \neq$定值

第一类，进、排气压力基本稳定。绝大多数压缩机属此工况，如从大气中吸入空气的动力用压缩机，空气分离装置中的空气压缩机，各种通风机、鼓风机；从气体发生炉获得原料气的各种化工工艺流程中的压缩机；从反应器中合成的气体或从分馏塔中分离的气体等。

第二类，进气压力基本不变，而排气压力不断提高。一些装瓶（罐）运输的气体压缩机均属此类，如氧、氮、二氧化碳、甲烷装瓶输送等的充气压缩机，每次从瓶中气体剩余压力压到要求的终压，如 15MPa（G）或 20MPa（G）等。

第三类，进气压力不断变低，而排气压力基本不变。如天然气汽车瓶装压缩天然气（CNG）加气子站中的压缩机，它们从运气槽罐中吸取天然气，从 20MPa 压力开始一直降到 3MPa 为止；而排气压力为子站储气瓶中压力 25MPa。此外，真空泵也属此类。

第四类，进、排气压力均不断变化。此类情况在工程中应用较少，当甲容器的压力气体向乙容器转移时会出现此情况。另外，CNG 加气子站压缩机向储气瓶充气时，也属此工况。

2.1.2　压缩机排气压力

即被压缩气体的最终压力。随着企业的大型化，为便于应用离心压缩机，对工艺不断进行了改进。此外，随着一些合成工艺中催化剂性能的不断提高，工艺中要求气体压力也都相应降低。表 2－1 中列出了一些工艺要求的压缩机排气压力，每一项中可能包括低、中、高三档，大型装置都采用低压或中压，小型装置则采用高压系统。例如：

合成氨装置中，在我国中、小型企业合成压力均为 32MPa（G），而大型企业合成压力为 15MPa（G）；

空气分离装置中，小型装置需将空气压缩至 20 或 5MPa（G），而大型空分装置仅要求空气被压缩至 0.8MPa（G）。

表 2-1　压缩机在不同用途中工作压力一览表

类别	用途	气体	工作压力/[MPa(表压)]
化学工业	合成氨	氮、氢混合气	15,20,32,60
		循环气	升压 3~4
		空气	3.5,7.0
		氮气	2.5~3.5 7.0~8.0
		氨气	1.5,3.5
	合成尿素	二氧化碳	15,20
	合成甲醇	氮、氢、氧 二氧化碳	5,8
	制取乙烯、丙烯	裂解气	3.7
		乙烯	1.9
		丙烯	1.8
	高压聚乙烯	乙烯 一次机	15~25
		乙烯 二次机	150,320
	氯乙烯	乙烯、氧	1.0
		合成气	0.5
	丙烯腈	丙烯	2.0
		空气	0.2
	合成橡胶	丙烯	2.0
		生成气	1.6
	合成纤维	乙炔	1.2
		空气	0.35~1.2
		二氧化碳	0.4
	正丁醛	合成气	3
		空气(脱钴)	3
	醋酸乙烯 (乙烯气相法)	乙烯、氧	0.6~0.8
石油炼制	催化裂化	裂解气	0.95
		空　气	0.25~0.4
	重整	烃	2.75
	脱硫	氢	7,11,16
	加氢精制	氢	2.6~3.6,7~9 15,32
采油	钻井	空气	8
	油田注气	二氧化碳,空气	5~13
气体输送	气态管道输送	甲烷	7~10
		多种成分烃	1.6,2.5,4
		城市煤气	0.3,0.5
	气态装瓶	甲烷、稀有气体	20~25
		氧、氮	15
		二氧化碳	7~8
		乙炔	2.1
		丙烷	1.6
		氨	1.5
		氯	1.2~1.5
气体分离	气体分离	空气	0.5~0.8, 2.5,22
	焦炉气氢分	焦炉气	1.2
制冷	空调、冷冻 冷藏	氟里昂	1.2~2.4
		氨	0.8~1.4
		二氧化碳	7.5
空气动力	水压机	空气	15,35
	风力器械	空气	0.7~
	仪表控制	空气	0.4~0.6
	车辆制动	空气	0.4~0.6
	喷涂、喷雾	空气	0.1~0.3
	内燃机启动	空气	3.0~3.5
	武器系统	空气	15~45

超高压聚乙烯装置过去要将气体压缩至 320MPa(G)，而现在已有趋势仅将乙烯压缩至 150MPa(G)。

2.1.3　压缩机排气温度

一般情况下，压缩机的排气温度犹如气体获得压力带来的副产品，大多不仅无益还必须加以限制。限制的原因有下列几种：

(1) 不饱和烃类气体，如乙烯、乙炔，当温度高时便能裂解。以乙炔为例，其裂解温度与压力的关系如表 2-2 所示，当存在铁锈或有其他催化作用的杂质时，其裂解温度还会大大降低。

表 2-2　乙烯裂解的温度与压力的关系

压力/MPa	2.760	2.070	1.380	0.690	0.345	0.100
温度/℃	149	199	249	321	360	399

表 2-3　各种气体压缩机排气温度限制值

气体名称			限制温度/℃	理　由
空气	气缸有油润滑	矿物油	160	矿物油黏性与积炭
		合成油	200~250	视合成油性质，黏性或分解
	气缸无油润滑		160	充填氟塑料活塞环变形 迷宫密封热膨胀与变形
氮、氢混合气	有油		160	矿物油黏性
	无油		160	同空气气缸无油润滑
氢　气			160	同空气气缸无油润滑，API 618(2007)为 135℃
氧　气			140	均为无油润滑，密封材料要求，降低氧的氧化性能
氯气	干		130	电化腐蚀
	湿		100	氧化腐蚀
甲　烷			160	同空气气缸无油润滑
乙烯、乙炔			100	防止不饱和烃高温时分解
丙烷、丁烷			100	温度高时会聚合成白色乳状物
C_4、C_5 等重碳氢气			80~100	同上，如丁二烯 85℃会聚合，故排气限制为 80℃
氨			145~150	防止温度高时润滑油结焦
氯化氢			110	防止温度高时腐蚀加剧

（2）腐蚀性气体温度高时，腐蚀性增强。如氯气，干燥的氯气在 121℃以下腐蚀不是一个危险问题，在此条件下处理氯气可用最普通的结构材料。当温度高于 121℃或是潮湿氯气，铸铁、碳钢乃至不锈钢腐蚀将会加快。碳钢在 250℃存在氯的情况下会着火。所以，排气温度必须控制，并维持在 150°以下。一般控制在 100℃。

（3）压缩机结构形式对排气温度的特殊要求。

对于往复压缩机，排气温度的特殊要求分两类：

第一类，压缩机气缸有油润滑。

① 矿物油　是传统的润滑剂，当排气温度达 160℃~180℃，绝大多数矿物油会在压缩机排气阀上以及活塞环上产生结焦或积炭现象，它是矿物油中的轻馏分挥发分解后沉积其上而成；若为空气压缩机，还会因为其中氧的氧化作用而炭化，使积炭变得更严重。积炭不仅发生在气缸内，还会在排气管道内沉积。对于空气压缩机，在疏于管理时，严重的积炭会导致管道内产生爆炸现象。

矿物油限制温度的另一个原因是高温时油黏性降低，润滑性能恶化。

② 人工合成润滑油　因其闪点高于矿物油，故最高排气温度允许达 200~250℃（详见本书 7.2 节）

第二类，压缩机气缸无油润滑。

无油润滑时活塞环、填料等均用具有自润滑性能的有机材料，如聚四氟乙烯等（这些材料第三章中将有较详细的介绍）。虽然它们允许的工作温度可达280℃；但实际上，在机器运行中直接摩擦面上的温度会高于排气温度。因此，排气温度不宜高于160℃。当然低一点更好。

对于气缸无油润滑的氢气压缩机，美国API 618（2007）希望排气温度不超过135℃。

对于离心压缩机，排气温度从结构上讲并无严格的限制，已经有压缩机达250～300℃。

表2－3所列为往复压缩机一般的排气温度限制。

（4）对于热泵型压缩机，压缩机工作的目的不在于获得气体压力，而在于获得排出气体的温度，特称为热泵型压缩机，也称为机械式再压缩装置。它们的进、排气温度大致又可分为：

① 在浓缩或干燥系统中，将乏水蒸汽经压缩机压缩后，使排出温度提高，以便再次利用。例如，在牛奶浓缩中，如图2－2所示，为防止牛奶营养的破坏，蒸发器抽真空使蒸发温度降低到40℃，自蒸发器抽出的蒸气先进入分离器将挟带的液滴分离，然后进入压缩机，压缩后所达到的温度足以加热蒸发罐中的液体，并使之浓缩。自蒸发罐的热交换器中引出的凝结水温度仍较高，通常可用以预热待浓缩的牛奶。

此类压缩机的吸入压力都低于大气压力。

② 甜菜汁制糖同样可应用这类热泵，如图2－3所示，它包括两级浓缩。第一级的压缩机用于蒸发；第二级的压缩机用于结晶。在第一级，压缩机自蒸发罐顶部抽出0.09MPa蒸汽，经压缩升高到0.13MPa，然后流入蒸发罐内的热交换器凝结放热，同时使来自预热器的汁液加热蒸发，凝结水则自热交换器内排出。经第一级浓缩的汁液进入第二级浓缩结晶罐，罐内压力维持0.025MPa。蒸汽经第二级的压缩机，使压力升高到0.15MPa，然后流经罐内热交换器凝结放热，使汁液剧烈沸腾，最后脱水成结晶析出。为了防止罐顶抽汽中所携带的固体颗粒进入压缩机，在每一级压缩机吸气管道上均安装了蒸汽洗涤器。

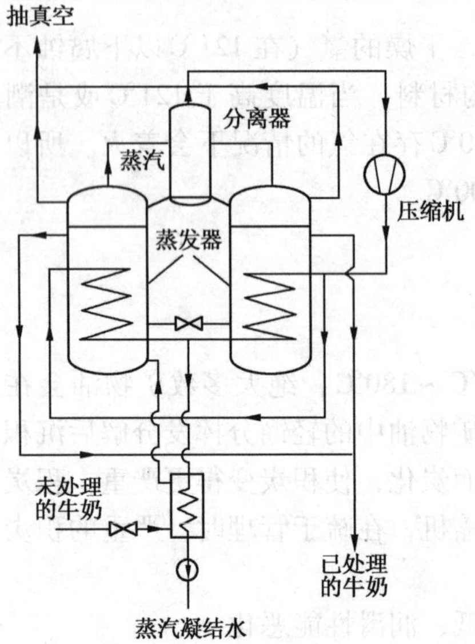

图2－2　蒸气再压缩热泵牛奶浓缩装置

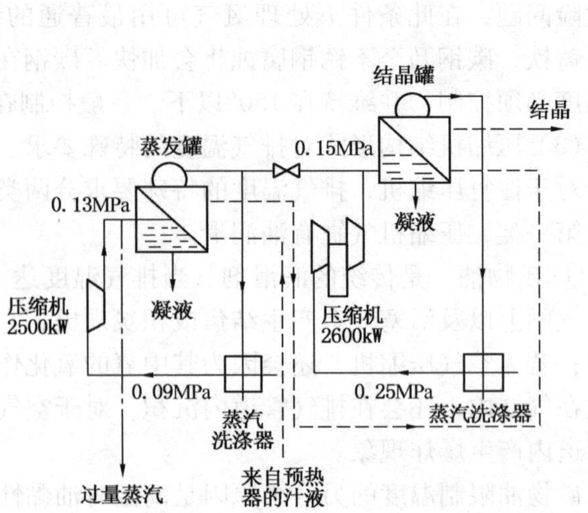

图2－3　蒸气再压缩热泵制糖工艺流程

由于这类糖厂一天通常要处理几千吨甜菜，故耗能量相当大，尽管采用了机械式蒸汽再压缩热泵装置可以获得较高的性能系数，但由于该种装置投资费较高，而在一年中仅有2~3个月为生产高峰期，故选用这种热泵装置时，其经济性在很大程度上取决于电费和使用期的长短。

③ 海水淡化技术的重要性日益增涨。海水淡化工艺包括冻结过程，使用热泵有很大的优越性。图2-4示出了开式热泵循环的直接冷冻法海水淡化装置。冷冻室内必须维持负压，使其中水的蒸发温度低于0℃。海水经热交换器预冷后进入冷冻室形成冰和盐水，然后冰和盐水进入分离室，在分离室内冰浮在盐水的上面，冰块被引入溶化室，自冷冻室抽出的水蒸气经压缩后进入溶化室溶化冰，蒸气本身则冷凝成水，一并成为淡水排出。

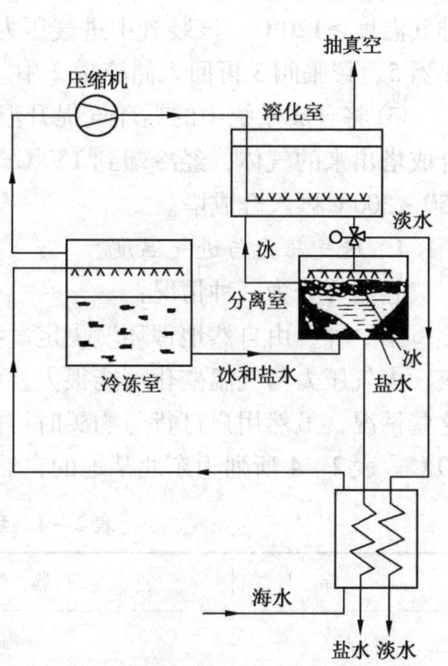

图2-4 直接冷冻法海水淡化热泵装置

④ 蒸馏装置中，如图2-5所示，其中(a)为普通蒸馏装置，塔顶需要放热，因此需用冷却水，而塔底需要加热，消耗蒸汽；(b)与(c)为用热泵压缩机的情况；(b)为用塔顶产品作为压缩介质进行压缩；(c)为用塔底产品作为压缩介质进行压缩，不再需要冷却水与加热用蒸汽。大量计算表明：用热泵压缩机需增加投资10%，而运行时能耗节省可达25%以上。

以乙醇(酒精)提纯装置中的乙醇脱水塔为例，见图2-5(b)，处理的气体为苯、乙醇、水蒸气混合物。热压缩机4从塔顶吸入的蒸汽温度为78~79℃，通过压缩机压缩后要求的

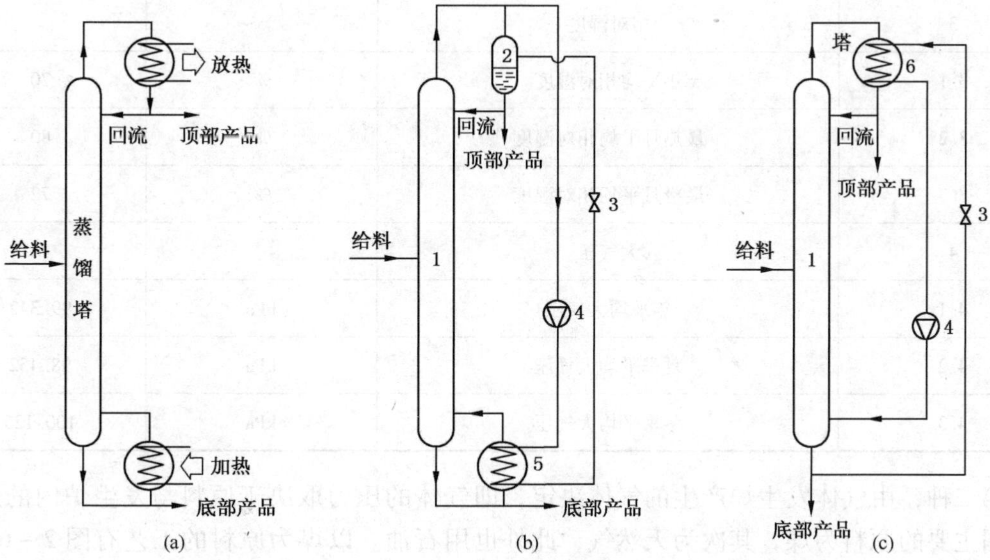

图2-5 具有开式热泵的蒸馏装置系统

(a)普通蒸馏装置系统；(b)以塔顶产品为工质；(c)以塔底产品为工质

1—蒸馏塔；2—闪蒸缸；3—节流阀；4—压缩机；5—冷凝-再沸器；6—蒸发-冷凝器

排气温度≥120℃。该装置中进气压力为常压，排气压力为0.3~0.35MPa。被压缩气体经换热器5，膨胀阀3再回入储液罐2中。

⑤ 将合成系统中的循环气提升温度　如由氨与二氧化碳在高温下合成三聚氰铵，需将合成塔出来的气体，经冷却到150℃气固分离后，可将未合成的气体（NH_3、CO_2）再压缩到250~300℃再入合成塔。

2.1.4　进气压力与进气温度

它们可分为三种情况：

第一种，由自然地理环境决定。我国地域广宽，不同纬度、不同海拔，不同季节乃致昼夜，大气压力与气温变化可能很大。那些直接从大气中吸入空气工作的压缩机，便要注意到这些情况，虽然用户订货与购买时可能指定某一工况，如进气压力为0.1MPa、进气温度为20℃。表2-4所列为东北某地的自然、气象情况。

表2-4　我国东北某地的自然、气象情况

序　号	自然、气象要素	单　位	数　值
1	海拔	m	191.5~192.80
2	气温（干球温度）		
2.1	年平均温度	℃	4.5
2.2	极端最高温度	℃	36.6
2.3	极端最低温度	℃	-40.2
2.4	最热月平均温度	℃	22.9
2.5	最冷月平均温度	℃	-17.9
3	相对湿度		
3.1	年平均相对湿度	%	70
3.2	最热月平均相对湿度	%	80
3.3	最冷月平均相对湿度	%	72
4	大气压		
4.1	年平均大气压	kPa	99.342
4.2	夏季平均大气压	kPa	98.452
4.3	冬季平均大气压	kPa	100.125

第二种，由气体发生炉产生的气体决定，即气体的压力取决于原料与发生炉内的过程。在我国主要的原料为煤，其次为天然气，此外也用石油。以煤为原料的工艺有图2-6中所示的几种。

当用德士古（Texaco）炉时，加入炉内的为水煤浆，炉内压达6.1MPa，产出的气体压力相同。压力高反应速度快，产气量大，炉体积小。此外，为压缩机工作提供了方便。

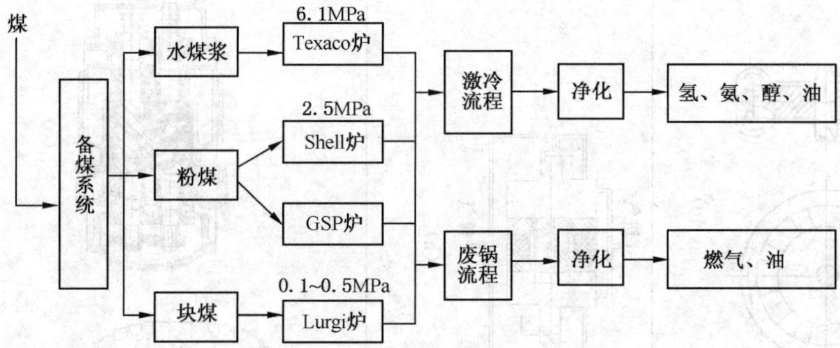

图 2-6 煤为原料制气的几种工艺

当用壳牌(Shell)炉时，加入炉内的为煤粉，炉内压力也即产出气体压力为 2.5MPa。

当用鲁奇(Lurgi)炉时，炉内压力一般为常压，但为提高炉内反应速度增加气体的产量，也有将压力提高的趋势。

以上工艺，当高温气体经激冷或废热锅炉，再经净化过程，通常气体温度，也即为压缩机吸入气体的温度为 35℃左右。

以天然气为原料的裂解气，通常为部分氧化法，压力为 1.7~2.0MPa。

第三种情况，由工艺流程性质决定的。如由原料气(富气)生产乙烯、丙烯系统中，气体由低温分离，作为制冷剂乙烯的温度在常压下为 -90℃，而丙烯则为 -48℃。

2.2 压缩机选型

2.2.1 压缩机的分类

(1) 按工作原理分类，如图 2-7 所示，可将压缩机分成两大类：

容积式压缩机(Displacement Compressor) 它直接使一定容积的气体缩小体积提高压力，气体在被压缩过程中其分子被认为是准静态的。

动力式压缩机(Dynamic Compressor) 它首先使被压缩气体分子获得速度，然后在一定规则下使分子速度滞止下来，由速度再转化为压力。动力式压缩机习惯上常用其英文 Turbo Compressor 直译为透平压缩机。

(2) 按结构分类

容积式又可分为：往复压缩机——压缩气体的活塞在气缸中作往复运动；

回转压缩机——气体被压缩由一个或两个作旋转运动的机构在一个机壳内完成。

动力式又分为：离心压缩机——气体由一个旋转叶轮而获得离心方向的速度；

轴流压缩机——气体由一个旋转叶轮而获得轴线方向的速度。

通常把喷射泵、旋涡式泵(Perifics)也归为动力式一类。

就结构而言，往复与回转压缩机还有许多不同的结构，图 2-7 中所示也仅是主要的几种。

(3) 按其他方法分类

① 按所能达到的压力分类，见表 2-5。表中通常指进气压力小于 0.2MPa 的压缩机。对进气压力≥0.2MPa 的压缩机，有时还称之为增压压缩机。

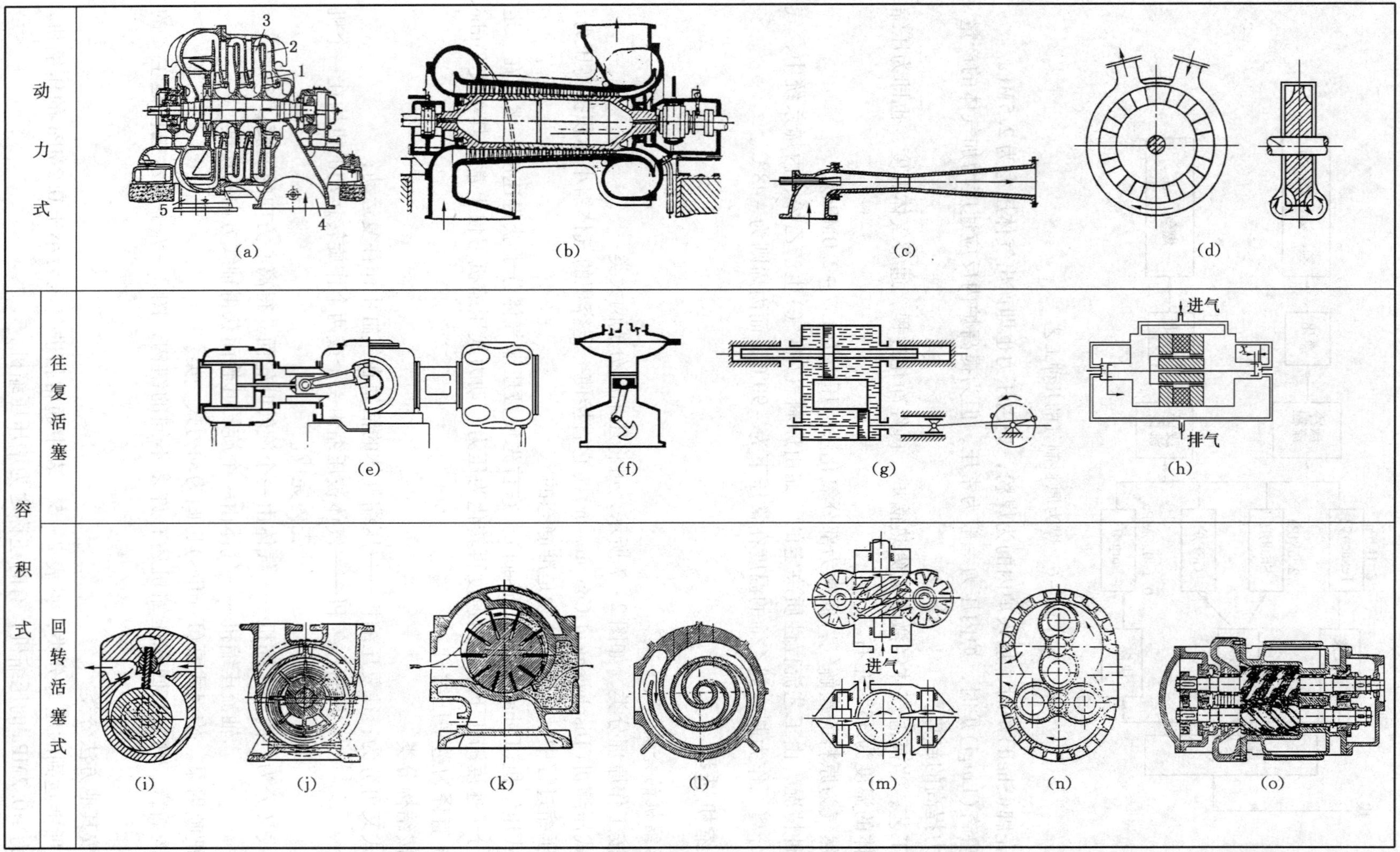

注：(a) 离心；(b) 轴流；(c) 引射泵；(d) 旋涡泵；(e) 曲轴/连杆驱动往复活塞；(f) 液力驱动隔膜；(g) 液力驱动往复活塞；(h) 电磁驱动往复活塞；(i) 滚动活塞；(j) 液体活塞—液环式；(k) 滑片式；(l) 涡卷式；(m) 单螺杆；(n) 罗茨；(o) 双螺杆

图 2—7　压缩机分类

表 2-5 按排气压力分类

通风机/kPa	鼓风机/kPa	压缩机/MPa			
		低压	中压	高压	超高压
0.5~1.5	16~35	≤1	>1~10	>10~100	>100

在石油与化工系统中，将未反应的气体再次送入合成塔的压缩机特称为循环压缩机或循环泵。

② 按压缩机驱动功率大小可分为*

微型压缩机≤5kW；

小型压缩机 5~150kW；

中型压缩机 >150~500kW；

大型压缩机 >500kW。

③ 按压缩机达到所需压力的级数可分为一级压缩机、两级压缩机、多级压缩机。

目前往复压缩机最多达7级；螺杆为2级，离心压缩机单缸最多有8级；轴流单缸最多达18级。在往复与螺杆压缩机中，每经过一级压缩便进行一次气体冷却；而在离心压缩机中，每经过1~3级压缩才将气体进行一次冷却，并把每一次冷却称为一段。

2.2.2 各种压缩机优、缺点比较与大致使用范围

常用的三种主要压缩机优、缺点比较见表2-6。各种压缩机适用范围如图2-9所示。但具体应用要根据用户任务来确定。

表 2-6 三种主要压缩机优、缺点比较

形式	优点	缺点
离心式	1. 能适应现代企业大型化的要求，单机处理的气体量大； 2. 结构简单制造方便、尺寸小、重量轻； 3. 运行可靠性高、维修工作量小； 4. 适应温度范围广(-100~350℃)； 5. 气体不与润滑油接触，可适应任何气体； 6. 转速高，可直接用于工业汽轮机或燃气、烟气轮机驱动	1. 流量小制造有困难，目前工业上最小为 $10m^3/min$； 2. 排气压力大于20MPa时制造较为困难； 3. 排气压力会随流量改变而改变(见图2-8)； 4. 因技术与加工设备等因素，价格较高； 5. 不耐杂质与液滴($<10\mu g/cm^3$)
往复式	1. 排气压力高，目前工业上可达320MPa，实验室可达800MPa； 2. 排气压力稳定，几乎不受气量调节影响(见图2-8)； 3. 可实现小气量、高压力； 4. 价格相对较低； 5. 较能忍受一定的杂质与液滴	1. 单机能处理的气量较小，目前可达800 m^3/min，难适应现代大企业要求； 2. 结构复杂制造麻烦，转速低、体积庞大、重量重； 3. 可靠性较低，经过努力，目前易损件寿命可达8000h，维修工作量较大； 4. 可实现气缸无油润滑，但结构更为复杂； 5. 转速低，大型时仅300~500r/min，一般用低速电动机直接驱动，若用工业涡轮机驱动时要通过复杂减速机构

---

* 本分类根据电压供应及API 618：单向220V，目前国内允许最大功率为5kW；API 618中常以150kW区分应用材料轴承等，500kW为目前世界上允许电动机采用电压380V；大型压缩机≥500kW都需用3000V以上电压，需设专门动力线。

续表

形式	优点	缺点
螺杆式	1. 机构简单制造方便、可靠性高、尺寸较小、重量较轻； 2. 比较能耐气体中杂质、油、水等(杂质<100μg/m³)； 3. 单机可达800m³/min； 4. 对气体适应性强	1. 能达到的压力低，一般≤1.5MPa，有资料称可达4.5MPa，也有报导日本神钢可达10MPa，但制造上会相当困难； 2. 价格比较昂贵

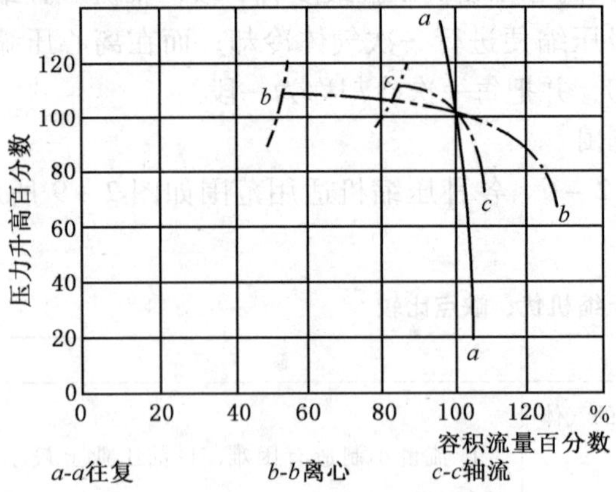

图2－8　三种压缩机流量－压力特性

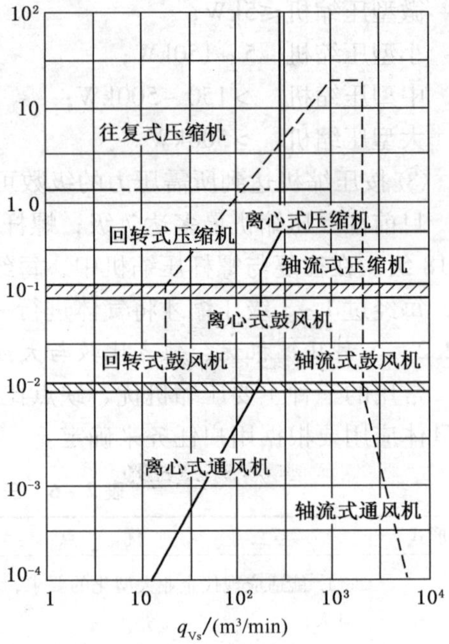

图2－9　动力与化工用压缩机各种形式的应用范围

2.2.3　选型原则

(1) 首先能满足供气量与压力的要求；

(2) 压缩机运行可靠性高，使用寿命长；

(3) 运行的经济性好，节能省电、省油、省水，维护工作量小；

(4) 被处理气体不与润滑油接触。一些气体严格不能与润滑油接触，如氧等；一些食用的气体也不应接触润滑油；气体若接触润滑油便要进行油气分离，润滑油会污染冷却器降低热交换效果；动力用往复式空气压缩机装置，以往也因使用矿物油润滑，当操作不善时屡屡发生积炭而导致爆炸。

由此，在第1、2类进、排气压力系统中，动力式压缩机具有明显的优势。但是，动力式压缩机难以胜任在第3、4类进、排气系统中工作。

2.2.4　压缩机选用经济性评估

压缩机选择应符合最经济的原则。经济性评估应考虑下列因数：

(1) 初投资　包括机器设备购置、厂房建设、安装调试等费用；

(2) 运行费用　包括动力、润滑油、冷却水消耗费用，值班人员费用；

(3) 维修费用　包括备品配件，维修人员费用；

(4) 完全因维修压缩机带来的生产损失费用。

通常，可用平均年消耗费用来评估，即

$$F_a = M_{pa}(1 + f_a) + M_o + M_r + M_l$$

$$M_{pa} = \frac{M_m + M_p + M_i}{N} \qquad (1-5)$$

$$M_o = (m_e + m_w + m_o)h + M_1$$

$$M_r = M_s + M_2$$

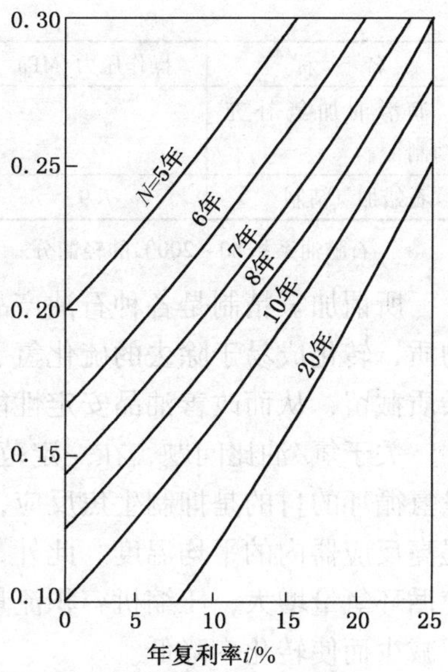

图 2-10　按年复利计算的提成因子

注：N 为机器设备的使用年限

式中：F_a 为平均年消耗费用；M_{pa} 为每年初投资折旧费；N 为机器设备使用年限，一般为15～30年；f_a 为按年复利率 i 计算的提成因子，见图 2-10；M_m 为机器设备购置费；M_p 为厂房建造费；M_i 为机器设备安装费；M_o 为年操作运行费；m_e 为每小时动力费；m_w 为每小时水费；m_o 为每小时润滑油费；h 为年运行小时数；M_1 为运行人员年工资数；M_r 为每年修理费；M_s 为配件更换费；M_2 为修理人员费用；M_l 为专门由于压缩机修理造成的年生产经济损失，此项费用在化工生产中往往很大。

2.3　压缩机应用与选型示例

2.3.1　石油炼制工业中应用的压缩机

石油的主要成分是碳(83～87)%与氢(11～14)%，原始的分馏可获得的产品见表 2-7。

表 2-7　石油分馏产品与馏程

油品名称	分馏温度/℃	油品名称	分馏温度/℃
汽油	40～200	重柴油	300～350
航空煤油	130～250	润滑油	350～520
煤油	200～300	重质燃料油(渣油)	>520
轻柴油	250～300		

原始馏程的缺点是：产品的轻馏分相对较少，产品的质量不够好。通过加氢反应两者都可获得改善。石油工业中涉及加氢的工艺有表 2-8 所列几种情况。

表 2-8　石油工业中的加氢工艺

名　称	操作压力/MPa	操作温度/℃	氢油比(体积)	备　注
石油加氢催化裂化	10～18	370～430	1000～2500	一般 1t 原油需氢量(200～300)Nm^3，增加轻油产品
石脑油催化重整*(也称临氢重整或铂重整)	1.5～2.0 (3～4)	480～530	1200～1500	使汽油辛烷值提高达 80，辛烷值是汽油机中抗爆燃的重要指标
柴油加氢精制	1.5～15	300～425	500～600 个别达 1000 以上	提高质量

续表

名　称	操作压力/MPa	操作温度/℃	氢油比(体积)	备　注
润滑油加氢补充精制	2.5	—	300	提高质量
石蜡加氢精制	7.9	—	300	提高质量可达食用水平

* 石脑油系指 80 ~ 200℃的轻馏分。

所谓加氢精制是各种石油产品在氢压下通过催化床层，使其所含的硫、氧、氮等非烃类物质，转化成易于除去的硫化氢、水与氨等；使不安定的烯烃和某些稠环芳烃饱和；将金属杂质截留，从而改善油品安定性能、防腐蚀性能以及燃烧性能等。

关于氢/油比问题，在一定范围内，氢/油比的变化对反应过程影响不大。其所以使用大量氢循环的目的是抑制生焦反应，以保护催化剂；同时也起到热载体作用，减少床层温降，提高反应器内的平均温度。此外，还可稀释原料，使原料均布于床层。但提高氢/油比，会使循环氢量增大，压缩机容积流量增加，功率消耗增大，并且氢/油比过大时会由于反应时间减少而使转化率降低。

在石油工业中，压力下加氢的各种工艺是新近发展起来的压缩机应用新领域。它需要两种压缩机：新氢供应压缩机和循环氢压缩机。前者是反应过程实际消耗掉的氢；后者是系统中因反应消耗了部分氢而压力降低，需要进行增压后再参与反应过程。因为氢的密度小，要求的压力又高，且常需要作流量调节，因此新氢压缩机应用往复压缩机，也是往复压缩机现在的一个新用户。但是，在那些千万吨级的大型炼油厂中，循环氢则使用离心压缩机。

目前最大的循环氢离心压缩机，在加氢裂化流程中，压力从 13 ~ 14MPa 提升到 17 ~ 18MPa，功率达 800kW。

2.3.2　石油(包括天然气)化学工业中应用的压缩机

石油化学工业代表性的产品是乙烯和丙烯。由乙烯聚合而成的低密度聚乙烯与高密度聚乙烯尤如钢、铁一样，其生产量的多少也代表一个国家工业水平。

在石油化学工业中，无论是石油还是天然气作为化工原料，其第一步便是在裂解炉中被裂解成含有甲烷、乙烷等的原料气，然后进行分离、合成，其工艺流程如图 2 – 11 所示。

原料经裂解后成为原料气，通过油急冷塔，分离出裂解柴油与裂解燃料油；通过水急冷塔分离出裂解汽油。然后进入第一段压缩机和碱洗水塔，脱去硫与二氧化碳等，进入第二段压缩机。经冷却与干燥器，进入冷箱进行低温冷却，冷量由乙烯/丙烯制冷系统供给，除甲烷与氢外，其他组分将液化。氢因密度小自顶部导出，经脱甲烷塔、脱乙烷塔，分成两路：一路为分离出的乙炔去乙炔加氢反应器生成乙烯，再经过乙烯精馏塔得到目的产品“乙烯”；另一路进入脱丙烷塔，再分成两路：一路进入碳三加氢反应器生成丙烯，再进入丙烯精馏塔，获得另一目的产品“丙烯”；另一路进入脱丁烷塔，塔顶导出碳四混合物，塔底获得裂解汽油。

在现代化生产中，乙烯生产规模单个企业已达年产 100×10^4t，其流程中所用的裂解气压缩机及乙烯、丙烯冷冻机均应用离心压缩机。其他如甲烷、氢等的压缩使用往复压缩机。

气态的乙烯、丙烯除作为低温冷冻剂外，可直接用于制造乙丙橡胶、聚氯乙烯塑料、丙烯腈纤维等。但是，很大部分会制成低密度或高密度聚乙烯颗粒状固体产品，它们都只有在

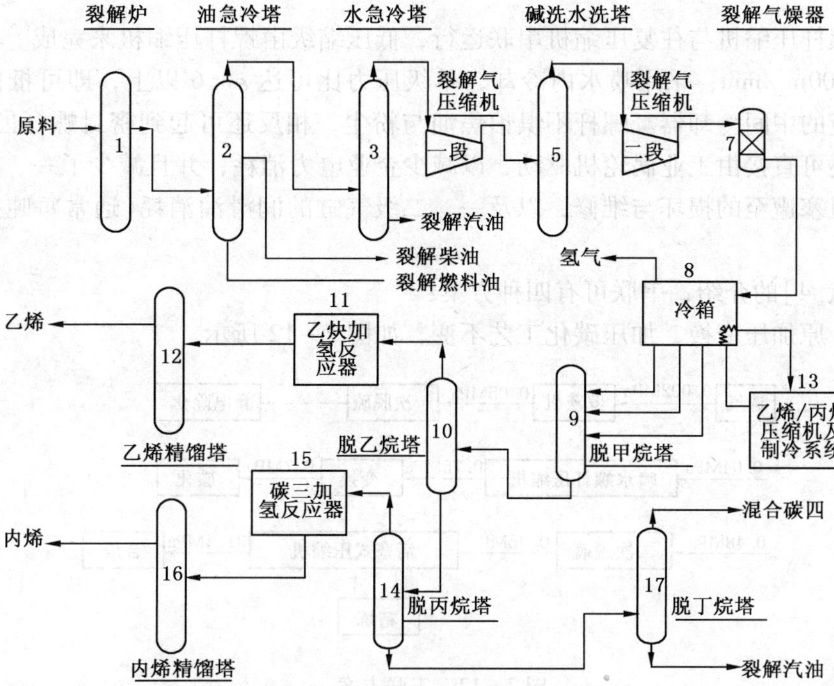

图 2－11　乙烯、丙烯生产流程(LUMMUS)

高压下才能聚合，尤其是低密度聚乙烯，其聚合压力需 320MPa(现在有降为 150MPa 的趋势)。如此高的压力只能使用往复压缩机，它包括一次机将气体压力提高到 20MPa，再由二次机将气体压力从 20MPa 提高到终压，这是目前工业上应用的最高压力。高密度聚乙烯的聚合压力为 20MPa。

2.3.3　传统化工领域应用的压缩机

传统化工领域主要指合成氨、合成甲醇、合成尿素，生产氢等。这些产品所需原料也可是石油与天然气，但在我国目前主要是用煤，故也称为煤化工。

所有的煤化工除焦化外，第一步都需汽化，以获得产品需要的原料气。汽化炉有多种。我国一些中、小型企业应用鲁奇炉，汽化大都在常压下进行(也有企业提到 0.3MPa 或 0.5MPa 以提高出气率)。主要原料除煤外，还有水蒸气与空气。若为合成氨($3H_2 + N_2 \longrightarrow 2NH_3$)，煤的作用实际上仅为燃烧产生高温(800℃以上)，使水蒸气裂解成氢与氧分子，而氧分子与空气中的氧分子一道供煤燃烧产生高温环境。汽化炉产生的原料气成分为氮、氢、二氧化碳、一氧化碳等，其中除氮与氢为合成氨真正的原料外，其余的成分均应予以清除。其工艺可参考图 2－12 及图 2－13 所示流程图。

我国一些中、小型(产量在 15 万吨/年以下)生产氮肥的合成氨企业，氨合成的压力为 32MPa(G)，采用往复压缩机，常压进气，单台压缩机容积流量最大已达 800m³/min，单台的年产氨量为 5～8 万吨，产量较大时需要几台往复压缩机并联运行。

在上述系统中氨合成塔的效率约为 12%，即在合成塔内仅有一小部分氮、氢合成了氨，故合成塔出来的气体要经冷却，使已合成的氨冷凝而与原料气分离，这就需要用冷冻设备。通常使用以氨为制冷剂的往复压缩机。从合成塔出来的气体在经冷却与分离掉氨后，压力便降至 28MPa 左右，需要再增压后进入合成塔，这种增压压缩机也用往复式，一般称为循环压缩机。

若应用螺杆压缩机与往复压缩机串联运行，低压缩级由螺杆压缩机来完成。在我国螺杆式单机可达800m^3/min；采用喷水内冷却，单级压力比可达 $\varepsilon=6$ 以上，即可抵偿第一、二级气缸与相应的中间冷却器。螺杆不惧怕焦油与粉尘，相反还可起到密封螺杆齿隙的作用。螺杆压缩机还可直接由工业涡轮机驱动，以减少企业电力消耗，并且减少了一、二级气阀因焦油与粉尘阻塞遭至的损坏与维修，以及一、二级气缸的润滑油消耗(通常每吨氨为2kg左右)。

根据文献[4]的介绍，串联可有四种方案：

方案一，原加压变换、加压碳化工艺不变，如图2－12所示。

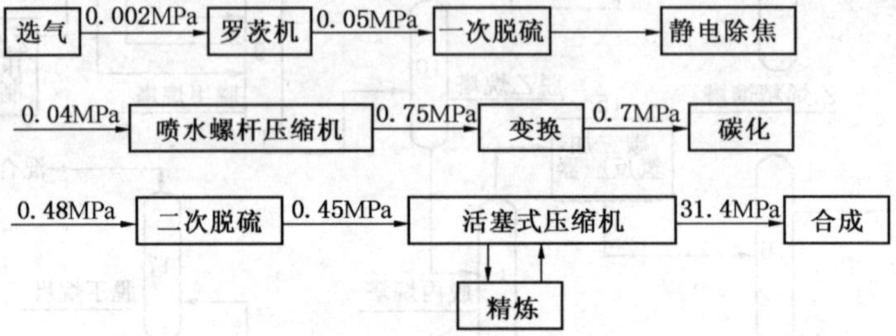

图2－12　串联方案一

方案二，由于改造场地狭小等原因，取消罗茨机和原来的常压初脱硫，用喷水螺杆压缩机取代原庞大的罗茨风机，0.4MPa压力的脱硫，缩小脱硫岗位的占地面积，其流程如图2－13所示。

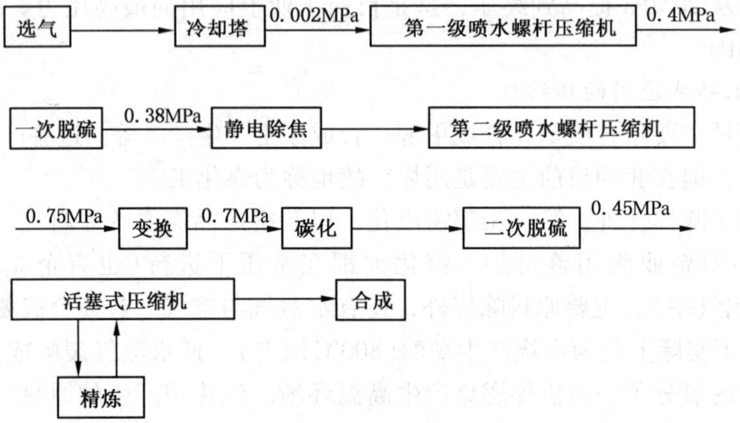

图2－13　串联方案二

方案三，整个合成氨装置进行增产节能改选，原变换工段已不适应需另建，其尿素厂工艺流程如图2－14所示。

方案四，如变换工段保持原来的压力等级，则尿素工艺流程如图2－15所示。

这些方案可以结合工艺改造考虑，对原企业扩容改造，从目前经验看，第一方案是最容易实现的。

串联方法的应用目前的困难是螺杆压缩机装置价格较高，企业一次性投资较大。

对年产量为30万吨的合成氨的大型现代化企业，若以煤为原料，则采用高压气体发生

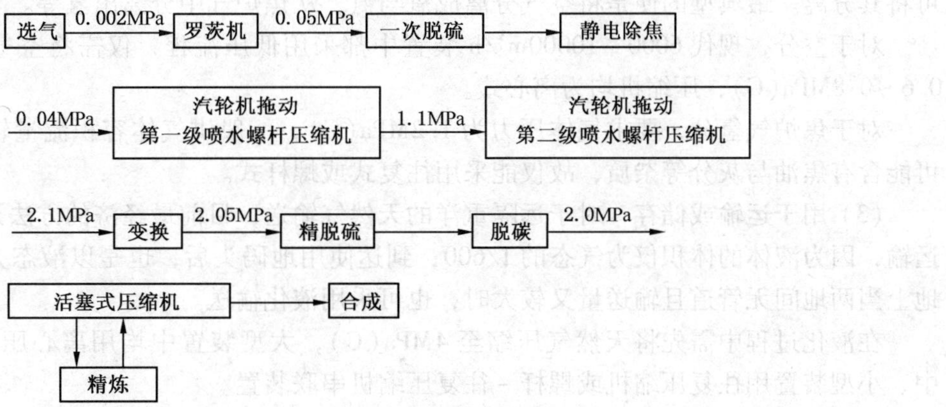

图 2 - 14　串联方案三

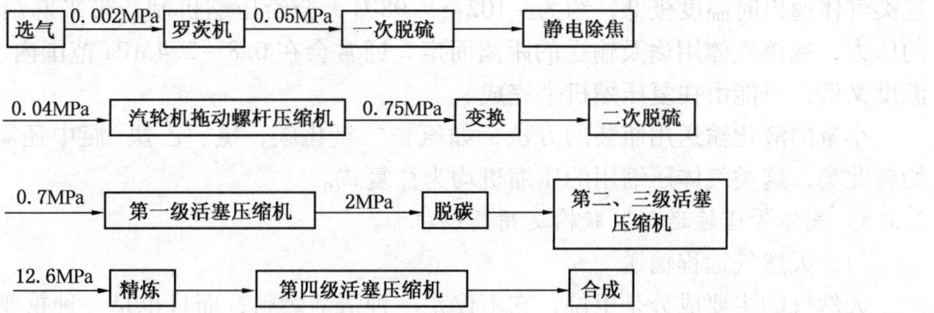

图 2 - 15　串联方案四

炉，如德士固炉，它以煤浆、水蒸气与纯氧为原料，在6MPa(G)炉内压力下将水蒸气裂解(见图2-6)，由此产生的原料气为 $H_2 + CO_2 + CO$。输入炉内的纯氧由大型空分装置供给，而空分装置中产生的氮待原料气净化后再加入其中。

大型合成氨企业合成塔压力仅为12～15MPa(G)，而压缩机入口压力当为德士固炉时达6MPa(G)，因此这类系统中压缩机压力比很小，故均应用离心压缩机；合成塔压力低，虽然催化剂(触媒)不断改进，合成率仅为(8～12)%，也即大量气体要进行循环，其循环压缩机也为离心式；原料气与氨分离所使用的冷却设备也为离心氨制冷机。

2.3.4　气体液化应用的压缩机

气体液化是一种古老的工艺。气体(单一气体或混合气体)通过压缩→冷却→膨胀(膨胀机或节流阀)，便能液化。气体液化的用途有：

(1) 制冷(包括热泵)　利用液体蒸发要吸收潜热的特性，可使周围环境或物质温度降低，达到制冷的目的，用以进行冷冻、冷藏、空调及除湿。如果利用压缩气体冷却时释放的热量加温周围环境或物质便称为热泵，意即把低温区的热量泵送至高温区。

制冷所需气体的压力，与制冷工质，即被压缩气体性质有关，例如最古老应用的 CO_2 工质，也是现在被宣扬的公害很小而被推广的工质，要求气体压力达7MPa(G)以上；又如工业上常用的氨制冷系统，要求将氨压缩至0.8～1.2MPa(G)；乙烯生产中所提到的乙烯制冷机压力为4.5MPa、丙烯制冷机压力约为1.0～1.5MPa。

(2) 混合气分离　将多组分混合气体液化后，利用各组分不同的饱和温度分别蒸发，便可将其分离。最典型的便是将空气分离成氧与氮，从焦炉气中分离出氢等。

对于空分，现代6000～10000m^3/h 装置中都采用低压流程，仅需将空气压缩至压力达0.6～0.8MPa(G)，压缩机均为离心式。

对于焦炉气氢分，要求气体压力为1.2MPa(G)，一般讲气体容积流量较小，且气体中可能含有焦油与灰分等杂质，故仅能采用往复式或螺杆式。

(3) 用于运输或储存　对于远隔重洋的天然气输送，目前最经济的方法是先液化后装船运输，因为液体的体积仅为气态的1/600；到达使用地码头后，也是以液态方式储存；在陆地上当两地间无管道且输送量又较大时，也可采用液化输送。

在液化过程中需先将天然气压缩至4MPa(G)，大型装置中均用离心压缩机压缩气体；中、小型装置用往复压缩机或螺杆-往复压缩机串联装置。

在液体运输或储存过程中，低温的液体会因容器非完全绝热，因而接受环境的热量而自然蒸发，这部分气体通常都用蒸发气压缩机简称BOG(Boiled off Gas)压缩机压送到用户处。这类气体逸出时温度极低，约为-102～-98℃，会给压缩机制造带来麻烦。排出气体要求的压力，视该气体用途及输送的距离而定，通常会在0.8～2.4MPa范围内。因为气量较小、温度又低，只能由往复压缩机来完成。

小量的液化输送用瓶装的方法，如氨、二氧化碳、氯、乙炔(瓶中还需用丙酮吸收)等均属此类，这类气体压缩用的压缩机均为往复式。

2.3.5　气体管道输送与装瓶输送用压缩机

(1) 天然气远程输送

天然气的主要成分是甲烷，它不仅是一种清洁燃料，而且也是一种重要的化工原料。曾经以石油或煤为原料的化工工艺都可以用天然气来取代，并且与石油相比地球已知的储量远较石油要多，裂解也方便。天然气的运输也较石油和煤方便。

对于天然气管道远距离输送，气体开始送入管道时，一般压缩至7～10MPa(G)。一路输送过程中由于管道沿程阻力损失，或管道附近城镇用气所需而开设支管，管道内气体压力愈来愈低。当压力降至3～7MPa时，便需要再次增压，故沿途要设立增压站。这种增压站可用往复压缩机，也可用离心压缩机。

近年来的趋势是输送气量愈来愈大，驱动功率也愈来愈大，如图2-16所示。在3MW以下，通常用往复压缩机；在3～15MW范围内，可用离心压缩机，相应的驱动机为燃气轮机，在合适的条件下也可用电动机。其中，曾经风靡一时的整体式摩托压缩机已于20世纪末退出历史舞台，继之在用往复压缩机加压时，采用单独的燃气发动机驱动。

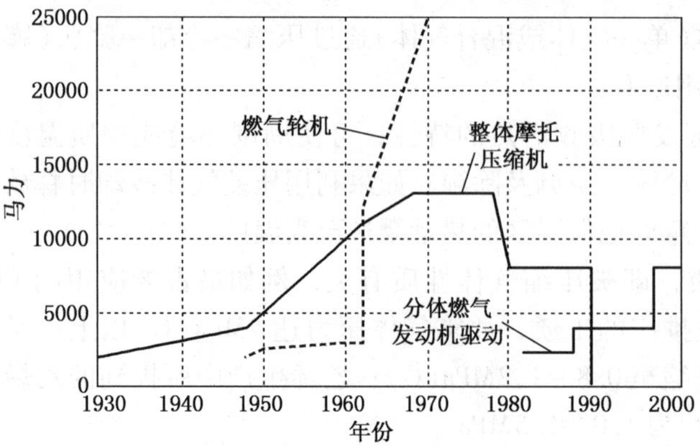

图2-16　天然气管道近年来几种压缩机组发展趋势

值得注意的是，在3～6MW范围内，用往复还是离心压缩机，应作详细经济性分析。

资料[3]根据美国的情况，分析了离心压缩机/燃气轮机驱动、Wartsila34SG燃气发动机驱动Ariel JGV/6压缩机及两套CAT3616A驱动Ariel JGC/6等三种机组的经济性。在做了一些假设后，分析结果见表 2-9。比较表明，Wartsila 34 SG 燃气发动机驱动 JGV/6 压缩机组最经济。

表 2-9　三种机组的经济性比较

内容与名称	Turbine/Centrifugal	Wartsila 34SG/Ariel JGV/6	两套 CAT 3616TA/Ariel JGC/6
安装费	$ 5 091 000	$ 3 642 000	$ 4 834 000
每马力运行与维修费	25	40	45
年运行与维修费	$ 200 000	$ 320 000	$ 360 000
年燃料费	$ 1 160 000	$ 841 000	$ 909 000
* NPV 运行与维修费	$ 1 640 000	$ 2 624 000	$ 2 952 000
* NPV 燃料费	$ 9 511 000	$ 6 896 000	$ 7 454 000
总生命周期费用	$ 16 162 000	$ 13 162 000	$ 15 240 000
差别	+23%	0	+16%

* NPV - net present value，净总值，但扣除了 10%。

在天然气管道输送中，还需注意到流量变化时压缩机的适应性问题。图中 2-17 粗实线圈出的是最常遇到的变化范围；黑点表示一些离心压缩机工况。由图可见，双机组往复压缩机适应性最强。

此外，在天然气矿井至集中净化厂也用管道输送，所用集气压缩机均为往复压缩机。一方面因为气体较脏，含硫、含水；另一方面处理的气量相对较小，离心压缩机难以胜任。

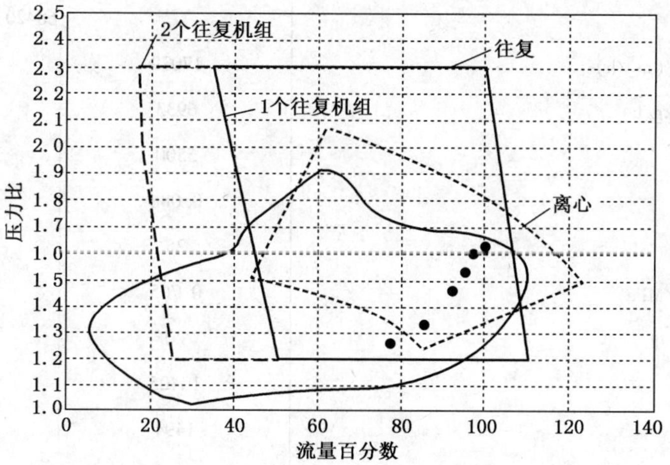

（图中黑点为一台实际运行工况）

图 2-17　三种机组流量变化的适应性比较

（2）氯碱工业中的氯气输送

氯气输送过去依靠液环式压缩机中的一种纳氏泵，输气量相对较小，能耗高，维修率高，故已不能适应企业大型化的要求，若要达到产能 10 万吨/年的要求，目前采用离心压缩机。

例如某企业欲将从电解槽来的氯，经脱水、酸雾捕集后的干净氯气（成分为 $Cl_2 \geq 93\%$、

$H_2 \leqslant 0.4$、$H_2O \leqslant 50 \times 10^{-6}$），经离心压缩机压缩达 0.6MPa（G）后，送至用氯岗位。该氯压缩机系统流程见图 2－18，压缩机性能参数见表 2－10。

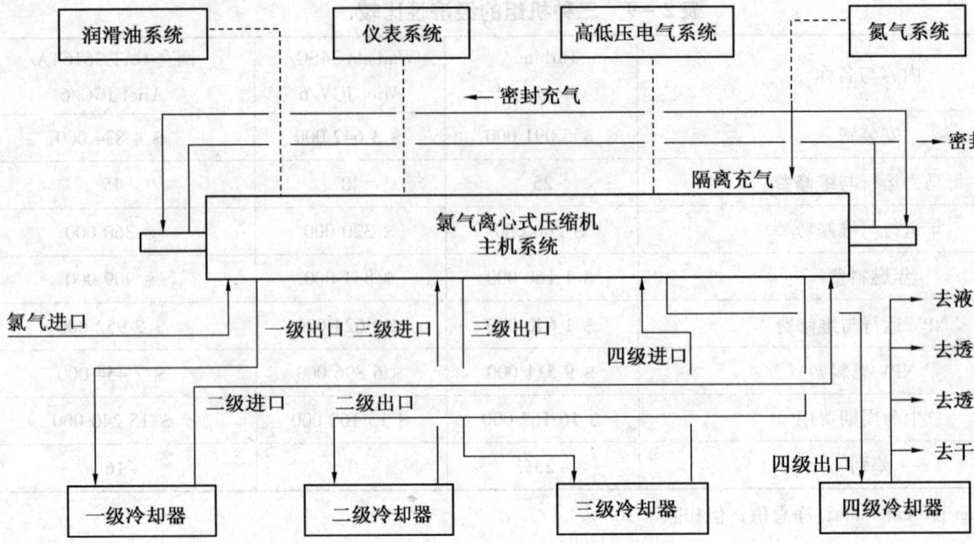

图 2－18 氯气离心式压缩机系统流程示意图

表 2－10 压缩机性能参数

工 况	正常工况（不用回流）	额定工况
介质	干氯气	
摩尔质量/（kg/kmol）	68420	
压缩机自身氯气流量/（m^3/h）	17079	20184
实际入口体积流量/（kg/h）	6933	8194
标况流量/（m^3/h）	5500	6500
入口压力/MPa	0.088	0.088
入口温度/℃	25	25
压缩机末级排气压力/MPa	0.705	0.705
压缩机排气温度/℃	20	89
转子速度/（r/min）	10405	10405
电机转速/（r/min）	1494	1494
压缩机轴耗功/kJ	554	622
电机功率/kW	700	

氯气压缩机材料一般为碳钢，但要求含水量的体积百分数在 100×10^{-6} 以下，并不含盐分等固体杂质，以防叶轮磨损与腐蚀。

（3）气体装瓶输送

当气体数量较小时可装瓶输送，传统的装瓶输送的气体有氧、氮、氩、氢等，瓶装气体最高压力为 15MPa（G），都用往复压缩机进行压缩。

随着天然气作为燃料的广泛应用，它已被作为汽油的替代燃料，广泛用于驱动汽车。天然气不仅使汽车排气污染小于汽油，而且运行成本也比汽油低。

天然气用在汽车上，一般为城市公交车、出租汽车，主要用瓶装携带，由专门的加气站供气。目前在我国气瓶储存的压力为20MPa(G)。

加气站有三种类型，如表2-11示。

表2-11　加气站类型

加气站类型	天然气来源	压缩机进气压力/MPa	压缩机排气压力/MPa
常规站	城市管网	0.15~0.25	25
母站(给子站供气，也可直接给汽车供气)	城市管网前主管道	0.8~1.5或1.5~3.0	自3增至22
子站	因无天然气管网，由槽罐车从母站运来	从槽罐车内压力20MPa先向汽车气瓶直接充气，当降至16MPa，由子站压缩机吸入增压	25

加气站的主要设备是压缩机，在我国常规站压缩机功率为130~220kW，母站为250~350kW，子站为50~90kW，因设备较小，均使用往复压缩机。

2.3.6　空气动力设备

空气作为力能传递的介质，其主要的优点是：安全，无污染，空气取之不尽且无需成本。虽然气动器械与设备总效率很低，仅8%，但还是得到了很大的发展与广泛的应用。例如风镐、风钻、气动板手、捣固机等；一些自动化设备中的气动控制元、器件；纺织工业中的无梭织布；交通运输中一些发动机的启动，门、窗的自动启闭，乃至厕所的冲刷；在军事上最典型的便是控制潜艇的沉浮与一些武器的发射；油井注气采油等等。

大多数空气动设备使用的压力在0.8MPa以下，现在的排钻要求提供的空气压力达2.5MPa；对于塑料吹瓶与注塑的空气压力为4.5MPa；军事上用的压缩空气，主要为瓶装贮存，目前最高压力达45MPa；注气采油为15MPa(以上压力均为表压)。

对于单台压缩机的容积流量，现在倾向于一台设备用一台压缩机或一个车间用一台或两台压缩机。过去曾采用空气动力站形式，但因为管道敷设增加初投资与建设周期，运行中有管道压力损失而增加功耗，故现已不采用。

为驱动空气动力设备所用的压缩机，现在容积流量在40m³/min时主要使用喷油螺杆压缩机，也仍有部分空气往复压缩机；容积流量大于40m³/min时，离心压缩机逐渐受到了用户的欢迎，但离心压缩机价格昂贵，一次性投资大，因而往复式、螺杆式压缩机仍有很大市场；而容积流量要求在100m³/min以上时，无疑离心式将十分合适，除非容积流量在供气过程中有很大的波动，而离心压缩机又无法以调节来满足此要求时，宜应用往复式或螺杆压缩机。

在中、高压情况下，一般流量较小，大都在20m³/min以下，届时宜用往复压缩机。而在我国，一种螺杆压缩机与往复压缩机串联的形式得到了一定的发展，因为串联形式的低压一、二级压缩可由现在市场上供应的喷油螺杆压缩机单级压缩来完成，从而避免了往复压缩机一、二级较大直径的气缸与中间冷却器，这给中、小型压缩机厂生产带来了方便，而用户也无需增加很大的一次性投资。

2.3.7 钢、铁冶炼

（1）高炉炼铁　压缩机最原始的应用便是从炼铁开始的。随着高炉有效容积不断增大，要求鼓风量也愈大，现代高炉容积已达 $1000m^3$ 以上，必须采用大型轴流压缩机，并且以静叶可调式结构最为有利。

（2）纯氧顶吹转炉炼钢　此种炼钢方法比平炉炼钢速度快，投资省，它生产一炉钢仅需 20 多分钟，但需要大型氧气压缩机将氧送入转炉。目前世界上最大的离心氧压缩机流量达 $72000m^3/h$，排气压力为 3.75MPa，功率为 12.15MW。

（3）矿石烧结　为了使高炉中采用精矿，当铁矿石为贫矿时必须进行选矿，使之成为精矿粉，再在烧结机中烧结成适合于冶炼的块料。当矿石在移送带上进行烧结时，要产生大量烟气与尘埃，因此要用抽风机。抽风机一方面吸入空气同时抽走烟气。目前最大的烧结抽风机是后弯叶片双吸式离心抽风机，流量达 $4\times10^4m^3/min$，压力为 0.017MPa，转速为 900r/min。

参考文献

1 郁永章主编. 容积式压缩机技术手册. 北京：机械工业出版社，2000

2 机械工程手册编辑委员会. 机械工程手册(第二版)——12 卷，通用机械设备. 北京：机械工业出版社，1997

3 G. M. Kopscick, Pipeline Applications of Cantrifugal and Reciprocating Compressars, Proceedings of the 3rd International Compressor Technique Conference August, 15 - 18, 2001, Wuxicity, China

4 程广庆. 合成氨生产中螺杆压缩机与往复压缩机串联压缩的可行性. 压缩机技术，3 期，2006

5 王凤明，丁海秋，周礼全. 氯气透平压缩机选型设计及干燥系统改进. www.compresoroline.cn 转载《中国氯碱》

6 陆士庆主编. 炼油工艺学. 北京：中国石化出版社，2009

3 零件材料、许用应力及强度计算方法

压缩机及其装置的零、部件所用的材料涉及低温(< -20℃)、中温(-20 ~ 360℃)、及高温(>350℃)；一些容器(包括往复压缩机气缸)的压力有低压($p \leqslant 0.1 \sim 1$MPa)、中压($p = 1 \sim 10$MPa)及高压($p = 10 \sim 100$MPa)，甚至超高压($p > 100$MPa)。同时，压缩机运行中的许多零、部件又是运动的，甚至是高速运动的。此外，还有一些零、部件的运动有摩擦及磨损。因此，它们所使用的材料涉及面很广，包括金属、非金属。在金属中又有黑色金属，即钢与铁，包括它们的合金；有色金属，除用于前述钢与铁的合金(如镍、铬、锰等)外，铝与铜也属常用材料。非金属材料包括有机与无机材料，有机材料又有热塑性与热固性两种。压缩机的工作大都在中温范围内，对机器零、部件主要的影响是强度和磨损。对于工作在低温或高温区的设备，应用的材料首先要满足温度的要求，因为低温脆性与高温蠕变是必须首先注意到的。

有关材料手册所提供的各项性能资料均属特定条件下用标准试验得出的，实际的零件因为尺寸较大或结构形状比较复杂，其中一些性能达不到理论值，因此实际应用中需要进行修正，提出相应的许用值。并且，在真正应用时还应考虑到一些可能出现的因素，所以比许用值还应小一些，即再有一个“安全系数”。

有关零件的强度计算问题，仅极少数零件的强度可用解析法来计算。现在绝大多数形状复杂的零件，可用有限元法较好地计算出各部位的应力及变形情况，并且有现成的商业软件可提供应用。

3.1 金属材料的性能

3.1.1 力学性能及含义

(1) 金属材料的力学性能及含义(见表3-1)

表3-1 金属材料各种性能

力学性能	性能指标			含 义
	符号	名称	单位	
强度	σ_s	屈服强度	Pa	材料产生屈服现象时的最小应力，见图3-1(a)
	$\sigma_{r0.2}$	条件屈服强度	Pa	材料产生0.2%塑性变形时的应力，见图3-1(b)
	σ_b	抗拉强度	Pa	材料在拉断前所承受的最大应力，见图3-1
塑性	δ	断后伸长率	×100%	试件拉断后的伸长量与原标距长度的百分比
	ψ_4	断面收缩率	×100%	试样拉断后缩小的面积与原面积的百分比
硬度	*HB*	布氏硬度		球面凹痕单位面积上所承受的力
	HRA *HRB* *HRC*	洛氏硬度		根据压痕深度来确定的硬度
	HV	维氏硬度		四棱锥压痕表面积所担负的平均压力

续表

力学性能	性能指标			含义
	符号	名称	单位	
韧性	α_k	冲击韧性	J/cm^2	冲断试样单位面积所消耗的冲击能
疲劳强度	σ_{-1}	疲劳强度	MPa	金属经受多次交变载荷(一般为10^7 或更长些)作用而未发生断裂的最大应力
刚性 (刚度)	E G	弹性模量 剪切弹性模量	MPa	材料在弹性形变范围内产生单位变形所需的应力，即材料抵抗变形的能力。弹性模量又称杨氏模量

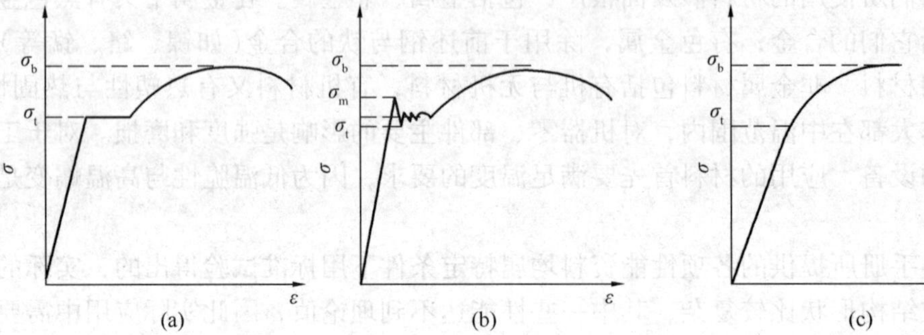

图 3－1　不同材料的屈服强度与抗拉强度

(a)平台状屈服；(b)锯齿状屈服；(c)无屈服平台

(2) 影响力学性能的因素

在压缩机中，应用最多的金属材料为钢与铁。钢与铁同为铁元素与碳元素的合金，只是碳含量多少不同而已。含碳量在 0.22% 以上为铁，在 0.22% 以下为钢。

① 含碳量对材料力学性能的影响，见图 3－2。

② 其他元素加入的影响

加入其他元素，如镍、铬、锰、钼等构成新钢(铁)种，将有益于性能的提高。

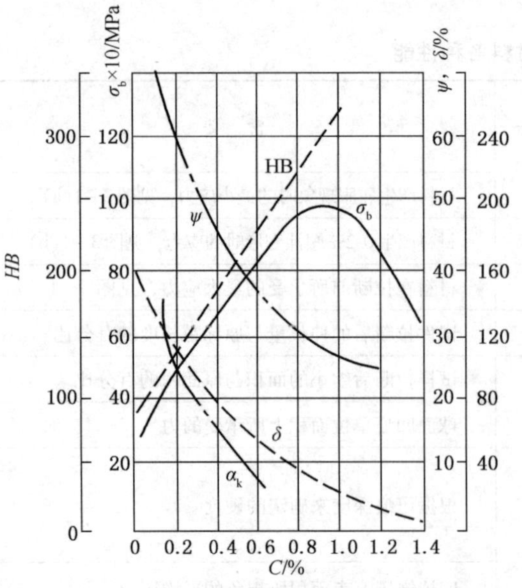

图 3－2　铁碳合金力学性能与含碳量的关系

③ 温度对性能的影响

一般资料提供的力学性能均指常温状态下的情况。温度改变时其值也变。

a. 温度升高，性能变化如图 3－3 所示。当温度高于 250℃时，其强度变开始降低，因此又提出了以下两个强度指标：

持久强度　又称持久极限，是指材料在规定温度下，达到规定时间而不断裂的最大应力。常用符号为 $\boldsymbol{\sigma}_b$ 带有一个或两个角数或指数来表示。例如 $\boldsymbol{\sigma}_{b700/1000}$，表示在实验温度为 700℃时，持久时间为 1000h 的应力，即所谓高温持久强度，单位为 MPa。

蠕变强度　又称蠕变极限，是在规定温度下，引起试样在一定时间内蠕变总伸长率或恒定蠕变速率不超过规定值的最大应力。蠕变极限一般有两种表示方法：

一种是在给定温度 T 下，使试样承受规定蠕变速度的应力值，以符号 σ_{ε}^{T} 表示，其中 ε 为蠕变速度，单位%/h。例如 $\sigma_{1\times10^{-5}}^{600}$，即表示在实验温度为600℃时，蠕变速度为 1×10^{-5}%/h 的蠕变极限。

另一种是在给定温度 T 下和规定试验时间 t 内，使试样产生一定蠕变变形量（δ,%）的应力值，以符号 $\sigma_{\delta/t}^{T}$ 表示之。蠕变极限的单位为 MPa。

如果设备的操作温度较高，则必须选用在相应温度下能保持其强度指标的材料。

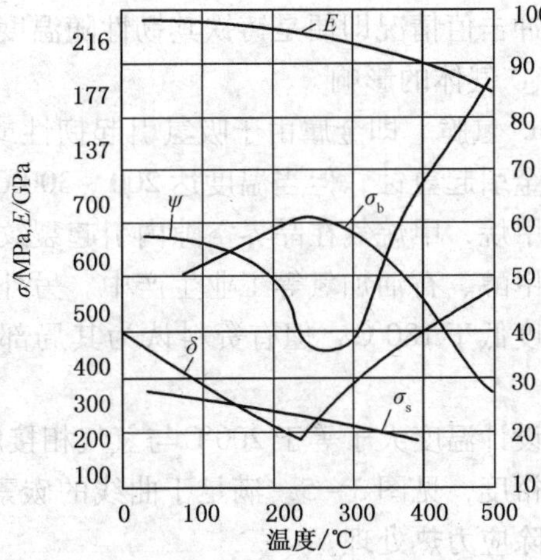

图 3-3 材料力学性能与温度的关系

b. 温度降低

钢铁的韧性根据含碳量的不同随温度变化，如图 3-4(a)所示，也即铁在低于-50℃、钢在低于-80℃几乎失去了韧性，习惯上称之为低温韧性，并用夏比缺口冲击值(Charpy-V)来表示。因此，在低温下工作的机器设备便要使用加入合金元素的材料。图 3-4(b)所示为一种加入合金元素 Ni 或 Mn 的钢材料，其夏比

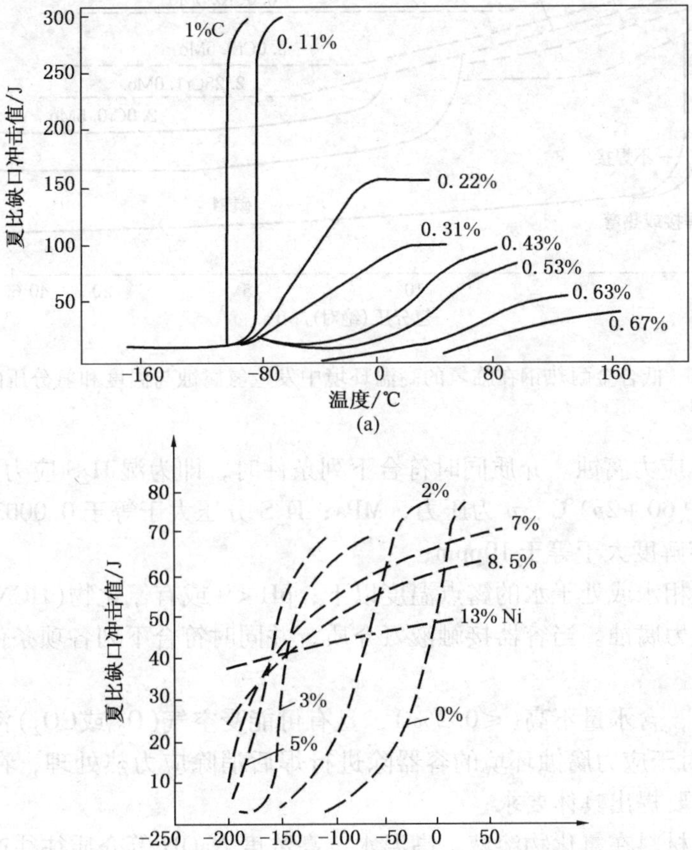

图 3-4 随温度变化的夏比缺口冲击值

(a) 不同碳含量的钢铁材料；(b) 加入镍或锰的合金钢

缺口冲击值情况即便是铸铁其韧性随温度变化也较小。

④ 气体的影响

a. 氢脆　即金属由于吸氢引起韧性或延性下降的现象。氢在常温常压下一般不会对铁碳合金引起氢蚀，但当温度达 200～300℃即可发生“氢脆”。因为，金属在高温下与氢反应生成甲烷，甲烷气在晶界空隙内引起裂纹，使材料的塑性降低。这种腐蚀多发生在合成氨、合成甲醇、石油加氢等工业生产中。另外，在气缸无油润滑的压缩机中，虽然压缩终了的气体温度低于 180℃，但有资料认为其局部摩擦热可能会达到 200℃以上，因此可能产生“氢脆”。

设计温度大于等于 200℃与氢气相接触的钢应按纳尔逊曲线选材，并应留有 20℃以上的安全裕度，见图 3－5。满足于曲线的碳素钢和珠光体耐热钢在氢气氛围中使用焊接工艺后应消除应力热处理。

奥氏体不锈钢在氢分压范围的氢气中使用都是满意的，焊后也没必要进行消除应力热处理。

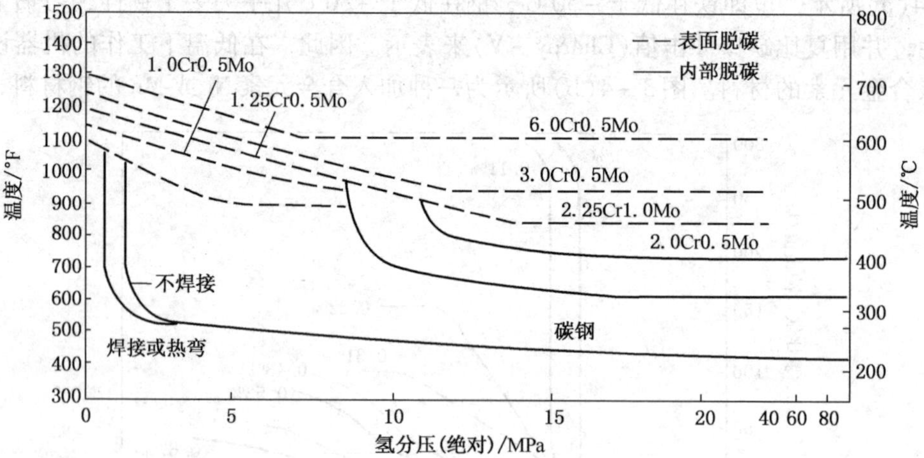

图 3－5　低合金耐热钢在临氢的高温环境中发生氢腐蚀与温度和氢分压的关系

b. 应力腐蚀

首先是湿 H_2S 应力腐蚀。介质同时符合下列条件时，即为湿 H_2S 应力腐蚀环境：

温度小于等于(60＋2*p*)℃，*p* 为压力，MPa；H_2S 分压大于等于 0.00035MPa，即相当于常温在水中 H_2S 溶解度大于等于 10ppm；

介质中含有液相水或处于水的露点温度以下；pH＜9 或有氰化物(HCN)存在。

其次是液氨应力腐蚀。当容器接触液氨介质，并同时符合下列各项条件时，即为液氨应力腐蚀环境：

介质为液态氨，含水量不高(≤0.2%)，且有可能受空气(O_2 或CO_2)污染的场合；使用温度高于－5℃；对于应力腐蚀环境的容器除进行焊后消除应力热处理，在焊接要求、焊接接头硬度等方面都要提出具体要求；

奥氏体不锈钢材料在氯化物溶液、高温水、高浓度 NaOH 等介质往往产生应力腐蚀。

3.1.2　金属硬度

金属材料的硬度以压入法测定最多。压入法硬度指标有布氏硬度(*HBS*、*HBW*)、洛氏硬度(*HRA*、*HRB*、*HRC*)、维氏硬度(*HV*)、肖氏硬度(*HS*)等。工程上常用布氏硬度、洛氏硬度和维氏硬度。

硬度与强度存在一定换算关系，详见表3－2。

表3－2　硬度与抗拉强度的换算

金　属	硬度范围	抗拉强度与硬度的经验公式
碳钢	$HBS \leq 140$ $140 < HBS < 450$ $60 \leq HBS \leq 100$	$\sigma_b \approx 3.68 \sim 3.76HBS$ $\sigma_b \approx 3.40 \sim 3.51HBS$ $\sigma_b \approx (2.64 \sim 2.36) \times 10^4/(130 - HRB)$
碳钢及合金钢	$450 < HBW < 650$ $20 \leq HBW \leq 60$	$\sigma_b \approx 3.36 \sim 4.08HBW$ $\sigma_b \approx (4.22 \sim 4.95) \times 10^6/(100 - HRC)^2$
铸钢	$HRC < 40$ $HRC > 40$	$\sigma_b \approx 3 \sim 4HBS$ $\sigma_b \approx 8.61 \times 10^4/(100 - HRC)$
灰口铸铁	$40 > HRC > 10$	$\sigma_b \approx (HBS - 40)/0.6$ $\sigma_b \approx 4.89 \times 10^6/(100 - HRC)^2$
高强铸铁		$\sigma_b \approx 3.04HBS \pm 50$
铝		$\sigma_b \approx 2.7HBS$
硬铝		$\sigma_b \approx 3.6HBS$
铝合金(ZL_{11})		$\sigma_b \approx 2.66HBS$
铜		$\sigma_b \approx 5.5HBS$
黄铜(H90，H80，H68)		$\sigma_b \approx 3.5HBS$
黄铜(H62)		$\sigma_b \approx 4.3 \sim 4.6HBS$
Cu－Zn－Al 合金		$\sigma_b \approx 4.8HBS$

3.1.3　金属材料的工艺性能

根据金属材料的不同加工工艺，工艺性能可分为：

(1) 铸造性能

金属材料铸造成型获得优良铸件的能力称为铸造性能。衡量铸造性能的主要指标有流动性、收缩性和偏析。一般来说，金属材料流动性好，收缩率和偏析倾向小，则铸造性能就好。

(2) 锻造与挤压性能

金属材料利用锻压加工方法成型的难易程度称为锻造性能。锻造性能的好坏主要同金属的塑性和变形抗力有关。金属在冷态下还可利用其塑性使一些零件挤压或滚压成形。碳钢在加热状态下锻造性较好，铸铁则不能锻压。

(3) 焊接性

焊接性是指金属材料对焊接加工的适应性，也就是在一定的焊接工艺条件下，获得优质焊接件的难易程度。对碳钢和低合金钢，焊接性主要同金属的化学成分有关(其中碳的影响最大)。例如低碳钢具有良好的焊接性，高碳钢、铸钢的焊接性较差。

(4) 切削加工性

金属材料接受切削加工的难易程度称为切削加工性。切削加工性一般从切削后的表面粗糙度，以及刀具寿命等几个方面来衡量。影响切削加工性能的因素主要有工件的化学成分、组织状态、硬度、韧性、导热性和变形强化等。一般认为，金属材料具有适当硬度（170～220*HB*）和足够的脆性时易切削。

3.1.4 金属材料热处理与表面处理

热处理是指改善金属材料或其制品性能的一种工艺手段，它是将材料或制品加热到规定的适宜温度，随后用不同的方法或速度冷却，以改变其内部组织，获得所要求的性能。

有关热处理的方法，目前应用的有：

（1）退火 将金属件（钢件或铸件）加热到临界温度以上30～50℃，保温一段时间，然后缓慢地冷下来（一般用炉冷）。临界温度就是金属材料的相变温度，不同的金属材料特别是不同的钢号，临界温度不同，多为710～750℃，有些合金钢则为800～900℃，退火也叫焖火，实施退火的主要目的是：

① 降低材料硬度，提高塑性，退火能细化均匀材料内晶粒，调整组织降低硬度，改善切削加工性能和压力加工性能；

② 能改善和消除冷轧、铸造的冷硬现象，消除内应力。

退火根据材料和性能要求不同，用控制和调整加热温度、保温时间、冷却速度等不同工艺规范，分为完全退火、不完全退火、等温退火、去应力退火和再结晶退火，以适应不同的要求。

（2）正火 将钢件加热至临界温度以上，保温一段时间，然后用空气冷却（冷却温度比退火快）。

正火的目的是对低碳和中碳钢件使其内部组织细化，增加强度和韧性，减少内应力，改善切削性能。它对性能要求不高的普通结构钢件可作为最终热处理，以提高机械性能。

正火比退火有较高的机械性能，且生产周期和成本均较退火来得短和低。

（3）淬火 将钢件加热到临界点以上温度，保温一段时间，然后在水、盐水或油中（有的也可在空气中）急冷下来，使其得到高硬度。实施淬火的目的：

① 提高硬度和耐磨性；②淬火后再中温或高温回火可以获得良好的综合机械性能，对一些特殊的高合金钢，如不锈钢、耐磨钢，还可提高耐蚀性和耐磨性。

淬火时引起的内应力会使钢变脆，因此淬火后必须回火。

（4）回火 将淬火后的工件重新加热到临界温度以下某一温度，保温一段时间后在空气或油中冷却下来，其目的：

① 回火主要用来消除淬火时的脆性和内应力，减少工件的变形和开裂；②调整硬度，提高塑性和韧性，以获得工件要求的机械性能；③稳定工件尺寸。

回火分低温回火、中温回火和高温回火。

（5）调质 就是淬火后高温回火，这时的回火温度可达500～680℃。

进行调质，就是要使钢获得很高的韧性和足够的强度，一般重要的零件都要进行调质处理。

（6）时效处理 将钢件淬火后再加热到低于高温回火的温度，保温缓冷到300℃以下出炉。

时效的目的是使淬火后的工件进一步消除内应力，稳定工件尺寸，特别是对要求变形极小的工件和精密工件。

时效与回火具有相同的作用，但耗时较长。

时效分高温时效和低温时效，前述为高温时效。将工件再加热到100～150℃保温较长时间，如5～20h则为低温时效。

（7）表面热处理　是通过改善工件表层组织或化学成分，获得较高硬度，但保留心部的韧性和塑性或获得耐蚀、耐酸、耐碱的性能的处理工艺方法。

表面热处理包括火焰表面淬火，感应加热(即高频或中频)或工频淬火。

（8）冷处理　将淬火的工件在零度以下的低温介质中，如干冰，继续冷却到零下－80℃，使工件截面上温度均匀后，取出空冷。

冷处理能进一步提高工件硬度、抗拉强度和尺寸稳定性，主要用于合金钢制造的精密刀具和量具、丝杠及齿轮等。压缩机中用轴承钢作成的精密的柱塞副一般也要求冷处理。

（9）钢的化学热处理　钢的化学热处理是表面合金化与热处理相结合的一种工艺，通过改变材料表面层的成分和组织，提高其使用性能。

化学热处理渗层的性能取决于渗入元素与基体金属所形成的合金的性质，以及渗层组织结构。常用的化学热处理方法及其作用可见表3－3。

表3－3　常用化学热处理方法及其应用

方法	渗入元素	作　用
渗碳	C	提高钢件的耐磨性，硬度及疲劳性能
渗氮	N	提高钢件的耐磨性，硬度，疲劳性能及抗蚀性
碳氮共渗	C、N	提高钢件的耐磨性，硬度及疲劳性能；低温碳氮共渗还可提高工具的红硬性
渗硫	S	减磨，提高抗咬合性
硫氮共渗	S、N	提高钢件的耐磨性，改善疲劳性能
硫碳氮共渗	S、C、N	提高钢件的耐磨性，改善疲劳性能
渗铝	Al	提高钢件抗氧化性及在含硫介质中的耐蚀性
渗铬	Cr	提高钢件抗氧化性，耐蚀性及耐磨性
渗硼	B	提高钢件硬度、耐磨性及耐蚀性
渗硅	Si	提高钢件耐蚀性
渗锌	Zn	提高钢件抗大气腐蚀的能力

对于常用的碳氮共渗，有表3－4所示的三种温度不同的情况。

表3－4　碳氮共渗处理的特点及用途

类　型	温度范围	特 点 及 用 途
高温 碳氮共渗	900～950℃	由于高温碳氮共渗层含量很低，含碳量较高，渗层组织、性能以及适用范围均与渗碳相近。生产中用得较少
中温 碳氮共渗	700～900℃	可用较低的处理温度或较短的时间获得与渗碳相同的渗层深度，并可用于渗后直接淬火，因而工件变形小。渗层淬透性及耐磨性优于渗碳处理。对于要求耐磨和抗疲劳的各种薄小件以及载荷较大的传动齿轮和轴类件均适用

续表

类　型	温度范围	特 点 及 用 途
低温 碳氮共渗	500～700℃	与气体渗碳具有相近的表面硬度、耐磨性和抗咬合性，工艺周期较短，对各种钢均可产生硬化效果。与中温碳氮共渗比，工件变形小。适用于硬化层薄、负荷小、对变形要求严格的各种耐磨件及切削刀具

(10) 金属的钝化

① 钝化现象　由于阳极反应受到阻滞而引起金属或合金耐蚀性提高的现象叫钝化。钝化金属所具有的性质称为钝性。钝化现象的产生有以下两种途径：

首先是化学钝化，用氧化剂(钝化剂)与金属自然作用产生钝化。如钢铁的发蓝就是因为 $NaNO_2$ 和 NaOH 在高温下使金属表面生产一层蓝黑色的钝化膜；又如铝、铬、钛等金属可以被空气中和很多含氧溶液中的氧所钝化，这些金属又称自钝化金属。

其次是阳极钝化，利用外加电流使之阳极极化而钝化，又称电化学钝化。如 18－8 不锈钢在 30% H_2SO_4 中会剧烈腐蚀，但通以一定的阳极电流，就能使其腐蚀速度迅速下降到原来的数万分之一，不锈钢变成了钝态。

② 金属钝化的利用

首先，可以提高合金的耐蚀性。不同的金属具有不同的自钝化现象，如按腐蚀过程中阳极控制程度的减少排列，可得到一些金属的自钝化趋势减小的顺序为 Ti、Al、Cr、Be、Mo、Mg、Ni、Co、Fe、Mn、Zn、Cd、Sn、Pb、Cu。

若将某些易自钝化的金属(如 Ti、Al、Cr 等)和钝化性较弱的金属组成固溶体合金时，这种合金的自钝化趋势将显著提高。如 Fe－Cr 合金中的 Cr 含量符合 $n/8$(原子份数)(其中 $n=1, 2, 3\cdots\cdots$)定律时，其耐蚀性显著提高，据此可得到各种不锈钢。

其次，可以利用阳极保护技术—钝性的利用，即将被保护设备变成阳极，使其阳极极化，获得并维持钝态，使金属的腐蚀速度显著降低，进而保护了设备。这种技术特别适用于氧化性介质中的设备防腐，是一种既经济、保护效果又好的防腐蚀方法。

3.2　摩擦与磨损

3.2.1　摩擦与磨损特性

摩擦与磨损是一对相互接触的零件作相对运动时伴生的两种现象。摩擦是磨损的原因，磨损是摩擦的结果。

(1)摩擦

摩擦导致运动零件的作用力增加，造成摩擦功耗，并导致机械效率降低及摩擦零件温度升高。评价摩擦性能的优劣用摩擦系数 μ 来表示，μ 值小即摩擦损失小。μ 又分静摩擦系数(μ_s)和动摩擦系数(μ_d)。μ 值与摩擦面有油润滑与无油润滑有关，进而与润滑油黏性或无油润滑材料有关。

(2) 磨损

磨损可使零件尺寸改变，最终导致失效。因此，一些零件的强度可以设计成无限长寿命，但一对相互摩擦的零件，却总是因磨损而寿命有限。所以，许多机器可靠性降低，需要经常修理，需要备件，都是磨损造成的。在压缩机中最典型的例证便是轴瓦、活塞环等。

3.2.2 耐磨性指标与类型

(1)耐磨性指标通常以单位时间的磨损量来表示材料的耐磨性。磨损量愈小，表示材料的耐磨性愈好。磨损的表示方法有以下几种：

① 线磨损 摩擦表面法线方向的尺寸减小，即原始尺寸减去磨损后的尺寸；

② 重量磨损 即磨损重量损失，其值为原始重量减去磨损后的重量；

③ 磨损率(比磨损量) 即为磨损量/摩擦路程，或磨损量/摩擦时间之比值；

④ 在试验研究中用特定的刻痕深度或宽度进行比较。

(2)磨损类型

常见的磨损一般按表面破损形式分类，可分为：

① 黏着磨损 两表面接触，实际是表面上微凸体之间的接触，接触面积很小，仅占名义接触面积的1/100～1/1000。外载在单位实际接触面积上作用的压力极高，微凸体产生塑性变形，金属的表面膜破裂，使裸露的金属表面间直接接触。由于两表面原子间的吸力，形成表面之间所谓的“冷焊”。克服“冷焊”的结合力才能使两表面继续相对滑动，这就是摩擦力产生的原因。

如果剪切发生在原先接触表面的分界面上，将不引起磨损。若“冷焊”的结合面较强，剪切发生在软(弱)金属内部，则软金属将会有一小块黏附在硬金属表面，这一现象称为“转移”。材料表面由于“转移”现象造成一定程度的破坏，但并无磨粒产生。经过多次反复黏附转移，金属微粒从表面脱落下来形成了磨粒，这种磨损称为黏着磨损。黏着磨损的表面特征是金属表面有黏着块凸出，也可能有黏着坑。黏着磨损，轻者称为“涂抹”，重者称为“胶合”，更为严重者甚至咬死，以至不能相对运动。

提高硬度，选择互溶性小的摩擦副材料，采用润滑剂等措施均可减少黏着磨损。

② 磨粒磨损 由于硬的凸起部分或硬颗粒在软的表面上的犁沟作用形成磨粒的磨损称为磨粒磨损，也称磨料磨损或研磨磨损。

磨粒磨损表面最明显的特征是沟槽，与切削加工的沟槽类似。一般来说，磨粒磨损造成的危害性较大，占磨损失效事例中的50%左右。

③ 疲劳磨损 由于交变接触应力周期性作用的结果，使摩擦表面产生疲劳现象而引起材料微粒剥落的磨损称为疲劳磨损。

在齿轮、滚动轴承及以滚动为主的零件接触表面上常出现此类磨损。滚动接触疲劳磨损以表面出现大块金属剥落而失效，剥落坑大者可达1000μm，而一般磨损微粒大者仅几十个μm。剥落坑的产生也经历着裂纹萌生与扩展两个阶段。裂纹可因表面上存在缺陷，如表面较粗糙、表面弱化等而在表面萌生。裂纹也可在离表面一定深度的最大剪切力处萌生。

④ 腐蚀磨损 在腐蚀性介质中，摩擦表面由于与介质发生化学反应或电化学反应，生成反应物，经磨去再形成的反复过程，称之为腐蚀磨损。腐蚀磨损常与机械磨损(黏着磨损和磨粒磨损)相结合而出现。

腐蚀磨损中最普遍的是氧化磨损。一般零件都在含氧环境中工作，其表面总有一层氧化膜。当摩擦副一方表面凸起部分与另一方作相对运动时，氧化膜可能被凸起刮伤或剥落或被压碎，裸露出的新表面又会形成新的氧化膜。这种氧化膜不断被形成和除去的反复过程使零件表面逐渐被磨损就是氧化磨损的过程。剥落的氧化物夹在摩擦表面之间可能起到磨粒的作用，露出的金属表面可能发生黏着，因而氧化磨损往往与磨粒磨损及黏着磨损共存。

不发展成黏着磨损与磨粒磨损的氧化磨损是最轻的磨损。氧化磨损相对其他磨损类型来说，其磨损量是最小的。

由于氧化磨损和摩擦副接触处的塑性变形及氧化扩散密切相关，故氧化磨损速率主要取决于材料表层塑性变形抗力及氧在零件表层的扩散速率，同时也与所形成氧化膜的性质及其与基体的结合强度有关。氧化膜只有在一定条件下才能起作用，如膜需有一定的厚度(大于10^{-6}cm)，膜与基体要有足够的结合力，膜的生成速度要大于膜被磨去的速度等。

除上述四种磨损外，还有微动磨损、冲蚀磨损等。

微动磨损是摩擦表面间作微小距离(1mm以下，一般只有几十至几百个μm)往复运动所造成的磨损。在紧固接触的两表面之间常发生这类磨损。微动磨损兼有氧化磨损、磨粒磨损和黏着磨损的作用，有时还和接触疲劳相联系，是一种典型的复合磨损。在一些轴类热套紧固的部件中，时有发生的所谓“咬蚀”疲劳而使轴断裂者即属此类。

3.3 黑色金属种类与性能

3.3.1 钢的种类与应用

(1) 钢种

钢的分类方法有很多种，常用的分类方法如表3-5所示。

表3-5 钢常用分类方法

钢	按钢的化学成分	碳素钢	$\omega_c<0.25\%$而不含有特意加入合金元素的钢
		合金钢	为改善钢的性能而特意加入一种或多种合金元素
	按含碳的质量分数	低碳钢	$\omega_c<0.25\%$
		中碳钢	$0.25\%\leqslant\omega_c\leqslant0.6\%$
		高碳钢	$\omega_c>0.6\%$
	按质量分	普通质量钢	$\omega_s\leqslant0.50\%$，$\omega_p\leqslant0.045\%$
		优质钢	$\omega_s\leqslant0.040\%$，$\omega_p\leqslant0.040\%$
		高级优质钢	$\omega_s\leqslant0.30\%$，$\omega_p\leqslant0.035\%$
	按用途分	结构钢	用于制造各种机械零件和工程结构件，一般$\omega_c<0.70\%$
		工具钢	用于制种刀具、磨具、量具等，一般$\omega_c>0.70\%$
		特殊性能钢	具有某些特殊物理、化学性能的钢

注：ω_c表示碳的质量分数；ω_s、ω_p表示硫、磷在合金中的质量分数。

此外，钢还可按冶炼方法、冶炼时的脱氧程度、成型方法等进行分类。在实际应用中，往往将成分、用途、质量等几种分类方法结合起来。如将钢称为普通碳素结构钢、优质碳素结构钢、碳素工具钢、合金结构钢等。

(2) 常温下使用的钢种

对于制造各种机械零件和工程构件，常用普通优质的低碳与中碳钢。对于离心压缩机轴用材可见表3-6、表3-7。

表 3-6 轴用合金钢材料力学性能

牌号	试样毛坯尺寸/mm	力学性能					退火或高温回火状态布氏硬度 *HB* 不大于
		抗拉强度 σ_b/(N/mm²)	屈服点 σ_s/(N/mm²)	伸长率 δ_s/%	截面收缩率 ψ/%	冲击功 A_k(冲击值)(α_k)/J	
		不小于					
40Cr	25	980	785	9	45	47	207
35SiMn	25	885	735	15	45	47	229
40MnB	25	980	785	10	45	47	207
40CrNi	25	980	785	10	45	55	241
35CrMo	25	980	835	12	45	63	229
35SiMn2MoV	25	980	835	12	50	63	269
38CrMoAl	30	980	835	14	50	71	229
20Cr	15	835	540	10	40	47	179
20CrMnTi	15	1080	835	10	45	55	217

表 3-7 轴用不锈钢材料力学性能

牌号	拉伸试验				冲击试验	硬度试验		
	$\sigma_{0.2}$/MPa	σ_b/MPa	δ_5/%	ψ/%	A_k/J	*HB*	*HRB*	*HV*
	不小于					不大于		
1Cr13	345	540	25	55	78	159		
2Cr13	440	635	20	50	63	192		
3Cr13	540	735	12	40	24	217		
1Cr18Ni9Ti	205	520	40	50		187	90	200

(3)低温用钢

① -40℃级低温钢

-40℃级低温用钢主要有 16MnDR，是我国低温压力容器用钢中使用量最大的一个钢号，在 16MnDR 钢板的基础上降碳、加镍的新钢号 15MnNiDR 钢板，GB 3531—1996 标准中关于 16MnDR 钢板和 15MnNiDR 钢板的有关技术要求见表 3-8。

表 3-8 -40℃级低温用钢的主要技术指标(GB 3531—1996)

钢号	*P*/%	*S*/%	钢板状态	钢板厚度/mm	A_{kV}/J
16MnDR	≤0.030	≤0.025	正火	6~36	≥24(-40℃)
				>36~100	≥24(-30℃)
15MnNiDR	≤0.030	≤0.025	正火，正火+回火	6~60	≥27(-45℃)

② -70℃级低温钢

原先使用的钢号有 09Mn2VDR 和 09MnTiCuRE。近年开发的 09MnNiDR 低温用钢得到推广应用。另外，还开发了 07MnNiCrMoVDR 钢，是用于高参数低温球形容器的一个综合性能优良的钢号。目前，在 -70℃级低温用钢，美国和日本仍采用含镍量为 2.1% ~2.5% 的低合金镍钢钢板。具体钢号，美国为 ASME SA 203 Grade A 和 SA 203 Grade B，日本为 SL2N255。其化学成分和主要技术指标见表 3-9 和表 3-10。

表 3-9　-70℃级低温钢的常温力学性能

钢号	标准或技术条件	钢板厚度/mm	钢板状态	σ_s/MPa	σ_b/MPa	δ_5/%	A_{kV}/J
09Mn2VDR	GB 3531—1996	6~16 >16~36	正火， 正火+回火	≥290 ≥270	440~570 430~560	≥22	≥27 -50℃
09MnNiDR	GB 3531—1996	6~16 >16~36 >36~60	正火， 正火+回火	≥300 ≥280 ≥260	440~570 430~560 430~560	≥23	≥27 -70℃

③ -90℃级低温钢见表 3-10。

表 3-10　-90℃(-100℃)级低温用钢的力学性能

钢号	标准或技术条件	钢板厚度/mm	钢板状态	σ_s/MPa	σ_b/MPa	δ_5/%	α_k/(J/cm²)(-90℃)
06MnNb	—	≤20	热轧	≥343 ≥295	≥471 ≥430	≥21 ≥21	≥59 ≥59
3.5Ni	ASME A203-70D		正火， 正火+回火	≥255	451~530	≥23	A_{kV} (-100℃)21.6J

④ -120℃级低温钢

主要有 06AlCu 钢和 06AlNbCuN 钢。06AlCu 钢正火后的组织为铁素体+少量珠光体，是钢利用铝细化晶粒和钢强化固溶体的作用来提高低温韧性。06AlNbCuN 钢则适当增加含氮量并同时加入氮化物形成元素铝和铌，以使铝和铌与氮相结合，通过细小氮化物的弥散分布，一方面阻碍晶粒长大，另一方面可提高强度和韧性。在 -120℃时的冲击值可达到 60J/cm²以上。其力学性能见表 3-11。

表 3-11　-120℃级低温钢的力学性能

钢号	标准或技术条件	钢板厚度/mm	钢板状态	σ_s/MPa	σ_b/MPa	δ_5/%	α_k/(J/cm²)(-120℃)
06AlCu	—	16	正火	≥284	397~402	34~37.5	58.8
06AlNbCuN	—	3~14 >14	正火， 淬火+正火	≥294	≥392	≥21	58.8

⑤ -196℃级低温用钢

主要有 20Mn23Al 钢和 1Ni9(9Ni)钢。20Mn23Al 钢是一种高锰奥氏体钢，通过降低含碳量以提高低温韧性；增加含锰量和加入奥氏体形成元素(铝、氮、铜等)，以保证获得奥氏体，并使奥氏体在低温下保持稳定；加入强化元素使奥氏体固溶强化，并使其晶粒细化。1Ni9(9Ni)钢可在 -200℃的低温下使用。这种钢正火后的组织是马氏体+贝氏体，并在回火时又出现奥氏体，在低温时极为稳定而不易发生相变，其力学性能见表 3-12。

表 3－12　－196℃级低温钢的力学性能

钢号	标准或技术条件	钢板厚度/mm	钢板状态	σ_s/MPa	σ_b/MPa	δ_5/%	α_k/(J/cm^2)（－196℃）
20Mn23Al	—	16	热轧	402 *	711 *	50 *	52 *
		16	1150℃固溶	255 *	637 *	66 *	89.2 *
9Ni	ASME A533－70A		淬火＋回火	≥588	687～824	≥20	34.3 *

* 为平均值

⑥ －253℃级低温用钢

主要有 15Mn26Al4 钢，是一种与 20Mn23Al 钢相同的高锰奥氏体钢，不仅在低温下具有良好的塑性和韧性，而且加工工艺性也比较好，基本上与 18－8 型奥氏体不锈钢的低温性能相似。而 18－8 型奥氏体不锈钢在－253℃低温下的力学性能很好（$\sigma_{0.2}$＝600～710MPa、σ_b＝1800～1850MPa、δ_5＝38%、ψ＝27%、α_k＝140～160J/cm^2）。奥氏体不锈钢在低温下长期使用会发生向马氏体的转变，塑性和韧性有所下降。但是，15Mn26A 钢的塑性和韧性仍能维持较高的水平。此外，奥氏体不锈钢具有在液氢温度（－253℃）下阻止应力集中部位破裂的特性，因此在深冷条件下被广泛采用。

（4）高温用钢

高温用钢是指工作温度在 600～1200℃下，具有优良的综合力学性能和抗腐蚀性能的一大类钢种。图 3－6 与图 3－7 提供了一些高温用钢及其力学性能。

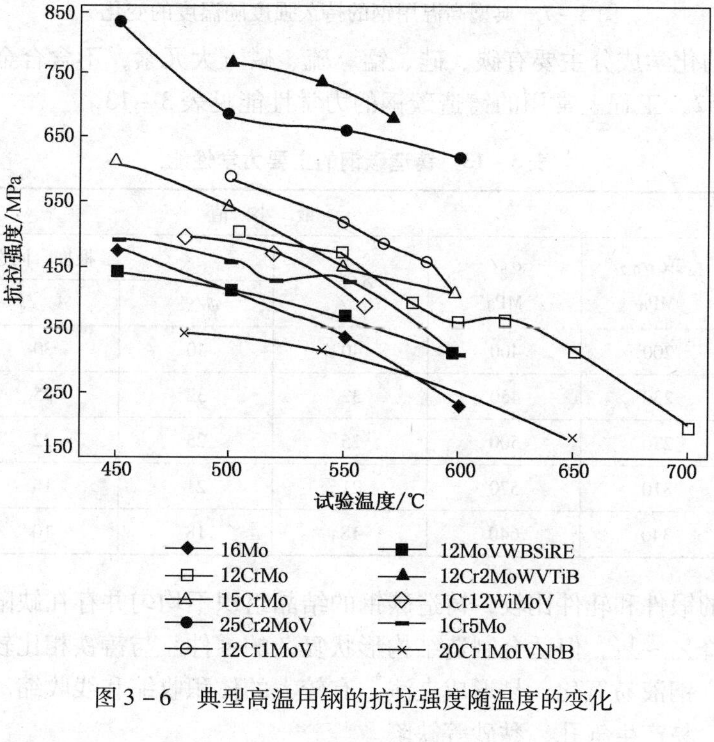

图 3－6　典型高温用钢的抗拉强度随温度的变化

3.3.2　铸钢

铸造用钢简称铸钢。按化学成分可分为铸造碳钢和合金铸钢，按用途分为常用铸钢、耐磨铸钢、不锈钢、耐酸铸钢、耐热铸钢等。

（1）常用铸造碳钢

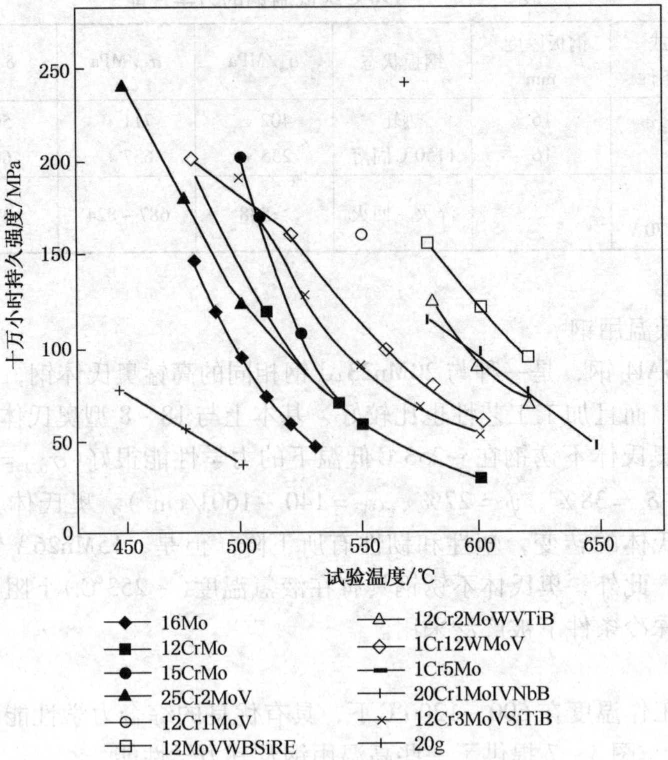

图 3－7　典型高温用钢的持久强度随温度的变化

铸造碳钢中的化学成分主要有碳、硅、锰、硫、磷五大元素，不含合金元素。

根据 GB 11352，工程上常用的铸造碳钢的力学性能见表 3－13。

表 3－13　铸造碳钢的主要力学性能

牌　号	最　小　值					
	σ_s 或 $\sigma_{0.2}$/MPa	σ_b/MPa	δ/%	根据合同选择		
				ψ/%	A_{kV}/J	α_k/(J/cm^2)
ZG200－400	200	400	40	40	30	600
ZG230－450	230	450	32	32	25	450
ZG270－500	270	500	25	25	22	350
ZG310－570	310	570	21	21	15	300
ZG340－640	340	640	18	18	10	200

与相同成分的锻件和轧件比较，铸造碳钢的结晶组织不均匀并存在缺陷，故强度和韧性较低，严重时下降⅓～¼，但适合制造结构形状复杂的零件。与铸铁相比较，钢的铸造性能较差，流动性差；钢液易氧化；易形成夹渣，有较大的体积收缩和线收缩。因此，易形成缩孔、缩松、热裂，易产生气孔、黏砂等缺陷。

① ZG200－400、ZG230－450

属于低碳素钢铸件，韧性和塑性较好，但强度和硬度较低，低温冲击韧性大，脆性转变温度低，导磁、导电性能好，焊接性好，铸造性差。

ZG200－400 用于制作受力不大、但要求韧性高的零件，如机座、变速箱的箱体等。

ZG230－450 用于制作受力不大、韧性较高的零件，如轴承座、底板、阀体、机座、机架等。使用温度在 300～350℃范围内，可用作透平机械中的汽缸和隔板。

② ZG270－500、ZG310－570

属于中碳钢铸件，有一定的塑性和韧性，有较高的强度和硬度，良好的切削性能，焊接性能尚可，铸造性能比低碳钢铸件好。

ZG270－500 适于制作飞轮、机架、气缸、轴承座、连杆、箱体等。

ZG310－570 适于制作重负荷零件，如联轴器、大齿轮、缸体、气缸、机架等。

③ ZG340－640

属于高碳素钢铸件，强度高、硬度高、耐磨性好，但塑性低、韧性差、铸造性能和焊接性能均差，裂纹敏感性较大。这种材料的综合性能不理想，有时会用低合金铸钢代替。常用于制作联轴器、齿轮等。

（2）常用合金铸钢

低合金铸钢为常用的合金铸钢，它是在相同牌号的碳素铸钢中加入 5% 以下的合金元素，以提高力学性能。加入的合金元素可以是一种、两种或多种，通常为低锰钢或高锰钢，有时也采用含铬、钼、镍等元素的合金铸钢。

按 GB/T 14408—1993 规定，常温下使用的一般工程与结构用低合金铸钢件有以下 8 种牌号：ZGD270－480；ZGD290－510；ZGD345－570；ZGD410－620；ZGD535－720；ZGD650－830；ZGD730－910；ZGD840－1030。其力学性能见上述规定。

3.3.3 铸铁

铸铁是以铁－碳－硅为主的多元铁基合金，并不是纯铁。铸铁的化学成分大致范围为 C(2.5%～4.00%)、Si(1.00%～3.00%)、Mn(0.10%～1.00%)、S(0.02%～0.25%)、P(0.05%～1.00%)。

铸铁具有良好的铸造性、耐磨性、消振性、切削加工性，低的缺口敏感性，生产工艺简单、成本低廉；铸铁为压缩机中常用材料。缺点是强度比一般钢低，特别是韧性和塑性较差，图 3－8 中的应力－应变曲线示出了这种关系。

铸铁中的碳在液态和固态相变时，可以以化合态的渗碳体Fe_3C 析出，也可以以游离态的石墨析出。根据铸铁中的碳在结晶过程中的析出状态以及凝固后断口颜色的不同，铸铁可分为以下几种：

① 白口铸铁　即只有少量碳溶于铁素体，其余全部以化合态的渗碳体析出。凝固后断口呈白亮的颜色。白口铸铁性质硬而脆，不能切削加工。

② 麻口铸铁　指碳既以化合状态的渗碳体析出，又以游离状态的石墨析出。凝固后断口夹杂着白亮的游离渗碳体和暗灰色的石墨。

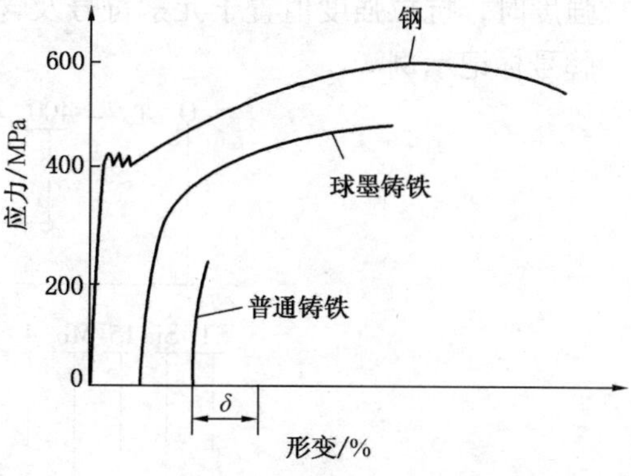

图 3－8　铸铁和钢的应力－应变曲线比较

③ 灰口铸铁　指大部分或全部的碳均以游离状态的石墨析出，凝固后断口呈暗灰色，故亦称石墨化铸铁。它具有一定的机械性能和良好的切削加工性能，是目前生产中使用最多

的。按石墨形状和大小不同，灰口铸铁可分为以下几种：

灰铸铁　石墨为片状；

孕育铸铁　石墨为细片状；

可锻铸铁　石墨为团絮状，是由白口铁经石墨化退火而成，塑性和韧性较好；

球墨铸铁　石墨为球状，是在铸造前往铁水中加入少量球化剂（Mg、稀土等），随后凝固而制得。

根据GB 5612规定，用各种铸铁相应的汉语拼音的第一个大写字母作为铸铁的代号，当两种铸铁名字的代号字母相同时，可在大写字母后加小写字母表示。同一名称铸铁需要细分时，取其细分特点的汉语拼音字第一个大写字母排列在后面。各种铸铁代号见表3－14。

表3－14　各种铸铁名称、代号及牌号表示方法实例

铸铁名称	代号	牌号表示方法实例	铸铁名称	代号	牌号表示方法实例
灰铸铁	HT	HT100	抗磨白口铸铁	KmTB	KmTBMn5Mo2Cu
蠕墨铸铁	RuT	RuT400	抗磨球磨铸铁	KmTB	KmTQMn6
球墨铸铁	QT	QT400－17	冷硬铸铁	LT	LTCrMoR
			耐蚀铸铁	ST	STSi15R
黑心可锻铸铁	KTH	KTH300－06	耐蚀球墨铸铁	STO	STQA15Si5
白心可锻铸铁	KTB	KTB350－04	耐热铸铁	RT	RTCr2
珠光体可锻铸铁	KTZ	KTZ450－06	耐热球磨铸铁	RTQ	RTQA16
耐磨铸铁	MT	MTCu1PTi－150	奥氏体铸铁	AT	—

在牌号中常规碳、硅、锰、硫、磷元素一般不标注，有特殊作用时，才标注其元素符号及含量。合金元素的含量大于或等于1%时，用整数表示，小于1%，一般不标注，只有对该合金特性有较大影响时，才予标注。合金元素按其含量递减次序排列，含量相同者，按元素符号的字母顺序排列。

牌号中代号后面的一组数字表示抗拉强度值，有两组数字时，第一组表示抗拉强度值，第二组表示延伸率值，两组数字之间用“－”隔开。当牌号中标注元素符号及含量还需标注抗拉强度时，抗拉强度值置于元素符号及含量之后，之间用“－”隔开。

牌号标记示例

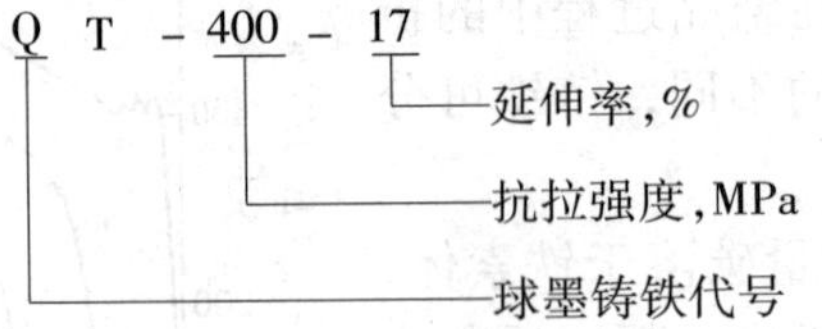

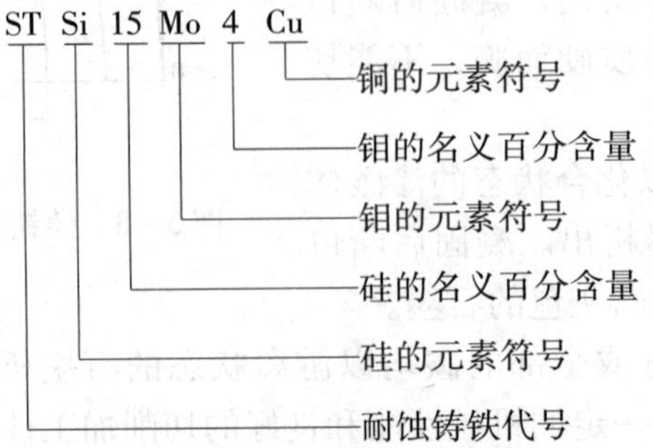

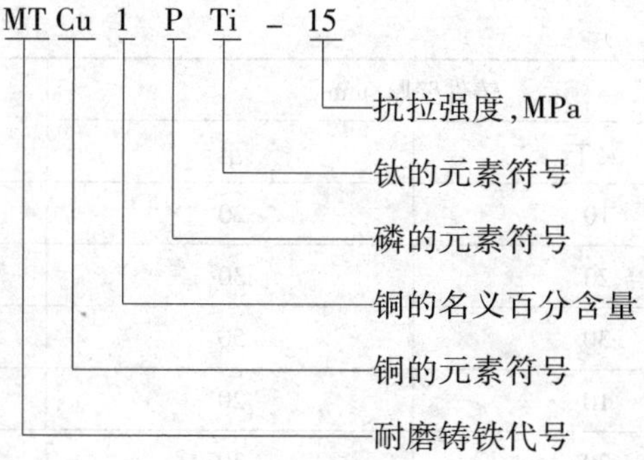

（1）灰铸铁

根据 GB 9439，我国现有的灰铸铁牌号为 HT100、HT150、HT200、HT250、HT300、HT350。后面的数字表示抗拉强度值，例如 HT200 表示灰铸铁，抗拉强度 $\sigma_b \geqslant 200$MPa。

一般灰铸铁中的石墨含量越多，石墨“共晶体”越粗大；石墨片越长，石墨的两端越尖锐；抗拉强度则越低。所以，灰铸铁的抗拉强度比同样基体钢的抗拉强度低。灰铸铁的抗拉强度与基体的抗拉强度有关，基体中的珠光体含量多，珠光体中 Fe_3C 片层越细密，抗拉强度越高。抗拉强度还与铸件壁厚有关。各种牌号的灰铸铁件在不同壁厚时预计能达到的抗拉强度见表 3－15。

表 3－15　铸件不同壁厚抗拉强度

牌　　号	铸件壁厚/mm		最小抗拉强度 σ_b/(N/mm²) < kgf/mm² >
	大于	至	
HT100	2. 5	10	130 < 13. 3 >
	10	20	100 < 10. 2 >
	20	30	90 < 9. 2 >
	30	50	80 < 8. 2 >
HT150	2. 5	10	175 < 17. 8 >
	10	20	145 < 14. 3 >
	20	30	130 < 13. 3 >
	30	50	120 < 12. 2 >
HT200	2. 5	10	220 < 22. 4 >
	10	20	195 < 19. 9 >
	20	30	170 < 17. 3 >
	30	50	160 < 16. 3 >
HT250	4. 0	10	270 < 27. 5 >
	10	20	240 < 24. 5 >
	20	30	220 < 22. 4 >
	30	50	200 < 20. 4 >

续表

牌号	铸件壁厚/mm		最小抗拉强度 σ_b/(N/mm²)<kgf/mm²>
	大于	至	
HT300	10	20	290<29.6>
	20	30	250<25.5>
	30	50	230<23.5>
HT350	10	20	340<34.7>
	20	30	290<29.6>
	30	50	260<26.5>

灰铸铁的硬度和抗压强度主要取决于组织中基体本身的强度和数量。一般抗压强度比抗拉强度高3~4倍，其布氏硬度值与同样基体的正火钢相近。

不同牌号灰铸铁的应用特点如下：

① HT100　铸造性能好，工艺简便，铸造应力小，不需人工时效处理，减振性优良。适用于轻负荷，对摩擦、磨损无特殊要求的形状简单的零件。支架、底板，对强度无要求的设备及管件等。

② HT150　性能特点和HT100基本相同，但有一定的机械强度。适用于承受中等弯曲应力(9.81MPa)、摩擦面间压强高于500kPa的铸件，以及在弱腐蚀介质工作的零件。例如液压泵进、出油管。鼓风机底座、后盖板，内燃机车水泵壳，止回阀体，阀盖，泵体，电机轴承盖，汽轮操纵座外壳，缓冲器外壳，工作压力不大的管件和壁厚≤30mm的耐磨轴套，在纯碱或染料介质中工作的化工容器、泵体、法兰、往复活塞式压缩机的机体及圆周速度不大于6~12m/s的皮带轮等。

③ HT200、HT250　强度较高、有较好的耐磨、耐热和铸造性能，需进行人工时效处理。适用于承受较大应力(σ_w<29.42MPa)、摩擦面单位压力大于400kPa(大于10t的大型铸件可大于1.47MPa)和要求保持一定的气密性、具有抗张性及韧性的零件，以及化工生产中腐蚀介质的设备及附件。如活塞式压缩机中工作压力小于7MPa时的气缸体、工作压力6~25MPa的气缸套、各种活塞、小功率时的十字头套、机体、活塞直径小于300mm时的活塞环、圆周速12~20m/s的皮带轮。

④ HT300、HT350　属高强度、高耐磨性的灰铸铁，其强度和耐磨性均优于以上牌号的铸铁，但白口倾向大、铸造性能差。铸后需进行人工时效处理。适用于承受高的弯曲应力(σ_w<49MPa)及抗拉应力，摩擦面间单位压力大于196kPa，要求保持高度气密性的零件。例如高压气缸、油缸、水缸、泵体、阀体、气缸套、活塞、阀座、升程限制器、活塞环、圆周速度处于20~25m/s的皮带轮。

(2) 球墨铸铁

球墨铸铁简称球铁，是将铁水经过球化处理和孕育处理后获得的，即在浇铸前向铁水中加入一定量的纯镁、镍镁、铜镁等合金作为球化剂，并加入一定量的硅铁或硅铁合金作为孕育剂，以促进碳呈球状石墨析出，对金属基体切割作用小，比同类基体的灰铸铁等性能要好。

① 常用牌号和化学成分

GB 1348中列出8个适合于砂型铸造(或导热性与砂型相近)的普通和低合金球墨铸铁件的牌号是QT900-2、QT800-2、QT700-2、QT600-3、QT500-7、QT450-10、QT400-

15、QT400－18。

球墨铸铁的化学成分大致为 C（3.8%～4.0%）、Si（2.0%～2.8%）、Mn（0.6%～0.8%）、S（＜0.04%）、P（＜0.1%）、Mg（0.03%～0.05%）、Re（稀土）（0.03%～0.05%）。

② 分类和特点

球墨铸铁按其基本组织特点，分为铁素体球墨铸铁、铁素体－珠光体球墨铸铁和珠光体球墨铸铁三种。如果将铸件进行调质或等温淬火处理，金属基体组织可转变为回火索氏体或下贝氏体。

铁素体球墨铸铁其塑性高，延伸率大于10%，有的情况可达20%～25%；冲击韧性较低，小于钢的45%；比类似基体组织的可锻铸铁有更好的常温和低温性能；抗拉强度、屈服强度比可锻铸铁高；疲劳强度与可锻铸铁相仿；小能量多次抗冲击能力比可锻铸铁高。

珠光体球墨铸铁　具有优良的静载和动载性能。抗拉强度和屈服强度高，均超过45号钢，屈服比高0.7～0.8；扭转疲劳强度比45号钢高，弯曲疲劳强度，无缺口试样 $\sigma'_w=250\sim280\ N/mm^2$，有缺口试样为 $130\sim150\ N/mm^2$；承受小能量多次冲击的能力超过45号钢，承受大能量冲击性能较差，低温性能较差，断裂韧性较高。

铁素体－珠光体球墨铸铁　其强度、塑性、韧性、硬度等各项性能介于珠光体球墨铸铁和铁素体球墨铸铁之间。

贝氏体球墨铸铁　既有很高的强度、抗疲劳性能和硬度，又有良好的抗冲击性能，具有更高的断裂韧性。

③ 主要力学性能

球墨铸铁的缺点是凝固时收缩率较大，对原铁水的成分要求较严格，因而对熔炼与铸造工艺要求较高。另外，它的消振能力比灰口铸铁低。

球磨铸铁的主要力学性能见表3－16。

表3－16　球墨铸铁单铸试块的力学性能

类别	牌号	σ_b/MPa ≥	$\sigma_{0.2}$/MPa ≥	δ/% ≥	*HB*
回火马氏体	QT900－2	900	600	2	280～360
珠光体	QT800－2	800	480		245～335
珠光体	QT700－2	700	420		225～305
珠光体－铁素体	QT600－3	600	370	3	190～270
铁素体－珠光体	QT500－7	500	310	7	170～230
铁素体	QT450－10	450	310	10	160～210
	QT400－15	400	250	15	130～180
	QT400－18	400	250	18	130～180

④ 各种球墨铸铁在化工机械中的应用

QT900－2强度高，耐磨性好，具有较高的弯曲疲劳强度。适用于制作大减速器的齿轮。

QT800－2、QT700－2、QT600－3强度较高，耐磨性好，有一定的韧性。适合于制作空压机、冷冻机、制氧机、泵的曲轴、缸体、缸套、连杆、球磨机的齿轴，大功率压缩机的十字头。

QT500－7、QT450－10强度和韧性属中等程度。适合于制作内燃机中的油泵齿轮，汽轮机的中温汽缸隔板，工作压力为6～25MPa的压缩机气缸体，粉碎机械的电机皮带轮、机器座架、传动轴、飞轮、电动机机架等。

QT400－15、QT400－18韧性高，低温性能好，有一定的耐蚀性。适合于制作电机机壳，减速器壳体，较高温度压缩机的高、低压汽缸体、汽缸套、输气管、曲轴、阀座、升程限制器等。

(3)可锻铸铁

可锻铸铁是将一定化学成分的白口铸铁坯件在高温下经长时间的石墨化退火或热处理后得到的，具有团絮状石墨组织，故又称为“韧铁”、“马铁”、“马钢”等。其强度、塑性和韧性均比普通灰铸铁高，抗拉强度可达300～600MPa，延伸率最高可达16%，冲击韧性超过30 J/cm^2，生产工艺简便，便于组织大量生产，广泛用于制造机械的各种薄壁小型零件。可锻铸铁并非可以锻造，只是韧性较一般铸铁高而已。

(4)耐磨铸铁

加入元素锰和磷的合金铸铁称为耐磨铸铁。为了进一步提高耐磨铸铁的机械性能，还常常加入铜、钼、铬、钛等元素。

它可分为两类：一类是在润滑条件下工作，称为减磨铸铁；另一类是在干摩擦条件下工作，称为抗磨铸铁。

按合金元素和孕育处理方法分类又可分为高磷合金铸铁和中锰抗磨球墨铸铁。

抗磨白口铸铁用代号“KmTB”表示，抗磨球墨铸铁用代号“KmTQ”表示。

表3－17　耐磨铸铁的主要力学性能

名　　称	硬度	σ_b/(N/mm²)	σ_{bb}/(N/mm²)
磷铸铁①	>200HB	>196	>392
磷铸铁②	101～103HRB	—	441
磷铬铸铁	220～280HB	>196	>392
磷稀土铸铁	100～102HRB	—	432
锑铸铁	200～220HB	196～216	373～392
锑铜铸铁	190～220HB	196～245	392～461
硼铸铁	—	245	461
铬钼铸铁①	99～102HRB	—	439
铬钼铸铁②	98～108HRB	—	>539
铬钼铜铸铁①	200～255HB	245	461
铬钼铜铸铁②	202～255HB	294	530
高铬白口铸铁(i)	62～65HRC		
高铬白口铸铁(ii)	60～67HRC		
镍铬白口铸铁	>53HRC		
锰钨白口铸铁(i)	38～45HRC		
锰钨白口铸铁(ii)	55～60HRC		
锰钼白口铸铁(i)	38～40HRC		
锰钼白口铸铁(ii)	55～62HRC		
MQTMn6	44HRC	—	*510，390
MQTMn7	41HRC	—	470，440
MQTMn8	38HRC	—	430，400

使用耐磨铸铁的场合主要是动力机械中需要润滑的部件，如气缸套、活塞环、轴套、螺母、密封环等。抗磨铸铁应用于粉碎机的锤片、球墨机的衬板和墨球、搅拌机叶片和杂质泵的过流部件。

3.4 有色金属种类与性能

有色金属的种类很多，其产量和使用量虽不及黑色金属，但是由于它们具有许多与钢铁材料不同的特殊力学性能和工艺性能，因此也是机械工业中的重要原材料。最常用的有色金属是铜、铝及其合金，此外还有镍、铬、钼、锰、钴、镁、铅、锌，锡等，它们之中除一些特殊情况用到镍合金及铅、锌、锡构成的白合金(巴氏合金)外，其他(包括镍在内)的均作为合金钢等的一种添加元素使用。

3.4.1 铜及铜合金

(1) 纯铜

纯铜又称紫铜(因外观氧化后呈紫色)。纯铜的密度为 $9.9\times10^3\ kg/m^3$，熔点为1083°C，它具有优良的导电性、导热性，良好的塑性，较高的耐腐蚀性，但强度、硬度较低。

中国生产的工业纯铜有 T1、T2、T3、T4 四个牌号。T1 纯度较高，T4 最低。纯铜一次使用后会硬化，再次使用需软化退火处理。纯铜不适于制造受力的结构零件，压缩机中主要用作垫片与热交换管道与油管等。

(2) 铜合金

最常用的铜合金可分为黄铜、青铜和白铜三类。在制造工业中应用较广泛的是黄铜和青铜。

① 黄铜　是以锌为主加元素的铜合金。按照化学成分的不同黄铜分为普通黄铜和特殊黄铜，见表3－26。

若为铸造产品，则在牌号前加“Z”字。表3－18为常用黄铜的代号、化学成分、力学性能。

表3－18　常用黄铜的牌号、化学成分、力学性能

组别	牌号	Cu	其他	σ_b/MPa	$\delta\times100$	*HRS*	用　途
普通黄铜	H90	88.0～91.1	Zn余量	260/480	45/4	53/130	双金属片，供水和排水管，艺术品，证章
	H68	67.0～70.00	Zn余量	320/660	55/3	/150	复杂的冲压件，散热器外壳，波纹管，轴套，弹壳
	H62	60.5～63.5	Zn余量	330/600	49/3	56/140	销钉、铆钉、螺钉、螺母、垫圈、夹线板、弹簧
特殊黄铜	HSn90－1	88.0～91.0	0.25～0.75Sn Zn余量	280/520	45/5	/82	船舶零件，蒸气机、拖拉机的弹性套管
	HSi80－3	79.0～81.0	2.5～4.0 Zn余量	300/600	58/4	90/110	船舶零件，蒸气(＜265℃)条件下工作的零件
	HMn58－2	57.0～60.0	1.0～2.0 Zn余量	400/700	40/10	86/175	海轮和弱电上用的零件

续表

组别	牌号	Cu	其他	σ_b/MPa	$\delta\times100$	*HRS*	用　途
特殊黄铜	HPb61-1	59.0~61.0	0.6~1.0 Zn 余量	370/670	45/4	80/140	结构零件，如分流器、导电排
	HA159-3-2	57.0~60.0	2.5~3.5AL 2.0~3.0Ni Zn 余量	380/650	55/15	70/155	船舶、电机及其他在常温下工作的高强度，耐蚀零件

注：力学性能数值中，分子为50%变形程度的硬化状态，分母为600℃下退火状态。

在普通黄铜中再加入少量其他合金元素称为特殊黄铜。常加入的元素有铝、锰、锡、铅、硅等。它比普通黄铜具有更佳的性能，如加铅可以改善切削性能，加锡提高对海水的抗蚀性，加铝、锰、硅则提高强度、硬度和耐磨性。

特殊黄铜的牌号采用 H + 主加元素符号 $+\omega_{cu}\times100+\omega$ 主加元素 $\times100$ 的值的表示方法。例如 HPb59-1 表示平均 $\omega_{cu}=59\%$、$\omega_{pb}=1\%$，其余为锌的铅黄铜。

② 青铜　除黄铜和白铜外所有的铜基合金统称为青铜。它可分为普通青铜(锡青铜)和特殊青铜(无锡青铜)两类。青铜牌号见表 3-19。

普通青铜　也称锡青铜，是以锡为主加元素的铜合金。锡青铜在大气及海水中的耐腐蚀性好，广泛应用于制造耐腐蚀零件，在锡青铜中加磷、锌、铝等元素可以改善青铜的耐腐蚀性、流动性及切削加工性，使锡青铜的性能更好。

特殊青铜　是不含锡的青铜，大多数特殊青铜比锡青铜具有更高的力学性能、耐磨性与耐蚀性。根据主加元素的不同，特殊青铜主要有铝青铜、铍青铜、硅青铜和铅青铜等。

表 3-19　青铜的牌号、化学成分、力学性能及用途

	牌号	化学成分 $\omega\times100$		力学性能			用途举例
		主加元素	其他	δ_b/MPa	$\delta\times100$	HBS	
锡青铜	QSn4-3	Sn3.5~4.5	Zn2.7~3.3 Cu 余量	350/550	40/4	60/160	弹性元件，管配件，化工机械中耐磨零件及抗磁零件
	QSn6.5-0.1	Sn6.0~7.0	Pb0.1~0.2 Cu 余量	350~450 700~800	60~70 7.5~12	70~90 160~200	弹簧、接触片、振动片，精密仪器中的耐磨零件
	QSn4-4.4	Sn3.0~5.0	Pb3.5~4.5 Zn3.0~5.0 Cu 余量	200/250	3/5	80/90	重要的减磨零件，如轴承、轴承蜗轮、丝杠螺母
铝青铜	QA17	A16.0~8.0	Cu 余量	479/980	70/3	70/154	重要用途的弹性元件
	QA19.4	A18.0~10.0	Fe2.0~4.0 Cu 余量	550/900	4/5	110/180	耐磨零件，如轴承、蜗轮、齿圈：在蒸汽及海水中工作的高强度、耐蚀零件
铍青铜	QBe2	Be1.8~2.1	Ni1.0~1.5 Cu 余量	500/850	40/3	84/247	重要的弹性元件，耐磨件及在高速、高压、高温下工作的轴承

续表

	牌号	化学成分 $\omega \times 100$		力学性能			用途举例
		主加元素	其他	δ_b/MPa	$\delta \times 100$	HBS	
硅青铜	QSi3 - 1	Sin2. 7 ~ 3. 5	Mn1. 0 ~ 1. 5 Cu 余量	370/700	55/3	80/180	弹性元件；在腐蚀介质下工作的耐磨零件，如齿轮

注：力学性能数值中，分子为50%变形程度的硬化状态，分母为600℃下退火标志。

③ 白铜　白铜是以镍为主加元素的铜合金。白铜具有优良耐蚀性、耐热性、耐寒性和塑性，并且有一定的强度，在化工、仪表工业上应用广泛。

3.4.2　铝及铝合金

铝及其合金是工业中用量最大的有色金属，铝是地壳中蕴藏量最多的金属，但由于化学活性很高，冶炼较为困难，故生产成本高。

(1) 纯铝

纯铝呈银白色，具有以下优良性能：

① 密度 2.72×10^3 kg/m^3，大约是铁的三分之一，是一种较轻的金属材料。

② 导电、导热性好，仅次于银、铜和金，因此常用它代铜作为导电材料。

③ 铝在空气中表面易形成致密的氧化膜(Al_2O_3)，故能隔离空气，具有良好的耐腐蚀性。

④ 纯铝的强度低，但塑性很好，可以冷、热变形加工，并可借加工硬化作用，提高纯铝的强度。工业纯铝的牌号有 L1、L2……L7。L1 纯度较高(ω_{AL} = 99.7%)，L7 最低(ω_{AL} = 98%)。

(2) 铝合金

纯铝的强度很低(σ_b = 80 ~ 100MPa)，当加入适量硅、铜、镁、锌、锰等合金元素，形成铝合金。在经过冷变形和热处理，则强度可以明显提高(500 ~ 600MPa)。铝合金按其成分和生产工艺特点，可分为变形铝合金和铸造铝合金两类。前者塑性好，适于压力加工；后者凝固温度低，塑性差，但充型时流动性好，适于铸造。常用铝合金的种类，性能及用途见表 3 - 20。

表 3 - 20　铝合金的种类、性能及用途

	种类	合金系列	性　能	用　途
变形铝合金	防锈铝 (LF)	铝 - 锰系或 铝 - 镁系合金	具有适中的强度和优良的塑性，良好的耐蚀性，能通过冷变形来提高强度	主要用于制造耐腐蚀性好的容器，如防锈蒙皮及受力小的结构件。常用的有 LF5、LF11、LF21 等
	硬铝 (LY)	铝 - 铜 - 镁系合金	密度小，通过淬火、时效处理可以显著提高强度，抗拉强度可达 400N/mm^2；而耐腐蚀性差	在仪表、电器设备制造中有广泛的应用。常用的是 LY1、LY11 和 LY12 等
	超硬铝 (LC)	铝 - 铜 - 镁 - 锌系合金	其强度比硬铝还高，可达 600MPa 左右，故名超硬铝；而超硬铝的耐腐蚀性差	主要用于受力较大的构件及高载荷零件
	锻铝 (LD)	铝 - 铜 - 镁 - 硅或铝 - 铜 - 镁 - 铁系合金	其力学性能与硬铝相近，有良好的热塑性及良好的耐腐蚀性，适于锻造，故名锻铝。这类铝合金通过人工时效，使材料获得最佳强化效果	主要用于仪表工业制造形状复杂、质量轻并且强度要求较高的锻件或冲压件，如离心式压气机的叶轮。LD2 最常用

续表

种类	合金系列	性能	用途
铸造铝合金	铝－硅系铸件 铝－铜系铸件 铝－镁系铸件 铝－锌系铸件	具有很好的铸造性能	常用来铸造形状复杂的零件，如电动机、仪表壳体、活塞、气缸体等。铝－硅系合金是最常用的铸造铝合金

3.4.3 镍基合金

纯镍，工业上很少使用。镍合金却有许多特殊用途，如湿氯、氯化氢等处理必须用镍合金。

镍基耐蚀合金主要用于条件苛刻的腐蚀环境，常用镍基耐蚀合金一些品种及装备上的选用见表3－21。抗氧化镍基合金与热强性镍基高温合金的选用见表3－22。

表3－21 镍基耐蚀合金一些品种及装备上的应用

合金类型	化学成分标号	国内牌号	相当的国际常用牌号	应用
Ni－Cu	Ni68Cu28Fe	MCu－28－1.5－1.8	Monel400 DIN17743 WNr. 2. 4360	应用量较大，主要用于化学、石油化学工业及海洋开发中。制造各种换热设备、锅炉给水换热器、石油和化工用管线、容器、塔、槽、反应釜、弹性部件以及泵、阀轴等
	Ni68Cu28Al	Ni68Cu28Al		主要用于泵轴和叶轮、输送器刮刀、油井钻环弹性部件、阀垫
Ni－Cr	Cr15Ni75Fe	Ns312 0Cr15Ni75Fe	Inconel600	广泛应用于化学工业中，如制造加热器、换热器、蒸发器、蒸馏釜、蒸馏塔、脂肪酸处理用冷凝器、处理松香烃酸用设备等；用于热处理工业，制造各种结构件
	Cr23Ni63Fe14Al	0Cr23Ni63Fe14Al	Inconel601	主要用于加热设备、化学工业、环境污染控制、航空、航天以及动力工业中，如制造退火、渗碳、氮化等热处理设备、部件；各种工业炉辐射管、套筒、火焰屏蔽、燃气喷嘴、电阻加热元件、电阻丝套管；化学冷凝器管、硝酸生产的设备部件
Ni－Co	Mo28Ni65Fe5	NS321 0Mo28Ni65Fe5V	HastellB Chlorimet2	主要用于制作耐盐酸腐蚀，也用于耐湿氯化氢气体、耐磷酸、硫酸的容器以及衬里、管道、塔、槽、泵、阀等
	Mo28Ni68	Ns322 00Mo28Ni68	HastellB2 Langalloy4R	主要用于耐盐酸、硫酸、磷酸和甲酸等的管道、容器及其衬里、反应塔和衬里、泵和阀件等

合金类型	化学成分标号	国内牌号	相当的国际常用牌号	应　　用
Ni－Cr－Mo	Cr16Ni60Mo16W4	0Cr16Ni60Mo16W4	HastellC Landalloy5R(铸)	可制作耐湿氯气、氧化性氯化物($FeCl_3$、$CuCl_2$ 等)、氯化物盐($NaCl$、$CaCl_2$、$MgCl_2$ 等)以及含各种氧化性盐的硫酸、亚硫酸、磷酸，各种有机酸、高温氯化氢等介质的容器、管道、阀门、塔槽等
	Cr16Ni63Mo16Ti	00Cr16Ni63Mo16T	HastellC－4	主要用于耐盐酸、硫酸等无机酸，耐甲酸等有机酸，耐氯及含氯的介质，干氯气，海水等。由于此合金耐孔蚀、缝隙腐蚀的性能良好，因此常用于其他不锈钢和高镍耐蚀合金无法解决的局部腐蚀问题

表 3－22　抗氧化镍基合金与热强性镍基高温合金的应用

合金类型	合金名称	应　用　举　例
抗氧化镍基合金	Cr30Ni80	温度不超过1100℃，工业及实验室用炉的加热元件
	Cr15Ni60	使用温度不超过1050℃，是工业、实验室炉用加热元件
	Cr30Ni70	1150～1200℃下工作的零件
	BCK85	1100℃下工作的燃气室　陶瓷烧结用部件
	Cr25Ni60	1100℃下工作的燃烧室板材
	Cr27Ni70Al	850～1100℃工作的蜗轮用板材
	Cr20Ni78	型材与管材
热强性镍基高温合金	CH－33	用于750℃以下蜗轮叶片、760℃以下蜗轮盘
	CH－33A	用于700～750℃的蜗轮盘及叶片
	CH－27	800～850℃下的蜗轮叶片
	CH－146	870℃左右的蜗轮叶片，长期使用于700～750℃
	CH－49	900℃左右的蜗轮叶片及承受应力较大部件
	CH－151	950℃下的蜗轮叶片
	CH－710	980℃下燃气蜗轮工作叶片和蜗轮盘、后轴等
	CH220	900～950℃燃气蜗轮叶片

3.4.4　轴承合金

（1）一般情况

压缩机中，除中、小型压缩机用滚动轴承外，中、大型压缩机均采用滑动轴承，因为滑动轴承与滚动轴承相比较，具有承压面积大、工作平稳、无噪声，以及拆装方便等优点。

滑动轴承一般由轴承体和轴瓦组成，与轴直接接触的是轴瓦。为了提高轴瓦的强度和耐磨性，往往在钢质轴瓦的内侧浇铸或轧制一层薄而均匀的、耐磨的合金，用于制造滑动轴承内衬的耐磨合金称为轴承合金。

滑动轴承工作时，与轴相对滑动，轴瓦内表面要承受一定的周期性交变载荷，并存在摩擦磨损。轴与轴承之间，在理想状态下，有一层润滑油膜起润滑作用，但在实际工作中，特别是在停车后启动，以及载荷变动时，润滑油膜往往遭到破坏，处于半干摩擦甚至干摩擦。半干摩擦与干摩擦状态的摩擦系数比液体摩擦状态的大，摩擦发热严重，磨损也严重。此外，还可能遭受介质的污染和腐蚀。

常用的轴承合金有锡基，铅基、铜基、铝基轴承合金。前两者均以锑为主加入元素，呈白色，故称白合金，又称巴氏合金。

（2）一些轴承合金的比较（见表3－23）

表3－23　铸造锡基轴承合金与其他轴承合金

合金名称	抗咬合性	磨合性	耐蚀性	抗疲劳性	合金硬度/HB	轴的最小硬度/HB	最大容许应力/（N/cm^2）	最大容许工作温度/℃
锡基轴承合金	优	优	优	劣	20～30	150	600～1000	150
铅基轴承合金	优	优	中	劣	15～30	150	600～800	150
锡青铜	中	劣	优	优	50～100	200	700～2000	200
磷青铜	劣	劣	优	优	100～200	300	1500～1600	250
铅青铜	中	差	差	良	40～80	300	2000～3200	220～250
黄铜	中	劣	优	优	80～150	200	700～2000	200
铝合金	劣	中	优	良	45～50	300	2000～2800	100～150

（3）轴承合金的类型牌号与选用（见表3－24）

表3－24　铸造轴承合金的牌号及选用

合金类型及牌号		主要特性	选用举例
锡基轴承合金	ZSn12Pb10Cu4	系含锡量最低的锡基轴承合金，因含铅，其浇铸性、热强性较差，其特点是性软而韧、耐压、硬度较高	适用于常温、中温环境中，中速、中载主轴承
	ZSnSb11Cu6	含锡较低，铜、锑含量较高，这种合金具有较高的抗压强度，一定的冲击韧性及硬度，可塑性好，其导热性、耐蚀性、流动性优良，膨胀系数较巴氏合金小，其缺点是工作温度不能高于110℃，且疲劳强度较低	适于制造重载、高速、且工作温度低于110℃的重要轴承，如高速机床主轴的轴承和轴瓦、及压缩机电动机的主轴承
	ZSnSb8Cu4	比ZChSnPb11－6，其韧性较好，强度、硬度略低，其他性能与ZCh－SnPb11－6相近	适于制造工作温度在100℃以下大型机器轴承及轴衬，高速高载的薄壁双金属轴承
	ZSnSb4Cu4	其韧性很好，是巴氏合金中最高的，强度、硬度比ZSnSb11Cu6略低，其他性能与ZSnSb11Cu6相近，较贵	用于制造重载高速的、要求韧性大而薄壁的轴承，如涡轮机、蒸汽机、航空及发动机的高速轴承及轴衬
铅基轴承合金	ZPbSb16Sn16Cu2	这种合金比应用最为广泛的ZSnSb11Cu6合金摩擦系数大，抗压强度高，硬度相同，耐磨性及使用寿命相近，且价格较低，但缺点是冲击韧性低，因此不宜在冲击情况下工作，在静载荷下工作较好	适用于无显著冲击载荷、重载高速的轴承，如汽车的曲柄轴承和1200马力的蒸汽、水力涡轮机、750kW内的电动机，500kW内的发电机、500马力内的压缩机等的轴承

合金类型及牌号		主要特性	选用举例
铅基轴承合金	ZPbSb15Sn5Cu3Cd2	性能与 ZPbSb16Sn16Cu2 相近，是其良好代用材料	替代 ZPbSb16Sn16Cu2 制造汽车发动机轴承、抽水机、球磨机和金属切削机床齿轮箱的轴承
	ZPbSb15Sn10	这种合金与 ZPbSb16Sn16Cu2 相比，冲击韧性高、摩擦系数大，但有良好的磨合性和可塑性，且经退火处理后，其减摩性、塑性、韧性及强度均显著提高	用于制造中等压力、中等转速和冲击载荷的轴承，也可制造高温轴承，如汽车发动机连杆轴承
	PbSb15Sn5	与 ZSnSb11Cu6 相比，其耐压强度相同、塑性及导热率较差，不宜在高温高压及冲击载荷下工作，但在工作温度不超过 80～IOOC 和低冲击载荷条件下，其性能较好，且寿命不低	可用来制造低速、低压、低冲击条件下工作的轴承，如空压机、发动机轴承及中功率电动机、水泵等轴承
	ZPbSb10Sn6	其性能与锡基轴承合金 ZChSnPb4－4 相近，是其理想的代替材料	可代替 ZSnSb4Cu4 浇铸工作厚度大于 0.5mm，工作温度不大于120℃，承受中等载荷或高速低载荷的轴承，如汽车发动机、空压机、高压油泵、高速转子发动机的主机轴承，及通风机、真空泵等用普通轴承
铜基轴承合金	ZCuSn5Pb5Zn5	耐磨性、耐蚀性好，铸造性和气密性较好，易加工	在高载荷、中速工作条件下的耐磨、耐蚀件，如轴瓦、衬套、活塞、蜗轮等
	ZCuSn10Pb1	硬度高、耐磨性极好，铸造性及加工性较好，在大气和淡水中耐蚀性较好	用于高载荷(20MPa 以下)和高滑动速度(8m/s)以下工作条件的零件，如齿轮轴瓦、蜗轮等
	ZCuPb10Sn10	耐磨性、润滑性、耐蚀性能良好，多用于双金属材料	滑动轴承、轴辊等，载荷峰值小于60MPa 的受冲击零件、内燃机双金属轴瓦、活塞销套等
	ZCuPb15Sn8	滑动性及自润滑性良好，切削加工性好铸造性能差、耐蚀性好	内燃机的双金属轴承、活塞销套
	ZCuPb20Sn5	自润滑性很好，切削性好，铸造性能差，耐酸腐蚀，多适合于双金属材料	滑动速度中、高的破碎机、水泵、冷轧机轴承，载荷小于 40MPa 零件，载荷小于 70MPa 的内燃机活塞销套耐蚀零件，双金属零件
	ZCuPb30	自润滑性良好，切削较好，铸造性差	制作减摩零件、高滑动速度双金属轴瓦
	ZCuAl10Fe3	力学性能好，耐磨，耐蚀性好	用于要求高强度，耐磨、耐蚀零件及250℃以下工作条件的管配件，如轴套蜗轮等
铝基轴承合金	ZLSn1、ZLSn2		用于高速重载荷的轴承
	ZLSn3		用于中速中载荷的轴承
	Al－Sb－Mg		用于双金属轴瓦材料、制造拖拉机轴承
	20 高锡、30 高锡		用于双金属轴瓦材料、制造汽车、拖拉机等不同内燃机轴承

3.4.5 金属浸渍

金属浸渍炭和石墨材料一般用在需要较好的导热性能、较高冲击强度、较低气孔率、较小电阻率等条件下。其使用温度不能超过浸渍金属的软化点，在空气中使用温度还受基体炭、石墨的氧化率限制。在低温条件下使用也要考虑浸渍金属的特性，如浸铅(95%)锡(5%)合金的炭、石墨材料可在-200°C下使用，而浸巴氏合金(含锡85%)炭、石墨材料只能在-20℃以上使用，否则强度将会显著下降。各种金属浸渍炭、石墨均不宜用于酸、碱、盐等腐蚀性介质中，而在有机溶剂中使用较好。

浸金属炭、石墨常用作轴承、密封环、活塞环和滑片等滑动摩擦材料。采用不同金属作浸渍剂，可适用于各种不同的使用场合。

浸巴氏合金炭、石墨是一种使用量大、面广、价格低廉的产品，适用于中压、高压，中速、温度不高的轴承及活塞环等。

国外一些金属浸渍炭、石墨材料牌号与性能见表3-25，表3-26。

表3-25 英国生产的一些浸渍金属炭、石墨材料牌号和性能

牌号	浸渍物	假密度/(g/cm³)	硬度/HS	气孔率/%	天性模量/(10^2MPa)	弯曲强度/MPa	压缩强度/MPa	热涨系数/($10^{-6}K^{-1}$)	热导率/[W/(m·K)]	最高使用温度/℃
MY3A	铜	2.2	70	4	140	60	210	4.9	14.65	350
MY3D	铜铅合金	2.4~2.6	68~70	0.2~3.0	149~169	77	240~270	5.4	12.6~23.0	350
MY3K	锑	2.2	75~80	0.7~2.0	169~170	67~70	210~280	4.4~5.9	16.7	350
MY10A	铜	2.57	76	0.75	136	91	260	5.2	19.7~20.9	350
MY10B	巴氏合金	2.60	75	0.68	148	90	245	5.1	13.4	120
MY10D	铜铅合金	2.80	74	0.40	176	91	288	5.0	16.7	350
MY10F	银	2.70	73	0.70	160	110	320	5.0	49.4	—
MY105	锑	2.3	62	1.90	77	49	109	5.0	62.8	450

表3-26 美国生产的浸金属炭、石墨材料的牌号和性能

牌号	浸渍物	假密度/(g/cm³)	硬度/HS	气孔率/%	弹性模量/10^2MPa	弯曲强度/MPa	压缩强度/MPa	热胀系数/$10^{-6}K^{-1}$	热导率/[W/(m·K)]	最高使用温度/℃
102	铜	2.35	88	4	17900	65.5	262		15.1	
103	银	2.70	89	3		72.4		5.6	16.1	
105	铜铅合金	2.35	84	2	19300	78.6	241	6.1	14.7	372
107	锑	2.20	92	1	24100	68.9	262	4.3	12.1	
109	铜铅合金	2.70	85			79.3	275	5.6	14.7	
P03Ag	银	2.4	75	—	16800	77.0	203	4.5	7	525
P5Ag	银	2.40	95	—	27300	94.5	315		—	305.5
P5Ag2	银	2.45	95	—	30100	101.5	336	5.0	—	270.5
P15	巴氏合金	2.35	90	—	25200	73.5	266	5.4		
P15-2		2.40	90	—	26600	77.0	280	4.9		222

续表

牌号	浸渍物	假密度/(g/cm^3)	硬度/HS	气孔率/%	弹性模量/10^2MPa	弯曲强度/MPa	压缩强度/MPa	热胀系数/$10^{-6}K^{-1}$	热导率/[W/(m·K)]	最高使用温度/℃
P49	铜	2.30	70	—	25200	87.5	245	5.2		305.5
P19		2.35	70	—	22400	66.5	196			
P19-2		2.40	80	—	25900	70.0	784	4.7		222
P55			95	—	30800	102	385	4.9		333

3.5 橡胶、黏合与密封胶、泡沫塑料

3.5.1 橡胶

(1) 种类与性能

天然橡胶和合成橡胶的纯胶是线型或支链型分子，性能都较差，必须加入硫磺及各种配合剂混炼并硫化才能满足橡胶制品的使用要求。根据橡胶含有硫磺量的多少，硫化胶有硬质胶和软质胶两种。硫磺占橡胶量4%左右为软胶，达到40%以上为硬质胶，处于两者之间的为半硬质胶。二烯类橡胶、天然橡胶、丁苯橡胶、丁腈橡胶都能硫化为硬质胶。含有乙烯基的橡胶也可以用高温高压制备无硫硬质胶。硬质胶的机加工性、耐蚀性、电绝缘性、拉伸强度和弯曲强度都比软质胶高，缺点是脆性增大，耐磨性降低、不耐光老化。

(2) 优缺点与主要用途(见表3-27)

表3-27 各种橡胶的主要优缺点和用途

品种(代号)	优缺点		主要用途
	优点	缺点	
天然橡胶(NR)	弹性很大，机械强度好，抗撕裂，抗折，耐磨，加工性好，耐腐蚀较好	易老化，耐热及耐油差，不耐氧化性介质	制造通用橡胶制品，化工设备防腐蚀衬里、密封和减震
丁苯橡胶(SBR)	一般性能优于天然橡胶，耐磨、耐蚀性与天然橡胶基本相同	耐寒、耐油和加工性差	代替天然橡胶
顺丁橡胶(BR)	机械性能和耐蚀性与天然橡胶基本相同	强力较低，抗撕裂性差	代替天然橡胶
丁基橡胶(ⅡR)	耐热、耐老化优于一般通用橡胶，耐酸碱和溶剂，可耐氧化性介质，耐动植物油脂	弹性差，硫化慢，加工性差，不耐石油产品	化工设备防腐衬里、减震制品、胶管、运输带
氯丁橡胶(CR)	耐热、耐寒、耐老化、耐磨性超过天然橡胶，耐碱和稀酸，耐油好，仅次于丁腈橡胶	耐寒性差，存贮稳定性差，不耐烃、酯、酮、醚等强极性溶剂和氧化性酸	用途广泛，制造耐油、耐腐蚀、耐热、耐燃、耐老化的橡胶制品、衬里和涂层
丁腈橡胶(NBR)	耐油性优异，仅次于氟橡胶，耐热、耐磨、耐老化，耐碱及非氧化性稀酸	耐寒差，不耐烃、酯、酮、醚等强极性溶剂和氧化性酸	广泛用于耐油橡胶制品，可作抗冲刷和腐蚀涂层

续表

品种(代号)	优缺点		主要用途
	优点	缺点	
乙丙橡胶(EPM 二元)(EPDM 三元)	弹性、耐寒性、耐磨等于天然橡胶相同，耐热性好，一般耐腐蚀性能良好	不耐芳烃和石油产品，硫化慢，粘着性差	代替天然橡胶，制作耐热胶管和胶带，一般防腐蚀衬里
氯磺化聚乙烯橡胶(CSM)	耐蚀性好，对氧化性介质具有良好的耐蚀性，耐热，耐磨好	不耐芳烃和石油产品，价格高	制作耐氧化性腐蚀及耐热的涂层、衬里和制品
丙烯酸酯橡胶(ACM)	坚韧、透明，耐热、耐油优良，耐老化，一般耐腐蚀	不耐强极性溶剂，耐寒性、弹性、耐磨性和强度较差	制作耐油、耐热、耐老化制品
聚氨酯橡胶(UR)	坚韧、耐磨性优于其他橡胶，耐老化，有一定的耐油、耐溶剂性	不耐热，耐腐蚀性不突出	制作耐磨、耐油制品
氟橡胶(FPM)	耐高温达 300℃左右，耐油性、耐蚀性及其他性能全面优良	加工性差，价格高	用于宇航和军工制品、化工耐高温和强腐蚀环境
硅橡胶(SR)	耐高温达 300℃左右，耐低温(-100℃)，耐磨、耐老化，电绝缘性能优良	只能耐稀酸、碱、盐，不耐石油产品，强度较低，价格贵	用于耐高低温和需要优良电性能的环境

3.5.2 密封与修补用胶

(1) 性能及用途

密封胶又称“液体垫片”，一般呈液态或膏状，品种繁多。一般根据固化特性分为液态密封胶和厌氧密封胶两大类。厌氧密封胶与液态密封胶的主要区别是在空气中不硬化，在隔绝空气即无氧情况发生聚合，从液态转变为固态。厌氧密封胶属固化型，油、水和有机溶剂均可促进固化。

密封胶的功能是填入连接件结合部的间隙中，将零件表面的凹凸不平以及结合处的缝隙填平塞满并产生粘附力，以阻止流体介质泄露。

不干性黏结型和半干性黏弹型密封胶兼有弹性体和流体的力学性能，当流体透过密封胶发生泄漏时，是由于带压介质将胶液从结合面挤出所致，称为黏性流动泄漏。根据不可压缩黏性流体的流动理论，密封胶的密封性能与胶的黏度 η(指涂敷后最终状态的黏度)、结合面间隙 c 和长度 l 有关：η 越小，密封性能越好；c 越小，则越有利于密封；l 越长，泄漏越小。

对于干性固化型和干性剥离型密封胶，当涂敷后溶剂挥发，成为干性薄层或弹性固状薄膜，由于分子作用力而牢固地附着于结合面上，其密封作用与固体密封垫片类似，所不同的是它靠液态时的浸润性填满密封面的凹凸不平，并且还与胶的附着力及胶固化时自身的内聚力有关，亦即固化胶的密封是依靠浸润、附着和内聚力的综合作用。

(2) 性能和选用

密封胶的主要牌号见表 3-28 和表 3-29。使用密封胶时，应根据密封胶的综合特性，结合使用现场合理选择。

干性黏结型密封胶主要用于不经常拆卸的部位，由于它较硬，弹性较差，不宜用在经常受振动、冲击的连接部位。这类胶的耐热性较好，常用于温度较高的场合。

干性玻璃型密封胶由于其溶剂挥发后能形成柔软而具有弹性的胶膜，适用于振动或间隙较大的连接部位，但不适用于大型连接面和流水线装配。

不干性黏结型密封胶可用于经常拆卸、检修的连接部位，形成的膜长期不干，并保持黏结，耐振动和冲击。适用于大型连接面和流水线装配作业，更适用于设备的应急检修，这类胶与垫片联用可增强密封效果。

半干性黏弹型密封胶干燥后具有黏合性和弹性。受热后黏度不会降低，可单独使用于间隙大的结合面，是较常用的一类密封胶。

表 3－28 国产常用密封胶牌号

牌号	类型	组 成	特 点	用 途
铁锚 601	半干性黏弹性	聚酯型聚氨酯、填料、溶剂	浅黄色黏稠液，承受压力 1.4MPa，使用温度 150℃，容易拆卸，具有防漏、耐湿、耐压、耐介质等特点	用于法兰连接，螺纹连接，承插连接处
铁锚 602	半干性黏弹性	聚酯型聚氨酯、填料、溶剂	蓝色黏稠液，承受压力 1.4MPa，使用温度 200℃，容易拆卸，热分解温度 332℃	用于法兰连接，螺纹连接，承插连接处
铁锚 603（W－1）	不干性黏结型	聚醚型聚氨酯、聚醚环氧树脂、助剂及填料	灰色黏稠液，承受压力 1MPa，使用温度 200℃，容易拆卸，热分解温度 220℃，耐振动，抗冲击，耐腐蚀	用于机械及油泵的法兰连接，以及承插连接处
DW－4 低温胶		环氧改性聚氨酯	黏度大，固化速度快，抗剪强度（铝）为 10MPa，使用温度为 －269 ~ +40℃	用于低温管道及低温容器的黏结、密封，特别适用快速固化的场合
MF－1 液态密封胶	不干性黏结型	酚醛树脂、蓖麻油、氧化镁、过氯乙烯树脂	黏稠单组分液态，灰色液体，适用温度 －20 ~ 100℃，热分解温度 230℃，承受压力 1.4MPa，黏度（20 ~ 24）×10^2Pa·s	用于各种法兰面，管接头，盖板及其他机械结合面静密封，防止水、油、气、药品泄漏，用于机床、阀门、压缩机、油泵等连接部位的密封

表 3－29 国产常用厌氧密封胶牌号

牌号	主要组分	主要性能：外观	主要性能：黏度/10^{-3}Pa·s	主要性能：适用温度/℃	主要性能：抗剪强度/MPa 铝	主要性能：抗剪强度/MPa 钢	主要性能：扭矩/N·m 破坏	主要性能：扭矩/N·m 退出	主要性能：固化时间/h	用 途
铁锚 300	甲基丙烯酸羟丙酯，引发剂，促进剂，稳定剂	无色液体	9 ~ 15	－30 ~ 120			25	>20	24	适用于细牙螺栓、轴承、管道等密封及连接，用于平面黏结，铸件微细孔的修补，对于活性金属材料特别有效
铁锚 350	双甲基丙烯酸聚氨酯，少量促进剂，稳定剂	棕黄色液体	1200 ~ 1600	－30 ~ 120	13 ~ 14	18 ~ 20	20	25 ~ 30	8	

续表

牌号	主要组分	主要性能								用途
		外观	黏度/10^{-3}Pa·s	适用温度/℃	抗剪强度/MPa		扭矩/N·m		固化时间/h	
					铝	钢	破坏	退出		
铁锚 302	丙烯酸酯，少量的引发剂等助剂	淡黄色溶液	9~10	-30~60		30	>30	>40	0.5	螺栓紧固和防振，螺纹连接的平面间密封，机械过盈装配，金属或非金属的黏结及铸件砂眼的修补
铁锚 322		淡黄色溶液	600~800	-55~120		6	4~6	1~3	0.5	
铁锚 342		淡黄色溶液	600~800	-55~120		8.5	8~10	2~5	0.5	
铁锚 351		橘红色溶液	300~500	-55~120		21	>30	>40	0.5	
铁锚 352		橘红色溶液	400~600	-55~120		22.5	>30	>40	0.5	
Y-150	甲基丙烯酸环氧酯及甲基丙烯酸二缩三乙二醇酯	茶色溶液	150~300	<150		>15	31~38	31~38	1~2	管接头，接合面的耐压密封防漏，各种螺纹件的防松及密封，轴承等装配固定，不同材料的黏结及密封
XQ-1	309 聚酯，丙烯酸	茶色溶液	200~300	<100	9.5	14		20	1~2	
CY-340	E-44 环氧甲基丙烯酸酯、双甲基丙烯酸二缩三乙二醇酯	液体	150~300	-50~160			15~20	47~49	1~2	高强度胶，用于螺栓锁固，轴承装配，管道套接固定兼密封，平面结合部件密封及铸焊件的砂孔、裂缝填补

（3）机械零件的缺陷与损坏修补胶

大、中型低压铸铁气缸，因翻砂铸造的缺陷，局部泄水、漏气时，可将该部位清理干净，在真空状态下注入相应的胶种，可杜绝缺陷。例如：

① 无缝钢管厂轧机上偏心轧辊的轧机飞轮直径 ϕ3700mm，质量 21t，飞轮轴直径 ϕ400mm，长 3580mm，质量 2.3t，电机功率 300kW，冲击载荷及扭矩很大。飞轮轴和飞轮过去靠过盈配合，安装非常困难，而在大冲击载荷下，仍会发生松动。后改用黏结技术，由过盈配合改为间隙(0.1mm)涂黏合剂转配，仅用 30min 就解决问题。经 2 年多不间断生产未出现任何问题，不但技术可靠，还节约时间，节约了成本，推而广之，凡是过盈配合，键或花键配合，插销连接，甚至加工大了或轴车小了的超差不合格产品均可采用黏结技术来解决，并有显著的经济效益。

② 大型轧钢厂 ϕ840×3624mm 轧辊颈部断裂，轧制扭矩 14700kN·m，采用氧化铜-磷酸铝无机胶用公套接方式修复轧辊断颈，计算扭矩可达 1764kN/m，相当于轧制扭矩的 2.8 倍，经生产性试验共轧制大型工字钢 200t 以上完好。

冲压用100t曲轴压力机的齿轮断裂，重新加工带有燕尾的齿，在断齿处轮身也加工一燕尾槽，将齿用氧化铜无机胶粘好固定，同时在齿牙与轮身间加螺钉锁固，修复运转，效果很好。

大型发动机缸体裂纹，采取缸体裂纹镗一槽，另加工一个镗槽衬圈，用黏合剂粘到镗槽上加固，同时用胶粘堵好裂纹，固化后即可投入使用，黏合剂用成都有机硅研究中心DG-3S胶效果很好。

3.5.3 泡沫塑料

(1) 种类与性能

泡沫塑料主要用作绝热材料，是整体充满互相连通或互不连通的微孔，而使表观密度明显下降的塑料，其分类和性能见表3-30，表3-31。除泡沫塑料外，其他绝热材料的使用条件见表3-32。

表3-30 泡沫塑料分类

分类项目	名 称
泡孔结构	闭孔泡沫塑料 开孔泡沫塑料 网状孔泡沫塑料
密度/(g/cm³)	>0.4，低发泡泡沫塑料 0.1~0.4，中发泡泡沫塑料 <0.1，高发泡泡沫塑料
柔韧性/MPa (表观弹性模量)	>700，硬质泡沫塑料 70~700，半硬质泡沫塑料 <70，软质泡沫塑料
塑料种类	热固性泡沫塑料 热塑性泡沫塑料
用途	绝热绝缘材料、衬垫材料、漂浮材料、减震包装材料、军用材料
母体材料	聚氯乙烯泡沫塑料、聚苯乙烯泡沫塑料、酚醛泡沫塑料、聚氨酯泡沫塑料、聚乙烯泡沫塑料、脲甲醛泡沫塑料

表3-31 泡沫塑料的性能

性 能	交联聚氯乙烯		聚苯乙烯(自熄型)		聚氨酯(自熄型)		交联聚乙烯		湿法酚醛	
密度/(g/cm³)	0.024	0.032	0.016	0.029	0.024	0.032	0.024	0.2	0.018	0.042
压缩强度/MPa	0.21	0.38	0.11~0.12	0.21	0.12	0.21	0.28	0.76	0.08	0.22
剪切强度/MPa	0.21	0.27	0.23	0.21~0.27	0.14	0.15	—	—	—	—
吸水性/%	2.7	1.9	2.0	0.25	2.25	3.0	2.1	1.6	—	—
最高连续使用温度/℃	100	135	79	74	93~121	93~135	80	80	130	130
热导率(23℃)/[mW/(m·K)]	26	26	37	40	36	24	38.4	52.3	35	36
水蒸气透过率/[g/(h·m²)]	0.1	0.075	1.35	0.83~1.03	1.5	0.83	<1	<1	—	—
尺寸稳定性(100℃，100h后的体积变化)/%	10	6	瘪塌	瘪塌	7	6	—	—	-5	-5
75℃，100%RH，28天后的体积变化/%	-7	-4	-5	-5	+30	+25	—	—	+8	+8
耐溶剂性	好	好	差	差	好	好	好	好	好	好

表 3-32 常用绝热材料的使用温度和应用

-100℃以下超低温用绝热材料	是一种-100℃以下超低温条件下用的绝热材料和高性能保冷材料，绝热材料中的水分等是一个问题
低温绝热材料	是无机绝热材料和有机绝热材料采用的温度范围。从加工性、重量来看，有机绝热材料比较好，如玻璃纤维、发泡玻璃、泡沫聚乙烯、泡沫氨基甲酸乙酯等
0~100℃常温用绝热材料	在住宅、汽车、船舶等方面有着广泛的应用。如玻璃纤维、石棉、岩棉、泡沫聚乙烯、泡沫氨基甲酸乙酯、泡沫酚醛树脂、牛毛、棉、纸等
100~250℃中温用绝热材料	应用于加热干燥、暖气、锅炉等工业装置、生活设施。如玻璃纤维、石棉、岩棉、硅酸钙、泡沫酚醛树脂等
250~800℃中高温绝热材料	用于工业炉、窑炉、高压锅炉等。如石棉，硅酸钙、二氧化硅纤维、硅藻土
800~1800℃高温绝热材料	用于高炉、窑炉、转炉、反应容器等。如耐火绝热砖、耐火绝热可塑材料、陶瓷纤维、钛酸钾纤维等
1800℃以上超高温绝热材料	它是今后提高能源利用效率所必须的材料，如石墨绝热材料

（2）绝热材料选用原则

导热系数　作为绝热材料，导热系数应小。一般选用导热系数小于 0.14W/(m·℃)。作为保冷材料，导热系数应比该值更小。

容量　绝热材料的容量一般应低于 600kg/m³。选用容量小的材料可减轻结构重量，减少支承的负荷，节省投资。但容量小的材料机械强度较低。

机械强度　要使绝热材料在自身重量及外力作用下不变形和损坏，其抗压强度应不小于 0.3MPa。但机械强度大的材料，其容量也大，一般导热系数也较大，为了达到绝热的效果，势必增加绝热层的厚度。

吸水率　绝热材料吸水受潮后，不仅绝热性能下降，而且会加速对金属的腐蚀。因而应尽量选用吸水率小的绝热材料。

耐热性　根据绝缘材料的使用温度情况应选择不同耐热性能的绝热材料。在有明火的场所，应选用不可燃的绝热材料，或者外层涂覆不可燃的保护层。

方便性　从施工的角度出发，在满足各项性能指标的前提下，要求便于施工，尽量选用以成型的绝热材料制品。

经济性　在绝热性能相同的前提下，尽量选择价格低廉的材料，其原则是：单位体积的价格与导热系数的乘积越小越好。

（3）绝热层厚度的选择

设备、管道外壁绝热的目的是：维持物料的温度，保证生产工艺要求；减少设备的能量消耗；或是出于劳动保护和结构上的要求等。由于对设备或管道作绝热处理的目的不同，绝热层厚度选择的方法也不同。

在合理确定绝热层厚度时需要涉及两个方面：一是减少能量的损失；二是减少材料的投资费用、维持费用和折旧费用等。这两方面是相互矛盾的。所谓绝热层的经济厚度即使热损失费用和保温费用之和的年费用为最小时的绝热层厚度。绝热层经济厚度涉及工业生产的经济性指标。

① 平壁的绝热经济厚度计算公式

$$\delta = \sqrt{\frac{bh\lambda\ (t_f - t_a)}{S_o(P + \frac{1}{T}) \times 1000}} - \frac{\lambda}{a_2}$$

② 管道的绝热经济厚度计算公式

由能量损失的费用和材料消耗的费用最小的原则，可得

$$\frac{2}{d_o}\sqrt{\frac{bh\lambda\ (t_f - t_a)}{\left(S_1 + \frac{2S_2}{d_1}\right)\left(P + \frac{1}{T}\right) \times 1000}} = \frac{\frac{d_1}{d_0}\ln\frac{d_1}{d_0} + \frac{2\lambda}{a_2 d_0}}{\sqrt{1 - \frac{2\lambda}{a_2 d_1}}} \qquad (3-1)$$

令

$$A = \frac{2}{d_o}\sqrt{\frac{bh\lambda\ (t_f - t_a)}{\left(S_1 + \frac{2S_2}{d_1}\right)\left(P + \frac{1}{T}\right) \times 1000}}$$

$$B = \frac{\frac{d_1}{d_0}\ln\frac{d_1}{d_0} + \frac{2\lambda}{a_2 d_0}}{\sqrt{1 - \frac{2\lambda}{a_2 d_1}}}$$

具体计算时可用假设的最薄和最后的绝热层厚度分别代入式(3－1)。

图3－9为绝热层经济厚度选用图，此图的计算式为

$$d_1 \ln\frac{d_1}{d_0} = 2 \times 10^{-3}\sqrt{\frac{bT\lambda\ (t_f - t_a)}{S_0\varphi}} - \frac{2\lambda}{a_2}$$

式中：φ 为考虑了偿还年限和年利率以后的折旧率，$\varphi = \frac{(1+n)^m \cdot n}{(1+n)^m - 1}$；$m$ 为绝热层使用年限；n 为年利率%。

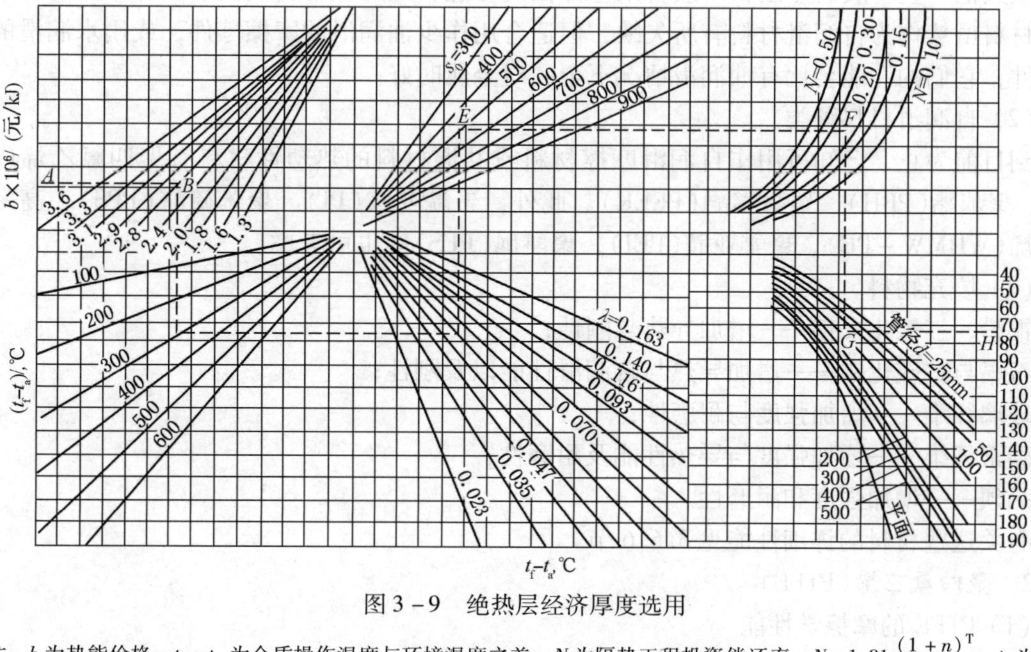

图3－9　绝热层经济厚度选用

注：b 为热能价格；$t_f - t_a$ 为介质操作温度与环境温度之差；N 为隔热工程投资偿还率，$N = 1.01\,\frac{(1+n)^T}{T}$；$\lambda$ 为隔热材料的导热率，w/(m·K)；δ 为绝热层厚度，mm；S_0 为隔热材料结构单位造价，元/m³。

3.6 自润滑材料及其充填与复合

3.6.1 一般概念

所谓自润滑材料是指那些有机热塑性材料，其分子结构比较特殊，他们能将本身的分子转移到对磨面上形成一层薄膜，像润滑油那样起到减磨作用，所转移的分子若为片形则自润滑性能最好，若为球形则要差些。

(1) 对自润滑材料的要求

① 摩擦系数μ要小，以减少摩擦功耗；摩擦因子K(也称摩损系数)要小，使零件磨损量小，寿命长。两者并非同步，μ小的并非K值也小；它们可能完全相反，摩擦系数小的材料磨损都很严重。

② 能承受较高的温度及适应最低的温度。高分子材料通常有两个标志性温度，即玻璃化温度T_g与融化温度T_m。工程上关注的是T_g，也称软化温度，例如在往复压缩机中活塞环与气缸摩擦面温度局部可达200℃以上。此外，还有适应某种特定低温的要求，如-180℃。

③ 有必要的强度与刚度。作为机器的零部件总有强度、刚度要求。

④ 导热性要好。自润滑材料的摩擦系数比有油润滑的摩擦系数往往要大一个数量级，因此会产生更多摩擦热，这部分热如不能及时传递出去，最终将导致自身的软化与熔化。

⑤ 热膨胀系数要小。高分子材料的热膨胀系数比金属材料要大，这就要求设计人员在设计机器时，要考虑到相关零件有必要的相容性(如留有较大间隙等)。

⑥ 与被处理气体的适应性，包括气体本身的性质(惰性、活性等)、含湿量、杂质等。

已知的高分子材料中可以考虑用作自润滑材料的，都难以全面满足上述要求。因此，要用充填其他一些物质的方法，以改善某些方面的性能，或几种材料共混取长补短。有一些高分子材料虽然作为自润滑材料有所欠缺，但适合用作少油润滑的摩擦零件，或用水润滑的摩擦零件，它们的性能会比有油润滑情况下金属对金属时好。

(2) 自润滑材料种类

到目前为止，已知可用作自润滑摩擦材料或共混材料的热塑性材料有聚四氟乙烯(PTFE)、聚苯酯(PBH)、聚醚醚酮(PEEK)。此外，聚酰亚胺(PI)、聚苯硫醚(PPS)、高密度聚乙烯(WHMW-PE)、聚醚亚胺(PEI)，聚醚砜(PES)等也可考虑。

(3) 填充物料

铜粉、三氧化二铝——增加导热与刚性；

石墨与二硫化钼——增加导热与自润滑性能以及刚性；

玻璃纤维——增加强度与耐磨性；

碳素纤维——增加强度与导热性能及耐磨性；

晶须——增加强度和耐磨性。

有关这些材料的详细性能见3.6.6节

3.6.2 聚四氟乙烯(PTFE)

(1) PTFE的摩擦学性能

表3-33中列有一些高分子材料摩擦学性能。表内材料中PTFE的摩擦系数μ最小，但耐磨性很差；而PI、MCPA与POM耐磨性特别好，不过MCPA能承受的温度$t<100℃$。

表3-33 一些高分子材料的摩擦学性能

材料	代号	摩擦系数μ	磨痕宽度/mm	磨损量/$m^3 \times 10^{-9}$
聚四氟乙烯	PTFE	0.19	20.2	261.8
ABS树脂	ABS	0.22	10.8	37.6
聚乙烯	UHMWPE	0.29	5.7	5.4
聚酰亚胺	PI	0.3	3.9	1.7
聚甲醛	POM	0.33	4.2	2.2
铸型尼龙	MCPA	0.34	3.6	1.4
聚苯硫醚	PPS	0.34	14.0	81.0
聚丙烯	PP	0.35	6.3	7.4
聚碳酸酯	PC	0.38	22.0	344.5
尼龙1010	PA1010	0.50	22.0	344.5

表3-34 PTFE与各种金属对摩的摩擦学性能

序号	对 偶	负荷/MPa	线速度/(m/s)	温度/℃	摩擦系数
1	PTFE-Cu	3	1.05	155~180	0.19
2	PTFE-Ni	3	1.05	145~155	0.17
3	PTFE-Al	3	1.05	160~175	0.17
4	PTFE-1Cr18Ni9Ti	3	1.05	135~150	0.16

表3-34所列为在相同负荷与速度条件下，PTFE不同对偶材料其摩擦系数比较。

图3-10显示了PTFE沉结在金属上剥离时的抗张强度情况，抗张强度将决定PTFE的磨损量。图中示出其与Fe的结合情况相当好。因此，聚四氟乙烯常常是气缸无油润滑压缩机中，活塞环与填料的首选材料，其不足之处往往用充填其他物料或共混的办法来满足。

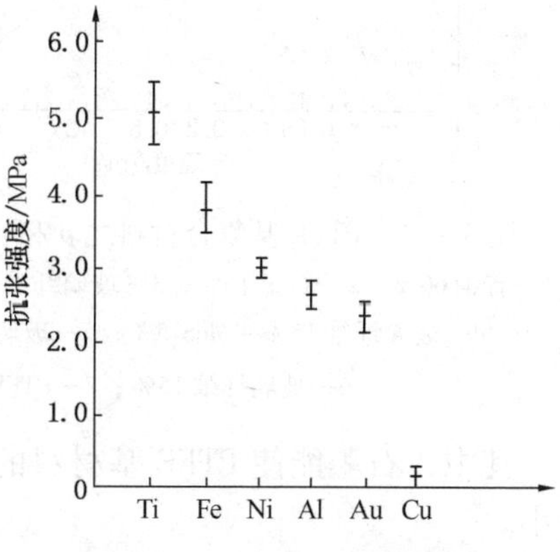

图3-10 在PTFE上沉积的金属膜剥离时的抗张强度

(2) 充填PTFE

① 填充物与温度对摩擦性的影响 部分充填PTFE的摩擦学性能随温度变化的情况如表3-35所示。它说明：摩擦系数μ随温度变化较小，磨损因子K随温度变化在200℃前较小，200℃后急剧增大。其中，149℃与204℃是摩面实际可能达到的温度，因此要加以控制；而260℃除K值急剧增大外，青铜已氧化(空气中)。

表3-35 填充PTFE材料的高温摩擦学性能

材料组成/(质量)%	23℃			93℃			149℃			204℃			260℃		
	K	μs	μk	K	μs	μk	K	μs	μk	K	μs	μk	K	μs	μk
PTFE+15%玻璃粉	7	0.05	0.09	7	0.06	0.09	7	0.06	0.09	7	0.08	0.12	70	0.09	0.13

续表

材料组成/(质量)%	23℃			93℃			149℃			204℃			260℃		
	K	μs	μk	K	μs	μk	K	μs	μk	K	μs	μk	K	μs	μk
PTFE + 15%青铜 15% MoS_2	5	0.07	0.13	5	0.08	0.13	5	0.09	0.14	31	0.10	0.15	青铜氧化		
PTFE + 25%炭 - 石墨	6	0.08	0.09	6	0.11	0.13	8	0.12	0.13	10	0.14	0.15	45	0.15	0.18
PTFE + PPS	1	0.07	0.13	1	0.09	0.14	1	0.11	0.15	5	0.11	0.16	80	0.16	0.19

② 填充物对 *pv* 值的影响

填充型 PTFE 基复合材料的极限 *pv* 值得到了提高。通常认为，填充型 PTFE 基材料的极限 *pv* 值可达 0.98 ~ 1.76MPa · m/s。在 PTFE 中填充了各种填料的复合材料，它们的负荷(*p*)和速度(*v*)的使用极限见图 3 - 11。可以看出，这些复合材料的极限 *pv* 值大体为常数关系。

③ 填充物含量百分数对摩擦性能的影响(见图 3 - 12 和图 3 - 13)

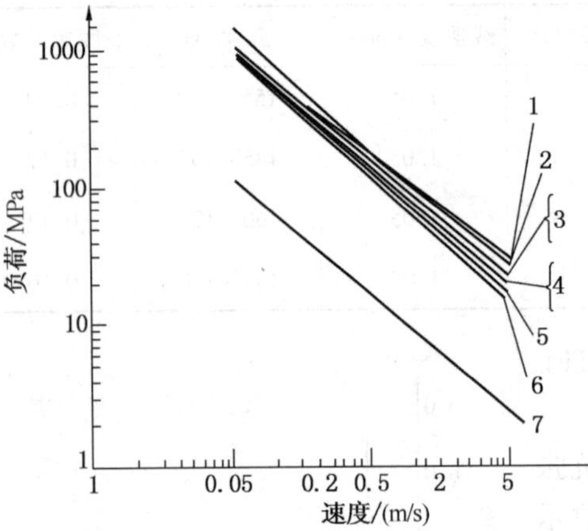

图 3 - 11 PTFE 基复合材料之 *p* 和 *v* 的使用极限

1—青铜 60%；2—石墨 15%；3—玻璃纤维 20% + 石墨 5%；4—玻璃纤维 15% + $MoS_2$5%；5—玻璃纤维 25%；6—玻璃纤维 15%；7—PTFE

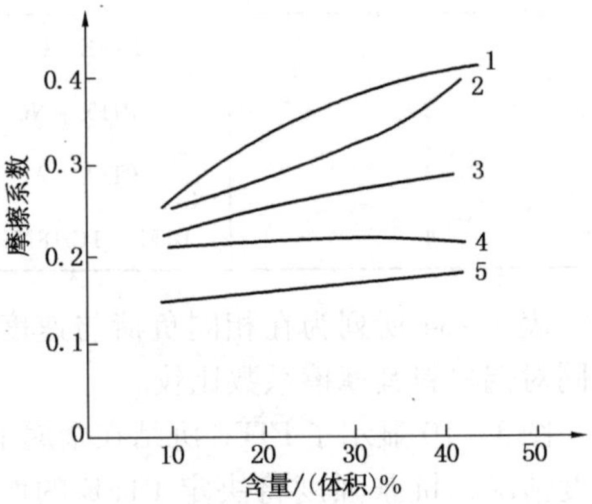

图 3 - 12 不同填充剂及其含量对 PTFE 摩擦系数的影响

1—碳纤维；2—石英砂；3—玻璃纤维；4—聚苯酯；5—石墨

其中，石墨能使 PTFE 基材料的摩擦系数减小，虽然本身耐磨性变差，但使对偶面磨损极小。

④ 对偶面精度对磨损的影响

实验表明，对偶面的材料对 PTFE 在其表面形成转移膜的粘着强度不同，因而其磨损率也不相同。而且对偶面表面粗糙度对转移膜的生成及其粘着强度有很大的影响。在十分粗糙的对偶面上，不仅因为犁沟作用使 PTFE 很难形成均匀的转移膜，而且已转移的膜也是不连续的。倘若对偶面非常光滑，则转移膜的粘着强度也不会很高。例如，将 PTFE 与光滑玻璃(Ra = 0.006μm)和磨毛玻璃(Ra = 0.34 ~ 0.39μm)对磨，发现对偶面为光玻璃的磨损率只有毛玻璃的 1/6，但对偶为光玻璃的摩擦系数却比毛玻璃的高 30%。PTFE 在毛玻璃表面有很厚的疏松沉积，而在光玻璃表面却没有检测到转移膜。

研究表明，存在一个能使 PTFE 磨损率最低的初始表面粗糙度。这个表面粗糙度随着对偶面的材质和加工方法的不同而异。例如，PTFE 与钢对磨时，在 Ra 为 0.1 ~ 1.3μm 的范围内，负荷 10N，滑动速度 1cm/s 等条件下，其磨损率和摩擦系数均保持一个较小的稳定值，如图 3 – 14 所示。进一步研究表明，表面纹理对 PTFE 的磨损也起着支配作用。例如，分别采用磨削、用600 号砂纸打磨和研磨3 种加工措施获得同样表面粗糙度 Ra 值的 3 个钢盘与 PTFE 对磨。结果发现：打磨的钢盘表面 PTFE 的磨损率最小。对偶材料 1Cr18Ni9Ti 表面粗糙度，对 PTFE 的磨损率和磨屑相对分子质量的变化，见图 3 – 15。说明不锈钢对偶面的表面粗糙度 Ra 值一旦超过 30μm，PTFE 的磨损率和磨屑分子质量便急剧增大。

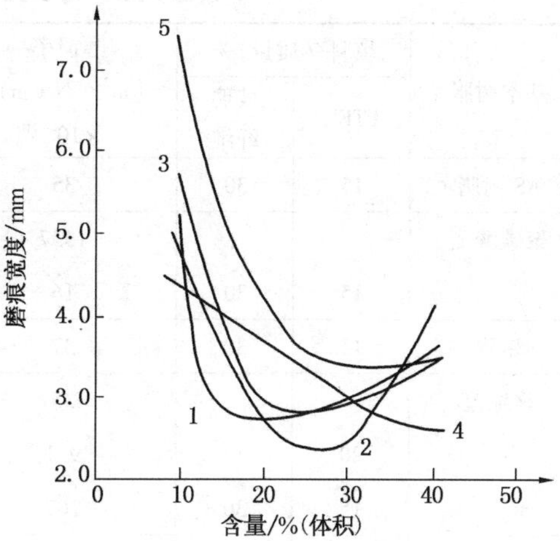

图 3 – 13　不同填充剂及其量对 PTFE 磨损的影响

1—碳纤维；2—石英砂；3—玻璃纤维；4—聚苯酯；5—石墨

利用现代表面分析仪器研究 PTFE 的转移和磨损发现：PTFE 的磨损机理为带晶内的分子链滑移或断裂，并且伴随发生无定形区向对偶面转移所造成的粘着磨损。利用差热扫描分析等技术研究 PTFE 的结晶度对磨损影响的结果表明，在 25% ~ 64% 结晶度范围内，PTFE 的带晶宽度随着结晶度的增加而增大（从约 0.2μm 增大到约 0.4μm），因而磨损量也随之降低。并且发现：在 150℃ 以下时磨损因子较平稳；大于 150℃ 时，其值急剧增大。

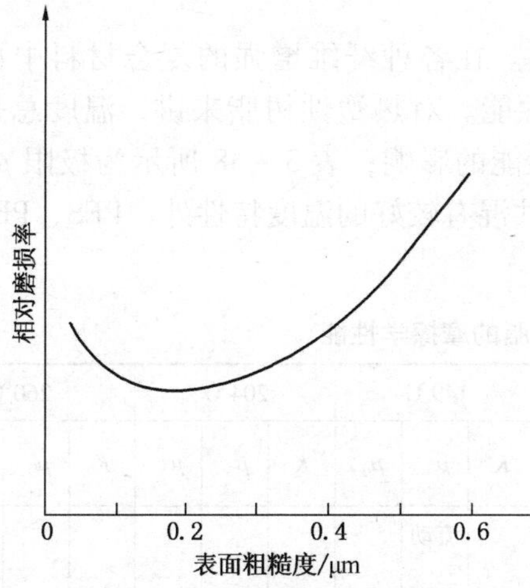

图 3 – 14　钢对摩面粗糙度对 PTFE 磨损的影响

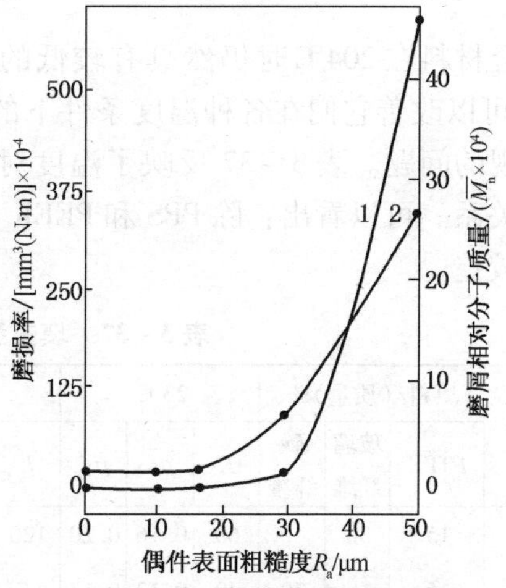

图 3 – 15　1Cr18Ni9Ti 表面粗糙度对 PTFE 磨损率和磨屑相对分子质量的影响

1—磨损曲线率；2—磨屑相对分子质量曲线

(3) PTFE 共混

当 PTFE 与多种树脂共混时，均能反映除其摩擦系数低的特性，而其他树脂的优越性也得到了发挥。表 3 – 36 示出了一些树脂共混后的摩擦学性能。

表 3－36　与 PTFE 共混的复合材料的综合性能

基本树脂	填料/(质量)%		磨损率/[m^3/(N·m)]×10^{-10}	摩擦系数		临界 pv 值/(Pa·m/s)		
	PTEE	玻璃纤维		μ_s	μ_k	v=0.0508 m/s	v=0.508 m/s	v=5.08 m/s
AS 树脂	15	30	35	0.13	0.18	17500	10000	5500
聚碳酸酯			1337	0.31	0.38	750	500	不能使用
	15	30	16	0.18	0.20	27500	30000	13000
聚砜	15	30	37	0.09	0.11	20000	35000	15000
聚缩醛			35	0.14	0.21	4000	3500	<2500
	20		9.1	0.07	0.15	>40000	12500	5500
	15	30	107	0.20	0.28	12500	12000	8000
聚丙烯	15	30	19.3	0.09	0.09	14000	12000	7500
尼龙 6	15	30	9.1	0.20	0.25	17500	20000	13000
尼龙 610	15	30	8.0	0.23	0.31	20000	15000	12000
尼龙 66			107	0.24	0.26	3000	1500	<2500
	20		6.4	0.10	0.18	>40000	27500	8000
	15	30	8.6	0.19	0.26	17500	20000	13000
聚氨酸甲酯	15	30	18.7	0.20	0.25	7500	10000	5500
聚酯	15	30	10.7	0.16	0.21	>40000	30000	5500

注：1. AS 树脂为聚丙烯腈(PAN)与聚苯乙烯(PS)以 1:1 配方的共混物。

2. 摩擦系数的测定条件：负荷 6.895×10^3 Pa，测 μ_k 时的滑动速度 0.254m/s。

复合材料在 204℃时仍然具有较低的磨损因数。在各种纤维增强的复合材料中再填充 PTFE，可以改善它们在各种温度条件下的摩擦学性能。对热塑性树脂来讲，温度总是一个不可忽视的问题。表 3－37 反映了温度对摩擦学性能的影响；表 3－38 所示为极限 pv 值与温度的关系。可以看出：除 PPS 和 PEEK 与 PTFE 共混有较好的温度特性外，PES、PEI 的温度特性较差。

表 3－37　填充型热塑性树脂的摩擦学性能

基体树脂	填料/(质量)%			23℃			93℃			149℃			204℃			260℃		
	PTFE	玻璃纤维	碳纤维	K	μs	μ_k	K	μ_s	μ_k	K	μ_s	μ_k	K	μ_s	μ_k	K	μ_s	μ_k
PES	15	30		60	0.16	0.20	120	0.27	0.30		流动							
PES	15		30	40	0.13	0.17	97	0.24	0.29		流动							
PEI			30	75	0.21	0.23	77	0.27	0.33	100	0.30	0.36		流动				
PEI	15	30		35	0.19	0.20	40	0.24	0.29	100	0.32	0.38		流动				
PPS	15	30		110	0.15	0.17	135	0.33	0.38	150	0.33	0.38	200	0.34	0.38		失效	
PPS			30	160	0.23	0.20	160	0.34	0.38	160	0.34	0.38	210	0.34	0.38		失效	
PPS	15		30	75	0.16	0.15	75	0.28	0.31	75	0.30	0.32	75	0.30	0.32		失效	
PEEK			30	60	0.19	0.13	60	0.11	0.06	60	0.15	0.14	120	0.12	0.09	170	0.15	0.14

表 3-38　填充型 PES 与 PTFE 共混树脂的极限 *pv* 值

基体树脂	填料/(质量)%			极限 *pv* 值/(MPa·m/s)									
				v=0.5m/s					v=4m/s				
	PTFE	玻璃纤维	碳纤维	23℃	93℃	149℃	204℃	260℃	23℃	93℃	149℃	204℃	260℃
PES	15		30	1.38	1.25	1.04	0.42	0.29	0.75	0.75	0.63	0.38	0.21
PPS			30	0.83	0.83	0.83	0.79	0.63	0.46	0.46	0.46	0.46	0.46
PPS	15		30	1.46	1.46	1.46	1.38	1.25	1.29	1.25	1.17	0.92	0.83
PPS	15	30		1.25	1.25	1.25	1.21	1.17	1.25	1.25	1.04	0.079	0.71
PEEK	15		15	1.67	1.67	1.67	1.58	1.46	1.0	1.0	1.0	0.96	0.88

PE 有较好的低温性能，纯 PE 在液氨下的冲击强度为 3.87×10⁴J/㎡。由 15% PTFE 和 5% MoS_2 填充的 PE(80%)基复合材料制作的氮膨胀机活塞环在较为严格的工况条件(温度 38K)仍能很好工作。

3.6.3　聚苯酯(POB)

化学名称为聚羟基苯甲酰聚酯，有均聚物和共聚物两类。均聚物是线型高结晶度聚合物，加工性能较聚四氟乙烯困难。聚苯酯的机械性能如表 3-39 所示。

表 3-39　国产聚苯酯性能指标

性　能		聚对羟基苯甲酰苯酯	
		苯酚转换法	碳酸二苯酯交换法
弯曲强度/MPa		53.7	50.7
压缩强度/MPa	破坏		105.2
	应变 25%	42	37.5~38.9
冲击强度/(kJ/m^2)		1.41~1.55	1.0~1.5
磨痕宽度/mm (2.5N, 25r/min)		2.5~6.8	4.1~7.9
摩擦系数		0.2~0.3	0.16~0.32

与其他工程塑性相比，聚苯酯最大特点是具有类似金属的性能，并具有工程塑料中最高的热导率 0.3~0.6W/(cm·K)，在高温下呈现金属那样的非黏性流动(400℃以下不流动)。另外，化学稳定性好、线胀系数低、吸水低、刚性好，且对偶面磨损极微。可在 316℃下长期使用，可用于氧气压缩机或高压无油润滑密封材料。

聚苯酯与 PTFE 及石墨复合材料，其摩擦系数无显著影响，$\mu \approx 0.18 \sim 0.20$；对复合材料所起的抗磨作用与其他几种填料基本相似，但对摩面磨损甚微。

3.6.4　聚醚醚酮(PEEK)

在高分子材料中，虽然摩擦学性能较差，但经填充共混后，自润滑性能可能大大改善，而其强度与刚性能适应密封较高的压力差。PEEK 还是作气阀阀片的优秀材料。

以聚醚酮为基的增强塑料有三种，分别为：PEEK-GF30—添加 30% 玻璃纤维；PEEK-CF30—添加 30% 碳纤维；PEEK-HPV—添加碳纤维、石墨、PTFE 各 10%。它们的各种性能见表 3-40。

表3-40 三种充填PEEK各项性能

各种性能	测试方法	单位	充填物料及百分比			
			30%的石墨、聚四氟乙烯、碳纤维复合	30%的玻纤增强等级	30%的碳纤维增强等级	381G未填充纯树脂
密度(形成35%的结晶度)	ASTM D792	g/cm^3	1.44	1.51	1.40	1.29
拉伸强度 (23℃)	ASTM D638	(MPa)	(141)	(156)	(224)	(100)
(250℃)	ASTM D638	(MPa)	(25)	(34)	(43)	(12)
断裂伸长率	ASTM D638	%	2.5	2.7	2.0	>60.0
弯曲模量 (23℃)	ASTM D790	(GPa)	(8)	(10)	(20)	(4)
(121℃)	ASTM D790	(GPa)	(8)	(9)	(19)	(4)
(250℃)	ASTM D790	(GPa)	(3)	(3)	(5)	(0.3)
洛氏硬度 ASTM D785	Rscale	124	124	124	126	
无缺口lzod冲击强度	ASTM D256	(J/m)	(27)	(39.5)	(40.6)	未断裂
有缺口lzod冲击强度	ASTM D256	(J/m)	(62)	(98)	(88)	(63)
热变形温度	ASTM D648	(℃)	(293)	(315)	(315)	(160)
相对热指数	UL746B	(℃)	(240)	(240)	(240)	(260)
24小时吸水率	ASTM D570	wt.%	0.06	0.11	0.06	0.5
导热系数	ASTM C177	(W/m·℃)	(0.24)	(0.43)	(0.92)	(0.25)
热膨胀系数 低于T_g	ASTM D696		(2.2)	(2.2)	(1.5)	(4.7)
高于T_g		(10^{-5}cm/cm/C)	(2.2)			(10.8)
易燃性等级	UL 94	V-O@(mm)	(1.45)	(1.45)	(1.45)	(1.45)
	DSC	(℃)	(340)	(340)	(340)	(340)
			黑色	灰黄色	黑色	灰黄色
各种可用形状			可以	可以	可以	可以
%收缩率(3mm厚度)	流动方向		0.3	0.4	0.0	1.2
170℃温度条件	垂直于流动方向		0.5	0.8	0.5	1.5
%收缩率(3mm厚度)	流动方向		0.4	0.4	0.1	1.6
饱和结晶后	垂直于流动方向		0.8	1.0	0.7	1.9

填充型PEEK基复合材料的高温摩擦学性能最好，该材料的变形温度为315℃，因而在260℃以下仍然具有较低的磨损系数。

3.6.5 几种填充材料

(1)金属及其氧化物

金属及其氧化物最常用的为铜、氧化铝，其颗粒尺寸越小，体积分数越高，颗粒对复合材料的增强效果越好。在分散强化复合材料中，一般颗粒体积分数为0.01~0.15，颗粒直径为0.1~0.01μm，强度增强率在4~15之间。在实用的颗粒增强复合材料中，增强粒子的直径为1~50μm，颗粒的间距为1~25μm，颗粒的体积分数为0.05~0.5。与分散强化和颗粒增强相比，纤维增强的强度增强率较高，一般为30~50。

（2）纤维材料

① 碳纤维与石墨纤维

碳纤维、石墨纤维即呈纤维状的炭和石墨，含碳量不低于93%。工业化生产的炭、石墨纤维是有机纤维经过热处理、保持纤维形状不变，再经碳化而得到的制品。这种方法不仅可得到连续的长纤维，还可制得各种形状的纺织品。

碳纤维和石墨纤维是分别在不同的热处理温度下得到的制品，通常将热处理温度为800～1600℃的制品称为碳纤维，经过2500～3000℃热处理的制品称为石墨纤维，习惯上统称为碳纤维。制造碳、石墨纤维的原料多为纤维素（木棉和人造丝）基和聚丙烯腈基碳纤维。根据碳化程度不同，可得到碳素纤维、耐焰纤维和石墨纤维三种产品。

碳、石墨纤维除具有炭、石墨的各种性质之外，还兼有可挠性和优异的机械性能。它们的性能见表3－41。

表3－41　碳、石墨纤维的性能

项　目	碳素纤维	耐焰纤维	石墨纤维
抗拉强度/MPa	1000	230～330	1000
热导率/[W/(m·K)]	1.392	1.682	1.74
热膨胀系数/$10^{-6}K^{-1}$	1.7	0～1.3	1.5
体积密度/(g/cm^3)	1.6	1.4	1.6
摩擦系数	0.02～0.03	0.03	0.02～0.03
可绕性能	不好	好	差
弹性系数/MPa	0.069～0.7	0.01～0.011	0.069
化学稳定性	好	较好	好
使用温度/℃	600	－50～＋200	600

② 玻璃纤维与金属丝

一些玻璃纤维与金属丝的性能见表3－42

表3－42　纤维增强体的性能

品　种	纤维种类	熔点（软化点）/℃	密度/(g/cm^3)	直径/μm	拉伸强度/10^4MPa	比强度/10^4m	弹性模量/10^5MPa	比模量/10^5m
玻璃纤维	无碱玻璃纤维	700	2.55	10	3.6	14	0.74	2.9
	高强玻璃纤维	840	2.50	10	4.6	18	0.89	3.5
	4H－J玻璃纤维	900	2.66	—	5.1	19	1.0	2.8
	高硅氧纤维	—	1.74	0.13～10	—	—	—	—
	中碱玻璃纤维	749	2.49	—	3.4	—	—	—
	石英玻璃纤维	1660	2.10	385	6.0	20	0.74	3.3

续表

品　种	纤维种类	熔点（软化点）/℃	密度/（g/cm³）	直径/μm	拉伸强度/10^4MPa	比强度/10^4m	弹性模量/10^5MPa	比模量/10^5m
金属丝	W丝	3400	19.4	13	4.0	2.0	4.2	2.1
	Be丝	1280	1.83	130	1.3	7.1	2.5	14
	不锈钢丝	1400	7.74	17	4.2	5.3	2.0	2.6
	Mo丝	2622	10.2	25	2.16		3.29	
	Ti丝	1800	4.51	—	1.67		1.32	
	Al丝	660	2.8	—	0.600		0.69	
	Mg丝	650	1.8	—	0.372		0.41	
	Cu丝	1083	7.74	13	0.420		1.96	

（3）晶须增强体

晶须（whisker）是高强度的胡须状（一维）单晶体，其直径比上述两类纤维还要小。有实用价值的晶须直径大约为1～10μm，长度与直径之比为5～1000。晶须可分为有机化合物晶须、金属晶须和陶瓷晶须三类。陶瓷晶须的强度和耐热性优于其他两类晶须。晶须充填在高聚合物中能进一步改善其耐磨与强度。部分有实用价值的晶须见表3－43。

表3－43　部分晶须的性能

晶须种类	晶体结构	晶须长度/μm	晶须直径/μm	密度/（g/cm³）	弹性模量/GPa	拉伸强度/GPa	热胀系数/$10^{-6}K^{-1}$	熔点/℃
SiC	六方	10～100	0.1～1	3.2	400	14	4.0	1600
Si_3N_4	六方	5～200	0.0～1.6	3.2	380	1.4	3.0	1700（升华）
石墨	六方	5～20	0.05～0.3	2.0	～	～	1.5～2.5	3650
TiB_2	六方	数十微米	数百纳米	4.5	430	～	8.66	2980（熔融）
AIN	六方	≤15	<120	3.3	340	～	4.0	～

3.7　零件材料的许用应力及可靠性

3.7.1　许用应力的确定

一般金属材料由手册等资料上所获得的材料强度，如σ_b和σ_s等均由标准试棒从试验机上所获得，而实际零件可能有许多因素影响到材料的强度。因此，其许用应力[σ]必须由这些因素来决定。此外，还要考虑到作用力是静止状态还是交变状态。

（1）对于静止应力状态

对于静态的应力需考虑的因素有：

① 尺寸系数ε　一般机械的零件的尺寸均较材料力学性能试棒要大，所以要考虑到尺寸放大可能带来的缺陷，故用一个尺寸系数ε来对原强度进行修正。不同尺寸下碳钢与合金钢的ε值见表3－44，其中ε_b为正应力下的尺寸系数，ε_τ为剪应力下的尺寸系数。

表 3-44　在不同尺寸下碳钢及合金钢的尺寸系数

毛坯直径/mm	碳钢		合金钢	
	ε_b	ε_τ	ε_b	ε_τ
>20~30	0.91	0.89	0.83	0.89
>30~40	0.88	0.81	0.77	0.81
>40~50	0.84	0.78	0.73	0.78
>50~60	0.81	0.76	0.70	0.76
>60~70	0.78	0.74	0.68	0.74
>70~80	0.75	0.73	0.66	0.73
>80~100	0.73	0.72	0.64	0.72
>100~120	0.70	0.70	0.62	0.70
>120~140	0.68	0.68	0.60	0.68

② 表面加工系数 β　它表示零件加工方法对强度的影响，如表3-45所示。其中磨光取 $\beta=1$ 是因为试棒表面是磨光的。

表 3-45　按材料强度与加工方法确定表面加工系数

加工方法	材料强度 σ_b/MPa		
	400	800	1200
磨光（Ra0.4~0.2μm）	1	1	1
车光（Ra3.2~0.8μm）	0.95	0.90	0.80
粗加工（Ra25~6.3μm）	0.85	0.80	0.65
未加工表面（氧化铁层等）	0.75	0.65	0.45

③ 应力集中系数 K　如轴等零件由大直径变至小直径时会应用圆角、环槽等过渡，这些部位当零件作用有力时会产生应力集中现象，其值大小与直径变换的大小与圆角半径有关。此外，如螺纹、键槽、横孔等也会有应力集中现象。因此，用应力集中系数 K_σ（正应力）、K_τ（剪应力）来修正，一些零件的应力集中系数可见表3-46与表3-46。

表 3-46　圆角、环槽的有效应力集中系数

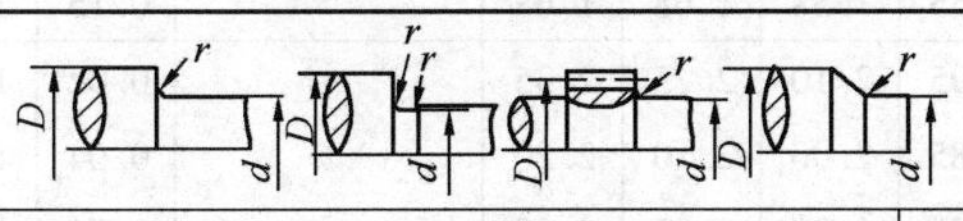

$\frac{D}{d}$	$\frac{r}{d}$	K_σ						K_τ			
		σ_b/MPa									
		≤500	600	700	800	900	>1000	≤700	800	900	≥1000
$\frac{D}{d}\leqslant 1.1$	0.02	1.84	1.96	2.08	2.20	2.35	2.50	1.36	1.41	1.45	1.50
	0.04	1.60	1.66	1.69	1.75	1.81	1.87	1.24	1.27	1.29	1.32
	0.06	1.51	1.51	1.54	1.54	1.60	1.60	1.18	1.20	1.23	1.24
	0.08	1.40	1.40	1.42	1.42	1.46	1.46	1.14	1.16	1.18	1.19
	0.10	1.34	1.34	1.37	1.37	1.39	1.39	1.11	1.13	1.15	1.16
	0.15	1.25	1.25	1.27	1.27	1.30	1.30	1.07	1.08	1.09	1.11

$\frac{D}{d}$	$\frac{r}{d}$	K_σ						K_τ			
		σ_b/MPa									
		≤500	600	700	800	900	>1000	≤700	800	900	≥1000
$1.1<\frac{D}{d}\leqslant1.2$	0.02	2.18	2.34	2.51	2.68	2.89	3.10	1.59	1.7	1.74	1.81
	0.04	1.84	1.92	1.97	2.05	2.13	2.22	1.39	1.45	1.48	1.52
	0.06	1.71	1.71	1.76	1.76	1.84	1.84	1.30	1.33	1.37	1.39
	0.08	1.56	1.56	1.59	1.59	1.64	1.64	1.22	1.26	1.30	1.31
	0.10	1.48	1.48	1.51	1.51	1.54	1.54	1.19	1.21	1.24	1.26
	0.15	1.35	1.35	1.38	1.38	1.41	1.41	1.11	1.14	1.15	1.18
$1.2<\frac{D}{d}\leqslant2$	0.02	2.40	2.60	2.80	3.00	3.25	3.50	1.80	1.90	2.00	2.10
	0.04	2.00	2.10	2.15	2.25	2.35	2.45	1.53	1.60	1.65	1.70
	0.06	1.85	1.85	1.90	1.90	2.00	2.00	1.40	1.45	1.50	1.53
	0.08	1.66	1.66	1.70	1.70	1.76	1.76	1.30	1.35	1.40	1.42
	0.10	1.57	1.57	1.61	1.61	1.64	1.64	1.25	1.28	1.32	1.35
	0.15	1.41	1.41	1.45	1.45	1.49	1.49	1.15	1.18	1.20	1.24

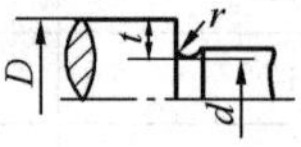

$\frac{t}{r}$	$\frac{r}{d}$	K_σ					$\frac{D}{d}$	$\frac{r}{d}$	K_τ				
		σ_b/MPa							σ_b/MPa				
		≤650	700	800	900	≥1000			≤650	700	800	900	≥1000
$0.4<\frac{t}{r}\leqslant0.6$	0.02	1.82	1.92	2.06	2.21	2.30	$1.02<\frac{D}{d}\leqslant1.1$	0.02	1.29	1.32	1.39	1.46	1.50
	0.04	1.77	1.82	1.96	2.06	2.16		0.04	1.27	1.30	1.37	1.43	1.48
	0.06	1.72	1.77	1.87	1.97	1.96		0.06	1.25	1.29	1.36	1.41	1.46
	0.08	1.68	1.72	1.77	1.87	1.92		0.08	1.21	1.25	1.32	1.39	1.43
	0.10	1.63	1.68	1.72	1.77	1.82		0.10	1.18	1.21	1.29	1.32	1.37
	0.15	1.53	1.55	1.58	1.68	1.68		0.15	1.14	1.18	1.21	1.25	1.29
$0.6<\frac{t}{r}\leqslant1$	0.02	1.85	1.95	2.10	2.25	2.35	$1.1<\frac{D}{d}\leqslant1.2$	0.02	1.37	1.41	1.50	1.59	1.64
	0.04	1.80	1.85	2.00	2.10	2.20		0.04	1.35	1.38	1.47	1.55	1.62
	0.06	1.75	1.80	1.90	1.95	2.00		0.06	1.32	1.37	1.46	1.52	1.59
	0.08	1.70	1.75	1.80	1.90	1.95		0.08	1.27	1.32	1.41	1.50	1.55
	0.10	1.65	1.70	1.75	1.80	1.85		0.10	1.23	1.27	1.37	1.41	1.47
	0.15	1.55	1.57	1.60	1.65	1.70		0.15	1.18	1.23	1.27	1.32	1.37
$1<\frac{t}{r}\leqslant1.5$	0.02	1.89	1.99	2.15	2.31	2.41	$1.2<\frac{D}{d}\leqslant1.4$	0.02	1.40	1.45	1.55	1.65	1.70
	0.04	1.84	1.89	2.05	2.15	2.26		0.04	1.38	1.42	1.52	1.60	1.68
	0.06	1.78	1.87	1.94	1.99	2.05		0.06	1.35	1.40	1.50	1.57	1.65
	0.08	1.73	1.78	1.84	1.94	1.99		0.08	1.30	1.35	1.45	1.55	1.60
	0.10	1.68	1.73	1.78	1.84	1.89		0.10	1.25	1.30	1.40	1.45	1.52
	0.15	1.58	1.60	1.63	1.68	1.73		0.15	1.20	1.25	1.30	1.35	1.40

④ 钢质零件进行表面处理系数 β'　多数情况下经表面处理材料总体强度会有所提高，因此要乘以表面强化系数 β' 或 $\overline{\beta}'$（平均数）。各种表面处理的强化系数见表 3－48。

表 3－47　螺纹、键槽、花键及横孔的有效应力集中系数

结构形式

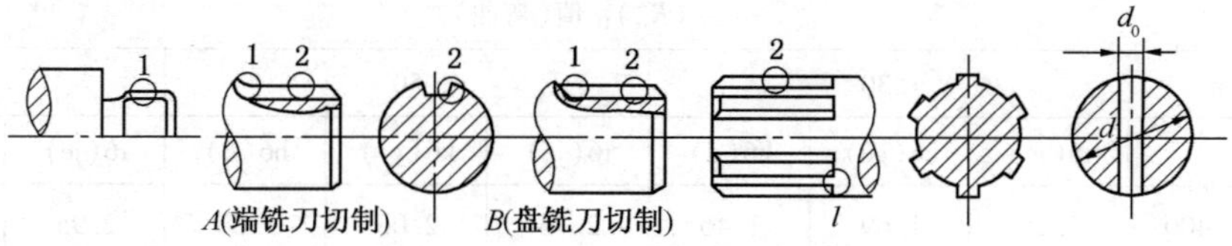

螺纹　　键槽　　花键　　横孔

σ_b/MPa	螺纹	键槽			花键			横孔			蜗杆	
	$K_\tau=1$ K_σ	K_σ		K_τ	K_σ（齿轮轴 $K\sigma=1$）	K_τ		K_σ		K_τ	K_σ	K_τ
		A 型	B 型	A、B 型		矩形	渐开线（齿轮轴）	d_n/d 0.05～0.1	0.15～0.25	0.5～0.25		
400	1.45	1.51	1.30	1.20	1.35	2.10	1.40	1.90	1.70	1.70	2.3～2.5	1.7～1.9
500	1.78	1.64	1.38	1.37	1.45	2.25	1.43	1.95	1.75	1.75		
600	1.96	1.76	1.46	1.54	1.55	2.35	1.46	2.00	1.80	1.80	$\sigma_b\leqslant$700MPa 取小值 $\sigma_b\geqslant$1000MPa 取大值	
700	2.20	1.89	1.54	1.71	1.60	2.45	1.49	2.05	1.85	1.80		
800	2.32	2.01	1.62	1.88	1.65	2.55	1.52	2.10	1.90	1.85		
900	2.47	2.14	1.69	2.05	1.70	2.65	1.55	2.15	1.95	1.90		
1000	2.61	2.26	1.77	2.22	1.72	2.70	1.58	2.20	2.00	1.90		
1200	2.90	2.50	1.92	2.39	1.75	2.80	1.60	1.30	2.10	2.00		

注：表中结构形式图 1 为有效应力集中系数；2 为 $K_\sigma=1$，K_τ = 表中值。

表 3－48　钢质零件表面强化系数 β' 或 $\overline{\beta}'$

序号	表面处理	芯部抗拉强度	平滑试件		有应力集中试件			
					$K_\sigma\leqslant1.5$		$K_\sigma>1.8\sim2$	
		σ_b/MPa	β'	$\overline{\beta}'$	β'''	$\overline{\beta}'$	β'	$\overline{\beta}'$
1	高频淬火	600～800	1.5～1.7	1.6	1.6～1.7	1.65	2.4～2.8	2.6
		800～1000	1.3～1.5	1.4	1.4～1.5	1.45	2.1～2.4	2.25
2	氮化	900～1200	1.1～1.25	1.175	1.5～1.7	1.6	1.7～2.1	1.9
3	渗碳淬火	400～600	1.8～2.0	1.9	3		—	
		700～800	1.4～1.5	1.45	—		—	
		1000～1200	1.2～1.3	1.25	2		—	
4	辊压	600～1500	1.1～1.3	1.25	1.3～1.5	1.4	1.6～2.0	1.8
5	喷丸	600～1500	1.1～1.25	1.175	1.5～1.6	1.55	1.7～2.1	1.9
6	镀铬	—	0.5～0.6	0.6	电镀锌为 $\beta'=1.0$			
7	镀镍	—	0.5～0.9	0.7				
8	镀锌	—	0.6～0.95	0.775				
9	镀铜	—	0.9					

另外，两零件相配合时会产生挤压应力集中，其修正系数可见表 3－49，这部分应力集中主要影响弯曲与扭矩强度，并对零件的强度是有益的。

表 3－49 配合零件的有效应力集中系数

$(K_\sigma)_D$ 值（弯曲）										
直径/mm		≤30			50			≥100		
配合		r6(je)	k6(gc)	h6(d)	r6(je)	k6(gc)	h6(d)	r6(je)	k6(gc)	h6(d)
材料强度 σ_b/MPa	400	2.25	1.69	1.46	2.75	2.06	1.80	2.95	2.22	1.92
	500	2.5	1.88	1.63	3.05	2.28	1.98	3.29	2.46	2.13
	600	2.75	2.06	1.79	3.36	2.52	2.18	3.60	2.70	2.34
	700	3.0	2.25	1.95	3.66	2.75	2.38	3.94	2.96	2.56
	800	3.25	2.44	2.11	3.96	2.97	2.57	4.25	3.20	2.76
	900	3.5	2.63	2.28	4.28	3.20	2.78	4.60	3.46	3.00
	1000	3.75	2.82	2.44	4.60	3.45	3.00	4.90	3.98	3.18
	1200	4.25	3.19	2.76	5.20	3.90	3.40	5.60	4.20	3.64

注：1. 滚动轴承内圈配合为过盈配合 r6(je)。

2. 中间尺寸直径的综合影响系数可用插入法求得。

3. 扭转 $(K_\tau)D=1+0.6[(K_\sigma)\nu-1]=0.4+0.6(K_\sigma)\nu$。

（2）对于交变应力状态

如图 3－16 所示，应力循环有三种情况。这时的材料应力要用疲劳强度来考虑。

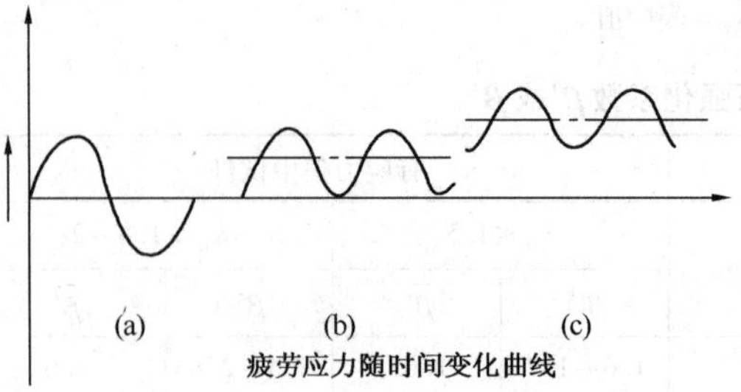

图 3－16 应力循环的三种类型

（a）对称载荷；（b）脉动载荷；（c）单向导前载荷脉动循环

当仅知材料强度极限 σ_b 与屈服点 σ_s 时，可按表 3－50 与表 3－51 的经验公式，计算对称循环与脉动循环的疲劳极限。也可由硬度值估算疲劳极限 σ_{-1}（MPa）值：

对碳钢（当 $HB<225$）

$$\sigma_{-1}=(0.128-0.156)HB$$

对正火处理的合金钢

$$\sigma_{-1}=0.14HB+67.19$$

对淬火回火的合金钢

$$\sigma_{-1}=0.076HB+284.49$$

表 3－50 对称循环疲劳极限经验公式

材料		对称弯曲	对称拉压	对称扭转
合金钢	淬火回火	$\sigma_{-1B}=0.35\sigma_b+139.3$	$\sigma_{-1L}=0.74\sigma_s-215.8$	$\tau_{-1}=0.1\sigma_b+166.8$
	淬火回火	$\sigma_{-1}=0.27\sigma_s+255.1$	—	—
	正火	$\sigma_{-1}=0.25(\sigma_b+\sigma_s)+62.8$	—	—
碳素钢		$\sigma_{-1}=0.259(\sigma_b+\sigma_s)+27.9$	$\sigma_{-1L}=0.28\sigma_b$	$\tau_{-1}=0.22\sigma_b$

续表

材 料	对 称 弯 曲	对 称 拉 压	对 称 扭 转
结构钢	$\sigma_{-1}=0.27(\sigma_b+\sigma_s)$	$\sigma_{-1L}=0.23(\sigma_b+\sigma_s)$	$\tau_{-1}=(0.14-0.18)(\sigma_b+\sigma_s)$
铸铁	$\sigma_{-1}=0.45\sigma_b$	$\sigma_{-1L}=0.4\sigma_b$	
铝合金	$\sigma_{-1}=\frac{1}{6}\sigma_b+73.575$	$\sigma_{-1}=\frac{1}{6}\sigma_b+73.575$	$\tau_{-1}=(0.356-0.455)\sigma_b$
青铜	$\sigma_{-1}=0.21\sigma_b$	—	—
铸铜	$\sigma_{-1}=0.231(\sigma_b+\sigma_s)+38.1$	—	—

注：σ_{-1B}——反复对称弯曲。

表 3－51　脉动循环疲劳极限经验公式

材 料	弯 曲	拉 压	扭 转
结构钢	$\sigma_0=1.33\sigma_{-1}=0.359(\sigma_b+\sigma_s)$	$\sigma_{0L}=1.42\sigma_{-1L}=0.327(\sigma_b+\sigma_s)$	$\tau_0=1.50\tau_{-1}=(0.21-0.28)(\sigma_b+\sigma_s)$
铸 铁	$\sigma_0=1.33\sigma_{-1}=0.598\sigma_b$	$\sigma_{0L}=1.42\sigma_{-1L}=0.568\sigma_b$	$\tau_0=1.35\tau_{-1}=(0.48-0.61)\sigma_b$
铝合金	—	$\sigma_{0L}=1.5\sigma_{-1L}=0.25\sigma_b+110.36$	—

3.7.2　可靠性问题

机器零件在计及上述诸因素后确定了许用应力[σ]与[τ]，但在实际机器运行中，还可能出现一些想象不到的问题，所以许用应力不足够，还应留有一定的裕度。人们用安全系数 n 来表示这种裕度，即 $n=\frac{[\sigma]}{\sigma_c}>1.1\sim1.3$，其中 σ_c 为计算得应力。

由于结构刚度的需要，当不进行专门刚度计算时，有时取 $n>1.3$，从受力情况看当然就更安全了。

3.8　一些通用零件及专用零件设计计算示例

3.8.1　螺栓或螺纹紧固零部件

（1）螺栓结构设计

压缩机中有许多部位应用螺栓或螺纹紧固连接，尤其在往复压缩机中，它们承受交变载荷，易于疲劳破坏。例如连杆螺栓与应用螺纹连接的活塞杆等，这些零件的失效将会产生重大事故，甚至使整个压缩机破坏。

疲劳断裂的主要部位为螺栓与螺母拧紧的最里一圈的传力螺纹处，以及螺栓光杆与螺纹交接处，因这些部位是高应力集中区。螺栓头部与螺杆过渡处圆角较大，应力集中较上述部位低。

① 螺纹结构　螺纹有粗牙和细牙两种。承受交变载荷的螺纹应用细牙以防机器运行中螺母可能产生松动。细牙又分一级、二级两种。一般应用二级，因为一级螺纹根部太弱。承受交变负荷的螺纹根部应增强，增强措施有滚压螺纹或螺纹底部，或采用 MJ 系列螺纹。

MJ 螺纹的基本牙型与普通螺纹其原始三角形是相同的，只是增大了螺母小径处的削平高度，其基本牙型如图 3－17。

表 3-52　外螺纹牙底圆弧半径　　mm

P	R_{max}	R_{min}	P	R_{max}	R_{min}
1.5	0.271	0.225	4	0.722	0.600
1.75	0.316	0.263	4.5	0.812	0.676
2	0.361	0.300	5	0.902	0.751
2.5	0.451	0.375	5.5	0.992	0.826
3	0.541	0.450	6	1.083	0.901
3.5	0.631	0.525			

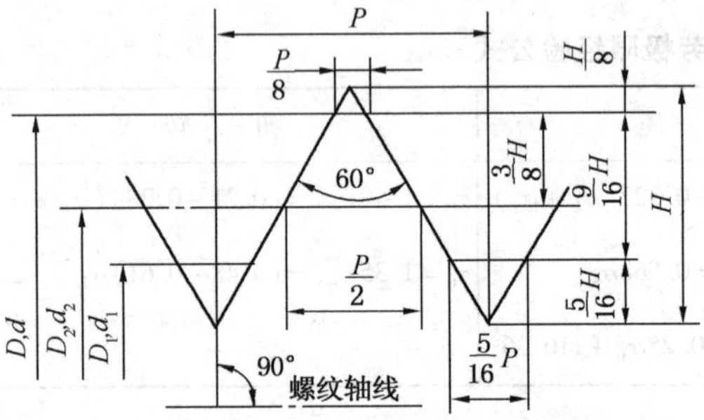

图 3-17　MJ 螺纹的基本牙型

D—内螺纹大径；d—外螺纹大径；P—螺距

D_2—内螺纹中径；d_2—外螺纹中径；

H—原始三角形高度；D_1—内螺纹小径

d_1—外螺纹小径

MJ 螺纹基本牙型小径处的削平高度为$\frac{5}{6}H$，较普通螺纹的$\frac{H}{4}$增大了$\frac{H}{16}$。这一改变使 MJ 螺纹底圆半径 $R_{max}=0.18042P$ 成为可能。表 3-52 中列出了若干螺纹节距时的牙底圆弧半径。

② 螺杆　承受交变负荷时应用弹性螺栓结构，即杆身直径要小于螺纹内径，以增加杆身弹性，借以降低应力幅（详见 3.8.3 节强度计算部分）。

③ 螺母　为使螺母丝扣受力均匀，尤其是减少第一丝扣受力，螺母设计成各种形式。

④ 螺柱　当用螺栓连接时，螺柱拧在零件里要能自行辅助锁紧；当因零件拆卸时拧下螺母，螺柱不能跟出。辅助锁紧的方法有表 3-53 中所列四种。

表 3-53　螺柱辅助锁紧方法

方法	1. 螺纹扣尾 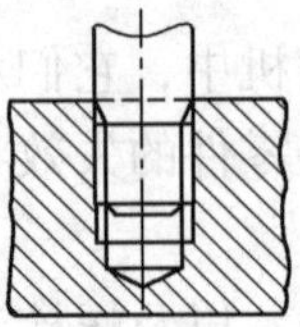	2. 平凸台 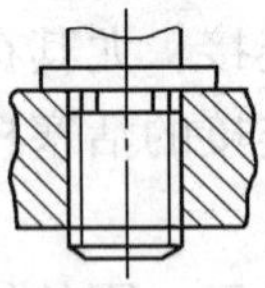	3. 端面顶尖 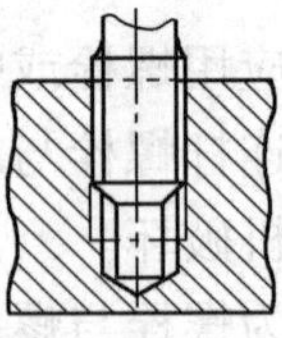	4. 厌氧型螺纹锁固密封剂
应用场合	普通螺柱螺尾锁紧是一种最常用的锁紧形式，用于透孔和不通孔，不适用于动载荷较高的场合，螺尾的最大轴向长度为 2.5p（p 为螺纹节距）	普通或弹性螺柱，用于透孔和不通孔。凸台端面应与螺纹轴线垂直。其直径应不小于 1.5d	弹性螺柱带端部顶尖，用于不通孔。顶尖的光滑圆柱直径应小于内螺纹的小径。顶尖的圆锥角应与麻花钻钻头的刃角重合	涂于螺纹表面，具有锁固和密封功能。与前三种辅助锁紧形式结合使用，可使螺柱的承载能力进一步提高

（2）螺栓与螺母的材料

我国螺栓材料的性质等级按 ISO 898/1 国际标准制定。GB 3098.1—1982 规定钢制螺栓按其强度水平分为 10 个不同的强度性能等级(见表 3－54)，螺栓性能等级及相应材料选择见表 3－55。

表 3－54　螺栓的强度性能等级

<table>
<tr><td colspan="2" rowspan="3">力学性能</td><td colspan="11">性　能　等　级</td></tr>
<tr><td rowspan="2">3.6</td><td rowspan="2">4.6</td><td rowspan="2">4.8</td><td rowspan="2">5.6</td><td rowspan="2">5.8</td><td rowspan="2">6.8</td><td colspan="2">8.8</td><td rowspan="2">9.8</td><td rowspan="2">10.9</td><td rowspan="2">12.9</td></tr>
<tr><td>≤M16</td><td>>M16</td></tr>
<tr><td rowspan="2">抗拉强度 σ_b/MPa</td><td>公称值</td><td>300</td><td colspan="2">400</td><td colspan="2">500</td><td rowspan="2">600</td><td rowspan="2">800</td><td>800</td><td rowspan="2">900</td><td rowspan="2">1000</td><td rowspan="2">1200</td></tr>
<tr><td>最小值</td><td>330</td><td>400</td><td>420</td><td>500</td><td>520</td><td>830</td></tr>
<tr><td rowspan="3">洛氏硬度</td><td></td><td colspan="6">HRB</td><td colspan="5">HRC</td></tr>
<tr><td>最小值</td><td>52</td><td>67</td><td>70</td><td>80</td><td>83</td><td>89</td><td>22</td><td>25</td><td>28</td><td>34</td><td>39</td></tr>
<tr><td>最大值</td><td colspan="5">95</td><td>99</td><td>32</td><td>35</td><td>37</td><td>41</td><td>44</td></tr>
<tr><td rowspan="2">屈服点/MPa</td><td>公称值</td><td>180</td><td rowspan="2">240</td><td>320</td><td rowspan="2">300</td><td>400</td><td rowspan="2">480</td><td colspan="5" rowspan="2"></td></tr>
<tr><td>最小值</td><td>190</td><td>340</td><td>420</td></tr>
<tr><td rowspan="2">屈服强度 $\sigma_{0.2}$/MPa</td><td>公称值</td><td colspan="6" rowspan="2"></td><td rowspan="2">640</td><td>640</td><td rowspan="2">720</td><td>900</td><td>1080</td></tr>
<tr><td>最小值</td><td>660</td><td>940</td><td>1000</td></tr>
<tr><td colspan="2">保证应力 S_p/MPa</td><td>180</td><td>230</td><td>310</td><td>280</td><td>380</td><td>440</td><td>580</td><td>600</td><td>660</td><td>830</td><td>970</td></tr>
</table>

注：强度性能等级的代号用两个数字表示，两个数字中间用一个逗号“,”隔开。其中一个数字乘以 100 后表示螺栓的公称抗拉强度；两个数字相乘后再乘以 10 即为螺栓的公称屈服点或屈服强度；后面的数字除以 10 后表示与抗拉强度之比(屈服比)。

表 3－55　螺栓性能等级和相应材料选择

<table>
<tr><td>性能等级</td><td>推　荐　用　材　料</td><td>热处理</td><td>最低回火温度</td></tr>
<tr><td>3.6</td><td>C≤0.2%的低碳钢</td><td rowspan="6"></td><td></td></tr>
<tr><td>4.6</td><td rowspan="5">0.15%≤C≤0.55%的低碳钢或中碳钢</td><td rowspan="5"></td></tr>
<tr><td>4.8</td></tr>
<tr><td>5.6</td></tr>
<tr><td>5.8</td></tr>
<tr><td>6.8</td></tr>
<tr><td rowspan="2">8.8</td><td>0.15%≤C≤0.35%的低碳合金钢</td><td rowspan="8">淬火，回火</td><td>425</td></tr>
<tr><td>0.25%≤C≤0.55%的中碳钢</td><td>450</td></tr>
<tr><td rowspan="2">9.8</td><td>0.15%≤C≤0.35%的低碳合金钢</td><td rowspan="2"></td></tr>
<tr><td>0.25%≤C≤0.55%的中碳钢</td></tr>
<tr><td rowspan="3">10.9</td><td>0.15%≤C≤0.35%的低碳合金钢</td><td>340</td></tr>
<tr><td>0.25%≤C≤0.55%的中碳钢</td><td rowspan="2">425</td></tr>
<tr><td>0.20%≤C≤0.55%的低中碳合金钢</td></tr>
<tr><td>12.9</td><td>0.20%≤C≤0.50%的合金钢</td><td>380</td></tr>
</table>

螺母的强度性能等级按 GB 3982.2—1982 分为 7 个强度性能等级，螺母的强度性能等级与螺栓性能等级的对应关系见表 3－56，各性能等级螺母的力学性能见表 3－57。

表 3－56　螺母的强度性能等级

性能等级	4	5		6	8	9		10	12
推荐材料	碳钢 C≤0.50%				碳钢 C≤0.58%			碳钢 C≤0.58%	
与螺栓对应关系	螺纹公称直径								
	＞M16	≤M16	任意	任意	任意	M16～M39	≤M16	任意	≤M39
	3.6	3.6	5.6						
	4.6	4.6		6.8	8.8	8.8	9.8	10.9	12.9
	4.8	4.8	5.8						

注：1. 本表只适用于 $m \geqslant 0.8D$ 的螺母，m 为螺母高度。

2. 碳钢中可增添合金元素。

3. 性能等级是用螺栓的强度性能等级代号的前面一个数字标记，表示该螺栓为可与该螺母相配螺栓中最高性能的螺栓，数字乘以 100 即为其公称保证应力。螺栓的保证应力由以下方法确定：将螺栓与螺母结合，进行拉伸试验，螺栓产生 12.5μm 的永久变形时的最大拉力与螺纹应力面积的比值即为螺栓的保证应力。

螺栓、螺母材料的配合和使用范围按 GB 150—1998 规定，见表 3－58。

表 3－57　螺母的力学性能

螺母公称直径	性能等级 4 保证应力 S_p/MPa	4 硬度/HRC	5 保证应力 S_p/MPa	5 硬度/HRC	6 保证应力 S_p/MPa	6 硬度/HRC	8 保证应力 S_p/MPa	8 硬度/HRC	9 保证应力 S_p/MPa	9 硬度/HRC
≥M3～M4			520		600		800		900	
＞M4～M7			580		670		810	30	915	
＞M7～M10			590	30	680	30	830		940	
＞M10～M16			610		700		840		950	
＞M16～M39	510	30	630		720		920	38	920	
＞M39～M100										

螺母公称直径	性能等级 10 保证应力 S_p/MPa	10 硬度/HRC	12 保证应力 S_p/MPa	12 硬度/HRC	04 保证应力 S_p/MPa	04 硬度/HV	05 保证应力 S_p/MPa	05 硬度/HV
≥M3～M4	1040		1150					
＞M4～M7	1040	28～38	1150	31				
＞M7～M10	1040		1160					
＞M10～M16	1050		1190		380	198～302	500	272～353
＞M16～M39	1060		1200					
＞M39～M100								

表 3-58 螺栓、螺母材料的配合和使用范围（GB 150—1998）

螺栓用钢	螺母用钢			
	钢号	钢材标准	使用状态	使用温度范围/℃
Q235-A	Q215-A、Q235-A	GB 700	热轧	>-20~300
35	Q235-A	GB 700	热轧	>-20~300
	20、25	GB 699	正火	>-20~300
40MnB	35、40Mn、45	GB 699	正火	>-20~400
40MnVB	35、40Mn、45	GB 699	正火	>-20~400
40Cr	35、40Mn、45	GB 699	正火	>-20~400
30CrMoA	30CrMoA	GB 3077	调质	-100~500
	40Mn、45	GB 699	正火	>-20~400
35CrMoVA	40Mn、45	GB 699	正火	>-20~400
	30CrMoA	GB 3077	调质	-100~500
35CrMoVA	35CrMoA、35CrMoVA	GB 3077	调质	>-20~425
25CrMoA	30CrMoA、35CrMoA	GB 3077	调质	>-20~500
	25Cr2MoVA	GB 3077	调质	>-20~550
1Cr5Mo	1Cr5Mo	GB 1211	调质	>-20~600
2Cr13	2Cr13、1Cr13	GB 1200	调质	>-20~400
0Cr18Ni9	1Cr13	GB 1220	退火	>-20~6000
	0Cr18Ni9	GB 1200	固溶	-253~700
0Cr18Ni10Ti	0Cr18Ni10Ti	GB 1200	固溶	-196~700
0Cr17Ni12Mo2	0Cr17Ni12Mo2	GB 1220	固溶	-253~700

表 3-59 螺栓、螺母连接强度应力幅值 σ_{aL}（当 $\sigma_m \geq 0.5$）

螺栓、螺母材料	抗拉强度	拉伸疲劳强度	极限应力幅 σ_{aL}/MPa	
	σ_b/MPa	σ_{-1L}/MPa	切削螺纹	滚压螺纹
A3	400	140	30/35	35/40
35	500~600	200	45/55	55/65
45	900~950	250	50/60	65/75
40Cr	1000~1200	300	55/70	75/85
30CrMnSiA	1200~1300	300	65/75	75/85
40CrNiMoA	1600~1700	450	80/100	95/110
钛合金钢	1150~12500	350	45/60	50/70

注：1. 钛合金钢指前苏联的 BT16 钛合金。

2. 表内分子数字用于螺纹加工后再热处理的螺栓，分母数字用于相反工艺过程的螺栓。

表 3-60 尺寸系数 ε

d/mm	<12	16	20	24	30	36	42	48	56	64
ε	1.0	0.87	0.80	0.74	0.65	0.64	0.60	0.57	0.54	0.53

表 3-61　有效应力集中系数 K_σ

σ_B/MPa	400	600	800	1000
K_σ	3	3.9	4.8	5.2

表 3-59 给出了螺栓连接的疲劳极限应力幅值。在无数据时，也可由式(3-1)确定，即极限应力幅为

$$\sigma_{aL} = \frac{\sigma_{-1L}\varepsilon\beta_\sigma\gamma}{K_\sigma} \quad (3-1)$$

式中：σ_{-1L}为光滑试件的拉伸疲劳强度，见表 3-59；ε 为尺寸系数，见表 3-60；K_σ 为螺纹有效应力集中系数，见表 3-61；β_σ 为结构强化系数，对于带有预紧力的螺栓连接或受拉连接取 1.5~1.6；γ 为工艺强化系数，对于切削螺纹及钛合金螺纹连接取 1.0，对于钢制的热处理后再滚压的螺纹取 1.2~1.3。

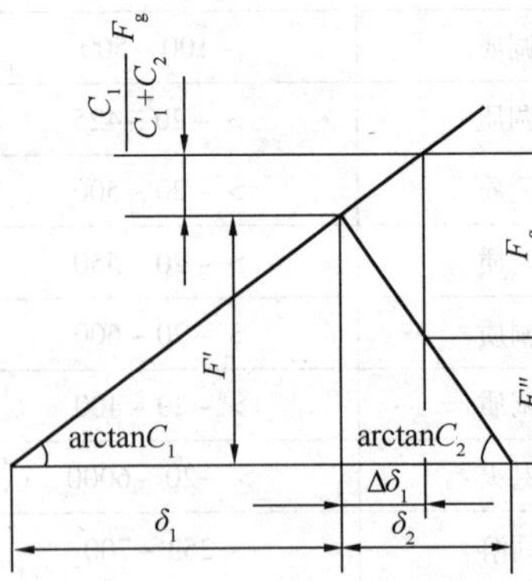

图 3-18　螺栓和被连接件的受力与变形关系

(3) 螺栓强度计算

① 承受静载荷的螺栓或螺纹紧固件

在预紧力和轴向载荷(如气体静压力)联合作用下的紧固螺栓连接，螺栓和被连接件的受力和变形的关系如图 3-18 所示。在预紧力 F'的作用下，螺栓所受拉力与被连接件所受压力大小相等，均为 F'，螺栓伸长量 $\delta_1 = F'/C_1$，被连接件缩短量 $\delta_2 = F'/C_2$。在工作载荷 F_g 作用下，螺栓总拉力增至 F，力增量为 $F-F'$，螺栓伸长的增量为 $\Delta\delta_1$；被连接件相应放松，剩余预紧力减少为 F''，压力减少了 $F'-F''$，被连接件回弹量为 $\Delta\delta_2$，且 $\Delta\delta_1 = \Delta\delta_2$，$\Delta\delta_1 = (F-F')/C_1 = (F_g + F'' - F')/C_1$，$\Delta\delta_2 = (F'-F'')/C_2$。根据这些关系可求得在预紧力 F'和轴向工作载荷 F_g 联合作用下，螺栓的总拉力 F 为

$$F = F_g + F'' \quad (3-2)$$

$$F = F = \frac{C_1}{C_1 + C_2}F_g + F' = K_c F_g + F' \quad (3-3)$$

式中：F''为剩余预紧力；C_1 为螺栓刚度；C_2 为被连接件刚度；K_c 为相对刚度，$K_c = C_1/(C_1 + C_2)$。

在相对刚度表达式中，C_1 可较精确地算出，而 C_2 则难以计算确定。对于重要的螺栓连接，C_2 可采用试验测定。当缺少试验数据时，K_c 可作为定值处理，见表 3-62。

在工作载荷 F_g 作用下，连接处出现缝隙是不允许的。为此，应使剩余预紧力 F''大于零，可取

$$F'' = KF_g \quad (3-4)$$

系数 K 见表 3-63。

则

$$F = (1 + K)F_g \quad (3-5)$$

表 3-62 相对刚度 $K_c = C_1/(C_1 + C_2)$

连接情况	K_c	连接情况	K_c
连杆螺栓	0.2	钢件+钢皮石棉垫	0.80
钢件连接(有、无钢垫)	0.25	钢件+橡胶垫	0.90
钢件连接+皮革垫片	0.70		

表 3-63 剩余预紧力 F'' 的系数 K 值

	K		K
F_g 无变化	0.2~0.6	要求压力窗口密封连接	1.5~1.8
F_g 有变化	0.6~1.0		

一般根据连接的工作条件要求，先选择预紧力 F'，并

$$F' = K_{F'} F_g \tag{3-6}$$

式中 $K_{F'}$ 为预紧力系数，见表 3-64。

表 3-64 预 紧 力 系 数

连接情况		$K_{F'}$	连接情况		$K_{F'}$
紧固连接	静载荷	1.2~2.0	密封连接	软垫片	1.5~2.5
				金属成型垫片	2.5~3.5
	变载荷	2.0~4.0		金属垫片	3.0~4.5

利用式(3-5)或式(3-6)求得螺栓所受总拉力 F 后，除以其危险截面的面积，可得到螺栓的总拉应力值，即

$$\delta_L = \frac{4F}{\pi d_c^2} \tag{3-7}$$

除拉应力外，预紧螺栓还可能附加有扭应力(液压上紧时无此应力)。

预紧螺母时，拧紧力矩 T 用于克服螺纹副的螺纹力矩 T_1 和螺母与其支承面间的摩擦力矩 T_2，即

$$T = T_1 + T_2 = K_t F' d \tag{3-8}$$

其中

$$K_t = \frac{1}{2}\left\{\frac{d_2}{d}\tan(\lambda + \rho) + \frac{2}{3}\frac{f_c}{d}\left[\frac{D_1^3 - d_0^3}{D_1^2 - d_0^2}\right]\right\} \tag{3-9}$$

式中：F' 为预紧力；K_t 为扭矩系数，其值可见表 3-67；λ 为螺纹中径升角，$\lambda = \arctan(t/(\pi d_2))$($t$ 为导程，单头螺纹即螺距)；ρ 为螺纹副摩擦角，$\rho = \arctan f$(f 为螺纹副摩擦系数，见表 3-65)；f_c 为螺母与支承面的摩擦系数(见表 3-66)；D_1 为螺母支承面外径；d_0 为螺栓孔直径；d 为螺栓直径。

螺栓所受扭矩为

$$T_1 = K_1 F' d \tag{3-10}$$

其中

$$K_t = \frac{d_2}{2d}\left(\frac{t}{\pi d_2} + f\right) \approx 0.02 + 0.5f$$

螺栓的扭矩应力为

$$\tau = \frac{16T_1}{\pi d_c^3} \tag{3-11}$$

螺栓复合应力为

$$\delta = \sqrt{\delta_c^2 + 3\tau^2} \tag{3-12}$$

表 3－65　螺纹副的摩擦系数及扭矩系数的统计特征值

摩擦面工况	润滑状态	螺纹间的摩擦系数			螺母支承面处的摩擦系数	扭矩系数
		$\bar{f}$	f_{max}	f_{min}	$\bar{f_c}$	$\bar{K_t}$
无镀层	无润滑	0.18	0.25	0.12	0.16	0.22
	油润滑	0.13	0.17	0.10	0.13	0.18
镀锌	无润滑	0.23	0.32	0.13	0.16	0.24
镀铜	无润滑	0.28	0.35	0.22	0.12	0.24
	脂润滑	0.16	0.19	0.12	0.08	0.16
镀镉镍	无润滑	0.25	0.32	0.18	0.15	0.25
	油润滑	0.15	0.18	0.14	0.06	0.14

注：1. $\bar{f}$，$\bar{f_c}$为第一次拧紧的试验值；

2. 对于表面氧化处理的螺栓、螺母可按无镀层选取 K_t 值。

② 承受轴向交变载荷紧固螺栓连接

如图 3－19 所示，工作载荷在 0～F_g 间变化，螺栓拉紧力则在 F'～F 之间变化（F'为预紧力）。计算这种螺栓连接的疲劳强度时，主要考虑轴向力引起的拉伸交变应力。不论螺栓连接是否受工作载荷 F_g 影响，其最小应力 δ_{min} 总是由预紧力 F'而产生。螺纹扭力矩实际上自动消除，螺杆不再有扭应力作用。

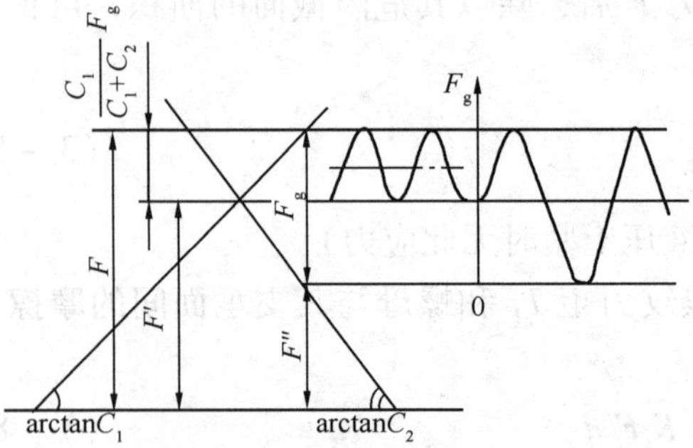

图 3－19　交变载荷连接螺栓和被连接件的受力与变形关系

作用力的变化幅度为

$$\frac{F - F'}{2} = \frac{1}{2}\frac{C_1}{C_1 + C_2}F_g \tag{3-13}$$

相应的应力幅为

$$\delta_a = \frac{\frac{F_g}{2}\frac{C_1}{C_1 + C_2}}{\frac{\pi}{4}d_c^2} = \frac{C_1}{C_1 + C_2}\frac{2F_g}{\pi d_c^2} \tag{3-14}$$

式中：F_g 为工作载荷；$\frac{C_1}{C_1 + C_2}$为相对刚度，见表 3－62；d_c 为螺杆危险截面直径。

（4）螺栓的紧固方法

在压缩机中，尤其是往复式压缩机中许多零件都是由螺栓连接，并且他们大都承受着交变载荷。在此，螺栓紧固时的预紧力特别重要。预紧力既要保证两零件工作时不脱开或密封，又要防止工作时最大应力不超过许用的疲劳极限。过去，许多螺栓或螺纹连接的断裂大都由此两原因之一造成。因此，受交变载荷的螺栓或螺纹，设计与制造企业必须认真计算，明确要求，图纸上或使用说明中应注有该螺纹紧固的力矩大小。若为液压紧固时，则应注明油压值大小。

① 扳手上紧

首先，确定扭矩：紧固的扭矩可按式(3－8)或根据螺栓的规格与材料按表3－66来确定。其次，选择扳手：用手动或液力扭力扳手。当力矩较大时手动扭力扳手可选用带倍增器的结构，而这种倍增器扳手又可分为：棍式，各种规格放大比约为1∶3.5～1∶18.5；板式，各种规格放大比约为1∶5至1∶70；脚踏式，各种规格放大比约为1∶3.5至1∶80。液压扭力扳手它由一个液力扳手组件与一个电动或气动或手动液压泵构成。

表3－66　螺栓及螺母最大扭矩推荐值

强度等级		4.8		6.8		8.8		10.9		12.9	
最小破断强度		392MPa		588MPa		784MPa		941MPa		1176MPa	
材质		一般构造用钢		机械构造用钢		铬钼合金钢		镍铬钼合金钢		镍铬合金钢	
螺栓	螺母	扭力矩		扭矩值		扭矩值		扭矩值		扭矩值	
		kg·m	N·m	kg·m	N·m	kg·m	N·m	kg·m	N·m	kg·m	N·m
14	22	7	69	10	98	14	137	17	167	23	225
16	24	10	98	14	137	21	206	25	245	36	353
18	27	14	137	21	206	29	284	35	343	49	480
20	30	18	176	28	274	41	402	58	568	69	676
22	32	23	225	34	333	55	539	78	764	93	911
24	36	32	314	48	470	70	686	100	980	120	1176
28	41	45	441	65	637	105	1029	150	1470	180	1764
30	46	60	588	90	882	125	1225	200	1960	240	2352
33	50	75	735	115	1127	150	1470	210	2058	250	2450
36	55	100	980	150	1470	180	1764	250	2450	300	2940
39	60	120	1176	180	1764	220	2156	300	2940	370	3626
42	65	155	1519	240	2352	280	2744	390	3822	470	4606
45	70	180	1764	280	2744	320	3136	450	4410	550	5390
48	75	230	2254	350	3430	400	3920	570	5586	680	6664
52	80	280	2744	420	4116	480	4704	670	6566	850	8330
56	85	360	3528	530	5194	610	5978	860	8428	1050	10290
60	90	410	4018	610	5978	790	7742	1100	10780	1350	13230
64	95	510	4998	760	7448	900	8820	1408	13798	1740	17052
68	100	580	5684	870	8526	1100	10780	1774	17385		
72	105	660	6468	1000	9800	1290	12642	2218	21736		
76	110	750	7350	1100	10780	1500	14700	2795	27391		
80	115	830	8134	1250	12250	1850	18130				
85	120	900	8820	1400	13720	2250	22050				
90	130	1080	10584	1650	16170	2500	24500				

续表

强度等级		4.8		6.8		8.8		10.9		12.9	
最小破断强度		392MPa		588MPa		784MPa		941MPa		1176MPa	
材质		一般构造用钢		机械构造用钢		铬钼合金钢		镍铬钼合金钢		镍铬合金钢	
螺栓	螺母	扭力矩		扭矩值		扭矩值		扭矩值		扭矩值	
		kg·m	N·m	kg·m	N·m	kg·m	N·m	kg·m	N·m	kg·m	N·m
100	145	1400	13720	2050	20090						
110	155	1670	16366	2550	24990						
120	175	2030	19894	3050	29890						

注：1. 以上是德国工业标准，表中扭矩值为螺栓达到屈服极限的70%时测定的；

2. 建议锁紧力矩值为：表中数值×(70~80)%

例如，M488.8级螺栓则锁紧力矩值为3390×80%=3136N·m

3. 拆松力矩为锁紧力矩的1.5~2倍。

例如，上例锁紧力矩为3136N·m，则其拆松力矩约为3136×(1.5~2)=4704~6272N·m

4. 选择扳手请务必注意拆松力矩大小。

② 液压上紧

对于普通螺母与液压螺栓拉伸上紧器如图3-20所示。它由一拉紧加力螺母拧在要上紧的螺栓上；下面是具有环形的油缸与环形活塞的套圈，油缸体上有进油接管；再下面是具有缺口的支承圈，缺口用于插入一小杆轻轻拧紧螺母，对于螺母上设小孔专用螺母可用小杆直接插入。对于通用的六角螺母还须设一个过渡拨圈，如图3-21所示。

该种上紧装置要求螺栓螺纹长度比普通螺母的长2倍螺杆直径，两螺栓中心距 B 应满

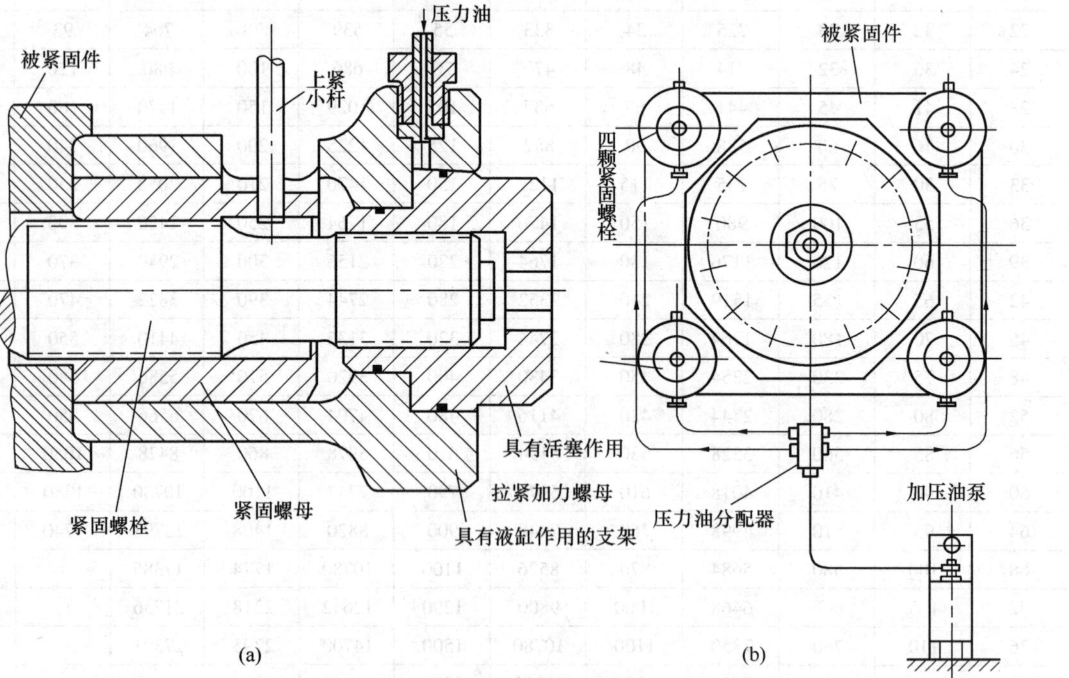

图3-20 液压螺栓上紧系统结构

(a) 系统结构图；(b) 油泵同时加压几个螺栓

足装置操作，螺栓高度方向也应有一定空间 C，其参数见表 3－67。

表 3－67　液压螺栓上紧系统参数(海泰斯)

产品编号(颜色)	螺栓直径/mm	最大载荷/kN	液压面积/mm^2	A/mm	B/mm	C/mm	D/mm	质量/kg
01 深色	M24 M27	228	2277	86	59 60	29.5 32	180 185	2.31 2.34
1 深色	M30 M33 M36	348	3484	107	72 73 76	36 36 39	197 197 200	3.46 3.46 3.42
2 桔色	M33 M36 M39	428	4276	117	77 78 80	36 39 42	199 202 213	3.93 3.89 4.40
3 黑色	M39 M42 M45	591	5909	136	89 91 94	42 45 49	212 214 217	5.36 5.70 5.80
4 红色	M42 M45 M48 M52	788	7881	150	99 101 102 105	45 49 51 54	216 219 222 225	6.90 7.00 7.20 7.50
5 灰色	M48 M52 M56	989	9893	169	110 112 119	51 54 59	222 225 231	8.05 8.35 9.12
6 白色	M56 M60 M64	1274	12743	190	124 131 136	59 65 65	241 248 248	10.67 11.27 11.27
7 棕色	M64 M68 M72	1594	15944	208	146 146 146	65 71 71	252 258 258	12.67 14.15 14.15
8 浅绿色	M72 M76	1832	18321	222	150 157	71 77	258 265	15.55 17.80
8.5 浅兰色	M76 M80 M85 M90	2178	21778	239	161 163 175 177	77 77 87 93	267 274 274 281	20.80 20.80 22.60 22.10
10 金色	M95 M100	2615	26147	276	202 212	99 105	296 302	50.00 54.00

注：最大操作压力高达 100MPa(14500psi)。

对于液压螺母(见图 3－22)，它提供了一种与螺母本身相整合的螺栓紧固系统。该螺母是传统螺母的替代装置，无需延长螺柱，照样可以达到紧固螺栓、螺柱和连接杆件等的作用。

可通过手动泵或气压油泵加压，最大泵工作压力可达 140MPa，接油口可预置或侧入设计。

液压螺母有薄型与厚型两种。海泰斯(HYDRATIGHISWEENEY)提供了该公司系

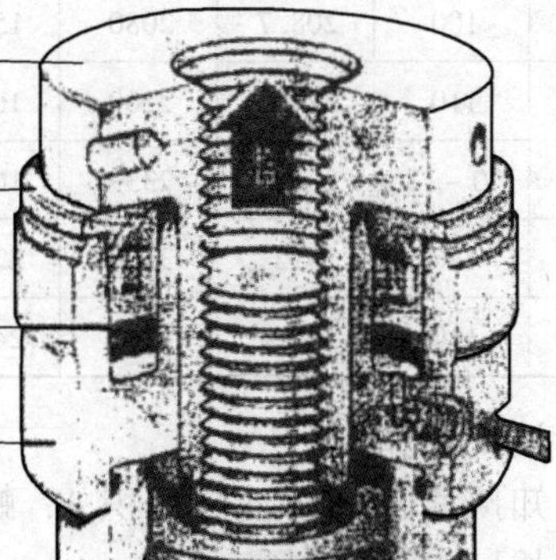

图 3－21　普通螺母液压上紧装置

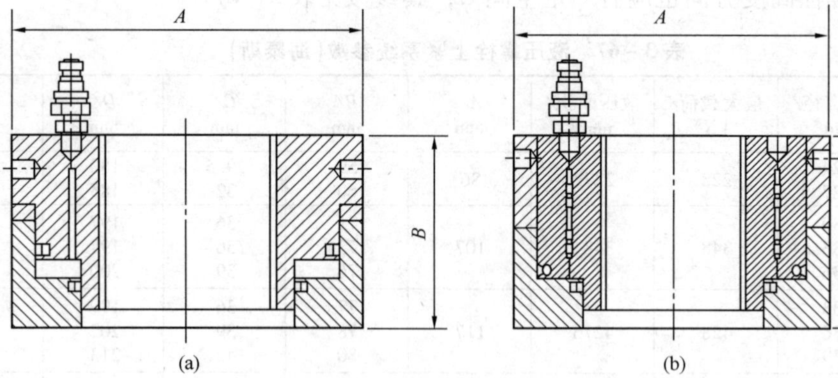

图 3－22　液压螺母

(a)薄型液压螺母；(b)厚型液压螺母

列，见表 3－68。

表 3－68　液压螺母系统参数

	螺栓直径	最大初始载荷	液压力	螺母面积(*A*)	螺母高度		最大行程	重量/kg		
					厚型(*C*)	薄型(*B*)				
	mm	t	kN	mm^2	mm	mm	mm	mm	厚型	薄型
HN1	16－27	21.8	217	1571	74	66	53	4	2.08	1.67
HN2	33－39	35.0	350	2534	95	66	53	4	3.25	2.62
HN3	42－52	44.2	440	3195	108	74	58	4	4.42	3.64
HN4	56	55.4	552	4006	118	78	63	4	5.13	4.14
HN5	60－64	61.9	617	4477	128	84	69	5	6.39	5.25
HN6	68	78	777	5635	140	88	72	6	7.98	6.53
HN7	72－80	104.3	1039	7540	162	92	80	6	11.58	10.07
HN8	80－90	146.7	1426	10603	185	112	97	8	18.91	16.38
HN9	90－100	163	1625	11781	202	122	102	8	23.85	19.94
HN10	100	208.7	2080	15080	218	137	117	10	31.40	26.82
HN11	110	221.7	2209	16022	230	137	117	10	33.62	28.72
HN12	120－130	234.8	2339	16965	240	143	128	10	36.54	32.70
HN13	140	312	3108	22541	276	153	133	10	53.41	46.43
HN14	150	342.4	3412	24740	300	162	142	10	66.65	58.42

③油压计算

已知预紧力 F'，油缸面积 A，螺栓固紧长度 L，螺栓有效直径 d_c，螺栓材料 E，求拉伸弹性伸长量 ΔL 与油压 p_0。

解：

$$\Delta L = \frac{F'L}{\frac{\pi}{4}d_c^2 E};\qquad p_0 = \frac{F'}{A}$$

3.8.2　圆柱形螺旋压缩与拉伸弹簧设计计算

（1）弹簧的基本尺寸

图 3－23 所示为圆柱螺旋弹簧结构，以及受压缩与拉伸时的作用力与变形的关系。其中：F 表示作用力；f 表示变形量；D 为弹簧中径；d 为钢丝直径；t 为节距。

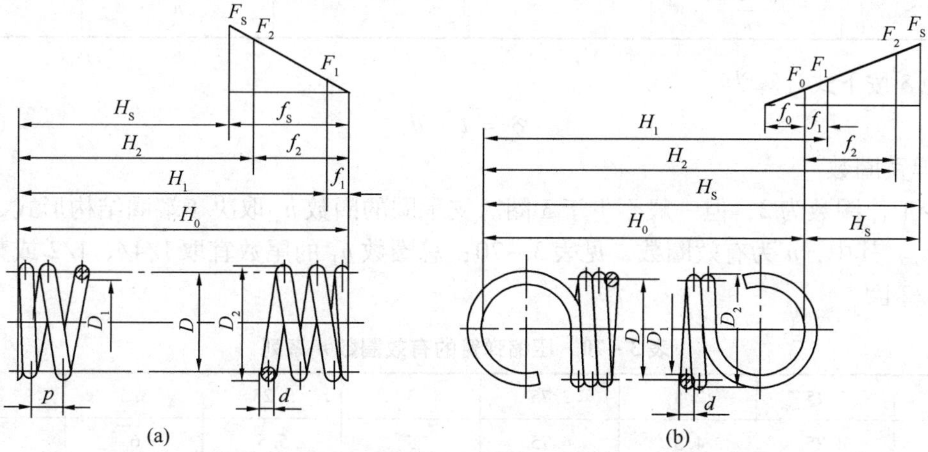

图 3－23　圆柱螺旋弹簧结构与载荷－变形图

（a）压缩弹簧；（b）拉伸弹簧

下面以压缩弹簧为主进行介绍：

① 弹簧的螺旋角和旋向

螺旋角 α 按下式计算为

$$\alpha = \arctan \frac{t}{\pi D} \tag{3-15}$$

推荐用值为 5°～9°。如 $\alpha \geqslant 9°$，则计算变形时，应考虑螺旋角的影响。

簧圈旋向一般为右旋，在组合弹簧中各层弹簧的旋向为左右旋相同，外层一般为右旋。

② 弹簧的节距

对应于螺旋角 $\alpha = 5° \sim 9°$的弹簧节距

$$t = (0.28 \sim 0.5)D \tag{3-16}$$

同时，也应满足

$$t = d + \frac{f_n}{n} + \delta_1 \tag{3-17}$$

式中 δ_1 为余隙，即在最大工作载荷 F_n 作用下，为了使各圈间不接触，应保留的间隙，一般 $\delta_1 \geqslant 0.1d$。对正常节距的螺旋压缩弹簧，要求当压缩到并紧变形的 80% 时，弹簧圈间不允许接触。

弹簧节距 t 与自由高度 H_0 之间的近似关系式见表 3－69。

表 3-69　压缩弹簧节矩 t 与自由高度 H_0 的近似式

总圈数 n_1	节距 t	端部结构形式	总圈数 n_1	节距 t	端部结构形式
$n+1.5$	$\frac{H_0-d}{n}$	两端圈磨平	$n+2$	$\frac{H_0-3d}{n}$	两端圈不磨
$n+2$	$\frac{H_0-1.5d}{n}$				
$n+2.5$	$\frac{H_0-3.5d}{n}$		$n+2.5$	$\frac{H_0-d}{n}$	

间距 δ 按下式计算为

$$\delta = t - d \tag{3-18}$$

③ 弹簧圈数

最少工作圈数为 2，但一般不少于 3 圈。支承圈的圈数 n_z 取决于端圈结构形式，总圈数 $n_1 = n + n_z$。其中，n 为有效圈数，见表 3-70；总圈数 n_1 的尾数宜取 1/4/、1/2 或整圈，推荐采用 1/2 圈。

表 3-70　压缩弹簧的有效圈数 n 系列　　圈

2	2.25	2.5	2.75	3	3.25	3.5	3.75
4	4.25	4.5	4.75	5	5.5	6	6.5
7	7.5	8	8.5	9	9.5	10	10.5
11.5	12.5	13.5	14.5	15	16	18	20
22	25	28	30				

注：摘自 GB/T 1358。

④ 压缩弹簧两端面

两端面并紧并磨平的弹簧支承圈磨平部分大于或等于 3/4 圈；其粗糙度 Ra 不大于 12.5μm，端头厚度不小于 1/8d。两端面与轴线垂直度允许偏差见表 3-71。

表 3-71　螺旋压缩弹簧轴心线对两端面的垂直度允许偏差　　mm

准确度等级	1	2	3
垂直度	$0.02H_0$(1°26′)	$0.05H_0$(2°52′)	$0.08H_0$(4°34′)

注：摘自 GB 1239.2。

⑤ 弹簧的高度

a. 自由高度　是指自由状态下的高度，如图 3-23 所示。其值受端部结构的影响，难以计算出精确值，其近似值可按表 3-72 所列公式计算，也可根据所要求的最大工作变形 f_n 计算为

$$H_0 = (n_1 - 0.5)d + 1.2f_n \tag{3-19}$$

表 3-72　压缩弹簧自由高度计算式

总圈数 n_1	自由高度 H_0	端部结构形式	总圈数 n_1	自由高度 H_0	端部结构形式
$n+1.5$	$nt+d$	两端圈磨平	$n+2$	$nt+3d$	两端圈不磨
$n+2$	$nt+1.5d$				
$n+2.5$	$nt+3d$		$n+2.5$	$nt+3.5d$	

注：摘自 GB/T 1239.6。

b. 工作高度　可按下式计算为

$$H_{1,2,3\cdots,n} = H_0 - f_{1,2,3\cdots,n} \qquad (3-20)$$

c. 实验高度　对应于试验载荷 F_s 下的高度，其值为

$$H_s = H_0 - f_s \qquad (3-21)$$

d. 压并高度　原则上不规定，当需要规定压并高度时，对端面磨削约 3/4 圈的弹簧，其最大值为

$$H_b = n_1 d_{max} \qquad (3-22a)$$

对端面不磨削的弹簧，其最大值为

$$H_b = (n_1 + 1.5) d_{max} \qquad (3-22b)$$

式中 d_{max} 为材料最大偏差的直径。

⑥ 弹簧材料展开长度

弹簧材料展开长度可按下式计算为

$$L = \frac{\pi D n_1}{\cos\alpha} \approx \pi D n_1 \qquad (3-23)$$

⑦ 稳定性与临界载荷

钢制弹簧不失稳的极限高径比的计算公式为

$$\frac{H_0}{D} \leqslant \frac{2.6}{\mu}$$

弹簧两端采用回转支承时，长度系数 $\mu = 1$，则

$$b = \frac{H_0}{D} \leqslant 2.6$$

弹簧两端一端固定一端回转时，长度系数 $\mu = 0.7$，则

$$b = \frac{H_0}{D} \leqslant 3.7$$

弹簧两端都用固定支撑时，长度系数 $\mu = 0.5$，则

$$b = \frac{H_0}{D} \leqslant 5.3$$

当高径比 b 大于上列数值时，则要进行稳定性验算。

稳定性临界载荷的计算公式为

$$F_c = F' f_c = \frac{f_c}{H_0} F' H_0 = C_B H_0 \qquad (3-24)$$

式中 C_B 为不稳定系数，对圆形截面钢制弹簧可根据 $b = H_0/D$ 在图 3-24 中查得。

为了保证弹簧的稳定性，最大工作载荷 F_M 不应大于临界载荷 F_c，一般应满足 $F_M \leqslant F_c/(2 \sim 2.5)$

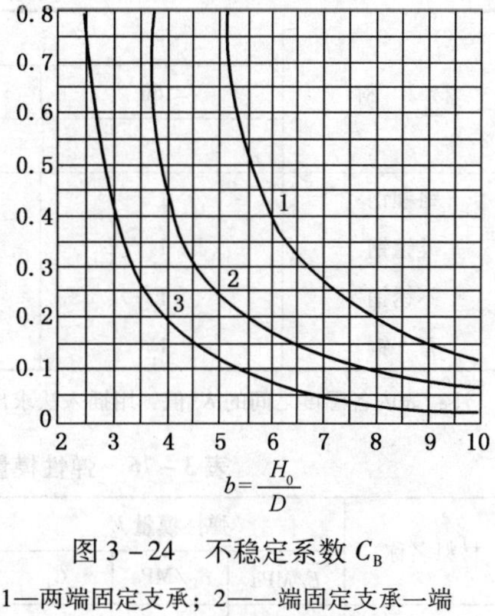

图 3-24　不稳定系数 C_B

1—两端固定支承；2—一端固定支承一端回转支承；3—两端回转支承

(2) 圆柱螺旋压缩和拉伸弹簧的取材与许用应力

圆柱螺旋弹簧的材料与许用切应力按所受载荷情况分为如下三类(其值根据载荷类型在表3－73、表3－74中选取):

Ⅲ类载荷—受静载荷以及变载荷作用次数在 1×10^3 次以下的载荷等;

Ⅱ类载荷—受变载荷作用次数在 $1\times10^3\sim1\times10^6$ 次范围内的载荷，以及冲击载荷等;

Ⅰ类载荷—受变载荷作用次数在 1×10^6 次以上的弹簧。

表3－73 冷拔材料的许用切应力 MPa

钢丝类型		油淬火回火钢丝	碳素钢丝琴钢丝	不锈钢丝	青铜线
许用切应力$[\tau]$	Ⅲ类(τ_s)	$0.55\sigma_b$	$0.5\sigma_b$	$0.45\sigma_b$	$0.4\sigma_b$
	Ⅱ类	$(0.40\sim0.47)\sigma_b$	$(0.38\sim0.45)\sigma_b$	$(0.34\sim0.38)\sigma_b$	$(0.30\sim0.35)\sigma_b$
	Ⅰ类	$(0.35\sim0.40)\sigma_b$	$(0.30\sim0.38)\sigma_b$	$(0.28\sim0.34)\sigma_b$	$(0.25\sim0.30)\sigma_b$

表3－74 冷轧材料的许用切应力 MPa

材　料		65Mn	55Si2Mn，55Si2MnB，60Si2Mn 60Si2MnA，50CrVA	55CrMnA 60CrMnA
许用切应力$[\tau]$	Ⅲ类(τ_s)	570	740	710
	Ⅱ类	455	590	570
	Ⅰ类	340	445	430

关于弹簧材料的弹性模量与切变模量的关系为

$$G=\frac{E}{2(1+\mu)}$$

式中：G 为切变模量，它受温度的影响，可查表3－75进行修正；E 为弹性模量；μ 为泊松比。上式中三个物理量的分布参数见表3－76。

表3－75 切变模量 G 的温度修正系数(摘自GB/T 1239.6—1992)

材　料	工作温度/℃			
	≤60	150	200	250
	K_t			
铬钒钢	1	0.96	0.95	0.94
硅锰钢	1	0.99	0.98	0.98
不锈钢	1	0.95	0.94	0.92
青　铜	1	0.95	0.94	0.92

注：表内各温度之间的 K_t 值，用插入法求出。

表3－76 弹性模量 E、切变模量 G 与泊松比 μ 的分布参数

材料名称	弹性模量 E			切变模量 G			泊松比 μ		
	$\bar{E}$/MPa	δ_E/MPa	C_E	$\overline{EG}$/MPa	δ_G/MPa	C_G	$\bar{\mu}$/MPa	δ_μ/MPa	C_μ
低碳钢	206010	3269.7	0.0159	78970.5	163.5	0.0021	0.290	0.01333	0.0460

续表

材料名称	弹性模量 E			切变模量 G			泊松比 μ		
	$\overline{E}$/MPa	δ_E/MPa	C_E	$\overline{EG}$/MPa	δ_G/MPa	C_G	$\overline{\mu}$/MPa	δ_μ/MPa	C_μ
16Mn	206010	3269.7	0.0159	78970.5	163.5	0.0021	0.290	0.01333	0.0460
合金钢	201105	4905	0.0244	79461	—	—	0.285	0.01500	0.0526
灰、白口铸铁	134888	7357.5	0.0545	44145	—	—	0.250	0.00667	0.0267
球墨铸铁	142245	1905	0.0345	73084.5	438.7	0.0060	—	—	—
铝及铝合金	69651	3269.7	0.0469	25996.5	163.5	0.0063	0.3333		
铜及铜合金	100062	9165	0.0916	42183	98.1	0.0023	0.3650	0.01833	0.0502
钛及钛合金	112815	1635.3	0.0145	40858.7	1336.7	0.0327	0.30667	0.01155	0.0377

注：$\overline{E}$、$\overline{G}$、$\overline{\mu}$ 为平均值；δ_E、δ_G、δ_μ 为变差值；C_E、C_G、C_μ 为变差系数。

（3）圆柱螺旋压缩和拉伸弹簧的设计计算

其基本公式为

$$\left.\begin{aligned} \tau &= \frac{8KDF}{\pi d^3} = \frac{8KCF}{\pi d^2} \leqslant \tau_p \\ f &= \frac{8nD^3F}{Gd^4} = \frac{8nC^3F}{Gd} \\ k &= \frac{F}{f} = \frac{Gd^4}{8nD^3} = \frac{Gd}{8nC^4} \end{aligned}\right\} \qquad (3-25)$$

$$U = \frac{Ff}{2} = \frac{kf^2}{2}$$

式中：τ 为切应力，MP_a；τ_p 为许用应力，MP_a；F 为弹簧的工作载荷，N；f 为工作载荷下的变形量，mm；k 为弹簧刚度，N/mm；U 为弹簧变形能，N · mm；d 为材料直径，mm；D 为弹簧中径，mm；C 为旋转比，$C = D/d$；K 为曲度系数，可根据旋转比查图 3－25，或由下式计算为

$$K = \frac{4C-1}{4C-4} + \frac{0.615}{C}$$

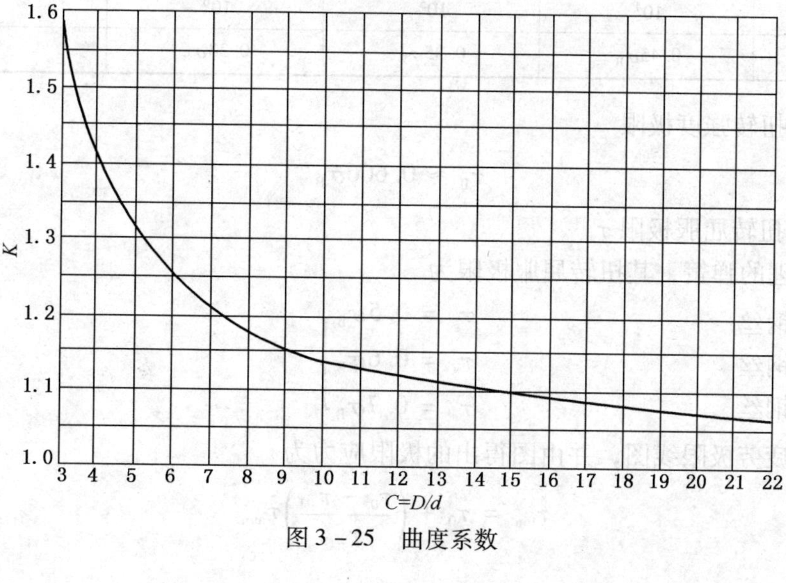

图 3－25　曲度系数

由上述公式可导出

计算材料直径的公式为

$$d = 1.6\sqrt{\frac{KCF}{\tau_p}} \tag{3-26}$$

计算弹簧有效圈数的公式为

$$n = \frac{Gd^4 f}{8D^3 F} = \frac{GD}{8C^4 k} \tag{3-27}$$

(4)圆柱螺旋压缩(拉伸)弹簧的疲劳强度设计

圆柱压缩(拉伸)螺旋弹簧是在交变载荷条件下工作，其主要失效模式是疲劳断裂。因此，对于交变载荷作用次数大于 10^3 的弹簧，除了进行静强度、刚度设计外，还必须进行疲劳强度设计。这种弹簧的载荷一般从 F_{min} 到 F_{max} 作周期性变化，如图 3－26 所示。由图可知，弹簧应力的变化规律属于小扭应力 τ_{min} = 常数的情况。弹簧的可靠性设计在考虑变载荷及疲劳的前提下按上述设计计算程序进行。

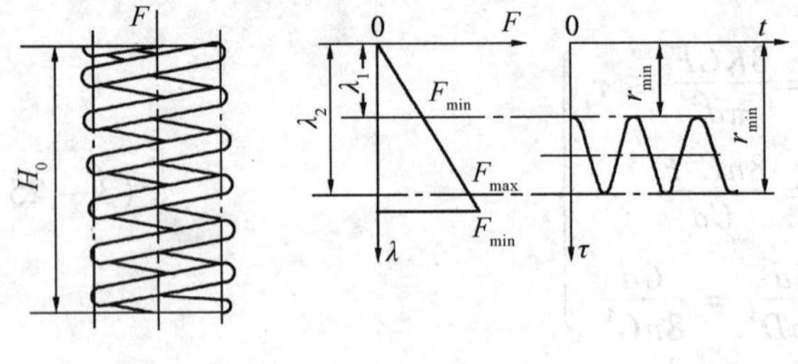

图 3－26　弹簧的周期性变载荷及变形

螺旋弹簧在交变载荷作用下，应力是在 τ_{min} = 常数的条件下变化，而应力循环不对称系数 r 一般在 0～1 之间，设计中常利用以 $\tau_0 - N$ 疲劳曲线、扭转强度极限 τ_B，及屈服强度 τ_s 极限等试验数据所绘制的古特曼(Goodman)疲劳极限线图。

由试验可以得到以下的近似关系：

① 弹簧的脉动疲劳极限 τ_0，见表 3－77。表中的数据出自 P. F. Zimmeri 的试验结果，适用于优质钢丝、不锈钢丝、铍青铜及磷青铜制造的压缩(拉伸)螺旋弹簧。对于强压及喷丸处理的弹簧，当 $N \geq 10^6$ 时，表中值可提高 20%；当 $N = 10^4$ 时可提高 10%。对于不锈钢及硅青铜弹簧丝，$N = 10^4$ 时的 $\tau_0 = 0.35\sigma_B$。

表 3－77　脉动循环时弹簧材料的疲劳极限 τ_0

载荷循环数 N	10^4	10^5	10^6	10^7
τ_0	$0.45\sigma_B$	$0.35\sigma_B$	$0.33\sigma_B$	$0.3\sigma_B$

② 弹簧的扭转强度极限

$$\tau_B \approx 0.666\sigma_B \tag{3-28}$$

③ 弹簧的扭转屈服极限 τ_s

经强压处理的弹簧，其扭转屈服极限为

$$\left.\begin{array}{ll}\text{碳素弹簧钢丝} & \tau_s = 0.5\sigma_B \\ \text{硅锰弹簧钢丝} & \tau_s = 0.6\sigma_B \\ \text{铬钒弹簧钢丝} & \tau_s = 0.7\sigma_B\end{array}\right\} \tag{3-29}$$

由此可得疲劳极限线图，并由图得出的极限应力为

$$\tau_{lim} = \tau_0 + \left(\frac{\tau_0 - \tau_{-1}}{\tau_{-1}}\right)\tau_{min} \tag{3-30}$$

对卷制的压缩弹簧，$\tau_{-1}=(0.54\sim0.6)\tau_0$，取其平均值 $\overline{\tau}_{-1}=0.57\overline{\tau}_0$，代入上式，得

$$\tau_{lim}=\tau_0+0.75\tau_{min} \tag{3-31}$$

式中　τ_{lim} 为弹簧的最小扭应力。

应用疲劳极限线图可进行强度的安全系数验算。根据最大工作应力 τ_{max} 在图上的位置，可确定应进行疲劳强度还是静强度的验算。当两种情况不易区分时，则同时进行两种强度验算。

可靠性设计疲劳强度的平均安全系数为

$$n=\frac{\tau_{min}}{\tau_{max}}=\frac{\tau_0+0.75\tau_{min}}{\tau_{max}}\geqslant 1.3\sim 1.7$$

（5）弹簧承载能力的计算步骤

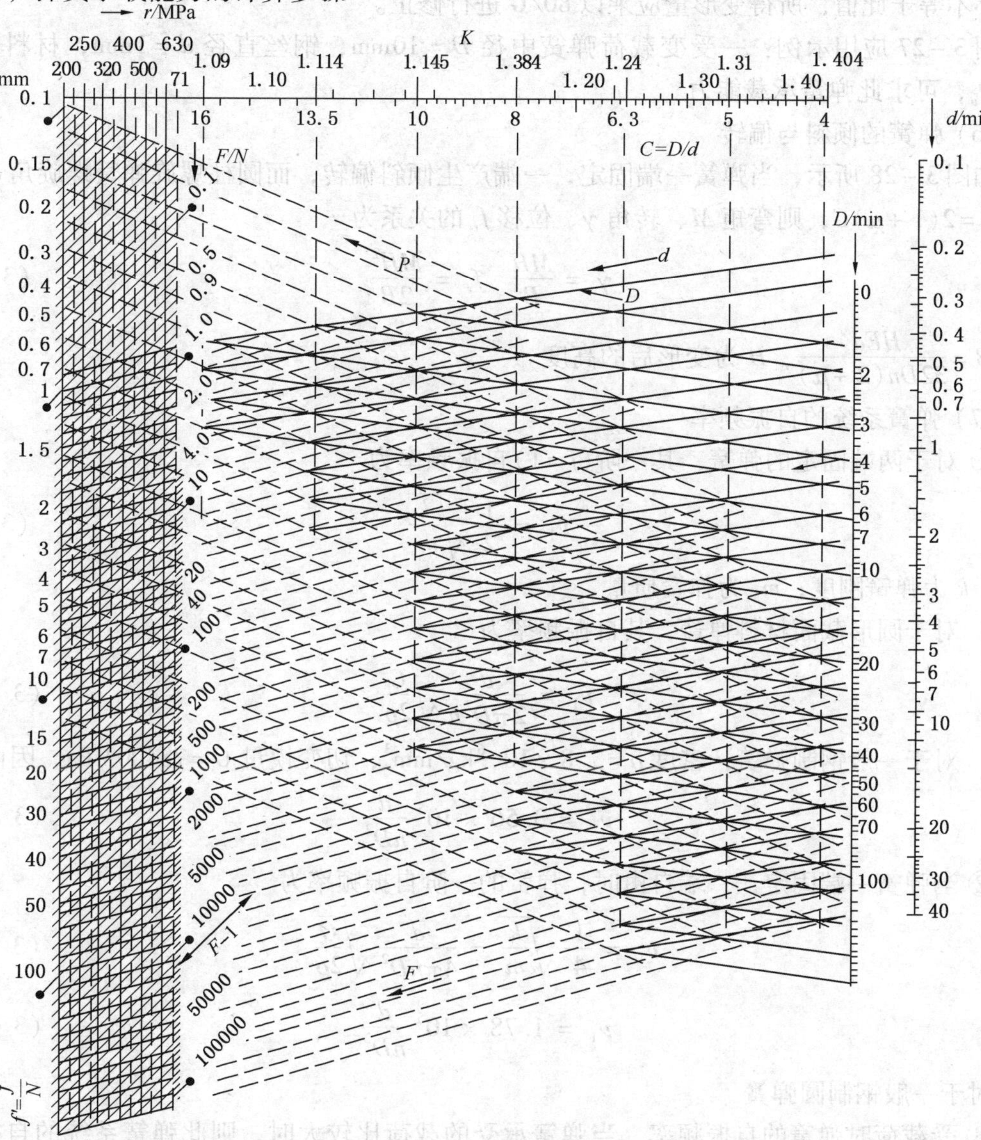

图 3-27　圆形截面材料压缩弹簧设计用线图

从图右端的 $D=10\text{mm}$，$d=1\text{mm}$ 引线交于 a 点，然后沿着 F 的方向与 $\tau=400\text{MPa}$ 的标度线交于 b 点。沿着 $F-f$ 的方向，向右与载荷标度交于 16N，则此弹簧所能承受的载荷 $F=16\text{N}$。

从 a 点沿着 F 的方向与 $\tau=400\text{MPa}$ 标度线交于 c 点，由 c 点沿着 $F-f$ 的方向向左，与 f 的标度线交于 1.5mm，则此弹簧单圈的变形为 $f=1.5\text{mm}$。

弹簧设计计算的正命题为：按工作条件、工作载荷、允许弹簧中径、刚性要求等，进行材料选择，确定钢丝直径、有效圈数、变形量；然后，进行结构设计，确定节距或螺旋角、端部结构、计算自由高度与压缩后高度、计算钢丝总长度等。

弹簧设计计算的逆命题为：已知弹簧材料、弹簧中径、钢丝直径、有效圈数；计算在载荷作用下的变形量、剪切应力、刚性等。

相关计算也按前述有关公式进行，或由图3－27查取。应用该图时应注意：左边的切应力τ未考虑曲度系数K的影响。如果计算变载荷弹簧，由图查得的τ应乘以K；如果是设计受变载荷弹簧，则应选择许用应力$[\tau]$除以K。绘制此图的切变模量取$G=80$GPa，若材料G值大小不等于此值，所得变形量应乘以$80/G$进行修正。

图3－27应用示例：一受变载荷弹簧中径$D=10$mm，钢丝直径$d=1$mm，材料$[\tau]=450\mathrm{MP_a}$，可求此弹簧承载能力。

(6) 弹簧的倾斜与偏转

如图3－28所示，当弹簧一端固定，一端产生倾斜偏转，而圆柱螺旋弹簧螺旋角α比较小，$E=2(1+\mu)G$，则弯矩M、转角γ、位移f_r的关系为

$$\gamma=\frac{MH}{B}\quad f_r=\frac{MH^2}{2B} \tag{3-32}$$

其中$B=\dfrac{HEd^4}{32Dn(2+\mu)}$，$H$为变形后的高度。

(7) 弹簧系统的自振频率

① 对于两端固定的弹簧，其一阶$(j=1)$自振频率为

$$\nu_1=\frac{1}{2}\sqrt{\frac{k}{m_s}} \tag{3-33}$$

式中：k为弹簧刚度；m_s为弹簧质量。

对于圆形截面材料弹簧，其自振频率为

$$\nu_1=\frac{d}{2\pi D^2 n}\sqrt{\frac{G}{2\rho}} \tag{3-34a}$$

对于一般钢制弹簧，密度$\rho=7.8\times10^{-6}\mathrm{kg/mm^3}$，切变模量$G=78400$MPa，因而得

$$\nu_1=3.56\times10^5\frac{d}{nD^2} \tag{3-34b}$$

② 当弹簧一端固定，一端自由时，弹簧的一阶自振频率为

$$\nu_1=\frac{1}{4}\sqrt{\frac{k}{m}}=\frac{d}{4\pi nD^2}\sqrt{\frac{G}{2\rho}} \tag{3-35a}$$

$$\nu_1=1.78\times10^5\frac{d}{nD^2} \tag{3-35b}$$

对于一般钢制圆弹簧

③ 受载荷时弹簧的自振频率　当弹簧承受的载荷比较大时，则此弹簧系统的自振频率可近似地用下式表示为

$$\nu=\sqrt{\frac{k}{m_e}} \tag{3-36}$$

式中：k为弹簧的刚度，其值可查表3－78；m_e为弹簧的当量质量，其值可见表3－78。

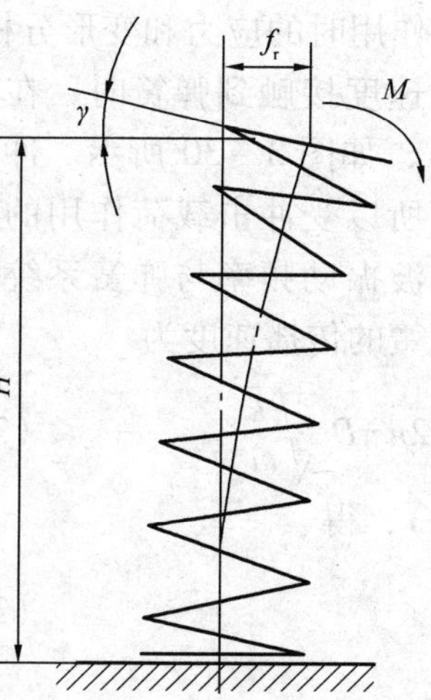

图 3－28　弹簧上端的倾斜偏转

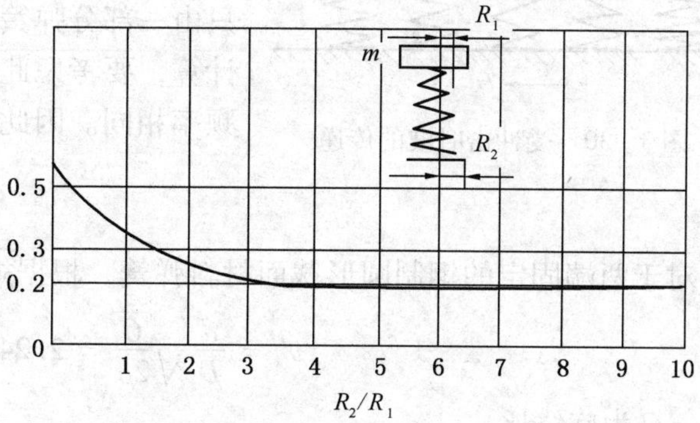

图 3－29　质量转化系数 ξ

表 3－78　各种弹簧系统结构形式的刚度 F' 和当量质量 m_e

系统结构形式	刚度 k	当量质量 m_e		备　注
		$\sum_{i=1}^{n} m_s/m \leqslant 2.63$	$\sum_{i=1}^{n} m_s/m > 2.63$	
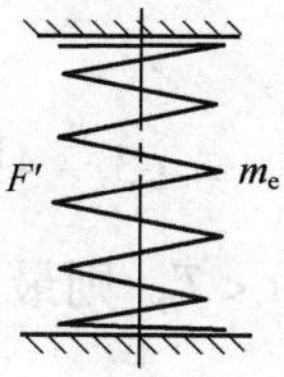	$F' = k$		$m_e = 4m_s$	
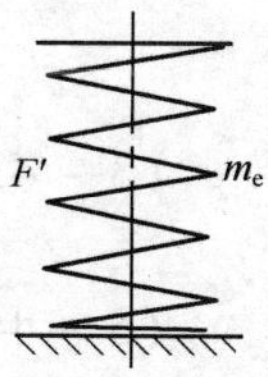	$F' = k$		$m_e = 16m_s$	m_e——弹簧的当量质量 m_s——弹簧自身的质量 m——弹簧承受载荷的质量 ξ——质量转化系数，见图 3－29
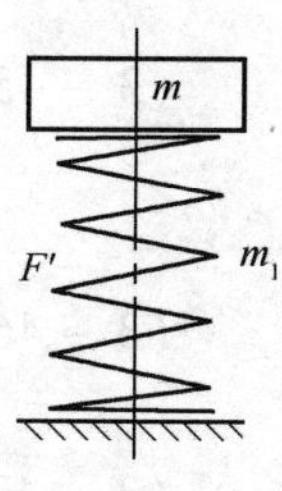	$F' = k$	$m_e = 4\pi^3(m + \xi m_s)$	$m_e = 16(2m + m_s)$	

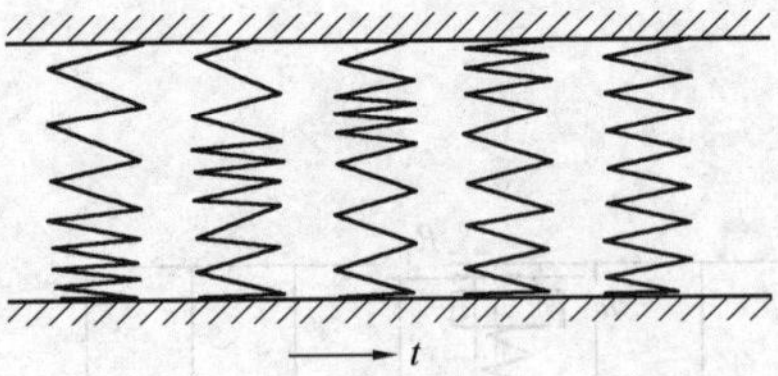

图 3-30　受冲击时波的传递

（8）弹簧受冲击载荷作用时的应力和变形分析

当冲击体以比较大的速度接触到弹簧时，在弹簧圈之间引起疏密波（冲击波），如图 3-30 所示。冲击载荷只由一部分弹簧圈承担，所以受冲击载荷作用的弹簧的计算，要考虑此种影响。波振动频率与弹簧系统的自振频率相同。因此，波沿弹簧的传播速度为

$$v' = 2n\pi D\sqrt{\frac{k}{m_e}} \tag{3-37}$$

对于两端固定的钢制圆形截面材料弹簧，根据式(3-34a)，得

$$v' = \frac{d}{D}\sqrt{\frac{G}{2\rho}} = 2.24\times 10^6\,\frac{1}{C} \tag{3-38}$$

其中，C 为旋绕比。

在冲击的瞬间，弹簧承受的冲击载荷 F 仅受冲击体速度 v 的影响，而与冲击体的质量无关，其值为

$$F = v\frac{k_0}{v'} \tag{3-39}$$

式中 k_0 为弹簧材料单位长度的弹簧刚度，圆形截面 k_0 的计算式为

$$k_0 = \frac{\pi d^4 G}{8D^2} = \frac{\pi d^2 G}{8C^2} = \frac{\pi D^2 G}{8C^4} \tag{3-40}$$

弹簧所受的冲击载荷与颤振波在弹簧内往返一次的时间 T 和冲击体与弹簧的接触时间 t 有关。颤振波在弹簧内往返一次的时间 T 为

$$T = \frac{1}{\nu} = \frac{2\pi nD}{v'} \tag{3-41}$$

如图 3-30 所示，质量为 m 的物体，以速度 v 水平冲击弹簧。如接触时间 $t<T$，则最大冲击载荷 F_{max} 产生在固定端，其值为

$$F_{max} = 2F = 2v\frac{k_0}{v'} \tag{3-42}$$

此时，冲击体与弹簧的接触时间可由下式计算为

$$t = \frac{1}{\xi}\ln\frac{v}{v-\xi z} \tag{3-43}$$

$$\xi = \frac{k_0}{v'm} \tag{3-44}$$

式中：z 为弹簧受冲击端到设有阻震器处的距离；ξ 为系数。

当 $t<T$ 时，最大冲击载荷 F_{max} 发生在冲击端，其近似值为

$$F_{max} = \left(1+\sqrt{\lambda+\frac{2}{3}}\right)F = \left(1+\sqrt{\lambda+\frac{2}{3}}\right)v\frac{k_0}{v'} \tag{3-45}$$

冲击体与弹簧的接触时间

$$t = \left(\frac{\pi}{2}\sqrt{\lambda+\frac{1}{2}}-\frac{1}{4}\right)T \tag{3-46}$$

$$\lambda = \frac{m}{\frac{1}{4}\pi^2 d^2 nD\rho} \tag{3-47}$$

式中 λ 为冲击体的质量 m 与弹簧有效工作圈质量之比。

以上各式均未考虑弹簧圈发生接触的情况。

当冲击速度 v 达到一定程度时，不论冲击体质量大小，都可能在弹簧受冲击端的第一圈引起塑性变形。此极限 v 值可按如下方法求得。弹簧受载后，如不考虑曲度系数，其切应力为

$$\tau = \frac{8FD}{\pi d^3}$$

将式(3－39)代入上式，得发生塑性变形的极限条件为

$$\frac{8k_0Dv}{\pi d^3 v'} = \tau_0$$

从而得冲击端第一圈发生塑性变形的极限速度 v 值为

$$v = \frac{\pi d^3 v'}{8k_0 D}\tau_s \tag{3－48}$$

将式(3－38)和式(3－40)代入，即可得钢制弹簧(圆形截面材料)的极限速度 v 值为

$$v = 0.29\tau_s \quad (\mathrm{m/s}) \tag{3－49}$$

3.8.3 滚动轴承的疲劳寿命与可靠度

滚动轴承在等幅变应力作用下，接触疲劳寿命近似地服从二参数威尔分布，其失效概率为

$$F(N) = P(t \leqslant N) = 1 - \exp\left[-\left(\frac{N}{N_a}\right)^m\right] \tag{3－50}$$

式中，循环次数 N 通常以 10^6 为单位。因此，轴承寿命常表示为 $L = N/10^6$，换算成以小时为单位时，则为

$$L_h = \frac{10^6 L}{60n} \tag{3－51}$$

式中 n 为轴承的每分钟转速，r/min。

在工程实践中，滚动轴承均按可靠度为90%的额定寿命 L_{10} 作为依据。因可靠度为

$$R(N_{90}) = 1 - F(N_{90}) = \exp\left[-\left[\frac{N_{90}}{N_a}\right]^m\right] \tag{3－52}$$

故得额定寿命

$$L_{10} = N_{90} = N_a\left[\ln\frac{1}{R(N_{90})}\right]^{\frac{1}{m}} \tag{3－53}$$

同理，可靠度为任意给定值 R 时的轴承寿命为

$$L_{(1-R)} = N_R = N_a\left[\ln\frac{1}{R(N_R)}\right]^{\frac{1}{m}} \tag{3－54}$$

将上式两边与式(3－53)两边分别相比，则得

$$L_{(1-R)} = \left[\frac{\ln\frac{1}{R(N_R)}}{\ln\frac{1}{R(N_{90})}}\right]^{\frac{1}{m}} L_{10} = \left[\frac{\ln R(N_R)}{\ln 0.9}\right] L_{10} \tag{3－55}$$

令

$$L_{(1-R)} = \alpha_1 \cdot L_{10} \tag{3-56}$$

式中 α_1 为滚动轴承寿命可靠性系数，即

$$\alpha_1 = \left[\frac{\ln R(N_R)}{\ln 0.9}\right]^{\frac{1}{m}} \tag{3-57}$$

m 为威尔分布的形状参数。大量的统计资料表明：球轴承的 $m=10/9$；圆柱滚子轴承的 $m=3/2$；圆锥滚子轴承的 $m=4/3$。

表 3－79 给出了几组常用的滚动轴承的寿命可靠性系数 α_1 值。

表 3－79 滚动轴承的寿命可靠性系数 α_1 值

$R(N_R)/\%$	50	80	85	90	92	95	96	97	98	99
L_{1-R}	L_{50}	L_{20}	L_{15}	L_{10}	L_8	L_5	L_4	L_3	L_2	L_1
球轴承 α_1	5.45	1.96	1.48	1.00	0.81	0.52	0.43	0.33	0.23	0.12
圆柱滚子轴承 α_1	3.51	1.65	1.34	1.00	0.86	0.86	0.53	0.44	0.33	0.21
圆锥滚子轴承 α_1	4.11	1.76	1.38	1.00	0.84	0.84	0.49	0.39	0.29	0.17

注：有些文献给出的 α_1 值是当 $R(N_R)\geqslant 95\%$ 时，另外两种轴承与圆柱滚子轴承的相应值同。

在实际设计中选轴承时，常常是给出在一定可靠度条件下的轴承寿命 $L_{(1-R)}$，要求确定其所对应的额定寿命值 L_{10}，即求

$$L_{10} = \frac{1}{\alpha} L_{(1-R)} \tag{3-58}$$

然后，从轴承手册或目录中选择其额定寿命大于由上式确定的 L_{10} 值即可。

在轴承设计中，根据疲劳寿命曲线导出的轴承中载荷与其寿命之间的关系为

$$L_{10} = \left(\frac{C}{F}\right)^{\varepsilon} \tag{3-59}$$

式中：C 为额定动载荷，N；F 为当量动载荷，N；ε 为疲劳寿命指数，对球轴承 $\varepsilon=3$，对滚子轴承 $\varepsilon=10/3$。

考虑到不同的可靠度、不同的轴承材料和润滑条件时，上式可修正为

$$L_{(1-R)} = \alpha_1 \alpha_2 \alpha_3 \left(\frac{C}{F}\right)^{\varepsilon} \tag{3-60}$$

式中：α_1 为寿命可靠性系数，见表 3－80；α_2 为材料系数，对于普通轴承钢 $\alpha_2=1$；α_3 为润滑系数，一般情况下，取 $\alpha_3=1$，在多数情况下 $\alpha_2=\alpha_3=1$ 时，上式可写为

$$C = \alpha_1^{-\frac{1}{\varepsilon}} F L_{(1-R)}^{\frac{1}{\varepsilon}} = K F L_{(1-R)}^{\frac{1}{\varepsilon}} \tag{3-61}$$

式中 K 为额定动载荷可靠性系数。

$$K = \alpha_1^{-\frac{1}{\varepsilon}} = \left[\frac{\ln 0.9}{\ln R(N_{90})}\right]^{\frac{1}{m\varepsilon}} \tag{3-62}$$

其中，球轴承 $1/m\varepsilon$ 为 3/10；滚子轴承为 1/5；圆锥滚子轴承为 9/40。表 3－81 列出了几组常用的滚动轴承的额定动载荷可靠性系数 K 值。

当已知给定可靠度下的轴承寿命 $L_{(1-R)}$ 时，则可由式(3－61)确定相应的额定动载荷 C 值，然后再根据 C 值选择轴承。

表 3-81　滚动轴承的额定动载荷可靠性系数 K 值

$R(N_R)$/%	50	80	85	90	92	95	96	97	98	99
$L_{(1-R)}$	L_{50}	L_{20}	L_{15}	L_{10}	L_8	L_5	L_4	L_3	L_2	L_1
球轴承 K	0.5683	0.7984	0.8781	1.00	1.073	1.241	1.329	1.451	1.641	2.024
圆柱滚子轴承 K	0.6861	0.8606	0.9170	1.00	1.048	1.155	1.209	1.282	1.391	1.600
圆锥滚子轴承 K	0.6564	0.8446	0.9071	1.00	1.054	1.176	1.238	1.322	1.450	1.697

注：有些文献给出的 K 值是当 $R(N_R)\geqslant 95\%$ 时，另外两种轴承与圆柱滚子轴承的相应值同。

【例 3-1】　圆柱滚子轴承，受径向力 $F_r=6\text{kN}$ 作用。求 $R(N)=95\%$，$L_5=7000\text{h}$；$R(N)=80\%$，$L_{20}=7000\text{h}$ 两种情况下，对应的额定动载荷 C 值和选用的轴承型号。

解　查表 3-81：当 $R(N)=95\%$ 时，$K=1.155$；当 $R(N)=80\%$ 时，$K=0.8606$。又已知 $F=F_r=6\text{kN}$，$L_{20}=7000\text{h}$。分别代入式(3-61)，得

$$C=1.155\times 6\times 7000^{3/10}\text{kN}=98.688\text{kN}$$

选用 N310 轴承。

$$C=0.8606\times 6\times 7000^{3/10}\text{kN}=73.533\text{kN}$$

选用 N209 轴承。

3.8.4　摩擦零件可靠性设计

(1) 磨损典型过程与寿命曲线

在各种压缩机中，由于磨损而引起失效的比重很大。因此，提高有关零件摩擦表面的耐磨性，对延长使用寿命有很大作用。耐磨性已成为考核机械设备可靠性与耐久性的重要指标。

影响机械零部件摩擦表面的耐磨性因素很多，如两个摩擦体材料的物理、化学特性及摩擦副的匹配；摩擦表面的机械特性、载荷、速度；摩擦条件(周围介质、润滑条件、温度及环境清洁度)等。因此，这方面的通用数据较难取得。考虑从各种影响因素寻找磨损量和时间的变化规律或依据磨损机理建立物理、化学和机械特性参数的精确、通用的函数关系，都是极其复杂的。但从大量的工程实践和规定条件下的实验中，发现磨损量随时间变化的典型过程如图 3-31 所示。在跑合磨损阶段，由于新零件摩擦表面机械加工所形成的波峰极易磨去，磨损速度 u 会从开始很高，而后迅速下降，因此磨损量 w 随时间变化的曲线在这段时间是向下弯曲。饱合期完成时，波峰基本磨平，磨损速度保持稳定而进入稳定磨损阶段，磨损量 w 与时间 t 呈线性关系。当磨损量超过允许值，摩檫副的摩擦表面间产生过大间隙，引起工作条件恶化，磨损速度和磨损量都会明显加快和增大，进入剧烈磨损阶段。这种非正常的磨损，不仅与摩檫副的工作时间过久有关，而且有时也与磨损形式的改变有关。例如，由于有磨料滞留而呈磨料磨损。当摩擦表面达到剧烈磨损阶段，零件就会达不到工作性能要求而失效。

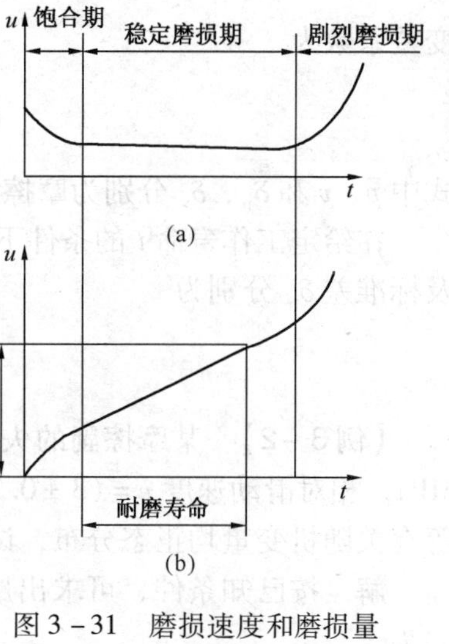

图 3-31　磨损速度和磨损量与时间的关系

(a)磨损速度；(b)磨损量

不正常的磨损过程有时也会在许多影响磨损的不利因素组合在一起时发生，并使磨损速度呈单调上升趋势，分不出上述第二和第三阶段。这种不正常的磨损过程会迅速导致零件报废，应设法找出原因加以排除。在零件的耐磨性及寿命计算中不予考虑。

就磨损过程而言，希望尽早由跑和阶段进入稳定磨损阶段。而且只有稳定磨损阶段的磨损才是稳定的和具有规律性的。因此，对于零件摩擦表面的耐磨性及其寿命的计算，应以稳定磨损阶段的参数及其特征值为依据。磨损量与时间的线性关系是稳定磨损阶段的典型磨损过程，可表示为

$$w = ut \tag{3-63}$$

式中：w 为线性磨损量，是沿摩擦面垂直方向测量的表面尺寸减小量，μm/h；t 为磨损时间，h。若考虑跑和阶段的磨损量，则有

$$w = w_1 + ut \tag{3-64}$$

一般情况下，零件的磨损速度 u 与载荷即摩擦表面的单位压力 p，摩擦表面的相对滑动速度 v，摩擦表面材料的加工、处理情况和润滑情况(以磨损系数 k 表征)、工作时间 t 有关，可表达为

$$u = kp^m v^n \tag{3-65}$$

式中：$m=0.5\sim3$，对于一般磨料磨损，取 $m=1$；n 对于多数摩擦副可取 1；当摩擦副及其工作条件给定时，k 为定值。

显然，u、p、v 均具有分散性，属于随机变量，且 p 与 v 相互独立。当它们均符合正态分布时，按表 3-53 所列公式，可求得磨损速度 u 的均值及标准差 δ_u 分别为

$$\bar{u} = k\,\bar{p}^m\,\bar{v}^n \tag{3-66}$$

$$\delta_u = \bar{u}\sqrt{\left(\frac{m\delta_p}{\bar{p}}\right)^2 + \left(\frac{n\delta_v}{\bar{v}}\right)^2} \tag{3-67}$$

变差系数为

$$C_u = \frac{\delta_u}{\bar{u}} = \sqrt{\left(\frac{m\delta_p}{\bar{p}}\right)^2 + \left(\frac{n\delta_v}{\bar{v}}\right)^2} \tag{3-68}$$

式中 $\bar{p}$、$\bar{v}$ 和 δ_p、δ_v 分别为摩擦表面的单位面积压力 p、相对滑动速度 v 的均值和标准差。

在给定工作寿命 t 的条件下，当 $\bar{u}$，δ_u 已知时，可按式(3-62)求得磨损量 w，则均值 $\bar{w}$ 及标准差 δ_w 分别为

$$\left.\begin{aligned}\bar{w} &= \bar{u}t\\ \delta_w &= \delta_u t\end{aligned}\right\} \tag{3-69}$$

【例 3-2】 某摩擦副的失效形式为磨料磨损，摩擦表面单位面积压力 $p=(20\pm4.5)$ MPa，相对滑动速度 $v=(3\pm0.2)$ m/s，运转 200h 时测得的正常磨损量为 1mm，已知载荷谱等有关随机变量均正态分布，试计算磨损速度 u 及 4000h 内的磨损量 w。

解 按已知条件，可求出磨损速度 u 的均值，以及压力 p、滑动速度 v 的均值与标准差为

$$\bar{u} = \frac{1}{200} = 0.005\text{mm/h}$$

$$\bar{P} = 20\text{MPa}, \delta_p = \frac{4.5}{3} = 1.5\text{MPa}$$

$$\bar{v} = 3\text{m/s}, \delta_v = \frac{0.2}{3} = 0.0667\text{m/s}$$

对于磨料磨损，一般取 $m=1$，$n=1$，由式(3-66)得

$$\delta_u = \bar{u}\sqrt{\left(\frac{m\delta_p}{\bar{p}}\right)^2 + \left(\frac{n\delta_v}{\bar{v}}\right)^2} = 0.005\sqrt{\left(\frac{1.5}{2}\right)^2 + \left(\frac{0.0667}{3}\right)^2} = 0.00041\text{mm/h}$$

运转 4000h 时磨损量的均值为

$$\bar{w} = \bar{u}t = 0.005 \times 4000 = 2.0\text{mm}$$

标准差为

$$\delta_w = \delta_u t = 0.00041 \times 4000 = 0.16\text{mm}$$

即运转 4000h 的磨损量为$(\bar{w}, \delta_w) = (2.0, 0.16)$mm。

机械摩檫副的磨损量和耐磨寿命均为随机变量，都具有一定的分散性，并且随着工作时间的增加，其累计磨损量的分散程度也愈来愈大，如图 3-32 所示，该线图是根据试验磨损数据，经过统计处理而绘制的。绘制磨损寿命线图的试验，需取容量为 n 的一组试件，在模拟实际工作条件下进行试验。当试验到试件 t_1 时，检测各试件的磨损量 w_{i1}、w_{i2}、…，w_{in}，将这些数据进行统计处理。当磨损量 w 服从正态分布时，则可求出其均值 $\bar{w}_i$ 和标准差 δ_{w_i}。这样，令 $i=1, 2, \cdots, m$，即在时间为 t_1，t_2，…，t_m 时检查各试件的磨损量，即可得到$(\bar{w}_1, \delta_{w_1})$，$(\bar{w}_2, \delta_{w_2})$，…，$(\bar{w}_m, \delta_{w_m})$的 m 组数据。在坐标纸上将各组磨损量数据的均值 $\bar{w}_i(i=1, 2, \cdots, m)$近似地连成一条直线。要求更精确些时，可按回归方法，求出其回归方程；再用各组数据的标准差 $\delta_{w_i}(i=1, 2, \cdots, m)$，求出下界限的各点为

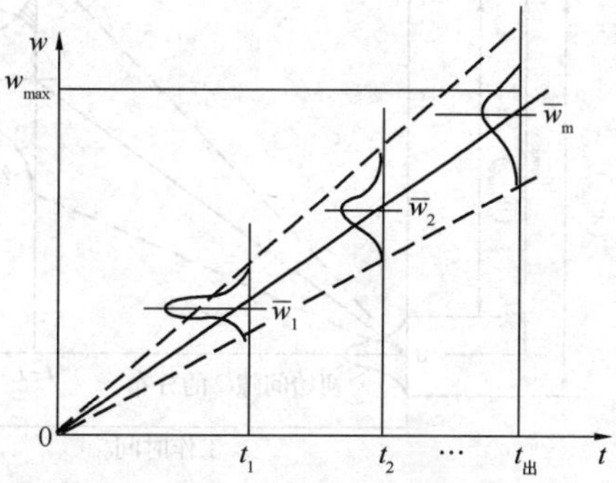

图 3-32　摩擦副的磨损寿命线图

$$w_{Li} = \bar{w}_i - 3\delta_{w_i} \quad i = 1,2,\cdots,m \tag{3-70}$$

求上界限的各点为

$$w_{ui} = \bar{w}_i + 3\delta_{w_i} \quad i = 1,2,\cdots,m \tag{3-71}$$

给定寿命下磨损量的均值和标准差则分别为

$$\left.\begin{aligned} \bar{w} &= \frac{w_U + w_L}{2} \\ \delta_w &= \frac{w_U - w_L}{2} \end{aligned}\right\} \tag{3-72}$$

式中，w_U、w_L 为由磨损寿命线图上求得的在给定寿命下的磨损量上、下界，或由回归方程求得。

磨损寿命线图也可由一组试件在 t_1，t_2，…，t_m 时测得的各时间下的最大和最小磨损量，作为上、下界点而画出上、下界限的方法来绘制。

在磨损寿命线图上，也可以求出在给定磨损量下，磨损寿命的均值 $\bar{t}$ 和标准差 δ_t，即

$$\left.\begin{aligned} \bar{t} &= \frac{t_U + t_L}{2} \\ \delta_t &= \frac{t_U - t_L}{2} \end{aligned}\right\} \tag{3-73}$$

式中寿命的上、下限 t_U、t_L 可由图或回归方程求得。

（2）给定寿命时零件耐磨性的可靠度计算

磨损量 w 的分布规律符合正态分布，这已为某些实验研究所证实。如果磨损量分布的均值 $\overline{w}$ 和标准差 δ_{w_i} 也已求出，则对于已规定极限磨损量 w_{max} 的摩擦副，可以计算出其失效概率或可靠度。即可利用磨损寿命线图，加画极限磨损量 w_{max} 的水平线后（见图 3－33），便可看出给定寿命下的磨损量分布区域与极限磨损量 w_{max} 的水平线发生干涉的情况。干涉区域（图上阴影面积）代表失效概率，并可计算给定寿命下零件耐磨性的可靠度。

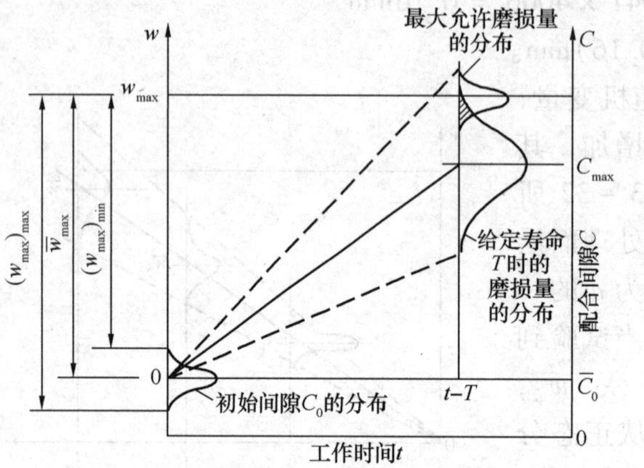

图 3－33　耐磨性可靠度计算的干涉模型

例如计算滑动轴承给定寿命时零件耐磨性的可靠度。设轴承与轴的初始配合间隙为 C_0，显然它也是一个具有分散性的随机变量，且符合正态分布，其变化范围取决于配合公差。根据要求，磨损后的最大允许间隙设为 C_{max}，则最大允许磨损量为

$$w_{max} = C_{max} - C_0$$

因为 C_0 为符合正态分布的随机变量，而 C_{max} 为常量，故 w_{max} 亦为符合正态分布的随机变量。由图 3－33 可知，$w_{max} = C_{max} - \overline{C}_0$ 为均值；标准差为 δ_{C_0}。

如果已知轴承间最大允许磨损量的分布规律 $w_{max} = C_{max} - C_0$，又已知磨损速度 u 的分布规律，则

$$\left.\begin{aligned} C &= C_0 + ut \\ w &= C - C_0 = ut \end{aligned}\right\} \qquad (3-74)$$

式中：u 为磨损速度，可由式（3－62）或式（3－64）求得；t 为工作时间；C 为磨损后的间隙。

由此可知磨损量 $w = C - C_0 = ut$ 的分布规律。这样如果随机变量 $w_{max} = C_{max} - C_0$ 及随机变量 $w = C - C_0 = ut$ 均符合正态分布，则它们的概率密度函数曲线的干涉模型即构成零件耐磨性可靠度计算的理论基础。而干涉部分构成失效概率。

计算时只考虑磨损浴盆曲线（图 3－31a 中段）的稳定磨损阶段。

根据上述计算模型，即磨损量 $w = ut$ 和最大允许磨损量 $w_{max} = C_{max} - C_0$ 这两种正态分布的干涉模型，利用联结方程，就可以得到摩擦零件的可靠度。这时，联结方程可表达为

$$z = \frac{\overline{w}_{max} - \overline{w}}{\sqrt{\delta_{w_{max}}^2 + \delta_w^2}} = -\frac{(C_{max} - \overline{C}_0) - \overline{u}T}{\sqrt{\delta_{C_0}^2 + \delta_u^2 T^2}}\delta_w \qquad (3-75)$$

式中：$\overline{w}_{max}$、$\overline{w}$、$\delta_{w_{max}}$、δ_w 分别为最大允许磨损量和给定寿命 T 时的磨损量的均值及标准差；C_{max} 为摩擦副最大允许间隙，为常量；C_0 为摩擦副的初始配合间隙，为符合正态分布的随机变量；$\overline{C}_0$ 为其均值；$\overline{u}$ 为磨损速度的均值，$\overline{u}T$ 为给定寿命 T 时的磨损量的均值；δ_{C_0} 为摩擦副初始配合间隙 C_0 的标准差；δ_u 为摩擦速度 u 的标准差，$\delta_u T$ 为给定寿命 T 时的磨损量的标准差。

按式（3－75）计算出 z 值后，查附表 8，即可求得摩擦零件在给定寿命 T 时的可靠度值 R，即

$$z = \phi(z_R) = \phi(-z) = \phi\left(\frac{C_{max} - \overline{C}_0 - \overline{u}T}{\sqrt{\delta_{C_0}^2 + \delta_u^2 T^2}}\right) \qquad (3-76)$$

由上式及图 3－33 可以看出，随着寿命 T 的增长，可靠度 R 值将减少。

(3) 给定可靠度时零件耐磨寿命的计算

为了计算寿命 T，可将式(3-75)改写为

$$\phi^{-1}(\bar{R}) = \frac{C_{\max} - \bar{C}_0 - \bar{u}T}{\sqrt{\delta_{C_0}^2 + \delta_u^2 T^2}} = z_R \tag{3-77}$$

令 $B = C_{\max} - \bar{C}_0$，代入式(3-76)，整理后得

$$T = \frac{B\bar{u}}{\bar{u}^2 - z_R^2\delta_u^2} - \sqrt{\left(\frac{B\bar{u}}{\bar{u}^2 - z_R^2\delta_u^2}\right)^2 - \frac{B^2 - z_R^2\delta_{C_0}^2}{\bar{u}^2 - z_R^2\delta_u^2}} \tag{3-78}$$

如果磨损速度的标准差 δ_u 很小，则 $z_R^2\delta_u^2 = \bar{u}^2$。为了简化计算，可忽略上式中的 $z_R^2\delta_u^2$，于是式(3-77)可简化为

$$T \approx \frac{B - z_R\delta_{C_0}}{\bar{u}} = \frac{C_{\max} - \bar{C}_0 - z_R\delta_{C_0}}{\bar{u}} \tag{3-79}$$

$$B = C_{\max} - \bar{C}_0$$

式中：T 为给定可靠度时的磨损寿命；$C_{\max}$ 为磨损后的最大允许间隙；δ_{C_0} 为初始配合间隙的均值；$\bar{u}$ 为初始配合间隙的标准差；δ_u 为摩擦速度的标准差。

比较式(3-77)与式(3-78)可以发现，由于简化式忽略了 $z_R^2\delta_u^2$，因此其计算值要比式(3-78)的计算结果略大些。

当可靠度 $R=0.50$ 时，$z_R=0.50$，于是由式(3-78)可以求得零件磨损的平均寿命为

$$\bar{T} = \frac{B}{\bar{u}} = \frac{C_{\max} - C_0}{\bar{u}} \tag{3-80}$$

3.8.5 有限元法求解复杂零件应力分布

(1) 基本概念

有限元法已被广泛应用于复杂固体结构的静态与动态响应分析、流体的流场分析、温度场的静态和瞬态分析及电磁场分析等各个领域。有限元法是对复杂微分方程或边界条件进行数值求解的一种计算方法。一般式建立在微分返程的计算表达式基础上，是用分段逼近的思想，使在局部区域内满足系统控制方程以进行求解的方法。求解过程如下：①把感兴趣的求解域离散为彼此用离散点(节点)互相连接，且无重叠和分离的有限个子域(单元)，从而把连续体看作是在节点处相连接的一组单元的组合体；②假设每个单元具有有限个节点，从而用一个具体有限自由度的系统来代替具有有限自由度的连续系统；③对每个单元假设有个简单的场函数的近似解的模式(插值函数)，将场函数的节点值作为基本未知变量(自由度)，用来表征各单元中场函数的分布规律；④用适当的该当建立有限元中载荷和变量间的线性代数方程组形式表达式的控制方程(或用单元矩阵来表达)，再将各个单元的方程组组装成包含所有节点未知参数的总方程组(系统矩阵)，利用有关程序求解方程组，即可得出各节点的未知参数，继而利用插值函数求出整个复杂结构中任意指定区域中场变量的近似解；⑤随着单元尺寸的缩小，使得近似程度不断改进，如果单元划分满足收敛条件，则近似解最终收敛于真实解。

可以认为，用解析方法无法求出其精确解时，需要使用数值解法，以逐点给出场变量的变化规律。在各种数值方法中，由于有限元法对单元的形状、尺寸及排列格式要求不高，控制方程建立方法直观，因此受到重视并得到广泛应用，是数值解法的主要方法之一。目前，市场上已有大量优秀的专业商用软件包，可直接完成复杂结构的有限元单元划分、计算分析

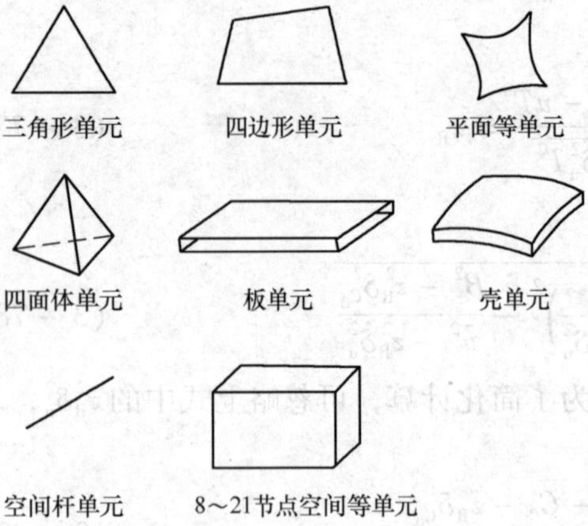

图 3－34　常用单元形状及节点位置

及结果输出，并可同多种 CAD 软件直接进行数据交换。技术人员可直接使用商业软件，对特殊问题，也可自行开发有关软件。

（2）单元划分

对于具有边界为 Γ 的区域 D，根据有限元法，可划分为任意单元。常用单元中，对平面问题可选择 3 节点三角形单元、4 节点四边形单元、3～9 节点参数单元等；对三维问题有四边体单元、板单元、壳单元、空间杆单元、8～21 节点空间等参数单元等。个单元形状和节点位置见图 3－34。

下面以 3 节点三角形单元为例，说明有限元法在单元网格划分方面的概念及特点。

图 3－35 所示区域对感兴趣的求解域(比如载荷点附近、应力集中区域、形状突变处等)，其划分单元密度较大，其他区域划分单元相对稀疏，各单元通过顶点与相邻单元相联系，每个节点和单元都统一进行编号。一般不含边界的单元叫内部单元，包含边界的单元叫边界单元。区分内部单元和边界单元的主要目的，在于将边界条件计入有限元方程中。

在划分单元时，一般单元尺寸划分的愈小，计算精度愈高。但不能无限制地缩小单元，否则会导致计算时间延长，占用存储空间过大，同时对提高精度的效果不明显。此外，当使用某些迭代算法求动态或非线性问题时，可能会造成计算结果的发散。因此，在划分时可以灵活地改变单元的形状和尺寸。对重点区域，单元划分精细一些；对非重点区域，单元划分粗一些。

(3)高压气缸应力分析

图 3－36 给出整体式高压锻钢气缸示意图。气缸的工作条件是：进气压力为 11MPa，排气压力为 32MPa，每个阀盖螺栓预紧力为 2.5×10^4N，共 4 个螺栓。

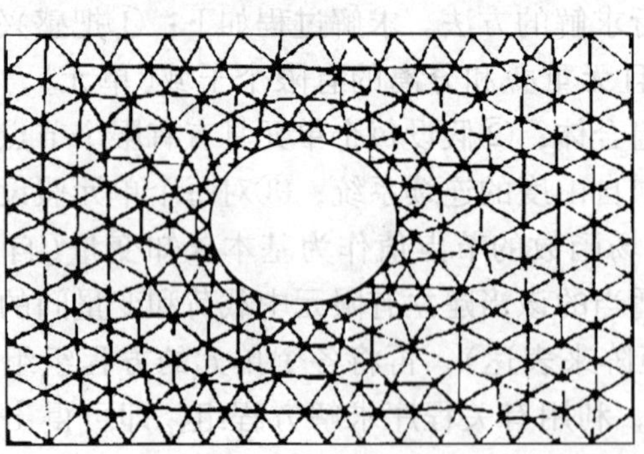

图 3－35　单元划分

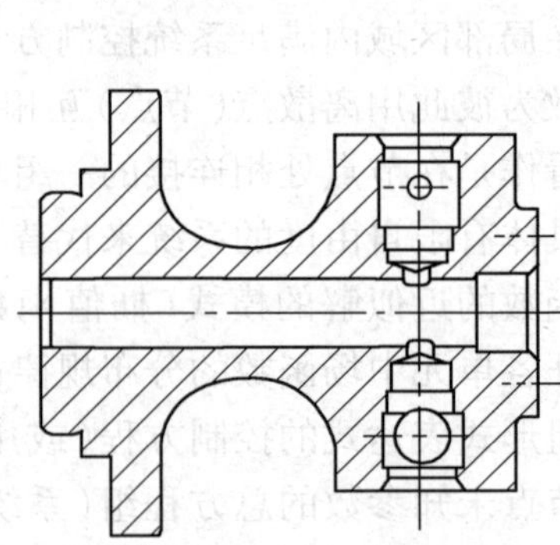

图 3－36　气缸结构示意图

根据气缸体的对称性形状，仅取 1/8 扇形区进行计算。采用 20 结点三维曲面六面体等参数单元和 15 节点曲面五面体单元对 1/8 扇形区进行划分，如图 3－37 所示。图中 y 轴为气缸轴线方向，x 轴为阀室轴线方向。

有限元分析结果将排气压力时，进、排气腔与缸体各节点的当量应力值绘成曲线图，如图 3－38 所示的各点应力状态。图中曲线 Ⅰ 为排气腔应力；曲线 Ⅱ 为进气腔应力。应力分析

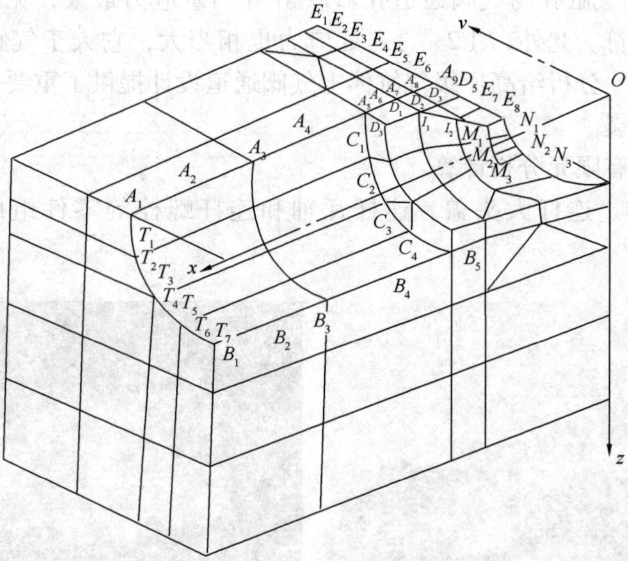

图 3－37　有限元网格划分

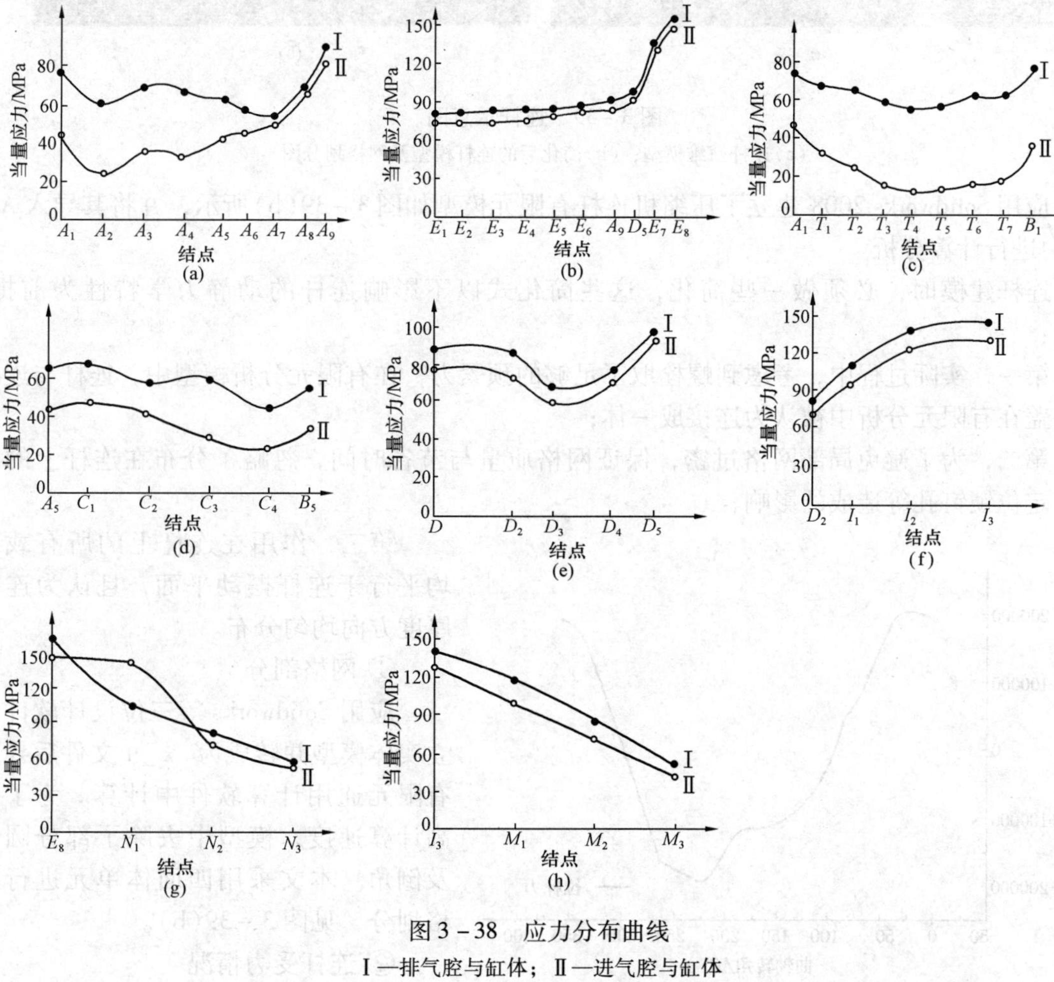

图 3－38　应力分布曲线

Ⅰ—排气腔与缸体；Ⅱ—进气腔与缸体

表明：E8 点处，也即气缸孔与气阀通道孔 C 交界处当量应力最大，见图 3 - 38(b)与(g)，这与一般理论计算相符。此外，Ⅰ2、Ⅰ3 处应力也相当大，它大于气缸受力状态 E1，E2，…等的应力水平。这一分析给高压级气缸体上气阀通道设计提供了重要依据。一般阀孔与气缸内孔交贯处极易开裂。

(4) 压缩机连杆有限元分析计算

连杆是由连杆体、连杆大头盖、连杆瓦轴和连杆螺栓等零件组成，如图 3 - 39(a)所示。

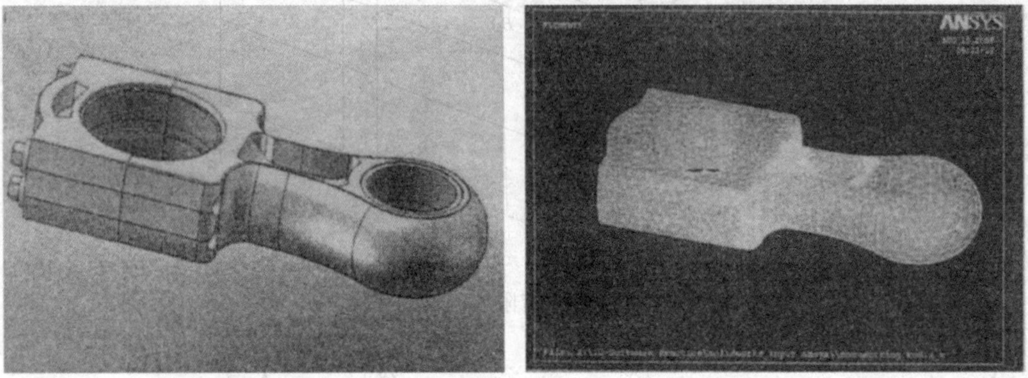

(a)　　　　　　　　　　(b)

图 3 - 39　连杆示意图

(a)连杆三维模型；(b)简化后的连杆模型及网格划分图

应用 Solidworks 2008 建立了压缩机连杆有限元模型如图 3 - 39(b)所示，并将其导入 Ansys 中进行计算分析。

连杆建模时，必须做一些简化，这些简化式以不影响连杆的动静力学特性为前提。假设：

第一，实际过程中，考虑到螺栓取了足够的预紧力，在有限元分析模型中，连杆与连杆大头盖在有限元分析中被认为连接成一体；

第二，为了避免局部网格过密，保证网格质量与节省时间，忽略了分布在连杆上的油孔、定位锁钉孔等造成的影响；

第三，作用在连杆上的所有载荷均平行于连杆摆动平面，且认为连杆厚度方向均匀分布。

① 网格剖分

应用 Solidworks 等三位设计软件建立实体模型并转成为 . x _ t 文件后导入有限元通用计算软件中计算。为了提高计算速度，模型中去除了部分圆角及倒角。本文采用四面体单元进行网格划分，见图 3 - 39(b)。

② 连杆受力情况

如图 3 - 40 所示，连杆最大拉力

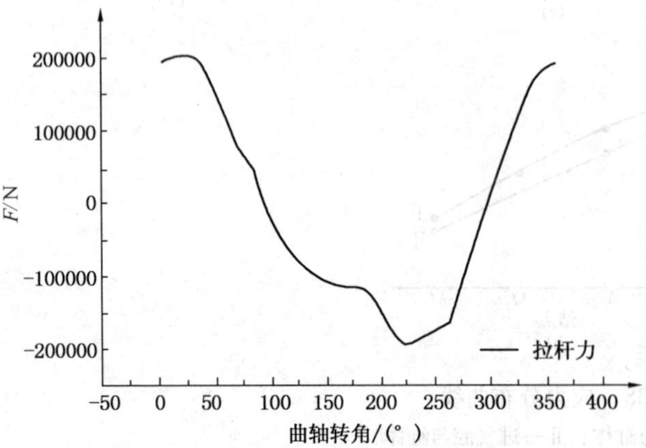

图 3 - 40　连杆受力图

为 206kN，最大压缩力为 -197kN。

假设拉、压过程中大、小段接触面压力分布如图 3-41 所示，即接触面处的载荷沿连杆厚度为均匀分布，在连杆平面内按余弦规律分布。以小端为例，其载荷分布如图 3-42 所示。

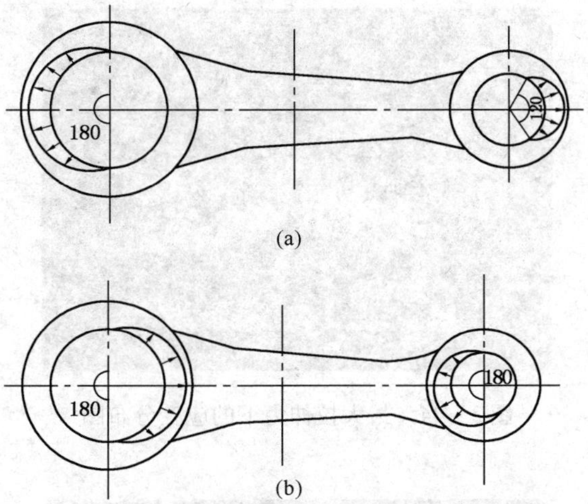

图 3-41　连杆大、小端接触面压力分布图

(a)拉伸状态下接触载荷分布图；

(b)压缩状态下接触载荷分布图

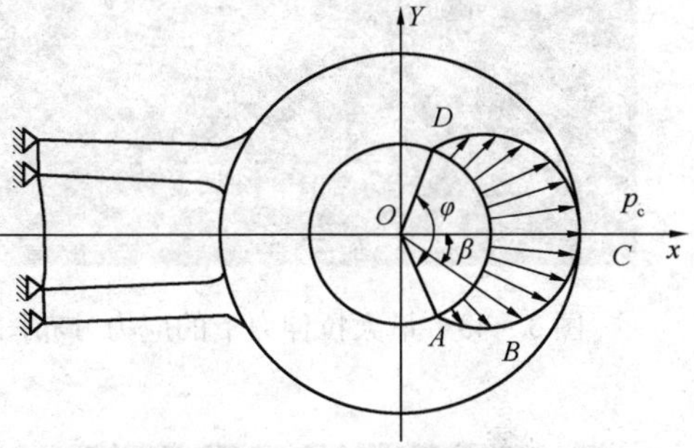

图 3-42　连杆小端载荷分布图

设 B 是弧 ACD 上任一点，$\angle COB=\beta$ 可得式

$$p_{\beta}=p_{c}\cos(q\cdot\beta)$$

式中：p_{β} 为距离最大分布载荷 p_{c} 所在位置为 β 角处的分布载荷值；β 为 p_{β} 与 p_{c} 之间的夹角；$q=180°/\varphi$，φ 是载荷作用的角度。按不同工况确定：小端受拉，$\varphi=120°$；小端受压，$\varphi=180°$。p_{c} 为 $\beta=0$ 角处的表面力集合，最大表面力集合，可按下式计算为

当 $q\neq1$ 时，

$$p_{c}=\frac{p_{max}}{TR_{r}\left[\frac{1}{1+q}\sin(1+q)\frac{\varphi}{2}+\frac{1}{q-1}\sin(q-1)\frac{\varphi}{2}\right]}$$

当 $q=1$ 时，

$$p_{c}=\frac{p_{max}}{TR_{r}\left[\frac{\varphi}{2}+\frac{1}{2}\sin\varphi\right]}$$

式中：p_{max}为连杆承受的最大拉伸或压缩载荷；R_{r} 为轴孔半径；T 为连杆小端厚度。

装配过盈和热过盈的均布载荷

$$P=\frac{\Delta+\Delta t}{\left[\frac{(d_{2}^{2}+d^{2})/(d_{2}^{2}-d^{2})+\mu}{E}+\frac{(d_{2}^{2}+d^{2})/(d_{2}^{2}-d^{2})-\mu}{E_{1}}\right]d}$$

式中：Δ 为装配过盈量；Δt 为温度过盈量；d_{2} 为小端孔外径；d_{1} 为小端孔内径；E、E_{1} 分别为连杆和衬套材料弹性模量；μ、μ_{1} 分别为连杆和衬套材料的泊松比。

③ 计算结果

图 3－43 至图 3－46 为压缩连杆在最大拉伸力和压缩力下的应力和应变分布图。由上述计算结果可知，连杆在受拉状态下时，应力的最大值集中在连杆的小头处。同时，在连杆身与大头连接处同样存在较大的应力。

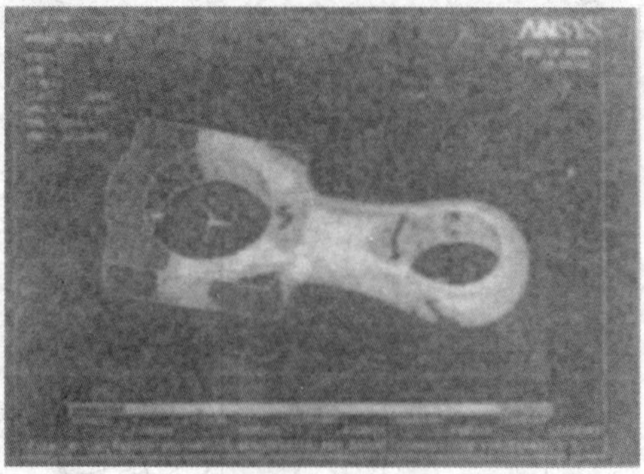

图 3－43　最大拉伸力下的应力分布图

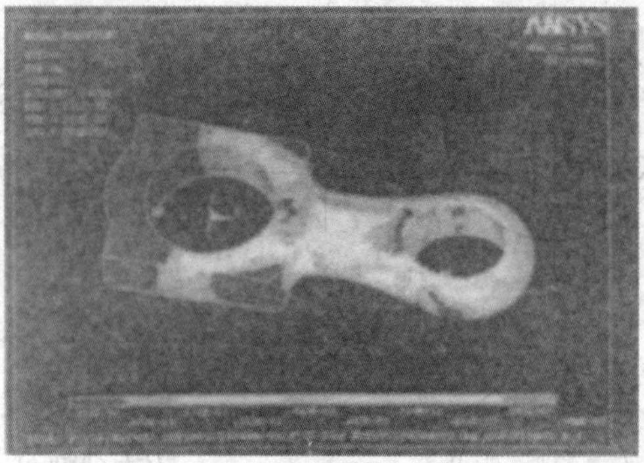

图 3－44　最大拉伸力下的应变分布图

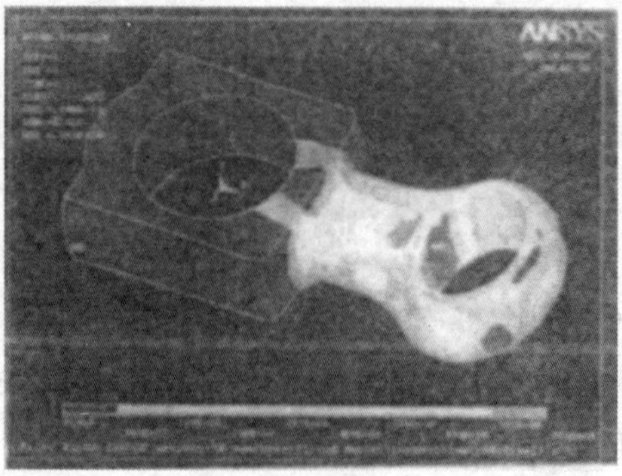

图 3－45　最大压缩力下的应力分布图

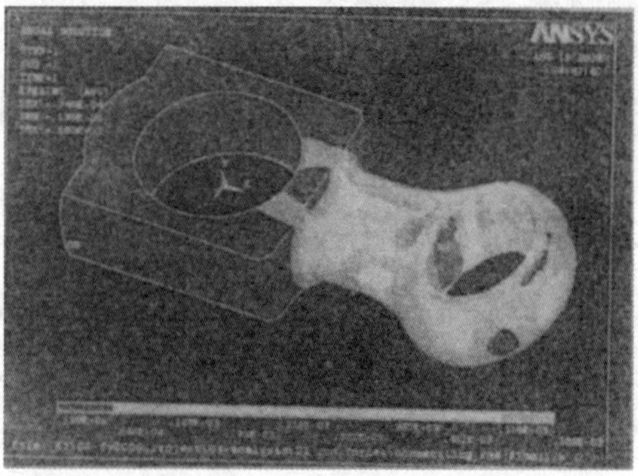

图 3－46　最大压缩力下的应变分布图

当连杆在受压状态下时，应力最大值集中在连杆小头和连杆身连接处，可通过改变连杆杆身与大小头连接处的过渡圆弧的半径来减少应力集中。

参　考　文　献

1　余国琮主编．化工机械手册(上)．北京：化学工业出版．2003

2　闫康平主编．工程材料．北京：化学工业出版社．2001

3　石森森主编．固体润滑材料．北京：化学工业出版社．2000

4　张开主编．粘合与密封材料．北京：化学工业出版社．1996

5　郁永章主编．容积式压缩机技术手册．北京：机械工业出版社．2000

6　刘虎．活塞式压缩机连杆有限元分析．压缩机技术．2009 年，第 1 期(总 213 期)．p12～15

7　西安交大，中原大学．压力容器设计基础．空分技术．2008(5)总 21 期，p44～50

第二篇　往复压缩机

4　往复压缩机热力性能与热力计算

4.1　缸内工作过程分析

4.1.1　压缩过程与膨胀过程

往复式压缩机的缸内工作过程通常有进气、压缩、排气和膨胀四个过程。一般只有压缩过程和膨胀过程按热力过程进行分析。

压缩过程是所有容积式压缩机中最基本的过程，膨胀过程主要在往复压缩机中存在。如果忽略压缩和膨胀时压缩气体向外泄漏和外界气体向气缸内泄漏，则压缩与膨胀过程可简化成定质量热力过程进行分析。

(1) 理想气体过程方程及过程功

① 过程方程

$$pv^n = 常数 \quad 或 \quad pV^n = 常数 \qquad (4-1)$$

式中：p 为压力；v 为比体积；V 为容积，通常指已知或待求气体的容积；n 为压缩或膨胀过程指数。

在等熵过程时，$n=k$（k 为等熵指数）；在等温过程时，$n=1$。当压缩过程中有一定热交换时，若有热量传出 $1<n<k$；有热量传入，$n>k$。当膨胀过程中有一定热交换时，若有热量传出 $n>k$；有热量传入 $1<n<k$。

② 状态参数求取

在压缩机工程计算中，通常已知气体在状态 1 下的部分参数（如进气状态的压力和温度）和另一状态 2 下的部分参数（如排气状态的压力），然后根据气体状态方程、过程方程来求取其他未知的状态参数。

③ 过程功与热交换

气体自低压状态 1 被压缩到高压状态 2 时，外界需对气体作功，并定义此功为“正值”；气体自状态 2 膨胀到状态 1 时，气体将对外界作功，并定义此功为“负值”。

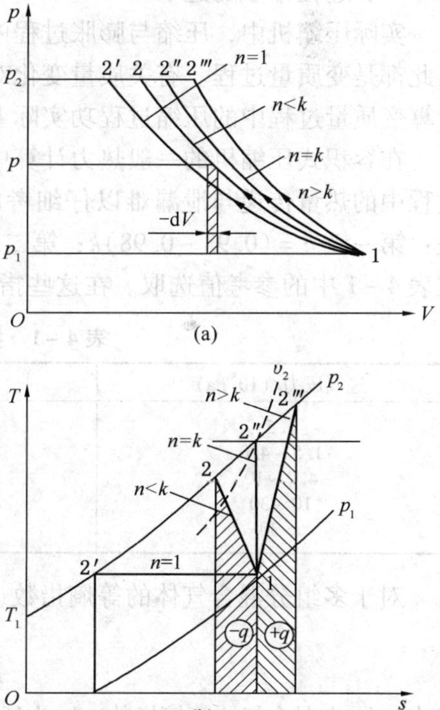

图 4-1　理想气体压缩过程功与热交换

(a) 过程功；(b) 过程热交换

如图 4-1(a) 所示，压缩过程 1-2 的功为

$$W = \int_1^2 p\mathrm{d}V \qquad (4-2)$$

对于各种热力过程功的具体表达式见表 1-9。

（2）实际气体过程功与热交换

实际气体的过程方程有两种表达形式

$$pV^{k_v} = 常数 \quad k_v = k/Y \tag{4-3}$$

$$p^{\frac{k_T-1}{k_T}}/T = 常数 \quad \frac{k_T - 1}{k_T} = \frac{ZR}{c_p}(1 + X) \tag{4-4}$$

式中：k_v 为容积等熵指数（见本书1.5.2）；k_T 为温度等熵指数（见本书1.5.2）；Z 为压缩性系数（见本书1.2.2），通过图1-5可以查出气体通用压缩系数；c_p 为比定压热容（见本书1.5.1）；X、Y 为与气体温度、压力有关的系数，分别由图1－11和图1－12查得。

容积等熵指数 k_v 随压力的变化很大，用于计算很不方便，因此很少使用。而温度等熵指数 k_T 随压力与温度的变化较小，实际使用时取其初始和终了状态的平均值比较方便；对于空气、氢、氧等，在压缩机工作温度范围内即使应用理想气体的 k 值误差也很小。表1－11给出了几种常用气体的 k_T 值。图1－8显示了在0.1MPa（1atm）下一些气体等熵指数与温度的关系及空气等熵指数与压力、温度的关系。

若已知初始状态 V_1、T_1、p_1 与终了状态 p_2 时，终了状态容积 V_2 与温度 T_2，可按式（1－75）求得。

（3）过程指数的选取

实际压缩机中，压缩与膨胀过程中都有气体自工作腔中向外或自外界向工作腔中泄漏，因此都是变质量过程。有关质量变化对过程中热力参数的影响可用一复杂的指数式来表示，计算变质量过程中的压缩过程功实际上是很困难的，故一般很少应用。

在容积式压缩机的一般热力计算中，通常把变质量过程当成定质量过程处理，并且由于过程中的热量传递与泄漏难以仔细考虑，故对于往复压缩机，建议压缩过程指数 n 的取法是：第一级 $n=(0.93 \sim 0.98)k$；第二级 $n=(0.95 \sim 1.00)k$；更高级次 $n=k$。膨胀过程指数按表4－1中的参考值选取。在这些指数中，实际已含有热交换与泄漏两者的影响。

表4－1　按等熵指数确定膨胀过程指数

进气压力/(10^5Pa)	任意 k 值	$k=1.40$
1.5	$m=1+0.5(k-1)$	1.20
1.5～4.0	$m=1+0.62(k-1)$	1.25
4.0～10	$m=1+0.75(k-1)$	1.30
10～30	$m=1+0.88(k-1)$	1.35
>30	$m=k$	1.40

对于多组分混合气体的等熵指数，应按式（4－5）进行计算，即

$$\frac{1}{k_b - 1} = \sum \frac{z_i}{k_i - 1} \tag{4-5}$$

式中：k_b 为混合气体等熵指数；k_i 为任一组分气体的等熵指数；z_i 为容积成分，其值为 $z_i = v_i/v$。

4.1.2　压缩机工作循环

（1）理想循环

① 理想循环假设

a. 进、排气过程中无阻力损失，无热交换；

b. 压缩过程及排气过程无气体泄漏；

c. 压缩过程为定指数的等温、多变或绝热过程；

d. 工作腔内无余隙容积；

e. 被压缩的气体为理想气体。

② 理想循环组成

图 4-2 是理想循环的 $p-V$ 图，它由等压进气过程 4→1，定指数压缩过程 1→2，等压排气过程 2→3 组成。其中，压缩过程为热力学过程，过程中气体状态参数发生变化，而进气过程、排气过程是气体质量迁移过程，其气体状态不发生变化，并不是热力学过程。因此，压缩机工作循环不是热力循环。

③ 理想循环进气量

在进气压力 p_1、进气温度 T_1 的状态下，活塞在一个行程中所吸进的气体容积 V_1 被定义为理想循环进气量，即是图 4-2 所示，活塞从内止点 4 到外止点 1 的一个行程所扫过的气缸容积 V_s，它是压缩机气缸所能吸进的最大气体量，即

$$V_1 = V_s = A_p S \tag{4-6}$$

式中：A_p 为活塞面积；S 为活塞行程。V_s 在往复压缩机中特称为工作容积（亦称行程容积）。

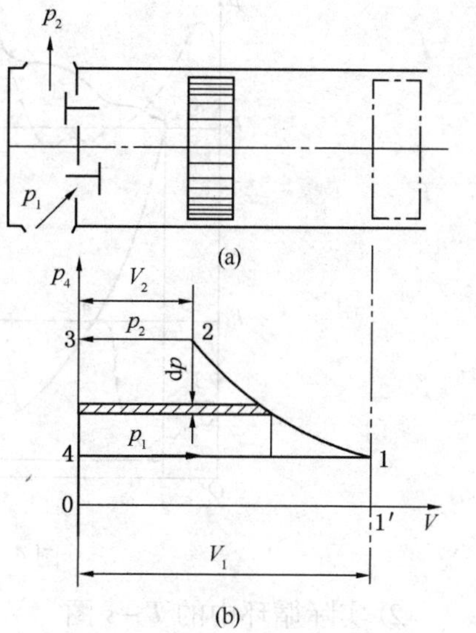

图 4-2　理想循环过程压力指示图

（a）理想压缩机示意图；（b）理想循环压力指示图

④ 理想循环指示功

理想循环时，压缩机完成一次循环所消耗的功最小，如图 4-1 所示，其值为

$$W_i = \int_{p_1}^{p_2} V\mathrm{d}p \tag{4-7}$$

由积分式（4-7），可得多变循环指示功为

$$W_i^{\mathrm{pol}} = p_1 V_1 \frac{n}{n-1}\left[\left(\frac{p_2}{p_1}\right)^{\frac{n-1}{n}} - 1\right] \tag{4-8}$$

等熵压缩循环指示功为

$$W_i^{\mathrm{ad}} = p_1 V_1 \frac{k}{k-1}\left[\left(\frac{p_2}{p_1}\right)^{\frac{k-1}{k}} - 1\right] \tag{4-9}$$

等温循环指示功为

$$W_i^{\mathrm{is}} = p_1 V_1 \ln(p_2/p_1) \tag{4-10}$$

将式（4-8）、式（4-10）与表 1-9 中的压缩过程功表达式比较，可以看出多变循环指示功是多变压缩过程功的 n 倍，等温循环指示功则与等温压缩过程功相等。

（2）实际循环

① 实际循环指示图

图 4-3 所示的实际循环压力指示图（$p-V$ 图），它由 $d \to a$ 进气过程，$a \to b$ 压缩过程，$b \to c$ 排气过程，$c \to d$ 膨胀过程所组成。它与理想循环指示图（图 4-2）的明显差异是：①因为工作腔中存在余隙容积，故多了一个膨胀过程；②进气过程线 $d \to a$ 低于理想进气压力线 p_1，排气过程线 $b \to c$ 高于理想排气压力线 p_2，且 $d \to a$ 线和 $b \to c$ 线均呈波浪形，这些差异是进、排气阀的阻力及进、排气管道的气流脉动造成；③由于过程中的热交换和泄漏的影响，压缩过程与膨胀过程的指数是变化的，但是无法在 $p-V$ 图上直观表示，热交换的影响可在 $T-s$ 图上反映。

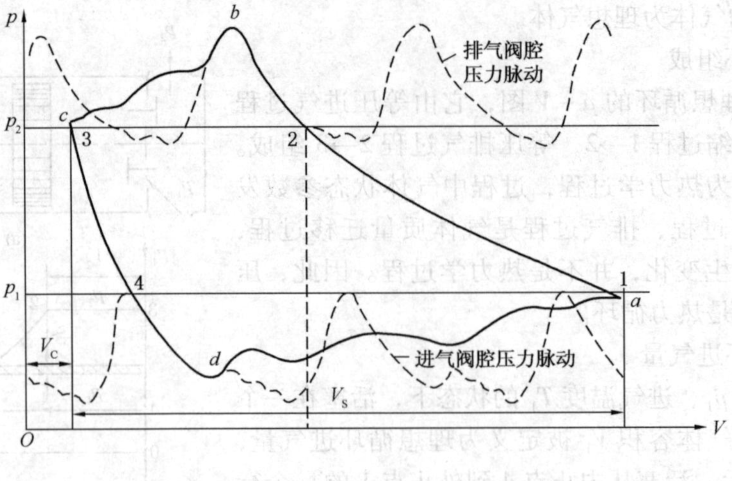

图 4-3　实际循环在 $p-V$ 图上的表示

② 实际循环中的 $T-s$ 图

图 4-4 为一低速压缩机的一个工作循环，压力自 0.46MPa 压缩至 2MPa。图中示出自 d 至 a 的进气过程温度由 43℃升至 52℃；自 a 点至 b 点的压缩过程中，开始有一小段吸热压缩，被压缩到 0.5MPa 后进入放热压缩，压缩终了温度为 185℃，比等熵压缩的终了温度 217℃低了 32℃；排气过程中，工作腔内气体温度降低，至排气终了时，温度降至 147℃；自 c 点开始进入膨胀过程，在达压力 1.7MPa、温度为 97℃（d 点）前为放热膨胀，此后为吸热膨胀；若从 c 点等熵膨胀至 1.7MPa，则温度为 127℃，即比等熵膨胀高 30℃。

现代高速压缩机，被压缩气体在工作腔中无足够时间进行热交换，并且压缩机行程相对较短，实际压缩过程大都趋于绝热；仅当工作腔有泄漏时，使压缩过程指数表现为低于等熵指数。

（3）实际循环进气量

由图 4-5 的实际循环指示图的各容积关系中，分析出实际进气量 V_{ds} 表示在表 4-2 中。实际循环进气量与理想循环进气量的差异可用容积效率 η_v 表示为

$$\eta_v = \frac{V_{ds}}{V_s} \tag{4-11}$$

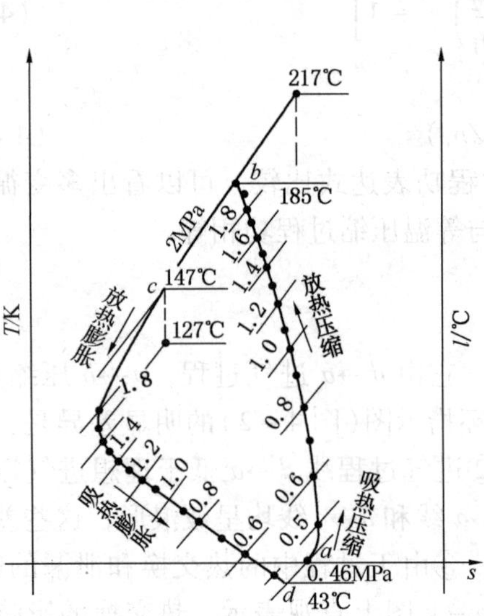

图 4-4　实际循环在 $T-s$ 图上的表示

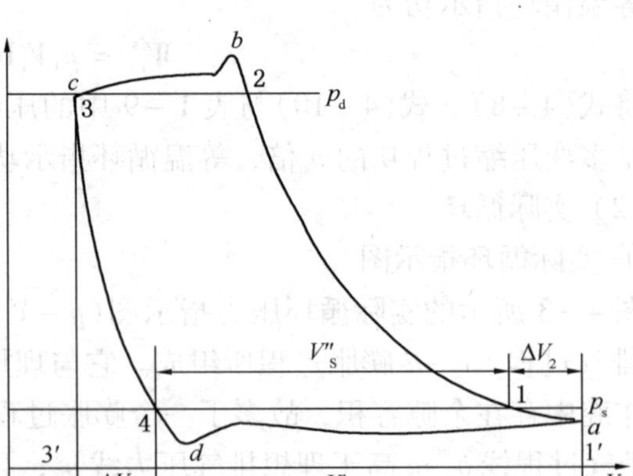

图 4-5　实际循环指示图中各容积关系

表 4-2 实际循环各容积关系

容积名称	物理意义	计算表达式	备 注
V_s	理论进气量即气缸工作容积	$V_s=A_pS$	
V_c	余隙容积		
ΔV_1	余隙容积中高压气体膨胀后所占据的容积	$\Delta V_1=V_c[(p_d/p_s)^{1/m}-1]$	m—膨胀过程指数
V'_s	受余隙容积影响后的吸入容积	$V'_s=V_s-\Delta V_1$	
ΔV_2	进气压力损失和气流脉动造成的吸入容积损失	$\Delta V_2=V'_s[1-(p/p)^{1/n}]\dfrac{1+\alpha}{\lambda_v}$	n—压缩过程指数 λ_v—容积系数，式(4-14)式(4-15)； α—相对余隙容积 $\alpha=V_c/V_s$
V''_s	p_s 状态下吸入的新鲜气体容积	$V''_s=V'_s-\Delta V_2$	
ΔV_3	吸入气体被加热造成的吸入容积损失		
V'''_s	p_s，T_1 状态下吸入的新鲜气体量	$V'''_s=V''_s-\Delta V_3$	
ΔV_4	高压气体泄漏造成的容积损失		
V_{ds}	实际进气量：即实际排出气体折算至进气状态(p_s，T_1)下的容积	$V_{ds}=V'''_s-\Delta V_4$	

将表 4-2 中各容积关系代入式(4-11)，并引入 4 个系数后得容积效率

$$\eta_v=\frac{V_{ds}}{V_s}=\lambda_v\lambda_p\lambda_T\lambda_1 \qquad (4-12)$$

式中：λ_v 为容积系数；λ_p 为压力系数；λ_T 为温度系数；λ_1 为泄漏系数。

为后续热力计算所需，此处定义进气系数 λ_s 为

$$\lambda_s=\lambda_v\lambda_p\lambda_T \qquad (4-13)$$

① 容积系数 λ_v

由于工作腔中存在余隙容积，定义 $\lambda_v=\dfrac{V'_s}{V_s}$

对理想气体 $$\lambda_v=1-\alpha(\varepsilon^{\frac{1}{m}}-1) \qquad (4-14)$$

对实际气体 $$\lambda_v=1-\alpha\left(\frac{Z_3}{Z_1}\varepsilon^{\frac{1}{k_T}}-1\right) \qquad (4-15)$$

式中，α 为相对余隙容积，$\alpha=V_c/V_s$。其中 V_c 为余隙容积，它包括活塞端面至气缸盖端面的间隙，气阀阀片至工作腔的通道，活塞与工作腔内壁之间第一道活塞环前的间隙，第一道填料前缸座与活塞杆之间隙，在设计计算中可按表 4-3 选取；Z_3、Z_1 为相应于排气终了与进气开始状态的气体压缩性系数，由图 1-5 查得；ε 为名义压力比；k_T 为实际气体温度等熵指数，可由式(4-4)计算得到，常见气体的 k_T 可由表 1-11 选取；m 为膨胀过程指数，见表 4-3。

表 4-3　相对余隙容积 α 取值范围

一般情况	低压级	0.07~0.12
	中压级	0.09~0.14
	高压级	0.11~0.18
特殊情况	单作用低压级气阀布置气缸盖上	0.04~0.07
	高转速短行程空气压缩机第二级	0.15~0.18
	小型压缩机高压级	0.18~0.20
	超高压压缩机	0.20~0.25

在往复压缩机中余隙容积对容积效率的影响较大，尤其是压力比较高时，应该特别重视。

② 压力系数 λ_p

定义

$$\lambda_p = \frac{V''_s}{V'_s} \approx \frac{p_a}{p_1}$$

式中：p_1 为名义进气压力；p_a 为进气终了工作腔中的压力，其大小与气阀的配置及进气系统设计有关。

对于设计优良的第一级与第二级，压力系数的取值 $\lambda_p=0.95\sim0.98$，更高的级次取 $\lambda_p=0.98\sim1.0$。压力 p_a 与进气系统有很大关系。当系统有较大的压力脉动时，可出现如图 4-6 所示的情况，图 4-6(a)出现增压，$p_a>p_1$，$\lambda_p>1$；图 4-8(b)负压情况，工作腔内压力 p_a 将要更低一些。

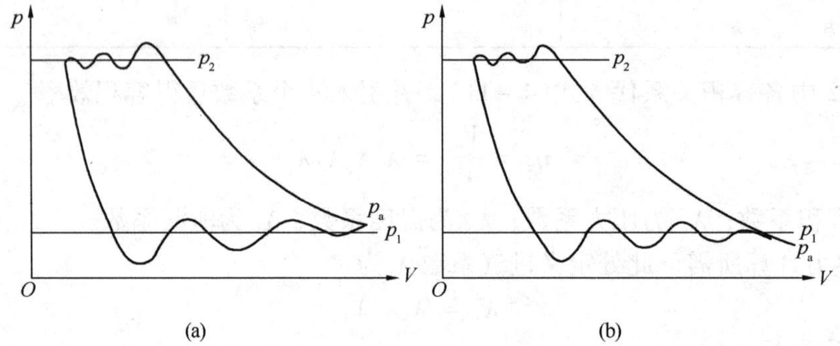

图 4-6　进气系统有压力脉动的指示图

(a)增压情况；(b)负压情况

③ 温度系数 λ_T

定义

$$\lambda_T = \frac{V'''_s}{V''_s}$$

进气过程中气体被加热，温度由 T_1 升至 T_a，使实际吸入的新鲜气体量减少。影响 λ_T 的因素很多，但主要决定于构成工作容积周壁的温度。该温度又主要取决于该级压力比及冷却条件。

λ_T 的取值可参阅图 4-9，图中 λ_T 均为压力比的函数。图中Ⅰ区范围适用于双原子气体。大气量或气缸冷却良好，或进气压力损失小，或高速压缩机可取较高值。小气量、低速或气冷式压缩机取较低值。压缩氢气或氮氢混合气时，因为氢气的高热传导性促进了热交换，故建议取略低的 λ_T 值。对于具有小等熵指数的多原子气体，由于相应的排气温度较低，故可参考Ⅰ区而取较高的 λ_T 值。Ⅱ区适用于气缸不冷却的制冷压缩机，对于直流式（进气阀布置在活塞顶上）应取较大值，一般形式取较小值。Ⅲ区适用于进气温度低于 -25℃时的制冷压缩机等。

④ 泄漏系数 λ_1

压缩机的泄漏分为外泄漏与内泄漏两类。

外泄漏是指气体直接泄漏至压缩机系统之外。如第一级进气阀的泄漏，各工作腔填料的泄漏，活塞环向大气或向第一级进气系统的泄漏。外泄漏将直接影响压缩机的实际容积流量，同时影响功耗。

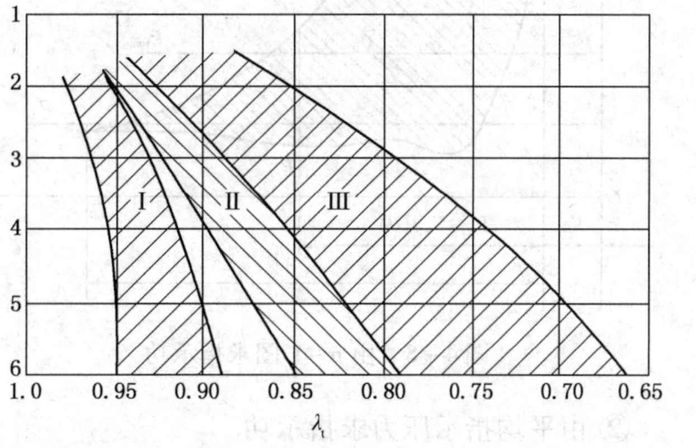

图 4-7　温度系数与压力比的关系

内泄漏是指气体仅泄漏出工作腔，但还处在压缩机系统内。如各级排气阀在进气过程中向工作腔的泄漏；除 1 级外，所有进气阀的泄漏，双作用或级差式气缸中，一个工作腔向另一工作腔的泄漏等。此类泄漏气体都在系统内，故不影响压缩机的实际容积流量。但自高压区返回低压区，再被送入高压区，这样要影响功耗。此外，要影响各级工作容积的设计。

在压缩机设计计算中考滤泄漏系数是为了要合理计算各级的行程容积，各级行程容积应该多加一些余量来弥补因泄漏带来的影响。影响泄漏系数的因素很多，其与压缩机的结构、压力范围、气阀的运动规律，以及压缩机密封部件的制造质量都有直接的关系。实际计算时很难做到精确计算，因此一般根据经验和具体的压缩机结构形式在 0.90～0.96 范围内取值。由于各级的外泄漏都影响到压缩机的实际容积流量，低压级泄漏系数应取较小的值，高压级泄漏系数应取较大的值。

⑤ 容积效率 η_v

对实际运行的压缩机而言，其容积效率的求取有两种途径：

a. 可通过 $p-V$ 图求 η_v

$$\eta_v = \frac{V_d}{V_s}\frac{p_2}{p_1}\frac{T_1}{T_2} \tag{4-16}$$

或

$$\eta_v = \frac{l_d}{l_s}\frac{p_2}{p_1}\frac{T_1}{T_2} \tag{4-17}$$

式中：V_d、l_d 为排气状态下的气体容积或图 4-5 所示实际循环指示图上的线段 2→3；V_s、l_s 为该级工作容积或指示图上线段 1′→3′；p_2、T_2 分别为排气压力和温度；p_1、T_1 分别为进气压力和温度。

b. 根据容积流量求 η_v

$$\eta_v = \frac{q_{v0}}{q_{vth}} \tag{4-18}$$

$$q_{vth} = V_{s1} n$$

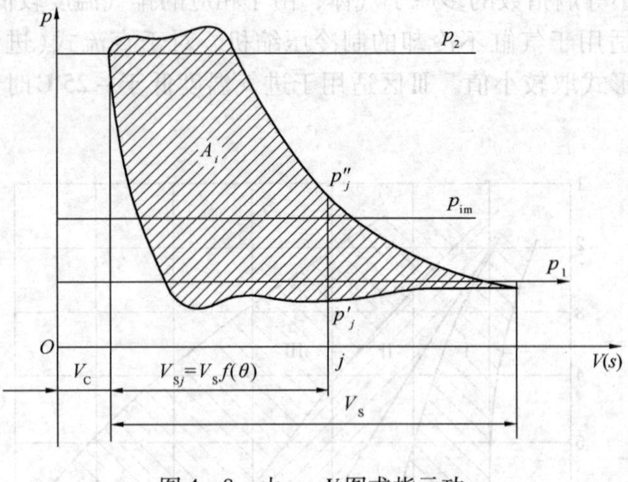

图4－8　由 $p-V$ 图求指示功

式中：q_{v0} 为已知容积流量；q_{vth} 为理论容积流量；V_{s1} 为第一级工作容积；n 为压缩机转速。

（4）实际循环指示功的计算

① 由压力指示图求指示功

如图4－8所示，当测得压缩机的实际循环 $p-V$ 图时，根据指示图的面积，可求得指示功。

$$W_i = A_i m_p m_v \quad (4-19)$$

式中：A_i 为指示图过程线所围面积，mm^2，由求积仪求取；m_p 为压力比例尺，Pa/mm；m_v 为容积比例尺，m^3/mm。

② 由平均指示压力求指示功

$$W_i = p_{im} \times 2SA_p \quad (4-20)$$

式中：p_{im} 为平均指示压力；S 为活塞行程；A_p 为活塞面积。

p_{im} 的求取方法如下：当已知图4－9所示的 $p-\theta$ 线时，可按一定角度间隔将横坐标等分为 N 份，将每等份对应的压力 p_j 相加，然后被 $(N+1)$ 除，即得平均指示压力。

$$p_{im} = \sum_{j=1}^{N+1} \frac{p_j}{N+1} \quad (4-21a)$$

当已知 $p-V$ 图，而又无法求面积时，也可将横坐标按曲轴转角关系分为 N 点，各点对应的活塞位移即容积 V_{sj} 为

$$V_{sj} = A_p r\left[(1-\cos\theta) + \frac{\lambda}{4}(1-\cos 2\theta)\right]$$

其平均指示压力为各点两压力值和之半（图4－8），即

$$p_{im} = \frac{\sum_{i=1}^{N}(p_j' + p_j'')}{2} \quad (4-21b)$$

③ 由已知热力参数求指示功

需先将指示功图简化，简化方法如图4－10所示：

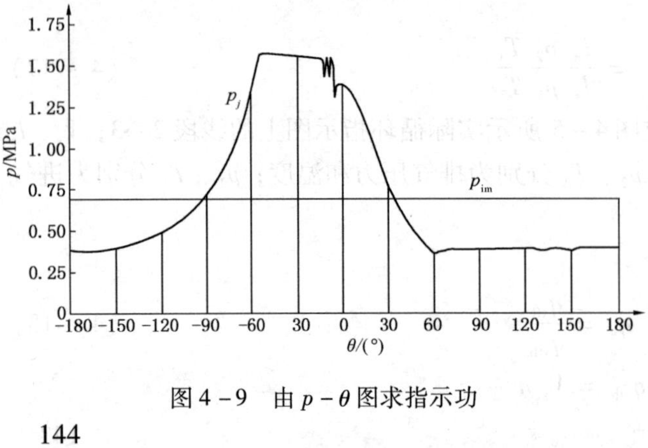

图4－9　由 $p-\theta$ 图求指示功

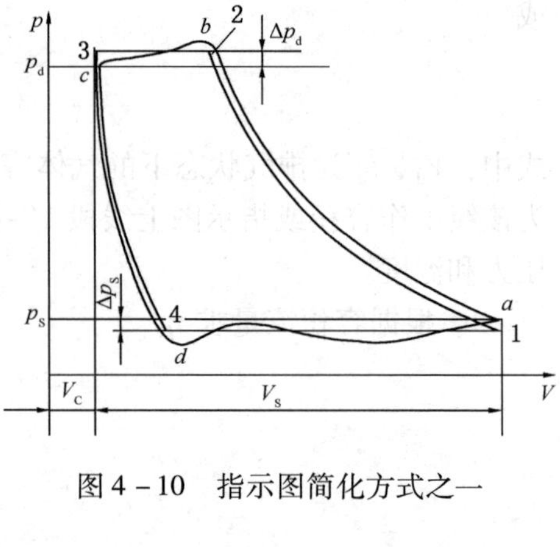

图4－10　指示图简化方式之一

a. 把进、排气过程的压力曲线用平均值代替；

b. 压缩与膨胀过程指数为定值；

c. 压缩与膨胀过程指数相等；

d. 容积系数按实际简化后压力比确定；

e. 当不知道实际进、排气过程压力损失时，可按图 4－11 中曲线选取。曲线是按总相对压力损失 δ_0 计算所得，$\delta_0 \approx \delta_s + \delta_d$，$\delta_s = \Delta p_s / p_s$，$\delta_d = \Delta p_d / p_d$，实线为 $\delta_0 = 7.6/p^{0.3}$，虚线为 $\delta_0 = 2.67/p^{0.25}$，压力 p 的量纲为 Pa，进气相对压力损失 $\delta_s = 0.3\delta_0$，排气相对压损失 $\delta_d = 0.7\delta_0$。δ_d 的百分比大的原因是，除考虑气阀损失外，还考虑了级间冷却与气液分离等设备的损失。图中虚线反映的数值属设计精良的压缩机，实线则相对较差的设计。

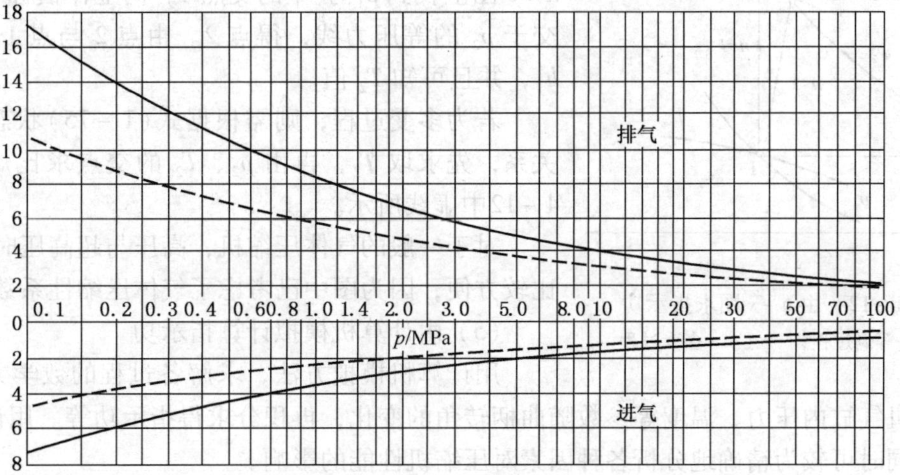

图 4－11 相对压力损失参考值

理想气体指示功计算公式为

$$W_i = (1-\delta_s) p_1 \lambda_v V_s \frac{n}{n-1} \left\{ \left[\varepsilon (1+\delta_0) \right]^{\frac{n-1}{n}} - 1 \right\} \tag{4-22}$$

实际气体指示功计算公式为

$$W_i = (1-\delta_s) p_1 \lambda_v V_s \frac{n}{n-1} \left\{ \left[\varepsilon (1+\delta_0) \right]^{\frac{n-1}{n}} - 1 \right\} \frac{Z_1 + Z_2}{2Z_1} \tag{4-23}$$

式中：ε 为名义压力比，$\varepsilon = p_2/p_1$；Z_1、Z_2 为状态 1 与 2 时的压缩性系数。

式(4－22)与式(4－23)全面反映了影响指示功的因素，是压缩机性能计算经常使用的方程。其中 p_1、V_s、ε 以及 Z_1、Z_2 值，是设计任务及气体性质决定的，不可改变；λ_{v1} 小 W_i 也小，但此时进气量也小，对单位气量功耗无益，减少气量对机器也不可取；n 取决于压缩过程热交换，但对高压级几乎是绝热压缩。因此，只有尽量减少进、排气压力损失，即减小 δ_0 才能省功。公式中$(1-\delta_s)p$，为实际进气压力，δ_s 增大虽然一个循环的功可减少，但折合到进口状态 p_1 的气量也减少，所以不能用增加 δ_s 来减少 W_i。

一些文献中用 $\sqrt{\frac{Z_2}{Z_1}}$ 来取代公式(4－23)中 $\frac{Z_1+Z_2}{2Z_1}$，其计算结果的修正误差小于 1%。

④ 由热力性质图表的焓差求指示功

a. 指示功与焓差的关系

等熵过程 $dq = 0$

则 $$dh = v\mathrm{d}p \tag{4-24}$$

由积分式(4－24)，可得单位气体循环指示功为

$$w_i = h_2 - h_1 \tag{4-25}$$

$m$kg 气体的指示功为

$$W_i = m(h_2 - h_1) \tag{4-26}$$

虽然式(4－26)由等熵过程导出，对多变过程同样适用。

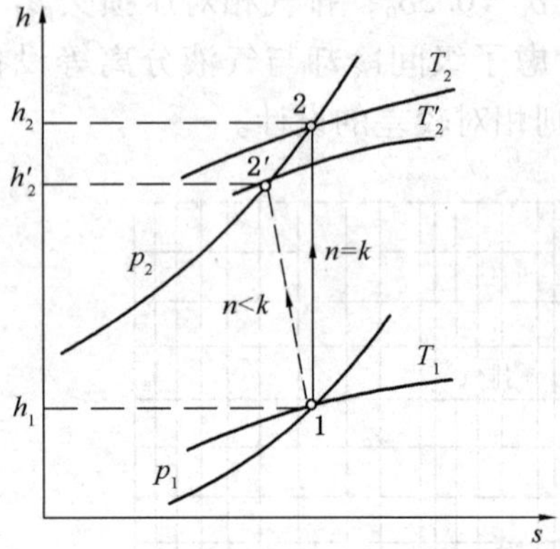

图 4－12　由 $h-s$ 图求指示功

——等熵过程；－－－－多变过程

b. 根据焓－熵图求指示功

若已知气体初始状态参数 p_1、T_1 与终了状态参数 p_2，并为等熵压缩过程，则由图 4－12 所示的该气体的 $h-s$ 图上找到 p_1 与 T_1 的交点 1，向上作横标 s 的垂直线交于 p_2 的等压力线，得点 2。由点 2 与点 1 可得 h_2 与 h_1，并且可知 T_2 值。

若为多变过程，则需根据式(1－75)状态参数间的关系，先求取 T_2，再由 p_2、T_2 的交点求比焓差，如图 4－12中虚线所示。

对于一般的气体压缩机，高压与超高压时用 $h-s$ 图比较方便，因为图中已考虑了气体压缩性系数的影响。

（5）由计算机模拟计算指示功

用计算机模拟方法，求解各过程的数学方程，可求得压缩机气缸内压力、温度等参数随曲柄转角的变化，再积分求得指示功等。用计算机模拟方法，同时可较为精确地分析各种因素对压缩机性能的影响。

4.1.3　多级压缩机级数的选择

（1）多级压缩的理由

① 省功

总压力比大时，采用多级压缩并辅以级间冷却，可节省指示功消耗。图 4－13(c)中表示了这种省功的情况，曲线 1－1′－1‴为等温压缩过程线，曲线 1－2－3 为多变压缩过程线，曲线 1－2－1′－3′是两级压缩回冷完善压缩过程线，曲线 1－2－2′－3″是两级压缩回冷不完善压缩过程线，阴影线所围面积 2－2′－3′－3－2 表示两级压缩回冷完善比单级压缩节省的指示功，封闭曲线 2－2′－3″－3－2 所围面积表示两级压缩回冷不完善时比单级压缩节省的指示功，封闭曲线 2′－1′－3′－3″－2′所围面积表示回冷完善较之回冷不完善所节省的指示功。

必须强调，多级压缩节省功是级间冷却的效果。级间冷却使被压缩气体温度降低而容积缩小，从而减少了下一级的压缩功。省功与冷却程度，即冷却完善度关系很大，一般以将气体冷却至第一级进气温度称为回冷完善，大多数压缩机级间冷却后的气体，可比第一级进气高 10～15℃，但随地域与季节变化，也可能出现冷却后温度低于一级进气温度。级间冷却终了温度比原进口温度每相差 ±3℃，能使下一级的压缩功耗相差 ±1%。

② 降低排气温度

出于压缩机安全运行的考虑，各种压缩机的排气温度是受限制的(见 2.1.3)。由表(1－9)知，排气温度与压力比的$\frac{n-1}{n}$方成正比例，因此限制各级的压力比，就可以控制排气温度不超限。

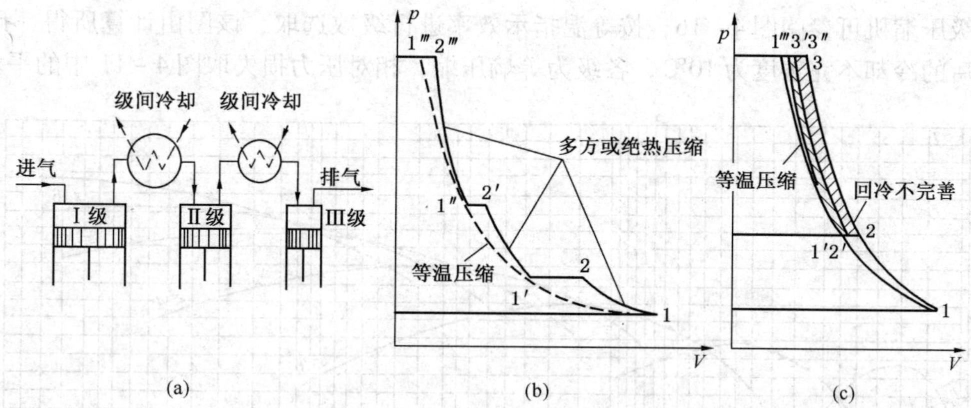

图 4－13　多级压缩与级间冷却省功原理图

(a)多级压缩示意图；(b)多级级间冷却完善对功耗的节省；(c)回冷不完善对功耗的影响

③ 提高容积效率

因余隙容积的影响，容积系数随压力比的提高而降低，当压力比足够高时，可使 $\lambda_v=0$ 如 $\alpha=0.10$，$m=1.2$，当 $\varepsilon=17.8$ 时，$\lambda_v=0$，压缩机的吸气量为零。

实际上，经常有意识地降低从常压开始的第一级压力比，以提高第一级容积系数，使第一级气缸尺寸减少。

④ 减少气体作用力并使其均匀

两台容积流量相同的往复压缩机，若进气压力为 0.1MPa，排气压力为 0.9MPa。一台为单级压缩，其压力比 $\varepsilon=9$；另一台为两级压缩，并按等压力比分配，各级压力比 $\varepsilon_i=3$；级间冷却完善。在如图 4－14 所示的结构中，两级方案最大活塞力仅为一级方案的60%。此外，通过各级压力比的合适的配置，可使运动机构受力均匀，运动机构轻便，机械效率提高。

(2) 级数的选择

① 按最省功的原则

最省功的原则即等温指示效率最高的原则，对连续运转的大型压缩机省功尤其重要。对于一个单级压缩机，当计及压缩指数与相对压力损失时，等温指示效率最高的压力比可参阅图 4－15。

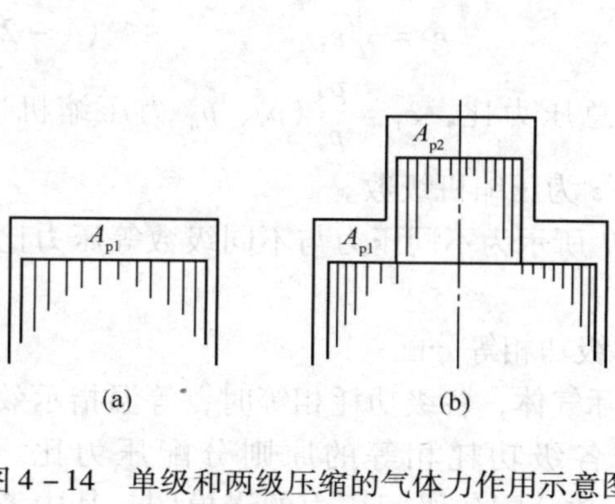

图 4－14　单级和两级压缩的气体力作用示意图

(a)单级；(b)两级

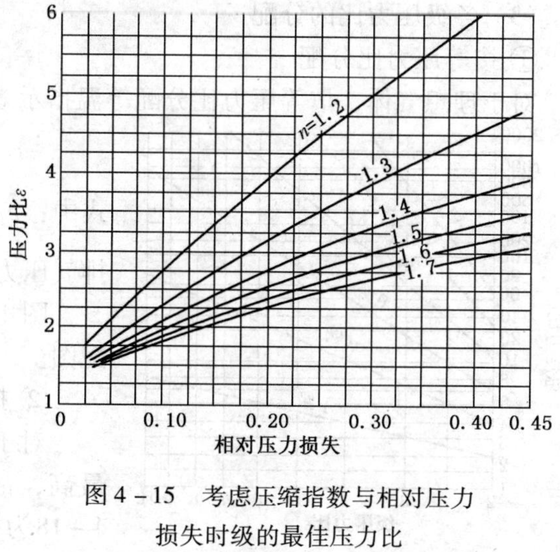

图 4－15　考虑压缩指数与相对压力损失时级的最佳压力比

多级压缩机可参阅图4－16，按等温指示效率进行级数选取。该图由计算所得，计算时第一级后的冷却不完善度为10℃，各级为等熵压缩，相对压力损失取图4－11中的平均值。

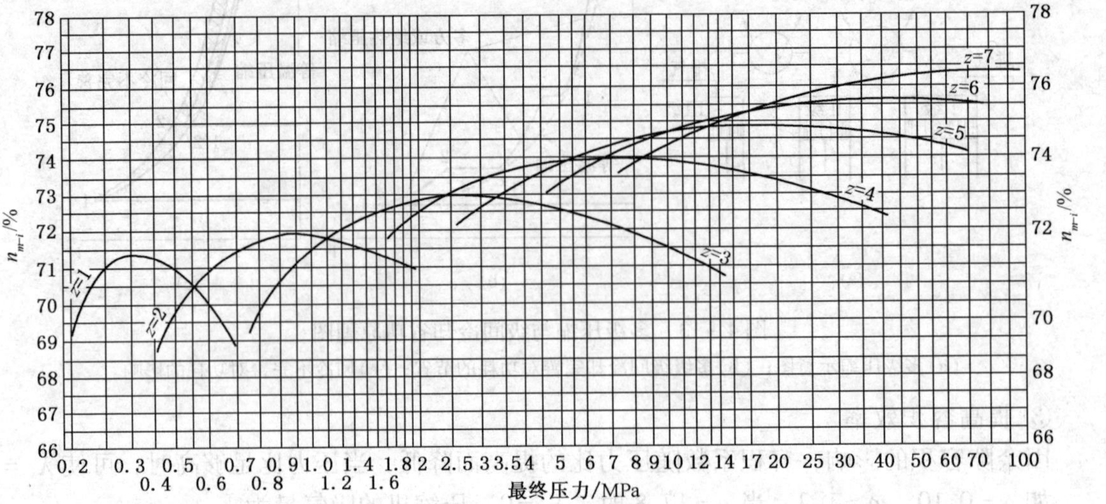

图4－16　不同级数等温指示效率曲线

② 按制造成本低和结构简单的原则

小型压缩机结构力求简单，功耗是次要的，单级压力比允许达 $\varepsilon=8\sim12$。实际压缩机中，在计及各种因素后，级数与排气压力的关系见表4－4。

表4－4　级数与排气压力范围（进气压力为大气压）

级　数	1	2	3	4	5～6	7
排气压力/MPa	0.2～1.0	0.5～6.0	1.2～15	3.6～40	15～100	80～300

③ 特殊气体压缩机的选择

特殊气体压缩机对温度要求极为严格，为运转可靠，各级压力比不应过高，级数选择要恰当。

（3）各级压力比的分配

① 按等压力比分配

对于理想气体，按等压力比分配等温指示效率最高，即各级压力比为

$$\varepsilon=\sqrt[z]{\varepsilon_t} \tag{4-27}$$

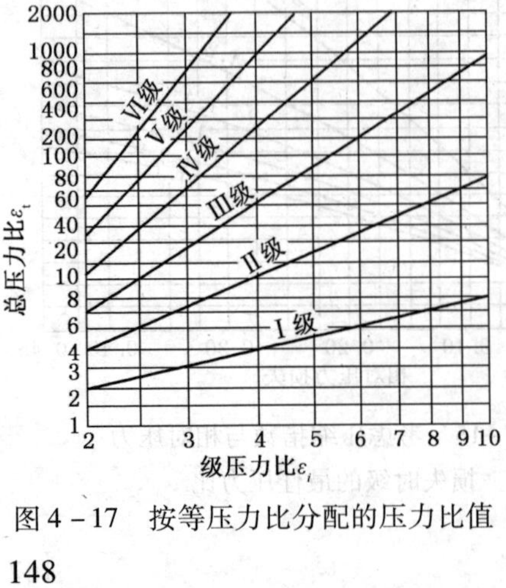

图4－17　按等压力比分配的压力比值

式中：ε_t 为总压力比，$\varepsilon_t=\dfrac{p_d}{p_s}$（$p_s$、$p_d$ 为压缩机进、排气压力）；z 为压缩机级数。

图4－17所示为不同压力与不同级数等压力比分配图。

② 按各级功相等分配

对于实际气体，各级功耗相等时，等温指示效率最高，故按各级功耗相等的原则分配压力比。图4－18为按等功分配各级间压力的诺模图，其中考虑了级间压力损失与实际气体影响。

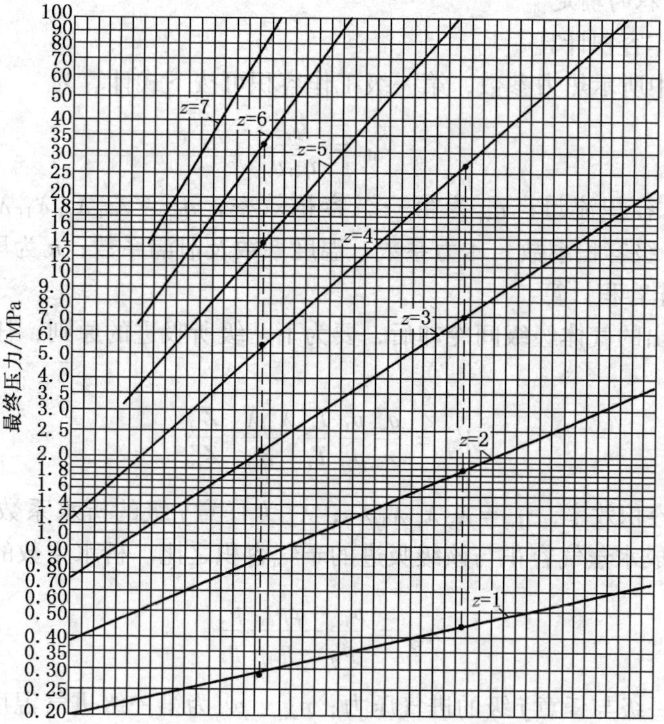

图 4-18　按等功原则确定多级压缩机各级压力

例如，当进气压力为大气压力、排气压力为 32MPa 的六级压缩机，各级的排气压力为Ⅰ级 0.2MPa、Ⅱ级 0.84MPa、Ⅲ级 2.1MPa、Ⅳ级 5.3MPa、Ⅴ级 13.3MPa、Ⅵ级 32MPa，各级压力比分别为 $\varepsilon_{\text{Ⅰ}}=2.9$；$\varepsilon_{\text{Ⅱ}}=2.8966$；$\varepsilon_{\text{Ⅲ}}=2.5$；$\varepsilon_{\text{Ⅳ}}=2.5238$；$\varepsilon_{\text{Ⅴ}}=2.509$；$\varepsilon_{\text{Ⅵ}}=2.406$。

③ 考虑各种因素的压力比修正

a. 为提高压缩机的容积效率，第一级压力比取

$$\varepsilon_1=(0.90\sim0.95)\sqrt[z]{\varepsilon_t} \tag{4-28}$$

为控制排气温度，当第一级进气温度较低时，可取

$$\varepsilon_1=(1.05\sim1.10)\sqrt[z]{\varepsilon_t} \tag{4-29}$$

b. 当采用余隙容积调节，而末级没有同时设相应调节器时，为控制末级排气温度不致过高，末级压力比取

$$\varepsilon_z=(0.85\sim0.95)\sqrt[z]{\varepsilon_t} \tag{4-30}$$

c. 气体充瓶用压缩机，当压力一旦达排气压力即不工作，末级压力比可取

$$\varepsilon_z=(1.10\sim1.20)\sqrt[z]{\varepsilon_t} \tag{4-31}$$

d. 当考虑到活塞力平衡需要时，某些级次的压力比可作适当调整。

e. 当考虑到气体可压缩性的影响，高压级与低压级应按等功法分配压力比。

压力比修正后的功耗将比按理论等压力比功耗增加。$1m^3$ 空气由 0.1MPa 两级绝热压缩至 0.9MPa，级间冷却完善。当压力比分配为 $\varepsilon_{\text{Ⅰ}}=2.5$、$\varepsilon_{\text{Ⅱ}}=3.6$ 时，计算表明，它将比等压力比分配多耗 1kJ 功。

4.1.4 各级工作容积的确定

（1）第一级工作容积计算

参阅图4-19中所示热力参数，第一级工作容积可按下式计算为

$$V_{s1} = \frac{q_v}{\eta_{v1} n} \tag{4-32}$$

式中，q_v 为压缩机容积流量；η_{v_1} 为第一级容积效率，$\eta_{v_1} = \lambda_{v1}\lambda_{p1}\lambda_{T1}\lambda_{l1}$，其中 λ_{v1}、λ_{p1}、λ_{T1}、λ_{l1} 分别为第一级容积系数、压力系数、温度系数及泄漏系数；n 为压缩机转速。

（2）第 j 级工作容积计算

按照前一级排出的气体经级间冷却后，要为下一级所吸进的原则，任意级工作容积可由下式确定为

$$V_{sj} = \frac{q_v}{n}\frac{p_1}{p_{sj}}\frac{T_{sj}}{T_1}\frac{\lambda_{\varphi j}\lambda_{cj}}{\eta_{vj}}\frac{Z_{sj}}{Z_{s1}} \tag{4-33}$$

式中：η_{vj} 为第 j 级容积效率，$\eta_{vj} = \lambda_{vj}\lambda_{pj}\lambda_{Tj}\lambda_{lj}$；$\lambda_{\varphi j}$ 为任意 j 级的析水系数，它是该级前所有析出的水分，折合成水蒸气容积与该级吸进的干气容积之比。析水系数的计算式为

$$\lambda_{\varphi j} = \frac{p_1 - \varphi p_{sa1}}{p_{sj} - p_{saj}}\frac{p_{sj}}{p_1} \tag{4-34}$$

式中：p_1、p_j 为第一级与任意 j 级的进气压力；p_{sa1}、p_{saj} 为第一级进气温度与任意 j 级进气温度时水蒸气饱和蒸汽压；φ 为第一级吸进气体的相对湿度。

高压时，一般第Ⅲ级之后，$p_j/(p_j - p_{sj}) \approx 1$，因此第Ⅲ级后各级的析水系数均为

$$\lambda_{\varphi j} \approx \frac{p_1 - \varphi p_{s1}}{p_1} \tag{4-35}$$

λ_{cj} 为任意 j 级前的抽气系数，它是该级前所有因洗涤或其他用途所去掉的气体，折合成该级进气压力与温度下的体积，与该级进气容积之比，视工艺过程而定。当无洗涤等抽气工艺时，$\lambda_{ci} = 1$。

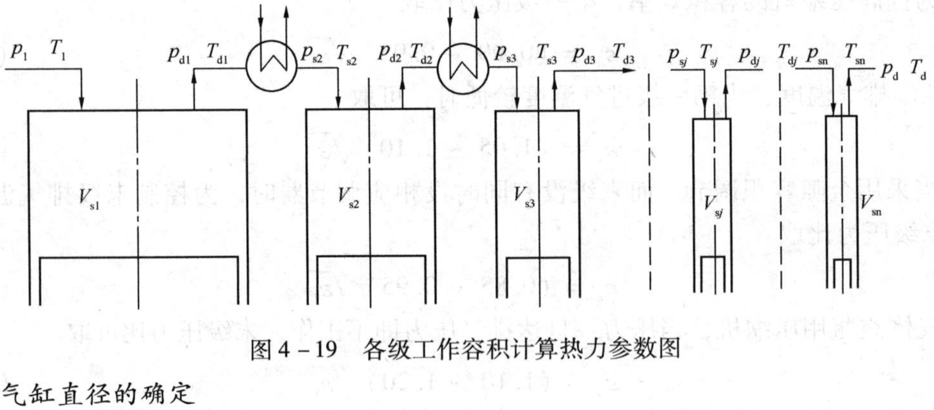

图4-19 各级工作容积计算热力参数图

4.1.5 气缸直径的确定

（1）活塞平均速度及其影响

定义活塞平均速度

$$C_m = \frac{Sn}{30} \tag{4-36}$$

式中：S 为活塞行程，m；n 为压缩机转速，r/min；C_m 可以反映活塞环、填料函、十字头的

磨损情况。当这些零件的摩擦表面所受作用力大小相同时，若 C_m 值高，则这些零件在单位时间内受摩擦的距离长，故磨损严重且消耗较多的摩擦功；若 C_m 值低，则磨损小、耗功小。

C_m 还反映气流流动损失的情况，C_m 越高，流经管道及气阀的压力损失越大，因此活塞平均速度关系到压缩机的经济性及可靠性，故应选取适当的值。下面列出可供参考的数值范围：

采用环状阀及网状阀的大中型压缩机 $C_m = 3.5 \sim 4.5\text{m/s}$，大型压缩机取下限；
采用直流阀的压缩机 $C_m = 5 \sim 6\text{m/s}$；
微型压缩机由于本身行程短，一般情况下 $C_m = 1.0 \sim 2.5\text{m/s}$；
迷宫压缩机为了减少泄漏量 $C_m \geqslant 4 \sim 5\text{m/s}$；
聚四氟乙烯密封环压缩机考虑到活塞环的寿命 $C_m \leqslant 3.5 \sim 4\text{m/s}$；
超高压压缩机为了保证摩擦副的耐久性 $C_m \leqslant 2.5\text{m/s}$；
乙炔压缩机考虑安全防爆 $C_m \approx 1\text{m/s}$；
摩托压缩机为适应内燃机工作的需要 $C_m = 7\text{m/s}$。

(2)压缩机转速

转速 n 可以表征惯性力的大小。转速增加，惯性力成平方增加。当压缩机本身惯性力没有完全平衡时，会导致压缩机振动加剧。若惯性力增加并超过最大气体力时，可能会导致压缩机零部件的强度不足。

转速还反映了气缸、活塞杆、十字头滑道、轴承、销子(曲柄销、活塞销、十字头销)等部分的磨损情况。当作用在这些部位上力的大小一定时，随转速的增加，这些部位被摩擦的次数增加，因此磨蚀加快。

转速对气阀的工作也有影响。转速提高后阀片撞击次数增加，使气阀寿命降低。在已有机器上提高转速会破坏气阀正常的运动规律；新设计的机器转速提高后，会使整机尺寸减少，气阀安装空间减小，导致气阀中流动能量损失的增加。

转速也影响机械效率。新设计的压缩机在不改变容积流量的前提下，转速增加则机械效率下降；但对已有压缩机，提高转速后机械效率不会有太大变化

压缩机的转速通常在下列范围：

微、小型压缩机 1000 ~ 3000r/min；

中型压缩机 500 ~ 1000r/min；

大型压缩机 250 ~ 500r/min。

表 4-5 给出动力用空气压缩机常用转速范围。

表 4-5　动力用空气压缩机常用转速范围

容积流量/(m^3/min)	10	20	40	60	100
转速/(r/min)	1000	750	500	400	300

(3)气缸直径

设计压缩机时，要根据容积流量和确定的方案等，可参考类似机器选取 C_m 和 n 值，也可以根据经验直接选取转速，再根据 C_m 和 n 求取行程。当活塞力大于 20kN 时，行程长度应按我国行程系列标准值进行修正，用修正后的行程 S 和调整后的 n 重新计算 C_m。

由给定容积流量及选定的 n，按 4.1.4 节求取各级气缸工作容积 V_{sj}，当气缸为单作用时，气缸直径的计算式为

$$D_j = \sqrt{\frac{4V_{sj}}{\pi S z_j}} \qquad (4-37)$$

当气缸为双作用时，气缸直径的计算式为

$$D_j = \sqrt{\frac{2V_{sj}}{\pi S z_j} + \frac{d^2}{2}} \qquad (4-38)$$

式中：z_j 为该级气缸数；d 为活塞杆直径，根据活塞力的大小推荐按表 4－6 查取，并应符合 JB/T 2231.1—1999 规定。

表 4－6　活塞杆直径推荐值

活塞力/kN	10		20		35		55		80	
活塞杆直径 d/mm			30	35	40	45	50	55	60	65
活塞力/kN	120		160		220		320		450	
活塞杆直径 d/mm	70	80	80	90	90	100	110	120	130	—

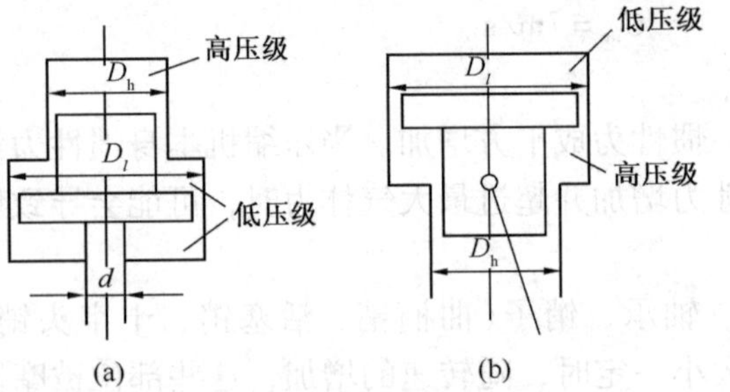

图 4－20　级差式结构气缸

（a）正级差式气缸；（b）倒级差式气缸

当气缸为级差式结构时，如图 4－20（a）所示，先按式（4－37）计算出高压级缸径 D_h，低压级的缸径 D_l 的计算式为

$$D_l = \sqrt{\frac{2V_{sl}}{\pi S z_l} + \frac{D_h^2 + d^2}{2}} \qquad (4-39)$$

当级差式气缸结构如图 4－20（b）所示时，则按式（4－37）计算出低压级缸径 D_l，高压级缸径 D_h 的计算式为

$$D_h = \sqrt{D_l^2 - \frac{4V_{sh}}{\pi S z_h}} \qquad (4-40)$$

按以上各式计算所得气缸直径均应圆整为表 4－7 所示的气缸系列的标准直径，圆整后各级的行程容积均有所改变，由此造成各级压力比的变化，若某级的压力比变化较大时，可采用调整该级相对余隙容积的方法来调整该级的进气量，以维持其压力比不变。

表 4－7　气缸直径尺寸

（JB/T 2231.2—1999）

mm

20	38	67	120	220	420	800
21	40	71	125	240	450	850
22	42	75	130	250	480	900
24	45	80	140	260	500	950
25	48	85	150	280	530	1000
26	50	90	160	300	560	1060
28	53	95	170	320	600	1120
30	56	100	180	340	630	1180
32	60	105	190	360	70	1250
34	63	110	200	380	710	—
36	(65)	(115)	210	400	750	—

注：1. 往复压缩机的气缸直径尺寸应符合上表的规定。超过本标准范围的气缸直径，按 GB/T 2822—1981《标准尺寸》中的 Ra20Ra40 系列延伸。

2. 当对压缩机气缸直径尺寸有特殊要求时，可不受本标准限制，但应符合 GB/T 2822 的规定。

3. 括号内的尺寸不属于 GB/T 2822—1981 中的 Ra40 系列，只适用于微型往复压缩机。

4.2 热力性能参数及评价

4.2.1 热力性能参数

往复压缩机的热力性能参数主要是指容积流量、排气压力、排气温度，以及功率和效率。它们表征了压缩机的热力特性，也是评价压缩机性能的一些重要指标。

4.2.2 容积流量及其计算

压缩机的容积流量，通常是指单位时间内，压缩机最后一级排出的气体量换算到第一级进口状态的压力和温度时的气体容积量。习惯上容积流量的单位用 m^3/min 及 m^3/h 表示。

对于实际气体，换算时应计及气体压缩性系数的影响。

对于含有水蒸气的气体，换算时还应计入级间分离掉的水分折算成水蒸气的容积。此外，当级间有中间洗涤等而出现中间抽气或者中间补气时，排出的气量中还应加入或减去该部分气体折算到进口状态的容积。

当在末级测得的气体容积值为 Q_d 时，则容积流量为

$$Q_o = Q_d \frac{p_d}{p_1}\frac{T_1}{T_d}\frac{Z_1}{Z_d} + Q_\varphi + Q_c \tag{4-41}$$

式中：p_d 为 Q_d 所对应的气体压力，Pa；T_d 为 Q_d 所对应的气体温度，K；p_1 为第一级进口状态下气体压力，Pa；T_1 为第一级进口状态下气体温度，K；Z_1 为相应于 p_1、T_1 时的气体压缩性系数；Z_d 为相应于 p_d、T_d 时的气体压缩性系数；Q_φ 为单位时间内分离的水分换算到第一级进口状态时的容积，m^3/min；Q_c 为中途清除掉的气体换算到第一级进口状态的容积，m^3/min。若为中途加进的气体，则应折算后以负值代入。

容积流量会随进气压力、进气温度，以及排气压力、冷却条件(水温、水量或风温、风量)等因素而改变。压缩机铭牌上所标注的容积流量，是指在特定的进、排气条件以及冷却条件下所测得的流量，称为公称容积流量或额定容积流量。

压缩机的计算公式中涉及到压力时，都应用绝对压力。实际压缩机系统中的压力大都用压力表来显示，称为表压。压缩机的设计以及使用时，一定要注意当地的大气压力。海拔高度的升高会使大气压力下降，对压缩机的性能计算和实际性能有着不可忽视的影响。

由于压缩机的进口状态随地域或压缩机的使用场合而变化，为了能准确地表述压缩机的气体容积流量，在化工等行业一般用标准容积流量(也称供气量)。它是指压缩机单位时间内排出的气体容积量折算到标准状态之值，并不计入级间分离掉的水分及抽气量。有关气体标准状态的定义参见本书 1.1.1 的内容。

4.2.3 排气压力

压缩机的排气压力通常是指最终排出压缩机的气体压力。排气压力一般在气体最终排出压缩机后的标准位置处测量。

多级压缩机末级以前各级的排气压力，称为级间压力，或称为该级的排气压力。级间压力的测量位置应在下一级进口法兰处。这样，前一级的排气压力就是下一级进气压力。

在往复式压缩机铭牌上标出的排气压力，是压缩机的额定排气压力，即设计工况的排气压力。实际上，压缩机可以在低于额定排气压力的任意压力下工作，而且只要强度和排气温度允许，也可以在超过额定排气压力下工作。

往复式压缩机排气压力的高低并不取决于压缩机本身，而是由压缩机排气管网中的压力，即所谓“背压”决定的。而排气系统内的气体压力，又是由压缩机输入排气系统的气体

量与用户所消耗的气体量之间的供求平衡关系来决定的。若供求平衡，则“背压”就稳定在某一个数值上，压缩机也就在某个稳定的排气压力下工作；若输入气体量大于消耗量，即“供过于求”，排气管网气体量就不断增加，“背压”便不断提高，于是压缩机的排气压力也就相应提高。如果输入气体量小于消耗量，则系统内的气体量逐渐减小，“背压”就降低，于是压缩机的排气压力也就相应降低，直到新的压力下达到新的供求平衡为止。

多级压缩机的级间压力也服从上述规律。压缩机设计时，就是按照前一级排出的气体在某一特定压力和温度下为后一级全部吸进的原则，来确定后一级的气缸工作容积的。若压缩机运行中前一级排出的气量改变，或者后一级所能吸进的气量改变，都会引起级间压力改变。但是，如果这两个气量同时改变，且变化的数值也相等，则它们之间的级间压力不变。

4.2.4 排气温度

压缩机排气温度为其末级排出气体的温度。它应在末级排气口法兰接管处测得，单位为K或℃。多级压缩机各级的排出气体温度称为该级的排气温度，计算公式见式(1－75)。

压缩终了温度为工作腔内气体完成压缩过程，开始排气时的温度。压缩终了温度一般要比排出气体温度高一些。

排气温度是往复压缩机安全性的一个重要指标。根据被压缩气体性质的要求，或工作腔中润滑油有效工作的要求，或活塞密封材料要求，排气温度(包括各级排温度)均有所限制，详细指标见本书1.8节和2.1.3节。

4.2.5 压缩机功率及效率

压缩机工作得是否经济，是用理论上的耗功最小值作标准。压缩机所需的理论功率，即为理想压缩机用于压缩气体理想循环所需的功率，它随压缩过程特点的不同而有所差别。

(1)理论等温功率 P_{is}

当为理想气体时，且各级回冷完善，则根据式(4－10)表示为

$$P_{is} = \frac{1}{60} p_s Q_o \ln\varepsilon \tag{4-42}$$

式中：p_s 为第一级进气压力，Pa；ε 为压缩机的总压力比；Q_o 为压缩机的容积流量，m^3/min。

多级压缩机若有中间抽气(或加气)，水分析出以及回冷不完善时，理论等温功率应该分级计算，即

$$P_{is} = \frac{1}{60} \Sigma M_j R T_j \ln\varepsilon_j \tag{4-43}$$

式中：M_j 为级的质量流量，$M_j = \frac{Q_o p_s}{R T_1} \lambda_{\varphi} \lambda_{cj}$，kg/min；$T_j$ 为级的进气温度，K；ε 为级的总压力比。

对于实际气体，式(4－42)和(4－43)可分别为

$$P_{is} = \frac{1}{60} p_s Q_o \ln\varepsilon \frac{Z_s + Z_d}{2Z_s} \tag{4-44}$$

$$P_{is} = \frac{Q_o}{60} \Sigma p_{sj} \frac{T_j}{T_1} \lambda_{\varphi j} \lambda_{cj} \ln\varepsilon_j \frac{Z_{sj} + Z_{dj}}{2Z_{s1}} \tag{4-45}$$

(2)理论绝热功率 P_{ad}

当为理想气体时，

$$P_{ad}=\frac{1}{60}\Sigma M_jRT_j\frac{k}{k-1}\left[\varepsilon_j^{\frac{k-1}{k}}-1\right] \tag{4-46}$$

或

$$P_{ad}=\frac{Q_o}{60}\Sigma p_{sj}\frac{T_j}{T}\lambda_{\varphi j}\lambda_{cj}\frac{k}{k-1}\left[\varepsilon_j^{\frac{k-1}{k}}-1\right] \tag{4-47}$$

当为实际气体时，

$$P_{ad}=\frac{1}{60}\Sigma M_jRT_j\frac{k_T}{k_T-1}\left[\varepsilon_j^{\frac{k_T-1}{k_T}}-1\right]\frac{Z_{sj}+Z_{dj}}{2} \tag{4-48}$$

或

$$P_{ad}=\frac{Q_o}{60}\Sigma p_{sj}\frac{T_j}{T}\lambda_{\varphi j}\lambda_{cj}\frac{k_T}{k_T-1}\left[\varepsilon_j^{\frac{k_T}{k_T-1}}-1\right]\frac{Z_{sj}+Z_{dj}}{2Z_{s1}} \tag{4-49}$$

(3)压缩机的实际功率

①指示功率 P_i

压缩机的指示功率为各级指示功率之和。

对于理想气体，

$$P_i=\frac{n}{60}\Sigma p'_{sj}\lambda_{vj}V_{sj}\frac{n_j}{n_j-1}\left\{[\varepsilon_j(1+\delta_{oj})]^{\frac{n_j-1}{n_j}}-1\right\} \tag{4-50}$$

对于实际气体，

$$P_i=\frac{n}{60}\Sigma p'_{sj}\lambda_{vj}V_{sj}\frac{n_{Tj}}{n_{Tj}-1}\left\{[\varepsilon_j(1+\delta_{oj})]^{\frac{n_{Tj}-1}{n_{Tj}}}-1\right\}\frac{Z_{sj}+Z_{dj}}{2Z_{sj}} \tag{4-51}$$

式中：P'_{sj}为级的实际进气压力，Pa；δ_{oj}为级的进排气相对压力损失之和；n_{Tj}为级的温度过程指数。

②轴功率 P_{sh}

压缩机的轴功率为驱动机传给压缩机主轴的功率，它由以下三部分组成：

压缩机完成实际循环所需的指示功率 P_i；

运动部件所消耗的摩擦功率 P_f；

驱动附属机构所需的功率 P_a。通常是指驱动润滑油泵，注油器和风扇等直接连接在压缩机主轴上的附属机构所需功率。

$$P_{sh}=P_i+P_f+P_a \tag{4-52}$$

(4)压缩机效率

压缩机的效率是表示压缩机工作的完善程度，是用理想压缩机所需功率和实际压缩机所需功率之比来表示的，并以此来评价压缩机的经济性。

①等温指示效率 η_{i-is}

压缩机的等温指示效率是指理论循环等温指示功率与实际循环指示功率之比。

$$\eta_{i-is}=\frac{P_{is}}{P_i} \tag{4-53}$$

因为理论的等温循环指示功率是压缩气体所必需的最小功率，所以等温指示效率反映了压缩机实际消耗的指示功率与最小功率接近的程度，也即压缩机的经济性情况。

②等温轴效率 η_{is}

压缩机的等温轴效率是指理论循环等温指示功率与实际轴功率之比。

$$\eta_{is}=\frac{P_{is}}{P_{sh}} \tag{4-54}$$

等温轴效率可用来评价压缩机轴功率消耗的经济性，它同时反映了压缩机的指示功率损失与机械摩擦功率损失。一般往复式压缩机的 $\eta_{is}=60\%\sim75\%$。下限值属于高速小型移动式压缩机，上限值属于设计精良的大中型压缩机。

③绝热效率 η_{ad}

压缩机的绝热效率是理论循环绝热功率与轴功率之比。

$$\eta_{ad}=\frac{P_{ad}}{P_{sh}} \tag{4-55}$$

因为实际压缩机级的压缩过程均趋近于绝热过程，故绝热效率能较好地反映相同级数时，气阀等阻力元件压力损失的影响及泄漏的影响。

④等温－绝热效率 η_{is-ad}

将压缩机的理论循环的等温指示功率与理论循环的绝热指示功率相比，其比值称为等温－绝热效率，即

$$\eta_{is-ad}=\frac{P_{is}}{P_{ad}} \tag{4-56}$$

等温－绝热效率反映了压缩机级数对压缩机经济性的影响，并且把等温效率和绝热效率联系成一定关系，即

$$\eta_{is}=\eta_{ad}\eta_{is-ad} \tag{4-57}$$

⑤机械效率 η_m

通常压缩机的机械效率用实际循环的指示功率和轴功率之比来表示，即

$$\eta_m=\frac{P_i}{P_{sh}} \tag{4-58}$$

影响机械效率的因素很多，如压缩机的方案、结构特点、制造质量、润滑状况等均对它有影响。因此，详细的计算很复杂。根据资料与部分试验结果，往复压缩机各部分摩擦功所占百分比范围见表4－8。

表4－8　往复压缩机各部分摩擦功比例

部位名称	百分比/%
活塞环(处于气体压力作用下)	38～45
活塞环(仅本身初弹力)	5～8
填料	2～10
十字头销	4～5
十字头滑道	6～8
曲柄销	15～20
主轴径	13～18

不同往复压缩机的机械效率，据统计如下：

中、大型压缩机　$\eta_m=0.86\sim0.92$；

小型压缩机　$\eta_m=0.85\sim0.90$；

微型压缩机　$\eta_m=0.82\sim0.90$。

高压压缩机由于填料部分摩擦功耗较大，无油润滑压缩机活塞环等摩擦功耗较大，宜取

低限值；主轴直接驱动油泵、注油器及风扇(当风冷时)，机械效率更低些；整体式摩托压缩机宜取上限值。

⑥驱动机构传动效率

V 带传动　$\eta_t = 0.96 \sim 0.98$；

齿轮传动　$\eta_t = 0.97 \sim 0.98$；

半弹性联轴器　$\eta_t = 0.995$；

刚性联接　$\eta_t = 1.00$。

⑦驱动机功率

一般驱动机功率均选配得大于轴功率，各种驱动机动力余度如下：

电动机　$\zeta_d = 1.05 \sim 1.15$；

蒸汽轮机　$\zeta_d = 1.20$；

内燃机　$\zeta_d = 1.20$。

驱动机功率

$$P_d = (P_{sh}/\eta_t)\zeta_d \tag{4-59}$$

⑧电动机功率及效率

绝大部分压缩机为电动机驱动。压缩机装置的经济性，最后反映在电能的消耗费用，因此要求电动机也是高效的。一般电动机效率如下：

单相异步电动机　$\eta_d = 65\% \sim 80\%$；

三相异步电动机　$\eta_d = 75\% \sim 90\%$；

同步电动机　$\eta_d = 89\% \sim 96\%$。

电能总消耗为

$$P_E = P_i/\eta_m\eta_t\eta_d \tag{4-60}$$

4.2.6　变工况运行时压缩机的驱动机功率选配

往复压缩机按本书 2.2.3 节图 2-8(b)、(c)、(d)的进、排气系统方式运行时，其驱动机的功率选配有别于恒定工况。

(1)图 2-8(b)所示工况　该工况是进气压力为定值、排气压力逐渐升高，且升至某定值时停机。其驱动机功率按本书 14.2.12 节原则选配，也可按排气压力为某定值计算所得轴功率的 90% 选配电动机。

(2)图 2-8(c)所示工况　该工况是进气压力不断降低，排气压力为定值。图 4-21 示出单级压缩机在该工况运行时的 $p-V$ 图及所消耗指示功的变化，运行开始指示功耗随进气压力的不断降低而增加，当进气压力降低至某值时指示功耗达最大值。之后，功耗逐渐减少。产生最大功耗时的压力比称为临界压力比，其值可通过指示功表达式(4-8)对进气压力求导，并令其为零获得，即

$$\varepsilon_c = n^{\frac{n}{n-1}} \tag{4-61}$$

式中 n 为压缩过程多变指数。

考虑余隙容积的影响，临界压力比小于式(4-61)的计算值。图 4-22 给出，当压缩过程和膨胀过程指数相等时，临界压力比与相对余隙容积和过程指数的关系。

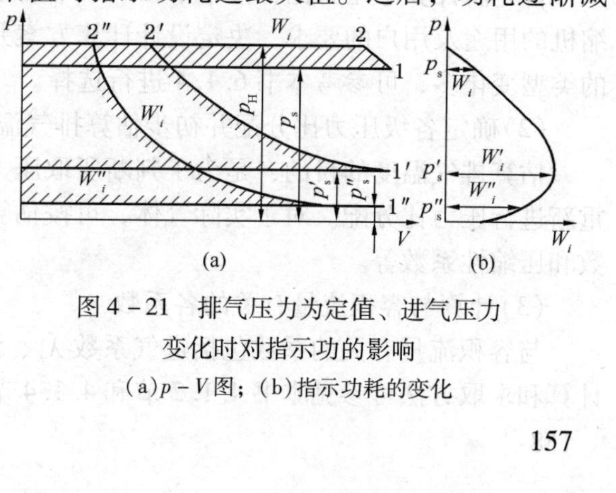

图 4-21　排气压力为定值、进气压力变化时对指示功的影响

(a) $p-V$ 图；(b)指示功耗的变化

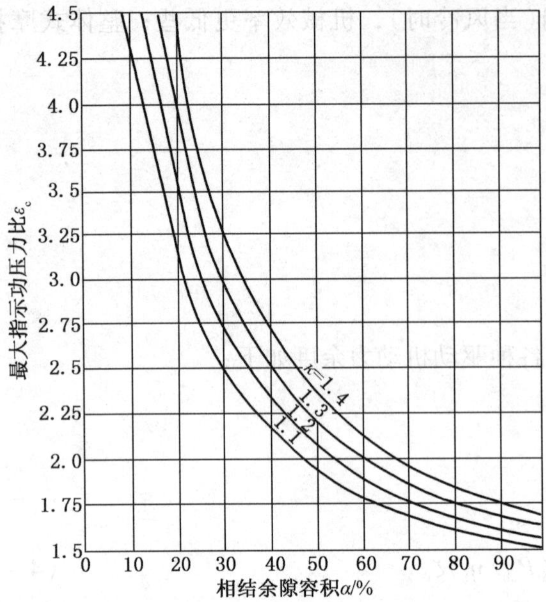

图4－22　临界压力比与相对余隙容积和过程指数的关系

驱动机功率应按临界压力比时的最大功耗选配。

(3)图2－8(d)所示工况　该工况是进气压力不断降低，排气压力不断增加。压缩机的指示功的变化也取决于压力比，最大功耗在临界压力比时产生，临界压力比的计算和驱动机功率的选取与图2－8(c)相同。

4.2.7　压缩机比功率

比功率是评价压缩相同气体，在相同排气压力下的压缩机性能的一种指标，定义为压缩机单位容积流量所消耗的功率。其值等于压缩机的轴功率与容积流量之比，单位为 kW/(m^3/min)或 kW·h/m^3。

比较两台压缩机的容积比能耗时，除排气压力相同外，进气条件、冷却水入口温度、水耗量等也应相同，不然便失去了可比性。

4.3　常规热力计算

4.3.1　正常性热力计算的目的

正常性热力计算是根据设计任务的要求，一般在已知压缩机吸入气体的热力参数(压力、温度、相对湿度等)、容积流量、排气压力及其他一些条件(使用中的一些要求)，要确定压缩机级数、各级热力参数、各级工作容积、转速、结构尺寸(如往复压缩机的气缸直径、行程等)、多级压缩机的级间压力和温度、所需轴功率及相应的效率等，这是新设计压缩机时必须进行的计算。

常规热力计算是源于简化的热力学方程，对压缩机的热力过程进行分析计算，这是传统的计算方法，也是在实际压缩机设计中应用最多的方法。

4.3.2　正常性热力计算的步骤

(1)结构形式与方案选择

首先需计算总压力比，按本书4.1.3中的原则确定级数，然后根据容积流量、级数、压缩机的用途及用户的要求，决定设计计算方案并选择合理的结构形式。往复压缩机结构形式的类型变化多，可参考本书6.1.4进行选择。

(2)确定各级压力比分配并初步估算排气温度

估算排气温度的目的，是为了判断所取压力比是否过高，若排气温度超过允许值，必须重新进行压力比分配。对于实际气体，可按估算的排气温度和确定的级间压力，求取过程指数和压缩性系数等。

(3)计算与容积流量有关的各系数

与容积流量有关的系数包括进气系数 λ_s、泄漏系数 λ_l、析水系数 λ_φ、抽气系数 λ_c，其计算和求取方法可参见本书4.1.2节和4.1.4节。

(4)计算各级气缸直径和工作容积

根据已知条件中给定的容积流量，按本书4.1.4节的公式计算工作容积。当没有提供进口状态下的容积流量时，必须首先换算成进气状态下的容积流量后，方能计算工作容积。各类气缸直径的求取方法见本书4.1.4。其中，活塞杆直径应符合JB/T 2231.1—1999标准，圆整气缸直径应符合JB/T 2231.2—1999标准。

(5)计算缸径圆整后的压力重分配及相对余隙容积变化

气缸直径圆整后，若其他参数不变，会导致各级压力比的重新分配。若要保持原压力比不变，可以用调整余隙容积的方法，以满足容积流量的要求。具体步骤如下：

①气缸直径圆整后，调整级间压力比。先忽略压力比改变后对容积系数的影响，认为压力比的改变与活塞面积的改变成正比，即$p_{sj}A_{pj}=p_{sj}^0A_{pj}^0$，再引进调整系数$\beta_{sj}=\dfrac{A_{pj}A_{p1}^0}{A_{pj}^0A_{p1}}$，则调整后的级间压力$p_{sj}^0=\beta_{sj}p_{sj}$，第一级进气压力和末级排气压力是已知给定值，不能修正。

②气缸圆整后调整相对余隙容积。气缸圆整后容积系数与工作容积间应满足

$$\lambda_{vj}^0V_{sj}^0p_{sj}^0Z_{sj} = \lambda_{vj}V_{sj}p_{sj}Z_{sj}^0$$

若忽略级间压力变化对压缩性系数的影响，则调整后的相对余隙容积为

$$\alpha_j^0 = \frac{1-\lambda_{vj}}{\left(\dfrac{Z_s}{Z_d}\varepsilon_j^{0\frac{1}{m}}-1\right)}$$

当维持原压力比不变时，相对余隙容积应为

$$\alpha_j^0 = \frac{1-\lambda_{vj}^0)\alpha_j}{(1-\lambda_{vj}}$$

其中

$$\lambda_{vj} = V_{sj}\lambda_{vj}/V_{sj}^0$$

通常当圆整后，缸径与圆整前相差无几时，采用维持原压力比不变，调整相对余隙容积的方法较简单；若圆整后缸径与圆整前有明显变化，则应先调整压力比，再修正余隙容积。

(6)计算实际压力及压缩终了温度

先根据图4－17和4.1.3节确定相对压力损失δ_s和δ_d，计算实际进、排气压力及实际压力比，再按式(1－75)状态参数关系求压缩终了温度。

(7)计算各列最大活塞力

各列最大活塞力应力求比较接近，以使运动机构的结构强度得到充分利用。且还应力求每列往返行程的活塞力比较接近，以使运动机构受力均匀，增加工作的可靠性。

(8)计算功率和效率

通常需要计算等温压缩指示功率、指示功率及等温指示效率。按4.2.5节的推荐选取机械效率，计算轴功率及等温效率。

(9)确定驱动机功率并选择驱动机

当选择电动机驱动时，电动机的功率储备应在5%～15%范围内。

4.3.3 正常性热力计算例题

[例4－1] 尿素合成用二氧化碳压缩机的热力计算

已知设计参数：容积流量$Q_0=56m^3/min$；进气压力$p_s=0.098MPa$(绝对压力)；进气温度$t_s=40℃$；排气压力$p_d=20.7MPa$(绝对压力)；相对湿度$\varphi=100\%$；回冷不完善度$\Delta t=0℃$。

热力计算步骤如下：

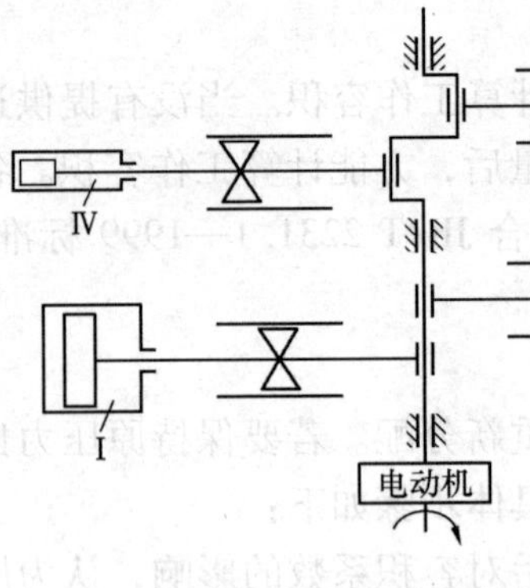

图4-23　二氧化碳压缩机结构方案图

(1)结构形式及方案选择

根据用户的要求选择四级压缩、四列M型对动式，结构方案如图4-23所示。驱动机选用直联同步电动机，电动机转速(也是压缩机转速)$n=333\text{r/min}$。

(2)压力比分配及各级压力的求取

按等压力比分配各级压力，该机的总压力比为

$$\varepsilon_t = p_d/p_s = 20.7/0.098 = 211.22$$

各级压力和压力比分配列于表4-9中。

表4-9　各级压力和压力比分配

参数名称	Ⅰ 级	Ⅱ 级	Ⅲ 级	Ⅳ 级
进气压力 p_s/MPa	0.098	0.3736	1.4243	5.4298
排气压力 p_{dj}/MPa	0.3736	1.4243	5.4298	20.7
压力比 $\varepsilon_j = \sqrt[4]{\varepsilon_t}$	3.81	3.81	3.81	3.81

(3)估算各级排气温度

取压缩过程指数 n_1 等于 CO_2 等熵指数 k，即 $n_1=1.31$，按式

$$T_d = T_s\varepsilon^{\frac{n_1-1}{n_1}}$$

因各级进气温度均为40℃，各级压力比均为3.81，压缩过程指数均为1.31，故各级排气温度的估算值也相同，均为429.6K，即 $t_d=156.6$℃。

(4)求温度等摘指数 k_T 和容积等熵指数 k_v

二氧化碳气体属高临界参数气体，应将其按实际气体处理，其 k_T 的计算式为

$$k_T = \left[1 - \frac{ZR}{c_p}(1+X)\right]^{-1}$$

$$k_v = \gamma/Y \quad \gamma = c_p/c_v \quad c_p = c_p^0 + \Delta c_p \quad c_v = c_p - \Delta c$$

式中：X、Y 分别从图1-11图1-12查得；c_p^0、Δc_p、Δc 从图1-9和图1-10查取；压缩性系数 Z 可从图1-5查得。k_T 和 k_V 及相关各参数计算结果列于表4-10中。

表4-10　k_T 和 k_v 计算结果

参数名称	Ⅰ级		Ⅱ级		Ⅲ级		Ⅳ级	
	进气	排气	进气	排气	进气	排气	进气	排气
工作压力 p/MPa	0.098	0.3736	0.3736	1.4243	1.4243	5.4298	5.4298	20.7
临界压力 p_c/MPa	7.38							
对比压力 p_r	0.013	0.0506	0.0506	0.1930	0.1930	0.7357	0.7357	2.805
工作温度 T/K	313	429.6	313	429.6	313	429.6	313	429.6
临界温度 T_c/K	304							
对比温度	1.030	1.413	1.030	1.413	1.030	1.413	1.030	1.413
常压下定压比热容 c_p^0/(J/kg·K)	858.29	959.64	858.29	959.64	858.29	958.64	858.29	958.64
定压比热容修正 Δc_p/(J/kg·K)	6.66	7.42	22.83	26.64	95.13	118.92	580.31	589.82

续表

参数名称	Ⅰ级		Ⅱ级		Ⅲ级		Ⅳ级	
	进气	排气	进气	排气	进气	排气	进气	排气
定压比热容 c_p/(J/kg·K)	864.95	967.66	881.12	986.28	953.42	1078.56	1438.60	1549.46
比热容修正 Δc/(J/kg·K)	199.78	199.78	199.78	209.29	256.86	290.16	761.06	784.85
定容比热容 c_v/(J/kg·K)	665.17	757.28	681.34	776.99	696.56	788.40	677.54	761.61
比热比 $\gamma = c_p/c_v$	1.303	1.2604	1.2932	1.2694	1.3687	1.3680	2.1233	2.0265
气体常数 R/(J/kg·K)	188.9							
压缩性系数 Z	1.0	1.0	1.0	0.98	0.96	0.92	0.68	0.79
系数 X	0.05	0.06	0.08	0.10	0.25	0.41	1.8	1.5
系数 Y	1.01	1.012	1.025	1.023	1.071	1.08	1.5	1.12
温度等熵指数 k_T	1.2975	1.2455	1.2617	1.2409	1.2780	1.2667	1.4155	1.8094
容积等熵指数 k_V	1.2874	1.2455	1.2617	1.2409	1.2780	1.2667	1.4155	1.8094

(5)计算与容积流量有关的系数

①进气系数 λ_s

进气系数为 $\lambda_s = \lambda_v \lambda_p \lambda_T$，其容积系数按式(4－15)计算，压力系数 λ_p 和温度系数 λ_T 按推荐值选取。其中，温度等熵指数按进气和排气的平均值选取，各系数值列于表4－11。

表4－11 进气系数 λ_s 计算值

参数名称	Ⅰ 级	Ⅱ 级	Ⅲ 级	Ⅳ 级
相对余隙容积 α_j	0.12	0.13	0.16	0.22
温度等熵指数 k_{Tj}	1.2793	1.2808	1.303	1.3252
进气压缩性系数 Z_{1j}	1.0	1.0	0.96	0.68
排气压缩性系数 Z_{3j}	1.0	0.98	0.92	0.79
名义压力比 ε_j	3.81	3.81	3.81	3.81
容积系数 λ_{vj}	0.7786	0.7531	0.6939	0.7004
压力系数 λ_{pj}	0.97	0.98	0.99	1.00
温度系数 λ_{Tj}	0.95	0.96	0.96	0.96
进气系数 λ_{sj}	0.7175	0.7085	0.6595	0.6724

②泄漏系数 λ_l　影响泄漏系数的因素很多，实际计算时很难做到精确计算。因此，一般根据经验和具体的压缩机结构形式在0.90～0.96范围内取值。该计算中各级泄漏系数的取值列于表4－12中。

表4－12 各级泄漏系数的取值

	Ⅰ 级	Ⅱ 级	Ⅲ 级	Ⅳ 级
泄漏系数 λ_{lj}	0.930	0.930	0.936	0.949

③析水系数　按式(4－38)计算析水系数。因各级进气温度均为40℃，故各级进气温度下的饱和蒸气压力相等，即

$$p_{sa1} = p_{sa2} = p_{sa3} = p_{sa4} = 0.007375\text{MPa}$$

由原始数据知 $\varphi=100\%$，计算得各级 λ_φ 列于表 4－13 中。

表 4－13　各级析水系数计算值

	Ⅰ 级	Ⅱ 级	Ⅲ 级	Ⅳ 级
泄漏系数 λ_{lj}	1.0	0.943	0.930	0.926

(6)计算各级气缸工作容积　根据式(4－32)计算。因为该机无抽气和充气，故各级 $\lambda_c=1$。各级气缸工作容积计算值列于表 4－14。

表 4－14　各级气缸工作容积计算值

	Ⅰ 级	Ⅱ 级	Ⅲ 级	Ⅳ 级
各级工作容积 V_{sj}/m^3	0.2520	0.0631	0.0167	0.002995

(7)计算各级气缸直径

①选取活塞行程　$S=320mm$

②选取活塞杆直径　$d=70mm$

③气缸直径　如表4-15，因各级均为双作用气缸，其直径可按下式计算为

$$D_j=\sqrt{\frac{2V_{sj}}{\pi S z_i}+\frac{d^2}{2}}$$

式中　z_i 为级的气缸数量。

表 4－15　各级气缸直径计算值

	Ⅰ 级	Ⅱ 级	Ⅲ 级	Ⅳ 级
各级气缸直径 D_j/mm	709.96	357.8	188.9	91.7
圆整气缸直径 D_j/mm	710	360	190	95

(8)复算气缸圆整后各级压力比及各级余隙容积

本例题采取保持原压力比不变而调整相对余隙的方法见表 4－16。

表 4－16　复算气缸圆整后各级压力比及各级余隙容积

级次	圆整缸径前			圆整缸径后			
	容积系数	工作容积	相对余隙	缸径	工作容积	容积系数	相对余隙
	λ_{vj}	V_{sj}/m^3	α_j	D_j/mm	V_{sj}^0/m^3	λ_{vj}^0	α_j^0
Ⅰ	0.7786	0.2520	0.12	710	0.2520	0.7786	0.12
Ⅱ	0.7531	0.0631	0.13	360	0.06388	0.7439	0.135
Ⅲ	0.6939	0.0167	0.16	190	0.0169	0.6855	0.164
Ⅳ	0.7004	0.002995	0.22	95	0.0033	0.6350	0.268

注：$V_{sj}^0=\frac{\pi S}{2}\left(D_j^2-\frac{d^2}{2}\right)$；$\lambda_{vj}^0=\frac{V_s}{V_{sj}^0}\lambda_{vj}$；$\alpha_j^0=\frac{(1-\lambda_{vj}^0)\alpha_j}{(1-\lambda_{vj})}$。

(9)顾及压力损失后的各级实际压力

表 4－17 中各级的进气和排气相对压力损失由图 4－11 查得。

表 4－17　顾及压力损失后的各级实际压力及压力比

级次	相对压力损失		名义压力		实际压力		实际压力比
	进气	排气	进气	排气	进气	排气	ε'_j
	δ_{sj}	δ_{dj}	p_{sj}(MPa)	p_{dj}(MPa)	p'_{sj}(MPa)	p'_{dj}(MPa)	
Ⅰ	0.075	0.115	0.098	0.3736	0.09065	0.4166	4.595
Ⅱ	0.057	0.077	0.3736	1.4243	0.3523	1.5340	4.354
Ⅲ	0.033	0.053	1.4243	5.4298	1.3773	5.7176	4.151
Ⅳ	0.02	0.033	5.4298	20.70	5.3212	21.3831	4.018

注：$p'_{sj}=p_s(1-\delta_s)$；$p'_{dj}=p_d(1+\delta_d)$；$\varepsilon'_j=\dfrac{p'_{dj}}{p'_{sj}}$

(10) 顾及压力损失后各级压缩终了温度

计算压缩终了温度的公式为 $T'_d=T_s\varepsilon'^{\frac{n_{1j}-1}{n_{1j}}}_j$，计算结果列表 4－18。

表 4－18　顾及压力损失后的各级压缩终了温度

级次	进气温度	实际压力比	压缩指数	压缩终了温度	
	T_{sj}/K	ε'_j	$n_{1j}=k_{Tj}$	T'_{dj}/K	t'_{dj}℃
Ⅰ	313	4.595	1.2793	436.6	163.6
Ⅱ	313	4.354	1.2808	432.1	159.1
Ⅲ	313	4.151	1.303	435.8	162.8
Ⅳ	313	4.018	1.3252	440.3	167.3

其中：过程指数 $n_j=\dfrac{1}{2}(k^s_{vj}+k^d_{vj})$，$k^s_{vj}$、$k^d_{vj}$分别为进气、排气温度下容积等熵指数（见表 4－9）。

(11) 计算各列最大活塞力

各列的活塞面积，盖侧无活塞杆按 $A_c=\dfrac{\pi}{4}D^2$ 计算；轴侧有活塞杆按 $A_z=\dfrac{\pi}{4}(D^2-d^2)$ 计算。向盖行程至止点位置时为 $F^c_g=p'_sA_z-p'_dA_c$；向轴行程至止点位置时为 $F^z_g=p'_dA_z-p'_sA_c$。各列活塞力计算值列于表 4－19。

表 4－19　各 列 活 塞 力

参数名称	Ⅰ级列	Ⅱ级列	Ⅲ级列	Ⅳ级列
盖侧活塞面积 A_c/m^2	0.3957	0.1017	0.02834	0.007085
轴侧活塞面积 A_s/m^2	0.3918	0.09789	0.02449	0.003238
向盖行程活塞力 $F_g{}^c$/kN	－103.9	－115.2	－128.8	－134.3
向轴行程活塞力 $F_g{}^z$/kN	102.2	107.8	100.9	31.5

(12) 计算各级指示功率

按式(4－28)和式(4－58)可得指示功率为

$$P_{ij}=\frac{n}{60}\lambda_{vj}p'_{sj}V_{sj}\frac{n}{n_j-1}\left[\varepsilon'^{\frac{n_j-1}{n_j}}_j-1\right]\frac{Z_{sj}+Z_{dj}}{2Z_{sj}}$$

各级计算值列于表 4－20 中。

表4-20 各级指示功率计算值

参数名称	Ⅰ级	Ⅱ级	Ⅲ级	Ⅳ级
指示功率 P_{ij}/kW	177.492	157.522	144.288	122.569
总指示功率 P_i/kW	601.871			

（13）所需轴功率

取机械效率 $\eta_m = 0.94$，则轴功率为

$$P_{sh} = \frac{P_i}{\eta_m} = \frac{601.871}{0.94} = 640(\text{kW})$$

（14）计算等温效率

①各级等温压缩指示功率

$$P_{isj} = \frac{q_v}{60} p_{s1} \frac{T_{sj}}{T_{s1}} \lambda_{\varphi j} \lambda_{cj} \ln\varepsilon_j \frac{Z_{sj} + Z_{dj}}{2Z_{sj}}$$

因为各级进气温度相等，$T_{sj} = 313\text{K}$；各级名义压力比相等，$\varepsilon_j = 3.81$；各级无抽充气 $\lambda_{cj} = 1$；将 q_v 和 p_{s1} 代入上式后，得

$$P_{isj} = 0.122\lambda_{\varphi j} \frac{Z_{sj} + Z_{dj}}{2Z_{sj}} \times 10^3$$

总等温指示功率为

$$P_{is} = \Sigma P_{isj} = 122\Sigma\left[\lambda_{\varphi j} \times \left(\frac{Z_{sj} + Z_{dj}}{2Z_{sj}}\right)\right]$$

$$= 122 \times \left(1 \times \frac{1+1}{2\times 1} + 0.943 \times \frac{1+0.98}{2\times 1} + 0.93 \times \frac{0.96+0.92}{2\times 0.96} + 0.926 \times \frac{0.68+0.79}{2\times 0.68}\right)$$

$$= 469.101(\text{kW})$$

②等温指示效率

$$\eta_{i-is} = \frac{P_{is}}{P_i} = \frac{469.101}{601.871} = 77.94\%$$

③等温效率

$$\eta_{is} = \frac{P_{is}}{P_{sh}} = \frac{469.101}{640} = 73.3\%$$

(15)选用电动机

选用同步电动机，功率 $P_e = 750\text{kW}$，转速 $n = 333\text{r/min}$，其功率储备 $= (P_e - P_{sh})/P_{sh} = 17.2\%$

［例4-2］ 炼油厂加氢裂化用氢气压缩机热力计算

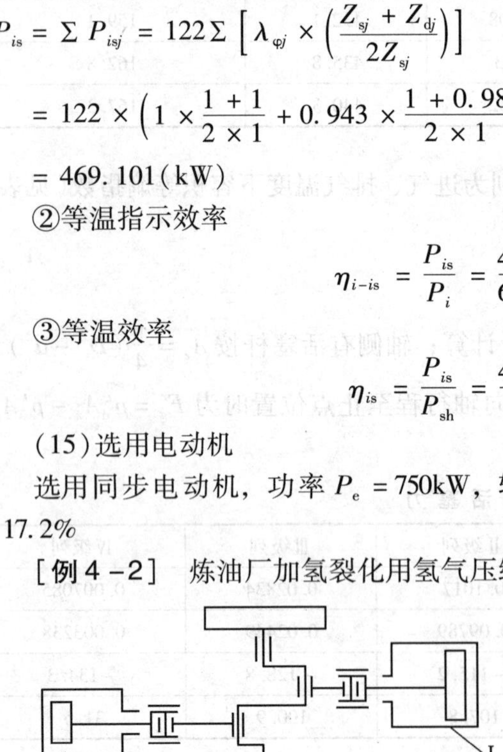

图4-24 氢气压缩机结构方案图

已知设计参数如下：

供气量 $Q_N = 35000\text{Nm}^3/\text{h}$；进气压力 $p_s = 1.38\text{MPa}$(绝对压力)；进气温度 $t_s = 40℃$；排气压力 $p_d = 13.8\text{MPa}$(绝对压力)；相对湿度 $\varphi = 0\%$；回冷不完善度 $\Delta t = 0℃$。

热力计算步骤如下：

(1)结构形式及方案选择

根据用户的要求选择两级压缩、四列M型对动式，结构方案如图4-24所示。驱动机选

用直联同步电动机，电动机转速(也是压缩机转速) $n=333\text{r/min}$。

(2)确定各级压力比分配并初步估算排气温度

①确定各级压力比

按等压力比分配各级压力，该机的总压力比为

$$\varepsilon_t = p_d/p_s = 13.8/1.38 = 10$$

各级压力和压力比分配列于表4－21中。

表4－21　各级压力和压力比分配

参 数 名 称	Ⅰ 级	Ⅱ 级
进气压力 p_{sj}/MPa	1.38	4.364
排气压力 p_{dj}/MPa	4.364	13.8
压力比 $\varepsilon_j=\sqrt[2]{\varepsilon_t}$	3.162	3.162

②估算各级排气温度

取压缩过程指数 n_1 等于等熵指数 k，即 $n_1=1.4$，则

$$T_d = T_s\varepsilon^{\frac{n_1-1}{n_1}}$$

因各级进气温度均为40℃，各级压力比均为3.162，压缩过程指数均为1.4，故各级排气温度的估算值也相同，均为435.2K，即 $t_d=162.1℃$。

(3)计算与容积流量有关的各系数

①选取 k_T 值

本例题中氢气所处的压力较高，应将其按实际气体处理。其温度等熵指数 k_T 的变化较小，由表1－11差分得出各级进排气状态的值，并取平均值。

②进气系数 λ_s

进气系数为 $\lambda_s=\lambda_v\lambda_p\lambda_T$，其容积系数按式(4－15)计算，压力系数 λ_p 和温度系数 λ_T 按推荐值选取。其中，温度等熵指数按进气和排气的平均值选取。各系数值列于表4－21中。

③泄漏系数 λ_l

影响泄漏系数的因素很多，实际计算时很难做到精确计算。一般根据经验和具体的压缩机结构形式在0.90～0.96范围内取值。该计算中各级泄漏系数的取值列于表4－22。

④析水系数和抽气系数

由原始数据知 $\varphi=0\%$，故各级无水分析出，析水系数 $\lambda_\varphi=1$。因为该机无抽气和充气，故各级 $\lambda_c=1$。

表4－22　k_T 值、压缩因子与容积流量有关的各系数

参数名称	Ⅰ级	Ⅱ级	参数名称	Ⅰ级	Ⅱ级
相对余隙容积 α_j	0.12	0.15	温度系数 λ_{Tj}	0.95	0.96
温度等熵指数 k_T	1.394	1.396	进气系数 λ_{sj}	0.782	0.772
进气压缩性系数 Z_{sj}	1.006	1.021	泄漏系数 λ_{lj}	0.930	0.935
排气压缩性系数 Z_{dj}	1.015	1.062	析水系数 λ_φ	1	1
容积系数 λ_{vj}	0.848	0.821	抽气系数 λ_c	1	1
压力系数 λ_{pj}	0.97	0.98			

(4)计算各级气缸直径和行程容积

①选取活塞行程　$S=450\text{mm}$

②选取活塞杆直径　$d=130\text{mm}$

③供气量与容积流量的换算

按气体状态参数关系式$\frac{P_1V_1}{T_1}=\frac{P_2V_2}{T_2}$，先将标准状态下的供气量 $Q_N=30000\text{Nm}^3/\text{h}$(在压力0.103MPa 温度为0℃)。换算成压缩机进口状态(1.38MPa，40℃)时的容积流量，即

$$Q_0=2567.21\text{m}^3/\text{h}=42.787\text{m}^3/\text{min}$$

④计算气缸直径

各级均为双作用气缸，其直径按(4-38)式计算。表4-22 列出了各级气缸直径计算值和圆整值。

(5)复算气缸圆整后各级压力比及各级余隙容积

本例题采取保持原压力比不变而调整相对余隙的方法，计算值见表4-23。

表4-23　复算气缸圆整后各级压力比及各级余隙容积

参　数		Ⅰ　级	Ⅱ　级
圆整缸径前	容积系数 λ_{vj}	0.848	0.821
	工作容积 V_{sj}/m^3	0.17673	0.05626
	相对余隙 α_j	0.12	0.15
	缸径 D_j/mm	365.32	219.65
圆整缸径后	缸径 D_j/mm	360	220
	工作容积 V_{sj}^0/m^3	0.17127	0.05645
	容积系数 λ_{vj}^0	0.875	0.818
	相对余隙 α_j^0	0.099	0.153

注：$V_{sj}^0=\frac{\pi S}{2}\left(D_j^2-\frac{d^2}{2}\right)$；　$\lambda_{vj}^0=\frac{V_{sj}}{V_{sj}^0}\lambda_{vj}$；　$\alpha_j^0=\frac{(1-\lambda_{vj}^0)\alpha_j}{(1-\lambda_{vj})}$。

(6)计算实际压力及压缩终了温度

顾及压力损失后的各级实际压力(见表4-24)，各级的进气和排气相对压力损失由图4-11查得。

表4-24　顾及压力损失后的各级实际压力及压力比

参　数		Ⅰ级	Ⅱ级
相对压力损失	进气 δ_{sj}	3.2%	2.3%
	排气 δ_{dj}	5.3%	3.8%
名义压力	进气 p_{sj}/MPa	1.38	4.364
	排气 p_{dj}/MPa	4.364	13.8
实际压力	进气 p'_{sj}/MPa	1.3358	4.5953
	排气 p'_{dj}/MPa	4.2636	14.3244
实际压力比 ε_j		3.4401	3.3597

注：$p'_{sj}=p_s(1-\delta_s)$；　$p'_{dj}=p_d(1+\delta_d)$；　$\varepsilon'=\frac{p'_{dj}}{p'_{sj}}$

顾及压力损失后各级压缩终了温度的计算公式为 $T'_{d} = T_{s}\varepsilon'^{\frac{n_{1j}-1}{n_{1j}}}_{j}$，计算结果列表4－25。

表4－25　顾及压力损失后的各级压缩终了温度

参　数		Ⅰ　级	Ⅱ　级
进气温度 T_{sj}/K		313	313
实际压力比 ε'_j		3.4401	3.3597
压缩指数 $n_{1j}=k_{Tj}$		1.394	1.396
压缩终了温度	T'_{dj}/K	443.8	441.4
	t'_{dj}/℃	170.7	168.3

(7)计算各列最大活塞力

各列的活塞面积，盖侧无活塞杆按 $A_c=\frac{\pi}{4}D^2$ 计算；轴侧有活塞杆按 $A_z=\frac{\pi}{4}(D^2-d^2)$ 计算。向盖行程至止点位置时为 $F^c_g=p'_sA_z-p'_dA_c$；向轴行程至止点位置时为 $F^z_g=p'_dA_z-p'_sA_c$。各列活塞力计算值列于表4－26。

表4－26　各 列 活 塞 力

参　数　名　称	Ⅰ　级　列	Ⅱ　级　列
盖侧活塞面积 A_c/m^2	0.10179	0.03801
轴侧活塞面积 A_z/m^2	0.08852	0.02474
向盖行程活塞力 $F_g{}^c$/kN	－315.75	－430.78
向轴行程活塞力 $F_g{}^z$/kN	241.44	179.72

(8)计算功率和效率

按式(4－23)和式(4－51)可得各级指示功率为

$$P_{ij}=\frac{n}{60}\lambda_{vj}p'_{sj}V_{sj}\frac{k_{Tj}}{k_{Tj}-1}\left[\varepsilon'^{\frac{k_{Tj}-1}{k_{Tj}}}_{j}-1\right]\frac{Z_{sj}+Z_{dj}}{2Z_{sj}}$$

各级计算值列于表4－27中。

表4－27　各级指示功率计算值

参数名称	Ⅰ级	Ⅱ级
指示功率 P_{ij}/kW	1650	1737
总指示功率 P_i/kW	3387	

取机械效率 $\eta_m=0.94$，则轴功率为

$$P_{sh}=\frac{P_i}{\eta_m}=\frac{3387}{0.94}=3603(\text{kW})$$

各级等温压缩指示功率

$$P_{isj}=\frac{Q_0}{60}P_{s1}\frac{T_{sj}}{T_{s1}}\lambda_{\varphi j}\lambda_{cj}\ln\varepsilon_j\frac{Z_{sj}+Z_{dj}}{2Z_{sj}}$$

因为各级进气温度相等，$T_{sj}=313$K；各级名义压力比相等，$\varepsilon_j=3.162$；各级无抽气充气 $\lambda_{cj}=1$；将 Q_0 和 P_{s1} 代入上式后，得

$$P_{isj}=1.1329\frac{Z_{sj}+Z_{dj}}{2Z_{sj}}\times10^3$$

总等温指示功率为

$$P_{is} = \Sigma P_{isj} = 1132.9\Sigma \frac{Z_{sj} + Z_{dj}}{2Z_{sj}}$$

$$= 1132.9 \times \left(\frac{1.006 + 1.015}{2 \times 1.006} + \frac{1.021 + 1.062}{2 \times 1.021}\right) = 2294(\mathrm{kW})$$

等温指示效率

$$\eta_{i-is} = \frac{P_{is}}{P_i} = \frac{2294}{3387} = 67.7\%$$

等温效率

$$\eta_{is} = \frac{P_{is}}{P_{sh}} = \frac{2294}{3603} = 63.7\%$$

(9)确定驱动机功率并选择驱动机

选用同步电动机，功率 $P_e = 4000\mathrm{kW}$，转速 $n = 333\mathrm{r/min}$，其功率储备 $= (P_e - P_{sh})/P_{sh} = 11.0\%$

4.4 复算性热力计算

4.4.1 复算性热力计算的目的

复算性热力计算是指对主要结构尺寸和进、排气压力已知的压缩机，求取其级间压力的数值和该压力下的其他气体参数、压缩机的容积流量、最大活塞力、功率和效率等。此计算是对已有的压缩机，由于工艺流程(或系统工况)改变、压缩介质变化、进气或排气压力变化、容积流量调节等，需要判断其能否适应新使用条件而进行的核算。

4.4.2 复算性热力计算的步骤

(1)计算各级行程容积

根据给定压缩机的气缸直径及结构布置方式，按4.1.5节中的公式计算工作容积。

(2)确定与容积流量有关的系数

这些系数包括除容积系数以外的与容积流量有关的系数，即 λ_p、λ_T、λ_l、λ_φ、λ_c 等。从理论上讲，上述各系数均与各级的级间压力及温度有关，但为了简便而又对复算精度无明显影响，可假定 λ_p、λ_T、λ_l 为某个定值；λ_φ 与给定的相对湿度和各级进气状态有关，按式(4-34)计算；λ_c 是抽气系数，当压缩机有抽气或补气时，复算过程按被抽(或补)气的级分段进行，对每一段而言 λ_c 均为1。在求取 λ_p、λ_T、λ_l、λ_φ 过程中，各级级间压力和温度可先按等压力比分配条件确定。

(3)复算级间压力和压力比

根据两相邻级的气缸工作容积的关系，可知级间压力的表达式为

$$p_j = \frac{V_{sj+1}}{V_{sj}} \frac{\lambda_{vj+1}}{\lambda_{vj}} \frac{\lambda_{pj+1}}{\lambda_{pj}} \frac{\lambda_{Tj+1}}{\lambda_{Tj}} \frac{\lambda_{lj+1}}{\lambda_{lj}} \frac{\lambda_{\varphi j}}{\lambda_{\varphi j+1}} \frac{\lambda_C}{\lambda_{Cj+1}} \frac{T_j}{T_{j+1}} \frac{Z_j}{Z_{j+1}} p_{j+1} \tag{4-62}$$

引进假想工作容积 $V_{sj}^0 = V_{sj}\dfrac{T_1}{T_j}\lambda_{0j}$，其中 $\lambda_{0j} = \lambda_{pj}\lambda_{Tj}\lambda_{lj}/(\lambda_\varphi\lambda_C)$，级间压力简化为

$$p_j = \frac{V_{s1}^0}{V_{sj}^0} \frac{\lambda_{v1}}{\lambda_{vj}} \frac{Z_j}{Z_1} p_{s1} \tag{4-63}$$

各级压力比 $\varepsilon_j = \dfrac{p_{j+1}}{p_j}$

为了检验复算后级间压力的准确度，采用压缩机级在每一转中的进气量 V_j（换算到第一级进气状态）应该相等的原则，即进气量

$$V_j = \frac{p_{sj}}{p_{s1}} V_{sj}^0 \lambda_{vj} \tag{4-64}$$

在各级的进气量中，选出最大值 V_{max} 和最小值 V_{min}。当 $V_{min}/V_{max} > 0.97 \sim 0.98$，则复算精度足够准确。

具体步骤如下：

①计算假想工作容积 V_{sj}^0

②初步确定各级进气压力 p_{sj}

$$p_{sj} = \frac{V_{s1}^0}{V_{sj}^0} p_{s1}$$

③按初步确定的各级压力，计算容积系数、排气温度。若为实际气体，还需求出压缩性系数。

④按前述级间压力简化式，复算级间压力并求出各级压力比。

⑤按复算后的压力比求出容积系数。

⑥计算各级每一转中的进气量，并复算计算精度。

⑦当 $V_{min}/V_{max} > 0.97 \sim 0.98$，则复算结束，写出复算结果；否则需重新复算，重复步骤③～⑦。

4.4.3 复算性热力计算例题

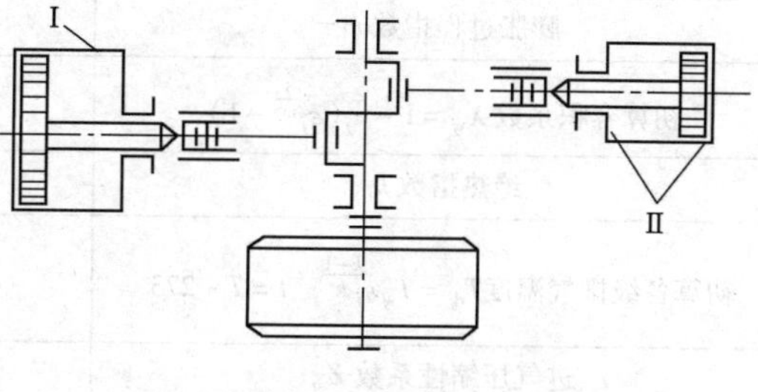

图 4－25 富气压缩机布置方案

[例 4－3] 图 4－25 示出的炼油厂用富气压缩机布置方案，为对动式两列、双作用、两级压缩。已知的压缩机结构参数和热力参数如下：

气缸直径	$D_1 = 610\text{mm}$，$D_2 = 370\text{mm}$；
活塞杆直径	$d = 80\text{mm}$；
活塞行程	$S = 320\text{mm}$；
压缩机转速	$n = 375\text{r/min}$；
进气压力	$p_s = 0.16\text{MPa}$（绝对压力）；
排气压力	$p_d = 1.5\text{MPa}$（绝对压力）；
进气温度	40℃；
中冷器回冷不完善度	8℃；
相对余隙容积	$\alpha_1 = 8.6\%$，$\alpha_2 = 10.1\%$；

富气气体组分（摩尔百分比）甲烷 43.8%，乙烷 16.87%，丙烷 8.84%，丁烷 5.54%，乙烯 2.57%，丙烯 5.37%，氮气 8.98%，氢气 6.5%，余为戊烷、一氧化碳等。要求复算该机的容积流量、功率、级间压力及最大活塞力。

（1）初算各级假想工作容积、压力比和与容积流量有关的系数（见表 4－28）。

表 4-28　各级假想行程容积、压力比和与容积流量有关的系数

参数名称及表达式	单　位	Ⅰ　级	Ⅲ　级
各级行程容积 $V_{sj}=\frac{\pi}{4}(D_j^2-d^2)S$	m^3	0.18945	0.06720
压力系数 λ_P		0.95	0.96
温度系数 λ_T		0.95	0.95
泄漏系数 λ_l		0.93	0.92
析水系数 λ_φ		1.00	1.00
抽气系数 λ_c		1.00	1.00
$\lambda_{0j}=\lambda_P\lambda_T\lambda_l/(\lambda_\varphi\lambda_c)$		0.839	0.839
各级进气温度 T_j	K	313	321
各级假想工作容积 $V_{sj}^0=V_{sj}\frac{T_1}{T_j}\lambda_{0j}$	m^3	0.1589	0.0550
初算各级进气压力 $p_{sj}=\frac{V_{s1}^0}{V_{sj}^0}p_{s1}$	MPa	0.16	0.462
初算各级排气压力 $p_{dj}=p_{s(j+1)}$	MPa	0.462	1.5
初算压力比 ε_j		2.8891	3.2467
余隙容积 α_j		0.086	0.101
压缩过程指数 n_j		1.14	1.142
膨胀过程指数 m_j		1.1	1.12
初算容积系数 $\lambda_{vj}=1-\alpha_j(\varepsilon_j^{\frac{1}{m_j}}-1)$		0.8604	0.8119
绝热指数 k_j		1.140	1.142
初算各级排气温度 $T_{dj}=T_{sj}\varepsilon_j^{\frac{k-1}{k}}$　$t=T-273$	K ℃	356.6 83.6	371.6 98.6
进气压缩性系数 Z_{sj}		0.9947	0.9857
排气压缩性系数 Z_{dj}		0.9882	0.9775

注：本机器没有析水和抽气，各级 $\lambda_\varphi=1$、$\lambda_c=1$。考虑到复算中 λ_P、λ_T、λ_l 的影响不显著，认为它们在复算中为常量。

（2）复算各级压力和压力比

表 4-29　复算各级压力和压力比

复算次数	参数名称及表达式	单位	Ⅰ级	Ⅱ级
1	进气压力 $p_{sj}=\frac{V_{s1}^0\lambda_{v1}Z_j}{V_{sj}^0\lambda_{vj}Z_1}p_{s1}$	MPa	0.16	0.447
	排气压力 $p_{dj}=p_{s(j+1)}$	MPa	0.447	1.5
	压力比 ε_j		2.793	3.356
	容积系数 $\lambda_{vj}=1-\alpha_j\left(\frac{Z_{sj}}{Z_{dj}}\varepsilon_j^{\frac{1}{m_j}}-1\right)$		0.8568	0.8002
	进气量 $V_j=\frac{p_{sj}}{p_{s1}}V_{sj}^0\lambda_{vj}$	m^3	0.1376	0.1230
	V_{min}/V_{max}		0.89 < 0.97 不合格	

续表

复算次数	参数名称及表达式	单位	Ⅰ级	Ⅱ级
2	进气压力 $p_{sj}=\frac{V^0_{s1}\lambda_{v1}Z_j}{V^0_{sj}\lambda_{vj}Z_1}p_{s1}$	MPa	0.16	0.4956
	排气压力 $p_{dj}=p_{s(j+1)}$	MPa	0.4956	1.5
	压力比 ε_j		3.0976	3.02
	容积系数 $\lambda_{vj}=1-\alpha_j\left(\frac{Z_{sj}}{Z_{dj}}\varepsilon_j^{\frac{1}{m_j}}-1\right)$		0.844	0.8278
	进气量 $V_j=\frac{p_{sj}}{p_{s1}}V^0_{sj}\lambda_{vj}$	m^3	0.1341	0.141
	V_{min}/V_{max}	0.795 < 0.97 不合格		
3	进气压力 $p_{sj}=\frac{V^0_{s1}\lambda_{v1}Z_j}{V^0_{sj}\lambda_{vj}Z_1}p_{s1}$	MPa	0.16	0.4671
	排气压力 $p_{dj}=p_{s(j+1)}$	MPa	0.4671	1.5
	压力比 ε_j		2.9192	3.2113
	容积系数 $\lambda_{vj}=1-\alpha_j\left(\frac{Z_{sj}}{Z_{dj}}\varepsilon_j^{\frac{1}{m_j}}-1\right)$		0.8567	0.8124
	进气量 $V_j=\frac{p_{sj}}{p_{s1}}V^0_{sj}\lambda_{vj}$	m^3	0.1361	0.1304
	V_{min}/V_{max}	0.96 < 0.97 不合格		
4	进气压力 $p_{sj}=\frac{V^0_{s1}\lambda_{v1}Z_j}{V^0_{sj}\lambda_{vj}Z_1}p_{s1}$	MPa	0.16	0.4882
	排气压力 $p_{dj}=p_{s(j+1)}$	MPa	0.4882	1.5
	压力比 ε_j		3.0513	3.0725
	容积系数 $\lambda_{vj}=1-\alpha_j\left(\frac{Z_{sj}}{Z_{dj}}\varepsilon_j^{\frac{1}{m_j}}-1\right)$		0.8473	0.8235
	进气量 $V_j=\frac{p_{sj}}{p_{s1}}V^0_{sj}\lambda_{vj}$	m^3	0.1346	0.1382
	V_{min}/V_{max}	0.974 > 0.97 合格		

根据表 4-19，取第四次复算结果中的各级压力分配为最终的压力分配，列于表 4－30。

表 4－30　复　算　结　果

参　数　名　称	单　　位	Ⅰ　级	Ⅱ　级
各级进气压力 p_{sj}	MPa	0.16	0.4882
各级排气压力 p_{dj}	MPa	0.4882	1.5
压力比 ε_j		3.0513	3.0725
容积系数 $\lambda_{vj}=1-\alpha_j(\varepsilon_j^{\frac{1}{m_j}}-1)$		0.8473	0.8235

（3）复算容积流量

$$Q_0=V_{s1}\lambda_{v1}\lambda_{p1}\lambda_{T1}\lambda_{l1}n=V_{s1}\lambda_{v1}\lambda_{01}n$$

$$=0.18945\times 0.8473\times 0.839\times 375=50.504(m^3/min)$$

（4）复算顾及压力损失后的各级实际压力（表 4-31）

表 4-31 顾及压力损失后的各级实际压力及压力比

参数名称		Ⅰ级	Ⅱ级
相对压力损失	进气 δ_{sj}	5%	3.5%
	排气 δ_{dj}	9%	6.2%
名义压力	进气 p_{sj}/MPa	0.16	0.4882
	排气 p_{dj}/MPa	0.4882	1.5
实际压力	进气 p'_{sj}/MPa	0.152	0.4711
	排气 p'_{dj}/MPa	0.532	1.593
实际压力比 ε'_j		3.501	3.381
压缩终了温度	T'_{dj}/K	375	373
	t'_{dj}/℃	92	100

(5)复算各列最大活塞力

各列的活塞面积，盖侧无活塞杆按 $A_c = \frac{\pi}{4}D^2$ 计算；轴侧有活塞杆按 $A_z = \frac{\pi}{4}(D^2 - d^2)$ 计算。向盖行程至止点位置时为 $F_g^c = p'_{s1}A_z - p'_{dj}A_c$；向轴行程至止点位置时为 $F_g^z = p'_{s1}A_z - p'_{sj}A_c$。各列活塞力计算值列于表 4-32。

表 4-32 各列活塞力

参数名称	Ⅰ级列	Ⅱ级列
盖侧活塞面积 A_c/m^2	0.292	0.1075
轴侧活塞面积 A_z/m^2	0.287	0.1025
向盖行程活塞力 $F_g{}^c$/kN	-112	-123
向轴行程活塞力 $F_g{}^z$/kN	108	113

(6)复算功率(表 4-33)

表 4-33 指示功率和轴功率计算值

参数名称及表达式	Ⅰ级	Ⅱ级
指示功率 $P_{ij} = \frac{n}{60}\lambda_{vj}V_{sj}p'_{sj}\frac{n_j}{n_j-1}\left[\varepsilon'^{\frac{n_j-1}{n_j}}_j - 1\right]\frac{Z_{sj}+Z_{dj}}{2Z_{sj}}$ (kW)	206	213
总指示功率 $P_i = \sum P_{ij}$ (kW)	419	
机械效率 η_m	0.92	
轴功率 $P_{sh} = P_i/\eta_m$(kW)	456	

(7)结论

经复算，该压缩机容积流量为 50.5m³/min，轴功率为 456kW，其功率储备为 9.6%，最大活塞力发生在Ⅱ级列，其值为 123kN(压缩力)，最高排气温度为 96℃，压缩终了温度为 100℃，均发生在Ⅱ级。

参考文献

1 郁永章主编. 容积式压缩机技术手册. 北京：机械工业出版社，2000

2 Scheel F L. Gas Machinery, Mc Graw-hill book company, 1972

3 Gibbs W C. Compressed Airand Gas Data(Second Ed) N. J. Ingersoll-Rand Company. 1971

4 郁永章. 活塞式压缩机. 北京：机械工业出版社，1982

5 林梅，孙嗣莹编. 活塞式压缩机原理. 北京：机械工业出版社，1987

5 往复压缩机动力性能分析与计算

5.1 曲柄连杆机构运动关系

5.1.1 曲柄连杆机构

往复压缩机是通过曲柄连杆机构，将传动机构的旋转运动转换为活塞的往复运动来压缩气体的。图5-1是一典型的往复压缩机中心曲柄连杆机构（以下通称曲柄连杆机构）的示意图。

图中，气缸中心线通过曲轴旋转中心 O 点，活塞离曲轴旋转中心 O 的最远位置点 A 为外止点（上止点），活塞离曲轴旋转中心 O 的最近位置点 B 为内止点（下止点）。点 A 与点 B 间的距离为行程 S，点 D 是曲柄销中心，线段 $\overline{OD}$ 是曲柄半径 r，连杆大小头孔中心间距离 $\overline{DC}$ 是连杆长度 l，并定义 $\lambda=r/l$，称为曲柄半径与连杆长度比（简称连杆比）。

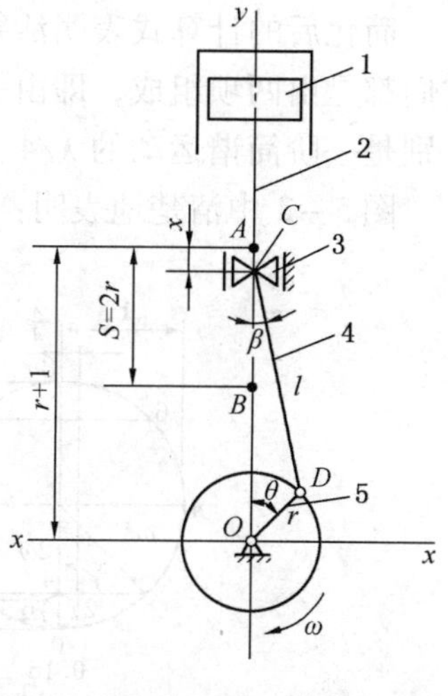

图5-1 典型的往复压缩机中心曲柄连杆机构的示意图

1—活塞；2—活塞杆；3—十字头；4—连杆；5—曲轴

5.1.2 曲柄连杆机构的运动关系

在曲柄连杆机构中，曲柄作简单的旋转运动，并通过连杆带动活塞（或十字头）在气缸内（或十字头滑道内）作往复运动。连杆的平面运动则可看作一部分随曲柄销 D 作旋转运动，另一部分随活塞作往复运动。

（1）活塞的位移

这里规定曲柄转角 θ 的起始位置为外止点（A 点）位置，即外止点时的 $\theta=0°$，任意转角 θ 时活塞的位移为 x，由图5-1可知

$$x=\overline{AO}-\overline{CO}=l+r-(l\cos\beta-r\cos\theta) \tag{5-1}$$

式中 β 为连杆摆角，即连杆在摆动平面内偏离气缸中心线的夹角，并规定：在 $0°<\theta<180°$ 范围内 β 为正值；在 $180°<\theta<360°$ 范围内 β 为负值。由几何关系中可知 $\cos\beta=\sqrt{1-\lambda^2\sin^2\theta}$。因此，

$$x=r\left[(1-\cos\theta)+\frac{1}{\lambda}(1-\sqrt{1-\lambda^2\sin^2\theta}\right] \tag{5-2}$$

（2）活塞的运动速度

通常认为压缩机的转速 n 是等速的，故旋转角速度 ω 为

$$\omega=\frac{d\theta}{dt}=\frac{\pi n}{30}$$

所以活塞的速度 v 为

$$v=\frac{dx}{dt}=r\omega\left(\sin\theta+\frac{\lambda}{2}\frac{\sin2\theta}{\sqrt{1-\lambda^2\sin^2\theta}}\right) \tag{5-3}$$

（3）活塞的运动加速度

由式（5-3）对时间 t 求导，可得活塞的运动加速度为

$$a = \frac{\mathrm{d}v}{\mathrm{d}t} = r\omega^2\left[\cos\theta + \frac{\lambda\cos2\theta}{\sqrt{1-\lambda^2\sin^2\theta}} + \frac{1}{4}\frac{\lambda^3\sin^2 2\theta}{(1-\lambda^2\sin^2\theta)^{\frac{3}{2}}}\right] \tag{5-4}$$

为了使活塞的位移、速度、加速度的计算式具有明确的物理意义，可将$\sqrt{1-\lambda^2\sin^2\theta}$按二项式展开并舍去高阶项，式(5－2)～式(5－4)简化为

$$x = r\left[(1-\cos\theta) + \frac{\lambda}{4}(1-\cos2\theta)\right] \tag{5-5}$$

$$v = r\omega\left(\sin\theta + \frac{\lambda}{2}\sin2\theta\right) \tag{5-6}$$

$$a = r\omega^2(\cos\theta + \lambda\cos2\theta) \tag{5-7}$$

简化后的计算式表明活塞作一阶简谐和二阶简谐的合运动。分析式(5－5)～式(5－7)，它们都是由两项组成，即由一阶和二阶简谐运动合成。二阶简谐运动的位移、速度、加速度分别是一阶简谐运动的$\lambda/4$、$\lambda/2$及λ倍，频率都比一阶简谐运动高一倍。

图5－2中清楚地表明：当$\lambda\neq0$时，活塞运动与一阶简谐运动($\lambda=0$时)之间的差别。

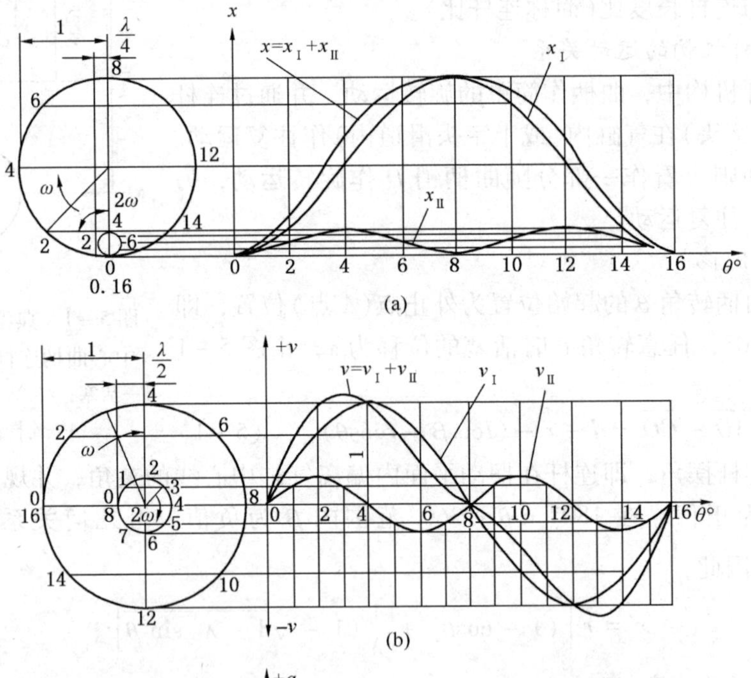

图5－2　活塞位移速度加速度在一周内的变化($\lambda=1/4$)

在向轴行程中(0 ~ 180°)，活塞运动速度在 $\theta < 90°$时即提前达到最大值，例如当 $\lambda = 1/4$ 时，活塞最大速度发生在 $\theta = 78°$左右；在向盖行程中(180 ~ 360°)，情况恰好相反，活塞运动速度在 $\theta > 270°$后才达到最大值。λ 值愈大，则活塞运动曲线和一阶简谐运动曲线相差愈大，即活塞最大速度位置愈提前(向轴行程)和滞后(向盖行程)。

(4)曲柄销的运动关系可

$$
\left.\begin{aligned}
&\text{切向位移} && s_t = r\theta \\
&\text{切向速度} && v_t = r\omega \\
&\text{向心加速度} && a_r = r\omega^2
\end{aligned}\right. \tag{5-8}
$$

(5)连杆的平面摆动运动关系

$$
\left.\begin{aligned}
&\text{摆角位移} && \beta = \arcsin(\lambda\sin\theta) \\
&\text{摆角速度} && \omega_c = \frac{d\beta}{dt} = \lambda\omega\frac{\cos\theta}{\sqrt{1-\lambda^2\sin^2\theta}} \\
&\text{摆角加速度} && \varepsilon_c = \frac{d^2\beta}{dt^2} = -\lambda(1-\lambda^2)\omega^2\frac{\sin\theta}{(1-\lambda^2\sin^2\theta)^{\frac{3}{2}}}
\end{aligned}\right\} \tag{5-9}
$$

5.2 往复压缩机列的作用力分析

图 5-3 所示为作用于往复压缩机各部位的各作用力示意图。作用于活塞(或十字头)上的力有气体力、往复惯性力、往复摩擦力以及侧向力；作用于曲柄销上的力有旋转惯性力以及连杆力；作用于主轴承上的有驱动力矩以及旋转摩擦力。

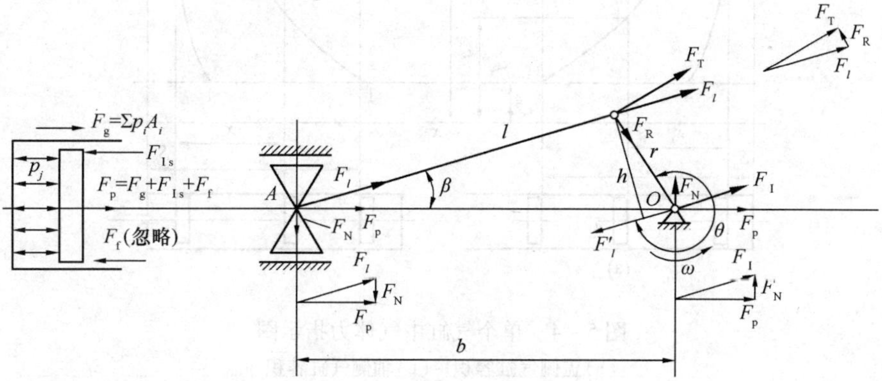

图 5-3 往复压缩机作用力示意图

5.2.1 往复压缩机的气体力

由气体压力造成的作用力是气体力。它是压缩机的主要作用力，所有其他作用力的大小都与气体力的大小有关系。这里规定：使连杆受拉的气体力为正，使连杆受压的气体力为负。

(1)气体力的计算式

表 5-1 给出几种典型气缸结构中气体力的计算方法。

(2)气体力指示图

因为在压缩机整个工作过程中，气缸内气体压力是变化的，所以压缩机中的气体力也是变化的。为了描述气体力的变化，可采用气体力指示图(见图 5-4)。

表5-1　气体力的计算

气缸结构型式		气体力 F_g(N)
单作用	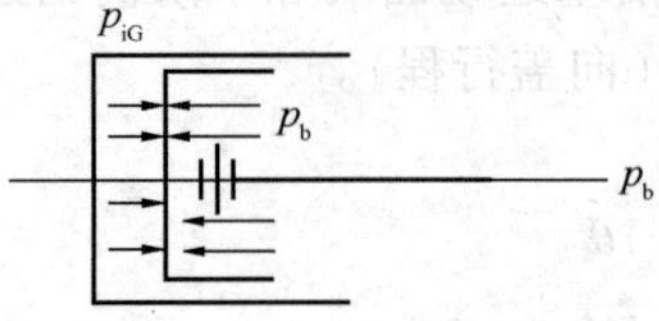	$F_g = p_b A_b - p_{iG} A_{iG}$
双作用	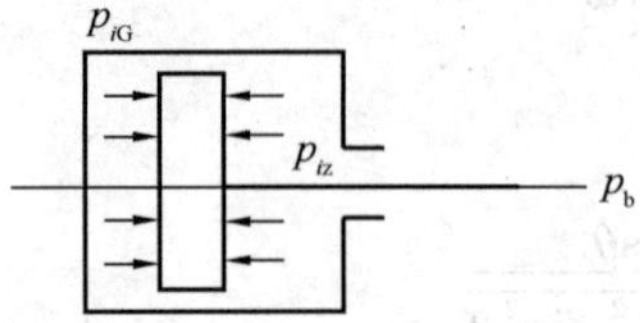	$F_g = p_{iZ} A_{iZ} - p_{iG} A_{iG} + p_b A_b$
级差式	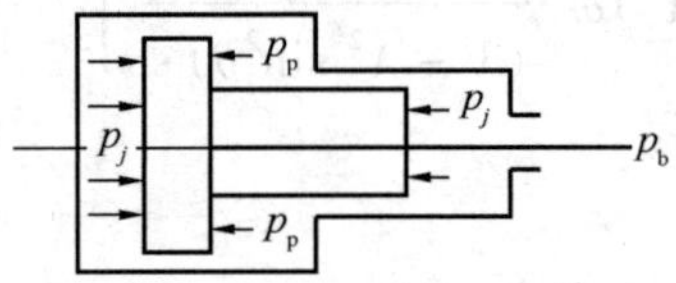	$F_g = -p_i A_i + p_p A_p + p_j A_j + p_b A_b$

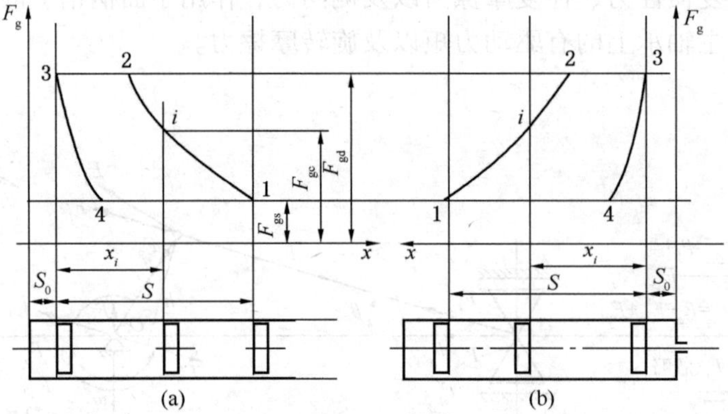

图5-4　单个气缸中气体力指示图

(a)盖侧气缸容积；(b)轴侧气缸容积

图5-4(a)是盖侧工作容积气体力指示图，纵坐标是气体力 F_g，横坐标为活塞位移 x。为了简单起见，进气压力损失和排气压力损失采取平均压力损失。下面给出各工作过程中气体力的计算式：

进气过程气体力

$$F_{gs} = p'_s A_G = p_s(1 - \delta_s) A_G \tag{5-10}$$

排气过程气体力

$$F_{gd} = p'_d A_G = p_d(1 + \delta_d) A_G \tag{5-11}$$

压缩过程气体力

$$F_{gc} = p_i A_G \tag{5-12}$$

其中，p_i 应满足 $$p_i = \left(\frac{S + S_o}{x_i + S_o}\right)^n p'_s \tag{5-13}$$

x_i 应满足 $$x_i = r\left[(1 - \cos\theta_i) + \frac{1}{\lambda}\left(1 - \sqrt{1 - \lambda^2 \sin^2\theta_i}\right)\right] \tag{5-14}$$

膨胀过程气体力

$$F_{gc} = p_i A_G \tag{5-15}$$

其中，p_i 应满足 $$p_i = \left(\frac{S_o}{x_i + S_o}\right)^m p'_d \tag{5-16}$$

x_i 应满足 $$x_i = r\left[(1 - \cos\theta_i) + \frac{1}{\lambda}\left(1 - \sqrt{1 - \lambda^2 \sin^2\theta_i}\right)\right] \tag{5-17}$$

图5-4(b)是轴侧容积气体力指示图，各工作过程中气体力的计算与盖侧工作容积气体力计算式基本相同。值得注意的是：盖侧工作容积的压缩过程 θ 角由180°开始计算，膨胀过程 θ 角由0°开始计算；轴侧工作容积的压缩过程 θ 角由0°开始计算，膨胀过程 θ 角由180°开始计算。同样，活塞位移 x_i 的计算也应注意该过程的起始位置。

5.2.2 曲柄连杆运动时的惯性力

运动部件的惯性力大小应等于运动质量与运动加速度的乘积，即

$$F_{\mathrm{I}} = ma$$

(1)往复惯性力

往复质量 m_s 在运动时产生的往复惯性力为

$$F_{\mathrm{I}s} = m_s a$$

对于中心曲柄连杆机构，往复加速度采用式(5-7)，故往复惯性力为

$$F_{\mathrm{I}s} = m_s r\omega^2(\cos\theta + \lambda\cos 2\theta) \tag{5-18}$$

令

$$F_{\mathrm{I}s}^{\mathrm{I}} = m_s r\omega^2 \cos\theta \tag{5-18a}$$

$$F_{\mathrm{I}s}^{\mathrm{II}} = m_s r\omega^2 \lambda\cos 2\theta \tag{5-18b}$$

式中：$F_{\mathrm{I}s}^{\mathrm{I}}$为一阶往复惯性力，它的变化周期等于曲轴旋转一周的时间；$F_{\mathrm{I}s}^{\mathrm{II}}$为二阶往复惯性力，它的变化周期为曲轴旋转半周的时间。

图5-5是 $\lambda = \frac{1}{4}$时，往复惯性力按曲柄转角 θ 展开的曲线图。从数值上看，一阶往复惯性力的最大值 $F_{\mathrm{I}\,smax}^{\mathrm{I}}$ 为二阶往复惯性力最大值 $F_{\mathrm{I}\,smax}^{\mathrm{II}}$ 的 $1/\lambda$ 倍。在往复压缩机中，通常 $\lambda = 1/3.5 \sim 1/6$，故 $F_{\mathrm{I}\,smax}^{\mathrm{I}}$ 一般为 $F_{\mathrm{I}\,smax}^{\mathrm{II}}$ 的3.5~6倍，这就说明一阶往复惯性力在往复惯性力

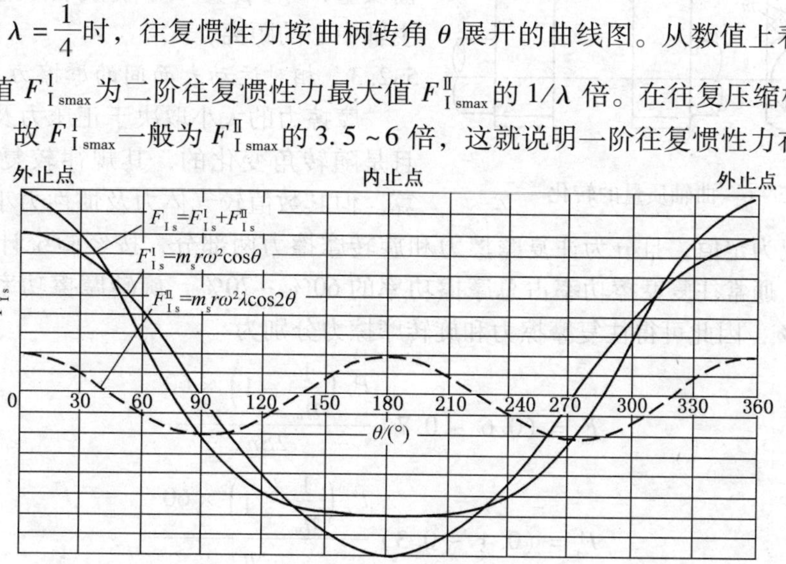

图5-5 往复惯性力曲线$\left(\lambda = \frac{1}{4}\right)$

中起主要作用。

往复惯性力是沿气缸中心线作用，并规定在连杆中引起拉伸的惯性力为正，引起压缩的惯性力为负。于是，按式(5－18)计算的惯性力符号与由活塞上止点开始的曲柄转角 θ 的余弦符号一致，其单位为 N。

(2)旋转惯性力

不平衡旋转质量 m_r 引起的旋转惯性力(离心力) F_{Ir}，沿曲柄半径方向作用，且规定引起曲柄拉伸的力为正，其值为

$$F_{Ir} = m_r r\omega^2 \tag{5-19}$$

(3)运动质量的确定

为了计算惯性力，曲柄连杆机构的未平衡质量分成两部分：①作往复运动部分的质量，包括活塞、十字头部件和连杆部件的小部分质量；②作旋转运动部分的质量，包括曲柄销、曲柄和连杆部件大部分质量。

为简化起见，将全部往复质量转化到活塞销(或十字头销)中心，不平衡的旋转质量全部转化到曲柄销中心。每列往复运动部分的总质量为

$$m_s = m_p + (0.3 \sim 0.4)m_l \tag{5-20}$$

式中：m_p 为活塞、活塞杆、十字头的质量，kg；m_l 为连杆质量，kg。

在初步设计阶段也可按下式估计每列最大往复质量，即

$$m_{smax} = \frac{F_g}{r\omega^2(1+\lambda)} \tag{5-21}$$

不平衡旋转质量为

$$m_r = m_c + (0.7 \sim 0.6)m_l \tag{5-22}$$

$$m_c = m_{c1} + m_{c2}\frac{\rho}{r} \tag{5-23}$$

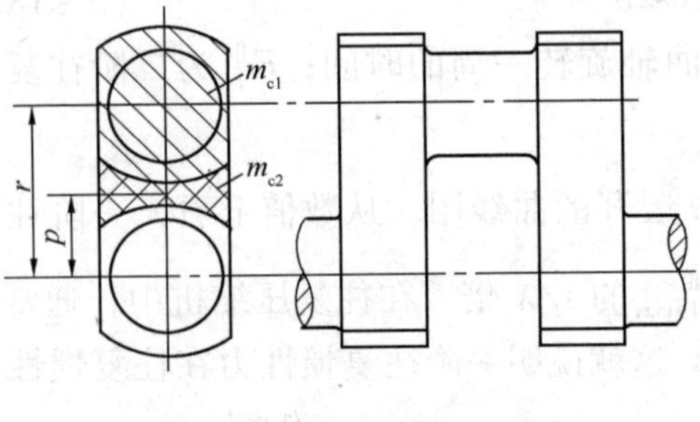

图 5－6　曲轴质量的转化

式中：m_c 为转化到曲柄销中心的不平衡质量，kg；m_{c1}、m_{c2} 为图 5－6 示出的曲拐中两部分不平衡质量，kg；ρ 为不平衡旋转质量 m_{c2} 的质心至主轴中心的距离，m。

5.2.3　相对运动表面间的摩擦力

摩擦力的大小取决于正压力及摩擦系数，并且是随转角变化的，其规律较复杂难以精确计算。但其数值较气体力及惯性力小得多。为简单起见，将其视为定值，且分为往复摩擦力和旋转摩擦力两部分，按经验统计的摩擦功率 P_f 值推算得出。通常往复摩擦功率占总摩擦功率的 60% ~70%，旋转摩擦功率占总摩擦功率的 40% ~30%，因此可得往复摩擦力和旋转摩擦力分别为

$$F_f = (0.6 \sim 0.7)\frac{P_i\left(\frac{1}{\eta_m}-1\right)\times 60}{2Sn} \tag{5-24}$$

$$F_r = (0.4 \sim 0.3)\frac{P_i\left(\frac{1}{\eta_m}-1\right)\times 60}{\pi Sn} \tag{5-25}$$

式中：P_i 为第 i 列的指示功率，W；η_m 为压缩机的机械效率；S 为括塞行程，m；n 为压缩机转速，r/min。

摩擦力的方向与运动部件的运动方向相反。向轴行程的往复摩擦力始终沿气缸中心线方向指向盖侧，并规定为正值。向盖行程中的往复摩擦力也是沿气缸中心线方向而指向轴侧，视其为负；并令止点处的往复摩擦力为零值。旋转摩擦力的方向是与曲轴旋转方同相反，是曲轴旋转的阻力，并视其为正值。

5.2.4 综合活塞力

压缩机中的气体力、往复惯性力和往复摩擦力都是沿气缸中心线方向作用，故将它们的代数和称之为列的综合活塞力。如图 5－3 所示，综合活塞力 F_p 作用在十字头销（或活塞销）点 A 上。

$$F_p = F_g + F_{Is} + F_f \tag{5-26}$$

因为 F_g、F_{Is}、F_f 均为曲柄转角 θ 的函数，故 F_p 也是 θ 的函数，即 $F_p = f(\theta)$。图 5－7 示出了一台双作用压缩机列的综合活塞力曲线。

当压缩机空负荷运行时，$F_g=0$，则

$$F_p = F_{Is} + F_f \tag{5-27}$$

当压缩机满负荷停车时，$F_{Is}=0$，$F_f=0$，故

$$F_p = F_g \tag{5-28}$$

在止点位置停车时，$F_p = F_{gmax}$，最大气体力就是活塞力。

5.2.5 侧向力和连杆力

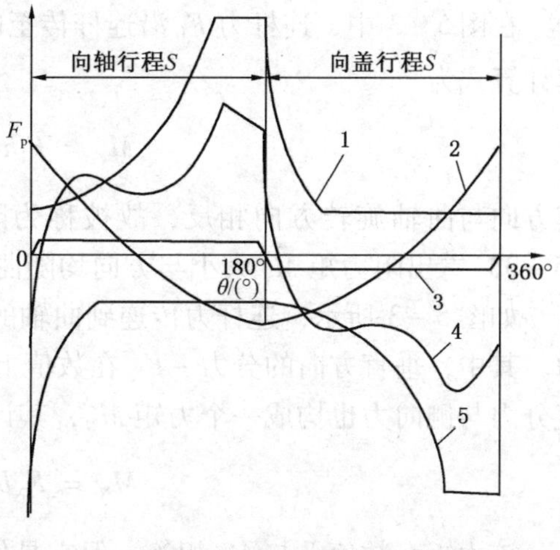

图 5－7 双作用压缩机列的综合活塞力曲线

1—轴侧气体力；2—往复惯性力；3—往复摩擦力；4—综合活塞力；5—盖侧气体力

图 5－3 中，作用在十字头销（或活塞销）点 A 上的综合活塞力 F_p 可分解为垂直气缸中心线方向的分力 F_N 和沿连杆轴线方向的分力 F_l。F_N 称为侧向力，并规定顺旋转方向压向气缸（或十字头导轨）的侧向力为正。F_l 称为连杆力，规定使连杆受拉伸的连杆力为正。对中心曲柄连杆机构的侧向力及连杆力的计算式分别为

$$F_N = F_p \tan\beta = F_p \frac{\lambda \sin\theta}{\sqrt{1-\lambda^2 \sin^2\theta}} \tag{5-29}$$

$$F_l = \frac{F_p}{\cos\beta} = \frac{F_p}{\sqrt{1-\lambda^2 \sin^2\theta}} \tag{5-30}$$

5.2.6 切向力和法向力

图 5－3 中，作用在曲柄销上的连杆力 F_l 可分解为垂直于曲柄方向的切向力 F_T 及沿曲柄方向的法向力 F_R，其计算式分别为

$$F_T = F_p \frac{\sin(\theta+\beta)}{\cos\beta} = F_p\left(\sin\theta + \frac{\lambda}{2}\frac{\sin 2\theta}{\sqrt{1-\lambda^2 \sin^2\theta}}\right) \tag{5-31}$$

$$F_R = F_p \frac{\cos(\theta+\beta)}{\cos\beta} = F_p\left(\cos\theta - \lambda\frac{\sin^2\theta}{\sqrt{1-\lambda^2 \sin^2\theta}}\right) \tag{5-32}$$

切向力和法向力的大小及方向均随曲柄转角 θ 而变化，这里规定逆曲轴旋转方向的切向力为正，由曲轴中心向外指向的法向力为正。

按式(5-31)计算得出的单作用和双作用压缩机列的切向力曲线示于图5-8。按式(5-32)计算得出的单作用和双作用压缩机列的法向力曲线示于图5-9

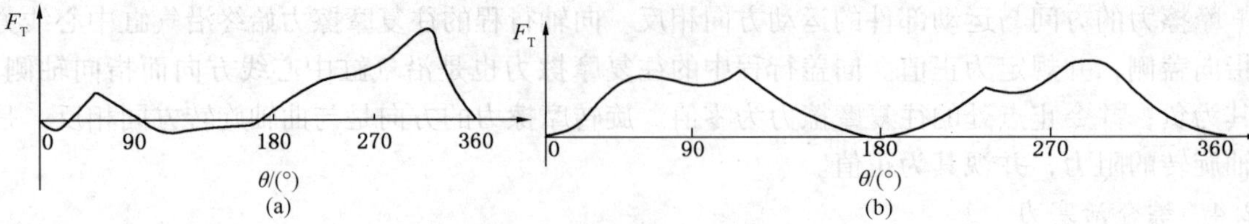

图5-8　列的切向力曲线

(a)单作用压缩机；(b)双作用压缩机

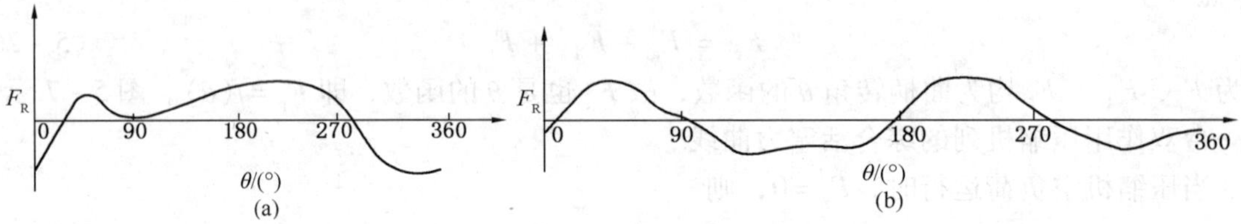

图5-9　列的法向力曲线

(a)单作用压缩机；(b)双作用压缩机

5.2.7　阻力矩和倾覆力矩

在图5-3中，连杆力 F_1 沿连杆传至曲柄销中心点 B，可对曲轴旋转中心构成力矩 M_y，其计算式为

$$M_y = F_1 h = F_p r \frac{\sin(\theta+\beta)}{\cos\beta} \tag{5-33}$$

其方向与曲轴旋转方向相反，故被称为阻力矩，并规定阻止曲轴旋转的力矩为正。由式(5-33)看出阻力矩 M_y 大小与方向均随曲柄转角 θ 在改变。

如图5-3所示，连杆力传递到曲轴的主轴承上时，可分解为水平方向和垂直方向的分力。其中，垂直方向的分力 $-F_N$ 在数值上等于侧向力 F_N，但方向却与侧向力相反，故该垂直分力与侧向力也构成一个力矩 M_N，其计算式为

$$M_N = F_N b = F_p r \frac{\sin(\theta+\beta)}{\cos\beta} \tag{5-34}$$

该力矩在数值上与 M_y 相等，但它是作用在压缩机的机身上，对立式压缩机有使机器顺旋转方向倾倒的趋势，故被称为倾覆力矩。

5.2.8　各力对压缩机的作用

(1)气体力

气缸中的气体力除作用于活塞上外，也同时作用在气缸盖(或气缸座)上，它们大小相等，方向相反，后者也将通过气缸壁和机身传递到主轴承 O 点处，和由通过曲柄连杆机构传递到主轴承上的活塞力 F_P 中的气体力 F_g 相抵消。所以，在气缸轴线方向上，气体力是不会传递到机器外面来的，它在机器内部相互平衡了。气体力只是使气缸、中体和机身等有关部件，以及它们之间的连接螺栓等承受拉伸或压缩载荷，故为内力。

但是，在卧式压缩机中，若把十字头导轨完全紧固在基础上时，气体力将被基础螺栓承担一部分，而不能在主轴承上完全抵消了。

(2)往复摩擦力

由于摩擦力是成对出现的，因此它也同气体力一样，一方面通过运动机构传递到主轴承上，另一方面也通过气缸和机身传递到主轴承上，两方面传递过来的力大小相等，方向相反，可以相互抵消。所以，往复摩擦力也是一个内力，不会传递到机器外边。

(3)惯性力

作用在主轴承上的活塞力 F_P，其中气体力和往复摩擦力已在机器内部被平衡掉了，而剩下的往复惯性力 F_{Is}未被平衡，它能通过主轴承上传递到机器外边来，故往复惯性力是一个外力。由于其大小和方向是随曲柄转角周期地变化的，因而会引起机器和基础的振动。

旋转惯性力 F_{Ir}也作用在主轴承上，也是外力。它虽然大小不变，但方向随曲柄转角变化，也能引起机器和基础振动。

为了减小机器的振动，应尽可能在机器内部把惯性力平衡掉，这将在下一节讨论。

(4)切向力及法向力

法向力作用于曲柄销上和主轴承上，导致轴与轴承间的磨损及摩擦功损失，也影响轴承的承载能力。切向力作用于曲柄销上，对曲轴中心形成的力矩就是阻力矩。

切向力及法向力同时决定曲轴强度的好坏。

(5)侧向力

侧向力 F_N 作用在气缸或十字头滑道上，它的大小直接影响活塞(环)或十字头的磨损。

(6)倾覆力矩和阻力矩

倾覆力矩则作用在压缩机的机身上，是外力矩，传给基础，并导致机器的振动。

作用于压缩机曲轴上的阻力矩和旋转摩擦力矩阻止曲柄旋转，实际上就是压缩机的耗功，由驱动机的驱动力矩来平衡。

5.3 总切向力及飞轮距的确定

作用于压缩机曲轴上的阻力矩除式(5－33)表示的 M_y 外，作用于曲柄销上的旋转摩擦力 F_r 引起的旋转摩擦力矩 M_f，也是阻止曲轴旋转的阻力矩，即总阻力矩 M'_y，即

$$\begin{aligned} M'_y &= M_y + M_f \\ M_f &= F_r r \end{aligned} \tag{5-35}$$

阻力矩的平衡力矩是驱动力矩 M_d，通常情况下驱动机为电动机，故驱动力矩为定值。阻力矩是随曲柄转角 θ 在变化，因此在一转中的每一瞬时 $M_d \neq M'_y$，即使驱动机的驱动力矩 M_d 也是随曲柄转角 θ 变化，但 M_d 的变化规律与 M'_y 不会是一致的。即每瞬时的 M_d 仍与 M'_y 不相等，从而使曲轴瞬时转速变化，曲轴存在瞬时角加速度 ε。

$$M'_y - M_d = -J\varepsilon \tag{5-36}$$

式中：J 为压缩机组中的全部旋转质量的转动惯量，kg · m^2；ε 为曲轴瞬时角加速度，s^{-2}。

为了使压缩机曲轴瞬时速度均匀，就应使 ε 尽可能小，故应力争使 J 增大，为此在压缩机中装有飞轮，用以增加 J。

5.3.1 总切向力

在多列压缩机中，作用于曲轴上的总切向力 F_{TZ}等于各列的切向力以及旋转摩擦力 F_r 的总和，它是驱动机所要克服的压缩机的总阻力，可用公式表达为

$$F_{TZ} = \sum_{i=1}^{j} F_{Ti} + F_r \tag{5-37}$$

总切向力作用于曲柄销，对曲轴所形成的阻力矩即为总阻力矩。

在总切向力合成中应注意如下问题：

①每列切向力均以本列的上止点(外止点)$\theta=0°$为起始点，但各列之间的曲拐都有错角，各列气缸中心间线有夹角，所以计算合成总切向力时应按相位差叠加。图5-10示出的是气缸中心线夹角为$\gamma=90°$的V型压缩机切向力合成，按旋转方向是前置的列，它的切向力应比后置列向前移过等于气缸中心线夹角γ的角度后再叠加。

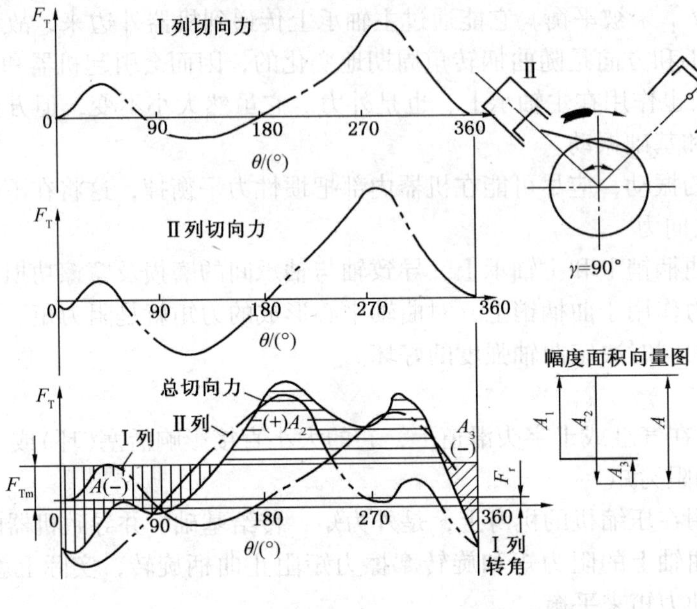

图5-10　单重单作用V形压缩机的总切向力曲线

②若各列曲柄半径不同时，应将各列切向力换算到相同的曲柄半径。

③旋转摩擦力作用在曲柄销上，其值按式(5-25)求取，并为定值。方向与旋转方向相反，故为正。因此，切向力合成时，只需将总切向力曲线的横坐标下移F_r即可。

5.3.2　平均切向力

当驱动机是电动机时，驱动力矩M_d为常数，其值应等于平均驱动力F_{Tm}与旋转半径r的乘积，即$M_d=F_{Tm}r$。驱动机的驱动功应为

$$W_d=\int_0^{2\pi}F_{Tm}r\mathrm{d}\theta=2\pi rF_{Tm}\tag{5-38}$$

当压缩机作匀速旋转时，驱动功应等于压缩机轴功W_z，而压缩机轴功W_z就是阻力矩M_y消耗的功，即

$$W_z=\int_0^{2\pi}(M_y+M_f)\mathrm{d}\theta=\int_0^{2\pi}F_{TZ}r\mathrm{d}\theta\tag{5-39}$$

式(5-39)也代表了切向力曲线与横坐标间的面积，若将该面积用矩形面积代替，从图5-11中看出，矩形面积的高就是平均切向力F_{Tm}，数值上就等于平均驱动力，即

$$F_{Tm}=\frac{\int_0^{2\pi}F_{TZ}r\mathrm{d}\theta}{2\pi r}\tag{5-40a}$$

平均切向力也可按热力计算中压缩机轴功率求得，即

$$F_{Tm}=\frac{60P_{sh}}{\pi Sn}\tag{5-40b}$$

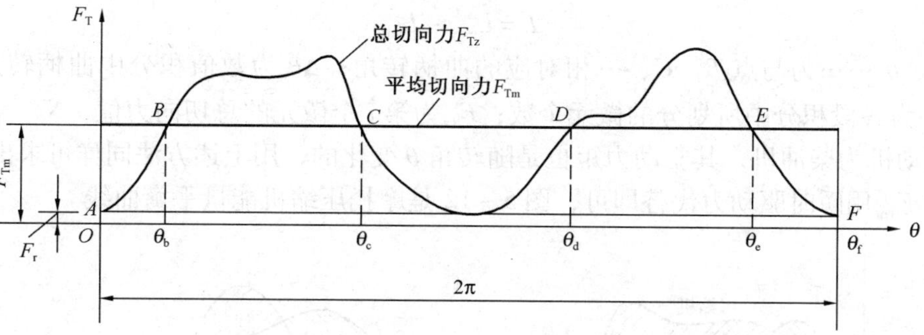

图 5－11　平均切向力和总切向力的关系

5.3.3　确定飞轮矩

如图 5－11 所示，总切向力曲线围绕平均切向力的变化，表示曲轴旋转一周中阻力矩与驱动力矩相对变化关系。位于平均切向力上方的阻力矩大于驱动力矩，驱动能量不足，曲轴旋转速度降低。位于平均切向力下方的阻力矩小于驱动力矩，驱动能量多余，曲轴旋转速度增加。为了使曲轴旋转速度均匀，采用飞轮来储存多余能量和补充不足能量，其飞轮矩 GD^2（Nm^2）为

$$GD^2 \approx 3600\frac{L_z}{n^2\delta} \tag{5-41}$$

式中：L 为压缩机一转中能量的变化值，J；n 为压缩机转速，r/min；δ 为旋转不均匀度，各种驱动方式的 δ 值见表 5－2；G 为转化到直径 D 上飞轮重力，N；D 为飞轮轮缘截面质心的圆周直径，m。

表 5－2　各种驱动方式的 δ 值

驱　动　机	传动方式	δ
电　动　机	皮带传动	$\frac{1}{30}\sim\frac{1}{40}$
	弹性联轴器	$\frac{1}{80}$
	刚性联轴器或悬臂电动机	$<\frac{1}{100}$
柴油机	弹性连接	$\frac{1}{8}\sim\frac{1}{10}$

能量变化值 L（如图 5－11）可通过对总切向力曲线进行分段积分的方法求取。

令 $A \to B$ 段中

$$\left.\begin{aligned} &L_1 = \int_0^{\theta_b}(F_{TZ}-F_{Tm})r\mathrm{d}\theta = r\Delta\theta\sum_{i=1}^{j_1}(F_{TZ}^i - F_{Tm}) \\ &\text{令 } A\to C \text{ 段中}\quad L_2 = \int_0^{\theta_c}(F_{TZ}-F_{Tm})r\mathrm{d}\theta = r\Delta\theta\sum_{i=1}^{j_2}(F_{TZ}^i - F_{Tm}) \\ &\vdots \end{aligned}\right\} \tag{5-42}$$

依次求出 $A\to D$ 段、$A\to E$ 段和 $A\to F$ 段中的 L_3、L_4、L_5。其中，L_5 应等于零，再在 L_1、…、L_5 中找出最大值和最小值，则

$$L = L_{max} - L_{min} \tag{5-42}$$

式中：θ_b、θ_c……为与点 B、C、…相对应的曲柄转角；$\Delta\theta$ 为数值积分中曲柄转角的步长；j_1、j_2、…为各段积分中所划分的微元个数；F_{Tz}^i为第 i 个微元的总切向力值，N。

若驱动机为柴油机，其驱动力矩也是随转角 θ 变化的，用上述方法同样可求出 L 值，只是式中的 F_{Tm}用瞬时驱动力代替即可，图 5－12 是摩托压缩机能量平衡曲线。

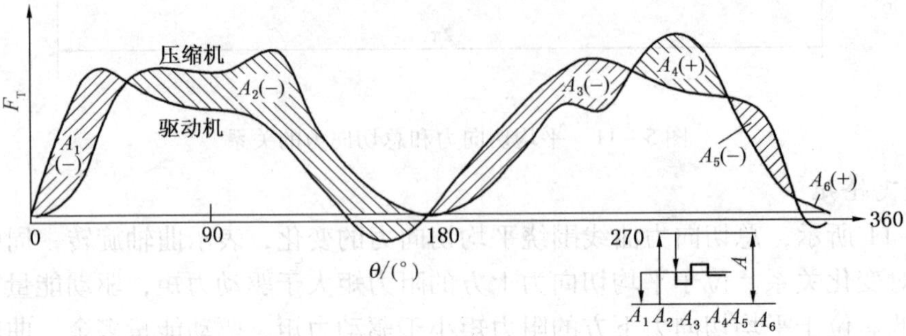

图 5－12　摩托压缩机能量平衡曲线

5.3.4　压缩机方案对飞轮矩的影响

由式(5－40)中可以看出，飞轮矩与压缩机旋转中能量变化值 L 成正比，与转速 n 的平方及旋转不均匀度 δ 成反比，即当 L 一定时，转速越高其飞轮可以越小。或者说，L、n 一定时，飞轮越大转速越均匀，即 δ 越小；而当 n、δ 一定时，能量变化 L 越大，则所需飞轮越大，机器越笨重。影响 L 的因素主要是切向力的均匀性。切向力曲线越均匀，则 L 越小；切向力曲线不均匀，则 L 大。切向力均匀与否，取决于压缩机结构方案。

图 5－13 ~ 图 5－17 所示分别给出了 L 形双作用压缩机、两列对动式双作用压缩机、四列对动式压缩机、双 W 形单作用压缩机和三列 M 形压缩机的总切向力曲线。由这些曲线中可以看出，压缩机结构方案对能量变化值的影响：(1)双作用压缩机的向盖和向轴行程所消耗的功相近时，切向力均匀；(2)曲柄错角或气缸夹角的合理配置，影响切向力的均匀性。如 L 形双作用的切向力比两列对动式的切向力均匀，因为 L 形的两列切向力是峰谷叠加，对动式的两列切向力是峰峰叠加；(3)多列的压缩机可以使切向力均匀，如双 W 形机器有六列，其总切向力很均匀(图 5－17)；(4)各列曲柄错角的超前或迟后也影响切向力的均匀性，图 5－17 中Ⅱ列超前Ⅰ列 120°的方案(a)，较Ⅲ列超前Ⅰ列 120°的方案(b)优越，即切向力曲线均匀，能量变化小，飞轮可以小。

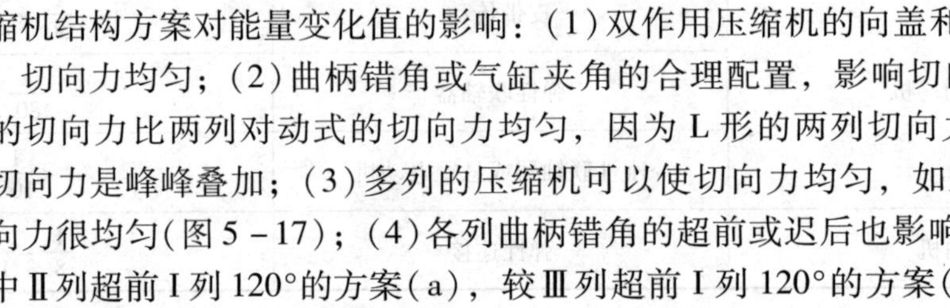

图 5－13　双作用 L 形压缩机总切向力曲线

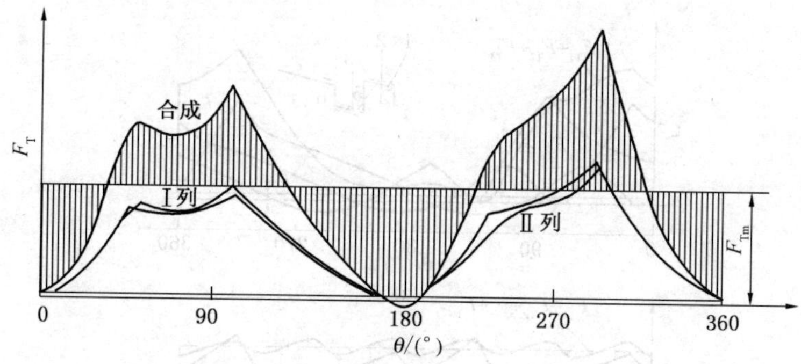

图 5－14　两列双作用对动式压缩机总切向力曲线

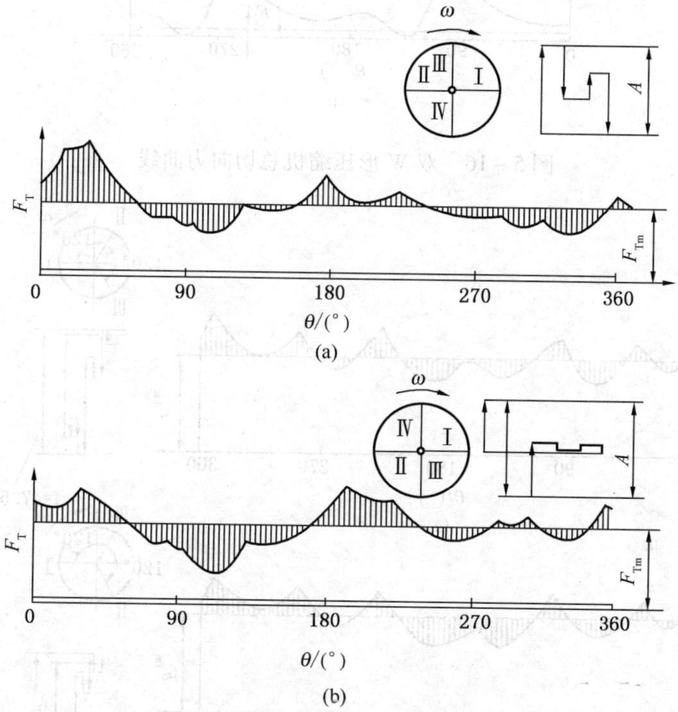

图 5－15　四列对动式压缩机总切向力曲线

5.3.5　往复压缩机动力计算

(1)动力计算的目的

动力计算的任务是计算往复压缩机中的各作用力的大小，为气缸、活塞、活塞杆、连杆、曲轴等的强度设计计算，以及轴承、连接螺栓的选取提供依据；确定压缩机所需的飞轮矩；解决惯性力和惯性力矩的平衡问题，计算出未平衡惯性力的大小，以及为压缩机基础设计提供依据。

(2)动力计算编程计算步骤

首先，将相对余隙容积折算为相对余隙行程；再以 2 或 5 度为计算步长，从每列外止点开始，先分别计算出每级或各列的力；然后合成总切向力，计算所需飞轮距。具体步骤如下：

第一步，分别计算各列活塞力

①计算活塞瞬时位置；

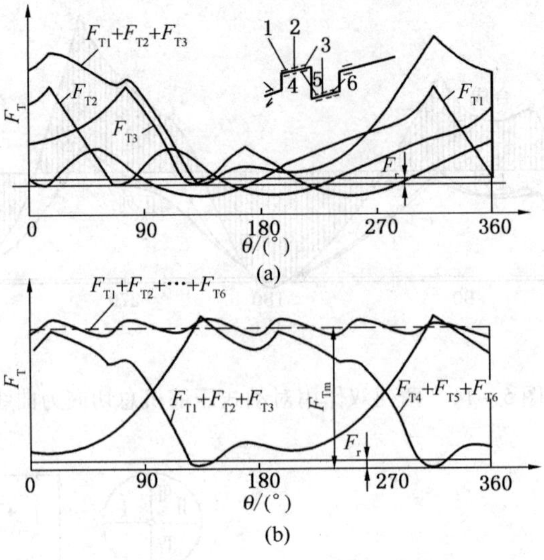

图 5－16　双 W 形压缩机总切向力曲线

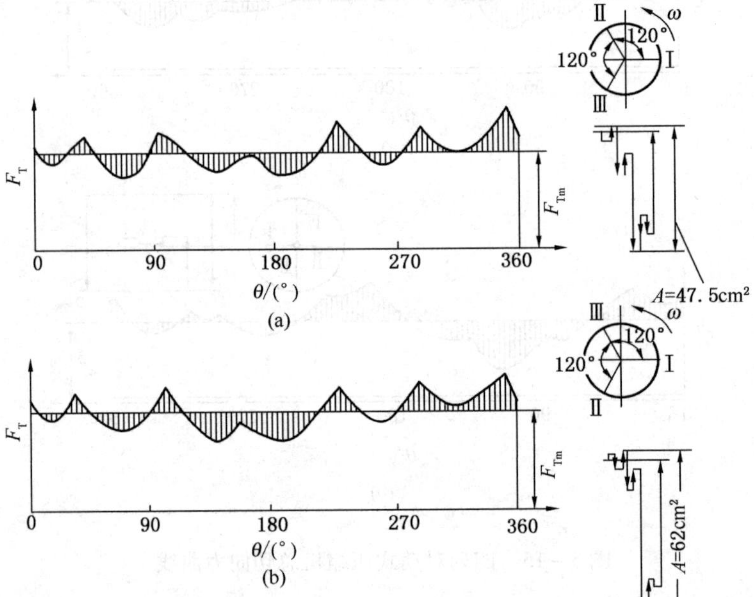

图 5－17　三列 M 形压缩机总切向力曲线

②分别计算各级气体力，包括分向轴行程和向盖行程，单作用轴侧一般为大气压力，如轴侧为平衡腔，应考虑其背压；

③计算各列往复惯性力；

④计算各列往复摩擦力；

⑤合成各列活塞力；

第二步，计算各列法向力、切向力

第三步，计算所需飞轮距

①合成切向力；

②计算总旋转摩擦力；

③计算平均切向力；

④计算能量不均衡度；

⑤计算所需飞轮距。

5.4 往复压缩机动力平衡

往复压缩机中的惯性力和惯性力矩是外力，它的大小和方向均随曲柄转角作周期性变化，若在机器内部没有相应的平衡力和平衡力矩与之相平衡，则会导致压缩机的振动，并且还会传给基础。为了确保压缩机的平稳安全运转，应力求惯性力和惯性力矩在机器内部的完全平衡。

5.4.1 单列压缩机

(1)旋转惯性力的平衡

如图 5－18 所示，为单列压缩机旋转惯性力平衡情况。若在曲柄的相反方向距离曲轴旋转中心为 r_0 的位置安装一块平衡质量 m_0，使平衡质量 m_0 产生的离心力 $m_0 r_0 \omega^2$ 与旋转惯性力 $F_{\mathrm{Ir}}(=mr\omega^2)$ 大小相等而方向相反，即 m_0 应满足

$$m_0 = m_r \frac{r}{r_0} \tag{5-43}$$

则旋转惯性力被平衡掉。

(2)往复惯性力的平衡

如图 5－19 所示，为单列压缩机一阶往复惯性力的平衡情况。仍在曲柄的相反方向距离曲轴旋转中心为 r_0 的位置安装平衡质量 m_p，若使 m_p 产生的离心力 $m_p r_0 \omega^2$ 与 $m_s r\omega^2$ 相等，则离心力的垂直分量 $m_p r_0 \omega^2 \cos\theta$ 与一阶往复惯性力的大小相等方向相反，使一阶往复惯性力得到完全平衡。但是离心力的水平分量 $m_p r_0 \omega^2$ 却成为新的不平衡力。因此，在单列压缩机中的平衡质量，只能使不平衡惯性力转过 90°，而不能完全平衡。通常为了改善单列压缩机的振动和轴承承载，可以采取如下措施：在卧式压缩机中常将一阶往复惯性力的 30% ~ 50% 转移至垂直方向，其平衡质量 m_p 为

$$m_p = (0.3 \sim 0.5) m_s \frac{r}{r_0} \tag{5-44}$$

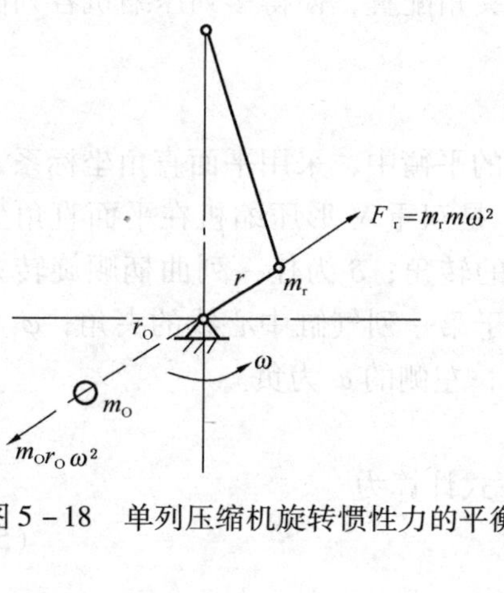

图 5－18 单列压缩机旋转惯性力的平衡

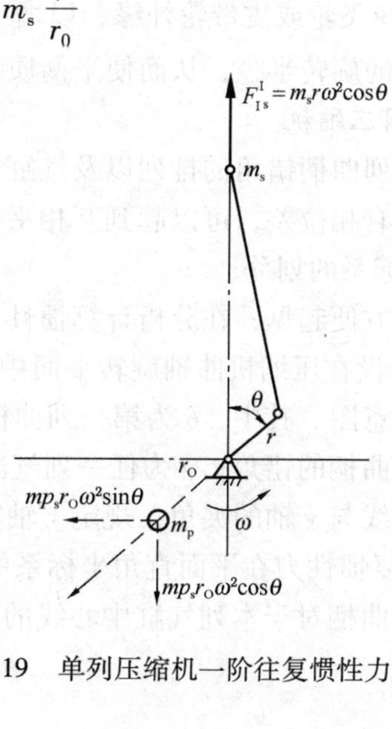

图 5－19 单列压缩机一阶往复惯性力的平衡

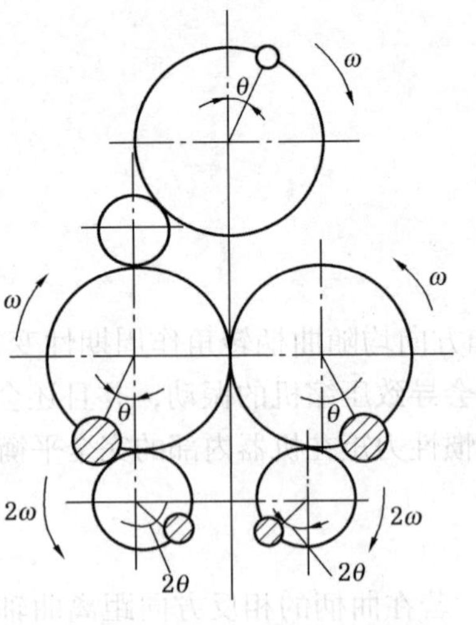

图 5-20　正反转质量平衡系统

在立式压缩机中，是将一阶往复惯性力的15% ~ 20%转移至水平方向，其平衡质量 m_p 为

$$m_p = (0.15 \sim 0.20) m_s \frac{r}{r_0} \qquad (5-45)$$

单列压缩机二阶往复惯性力，简单采用安装平衡质量的方法是无法被平衡掉的，因为二阶往复惯性力的变化周期仅为曲轴旋转半周的时间。采用正反转质量平衡系统，如图 5-20 所示，理论上可以实现一阶和二阶往复惯性力的完全平衡，但其结构过于复杂，在压缩机中不宜采用。

(3)平衡质量的安装方案

平衡质量为平衡旋转惯性力和被转移的一部分一阶往复惯性力，故对于卧式压缩机，总平衡质量 m_b 为

$$m_b = m_0 + m_p = [m_r + (0.3 \sim 0.5) m_s] \frac{r}{r_0} \qquad (5-46)$$

对于立式压缩机，总平衡质量 m_b 为

$$m_b = m_0 + m_p = [m_r + (0.15 \sim 0.2) m_s] \frac{r}{r_0} \qquad (5-47)$$

总平衡质量的安装方案如图 5-21 所示。图中(a)的特点是旋转惯性力可以完全平衡且对机器的质心平面无力矩，但需要两块平衡质量，给制造和安装增加了工作量；图中(b)适于曲柄轴平衡质量的安装，但对质心平面产生一个新的不平衡力矩 M_b，其值为 $m_b r\omega^2 \cdot a$；图中(c)是将一部分平衡质量 m_b'' 安装在飞轮或皮带轮外缘，以增加平衡质量的旋转半径，从而使平衡质量轻量化，整机结构尺寸可以紧凑。

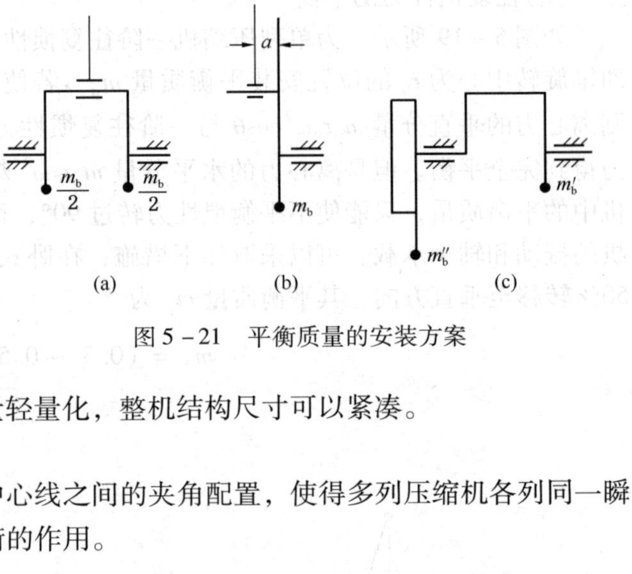

图 5-21　平衡质量的安装方案

5.4.2　多列压缩机

由于各列曲柄错角的排列以及气缸中心线之间的夹角配置，使得多列压缩机各列同一瞬时的惯性力有相位差，可以起到互相平衡的作用。

(1)坐标系的划分

为计算方便起见，在分析计算惯性力及惯性力矩的平衡中，采用平面直角坐标系，并将坐标原点 O 设在压缩机曲轴旋转平面中心，图 5-22 是双重 V 形压缩机在平面直角坐标系中的位置示意图。其中，θ 为第一列曲柄相对于 y 轴的转角；δ 为任一列曲柄顺旋转方向相对于第一列曲柄的错角；γ 为任一列气缸中心线相对于第一列气缸中心线的夹角；φ 为任一列气缸中心线与 y 轴的夹角；规定 y 轴右侧的 φ 为正，左侧的 φ 为负。

(2)往复惯性力在平面直角坐标系中的表达

任意列曲柄对于本列气缸中心线的转角 θ_i 可按下式计算为

$$\theta_i = \theta - \varphi_i + \delta_i \qquad (5-48)$$

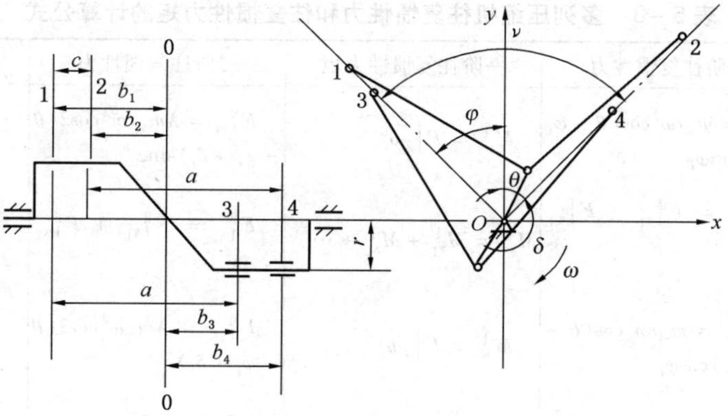

图 5－22　双重 V 形压缩机在平面直角坐标系

因此，多列压缩机中任一列的往复惯性力计算式为

$$F_{\mathrm{Isi}}^{\mathrm{I}} = m_{\mathrm{si}} r\omega^2 \cos(\theta - \varphi_i + \delta_i)$$

$$F_{\mathrm{Isi}}^{\mathrm{II}} = \lambda m_{\mathrm{si}} r\omega^2 \cos 2(\theta - \varphi_i + \delta_i) \tag{5-49}$$

式中：$F_{\mathrm{Isi}}^{\mathrm{I}}$为任一列的一阶往复惯性力；$F_{\mathrm{Isi}}^{\mathrm{II}}$为任一列的二阶往复惯性力；$m_{\mathrm{si}}$为任一列的往复运动质量；$r$为任一列的曲柄半径。

为求多列压缩机合成往复惯性力，将各列一、二阶往复惯性力分解为沿 x 轴方向和 y 轴方向的分力：$F_{\mathrm{Ix}}^{\mathrm{I}}$、$F_{\mathrm{Ix}}^{\mathrm{II}}$、$F_{\mathrm{Iy}}^{\mathrm{I}}$、$F_{\mathrm{Iy}}^{\mathrm{II}}$。对立式、卧式、对置式及对称平衡压缩机是按代数值相加，对角度式压缩机是按矢量合成。合成力与 y 轴间夹角为 φ。

多列压缩机中各列的惯性力对机器对称中心产生惯性力矩，其合成力矩可按在 x 轴和 y 轴方向的惯性力分量得出 x 轴和 y 轴方向的惯性力矩后再合成。对角度式压缩机为矢量合成，对其他形式是代数值相加。合成力矩作用平面与 y 轴间的夹角为 φ。

表 5－3 给出多列压缩机惯性力和惯性力矩的计算公式。

（3）惯性力和惯性力矩的分析计算举例

①以双重 V 形压缩机为例，如图 5－22 所示，设 1、3 列与 2、4 列气缸中心线夹角 $\gamma = 90°$，$\varphi_i = \pm\dfrac{\gamma}{2}$；1、3 列与 2、4 列的曲柄错角 $\delta = 180°$；各列的往复质量相等，即 $m_{\mathrm{s1}} = m_{\mathrm{s2}} = m_{\mathrm{s3}} = m_{\mathrm{s4}} = m_{\mathrm{s}}$。根据表 5－3 列出的计算公式。

各列一阶往复惯性力在 $x-x$ 轴上的分力为

$$F_{\mathrm{I\,x1}}^{\mathrm{I}} = m_{\mathrm{s}} r\omega^2 \cos\left(\theta + \frac{\gamma}{2}\right)\sin\left(-\frac{\gamma}{2}\right) = -\frac{\sqrt{2}}{2} m_{\mathrm{s}} r\omega^2 \cos(\theta + 45°)$$

$$F_{\mathrm{I\,x2}}^{\mathrm{I}} = m_{\mathrm{s}} r\omega^2 \cos\left(\theta - \frac{\gamma}{2}\right)\sin\left(\frac{\gamma}{2}\right) = \frac{\sqrt{2}}{2} m_{\mathrm{s}} r\omega^2 \cos(\theta - 45°)$$

$$F_{\mathrm{I\,x3}}^{\mathrm{I}} = m_{\mathrm{s}} r\omega^2 \cos\left(\theta + \frac{\gamma}{2} + \pi\right)\sin\left(-\frac{\gamma}{2}\right) = \frac{\sqrt{2}}{2} m_{\mathrm{s}} r\omega^2 \cos(\theta + 45°)$$

$$F_{\mathrm{I\,x4}}^{\mathrm{I}} = m_{\mathrm{s}} r\omega^2 \cos\left(\theta - \frac{\gamma}{2} + \pi\right)\sin\left(\frac{\gamma}{2}\right) = -\frac{\sqrt{2}}{2} m_{\mathrm{s}} r\omega^2 \cos(\theta - 45°)$$

各列一阶往复惯性力在 $x-x$ 轴上的分力的代数和为

$$F_{\mathrm{I\,x}}^{\mathrm{I}} = F_{\mathrm{I\,x1}}^{\mathrm{I}} + F_{\mathrm{I\,x2}}^{\mathrm{I}} + F_{\mathrm{I\,x3}}^{\mathrm{I}} + F_{\mathrm{I\,x4}}^{\mathrm{I}} = 0$$

表 5-3　多列压缩机往复惯性力和往复惯性力矩的计算公式

		一阶往复惯性力	一阶往复惯性力矩	二阶往复惯性力	二阶往复惯性力矩
	任意列在 $x-x$ 轴上的分力	$F^{\mathrm{I}}_{\mathrm{I\,ef}}=m_{si}r\omega^2\cos(\theta-\varphi_i+\delta_i)\sin\varphi_i$	$M^{\mathrm{I}}_{si}=F^{\mathrm{I}}_{\mathrm{I}si}b_i$	$F^{\mathrm{II}}_{\mathrm{I}ci}=\lambda m_{si}rm^2\cos2(\theta-\varphi_i+\delta_i)\sin\varphi_i$	$M^{\mathrm{II}}_{xi}=F^{\mathrm{II}}_{\mathrm{I}si}b_i$
	各列在 $x-x$ 轴上的代数和	$F^{\mathrm{I}}_{\mathrm{I}x}=F^{\mathrm{I}}_{\mathrm{I}x1}+F^{\mathrm{I}}_{\mathrm{I}x1}+\cdots$	$M^{\mathrm{I}}_{x}=M^{\mathrm{I}}_{x1}+M^{\mathrm{I}}_{x1}+\cdots$	$F^{\mathrm{II}}_{\mathrm{I}x}=F^{\mathrm{II}}_{\mathrm{I}x1}+F^{\mathrm{II}}_{\mathrm{I}x2}+\cdots$	$M^{\mathrm{II}}_{x}=M^{\mathrm{II}}_{x1}+M^{\mathrm{II}}_{x2}+\cdots$
	任意列在 $y-y$ 轴上的分力	$F^{\mathrm{I}}_{\mathrm{I}yi}=m_{si}r\omega^2\cos(\theta-\varphi_i+\delta_i)\cos\varphi_i$	$M^{\mathrm{I}}_{yi}=F^{\mathrm{I}}_{\mathrm{I}yi}b_i$	$F^{\mathrm{II}}_{\mathrm{I}yi}=\lambda m_{si}\omega^2\cos2(\theta-\varphi_i+\delta_i)$	$M^{\mathrm{I}}_{yi}=F^{\mathrm{II}}_{yi}b_i$
	各列在 $y-y$ 轴上的代数和	$F^{\mathrm{I}}_{\mathrm{I}y}=F^{\mathrm{I}}_{\mathrm{I}y1}+F^{\mathrm{I}}_{\mathrm{I}y2}+\cdots$	$M^{\mathrm{I}}_{y}=M^{\mathrm{I}}_{y1}+M^{\mathrm{I}}_{y2}+\cdots$	$F^{\mathrm{II}}_{\mathrm{I}y}=F^{\mathrm{II}}_{\mathrm{I}y1}+F^{\mathrm{II}}_{\mathrm{I}y2}+\cdots$	$M^{\mathrm{II}}_{y}=M^{\mathrm{II}}_{y1}+M^{\mathrm{II}}_{y2}+\cdots$
	合成值	$F^{\mathrm{I}}_{\mathrm{I}s}=\sqrt{(F^{\mathrm{I}}_{\mathrm{I}x})^2+(F^{\mathrm{I}}_{\mathrm{I}y})^2}$	$M^{\mathrm{I}}_{x}=\sqrt{(M^{\mathrm{I}}_{x})^2+(M^{\mathrm{I}}_{y})^2}$	$F^{\mathrm{II}}_{\mathrm{I}x}=\sqrt{(F^{\mathrm{II}}_{\mathrm{I}z})^2+(F^{\mathrm{II}}_{\mathrm{I}y})^2}$	$M^{\mathrm{II}}_{x}=\sqrt{(M^{\mathrm{II}}_{x})^2+(M^{\mathrm{II}}_{y})^2}$
	合成值与 y 轴的夹角	$\varphi_{\mathrm{I}}=\arctan\dfrac{F^{\mathrm{I}}_{\mathrm{I}x}}{F^{\mathrm{I}}_{\mathrm{I}y}}$	$\varphi'_{\mathrm{I}}=\arctan\dfrac{M^{\mathrm{I}}_{x}}{M^{\mathrm{I}}_{y}}$	$\varphi_{\mathrm{II}}=\arctan\dfrac{F^{\mathrm{II}}_{\mathrm{I}x}}{F^{\mathrm{II}}_{\mathrm{I}y}}$	$\varphi'_{\mathrm{II}}=\arctan\dfrac{M^{\mathrm{I}}_{x}}{M^{\mathrm{I}}_{y}}$
立式压缩机	任一列在 $x-x$ 轴上的分力	$F^{\mathrm{I}}_{\mathrm{I}xi}=0$	$M^{\mathrm{I}}_{xi}=0$	$F^{\mathrm{II}}_{\mathrm{I}xi}=0$	$M^{\mathrm{II}}_{xi}=0$
	任一列在 y-y 轴上的分力	$F^{\mathrm{I}}_{\mathrm{I}yi}=m_{si}r\omega^2\cos(\theta+\delta_i)$	$M^{\mathrm{I}}_{yi}=F^{\mathrm{I}}_{\mathrm{I}yi}b_i$	$F^{\mathrm{II}}_{\mathrm{I}yi}=\lambda m_{si}r\omega^2\cos2(\theta+\delta_i)$	$M^{\mathrm{II}}_{yi}=F^{\mathrm{II}}_{\mathrm{I}yi}b_i$
	合成值	$F^{\mathrm{I}}_{\mathrm{I}s}=F^{\mathrm{I}}_{\mathrm{I}y1}+F^{\mathrm{I}}_{\mathrm{I}y2}+\cdots$	$M^{\mathrm{I}}_{s}=M^{\mathrm{I}}_{y1}+M^{\mathrm{I}}_{y2}+\cdots$	$F^{\mathrm{II}}_{\mathrm{I}s}=F^{\mathrm{II}}_{\mathrm{I}y1}+F^{\mathrm{II}}_{\mathrm{I}y2}+\cdots$	$M^{\mathrm{II}}_{s}=M^{\mathrm{II}}_{y1}+M^{\mathrm{II}}_{y2}+\cdots$
	合成值与 y 轴夹角	$\varphi_{\mathrm{I}}=0$,与 y 轴重合	$\varphi'_{\mathrm{I}}=0$,在气缸中心线平面内	$\varphi_{\mathrm{II}}=0$,与 y 轴重合	$\varphi'_{\mathrm{II}}=0$,在气缸中心线平面内
对置或对称平衡式	任一列在 $x-x$ 轴上的分力	$F^{\mathrm{I}}_{\mathrm{I}xi}=m_{si}r\omega^2\cos(\theta-\varphi_i+\delta_i)\sin\varphi_i$	$M^{\mathrm{I}}_{xi}=F^{\mathrm{I}}_{\mathrm{I}xi}b_i$	$F^{\mathrm{I}}_{\mathrm{I}xi}=\lambda m_{si}r\omega^2\cos2(\theta-\varphi_i+\delta_i)\sin\varphi_i$	$M^{\mathrm{II}}_{xi}=F^{\mathrm{II}}_{\mathrm{I}xi}b_i$
	任一列在 $y-y$ 轴上的分力	$F^{\mathrm{I}}_{\mathrm{I}yi}=0$	$M^{\mathrm{I}}_{yi}=0$	$F^{\mathrm{II}}_{\mathrm{I}yi}=0$	$F^{\mathrm{II}}_{yi}=0$
	合成值	$F^{\mathrm{I}}_{\mathrm{I}s}=F^{\mathrm{I}}_{\mathrm{I}x1}+F^{\mathrm{I}}_{\mathrm{I}x2}+\cdots$	$M^{\mathrm{I}}_{s}=M^{\mathrm{I}}_{x1}+M^{\mathrm{I}}_{x2}+\cdots$	$F^{\mathrm{II}}_{\mathrm{I}s}=F^{\mathrm{II}}_{\mathrm{I}x1}+F^{\mathrm{II}}_{\mathrm{I}x2}+\cdots$	$M^{\mathrm{II}}_{s}=M^{\mathrm{II}}_{x1}+M^{\mathrm{II}}_{x2}+\cdots$
	合成值与 y 轴夹角	$\varphi_{\mathrm{I}}=90°$ $\varphi_{\mathrm{I}}=270°$,在气缸中心线上	$\varphi'_{\mathrm{I}}=90°$ $\varphi'_{\mathrm{I}}=270°$,在气缸中心线平面内	$\varphi_{\mathrm{II}}=90°$ $\varphi_{\mathrm{II}}=270°$,在气缸中心线上	$\varphi'_{\mathrm{II}}=90°$ $\varphi'_{\mathrm{II}}=270°$, 在气缸中心线平面内

注：* 求各列惯性力矩代数和时，应注意到机器对称中心两侧的惯性力矩符号相反；式中 b_i 为惯性力至对称中心的距离。

各列一阶往复惯性力在 $y-y$ 轴上的分力为

$$F_{\mathrm{I\,y1}}^{\mathrm{I}} = m_s r\omega^2 \cos\left(\theta + \frac{\gamma}{2}\right)\cos\left(-\frac{\gamma}{2}\right) = \frac{\sqrt{2}}{2} m_s r\omega^2 \cos(\theta + 45°)$$

$$F_{\mathrm{I\,y2}}^{\mathrm{I}} = m_s r\omega^2 \cos\left(\theta - \frac{\gamma}{2}\right)\cos\left(\frac{\gamma}{2}\right) = \frac{\sqrt{2}}{2} m_s r\omega^2 \cos(\theta - 45°)$$

$$F_{\mathrm{I\,y3}}^{\mathrm{I}} = m_s r\omega^2 \cos\left(\theta + \frac{\gamma}{2} + \pi\right)\cos\left(-\frac{\gamma}{2}\right) = -\frac{\sqrt{2}}{2} m_s r\omega^2 \cos(\theta + 45°)$$

$$F_{\mathrm{I\,y4}}^{\mathrm{I}} = m_s r\omega^2 \cos\left(\theta - \frac{\gamma}{2} + \pi\right)\cos\left(\frac{\gamma}{2}\right) = -\frac{\sqrt{2}}{2} m_s r\omega^2 \cos(\theta - 45°)$$

各列一阶往复惯性力在 $y-y$ 轴上的分力的代数和为

$$F_{\mathrm{I\,y}}^{\mathrm{I}} = F_{\mathrm{I\,y}}^{\mathrm{I}} + F_{\mathrm{I\,y}}^{\mathrm{I}} + F_{\mathrm{I\,y}}^{\mathrm{I}} + F_{\mathrm{I\,y}}^{\mathrm{I}} = 0$$

故一阶往复惯性力合力 $F_{\mathrm{I\,S}}^{\mathrm{I}} = 0$

各列一阶往复惯性力矩在 $x-x$ 轴上的分量为

$$M_{x1}^{\mathrm{I}} = F_{\mathrm{I\,x1}}^{\mathrm{I}} b_1 = -\frac{\sqrt{2}}{2} m_s r\omega^2 \cos(\theta + 45°) b_1$$

$$M_{x2}^{\mathrm{I}} = F_{\mathrm{I\,x2}}^{\mathrm{I}} b_2 = \frac{\sqrt{2}}{2} m_s r\omega^2 \cos(\theta - 45°) b_2$$

$$M_{x3}^{\mathrm{I}} = F_{\mathrm{I\,x3}}^{\mathrm{I}} b_3 = \frac{\sqrt{2}}{2} m_s r\omega^2 \cos(\theta + 45°) b_3$$

$$M_{x4}^{\mathrm{I}} = F_{\mathrm{I\,x4}}^{\mathrm{I}} b_4 = -\frac{\sqrt{2}}{2} m_s r\omega^2 \cos(\theta - 45°) b_4$$

各列一阶往复惯性力矩在 $x-x$ 轴上的分量的代数和为

$$\begin{aligned} M_x^{\mathrm{I}} &= M_{x1}^{\mathrm{I}} + M_{x2}^{\mathrm{I}} + (-M_{x3}^{\mathrm{I}}) + (-M_{x4}^{\mathrm{I}}) \\ &= -\frac{\sqrt{2}}{2} m_s r\omega^2 \cos(\theta + 45°)(b_1 + b_3) + \frac{\sqrt{2}}{2} m_s r\omega^2 \cos(\theta - 45°)(b_2 + b_4) \\ &= m_s r\omega^2 a \sin\theta \end{aligned}$$

其中 $a = b_1 + b_3 = b_2 + b_4$

各列一阶往复惯性力矩在 $y-y$ 轴上的分量为

$$M_{y1}^{\mathrm{I}} = F_{\mathrm{I\,y1}}^{\mathrm{I}} b_1 = \frac{\sqrt{2}}{2} m_s r\omega^2 \cos(\theta + 45°) b_1$$

$$M_{y2}^{\mathrm{I}} = F_{\mathrm{I\,y2}}^{\mathrm{I}} b_2 = \frac{\sqrt{2}}{2} m_s r\omega^2 \cos(\theta - 45°) b_2$$

$$M_{y3}^{\mathrm{I}} = F_{\mathrm{I\,y3}}^{\mathrm{I}} b_3 = -\frac{\sqrt{2}}{2} m_s r\omega^2 \cos(\theta + 45°) b_3$$

$$M_{y4}^{\mathrm{I}} = F_{\mathrm{I\,y4}}^{\mathrm{I}} b_4 = -\frac{\sqrt{2}}{2} m_s r\omega^2 \cos(\theta - 45°) b_4$$

各列一阶往复惯性力矩在 $y-y$ 轴上的分量的代数和为

$$\begin{aligned} M_y^{\mathrm{I}} &= M_{y1}^{\mathrm{I}} + M_{y2}^{\mathrm{I}} + (-M_{y3}^{\mathrm{I}}) + (-M_{y4}^{\mathrm{I}}) \\ &= \frac{\sqrt{2}}{2} m_s r\omega^2 \cos(\theta + 45°)(b_1 + b_3) + \frac{\sqrt{2}}{2} m_s r\omega^2 \cos(\theta - 45°)(b_2 + b_4) \end{aligned}$$

$$= m_s r\omega^2 a\sin\theta$$

一阶往复惯性力矩合成值为

$$M_s^{\mathrm{I}} = \sqrt{(M_x^{\mathrm{I}})^2 + (M_y^{\mathrm{I}})^2} = m_s r\omega_2 a$$

M_s^{I} 与 y 轴的夹角为：

$$\varphi'_{\mathrm{I}} = \arctan\frac{M_x^{\mathrm{I}}}{M_y^{\mathrm{I}}} = \arctan(\tan\theta) = \theta$$

各列二阶往复惯性力在 $x-x$ 轴上的分力为

$$F_{\mathrm{I}x1}^{\mathrm{II}} = \lambda m_s r\omega^2\cos2\left(\theta+\frac{\gamma}{2}\right)\sin\left(-\frac{\gamma}{2}\right) = -\frac{\sqrt{2}}{2}\lambda m_s r\omega^2\cos(2\theta+90°)$$

$$F_{\mathrm{I}x2}^{\mathrm{II}} = \lambda m_s r\omega^2\cos2\left(\theta-\frac{\gamma}{2}\right)\sin\left(\frac{\gamma}{2}\right) = \frac{\sqrt{2}}{2}\lambda m_s r\omega^2\cos(2\theta-90°)$$

$$F_{\mathrm{I}x3}^{\mathrm{II}} = \lambda m_s r\omega^2\cos2\left(\theta+\frac{\gamma}{2}+\pi\right)\sin\left(-\frac{\gamma}{2}\right) = -\frac{\sqrt{2}}{2}\lambda m_s r\omega^2\cos(2\theta+90°)$$

$$F_{\mathrm{I}x4}^{\mathrm{II}} = \lambda m_s r\omega^2\cos2\left(\theta-\frac{\gamma}{2}+\pi\right)\sin\left(\frac{\gamma}{2}\right) = \frac{\sqrt{2}}{2}\lambda m_s r\omega^2\cos(2\theta-90°)$$

各列二阶往复惯性力在 $x-x$ 轴上的分力的代数和为

$$F_{\mathrm{I}x}^{\mathrm{II}} = F_{\mathrm{I}x1}^{\mathrm{II}} + F_{\mathrm{I}x2}^{\mathrm{II}} + F_{\mathrm{I}x3}^{\mathrm{II}} + F_{\mathrm{I}x4}^{\mathrm{II}} = 2\sqrt{2}\lambda m_s r\omega^2\sin2\theta$$

各列二阶往复惯性力在 $y-y$ 轴上的分力为

$$F_{\mathrm{I}y1}^{\mathrm{II}} = \lambda m_s r\omega^2\cos2\left(\theta+\frac{\gamma}{2}\right)\cos\left(-\frac{\gamma}{2}\right) = \frac{\sqrt{2}}{2}\lambda m_s r\omega^2\cos(2\theta+90°)$$

$$F_{\mathrm{I}y2}^{\mathrm{II}} = \lambda m_s r\omega^2\cos2\left(\theta-\frac{\gamma}{2}\right)\cos\left(\frac{\gamma}{2}\right) = \frac{\sqrt{2}}{2}\lambda m_s r\omega^2\cos(2\theta-90°)$$

$$F_{\mathrm{I}y3}^{\mathrm{II}} = \lambda m_s r\omega^2\cos2\left(\theta+\frac{\gamma}{2}+\pi\right)\cos\left(-\frac{\gamma}{2}\right) = \frac{\sqrt{2}}{2}\lambda m_s r\omega^2\cos(2\theta+90°)$$

$$F_{\mathrm{I}y4}^{\mathrm{II}} = \lambda m_s r\omega^2\cos2\left(\theta-\frac{\gamma}{2}+\pi\right)\cos\left(\frac{\gamma}{2}\right) = \frac{\sqrt{2}}{2}\lambda m_s r\omega^2\cos(2\theta-90°)$$

各列二阶往复惯性力在 $y-y$ 轴上的分力的代数和为

$$F_{\mathrm{I}y}^{\mathrm{II}} = F_{\mathrm{I}y}^{\mathrm{II}} + F_{\mathrm{I}y}^{\mathrm{II}} + F_{\mathrm{I}y}^{\mathrm{II}} + F_{\mathrm{I}y}^{\mathrm{II}} = 0$$

二阶往复惯性力合力为

$$F_{\mathrm{I}S}^{\mathrm{II}} = F_{\mathrm{I}x}^{\mathrm{I}} = 2\sqrt{2}m_s r\omega^2\lambda\sin2\theta$$

合成二阶往复惯性力与 y 轴的夹角为

$$\varphi_{\mathrm{II}} = \arctan\frac{F_{\mathrm{I}x}^{\mathrm{II}}}{F_{\mathrm{I}y}^{\mathrm{II}}} = \arctan(\infty)$$，则 $\varphi_{\mathrm{II}} = 90°$ 或 $270°$，即沿 $x-x$ 轴方向。

各列二阶往复惯性力矩在 $x-x$ 轴上的分量为

$$M_{x1}^{\mathrm{II}} = F_{\mathrm{I}x1}^{\mathrm{II}} b_1 = -\frac{\sqrt{2}}{2}\lambda m_s r\omega^2\cos(2\theta+90°)b_1$$

$$M_{x2}^{II} = F_{I x2}^{II} b_2 = \frac{\sqrt{2}}{2}\lambda m_s r\omega^2 \cos(2\theta - 90°) b_2$$

$$M_{x3}^{II} = F_{I x3}^{II} b_3 = \frac{\sqrt{2}}{2}\lambda m_s r\omega^2 \cos(2\theta + 90°) b_3$$

$$M_{x4}^{II} = F_{I x4}^{II} b_4 = -\frac{\sqrt{2}}{2}\lambda m_s r\omega^2 \cos(2\theta - 90°) b_4$$

各列二阶往复惯性力矩在 $x-x$ 轴上的分量的代数和为

$$M_x^{II} = M_{x1}^{II} + M_{x2}^{II} + (-M_{x3}^{II}) + (-M_{x4}^{II}) = 0$$

各列二阶往复惯性力矩在 $y-y$ 轴上的分量为

$$M_{y1}^{II} = F_{I y1}^{II} b_1 = \frac{\sqrt{2}}{2}\lambda m_s r\omega^2 \cos(2\theta + 90°) b_1$$

$$M_{y2}^{II} = F_{I y2}^{II} b_2 = \frac{\sqrt{2}}{2}\lambda m_s r\omega^2 \cos(2\theta - 90°) b_2$$

$$M_{y3}^{II} = F_{I y3}^{II} b_3 = \frac{\sqrt{2}}{2}\lambda m_s r\omega^2 \cos(2\theta + 90°) b_3$$

$$M_{y4}^{II} = F_{I y4}^{II} b_4 = \frac{\sqrt{2}}{2}\lambda m_s r\omega^2 \cos(2\theta - 90°) b_4$$

各列二阶往复惯性力矩在 $y-y$ 轴上的分量的代数和为

$$M_y^{II} = M_{y1}^{II} + M_{y2}^{II} + (-M_{y3}^{II}) + (-M_{y4}^{II})$$

$$= \frac{\sqrt{2}}{2}\lambda m_s r\omega^2 \cos 2\theta \times (b_2 + b_3 - b_2 - b_4)$$

$$= -\sqrt{2}\lambda m_s r\omega^2 c \sin 2\theta$$

其中 $c = b_1 - b_2 = b_4 - b_3$

二阶往复惯性力矩合成值为

$$M_s^{II} = \sqrt{(M_x^{II})^2 + (M_y^{II})^2} = \sqrt{2}\lambda m_s r\omega_2 c \sin 2\theta$$

因为 1 列和 2 列、3 列和 4 列间的列间距很小，所以 c 可忽略不计，则 $M_s^{II} \approx 0$。

从以上计算可知：双重 V 形压缩机的一阶往复惯性力 $F_{I s}^{I} = 0$，即压缩机自身内部得到平衡；一阶往复惯性力矩 $M_s^{I} = m_s r\omega^2 a$，其值大小不变，作用在通过曲柄并与曲轴旋转平面垂直的平面内；二阶往复惯性力 $F_{I s}^{II} = 2\sqrt{2}\lambda m_s r\omega^2 \sin 2\theta$，其大小随 2 倍的曲柄转角的正弦变化，作用在水平方向，而 $M_s^{II} \approx 0$。旋转惯性力可以自身内部得到平衡，而旋转惯性力矩可以配置适当的平衡质量使之完全平衡。

②以角度式压缩机为例，其分析计算见表 5－4。

③以立式压缩机为例，其分析计算见表 5－5。

④以对称平衡型压缩机为例，其分析计算见表 5－6。

⑤以对置式压缩机为例，其分析计算见表 5－7。

表 5 – 4　角度式压缩机各列往复运动质量相等、不平衡

序号	列数	组成形式	不平衡的旋转惯性力和力矩：旋转惯性力 F_{It}	旋转惯性力矩 M_{r}	一阶惯性力 F_{Is}^{1}：计算公式	最大值	位置
1	2	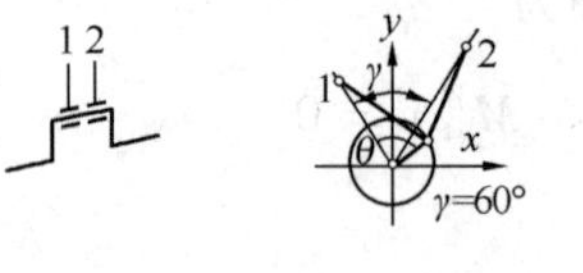	$m_{\mathrm{r}}r\omega^2$	0	$m_{\mathrm{s}}r\omega^2\times\sqrt{\frac{1}{4}+2\cos^2(\theta-30°)}$	$\frac{3}{2}m_{\mathrm{s}}r\omega^2$	$\theta=30°$ $\theta=210°$
2	2	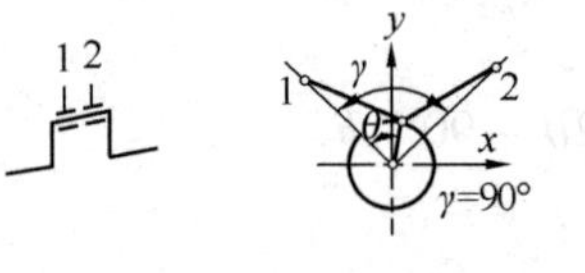	$m_{\mathrm{r}}r\omega^2$	0	$m_{\mathrm{s}}r\omega^2$		
3	2	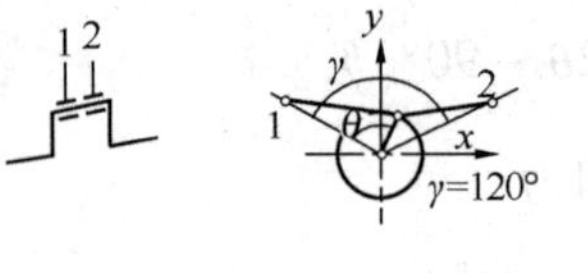	$m_{\mathrm{r}}r\omega^2$	0	$m_{\mathrm{s}}r\omega^2\times\sqrt{\frac{1}{4}+2\sin^2(\theta-60°)}$	$\frac{3}{2}m_{\mathrm{s}}r\omega^2$	$\theta=150°$ $\theta=330°$
4	4	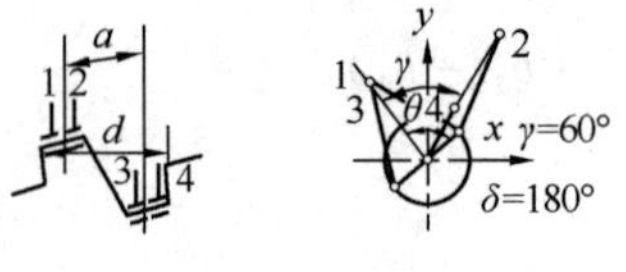	0	$m_{\mathrm{r}}r\omega^2a$	0		
5	4	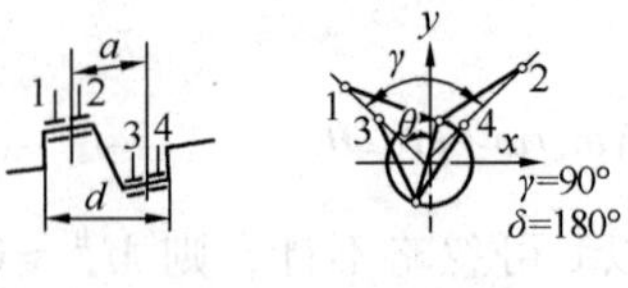	0	$m_{\mathrm{r}}r\omega^2a$	0		
6	4	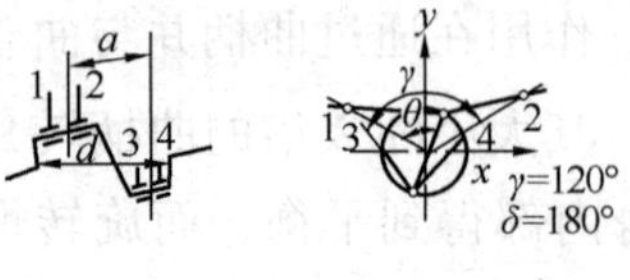	0	$m_{\mathrm{r}}r\omega^2a$	0		
7	3	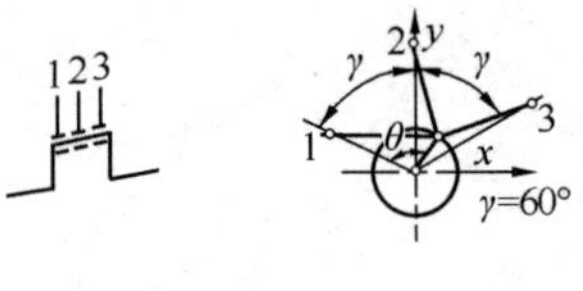	$m_{\mathrm{r}}r\omega^2$	0	$\frac{3}{2}m_{\mathrm{r}}r\omega^2$		

旋转运动质量相等时，惯性力和力矩的平衡情况

不平衡的往复惯性力和力矩									平衡重用途及大小
一阶惯性力矩 M_s^{I}			二阶惯性力 $F_{\mathrm{Is}}^{\mathrm{II}}$			二阶惯性力矩 M_s^{II}			
计算公式	最大值	位置	计算公式	最大值	位置	计算公式	最大值	位置	
微小不计			$\sqrt{\frac{3}{2}}m_s r\omega^2\lambda$			微小不计			平衡 F_{Ir} $m_b=\frac{rm_r}{r_0}$
微小不计			$\sqrt{2}m_s r\omega^2\lambda\cos^2\theta$	$\sqrt{2}m_s r\omega^2\lambda$	$\theta=0°$ $\theta=90°$ $\theta=180°$ $\theta=270°$	微小不计			平衡 F_{Ir} 和 $F_{\mathrm{Is}}^{\mathrm{I}}$ $m_b=\frac{r(m_r+m_s)}{r_0}$
微小不计			$m_s r\omega^2\lambda\times\sqrt{\frac{1}{4}+2\sin^2(2\theta-120°)}$	$\frac{3}{2}m_s r\omega^2\lambda$	$\theta=15°$ $\theta=105°$ $\theta=195°$ $\theta=285°$	微小不计			平衡 F_{Ir} $m_b=\frac{rm_r}{r_0}$
$m_s r\omega^2 a\times\sqrt{\frac{1}{4}+2\cos^2(\theta-30°)}$	$\frac{3}{2}m_s r\omega^2 a$	$\theta=30°$ $\theta=210°$	$\sqrt{3}m_s r\omega^2\lambda$			微小不计			平衡 M_r $m_b=\frac{m_r ra}{r_0 d}$
$m_s r\omega^2 a$			$2\sqrt{2}m_s r\omega^2\lambda\cos 2\theta$	$2\sqrt{2}m_s r\omega^2\lambda$	$\theta=0°$ $\theta=90°$ $\theta=180°$ $\theta=270°$	微小不计			平衡 M_r 和 M_s^{I} $m_b=\frac{r(m_r+m_s)a}{r_0 d}$
$m_s r\omega^2 a\times\sqrt{\frac{1}{4}+2\sin^2(\theta-60°)}$	$\frac{3}{2}m_s r\omega^2 a$	$\theta=150°$ $\theta=330°$	$2m_s r\omega^2\lambda\times\sqrt{\frac{1}{4}+2\sin(2\theta-120°)}$	$3m_s r\omega^2\lambda$	$\theta=15°$ $\theta=105°$ $\theta=195°$ $\theta=285°$	微小不计			平衡 M_r $m_b=\frac{m_r ra}{r_0 d}$
微小不计			$m_s r\omega^2\lambda\times\sqrt{\frac{1}{4}+2\sin^2(2\theta-120°)}$	$\frac{3}{2}m_s r\omega^2\lambda$	$\theta=15°$ $\theta=105°$ $\theta=195°$ $\theta=285°$	微小不计			平衡 F_{Ir} 和 $F_{\mathrm{Is}}^{\mathrm{I}}$ $m_b=\frac{\left(m_r+\frac{3}{2}m_s\right)r}{r_0}$

序号	列数	组成形式	不平衡的旋转惯性力和力矩		一阶惯性力 F_{Is}^{1}		
			旋转惯性力 F_{It}	旋转惯性力矩 M_r	计算公式	最大值	位置
8	3	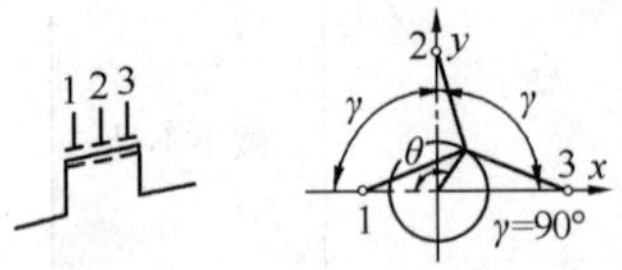	$m_r r\omega^2$	0	$m_s r\omega^2 \times \sqrt{1+3\sin^2(\theta-90^\circ)}$	$2m_s r\omega^2$	$\theta=0^\circ$ $\theta=180^\circ$
9	6	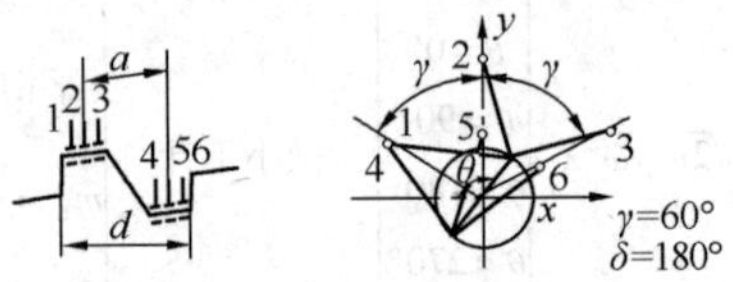	0	$m_r r\omega^2 a$	0		
10	6	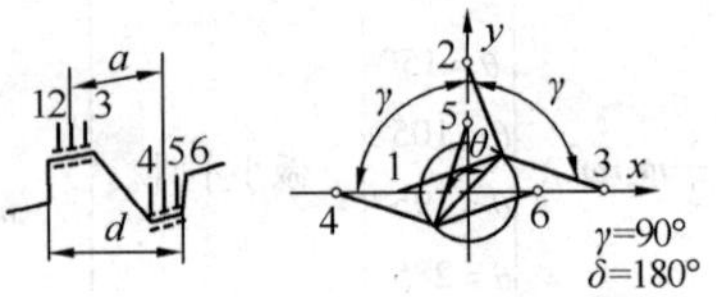	0	$m_r r\omega^2 a$	0		
11	4	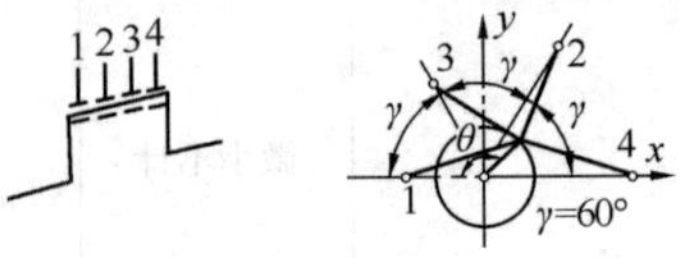	$m_r r\omega^2$	0	$m_s r\omega^2 \times \sqrt{\frac{9}{4}+4\cos^2\theta}$	$\frac{5}{2}m_s r\omega^2$	$\theta=0^\circ$ $\theta=180^\circ$
12	8	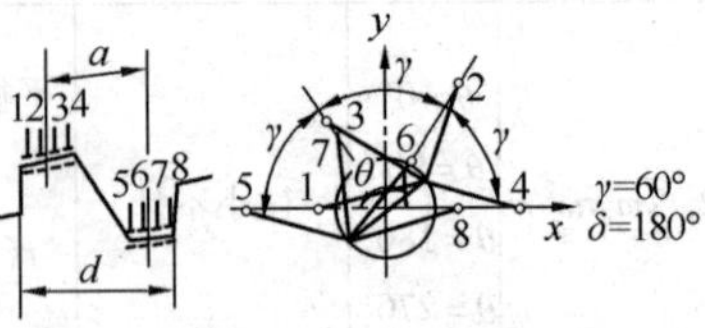	0	$m_r r\omega^2 a$	0		
13	4	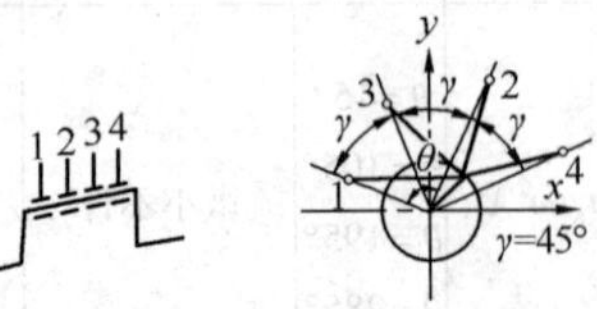	$m_r r\omega^2$	0	$2m_r r\omega^2$		
14	8	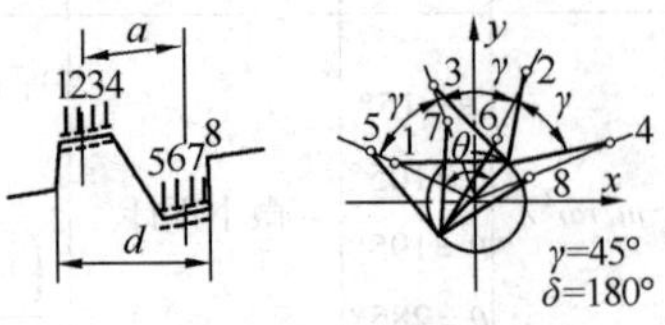	0	$m_r r\omega^2 a$	0		

注：表中 m_b，r_0 为每一拐的平衡质量和回转半径，m_r 为每一拐的不平衡旋转质量。

续表

不平衡的往复惯性力和力矩									平衡重用途及大小
一阶惯性力矩 M_s^{I}			二阶惯性力 F_{Is}^{II}			二阶惯性力矩 M_s^{II}			
计算公式	最大值	位置	计算公式	最大值	位置	计算公式	最大值	位置	
微小不计			$m_s r\omega^2\lambda\cos2\theta$	$m_s r\omega^2\lambda$	$\theta=0°$ $\theta=90°$ $\theta=180°$ $\theta=270°$	微小不计			平衡 F_{Ir} $m_b=\frac{m_r r}{r_0}$
$\frac{3}{2}m_s r\omega^2 a$			$2m_s r\omega^2\lambda\times\sqrt{\frac{1}{4}+2\sin^2(2\theta-120°)}$	$3m_s r\omega^2\lambda$	$\theta=15°$ $\theta=105°$ $\theta=195°$ $\theta=285°$	微小不计			平衡 M_r 和 M_s^{I} $m_b=\frac{r\left(m_r+\frac{3}{2}m_s\right)a}{r_0 d}$
$am_s r\omega^2\times\sqrt{1+3\sin^2(\theta-90°)}$	$2m_s r\omega^2 a$	$\theta=0°$ $\theta=180°$	$2m_s r\omega^2\lambda\cos2\theta$	$2m_s r\omega^2\lambda$	$\theta=0°$ $\theta=90°$ $\theta=180°$ $\theta=270°$	微小不计			平衡 M_r $m_b=\frac{m_r ra}{r_0 d}$
微小不计			$\frac{\sqrt{3}}{2}\lambda m_s r\omega^2$			微小不计			平衡 F_{Ir} $m_b=\frac{m_r r}{r_0}$
$am_s r\omega^2\times\sqrt{\frac{9}{4}+4\cos^2\theta}$	$\frac{5}{2}m_s r\omega^2 a$	$\theta=0°$ $\theta=180°$	$\sqrt{3}\lambda m_s r\omega^2$			微小不计			平衡 M_r $m_b=\frac{m_r ra}{r_0 d}$
微小不计			$1.85m_s r\omega^2\lambda$			微小不计			平衡 F_{Ir} 和 F_{Is}^{I} $m_b=\frac{(m_r+2m_s)r}{r_0}$
$2mr\omega^2 a$			$3.70m_s r\omega^2\lambda$			微小不计			平衡 M_r 和 M_s^{I} $m_b=\frac{(m_r+2m_s)a}{r_0 d}$

表 5 – 5 立式压缩机各列往复运动质量相等、不平

序号	列数	组成形式	不平衡的旋转惯性力及力矩：旋转惯性力 F_{It}	不平衡的旋转惯性力及力矩：旋转惯性力矩 M_r	一阶惯性力 F_{Is}^1：计算公式	一阶惯性力 F_{Is}^1：最大值	一阶惯性力 F_{Is}^1：位置
1	2	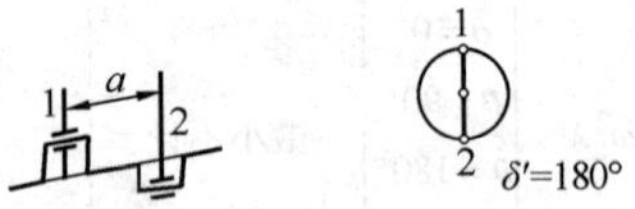	0	$m_r r\omega^2 a$	0		
2	2		$\sqrt{2}m_r r\omega^2$	$\frac{\sqrt{2}}{2}m_r r\omega^2 a$	$m_r r\omega^2(\cos\theta-\sin\theta)$	$\sqrt{2}m_s r\omega^2$	$\theta=135°$ $\theta=315°$
3	3	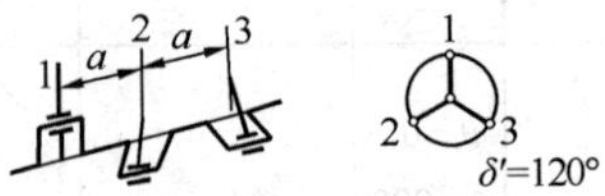	0	$\sqrt{3}m_r r\omega^2 a$	0		
4	4	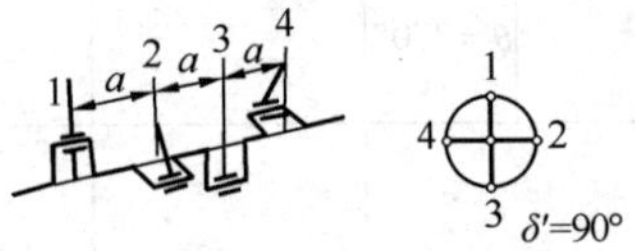	0	$2\sqrt{2}m_r r\omega^2 a$	0		
5	4	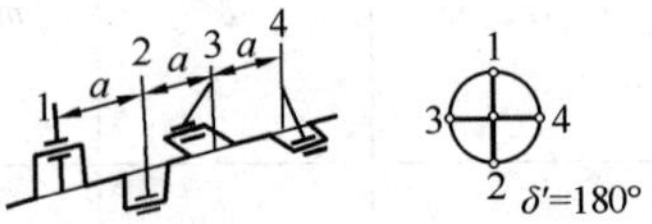	0	$\sqrt{2}m_r r\omega^2 a$	0		
6	4	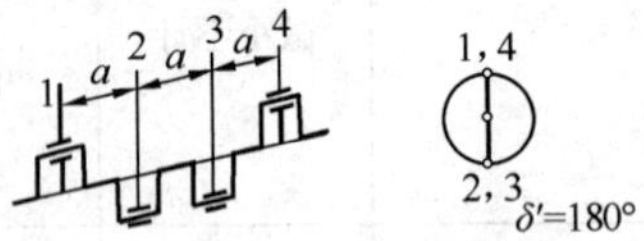	0	0	0		
7	6	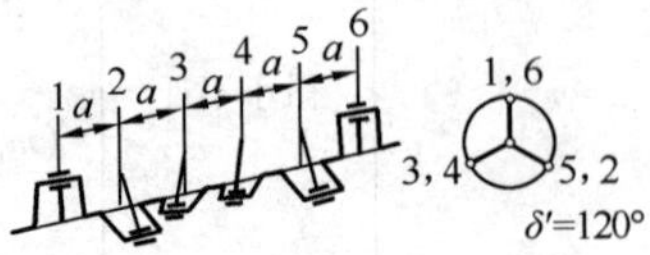	0	0	0		
8	6	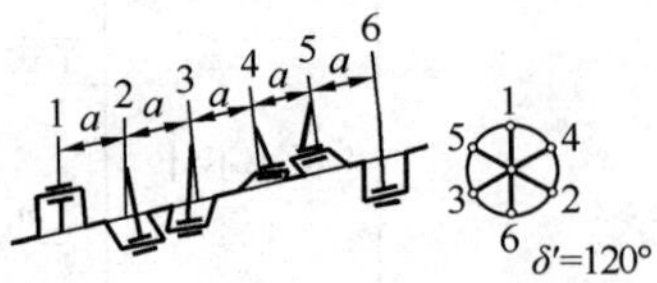	0	$2\sqrt{3}m_r r\omega^2 a$	0		

注：1. 表中 δ' 为相邻曲拐平面间的夹角。

2. 表中 m_b，r_0 为每一拐的平衡重的质量和回转半径；m_r 为每一拐的不平衡旋转质量。

衡旋转运动质量相等时，惯性力及力矩的平衡情况

不平衡的往复惯性力及力矩									平衡重用途及大小
一阶惯性力矩 M_s^{I}			二阶惯性力 $F_{\mathrm{Is}}^{\mathrm{II}}$			二阶惯性力矩 M_s^{II}			
计算公式	最大值	位置	计算公式	最大值	位置	计算公式	最大值	位置	
$m_s r\omega^2 a\cos\theta$	$m_s r\omega^2 a$	$\theta=0°$ $\theta=180°$	$2m_s r\omega^2\lambda\cos2\theta$	$2m_s r\omega^2\lambda$	$\theta=0°$ $\theta=90°$ $\theta=180°$ $\theta=270°$	0			平衡 M_r $m_b=\frac{r}{r_0}m_r$
$\frac{1}{2}m_s r\omega^2 a\times(\cos\theta+\sin\theta)$	$\frac{\sqrt{2}}{2}m_s r\omega^2 a$	$\theta=45°$ $\theta=225°$	0			$m_s r\omega^2\lambda a\cos2\theta$	$m_s r\omega^2\lambda a$	$\theta=0°$ $\theta=90°$ $\theta=180°$ $\theta=270°$	平衡 F_{Ir} 与 M_r $m_b=\frac{r}{r_0}m_r$
$\frac{1}{2}m_s r\omega^2 a\times(3\cos\theta-\sqrt{3}\sin\theta)$	$\sqrt{3}m_s r\omega^2 a$	$\theta=150°$ $\theta=330°$	0			$\frac{\sqrt{3}}{2}m_s r\omega^2\lambda a(\sqrt{3}\cos\theta+\sin2\theta)$	$\sqrt{3}m_s r\omega^2\lambda a$	$\theta=75°$ $\theta=185°$ $\theta=105°$ $\theta=285°$	平衡 M_r $m_b=\frac{r}{r_0}m_r$
$2m_s r\omega^2 a\times(\cos\theta-\sin\theta)$	$2\sqrt{2}m_s r\omega^2 a$	$\theta=135°$ $\theta=315°$	0			$2m_s r\omega^2\lambda a\cos2\theta$	$2m_s r\omega^2\lambda a$	$\theta=0°$ $\theta=90°$ $\theta=180°$ $\theta=270°$	平衡 M_r $m_b=\frac{r}{r_0}m_r$
$m_s r\omega^2 a\times(\cos\theta-\sin\theta)$	$\sqrt{2}m_s r\omega^2 a$	$\theta=45°$ $\theta=225°$	0			$4m_s r\omega^2\lambda a\cos2\theta$	$4m_s r\omega^2\lambda a$	$\theta=0°$ $\theta=90°$ $\theta=180°$ $\theta=270°$	平衡 M_r $m_b=\frac{r}{r_0}m_r$
0			$4m_s r\omega^2\lambda\cos2\theta$	$4m_s r\omega^2\lambda$	$\theta=0°$ $\theta=90°$ $\theta=180°$ $\theta=270°$	0			0
0			0			0			0
$m_s r\omega^2 a\times(3\cos\theta-\sqrt{3}\sin\theta)$	$2\sqrt{3}m_s r\omega^2 a$	$\theta=150°$ $\theta=330°$	0			0			平衡 M_r $m_b=\frac{r}{r_0}m_r$

表5-6　对称平衡型压缩机各列往复运动质量相等、

序号	列数	组成形式	不平衡的旋转惯性力及力矩：旋转惯性力 F_{It}	不平衡的旋转惯性力及力矩：旋转惯性力矩 M_{r}	一阶惯性力 $F_{\mathrm{Is}}^{\mathrm{I}}$：计算公式	一阶惯性力 $F_{\mathrm{Is}}^{\mathrm{I}}$：最大值	一阶惯性力 $F_{\mathrm{Is}}^{\mathrm{I}}$：位置
1	2	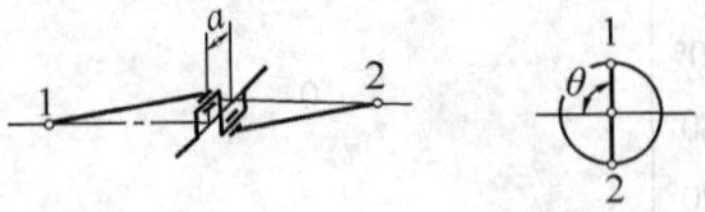 $\delta=180°$，$\gamma=180°$	0	$m_{\mathrm{r}}r\omega^2 a$		0	
2	4	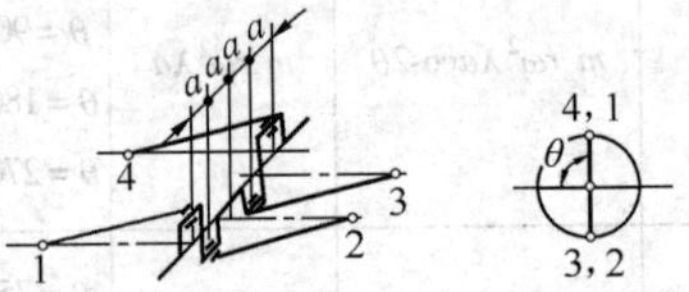 $\delta=180°$，$\gamma=180°$	0	0		0	
3	4	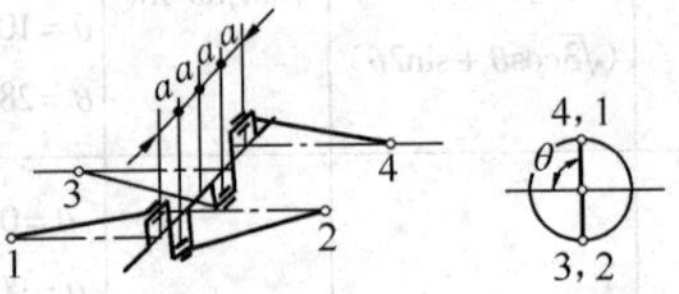 $\delta=180°$，$\gamma=180°$	0	0		0	
4	4	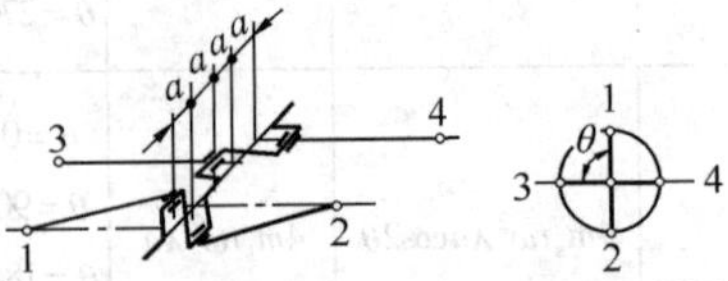 $\delta=90°$，$\gamma=180°$	0	$\sqrt{2}m_{\mathrm{r}}r\omega^2 a$		0	
5	6	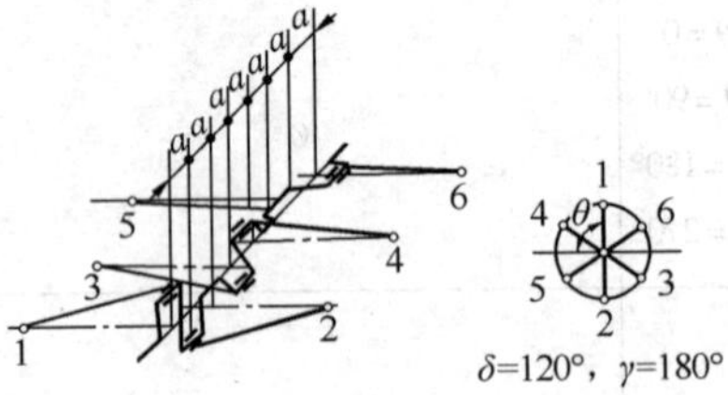 $\delta=120°$，$\gamma=180°$	0	0		0	
6	8	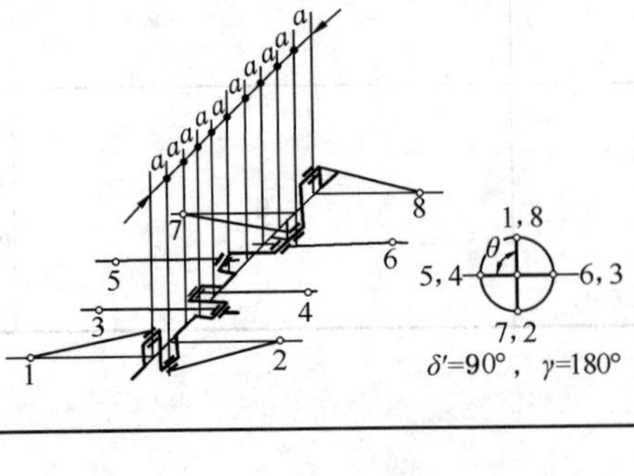 $\delta'=90°$，$\gamma=180°$	0	0		0	

不平衡旋转运动质量相等时，惯性力和力矩的平衡情况

不平衡的往复惯性力及力矩									平衡重用途及大小
一阶惯性力矩 M_s^{I}			二阶惯性力 F_{Is}^{II}			二阶惯性力矩 M_s^{II}			
计算公式	最大值	位置	计算公式	最大值	位置	计算公式	最大值	位置	
$m_s r\omega^2 a\cos\theta$	$m_s r\omega^2 a$	$\theta=0°$ $\theta=180°$	0			$m_s r\omega^2 \lambda a\cos2\theta$	$m_s r\omega^2 \lambda a$	$\theta=0°$ $\theta=90°$ $\theta=180°$ $\theta=270°$	平衡 F_r $m_b=\frac{r}{2r_0}m_r$
0			0			0			平衡 M_r $m_b=\frac{r}{2r_0}m_r$
0			0			$2m_s r\omega^2 a\lambda\cos2\theta$	$2m_s r\omega^2 a\lambda$	$\theta=0°$ $\theta=90°$ $\theta=180°$ $\theta=270°$	0
$m_s r\omega^2 a\times$ $(\cos\theta+\sin\theta)$	$\sqrt{2}m_s r\omega^2 a$	$\theta=45°$ $\theta=225°$	0			0			0
0			0			0			0
0			0			0			0

序号	列数	组成形式	不平衡的旋转惯性力及力矩		一阶惯性力 $F_{\mathrm{Is}}^{\mathrm{I}}$		
			旋转惯性力 F_{It}	旋转惯性力矩 M_r	计算公式	最大值	位置
7	8	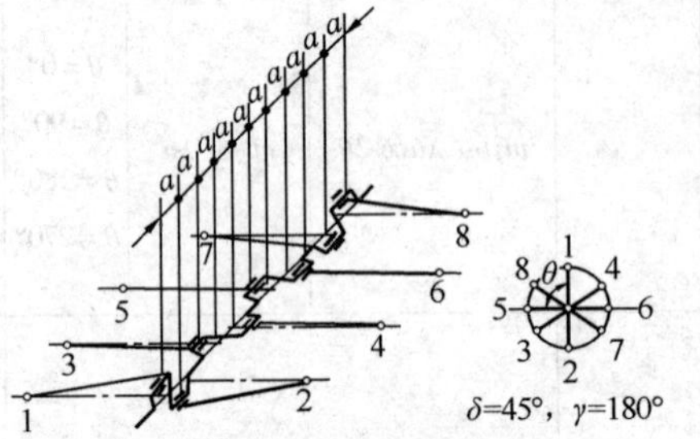	0	$\sqrt{4-2\sqrt{2}}\times m_r r\omega^2 a$	0		

注：1. 表中 δ' 为相邻曲拐平面间的夹角。

2. 表中 m_b，r_0 为每一拐平衡重质量和回转半径；m_r 为每一拐的不平衡旋转质量。

表 5-7 对置式压缩机各列往复运动质量相等、不平衡

序号	列数	组成形式	不平衡的旋转惯性力及力矩		一阶惯性力 $F_{\mathrm{Is}}^{\mathrm{I}}$		
			旋转惯性力 F_{It}	旋转惯性力矩 M_r	计算公式	最大值	位置
1	2	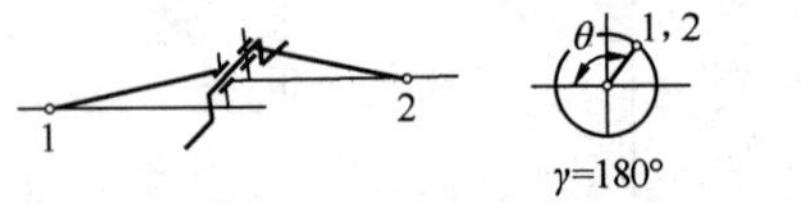	$m_r r\omega^2$	0	$2m_s r\omega^2\cos\theta$	$2m_r r\omega^2$	$\theta=0°$ $\theta=180°$
2	4	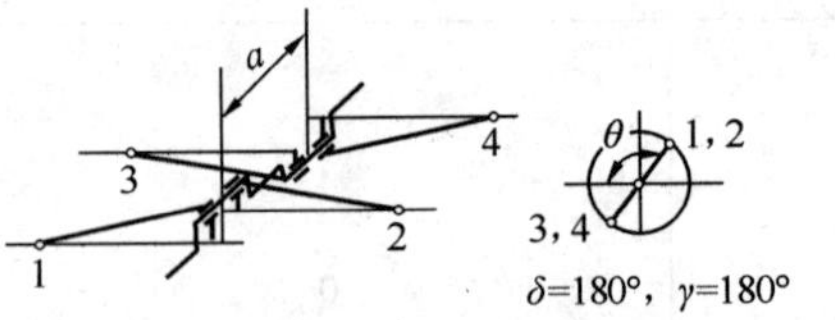	0	$m_r r\omega^2 a$	0		
3	3	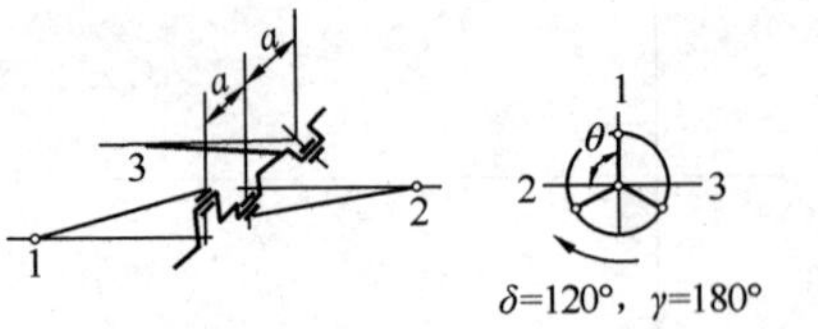	0	$\sqrt{3}m_r r\omega^2 a$	0		
4	5	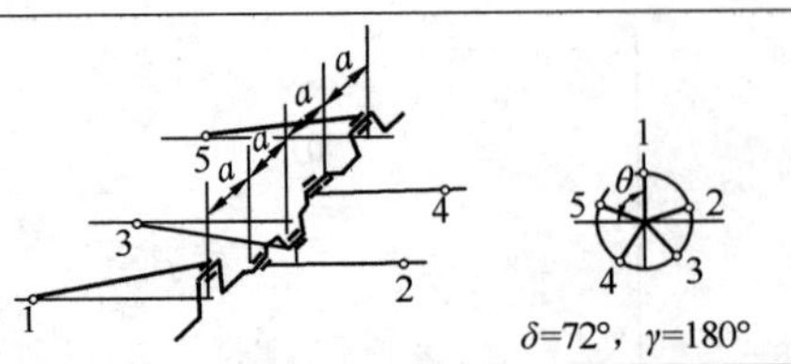	0		0		

注：表中 m_b，r_0 为每一拐的平衡重的质量和回转半径；m_r 为每一拐不平衡的旋转质量。

续表

不平衡的往复惯性力及力矩									平衡重用途及大小
一阶惯性力矩 M_s^{I}			二阶惯性力 $F_{\mathrm{Is}}^{\mathrm{II}}$			二阶惯性力矩 M_s^{II}			
计算公式	最大值	位置	计算公式	最大值	位置	计算公式	最大值	位置	
$m_s r\omega^2 a[(1-\sqrt{2})\cos\theta-\sin\theta]$	$1.0824m_s\times r\omega^2 a$	$\theta=112.5°$ $\theta=292.5°$	0			0			平衡 M_r $m_b=\frac{r}{2r_0}m_r$

旋转运动质量相等时，惯性力及力矩的平衡情况

不平衡的往复惯性力及力矩									平衡重用途及大小
一阶惯性力矩 M_s^{I}			二阶惯性力 $F_{\mathrm{Is}}^{\mathrm{II}}$			二阶惯性力矩 M_s^{II}			
计算公式	最大值	位置	计算公式	最大值	位置	计算公式	最大值	位置	
0			0			微小不计			平衡 F_{Ir} $m_b=\frac{m_r}{r_0}r$
$2m_s r\omega^2 a\cos\theta$	$2m_s r\omega^2 a$	$\theta=0°$ $\theta=180°$	0			微小不计			平衡 M_r $m_b=\frac{m_r}{r_0}r$
$\frac{1}{2}m_s r\omega^2 a\times(3\cos\theta+\sqrt{3}\sin\theta)$	$\sqrt{3}m_s r\omega^2 a$	$\theta=30°$ $\theta=210°$	$m_s r\omega^2\lambda\times(\cos2\theta+\sqrt{3}\sin2\theta)$	$2m_s r\omega^2\lambda$	$\theta=30°$ $\theta=120°$ $\theta=210°$ $\theta=300°$	$\frac{1}{2}mr\omega^2 a\lambda\times(3\cos2\theta-\sqrt{3}\sin2\theta)$	$\sqrt{3}m_s\times r\omega^2\lambda a$	$\theta=75°$ $\theta=165°$ $\theta=255°$ $\theta=345°$	平衡 M_r $m_b=\frac{m_r}{r_0}r$
$m_s r\omega^2 a\times(3.4411\cdot\sin\theta-2.5\cos\theta)$	$4.253m_s r\omega^2 a$	$\theta=126°$ $\theta=306°$	$m_s r\omega^2\lambda\times(\cos2\theta+3.077\sin2\theta)$	$3.236\times m_s r\omega^2\lambda$	$\theta=36°$ $\theta=126°$ $\theta=216°$ $\theta=306°$	$m_r r\omega^2\lambda a\times(1.5389\times\sin2\theta-4.736\cos2\theta)$	$4.994\times m_r r\omega^2\lambda a$	$\theta=81°$ $\theta=171°$ $\theta=261°$ $\theta=351°$	平衡 M_r $m_b=\frac{m_r}{r_0}r$

5.5 基础和减振设计

未被平衡的惯性力和惯性力矩会传递到压缩机外部，并导致压缩机的振动。通常用基础或减振器加以控制。基础有水泥基础和构架基础两大类，它的作用是凭借土壤弹性及支撑面限制振幅，也凭借基础的大质量限制振幅；减振器有弹簧支承和橡胶弹性支承两类，其作用是隔离振源及限制振幅。

5.5.1 有阻尼强迫振动基本公式

(1)振幅

$$A_z = \beta \frac{I}{K_z} \tag{5-50}$$

式中：I 为惯性力(即干扰力)幅值，$I = m_s r\omega^2$；K_z 为刚性系数。

$$\beta = \frac{1}{\sqrt{\left(1 - \frac{\omega^2}{\omega_n^2}\right)^2 + \left(2\mu \frac{\omega}{\omega_n}\right)^2}} \tag{5-51}$$

$$\omega_n = \sqrt{K_z/m} \tag{5-52}$$

式中：β 为放大因子；μ 为阻尼比，$\mu = C/C_c$；C_c 为临界阻尼，$C \geqslant C_c$ 时为衰减运动；ω 为干扰力(激发)频率；ω_n 为固有频率，与外界无关；m 为系统质量。

则有

$$A_z = \beta \frac{I}{K_z} = \beta \frac{m_s r\omega^2}{m\omega_n^2} \tag{5-53}$$

令

$$a_0 = \frac{m_s r}{m} \tag{5-54}$$

则相对振幅

$$\frac{A_z}{a_0} = \beta \frac{\omega^2}{\omega_n^2} \tag{5-55}$$

(2)相对振幅与 ω/ω_n、μ 的关系

从图 5-23 给出的相对振幅与 ω/ω_n、μ 的关系中可以看到：

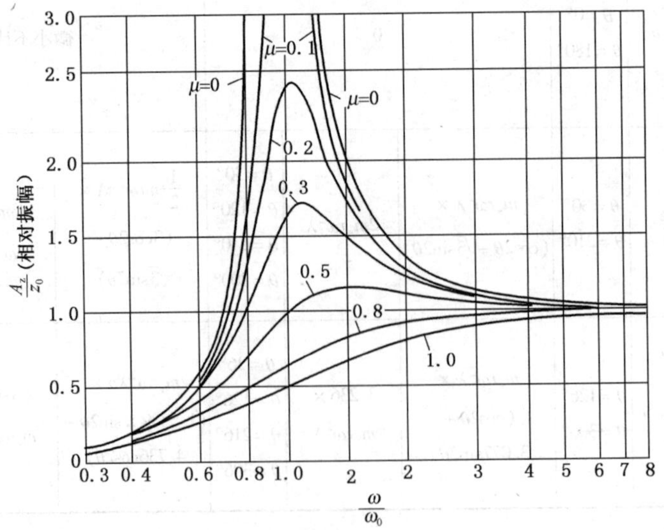

图 5-23 相对振幅与 ω/ω_n、μ 的关系

①$\omega/\omega_n=1$、$\mu<0.5$ 时，随 μ 的降低，A_z/a_0 增加，$\mu=0$ 时 A_z/a_0 趋于无穷大，此时发生共振；

②ω/ω_n 趋于 0 时，A_z/a_0 趋于 0，即 ω_n 越大，A_z/a_0 越小；

③$\omega/\omega_n\geqslant5$ 时，A_z/a_0 趋于 1，若使 A_z 小，必须使 a_0 小，即 m_s 和 r 一定时，加大系统质量 m 可减少振幅。

(3)β 的物理意义

由静位移 $A_{st}=I/K_z$ 可得 $\beta=A_z/A_{st}$，即放大因子 β 表征最大动位移与静位移之比。

若 $\mu=0$，当 $\omega=\omega_n$ 时，β 趋于无穷大，则 A_z 也趋于无穷大，这就是共振；

若 $\mu\neq0$，由图 5－24 看出：

①$\omega/\omega_n=1$ 或附近($\omega/\omega_n=0.75\sim1.25$)，随 μ 降低，β 急剧增加，因此属于共振区；

②$\omega/\omega_n<1$，β 减小，尤其当 $\omega/\omega_n<0.75$，$\mu>0.5$ 时，$\beta<2$；

③$\omega/\omega_n>1$，β 也可减小，并当 $\omega/\omega_n>1.4$ 后，$\beta<1$。

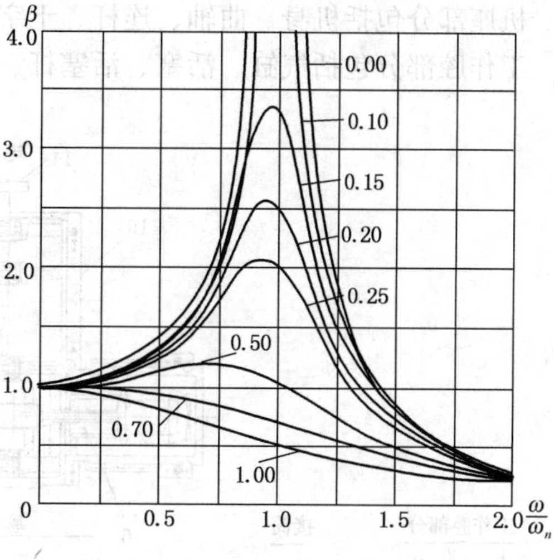

图 5－24 放大因子 β 与 ω/ω_n、μ 的关系

5.5.2 减振设计基本原则

(1)基础隔振

对基础来说 $\beta=1$ 最好，即 A_z 趋于 A_{st}，说明基础可以使干扰力仅相当于静力作用的沉降，一般的基础设计应满足 $\omega/\omega_n<0.5$。

为获取较高的 ω_n，可以通过增加地基刚性的方法，即采用平板式地基、加大基础的底面积、采用致密的土质等。

另外，应使地基底面的形心与压缩机及基础的共同重心相重合，以减少不必要的弯矩。

(2)弹性支承减振(隔振器减振)

弹性元件固有频率低，当 $\omega/\omega_n>2.5$ 时，β 远远地小于 1，即振幅可以小。

减振器设计中应注意使其在六个方向均不产生共振，所有减振器的压缩量应相同，力求机组在平衡状态时无倾斜。

参 考 文 献

1 郁永章主编. 容积式压缩机技术手册. 北京：机械工业出版社，2000

2 林梅，孙嗣莹编. 活塞式压缩机原理. 北京：机械工业出版社，1987

3 活塞式压缩机设计编写组. 活塞压缩机设计. 北京：机械工业出版社，1974

4 杨连生主编. 内燃机设计. 北京：中国农业机械出版社，1981

5 陈永江编著. 容积式压缩机原理与结构设计. 西安：西安交通大学出版社，1985

6 往复压缩机结构与零部件

6.1 往复压缩机结构与装置

6.1.1 往复压缩机主机结构组成

一台往复压缩机，主要由机座与工作腔两大部分组成。此外，还可能有一个连接两者的中间接筒，如图 6-1 所示。

机座部分包括机身、曲轴、连杆、十字头组件等。

工作腔部分包括气缸、活塞、活塞杆、活塞环与填料、气阀组件等。

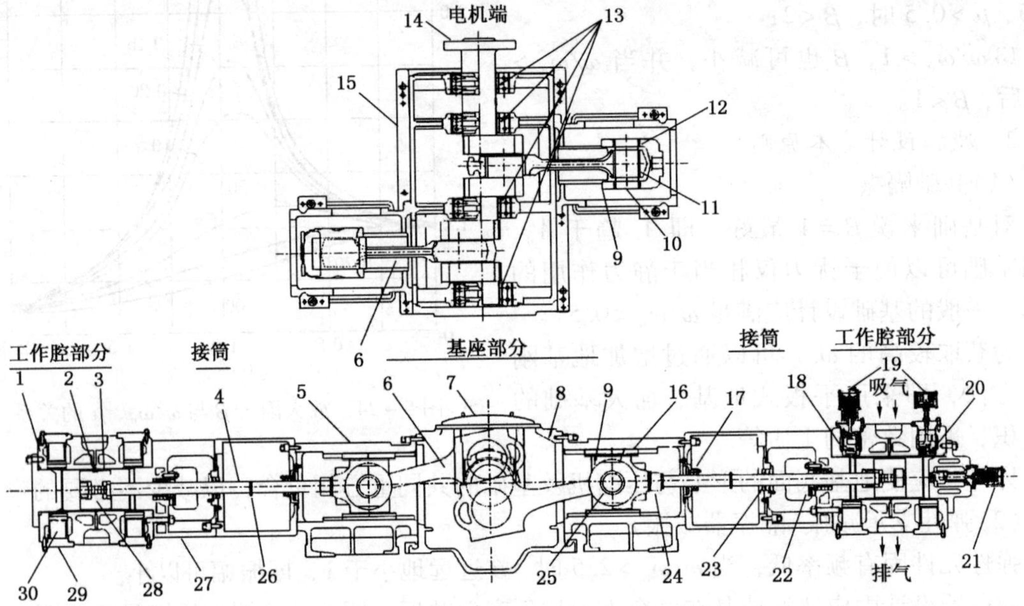

图 6-1 往复压缩机(对动式、气缸无油润滑)组成

1—气缸；2—气缸套；3—活塞环与支承环；4—活塞杆；5—中体(十字头箱)；6—连杆；7—曲轴箱上盖；8—曲轴箱；9—十字头体；10—十字销；11—连杆小头衬套；12—十字头销衬套；13—主轴承瓦；14—曲轴；15—压缩机地脚边；16—十字头滑板；17—刮油环；18—压阀罩；19—压开进气阀调节；20—进气阀；21—余隙容积调节；22—填料函；23—分隔室密封环；24—活塞杆螺母；25—十字头销挡板；26—活塞杆挡油环；27—中间接筒(缓冲室)；28—活塞；29—阀孔盖板；30—压阀罩

6.1.2 往复压缩机的型号

为了管理和称呼的方便，我国压缩机采取统一的型号编制方法(JB 2589—1999)。此种统一的方法又分成两类：一类为动力与化工用的压缩机，另一类为制冷压缩机。本手册仅以前者为主。

（1）编制方法　用如下字母与数字序列编制

□□—□/□—□

- 差异：用字母、数字表示
- 压力：用数字表示，单位 10^5Pa(bar)
- 公称容积流量：用数字表示，单位 m^3/min（隔膜压缩机为 m^3/h）
- 特征：用字母表示
- 结构：用字母表示

（2）结构代号

① 往复压缩机的结构代号　按形状或中文拼音的第一个字母表示，见表 6－1 规定。

② 隔膜压缩机的结构代号　用 G 表示；当隔膜由机械机构直接驱动时，结构代号用 GJ 表示。

③ 螺杆压缩机结构代号　用 LG 表示。

④ 涡杆压缩机的代号　用 OG 表示。

⑤ 滑片压缩机的结构代号　用 HP 表示。

⑥ 液环压缩机的结构代号　用 YH 表示。

表 6－1　往复压缩机结构代号

结构代号	结构代号的涵义
V	V 形
W	W 形
L	L 形
S	扇形（Shan—扇）
X	星形（Xing—星）
Z	立式（气缸中心线均与水平面垂直，Zhi—直）
P	卧式（气缸中心线均与水平面平行，Ping—平）
D	两列对称平行形（我国习称对动式，本手册中均称为对动式）
M	M 形（对动式）
H	H 形（对动式）
DZ	对置型
ZH	自由活塞
ZT	整体型摩托压缩机

6.1.3　压缩机装置（或设备）组成与布置

（1）压缩机装置的组成

压缩机装置的组成除主机外还包括：级间气体冷却与后冷却器、气体管路与缓冲器、级间与后气液分离器（也有场合称油水分离器）、润滑系统与设备、气量调节系统与设备、压缩机驱动设备等。图 6－2 中示出了以上大部分设备，它们是按上、下两层布置的，主机在楼上（图中所指操作平台 +3.2m 表示楼板高度），左边主机下方所注 3000mm 为基础宽度，其右下角为润滑油泵站，右边左上角进气总管文字部位下为驱动电机，图中气阀上方小凸起部位（右边）或黑圆圈（左边）表示压开吸入阀装置。

压缩机装置的布置要考虑到压缩机安装与维修，故图中还示出了该机活塞杆拆卸所需的距离 2200mm。

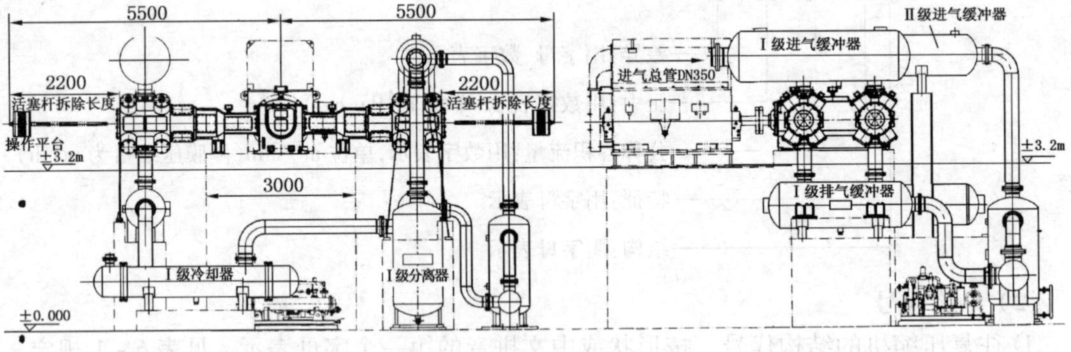

图 6－2 压缩机装置(系统)及布置

(2) 系统布置方式分类

① 主机与主要辅助设备分两层布置。如图 6－2 所示，主机在楼层上，辅机在楼层下。但为使缓冲器尽量靠近气缸，故有些布置在气缸上方。优点是压缩机与辅助设备安装维修方便，尤其是活塞力在 300kN 以上的大型设备，零部件质量与体积大，故只能单独运输、现场安装。又如图 6－3 所示，为一个甲醇压缩机车间中压缩机主机及缓冲器在楼上的实际布置情况。

② 机器与设备平面布置。如图 6－4 所示，为一立式压缩机站的布置图，主机为迷宫式液化天然气罐中自然蒸发的气体(BOG)压缩机，冷却器为风冷式；露天布置不设厂房。

图 6－3 4M32－180/54 甲醇压缩机装置在楼上的实际布置图

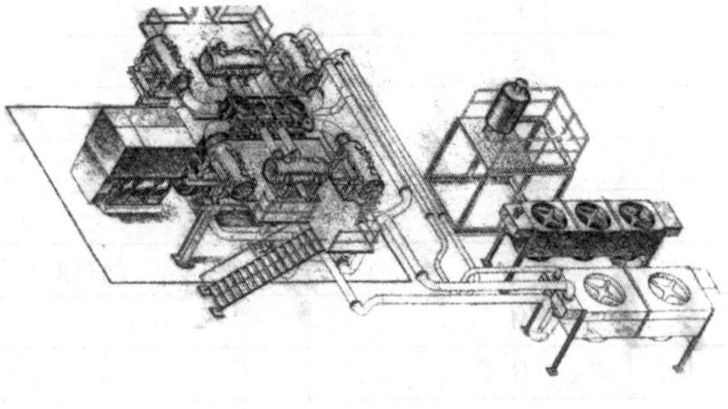

图 6－4 BOG 压缩机装置布置

③ 撬装布置方式。如冷却器等设备配置在压缩机的上方或者紧靠压缩机气缸的下方与近旁，图 6－5 即为一撬装式压缩机装置，其结构为四列五级压缩的空气压缩机，十分紧凑。它的优点：机器布置在一个撬体上，所有机器与设备在生产工厂全部安装完成，用户现场仅需连接气、水、油、管道以及电气线路；一些装置可露天运行，无需专门建立厂房。它的缺点：撬体尺寸庞大给运输带来困难；压缩机维修较为困难，活塞力在 300kN 以上，列数在四列以上难以适应。

6.1.4 往复压缩机选型

(1) 选型原则

往复压缩机的基本选型原则为：①动力平衡性好；②管道布置方便；③安装维修方便；

④性价比好。

（2）结构选择

① 对动式压缩机　中、大型时大都选用对动式或多列对置式，因为它动力平衡性好(详见第5章)，方便布置较多气缸，安装维修方便，故颇为用户所欢迎。但是，对动式压缩机也有缺点：首先，两相对列中，总有一列十字头其侧向力向上并贴于上滑道，如图6－6所示，而在两止点位置时侧向力消失，因重力作用又向下，故造成十字头在运行中有跳动，并导致活塞杆随之摆动，从而影响填料的密封性及耐久性；其次，仅两列对动式时，总切向力曲线很不均匀，由此使飞轮矩要比角度式结构大。

图6－5　中间冷却器和缓冲容积配置在压缩机上方或近旁的撬装式机组

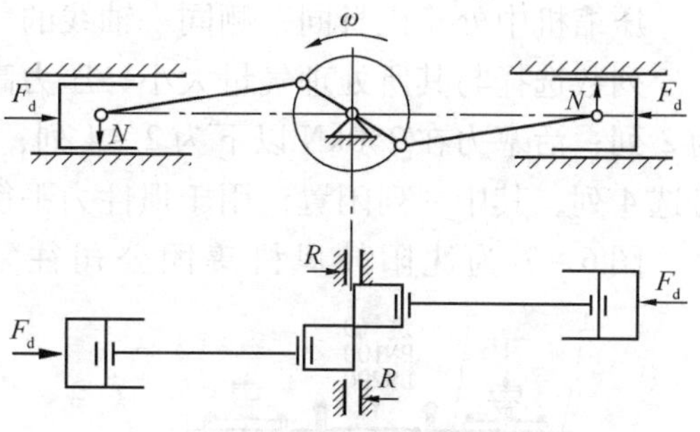

图6－6　对动式压缩机十字头受力状况

气缸对置而活塞不对动的结构主要为奇数列时采用。但是，采用单一连杆而具有框架式十字头的对置式压缩机必须偶数列，四列以上也能有较好的动力平衡性。

② 角度式中的L、V形压缩机　中、小型时可考虑应用，因其动力平衡性较好，两列时其转矩均匀，所需飞轮矩小，L形结构无活塞杆跳动(V形稍有一些)；当压缩机仅需两列且垂直列气缸不超过2m高度时比较适合，若要做成四列将相当困难，除非用两个机身电动机安装其间。此外，曲轴上的平衡质量与体积较大，给压缩机设计带来一定困难。

③ 立式压缩机　适用于中、小型，二列以上时动力平衡性能也比较好，对于活塞不允许接触气缸工作壁面的迷宫压缩机目前仍是主要的选择。

（3）气缸润滑方式选择(见表6－2)

表6－2　气缸润滑方式比较

序　号	有　　油	无　　油	少　　油
1	往复摩擦功耗小	往复功耗比有油时大约10倍	摩擦功耗同有油
2	金属活塞环、填料密封元件材料价格便宜	自润滑密封元件材料比金属贵5～8倍以上	材料同无油润滑
3	气体接触润滑油，为油所污染	气体不接触润滑油，无油污染	气体接触少量或微量润滑油，有油污染
4	气体需进行油、气分离，并有压力损失	不存在油、气分离	视气体性质与油量多少，可不设分离器或根据需要设分离器
5	要消耗气缸润滑油与设专门注油器	无	通常由活塞杆带入气缸，或设专门注油器少量注油

序号	有油	无油	少油
6	密封元件与气缸寿命长，适应较高压力差，ΔP 可达 20MPa 甚至更高，活塞平均速度可达 5m/s	密封压力差 $\Delta P < 19\text{MPa}$，活塞平均速度 $C_m \leqslant 3.8\text{m/s}$，平均寿命约为有油的$\left(\frac{1}{2} \sim \frac{2}{3}\right)$	受材料强度影响 $\Delta P < 19\text{MPa}$，活塞平均速度 C_m 同金属，寿命同金属
7	排气温度当为一般矿物油时 $t_d < 180℃$，若用合成润滑油可达 250℃	排气温度 < 160℃，填料部分必须有很好的冷却，以防材料达到玻璃化温度 T_g 而冷流	排气温度同无油润滑，填料需考虑冷却

6.1.5 压缩机列数选择与级在列中的配置

(1) 列数选择

压缩机中处于机身同一侧同一轴线的气缸、活塞、活塞杆构成一个列。

列数选择与其所处理气量大小、压力高低、制造厂所具有机座大小等有关。列数的首选为 2 列；活塞力在 250kN 以下为 2~4 列；根据级的配置当仅需 3 列时，在对动压缩机中也可选 4 列，其中一列闲置，用于惯性力平衡。

图 6-7 为沈阳鼓风机集团公司往复压缩机部生产的两列新氢压缩机：气体力达

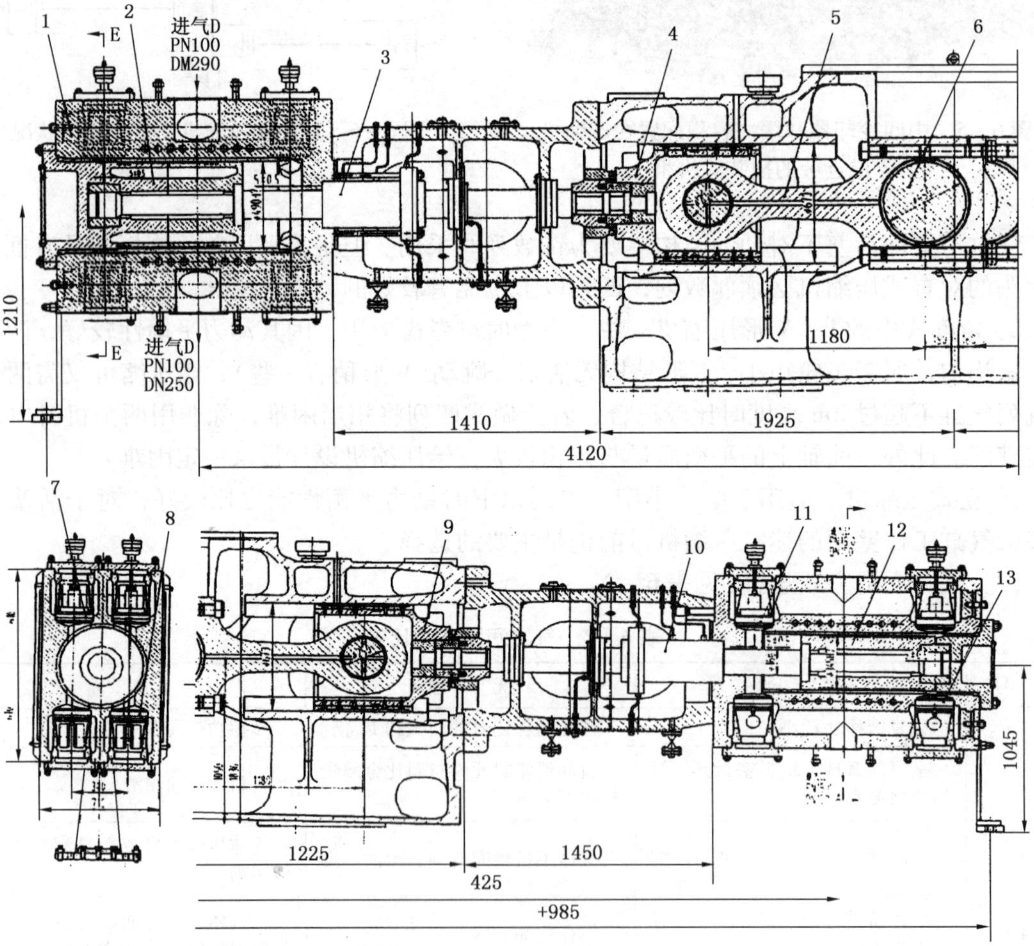

图 6-7　2D120 氢气压缩机

1—气缸；2、12—活塞；3、10—填料；4、9—十字头；5—连杆；6—曲轴；7、8— Ⅰ 级进、排气阀；11、13— Ⅱ 级进、排气阀

1200kN；进/排气压力为2.55/11.8MPa；功率为3000kW。该机属我国乃至世界上气体力最大的一个规格。

国内生产的对动式压缩机最大为8列，图6-8为上海压缩机泵业公司生产的8M-100压缩机：最大气体力1000kN；吸/排气压力0.1/32MPa；处理气量$Q=26000Nm^3/h$；电动机功率为7700kW。

此外，也可用两个机座，电动机置于其间的结构，称为H形，它相当于四列，如图6-9所示的结构。图6-10的结构称H-M形，它相当于六列结构。此类电动机安置在两机座间的结构，压缩机主轴与电动机轴同心度要求高，安装时对中比较困难。

图6-8　上海压缩机泵业公司设计制造的8列压缩机

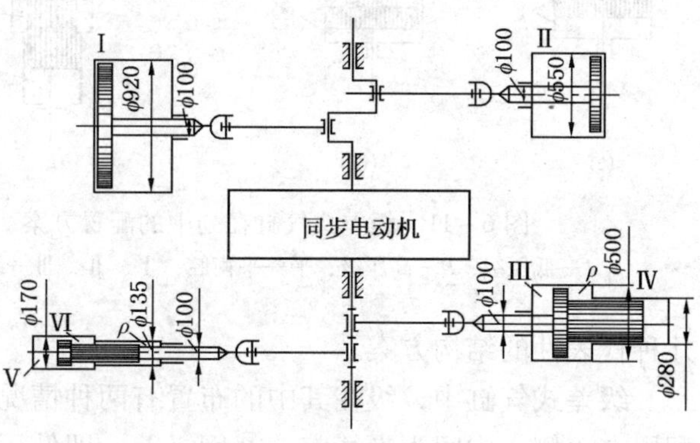

图6-9　H形结构布置（Ⅰ、Ⅱ、Ⅲ、Ⅳ、Ⅴ、Ⅵ—级次）

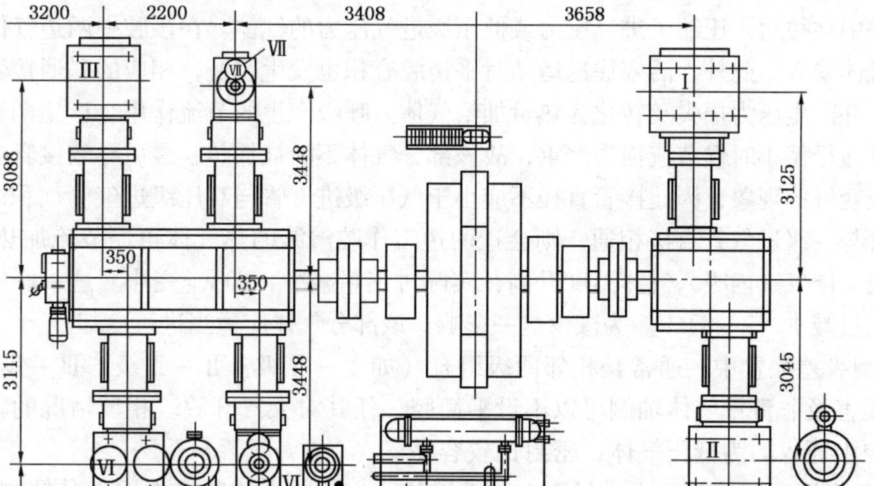

图6-10　山东潍坊生建压缩机公司生产的H-M结构

国外曾生产过10列对动式压缩机，它是同时压缩两种气体的联合压缩机。实践证明，这种组合并不好，只要其中有一个零件出故障，整台压缩机便要停止运行。

（2）级在列中的配置

关于级在列中的配置，应注意以下四方面：

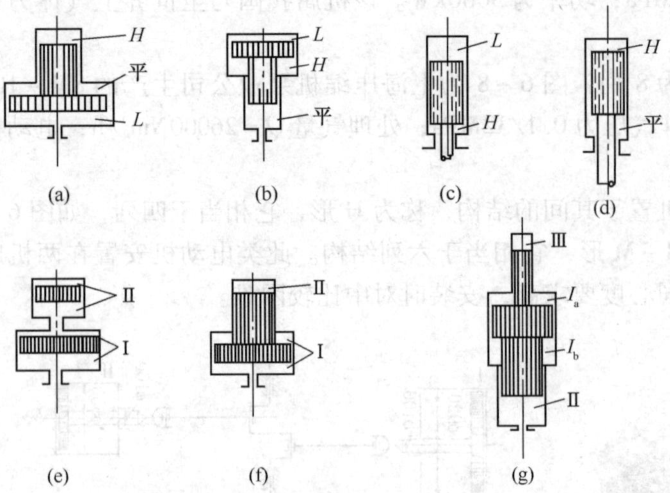

图 6-11 级差式气缸在列中的配置方案

L—低压级；*H*—高压级；平—平衡腔；Ⅰ、Ⅱ、Ⅲ—级次

① 各列活塞力应均衡，有十字头压缩机往返程中的活塞力也应均衡，这样曲轴、连杆的强度利用比较充分；

② 力求减少气体泄漏量，所以应使相邻容积压力差较小；

③ 在曲轴一侧配置较低压力的气缸，以利于填料密封；

④ 制造和装配方便。

级在列中的布置低、中压时一列中布置一个级，它们大都为双作用气缸，中、高压时往往做成级差式气缸，也有高压级做成单作用气缸，如图 6-11 所示，其图中（a）、（b）、（c）、（d）为几种代表性的结构方案。

级差式气缸中，级在其中的布置有两种情况：①正级差，即低压级配置在轴侧、高压级配置在盖侧，中间为平衡腔；②倒级差，即低压级配置在盖侧，高压级配置在轴侧，轴侧再设平衡腔或不设平衡腔。

关于平衡腔问题：①在正级差配置时是无可避免的，为了使活塞往返作用力相等或接近相等，平衡腔中往往通入压缩机进气压力或低压级进气压力的气体。在该腔中两边气体压缩时均会有高温气体渗入。此外，活塞往返运动时平衡腔容积也发生改变，相应的联通接管处气体有呼吸作用，并产生压力损失及转化为热量加给气体。呼吸产生的节流作用会产生两种情况：一是由于接管通径偏小时候节流损失严重，故该部分气体不断被加热，最后导致接管处钢管颜色发蓝，甚至变红的现象，因此接管直径不应小于低压级进气管与高压级进气管面积之差；二是如果该接管与一级进气管直接相通，则会让两边工作腔渗漏的热气体再经节流加热后进入Ⅰ级气缸工作腔，使气缸内吸入气体温度升高，实际进气量减少，即 λ_T 变小。这一影响最大可致压缩机排气量减少（7~8）%。为减少这一影响，该部分气体应适当进行冷却。

② 在倒级差配置中，通常是相邻两级组合（如Ⅰ-Ⅱ级，Ⅱ-Ⅲ级，Ⅲ-Ⅳ级等）。对于无毒、无害及非贵重气体轴侧可以不设平衡腔，任其对大气开放。相反情况的轴侧要设平衡腔，该腔中通入的为低压气体，密封比较容易。

③ 在单作用高压级气缸中，见图 6-11（d），为了减小活塞杆作用力其轴侧设平衡腔，平衡腔中所通气体压力即为该级排气压力，并由填料对平衡腔进行密封。

6.1.6 结构参数与转速及压缩机系列化

影响压缩机结构尺寸与性能的参数主要有活塞平均速度 C_m 和连杆大小头孔中心距与曲轴回转半径比 $\lambda = \frac{r}{L}$；最大气体力与最大活塞杆力，它们也是压缩机系列化的基础；此外，还有反向角问题。

（1）活塞平均速度

活塞单位时间内行走的平均距离（见第 5 章），即 $C_m = sn/30$（m/s），其中 *s*—活塞行程/m；n—转速，r/min。这是一个影响气缸尺寸，气阀工作与机器寿命的参数，转速高时机器尺寸必然小，那些与转速有关的摩擦部位寿命短；而有些部位的摩擦磨损则与活塞平均速度有关，如图6-11所示。活塞环、填料、十字头滑板，在相同压力情况下，其磨损比例于活塞平均速度 C_m；而气缸工作表面（镜面）、活塞杆、十字头销、曲柄销与主轴颈及相应的轴承，其磨损比例于压缩机转速 n。因此，高压压缩机与无油润滑压缩机选取较低 C_m 值与较低的转速 n；否则必须应用更好的材料或更好润滑。

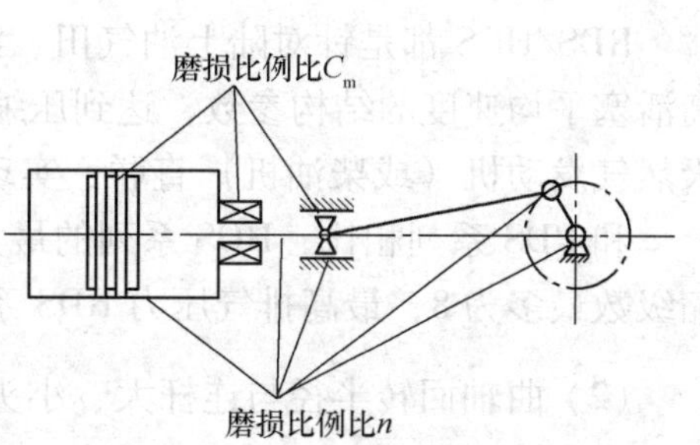

图6-12　活塞平均速度及转速对磨损的影响

气阀的气流平均速度也直接与活塞平均速度有关（见本章6.9节）。当提高 C_m 时，为获得相同的压力损失就要求气阀有较大的通道或升程。

在第五章已介绍各种压缩机 C_m 取值范围与理由。对于中、大型压缩机的 C_m 值，有资料建议取值范围见图6-13。

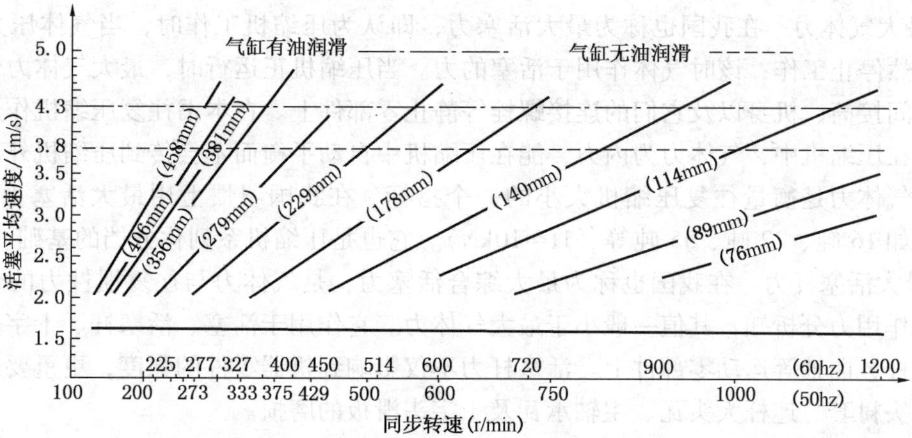

图6-13　中、大型压缩机 C_m 取值范围

有油润滑；------ 无油润滑

但是，在德莱塞—兰公司所提供的RDS与HOS撬装式高速对动压缩机系列产品中（见表6-3），C_m 值要高于图6-13所列。

表6-3　撬装高速对称平衡型压缩机组参数

型别	列数	额定转速/(r/min)	行程/mm	最大气体力/kN	额定功率/kW	活塞平均速度/(m/s)
2RDS	2	1000	139.7	166.8	895	4.656
4RDS	4	1000	139.7	166.8	1790	4.656
6RDS	6	1000	139.7	166.8	2685	4.656
2HOS	2	1200	152.4	266.9	1417	6.096
4HOS	4	1200	152.4	266.9	2461	6.096
6HOS	6	1200	152.4	266.9	3430	6.096

RDS/HOS 都是针对陆上油气田、海上采油气平台之需而研制的。以高转速、短行程、高活塞平均速度的结构参数，达到压缩机结构高度紧凑、外形小、重量轻，并便于和高转速天然气发动机（或柴油机）直联，实现机组撬装化且便于移动的目的。

和 RDS 系列相比，HOS 系列的最大功率值高到 3430kW，最大气体力高达 266.9kN。压缩级数最多为 8，最高排气压力 RDS 系列为 41.37MPa，HOS 达 51.71MPa。

（2）曲轴回转半径与连杆大、小头孔中心长度比，即 $\lambda=\frac{r}{L}$

它是决定机身长度的参数，因为 $r=s/2$，而 s 系由 C_m 决定。因此，λ 实际仅由连杆长度来决定。连杆长度短则机身紧凑，十字头侧向力大，反之亦然。压缩机设计时，连杆长度取决于装拆的要求，一般都要求装配与拆卸连杆时，在连杆大头盖与十字头销卸去后，杆身能从曲轴箱上方开口处方便地取出。一般 $\lambda=\left(\frac{1}{4.0}\sim\frac{1}{5.0}\right)$。对于采用插入式滑道的高速压缩机，可取 $\lambda=\left(\frac{1}{3.5}\sim\frac{1}{4.5}\right)$，此时连杆不易从机身上方开口取出。

（3）最大气体力与最大活塞杆力及反向角

① 最大气体力　在我国也称为最大活塞力，即认为压缩机工作时，当气体压力最大时压缩机突然停止工作，该时气体作用于活塞的力。当压缩机正运行时，最大气体力仅作用于气缸、中间接筒、机身以及它们的连接螺栓等静止零部件上。在本书往复压缩机作用力分析中指出：在压缩机中，气体力为内力，能在压缩机中自动平衡而不会传到压缩机外部来。

最大气体力是衡量往复压缩机大小的一个指标。在我国习惯上用最大活塞力“吨位”来称呼，如 16 吨、22 吨、35 吨等（1t≈10kN）。它也是压缩机系列化分档的基础。

② 最大活塞杆力　在我国也称为最大综合活塞力，是气体力与往复惯性力的合力的最大值。由作用力分析知，其值一般小于最大气体力。它作用于活塞、活塞杆、十字头、十字头销、连杆、曲轴等运动零部件上。活塞杆力不仅影响到机器零件的强度，更重要的是影响到连杆小头衬套、连杆大头瓦、主轴承瓦及十字头滑板的磨损。

③ 反向角问题　反向角主要涉及活塞杆受力的情况。活塞杆力在往返行程中一般所承受的作用力相反。由于在一列中配置一个双作用气缸或一个反向配置的级差式气缸时，往返行程中活塞杆受力方向总是交变的，因此也使十字头销在连杆小头衬套中有一次接触面的改变（即轻微跳动），使润滑油能有机会进入承压面，实现有油润滑及冲涮并带走摩擦热与磨屑。在一些工作腔特殊配置中，如级差式气缸不同级配置在同一端，或双作用气缸一侧要进行压开进气阀调节时，活塞杆便可能在往返行程中只受单一方向作用力（或拉或压），其时十字头销便在连杆小头衬套中始终压在一边，并使该边润滑油可能无从进入，由此造成干摩擦运行，并导致衬套烧损、十字头销表面粘着衬套材料。因此，压缩机设计时要考虑此因素，很好地进行诸工况的动力计算。通过调节往复质量的大小产生不同的惯性力，使活塞杆力在部分曲轴转角范围内产生反向作用力，并使该转角内有润滑油导入承压面，这一作用力相反的转角便称为“反向角”。在 API618 中希望反向角大于 15°。此外，一般情况下活塞到达止点后，活塞杆力都会改变方向，如果突然由压缩力变为拉伸力便成为冲击载荷，理论上讲冲击载荷将比静载荷造成零件的应力增加至少一倍，这对连接螺栓与十字头销等的工作极为不利。因此，希望返程初期活塞杆力仍与进程终了的作用力同方向，经一定转角后，活塞杆力逐渐变小最后为零，然后再变成反向作用力。这一从止点位置开始的曲轴转角变化也应

大于 15°——可通过改变相对余隙容积值来达到。

（4）压缩机系列化

对压缩机生产企业来讲，制订本企业产品系列极为重要。它展示了企业已经或可能（准备）生产的产品，为自身发展（技术上、装备上）作有条不紊的准备，也为压缩机用户提供了必要的信息，同时可为用户选用合适的压缩机提供方便。

往复压缩机系列化大都依机座允许作用力的大小分成若干档次（俗称吨位）。

表 6 – 4 所示为德莱赛 – 兰公司（Drisser – Rand）的 HHE 系列压缩机结构参数，表中所列每一档有两个转速，这是考虑到不同国家电网频率不同的关系，我国电网工频为 50Hz 应用较低转速，而美国或日本的部分地区电网为 60Hz，故应用较高转速。

表 6 – 5 所示为德国博尔齐格（Borsig）公司系列参数。该系列最大机身载荷已发展到 1200kN（120t）。

表 6 – 4 德莱赛—兰公司 HHE 系列压缩机参数

型别			HHE – FB		HHE – VE		HHE – VG		HHE – VL		
允许最大作用力	综合活塞力（最大活塞杆力）	kN	133.45		266.9		467.06		800.68		
	最大气体力		160.14		320.27		556		978.61		
活塞杆直径		mm	57.15		82.55		101.6		127		
曲轴轴径		mm	171.45		228.6		279.4		330.2		
曲拐数			2，4		1 ~ 6		1 ~ 10		2 ~ 10		
活塞行程		mm	254	304.8	279.1	304.8	355.6	381	355.6	381	406.4
转速 额定/最高		r/min	500/600	428/500	428/500	375/428	333/375	333/333	333/375	333/333	333/333
活塞平均速度		m/s	4.233/5.08	4.348/5.08	3.982/4.678	3.81/4.348	3.947/4.445	4.229/4.229	3.947/4.445	4.229/4.229	4.511/4.511
最大轴功率	1 曲拐				1155.8	991.8	1938.8	1715.1			
	2 曲拐		1006.7	835.2	1633.1	1398.2	3877.6	3448.9	5130.4	4556.2	4556.2
	3 曲拐				2788.9	2386.2	5816.5	5182.6	8542	7587.5	7587.5
	4 曲拐		1957.5	1677.8	3266.2	2796.4	6599.4	5853.7	10260.8	9112.5	9112.5
	5 曲拐				3937.3	3370.6	6599.4	5853.7	12822.3	11386.8	11386.8
	6 曲拐				3937.3	3370.6	6599.4	5853.7	12822.3	11386.8	11386.8
	7 曲拐						6599.4	5853.7	12822.3	11386.8	11386.8
	8 曲拐						6599.4	5853.7	12822.3	11386.8	11386.8
	9 曲拐						6599.4	5853.7	12822.3	11386.8	11386.8
	10 曲拐						6599.4	5853.7	12822.3	11386.8	11386.8

表 6-5　博尔齐格对动式压缩机系列参数

基本系列	BX22-10	BX28-16	BX32-20	BX32-25	BX36-32	BX40-40	BX45-50	BX45-80/56	BX45-80/63
最大行程/mm	220	280	320	320	360	400	450	450	450
最大气体力/kN	100	160	200	250	320	400	500	800	800
活塞杆直径/mm	50/60	60/70	65/75	75/85	85/100	95/110	105/120	120/130	130/145
主轴颈直径/mm	125	160	185	200	225	250	280	320	360
曲柄销直径/mm	125	160	185	200	225	250	280	320	360
十字头销直径/mm	72	90	100	115	125	145	160	200	200
连杆中心距/mm	460	600	630	700	770	850	950	1000	1000
连杆螺栓	M27×2	M30×2	M36×3	M39×3	M42×3	M48×3	M52×3	M60×4	M64×4
十字头滑履直径/mm	200	250	280	315	335	400	450	540	540
基础件质量/kg	750	1400	1600	2200	2700	3700	4500	8600	8500

注：基础件质量为相对两列机身、曲轴、连杆、十字头等的总和。

6.1.7　典型结构示例

（1）气缸无油润滑压缩机

图 6-14 所示为 LX 型气缸无油润滑压缩机，其中体带有圆筒形滑道，因此十字头无法

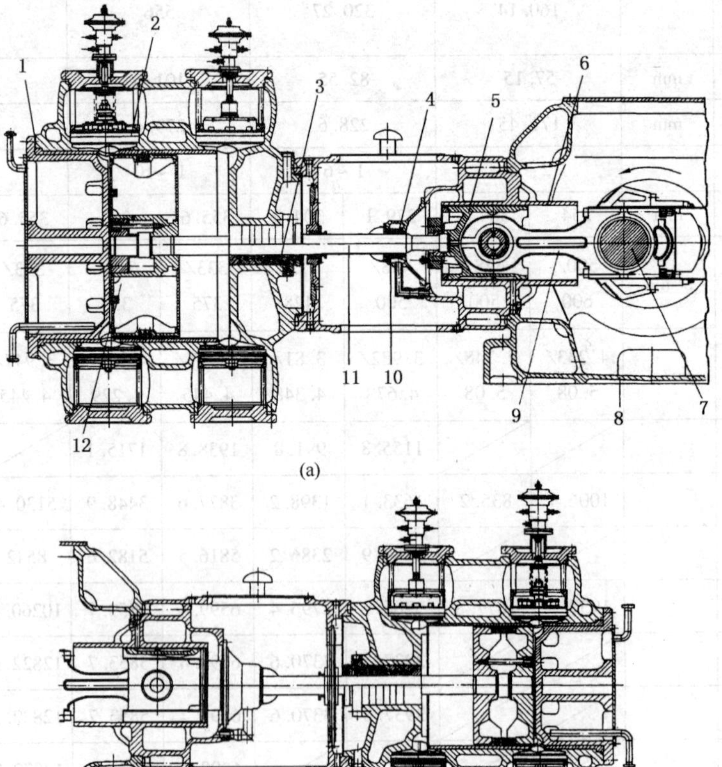

图 6-14　LX 型工艺用对称平衡型压缩机剖视图
（行程 220mm，气缸无油润滑）

1—气缸；2—气阀；3—填料；4—刮油环；5—十字头；6—十字头滑导-中间接筒；7—曲轴；8—机身；9—连杆；10—封油圈；11—活塞杆；12—活塞

从中体中取出，由此中体上的窗孔也不像一般压缩机开在中体两侧，而在中体上方与下方。作为气缸无油润压缩机除了紧靠十字头的第一道刮油环外，活塞杆上还设有甩油圈，两者间活塞杆长度等于活塞行程 S。紧靠气缸还有一道隔油挡板，其功能相当于一般双隔腔中体，由此可抽取填料泄漏出的气体，也可充以氮气阻止有害气体向机身内或周围环境扩散，但其长度方向占有极短的空间，使整机长度缩短。该机气缸一端仅留填料函孔，使伸出的填料函受到很好的冷却以降低自润滑填料磨损。压缩机两级活塞均为组合式，且一级为焊接结构，与活塞杆的连接均为活塞中间的凸缘，由若干个小螺钉紧固，因为气体力均作用在凸缘上，螺钉仅受半个活塞的质量惯性力。

（2）混合气体六级压缩机

图6-15所示为成都大川压缩机公司生产的6M40-340/341型合成氨用氮、氢混合气压缩机。其容积流量为340m^3/min，进气压力为常压半水煤气发生炉来的混合气体，经六级压缩到31.4MPa（表）合成压力。压缩机行程为480mm，转速为273r/min，轴功率为4722kW。

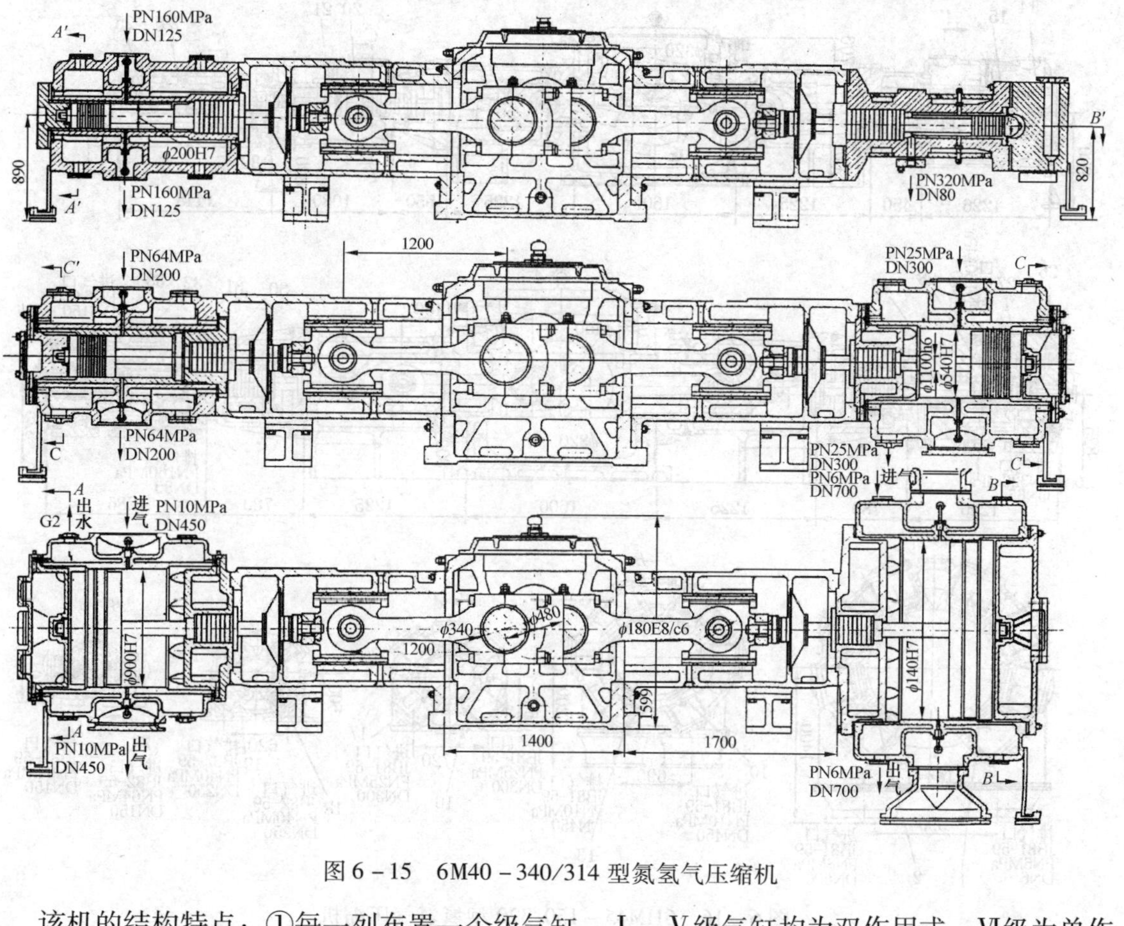

图6-15　6M40-340/314型氮氢气压缩机

该机的结构特点：①每一列布置一个级气缸，Ⅰ~Ⅴ级气缸均为双作用式，Ⅵ级为单作用但背压为平衡腔，其中充以Ⅵ级排气压力，借以平衡单作用活塞杆力，该压缩机最大气体力为385.4kN；②六个中体与曲轴箱的结合定位均靠曲轴箱底边凸台与中体底边平面，大大减少了镗削12个圆孔与凸缘的麻烦；③活塞平均速度 C_m = 4.46m/s，在有油润滑时也属偏高，因此摩擦零件制造要求特别关注；④Ⅰ级气缸直径为 φ = 140mm，是目前国内最大气缸之一；⑤Ⅰ级气缸每一端布置进、排气阀共12个，也是国内最多的一个。

（3）混合气体七级压缩机

图 6 - 16 为山东潍坊生建压缩机公司生产的氮 - 氢混合气七级压缩机。该机即为图 6 - 10 所示 H - M 型布置。吸气绝对压力 0.124MPa、额定排气绝对压力 31.47MPa、容积流量 150m³/min，轴功率 2450kW，行程 450mm，转速 250r/min。

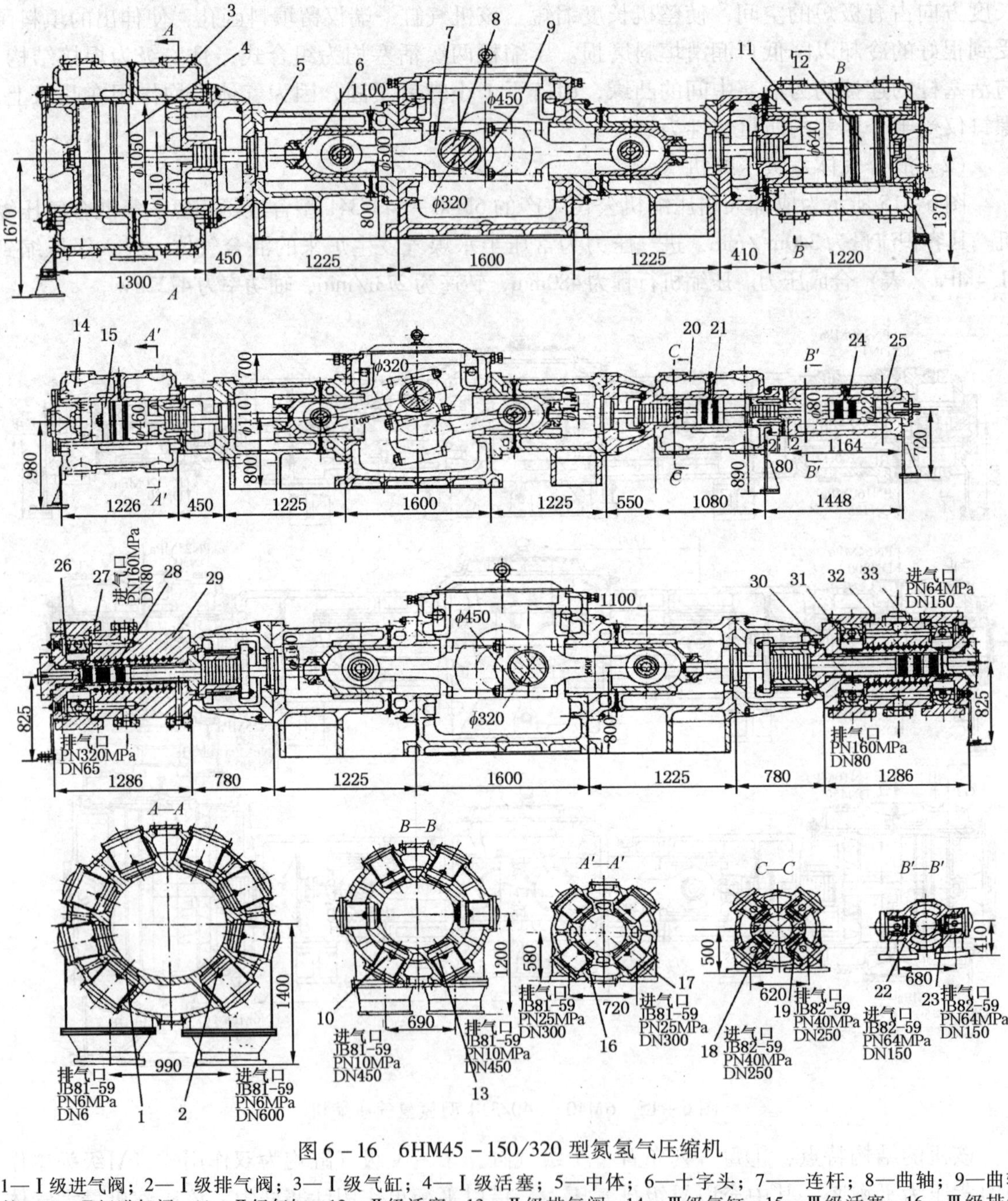

图 6 - 16　6HM45 - 150/320 型氮氢气压缩机

1—Ⅰ级进气阀；2—Ⅰ级排气阀；3—Ⅰ级气缸；4—Ⅰ级活塞；5—中体；6—十字头；7——连杆；8—曲轴；9—曲轴箱；10—Ⅱ级进气阀；11—Ⅱ级气缸；12—Ⅱ级活塞；13—Ⅱ级排气阀；14—Ⅲ级气缸；15—Ⅲ级活塞；16—Ⅲ级排气阀；17—Ⅲ级进气阀；18—Ⅳ级进气阀；19—Ⅳ级排气阀；20—Ⅳ级气缸；21—Ⅳ级活塞；22—Ⅴ级进气阀；23—Ⅴ级排气阀；24—Ⅴ级活塞；25—Ⅴ级气缸；26—Ⅶ级进气阀；27—Ⅶ级排气阀；28—Ⅶ级活塞；29—Ⅶ级气缸；30—级排气阀；31—Ⅵ级进气阀；32—Ⅵ级活塞；33—Ⅵ级气缸

（4）硫化氢压缩机

图 6 - 17 为沈阳远大压缩机制造有限公司生产的硫化氢压缩机：4M12 - 49.3/1 - 13.7，

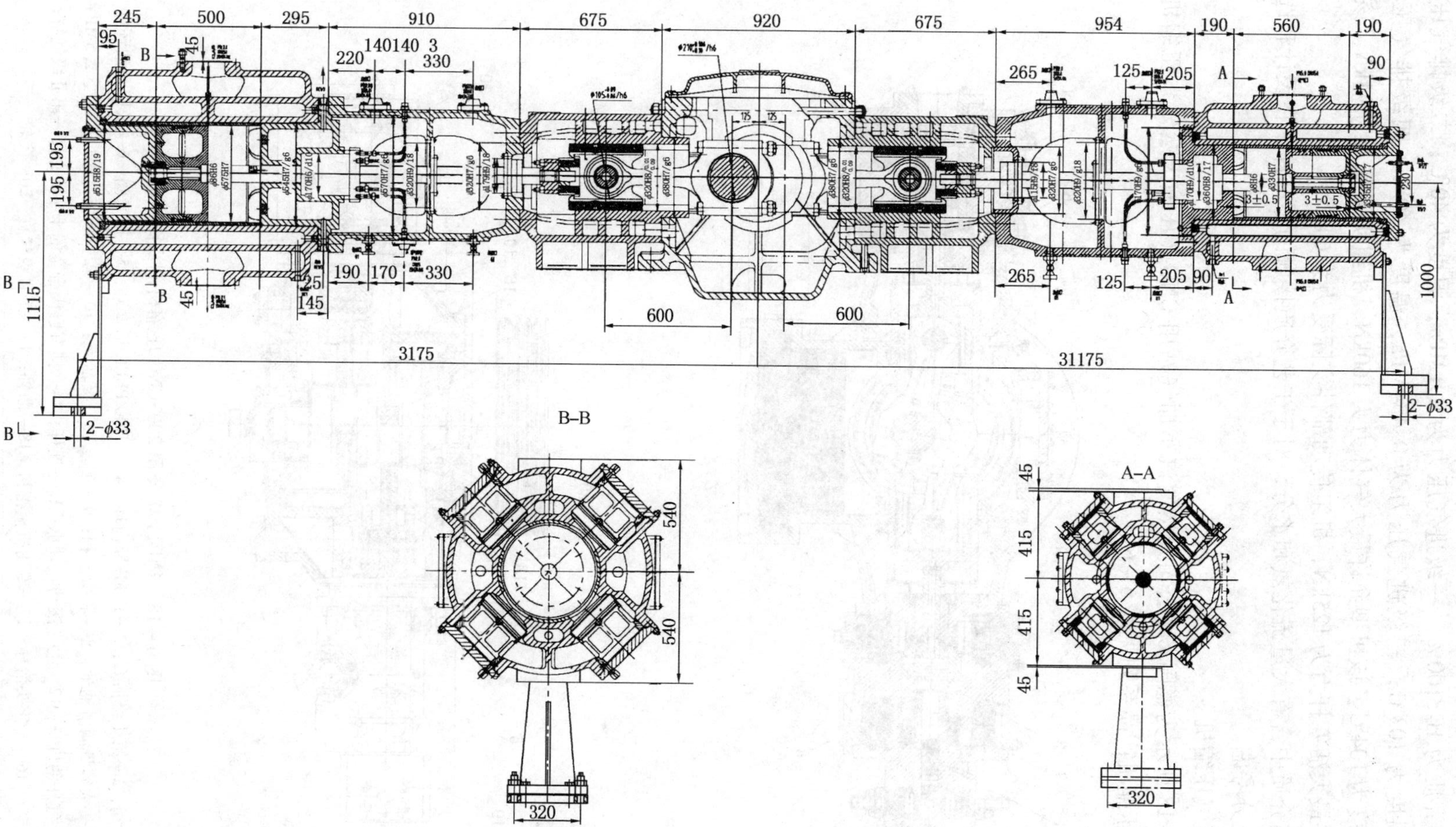

图 6－17　沈阳远大压缩机制造公司生产的硫化氢压缩机

4 列 2 级压缩，有油润滑。排气量为 5018Nm^3/h，其中一级介质为 H_2S 51%，水蒸气 2.58%；二级介质为 H_2S100%。一级进气压力为 0.1MPa，温度为 40℃；二级排气压力为 0.434MPa，温度为 103℃；三级进气压力为 0.434MPa，温度为 40℃；四级排气压力为 13.7MPa，温度为 104℃。该机型允许最大气体力为 160kN，机组实际受力为 94kN。该机型传动部件允许最大活塞杆力为 125kN，机组传动部件实际受力为 64kN。

由于压缩介质中含有大量硫化氢和水分，对于工艺介质接触的零部件，在设计和选材方面都给予了充分考虑。

（5）天然气压缩机

① 图 6－18 所示为德国 ZM 公司天然气汽车加气站用 CNG（压缩天然气）压缩机，该公司的 CNG 压缩机产品系列见表 6－6。

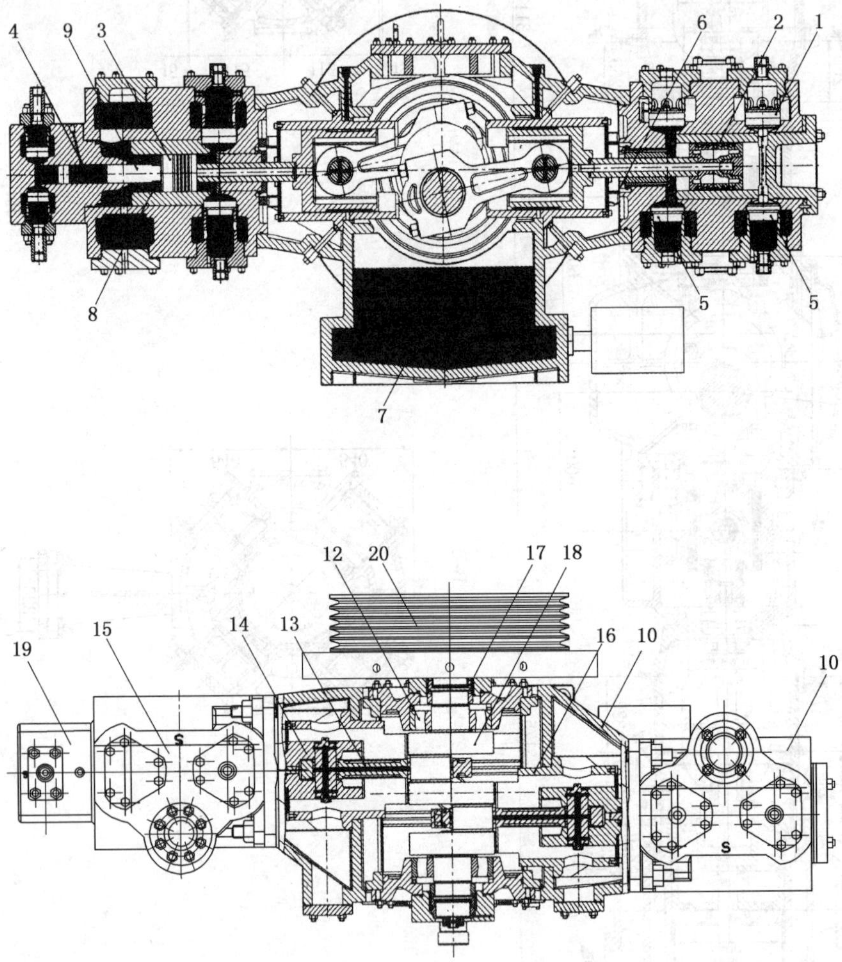

图 6－18　德国 ZM 公司 2003CNG 压缩机剖视图

1—吸气阀；2—第Ⅰ级活塞；3—PTFE 导向环；4—PTFE/PEEK 活塞环；5—排气阀；6—联同刮油环的填料；7—大容量润滑油池；8—平衡容积；9—第二、三级活塞；10—第Ⅰ级气缸；11—承受 2.5MPa（绝压）气压的机身；12—主（滚动）轴承；13—连杆；14—挂有巴氏合金的十字头；15—第Ⅱ级气缸；16—十字头滑导；17—专用机械密封；18—曲轴；19—第Ⅲ级气缸；20—飞轮

表 6-6 德国茨维考机械和设备制造有限公司(ZM)C211 系列 CNG 压缩机参数

型号	活塞行程/mm	压缩级数	气缸直径/mm	吸气压力(表压)/MPa	排气压力(表压)/MPa	转速/(r/min)	供气量		轴功率/kW	比功率/[kW/(Nm^3/min)]
							Nm^3/h	Nm^3/min		
C211-430	110	4	300/140/90/36	0.001	25	980	178	2.966	56	18.8768
				0.001		1470	271	4.516	88	19.4834
				0.15		980	484	8.066	116	14.3803
				0.15		1470	736	12.266	174	14.1848
C211-425	110	4	250/140/110/45	0.1	25	980	325	5.416	82	15.1386
				0.1		1470	473	7.883	123	15.6025
				0.4		980	858	14.3	166	11.6084
				0.4		1470	1251	20.85	253	12.1343
C211-316	110	3	115D/110/45	0.3	25	980	343	5.716	72	12.5949
				0.3		1470	506	8.433	109	12.925
				0.85		980	970	16.166	152	9.4021
				0.85		1470	1425	23.75	222	9.3474
C211-312	110	3	115D/90/36	0.6	25	980	337	5.616	62	11.0387
				0.6		1470	483	8.05	101	12.5466
				1.45		980	859	14.316	118	8.2422
				1.45		1470	1231	20.516	170	8.2862
C211-211	110	2	110×2/45×2	1.4	25	980	462	7.7	73	9.4805
				1.4		1470	685	11.416	116	10.1612
				2.4		980	1042	17.366	124	7.1401
				2.4		1470	1530	25.5	182	7.1373

注：表中 D—双作用。

该系列产品机身均为两列对动，主轴承为球面滚子轴承。其最大特点：a. 机身全密封，由球墨铸铁铸制，正常运行可承受 2.6MPa 气体压力，但设计压力为 4MPa，需做 6MPa 水压试验，还需做氦气泄漏试验，是目前世界上机身密封的最高压力；b. 十字头滑道为插入式，中间单支撑，而且滑道轴向定位依靠机身上下方斜向拧入的两螺钉顶住；c. 气缸无润滑油，且不进行冷却；d. 活塞杆由中心杆件与其外套筒构成，中心杆仅承受拉应力，套筒承受压应力而且与填料相摩擦，故还应有必要耐磨性；e. 润滑油自机身上方两侧接管与钻孔导入十字头滑道，然后往十字头侧壁钻孔并进入十字头销内，由十字销上的钻孔使油到达连杆小头铜套，再由铜套上的钻孔与连杆体上的钻孔，让油来到连杆大头瓦并润滑曲柄销，故曲轴上无润滑油钻孔。这是设计与工艺水平极高的压缩机。

② 图 6-19 所示为浙江强盛压缩机公司生产的天然气汽车加气子站压缩机，用于由槽罐车运来的高压天然气(最高为 20MPa)的再压缩。通常槽罐车内的高压气体可先直接对被加气汽车充气，待罐内压力降至 16MPa 左右后子站压缩机才开始工作，将该气体压缩到(22~25)MPa。压缩机通常为两级压缩，先由高压级工作，其前的低压级仅作为通道；直到

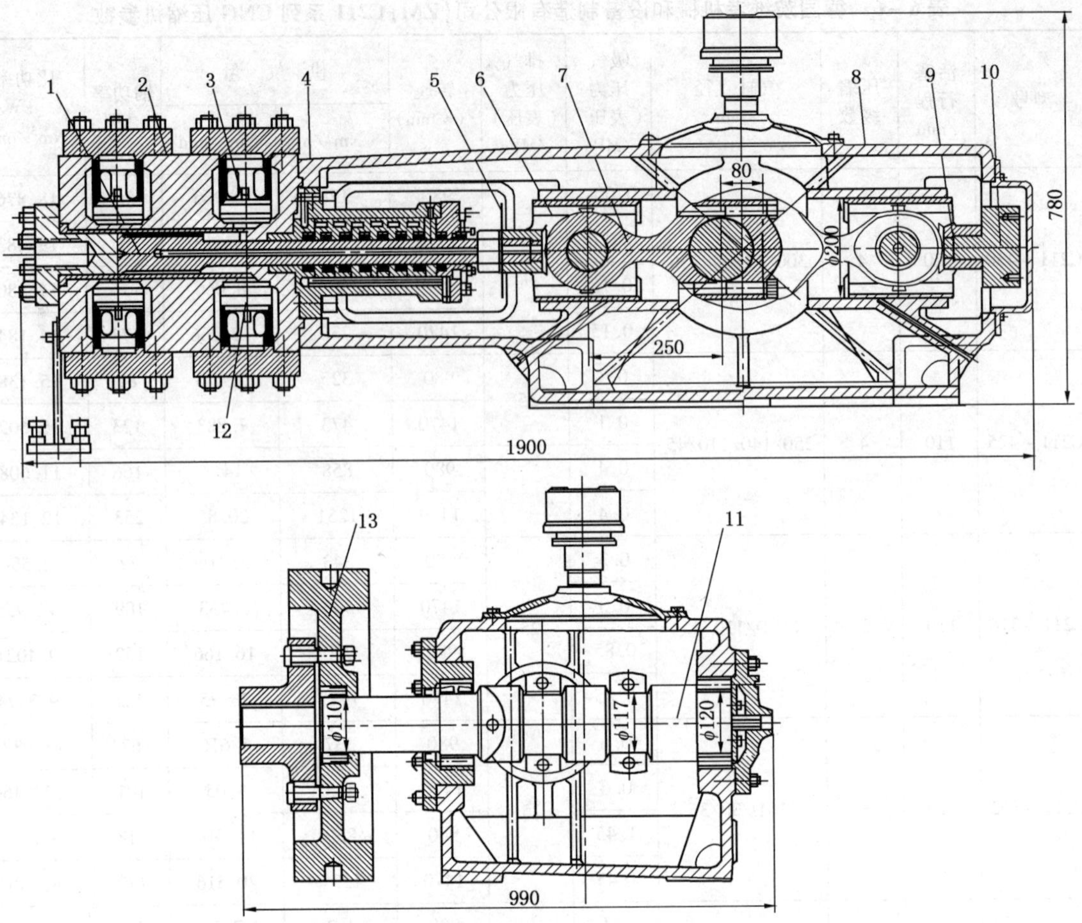

图 6－19　浙江强盛压缩机公司生产的 CNG 加气子站倒级差压缩机

1—倒级差活塞与活塞杆做成一体；2—气缸；3—进气阀；4—高压填料；
5—挡油板；6—十字头；7—连杆；8—机身；9—平衡座；10—后盖板；
11—曲轴；12—高压级排气阀；13—飞轮

罐内气体被抽吸至 8MPa 压力左右时，低压级也进入工作继续抽吸气体。一般当罐内压力降至 3MPa 时即认为罐内气体抽吸结束(个别情况要求达 2MPa)。所以，子站压缩机工况较为特殊，属第二章 2.1.1 节中 3、4 类工况。此种压缩机进、排气压力始终是变化的，对电动机功率要求也是变化的，但有一最大值(见图 6－20a)，一般进气压力为 7～8MPa 左右。图

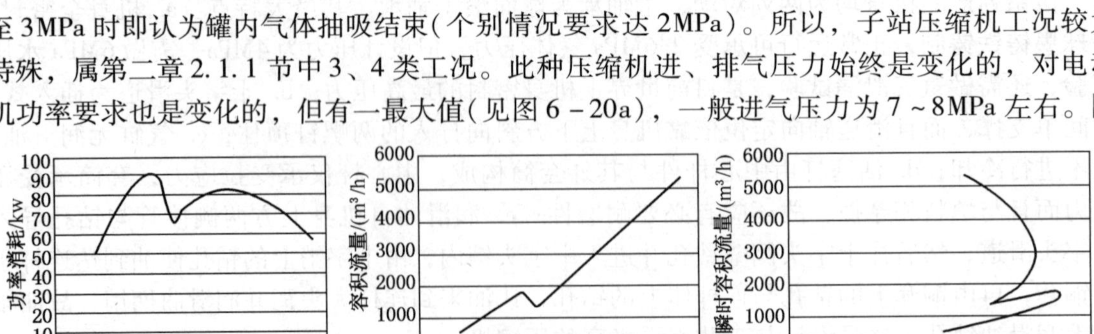

图 6－20　CNG 子站压缩机性能

(a)进气压力与功率消耗；(b)进气压力与容积流量；(c)瞬时容积流量与功率消耗

6－20中(b)为进气压力与容积流量的关系，图6－20(c)为瞬时容积流量与功率消耗曲线。

本压缩机的结构特点：a. 实际构成为对动式，其一端为工作腔部分，另一端为平衡块，但也可做成两列对动气缸；b. 气缸活塞为倒级差结构，极为简单；c. 活塞环与填料均用自润滑材料，但实际上由于活塞杆上会带一些曲轴箱润滑油，故填料属少油润滑；d. 气阀阀片均为PEEK材料；e. 填料冷却极为重要，故活塞杆内与填料函外壳均采取了冷却措施。

③ 图6－21所示为天然气汽车加气站用常规站与子站兼容的压缩机。所谓常规站(也称标准站)即指从城市天然气管网吸进天然气，一般管网气体压力为(0.1～0.25)MPa(表压)，排气压力为25MPa(表压)；本压缩机处理的气量，当作为常规站时，进气压力为0.15MPa，排气量为4m^3/min，相当于参考状态下600Nm^3/h。在冬天城市用气量大时，管网压力会低于0.1MPa，加气站不允许从城市管网抽气，此时加气站若要继续供气，只能从供气的母站通过槽罐车运送气来，并由子站压缩机增压。本压缩机装置即为能满足两个功能的兼容型装置。

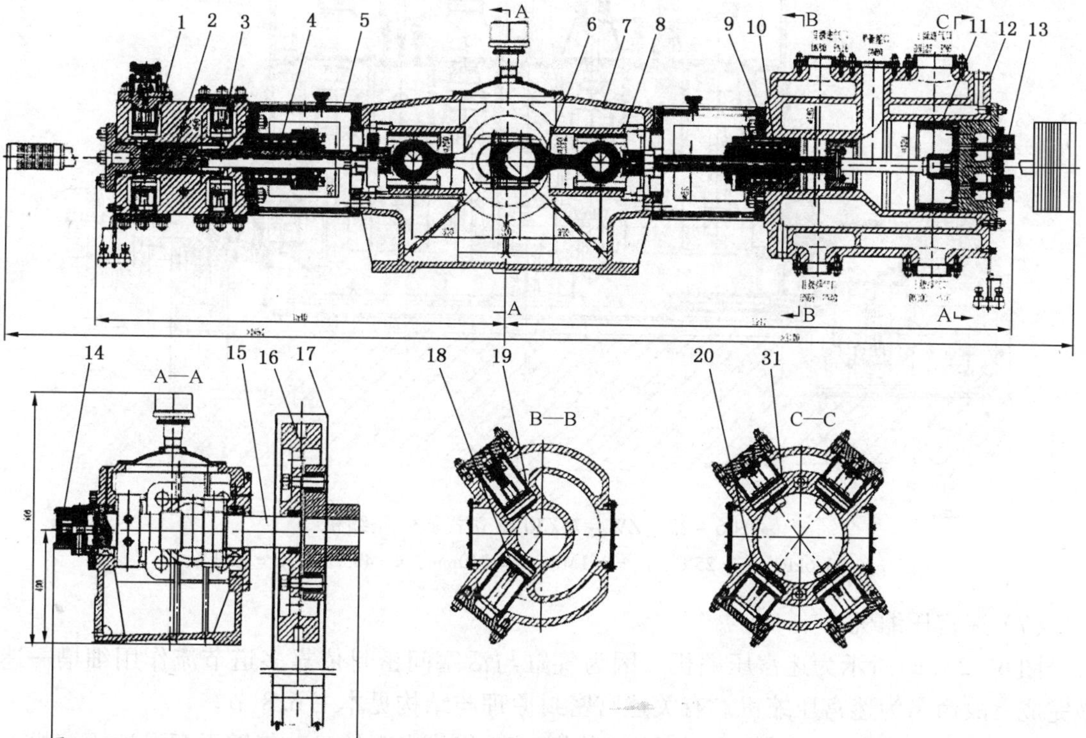

图6－21　浙江强盛压缩机公司CNG常规站/子站压缩机结构图

1、12—气缸；2、11—活塞；3—活塞杆；4、10—填料；5、9—接筒；
6—连杆；7—机身；8—十字头；13—压力调节阀；14—机油泵；
15—曲轴；16、17—飞轮罩；18、19、20、21—气阀

其特点是：①四级对动式压缩机，低压Ⅰ、Ⅱ级在一端、高压Ⅲ、Ⅳ级在另一端，以便于系统较易分离；②相对两列均为倒级差结构，这样活塞环、填料更换时活塞与活塞杆取出方便，所有进、排气管道无需拆卸；③活塞环填料均为自润滑材料；④当进气压力在(0.1～0.3)MPa范围变化时完全能自适应。

(6) 立式压缩机

图6－22所示为杭州杭氧压缩机公司生产的ZW－71/30型压缩机，四列三级，是目前我国生产的最大的立式压缩机。该机特点是：其曲轴为球墨铸铁材料，轴颈达φ220mm它是目前国内最大的球铁曲轴；压缩干燥为氮气，气缸无润滑油，活塞平均速度$C_m = 3.96$m/s；各级平均实际压比$\varepsilon = 3.3$。其结构与性能参数都居国内较高的水平。

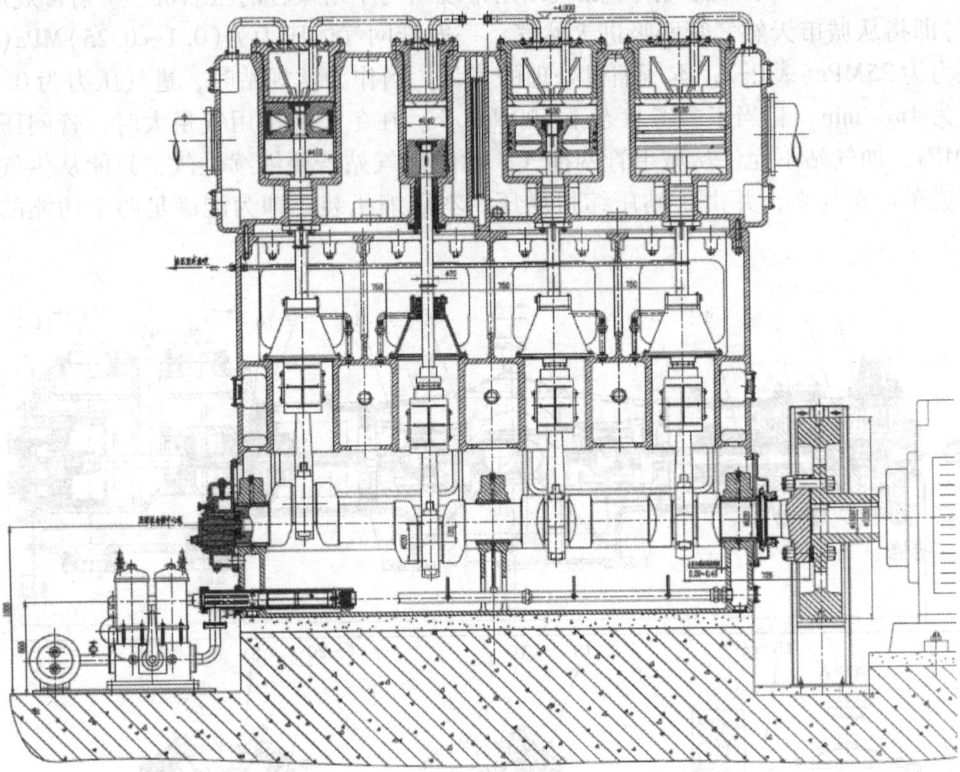

图6－22　ZW－71/30型立式氮气压缩机

$p_s = 93.6$kPa，$t_s = 25$℃，$p_d = 3.1$MPa，$s = 240$mm，$n = 495$r/m，$P = 690$kW

(7) 迷宫压缩机

图6－23(a)所示为迷宫压缩机。因为气缸与活塞间密封依靠多道节流作用细槽—迷宫来完成，故命名为迷宫压缩机。有关迷宫密封原理与结构见本书6.8节。

迷宫压缩机是继石墨活塞密封后于20世纪30年代出现的又一气缸无润滑油压缩机，它除可以满足那些气体不为气缸润滑油所污染的场合外，还可用于压缩水蒸气等高温气体，以及压缩温度低达－160℃的低温甲烷气体等。其结构特点有：①为满足活塞与气缸不接触的要求，压缩机均采用立式结构；②为减少迷宫泄漏，活塞与气缸间隙尽可能小，这就要求机器制造精度比一般压缩机高，活塞平均速度Cm＞4m/s；③填料采用石墨或者其他合适的自润滑材料(图6－23c)；④压缩一般性无毒无害非贵重气体机身可为敞开式，反之，机身可采用全封闭式，其轴端密封见图6－23(b)，机身耐压可达1.5MPa，停机时的泄漏率小于10^{-1}cm^3/s，对于氦气应为$10^{-3} \sim 10^{-4}$cm^3/s。

随着天然气应用日趋广泛，液化天然气的隔洋运输，以及在陆地上建设液化气储存罐的地方也日趋增多。液化了的天然气在良好绝热的储罐中，在常温环境中仍然会有部分汽化

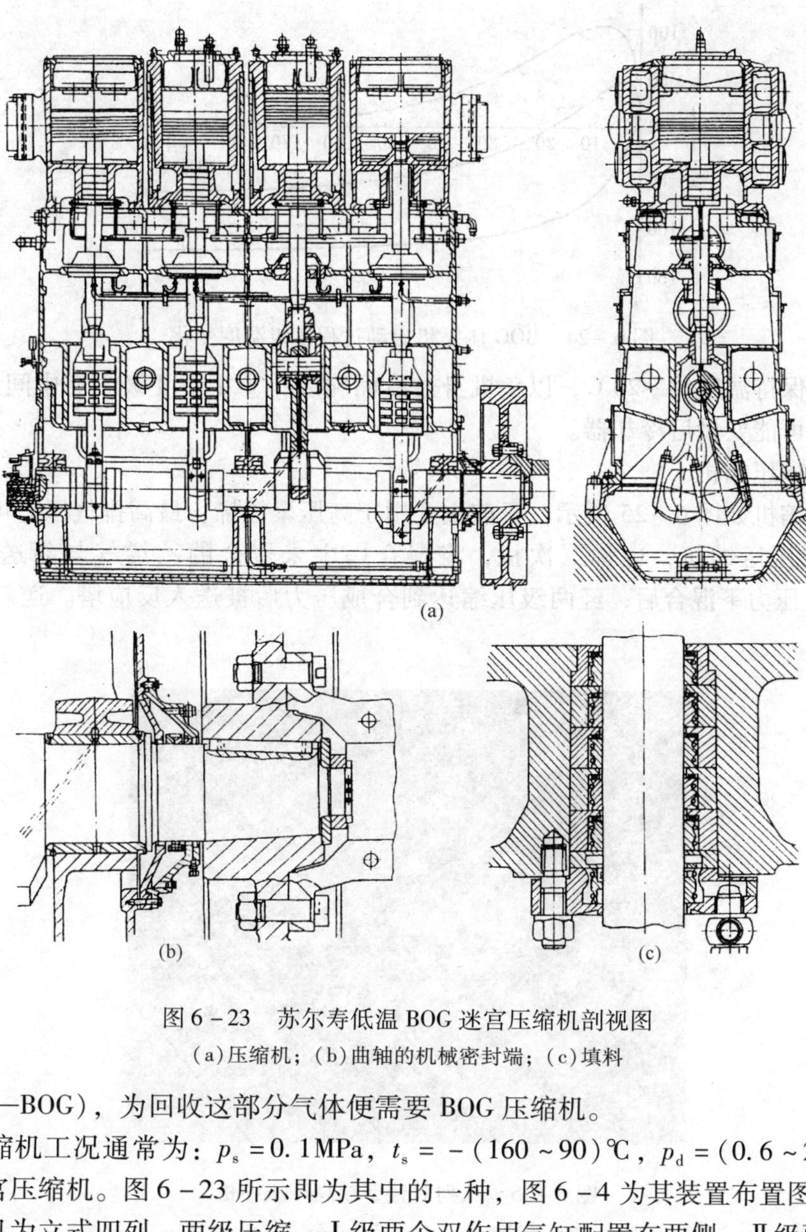

图 6－23　苏尔寿低温 BOG 迷宫压缩机剖视图

（a）压缩机；（b）曲轴的机械密封端；（c）填料

（Boil off Gas—BOG），为回收这部分气体便需要 BOG 压缩机。

BOG 压缩机工况通常为：$p_s = 0.1\text{MPa}$，$t_s = -(160 \sim 90)$℃，$p_d = (0.6 \sim 2.4)\text{MPa}$。目前大都为迷宫压缩机。图 6－23 所示即为其中的一种，图 6－4 为其装置布置图。

该压缩机为立式四列、两级压缩、Ⅰ级两个双作用气缸配置在两侧，Ⅱ级两个双作用气缸配置在中间，压缩机工况见表 6－7。

表 6－7　两级 BOG 迷宫压缩机运行参数（气体成分 $CH_4$98%、$N_2$2%）

进、排气压力参数	压力 p/Pa	温度 t/℃
Ⅰ级吸气 p_{s1}	103.6	－(106～160)
Ⅰ级排气 p_{d1}	290	－(36～97)
Ⅱ级吸气 p_{s2}	290	－(33～93)
Ⅱ级排气 p_{d2}	680	－45～35

低温压缩机还有两大特点：①结构要适应从常温到低温的启动过程，图 6－24 示出了启动过程中温度的变化；②气缸与机身间有一个过度带，在其夹层中充以乙二醇循环液，压缩

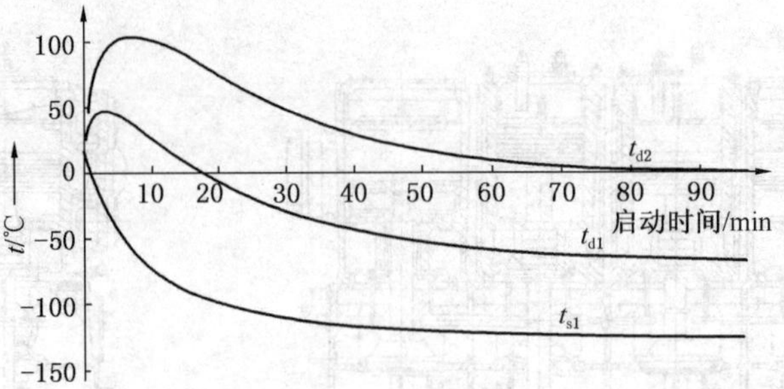

图 6－24　BOG 压缩机启动过程各级温度变化

机正常运行时保持温度约－20℃，以免机身过冷而脆裂；③Ⅰ、Ⅱ级无需中间及后冷却器，若为三级压缩可能要设后冷却器。

（8）超高压压缩机

超高压压缩机如图 6－25 所示，目前主要用于高压聚乙烯，最高排气压力可达 320MPa。它实际上是增压压缩机，也称二次机，将聚合塔中未聚合的乙烯气与新送入乙烯气在(17～22)MPa 压力下混合后，经两级压缩达到合成压力后被送入反应塔。送新乙烯气压缩机称为一次机。

图 6－25　八列对置型超高压压缩机

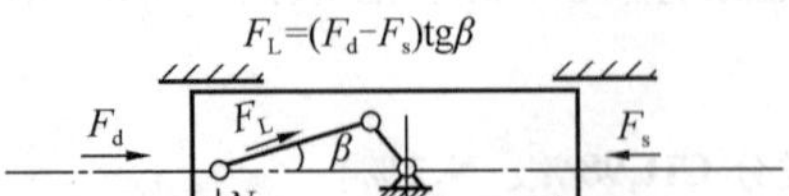

图 6－26　具有框架十字头对置式结构的受力状况

由于压力很高，气缸均为单作用、柱塞活塞，用填料密封；为减少曲轴连杆受力，采用气缸对置、框架十字头结；框架十字头另一优点是它不像对动式压缩机总有一列十字头侧向力向上，故不形成活塞摆动，也即有利于活塞密封见图 6－26。

超高压压缩机一般为四、六、八列结构，四列时曲轴错角为 180°，动力平衡性能犹如两列对动压缩机。由于相对列往复质量叠加以及框架十字头质量相对很大，故此类结构往复质量惯性力是必须考虑的问题，因此机器转速仅 125～200r/m。图 6－27 即为 F8 型对置式超高压缩机布置与尺寸简图，供参考；其工作腔部分具体结构可参阅图 6－28；图 6－30 中的结构为连接图 6－29 中的柱塞 10 的一个过渡机构，以确保柱塞更平稳的运行。

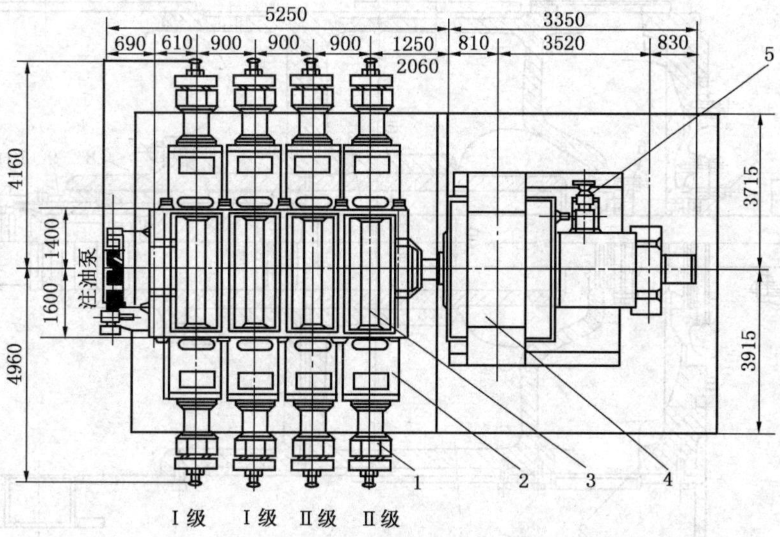

图 6－27　F8 型对置式超高压压缩机组布置

（最大气体力 900kN，Ⅰ级实际活塞力 516kN、Ⅱ级实际活塞力 772kN，质量流量（干气）38.1t/h，第Ⅰ级吸气压力 25MPa、排气压力 110MPa，第Ⅱ级吸气压力 107MPa、排气压力 260MPa，轴功率 5860kW）

1—气缸；2—中体；3—机身；4—电动机（6400kW）；5—电动盘车器

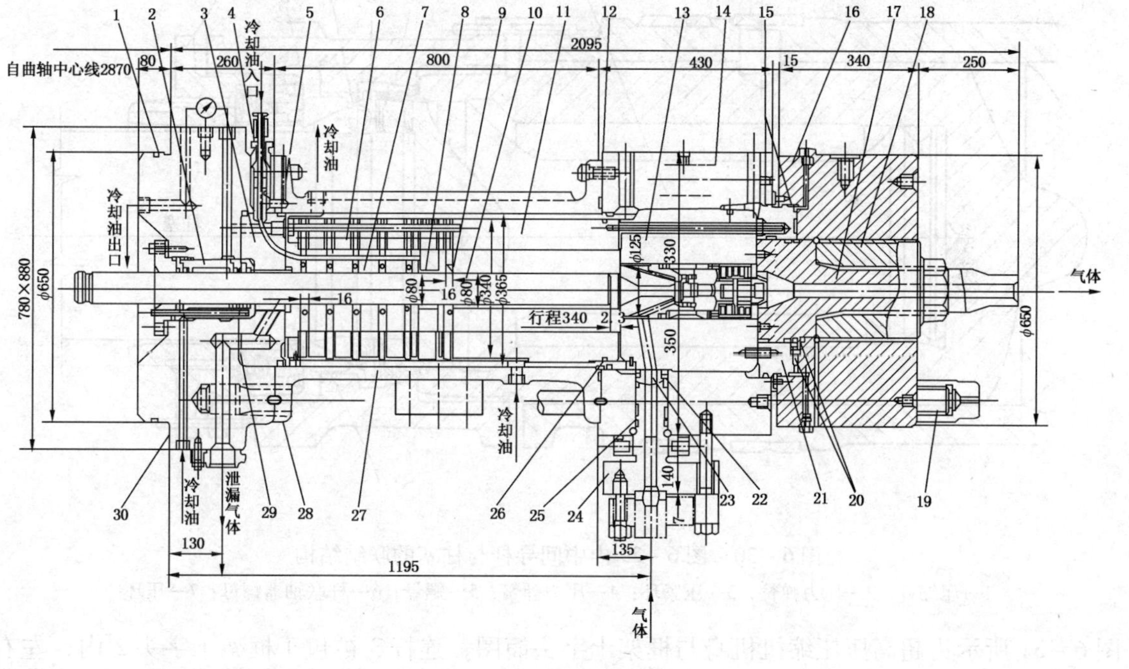

图 6－28　二级气缸结构

1、5、12、15、20、25、26、29—O 形环；2—填料箱；3—基环；4—注油止回阀；6—金属填料组；7—高压金属填料环；8—导向瓦；9—减压环；10—柱塞；11—热压缸套；13—阀芯；14—气缸阀盖；16—汽缸盖；17—排出管接座；18—中心螺纹顶杆；19—气缸螺栓；21—油压活塞；22—弹簧；23—透镜垫圈；24—吸入管接座；27—填料衬套；28—冷却筒；30—内气缸盖

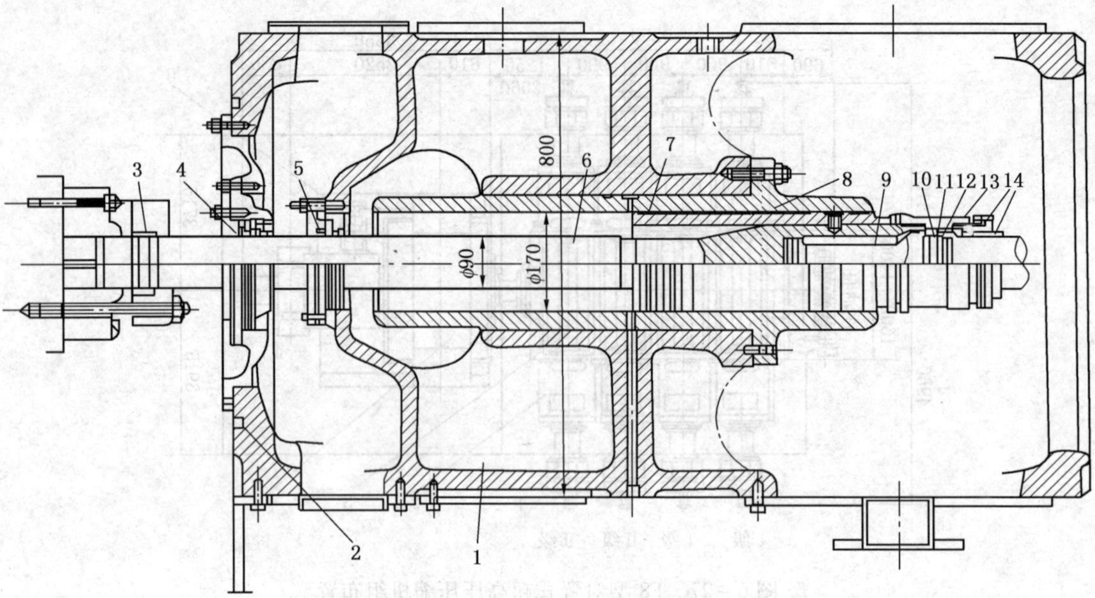

图 6 – 29　中体与辅助十字头及滑道

1—中体；2—O 形环；3—连接环；4—刮油环；5—刮油填料环；6—中间导杆；7—导向环；8—导套；9—压缩杆；10—压力弹簧；11—压紧环；12—压力弹簧；13—柱塞螺母；14—联轴器螺母

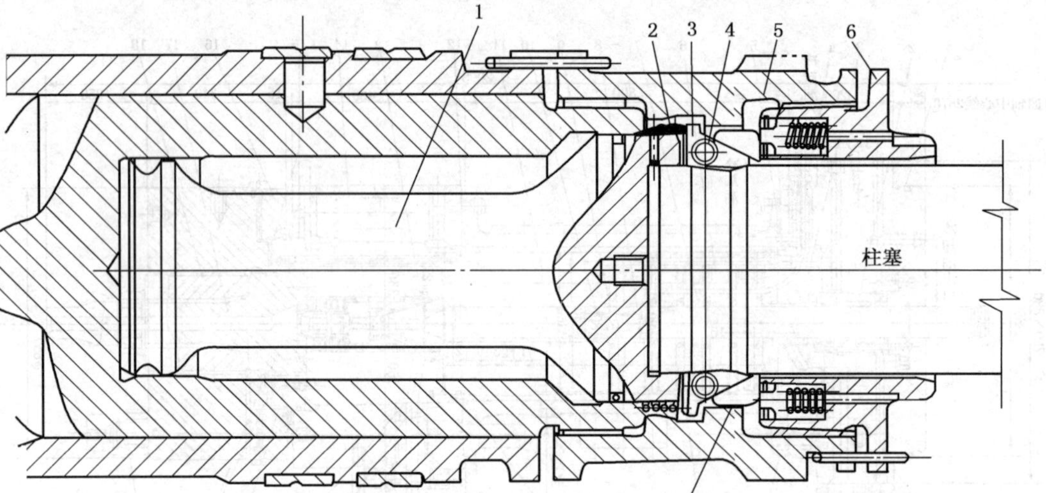

图 6 – 30　图 6 – 29 内中间导杆与柱塞的联结结构

1—压缩杆；2—压力弹簧；3—压紧环；4—压力弹簧；5—螺母；6—杆联轴器螺母；7—压环

图 6 – 31 所示为超高压压缩机机身与框架十字头简图，连杆 3 被包于框架十字头 2 内；左右相对两列活塞杆均连接于 2 上；十字头滑板由 4 与 5 两块构成，以使 2 运行平稳。由图 6 – 28 ~ 图 6 – 31 的结构可见，超高压压缩机极为复杂。为了承受超高压带来的零件材料强度问题，为了工作腔中超高压气体压缩过程中的气体密封，压缩机工作者做了许多研究与周全的设计。

6.1.8　往复压缩机驱动机选择

化工企业中的往复压缩机最初大都用往复蒸汽机驱动，基于往复蒸汽机的热效率低与可

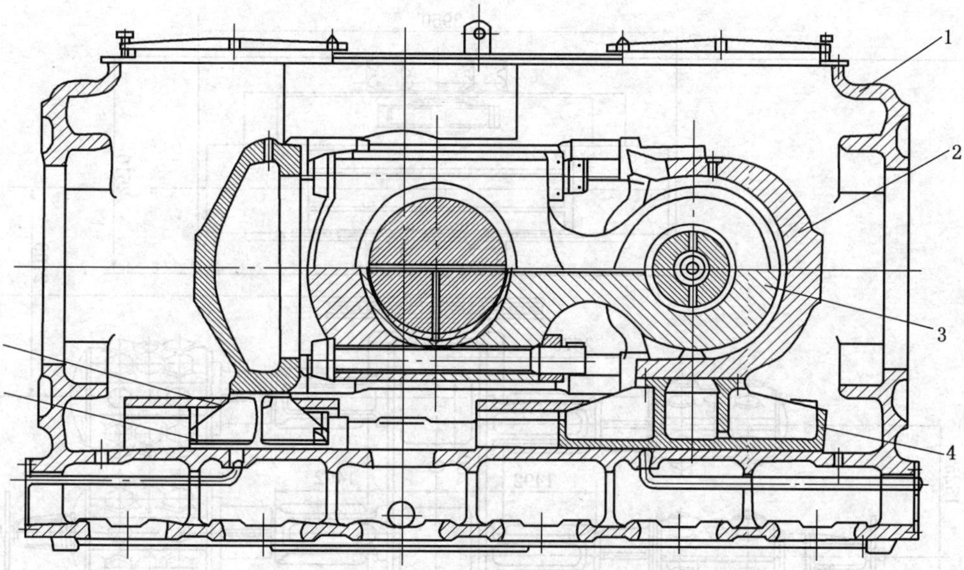

图 6 – 31　超高压压缩机机身与框架十字头

1—机身；2—框架十字头；3—连杆；4、5—滑板；6—导轨

靠性不高，后来逐渐为电动机所取代，并且随着天然气的大规模开发与应用，那些有天然气的场合也用燃气来驱动。20 世纪中叶开始，由于工业汽轮机的发展以及化工企业大型化，原来需要用蒸汽的场合，为节省电能消耗，往复压缩机用工业汽轮机驱动也日趋增多。

（1）电动机驱动

图 6 – 32 所示为大型压缩机由同步电动机通过刚性联轴节直接驱动压缩机的结构方案图。电动机本身具有两个轴承以支承其凸极转子的重量，但这给压缩机装置的安装带来了困难。另外，凸极转子有很大的飞轮矩（GD^2）。在许多结构中，如六列对动式压缩机总切向力比较均匀，也即压缩机阻力矩比较均匀，故往往无需再专门设飞轮零件，但四列对动压缩机，尤其两列对动压缩机就应当很仔细计算转子的飞轮矩是否满足要求，若转子飞轮矩不够则应再加一个飞轮零件。

图 6 – 33 所示为电动机悬臂安装在曲轴主轴颈上的方案。悬臂方案给压缩机安装带来很大的方便，但机身相应一端必须多设置一个主轴承，或者在相应的端盖上附加一个轴承，以使主轴颈成为一个悬臂梁。对于电动机转子的飞轮矩要求同上。

（2）工业汽轮机驱动

图 6 – 34 所示为汽轮机驱动的离心压缩机和往复压缩机串联机组，汽轮机先驱动离心压缩机，转速为 8000r/min，然后经减速器和一根长扭轴以 300r/min 驱动往复压缩机。

在汽轮机驱动往复压缩机装置中，减速器的工作很关键。在压缩机启动或突然停机时，飞轮的巨大惯性会带来很大冲击，故设有一根扭杆（如图 6 – 34）或几根扭杆来吸收该冲击能量。图 6 – 35 所示为减速器的一种方案，它具有两级减速，将汽轮机 3600r/min 的转速减至压缩机的 230r/min。减速器通过两根扭轴分别与汽轮机和压缩机相联结，装设扭轴的目的是吸收由于压缩机转速不均匀而产生对齿轮的冲击能量。两根扭轴分别装于齿轮的两中空轴中，借以缩短整个机组的占地面积。扭轴与中空轴的联结具有特设的“剪销”，它在三倍正常力矩时被剪断。这样，当压缩机发生故障时，不致因汽轮机的旋转惯性力矩而损坏齿轮或轴。

图 6 – 36 所示为同一台压缩机用汽轮机驱动与用电动机驱动的结构与尺寸的比较。无疑

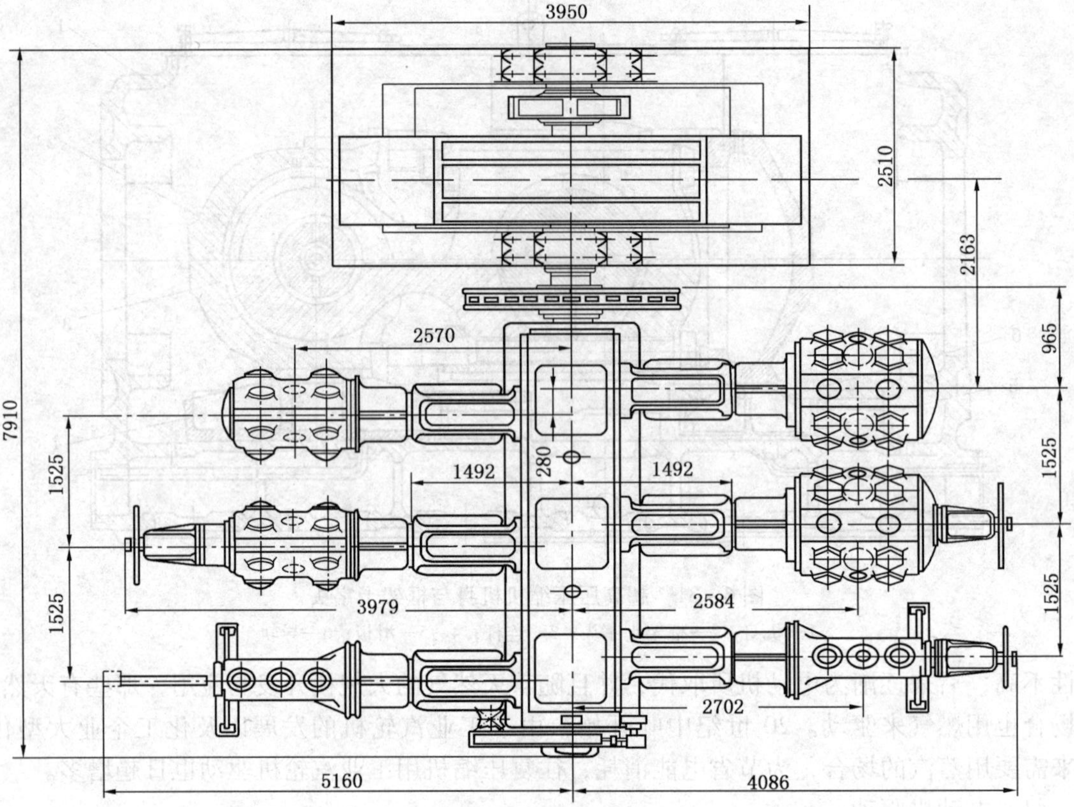

图 6－32　大型六列对动式压缩机驱动电机连接方案—电动机自身带支承

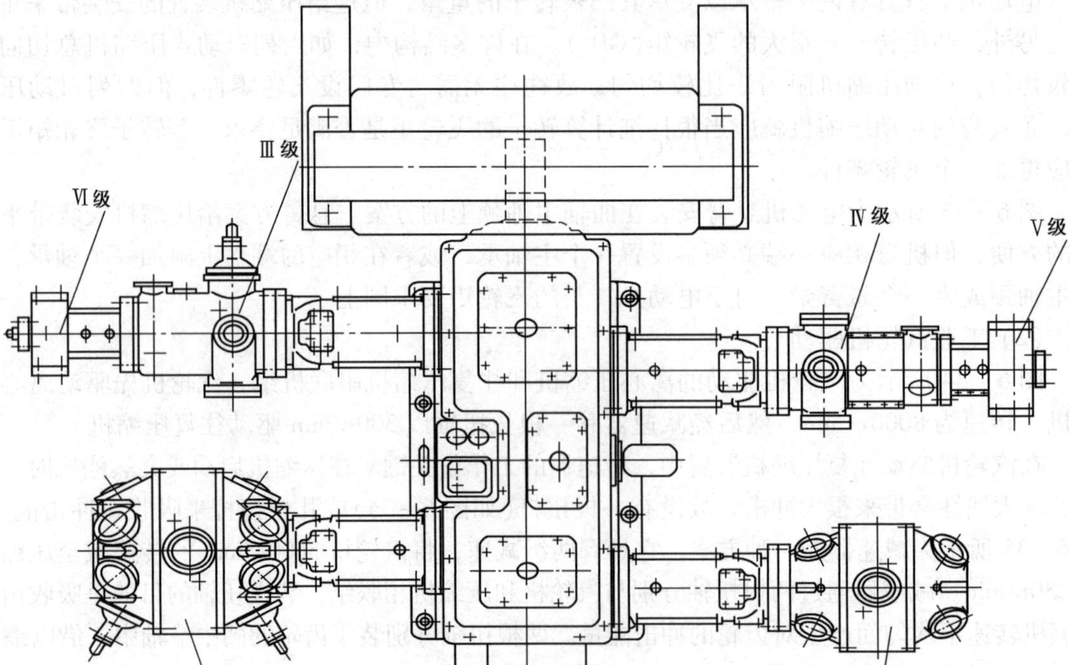

图 6－33　悬臂电动机驱动的四列 M 型压缩机

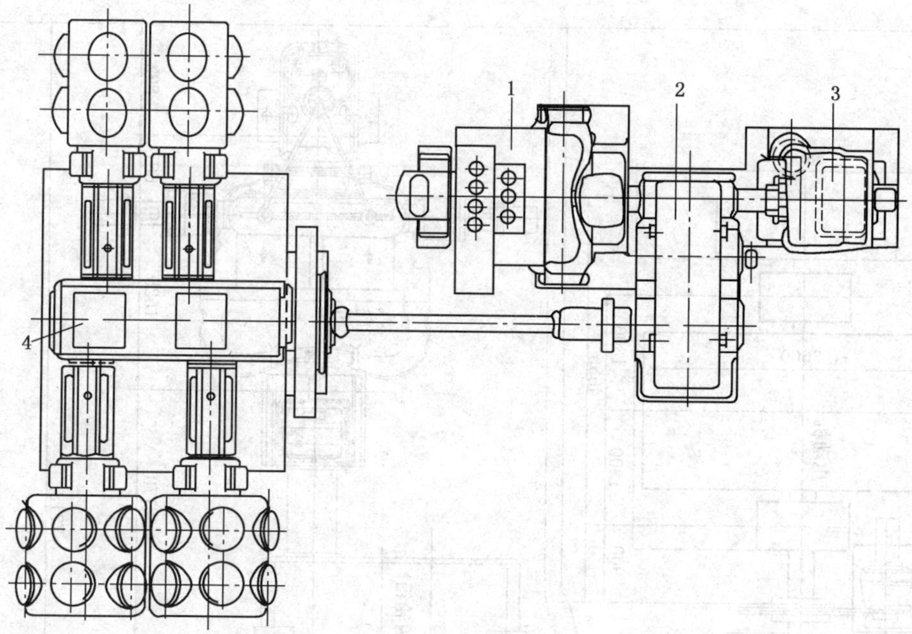

图 6 – 34　汽轮机驱动的离心压缩机和往复压缩机串联机组

1—汽轮机；2—减速器；3—离心压缩机；4—往复压缩机

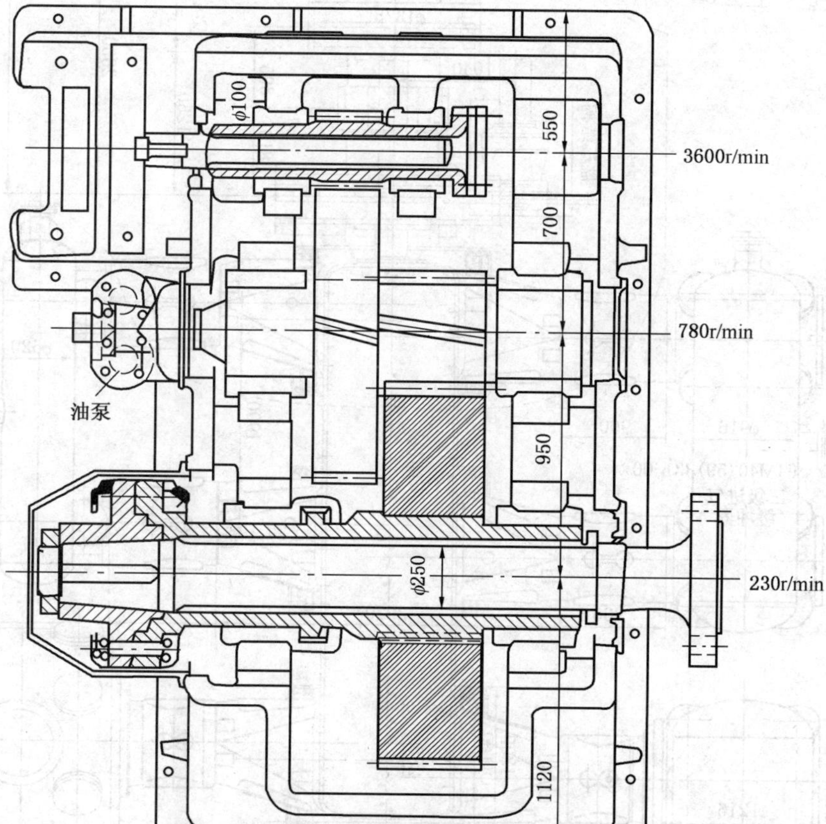

图 6 – 35　减速器结构

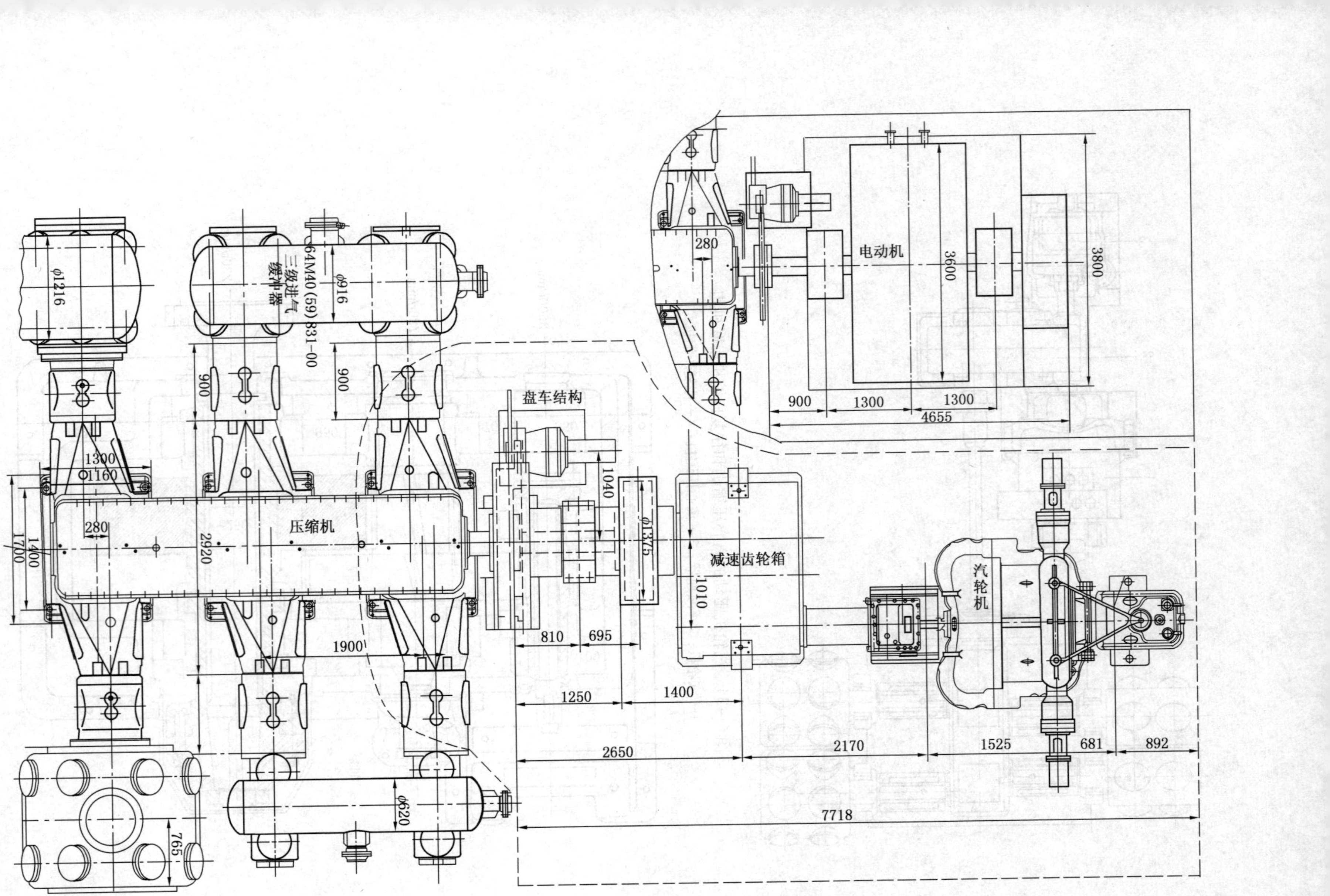

图 6-36　工业汽轮机驱动与电动机驱动占地面积比较

汽轮机要比电动机复杂，占地面积也要大；汽轮机一次性投资要大于电动机，但却会减少企业的电能消耗，降低运行成本。因此，用汽轮机可降低产品成本。

6.1.9 往复压缩机的可靠性

对于工艺流程中使用的往复压缩机，一般都要求寿命达 20 ~ 30 年。但是该类压缩机都属可维修设备，零部件损坏了均可更换，除非机身内产生重大爆炸事故，使整台压缩机失去了再维修的意义，该台机器才宣告寿命结束。因此，要保证压缩机寿命，即要保证不能发生毁机的大事故。

（1）可靠性定义

所谓可靠性，即机器在规定条件下和规定时间内，完成规定任务的能力。评价有两种指标：

① 平均无故障运行间隔时间(MTBF)。工艺流程用压缩机现在一般要求无故障运行时间间隔为 8000 ~ 10000h，约相当于连续运行一年。

② 平均无故障运行次数(MCBF)。用于间断运行的压缩机，如压缩天然气汽车加气站压缩机等，要求运行 10000 次左右，即按加气站每天工作 16h，每小时运行两次，则压缩机每年维修一次。

（2）维修性与广义可靠性

工艺用压缩机绝大多数是允许维修的，这种维修又有两种情况：①工艺流程设备每隔 1 ~ 2年要维修保养一次，其时压缩机也进行维修保养一次，更换必要更换的零部件(即使这些零部件当时尚未损坏，但预计已达不到下一个运行周期)，这种维修为预维修，或称计划内维修；②压缩机运行中，某一个或两个零部件失效，压缩机出现故障，此时压缩机需要停机更换损坏的零部件。若系统中有备机，可先启动备机，然后停止故障压缩机更换失效零件。若无备机时，则应迅速停止故障压缩机运行，迅速更换失效零部件。这样的维修称为突发性维修或计划外维修。如果更换零部件时间很短，不要求整个工艺流程完全停止，一旦更换完毕压缩机立即可以启动，并且工艺流程恢复正常生产。这种情况应不影响可靠性计算。

人们把机器良好的可维修性与可靠性结合在一起称为“广义可靠性”。因此，对一个压缩机设计人员来讲，设计机器时应考虑它的良好维修性也是极为重要的。

（3）正常失效

在往复压缩机中零部件正常失效，大都因为摩擦、磨损而致零件达不到规定的尺寸要求或满足不了强度要求，且因此也使机器性能降低，故要求设计者不仅要考虑到零件的强度与刚度，更要从材料、结构、工艺方面提高它们的耐磨性。这类失效按发生的阶段，如图 6 – 37 所示分为：

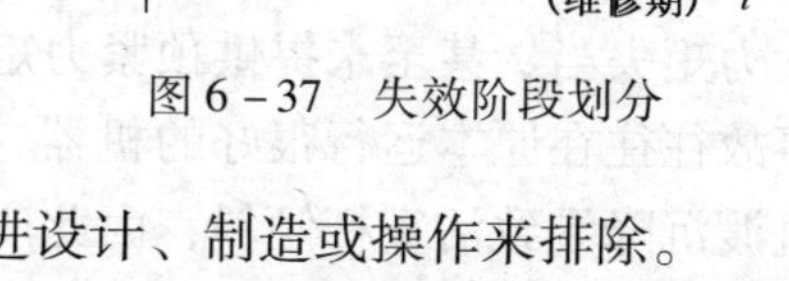

图 6 – 37　失效阶段划分

① 早期失效　设计、制造考虑不周或操作欠妥，在机器未进入稳定运行前即失效，称为早期失效。它通常发生在新产品研制阶段，属非正常失效，需通过改进设计、制造或操作来排除。

② 偶然或随机失效　已进入稳定运行阶段，由于偶然或随机的原因而导致的失效。它是可靠性工程研究的主要课题，零部件或机器的可靠性，均指在此阶段的可靠性。

③ 耗损阶段　产品由于磨损、老化、耗损等原因，引起功能逐渐下降或完全丧失。它都发生在机器经过长期运行，已达到了规定的失效率值，即接近寿命的终极。对于可维修产品即已达维修期，应进行维修。

(4) 非正常失效

① 一般性故障

影响往复压缩机可靠性的主要部件是气阀、活塞环与填料、连杆小头衬套与大头瓦等易损零件；设备方面的可靠性主要是冷却系统的水质与冷却水温、润滑系统的油质与油温以及供油系统完善程度、气体管路系统的密封性与安全阀的可靠性以及管道振动等。表6-8所示为国外某公司对其应用的往复压缩机一年内非计划停机原因的统计表，统计表明：气阀所占比例最大，其次是填料与活塞环。其中，流程问题占8.8%，此类使压缩机停机不应归罪于压缩机本身。

表6-8　国外某公司所用气缸有油润滑往复压缩机非计划停机分析

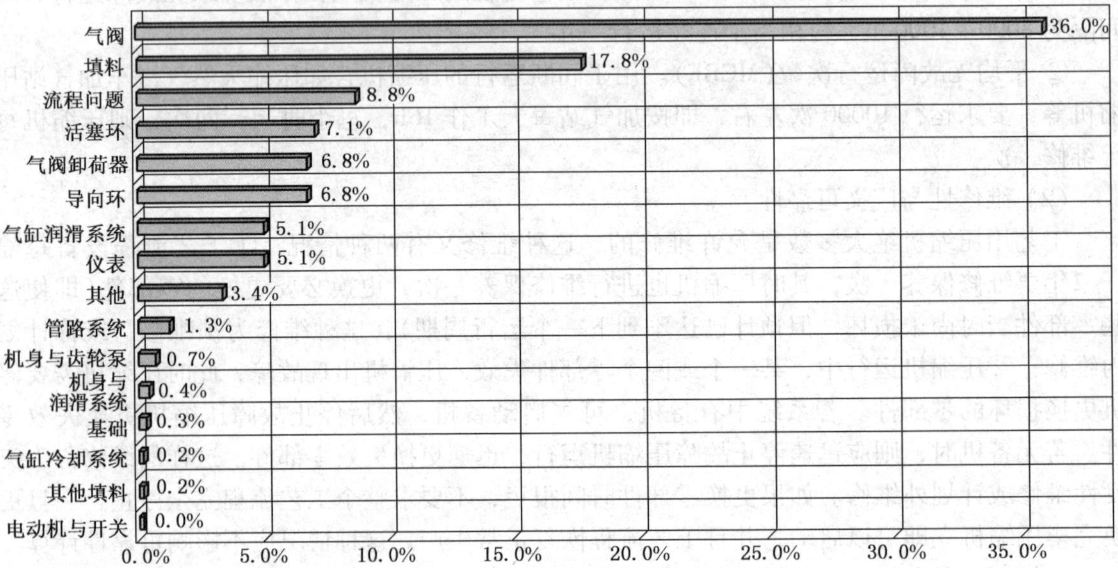

② 重大事故

重大事故系指对压缩机造成严重破坏、导致重大经济损失乃至人身安全。过去常产生的重大事故主要有以下三方面：

第一，活塞杆断裂。主要发生在活塞杆与十字头或活塞的螺纹连接处，因螺纹部位受交变应力过大而疲劳破坏。而导致应力过大的原因从设计方面应注意：a. 由一般螺母紧固时，螺母贴合面开始的1~3丝扣受力最严重，故应采取使螺纹受力均匀措施(见本书3.8.1节)；b. 螺纹底部为锐角，而不是用MJ型螺纹底部有较大半径的圆弧(见本书3.8.1节)或采用滚压螺纹；c. 设计者或用户对螺纹紧固的预紧力处置失当，即过大或过小，或提供的预紧力矩失当、甚至未提供预紧力矩；对用户来讲往往大修时未按设计要求施以预紧力，一些事故往往在原本运行很好的机器，而大修后运行不久活塞杆便断裂便属此类；d. 由于活塞过渡沉降导致活塞杆倾斜，由此产生十字头处的附加弯曲应力从而导致活塞杆断裂。

事实上由于材料的原因可能性极小。在与活塞连接处活塞杆的断裂应计及该处螺纹承受的气体交变应力幅要大于与十字头处的应力幅，因往复质量惯性力的负影响前者要比后者小。

活塞杆的断裂还常会招致其他零件受损，如曲轴被顶弯曲，气缸或机身破裂等。

第二，十字头滑板、连杆小头衬套、大头瓦、主轴瓦因断油而烧损，并且往往还影响十字头滑道，十字头销，轴颈等。其原因：a. 滤油器阻塞；b. 管路漏油；c. 油泵供油不足。

连杆小头衬套烧损还可能由于活塞杆作用力无反向角而使衬套单边受力，导致润滑油不能进入而致。

第三，曲轴箱爆炸。其原因：a. 润滑油蒸汽与空气密切混合，并由静电产生火花；b. 压缩可燃气泄入曲轴箱，在达爆炸极限后可在静电火花或局部摩擦产生高温作用下爆炸。

6.2 气缸组件

6.2.1 气缸组件构成

气缸组件主要包括气缸体、气缸套、端盖、进排气阀压罩及阀孔盖板、注油接管（有油润滑时）、密封垫。此外，根据需要还可能有气缸压力指示器接管、进排气温度接管、气缸支承等。图 6－38 所示为一大型压缩机低压双作用气缸，工作腔内径达 $\phi 1280$mm，长度达 1110mm，整个气缸高度达 2.19m。同时，图中还示出了上述相关的零件。

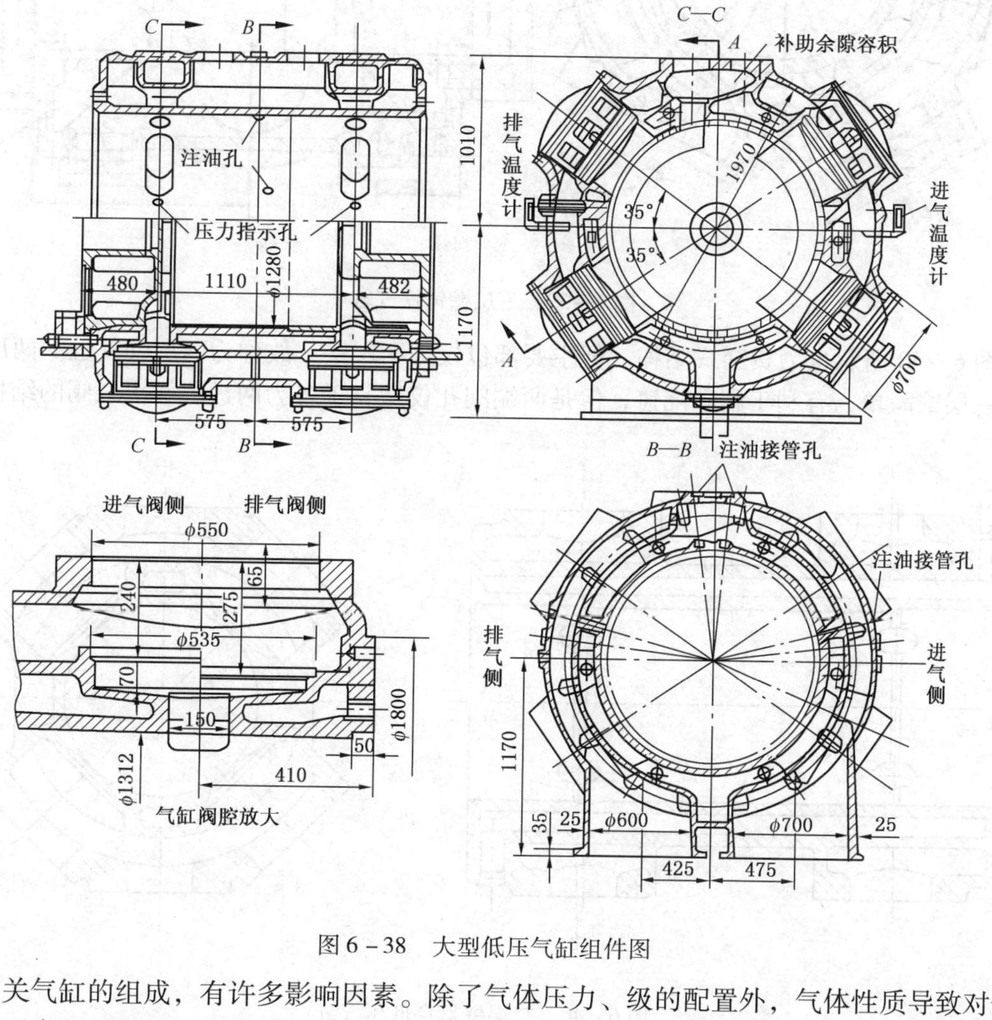

图 6－38　大型低压气缸组件图

有关气缸的组成，有许多影响因素。除了气体压力、级的配置外，气体性质导致对气缸冷却的要求，也影响气缸结构。例如压缩双原子、三原子气体的气缸，一般需要循环水冷却，气缸要设水套；对于含碳原子三个以上烃类气体，有时也设水套，但用虹吸的办法使水保持大于常温，如 80℃的温度；还有气体压缩为获得高温时，则气缸需采取绝热措施。下面的内容以水冷却气缸为主。

6.2.2 低压缸体结构

（1）贯穿式　如图 6－39 所示缸体为贯通结构，两端由端盖密封。因为有工作腔、冷却水套、进排气通道，气缸大部分部位有三层壁，故称为三层壁气缸。

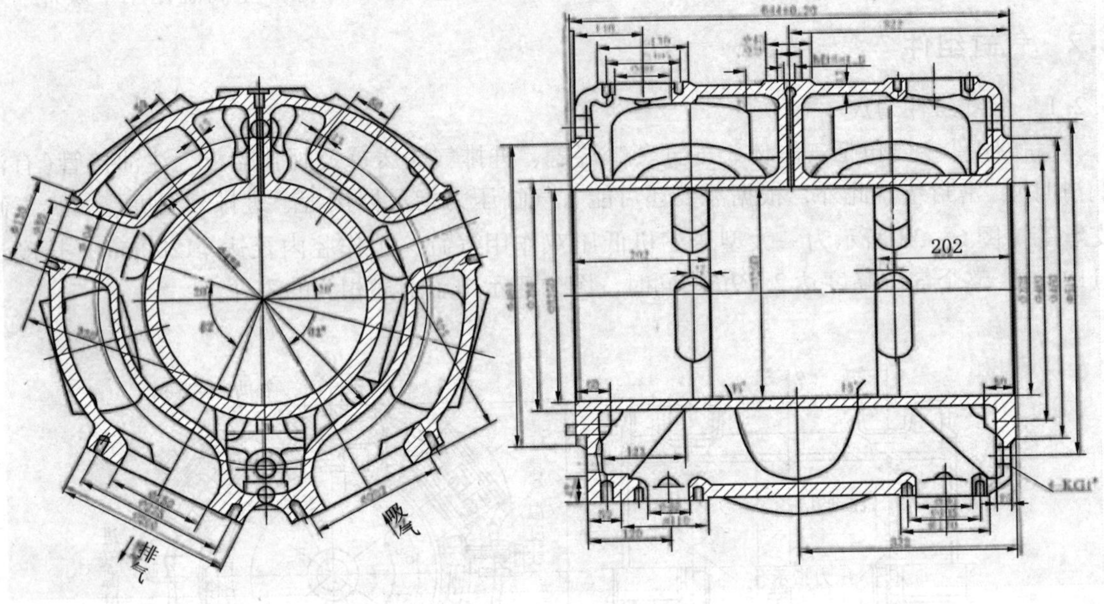

图 6－39　三层壁铸铁气缸

图 6－40 所示也为贯穿式结构，但主要部位仅为两层壁，故称为两层壁气缸。两层壁结构较三层壁简单，有利于翻砂浇铸，但是两端阀孔仅适宜于各为两进、两出气阀的结构。

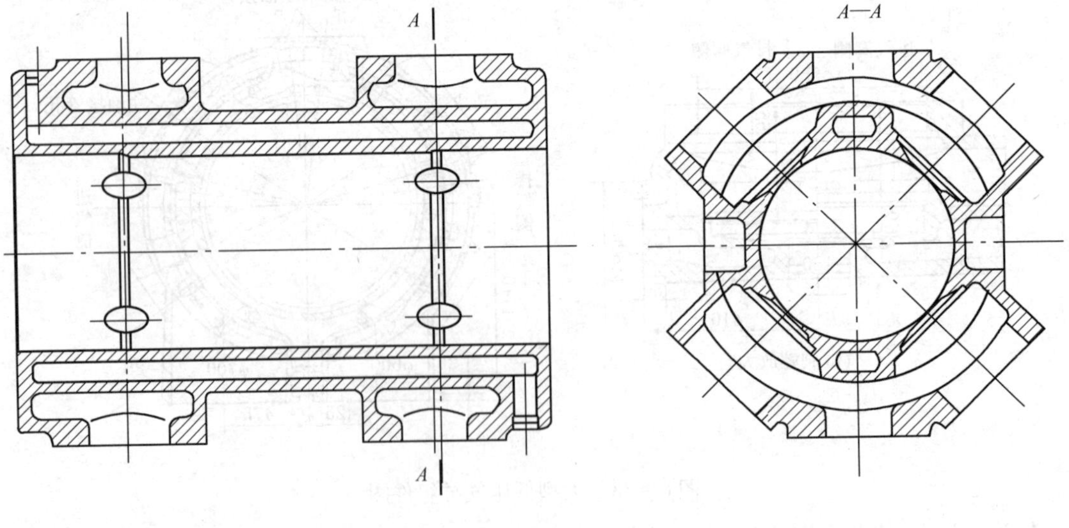

图 6－40　二层壁贯穿低压气缸

（2）轴侧为封闭式　如图 6－41 所示，轴侧为半封闭，填料可得到很好冷却；如图 6－42 所示，结构一端全封闭，该结构增加了砂型与浇铸难度，虽减少了切削加工量但增加了气缸镗孔的难度。

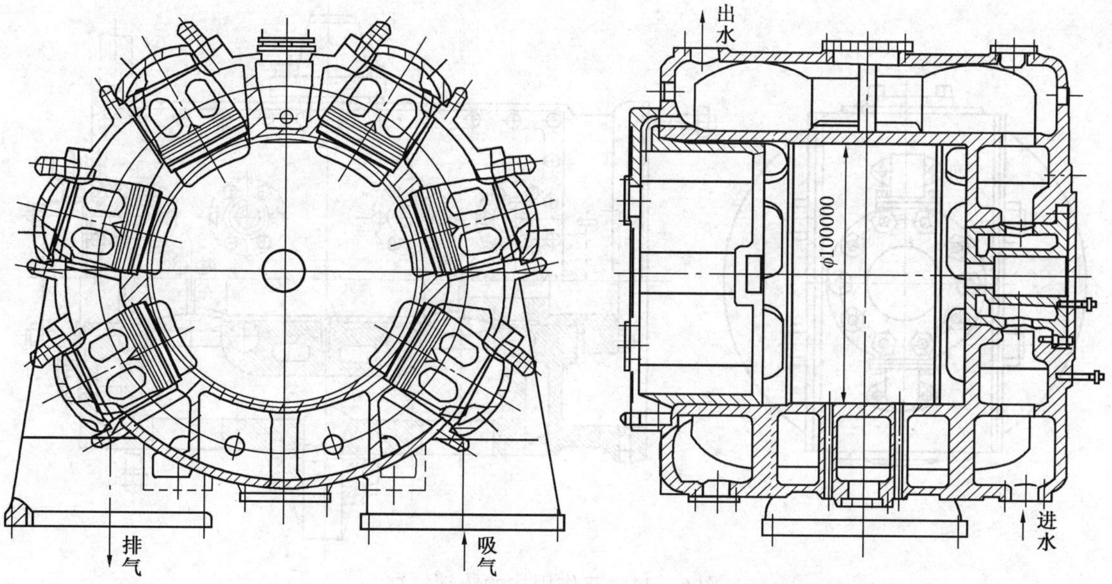

图 6－41　一端为半封闭式低压气缸

（3）组合式　如图 6－43 所示，它由缸体与两端盖构成，气阀布置在端盖上。该结构使缸体、缸盖铸造方便，并便于缸径系列化。但缸体与缸盖间密封不易保证，由此导致近来应用减少。

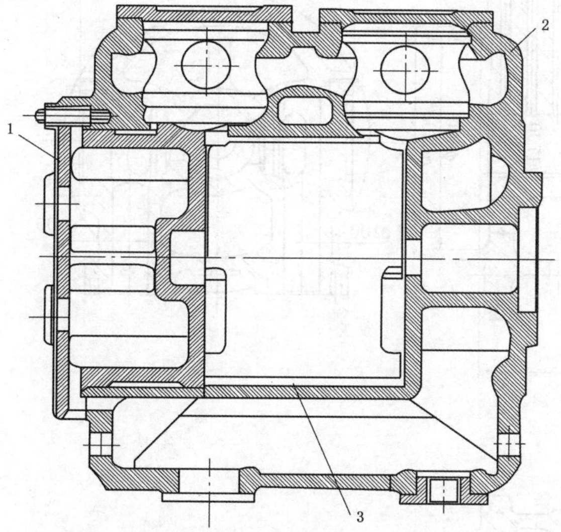

图 6－42　一端为全封闭低压气缸

1—气缸盖；2—气缸体；3—气缸套

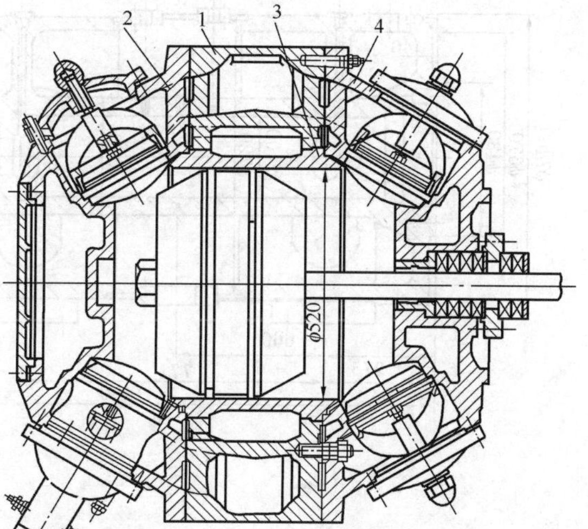

图 6－43　气阀配置在气缸盖上的结构

1—气缸体；2—气缸盖；3—气缸套；4—气缸座

6.2.3　中压缸体结构

中压气缸压力范围为（1～10）MPa，压力在 7MPa 以下，气缸可由高强度铸铁铸制，压力大于 7MPa 时由低碳钢铸造。图 6－44 为双作用铸钢气缸结构，其两端均为一个进气阀一个排气阀，阀室与连接通道均由铸制而成（缸径大时也可各配置二个进与二个排气阀，见图 6－7）。两侧缸壁仅为一层，处于完全开放状态，最后加上一块盖板形成冷却水套。该结构

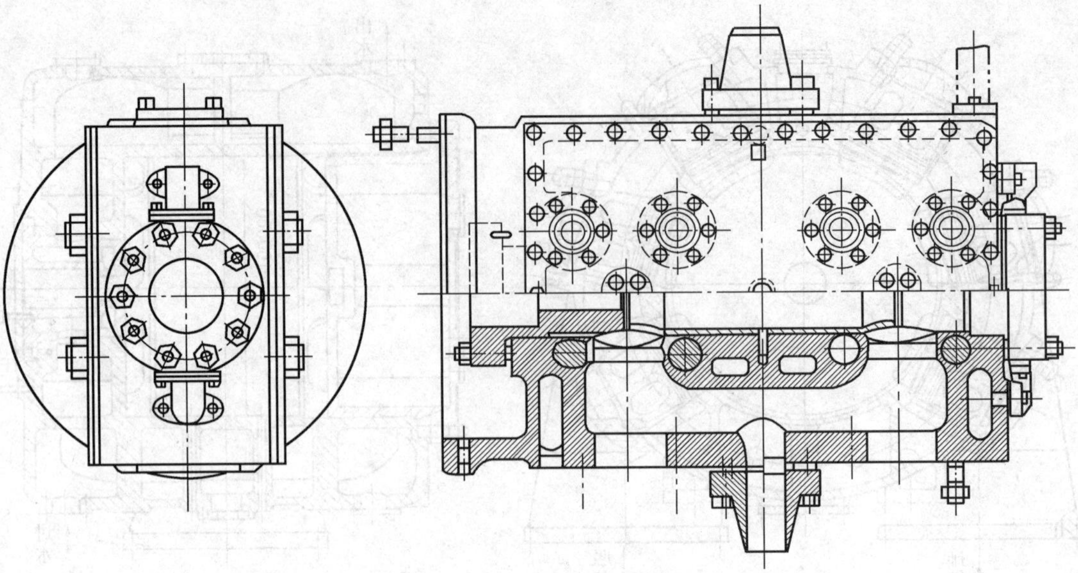

图 6－44　双作用式的铸钢气缸

的一个特点是每端进、排气阀与气缸通道两侧加有四个大紧固螺栓，其目的是因气阀通道与气缸交贯处能形成很高的拉应力，并可能使缸体开裂，故用加螺栓的方法施以预压应力。

图 6－45 为气缸先铸成两段再焊接成一个整体，其冷却水套也是最后由钢板卷制安装上

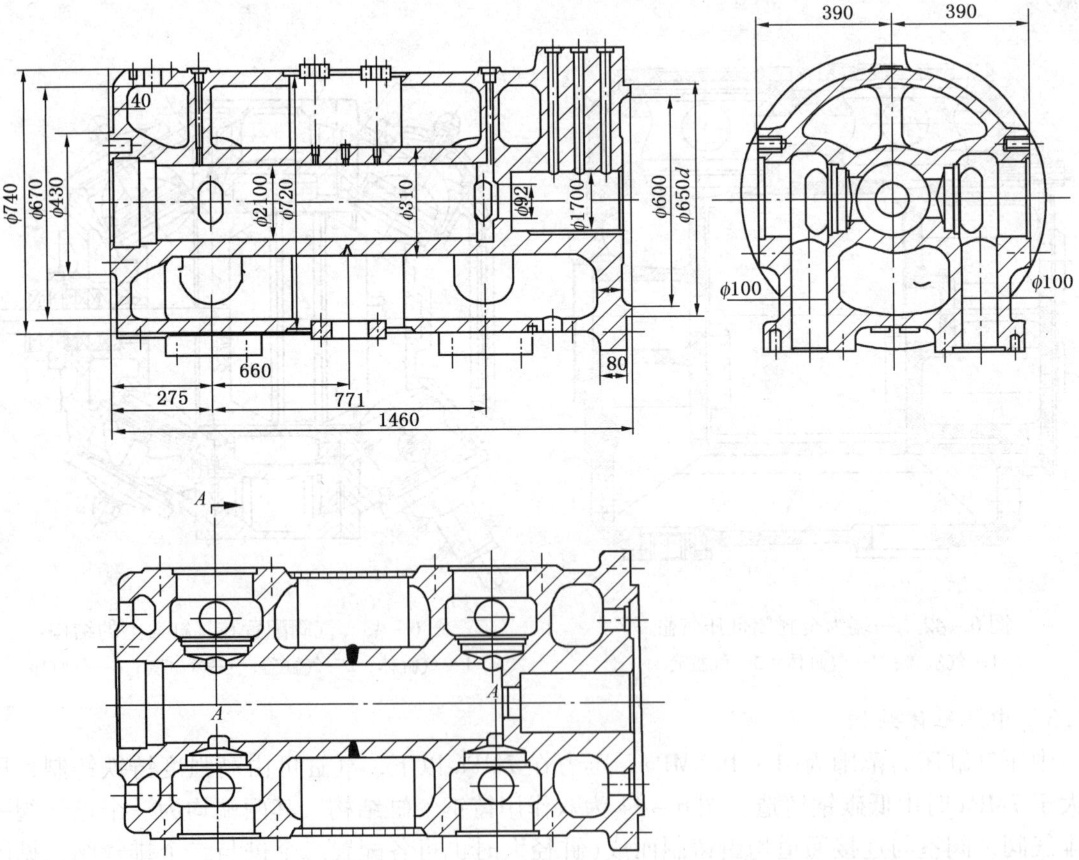

图 6－45　焊接气缸

去的。

图 6-46 为高压单作用铸钢气缸，其水套也为加工好后再加上的。当有缺陷时，铸钢气缸可设法焊补。

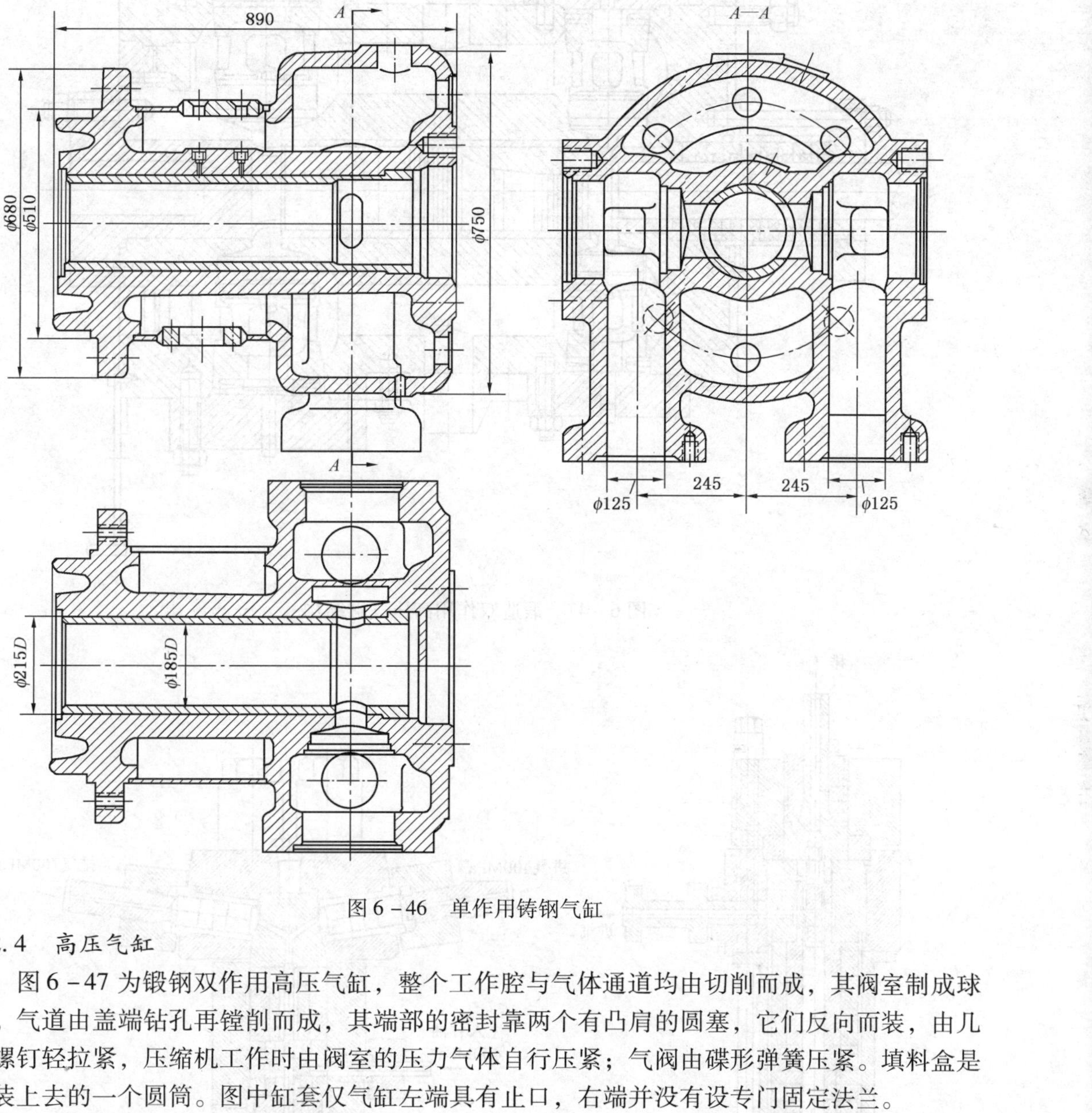

图 6-46　单作用铸钢气缸

6.2.4　高压气缸

图 6-47 为锻钢双作用高压气缸，整个工作腔与气体通道均由切削而成，其阀室制成球形。气道由盖端钻孔再镗削而成，其端部的密封靠两个有凸肩的圆塞，它们反向而装，由几个螺钉轻拉紧，压缩机工作时由阀室的压力气体自行压紧；气阀由碟形弹簧压紧。填料盒是另装上去的一个圆筒。图中缸套仅气缸左端具有止口，右端并没有设专门固定法兰。

6.2.5　超高压气缸

（1）超高压缸体设计

超高压缸体工作的特点是工作压力高，进、排气压差大。相应的结构特点是：①缸体由 2~3 层厚壁圆筒以过盈压套而成；②气缸盖的作用力由专门长螺栓直接传递到机身上；③气缸内层在不工作时处于受压缩状态，借以减小工作时内壁表面的最大应力与应力幅，并且只为两向应力状态；④在气缸体的最大压力部位不开交贯的孔道。

图 6-48(a) 为大型超高压气缸结构，缸体共有四层壁，其中两层用于承压，第三层薄

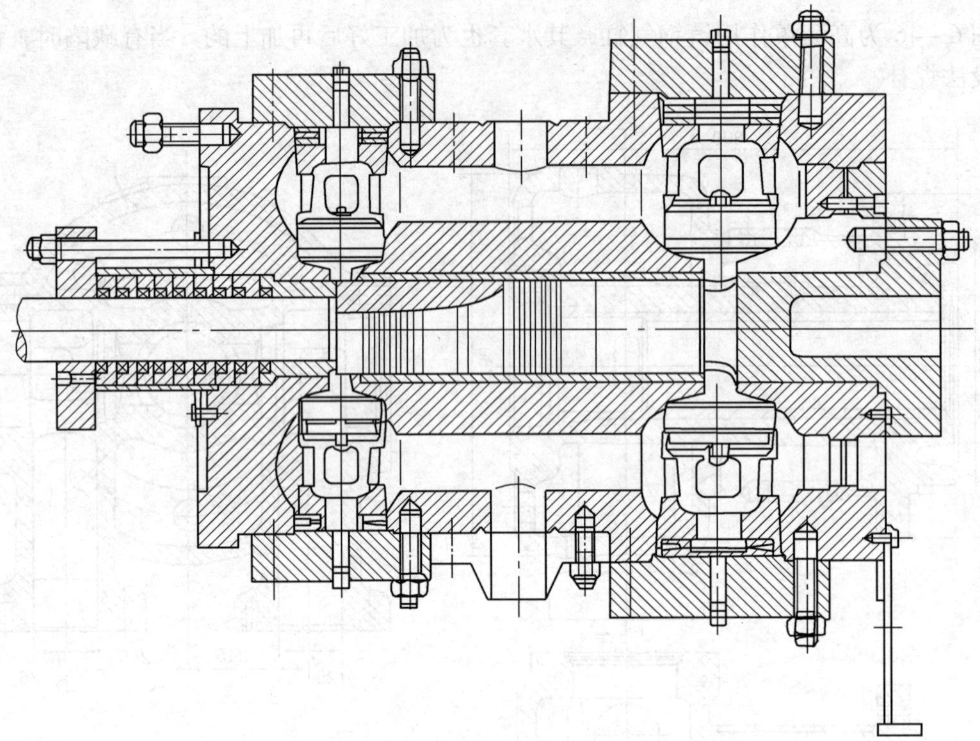

图 6－47　锻造双作用高压气缸结构

(a)　(b)

图 6－48　超高气缸组件结构

(a)排气压力为 220MPa；(b)排气压力为 700MPa

圆筒用于安装填料，最外层用于支撑气缸盖承受长螺栓的预应力。长螺栓拧在气缸座上，气缸座再与中体相连接。

图6－48(b)为排气压力达700MPa的超高压气缸，有四层壁。最中间的一层类似缸套，由高强度硬质合金制造；中间的二、三层为承压缸体；最外层特别厚，用于安置缸体、填料及支撑缸盖承受长螺栓的预紧力；在填料下面有一带弧面的压盖，弧面与最外层缸体底部锥面相配，有利于对中。

(2) 超高压缸盖设计

除了图6－49(a)的结构外，超高压压缩机都设缸盖，并且它们的密封均为自紧式，由工作腔中气体压力自行压紧。图6－48(a)中缸盖主要由阀室与阀盖两部分组成。阀室部分也由两层圆圈组成，其中装有组合阀；压盖通过垫圈压在阀室内圈上，并且压盖上拧有一中空螺塞，螺塞中装一具有法兰的排气接管，该法兰通过排气压力与螺塞端压紧而密封，法兰的另一面通过碟形弹簧压紧组合阀，进气因压力较低且没有大的压力变化，故由阀室侧面通

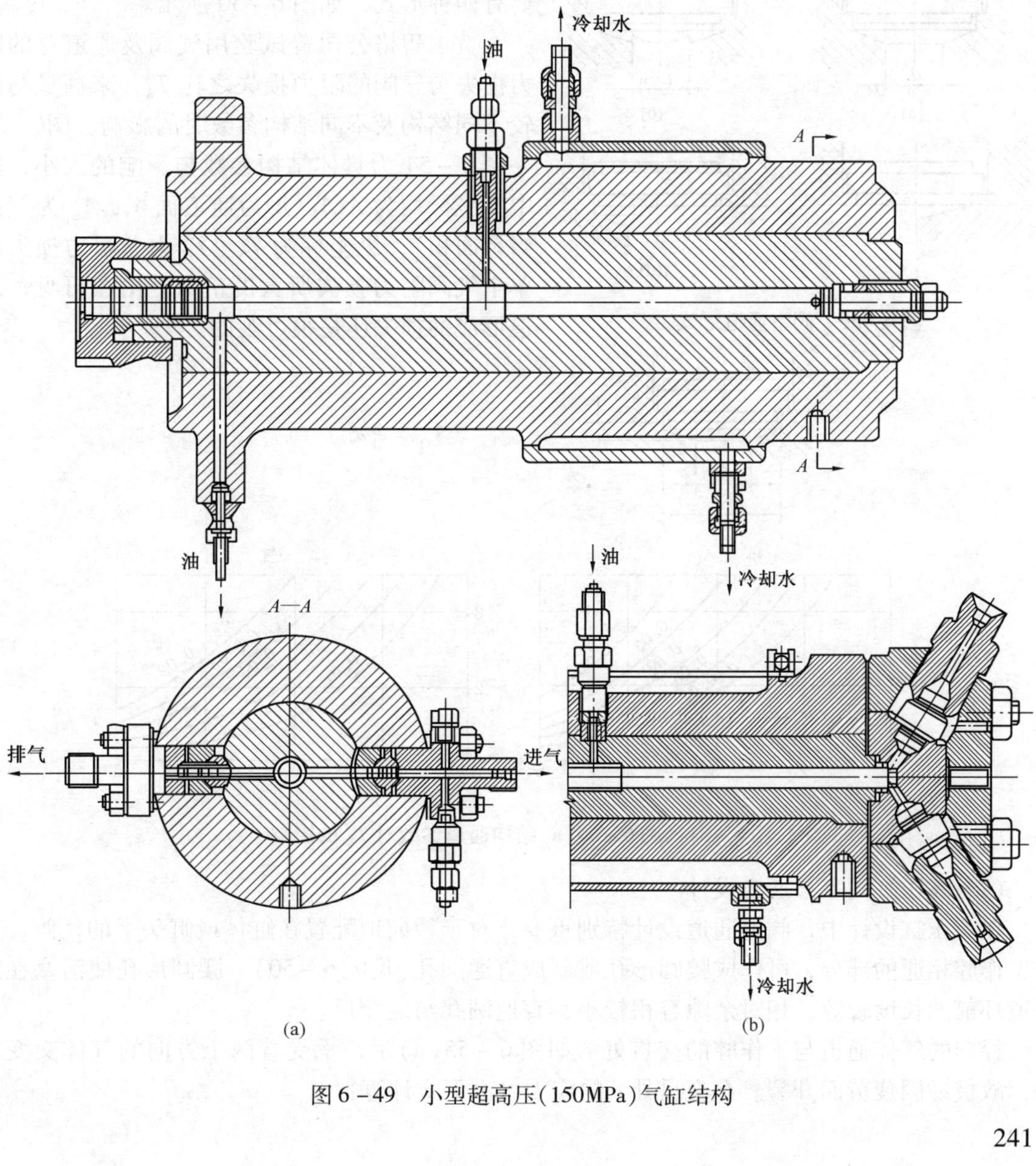

图6－49　小型超高压(150MPa)气缸结构

入。图 6-48(b)的缸盖由一个带锥面的压块与有阀室的罩盖组成；罩盖顶上有一螺钉，用于拆卸锥面压块；压块上设有进、排气孔；进、排气阀分别由压板压在锥块上。

图 6-49(a)为小型压缩机超高压气缸结构，排气压力 $p_d = 150\mathrm{MPa}$，其结构比较简单，并且进、排气阀直接安在缸体上，缸体上钻有交贯的阀室通道孔。从图中比例可以看出，相对工作腔直径，两层缸壁特别厚；没有专门的缸盖，而是用中空的螺塞与一个螺钉，辅以一个垫圈与软金属填料，由工作腔内气体压力自行上紧密封，因此气缸体还受纵向力。

图 6-49(b)中气阀布置在球形缸盖上，外层再有一个压盖紧固在缸体上。就受力状况来讲，图 6-49(b)结构更合理，可用于更高的压力，但结构复杂了许多。

6.2.6 阀室与通道设计

(1) 低压缸阀室与通道设计

气缸工作腔至气阀的通道称为阀室通道，其结构形状与气阀的布置方式有关，并且将影响气缸与活塞的长度及阻力损失。阀室通道主要有四种形式，如图 6-50 所示。

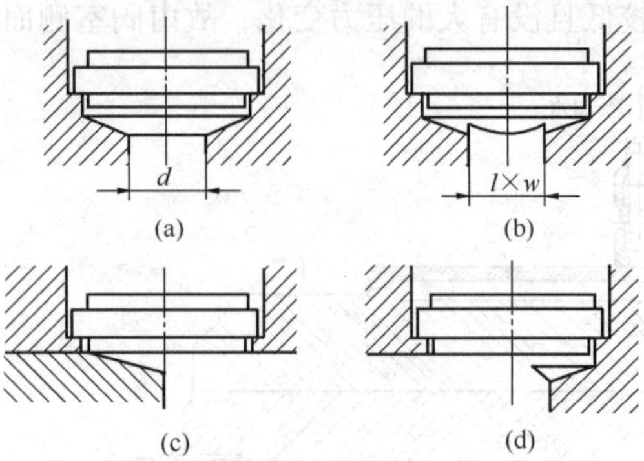

图 6-50 阀室通道形式

贺尔碧格公司曾试验用气阀及通道总的阻力损失与气阀的阻力损失之比 T_δ，来衡量与比较不同结构及不同结构参数时的影响。图6-51~图 6-54 为具体结构参数与影响的大小，图中横坐标均为 A/A_φ（A 为通道面积；A_φ 为气阀当量面积），纵坐标为 T_δ。T_δ 为总阻力损失比单个气阀阻力损失所大的倍数。由图可见，通道形成的损失还是很可观的。

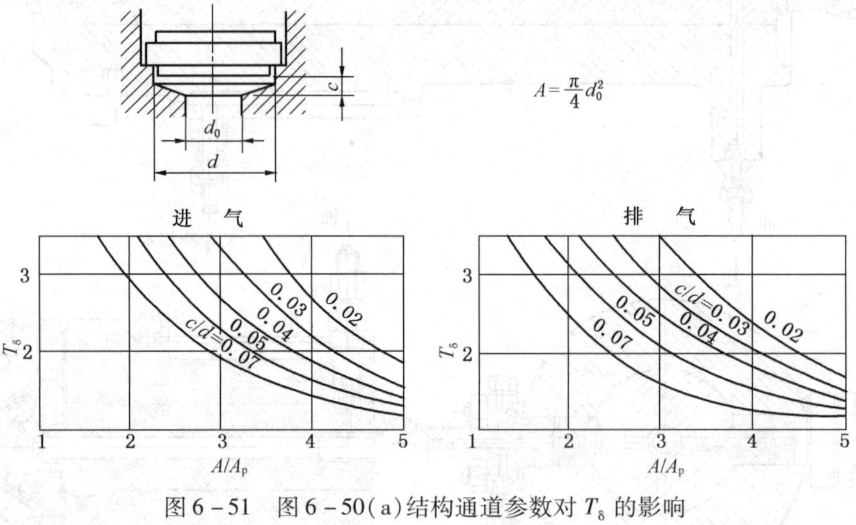

图 6-51 图 6-50(a)结构通道参数对 T_δ 的影响

(2) 高压缸阀室与通道设计

在高压缸设计中，阀室通道设计特别重要。对于径向地配置在缸体或缸头上的气阀，其与工作腔相通的部分，可作成腰圆形孔或制成直通圆孔(见图 6-50)。腰圆形孔使活塞在第一道环前的长度较短，相对余隙容积较小；直通圆孔与之相反。

径向的气体通道与工作腔的交贯处 c 如图 6-55(a)示，承受着两个方向的气体交变压力，故极易因疲劳而开裂。在交贯处 c 的应力可由下式计算：

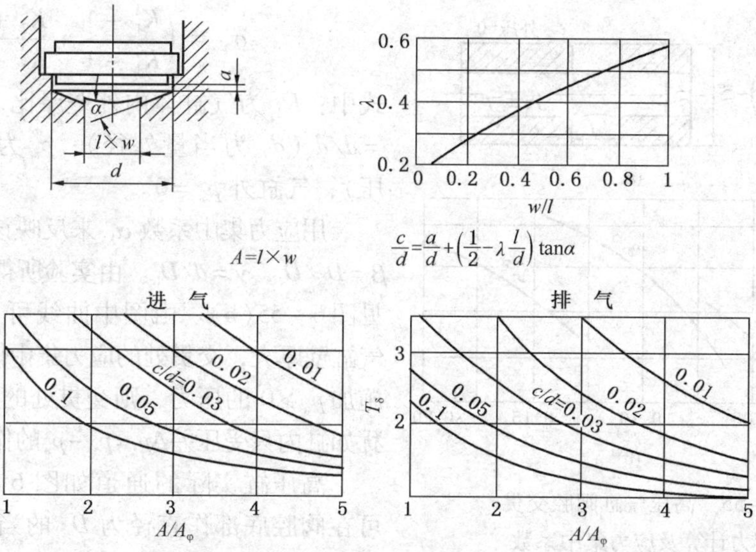

图 6－52　图 6－50(b)结构通道参数对 T_δ 的影响

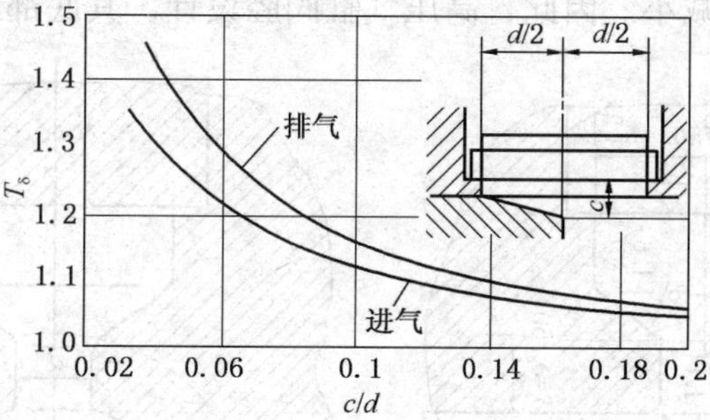

图 6－53　图 6－50(c)结构通道参数对 T_δ 的影响

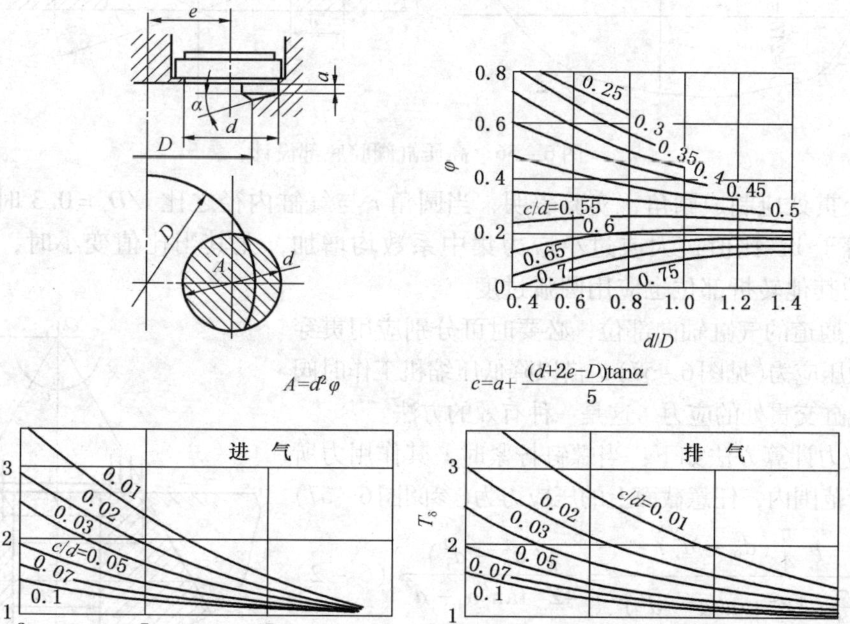

图 6－54　图 6－50(d)结构通道参数对 T_δ 的影响

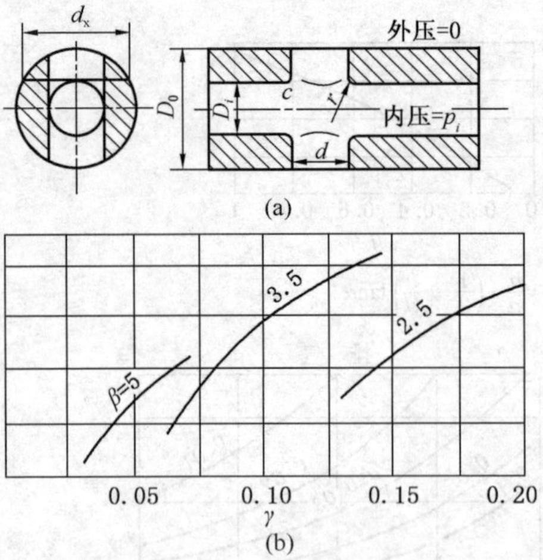

图 6-55　高压气缸阀腔交贯处应力计算及应力集中系数

$$\sigma_t = \left(\frac{K_1^2+1}{K_1^2-1}+\frac{K_2^2+1}{K_2^2-1}\right)p_i \qquad (6-1)$$

式中：K_1 为气缸体内外壁厚比，$K_1 = D_i/D_o$；$K_2 = d/d_x$（d_x 为当量外径）；p_i 为气缸内压力（表压），气缸外 $p_a = 0$。

用应力集中系数 α_k 来反映该处应力，并定义 $\beta = D_o/D_i$，$\gamma = d/D_o$。由实验所得应力集中系数 α_k 见图 6-55（b）。由图中曲线可见，阀室孔径小，气缸壁厚大，交贯处的应力集中便小。若气缸外壁施加 $p_a > 0$ 的压力，则交贯处的应力也可以降低，犹如缸内只受压差 $\Delta p = p_i - p_a$ 的作用。

高压缸实际的通道如图 6-56 所示，此时可在阀腔底部作直径为 D_x 的当量圆，以此作为该处气缸外径（图中虚线），D_x 大即缸底壁厚 δ 大，由此交贯处应力集中减小。因此，高压气缸阀腔设计，其底部的厚度必须得到保证。

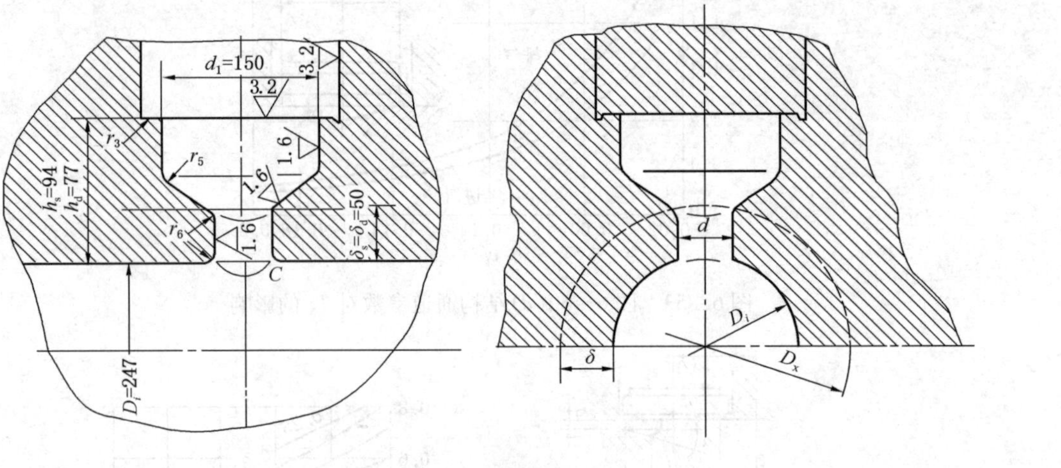

图 6-56　高压缸阀腔底部设计

阀腔交贯处应制成圆角，实验表明，当圆角 r 与气缸内径之比 $r/D_i = 0.3$ 时，应力集中系数近似等于 1，比值过大或过小应力集中系数均增加，尤其当比值变小时，系数增加很快。阀室的其他转折部位也应用圆弧过度。

在阀室通道的气缸轴向部位，必要时可分别应用贯穿螺钉施加预压应力（见图 6-57），借以降低压缩机工作时阀室通道与气缸交贯处的应力，这是一种有效的方法。

预压应力计算方法如下：当螺钉拧紧时，其作用力所影响的锥台范围内，任意截面上的压应力为（参阅图 6-57）

$$\sigma = \frac{p\,\frac{\pi}{4}(d_0^2 - d_i^2)}{\frac{\pi}{4}(4Z^2\tan^2\alpha - d^2)} = \frac{p(d_0^2 - d_i^2)}{4Z^2\tan^2\alpha - d^2} \qquad (6-2)$$

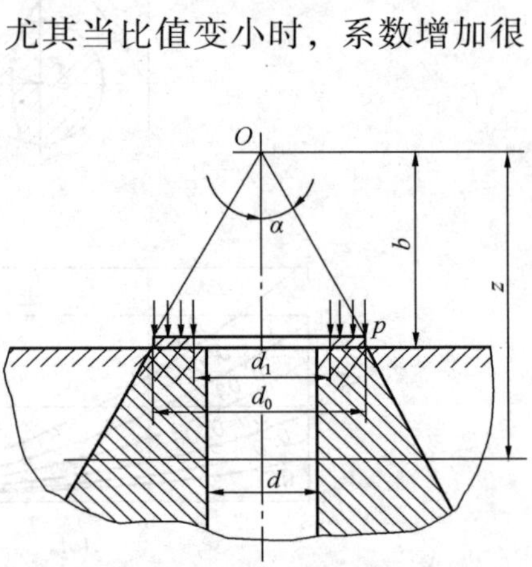

图 6-57　缸体挤压应力计算图

式中：p 为螺钉头或螺母作用在缸体上的压力；α 为压力锥角，一般 $\alpha < 45°$，可近似地取 $\tan\alpha = 0.4 \sim 0.6$；$Z$

为锥角顶点至所求应力截面的距离。

如压力锥超越出零件界限，应按实际面积进行计算。

螺栓孔的配置，其边缘到最大载荷区的距离不应小于15mm，这时孔对载荷区的影响已很小，甚至可以忽略。

按照上述原则可以计算螺钉直径大小与拧紧程度。

6.2.7 压阀罩与阀孔盖板

气阀安装在气缸阀孔中，由阀腔孔上的盖板通过压阀罩压紧。

气阀在阀腔孔中所受到的作用力，进气阀与排气阀不等。压缩机工作时，进气阀承受工作腔与进气阀腔间的压差，压阀罩与阀盖承受着压差造成的全部作用力。排气阀承受排气阀腔与工作腔中的压差，但由此导致的作用力方向是使阀压向气缸，仅当排气过程中工作腔内压力略高于排气阀室压力，有使气阀脱离气缸的倾向，故排气阀压阀罩所需的压紧力，较之进气阀要小很多。但对阀腔孔盖板来讲，因为排气阀腔压力比进气阀腔高，所以两者的受力几乎是相同的。

（1）压阀罩结构

压阀罩结构设计的原则是：①要能使气阀压紧在阀腔的止口上，其作用力应大于气阀两侧压差造成的作用力加止口上垫片密封变形所需的作用力；②尽量减少气流阻力损失，尤其是气阀外圈的阻力损失（仅指开式气阀）；③一般进、排气阀的压罩结构相同，以减少零件种数。

压阀罩的结构如图6－58所示，在大型压缩机中主要有杯形、筒形和伞骨形三种。

（2）阀孔盖板

盖板压紧阀罩的方式与盖板密封方式、压罩结构及进气阀还是排气阀等有关。图6－58

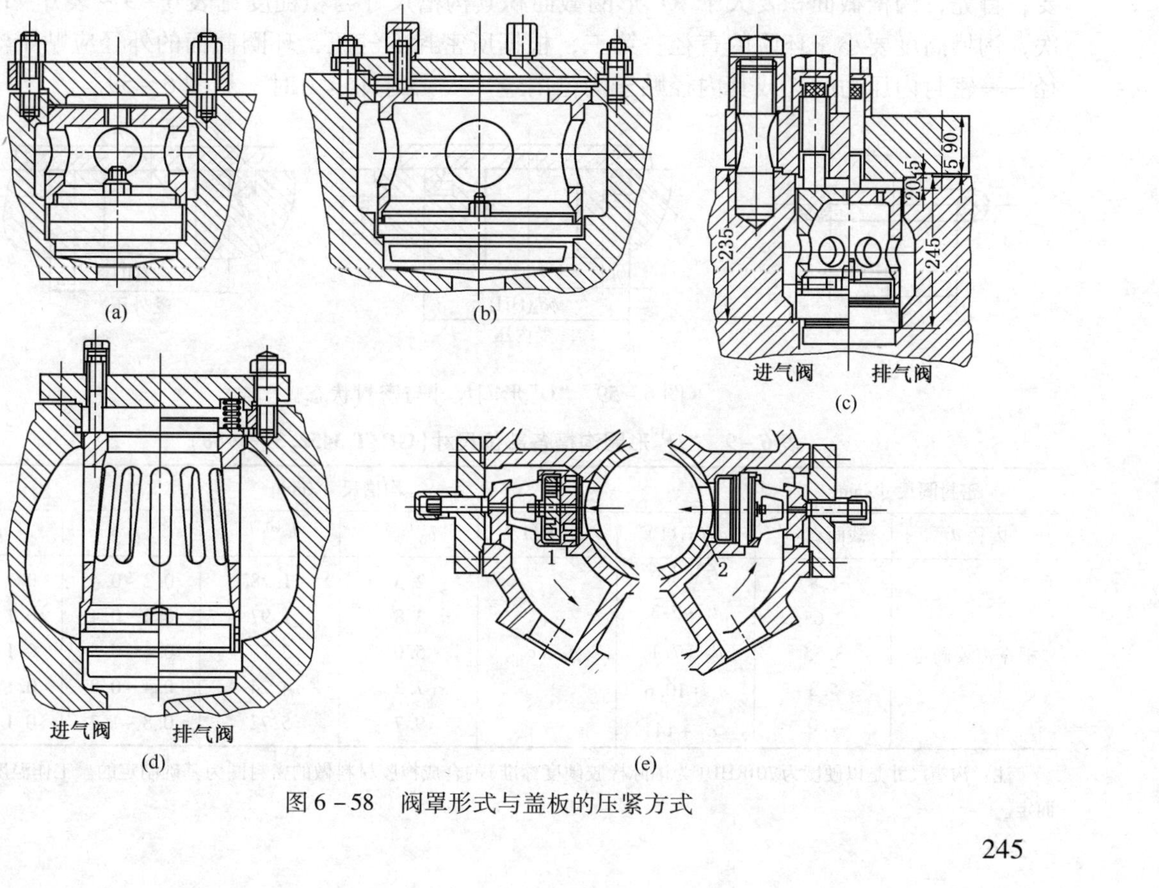

图6－58　阀罩形式与盖板的压紧方式

(a)为阀罩与盖板结合部均有倒角，用圆截面纯铜圈作密封垫，安装时拧紧盖板同时也就压紧了阀罩。倒角一般为45°，两倒角的截面积应小于纯铜圈截面积，纯铜圈由纯铜丝制成，两端部必须焊成一体，焊接处磨成相同直径。铜丝直径视阀室孔大小而定，一般 $d = 3 \sim 4$mm。此种结构比较简单，安装方便，不论低压与高压均可应用，但纯铜圈每次安装必须更换，因为一次安装后它已变形。

如图6－58(b)、(c)、(d)的结构，盖板由凸缘直接压在气缸上密封，进气阀罩由盖板上沿罩壁的三个以上的螺栓压紧。螺栓端部用封头螺母锁紧，并防止气体通过螺纹外泄。排气阀罩压紧方法：图(b)中与进气阀罩压紧方法相同；图(c)中盖板中心用一根较小的螺栓压紧；图(d)为三个螺旋弹簧压紧，也可用碟形弹簧压紧，如图6－47中所示，其阀室盖板通过碟形弹簧压紧阀罩。

图6－58(e)的阀罩为伞骨形，进、排气阀罩均由中心一根螺柱压紧。它仅允许用于小型压缩机。

6.2.8 气缸与气阀等的密封

气缸是个受气体压力作用的部件，许多结合部位需要密封，其中动密封将在本书6.8节中专门介绍，本节仅叙述固定件密封。传统的密封方法是用垫片或高压时用两金属件相互研磨；但随着高分子热塑性材料的发展，用“O”形圈作固定件间的密封已日趋普遍，只要“O”形圈压强允许，密封32MPa也是可能的。

(1)“O”形圈密封

“O”形圈的密封作用首先是由弹性体变形挡住高压气体的通路，然后由高压气体本身将弹性体压向所要密封的间隙，由此实现气体密封，如图6－59所示。因此，有三个原则很重要：首先，沟槽截面积要大于“O”形圈截面积其沟槽尺寸与粗糙度见表6－9～表6－10；其次，沟槽高度要小于环圈的直径；第三，根据所密封的气压，环圈截面的外径应贴于沟槽外径——密封内压力时，或其内径贴于沟槽内经——密封外压力时，见图6－59。

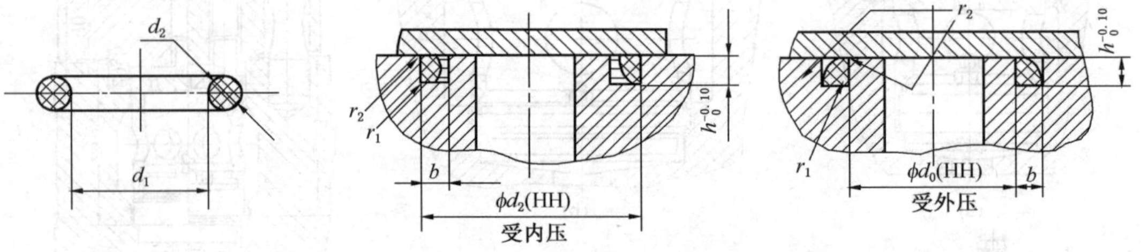

图6－59 “O”形圈尺寸与密封状态

表6－9 “O”形圈沟槽各部位尺寸(GB/T 3452.3—1988)

密封圈尺寸/mm		沟槽尺寸/mm					
内径 d_1	截面直 d_2	d_7(H11)	d_8(H11)	$b_0^{+0.25}$	$h_0^{+0.20}$	r_1	r_2
根据需要确定	1.8	d_1 +3.6	$d_8 = d_1$	2.6	1.28	0.2～0.4	0.1～0.3
	2.65	d_1 +5.3		3.8	1.97	0.2～0.4	0.1～0.3
	3.55	d_1 +7.1		5.0	2.75	0.4～0.8	0.1～0.3
	5.3	d_1 +10.6		7.3	4.24	0.4～0.8	0.1～0.3
	7.0	d_1 +14		9.7	5.72	0.8～1.2	0.1～0.3

注：沟槽尺寸是以硬度为70IRHD(为国际橡胶硬度标准)的合成橡胶材料做的密封圈为基础制定的。工作温度随胶料而定。

表 6 - 10 沟槽各表面的表面粗糙度（GB/T 3452. 3—1988）

表 面	应用情况	应力状况	表面粗糙度/μm	
			R_a	R_{amax}
沟槽的底面和侧面	静密封	无交变、无脉冲	3. 2(1. 6)	12. 5(6. 3)
		交变或脉冲	1. 6	6. 3
	动密封		1. 6(0. 8)	6. 3(3. 2)
配合表面	静密封	无交变、无脉冲	1. 6(0. 8)	6. 3(3. 2)
		交变或脉冲	0. 8	3. 2
	动密封		0. 4	1. 6
倒角表面			3. 2	12. 5

注：括号内的数值为要求精度较高的场合应用。

“O”形密封圈在压缩机中主要有以下应用：

① 沟槽为矩形。如图 6 - 60 所示，图中（a）沟槽开在端面上，（b）沟槽开在柱面上。

② 沟槽为三角形。如图 6 - 61 所示，它又可分为（a）、（b）两种情况，其中（a）倒角在缸上，（b）倒角在盖上。此种结构不存在沟槽，而是要确定三角形直角边 A（见图 6 - 62）。表 6 - 11 中列出了按“O”形圈确定的 A 值。

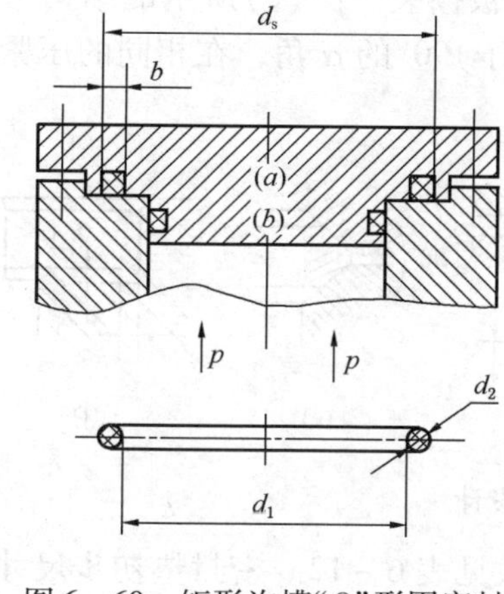

图 6 - 60 矩形沟槽“O”形圈密封

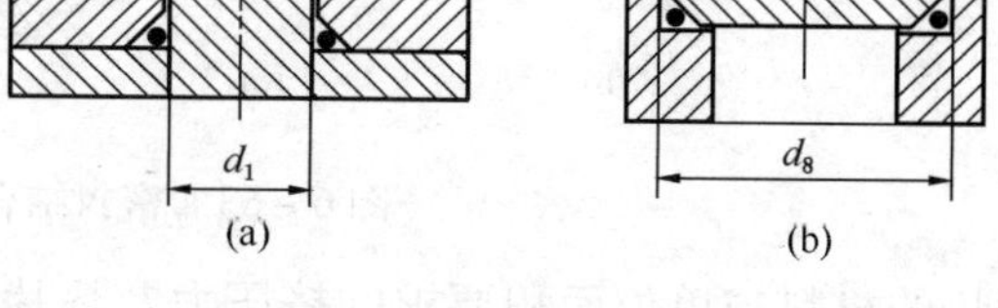

图 6 - 61 三角形沟槽“O”形圈密封

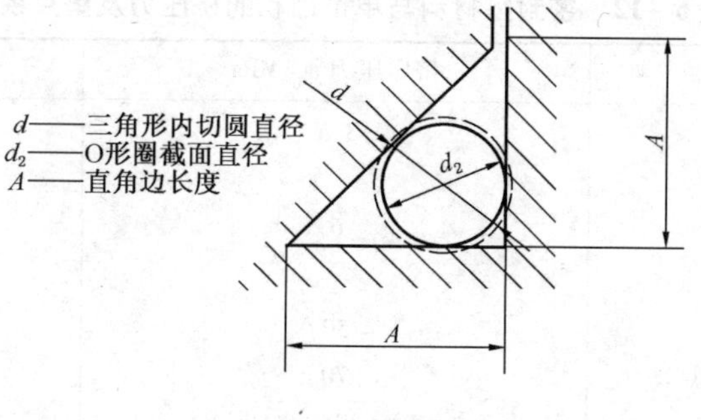

图 6 - 62 三角形沟槽计算

表 6 - 11　三角形“O”形圈密封尺寸关系

GB 1235—76				JKW 005—2007			
d_2	A	d	d/d_2	d_2	A	d	d/d_2
1.9	2.6	1.52	0.8	1.8	2.4	1.4	0.78
2.4	3.2	1.875	0.78	2.65	2.5	2.08	0.78
3.5	4.7	2.75	0.78	3.55	4.73	2.77	0.78
5.7	7.6	4.45	0.78	5.3	7.05	4.13	0.78
8.6	11.5	6.74	0.78	7	9.3	5.46	0.78

(2) 垫片密封

工作压力低于0.4MPa的气缸，通常采用软垫密封。常用的软垫材料为橡皮板，也有采用金属石棉垫片的，它由铜与石棉制成。常用的密封接口如图 6 - 63 所示，密封面的表面粗糙度为 $Ra6.3 \sim 3.2\mu m$。图(a)的结构虽然简单，但垫片容易被撕裂而失去气密性，故仅在压力较低时采用。图(b)和图(c)两种方式加工较为复杂，但垫片不容易撕裂，宜用于中压。

工作压力较高或者密封周长较短的气缸，用金属垫片密封，常用的金属垫片材料为铜、铝、不锈钢等。应当注意的是：氨与乙炔不能用铜的垫片。金属垫片对应的密封接口形式如图 6 - 63(d)所示，密封表面车有若干齿槽，防止垫片被撕裂。图(e)所示的结构为两锥面结合，它利用密封表面与作用力间所组成的小于(或等于)90°的 α 角，在相同的压紧力下得到较高的密封压力，大都用于高压管道法兰连接。

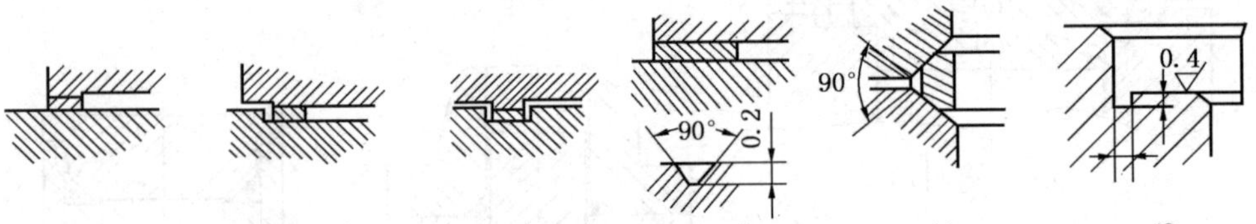

(a)　(b)　(c)　(d)　(e)　(f)

图 6 - 63　密封结合面设计

密封垫的材料与单位面积要求的挤压力及垫片系数见表 6 - 12。密封垫初步尺寸选择按表 6 - 13 确定。

表 6 - 12　密封垫材料与单位面积的挤压力及垫片系数

垫片材料	挤压压力 p_q/MPa	垫片系数 β
橡皮或塑料	3.5	0.5
石棉制品（有致癌作用，慎用）	6	1.5
金属石棉	50	3.5
铝	70	4.0
铜	98	4.75
软铁	127	5.5
不锈钢	150	6.0

表 6－13　垫片尺寸初步选择

mm

垫片的平均直径	非金属		金属	
	宽度	厚度	宽度	厚度
≈100	5～6	1～1.5	3～4	1～2
100～200	6～7	1～1.5	4～5	2～3
200～400	7～8	1.5～2	5～6	3～4
400～600	8～12	1.5～2.5	6～7	4～5
>600	12～20	2～3	8～12	5～6

密封垫安全性校核方法如下：

① 垫片受了预紧力之后，应当使垫片产生一定的压力，根据这个条件确定垫片所需的最大宽度为

$$b \leqslant \frac{F_0}{\pi D_m p_q} \qquad (6-3)$$

式中：F_0 为螺栓总预紧力，N（见表 3－65）；D_m 为垫片平均直径，m；p_q 为垫片挤压压力，Pa。各种垫片材料的 p_q 值见表 6－12。

② 承受气体压力作用之后，密封面之间的残余压力 p'_g 应大于气体压力，以维持连接面上的气密性，即

$$p'_g \geqslant \beta p_{max} \qquad (6-4)$$

由此得出，限制垫片最大宽度的第二个条件：

$$b \leqslant \frac{D^2}{4\beta D_m} \qquad (6-5)$$

式中：D 为气缸直径；β 为垫片系数，各种材料的垫片系数见表 6－12。

③ 在最大紧固力作用下，连接件的密封表面不允许有塑性变形。因此，最大紧固力所产生的表面压力，要小于连接件的许用应力 $[\sigma_c]$。由此得出，限制垫片最小宽度的条件为

$$b \geqslant \frac{F_o}{\pi D_m [\sigma_c]} \qquad (6-6)$$

式中：铸铁 $[\sigma_c]=150\sim200$MPa；钢 $[\sigma_c]=250\sim300$MPa。

（3）研磨密封

高压或超高压下常用连接表面直接研磨的方法密封，表面粗糙度为 Ra(0.80～0.10)μm。安装时，表面涂上少许润滑油或石墨之类的材料，使气体没有外泄的通道。为了使研磨表面能够达到所希望的加工精度，采用如图 6－63(f)所示的设计。如果密封表面的位置无法进行研磨加工，则在高压时也可用金属垫片进行密封。

可用式(6－7)来校核研磨密封的宽度。

保持研磨密封表面密封性所必须的表面压力 p'_q，决定于气体压力、润滑油的黏性及连接表面粗糙度。螺栓如果压得不紧，则油膜会因气体吹过而遭到破坏，而且以后即使将螺栓旋紧，也无法恢复它的气密性。这时必须拆开，在密封面上重新加润滑油。

对表面粗糙度达 Ra(0.40～0.10)μm 的研磨密封面的残余接触压力可按下式确定：

$$p'_q = \frac{nD^2}{4bD_m} p_{max} \tag{6-7}$$

式中　n 为系数。密封表面无油时，n 根据工作压力按表 6－14 确定；有油时，可取较小值。但 p'_q 应小于材料许用挤压应力。

表 6－14　无油研磨密封面的系数 n

工作压力/MPa	n	工作压力/MPa	n
~4	8~7	20~35	4~3
4~8	7~6	35~60	3~2
8~12	6~5	60~80	2~1.5
12~20	5~4		

6.2.9　注油接管和其他接管

(1) 注油接管

① 注油接管形式　气缸有油润滑压缩机都需设置注油接管，主要有如图 6－64 所示两种形式。图(a)的结构用于低、中压气缸，接管直接拧在气缸内壁上，若内壁为湿式气缸套则拧在缸套上。穿过气缸外壁处，用密封圈与压盖压紧。图(b)的结构用于高压级气缸，接管应拧在气在缸套上，以防止高压气体从缸套与缸体间泄露。缸套与缸体间会因热胀冷缩而产生微小的轴向位移，因此接管外径与缸体间应留有间隙。此外，接管外加一罩管，拧在缸体上。罩管末端用螺母与填料压紧，防止接管可能在气体压力作用下飞出气缸。

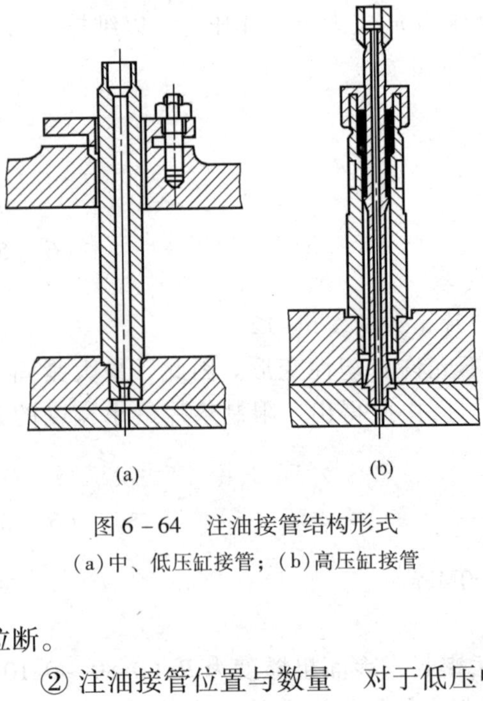

(a)　　(b)

图 6－64　注油接管结构形式

(a)中、低压缸接管；(b)高压缸接管

容积流量在 $20m^3/min$ 以下的空气或其他惰性气体低压级气缸，容许在缸体进、排气腔之间的水套里铸出柱状肋条，再钻成注油通道的通孔。其优点是机械加工简单；其缺点是使铸造复杂化，柱状肋条可能会因铸造应力或温度应力而拉断。

② 注油接管位置与数量　对于低压中、小型气缸，当工作腔直径 $D \leqslant 300mm$ 时，设一个接管。卧式气缸设在顶部工作腔长度 $\frac{1}{2}$ 处，立式气缸设在工作腔自上止点开始的行程中部。当 $D > 300 \sim 600mm$ 时，设两个接管。卧式气缸应在顶部两侧各 $10° \sim 15°$ 处，立式气缸对称设置，高度方向同上述一个接管。当 $D > 600mm$ 时，应设 3~4 个接管。卧式气缸除上部两个接管外，下部还应设 1 个(底部)或 2 个(中线两侧附近各一个接管)。

对于高压级气缸，一般活塞密封环多，气缸与活塞较长，为保证充分润滑与液体密封作用，根据行程长度和缸径大小，设 1~5 个接管。通常，卧式气缸在顶部的长度方向按需要 1~3 个，底部 0~2 个。立式气缸为对称安置。

③ 止回阀　为了使工作腔中气体压力作用到注油器上，注油接管与注油管连接处设如图 6 - 65(a)所示的止回阀。低压级用一道钢珠阀芯单向阀；中压级用 1 ~ 2 道；高压级设两道，并用专门的阀芯，如图 6 - 65(b)所示。我国曾在排气压力为 32.1MPa 的高压缸上试用一道单向阀，结果在工作腔的注油孔边缘产生了使材料变成蓝色的高温(理论上暂无法解释此现象)。

图 6 - 65(b)的结构还包括关闭油路阀，以便运行中作极短时间的注油路系统的修理(仅一个注油接管时不容许)。此外，还有一检验开关，检查润滑油是否达到该注油点。

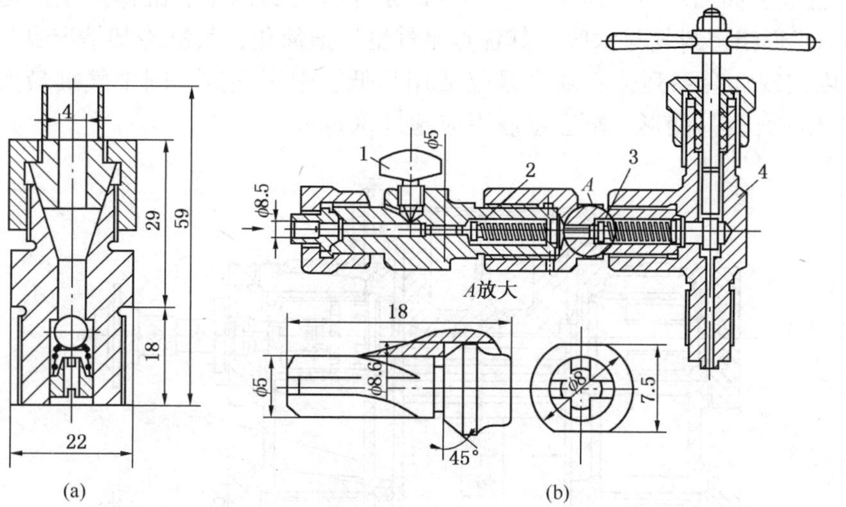

图 6 - 65　高压级注油接管单向阀结构

(a)低压止回阀；(b)高压止回阀

1—供油检验开关；2—第一道单向阀；3—第二道单向阀；4—切断阀

④ 其他接管

工作腔压力指示接管　需要检测或监控工作腔内压力变化的气缸，应在工作腔端部设指示接管，其结构如图 6 - 66(a)所示。指示器接管孔口任何时候都不应被活塞遮盖，并且通道长度应尽量短，以减少气体在孔中的阻力损失与提高孔中气柱的自振频率，此外也减少了余隙容积。指示接管内孔的直径为 4 ~ 6mm，视缸体直径大小而定。直径小于 500mm 的低压铸造气缸，可直接铸制凸肋钻出压力指示孔(见图 6 - 66)，高压缸指示孔也可直接钻出，但要考虑该钻孔引起的应力集中问题。

工作腔放液接管　对于压缩易液化气体的卧式气缸，其端部的最下方，应设如图 6 - 66(b)所示的放液接管。放液管内径为 4 ~ 10mm。铸造气缸也可在端壁上直接钻孔。当排气阀直接布置在工作腔最下方

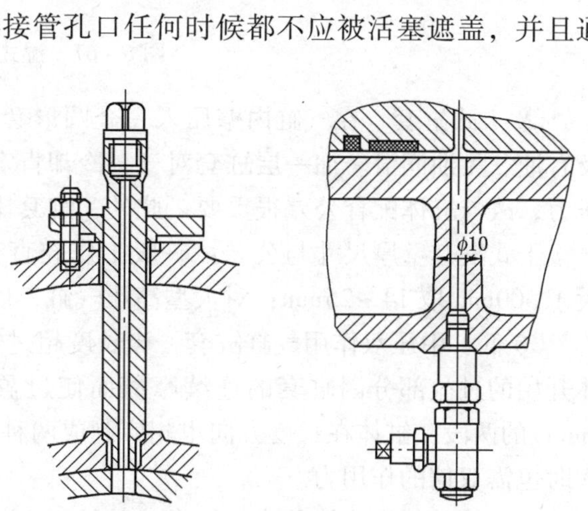

图 6 - 66　其他接管

(a)工作腔压力指示接管；(b)工作腔排液接管

时，可不设放液孔，任液体随气体一并排出。但此排气阀片可能最易损坏。

6.2.10 气缸套与工作镜面

(1) 气缸套的作用与种类

所谓气缸套即气缸工作腔内壁镶进一层特制的圆筒，其目的为：①减少气缸的摩擦磨损，当为有油润滑时采用优质合金铸铁，当为无油润滑采用镍铬钢制造；②当工作表面不可避免地磨损而失效时，仅需压出失效缸套重新压入一个新缸套即可。

目前常用的气缸套有以下几种：

① 湿式缸套　如图 6 - 67 所示，它本身即是工作腔的内壁、缸体外壁面与缸体形成冷却水道，用"O"形圈密封气与水腔。其优点是气缸铸造简化，气缸冷却情况良好，可通过改变气缸套厚度实现缸套系列化；缺点是仅适用与低、中压气缸。图中气缸最大工作压力达 7MPa；直径大时缸套易变形，缸套壁厚不应超过 30mm。

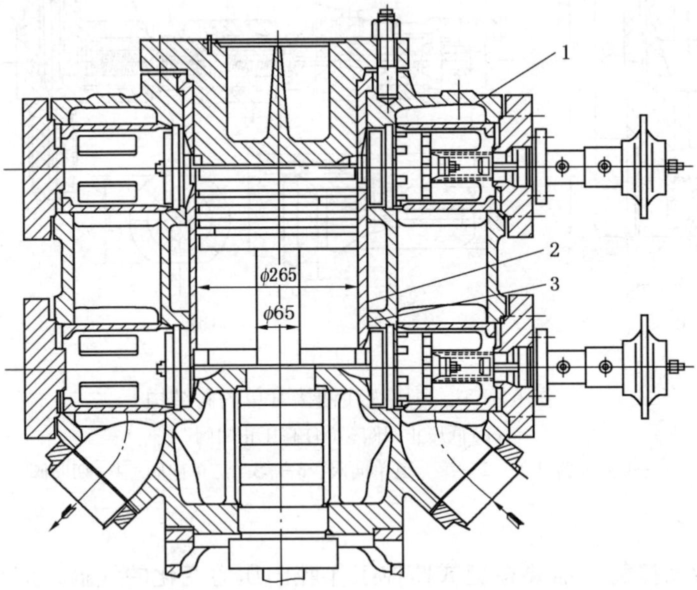

图 6 - 67　湿式缸套的结构

② 干式缸套　在气缸内壁压入一个圆形套筒，如图 6 - 68 所示，适用于各种压力，以及有油、无油润滑。加一层缸套对气缸冷却肯定有所影响。干式缸套主要不是用于承受气体压力，故与缸体配合公差很重要。此外，缸套压好后也不允许纵向产生移动。

干式缸套壁厚尺寸与公差：一般工作腔直径小于 500mm 的低压缸，取壁厚 8 ~ 12mm，大于 500mm 取 14 ~ 25mm；对大型高压气缸，因长度相对直径很长，壁厚取 25 ~ 40mm。

③ 低、中压双作用气缸缸套　当长度超过 400mm 时，为便于缸套的压入，也为防止缸体开始的过盈部分因缸套的连续摩擦而使过盈量减小，可将缸套制成外径略有相差(1 ~ 2mm)的两段，缸体在长度方向也相应制成两种直径。此种结构增加了加工工作量，并且压入时也需双倍的作用力。

高压的单作用或级差式气缸套，其长度方向都较长，为安装与拆卸方便，缸套外径在接近气阀的行程长度范围内，制成过盈配合，其余部分允许负公差，以便于缸套的压入与工作时因温度升高而自由伸长。

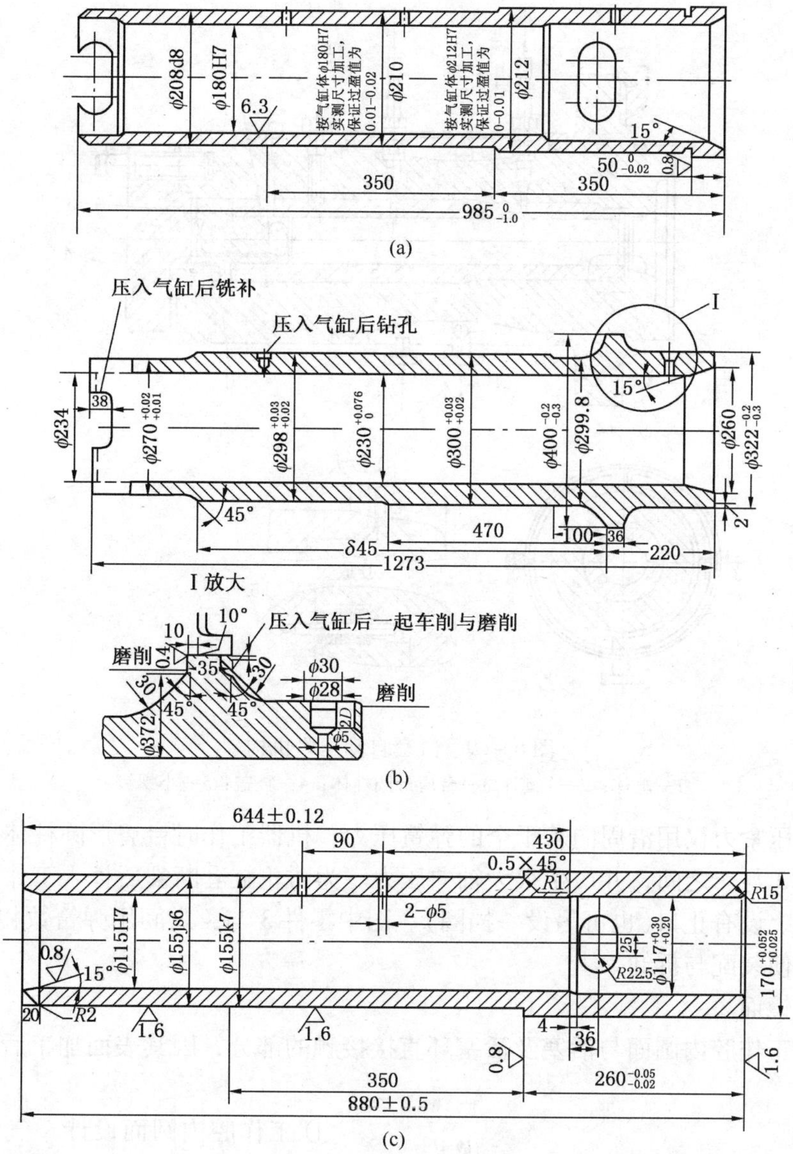

图 6－68　高压级干式缸套

(a)压紧凸缘在端部外表阶梯形；

(b)压紧凸缘不在端部外表阶梯形；(c)压紧凸缘在端部外表平直形

缸套过盈量取$(1\sim2)\times10^{-4}D$，其余部分的间隙量取$(0.5\sim1)\times10^{-4}D$(D为缸套外径)。过大的过盈或长度方向过长的过盈，会使缸套与缸壁间挤压力过大，从而产生很大的摩擦力，当压缩机工作后，缸套因温度改变而无法自由伸缩，由此而导致的纵向压缩或拉伸应力，能使缸套压断或拉断；过盈量过小，使刚套在工作腔中压缩气体时，沿母线方向受很大拉伸应力，并导致沿母线的开裂。

图 6－68 所示为干式高压级缸套的三个实例。其中，图(a)的定位凸缘设在端部；图(b)的定位凸缘设在离端部一个距离。

图 6－69 所示为一种缸套自动压紧的结构。缸套纵向压紧依靠有一台肩形圆柱体 3，机

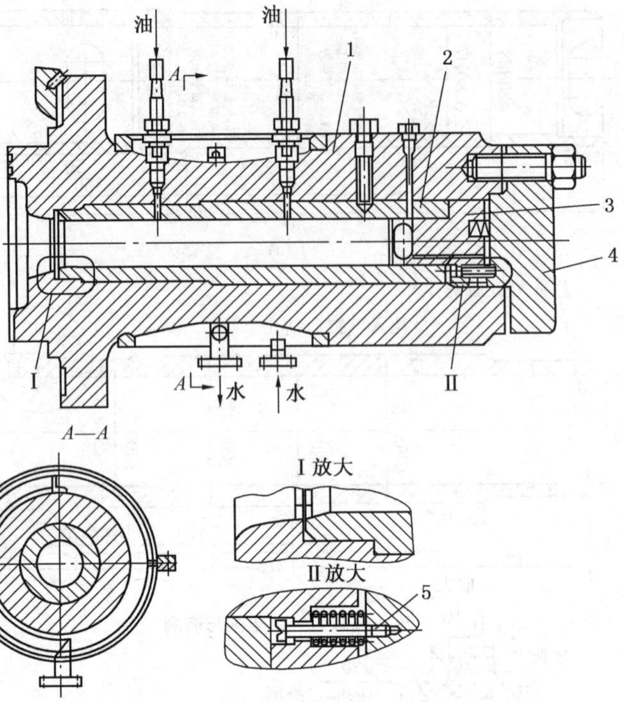

图 6-69　缸套自动压紧机构

1—缸体；2—缸套；3—台肩形圆柱体；4—缸盖；5—小螺钉

器不工作时，压紧力仅用沿周向若干个的弹簧压力；机器工作时台肩形圆柱体 3 上的小孔将压力气体通至 3 与 4 之间，并产生很大轴向压力。为防止缸套断裂后掉入工作腔中，缸套末端相应的缸体上设有止口（也可另设一挡圈）。图中零件 3 与 4 之间用弹簧数相同的小螺钉 5 松动连接，以便装配与拆卸。

（2）工作镜面

镜面系指工作腔内圆面与活塞及活塞环直接接触的部分，因其表面加工后光滑如镜，故称镜面。

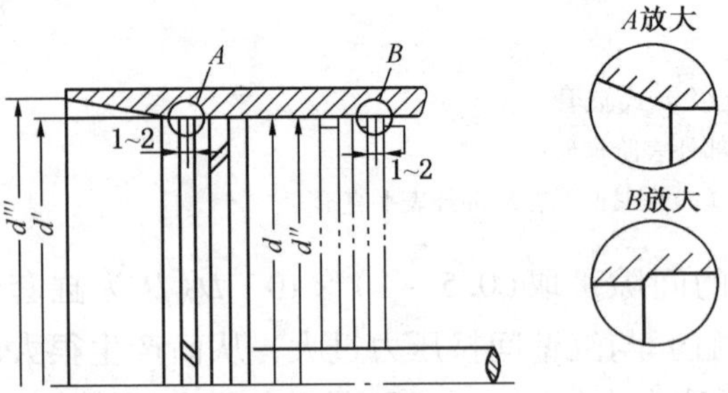

图 6-70　气缸或缸套镜面工作长度确定

① 工作腔内圆面设计　气缸或缸套内壁表面设计，应考虑活塞环的方便装入，故在装入端设有 15°的坡口，如图 6-70 所示，坡口的最大直径大于活塞环在自由状态的最大外径，坡口的长度应使该端的第一道活塞环在止点位置时越出镜面 1～2mm，大直径气缸环高 h 的绝对值大，故宜取较大值。对于非活塞环装入端，同样要求活塞环在该止点越出镜面，也即气缸或缸套内壁该处也应有坡口或台肩（见图 6-70），活塞越出的尺寸两端可取相同值。要活塞环越出镜面的理由是，压缩机工作一个时期，镜面要磨损，当活塞环不越出时在两止点处便会形成凹陷，当修理要取活塞时，凹陷便会像止口一样阻止活塞环通过。此外，机器运行中凹陷可能与活塞环面轻微撞击，影响环的寿命。

② 镜面加工　一般灰铸铁的镜面由精镗后磨削，最后进行桁磨，使镜面带有极细微的斜方形纹路。当压缩机工作时，纹路中可贮存或吸附油分子(气缸有油润滑)或自润滑材料的分子(气缸无油润滑)，借以提高气缸或缸套的耐磨性。镜面技术要求见表6－15。

多孔性镀铬的气缸套能大大降低磨蚀并起防腐作用。镀铬层的厚度为0.05～0.25。铬层的硬度达800～1000HBW，其耐磨性要较不镀铬的提高4～5倍。而且多孔性镀铬的气缸套，由于空中能贮存润滑油，故能使不镀铬活塞环的磨蚀降低1.5～2倍，并且摩擦功也得以降低。

表6－15　镜面技术要求

内　　容	缸径/mm	等　　级
精度	$D \leqslant 300$ $D > 300$	精度圆度与柱度 2级不大于2级精度公差80% 3级不大于2级精度公差
表面粗糙度	$D \leqslant 600$ $D > 600$	有油 Ra0.40～0.80m Ra1.60μm 无油 Ra0.3～0.6μm
硬度	$D \leqslant 500$ $D > 500$ 超高压用硬质合金	190～241HBS 170～241HBS >70HRC

(3) 气缸套材料

气缸缸套材料选择参阅表6－16。灰铸铁气缸套的金相显微组织，应当是小片或索氏体状的珠光体，并且有呈漩涡状、线形或球形的、作均匀分布的小的石墨片，与小量单独夹杂的磷共溶体。不允许有自由结构的碳化铁。共溶的石墨与纯铁体可允许以小量的夹杂物的形式存在于组织中，惟每种夹杂物的面积，不得超过磨片面积的5%。

表6－16　气缸套材料选择

气体种类		材料及注意事项
空气、氮气	有油润滑	$p \leqslant 5$MPa；HT200；$p > 5$MPa；HT250、HT300、HT350
	无油润滑	合金铸铁[各组分质量分数(%)：C2.6～3.2；Si1.6～2.2；Cu0.6～1.2；Mn0.4～0.8；Cr0.5～1.0；Ni0.6～1.2]
氢、氮氢混合气		铸铁中硅的含量尽可能少，因在此气氛中，硅的存在能促进粗粒石墨析出，并与氢作用生成 CH_4 逸出而出现气孔
一氧化碳 (体积分数≥30%) 有油润滑		对铸铁与30CrMo能产生羰基腐蚀，20～25MPa，150～250°最强烈；对不锈钢、铜与铜合金，在32MPa、300°下十分稳定 羰基腐蚀作用大为降低
氧		不锈钢，铝青铜，锡青铜
氯、氯化氢、硫化氢		高镍钢(见本书第一篇3的内容)
甲烷(温度低于－80℃)		高镍钢(见本书第一篇3的内容)

6.2.11 气缸材料与主要尺寸确定及强度计算

(1) 气缸材料

可按工作压力、气缸结构形状、气体性质等选择气缸、气缸套材料。表6-17所示为一般气体气缸所用材料。

表6-17 按最大工作压力选择材料(工作温度不低于-50°C)

零件名称	工作压力/MPa	材料	备注
气缸	<5	HT200、HT250	应进行时效消除内应力；自然时效一年以上(温度40~-20°C)；人工时效①
	5~15	铸钢 ZG270-500	
	15~35	35钢、40Cr球墨铸铁 QT400-15、QT500-7	形状简单，缸径 $D<75$mm
	35~110	30CrMo	

① 用500℃炉加热后自然冷却的退火方法，不能完全消除应力。

对于腐蚀性强的气体，如氯、氯化氢、硫化氢，气缸应用耐酸的高镍铸铁，其化学成分(质量分数)为：(2.6~3.0)%碳；1.4%硅；(0.8~1.3)%锰；(1.8~2.2)%铬；(16~17)%镍；(5~7)%铜。铁体可允许以少量夹杂物的形式存在于组织中，惟每种夹杂物的面积，不得超过膜片面积的5%。

(2) 气缸主要尺寸确定

① 工作腔尺寸　工作腔直径由热力计算确定。工作腔长度为

$$I = (S + H + S_0) \tag{6-8}$$

式中：S 为行程；H 为活塞高(见本章6.3节)；S_0 为工作腔中总的线性余隙。

② 气缸壁厚确定　铸造气缸的壁厚，通常由二个因素确定：①气缸是个压力容器，工作后必须能承受气缸中最大气体压力；②对于低压气缸，按承受压力的要求只需要很薄的气缸壁，这种薄壁气缸铸造比较困难，且容易出现白口铁，因此必须按铸造上的要求来确定壁厚。考虑到上述第二个因素，低压气缸内壁厚可按表6-18取值。

表6-18 低压缸壁厚取值

气体最高压力 p/MPa	内壁厚 s/cm	气体最高压力 p/MPa	内壁厚 s/cm
0.2~0.3	$\frac{D}{50}+1$	0.6~0.8	$\frac{D}{40}+1.5$
0.3~0.6	$\frac{D}{50}+1.5$		

注：D 为气缸工作腔的直径。

压力较高时，内壁厚可按第一个因素由薄壁圆筒的理论得

$$s = \frac{pD}{2[\sigma_b]} + \alpha \tag{6-9}$$

式中：p 为气缸中最大气体压力，MPa；D 为气缸工作表面的直径，cm；α 为壁厚附加值，$\alpha=0.5\sim1.0$cm；$[\sigma_b]$为气缸材料的许用拉伸应力，MPa。

一般高强度优质铸铁$[\sigma_b]=20\sim28$MPa。但形状简单、气阀配置在气缸盖上或用湿式气缸套的气缸，使用高强度优质铸铁时，$[\sigma_b]=25\sim40$MPa。

钢制气缸厚度不大时，也可按式(6-9)进行计算，其许用拉伸应力按材料屈服点确定，

即$[\sigma_b]=\frac{\sigma_s}{n}$。式中：$\sigma_s$ 为材料屈服点，MPa；n 为安全系数，$n \geqslant 1.5 \sim 3$。

气缸壁厚 s 确定后，其余部分的厚度（见图6－71），可按照受力情况和各部分间的相对关系，以及铸造上对壁厚的要求得出。

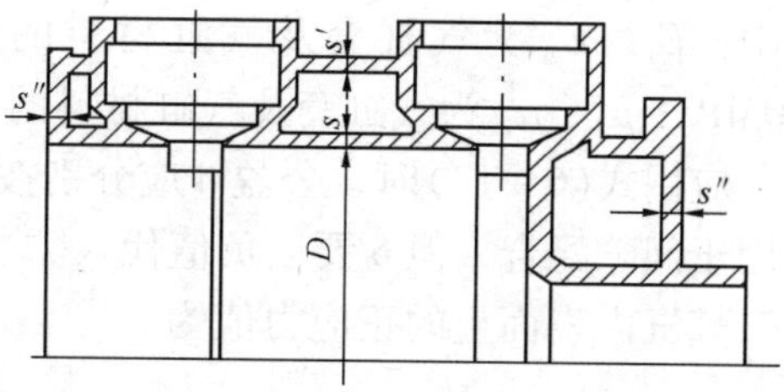

图6－71　低压气缸壁厚示意图

气缸径向壁厚　$s'=(0.75 \sim 0.8)s$

轴向壁厚　$s''=(0.8 \sim 1.0)s$

两端法兰的厚度　$s'''=1.5s$

并且法兰的厚度 $s''' \geqslant 1.2d$（d 为连接螺栓的直径）。

③ 气缸进、排气口面积

$$A_c=\frac{C_m}{v_c}A_p$$

式中：A_c 为进、排气孔面积；C_m 为活塞平均速度；A_p 为活塞面积；v_c 为孔口气流速度。一般进、排气孔流速度相等，空气、氮等低压缸为 12～18m/s，中压缸为 10～15m/s，高压缸为 8～12m/s，高速压缩机可提高 50%～100%。考虑到气体密度氮氢混合气提高 1.5 倍，氢气提高 2.5 倍。

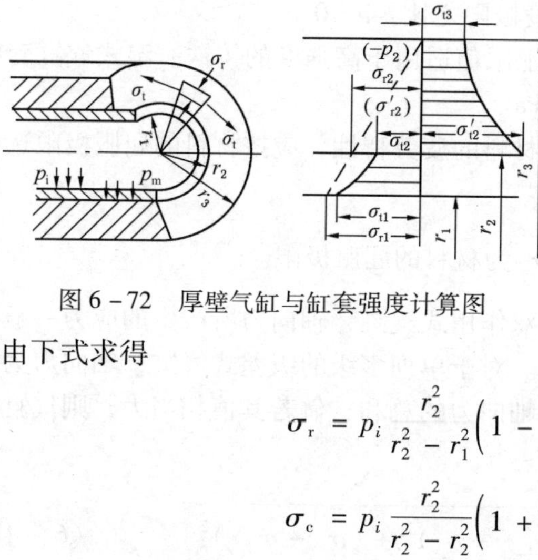

图6－72　厚壁气缸与缸套强度计算图

（3）厚壁气缸与缸套强度校核

当气缸内壁外径 d_2 与内径 d_2' 之比 m 大于 1.1 时，应按厚壁圆筒进行验算。厚壁气缸作为内、外表面承受均匀分布的工作腔内的压力 p_i 及环境大气压 p_a 的等厚度圆筒看待。设在半径为 r 处，用两个同心圆柱及两个径向平面切取无限小的基元体（见图6－72），则基元体上作用的径向应力 σ_r 和切向应力 σ_t，分别由下式求得

$$\sigma_r = p_i\frac{r_2^2}{r_2^2-r_1^2}\left(1-\frac{r_2^2}{r^2}\right)-p_a\frac{r_2^2}{r_2^2-r_1^2}\left(1-\frac{r_1^2}{r^2}\right)$$

$$\sigma_c = p_i\frac{r_2^2}{r_2^2-r_2^2}\left(1+\frac{r_2^2}{r^2}\right)-p_a\frac{r_2^2}{r_2^2-r_1^2}\left(1+\frac{r_1^2}{r^2}\right) \quad (6-10)$$

若大气压力或气缸水套中的水压力相对缸内气体压力值甚小，可认为气缸只受气体压力的作用。此时，最大应力发生在缸壁内表面上，其值为

$$\sigma_{max}=-p_i;\sigma_{max}=p_i\frac{r_2^2+r_1^2}{r_2^2-r_1^2} \quad (6-11)$$

当具有干式气缸套时，由于过盈及气体压力的作用，使气缸与缸套壁面间产生的压力为

$$p_i=\frac{\frac{\delta}{2r_2}E_1(r_2^2-r_1^2)+2p_ir_1^2}{E_1(r_2^2-r_1^2)\left[\frac{1}{E_1}\left(\frac{r_2^2+r_1^2}{r_2^2-r_1^2}-\mu_1\right)+\frac{1}{E_2}\left(\frac{r_2^2+r_3^2}{r_3^2-r_2^2}+\mu_2\right)\right]} \quad (6-12)$$

式中：E_1、E_2 为气缸套及气缸材料的弹性模量，铸铁 $E=1.0\sim1.5$MPa，钢 $E=200\sim220$MPa；μ_1、μ_2 为气缸套及气缸材料的泊松比，铸铁 $\mu=0.23\sim0.27$，钢 $\mu=0.25\sim0.33$。

应用式(6-12)时，公盈 δ 应分别按最大、最小及平均值代入求取 p_m 值。式(6-12)也适用于间隙配合，但 δ 要以负值代入。

气缸内表面上的正应力值为

$$\sigma'_{t2}=p_m\frac{r_2^2+r_3^2}{r_3^2-r_2^2};\ \sigma'_{r2}=-p_m \tag{6-13}$$

压缩机工作时气缸套内表面上的正应力值为

$$\sigma_{t1}=\frac{p_i(r_1^2+r_2^2)-2p_m r_2^2}{r_2^2-r_1^2};\ \sigma_{r1}=-p_i \tag{6-14}$$

压缩机工作时气缸套外表面上的正应力值为

$$\sigma_{t2}=\frac{2p_i r_1-p_m(r_1^2+r_2^2)}{r_2^2-r_1^2};\ \sigma_{r2}=-p_m \tag{6-15}$$

气缸和缸套的强度应按当量应力来确定。按极限应力理论公式，铸铁当量应力 $\sigma_d=\sigma_t-\nu\sigma_r$；钢的当量应力 $\sigma_d=\sqrt{\sigma_t^2+\sigma_r^2-\sigma_t\sigma_r}$ (6-16)

对于钢，ν 值拉伸屈服点 σ_s^+ 与压缩屈服点 σ_s^- 之比，即 $\nu=\frac{\sigma_s^+}{\sigma_s^-}$；对于大多数钢材，$\nu=1$。对于铸铁，$\nu$ 值为拉伸强度极限与压缩强度极限之比，$\nu=0.3$。

铸铁气缸的当量应力不应超过 20~35MPa，上限值适用于高强度的铸铁。湿式气缸套的许用应力为 30~50MPa，干式气缸套为 60~80MPa。

钢制高压气缸，由于载荷的脉动性，考虑到材料的疲劳特性，应按材料的屈服极限选择安全系数

$$n_t=\frac{\sigma_s}{\sigma_d}=1.5\sim3$$，式中 σ_s 为材料的屈服极限。

当气缸上作用有轴向力时，对于单作用式或双作用式气缸，轴向力所产生的应力一般不会超过其中之最大值，故应用上式已足够精确了。对于单列多级的级差式气缸，轴向力为前面气缸传递来的作用力及本级气体压力所产生的轴向力的总和，倘若其值相当大，则气缸上产生的复合应力应按下式进行验算，即

$$\sigma_d=\sqrt{\frac{1}{2}[(\sigma_{t_{max}}-\sigma_{r_{max}})^2+(\sigma_{r_{max}}-\sigma_x)^2+(\sigma_x-\sigma_{t_{max}})^2]} \tag{6-17}$$

$$\sigma_x=\frac{F}{\pi(r_3^2-r_2^2)} \tag{6-18}$$

式中：F 为作用于气缸环形面积上总的轴向力；r_2 为气缸内径；r_3 为气缸外径。

由于缸壁内外温度差异(气缸工作容积一侧高，水套一侧低)而产生应力，使气缸和气缸套内表面受压缩应力；气缸或湿式套的外表面为拉伸应力。因此，温度对气缸壁厚方向应力分布趋于均匀，对气缸工作是有利的。

气缸应进行水压试验，试验压力一般取气缸工作压力的 1.5 倍。当气缸的工作压力大于 60MPa 时，试验压力取 1.25 倍。气缸水套的试验压力：当冷却水为自然流动时，取 0.3MPa；当为压力冷却时，取 0.6MPa。耐压时间 5min。

（4）厚壁气缸与缸套强度计算示例

校核氮氢混合气压缩机高压级气缸的气缸壁和气缸套的强度。

已知气缸内最高气体压力 $p_i=13.8\mathrm{MPa}$。气缸套内径 $d_1=18\mathrm{cm}$；气缸套外径 $d_2=21\mathrm{cm}$；气缸壁外径 $d_3=31\mathrm{cm}$。气缸材料为 ZG230－450，材料的弹性模量 $E_2=2\times10^5\mathrm{MPa}$，材料的泊松比 $\mu_2=0.28$；气缸套材料为 HT300，材料的弹性模量 $E_1=10^5\mathrm{MPa}$，材料的泊松比 $\mu_1=0.25$。气缸套压入气缸的最大过盈值 $\delta_{\max}=0.002$，最小过盈值 $\delta_{\min}=0$。

解 ①计算气缸套与气缸壁间的接触压力 根据式(6－13)，最大的接触压力 $p_{m_{\max}}$ 为

$$p_{m_{\max}}=\frac{\dfrac{\delta_{\max}}{2r_2^2}E_1(r_2^2-r_1)+2p_ir_1^2}{E_1(r_2^2-r_1^2)\left[\dfrac{1}{E_1}\left(\dfrac{r_1^2+r_2^2}{r_2^2-r_1^2}-\mu_1\right)+\dfrac{1}{E_2}\left(\dfrac{r_2^2+r_3^2}{r_3^2-r_2^2}+\mu_2\right)\right]}$$

$$=\frac{\dfrac{0.002}{2\times10.5}\times10^5\times(10.5^2-9^2)+2\times13.8\times9^2}{10^5\times(10.5^2-9^2)\left[\dfrac{1}{10^5}\left(\dfrac{9^2+10.5^2}{10.5^2-9^2}-0.25\right)+\dfrac{1}{2\times10^5}\left(\dfrac{15.5^2+10.5^2}{15.5^2-10.5^2}+0.28\right)\right]}$$

$$=10.95\mathrm{MPa}$$

最小的接触压力 $p_{m_{\min}}$ 为

$$p_{m_{\min}}=\frac{\dfrac{\delta_{\min}}{2r_2}E_1(r_2^2-r_1^2)+2p_ir_1^2}{E_1(r_2^2-r_1^2)\left[\dfrac{1}{E_1}\left(\dfrac{r_1^2+r_2^2}{r_2^2-r_1^2}-\mu_1\right)+\dfrac{1}{E_2}\left(\dfrac{r_2^2+r_3^2}{r_3^2-r_2^2}+\mu_2\right)\right]}$$

$$=\frac{\dfrac{0}{2\times10.5}10^5(10.5^2-9^2)+2\times13.8\times9^2}{10^5\times(10.5^2-9^2)\left[\dfrac{1}{10^5}\left(\dfrac{9^2+10.5^2}{10.5^2-9^2}-0.25\right)+\dfrac{1}{2\times10^5}\left(\dfrac{15.5^2+10.5^2}{15.5^2-10.5^2}+0.28\right)\right]}$$

$$=96.5\mathrm{MPa}$$

② 计算气缸壁内表面的应力

按式(6－13)气缸壁内表面的切向应力 σ_{tc} 为

$$\sigma_{tc}=p_{m_{\max}}\frac{r_2^2+r_3^2}{r_3^2-r_2^2}$$

$$=10.95\times\frac{10.5^2+15.5^2}{15.5^2-10.5^2}$$

$$=29.4\mathrm{MPa}$$

按式(6－14)气缸壁内表面的径向应力 σ_{rc} 为

$$\sigma_{rc}=-p_{m_{\max}}$$

$$=-10.95\mathrm{MPa}$$

③ 计算气缸壁外表面的应力

气缸壁外表面的切向应力 σ'_{tc} 为

$$\sigma'_{tc}=p_{m_{\max}}\frac{r_2^2}{r_3^2-r_2^2}$$

$$=10.95\times\frac{10.5^2}{15.5^2-10.5^2}$$

$$=9.2\text{MPa}$$

气缸壁外表面的径向应力 σ'_{rc} 为

$$\sigma'_{rc} = 0$$

④ 气缸套内表面的应力

按式(6－11)，气缸套内表面切向应力 σ_{tl} 为

$$\sigma_{tl} = \frac{p_i(r_1^2 + r_2^2) - 2p_{m_{min}} r_2^2}{r_2^2 - r_1^2}$$

$$= \frac{13.8 \times (9^2 + 10.5^2) - 2 \times 96.5 \times 10.5^2}{10.5^2 - 9.5^2}$$

$$=18.3\text{MPa}$$

按式(6－12)，气缸套内表面径向应力 σ_{rl} 为

$$\sigma_{rl} = -p_i$$

$$= -13.8\text{MPa}$$

⑤ 计算气缸套外表面的应力

按式(6－13)，气缸套外表面的切向应力 σ'_{tl} 为

$$\sigma'_{tl} = \frac{2p_i r_1^2 - p_{m_{min}}(r_1^2 + r_2^2)}{r_2^2 - r_1^2}$$

$$= \frac{2 \times 13.8 \times 9^2 - 96.5 \times (9^2 + 10.5^2)}{10.5^2 - 9^2}$$

$$=13.8\text{MPa}$$

按式(6－13)气缸套外表面的径向应力 σ'_{rl} 为

$$\sigma'_{rl} = -p_{m_{min}}$$

$$= -96.5\text{MPa}$$

⑥计算气缸壁与气缸套的温度应力　由热力计算得吸气温度 $t_s = 38℃$，排气温度 $t_d = 154℃$；冷却水温度按冬季计，进口温度为10℃，出口温度为15℃。

计算时取气缸套内壁温度 $t_i = \frac{t_s + t_d}{2} = \frac{38 + 154}{2} = 96℃$，气缸套外表面的温度 $t_0 = 40℃$。

气缸壁内表面(气缸套外表面)的温度为

$$t = \frac{t_i \ln \frac{r_2}{r_1} + t_0 \ln \frac{r_3}{r_4}}{\ln \frac{r_3}{r_1}} = \frac{96 \times \ln \frac{10.5}{9} + 40 \ln \frac{15.5}{10.5}}{\ln \frac{15.5}{9}} = 55.5℃$$

钢的线膨胀系数 $\alpha_2 = 11.5 \times 10^{-6}\,1/℃$；铸铁的线膨胀系数 $\alpha_1 = 10 \times 10^{-6}\,1/℃$。气缸壁和气缸套内表面的切向温度应力 σ^*_{tc}、σ^*_{tl} 为

$$\sigma^*_{tc} = \frac{\alpha_2 E_2 (t_0 - t)}{2(1 - \mu_2)} \left[\frac{1}{\ln \frac{r_2}{r_3}} + \frac{2}{1 - \left(\frac{r_2}{r_3}\right)^2} \right]$$

$$=\frac{11.5\times10^{-6}\times2\times10^{6}\times(40-55.5)}{2\times(1-0.28)}\times\left[\frac{1}{\ln\frac{10.5}{15.5}}+\frac{2}{1-\left(\frac{10.5}{15.5}\right)^{2}}\right]$$

$$=-28.2\text{MPa}$$

$$\sigma_{tl}^{*}=\frac{\alpha_1E_1(t-t_i)}{2(1-\mu_1)}\left[\frac{1}{\ln\frac{r_1}{r_2}}+\frac{2}{1-\left(\frac{r_1}{r_2}\right)^{2}}\right]$$

$$=\frac{10\times10^{-6}\times2\times10^{6}\times(55.5-96)}{2\times(1-0.28)}\times\left[\frac{1}{\ln\frac{9}{10.5}}+\frac{2}{1-\left(\frac{9}{10.5}\right)^{2}}\right]$$

$$=-15\text{MPa}$$

气缸壁和气缸套外表面的切向温度应力 $\sigma_{tc}^{*\prime}$ 和 $\sigma_{tl}^{*\prime}$ 为

$$\sigma_{tc}^{*\prime}=\frac{\alpha_2E_2(t_0-t)}{2(1-\mu_2)}\left[\frac{1}{\ln\frac{r_2}{r_3}}+\frac{2\left(\frac{r_2}{r_3}\right)^{2}}{1-\left(\frac{r_2}{r_3}\right)^{2}}\right]$$

$$=\frac{11.5\times10^{-6}\times2\times10^{6}\times(40-55.5)}{2\times(1-0.28)}\times\left[\frac{1}{\ln\frac{10.5}{15.5}}+\frac{2\left(\frac{10.5}{15.5}\right)^{2}}{1-\left(\frac{10.5}{15.5}\right)^{2}}\right]$$

$$=21.4\text{MPa}$$

$$\sigma_{tl}^{*\prime}=\frac{\alpha_1E_1(t-t_i)}{2(1-\mu_1)}\left[\frac{1}{\ln\frac{r_1}{r_2}}+\frac{2\left(\frac{r_1}{r_2}\right)^{2}}{1-\left(\frac{r_1}{r_2}\right)^{2}}\right]$$

$$=\frac{10\times10^{-6}\times2\times10^{6}\times(55.5-96)}{2\times(1-0.28)}\times\left[\frac{1}{\ln\frac{9}{10.5}}+\frac{2\left(\frac{9}{10.5}\right)^{2}}{1-\left(\frac{9}{10.5}\right)^{2}}\right]$$

$$=25.5\text{MPa}$$

⑦ 计算当量应力和强度校核　气缸材料 ZG230－450，取其屈服点 $\sigma_s=240\text{MPa}$，安全系数 $n_s=3$，则许用应力 $[\sigma]=80\text{MPa}$。

干式铸铁气缸套的许用应力 $[\sigma]=60\sim80\text{MPa}$，比值 $v=0.3$。

气缸壁外表面当量应力 $\sigma'_{dc}=\sigma'_{tc}+\sigma_{tc}^{*\prime}=(9.2+21.4)=30.6\text{MPa}$

因为 $\sigma_{dc}<[\sigma]$，故安全。

气缸壁内表面当量应力 σ_{dc} 按式(6－14)计算为

$$\sigma_{dc}=\sqrt{\sigma_{tc}^{2}+\sigma_{rc}^{2}-\sigma_{tc}\sigma_{rc}}$$

$$=\sqrt{(294-282)^{2}+(-109.5)^{2}-(294-282)(-109.5)}$$

$$=11.5\text{MPa}$$

因为 $\sigma_{dc}<[\sigma]$，故安全。

气缸套内外表面当量应力 σ_{dl} 和 σ'_{dl} 按式(6－14)求取

$$\sigma_{dl}=\sigma_t-\nu\sigma_r$$

$$=[(183-150)-0.3\times(-138)]$$

$$=7.44\text{MPa}$$

因为 $\sigma_{dl} < [\sigma]$，故安全。

$$\begin{aligned}\sigma'_{dl} &= \sigma'_t - v\sigma'_r \\ &= [(138+255) - 0.3 \times (-96.5)] \\ &= 36.4\text{MPa}\end{aligned}$$

因为 $\sigma'_{dl} < [\sigma]$，故安全。

6.2.12 气缸的失效与修理

(1) 气缸的正常失效

压缩机运行时，气缸内壁面(镜面)受活塞环、支撑环或托瓦的摩擦而磨损，致使气缸直径增大，或圆度、柱度增大，从而导致活塞环密封作用降低，以及使压缩机级的压力比、进排气温度改变。此时，气缸失效，需要进行维修。具体数据值见表6-19(仅供参考)。

对于具有缸套的气缸，仅需压出失效缸套，代之以新的缸套备件。

对于原来未用缸套的压缩机低压铸造气缸，因缸壁系按铸造要求而确定的厚度，安全系数较大，故可镗去一层内壁，再压入一个干式缸套(建议进行强度校核)。

(2) 非正常失效与修理

中、高压压缩机气缸内壁，在外、内止点位置活塞环由运动而瞬时静止，它会在环高的背压作用下重重地压向镜面，久而久之该部位镜面形成瓦轮状(或称洗衣搓板状)的工作面，若活塞环材料为铸铁，由于其运行时行走在瓦棱表面产生高频振动，会导致整根活塞环碎成1~2cm长的一小段一小段的情况。此时，应马上更换缸套。

一些运行企业中，为防止出现镜面瓦棱改用较软活塞环材料，如青铜等制成活塞环，其刻蚀作用便不像铸铁环明显，因此会延长缸套与活塞环的使用寿命。一些企业中也曾因缸套配合过紧，而开停压缩机时缸套出现长度方向热胀冷缩而拉(压)断裂，或因配合过松而致缸套沿母线方向的开裂。

表6-19 气缸内径圆度及柱度允许范围 mm

气缸内径	最大磨损		镗缸的允许偏差
	圆度	柱度	
≤100	0.25	0.10	±0.03
101~150	0.30	0.15	±0.03
151~200	0.35	0.20	±0.04
201~250	0.40	0.25	±0.04
251~300	0.45	0.30	±0.05
301~350	0.50	0.35	±0.05
351~400	0.55	0.40	±0.06
401~450	0.60	0.45	±0.06
451~500	0.65	0.50	±0.07
501~550	0.70	0.55	±0.07
551~600	0.75	0.60	±0.08

6.3 活塞组件

活塞组件主要包括活塞、支撑或导向环或托瓦，以及与活塞杆连接结构等。

6.3.1 活塞结构

活塞是与气缸相配合的零件，因此也分为双作用式、极差式、单作用式(柱状活塞与柱塞）。每一种活塞由于取材、工艺等因素又有诸多结构。

（1）双作用活塞　双作用活塞随着制造与应用的发展，形成了整体结构及组合结构两种。

① 整体结构活塞　如图 6 - 73 所示，为一种最原始的铸造结构。其两端面间有筋条支撑，中心有毂部。为浇铸时放置泥芯，其中一个端面设有泥芯头孔（同时也是清理泥芯沙孔）。泥芯孔在活塞按尺寸加工好后再加工管牙螺纹，最后用丝堵拧入而密封，且丝堵尾部被车削成与活塞端面同一平面。其中一个丝堵上设有供活塞水压试验的螺孔（水压试验完后堵塞）。此外，当活塞尺寸大时，丝堵上设供吊装活塞用螺孔。活塞端面间筋条不宜与活塞外缘及毂完全相连，以免筋条被铸造收缩或铸造应力拉断，同时也为避免活塞外缘加工好后因铸造内应力消除不彻底而运行后变形失去圆整性。

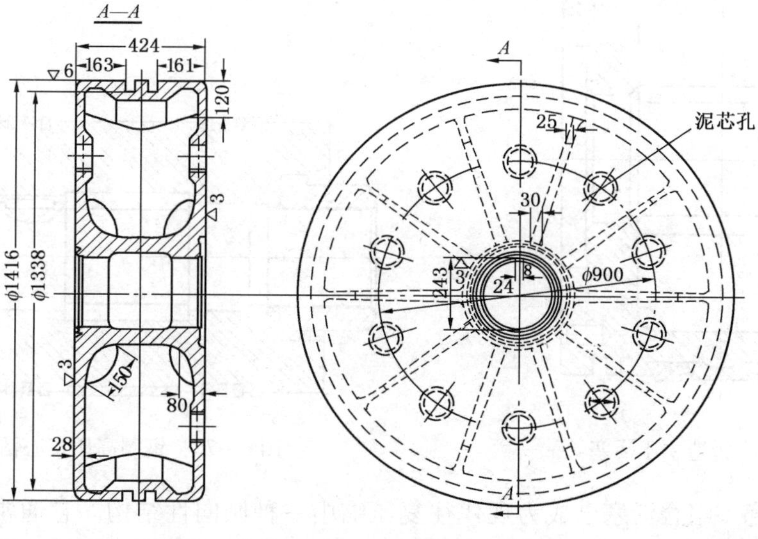

图 6 - 73　大直径整体铸造活塞

该种整体结构的缺点是，铸造工艺复杂，落泥芯不慎会造成偏心而导致铸件报废；泥芯孔堵头会因运行中的热胀冷缩而脱落，若运行中掉入气缸将导致气缸及活塞损坏；大直径铸

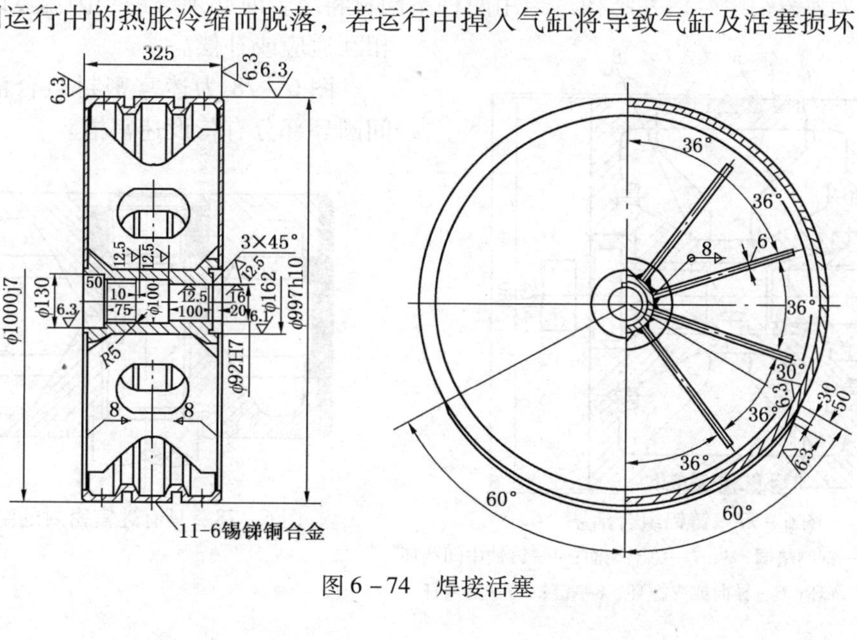

图 6 - 74　焊接活塞

铁活塞质量过大，采用铸铝可减轻约 1/2 质量，但铝的价格比铸铁高。

图 6－74 为钢板焊接活塞，它由四部分焊接而成，即圆环形活塞体、两圆环形端板、若干筋条、毂部，此外还有铸上的软金属托瓦。

焊接活塞主要优点是减轻活塞质量，仅为铸铁质量的 60% ~70%；缺点是焊接工艺要求很高，由于焊接的残余应力使活塞在运行中被活塞杆捅破的情况，国内、外时有发生。

图 6－75 为没有毂部的活塞，是铸铁铸造结构，仍设有端面间筋条以增加两面强度，但因无毂部故不需落泥芯头的专门开孔。一般为直径较小的中压级活塞。

图 6－76 为锻钢或铸钢活塞，中心圆孔是切割而成，适用于中、高压级。

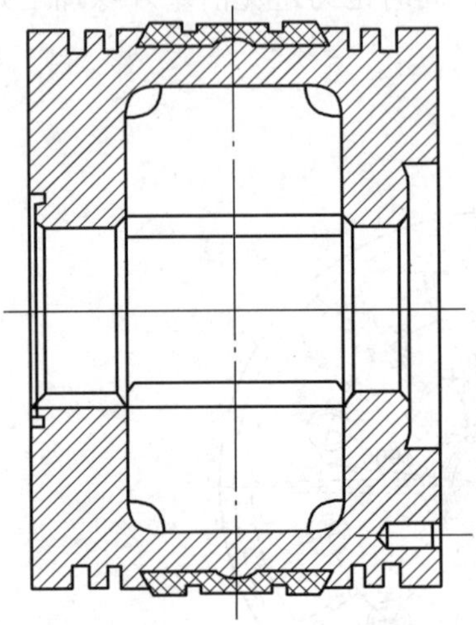

图 6－75　铸造中压活塞

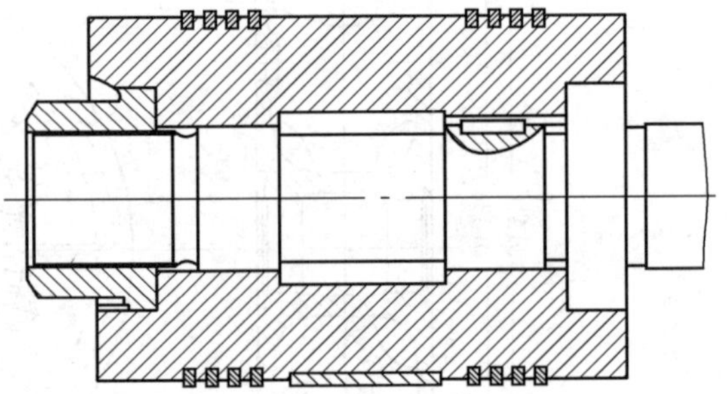

图 6－76　钢制高压实心活塞

② 组合活塞　组合活塞已成为现代往复压缩中一种倾向性结构。它通常由两块活塞端面与中间圆环组成。两端面可由铸铝或铸铁制成；中间圆环为铸铁或钢及不锈钢，因为其上设有活塞环，要求环槽、环岸有较高的强度和耐磨性。

图 6－77 为铸铝组合活塞结构。当用两种不同材料组合时必须考虑到因温度改变时两者相互适应或补偿。

图 6－78 为迷宫密封组合活塞，其中间圆环部分有特设迷宫槽。

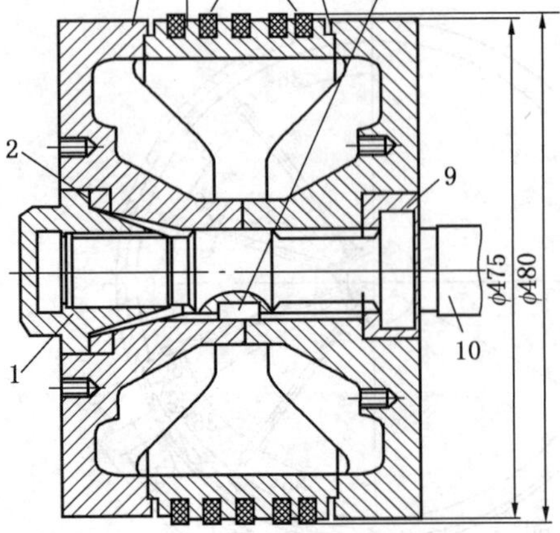

图 6－77　铸铝组合活塞

1—螺母；2、9—钢制垫圈；3、7—铸铝端面；4—铸铁中间圆环；

5—非金属活塞环；6—导向或支撑环；8—键；10—活塞杆

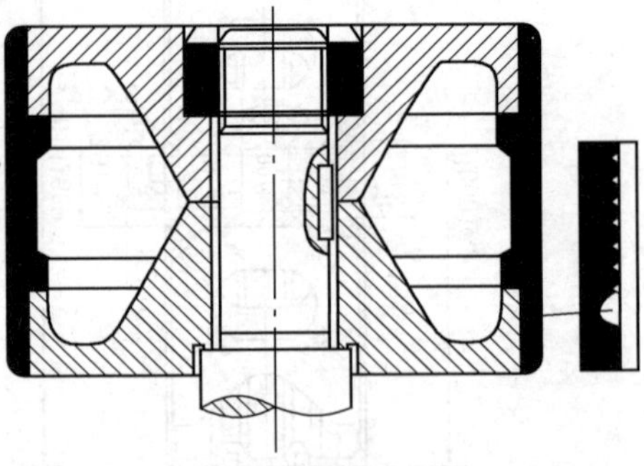

图 6－78　具有迷宫密封的组合活塞

图 6－79 为另一种组合结构形式。活塞两端为铸铝或铸铁且具有加强肋，中间环为铸钢其上还铸有白合金承压圈(铸铁与白合金难结合)，金属活塞环，活塞轂部不承受力且留有补偿间隙。由图可知，气缸是有油润滑的。

(2) 级差活塞设计

现代压缩机中级差式结构的活塞与气缸绝大多数仅两级组合在一起，分为倒级差结构与正级差结构：倒级差，即低压活塞置于盖端，高压活塞置于轴端，并且大都为相邻级的组合；正级差，即低压活塞在轴端，高压活塞在盖端，可为相邻级组合也可不相邻级组合。

① 倒级差活塞结构设计

图 6－80 为两低压级组合的整体式倒级差结构，传递活塞力的部分设在活塞中部，其横壁的轂部为活塞杆头部法兰与螺母所夹持。这样，当温度改变时，各部分可自由胀缩。活塞顶部有一较大圆孔，允许活塞杆从此孔中插入，此孔最后由盖板密封。

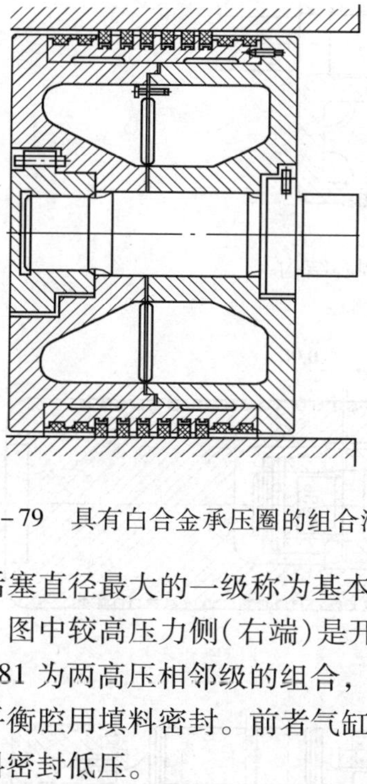

图 6－79 具有白合金承压圈的组合活塞

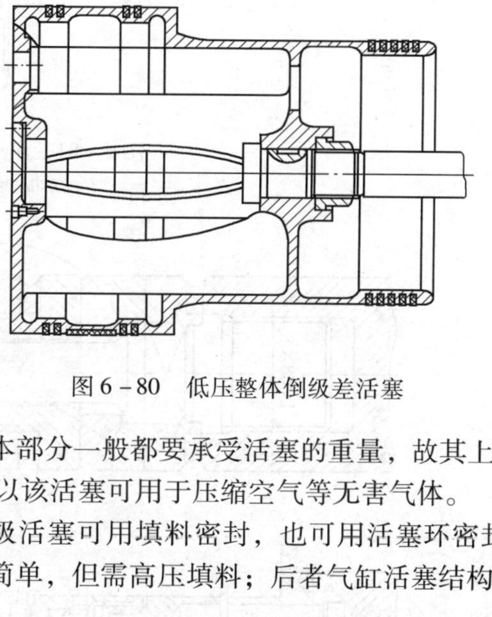

图 6－80 低压整体倒级差活塞

级差活塞直径最大的一级称为基本部分。基本部分一般都要承受活塞的重量，故其上设有承压面。图中较高压力侧(右端)是开放的，所以该活塞可用于压缩空气等无害气体。

图 6－81 为两高压相邻级的组合，轴端高压级活塞可用填料密封，也可用活塞环密封，并再设一平衡腔用填料密封。前者气缸活塞结构简单，但需高压填料；后者气缸活塞结构复杂，但填料密封低压。

② 正级差活塞高、低压级组合及自动调心结构　当级差活塞头部为高压级时，为了避免几级串在一起同心度和垂直度不易保证，以及经过长时间运转后，基本部分因磨损而下沉，整个级差活塞的重量可能会由高压级的小活塞支承，由此使高压级气缸及活塞急剧磨损。在考虑活塞与气缸间的间隙时，高压级小活塞与气缸之间的间隙，应大于基本部分与气缸间的间隙值，或者采取自动调心结构。自动调心结构既应满足两气缸轴线不同心，又应满足有偏转角度。图 6－81 为单面调心结构，其中(a)平面调心，不能偏转；(b)为弧面，具有偏转功能。

图 6－82 为几种球形关节连接方式，它们较前述结构更要灵活、适应性更强。

图 6－83 为高压级活塞相对低压级活塞无任何连接的全浮动结构，是依靠气体压力压紧在低压级活塞上，活塞与气缸的对中问题可自动解决。在稳定工况下，两活塞不会发生分离，也不会发生碰撞现象；在启动过程中，压力尚未建立时，全浮动的活塞由于惯性力和摩

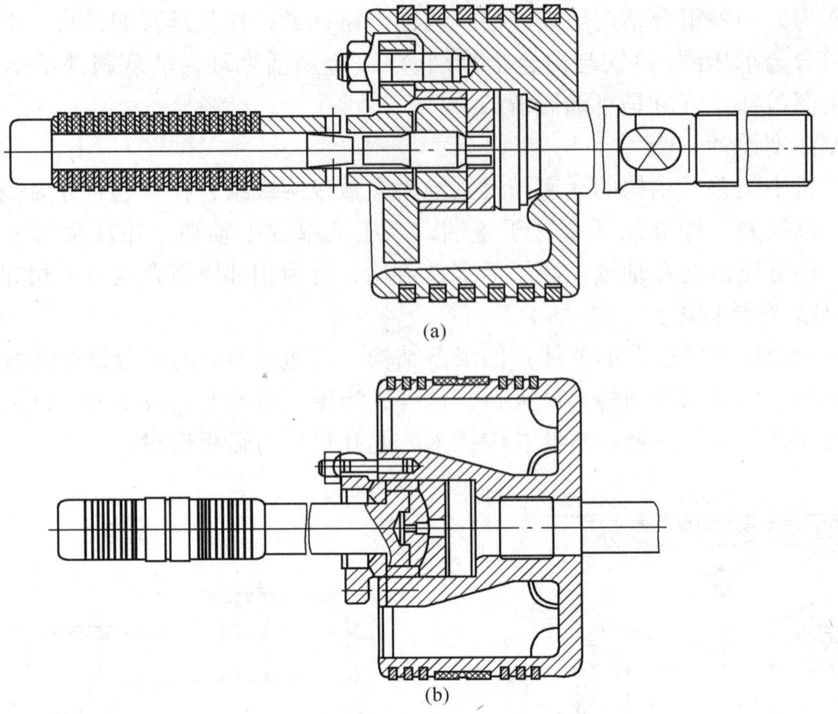

图 6－81　组合级差活塞调心结构

(a)平面调心；(b)弧面调心

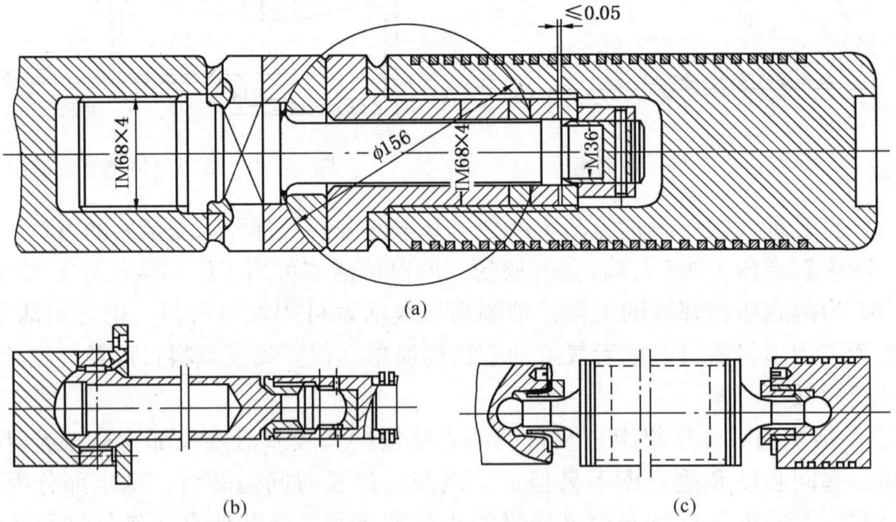

图 6－82　球关节连接的级差式活塞

(a)球形关节；(b)球关节加弧形；(c)双球形

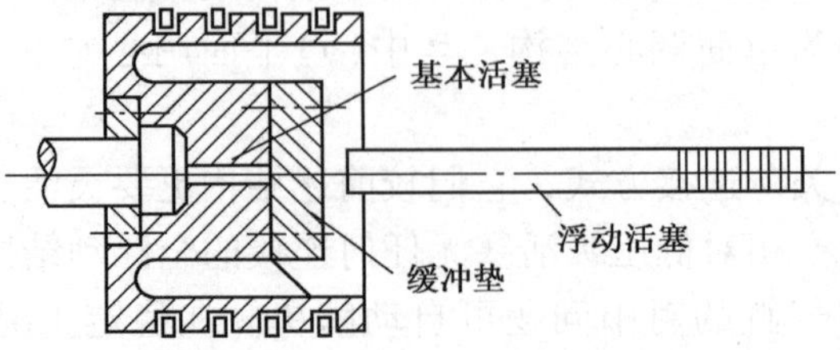

图 6－83　浮动式结构的活塞

擦力等的共同作用，将与低压级活塞发生分离，与气缸盖及低压级活塞能发生碰撞，产生很大的撞击应力，并有可能使材料破坏。因此，采用这种结构需精心设计。微型高压压缩机中的高压级，当活塞直径小于20mm时，既无法用活塞环，又不允许放大间隙，因此可考虑用全浮动结构的柱塞。

6.3.2 柱塞结构

在高压级和超高压级中，难以避免活塞环的严重磨损。特别是当活塞直径≤20mm，采用活塞环密封在制造上也困难，故采用不带活塞环的柱塞结构。柱塞的密封方式有两种：

① 靠柱塞和气缸之间的微小间隙(在冷状态下，相当于两级精度间隙配合)，并充分注入润滑油进行密封。另外，柱塞上也可设若干环形槽，以使润滑油均布，并起阻塞液体作用，主要用于直径小的柱塞。

② 气体的密封靠填料函来实现(见图6-84)，填料函布置在气缸座上。当压力大于35MPa时，需注入大量压力油，实际上填料密封的是油而不是气体，用压力油来达到密封的目的。柱塞工作表面应精磨，圆柱度要求很严，其偏差应小于柱塞与气缸之间的间隙。柱塞的连接应有自动补偿的功能，确保其与气缸的对中要求。

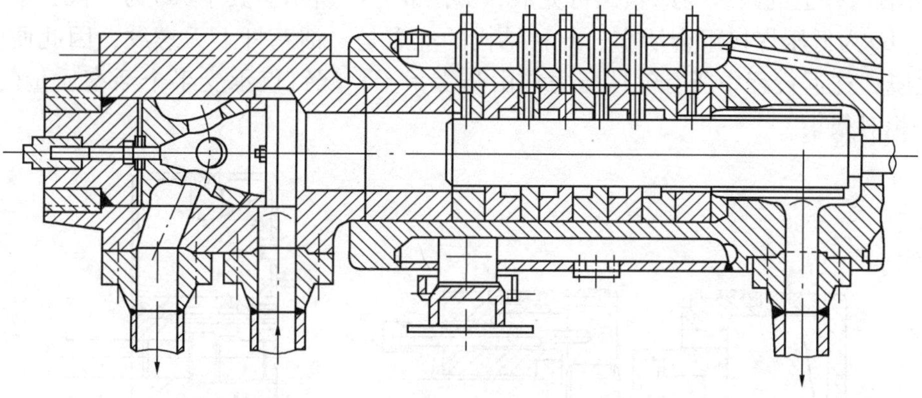

图6-84 依靠填料密封的柱塞结构

图6-85为填料密封的倒级差两级柱塞结构。主要也是为解决高压差时活塞环不耐磨的问题。

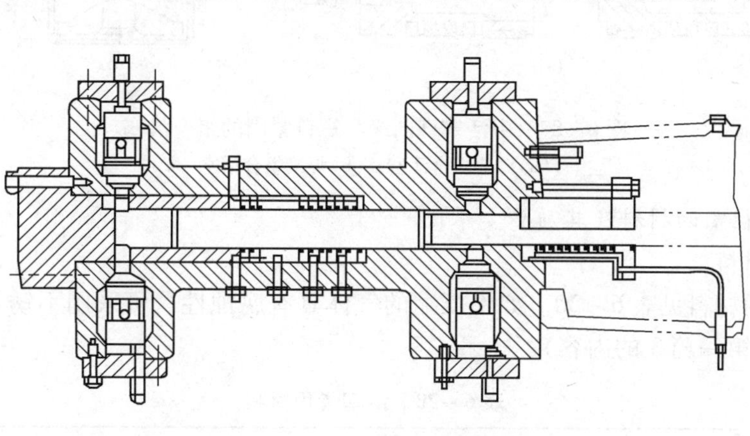

图6-85 依靠填料密封的倒级差柱塞结构

6.3.3 毂部设计及与活塞杆的连接方式

活塞毂部是用于连接活塞杆的部位。活塞与活塞杆连接通常采用以下方式：

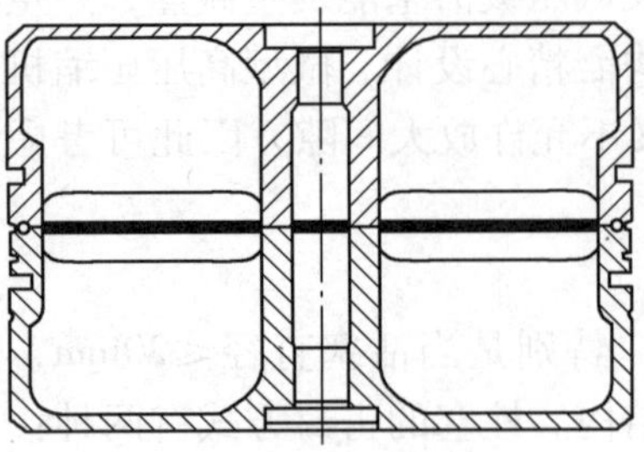

图 6-86　仅两件的组合活塞

① 依靠活塞杆上的圆形平面凸肩及螺母紧固活塞（见图 6-86），这是应用最普遍的结构形式。为了防止活塞和活塞杆的相对转动，采用销钉或键固定；为了避免活塞在交变载荷下引起松动，螺母必须加锁紧装置；为了保证活塞与活塞杆的同轴度，依靠圆柱面与凸肩的配合来实现。一般其余部分采用间隙配合。

活塞力的传递分别由活塞杆上的凸肩及螺母来承担。为使凸肩不至于比活塞杆外径大的太多，凸肩端面可加钢垫圈。

如图 6-86 所示，活塞仅由两部分铸件组合，材料为铸铝，毂部与外缘有若干筋条联结，由一根活塞杆紧固，毂部与外缘均承受作用力，一般用于低压级。

铸铝活塞硬度低仅为 HB90 左右，其活塞环槽在压缩机运行中易磨损成坡口，尤其用金属活塞环时。降低这种磨损最好的方法是对活塞进行阳极化处理，经处理后的活塞硬度可达 HB290 ~ HB390，（资料由沈阳远大压缩机公司提供）。

② 由活塞杆上的凸缘与四颗螺钉完成，如图 6-87 所示。其中(a)为一低、中压铸制组合活塞；(b)为低压焊接组合活塞。此种结构的优点是：活塞杆上无螺纹，因此便无螺纹疲劳断裂之虞；往返行程中所有气体压力均由凸缘承受；螺钉仅承受半个活塞质量的惯性力，故作用力相对很小。

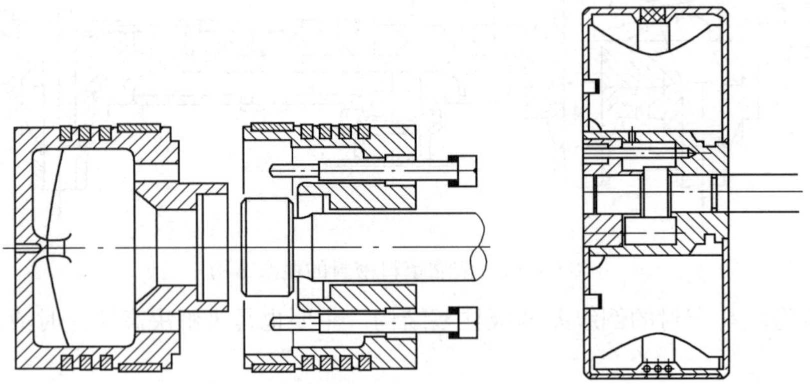

(a)　　(b)

图 6-87　由活塞杆凸缘与螺钉紧固的组合活塞

(a)铸造组合活塞；(b)焊接组合活塞

6.3.4　活塞和柱塞的材料及其质量支承面

(1) 常用材料

活塞常用的材料见表 6-20。如果压缩的气体具有腐蚀性，可采用不锈钢 3Cr13 或磷青铜等(详见本书第一篇 3 的内容)。

表 6-20　活塞常用材料

活塞结构形式		材料
双作用活塞	铸造	ZL7、ZL8、ZL10、ZL15、HT200、HT250、HT300
	焊接	20 钢、16Mn、Q235、ZG25B

续表

活塞结构形式		材　料
级差活塞	低压部分	HT20－40、HT25－47、HT30－54 或 20 钢、16Mn、Q235 的焊接结构
	高压部分	ZG25B 或锻钢
柱　塞		35CrMoAlA、38CrMoAlA、均应渗氮

（2）支承面

直径较大的铸铁或钢制焊接活塞，都专门设耐磨材料制成的支承面(承压表面)，以减少气缸镜面磨损，便于活塞磨损后修复。支承面一般设在活塞中间，或当活塞较长时分两段布置在活塞两端。为了避免活塞因热膨胀而卡住，承压表面在圆周上只占 90°～120°的范围，如图 6－88(a)并将这部分按气缸镜面尺寸加工。活塞的其余部分与气缸有 1～2mm 的径向间隙；承压表面前后两端做成 2°～3°的斜角，以形成楔形润滑油膜。这种结构的支承面要求活塞在装配中不能任意转动。为了便于机械加工，支承面也可以制成整圈式结构，如图 6－88(b)所示，此时活塞可以任意转动，但活塞与气缸的间隙不均匀，因此只适用于直径小于 300mm 的活塞。为保证承压面的耐磨合金牢固紧贴在活塞上，活塞上加工有燕尾槽。

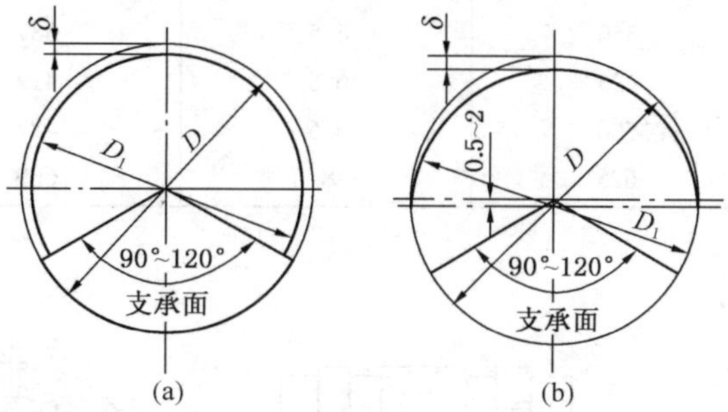

图 6－88　承压面周向分布

(a)整圈；(b)局部

无油润滑压缩机中应用支承环，材料通常与活塞环相同，其结构形式有图 6－89 所示几种：(a)是分瓣式结构，用在大直径活塞；(b)是整圈式，用于组合式活塞；(c)和(d)为整圈开口式支承环，用于中等直径整体活塞上。

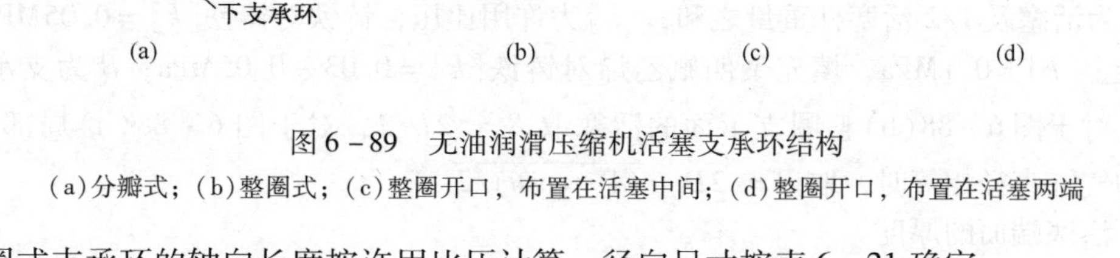

图 6－89　无油润滑压缩机活塞支承环结构

(a)分瓣式；(b)整圈式；(c)整圈开口，布置在活塞中间；(d)整圈开口，布置在活塞两端

整圈式支承环的轴向长度按许用比压计算，径向尺寸按表 6－21 确定。

开口式支承(导向)环如图 6－90 所示，其宽度 b 按比压计算，其余尺寸如下：厚度 $t_s=(0.8\sim1.0)t$，其中 t 为活塞环厚；开口间隙 $e=2.8\sim3.2\%D$，其中 D 为气缸直径；轴向热膨胀 $\delta=1.5\%\sim1.8\%b$，其中 b 为宽度。为使支承环不像活塞环那样承受气体压力差造成的作用力而急剧磨损，其外缘开设若干卸荷槽，如图 6－90(b)所示。

表 6-21 过盈热压整体支承环尺寸 mm

气缸直径	支承环径向厚度	支承环冷态外径		
70	2.5	65	64.5	68
100	3.5	93	92	97
150	5	140	138.5	146
200	6.5	187	185	195
275	6.5	262	258	270
350	6.5	337	332	345
425	6.5	412	405	420
500	6.5	487	478	495
625	8	609	597	619

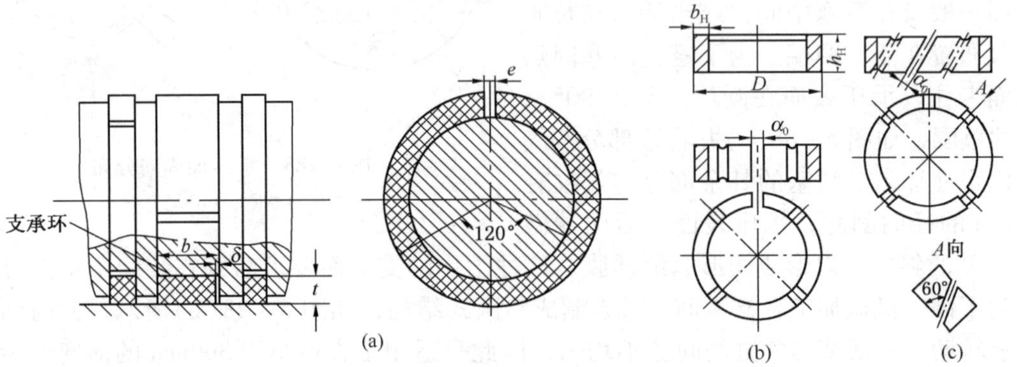

图 6-90 开口支承环尺寸关系表示及卸荷槽开设

(a)支承环承压面与安装尺寸；(b)支承环直内卸荷结构；(c)支承环斜外卸荷结构

6.3.5 双作用活塞主要尺寸确定和强度简要验算

(1) 双作用活塞的高度

活塞的高度取决于所需安装活塞环的多少及气阀配置的方式等。设有支承面或导向环的活塞，还需考虑承压面许用比压的需要。第一道活塞环与活塞顶之间的距离应根据气阀安置，及保证其越出气缸镜面 1～2mm 的要求来确定。

承压面宽度的校核为

$$H = \frac{G}{[k]B} \tag{6-19}$$

式中：G 为活塞及 1/2 活塞杆重量之和；$[k]$为许用比压，铸铁对铸铁$[k]=0.05$MPa，铸铁对巴氏合金$[k]=0.1$MPa，填充聚四氟乙烯对铸铁$[k]=0.03\sim0.05$MPa；B 为支承面的投影长度，对于图 6-88(b)整圈支承面的活塞取 $B=\sqrt{2}D/2$，对于图 6-88(a)局部支承面，其直径和气缸直径相等时，取 $B=\sqrt{2}D\ \sqrt{(1-\cos\theta)/2}$。

(2) 活塞端面的厚度

活塞端面厚度分单端面和双端面进行计算。

① 单端面活塞的厚度　如图 6-91 所示，端面上作用着最大压差 Δp，其厚度 δ 可按下式计算为

$$\delta = \sqrt{\frac{\varphi_1 F + \varphi_2 \Delta p r_2^2}{[\sigma_w]}} \tag{6-20}$$

式中：F 为由压力差 Δp 产生的作用在半径 r_3 与 r_2 直接的环形端面上的作用力，N，$F=\Delta p\pi(r_3^2-r_2^2)$；$\varphi_1$、$\varphi_2$ 为系数，见表6-22；$[\sigma_w]$为许用弯曲应力，铸铁$[\sigma_w]\leqslant30MPa$，铸铝$[\sigma_w]\leqslant20MPa$，铸钢$[\sigma_w]\leqslant60MPa$，锻钢$[\sigma_w]\leqslant160\sim200MPa$。

② 双端面活塞的厚度　如果端面间无加强肋，见图6-91(b)，可以认为两个端面共同担负气体压力差，每一个端面的厚度为

$$\delta=\sqrt{\frac{\varphi_1 F+\varphi_2\Delta p r_2^2}{2[\sigma_w]}} \tag{6-21}$$

端面间有加强肋的双端面活塞，为方便起见，计算时常以一个面积与扇形面积相等的当量圆来代替扇形面积，如图6-91(c)所示，端面中的最大弯曲应力为

$$\sigma_w=\frac{D_d^2}{4}\frac{p_{max}}{\delta^2} \tag{6-22}$$

式中：D_d 为当量圆直径，$D_d=\sqrt{\frac{d_2^2-d_1^2}{i}}$($d_2$ 为活塞外壁内径，d_1 为毂部外径，i 为加强肋数)；p_{max}为气缸中最大气体压力；δ 为活塞一端面厚度。

也可由许用弯曲应力得出端面的厚度，即

$$\delta=\frac{D_d}{2}\sqrt{\frac{p_{max}}{[\sigma_w]}}+\delta_I \tag{6-23}$$

式中：δ_I 为铸造时偏差附加值，可取 $\delta_I=0.002\sim0.005m$；$[\sigma_w]$为许用弯曲应力，铸铁$[\sigma_w]\leqslant40MPa$，铸铝$[\sigma_w]\leqslant20MPa$，铸钢$[\sigma_w]\leqslant70MPa$。

表6-22　φ_1、φ_2 值

r_1/r_2	0.1	0.2	0.3	0.4	0.5	0.6	0.7	0.8	0.9
φ_1	1.75	1.125	0.79	0.565	0.407	0.282	0.194	0.115	0.047
φ_2	4.73	2.805	1.79	1.154	0.712	0.412	0.268	0.12	0.015

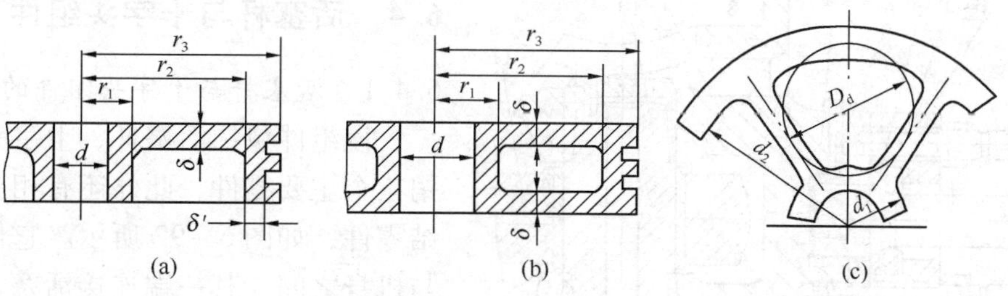

图6-91　盘形活塞端面计算简图

(a)单端面；(b)双端面；(c)双端面有加强肋

③ 活塞外缘的厚度，即图6-91(a)的 δ'。取 $\delta'\geqslant0.8\delta$。

④ 活塞毂部外径 d_1，见图6-91(c)。取 $d_1>1.6d$(d 为活塞杆直径)。

⑤ 验算活塞的切应力

毂部的切应力　无论是单端面或双端面的活塞，均应计算其与活塞杆连接处毂部的切应力，即

$$\tau=\frac{r_3^2}{d_1}\frac{\Delta p}{\delta}\leqslant[\tau] \tag{6-24}$$

铸铁的许用切应力$[\tau]\leqslant 40\sim 45\text{MPa}$。

毂部的挤压应力

$$\sigma_y = \frac{F_{max}}{A} \leqslant [\sigma_y] \tag{6-25}$$

式中：F_{max}为由活塞两边压力差造成的最大作用力；A为凸肩的有效支承面积；$[\sigma_y]$为许用挤压应力，铝的$[\sigma_y]\leqslant 25\text{MPa}$，铸铁的$[\sigma_y]\leqslant 40\text{MPa}$，钢的$[\sigma_y]\leqslant 80\sim 100\text{MPa}$。

⑥ 活塞与气缸间的间隙　热膨胀间隙可按式(6-26)进行计算。此外，还应考虑制造误差。

通常间隙δ(mm)取值：

水冷却的气缸　铸铁活塞 $\delta = (0.8\sim 1.2)\dfrac{D}{1000}$

铝活塞 $\delta' = 2\delta$

风冷的气缸　铸铁活塞 $\delta'' = 0.7\delta$

铝活塞 $\delta''' = 2\delta''$

若按活塞的热膨胀计算，则 $\delta = \alpha \Delta t D + \delta_0$　(6-26)

式中：α为材料的线膨胀系数(1/℃)，铸铁$\alpha = 10^{-5}$℃$^{-1}$，铝合金$\alpha = 2.3\times 10^{-5}$℃$^{-1}$；$D$为气缸直径，mm；$\Delta t$为活塞与气缸壁之间的温度差，可近似地取排气温度与进气温度差值的一半；δ_0为按二级精度间隙配合(H7/g6或H/f7)的间隙值。

6.3.6　活塞组件失效与修理

活塞组件的正常失效主要是托瓦或支撑环的磨损。允许的磨损量由活塞杆允许的倾斜度来决定。一些活塞杆与十字连接处可作轻微调整的结构，其托瓦或支撑环磨损可稍大一些。托瓦的白合金可重行浇铸后车削到原尺寸再使用；支撑环则需更换新配件。

活塞的非正常损坏主要是低压段双作用整体铸造结构。由于泥芯头孔的堵塞螺纹松动而落入气缸，因此把活塞撞坏；焊接活塞因内应力使活塞破裂；铝活塞用铸铁环时，易使环槽形成坡口而失效等。

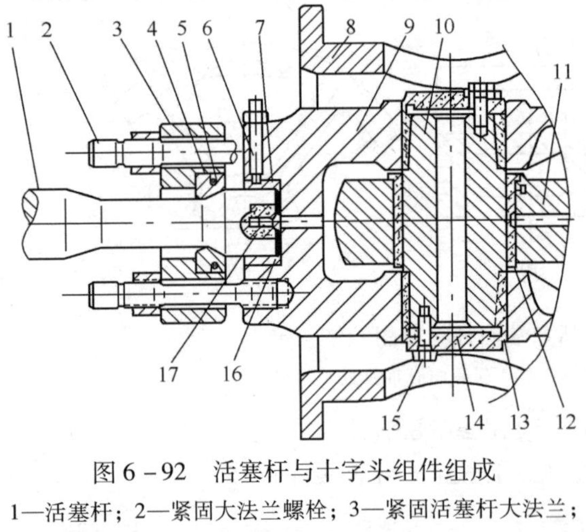

图6-92　活塞杆与十字头组件组成

1—活塞杆；2—紧固大法兰螺栓；3—紧固活塞杆大法兰；4—剖分的活塞杆锥面压紧块；5—剖分块箍紧圈；6—活塞杆中心圈调整螺钉；7—活塞杆中心调整圈；8—十字头滑道；9—十字头体；10—十字头销；11—连杆；12—小头衬套；13—十字头销锥面套；14—套13压板；15—压板紧固螺钉；16—活塞线性余隙调整垫；17—调整垫固定于活塞杆上的螺钉

6.4　活塞杆与十字头组件

6.4.1　活塞杆与十字头组件的组成

该组件包括活塞杆、十字头及十字头销三个主要零件，此外还有相应的一些联结零件，如图6-92所示。它们处于气缸与机身之间，其一端连接活塞，另一端连接连杆，而十字头滑履又支承在机身滑道上，故处于极为重要的部位。在压缩机运行中，该处极易形成事故，并造成重大的破坏，例如活塞杆断裂，连杆小头衬套烧损等。此外，活塞环、填料非正常失效，往往是活塞杆倾斜所引起。并且，十字头滑履与滑道之间的间隙，还是检验其机身与曲轴、连杆等运动部件总体精度的重要指标，新压缩机的十字头滑履与滑道的间隙应控制在$\delta=(0.8\sim1.20)\frac{D}{1000}$，其中$D$为十字头直径。

6.4.2 活塞杆在压缩机装配后的垂直跳动量限制与分析

（1）垂直跳动量限制

活塞杆在压缩机运行时能否平直运动十分重要。资料API 618中，对活塞杆的径向跳动的公差作了规定，即水平径向跳动为±0.064mm，其垂直径向跳动为在活塞杆热态预期径向跳动的基础上每1mm行程不大于±0.00015Smm（S为活塞行程）。

另有资料指出：活塞杆水平跳动时，如果安装合适一般无需调整，其跳动量通常不会超过0.08mm。冷态垂直跳量许用值见表6－23。

表6－23 活塞杆冷态垂直跳动量许用值

气缸直径/mm	冷态跳动量/mm	气缸直径/mm	冷态跳动量/mm
120～200	0.000～0.050	445～520	0.063～0.139
240～290	0.012～0.063	585～675	0.100～0.165
330～380	0.038～0.088		

（2）活塞杆倾斜或下沉原因

① 气缸与活塞之间的间隙及十字头与滑道间隙冷态时不等，故使装配后活塞杆呈倾斜状态，如图6－93(a)所示。一些压缩机制造者称：新压缩机空负荷运行45min后停机测量，活塞杆在一个行程中跳动量为“0”。压缩机经长期运行后，活塞与气缸的磨损一般均大于十字头与滑道的磨损。在有油润滑时后者润滑丰富，前者则相对较差；在气缸无油润滑时，具有自润滑性能热塑性材料承压面的磨损，更要大于十字头与滑道的磨损，故活塞杆会形成倾斜。重要的压缩机，在填料压盖处应设位移传感器，在超出一定值时便要报警，然后调整活塞杆或更换支撑环。

② 活塞杆自身质量形成的挠度，如图6－93(b)所示。在大型压缩机中，尤其是具有两个隔腔的无油润滑压缩机，沉降量应进行认真计算与测量。挠度可按均布质量载荷q简支梁计算，下沉挠度曲线方程为

$$\Delta_x=\frac{qx}{24EI}(l^3-2lx+x^3) \tag{6-27}$$

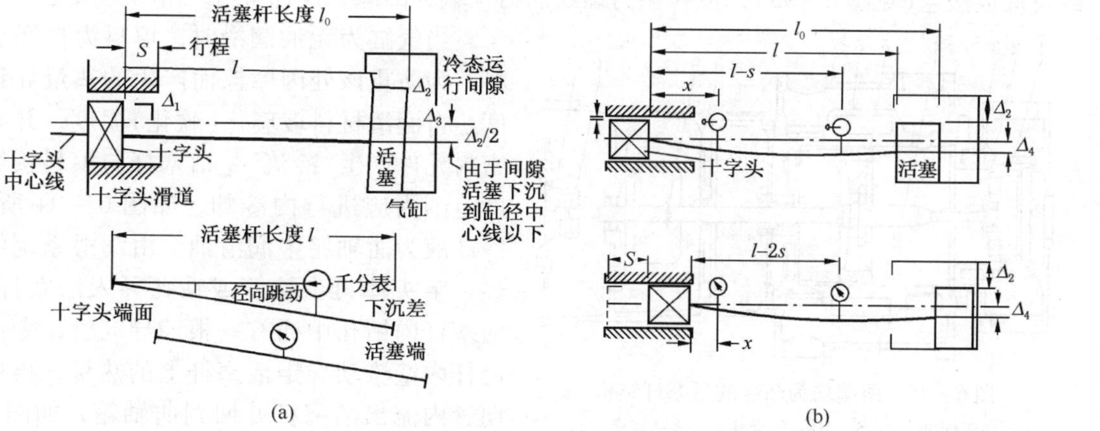

图6－93 活塞杆倾斜与下沉分析图

(a)由气缸与活塞间隙及十字头滑道与十字头间隙形成的倾斜；(b)活塞杆质量力引起的下沉

最大挠度 $\Delta_{max}=ql^2/8$，活塞外端面转角 $\theta=\dfrac{ql^3}{24EI}$ (6-28)

其中

$$q=\frac{\pi d^2\rho g}{4}$$

式中：d 为活塞杆径；l 为十字头端面至活塞轴侧端面的距离；ρ 为材料密度；E 为材料弹性模量；I 为活塞杆截面二次矩，$I=\pi d^4/64$。

6.4.3 活塞杆结构设计

活塞杆本身是一直杆，结构按其与活塞及十字头的连接方式，可分成两类：①活塞杆两端具有螺纹，通过螺母与活塞及十字头紧固，如图 6-94 所示；②活塞杆两端均为凸缘，通过压板和螺钉与活塞或十字头相紧固，如图 6-95 所示。

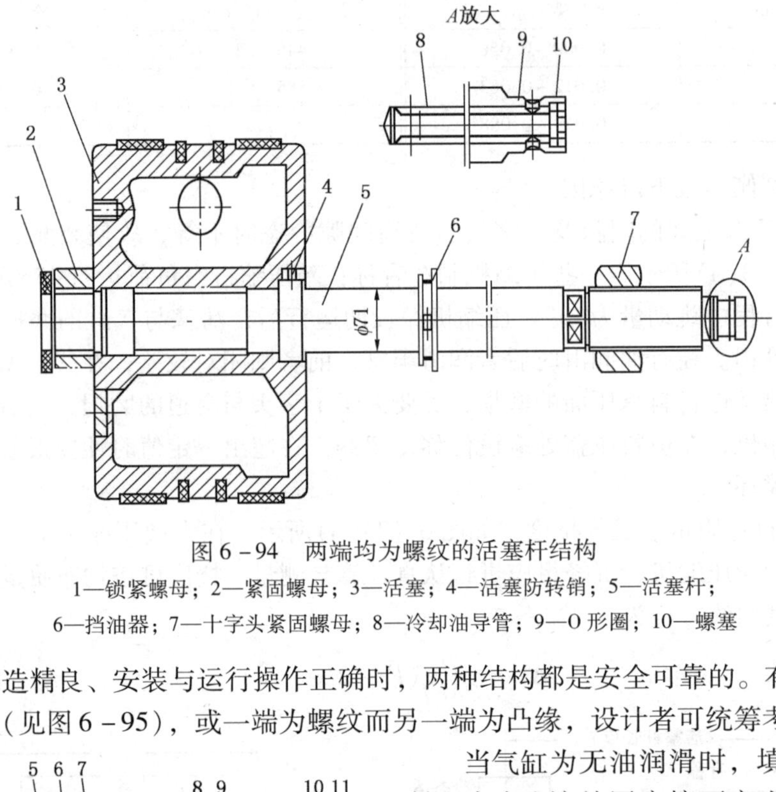

图 6-94 两端均为螺纹的活塞杆结构

1—锁紧螺母；2—紧固螺母；3—活塞；4—活塞防转销；5—活塞杆；6—挡油器；7—十字头紧固螺母；8—冷却油导管；9—O 形圈；10—螺塞

设计与制造精良、安装与运行操作正确时，两种结构都是安全可靠的。有些设计中把凸缘发展成法兰(见图 6-95)，或一端为螺纹而另一端为凸缘，设计者可统筹考虑决定。

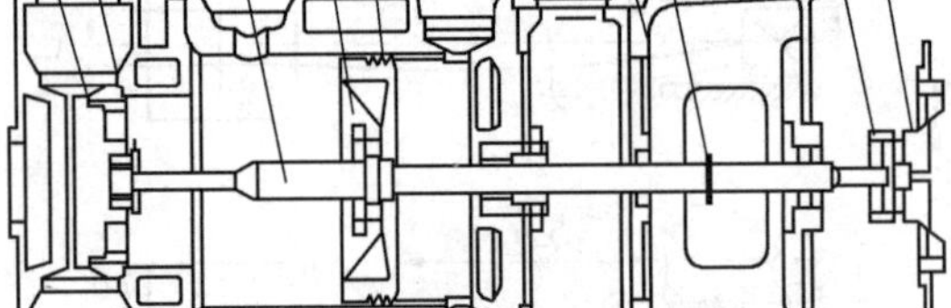

图 6-95 两端均为凸缘的活塞杆结构

1—高压活塞；2、5、10—压紧法兰；3—高压气缸；4—活塞杆；6—低压活塞；7—低压气缸；8—中间接筒；9—挡油器；11—十字头

当气缸为无油润滑时，填料为自润滑材料。为防止该处因摩擦而产生的热量导致温度达自润滑材料玻璃化(软化)温度，并导致密封元件产生“冷流”，活塞杆与填料接触长度范围内应进行内冷却，如图 6-94 所示。冷却液为曲轴箱中润滑油，由润滑系统供油经十字头体再由接管或钻孔导入活塞杆内。活塞杆内钻孔中插有一根油导向管，令油先沿杆内壁流动导走活塞杆上的热量，再由导向管内流出活塞杆并回到曲轴箱，如图 6-96 所示。自润滑填料的隔距环也应进行冷却，冷却介质一般为水。

如图6－97所示，活塞杆由一根芯杆与套筒组成。此种结构的优点是：芯杆可用一般碳素结构钢制造，套筒用合金钢；活塞杆上不需设凸缘；便于系列化。缺点是：套筒内壁要求有较高的精度，并且多了一个零件，一般适用于中、小型压缩机。

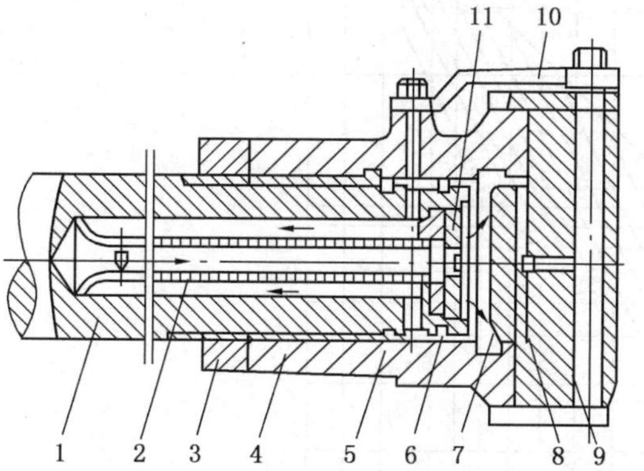

图6－96　活塞杆内通油冷却结构

1—活塞杆；2—导油管；3—螺母；4—十字头体；5、6—O形环；7—连杆小头；8—连杆小头铜套；9—十字头销；10—冷却油接管；11—导油管压紧螺母

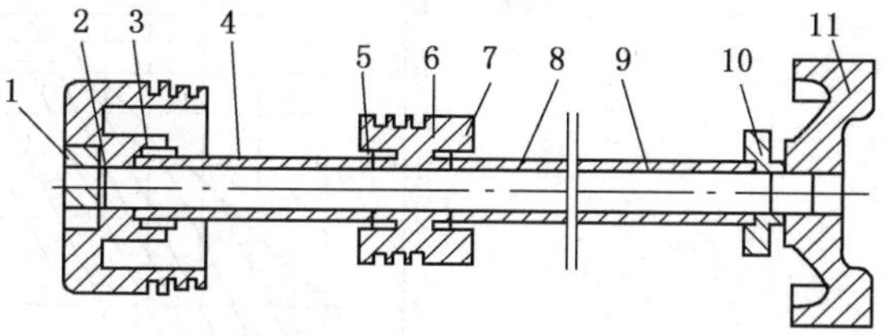

图6－97　由芯杆与套筒组成的活塞杆结构

1—螺母；2、6—活塞；3、5、7—衬环；4、8—套筒；9—芯杆；10—连接十字头法兰；11—十字头体

表6－24　活塞杆常用材料性能和处理方法

材料	屈服强度 σ_s/MPa	抗疲劳强度 σ_{-1}/MPa	热处理方法	同填料接触部分表面硬度	应有场合
35钢	320	180	表面淬火	38～45HRC	压缩空气或无腐蚀性气体
45钢	360	210	表面淬火	48～56HRC	压缩空气或无腐蚀性气体
40Cr	700	340	表面淬火	47～52HRC	压缩空气或无腐蚀性气体，有较高的强度和疲劳强度
38CrMoAlA	850	430	氮化	800～1100HV	有很高的硬度、耐磨性、疲劳强度和较高的耐腐蚀性性能
3Cr13	650	270	表面淬火	23～29HRC	压缩腐蚀性气体，如氧气等

当高压级活塞直径小于$3d$时（d为活塞杆直径），还可将活塞与活塞杆制成一体（见图6－19）。

（1）活塞杆材料、主要尺寸及强度校核

① 活塞杆常用材料　活塞杆的材料、性能、热处理方法及与填料接触的表面硬变，见表6－24。

② 活塞杆主要尺寸的确定　活塞杆长度由机器总体设计时，按级的配置、与活塞连接方式、有无中体分隔室等确定（参阅图6－1）。活塞杆直径主要按压折确定。可按最大气体力与行程，从图6－98中初选活塞杆直径，并按密封填料的内孔尺寸标准圆整。

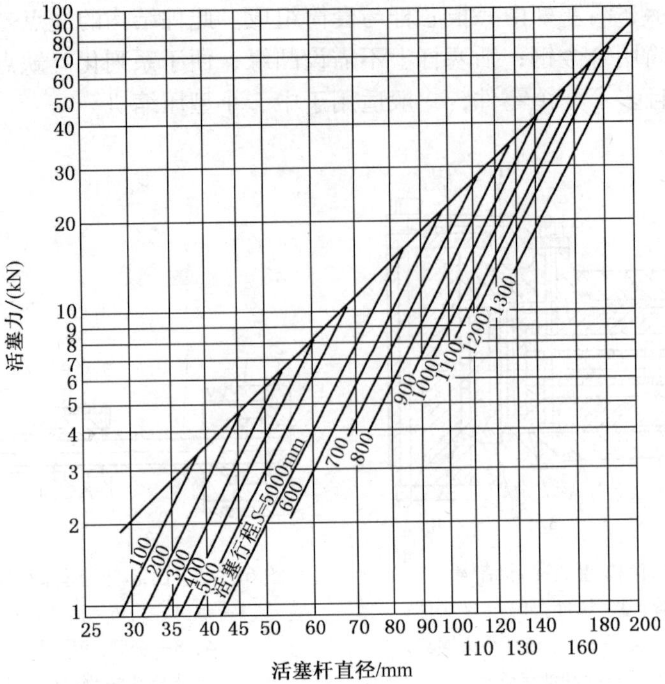

图 6－98　按最大活塞力与行程选择活塞杆直径

③ 活塞杆强度校核

对于非贯穿活塞杆，按不同柔度的压折校核安全系数。

当柔度 $l/i>100$ 时，许用值 $[n_s]\geqslant 10\sim 20$。

式中：i 为惯性半径，$i=\sqrt{\dfrac{I}{A}}$；I 为杆的截面二次矩，cm^4；A 为截面积 cm^2；n_s 为安全系数，应按欧拉公式验算，即

$$n_s=\frac{\pi^2 EI}{F_{max} l} \tag{6-29}$$

式中其他符号同式(6－28)。

活塞杆与填料接触的部分应有很高的耐磨性，故需进行表面处理。表 6－25 中提供了部分处理方法与效果，更多处理方法可参阅本书第一篇 3 的内容。值得指出的是，采用表面等离子喷涂陶瓷（$TiO_2-Al_2O_3$ 等）方法，能大大改善表面性能，其硬度可≥HRC60，不仅耐磨与抗氧化，还耐酸、碱介质腐蚀，其涂层结合强度高，涂层可厚达 0.60mm。此种涂层还可用于磨损活塞杆的修复。用于气缸有油润滑的压缩机特别适合。

6.4.4　活塞杆与十字头连接方式

对连接的要求：制造、装拆方便；通过活塞杆调节活塞与气缸间隙方便。

（1）传统的连接方式

如图 6－99 所示，为各种传统连接方式，其特点比较见表 6－25。图中所列结构，(b)、(c)、(d)、(e)结构的螺纹都可利用液压上紧。

（2）专门设计的液压上紧结构

以下试举四例上紧结构，其共同的特点是：当活塞杆承受压缩力时，均由活塞杆上的台肩通过一些零件传递至十字头体上；当承受拉伸力时，活塞杆与十字头体的接合部才产生拉

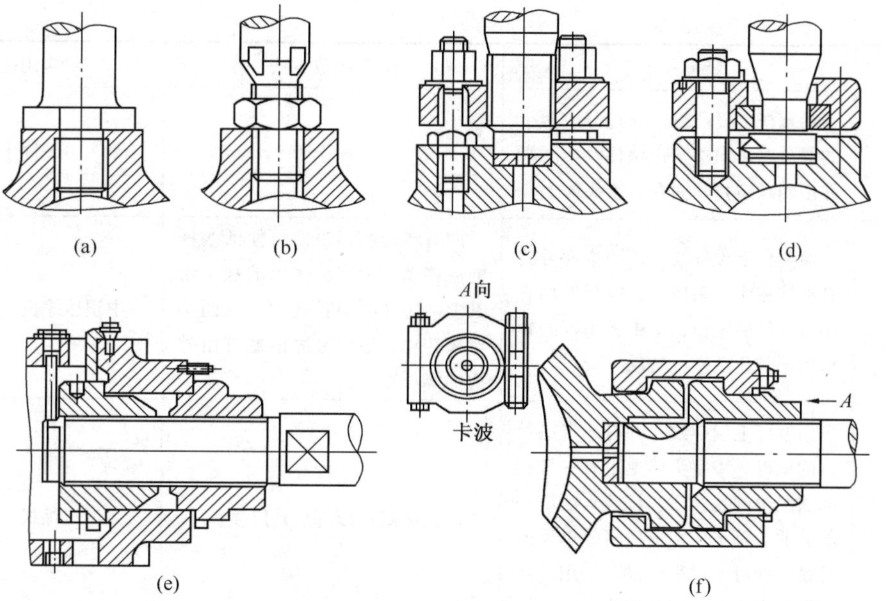

图 6－99　活塞杆与十字头体连接结构方案

应力。由此，其交变应力幅减少了一半。

① 图 6－100 为新庇隆公司(NuovoPignone)的一种活塞杆与十字头体连接的液压上紧结构，活塞杆 1 上仍设有螺纹，安装时零件 2、3、4、5 先套在活塞杆上，然后插入十字头体 6，预先置于十字头体内的螺母 7，依靠螺母法兰边上开设的若干斜孔，由十字头体外用小棍插入，将螺母拧在活塞杆上。上紧时将高压油泵接管接到螺孔 9，油泵达到预定的油压，油缸产生的作用力通过零件 2 与 4 经调整垫片 5、十字头体 6 及螺母 7，使活塞杆发生弹性变形达伸长量 δ'，然后轻拧螺母 3，释放油压、卸去接油管；活塞杆即上紧安装完毕。垫片 5 可利用不同厚薄来调整气缸与活塞间余隙。

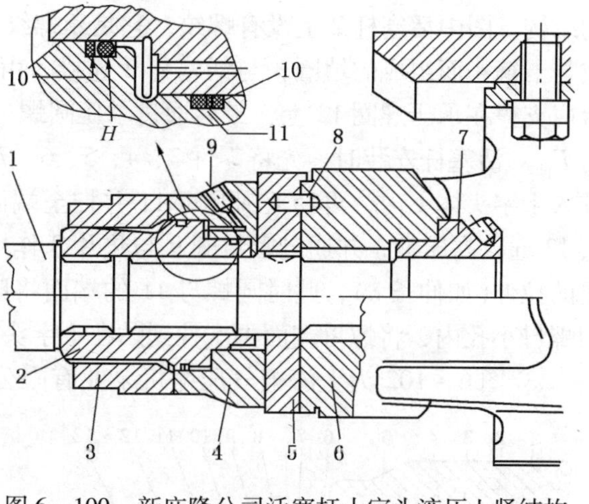

图 6－100　新庇隆公司活塞杆十字头液压上紧结构
1—活塞杆；2—承压圈；A3—锁紧螺母；4—承压圈 B；5—调整垫片；6—十字头体；7—螺母；8—销钉；9—高压油接口；10—油缸垫片；11—O 形圈

表 6－25　传统的活塞杆与十字头连接特点比较

结构方案	特　　点	余隙调节方法	应用范围
(a)	活塞杆螺纹与十字头体直接连接，由杆上自设法兰锁紧	法兰与十字头体间加垫片	小型压缩机；调整余隙时需转动
(b)	活塞杆螺纹与十字头体直接连接，由螺母锁紧	旋转活塞杆移动活塞	中、小型压缩机，活塞在调整余隙时需转动
(c)	螺纹杆螺纹通过法兰盘由四颗螺柱与十字头体联接	调整活塞杆顶部垫片厚度	中、大型压缩机；四颗螺柱使十字头体结合部成方形，重量尺寸增加

续表

结构方案	特　点	余隙调节方法	应用范围
(d)	活塞杆上设凸缘，通过分成两半的圆盘，再由法兰盘箍住两半圆盘并由四颗螺柱紧固在十字头体上	同上	同上
(e)	活塞杆上设螺纹，由两个螺母将其夹持在十字头体上，螺母外均有小齿供最后定位，图中带小杆的螺钉用于防止活塞杆转动	同时转动两螺母便可使活塞杆前后移动；十字头体内的螺母由其上两边开的小长孔中插入两小棒来转动，最后紧固活塞杆由外边的螺母拧紧。	中型压缩机
(f)	活塞杆上设螺纹，并有一带法兰边的螺母，十字头体上也有一带相同法兰边的孔，活塞杆插入后用一剖分的卡箍卡住，最后将螺母反向拧紧，螺母上设小齿供防松用，活塞杆与十字头体用键定位	调整活塞杆顶部垫片厚度	大型压缩机

② 图 6－101 为博尔齐格—沈阳鼓风机公司用液压上紧的无螺纹活塞杆与十字头体连接的结构。图中活塞杆 2 上没有螺纹，它是靠螺纹 5 与十字头体相连接，并通过由两个半圆块构成与卡箍 4 而组成的填圈 3 与活塞杆 2 连接，由此活塞杆可承受拉力 F_{pf}；另一方面活塞杆的台肩支撑在承压螺圈 12 上，最后通过承压圆螺母 11 支撑在十字头体 1 上，由此承受活塞杆推力 F_{pb}。活塞杆安装时，先将零件 3、4、5、6、7、8、9、10、12 套在活塞 2 上，然后将螺圈 5 拧入十字头体 1 内，再套上圆螺母 11 并拧至端面与十字头体 1 相接触；上紧时，通过液压接头 13 通入高压油，并通过密封圈 9 与垫片 8 作用至螺纹 5 上，由此使活塞杆在该部位受到必要的拉伸(如伸长 δ)，此时圆螺母 11 的端面将脱离与十字头体接触，因此需要用一小棍插在圆螺母小孔内，将螺母端面再次拧到贴在十字头体上；释放油压，活塞杆即按要求上紧。

③ 图 6－102 为上海电气压缩机泵业有限公司所用结构。活塞杆带螺纹并由大法兰 5 通

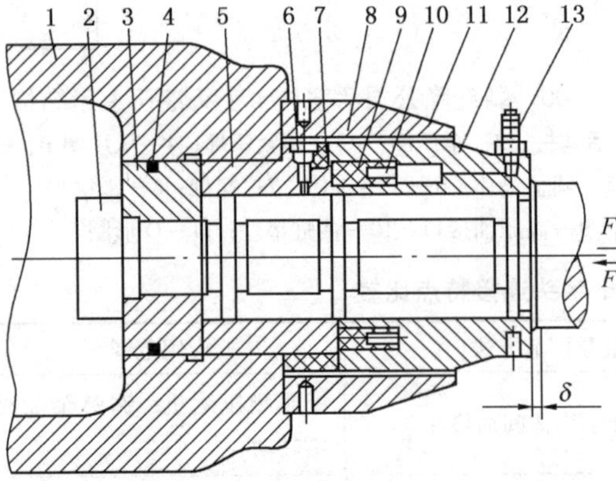

图 6－101　活塞杆无螺纹的液上紧结构

1—十字头体；2—带端部凸缘的活塞杆；3—止推圈(两半组成)；4—卡箍；5—螺圈；6—防转螺钉；7—止点位置调节环；8—垫片；9—橡胶密封套；10—液压腔；11—承压螺母；12—承压螺圈；13—液压油接头

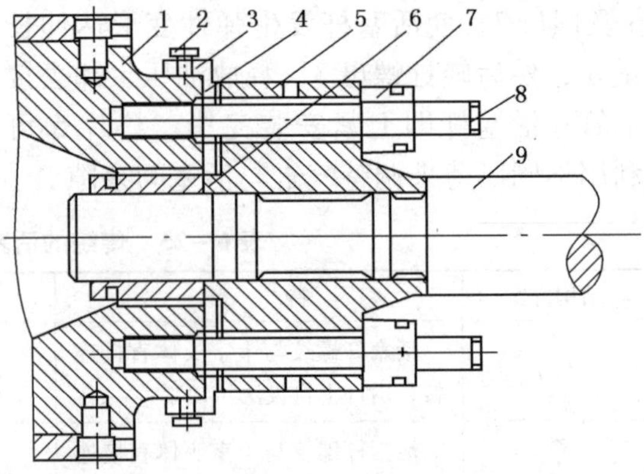

图 6－102　活塞杆中心位置可调液压上紧螺栓

1—十字头体；2—调节螺钉；3—调整垫圈；4—余隙调整垫片；5—大法兰；6—活塞杆承拉螺母；7—大法兰紧固螺母

过液压将螺母 6 上紧于活塞杆 9 上，四颗液压上紧的螺栓将 5 紧固在十字头体 1 上；活塞杆可通过调整垫圈 3 与调整螺钉 2 调节活塞杆中心位置，通过余隙调整垫 4 的厚薄调节余隙。

④ 图 6－103 所示结构与图 6－102 类似，不过上紧方式完全不同，它用一个螺母将套在活塞杆上的大法兰先上紧使活塞杆受拉伸。上紧的方式靠圆螺母的特殊结构，它开有一圆槽，槽中置有半流质 6 与金属环 5，槽底部设有一螺孔内有弹性体与金属垫片并有螺钉 8。当螺钉 8 向里拧时，半流质承受挤压而对环内产生压力，并使活塞杆受拉伸，然后塞入一定厚度且分成两半的垫片，最后装到十字头体上，将四颗连接螺栓的螺母拧上。沈阳申元压缩机公司、潍坊生建压缩机公司均有应用此结构的实例。

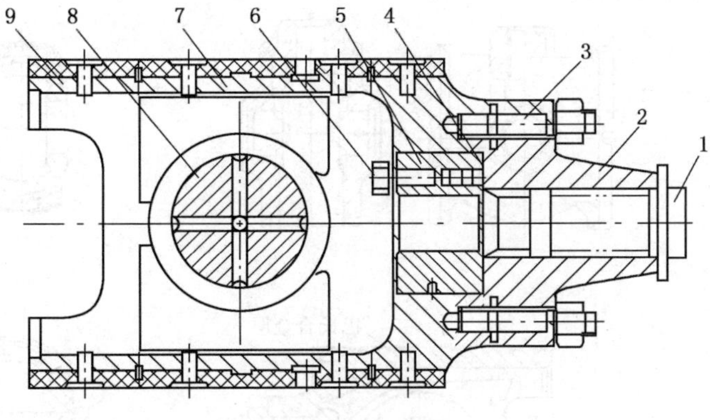

图 6－103　半液压上紧活塞杆

1—活塞杆；2—大法兰；3—大法兰上紧螺栓；4—垫片；5—半液压上紧结构；6—上紧用螺钉；7—十字头体；8—十字头销；9—滑履

（3）其他连接方式

还有一些活塞杆与十字头的连接形式，如图 6－104 所示。它们都不能利用该部分的连接结构来调节气缸余隙，其中（c）与（d）活塞杆直接连接到十字头销上，而连杆小头成叉形结构。

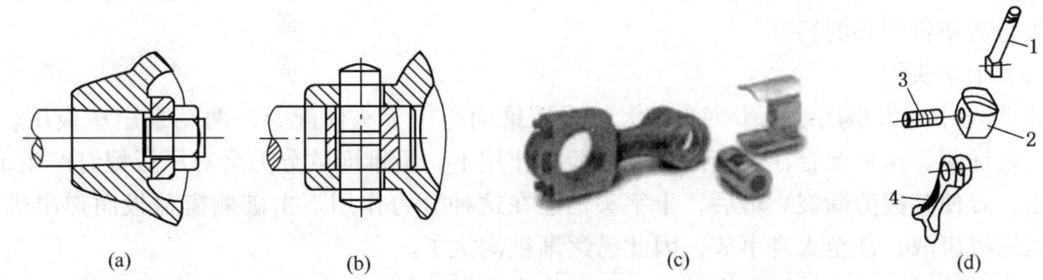

图 6－104　活塞杆与十字头其他结合方式

1—活塞杆；2—十字头体；3—十字头销；4—叉形小头连杆

（a）锥面－螺纹连接；（b）楔连接；（c）活塞杆与十字头销连接；

（d）通过活塞杆耳环与十字头销连接

6.4.5　十字头体、滑履、十字头销

（1）十字头体

图 6－105 所示，为几种十字头体及滑履形式。其中（a）为整体的铸铁结构，用于小型压缩机；（b）也为整体十字头，材料为铸钢，滑履表面另铸有白合金；（c）、（d）的十字头与滑履分成两个零件。中、大型压缩机十字头体大都用铸钢，中型压缩机偶尔也用球墨铸铁。

（2）滑履

大型压缩机的滑履均为一个单独的零件，其承压面铸有白合金，且表面开有两头不贯通

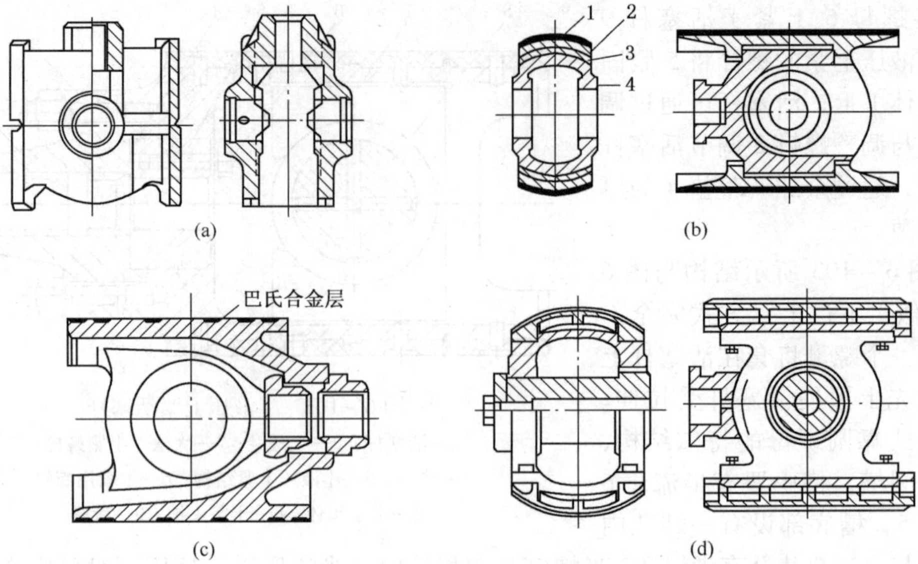

图6－105　十字头几种形式

(a)铸铁整体十字头；(b)整体铸钢滑履铸有白合金；

(c)分体与滑履圆弧结合面；(d)分体与滑履平面结合

1—白合金；2—滑履；3—垫片；4—十字头体

的纵、横油槽。

滑履与十字头的结合过去曾采用平面，如图6－105中(d)，因加工麻烦而淘汰。现在均采用圆弧面，由螺钉紧固，其间可衬以铜或铝垫片，以调整十字头与滑道的间隙，或调整十字头与活塞杆中心的高度。

(3) 十字头销

20世纪中叶大型压缩机十字头销大都采用锥面与十字头体配合，两端采用压板压(拉)紧。实践证明，这种配合在交变的往复载荷力作用下，沿锥面的分力会对压板螺钉产生不断地冲击，致使其疲劳断裂。最后，十字头销能在这种分力作用下击破侧窗盖板而弹出机身，造成压缩机事故，甚至人身事故，因此已逐渐被淘汰了。

现代压缩机十字头销均为直销，中空以作为润滑油通道，如图6－92所示，其在销座中的配合为滑配合，机器运行后因销的温度高于十字头体而胀合在销座中。在两座孔中的轴向定位可用挡圈或压板。另一种设计思路为在十字头体上的销座孔中设有铜套，允许十字头销在其中产生一定转动，这样的结构可防止当十字头销与连杆小头衬套产生咬合时，可由此来补偿，防止导致事故。

(4) 主要尺寸确定

① 十字头体内壁直径　由连杆长度 l_1、连杆摆角 β 与连杆杆体中间宽度尺寸 H_m 决定，即

$$D_i \geqslant l_l \sin\beta + H_m \tag{6-30}$$

两销座孔内壁距离 b　由连杆小头宽度 B_1 决定，$b = B_1 + a$，其中 a 为间隙，$a = 1 \sim 3$mm；销座宽度由销孔比压决定，即

$$s_s = \frac{F_{pmax}}{2d_0[k_0]} \tag{6-31}$$

式中：F_{pmax} 为最大活塞杆力；d_0 为十字头销直径；$[k_0]$ 为比压，固定销取 $[k_0]=35\sim40$kPa，浮动销取 $[k_0]\leqslant20$kPa。

十字头壁厚 $s=(0.80\sim0.85)s_s$。

② 滑履厚度 $s'=(1\sim1.1)s$，宽度 B 同销座宽，长度 $L=\dfrac{N}{B[k_1]}$，其中 N 为侧向力，N；$[k_1]$ 为许用比压，白合金对铸铁 $[k_1]\leqslant60$kpa，铸铁对铸铁 $[k_1]=(20\sim30)$kPa。

③ 十字头销直径 d_0　由连杆小头衬套许用比压决定，$d_0=\dfrac{F_{pmax}}{b[k_2]}$，其中 $[k_2]$ 与衬套材料有关，我国 JB/T 2231.1—1999 有推荐值供参考。

6.4.6　活塞杆失效

活塞杆正常失效主要因其与填料摩擦而磨损，从而使填料失去密封作用。表 6－26 给出的磨损允许极限，仅供参考。

表 6－26　活塞杆密封部位的允许磨损

活塞杆直径/mm	新活塞杆偏差		磨损允许极限	
	圆锥度 mm/m	椭圆度/mm	圆锥度 mm/m	椭圆度/mm
50～80	0.03	0.03	0.10	0.10
80～120	0.04	0.03	0.15	0.15
120～180	0.06	0.04	0.30	0.30
180～260	0.07	0.06	0.45	0.45

活塞杆非正常失效，见 6.1.8 节与 6.4.2 节。

6.5　连杆组件

6.5.1　连杆组件的组成

连杆是连接曲轴与十字头的组件，如图 6－106 所示。其与曲轴相连的一端俗称大头或称大端，连接十字头的一端称小头或小端，中间部分称为杆身。

大头装在曲拐的曲柄销上，大都做成剖分的，其分开的部分称为连杆头大盖，其余大头体部分与杆身做成一体（过去个别机器中也有与杆身分开的）；机器安装时用连杆螺栓将其紧固在一起。大头内孔设有大头瓦，小头孔内设小头衬套，由它们来承受摩擦负荷，因容易磨损故称之为易损零件。

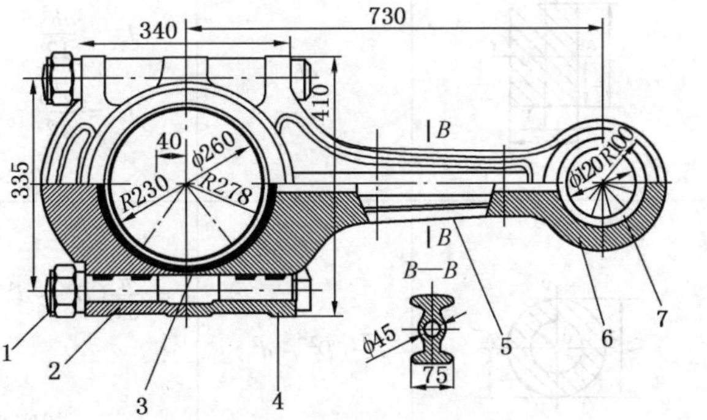

图 6－106　连杆组件结构组成

1—连杆螺钉；2—大头盖；3—大头瓦；4—大头体；5—杆身；6—小头体；7—小头衬套

6.5.2　连杆各部分结构

（1）杆身

如图 6－107 所示，杆身是一个受压折的零件，并且在图中 y 方向属两端铰链支承，在 x 方向为两端固定支承结构。由材料力学知，在相同作用力 F_{max} 时，若要求 y 与 x 方向压折应力相同，其截面的惯性矩 $I_x/I_y=1/4$。由此，可知“工”字形截面最能符合此条件。

① 杆身截面形状它常受工艺条件的限制，当为模锻钢制件或球墨铸铁铸造件时完全可以制成工字形截面，见图 6－108(a)、(b)；若连杆毛坯为自由锻时，杆身大都车削成圆形，见图 6－108(c)；毛坯若为钢板切割而成，则杆身与大小头往往制成同一厚度，也即截面呈矩形，见图 6－108(d)。当然，图 6－108(c)和(d)也可铣削成“工”字形，或少量铣削杆身成 x 方向更薄一些的矩形，但加工量增加。

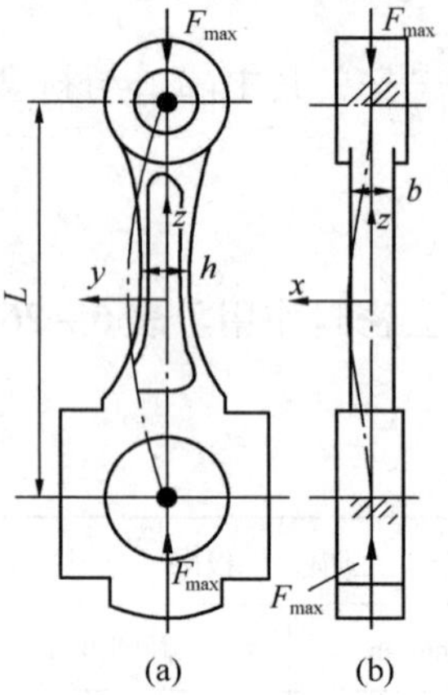

图 6－107　连杆受压折作用力示意图
(a)两端铰链支承；
(b)两端固定支承

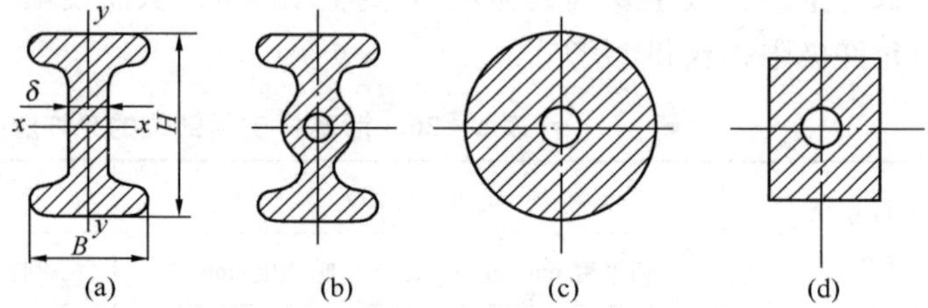

图 6－108　连杆杆身的截面形状
(a)工字形；(b)中心钻孔的工字形；
(c)圆形、中心钻孔；(d)矩形截面、中心钻孔

以上截面的几何力学特性见表 6－27。

表 6－27　截面的几何力学特性

截面形状	面积 A/m^2	截面二次矩 J/m^4	截面模型 $W=\frac{1}{e}$	重心到相应边的距离 e/m	回转半径 $R_i=\sqrt{\frac{J}{F}}$
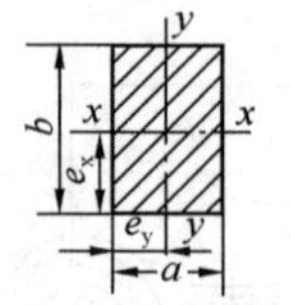	ab	$J_x=\frac{ab^3}{12}$ $J_y=\frac{a^3b}{12}$	$W_x=\frac{ab^2}{b}$ $W_x=\frac{a^2b}{b}$	$e_x=\frac{b}{2}$ $e_y=\frac{a}{2}$	$R_{ix}=0.289b$ $R_{iy}=0.289a$
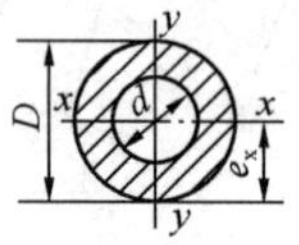	$\frac{\pi}{4}(D^2-d^2)$	$J=\frac{\pi}{64}(D^4-d^4)$ 如实心圆截面，以上各式中 $d=0$	$W=\frac{\pi(D^4-d^4)}{32D}$	$e_x\ \frac{D}{2}$	$R_i\ \frac{1}{4}\ \sqrt{D^2+d^2}$
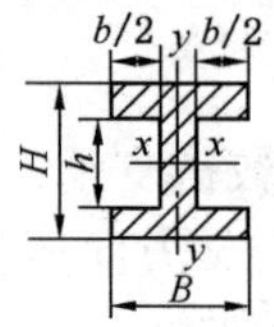	$BH-bh$	$J_x=\frac{BH^3-bh^3}{12}$	$W_x=\frac{BH^3-bh^3}{6H}$	$e_x=\frac{H}{2}$	$R_i=\sqrt{\frac{I_x}{A}}$

杆身中是否钻油孔，则由大、小头供油方式而定。杆身长、列数多时，杆身中钻孔并非易事，可用大、小头分别供油来避免。

② 杆身中间截面尺寸

$$d_m = (1.65 \sim 2.45)\sqrt{F_{max}} \times 10^{-4} \qquad (6-32)$$

式中：d_m 为杆身中间截面面积的当量直径，m；F_{max} 为最大活塞杆力，N。

对于 $F_{max} \leqslant 10 \sim 20$kN 的高速、短行程小型连杆，式(6－32)中系数取 1.65～2.15；当 $F_{max} > 20$kN 时，工字形截面，系数取 2.14～2.20；圆形截面，系数取 2.30～2.45。

对于圆形截面的杆身，d_m 为杆身中间截面面积的直径；对于非圆形截面杆身，必须先计算当量面积 $A_m = \frac{\pi d_m^2}{4}$，再求出截面尺寸，如图 6－109 所示。其中，工字形截面 $H_m = \sqrt{2.5A_m}$；矩形截面 $H_m = \sqrt{1.7A_m}$。

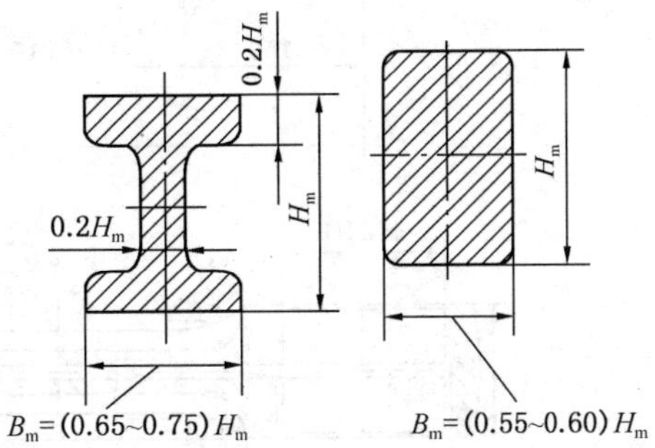

图 6－109　工字型、矩形的截面尺寸关系

③ 杆身沿长度方向应有一锥度（图 6－110），故中间截面即为 H' 和 H'' 的平均值处的截面。杆身截面沿长度方向通常是以直线和大圆弧过渡变化的，并根据受力情况，愈接近大头处的截面尺寸愈大。

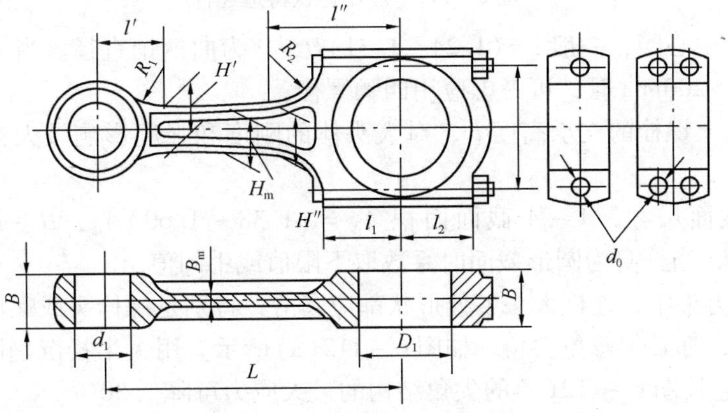

图 6－110　杆身主要尺寸关系

对于圆形截面，在 l' 截面处的直径 $d' = 0.9d_m$，$l' = (1.25 \sim 1.35)d_1$；在 l'' 截面处的直径 $d'' = 1.1d_m$，$l'' = (1.25 \sim 1.35)D_1$。

④ 截面宽度　工字形、扁圆形截面宽度 B_m 是不变的，其高度变化一般为

在 $l' = (1.1 \sim 1.2)d_1$ 处，$H' = 0.8H_m$

在 $l'' = (1.1 \sim 1.2)D_1$ 处，$H'' = 1.2H_m$

⑤ 连杆小头与杆身之间要有较大的圆弧过渡，如图 6－111 所示。由小头的应力分析可知，小头顶部厚度应大于两侧壁的厚度，此时应力较为均匀。图 6－111 中小头顶部与底部的圆弧均偏心 8mm。

(3) 连杆大头与大头盖

连杆大头大都为垂直杆身中线的平面切口剖分式。大头一方面应有足够的刚性，另一方面又要紧凑。

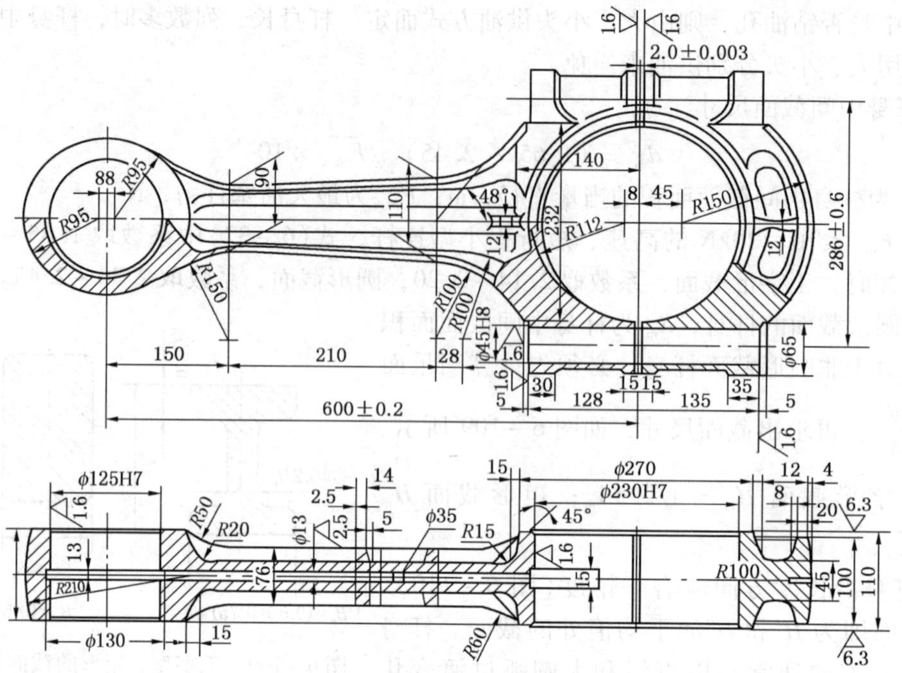

图 6-111　球墨铸铁铸造连杆

① 连杆螺栓中心距，一般 $l=(1.24\sim1.31)D$，D 为曲柄销直径。当 $D\leqslant200$mm 时，用两颗螺栓；当 $D>200$mm 时，可考虑应用四颗螺栓；

② 连杆大头上螺栓的支承高度 l_2，对大头体的刚度和强度影响较大，l_2 值一般不小于 $(1.2\sim1.6)D$；

③ 大头盖截面尺寸，$A-A$ 截面面积 $A_A=(1.38\sim1.60)A_m$，$B-B$ 截面面积 $A_B=(1.30\sim1.40)A_m$，当杆身为圆形截面时系数取下限值或中间值。

为了减少应力集中，连杆大头各处形状都应圆滑，特别是螺栓头或螺母支承面到杆身或大头盖的过渡处，都必须避免尖角，如图 6-112(a)所示。用大半径沉割圆弧时，如图 6-112(b)、(c)，它较图 6-112(a)的尖角结构的最大应力可降低 30%。

④ 大头盖中部截面可制成如图 6-113 所示的诸种形式，其中以工字形截面与加强肋时刚性最好。

(4) 其他形式连杆大头与小头

① 大头斜切口　如图 6-114 所示，它必须有大头盖与杆身定位，如图中所示的止口与

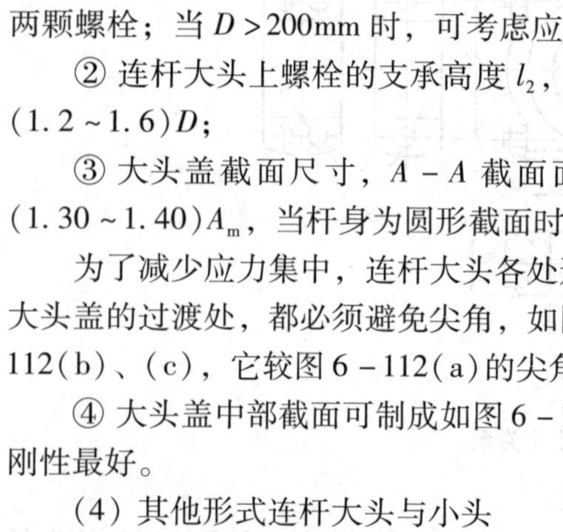

(a)　(b)　(c)

图 6-112　螺栓头或螺母支承面的过渡形状

(a)尖角；(b)模锻圆弧；(c)沉割圆弧

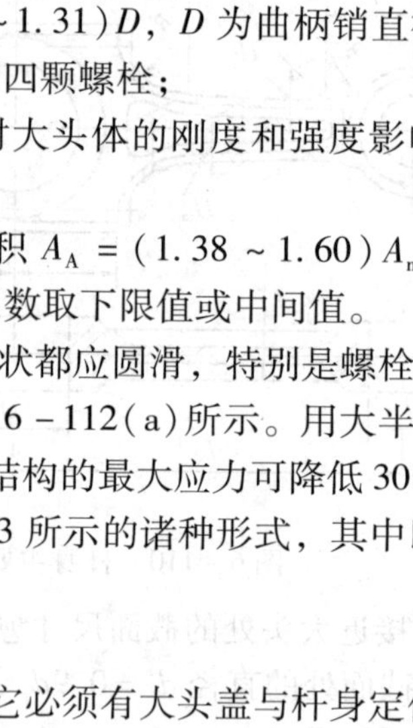

图 6-113　连杆大头盖结构

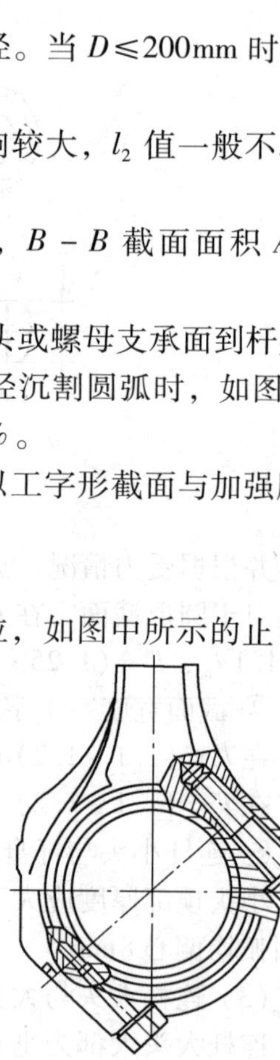

图 6-114　斜切口连杆大头

销钉。此外，大头盖的紧固只能用螺钉。斜切口大头的优点是装拆较为方便，并且连杆螺钉仅部分受力。一般仅用于小型压缩机。

② 主副连杆　如图 6－115 所示，主连杆直接装在曲柄销上，副连杆通过连杆销装在主连杆大头的两个凸耳间。压缩机中一般用 1～2 个副连杆，最多为 4 个副连杆。其优点是可使机器的轴向尺寸紧凑；其缺点是主、副连杆的结构参数不同，因而与主副连杆相接的活塞运动规律也不一致；副连杆的力作用在主连杆上，使其受力增大；结构比较复杂制造比较麻烦。适用于角度式压缩机。

③ 叉形连杆小头　如图 6－116 所示，过去的大型立式压缩机为了降低机器高度，常采用叉形连杆小头。现在个别压缩机中也有应用，但因其加工困难，已少常见。

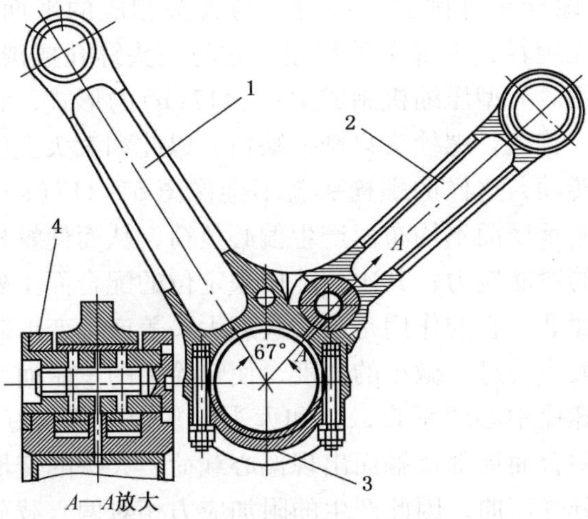

图 6－115　主副连杆结构

1—主连杆；2—副连杆；3—大头盖；4—凸耳

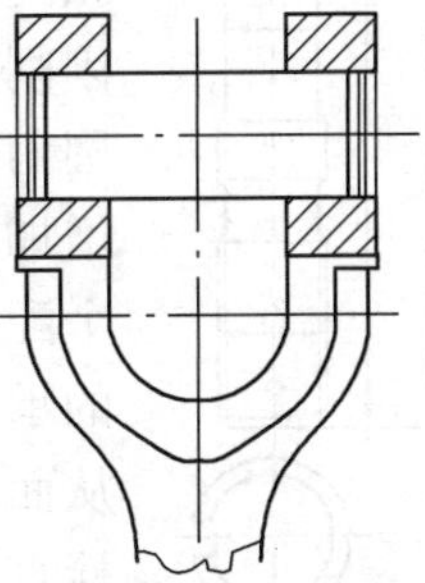

图 6－116　叉形连杆小头

(5) 连杆在机器中的定位

定位方法有两种：大头定位和小头定位。

① 大头定位这时在连杆大头端面与曲柄销的配合端面，采用较小的配合间隙 0.2～0.5mm，同时在小头端面与销座端面间，则取较大的间隙 2～5mm。要求轴瓦与曲臂间具有防摩擦措施。当为薄壁瓦时，杆身大头两侧加半圆形铜片；当为厚壁瓦时，可将瓦片制有翻边。大头定位连杆与十字头可能受偏心负荷，且当对动式压缩机列数多时，曲轴热态伸长量较大，大头定位便不合适。

② 小头定位在小头衬套端面与十字头体的配合端面之间，采用较小的配合间隙 0.2～0.5mm，而在大头端面与曲柄销配合端面，取 2～5mm。

近年来大头轴瓦都采用薄壁瓦，故目前大都采用小头定位。但角度式压缩机中为减小轴向长度可采用大头定位。

6.5.3　连杆材料与强度校核

(1) 连杆材料

大、中型连杆多采用 30、40 优质碳素钢，偶有采用 30CrMo、40Cr 等合金钢。近年来也有中、小型连杆采用 QT400、QT600 及稀土合金球墨铸铁。对于锻造连杆，其锻造比应不小于 3，并应进行金相检查、化学成分与力学性能试验；对于铸造连杆，除做以上各项试验外，铸件表面应十分光洁，不得有铸造缺陷，例如粘砂、冷隔等存在。

一般锻造连杆多采用正火处理或者调质处理；铸造连杆多采用正火处理。对于有特殊需要的连杆，如要求有较高的力学性能时，则可采用等温淬火处理。

（2）连杆强度计算（见本书第一篇3中有限元分析）

6.5.4 连杆螺栓

将连杆大头盖与大头连接用螺栓或螺钉紧固。绝大部分剖分大头盖用螺栓紧固。

连杆螺栓受交变负荷，就强度而论是压缩机中最薄弱的环节，它的破坏常导致压缩机的重大破坏事故。

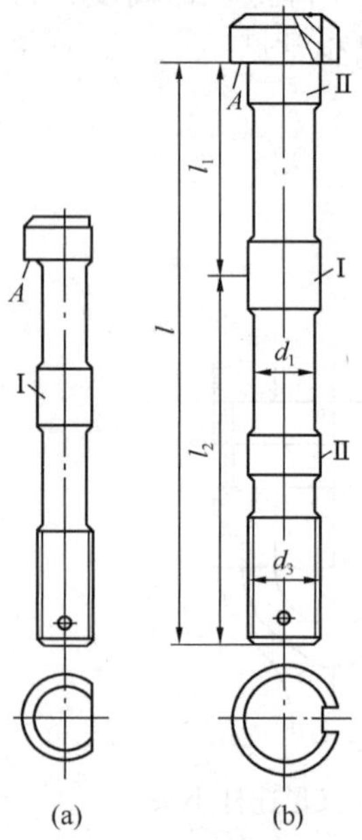

图6－117 连杆螺栓结构

（a）小型压缩机；

（b）中、大型压缩机

（1）连杆螺栓结构

连杆螺栓应按弹性螺栓的原则设计。中小型压缩机制成图6－117（a）的形式，螺栓头部削去一部分，与大头相应的平面靠紧，以防拧螺母时螺栓旋转；中部Ⅰ处略粗，它与大头螺孔成滑配合，供大头盖定位之用。大型压缩机制成图6－117（b）的形式，它的设计考虑更加完善。首先，螺栓头只铣一缺口，以此和大头上的销钉相配，防止螺栓转动，这样的螺栓头就不会像图6－117（a）那样，因削去一部分，使承压面不均布而产生偏心负荷，从而使螺栓过渡圆角处造成附加的弯曲应力；其次，除用来定位的配合面Ⅰ外，又增加了两处配合面Ⅱ。它的作用是当大头或大头盖产生变形时，两个配合面Ⅱ跟着大头转过一微小的角度，使螺栓头的承压面及螺母的承压面保持和螺栓中心线垂直，并和大头的平台面仍很好贴合，从而不会产生因贴合面局部接触而出现偏心载荷。大头的变形使螺栓直径较小的部分受弯曲，因此产生的附加应力相对偏心载荷而言危害较小。此外，在螺母一端的配合面Ⅱ，还能抵抗拧紧螺母时，因扳手的作用力，可能使螺栓偏离自己的中心线而弯曲，并且由于螺母和平台之间的摩擦，使螺栓拧紧后仍处于弯曲状态，并使螺纹根部出现附加应力。

螺栓头部的过渡圆角，一般 $r>0.2d_s$，其中 d_s 为螺栓的有效直径。r 过小应力集中严重，但 r 过大时要防止圆角和大头孔的棱角相接触，螺栓孔口必须有更大的倒角，并使承压面减小。

大型压缩机连杆螺栓头部承压面应与连杆平台配合研磨。

螺纹宜用细牙，并且不低于两级精度。螺纹外径取 $d_s=(0.18\sim0.25)d_1$，式中 d_1 为曲柄销直径。长度 l 约为 $l=1.2\sim1.5d_1$。

螺栓长度取决于连杆大头台阶总高度，大头总高度值由台肩与大头孔中心连线截面最大许用应力决定。

连杆螺母安装后都需要锁紧，一般应用冕形螺母，用开口销锁紧，或用一种冕形螺母的冠部具有锁紧功能的结构，用双螺母锁紧也是允许的。在一些国家中，如美国等，规定石油化工行业中用的压缩机，其连杆螺母不允许用粘胶作为锁紧手段。

（2）连杆螺栓强度计算（见本书3.3的内容）

（3）材料

连杆螺栓要求强度高、塑性好的材料；螺母则可以选择与连杆螺栓不同的材料，具体可见表6－28。

表 6 - 28　常用连杆螺栓及螺母材料

螺栓材料	45	40Cr	30CrMo	35CrMoA
螺母材料	35	35，35Mn，20Cr	20Cr	30Mn
螺栓材料	25Cr2MoV	38CrMoAl	$40Cr_2MnV$	
螺母材料	30Mn，30CrMo	30Mn，30CrMo	30Mn，30CrMo	

6.5.5　连杆小头衬套

（1）小头衬套

基本尺寸关系见图 6 - 118。连杆小头衬套内径按十字头销或活塞销直径确定。其厚度 δ 和宽度 b 为 $\delta=(0.06\sim0.08)d$，$b=(1\sim1.4)d$，式中，d 为十字头销或活塞销直径。小头衬套与十字头销的配合间隙取 $\Delta=(0.0017\sim0.0012)d$。

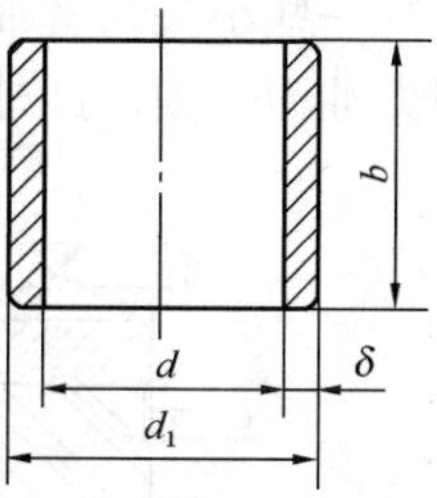

图 6 - 118　小头衬套

小头衬套的具体尺寸及与十字头销匹配见附录 C9。

（2）小头衬套油槽

在我国油槽均为平行其中心线的直槽，具体结构尺寸关系见图 6 - 119 及表 6 - 29。小头衬套安装时，应使其中一条油槽处于小头最下部，以保证小头受压缩作用力时有润滑油进入衬套工作面。我国小头衬套油槽两端均不贯通，不利于润滑油将小头摩擦热与磨屑带出工作面。

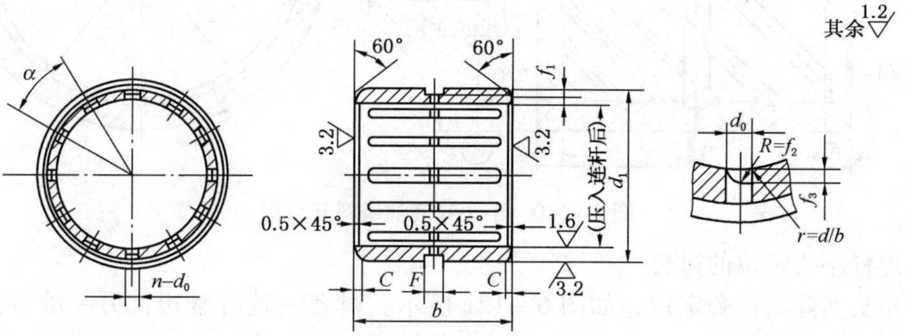

图 6 - 119　小头衬套油槽尺寸

表 6 - 29　小头衬套油槽与油孔

<table>
<tr><th rowspan="2">内径
d</th><th colspan="9">油槽、油孔尺寸</th></tr>
<tr><th>F</th><th>rr_1</th><th>f_1</th><th>d_1</th><th>a</th><th>油槽数 n/条</th><th>f_2</th><th>R</th><th>r</th></tr>
<tr><td>30</td><td rowspan="8">6</td><td colspan="2" rowspan="3">1.2</td><td rowspan="3">1.6</td><td rowspan="8">180° ~30°</td><td rowspan="8">2 ~ 12</td><td rowspan="3">0.4</td><td rowspan="3">1</td><td rowspan="3">0.28</td></tr>
<tr><td>35</td></tr>
<tr><td>40</td></tr>
<tr><td>45</td><td colspan="2" rowspan="5">1.6</td><td rowspan="5">2</td><td rowspan="5">0.8</td><td rowspan="5">1.1</td><td rowspan="5">0.35</td></tr>
<tr><td>50</td></tr>
<tr><td>55</td></tr>
<tr><td>60</td></tr>
<tr><td>70</td></tr>
</table>

内径 d	油槽、油孔尺寸 F	r_1	f_1	d_1	a	油槽数 n/条	f_2	R	r
80	8	2		3	90° ~22.5°	4 ~16	1.2	1.6	0.5
90									
100									
110		3							
120									
140				4			1.6	2.2	0.7
160	10	4							

一些小头衬套油槽设计成与衬套中心线成倾斜的，如图 6 - 120 所示。这样便不至于局部无油而烧损，此外有若干条油槽是贯通的，便于润滑油流出而带走热量。

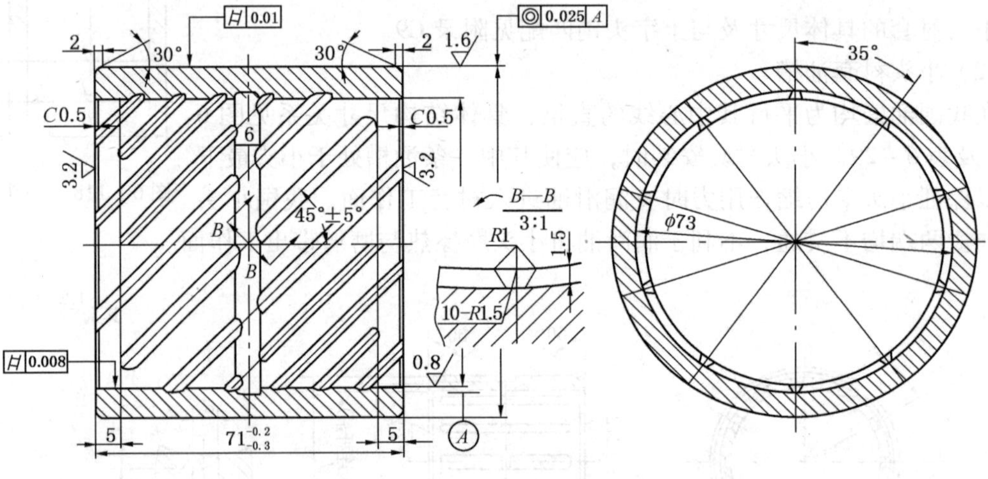

图 6 - 120　小头衬套油槽斜开结构

（3）连杆小头定位的衬套

连杆小头实际由衬套定位，如图 6 - 121 所示。衬套一端有翻边，另一端应伸出小头，

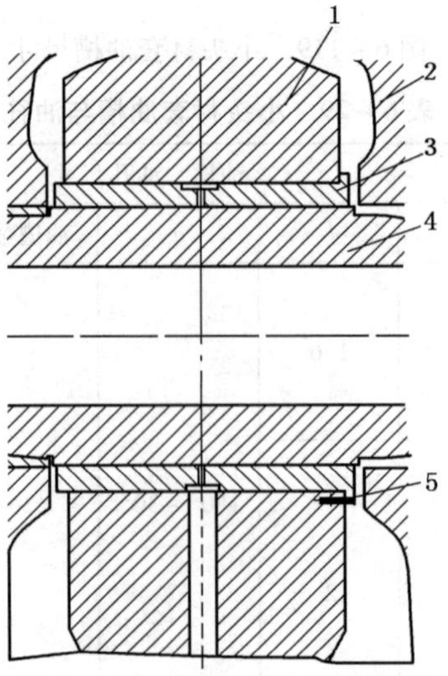

图 6 - 121　连杆小头定位衬套

1—连杆；2—十字头；3—衬套；4—十字头销；5—衬套销钉

由此使连杆小头端面不会与十字头体摩擦。

6.5.6　连杆大头瓦

现代压缩机连杆大头瓦均为薄壁瓦。所谓薄壁瓦，即壁厚 t 与轴瓦内径之比小于 $t/d \leqslant 0.05$，并且大都为双金属，即钢瓦背上铸上一层耐磨合金，合金层厚度一般为 0.3 ~ 1.0mm。耐磨合金有多种，表 6 – 30 列出了几种耐磨合金的性能比较。

表 6 – 30　几种耐磨合金性能比较

薄壁滑动轴承比较	承受能力 MPa	润滑油过滤器精度 U
薄锡基巴氏合金	4.83 ~ 8.27	40 ~ 60
铝基巴氏合金	4.14 ~ 6.89	40 ~ 60
微锡基巴氏合金	5.52 ~ 10.34	25
微铅基巴氏合金	5.52 ~ 8.27	25
薄铜 – 铅	10.34 ~ 17.24	25
三金属 – 表面巴氏合金	13.79 ~ 34.47	10
铝镁合金	34.5	10
铜基铝合金	51.7	10

我国现有标准中规定的连杆大头瓦规格、检验、安装等见附录 C10。

6.6　曲轴

6.6.1　曲轴组件的组成

根据压缩机总体结构的需要，曲轴可由 1 个或者若干个曲拐组成。曲轴上有时需要装设平衡重以平衡惯性力或力矩；在功率输入端设有法兰，它可能与曲轴制成一体或另外加上去的，并且在该端设有甩油圈，以阻止润滑油沿主轴流到机身外。图 6 – 122 为四列对动压缩机曲轴组件，未设平衡重，主轴至曲柄销钻有油孔。

每一曲拐由主轴 1、曲柄（曲臂）2、曲柄销（连杆轴颈）3 构成。在大多数对动式压缩机中，相对列具有一个公共的曲柄如图 6 – 122 中的曲柄 4，个别企业的压缩机相对列间

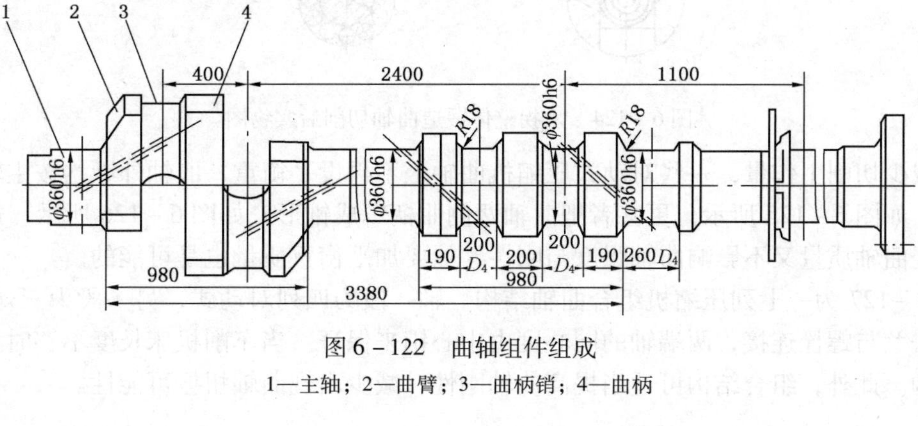

图 6 – 122　曲轴组件组成

1—主轴；2—曲臂；3—曲柄销；4—曲柄

设有主轴承，这样的结构被认为曲轴刚性更好。此外，压缩机可做成气缸对置的奇数列结构(但相对列不对动)，当列数配置得当时，一阶往复质量惯性力也可自动平衡(详见本书第二篇5的内容)。

6.6.2 曲轴结构

曲轴结构与材料及工艺有关，此外便是设计者的设计技术。

(1) 钢制曲轴通常材料用40或者45号优质碳素钢。中、大型压缩机曲轴大都属于单件生产，因此由自由锻造、完全切削而成。它首先采用钻孔或锯的办法，去掉多余的部分，使其形成初步的拐形，再铣削两侧面，并由车床车削主轴、轴柄外缘，最后用偏心夹具夹紧车削曲轴销。当曲轴上安装平衡重时还需要加工与平衡重的结合面等。

图6-123为两拐曲轴毛坯锻制件示意图。小圆圈为钻孔，点划线为切割部分。图中虚线表示曲轴成品。

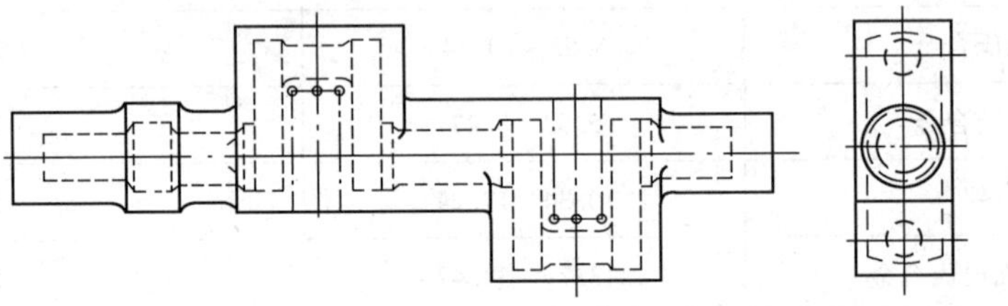

图6-123　两曲拐锻制毛坯示意图

曲柄销和主轴与滑动轴承配合，故其表面应进行磨削，以提高其光洁度。

如图6-124所示，为由自由锻造后经切削加工而成的一根对动式六拐曲轴实物图，但图中并未注公差与光洁度。

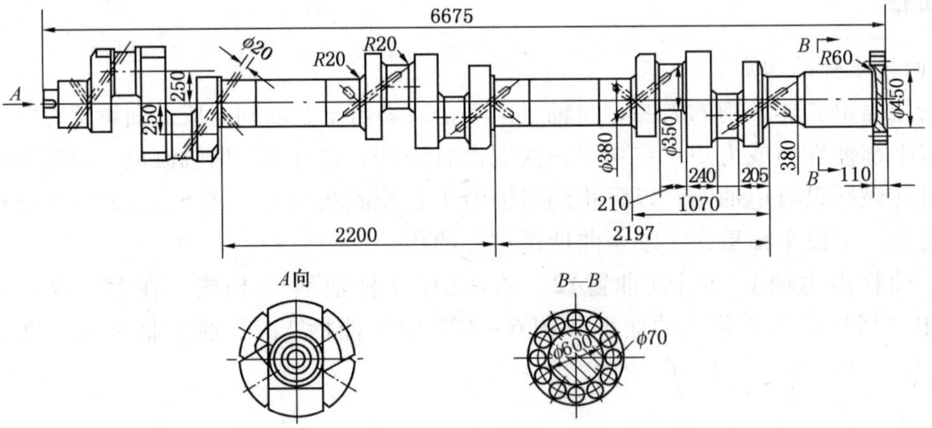

图6-124　六拐整体锻造曲轴切削后实物图

为减少切削工作量，一些对动式压缩机曲轴上不再设平衡重，曲轴外缘均按主轴中心车削而成，如图6-125所示，更甚者把曲轴两侧曲柄车成锥形，如图6-126所示。这样的结构既减轻曲轴质量又不影响曲轴强度与刚性，如要加平衡重质量也是可能的。

图6-127为一七列压缩机组合曲轴结构。轴一段为四列对动式，另一段为三列对置式，中间用法兰与螺栓连接，两端轴的同心度由中心销来保证。当车削机床长度不够时可以采用组合结构。此外，组合结构可适当提高曲轴刚性，减少出现曲轴扭振可能性。

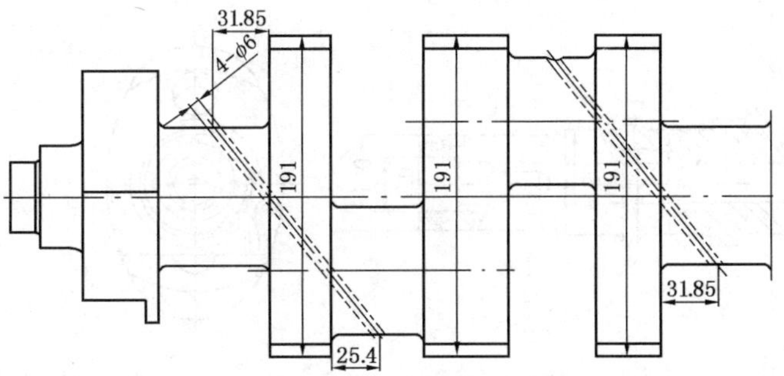

图 6 – 125　曲轴两侧曲臂按主轴中心车削

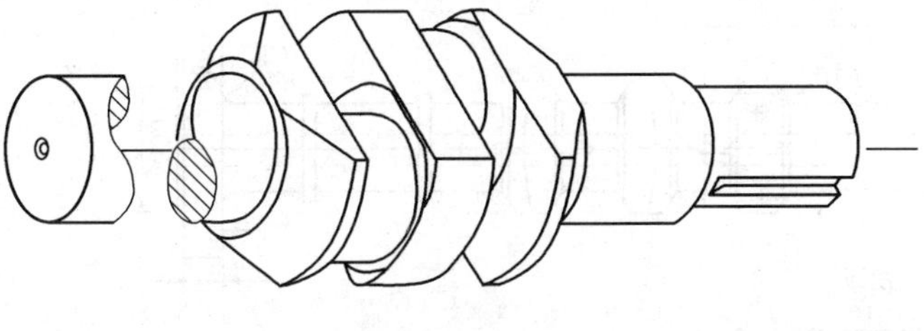

图 6 – 126　曲柄两端车削成锥的结构

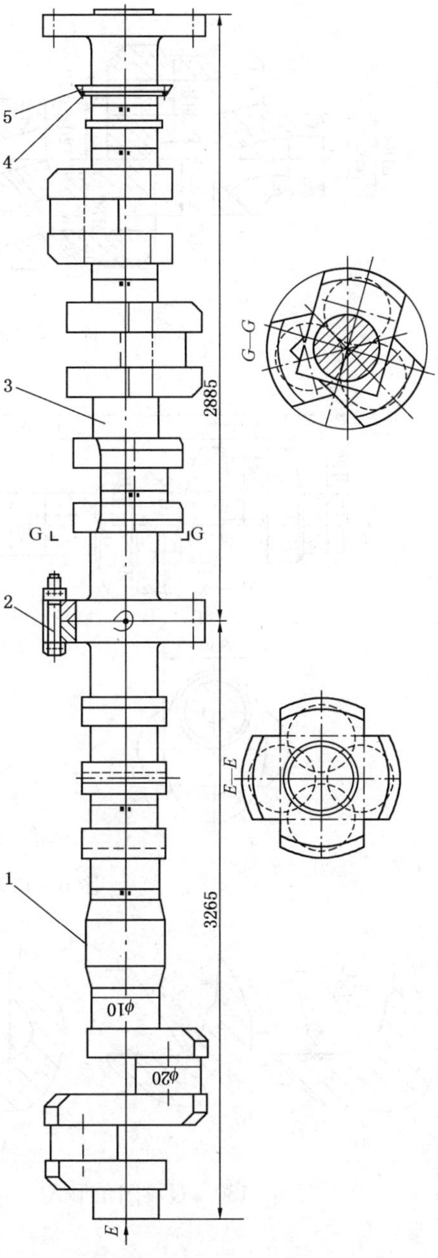

图 6 – 127　7 列结合曲轴机构

在往复式压缩机中曲轴很少采用模锻，但采用球墨铸铁铸造，在一定的轴尺寸范围内有其可取性。铸造可获得最合理的曲柄形状，主轴与曲轴销可制成空心的，除轴颈、法兰、油孔与平衡重结合面需要加工外，其他部位都无需加工，极大地减少了金属切削加工量。图6 – 128为两拐铸造曲轴主要部分的剖面图；图 6 – 129 为四拐曲轴图，图中虚线所示即为中空部分。

球墨铸铁的应用取决于铸造质量，其次是其断面尺寸。一般讲，$\phi180 \sim \phi210$ 的曲轴已是其极限，如轴 $\phi180$ 中空 $\phi90$，即曲壁厚 45mm 已近铸造的最大壁厚，若轴为 $\phi210$ 中空 $\phi75$，则轴壁厚约达 68mm，翻砂质量便不易保证。因此，球墨铸铁曲轴在活塞力大于 200kN，列数多于四列时不宜采用。

6.6.3　曲轴结构设计的其他要点

（1）曲轴定位

为防止曲轴产生轴线方向的游动，曲轴需要轴向定位。压缩机多用功率输入端的第一道主轴承定位，因此主轴的相应处设计成具有轴肩的形式（见图 6 – 122 右端 260D_4 处）。定位处的端面间隙取决于曲轴的尺寸，一般取 0.1 ~ 0.5mm，以保证各列运动件的相互位置不因热膨胀或偶然的轴向力而互相错开，妨碍机器正常运转。设置在功率输入端第一道主轴承处的定位，还可保证驱动机的轴向位置不受上述因素的影响。除定位的主轴承外，其余的轴承，视曲轴长度不同，制造时的轴颈长度应比轴承宽度长 2 ~ 5mm，作为必要的热间隙。定位轴承以外各轴承的端面间隙，可以根据温升 100℃ 时每米伸长量为 0.6 ~ 1.0mm 的经验数

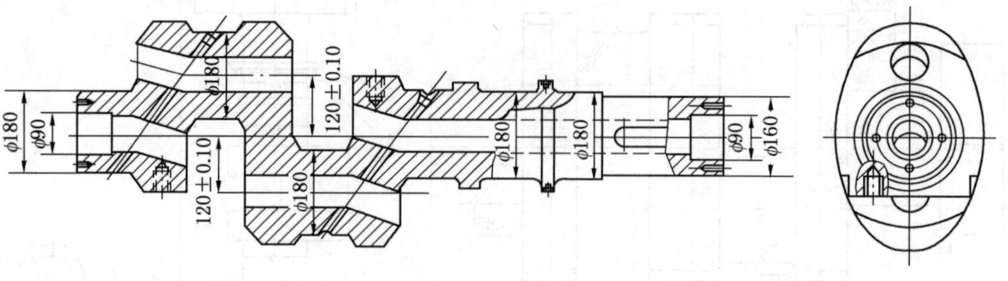

图 6－128　两曲拐球墨铸铁铸造曲轴

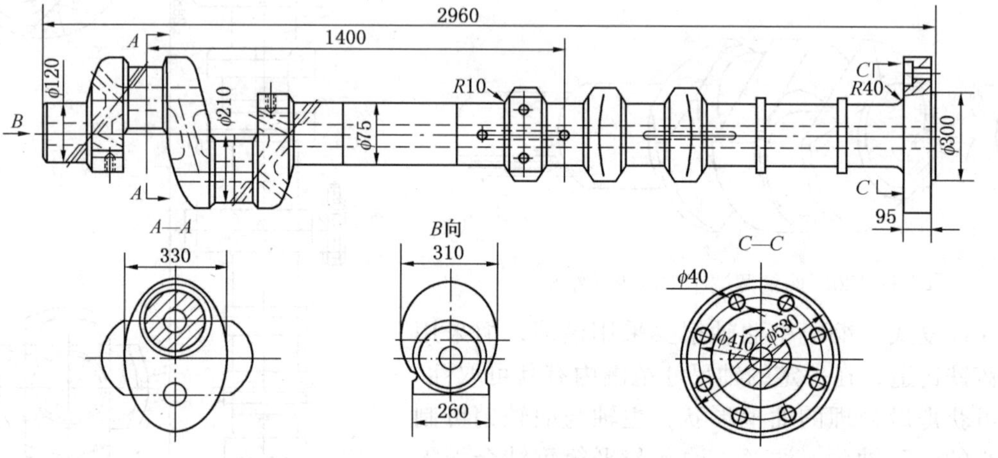

图 6－129　四曲轴球墨铸铁铸造曲轴

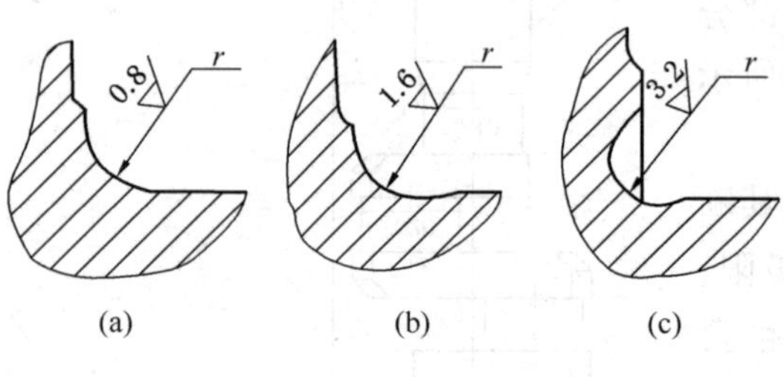

图 6－130　过渡圆角形式

据去计算选取。但为了制造及检修方便，各轴承端面间隙宜取一致，且等于最大间隙值。

（2）过渡圆角

曲臂与轴颈连接处，常见的过渡圆角形式如图 6－130 所示。其中图(a)是最常见的圆角形式，曲颈表面和圆角表面为一次磨削加工出来，以保证衔接处光滑，圆角表面粗糙度应不低于 0.8μm，图(b)所示圆角形式，适用于大型曲轴，是用成型车刀最后沉割，这样曲颈磨削时砂轮无需圆角；图(c)圆角半径 *r* 深入曲臂中，角度式压缩机曲轴可能应用。过渡圆角 *r* 对应力集中系数的影响与曲臂的厚度与曲颈尺寸有关，具体参数见图 6－131。

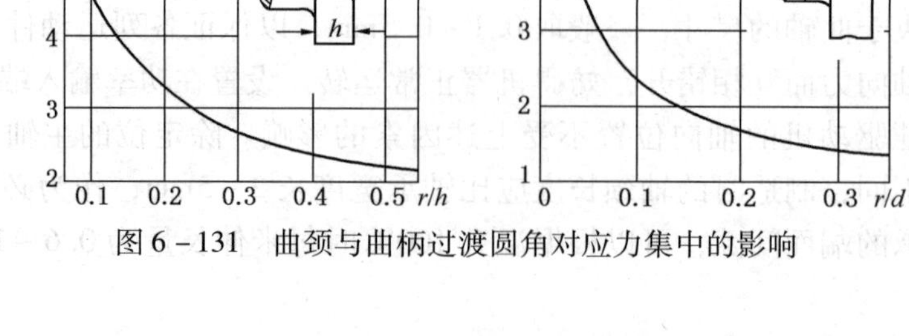

图 6－131　曲颈与曲柄过渡圆角对应力集中的影响

（3）润滑油孔

曲轴上开油孔在工艺上是一件麻烦的事，应尽量少开或不开。如果一定要开，在与曲颈表面的交合处一定要倒圆磨光。

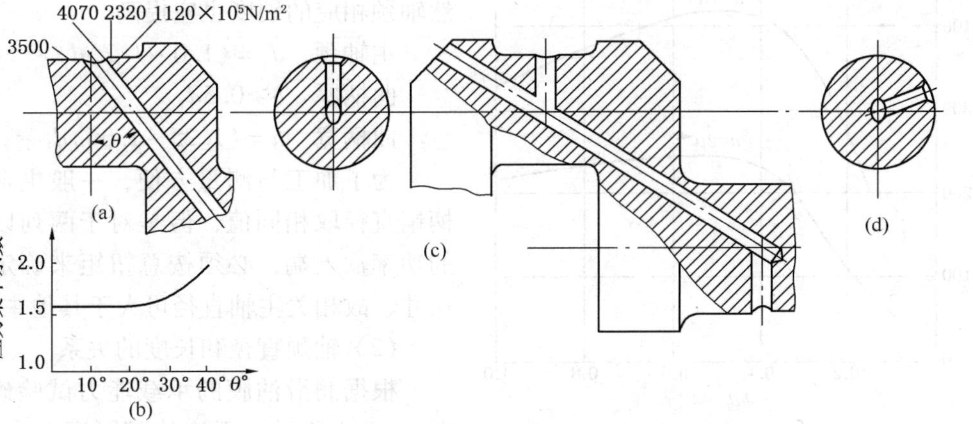

图 6－132　曲轴油孔口处的应力分布及合理的油孔结构

曲轴常钻有倾斜的导油孔，其对应力集中的影响如图 6－132 所示。图(a)中应力最大点为油孔出口与表面成锐角处，并且这一点的应力与角度有关，θ 越大应力集力越严重，见图(b)，因此不希望 $\theta>30°$；图(c)的结构油孔垂直中心线，因而能使应力集中改善；图(d)所示结构，油孔位置处于曲柄销弯曲时的中性平面附近，根据曲柄销负荷图可知，该处油孔口位置处于负荷最小的范围内。

6.6.4　曲轴各个部位尺寸确定(见图 6－133)

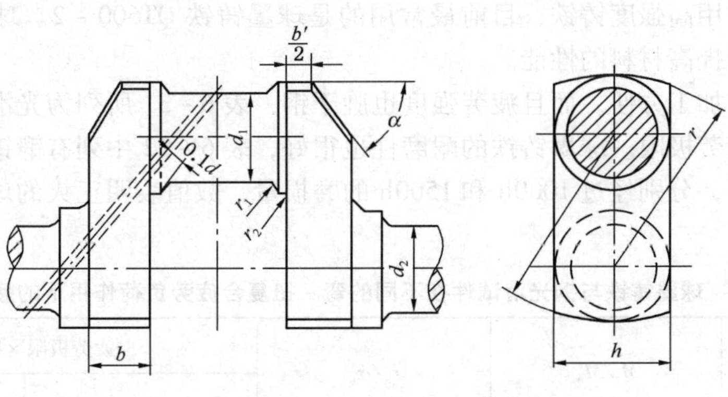

图 6－133　曲轴各部位尺寸关系

（1）曲柄销或连杆轴颈

按允许的最大比压$[k_{max}]$值估算，即

$$k=\frac{F_{imax}}{d_1(l_1-2r)}\leqslant[k_{max}]\,\mathrm{Pa} \qquad (6-33)$$

式中：F_{imax} 为作用在曲轴上的最大力；d_1 为曲轴销直径；l_1 为曲轴销长度；r 为过渡圆角半径。

许用的最大比压，对于巴氏合金轴承，当轴颈表面圆周速度 $v\leqslant 7\mathrm{m/s}$ 时，可取

$$[k_{max}] = (40 \sim 75) \times 10^5 (N/m^2)$$

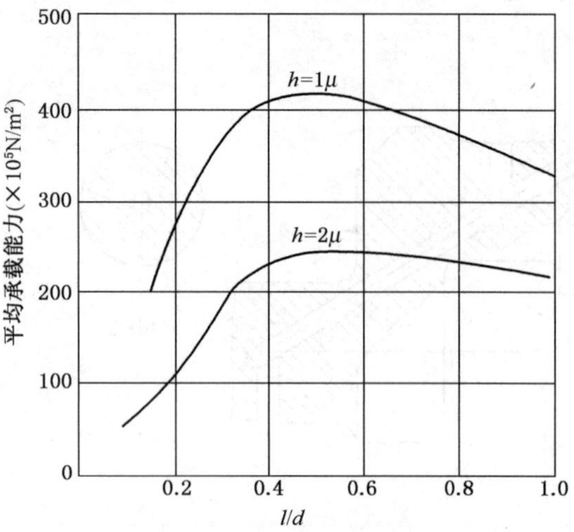

图 6－134　轴颈长度与直径比对油膜承载能力的影响

较低的数值适用于飞溅润滑。对于铜铅合金及铝锑镁轴承许用比压可提高一倍，当然轴颈相应的硬度也应提高。

主轴颈　$d_2 = (1.0 \sim 1.2) d_1$

曲柄厚　$b \geq 0.5 d_1$

曲柄宽　$h = (1.25 \sim 1.35) d_1$

为了加工与测量方便，一般主轴颈与曲柄销直径取相同值，但是对于两列以上曲轴的功率输入端，必须按总扭矩来确定主轴径尺寸，故相关主轴直径可大于其他主轴径。

(2) 轴颈直径和长度的关系

根据润滑油膜的承载能力试验确定，如图 6－134 所示，不论油膜厚度 h 大小如何，当 $l/d = 0.4 \sim 0.7$，轴承油膜承载能力最强。对于一个曲拐上同时装有几根连杆时 l_1 应为一根连杆大头的宽度，轴颈的长度应为几根连杆大头宽度之和。

6.6.5　曲轴的材料

钢曲轴，一般用 40 和 45 号优质碳素钢，因为碳素钢在合理的热处理及表面处理后，已可满足压缩机曲轴的要求，只有极少场合应用 40Cr 等合金钢。

碳素钢通常需采用调质处理和表面处理，表面处理的措施有表面淬火、滚压及喷丸等。

铸铁曲轴系采用高强度铸铁，目前最常用的是球墨铸铁 QT600－2。球墨铸铁加入少量稀土元素能进一步提高材料的性能。

球墨铸铁不仅加工方便，而且疲劳强度也胜于钢，表 6－31 所列为光滑试件在弯－扭复合疲劳负荷下的疲劳极限。球墨铸铁的耐磨性也很好，表 6－32 中列有锻钢和球墨铸铁曲轴在相同运行条件下，分别经过 1000h 和 1500h 的磨损量，数值表明正火的球墨铸铁比表面淬火的钢更耐磨。

表 6－31　球墨铸铁与钢光滑试件在不同的弯－扭复合疲劳负荷作用下的疲劳极限

材　料	M_r/M_a	r_a/σ_s	疲劳极限 $\times 10^5 N/m^2$	
			σ_{a-1}	τ_{a-1}
球墨铸铁(正火)	0	0	28.80	—
	1.428	0.714	25.20	18.00
	3.732	1.868	13.50	25.10
	∞	∞	—	28.00
45 钢(正火)	0	0	24.00	—
	1.428	0.714	14.90	10.65
	3.732	1.866	7.76	14.50
	∞	∞	—	16.00

表 6-32 球磨铸铁曲轴与钢曲轴耐磨性比较

材 料	运行时间/h	主轴颈磨损量/mm	曲柄销磨损量/mm
锻钢曲轴(表面淬火)	1000	0.02~0.064	0.030~0.11
稀土球磨铸铁曲轴（正火）	1500	0.002~0.006	0.001~0.004

但是，球墨铸铁曲轴在断面尺寸大时质量不易保证。在我国，最大球墨铸铁轴颈为 ϕ200mm，故大型压缩机曲轴仍不得不依赖于钢制造。

曲轴主轴颈的不同轴度：主轴颈与曲柄销的不平行度，在 100mm 长度上不大于 0.02mm；轴颈不圆度和不柱度不大于 2 级精度孔公差之半。

6.6.6 曲轴强度计算

曲轴受力情况较为复杂，两拐以上的曲轴常是多支点的静不定系统，且四列以上时可能伴有扭转振动的附加应力，但现在已可用有限元计算法，较详细求得各部位在各种受力状态下的应力。因为曲轴受交变载荷，所以对应力集中最严重的过渡圆角和油孔口处要进行疲劳验算。

从计算和曲轴的实际破坏都表明：对曲柄销来讲，由法向力所造成的曲拐平面内的弯曲负荷是主要的。此外，功率输入端的第一个主轴颈承受最大的扭矩，所以，通常取第一拐，按其所受弯曲负荷进行计算。计算的负荷可由动力计算中的法向力曲线、切向力曲线及总切向力曲线获得。对动式压缩机曲轴计算简化受力情况如图 6-135 所示。

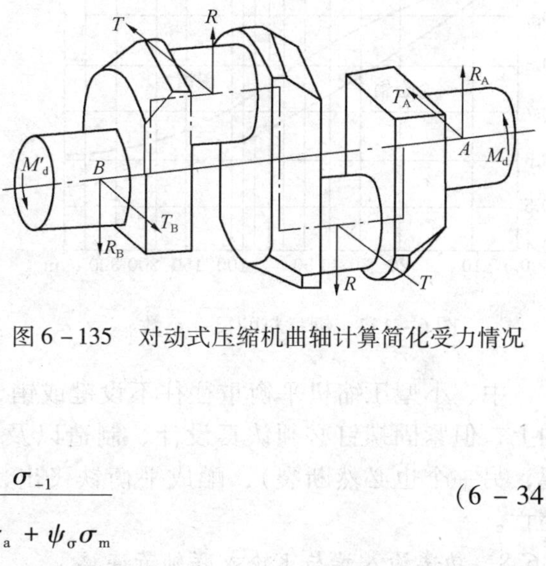

图 6-135 对动式压缩机曲轴计算简化受力情况

应力和应力幅按一般材料力学计算；也可用有限元方法较详细求得各部位的应力。

弯曲疲劳安全系数为

$$n_\sigma = \frac{\sigma_{-1}}{\frac{k_\sigma}{\varepsilon_\sigma}\sigma_a + \psi_\sigma\sigma_m} \tag{6-34}$$

扭矩疲劳安全系数为

$$n_\tau = \frac{\tau_{-1}}{\frac{k_\tau}{\varepsilon_\tau}\tau_a + \psi_\tau\tau_m} \tag{6-35}$$

总的安全系数为

$$n = \frac{n_\sigma n_\tau}{\sqrt{n_\sigma + n_\tau}} \tag{6-36}$$

上列式中 k_σ、k_τ、ε_τ、ε_σ 分别为弯曲和扭矩时的应力集中系数和尺寸系数，可按图 6-136、图 6-137 及图 6-131 求取。在应用图 6-131 时应注意：$k_\sigma=(k_\sigma)_D\varepsilon_0$；$k_\tau=(k_\tau)_D\varepsilon_0$；而 ε_0 是直径为 40~70mm 试件的尺寸系数，$\varepsilon_0\approx0.8$。系数 ψ_σ 和 ψ_τ 可取 $\psi_\sigma=0.1\sim0.2$，ψ_τ

=0.1，许用安全系数[n]≥1.5~3.0，

对于单曲拐轴安全系数可取下限值，多曲拐轴考虑到轴承不同心度的影响取较大的数值。

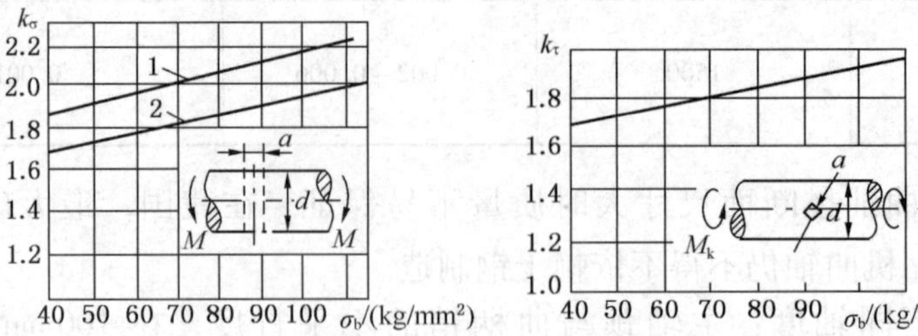

图 6-136　轴颈穿孔的应力集中系数

6.6.7　大型压缩机平衡重结构

如图 6-138(a)所示，中、大型压缩机平衡重与曲柄的连接要设销或键，借以承受其高离心力。该结构中螺栓仅起定位作用。

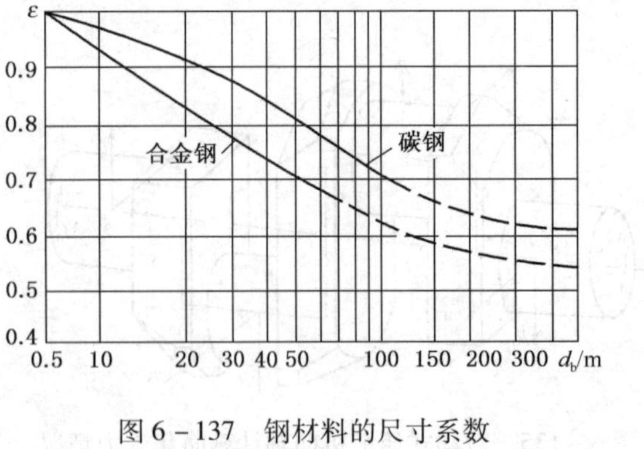

图 6-137　钢材料的尺寸系数

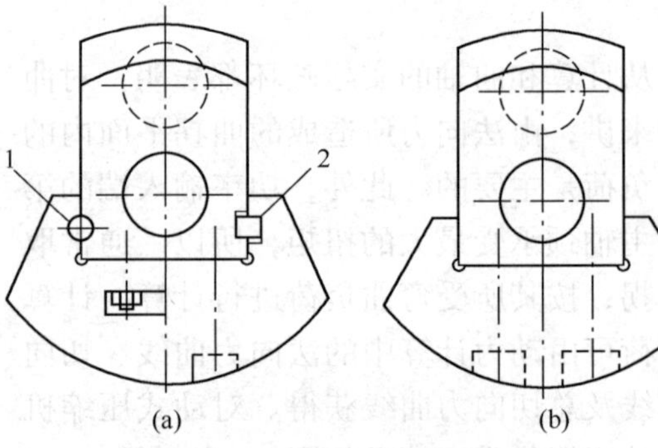

图 6-138　平衡重结构

1—销；2—键

中、小型压缩机平衡重往往不设键或销，如图 6-138(b)所示，仅用螺钉固定在曲轴上，但紧固螺钉必须认真设计、制造以及装配。常有因螺钉断裂(只要有一个螺钉断裂，另一个也必然断裂)，酿成平衡铁飞出，击破机身的重大事故；有时还会造成人员伤亡。

6.6.8　功率输入端与飞轮或联轴节连接

(1) 曲轴整体锻出法兰　见图 6-122，该结构制造上较为简单，但当主轴承用滚动轴承时无法实现。

(2) 键连接　键连接是古老与成熟的工艺，但轴与轮毂上的键槽开设需要铣与插床，键本身加工也不方便。此外，拆卸、装配相当困难。

(3) 法兰热套连接在主轴上　这也是一种成熟与简单的工艺，但是此种形式的法兰设计务必要考虑到“咬蚀疲劳”问题。因此，法兰结构设计时，在传力方向一侧轮毂部与轴配合处应设计成唇形，以减小与轴配合面间压应力。

(4) 应用锥面胀紧联结套紧固　该种联结套有很多种形式，图 6-139 所示是其中较适合于压缩机的一种，胀紧依靠单锥面；图 6-140 是一种双锥面胀紧结构。表 6-33 中列有该种结构系列与力学性能。

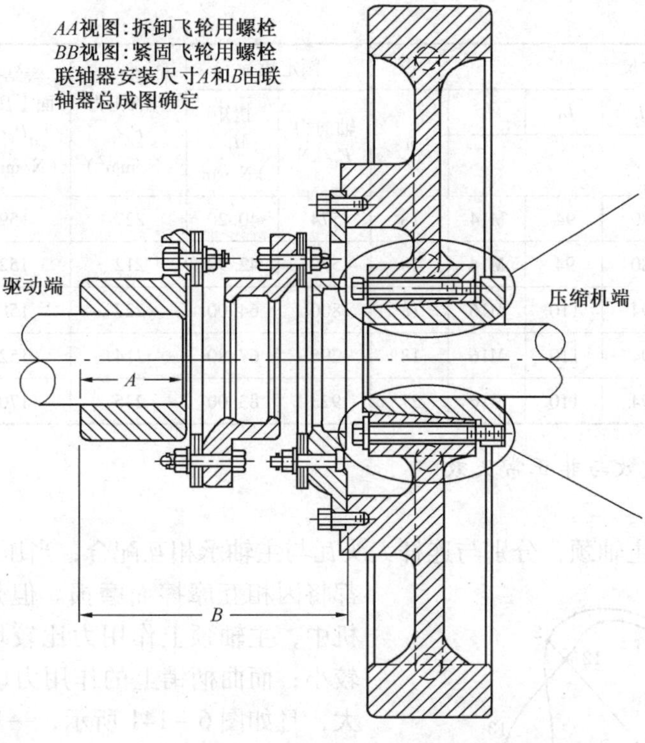

图 6－139　压缩机飞轮安装及弹性联轴器总成

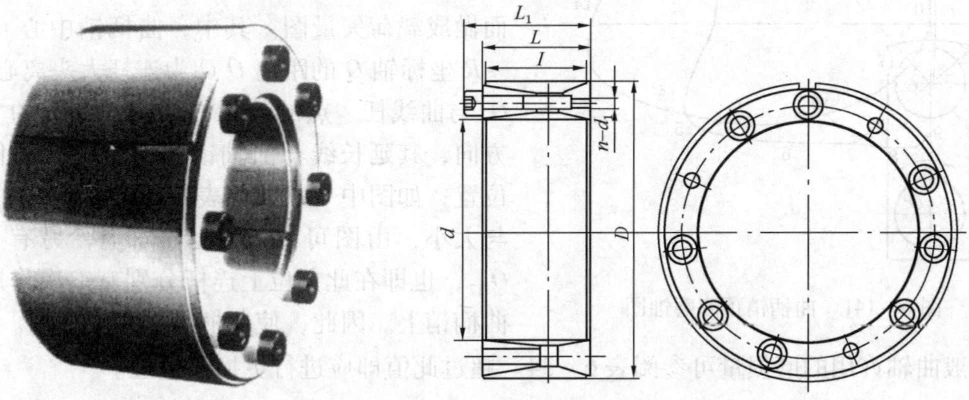

图 6－140　双锥面上紧结构

表 6－33　图 6－140 结构的主要尺寸与力学性能

基本尺寸						n	额定负荷		轴结合面上的压力	毂结合面上压力	螺钉的拧紧力矩	重量/kg
d	D	I	L	L_1	d_1		轴向力 F_t/kN	扭矩 M_t/kN·m	P_f/(N/mm²)	P_f/(N/mm²)	M_A/N·m²	
mm												
110	170	74	80	94	M14	15	483	22.60	242	157	230	7.7
120	180	74	80	94	M14	15	482	28.90	222	148	230	8.3
125	185	74	80	94	M14	15	430	30.00	212	143	230	8.5
130	190	74	80	94	M14	15	430	31.20	205	140	230	8.8

续表

基本尺寸 d (mm)	D (mm)	I (mm)	L (mm)	L_1 (mm)	d_1 (mm)	n	额定负荷 轴向力 F_t/kN	扭矩 M_t/ kN·m	轴结合面上的压力 P_f/ (N/mm²)	毂结合面上压力 P_f/ (N/mm²)	螺钉的拧紧力矩 M_A/ N·m²	重量/kg
140	200	74	80	94	M14	18	574	40.20	227	159	230	9.3
150	210	74	80	94	M14	18	572	42.90	212	152	230	10.0
160	230	88	94	110	M16	18	800	64.00	227	158	355	14.9
170	240	88	94	110	M16	18	795	67.80	214	152	355	15.7
180	250	88	94	110	M16	21	923	83.00	235	170	355	16.4

6.6.9 曲轴的正常失效与非正常失效

（1）正常失效

曲轴的曲柄销与主轴颈，分别与连杆大头瓦与主轴承相互配合，当压缩机运行时，它们都将因相互摩擦而磨损。但是，在同一台压缩机中，主轴颈上作用力比较均匀且作用力相对较小；而曲柄销上的作用力（即连杆力）相对较大，且如图6－141所示，一般在曲轴一转中均作用在迎着旋转方向的曲轴销一侧。该图是将连杆力 F_1 分解成曲轴销上切向力 T 与法向力 R 而做成载荷矢量图。其中，曲柄销中心 O_r 至 $T-R$ 坐标轴 O 的距离 O_rO 为连杆大头离心力值；O_r 与曲线任一点的矢量即代表作用力的大小与方向，其延长线与曲轴销圆的交点即为作用力位置；如图中 O_rT 即代表届时连杆力 F_1 的方位与大小，由图可知在 O_{r2} 方向上，另有 O_{r12} 与 O_{r17}，也即在此方位上连杆分别有三次作用力于曲柄销上。因此，使曲柄销磨损要严重。

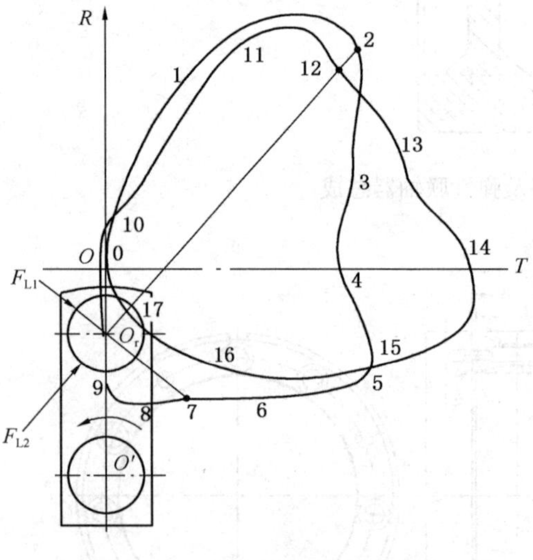

图6－141　曲柄销预测磨蚀图

一般曲轴许用的磨损量可参阅表6－34。超过此值即应进行更换或修理。

表6－34　主轴颈与曲柄销最大磨损允许值/mm

轴颈直径	安装允许值 主轴颈 椭圆度	安装允许值 主轴颈 锥度	安装允许值 曲柄销 椭圆度	安装允许值 曲柄销 锥度	最大磨损允许值 主轴颈 椭圆度	最大磨损允许值 主轴颈 锥度	最大磨损允许值 曲柄销 椭圆度	最大磨损允许值 曲柄销 锥度
≤80	0.02	0.02	0.02	0.02	0.05	0.04	0.05	0.04
80～170	0.02	0.02	0.02	0.02	0.06	0.05	0.06	0.05
180～269	0.03	0.03	0.03	0.03	0.08	0.08	0.08	0.08
270～359	0.05	0.05	0.05	0.05	0.12	0.12	0.12	0.12
360～449	0.07	0.07	0.07	0.07	0.13	0.13	0.13	0.13
450～550	0.09	0.09	0.09	0.09	0.14	0.14	0.14	0.14

(2) 非正常失效

曲轴断裂，曲轴由于设计或制造失当便会造成断裂。这是本不应该发生的，但实际上仍时有发生。

一种主轴颈端部法兰用热套装上的结构，或组合曲轴结合部用热套联结时，零件在交变负荷的作用下，热套法兰边缘会产生咬蚀疲劳，它是一种特殊的疲劳破坏形式，即法兰热套后，在传力或矩方向一侧，在运行中会产生极微小摩擦，并在空气中产生锈蚀，并可发现有微量红色铁锈粉末，由此形成疲劳源，久而久之，由应力集中而缓慢撕裂主轴，这一过程可长达10年至15年之久。故此种破坏往往会经过十多年才会造成轴径断裂。

6.7 机身组件及盘车机构

6.7.1 机身组件的组成

机身组件，如图6-142所示，它主要由放置曲轴与连杆的曲轴箱与放置十字头的中体(也称十字头箱)组成。

中体仅在有十字头压缩机中存在，它可与机身制成一体，也可制成两个零件，它与气缸间还可能有中间接筒。

曲轴箱内设主轴承，箱外附有曲轴两端盖板、各侧窗盖板、呼吸器、加油孔、油标尺或视油器、轴端密封等。此外，在中体中设有挡油板与刮油圈等。在分体式机身中，还有支撑块与拉紧螺栓、顶盖等。

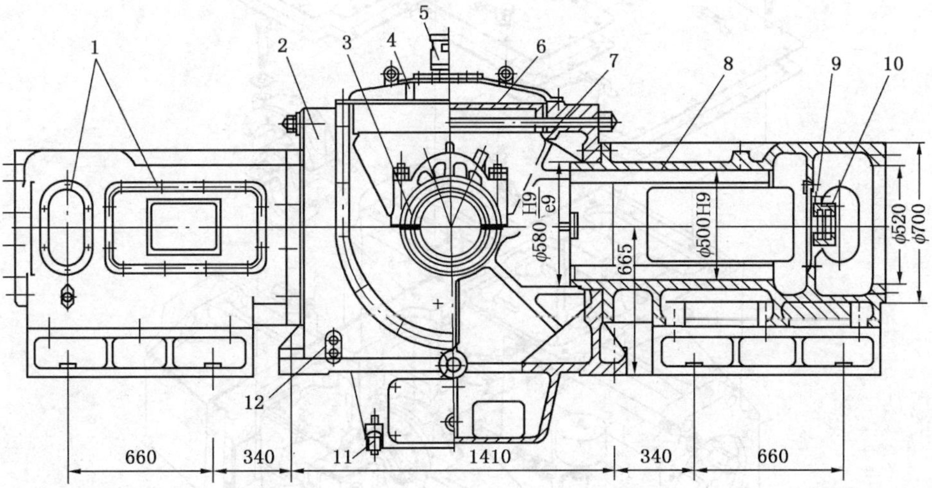

图6-142　中体分开的对动式机身组件

1—中体与侧窗盖；2—曲轴箱；3—主轴承；4—机身上盖；5—呼吸器；6—撑块；7—拉紧螺栓；8—中体；9—挡油板；10—刮油圈；11—放油阀；12—示油窗

6.7.2 机身设计

本手册中主要讨论中、大型对动(包括对置)机身设计问题。

对机身的要求如下：①足够的强度与刚度，尤其是刚度更为重要；②易于拆装运动零、部件；③结构力求简单、各壁面与肋条设置应符合力学要求。

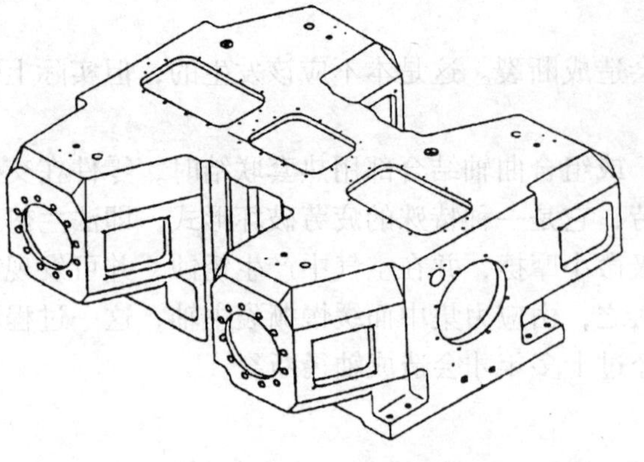

图 6－143　主轴承为滚动轴承的四列对动整体机身外形图

（1）整体与分体机身的区别

① 整体机身　过去的卧式单列压缩机机身都是整体的。现代两列对动压缩机机身也有企业做成整体的，见图 6－143。其优点：刚性好；在铸造与切割加工允许的条件下，机械加工与装配简单；十字头滑道与主轴的垂直度完全由机床来保证；如果需要四列或六列时，可两个或三个机身拼接。其缺点：要求有较大的加工设备；拼接时主轴承孔必须同心，这就额外要求机身拼接面与主轴承孔垂直度很高；运动机构润滑油系统拼接较困难，易导致漏油现象。

在加工设备与技术条件允许下，120kN 活塞力以内还可以做成四列对动整体身，其主轴用滚动轴承，见图 6－143。现在，企业与工程技术人员在追求提高劳动生产率的前提下，已可设计制造活塞力在 200kN 以下的四列对动式压缩机整体机身，所用主轴承为滑动轴承。图 6－144 所示即为一个四列整体机身总成组件图。

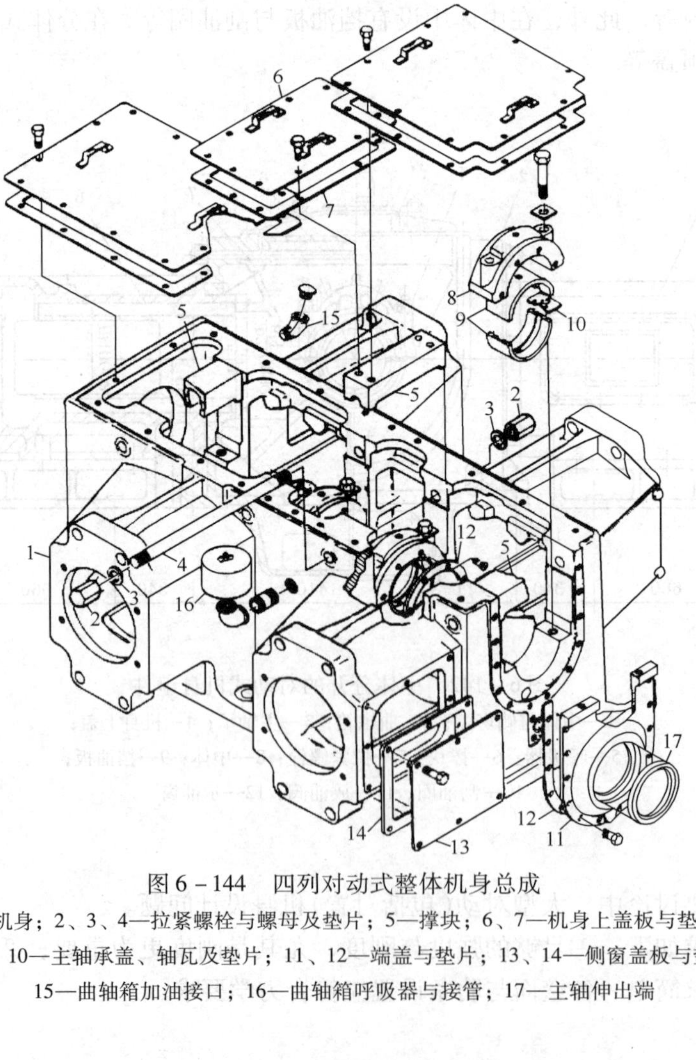

图 6－144　四列对动式整体机身总成

1—机身；2、3、4—拉紧螺栓与螺母及垫片；5—撑块；6、7—机身上盖板与垫片；8、9、10—主轴承盖、轴瓦及垫片；11、12—端盖与垫片；13、14—侧窗盖板与垫片；15—曲轴箱加油接口；16—曲轴箱呼吸器与接管；17—主轴伸出端

② 分体式机身　曲轴箱与中体分成两个零件制造，分别加工好后再装配在一起。此时，曲轴箱变成简单的箱型结构（见图 6－145）。当列数多于两列、且活塞力大于 120kN 时，从铸造、金属切削、机器运输考虑以用分体式较为方便。

图 6－145　箱型结构曲轴箱

（2）机身各部分设计

① 机身底部与地脚支承

如图 6－146（a）所示，底部凸起。其优点：地脚支承距中轴中心线较低，但在对动压缩机中影响很小。其缺点：在铣床上加工不方便，装配过程中必须始终由专门的木条支起（底部不允许受压力）。图 6－146（b）底部是平的，并且底边经切削加工后可直接放置地平面上；其与主轴中心距离要高一些。在对动式压缩机中，地脚所受惯性力或力矩均很小，故目前趋向于平底面曲轴箱。

地脚支承与底脚螺钉相配的凸台高度 $h \geqslant 1.2d$（d 为地脚螺钉直径），凸台高度大时，可制成中空的（见图 6－147 右图地脚支承），螺孔间距 $t=(5\sim20)d$。

② 主轴承座在曲轴箱开口处结构

一般对动式压缩机，两相对列（即两个曲拐）设两轴承，但活塞力大于 450kN 时，考虑到曲轴的刚性，也可每拐都设轴承。轴承下方纵向与横向肋条按轴承传力至地脚螺钉及内部气体力的平衡原则来设置，可参阅图 6－147 的各种布置。中、小型结构中，润滑油管可铸在机身里，并通过轴承下的肋条钻孔，自下而上对轴承供油。大型机身在上方侧壁附近设专门的油管，再由导管接至轴承盖上方供油。

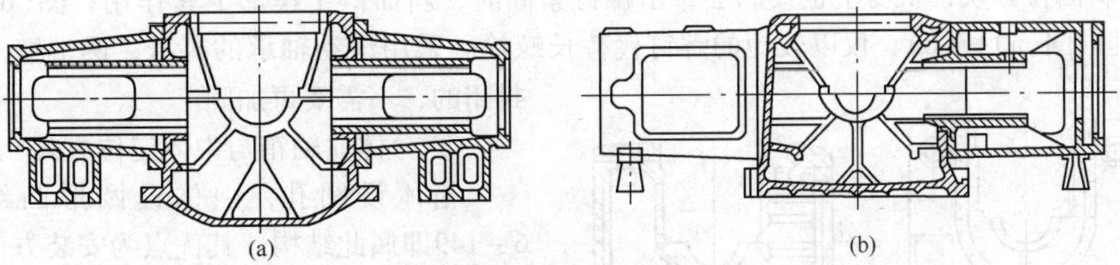

图 6－146　曲轴箱底部结构

（a）凸起于地脚边；（b）与地脚边平

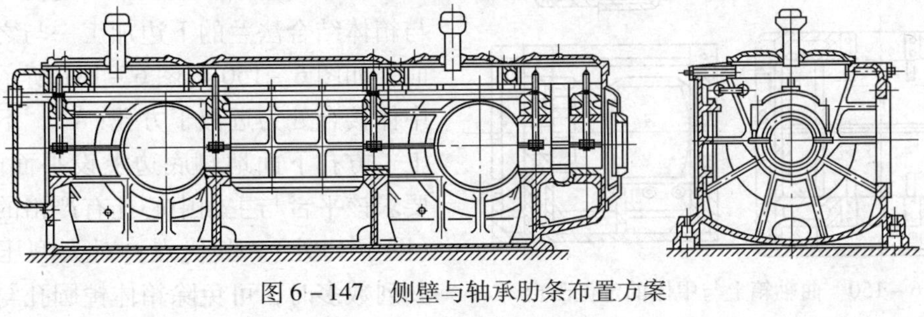

图 6－147　侧壁与轴承肋条布置方案

轴承座处箱体开口可以是垂直竖壁，见图 6－148(a)、(c)，也可以是倾斜壁见图 6－148(b)、(d)。斜壁制造略方便，安装曲轴更方便，但其与曲轴箱刚性无本质差别。

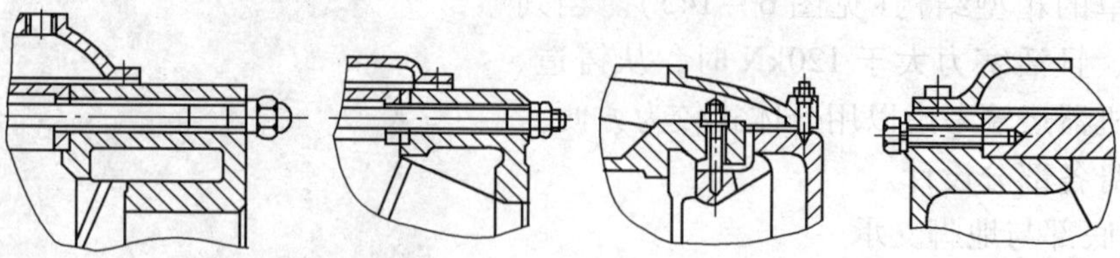

(a) (b) (c) (d)

图 6－148　开口对置机身上方加固机构

(a)撑块加长螺栓；(b)撑块、垫片加长螺栓；(c)斜面楔形上紧；(d)撑块加螺钉

为保持开口刚性，应设置加强机构，图 6－148 为几种加强结构形式。图(a)为一种槽形撑块加拉紧螺栓，撑块一般为铸铁铸造，撑块断面与机身间取 0.04～0.06mm 过盈配合，接合面应仔细刮研，以求均匀接触；图(b)为撑块端面与机身间加垫片，端面可不刮研；图(c)为斜面拉紧块，机身上也设斜面，由螺钉紧固时，斜面产生楔形上紧作用；图(d)的作用原理同图(a)、(b)，仅以较短的螺钉代替长螺栓。采用滚动轴承的机身，两端壁上方是封闭的，不需要再加固。

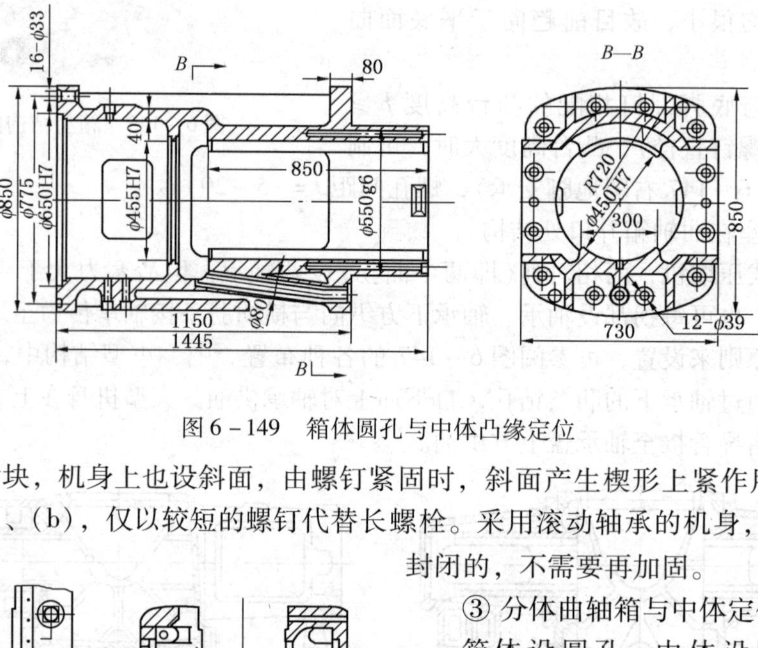

图 6－149　箱体圆孔与中体凸缘定位

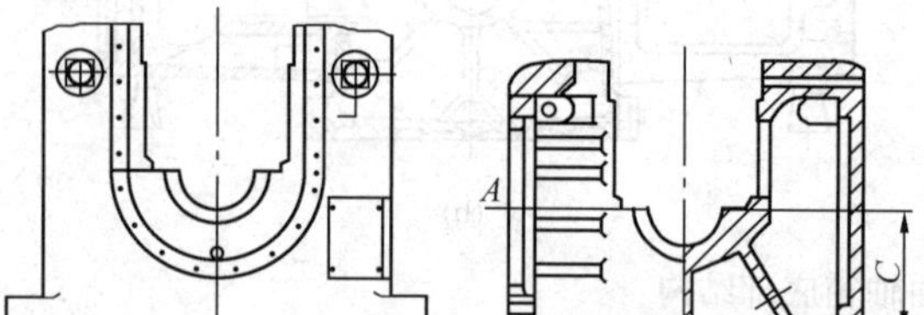

图 6－150　曲轴箱上与中体的定位凸台

③ 分体曲轴箱与中体定位方式

箱体设圆孔，中体设圆形凸缘，图 6－149即属此结构。其优点为安装方便；缺点为要加工许多圆孔与凸缘。

箱体底边法兰上设平面定位凸台，中体与箱体结合法兰的下边加工一与之相应的平面，如图 6－150 与图 6－151 所示，箱体与中体接合处为近似于方孔(A)，不需切削加工，方孔下面地脚底边上设平面凸台(B)，要求该平台与主轴中心孔有严格的尺寸公差(图中 C 处)。其优点：对大型压缩机，尤其列数多时，可免除箱体镗圆孔与中体车凸

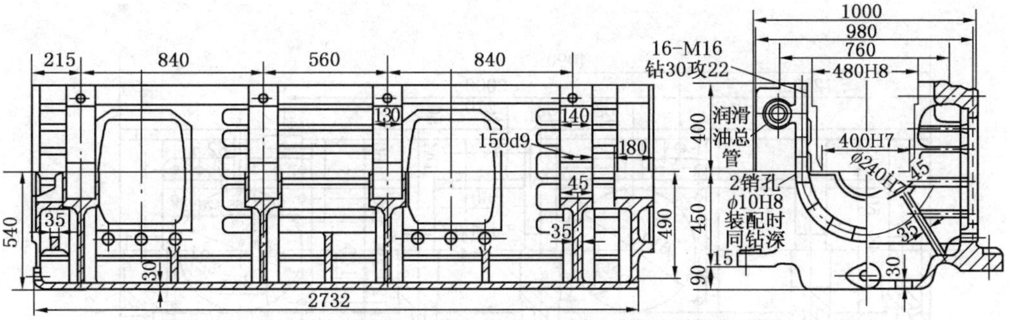

图 6－151　四列对置平衡型铸造机身

缘的麻烦，而所有平面凸台可在机身加工时一次铣出（或刨出），中体底边也可应用胎具使若干个一次加工出来。缺点是装配时需测试与调整中体至合适的位置。

多列压缩机中也有不设专门凸台而为机体的一条凸边来定位（见图 6－145）。

④ 曲轴箱结构示例

如图 6－151 所示，为大型对动式铸造曲轴箱，其上方的开口部位在主轴承处是两垂直竖壁；侧壁上与中体的连接处为近乎方形的孔；侧壁与主轴承上方竖壁间设有若干水平肋片；在曲轴伸出端设有两个主轴承，最外一个轴承主要为支撑电动机转子重量。润滑油总管设在上方。

如图 6－152 所示，为大型四列对动式焊接曲轴箱，主轴承上方的开口为倾斜的竖壁；与中体接合的侧壁上开有圆孔，用于与中体凸肩定位；轴承下方有四条斜肋；突起的底部贮油槽用很薄的钢板焊制；润滑油总管设于下方一个肋条处；主轴伸出端也为两个主轴承。该结构中，中体与曲轴箱用圆凸缘和圆孔定位。

（3）中体结构

① 中体内设有十字头滑道用以承放十字头，如图 6－142 所示，并具有刮去活塞杆上所带润滑油的挡板与刮油环。对于压缩可燃气体或有毒气体压缩机，其与气缸之间还具有两个隔腔，其中靠近气缸的隔腔充以一定压力（如 0.02MPa）的氮气。

中体是传递气体力至机身主轴承的零件。在一些压缩机中将其设计成一侧壁面为倾斜的，与机身结合的部位正对着主轴承（见图 6－142），这样曲轴箱侧壁受力无弯曲负荷；若配以图 6－150 与图 6－151 的中体定位方式，其结构也有所简化。

中体侧窗应满足相关零部件装配与拆卸要求，其与活塞杆垂直的方向（对卧式中体即高度方向）应尽量宽松一些，除相应零部件可方便安装外，拧紧这些零部件的紧固螺母的扳手可作 30°的操作。

侧窗削弱了中体传递压缩机作用力的功能，一般在中体上方两法兰面间设一条或两条加强筋予以补偿。此外，建议适当加厚侧窗窗框沿的高度，并在平行活塞杆的两侧窗框内沿上下各设两条连接两端面法兰的筋条，以利于气体力至主轴承的传递。

中体又是承受与传递侧向力的零件。大型压缩机中体均为落地式，如图 6－153 所示，侧向力可直接传递至基础上。中体也设有地脚螺栓，但机器安装时地脚螺栓不能像机身那样完全拧紧，因为要考虑到铸铁的热膨胀系数较水泥大，以及受活塞力后可能产生变形，故要允许其有一些拉伸的余地。若拧得太紧，将有作用力传至基础，有可能导致基础开裂。

② 滑道（也称十字头导轨）　对于中大型压缩机，它都直接与中体浇铸在一起。中小型压缩机中也有采用插入式滑道，如图 6－18 所示。此种结构使滑道加工方便，并可应用较好的耐磨材料。

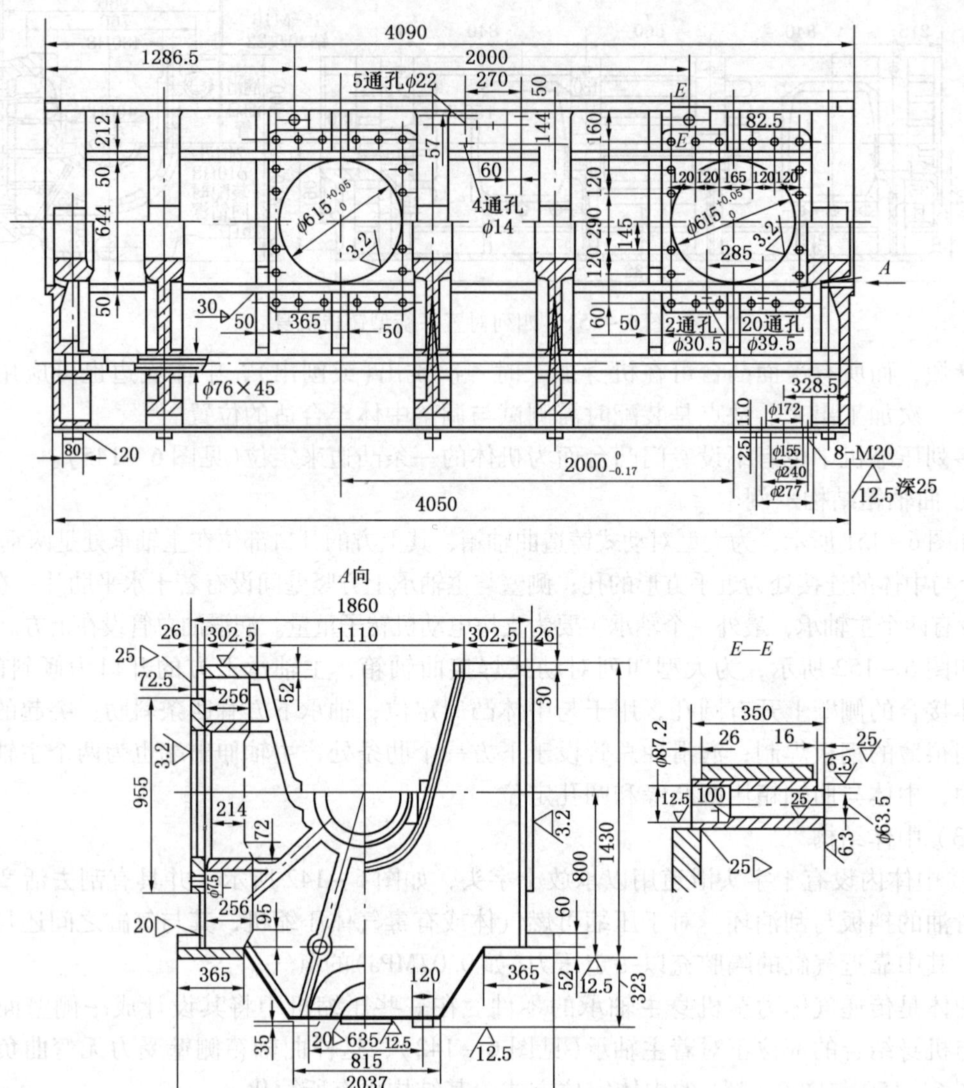

图 6－152　四列对动式焊接机身

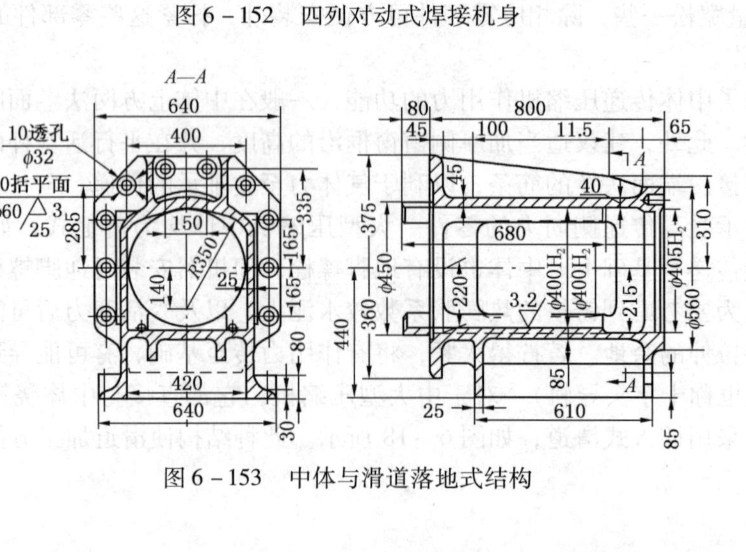

图 6－153　中体与滑道落地式结构

③ 刮油挡板与刮油圈　如图 6－154 所示，刮油挡板做成剖分的，不然难以装入中体。刮油圈按刮油刀口可做成几种形式结构，如图 6－155 所示。装配时也应记住刀口方向，它

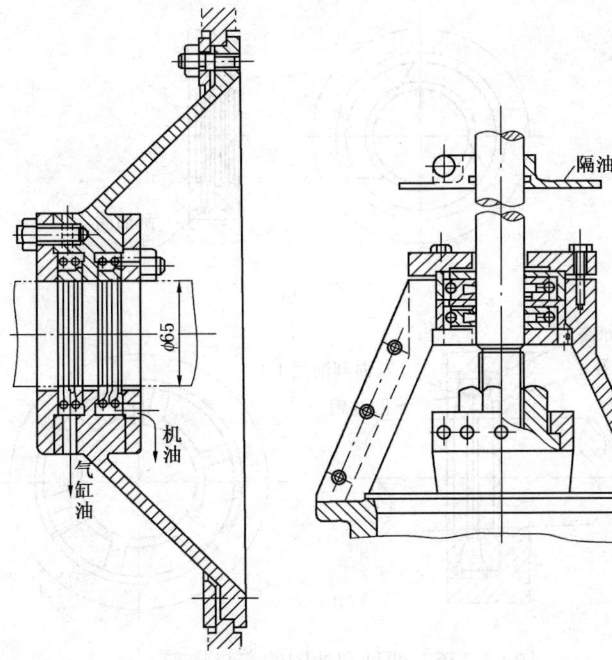

图 6－154　挡油板与刮油圈装配状态

(a)双向刮油；(b)单向刮油

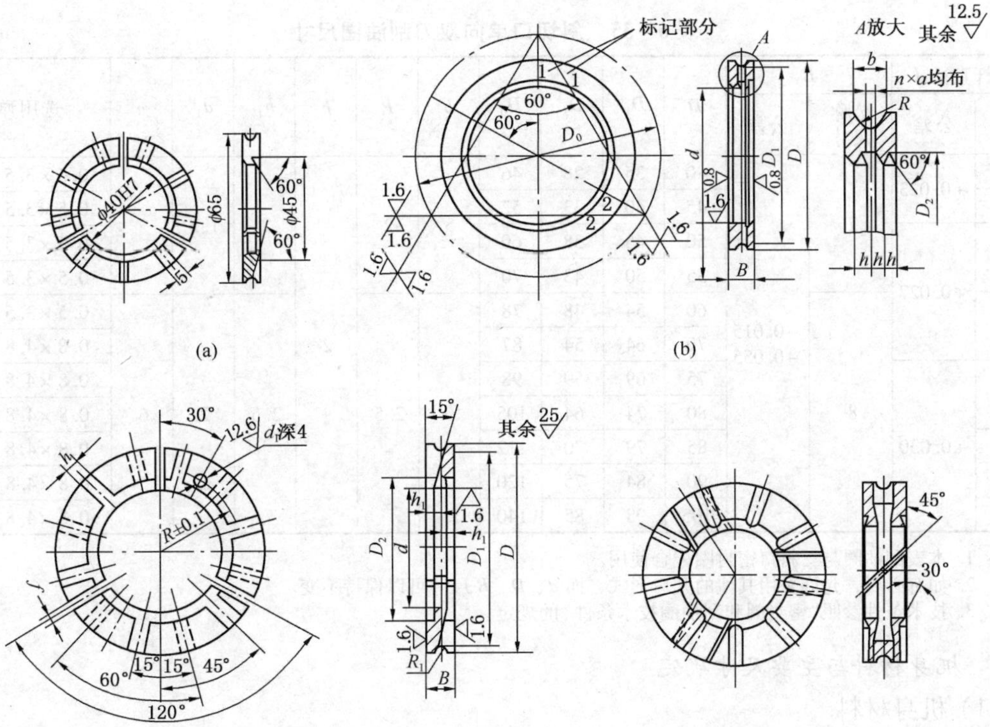

图 6－155　刮油圈结构

(a)单向单刃；(b)单向双刃；(c)双向双刃；(d)双向四刃

们在双向双刀与单向单刀结构中有所差别。所谓双向，即活塞杆往返行程中均有刮油作用。图 6－156 给出了两种刮油圈的安装状态。

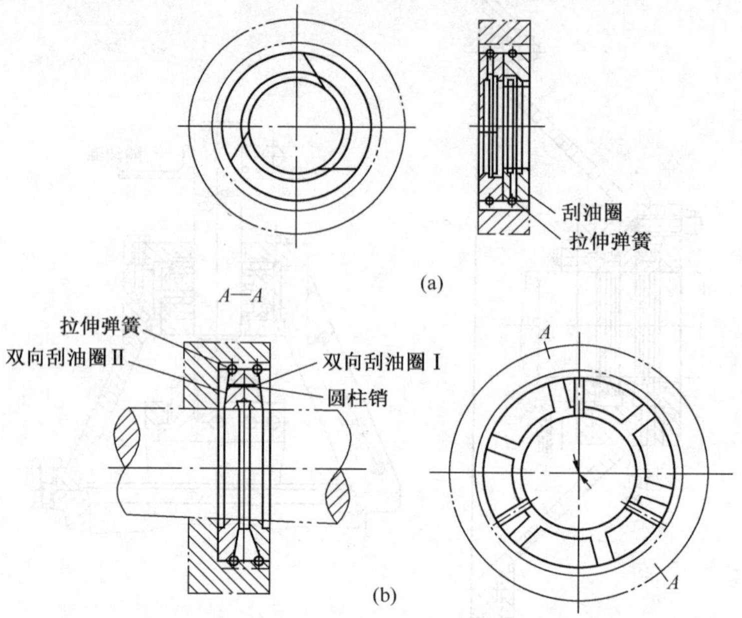

图 6－156　两种刮油圈的安装状态

(a)斜切口单向双刃；(b)直切口双向双刃

表 6－35 中列有斜切口单向双刀刮油圈尺寸，仅供参考与选用。

表 6－35　斜切口单向双刀刮油圈尺寸　　mm

活塞杆直径 d		B		D	D_1	D_2	D_0	b	R	h	h_1	d_1	n	选用弹簧
公称尺寸	公差	公称尺寸	公差											
25	+0.023	7	－0.015 －0.055	40	35	28	46	5	2	2	2	1.5	3	0.5×3.5×100
30				45	40	33	52							0.5×3.5×100
35	+0.027			50	45	38	60							0.5×3.5×111
40				55	50	43	70							0.5×3.5×123
45		8		60	54	48	78	6	2.5		2.5	2	6	0.5×3.5×136
50				70	64	54	87							0.8×4.8×195
55	+0.030			75	69	59	98							0.8×4.8×208
60				80	74	64	105							0.8×4.8×223
65				85	79	70	112							0.8×4.8×236
70				90	84	75	120							0.8×4.8×249
80				105	98	85	140							0.8×4.8×289

注：1. 本表刮油圈与三斜口密封圈配合使用。
2. 如有必要，允许采用其他的开口形式，而 d、D、B 尺寸可以保持不变。
3. 技术条件参照“密封圈和刮油圈技术条件”的规定。

6.7.3　机身材料与主要尺寸确定

（1）机身材料

① 铸造机身　采用 HT－200、HT－250，个别情况下也采用合金铸铁或球墨铸铁。

② 焊接机身　采用焊接性能好的优质低碳钢。

（2）主要尺寸的确定

① 列间距 L 的确定　两相邻气缸之间距离，既要考虑安装与维修方便，又要考虑机器结构紧凑。一般可根据最大气缸外径 D 来确定相邻列距 L，推荐取 $L=(1.1\sim1.4)D$，并必须使两列气缸间最小间距不小于400～500mm。当电动机在两列机身中间时，L 的选择必须根据电动机的要求来决定。

② 机身的主轴承轴线高度 H 的确定　H 值的确定，要考虑机体须有足够的刚度、机器对总高度的要求及轴线下部机体容积贮油的多少。一般可根据主轴颈直径 d 或主轴承孔座直径 d_1 来确定，推荐对动式机体取 $H=(2\sim3)d$，视机身底部的凸、平而定。

③ 机身的壁厚 s 的确定　机身(曲轴箱)的壁厚 s 参照表6－36。

中体的壁厚 s_1：带有滑道的中体取 $s_1=(1.2\sim1.5)s$；不带滑道的中体取 $s_1=(0.8\sim1.2)s$。

中体与机身连接法兰厚度取 $h=(1.3\sim1.8)s_1$。同时，还应符合 $h\geqslant1.2d_0$ 的要求，其中 d_0 为连接螺栓直径。

④ 肋条　当侧面面积大于400mm×400mm时，应布置肋条。肋条厚 $\delta\approx0.8s$，垂直壁面。

表6－36　不同气体力时机身、机座、曲轴箱的壁厚 s

材　料	活塞力/t			
	<1	1～3.5	3.5～8	>8
铸　铁	壁厚 s/mm			
	6～10	10～15	15～25	25～35

6.7.4　防爆措施

（1）呼吸器　一般压缩机机身中贮有润滑油，经润滑各运动零件摩擦面后流出的润滑油，往往被飞溅成油雾；当其与空气密切混合后，便有爆炸危险。所以机身上都设有呼吸孔，以使机身中的空气自由膨胀与流通。为防止油雾溢出机身，图6－157所示的呼吸器内应设有油过滤装置(金属丝网)。

呼吸管的通流截面：$A\geqslant0.07V/m^3$，式中 V 为机身容积，m^3。

（2）机身密封并充氮或强制通风　当压缩可燃气体并可能漏入机身时，可将机身密封并充氮，使机身中气体压力高于环境约为1.01～1.02Pa。也可采用如图6－18中CNG压缩机的结构。

当为甲烷、氢等密度比空气小的气体，也可用强制通风来防止其达到可燃或爆炸的混合比，但厂房也要注意通风。

（3）防爆阀　压缩可燃气体的压缩机，尤其是摩托压缩机机身，应设防爆阀，图6－158为贺尔碧格公司生产的一种EVA型防爆阀。图中左边表示关闭状态；右边表示爆炸时的开启状态，其开启压力差为5～10kPa，产生

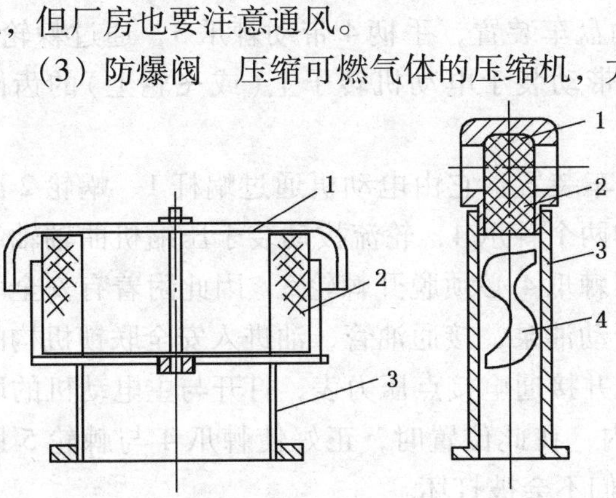

图6－157　呼吸器

1—罩；2—金属丝网；3—接管；4—螺旋叶

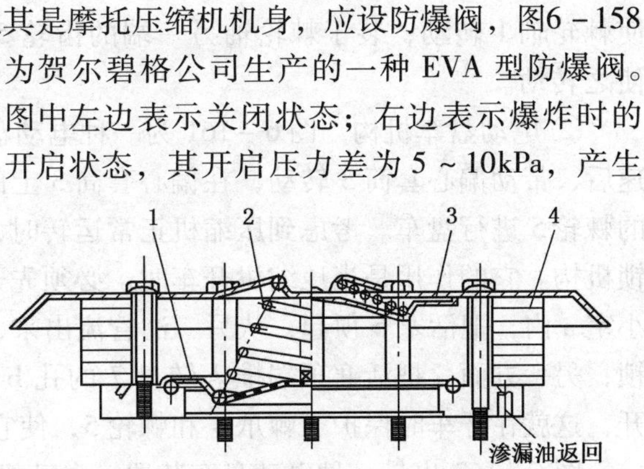

图6－158　机身防爆阀结构

1—防爆阀板；2—压紧弹簧；3—罩盖；4—消焰片

爆炸时火焰会被其中的叠片所吸收，不会产生二次爆燃。

6.7.5 一般压缩机轴封结构

曲轴从机身端壁穿出处，需防止运动机构润滑油沿主轴往外渗出，故要设轴封，其结构有如图 6－159 所示的几种。图(a)、(b)为甩油盘加毛钻或加反向螺纹。甩油盘的作用是将流至该处的油被旋转的盘甩离主轴颈，而在相配合的盖板上设有翻边的槽，使这部分油被汇集后顺槽流下。设计时必须注意：机身端壁(盖)上要开设回油孔，使装于其上的盖板槽所流下的油，能通过端壁或端盖流入机身。甩油盘可制成剖分的用螺钉夹紧在主轴颈上，也可制成整体的，用螺钉顶牢在主轴颈上。

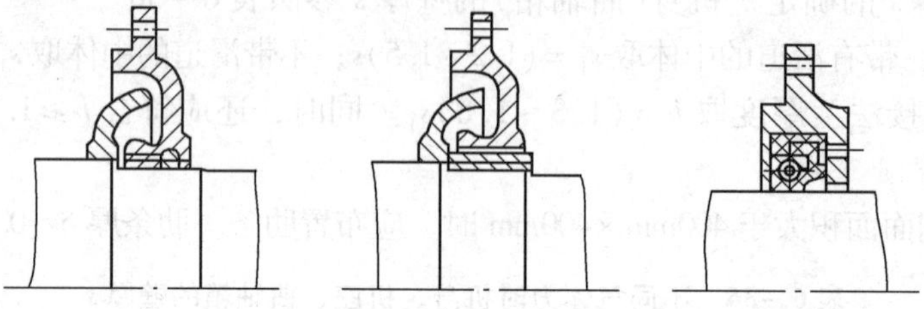

图 6－159 主轴伸出端油封结构

(a)甩油盘加油毛毡；(b)甩油盘加反向螺纹；(c)带架橡胶密封圈

绝大部分油将由甩油盘挡住，但不能防止盖板上的油延渗，故在曲轴上再设反向螺纹，使延渗的润滑油返回曲轴箱，或加油毛毡阻塞，更完善的是加带骨架的橡胶密封圈。

有关曲轴箱曲轴伸出端的压力密封，需采用一些专门结构见本书 11.3 的内容。

6.7.6 盘车机构

盘车的目的是在压缩机运转前对压缩机的状态进行检查，以保证压缩机能正常工作。另外，在装配检修过程中，也常需盘车以使运动部件至某一便于拆装的位置。

(1) 盘车机构的结构形式

① 手动盘车结构　对于小于 150kN 的压缩机，通常不用专门的盘车装置，大多在联轴器、带轮及飞轮的外圆周上钻几个孔作盘车用；对于大于 150kN 大中型压缩机，一般都设置专门的盘车装置。图 6－160 是一种手动盘车装置，手柄 4 带动棘爪 3，通过棘轮 2 使棘轮轴 1 转动；装于棘轮轴另一端的齿轮 5 带动装于电动机转子上(或飞轮上)的齿圈使之转动。

② 电动盘车机构　图 6－161 为一种电动盘车装置，它由电动机通过蜗杆 1、蜗轮 2 减速后，带动偏心套筒 3 转动，在偏心套筒 3 上的两个棘爪 4，轮流拔动装于压缩机曲轴轴端的棘轮 5 进行盘车。考虑到压缩机正常运转时，棘爪 4 必须脱开棘轮 5，因此附着有安全联锁机构。它的作用是当压缩机开车时，必须先开动油泵，接通油管，油进入安全联锁机构的小室 a 内，把活塞 6 顶起，从另一油管流出来，并接通电接点压力表，打开与主电动机的联锁；另一方面，把活塞顶端推入转盘 7 的孔 b 内，在此位置时，正好使棘爪 4 与棘轮 5 脱开，这就在开车时保护了棘爪 4 和棘轮 5，使它们不会被打坏。

图 6－162 也是一种电动盘车装置，电动机轴通过蜗轮副 1 减速后，再通过两对齿轮 2、3 减速，将盘车电动机的转速降到盘动压缩机所需的转速。小齿轮 3 装在滑键轴上，当压缩

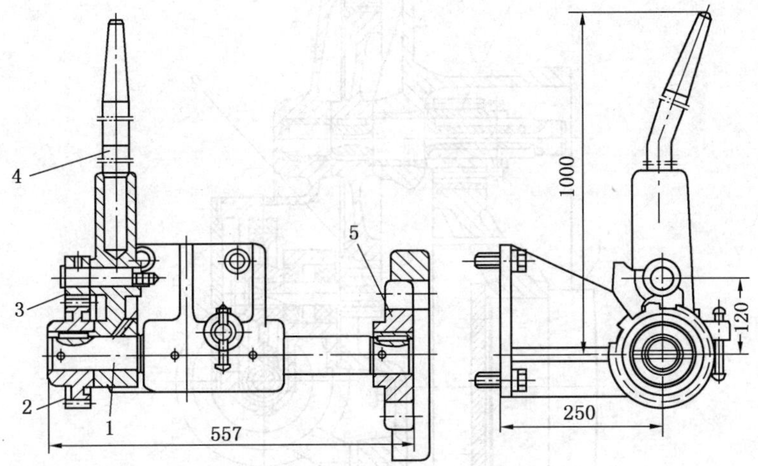

图 6－160　手动盘车装置

1—棘轮轴；2—棘轮；3—棘爪；4—手柄；5—齿轮

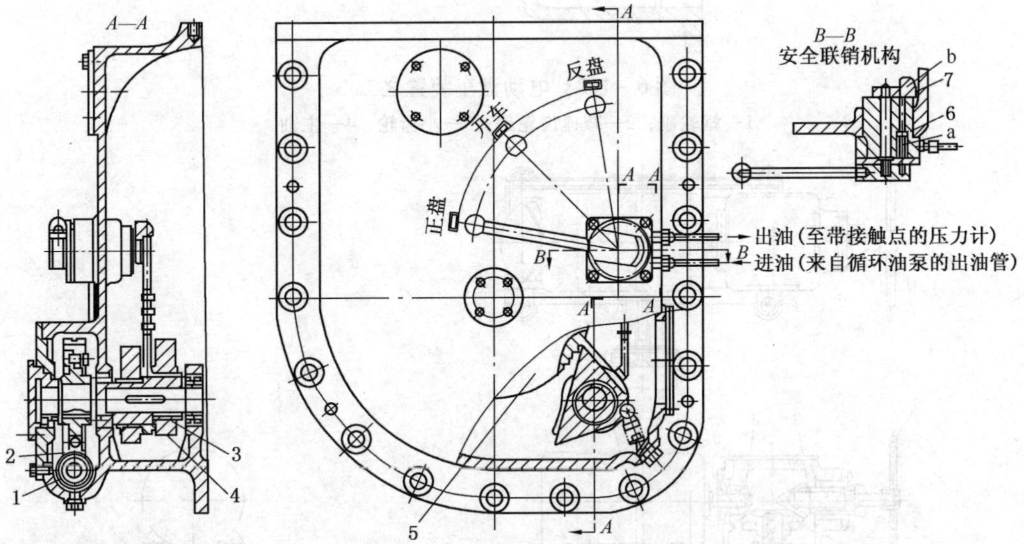

图 6－161　电动盘车装置之一

1—蜗杆；2—蜗轮；3—套筒；4—棘爪；5—棘轮；6—活塞；7—转盘

a—小室；b—孔

机运转后，能主动或手动地移向图中左边脱离啮合。

图 6－163 也为一种电动机驱动的盘车装置。电动机 1 通过伞齿轮 2 与 5 传动蜗杆 7。蜗杆驱动蜗轮 8 通过传动轴 10 带动齿轮 11，最后由齿轮 11 驱动压缩机飞轮上的齿圈，使压缩机慢慢转动。当压缩机主电动机开动时，主轴转速大于齿轮 11 的转速，11 变自动顺轴 10 的螺纹倒回。图中 12 为推动与控制齿轮作轴向移动的扳杆与手柄。该装置还有手轮 4，可通过锥齿轮 3 传动伞齿轮 5，其余过程同上。我国一些超高压缩机的盘车装置用此种结构。

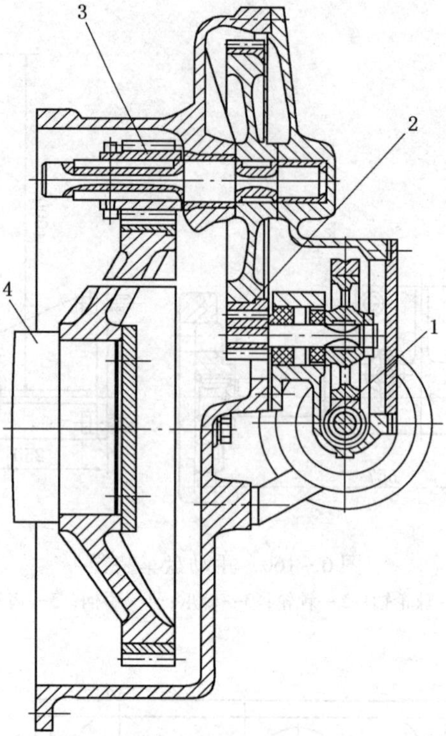

图 6－162　电动盘车装置之二

1—蜗轮副；2—减速齿轮副；3—小齿轮；4—主轴

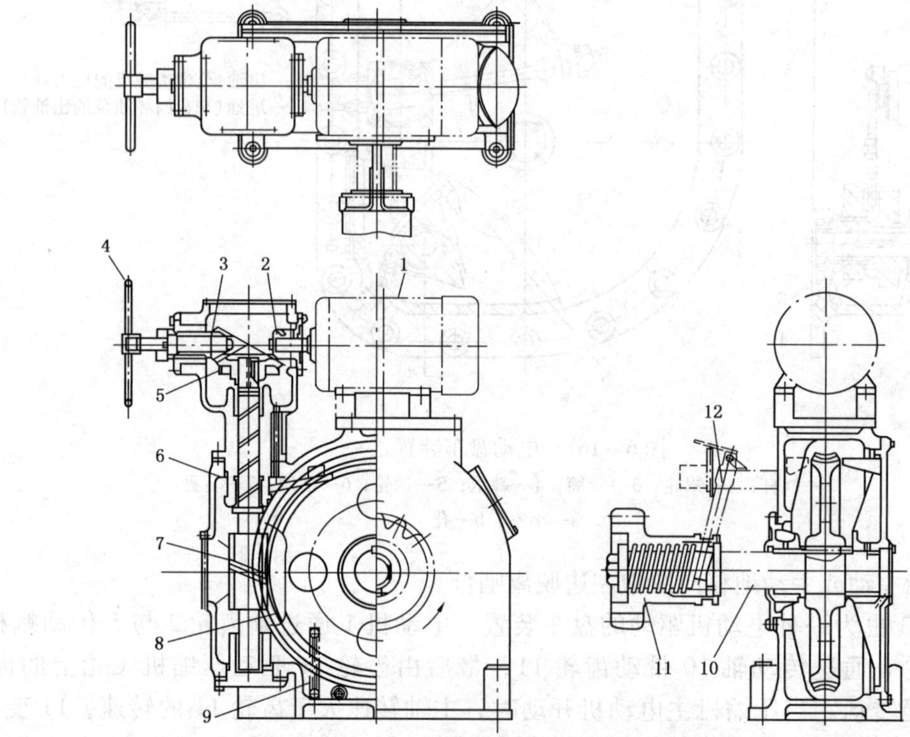

图 6－163　电动机驱动、齿轮减速的盘车装置

1—电动机；2、3、5—锥齿轮；4—手轮；6—齿轮箱体；7—蜗杆；8—蜗轮；

9—油位标尺；10—传动轴；11—驱动直齿轮；12—扳杆与手柄

③ 气动盘车结构图 6－164 为气动盘车装置，飞轮上每 12°开一槽。气动盘车机构工作时，手柄与底面成 65°；非盘车时，扳至于垂线成 20°位置。

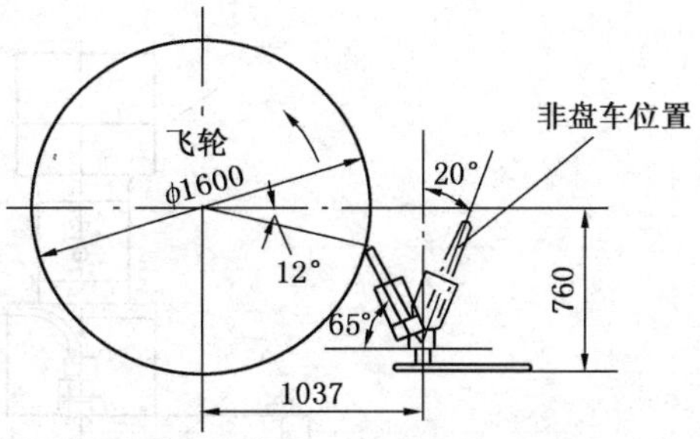

图 6－164　气动盘车装置示意图

图 6－165(a)为上述气动盘车装置系统结构及工作原理图。其中，配气阀 6 由手柄 5 操作，可以作一定角度回转；整个气缸 1 与爪 2 可绕柱轴 8 摆动，9 为工作或非工作时的锁紧螺钉。

图 6－165(b)为盘车装置气缸剖面图。由图可见，棘爪 2 由活塞 11 驱动，活塞上有两道 O 形密封圈 10，活塞中心置有一根固定于汽缸底盖上的导向杆 12；仪表架 13 上装有气体压力指示仪表。

图 6－165(c)为配气阀工作原理图，阀体上有 A、B、C、D 四个接口，配气阀上有两个圆弧形槽分别连接各接口，工作原理见图中说明。

实际操作中，手柄每往返一次，活塞也驱动棘爪往返一次，在本图例中飞轮即转过 12°。此种装置仍由手操作，适用于大型压缩机。

(2) 盘车装置的计算

① 压缩机空载盘车时所需转矩

$$M = M_1 + M_2 = K\frac{9.55 \times 10^3 P_d}{n} + \frac{Gfd \times 9.81}{2} \qquad (6-37)$$

式中：M_1 为压缩机空载时的转矩，N/m；M_2 为电动机空载时的转矩，N/m；P_d 为主电机功率，kW；n 为压缩机转速，r/min；K 为系数，对轻型、高速及对称平衡压缩机，取 $K = 0.08 \sim 0.12$；G 为主电动机转子重量，N；d 为电动机轴颈直径，m；f 为电动机轴轴颈摩擦系数，一般滑动轴承在半干摩擦状态下，取 $f = 0.1 \sim 0.5$。

② 机动盘车时盘车装置的电动机功率

$$P_p = \frac{Mn_p}{9.55 \times 10^3 \eta} \qquad (6-38)$$

式中：M 为盘车时所需转矩，N/m；n_p 为盘车转速，r/min；η 为盘车机构的传动效率。

③ 盘车装置零件的强度计算

主要是校核盘车装置中的轴、齿轮、蜗轮、弹簧、棘爪、棘轮等零件的强度计算，可参照机械设计手册或其他机械零件书。

④ 盘车装置的盘车功率计算举例

若压缩机主电机功率 $P_d = 3200$kW，转速 $n = 375$r/min，电动机转子重量 $G = 10600$N，电动机转子轴轴颈 $d = 0.26$m，求盘车功率。

解：压缩机空载盘车时所需转矩为

$$\begin{aligned} M &= K\frac{9.55 \times 10^3 P_d}{n} + \frac{Gfd \times 9.81}{2} \\ &= 0.12 \times \frac{9.55 \times 10^3 3200}{375} + \frac{10600 \times 0.2 \times 0.26 \times 9.81}{2} \\ &= 12482.8\text{N} \cdot \text{m} \end{aligned}$$

因为盘车装置电动机转速 $n_1 = 1420$(r/min)，所以选取盘车转速 $n_p = 0.5$(r/min)。

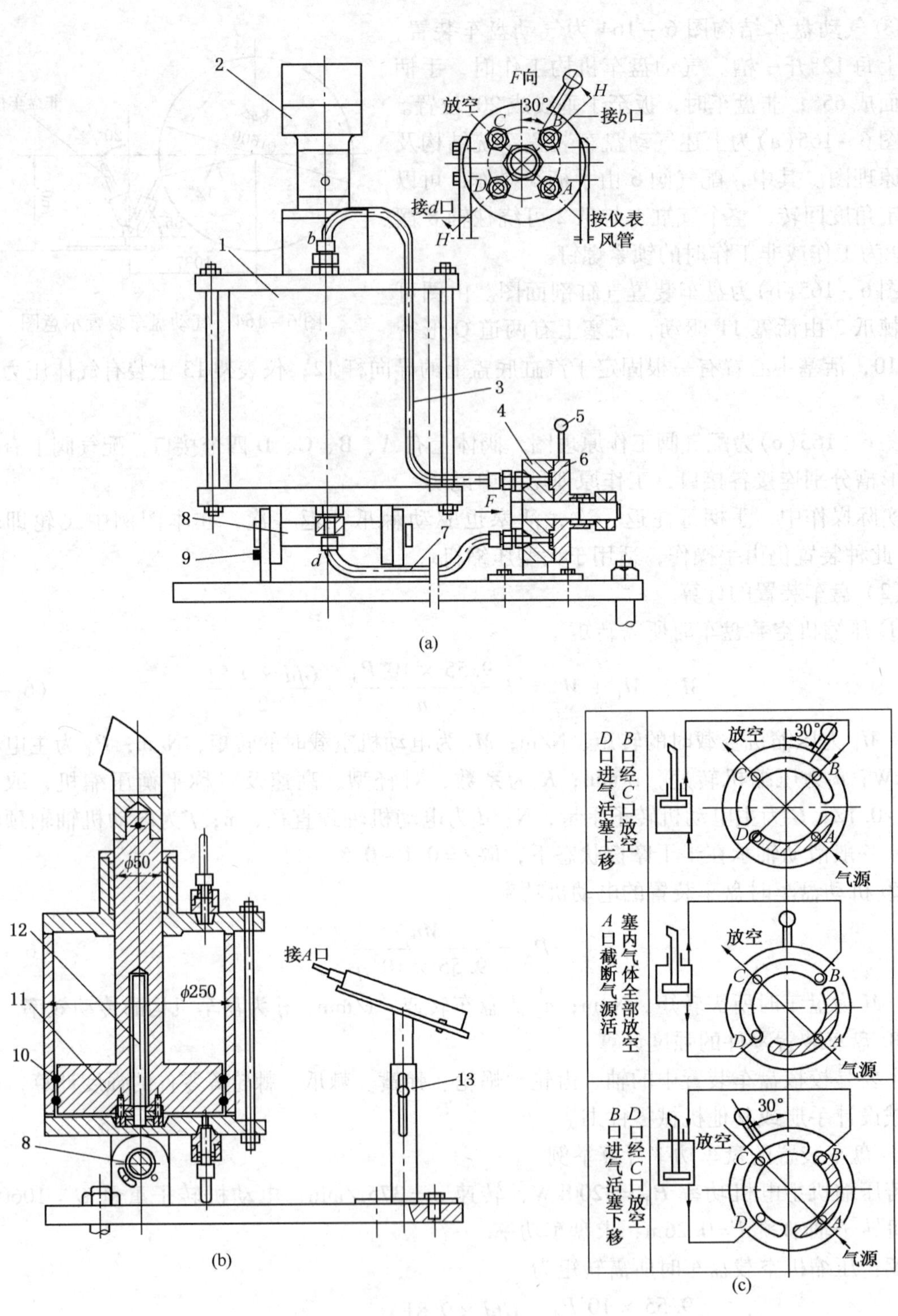

图 6－165　气动盘车装置系统结构及工作原理图

(a)盘车装置系统图；(b)气缸剖面图；(c)气阀工作原理图

1—气缸；2—棘爪；3、7—配气管；4—配气阀体；5—手柄；6—配气阀；8—柱销；9—锁紧螺钉；

10—活塞密封圈；11—活塞；12—导杆；13—仪表架

盘车装置如图 6-161 所示，传动由电动机通过蜗杆、蜗轮、棘爪、棘轮传到压缩机轴上，使之转动。单头和双头蜗杆传动机械效率 $\eta_1=0.7\sim0.82$，现为单头，取 $\eta_1=0.7$。取棘轮传动机械效率 $\eta_2=0.8$，所以总的传动机械效率：$\eta=\eta_1\eta_2=0.7\times0.8=0.56$

盘车装置的电动机功率 P_p 为

$$P_p=\frac{Mn_p}{9.55\times10^3\eta}=\frac{12482.8\times0.5}{9.55\times10^3\times0.56}\text{kW}=1.167\text{kW}$$

所以选取的盘车装置电机功率为 1.7kW。

有资料称，对于 750kW(1000 马力)压缩机最大盘车力矩为 $M=1600\text{N}\cdot\text{m}$(12001bf · ft)其值类比上述计算转矩似要小些。

6.8 滑动密封组件(活塞环与填料等)

6.8.1 滑动密封方式与原理

（1）间隙密封　如图 6-166 所示，气体或液体通过环形间隙的泄漏，当四周间隙均匀时，其静态泄漏量为

$$q_{vl}=0.26\frac{\delta^3 d\Delta p}{\mu l}\qquad(6-39)$$

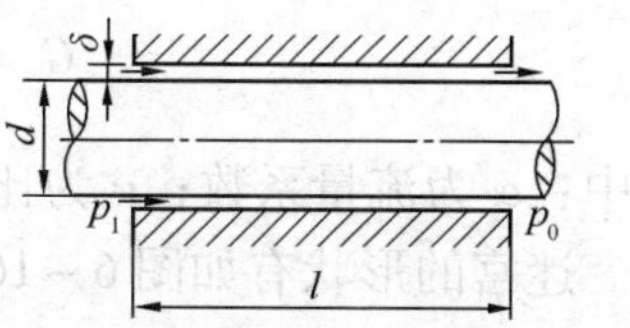

图 6-166　环形间隙泄漏示意图

式中：q_{vl} 为静态泄漏量，m^3/s；δ 为一边的间隙，m；Δp 为压力差，Pa；d 为直径，m；l 为间隙长度，m；μ 为气体或液体的动力黏度，Pa · s。

一些气体和液体当温度为 100℃时的 μ 值见表 6-37。

表 6-37　某些气体和液体的 μ 值

介　质	动力黏度 μ/(Pa · s)	介　质	动力黏度 μ/(Pa · s)
氢	1.03×10^{-5}	甘油	1300×10^{-5}
空气	2.19×10^{-5}	压缩机油	$(1200\sim2400)\times10^{-5}$

式(6-39)表明：间隙的影响特别大，成三次方的关系，而且由试验知，当环形间隙不均匀，甚至偏在一边时，泄漏量能较均匀间隙大 2～2.5 倍；泄漏与压力差及直径的一次方成正比例，而与长度的一次方成反比例；在结构尺寸和压差相同的条件下，液体的动力黏度几乎为气体的 1 千倍，因此在压缩机中，往往将润滑油注入间隙中，以阻止气体泄漏，称为液体阻塞作用。

（2）阻塞密封　如图 6-167 所示，采用弹性材料密封。这种密封结构，密封元件在气体压力或预紧力作用下，紧贴气缸镜面或活塞杆。理论上讲可以做到完全没有泄漏。但是，密封元件以所密封的全部压力差压向气缸或活塞杆，故极易磨损。所以，应用这种密封的压缩机一般只能取较低的活塞平均速度，如 $C_m=2\text{m/s}$ 等，因此现在已很少单独使用。

（3）迷宫密封　如图 6-168 所示，在沿气体泄漏间隙的长度上，做成一些小室：如图中(a)，使气体每进入一个小室即进行一次膨胀，如图中(b)；每次膨胀使压力降低、容积增大。因为通过每个小室的单位时间泄漏量是相同的，故当容积增大时，流过截面相同的间隙就要求有更大的流速，也即要求更大的压力差，这样使每个小室的压力降越来越大如图中(c)，使气体不能通畅的泄漏，因而达到密封的目的。利用这种节流作用的密封，通常称为迷宫密封。

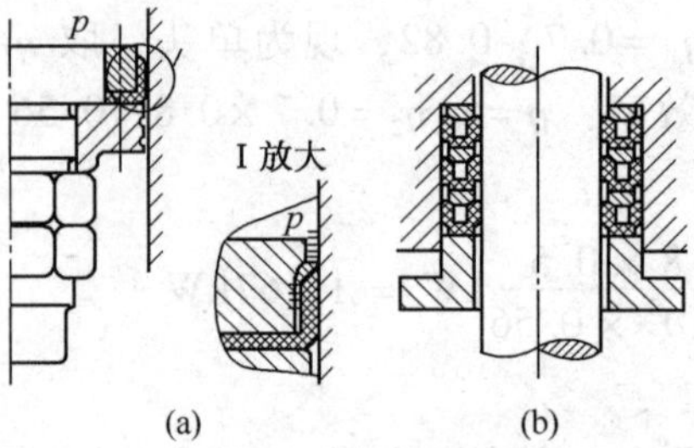

图 6-167　弹性材料阻塞密封元件

(a)密封活塞与气缸间隙；(b)密封活塞杆与缸座间隙

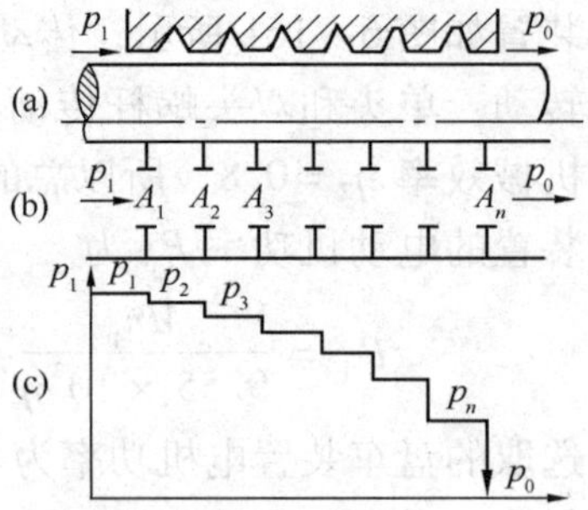

图 6-168　迷宫密封原理图

通过小室间隙的泄漏，可由图 6-168 所示的孔板图(b)，近似计算气体通过活塞与气缸或填料函的间隙的重量泄漏量 G，以第一小室为例，有

$$G = \alpha A_1 p_1 \sqrt{\frac{2\kappa}{\kappa - 1}\frac{1}{RT_1}\left\{\left(\frac{p_2}{p_1}\right)^{\frac{2}{\kappa}} - \left(\frac{p_2}{p_1}\right)^{\frac{\kappa+1}{\kappa}}\right\}} \tag{6-40}$$

式中：α 为流量系数；κ 为比热比；R 为气体常数；A_1 为第一小室的泄漏面积。

迷宫的形状有如图 6-169 所示几种。图 6-170 为静态泄漏实验结果，它反映迷宫形状对泄漏的影响较小，而间隙 δ 的影响是明显的。在一定的长度上，小室大而少的结构要比小室小而多的泄漏严重；在图中标记序号 6 为无迷宫槽的泄漏值。

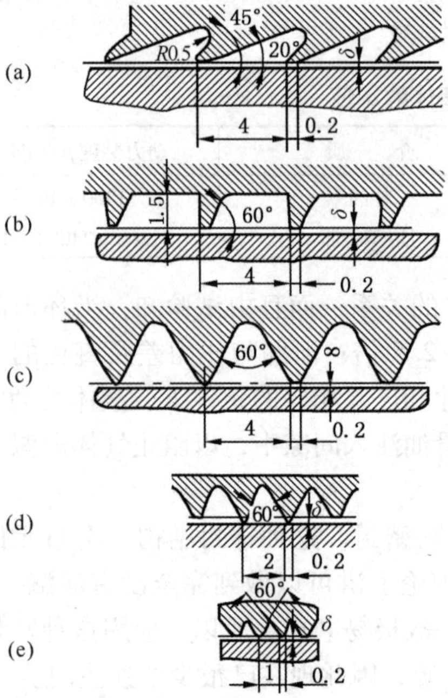

图 6-169　迷宫结构形式

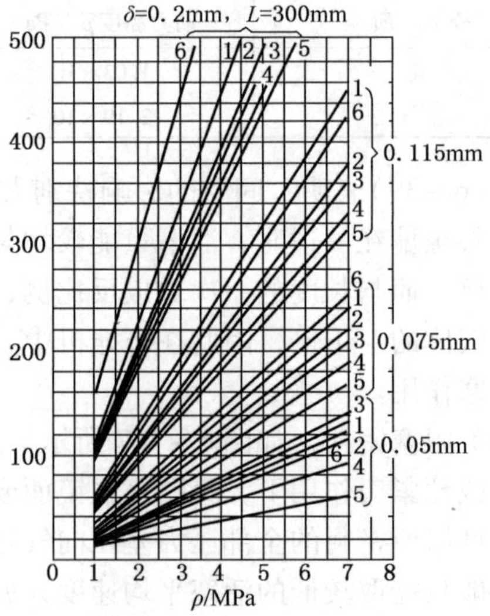

图 6-170　各种迷宫形式与泄漏量之间的关系

在压缩机中，小室通常制成锯齿形的螺旋槽，且气缸内壁也制有更细的螺旋槽，如图 6-171所示。图中(a)为在金属上车制的小室，这时不允许两相对运动面接触，但是为了减少泄漏量，它们之间的间隙必须很小，这给制造上带来了很大的困难；图中(b)是在氟塑料上车制的小室，由于氟塑料具有自润滑性能，因此允许两相对运动面稍有接触，这样制造便

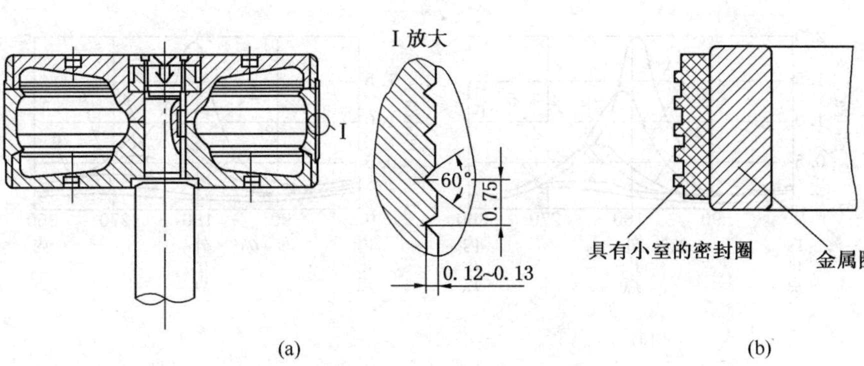

图 6 - 171　迷宫密封的活塞结构

(a)整体的金属小室；(b)氟塑料上的小室

比较方便，并且还可减少泄漏量。需要注意的是塑料的膨胀系数比金属大，因此为防止运行时因塑料的膨胀而卡死，制造时必须留一定的热膨胀间隙。此外，为防止塑料圈从金属上脱落，必须使塑料圈内孔做得较金属环的外径为小，安装时先加热后再套上去。图 6 - 172 为两个氟塑料环与金属环配合的结构示例。图中 3 为槽节距；6 与 8 为槽数；$R0.75$ 为槽深。

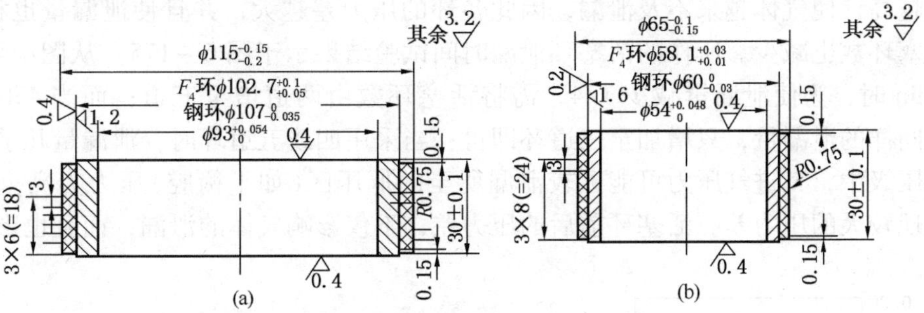

图 6 - 172　不同直径氟塑料环与金属环配合的结构示例

迷宫密封的泄漏量一般比较大，机器热效率比较低。

(4) 活塞环密封　如图 6 - 173 所示，活塞环是用来密封活塞与气缸间隙的元件，紧压在环槽相向的侧面上，由此阻塞间隙密封气体。但是，普通的活塞环都具有切口，因此气体能通过切口泄漏。此外，气缸和活塞环都有圆度、圆柱度公差，环槽和环的端面有平面度公差，这些也是造成泄漏的因素。所以，活塞环常常不是一道，而是需要两道或更多道同时使用，使气体每通过一道环便产生一次节流作用，达到减少泄漏的目的。可以说，活塞环密封是阻塞密封和节流密封的组合。

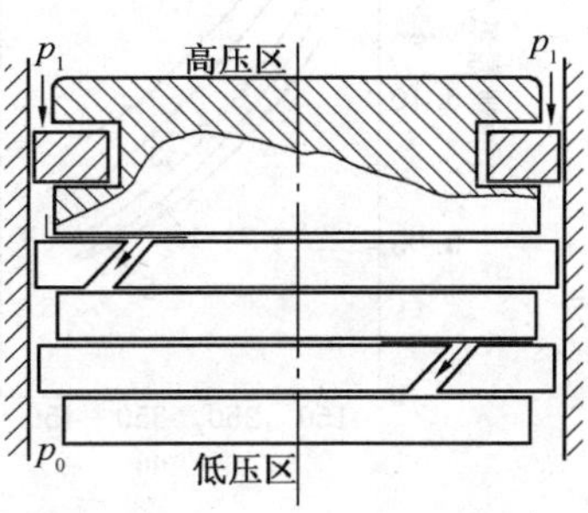

图 6 - 173　活塞杆工作状态时泄漏通道

厄外斯(Eweis)所做的活塞密封实验表明(见图 6 - 174)：①通过第一道环造成的压力差最大，以后各环逐次减少，并且前面三道环承担了绝大部分的压力差；②转速越高，第一环所承受的压差越大，且其后各环达最大压力的角度迟后。

产生上述情况可以用“充满容积时间”来解释。因为气体通过一个间隙而向其后的空间泄漏，需要一定的时间才能使后面空间达到一定的压力；高压的气体其后的空间泄漏，需要一定的时间才能使后面空间达到一定的压力；高压的气体通过第一环的间隙向第一环后的空

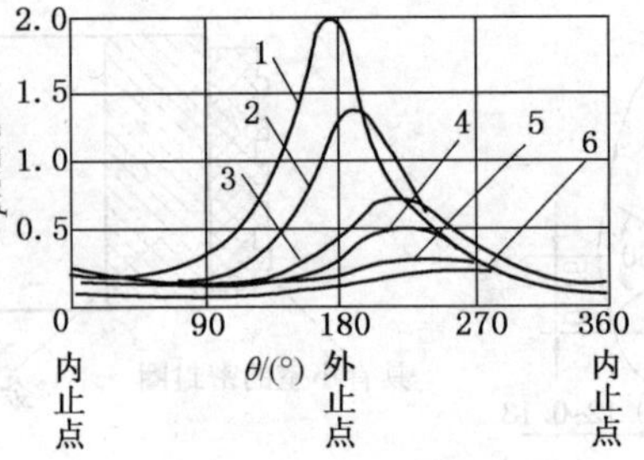

(a)

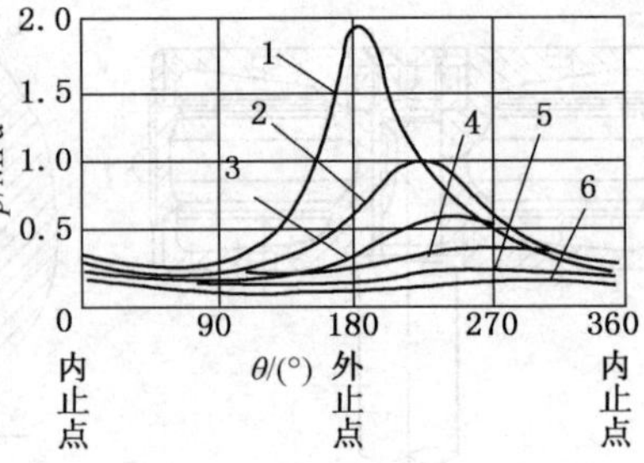

(b)

图 6－174　一定环数与转速对各环前压力分布的影响

(a)200r/min；(b)400r/min

间泄漏，使该空间的压力逐渐提高，并开始通过第二道环的间隙向其后的空间泄漏，以后各环类推。若泄漏时间足够长，且两端压力差稳定，则通过各环后的压力降将越往后越大，即和前述迷宫密封所讨论的情况类似。但是在压缩机中，一转实现一次工作循环，每次时间都是有限的，因此来不及泄漏到平衡状态，所以第一道环的压力差最大，以后逐环减少。

转速越高，使气体越来不及泄漏，因此各环的压力差越大，并且使泄漏量也相应减少，所需的活塞环数也减少。所作的活塞环泄漏时间试验结果示于图 6－175。从图中可以看出，在 150r/min 时，为使泄漏量减少 1/4，需将活塞环数由两道增至五道；而当 450r/min 时，为了减少同样的泄漏量，只增加至三道环即可；当采用四或五道环时，泄漏量几乎相等。

在高压级中，其进气压力可能远较泄漏所至的低压区(如平衡腔)压力为高，则末道环也可能出现较大的压力差。活塞环前后的压力差，不仅影响气体的泄漏，而且也影响活塞环的耐久性。

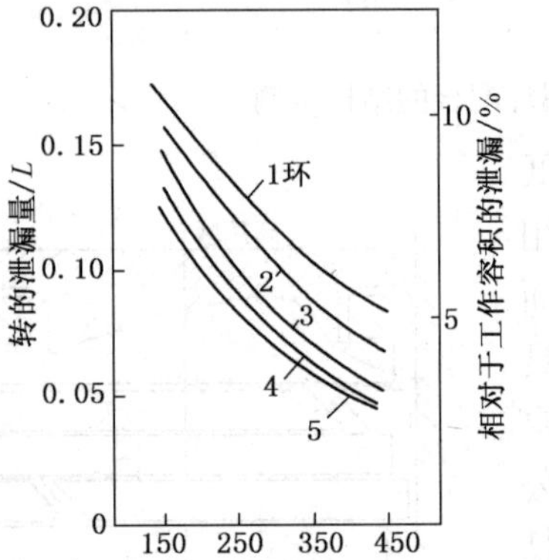

图 6－175　不同环数与转速对泄漏量的影响

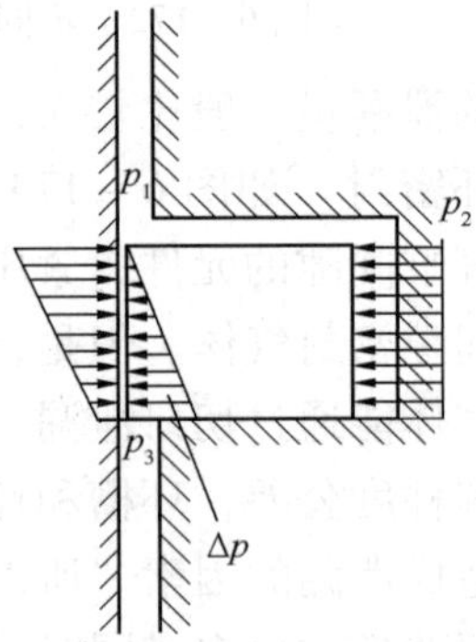

图 6－176　气体压力差造成的活塞环上的作用力

活塞环贴于气缸镜面，首先是由活塞环本身的弹力所致，这一弹力称为初弹力。但是在压缩机工作时，活塞环作用于气缸镜面的压力，主要是气体压力造成的。如图 6－176 所示，若活塞环前的压力为 p_1，环后压力为 p_3，环边缘的压力为 p_2，而活塞环外缘虽说紧贴气缸，但两者之间仍有一层气体分子或油分子，它的一端作用有压力 p_1，另一端作用有压力 p_3，可以认为沿环高压力是直线分布的，其平均值为 $p'_2=\dfrac{p_1+p_3}{2}$。因此，活塞环作用在气缸镜面上的平均压力为

$$p_m = \frac{d_i}{d_o}p_2 - \frac{p_1 + p_3}{2} \tag{6-41}$$

式中：d_i 为活塞环内径；d_o 为活塞环外径。

若略去环厚度的影响，并近似地以 $p_2 \approx p_1$，则式(6－41)便成为 $p_m = \frac{1}{2}(p_1 - p_3)$。

一般 p_m 要比活塞环本身弹力大得多，它使活塞环紧紧地压向气缸镜面，成为活塞环和气缸磨损的主要原因。显然，压力差越大，p_m 越大，即在速度相同时造成的磨损越大。所以，在压缩机中第一道环最先磨损。

随着活塞环外缘的磨损，环的径向厚度减薄，切口尺寸要相应增大，由此使气体通过切口的泄漏量也增加。当第一道环的泄漏量大至第二道环需承担最大压力差时，则第一道环便失去了密封作用。因此，理论上讲2～4道环即可密封气体，但实际上因为磨损的关系，中、高级都取更多的环数，以使一组活塞环在两个检修期之间能维持良好的密封作用。

关于活塞环的道数，它与所密封的压力差、环的耐磨性、切口形式等有关，所以实际压缩机中很不一致。表6－38中的数据可供选择时参考。

表6－38　按压差选择活塞环道数

压力差/10^5Pa	环　数	压力差/10^5Pa	环　数
12	2～3	30～120	6～12
12～30	3～6	120～350	12～24

应该尽量提高活塞环的耐磨性以减少活塞环的环数。因为增加环数将使压缩机气缸轴线方向长度增加，使加工复杂，零件数增多，因此机器重量和成本均增加，此外，还将增加摩擦消耗。

关于填料密封的原理和活塞环是一样的，差别仅为前者利用内缘密封，后者利用外缘罢了。

6.8.2　活塞环结构

（1）活塞环整体结构形式　通常在每个环槽内放置一道活塞环，其结构如图6－177所示，按所用的材料可制成具有切口的整体式环，或者做成具有三瓣、四瓣的剖分式环。

还有一些特殊结构的活塞环，如微型高转速压缩机中，可用厚度仅1～1.5mm的薄片做活塞环，由3～4片装在同一环槽内，各片切口相互错开。这种结构具有良好的密封性，易同气缸镜面磨合，使气缸不致拉毛。

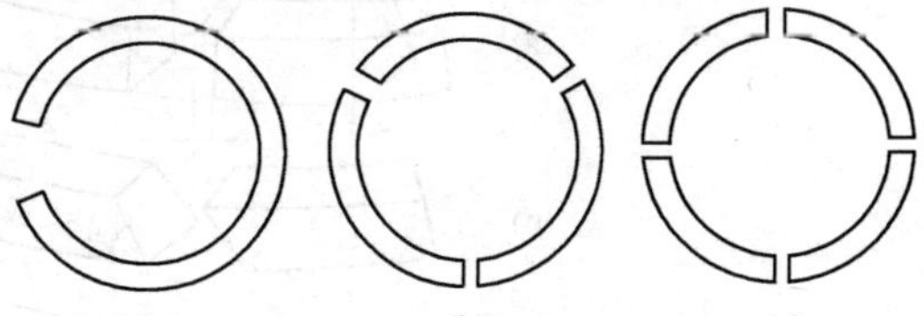

图6－177　活塞环结构形式

(a)整体形式；(b)部分形式；(c)部分四瓣

在铸铁环上镶嵌填充四氟乙烯，能防止气缸拉被毛，并延长环的寿命。这种环用在压缩机的高压级中。有的在铸铁环上镶嵌青铜(Cu质量分数95.2%，Sn质量分数4.8%)或白合金(图6－178c)。青铜可以用一条或两条，而白合金则采用一条。

（2）活塞环截面形状和尺寸　根据活塞环的工作环境，要求活塞环的截面有较高的密封性能，有利于磨合，能起到一定的控制润滑油的作用。

活塞环的截面形状一般为矩形，见图6－178(a)。矩形环结构简单、制造方便，但由于

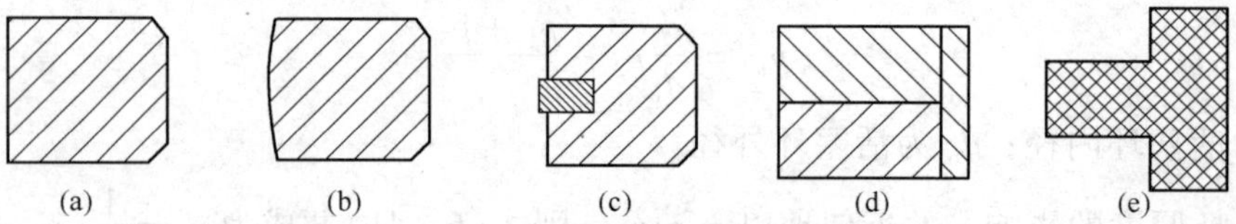

图 6－178　活塞环的截面形状

(a)矩形截面；(b)鼓形截面；(c)镶嵌材料截面；(d)组合结构；(e)T 形截面

活塞的热变形、活塞头部摇摆等原因，使环在运转中常常失去与气缸壁的正常接触位置，因而性能较差。活塞环的外缘面可做成弧形的，如图 6－178(b)所示，这样当活塞发生倾侧时，总可以维持一条与气缸的接触线，所以密封性能较好，且不易刮伤气缸，磨合性能也较好。但这种环工作时对缸壁的比压力较大，高压时容易磨损。图 6－178(c)的活塞环外缘镶嵌了磨合性能好的材料，如青铜或白合金等。在一个环槽中设置 2～3 道环的组合结构，如图 6－178(d)所示，可以认为是搭切口环的变型及改进。因为两个直切口可以错开，此时气体便不能直接泄漏，再在两环的内侧设一衬环，挡住气体通过切口沿径向的通路，因此其密封性能是相当好的。在某立式超高压聚乙烯压缩机中，用五组这种组合环，即密封了 172MPa 的压力差。其缺点是密封性能越好，承受的压力差越大，磨损也相应增加。

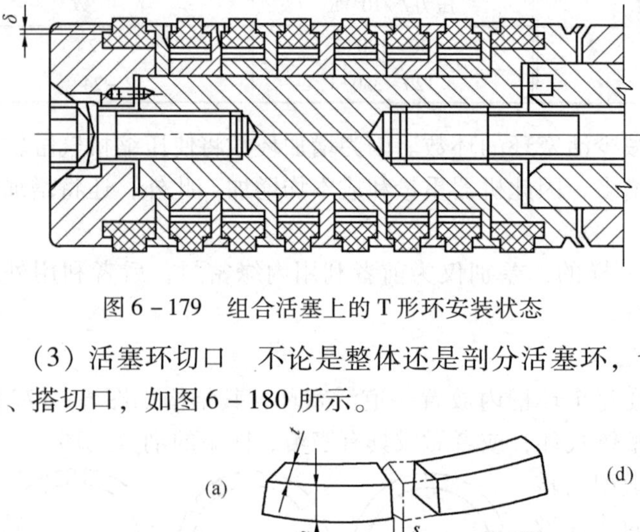

图 6－179　组合活塞上的 T 形环安装状态

图 6－178(e)为 T 形环，使用这种环的活塞必须是组合结构，如图 6－179 所示。T 形环的凸肩与隔距环之间有一个很小的径向间隙 δ。开始该环和一般环一样磨损，当磨损掉预定的 δ 厚之后，便不再向外扩张，将一直保持与气缸镜面轻微接触的状态。

(3) 活塞环切口　不论是整体还是剖分活塞环，切口主要是三种形式：直切口、斜切口、搭切口，如图 6－180 所示。

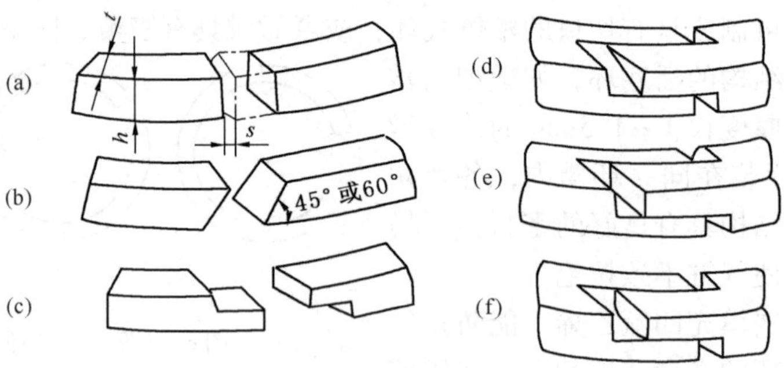

图 6－180　活塞环切口形式

(a)直切口；(b)斜切口；(c)搭切口；(d)、(f)特殊切口

① 直切口见图 6－180(a)，制造简单，泄漏量与切口的泄漏截面成正比。其泄漏截面为 $A_1 = s\delta$。式中：s 为活塞实际工作时的切口间隙；δ 为活塞环与气缸之间的间隙。

② 斜切口见图 6－180(b)，制造也简单，泄漏截面应为切口垂直截面，故为 $A_1 = s\delta\sin\alpha$ 在相同的 s 时，泄漏截面比直切口要小。从减少泄漏量看，角 α 越小越好，但 α 角过

小，切口的尖锐部分越容易崩裂，所以一般取 $\alpha=45^\circ\sim60^\circ$。

③ 一般搭切口　见图6-180(c)，制造较复杂，切口呈阶梯形，工作时相互搭接，故气流需经过两次曲折，所以泄漏量能大大减少，一般用于非金属环。

④ 特殊搭切口　见图6-180(d)、(e)、(f)，制造复杂，但泄漏量是上述几种切口中最小的。

6.8.3 活塞环尺寸

对于矩形截面铸铁活塞环，其厚度 t 对于铸铁可取 $t=\left(\frac{1}{22}-\frac{1}{36}\right)D$

式中 D 为气缸直径，大直径的活塞环取下限值。对于 $D\leqslant 50\text{mm}$ 的活塞环，取 $t=\left(\frac{1}{14}-\frac{1}{22}\right)D$

活塞环的高度应保证在气体压力作用下，不会发生弯曲和扭曲；在有油润滑时，尚可考虑到油膜的承载能力。但为了减少摩擦功耗，以及因环质量过大而导致对环槽的冲击，环的高度一般取为 $\frac{h}{t}=0.4\sim1.0$，并且至少 $h\geqslant 2.5\text{mm}$。

非金属活塞环的截面都制成矩形的，考虑到强度较金属低，故高度一般比金属的大。当气缸直径 $D\leqslant 100\text{mm}$ 时，高度甚至大于厚度；气缸直径 $D>100\text{mm}$ 时，高度和厚度可相等。对于聚四氟乙烯，取 $t=h=\frac{\sqrt{D}}{1.5}$，或者按表6-39选取。

表6-39　填充聚四氟乙烯活塞环端面尺寸及热膨胀间隙　　mm

缸径 D	高度 h	厚度 t	切口周向 s	厚度方向 δ
50	5	4	1.5	0.12
70	6	5	2	0.15
85	8	6	2.5	0.18
100			3	
110			3.5	
115	10	8		1.22
140			4	
170	12	10	5	0.28
200			6	
230	12	10	7	0.28
240			8	
270	15	12	8	0.35
330			10	
350			12	
400	18	15		0.4
470			14	
540	20	18	16	0.45
600			18	

6.8.4 活塞环材料

用来制作活塞环的材料可以分成金属、非金属、复合材料三类。

（1）金属材料

属于金属材料的有铸铁、钢、铜合金等，用于有油润滑压缩机。

① 铸铁　铸铁具有良好的耐磨性。以球光体为基体、均匀分布有片状或团状石墨铸铁，是做活塞环的合适材料。对于低压及中压级，可用普通灰铸铁，根据气缸直径的不同，可选用不同的牌号，参见表6-40。

表6-40　不同缸径的铸铁牌号

气缸直径/mm	铸　铁	气缸直径/mm	铸　铁
≤200	HT250 或 HT300	>300	HT200
200~300	HT250		

气缸直径小时活塞环受力要大些，因此要选用较好的铸铁。

要求活塞环的硬度达180~250HBS，并且同一环上硬度差不应超过5个单位。当配磨的材料为其他硬度更高的材料时，则应尽量提高环的硬度。

普通灰铸铁还可通过表面处理来进一步改善其性能，例如常用的有磷化处理、硫化处理、涂硬铬等，因为这些工艺过程都能产生有害物质，故现在也采用蒸汽处理及喷镀钼等。所谓蒸汽处理，是将活塞环加热至400℃左右经3~4min后，通过0.16MPa、600℃的水蒸气约1h，在炉中微冷15~20min，接着在空气中冷至200℃后入油中冷却。蒸汽处理的目的是使表面形成一层Fe_3O_4和FeO与磷共晶体。它比磷化处理能提高寿命0.6~1.2倍。喷镀钼可以用离子喷镀或火焰喷镀，钼的硬度比铬高，但在正常情况下的磨损要较镀铬高些。球墨铸铁适于做中、高压级活塞环，它的耐磨性能较普通铸铁成倍地提高，表6-41中列出了球墨铸铁与普通铸铁磨损情况的对比资料。

表6-41　不同材料的活塞环与缸套相配时的磨损

气缸套			活塞环			摩擦副总磨损量(%)	试验条件
材　料	硬度HRB	磨损(%)	材　料	硬度HRB	磨损(%)		
普通铸铁 HT200	96	100.0	HT250	98	100.0	100.0	p_d=6MPa C_m=3.35m/s 缸壁温度：85~90℃ 润滑：19号（原牌号，相当于现在22号）压缩机油
		47.5	球墨铸铁	95	48.2	48.1	
		125.0	45钢	HRC49	114.0	117.0	
		98.7	50CrVA	96	91.4	93.6	
		62.3	石墨化钢	95	88.0	80.4	
球墨铸铁	99	37.0	球墨铸铁	95	60.0	53.6	
		104.9	45钢	HRC49	73.9	83.2	
		63.2	50CrVA	96	76.8	72.8	
		33.3	石墨化钢	95	36.8	35.8	

合金铸铁是在普通铸铁加入适量的铬、镍、铜、钛、钼等元素，并采用淬火、回火、等温转变等处理，使珠光体基体变成贝氏体与马氏体的混合基体，它的韧性好，硬度和耐磨性高，宜作中、高压级活塞环。

② 钢　一般讲，钢的耐磨性差，不宜作密封元件，唯有石墨化钢例外。由表6-40中可以看出，由石墨化钢制成活塞环和球墨铸铁缸套相配时，具有最佳的耐磨性。

石墨化钢的化学式[质量分数(%)]：C－1.55、Si－0.85、Mn－0.36、P－0.22、S－0.013、Cr－0.12、Ni－0.06、Cu－0.57。显微组织的基体为粒状珠光体，局部有不规则球形石墨。

③ 铜合金　它们有锡青铜、铅青铜、铝青铜、锰青铜等。这些材料韧性高、耐磨性及耐腐蚀性也好，宜于作中高压密封元件，且对气缸磨损小。在32MPa的高压级中，其在止点处造成的刻痕远小于铸铁，由此使缸套与环寿命成倍提高。

(2) 非金属

将非金属作密封元件，要求材料具有一定的自润滑性能，主要有石墨、聚四氟乙烯、聚酰胺、聚苯脂等，用于气缸无油润滑及少油润滑。

① 石墨　具有自润滑性能，导热性能好，摩擦系数和热膨胀系数小，耐腐蚀性能也好，并且具有必要的强度和刚度(详见表6－42)，是最早用作气缸无油润滑密封元件的材料。但是，石墨韧性差、易破碎，压缩干燥气体时易磨损，并产生石墨灰污染气体；压缩潮湿气体时，能在缸壁上生产石墨膏，也使磨损加剧，所以石墨做的活塞环，只适宜于压缩一定湿度的气体。现在石墨主要用作添加剂。

表6－42　石墨和聚四氟乙烯材料性能比较

材　料	抗拉强度/MPa	伸长量/%	弹性系数/Pa	热导率/[W/(m·s)]	热膨胀系数/(1/℃)	连续耐热/℃	吸水率/%	摩擦系数
石　墨	10～15	—	$(1.2\sim1.5)\times10^{5}$	$(8.3\sim11)\times10^{-3}$	3.5×10^{-6}	～400	0.5～0.6	0.2～0.3
聚四氟乙烯	15～36	160～400	4×10^{3}	5.5×10^{-5}	$(3\sim9)\times10^{-5}$	260	0.00	0.2～0.3

② 聚四氟乙烯　具有良好的自润滑性能、摩擦系数小、韧性也好。但是，导热性差、热膨胀系数大、强度低、耐磨性也不理想(详见表3－33)，故纯聚四氟乙烯不宜作密封元件。可以用填充其他物质的办法来改良聚四氟乙烯的性能，所以在压缩机中，一般说的聚四氟乙烯即指填充聚四氟乙烯。

常用的填充剂有青铜粉、石墨、碳、二硫化钼、玻璃纤维、碳纤维、金属氧化物(二氧化硅、三氧化二铝等)。青铜粉和石墨主要的作用是提高硬度、增加热导率、改善耐磨性；玻璃纤维能提高强度和改善耐磨性；二硫化钼和金属氧化物主要是提高硬度、增强耐磨性，一定程度上也有助于改善热导率。也可两种材料共混取长补短(详见本书3.6的内容)。

填充剂的性能和数量应由实验来确定，如用磨损因子来衡量。所谓磨损因子，即轴上施以一定比压p和一定速度v在轴承中旋转时，在一定时间T内径向磨损量Δ与压力、速度乘积之间的比例系数，也即$\Delta=KpvT$，式中K为磨损因子，它是单位压力、单位速度在单位时间内的磨损量(m^2/N)，与材料的摩擦系数无直接关系，K大即磨损量Δ大。

a. 充填剂的影响　例如，充填铜粉，如图6－181所示，磨损因子基本上是随青铜粉含量的增加而降低的。但是含铜达50%后，工艺上已有困难，因此一般填充量不超过60%。

加入玻璃纤维也能使磨损因子降低，但如图6－182所示，当达到5%后，再增加只对强度有好处，而对磨损因子影响则很小。近年来碳素纤维得到了发展，它是一种良好的填充剂，能改善聚四氟乙烯的强度、耐磨性和导热性。

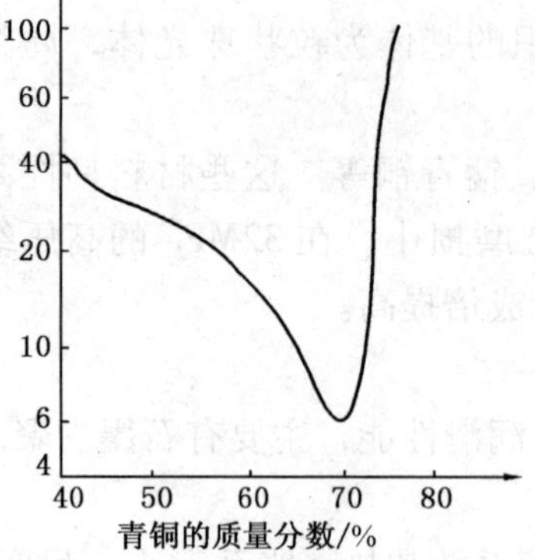

图 6－181　青铜粉含量对 K 值的影响

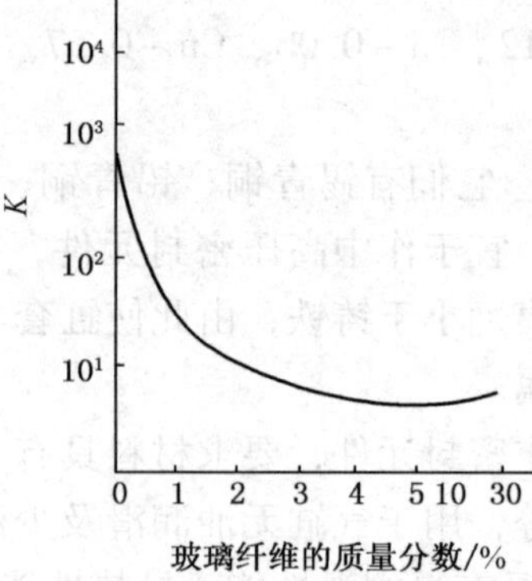

图 6－182　玻璃纤维含量对 K 值的影响

b. 气体性质、湿度的影响　如图 6－183 所示，为试验速度 3.86m/s，压力 0.4MPa，滑动面温度(70±2)℃，不同的填充剂及填充不同的数量时，在不同气体中的磨损因子与湿度的关系。试验的对磨材料为铸铁。这些试验的曲线表明：

首先，空气中最好的填充剂，在氮气中就不一定好，反之亦然。在空气中，不同填充剂的影响较小，它的磨损因子值比较集中，而在氮气中则不然，不同的填充剂磨损因子差别很大。

其次，气体中含有一定水分对减少磨损有利，通常随含水量增加，磨损因子降低，而当含水量减少至 7×10^{-6} 以下时，除氧气外，磨损因子都增加。

在氦中的磨损因子和在氮中类似。在二氧化碳中，除填充铜粉和金属氧化物磨损因子较空气中高外，其余都较空气中低，故对于这些气体，不宜填充铜粉及金属氧化物。对于在碳氢气体中磨损因子的情况，可参看图 6－184。

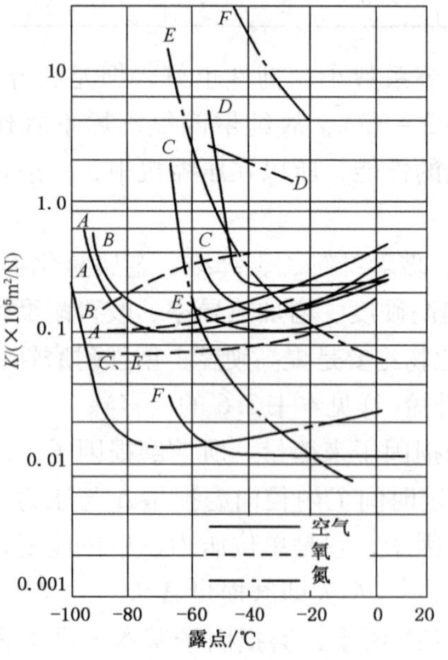

图 6－183　不同填充剂与质量百分数在空气、氮气、氧气中的 K 值与温度的关系

A—碳 20%＋石墨 25%；B—碳 25%＋石墨 25%；
C—玻璃纤维 25%；D—玻璃纤维 15%＋石墨 5%；
E—玻璃纤维 15%＋碳 5%；F—青铜粉

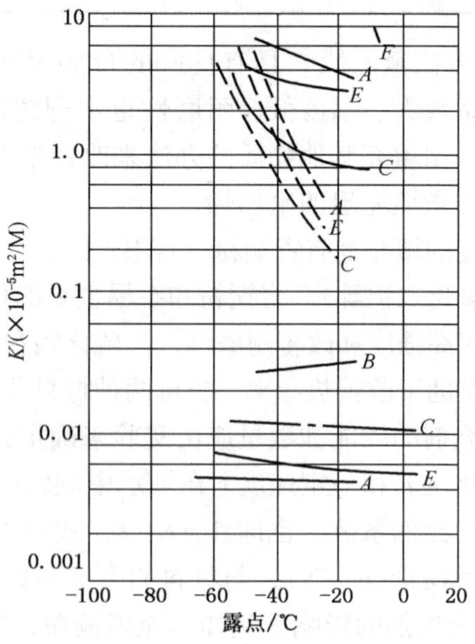

图 6－184　同图 6－183 填充剂在烃类气体中的 K 值与露点(温度)的关系

c. 配磨材料的性质、硬度和表面粗糙度的影响　若以碳钢作配磨材料时的磨损为基准，其他配磨材料元件的相对磨损量见表 6－43。

表 6－43　与填充聚四氟乙烯配磨的材料相对磨损量

材料（表面粗糙度 R_a0.80μm）	相对磨损量	材料（表面粗糙度 Ra0.80μm）	相对磨损量
碳　钢	1	硬　铬	10～20
铸　铁	1～2	青　铜	1～2
不锈钢	1.5～3	铝合金	20～50

对于那些相对磨损特别大的配磨材料。不仅聚四氟乙烯磨损严重，而且配磨件的磨损也很严重。铝合金表面经阳极化处理后，元件的磨损可大大减少。

配磨件的表面粗糙度并不是越小越好。过于光滑时，聚四氟乙烯的分子不能附着在表面上，因此起不到润滑作用，如图 6－185 所示。一般气缸表面的粗糙度以 Ra0.25～0.5μm 为宜，活塞杆表面粗糙度以 Ra0.2～0.40μm 为宜。

硬度的影响可参看图 6－186，一般以 50HRC 为宜。

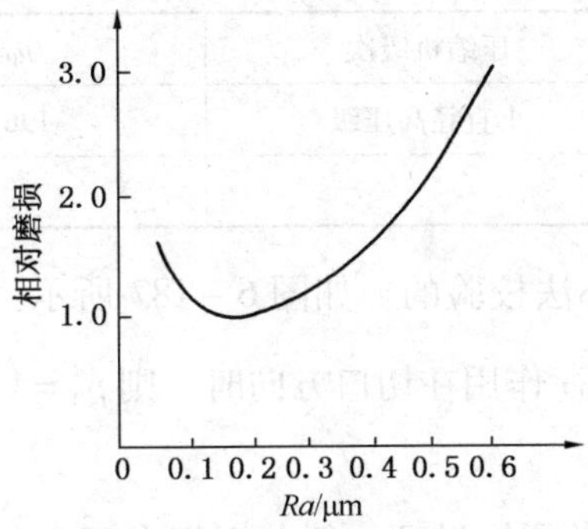

图 6－185　表面粗糙度对磨损的影响

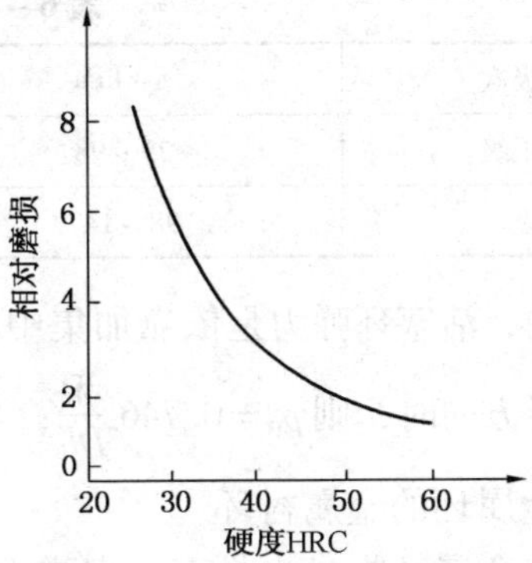

图 6－186　硬度对磨损的影响

这类密封元件的磨损与机器运行方式也有关系，持续运行时较断续运行的实际工作寿命长。因为自润滑性能的机理是，该材料分子在一定压力与温度下，能附在气缸内壁镜面上，并有序排列成一层膜，起到隔离两摩擦面的作用；机器一旦停止运行，膜层便破坏了，下次运行时又要重新形成膜层，故使磨损增加。

③ 环氧树脂　用环氧树脂以质量分数 27% 作胶结，由石墨 35%、二氧化钼 19%、聚四氟乙烯 19% 制成环氧树脂共混密封元件，在氮、氩、甲烷等压缩机上的试验表明：当露点低于 －75℃时，环氧树脂元件较填充聚四氟乙烯更耐磨；而当露点高于 －75℃时，填充聚四氟乙烯更耐磨些。所以，环氧树脂密封元件适用于压缩干燥的气体。

④ 酚醛树脂　酚醛树脂和纤维织物的层压材料可用作少油润滑密封元件，但一般由层压板切割而成的密封元件耐久性差，因为一般纤维层垂直摩擦表面，由于往复运动表面受切向力的作用，以及气体可能渗入纤维，故易产生剥离现象。用专门方法绕制的层压酚醛树脂环能克服上述缺点。根据试验，这种绕制的层压酚醛树脂环在氮氢气压缩机的第六级使用，不仅活塞环寿命延长，而且缸套及环槽的磨损都相应减少。

⑤ 聚醚醚酮与聚苯酯等与聚四氟乙烯共混材料见本书 3.6.3 和 3.6.4 的内容。

6.8.5 活塞冷态切口总间隙与弹力测量

（1）金属活塞环

压缩机运行时，活塞环温度要升高，因此要产生热膨胀，其伸长量为

$$\Delta s = \pi D\alpha(t_2 - t_1) \qquad (6-42)$$

式中：α 为材料的线性膨胀系数，对于铸铁 $\alpha = 1.1\times10^{-5}℃^{-1}$；$t_2$ 为压缩机运行时活塞环的温度,℃；t_1 为活塞环检验时的温度,℃。

若$(t_2 - t_1) = 100℃$，可近似地取 $\Delta s \approx 0.014D$。

因此，总切口值应为 $s_0 = s + \Delta s$，其中 s 为因初弹力需要的环开口值。

由此，也可反过来根据已有活塞环的切口值求弹力，即

$$p_0 = 0.142E\frac{\frac{s}{t}}{\left(\frac{D}{t}-1\right)^3\frac{D}{t}} \qquad (6-43)$$

式(6－43)表明：弹力只取决于材料的弹性模量 E，结构尺寸 s/t、D/t，而与环的高度 h 无关。设计时，可按表 6－44 取活塞环的弹力。

表 6－44　活塞环初弹力

压缩机级次	p_0/kPa	压缩机级次	p_0/kPa
低、中压级	29～98	小直径高压级	196～294
高压级	98～147		

在生产中，活塞环弹力是依靠加集中载荷的办法校验的。如图 6－187 所示：当集中载荷 W 作用在直径方向时，则 $p_0 = 0.746\frac{W}{Dh}$；当集中载荷作用在切口方向时，则 $p_0 = 1.96\frac{W}{Dh}$。

（2）非金属环的金属衬环

整体的非金属环本身也具有一定弹力，并非必须加衬环，但分瓣组合环必须设衬环。实践证明：图 6－188(a)的波纹形衬环，其峰谷间距大于气缸与活塞间隙，故不会滑出环槽；图 6－188(b)采用金属薄环上加弹性片的方法，也可避免滑出；图 6－188(c)所示简单的薄片形衬环，当活塞环磨损后，它能自环槽中滑出，拉伤气缸工作腔镜面。

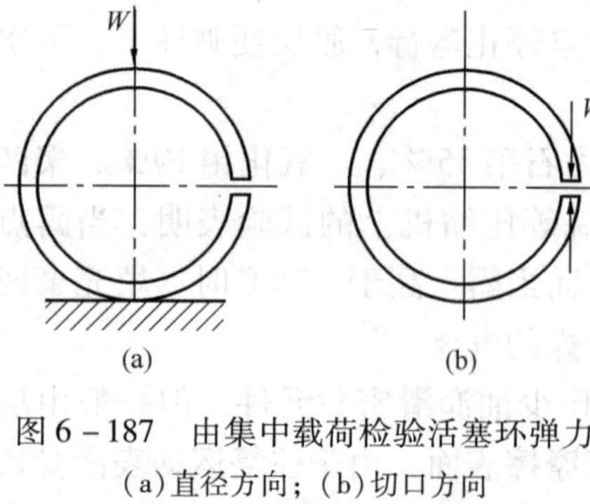

图 6－187　由集中载荷检验活塞环弹力

(a)直径方向；(b)切口方向

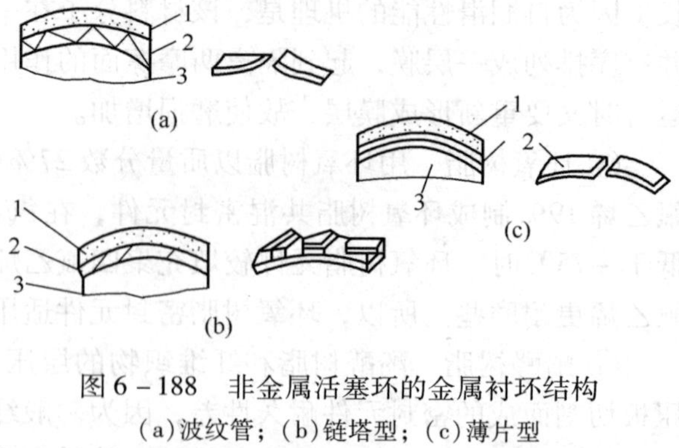

图 6－188　非金属活塞环的金属衬环结构

(a)波纹管；(b)链塔型；(c)薄片型

1—塑料活塞环；2—弹力环；3—活塞体

金属衬环的计算可参照活塞环进行，但弹力可取得小一些，一般取 $p_0 = (20\sim30)$kPa。

对于本身具有一定弹性的非金属整体环，尚应减去环本身的弹力。切口尺寸参照式(6－27)计算，但式中的直径和厚度应代入相应的衬环尺寸。

(3) 活塞环的弯曲应力

活塞环的弯曲应力还可能发生在装环时，这时环的内径必须扩大到等于活塞的直径(高压级组合活塞除外)，即活塞环中线的曲率半径增至$\rho = r + t/2$，此时环的最大应力为

$$\sigma'_{max} = \frac{2E}{\left(\frac{D}{t}\right)^2}\left(1 - 0.213\frac{s}{t}\right) \tag{6-44}$$

活塞环的许用应力，对于一般铸铁可根据直径按表6-45查取。

表6-45 活塞环的许用应力

D/mm	$[\sigma]$/MPa	D/mm	$[\sigma]$/MPa
50~300	250~160	400~1000	160~140

当活塞环安装在活塞上，并将环张开时，其许用弯曲应力允许较上述值大10%。必须要非常注意：切勿使开口张得过大！由此而使活塞环断裂的情况，安装时常有发生。

6.8.6 填料与填料函

(1) 填料函与填料组成

填料是指密封气缸座和活塞杆间隙的元件。因为过去都是用石棉浸有石墨的织物填充间隙，故称填料。这种填料当磨损后，需人工拧紧压板，使填料再次贴紧活塞杆，故称为他紧式。他紧式填料目前在压缩机中已很少采用。现在的填料都是自紧式，当填料磨损后能自动补偿。下面所述的也仅限于自紧式填料，其密封原理与活塞环类似。

填料函是指整个密封组件，如图6-189所示。它包括：若干填料组件与放置填料的碗形隔距环，填料压盖和把诸组填料串在一起用于装拆的螺钉；对于非空气压缩机还设置有前置填料，在其与填料之间的压盖上设有灯笼环槽，压盖上设有进油接口与放气接口，并有注

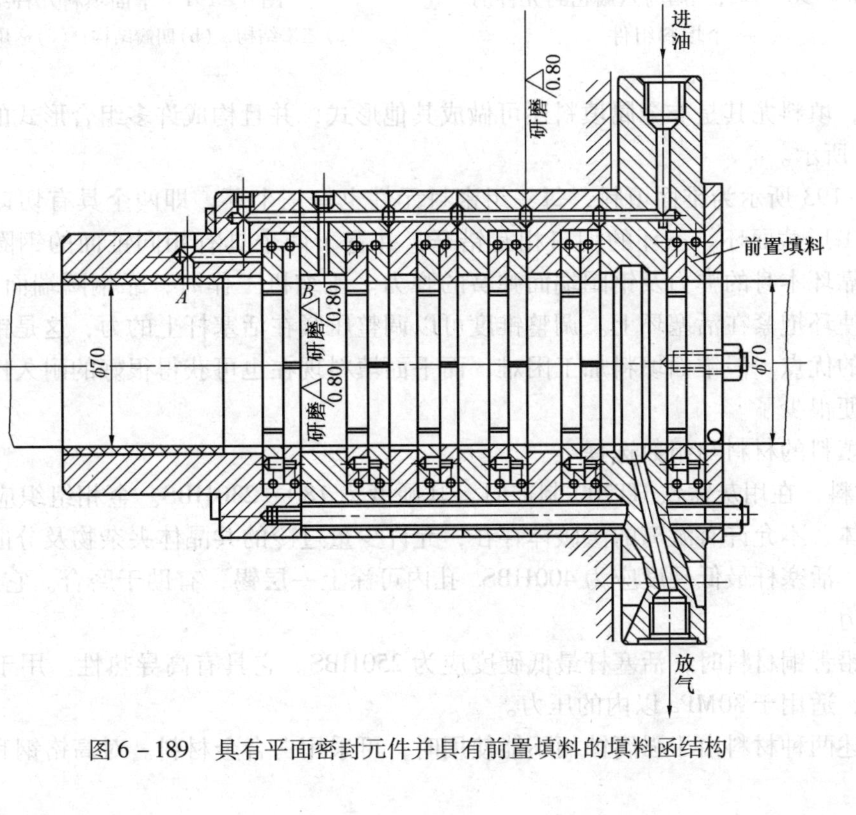

图6-189 具有平面密封元件并具有前置填料的填料函结构

油孔与放气孔；气缸排气压力较高时，其与气缸之间往往设有节流环。在气缸无油润滑压缩机中，填料函内还应设冷却水通道(见图6-194)。

图6-189的结构每组填料由三个零件组成，其中一个由切成三瓣的圆环，另一个制成六瓣的圆环，它们均由螺旋弹簧箍紧，构成一组填料(见图6-190)。三瓣圆环当置于活塞杆上后切口之间留有一定间隙；六瓣圆环置于活塞杆上时，三个弓形切口也留有间隙(见图6-190)，供磨损后补偿。安装填料时，三瓣的放在前面(即朝向气缸一面)，其功能主要挡住六瓣的切口，阻塞通路，此外让气缸中的压力气体导入小室，使六瓣外缘作用压力气体，令其紧压在活塞杆上。因此，仅六瓣环起密封作用。填料外绕螺旋弹簧起预紧的作用，预紧要求达到的比压 $k=30\sim80$kPa。

六瓣的填料也可做成图6-191(a)所示的三瓣结构，或图6-191(b)所示的四瓣结构，或者其他既能密封又具有补偿能力的结构。图6-191(c)所示的结构，一个小室内两块结构是一样的，它仅适用于低压。我国动力用压缩机中大都采用此形式。这种结构当内圈磨损时，外圈便不再成圆形，每块的尖角处伸出圆周外，容易使螺旋弹簧损坏。

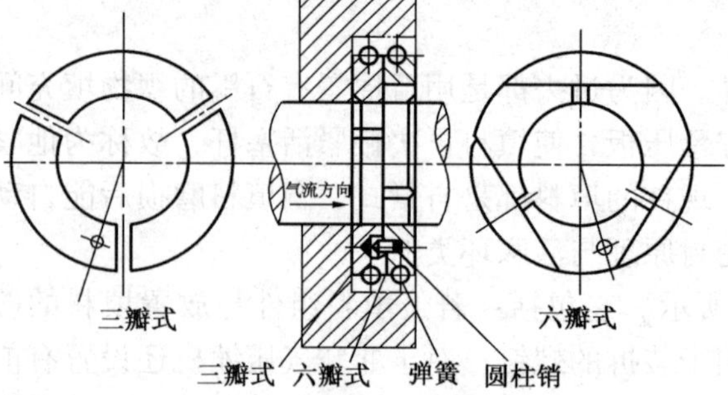

图6-190 具有三瓣与六瓣密封元件的一个填料组件

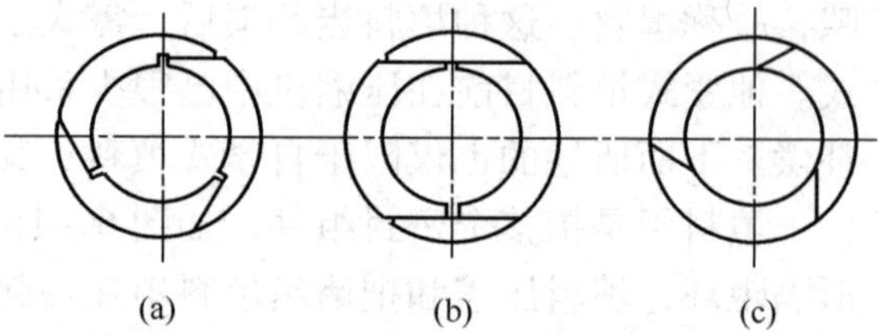

图6-191 平面填料几种结构形式

(a)三瓣结构；(b)四瓣结构；(c)适用低压的三瓣结构

此外，填料尤其是非金属填料还可做成其他形式，并且构成许多组合形式的填料盒，如图6-192所示。

图6-193所示为锥面填料，每一组密封元件也有三个环，即两个具有切口的梯形截面环和一个T形截面环。三环的切口相互错开，并置于两个具有相同锥面的钢圈中。这种结构预紧力靠环本身的弹力及钢圈端面弹簧的弹力。压缩机工作时，靠钢圈端面的气体压力，通过锥面使环抱紧在活塞环上。调整锥度可以调整压紧在活塞杆上的力，这是锥面填料较之平面填料的优点。但锥面填料加工困难，而平面填料现在也可获得很好的耐久性，故锥面填料的使用便很少了。

(2) 填料的材料与组数选择

① 材料　在用灰铸铁HT200制造时，其硬度为180~230HBS。金相组织应为片状及粗斑状珠光体，不允许有游离的渗碳体存在，允许少量过冷的共晶体夹杂物及分散的晶粒状铁素体存在。活塞杆最低硬度应为400HBS. 孔内可涂上一层锡，有助于磨合。它适用于7MPa以下的压力。

采用铅青铜材料时，活塞杆最低硬度应为250HBS。它具有高导热性。用于有化学腐蚀的条件下，适用于30MPa以内的压力。

对上述两种材料由于强腐蚀而不能使用时，可采用白合金材料。对高铬钢和镀铬的活塞

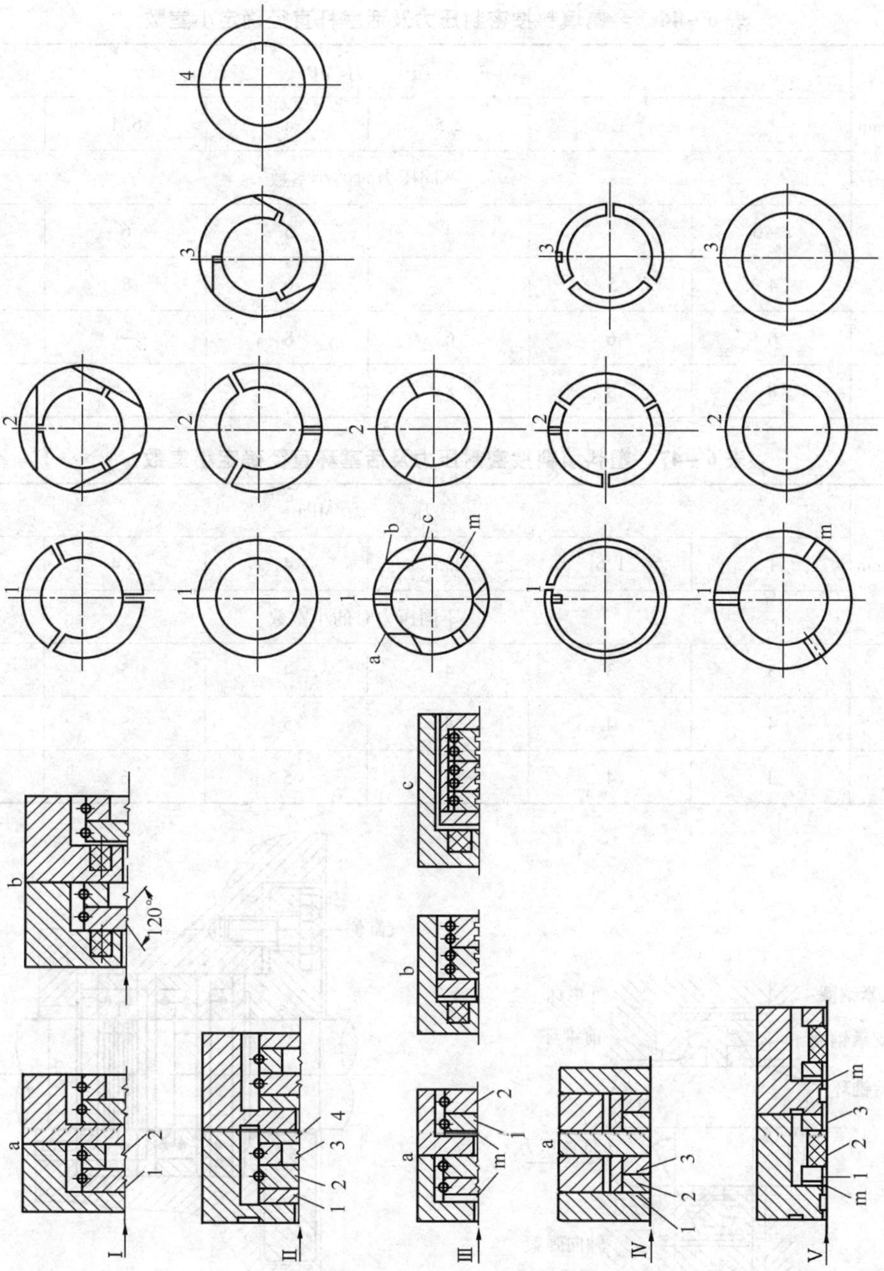

图 6－192　填料在填料盒中的几种组合形式

Ⅰa—典型三、六瓣组合；Ⅰb—侧面有弹簧顶住；Ⅱ—一组填料两侧设有两整环；Ⅲa—第一环由三个弓形环与三个三角形弧环组成，弓形环上有气口 m；Ⅲb—加一整环与弹簧；Ⅲc—有三个密封环加一整环与弹簧；Ⅳ—两个三瓣外罩一弹性闭口环；Ⅴ—1 环为整环，侧面有三个切槽，2 环为非金属整环，3 环为金属整环

杆来说，是很好的填料材料。它适用于最大压力为 35MPa、最高温度为 120℃的场合。

非金属填料密封环的材料见活塞环材料。

② 填料组数的选择　金属平面填料函内的小室数与所密封的压力及活塞杆的直径等有关，一般按表 6－46 选取；塑料平面填料函内的小室数，则可按表 6－47 选取。

表6-46　金属填料按密封压力及活塞杆直径确定小室数

活塞杆直径/mm	压　力/MPa					
	1	1.6	2.5	4	6.4	10
	不同压力时的小室数					
约50	2~3	4	4	5	6	6
50~80	4	5	5	6	8	—
80~160	6	6	6	8	—	—
>160	8	8	8	8	—	—

表6-47　塑料填料按密封压力及活塞环直径确定小室数

活塞杆直径/mm	压　力/MPa					
	1	1.6	2.5	4	6.4	10
	不同压力时的小室数					
30~35	3	3	4	4	5	5
55~80	4	4	4	5	5	6
90~150	4	4	5	5	6	6

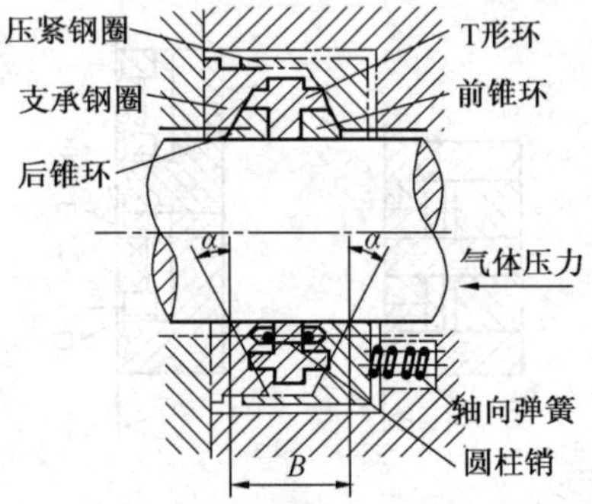

图6-193　锥面填料组件

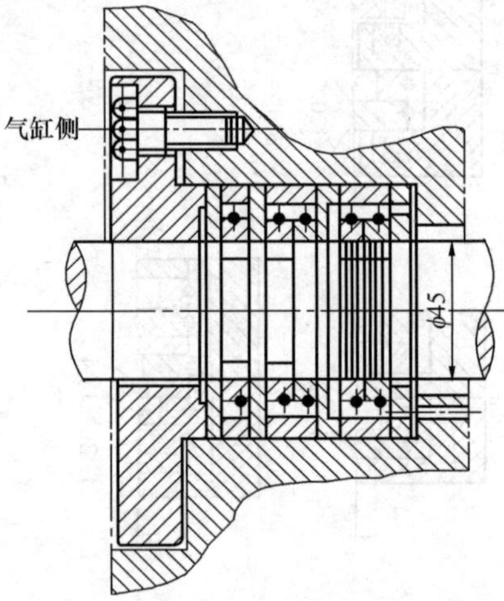

图6-194　我国动力用L型空气压缩机填料函

（3）典型填料函结构

图6-194为我国动力用空气压缩机采用的油润滑填料结构，填料是从气缸工作腔中装入的。在接近气缸工作腔的第一小室中放置一个填料，其目的是使气体先进行一次节流，使其后的填料所承受的压力比较平稳；第二小室放置两个图6-191(c)结构的填料；最后的小室中是两个刮油环。小室由一个隔距环和一个环片所组成。填料两端面与环片成滑动配合，外缘与隔距环应留有一定间隙，以便活塞杆有跳动时填料可以退让。这种结构拆装较困难。

图 6－195 为无油润滑并具有水冷却的填料函结构。填料是填充聚四氟乙烯，它夹在两个整体铜环片之间。铜环的内孔与活塞杆是滑配，外缘与小室间具有一定的间隙。背离气缸工作腔一侧的铜环，主要作用是阻止聚四氟乙烯在高压气体作用下，沿轴向产生塑性变形，即所谓冷流现象，同时减少密封元件与钢碗形小室端面的摩擦。朝向气缸工作腔一侧的铜环，其端面具有若干小弹簧，以使填料始终贴于背离气缸侧，而不会在小室中来回敲击。因填料与活塞杆的摩擦力，或在气缸内实现膨胀及进气过程中，由压缩机排气过程中漏入填料小室中的高压气体会倒流入气缸，由此把填料推向气缸一侧，使在每循环中，填料可能来回跳动一次。填料的这种跳动所产生的撞击，往往使填料提前损坏。要求小弹簧所产生的端面比压，约为(25～45)kPa。

由于填充聚四氟乙烯等塑料的导热性差，所以温度对密封元件的使用寿命有很大的影响。为了保证压缩机稳定运行，对于中、高压的塑料填料密封，一般采取冷却措施。图 6－195 示出填料函通水冷却的一种方案，将填料与活塞杆摩擦所产生的热量通过填料函间接导出。为了提高导热效果，还可在活塞杆内通水或油冷却(见图 6-94 和图 6-96)；若用液氨作冷却液，则导热效率会显著提高。

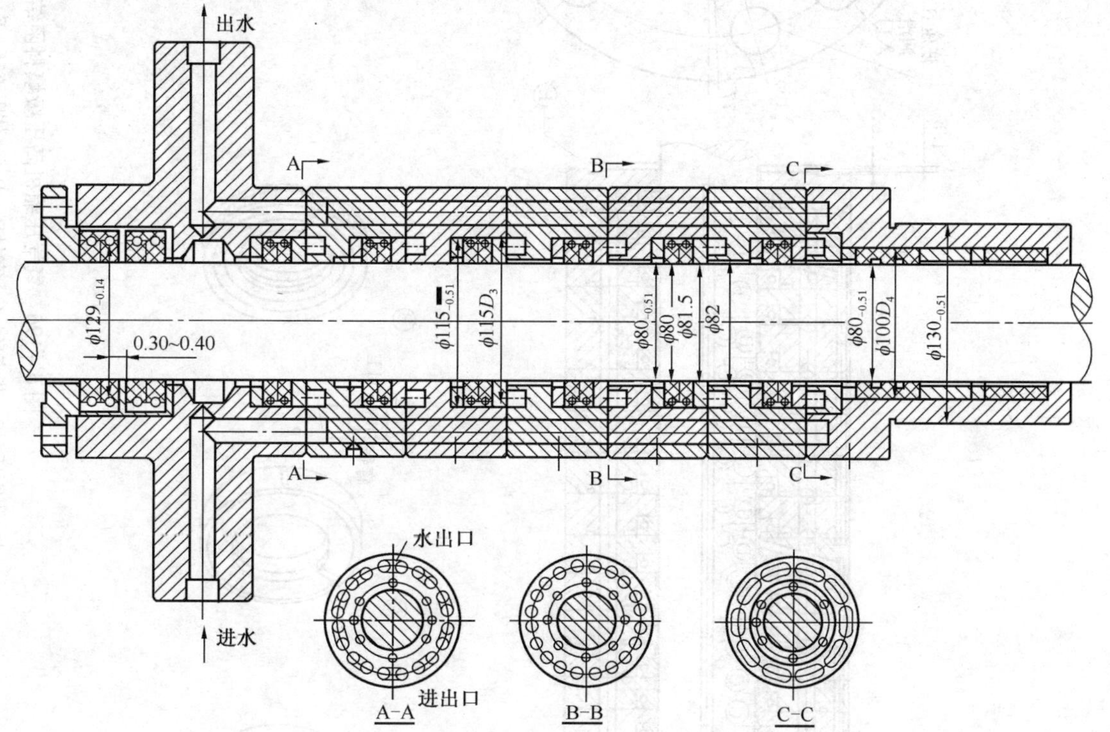

图 6－195　氮、氢气高压循环压缩机填料函结构

图 6－196 为氢气压缩机高压填料函，它是有油润结构，整个密封填料函由 B、C、D 三种环组合而成。三组 B 环主要起节流作用，它既阻滞压缩过程中高压气体对 C/D 密封环的冲击，又阻滞膨胀过程中填料函中高压气体回冲入气缸，由此使填料产生敲击。C/D 环共六组主要起密封作用。最后第 7 组 C 环密封压力已较低且压力波动较小，因此注入的润滑油压力也较低。虽然有油润滑但 C 环使用具有一个切口的 PTFE 材料。整个填料函具有良好的水冷却。图中螺钉 F 用于各填料室串到一起便于装拆。

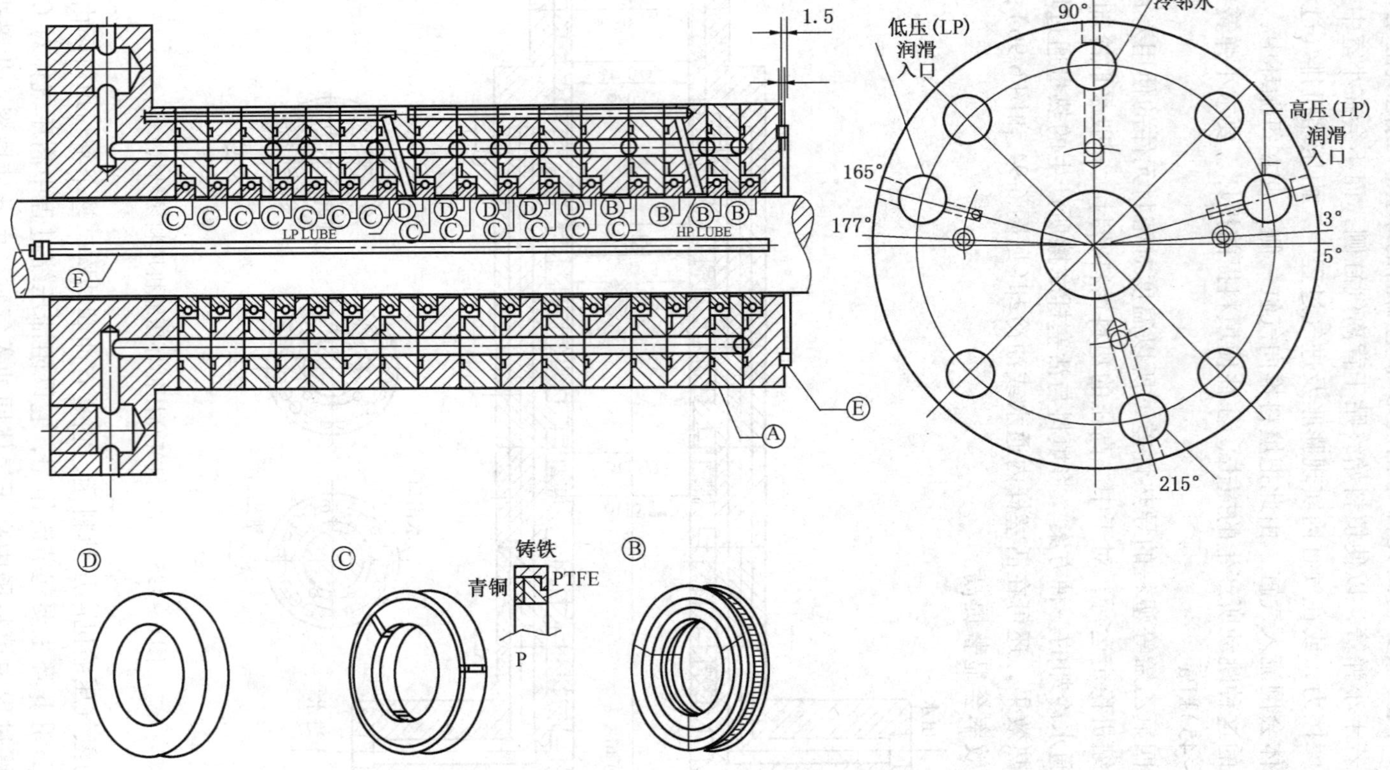

图 6 - 196　氢气压缩机高压级填料函结构

A—隔距环；B—节流环；C—密封环；D—整体阻流环；E—O 形圈；F—螺栓

6.9 气阀部件

6.9.1 气阀的组成与命名

(1) 气阀组成

往复压缩机控制进、排气的气阀主要由阀座、启闭元件 - 阀片、弹簧、升程限制器(也称阀盖),以及把它们联结在一起的螺栓等组成,如图 6 - 197 所示。

其中,阀座在气阀关闭状态要承受气缸内外的压力差;启闭元件是直接控制气体进、出的零件,当为平面结构时则称为"阀片";弹簧的作用为气阀需要关闭时将启闭元件推向阀座,此外在升程时阻滞其过强撞击升程限制器;升程限制器的作用当然就是为了限制启闭元件的升程。另外,气阀弹簧为螺旋弹簧时也是弹簧座孔。

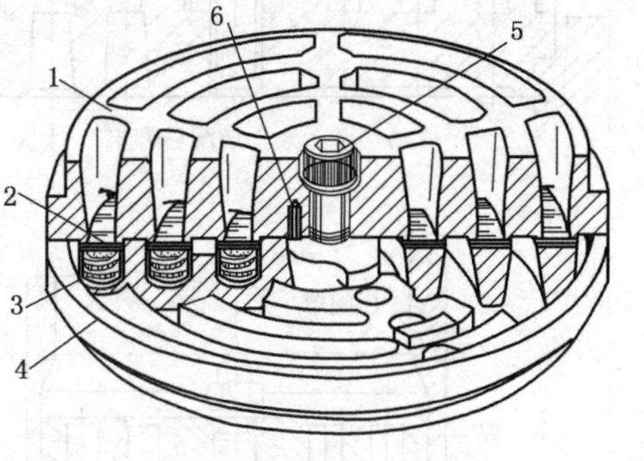

图 6 - 197 气阀组成元件

1—阀座;2—阀片;3—弹簧;4—升程限制器;5—螺栓;6—定位销钉

(2) 气阀命名

气阀可根据如下各种特征命名:

① 按启闭元件的形状命名 由此分为环状阀、网状阀(Plate Valve)、菌状阀(Poppet Valve)、指状阀(Magnum Valve),如图 6 - 198 所示。

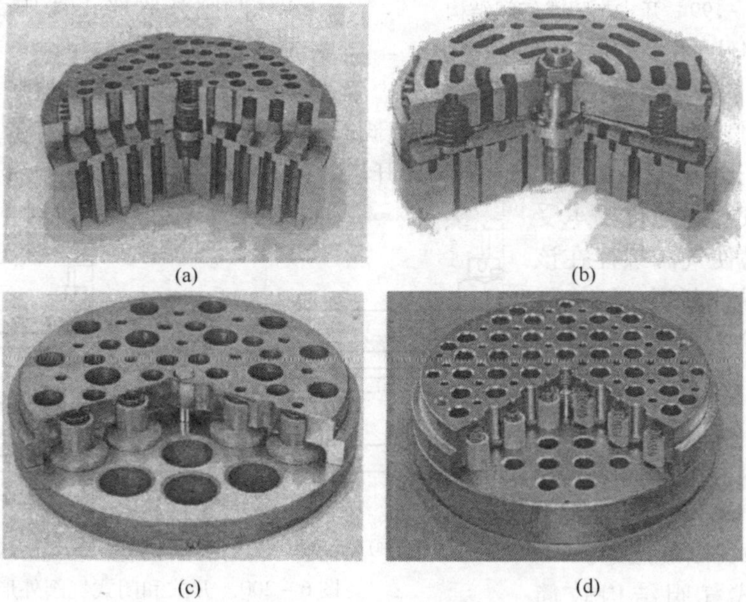

图 6 - 198 气阀按启闭元件形状命名

(a)环状阀;(b)网状阀;(c)菌状阀;(d)指状阀

环状阀阀片呈圆环状,可由一个或几个圆环组成;

网状阀阀片由一整片阀片其上开有若干个圆弧形槽道构成,当为非金属阀片时,为加强其刚性,甚至外缘可以做成非圆形。

菌状阀的启闭元件做成蘑菇状,国外称为 Poppet Valve。指状阀启闭元件为一圆柱状,

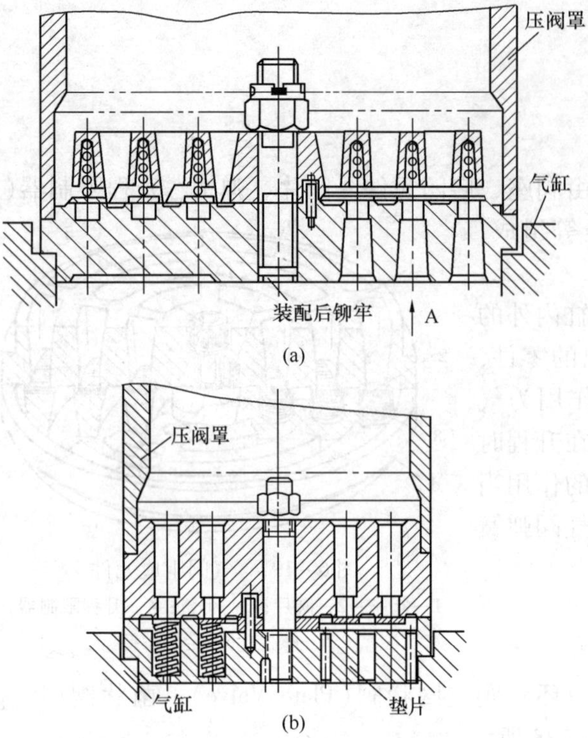

图 6-199　开式与闭式气阀结构

(a)开式气阀；(b)闭式气阀

类似于小手指，国外称为 Magnum™ Valve。

此外，还有阀片做成条状的条片阀与做成槽状的及做成碟状的气阀；在小型压缩机中还有阀片一端固定，并且阀片本身即为一弹簧片的结构称为舌簧阀等。

② 按启闭元件所用的材料命名　如金属气阀、塑料气阀，也即启闭元件由金属材料或热塑性塑料 PEEK 材料制成。传统的阀片都由金属制成。自 20 世纪 80 年代开始。随着热塑性工程材料聚醚醚酮(PEEK)的出现，人们发现它是制造压缩机启闭元件的优良材料，因此开始广泛应用。

③ 按阀座通道的宽窄及形状命名　如宽通道(阀座宽度大于 7mm)、窄通道(阀座宽度3 ~ 5mm)、阀座通道为圆孔(气阀圆孔阀座主要用于高压缩机级与菌状及指状阀)。

④ 按升程限制器结构命名　如开式气阀、闭式气阀。如图 6-199 所示，开式气阀升程限制器仅中心压在阀座上，其外径同阀片最外环直径，压阀罩压在阀座上，当阀片开启时，升程限制器上要承受气阀压差造成的作用力，因此使气阀螺栓也要承受该作用力，并易使气阀螺栓在该力反复冲击下导致断裂；闭式气阀升程限制器除中心外，其外缘也压紧在阀座上，压阀罩通过升程限制器紧压阀座，阀片开启时压差造成的作用力由升程限制器直接传递给压阀罩，气阀螺栓不再受此作用力故无断裂之虑。

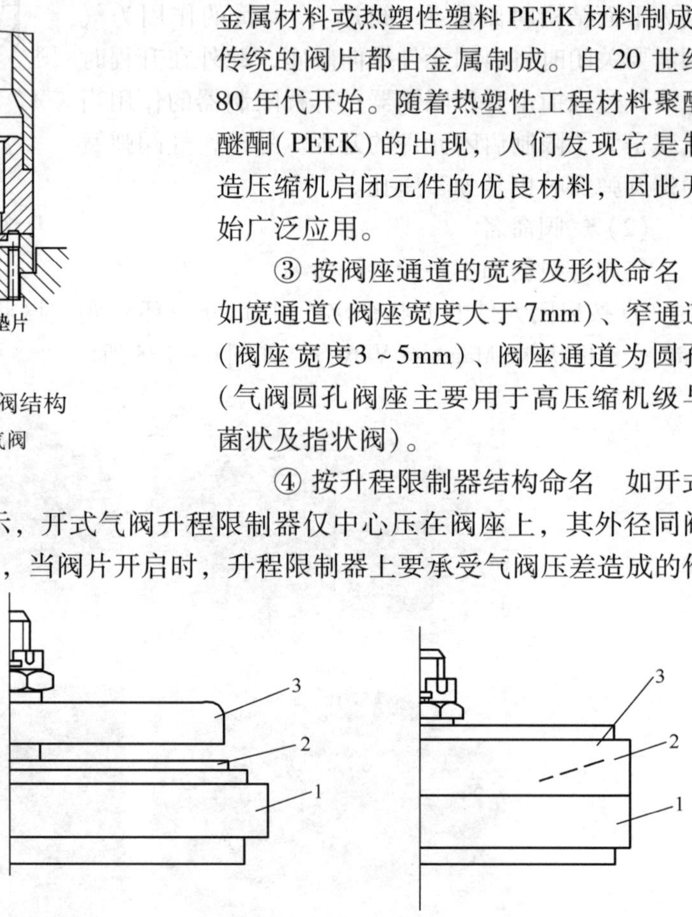

图 6-200　开式和闭式气阀外形

1—阀座；2—阀片；3—升程限制器

但是，开式气阀结构较简单，重量较轻；气阀外圈气流畅通，阻力损失相对较小；比较适合用于低、中压缩机气缸及气缸直径大的场合。图 6-200 是开式与闭式阀外形，以示区别。

6.9.2　气阀的工作过程与可靠性

(1) 气阀工作过程

气阀有进气阀和排气阀之分，如图 6-201 所示，其工作过程也有所差别。进气阀几乎在整个活塞行程中都工作，排气阀仅在排气过程即行程中部开始工作。此外，一些进气阀中可能出现的现象，排气阀中则不会出现。因此，以进气阀为例，分析阀片在气阀中的开启与关闭过程。

理想的情况是阀片能及时开启，并平稳地贴在升程限制器上，此后又及时关闭，当活塞到达止点位置时(图 6－201 中 3 点)阀片恰好落在阀座上。事实上，即使一个正常工作的气阀也做不到。阀片的运动状况主要取决于其上作用的弹簧力 F_s 与气流推力 F_g 的匹配，以及阀片的质量。

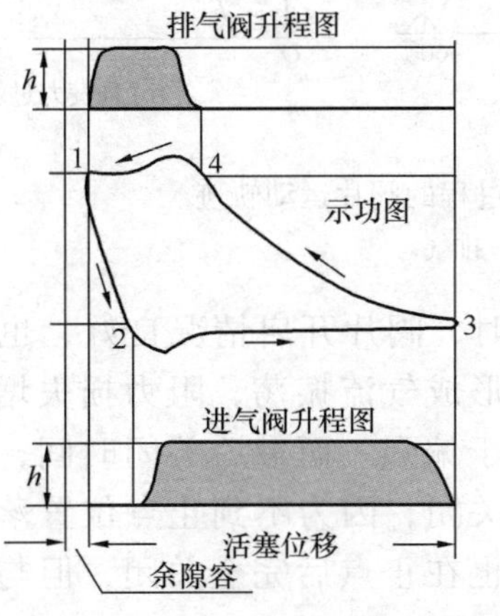

图 6－201 进、排气阀工作阶段与理想的阀片升程图

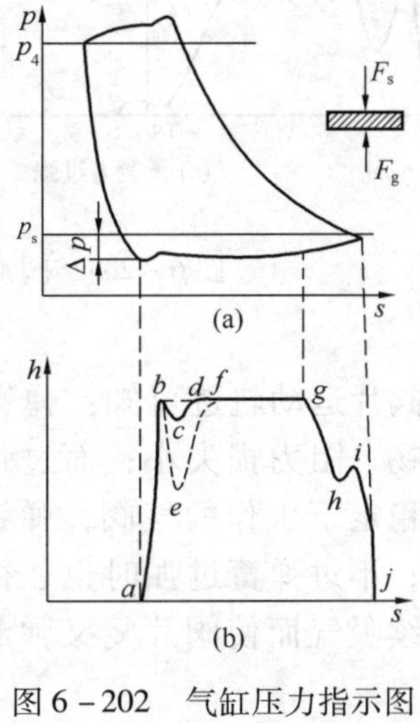

图 6－202 气缸压力指示图

(a)气缸压力指示图—$p-s$ 图；

(b)阀片升程曲线图—$h-s$ 图

① 阀片正常工作过程 如图 6－201 及图 6－202 所示，当活塞在膨胀过程中由位置 1 至 2，此后气缸内压力便低于阀室中压力，当压差 Δp 足以克服阀片单位面积上的弹簧力 q_s 与阀片质量惯性力时，阀片迅速开启(*a*—*b*)；当阀片撞至升程限制器时，如果两者不能吸收其撞击的能量，则阀片出现反弹而反向(*b*—*c*)，然后在气流推力作用下再度贴至升程限制器(*c*—*d*)；若此时气流推力由于活塞速度过小还不足以克服弹簧力时，阀片会更大地返回，如图中(*b*—*e*)，然后再随着活塞运动速度加快，气体流速加大而使推力增加，阀片再被推向升程限制器(*e*—*f*)；若此后气体推力一直大于弹簧力，则阀片一直贴在升程限制器上(*d* 或 *f*—*g*)；随着活塞向止点靠近，运动速度又减小，气流推力也逐渐减小直至小于弹簧力，阀片开始脱离升程限制器，并在弹簧力作用下被推向阀座(*g*—*h*)；但此时活塞仍在运动、仍有气体吸入、也还有气流推力，故阀片又被升起(*h*—*i*)；随着气流推力愈来愈小，当活塞到达止点位置时阀片最终在弹簧力作用下恰好落在阀座上(*i*—*j*)，结束一次阀片工作的运动过程。

因此，阀片能否正常工作，在开启时取决于气缸与阀室间的静压差；此后，则完全取决于气流推力 F_g 与弹簧力 F_s 的匹配；阀片关闭过程中的振荡，(图 6－202 中 *g*—*h*—*i*—*j* 曲线)则是不可避免的，其中主要是阀片惯性力影响。实际上，当活塞到达止点位置时阀片也恰好坐落到阀座上是极为难得的。

② 阀片不正常工作过程

若弹簧力过强，如图 6－203(a)阀片一直无法贴在升程限制器上，形成在其与阀座间的振荡-颤振，最后在活塞到达止点位置时，阀片或早或迟落到阀座上，且实际迟后的可能性更大，形成与阀座强烈冲击。

若弹簧力过弱，如图 6－203(b)所示，阀片会过长时间贴在升程限制器上，导致迟后关闭；当活塞到达止点位置时尚未落到阀座上，而在压缩行程开始时，气缸内会有气体返流并将阀片重重地撞向阀座，它不仅会形成气量损失，且也会导致气阀提早失效。

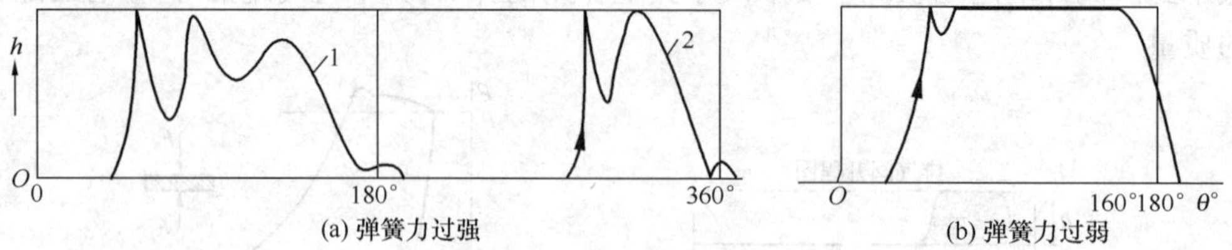

图 6－203　阀不正常工作过程的阀片运动轨迹

1—进气；2—排气

比较两者阀片运动轨迹可知：弹簧力偏弱时，阀片开启情况良好，也即进气和排气过程中气体流畅，阻力损失小；而过强时则会形成气流振荡，阻力损失增加。因此，对于那些压力不稳定下工作的气阀，弹簧偏软优于偏强。而最后关闭时间，弹簧力偏软时肯定迟后关闭；不过弹簧过强时也往往会迟后关闭，因为不到止点位置落到座上的阀片仍会因活塞继续吸气而使阀片复又弹起，最后也在止点后完全关闭，但与阀座的撞击可能小些。

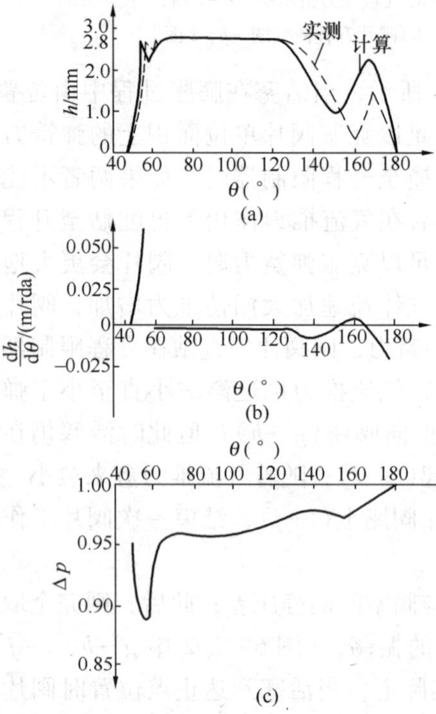

图 6－204　某压缩机进气阀工作时阀片运动轨迹的模拟与实测值

(a)阀片运动轨迹的模拟与实测；(b)阀片运动速度；(c)相对压力损失

(2) 阀片运动的数学模型

现在气阀工作时阀片的运动轨迹已可用数学方法较好地模拟(仿真)。图 6－204 为一个进气阀片运动轨迹的计算与实测结果，并且计算出了阀片运动的速度以及气缸内外相应的压力差 Δp 曲线。因此，设计或选用某一工况下的气阀是否合适已可用数学模拟的方法进行预测。有关数学模拟计算已有现成软件供应用。

图 6－204 中的计算结果是在试验机上经不断调整而得。实际上难以使阀片落到阀座的曲柄转角为 180°，总有稍微一点提前或落后。计算中阀片的反弹系数取 0.3，是英国学者麦克拉仑提出，从本次实测结果看其值小于 0.3。图中还提供了阀片运动速度及压力损失曲线图供参考。对于模拟的结果，有文献认为气阀计算的结果满足下列条件，则被认为是合格的气阀：

① 气阀阀片的位移曲线不应出现颤振；

② 因气阀延迟关闭，气流的相对泄漏量不应大于 1%；

③ 阀片撞击阀座的速度不大于 1.5～2.5m/s，撞击升程限制器的速度不大于 5～8m/s。

6.9.3 气阀的压力损失与功耗

(1) 气阀的压力损失

气流流经气阀的压力损失取决于气体流速、气流密度以及该结构的阻力系数，它可表示为 $\Delta p = \xi\rho\dfrac{v_v^2}{2}$，其中 ξ 为阻力系数，由阀的结构形状决定，并且为计算方便，定义 $\xi = 1/\alpha^2$，α 称为流量系数(见图6-205)。

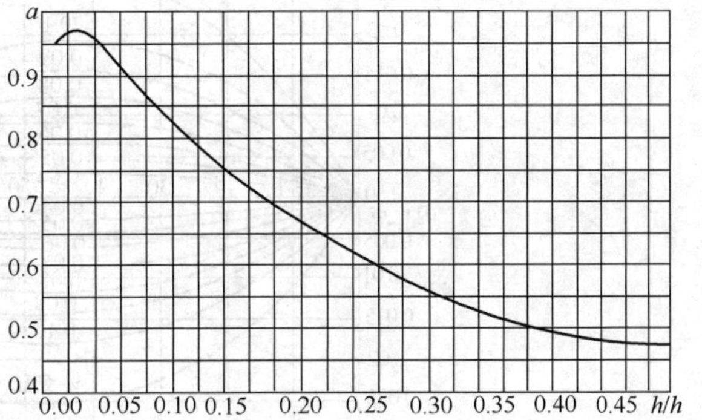

图6-205　环状阀与网状阀的流量系数

气阀中的气体流速，流经阀座通道、阀隙、升程限制器是不同的；往往选择阀片与阀座间隙流速为代表流速，此间隙通流截面称为代表截面或称“决定截面”。而其他部分则折算到该间隙截面上，一般用气阀总的流量系数 α 来考虑，把阀系通流截面 A_v 乘以 α。

计及本书第二篇5中曲轴连杆的关系可知压力损失为

$$\Delta p = \frac{1}{2}\rho v^2 = \frac{\rho}{2}\left[\frac{A_P}{\alpha A_V}r\omega\left(\sin\theta + \frac{\lambda}{2}\sin2\theta\right)\right]^2 \tag{6-45}$$

又因 $r = \dfrac{s}{2}$，$\omega = \dfrac{\pi n}{30}$，$c_m = \dfrac{sn}{30}$，$\overline{v}_v = \dfrac{A_P}{\alpha A_v}c_m$—间隙平均流速

故得 $\Delta p = \dfrac{\pi^2}{8}\rho\,\overline{v_v^2}\left(\sin\theta + \dfrac{\lambda}{2}\sin2\theta\right)^2$

又因 $\dfrac{p}{\rho} = RT$，实际气体 $\dfrac{p}{\rho} = ZRT$，声速 $a = \sqrt{kRT}$，实际气体 $a = \sqrt{\dfrac{kRTZ}{Y}}$

$M = \dfrac{V_V}{a}$—气流平均马赫数，可得

$$\left.\begin{aligned}\text{理想气体}\ \Delta p &= \frac{k\pi^2}{8}p\left(\sin\theta \pm \frac{\lambda}{2}\sin2\theta\right)^2 M^2\\ \text{实际气体}\ \Delta p &= \frac{k\pi^2}{8Y}p\left(\sin\theta \pm \frac{\lambda}{2}\sin2\theta\right)^2 M^2\end{aligned}\right\} \tag{6-46}$$

上列式中“+”号为向盖行程，“-”号为向轴行程。

令 $\delta = \Delta p/p$—相对压力损失

则式(6-46)成为

$$\left.\begin{aligned}\text{理想气体}\ \delta &= \frac{k\pi^2}{8}\left(\sin\theta \pm \frac{\lambda}{2}\sin2\theta\right)^2 M^2\\ \text{实际气体}\ \delta &= \frac{k\pi^2}{8Y}\left(\sin\theta \pm \frac{\lambda}{2}\sin2\theta\right)^2 M^2\end{aligned}\right\} \tag{6-47}$$

如图6-206所示，即为盖侧气阀阀片全开理想气体不同马赫数时的相对压力损失曲线。图中(a)为 $M = 0.04 \sim 0.12$；(b)为 $M = 0.14 \sim 0.50$。两者的上半部分为排气过程；下半部分为进气过程的相对压力损失。此外，图中中间坐标为行程 S，上、下为曲轴转角 $\alpha°$；图中(b)的虚线表示当有余隙容积存在的情况；曲线表明 M 愈大压力损失愈大。图中相对压力损失乘以当时的压力值即为绝对压力损失 Δp 值。

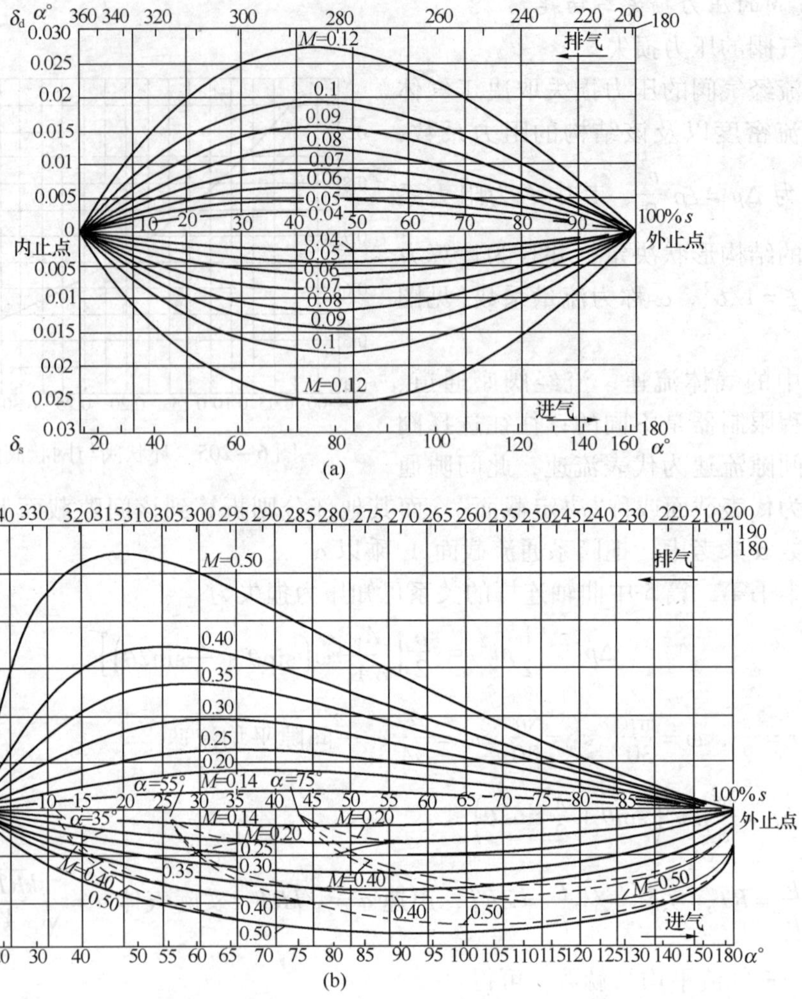

图 6－206　盖侧气阀全开不同马赫数时气流的相对压力损失值曲线

(a) $M=0.04\sim0.12$；(b) $M=0.14\sim0.50$

（2）气阀功耗

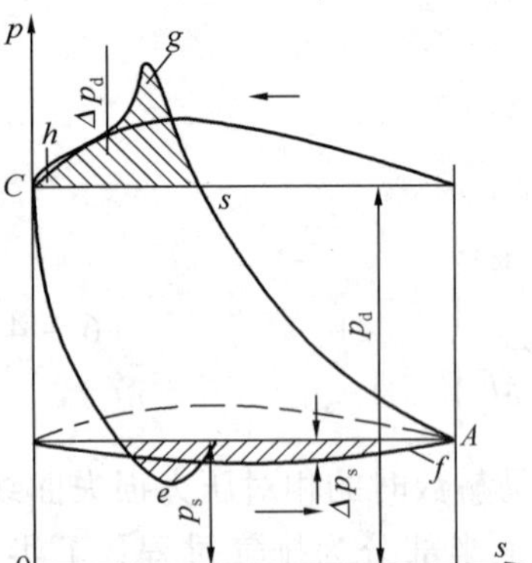

图 6－207　压缩机消耗在气阀中的压力损失与耗功

如图 6－207 所示，一个循环中气阀消耗的功为图中阴影线部分。对于进气阀由 e、Δp_s、f 三者构成，e 为气阀开启的静压部分消耗的功，其值与阀片上弹簧的初弹力（某种意义上即弹簧的预压缩量）、阀片质量有关，Δp_s 部分与间隙气流马赫数 M 有关，最后 f 的多余部分与阀片关闭过程的振荡有关。对于排气阀由 g、Δp_d、h 三部分组成，作用同进气阀。

由此可知，马赫数部分影响占较大部分。图 6－208 表示了它们的计算关系，其纵坐标 P 为功率，ΔP 为功率增量；阀片按全开计算。

6.9.4　气阀弹簧力匹配与弹簧结构

气阀弹簧是压缩机中最小的零件，但是最关键的零件，

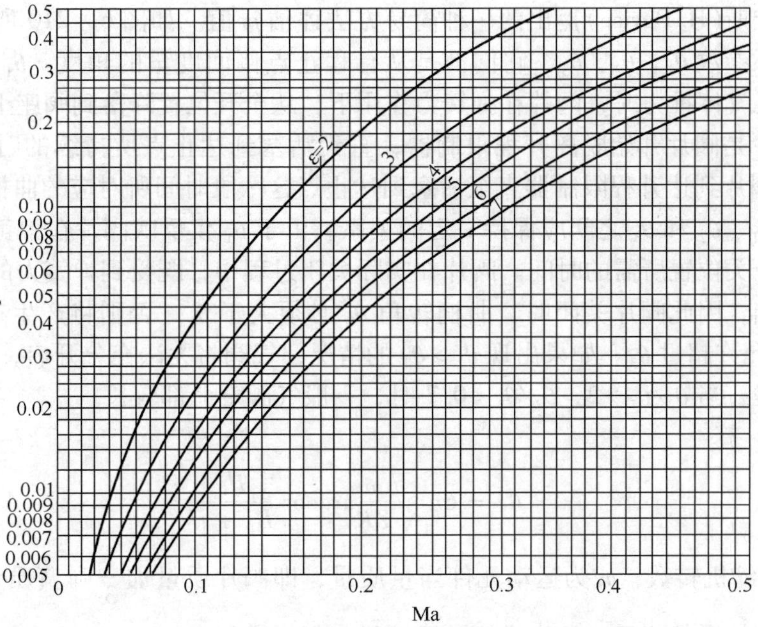

图 6－208　双原子气体总相对功率损失与马赫数及压力比的关系

压缩机的可靠性、运行经济性与它有密切的关系。

（1）弹簧力的初步确定

① 气流推力　通过阀隙的气流速度是由活塞运动速度来决定的，但由此而产生的推力还受气流折转的程度的影响，并用推力系数 β 来考虑之，$\beta = \dfrac{F_G}{\Delta p A_s}$，其中 A_s 为阀座通道面积（不计入筋条）。图 6－209 给出了推力系数与升程与阀座通道宽度比的关系，是一个小于 1 的数值，也即阀片单位面积上的气流推力比压差小一些。

② 弹簧力与气流推力的匹配关系　阀片的开启是由气缸内与阀腔内的静压差决定。阀片开启后是否能稳定地贴在升程限制器上，则是由气体流动所产生的推力与弹簧匹配的合适程度来决定，并用 μ 来表示。即

$$\mu = \frac{F_{SO}}{F_{gmax}} \tag{6-48}$$

式中：F_{SO} 为阀片全开时的弹簧力；F_{gmax} 为气流最大推力；μ 一般为（0.3～0.7），其取值与当时气体流速与密度、升程大小、阀片质量等有关，最小可为 $\mu = 0.1$，最大可达 $\mu = 0.9$，在氢气压缩机中甚至可更小。μ 值过大，阀片可能提前关闭；μ 值过小，会迟后关闭。绝不允许 $\mu > 1$。

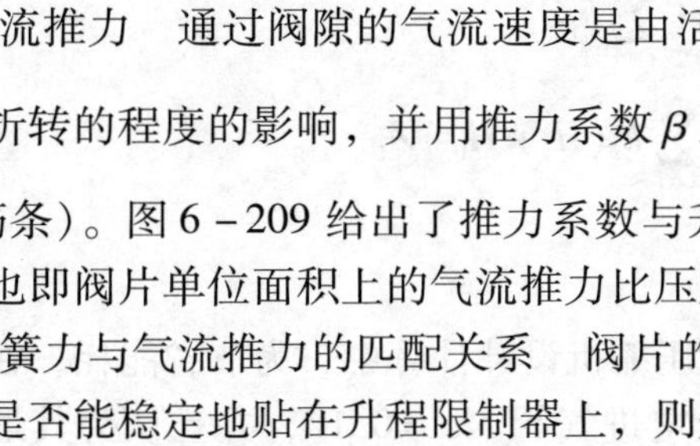

图 6－209　推力系数 β 与升程－通道比的关系

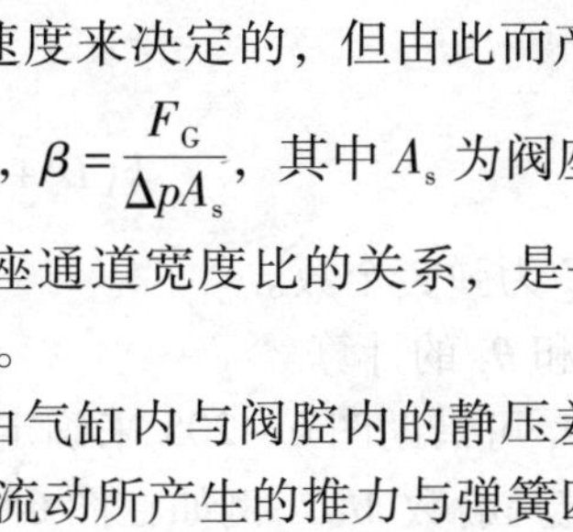

图 6－210　阀片运动时的三个特征角

可按戴维斯(H. Davise)提出的一种简易方法评估 μ 值。如图 6-210 所示，先给定三个曲轴转角特征参数 θ_1、θ_2、θ_3，它们都是从行程止点倒回度量的角度。θ_1 为气阀假想关闭角，即假定无气体推力时，阀片在弹簧力作用下，从全开位置降落到阀座上所需时间对应的曲柄转角；θ_2 是阀片开始脱离升程限制器，直到活塞到达止点所持续的时间所对应的曲柄转角；θ_3 是阀片到达升程限制器直至活塞到达止点这一段时间所对应的曲柄转角。

特征角 θ_1、θ_2 和 θ_3 之间应保持一定的关系。由于 θ_1 仅反映阀片在弹簧力作用下，由全开位置到达全关位置所需的时间。阀片在实际关闭过程中，既受到弹簧力的作用，又受到气流推力的阻挡，因此阀片关闭时，曲柄转角 θ_2 必须大于 θ_1，否则将产生很大的延迟关闭。但 θ_2 的值不允许超过 θ_3。如果出现 $\theta_2 > \theta_3$ 的情况，气阀将无法充分开启，并产生颤振。

由统计得，当 $\theta_2/\theta_1 > 2$，$\theta_2/\theta_3 < 0.7$ 时，一般气阀寿命都较长。 (6-49)

a. θ_1 的计算

$$\theta_1 = 6n\sqrt{\frac{m}{ZK}}\arccos\frac{H_0}{H_0 + H} \tag{6-50}$$

式中：n 为压缩机转数；m 为运动元件当量质量，即阀片质量加$\frac{1}{3}$弹簧质量；Z、K 分别为弹簧个数与刚性系数；H_0、H 为弹簧预压缩量与气阀升程

环状阀与网状阀上使用几种不同的弹簧刚性系数 K_i、同一级不同的弹簧预压缩量 H_{0i} 时，计算 θ_1 必须是假想的平均值。即

$$k\sum_{i=1}^{z} Z_i = \sum_{i=1}^{z} k_i Z_i \tag{6-51}$$

$$k(H + H_0)Z = \sum_{i=1}^{z} k_i(H + H_{0i})Z_i \tag{6-52}$$

上列式中 Z 为弹簧个数。

b. θ_2 和 θ_3 的计算

θ_2 与 θ_3 可借助图 6-205 来确定。一般在压缩机设计计算中，为节省能耗，在考虑气阀时首先选定马赫数 Ma。例如在图 6-210 中选定进气阀 $Ma = 0.12$，并且认为其最大相对压力损失 δ_{max}所对应的另一纵坐标，弹簧力与最大气流推力的比值 $\mu = 1$(不管纵坐标实际值的大小)；再按式(6-50)求得的 θ_1 乘以一个大于 2 的数值，如 2.5，从图中横坐标找出相对应的 θ_2；从 θ_2 作垂线与 $Ma = 0.12$ 的曲线得一交点；然后由该交点作横坐标平行线得到 $Ma = 0.12$ 曲线上的另一交点，该交点所处角度便是 θ_3，再检查(θ_2/θ_3)是否小于 0.7。如果不符合，可调整该平行线的位置，再进行校核。该平行线在纵坐标为 1 上所处的位置或百分比即为对应的μ_0 值，如图 6-211 所示。

用该方法处理 θ_2、θ_3 很直观，但忽略了推力系数 β 和不同回转半径与连杆长度比 λ 的影响。

c. 弹簧刚性与预缩量

阀片全开时的弹簧力取决于弹簧压缩量与其刚度，即 $F_s = k\Delta l$，式中：k 为弹簧刚度；Δl 为弹簧总压缩量。一个气阀中有若干个弹簧时，总弹簧力 $F_s = k\sum_{i=1}^{n}\Delta l_i$，一般一个气阀中各弹簧压缩量不相等，但其刚度是相同的。对于中心有板条弹簧，四周同时有螺旋弹簧，甚至锥形弹簧时，则 $F_s = \sum_{i=1}^{n} k_i \Delta l_i$。

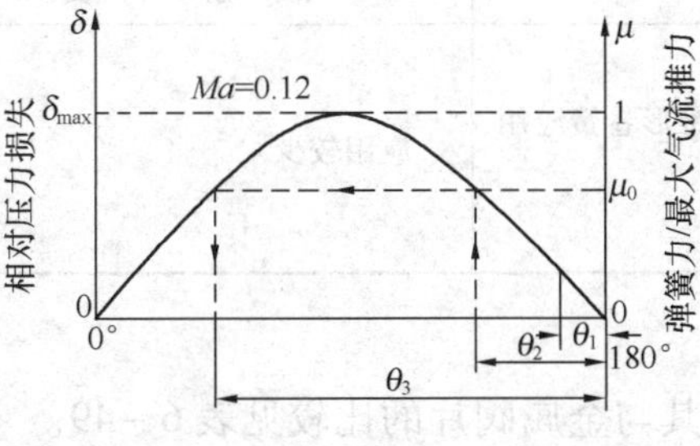

图 6－211　图解法确定 θ_2、θ_3 与 μ 值

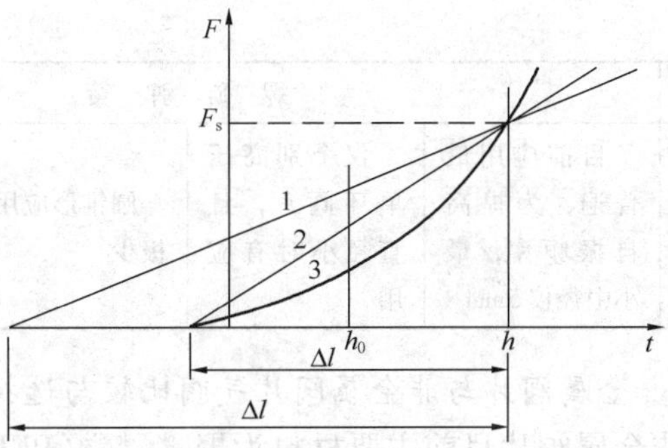

图 6－212　得到同一弹力时不同刚度弹簧压缩量

图 6－212 所示为三种不同刚度弹簧得到同一弹簧力时的变形量。其中 1 的刚性最小，预压缩量即初弹力最大。理论上讲，变刚性弹簧 3 最好，因为在相同 F_s 时，其初弹力最小。

气阀中弹簧预压缩量是必要的，因为气阀经一段时间工作后弹簧往往会因弹性疲劳而自由高度缩短，故应取预压缩量 $h_0 \geqslant 2\text{mm}$。但初弹力不宜过大，因其值决定阀片开启时的静压差大小，对于大气压力进气的第一级阀座通道单位面积上的弹簧预紧力约为(2～3kPa)。

(2) 弹簧的自振频率

自振频率 $\nu_1 \geqslant (5 \sim 10)n$，其中 n 为压缩机转速。一个工作正常的压缩机气阀阀片也会有振荡，如果弹簧自振频率跟不上阀片的振荡，弹簧便可能与阀片撞击。许多阀片背面有弹簧刻痕便是这种撞击形成的。由式(3－34b)已知一阶自振频率 $\nu_1 \infty \dfrac{d_0}{nD_c^2}$。因此，让 D_c 小、d_o 适当大一些，圈数 n 少一些是有利的。目前最小的 $D_c = 5\text{mm}$。

(3) 弹簧结构形式与优缺点比较(见表 6－48)

表 6－48　气阀弹簧形式与优缺点

	螺旋弹簧				板条弹簧	
	圆柱形	圆环形	圆锥形(塔形)	锥形卷簧	单向弹性条	反向双弹性条
结构形式	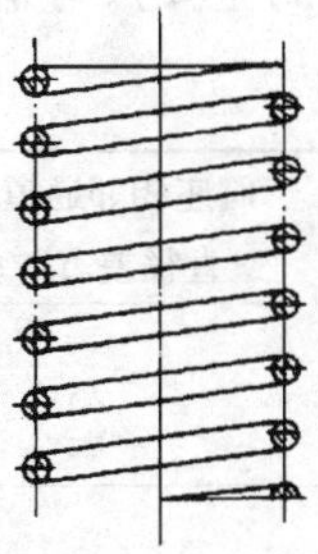	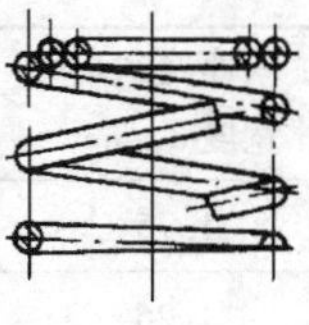	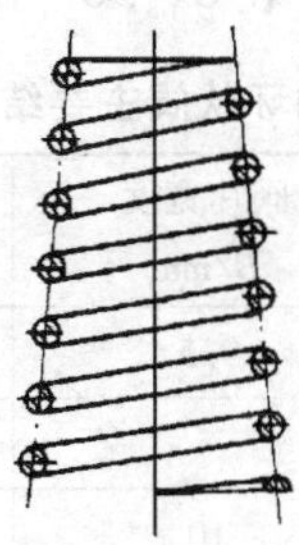	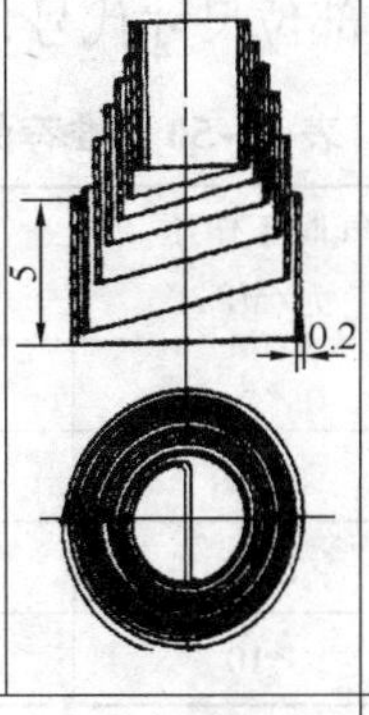 	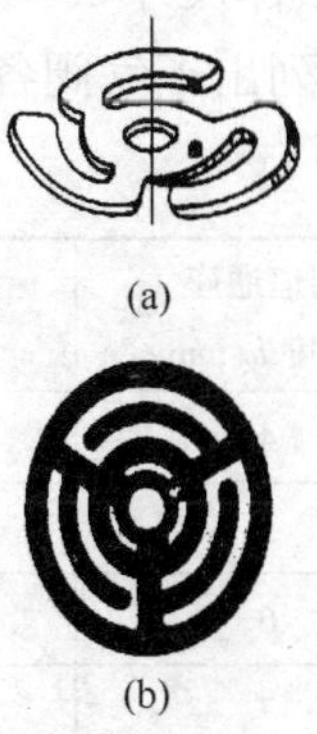 	
优缺点	自由状态高度大于中径，刚度为定值，采用小中径可以得到很高自振频率，制造最简单	自由状态高度小于中径，刚度为定值，自振频率低，制造最简单	变中径，变刚度，制造较困难		变刚性，自振频率高，升程限制器简单且薄起缓冲作用，制造难度较大，弹性条端部与阀片有摩损，仅适用气缸有油润滑的压缩机	

续表

	螺旋弹簧			板条弹簧
附注	目前应用最普遍，为提高自振频率，最小中径仅5mm	仅个别高压单环阀片，且直径小时有应用	圆锥形应用较多，锥形卷簧应用极少	应用较少

6.9.5 金属阀片与非金属阀片气阀比较与选择

非金属阀片目前主要材料为聚醚醚酮(PEEK)，其与金属阀片的比较见表6－49。

表6－49 金属阀片与PEEK阀片比较

比较项目	金属阀片	PEEK阀片	备注
阀片形状	环状、网状、碟状、舌状、菌状	环状、网状、菌状、指状	碟状加工困难、舌状用于小、微型、金属菌状用于超高压
加工难易	困难	容易	PEEK为0.2，成本低廉
阀座通道宽窄/mm	≥5～12	≥3～8	PEEK阀片还可以做成不同宽度
阀片厚度/mm	1～3，气垫阀可达4mm	3～6	
升程/mm	1～3	3～6	
阀片撞击噪声	高	低	
气阀直径/mm	可＞300	一般＜250	大直径压力较高时用菌形与指形
使用压力/MPa	压差可达150MPa	压差＜15MPa	
材料成本	低	高	目前约为金属材料的(5～8)倍
可靠性与寿命	较低	较高	约高一倍以上

因此，现在一般流量与压力范围内用PEEK趋势有所增加。

6.9.6 环状阀与网状阀主要尺寸关系

(1) 气阀整体尺寸

图6－213列出了气阀各部位尺寸代号，表6－50列出了金属阀片时的主要尺寸。

表6－50 推荐的环状阀主要结构尺寸

型式	阀道通座宽度 b/mm	气阀工作压力/MPa	阀片宽度 B/mm	阀座密封口宽度 a_1/mm	阀座相邻通道平均直径差 ΔD/mm
Ⅰ	4	＞4	7.5	1.75	25
	5	＜4		1.25	
Ⅱ	6	＞10	10	1.75	35
	7	＜10		1.5	

阀座通道宽度 b 与阀片开启高度 h 应维持一定的比例关系，即

$$\frac{2h}{b} = 0.3 \sim 0.85 \tag{6-53}$$

b 值应选取整数。

阀片宽度 B 与阀座宽度应有如下关系，即

$$B = b + 2a_1 \quad (6-54)$$

式中 a_1 为阀座密封口宽度。当采用强度等于或高于 HT200 的材料时：高速低压压缩机的 $a_1 \leqslant 1.5$mm；低速高压压缩机 $a_1 \geqslant 1.5$mm。

阀座相邻通道平均直径差

$$\Delta D = 2(B + b') \quad (6-55)$$

式中 b' 为升程限制器的通道宽度，m，$b' = (1 \sim 1.2)b$。

为保证升程限制器通道气体流速恒为最低，b' 要选取最大值。具体设计时，可参考表 6－49 所列推荐值。

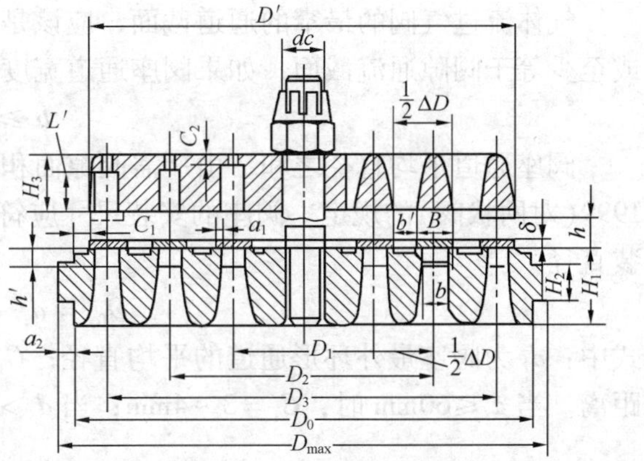

图 6－213　环状阀的主要结构尺寸及其几何关系

阀座最内环通道平均直径

$$D_1 = \frac{A_S}{\pi b_i} - \frac{i-1}{2}\Delta D \quad (6-56)$$

式中：A_S 为需要的阀座通道面积，m^2，$A_S = \frac{b}{2h}A_v$；A_v 为需要的阀隙面积，m^2；i 为阀座通道数，环状阀当采用一个弹簧压二片阀片时，i 必须取偶数。

气阀的技术条件、安装尺寸、阀片的尺寸等应符合相关标准的规定，见附录一。

(2) 阀座

① 阀座材料　阀座的材料可根据承受的压力差、气体的性质来选择，表 6－51 为不同压差对应的阀座材料（对一般气体而言）。

超高压压缩机气阀阀座可采用 33CrNi3MoA；

CO_2 压缩机在低压时可采用灰铸铁，中、高压则采用 1Cr13，1Cr18Ni9Ti 等不锈钢；

表 6－51　制造阀座材料

压差/MPa	材　料	压差/MPa	材　料
≤0.6	HT200	1.6～4.0	稀土球墨铸铁或锻钢
0.6～1.6	HT300、合金铸铁、稀土球墨铸铁	>1.0	锻钢 35、45、40Cr，35CrMo 等

氧气压缩机的阀座一般采用黄铜和不锈钢（2Cr13 等）制造；

无油润滑压缩机的阀座，应采用防锈蚀的合金铸铁或不锈钢制造。

② 阀座的结构及主要尺寸　环状阀和网状阀的阀座的结构形状基本相同，其气流通道均呈同心环状。根据所需流通面积的大小，环数可以从 1～8 不等。低压时阀座由铸铁制造，环形通道直接铸造形成，通道具有坡口，环与环之间用径向肋条相连，见图 6－214(c)，肋条数视环形通道的直径而定，至少 3 条。通道的平均直径应与阀片的平均直径相对应。为了使阀座出口处的气流均匀，连接肋的高度要比阀座厚度低 $h_4 = 3 \sim 10$mm。高压时阀座用钢制造，通道由铣削制成，或为了保证强度和高度，也为了加工方便，用一圈钻孔代替弧形通道，但在阀座出口处保留 $h_4 = 3 \sim 5$mm 深的环形通道，见图 6－214(b)。

阀座的出口处的边缘上制有凸台，凸台需经研磨，以便阀片关闭时保持密封。

阀座通道宽度是指阀座出口处环形通道的宽度，分宽通道和窄通道两种。窄通道的阀座可以在有限的面积内设计出较多环数，以利增加气阀的通流能力。

气体流过气阀的最窄的通道截面，应该是阀隙处的通流截面，即阀座的通流截面应大于或至少等于阀隙通流截面，如果阀座通道宽度为 b，升程为 H，则

$$b \geqslant 2H \tag{6-57}$$

阀座通道平均直径之和，由所需阀隙面积确定，各环的平均直径应符合 JB/T 2231.4—1999(对网状阀)的规定。阀座的安装尺寸应符合 JB/T 2231.5—1999 的规定。其中气阀的安装直径

$$D_0 = d_i + B + 2C_1 \tag{6-58}$$

式中：d_i 为阀座最外环形通道的平均直径；C_1 为最外圈阀片的外缘到气阀安装止口的最小距离。当 $d_i \leqslant 60\text{mm}$ 时，$C_1 = 3 \sim 4\text{mm}$；当 $d_i > 60\text{mm}$ 时，$C_1 = 4 \sim 5\text{mm}$。

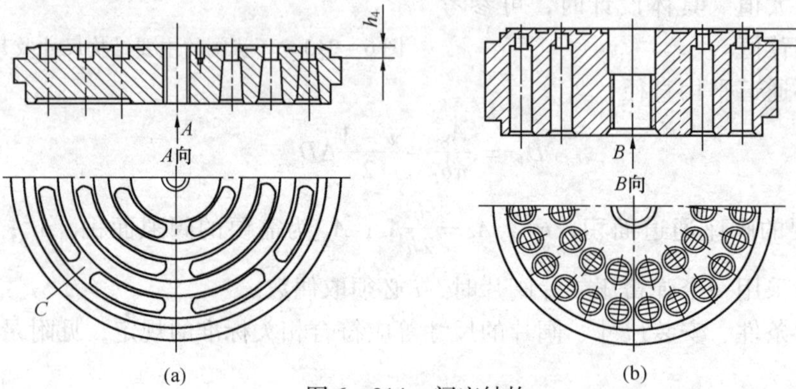

图 6-214　阀座结构

(a)弧形通道；(b)钻孔

阀座的最大外径

$$D_{\max} = D_0 + 2a_2 \tag{6-59}$$

式中：a_2 为阀座安装凸缘的宽度。当 $D_0 < 100\text{mm}$ 时，a_2 为阀座安装凸缘的宽度；当 $D_0 \leqslant 250\text{mm}$ 时，$a_2 = 5 \sim 6\text{mm}$；$D_0 > 250\text{mm}$ 时，$a_2 = 7 \sim 8\text{mm}$。

阀座厚度 H_1 的选取，不仅要保证阀座的强度，更要保证阀座具有足够的刚性。特别是在高压下使用的气阀，阀座刚性尤为重要。一般按经验确定阀座厚度，见表 6-52。

表 6-52　阀座厚度 H_1

气阀两侧压力差 Δp/MPa	阀座厚度 H_1/mm	气阀两侧压力差 Δp/MPa	阀座厚度 H_1/mm
≤0.6	$(0.12 \sim 0.2)D_{\max}$	4.0~10.0	$(0.20 \sim 0.40)D_{\max}$
0.6~1.6	$(0.15 \sim 0.25)D_{\max}$	10.0~25.0	$(0.40 \sim 0.70)D_{\max}$
1.6~4.0	$(0.20 \sim 0.30)D_{\max}$		

阀座安装凸缘高度可按下式确定，即

$$H_2 = (0.35 \sim 0.5)H_1 \tag{6-60}$$

阀座通道无连接肋部分的深度为

$$h_4 = (0.5 \sim 1)b \tag{6-61}$$

一般 h_4 取 3~10mm。

③ 阀座的强度验算

阀座密封口的比压为

$$k = \frac{(b + a)(p_d - p_s)}{2a} \tag{6-62}$$

式中：b 为阀座通道宽度；a 为阀座密封口宽度；p_s、p_d 为进、排气压力。

阀座密封口须用比压：灰铸铁[k] = 30MPa；碳素钢[k] = 50MPa；青铜[k] = 30MPa；球墨铸铁[k] = 50MPa。

（3）气阀螺栓

阀座和升程限制器之间的连接可用螺钉或螺栓。螺钉连接的优点是吸、排气阀的阀座及升程器可以互换，但螺钉头有可能断裂而落入气缸中，造成重大事故，所以必须增加挡圈。近年来气阀大多用螺栓连接。低压时，螺孔制成通孔，为了防止工作时松动与漏气，螺栓端部应予以铆死；高压时，为了防止通过螺纹漏气，螺孔制成盲孔。螺栓的防松依靠螺栓上的凸缘与阀座（或升程限制器）造成挤压锁紧。

气阀工作时，连接螺栓所承受载荷的大小，与气阀结构有关。开式气阀的螺栓，承受阀片开启时最大压力差所造成的作用力。闭式气阀的螺栓仅起连接作用。一般开式气阀连接螺栓直径，可按表 6－53 选取。

表 6－53　气阀连接螺栓尺寸的选择

气阀安装直径 D_0/mm	气阀螺栓 d_0	气阀安装直径 D_0/mm	气阀螺栓 d_0
≤60	M10×1	>150～200	M20×1.5
>60～100	M12×1.25	>200～300	M24×1.5
>100～150	M16×1.5	≥300	M27×1.5

6.9.7　气阀典型结构

（1）宽通道与窄通道环状阀

图 6－215 为宽通道开式八环低压进气阀结构，是我国单个环状气阀中直径最大者。阀座 6 与升程限制器 7 均由铸铁铸造而成，它们依靠螺栓 4 中部的柱面而定心，依靠销钉 5 周向定位，螺栓与限制器联接的端部直接铆死，阀片 1 由螺柱弹簧 8 压紧，每环上的弹簧力由不同弹簧个数与弹簧预压缩量来均衡，图中升程限制器显示弹簧窝孔深度是不一致的。

图 6－216 为低、中压开式环状进气阀结构，阀座与升程限制器由铸铁制造。气阀的特点是：每环用两个阀片叠在一起，靠限制器一片起缓冲作用；每个弹簧同时压紧两道环，在窄通道阀片时可借以增加弹簧中径与钢丝直径；由升程限制器凸台（图中 $\phi 28$）与阀座定中心；紧固螺母用开口销锁紧，紧固螺钉与升程限制器安装好后铆死。该种气阀中弹簧端部应为阿基米德螺线，以防端部断裂。

图 6－217 为塑料环状阀的气阀结构，阀片由聚醚醚酮制成，阀片上压有与环等宽的金属网状衬片，它一方面使各环运动同步，另一方面使弹簧不直接压在塑环片上。该种气阀阀座、阀片倒有一个角度，可大大减少阻力损失，允许最高工作压力达 30MPa，最高转速达 1000r/min。

（2）环状气垫阀

如图 6－218 所示，其升程限制器上有与阀片相应的环槽，使阀片开启时嵌入此槽内形成气垫。因此，不会直接撞击升程限制器，改善了阀片受力情况，减少了磨损，并降低了撞击噪声。

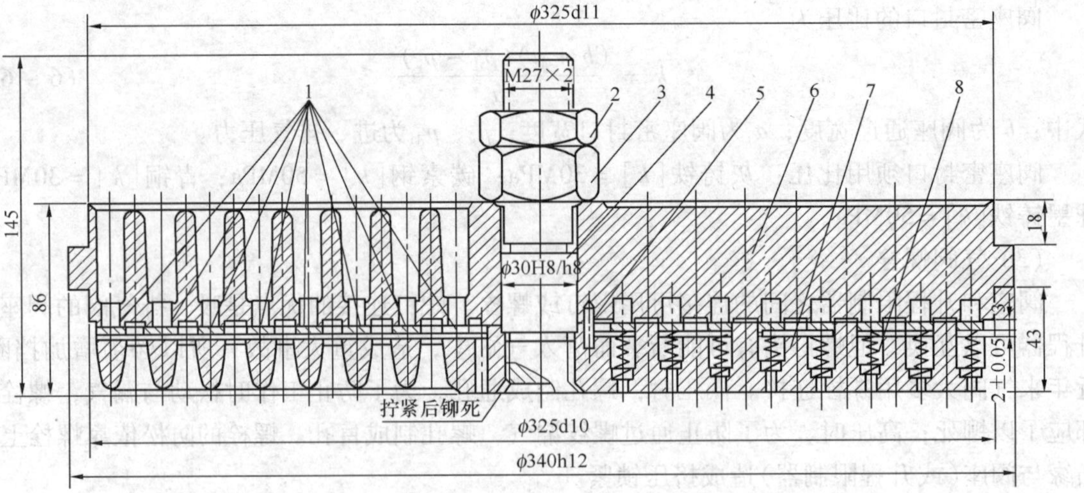

图 6－215　宽通道开式低压进气阀结构

1—阀片；2—紧固螺母；3—气阀紧固螺母；4—气阀连接螺栓；
5—销钉；6—阀座；7—升程限制器；8—气阀弹簧

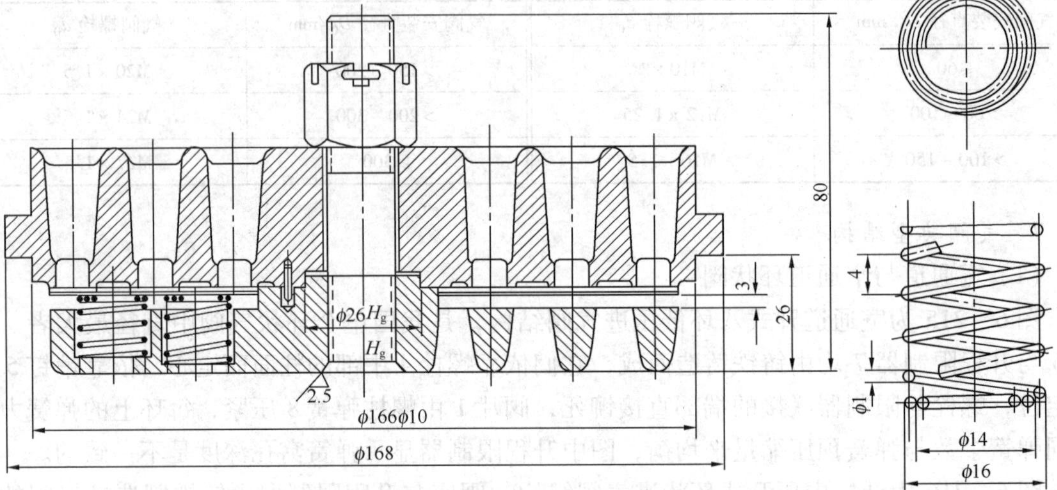

图 6－216　窄通道环状阀，一个弹簧同时压在两环片上

(a)气阀组件；(b)具有阿基米德螺线弹簧端部

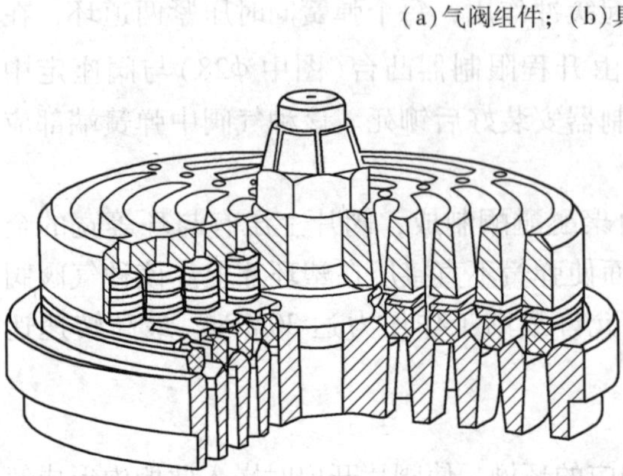

图 6－217　塑料阀片环状阀结构

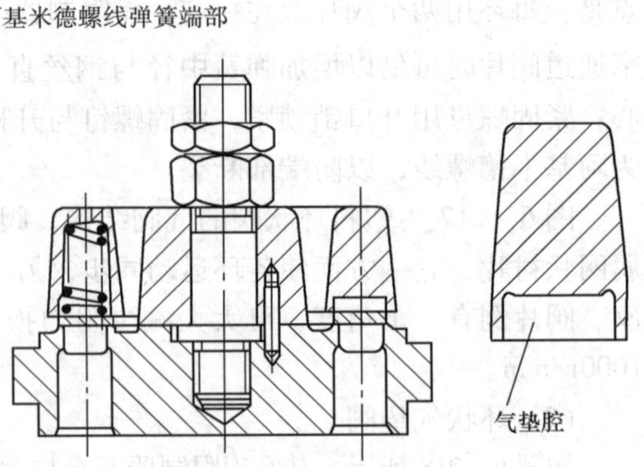

图 6－218　气垫阀

此种结构仅环状阀可以采用，且阀片较厚，升程较小，以便阀片有部分在槽内起导向作用。此外，厚阀片也不适应较高的转速，例如 $n > 500r/min$，仅用于金属阀片。

图 6－218 所示为一高压闭式环状气垫排气阀结构尺寸，阀片厚 4.5mm，而升程仅为 2.5mm。

(3) 网状阀

如图 6－219 所示，网状阀片有三种结构：WA 型阀片中心为圆孔，要求中间有导向块，一般建议用在有油润滑的压缩机中。若导向块采用自润滑材料制造，则也可以用于无油润滑压缩机。

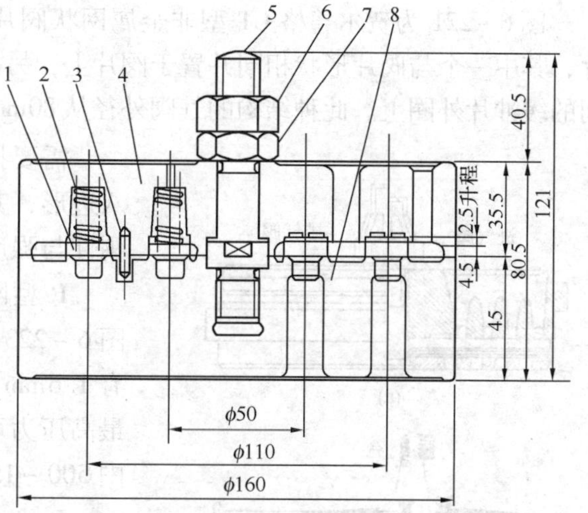

图 6－219　高压闭式环状气垫阀结构

1—阀片；2—弹簧；3—销钉；4—升程限制器；5—螺栓；6、7—螺母；8—阀座

WB 型阀片其中部带有弹性臂，中心为气阀螺钉紧固。WBⅠ型为单弹性臂，WBⅡ为双弹性臂。WB 型阀片使用于有油或无油润滑压缩机中。

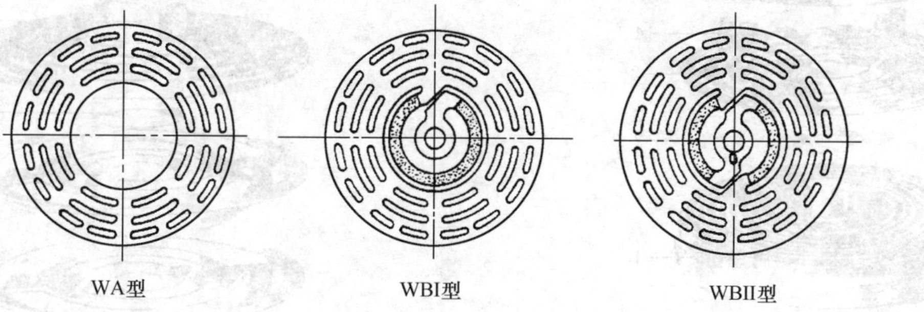

图 6－220　网状阀片结构

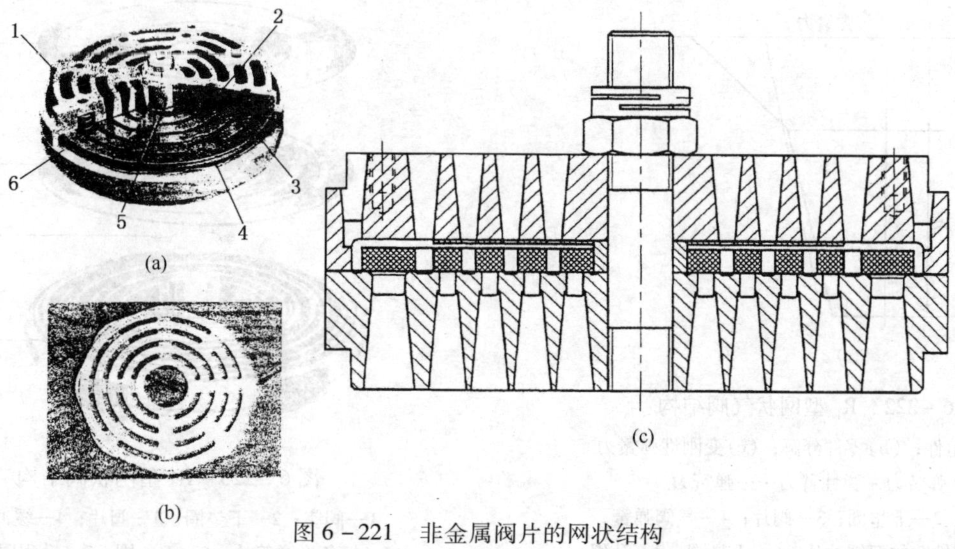

图 6－221　非金属阀片的网状结构

(a)气阀组件；(b)非金属阀片；(c)剖面图

1—升程限制器；2—弹簧；3—缓冲片；4—阀片；5—螺钉；6—阀座

图 6-221 为贺尔碧格 CT 型非金属网状阀片的气阀结构。阀片由中心导向；有两个缓冲片，其中一个与阀片形状相同并置于阀片上，另一个小于阀片置于最上面；气阀弹簧均压于中间的缓冲片外圈上。此种结构的气阀外径从 80mm 到 250mm，特别适用于高速天然气压缩机。

需要提及的是本结构中，非金属网状阀片外缘为八边形，其目的是为了增强阀片外圈在相应肋条处的刚性与强度。

R 型网状阀有 R_1、R_2 两种系列，如图 6-222 和图 6-223 所示。环数最少为 2 环，最多为 8 环，升程有 1.6mm 和 2.0mm 两种，它适用于低、中压压缩机，最高压力可达 2MPa。气阀直径从 51～250mm，转速范围 500～1500r/min。

R_1 为阀片 WBⅡ型，阀片 3 上压两组弹簧，4 阀片关闭时因中心垫圈 2 使其中心条呈负弹力；当触及两缓冲片 5 时负弹力消失，阀片再向上升时阀片质量要增加两缓冲片质量，同时因垫片 6 的作用，中心条呈

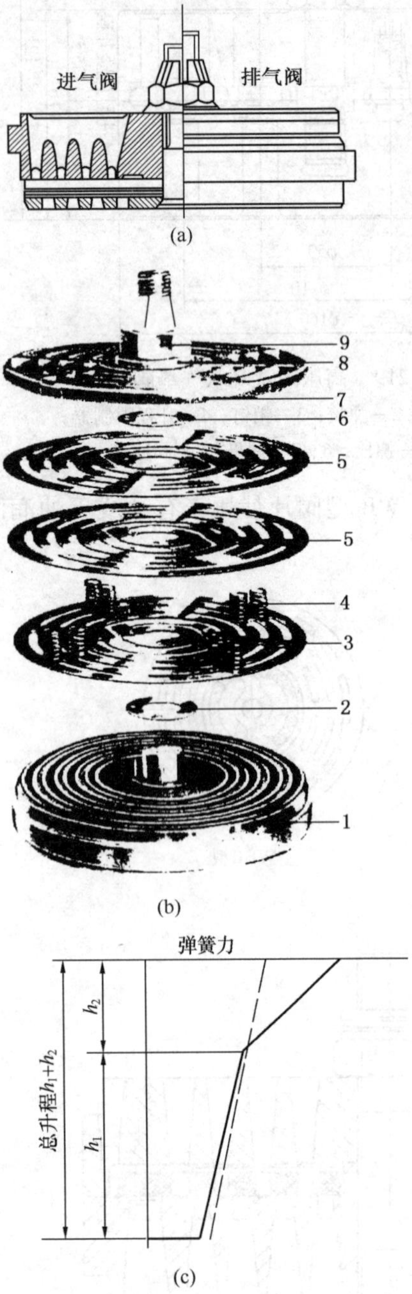

图 6-222　R_1 型网状气阀结构

(a)气阀组件；(b)零件分解；(c)变刚性弹簧力

—弹簧力 + 弹性臂力……弹簧力

1—阀座；2—下垫圈；3—阀片；4—气阀弹簧；5—具有弹性臂的两缓冲片；6—上垫圈；7—升程限制器；8—紧固螺钉垫圈；9—自锁紧螺母

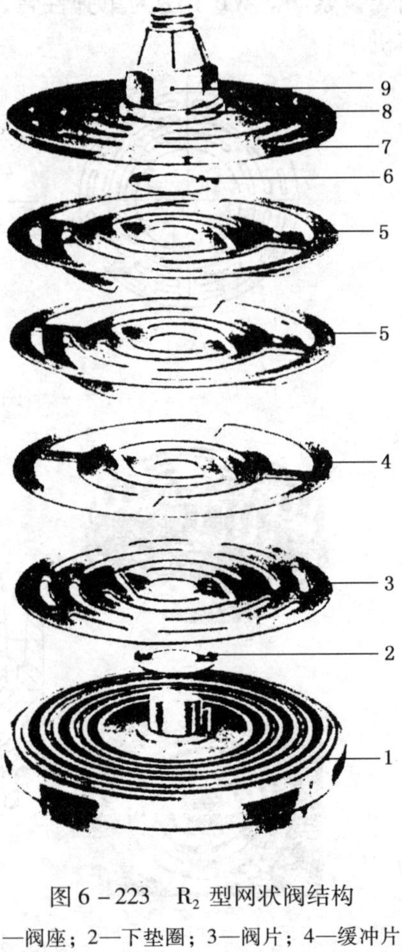

图 6-223　R_2 型网状阀结构

1—阀座；2—下垫圈；3—阀片；4—缓冲片；5—板条形弹簧片；6—上垫圈；7—升程限制器；8—紧固螺栓垫片；9—自锁紧螺母

正弹簧力；增加质量与中心条的正弹簧力都阻止阀片与升程限制器的撞击。这是一组理论上很完善的结构。R_2 是板条形弹簧结构，工作原理同 R_1。但是两者都极为复杂，制造困难。

（4）菌状阀

菌状阀的启、闭元件由金属或非金属制成。金属的大都用于超高压气阀，其余都为非金属。菌状的启闭元件由非金属材料制成，菌杆部分中空，以供放置螺旋弹簧。启闭元件有标准形与微型两种。标准型菌头顶部为十字形肋条；微型菌头顶部呈圆弧形。

标准型菌状启闭元件阀宜于低、中压与低、中速压缩机，其升程比一般的阀要大；微型菌状启闭元件阀宜于中、高压与中、高速压缩机，升程与一般压缩机相仿，表 6－54 两菌状阀的操作参数。

根据计算，在一个相同阀座直径上，任何直径的圆孔通道布置形式所形成的阀座通道总面积，要小于环形或条形通道结构的总通流面积；但由于菌状阀升程高于环状或网状阀，且流量系数 α 相对较大，故压力损失可小。

表 6－54　标准型与微型菌状启闭元件阀操作参数

名　　称	最高压力/MPa	最大压差/MPa	最大升程/mm	最高转速/(r/min)
标准型	10	5.5	8	600
微型	20	12.5	4	1200

（5）指状阀(见图 6－224)

（6）组合阀

在高压或超高压压缩机中，把进、排气阀组合成一个整体，并安装在气缸顶部或气缸盖上，借以较少气缸工作腔部位的开孔。

图 6－225 为排气压力达 20MPa 的一种组合阀结构形式，它有一个公共阀座 2，进气由阀座外缘上的钻孔通入；排气要经过进气阀升程限制器上的钻孔导出(一定程度上会给进气加热)。进、排气均为环状阀片、环形弹簧。

此外，还有超高压压缩机二级组合阀(见图 6－226)、中型超高压组合阀(见图 6－227)、多层结构超高压组合阀(见图 6－228)。

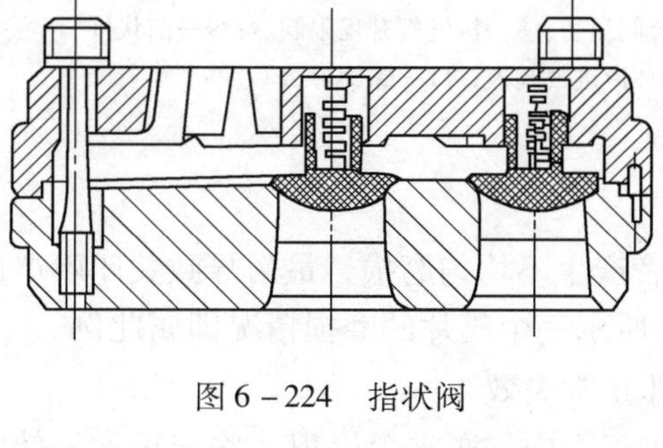

图 6－224　指状阀

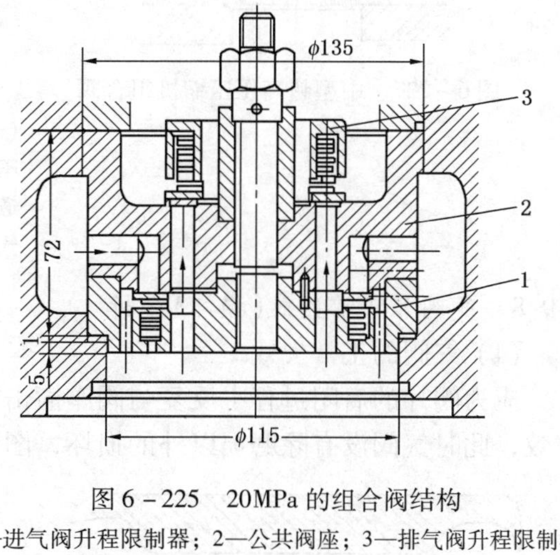

图 6－225　20MPa 的组合阀结构

1—进气阀升程限制器；2—公共阀座；3—排气阀升程限制器

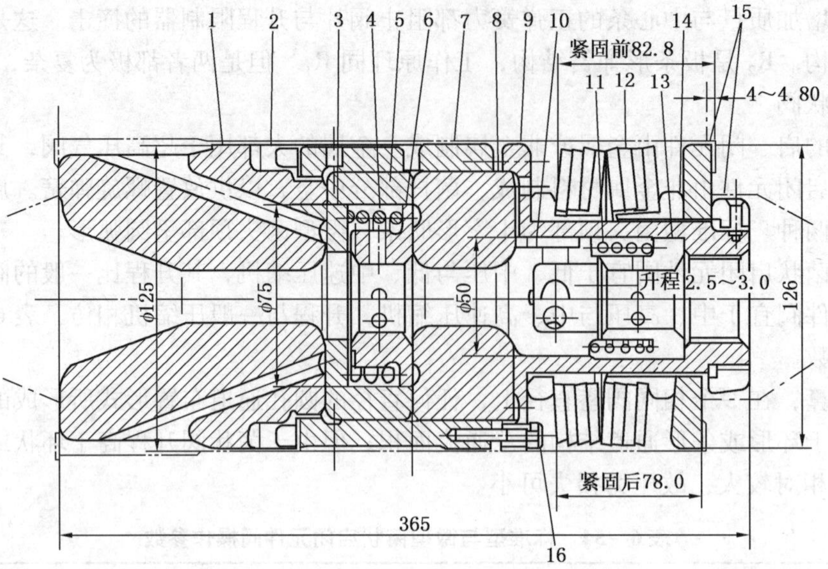

图6－226　超高压压缩机二级组合气阀结构

1—吸气阀座；2—密封环；3—吸气阀板；4—吸气阀弹簧；5—碳化钨导向套；6—隔环；7—导套；8—排气阀座；9—排气阀挡箱；10—排气阀提升头；11—排气阀弹簧；12—板簧；13—排气阀挡；14—弹簧座；15—气阀压紧装置；16—螺栓

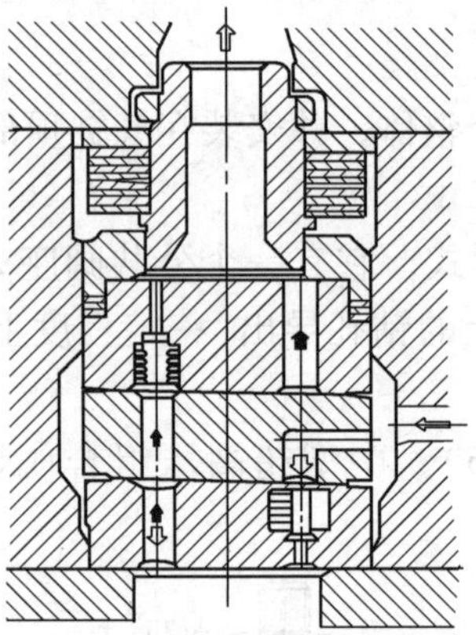

图6－227　中型超高压压缩机组合阀

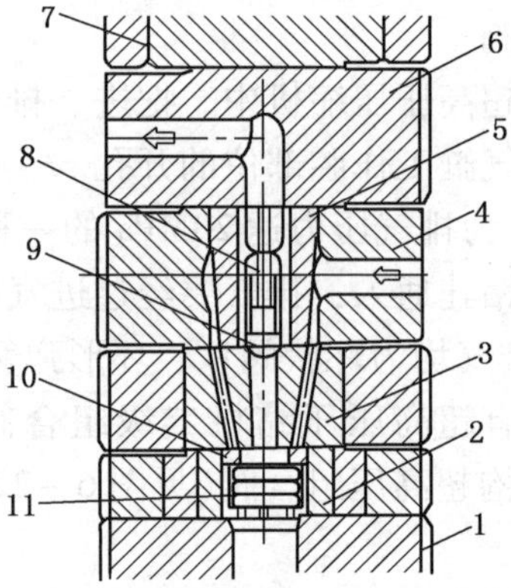

图6－228　采用多层结构的超高压组合阀

1—缸体；2—进气升程限制器；3—进、排气气公共阀座；4—进气通道；5—进、排气通道隔离罩；6—排气通道；7—组合阀压盖；8—排气阀升程限制器；9—菌状排气阀；10—环形进气阀板；11—螺旋弹簧

6.9.8　气阀非正常失效(损坏)分析

(1) 气阀的正常失效

应为阀片的启闭过程中反复与阀座撞击而使两者产生不均匀磨损，最后导致关闭不严而失效，此时气阀没有除磨损以外的损坏，图6－229所示一个阀片的磨损情况即属此例。

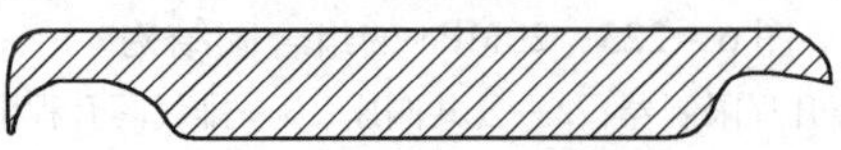

图6－229　阀片正常磨损

(2) 非正常失效

压缩机工作中气阀常会出现一些非正常失效的情况。

① 由于气阀弹簧与阀片的撞击，如图 6 – 230 所示，一个窄通道环状阀，每一个弹簧都同时压在两个环片上，压缩机运行一个时期后，由于阀片与弹簧的不断撞击，阀片上均产生了刻痕，其中最严重的刻痕达一定深度后，阀片相应的缺圆部分便从环片上脱落，这是十分典型与严重两者撞击的一例。

图 6 – 230　窄通道环状阀片破损

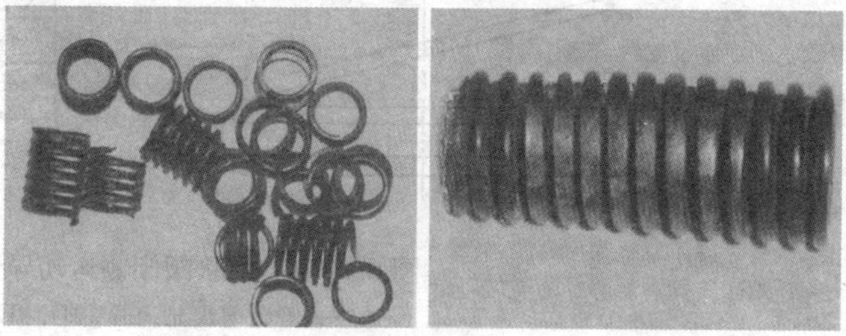

图 6 – 231　气阀弹簧端部断裂与侧面磨损

(a)端部或中部断裂；(b)侧面磨损

弹簧与阀片撞击现象较为普遍。许多阀片在朝向升程限制器一面都会出现由弹簧造成的刻痕(或深或浅)可以说明这一点，见图 6 – 231(b)。但由此而使阀片失效的情况相对较少，而撞击现象使弹簧端部损坏则相对要多。

气阀弹簧端部一经拆损，便失去该弹簧作用力，从而使总弹簧力减小，使阀片上作用力不均衡，由此导致阀片迟后关闭，并有可能产生阀片倾侧运动。这些都可能使阀片提前破坏，使气阀失效。

在产生撞击现象的气阀中，实际上使弹簧瞬间处于悬浮状态而落到弹簧窝孔的一边，在弹簧再次受到压缩时，弹簧的侧面便与窝孔产生摩擦而磨损，如图 6 – 231 所示，弹簧钢丝直径已部分磨损，甚至达 1/2，最终导致弹簧断裂，其后与上述气阀失效相同。

在我国还曾出现过此种撞击运动，使铸铁升程限制器弹簧窝孔底部被撞穿的情况，故其底部设计不能太薄，铸铁材料应大于 3mm。

② 气缸有油润滑的压缩机中注油过渡或有水等其他液体停留在局部阀座密封面上，使阀片关闭时受力不均匀(局部受附加弯曲应力)，因此导致局部弯曲崩裂，图 6 – 232 所示即被认为是此种破坏。图 6 – 233 环片断裂也可能由此导致。

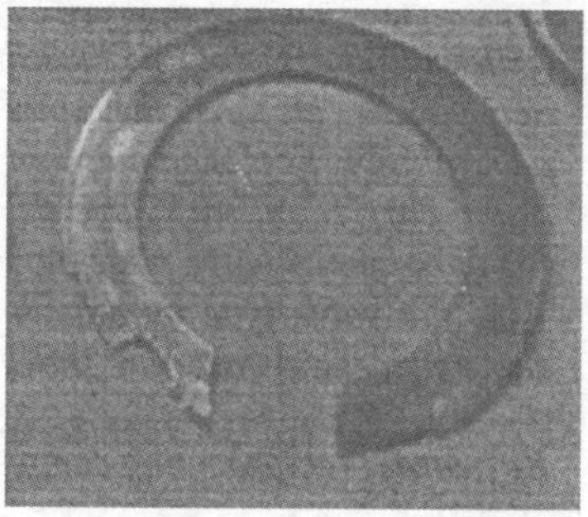

图 6 – 232　环状阀片因液击引起的破损

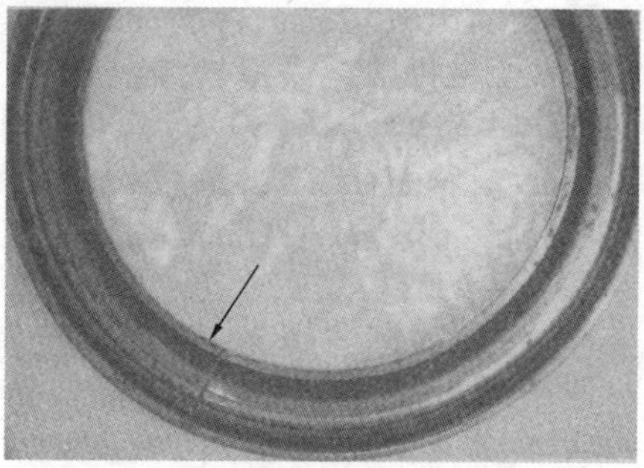

图 6 – 233　典型径向断裂的环状阀片

③ 阀片因气流偏吹或升程限制器局部存在润滑油起滞止作用，或因弹簧弹性疲劳而缩短、弹簧折断等而产生倾侧运动，使阀片局部受力过大而损坏，如图 6 – 234 所示。不过该

类阀片断裂往往在外环圆弧拐角处，也不排除铣削时由于铣刀停止于此而产生不连续导致应力集中。

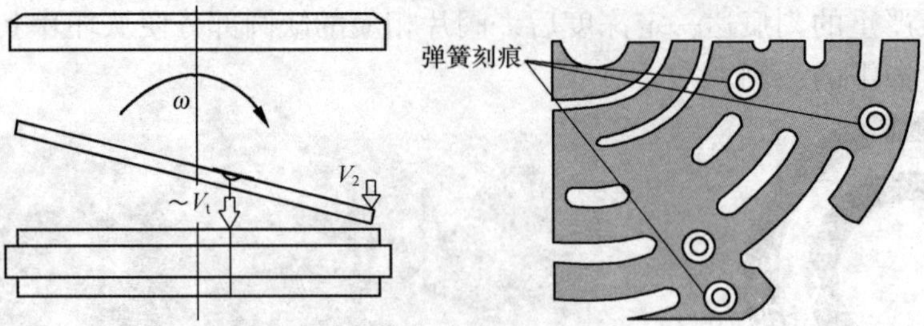

图 6－234　网状阀倾侧运动导致的损坏

(a)倾侧运动状况；(b)阀片损坏情况

参　考　文　献

1　郁永章．容积式压缩机技术手册．北京：机械工业出版社，2000

2　М、И、Френкель Поршые компрессоры МАшгиэ，1969

7 往复压缩机辅助系统

7.1 冷却系统与设备

7.1.1 压缩机的冷却系统

压缩机的冷却部位与目的见表7－1，其冷却介质及方法见表7－2。

表7－1 压缩机冷却部位与目的

冷却部位名称	冷却目的	备注
气体级间或段间冷却	①限制被压缩气体温度； ②减少压缩机功耗； ③减少活塞力与压缩机重量； ④便于分离掉被压缩气体中所含的水与润滑油及混合气中可能液化的组分	视气体情况，如吸入干气便无水，气体无油润滑便无油气分离
末级排气后冷却	①使排气温度降低，体积缩小，即容积流量下降，故气体输送管道直径减小； ②同上④	对热泵压缩机及排气直接进入高温反应塔又无需分离其他物质时例外
气缸部位冷却	大多数气缸（包括填料）均需冷却，以导出活塞环等因摩擦产生的热量，间或也有气体压缩热	气体无油润滑时尤应冷却；气缸有油润滑时少数中小型压缩机气缸由空气自然冷却
机身部位润滑油冷却	润滑油在润滑运动摩擦面后带走了摩擦热，自身温度升高，为保持黏性循环润滑，故需经过冷却	冷却后油温保持在50～60℃之间

表7－2 冷却介质与方法

冷却介质	冷却方式	优点	缺点
空气	由扇风机直接向风冷冷却器吹风或吸风，见图7－1	①空气获取方便且无需代价，无水或缺水地区很合适； ②在年平均气温25℃以下地区合适使用； ③操作方便； ④结构紧凑，占地面积小	①冷却器一般集中布置，对大型压缩机困难较大； ②环境温度变化大，被压缩气体工况欠稳定，宜用变速风机； ③与被压缩气体温差较大，一般10～15℃，在我国南方不合适； ④风机噪声大，要消耗电能，且大于水冷式电耗量
水	由水通过冷却器冷却气体及通过气缸冷却水套冷却气缸，一般水循环使用，由水冷却塔将热水再冷却，具体连接方式可见图7－2	①水冷却效果好，与被压缩气体温差为5～10℃； ②被压缩气体工况较稳定	①冷却塔主要靠水蒸气吸收潜热，故要消耗较多水； ②一般冷却水都要经过水处理； ③水冷却器要定期进行清理，因为即使水处理后仍可能结垢（尘埃等落入水中，水池中藻类也可能引起结垢）； ④环境温度小于0℃时，停机时必须把水放掉，或加防冻液

续表

冷却介质	冷却方式	优　点	缺　点
水+空气	也称混冷方式，即水冷却器系统中水是封闭循环，冷却后的热水再由空气散热器吹风冷却	① 冷却水基本无损耗； ② 可以用无杂质的中性水； ③ 可方便地加防冻液（如乙二醇等）； ④ 可用于缺水或无水地区，寒冷地区等	① 被压缩气体与空气温差较大，通常大于15℃； ② 环境温度高时气体难以被冷却到希望的温度，为此要给风冷散热器喷水
水+水	压缩机冷却系统为封闭式，用水或其他冷却介质进行冷却，冷却后的热水再由开式水冷却塔喷淋来冷却	①②③同上； ④ 压缩机系统冷却水温度受环境影响很小； ⑤ 再冷却塔属水/水传热冷却，水蒸发很少	① 价格较高； ② 仍需补充少量水； ③ 适宜于中、小型机组

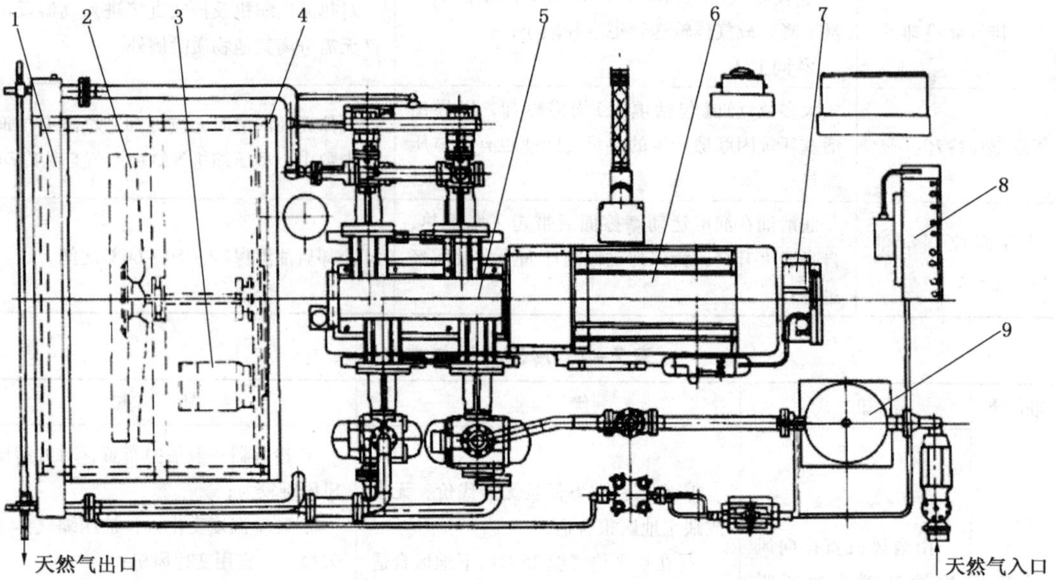

图7-1　风冷四级天然气压缩机装置平面布置集成简图

1—组合式1~4级风冷冷却器；2—风扇；3—风扇电动机；4—安全罩；5—四级压缩机；6—压缩机驱动电动机；7—油泵与电动机；8—控制柜；9—进气缓冲器

（1）冷却过程中热交换的基本原理

压缩机中的冷却均为间壁冷却，即热气体将热量通过壁面传给冷却水，如图7-3所示。图中温度为 t_1 的热气体将热量传给温度为 τ_1 的冷却水，过程相当复杂。它取决于壁面（通常为管壁）厚度 δ 与材料导热系数 λ；壁面有无沉积污垢层及厚度；避免附着流体膜厚度；两接触壁面流体的流动情况（层流或湍流）等。冷却器设计时必须考虑到这些因素，并用一个总的传热系数 K 来计及它们。而这种热交换方式称为对流换热。

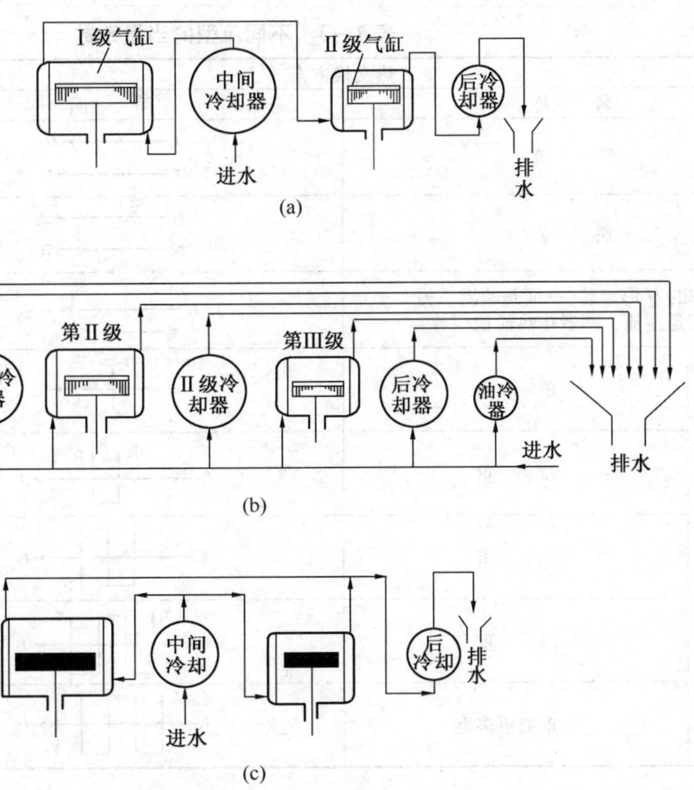

图 7-2　压缩机水冷却系统连结方式

(a)串联；(b)并联；(c)混联

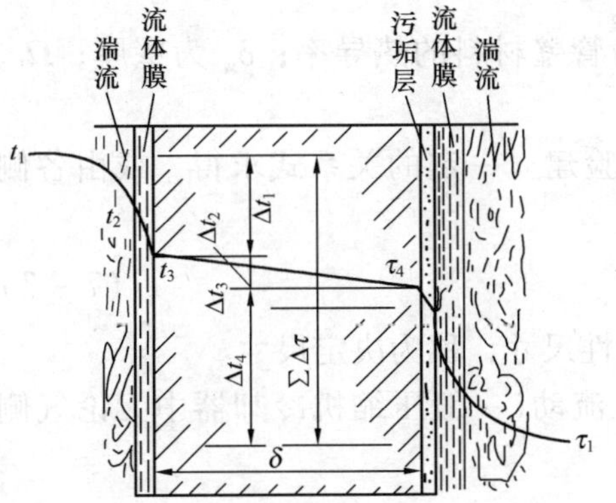

图 7-3　单相稳定流动流体对流传热和热传导的温度梯度

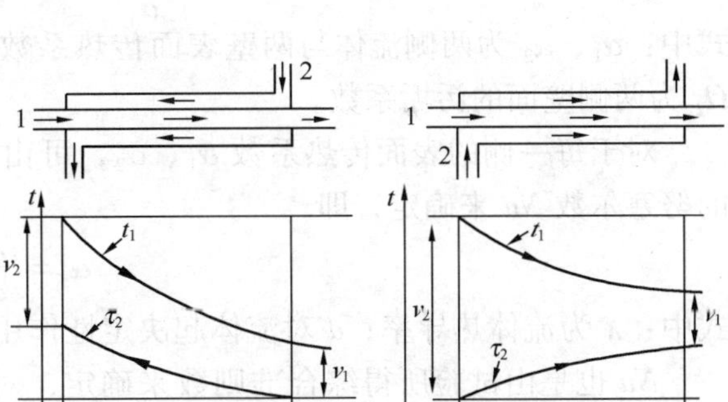

图 7-4　两侧换热流体流动与温差情况

(a)逆流；(b)顺流

此外，按照两侧流体流动方向，又可分为逆流、顺流及叉流三种流型，见图 7-4 与表 7-3。图中显示流动方向不同时，流动过程中实际温度差 θ 相差很大。叉流的情况可用当量系数 χ 来进行修正。

(2) 换热量的计算关系

总的传热量 Q 与传热面积 A、两侧温差 ΔT 与传热系数 K 的关系可表示为

$$Q = KA\Delta T \tag{7-1}$$

但是，实际上要求取 K 值、ΔT 值及 A 值都相当复杂。

表 7－3　不同流型的当量系数

热交换方案			当量系数
名　称		简　图	χ
顺　流		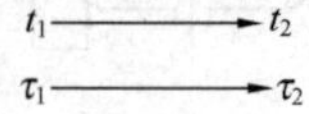	0
逆　流		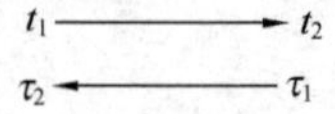	1
对称的 U 形流动(一面是顺流，另一面是逆流，两者传热面积相等)		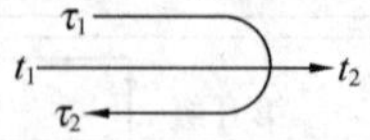	0.5
叉　流	单　重	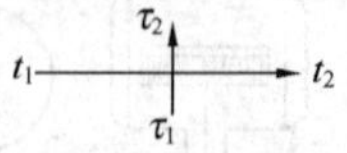	0.56
	双　重	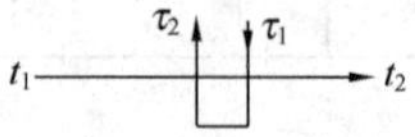	0.88
	三　重	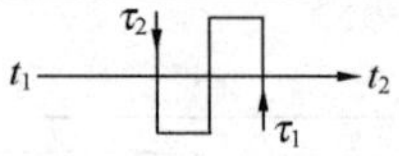	0.95
	四　重	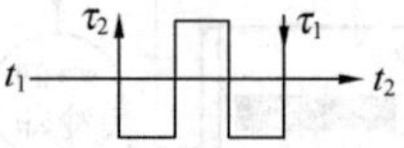	0.98
	五重或更多重	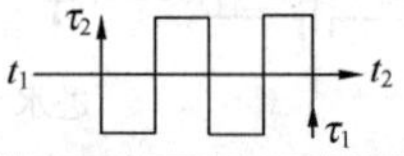	约 1.00

① 传热系数计算　传热系数可由下式求得

$$K = \frac{1}{\dfrac{1}{\alpha_1} + \Omega_1 + \dfrac{\delta_w}{\lambda_w} + \dfrac{1}{\alpha_2} + \Omega_2} \tag{7-2}$$

式中：α_1、α_2 为两侧流体与两壁表面传热系数；λ_w 为管壁材料的热导率；δ_w 为壁厚；Ω_1、Ω_2 为两侧壁面的污垢系数。

对于每一侧的表面传热系数 α_1、α_2，可由直接试验建立一定的关系式求得，或由各侧的努塞尔数 Nu 来确定，即

$$\alpha = \frac{\lambda}{d} Nu \tag{7-3}$$

式中：λ 为流体热导率；d 对流体起决定性作用的代表性尺寸，称为决定尺寸。

Nu 也是由试验所得综合准则数来确定，对于湍流流动(一般压缩机冷却器中无论气侧还是水侧均希望保持湍流)为

$$Nu = f\left(Re, Pr, \frac{Pr}{Pr_w}\right) \tag{7-4}$$

式中：Re 为雷诺数，$Re = \frac{wd}{\nu}$(w 为流速，d 决定尺寸，ν 运动黏度)；Pe 为普朗特数，$Pr = \frac{3600\mu g c_p}{\lambda}$($\mu$ 为动力黏度，g 为重力加速度，c_p 为定压比热容)；Pr_w 为水侧普朗特数。对于层流(润滑油冷却时易出现层流)

$$Nu = f\left(Re, Pr, Gr, \frac{Pr}{Pr_w}\right) \tag{7-5}$$

式中：Gr 为格拉晓夫数，$Gr = \frac{gd^3}{v^2}\beta_t \Delta t$($\beta_t$ 为容积膨胀系数；Δt 为冷却前后的温度差)。

各种结构情况下的 Nu 数可见表 7－4～表 7－6。

表 7－4　各种形状管束的换热 Nu 和阻力计算式

<table>
<tr><th>管束类型</th><th>换热和流动阻力计算式</th><th>适用范围</th><th>定性温度和特性尺寸</th></tr>
<tr><td rowspan="2">1. 圆管管束</td><td>$Nu = CRe^{n}Pr^{0.36}\left(\frac{Pr_{f}}{Pr_{\omega}}\right)^{0.25}\varepsilon_{m}$
<table>
<tr><th></th><th>Re</th><th>C</th><th>n</th><th>S_1/S_2</th></tr>
<tr><td rowspan="2">顺排</td><td>$10^3 \sim 2\times10^5$</td><td>0.27</td><td>0.63</td><td><0.7</td></tr>
<tr><td>$2\times10^5 \sim 2\times10^6$</td><td>0.021</td><td>0.84</td><td></td></tr>
<tr><td rowspan="3">叉排</td><td rowspan="2">$10^3 \sim 2\times10^5$</td><td>$0.35(S_1/S_2)^{0.2}$</td><td>0.60</td><td>⩽2</td></tr>
<tr><td>0.40</td><td>0.60</td><td>>2</td></tr>
<tr><td>$2\times10^5 \sim 2\times10^6$</td><td>0.022</td><td>0.84</td><td></td></tr>
</table></td><td>$Re = 10^3 \sim 2\times10^5$
$Pr = 0.7 \sim 500$</td><td rowspan="2">定性温度：流体平均温度 t_f
特性尺寸：圆管外径 d_o
流速：取最窄截面处流速（Pr_{ω} 用壁面温度 t_w）</td></tr>
<tr><td>$\Delta p = \xi \cdot 2\rho\mu_{max}^2\left(\frac{\mu_f}{\mu_w}\right)^{0.14} m$
顺排：$\xi = 0.33Re^{-0.2}$ 叉排：$\xi = 0.75Re^{-0.2}$
m—管束排数。当 $m \geqslant 20$ 时，$\varepsilon_m = 1$；当 $m < 20$ 时，ε_m 按下图查取。
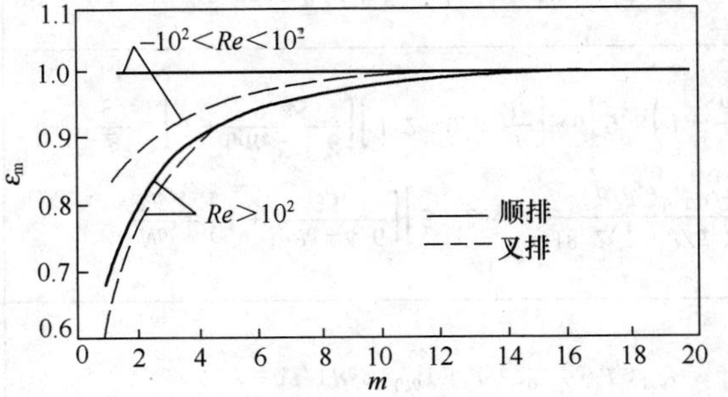
</td><td>$Re = 10^2 \sim 5\times10^4$</td></tr>
<tr><td>2. 椭圆管束</td><td>$Nu = 0.236Re^{0.62}Pr^{1/3}$
$\Delta p = \xi \cdot \frac{1}{2}\rho\mu_{max}^2 m$
$\xi = 1.24Re^{-0.24}$</td><td></td><td>定性温度：流体平均温度 t_f
特性尺寸：$d_e = \frac{ab}{\sqrt{1/2 \cdot (a^2 + b^2)}}$
式中 a—椭圆长轴；—椭圆短轴
流速：取最窄截面处流速</td></tr>
</table>

表 7－5　内侧强化管中无相变流体的换热 Nu 和阻力特性

管　型	换热及阻力计算式	适　用　范　围	备　注
1. 单头螺旋旋槽纹管 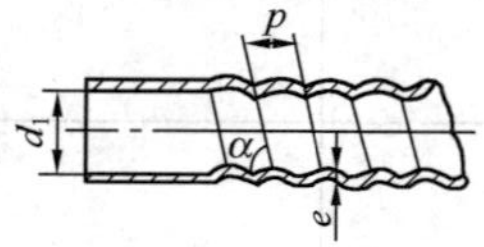	$Nu=1.138Re^{0.606}(p/d_i)^{-0.383}(e/d_i)^{0.478}Pr^{0.4}$ $\xi=23.1Re^{-0.076}(p/d_i)^{-0.7}(e/d_i)^{1.55}$	$Re=(2\sim7)\times10^4$ $e/d_i<0.07$ $p/d_i=0.5\sim1.7$ $Re=(2.5\sim5)\times10^4$ $e/d_i<0.05$ $p/d_i=0.32\sim2.2$	
2. 横槽纹管 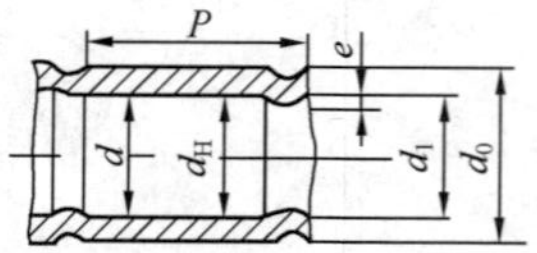	$\frac{Nu}{Nu_s}=\left[1+\frac{\lg Re-4.6}{35}\right]\left[3-2\exp\frac{-18.2(1-d/d_i)^{1.3}}{(p/d_i)^{0.326}}\right]$ $\frac{\xi}{\xi_s}=\left[1+\frac{\lg Re-4.6}{3.45}\right]\left[1.2-0.4\frac{p}{d_i}\right]\exp\left[9.8\left(1-\frac{d}{d_i}\right)\right]^{0.74}$	$Re=10^4\sim4\times10^5$ $d/d_i<0.88\sim0.98$ $p/d_i=0.25\sim0.8$	Nu_s、ξ_s 分别为光管的努赛尔数和阻力系数
3. 纵向翅片管（拉拔成型） 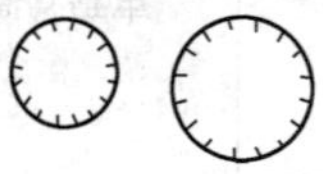	$Nu=0.023Re^{0.8}Pr^{0.4}\varphi$　A_{fa}——实际流通面积（m^2） $\xi=0.046Re^{-0.2}\varphi'$　A_{fc}——翅片中心流通面积（m^2） $\varphi=\left(\frac{A_{fa}}{A_{fc}}\right)^{0.1}\left(\frac{F_n}{F_a}\right)^{0.5}(\sin\alpha)^{-3}$　F_n——按内径算的光管面积（m^2） $\varphi'=\left(\frac{A_{fa}}{A_{fc}}\right)^{0.5}(\sin\alpha)^{-0.75}$　F_a——实际换热面积（m^2） α——翅片螺旋角（°）	$Re=10^4\sim10^5$ $Pr=0.7\sim30$ $\alpha=0\sim30°$ 翅高 0.6～2mm 翅数 6～38 管内径 6.8～23.7mm	特征尺寸取 d_e $d_e=\frac{4F_a}{U}$ 式中　U——湿周
4. 内插螺旋片 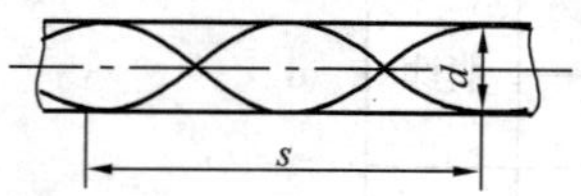	$Nu=1.84Re^{0.44}Pr^{0.36}\left(\frac{d}{s}\right)^{0.33}$	$\left(\frac{L}{d}\geqslant60\right)$ $Re=1700\sim2\times10^4$ $Pr=2.5\sim9.0$ $d/s=0.13\sim0.31$	
5. 内插螺旋线 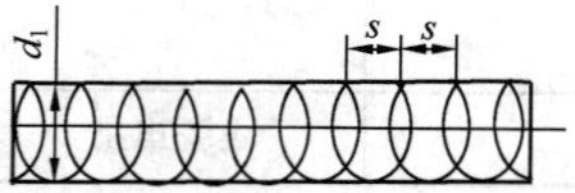	$Nu=1.04Re^{0.52}Pr^{0.54}\left(\frac{s}{d_i}\right)^{-0.29}\left(\frac{\varphi}{d_i}\right)^{0.35}$	$Re=1700\sim2\times10^4$ $Pr=2.5\sim9.0$ $d_i/s=0.35\sim1.46$，$\varphi/d_i=0.1\sim0.22$	

表 7-6　外侧强化管束的换热 Nu 与阻力计算

管束类型	换热和流动阻力计算式	适　用　范　围	定性温度和特征尺寸
1. 圆翅片管束 (1)叉排 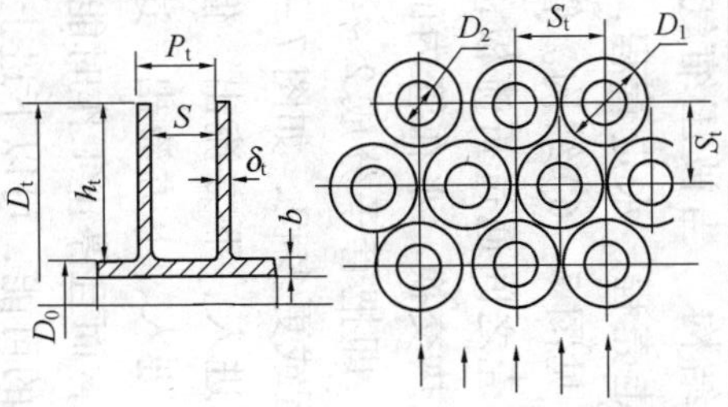 	$Nu_f = C_1 Re_f^{n_1} Pr_f \left(\frac{Pr_f}{Pr_w}\right)^{0.25} \left(\frac{t}{d_o}\right)^{0.18} \left(\frac{h}{d_o}\right)^{-0.14} \left(\frac{S_1}{S_2}\right)^{0.2}$ $C_1 = 0.192$，$n_1 = 0.65$，$m = 0.36$ $C_1 = 0.057$，$n_1 = 0.80$，$m = 0.4$ $C_1 = 0.0081$，$n_1 = 0.95$，$m = 0.4$	$10^2 < Re < 2 \times 10^4$ $2 \times 10^4 < Re < 2 \times 10^5$ $2 \times 10^5 < Re < 1.4 \times 10^6$ $1.1 < \frac{S_1}{d_o} < 4$，$1.03 < \frac{S_2}{d_o} < 2.5$ $0.06 < \frac{t}{d_o} < 0.36$ $0.07 < \frac{h}{d_o} < 0.715$	定性温度：流体平均温度 特性尺寸：基管直径 ε——翅化比 流速取最窄截面处
(2)顺排	$Nu_f = 0.303 Re_f^{0.625} Pr_f^{0.36} \left(\frac{Pr_f}{Pr_w}\right)^{0.25} \varepsilon^{-0.375}$	$5 \times 10^3 < Re < 10^5$ $1.72 < \frac{S_1}{d_o} < 3.0$，$1.8 < \frac{S_2}{d_o} < 4.0$ $5 < \varepsilon < 12$	
2. 同心环状通道内的对流换热 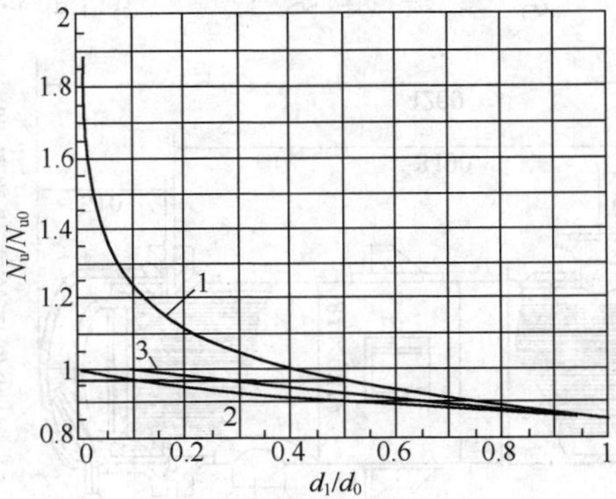 	$Nu_i/Nu_e = 0.86(d_i/d_o)^{-0.16}$ $Nu_o/Nu_e = 1 - 0.14(d_i/d_o)^{0.6}$ $Nu_b/Nu_e = \frac{0.86(d_i/d_o)^{0.84} + [1 - 0.14(d_i/d_o)^{0.6}]}{1 + (d_i/d_o)}$ 式中，Nu_e 是根据当量直径 d_e 代入圆管公式得到的 Nu 数。下标 i，o，b 分别代表内管、外管和两管传热	$d_e/L < 1$，$Re = 2300 \sim 10^6$ $Pr = 0.6 \sim 1000$	
	$Nu = 0.020 Re^{0.8} Pr^{0.3} \left(\frac{d_o}{d_i}\right)^{0.53}$	当 $d_i/d_o > 0.2$ 时，i，o，b 三种边界条件均可	

温差计算　如图7－4所示，两侧的温差是不断变化的，因此冷却器计算中用对数平均温差，即

$$\Delta t = \frac{\theta_1 - \theta_2}{\ln \frac{\theta_1}{\theta_2}} \tag{7-6}$$

式中 θ_1 与 θ_2 为换热过程中最大与最小平均温差。

$$\theta_1 = \theta_{at} + \frac{1}{2}\Delta t$$

$$\theta_2 = \theta_{at} - \frac{1}{2}\Delta t \tag{7-7}$$

$$\theta_{at} = \frac{t_1 + t_2}{2} - \frac{\tau_1 + \tau_2}{2} = t_1 + \tau_1 - \frac{1}{2}(\Delta t_a + \Delta\tau_a)$$

$$\Delta t = \sqrt{(\Delta t_a + \Delta\tau_a)^2 - 4\chi t_a \Delta\tau_a}$$

式中：θ_{at}为换热介质温度算术平均差；Δt_a 为被冷却介质温度降低值；$\Delta\tau_a$ 为冷却介质温度升高值；Δt 为换热介质特性温度差；χ 为流型当量系数，见表7－3。

② 换热面积计算　光圆管的面积是容易计算的。但是，冷却器中水与壁面的表面传热系数要比气侧表面传热系数大10～20倍，因此气体热量不能充分传给水。为补偿这一缺陷，在气侧加肋片以增加传热面积。其次，流体与管壁间扰动愈烈换热量愈大，附面层的层流状态是不好的，因此管壁上会增加扰动结构措施。遇到上述情况，管壁面积计算采用肋化系数来加以修正。

7.1.2　压缩机的冷却设备——冷却器

冷却器结构与气体压力与种类有很大关系。对冷却器的要求是：(1)足够的强度与耐腐蚀；(2)满足冷却温度前提下，结构尽量紧凑、重量轻、占地少；(3)阻力损失小，以减少压缩机功耗；(4)具有因温差不同而造成各零件热变形不同的补偿能力；(5)便于安装与清洗。

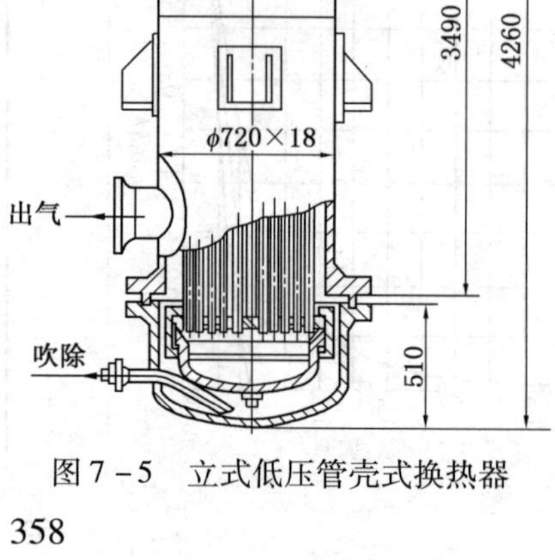

图7－5　立式低压管壳式换热器

冷却器有管式与板式之分，本手册中仅涉及管式。

(1) 管壳式冷却器

管壳式冷却器也称为列管式冷却器，它由一系列管子构成的管束与壳体组成。

① 低压管壳式结构　当被压缩气体压力低于5MPa时，一般气体走壳程，水走管程，可制成立式(见图7－5)或卧式(见图7－6)结构。管子胀接在两端板上。气体在管与壳之间通过折流板，使之反复冲刷管的外壁，以增强热交换。水在管内的流动由盖板分隔成2～4个回路，即把管子分成2～4组，使水在冷却器内流过2～4程或更多程，如图7－7所示。

一般气体自上方进入、下方流出。但冷却水在卧式结构中大都自下方进入、上方流出，这样不仅能保证冷却水灌满冷却器，而且停止工作时能全部被排除。立式时视水程与结构的可能，可以下进上出，也可以

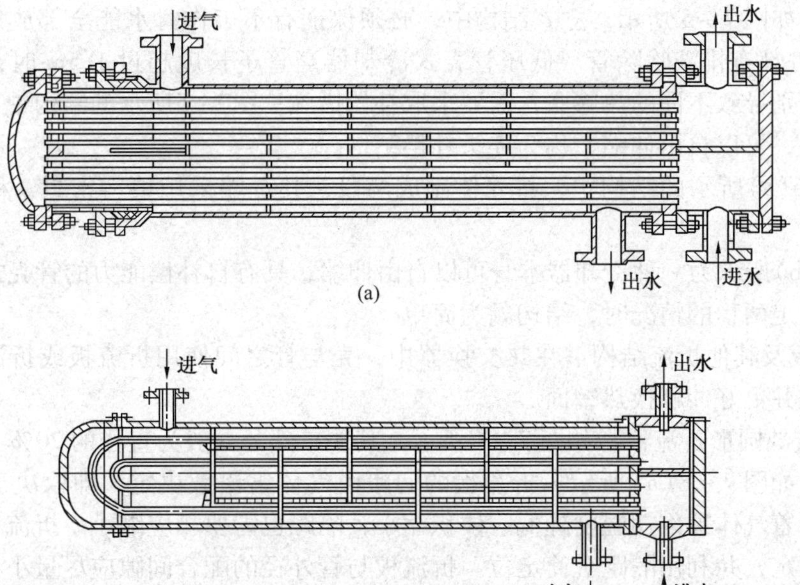

图 7－6　卧式管壳冷却器

(a)填料补偿；(b)自补偿

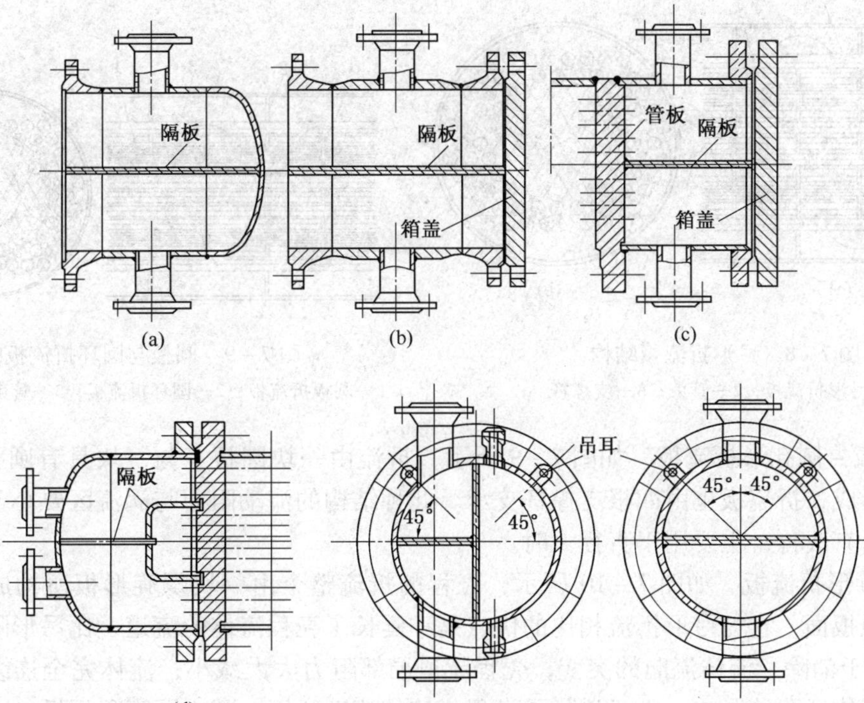

图 7－7　水侧多程壳管式冷却器端盖结构

(a)管箱和封头焊接连接；(b)管箱和平板盖螺栓连接；(c)和管板一体的管箱；
(d)B 形封头管箱；(e)四管程前管箱结构(T 形隔板)；(f)四管程后管箱结构

上进、上出，如图7－5所示。立式结构中，必须保证有不工作时水能全部放出的机构，如图7－5中的底部有排液吹除管。低压管壳式冷却器当管子长度超过1.5m时，应考虑由于各部分温度差别导致不同的热膨胀，需要采取补偿措施。图7－5所示的结构中，下端管板的结构是浮动的，可以自由伸缩，称为浮头补偿结构。

在图7－6(a)所示的结构中，将壳体制成两段，其一端采用填料密封，称为填料补偿结构。

图7－6(b)所示为一种冷却器本身可以自由伸缩，具有自补偿能力的管壳式结构。当气或水在管内只走两程的情况时，结构颇为简单。

② 折流板及其他折流结构　在热交换器中，壳与管之间使用折流板或折流杆，以使流体能曲折前进并更好冲刷换热壁面。

a. 弓形或缺圆形折流板　如图7－8所示，其缺口部分一般为直径的20%～25%，在冷却器中的布置如图7－8(a)所示。折流板的间距由气体雷诺数决定，即取决于气体平均流速。例如，随着气体被冷却温度降低、体积缩小，隔距也需要相应缩小。折流板通常由四根穿透的撑杆固定，并利用隔距套筒定位。折流板与管外径的配合间隙应尽量小，通过这些间隙的气体穿漏会影响热交换的效果。折流板的优点是结构比较简单，制造方便。缺点是在缺圆的流体折转处会形成涡流死区，影响换热效果，由此造成的压力损失也较大。此外，这种结构当气流有脉动时，折流板会因振动而将支撑孔磨大，使两片或若干片叠在一起造成重大事故。

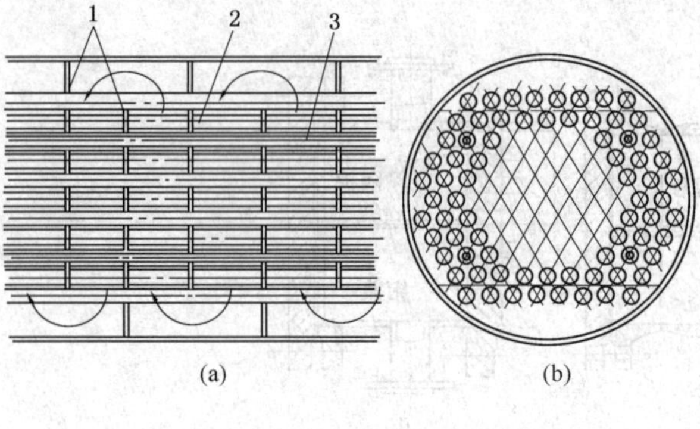

图7－8　弓形折流板结构

1—弓形折流板；2—管束；3—支撑杆

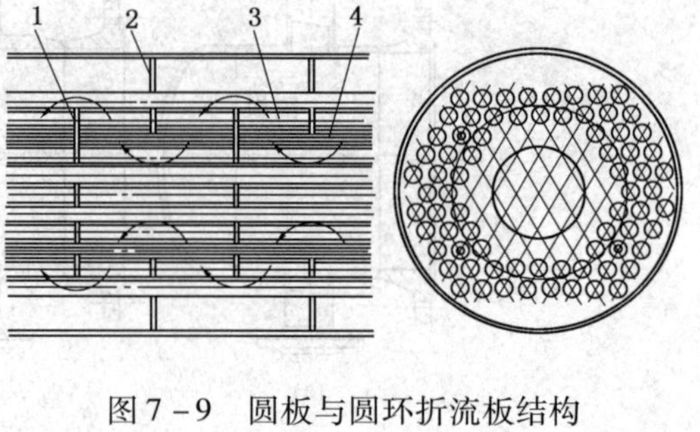

图7－9　圆板与圆环折流板结构

1—圆板折流板；2—圆环折流板；3—管束；4—支撑杆

b. 圆板－圆孔形折流板　如图7－9所示，折流由一块圆板1与一块具有圆孔的环板2相间隔而形成，折流板也由四根支撑杆支承。此种结构的流动阻力与涡流区要小于弓形折流板，性能略有改善，主要用于直径大时。

c. 螺旋形折流板　如图7－10所示，壳程的折流整个由一块螺旋形板所构成，管束穿过每个节距板面。它与弓形折流相比的优点是：延长了壳程流体的流道，比弓形隔板增加约1.4倍；由于消除了流体流向的突变，壳程流道局部阻力大大减小；流体完全连续流动，减少了壳程流体旁路的影响；由于消除了壳程流体的流动死区，减少了壳程污垢；由于流体对管束无垂直冲刷，故可降低壳程流体诱发的管束振动；流体在管束间作螺旋运动，更适合于粗糙扩展外翅片管型的传热强化。

螺旋形折流板的缺点是制造折流板比较困难。

d. 折流杆　如图7－11所示，用若干组平行的杆件代替折流板，相邻两组杆件相互垂直配置。同一组折流杆由圆环连成一体，圆环与圆环间设有支撑杆以保持间距。

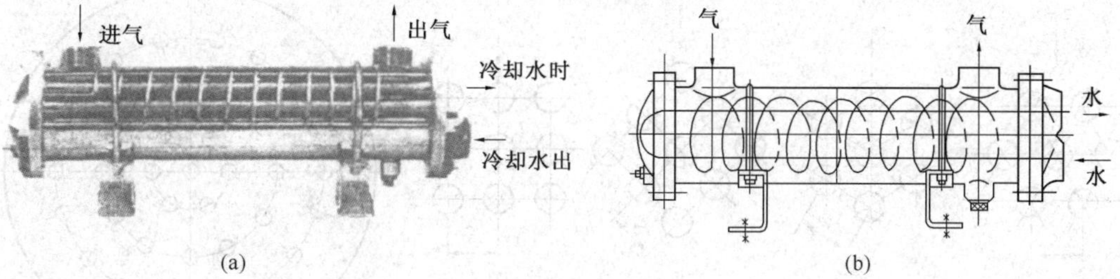

图 7－10　螺旋形折流板冷却器

(a)结构图；(b)气流示意图

此种结构中，气流纵向掠过管束，但折流杆会使之产生一定扰流，与弓形折流板结构相比，总的传热系数可高 170% ~230%，壳程阻力减少 35% ~40%，在相同的热负荷下，重量可减轻 40%。

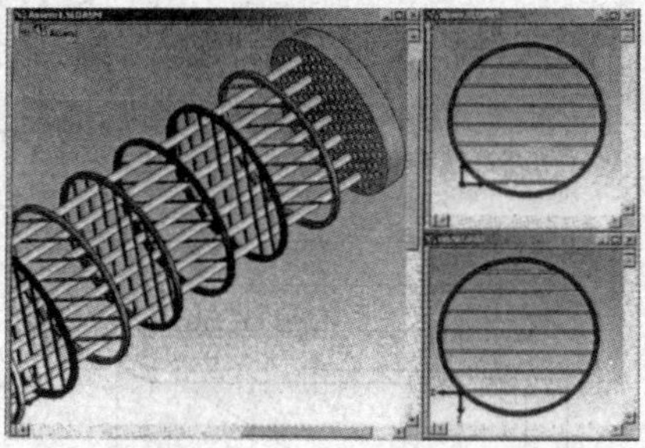

图 7－11　具有折流杆管束简图

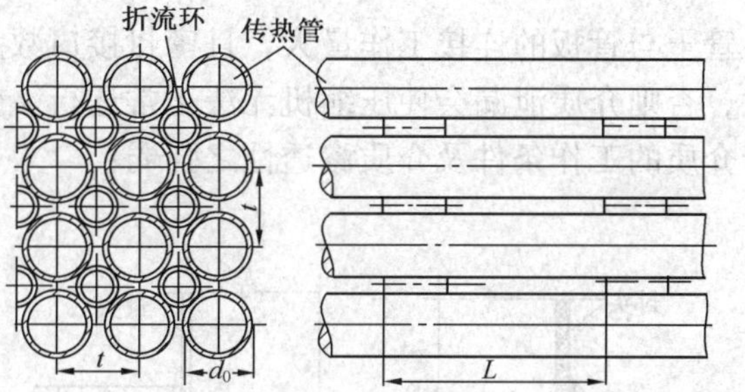

图 7－12　折流环结构简图

e. 折流环　如图 7－12 所示，用空心圆环作为折流与支撑物。壳程气流也为纵掠型。用这种结构在国产 D－100/7 型空气压缩机的台架试验实测，在相同压缩机运行工况及冷却水温、水量时，总传热系数较弓形折流板结构高达 25%。

此种结构制造方便，无一般弓形折流板的撑杆所占位置(即可多安排四根换热管)，纵向的空心环一定程度上还起翅片作用。它特别适合在气体流速高的紧凑结构中采用。

③ 管束结构设计

a. 管子及管束　导热管内径多为 10 ~20mm，壁厚及管材视工作介质及工作参数(主要是温度、压力)而定。选用小管径，其相对表面积大；对于光滑管，可增大总表面积。但也存在管内污垢难以清洗，制造工时多，且泄漏的机会增加等问题。故最佳管径要从技术、经济、安全可靠等给予综合考虑，再进行优化设计。

管子布置多采用如图 7－13 所示的三角错列和四方直列两种。三角错列对横掠管束的气体具有较大的表面传热系数；四方直列传热效能虽然不及前者，但这种设计管外污垢清除方便，适用于易积垢的管外传热介质，如高压气体走管内，水走管外时。另外，图 7－13(e)为同心圆排列，它类似于错排，换热系数较高，但管间清洗较困难。

b. 管子及管子与管板连接　管子与壳体有不可拆式和可拆式两种连接方式。不可拆式的换热器，其壳体与管板用焊接形式连接，如图 7－14(a)所示；可拆式结构，如浮头、U 形填料函式等，其管板不直接与壳体焊死，而是通过壳体上的法兰夹持在两法兰之间进行固定，见图 7－14(b)。

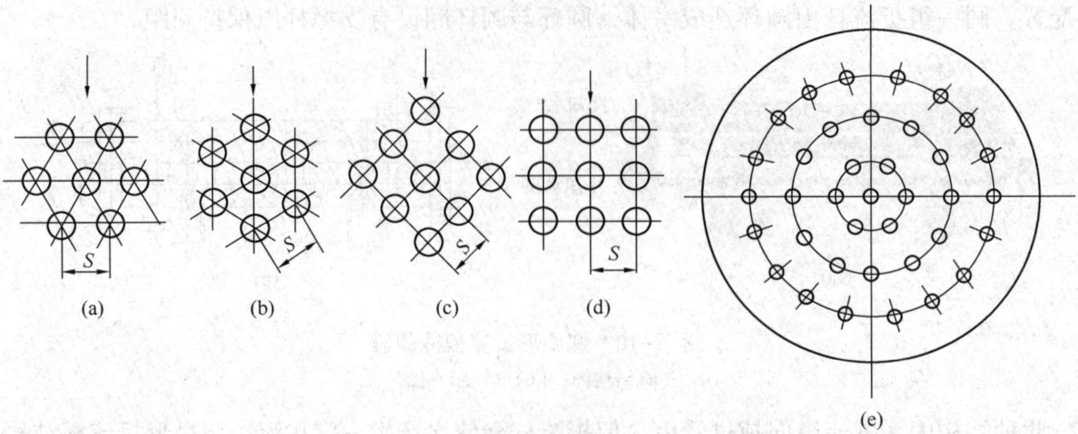

图 7-13　管子排列方式

(a)错排三角形；(b)顺排三角形；(c)错排正方形；(d)顺排正方形；(e)同心圆

管子与管板的连接工作量大，且密封接口数量多，故从结构选择开始及施工制造都必须注意，否则介质泄漏会使压缩机无法正常运行。管子与管板有以下三种连接形式，其选择取决于介质的工作条件及介质渗透性之强弱：

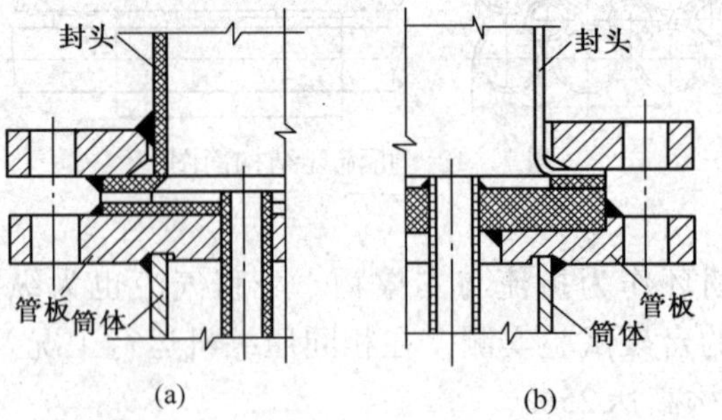

图 7-14　管板与壳体焊接形式

(a)焊接封头；(b)法兰连接封头

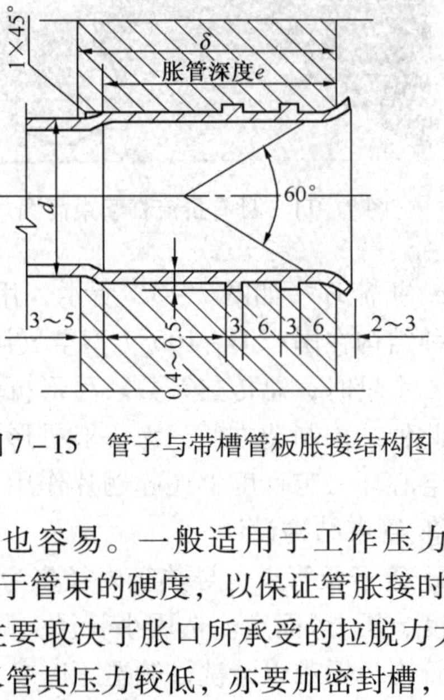

图 7-15　管子与带槽管板胀接结构图

胀接　这种工艺简单，管子一旦泄漏进行修补也容易。一般适用于工作压力 $p \leq 0.4$MPa，工作温度 <350℃，且要求管板材料硬度要高于管束的硬度，以保证管胀接时产生塑性变形。管板上的管孔有光孔和带环形槽孔两种，主要取决于胀口所承受的拉脱力大小。光孔结构用于物料性质较好的换热器；易泄漏的介质尽管其压力较低，亦要加密封槽，令胀接后管子材料被挤入槽内。管孔开槽数目取决于管板厚度；厚度小于 30mm 时开一道槽；厚度大于 30mm 时开两道槽，槽的尺寸如图 7-15 所示。

焊接　其结构强度高，抗拉脱力强，焊口一旦泄漏时还可以补焊。当需要更换时，也可用专用工具拆装。由于其工艺过程较恶劣，这种工艺多用于不易施行胀接或密封压力较高的场合，如碳钢或不锈钢的管子管板连接。

胀、焊结合　这种工艺多用于操作压力较高、渗透力强，或被冷却的气体带腐蚀性的场合。其加工工艺有先胀后焊，也有先焊后胀。至于选取哪一种工艺，取决于各厂的习惯，一般都趋向于先焊后胀。

④ 端盖

对于中低压壳管式冷却器，当水走管程时，为充分发挥水的冷却性能，水可在壳体内走若干程，如图7－16所示为水走三程的结构。因此，要求端盖上设置隔板。端盖隔板两端需

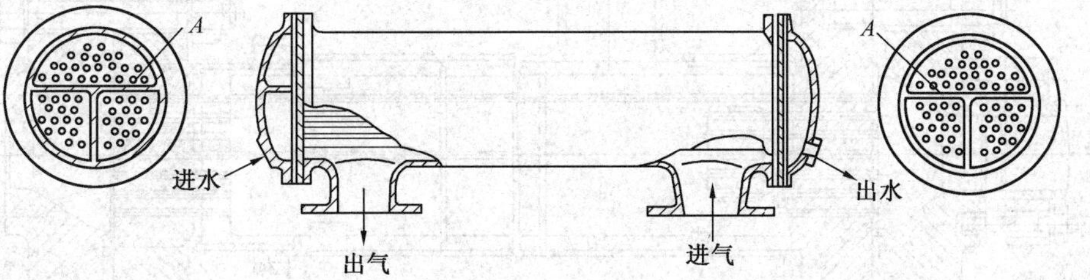

图7－16　水侧三壳程管式冷却器端盖结构

要配合好，如图中A处即不分隔。使上一程水能流到下一程去。此外，盖板与管端板密封极重要，应保证相隔程之间的密封。

（2）元件式冷却器

它使管穿平翅片，组合后两端再固定在方形管板上，然后以整个芯件放入壳体，也有将数个芯子平行放入同一壳体中，如图7－17所示。气体在翅片间流通，管内通水，以并联联结供水及出水。这种形式的冷却器优点是结构紧凑，操作压力小于3.5MPa，一般用于无腐蚀性气体，容积流量在10～$100m^3/min$的压缩机。元件式冷却器在气体进口部位均设有较大的缓冲容积，以利于减少阻力损失和级间压力波动。元件与挡板间密封很重要，如果有泄漏将严重影响冷却效果。其缺点是，长期运行后由于浸袭老化，加上运行时的振动使翅片与管浸袭处松脱，使热阻增大，传热效能降低。对于这种水冷式换热器，无论管子为钢或铜质，因管内径偏小、管内水垢积聚难以清除。片间也易积聚油垢，所以要勤于清洗，否则水阻及传热热阻都会明显增大。

（3）高压管壳式冷却器

如图7－18所示，其结构的基本原理与低压类似，但当冷却器过长时，可做成图7－19所示的U形结构，或做成图7－20所示分段串联结构。

此种结构的冷却器，目前也可用于35MPa的高压气体。

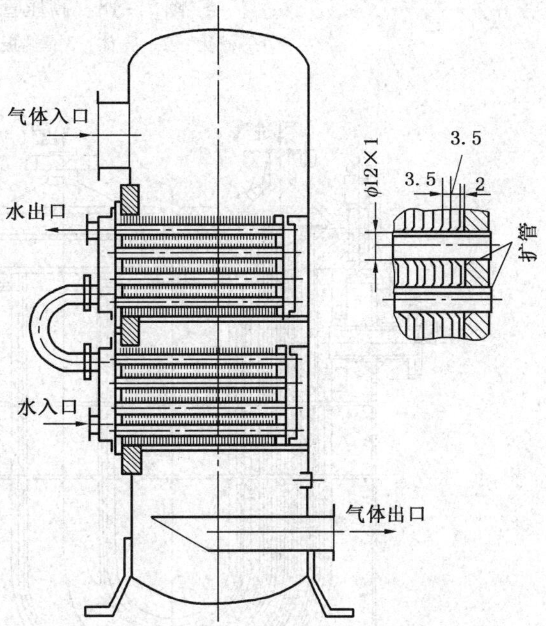

(a)

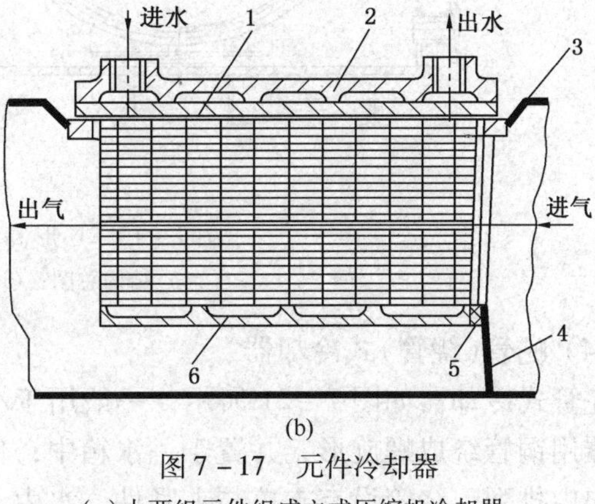

(b)

图7－17　元件冷却器

（a）由两组元件组成立式压缩机冷却器；

（b）元件在筒体内的安装状态

1—翅片管束端板；2—外侧盖板；3—筒体；

4—挡板；5—毡垫；6—内盖板

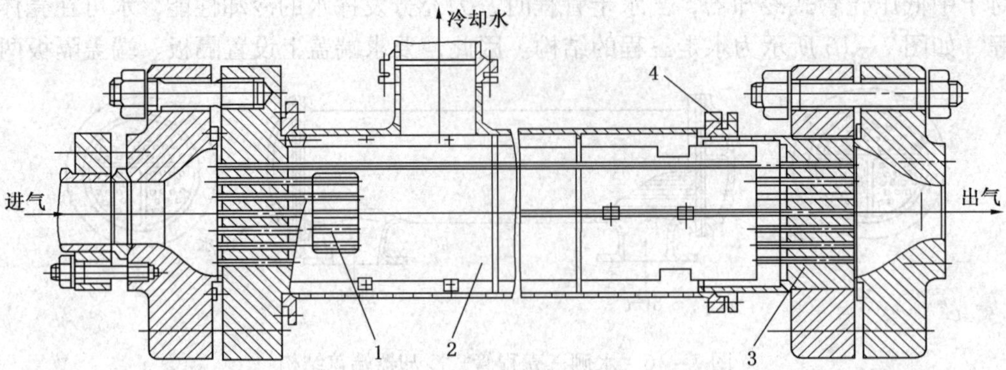

图 7 - 18　高压管壳式冷却器

1—管束；2—壳体；3—端板；4—热膨胀补偿结构

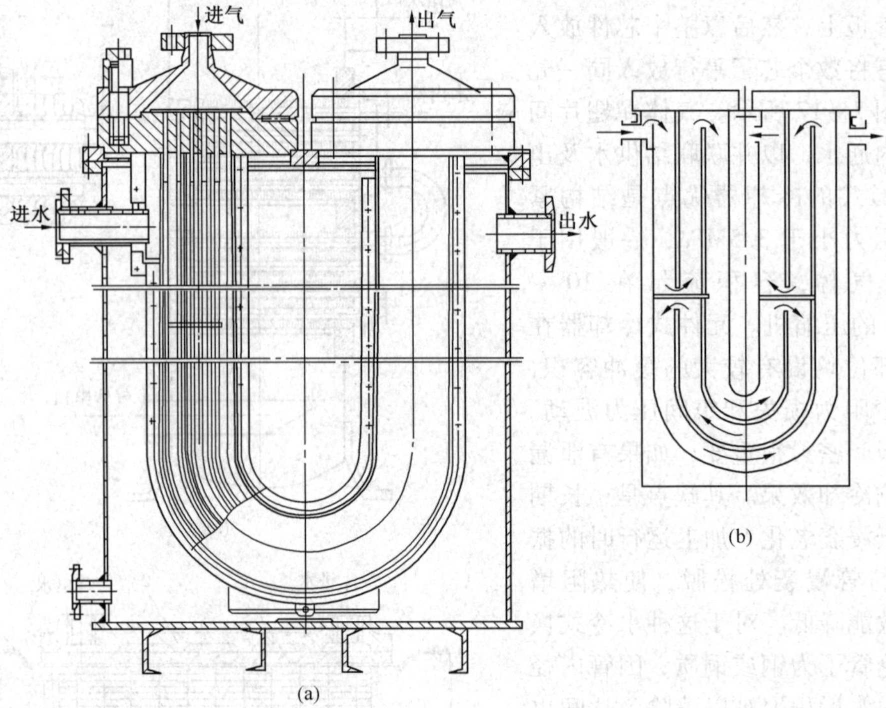

图 7 - 19　U 形高压壳管式冷却器

(a)结构总图；(b)壳程水流程图

（4）蛇管（绕管）式冷却器

蛇管式冷却器如图 7 - 21 所示，一般用于小型高压水冷式压缩机。各级中间冷却器与后冷却器用铜管绕成螺旋形，并置于一水箱中；低压管径较大置于外围，再按管径大小顺次由外圈向内排列。绕管设有支撑与夹紧件，水由水箱下方进入，由上方流出。

蛇管式冷却器结构简单、制造方便。水侧流速一般较低，气侧因绕螺旋行进，并且铜热导率较钢高，故换热情况可以满足小型压缩机要求。

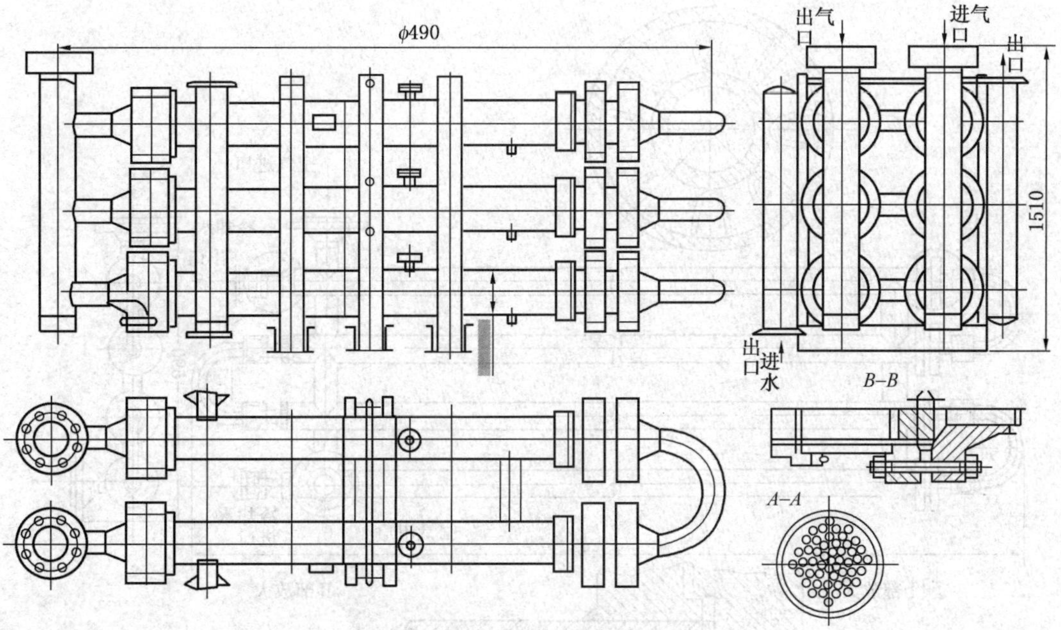

图 7－20　高压管壳式串联结构

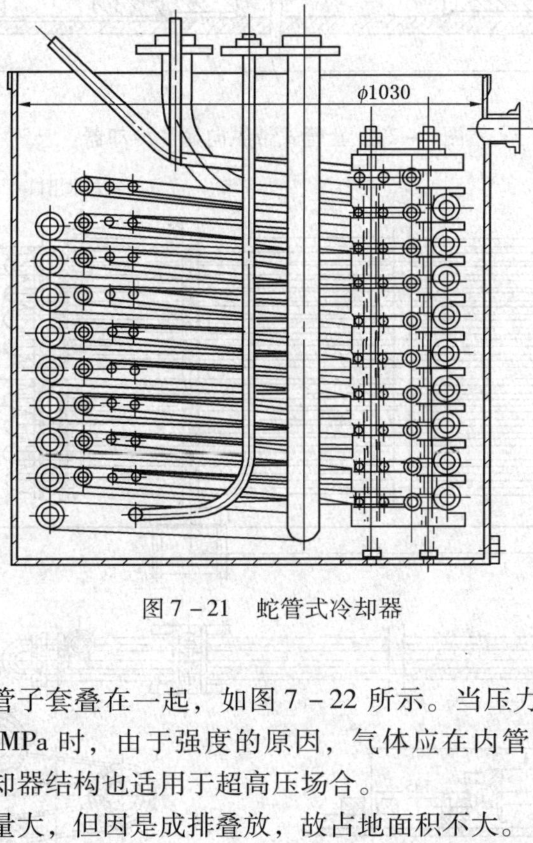

图 7－21　蛇管式冷却器

（5）套管式冷却器

套管式结构系两根管子套叠在一起，如图 7－22 所示。当压力低于 10MPa 时，气体可在管间走，压力大于 10MPa 时，由于强度的原因，气体应在内管中走。该冷却结构，水、气始终为逆流。套管冷却器结构也适用于超高压场合。

套管结构金属消耗量大，但因是成排叠放，故占地面积不大。

图 7－22 中气体在管间走，为增加气体传热面积，内管外设有纵向翅片。整个散热器由若干组套管叠加而成。

图 7－23 所示为气在管内，水在管间流动的套管式结构，工作压力为 17.5MPa，套管成排交叉两列布置，以减少占地面积。

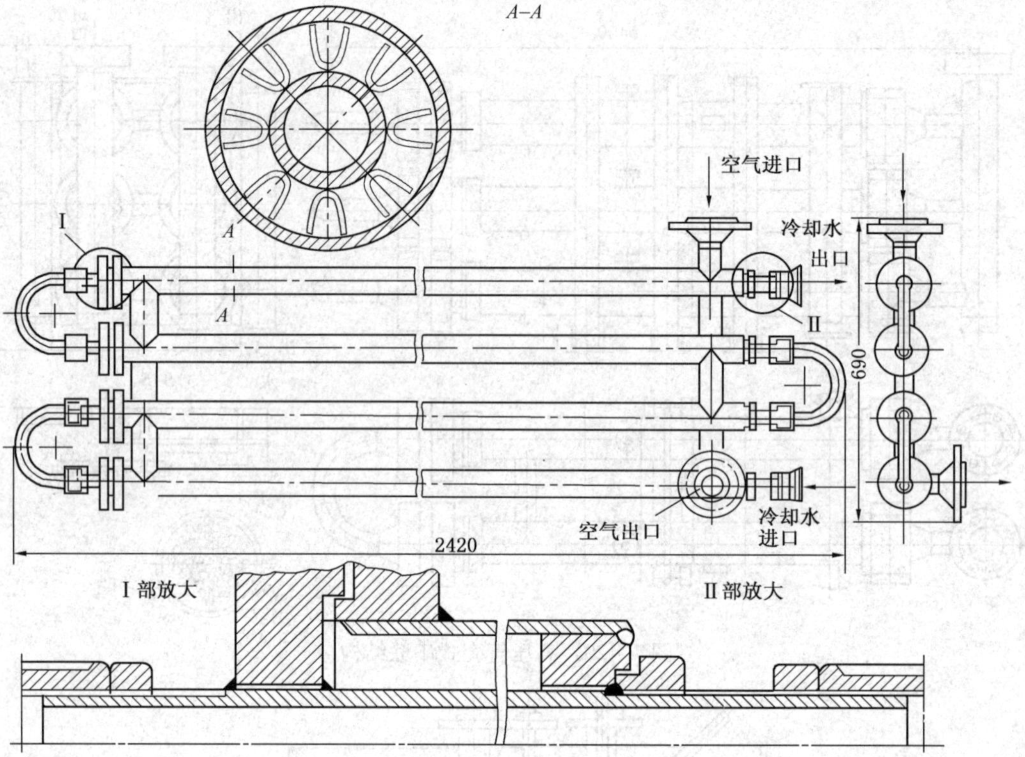

图 7－22　套管式带纵向翅片冷却器

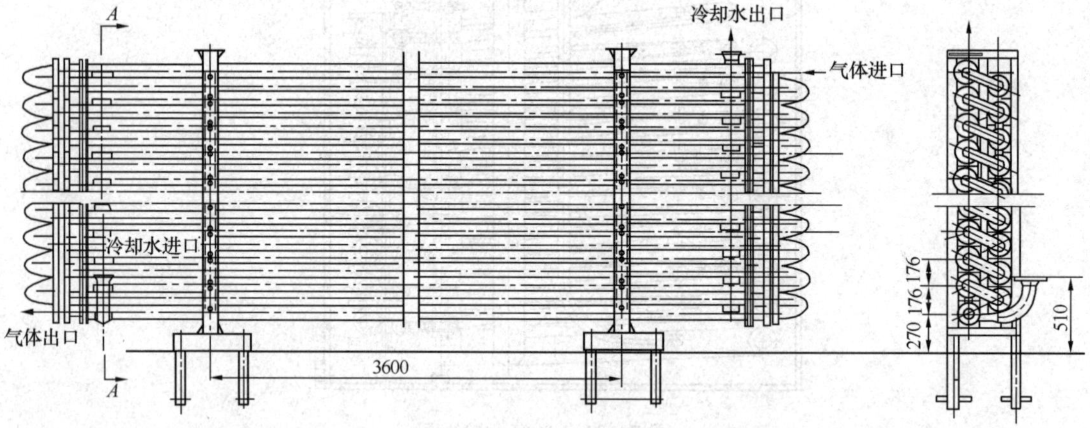

图 7－23　17.5MPa 套管冷却器

图 7－24 所示为气体压力 63.5MPa 的套管冷却器，气走管内，水走管间。由于气体压力很高，其管道弯曲困难，且要造成弯管外侧管壁减薄或造成损伤。因此，图中示出由一专门零件 5 来连接。由图可见，该冷却器的制造与装配相当复杂与困难，但在间壁式冷却器中，暂时还是解决高压气体冷却的一种方法。

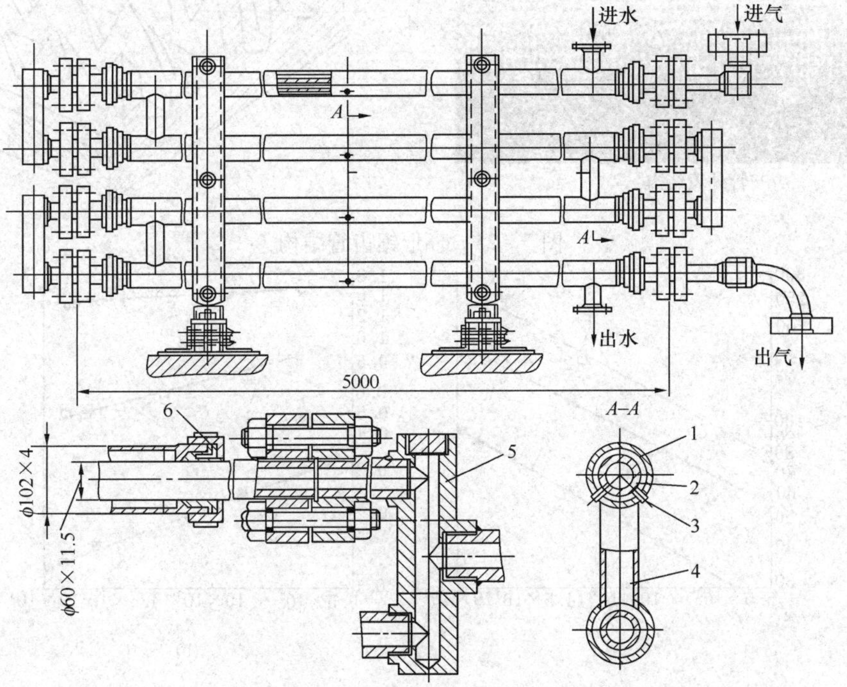

图 7－24　63.5MPa 套管式冷却器

1—外套管；2—换热内套管；3—套管间支撑；4—连接水管；5—连接气管；6—补偿与可拆卸密封机构

7.1.3　冷却器设计计算

（1）一般原则

① 冷却效果好，要求冷却后气体温度一般比压缩机进气温度高 5～10℃。

② 气体压力损失小，可参照表 7－7。

表 7－7　冷却器气体压损失参考值

气体压力/MPa	允许损失百分比/%	压力损失绝对值/kPa
≤0.25	5	<7
0.26～1.7	3	<35
1.8～6.9	2	<70
≥7	1	

③ 换热效率高、体积小、重量轻，这一要求往往与压力损失要求背道而驰，例如图 7－25 所示的环形锯齿管(也称 PF 管)、光滑管和绕片管横向冲刷的单管试验结果。当 $Re=10^4$ 时，锯齿管比铜质绕片管(片高 9mm，片厚 0.3mm，管径 Φ18mm×1mm)之气侧表面换热系数高 37%，阻力系数低 70%，与每米 945 齿的低肋管相比，在片距相当条件下，PF 管的气侧表面换热系数比低肋管高 50%。

④ 满足强度要求、热膨胀要求、气体性质要求。

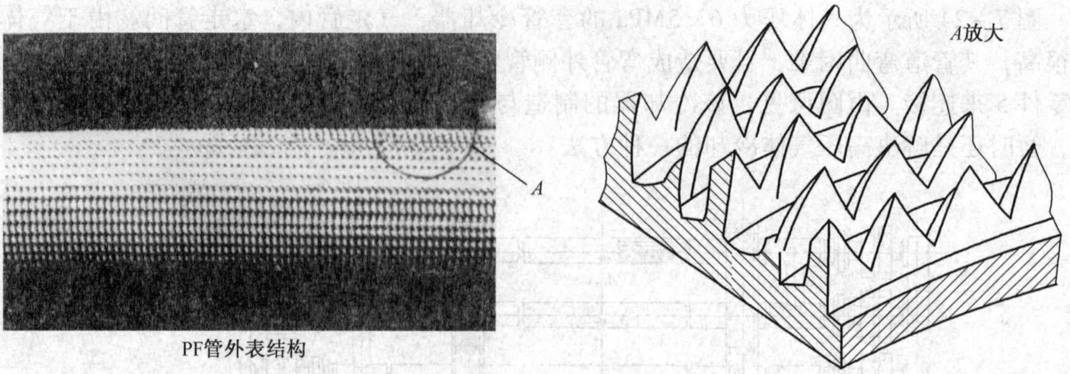

图 7－25　环形锯齿管结构

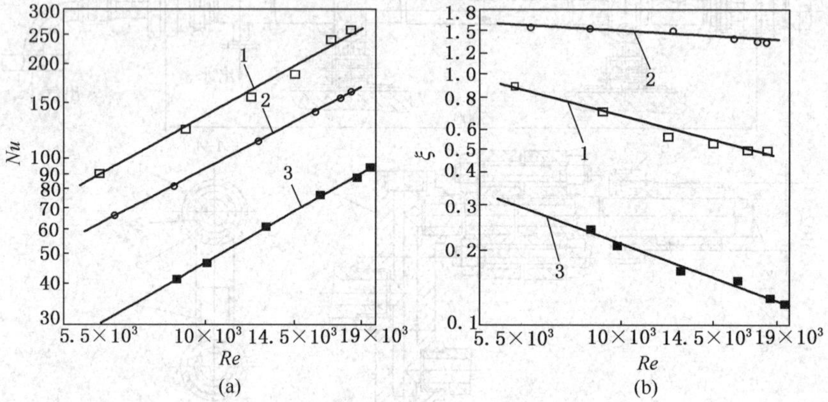

图 7－26　PF 管、绕片管与光圆管的传热与流阻对比(横向冲刷阻力系数)

(a) $Nu-Re$ 关系；(b) $\xi-Re$ 关系

1—环形锯齿管；2—绕片管；3—光圆管

⑤ 维护、清洗方便。

(2) 冷却器传热计算数据选择的一些注意事项

① 我国幅源广阔，南北气温差别大，冷却水进水温度要照顾南方夏天高温特点，故取 32℃计算。

② 水冷式冷却器的冷却水温升以 15～20℃为宜，或冷却后气体温度较冷却水进口温度高 5～15℃，风冷式冷却器的冷却空气进出口端温差为 7～18℃。

③ 流体速度选择见表 7－8。对于氮、氢混合气和氢气及天然气(CH_4)的许用流速，可取比空气大 1.5～2.4 倍，对相对密度较空气大的气体，许用流速就要取低一些。

表 7－8　冷却器流体速度选取

冷却器形式		管内/(m/s)	管外/(m/s)
水冷管壳式或套管式	气体	8～15	8～14
	水	1～2	>0.5
风　冷		5～10	5～10

④ 管径大小、管厚、管长及管间距都包含在传热计算中，必须进行仔细选择。对于压缩机冷却器，所用管径为 10～25.4mm，兼顾到成本、传热、清洗、强度等方面综合因素，

壳管式多用管径为 14mm、16mm、19mm、20mm、25mm；元件式与风冷的管翅式，管径会小至 10mm。管壁厚度取决于工作压力、腐蚀性能，并满足胀接到管板上的要求。

⑤ 管间距大小的选取也要兼顾到各方面的要求。选用窄的间距，可以得到最好的传热效果，但易导致管束易被阻塞，难清洗。一般常用的最小管间距为管径的 1.25 倍。

⑥ 为了使冷却器中气侧的压力损失不致过大，冷却器气流通道截面 A_g 可按下式计算为

$$A_g = C_m \cdot A_p / v_g \tag{7-8}$$

式中：C_m 为活塞平均速度，m/s；v_g 为气体流速，m/s；A_p 为活塞面积，m^2。

对于空气或与空气密度相近的气体，当气流沿传热管流动时，可取 $v_g = 25 \sim 35$m/s；当垂直冲刷管束时，可取得 $v_g = 18 \sim 30$m/s。上述数值上限适用于低压级及冷却器前有缓冲容器情况，下限值则适用于无缓冲容器及中压工况。

⑦ 气体及水的污垢系数可从表 7-9 中选取。

表 7-9　水及气体污垢系数

冷却水(水温<50℃)	污垢系数/($m^2 \cdot K/W$)		工业气体	污垢系数/($m^2 \cdot K/W$)
	水流速<1m/s	水流速>1m/s		
海　水	0.0001163	0.000163	有机化合物	0.000163
循环淡水	0.000326-0.0007	0.000326-0.0007	空气	0.000426
自来水	0.000326	0.000326	天然气	0.000326
河　水	0.000465	0.000365	焦炉煤气	0.000326
蒸馏水	0.000163	0.000163	水蒸气	0.000163
浊的河水	0.00198	0.0014	制冷剂蒸汽	0.0003

⑧ 冷却器设计要考虑的安全系数，主要是考虑传热计算的误差，故一般是在设计所得的传热面积数值上，再加 10% ~15% 容量，这个面积容量，应增加换热管长而不是增加管数，因为增加管数会降低速度和换热系数。

(3) 管式冷却器传热计算

① 各级冷却器传热量计算

一级的总热量为

$$Q = Q_1 + Q_2 \tag{7-9}$$

式中：Q_1 为气体冷却所放出的热量，W/h；Q_2 为被压缩气体中之蒸汽冷凝时所放出的热量，W/h。气体放热量为

$$Q_1 = q_m c_p (t_1 - t_2) \tag{7-10}$$

式中：q_m 为气体质量流量，kg/h；c_p 为气体的质量比定压热容，W/(kg·K)；t_1 为气体进口温度,℃；t_2 为气体出口温度,℃。

冷凝水放热量为

$$Q_2 = q_m r (\chi_1 - \chi_2) \tag{7-11}$$

其中

$$\chi_1 = \frac{R_m}{R_w} \frac{p_{s1}\varphi}{p_1 - p_{s1}\varphi} \quad \chi_2 = \frac{R_m}{R_w} \frac{p_{s2}\varphi}{p_2 - p_{s2}\varphi}$$

式中：χ_1 为气体在冷却器进口处的绝对湿度；χ_2 为气体在冷却器入口处的绝对湿度；r 为蒸气的潜热，W/(kg·K)；R_m 为被压缩气体常数；R_w 为蒸气的气体常数；p_1 为冷却器中气体压力，MPa；p_2 为冷却器进气管内之气体压力，MPa；p_{s1} 为冷却器进气管内气体温度下饱和蒸气压力，MPa；p_{s2} 为冷却器出口管处之气体温度下之饱和蒸气压力，MPa；φ 为冷却器入口处的气体相对湿度。

实验证明，若仅为水蒸气，当忽略 χ_1、χ_2 项的计算，则计算结果与实测值仅误差 4.8%，一般误差 1% ~2.3%，均少于 5%，故对一般工程计算都允许略去。

② 平均温差 Δt_m

一般情况下，压缩机冷却器多为逆流式多程叉流，故平均温差可由下式求得

$$\Delta t_m = \frac{(t_1 - \tau_2) - (t_2 - \tau_1)}{\ln \dfrac{t_1 - \tau_2}{t_2 - \tau_1}} \qquad (7-12)$$

式中，t_1 为气体进口温度，℃；t_2 为气体出口温度，℃；τ_1 为冷却水进口温度，℃；τ_2 为冷却水出口温度，℃。

③ 传热系数 K

由式(7-2)知，要计算 K 便要先计算气体对壁面的表面传热系数 α_i 与壁面对水(或空气)的表面传热系数 α_o，因放热系数是努塞尔数 Nu 的函数，其关系为 $\alpha = \frac{\lambda}{d}Nu$，式中 λ 为流体定性温度下的导热系数；d 为流体通流截面定性长度，对圆管内流动即为其内径 d_i，当圆管间流动时应用其当量直径 d_e，其值为 $d_e = \frac{4F}{U}/m$，式中，F 为流道的自由截面，m^2；U 为"湿润"周边长，m。对各种结构的努塞尔数可按表 7-4 ~ 表 7-6 查取。材料导热率与污垢系数，可由附录表与表 7-9 查得。

(4) 定性温度

在传热计算中，流体所有的物性参数应在定性温度下取得，精确计算时，应以平均膜温作为定性温度。

对于湍流状态
$$t_f = \frac{1}{2}(t_w + t_c) \qquad (7-13)$$

对于层流状态
$$t_f = t_c + \frac{1}{4}(t_w - t_c) \qquad (7-14)$$

式中：t_f 为平均膜温，℃；t_w 为管壁温度，℃；t_c 为流体的平均温度，℃。

实际工程计算中，往往将流体的平均温度近似作为流体的定性温度。

a. 冷却水和气体的平均温度

$$\tau_c = \frac{1}{2}(\tau_1 + \tau_2) \qquad (7-15)$$

$$T_c = \frac{1}{2}(T_1 + T_2) \qquad (7-16)$$

式中：τ_c 为冷却水的平均温度，℃；T_c 为气体的平均温度，℃；τ_1、τ_2 为冷却水进出口温度，℃；T_1、T_2 为气体进出口温度，℃。

设计压缩机冷却器时，气体的定性温度亦习惯用下式计算为

$$T_c = \Delta T_M + \tau_c \qquad (7-17)$$

式中：T_c 为气体的定性温度,℃；ΔT_M 为冷却器的有效平均温差,℃；τ_c 为冷却水的平均温度,℃。

b. 润滑油的平均温度

$$t_c = \tau_1 + F_c(\tau_2 - \tau_1) \tag{7-18}$$

对于翅片管

$$t_w = t_c + \frac{\alpha_o}{\alpha_i(A_i/A_o) + \alpha_o}(T_c - \tau_c)$$

实际工程设计时，冷却器的平均壁温常用下述公式近似计算为

$$t_w = B\Delta T_M + \tau_c$$

式中：B 为系数，$B=0.1\sim0.3$，较小值适用于光管和低压级；τ_c 为冷却水平均温度,℃。

总之，壁温接近于具有较大给热系数侧流体的平均温度，只有两侧温度相差不大的时候，壁温才可以用两流体的算术平均值。

(5) 管壳式冷却器的阻力损失计算

流经冷却器的气体压力损失，即压缩机功耗，压力损失大即压缩机功耗增加。求取阻力损失时最主要的是要知道该结构的阻力损失系数 ξ，因为阻力损失 $\Delta p=\xi\rho c^2/2$，其中 ρ 为气体的密度，在冷却过程中 ρ 是随气体温度降低而增加的，而 c 为气体流速，其值又随温度降低而体积缩小，故也是变化的，且 c 为二次方关系，对于一个等截面的管道压力损失会随温度降低而减小，而对于变截面管道则需分段计算压力损失。

① 管程压降计算

此计算与一般管内压降计算基本一致，总压降 Δp 中包括沿管程摩擦阻力 Δp_1，回弯阻力 Δp_2 及管子进出口的局部阻力 Δp_3 三部分，同时也要考虑管内结垢的影响。

$$\Delta p = (\Delta p_1 + \Delta p_2)\Psi + \Delta p_3 \tag{7-19}$$

式中，Ψ 为管程结垢压降校正系数。对一般油品润滑，当污垢系数为 $0.00034\sim0.000516m^2\cdot K/W$ 时，$\Phi19mm\times2mm$ 管的 $\Psi=1.5$，$\Phi25mm\times2.5mm$ 管的 $\Psi=1.4$，对于管内为气体的 $\Psi=1.0$。

$$\Delta p_1 = \left[\left(\frac{\omega^2}{2\rho}\right)\left(\frac{L}{d_i}\right)\left(\frac{\xi}{\Psi}\right)\right] \tag{7-20}$$

$$\Delta p_2 = \left[\left(\frac{\omega^2}{2\rho}\right)(4n)\right] \tag{7-21}$$

$$\Delta p_3 = \left[\left(\frac{\omega_{io}^2}{2\rho}\right)\times 1.5\right] \tag{7-22}$$

式中：ω 为管程质量流速，$kg/(m^2\cdot s)$；ω_{io} 为管程进出口管嘴的质量流速，$kg/(m^2\cdot s)$；ρ 为管程流体在定性温度下的密度，kg/m^3；L 为每程管长，m；n 为管程数；d_i 为管子内径，m。

$\xi=4f$，圆管摩擦系数相当平板摩擦系数的 4 倍，ξ 可查图 7－27。

② 壳程压降计算

对于没有折流板的壳程压降，计算方法与管程相同，但要以壳程的当量直径 d_e 来代替 d_i。当管子很短时，甚至可以忽略壳程管束的阻力。

对于有折流板的壳程压降，由于存在泄漏、旁通，因此计算就十分复杂，故一般不考虑这两方面影响而进行简化计算，计算结果稍微偏大，计算式为

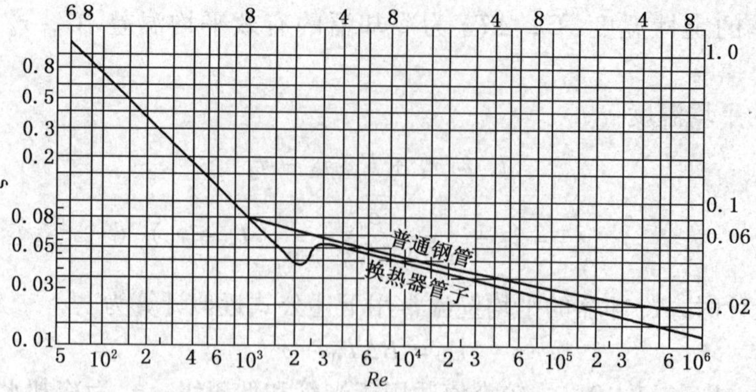

图 7-27　流体在管内流动时的摩擦系数

$$\Delta p_s = \Delta p' \cdot \Psi' + \Delta p'' + \Delta p''' \qquad (7-23)$$

式中：Δp_s 为壳程总压降，Pa；$\Delta p'$、$\Delta p''$、$\Delta p'''$ 为管束、导流板，壳程进出口管嘴的压降，Pa；Ψ' 为壳程压降结垢校正系数，见表 7-10。

表 7-10　壳程压降结垢校正系数 Ψ'

污垢系数/($m^2 \cdot K/W$)	D_0/B					
	1.0	1.5	2.0	3.0	4.0	5.0
	Ψ'					
0	1.00	1.00	1.00	1.00	1.00	1.00
0.000172	1.12	1.20	1.28	1.38	1.47	1.55
0.000344	1.24	1.42	1.58	1.82	2.03	2.21
0.000516	1.37	1.65	1.92	2.31	2.66	2.96
0.000688	1.50	1.90	2.28	2.85	3.36	3.82
≥0.000860	1.64	2.17	2.68	3.44	4.14	4.77

注：D_0—壳程内径；B—折流板间间距

各项压降计算公式为

$$\Delta p' = \left[\frac{\omega_0^2}{2\rho_0}\right]\left[\frac{D_i(n+1)}{d_e}\right]\left(\frac{\xi}{\Phi_0}\right) \qquad (7-24)$$

$$\Delta p'' = \left[\frac{\omega_D^2}{2\rho_0}\right]\xi_D \qquad (7-25)$$

$$\Delta p''' = 1.5\left[\frac{\omega_z^2}{2\rho_0}\right] \qquad (7-26)$$

式中：ω_0 为壳程的质量流速，kg/($m^2 \cdot s$)；ω_D 为导流板和出入口处质量流速，kg/($m^2 \cdot s$)；ω_z 为壳程进出口管的质量流速，kg/($m^2 \cdot s$)；ξ 为壳程摩擦系数，由图 7-28 查取，对低肋管查取值再乘以 1.20；Φ_0 为壳程流体黏度校正系数，$\Phi_0 = \left(\frac{\mu}{\mu_\omega}\right)^{0.14}$；$d_e$ 为壳程当量直径，m；ξ_D 为导流板式导流筒之阻力系数，当缺乏实测数据时可按 $\xi_D = 5 \sim 10$ 估计。

7.1.4　油冷却器

在油冷却器中，管壳式油冷却器是现在应用较普遍的结构。当用水作为冷却介质时，它

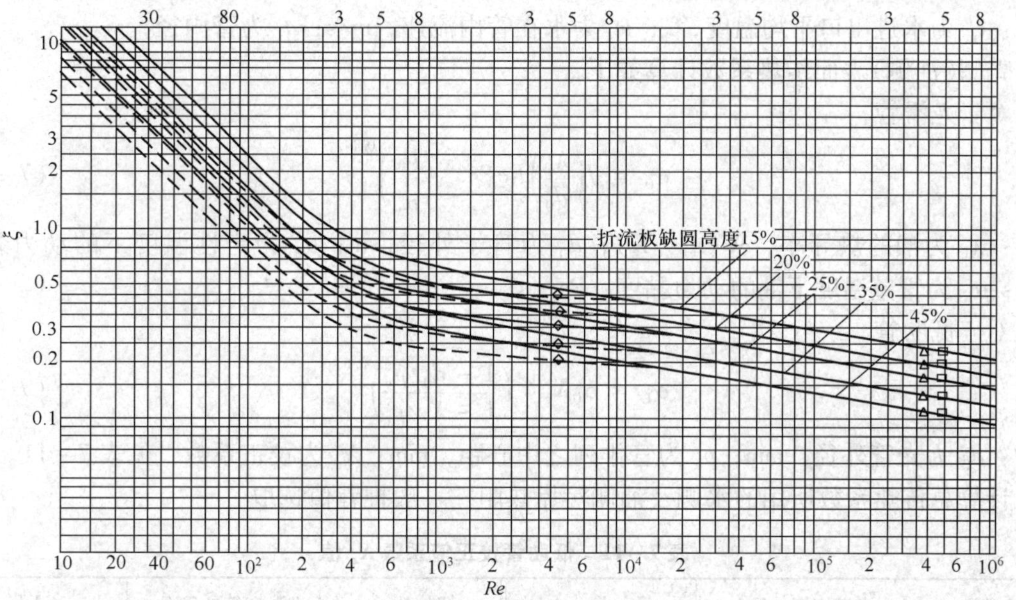

图 7－28 壳程摩擦系数

与中间冷却器极相似。

（1）光管油冷却器

一般是油走壳程，水走管程，多数用卧式。所用的管材有纯铜管、黄铜管和适用于气体或海水作为冷却介质的耐腐蚀性高的镍黄铜（B_{10}或B_{30}），以及钛管、不锈钢管等。

油冷却器一般技术设计要求是：油经冷却后其温度下降 8～10℃；冷却水温升高 4～5℃；水侧压降一般不高于 0.05MPa；油侧压降小于 0.1MPa。设计所取的冷却水温可选 32℃，以适应南方夏天气温高的使用环境。图 7－29 是这类油冷却器的结构示意图。对这种以光管为传热元件的油冷器，传热与流阻性能一般，当 $\Delta p \approx 0.07$MPa 时，$K \approx 450$W/（m^2·K）。

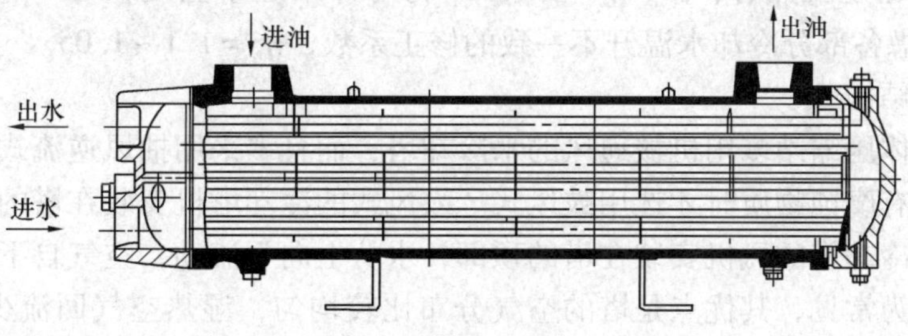

图 7－29 水冷管壳式油冷却器

（2）低肋管油冷却器

水冷式油冷却器之热阻在油侧，采用小管径或过份增大油流速，以提高传热效能不是最佳选择。采用低肋管的油冷却器扩大油侧的传热面积，是可实现的，既不改变油冷器外形尺寸，又能提高 K 值。一般可以这样估算，当壳侧总热阻约为管程一侧热阻 2 倍以上，则选用低肋管换热器对其造价一定有利。一般用于冷油器的低肋管，管外表面积约为光管外表面积的 2.2～2.6 倍，即肋化系数为 2.2～2.6。

水侧表面传热系数可按下式计算为

$$\alpha_i = (1230 + 19t_m)\frac{w_i^{0.8}}{d_i^{0.2}} \tag{7-27}$$

式中：t_m 为水进出口平均温度，℃；w_i 为水在管内流速，m/s；d_i 为管内径，m。

壳侧（油侧）表面传热系数计算如下：

对于光滑管

$$\alpha_0 = J\left(\frac{\lambda_0}{d_0}\right)RePr^{0.33}\left(\frac{\mu_0}{\mu_w}\right)^{0.14} \quad (7-28)$$

式中：λ_0 为油的热导率，W（m·K）；d_0 为管子外径，m；μ_0 为定性温度下的动力黏度，Pa·s；μ_w 为管壁温度下油的动力黏度，Pa·s。

对于低肋管

$$\alpha_L = \alpha_0 X_c^{-0.4}\left(\frac{1-d_0/p_c}{1-X_c/p_c}\right)^{0.6} \quad (7-29)$$

式中：d_0 为光管外径，mm；p_c 为管排列之中心距，mm；X_c 为校正系数，见表 7－11。

计算总传热系数所用的水侧及油侧污垢热阻按一般推荐值选取。

表 7－11　低肋管校正值系数 X_c 值

翅片数/m	光滑坯管外径/mm	X_c	翅片数/m	光滑坯管外径/mm	X_c
748	19.05	0.867	630	19.05	0.860
748	25.4	0.900	630	25.4	0.895

7.1.5　总冷却水循环水量与冷却塔

（1）总循环水量

$$G_w = \frac{Q_t\eta_w}{c_{pw}(\tau_2-\tau_1)} \quad (7-30)$$

式中：c_{pw} 为水的比定压热容，J/（kg·K）；τ_1 为冷却水送水温度，℃；τ_2 为冷却水回水温度，℃；η_w 为考虑各部分冷却水温升不一致的修正系数，η_w＝1.1～1.05。

（2）冷却塔结构

较大型的气体压缩站多用机械通风的水冷却塔，而且多采用抽风逆流式冷却，只有当水量较小，水中含有腐蚀物质时才选用鼓风式。鼓风式的冷却塔机安装在塔的旁侧，使风机不易受腐蚀。抽风冷却塔的风机安装在塔的顶部，水从上向下流动，空气自下向上流动。这种逆流式冷却塔最为常见，其优点是塔的空气分布比较均匀，湿热空气回流少，配水高度低，具有较高效率，从而可减少建筑面积降低造价。

常用的有方形和圆形两种，如图 7－30 和图 7－31 所示，目前均已成系列，循环水处理量从 10～1200m³/h。

冷却塔的工作原理是塔顶上的抽风机将空气从塔底部抽入，与上部喷洒下来的循环水逆向流动直接接触换热。为增加水与空气的接触面积和时间，通过喷淋和采用高效的填料以增强水与空气的传热传质效能，因此将被冷却的水均匀分配的配水系统，以及将其溅散成水滴或形成水膜的淋水装置（或称填料）备受重视。

根据要处理的循环水量、热水温度、所需提供的冷水温度及湿球温度，则可以方便地从厂家提供的选型图表中查取出所需冷却塔的型号。图 7－32 就是良机集团公司 LRCM 冷却塔机型选定图表，可作参考。

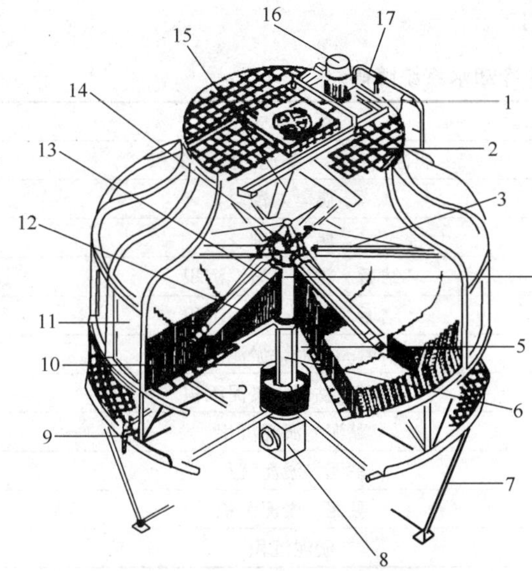

图 7－30　圆形标准冷却塔

1—电动机支架；2—风扇网；3—洒水喉管；4—直管；5—水盆；6—入水管；7—脚柱；8—排水口；9—浮波组合；10—隔水网；11—外壳；12—散热胶片；13—扰流板；14—洒水转头；15—风扇；16—电动机；17—扶梯

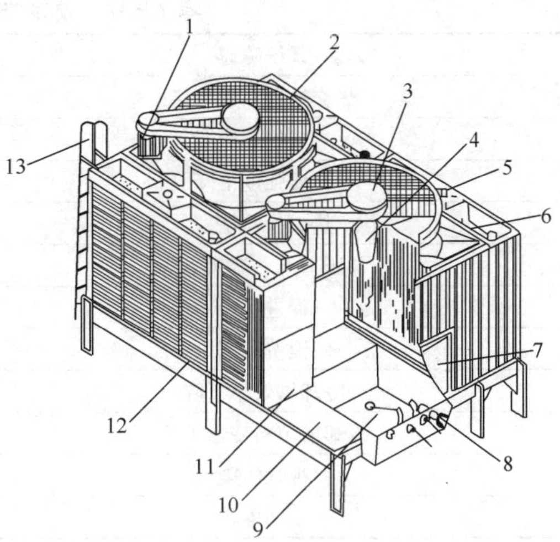

图 7－31　方形冷却水塔

1—电动机；2—出风口网；3—减速机；4—风扇；5—进水管；6—散水槽；7—检视门；8—出水管；9—水槽；10—水盘；11—散热片；12—顺风板；13—扶梯

7.1.6　冷却水质及水处理

（1）对冷却水质的要求

作为循环冷却用水，要不断监察水质是否符合下列要求：

① 冷却水要接近于中性，即 pH 值在 6.5～9 之间。

② 有机物质和悬浮机械杂质≤25mg/L，含油量≤5mg/L。

③ 暂时硬度≤10°。

由于环境污染使冷却水质下降，特别是循环水更易使设备出现腐蚀、结垢、泥垢和生物黏泥等问题。如温热水在冷却塔的冷却过程中，大量吸收了空气中的氧气或 SO_x，特别是水中的溶解氧是造成金属腐蚀的主要原因。同时由于冷却过程中有部分水被蒸发，水中的盐分会逐渐增高，并在换热壁面上析出而成为水垢。另外，循环水塔中的水在 30～40℃之间又有阳光照射，十分适合水中细菌、微生物滋生而繁殖菌藻，茵藻与水中的悬浮物粘附后，形成生物黏泥，与水中的泥沙粘附而形成泥垢。腐蚀、结垢、黏泥

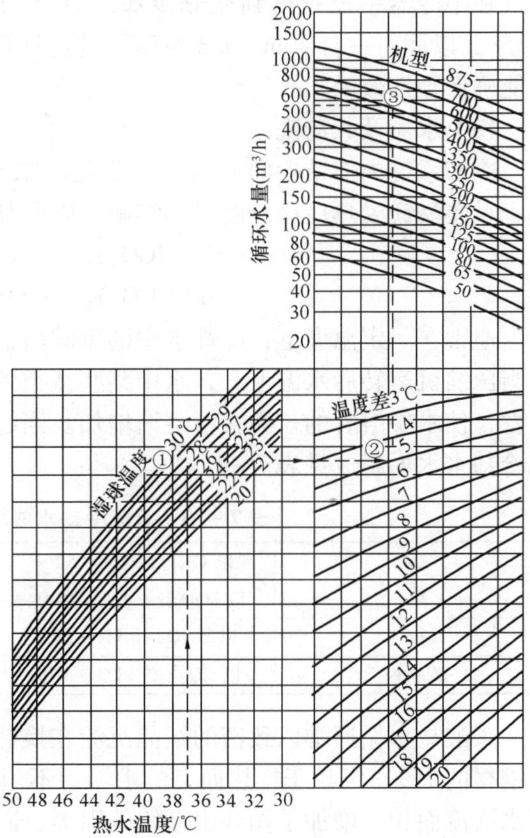

图 7－32　冷却塔选型图表

和淤泥会对冷却水系统带来各种影响，参见表7－12。

表7－12　水质污染造成的冷却水系统障碍

系统障碍	污染形式
热交换器热效下降	腐蚀　结垢　黏泥　淤泥沉积
热交换器泄漏	腐　蚀
材质强度下降	腐　蚀
热交换器堵塞	结垢　黏泥　淤泥沉积
泵压上升、流量下降	结垢　黏泥　淤泥沉积
促进腐蚀	结垢　黏泥　淤泥沉积
浪费药剂	结垢　黏泥　淤泥沉积
冷却塔效率下降	黏泥　淤泥沉积
冷却塔填料变形下陷	黏泥　淤泥沉积
视觉污染	黏泥　淤泥沉积
淤泥堆积	淤泥沉积

（2）冷却水处理

通过水质处理可缓减污垢生成，提高冷却换热效果，节约用水且可缓减腐蚀。试验表明，未经处理的冷却水，对碳钢的年腐蚀深度达0.3～0.7mm/a。由于环境污染严重，水及空气中含腐蚀物质增加，据新近研究报告，一些进口气体压缩机中冷却器（铜管穿铝翅片结构），由于水质及气质差，运行一万小时后翅片即告腐烂，铜管破裂。如果一级排出的压缩空气在中冷器中没有得到充分冷却，会令二级吸气温度由40℃升到70℃，其功耗将增加4.5%，以此对一台40m^3/min空压机进行推算，将多耗电9kW·h。冷却水只有良好的管理才能确保预期效果。

（3）水垢及其清洗

冷却系统内部结垢的原因，主要是冷却水中含有可溶性重碳酸钙和重碳酸镁。重碳酸钙、重碳酸镁受热后会分解成不溶解的碳酸盐沉积。其分解式如下：

$$Ca(HCO_3)_2 \longrightarrow CaCO_3 + H_2O + CO_2 \uparrow$$

$$Mg(HCO_3)_2 \longrightarrow MgCO_3 + H_2O + CO_2 \uparrow$$

通常在一定温度下，冷却水中的重碳酸盐若不超过饱和极限，则可恒定地存在于水中。但当压缩机运转后水温上升，水中某些盐类的溶解度降低，部分水又在冷却水池或冷却塔中蒸发，使水中溶解的盐类含量逐渐增加。当超出饱和限度，便产生沉积形成水垢。典型的直流冷却水水垢组成见表7－13。

表7－13　直流冷却水成垢主要成分（以碳酸钙为主）

Ca	以CaO计34%～52%	硫酸根	以SO_3计0.1%～1.4%
Mg	以MgO计0.6%～0.4%	SiO_2	1.1%～4.9%
Fe	以Fe_2O_3计3%～22%	灼烧减量	2.1%～5.9%
碳酸根	以CO_3^{2-}计22%～35%		

碳酸盐水垢通常以致密的结晶沉淀在换热表面上或冷却塔壁填料上。水垢的导热效率仅为钢材的1%，沉积于换热面上的水垢，不但增加了热阻，降低了热交换效率，且缩小了冷却水通流面积，增加了循环水系统的阻力，减少了冷却水通流量。

洗垢方法分为外处理法和内处理法两种。外处理法是对外补充水的一部分或全部采用化学软化、电渗析或反渗透等进行处理，以去除结垢离子或延缓结垢的产生；内处理法是向冷却水中投加化学散剂，使水中结垢离子处于分散、溶解和成悬浮状态，从而有效地控制结垢。

最简单的办法是加酸，因为当水中的pH值下降至小于6.5时，水就不会产生$CaCO_3$沉积，一般所用的酸为价格便宜的硫酸，其反应式为

$$Ca(HCO_3)_2 + H_2SO_4 \longrightarrow CaSO_4 + 2CO_2 + 2H_2O$$

加酸一般采用自动操作，由pH值计算控制加酸量，避免由于加入酸量过大引起系统腐蚀。随着技术进步，投放分散剂已由单一向复合的方向发展，使结垢控制效果不断提高，如各种各样的新型阻垢剂等。归纳起来，其作用机理主要是通过整合、分散、品格歪曲这三大作用，达到抑制结垢的目的。如常用的聚丙烯酸钠就具有整合和品格歪曲两种功能，所以被认为是较好的阻垢剂。

由于在开启式循环冷却水中，腐蚀和结垢总是存在的，并且两者密切相关。因此，只从单方面采取措施是难以收到满意效果的，必须兼顾缓蚀和阻垢两方面，同时配合有效的灭菌、灭藻手段，才能保证工艺装置的长期安全运行。目前工业应用的复合配方有以下几种：钼酸钠($Na_2M_0O_4$)和硅酸钠(Na_2SiO_3)，另一类是有机磷酸盐加锌盐。国外工业循环水系统常用的配方，是以磷酸盐(APM或HEDP)、磷羧酸(如2—磷酸丁烷一三羧酸)、锌盐为主，加上少量电解质作分散剂和絮凝剂。另一类是无机磷酸和阻垢剂及分散剂复合，如美国BK-TZ公司的配方，即属此类。以三聚磷酸钠(或六偏磷酸钠)加锌盐作缓蚀剂，用磷酸盐和聚丙烯酸钠做阻垢分散剂，这类配方在日本已广泛使用，我国不少工厂也已采用这种配方。

7.1.7 风冷冷却器设计与冷风量计算

当被冷却的压缩气体的温降相同时，则所需的冷却空气量将为冷却水量的4倍。再考虑到空气的密度远小于水，则相对水冷却式冷却器，风冷冷却器体积就大很多，见图7-33。另外，空气侧的表面换热系数很低，为抵消空气侧表面换热系数低的影响，空冷器一般均采用扩张表面的翅片管，如图7-34所示，其翅化比约为10~24，片形宜选用波状片，但为制造方便也可用平翅片。所用的传热管有光圆管、椭圆管、扁管等。翅片为钢片或铜片，片厚0.2~0.3mm，片距2.8~3.2mm为佳。

空冷虽存在上述缺点，但具有其独特优点：空气可免费取得，无需增添一整套的管道、泵、水处理等辅助设备；厂址选择不受限制；风冷系统的维护费用一般为水冷系统的20%~30%，加上目前世界水源供应形势日趋严峻，故风冷的优越性愈来愈受到人们的注意。

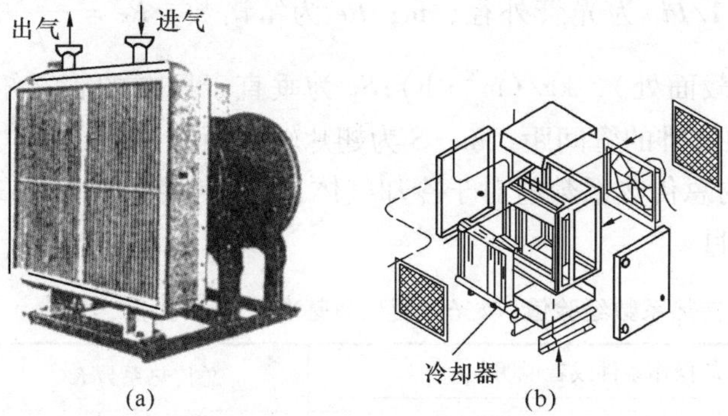

图7-33 风冷冷却器

(a)外形图；(b)拆装图

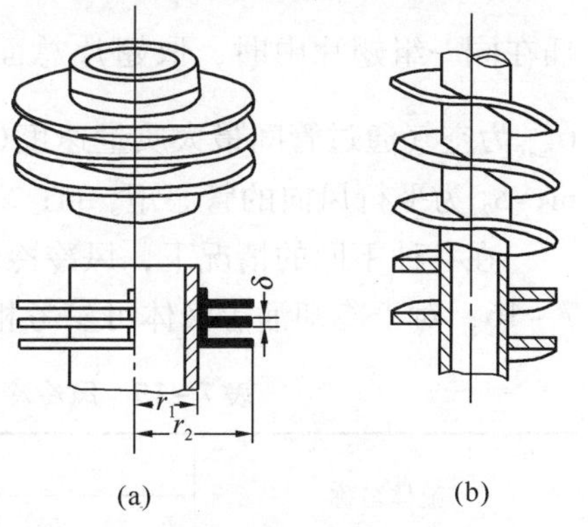

图7-34 套片及缠绕式翅片管

(a)套片；(b)绕片

大型的风冷器结构有水平式、斜顶式及联合式等。管束长度有3m、4.5m、6m、9m。管束宽度有1.5m、2.0m和3m，管排数有2、4、6、8排等各种规格。可采用鼓风式，也可采用吸风式结构。

(1) 风冷冷却器管外表面换热系数

① 圆心管圆翅

$$\alpha_o = 0.1378\left(\frac{\lambda_a}{d_r}\right)Re^{0.718}\left(\frac{c_p\mu}{\lambda}\right)^{\frac{1}{3}}\left(\frac{s}{H_f}\right)^{0.296}\Psi \quad (7-31)$$

式中：d_r 为翅片根径，m；Re 为雷诺数，$Re=\frac{d_r G_{max}}{\mu}$；$\Psi$ 为管列数修正数，鼓风时，$\Psi=1$，吸风时，Ψ 值见表7－14；G_{max} 为空气通过管间最大质量速度，kg/(m² · h)(最小截面处)；s 为翅片间隔，m；H_f 为翅片高度，m。

表7－14　列管数修正系数 Ψ

最大流速/(m/s)	换热管列数 n							
	2	3	4	5	6	8	10	20
50	0.828	0.885	0.916	0.935	0.947	0.963	0.972	0.987
70	0.810	0.871	0.908	0.930	0.945	0.961	0.970	0.987

应该指出：上述计算只适用于质量速度与表7－14相当的范围，管束呈正三角形错列、翅片外沿几乎相接的情况。如正方直列，计算结果应乘以0.67；绕翅接触时，计算结果应乘以0.8～0.9。

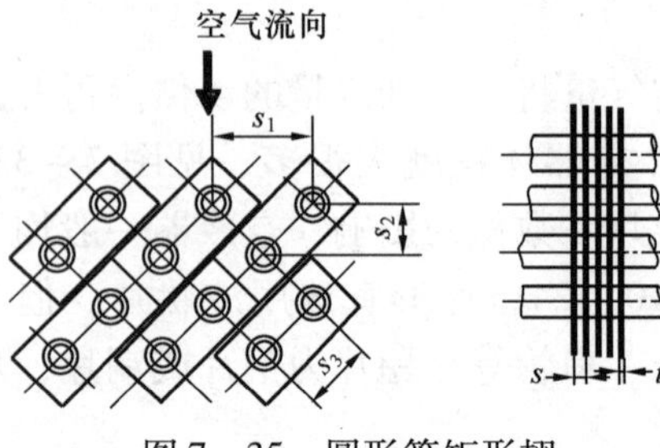

图7－35　圆形管矩形翅

② 圆形管矩形翅(图7－35) $S_1>S_3$ 时，

$$\alpha_o = 0.251\left(\frac{\lambda_a}{d_e}\right)Re^{0.67}\left(\frac{S_1-d_r}{d_r}\right)^{-0.2}\cdot$$

$$\left(\frac{S_1-d_r}{S}+1\right)^{-0.2}\left(\frac{S_1-d_r}{S_3-d_r}\right)^{0.4} \quad (7-32)$$

式中：d_e 为当量直径，m，$d_e=(A_r d_r + A_f\sqrt{A_f/2n_f})/(A_r+A_f)$；$n_f$ 为每米管上的翅片数；A_r 为每米管上的无翅部分面积，m²/m；A_f 为每米管外的翅片面积，m²/m，若有 I 根管插在同一组翅片中时，取翅片总面积的 $1/I$ d_r 为光管外径，m；Re 为雷诺数，$Re=\frac{d_e G_{max}}{\mu}$；$G_{max}$ 为空气通过管间最大质量速度(最小截面处)，kg/(m² · h)；S_1 为垂直于风向的管心矩，m；S_2 为平行风向的管心矩，m；S_3 为顺管排的管间距，m；S 为翅片轴向距离，m。

在各种不同的情况下，风冷冷却器的总传热系数值对于冷却气体，可参考表7－15与表7－16；对于冷却油等液体可参考相关书目。

表7－15　风冷冷却器总传热系数经验值(以光管面积为基准)

流体名称	气体冷却操作条件或者说明		总传热系数 K/[W/(m² · K)]
	表压/MPa	压降/MPa	
甲烷、天然气	0～0.35	0.007	197

续表

流体名称	气体冷却操作条件或者说明		总传热系数 K/[W/(m² · K)]
	表压/MPa	压降/MPa	
氢　气	0.35 ~ 1.4	0.02	290
	1.4 ~ 10.0	0.007	348
		0.02	406
		0.034	487
		0.07	534
	1.7	0.02	348
乙　烯	p = 8.0 ~ 9.0MPa		406 ~ 464
炼厂气	与表中甲烷相似的操作条件下 K 的 70%，如果含氢气 > 20 ~ 30 时，K 值可以相应提高		
重整反应出口气体			290 ~ 348
加氢反应出口气体			290 ~ 348
合成氢及合成甲醇反应出口气体			464 ~ 522
空气、烟道气等	0 ~ 0.2	0.014	116
	0.2 ~ 0.7	0.035	174

表 7 - 16　风冷冷却器的总传热系数　　[W/(m² · K)]

介　质		压力/MPa				
		0.07	0.35	0.7	2.1	3.5
轻烃组分		87 ~ 116	174 ~ 203	261 ~ 291	377 ~ 406	406 ~ 435
中等组分烃及溶剂		87 ~ 116	203 ~ 232	261 ~ 290	377 ~ 406	406 ~ 435
轻无机气体		58 ~ 87	87 ~ 16	174 ~ 203	261 ~ 290	290 ~ 319
空　气		46 ~ 58	87 ~ 16	145 ~ 174	232 ~ 261	261 ~ 290
氨		58 ~ 87	87 ~ 16	174 ~ 203	261 ~ 290	290 ~ 319
蒸　汽		58 ~ 87	87 ~ 16	145 ~ 174	261 ~ 290	319 ~ 348
氢	100%(体积分数)	116 ~ 174	261 ~ 290	377 ~ 406	493 ~ 551	551 ~ 580
	75%(体积分数)	99 ~ 162	232 ~ 261	348 ~ 377	464 ~ 493	493 ~ 522
	50%(体积分数)	87 ~ 145	203 ~ 232	319 ~ 348	435 ~ 464	493 ~ 522
	25%(体积分数)	70 ~ 134	174 ~ 203	261 ~ 290	377 ~ 406	464 ~ 493

(2) 风冷冷却器的阻力计算

建议当空气在管束间的平均温度为 50℃时，翅片管束的阻力可由下式估算为

$$\Delta p = 0.510 v^{1.504} N \beta \tag{7-33}$$

式中：v 为通风速度，m/s；N 为管排数；β 为翅片高度影响系数。对高翅片(片高约

16mm)，$\beta=1$；对低翅片(片高约 12mm)，$\beta=1.15$。

7.2 润滑系统与设备

往复压缩机需要进行润滑的运动部件为曲轴、连杆、十字头等的机身部分润滑，以及活塞环、活塞、填料等的气缸部分润滑(气缸无油润滑除外)。

7.2.1 机身部分润滑系统

(1) 机身润滑系统组成

除小型单作用压缩机采用飞溅润滑外，大、中型压缩机均为压力润滑，即润滑油由专门的油泵供应。图 7－36 所示为循环压力润滑系统油路图。图中系统由单独的电动机驱动的油泵、油冷却器、油过滤器等组成的油供给系统，称为油站(图中双点划线框内部分)。由油站来的油分别供至四列活塞的十字头滑道和曲轴的主轴颈上。连杆小头和大头轴承的润滑油通过十字头送来。进油路上的三只压力开关 PS，当油压过低(LL)时，通过表决方式确定停机保护。同时，该油路上还有油压报警 PAS，油压变送器 PT 及数显开关 PIS。另外，在油路上还装有压力表盘显示器 PI。还有一路压力开关 PS，当油压较低(L)时，产生动作控制油量。在油过滤器上，分别装有差压显示和超限报警器。在压缩机的机身上装有油位显示 LG 和油温显示 TI。油冷却器前后也都装有温度显示 TI。系统中 1，2，6 等过滤器，以及油冷却器 3 均设两套，以备需要清洗时切换使用，而不必停压缩机。

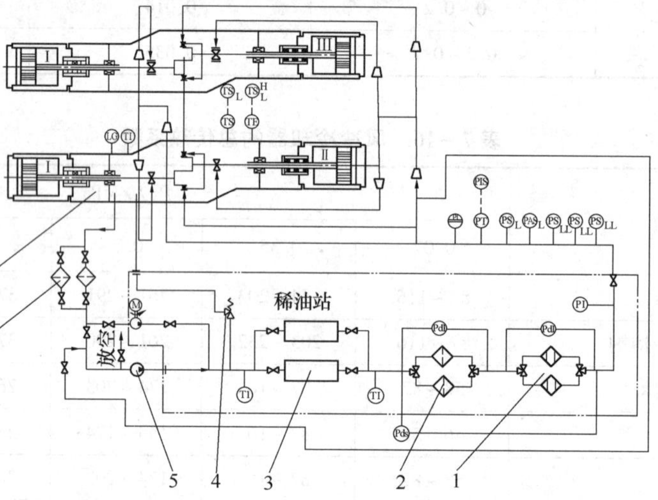

图 7－36 大型氢气压缩机的循环油路系统

1—精过滤器；2—粗过滤器；3—油冷却器；4—安全阀；5—油泵；6—粗滤油器；7—压缩机

油路系统按油泵驱动方式可分为：外传动式——油泵由专门电动机驱动，如图 7－37 所示；内传动式——油泵由压缩机曲轴非功率输入端驱动，如图 7－38 所示。

采用由单独电动机驱动的循环油路系统，可在压缩机启动前使油泵先开始工作。压缩机的启动开关和循环润滑系统构成闭环连锁，只有当油循环系统中的油压达到一定数值后，压缩机的电动机开关才能闭合启动。

循环润滑系统的油压应保持在 0.2～0.4MPa(表压)，一般不允许低于 0.15MPa(表压)。高转速压缩机取较高油压值。

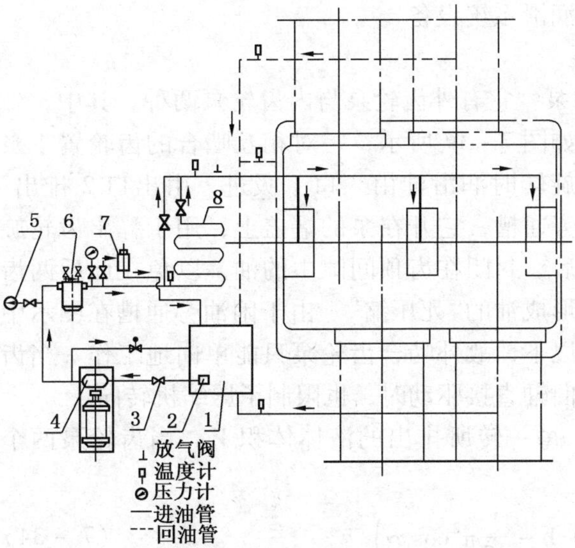

图 7－37　外传动循环油路图

1—集油箱；2—粗滤器；3—止逆阀；4—油泵；
5—压力计；6—细滤器；7—离心式过滤器；
8—油冷却器

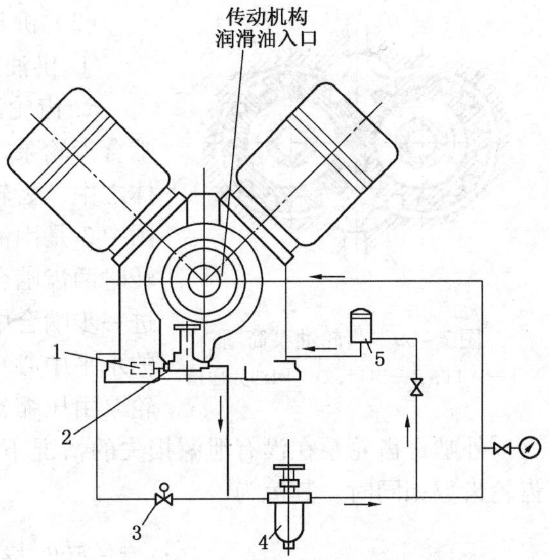

图 7－38　内传动循环油路图

1—过滤盒；2—齿轮油泵；3—旁通阀；
4—粗滤器；5—精滤器

压缩机内供油线路见表 7－17。

表 7－17　压缩机各种供油线路方式与比较

序号	供油路线	优点	缺点	备注
1	油泵→曲轴中心孔→连杆大头瓦→连杆小头衬套→十字头滑道→贮油箱	油路无管道连接	曲轴、连杆需钻油孔；启动时油输至滑道面迟后	小型压缩机，主轴承为滚动轴承
2	油泵→主轴承→连杆大头瓦→连杆小头衬套→十字头滑道→贮油箱	仅需通至主轴承供油管路	曲轴、连杆需钻油孔；启动时油到滑道迟后	适用多列多拐中型压缩机
3	油泵→十字头滑道→连杆小头衬套→连杆大头瓦→贮油箱	供油管路仅先通到滑道，曲轴无需钻油孔	连杆需钻油孔，启动时大头瓦供油迟后	适用于单拐主轴承为滚动轴承的中型压缩机
4	①油泵→十字头滑道→连杆小头衬套→连杆大头瓦→贮油箱 ②油泵→各主轴承→贮油箱	供油充分，曲轴无需钻油孔	管路较复杂，连杆需钻油孔	适用于大型压缩机
5	①油泵→十字头滑道→连杆小头衬套→贮油箱 ②油泵→各主轴承→连杆大头瓦→贮油箱	供油充分，连杆无需钻油孔	管路较复杂，曲轴需钻油孔	适用于大型压缩机

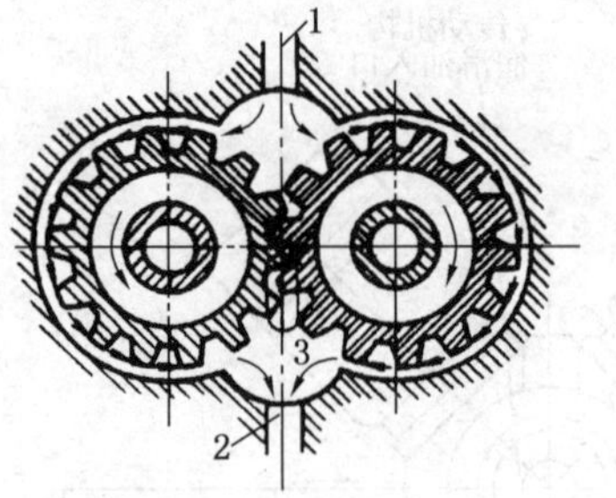

图 7－39　齿轮油泵简图

1—入口；2—出口；3—困油旁通槽

（2）机身润滑系统设备

① 供油泵

a. 齿轮油泵　它有外齿轮泵与内齿轮泵两种。其中，外啮合齿轮泵，如图 7－39 所示，一对相互啮合的齿轮置于泵体之中，齿轮旋转时润滑油由入口 1 吸进，由出口 2 排出。图中 3 是困油旁通槽，它开在泵的端盖上，用于释出齿轮旋转时两齿啮合后，封闭在齿顶间隙中的油，以免在此后两齿进一步啮合中形成油的“死压缩”。由于困油旁通槽在图示中的水平中心线以下，故外啮合齿轮泵只能单向地工作。当齿轮泵由压缩机曲轴直接驱动时，也限制了压缩机转向。

外啮合齿轮泵在没有泄漏损失的情况下，每一转所排出的液体体积 V_t，当齿轮泵两个齿轮齿数相同时，其值为

$$V_t = 2\pi b m^2\left(z + 1 - \frac{1}{12}\pi^2\cos^2\alpha\right) \tag{7-34}$$

式中：V_t为理论排量，L；b 为齿宽，mm；m 为模数，mm；z 为齿数；α 为压力角。

泵的实际流量(L/min)为

$$q_v = nV_t\eta_v \tag{7-35}$$

式中：n 为泵的转速，r/min；η_v 为泵的容积效率，一般 $\eta_v = 0.75 \sim 0.9$，小流量泵取小值。

b. 摆线转子泵　图 7－40 示出摆线转子泵的主要组成部分及其工作原理。它由内转子、外转子和壳体三部分组成。工作时，内转子由驱动机带着绕其自身的中心 O 转动；其齿与外转子的内齿槽相啮合，使外转子绕自身的中心 O'转动。常见的主动转子为四个齿，从动转子内腔有五个齿(或槽)。主动转子每个齿面在任何时候都能与从动转子齿面上有接触线存在，因此每个齿面都形成一个封闭容积。由于有偏心存在，这些齿间容积由小变大，再由大变小反复进行，完成了油的吸入和压送的功能。

转子泵的排油量

$$q_{V_0} = Az_i bn\eta_0 \tag{7-36}$$

式中：A 为内、外转子间的最大齿间面积，mm^2；z_i 为内转子齿数；b 为转子宽度，mm；n 为油泵转速，r/min；η_v 为油泵供油效率，一般 $\eta_v = 0.80 \sim 0.85$。

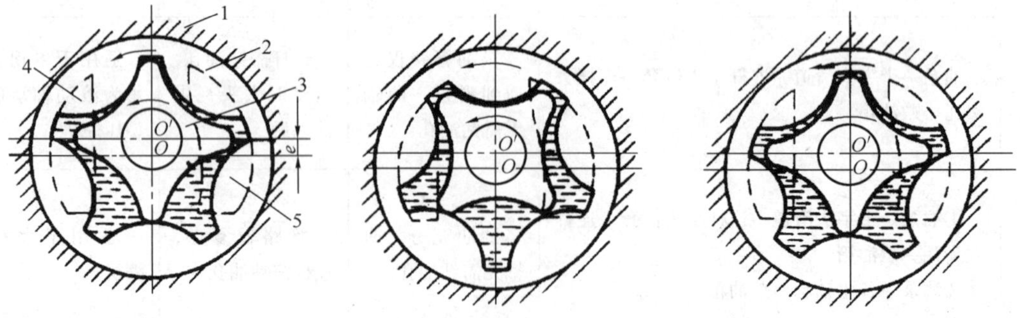

(a)　(b)　(c)

图 7－40　转子泵主要组成部分及其工作原理

1—壳体；2—外转子；3—内转子；4—油入口；5—油出口

图 7－41 所示为置于曲轴非功率输入端、由曲轴驱动的油泵结构，图中 1 为用于固结内

转子于轴上的锥形销，2 为与曲轴相接并驱动内转子的轴。表 7 – 18 列出我国转子泵系列及有关参数。

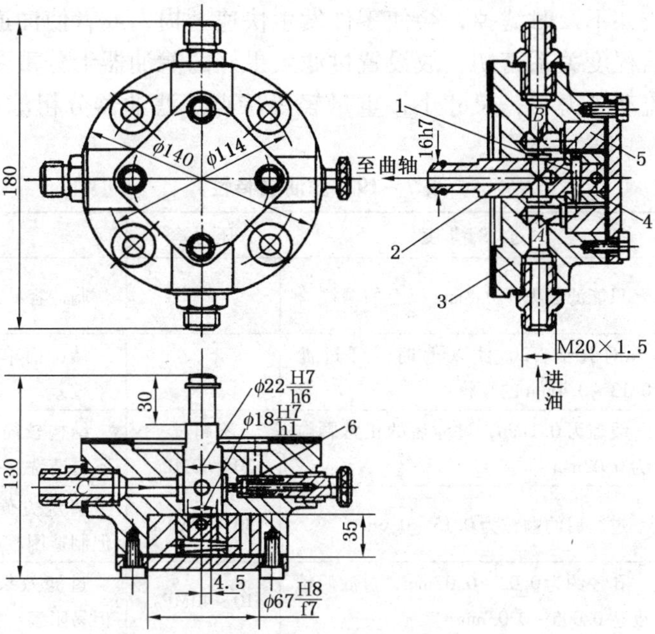

图 7 – 41　置于曲轴一端的转子油泵结构

1—锥形销；2—轴；3—泵体；4—内转子；5—外转子；6—油压调节阀

表 7 – 18　摆线转子泵系列

型　号	内、外转子间最大面积 A/cm^2	转子厚度 B/mm	排油量 q_{V_o}/(L/min)—转速 n(r/min)	外转子外径 D/mm	内转子轴孔径 d_0/mm
JZX0515	0.5	15	4 ~ 1500 6.5 ~ 2500	29	8
JZX1018	1.0	18	6 ~ 1000 18 ~ 3000	41	13
JZX1025		25	8.2 ~ 1000 24.5 ~ 3000		
JZX1425	1.4	25	11.5 ~ 1000 34.5 ~ 3000	50	14
JZX1435		35	16 ~ 1000 48.5 ~ 3000		
JZX2525	2.5	25	21 ~ 1000 62.5 ~ 3000	67	18
JZX2535		35	29 ~ 1000 87 ~ 3000		
JZX4030	4.0	30	41.5 ~ 10001 24 ~ 3000	85	20
JZX4040		40	55 ~ 1000 166 ~ 3000		

② 滤油器

润滑油在循环使用中，不可避免地要被磨损微粒、尘埃及与空气接触时产生的氧化胶状物所污染。这些杂质如不及时滤掉，会使零件发生快速磨损，或者使油道堵塞。压缩机的耐久性与润滑油的清洁程度关系密切，故设置过滤效果好的滤油器十分重要。良好的滤油器应具有过滤效果好，流动阻力小，尺寸小，重量轻等特点。滤油器分粗滤、细滤、精滤三档，其性能见表 7－19。

表 7－19　滤油器特性

类　别	形　　式	过 滤 精 度	压力差	特　　性
粗滤器	粗网式滤油器	只能滤去大于 0.8mm 以上的颗粒		制造容易，结构简单
细滤器	网式滤油器	网孔为 120 目以上时，可过滤 0.13～0.4mm 的颗粒		结构简单，制造容易，但过滤效果较差
	线隙式滤油器	线隙为 0.1mm，过滤后的正常颗粒为 0.02mm	不超过 30～60MPa	结构较简单，过滤效果较好，但不易清洗
	片式滤油器	过滤后的颗粒为 0.15～0.6mm	30～70MPa	清洗方便，强度大，不易损坏，但制造困难
精滤器	纸质滤油器	孔径约为 0.03～0.07mm，过滤后精度达 0.005～0.03mm	10～40MPa	过滤效果好，精度高，易制造，但易阻塞，纸芯易损坏
	离心式滤油器	效果良好，可分离 0.002mm 以下的颗粒	30～70MPa	主要分离磨蚀后的极细小的金属颗粒，制造困难

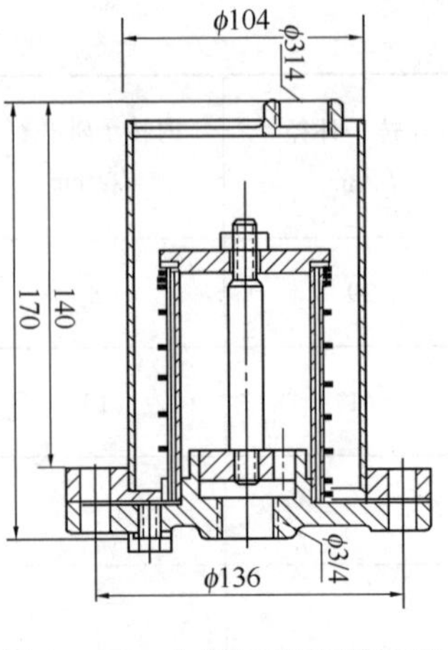

图 7－42　金属网筒状粗滤器

a. 网式滤油器　如图 7－42 所示，用孔径 0.154mm（100 目）金属网若干层绕于金属骨架上制成。它的制造简单，但体积较大，易堵塞、难清理，通常需要同时安装两只，并设置切换阀，使压缩机在连续运行中，可对其中任意一个进行清理维修。这种滤油器只适宜在大型固定压缩机中应用。若在滤网内设置一根永磁棒，使用的效果会更好。

网式滤油器所需的过滤面积为

$$A_f = 16.6\frac{q_{v1}}{ku_f}\times 10^{-4} \qquad (7-37)$$

$$k = \left(\frac{a}{a+d}\right)^2 \qquad (7-38)$$

式中：q_{v1} 为过滤的油量，L/min；u_f 为有效通流面积的流速，$u_f = 0.02 \sim 0.04$m/s；k 为流通能力系数；a 为网的方孔边长，mm；d 为金属丝直径，mm，见表 7－20。

表 7－20　铜丝网的目数、孔目大小和铜丝直径

目　　数	60	70	80	100	110	120	130	140	150
a/mm	0.295	0.245	0.222	0.179	0.156	0.137	0.131	0.118	0.06
d/mm	0.122	0.112	0.091	0.071	0.071	0.071	0.061	0.061	0.061

b. 片式滤油器　如图 7－43 所示，片式滤油器主要由金属轮形滤片 1 和星形隔片 6 交替装在一根共用轴上组成。

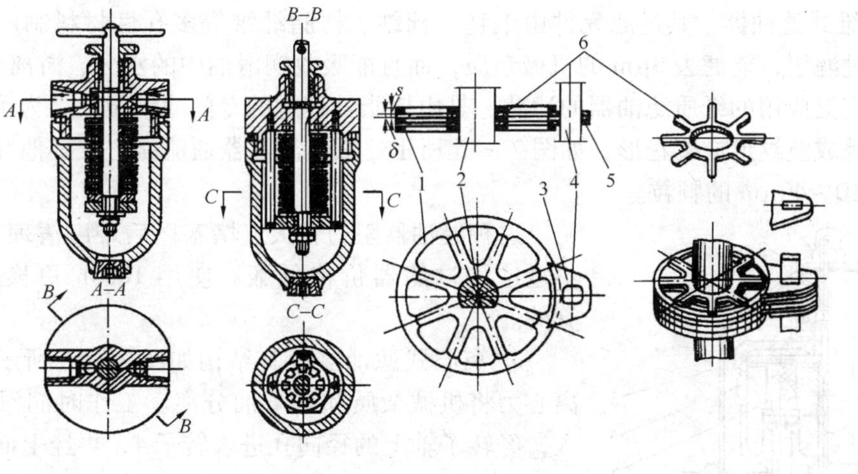

图 7－43　片式滤清器

1—轮形滤片；2—芯轴；3—刮片；4—刮片固定轴；5—隔片；6—星形隔片

滤片之间的缝隙即为油的通道，机械杂质被阻止于滤片之处或之间，被过滤杂质的大小取决于刮片之间的隔片 6 的厚度。国产的轮形滤片厚 0.25 ~ 0.35mm，星形隔片厚 0.07 ~ 0.15mm。在另一根轴上装有刮片 3，当需要清理滤片的粘附杂物时，只要转动手轮，使滤芯旋转一圈，杂物便被刮片刮下。这种滤油器制造虽较复杂，但结构紧凑、使用方便。片式滤油器的过滤面积计算公式与上述网式的计算公式相同，但流通能力系数为

$$k = \frac{\delta}{\delta + s}\left(1 - \frac{\phi}{360}\right) \tag{7-39}$$

式中：δ 为星形片厚，mm；s 为轮形片厚，mm；ϕ 为刮片角度，一般为 10° ~ 12°。

c. 线式滤油器　如图 7－44 所示，它由铜丝压制成一段段矩形截面，绕于波形金属圆筒骨架上。波形筒的谷部沿轴向钻有一系列小孔，油通过线隙由外向里流，杂物被阻于线外。线式滤油器清洗较困难。

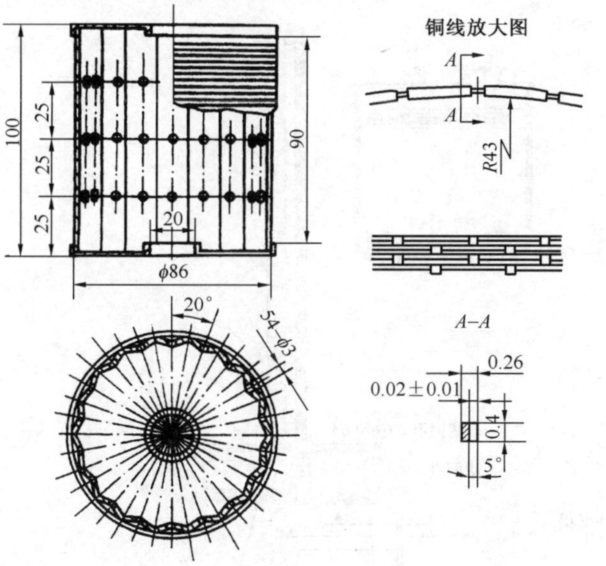

图 7－44　线式滤清器

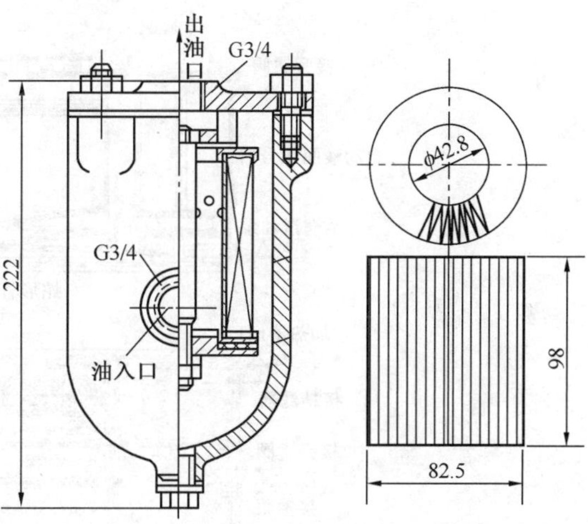

图 7－45　纸质滤清器

（a）滤油器构造；（b）折叠纸质滤芯

d. 纤维式滤油器　其过滤元件由毛毡、棉纱、树脂纤维等多孔性材料制成。润滑油透过较厚的过滤层，能滤去5μm 的机械杂质，而且能吸收润滑油中的水分、游离氧等。

目前广泛应用的纸质滤油器的滤芯，是由树脂处理过的专门滤纸做成。为了增加过滤面积，常折叠成波纹形或菊花形，如图 7－45 所示。纸质滤油器通流能力较其他纤维的大，并能过滤掉 10～40μm 的颗粒。

这种滤油器阻力较大，堵塞以后难以清理，只能更换。不过这种过滤器价格低廉，使用 1000h 更换一次也是合算的。

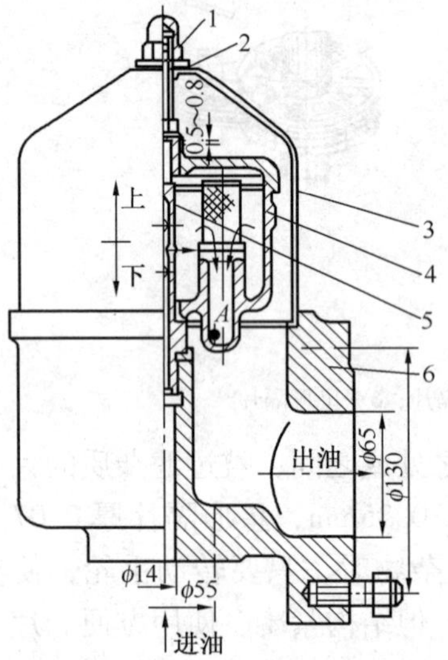

图 7－46　离心式滤清器

1—螺母；2—封油圈；3—罩壳；4—转子；5—转子轴；6—支座

e. 离心式滤油器　其结构如图 7－46 所示，它借助于离心力将机械杂质和润滑油分离。工作时润滑油由下面通入，经转子轴上的径向孔进入转子 4，再经上面的滤网来到切向喷嘴 *A* 处，具有压力的油由喷嘴 *A* 喷出，并推动转子作高速旋转，比油分子密度大的杂质，因离心力的作用被甩到转子外缘而与油分离。喷嘴一般有两个或三个，孔径 1.8～2mm，转速可达 5000～7000r/min。

离心式滤油器使用一个阶段后也需要清洗，以去掉沉积在转子内的杂质。

除了上述的几种过滤器外，还有永磁式、静电式等依靠电磁原理制成的滤油器，现在不断发展之中。

③ 集油箱

中、小型压缩机曲轴箱即作为集油箱，大型压缩机循环油量大，对油质要求高，因此要设专门的集油箱，如对润滑油进行适当的再处理，它们包括图 7－47 所示几部分：油面自动信号装置；注入集油箱的油先经过顶部的滤网（筛孔尺寸渐次减小的滤网）过滤；在流出口又经过圆形的滤油器进一步过滤，为了便于清洗圆形过滤

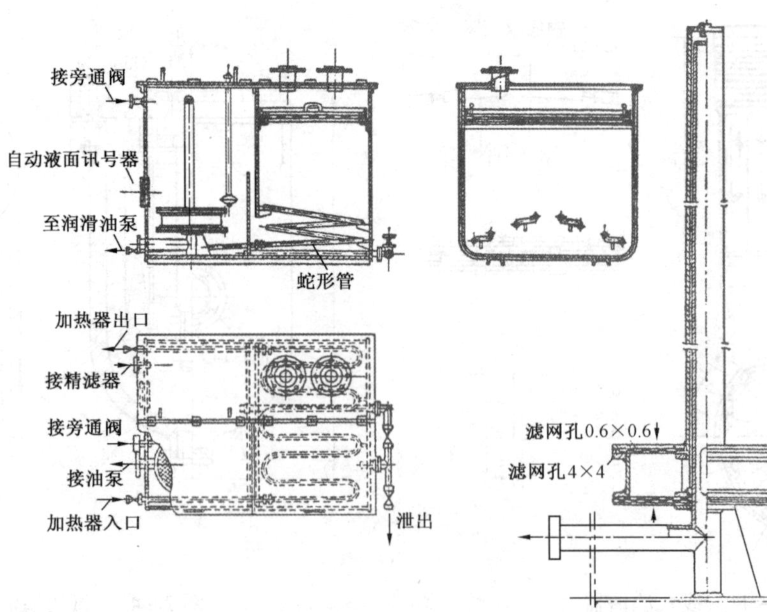

图 7－47　集油箱

网，所以把它作成长管的形式；箱内的蛇管是为有时在启动时通以蒸气，以降低油的黏度之用。

（3）机身部分润滑油品质与供油量

① 润滑的目的

机身部分的曲轴、连杆等润滑的目的是减少摩擦损失与磨损，导走摩擦热，冲刷掉所产生的磨屑。

② 对油品的要求

a. 保持必要的黏性。但黏性过大会增加摩擦功耗，一般用供油温度来保证。

b. 保持良好的抗氧化性，因为润滑后的油即暴露在空气中会被氧化而产生酸性物质，对轴承起腐蚀作用。

c. 控制所含水分。一般随着使用时间增加，空气中所含水分也会融入油中，并由此恶化润滑性能与促进油的氧化；

d. 不应含有机械杂质，必须对杂质粒径大小与数量加以限制。

③ 油品牌号与性质

应根据主轴承及连杆大小头瓦单位面积上的负荷，即最大比压 k_{max} 或 pv 值来选取合适牌号的润滑油。当 $k_{max}=(0.5\sim6.5)$ MPa 时，选用 N32、N46；当 $k_{max}\geqslant6.5$ MPa 时，选用 N46、N48。

压缩机运行时，油温应控制在 50 ~ 60℃之间。许多实践表明，此时润滑状况较好，摩擦功耗较低。

对于连续运行的压缩机，或具有润滑油加热设备时，润滑油温不受环境温度影响，不要冬、夏季更换润滑油。只有当达报废标准时方始更换。润滑油报废条件如下：

a. 油品颜色出现绿色时，或色号加深 4 级时；

b. 酸值超过 0.5mg KOH/g 时；

c. 黏度变化超过 ±15% 时；

d. 正庚烷不溶物超过 0.5% 时。

当无测量条件时，每运行一年更换一次润滑油。

④ 使用和贮运管理中应注意的问题

a. 尽量减少油与空气的接触，减少贮运容器的气体空间，做到密封贮运，避免机械杂质和外界水分混入。

b. 尽量降低贮运温度。

c. 装油容器应保持清洁，在使用过的容器装入新油之前，应该用汽油或溶剂等对容器进行清洗。

d. 严重防止不同油品混装或混合使用。不同厂家生产、不同黏度牌号的油都不能混合贮存或使用。

e. 对一台压缩机，已经选定并使用了由特定厂家生产的某牌号油，如果没有特殊原因，不要随意改换油的品种。

f. 更换压缩机中的旧油时，应将旧油彻底清除干净，必要时要用清洗油清洗。

g. 定期清除压缩机排气系统中的积炭，清除周期至少每半年一次。除了选用抗积炭能力强的油之外，还应定期清除冷却器内的水垢和污垢，注意监测并消除压缩机活塞环及气阀漏气，因为这些都是压缩机排气温度升高的重要因素。

h. 保证传动机构的压力循环润滑油量。

压力循环油量按导去摩擦表面的热量确定。在有十字头的压缩机中，曲轴连杆机构消耗的摩擦功率，约占压缩机总摩擦功率的30%；无十字头的压缩机约占20%，用q_t(m³/min)来表示循环油量，则

$$q_t = \frac{(0.2 \sim 0.3)P(1-\eta_m)}{1000\rho c(t_2 - t_1)} \times 60 \tag{7-40}$$

式中：P为压缩机轴功率，kW；ρ为润滑油的密度，kg/L，一般取0.9kg/L；c为润滑油的比热容，J/(kg·K)；t_1为加入摩擦副之间的油温，℃，t_2为从摩擦副返回油箱的油温，℃，有十字头压缩机取60℃左右，无十字头压缩机和摩托压缩机可取70℃；η_m为机械效率，η_m=0.82~0.92，无十字头压缩机取下限值。

考虑到油泵磨损后容积效率降低，实际选择的油泵排油量应取润滑油量的1.5~2倍。多余的油量可通过系统中的压力调节阀释放回油箱。

油箱贮油量约为3~5min油泵流量。贮油箱是不密闭的，过多的贮油暴露在空气中可能吸收水分与氧化，由此造成浪费。

7.2.2 气缸注油润滑系统

(1) 系统与注油点

气缸注油润滑系统主要由供油的柱塞泵、油管路和注油点接管等构成。图7-48所示为一台H形高压压缩机的气缸和填函注油润滑系统。这台压缩机为六级压缩，低压级的排气压力为0.2MPa表压，高压级达到32MPa表压，中间各级的气缸工作压力各不相同。考虑到一级气缸直径较大，设置四个注油点，二级气缸上有三个注油点，三级和四级气缸各有两个注油点。各列填料函处各设置两个润滑油点。所有各个润滑点的油都是由各自的单元柱塞泵完成的。

低压级气缸上的注油点都安排在气缸轴向的中间位置。缸径在400~450mm之间，一般设置一个注油点；缸径在450~700mm之间，设置两个注油点；缸径在700~800mm以上，设置3~4个注油点。

注油点在气缸圆周上的位置与气缸安放的方位相关。当气缸(中心线)铅直放置时，两个以上

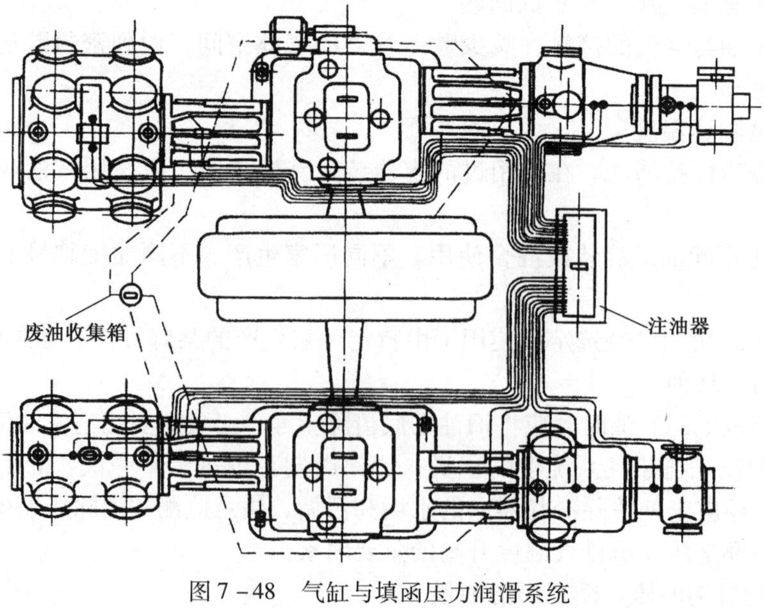

图7-48 气缸与填函压力润滑系统

的注油孔在气缸周向均匀布置，只设置一个注油孔时，尽量设置在吸气一侧的气缸壁面上。

当气缸(中心线)水平放置时，若设置一个注油孔，应在尽可能高的位置；设置两个注油孔时，两孔的圆周夹角约为90°~60°之间，对称于铅垂线分布在气缸的斜上方，这主要是考虑油的重力作用对布油的影响。当设置三个以上注油点时可在底部设一个。

(2) 气缸注油量

通过注油器供给气缸和填料润滑的油量，实际上就是耗油量。因为这些油绝大部分都将随排气一起带出，最后在油、水分离器中被分离并作为污物而排出，极少量润滑油将会随气体直至工作处。通过注油器给压缩机气缸的供油量应适当。供油不足时，会使摩擦副之间不能形成油膜，或者不能形成供油充分状态下那种最厚的油膜，这样会导致磨损加剧和摩擦耗功增加。另外，供油量过少还会使密封性降低，摩擦表面局部高温点散热不畅，以及摩擦表面磨屑不能及时清洗掉等问题。但是，供油过量往往引起排气管路中粘附油污增加，出现积炭的可能性；中间冷却器中过多的积油，还会影响冷却效果，会使排出气体污染及增加机油的消耗量。

对于低、中压空气压缩机，润滑油按下述建议值确定：卧式气缸每平方米的润滑表面积的供油量为 $G=0.0025$g；立式气缸为 $G=0.002$g；每小时的供油量(耗油量)为

$$q_c = 120G\pi DSn \qquad (7-41)$$

式中：G 为单位面积供油量，g/m^2；D 为气缸直径，m；S 为活塞行程，m；n 为压缩机转速，r/min。

对于级次较高的气缸，分别按气缸中活塞上下最大压力差，通过图7-49查取 G。

对于固定式往复空气压缩机和微型空气压缩机，润滑油消耗量限额分别在GB/T 13279—2002和GB/T 13928—2002中作了规定。

煤气压缩机的润滑油消耗量可适当增加，有时可比同类空气压缩机高50%；对于未经充分清理的焦炉气压缩机，可增至2~3倍。

新制造的大型压缩机，至少在200h内的跑合期，供油量应该加倍。

填料函润滑油供给量，按每平方米活塞杆扫动面积为 $G=0.01\sim0.03$g/m^2，高限用于高压填函。然后，代入式(7-41)中进行计算。注意：式(7-41)中的 D 应按活塞杆直径代入。

(3) 注油器

① 真空滴油式注油器　真空滴油式单柱塞注油器的结构如图7-50所示。柱塞泵工作时，若柱塞2下行，泵体9内的柱塞套3

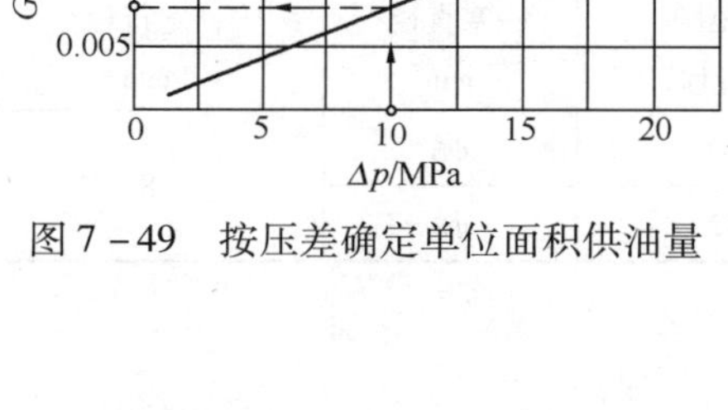

图7-49　按压差确定单位面积供油量

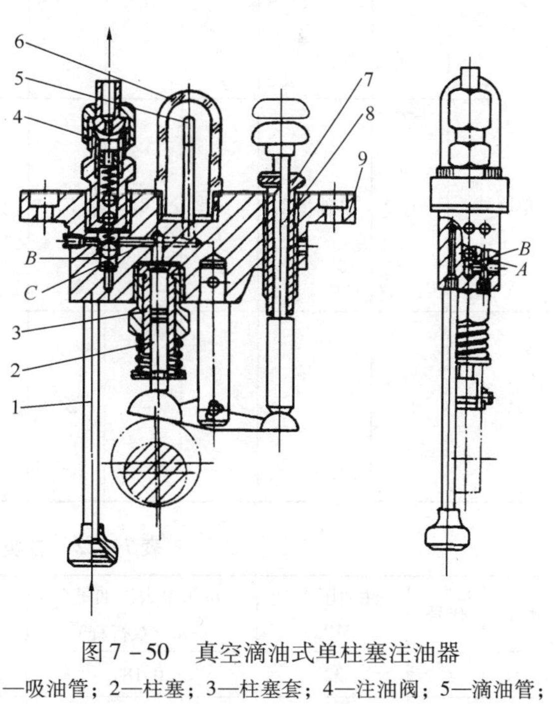

图7-50　真空滴油式单柱塞注油器

1—吸油管；2—柱塞；3—柱塞套；4—注油阀；5—滴油管；6—罩壳；7—调节螺套；8—调节杆；9—泵体

腔内产生真空度，润滑油从罩壳 6 内经泵体中的通道 A、B 及球阀，沿通道 C 进入柱塞套腔体。此时，罩壳内的润滑油被吸走后也产生真空度，所以注油器箱体内的润滑油在大气压力作用下，沿吸油管 1 和滴油管 5 进入罩壳内以补充之。柱塞上行时，通道 B 中球阀关闭，吸油通路被截断，润滑油只能通过注油阀 4 压向润滑点。旋转调节螺套 7 可改变柱塞行程，以调节油量，调节范围为 0 ~ 100%。柱塞 2 的上下往复运动，是利用偏心轴或凸轮旋转顶压驱动。透明罩壳 6 是用来监视供油情况。若罩内滴油管无油滴下，则表明柱塞泵供油中断。长期的工业实践表明，在注油泵压力达 40MPa 时，这种注油器的可靠性和耐久性尚能达到满意的程度，故我国普遍采用这种结构并已标准化。

真空滴油式注油器的形式和注油器的头数(柱塞个数)见表 7 - 21。注油器可由压缩机主轴通过棘轮减速机构或蜗杆减速机构驱动，亦可用单独的电动机通过减速器驱动。表 7 - 22 为各类注油器的基本参数。

表 7 - 21　真空滴油式单柱塞注油器的形式和注油头数

型式	代号	驱动方式	注油头数					简　图
摆杆式	B	主机驱动	2	4	8	12	16	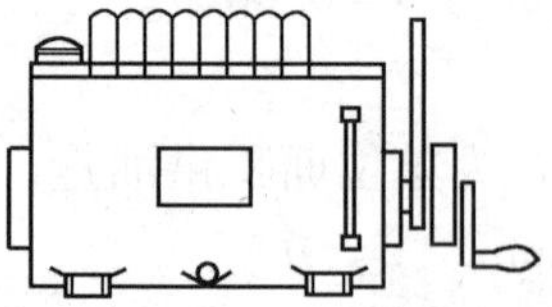
联轴器式	L							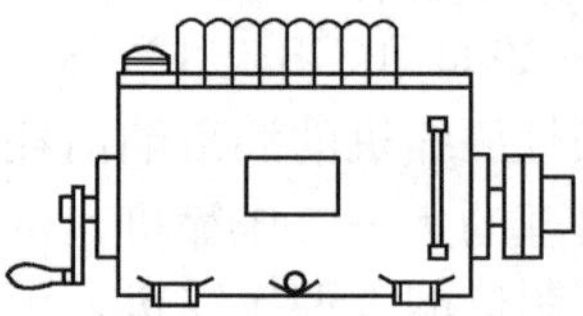
单联式	D	单独传动	—	8	12	16	18	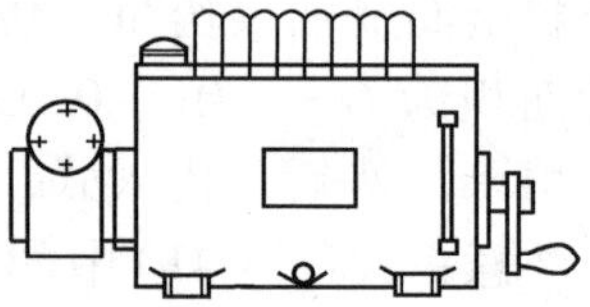
双联式	S		—	—	24	32	36	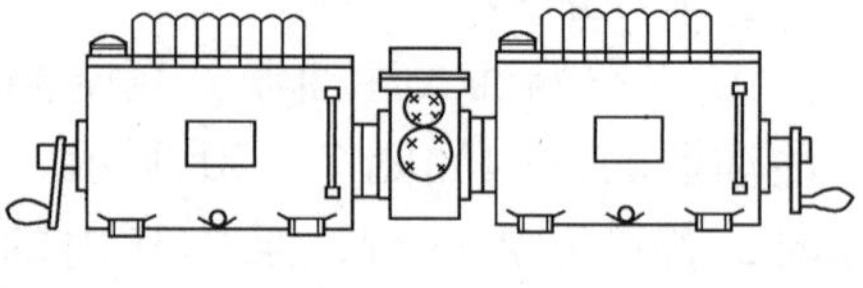

表 7 - 22　各类注油器基本参数

类别	代号	注油压力/MPa	每头最大注油量/(cm^3/双行程)	油量调节范围/(cm^3/双行程)	柱塞直径/mm	柱塞行程/mm
高压	G	32	0.18	0 ~ 0.18	$\phi 6$	8
中压	Z	16	0.32	0 ~ 0.32	$\phi 8$	

图 7－51 为超高压压缩机用的真空滴油式注油器结构，其基本原理与单柱塞注油器相同。除结构上满足超高压压力要求外，其柱塞行程由调齿圈 12 进行调整。此外，玻璃示油管上方有空气释放螺钉。

真空滴油式注油器的缺点是结构比较复杂，且滴入罩内的润滑油并不能保证送至气缸，因为当柱塞和套筒磨损后，润滑油可能由柱塞与套间隙中泄露。

② 明给式注油器　分为柱塞泵（图 7－52）和示油器（图 7－53）两部分。柱塞泵的作用与真空滴油式类似，但结构简单。

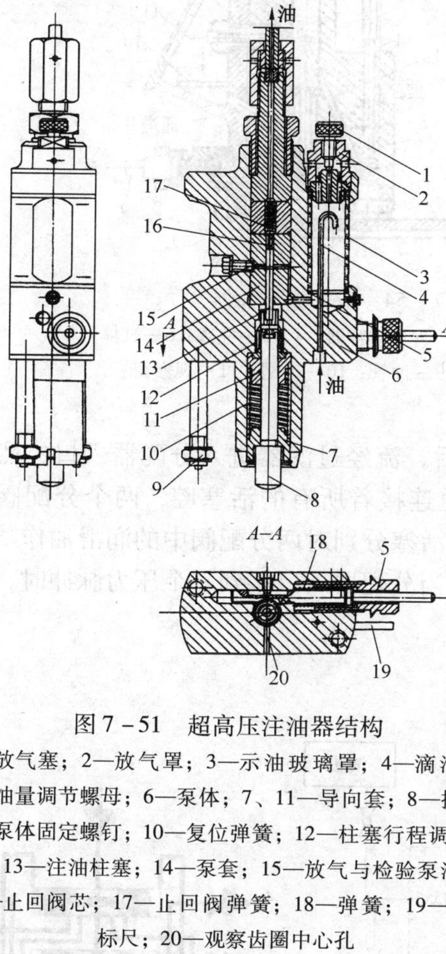

图 7－51　超高压注油器结构

1—放气塞；2—放气罩；3—示油玻璃罩；4—滴油管；5—油量调节螺母；6—泵体；7、11—导向套；8—挺杆；9—泵体固定螺钉；10—复位弹簧；12—柱塞行程调节齿圈；13—注油柱塞；14—泵套；15—放气与检验泵油塞；16—止回阀芯；17—止回阀弹簧；18—弹簧；19—油量标尺；20—观察齿圈中心孔

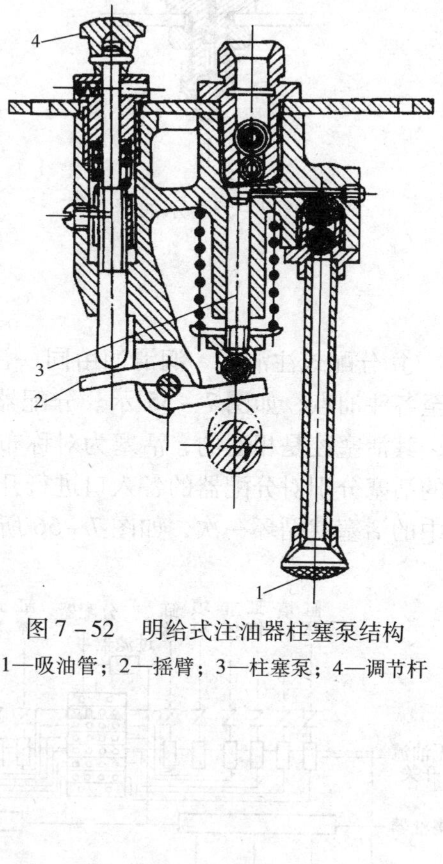

图 7－52　明给式注油器柱塞泵结构

1—吸油管；2—摇臂；3—柱塞泵；4—调节杆

示油器带有玻璃观察窗，腔中充满甘油，中间有一根上下连结的金属丝。当柱塞泵给出一滴润滑油后，便进入示油器腔并沿金属丝徐徐上升，再由接管送至注油点。油滴上升是能从观察窗中清楚看到的，所以称为明给式。当甘油因泄露或被润滑油逐渐带走后，观察窗便失去示油的作用，必须及时进行修理。另外，示油器密封比较困难。

③ 双柱塞式注油器　如图 7－54 所示，它借助柱塞 4 吸油，柱塞 5 起压送油的作用。凸轮轴 1 旋转时，叉形零件 2 上升，柱塞 4 抬起，油从容器 3 通过缸体 6 上的孔被吸入。柱塞 4 下降时，阀 7 开启，油经过缸体 6 中的通道Ⅰ，进入可供观察油滴下落的观察窗 11。油穿过丝网 10 进入通道Ⅱ，再进入柱塞 5 的缸内。当柱塞 5 继续下降时，阀 8 开启，油进入连接润滑点的油管 9。双柱塞注油器结构比较完善，它主要用在高压压缩机上。

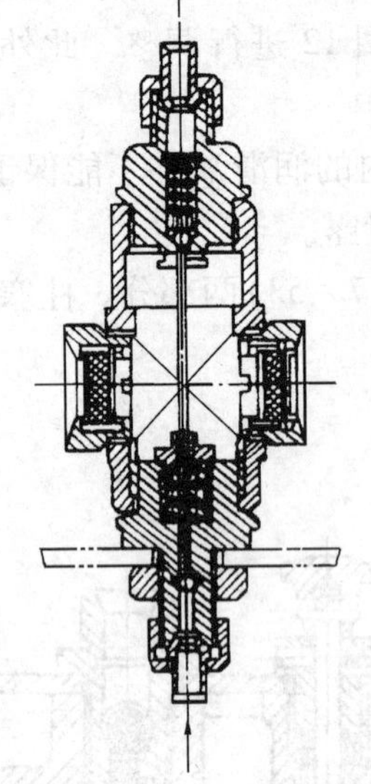

图 7－53　示油器

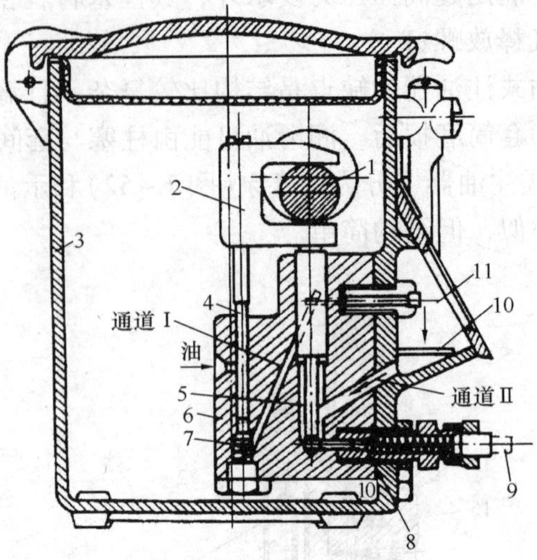

图 7－54　双柱塞注油器

1—凸轮轴；2—叉；3—容器；4、5—柱塞；6—缸体；7、8—阀；9—油管；10—丝网；11—观察窗

④ 分配式注油器　润滑油由同一注油泵压出后，流经过滤器进入分配器入口，然后分配至各注油点，如图 7－55 示。分配器的入口通道连接着所有的活塞腔，两个分配阀为一组，其活塞腔是相通的，活塞为对称布置，两边的活塞分别对两分配阀中的润滑油作功，中间的活塞分别对分配器的各入口进行开、关作用。当分配器入口接到一个压力脉冲时，分配器中的活塞就循环一次，如图 7－56 所示。

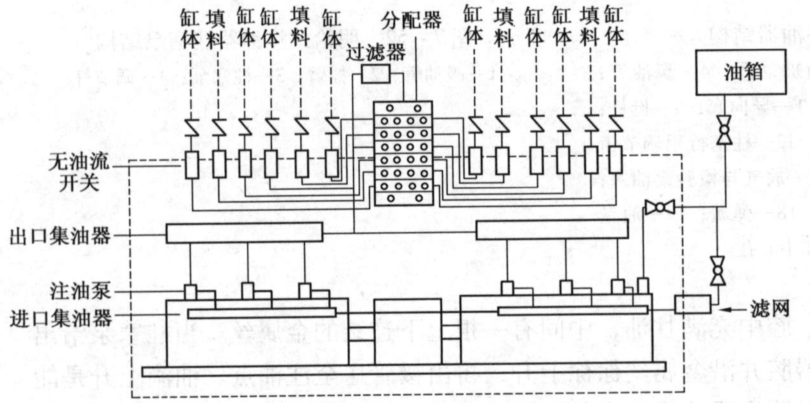

图 7－55　双组分配器注油系统

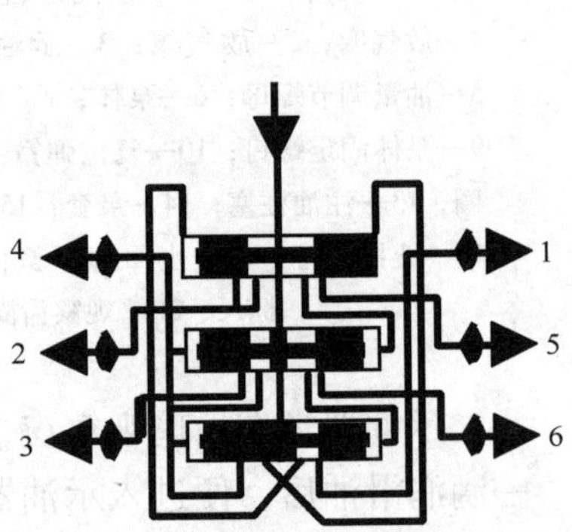

图 7－56　分配器工作原理图

过程一，当所有活塞在最右端时，自入口的润滑油流向活塞 1 的右端。

过程二，润滑油推动活塞 1 从右向左移动，润滑油通过连接通道由出口 1 流出被分配到润滑点，同时活塞 1 的移动使润滑油流向活塞 2 的右端。

过程三，润滑油推动活塞 2 从右向左移动，润滑油通过连接通道由出口 2 流出被分配到润滑点，同时活塞 2 的移动使润滑油流向活塞 3 的右端。

过程四，润滑油推动活塞3从右向左移动，润滑油通过连接通道由出口3流出被分配到润滑点，同时活塞2的移动使润滑油通过连接通道流向活塞1的左端，推动活塞从左向右进入下半程，润滑油被分配后依次从出口4、5、6流出，从而完成一次循环，润滑油就被分配到各个润滑点。

油量的控制是由分配阀内活塞直径大小决定，活塞横截面积的比值决定其出口流量的比值。

(4) 气体压缩机气缸润滑油及其他润滑剂

天然气压缩机的润滑，一般用矿物油。但天然气会被矿物质油吸收，使油的黏度降低。因此，选用油的黏度牌号要比相同型号、同等压力的空气压缩机用油黏度高些。对于润滑油进入气缸后随压缩气体一道排出的往复式天然气或石油气压缩机，润滑油被稀释的程度是很轻微的，不足以造成危害。若采用矿物油是不行的，可采用硅基合成压缩机油。氟硅油不仅润滑性能优于矿物油基润滑油，而且具有独特的化学惰性。其挥发性低、闪点和着火点高、在高温下不溶解气体、能和大多数的溶剂相溶解。氟硅油除了用于天然气、石油气、煤气等压缩机外，还可用于空压机和其他工艺气体压缩机的润滑。

氟硅油的极压抗磨性能良好，承载能力高，摩擦系数与矿物基压缩机油擦差不多。中国石化集团公司的石油化工科学研究院可提供性能相当于表7-23的氟硅油产品。

表7-23　氟硅基压缩机油性能

项　目	黏度等级		
	300	1000	10000
颜　色	无色~淡黄	无色~淡黄	无色~淡黄
黏度/(mm^2/s)			
-17.8℃	5500	22000	440000
-27.8℃	300	1000	10000
98.9℃	30	74	690
204℃	5.5	11.5	80
相对密度(25℃)	1.25	1.28	1.30
倾点/℃	-48.5	-40	-31.3
闪点/℃	260	293	316
着火点/℃	>316	>326	>326
挥发性(200℃)/%			
4h	2.0	1.5	0.8
120h	18.0	5.0	4.0
240h	24.0	8.0	6.0
凝胶时间(200℃)/h	350	350	350
酸值/(mgKOH/g)	微量	微量	微量
表面张力/(10^{-5}N/cm)	25.7	26.1	28.7
起泡法(非压法)	不起泡	不起泡	不起泡

对于纯度要求特别高的气体和丙烷进行压缩时，一般采用无油润滑压缩机。如果采用油润滑压缩机，可采用肥皂液或乙醇皂溶液进行润滑。

高压合成聚乙烯压缩机，为避免压缩介质被润滑油污染，以保证产品性能与纯度，应采用白油或液体石蜡等作为润滑油。

不同天然气中乙烷以上的可凝物含量也不同。干气为2～13mL/m^3；贫气为13～40mL/m^3；湿气为40～54mL/m^3。其中，湿气会在压缩过程中产生凝析油，不断冲洗润滑油膜，并使润滑油稀释。因此，对湿天然气的压缩应采用油性好、黏度较高的复合型混脂压缩机油。

含硫的烃类气体多在井口或炼油厂进行压缩，可采用能防酸性组分腐蚀的重载荷油。

焦炉气的主要成分是氢、甲烷及一氧化碳，它们对油无稀释作用，但这类气体纯度较差，如果需用活塞压缩机来压送时，可选用DAB100和DAB150油。

① 惰性气体　包括氢、二氧化碳、一氧化碳、氨、合成气及氦、氩等稀有贵重气体。这些气体的压缩，都可以采用不同黏度等级的空气压缩机油对压缩机进行润滑。

二氧化碳、一氧化碳均与矿物油有互溶性，会降低油的黏度。如有水分存在时，会产生腐蚀性碳酸，所以应尽量保持气体干燥。压缩这类气体应选用N68以上黏度的空气压缩机油。

当压缩机压缩和输送二氧化碳用于食品加工和其他不允许污染的工程时，应采用乙醇皂液作为润滑剂。

压缩氦、氟、氩等贵重气体时，若用油润滑，最后应进行超精密的油过滤，故可用普通的回转压缩机油。

② 化学活性气体　包括氯气、氯化氢、氧、氧化氮、二氧化硫等。它们具有腐蚀性或爆炸性，有的还具有毒性。

氯气和氯化氢压缩机不可采用矿物油润滑，因为这些气体与油接触会发生爆炸，而且具有强烈的腐蚀作用。压缩这些气体常用无油润滑压缩机，或采用浓硫酸作润滑剂。

氧气能与矿物油发生剧烈氧化反应而引起爆炸，故在压缩氧气时，绝不应接触矿物油。常用的润滑剂是加有6%～8%工业甘油的蒸馏水溶液。

一氧化二氮和二氧化硫均能与润滑油互相溶解，因而会降低油的黏度。为此，应采用黏度较高的润滑油。但不能采用加有清净分散剂的压缩机油。压缩二氧化硫时，应考虑在水分存在时，它所产生的强烈腐蚀作用。同时，由于二氧化硫是一种选择性溶剂，能析出润滑油中任何生成焦油状的沉淀物，故应经常检查和保证润滑系统不混入水分，并及时清除活塞环和气阀上的沉积物。其所用润滑油与压缩湿空气时相同，建议选用防锈抗氧汽轮机油，并应经常检查油样是否有沉渣产生。

③ 气体压缩机油的分组与选用参考表

不同压缩介质压缩机用油可参见表7-24。国际标准化组织对气体压缩机油的分组见表7-25。

表7-24　不同同压缩介质压缩机润滑油选用参考表

介质类别	介质对润滑油的影响与要求	推荐润滑油
空　　气	要有较好的抗氧化性能，闪点比最高排气温度高30～40℃	抗氧、防锈空气压缩机专用油
氢、氮	对润滑油无特殊影响，其要求与压缩空气时相同	空气压缩机油曲轴可用50号机械油代用

续表

介质类别	介质对润滑油的影响与要求	推荐润滑油
氧	不应与矿物油接触，否则会造成剧烈氧化而爆炸	采用含6%～8%工业甘油的蒸馏水，最好使用无油润滑压缩机
氯(氯化氢)	氯在一定条件下与烃起作用生成氯化氢	浓硫酸或合成油采用石墨环或无油润滑压缩机
硫化氢 二氧化碳 一氧化碳	润滑系统要求干燥，水分溶解气体后生成酸会破坏润滑油性能	防锈抗氧汽轮机油或压缩机油
氧化氮 二氧化硫	能与油互溶，故要求高黏度油并要求润滑系统干燥，防止生成腐蚀性酸	防锈抗氧汽轮机油
氨	如有水分，会与油的酸性氧化物生成沉淀，还会与酸性防锈剂生成不溶性皂	防锈抗氧汽轮机油 合成烃
天然气	干气对润滑油具有稀释作用；湿气会在压缩过程中产生凝析油，从而会冲洗润滑油膜	干气用压缩机油 湿气用复合压缩机油
石油气	会产生冷凝液，稀释润滑油	空气压缩机油
乙　烯	用于高压合成聚乙烯时，为避免油进入，不应用矿物油	压缩机白油或液体石蜡
丙　烷	易与油混合而稀释	乙醇肥皂润滑剂，防锈抗氧汽轮机油
焦炉气 水煤气	对润滑油无特殊破坏作用，但比较脏，含硫多时会有破坏作用	压缩机油
煤　气	杂质较多，易污染润滑油	压缩机油或11号气缸油，曲轴箱用油30～50号机械油

表7－25　ISO/DP6743/3B－84气体压缩机油分组

应用范围	具体应用	组成和特性	ISO－L的符号	典型应用	备　注
活塞式和回转式压缩机，用于除空气和冷冻剂以外的所有气体	气体、不与深度精制矿油起化学反应或不使矿油的黏度低到不能使用的程度	深度精制矿油	DGA	N_2、H_2、NH_3、CO_2（$<100\times10^5Pa$）、He、Ar、SO_2、H_2S（任何压力）	
	用DGA型油的气体，但含有湿气或冷凝物	特定矿油	DGB		
	在矿油中有高的溶解度而降低其黏度的气体	常用合成液	DGC①	烃类，NH_3、CO_2（$>100\times10^5Pa$）	含于矿油中的一些添加剂可与氨反应

续表

应用范围	具体应用	组成和特性	ISO－L 的符号	典型应用	备　注
活塞式和回转式压缩机，用于除空气和冷冻剂以外的所有气体	与矿油发生化学反应的气体	非烃合成液	DGD②	CO($<100\times10^5$Pa)、HCl、Cl_2、O_2 和高氧空气(任何压力)	对于 O_2 和加压空气的氧，禁止使用矿油，只有少数的合成液是合适的
	惰性气体或还原气要求非常干燥(露点小于 －40℃)	常用合成液	DGE③	N_2、H_2、Ar ($>100\times10^5$Pa)	存在这些气体时，润滑是困难的，并需要特殊考虑

①、②、③使用者对 DGC、DGD 和 DGE 品种要注意，一个相同名称的产品可以涉及到非常不同的化合物。因此，如没有零售商的建议，则不同化合物的产品不得混合。

表 7－26 列出了我国往复空气压缩机油的质量指标。表中仅列出轻载荷(DAA)和中载荷(DAB)两种级别的理化指标。该标准是参照德国标准 DIN 51506—1985《润滑剂、含和不含添加剂的润滑油 VB 和 VC 及润滑油 VDL 分类和要求》而制定的。DIN 51506—1985 标准是 ISO 推荐各国采用的建议标准。表 7－26 中没有列出重载荷(DAC)空压机油的质量指标，因为对 DAB 级油，界定关键性能的理化分析方法仍存在争议。

表 7－26　GB 12691—1990 空气压缩机油质量指标

项　目	质量指标										试验方法
品　种	L－DAA					L－DAB					
黏度等级(按 GB 3141)	32	46	68	100	150	32	46	68	100	150	—
运动黏度/(mm^2/s) 40℃	28.8～35.2	41.6～50.6	61.2～74.8	90.0～110	135～165	28.8～35.2	41.6～50.6	61.2～74.8	90.0～110	135～165	GB 265
100℃	报告					报告					
倾点/℃，不高于	－9				－3	－9				－3	GB 3535
闪点(开口)/℃，不低于	175	185	195	205	215	175	185	195	205	215	GB 3536
腐蚀试验(铜片，100℃，3h)，级不大于	1					1					GB 5096
抗乳化性(40－37－3)/min											GB 7305
54℃，不大于	—					30			—		
82℃，不大于	—					—			30		
液相锈蚀试验(蒸馏水)	—					无锈					GB 11143
硫酸盐灰分/%	—					报告					GB 2433
老化特性：											ZB E 34 010
a. 200℃/空气											
蒸发损失/% 不大于	15					—					
康氏残炭增值/% 不大于	1.5			2.0		—					
b. 200℃，空气，三氧化二铁											
蒸发损失/% 不大于	—					20					
康氏残炭增值/% 不大于	—					2.5		3.0			

续表

项目		质量指标			试验方法
品种		L-DAA	L-DAB		
减压蒸馏蒸出80%后残留物性质： a. 残留物康氏残炭/%	不大于	—	0.3	0.6	GB 9168 GB 268
b. 新旧油40℃运动黏度之比	不大于	—	5		GB 265
中和值/mgKOH/g					GB 4945
未加剂		报告	报告		
加剂后		报告	报告		
水溶性酸或碱		无	无		GB 259
水分/%	不大于	痕迹	痕迹		GB 260
机械杂质/%	不大于	0.01	0.01		GB 511

7.3 压缩机容积流量调节

7.3.1 调节目的

通常，用户总是根据最大耗气量来选择压缩机。然而在使用过程中，由于种种原因，用户对气量的需求常常是变化的。当容积流量大于耗气量时，管网中气体压力就会升高；当容积流量小于耗气量时，管网中的压力又会降低。压力过高时会导致破坏性事故，因此管网中的压力波动必须控制在一定的范围内，这就需要对压缩机的容积流量进行调节。

7.3.2 对调节的要求

容积流量调节应尽量满足以下要求：

(1) 尽可能实现容积流量的连续调节，使容积流量随时和耗气量相等；

(2) 对微小型压缩机，调节系统力求简单、操作方便、工作可靠；

(3) 对中大型压缩机，调节工况的经济性要尽可能高。

实际上，上述这些要求一般只能得到部分满足。

7.3.3 调节方法

容积流量公式可由本书4.1.2中，实际循环进气量的计算中得出，即

$$q_v = V_s\lambda_v\lambda_p\lambda_T\lambda_l n \tag{7-42}$$

容积流量调节的理论基础是改变上式等号右边中某一个或几个参数的数值。由于气缸工作容积是无法改变的，所以只有改变各系数和转速。实际上，除温度系数一项因经济性差不用于调节外，其他系数都可用来调节排气量。

压缩机的容积流量调节可能是连续的，也可能是分级的。在最简单的情况下压缩机只有排气和不排气两种工作状况，即为间断调节。表7-27列出各种调节方法、特性及其适用场合。

表7-27 各种调节方法

调节执行部位	调节方法	适用场合	调节特性		
			间断	分级	连续
驱动机	1. 单机停转	简单易行，适用手微型、小型压缩机，内燃机通过离合器驱动的压缩机，包括汽车空调用压缩机	✓		
	2. 多机时分机停转	压缩机站及化工厂中多台压缩机时，使用此法比较方便		✓	

续表

调节执行部位	调节方法	适用场合	调节特性		
			间断	分级	连续
驱动机	3. 无级变速	（1）采用内燃机或汽轮机驱动时，可分别调速至60%与25% （2）采用变频电动机驱动时，频率变化范围为30～120Hz （3）采用绕线式异步电动机驱动，增加转子电阻范围100%～60%			✓
	4. 分级变速	采用分级变速电动机驱动，改变定子电极对数，通常只能在1－3对极之间变化		✓	
气体管路	5. 进气节流	大、中型压缩机的小范围调节（100%～80%），或偶而调节的场合			✓
	6. 截断进气口	常用于单级往复或回转压缩机中，我国动力用二级空气压缩机也采用，它会使末级压力比很大	✓		
	7. 进排气管自由连通	主要用于启动释荷或很少调节时（排气管应设止回阀）	✓		
	8. 进排气管节流连通	可用于辅助性微量调节			✓
气阀	9. 全行程压开进气阀	各级进气阀同时全部压开，可用于各种往复压缩机	✓		
	10. 部分行程压开进气阀	用于第一级与末级或用于调节需控制某级间压力的后级，范围100%～60%，调节装置较复杂			✓
气缸余隙	11. 连通一个或多个固定补助余隙容积	多用于大型工艺用压缩机与空气压缩机	✓	✓	
	12. 连通可变补助余隙容积	可用于大型工艺用压缩机，调节范围100%～60%			✓
	13. 部分行程连通补助余隙容积	用于大型压缩机，调节范围100%～60%，调节装置较复杂	✓		
活塞	14. 改变行程	用于电磁压缩机，自由活塞压缩机、汽车空调中摆盘压缩机，调节范围100%～0%			✓
综合调节	15. 联合使用10与11	大型多级压缩机第一级用部分行程压开进气阀，末级用补助余隙容积	✓		✓
	16. 联合使用3与9或3与6	内燃机驱动时，100%～60%负荷由内燃机改变转速，60%～0%由压开进气阀或截断进气完成。	✓		✓

压缩机调节方法的分类都是以调节器在机器上作用的部位来区分，常见有下列四种：

(1) 作用于驱动机构的调节

改变压缩机的转速，使压缩机容积流量随之改变，按照驱动机转速变化的特点可进行连续凋节(连续变化)、分级调节(分级变化)和间断调节(停转)。

① 单机停转调节

一般用于功率小于 3kW 的压缩机。如图 7-57 所示，依靠贮气罐 5 中气体压力的变化，控制电动机 1 的开或停。当耗气量小于容积流量并使贮气罐内的气体压力超过额定值时，压力继电器 6 动作，将电路切断，电动机停转，压缩机停止供气。此时，用户消耗贮气罐内的气体，并使罐内气体压力不断下降。当压力下降到某给定值时，压力继电器 6 的触头又闭合，接通电路，电动机带动压缩机重新工作。

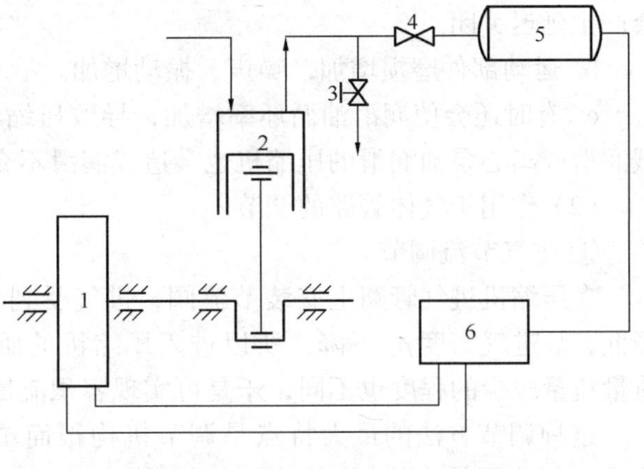

图 7-57　微型压缩机停转调节系统示意图

1—电动机；2—压缩机；3—放空阀；4—止回阀；5—贮气罐；6—压力继电器

因为电动机停开次数受到极限接入电网次数许用值的限制，其电动机接入电网次数通常每小时不超过 8~10 次为宜。为此，贮气罐的容积应保证电动机开停次数的要求，其容积可按下式计算为

$$V_r = 60\sigma_0(1-\sigma_0)\frac{q_v}{\tau_{max}}\frac{p_s}{\Delta p}\frac{T_r}{T_s} \qquad (7-43)$$

式中：q_v 为压缩机容积流量，m^3/min；τ_{max} 为电动机极限接入电网次数的许用值，次/h；p_s 为压缩机的进气压力，MPa；Δp 为储气罐内气体压力的变化差值，MPa；T_r 为储气罐内气体温度，K；T_s 为压缩机的进气温度，K；σ_0 为气体的相对耗用量(m^3/min)，$\sigma_0 = \frac{q_e}{q_v}$($q_e$ 为耗气量)。

当气体耗用量等于压缩机容积流量的一半时，是最不利的情况，其储气罐容积最大。

② 多机的分机停转

在各类压缩机站及工艺流程用压缩机车间，可能是多台压缩机并联运行。当耗气量小于容积流量时，最简单的处理方法就是使某台压缩机或几台压缩机停止运转，实现容积流量分级调节。通常这种调节方法是采用手动调节，操作人员根据耗气量要求决定哪台压缩机停转。

③ 驱动机停转调节和离合器脱开调节

驱动机停转调节的缺点是启动频繁，电网波动大，故启停次数受到限制。

若采用离合器，可使压缩机与驱动机脱开，在需要进行调节时，离合器动作，驱动机自行运转，压缩机因已脱开驱动机就不再工作。移动式空气压缩机常采用这种方式，缺点是结构上复杂些。

④ 变转速调节

当驱动机的转速可以作分级的或连续的变化(如采用变频电动机)时，压缩机的容积流量就可以随转速的变化而变化，且压缩机本身的结构不会复杂化。对于多级压缩机，也不会因转速的变化使级间压力重新分配，所以可以实现容积流量的分级调节或连续调节。

变转速调节可能会对压缩机的工作产生下列不良影响：

a. 对气阀工作状况的影响。当转速较低时，气阀会产生颤振现象；转速调高时，气阀会产生延迟关闭。

b. 运动部件磨损增加，噪声、振动增加。

c. 有时还会使润滑油循环率增加，导致压缩机中的润滑油量不足。转速调低时，对飞溅润滑或离心泵油润滑的压缩机也会造成润滑不充分问题。

（2）作用于气体管路的调节

① 进气节流调节

在压缩机进气管路上安装节流阀，进气受到节流后，因克服节流阀阻力使进气压力 p_s 降低，故进气密度 ρ_s 下降，所以进入压缩机的质量流量减少。根据节流阀开启度的不同，质量流量减少的程度也不同，于是可实现容积流量的连续调节。

这种调节方法的最大特点是调节机构很简单，比较适合于大、中型压缩机不经常调节或调节范围较小的场合。因为对于单级压缩机，进气节流会导致单位功率消耗的增加，如图7－58所示，当进气压力由 p_{s1} 降至 p_{s2} 后，排气压力 p_d 不变，则功耗增加。另一方面，对于高压力比的压缩机，进气节流时压力比的继续增加，使排气温度达到不允许的程度，故而必须限制容积流量的调节范围，以控制压力比不至增加太多。对于多级压缩机，采用进气节流调节时，总是伴随着总功率消耗的降低，要比单级压缩经济，但是由于进气节流造成级间压力的重新分配，会使各列活塞力的均匀性改变。若正常容积流量时，末级压力比较高，采用进气节流时，会因末级压力比的升高导致排气温度增至不允许的程度。故建议对采用进气节流调节的多级压缩机，其末级压力比在正常容积流量时应该预先给予降低。

注意：对气体压缩机采用进气节流时，第一级会产生真空，有吸入空气的可能性，从而影响了被压缩气体工质的纯度。

②截断进气口调节

进气口被截断后，压缩机气缸中没有新鲜气体进入了，只是气缸余隙容积中的气体不断地膨胀和压缩。如图7－59实线构成的月牙形指示图所示，压缩机进入空转运行，此时消耗的功率（月牙形面积表示）仅是额定功率（虚线所围面积1234表示）的2%～3%，故这种调节方法具有较好的经济性、并属于间断调节，适用于中、小型压缩机，特别是动力用空气压缩机。

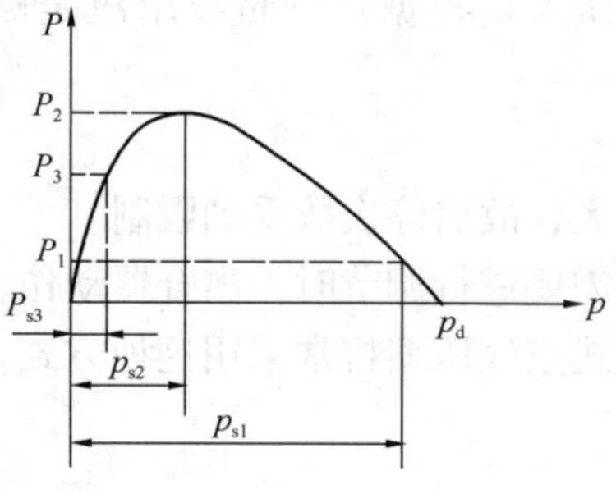

图7－58　单级压缩时进气压力与功耗的关系

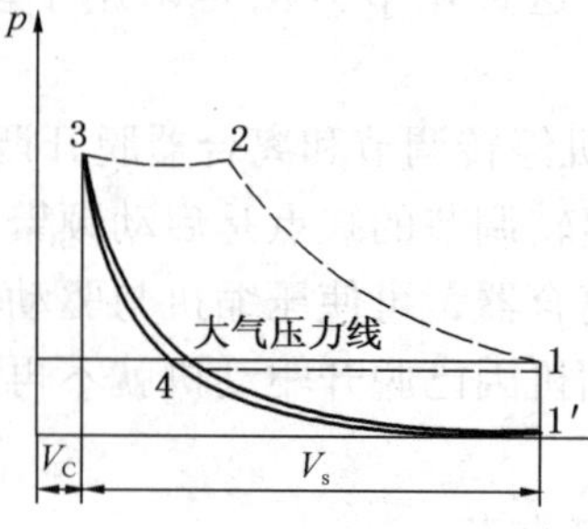

图7－59　截断进气口调节时的指示图

需指出的是，此种调节不是立刻停止供气的，因为压缩机必须将截断进气的阀门与进气阀之间的气体吸出，供气是逐渐减少，随着进气压力的降低，容积系数亦趋于减少，当容积系数为零时，供气才停止。为了缩短调节时间，应尽量减少截断进气口阀门与进气阀之间的空间，阀门密封应当可靠。

这种调节方法也有不足之处：截断进气口后，进气压力不断降低，使压力比不断增加，造成短时间内排气温度升高；进气压力降低，还造成作用在活塞上的压力差增加，气体力增大，形成转矩的高峰，造成压缩机起动困难。因此，在大多数情况下，截断进气 口调节与进、排气连通调节同时采用，以克服上述的不足。

截断进气用的阀门通常称为减荷阀。图 7 - 60 是最常见的一种减荷阀，用于动力用空气压缩机的起动释荷。图 7 - 61 是截断进气时，使进，排气连通的减荷阀。

③进气与排气连通调节

将进气管与排气管用旁通管路和旁通阀连通，使排出的气体返回进气管，实现容积流量的调节。图 7 - 62 是几种典型的旁通管路配置方案。根据旁通阀门开启程度的不同，可分为自由连通和节流连通两种方式。

a. 自由连通　旁通阀完全开启，气体回流到进气管路中，形成气缸与旁通管路间的封闭循环，没有气体输送给用户，压缩机进入空转运行，实现了容积流量的间歇性调节。图 7 - 62(a)是用于空气压缩机中的自由连通调节方案，其特点是起动释荷较完善，紧急释荷也较迅速。对于一些易燃、易爆的气体，不宜直接排入大气时，不能采用此方案。

自由连通调节还可以和其他调节方式联合使用。如空气压缩机中，当截断进气口的同时，还必须在排气管上装有放空管路及放空阀，以使排气管的止回阀与末级气缸的排气阀之间的气体排出，确保启动顺利。在停转调节中，也应在排气管路上装有放空阀，以利于启动释荷。故自由连通调节是启动压缩机所必须的。

虽然自由连通调节容积流量是不经济的，但是操作的可靠性比其他调节方法稳定，因此大型压缩机的操作者喜

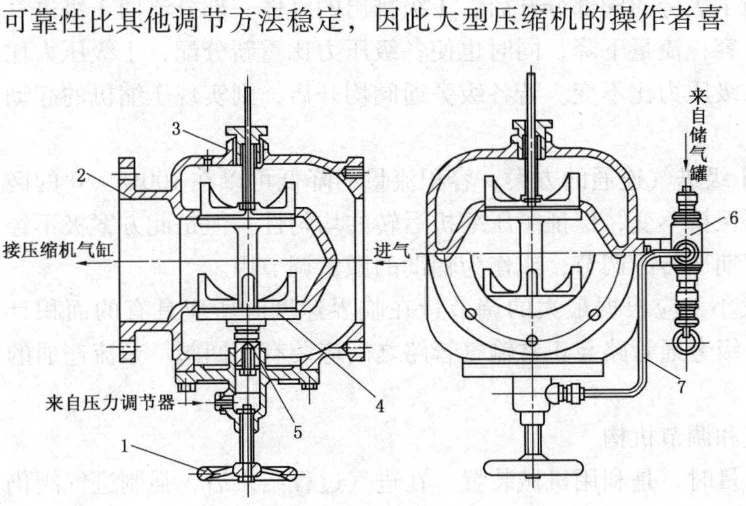

图 7 - 60　动力用空气压缩机的减荷阀

1—手轮；2—阀体；3—弹簧；4—阀芯；5—小活塞；6—压力调节器；7—连接管

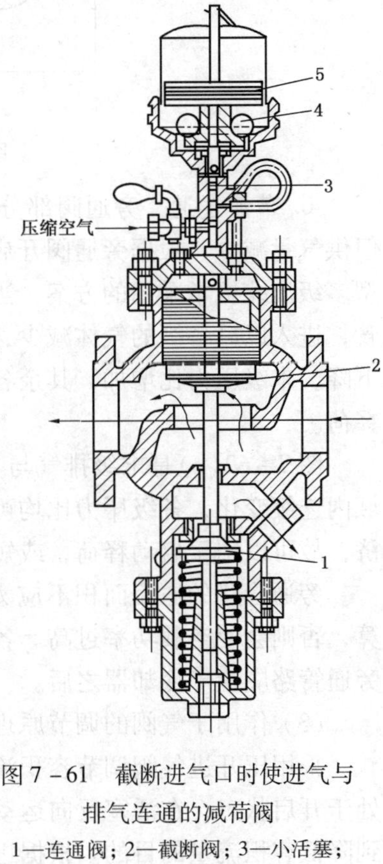

图 7 - 61　截断进气口时使进气与排气连通的减荷阀

1—连通阀；2—截断阀；3—小活塞；4—圆球；5—重锤

欢采用这种调节方式。

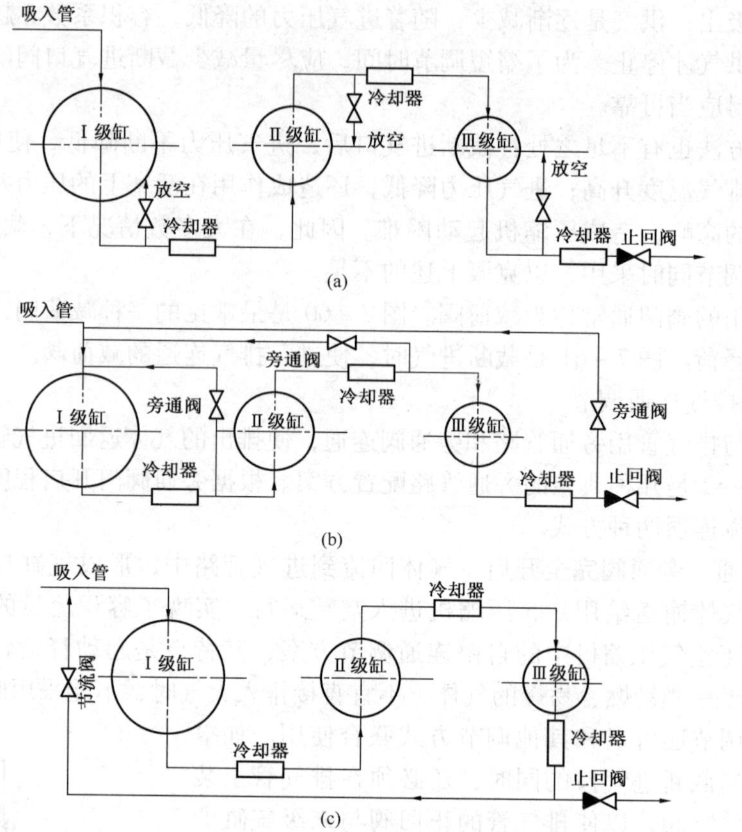

图 7－62　几种连通管道的配置方案

b. 节流连通　旁通阀部分开启，只使一部分高压气体流回进气管路，排气压力不变，但供气量减少，根据旁通阀开启程度的不同，实现容积流量的连续调节。图 7－62(b)是大型多级压缩机常采用的方案，当Ⅰ级旁通阀部分开启，Ⅰ级排出的气体一部分流回Ⅰ级进气管，进入以后各级的气体减少，容积流量下降，同时也使各级压力比重新分配，Ⅰ级压力比下降，末级压力比增加，其余各级压力比不变。若各级旁通阀均开启，则实现压缩机的起动释荷。

图 7－62(c)是末级排气与Ⅰ级进气连通的方案，容积流量的降低可以在 100%～0 的区域内连续变化，各级压力比均可保持不变，保证了压缩机运转的均匀性。但是此方案极不经济，故可以用于启动释荷，或短期运转的调节，或作为辅助的微量调节用。

旁通管路的通流面积不应太小，应根据最大的调节量在临界速度时所应具有的面积计算，否则会使空载功率过高。各级旁通管路与正常输气管路之间应装有止回阀。节流连通的旁通管路应置于冷却器之后。

(3) 作用于气阀的调节原理和调节机构

采用压开进气阀调节容积流量时，是利用机械装置，在进气过程结束后，强制进气阀仍处于开启状态，在活塞反向运动时，气缸内的被吸入的气体，全部或部分又被推出气缸，达到降低容积流量的目的。根据进气阀被压开过程的长短，有全行程压开进气阀和部分行程压开进气阀两种调节方式。

①全行程压开进气阀

调节时，调节机构使进气阀始终处于全开状态，气体可以自由地由进气阀进入和排出，压缩机为空载运行，容积流量接近于零，实现容积流量的间断调节。调节时压缩机消耗的功，仅为气体进出气阀时克服气阀阻力需要的功和空转时的摩擦功。图 7－63 示出的曲线 1 所围阴影面积，就代表全行程压开进气阀时的指示功。

多级压缩机进行调节时，各级进气阀均需全行程压开，并由容积流量调节器来实现。

全行程压开进气阀的机构，可以是手动也可以是气动(自动)。手动用于压缩机的启动释荷，气动用于容积流量调节。图 7－64 示出压开进气阀的手动机构。

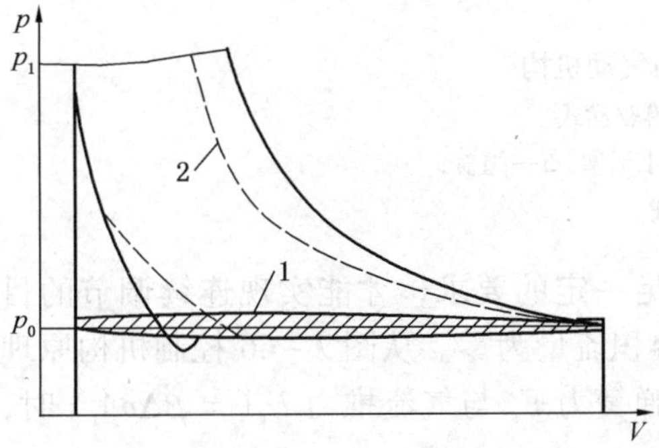

图 7－63　压开进气阀调节指示图

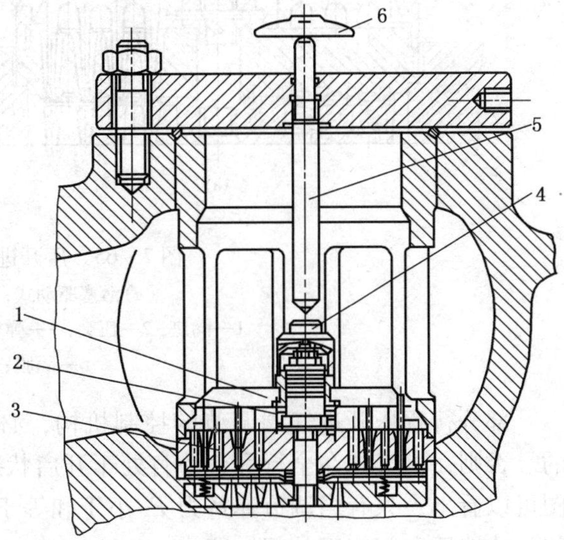

图 7－64　压开进气阀的手动机构

1—压叉；2—弹簧；3—阀座；4—压套；5—推杆；6—手轮

图 7－65 是压开进气阀的气动机构图。其中，图(a)为活塞驱动方式，气源来自压缩机储气罐，当罐内压力达到上限值，罐内一部分气体经过滤后，通过压力调节器进入进气阀盖 5，推动小活塞 4，使压叉 2 向下压开进气阀至升程，限制器储气罐内压力下降，活塞上部的气源放空，压叉 2 依靠弹簧 3 复位，阀片恢复到关闭位置；图(b)为隔膜驱动方式。它装在气阀阀室的外面，操作和维修方便。

② 部分行程压开进气阀

当气缸进气终了时，进气阀片被强制地保持在开启位置，压缩过程的部分行程中，气体从气缸中经被压开的进气阀流回进气管而不被压缩；待活塞运动到预定位置时，压开进气阀片的强制动作消失，进气阀片回落到阀座上，进气阀处于关闭状态，气缸内剩余的气体开始被压缩，达到额定排气压力后，从排气阀排出，容积流量减少。通过对进气阀关闭的早与迟的控制，达到容积流量连续调节的目的。

该种调节方法的功率消耗与容积流量的多少成正比，如图 7－63 曲线 2 所示，是一种经济性较好的调节方法。多级压缩时，当各级都有容积流量调节机构，并且各级协调操作，可以使各级的级间压力不改变，且容积流量可以在 100% ~30% 之间进行连续调节。容积流量低于 30% 时，只能在 30% ~0 之间实现间断调节。

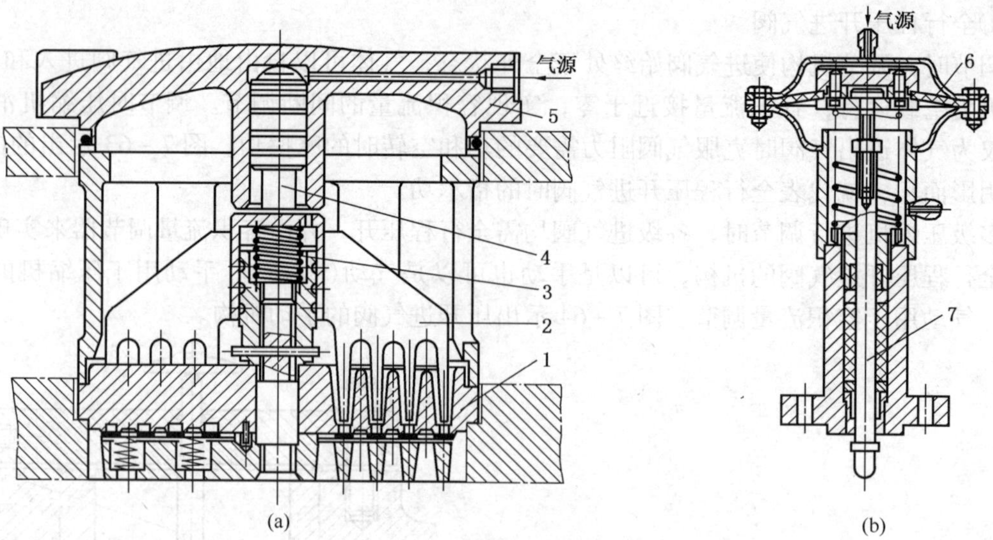

图 7-65　压开进气阀的气动机构

(a)活塞驱动式；(b)隔膜驱动式

1—阀座；2—压叉；3—弹簧；4—小活塞；5—阀盖；

6—隔膜；7—顶杆

部分行程压开进气阀调节的控制机构，必须满足一定的要求，才能实现连续调节的目的。否则，进气阀在全行程会一直处于开启状态，容积流量为零。从图 7-66 控制机构原理图可以看出，只有当调节弹簧力 F_r 小于和等于气阀弹簧力 F_s 与气流推力 $F_g(=\beta\Delta pA_t)$ 时，阀片才能压向阀座而关闭，即

$$F_r \leqslant F_s + \frac{1}{2}\rho\beta A_t\left(\frac{r\omega}{\alpha A_v}A_p\sin\theta\right)^2 \tag{7-44}$$

当曲柄转角 $\theta=90°$时，气流推力达最大值$\left(F_{gmax}=\frac{1}{2}\rho\beta A_t\frac{r\omega}{\alpha A_v}A_p\right)$，若此时 F_r 仍大于 F_s 与 F_{gmax}之和，阀片将不可能关闭了，这就是全行程压开进气阀了。故调节容积流量的最小值是 30%。

控制机构的弹簧力可以手动调节也可以气动调节。图 7-67 是手动调节的机构，旋转手

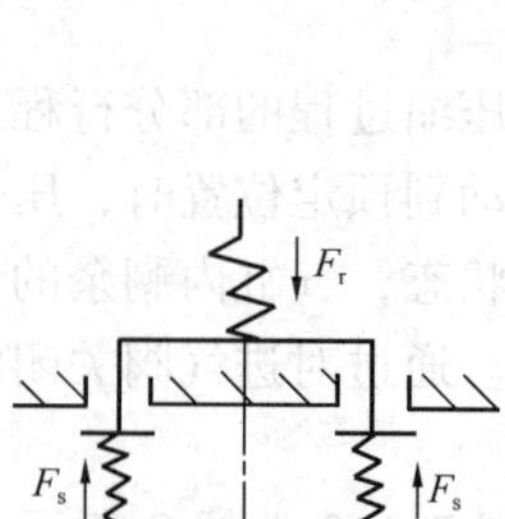

图 7-66　部分行程压开进气阀控制原理图

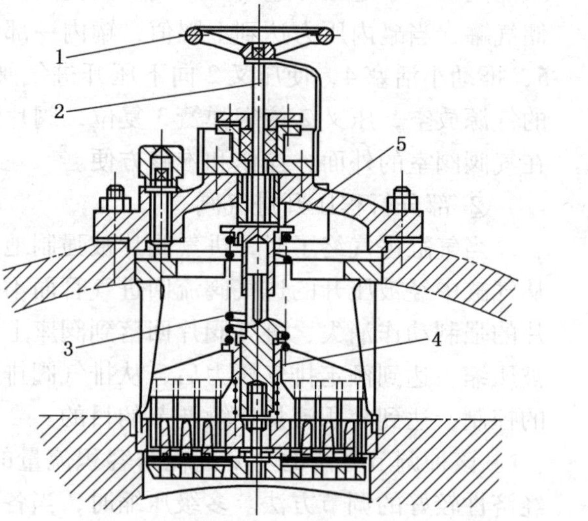

图 7-67　部分行程压开进气阀手动调节机构

1—手轮；2—丝杆；3—弹簧；4—压叉；5—弹簧座

轮 1 使丝杆 2 上下运动，从而调节弹簧 3 的弹簧力。

图 7 – 68 是气动控制机构，活塞气动装置 1 供给的高压气体，经接头 2 进入腔 A，推动活塞 3 及连接杆 4，使带有弹簧 5 的压叉组件 6 顶开进气阀片。弹簧 5 的弹簧力大小，取决于高压气体的压力，即弹簧力依靠气动装置中气体的压力来调节，装置中气体压力过高时，可能会造成弹簧力过大，而使阀片无法关闭。

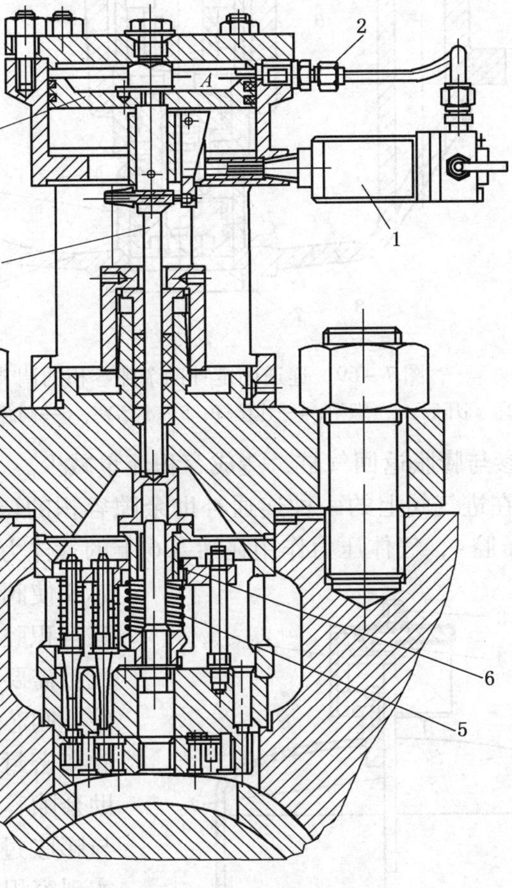

图 7 – 68　部分行程压开进气阀的气动调节机构

1—活塞式气动装置；2—接管；3—活塞；4—连接杆；5—弹簧；6—压叉组件

（4）连通补助余隙容积调节容积流量

其工作原理是在调节时使气缸工作腔与补助余隙容积相通，故而增加了余隙容积，因而容积系数减少，容积流量降低。补助余隙容积安置在气缸外面的空腔，其容积可以是不变的，也可以是变化的。空腔的个数可以是一个，也可以是多个。补助余隙容积的连通时间可以是全行程连通，也可以是部分行程连通。这就形成了多种连通补助余隙容积调节的方式，实现间断、分级或连续调节。

① 连通固定补助余隙容积

图 7 – 69 是连通固定补助容积的调节机构。正常工况下，高压气体经高压接头 1 进入腔 A，在高压气体压力的作用下，阀心 6 座落在补助余隙容积腔 B 的密封面 C 上，压缩机气缸具有正常的余隙容积值。当需要容积流量调节时，高压气体不进入腔 A，阀芯 6 在压缩气体的压力作用下被推向上方，使气缸工作腔与补助余隙容积腔 B 相通，压缩机进入膨胀过程

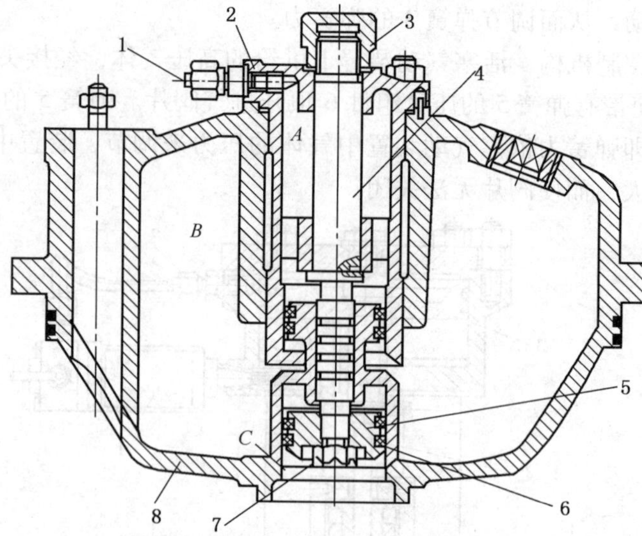

图 7-69　连通固定补助余隙容积的调节机构

1—高压接头；2—高压腔；3—螺帽；4—连接杆；5—小活塞；6—阀芯；7—螺母；8—补助容积腔体

时，腔 B 中的气体参与膨胀返回气缸，造成容积流量减少。

图 7-70 是装在进气阀上的一种连通补助余隙容积的调节机构。正常工况下，高压气体经接管 5 进入高压腔 4，气体压力作用在活塞 6 上的气体力 F_{gh}，经连接杆 7 作用于连通阀芯 8 使阀芯压紧在密封面 A 处，补助余隙容积腔 3 不与气缸工作腔相通。容积流量需要调节时，将高压气体撤离高压腔，阀芯 8 在弹簧 9 的弹簧力作用下，脱离密封面 A，进气阀上的中心孔与补助余隙容积腔 3 相通，补助余隙容积参与膨胀过程，使吸进的新鲜气体减少，实现容积流量调节。

根据补助余隙容积的大小不同，可以实现容积流量为零的调节，以及某个定值的容积流量调节。图 7-71 是连通固定补助余隙容积调节时的指示图，连通补助余隙容积 V_a 后的指示图如实线所

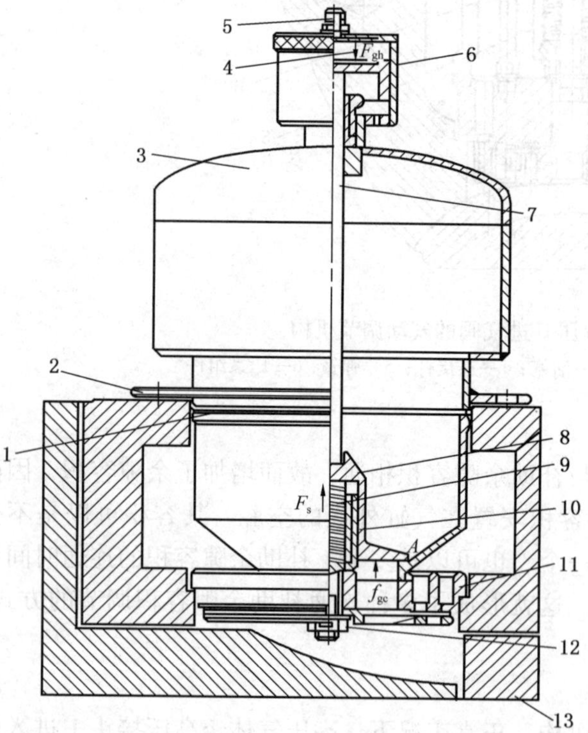

图 7-70　装在进气阀上的连通补助余隙容积机构

1—密封圈；2 —连接法兰；3—补助余隙容积；4 — 高压腔；5—接管；6—活塞；7—连接杆；8—连通阀芯；9—弹簧；10—弹簧座；11—进气阀；12—阀螺栓；13—气缸

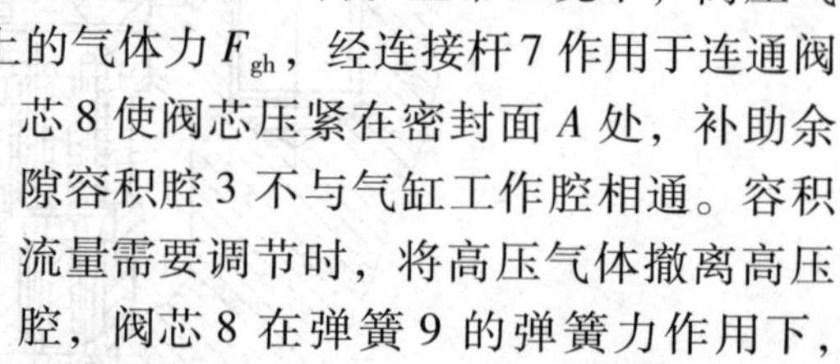

图 7-71　连通补助余隙容积调节的指示图

示，吸入容积 V_s 减少到 V'_s，吸入的气量减少了 ΔV。

若连通多个具有不同大小的固定容积，则可实现分级容积流量调节。

② 连通可变补助余隙容积

图 7－72 是可变容积调节机构，通过转动手轮 2，使补助余隙容积腔 A 中的活塞 4 位置发生变化，改变接通的补助余隙容积的大小，实现连续调节。该种调节方法可靠性较差，主要用于大型压缩机。

③ 部分行程连通补助余隙容积

为了实现容积流量的连续调节，通常采用部分行程连通补助余隙容积调节的方法，即通过控制机构掌握连通阀的启闭时间，达到用不变的补助余隙腔获得容积流量的连续调节。

图 7－73 是实现这种调节的调节机构。由压力调节器 3 出来进入高压腔 A 中的气体，推动活塞 4，经连接杆 5 使压叉 2 将阀片 7 推向升程限制器，气缸工作腔 C 与补助余隙容积腔 B 相通，进行容积流量调节。当作用在阀片 7 上的气缸内压力，足以克服弹簧 6 的弹簧力时，阀片 7 关闭，气缸工作腔与补助余隙容积腔隔绝，压缩机进入正常运行。

通过压力调节器调节高压腔中气体压力的高低，以控制阀片的开启时间，实现容积流量的连续调节。

如图 7－74 所示，过程线 1-7-8-3-5-6-1 是部分行程连通补助余隙容积时的指示图。膨胀过程开始阶段没有连通补助容积，当膨胀到某个压力时连通阀打开，补助余隙容积加进来，按过程线 5－6 膨胀，吸气容积减少了 ΔV_1。压缩过程开始时，仍接通补助余隙容积，按过程线 1－7 进行。压缩到某个压

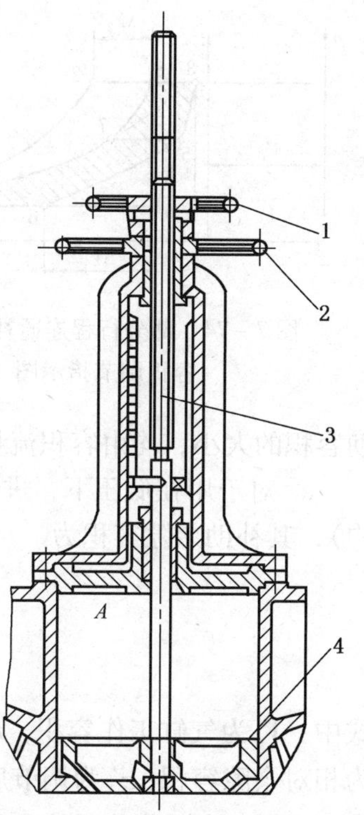

图 7－72　可变补助余隙容积调节机构

1—微调手轮；2—调节手轮；3—丝杠；4—活塞

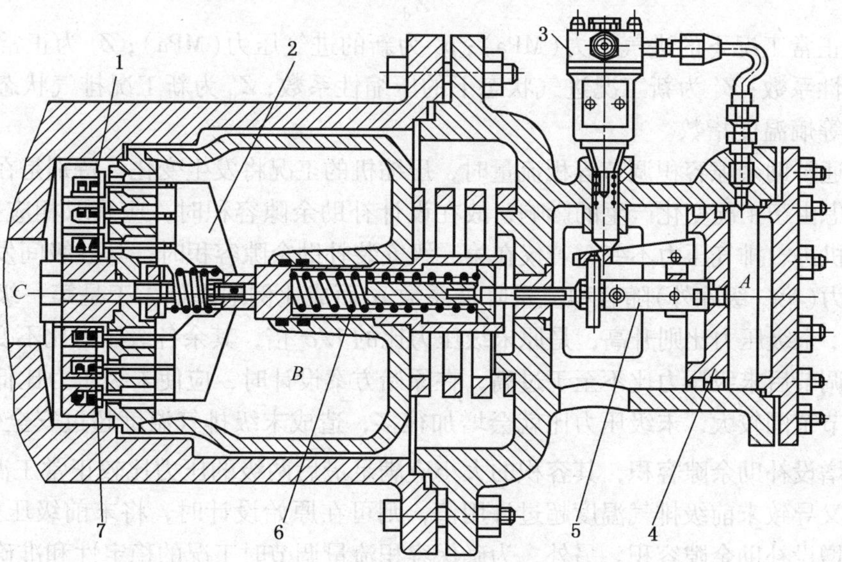

图 7－73　部分行程连通补助余隙容积机构

1—气阀；2—压叉；3—压力调节器；4—活塞；5—连接杆；6—弹簧；7—阀片

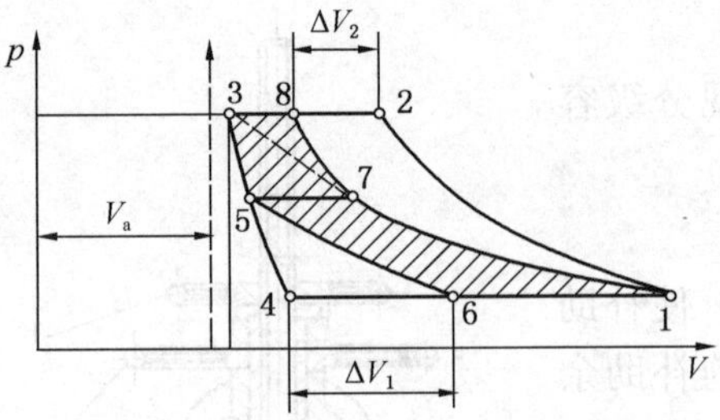

图 7－74　部分行程连通补助余隙容积调节指示图

力后，连通阀关闭，压缩按过程线 7－8 进行，排气状态下排出的气体减少 ΔV_2。

这种调节与全行程连通相比，补助余隙容积中的气体只被压缩到点 7 的压力，不是被压缩到排气压力，因此气体温度不高，膨胀连通时对气缸内气体的加热也不严重，使压缩和膨胀过程曲线比全行程连通要平滑，经济性也好。

④ 补助容积的计算

对于任何方式的连通补助余隙容积调节，其补助容积的大小，均由容积流量调节的程度来决定，并应根据调节的工况，采用下列公式计算

a. 对于用在低压下，进气压力和进气温度不变时（例如压缩机的第一级中设置的调节机构），其补助余隙容积为

$$V_a = V_{st}\frac{\lambda'_v - \sigma\frac{\lambda_T}{\lambda'_T}\lambda_v}{\varepsilon'^{\frac{1}{m_1}} - 1} \qquad (7-45)$$

式中：V_{st} 为气缸工作容积，m^3；λ'_v 为压力比为 ε' 时的容积系数，$\lambda'_v = 1 - \alpha_1(\varepsilon'^{\frac{1}{m}} - 1)$，$\alpha_1$ 为相对余隙容积；ε' 为调节后的压力比；σ 为容积流量需要降低程度的系数，$\sigma = q_v^*/q_v$，其中 q_v 和 q_v^* 为调节前后的容积流量；λ_T 为调节前温度系数；λ'_T 为调节后温度系数；λ_v 为调节前容积系数；m 为调节后膨胀指数；m_1 为调节后膨胀指数。

b. 在高压级（$p > 10$MPa）中，安装补助余隙容积时，其进气温度不变，压力比发生了变化，在计算补助容积时，需考虑气体的可压缩性，其计算式为

$$V_a = V_s\frac{\lambda'_v - \sigma\frac{Z'_s}{Z_s}\frac{p_s}{p'_s}\frac{\lambda_T}{\lambda'_T}\lambda_v}{\frac{Z'_s}{Z'_d}\varepsilon'^{\frac{1}{k_T}} - 1} \qquad (7-46)$$

式中：p_s 为正常工况下的进气压力（MPa）；p'_s 为新的进气压力（MPa）；Z_s 为正常工况进气状态下的压缩性系数；Z'_s 为新工况进气状态下的压缩性系数；Z'_d 为新工况排气状态下的压缩性系数；k_T 为等熵温度指数。

采用连通补助余隙容积调节容积流量时，压缩机的工况将发生变化，特别是在多级压缩机中，必须考虑由于工况变化产生的影响，故在设计补助余隙容积时，应采取相应措施。例如，当多级压缩机进、排气压力不变，若仅在第一级安装补助余隙容积时，其各级间发生变化，即各级进气压力（第一级除外）随容积流量降低系数 σ 而成比例地降低，于是第一级压力比降低（$\varepsilon'_1 = \varepsilon_1\sigma$），末级压力比则升高，是原末级压力比的 $1/\sigma$ 倍，其余各级压力比不变，总压力比不变。若要调节后末级压力比不至于过高，在原始方案设计时，应使末级压力比低一些。若容积流量的调节范围较大，末级压力比就会增加很多，造成末级排气温度超过安全使用范围时，应在末级也增设补助余隙容积，其容积的大小应满足最后两级的压力比较正常工况增加 $1/\sqrt{\sigma}$ 倍。若此时又导致末前级排气温度超过许用值，则可在原始设计时，将末前级压力比取低些，或在末前级增设补助余隙容积。另外，为确保容积流量调节时工况的稳定性和准确性，在设计计算补助余隙容积时，还必须考虑由于某级压力比的升高，引起该级容积系数降低，并会逐渐影响前几级的吸气量的减少，故应采用逐步渐进法确定补助余隙容积。

连通补助余隙容积调节，主要用于大、中型压缩机，是一种较经济的调节方法。

7.4 气体管道

压缩机是通过管道、阀门等和其他设备(合成塔、精馏塔、储气罐、分离器等)构成一个完整的系统。因此，气体管道及阀门等管系设备的计算与选择是压缩机系统设计中相当重要的。管道的设计计算和安装得不合理，管道阀门的选择不当，将会影响整个系统的经济性及工作的可靠性，甚至会带来严重的破坏性事故。

7.4.1 管道设计计算

(1)管径和管壁厚的计算

① 管内径

管道内径可按预先选取的气体流速由下式求得，即

$$d_i = 18.8\left(\frac{q_v}{u}\right)^{\frac{1}{2}} \tag{7-47a}$$

或

$$d_i = 18.8\left(\frac{q_m}{u\rho}\right)^{\frac{1}{2}} \tag{7-47b}$$

式中：d_i 为管通内径，mm；q_v 为气体容积流量，m^3/h；q_m 为气体质量流量，kg/h；u 为管内气体平均流速，m/s，表 7－28 中给出常用气体的平均流速取值范围；ρ 为气体平均密度，kg/m^3。

表 7－28 常用气体管内平均流速推荐值

气体	压力范围 p/MPa	平均流速 u/(m/s)
空气	$\leqslant 0.3$	8～12
	0.3～0.6	10～20
	0.6～1.0	10～15
	1.0～2.0	8～12
	2.0～3.0	3～6
	3.0～30	0.5～3
氧气	$\leqslant 0.6$	7～8
	0.6～1.0	4～6
	1.0～3.0	3～4
氮气	5.0～10.0	2～5
半水煤气	0.1～0.2	10～15
变换气	0.1～2.0	10～15
氮氢混合气	$\leqslant 0.3$	8～15
	20～30	5～10
氨气	$\leqslant 0.6$	10～20
	$\leqslant 2.0$	3～8
乙烯气	22～150	5～6
氯气		10～25
氢气		<8
乙炔气	<0.15	4～8
	<2.5	～5

② 管壁厚度

管壁厚度 δ 取决于管道内气体压力。

a. 对于中、低压管道，通常采用碳钢、合金钢无缝钢管和焊接钢管，其壁厚可近似按薄壁圆筒公式计算，即

$$\delta = \frac{pd_i}{2[\sigma]\varphi + p} + c \tag{7-48a}$$

式中：p 为管内气体压力，MPa，当压力不高时，分母中 p 可近似取为零，以简化计算；$[\sigma]$ 为管材的许用应力，MPa，常用管材许用应力值列于表 7－29；φ 为焊缝系数，无缝钢管 $\varphi=1$，直缝焊接钢管 $\varphi=0.8$，螺旋缝焊接钢管 $\varphi=0.6$；c 为附加壁厚，包括壁厚偏差 c_1、腐蚀裕度 c_2 及管子加工减薄量 c_3。为简便起见，通常当 $\delta>6$mm 时，$c\approx0.18\delta$；$\delta<=6$mm 时，$c=1$mm。

当管子被弯曲时，管壁应适当加厚，可取

$$\delta' = \delta + \delta\frac{d_0}{2R} \tag{7-48b}$$

式中，d 为管道外径；R 为管通弯曲半径。

表 7－29 常用管材许用应力

钢号	壁厚 δ/mm	常温力学性能		不同温度下许用应力值[σ]/MPa				
		抗拉强度/MPa	屈服强度/MPa	≤20℃	100℃	150℃	200℃	250℃
10	≤10	130	210	113	113	109	100	91
	>10～20	320	190	107	107	103	97	91
20	≤10	400	250	133	133	131	122	113
	>10～20	380	230	127	127	127	122	113
16Mn	≤10	500	330	167	167	167	163	150
	>10～20	480	310	160	160	160	159	150
16MnV	≤10	520	380	173	173	173	173	169
	>10～20	500	360	167	167	167	167	167
0Cr18Ni9Ti	>20	550	210	140	140	140	131	123
1Cr18Ni9Ti	>20	560	210	140	140	140	131	123

b. 对于高压管道，可按初选壁厚进行应力复算后选定。其应力计算式为

$$\sigma = \frac{1.3K^2+0.4}{K^2-1}p \tag{7-49}$$

当 $\sigma<[\sigma]$ 时，初选壁厚合理。

式中 K 值按各种管子结构确定：管子无螺纹部分 $K=d_o/d_i$，其中 $d_o=d_i+2\delta_{\min}$，$\delta_{\min}=\delta-c_1-c_2$；管子有螺纹部分 $K=d_{1\min}/d_i$，其中 $d_{1\min}$ 是管螺纹最小根径。

许用应力按材料的工作温度下和常温下的屈服点 σ_s^t、σ_s 及抗拉强度 σ_b^t、σ_b 计算，即 $[\sigma]\leqslant\sigma_s^t/n_s$；$[\sigma]\leqslant\sigma_s/n_s$；$[\sigma]\leqslant\sigma_b^t/n_b$；$[\sigma]\leqslant\sigma_b/n_b$，取其中较小值作为确定壁厚 δ 的根据。安全系数 n_s 和 n_b 可按工作压力选取，工作压力低于 10MPa 时，$n_s>1.5$、$n_b>2.6$；

工作压力高于10MPa时，$n_s > 1.6$、$n_b > 2.7$。

（2）压力损失的计算

气体在管道中流动产生的压力损失，通常由流经直管部分的沿程阻力和流经弯管、阀门、变截面管等处的局部阻力造成。

① 沿程压力损失

$$\Delta p_f = \lambda \frac{l}{d_i} \frac{u^2}{2} \rho \quad (7-50)$$

式中：l 为直管道总长，m；d_i 为管道内径，m；u 为管内气体平均流速，m/s；ρ 为气体平均密度，kg/m^3；λ 为摩擦系数，它与管内气体的雷诺数 Re 有关。

雷诺数 Re 的定义式为

$$Re = \frac{ud_i}{\nu} \quad (7-51)$$

式中，ν 为气体的运动黏度，m^2/s。

当层流时，$Re \leqslant 2100$，λ 与管内壁的表面性质无关，仅是雷诺数的函数，即

$$\lambda = \frac{64}{Re} \quad (7-52)$$

当湍流时，对于粗糙管（钢管、铸铁管或管内有沉降物或遭受腐蚀的管），摩擦系数 λ 可按经验公式计算，即

过渡区 $$\lambda \approx 0.0055 \left[1 + \left(2.0 \times 10^4 \frac{\Delta}{d_i} + \frac{10^6}{Re} \right)^{\frac{1}{3}} \right] \quad (7-53)$$

完全湍流区 $$\lambda \approx 0.0055 + 0.15 \left(\frac{\Delta}{d_i} \right)^{\frac{1}{3}} \quad (7-54)$$

式中，Δ 为管壁粗糙度，mm，钢管 $\Delta = 0.05 \sim 0.16$mm，铸铁管 $\Delta = 0.12 \sim 0.26$mm、有污垢管 $\Delta = 0.8$mm；Δ/d_i 为管壁相对粗糙度，可由图7－75查得。

当湍流时，对于光滑管（铜、铝、铅等控制管及玻璃管、塑料管等）可按下面的经验公式求摩擦系数。

过渡区 $$\lambda \approx 0.3164 Re^{-0.25} \quad (7-55)$$

完全湍流区 $$\lambda \approx 0.0056 + \frac{1}{2} Re^{-0.32} \quad (7-56)$$

② 局部压力损失

$$\Delta p_K = \zeta \rho \frac{u^2}{2} \quad (7-57)$$

式中 ζ 为局部阻力系数，各种常见元件的阻力系数值列于表7－30～表7－33。

表7－30　管道附件、阀门局部阻力系数（层流）

管件及阀门名称	局部阻力系数			
	$Re = 1000$	$Re = 500$	$Re = 100$	$Re = 50$
90°弯头（短半径）	0.9	1.0	7.5	16.0
	0.4	0.5	2.5	—

管件及阀门名称	局部阻力系数			
	$Re=1000$	$Re=500$	$Re=100$	$Re=50$
三通阀	1.5	1.8	4.9	9.3
闸板阀	1.2	1.7	9.9	24.0
截止阀	11.0	12.0	20.0	30.0
旋塞阀	12.0	14.0	19.0	27.0
角型阀	8.0	8.5	11.0	19.0
旋启式止回阀	4.0	4.5	17.0	55.0

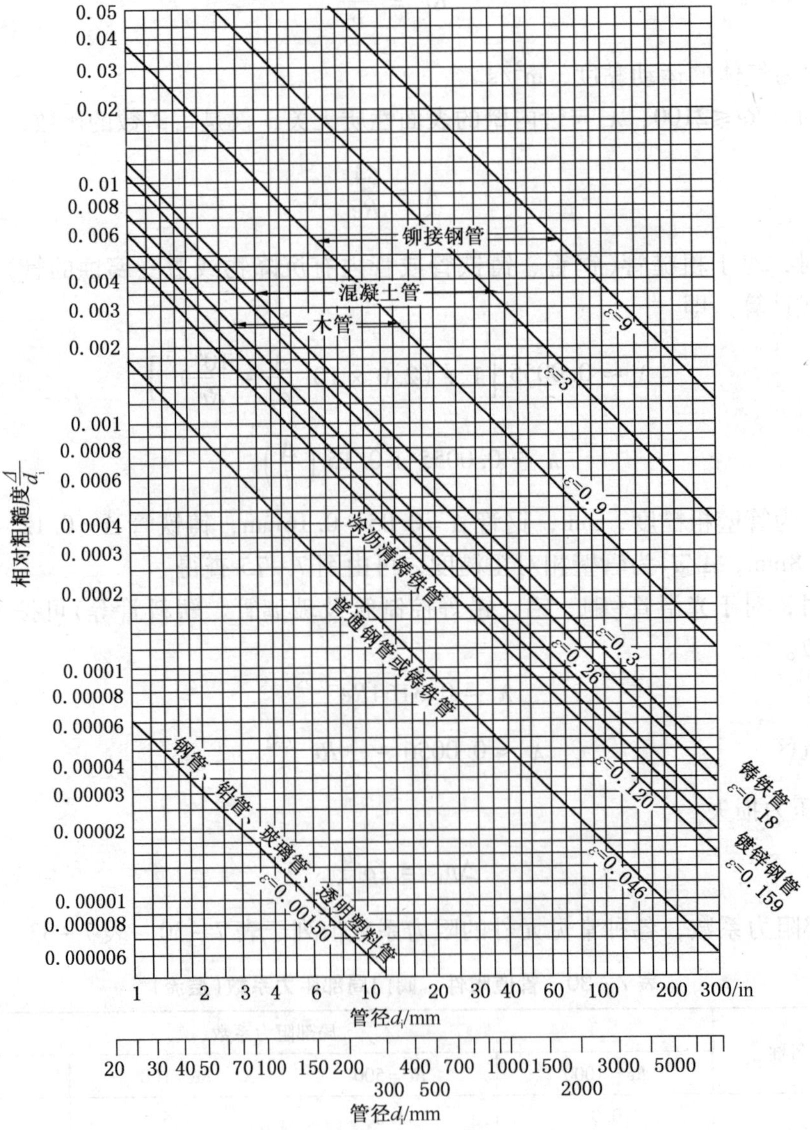

图 7-75　新的、干净的管壁相对粗糙度 Δ/d_i 图

表 7-31　管件的局部阻力系数(一)

<table>
<tr><th>示 意 图</th><th>计 算 式</th></tr>
<tr><td></td><td>等截面管道中的孔板
$$\zeta = \left(1 + \frac{0.707}{\sqrt{1 - A/A_1}}\right)^2 \times \left(\frac{A_1}{A} - 1\right)^2$$</td></tr>
<tr><td>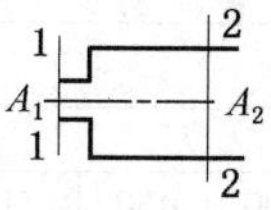</td><td>气流突然膨胀
$$\zeta = (1 - A_1/A_2)^2$$</td></tr>
<tr><td>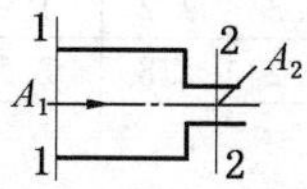</td><td>气流突然收缩
$$\zeta = 0.5(1 - A_2/A_1)^2$$</td></tr>
<tr><td>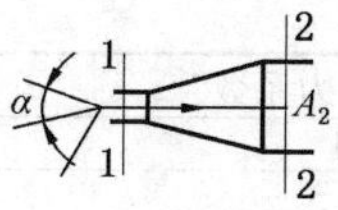</td><td>气流呈锥口扩散
$$\zeta = K(1 - A_1/A_2)^2$$
K 取 0.12～0.20 按角 α 而定</td></tr>
<tr><td>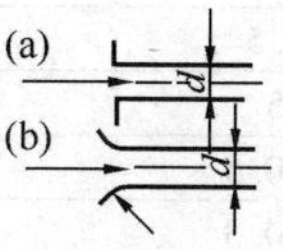</td><td>管道入口：
(a)尖锐边缘 $\zeta = 0.5$
(b)侧圆边缘 $\zeta = 0.1$</td></tr>
<tr><td>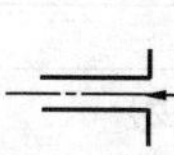</td><td>管道出口：
$$\zeta = 1.0$$</td></tr>
<tr><td>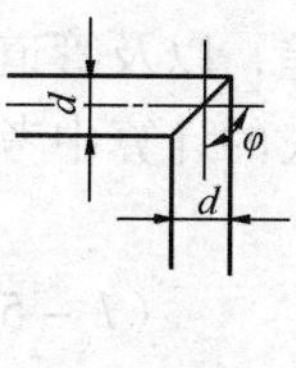</td><td>焊接钢管(一道焊缝)
<table><tr><td>φ</td><td>90°</td><td>60°</td><td>45°</td><td>30°</td><td>22.5°</td></tr><tr><td>ζ</td><td>1.3</td><td>0.7</td><td>0.3</td><td>0.2</td><td>0.1</td></tr></table></td></tr>
<tr><td>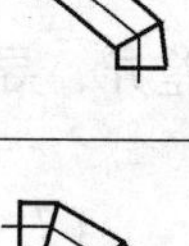</td><td>90°焊接弯管(两道焊缝)
$$\zeta = 0.6$$</td></tr>
<tr><td></td><td>90°焊接弯管(三道焊缝)
$$\zeta = 0.5$$</td></tr>
</table>

<table>
<tr><th>示 意 图</th><th>计 算 式</th></tr>
<tr><td>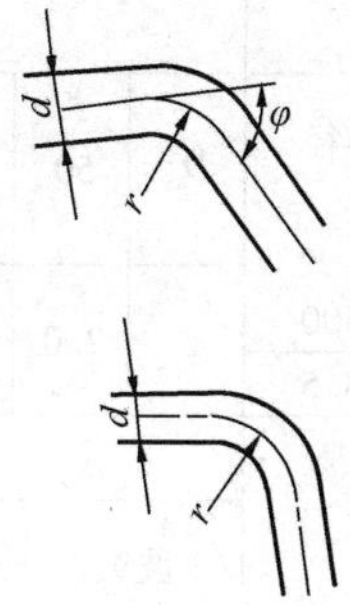</td><td>90°与任意角 φ 的平滑弯管
$$\zeta_\varphi = \zeta_{90}\frac{\varphi}{90}$$
<table><tr><td>$\frac{r}{d}$</td><td>1</td><td>2</td><td>3</td><td>4</td><td>5</td></tr><tr><td>ζ_{90}</td><td>0.29</td><td>0.15</td><td>0.12</td><td>0.10</td><td>0.08</td></tr></table></td></tr>
<tr><td>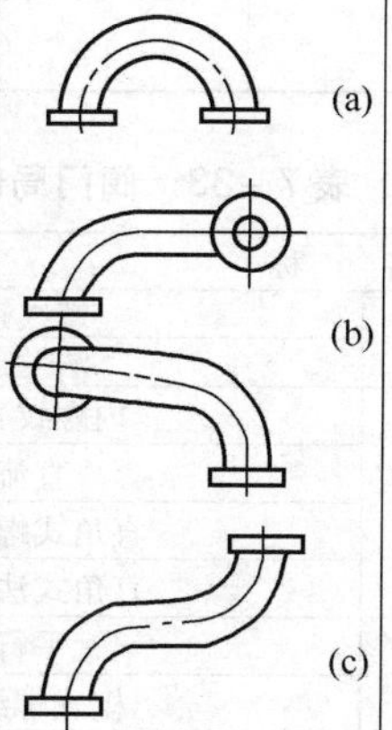
</td><td>两度弯管
(a)180°弯管 $\zeta = 2\zeta_1$
(b)两个 90°弯管，相错 90°组成的空间弯管 $\zeta = 3\zeta_1$
(c)两个空间弯管组成的双重弯管 $\zeta = 4\zeta_1$
ζ_1 为 90°弯管的局部阻力系数</td></tr>
<tr><td>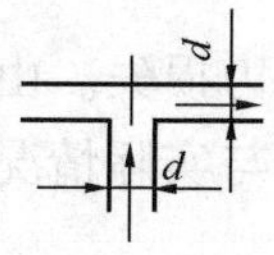</td><td>通过三通管道侧孔流入
$$\zeta = 0.75$$</td></tr>
<tr><td>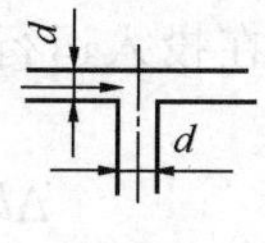</td><td>通过三通管道侧孔流出
$$\zeta = 1.15$$</td></tr>
</table>

表 7 -32　管件的局部阻力系数(二)

Ω 形补偿器(光滑的)

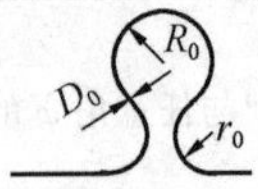

$\frac{R_6}{D_0}\approx 6$　$\frac{r_0}{D_0}\approx 6$　R_0、r_0— 中曲率半径

D_0 管外径

D_0	50	100	200	300	400	500
ζ	2.0	2.2	2.5	2.8	3.1	3.5

光滑 Π 形补偿器

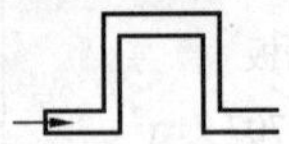

D_0	50	100	200	300	400	500
ζ	2.0	2.1	2.3	2.5	2.7	2.9

填函式补偿器

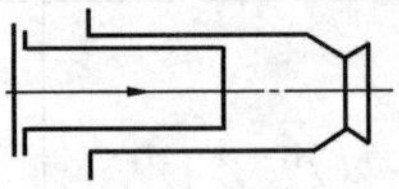

ζ = 0.2 ~ 0.5

波形补偿器

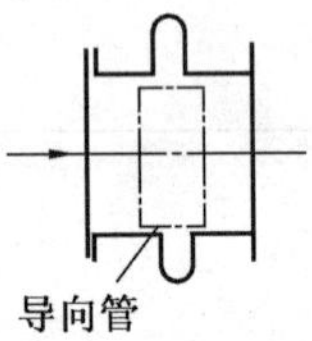

无导向管的波形补偿器的阻力系数 ζ

波数	D_g								
	100	150	200	250	300	350	400	450	500
单波	1.7	1.5	1.3	1.2	1.0	0.9	0.8	0.7	0.6
双波	3.4	3.0	2.7	2.3	2.0	1.8	1.6	1.4	1.3
三波	5.1	4.5	4.0	3.5	3.0	2.6	2.3	2.2	1.9
四波	6.8	6.0	5.2	4.8	4.0	3.5	3.2	2.8	2.5

注：带导向管波形补偿器的阻力系数与波数无关

$\zeta = 0.1$

表 7 -33　阀门局部阻力系数(湍流)

名称		局部阻力系数
旋塞阀	螺纹连接	1
	法兰连接	0.5
截止阀(全开时)	内螺纹直通式	3 ~ 6
	直流式	3
	直角式螺纹连接	1 ~ 7.5
	直角式法兰连接	2 ~ 5
闸板阀	平行式	0.1 ~ 0.5
	楔式螺纹连接	0.1 ~ 0.3
	楔式法兰连接	0.03 ~ 0.2
止回阀	升降式	12
	旋启式	2 ~ 7(螺纹连接) 12(法兰连接)

③ 总压力损失

包括沿程压力损失和局部压力损失。由于管子标准允许的管径及壁厚偏差，以及管道附件和阀门等所采用的阻力系数，与实际情况的偏差等影响，通常在总压力损失的计算中考虑 15% 的裕量，即

$$\Delta p = 1.15(\Delta p_f + \Delta p_K) \tag{7-58}$$

(3) 热膨胀计算

① 热膨胀量的计算

在环境温度下安装的管道，在投入运行时就会出现工作温度与环境温度的差异，导致管道长度的变化，其变化量为

$$\Delta l = \alpha l \Delta t \tag{7-59}$$

式中：l 为管道初始长度，m；α 为管材的线膨胀系数，m/(m·℃)，各种常见管材的 α 值列于表 7 -34；Δt 为运行和安装时的温差，℃。

表 7-34　管道材料的α值和 E 值

管　材	线膨胀系数 α/[m/(m℃)]	弹性模量 E(MPa)
钢	12×10^{-6}	2.1×10^{5}
铜	16.5×10^{-6}	1.29×10^{5}
铝	24×10^{-6}	0.7×10^{5}

对于直管，其膨胀方向为管道的纵向轴线方向，膨胀量按式(7-59)计算；对于平面管道，其膨胀方向为管系两端点的连线方向，如图 7-76 所示。设管道的端点 B 为自由端，受热后按虚线膨胀，其膨胀量在 x、y 轴方向分别为

$$\Delta x_t = \alpha l_x \Delta t$$
$$\Delta y_t = \alpha l_y \Delta t \qquad (7-60)$$

管道总膨胀量为

$$\Delta l_t = \sqrt{\Delta x_t^2 + \Delta y_t^2} \qquad (7-61)$$

对于立体管道，其热膨胀方向为管道两端点空间连线的方向，如图 7-77 所示，仍设管道的端点 B 为自由端，受热后按虚线膨胀，在 x、y、z 轴三个方向的膨胀量分别为

$$\Delta x_t = \alpha l_x \Delta t$$
$$\Delta y_t = \alpha l_y \Delta t \qquad (7-62)$$
$$\Delta z_t = \alpha l_z \Delta t$$

管道总膨胀量为

$$\Delta l_t = \sqrt{\Delta x_t^2 + \Delta y_t^2 + \Delta z_t^2} \qquad (7-63)$$

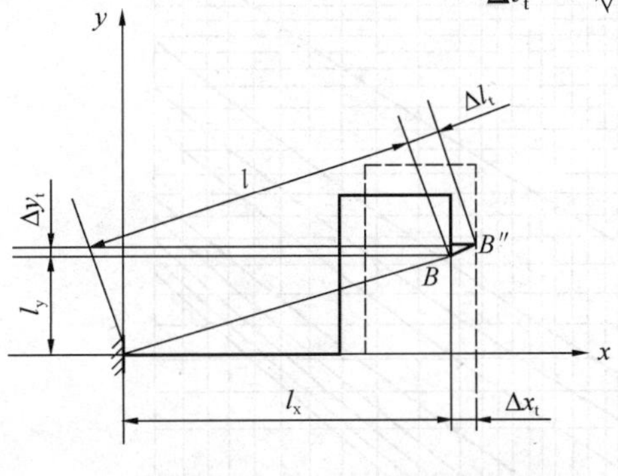

图 7-76　平面管线热膨胀量示意图

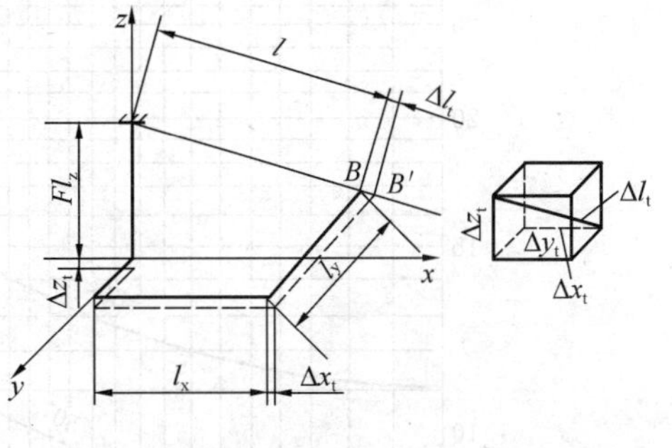

图 7-77　立体管线热膨胀量示意图

② 膨胀应力计算

若允许管道自由变形，则管道中不存在热膨胀应力。事实上，生产管道总是使用管架固定且与设备相连，管道的变形或多或少地受到限制，因此管道中总是有热膨胀应力产生的。

在弹性范围内，管道热膨胀应力与热变形成正比，其应力值为

$$\sigma = E\varepsilon = E\frac{\Delta l_t}{l} = \alpha E \Delta t \qquad (7-64)$$

式中：E 为管材的弹性模量，MPa，表 7-34 给出常用管材的 E 值；ε 为相对变形量，$\varepsilon = \Delta l_t / l$。

若管道的横截面积为 A；则管道受到的热膨胀力为

$$F = \sigma A = \alpha E A \Delta t \qquad (7-65)$$

由式(7-64)和式(7-65)看出，两端固定的管道因温度变化而不能自由伸缩时，管道的热膨胀作用力与管长无关，而是与管材热膨胀系数、弹性模量、管道横截面积及温差成正比。因此，即使安装很短的管道，也应考虑热膨胀作用力的影响，只有应力值不超过许用

值，才可以安全运行。例如，对于碳钢管材来说，$E=2.1\times10^5$ MPa，许用应力$[\sigma]=80$ MPa，由式(7-64)可得到极限温差值$\Delta t=32$℃，如果管道的温度变化量不超过32℃，设计中不考虑热变形也是可以运行的。

7.4.2 管道的热补偿及补偿装置

为了保证管道在热状态下稳定和安全运行，应该力求减少管道受热膨胀时产生的应力。凡是运行温差高于和等于极限温差的管道，均应考虑热变形的补偿问题。

(1)自动补偿

利用管道的自然弯曲段，如用L形或Z形管段来吸收管道热变形的自动补偿。其优点是简单、可靠，不需要另外添加补偿装置，缺点是管道变形时产生横向位移。

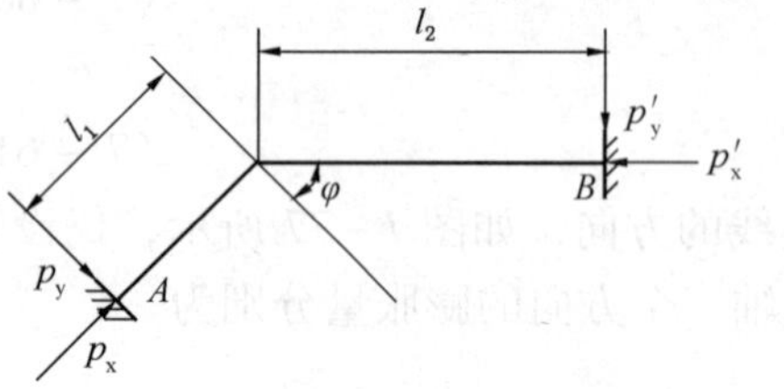

图7-78 L形管补偿示意图

①L形管补偿

图7-78是两端固定且弯管夹角为φ的L形管段，它所能吸收的最大热变形量取决于危险截面的应力，补偿时最大弯曲应力在短臂固定端A截面处，其应力值为

$$\sigma_{max}=c\frac{\alpha E d_0 \Delta t}{l_1} \tag{7-66}$$

式中：c为弯曲应力系数，由图7-79可查得；l_1为短臂管管长，m。

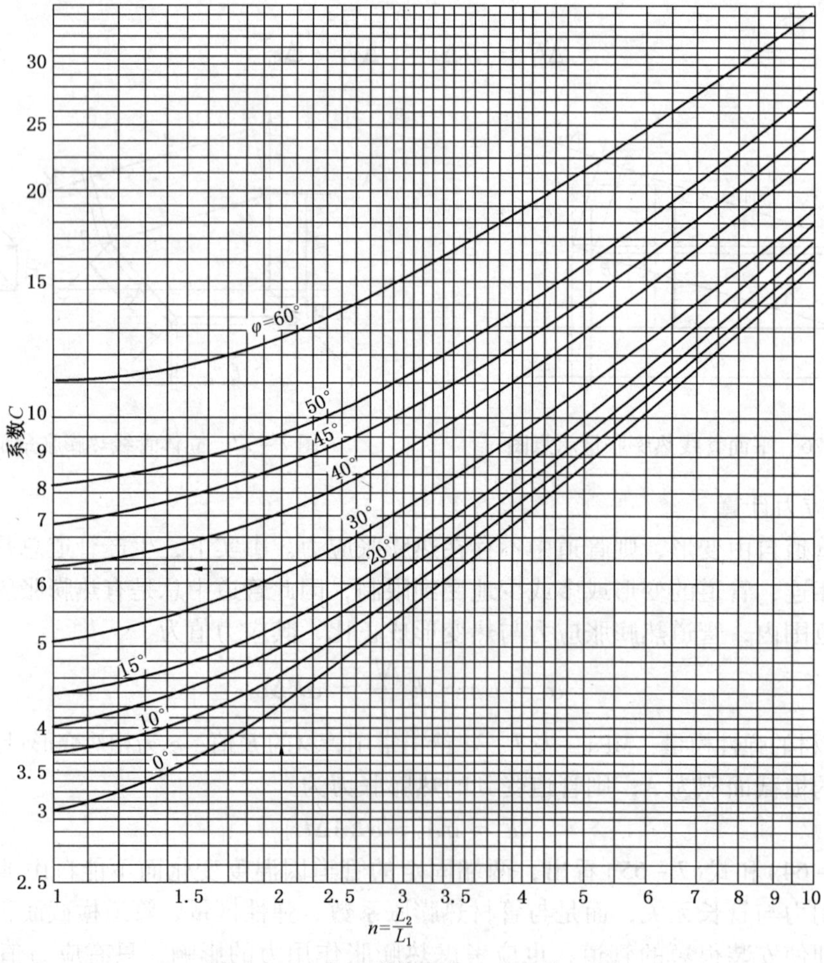

图7-79 求L形管弯曲应力系数C图

L 形管道的最大变形量不能超过400mm，否则管道托架结构无法适应；弯管夹角 $\varphi>60$ 时，已不能起补偿作用。

② Z 形管补偿

图 7－80 是 Z 形管示意图。Z 形管的最大弯曲应力为

$$\sigma_{\max}=C_{\max}\alpha E d_0\frac{\Delta t}{L_3} \qquad (7-67)$$

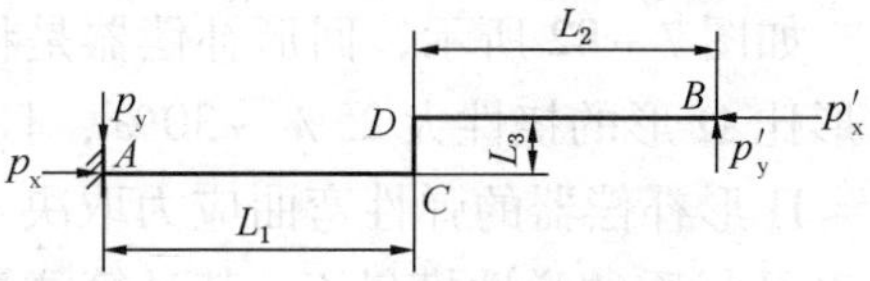

图 7－80　Z 形管补偿示意图

式中 $C_{\max}$ 为最大弯曲应力系数，由图 7－81 查得。

Z 形管的最大弯曲应力位置与各段管长的相对比值有关，由图 7－81 看出，$C_{\max}$ 与系数 m 和系数 n 有关，其中 $m=(l_1+l_2)/l_3$，系数 $n=l_1/(l_1+l_2)$。图中曲线分成数段，分别标有表示最大应力点的字母 B、C、D，在各段曲线上查得 $C_{\max}$，哪个点的 $C_{\max}$ 最大，则该点应力就是最大。例如，对于 $n=0.2$ 的 Z 形管，当系数 $m<1.27$ 时，B 点为最大应力点；当 $1.27<m<4$ 时，D 点为最大应力点；当 $m>4$ 时，C 点是最大应力点。故可通过改变回折臂管 l_3 的长度来调整最大应力点的位置和最大应力值。

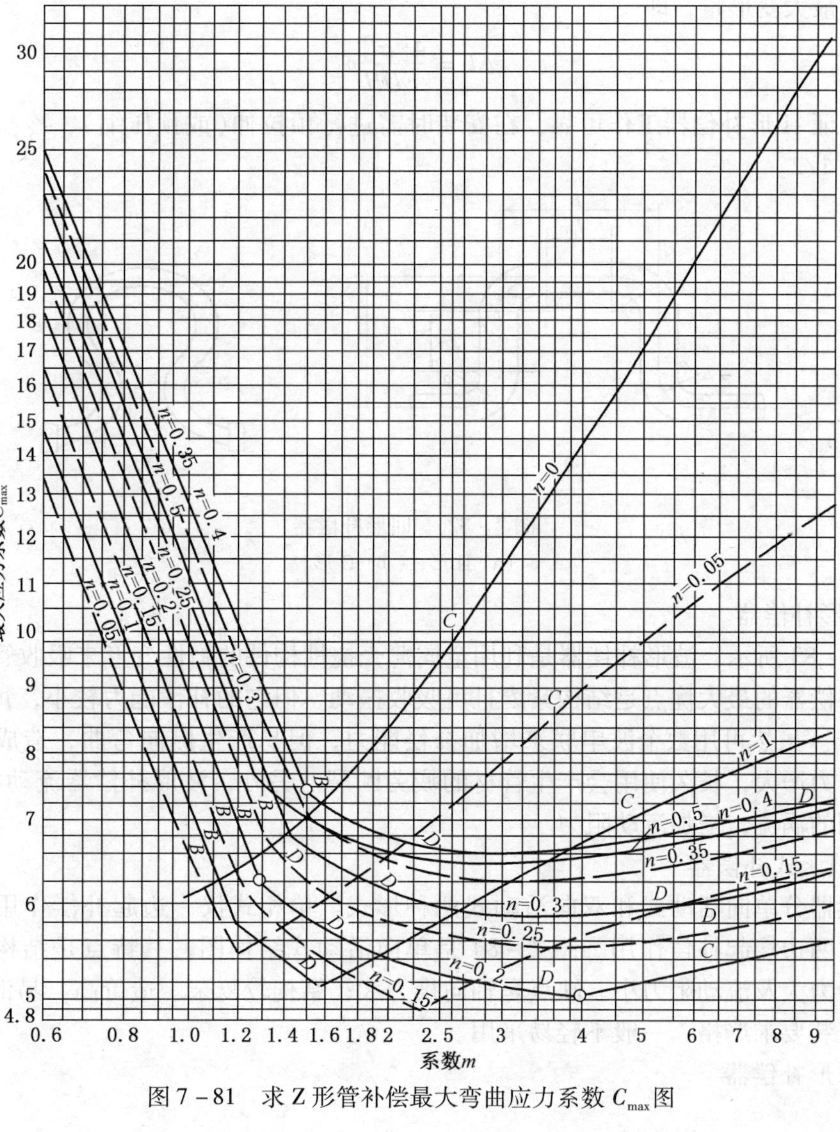

图 7－81　求 Z 形管补偿最大弯曲应力系数 $C_{\max}$ 图

(2)补偿器补偿

① 回形补偿器

如图 7－82 所示，回形补偿器是将管道弯成 Π 形或 Ω 形。当管道直径和悬伸都相同时，Π 形比 Ω 形的挠性大 25% ~30%，且 Π 形弯制容易也节省材料，故经常使用 Π 形补偿器。

Π 形补偿器的弹性弯曲应力取决于热变形量 Δl 、管径 d_o、外伸臂长 H、宽度 B、弯曲半径 R 及材质的弹性模量 E，其计算式为

$$\sigma = \frac{\Delta l E D H}{4 n_c} \tag{7-68}$$

式中 n_c 为结构参数。

对于光滑管

$$n_c = 9.42R^3 + 14.94R^2B + 7.8RB^2 + 1.33B^3$$

对于皱摺管

$$n_c = 25.73R^3 + 30.4R^2B + 13.44RB^2 + 1.33B^3$$

当计算弯曲应力小于许用应力［σ］时，补偿器可靠。也可以根据许用应力值，求补偿器能吸收的最大变形量，即

$$\Delta l = \frac{4[\sigma]}{EDH} n_c \tag{7-69}$$

为了保证 Π 形补偿器工作可靠，在安装时需进行预拉伸（或预压缩），冷拉伸量通常为热变形量的 1/2。

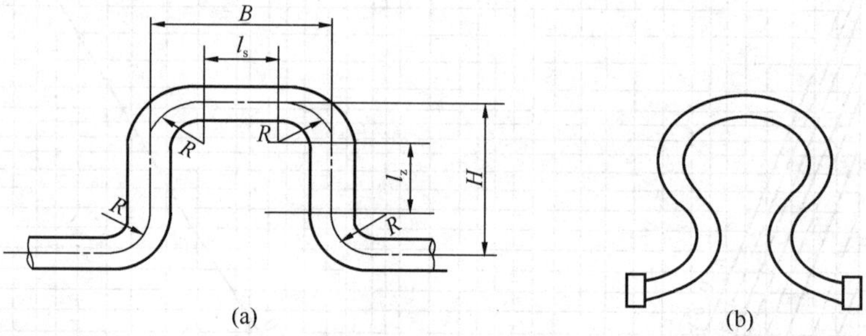

图 7－82　回形补偿器

(a) Π 形；(b) Ω 形

② 波形补偿器

如图 7－83 所示，波形补偿器是利用金属薄壳挠性构件的弹性变形来吸收管道的热膨胀量。波形补偿器的最大优点是结构紧凑且可吸收振动，但它的补偿能力较小，每个波只能补偿 5 ~10mm。虽然可用数个波串联来增加补偿能力，但易产生侧向弯曲，造成补偿器两端过载和轴向力增大，长久使用会产生管材的疲劳断裂。另外，波形补偿器流动截面的突变，会产生急剧的涡流，增加流动阻力。

(3) 填函式补偿器

该补偿器分单向活动式和双向活动式两种形式。单相式仅一边起补偿作用而另一边固定；双向式两边均起补偿作用。图 7－84 是单向活动式结构图，其特点是结构紧凑、占地小、补偿能力大及流动阻力小。缺点是轴向推力大；结构较复杂、造价高、易泄漏、需经常维修，对安装要求严格，一般不轻易采用。

(4) 球形补偿器

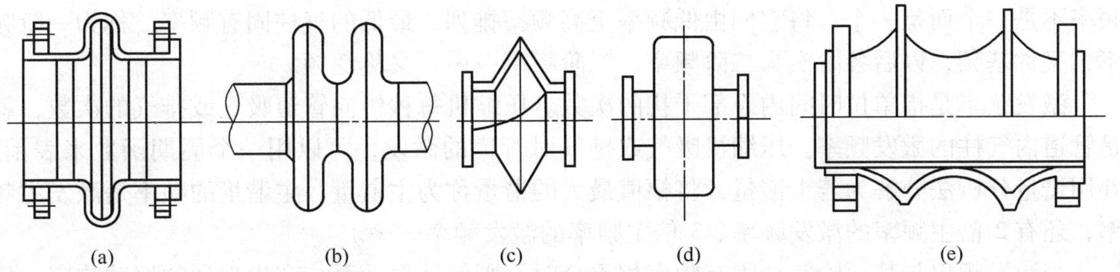

图 7-83 波形补偿器

(a)单波形；(b)双波形；(c)盘形；(d)彭形；(e)内凹形

图 7-85 是球形补偿器结构图。它利用活动的球形部分的角向转弯来吸收管道的热膨胀，允许管子在一定范围内相对转动，故两端与之连接的直管不必严格要求在一条直线上，也不存在管内气体引起的推力。补偿器所占用的空间小，通常用于有三向位移的管道。

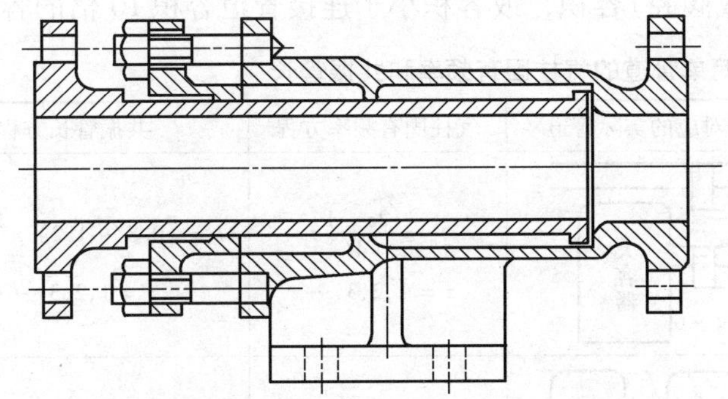

图 7-84 单向活动式填函补偿器

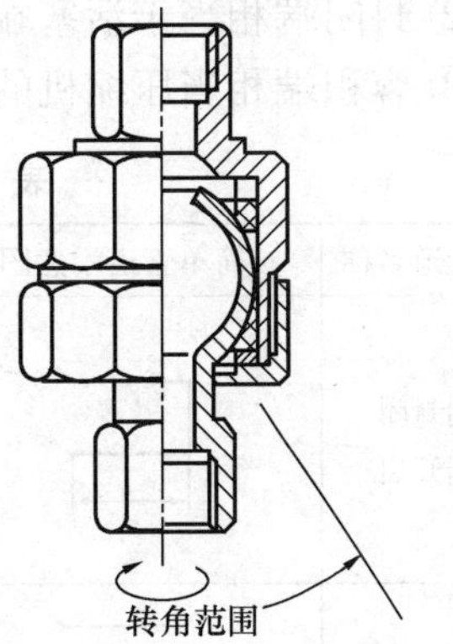

图7-85 球形补偿器

7.4.3 气流脉动、管道振动及消除

通常将气体管道内所容纳的气体称为气柱。因为气体可以压缩、膨胀，故气柱本身是具有连续质量的弹性振动系统。这个系统受到激发后，就会产生振动响应。压缩机向管道间歇地吸气或排气，就是对管道内气柱的激发，并使气柱振动，表现为管道内气体的压力和速度呈周期性变化，这种现象称为气流脉动。脉动的压力波沿着气体管道以声速传播，在管道的转弯处或截面变化处产生周期性变化的作用力，该力就是导致管道机械振动的干扰力。

管道内的气流脉动会带来一系列的危害，如使压缩机的容积效率降低，气阀工作恶化，功率消耗增加，控制仪表失灵等。管道的机械振动会导致管道附件及其连接部位发生松动或疲劳破坏，轻则造成气体泄漏，重则由管道破裂引起爆炸事故。因此，消减气流脉动和管道振动是压缩机工作者的重要任务。

(1) 气柱固有频率及共振管长

为了消减气流脉动，首先要计算气柱固有频率及压力脉动的响应，使管道气柱振动避开共振。

气柱固有频率是指当管道的长度、管径、容器的位置、气体的性质及气体的热力参数(压力、温度)已知时，管道系统内气体本身所具有的自由振动频率。气柱振动系统的固有频率不是一个而是多个，将它们由低频率至高频率排列，最低的气柱固有频率，称为一阶频率，又称基频，以后各阶次为二阶频率、三阶频率……，又称泛频。

激发频率是指单位时间内外部干扰的次数。压缩机每秒钟向管道吸气或排气的次数，就是管道内气柱的激发频率。压缩机吸气或排气对管道的激发，可以用一个周期函数来表示，并用谐量分析法分解为若干谐量，将幅值最大的谐量称为主谐量。主谐量的频率是激发主频率，还有 2 倍主频率的激发频率、3 倍主频率的激发频率……。

当激发频率与某一阶气柱固有频率相重合时，则气柱振动系统产生强烈的振动响应，压力脉动幅值达最大，此时称为气柱共振。产生气柱共振时的管道长度便是共振管长。

表 7－35 给出五种简单管道的气柱固有频率和共振管长的方程式。按照实际管道与简单管道元件相对应的原则，可参考执行下述方法：

① 开启端相当于大气端或大容器端。其中，大容器是指容器的容积为与之相连管道容积的 10 倍以上。

② 封闭端相当于活塞端、关闭的阀门端、盲板端及管道的 180°急转弯处。

③ 容积端相当压缩机的气腔（或阀腔）容积，或容积小于连接管道容积 10 倍的容器。

表 7－35　简单管道的气柱固有频率和共振管长

简单管道名称	简单管道示意图	相对应的实际管道	气柱固有频率方程	共振管长方程
一端封闭 一端开启	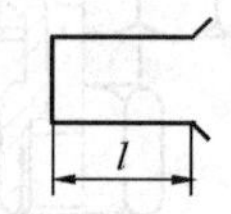	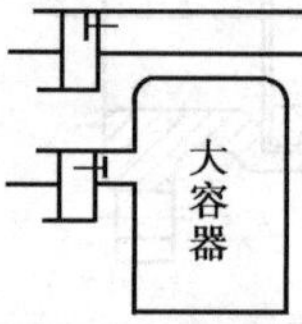	$f_n=\frac{2z-1}{4l}a$ $z=1,2,3,\cdots$	$l=(0.8\sim1.2)\times\frac{2z-1}{4f}a$ $z=1,2,3\cdots\cdots$
两端开启	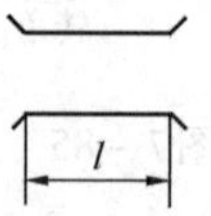	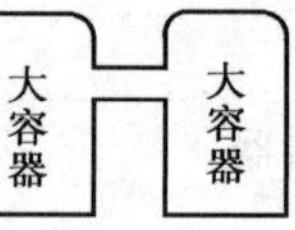	$f_n=\frac{za}{2l}$ $z=1,2,3,\cdots\cdots$	$l=(0.8\sim1.2)\times\frac{za}{2f}$ $z=1,2,3,\cdots\cdots$
两端封闭	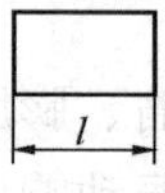	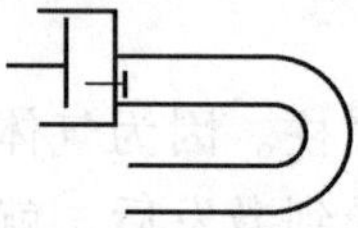	$f_n=\frac{za}{2l}$ $z=1,2,3,\cdots\cdots$	$l=(0.8\sim1.2)\times\frac{za}{2f}$ $z=1,2,3\cdots\cdots$
一端开启 一端容积	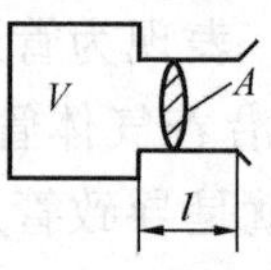	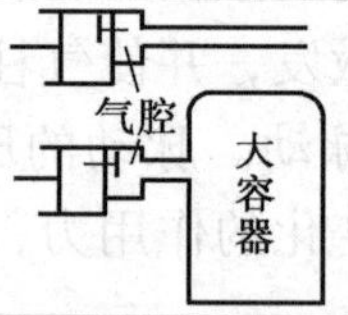	$\tan\frac{\omega_n l}{a}=\frac{aA}{V\omega_n}$	$\tan\frac{\omega l}{a}=\frac{aA}{V\omega}$
一端封闭 一端容积	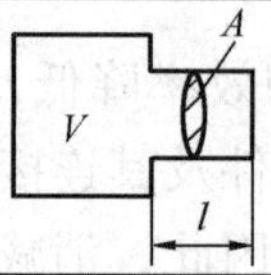	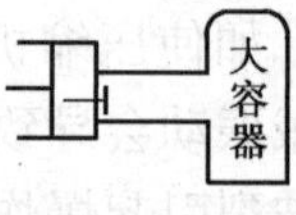	$\tan\frac{\omega_n l}{a}=-\frac{V\omega_n}{aA}$	$\tan\frac{\omega l}{a}=-\frac{W\omega}{aA}$

注：f_n—气柱固有频率（Hz）；f—激发频率（Hz），$f=\frac{nm}{60}i$；n—压缩机主轴转速（r/min）；m—简谐阶次，$m=1$，2，3，…，$m=1$ 是主简谐；

i—压缩机主轴旋转一周时向管道吸气或排气的气缸容积数，单缸单作用 $i=1$，单缸双作用 $i=2$；

ω_n—气柱固有圆频率（rad/s），$\omega_n=2\pi f_n$；

ω—激发圆频率（md/s），$\omega=2\pi f$；

a=管道内气体声速（m/s），$a=\sqrt{kRT}$；k—气体的等熵指数；R—气体常数，J/（kg·K）；T—气体的温度，K；l—管长，m；A—管道通道面积，m^2；V—容积，m^3。

图7-86是较为常见的管道系统示意图。对于这样的管道系统，没有简单的方程来描述其气柱固有频率，但可以用 V_1、V_2、V_3 为分界点，将管系分解成若干简单管道，用表7-35中相应的公式计算，分别求出各分解段管道的气柱固有频率，然后组合构成整个系统的频率。如需更精确计算系统的气柱固有频率，则必须借助计算机，使用声波理论求解。具体计算方法参见本章参考文献[12]和[13]。

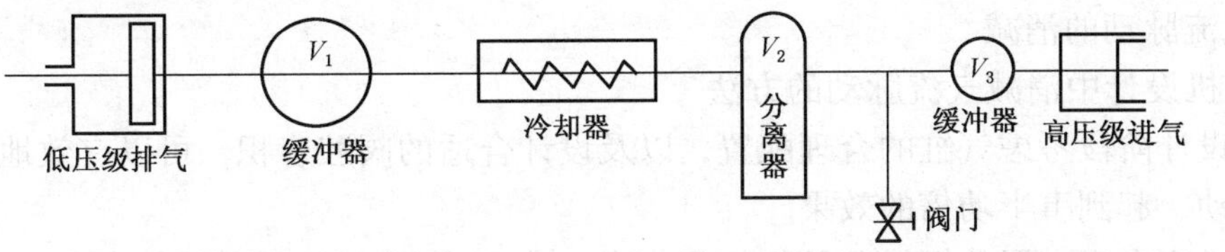

图7-86 常见管道系统的示意图

(2) 气流脉动及消减方法

管道中的气柱固有频率有多个，且是密布的，通常管道长度只能避开第一阶和第二阶共振管长，其余高阶的气柱共振是无法避免的。因此，气柱的高阶振动响应总是存在的，即脉动永远存在，只是脉动幅值小，不构成危害。管道设计者应力求将脉动压力值控制在许用范围之内，这就需要进行脉动压力幅值的计算。

计算脉动压力幅值的方法有声波理论的声电模拟法、转移系数法或刚度矩阵法、一元不稳定流动理论的数值解法。这些解法均需要借助计算机完成。

① 气流脉动的评价

管道中只要有脉动气流存在，就会有激振力产生，并导致管道的机械振动，故控制气流脉动压力的强度是很重要的问题。气流脉动压力的强度用压力不均匀度 δ 来评价，其值为

$$\delta=\frac{p_{\max}-p_{\min}}{p_0}=\frac{2\Delta p}{p_0} \tag{7-70}$$

式中：$p_{\min}$，$p_{\max}$ 分为为管道内气体瞬时压力最小值和最大值(MPa)；p_0 为管道内气体平均压力(MPa)，$p_0=\frac{p_{\max}+p_{\min}}{2}$；$\Delta p$ 为脉动压力最大值(MPa)，$\Delta p=\frac{p_{\max}-p_{\min}}{2}=\frac{1}{2}p_0\delta$。

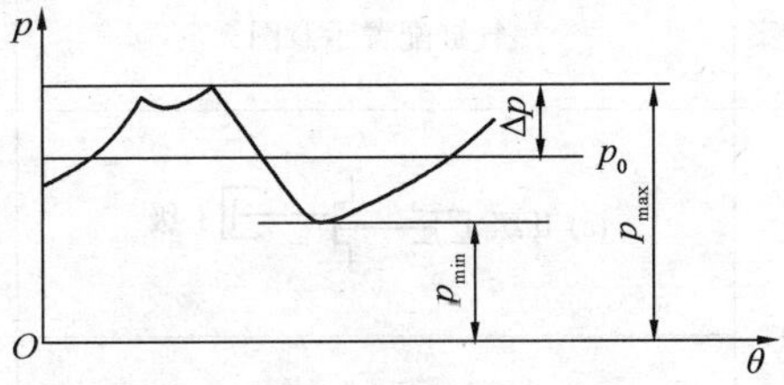

图7-87 压力不均匀度表示法

式中各符号的意义参阅图7-87。为了使压缩机及其装置能安全运行，需要规定压力不均匀度的许用值。表7-36是原列宁格勒化工机械研究院对大型对置式压缩机管道规定的压力不均匀度的许用值。对轻质气体或含氢的混合气取较大值。

表7-36 对置式压缩机管道规定的压力不均匀度的许用值[δ]

p_0(MPa)	<0.5	0.5~10	10~20	20~50
[δ](%)	2~8	2~6	2~5	2~4

按美国标准推荐，在管道内，压力不均匀度的许用值为

$$[\delta]=\frac{3.97}{\sqrt{p_0 d f_{\mathrm{ex}}}} \tag{7-71}$$

式中：p_0 为管道内气体的平均绝对压力，MPa；d 为管道内径，m；f_{ex} 为激发频率 Hz。

在气缸与缓冲器之间的管道内许用值(%)为

$$[\delta] = 8\sqrt{\frac{\varepsilon - 1}{\varepsilon}} \tag{7-72}$$

式中，ε 为压缩机级的压力比。

② 气流脉动的消减

a. 主机设计中消减气流脉动的方法

主机设计阶段考虑气缸的合理配置，以及设计合适的阀腔容积，可以有效地控制管道中的气流脉动，起到事半功倍的效果。

首先，应合理配置曲柄错角及气缸间夹角。由于压缩机级间管道内的压力脉动现象很复杂，级间管道的两端都与气缸相连，一端气缸周期地向管道排气，另一端的气缸又周期地从同一个管道吸气。因此，级间管道内压力脉动的激发频率和振幅取决于气缸数、气缸作用相位的变化情况，以及前一级排气时间和后一级进气时间的延续性。若级间管道中配置有较大容器，可将系统分成两部分计算脉动响应；若没有大容器或容器容积很小，不足以将系统分开，则前级排气和后级吸气的压力脉动相互作用，可使系统中的压力脉动消弱或增强。表7-37给出常见气缸配置方式对管道内气流脉动的激发作用。从减小压力脉动的观点出发，两个气缸为同一级时，较有利的方案是双作用气缸，且为90°夹角配置(方案8)，它的气流较连续。不利的方案是对动式双作用气缸(方案7)，它们的激发函数是相互叠加的，脉动最大。对于相连续两个级的气缸，任何形式的双作用气缸，其进、排气激发函数是互相抵消的[方案1(b)、方案3(b)、方案9(b)]，但是若为单作用气缸，只有对置式和曲柄错角为180°的立式才能互相抵消[方案1(a)、方案3(a)]。

表7-37　气缸配置方式对管道内气流脉动的激发作用

方案	气缸配置示意图	激发函数曲线示意图	对气流脉动的影响	主频率/Hz
1	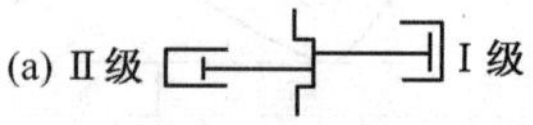	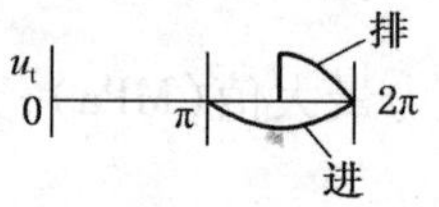	激发相互抵消	$\frac{n}{60}$
	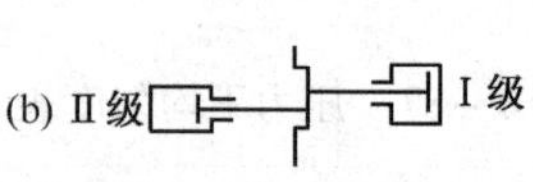	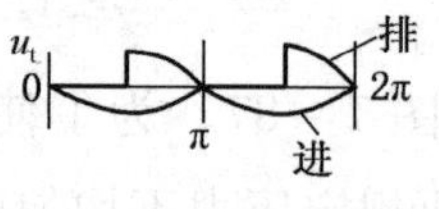	激发相互抵消	$\frac{n}{60}$
2	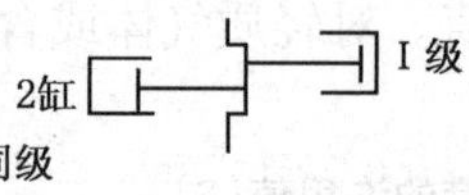	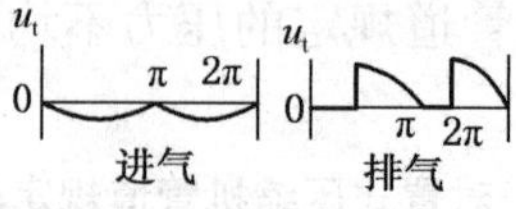	无影响	$\frac{2n}{60}$
3	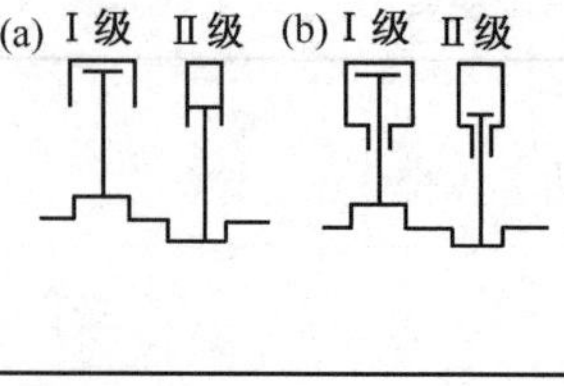	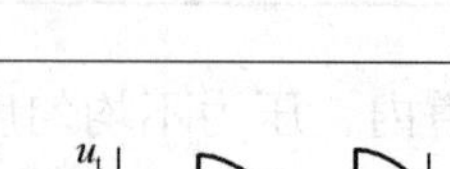	激发相互抵消	$\frac{n}{60}$
		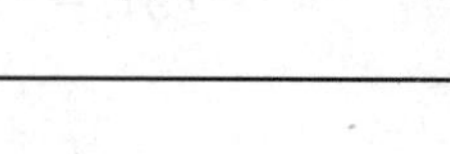	激发相互抵消	$\frac{2n}{60}$

续表

方案	气缸配置示意图	激发函数曲线示意图	对气流脉动的影响	主频率/Hz
4	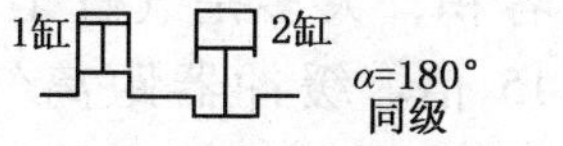	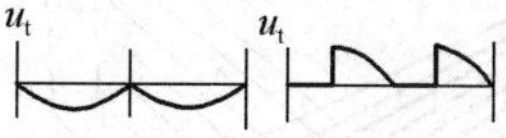	无影响	$\frac{2n}{60}$
5	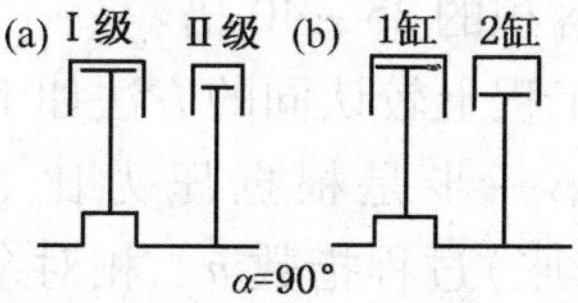	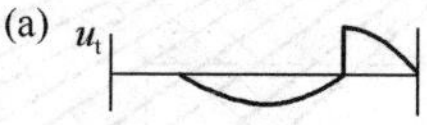	独立激发	$\frac{n}{60}$
		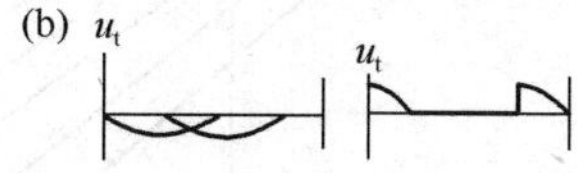	独立激发	$\frac{n}{60}$
6	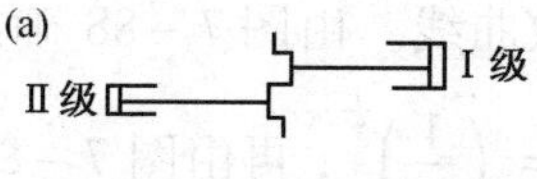		独立激发	$\frac{n}{60}$
	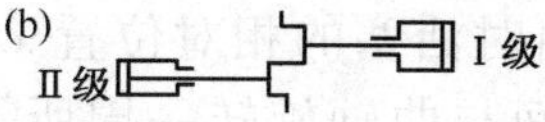	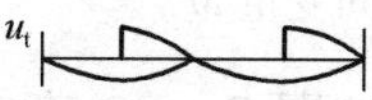	互相抵消	$\frac{2n}{60}$
7	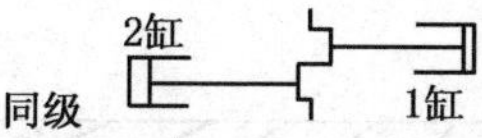	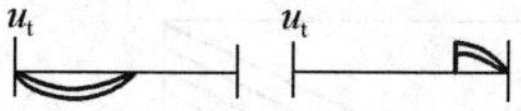	互相叠加脉冲最大	$\frac{n}{60}$
8	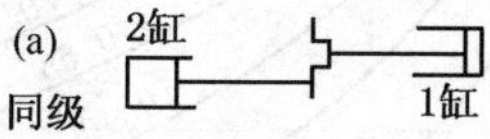	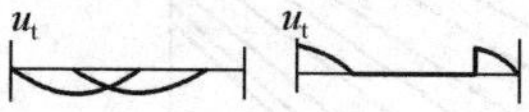	独立激发	$\frac{n}{60}$
	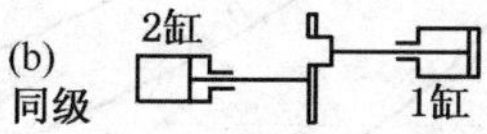	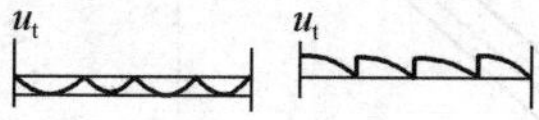	气流连续	$\frac{4n}{60}$
9	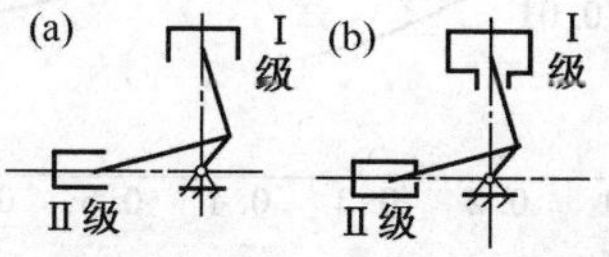	(a) 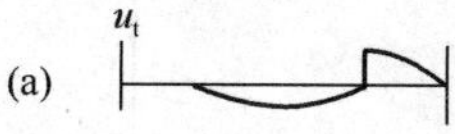	独立激发	$\frac{n}{60}$
		(b) 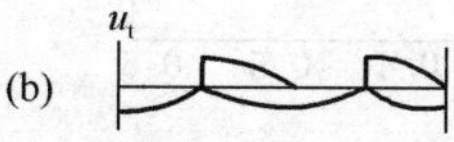	互相抵消	$\frac{2n}{60}$

注：无余隙容积，全行程进气；轴侧为$\frac{\pi}{2}$排气，盖侧为$\frac{3}{2}\pi$排气。

其次，应设计合适的阀腔容积。通常压缩机的气腔容积为气缸工作容积的2~5倍，以使气流进、出气阀前就立即得到缓冲。若没有足够的安置气腔的空间，可以将气缸进、出口接管加粗，以弥补气腔容积小的不足。

b. 管道设计中消减气流脉动的方法

首先，应设置缓冲器。即将缓冲器安装在压缩机气缸(振源)处与管道隔离。其作用是脉动的气流在缓冲器中得以消减，管道中的脉动变得轻微；缓冲器可以改变管道系统的气柱固有频率，使气缸和缓冲器间的气柱固有频率值大大提高，从而可避开低阶气柱共振；缓冲器足够大时，又像一个水库，起到稳压作用；缓冲器还是一种低通滤波器，对高频波有强烈的衰减作用。

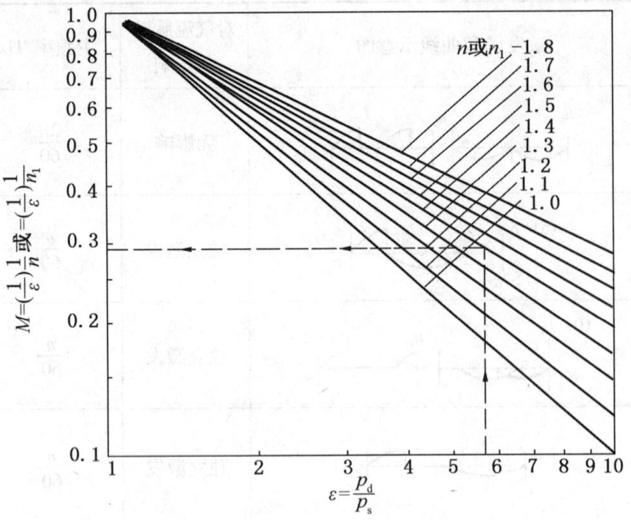

图 7－88　确定中间变量 M

确定缓冲器容积有多种方法，简繁程度相差悬殊。目前使用的缓冲器的容积，大多是气缸工作容积的 10 ~ 15 倍。缓冲器距离气缸越远，所需容积越大，有的容积甚至达气缸工作容积的 25 ~40 倍。

工程上较认同的方法如下：

第一步是根据压力比 ε、压缩(或膨胀)过程指数 n、相对余隙容积 α 来确定气阀的开启角，从而决定激发函数曲线。由图 7－88 确定中间变量 $M = \left(\frac{1}{\varepsilon}\right)^{\frac{1}{n}}$；再由图 7－89 确定气阀开启时活塞的相对位置 x/s；然后根据连杆长度与行程之比 l/s，按图 7－90 确定气阀开启时间与曲轴旋转一周所需时间之比 r_t。

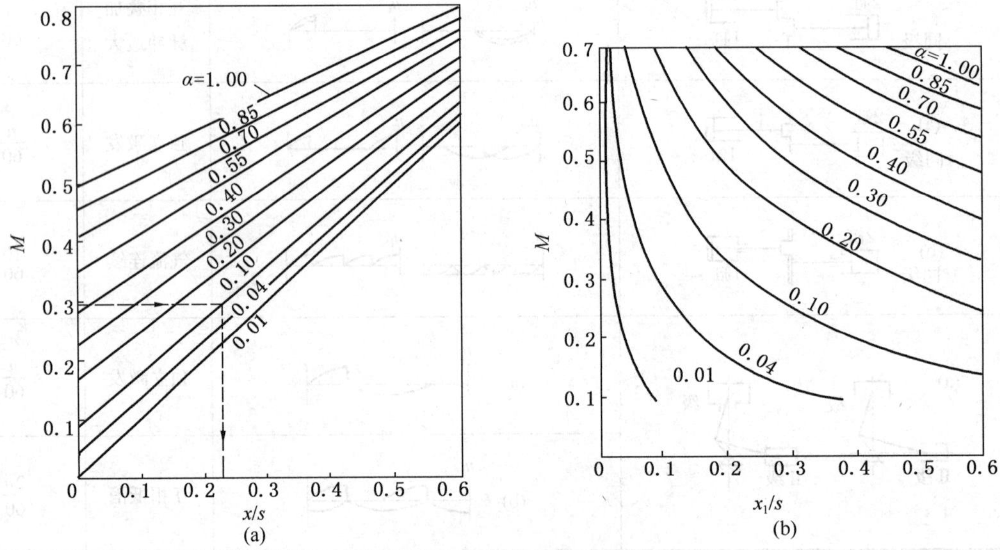

图 7－89　确定 x/s 值

(a) 排气阀；(b) 吸气阀

第二步是根据 r_t 值及等熵指数 k，按所需要的压力不均匀度 δ，求取缓冲容积 V_T 与气缸工作容积 V_s 比值 V_T/V_s，或由 r_t、k 值按已选好的 V_T/V_s，求取压力不均匀度 δ。图 7－91 提供了 V_T/V_s 与 δ 的关系曲线。

所谓滤波型缓冲器，是指由两个容器串联而成的，如大的气腔容积与缓冲器串联，就可构成滤波型缓冲器。采用滤波型缓冲器时，两个容积之间连接管长度 l 按下式计算为

$$l = 137.3\,\frac{a^2 A}{V_T\,(in)^2} \qquad (7-73)$$

式中：a 为气流的声速，m/s；A 为连接管的通流面积，m^2；n 为压缩机转速，r/min；i 为气缸作用方式，单作用 $i=1$；双作用 $i=2$。

应当指出，按图 7－91 确定的单个缓冲器容积只适用于单作用气缸。对双作用气缸所需的缓冲容积，可取容积流量相同的单作用气缸缓冲器容积的 1/2.5 倍。相位差为90°的两个双作用气缸公用的缓冲器[表 7－37 中方案 8(b)]，其容积可取单作用气缸缓冲器容积的 1/6.2 倍。

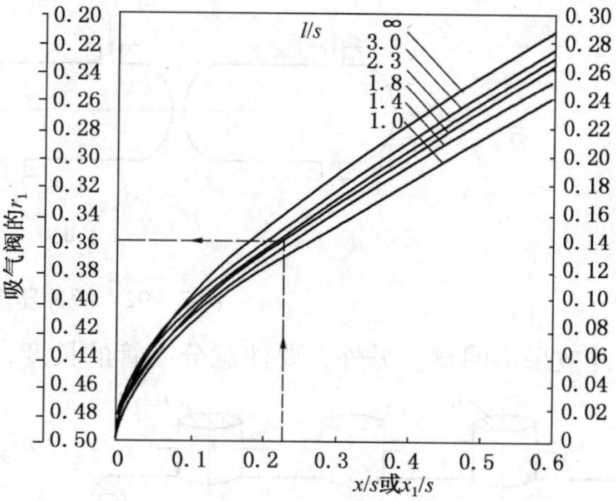

图 7－90 确定 r_t 值

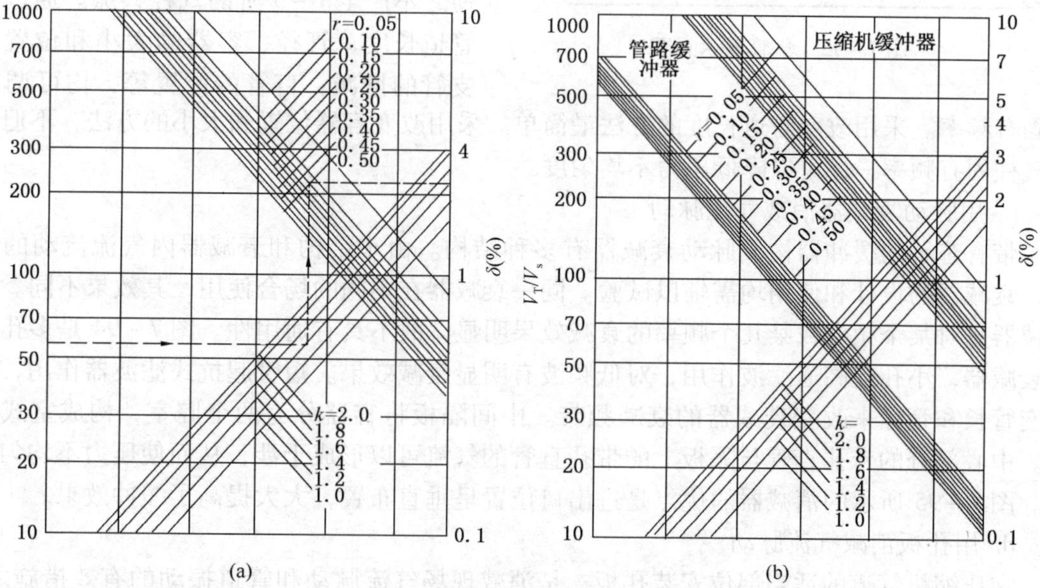

图 7－91 V_T/V_s 与 δ 的关系图

(a) 单个缓冲器；(b) 滤波型缓冲器

缓冲器的安装位置越靠近气缸，其缓冲效果越好。在安装空间允许的情况下，缓冲器尽量直接与气缸进、排气口法兰相连。缓冲器进出口位置对缓冲效果的影响也较明显。如图 7－92 所示，方案Ⅰ缓冲效果不明显；方案Ⅱ的缓冲效果可提高 15%～20%；方案Ⅲ比Ⅱ的效果提高 2～3 倍。另外，缓冲器平卧安装比竖立安装的效果好。

缓冲器有圆筒形和球形两种形式。容积相等时，球形缓冲器的缓冲效果优于圆筒形。无论从容器受力的角度还是从消减气流脉动的角度，高压级采用球形罐更优越。

其次，应设置集管器。当多台压缩机并联运行时，必须使用集管器，以控制脉动气流的压力不均匀度在许用范围之内。图 7－93 是集管器示意图，它的关键所在是集管器的通流面积要足够大，通常应满足 $A \geqslant 3\sum_{i=1}^{n} A_i$，即总管面积 A 大于或等于支管面积 A_i 之和的 3 倍，否

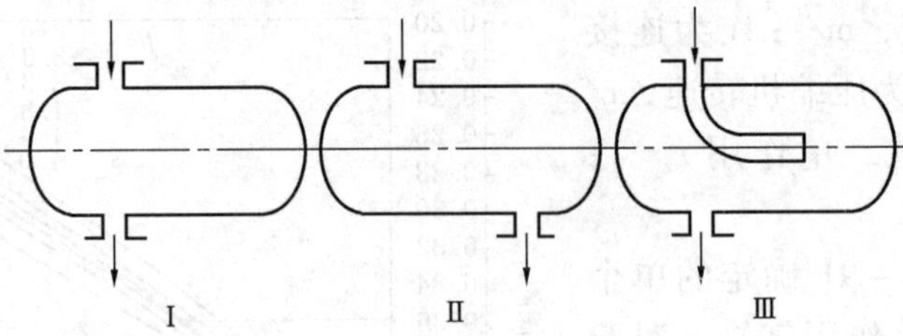

图7－92　缓冲器进出口位置

则缓冲效果不明显。另外，要注意分支管的长度，必须避开一阶和二阶气柱共振。

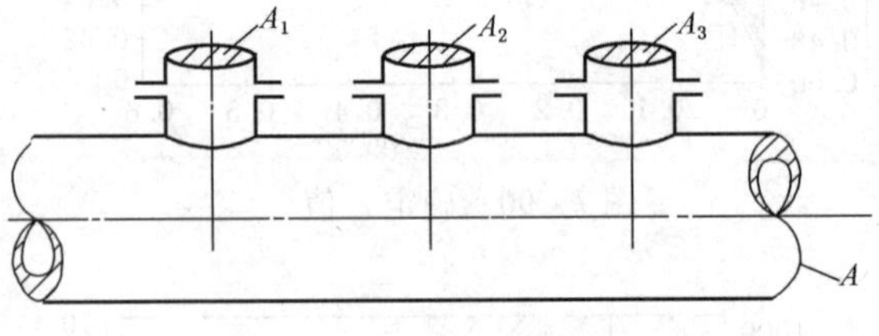

图7－93　集管器示意图

第三，应调整气柱固有频率避开气柱共振。在配管设计阶段，根据工艺流程的需要，作好配管的初步方案设计后，应计算管道系统的气柱固有频率，并通过调整，使之不产生1～3阶的气柱共振。通过改变管道长度、管径、容器的大小和位置、分支管的增减，盲管的配置等，均可调整气柱固有频率。采用改变管道长度的方法最简单。采用改变容器位置和大小的方法，不但能改变气柱固有频率，还可以降低压力不均匀度。

c. 用脉动衰减器消减气流脉动

带有芯子的缓冲器构成脉动衰减器有多种结构。由于结构和衰减器内气流流动的复杂性，衰减器的设计和使用均需辅以试验。同一衰减器在不同的场合使用，其效果不同。某个衰减器只对某个频率或某几个频率的衰减效果明显，故不具有通用性。图7－94是多孔式组合衰减器，小孔起高通滤波作用，对低频波有明显衰减效果。短管起抗式滤波器作用，通过改变管长和管径来改变衰减器的衰减频带。中间隔板将容器分为两个腔室，构成室式滤波器。中心部分的带孔直管与隔板上的带孔直管的气流可以形成干涉，从而使压力不均匀度下降。图7－95所示的消减器的优点是进出口位置呈垂直布置，大大提高了缓冲效果。

d. 用孔板消减气流脉动

在压缩机管道的适当部位安装孔板，是消减现场气流脉动和管道振动的有效措施之一。

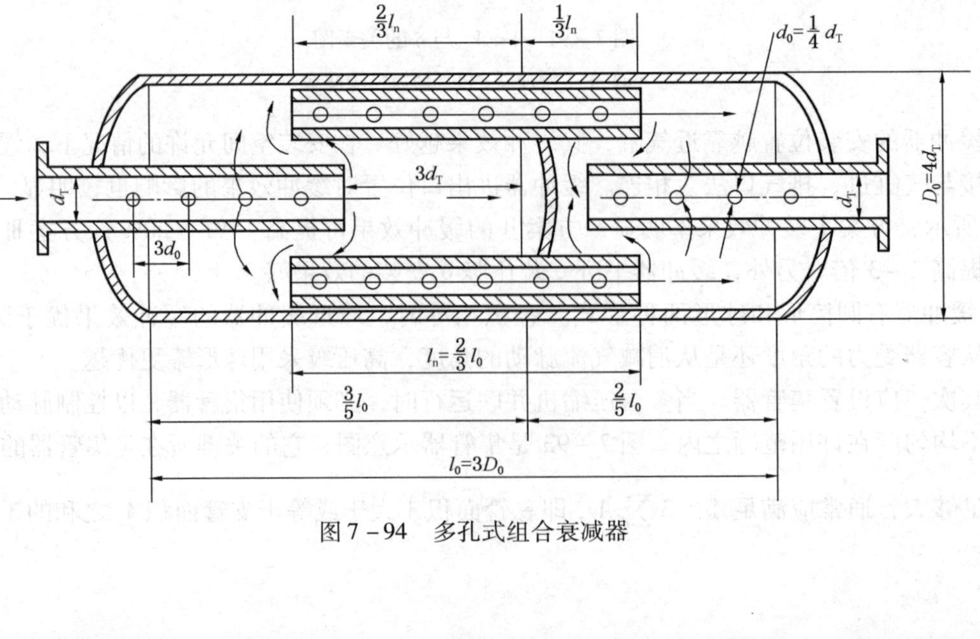

图7－94　多孔式组合衰减器

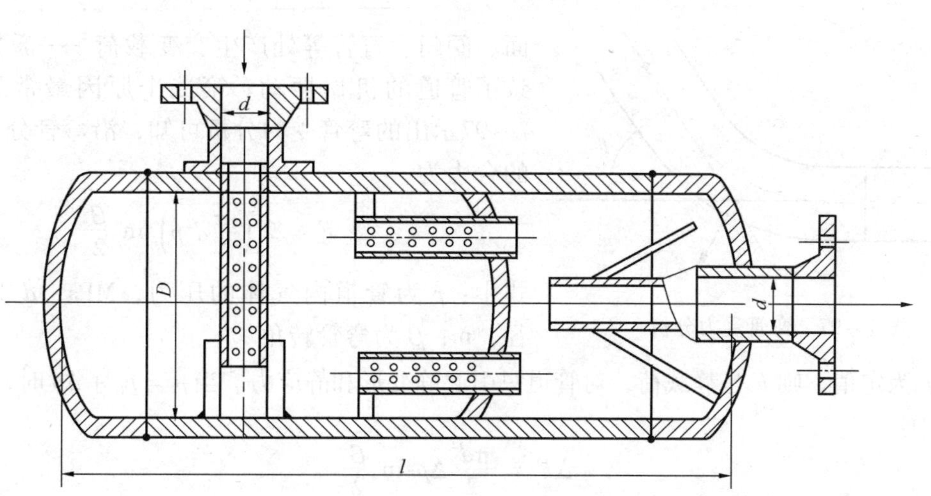

图 7－95　常用衰减器

孔板的结构简图示于图 7－96，其尺寸的推荐值为 $d'/d=0.5\sim0.3$，$h=3\sim5$mm。对于空气和与空气的声速相近的气体，d'/d 值取上限；对于氢气和轻质气体，d'/d 值取下限。孔板内圆不应倒钝，必须保持锐利棱角。孔板所用材料与管材相同，也可采用不锈钢或铜材。

孔板应安装在管道气流的压力节点处，即脉动压力值等于零或近似等于零的位置。一般在大容器的进口或出口法兰处是安装孔板的恰当位置，切忌随意安放孔板。

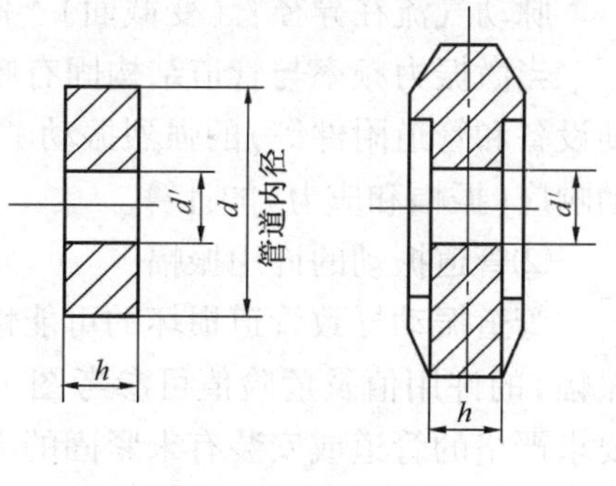

图 7－96　孔板结构

由于孔板是阻力元件，气流流经孔板时形成局部压力降，在稳定流动条件下，平均压力降由下式计算为

$$\Delta p_0 = \xi \rho_0 \frac{u_0^2}{2} \qquad (7-73)$$

式中：ρ_0 为气流平均密度，kg/m³；u_0 为气流平均速度，m/s；ξ 为局部阻力系数。

$$\xi = \left(1 + \frac{0.707}{\sqrt{1-\left(\frac{d'}{d}\right)^2}}\right)^2 \left[\left(\frac{d}{d'}\right)^2 - 1\right]^2 \qquad (7-74)$$

当 $\xi u_0 = a$ 时，孔板的消振效果最好。因为这种孔板安放在大容器的接口处，可以构成管道内气流脉动无反射的条件，使管内气流脉动的驻波变为行波，从而降低了压力脉动的不均匀度。因此，最理想的 d'/d 值应由以下方程求得，即

$$\left(1 + \frac{0.707}{\sqrt{1-\left(\frac{d'}{d}\right)^2}}\right)^2 \left[\left(\frac{d}{d'}\right)^2 - 1\right]^2 = \frac{a}{u_0} \qquad (7-75)$$

式中 a 为气流声速，m/s。

需要指出的是，孔板不能改变管道系统的气柱固有频率。当管内气流速度较高时，会造成较大的功率损失，此时采用孔板减振应慎重。

(3)管道的机械振动

①压缩机气体管道机械振动的原因

首先是压缩机主机的动力平衡性能欠佳；其次是管内脉动的气流在管道的转弯、变截

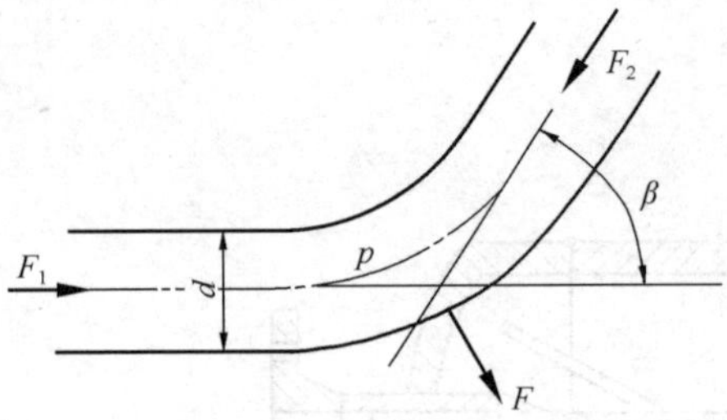

图 7-97　弯管受力分析

面、阀门、盲管等处产生交变载荷——激振力，导致了管道的机械振动。第二个原因最常见。从图 7-97示出的弯管受力分析可知，沿弯管分角线方向的合力为

$$F = 2\left(\frac{\pi}{4}d^2p\right)\sin\frac{\beta}{2} \tag{7-76}$$

式中：p 为管道内气体的压力，MPa；d 为管道内径，m；β 为弯管转角。

若 p 为定值，则 F 是静载荷，对管道只引起静变形和静应力。当 $p = p_0 + \Delta p$ 时，$F = F_0 + \Delta F$，其中

$$\Delta F = \frac{\pi d^2}{2}\Delta p\sin\frac{\beta}{2} \tag{7-77}$$

式中：Δp 为脉动压力的最大幅值，MPa；ΔF 为交变载荷，即激振力振幅，N。

当 $\beta = 0$ 时，管道为直管，$\Delta F = 0$，说明在直管中即便有脉动气流存在，也不会产生激振力；当 $\beta = 180°$时，管道为急转弯，$\Delta F = \Delta F_{max} = \pi d^2\Delta p/2$，说明管道急转弯时产生的激振力最大，设计管道时应尽量避免急转弯弯头，力求弯角 β 尽可能小。

脉动气流在异径管(变截面)、阀门、盲板等处产生的激振力分析方法与弯管相同。

当激振力频率与管道结构固有频率相近时，管道产生机械共振，造成管道系统(包括辅助设备和管道附件等)的强烈振动。因此，设计管道时还需要进行结构固有频率的计算和振动响应(振幅和应力)的计算。

②管道振动的许用振幅

管道振动导致管道损坏的可能性，取决于振幅的大小和振动的频率。管道振动振幅(双振幅)的许用值及危险值可参考图 7-98。图中给出的数据适用于一般制造良好的管道，对要求严格的管道或安装有未紧固的支管等情况，需要另外考虑。

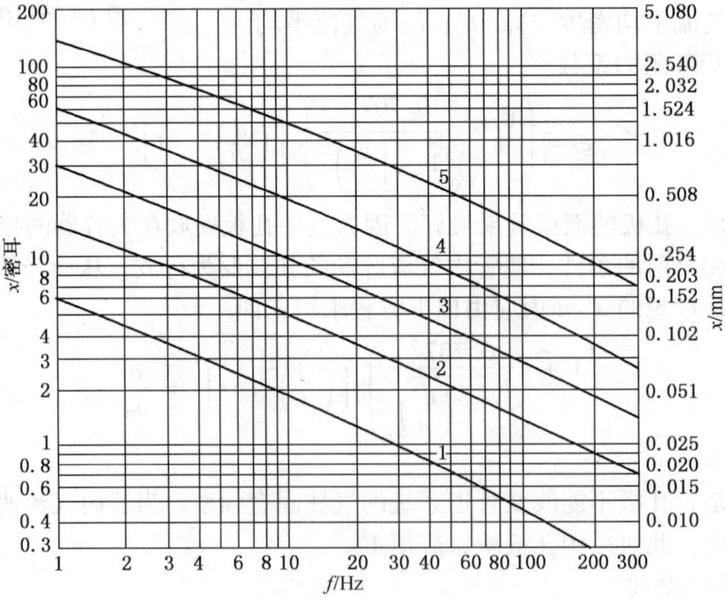

图 7-98　管道振幅(双)的许用值和危险值

1—平均感觉界限；2—设计；3—介于二者之间；4—要修改；5—危险；

(注：1 密耳 = 25.4 × 10^{-3} mm = 25.4μm)

图7－99给出了国外对往复式机器许用双振幅的标准，可供设计者参考。

③消振方法

a. 控制脉动压力不均匀度

将管道内气流脉动压力不均匀度δ控制在许用范围时，并尽量减小。δ越大激振力越大，导致机械振动的振幅越大。减小δ是确保管通运行平稳的最有效的方法。

b. 合理设计弯道

管通设计中要求少转弯，避免急转弯，避免空间弯头，弯头的圆弧半径尽可能大。这是为了减少产生激振力的场所和减少激振力力幅，从而减小机械振动振幅。

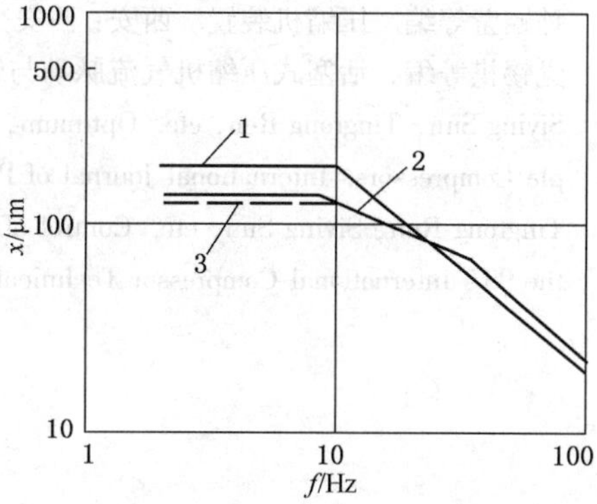

图7－99　往复式机器许用双振幅标准

1—西德工程师协会标准；2—美国军用标准；3—英国帝国化学工业公司标准

c. 防止管道产生机械共振

设计管道时需进行管道结构固有频率的计算，尽量使固有频率调整至激振力频率的3倍以上。固有频率越高越好，因为对于较复杂的管道系统，固有频率值是非常密布的，很难使管系脱离某阶的共振区，但是高阶共振的振幅较小，而基频共振的振幅最大，故主要避开低频阶次的共振。

d. 支承设计

支承刚度是影响管系结构固有频率的重要因素。支承刚度越强，支承刚度的变化对系统固有频率的影响越大。支承刚度越低，管系的固有频率值越低，反之，支承刚度越强，管系固有频率值越高。管道和支承间通常都衬有石棉橡胶或硬木制衬垫，这将使管道和支承间变成弹性连接，降低了支承刚度。故设计支承时，应使支承的刚度大而支承的质量要小，管道和支承间应力求刚性连接，尽量不采用衬垫或采用薄衬垫。

另外，支承间距不宜长。支承应"落地生根"，不能和楼板连接、也不能和主机的地基连接。支承的标高不宜高，并力求支承间的标高一致。

e. 安装消振器

在一些振动较严重的管段上，可安装消振器，以改变振动系统的自由度及固有频率值。消振器的固有频率应等于激振力频率，以使能量消耗在消振器上，使管道振动得以消减。值得注意的是，管道不处于共振状态时，安装消振器是无效的。

参考文献

1　郁永章主编．容积式压缩机技术手册．北京：机械工业出版社，2000

2　余国琮主编．化工机械工程手册(中卷)．北京：化学工业出版社，2003

3　任泽霈等主编．热工手册．北京：机械工业出版社，2002

4　[德]霍斯特·契可斯著，刘仲华等译．摩擦学—对摩擦、润滑和磨损科学技术的系统分析．北京：机械工业出版社，1984

5　冯全科等．往复压缩机油的选用技术．压缩机技术．1996(4)

6　蔡叔华等编．压缩机的润滑及其用油．北京：中国石化出版社，1993

7　周全柱编．中高档润滑油系列小丛书—压缩机润滑油．北京：海洋出版社，1992

8　活塞式压缩机设计编写组．活塞式压缩机设计．北京：机械工业出版社，1981

9　石油化学工业部化工设计院编．化工管路手册 北京：石油化学工业出版社，1978

10 化工厂机械手册编辑委员会编．化工厂机械手册 北京：化学工业出版社，1989
11 孙嗣莹等编．压缩机装置．西安：西安交通大学出版社，1990
12 党锡祺等编，活塞式压缩机气流脉动与管道振动 西安：西安交通大学出版社，1984
13 Siying Sun, Tingrong Ren, etc. Optimum, Disposition of Assemble Piping System of Parallel Operation of Multiple Compressors. International Journal of Pressure Vessel and Piping. 1996, 68(2): 145 ~ 151
14 Tingrong Ren, Siying Sun, etc. Control of Gas pulsation of a Hydrogen Circulating Compressor. Proceedings of the 93' International Compressor Technical Conference, Xian, 1993. Xian: Xian Jiaotong University, 1993

第三篇　特种往复压缩机与回转压缩机

8　隔膜压缩机与液、气力驱动往复压缩机

隔膜压缩机因其具有特设的膜片，将被压缩的气体与外界分隔而得名。隔膜压缩机也称膜式压缩机。

隔膜压缩机中，气缸的职能由一个膜腔来完成。所谓膜腔即是由具有穹形型面的盖板和弹性膜片所组成的空腔，膜片周边被紧固在盖板与支板（或机体）之间，如图 8－1 所示。当膜片上下挠曲变形时，膜腔中的容积也随之变化。

由于膜腔不需要润滑，密封性很好，气体不与任何润滑剂接触，所以压缩气体的纯洁度极高，特别适用于某些珍贵的稀有气体的压缩、输送或装瓶。另外，对于腐蚀性强、有毒、易爆的气体，也宜采用膜式压缩机。膜式压缩机所能提供的压力范围较广，可以从很低的压力直到 20MPa，它用于食品工业、空气分离、石油工业、化学工业、原子工业，以及现代科学技术的实验研究部门。但是，由于膜片的变形量有限，处理的气体量一般较小，单机排气量通常不超过 $100m^3/h$。

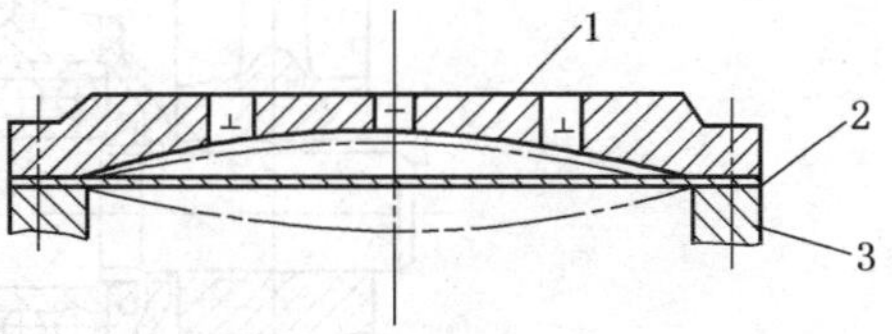

图 8－1　膜腔示意图
1—盖板；2—膜片；3—支板或机体

依据膜片的材料，隔膜压缩机可分为金属和非金属式两种类型。

8.1　金属膜片隔膜压缩机

8.1.1　工作原理

金属膜片的隔膜压缩机是由法国工程师 CORBLIN 于 1916 年发明的，1922 年试制成功。金属膜片隔膜压缩机中，膜片都是由液压驱动的。因此，每一台压缩机有一个液压系统。现在以曲柄连杆结构驱动液压活塞为例，讨论隔膜压缩机的工作过程。

图 8－2 所示的隔膜压缩机，由具有穹形内表面的盖板 2 和膜片 1 构成膜腔，具有穹形表面的支板 3 限制下极限位置，在支板下面配置液压缸，液压缸中具有活塞。活塞由电动机通过曲轴、连杆来驱动。盖板的中央配置排气阀，两侧配置进气阀。支板上均布有许多导油孔。

压缩机运行时，假使活塞处于外止点，这时膜片应处于上极限位置，即与盖板内表面相贴合。当活塞自外止点下行时，膜片跟着液体向自己的平衡位置复原，由此膜腔容积逐渐增大。残留在余隙中的气体完成膨胀过程后，膜腔中便开始吸进气体；活塞继续下行并最终到达内止点时，膜片则通过平衡位置而到达下极限位置，膜腔中的吸气过程也随之结束。接着，活塞再向上行，活塞通过液体推动膜片压缩机。当膜腔中压力达到排气压力时，排气开始。最后，当膜片复又贴近盖板时，排气即告结束。至此，膜腔中完成了一个工作循环。如此周而复始，隔膜压缩机便连续的工作。盖板与支板的穹形表面是一个特殊的型面，它的设计要求是使膜片在大挠度下，具有较小的、分布合理的内应力。其中的曲轴、连杆机构与活

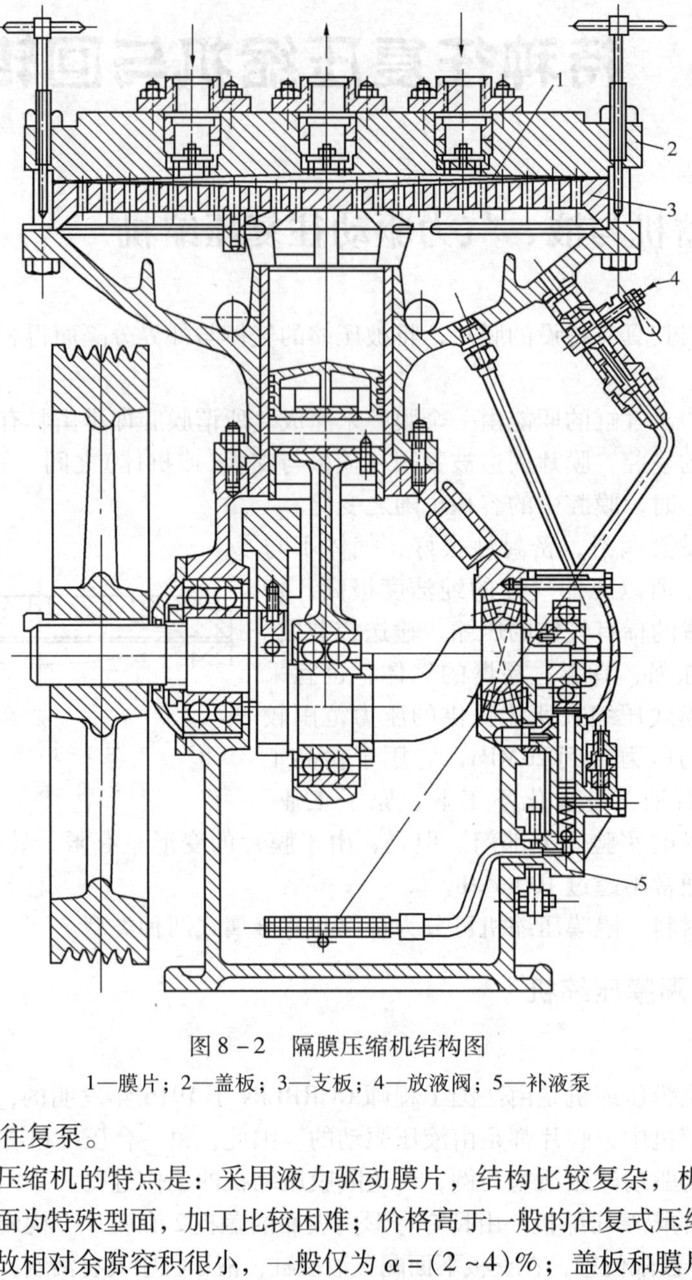

图 8－2　隔膜压缩机结构图

1—膜片；2—盖板；3—支板；4—放液阀；5—补液泵

塞乃是提供液压的往复泵。

金属膜片隔膜压缩机的特点是：采用液力驱动膜片，结构比较复杂，机器尺寸和重量较大；盖板的穹形表面为特殊型面，加工比较困难；价格高于一般的往复式压缩机；因膜片可紧贴盖板穹形表面，故相对余隙容积很小，一般仅为 $\alpha=(2\sim4)\%$；盖板和膜片构成的膜腔不仅散热表面大，而且气体与液体之间的膜片极薄，故压缩过程中散热情况良好，压缩过程可接近等温，当压缩双原子气体时，其过程指数仅为 $n=1.05\sim1.15$ 左右；膜片两侧液气压力大致平衡，在压力小于 100MPa 时，膜片强度几乎与气体压力无关，又因过程指数和相对余隙容积都较小，所以一级压缩压力达 2.5MPa，二级达 25MPa，三级可达 100MPa，目前金属隔膜压缩机最高排气压力已达 700MPa；由于液体的惯性，使得液压缸活塞往复运动不能过快，否则可能使液柱与活塞断开，从而造成液力冲击，所以机器转速一般控制在 250～500r/min 范围内。

8.1.2　液压系统设计及结构

液压系统有液压缸和补液系统两部分。

液压缸的活塞大都由电动机通过曲轴连杆机构来驱动，其结构形式与一般活塞式压缩机结构相似。在特殊情况下，活塞也可由压缩空气、液压或电磁机构来驱动。

液压缸活塞的行程容积，一般设计的和膜腔的工作容积相等。

当机器运行时，液压缸中的液体不可避免地会通过活塞环而泄漏。其后果就等于减少活塞行程，这样活塞到达外止点时，膜片便不能与盖板相贴合。机器每一转都会产生泄漏，故随着运行时间的增加，液压缸中的液体愈来愈少，由此使膜片不能与盖板贴合，而膜腔中的余隙容积则愈来愈大，以致最终使压缩机不能再吸进气体而失去工作能力。所以，在这种压缩机中，必须附设一个小的补液柱塞泵。柱塞一般由曲轴端头上设置的凸轮驱动，每转向液压缸中补充一定数量的液体。

柱塞泵补充的液体量，难以保证恰为液压缸中液体的泄漏量。补液量必须大于泄漏量。多余的补液量即相当于增大了活塞的行程，致使活塞不到外止点时，膜片便先贴到了盖板的表面。因液体的可压缩性很小，因此必须把余下活塞行程容积的液体排放出去，故液压缸上都设置放液阀。

每转补充较泄漏量为多的液体，还在于膜腔中压缩气体的热量将通过膜片传递给液体，使液体温度逐渐升高，当不断地置换缸中的液体时，可使液压缸中液体的温度不致升高。

在超高压压缩机中，液体有明显的可压缩性，因此当液压缸行程容积与膜腔容积相等时，便不能保证膜片与盖板相贴合，这也要求每转中补充较多的液体，以弥补液体在高压下的压缩量。

液体受压缩的体积减少量，当压力由 0.1MPa 升至 20MPa 时，矿物油的体积减少约 1.4%，水减少约 1%；压力升高至 50MPa 时，矿物油减少约 3%，水减少约 2%；当压力增至 80MPa 时，矿物油减少 4.3%，水减少约 3%；当压力增至 351.5MPa 时，矿物油的体积减少能达 15%。

补液的时间，可以在排气过程中活塞到达外止点前的某一点注入，这时柱塞泵将在相应的高压下工作；也可以在压缩行程开始时，活塞离内止点的某一位置时注入，此时柱塞将在相应的低压下工作；有时也可以在吸气行程临近结束前，即活塞在到达内止点前的某一位置时注入，此时柱塞将在较前者更低的压力下工作，但此时要求活塞的行程容积大于膜腔的工作容积，所大出的容积量应为液体补充量与泄漏量之差。

每次补充的液体量，以活塞行程容积的百分数计算时，第一级约为 10%，第二级约为 15%，第三级约为 20%。

排放液体的压力应高于排气压力，其值为

$$p_{td} = p_d + \Delta p_v + \Delta p_m + \Delta p_e$$

式中：p_d 为压缩机排气压力；Δp_v 为排气阀开启必须的压力差；Δp_m 为膜片最大变形所必须的压力差；Δp_e 为压力余度。

上式中右边前三项是必须的，后一项其值愈小愈好。因为 Δp_e 值将使膜片在排气孔口处产生附加的局部变形，并相应地产生局部的附加压力，影响膜片的疲劳寿命。此外，Δp_e 值增大，将造成指示功耗增加。

排气压力小于 25MPa 的隔膜压缩机，放液阀大都制成图 8-3(a)所示的机械弹簧式，它和一般安全阀类似，由弹簧力来控制排放压力。弹簧力的大小依靠压紧弹簧的螺栓来调节，和手柄相连的偏心轮轴，用于机器启动时顶起弹簧，以释放液压缸中的负荷。液体排放的压力约控制为(1.05～1.15)p_d，高压级应取较小值。

机械弹簧式放液阀压力一旦调整好，在运行中便不能随时改变。故此种形式的放液阀，

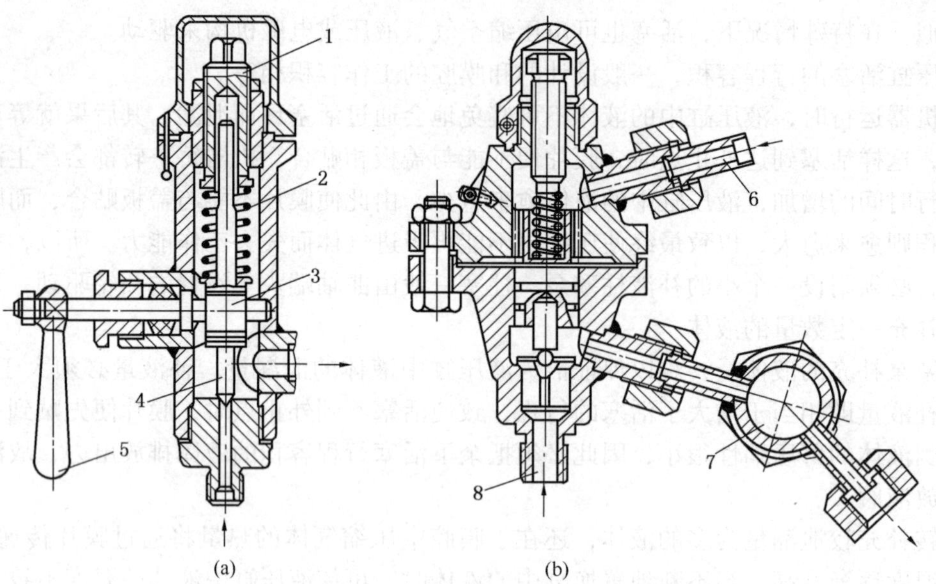

图 8－3　放液阀结构

(a)机械弹簧式；(b)压力自动平衡式

1—针阀；2—弹簧；3—调节螺栓；4—偏心；5—手柄；6—接液压缸；

7—观察窗；8—接排气管

对运行中排气压力经常变化的压缩机来讲，便可能出现过大的压力差 Δp_{td}(因为 Δp_{td} 是按最大的排气压力调整好的)，并导致过大的膜片局部应力与增加机器不必要的功耗；对于超高压压缩机来讲，机械式放液阀不仅由于设置强力弹簧及密封高压液体而使结构复杂、体积庞大，并且在机器启动过程中，将产生巨大的膜片局部应力与机器不必要的功耗。

采用压力自动平衡式放液阀可克服上述缺点。图 8－3(b)所示为压力自动平衡放液阀结构示意图。图中接管 6 与液压缸相连；阀芯通过小圆珠和挺杆顶住小活塞，小活塞上压有一膜片，膜片上方为一内置弹簧的杯形弹簧座压住，图中接管 8 与排气管相连，因此膜片上作用有排气压力；弹簧也可以调整，但因有气体压力来与液压缸压力平衡，故弹簧力不大，仅使液压略大于气压。这种结构任凭气体压力变化，膜片上都只作用有弹簧力造成的有限的压差。

此外，还应注意在油缸的最高位置处开设放气孔，以排出油腔内的气体，否则将影响油泵的正常工作。

至于其他部件，如补偿油泵、溢流阀等，工作也应可靠。此外，还应注意曲轴箱内的润滑油和油缸中的油是通用的，所以进入补偿油泵的油必须严格过滤。否则，硬质点进入膜片下面或溢流阀瓣处，将影响隔膜压缩机的工作，或者引起膜片损坏。

8.1.3　膜腔与液压缸的压力指示图分析

按照隔膜压缩机的工作过程，其膜腔与液压缸中的压力指示如图 8－4(a)所示。图中压力的变化特性分析如下：

在压缩过程开始时，膜片自下极限位置向上，其复位力帮助活塞压缩气体，故液压缸中压力低于膜腔中的压力；当膜片到达平衡位置时，两侧压力相等；当膜片超过平衡位置后，因膜片产生向上鼓起的变形，故液压缸中的压力大于膜腔中的压力。排气过程中，液压缸中的压力依然大于膜腔中的压力。排气过程结束后，膜片贴紧盖板，膜腔中压力不再变化，但液压缸中活塞将继续上行，使放液阀被顶开而排放液体。此时，液压缸中出现了一个压力突

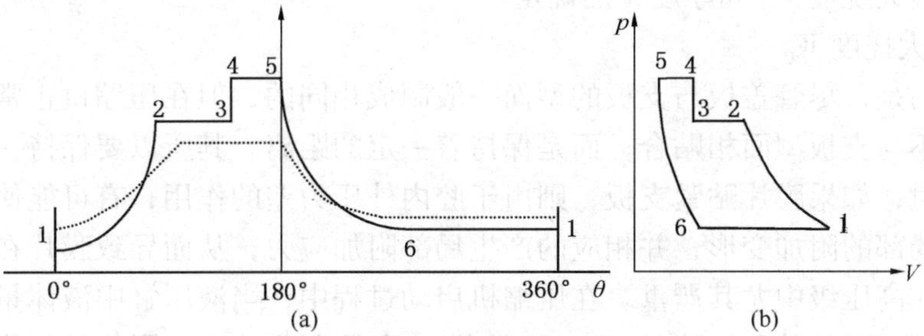

图 8-4　膜腔与液压缸压力指示图

……膜腔气体压力；——液压缸液体压力

跳的过程。膨胀及吸气过程中两者压力的变化情况，同样可以看到由于膜片变形力的影响，先是液压缸中压力高于膜腔中的压力，经过平衡位置时两者相等，然后液压缸中压力低于膜腔中的压力。

将液压缸中的压力指示图由 $p-\theta$ 坐标转化为 $p-V$ 坐标，如图 8-4(b)所示。液压缸压力指示图的面积，代表了被压缩气体所需的指示功，所以放液阀控制的压力不宜过高，以免增加不必要的功耗。

8.1.4　膜腔及膜片设计

(1) 盖板、支板型面的设计

型面设计的基本要求是在一定的中心挠度下能有较大的容积，以及膜片能在近似等强度下工作。为了保证膜片中央处和周边的应力接近，型面曲线应和膜片的变形曲线相吻合，故型面曲线在极轴平面内的方程为

$$W = W_0 \frac{1}{z-1}[2\rho^{z+1} - (z+1)\rho^2 + (z-1)] \tag{8-1}$$

曲面所围的容积

$$V = \frac{\pi}{2}R^2 W_0 \frac{z+1}{z+3} \tag{8-2}$$

式中：W_0 为膜片的最大挠度，m；ρ 为膜腔半径与膜片最大半径之比，$\rho = r/R$，R 为膜片的最大半径，m；z 为挠度指数。可自由选取，但 z 的大小将影响到曲面所围的容积(见图 8-5 和图 8-6)和应力。一般隔膜压缩机 $z=3$，此时膜片中心处应力和边缘处应力比较接近。

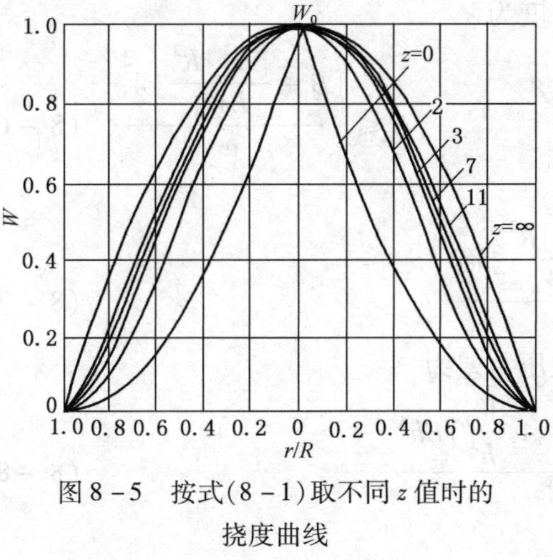

图 8-5　按式(8-1)取不同 z 值时的挠度曲线

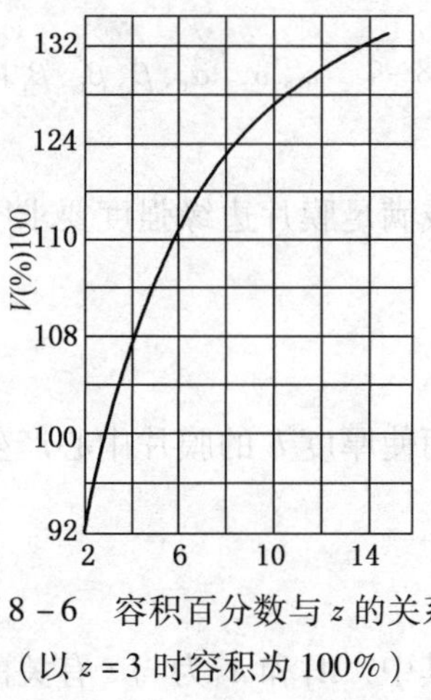

图 8-6　容积百分数与 z 的关系（以 $z=3$ 时容积为 100%）

(2) 膜片最大挠度 W_0 和厚度 h 的确定

① 膜片最大挠度 W_0

需要指出的是，尽管盖板与支板的型面一般制成相同的，但在压缩机正常运行时，膜片下极限位置并不与支板型面相贴合，而是保持着一定的距离。其所以要保持一定距离，是因为当吸气终了时，如果膜片贴紧支板，则由于腔内外压力差的作用，有可能使膜片在支板的导油孔处产生局部的附加变形，并相应的产生局部附加应力，从而导致膜片在运行中提前破坏。这种情况在高压级中尤其严重。在压缩机启动过程中，当液压缸中液体量不足时，或运行中因出现类似情况的某种故障时，支板可短期内起限制膜片下极限位置的作用，以防止膜片产生过度的变形而破坏，这时膜片是紧贴支板的。

膜片下凹时的最大挠度 $W'_0=(0.7\sim0.9)W_0$。假如挠度指数相等，则膜片行程容积 V_h 为

$$V_h=\frac{\pi R^2}{2}[(0.7\sim0.9)+1]W_0\frac{z+1}{z+3} \tag{8-3}$$

因此，

$$W_0=\frac{2V_h(z+3)}{(z+1)\pi R^2[(0.7\sim0.9)+1]} \tag{8-4}$$

② 膜片厚度 h

膜片在中心处和边缘处的最大正应力应分别满足

$$\sigma_{cmax}=\frac{EW_0}{R^2}\left(\beta+\alpha\frac{h}{W_0}\right)\leqslant[\sigma_c]$$

$$\sigma_{emax}=\frac{EW_0}{R^2}\left(\beta_r+\alpha_r\frac{h}{W_0}\right)\leqslant[\sigma_e] \tag{8-5}$$

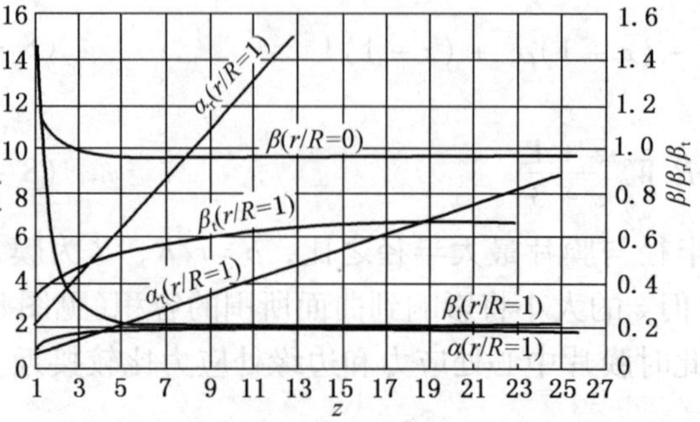

图 8-7 α、α_r、α_t、β、β_r、β_t 随 z 值变化的特性

式中：σ_{cmax}，σ_{emax} 分别为膜片在中心处和边缘处的最大正应力，MPa；$[\sigma_c]$，$[\sigma_e]$ 为膜片中心处和边缘处的许用应力，通常 $[\sigma_c]$ 取较小值是考虑到阀孔迭成的附加应力的缘故，MPa；E 为膜片材料的弹性模量，MPa；α，α_r，β，β_r 为取值见图8-7。

在满足膜片中心强度要求下，膜片厚度为

$$h\leqslant\frac{\left[\beta+\dfrac{[\sigma_c]R^2}{EW_0}\right]W_0}{\alpha} \tag{8-6}$$

或满足膜片边缘强度要求下，膜片厚度为

$$h\leqslant\frac{\left[\beta_r+\dfrac{[\sigma_e]R^2}{EW_0}\right]W_0}{\alpha_r} \tag{8-7}$$

而使厚度 h 的膜片中心产生挠度 W_0 时，最大压力差为

$$\Delta p=\frac{\left(\dfrac{A_1}{1-\mu^2}\dfrac{W_0}{h}+A_3\dfrac{W_0}{h^3}\right)Eh^4}{R^4} \tag{8-8}$$

其中，A_1 和 A_3 为与 z 有关的数值

$$A_1 = \frac{2}{3z}(z+1)(z+3)$$

$$A_3 = \frac{1}{3}\frac{z+1}{(2z+1)(z+2)(z+3)(z+5)} \times \frac{(14z^3+129z^2+329z+234)-\mu(2z^3+39z^2+167z+174)}{1-\mu}$$

图 8－8 是按 $\sigma_{c\max}=[\sigma_c]$，$\sigma_{e\max}=[\sigma_e]$，并且取 $E=2.1\times10^5$MPa，$\mu=0.3$，$[\sigma_c]=158$MPa，$[\sigma_e]=182$MPa 制成的曲线图，可供设计中初步确定尺寸时使用。

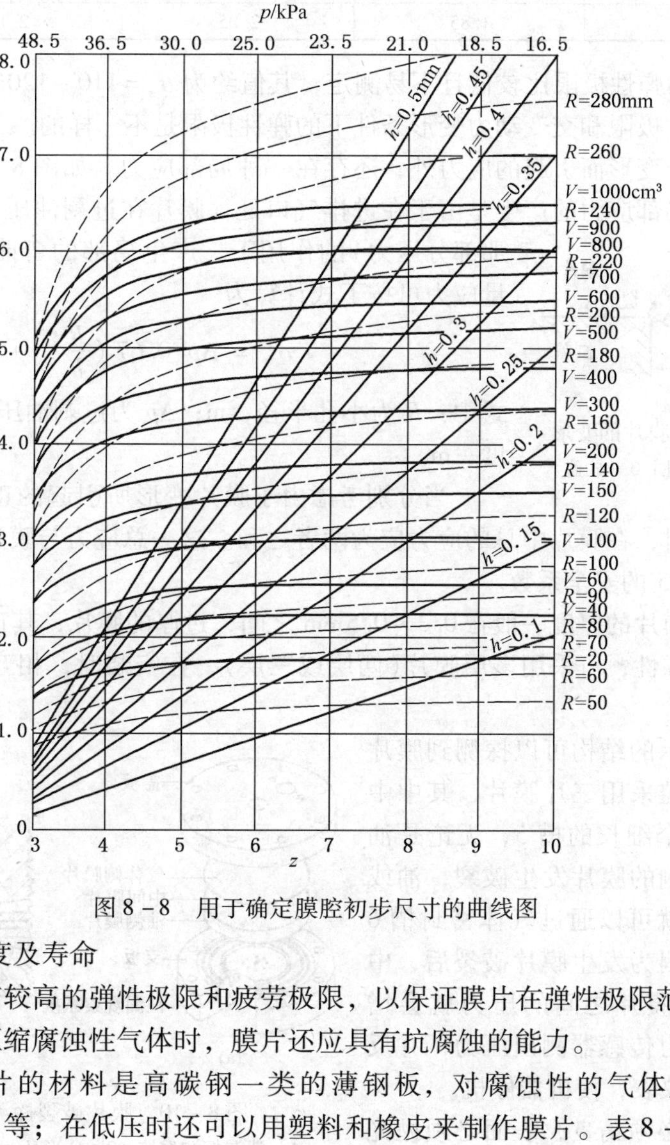

图 8－8 用于确定膜腔初步尺寸的曲线图

③ 膜片材料强度及寿命

膜片材料应具有较高的弹性极限和疲劳极限，以保证膜片在弹性极限范围内工作，并有较长的使用寿命。压缩腐蚀性气体时，膜片还应具有抗腐蚀的能力。

适宜于制作膜片的材料是高碳钢一类的薄钢板，对腐蚀性的气体则用不锈钢，如 1Cr18Ni9TiA、1Cr13 等；在低压时还可以用塑料和橡皮来制作膜片。表 8－1 是部分制作膜片材料的机械性能。

对于正火处理轧制的 1Cr18Ni9Ti，不同循环特性时实测的疲劳强度为

$$\sigma_0 = 200\text{MPa}$$

$$\sigma_{-0.125} = 197.5\text{MPa}$$

$$\sigma_{-0.9} = 190\text{MPa}$$

表 8-1 部分制作膜片材料的机械性能

牌　　号	1Cr18Ni9Ti	1Cr15Ni9Al	1Cr15Ni9Al	BeCu 合金
处理	1050℃正火	25%变形冷轧 480℃时效一小时	40%变形冷轧 480℃时效一小时	
拉伸强度/MPa	571	1275	1296	
剪切强度/MPa	250	847	1000	
相对延伸率(%)	53	16.9	14.6	
对称弯曲时的持久极限/MPa	270	600	580	
弹性模数/MPa	1.85	2.05	2.12	

1Cr18Ni9Ti 的弹性极限比较低且不易测定，其值约为 $\sigma_s=110\sim120\text{MPa}$，即低于持久极限。膜片的静弹性极限和交变动力变形条件下的弹性极限是不一样的。

除了膜片由于变形而引起的应力外，还存在一种局部应力。如图 8-9 所示为阀孔处膜片变形的情况，局部应力的产生是由于在进排气口处，膜片在过剩油压(即超过气体压力的那部分压力)的作用下，产生局部的弯曲应力。这种局部当量应力可按下式计算为

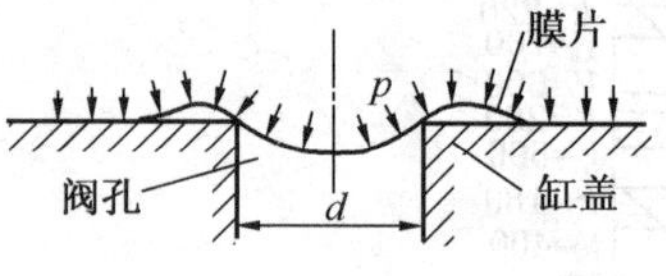

图 8-9 阀孔处膜片的变形

1—膜片；2—阀孔；3—缸盖

$$\sigma_0 = \Delta p\left[0.67\left(\frac{R}{h}\right)^2+1\right] \qquad (8-9)$$

式中：R 为小孔半径，m；Δp 为过剩油压，MPa；h 为膜片厚度，m。

当分别考虑由于膜片变形所引起的正压力，以及阀孔处膜片的局部应力时，在膜片中总的应力应为两者之和。这一总应力与膜片材料的疲劳强度之间应保持 1.2~1.5 的安全系数。

通常，钢制膜片的厚度一般在 0.3~0.5mm 之间，过厚的膜片，其正应力将增高。为增加膜片工作的可靠性，可采用多层膜片(两层或三层)，在安装时，相互之间的表面上应涂以油层。

图 8-10 所示的结构可以探测到膜片的破裂。这里膜腔采用三片膜片，其中中间膜片上开了一个细长的槽 5，无论是油侧的膜片还是气侧的膜片发生破裂，油或气体就会漏出，就可以通过气体密封槽 6 观察到。同时，因为发生膜片破裂后，中间膜片和破裂的膜片之间的压力就会增加，还可以用压力传感器测出压力，并反馈给压缩机控制仪表，使机器停机。

膜片的制造必须精良，表面必须抛光至 Ra 为 0.20μm。

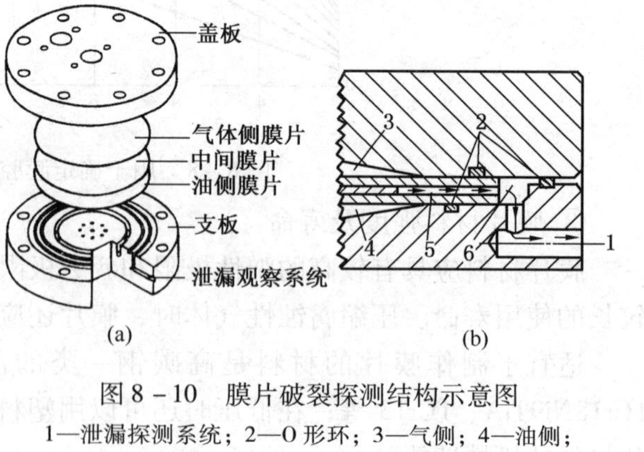

图 8-10 膜片破裂探测结构示意图

1—泄漏探测系统；2—O 形环；3—气侧；4—油侧；5—中间膜片泄漏槽；6—气体密封槽

对一些膜式压缩机的实际测定表明：对于 1Cr18Ni9Ti 膜片，当压力为 2.5MPa 时，能工作 1000~1200h，相当于$(24\sim29)\times10^6$ 次循环；当压力为 25MPa 时，能工作 250~300h，相当于$(6\sim7.2)\times10^6$ 次循环。对于高碳钢膜片(法国 CORBLIN 生产的 A4CV-250 隔膜压缩机)，当压力为 250MPa 时，其寿命约为

400～500h，约相当于（9～10）$\times 10^6$ 次循环；对于 1Cr15Ni9A1 膜片，低压时曾工作了 1660h，约相当于 40×10^6 次循环，所以被认为是一种比较好的膜片材料。

压缩氢气时，若温度超过 350℃时考虑到钢可能产生氢脆，此时可考虑采用 BeCu 合金。

（3）阀孔的位置及直径

通常，排气阀用一个，配置在盖板中央，以保证被压缩气体能很方便的排出膜腔；进气阀配置在距离中心约 0.6R（R 为膜腔半径）的圆周上，根据需要可用 1～3 个。

严格讲，进气阀配置的位置，应为膜片最大挠度变形时母线最大拐点的半径上，因为该处膜片仅受拉伸应力，故应力较小。对式（8－1）两次求导，并另其等于零，即可得拐点坐标 $r=\frac{R}{\sqrt[z-1]{z}}$，当 $z=3$ 时，$r=0.577R$。

气阀与膜腔之间的通道是在盖板上开若干个小孔。小孔的直径可按膜片作用的附加局部应力为 $0.1[\sigma_c]$ 由式（8－9）导得，即

$$d=0.722h\sqrt{\frac{[\sigma_c]}{\Delta p}-10} \tag{8-10}$$

一般取 $d=2\sim4$mm，低压取上限值，高压取下限值。

小孔在膜腔一侧的孔口应仔细倒圆，小孔的数量可由下列允许气体通流速度来决定：第一级 25～30m/s，第二级 12～20m/s；在特殊情况下，进气孔流速允许提高到 30～40m/s，排气孔允许提高到 50～60m/s。

8.1.5 典型结构示例

金属隔膜压缩机，如前所述膜片的变形均由液压驱动，大多数是由电动机通过曲轴连杆机构来实现的，仅一小部分超高压隔膜压缩机，液压缸活塞是由另外的液力来驱动。下面介绍这两类机器：

（1）曲轴连杆驱动液压缸活塞的结构

图 8－11 所示为二级隔膜压缩机，其排气量 $Q=10m^3/h$，排气压力 $p_d=25$MPa。

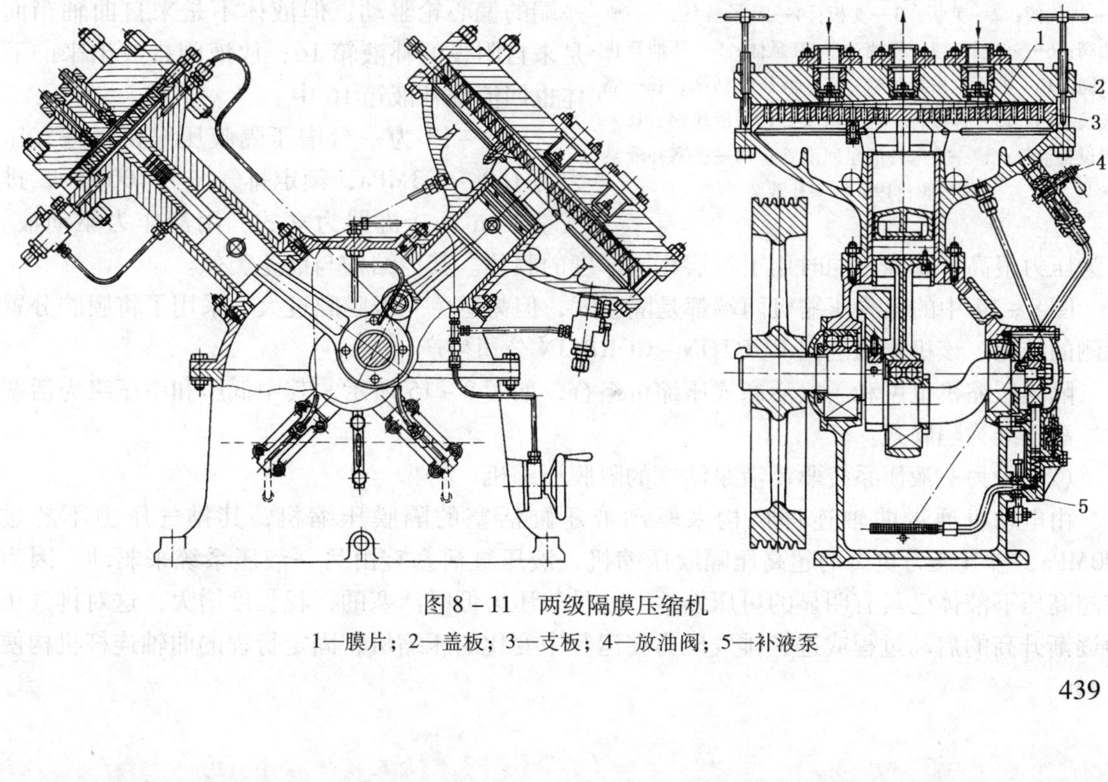

图 8－11　两级隔膜压缩机

1—膜片；2—盖板；3—支板；4—放油阀；5—补液泵

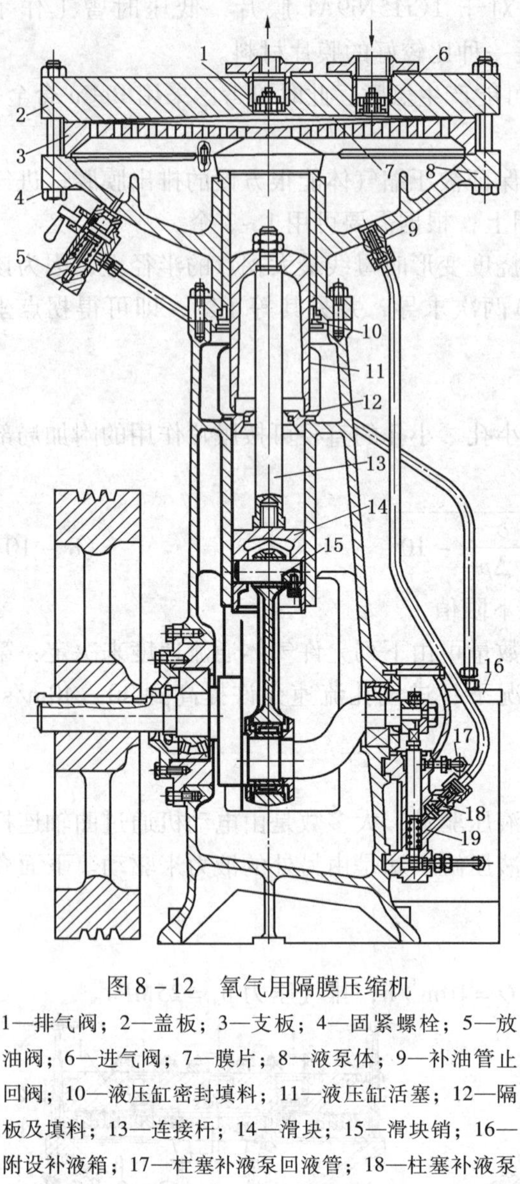

图 8 - 12　氧气用隔膜压缩机

1—排气阀；2—盖板；3—支板；4—固紧螺栓；5—放油阀；6—进气阀；7—膜片；8—液泵体；9—补油管止回阀；10—液压缸密封填料；11—液压缸活塞；12—隔板及填料；13—连接杆；14—滑块；15—滑块销；16—附设补液箱；17—柱塞补液泵回液管；18—柱塞补液泵排出阀；19—柱塞补液泵

该压缩机为 V 形结构，一、二级缸各占一列。排气阀配置在膜腔盖板的中央，进气阀配置在膜腔型面拐点形成的圆周上。一级盖板上装有两个螺杆和手轮供拆卸盖板之用。从图中可以看出，机器采用主、副连杆，连杆大头采用滚动轴承。为了安装滚动轴承，曲轴的一端制成较大的过渡圆弧。补油泵是柱塞式油泵，由曲轴端部的偏心轮驱动，每一缸都有自己单独的补油泵，油直接来自曲轴箱。放油阀中释放出来的油，一级缸直接排入曲轴箱，二级缸排至其滑道的上端，用于润滑滑道导向面。机器上还附设一个手动的齿轮泵供油系统，用于新机器开动前向液压缸中灌油，为了排放出液压缸中的空气，在液压缸腔室的最高位置的支板上，设有一个放气孔，待油充满液腔后即用螺钉堵塞。

这种隔膜压缩机，也可以用于压缩氧气。但需要使用特殊的液体或特殊结构，如图 8 - 12 所示，以防发生爆炸。

图 8 - 12 中膜腔部分与一般隔膜压缩机相同，但液压缸中用的是与氧不起化学作用的乳浊液。此外，液压缸活塞 11 通过连接杆 13 与滑块 14 相连接；为防止乳浊液落入曲轴箱，机身上设有隔板及填料 12；柱塞补液泵仍由曲轴一端的偏心轮驱动，但液体不是来自曲轴箱而是来自附设的补液箱 16；放液阀排放出来的液体也回流到补液箱 16 中。

图 8 - 13 为一台增压隔膜压缩机，进气压力为 1.0 ~ 1.3MPa，额定排气压力 100MPa，排气量 14m^3/h。机器为立式，用油作为驱动液。因为压力很高，膜腔中同时用了三层相同厚度的膜片。其他结构与前述类似。

图 8 - 14 中的隔膜压缩机两端都是隔膜式，但为避免一级膜腔过大，采用了将膜腔分置两侧的结构。该机器为法国 BURTON - CORBLIN 公司生产。

隔膜压缩机也可和一般活塞式压缩机组合，如图 8 - 15 所示，其中低压和中压级为活塞式，高压级为隔膜式。

（2）由另一液压系统驱动液泵活塞的隔膜压缩机

由电动机通过曲轴连杆机构来驱动液压缸活塞的隔膜压缩机，其排气压力不超过 100MPa，排气压力更高的超高压隔膜压缩机，液压缸活塞宜由另一液压系统来驱动。因为在超高压下液体已具有明显的可压缩性，故排气压力低时活塞的行程长度增大，这对排气压力逐渐升高的启动过程或进、排气压力在运行中变化的压缩机，固定行程的曲轴连杆机构便

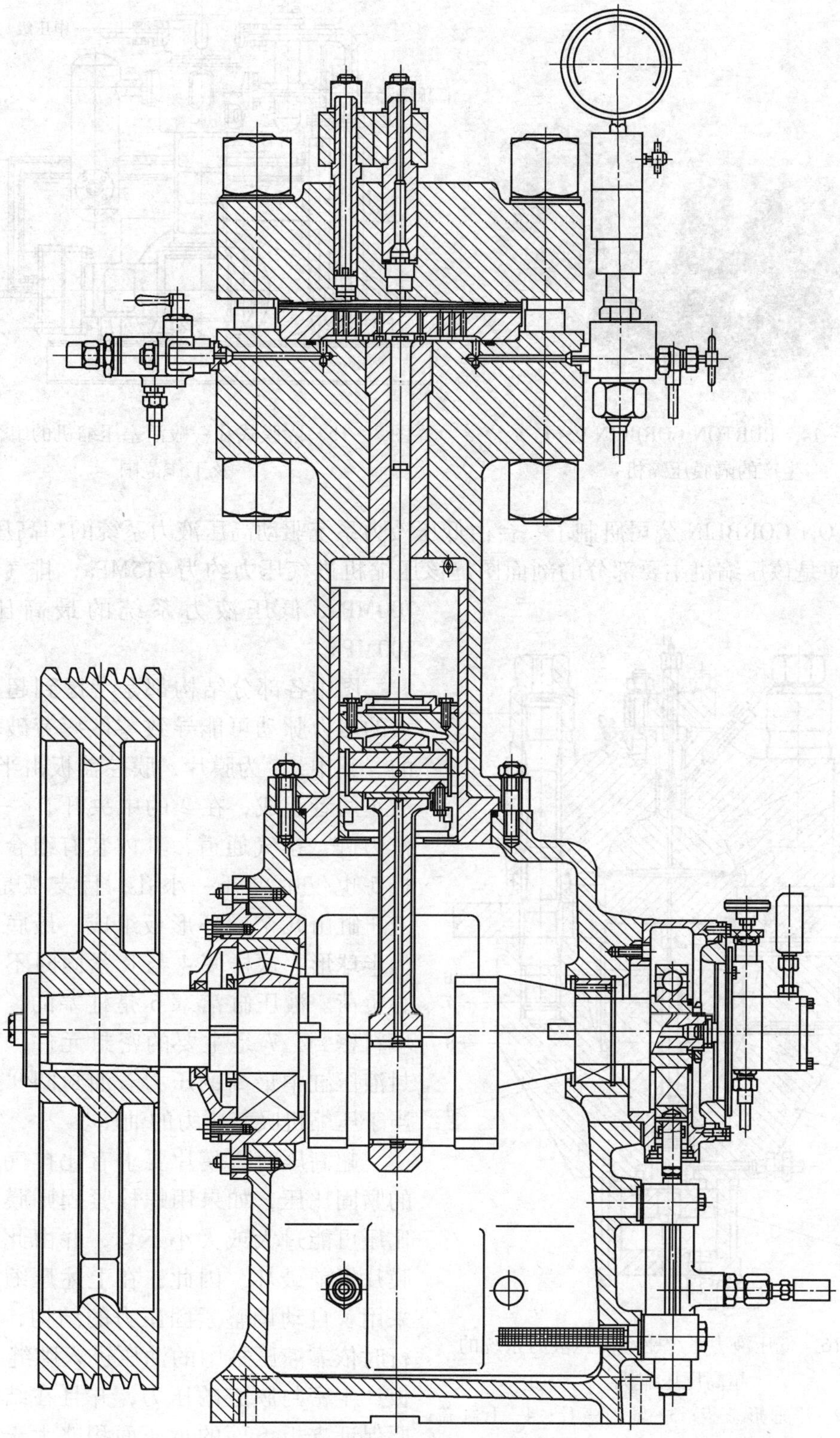

图 8－13　增压隔膜压缩机

无法满足上述要求。

图 8－14　BURTON CORBLIN 公司生产的隔膜压缩机

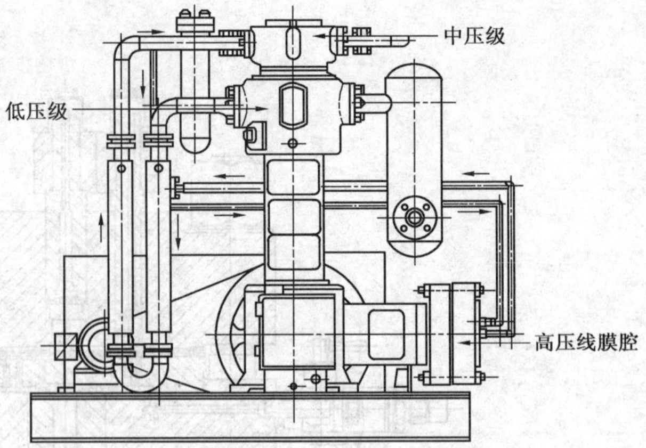

图 8－15　隔膜式和一般活塞压缩机的组合结构及工作范围

BURTON CORBLIN 公司研制了一台由低压液力系统驱动高压液力系统的超高压压缩机，图 8－16 便是该压缩机主要部分的剖面图。该压缩机进气压力约为 415MPa，排气压力约为 700MPa，低压液力系统的最高压力约为 100MPa。

图 8－16　低压液力系统驱动高压液力系统的超高压压缩机

1—膜片；2—半球形盖板；3—紧固螺栓；4—上缸盖；5—支板；6—液缸活塞；7—高压密封圈；8—下缸座；9—低压油封圈；10—驱动液缸活塞；11—液泵柱塞；12—补油管；13—缝隙

图中各部分结构都是考虑到超高压及巨大的压力脉动可能导致零件疲劳破坏的因素的。其中，1 为膜片，膜腔盖板由半球形的 2 与 4 两者组成，在 2 的中央开有一个小圆孔作为进、排气通道，其内装有组合气阀。支板 5 也仅中央开一小孔，且支板是浮动的。液压缸由几个圆环形板组成，最底部一块也为半球形，这样使 4 与 8 紧固时不易造成偏心负荷。液压缸活塞 6 是柱塞的，它由两组填料密封。7 是主要的密封元件，它主要密封液压缸中最高的压力。油封圈 9 仅密封相当于压缩机吸气压力的油压。

超高压时，膜片要求有比排气压力更高的紧固比压，如果用螺栓紧固则膜片所受的比压可能过大或大小不均，并由此可能导致膜片提前破坏。因此，在上述压缩机结构中采用了自动调整紧固压力的结构，即机器运行时依靠液压缸中的油压进入隙缝 13，使支板产生密封膜腔的压力，并且在结构设计时要保证支板下面的承压面积略大于其上面的承压面积，其差值即是密封压力。

浮动支板 5 本身依靠图 8－17 的结构来

密封油。图中1为压入法兰中的锥面钢圈，其内缘与支板相配合；支板上有一环形小室，内置两环形钢圈3和8，钢圈的设计应使其内缘面在缝隙中来的油压作用下产生弹性变形，此变形量恰好使外缘面贴紧1；橡胶圈4及7是防止油渗入钢圈3和8的外缘面及两外端面；钢圈6仅是使钢圈3和8保持应有的位置。

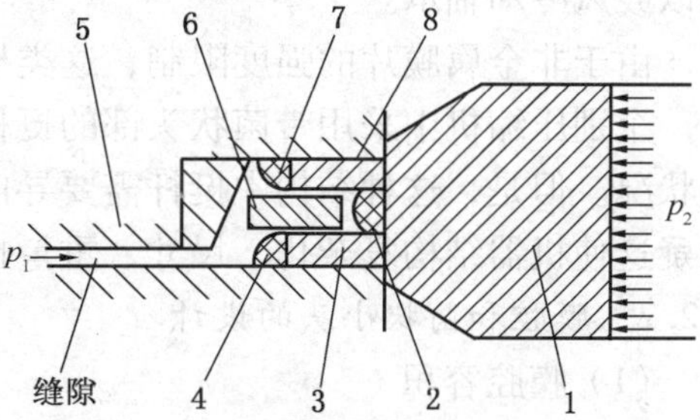

图8－17　浮动支板的密封结构

1—锥面钢圈；2—内缘；3，8—环形钢圈；4，7—橡胶圈；5—浮动支板；6—钢圈

补液泵在活塞到达内止点前将油注入，这样柱塞补液泵可承受较小的负荷。但是，内止点前补油、液压缸的容积必须设计的大于膜腔的容积。

放液阀是压力自动平衡式[参阅图8－3(b)]以减少膜片的附加应力。

8.2　非金属膜片隔膜压缩机

非金属隔膜压缩机的膜片由夹布橡胶或塑料等非金属材料制造。这种机器一般适用于压缩压力低于1.6MPa的气体，膜片与连杆的菌形头部相固结，由曲轴或偏心轮轴直接驱动，如图8－18所示。

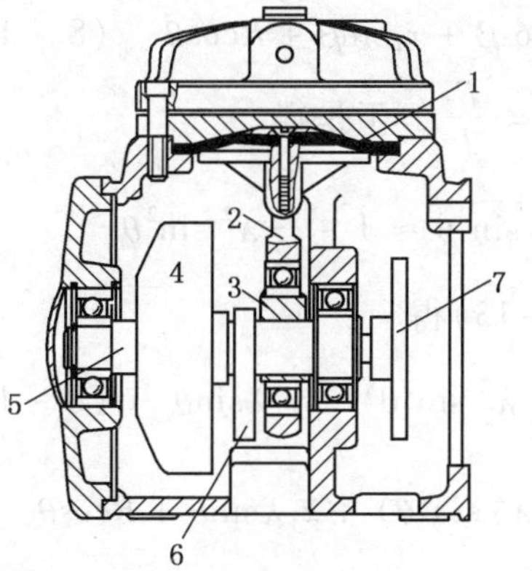

图8－18　由曲柄连杆驱动的非金属隔膜压缩机

1—膜片；2—连杆；3—飞轮；4—曲轴；5—偏心套；6—平衡重；7—联轴器

8.2.1　工作原理及特点

非金属膜片隔膜压缩机中，大多数膜片中心被夹持在菌形连杆小头上，由连杆直接进行驱动(参阅图8－2)。由于连杆菌形小头在运转时将产生摆动运动，以及在排气行程终了时菌形表面与盖板表面之间需留必要的间隙——线性余隙，造成相对余隙往往很大，可达$\alpha=(19\sim25)\%$，故单极压比一般限制在$\varepsilon\leqslant3$。

为了减少菌形小头的摆动量，以减小线性余隙，同时也减小膜片的变形量，机器的曲轴回转半径与连杆长度比一般取$\lambda=\frac{1}{20}\sim\frac{1}{25}$。此种压缩机由于往复质量小，行程短，故机器转速可取的较高，一般可达1500r/min。

因为膜片的强度与刚度均较低，压缩气体时膜片是依靠小头的锥面托住的。菌状小头底圆直径的大小与排气压力有关，排气压力愈高直径应愈大，这是因为底圆与膜腔之间所形成的环形间隙，当气体压出终了时能使膜片形成囊状鼓包、增加余隙容积。

机器的行程与膜腔的直径有关，一般处于$s=14\sim24$mm范围内。因为曲轴回转半径小，$r=7\sim12$mm，所以可作成偏心轮轴。连杆大头轴承采用含油滚动轴承，故机器可以完全不再需要润滑油。

非金属膜片式压缩机膜腔冷却差，压缩指数接近绝热。虽然没有活塞环产生的摩擦损失，但因行程小而膜腔直径大，故连杆受力较同样排气量的活塞式压缩机为大，加之柔性材料的阻尼在变形时也会消耗功，所以机械效率较低。

含油脂滚动轴承在运行中因摩擦产生的热量不易导出，故曲轴箱中常设置专门的风扇，借以鼓风冷却轴承。

由于非金属膜片的强度限制，这类机器最多可制成两级，并且第二级还采用双层膜片。

个别压缩机中采用带菌状头部的挺杆来驱动膜片，此时膜片仅作上下的变形，改善了受力状况。但是，这种结构中挺杆需要导向滑块，即机器需制成类似有十字头压缩机的结构，无疑这使机器结构复杂化，尺寸、重量也要相应增加。

8.2.2 膜腔和菌状小头的设计

(1) 膜腔容积

膜腔和小头的锥度是要同时考虑的。机器一转形成的膜腔容积为两倍锥形体，即

$$V_h = \frac{2}{3}\pi H(R^2 + r_0 + Rr_0) \quad (8-11)$$

橡胶的变形量不宜过大，一般取$\frac{H}{R}=0.08\sim0.10$。r_0与R的关系则比较复杂。

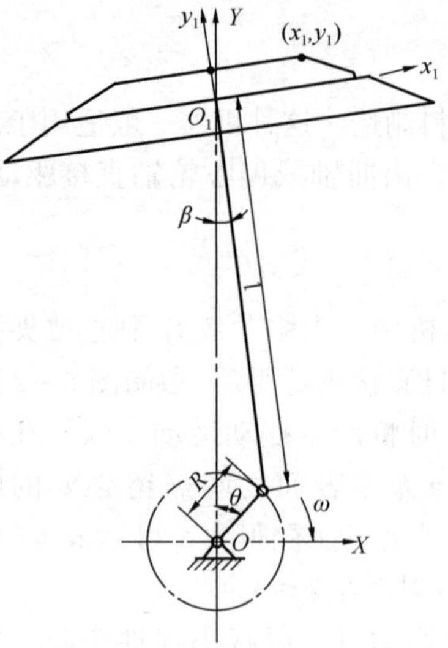

图 8-19　小头运动轨迹计算图

(2) 菌状小头的运动轨迹

假定膜片的中点始终在膜腔的中线上运动，并假定菌状小头在连杆摆动平面内是一个刚性平面$x_1o_1y_1$在另一个物理平面上XOY运动，则刚性平面上任一点$(x_1、y_1)$（参阅图 8-19）的运动轨迹为

$$x = x_1\cos\beta - y_1\sin\beta \quad (8-12)$$

$$y = (y_1 + l)\cos\beta + x_1\sin\beta + R\cos\theta \quad (8-13)$$

因为$\sin\beta = \frac{R}{l}$,又$\lambda = \frac{R}{l}$，于是得

$$\cos\beta = \sqrt{1-\lambda^2\sin^2\theta} \approx 1 - \frac{1}{2}\lambda^2\sin^2\theta$$

代入式(8-12)及(8-13)得

$$x = x_1(1 - \frac{1}{2}\lambda^2\sin^2\theta) - y_1\lambda\sin\theta \quad (8-14)$$

$$y = (1 + y_1)(1 - \frac{1}{2}\lambda^2\sin^2\theta) + x_1\lambda\sin\theta + R\cos\theta \quad (8-15)$$

式(8-14)对θ求导并令其等于零，可得

$$-\lambda\cos\theta(\lambda x_1\sin\theta + y_1) = 0 \quad (8-16)$$

当$\cos\theta=0$时，$\theta=90°$和$270°$，代入式(8-14)后便得

$$x = x_1(1 - \frac{1}{2}\lambda^2 \pm y_1\lambda) \quad (8-17)$$

式(8-17)中$|x| < |x_1|$，故对机器无影响。

当$\lambda x_1\sin\theta + y_1 = 0$时,$\sin\theta = \frac{1}{\lambda} - \frac{y_1}{x_1}$代入式(8-14)得

$$x = x_1[1 + \frac{1}{2}(\frac{y_1}{x_1})^2] \quad (8-18)$$

其值与λ无关，故不成立。

式(8-15)对θ求导并令其等于零，可得

$$-(l+y_1)\lambda^2\sin\theta+\lambda x_1-R\mathrm{tg}\theta=0$$

即

$$\mathrm{tg}\theta=\frac{\lambda x_1-(r+\lambda y_1)\lambda\sin\theta}{R} \quad (8-19)$$

上式需根据 x_1、y_1、R、r 及 λ 值代入式(8-15)便得 y 的极值，并且该值将大于 y_1、l 及 R 之和。

一般，小头是由一个锥圆台的膜片支板和另一个锥圆台的膜片压板所构成，在压缩机运行一圈的过程中，各点完成了一个封闭的曲线的轨迹，如图 8-20 所示，其上极限点的包络线便是所求膜腔盖板的型线。

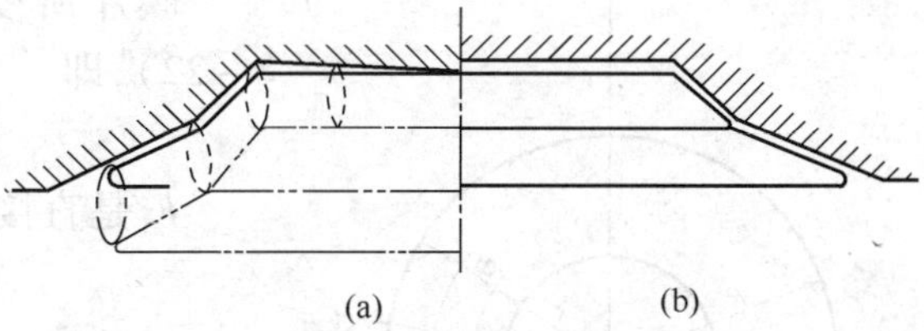

图 8-20　菌形小头运动轨迹及盖板形状

(a)运动轨迹及包络线；(b)盖板简化结构

8.2.3　盖板和小头设计

按照上述型线制造盖板，加工比较困难，所以一般仍是制成由平面和锥面构成的型面如图 8-20(b)所示。

菌形小头的膜片支板和压板可以制成两者锥度相同，也可以不同。压板的小圆直径取决于气阀在盖板平面上所占的位置。小头的锥度约小于盖板的锥度 1°~2°，以防止小头侧倾时碰到盖板，这样自然也使相对余隙容积增加。

压板的厚薄和上底圆直径能影响余隙容积值，图 8-21(b)表示出这种关系。图中示出：在强度和安装允许的条件下，减小上底圆直径有利于减少余隙。

为进一步减小余隙容积，压板和支板可作成椭圆锥形，因为小头做摆动运动时，只有摆动平面内的最外缘干涉最严重，两侧的干涉将逐渐减小。但是，椭圆锥的加工比较困难。

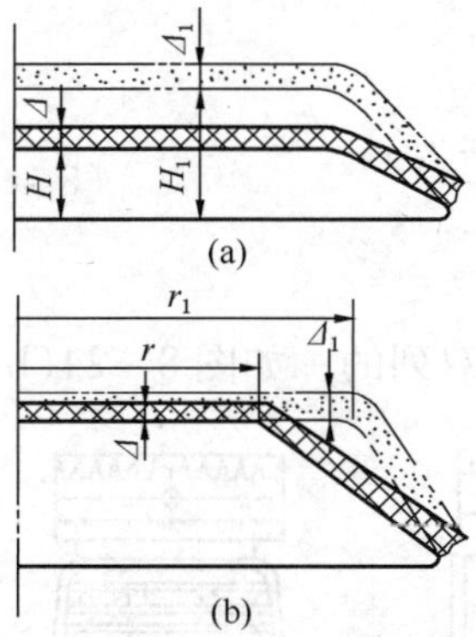

图 8-21　压板尺寸对余隙容积的影响

(a)减薄厚度；(b)减小上底圆直径

8.2.4　膜片材料

现在，膜片大都由人工橡胶制成，为增加强度其中夹有一层纤维夹层。夹层的材料通常用卡普隆绸。膜片厚度一般为 2~3mm。橡胶较易老化，老化过程与温度和压力有关，尤其是温度。高温时橡胶老化过程比常温时快得多；压力能使橡胶产生塑性变形，从而使弹性变差。所以，橡胶中应加入特殊的防老化剂。

膜片的老化过程也即膜片的破坏过程。膜片老化后先产生龟裂，继之折断。

一般膜片的损坏表明，裂纹总是在膜片的最大变形处发生；而折断则是从最大变形处开始，沿锥面的周向发展。

排气压力低的压缩机中，膜片老化并产生塑性变形还表现在气体压力终了时膜片产生鼓包，由此使排气量下降。

膜片的使用寿命一般为 500~1000h，压力低行程小时也可达 2000h。

8.2.5　作用力近似计算

非金属膜片隔膜压缩机中，连杆受力情况比较复杂。这里仅考虑在外止点位置时，连杆上所作用的力。

总地讲，连杆上所受的力有三部分，即气体力、膜片弹力和惯性力。

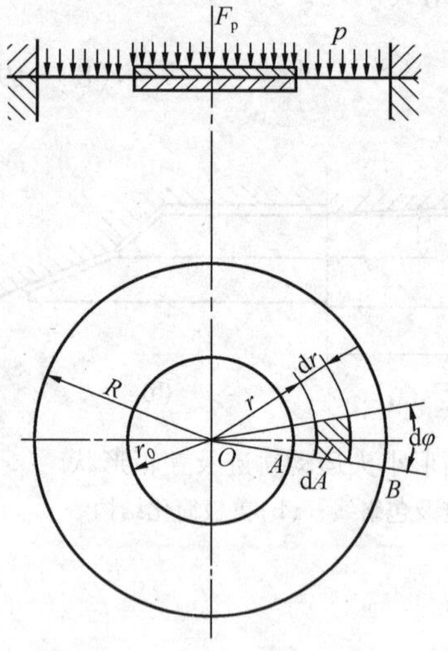

图 8 - 22　气体力计算图

惯性力的计算同于一般活塞式压缩机，所以下面仅讨论气体力和弹力的近似计算。

（1）气体力

膜片所受气体压力的集中力 F_p 由两部分组成(图 8 - 22),即

$$F_P = F_1 + F_2 \tag{8-20}$$

F_1是直接作用在膜片上的力，其值为

$$F_1 = \pi r_0{}^2 \Delta P \tag{8-21}$$

F_2是作用在膜片上的力，它一部分作用在连杆上，一部分作用在机身上。

$$F_2 = \frac{\pi}{3}\Delta p(R^2 + Rr_0 - 2r_0^2) \tag{8-22}$$

所以，
$$F_P = \frac{\pi}{3}(R^2 + Rr_0 + r_0^2)\Delta p \tag{8-23}$$

在隔膜压缩机中，r_0 之值是变化的，当外止点位置时其值即为小头锥台底圆的半径 R。

（2）弹性力

半径为$(R+r_0)/2$ 处作用的弹性力为

$$F = \pi(R + r_0)h\frac{\sqrt{H^2 + (R - r_0)^2}}{R - r_0}E\frac{\sqrt{H^2 + (R - r_0)^2} - (R - r_0)}{R - r_0} \tag{8-24}$$

外止点处的弹性力(见图 8 - 23)

$$F = \pi E(R + r_0)hH\frac{\sqrt{H^2 + (R - r_0)^2} - (R - r_0)}{(R - r_0)^2} \tag{8-25}$$

8.2.6　典型结构示例

橡胶隔膜压缩机可以制成单列的，如图 8 - 24(a)；也可制成双列的，如图 8 - 24(b)。

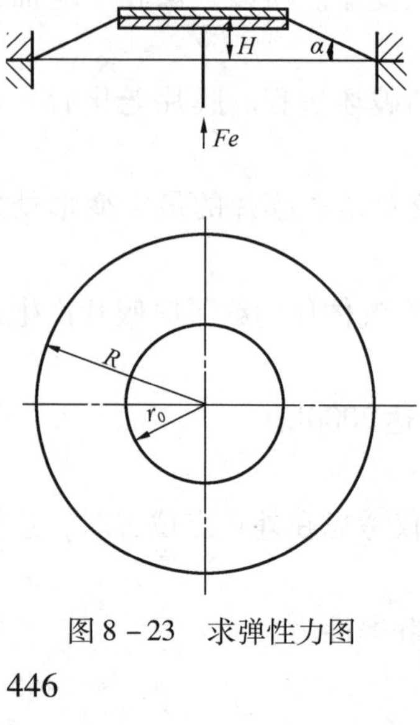

图 8 - 23　求弹性力图

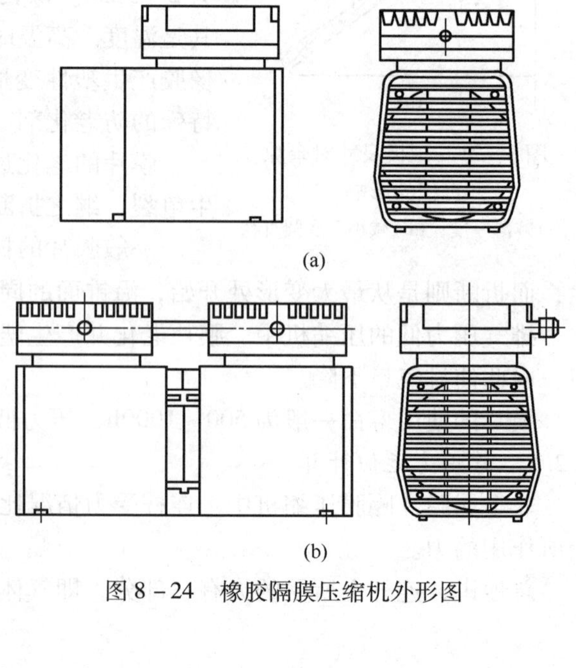

图 8 - 24　橡胶隔膜压缩机外形图

大多数压缩机由专用电机驱动，电机壳体与压缩机构成整体，主轴上装有偏心轮，这样使结构极为简单。

图 8－25 所示为前苏联生产的非金属隔膜压缩机。它由通用的法兰电动机驱动。连杆菌状头部的压板和支板锥度相同，因此盖板的加工比较方便。进气阀配置在盖板的中央，排气阀配置在侧面。盖板上设有一个排气腔，起贮气器的作用，但排出的高温气体贮留在盖板上面能加热进气，并使膜腔的冷却恶化。

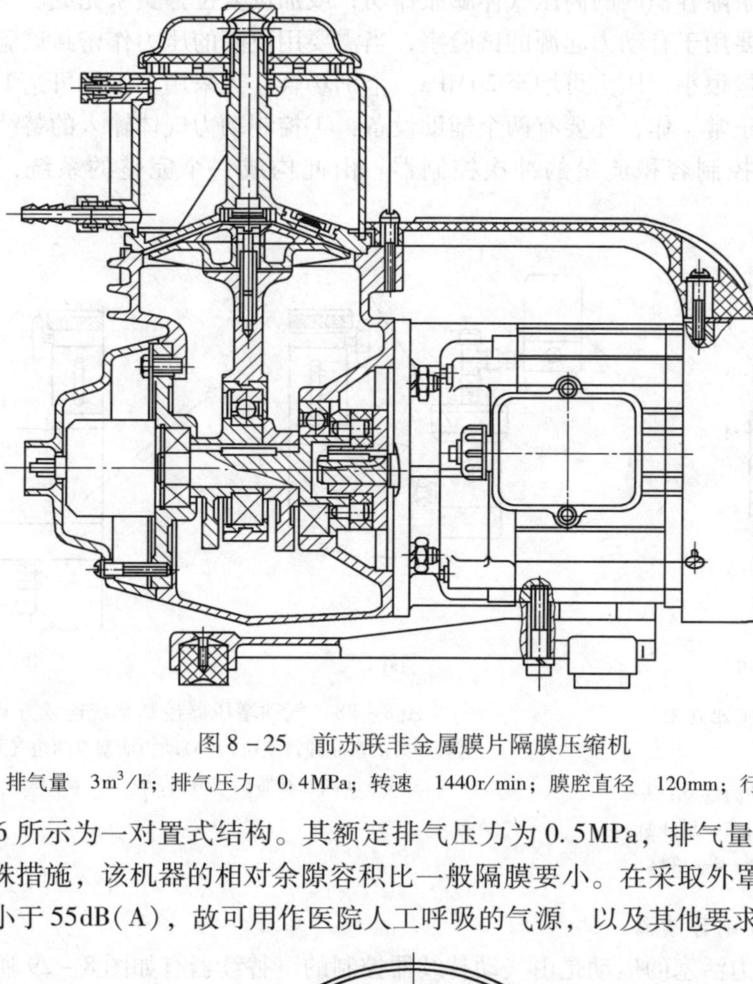

图 8－25　前苏联非金属膜片隔膜压缩机

注：排气量　$3m^3/h$；排气压力　0.4MPa；转速　1440r/min；膜腔直径　120mm；行程　24mm。

图 8－26 所示为一对置式结构。其额定排气压力为 0.5MPa，排气量为 $5m^3/h$。由于采取了一些特殊措施，该机器的相对余隙容积比一般隔膜要小。在采取外罩式的消声结构后，机器的噪声小于 55dB(A)，故可用作医院人工呼吸的气源，以及其他要求低噪声的场合。

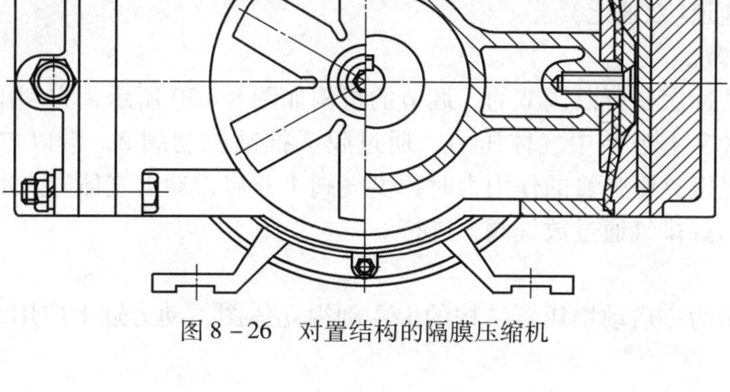

图 8－26　对置结构的隔膜压缩机

8.3 气体增压器

8.3.1 气体增压器基本结构与工作原理

气体增压器(pressure intensifer)是利用已有压力的气体作为动力，用来把气体增压至更高压力。图 8-27 所示为气体增压器的基本结构，工作时，动力气体自通道 1 进入动力缸 3，并推动动力活塞 2 及与之相连接的增压器活塞 4，使增压缸 5 中的气体受压缩，活塞的回程可由增压缸中余隙容积内的高压气体膨胀作功，或加设复位弹簧来完成。

这种增压器主要用于有动力起源的试验室，当需要用更高的压力作密封试验或吹除等情况时。一般处理气量很小，压力可增至 20MPa。个别场合，当采用多级时可达 170MPa。

气体增压器要正常工作，还要有两个辅助设备：①控制动力气体输入的替续器；②控制增压活塞冲次，即控制容积流量的冲次控制器。由此构成一个完整的系统，如图 8-28 所示。

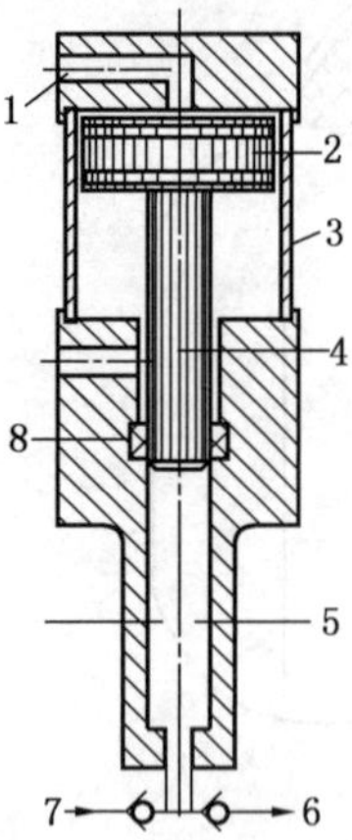

图 8-27 气体增压器基本结构组成

1—动力气体通道；2—动力活塞；3—动力缸；4—增压器活塞；5—增压缸；6—排气阀；7—进气阀；8—填料

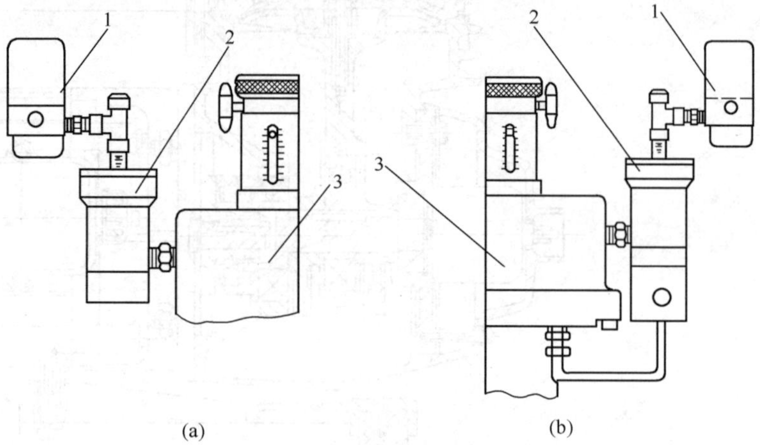

图 8-28 气动增压器控制系统连续方案

(a)动力活塞靠弹簧复位；(b)动力活塞靠两边气力工作

1—冲次控制器；2—替续器；3—动力缸

8.3.2 动力活塞控制替续器

动力缸中，动力活塞的运动是由气动替续器控制的。替续器有如图 8-29 所示的两种结构，图(a)为动力活塞依靠恢复弹簧回程的结构，工作气体仅通至该活塞驱动侧，回程时工作气体成为乏气排出；图(b)为动力活塞依靠工作气体通入该活塞回程侧，故工作气体至动力缸有两条供应通道(双通道)。

8.3.3 冲次控制器

气力增压器的冲次是可以调节的，调节的机构如图 8-30 所示，它利用针阀 1 升程的大小来控制导入膜片 7 上方腔中气体压力，通过膜 7 推动控制阀 2，借以控制进入的动力气体，当压力达到足以克服弹簧的作用力时，供气阀 4 开启，动力气体导入动力缸，同时通入控制通道中，动力缸排气通过放气阀 3 进行。

8.3.4 结构示例

图 8-31 所示为一启动增压器结构的 1/4 剖视立体图，动力缸 1 应用复位弹簧 3；顶部

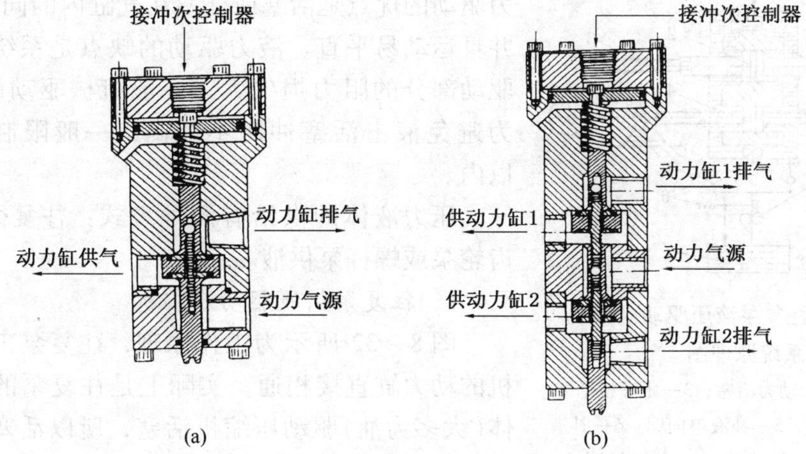

图 8－29　动力活塞替续器

(a)动力活塞靠弹簧回程(单通道)；(b)动力活塞靠工作气体回程(双通道)

的行程调节器 11 中，依靠旋转顶部螺钉，可以调节活塞行程，并有一锁紧螺钉与行程指示标尺。其余各零件在图中清晰可见。此类结构的动力分析可参考上述两节进行，比较简单。

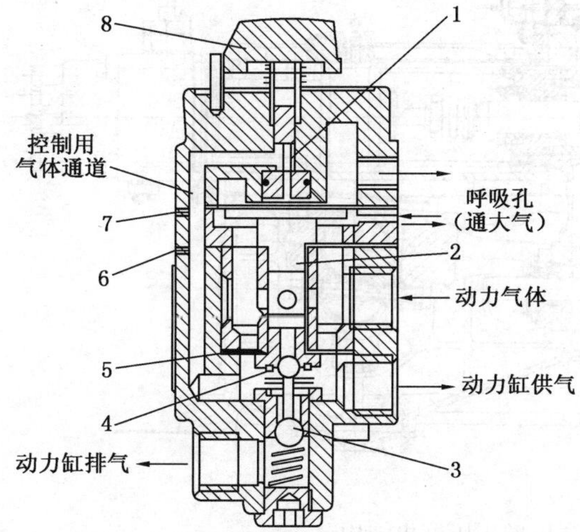

图 8－30　冲次控制器

1—针阀；2—驱动活塞；3—放气阀；4—供气阀；5、6、7—膜片；8—旋扭

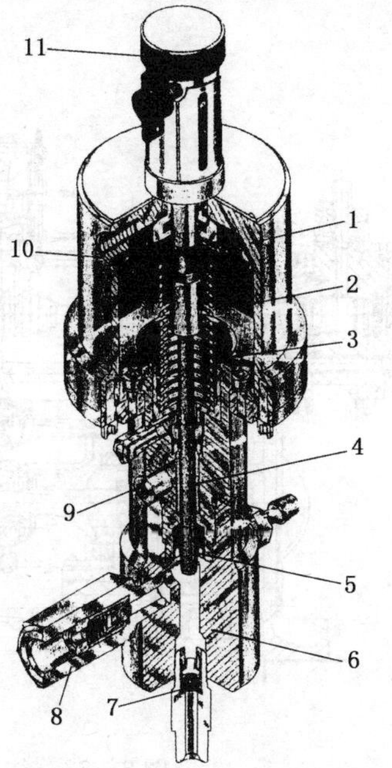

图 8－31　气动增压器剖视图

1—动力缸；2—动力活塞；3—复位弹簧；4—增压柱塞；5—填料；6—增压缸；7—进气阀；8—排气阀；9—泄漏排出口；10—动力气入口；11—调节行程机构

8.4　液力驱动增压压缩机

容积流量小的高压或超高压增压压缩机，难以使用曲柄连杆机构或其他方式驱动活塞工作，并且他们又往往应用于特殊场合，仅为一、两台的单件产品，此时可采用液力驱动。液

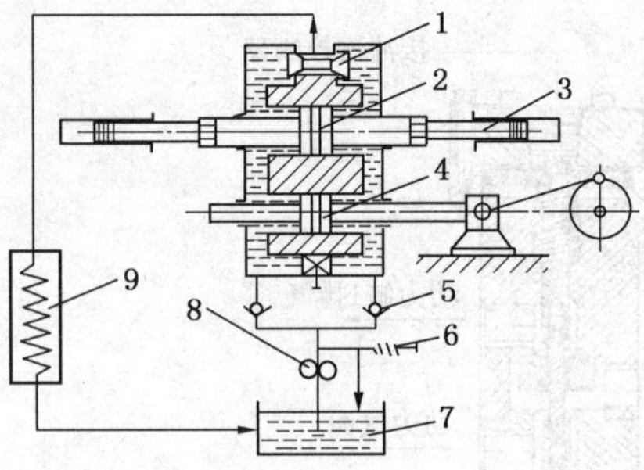

图 8 - 32　往复泵液压驱动压缩机系统原理图

1—放液阀；2—动力活塞；3—压缩机活塞；4—往复泵活塞；5—补液单向阀；6—补液调节阀；7—贮液槽；8—补液低压齿轮泵；9—油冷却器

力驱动的优点是活塞或柱塞在气缸内的同心度易保证，并且运动易平直。液力驱动的缺点是系统复杂，液力驱动部分的阻力损失大于一般机械驱动的机械损失，为避免液击活塞冲次不能高，一般限制 100 次/min 以内。

压力液体的供给有两种方式：往复泵同步供液；齿轮泵或螺杆泵供液。

8.4.1　往复泵供液驱动压缩机

图 8 - 32 所示为工作原理，往复泵工作腔与压缩机的动力缸直接相通，实际上是往复泵的活塞通过液体(大多为油)驱动压缩机活塞，所以活塞的工作与泵同步。每一冲次中应补给一定油量，把油置换出来进行冷却。

图 8 - 33 所示为往复泵液力驱动压缩机的结构图。图中示出往复泵的连杆很长，泵缸置于泵十字头与机身之间，其目的是使十字头所受的侧向力减少，使活塞杆的运动平稳；液泵为贯穿活塞杆以使泵两边工作容积相等。

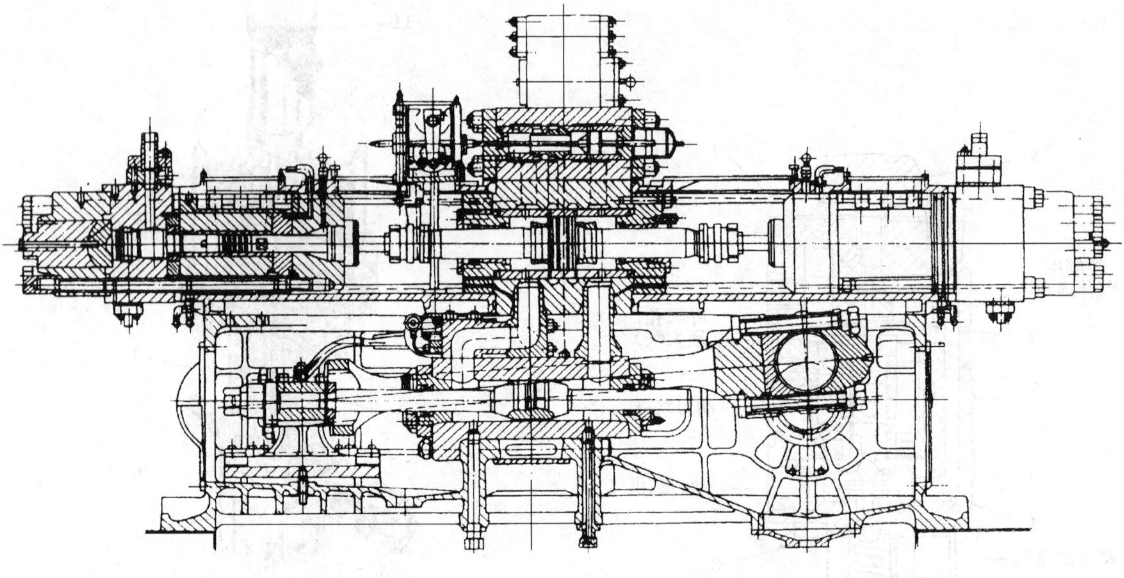

图 8 - 33　往复泵液力驱动超高压增压压缩机结构

中部为对置式的两个气缸，柱塞为活塞，用来压缩乙烯气体，进气压力为 200MPa，排气为 360MPa。上部为控制滑阀，用于释放动力液缸中的油。滑阀由压缩机活塞杆通过杠杆驱动。此种结构可做成多列，功率可达 4500kW。

8.4.2　回转泵液力驱动压缩机

图 8 - 34 所示为回转泵液力驱动的压缩机结构，动力缸配置在中部，对置的两个增压缸在动力缸两端。压缩机进气压力 40MPa，排气压力为 150MPa，柱塞行程 $S = 180$mm，直径 $d = 30$mm，活塞冲次为 80l/min。动力缸由两台压力为 2MPa 的螺杆泵供油。

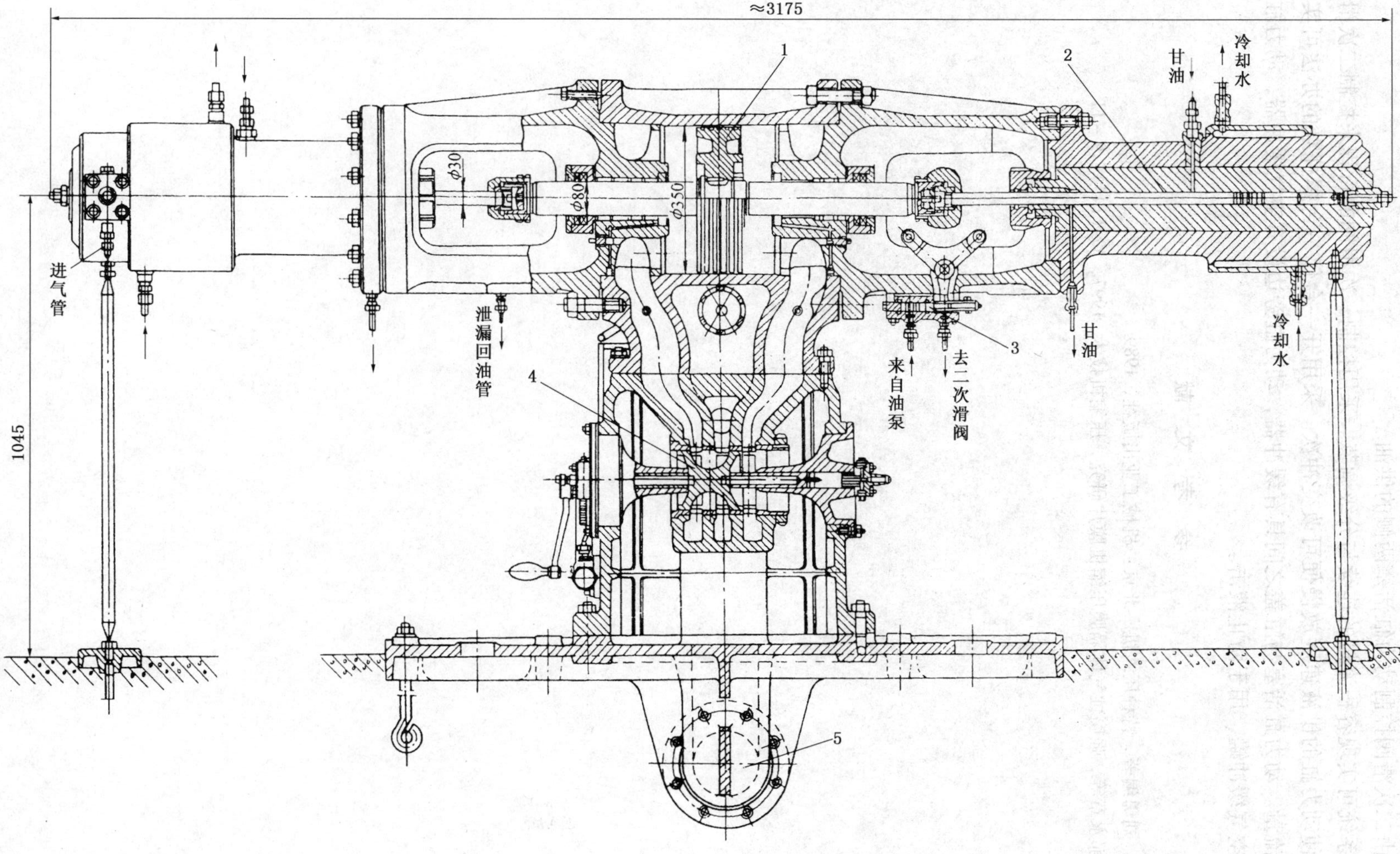

图 8-34　螺杆泵液力驱动增压压缩机结构

1—动力缸；2—增压气缸；3—一次滑阀；4—二次滑阀，5—液体进口压缩机运行时由图中右边中体上的一次滑阀被活塞杆驱动而往复运动，控制油推动二次滑阀，再由二次滑阀控制动力缸活塞两侧的供油。

此种系统可实现容积流量的连续与分级调节。采用控制一次滑阀的行程来控制二次滑阀的位置，使动力缸的供液速度放慢便可改变冲次。采用开一台停一台螺杆泵的办法可实现50%容积流量。动力缸活塞与缸盖之间具有缓冲器，动力缸旁边设有空气缓冲器，动力缸旁边还设有空气缓冲罐，用于防止液击。

参 考 文 献

1 郁永章，刘勇编著．特种压缩机．北京：机械工业出版社，1989

2 李云，郁永章等．强腐蚀气体隔膜压缩机膜片研究．压缩机技术．1997，Vol(145)：9－11

9 螺杆压缩机

螺杆压缩机有双螺杆压缩机和单螺杆压缩机两种结构形式。与相同参数的往复式压缩机相比，其结构较简单、运行较可靠、体积小、重量轻、动力平衡性好、压力脉动小。螺杆压缩机的热效率较低，能实现的排气压力也不高。虽说有资料宣布其最高排气压力已可达10MPa，但目前大都小于4.5MPa，并且普遍使用的排气压力在1.5MPa以下。此外，螺杆压缩机主要零部件的精度远较往复式压缩机高，其价格也高于往复压缩机。双螺杆压缩机可做成工作腔无油的干式运行结构，也可做成向工作腔喷油(或其他液体)的湿式运行结构。而单螺杆压缩机目前仅能做成向工作腔喷油或喷水的湿式结构。在我国，双螺杆压缩机的最大容积流量已达600m³/min，而单螺杆压缩机尚无超过100m³/min，有关两种压缩机的优缺点比较，在本章最后一节中叙述。单螺杆压缩机(Singl screw compressor)在我国JB/T 2589—1999(3.4)中称为蜗杆压缩机，本章仍按国内外习惯称呼。

9.1 单螺杆压缩机

9.1.1 工作原理及结构特点

1955年英国人古德伊尔(J. W. Goodyear)申请的一种"压能变换装置"的专利获得批准，该装置可用作泵、压缩机、风机、转子发动机和液压马达等。1960年法国人辛麦恩(B. Zimmern)在此基础上提出了单螺杆压缩机的结构，约于20世纪70年代开始正式投产。这种压缩机仅具有一根螺杆，因此通常被称作单螺杆压缩机，其主机的典型结构如图9-1所示。

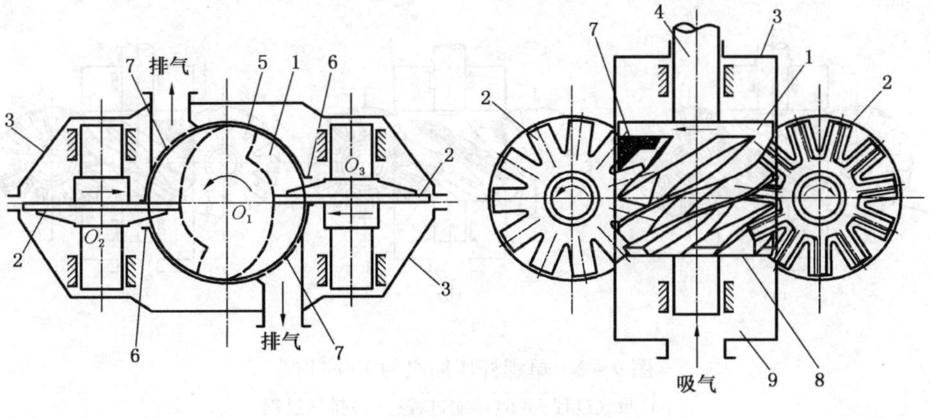

图9-1　单螺杆压缩机主机简图

1—单螺杆转子；2—星轮；3—机壳；4—主轴；5—气缸；6—孔槽；7—排气孔口；8—转子吸气端；9—吸气腔

目前单螺杆压缩机已成功应用于空气压缩、石化、制冷等多个领域，但都需进行润滑，其方式也已开发出喷油、喷水和喷制冷剂等。在我国，目前也有数家公司能生产多种系列的单螺杆空气压缩机供应国内外市场。

单螺杆压缩机容积流量在1～100m³/min，最高压力可达6MPa。

(1) 工作原理

图9-1为单螺杆压缩机简图。在单螺杆1两侧的同一水平面内对称地配置两个与螺杆

齿槽相啮合的星轮2(星轮与螺杆呈右旋配置)。螺杆1、星轮2分别在气缸5、机壳3内作旋转运动。类似于蜗轮蜗杆之间的啮合关系，螺杆轴与星轮轴在空间相互垂直，通常将一根螺杆和一个星轮称为一对啮合副；但单螺杆压缩机中有对称的方向相反的一对星轮。气体由吸气腔9进入螺杆齿槽空间，经压缩后，从开设在气缸上的排气孔口7流出。在排气端，螺杆主轴4外伸端通过弹性联轴节与原动机相连。

螺杆在高压端留有一段整圆柱段，圆柱段与气缸间的间隙很小以密封螺杆齿槽内的高压气体。流经该圆柱段与气缸间的泄漏气体，能通过气缸上适当位置处的一通道引回吸气腔，这就使作用在螺杆两端的轴向气体力得以平衡。

单螺杆压缩机的工作原理和其他容积型压缩机相仿，其基元容积是由齿槽、气缸及星轮所围成。在啮合过程中，星轮齿转动方向的前、后侧面与齿槽的前、后侧面接触，星轮齿顶则与螺杆齿槽底面接触。这样，处于啮合状态的星轮齿、螺杆齿槽以及机壳构成封闭的基元容积。当螺杆与星轮按照固定转速比运动时，这一基元容积作周期性地扩大与缩小，实现压缩气体的基本过程：吸气、压缩和排气。如果把螺杆齿槽看成为活塞式压缩机的气缸，星轮齿则可看成活塞，故星轮齿与螺杆齿槽相互啮合运动时，相当于活塞沿气缸作往复运动。单螺杆压缩机的工作过程如图9－2所示，分为以下三个过程：

① 吸气过程　在如图9－2(a)所示位置，螺杆吸气端的齿槽1、2及3均与吸气腔相通，此时齿槽1、2与3均处于吸气过程。随着螺杆的转动，齿槽内与吸气腔相通的空间逐渐扩大，如图9－2(a)齿槽1至齿槽3所示。当螺杆继续旋转，到达一定位置时，星轮齿啮入螺杆，齿槽空间被与之相啮合的星轮齿遮住，齿槽、星轮齿及气缸之间形成基元容积，与吸气腔断开，吸气过程结束。

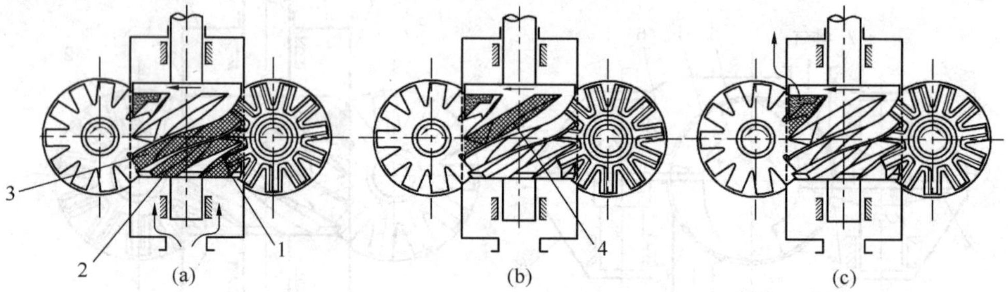

图9－2　单螺杆压缩机的工作过程

(a)吸气过程；(b)压缩过程；(c)排气过程

② 压缩过程　吸气过程结束后，螺杆继续转动，随着星轮齿沿齿槽的推进，基元容积逐渐缩小，气体被压缩，如图9－2(b)中齿槽4所示，直到基元容积与排气孔口相连通的瞬时为止。

③ 排气过程　当基元容积与排气孔口相连通后，由于螺杆的继续转动，基元容积进一步缩小，气体通过排气孔口被“挤出”至排气管道，直至星轮齿脱离齿槽时排气结束，如图9－2(c)所示。

图9－3表示基元容积V、压力p随星轮转角α_2的变化关系。图中，p_s为吸气压力；p_d为排气压力；V_s为刚被封闭的最大基元容积；V_p为排气开始时的基元容积；α_{in}为星轮齿啮

入齿槽形成基元容积时的转角；α_{out} 为星轮齿完全脱离齿槽时的转角。

(2) 单螺杆压缩机的结构特点

① 受力平衡性好。单螺杆压缩机，螺杆转子上设置有两个对称的星轮，其与螺杆构成的两个压缩腔在圆周上对称布置，故螺杆上的径向力完全平衡。在螺杆轴向，螺杆转子上的排气端在转子外径上设置密封，排气端的转子端面上作用的是进气压力，故轴向力也平衡。

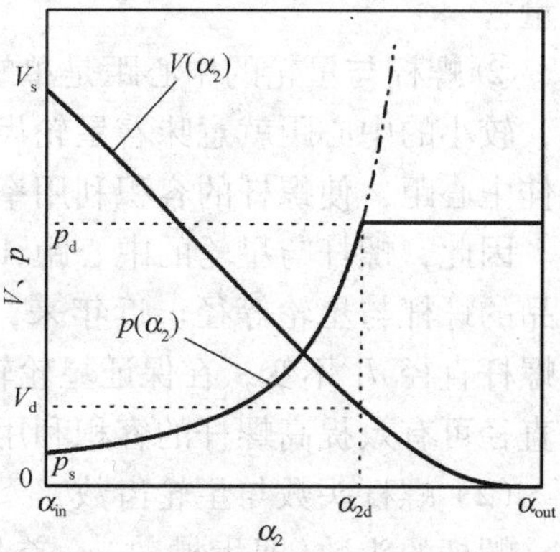

图 9-3　基元容积 V、压力 p 与星轮转角 α_2 的关系

对于星轮的受力，如图 9-2(a) 中的左侧星轮，其所受的轴向力来自伸入齿槽内的星轮齿上、下面的气体压力差。这个压力差即造成了星轮的轴向受力，也形成了星轮的弯矩。但是，由于伸入齿槽中的星轮齿面积较小，产生的作用力也相当小。

② 单机容量大，结构紧凑。与其它回转式压缩机类似，单螺杆压缩机的排气压力由排气孔口大小和位置决定，不需设置进排气阀门，结构简单。通常的单螺杆压缩机，一个螺杆上布置有 6 个齿槽，螺杆每转动一周，每个齿槽基元容积均输气两次，且单螺杆压缩机的转速可以设计得较高，一般在 3000r/min 以上。这就使得基元容积的利用频率很高，相对于其它种类的压缩机，可以明显地减小压缩机的尺寸。一般情况下，单螺杆压缩机的尺寸和重量比同流量的双螺杆压缩机略小。

③ 无余隙容积，容积效率高。在排气过程中，只有星轮齿与齿槽之间的间隙内的气体未被排出，此间隙的容积相对于排气量可以忽略，所以单螺杆压缩机几乎没有余隙容积。

单螺杆压缩机星轮齿与螺杆齿槽之间，齿槽与机壳之间，以及星轮齿与机壳之间的泄漏间隙小。采用喷液的冷却和润滑方式可以使泄漏间隙中的气体泄漏显著减少。

④ 噪声低，振动小。如图 9-1 所示，单螺杆压缩机螺杆一般都设有 6 个齿槽，且每个螺杆与两个星轮配置，这样螺杆转子每转一转，基元容积完成 12 次吸、排气。当电机转速相同时，单螺杆压缩机每分钟的排气次数为双螺杆式的两倍多，这使单螺杆压缩机的排气脉动小，噪声低。

单螺杆压缩机的主要缺点是星轮与螺杆组成的啮合副之间的配合间隙和位置精度要求高。现今的螺杆加工工艺主要采用单刀低速车削的方法，加工的效率低下，期待发展高速铣削和磨削的加工手段。

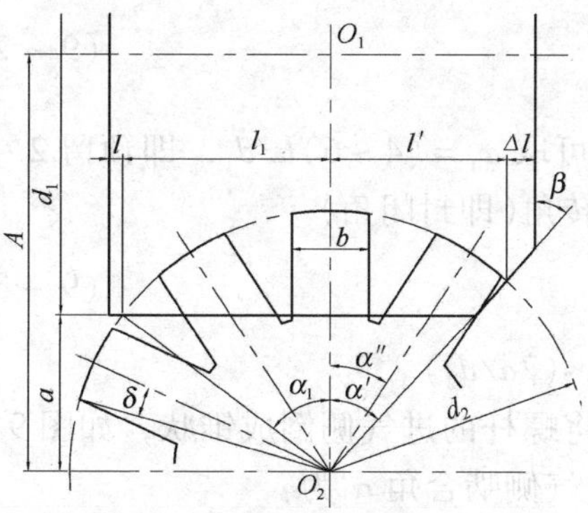

图 9-4　单螺杆压缩机啮合副的几何关系

9.1.2　基本结构参数

单螺杆压缩机的基本结构参数如图 9-4 所示，主要有螺杆直径、星轮直径、螺杆与星轮的中心距、螺杆头数、星轮齿数、星轮齿宽、螺杆的轴向长度、封闭角、啮合角等，进排气孔口也是压缩机结构内容。

(1) 螺杆和星轮的直径以及中心距

螺杆和星轮的直径设计所考虑的问题是：

① 螺杆和星轮直径的大小取决于压缩机的排

气量；

② 螺杆与星轮的中心距是单螺杆压缩机的重要结构参数。给定螺杆和星轮直径的情况下，较小的中心距就意味着星轮齿较长，或者螺杆的齿槽较深，但齿宽则变小。故存在一个最佳中心距，使螺杆的容积利用率最高。另外，星轮齿过长会使星轮装入螺杆齿槽时发生困难。因此，螺杆与星轮的中心距 A 一般取螺杆直径 d_1 的 0.8 倍左右。过去的单螺杆压缩机产品的螺杆与星轮等径。近年来，星轮直径相对螺杆的比值有增大的趋势。保持中心距 A 和螺杆直径 d_1 不变，在保证星轮轴承受力不致过大、螺杆刚度合适的前提下，适当增大星轮直径可有效提高螺杆的容积利用率，一般取星轮与螺杆的直径比为 1 ~ 1.1。

（2）螺杆头数与星轮齿数

螺杆的头数(即齿槽数) z_1 首先与容积利用率相关。头数越多，槽肋占据的空间越大，螺杆的容积利用率下降。为使螺杆受力平衡，其头数一般取为偶数。因星轮由螺杆驱动旋转，应使同时处于啮合状态的星轮齿数大于 1，故螺杆头数应大于 2。鉴此，$z_1 = 4$ 和 $z_1 = 6$ 是可以采用的螺杆头数。

星轮齿数 z_2 与螺杆头数 z_1 应互为质数，以便星轮齿与齿槽交替啮合。这样，齿槽与星轮齿之间没有特殊的配对要求，便于安装和加工；交替啮合可使磨损后的星轮齿与齿槽之间间隙均匀。选取较少的星轮齿数可减小星轮与螺杆的中心距，从而缩小机器外形尺寸。但中心距过小，将导致没有空间布置星轮轴。

综合考虑上述因素，当螺杆头数 $z_1 = 4$ 时，星轮齿数应取为 7；当螺杆头数 $z_1 = 6$ 时，星轮齿数一般取为 11。目前大部分机器都采用 $z_1 = 6$，$z_2 = 11$ 的组合，一般称其为标准组合，并定义齿数比为

$$\varepsilon = \frac{z_2}{z_1} \tag{9-1}$$

（3）啮合角

星轮齿从啮入螺杆齿槽开始到完全脱离齿槽止，星轮所转过的角度称为啮合角 α_t。啮合角小，则最大基元容积小，容积利用率低。啮合角过大，则有可能在同一齿槽中出现两个基元容积的情况，即由于两个星轮与螺杆呈中心对称布置，当齿槽的进气端与星轮齿封闭形成最大基元容积时，其另一端必须已经脱离另一星轮的星轮齿。这相当于星轮齿从形成最大基元容积至脱离齿槽，螺杆齿槽排气端恰好转动至另一星轮所在平面，即螺杆转动 180°。为预留星轮齿空间、装配空间以及密封长度，啮合角通常可由下式确定，即

$$\alpha_t = \frac{\pi - \varphi_t}{\varepsilon} \tag{9-2}$$

式中：φ_t 为预留装配空间及密封长度所需的螺杆转角，可取 $\varphi_t = (4 \sim 6)h/d_1$，即预留 2 ~ 3 个星轮厚度 h 的空间。这样，应使星轮齿封闭齿槽时的转角(即封闭角)

$$\alpha'' = |\alpha_l - \alpha_t| \tag{9-3}$$

其中，α_l 为星轮齿刚好完全脱离齿槽时的转角，$\alpha_l = \arccos(2a/d_2)$。

为避免提前形成封闭容积，并增加轴向进气面积，将螺杆的进气侧倒成锥状，如图 9 - 4 中倒角 β 所示，通常取 $\beta > \alpha''$。根据几何关系，螺杆进气侧啮合角 α' 为

$$\alpha' = \arcsin\left[\frac{b\cos\beta - 2a\sin(\beta - \alpha'')}{d_2\cos\alpha''}\right] + \beta \tag{9-4}$$

（4）星轮齿形状与齿宽

星轮齿一般为等宽齿形，顶部为圆弧形。星轮齿亦可设计成倒梯形，即齿顶的齿宽比齿根的齿宽小，但这使螺杆的容积利用率降低。如无特殊说明，本文所指均为等宽齿形。

星轮齿宽 b 的大小与螺杆齿槽容积及槽肋的厚度相关。为提高容积利用率增加齿槽容积，则应增大星轮齿宽 b。但螺杆槽肋厚度相应减小。为保证齿槽与齿槽之间的气密性及槽肋的强度，与星轮齿根部啮合时的槽肋最小轴向厚度 Δb 不可过小，通常取

$$\Delta b = \xi d_1 \tag{9-5}$$

式中 ξ 为齿宽系数。计算及试验表明，Δb 应不小于 2 ~ 3mm 方可满足要求。一般，$\xi = 0.014 \sim 0.025$，d_1 越大，ξ 取值越小。

根据星轮齿与螺杆齿槽之间的几何关系，有

$$b = 2a\sin\frac{\gamma}{2} - \Delta b\cos\frac{\gamma}{2} \tag{9-6}$$

式中 a 为星轮轴线至螺杆外缘的距离，星轮分度角 $\gamma = 360^\circ/11 \approx 32.73^\circ$。

（5）螺杆轴向尺寸

螺杆排气侧轴向长度为

$$l_1 = \frac{d_2}{2}\sin\alpha_1 \tag{9-7}$$

式中排气侧啮合角 $\alpha_1 = \alpha_l - \delta$，齿宽半角 $\delta = \arcsin(b/d_2)$，如图 9－4 所示。

由于进气端倒一锥角 β，螺杆进气侧的轴向长度 l' 小于 l_1，有

$$l' = \frac{d_2}{2}\sin\alpha' \tag{9-8}$$

螺杆进气侧端面与进气口的轴向距离为 Δl。减小进气端口流动阻力，Δl 可取为 0。

螺杆排气侧设一段圆柱形密封段，以防止或减少齿槽内高压气体的泄漏，其轴向长度可取为

$$l = (0.1 \sim 0.15)d_1 \tag{9-9}$$

螺杆总轴向长度 L 为

$$L = \Delta l + l' + l_1 + l \tag{9-10}$$

（6）进气孔口

进气孔口的形状如图 9－5 所示，上半个气缸中有一条螺旋形的台阶，台阶以上的凹进部分（占上半部缸筒面积）就是径向吸气孔口，其筒体内壁与螺杆外径壁面之间有 5mm 以上的距离，用于进气沿周向通流。

螺旋形斜边的形状与螺杆齿槽外径上的轮廓线相同，螺旋形斜边的位置是根据基元容积吸气刚刚结束，后侧齿槽被啮入星轮齿封闭时刻，其后侧齿槽外径上的螺旋线位置来确定，亦可称为封闭螺旋线。一般来说，缸体上的螺旋线斜边棱缘略超前一点临界封闭时刻的螺杆齿槽外径轮廓线。

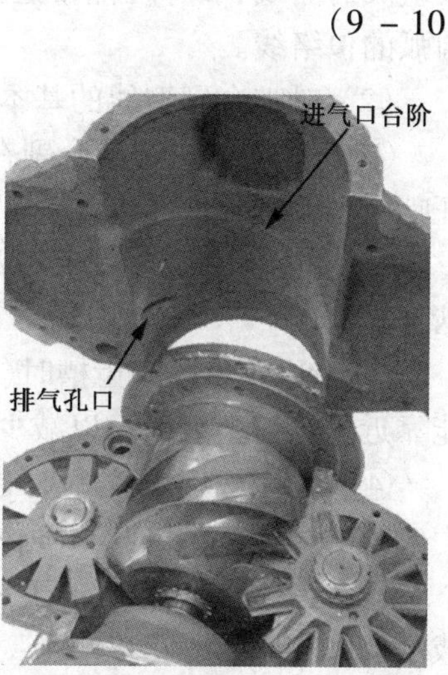

图 9－5　单螺杆压缩机和拆开的气缸结构

（7）排气孔口

排气孔口的形状见图 9－5 中开拆的气缸内腔左下角处的三角形孔口。排气孔口螺旋形斜边的形状开始排气时螺杆

齿槽外缘螺旋线重合。排气孔口的螺旋形斜边的位置是由压缩机的进、排气压力比决定的，进排气压力比越大，排气孔口螺旋形斜边越靠近螺杆的排气侧。封闭螺旋线和排气孔口形状按照螺杆的型线设计确定。

9.1.3 啮合副型线

（1）啮合副型线的定义

广义的啮合副型线，指两个互相啮合或连续变位共轭接触的几何轮廓在某特征截面上的轮廓线型，或者说啮合副型面上的特征线。例如，一对轴线平行的圆柱齿轮或一对螺杆上相互啮合的两个齿面，它们各自的型线指齿轮或螺杆柱体在横截面上的轮廓线及其数学描述。

对于单螺杆压缩机啮合副，它是由一根螺杆转子和两个与其轴心对称的星轮构成的，星轮轴线与螺杆轴线垂直，它们的型线至今仍没有严格的定义。例如，通常所说的“直线包络型线”，“圆柱包络型线”或“圆柱二次包络型线”，实际是对啮合副成型方法的描述。对于结构简单的星轮齿面，这样称呼和区分不至引起误解。但随着技术的发展，有更多形状复杂的啮合副型线将会面世，需要有较严格的、能区分复杂啮合型线特征的型线定义。故对单螺杆啮合副，定义啮合型线如下：

单螺杆齿槽面型线——星轮齿面给定的点或曲线在与单螺杆转子齿面啮合滑动过程中，在转子齿面上所留下的接触轨迹称为单螺杆齿面型线，亦即螺杆齿槽面上的螺旋形母线族。

星轮齿面型线——星轮齿面的任一半径处的截面轮廓曲线称为星轮齿面型线。

由于一个齿的两侧型线可能不同，给出齿前侧与齿后侧的定义：

对任意一个星轮齿，沿星轮的旋转方向，处在前面位置的齿面称齿前侧面，处在后面位置的称齿后侧面。相应地，对任意一个螺杆齿槽，与星轮齿前侧相啮合的齿槽侧面称为槽前侧面，与星轮齿后侧啮合的齿槽侧面称为槽后侧面。

由上述的定义出发，传统的“直线包络型线”可以描述为星轮齿型线是星轮齿径向横截面上有拐点的折线，且这些拐点在齿面径向的包络直线上。螺杆的齿面型线是由星轮齿面型线——折线对螺杆包络形成的螺旋形曲线，它需要用数学方程来描述。

传统的“(单)圆柱包络型线”可以描述为星轮齿面型线是由一段圆弧与该圆弧两端切线段组成的曲线；螺杆齿槽的型线为圆弧 + 两切线组成的曲线对螺杆包络形成的曲线，实际为圆弧的包络线。

（2）对啮合副型线的基本要求

① 型线应能保证啮合副在任意一个啮合周期内，星轮齿周边的接触线始终连续，以保证啮合副的密封性；

② 星轮齿面啮合线上有尽可能多的点能与螺杆齿面发生滑动啮合，避免单点长时间啮合；

③ 当星轮齿脱离齿槽时(在螺杆排气端)，星轮齿面上的接触线(沿星轮齿径向)应尽可能靠近星轮齿上表面，以减少齿侧面径向泄漏的三角形面积；

④ 星轮齿型线能与螺杆齿槽型线沿相互运动方向形成较长、角度较小的楔形，以利动力液膜的产生，如图 9-6 所示；

⑤ 型线应具有良好的工艺性能，即啮合副的加工时间短，易保证高加工精度和低加工成本。

（3）型线与气密性

单螺杆压缩机的泄漏通道如图 9-7 所示：星轮齿顶与齿槽底面之间的间隙 L1；星轮齿

前侧、后侧与齿槽之间的间隙 L2、L4；星轮齿前、后侧，齿槽侧面及气缸围成的径向泄漏孔 L3、L5；星轮上表面与气缸之间的间隙 L6；齿槽前后侧外缘与气缸内壁面之间的间隙 L7、L8；齿槽排气端外缘与气缸内壁面之间的间隙 L9。图中，箭头所指方向为泄漏时流体的流动方向。

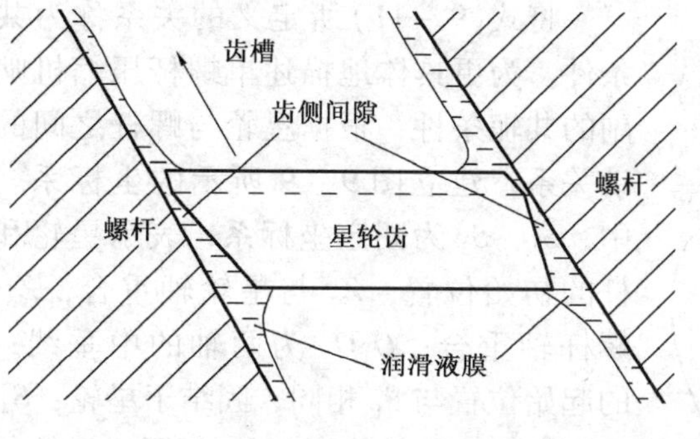

图 9-6　星轮齿与齿槽的啮合型线与齿间液膜

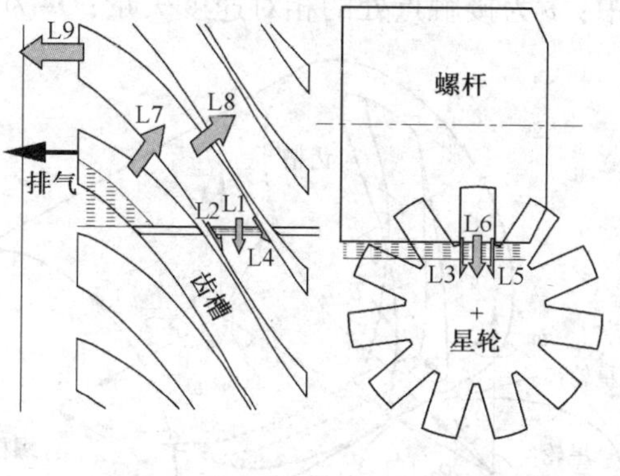

图 9-7　泄漏通道的方位分布

尽管单螺杆压缩机中存在 9 处泄漏通道，但每个泄漏通道的泄漏对容积效率的影响程度不一，如图 9-8 所示。减小间隙有助于提高其密封性，但是同时增大了摩擦副之间的液膜阻力。考虑到热膨胀和其他因素工艺因素的影响，星轮与齿槽之间的单边间隙控制在 0.02 ~0.10mm 之间是比较合适的，大型机取较大的间隙值。

与啮合副型线密切相关的泄漏通道是 L1 ~ L5。啮合副型线的设计中应考虑使这些泄漏通道尽量减小，或形成更好的流体动力润滑状态，减小压缩气体的泄漏。对于传统的直线包络型线，当星轮齿面上的啮合直线靠近星轮齿表面上时，其星轮齿面的径向泄漏明显减少。

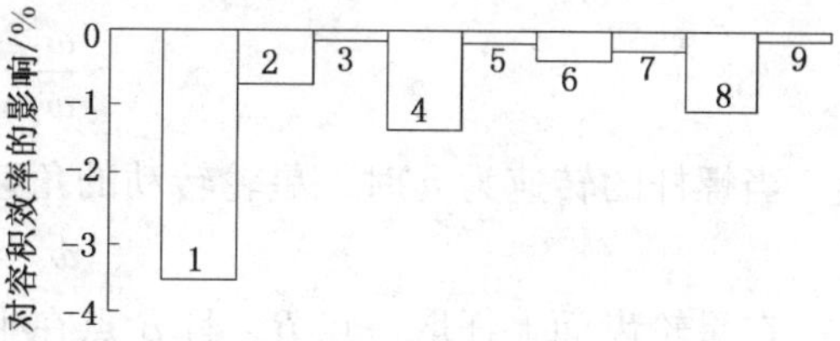

图 9-8　各通道泄漏量比较

（4）啮合副型线与加工工艺性

单螺杆压缩机啮合副型线直接影响着星轮和螺杆加工的难易程度及加工精度。到目前为止，除了传统的直线包络型线，尚无其它型线实现工业化应用，其主要原因在于采用这些型线的啮合副的加工难度较大。

啮合副的加工分为螺杆齿槽的加工和星轮齿的加工。螺杆齿槽的加工可采用展成法，即将星轮的一个齿作为刀具，按设定的配合运动加工出相应的齿槽面。星轮的加工则分两种方法：其一是用盘铣刀或滚刀沿星轮齿径向进刀并变化方向实施切削成型；另一种采用棒铣刀沿星轮径向移动，棒铣刀的轴线随着向星轮中心的进刀还需要摆动。

随着数控加工技术的进步，采用数控机床加工啮合副将是必然趋势。由于铣削与磨削的加工方法可使齿面的加工精度和表面精度提高，采用数控铣床加工啮合副型面已成为热门发展方向。

（5）单螺杆共轭啮合副的数学描述

单螺杆压缩机星轮 - 螺杆啮合副实际上就是一种蜗轮蜗杆啮合副，只是前者的星轮齿较蜗轮齿长得多。所以，它的啮合原理与蜗轮蜗杆的相同，都满足共轭的几何关系，即齿槽面是星轮齿面的包络面。本小节给出啮合副的共轭原理分析和数学模拟，就是要给出星轮齿面上任意一点对螺杆齿槽侧面进行共轭包络后，螺杆齿槽侧面的几何形状表达式。

两个面共轭的几何关系可以这样来描述：共轭面之间相对移动时，两者在接触点接触但不干涉，即在两个面的接触点处，两者的相对速度与这两个面的法向向量垂直，即

$$v \cdot \boldsymbol{n} = 0 \tag{9-11}$$

式中：v 为接触点处的相对速度矢量；$\boldsymbol{n}$ 为星轮齿侧面或齿槽侧面在接触点的法向向量。

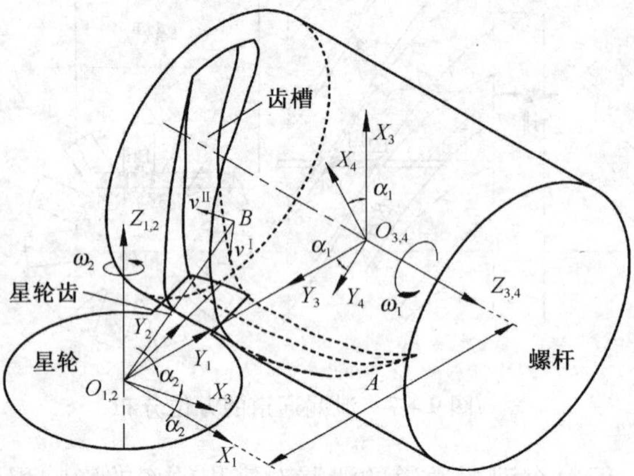

图9-9　星轮-螺杆啮合副的运动关系

将式(9-11)所定义的关系称为共轭条件。为更具体地描述单螺杆压缩机啮合副的共轭条件，根据星轮与螺杆之间的运动关系，建立图9-9所示的坐标系。其中，S_1，S_3 为固定坐标系，表示星轮和螺杆的初始位置；Z_1 与星轮轴重合，Z_3 与螺杆轴重合；O_1O_3 为两轴的中垂线；S_2 的起始位置与 S_1 相同，固结于星轮；S_4 固结于螺杆，起始位置与 S_3 相同。星轮与螺杆的转动的角速度分别为 ω_2、ω_1，星轮与螺杆的转动角度(位置)分别为 α_2、α_1。其中星轮转角 α_2 为 Y_1 至 Y_2 的角，即当转角与星轮角速度方向一致时，取正值，否则取负值，螺杆转角亦同。

星轮与螺杆的角速度之比与齿数比相反，即

$$\frac{\omega_2}{\omega_1} = \frac{\alpha_2}{\alpha_1} = \frac{1}{\varepsilon} \tag{9-12}$$

当螺杆的转速为 n 时，星轮转动的角速度为

$$\omega_2 = 2\pi n/60\varepsilon \tag{9-13}$$

在星轮齿面上任取一点 B，且 B 点在坐标系 S_2 中的坐标为$(x_2,\ y_2,\ z_2)$，则 B 点在坐标系 S_1 中可表示为

$$\begin{pmatrix} x_1 \\ y_1 \\ z_1 \\ 1 \end{pmatrix} = M_{12} \begin{pmatrix} x_2 \\ y_2 \\ z_2 \\ 1 \end{pmatrix} \tag{9-14}$$

其中，

$$M_{12} = \begin{pmatrix} \cos\alpha_2 & -\sin\alpha_2 & 0 & 0 \\ \sin\alpha_2 & \cos\alpha_2 & 0 & 0 \\ 0 & 0 & 1 & 0 \\ 0 & 0 & 0 & 1 \end{pmatrix}$$

星轮在 B 点的速度为其角速度与半径的积，即

$$v_1^{II} = -\omega_2 y_1 \boldsymbol{i}_1 + \omega_2 x_1 \boldsymbol{j}_1 \tag{9-15}$$

式中：下标1表示坐标系 S_1 中的变量；上标Ⅱ表示星轮的绝对速度；$\boldsymbol{i}$、$\boldsymbol{j}$ 分别表示沿 X 轴和 Y 轴的单位向量。

B 点的速度在坐标系 S_3 中可表示为

$$v_3^{\mathrm{II}} = M_{31} v_1^{\mathrm{II}} \tag{9-16}$$

其中

$$M_{31} = \begin{pmatrix} 0 & 0 & 0 & 0 \\ 0 & -1 & 0 & 0 \\ 1 & 0 & 0 & 0 \\ 0 & 0 & 0 & 1 \end{pmatrix}$$

采用类似的方法，可得 B 点处螺杆齿槽的速度为

$$v_3^{I} = -\omega_1 y_3 \boldsymbol{i}_3 + \omega_1 x_3 \boldsymbol{j}_3 \tag{9-17}$$

因而，在 B 点星轮与螺杆的相对速度可表示为

$$v_3 = v_3^{\mathrm{II}} - v_3^{\mathrm{I}} \tag{9-18}$$

其中，x_3，y_3 为 B 点在螺杆坐标系 S_3 中的坐标，可根据坐标变换获得

$$\begin{pmatrix} x_3 \\ y_3 \\ z_3 \\ 1 \end{pmatrix} = M_{32} \begin{pmatrix} x_2 \\ y_2 \\ z_2 \\ 1 \end{pmatrix} \tag{9-19}$$

其中

$$M_{32} = \begin{pmatrix} 0 & 0 & 1 & 0 \\ -\sin\alpha_2 & -\cos\alpha_2 & 0 & a \\ \cos\alpha_2 & -\sin\alpha_2 & 0 & 0 \\ 0 & 0 & 0 & 1 \end{pmatrix}$$

此时，以星轮齿面为母面，给出星轮齿母面 B 点的法向向量，即可求得共轭接触点的坐标。计算过程中，首先根据星轮齿面型线给出星轮齿任意半径处任意点 B 的坐标关联式；然后给出 B 点处的齿面法向向量；给定星轮齿任意转角 α_2，将 B 点坐标关联式代入相对速度方程(9－18)和齿面法向向量方程后，代入式(9－11)，求得共轭接触点；在所有半径处求解前述方程，即可获得沿齿长方向的共轭接触线。将接触线转换至螺杆坐标系则可获得齿槽面方程。

求得接触线方程后，则螺杆齿槽面的方程可表示为

$$\begin{pmatrix} x_4 \\ y_4 \\ z_4 \\ 1 \end{pmatrix} = M_{42} \begin{pmatrix} x_2 \\ y_2 \\ z_2 \\ 1 \end{pmatrix} \tag{9-20}$$

其中

$$M_{42} = \begin{pmatrix} -\sin\alpha_1\sin\alpha_2 & -\sin\alpha_1\cos\alpha_2 & \cos\alpha_1 & a\sin\alpha_1 \\ -\cos\alpha_1\sin\alpha_2 & -\cos\alpha_1\cos\alpha_2 & -\sin\alpha_1 & a\cos\alpha_1 \\ \cos\alpha_2 & -\sin\alpha_2 & 0 & 0 \\ 0 & 0 & 0 & 1 \end{pmatrix}$$

当然，采用相同的方法可在给出螺杆齿槽型面后求解对应的星轮齿面。

(6) 啮合副的典型型线

根据用于包络螺杆齿槽的星轮齿侧面形状的不同，就能构造出若干螺杆－星轮啮合副包

络型线。传统的典型型线有直线包络型线、圆柱(台)包络型线、多边包络型线及多直线、多圆柱包络啮合副。按照本书中的定义，上述四种型线分别被称为：

单拐点折线包络型线(Z 型线)；

单圆弧 + 两直线段组合包络型线(R 型线)；

多拐点折线组合包络型线(FZ 型线)；

多圆弧 + 直线段组合包络型线(FR 型线)。

其中，单拐点折线包络型线和单圆弧 + 两直线组合包络型线是基本型线。

① 单拐点折线组合包络型线(Z 型线)

单拐点折线包络型线是指星轮齿侧面上设置一条径向直线，用这个径向直线对螺杆进行包络，形成齿槽型面。这一齿槽型面为直线包络成型的面，故传统称这种型线为“直线包络型线”。如果按照本文定义，上述的星轮“直线包络型线”就是星轮轮齿面上任意半径处的单拐点折直线族，只是所有拐点组成一条径向直线，如图 9 – 10 所示。

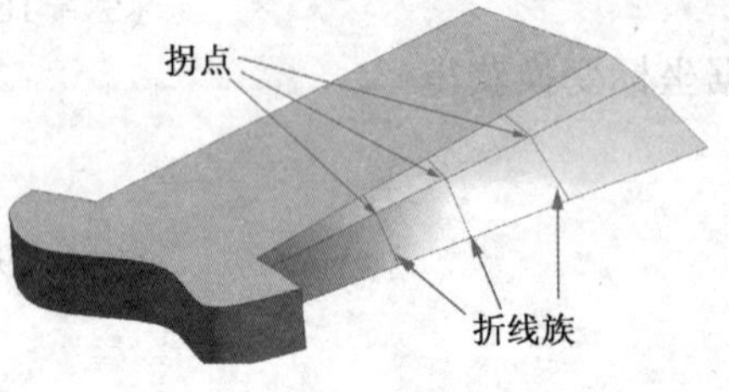

图 9 – 10　星轮齿侧面单拐点折线族型线

现有的单螺杆压缩机的绝大多数都采用单拐点折线族型线，且拐点形成的直线都是与星轮齿的径向中心线平行的。为了减小齿面径向泄漏，齿前后两侧的拐点位置都靠近齿面的上侧布置，如图 9 – 10 所示，距上表面约为 1mm 左右，而拐点直线后端，距下表面一般留 5 ~ 8mm。

根据多年的使用经验，以及星轮齿受到气体压力和液膜动压力综合作用，星轮齿的前端齿面上的拐点直线布置略低一点为好。这样做既不明显增大泄漏三角形面积，又能较好地增加齿面的液膜承载能力和抗磨性。

单拐点折直线包络型线在星轮齿面上的主体是拐点，它始终与螺杆齿槽面共轭啮合。星轮齿面型线在拐点上侧的直线段应与螺杆齿槽母线最平处的切线平行，或者有一个小小的楔角；星轮齿面型线在拐点下侧的直线段应与螺杆齿槽母线的最陡处切线平行，或者有一个小小的楔角。

将星轮齿面型线与螺杆齿槽面母线展开到平面，如图 9 – 11 所示。图中，齿槽母线与星轮齿在啮合点处的切线的倾角即为齿槽面的倾角 α。在不同的啮合位置，齿槽母线的倾角是不同的，且存在倾角最大和最小处，即图 9 – 11 中啮合位置 Ⅰ、Ⅱ 所示，该两处的倾角最值决定了星轮齿型线折线的拐点上侧与下侧直线。

单拐点折线包络型线的优点是可采用成型车刀加工，加工方法简单。缺点是车削加工速度慢，螺杆齿槽侧面光洁度不高，会造成星轮齿磨损。图 9 – 12 是实现单拐点型线啮合副螺

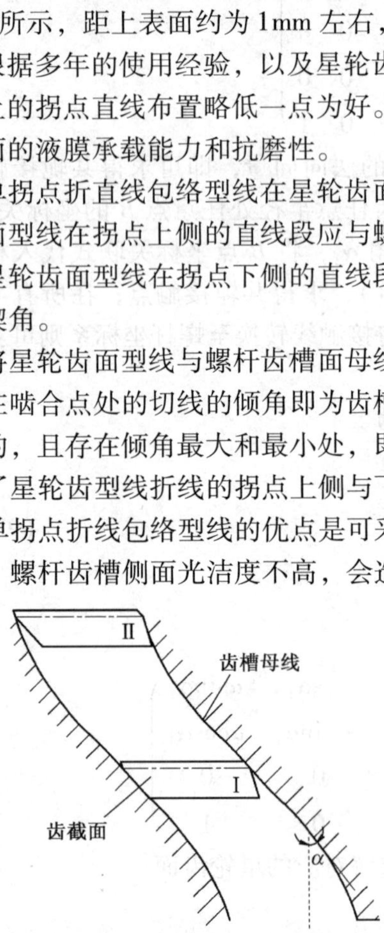

图 9 – 11　单拐点折线型线的齿槽母线展开图

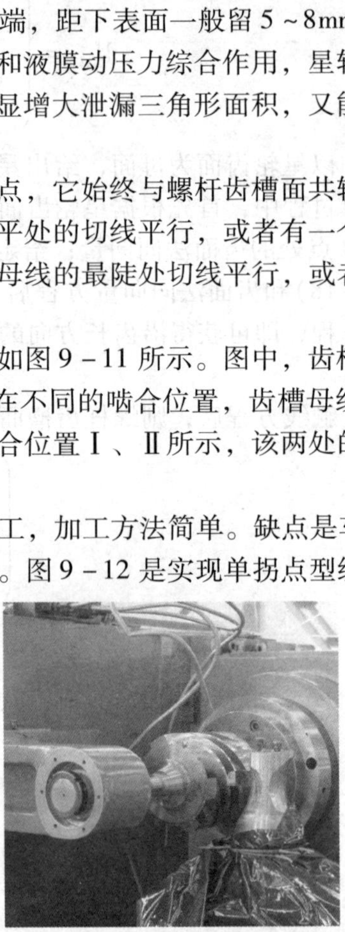
图 9 – 12　单拐点折线包络的螺杆齿槽加工专机

杆加工的专用车床。图中的螺杆与旋转的刀具工作台的传动比就是11∶6，刀具工作台上的车刀是成型刀具，刀具切削刃的宽度等于齿槽宽度，刀刃为与星轮等径的圆弧，刀具在旋转的同时，缓慢的沿径向进刀，逐渐深入螺杆齿槽，最终加工出完整的齿槽。

② 单圆弧 + 两直线段的曲线族包络型线(R 型线)

图9－13为R型线的组成。其中，星轮齿面上圆弧型线段就是O和O'两个圆上的一部分，即图中的$2a$和$2b$。直线段$1a$、$1b$和$3a$、$3b$则为其圆弧段边界的切线。一段圆弧和两侧切线就形成了R包络型线。如果沿着星轮齿的径向，用来包络螺杆齿面的圆弧半径不变，则在星轮齿面上参与包络螺杆齿槽的区域为一三角形圆柱面。即，包络区域的圆弧长度沿齿长方向增大，在星轮齿顶附近，用于包络螺杆齿槽的圆弧段最长，靠近星轮齿根的部位，用于包络螺杆齿槽的圆弧段蜕变成一个点。但即便在齿顶位置，其参与包络的圆弧的长度也很小，例如一个直径为200mm星轮，齿顶部的圆弧型线段长度仅有2～2.5mm。R型线的星轮齿侧型面如图9－14所示。

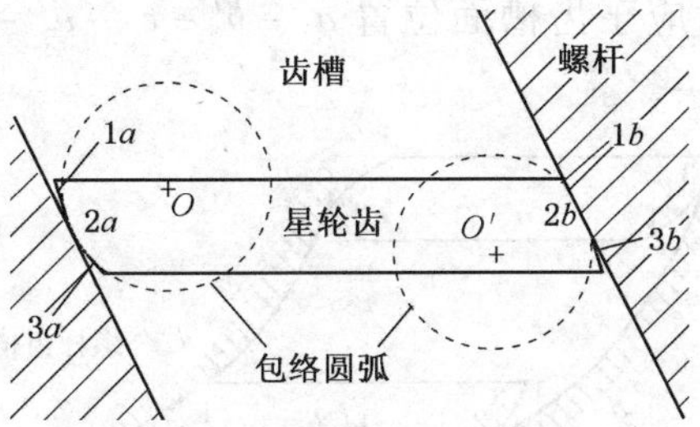

图9－13　圆柱形星轮齿面包络的型线

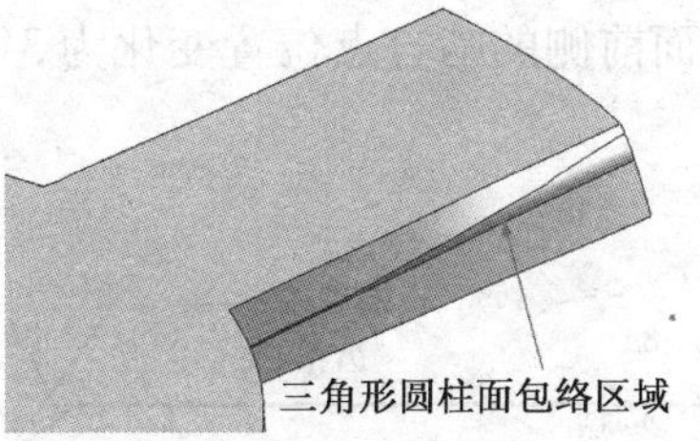

图9－14　R型线的星轮齿面包络部位示意

圆弧包络型线的螺杆齿槽采用棒铣刀加工，其缺点是很难找到一种合适的棒铣刀端部型面，使之加工成型的齿槽底面为规则面，即便将棒铣刀的顶部取为平面，其螺杆齿槽底面仍是凹凸不平的。如何将这种凹凸不平的槽底加工成规整的曲面，供星轮齿顶与其啮合，又是一个新的课题，目前尚未见到简单有效解决这个问题的工艺方法，这可能也是R型线未能广泛应用的原因之一。

③ 多拐点折线包络型线(FZ 型线)

多拐点折线包络型线原称为多直线包络型线，是新近发表的一种单螺杆啮合型线。这种型线的啮合副啮合过程如图9－15所示。其星轮齿侧面有两条或者更多条径向直线，每条直线在一定星轮齿转角范围内与齿槽侧面啮合。以齿后侧为例，拐点1与齿槽母线bc段区域啮合，拐点2与齿槽母线ab、cd段区域啮合。其设计思路为：在一个啮合周期中，多折线的拐点轮替与螺杆齿槽啮合，使磨损分散。按照摩擦学的基本原理，这种这种啮合副将有效提高星轮的寿命。这种啮合副的加工方法与直线包络啮合副的加工方法基本相同，只是需要在不同的方位进刀，对同一个螺杆齿槽面进行重复加工。因此，将现有专用机床稍作改进即可实现。本来车削加工效率较低，多工位的反复进刀将使加工效率进一步降低，且对加工精度

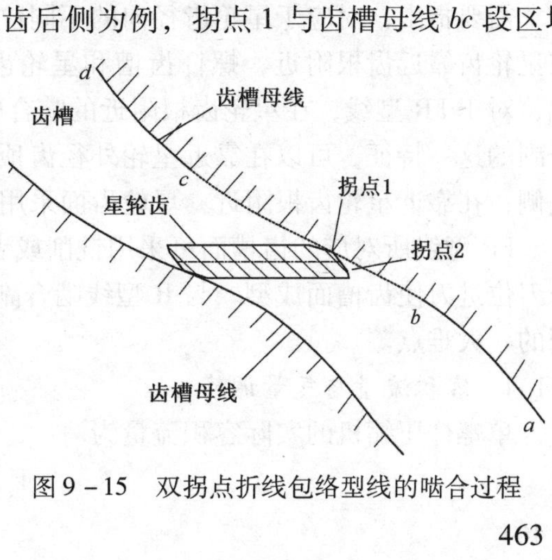

图9－15　双拐点折线包络型线的啮合过程

的要求更苛刻。但这一型线的意义在于提出其分段包络、分散磨损的设想，有助于设计更加合理的新型线。

④ 多圆弧 + 直线段组合包络型线(FR 型线)

FR 型线是基于 R 型线(传统的单圆柱包络型线)和 FZ 型线(多拐点折线包络型线)提出来的。这种啮合副的星轮齿侧型面由多段圆弧与直线连接组合而成，如图 9 - 16 所示。以二圆弧包络方法为例，齿前、齿后侧分别布置有包络圆柱 a、b 和 c、d，其圆柱上的截面轮廓圆弧段 $1a$、$1b$ 和 $2a$、$2b$ 与齿槽啮合，圆弧段之间为它们的公切面 $4a$、$4b$，在圆弧段与星轮表面之间是通过圆柱啮合区域边界的切面 $3a$、$3b$ 和 $5a$、$5b$。

多圆弧 + 直线组合包络啮合副的啮合过程如图 9 - 17 所示。对于齿前侧啮合面，即右侧齿槽的 ab 段和 ef 段，齿槽面的倾斜角变陡，故星轮齿面的点 3 处与齿槽啮合；在右侧齿槽最平坦的中间部位 cd 段，有星轮齿面上点 1 处与齿槽啮合；在 bc 段和 de 段，有点 2 处与其啮合。于是，右侧星轮从齿槽下方到上方的一个完整的啮合过程，星轮齿面的接触点的变化过程是 3 - 2 - 1 - 2 - 3。对于齿后侧的啮合面，对应于齿槽面位置 $a' - b' - c' - d' - e' - f'$，星轮齿面前侧的啮合点位置变化为 3′ - 2′ - 1′ - 2′ - 3′。

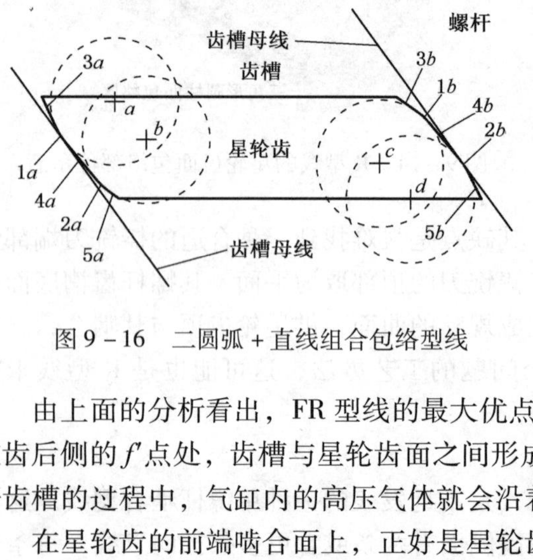

图 9 - 16　二圆弧 + 直线组合包络型线

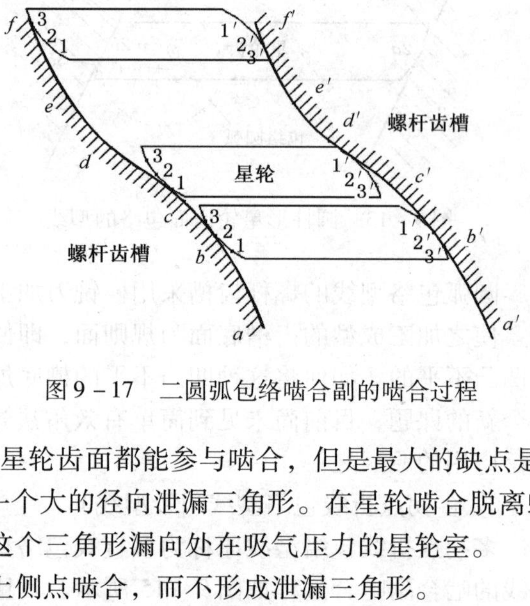

图 9 - 17　二圆弧包络啮合副的啮合过程

由上面的分析看出，FR 型线的最大优点是星轮齿面都能参与啮合，但是最大的缺点是，在齿后侧的 f' 点处，齿槽与星轮齿面之间形成一个大的径向泄漏三角形。在星轮啮合脱离螺杆齿槽的过程中，气缸内的高压气体就会沿着这个三角形漏向处在吸气压力的星轮室。

在星轮齿的前端啮合面上，正好是星轮齿上侧点啮合，而不形成泄漏三角形。

需要指出，对应于星轮齿径向的不同位置，螺杆齿槽与星轮齿面的倾斜面也是不同的。在星轮齿靠近齿根附近，螺杆齿槽和星轮齿面的倾斜角各自变化量很小，且倾角变陡。因此，对于 FR 型线，在星轮齿根附近的啮合中，形成的泄漏三角形很小。利用星轮 - 螺杆啮合副的这一特征，可以在靠近星轮外径齿顶部位，采用单圆弧包络，且让圆弧靠近星轮齿面上侧；在靠近星轮齿根附近，星轮齿面采用多圆弧包络，让圆弧分布在整个齿面上。

FR 型线所对应的齿槽面可采用铣削或者磨削的方式，但需要根据包络圆弧的定位从多个刀位进刀使齿槽面成型。与 R 型线啮合副的加工相同，齿槽底面的加工仍是 FR 型线啮合副的一大难点。

9.1.4　容积流量与气量调节

单螺杆压缩机的实际容积流量为

$$V = \eta_v V_{th} \tag{9-21}$$

式中：η_v 为容积效率，其值为 0.75～0.92，转速较低、压比高，η_v 较小；V_{th} 为理论排气量，m^3/min，可由下式计算，即

$$V_{th} = 2nz_1V_t \tag{9-22}$$

式中：n 为螺杆转速，r/min；V_t 为星轮齿封闭齿槽时的最大基元容积，m^3。

由式(9－22)可知，计算单螺杆压缩机容积流量的关键在于计算星轮齿封闭齿槽时的最大基元容积。

（1）最大基元容积

最大基元容积是星轮齿与齿槽形成的最大封闭容积。根据几何学，可采用积分的方法计算这一最大基元容积。按照星轮齿前、后侧是否同时与齿槽啮合，将最大基元容积分成两部分计算。从星轮齿转角为 α''、刚好与齿槽形成封闭容积开始，至星轮齿转角为 $\alpha_1-\delta$、齿前侧刚好脱离齿槽止，为第一部分。形成这一部分容积时，星轮齿前后侧均啮入齿槽。从齿前侧刚好脱离齿槽开始至星轮齿全部脱离齿槽止，为第二部分。形成这一部分容积时，星轮齿前侧已经脱离齿槽。

第一部分容积

当星轮齿转角为 α 时，在其齿面取一平行于星轮齿的长方形微元面积，并计算这一微元面积旋转后形成的微元体积，最后根据几何关系，将星轮齿转角 α 在(α''，$\alpha_1-\delta$)范围内积分再积分可得第一部分容积，即

$$V_1 = \int_{\alpha''}^{\alpha_1-\delta}\int_{\frac{b}{2}}^{\frac{b}{2}} \frac{R_1^2-(A-\sqrt{R_2^2-b^2}\cos\alpha+b\sin\alpha)^2}{2\cos\alpha}\varepsilon \mathrm{d}b\mathrm{d}\alpha \tag{9-23}$$

第二部分容积

计算第二部分容积的方法与计算第一部分容积相同，只是积分上、下限不同，即

$$V_2 = \int_{\alpha_1-\delta}^{\alpha_1}\int_{\frac{b}{2}}^{R_2\sin(\alpha_1-\alpha)} \frac{R_1^2-(A-\sqrt{R_2^2-b^2}\cos\alpha+b\sin\alpha)^2}{2\cos\alpha}\varepsilon \mathrm{d}b\mathrm{d}\alpha \tag{9-24}$$

综上所述，最大基元容积为

$$V_t = V_1 + V_2 \tag{9-25}$$

前述积分均可通过解析方法求解，但形式比较复杂。利用数值方法，可以很容易地求得最大基元容积。将螺杆槽肋最小厚度控制为 3mm，中心距取 $0.8d_1$ 时，最大基元容积 V_t 计算值如图 9－18 所示。

压缩机设计时可根据图 9－18 或式(9－25)和式(9－22)初步计算螺杆直径 d_1，然后选择其它主要几何参数，最后根据实际选择参数核算压缩机的排气量。

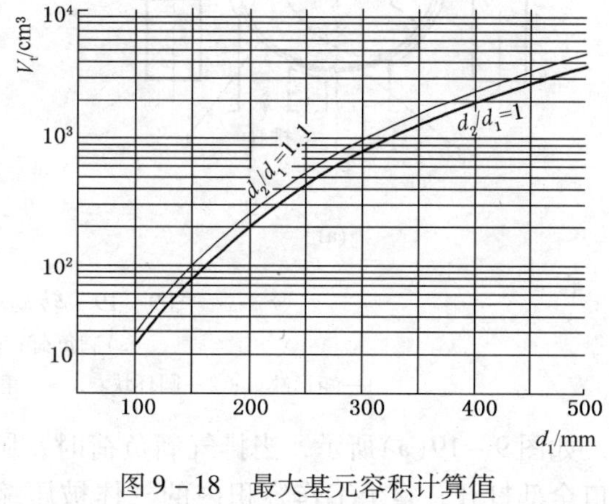

图 9－18　最大基元容积计算值

将式(9－23)或式(9－24)的积分上限取为星轮齿的实时转角 α_2，则可用于计算任意转角时的基元容积，对压缩机的内压缩过程进行计算分析。星轮齿在任意转角 α 时，基元容积内的压力可表示为

$$p(\alpha_2) = p_0\left[\frac{V_{th}}{V(\alpha_2)}\right]^n \tag{9-26}$$

式中：n 为过程指数，根据工质物性及喷油等工作状态确定；p_0 为压缩机的进气压力；$V(\alpha_2)$ 为星轮齿在转角 α_2 时的基元容积，即

$$V(\alpha_2) = \begin{cases} V_{\mathrm{th}} - \int_{\alpha''}^{\alpha_2}\int_{-\frac{b}{2}}^{\frac{b}{2}} \dfrac{R_1^2 - (A - \sqrt{R_2^2 - b^2}\cos\alpha + b\sin\alpha)^2}{2\cos\alpha}\varepsilon \mathrm{d}b\mathrm{d}\alpha & \alpha'' \leqslant \alpha \leqslant \alpha_1 - \delta \\ V_2 - \int_{\alpha_1-\delta}^{\alpha_2}\int_{-\frac{b}{2}}^{R_2\sin(\alpha_1-\alpha)} \dfrac{R_1^2 - (A - \sqrt{R_2^2 - b^2}\cos\alpha + b\sin\alpha)^2}{2\cos\alpha}\varepsilon \mathrm{d}b\mathrm{d}\alpha & \alpha_1 - \delta < \alpha \leqslant \alpha_l \end{cases} \tag{9-27}$$

（2）气量调节

单螺杆压缩机的气量调节方式可采用吸气节流、转速调节、进排气管连通和改变最大基元容积等。传统的进气节流、转速调节、进排气连通等调节方式也是其他压缩机流量调节的常用方法，这里主要介绍单螺杆压缩机的滑阀调节。

① 转动环调节

转动环式气量调节器的结构如图 9－19 所示，可在 10%～100% 范围内实现气量的无级调节。如图 9－19 所示，转动环是介于螺杆与气缸间的一个同心圆环，位于排气侧，其圆周上开一对矩形缺口 1 和一对三角形缺口 3，借助齿轮传动来改变其周向位置。转动环上的矩形缺口控制气缸壁上的旁通口（它与吸气腔连通），三角形缺口控制气缸壁上的排气口 4。

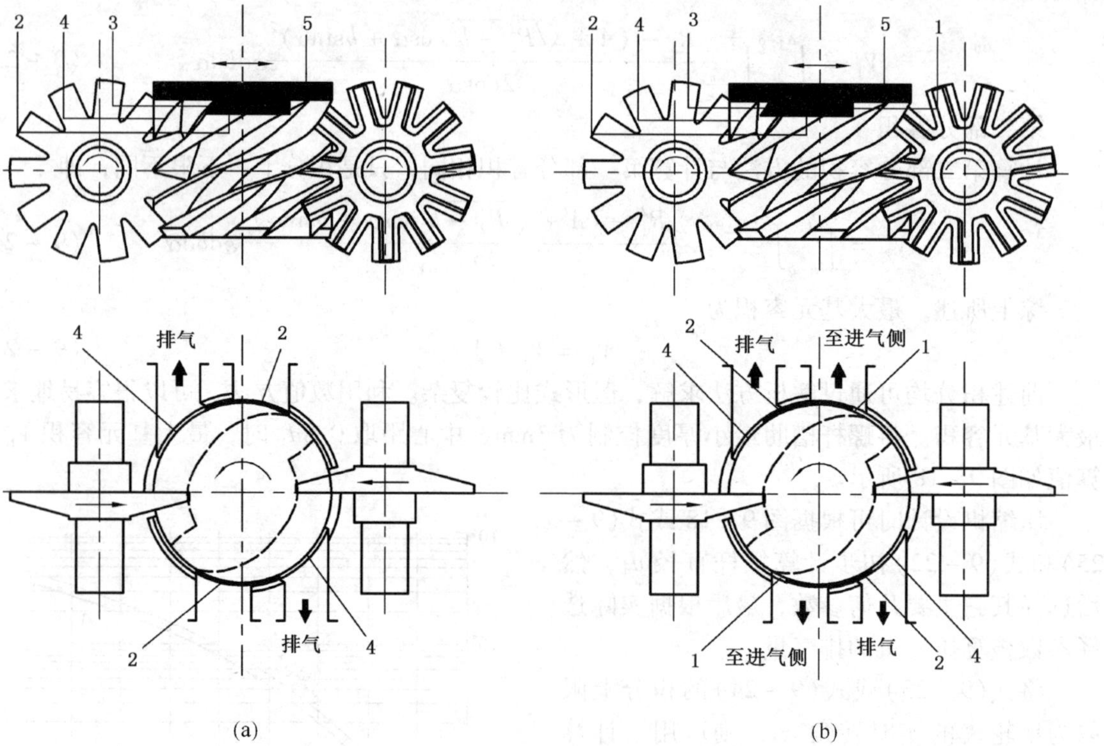

图 9－19　转动环式气量调节器

（a）满负荷；（b）部分负荷

1—矩形缺口；2—圆环块；3—三角形缺口；4—排气口；5—转动环体

如图 9－19（a）所示，当排气满负荷时，圆环块 2 将旁通口全部盖住，三角形缺口使排气口全部打开，整个工作容积内的气体被压缩至排气压力时由排气口排出。转动环处于图

9-19(b)所示部分负荷位置时，矩形缺口把齿槽容积与旁通口局部相通，使齿槽内的气体旁通到吸气腔。当齿槽后侧面越过转动环的右侧凸缘后，齿槽基元容积封闭，压缩开始。

在上述吸气容积调节的同时，图9-19(b)的转动环左侧燕尾形凸缘发生左移，遮挡了齿槽容积与排气孔口的连通，使排气孔口接通延迟，以此来防止由于进气调节减少所引起的内压缩不足。由于矩形缺口和三角形缺口在转动环上是一整体，故同一个齿槽容积开始压缩的时间和开始排气的时间同时被推迟。但这将导致排气孔口与齿间容积的连通过迟，基元容积过度压缩，即内压缩终了压力超过排气管内压力。

设计转动环时需确定矩形缺口和三角形缺口在转动环上的相对位置。三角形缺口的起始位置由开始排气时星轮的转角 α_{2d} 确定；矩形缺口的起始位置则取决于旁通口的起始位置，在压缩机满负荷运行时，二者的起始边应重合。旁通口的起始位置与气量调节范围有关。

虽然转动环调节结构对气缸的内应力影响较小，但由于所需的驱动机构较为复杂，使用不广泛。

② 滑阀调节

滑阀式气量调节器的工作原理如图9-20所示。滑阀安装在具有半圆槽孔的气缸壁上，由于两个星轮同时与螺杆齿槽形成压缩腔，故在螺杆两边对称布置一对滑阀。当滑阀满负荷向部分负荷方向移动时，旁通口被打开，齿槽内气体就向进气口回流，当齿槽越过旁通口后，齿槽内气体才开始被压缩，从而减少了排气量。同时，在滑阀另一端的排气孔口边界也相应移动，这使压缩机的排气孔口变小，缓解了由于进气减少带来的基元容积压缩不足，而与高压排气管接通时的倒流问题。理论上，滑阀式气量调节器可在10%~100%范围无级调节气量。

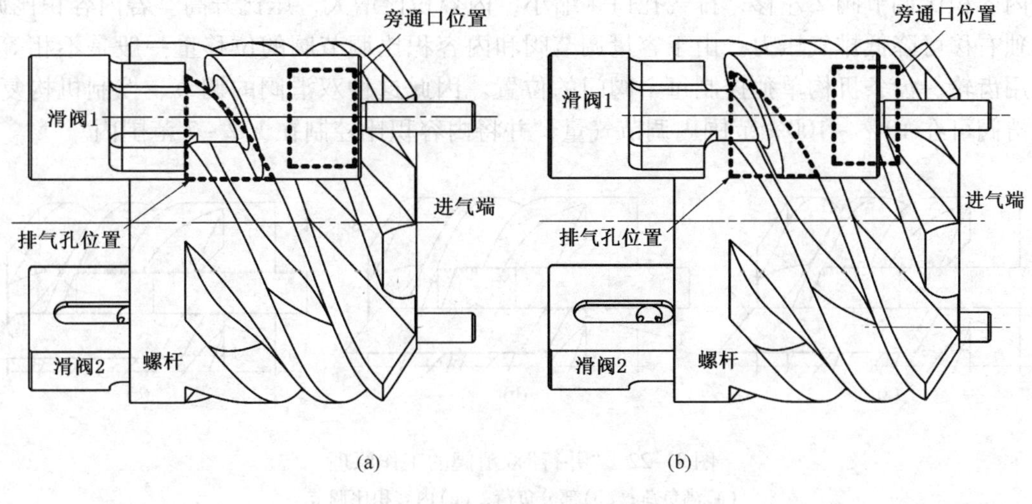

图9-20　滑阀式气量调节器工作原理

(a)满负荷；(b)部分负荷

图9-21为滑阀调节器的典型结构。滑阀4的移动靠油缸3中的活塞5带动，当高压油进入活塞左侧油缸内，活塞右移，活塞右侧油缸内的油外流，经回流通道进入吸入口，此为加载过程。减载时，高压油进入活塞右侧油缸，活塞左移，活塞左侧油回流至吸入口。油路一般用四通阀或电磁阀控制。若在活塞上连接指示棒，则可指示能量调节的大小。

这两种气量调节器都能延迟排气开始时间，但调节器动作后的内容积比将有所增大，即

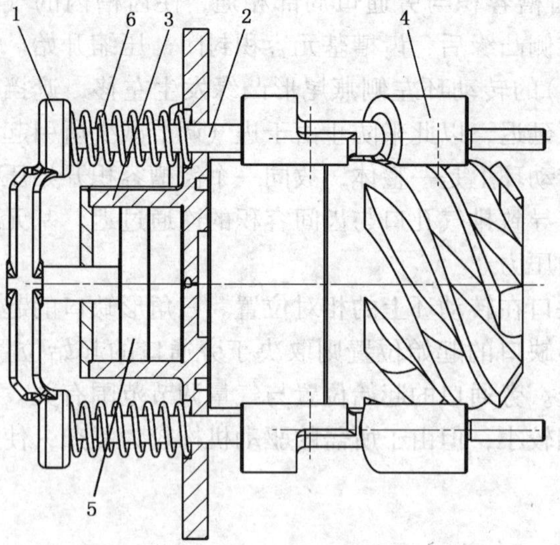

图 9-21　滑阀式气量调节器的结构

1—支架；2—连接杆；3—油缸；4—滑阀；
5—活塞；6—弹簧

旁通口关闭时的基元容积与排气开始时的基元容积之比增大。相比而言，滑阀调节后的内容积比变化要小于转动环。因此，在目前的单螺杆制冷压缩机中，较多地采用滑阀式气量调节器。

③ 双滑阀调节

如果滑阀移动时，其进气侧的移动距离与排气侧的移动距离不同，就有可能实现调节气量的同时保持内容比不变，从而保持压缩机高效运行。双滑阀即将滑阀分成容量调节阀和内容比调节阀，容量调节阀通过控制基元容积与旁通口之间缺口的开度来实现气量调节；内容积比调节阀则移动排气孔口边界位置改变内容积比。在单螺杆压缩机中，这两个滑阀并列布置在气缸与螺杆之间的同一个滑阀槽中，两者均沿螺杆轴向往复移动实现调节作用，各不干扰，所以又可称为“并行滑阀”，其工作原理如图 9-22 所示。满负荷时，容量调节阀 1 和内容积比调节阀 2 均在初始位置，此时进气旁通口 3 被容量调节阀 1 全部挡住；部分负荷时，容量调节阀 1 左移，旁通头 3 被部分打开，内容积比调节阀 2 左移，使排气孔口 4 缩小保持内容积比不变；当气量不变，排气压力升高时，容量调节阀 1 不动，内容积比调节阀 2 左移，排气孔口 4 缩小，内容积比增大，压比升高。若内容积比调节阀单独右移可降低排气压力。由于容量调节阀和内容积比调节阀的位移量一般是不相等的，需要用齿轮、齿条机构单独控制每个阀门的位置。因此这种双滑阀的调节、控制机构复杂。但双滑阀可在 10% ~100% 范围内调节气量，并将内容积比控制在 1.2 ~7 范围内。

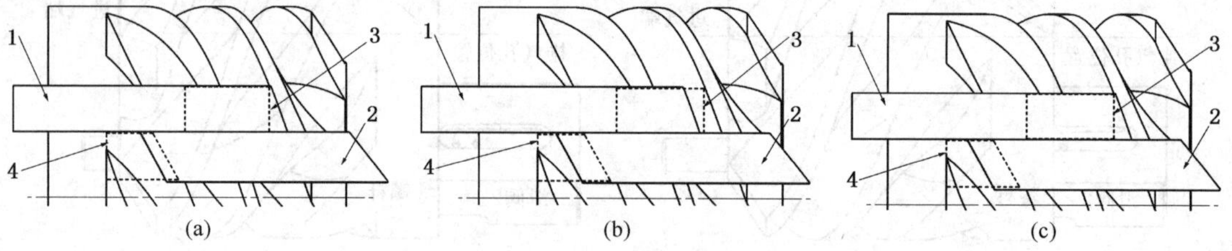

图 9-22　“并行”双滑阀的工作原理

(a)满负荷；(b)部分负荷；(c)内容积比调节

1—容量调节阀；2—内容积比调节阀；3—旁通口；4—排气孔口

9.1.5　主机结构及系统

(1) 单螺杆压缩机系统

单螺杆压缩机一般都采用喷液润滑，空气压缩机分为油润滑和水润滑式两种。采用不同润滑方式时，系统流程是不同的。图 9-23 为油润滑单螺杆空气压缩机系统的流程图。空气经过滤器和吸气容量调节阀后进入压缩机主机。高压油气混合物经压缩机排气孔口排出后进入一级油气分离器粗分，粗分气体经二级油分离器去除残余润滑油，然后压缩机气体经最小压力阀与止回阀后，在排气冷却器内冷却后，经干燥器干燥后供给用户。一般在压缩机排气口与一级油分离器之间装有止回阀，防止回流。一级油气分离器的润滑油经由冷却器冷却后进入油过滤器，去除杂质，通过电磁阀喷入主机。在油冷却器入口与出口间装有旁通管路和温度调节阀，当油温较低时，温度调节阀打开，润滑油不经过油冷却器，温度较高时，温度调节阀关闭，旁通管关闭。经二级油分离器分离出的润滑油经止回阀汇入润滑油循环。

水润滑单螺杆空气压缩机系统的流程比油系统简单，如图 9－24 所示。与油系统的流程的区别在于，在水润滑系统中压缩空气在一级水气分离器后直接经过最小压力阀与止回阀，进入干燥器后供给用户；润滑水则在一级分离器后经过冷却器、过滤器与电磁阀喷入主机；考虑到水的消耗与污染，需要定期换水，设置专门的排水管路系统，并有水位传感器检测一级分离器内的水位，及时补水。

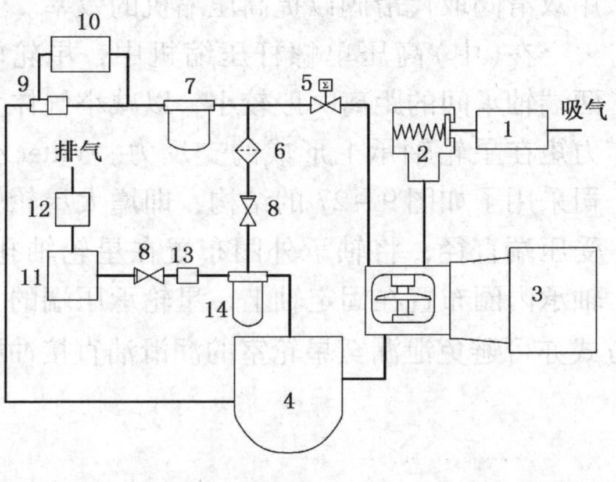

图 9－23　油润滑单螺杆空气压缩机系统流程图

1—进气过滤器；2—吸气容量调节阀；3—压缩机；4—一级油气分离器；5—电磁阀；6—过滤器；7—油过滤器；8—止回阀；9—温度调节阀；10—油冷却器；11—排气冷却器；12—干燥器；13—最小压力阀；14—二级油分离器

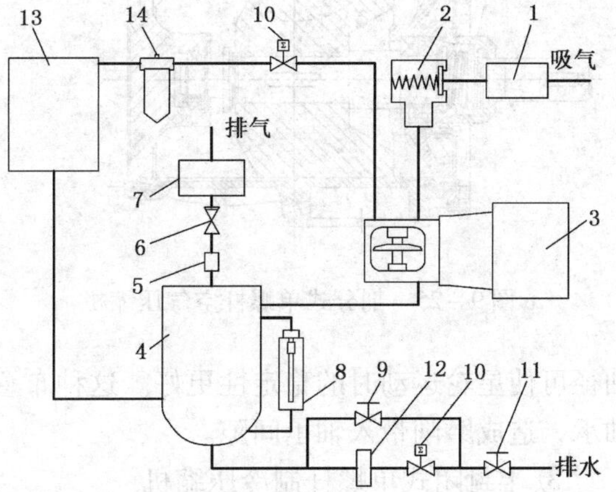

图 9－24　水润滑单螺杆空气压缩机系统流程图

1—过滤器；2—吸气容量调节阀；3—压缩机；4—一级水气分离器；5—最小压力阀；6—止回阀；7—排气干燥器；8—水位传感器；9—污水排放阀；10—电磁阀；11—污水阀门；12—滤网

（2）单螺杆压缩机主机的典型结构

单螺杆压缩机的主机通常有开启式和半封闭式两种结构。目前，空气压缩机、工艺压缩机常设计为开启式，制冷压缩机有开启式和半封闭式两种。

① 单螺杆空气压缩机

图 9－25 为剖分式的单螺杆空气压缩机的结构图。这种压缩机的机壳为上下两部分对合的剖分式结构。为避免机壳对合时引起啮合间隙变化的影响，星轮轴 7 在下机壳内采用悬臂支承。其机壳 1 内装有螺杆 6、星轮组件 2 和 8。在螺杆进气端装圆柱滚子轴承，排气端装一对角接触球轴承。其润滑方式为压差喷油，对于容量较大的压缩机，需采用油泵启动喷油。待压差足以喷油后，油泵自动停止供油。这种压缩机的气量调节一般采用吸气节流的方式，即在进气管道安装电磁阀，根据油气分离器或储气罐内的压力信号控制进气阀门开度实现气量调节。

这种压缩机的结构简单。但剖分式机壳对加工精度和装配精度的要求较高。另外，螺杆排气端轴与电机相连，对轴封的要求较高。现代设计中一般在进气端输入动力。

② 单螺杆天然气压缩机

图 9－26 所示为开启式单螺杆天然气压缩机的结构图，其螺杆转速为 3600r/min，排气量为 $31m^3$/min，进气压力 0.13～0.2MPa，排气压力 1.7～2.1MPa。与空气压缩机相比，天然气压缩机的排气压力较高，一般减小星轮直径（稍小于螺杆直径）或星轮齿的啮入深度，以减小作用于星轮的气体力。这种压缩机采用滑阀进行容量调节，在 Vilter 公司推出的单螺杆压缩机中已用双滑阀取代滑阀以提高压缩机的效率。

在（中）高压单螺杆压缩机中，星轮轴两端轴承间的距离一般较小，以减小气体力力矩在星轮轴承上形成的支反力。Vilter 公司采用了如图 9－27 的结构，即增大星轮轴受压端直径，将轴承外圈布置在星轮轴孔，轴承内圈布置在固定轴上，星轮承压端的大轴径可使星轮运动时的稳定性更好。这种布置方式亦可避免泄漏至星轮室的润滑油直接冲刷轴承，造成磨削带入轴承间隙。

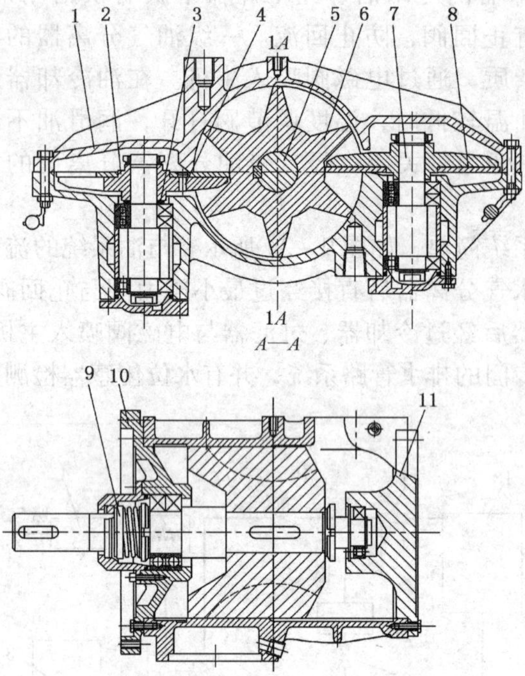

图 9－25　剖分式单螺杆空气压缩机

③ 半封闭式单螺杆制冷压缩机

如图 9－28 所示，其主机结构与开启式制冷压缩机的结构相似，但主机一侧布置有电动机 10。电动机轴与螺杆轴为一体，主机左侧为油回收器 14，三部件由螺栓连接成一个整体。

来自蒸发器的制冷剂气体，通过进气过滤器 9、电动机 10 进入压缩机。被压缩气体经经济器组件 2 上的排气腔 3 排出。液体制冷剂由滑阀 5 上的小孔喷入压缩机工作容积内，另

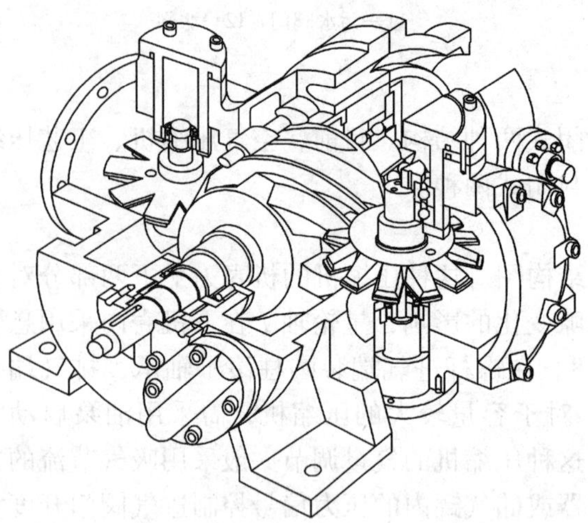

图 9－26　开启式单螺杆天然气压缩机主机

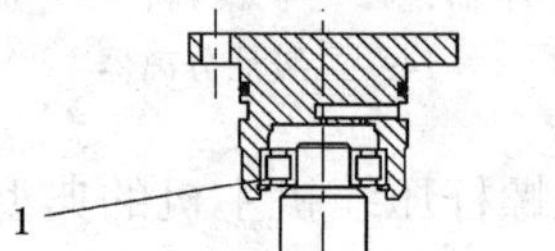

图 9－27　星轮轴受压端采用大轴的轴承布置

1—圆柱滚子轴承；2—垫片、挡圈；

3—星轮片；4—支架；5—角接触球轴承

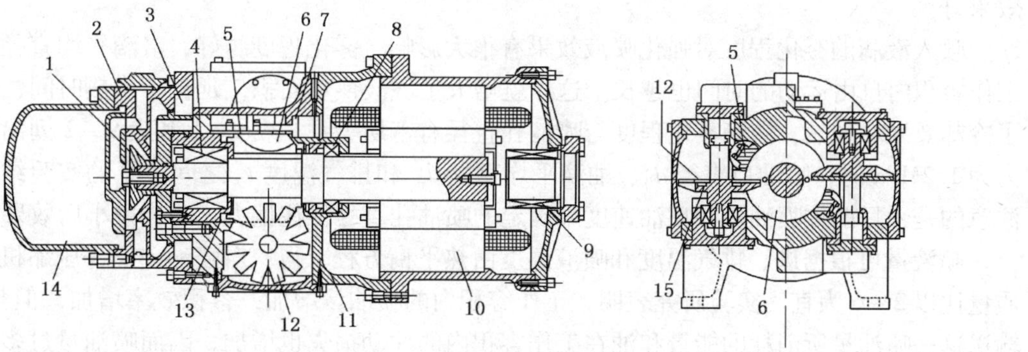

图 9－28　半封闭单螺杆制冷机

1—离心式经济器；2—经济器组件；3—排气腔；4—推力调心滚子轴承；5—滑阀；6—螺杆；
7—滑阀活塞；8—滚柱轴承；9—进气过滤器；10—电动机；11—主机机壳；
12—星轮；13—密封；14—油回收器；15—星轮支架

一部分液体制冷剂经制冷系统内的膨胀阀减压后成为气、液两相制冷剂，进入离心式经济器 1，分离出来的气体由补气口进入压缩腔，液体则经膨胀阀进入系统中的蒸发器。制冷液中含有少量润滑油，进入油回收器 14 后，闪发成气体，溶解在油中的制冷剂在油回收器中加热而蒸发，积存在回收器中的油用来润滑各处轴承。

④ 水润滑式单螺杆空气压缩机

日本三井公司(MITSUISEIKI)生产的 ZW 系列单螺杆水润滑空气压缩机的主机结构如图 9－29 所示。机壳内零件必须做防腐处理，其机壳采用铸造青铜制造，螺杆采用铜作为材料，星轮片则使用聚醚醚酮(PEEK)。水润滑系统对主机的要求是必须将油润滑系统或部件与水、空气循环隔离开来。在螺杆和轴承与螺杆之间有机械密封将轴承室隔离，避免循环水腐蚀轴承或润滑脂污染循环水和空气。星轮轴承均采用防腐蚀的陶瓷滑动轴承，轴承采用水润滑方式。其排气压力为 0.7MPa，最大排气量可达 37.5m^3/min。

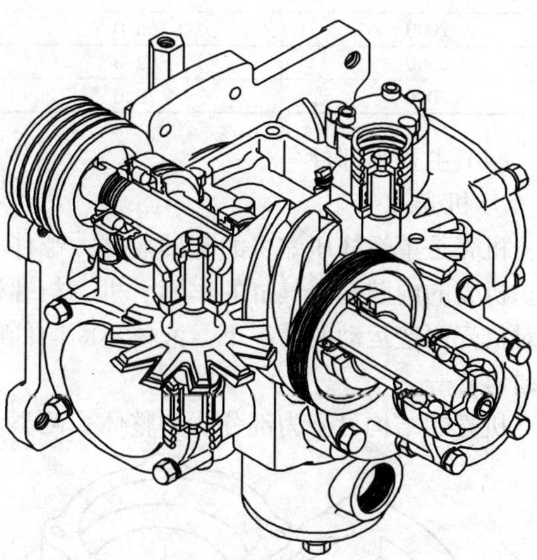

图 9－29　水润滑单螺杆空气压缩机主机结构

(3) 喷液润滑与冷却

单螺杆压缩机各泄漏通道均靠间隙节流密封，通常需在工作容积内喷液来加强密封，并起润滑和冷却作用。喷液孔的位置、尺寸和喷液量、喷液温度等参数，对喷液效果有直接影响。以往，喷嘴轴线与螺杆轴线平行，喷射方向由吸气侧指向排气侧，喷射速度等于星轮的圆周速度。这种喷液方式效果较差，在压缩机排气压力较高时气体泄漏增加。目前大都采用垂直喷液方式，即喷嘴轴线垂直于星轮上表面(高压侧)，并在星轮齿切人螺杆最深处喷入，喷射速度等于螺杆的圆周速度。对于采用滑阀调节能量的制冷机，则与双螺杆压缩机一样，由滑阀的喷油孔喷入工作容积内。另外一种喷液方式为沿螺杆齿槽旋向喷入基元容积，这种方式能使喷液与气体接触面积增大，冷却效果好。

喷入液滴的雾化程度对强化喷液效果有很大影响。雾化程度越好，液滴平均直径越小，在工作容积内自由运动的时间也越长。这样就增大了气液换热面积，延长了换热时间，从而提高了冷却效果。显然，液滴雾化程度与喷液孔直径有密切关系，表9-1和表9-2列出了喷油压力为1.2MPa时，喷油口直径 d_0、油滴平均直径 d_m 和排气温度 t_0 之间关系的实验结果。值得注意的是，目前按喷油量和喷油速度来确定的喷油孔直径往往偏大，适当减小后效果较好。

喷液量可根据进、排气温度和喷液温度由热平衡方程求得。对喷油单螺杆压缩机，油、气质量比以2~6为宜。实验研究表明，工作容积内的喷油量增加，容积效率增加，但与此同时，输送这一喷油量所消耗的能量和油在工作容积内的搅动损失也增加，因而喷油量过多，对压缩机效率的提高无益。有实验表明，用来润滑和冷却轴承和轴封的油所消耗的能量，约占压缩机总功耗的7%，故应在保证良好工作状态的前提下，尽量减少喷入这些部位的润滑油。

表9-1　喷油口直径 d_0 与油滴直径 d_m 的关系

喷口直径 d_0/mm	1.5	2.0	2.5	3.0
油滴平均直径 d_m/μm	108	139	196	270

表9-2　喷油口直径 d_m 与排气温度 t_0 的关系

转速 n/(r/min)	排气温度 t_0/℃		
	无雾化	d_m = 196m	d_m = 270m
2000	56.0	49.7	46.6
2500	62.0	55.1	51.7
3000	70.0	61.2	55.0

（4）主要零部件

① 机壳

机壳是单螺杆压缩机的基础零件，螺杆、星轮就是以此为基准而获得要求的相互位置精度。机壳的内腔起着气缸的作用。机壳与螺杆外缘间存在间隙，靠喷入液体密封，但在螺杆相对机壳内壁运动的情况下，液体不断向低压区流动，因此这种间隙是单螺杆压缩机主要泄漏通道之一。

机壳的结构可分为剖分式和整体式两类。剖分式机壳见图9-25，以通过螺杆轴线的水平面作为剖分面，将机壳分为上、下两半。这类机壳的优点是铸造、清砂、内部工作表面的加工及啮合副的装入均较方便。主要缺点是剖分面有一部分处于高压区域内，密封要求高，特别对于工艺压缩机和制冷压缩机，为了防止内部工质泄漏，往往需要采取特殊的密封指施。此外，调整好的啮合副之间及啮合副与气缸之间的间隙，由于每次拧紧剖分紧固螺钉的松紧程度不同而发生变化。因此，在每次打开机壳后，均需重新调整。

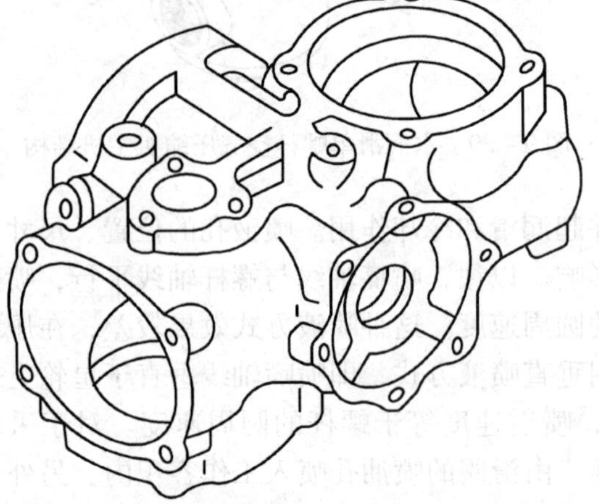

图9-30　单螺杆水润滑空气压缩机主机结构

整体式机壳见图9-30，它的前后侧开有圆孔，后侧圆孔较大，装配好的螺杆组件由此装入；它的左右侧开有方形窗口，装配好的星轮组件由此斜向装入。此时，已装入机壳的螺杆要作适当转动，使星轮与之啮合。整体式机壳虽然铸造及内腔加工比较困难，但机壳构成一高压容器，强度高；各连接都为端面连接，特别是由处于低压区的方形窗口代替了剖分面，密封性好；所有定位尺寸都在一个整体壳体上，加工精度容易得到保证，装配后间隙稳定；取下侧面方形端盖后，能清楚地观察到啮合副的工作情况，更换星轮或轴承时不需打开机壳，不影响压缩机及管路系统的安装定位，因而维修方便。

机壳材料通常采用灰铸铁 HT200 或 HT250，对于喷水压缩机的机壳，也有采用铸造青铜或灰铸铁镀镍磷。目前市场上大部分的单螺杆压缩机都采用整体式机壳。

② 螺杆

螺杆的进气端有一倒角以保证齿槽在脱离另一星轮的星轮齿之前形成封闭容积，并可增大进气的流通面积；排气端有一圆柱段，以密封高压气体。为进一步提高密封效果，有时在圆柱段上开有起节流作用的环形齿槽。

螺杆齿槽通常由专用设备加工，由于齿槽底部应与星轮外缘的形状和尺寸一致，因此每台专机只能加工一定尺寸范围的螺杆。近年来，用 R 型线或 FR 型线替代 Z 型线，并采用铣削加工螺杆齿槽的趋势已经越来越明显。考虑到铣削加工与车削加工的不同，曾有人提出螺杆齿槽槽底和星轮外缘均为直线的啮合副，并采用平头圆柱铣刀加工齿槽，试图使平直的星轮齿顶与加工成型的齿槽底面配合。但理论计算与加工试验验证了这一方法不可行，即平头的圆柱铣刀加工成型的齿槽底面是“凹凸”不平的，无法与平直的星轮齿顶形成密封线。随着数控加工技术的进步，齿槽底面可通过控制铣削刀位加工成型，其铣刀端部则设计成球冠状。与 Z 型线单螺杆齿槽的加工相同，为提高加工效率和加工精度，螺杆齿槽的铣削加工也将采用专用铣床加工。专用铣床至少需要在铣刀的轴向、水平径向和竖直径向实现刀位调整，这比传统“车削”专用机床要复杂得多。但从型线的改进和加工成型的齿槽表面精度两个方面看，铣削加工单螺杆齿槽是必然趋势。

因为螺杆不受任何径向力，在排气阶段齿槽深度又随齿槽内压力增高而减小，螺杆材料的选择，不是根据它的强度而是根据它与星轮之间的摩擦系数进行选择。常用的螺杆材料有灰铸铁、球墨铸铁、铸铝合金及青铜等。球墨铸铁具有良好的尺寸稳定性，理想的表而粗糙度及较低的摩擦系数。青铜的摩擦系数低，但不适用于以氨为工质的制冷机中。铝合金代替青铜可节省成本降低重量，耐磨性则下降。

③ 星轮

星轮的结构主要有整体式、浮动式和弹性星轮三种。整体星轮的星轮片和支架制成一体，它们可以是同一材料，也可以在金属支架上模压一层塑料。这种星轮结构简单，没有任何附加零件。

浮动星轮(图 9-31)由星轮片 2 和支架 4 组成，两者由一个带有 O 形橡胶圈 1 的销钉 3 连接。采用浮动星轮后，靠 O 形橡胶圈的弹性，星轮片可相对于支架有微小的相对转动。由于制造误差(特别是分度误差)和装配误差的存在，星轮会在啮合过程中受到加速或减速。采用浮动星轮后，仅星轮片产生加速或减速，由于它的质量小，惯性小，使星轮齿与齿槽之间的作用力减小，从而减少磨损。特别是在压缩机启动阶段，星轮与齿槽之间

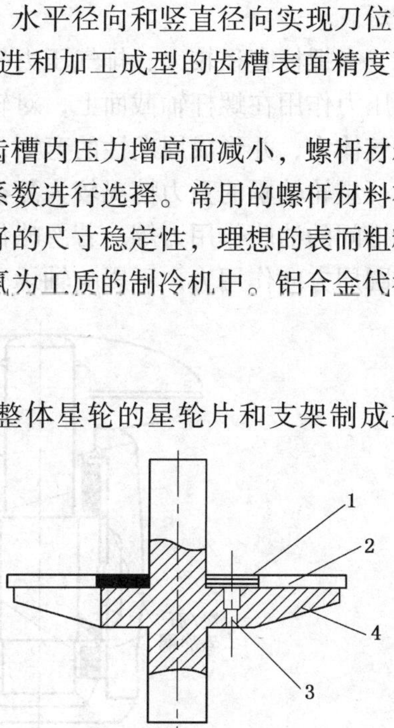

图 9-31　浮动星轮

1—橡胶圈；2—星轮片；3—销钉；4—支架

的润滑油膜尚未建立，星轮受到螺杆的冲击而获得速度。采用浮动星轮可缓解这种冲击而提高星轮寿命。

整体式星轮的材料主要是球墨铸铁。浮动星轮的支架可用一般灰铸铁。星轮片常用工程塑料或纤维玻璃/环氧层压材料，也可在铸钢件外表面模压一层尼龙或酚醛树脂。这些材料与铸铁配对时摩擦系数小，在短时间内不喷液情况下也不会损坏，其热导率要比金属小得多，且还有利于降低噪声。目前，市场上大部分的星轮片都采用 PEEK(聚醚醚酮)作为材料，它具有耐高温和耐磨自润滑特性。

④ 轴承与轴封

单螺杆压缩机螺杆、星轮上轴上的作用力小，可以选用普通级别的滚动轴承。通常，在螺杆的一端采用圆柱滚子轴承，另一端布置一对角接触球轴承，有时亦可采用调心球轴承代替角接触球轴承。星轮轴可选用圆柱滚子轴承和一对角接触球轴承，有时亦选用一对圆锥滚子轴承代替角接触球轴承。轴承选取时，应结合啮合副的设计间隙考虑轴承的径向、轴向游隙。

对于不喷油的单螺杆压缩机，各轴承用油脂或专用油泵供油，并用磁性密封盖防护或采用轴封将其隔离。喷水的单螺杆空气压缩机，需采用轴封将螺杆轴承隔离。星轮轴承则可采用陶瓷轴承，亦可采用喷水轴承。图 9-32 所示为星轮轴的喷水轴承，它由镀铬动圈和炭/石墨静圈组成。经过冷却、过滤的循环水，由轴承进水口进入上、下两个轴承，从轴承流出的水进入不锈钢制成的水气分离器和储存器。这种轴承不需密封，但应注意水的冷却和喷水量，以免轴承温度过高。

布置轴承时还应当考虑避免润滑油中的杂质、磨削在轴承中的沉积，不致引起轴承寿命减短。

当螺杆直径较大、排气压力较高时，螺杆受到高压端气体的轴向力不能忽略，应按照排气压力作用在螺杆轴截面上，对轴承进行寿命校核。对于星轮轴承，星轮齿面受到的周期性的气体力，并形成周期性的弯矩，亦有必要对星轮轴承进行寿命校核。

星轮轴承的受力情况较为复杂，除气体力外，还有星轮齿与齿槽间的接触力、星轮齿与齿槽间的油膜作用力等。若忽略齿面与齿槽间的作用力(远小于气体力)和油膜力(仅产生星轮圆周方向作用力，不影响轴承受力)，星轮受到的简化作用力系如图 9-33 所示。

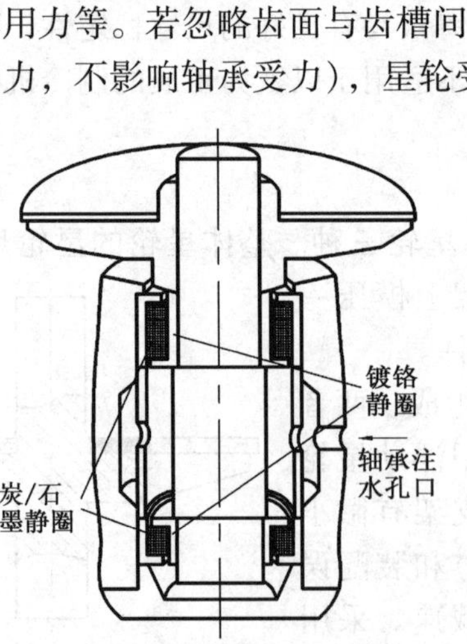

图 9-32　喷水轴承

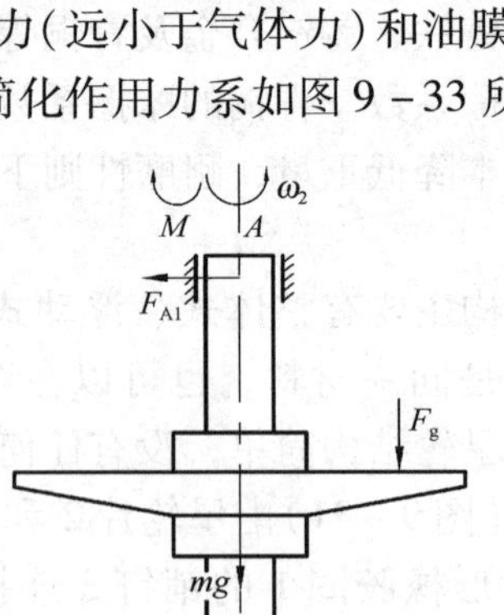

图 9-33　星轮的简化作用力系

按照空间力系的转化方法，气体力对星轮的作用力可转化为作用于星轮齿面中心 O 点的一个弯矩和沿星轮轴向与气体力大小相同的一个力。气体力、气体力弯矩的计算过程与齿槽容积计算过程类似，在此不再赘述，此处给出计算公式。

当星轮齿转角为 α_2 时，基元容积内的气体压力为 $p(\alpha_2)$ 作用于单个星轮齿的气体力为

$$F_{ig}(\alpha_2) = \int_{\frac{b}{2}}^{\eta_0} p(\alpha_2)\left(\sqrt{R_2^2 - \eta^2} - \eta\tan\alpha_2 - \frac{a}{\cos\alpha_2}\right)d\eta \qquad (9-28)$$

注：下标 i 表示星轮齿；g 表示气体力。

$$\eta_0 = \begin{cases} R_2\sin(\alpha_1 - \alpha_2) & \alpha_2 \geqslant \alpha_1 - \delta \\ b/2 & \alpha_2 < \alpha_1 - \delta \end{cases}。$$

一般同时处于啮合状态的为三个齿，则作用于星轮的气体力为

$$F_g(\alpha) = \sum_{i=1}^{3} F_{ig}(\alpha) \qquad (9-29)$$

按照空间力系的转化计算方法，将气体力对星轮的扭矩沿 X_1 和 Y_1 方向(图 9－9)分解计算得

$$\begin{cases} M_{iX}(\alpha_2) = \int_{-\frac{b}{2}}^{\eta_0}\int_{0}^{\mu_0} -p(\alpha_2)\cos(\alpha_2 + \sigma)\sqrt{\left(\sqrt{R_2^2 - \eta^2} - \mu\right)^2 + \eta^2}d\mu d\eta \\ M_{iY}(\alpha_2) = \int_{-\frac{b}{2}}^{\eta_0}\int_{0}^{\mu_0} -p(\alpha_2)\sin(\alpha_2 + \sigma)\sqrt{\left(\sqrt{R_2^2 - \eta^2} - \mu\right)^2 + \eta^2}d\mu d\eta \end{cases} \qquad (9-30)$$

其中，

$$\mu_0 = \sqrt{R_2^2 - \eta^2} - \eta\tan\alpha_2 - \frac{a}{\cos\alpha_2}$$

$$\sigma = \arctan\left(\frac{\eta}{\sqrt{R_2^2 - \eta^2} - \mu}\right)$$

当星轮与螺杆啮合时，一般有 3 齿同时处于啮合，即

$$\begin{cases} M_X(\alpha_2) = \sum_{i=1}^{3} M_{iX}(\alpha_2) \\ M_Y(\alpha_2) = \sum_{i=1}^{3} M_{iY}(\alpha_2) \end{cases} \qquad (9-31)$$

故，星轮在 O 点受到的气体力弯矩为，

$$M(\alpha_2) = \sqrt{[M_X(\alpha_2)]^2 + [M_Y(\alpha_2)]^2} \qquad (9-32)$$

弯矩的相位角亦可根据式(9－31)确定。星轮支撑点 A、B 的径向力为

$$F_{A1} = F_{B1} = \frac{M(\alpha_2)}{L_{AB}} \qquad (9-33)$$

轴承受到的轴向力即为星轮自重和气体力之和(差)。应当注意轴承受到的轴向力和径向力都是周期性变化的。

开启式单螺杆压缩机螺杆轴的动力输入端，与机壳或端盖间的间隙，是压缩机外泄漏的主要部位。对于空气压缩机，一般采用带钢丝的密封环；对于密封要求高的制冷机，通常采用如图 9－34(a)、(b)所示的“推进式”和橡胶波纹管式机械密封。它们在受到实际载荷、

力和热的作用后，动环和静环端面产生微观变形，使密封恶化而失效。图 9－34(c)所示的金属焊接波纹管式机械密封，自用作制冷压缩机的轴封后，上述问题得以解决。这种密封靠波纹管的弹性给密封施加推力。其特点：①消除了动环下 O 形密封圈所产生的迟滞作用，使密封端面受力小而均匀，液力平衡性好；②波纹管的隔离作用，使轴免受侵蚀或微磨损，即使在边界润滑条件下，密封端面的磨损也很轻微，因而使用寿命长；③径向尺寸小，适用于现有的各种压缩机。

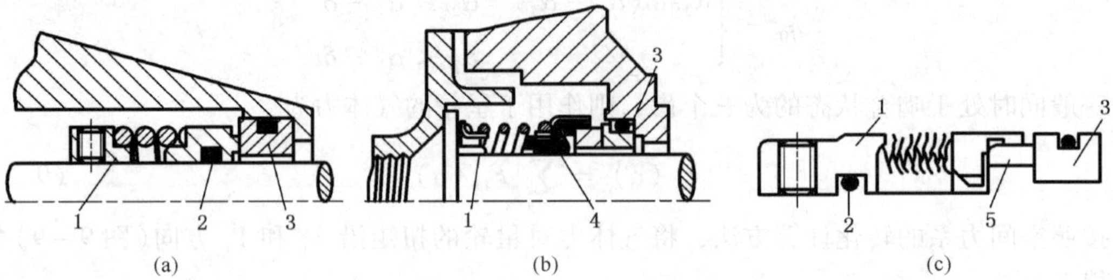

图 9－34　机械密封

1—动密封座；2—辅助密封；3—静环；4—橡胶波纹管；5—动环石墨嵌体

9.2　双螺杆压缩机

9.2.1　工作原理及结构特点

双螺杆压缩机(twen-screw compressor)于 20 世纪 30 年代由瑞典 SRM 公司的工程师 Alf Lysholm 发明，随后，欧洲、美国、日本的多家公司相继获得 SRM 公司的许可，开始生产和销售这种压缩机；起初主要作为无油空气压缩机使用，随后出现了喷油空气压缩机、制冷压缩机、工艺压缩机等。

双螺杆压缩机的发明早于单螺杆压缩机，因此在我国简称螺杆压缩机，也即一般所说的螺杆压缩机即指双螺杆压缩机。螺杆压缩机由一对阳、阴螺杆(也称转子)构成，是回转式压缩机中应用最广泛的一种，在化工、制冷及空气动力工程中，它所占的比重愈来愈大。螺杆压缩机的容积流量常见范围为 2～500m^3/min，终了压力一般单级压缩小于 1.2MPa，个别场合用两级压缩可达 4.5MPa。螺杆压缩机分为干式和湿式两种，所谓干式即工作腔中不喷液，压缩气体不会被污染；湿式指工作腔中喷入润滑油或其他液体借以冷却被压缩气体，改善密封，并可润滑阴、阳转子，实现自身传动。在化工系统中，大都采用干式结构，而空气动力工程与制冷工业领域常采用湿式结构。

(1) 基本构成和工作原理

如图 9－35 所示，螺杆压缩机主要由一对阳、阴螺杆转子与一个内孔呈“8”字形的机壳构成。一对螺杆是相互啮合的，在有润滑油的条件下，它们可以相互传动；如果内部无润滑油，这对螺杆的啮合运动需要借助一对同步齿轮来帮助其工作。

一对相互啮合的转子，在 8 字形的内腔中，其纵向的接触线是连续的，并把内腔分成上下两个半边，其中有一半边(例如下方)整个与压缩机进气口相通，另一半边则与排气口部分相通。因此，相互啮合的两螺杆转子，其下半部均为吸气腔，上半部为压缩与排气腔。螺杆压缩机没有吸、排气阀，由分设在机壳两端及端板上特定位置的特殊形状的孔口实现吸排气控制，因而压缩机所能实现的内部容积比是固定的。

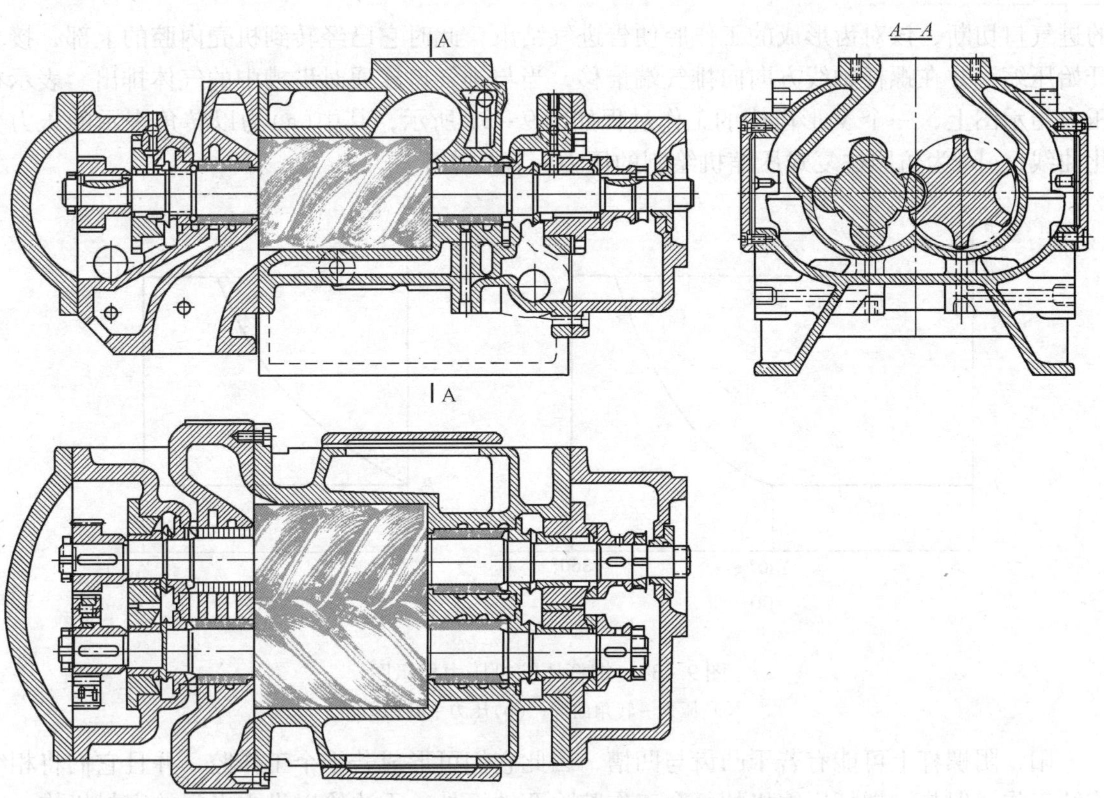

图 9－35　双螺杆压缩机基本构成

如图 9－36 所示，螺杆压缩机的阳、阴螺杆的一对凸齿与凹齿形成 V 字形槽，槽与机壳内表面进一步形成工作腔。只要这个 V 形槽与下半部相通即开始进气，直至其与压缩机

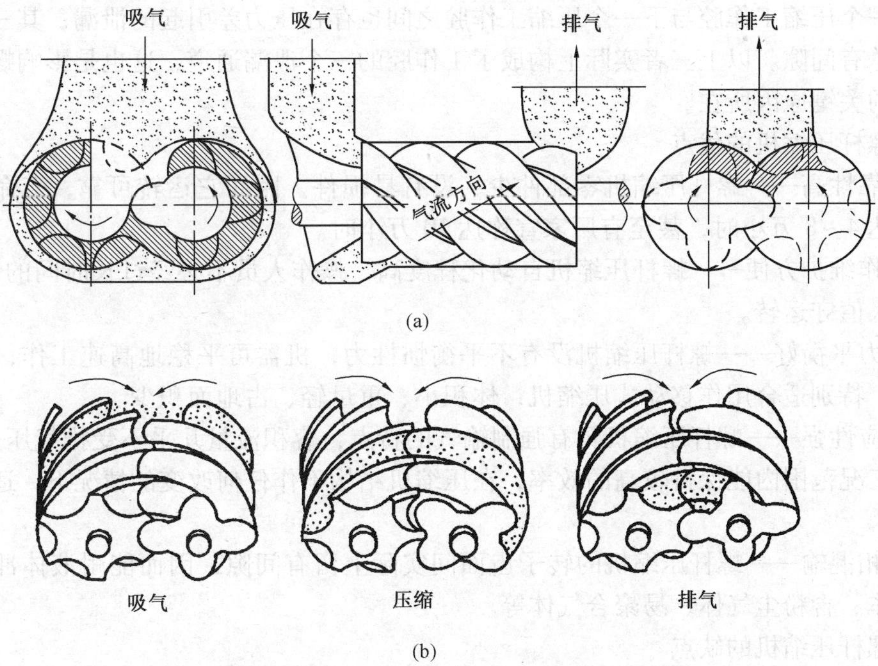

图 9－36　双螺杆压缩机工作过程示意图

(a)结构简图；(b)气体在工作中的过程

的进气口切断，该对齿形成的工作腔便告进气结束，此时它已经转到机壳内腔的上部，接着开始压缩，并在螺杆轴线方向向排气端推移，当与排气口连通时齿槽中的气体排出。表示在压力指示图上，一个V形齿槽的工作过程如图9－37所示，其中(a)为以转角表示的压力变化曲线，(b)为仿照往复式压缩机绘制的压力－容积指示图。

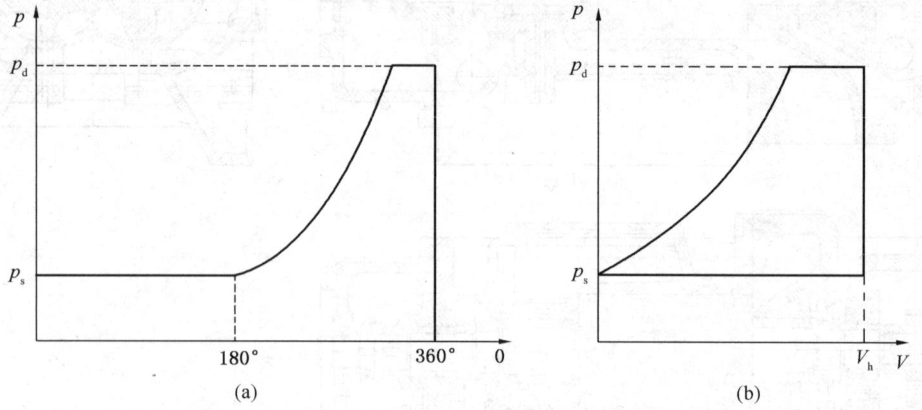

图9－37　螺杆压缩机压力指示图

(a)压力－转角曲线；(b)压力－容积图

阳、阴螺杆上可能有若干凸齿与凹槽，因此它们可形成若干个工作腔，并且它们将相继连续工作。但是，螺杆压缩机的每个工作腔除两端面外，无法给以设立专门的密封机构，它们全凭各零部件精度及相互配合的精度进行密封；并且从结构上讲，首先，上半边在进行压缩或排气的诸工作腔，任何时候、任何位置都与下半边的吸气腔理论上仅一线(接触线)之隔，而事实上接触线不可能真正接触而有间隙，故产生压缩或排气腔向吸气腔的泄漏；其次，在上一个压缩工作腔与下一个压缩工作腔之间也存在压力差引起的泄漏；其三，齿顶与机壳之间总有间隙。以上三者实际上构成了工作腔的三个泄漏通道，这也是影响螺杆压缩机热力性能的关键原因所在。

(2) 螺杆压缩机的优点

① 可靠性高——螺杆压缩机零部件少，没有易损件，因而它运转可靠，寿命长，大修间隔期可达4～8万小时，甚至有厂家宣称达10万小时。

② 操作维护方便——螺杆压缩机自动化程度高，操作人员不必经过长时间的专业培训，可实现无人值守运转。

③ 动力平衡好——螺杆压缩机没有不平衡惯性力，机器可平稳地高速工作，可实现无基础运转，特别适合用作移动式压缩机，体积小、重量轻、占地面积少。

④ 适应性强——螺杆压缩机具有强制输气的特点，容积流量几乎不受排气压力的影响，在宽广的工况范围内能保持较高的效率，在压缩机结构不作任何改变的情况下，适用于多种工质。

⑤ 多相混输——螺杆压缩机的转子齿面间实际上留有间隙，因而能耐液体冲击，可压送含液气体、含粉尘气体、易聚合气体等。

(3) 螺杆压缩机的缺点

① 造价贵——由于螺杆压缩机的转子齿面是一空间曲面，需利用特制的刀具在价格昂贵的专用设备上进行加工；另外，对螺杆压缩机气缸的加工精度也有较高的要求。

② 不能用于高压场合——由于受到转子刚度和轴承寿命等方面的限制，螺杆压缩机只能适用于中、低压范围，排气压力一般不能超过3MPa，有个别公司宣称可达10MPa。

③ 不能用于微型场合——螺杆压缩机依靠间隙密封气体，目前一般只有容积流量大于0.2m^3/min时，螺杆压缩机才具有优越的性能。

（4）主要应用范围及场合

① 喷油螺杆空气压缩机　主要用于空气动力领域，常压吸气，一般在0.7～1.3MPa(G)排气，少数用于驱动大型风钻的两级压缩机排气压力可达2.5MPa(G)，螺杆压缩机目前的容积流量范围约为0.2～100m^3/min。采用向工作腔喷油的方式实现其润滑、密封、冷却，喷油螺杆压缩机的动力由阳螺杆输入，阴螺杆直接由阳螺杆驱动。由于油气分离和气体净化技术的发展，也越来越多地被用到对空气品质要求非常高的应用场合，如食品、医药及棉纺企业，占据了许多原本属于无油空气压缩机的市场。

② 喷油螺杆制冷压缩机　均采用工作腔喷油润滑，单级有较大的压力比及宽广的容积流量范围。有开启式、半封闭式和全封闭式三种结构。半封闭和全封闭结构广泛应用于民用住宅和商用楼房的中央空调系统，螺杆制冷压缩机还用于工业制冷、食品冷冻、冷藏，以及各种交通运输工具的制冷装置。螺杆制冷压缩机主要使用R22、NH_3、134a、410a等制冷剂。目前螺杆制冷压缩机在标准工况下的制冷量范围为10～2500kW。

③ 喷油螺杆工艺压缩机　用来压缩各种工艺流程中的气体，如CO_2、Cl_2、N_2、石油气等。喷油螺杆工艺压缩机的工作压力由工艺流程确定，单级压力比可达10，排气压力通常小于4.5MPa，但最高可达9MPa，容积流量范围为1～200m^3/min。

④ 干式螺杆压缩机　用来作为空气压缩机或工艺压缩机，压缩过程中没有液体内冷却和润滑，以保证气体纯度。干式螺杆压缩机转速往往很高，对轴承和轴封要求较高，而且排气温度也较高，单级压力比小。目前单级压比一般为1.5～3.5，容积流量为3～500m^3/min。干式螺杆压缩机的两转子总是保持一定的微小间隙而不接触，借以实现密封，因而两转子要靠更为精密的同步齿轮传动。

⑤ 喷水螺杆压缩机　为降低干式螺杆压缩机的排气温度，提高单级压比，发展了向压缩腔喷水的无油螺杆压缩机。由于水不具有润滑特性，故这类压缩机中也设有同步齿轮，结构基本与干式无油螺杆压缩机相同。在我国，这种喷水螺杆压缩机用于压缩CO_2，排气量已达800m^3/min。

⑥ 其他螺杆机械　螺杆压缩机可作为油、气、水多相流混输泵使用，也可作为真空泵使用，还可作为膨胀机用于高压气体的动力回收等。

9.2.2　螺杆转子型线

螺杆压缩机中，最关键的零部件是一对相互啮合的转子，转子的空间齿面与转子轴线垂直面的截交线称为转子型线，但一般所称的转子型线是指阳转子的齿面曲线，阴转子是其包络线。转子型线对螺杆压缩机的性能有重要影响。

（1）型线衡量指标

螺杆转子型线的衡量指标主要是接触线、泄漏三角形、封闭容积、齿间面积。

① 接触线

如图9－38(b)所示，螺杆压缩机的阴、阳转子啮合时，两转子齿面相互接触而形成的纵向空间啮合曲线称为接触线。接触线一侧的气体处于较高压力的压缩和排气过程，另一侧则处于较低压力的吸气过程。从减少泄漏的角度考虑，接触线长度以短为佳。

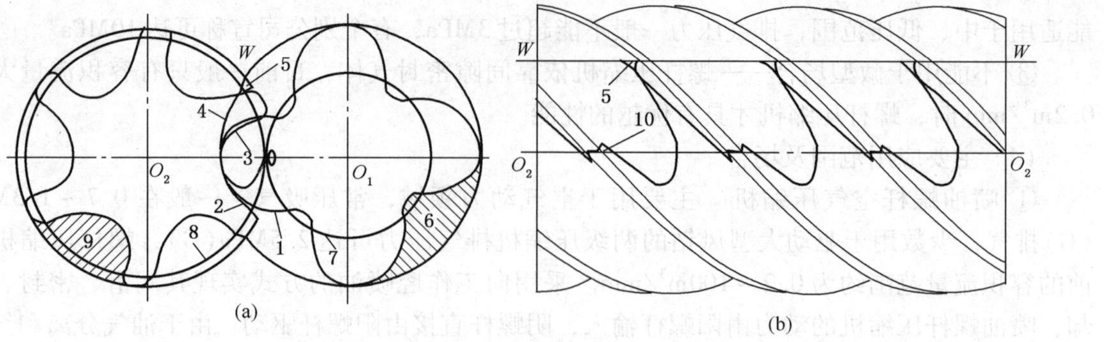

图 9－38 转子型线及其衡量指标

a）型线、啮合线、齿间面积、封闭容积、泄漏三角形；b）泄漏三角形和接触线

1—阳转子型线；2—阴转子型线；3—封闭容积；4—啮合线；5—泄漏三角形；

6—阳转子齿间面积；7—阳转子节圆；8—阴转子节圆；9—阴转子齿间面积；10—接触线

② 泄漏三角形

如图 9－38(a) 所示，螺杆压缩机转子接触线的顶点通常不能同时达到阴、阳转子所在气缸孔的交线部位尖点 W，则在接触线顶点和机壳的转子气缸孔之间，会形成一个空间曲边三角形，称为泄漏三角形。通过泄漏三角形，气体将从压力较高的齿间容积，泄漏至压力较低的邻近齿间容积。以图 9－39 所示的对称圆弧型线螺杆的工作过程来说明泄漏三角形的形成过程。图中(a)为一个凸齿端面顶点已与机壳内表面尖点接触，两齿槽区Ⅰ和Ⅱ相互分隔，而与此相应的齿槽边缘啮合点还未到；当阳转子继续转动到达图中(b)的位置时，两齿槽区Ⅰ和Ⅱ则相通，在轴向构成空间三角形泄漏通道 $B_a-B_b-N_b$；当阳转子再转动到图中(c)、图中(d)的位置时，泄漏三角形分别变为 $B_a-B_c-R_c-N_c$、$B_a-B_c-R_c-N_c$；最后当到达图中(e)位置时，阴、阳转子相啮合，最终形成三角形 $B_a-B_c-N_e$，该三角形的边

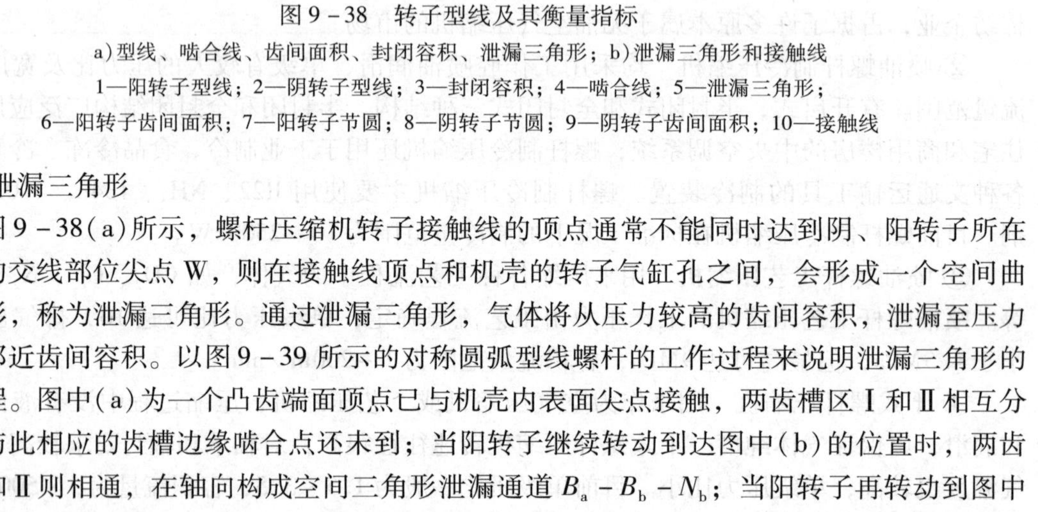

图 9－39 泄漏三角形的形成过程(对称圆弧型线)

(a)截面 a－a；(b)截面 b－b；(c)截面 c－c；(d)截面 d－d；(e)截面 e－e；(f)泄漏三角形面积

B_aB_c 在壳体尖点 B 的母线上，B_a 指向螺旋前进的方向，位置随转子旋转不断向前推进，直至排气完毕而消失。因此它在整个压缩与排气过程中是个泄漏源，所以希望该泄漏三角形面积越小越好。

③ 封闭容积

如图 9－38(a)所示，压缩终了，齿间可能形成一个被压缩气体不能排出的容积，它类似于往复压缩机中的余隙容积，当两转子继续旋转某一角度后，该容积便与进气腔相通，高压气体泄入进气腔，该封闭容积将影响排气量。以图 9－40 所示的摆线－圆弧型线螺杆的工作过程来说明封闭容积的形成过程。在压缩机排气终了，当对应的阴、阳齿形进入完全啮合时，两齿面间会形成一个封闭容积，其在不同截面上的形状及面积不同，连接起来呈楔形，故称楔形封闭容积。楔形封闭容积中所包的高压气体，最后当齿形一边脱离啮合进入吸气过程时，便会膨胀到吸气腔中，这部分高压气体不会像往复压缩机那样可回收余隙容积中高压气体的膨胀功，而白白浪费了其压缩功并影响了排气量，还可能产生气体爆破噪声，所以这部分容积属有害容积，它既影响气量又增加功耗。

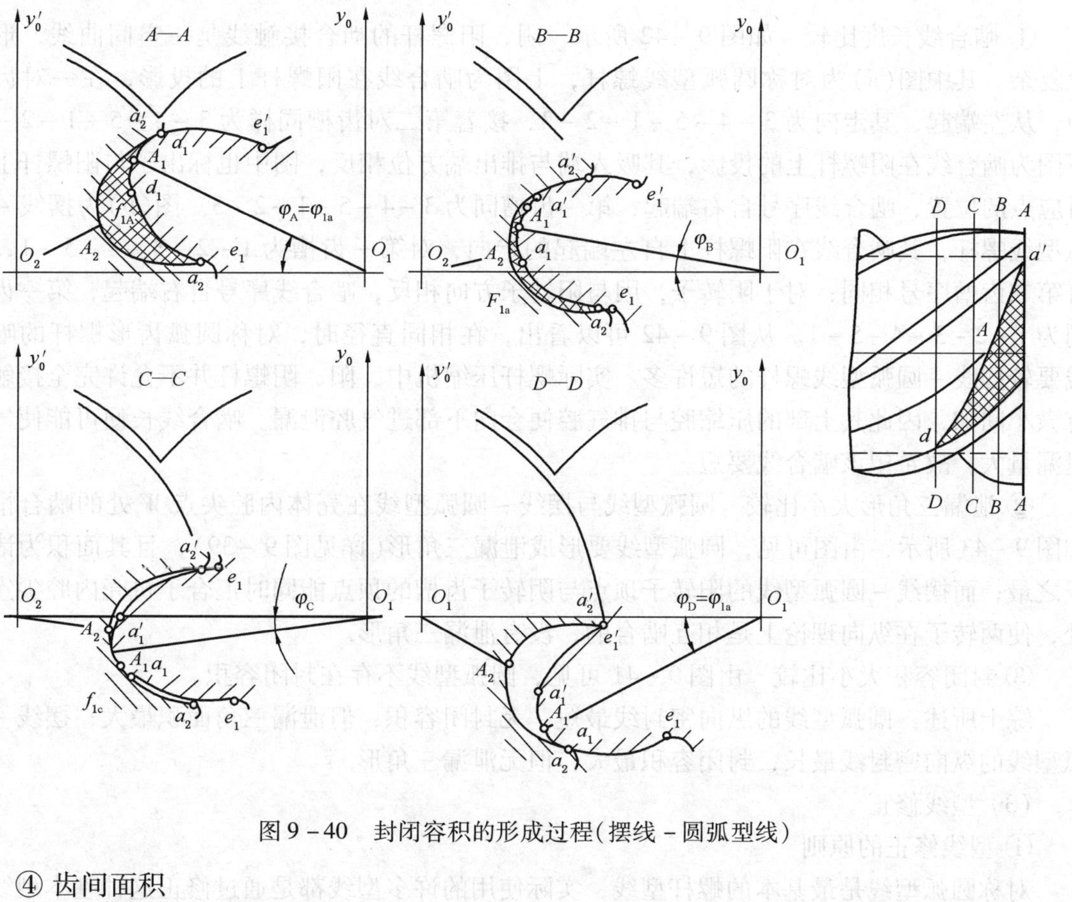

图 9－40　封闭容积的形成过程(摆线－圆弧型线)

④ 齿间面积

它是齿间容积在转子端面上的投影，如图 9－38(a)所示，转子型线的齿间面积越大，转子的齿间容积就越大，整个压缩机的容积利用率就越高，压缩机外形尺寸就越紧凑，这项指标常用面积利用系数来衡量。

(2) 两种经典型线比较

螺杆压缩机实际使用的型线众多，经典的螺杆转子型线有图 9－41 所示的对称圆弧型线和摆线－圆弧型线两种。所谓圆弧型线是指其阳螺杆端面型线均由圆弧构成，阴螺杆为与其相啮合的型线，并恰好也为圆弧。摆线－圆弧型线的阳螺杆型线前段(按旋转方向)为圆弧，后段(背面)为摆线。

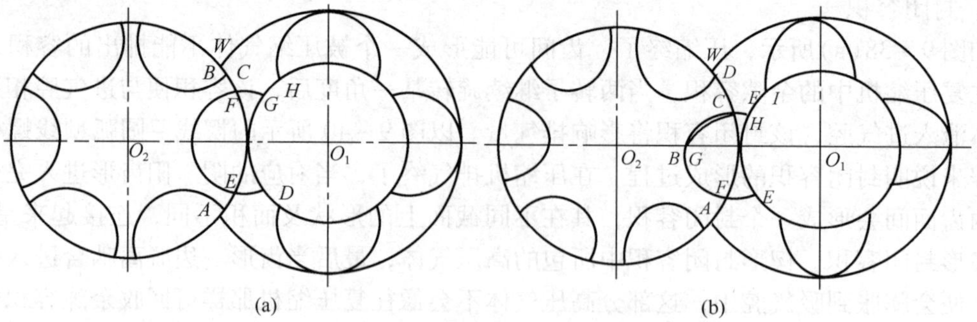

图9－41　典型螺杆压缩机型线

(a)对称圆弧型线；(b)摆线－圆弧型线

① 啮合线长度比较　如图9－42所示，阴、阳螺杆的啮合接触线是一空间曲线，形状较复杂。其中图(a)为对称圆弧型线螺杆，上图为啮合线在阳螺杆上的投影，在一对齿槽中，从左端起，其走向为3－4－5－1－2－3，接着第二对齿槽同样为3－4－5－1－2－3；下图为啮合线在阴螺杆上的投影，其吸入端与排出端方位相反，图中也标出了与阳螺杆上相对应点的位置，啮合线序号自右端起，第一齿槽同为3－4－5－1－2－3。图(b)为摆线－圆弧型线螺杆，其啮合线在阳螺杆上自左端起的走向，对第一齿槽为1－2－3－4－5－1，接着第二齿槽序号相同；对于阴转子，因与阳转子方向相反，啮合线序号自右端起，第一齿槽同为1－2－3－4－5－1。从图9－42可以看出，在相同直径时，对称圆弧齿形螺杆的啮合线要较摆线－圆弧型线螺杆的短许多。实际螺杆压缩机中，阳、阴螺杆并不允许完全接触而有微小间隙，因此其上部的压缩腔与排气腔便会向下部进气腔泄漏。啮合线长便可能使气体泄漏量大，故希望该啮合线要短。

② 泄漏三角形大小比较　圆弧型线与摆线－圆弧型线在壳体内腔尖点 *W* 处的啮合情况如图9－43所示，由图可见，圆弧型线要形成泄漏三角形(详见图9－39)，且其面积为诸型线之最；而摆线－圆弧型线的阳转子顶点与阴转子齿槽的顶点能同时汇合于机壳内腔尖点 *W* 处，使两转子在纵向理论上是相互啮合的，没有泄漏三角形。

③ 封闭容积大小比较　由图9－41可见，圆弧型线不存在封闭容积。

综上所述：圆弧型线的纵向密封线最短，无封闭容积，但泄漏三角面积最大；摆线－圆弧型线的纵向密封线最长，封闭容积最大，但无泄漏三角形。

(3) 型线修正

① 型线修正的原则

对称圆弧型线是最基本的螺杆型线，实际使用的许多型线都是通过修正这种基本型线得到的，以专门针对某使用要求改善某一方面的性能指标。型线修正的原则是：

- 接触线最短；
- 泄漏三角形最小；
- 封闭容积最小；
- 齿间面积最大。

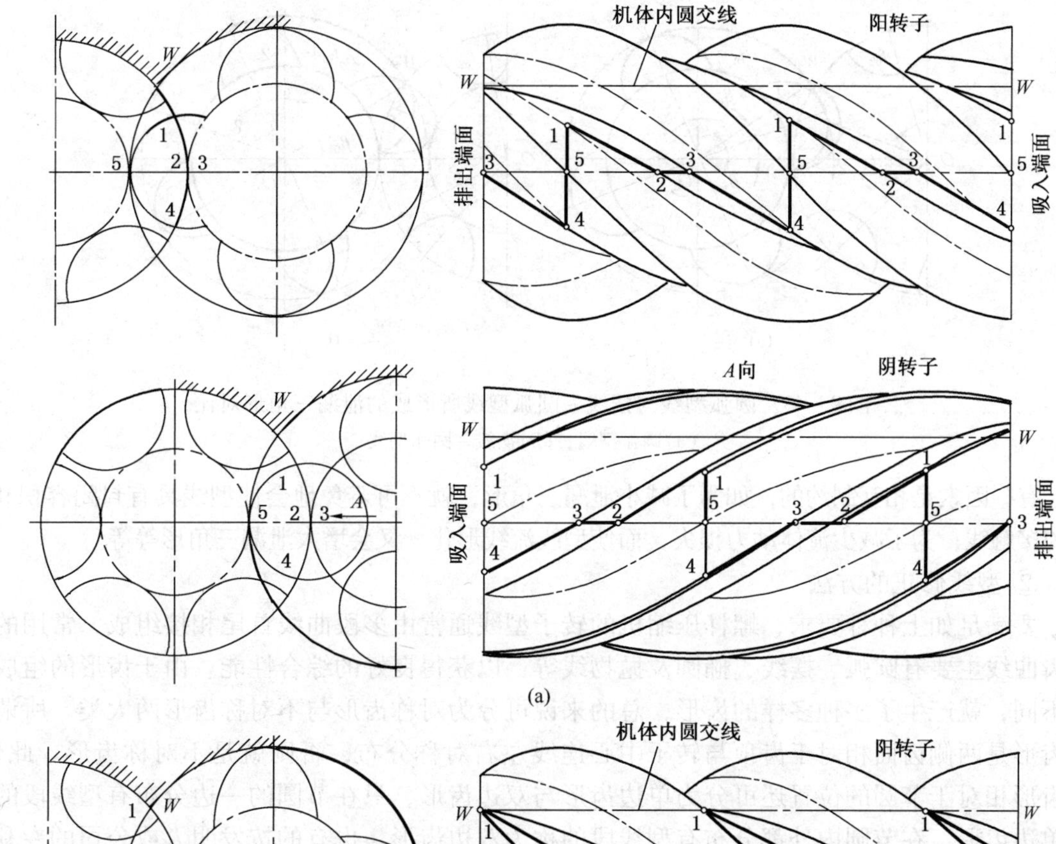

图 9－42　两种经典型线螺杆的啮合线比较

(a) 圆弧型线；(b) 摆线－圆弧型线

另外，从制造、运转角度考虑，还要求转子型线便于加工，具有良好的啮合特性，较小的气体动力损失，较高的齿根强度，以及在高温和受力的情况下，具有小的热变形和弯曲变形等。但

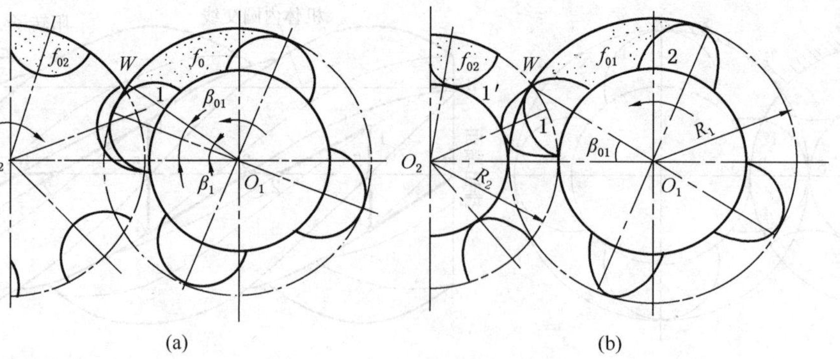

图 9－43　圆弧型线与摆线－圆弧型线所形成的泄漏三角形对比

(a)圆弧型线；(b)摆线－圆弧型线

以上有些因素是相互制约的，如为了减小泄漏三角形，就不可避免地会使型线具有封闭容积和较长的接触线；为了减少流体动力损失，而使型线流线形化，又会增大泄漏三角形等等。

② 型线修正的方法

要满足如上种种要求，螺杆压缩机的转子型线通常由多段曲线首尾相接组成，常用的组成齿曲线主要有圆弧、摆线、椭圆及抛物线等，以获得良好的综合性能。由于齿形的组成方案不同，就产生了多种多样的齿形，总的来说可分为对称齿形与不对称齿形两大类。所谓对称齿形是两侧齿面相对于齿顶与转子中心连线左右对称分布，否则就是不对称齿形。此外，按齿形相对于节圆的位置还可分为单边齿形与双边齿形，只在节圆的一边分布有型线段的称为单边齿形，在节圆内外都分布有型线段的称为双边齿形。也有的按发明人或公司的专利来命名齿形，如 SRM 齿形、X 齿形、Sigma 齿形等。

齿形的演变优化主要反映在型线段的组成关系，反映在中心距、齿数比、齿高系数等齿形参数的选取。其目的是气密性、面积利用系数、工艺性、刚度与强度等指标的综合优化。齿形研究历来是提高机器性能、降低能耗的重要课题之一，把齿形研究与现代计算、加工技术结合起来，可以根据需要，有目的地给出若干个离散点，应用样条函数得出光滑拟合曲线，再求此光滑曲线的共轭线，这样可以使齿形达到较为理想的境界。进一步用计算机模拟由不同型线、齿形参数组成的各种齿形的工作情况，由此预测新齿形的性能，从而选择齿形的优化方案。

③ 典型修正结果

第一代齿形——对称圆弧齿形

1934 年，瑞典 Lysholm 首创了不对称圆弧摆线齿形，见图 9－41(b)，但由于受到计算技术和工艺条件的限制，当时未能得到应用。20 世纪 50 年代盛行的对称圆弧齿形，见图 9－41(a)，就是由 H. R. Nilsson 对 Lysholn 不对称齿形修改简化后提出来的，阳转子与阴转子的齿数比为 4:6，后经瑞典 SRM 公司研制成功，并形成技术专利，从此螺杆压缩机在工业的各个部门得到了应用。对称圆弧齿形有单边和双边两种，其特点是齿形简单，工艺性好，齿形精度易于达到，这就是它在 50 年代盛行的原因；其缺点是面积利用系数小，泄漏三角形大，因而效率低，能耗高，这是它致命的弱点。我国 1979 年公布的部颁标准中，对 500mm 以上直径的转子，仍然允许采用对称圆弧齿形。为改善对称圆弧齿形的性能，苏联曾研究使用过对称椭圆齿形，但经实验证明，这种齿形的效率较前者提高并不显著，故未能得到应用。

第二代齿形——不对称圆弧摆线齿形

20 世纪 60 年代以来，随着螺杆压缩机应用范围的扩大，计算和加工技术的进步，不对称齿形的应用与发展有了必要与可能，因而不对称的圆弧摆线齿形，又逐步取代了 SRM 对称圆弧齿形，其主要好处是减小了泄漏三角形，降低了压缩机的泄漏，从而使螺杆压缩机的比功率降低了约 10%。由于修正方法与某些参数选取的不同，派生了许多型式的不对称圆弧摆线齿形，其中较有代表性的是 SRM 双边不对称齿形（简称 SRM－A 型线），见图 9－44（b），以及 J. E. Persson 单边不对称齿形，这两种齿形的齿数比均为 4:6。

1979 年前后，瑞典 Atlas 公司研制了一种 X 齿形，见图 9－44（c），齿数比仍为 4:6，其特点是：增大齿高半径 R，缩短转子中心距 A，使齿厚减薄来提高面积利用系数，利用点啮台摆线以减小泄漏三角形，因此具有泄漏小、效率高等优点，代表了 70 年代齿形的较高水平；但尚未消除齿形棱角，基元容积之间压差也较大，其结构参数仍未突破 SRM 不对称齿形的范畴。Atlas－X 型线在阴转子的高压侧采用了较长的直线段，故使泄漏三角形面积较大，但由于Atlas－X 型采用的齿高半径较大，就使其接触线长度相对变短，因此会具有较好的性能。

我国规定的螺杆压缩机标准不对称型线是单边不对称摆线－销齿圆弧型线，见图 9－41（b）。

第三代齿形——新的不对称齿形

1975 年德国 Kaeser 压缩机公司制成了一种 Sigma 齿形，见图 9－44（d）阳、阴转子的齿数比为 5:6；这种齿形没有摆线，而是采用了抛物线、椭圆、圆弧等曲线及其共轭线的组合，齿形圆滑而无棱角，减少了对气流的扰动阻力，且接触线较短，缩小了封闭容积；又由于它的型线段远离节圆，使整个接触线都有速度差，利用油膜生成，提高了密封效果；采用了 5:6 的齿数比，突破了传统的 4:6 齿数比的框框，使两转子转速比较接近，利于选取在最佳圆周速度附近工作，以提高机器效率；据称功率消耗比 SRM 不对称齿形降低了 14% 左右；但这种齿形存在较大的泄漏三角形，齿槽较浅致使面积利用系数小的缺点。

1979 年，德国 GHH 公司设计研制了一种高效新齿形，见图 9－44（e），GHH 齿形具有 Sigma 和 Atlas－X 齿形的特点，可以说是这两种齿形优点的综合，它采用了 Sigma 齿形有利的齿数比 5:6，限制了阴、阳转子外径相差太大，使两转子的圆周速度都能接近相当速度工作，它吸取了 X 齿形点啮合摆线的长处，把径向直线缩成为一点，减小了泄漏三角形，它也吸取了 X 齿形齿高半径大的特点，增大了面积利用系数，据称能耗降低了 10% 左右。

瑞典 SRM 公司在其 SRM－A 不对称型线基础上，新开发了 SRM－D 型线，见图 9－44（f），其组成齿曲线均为圆弧及其包络线，在转子间完全实现“曲面对曲面”密封，有助于形成流体动力润滑油膜，降低通过接触线的横向泄漏，提高压缩机效率，另外还改善了转子的加工性能。

台湾复盛公司开发的型线具有与 GHH 型线类似的优点，见图 9－44（g），它采用圆弧和圆弧包络线代替了 GHH 型线中的点和点啮合摆线，更有利于形成油膜和减少磨损。另外，复盛型线中未采用销齿圆弧，从而使啮合更为稳定。

1979 年日本神户制钢所着手开发新齿形，根据压缩腔状态的不同，成功地研制了适用于无油与喷油螺杆压缩机的 α、β 齿形。

日立公司也研制了 HISCREW 新齿形的螺杆机组，见图 9－44（h），它综合了 SRM－D 型线和 GHH 型线的优点，阴阳转子的齿数组合同 GHH 型线为 6:5，组成齿曲线则类似于 SRM－D 型线，均为圆弧及其包络线。日立型线具有较好的综合性能。

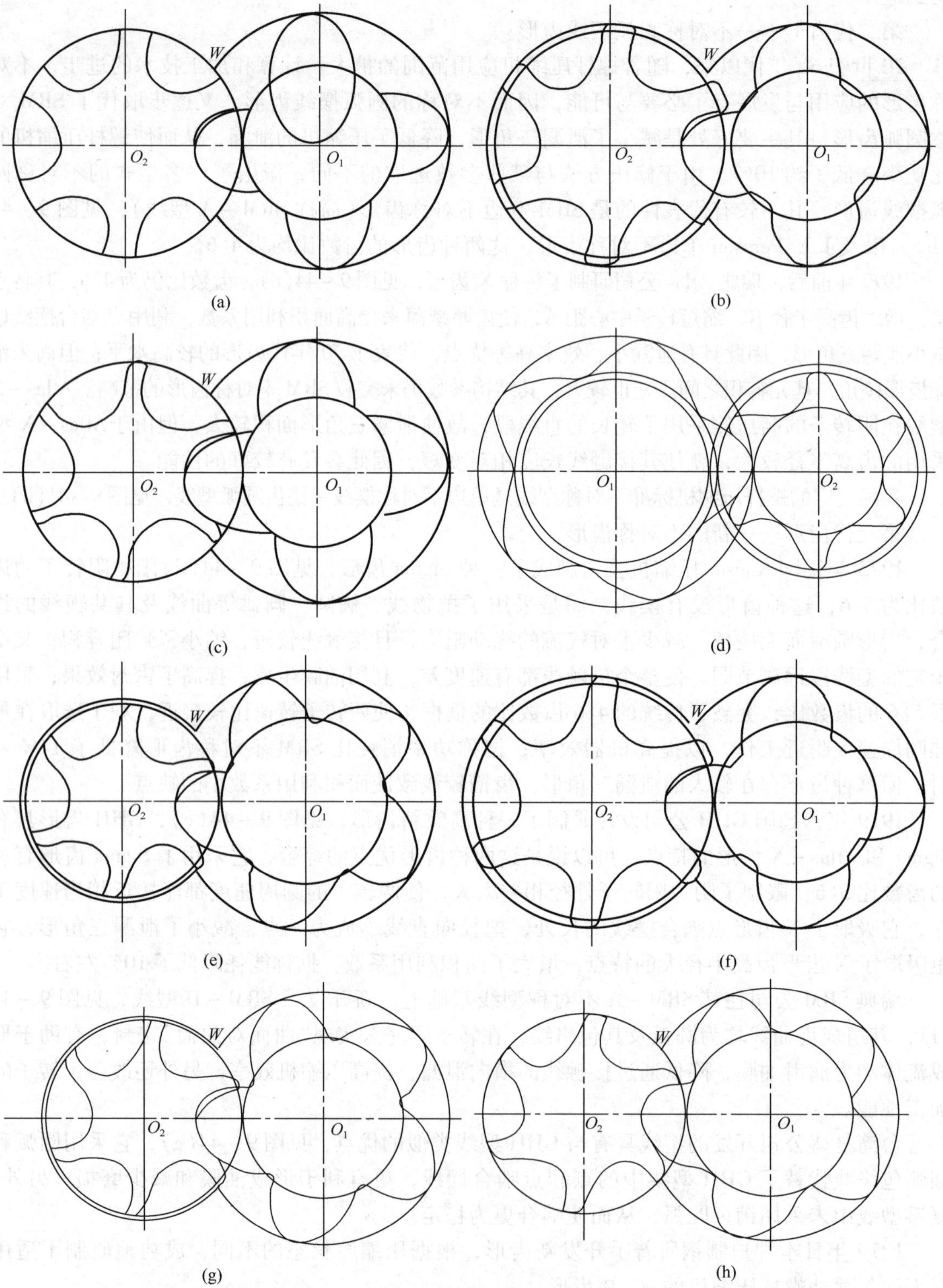

图 9－44　典型的修正齿形螺杆型线

(a)摆线－销齿圆弧型线；(b)SRM－A 型线；(c)Atlas－X 型线 ；(d)Sigma 型线；
(e)GHH 型线；(f)SRM－D 型线；(g)复盛型线；(h)日立型线

上述典型修正型线的形状如图 9-44 所示。几种常用型线的有关参数比较见表 9-3，表中，D_0 为转子公称直径；D_1 为阳转子外径；z_1 和 z_2 分别为阳、阴转子齿数。还可全由圆弧及其共轭线组成新的不对称圆弧齿形，这种不对称圆弧齿形接触线较短，封闭容积小，利于压力油膜的生成，提高了密封效果，消除了齿形尖点棱角，减省了动力损失。

表 9-3 几种常见型线有关参数比较

齿形名称	对称圆弧齿型	单边不对称摆线-圆弧齿形	SRM 对称齿形	SRM 不对称齿形	X 齿形	Sigma 齿形	GHH 齿形
齿数比 z_1/z_2	4/6	4/6	4/6	4/6	4/6	5/6	5/6
齿高半径 R	$0.18D_0$	$0.205D_0$	$0.18D_0$	$0.19D_0$	$0.24D_0$	$0.145D_0$	$0.18D_1$
中心距 A	$0.8D_0$	$0.8D_0$	$0.8D_0$	$0.8D_0$	$0.8D_0$	D_0	$0.7D_1$
面积利用系数 C_a	0.471	0.515	0.472	0.52	0.56	0.417	0.595

现在又出现了第四代、第五代修正齿型，但归纳起来都是在接触线长度、泄漏三角形面积及封闭容积之间求最优化，图 9-45 表示出了这些修正齿型的发展情况，图(b)中给出了三种修正型线所形成的泄漏三角形的顶点 A_1、A_2、A_3，可见型线修正的结果使泄漏三角形面积大幅度减小，同时接触线的长度也发生了变化。

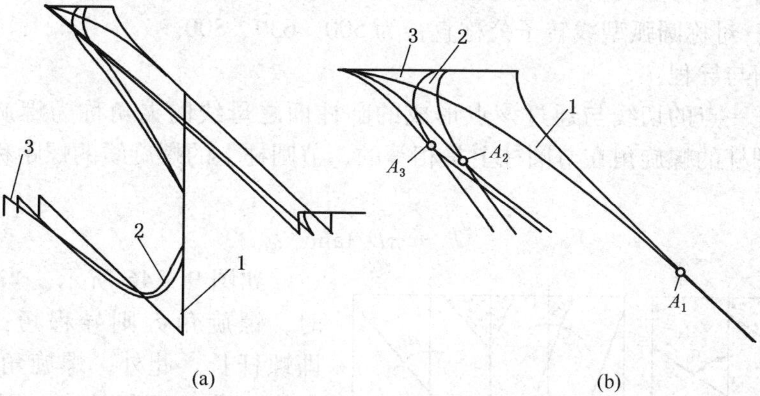

图 9-45 型线修正的效果比较

(a)接触线和泄漏三角形图示；(b)泄漏三角形局部放大图示

1. 双边对称圆弧型线；2. SRM-A 型线；3. SRM-D 型线

9.2.3 几何特性与参数

（1）面积利用系数和齿数

齿间面积是齿间容积在转子端面上的投影，是螺杆压缩机的重要几何特性之一，根据转子型线方程可分别计算得到阳、阴转子的齿间面积 A_{01} 和 A_{02}。螺杆压缩机齿形的面积利用系数，表征转子直径范围内总面积的利用程度，其定义式为

$$C_a = \frac{z_1 (A_{01} + A_{02})}{D_m^2} \tag{9-34}$$

式中：Z_1 为阳转子的齿数；D_m 为阴、阳转子直径的平均值；A_{01}、A_{02} 分别为阳、阴转子齿槽面积。

面积利用系数取决于转子型线种类和齿高半径、齿数、齿顶高等型线参数。确定螺杆转子齿数既要追求尽可能大的面积利用系数，又要顾及转子刚性，一般应使阳、阴转子刚性和承载能力相当，因此阴转子齿槽数应多于阳转子齿数。阳、阴转子齿数按 4:6 配置时，两者刚度、强度相当且较大，两转子的外径可做成相等有利于加工；其他配比还有 3:4、4:4、5:6、6:8 等，其中 6:8 仅用于高压级。几种常用齿形的齿数比与面积利用系数见表 9－3。螺杆压缩机的齿数会影响气量和机器的热效率。齿数多，就意味着每一个齿槽所占有的时间相对要短，由此导致泄漏量减少，在相同的间隙情况下，容积效率会提高，功耗减少。因此现在越来越多的螺杆压缩机的齿数从 4:6 变成了 5:6，甚至有人提出 6:7 的齿数。

(2) 转子直径和相对长度

螺杆转子长度 L 与直径 D 之比 λ 称为长径比，螺杆压缩机转子长径比通常为 0.9～2.0。近代螺杆压缩机的发展趋势是采用小的长径比，因为转子长度短，接触线长度也短，有助于减小泄漏；转子长度短，直径或螺旋角增大，有助于增大进、排气孔口面积，及增加刚性，但长度过短会导致加工困难。从总体结构看，较短的转子有可能实现同轴串联两段转子的结构，使整体结构更为紧凑。对容积流量大的压缩机，选用较大的长径比，这点对喷油压缩机尤为明显。由于转子直径不便取得过大，为了获得所需的容积流量，个别机器的长径比高达 2.5 以上。

推荐选用的不对称型线转子公称直径为 63、80、100、125、160、200、250、315、400、500、630、800；对称圆弧型线转子公称直径为 500、630、800。

(3) 螺旋角与导程

螺旋面上任一点的切线与通过该点形成的圆柱面之母线的夹角称为螺旋角，用符号 α 表示，阴、阳螺杆的螺旋角在节圆柱上是相等的，节圆柱上的螺旋线的螺距称为导程，用符号 T 表示，即

$$T = \pi D/\tan\alpha \tag{9-35}$$

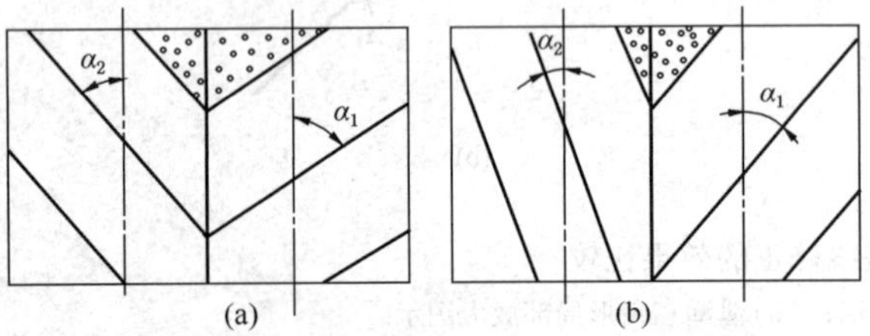

图 9－46　螺旋角对导程和径向排气孔口的影响

(a) 螺旋角大(导程短)；(b) 螺旋角小(导程长)

如图 9－46 所示，当螺杆直径相同时，螺旋角大则导程短；反之导程长，即螺杆长。此外，螺旋角大则径向和轴向排气孔口面积较大；因此，当内容积比较大时，为适当增加排出孔口面积和增强转子刚度，往往采用大螺旋角、短导程和小长径比、小扭转角的转子。但是螺旋角过大使齿面扭曲厉害，加工不方便，一般控制螺旋角 $\alpha < 60°$。

(4) 扭角和扭角系数

扭角(也称扭转角)为螺杆齿型从吸入端面到排出端面所绕过的角度，以符号 τ 表示，即

$$\tau = \frac{L}{T} \tag{9-36}$$

式中：L 为螺杆型线工作段长度；T 为螺杆节距。

一般阳螺杆扭角取 $\tau_1 = 240～300°$，阴螺杆扭角取 $\tau_2 = 160～200°$。扭角大可增大吸、排气孔口的面积，减小阻力损失，提高内容积比，常用的导程、长径比、扭角范围见表 9－4。

表 9-4 常用的导程、长径比、扭角范围

名称		符号	短导程			长导程			特长导程		
导程	阳螺杆	T_1	$1.2D_0$			$1.8D_0$			$2.7D_0$		
	阴螺杆	T_2	$1.8D_0$			$2.7D_0$			$4.05D_0$		
长径比		λ	0.8	0.9	1.0	1.2	1.35	1.50	1.8	2.0	2.25
扭角	阳螺杆	τ_1	240	270	300	240	270	300	240	266.7	300
	阴螺杆	τ_2	160	180	200	160	180	200	160	177.8	200

扭角过大时，当吸气端齿形已开始压缩，而排气端齿形尚未完全脱啮，这导致齿间容积不能完全充气。齿间实际充气量与最大可能充气容积之比称为扭角系数，用 C_φ 表示。实际使用的各种螺杆型线在 $\tau_1=240\sim300°$ 之间的扭角系数一般在 0.97~1.0 之间，见表 9-5。

表 9-5 常见型线的扭角系数

阳转子扭角 τ_1	双边对称圆弧型线	单边不对称摆线-销齿圆弧型线	SRM-A 型线	GHH 型线	SRM-D 型线	日立型线
240°	1.0	0.9989	0.9992	1.0	0.9995	1.0
270°	0.996	0.9905	0.9907	0.9976	0.9916	0.9987
300°	0.9769	0.971	0.9711	0.9841	0.9726	0.987

（5）齿间容积变化过程及内容积比

① 齿间容积变化过程

齿间容积变化规律可通过分析其在端面上的投影面积变化规律来解决，以使复杂的空间问题转化为简单的平面问题。吸气结束后的一对齿间容积在转到图 9-47 所示的阳转子转角位置后，阴转子齿 1′即将侵入阳转子齿 1 后面的齿槽面积 A_{01}，此即为 A_{01} 的压缩开始点，定义此位置阳转子的转角为 $\varphi_1=0°$，相应的阳转子齿 1 的齿顶径线与 O_1O_2 连线的夹角为 β，此后阳转子齿 1 后面的齿间面积 A_{01}，就因为阴转子齿 1′的侵入而由最大值 A_{01} 逐渐减小。

某一阳转子转角位置 φ_1 时，侵入阳转子齿间面积 A_{01} 的阴转子齿面积为 A_{r1}，相应侵入阴转子齿间面积 A_{02} 的阳转子齿面积为 A_{r2}，两者叠加则为一对齿间面积 A_{01} 和 A_{02} 之和被侵占值 A_r，这三个数值随阳转子转角 φ_1 的变化关系如图 9-48 所示，阴转子

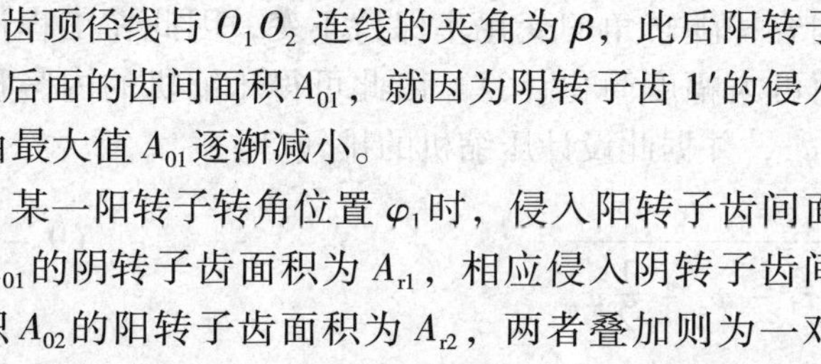

图 9-47 基元容积开始减少时的转子位置

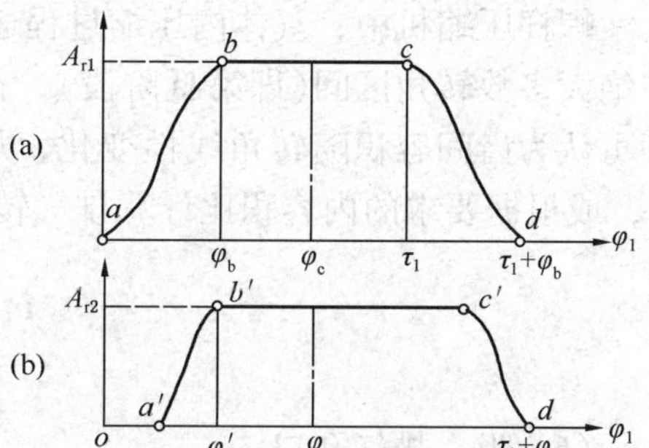

图 9-48 齿间面积被侵占图

(a)阳转子齿间面积被侵占图；(b)阴转子齿间面积被侵占图；(c)一对齿间面积被侵占图

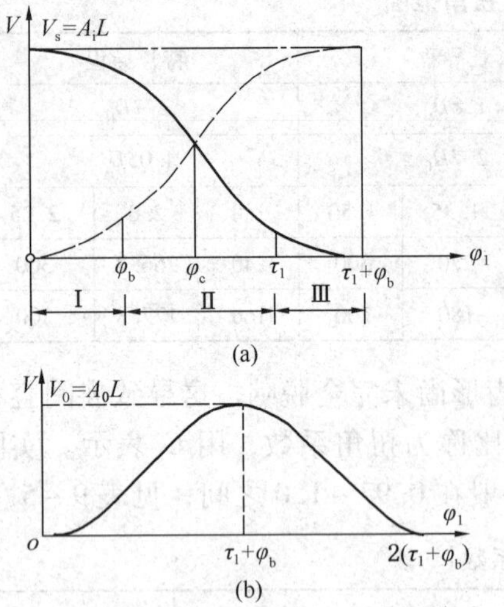

图 9－49　螺杆压缩机齿间容积变化规律

（a）压缩与排气过程基元容积变化规律；

（b）一个工作周期基元容积变化规律

齿间面积开始减少时的位置较阳转子落后一个角度。图中所示的两齿槽面积被侵占值 A_r 分为逐渐增大、保持不变、逐渐减小三个阶段，其中逐渐增大的第Ⅰ阶段是一个齿型逐步进入另一个对应齿槽的过程，保持不变的第Ⅱ阶段是两齿型完全进入对方齿槽的啮合过程，逐渐减小的第Ⅲ阶段是齿型从另一对应齿槽开始脱出的过程。某一时刻，端面齿槽的面积则为 A_{01} 与 A_{02}之和同被侵占值 A_r 的差，即使某些转角区间端面齿槽面积不变，因齿槽容积向排气端推移致使其长度缩短，齿槽间的工作容积也是随转角线性减小的。

图 9－49（a）中的实线为齿间容积自吸气结束开始的被侵占值 V_r 随阳转子转角 φ_1 的变化关系，虚线则为此转角过程中接触线另一侧的吸气腔从零变到最大的容积变化规律。若假定齿间容积扩大到最大值后，立即开始减少，则可得到螺杆压缩机的齿间容积从零扩大到最大值，再由最大值减少到零的整个变化过程，如图 9－49（b）所示。

图 9－48 和图 9－49 中，φ_b为图 9－47 中自阴转子齿 1′开始侵入阳转子齿槽 A_{01}至完全侵入所转过的阳转子转角。φ_c为齿间容积与排气孔连通的瞬时阳转子的转角。

$$\varphi_b = \beta + \frac{2\pi}{z_1} \tag{9-37}$$

② 内容积比计算

螺杆压缩机中，气体内压缩过程通常终止于图 9－48 中的第Ⅱ阶段。由图 9－49 可见，在绝大多数转角区间（即第Ⅲ阶段），齿间容积随转角的变化率保持不变，因此在工程计算中可认为齿间容积随转角线性变化，从而可大幅度简化计算。由此可得压缩机的内容积比 υ_i，或根据要求的内容积比计算排气转角 φ_c，并据此设计压缩机的排气口。

$$\upsilon_i = \frac{\tau_1}{\tau_1 - \varphi_c + \frac{1}{2}\varphi_b} \tag{9-38}$$

（6）吸、排气孔口

螺杆压缩机进、排气孔口的合理位置和形状，是实现预期的吸气、压缩、排气过程的必要条件，也是影响压缩机效率的重要因素。吸、排气孔口配置在壳体的端面与侧面，有时也只配置在其中的一个位置。

① 吸气孔口

对吸气孔口开设的要求是：应尽量减少吸气封闭容积的影响，保证齿间容积获得最大程度的充气，气流通道引起的流动损失尽量小。

对于端面吸气孔口，以图 9－50 所示的齿型为例，当阳转子齿顶到达壳体尖点 H 处，接着阴转子齿要填入阳转子齿槽的瞬时，螺杆压缩机的吸气过程结束，齿槽 A_{01}与 A_{02}充满气体，此后它们应与进气孔口断开，所以理论的端面进气孔口形状为 1－2－3－……－15－1。由图可见阳转子的吸气角度 α_{S1}小于阴转子的吸气角度 α_{S2}，而实际上阳转子转速大于阴转子，为保证阳转子有较充裕的充气时间，可采用图 9－51 所示的两转子吸气角配置，即 $\alpha_{S1}=270°$，$\alpha_{S2}=210°$，此时阴转子虽然已经填入阳转子齿槽内（图中#字形部分），但该容积实际是一个很小的锥体，其对吸气量影响不大，这样做能适当增大吸气末了阶段的孔口通流面积，有利于减小吸气流动损失。实际孔口形状不一定与图 9－51 完全一致，其在第 3－4 段和第 7－8 段可以向转子内径方向扩展，而在第 11－12－13－14－1 段可以向转子外径方向扩展，甚至将第 12－13 段用直线代替，基本原则是有利于简化孔的加工。

对于壳体上的径向吸气孔口，实际上只是将机壳内壁上对应于吸气位置工作腔的壁面挖进一定深度，使其与吸气容积相通，与端面吸气口同时启闭。壳体上挖空的径向吸气口，根据两转子端面吸气角度 α_{S1}、α_{S2}，按螺旋角确定，如图 9－52 所示。

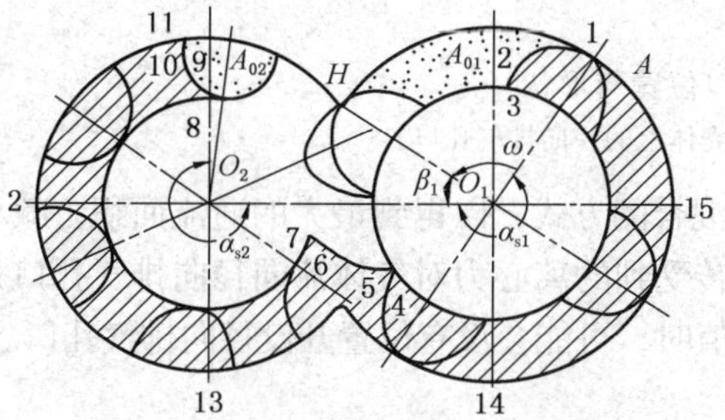

图 9－50　吸气孔口端面位置与形状

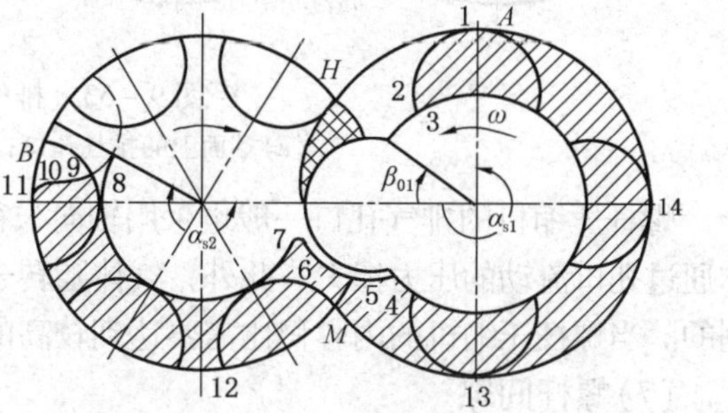

图 9－51　实际壳体端面进气孔口

实际的螺杆压缩机大多采用轴向和径向混合的吸气孔口，有助于增大通流面积，减小压力损失。纯径向吸气孔口的优点是可以使压缩机的长度变得稍小些，但齿顶速度高时可能因为离心力而影响进气。

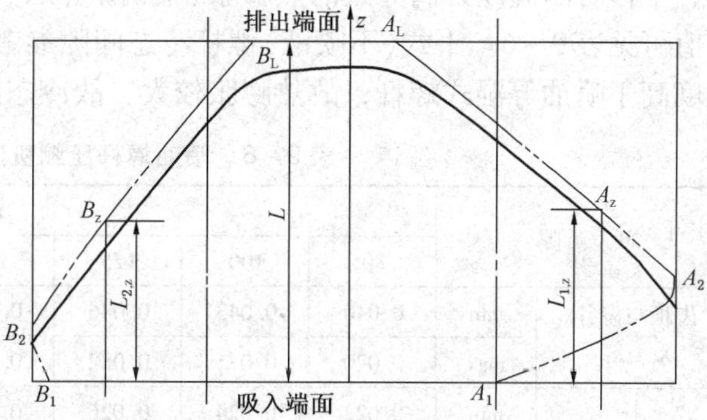

图 9－52　实际壳体径向进气孔口

② 排气孔口

对排气孔口的开设要求是：实现预期的内容积比，尽量避免不对称型线排气封闭容积内的气体压力憋高，避免排气末了阶段吸、排气腔之间的回流，减小流动阻力损失。不同的内容积比要求，对应于不同位置、形状、大小的排气口。

端面上的排气口，根据阴、阳转子对应齿槽内的气体容积减小到预期比例的转角位置，按两转子齿槽边界型线确定其初始位置；孔口的结束位置根据两转子齿槽开始填塞的角度与形状确定；整个端面上排气口的形状如图 9－53(a)所示为 1－2－3－4－5－5′－6′－6－7－8－9－10；点 4 和点 5 应尽可能向两转子中心连线靠拢，以减小非对称齿型封闭容积的影响。

壳体上的径向排气孔口的起点同样决定于内压缩比，其开设方法与径向吸气孔口类似，边界为 1－11－12－10－1，如图 9－53(b)所示；高速气流通过锐角处能产生噪声，故径向排气孔口尖点 13－11－12－14 处一般用圆弧 13－14 过渡，也有直接开成图中虚线所示的形状。

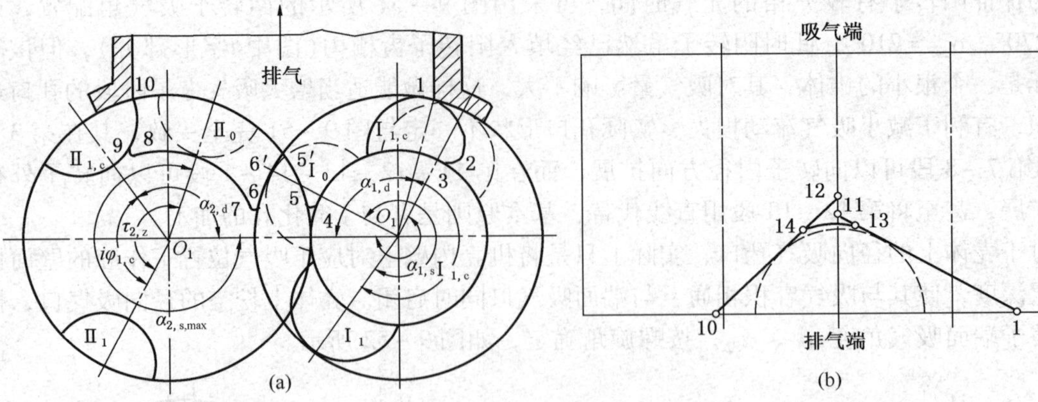

图 9－53　排气孔口位置与形状

(a)端面上的排气孔口；(b)壳体上的径向排气孔口

螺杆压缩机的排气孔口一般也采用轴向与径向混合的方式，以得到最大的通流面积，减小气体通过孔口流动的压力损失。此外，气体随转子旋转受到的离心力对气体流向径向排气孔口是有利的。当螺杆压缩机的内容积比需要达到较高的数值时，可能会没有位置开设径向排气孔口。

(7)螺杆间隙

间隙对螺杆压缩机性能的影响极大，不同公司压缩机的热力性能优劣，可以说主要是由间隙大小引起的。影响螺杆间隙的因素主要有：齿型的分度精度、齿面加工精度、冷态间隙、工作时因温度升高导致的热膨胀、轴承间隙、螺杆受力变形等。喷油螺杆的冷态间隙参考值可见表 9－6。干式(不喷液)螺杆冷态间隙参考值可见表 9－7，因为干式螺杆一般排气温度高于喷油等湿式螺杆，故热膨胀较大，故冷态间隙要大一些。

表 9－6　喷油螺杆压缩机法面间隙参考值　　mm

间　隙			转子直径							
			80	100	125	160	200	250	315	400
齿顶与齿谷 $\delta_2=\delta_4$		min	0.040	0.043	0.046	0.050	0.055	0.060	0.065	0.070
		max	0.070	0.075	0.082	0.090	0.100	0.110	0.120	0.130
侧　面	δ_1	min	0.022	0.024	0.026	0.028	0.031	0.033	0.036	0.039
		max	0.065	0.070	0.077	0.084	0.093	0.103	0.112	0.121
	δ_3		0	0	0	0	0	0	0	0

表 9－7　干螺杆压缩机法面间隙参考值　　mm

间　隙			转子直径									
			80	100	125	160	200	250	315	400	500	630
齿顶与齿谷 $\delta_2=\delta_4$		Min	0.120	0.150	0.190	0.240	0.300	0.380	0.480	0.610	0.760	0.960
		Max	0.170	0.200	0.250	0.310	0.380	0.460	0.570	0.710	0.880	1.050
侧面	δ_1	min	0.030	0.030	0.040	0.050	0.060	0.070	0.090	0.110	0.140	0.180
		max	0.070	0.080	0.090	0.110	0.130	0.150	0.170	0.210	0.260	0.320
	δ_3	min	0.040	0.050	0.060	0.080	0.100	0.120	0.150	0.190	0.240	0.310
		max	0.080	0.090	0.110	0.130	0.160	0.190	0.240	0.300	0.360	0.450

9.2.4 热动力特性

(1)容积流量

螺杆压缩机的工作容积(即排量，相当于往复压缩机的行程容积)为

$$V_S = C_\varphi C_a L D_1^2 \tag{9-39}$$

式中：C_φ 为齿型的扭角系数，见表9-5；C_a 为为齿型的面积利用系数，见式(9-34)；D_1 为阳转子直径，m；L 为转子工作长度，m。

螺杆压缩机的容积流量计算为

$$q_V = \eta_V \cdot n \cdot V_S \quad (m^3/min) \tag{9-40}$$

式中：η_V 为压缩机的容积效率；n 为阳转子转速，r/min。

螺杆压缩机容积效率的数值受型线种类、是否喷液、压力比、转速、气体性质等众多因素影响，其概略值可参照表9-8。一般低速、高压、小流量取下限值，高速、低压、大流量取上限值。干式螺杆压缩机的容积效率低于湿式螺杆压缩机，主要是因为喷入工作腔内的液体一定程度上弥补了各处泄漏间隙。

表9-8 螺杆压缩机容积效率参考值

螺杆齿形	容积效率 η_V	
	无油螺杆	喷油螺杆
对称圆弧齿形	0.65~0.85	0.75~0.90
单边不对称齿形	0.70~0.90	0.80~0.95

(2) 圆周速度和转速

转子齿顶圆周速度是影响机器尺寸、重量、效率及传动方式的一个重要因素，常用阳转子齿顶圆周速度表征。提高圆周速度能使压缩机的尺寸缩小、重量减轻、减少通过各处间隙的相对泄漏进而提高容积效率和绝热效率；但提高圆周速度又使气体在吸排气口和齿槽内的流动及摩擦鼓风损失增加，致使绝热效率降低。圆周速度对压缩机流动及摩擦损失的影响见图9-54，由图可见，存在最佳的圆周速度范围，使总损失最小。最佳圆周速度受齿形、运行方式(是否喷液)、压力比、气体性质和气体吸入状态等的影响，一般无油压缩机为50~100m/s，喷油压缩机为10~50m/s，更具体的数据见表9-9，表中 a 为气体声速。

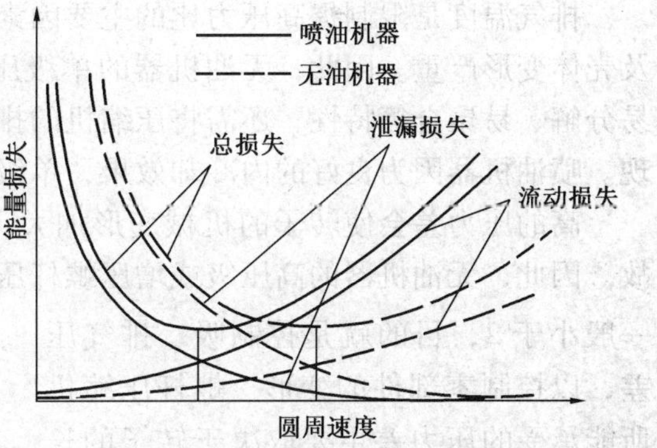

图9-54 螺杆机能量损失与圆周速度的关系

通常，喷油机器的转速为700~10000r/min，无油机器的转速为3000~20000r/min。排气量相同时，不对称型线的转速远低于对称型线的转速。转速选取主要受制于转子圆周速度。

表 9-9　螺杆齿顶最佳圆周速度

齿　　型	干式螺杆压缩机		喷油螺杆压缩机	
	u/(m/s)	$M=u/a$	u/(m/s)	$M=u/a$
对称圆弧齿型	80～120	0.22～0.35	30～45	0.085～0.13
不对称齿型	60～100	0.17～0.29	15～35	0.043～0.11

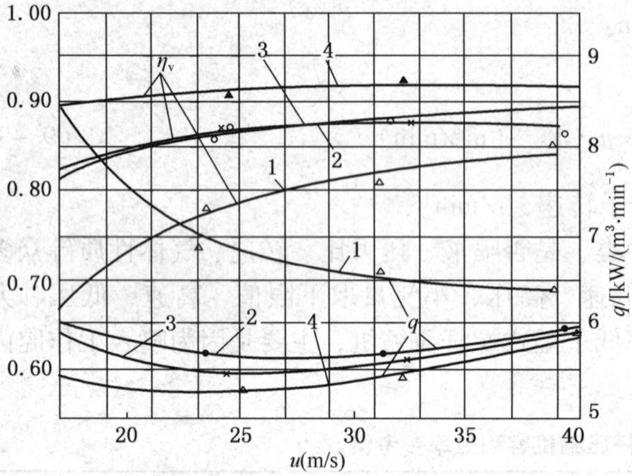

图 9-55　不同齿型的容积效率、比功率和圆周速度的关系

1—对称圆弧；2—双边摆线-圆弧；3—单边摆线；4—单边摆线-圆弧

（3）性能和效率

螺杆压缩机的多方压缩过程指数（以压缩空气为例），干式螺杆可取 1.5～1.6，喷油螺杆可取 1.05～1.1，前者较高主要是由于较大的内泄漏导致。螺杆压缩机的绝热效率依机型和工况不同而有明显的差别，一般低压力比、大中排量时，为 0.75～0.85；高压力比、中小排量时，为 0.65～0.75。螺杆压缩机的机械效率一般在 0.90～0.98。图 9-55 至图 9-58 为螺杆压缩机的主要性能曲线，图中：η_V 为容积效率，q 为比功率，η_{ad} 为绝热效率，$\varepsilon=p_2/p_1$ 为外部压力比，θ 为结构内容积比，u 为齿顶圆周速度，τ 为齿面啮合间隙值。

（4）压力比和压力差

排气温度是限制提高压力比的主要因素，过高的排气温度会使润滑油的性能恶化，转子及壳体变形严重。因此，无油机器的单级压力比一般小于 4，若被压缩介质有易燃、易爆、易分解、易聚合等特性，还需将压缩机的排气温度限制得更低，这主要通过限制压力比来实现。喷油机器因为良好的内冷却效果，单级压比通常为 8～10，个别高达 20 以上。

高的压力差会使转子的机械变形加大，致使泄漏量增加，甚至出现啮合部位咬死等事故。因此，无油机器的高压级或增压螺杆压缩机中，虽然气体压缩终温并不高，但其压力比一般小于 2，目的就是控制吸、排气压差，以控制零部件的变形。螺杆压缩机所能承受的压力差主要取决于转子的长径比和阴阳转子的齿数组合，对于常用的 4:6 齿组合，当长径比为 2.2 时，只能承受 1.0MPa 的压差；当长径比减小为 1.1 时，就能承受 3.5MPa 的压差；当转子齿数比达到 6:8 时，长径比为 1.1 时，能承受的压差可达 5.0MPa。

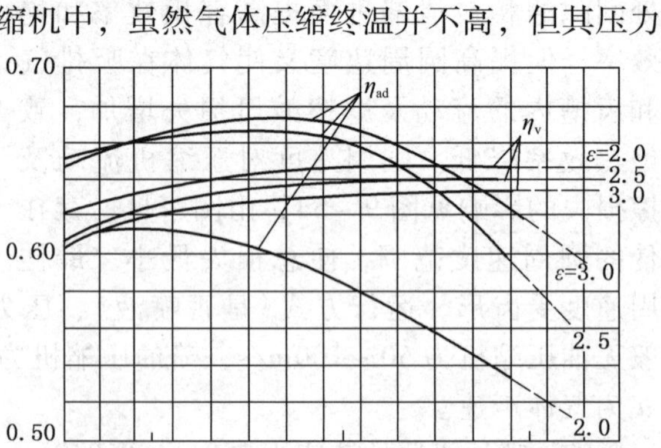

图 9-56　不同压力比下容积效率、绝热效率和圆周速度的关系

（5）排气压力和吸气压力

螺杆压缩机能达到的排气压力主要

取决于其机体结构、转子长径比、所用材料等因素。对于齿数比为4:6的压缩机，当转子长径比为1.65，机体材料为普通灰铸铁时，可以达到2.5MPa的排气压力；若将转子长径比减为1.1，机体变为球墨铸铁或铸钢，可达到4.5MPa的排气压力。近年来开发的高压喷油螺杆压缩机，其排出压力已达9MPa，特别适合于天然气的管道输送和各种化工流程。

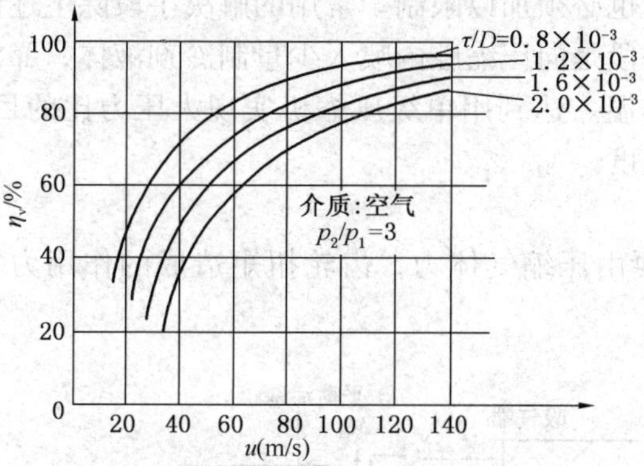

图9-57 容积效率、折算的间隙高度和圆周速度的关系

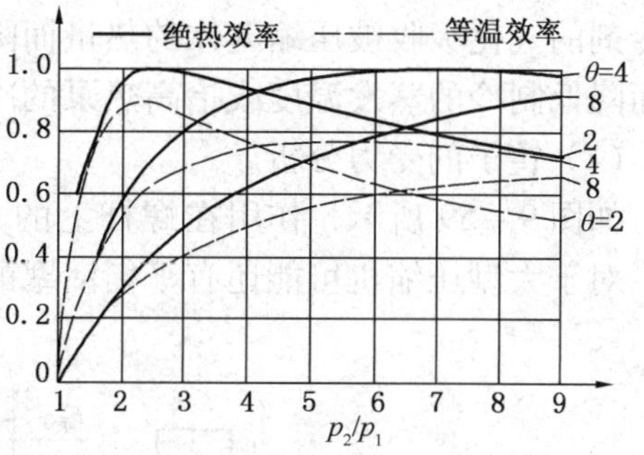

图9-58 结构内容积比、效率和压力比的关系

压缩机的最大吸气压力应根据其所能承受的排气压力、内容积比及被压缩介质确定。一般情况下，螺杆压缩机的吸气压力应小于3MPa，螺杆机构也可作为真空泵使用。

(6) 排气温度与冷却

① 干式螺杆压缩机

干式螺杆压缩机的排气温度主要取决于介质物性和运行压力比，根据过程指数按多方压缩计算。其转速通常很高，借以减小相对泄漏量；容积流量也较大，所以气体在缸内被冷却的时间极短，基本起不到降温作用。因此，干式螺杆压缩机中的冷却一般是为了保持压缩机的几何尺寸和间隙不变，而不是为了冷却气体。当排气温度低于100℃时，转子和机壳不需专门的冷却装置，向空气的散热足以保证机壳的几何尺寸不发生变化。如果排气温度更高，就需要对压缩机采取专门的冷却措施，常用的方法有两种：一是在气缸周围做一圈冷却套，通入水、油、或其他液体；二是把转子做成空心的，让冷却油从转子中心流过，采取专门冷却措施的目的是控制缸体和转子的热变形量。不采用缸体冷却套时，干式螺杆压缩机的排气温度可达200℃；缸体采用冷却套时，排气温度可达240~250℃。

② 湿式螺杆压缩机

湿式螺杆压缩机的排气温度主要取决于喷入工作腔的液量和温度，实验研究表明，喷油(液)螺杆压缩机中的压力升高过程与等熵压缩比较接近。由于螺杆压缩机转速较高，被压缩气体在压力升高的过程中，与喷入的润滑油(冷却液)之间的热交换很不充分，因此压缩过程结束时气体的温度会明显高于油(液)的温度。然后，气体和油(液)经过排气过程和在排气管道中的流动，最终实现热平衡，并趋于温度一致。排气温度越高，压缩机中为考虑热膨胀影响而预留的间隙也应越大，压缩机的效率则会越低。高的排气温度也会导致排气之后的油(液)气分离难度增大，并会降低油的寿命。

所以，喷油(液)螺杆压缩机的排气温度，通常由高温对油的影响而确定。这种压缩机的排气温度约在100~120℃，排温上限取决于润滑油的特性，一般使用高级合成油，矿物油已难满足使用要求。需要指出的是，也不能一味增加喷油量而追求过低的排气温度，因为排温度低于70℃时，可能导致气体中的水分析出，而使油质恶化。工艺压缩机一般也采用喷油内冷却的方法。

③ 制冷压缩机

制冷压缩机的压比太大导致排温过高时，也必须加以限制。常用的解决手段除上述向压缩腔内喷入润滑油，进行内冷却外，另一种手段是向压缩腔内喷入少量制冷剂液体，靠液态制冷剂的气化吸收被压缩气体的热量而降低排温。达到用单级压缩机实现大压力比的目的，进而降低制冷的蒸发温度或抬高热泵的冷凝温度。

(7) 转子的受力分析

如图9－59所示，作用在螺杆上的力主要由压缩气体力，齿轮扭矩造成的作用力等引起，对于大型压缩机可能还有平衡活塞的推力。

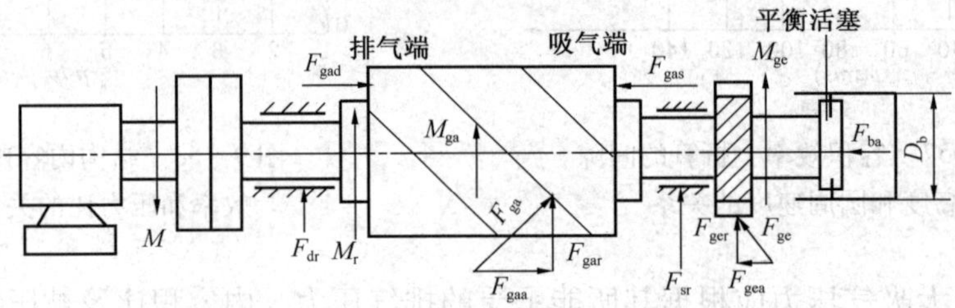

图9－59　作用在转子(阳转子)上的力和力矩

① 轴向力

作用于转子一端止推轴承上的轴向力(指向吸气端为正)为

$$F_a = (F_{gad} - F_{gas}) + F_{gaa} - F_{gea} - F_{ba} \quad (9-41)$$

式中各力计算如下：

a. 端面气体轴向力

$$F_{gad} - F_{gas} = \frac{1}{4}(p_d - p_s) \cdot (A_a - A_b) \quad (9-42)$$

式中：A_a为螺杆端面面积，m^2；A_b为螺杆端面处的轴颈截面积，m^2；p_s、p_d分别为吸、排气端面上气体压力，Pa。

b. 螺杆齿面上气体作用力

$$F_{gaa} = \frac{2\pi}{h} M_{ga} \quad (9-2-10)$$

式中：h为螺杆导程，m；M_{ga}为气体内力矩，N·m。

c. 齿轮传动产生的轴向力

$$F_{gea} = 9550 \frac{P}{n} \frac{2}{d_t} \tan\beta \quad (9-2-11)$$

式中：P为齿轮传递功率，kW；n为齿轮转速，r/min；d_t为齿轮节圆直径，m；β为斜齿轮螺旋角，rad。

d. 平衡活塞产生的轴向力

$$F_{\mathrm{ba}} = \frac{\pi}{4}D_{\mathrm{b}}^{2}P_{\mathrm{b}} \tag{9-45}$$

式中：p_{b} 为气体的平衡压力，Pa；D_{b} 为平衡气缸直径，m。

② 径向力

径向力有两部分，其一为气体力产生，其二为传动的斜齿轮产生，分别计算如下：

a. 气体径向载荷

以下方法仅用作简化计算，假设在与 xoz 及 yoz 坐标平面各成45°的平面内，沿螺杆轴线方向分布着径向载荷 q，图9－60所示。

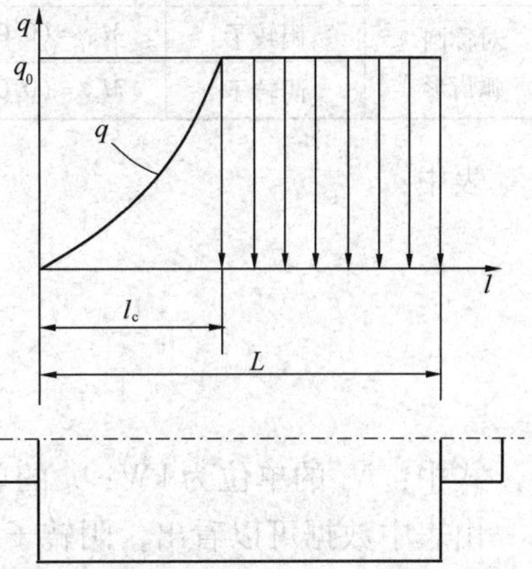

图9－60　简化的螺杆径向载荷分布图

当 $0 \leqslant l \leqslant l_{\mathrm{c}}$ 时，q 按抛物线规律变化，即

$$q = q_0 \left(\frac{l}{l_0}\right)^2 \tag{9-43}$$

当 $l_{\mathrm{c}} \leqslant l \leqslant L$

$$q = q_0$$

$$q_0 = \xi D_0 (P_{\mathrm{d}} - P_{\mathrm{s}}) \tag{9-44}$$

$$l_{\mathrm{c}} = \frac{h_1}{2\pi}\varphi_{1\mathrm{c}} \tag{9-45}$$

式中：q_0 为最大径向载荷，$\mathrm{N/m^2}$；l 为所取截面离进气端距离，m；l_{c} 为相当于内压缩转角的轴向长度，m；ξ 为修正系数，取0.5～0.8。

b. 斜齿轮径向力

$$F_{\mathrm{g.e.r}} = 9550\,\frac{P}{n}\,\frac{2}{d_{\mathrm{t}}}\,\frac{\tan\alpha_{0n}}{\cos\beta} \tag{9-46}$$

式中　$\alpha_{0.n}$为齿廓压力角，rad。

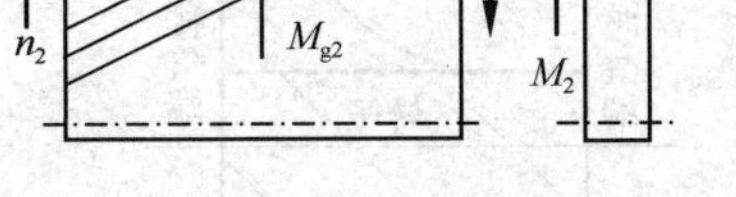

图9－61　作用在转子上的力矩
（不对称齿型）

③ 扭矩

螺杆压缩机工作时，受力情况较复杂，图9－61所示为作用在转子上的扭矩情况，外界输入的总的驱动力矩 M 为

$$M = M_1 + M_2 \tag{9-47}$$

$$M_1 = M_{\mathrm{g1}} + M_{\mathrm{r1}} \tag{9-48}$$

$$M_2 = M_{\mathrm{g2}} + M_{\mathrm{r2}} \tag{9-49}$$

式中：M_1、M_2分别为阳、阴转子阻力矩，N. m；M_{g1}、M_{g2}分别为阳、阴转子的气体内力矩，N·m；M_{r1}、M_{r2}分别为阳、阴转子的气体摩擦力矩，N·m。

一般都是阳转子为主动转轴，通过同步齿轮驱动阴转子，或由阳转子齿直接驱动阴转子。阳转子因齿数少于阴转子齿槽数，故阳转子转速高于阴转子，由此承担的扭矩也大。表9－10给出了两种典型螺杆齿型的力矩分配情况。

表 9-10 阴、阳转子上的力矩分布 N·m

转子类型		摩擦阻力矩 M_r	气体内力矩 M_g	扭 矩 M
不对称齿形	阳转子	$M_{r1}=(0.05\sim0.10)M_{1s}$	$M_{g1}=(0.95\sim1.07)M_{1s}$	$M_1=(1.05\sim1.12)M_{1s}$
	阴转子	$M_{r2}=(0.05\sim0.10)M_{2s}$	$M_{g2}=-(0.10\sim0.22)M_{2s}$	$M_2=-(0.05\sim0.12)M_{2s}$
对称圆弧齿形	阳转子	$M_{r1}=(0.05\sim0.10)M_{1s}$	$M_{g1}=(0.90\sim0.80)M_{1s}$	$M_1=(0.95\sim0.90)M_{1s}$
	阴转子	$M_{r2}=(0.05\sim0.10)M_{2s}$	$M_{g2}=0$	$M_2=(0.05\sim0.10)M_{2s}$

表中：

$$M_{1s}=9550\frac{N_{sh}}{n_1} \quad (9-50)$$

$$M_{2s}=9550\frac{N_{sh}}{n_2} \quad (9-51)$$

式中：N_{sh}的单位为 kW；n 的单位为 r/min。

由表中数据可以看出，阴转子承担的扭矩很小，并且在对称圆弧型线时，甚至气体力矩为零。一般而言可认为，阳转子传递 90% 以上的扭矩，而阴转子只传递 10% 左右的扭矩，所以当用同步齿轮传动时，其传递的功率只有压缩机轴功率的 10% 左右，属高转速和高精度的轻载齿轮。

9.2.5 压缩机的调节

(1) 容积流量调节

螺杆式制冷和工艺压缩机需要根据冷量及工艺负荷调节其供气量，近年来甚至空压机也出现了这种需求。容积流量的调节装置如图 9-62 所示，这是基于壳体径向吸气口的原理而来，在机体内壁排出端两转子孔交线处设有一滑阀，其取代了机体的一部分；通过轴向调节滑阀的位置，产生沿轴向大小可变的旁通孔，从而使已经与端面吸气口断开并试图开始内压缩过程的吸气结束的工作腔中的一部分气体，又通过旁通孔回流到吸气空间中，达到减少容积流量的目的。实际上相当于推迟了内压缩过程开始的转角，显然，滑阀向高压端拉出的越多，剩余的气量就越少。滑阀一般采用液压缸驱动，由压缩机本身的油路系统提供所需的油压；少数机器中，也采用伺服电机驱动。对于喷油压缩机，为了避免完全空载时油在压缩腔中越积越多，通常至少要留 10% 的排气容积。

对于图 9-62 所示的调节滑阀装置，在气量减少时，由于螺杆的有效长度减小，但排气

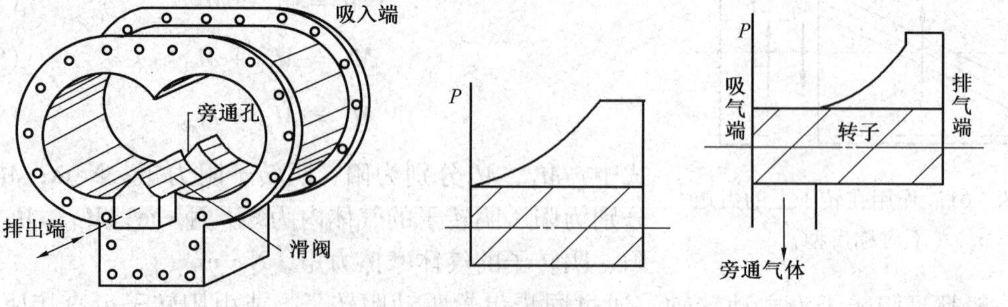

(a) (b) (c)

图 9-62 容积流量调节滑阀结构示意及原理示意

(a)容积调节滑阀；(b)正常工况下压缩过程；(c)调节工况下压缩过程

孔口的位置固定，因而压缩机所能实现的内部压力比也减小了，如图中(c)所示，这对于要求排气压力不变的工况会导致热效率降低。图9－63所示的压缩机将径向排气孔口从机体上移到滑阀的一端，当滑阀移动而使螺杆的有效长度减少时，开设在滑阀上的径向排气孔口也随之前移，使径向排气孔口同步缩小，以延长内压缩过程，这可实现流量变化时内容积比基本不变。这种压缩机的端面排气孔口所对应的内容积比要比滑阀上的径向排气孔口对应的内容积比大，在调节工况首先通过滑阀上的径向排气口排气，当滑阀前移使气量减少到一定程度后，端面排气孔口才可能与排气腔连通，此后流量再减小时，内容积比就要减小了，再无法保证为固定数值，如图9－64所示。

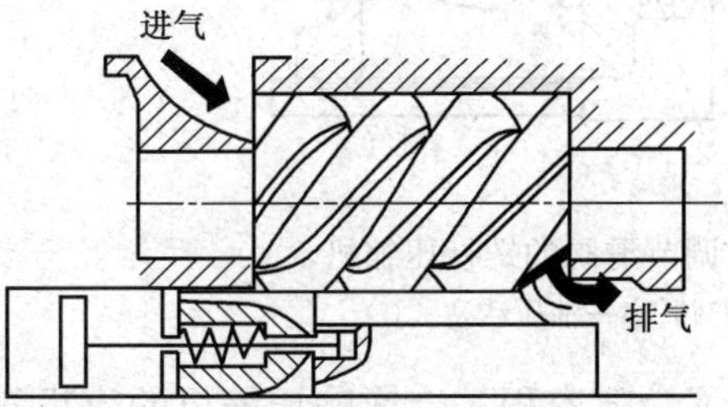

图9－63　通过滑阀改变排气孔口位置

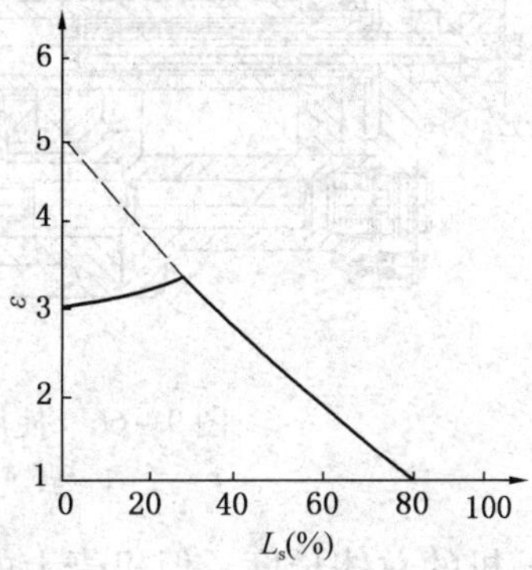

图9－64　滑阀位置与压缩机内压比的关系

图9－63所示的调节机构在调节过程中压缩机的理论p－V图如图9－65所示，因为设置在滑阀上的径向排气孔口的作用，在气量减少时维持内压缩结束时的压力不变。图9－66是使用这种滑阀调节机构的螺杆制冷压缩机结构示意图，图9－67为调节工况实测的缸内压力图，下表“0”表示压缩开始点，下表“d”表示排气开始点。

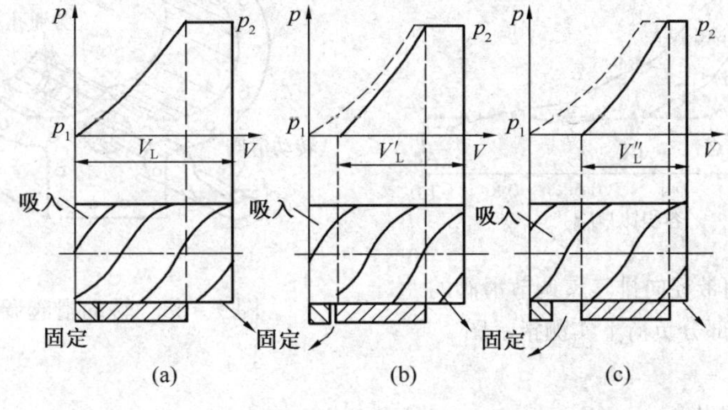

图9－65　维持内容积比不变的滑阀调节容量原理

(a)满载；(b)部分卸载；(c)大部分卸载

上述调节滑阀的表面充当了缸体内壁的一部分，因而加工和装配的难度加大，也会带来泄漏量增加等问题。图9－68所示的转动滑阀机构，气缸内壁上开有若干与转子螺旋形状相对应的旁通孔，一个转动滑阀可以依次盖住或开通这些孔。从而使与端面吸气口断开的工作腔通过这些旁通孔排出一部分气体，实现近乎连续的气量调节。这种结构方案的好处是可以

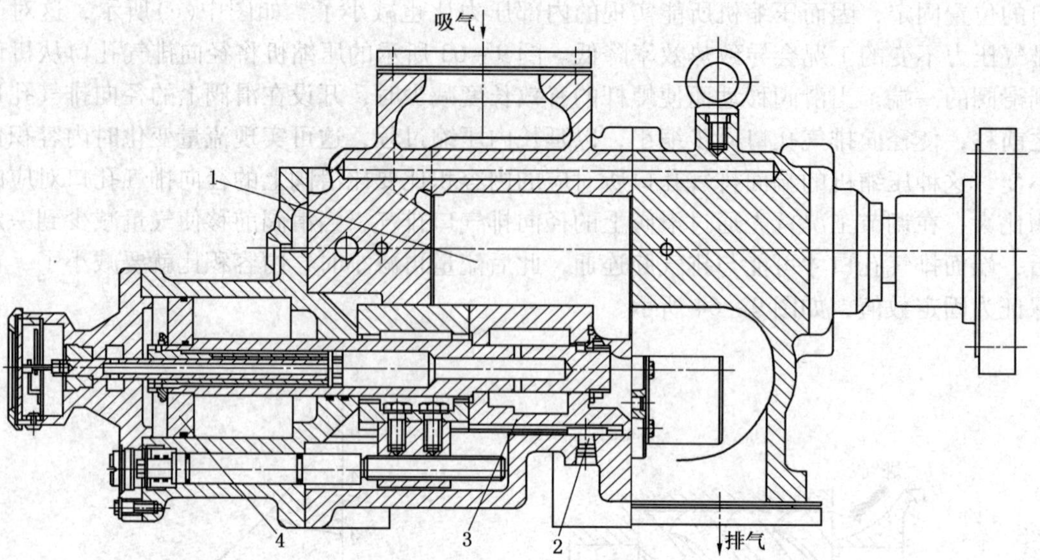

图 9－66　使用带径向排气口调节滑阀的螺杆压缩机

1—转子；2—导键；3—滑阀；4—油压活塞

缩短压缩机的总体长度，但机壳上的旁通孔构成了余隙容积，会影响压缩机的容积效率和绝热效率。图 9－69 所示的压缩机，采用几个塞子构成旁通孔，实现分级容量调节，多用于制冷压缩机中；由于塞状阀体可以做到恰好与气缸内壁平齐，因而不会产生“余隙容积”。当然，这两种方案在调节容量的同时，不能保证内容积比固定。

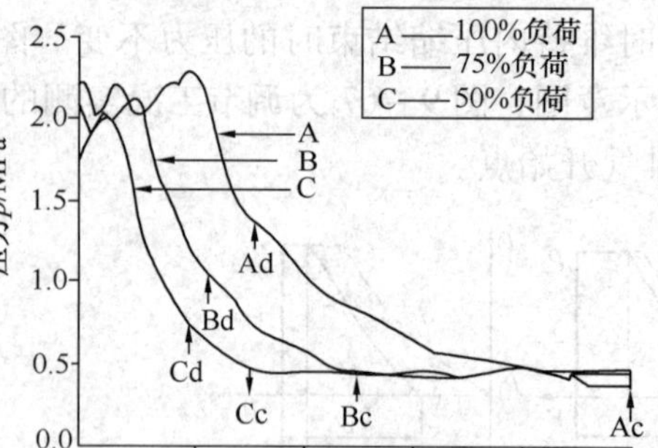

图 9－67　使用带径向排气口调节滑阀的螺杆压缩机部分负荷下实测指示图

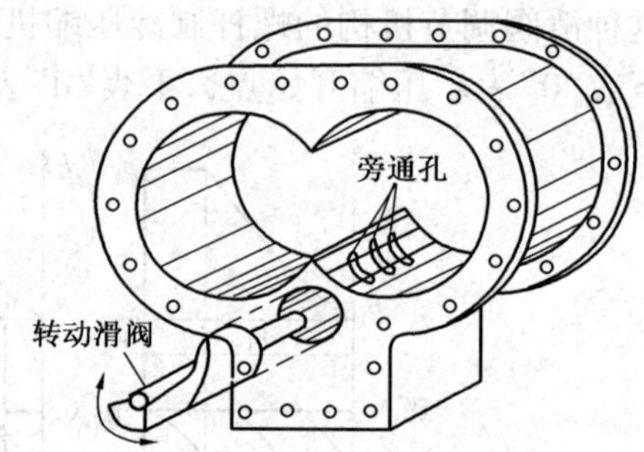

图 9－68　转动滑阀调节结构

（2）内容积比调节

多数容积式压缩机通过合理的排气孔口的设置实现最佳的内压力比，当工况变化后，内压比不能适应外压比的要求同步改变，将导致压缩机产生较大的不足压缩或过压缩附加功耗损失，因而有时需要根据实际工况变化调节压缩机的内容积比。图 9－70 所示的一端带有径向排气孔口的调节滑阀可解决这一问题。与图 9－63 所示的结构相比，其差别是因不需调节气量，所以滑阀较长，保证吸气端的螺杆所有长度均始终有效。同样，这种结构方案的压缩机所能实现的最大内容积比是由端面排气孔口决定的。

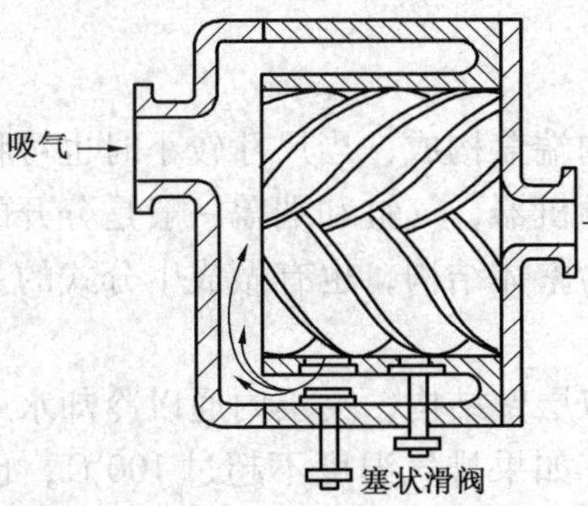

图 9-69　塞状滑阀调节结构

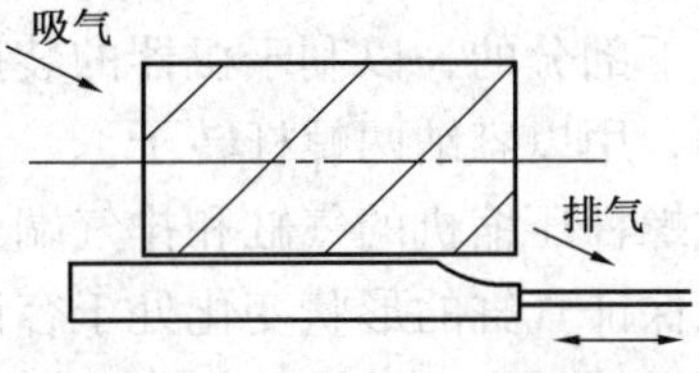

图 9-70　内容积比调节滑阀

虽然通过设置调节滑阀可以改变压缩机的内部压力比，但对于压力比要求较高的场合，一般不纯粹使用调节滑阀来实现。因为这样做会使排气孔口（尤其是轴向排气孔口）变小，增大了排气过程中的阻力损失；另外，当气体容积很小时，大尺寸转子的泄漏线相对就显得较长，致使泄漏量增加。因此，对于螺杆压缩机，即使没有中间冷却，两级压缩也比单级压缩效率高，这是因为经一级压缩后气体体积缩小，第二级可采用小直径的转子，因而单位容积的泄漏线长度缩短。

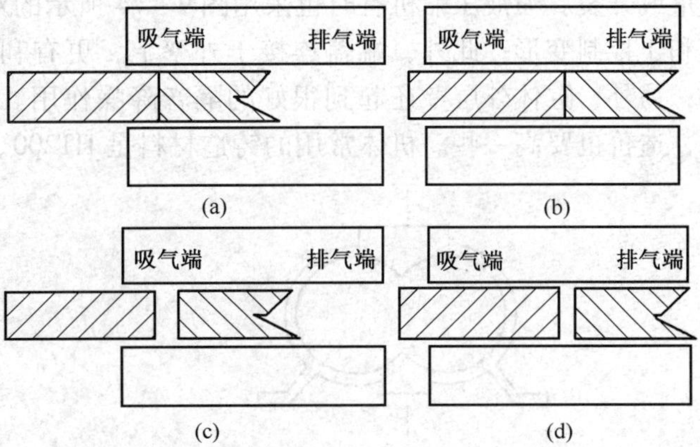

图 9-71　同时调节内容积比和容积流量的调节滑阀
(a) 小内容积比；(b) 大内容积比；(c) 容积流量较大的卸载工况；(d) 容积流量较小的卸载工况

(3) 流量和内容积比同时调节

在螺杆压缩机的使用中，有时要求实现容积流量和内容积比的同时、独立调节，满足这种要求需要在机体内设置两个独立的滑阀，如图 9-71 所示，其中一个用于调节气量，另一个用于调节内容积比，二者之间没有机械联系，各自独立运动。图中 (a)、(b) 为满负荷下只改变内容积比的工况，此时流量调节滑阀与内容积比调节滑阀同步移动并保持二者接触密封。图中 (c)、(d) 为流量和内容积比分别调节的工况，两滑阀各司其职。这种双滑阀机构的结构和控制都非常复杂，一种简单的办法是将其中的内容积比调节滑阀用几个独立的塞状调节阀代替，而实现内容积比的分级调节，这种塞状旁通调节阀既可以设置在径向，也可以设置在轴向。当所有塞状阀都关闭时，内容积比达到最大。理论上，塞状阀只能实现内容积比的分级调节，但由于气体流动的连续性，使用塞状旁通阀和滑阀调节内容积比时，如图 9-72 所示，压缩机的绝热效率的差别并没有那么大，但却大大简化了压缩机结构。

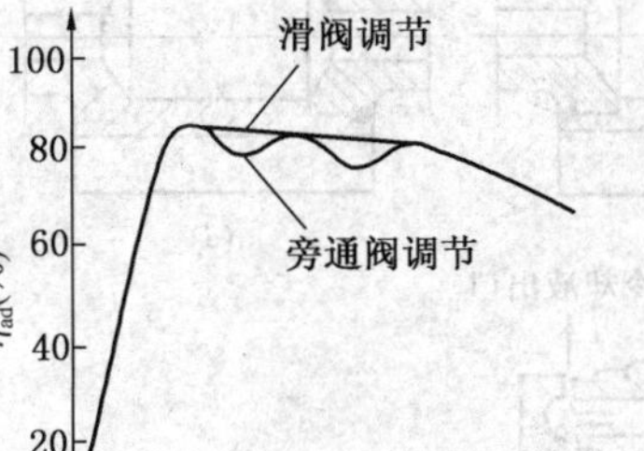

图 9-72　旁通阀和滑阀调节内容积比时的特性比较

9.2.6 主要零部件结构

（1）机身

螺杆压缩机的机身由中间部分的气缸和两端的端盖构成，当尺寸较小时也可将吸气侧或排气侧的端盖及气缸铸造成一体，对于较大尺寸的机器，气缸和端盖一般是分开的，甚至缸体也是上下剖分的，以利于机器的装拆。端盖多为整体结构，也有做成中分式的。气缸内孔呈∞字形，用以容纳两螺杆转子。

干式螺杆压缩机的气缸和排气端盖通常制成双层壁结构，夹层内通以冷却水或其他冷却液体，以保证气缸的形状变化处于容许的范围内。如果排气温度不超过100℃，也可不设冷却夹套而采用单层壁结构，但为了增强自然对流冷却效果，要在外壁上顺气流方向设置冷却翅片，冷却翅片同时还可增强机体的刚性。

喷液内冷却的螺杆压缩机机体多采用图9－73所示的单层壁结构，因排温较低，其散热效果足够。对于压力较高的制冷和工艺用螺杆压缩机，机体外壁需要加强，以避免机体变形严重或开裂。喷液压缩机有时也采用图9－74所示的双层壁结构，圆形的外壁承受压力，更有利于控制变形；此外，端盖连接于外壁上，更有利于控制与转子啮合的内壁部分的变形量；另外，缸体外层壁还起到很好的隔音降噪作用。这种双层壁结构一般用于高压力的场合，造价也要高一些。机体常用的铸造材料是HT200、HT250、HT300。

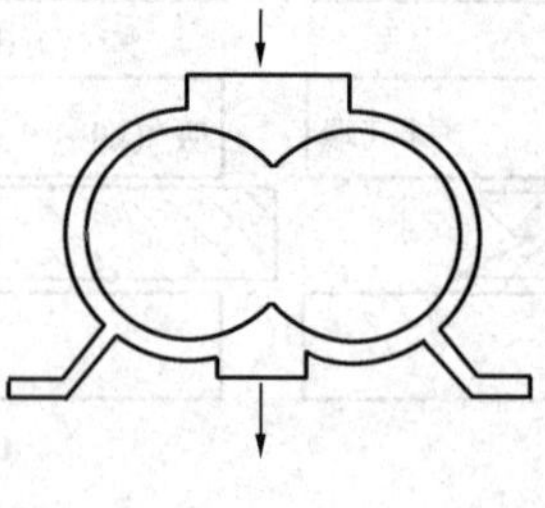

图9－73　单层壁结构机体

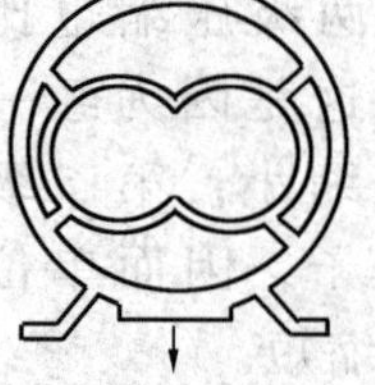

图9－74　双层壁结构机体

（2）转子

螺杆转子结构如图9－75所示，直径较小时通常采用整体式结构，直径超过350mm时一般采用组合式结构，以节省材料和减轻重量。对于排温较高的干式螺杆，转子往往做成图9－75中(e)所示的带内部冷却的结构。

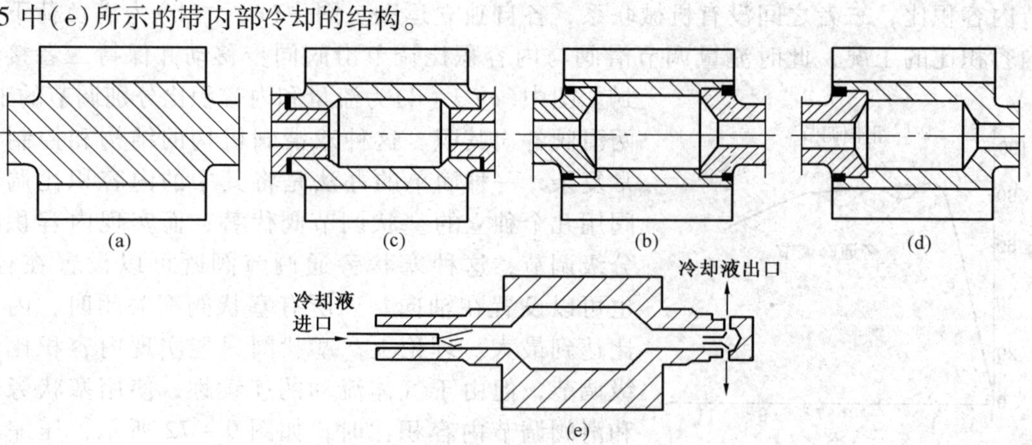

图9－75　螺杆转子结构

(a)整体式；(b)、(c)、(d)组合式；(e)带内部冷却的结构干式螺杆压缩机内部工作间隙较大，因而齿顶和转子两端常设有密封齿，如图9－76所示，它们可以和转子做成一体，也可以是镶嵌上去的。齿顶密封齿的作用是改善齿顶与壳体间的密封，减少高压齿槽中的气体向低压齿槽中泄漏；此外，在转子振动、轴承损坏等致使转子与气缸接触的非正常情况下，齿顶密封齿还可起到应急保护作用，防止引起大面积的咬伤，避免出现严重事故。齿顶设密封齿后，对应的齿槽底部需相应设置一个小沟槽。齿顶设置密封齿后，会增大泄漏三角形，因此当齿顶圆附近截面型线曲率半径较大时，型线本身就能起到齿顶密封作用。转子端面的密封齿槽主要作用是改善端面密封。

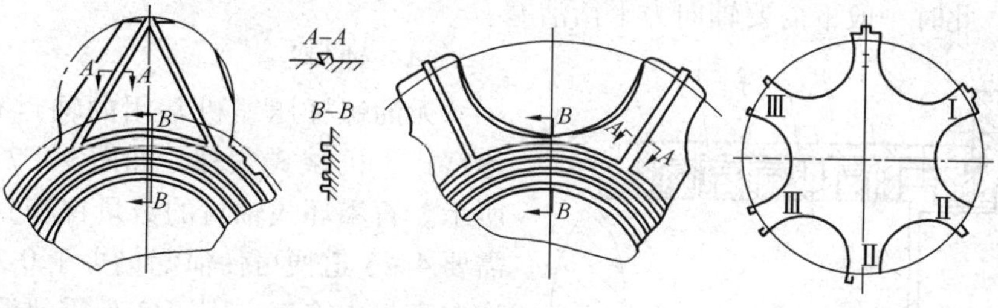

图9－76　转子密封齿

转子一般为锻件，材料为中碳钢，有特殊要求时也用40Cr等合金钢或铝合金，还有用QT600－3铸造的。也有些转子表面喷有特殊涂层，起到相互减磨和保护作用，并减小啮合间隙，以降低泄漏，提高热效率。

转子的加工主要有铣削、滚削、磨削三种方法。铣削是最早使用的螺杆加工方法，为了保证加工效率，一般使用专用铣床。滚削较铣削方法的加工速度、加工精度更好，因而近年大批量生产的螺杆压缩机多采用滚削的加工方法，特别适用于大批量生产的小型转子，对于生产数量少的大直径转子，滚刀的造价昂贵。为了进一步提高转子的加工速度和精度，同时降低加工刀具的制造费用，采用专用数控机床的磨削方法得以出现。磨削加工手段能自动对砂轮进行修正，能快速加工出新型线的转子，还能对热处理后的硬齿表面进行加工，提高了成品转子的精度和表面光洁度。磨削方法一般和铣削、滚削联合使用，后两者用于粗加工和半精加工。

（3）轴承

螺杆压缩机的转子上作用有径向力和轴向力，因此转子两端的轴承需要能承受径向和轴向两种载荷。阴、阳螺杆两端径向力大小依次为：阴转子排气端、阳转子排气端、阴转子吸气端、阳转子吸气端，阳转子所受轴向力约为阴转子的四倍，因此，各处轴承的大小并不相同，螺杆压缩机轴承负荷较大，常用滚动轴承和滑动轴承。在中小型螺杆压缩机中，滚动轴承的寿命较长；而在大型螺杆压缩机中，因寿命问题，一般采用滑动轴承。滚动轴承正常使用中，存在一定使用寿命，使用一定时间后会失效；而滑动轴承只要保证润滑充分，形成流体动压润滑，可以说不存在使用寿命之说，可以永远工作下去。滚动轴承游隙小，装配精度较高，有利于保证各处间隙；而滑动轴承游隙较大，要求压缩机各处间隙也增大，泄漏量增加。螺杆压缩机转子一般在排出端轴向固定，另一端允许自由伸缩，这样可保证排出端的间隙可控，以减少气体泄漏量。

无油螺杆空压机尽可能选用滚动轴承，以提高转子运行精度；但对于中高压工况，出于寿命考虑，有时也采用滑动轴承。喷油螺杆空压机的轴向力和径向力都不大，一般选用滚动轴承；通常用设在转子两端的圆柱轴承承担径向力，用设在排出端的一个角接触球轴承承担轴向力并对转子进行双向定位；在一些机器中，也用一对背靠背安装的圆锥滚子轴承或角接触球轴承同时承担径向力和轴向力。

螺杆制冷和工艺压缩机在负荷不大时多采用滚动轴承，以提高热效率和机械效率，其使用寿命可达四万小时。在大负荷条件下，往往采用滑动轴承；此时径向力必须全部由轴承承担，但轴向力可全部或部分由平衡活塞消除，阴、阳转子上的轴向力并不一致，因此所需的平衡活塞直径也不相同，甚至可以只在阳转子上设置平衡活塞。大型制冷和工艺螺杆压缩机因为相对泄漏量较小，因此也用滑动轴承做轴端止推，由于此类轴承不存在寿命问题，承载能力也较大，此时一般不需要轴向力平衡活塞。

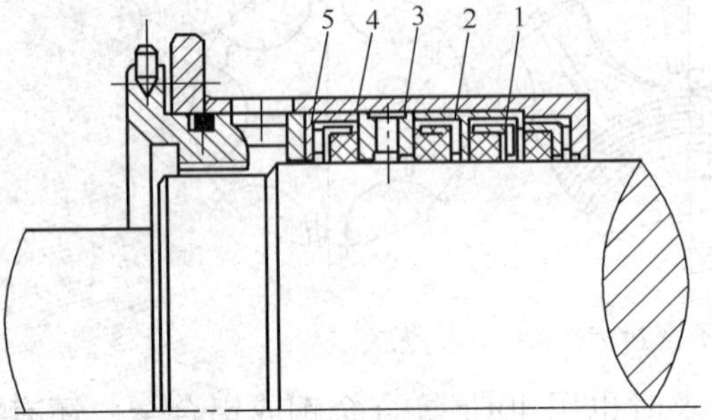

图 9－77　石墨环式轴封

1—保护圈；2—波形弹簧；3—引气环；4—整圈石墨环；5—密封盒

(4) 轴封

无油螺杆压缩机常用的轴封有石墨环式、迷宫式、机械式三种，如图 9－77～图 9－79 所示。石墨环式轴封的数量视密封压力，一般需要 4～5 道便可使泄漏量少于 0.4%，如果允许向密封内充气，则可实现零泄漏。迷宫密封的密封齿一般加工在一个与轴固定的套筒上，以便损坏时更换。如果转速较低，可采用机械密封，此类密封的摩擦副需要注油润滑，此时应注意摩擦副润滑油对被压缩介质的污染问题，也要注意密封油进入压缩机机械传动的正常润滑区而使此处的润滑特性受到影响。如果被压缩气体允许漏入大气，则最后一级密封通大气即可；如果是不允许通大气的有毒有害、易燃易爆、贵重气体，则需通入压力稍高的惰性气体阻止其外泄，或引至吸气管进行回收。

喷油螺杆空气压缩机都采用滚动轴承，需在排气端的转子工作段与轴承之间设置密封，

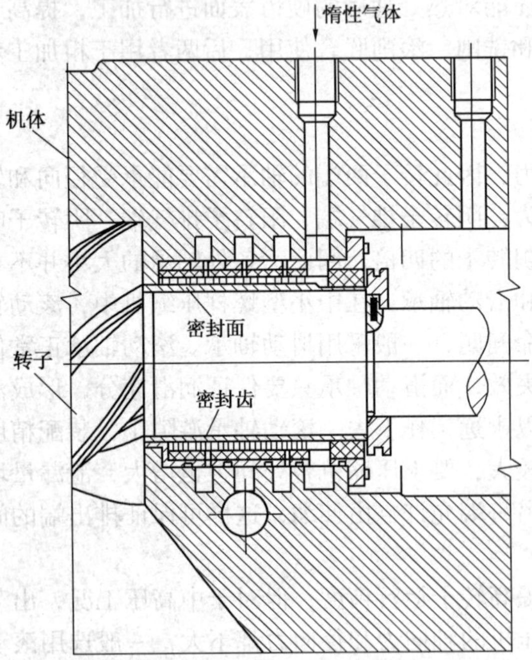

图 9－78　迷宫式轴封

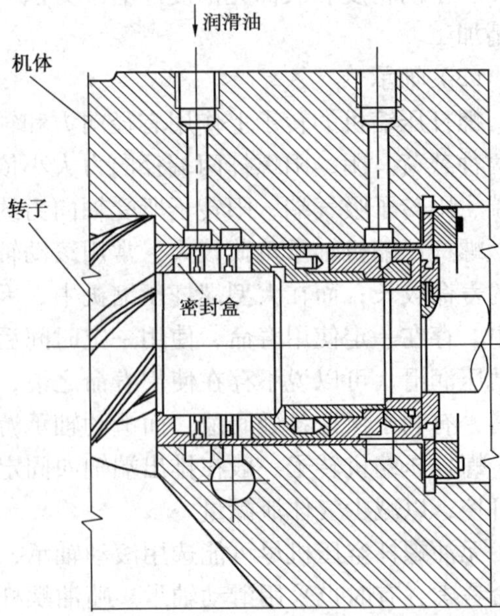

图 9－79　无油螺杆机械密封

如图 9－80 所示，这种轴封只要在与轴颈相应的机体处开设特定的环形油槽，并在其中通入一定压力的密封油即可。这类油封的轴向长度要求尽可能短，以保证轴承对转子工作段的支撑刚度。吸入端无需密封，如果此处有外伸轴端，一般设置简单的唇形密封即可；对于中大型压缩机，往往采用有油润滑的常规机械密封。

喷油螺杆制冷和工艺压缩机，当采用径向滚动轴承时，转子工作段采用与喷油空压机相同的密封方案，见图 9－80；当采用径向滑动轴承时，只需给滑动轴承提供高于所密封气体压力的润滑油即可，但应使油充满整个轴承的长度方向。由于此类压缩机内被压缩的介质一般不允许泄漏到压缩机外部，且压力多较高，甚至还可能存在真空，因此其外伸轴端的密封较空压机要复杂得多，一般采用图 9－81 所示的面接触式机械密封；并且需要向密封部位提供高于压缩机内部压力的润滑油，保证密封面上形成稳定的油膜；此外，还要注意构成轴封的有关零部件材料耐被压缩介质和润滑油的腐蚀问题。

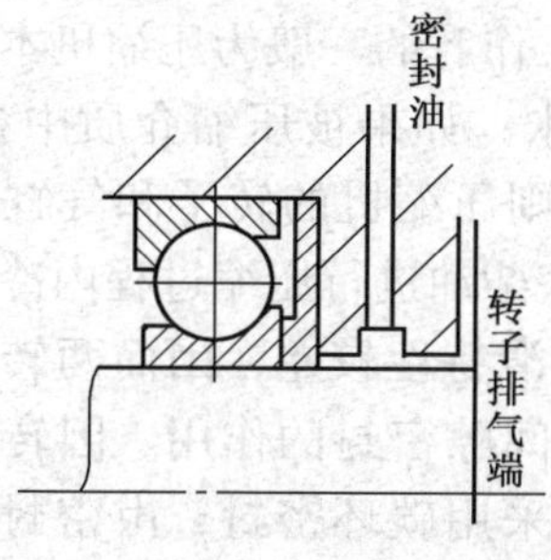

图 9－80　转子排气端轴封示意图

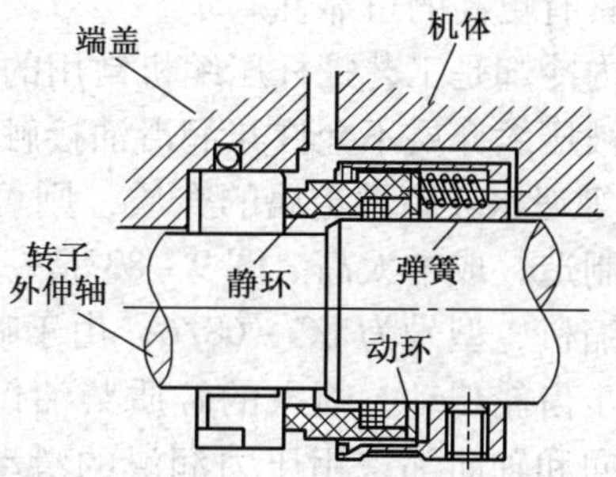

图 9－81　转子外伸轴处的面接触式轴封

(5) 同步齿轮

干式螺杆压缩机需要设置同步齿轮，同步齿轮有可调式和不可调式两种结构，通常采用图 9－82 所示的可调式结构。这种可调式齿轮的从动齿轮设有齿圈，齿圈由大小两部分构成，装配后，将两齿圈错开一个微小的角度，可减少与主动齿轮的啮合间隙，能更好地保证两螺杆转子的啮合间隙。齿圈材料常用 40CrMo 钢，轮毂材料常用 40 钢。大小齿圈应组合在一起加工，齿面需调质处理，硬度为 230～270HB 较合适。

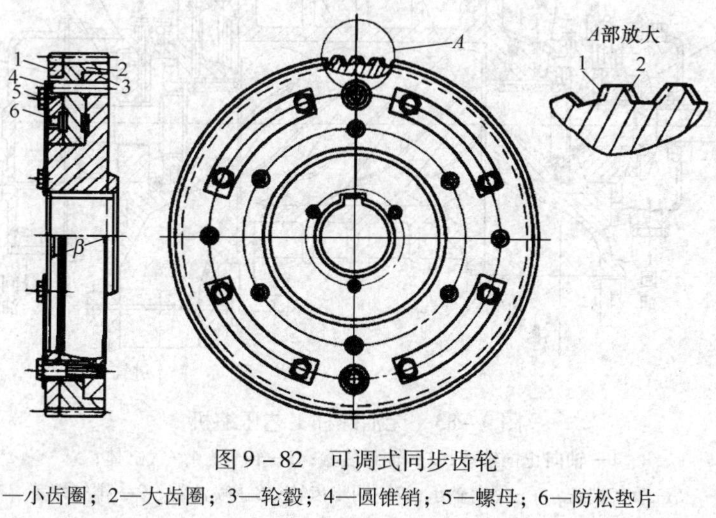

图 9－82　可调式同步齿轮

1—小齿圈；2—大齿圈；3—轮毂；4—圆锥销；5—螺母；6—防松垫片

9.2.7 主机结构及其系统

(1) 工艺压缩机

螺杆式工艺压缩机可用于压缩CO_2、N_2、H_2、He、HCl、Cl_2、烃类等，对气体介质基本没有什么限制。相比于制冷和空气压缩机而言，这类压缩机的排气压力往往比较高，负荷比较大，因而多使用滑动轴承。此外，多数被压缩的介质不允许泄漏或允许的泄漏量很小，所以其密封手段比制冷和空气压缩机往往复杂得多。根据被输送的介质及工艺条件，螺杆式工艺压缩机有湿式和干式两种方案，其中湿式又有喷油、喷水、喷其他冷却液等多种手段。螺杆式工艺压缩机广泛用于氮肥行业合成氨装置中的半水煤气压送、炼油行业氢提纯装置和火炬气回收装置中的增压吸附等场合。另外，采用螺杆压缩机作为前段级的螺杆－活塞串联机组和螺杆－离心串联机组也得到了快速的发展。与低高压段完全采用活塞压缩机的机组相比，这种复合型压缩机组占用的空间大大减少，而且气阀、活塞环等易损件也大量减少，从而使机组具有更高的可靠性。

喷液内冷却是工艺螺杆压缩机常用的技术手段，喷入工作腔的一般为压缩机本身的润滑油；如果被压缩介质不允许与润滑油接触，往往改喷软化水；如果被压缩介质中含有H_2S、HCl、Cl_2等遇水会腐蚀金属的介质，则可喷轻质柴油，否则压缩机的转子和气缸就要用不锈钢材料制造，成本太高。图9－83是一台向工作腔中喷入柴油进行压缩过程内冷却的螺杆式工艺压缩机，型号为LG－68/6。由于喷入的轻质柴油润滑特性较差，因而两转子仍然由端部的同步齿轮传动，喷入的轻质柴油仅起内冷却和工作间隙密封的作用。因转子负荷较大，其径向和轴向都采用压力润滑的滑动轴承。轴封装置采用碳环密封，由密封盒、石墨环、螺旋密封等组成，分别设置在阴阳转子的进排气侧，并设有平衡气口、放空口、充气口，以控制泄漏量，甚至可实现零泄漏。压缩机的吸排气口均朝下，便于机组在现场采用双层布置的方案，将附属设备置于底层，这符合工艺压缩机的安装习惯。该压缩机的主要技术参数为：转子直径408mm、长径比1.5、转速1970r/min、吸气压力0.11MPa、排气压力0.7MPa、排气温度<90℃、容积流量$68m^3/min$、轴功率440kW。

图9－84是一种用于超导氦气液化装置的半封闭喷油螺杆氦气压缩机，由于工作腔喷油，所以阴转子直接由阳转子驱动。该压缩机采用了两级压缩方案，直联电动机位于低压级

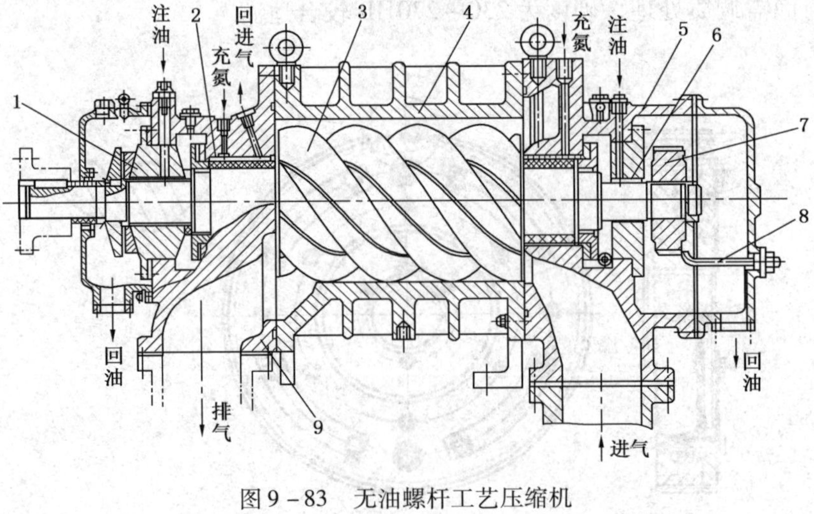

图9－83　无油螺杆工艺压缩机

1—轴向止推轴承；2—轴封装置；3—转子；4—气缸体；
5—吸气端盖；6—径向轴承；7—同步齿轮；8—喷油管；9—排气端盖

和高压级之间。电动机用低压级的排气和油进行冷却，而高压级的排气和油则通过专门的冷却器进行冷却。由于采用了封闭式结构，杜绝了外伸轴端密封的泄漏问题。

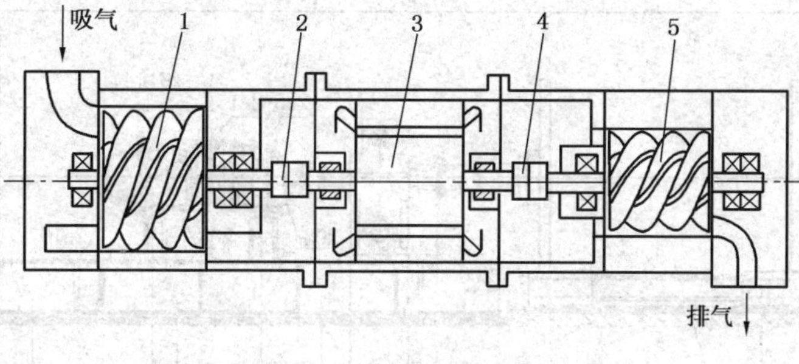

图 9－84　半封闭式螺杆氦气压缩机

1—低压级；2、4—联轴器；3—电动机；5—高压级

图 9－85 是一台干式螺杆工艺压缩机，工作腔完全不带液，两转子由同步斜齿轮保持传动而齿面不接触。外壳设有冷却水套，以保持运行过程中的壳体形状和尺寸精度。壳体做成上下剖分结构，便于安装，径向和端面均采用滑动轴承。压缩机为单级压缩，压力比小于4，属于大型工艺气体压缩机。

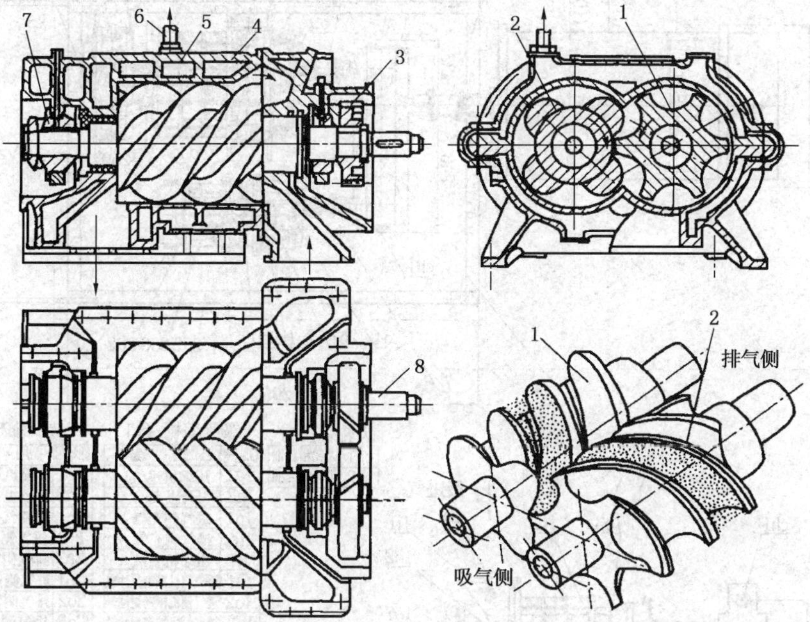

图 9－85　干式螺杆压缩机结构

1—阴螺杆；2—阳螺杆；3—同步斜齿轮；4—气缸体；5—水套；6—冷却水出口；7—止推轴承；8—驱动轴

图 9－86 是上海电气压缩机泵业有限公司(原上海压缩机厂与上海大隆机器厂合并重组)生产的火炬气两级螺杆工艺压缩机机组布置图，由置于同一个底架上的两台单级压缩机通过一个增速齿轮箱，采用一台三相异步电动机驱动，形成两级压缩方案，电机与齿轮箱、压缩机与齿轮箱之间均采用联轴器连接。

图 9－87 是制碱工业中用于压缩 CO_2 的螺杆压缩机主机结构图，阴、阳转子由同步齿

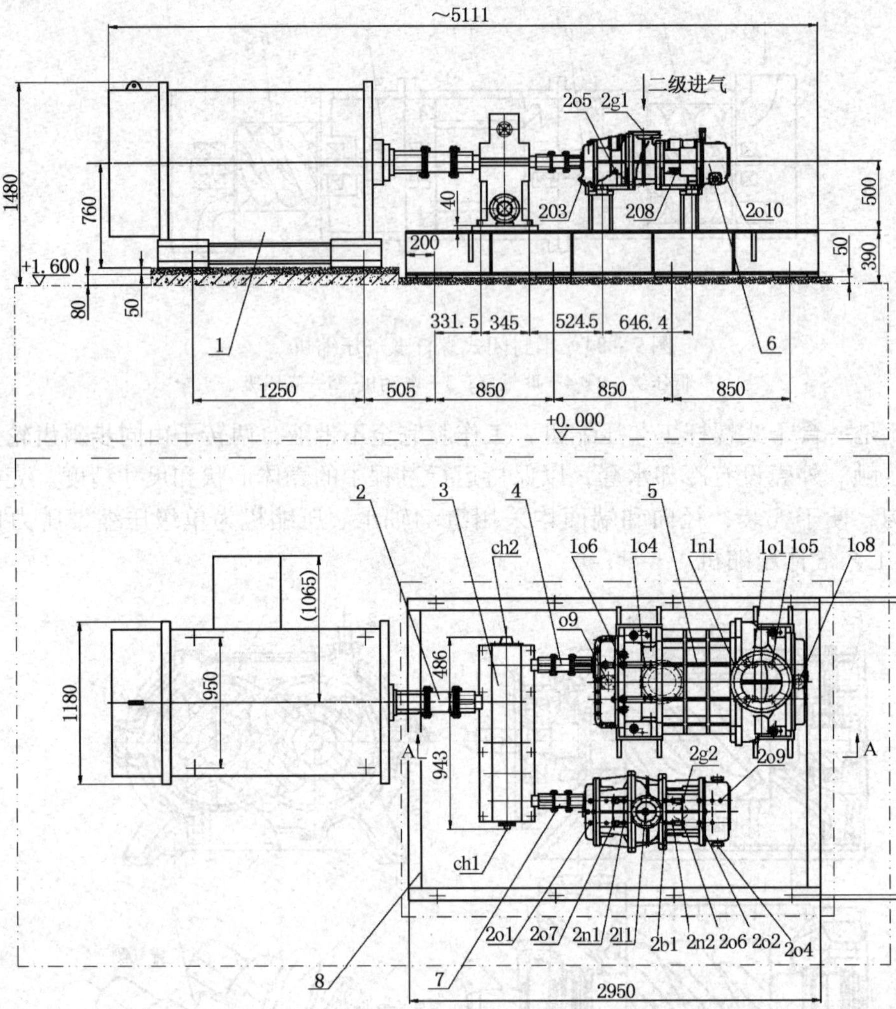

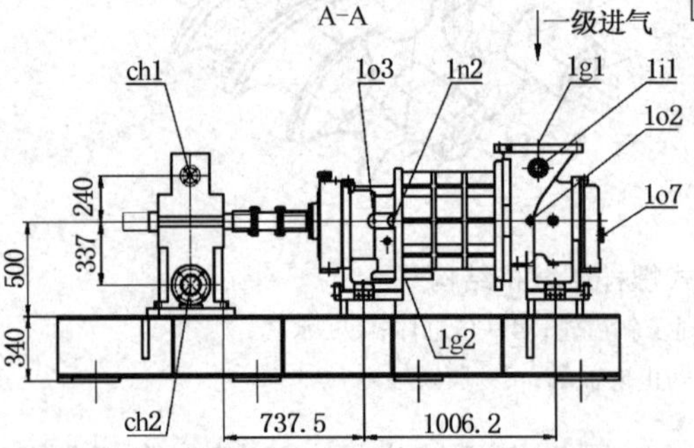

齿轮箱接口

ch1	齿轮箱进油
ch2	齿轮箱回油

一级压缩机接口

标记号	用　途
1g1	压缩机进气
1g2	压缩机进气
1n1	进气侧充气
1n2	排气侧充气
1i1	压缩机喷液
1o1	进气侧机械密封注轴
1o2	进气侧机械密封回轴
1o3	排气侧机械密封注油
1o4	排气侧机械密封回油
1o5	进气侧轴承注油
1o6	排气侧轴承注油
1o7	同步齿轮注油
1o8	压缩机进气侧回油
1o9	压缩机排气侧回油

二级压缩机接口

标记号	用　途
2g1	压缩机进气
2g2	压缩机进气
2b1	平衡气接口
2n1	进气侧充气
2n2	排气侧充气
2o1	进气侧曲承注油
2o2	排气侧轴承注油
2o3	进气侧回油
2o4	排气侧回油
2o5	进气侧机械密封注轴
2o6	排气侧机械密封回油
2o7	进气侧机封回油
2o8	排气侧机封注油
2o9	平衡活塞注油
2o10	同步齿轮注油
2i1	主机喷柴油

图 9－86　上海压缩机厂生产的火炬气两级工艺螺杆压缩机机组

1—三相异步电动机；2、4、7—联轴器；3—齿轮箱；5、6—螺杆主机；

8—底架；ch—齿轮箱油接口

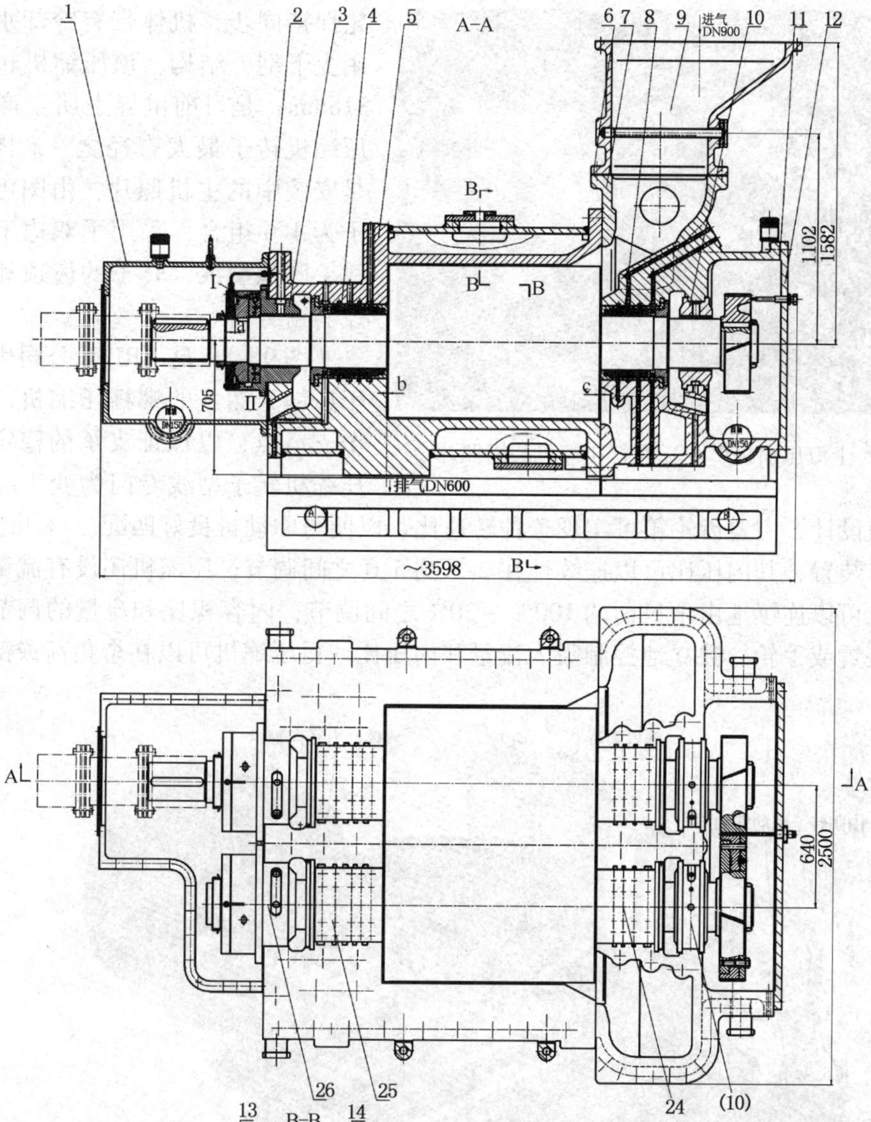

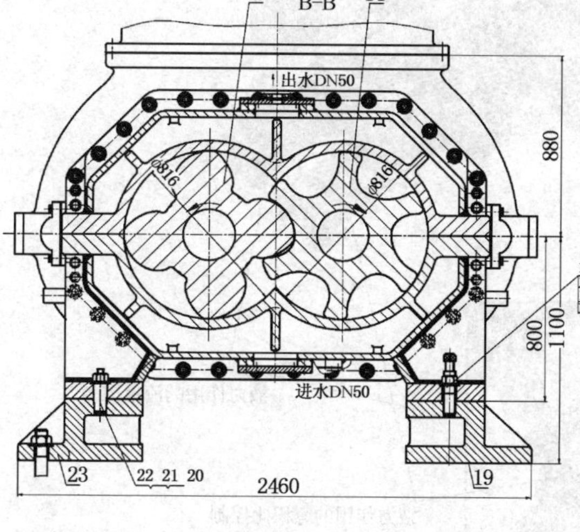

13	阳转子组件	26	径向止推轴承
12	前盖组件	25	阴转子排气侧轴封装置
11	前盖垫片	24	阴转子进气侧轴封装置
10	径向轴承	23	底座(左)
9	进气口接管组件	22	垫圈24
8	阳转子进气侧轴封装置	21	螺母M24
7	气缸头组件	20	销30×190
6	进气口接管垫片	19	底座(右)
5	气缸体组件	18	螺钉M42×3L=100
4	阳转子排气侧轴封装置	17	垫圈42
3	径向止推轴承	16	螺柱M42×140
2	后盖垫片	15	螺母M42
1	后盖组件	14	阴转子组件

图 9－87　上海压缩机厂 CO_2 螺杆压缩机

图 9－88　上海压缩机厂 CO_2 螺杆压缩机装配照片

轮保持同步，机体带有冷却水套，采用上下剖分结构。该压缩机转子直径 816mm，是目前世界上所生产的螺杆压缩机转子最大直径之一。图 9－88 是安装中的主机照片，由图可见，转子为 4∶6 组合，采用了双边不对称摆线－圆弧型线，转子的齿顶和端面都设有密封齿。

图 9－89 是 ARIEL 公司生产的用于压缩天然气的螺杆压缩机，它有三个支承点，以保证支承的稳定性。该压缩机转子型线专门为变工况条件下压缩天然气而设计，内置齿轮箱可实现 7 种转速比，以便与驱动机良好匹配。该压缩机设有内容积比调节装置，其内压比可以连续地在 2.5 到 5.0 之间调节；压缩机还设有流量调节装置，吸入流量可以连续地由全负荷的 100% ～30% 之间调节；内容积比和流量的调节机构可以选配液压装置或手轮，独立地控制吸入流量和内压比使得压缩机可以在全负荷或部分负荷

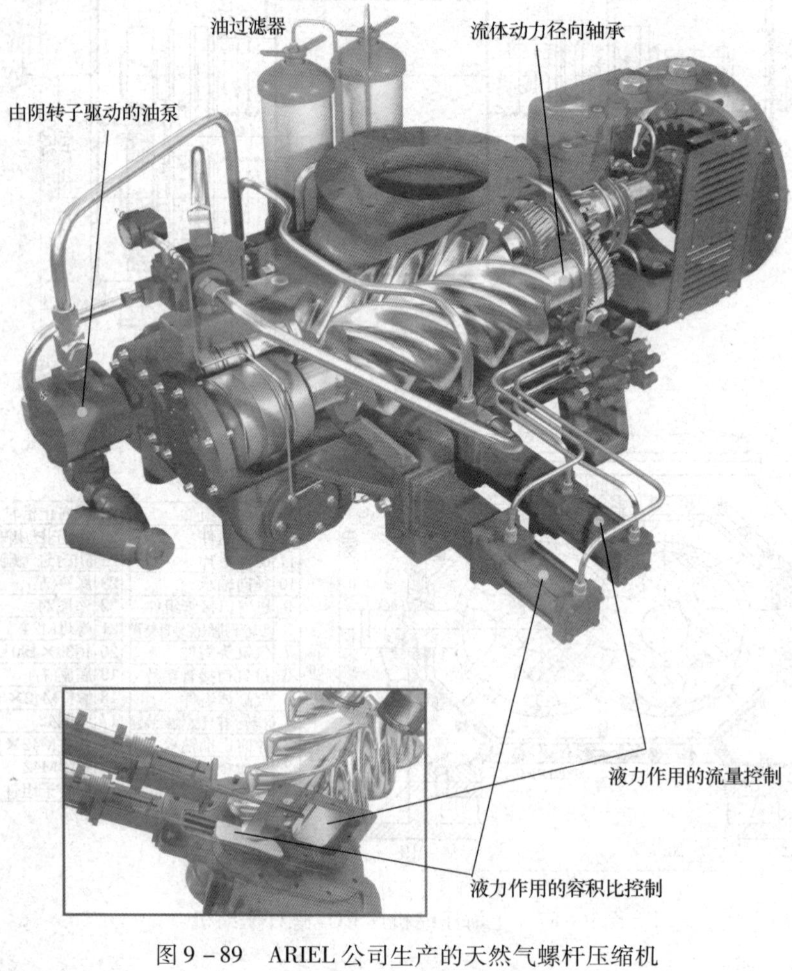

图 9－89　ARIEL 公司生产的天然气螺杆压缩机

工况下高效运行。该压缩机的工作参数如表9－11所示，能很好适应吸气压力的宽幅变化，满足管道压力波动需求。

表9－11 ARIEL公司生产的螺杆式天然气压缩机参数

压缩机型号	RG282M	RG357M
阳转子直径/mm	282	357
L/D(长径比)	2.0	2.1
流量/CFM(立方英尺/分钟) 流量/(m^3/min)(立方米/小时)	1070～2930 1818～4978	1940～5200 3296～8835
最大输入转速/(r/(min)	1800	1800
齿轮比	1.06，1.24，1.42，1.61，1.80，2.03，2.25	1.0，1.35，1.57，1.76 2.04，2.31，2.65
转子运行转速/(r/min)	1484～4050	1200～3210
额定功率/HP 额定功率/kW	800 597	1375 1026
最大允许排气压力(G)/psi(磅/平方英寸) 最大允许排气压力(G)/bar(巴)	230 15.9	230 15.9
吸气压力范围(A)/psi(磅/平方英寸) 吸气压力范围(A)/bar(巴)	3～75 0.21～5.17	3～65 0.21～4.48

(2) 空气压缩机

用于空气动力压缩机是螺杆压缩机最广泛的应用形式，螺杆空压机有喷油和无油两种类型，常用的是喷油机型，无油机型的造价较喷油机型要高得多。螺杆用于空压机时，往往设计成标准化的产品，以利于大批量生产和降低制造成本。图9－90是一台喷油螺杆空压机的结构实例，该压缩机利用法兰口直接固定于原动机的机身上，与原动机的轴伸通过联轴器联结。对于电机驱动的压缩机，一般阳转子的转速与电机相同；有些采用发动机驱动的场合或电机转速与压缩机设计转速不匹配的场合，当两者转速不同时，一般将变速齿轮组直接设计

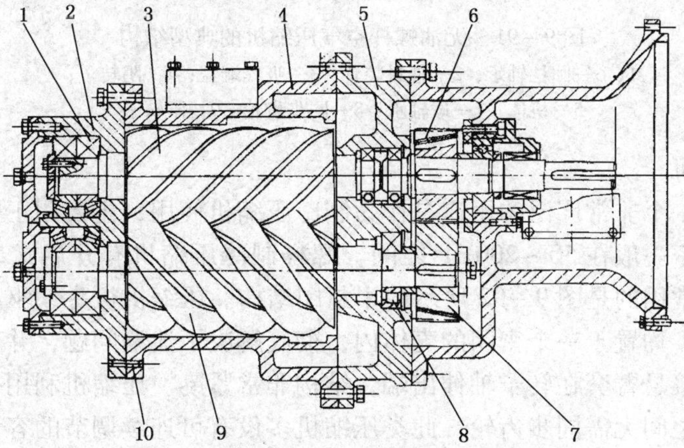

图9－90 喷油螺杆空气压缩机的典型结构

1—圆锥滚子轴承；2—排气端盖；3—阴转子；4—汽缸体；5—吸气端盖；
6、7—增速齿轮；8—圆柱轴承；9—阳转子；10—定位销

在压缩机内部的转子轴端，实现增速目的。喷油螺杆空压机的结构力求简单，机体为单层壁不冷却，实心转子不采用内部冷却，使用滚动轴承，轴端进行简单的油封。阴转子直接由阳转子驱动，没有同步齿轮，也不设流量和内容积比调节装置，机体和转子均为普通材料。该压缩机的型号为 LGY－17/7，其主要技术参数为：阳转子直径 262.5mm、阴转子直径 210mm、转子长度 375mm、转速 1800rpm、吸气绝压 0.1MPa、排气绝压 0.8MPa、排气温度 <100℃、容积流量 17m³/min、轴功率 100kW、风冷、内燃机驱动。

图 9－91 是一台无油螺杆空气压缩机结构实例，与喷油机相比，最大的特点就是两转子端部设有一对同步齿轮，保证两转子齿面在工作中保持合理的间隙而不接触。转子为空心结构，需要通循环油冷却。对于空气压缩机，因为排气压力比较低，所以径向和轴向负荷都不大，采用滚动轴承即可满足要求，同时能提高定位精度。吸排气侧均采用波纹弹簧压紧的石墨环式轴封，在最后一个密封单元的机体上开有通气孔，以导出泄漏的空气，防止其吹进轴承而影响润滑。该压缩机的型号为 LGW－40/7，其主要参数为：吸气绝压 0.1MPa、排气绝压 0.8MPa、吸气温度 <40℃、容积流量 40m³/min、轴功率 260kW。

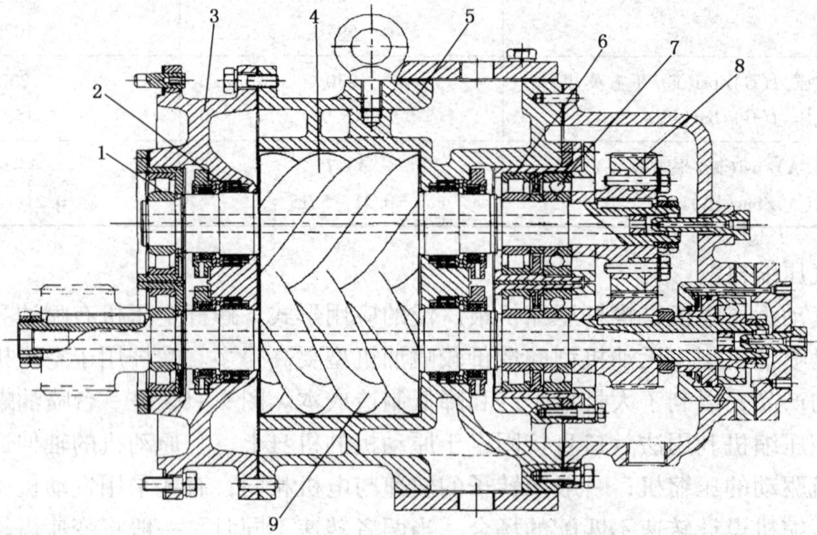

图 9－91　无油螺杆空气压缩机的典型结构

1、6—圆柱轴承；2—轴封装置；3—吸气端盖；4—阴转子；
5—机体；7—球轴承；8—同步齿轮；9—阳转子

（3）制冷压缩机

螺杆压缩机另一个非常广泛的用途是作为制冷压缩机使用，主要用于中小型制冷、空调系统，单机输入功率一般在 50～200HP 之间。螺杆制冷压缩机有开启式、全封闭式、半封闭式三种形式，最常用的是图 9－92 所示的半封闭结构。压缩机机头、驱动电机、油气分离装置、调节装置等，均置于一个密闭的壳体内，彻底解决了泄漏问题，并有助于降噪和简化整体结构。电机直接悬臂套在转子轴伸出端，结构非常紧凑。压缩机利用排气压力向工作腔喷油，因而两转子之间无需同步齿轮。此类压缩机多设有可连续调节的容量调节滑阀，由油压活塞驱动；也有些同时设有内容积比调节滑阀。电机直接用吸气冷却，电机采用稀土永磁交流无刷电机，内部预埋热保护器，防止电机过热。滤网起到排气油分的作用。这种压缩机使用过程中一般无需维护，可靠性非常高。

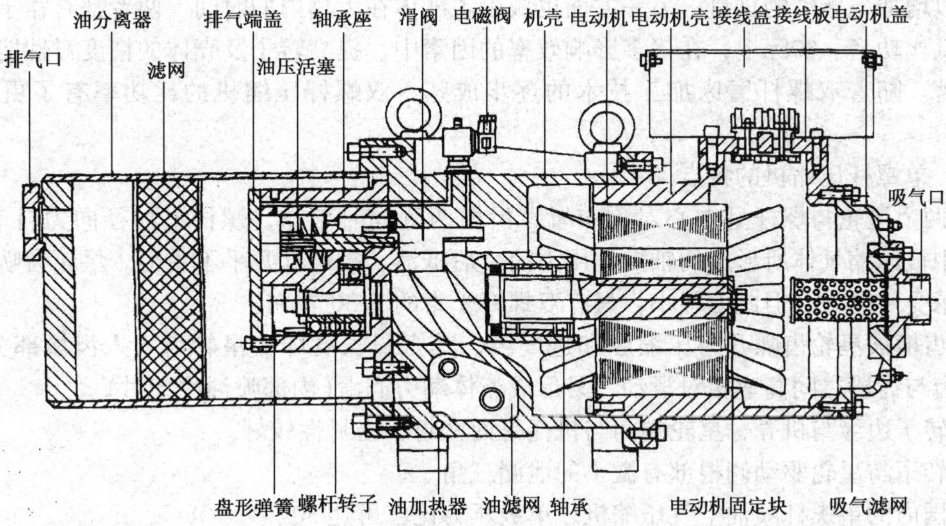

图 9－92　半封闭螺杆制冷压缩机的典型结构

9.3　两种螺杆压缩机比较

单螺杆与双螺杆压缩机在一些应用领域是竞争对手，如空气动力压缩机、制冷压缩机等，以下从技术和应用角度对两者进行简单对比分析。

9.3.1　两种压缩机各自的特点

(1) 双螺杆压缩机的特点

① 所有工作腔的转子与转子间，以及阳转子与壳体间理论上都依靠接触线进行密封；而实际上考虑到制造误差等原因，均存在间隙，一般为 0.05～0.08mm。

② 每个压缩腔的下边均与进气室相连，因此接触线长度以及两转子之间实际存在着的间隙，便构成了每个压缩腔中气体向进气室泄漏的一个通道。

③ 在垂直于螺杆轴线方向上，前后两工作腔之间存在一个三角形泄漏面积，这是因为在壳体“∞”字孔的尖点要求阴、阳转子的型线在那里都同时接触，而实际上难以办到。

④ 阴、阳转子在排气终了可能出现封闭容积(也即余隙容积)，这部分气体排不出去，并随着转子旋转而把封闭其中的高压气体释放到进气室。

⑤ 阴、阳螺杆上存在纵向与横向的作用力，因此轴承作用力较大。

⑥ 除了进、排气过程气体的扰流声、气体被压缩时 $p-\theta$ 波的噪声外，还有通过接触线泄漏、通过泄漏三角形泄漏的哨声；封闭容积中高压气体突然膨胀的爆破声；阴、阳螺杆传动中齿面间产生的冲击声，摩擦产生高频振动声。

这些特点实际上也是双螺杆压缩机的缺点，人们为克服这些缺点进行了不断的改进。已知，原始对称圆弧型线的接触线最短，并且无封闭容积，但泄漏三角的面积最大；标准的单边不对称摆线型线接触线最长，无泄漏三角，但封闭容积最大。这是两种极端，许多齿形型线的研究差不多都是在两者之间围绕接触线长度、泄漏三角形面积、封闭余隙容积这三者进行，以期获得这三者的最佳协调，或称最优化设计。

实际上泄漏三角形的影响相对较小，许多修正都以圆弧型线为基础进行。再者，速度愈快泄漏时间愈短，也即泄漏量愈小，故阳、阴螺杆从一般的 4∶6 齿配合改为 5∶6 齿配合。一方面可以增加一转中的排量，另一方面也减少了气体在齿槽内的时间，两者都有益于提高效率，降低比功率。实际上，在诸多影响效率的因素中，提高转子及壳体的精度对性能的影响十分显著。随着双螺杆磨床加工技术的逐步成熟，双螺杆压缩机的比功率有了更进一步降低。

（2）单螺杆压缩机的特点

① 两个星轮与螺杆呈中心对称布置，齿槽两侧同时工作，螺杆上的径向力自动平衡；在齿槽中被压缩气体所形成的轴向作用力前、后抵消。故螺杆几乎不受力。星轮齿啮入齿槽部分都承受气体力，但此力很小，只有双螺杆受力的1/30左右。

② 齿槽被星轮齿隔开为压缩腔和进气腔，其密封长度即为星轮齿啮入齿槽部分周长。但星轮齿与齿槽之间高速相对滑动，易形成流体动力润滑（内部喷油冷却时）。

③ 转子边缘与机壳，星轮端面与机壳是面密封，密封性较好。

④ 转子与星轮驱动侧根部有微小的泄漏三角。

⑤ 国内的单螺杆喷油空气压缩机，单级压力比已可达30。

⑥ 星轮叶片一般由非金属材料制成，与螺杆的冲击声及相对运动摩擦声较小。

基于上述分析，单螺杆压缩机的理论寿命应较双螺杆压缩机更长，其效率也应比双螺杆压缩机高。早期的新制单螺杆压缩机产品的测试结果显示它的效率比双螺杆压缩机约高5%~7%。比较两者执行的国家标准《一般用喷油单螺杆空气压缩机》（JB/T 10525—2005）和《一般用喷油螺杆空气压缩机》（JB/T 6430—2002），喷油单螺杆空气压缩机的比功率指标均要比双螺杆空气压缩机低3%左右。早期单螺杆压缩机产品的星轮片易磨损，近年来随着啮合副加工技术的进步、耐磨材料PEEK（聚醚醚酮）的使用，星轮片的寿命已较过去有很大提高。最新的《一般用喷油单螺杆空气压缩机》中提出单螺杆压缩机主机的设计使用寿命应不低于20年，尽管如此，性能稳定仍然是双螺杆压缩机的一大优势。

9.3.2 两种压缩机综合对比

表9-12列出了单螺杆空气压缩机与双螺杆空气压缩机的比较情况，表中的比功率数值来源于国家权威机构测量数据。

表9-12 单螺杆空气压缩机与双螺杆空气压缩机的比较

比较项目	单螺杆压缩机	双螺杆压缩机
转子受力	螺杆承受的径向和轴向气体力可以自动平衡，星轮齿承受气体力，要求星轮齿具有足够的强度和刚度	螺杆转子承受较大的径向和轴向气体力，要求螺杆具有足够的强度和刚度，且要求有轴向力平衡系统
轴承寿命	主轴和星轮轴每端采用单组轴承即可，轴承寿命长，螺杆、星轮轴承寿命可达10万小时	转子径向和轴向负荷较大，轴承寿命较短，一般为0.8~1.8万小时，目前精良的轴承寿命可达2~4万小时。国外也有公司称其轴承寿命可达10万小时
排气量衰减	在一段稳定运行期后，随着星轮齿磨损，排气量和效率有所下降；开停机不频繁时，这种磨损较小	运行时间并不影响双螺杆压缩机的排气量和效率。
变工况能力	易于采用双（平行）滑阀系统，流量调节范围10%~100%，内压比调节范围1.2~7，能高效地适应变工况	在同时调节内容积比和容积流量调节滑阀装置中，调节机构复杂，因轴向排气孔难以设计成变化的，内容积比调节范围有限

续表

比较项目	单螺杆压缩机	双螺杆压缩机
可达到的压力	单级喷油单螺杆可达3~3.5MPa	有报导已可达9MPa，一般技术可达3~4MPa，实际应用中，喷油内冷却单级可达1.2~1.5MPa
是否可干运转	需要喷油润滑，低压时也可喷水润滑，但难以实现干运转	可实现气缸内干运转，即不喷入任何润滑油和冷却液，被压缩的气体不被污染
装配性	零部件少，可独立装配，调整后进入总装	结构复杂，装配、调整时需专门工场
噪　声	非金属星轮啮合传动声低，泄漏噪声也较低，一般为60~68dB(A)	二金属螺杆啮合时有高频噪声，泄漏形成的噪声也较大，一般为64~78dB(A)
维修性	主机机壳采用整体结构，星轮侧有大窗口，用户可自行更换磨损的星轮，维修较容易	转子轴承的寿命较短，更换时须打开机壳，需专用机械装配，用户难以自行更换轴承，维修较困难
制造难度	机壳加工较困难，尤其中小批量时；星轮加工比较复杂；生产效率不高，成本较高	壳体与阴、阳转子都较易加工，生产效率较高，成本较低
可靠性与寿命	其可靠性取决于星轮叶片的磨损，目前国内好的产品可达4~6万小时，最长使用可达4年	现有的喷油螺杆最长可达10年、无油螺杆可达6年不拆修，其可靠性在喷油时取决于轴承周期，精良的轴承寿命可达2~4万小时
比功率	在空气动力范围内，目前国内产品最佳值做到小于5.4kW/m^3/min	在空气动力范围内，国内外产品最佳值一般均大于5.5KW/m^3/min（国外某著名公司10m^3/min产品比功率为5.52，国内某著名公司为5.56）
排气量	目前不超过100m^3/min	已达800m^3/min
尺寸与重量	较大	较小

上述分析表明，双螺杆与单螺杆压缩机各有特点。就机器性能讲，单螺杆可能比双螺杆好一点；单螺杆维修方便；双螺杆压缩机维修周期取决于轴承，而单螺杆则取决于星轮；单螺杆噪声比双螺杆低；单螺杆制造工作量较大，尺寸与重量也比较大，这导致制造成本增加。实际每一个具体生产企业，由于其技术水平与加工水平的不同，机器的质量有较大差别，制造成本也不尽相同，两者并无绝对的优劣之分。

9.4　附加功耗及内容积比设置

9.4.1　附加功耗的概念

单螺杆和双螺杆及其他的一些无排气阀的回转压缩机都具有一定的内部压缩容积比，当工作腔容积逐渐减小至基元容积与排气口连通时，被压缩气体连通排气系统并开始排出工作腔。设计好的压缩机其内容积比 v_i 是固定的，既使是设置了内容积比调节滑阀，则滑阀在一定位置时，压缩机所能实现的内容积比也是定值，因此一定工况下内压缩终了工作腔内的压力 p_{in} 也为定值。内压缩终了压力 p_{in} 与吸气压力 p_S 的比值 ε_i 称为“内压比”，排气背压 p_d 与吸气压力 p_S 的比值 ε_d 称为“外压比”。实际使用工况下，内压缩终了压力 p_{in} 与排气背压 p_d 可能不相等，当 $p_{in} < p_d$ 时称为“欠压缩”（图9－93b），工作腔与排气口连通的瞬时，排气系统中的气体将向工作腔回窜，形成瞬时压缩，然后两部分气体被一道排出；当 $p_{in} > p_d$ 时称为“过压缩”（图9－93c），工作腔与排气口连通的瞬时，腔内气体将瞬时膨胀，喷入排气系

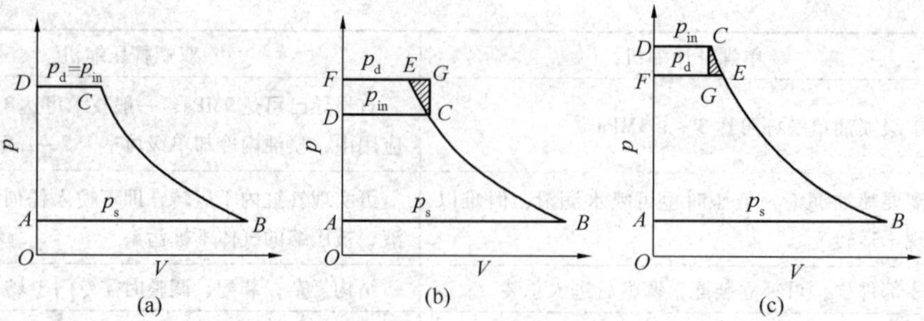

图 9－93　回转压缩机由于内外压力比不等产生的附加功耗

(a)内、外压力比相等；(b)欠压缩；(c)过压缩

统。相比于图 9－93a 所示的多方压缩过程而言，这两种情况都会增加循环功耗，即图中阴影部分所示的两个小三角形区域，称为“附加功耗”。

9.4.2　附加功耗分析

假设机内压缩为多方过程，指数为 n，则图 9－93 一个工作循环中附加功耗的大小为

$$\Delta W = P_s \cdot V_S \cdot \left(\frac{1}{n-1}\varepsilon_i^{\frac{n-1}{n}} - \frac{n}{n-1}\varepsilon_d^{\frac{n-1}{n}} + \varepsilon_d \cdot \varepsilon_i^{-\frac{1}{n}}\right) \tag{9-52}$$

如果从 p_S 至 p_d 的整个过程均为多方压缩，则多方压缩功为

$$W_d = P_s \cdot V_S \cdot \frac{n}{n-1} \cdot (\varepsilon_d^{\frac{n-1}{n}} - 1) \tag{9-53}$$

存在“欠压缩”或“过压缩”的压缩过程相比之于没有“附加功耗”的完全多方压缩过程而言，其循环指示功多消耗的百分比为：

$$\delta_W = \Delta W / W_d \frac{\frac{1}{n}\varepsilon_i^{\frac{n-1}{n}} - \varepsilon_d^{\frac{n-1}{n}} + \frac{n-1}{n}\varepsilon_d \cdot \varepsilon_i^{-\frac{1}{n}}}{\varepsilon_d^{\frac{n-1}{n}} - 1} \tag{9-54}$$

假设：
$$\delta_\varepsilon = \frac{\varepsilon_d - \varepsilon_i}{\varepsilon_i} \tag{9-55}$$

则不同 ε_i 和 n 值时 δ_w 与 δ_ε 的关系如图 9－94 所示，由图可见，在同样的附加功耗百分量 δ_w 的限定下，欠压缩时压缩机可以在很宽的外压比范围内工作，而过压缩时压缩机可工作的外压比范围只有前者的一半不到。因此，对一些实际使用工况可能会变化的没有排气阀的回转压缩机(如单螺杆、双螺杆)，设计时可故意设置一定的欠压缩。

9.4.3　内容积比的优选

名义吸、排气压力分别为 p_S 和 p_d 的压缩机，理论上其内容积比应设计为

$$v_d = \sqrt[n]{p_d/p_S} \tag{9-56}$$

如图 9－95 所示的计算机模拟显示，如果将实际的内容积比 v_i 设计得比理论值 v_d 小一些，则压力曲线下所包围的面积(即实际工作过程指示功 W_i)可能会比设计成 $v_i = v_d$ 时的理论指示功 W_d 小一些。图 9－96 为不同转速下 W_i/W_d 随 v_i/v_d 的变化关系，由图可见，在一定转速下，v_i 存在一个最佳值 v_{opt}，当 $v_i = v_{opt}$ 时，循环指示功最小，压缩机的指示效率最高；此外，v_{opt}/v_d 随压缩机转速的增加而下降。因此，即使是工况固定的压缩机，也应该将其内容积比设计得比理论值小一些，且转速越高应该越小，这样有助于提高压缩机热效率。如图 9－95 所示，原因主要有两条：第一，压缩机的排气孔口处存在阻力损失，将内容积比

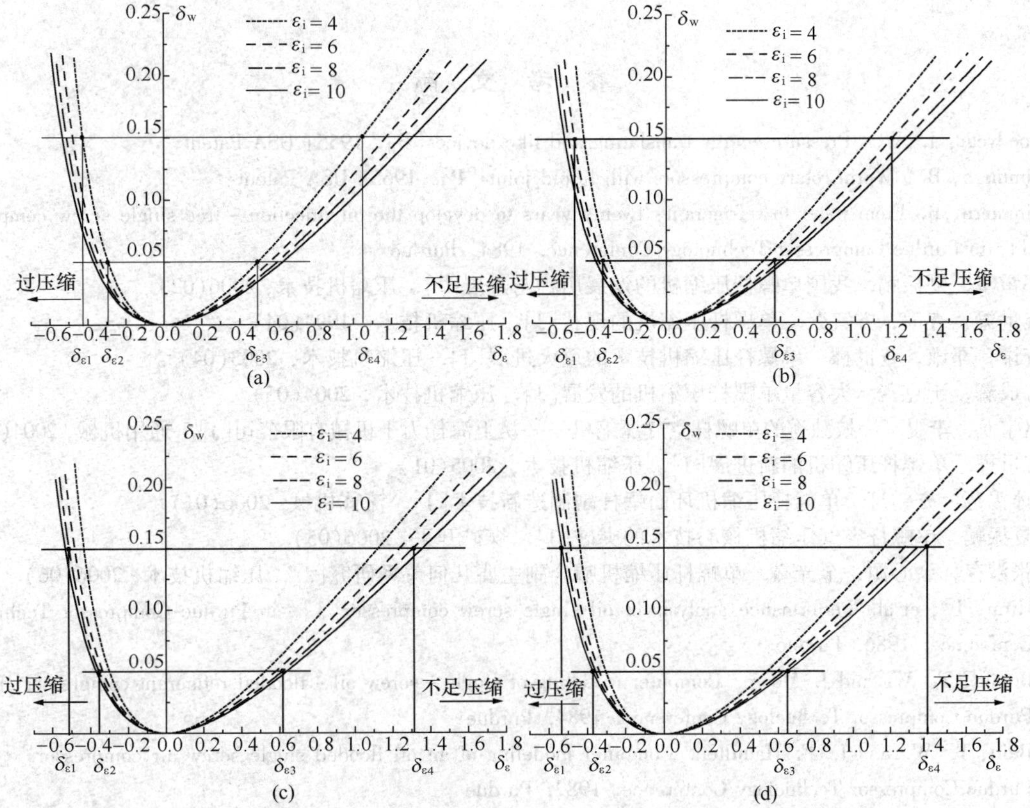

图 9－94　附加功耗百分量 δ_w 与变压缩百分量 δ_ε 关系曲线

(a)过程指数 $n=1.1$；(b)过程指数 $n=1.2$；(c)过程指数 $n=1.3$；(d)过程指数 $n=1.4$

设计得小一些能够增大开孔面积，减小流动阻力；第二，排气口与工作腔是逐渐接通的，因此在排气开始阶段，较小的实际开启面积导致工作腔内压力进一步升高得较多(见图 9－95 的排气孔开启阶段)，而令排气口提前开启虽然引入了一定的欠压缩损失，但大幅度降低了排气开始阶段的工作腔压力，总体上是有利的。此外，过压缩会增大机器的噪声。

对于不同结构形式的回转压缩机，将内容积比设计成多少合适，还与压缩机的排气孔口结构与开设方式、压缩机转速、工作腔是否喷油、被压缩介质性质、压缩机的制造水平、压缩机的实际使用条件等多种因素有关，不能一概而论。但总体上讲，应设计得比按照“外压比”计算的理论值小一些，且转速越高越小，尤其是经常变工况运行的压缩机。

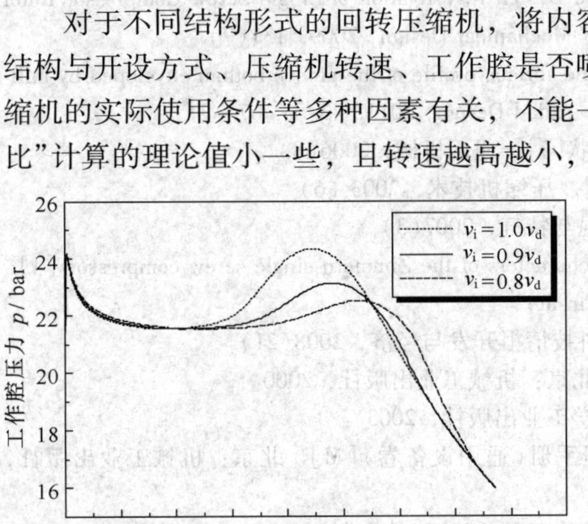

图 9－95　内容积比对排气过程 $p-V$ 图的影响

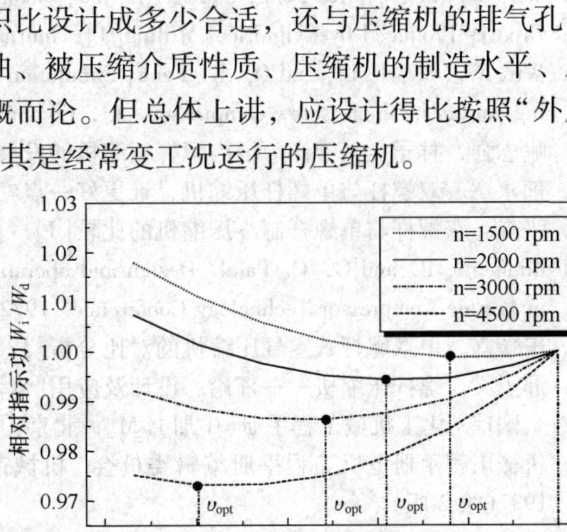

图 9－96　相对指示功与相对内容积比的关系

参 考 文 献

1. Goodyear, J. W., Pressure energy translating and like devices[P]. 1955: USA Patent
2. Zimmern, B., Worm rotary compressors with liquid joints[P]. 1965: USA Patent
3. Zimmern, B. From water to refrigerant: twenty years to develop the oil injection - free single screw compressor [J]. in Purdue Compressor Technology Conference. 1984. Purdue
4. 郑雷飞，夏振鹏. 我国单螺杆压缩机的发展历程与进展[J]. 压缩机技术，2006(02)
5. 查世梁，查谦，方宜荣. 单螺杆压缩机的现状[J]. 压缩机技术，1994(04)
6. 查谦，邓谦，查世樑. 单螺杆压缩机技术的重大进展[J]. 压缩机技术，2003(04)
7. 吉成辉，于克营. 大容量单螺杆压缩机的发展[J]. 压缩机技术，2004(05)
8. 赵宇龙，李缦. 一枝独秀的单螺杆空气压缩机——访上海佳力士机械有限公司[J]. 通用机械，2004(04)
9. 查世樑. 单螺杆压缩机的新进展[J]. 压缩机技术，2005(01)
10. 孙锡范，方钧灯. 单螺杆压缩机环面蜗杆副制造新技术[J]. 流体机械，2006(01)
11. 夏振鹏. 单螺杆空气压缩机核心技术的突破[J]. 煤矿开采，2006(05)
12. 张淑存，余心源，金光熹. 单螺杆压缩机啮合副主要几何关系研究[J]. 压缩机技术，2006(06)
13. Hirai, T., et al. Performance analysis of oif single screw compressor[J]. in Purdue Compressor Technology Conference. 1986. Purdue
14. Boblitt, T. W. and J. Moore. Computer modeling of single - screw oil - flooded refigerant compressor[J]. in Purdue Compressor Technology Conference. 1984. Purdue
15. Bein, T. W. and J. F. Hamilton. Computer modeling of an oil flooded single screw air compressor. [J] in Purdue Compressor Technology Conference. 1982. Purdue
16. 冯全科等. 多直线包络的单螺杆压缩机啮合副型面设计方法[J]. 压缩机技术，2005(03)
17. 郁永章等. 容积式压缩机技术手册[M]. 2000，北京：机械工业出版社
18. 吴伟烽. 单螺杆压缩机啮合副的多圆柱包络啮合理论及加工技术的研究[J]. 动力工程及工程热物理年会，2010，西安交通大学：西安
19. 吴伟烽，冯全科，徐健. 单螺杆压缩机齿型的多圆柱包络原理[J]. 西安交通大学学报，2007(11)
20. Zhou, S., et al. The Key Technology of Single Screw Manufacturing by 5 - Axis CNC Machining Center[J]. in Purdue Compressor Technology Conference. 2006. Purdue
21. Wu, W. F., Q. K. Feng, and X. L. Yu, Geometric Design Investigation of Single Screw Compressor Rotor Grooves Produced by Cylindrical Milling[J]. Journal of Mechanical Design, 2009. 131(7)
22. Wu, W. F., J. Li, and Q. K. Feng, Simulation of the surface profile of the groove bottom enveloped by milling cutters in single screw compressors[J]. Computer - Aided Design, 2011. 43: p. 67 ~ 71
23. 喻志强，林子良，于洋. 国内螺杆压缩机的发展现状[J]. 通用机械，2006(8)
24. 郁永章. 双螺杆与单螺杆压缩机，谁更好一点？[J]. 压缩机技术，2003 (6)
25. 张森. 双螺杆与单螺杆制冷压缩机的比较[J]. 低温与特气，2007(3)
26. Zimmern, B. and G. C. Patel. Design and operating characters of the Zimmern single screw compressors[J]. in Purdue Compressor Technology Conference. 1972. Purdue
27. 田瑞霖. 单双螺杆式空气压缩机的对比分析[J]. 科技情报开发与经济，2008(21)
28. 邢子文. 螺杆压缩机——理论、设计及应用[M]. 北京：机械工业出版社，2000
29. 余国琮. 化工机械工程手册(中册)[M]. 北京：化学工业出版社，2003
30. 机械工程手册电机工程手册编辑委员会. 机械工程手册(通用设备卷)[M]. 北京：机械工业出版社，1997(第2版)
31. 李云，姜培正. 过程流体机械[M]. 北京：化学工业出版社，2008(第2版)
32. 高秀峰，郑学鹏，郁永章. 回转压缩机变工况指示功的计算及分析[J]. 流体机械，1998，24(7)：22 - 25

10 液环压缩机与罗茨鼓风机

10.1 液环压缩机

液环压缩机也称液环泵，通常所用的液体为水，故习称水环泵。在国外有些文献中还称为液体活塞压缩机。

液环压缩机有两种结构：一种为德国 Franz Windhausen 1884 年发明，其结构特点是进、排气直接通过端盖进行；另一种为美国 Houis Nash 1903 年发明，其结构特点是进、排气通过轮壳与分配器进行，该结构在我国也称纳氏泵。

液环压缩机的特点是：①气体直接与工作液体环接触，压缩过程冷却良好，可接近等温压缩；②叶轮与工作腔无摩擦、磨损，宜于处理易燃、易爆，或高温时易分解的气体；③对气体中含有水分或固体微粒不敏感；④工作腔密封性好；⑤对零件精度要求不高；⑥工作时液力损失大，总效率低；⑦工作液体吸收热量而挥发成气体，并混入被压缩气体，因此排出气体应进行气－液分离，并且工作腔内也需不断补充液体；⑧工作腔内液体因液力损失与吸收气体压缩的热量温度要升高，故需不断置换，以保持工作液体的温度。

液环压缩机单级排气压力一般为 0.2MPa(表)，最大可达 0.4MPa(表)；两级排气压力可达 0.6MPa(表)，特殊设计时可达 2MPa。容积流量最大可达 $80m^3/min$。转速视叶轮大小，处于 $n=250\sim3000r/min$。

液环式结构也常作为真空泵应用，极限真空压力为 3.5kPa。由于其结构简单，无油污染，加之密封性好，因此在真空方面的应用要多于气体压缩。

图 10－1 所示为某公司一个系列液环真空泵与压缩机的参数范围，它们可用于处理二氧化碳、氯乙烯、乙烯、乙炔、甲烷、油气回收、氢、乙醛、臭氧、氧、干或湿氯等特殊气体。此外，液环压缩机还可用于输送气、液混合的流体，同时对气、液增压，达到气、液混输的目的。这时，工作液体即为被输送液体。

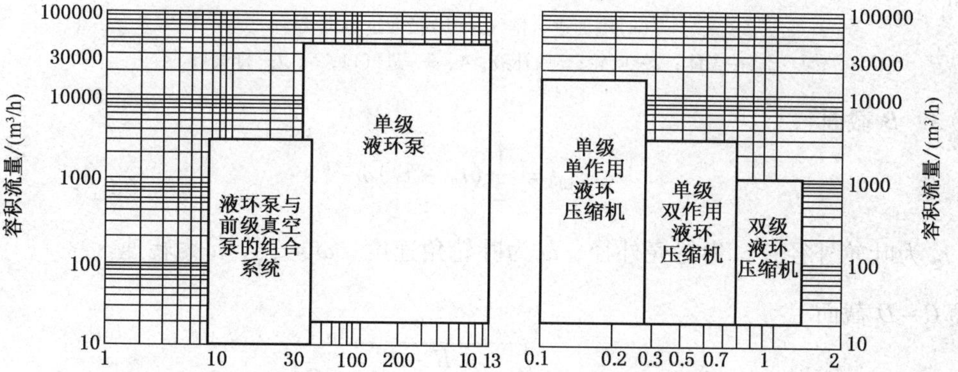

图 10－1 液环真空泵/压缩机性能参数范围(50Hz)

(a)真空泵；(b)压缩机

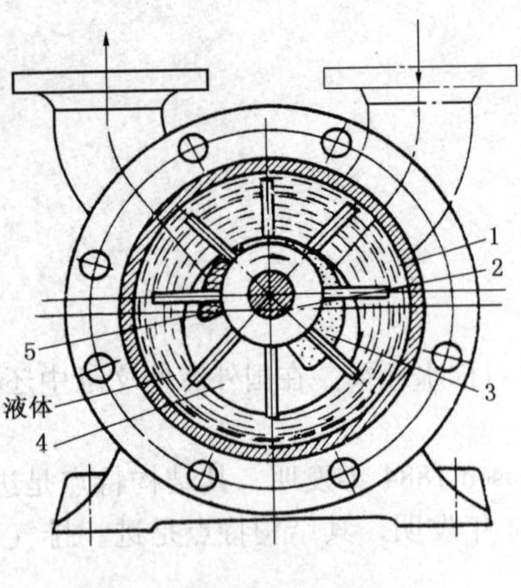

图 10－2　液环压缩机的结构

1—壳体；2—叶轮；3—进气口；

4—工作腔；5—排气口

液环压缩机的基本结构如图 10－2 所示，主要由叶轮、壳体与液体组成。机器工作时，偏心的叶轮带动液体旋转并环布于圆筒形壳体内壁，使叶片与液体共同形成若干工作腔。

如图 10－3 所示，气缸制成椭圆形，转子置于中心的结构，称为双作用式，其对称两侧均能形成若干工作腔。

10.1.1　液环工作特性

液环工作特性系指液环工作时，各径向截面上的速度与液环内表面的曲率半径，以及腔内各径向截面液体流速不同，即使同一截面上，其流速也随半径大小而异，但一般在讨论各截面速度时，采用平均速度值。各截面上动能与位能(即压力)之和必须相等，据此来计算液环内表面的曲率半径。具体计算参阅图 10－4 进行。

(1) 液环各径向剖面平均流速

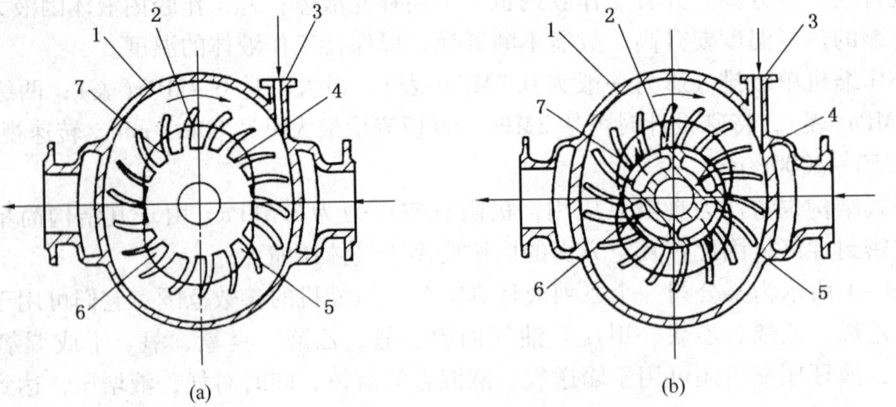

图 10－3　双作用液环结构

(a)端面进、排气；(b)径向进、排气

1—壳体；2—叶轮；3—补液；4、6—进气口；5、7—排气口

① $A-B$ 截面

$$v_{AB} = \frac{1}{2}(r_2 - r_1)\omega \tag{10-1}$$

式中：r_2 为叶轮外径；r_1 为轮壳外径；ω 为叶轮角速度，$\omega = \frac{\pi n}{30}$，$n$ 为转速。

② $C-D$ 截面

$$u_{CD} = u_2\sqrt{1 - \frac{R - r_1}{R - r_1 + e} + 2\zeta_m} \tag{10-2}$$

式中：u_2 为叶轮外缘的圆周速度，$u_2 = \frac{\pi n r_2}{30}$；$R$ 为壳体内腔半径；r_1 为轮壳半径；e 为偏心距；ζ_m 为平均修正系数，由下面式（10－4）确定。

式（10－2）表明：$C-D$ 截面液环平均半径 r_m 处的流速 $u_{CD}<u_2$，所小的程度取决于几何参数 R、r_1、与 e，以及修正系数 ζ_m。

修正系数 ζ_m 按经验公式确定。任意截面处的 ζ_φ 值为

$$\zeta_\varphi = 0.124 + 0.274\left(\frac{S}{r_m}\right)^{3.5} \quad (10-3)$$

式中：S 为叶片外径至壳体内径之间的液环厚度；r_m 为该厚度处的平均半径（圆心为 O_1）。

$$\zeta_m = (\zeta_0 + \zeta_{180})/2 \quad (10-4)$$

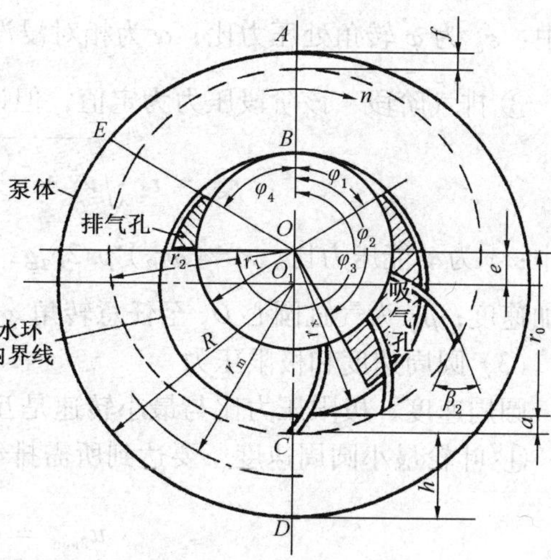

图 10－4　液环剖面图

式中：ζ_0、ζ_{180}为 0°及 180°（$A-B$ 及 $C-D$ 截面处）的 ζ 值，对于 0°处，$h=f$，$r_m=R-\frac{1}{2}f$；对于 180°处，$h=R+e-r_1$，$r_m=\frac{1}{2}(R+r_1-e)$。

③ 任意角度截面的平均速度

在进气阶段，进气压力近似为定值，故此阶段中任意截面处的平均流速即为 $C-D$ 处平均流速。

在压缩阶段，压力逐渐升高，液环相应减薄，流速有所增加。任意截面处流速 u_φ 可表示为

$$u_\varphi = \sqrt{u_{CD}^2 - \frac{2(p-p_1)}{\rho}} \quad (10-5)$$

式中：p_1、p 为进气压力与 φ 截面处压力；ρ 为工作液体密度。

或采用经验式

$$u_\varphi = \alpha_\varphi u_{CD} \quad (10-6)$$

式中　α_φ 为流速修正系数，$\alpha_\varphi=\sqrt{1-\zeta_\varphi}$。

（2）液环内表面曲率半径

① 进气阶段　该阶段气体压力不变，故液环内表面曲率半径 r_x 与压力无关，只是结构参数的函数，即

$$r_{x1} = r_2\sqrt{\frac{2\lambda}{\mu}\left(\frac{R-r}{r_2}-\frac{R_x}{r_2}\right)+\nu^2}$$

$$R_x = r_2\sqrt{1+\frac{e^2}{r_2^2}+2\frac{e}{r_2}\cos\varphi} \quad (10-7)$$

式中：R_x 为自壳体中心 O_1 至叶轮外缘的距离；ν 为叶轮半径比，$\nu=\frac{r_1}{r_2}$；λ 为与叶片形状与数量有关的系数，一般可取 $\lambda=1$；μ 为叶片排挤系数，即叶片截面积所占总工作截面的百分数，参阅表 10－1。

② 压缩阶段　因压力有变化，故也是压力的函数

$$r_{x2} = r_2\sqrt{\frac{(1-\alpha)^2-\nu^2}{\varepsilon_\varphi}+\nu} \quad (10-8)$$

式中：ε_φ 为 φ 转角处压力比；α 为相对浸没深度，$\alpha = \frac{a}{r_2}$。

③ 排气阶段　该阶段压力为定值，但计及液环动能，故

$$r_{x3} = r_2 \sqrt{\nu^2 + \frac{2(R - \rho_\varphi)}{\mu r_2} \sqrt{\frac{1}{3}\left(\lambda^2 + \frac{1}{x}\right)}} \tag{10-9}$$

式中：x 为动能压力比，$x = (\omega r_2)^2 \rho / 2 p_2 g$，其中 ρ 为工作液体密度，p 为排气压力，g 为重力加速度；ρ_φ 为气缸圆心 O_1 至任意转角 φ 时叶轮外缘的距离，$\rho_\varphi = \sqrt{r_2^2 + e^2 + 2r_2 e\cos\varphi}$。

(3) 圆周速度和极限压力

圆周速度、极限压力比与最小转速是互相关联的。

① 叶轮最小圆周速度　要达到所需排气压力的最小圆周速度为

$$u_{2\min} = \frac{1}{\psi} \sqrt{\frac{3p_2 - 2p_1}{\rho}} \tag{10-10}$$

式中：$u_{2\min}$ 为最小圆周速度，m/s；p_2 为排气压力，Pa；p_1 为进气压力，Pa；ρ 为工作液体密度，kg/m^3；ψ 为考虑叶片出口角 β_2 的修正系数，一般 $\psi \approx 1$。

② 叶轮最大圆周速度

$$u_{2\max} \geqslant 1.25 u_{2\min} \tag{10-11}$$

③ 圆周速度取值范围　当工作液体为水，水温为15℃时取值范围为

压缩机　$u_2 = 23 \sim 30$ m/s

真空泵　$u_2 = 17 \sim 20$ m/s

效率最高的圆周速度约为

压缩机　$u_2 = 23 \sim 24$ m/s

真空泵　$u_2 \approx 16$ m/s

对于其他工作液体，取

$$u'_2 = u_2 \sqrt{\rho_w / \rho} \tag{10-12}$$

式中：ρ_w 为水的密度，kg/m^3；ρ 为其他液体密度，kg/m^3。

相应的最小转速为

$$n_{\min} = \frac{30\psi}{\pi r_2} \sqrt{\frac{3p_2 - 2p_1}{\rho}} \tag{10-13}$$

④ 极限压力

相应于最大许用圆周速度的压力称为极限压力，其值为

$$p_2 = \frac{1}{3}\rho \psi^2 u_{\max}^2 + \frac{2}{3} p_1 \tag{10-14}$$

图10-5所示为同一台机器作压缩机与真空泵试验时，转速、叶轮圆周速度与压力比及效率的关系。

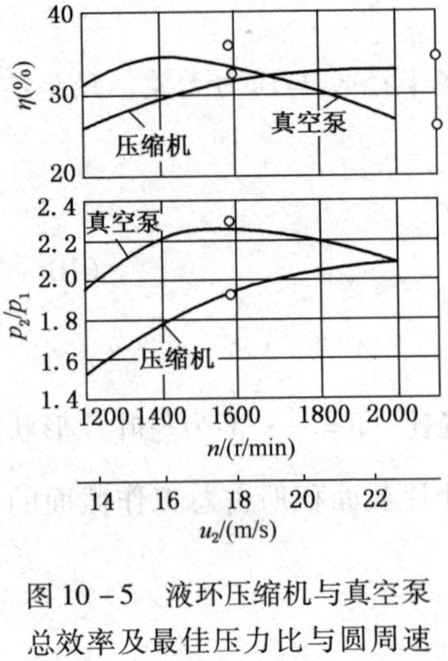

图10-5　液环压缩机与真空泵总效率及最佳压力比与圆周速度(转速)的关系

10.1.2　结构参数与基本尺寸确定

(1) 结构参数

表10-1所列为液环环压缩机结构参数与取值范围。

表 10-1　液环压缩机结构参数与取值范围

名　　称	符号	取　　值	
		单作用	双作用
叶轮半径比	$\nu=\frac{r_1}{r_2}$	0.4~0.6	0.55~0.65
叶片浸入最小深度/mm	a	10~30	10~50
相对偏心距	$\lambda=\frac{e}{r_2}$	0.13~0.20	
叶厚排挤系数	μ	铸铁　0.68~0.85 焊接　0.95	

(2) 基本尺寸确定

① 叶轮外径

$$r_2 = \frac{30u_2}{\pi n} \tag{10-15}$$

② 叶片长度

单作用式

$$b = \frac{Q_o}{\pi n\mu r_2^2[(1-\alpha)^2-\nu^2]\eta_v} \tag{10-16}$$

双作用式

$$b' = \frac{1}{2}b \tag{10-17}$$

式中：Q_o 为容积流量，m^3/min；η_v 为容积效率，$\eta_v=0.5\sim0.7$，实验表明当排气压力为 0.7MPa 时，$\eta_v=0.5\sim0.6$。

(3) 叶片数选择

最优的叶片数可按下式计算为

$$Z_o = \pi\sqrt{\frac{1}{3}\frac{R}{s}(1+\lambda)^2} \tag{10-18}$$

式中：s 为叶片厚度。

一般容积流量 $3\sim10m^3/min$ 时，取 $Z=8\sim12$；大于该流量时，取 $Z=12\sim20$。

(4) 间隙选择

真空泵实验指出，当叶片与端盖间隙 $\delta_e>0.2mm$ 时，对容积流量便有较大的影响，故一般取 $\delta_e=0.1\sim0.2mm$。

叶片与壳体的径向间隙 $\delta_r=1\sim4mm$，压缩机应取较小值，真空泵可取较大值。

(5) 进、排气孔口位置

① 进气孔口位置

一般起始角度为 30°~45°，直径大时取小值，反之取大值；终了角取 $\varphi=180°\sim0.5\beta$(β 为叶片夹角)。

② 排气孔口位置

液环压缩机中，压力与转角的关系可表示为

$$\frac{1}{\varepsilon_V^2} = A^2\left[\lambda^2-\frac{1}{x}(\varepsilon-1)\right] \tag{10-19}$$

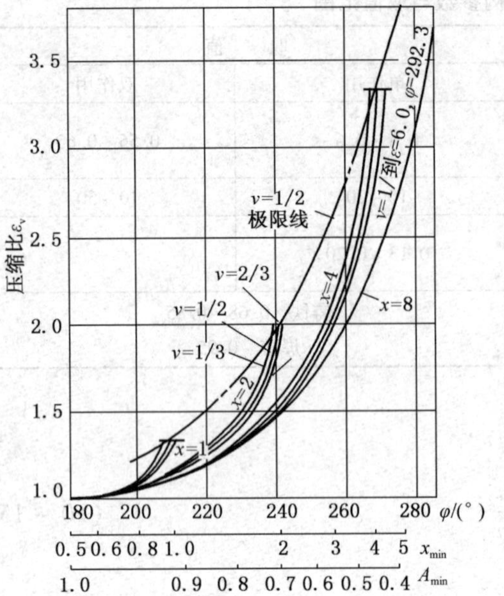

图 10-6 压缩比与转角关系诺模图

其中

$$A = \frac{2(R-\rho_x)}{\mu[(1-\alpha)^2-\nu^2]r_2^2} \quad (10-20)$$

式(10-19)为 ε 的三次方方程，直接求解较复杂，可作成图 10-6 所示的诺模图。由图按 ε、ν、x 值求取排气孔口开始的位置 φ，例如当 $\varepsilon_V=2.5$、$\nu=2/3$、$x=4$，$\varphi\approx264°$。图中左边角为 $\nu=1/2$ 的极限线；右为 $x=8$ 的极限线。此外，图中横坐标有三条比例尺，除转角 φ 外，另两条为相应结构参数时的 x_{min} 与 A_{min} 值，由 x_{min} 可得允许的最小角速度及最低转速；由 A 求取其他参数。

10.1.3 流量、功率及效率

(1) 容积流量

① 基元容积及其随转角的变化

$$V_e = (r_0^2 - r_1^2)\frac{\pi\beta b}{180} \quad (10-21)$$

式中：r_0 为主轴中心至 CD 截面液环面距离。

对于任意转角处主轴中心至液环面的距离

$$r = \frac{zs}{2\pi} + \left[\left(\frac{zs}{2\pi}\right)^2 + r_1^2 + \frac{60}{\pi n}(R - r_2 + e\cos\varphi)\alpha_\varphi v_1 - \frac{zsr_2}{\pi} - 2fr_2\right]^{\frac{1}{2}} \quad (10-22)$$

式中：R 为气缸半径；r_2 为叶轮外径；r_1 为叶轮内径；z 为叶片数；s 为叶片厚度；f 为叶轮顶部间隙；β 为两叶片间夹角；b 为叶片长度；e 为偏心距；v_1 为 CD 截面液体流速；α_φ 为随角度变化的速度衰减系数，$\alpha=1-0.000784\varphi$；φ 为转角；n 为每分钟转数。

当 $\varphi=0$ 时

$$r = r_0 = \frac{2s}{2\pi} + \left[\frac{zs}{2\pi} + r_1^2 + \frac{60}{\pi n}\times(R - r_2 + e)v_1 - \frac{zsr_1}{\pi} - 2fr_2\right]^{\frac{1}{2}} \quad (10-23)$$

② 理论容积流量

由式(10-21)与式(10-23)，可得理论容积流量为

$$q_{Vth} = nzV_e = (r_0^2 - r_2^2)\frac{\pi n\beta bz}{180} \quad (10-24)$$

式中：n 为液环压缩机转速，r/min。

③ 容积流量

$$q_{V0} = \eta_v q_{Vth} \quad (10-25)$$

式中：η_v 为容积效率，$\eta_v=0.5\sim0.8$，一般真空泵容积效率较低，压缩机容积效率较高。

(2) 功率与效率

① 指示功率　液环压缩机压缩过程接近等温，故按等温功率计算

$$P_{is} = 38.37 p_1 q_{vo} \lg \frac{p_2}{p_1} \quad (10-26)$$

式中：p_1 为进气压力，MPa；p_2 为排气压力，MPa。

② 轴功率与效率

$$P_z = P_i / \eta \quad (10-27)$$

$$\eta = \eta_{is} \eta_w \eta_m \quad (10-28)$$

式中：η 为总效率；η_{is}为等温指示效率，$\eta_{is}=0.92\sim0.95$，它反映实际压缩过程与等温压缩过程的偏差；η_w 为水力效率，$\eta_w=0.5\sim0.7$，它反映叶轮搅动液体流动的损失；η_m 为机械效率，$\eta_m=0.98\sim0.99$，液环压缩机中机械效率较高。

图 10－7 所示为某液环式机器同时作为压缩机与真空泵应用时不同的性能曲线。由图可见，该台机器作为真空泵应用时，功耗要小得多，故应选用不同功率的电动机驱动。此外，真空泵功率消耗会随着真空度增加有一极值。液环泵中由于水力损失百分比大及压力比大时，内压缩不足，故一直呈上升趋势。

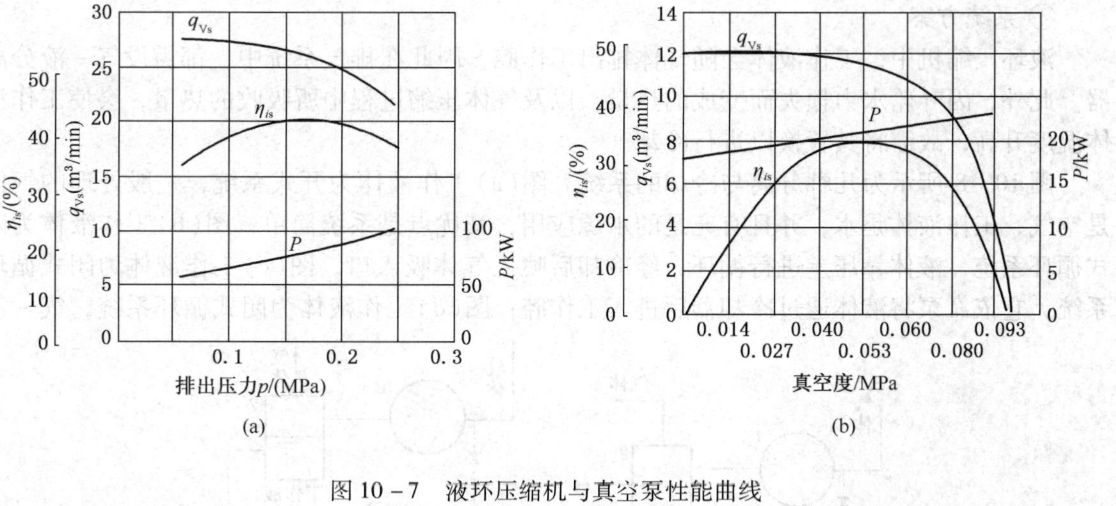

图 10－7　液环压缩机与真空泵性能曲线

(a)压缩机；(b)真空泵

10.1.4　工作液体的选择

（1）对工作液体的要求

① 与所输气体不发生化学作用；

② 对所输气体溶解度小；

③ 标准状态下的沸点高；

④ 黏性小；

⑤ 无毒，对金属无腐蚀，无燃烧、爆炸危险；

⑥ 易于获得、价格低廉。

（2）不同气体常用的工作液体

对每一种气体，都要全面满足上述要求的液体不易选择。表 10－2 中所列为一些气体常用的工作液体及气缸和叶轮材料选择。

表 10－2　不同气体的工作液体与气缸和叶轮的材料

气体种类	工作液体	气缸和叶轮的材料
空气	水	铸铁
CO_2、CO	水	铸铁
O_2、O_3	水	铸铁、铜锡合金
H_2、N_2	水	不锈钢
Cl_2 干 Cl_2 湿	水 98% H_2SO_4	铸铁
HCl 干 HCl 湿	水 98% H_2SO_4	不锈钢
SO_2、H_2S、CS_2	水	不锈钢

气体种类	工作液体	气缸和叶轮的材料
NO、NO_2	水　HNO_3	不锈钢
CH_4、C_2H_6、C_3H_8、C_2H_4、C_3H_6、C_4H_8、C_2H_2	水	铸铁
C_4H_{10}、C_6H_6	水　98% H_2SO_4	不锈钢
NH_3、NH_4NO_3	水　45% H_2SO_4	铸铁
氯乙烯	水	铸铁
C_3H_6O $C_4H_{10}O$ $C_6H_{10}O$	水	铸铁
CH_2Cl_2	水　石蜡油	铸铁　不锈钢

10.1.5　液环压缩机系统与结构示例

（1）液环压缩机系统

① 系统方案

液环压缩机中，工作液体会随气体排出工作腔，因此在排气系统中，都需设气－液分离器。此外，因叶轮水力损失而变成的热量，以及气体压缩过程中所吸收的热量，会使工作液体温度升高，故需将其置换以进行冷却。

图 10－8 所示为几种分离与冷却的系统。图(a)工作液体为开式系统，一般处理的气体是空气，工作液体是水，并且有充足的水源应用，其优点是系统简单；图(b)工作液体为闭式循环系统，液体靠压差进行循环，经冷却后喷入气体吸入口；图(c)工作液体为闭式循环系统，它依靠泵将液体通过冷却器后进入工作腔；图(d)工作液体为闭式循环系统，气－液

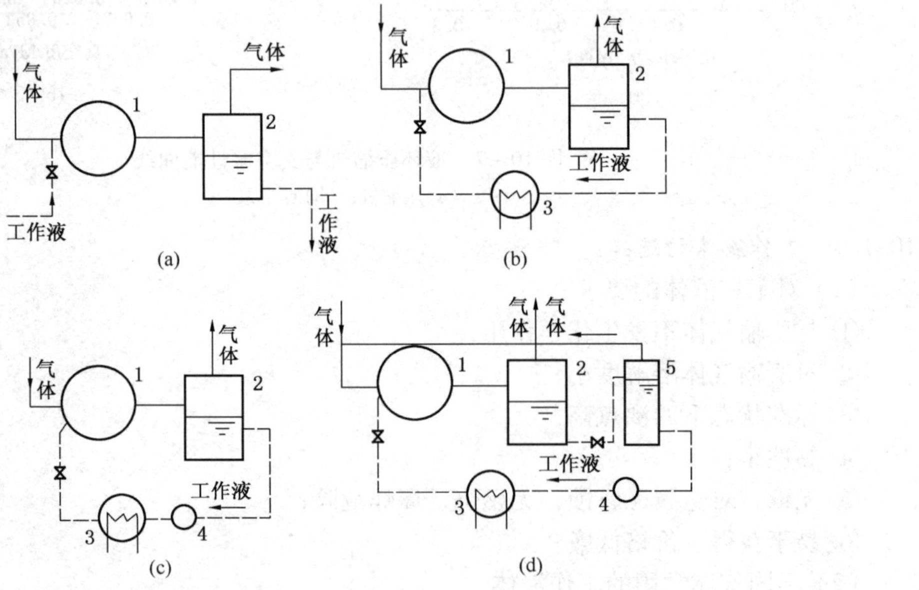

图 10－8　液环压缩机气－液分离与工作液体循环系统

(a)开式；(b)闭式压差循环；(c)闭式泵循环；(d)闭式两次分离泵循环

1—液环压缩机；2—分离器；3—冷却器；4—泵；5—低压分离器

进行两次分离，低压分离出来的气体回到吸气口，低压的液体由泵增压，至冷却器后再入工作腔，系统比较复杂，泵消耗的功也较图(c)方案大，它适宜于气体溶解性较大的场合。

② 氯气输送系统

液环压缩机用于输送氯气是最常见的。图10－9(a)为烧碱生产工艺流程简图，流程中应用氯与氢两种液环压缩机；图10－9(b)为氯液环压缩机系统，应用浓硫酸作工作液体。含水的质量分数在0.06%以下、纯度为90%以上的氯，经压缩机1压缩后排入气－液分离器2，分离后的硫酸由底部流入冷却器3，并被冷却至15～25℃，然后从吸入口补入工作腔。经分离后的氯再入卧式分离器4与立式分离器5，进一步除去剩余硫酸。系统中损耗的硫酸，由高位硫酸槽6进行补充。

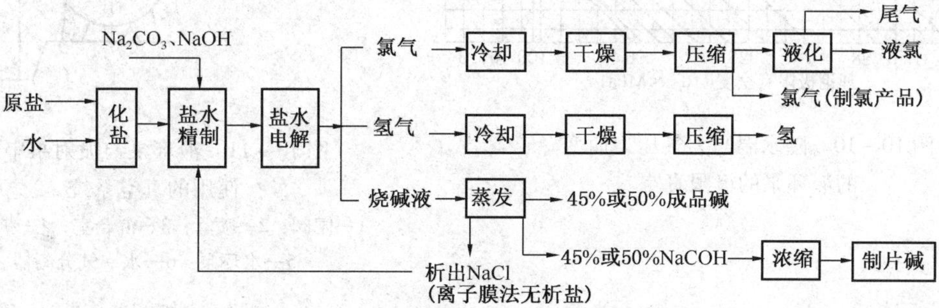

(a)

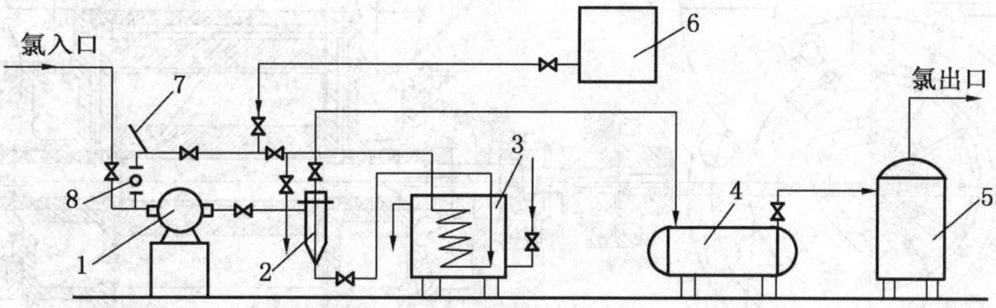

(b)

图10－9 液环压缩机输送氯气系统

(a)烧碱生产工艺流程简图；(b)氯液环压缩机装置简图

1—液环压缩机；2—气－液分离器；3—冷却器；4—卧式分离器；5—立式分离器；6—高位硫酸槽；7—温度计；8—观察镜

③ 作真空泵使用时与喷射泵串接的系统

液环泵作一般真空泵使用时，工作液体大都为水，其所能达到的真空与温度有关，见图10－10。图10－11所示为用喷射泵作为前级，利用大气压作动力进行引射，即可使所达真空更低。

(2) 结构示例

① 单作用式液环压缩机结构

图10－12所示为SZ－1与SZ－2水环泵结构。叶轮2为钢叶片铸制于铸铁轮壳内构成；端盖1上铸有进气口与进气接管；端盖4上铸有排气口与排气接管，端盖与泵体6上均钻有补充水的通道3，并有水封7与密封填料隔开。

图10－13所示为SZ－3与SZ－4水环泵结构。叶轮2是整体铸制而成，叶片前弯(见右剖视)。由于叶片较长，中部铸有加强肋，并且每两叶片间的加强肋上均开有小孔(参阅图10－14),以使肋两侧的压力均衡；在气缸两端盖上均开有进、排气孔口，并铸有进、排气接管，最后由两进气与排气汇总管2连接。

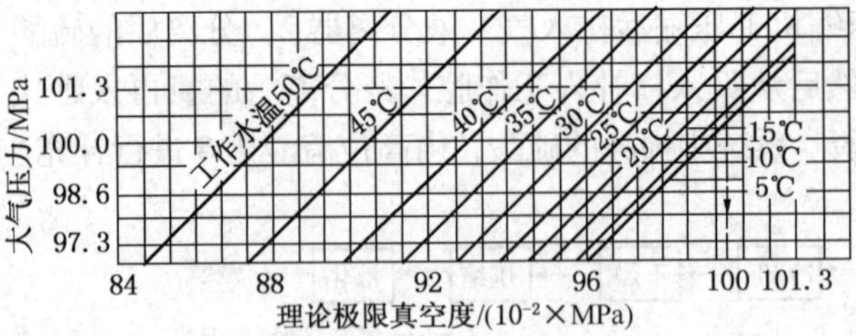

图 10－10　随水温与大气压力而变的液环泵的极限真空

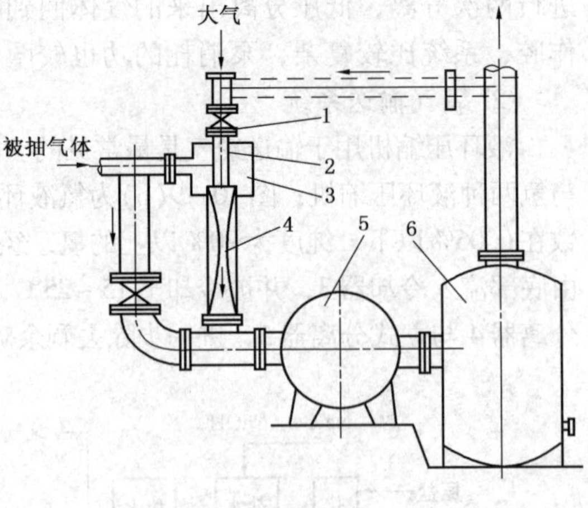

图 10－11　液环泵与喷射泵串接使用的真空系统

1—闸阀；2—喷管；3—混合室；4—扩压管；5—水环泵；6—水－气分离器

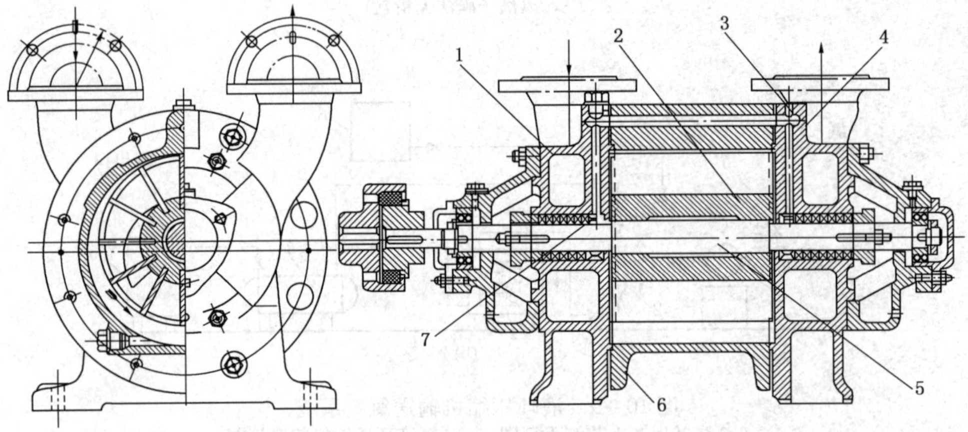

图 10－12　SZ－1 与 SZ－2 水环泵结构图

1、4—气缸端盖；2—叶轮；3—补水孔；5—主轴；6—泵体；7—水封环

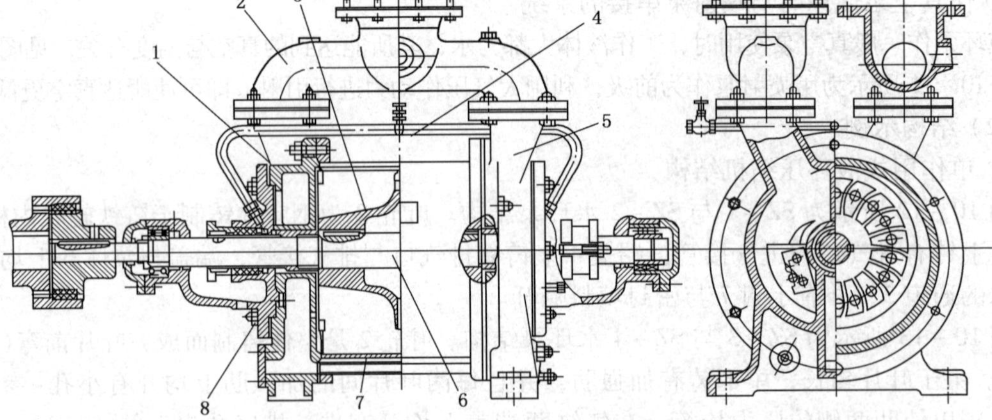

图 10－13　SZ－3 与 SZ－4 水环泵结构

1—轴侧缸盖；2—排气汇总管；3—叶轮；4—补水管；5—盖侧缸盖；6—主轴；7—泵体；8—套筒

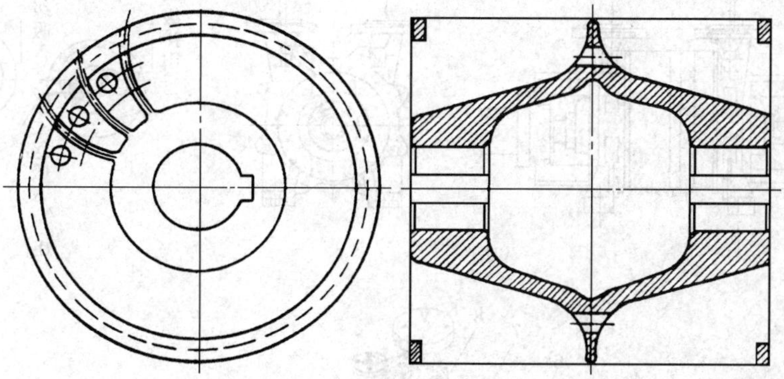

图 10－14　大型液环泵铸制叶轮

图 10－15 为液环压缩机排气口具有辅助阀门的结构。它可以自动调整排气压力，使工作腔内不产生过压缩或欠压缩情况。阀门结构很简单，如图 10－15(b)所示，仅在端盖上开若干小孔，用小钢珠 5 作为阀芯。

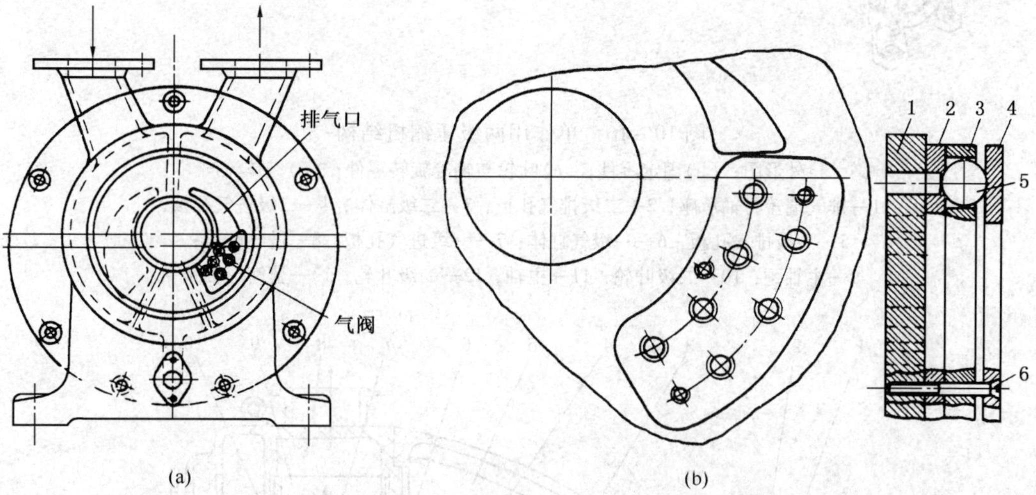

图 10－15　具有辅助气阀的排气口结构

(a)排气口与辅助气阀结构；(b)辅助气阀结构零件

1—具有进、排气口的端板；2—阀座；3—导向板；4—升程限制器；5—钢珠；6—阀组紧固螺钉

图 10－16 所示为单作用两级结构液环压缩机。这是一种用于压缩气体可达 1.5MPa 的压缩机，其参数可参阅图 10－1。

图 10－17 所示为悬臂式叶轮径向配气的 YL 型液环式氯气压缩机。其特点是拆卸配气零件或叶轮时无需动轴系，同时减少了一端的轴封。

图 10－18 所示为两种叶轮改良的结构方案。图(a)为在叶片端部开槽，槽中镶有滑片，工作时滑片在离心力作用下紧贴气缸内壁，使两叶片间的液体较稳定地旋转，以减少流体搅动损失。图(b)为叶片端部铰连一挡片，作用同图(a)。这种改良工作液体流动的方案，使结构复杂，机械损失增加，难以普遍推广。

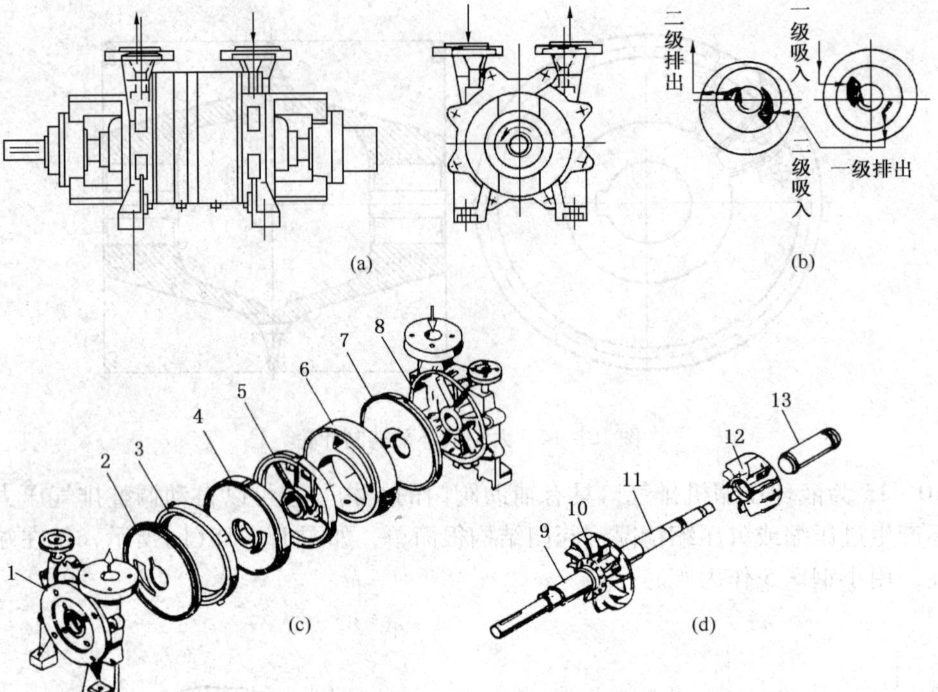

图 10－16 单作用两级压缩机结构

(a)外形图；(b)固定零件；(c)叶轮与轴等旋转零件；(d)气体流向

1—排气端盖与轴承座；2—二级排气孔板；3—二级缸体；4—二级进气孔板；5—一级排气孔板；6—一级气缸体；7—一级进气孔板；8—进气端盖；9—主轴颈；10—二级叶轮；11—主轴；12—一级叶轮；13—套筒形轴颈

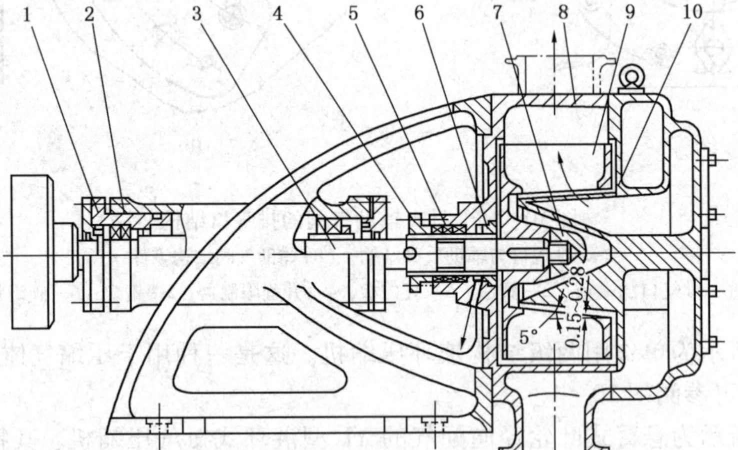

图 10－17 悬臂式叶轮氯气液环压缩机

1—轴承套筒；2—轴承座；3—轴；4—轴套；5—轴封；6—节流环；7—叶轮螺母；8—泵体(进出口呈水平位置)；9—叶轮；10—大盖

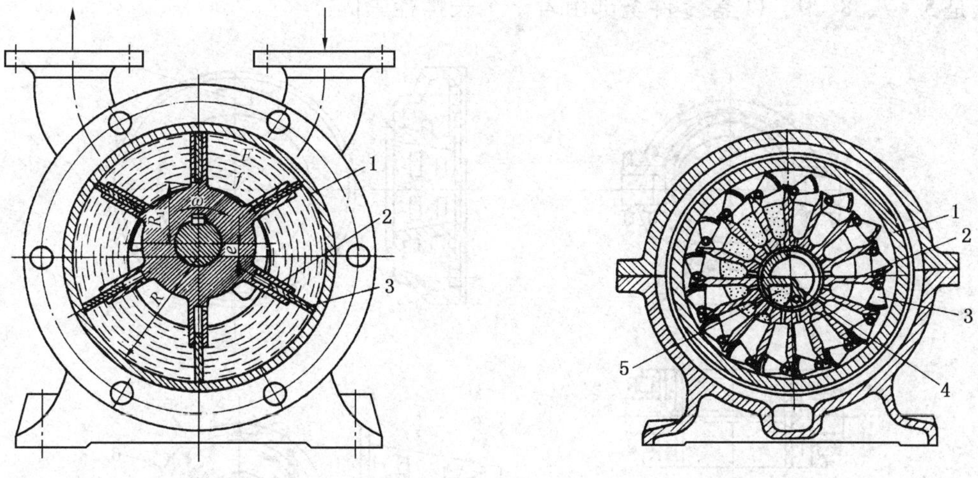

(a) (b)

图 10－18　改良工作液体流动的方案

(a)加滑片；(b)加挡片中心进、排气

1—气缸；2—叶轮；3—滑片或铰链挡片；4—进气孔；5—排气孔

② 双作用液环泵结构

图 10－19 所示为双作用单级液环压缩机剖面图。该压缩机用于压缩氯气至 0.25MPa，容积流量为 $10m^3/min$。工作液体为 H_2SO_4。进、排气通过锥形分配器径向孔口进行。机器运行时，气体自机壳 1 的进气口吸入后，由其中的轴向通道流至端盖 3 的孔，再经图 10－20(d)所示的锥形分配器上孔 5 与 6 进入工作腔；排出过程在分配器另一侧进，气流方向与上述相反。机器两边端盖结构相同，均设有相同的进、排气通道。

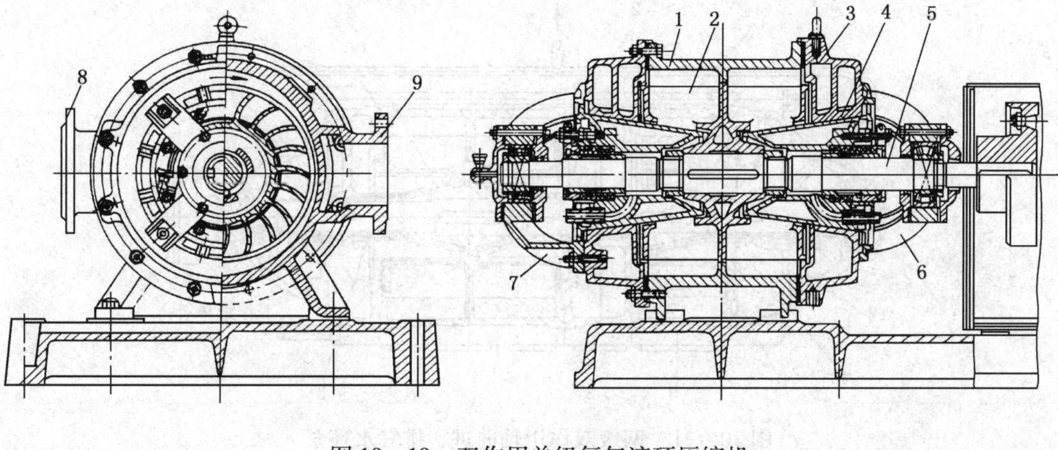

图 10－19　双作用单级氯气液环压缩机

1—机壳；2—叶轮；3—端盖；4—锥形进、排气分配器；5—主轴；6、7—轴承支架；8—进气接管；9—排气管

叶轮 2 由两螺母及键固定于主轴 5 上，叶轮两端与中部均设肋片，以增加强度及刚性。叶片呈前弯形，共 20 片。

图 10－20 所示为图 10－19 中主要零件的结构与气体在这些零件中的通道情况。

图 10－21 所示为两级双作用径向进、排气水环压缩机结构图。一级有两个进、排气分配器 2 与 4；二级仅有一个进、排气分配器 11。8 为一级排气导入二级进气的导向器，该机

的特点是5、7、8、9、11等零件全部由若干个长螺栓紧固。

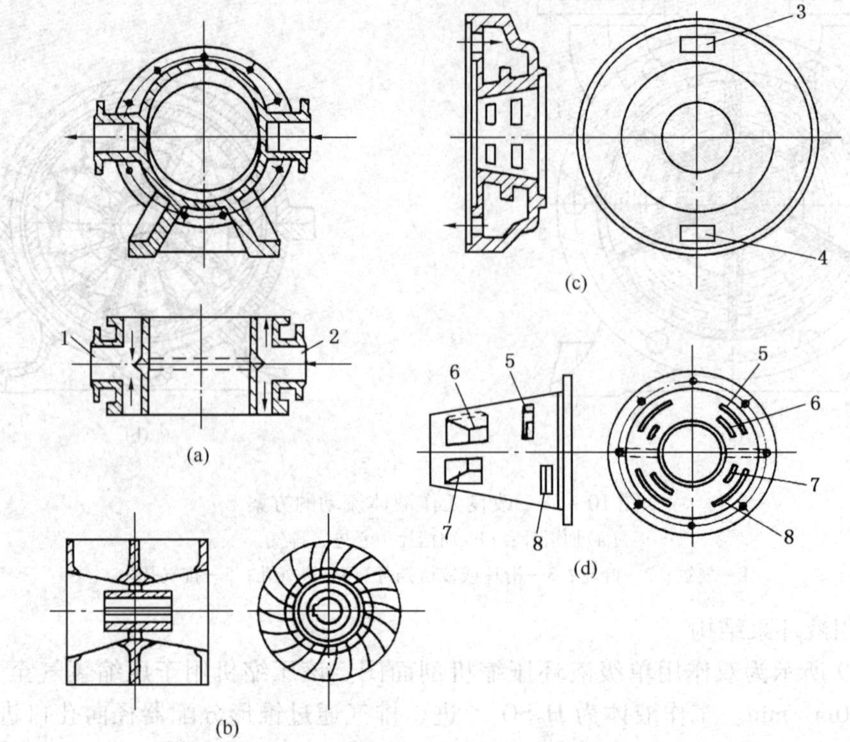

图10－20　图10-19中壳体、叶轮、端盖与锥形分配器零件与气流通道简图

(a)壳体；(b)叶轮；(c)气缸端盖；(d)锥形分配器

2、3、5、6—进气通道；1、4、7、8—排通道

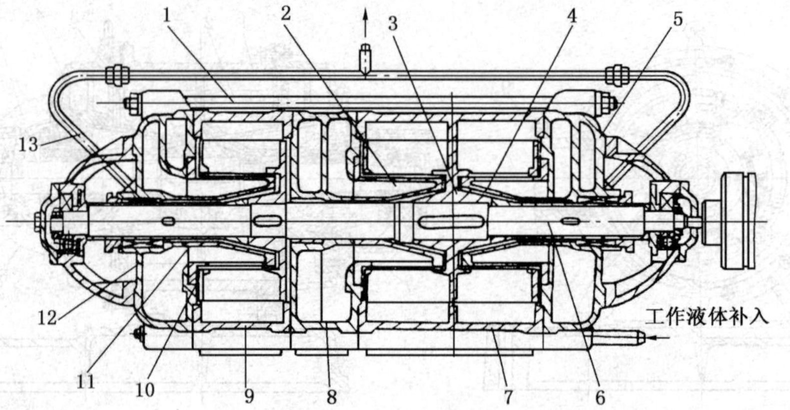

图10－21　两级双作用轴向进、排气水环泵

1—整个压缩机零件连接螺栓；2、4—一级进、排气分配器；3—一级叶轮；5—一级端盖；6—主轴；7—一级缸体；8—一、二级气流导向器；9—二级缸体；10—二级叶轮；11—二级进、排气分配器；12—二级端盖；13—工作液体补入管

10.2　罗茨鼓风机

10.2.1　工作原理及特性

罗茨鼓风机由美国人Francis and Philander Root兄弟于1854年发明，故用罗茨命名，这

是目前我国压缩机中唯一保留以人名称呼的机器。

(1) 工作原理

罗茨鼓风机的基本组成部分如图 10－22 所示，在长圆形的机壳 1 内，平行安装着一对形状相同、相互啮合的转子 4。两转子间及转子与机壳间均留有一定的间隙，以避免安装误差及热变形引起各部件接触。两转子由传动比为 1 的一对齿轮 3 带动，作彼此同步反向旋转。转子按图示方向旋转时，气体逐渐被吸入并封闭在空间 V_0 内，进而被排到高压侧。主轴每回转一周，两叶鼓风机共排出气体量 $4V_0$，三叶鼓风机共排出气体量 $6V_0$。转子连续旋转，被输送的气体便按图中箭头所示方向流动。

罗茨鼓风机没有内压缩过程，当转子顶部越过排气口边缘时，V_0 便与排气侧连通，高压气体反冲到空间 V_0 中，使腔内气体压力突然升高，继而反冲气体与工作腔内的气体一起被排出机外。理论上讲，这种机器的压缩过程是瞬间完成的，犹如等容压缩，故如图10－23 所示，其 $p-V$ 图是一矩形，而不同于常见的多方压缩过程。

罗茨鼓风机的转子叶数(又称头数)多为 2 叶或 3 叶，4 叶及 4 叶以上则很少见。转子型面沿长度方向大多为直叶，这可简化加工。型面沿长度方向扭转的叶片在三叶中有采用，具有进排气流动均匀、可实现内压缩、噪声及气流脉动小等优点，但加工较复杂，故扭转叶片较少采用。

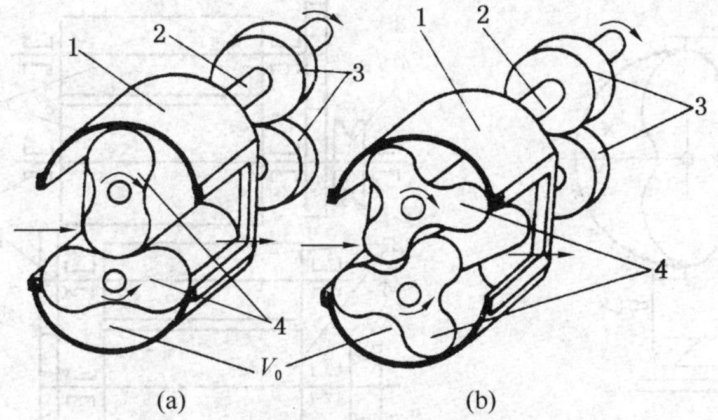

图 10－22　罗茨鼓风机结构原理图

(a)两叶罗茨鼓风机；(b)三叶罗茨鼓风机

1—机壳；2—主轴；3—同步齿轮；4—转子

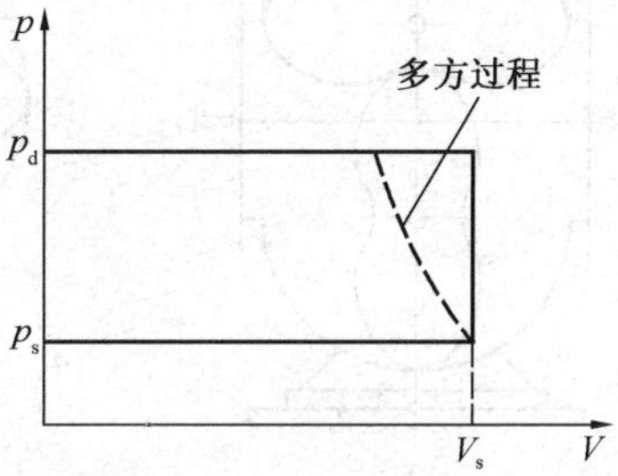

图 10－23　罗茨鼓风机 $p-V$ 图

(2) 工作特性

罗茨鼓风机结构简单，运行平稳、可靠，机械效率高，便于维护和保养；对被输送气体中所含的粉尘、液滴和纤维不敏感；转子工作表面不需润滑，气体不与油接触，所输送气体纯净。罗茨鼓风机的使用范围：容积流量 0.25～80m³/min；功率 0.75～100kW，压力 20～50kPa，最高可达 0.2MPa。罗茨式结构还常用于真空泵，由于其抽速大而被称为快速机械真空泵，多作为前级真空泵使用。

10.2.2　结构形式与传动

(1) 结构形式

按转子轴线相对于机座的位置，罗茨鼓风机可分为竖直轴和水平轴两种。竖直轴的转子轴线垂直于底座平面，这种结构的装配间隙容易控制，各种容量的鼓风机都有采用。水平轴的转子轴线平行于底座平面，按两转子轴线的相对位置，又可分为图 10－24 所示的立式和卧式两种。立式的两转子轴线在同一竖直平面内，进、排气口位置对称，装配和联结都比较方便，但重心较高，高速运转时稳定性差，多用于流量小于 40m³/min 的小型鼓风机；卧式的两转子轴线在同一水平面内，进、排气口分别在机体上、下部，位置可互换，实际使用中多将出风口设在下部，可利用下部压力较高的气体，一定程度上抵消转子和轴的重量，减小轴承力以减轻磨损。排气口可从两个方向接出，根据需要可任选一端接排气管道，另一端堵死或接旁通阀。这种结构重心低，高速运转时稳定性好，多用于流量大于 $40m^3/min$ 的中、大型鼓风机。

（2）传动方式

罗茨鼓风机的驱动可采用电动机直联、带传动、齿轮减速器传动三种形式。鼓风机驱动机构的布置有图 10－25 所示的两种形式：①将电动机和同步齿轮放在转子的同侧；②将电动机和同步齿轮分置于转子的两侧。同侧从动转子的扭矩直接由电动机端的主动齿轮提供，因而主动转子轴的扭转变形小，两转子间的间隙均匀。但这种传动方式的主动轴上有三个轴承，加工和安装都有一定困难，且同步齿轮的装拆和检修不便，整个结构的重心移向电动机和齿轮箱一端，显得不匀称，所以很少采用。两侧在结构上可克服前者的缺点，但主动轴扭转变形较大，可能导致两转子间间隙不均匀，这可通过固结轴与转子，增大轴的刚度来尽量避免。这种方案装拆方便，应用广泛。对于大、中型鼓风机，也可用两台同步电动机直接驱动两转子的反向旋转，但要求在电力拖动的控制方面比较精确。

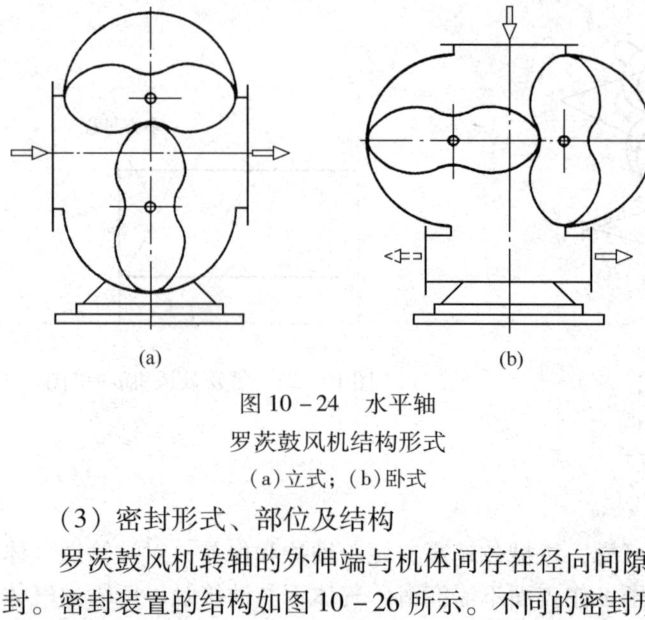

(a)　　　　(b)

图 10－24　水平轴罗茨鼓风机结构形式

(a)立式；(b)卧式

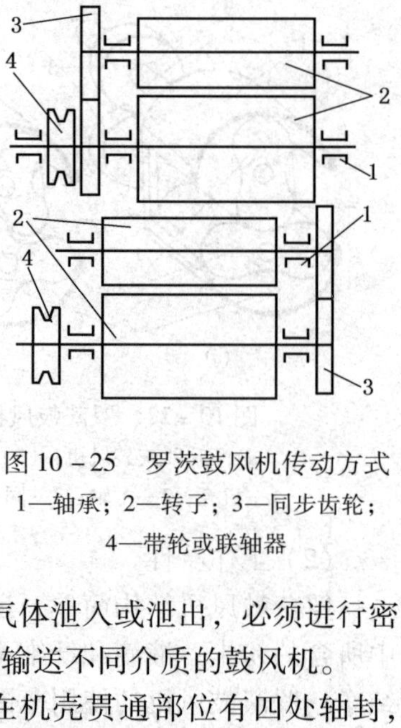

图 10－25　罗茨鼓风机传动方式

1—轴承；2—转子；3—同步齿轮；4—带轮或联轴器

（3）密封形式、部位及结构

罗茨鼓风机转轴的外伸端与机体间存在径向间隙，为防止气体泄入或泄出，必须进行密封。密封装置的结构如图 10－26 所示。不同的密封形式适用于输送不同介质的鼓风机。

密封设置部位如图 10－27 所示。压送空气时[图(a)]，在机壳贯通部位有四处轴封，为缩小轴向长度，密封紧靠着轴承，可采用涨圈式、迷宫式、填料式及骨架橡胶式轴封装置；压送氧气、二氧化硫气体时[图(b)]，应使轴承和齿轮箱的润滑油与气体完全隔绝，一般采用机械密封装置，其动、静环均由碳化钨或石墨制造，以保证耐磨或防止泄漏，但由于机械密封轴承跨度较长，并受到其速度的限制，所以不适宜大型高速场合；压送煤气或排除甲烷气时[图(c)]，可作成闭式的轴承箱，在轴贯通部分可用填料式轴封装置，在输送要求气密的氢气和氮气介质时，应用机械密封代替填料式轴封；压送乙炔气、乙烯单基物及液化石油气时[图(d)]，为减小机械密封滑动面的发热，应把密封面紧靠轴承侧，在对轴承强制润滑的同时，对密封面进行油冷，并把从轴贯通部分泄漏出的气体，用管道引回到进气口处。

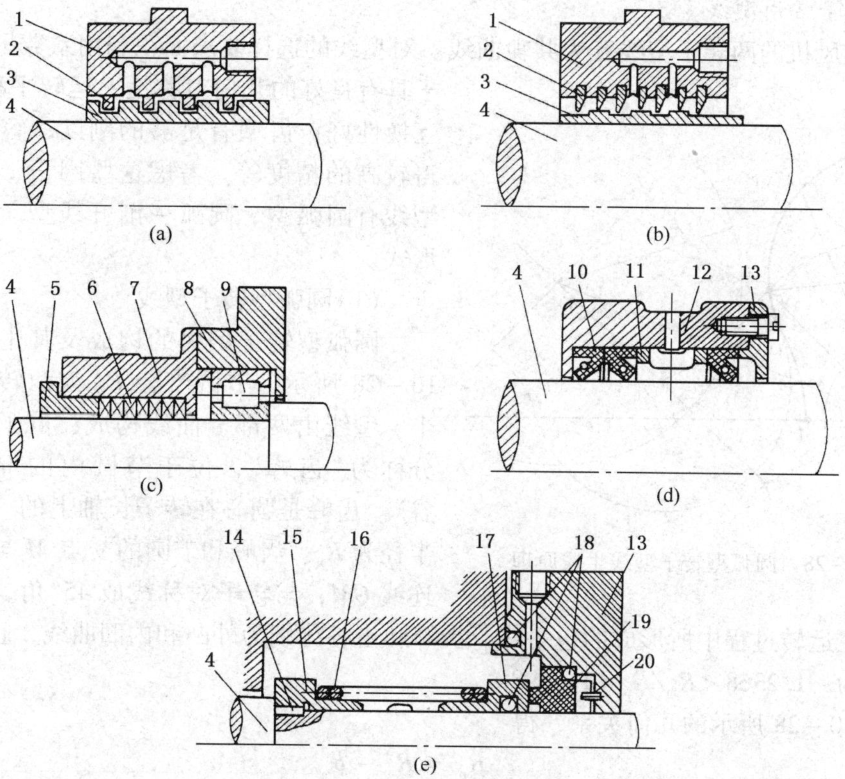

图 10－26　罗茨鼓风机的密封

(a)涨圈式轴封装置；(b)迷宫式轴封装置；(c)填料式轴封装置；
(d)骨架橡胶式轴封装置；(e)机械密封式轴封装置

1—密封环座；2—密封环；3—轴套；4—轴；5—填料压盖；6—填料；7—轴封填料外壳；8—轴承箱；
9—滚动轴承；10—骨架式橡胶油封；11—衬套；12—密封本体；13—端盖；14—键；15—弹簧座；
16—弹簧；17—动环；18—密封圈；19—静环；20—销

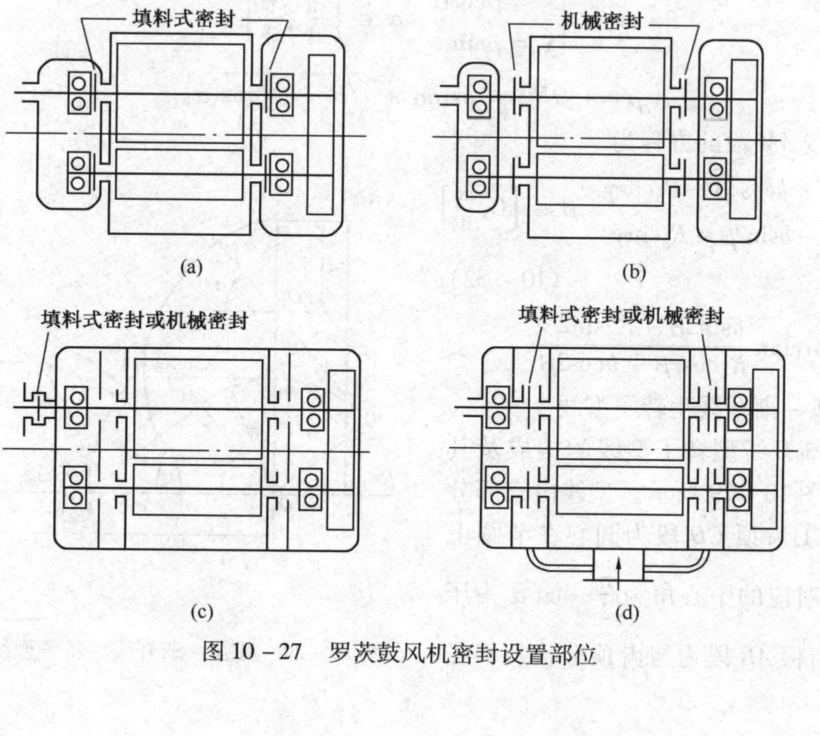

图 10－27　罗茨鼓风机密封设置部位

10.2.3 转子常用型线

罗茨鼓风机的两转子型线互为共轭曲线。对型线的选择要求面积利用系数尽可能大；转子具有良好的几何对称性，运转平稳，噪声低，互换性好；齿型有足够的刚度；容易制造和获得较高的精度等。考虑这些因素，实际常用的型线有圆弧型、圆弧－渐开线型、摆线型三种形式。

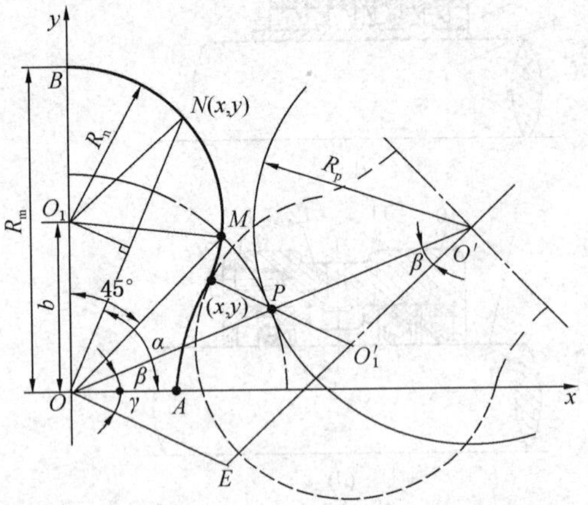

图 10－28 圆弧型转子型线生成原理

（1）圆弧型转子型线

圆弧型转子型线的构成及其生成方法如图 10－28 所示。节圆半径 R_p 为两转子中心距之半。型线由两部分曲线构成，位于节圆外的部分称为“齿蜂”，位于节圆内的部分称为“齿谷”。齿峰是圆心在转子长轴上的一段圆弧，其半径为 R_n。齿峰和节圆的交点 M 与转子中心的连线 OM，与转子对称线成 45°角。齿谷是另一转子齿峰在运转过程中所形成的包络线。齿峰和齿谷分别为外凸和内凹曲线，且二者光滑连接的条件为 $1.2368 < R_m/R_p < 1.6698$。

由图 10－28 所示的几何关系，得

$$R_n = R_m - b \tag{10-29}$$

在 ΔOO_1M 中，由余弦定理可得 $R_p^2 + b^2 + 2R_p \cdot b \cdot \cos45° = R_n^2$，整理后可得

$$b = \frac{R_m^2 - R_p^2}{2R_m - \sqrt{2}R_p} \tag{10-30}$$

由图 10－28 可得到转子型线方程。齿峰圆弧 MB 段的方程为

$$\begin{cases} x = \rho\cos\alpha \\ y = \rho\sin\alpha \end{cases} \quad \alpha \in \left[\frac{\pi}{4}, \frac{\pi}{2}\right] \tag{10-31}$$

其中 $\rho = |ON| = b\sin\alpha + \sqrt{R_n^2 - b^2\cos^2\alpha}$。

齿谷曲线 AM 段的方程为

$$\begin{cases} x = 2R_p\cos\beta - b\cos2\beta - R_n\cos\gamma \\ y = 2R_p\sin\beta - b\sin2\beta + R_n\sin\gamma \end{cases} \quad \beta \in \left[0, \frac{\pi}{4}\right] \tag{10-32}$$

其中 $\gamma = \arctan\dfrac{b\sin2\beta - R_p\sin2\beta}{R_p\cos2\beta - b\cos2\beta}$

（2）圆弧－渐开线型转子型线

圆弧－渐开线型转子型线的构成及其生成方法如图 10－29 所示。型线由三部分曲线组成：①齿顶 CD 段为圆心在节圆上的圆弧，其对应的中心角为$\dfrac{\pi}{2}-\alpha$（α 为压力角）；②齿根 AB 段为与齿顶形状及半径

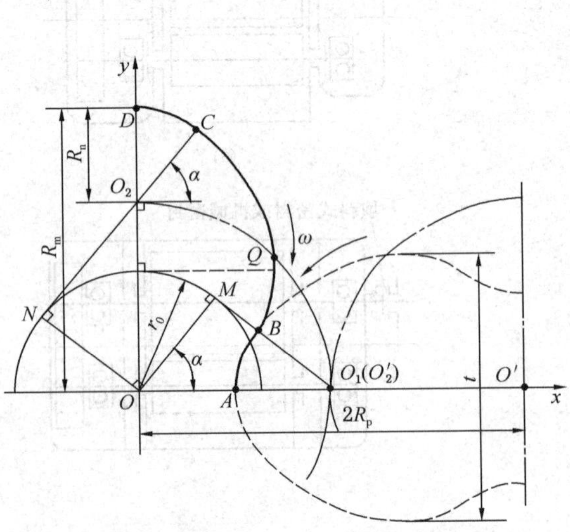

图 10－29 圆弧－渐开线型转子型线生成原理

相同的圆弧，只是位于节圆内部，其圆心也在节圆上；③齿顶与齿根之间的部分 BC 段为与二者同时光滑连接的一段圆渐开线，显然，其基圆同时与 O_2C 及 O_1B 的延长线相切。

由图可得各几何参数间的关系为

$$r_0 = R_p \cos\alpha \tag{10-33}$$

$$R_n = R_m - R_p \tag{10-34}$$

在图示的啮合位置，两转子长轴相互垂直，一个转子的齿根圆弧与另一个转子的齿顶圆弧重合。当两转子各绕自身中心按图示方向回转 45°后，啮合点沿直线 O_1P 由 B 点移到 O_1 点，即转子型线与节圆的交点 Q 成为啮合点，由渐开线的性质则有 $r_0\pi/4 = |O_1B|$，即

$$R_n = \frac{\pi}{4} r_0 \tag{10-35}$$

由式(10－33)至式(10－35)可将型线压力角表示为

$$\alpha = \arccos\frac{r_0}{R_p} = \arccos\left[\frac{4}{\pi}\left(\frac{R_m}{R_p} - 1\right)\right] \tag{10-36}$$

渐开线的发生角为

$$\alpha_0 = \alpha - \frac{|PB|}{r_0} = \alpha - \frac{R_p\sin\alpha - R_n}{r_0} = \alpha - \tan\alpha + \frac{\pi}{4} \tag{10-37}$$

叶轮公法线长度，即型面最大宽度为

$$t = 2r_0\left(\frac{\pi}{2} - \alpha_0\right) = 2r_0\left(\tan\alpha - \alpha + \frac{\pi}{4}\right) \tag{10-38}$$

圆弧－渐开线转子型线的生成是有一定条件的，同渐开线齿轮一样，如图 10－29 所示，当齿的啮合点 B 越过公法线与基圆的切点 M 时，将产生干涉，无法生成光滑而连续的齿面型线，故要求 $|O_1B| \leqslant |O_1M|$，即 $R_n \leqslant R_p\sin\alpha$，将式(10－35)和式(10－33)代入，可化简为 $\tan\alpha \geqslant \pi/4$，即，$\alpha \geqslant 38.146°$，相当于 $R_m/R_p \leqslant 1.6177$。

由图 10－29 和前述的齿型生成原理，可得到转子型线方程。

齿根圆弧 AB 段的方程为

$$\begin{cases} x = R_p - R_n\cos\phi \\ y = R_n\sin\phi \end{cases} \quad \phi \in \left[0, \frac{\pi}{2} - \alpha\right] \tag{10-39}$$

齿侧渐开线 BC 段的方程为

$$\begin{cases} x = r_0[\cos\phi + (\phi - \alpha_0)\sin\phi] \\ y = r_0[\sin\phi - (\phi - \alpha_0)\cos\phi] \end{cases} \quad \phi \in \left[\alpha, \alpha + \frac{\pi}{2}\right] \tag{10-40}$$

齿顶圆弧 BC 段的方程为

$$\begin{cases} x = R_n\cos\phi \\ y = R_n\cos\phi + R_p \end{cases} \quad \phi \in \left[\alpha, \frac{\pi}{2}\right] \tag{10-41}$$

(3)摆线型转子型线

这种型线是由光滑连接的两段摆线组成，如图 10－30所示。节圆以外的叶峰部分 AB 段，是半径为 R_n 的滚圆在节圆外滚动而生成的外摆线；节圆以内的叶谷部分 BC 段，是半径为 R_n 的滚圆在节圆内滚动而生成的内摆线。显然，$\angle AOB = 45°$。由图 10－30 所示的

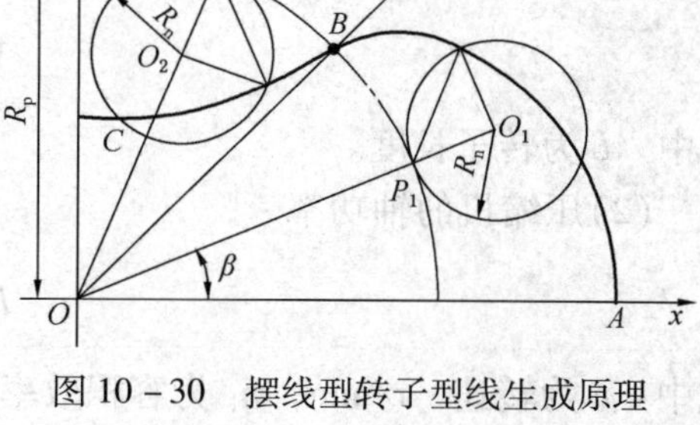

图 10－30　摆线型转子型线生成原理

型线生成原理可知

$$R_n = \frac{R_p}{2z} \tag{10-42}$$

式中，z 表示转子头数。

叶峰部分的型线方程为

$$\begin{cases} x = R_n[(2z+1)\cos\beta + \cos(2z+1)\beta] \\ y = R_n[(2z+1)\sin\beta + \sin(2z+1)\beta] \end{cases} \quad \beta = \left[0, \frac{\pi}{2z}\right] \tag{10-43}$$

叶谷部分的型线方程为

$$\begin{cases} x = R_n[(2z-1)\cos\beta - \cos(2z-1)\beta] \\ y = R_n[(2z-1)\sin\beta + \sin(2z-1)\beta] \end{cases} \quad \beta = \left[\frac{\pi}{2z}, \frac{\pi}{z}\right]$$

(4)其他型线

上述三种型线具有优良的综合性能，是罗茨鼓风机最常用的型线。此外，还有图 10-31 所示的两种型线，在罗茨真空泵中应用也较多，这两种型线具有较好的密封性。图(a)为组合圆弧-渐开线转子型线，峰顶部分为圆心在转子中心的大圆弧，齿侧是圆渐开线，其与峰顶大圆弧之间有一过渡小圆弧，将二者光滑连接起来，转子腰部为齿峰圆弧的共轭曲线(仍为圆弧)，各段曲线之间光滑连接；图(b)为圆弧-摆线-渐开线转子型线，它由大圆弧、小圆弧、渐开线、摆线、圆弧共轭曲线等多段曲线光滑连接而成，该型线一个转子齿峰与另一个转子齿谷多点啮合，因而气密性好，抽气效率高，零流量压比大，工艺性好。

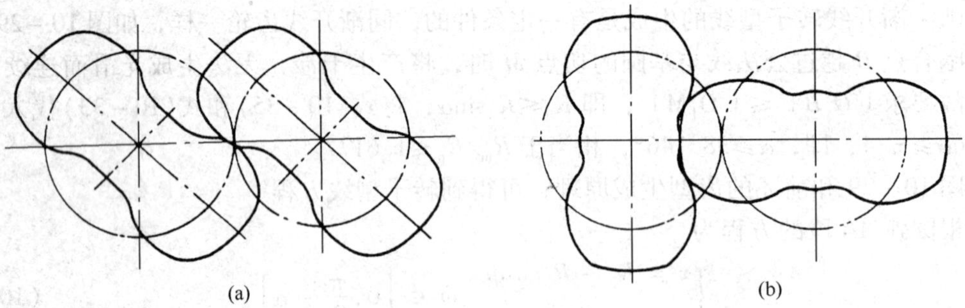

图 10-31 其他型线

(a)组合圆弧-渐开线转子型线；(b)圆弧-摆线-渐开线转子型线

10.2.4 热力参数及热力特性

(1)工作容积

如图 10-32 所示，将半径为 R_m 的圆面积与转子横截面积之差和圆面积的比值，定义为面积利用系数，用 λ 表示，由压缩机每转吸气容积为

$$V_s = 2L\lambda\pi R_m^2 \tag{10-45}$$

式中 L 为转子长度。

(2)压缩机的轴功率

$$P_e = \frac{n\eta_v V_s \Delta p}{60\eta_m} \tag{10-46}$$

式中：n 为转速，r/min；η_v 为容积效率；η_m 为机械效率；Δp 为进、出口压力差，Pa；

(3)性能曲线

某一罗茨鼓风机实测性能曲线如图 10－33 所示，图中 η_{ad} 为绝热效率，q_V 为实际容积流量。各参数随压升的变化情况示于图中。介质为空气时，罗茨鼓风机的进、出口流速一般取 10～35m/s，低噪声风机通常取 5～20m/s。

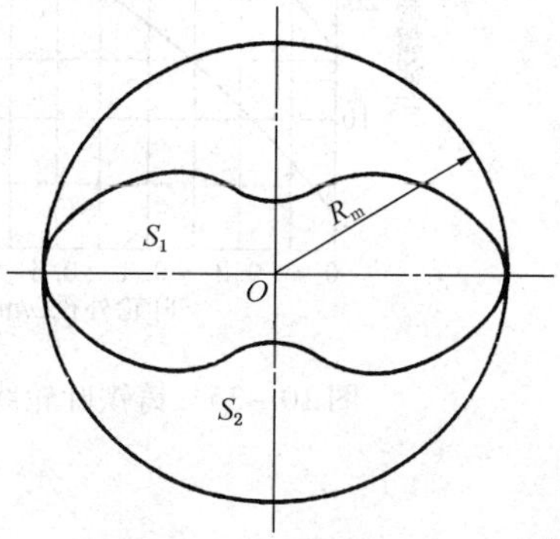

图 10－32　面积利用系数定义

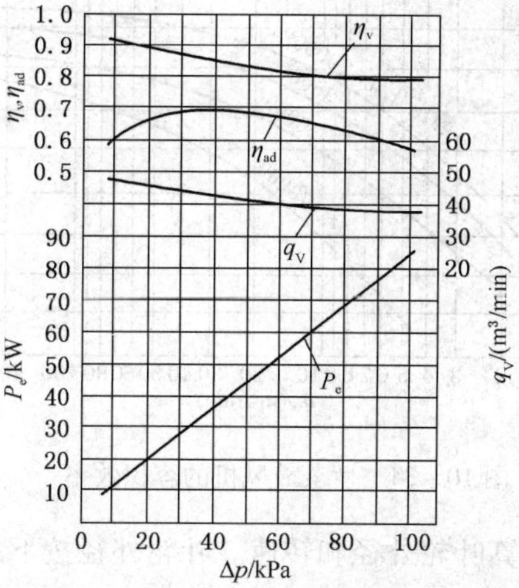

图 10－33　罗茨鼓风机性能曲线

10.2.5　设计及选型

(1)主要结构参数设计

罗茨鼓风机的设计任务是根据使用场合及容积流量，选取转子型线类型、合适的长径比和 R_m/R_p 值、转速，进而计算转子外径、确定型线方程。设计可按如下步骤进行：

①选择转子型线类型。在 10.2.3 节所述的几种型线中，圆弧－渐开线型线的面积利用系数较大($\alpha=45°\sim50°$时，$\lambda=0.563\sim0.521$)，并且加工容易，故这种型线应用较多。

②选取 R_m/R_p 及叶轮长径比 L/D，并计算面积利用系数 λ。不同叶型 R_m/R_p 有不同取值范围，但基本在 1.5 附近，实际使用中多取 $R_m/R_p=1.5$；长径比是影响热力性能及结构的重要参数，通常取 $L/D=0.85\sim1.5$，从减小泄漏出发，较优化的值是 1.25。叶型面积利用系数按表 10－3 计算和选取。

表 10－3　常用叶型面积利用系数

叶　　型	公　　式	$R_m/R_p=1.5$ 时	
		z	λ
圆弧型线	（略）	2	0.508
		3	0.517
圆弧－渐开线型线	$\lambda=\frac{2}{3}\left[1+\frac{R_p}{R_m}-2\left(\frac{R_p}{R_m}\right)^2\right]-\frac{2z(z-2)}{\pi^2}\left(1-\frac{R_p}{R_m}\right)^2$	2	0.518
摆线型线	$\lambda=\frac{4z+1}{2(z+1)^2}$	2	0.5
		3	0.406

③选取容积效率 η_v 及叶轮圆周速度 u。现代罗茨鼓风机的容积效率多在0.7～0.9之间，高转速、大排量、低压比的机器可取上限。图 10－34 为已有机器容积效率的统计数据。叶

轮圆周速度的取值取决于转子材料、整机重量、尺寸要求、噪声及原动机等因素，铝合金叶轮常取 20 ~ 40m/s，铸铁叶轮可按图 10 - 35 选取。

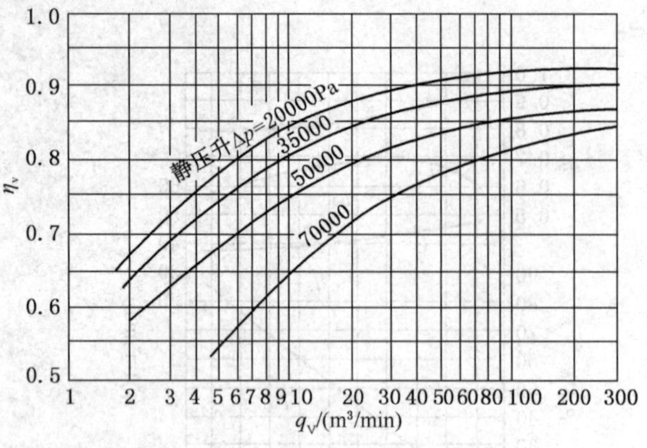

图 10 - 34　罗茨鼓风机的容积效率

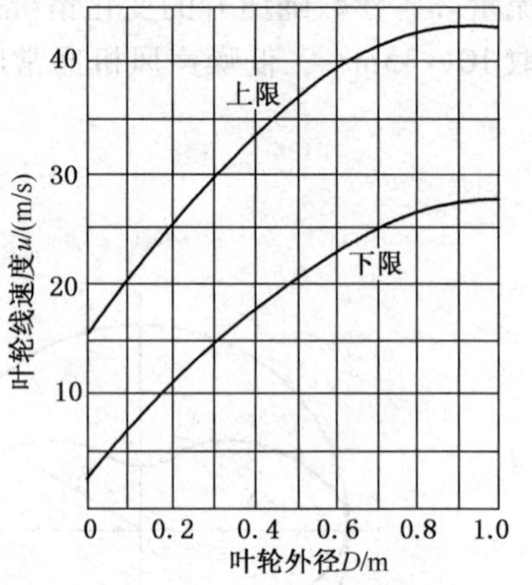

图 10 - 35　铸铁叶轮线速度

④计算叶轮外径和转速。叶轮外径按下式计算为

$$D = \sqrt{\frac{q_{ve}}{30\lambda\eta_v u(L/D)}} \tag{10-47}$$

⑤计算转子各参数，确定理论型线方程。

⑥选取各工作间隙值，确定型线制造公差。

（2）工作间隙选取

罗茨鼓风机的两转子及转子与机壳间均留有一定的装配间隙，以避免实际工作中热变形引起各部件接触。各工作间隙的选取如下：

①叶轮与机壳的径向间隙

$$\delta_1 = (0.0005 \sim 0.001)D + \Delta_1$$

②两转子之间的间隙

$$\delta_2 = (0.001 \sim 0.0015)D + \Delta_2$$

③叶轮膨胀端与侧盖之间的间隙

$$\delta_3 = (0.001 \sim 0.0015)D + \Delta_3$$

④叶轮固定端与侧盖之间的间隙

$$\delta_4 = (0.001 \sim 0.0015)D$$

上列式中的 $\Delta_1 \sim \Delta_3$ 为考虑热膨胀影响而预留的间隙。

$$\Delta_1 = R_m[\alpha_r(t_r - t_0) - \alpha_c(t_c - t_0)]$$

$$\Delta_2 = 2R_p[\alpha_r(t_r - t_0) - \alpha_c(t_c - t_0)]$$

$$\Delta_3 = L[\alpha_r(t_r - t_0) - \alpha_c(t_c - t_0)]$$

式中，t_0 为环境温度，℃；t_r 为叶轮工作温度，取进、排气温度的平均值，℃；t_c 为气缸工作温度，取叶轮工作温度与环境温度的平均值，℃；α_r 为叶轮的线膨胀系数；α_c 为气缸的线膨胀系数。

罗茨真空泵的工作间隙可按如下选取：$\delta_1 = (0.0006 \sim 0.0007)$D；$\delta_2 = (2 \sim 2.5)\delta_1$；$\delta_3$

$=2\delta_1$；$\delta_4=0.8\delta_1$。

鼓风机或真空泵的工作间隙确定之后，在理论型线的基础上，按各处间隙尺寸对型线进行修正，并给出制造公差，便得到转子的实际型线。

(3)使用选型

生产中，罗茨鼓风机的选型应遵循如下原则：

①根据生产工艺条件所需要的风压和风量，选择不同性能规格的鼓风机；

②根据输送介质的腐蚀情况，选择不同材质的零件；

③根据工作地点的具体情况决定冷却方式，有水的地方可选择水冷式鼓风机，无水的地方应选择风冷式鼓风机；

④当生产工艺过程中所需的风量与鼓风机性能参数不符合时，可适当提高或降低鼓风机转速，使鼓风机的输风量适当提高或降低。但要注意不能偏离鼓风机的性能曲线太远。转速提高太多，会缩短鼓风机的使用寿命，甚至会发生机器损坏的危险；转速过低，容积效率会大幅度降低。

10.2.6 结构及用途

(1)结构形式

按转子、机壳、进排气口的形状及工作特点，罗茨鼓风机可分为三种形式：普通型、预进气型和异型排气口型。

①普通型(图10-36) 压缩机不设计内压缩过程，排气口为矩形，其边缘平行于主轴轴线。这种形式的工作特点如下：

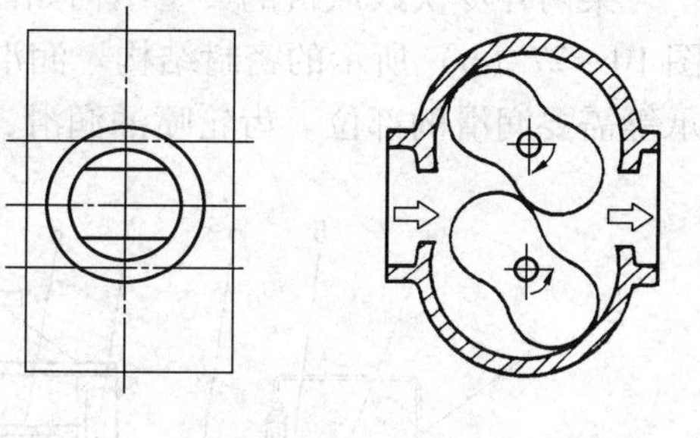

图10-36 普通型

a. 当转子顶部越过排气口边缘，即排气缝隙开启的瞬间，高压气体从排气口回流到输气容积中，迅速实现升压。

b. 气流脉动与气体动力噪声较大，一般介于往复压缩机与螺杆压缩机之间；

c. 排气温度较高，通常控制在140℃以内；

d. 单级压力比大约在2.0以下，双级的可达3.0左右，容积流量通常在500m³/min以下，最大可达1400m³/min。

②预进气型 它是为克服普通型瞬间压缩的缺点而产生的，其原理就是在气缸上开设一定的回流通道，将高压气体在压缩机排气缝隙开启之前逐渐导入压缩腔，使其内压力在排气缝隙开启时尽量接近排气压力。常用的回流通道形式见图10-37。这种形式的工作特点如下：

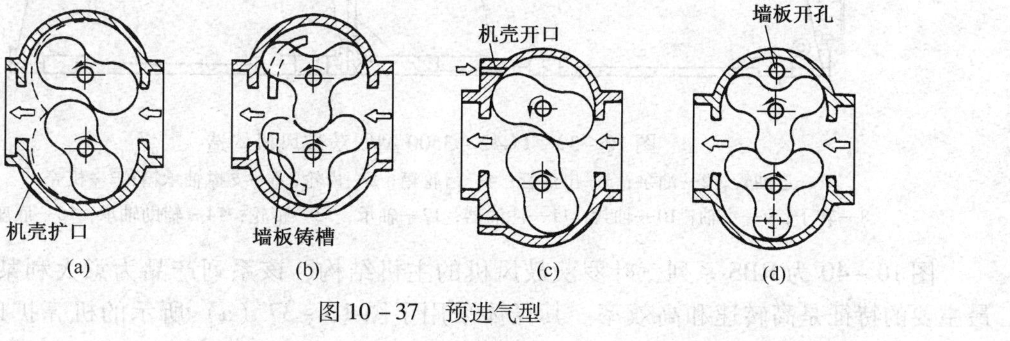

图10-37 预进气型

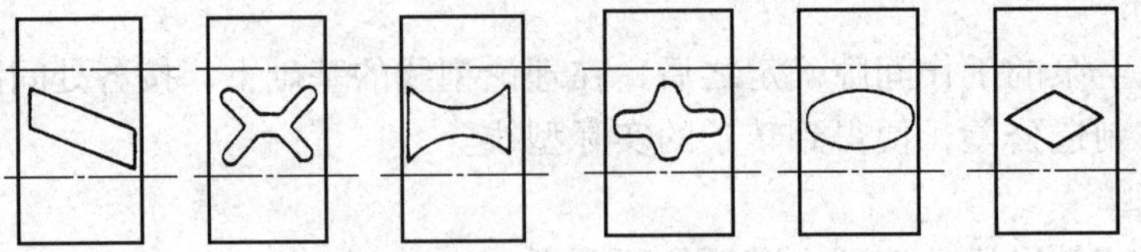

图 10－38　异形排气口型

a. 可实现气体的平缓压缩；

b. 可消除排气缝隙开启后的回流冲击；

c. 对于机壳开口和墙板开孔的回流形式，导入的气体温度较低（又称逆流冷却）时，能降低排气温度，可提高压力比（单级可达 2.6 左右）。

③异形排气口型　它是将排气口设计成图 10－29 所示的非矩形形状，实现排气缝隙的逐渐开启。这种形式的工作特点如下：

a. 可延缓排气腔内高压气体的回流过程；

b. 可改善气流脉动与气体动力噪声特性；

c. 流量通常在 $40m^3/min$ 以内，压力比在 1.6 以下。

（2）结构实例

某两叶罗茨鼓风机的典型结构如图 10－39 所示，这是一个水平轴、卧式机型，采用了图 10－27（b）所示的密封结构。润滑油贮于机壳底部油箱内，经油泵泵送到同步齿轮、轴承等需要润滑的部位。齿轮喷油润滑，主轴采用带传动，紧靠转子两端的部位设有轴封。

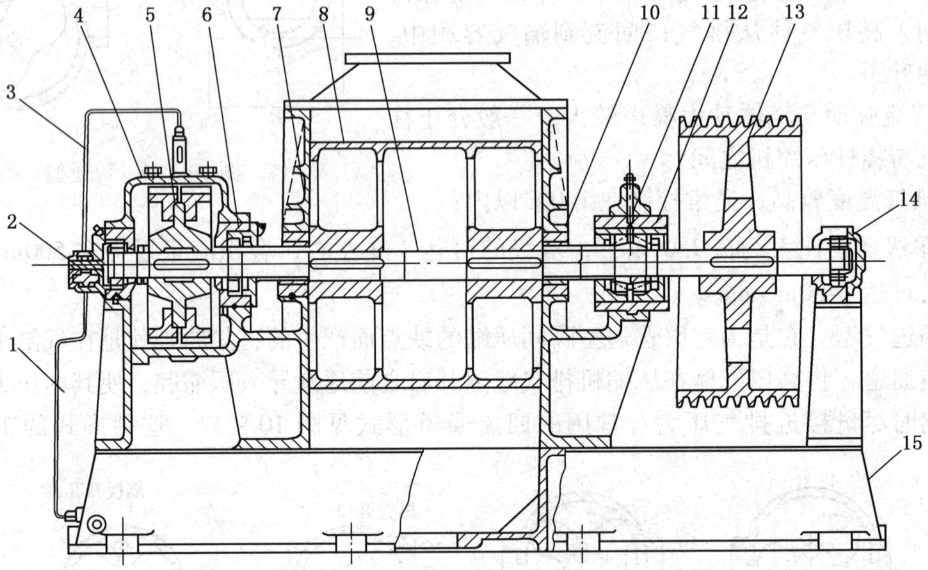

图 10－39　LG42－3500 型罗茨鼓风机构造

1—进油管；2—油泵；3—出油管；4—齿轮箱；5—齿轮；6—支撑轴承箱；7—机壳；8—转子；9—主轴；10—轴封；11—注油器；12—轴承；13—带轮；14—辅助轴承；15—底座

图 10－40 为 RBS 系列三叶罗茨鼓风机的主机结构，该系列产品为意大利某公司生产，最主要的特征是高转速和高效率。其壳体采用了图 10－37（a）所示的机壳扩口预进气结

构，从而使压力升高过程变得平缓，排气压力脉动则大幅度降低。高转速使气动噪声的频率升高，有利于用吸声和隔声措施消除。这两点技术措施使得机器的气动噪声大大降低，气流脉动和振动也得到了很大程度的削减。两转子采用小模数斜齿轮传动，机械噪声也得到有效降低。齿轮采用镍洛合金钢材料，寿命超过 10 万小时。齿轮与轴之间采用无键锥度配合，液压法安装，杜绝相对错位。两侧油箱采用甩油盘飞溅润滑，确保齿轮和轴承的有效润滑，有些机型的油箱内置了水冷盘管，在极热环境下能保证油温低于 100℃。中小型叶轮和轴为整体结构，采用球墨铸铁铸造；大型叶轮与轴分开制造，主轴采用碳钢材质。机壳表面设置的筋条起到改善刚度的作用，还起到加强散热的效果。两根轴的两端一般分别设有金属活塞环迷宫密封，根据工作压力的不同，也有采用机械密封和填料密封的结构。

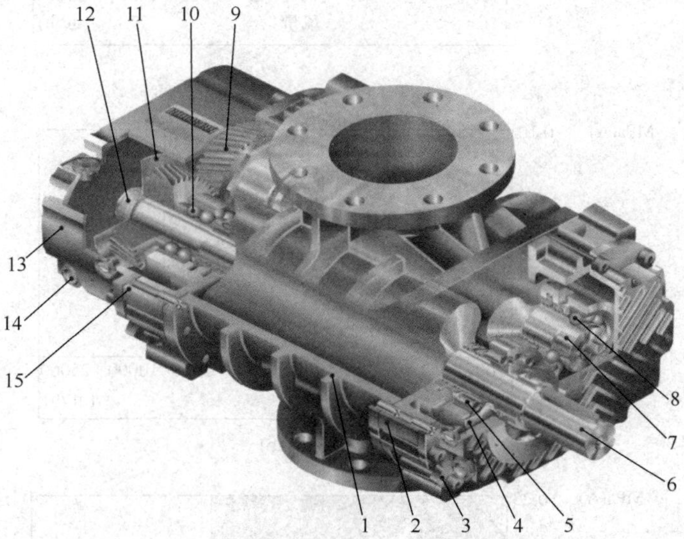

图 10-40　三叶罗茨鼓风机主机结构

1—机壳；2—驱动端墙板；3—驱动端油箱；4—驱动端甩油盘；5—驱动端主轴承；
6—主动转子；7—从动转子；8—驱动端从轴承；9—同步齿轮；10-齿轮端轴承；
11—齿轮端甩油盘；12—齿轮螺母；13—齿轮端油箱；14—油位镜（油标）；15—齿轮端墙板

该 RBS 系列三叶鼓风机的应用范围见图 10-41（a），最大风量 15000m^3/h，最高升压 0.1MPa，口径范围 *DN*50～500。作为该系列鼓风机的拓展机型，发展了适用于高负压用途的 RB-DV 系列机型，应用范围见图 10-41（b），最大风量 10000m^3/h，最高负压 -90MPa；以及应用于高正压领域的双机串联机组，应用范围见图 10-41（c），最大风量 5000m^3/h，最高升压 0.13MPa。

罗茨鼓风机可以现场安装，但需要制作基础、连接管道和仪表等。现在越来越多的厂家把罗茨鼓风机撬装化，像螺杆压缩机一样，方便用户使用，也有利于降低设备噪声。图 10-42 是一台典型的橇装罗茨鼓风机组，鼓风机与电机直联，机组内部结构极为紧凑。机组的最大风量达到了 25000m^3/h，最大装机功率达到 650kW。

对于小型鼓风机，如图 10-43 所示，有时仅将主机、电机、消声过滤器，以及进、排气接管安装在一个支架上，形成一个简易的橇装产品，而不再设置消声罩、仪表等其他设施。

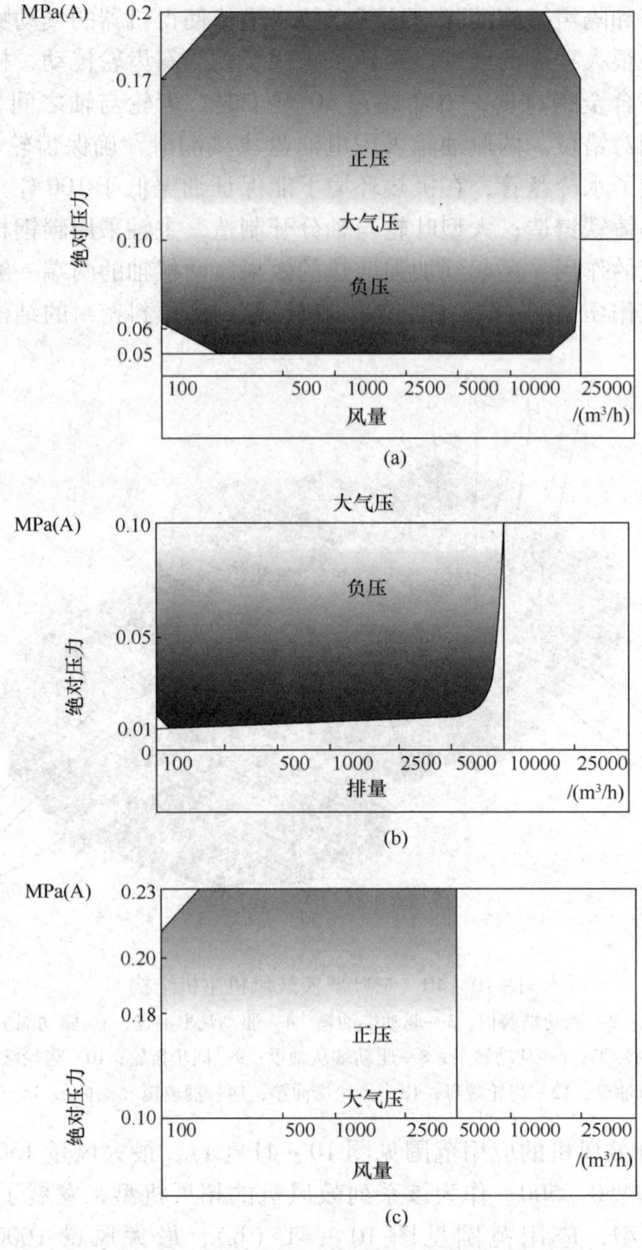

图 10－41　RBS 系列三叶鼓风机应用范围

（a）一般正负压用途；（b）高负压用途；（c）高正压用途

两叶罗茨鼓风机相比于三叶罗茨鼓风机而言，气流脉动导致的噪声和机器振动要大得多，图 10－44 是在表压为 0.05MPa（G）时的两叶和三叶罗茨鼓风机的排气压力波动情况对比。由图可见，三叶罗茨鼓风机的压力波动幅度只有两叶罗茨鼓风机的 1/4 左右，该图所测试的罗茨鼓风机采用了图 10－37（a）所示的机壳扩口预进气结构。

（3）典型用途举例

罗茨鼓风机（真空泵）的用途非常广泛，典型用途如图 10－45 所示。

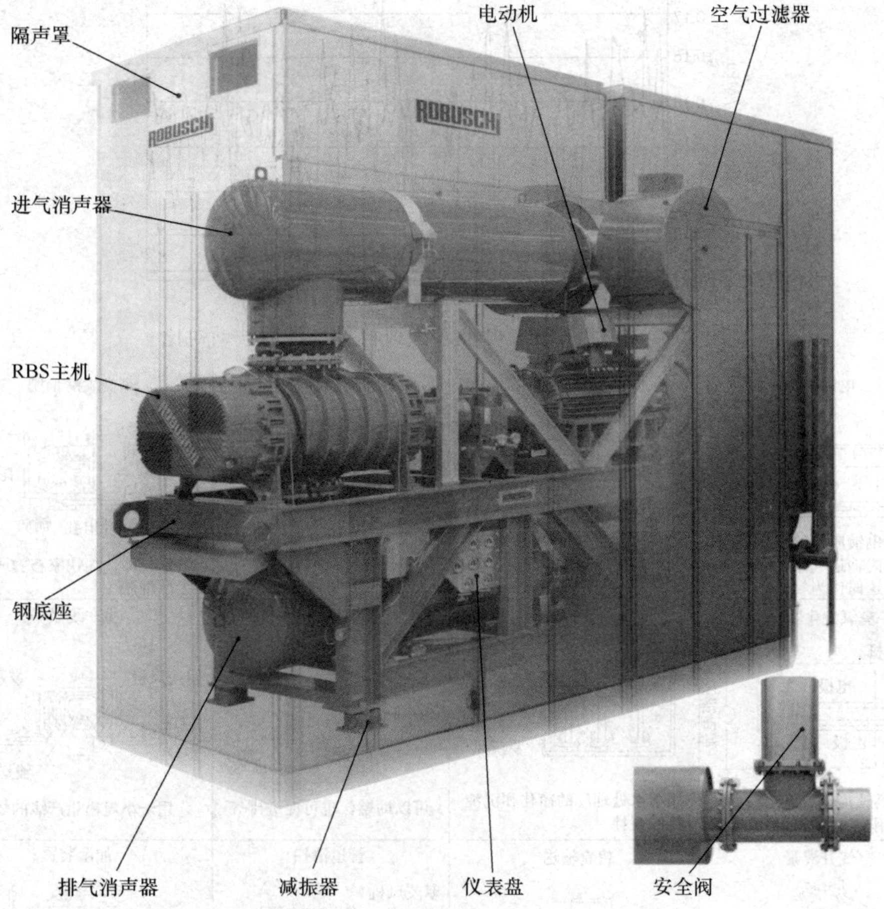

图 10－42　大型橇装罗茨鼓风机组

图 10－43　简易组装的小型罗茨鼓风机组

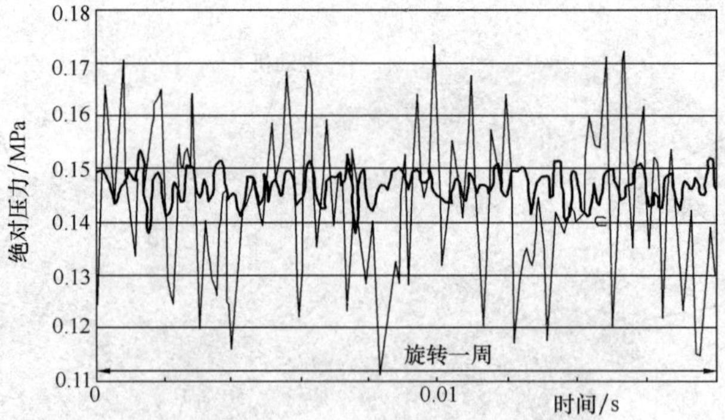

图 10－44　两叶和三叶罗茨鼓风机排气压力波动对比

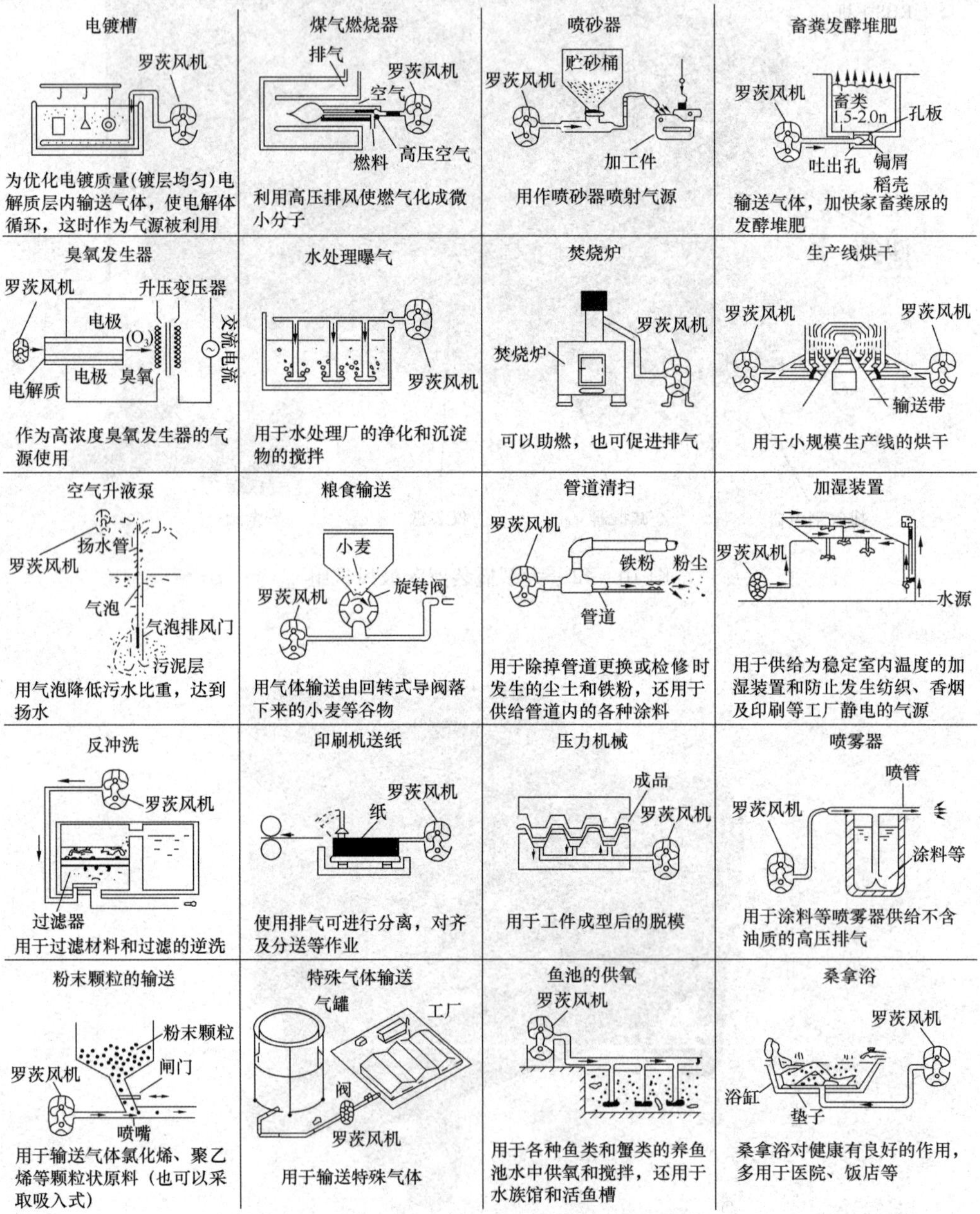

图 10－45　罗茨鼓风机应用示意

参 考 文 献

1 任德高．水环泵．北京：机械工业出版社，1982

2 陆宏圻．其他类型泵．北京：水利电力出版社，1989

3 机械工程手册编委会．机械工程手册（第二版）第12卷．北京：机械工业出版社，1997

4 化工部化工设备设计各心站机泵技术委员会．工业泵选用手册．北京：化学工业出版社，1998

5 B. И. темеряокол，Ротационнье Вакуум－Насось и Компрессоры с Жибкостнпе Поршнем，МШГИЗ 1960 Mockba

6 W. H. Faragallah，Flüssigkeitsring Vakuumpumpen und Kompressoren，Vulkan Verlag，Essen

7 胡永基．罗茨鼓风机安装、维护与修理（第二版）．北京：化学工业出版社，1988

8 郁永章主编．容积式压缩机手册．北京：机械工业出版社．2000

9 余国琮主编．化工机械工程手册（中册）．北京：化学工业出版社，2003

第四篇　动力式压缩机

11　离心压缩机

11.1　离心压缩机的工作原理与结构特点

如前所述，通过能量转换，使气体压力提高的机器称为压缩机，而用旋转叶轮实现能量转换，使气体主要沿径向离心方向流动从而提高压力的机器称为离心压缩机。离心压缩机出口的气体压力在200kPa以上，以区别出口压力低的离心通风机和鼓风机。

离心压缩机如图11－1所示，气体由吸入室（1）进入，经过轴（2）带动叶轮（3）旋转对气体做功，使气体的压力、速度、温度提高，然后经固定部件（4）使气体速度降低压力提高，并经导向使气流流入下一级叶轮继续压缩。由叶轮和固定部件构成一级，级是压缩机实现气体压力升高的基本单元。由于逐级压缩使气体温度升高，造成再压缩多耗功，为了减少耗功，气体经四级压缩为第一段，随后由排气蜗室（8）排出，经另外设置的中间冷却器降温后再重新引入第二段的第五级叶轮。该机器经两段八级压缩后的高压气体由另一个排气蜗室（8）排出。此外，还由机壳（5）、轴端密封（6）、轴承（7）等许多零部件组成。该离心压缩机是由沈阳鼓风机厂生产的中低压水平剖分式MCL系列离心压缩机典型结构的实物部分剖视图。该系列压缩机可输送空气及无腐蚀性的各种工业气体，可用于化肥、乙烯、炼油等化工装置及冶金、制氧、制药、长距离气体增压输送等装置。

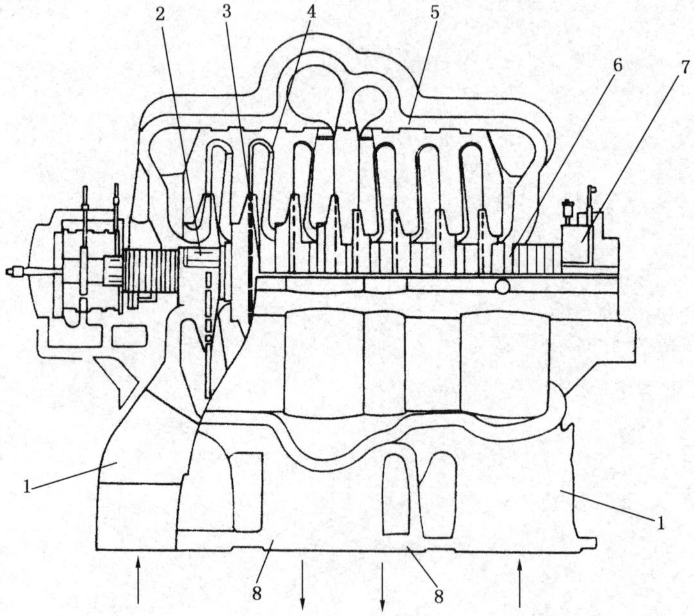

图11－1　MCL型系列离心压缩机实物部分剖视图

1—吸入室；2—轴；3—叶轮；4—固定部件；5—机壳；6—轴端密封；7—轴承；8—排气蜗室

11.1.1　离心压缩机主要部件的结构特点

（1）级的结构特点

级是离心压缩机使气体增压的基本单元，如图 11－2 所示，级分三种形式，即首级、中间级和末级。图中（a）为中间级，它由叶轮、扩压器、弯道、回流器组成；（b）为首级，它由吸气管和中间级组成；（c）为末级，它由叶轮、扩压器、排气蜗室组成。其中，除叶轮随轴旋转外，扩压器、弯道、回流器及吸气管排气蜗室等均属固定部件。

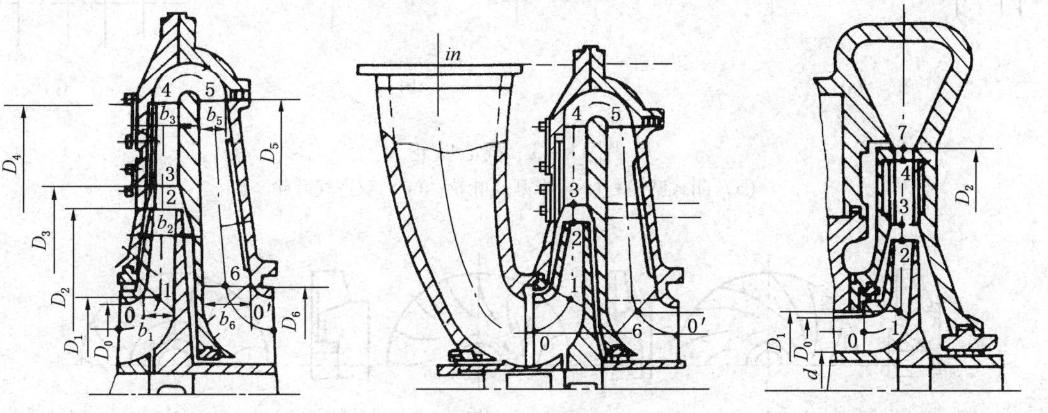

图 11－2　离心压缩机级及其特征截面

（a）中间级；（b）首级；（c）末级

为简化研究，通常只着重分析与计算级中几个特征截面上的气流参数。这些特征截面在图 11－2 中分别表示为 in—吸气管进口截面，即首级进口截面或整个压缩机的进口截面；0—叶轮进口截面，即中间级和末级进口截面；1—叶轮叶道进口截面；2—叶轮出口截面；3—扩压器进口截面；4—扩压器出口截面，即弯道进口截面；5—弯道出口截面，即回流器进口截面；6—回流器出口截面；0′—本级出口截面，即下一级的进口截面；7—排气蜗室进口截面；out—排气蜗室出口截面，即末级出口截面或段出口截面，或整个压缩机出口截面。特别要注意的是，按照通常简化的一元流动计算设计离心压缩机时，各特征截面上的热力气动参数认为是均匀等值的。

（2）离心叶轮的结构特点

叶轮是外界（原动机）传递给气体能量的部件，也是使气体增压的主要部件，因而叶轮是整个压缩机最重要的部件。

离心叶轮如图 11－3 所示，有闭式叶轮（a）、半开式叶轮（b）和双进气叶轮（c）。最常见的是闭式叶轮，它的漏气量小，性能好，效率高，但因轮盖影响叶轮强度，使叶轮的圆周速度 $u_2=\dfrac{\pi D_2 n}{60}$ 受到限制，如 $u_2 \leqslant 300\sim320$m/s；半开式叶轮效率较低，但强度较高，u_2 可达 450～550m/s，叶轮作功量大，单级增压高；双进气叶轮适应大流量，且叶轮轴向气体力本身得到平衡。

叶轮通常还按叶片弯曲形式和叶片出口角来区分，如图 11－4 所示。图中（a）简称后弯型叶轮，叶片弯曲方向与叶轮旋转方向相反，叶片出口角 $\beta_{2A}<90°$，通常多采用这种叶轮，它的级效率高，稳定工作范围宽；（b）简称径向型叶轮，其叶片出口角 $\beta_{2A}=90°$，若

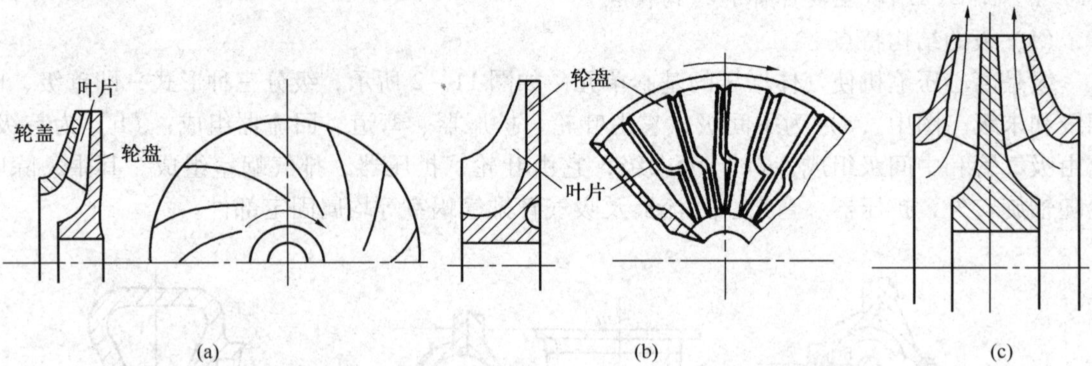

图 11－3　离心叶轮

（a）闭式叶轮；（b）半开式叶轮；（c）双进气叶轮

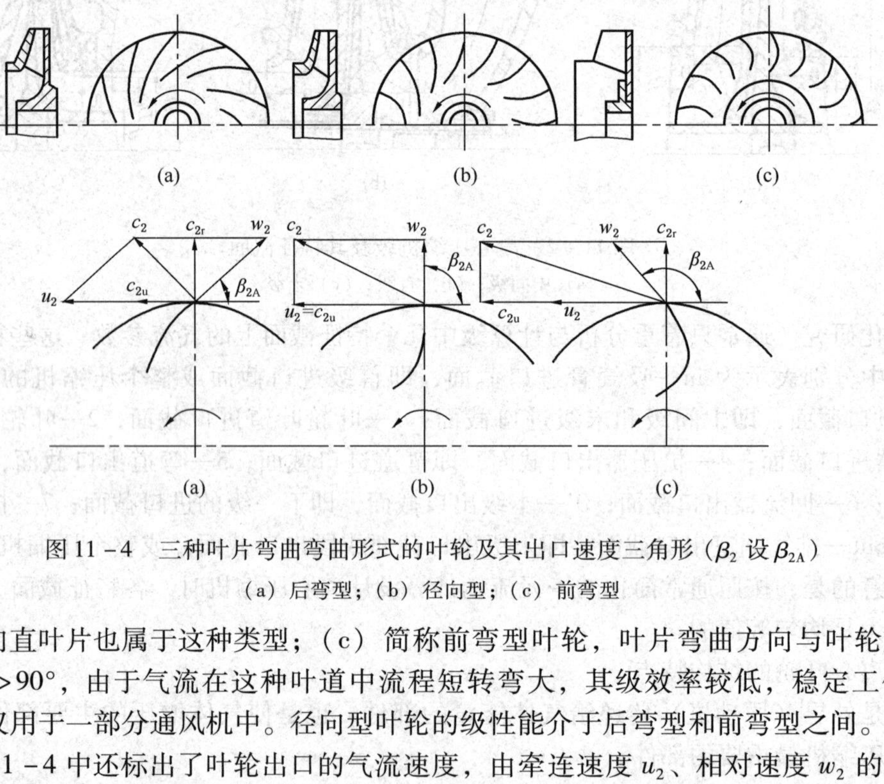

图 11－4　三种叶片弯曲弯曲形式的叶轮及其出口速度三角形（β_2 设 β_{2A}）

（a）后弯型；（b）径向型；（c）前弯型

叶片为径向直叶片也属于这种类型；（c）简称前弯型叶轮，叶片弯曲方向与叶轮旋转方向相同，$\beta_{2A}>90°$，由于气流在这种叶道中流程短转弯大，其级效率较低，稳定工作范围较窄，故它仅用于一部分通风机中。径向型叶轮的级性能介于后弯型和前弯型之间。

在图 11－4 中还标出了叶轮出口的气流速度，由牵连速度 u_2、相对速度 w_2 的向量之和绝对速度 c_2 构成了速度三角形。其中 $u_2=r_2\omega$，ω 是叶轮旋转的角速度，r_2是叶轮出口至轴心的半径；w_2是站在旋转叶轮上所观察到的叶轮出口处的气流速度；c_2是站在地面所观察到的叶轮出口处的气流速度。

这里将以后弯式叶轮为例，介绍其主要结构参数，如图 11－5 所示。

① 叶轮外径 D_2

根据通常选用的合金钢锻件，满足后弯式强度要求所选用的叶轮出口圆周速度 $u_2\leqslant$（300～320）m/s。选取原动机的设计转速 n，即可确定叶轮的外径尺寸 $D_2=\dfrac{60u_2}{2\pi n}$，$D_2$是叶轮最主要的结构几何参数，它即决定了整个压缩机所需的叶轮数目和机器的大小尺寸，又决定了叶轮中其他的一些几何参数。一般 $D_2 = (300 \sim 800)$ mm。

② 叶轮相对宽度$\frac{b_2}{D_2}$

它与级的容积流量、加功量和级效率均有关，是一个重要的无因次几何参数。对于后弯式叶轮，应选择 $0.025 \sim 0.035 < \frac{b_2}{D_2} < 0.06 \sim 0.065$。

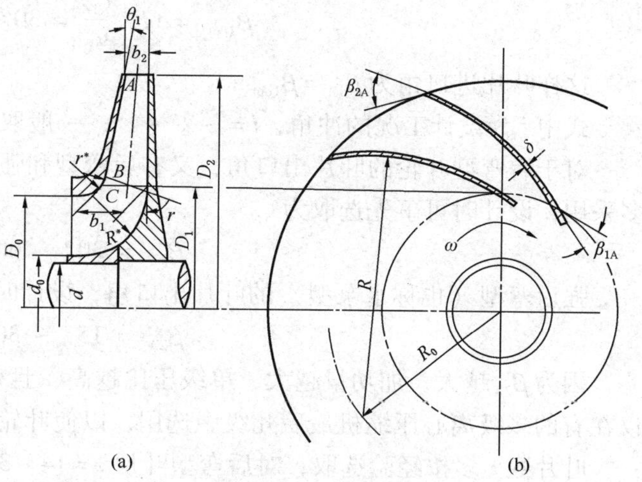

图 11－5　后弯式叶轮主要结构参数

（a）子午面；（b）回转面

如$\frac{b_2}{D_2}$减小，则叶轮的摩阻损失加大，影响效率，且太窄的叶轮加工困难。但目前离心压缩机正向高压小流量方向发展。特别窄的叶轮可采用钎焊技术，电蚀加工等来制造，已有叶轮做成$\frac{b_2}{D_2} < 0.01$，其中 b_2 仅 2～3mm。但它的级效率很低，η_{pol} 约为 0.6。如$\frac{b_2}{D_2}$增大，气流参数在宽大截面上会很不均匀，使按一元流动设计的叶片不能适应从而影响效率。目前离心压缩机也在向大流量高压力高效率方向发展，而采用三元流动理论设计的扭曲叶片，可适应$\frac{b_2}{D_2}$扩大到 0.12，且级效率非但没有下降，有的 η_{pol} 已高达 0.83～0.86。所以，当前影响级效率的矛盾在小流量窄叶轮方面。

③ 轮径比$\frac{D_0}{D_2}$及$\frac{D_1}{D_2}$

确定$\frac{D_0}{D_2}$的原则是让叶片进口处的相对速度 w_1 最小以减小马赫数 M_{w1}，降低叶道的扩压度$\frac{w_1}{w_2}$，从而获得较高的级效率，可取

$$\left(\frac{D_0}{D_2}\right)_{opt} = (1.00 \sim 1.06)\left(\frac{D_0}{D_2}\right)_{w_{1min}} \quad (11-1)$$

在确定$\frac{D_1}{D_2}$时，要使轮盖转弯处有较大的圆角，以改善气流转弯所造成的不均匀分布，因此可取

$$\left(\frac{D_1}{D_2}\right)_{opt} = (1.00 \sim 1.05)\left(\frac{D_0}{D_2}\right)_{opt} \quad (11-2)$$

按照经验，可选取$\frac{D_1}{D_2} = 0.45 \sim 0.65$，更合宜为 0.5～0.6。

另外，通常取$\frac{d_0}{D_0} = 0.4 \sim 0.6$

④ 叶片结构参数与叶片型线

根据 w_{1min} 条件和气流无冲击进入叶道的要求，最佳进气角为

$$\beta_{1opt} = tg^{-1}\frac{c_{1r}}{u_1} = 30° \sim 35°$$

这样叶片进口角为 $\beta_{1A} = \beta_{1opt} + i$ (11 -3)

式中 i 为设计工况的冲角，$i = -2° \sim 1°$，一般取 $i = 0°$。

对于后弯型叶轮的叶片出口角，又有后弯型和强后弯型之分。后弯型的叶片出口角被较多采用，设计时可事先选取为

$$\beta_{2A} = 30° \sim 60°$$

强后弯型（也称水泵型）的叶片出口角，设计时可事先选取为

$$\beta_{2A} = 15° \sim 30°$$

因为 β_{2A} 越大，加功量越大，单级压比越高，且效率也较高，故强后弯型的叶片出口角仅在有的多级离心压缩机最后几级中选用，以使叶轮出口宽度 b_2 不致太小。

叶片数 z 多按经验选取，对后弯型叶片 $z = 14 \sim 32$ 片，对强后弯型叶片 $z = 6 \sim 14$ 片。

叶片型线对流体流过叶道时的扩压度、流动阻力、边界层的增厚与分离等均有一定的影响，从而影响叶轮的性能和效率。叶片形状有空间扭曲型（三元扭曲叶片适用于大流量宽叶轮）和非扭曲型。非扭曲型叶片又有圆弧型（单圆弧及多圆弧）、抛物线型、直叶片和机翼型叶片等。其中，以单圆弧叶片用得最为广泛，因为它加工方便，性能也较好。

在给定 β_{1A}，β_{2A}，D_1 和 D_2 之后，可按下式计算圆弧的曲率半径 R 和圆弧的圆心与叶轮圆心之间的距离 R_0，见图 11 -5。

$$R = \frac{\left[1 - \left(\frac{D_1}{D_2}\right)^2\right] D_2}{4\left(\cos\beta_{2A} - \frac{D_1}{D_2}\cos\beta_{1A}\right)} \qquad (11-4)$$

$$R_0 = \sqrt{R(R - D_2\cos\beta_{2A}) + \left(\frac{D_2}{2}\right)^2} \qquad (11-5)$$

一般叶片由等厚度平板加工而成。为减少冲击，使气流光滑缓和地进入叶道而不是突然收缩，有的把叶片进口修圆，有的在叶片出口非工作面削薄，以减少尾迹损失，提高滑移系数 μ。

⑤ 其他几何参数

在图 11 -5 所示子午面上，通常轮盘内侧做成垂直于轴的直线，轮盖内侧做成斜直线 AB，以有利于制造和叶片与盘、盖的贴合连接。从强度考虑，轮盖的倾角 θ 不宜过大，一般应小于 12°。通常取 $\frac{b_1}{D_1} = 0.12 \sim 0.24$，若 b_1 过大，要注意轮盖和叶片的强度。叶片进口边为斜直线，γ 角约为 40° ~80°。为了减小气流急剧转弯的程度，应适当加大轮盖进口处的圆角半径 r^* 和轮盘的内圆角半径 R^*，通常取 $\frac{r^*}{D_0} = 0.07 \sim 0.125$，$\frac{R^*}{D_2} = 0.09 \sim 0.16$。为降低轮盘锻件和机加工的成本，轮盘不必前伸，而在轮盘前单独做一个轴套。此处的轴颈 $d = d_0 - (20 \sim 40)$ mm。应当指出，轴颈 d 的大小，还应考虑轴的临界转速，方可最后确定。

（3）离心压缩机的固定部件

① 扩压器的结构

由于叶轮出口的气流绝对速度较大，为了提高级的增压比和效率，设置了扩压器让气流降速增压。扩压器的结构如图 11－6 所示。

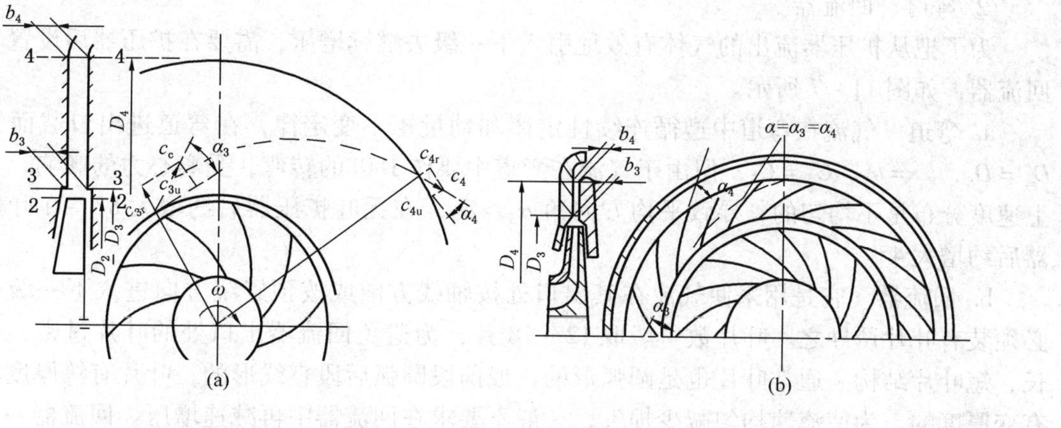

图 11－6　扩压器及其内部流动

（a）无叶扩压器；（b）叶片扩压器

a. 无叶扩压器　无叶扩压器结构简单，通常内壁为相互平行的直壁，故流道宽度可取 $b_3=b_2=b=b_4$。一般选取 $D_3=(1.03\sim1.12)D_2$，当 D_2 大时选较小值，根据连续性定律和动量矩不变定律可知，气流速度和所在直径的乘积为常数 $CD=C_3D_3=C_4D_4=$ 常数，为了达到减速增压的目的，希望 D_4 尽可能大一些，通常选取 $D_4/D_2=(1.5\sim1.7)D_2$。若再加大 D_4 则因边界层增厚太多易产生分离，造成很大损失而增压效果并不明显，且使机器径向尺寸过大，所以再加大 D_4 并不可取。

由上述两定律还可知，气流在任何位置上的方向角 α 不变，即 $\alpha_3=\alpha=\alpha_4=$ 常数，故气流在无叶扩压器中是沿着一条对数螺旋线前进的，如图 11－6（a）中的虚线所示。

b. 叶片扩压器　叶片扩压器迫使气流沿与叶片形状一致的方向运动，气流角 α 不断增大，流动路线大为缩短，因而气流速度的减小要比无叶扩压器快，如果二者扩压度相等，叶片扩压器的 D_4/D_3 要比无叶扩压器小。例如要使 C_4 减小到 C_3 的一半，如采用无叶扩压器则 D_4 是 D_3 的两倍，若采用叶片扩压器（例如 $\alpha_3=20°$，$\alpha_4=38°$），则 D_4 仅是 $1.2D_3$。

叶片扩压器的叶片一般为 $z_3=16\sim22$ 片，并要少于叶轮的叶片，且两者不应为整倍数，以免发生共振，叶片形状多为圆弧形或直板形。

叶片扩压器一般取 $D_3/D_2=1.08\sim1.15$，速度大时取较大值；$D_4/D_2=1.35\sim1.55$，一般取 b_3 大于 b_2，$b_3/b_2=1.15\sim1.2$。因为增大 b_3 会使扩压器和弯道、回流器内的流速都有所降低，从而可减小流动损失。

当 $b_3>b_2$ 时，叶片进口角可按下式计算为

$$\mathrm{tg}\alpha_3=\frac{b_2}{b_3}\mathrm{tg}\alpha_2$$

叶片出口角与叶片进口角之差约为 $\alpha_{4A}-\alpha_{3A}=12°\sim15°$。

无叶扩压器与有叶扩压器比较，前者结构简单造价低，但径向尺寸较大。后者因流动路线短，摩擦损失小，故在设计工况下效率高，约 3%～5%，但后者在变工况下气流对叶片入口处发生冲击，损失增加较快，甚至还可能比前者的效率低。带叶片的扩压器还会使叶轮出口气体压力分布不均匀，甚至使喘振首先在扩压器中发生，亦可能引起共振等，而无叶扩

压器不会出现这种现象。总之，两种扩压器各有优缺点，在压缩机中都被普遍采用。但在工业用高压离心压缩机中还是无叶扩压器采用得比较多。

② 弯道、回流器

为了把从扩压器流出的气体有效地引入下一级去继续增压，需要在扩压器后设置弯道和回流器，如图 11-7 所示。

a. 弯道　气流在弯道中遵循连续性定律和动量矩不变定律，在弯道进出口截面上一般 $D_4 = D_5$，$b_4 = b_5$，$C_4 = C_5$，但由于气流在弯道中要作 180°的转弯，受离心力的影响，在截面上速度分布是不均匀的，导致平均方向角 $\alpha_5 > \alpha_4$，在无叶扩压器后约增大 8°，在叶片扩压器后约增大 4°。

b. 回流器　它是用来使气流在其出口处按轴线方向或按预旋绕方向进入下一级，故它必须装有叶片诱导之。叶片数一般取 12～18 片，为避免回流器出口处的叶片过密，可采用长、短叶片结构。通常叶片也是圆弧形的，或前段圆弧后段直线形的，叶片有等厚度的，也有变厚度的，为使流速均匀减少损失，一般不要求在回流器中再减速增压。回流器一般做成铸件，流道表面较粗糙，有的要求铸造叶片要打磨光洁。

③ 进气室、排气蜗壳

a. 进气室　也称吸气室，进气室的作用是将气流从大气、前置管道或中间冷却器引入叶轮。进气室的结构形式较多，如图 11-8 所示，图中（a）为轴向进入式，它多用于单级悬臂式叶轮的场合，常做成收敛管的形状，其结构简单、流速均匀、损失较小；（b）为径向进入式，为避免气流由径向转为轴向时流速的不均匀，要求转弯处采用较大的曲率半径，并使流动略有加速，或在转弯处装有导流叶片；（c）为径向进入半蜗壳式，当轴承在外，其轴贯穿第一级叶轮时，一般都采用这种轴向尺寸较小的紧凑结构，这种结构相当于两个对称的半蜗壳。

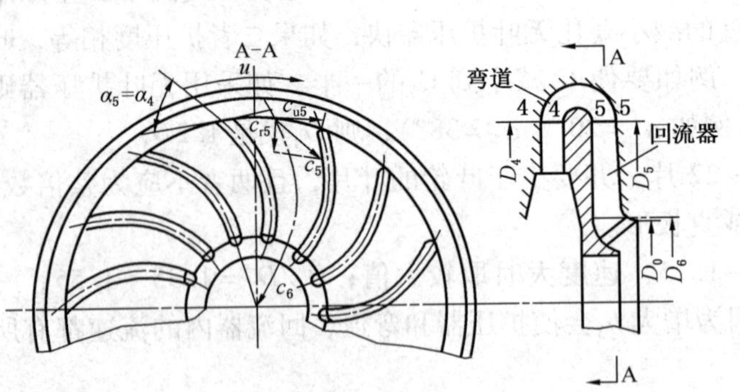

图 11-7　弯道和回流器

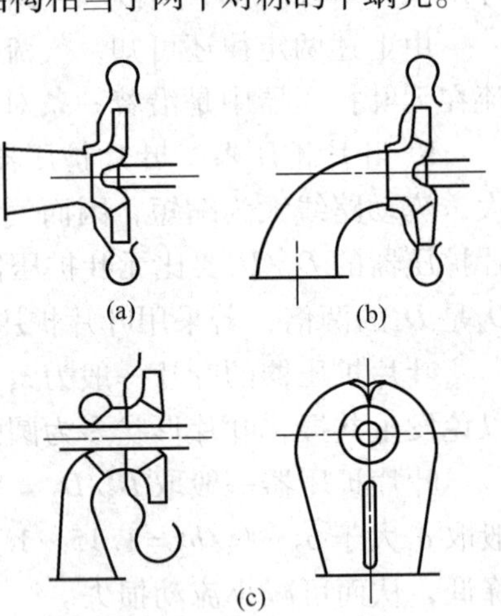

图 11-8　各种形式的吸气室

图 11-9（a）为压缩机吸入室的一般形式，内装有筋片，进口为圆形截面，可直接与前置管道连接；（b）为冷却器后中间段的吸入室，其轴向尺寸更小，室内也装有筋片。

吸入室的进出口速度不宜过大，以减小流动损失。对于高压力、小流量的压缩机，可选 $C_{in} = 5 \sim 15\text{m/s}$；对一般低、中压力的压缩机，可选 $C_{in} = 15 \sim 45\text{m/s}$；吸入室的出口速度为叶轮的进口速度，可选 $C_0 = 40 \sim 80\text{m/s}$；对离心增压器，可选 $C_0 = 80 \sim 100\text{m/s}$。相应的流动损失系数 $\xi_{ic} = 0.1 \sim 0.4$。

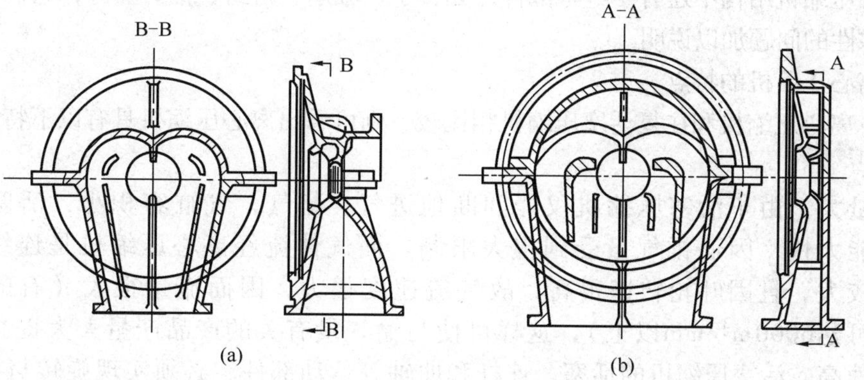

图 11 – 9　吸气室的剖面图

（a）第一段前；（b）中间段前

b. 排气蜗壳　为了收集扩压器后或叶轮后的气体，并将其引到压缩机后面的输气管道或冷却器中去，就必须有排气室，绝大多数的排气室做成蜗壳形状，所以它亦称排气蜗壳，如图 11 – 10 所示。对蜗壳的要求是沿周向气流速度、压力均匀，以减少对扩压器或叶轮中气流的反影响，减少流动损失，消除旋绕运动，有的还要求在蜗壳中减速增压。蜗壳的出气管均为扩张管，使气流减速增压后流出排气室。蜗壳还有单蜗壳、双蜗壳、四蜗壳及外蜗壳和内蜗壳等不同结构形式，如图 11 – 11 所示为内外蜗壳结构图。图中（c）内蜗壳中只有一个二次涡流，其涡流损失较对称外蜗壳两个二次涡流减少一半。

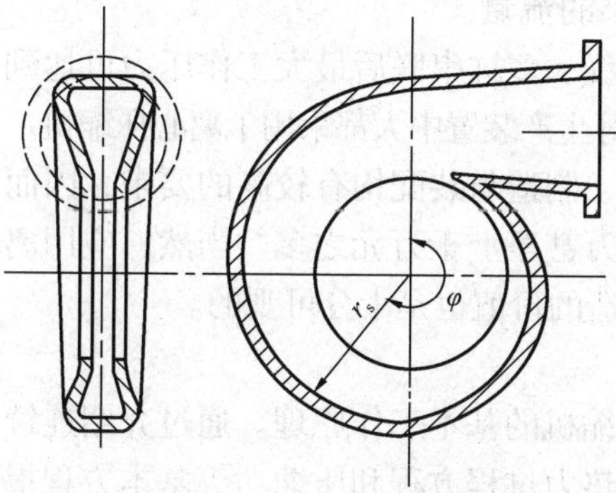

图 11 – 10　排气室（排气蜗壳）

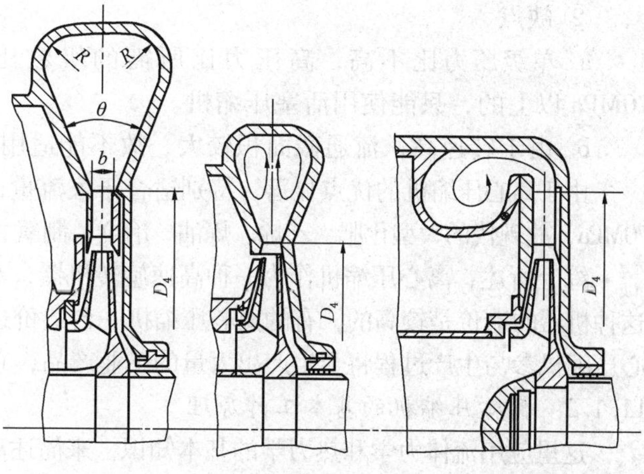

图 11 – 11　内外蜗壳结构形式

（a）蜗壳前为扩压器；（b）蜗壳前为叶轮；（c）不对称内蜗壳

蜗壳的截面形状有梯形、梨形、圆形和矩形等。蜗壳沿周向的型线有两种设计方法：一种是较多采用的自由流线轨迹法，其效率较高；另一种是给定速度分布法，它主要用于偏心内蜗壳型线的设计。

应当指出，气流在蜗壳中的流动十分复杂，近期有人专门研究按蜗壳中的二元流动或三元流动进行蜗壳的设计，实验表明其性能有所改善，效率有所提高。

在离心压缩机结构中还有一些零部件，如转子、轴承、密封、推力盘等，它们将在后面结合安全可靠性的问题加以说明。

(4) 离心压缩机的特点

如果将离心压缩机和往复活塞压缩机相比较，则可看出离心压缩机具有以下特点：

① 优点

a. 流量大。由于活塞压缩机仅能间断地进气、排气，气缸容积小，活塞往复运动的速度不能太快，因而排气量受到很大限制。而气体流经离心压缩机是连续的，其流通截面积较大，且因叶轮转速很高，故气流速度很大，因而流量很大（有的离心压缩机进气量可达6000m^3/min以上），这样可使与输气量有关的产品产量大大提高。

b. 转速高。活塞压缩机的活塞、连杆和曲轴等运动部件，必须实现旋转与往复运动的变换，惯性力较大，活塞和进、排气阀时动时停，有的运动件与静止件直接接触产生摩擦，因而提高转速受到很多限制。而离心压缩机转子只作旋转运动（轴和由轴带动一起旋转的所有零部件，如叶轮、推力盘、平衡盘等的总称为转子），几乎无不平衡质量，转动惯量较小，运动件与静止件保持一定的间隙，因而转速可以提高。一般离心压缩机的转速为$5000r/min \leqslant n \leqslant 20000r/min$。由于转速高，适用工业汽轮机直接驱动，既可简化设备，又能利用化工厂的热量，可大大减少外供能源，还便于实现压缩机的变转速调节。

c. 结构紧凑。机组重量与占地面积比用同一流量的活塞压缩机小得多。

d. 运转可靠，维修费用低。活塞压缩机由于活塞环，进、排气阀易摩损等原因，常需停机检修。而离心压缩机运转平稳，一般可连续1～3年不需停机检修，亦可不用备机，故运转可靠，维修简单，操作费用低。

② 缺点

a. 单级压力比不高，高压力比所需的级数比活塞式的多。所以，目前排气压力在70MPa以上的，只能使用活塞压缩机。

b. 由于转速高，流通截面积较大，故不能适用于太小的流量。

由于离心压缩机的优点显著，特别适合于大流量，且多级、多缸串联后最大工作压力可达到70MPa，故现代的大型化肥、乙烯、炼油、冶金、制氧、制药等生产装置中大都采用了离心压缩机。

综上所述，离心压缩机作为一种高速旋转机器，对材料、制造与装配均有较高的要求，因而这种机器的造价是较高的，有的离心压缩机一台造价达数百万甚至上千万元之多。当然，应用离心压缩机参与生产过程将会生产出大量的工业产品，它所创造的价值也是十分可观的。

11.1.2 离心压缩机的基本工作原理

这里应用流体力学和热力学的基本知识，来简述离心压缩机的基本工作原理。通过介绍连续方程、欧拉方程、能量方程、伯努利方程、热力状态方程、热力过程方程和压缩功等基本方程揭示气流在机器内部的流动规律，建立诸方程与气流速度、压力、温度等诸参数之间，以及与机器内部结构参数之间的相互关系，以计算气流在机器中的流量、能量和所提高的压力。

(1) 连续方程

连续方程是质量守恒定律在流体力学中的数学表达式，在气体作定常一元流动的情况下，流经机器任意截面的质量流量相等，其连续方程表示为

$$q_m = \rho_i q_{Vi} = \rho_{in} q_{Vin} = \rho_2 q_{V2} = \rho_2 c_{2r} f_2 = \text{const} \qquad (11-6)$$

式中 q_m 为质量流量 kg/s；q_V 为容积流量 m^3/s；ρ 为气流密度；f 为截面面积；c_r 为垂直该截面的法向流速。所谓一元流动是指气流参数（如速度、压力等）仅沿主流方向有变化，而

垂直于主流方向的截面上无变化，数值都一样。由该式可以看出，随着气体在压缩过程中压力不断提高，其密度也在不断增大，因而容积流量沿机器不断减小。

为了反映流量与叶轮几何尺寸及气流速度的相互关系，常用叶轮出口处的连续方程进行表达，即

$$q_m = \rho_2 q_{V2} = \rho_2 \frac{b_2}{D_2}\varphi_{2r}\frac{\tau_2}{\pi}\left(\frac{60}{n}\right)^2 u_2^3 \tag{11-7}$$

式中：$\frac{b_2}{D_2}$为叶轮出口的相对宽度，考虑到叶轮结构的合理性和级效率，通常要求$0.025 < \frac{b_2}{D_2} < 0.065$；$\varphi_{2r} = \frac{c_{2r}}{u_2}$为叶轮出口处的流量系数，它对流量、理论能量头和级效率均有较大的影响。根据经验φ_{2r}的选取范围，径向型叶轮为0.24～0.40；后弯型叶轮为0.18～0.32；强后弯型（$\beta_{2A} \leqslant 30°$）叶轮为0.10～0.20。

$$\tau_2 = \frac{\pi D_2 b_2 - \frac{Z\delta_2 b_2}{\sin\beta_{2A}} - \frac{2Z\delta_2\Delta}{\sin\beta_{2A}}}{\pi D_2 b_2} = 1 - \frac{Z\delta_2}{\pi D_2 \sin\beta_{2A}} \tag{11-8}$$

式中：τ_2为叶轮出口的通流系数（或堵塞系数）；Z为叶片数；δ_2为叶片厚度；Δ为铆接叶轮中连接盘、盖的叶片折边，如图11－12所示，无折边的铣制、焊接叶轮，$\Delta = 0$。

式（11－7）表明，$\frac{b_2}{D_2}$与φ_{2r}互为反比，$\frac{b_2}{D_2}$取大，则φ_{2r}取小，反之亦然。对于多级压缩机同在一根轴上的各个叶轮中的容积流量或$\frac{b_2}{D_2}$等都要受到相同的质量流量和同一转速n的制约，故该式常用来校核各级叶轮选取$\frac{b_2}{D_2}$的合理性。

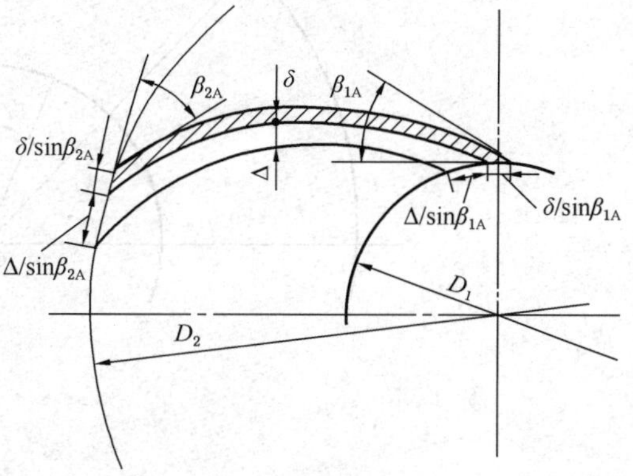

图11－12　叶片厚度与折边

（2）欧拉方程

欧拉方程是用来计算原动机通过轴和叶轮将机械能转换给流体的能量，故它是叶轮机械的基本方程。当流体作一元定常流动流经恒速旋转的叶轮时，由流体力学的动量矩定理可方便地导出适用于离心叶轮的欧拉方程为

$$L_{th} = H_{th} = c_{2u}u_2 - c_{1u}u_1 \tag{11-9}$$

亦可表示为

$$L_{th} = H_{th} = \frac{u_2^2 - u_1^2}{2} + \frac{c_2^2 - c_1^2}{2} + \frac{w_1^2 - w_2^2}{2} \tag{11-10}$$

式中：L_{th}为叶轮输出的欧拉功；H_{th}为每千克流体所接受的能量称为理论能量头，kJ/kg。流体在叶轮进出口截面上的速度三角形如图11－13所示。

该方程的物理意义是：

① 欧拉方程指出的是叶轮与流体之间的能量转换关系，它遵循能量转换与守恒定律；

② 只要知道叶轮进出口的流体速度，即可计算出1kg流体与叶轮之间机械能转换的大小，而不管叶轮内部的流动情况；

③ 该方程适用于任何气体，适用于任何叶轮式的压缩机；

④ 推而广之，该方程只需将等式右边各项的进出口符号调换一下，亦适用于叶轮式的

原动机如汽轮机、燃汽轮机等，原动机的欧拉方程为

$$L_u = H_u = c_{1u}u_1 - c_{2u}u_2 \tag{11-11}$$

$$L_u = H_u = \frac{u_1^2 - u_2^2}{2} + \frac{c_1^2 - c_2^2}{2} + \frac{w_2^2 - w_1^2}{2} \tag{11-12}$$

式中：H_u 为每千克流体输出的能量头；L_u 为叶轮获得的机械功。

通常流体流入压缩机的叶轮进口时并无预旋，即 $c_{1u}=0$，这使计算公式更加简单了。若叶片数无限多，则气流出口角 β_2 与叶片出口角 β_{2A} 一致，如图 11-13 所示。然而，对有限叶片数的叶轮，由于其中的流体受哥氏惯性力的作用和流动复杂性的影响，出现轴向涡流等，致使流体并不沿着叶片出口角 β_{2A} 的方向流出，而是略有偏移，如图 11-13 由 $w_{2\infty}$、$c_{2\infty}$ 偏移至 w_2 和 c_2，这种现象称为滑移，因此 c_{2u} 就难以确定了。斯陀道拉主要考虑轴向涡流的影响提出了一个计算 c_{2u} 的半理论半经验公式，即

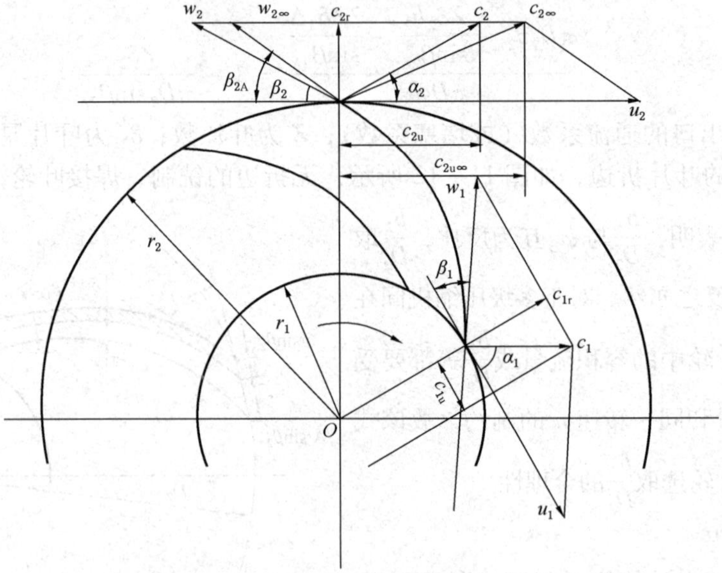

图 11-13　叶轮叶片进出口速度三角形

$$c_{2u} = u_2 - c_{2r}\mathrm{ctg}\beta_{2A} - \Delta c_{2u} = u_2 - c_{2r}\mathrm{ctg}\beta_{2A} - u_2\frac{\pi}{Z}\sin\beta_{2A} \tag{11-13}$$

取

$$\mu = \frac{c_{2u}}{c_{2u\infty}} = 1 - \frac{u_2\dfrac{\pi}{Z}\sin\beta_{2A}}{u_2 - c_{2r}\mathrm{ctg}\beta_{2A}} \tag{11-14}$$

式中 μ 称为滑移系数。

对于离心压缩机闭式后弯式叶轮，通常理论能量头 H_{th} 按斯陀道拉提出的半理论半经验公式计算，即

$$H_{th} = c_{2u}u_2 = \varphi_{2u}u_2^2 = \left(1 - \varphi_{2r}\mathrm{ctg}\beta_{2A} - \frac{\pi}{Z}\sin\beta_{2A}\right)u_2^2 \tag{11-15}$$

式中 $\varphi_{2u} = \dfrac{c_{2u}}{u_2}$ 称为理论能量头系数或周速系数。公式（11-15）是离心压缩机计算能量与功率的基本方程式。由该式可知，H_{th} 主要与叶轮圆周速度 u_2^2 有关，还与流量系数 φ_{2r}、叶片出口角 β_{2A} 和叶片数 Z 有关。

经验证实，对于一般后弯型叶轮，按该式计算与实验结果较为接近。另外，还有其他的经验公式，这里不再一一叙述。应当指出，有限叶片数比无限叶片数的作功能力有所减少，这种减少并不意味着能量的损失。

(3) 能量方程

能量方程用来计算气流温度（或焓）的增加和速度的变化。根据能量转换与守恒定律，外界对级内气体所做的机械功和输入的热量应转化为级内气体热焓和动能的增加，对级内1千克气体而言，其能量方程可表示为

$$L_{th} + q = c_p(T_{0'} - T_0) + \frac{c_{0'}^2 - c_0^2}{2} = h_{0'} - h_0 + \frac{c_{0'}^2 - c_0^2}{2} \tag{11-16}$$

通常外界不传递热量，故 $q=0$。下脚0表示级进口截面，0′表示级出口截面。

能量方程的物理意义是：

① 能量方程是既含有机械能又含有热能的能量转化与守恒方程，它表示由叶轮所作的机械功，转换为级内气体温度（或焓）的升高和动能的增加；

② 该方程对有黏无黏气体都是适用的，因为对有黏气体所引起的能量损失也以热量形式传递给气体，而使气体温度（或焓）升高；

③ 离心压缩机不从外界吸收热量，而由机壳向外散出的热量与气体的热焓升高相比较是很小的，故可认为气体在机器内作绝热流动，其 $q=0$；

④ 该方程适用一级，亦适用于多级整机或其中任一通流部件，这由所取的进出口截面而定。例如对于叶轮而言，能量方程表示为

$$H_{th} = c_p(T_2 - T_1) + \frac{c_2^2 - c_1^2}{2} = h_2 - h_1 + \frac{c_2^2 - c_1^2}{2} \tag{11-17}$$

而对于任一静止部件如扩压器而言，当气体流经扩压器时，既没有输入或输出机械功，亦没有输入输出热量，故 $L=H=0$，$q=0$，所以在静止通道中为绝能流，其能量方程表示为

$$c_pT_3 + \frac{c_3^2}{2} = c_pT_4 + \frac{c_4^2}{2} \tag{11-18}$$

该式表示在静止通道中，由热焓和动能所组成的气体总能量保持不变。若气体温度升高，则速度降低，反之亦然。

(4) 伯努利方程

应用伯努利方程将流体所获得的能量区分为有用能量和能量损失，并引入压缩机中所最关注的压力参数，以显示出压力的增加。叶轮所作的机械功还可与级内表征流体压力升高的静压能联系起来，表达成通用的伯努利方程。对级内流体而言，有

$$L_{th} = H_{th} = \int_0^{0'} \frac{dp}{\rho} + \frac{c_{0'}^2 - c_0^2}{2} + H_{hyd0-0'} \tag{11-19}$$

式中：$\int_0^{0'} \frac{dp}{\rho}$ 为级进出口静压能头的增量；$H_{hyd0-0'}$ 为级内的流动损失。如计及内漏气损失和轮阻损失，上式可表示为

$$L_{tot} = H_{tot} = \int_0^{0'} \frac{dp}{\rho} + \frac{c_{0'}^2 - c_0^2}{2} + H_{loss0-0'} \tag{11-20}$$

式中：L_{tot} 为叶轮消耗的总功；H_{tot} 为级内每千克气体获得的总能量头；而 $H_{loss0-0'}$ 为级中总能量损失。

伯努利方程的物理意义是：

① 通用伯努利方程，即能量转化与守恒的一种表达形式，它表示叶轮所做机械功在转换为级中流体的有用能量（静压能和动能增加）的同时，由于流体具有黏性，还需付出一部分能量克服流动损失或级中的所有损失；

② 它建立了机械能与气体压力 p、流速 c 和能量损失之间的相互关系；

③ 该方程适用一级，亦适用于多级、整机或其中任一通流部件，这由所取的进出口截面而定。如对于叶轮而言，它表示为

$$H_{\text{th}} = \int_1^2 \frac{\mathrm{d}p}{\rho} + \frac{c_2^2 - c_1^2}{2} + H_{\text{hydimp}} \tag{11-21}$$

或

$$H_{\text{tot}} = \int_1^2 \frac{\mathrm{d}p}{\rho} + \frac{c_2^2 - c_1^2}{2} + H_{\text{lossimp}} \tag{11-22}$$

而对某一固定部件如扩压器，它表示为

$$\frac{c_3^2 - c_4^2}{2} = \int_3^4 \frac{\mathrm{d}p}{\rho} + H_{\text{hyddif}} \tag{11-23}$$

④ 对于不可压流体，其密度 ρ 为常数，则 $\int_1^2 \frac{\mathrm{d}p}{\rho} = \frac{p_2 - p_1}{\rho}$ 积分可直接解出，因而对输送水或其他液体的泵来说，应用伯努利方程计算压力的升高是十分方便的。而对于可压缩流体，尚需获知 $p = f(\rho)$ 的函数关系，才能求解静压能头积分，还要联系热力学的基础知识加以解决。

（5）热力状态、压缩过程与压缩功

如同前面的章节所述，描述气体的热力状态要用状态方程。热力状态方程有理想气体的克拉伯隆方程和考虑可压缩性影响的实际气体的诸多方程。化工中气体可能还是多组分的混合气体。实际混合气体的热力状态参数及其方程，在前面的章节中均有专门的表述，这里就省略了。

应用特定的热力过程方程可求解上述伯努利方程中静压能头增量的积分，从而计算出压缩功或压力升高了多少。在离心压缩机这样一个开式的热力系统中，气体伴随着流动同时不断地实现着改变热力状态的热力过程。前述的伯努利方程中的静压能头增量 $\int \frac{\mathrm{d}p}{\rho}$ 这一项，可用与前述容积式压缩机相类同的压缩功的公式来表示，即 $\int \frac{\mathrm{d}p}{\rho}$ 是已知等熵、等温和多变这三种特定热力过程下的积分展开式，它们是每千克气体所获得的压缩功，亦称为有效能量头。如对等熵压缩功而言，则有

$$\int_1^2 \frac{\mathrm{d}p}{\rho} = \frac{W_i}{M} = L_{\text{s}} = H_{\text{s}} = \frac{k}{k-1} R T_1 \left[\left(\frac{p_2}{p_1} \right)^{\frac{k-1}{k}} - 1 \right] \tag{11-24}$$

式中 H_{s} 称为等熵压缩有效能量头，简称为等熵能量头。如对等温压缩功而言，则有

$$\int_1^2 \frac{\mathrm{d}p}{\rho} = \frac{W_i}{M} = L_{\text{t}} = H_{\text{t}} = R T_1 \ln \frac{p_2}{p_1} \tag{11-25}$$

式中 H_{t} 称为等温压缩有效能量头，简称为等温能量头。如对于多变压缩功而言，则有

$$\int_1^2 \frac{\mathrm{d}p}{\rho} = \frac{W_i}{M} = L_{\text{pol}} = H_{\text{pol}} = \frac{m}{m-1} R T_1 \left[\left(\frac{p_2}{p_1} \right)^{\frac{m-1}{m}} - 1 \right] \tag{11-26}$$

式中 H_{pol} 称为多变压缩有效能量头，简称为多变能量头。上式中的等熵指数 k 和多变指数 m，对于考虑可压缩性的实际气体要用 k_{v} 和 m_{v} 来取代。

在压缩过程温－熵图 11－14 中，若从压力 p_1 压缩到压力 p_2，那么 $1 \to 2'$ 表示等熵压缩过程线；$1 \to 2''$ 表示等温压缩过程线；而 $1 \to 2$ 表示多变压缩过程线。等熵压缩功相当于 $12'2''$

$ab1$ 热量面积，等温压缩功相当于 $12''ab1$ 热量面积，而多变压缩功相当于 $122''ab1$ 热量面积。虽然等温压缩功耗功最小，但它必须同时采取往外散热的措施，而这是要另外付出代价的。多变压缩功耗功最大，但它却是实际可行的。因为在实际的压缩过程中总要伴随着各种能量损失，这些能量损失相当于多变过程线下 $12cb1$ 面积的热量又同时加给气体，使温度升高为 T_2，而气体温度额外的升高造成压缩困难，故与理想的等熵压缩过程相比，多变压缩过程要多消耗 $122'1$ 面积的能量。随着人们不断研究尽量减少压缩过程中的各种能量损失，提高流动压缩过程的效率才能使多变压缩功尽量接近等熵压缩功。

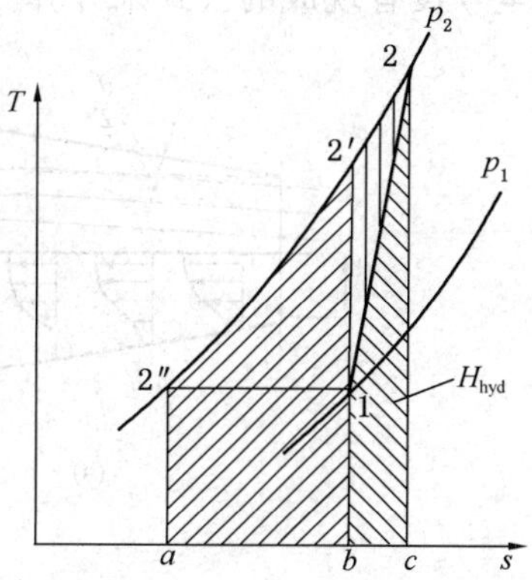

图 11－14　压缩过程温－熵图

在离心压缩机中，热力过程的始终点，即可表示为任一通流部件的始终点，亦可表示为级或整个压缩机的始终点。

通常把能量头与 u_2^2 之比称为能量头系数，如多变能量头系数为

$$\psi_{pol} = \frac{H_{pol}}{u_2^2} \text{ 或 } H_{pol} = \psi_{pol} u_2^2 \tag{11－27}$$

由式（11－27）可知，提高叶轮的圆周速度是提高能量头最有效的方法，所以该式用多变能量头系数的大小表示叶轮圆周速度，用来提高气体压力比的能量利用程度。同理，可有等熵能量头系数 $\psi_s = \frac{H_s}{u_2^2}$ 和总能量头系数 $\psi_{tot} = \frac{H_{tot}}{u_2^2}$ 等。

综上所述，将连续方程、欧拉方程、能量方程、伯努利方程、热力状态方程、热力过程方程和压缩功的表达式相关联，就可知气体流量和气体速度、压力在机器中的变化，而通常无论是级的进出口，还是整个压缩机的进出口，其流速几乎相同，故这部分进出口的动能增量可略而不计。同时，还可获知由原动机通过轴和叶轮传递给流体的机械能，而其中一部分有用能量，即静压能头的增加，使流体的压力得以提高，而另一部分是损失的能量，它是必须付出的代价。还可获知上述静压能头增量和能量损失两者造成流体温度（或焓）的增加，于是流体在机器内的速度、压力、温度等诸参数的变化规律也就都知道了。

11.1.3　级内的各种能量损失

级中有三种能量损失，即级内的流动损失、漏气损失和轮阻损失。

（1）级内的流动损失

级内的流动损失包括以下各种损失：

① 摩阻损失　摩阻损失主要表现为流体与固体壁面间的摩擦阻力损失。利用流体力学管道的实验数据，可计算出沿程摩阻损失 H_f 为

$$H_f = \lambda \frac{l}{d_{hm}} \frac{c_m^2}{2} \tag{11－28}$$

式中：l 为沿程长度；d_{hm} 为平均水力直径；c_m 为气流平均速度；$\lambda = f\left(Re, \frac{\Delta}{D}\right)$ 为摩阻系数。通常级中的雷诺数 $Re > Re_{cr}$，故在一定的相对粗糙度下，λ 为常数。由该式可知 $H_f \propto c_m^2$，从而有 $H_f \propto q_v^2$。

② 分离损失　在减速增压的通道中，流体近壁边界层容易增厚，甚至形成分离旋涡区和倒流，如图 11－15 所示，从而造成分离损失。而分离损失往往比沿程摩阻损失大得多，

且至今没有现成的公式来计算。

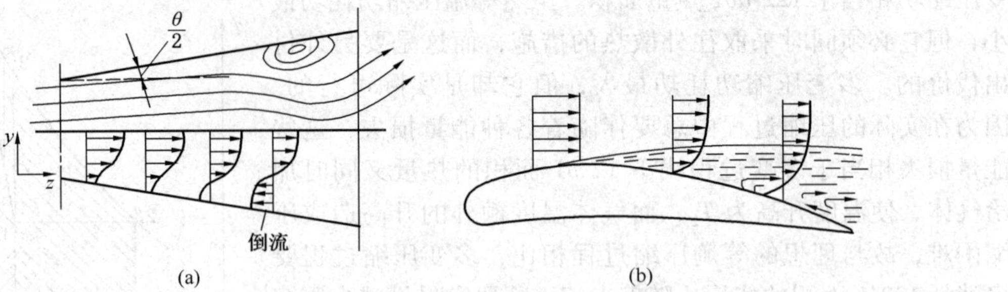

图 11－15　边界层分离示意图

减少分离损失的措施是控制通道的当量扩张角 $\theta \leqslant 6° \sim 8°$，联系到叶轮中的气流密度变化，经验指出应控制进出口的相对速度比，即

$$\frac{w_1}{w_2} = \frac{\rho_2 f_2}{\rho_1 f_1} \leqslant 1.6 \sim 1.8 \tag{11-29}$$

式中 f_1、f_2 为叶轮叶道进出口的通流面积。

由于叶轮中的气流受离心力的影响，并有能量的不断加入，其边界层的增厚与分离不像固定部件中那样严重，所以叶轮的流动效率往往是较高的。

③ 冲击损失　当流量偏离设计工况点时，其叶轮和叶片扩压器的进气冲角 $i = \beta_{1A} - \beta_1 \neq 0$，$i = \alpha_{3A} - \alpha_3 \neq 0$，于是气流对叶片产生冲击造成冲击损失。尤为严重的是，在叶片进口附近还产生较大的扩张角，造成分离损失，导致能量损失显著增加。

应当引起注意的是，用户在调节离心压缩机运行工况时，当流量小于设计流量，相当于 $i > 0$，如图 11－16（b）所示，在叶片非工作面前缘发生分离，并在通道中向叶轮出口逐渐扩散造成很大的分离损失。而当流量大于设计流量，相当于冲角 $i < 0$，如图 11－16（c），在叶片工作面前缘发生分离，但它不明显扩散。此外，在任何流量下，由于边界层逐渐增厚和轴向涡流造成的滑移影响，在叶片出口附近非工作面上往往有一点分离区，如图 11－16（a）所示。

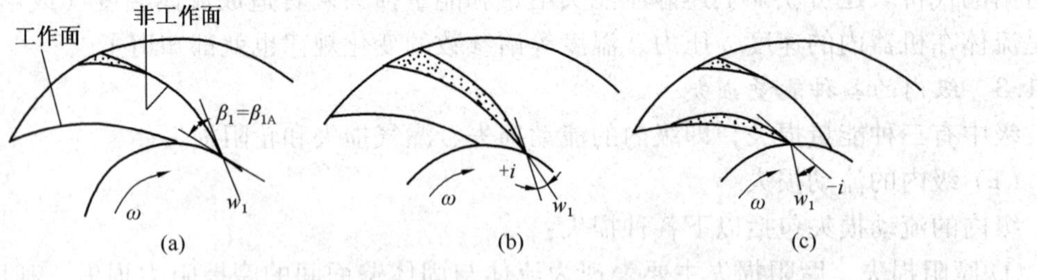

图 11－16　不同冲角下叶轮流道中气流分离情况

（a）$i \approx 0$；（b）$i > 0$；（c）$i < 0$

④ 二次流损失　与主流方向相垂直的流动造成二次流损失。在旋转叶轮中，由于哥氏力和叶道弯曲而产生的离心力的影响，使叶道中沿周向流速和压力分布不均匀，如图 11－17 和图 11－18 所示。由于叶片工作面的压力高，而非工作面的压力低，叶片边界层中的气流受此压力差的作用，通过盘、盖边界层，由叶片工作面窜流至非工作面，于是形成一对二次涡流，它加剧叶片非工作面的边界层增厚与分离，并使主流也受到影响，从而造成二次流损失。由此可知，采取适当增加叶片数，减轻叶片负荷，避免气流方向的急剧转弯等措施，

可减少二次流损失。

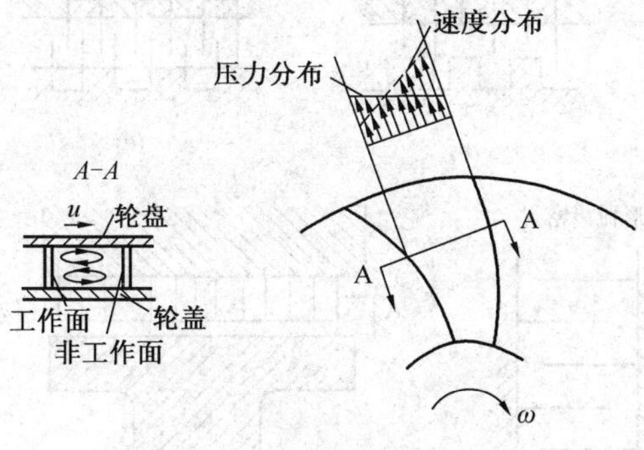

图 11－17　叶轮流道中的二次流

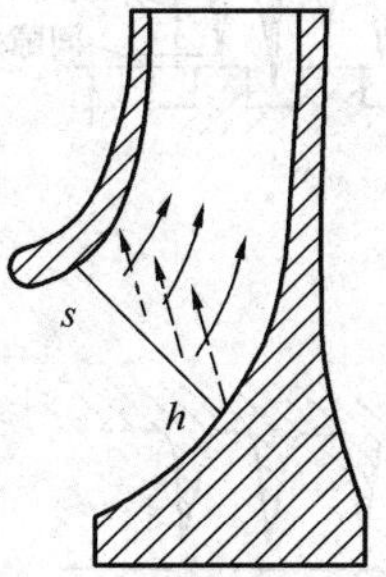

图 11－18　叶轮子午面中的二次流

⑤ 尾迹损失　叶片尾缘有一定厚度，气流出叶道后通流面积突然扩大。另外，叶片两侧的边界层在尾缘汇合，造成许多旋涡，主流带动低速尾迹涡流均会造成尾迹损失。采用翼型叶片代替等厚度叶片，或将等厚度叶片出口非工作面削薄等措施，可减少尾迹损失。

以上许多流动损失只能从物理现象上定性地说明它，至今还很难用公式计算它。事实上这些损失并非单独存在，而往往随着主流混在一起相互作用相互影响。总的流动损失只能靠具体的实验和经验来确定。采用各种措施，尽量减少流动损失，乃是人们为了节能所必需努力做好的工作。

（2）级内的漏气损失

从图 11－19 中可以看出，由于叶轮出口压力大于进口压力，级出口压力大于叶轮出口压力，在叶轮两侧与固定部件之间的间隙中会产生漏气，而所漏气体又随主流流动，造成膨胀与压缩的循环，每次循环都会有能量损失。该能量损失不可逆地转化为热能，为主流气体所吸收。

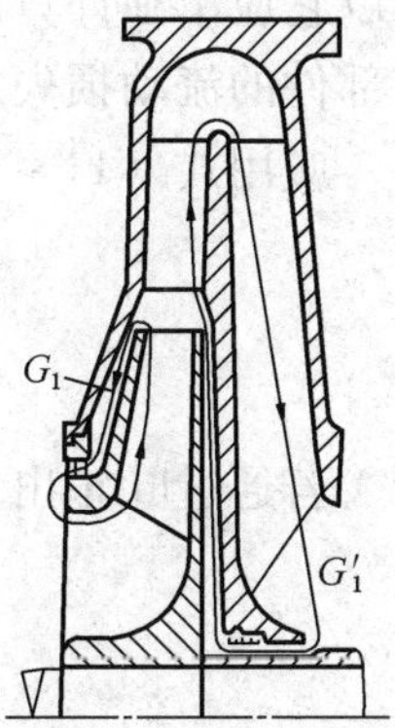

图 11－19　密封漏气简图

① 密封件的结构形式及漏气量的计算

为了尽量减少漏气损失，在固定部件与轮盖、隔板与轴套，以及整机轴的端部需要设置密封件，图 11－20 为一种梳齿式（亦称迷宫式）的密封结构图。其工作原理是尽量减小通流截面积和多次的节流减压，使在压差作用下的漏气量尽量减小。由连续方程和伯努利方程可知通过齿顶间隙的漏气量，当流速小于音速时，有

$$q_{ml} = \alpha \pi D s \sqrt{\frac{(p_a + p_b)(p_a - p_b)}{Z p_a V_a}} \text{kg/s} \tag{11-30}$$

当流速达到临界音速时，有

$$q_{ml} = \alpha \pi D s \sqrt{\frac{1}{Z - 1 + \frac{1}{B^2}} \frac{p_a}{V_a}} \tag{11-31}$$

式中：α 为流量修正系数，一般 $\alpha = 0.67 \sim 0.73$；πDs 为齿顶间隙处的通流面积；Z 为密封齿数，下标 a、b 为密封前、后的几何位置；$B = \sqrt{\frac{2k}{k+1}} \left(\frac{2}{k+1} \right)^{\frac{1}{k-1}}$，$k$ 为等熵指数，如空气的

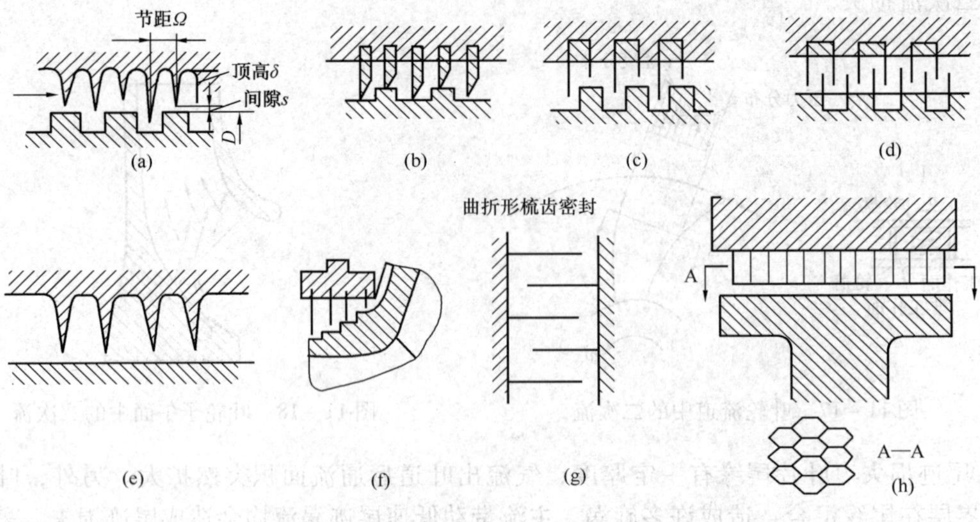

图 11-20 各种梳齿密封结构简图

（e）平滑形梳齿密封；（f）阶梯形梳齿密封；（g）径向排列密封片；（h）蜂窝密封

等熵指数 $k=1.4$，$B=0.684$。

② 轮盖密封的漏气量及漏气损失系数

轮盖密封处的漏气能量损失使叶轮多消耗机械功，它应包括在叶轮所输出的总功之内，所以它应单独计算出来。而通常隔板与轴套之间的密封漏气损失不单独计算，只是考虑在固定部件的流动损失之中。

应用式（11-30）并根据实验与分析简化，可得轮盖密封处的漏气量为

$$q_{\mathrm{ml}} = \alpha \pi D s \rho_{\mathrm{m}} u_2 \sqrt{\frac{3}{4Z}\left[1-\left(\frac{D_1}{D_2}\right)^2\right]} \tag{11-32}$$

若通过叶轮出口流出的流量为 $q_{\mathrm{m}}=\rho_2 c_{2\mathrm{r}} \pi D_2 b_2 \tau_2$，则可求得轮盖处的漏气损失系数为

$$\beta_1 = \frac{q_{\mathrm{ml}}}{q_{\mathrm{m}}} = \frac{\alpha \dfrac{D}{D_2}\dfrac{s}{D_2}\sqrt{\dfrac{3}{4Z}\left[1-\left(\dfrac{D_1}{D_2}\right)^2\right]}}{\varphi_{2\mathrm{r}}\dfrac{b_2}{D_2}\tau_2\dfrac{\rho_2}{\rho_{\mathrm{m}}}} \tag{11-33}$$

式中一般取 $\alpha=0.7$；$Z=4\sim6$ 齿；齿顶间隙 $s\approx0.4\mathrm{mm}$，$\dfrac{\rho_2}{\rho_{\mathrm{m}}}\approx\sqrt{\dfrac{v_{\mathrm{in}}}{v_2}}$，（$v$ 为比容）。该漏气损失系数 β_1 在计算总能量头 H_{tot}时，将会被用到。

（3）级内的轮阻损失

叶轮旋转时，轮盘、轮盖的外侧和轮缘要与它周围的气体发生摩擦，从而产生轮阻损失。轮阻损失可借助于等厚度圆盘的分析和实验及旋转叶轮的实验进行计算，其轮阻功率损失为

$$P_{\mathrm{df}} = K\rho_2\left(\frac{u_2}{100}\right)^3 D_2^2\left(1+\frac{5e}{D_2}\right) \tag{11-34}$$

式中：K 为轮盘阻力系数；e 为轮缘厚度。

对于离心叶轮，上式可简化为

$$P_{df} = 0.54\rho_2\left(\frac{u_2}{100}\right)^3 D_2^2 \tag{11-35}$$

进而可得轮阻损失系数 β_{df} 为

$$\beta_{df} = \frac{1000P_{df}}{q_m H_{th}} = \frac{1000\times 0.54\rho_2\left(\frac{u_2}{100}\right)^3 D_2^2}{\rho_2 c_{2r}\pi D_2 b_2\tau_2 u_2 c_{2u}} = \frac{0.172}{1000\varphi_{2r}\varphi_{2u}\tau_2\frac{b_2}{D_2}} \tag{11-36}$$

有的研究者认为根据实心圆盘的水力实验数据，按式（11－36）计算的 β_{df} 偏大。对于离心叶轮，建议将式中的0.172改为0.11。该漏气损失系数 β_{df} 在计算总能量头 H_{tot} 时，将会被用到。

11.1.4　多级压缩机

（1）多级串联和多缸串联

离心压缩机的压力比一般在3以上，有的高达150，甚至更高。但是离心压缩机的单级压力比较活塞式的低，如常用的闭式后弯叶轮的单级压缩空气的级压比仅为1.2～1.5，所以一般离心压缩机多为多级串联式的结构，如图11－1所示。考虑到结构的紧凑性与机器的安全可靠性，一般主轴不能过长，故通常转子上最多装9个叶轮，即一台机器最多为9级压缩机。对于要求高增压比或输送轻气体的机器需要两缸（两台）或多缸（多台）离心压缩机串联起来形成机组。

（2）分段与中间冷却

气流经逐级压缩后温度不断升高，而压缩温度高的气体要多耗功。为了降低气体的温度，节省功率，在多级离心压缩机中，往往采用分段中间冷却的结构，而不采用气缸套冷却。各段由一级或若干级组成，段与段之间在机器之外由管道连接中间冷却器。图11－21为三段二次中间冷却的热力过程图，由该图可看出冷却次数愈多，则愈接近最省功的等温压缩过程。图11－22为四段三次中间冷却的压缩机布置简图。

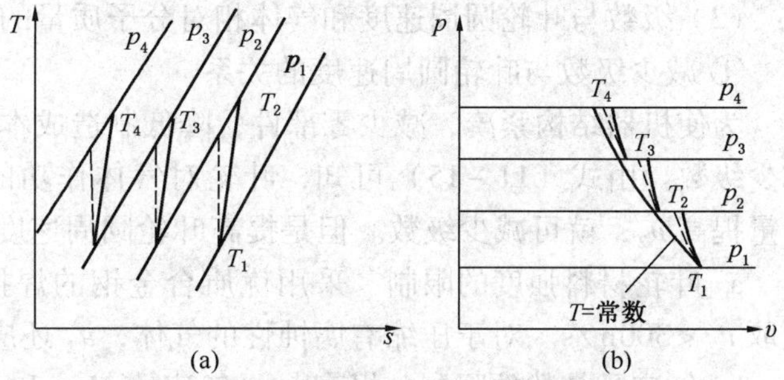

图11－21　三段压缩二次中间冷却的热力过程图

（a）$T-s$ 图；（b）$p-v$ 图

若段数为 N，则中间冷却器的个数为 $N-1$ 个。由能量头的公式可知，进行中间冷却后的压缩机若总能量头为 H，而无中间冷却的同类压缩机总能量头为 H_0，则省功比为

$$\frac{\Delta H}{H_0} = \frac{H_0 - H}{H_0} = \frac{\frac{k}{k-1}RT_{in}\left[\left(\varepsilon^{\frac{1}{\sigma}}-1\right)-N\left(\varepsilon_i^{\frac{1}{\sigma}}-1\right)\right]}{\frac{k}{k-1}RT_{in}\left(\varepsilon^{\frac{1}{\sigma}}-1\right)} = 1-\frac{N\left(\varepsilon_i^{\frac{1}{\sigma}}-1\right)}{\varepsilon^{\frac{1}{\sigma}}-1} \tag{11-37}$$

式中 $\varepsilon_i = \left[\frac{\varepsilon}{\lambda^{(N-1)}}\right]^{\frac{1}{N}}$ 为段压力比；$\lambda = 1-\frac{\delta_p}{p_{out}}$ 为中间冷却器的压力损失比；δ_p 为中间冷却器和连接管道的阻力压降；p_{out} 为段出口压力。由该式可知，在同一压比时，随冷却次数增加，省功比开始是上升的，随后节省耗功就不明显了。而且段数增多会使结构复杂，体积庞大及

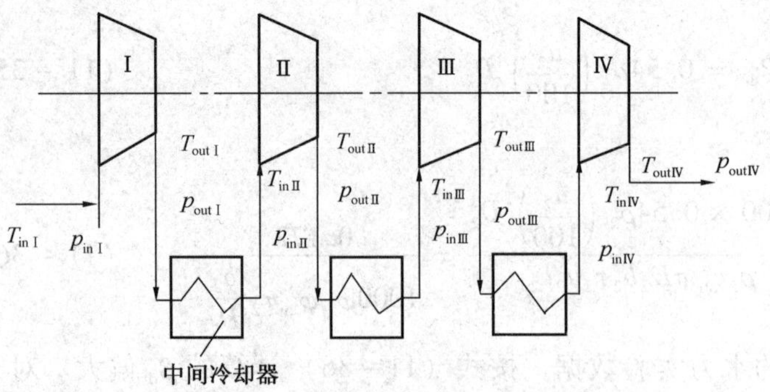

图 11－22　四段压缩三次中间冷却的压缩机布置图

制造安装困难。对空气压缩机，冷却次数 z 与压比 ε 的关系推荐如下：$\varepsilon=3.5\sim5$，$z=1$；$\varepsilon=5\sim9$，$z=2\sim3$；$\varepsilon=10\sim20$，$z=3\sim5$；$\varepsilon=20\sim35$，$z=4\sim7$。

应当指出，分段与中间冷却不能仅考虑省功，还要考虑下列因素：

① 被压缩介质的特性属于易燃、易爆（如 H_2、O_2 等）则段出口的温度宜低一些，对于某些化工气体，因在高温下气体发生不必要的分解或化合等化学变化，或会产生并加速对机器材料的腐蚀，这样的压缩机冷却次数必须多一些。

② 用户要求排出的气体温度高，以利于化学反应（如由氮、氢化合为氨）或燃烧，则不必采用中间冷却，或尽量减少冷却次数。

③ 考虑压缩机的具体结构、冷却器的布置、输送冷却水的泵耗功、设备成本与环境条件等综合因素。

④ 段数确定后，每一段的最佳压力比，可根据总耗功最小的原则来确定，见参考文献[1]、[3]。

（3）级数与叶轮圆周速度和气体相对分子质量的关系

① 减少级数与叶轮圆周速度的关系

为使机器结构紧凑，减少零部件，降低制造成本，在达到所需压力比条件下要求尽可能减少级数。由式（11－15）可知，叶轮对气体作功的大小与圆周速度的平方成正比，如能尽量提高 u_2，就可减少级数。但是提高叶轮圆周速度 u_2 却受到以下几种因素的限制：

a. 叶轮材料强度的限制　采用优质合金钢的焊接闭式后弯型叶轮，$u_2\leqslant320$m/s，一般选取 $u_2<300$m/s。对于压缩有腐蚀性的气体，u_2 还应选取得更小一些。

b. 气流马赫数的限制　提高 u_2，气流的 Ma_{w_1} 和 Ma_{c_2} 随之升高，马赫数太高会引起级效率下降，性能曲线变陡，工况范围变窄。

c. 叶轮相对宽度的限制　当流量与转速一定时，提高 u_2 需增加 D_2，这会使 $\frac{b_2}{D_2}$ 太小，特别对于后几级，造成效率下降。

由于提高 u_2 受到一些限制，若达到较高的压力比，则必须增加级数。

② 级数与气体相对分子质量的关系

a. 气体相对分子质量对马赫数的影响　由于气体常数 $R=\frac{8315}{\mu}$，其中 μ 为输送气体的相对分子质量，而机器马赫数 $M_{u_2}=\frac{u_2}{a_{in}}=\frac{u_2}{\sqrt{RkT_{in}}}=\frac{u_2\sqrt{\mu}}{\sqrt{8315kT_{in}}}$，如压缩重气体，因 μ 太大易使 Ma_{u_2} 大，而影响级性能和效率。所以，压缩重气体应主要考虑马赫数的影响，从而限制了 u_2 的提高，这时则不必要担心叶轮材料的强度；反之，如压缩轻气体，因 μ 小，提高 u_2 时可不必担心马赫数的影响，而应主要考虑叶轮材料强度的限制。

如上所述，提高 u_2 对于不同的气体相对分子质量或者受马赫数的限制或者受叶轮材料强度的限制，故级数就要增加。

b. 气体相对分子质量对所需压缩功的影响

借助式（11－26）和$\frac{m}{m-1}=\frac{k}{k-1}\eta_{pol}$，多变压缩功又可表示为

$$L_{pol} = H_{pol} = \frac{8315}{\mu}T_{in}\frac{k}{k-1}\eta_{pol}[\varepsilon^{\frac{k-1}{k\eta_{pol}}}-1] \qquad (11-38)$$

由该式可知多变压缩功的大小与气体的相对分子质量和等熵指数有关，特别是μ的大小影响更大。若要达到同样的压力比，压缩重气体时，由于μ大则R小，所需的L_{pol}就小，因而级数就少；反之，压缩轻气体时，由于μ小则R大，所需的L_{pol}就大，因而级数也就要多。表11－1例举了几种气体在相同压力比仅为$\varepsilon=2.5$，$T_{in}=290$K，$\eta_{pol}=0.83$的情况下，所需的多变压缩功和级数，由该表可以看出其差别是非常之大的。

表11－1　压缩不同气体时所需压缩功和级数的比较

气　体	相对分子质量μ	绝热指数k	密度ρ/（kg/m^3）	多变压缩功H_{pol}/（kJ/kg）	圆周速度u_2/（m/s）	级数j
氟利昂－11	136.3	1.10	6.15	16.97	186	1
空气	28.97	1.40	1.293	92.214	280	2
焦炉煤气	11.78	1.36	0.525	215.82	280	5
氦气	4	1.66	0.178	701.42	280	17
氢气	2	1.41	0.090	1319.45	280	32

11.1.5　*功率与效率*

（1）单级总耗功、功率和效率

① 单级总耗功、总功率

由前所述，旋转叶轮所消耗的功用于两方面：一是叶轮传递给气体的欧拉功，即气体所获得的理论能量头；二是叶轮旋转时所产生的漏气损失和轮阻损失。这部分耗功不可逆地转化为气体的热量。故一个叶轮对1kg气体的总耗功为

$$L_{tot} = H_{tot} = H_{th} + H_l + H_{df} = (1+\beta_l+\beta_{df})H_{th} \qquad (11-39)$$

流量为q_m的总功率为

$$P_{tot} = q_m H_{tot} = (1+\beta_l+\beta_{df})q_m H_{th} \qquad (11-40)$$

对于闭式后弯型叶轮而言，一般$\beta_l+\beta_{df}=0.02\sim0.04$。综上所述，可将几种能量头、几种损失用一个简图（见图11－23）联系起来，这样可更为概括地形象地表示其相互关系。

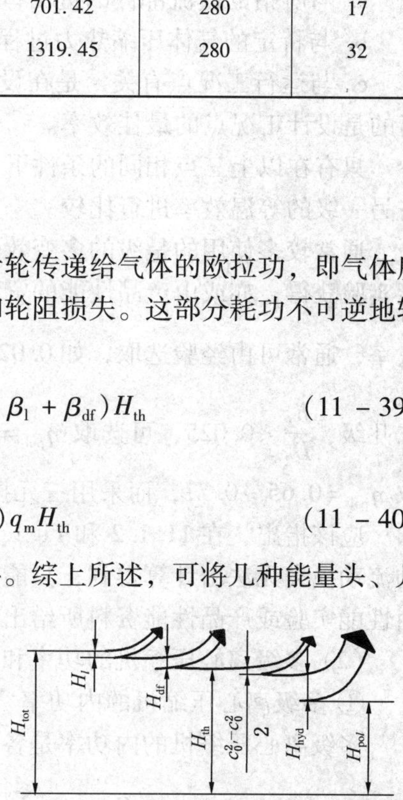

图11－23　总能量头分配示意图

② 级效率

按照不同的定义，级效率有以下几种，分述如下：

多变效率η_{pol}是级中的气体由p_0升高到$p_{0'}$所需的多变压缩功与实际总耗功之比，表示为

$$\eta_{pol}=\frac{L_{pol}}{L_{tot}}=\frac{H_{pol}}{H_{tot}}=\frac{\frac{m}{m-1}RT_0\left[\left(\frac{p_{0'}}{p_0}\right)^{\frac{m-1}{m}}-1\right]}{\frac{kR}{k-1}(T_{0'}-T_0)+\frac{c_{0'}^2-c_0^2}{2}} \tag{11-41}$$

通常 $c_{0'}\approx c_0$，因而有

$$\eta_{pol}=\frac{\frac{m}{m-1}R(T_{0'}-T_0)}{\frac{k}{k-1}R(T_{0'}-T_0)}=\frac{\frac{m}{m-1}}{\frac{k}{k-1}} \tag{11-42}$$

由该式可以看出，如已知多变效率 η_{pol}，则可算出多变指数 m，反之亦然。

同理，等熵效率 η_s 是级中的气体由 p_0 升高到 p'_0 所需的等熵压缩功与实际总耗功之比，等温效率 η_t 是级中的气体由 p_0 升高到 p'_0 所需的等温压缩功与实际总耗功之比。

③ 多变能量头系数

由式（11-15）、式（11-27）和上述公式可知

$$\psi_{pol}=\frac{H_{pol}}{u_2^2}=\frac{\eta_{pol}H_{tot}}{u_2^2}=(1+\beta_l+\beta_{df})\varphi_{2u}\eta_{pol} \tag{11-43}$$

该式表明多变能量头系数与叶轮的周速系数、多变效率、漏气损失系数和轮阻损失系数的相互关系。若要充分利用叶轮的圆周速度来提高压力比，就要尽可能地提高周速系数和级效率。

人们若比较效率的高低，应当注意以下几点：

a. 与所指的通流部件的进出口有关，它不仅用于级，亦可用于某一部件或整个压缩机；

b. 与特定的气体压缩热力过程有关，是多变过程还是等熵或等温过程；

c. 与运行工况点有关，是在设计工况点的最佳效率，还是在变工况点上的效率。通常指的是设计工况点的最佳效率。

只有在以上三点相同的条件下，比较效率高低才有意义。例如，不能把一级的多变效率与另一级的等温效率进行比较。

通常较多使用的是级的多变效率，它应由级的性能实验获得，或由与其相似的模型级性能实验获得，亦或由产品性能的资料获得。对于具有闭式后弯型叶轮、无叶扩压器的级多变效率，通常可由经验选取，如 $0.025\leqslant\frac{b_2}{D_2}\leqslant0.065$，可取 $\eta_{pol}=0.70\sim0.84$；如小流量的级或末几级，$\frac{b_2}{D_2}<0.025$，可选取 $\eta_{pol}=0.6\sim0.75$；如大流量的级或前几级，$\frac{b_2}{D_2}>0.065$，可选取 $\eta_{pol}=0.65\sim0.77$，而采用三元扭曲叶片的叶轮可选取 $\eta_{pol}=0.78\sim0.86$。

应该指出，在 11.1.2 和 11.1.3 中虽然都提到能量损失，但究竟损失是多少，由于其中的流动损失无法由计算得到，只能靠实验或经验确定，因而仍未给出确定的数值。但是本节由性能实验或产品性能资料所给出的效率值，才间接地回答了能量损失是多少的问题。

（2）多级离心压缩机的功率和效率

① 多级离心压缩机的内功率

多级离心压缩机的内功率是各级总功率之和，它表示为

$$P_i=q_m\sum_{i=1}^{n}H_{tot}=q_m\sum_{i=1}^{n}(1+\beta_l+\beta_{df})_i\varphi_{2u_i}u_{2_i}^2 \tag{11-44}$$

② 机械损失、轴功率和轴端漏气损失

不是在压缩机通流部件内，而是在轴承、联轴器以及齿轮箱等传动部件中所引起的机械摩擦损失，称为机械损失 P_{m}。

通常把原动机轴端所传出的功率称为压缩机的轴功率，它包括压缩机的内功率和上述的机械损失，即

$$P_{\mathrm{z}} = P_i + P_{\mathrm{m}} = \frac{P_i}{\eta_{\mathrm{m}}} \tag{11-45}$$

式中：P_{z} 为轴功率；η_{m} 为机械效率。

一般 η_{m} 随内功率的增大而升高，同时它与有无传动形式有关。对于直联式工业压缩机来说，$\eta_{\mathrm{m}} \leqslant 0.98 \sim 0.99$。对于由齿轮箱传动的压缩机来说，$\eta_{\mathrm{m}}$ 选取为

$$P_i > 2000\mathrm{kW}, \quad \eta_{\mathrm{m}} \geqslant 0.97 \sim 0.98$$

$$P_i = 1000 \sim 2000\mathrm{kW}, \quad \eta_{\mathrm{m}} = 0.96 \sim 0.97$$

$$P_i < 1000\mathrm{kW}, \quad \eta_{\mathrm{m}} \leqslant 0.96$$

严格来说，还应提及压缩机轴端的漏气损失，为尽量减少轴端漏气损失在轴端设置了密封组件（后面有专门的介绍）。设轴端密封效率（或称轴端密封系数）为 η_1，它表示为

$$\eta_1 = 1 - \frac{P_1}{P_{\mathrm{ef}}} = 1 - \frac{\Delta q_1}{q_{\mathrm{m}}} \tag{11-46}$$

式中 Δq_1 为轴端密封处的外泄漏量。

对于轴端密封效果较好的，诸如机械密封、液膜密封和干气密封而言，其轴封处的漏气量很小，Δq_1 可以忽略不计。而对梳齿型密封，一般取 $\eta_1 \geqslant 0.99$，但对高压比、小流量的压缩机，η_1 还要小一些。

③ 压缩机的效率

a. 压缩机的内效率　如前所述，按照多变、等熵、等温压缩过程来提高压力所需的能量头及功率均成为有效能量头及有效功率。多级离心压缩机所需的有效功率为各级有效功率之和，例如对于多变压缩过程而言，有

$$P_{\mathrm{ef}} = q_{\mathrm{m}} \sum_{i=1}^{n} H_{\mathrm{pol}i} = q_{\mathrm{m}} \sum_{i=1}^{n} \frac{m_i}{m_i - 1} RT_{0i} \left[\left(\frac{p'_0}{p_0} \right)_i^{\frac{m_i-1}{m_i}} - 1 \right] \tag{11-47}$$

压缩机的内效率是各级有效功率之和与内功率之比

$$\eta_{\mathrm{ef}} = \frac{P_{\mathrm{ef}}}{P_i} \tag{11-48}$$

压缩机的内效率相对于多变压缩过程而言，它表示为

$$\eta_{\mathrm{ef}} = \frac{P_{\mathrm{ef(pol)}}}{P_i} = \frac{\sum\limits_{i=1}^{n} \frac{m_i}{m_i - 1} RT_{0i} \left[\left(\frac{p'_0}{p_0} \right)_i^{\frac{m_i-1}{m_i}} - 1 \right]}{\sum\limits_{i=1}^{n} (1 + \beta_1 + \beta_{\mathrm{df}})_i \varphi_{2\mathrm{u}_i} u_{2_i}^2} \tag{11-49}$$

对于带有中间冷却的压缩机有时还用等温效率

$$\eta_{\mathrm{T}} = \frac{q_{\mathrm{m}} RT_{\mathrm{in}} \ln \frac{P_{\mathrm{out}}}{P_{\mathrm{in}}}}{P_{\mathrm{i}}} \tag{11-50}$$

来考察实际耗功接近于等温过程耗功的程度。通常认为，压缩机的内效率就是压缩机的

效率。

b. 压缩机的总效率　严格说来，在压缩机内效率的基础上，再考虑前述的机械损失和轴端漏气损失所定义的机械效率和轴端密封效率会更加全面，故压缩机的总效率 η_c 它可表示为

$$\eta_c = \left(1 - \frac{P_l}{P_{ef}}\right)\frac{P_{ef}}{P_z} = \left(1 - \frac{\Delta q_l}{q_m}\right)\frac{P_{ef}}{P_i}\frac{P_i}{P_z} = \eta_l \eta_{ef} \eta_m \tag{11-51}$$

通常若忽略轴封漏气损失，则 $\eta_c = \eta_{ef}\eta_m$　(11 - 52)

④ 原动机的额定功率

如前所述，压缩机的轴功率即是原动机的输出轴功率，所以它为选取原动机提供了依据。考虑到以上轴功率的计算是按压缩机设计工况进行的。当运行中流量增大时，所需的轴功率有所增加，并考虑到机器的安全耐用，原动机不应在额定功率下长期使用，故选取原动机的额定功率一般为

$$P_e \geqslant 1.3P_z \tag{11-53}$$

也可以说，原动机是按额定功率 P_e 来选取的。

11.2　性能、调节与控制

11.2.1　离心压缩机的性能

(1) 性能曲线、最佳工况点与稳定工作范围

离心压缩机的工作特性可简要地表示为，在一定转速和进口条件下的压力比（或压升）与流量、效率与流量的性能曲线。图 11 - 24 为级的性能曲线图，图 11 - 25（a）、（b）为一台鼓风机、一台压缩机的性能曲线图。

性能曲线上的某一点即为压缩机的某一运行工作状态（简称工况）。所以，该性能曲线也即压缩机的变工况性能曲线。这种曲线一目了然地表达了压缩机的工作特性，使用非常方便。功率与流量的关系可由这两条曲线派生出来，有的列出，有的不列出。

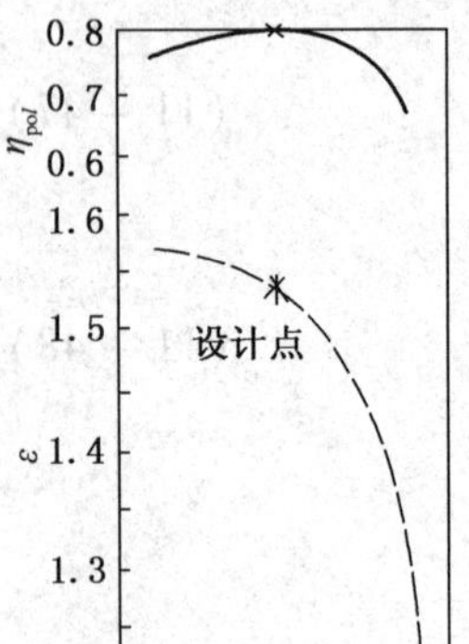

图 11 - 24　级性能曲线

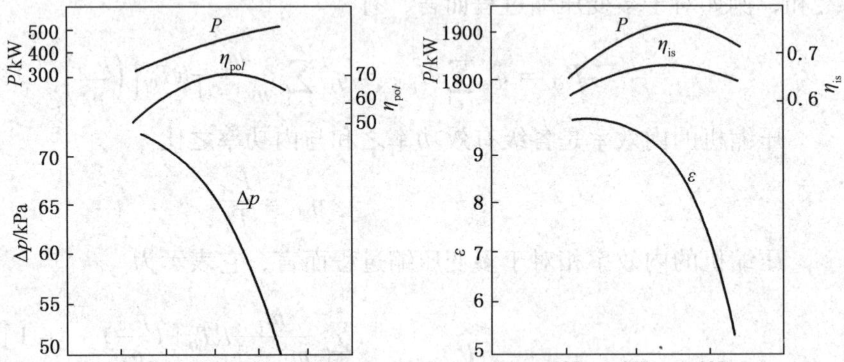

图 11 - 25　性能曲线

（a）鼓风机的性能曲线；（b）压缩机的性能曲线

就压力比和流量性能曲线的大部分线段而言，在一定转速下，增大流量，压缩机的压力比将下降，反之则上升。

图 11 - 26 表示可变转速的压缩机在各个转速下的性能曲线，其中效率特性以等效率曲

线表示之。在每个转速下，每条压力比与流量关系曲线的左端点为喘振点。各喘振点连成喘振线，压缩机只能在喘振线的右面性能曲线上正常工作。

压缩机性能曲线的形状是由机器内部气体的流动规律决定的，由于各工况下的各种能量损失难以准确地计算出来，故压缩机的性能曲线多是由实验得到的。

通常将曲线上的效率最高点称为最佳工况点，一般应是该机器设计计算的工况点。如图 11－24 所示，在最佳工况点左右两边的各工况点，其效率均有所降低。从节能的观点出发，要求选用机器时，尽量使机器运行在最佳工况点上或尽量靠近最佳工况点，以减少能量的消耗与浪费。

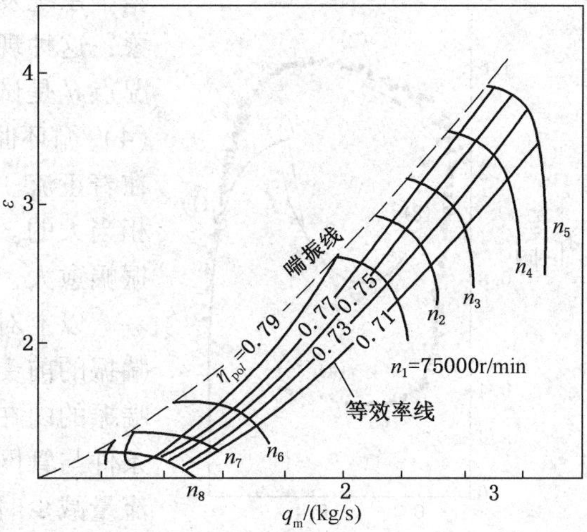

图 11－26　压缩机在不同转速下的性能曲线

压缩机性能曲线的左边受到喘振工况的限制，右边受到堵塞工况的限制，在这两个工况之间的区域称为压缩机的稳定工作范围。压缩机变工况的稳定工作范围越宽越好。

（2）压缩机的喘振与堵塞

① 压缩机喘振的机理

a. 旋转脱离　当压缩机流量减少至某一值时，叶道进口正冲角很大，致使叶片非工作面上的气流边界层严重分离，并沿叶道扩张开来，但由于各叶片制造与安装不尽相同，又由于气流的不均匀性，使气流脱离往往在一个或几个叶片上首先发生，如图 11－27 中的 *B* 叶道所示，造成 *B* 叶道有效通道大为减小，从而使原来要流过 *B* 叶道的气流相当多地流向 *A* 叶道和 *C* 叶道。随即促使 *C* 叶道相继严重脱离，而改进了 *A* 叶道。依次类推，造成脱离区朝叶轮旋转的反向以 ω'转动。由实验可知 $\omega' < \omega$，故从绝对坐标系观察脱离区与叶轮同向旋转，以上这种现象称为旋转脱离。旋转脱离区有时也可能同时在某几个叶道中出现，而形成数个脱离团。叶片扩压器中同样存在旋转脱离，而且旋转脱离往往是首先在叶片扩压器中出现。旋转脱离使气流产生流速、压力等参数的周向脉动，其脉动的幅值小，而频率高。对叶片产生周期性的交变作用力，如该交变作用力的频率与叶片的固有频率相近，有可能造成叶片共振而遭破坏。

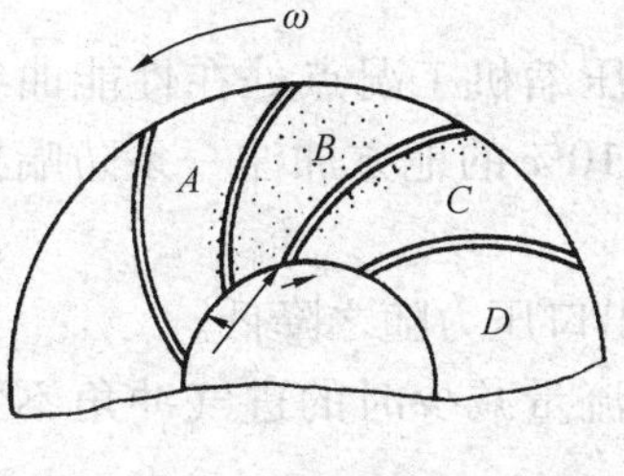

图 11－27　转动叶轮旋转脱离

b. 压缩机的喘振　当压缩机的流量进一步减小时，叶道中的若干脱离团就会连在一起成为大的脱离团，占据大部分叶道，这时气流受到严重阻塞，致使性能曲线中断与突降。叶轮虽仍旋转对气流做功，但不能提高气体的压力，于是压缩机出口压力显著下降。由于管网具有一定的容积，故管网中的气体压力不可能很快下降，于是会出现管网中的压力反大于压缩机的出口压力，从而使管网中的气体向压缩机倒流，并使压缩机中的气体冲出压缩机的进口，一直到管网中的压力下降至等于压缩机出口的压力，这时倒流停止。气流又在旋转叶轮的作用下正向流动，提高压力，并向管网供气，随之流经压缩机的流量又增大。但当管网中的压力迅速回升，流量又下降时，系统中的气流又产生倒流，如此正流、倒流反复出现，使

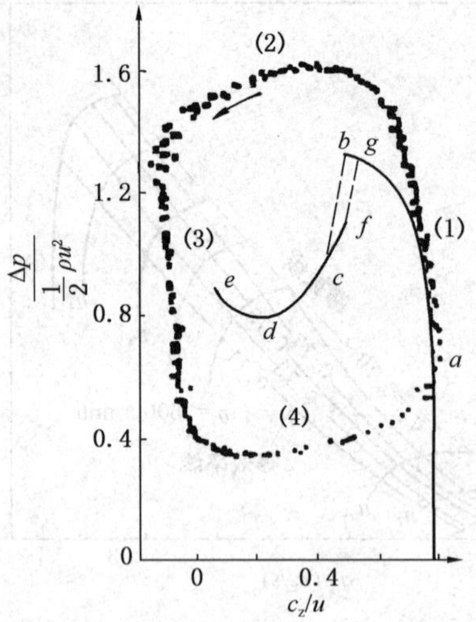

图 11－28　多级压缩机的性能曲线与喘振瞬态循环曲线

整个系统发生了周期性的低频大振幅的轴向气流振荡现象，这种现象称为压缩机喘振。图 11－28 示出的喘振工况点 d 是试验测到的众多瞬态黑点形成的（1）（2）（3）（4）循环曲线上瞬态参数的平均值，瞬态参数中的确存在着正流、倒流交替出现的状态，其周期性脉动的幅值是相当大的。试验指出，管网容积愈大，喘振频率愈低，而振幅愈大，反之亦然。

以上对压缩机发生喘振的机理分析表明，旋转脱离是喘振的前奏，而喘振是旋转脱离进一步恶化的结果。发生喘振的内在因素是叶道中几乎充满了气流的脱离，而外在条件与管网的容积和管网的特性曲线有关。有的压缩机当流量减少时，由稳定工况直接突然变成了喘振工况，由于旋转脱离是人们后期研究发现的，故往往对小流量的不稳定工况通称之为喘振。

② 喘振的危害

喘振造成的后果是很严重的，它不仅使压缩机的性能恶化，压力和效率显著降低，机器出现异常的噪声、吼叫和爆音，而且使机器出现强烈的振动，致使压缩机的轴承、密封遭到损坏，甚至发生转子和固定部件的碰撞，造成机器的严重破坏。

③ 防喘振的措施

由于喘振对机器危害严重，应严格防止压缩机进入喘振工况，一旦发生喘振，应立即采取措施消除或停机。防喘振有如下的几条措施：

a. 操作者应具备标注喘振线的压缩机性能曲线，随时了解压缩机工况点处在性能曲线图上的位置。为偏于运行安全，可在比喘振线的流量大出 5%～10% 的地方加注一条防喘振线，以提醒操作者注意。

b. 降低运行转速，可使流量减少而不致进入喘振状态，但出口压力随之降低。

c. 在首级或各级设置导叶转动机构，以调节导叶角度，使流量减少时的进气冲角不致太大，从而避免发生喘振。

d. 在压缩机出口设置旁通管道，如生产中必须减少压缩机的输送流量时，让多余的气体放空，或经降压后仍回进气管。宁肯多消耗流量与功率，也要让压缩机通过足够的流量，以防进入喘振状态。

e. 在压缩机进口安置温度、流量监视仪表，出口安置压力监视仪表，一旦出现异常或喘振及时报警，最好还能与防喘振控制操作联动或与紧急停车联动。近来我国一些大型离心压缩机设备，均已配备了机器状态监测、故障诊断与处理控制系统，在喘振尚未发生之前即可快速有效地实行控制操作，防止喘振的发生（详见后面的叙述）。

f. 运行操作人员应了解压缩机的工作原理，随时注意机器所在的工况位置，熟悉各种监测系统和调节控制系统的操作，尽量使机器不致进入喘振状态。一旦进入喘振应立即加大流量退出喘振或立即停机。停机后，应经开缸检查无隐患，方可再开动机器。

只要备有防喘振措施，特别是操作人员认真负责严格监视，则定能防止喘振的发生，确保机器的安全运行。

④压缩机的堵塞工况

当流量不断增大时，气流产生较大的负冲角，使叶片工作面上发生分离，当流量达到最大值时，叶轮做功全变为能量损失，压力不再升高，甚至可能使叶道中的流动变为收敛降压性质，或者气流在流道最小截面处等于声速，这时压缩机达到堵塞工况，其气流压力得不到提高，流量也不可能再增大了，故压缩机性能曲线的右边受到堵塞工况的限制。

应当说明，级与多级压缩机的性能曲线形状基本一样，但由于受逐级气流密度的变化与影响，级数愈多，压缩机的性能曲线愈陡，喘振流量愈大，堵塞流量愈小，其稳定工作范围也就愈窄了。就压缩机的性能好坏而言，其最佳效率愈高，效率曲线愈平坦，稳定工作范围愈宽，压缩机的性能愈好，反之亦然。

(3) 压缩机与管网联合工作

实际上压缩机总是与管网联合工作的。管网是压缩机前面及后面气体所经过的管道及设备的总称。若管网装在前面，则压缩机就成抽气机或吸气机了，一般管网大都在后面，而化工用的压缩机往往前后均有管道和容器设备等。为分析方便，这里一律把管网放在压缩机后面来讨论。

① 管网特性曲线

气体在管网中流动时，需要足够的压力用来克服沿程阻力和各种局部阻力。每一种管网都有自己的特性曲线，亦称管网阻力曲线。它是指通过管网的气体流量与保证这个流量通过管网所需要的压力之间的关系曲线，即 $p=f(q_V)$ 曲线。管网特性曲线决定于管网本身的结构和用户的要求。它有下列三种形式，如图 11－29 所示。图中（a）管网阻力与流量大小无关，例如压缩机后面仅经过很短的管道即进入容积很大的储气筒或通过一定高度的液体层，此即为忽略沿程阻力，而局部阻力为定值的情况；（b）可用 $p=Aq_V^2$ 表示，大部分管网都属于这种形式，如输气管道、流经塔器、热交换器等；（c）为上述两种形式的混合，其管网特性曲线表示为 $p=p_r+Aq_V^2$。

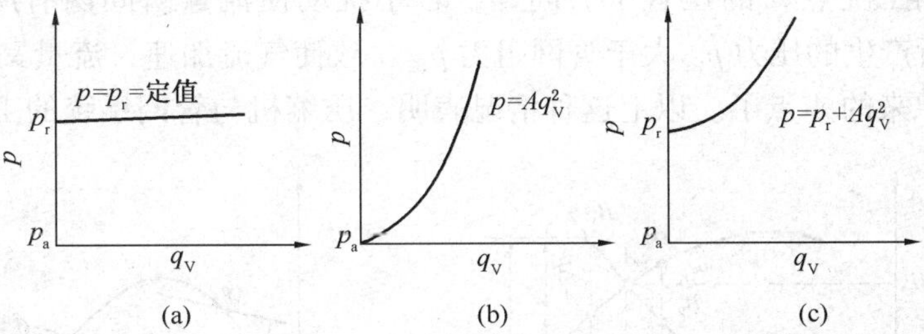

图 11－29　三种管网特性曲线

② 压缩机与管网联合工作

如图 11－30 所示，管网为一带有阀门的排气管道。将压缩机的特性曲线 2 和在阀门某一开度下的管网阻力曲线 1 画于同一图上，这时两条曲线交于 M 点，流经压缩机和管网的质量流量相同 $q_{mM}=q_{mM'}$。压缩机增加的压力 $\Delta p_M=p_{out}-p_a$。管网阻力 $\Delta p_M=Aq_{VM}^2=A'q_m^2$，$A'=\dfrac{A}{\rho^2}$，假定气体密度不变，则 A' 也为常数。若 $\Delta p_M=\Delta p'_M$，两者平衡，则 M 点即为压缩机和管网联合工作的平衡工作点。若阀门开度减小时，流量减小为 q_{mM_a}，管网曲线变为 l_a，压缩机工作点沿性能曲线 2 移至 M_a，则二者在交点 M_a 平衡地工作。若阀门开度增大，流量增加，则二者在交点 M_b 平衡地工作。这就是用调节管网中阀门开度的办法来实现压缩机的变

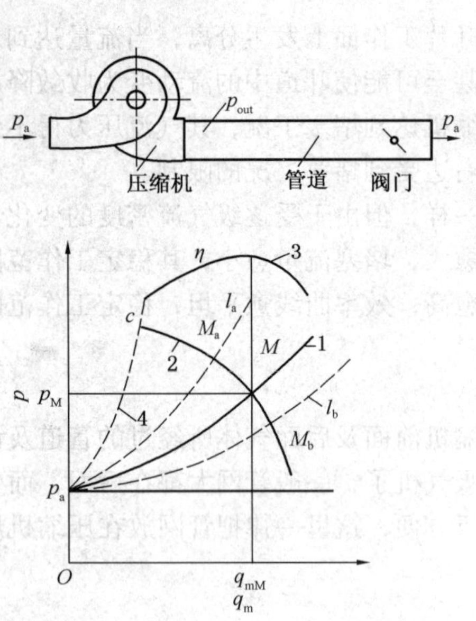

图 11-30　压缩机与管网联合工作

工况运行，以适应管网的需要。

应当指出，如压缩机的转速固定，压缩机的工作点仅能沿一条固定的性能曲线移动。压缩机的高效工作范围仅在最高效率点附近如 M 点附近。如果用户对经常使用的流量和管网阻力的计算有错误，由此所选定的压缩机就不能在高效工作区工作，造成能量浪费。或者太靠近喘振点或堵塞点，造成某一边的工作范围很窄，使变工况调节受到限制。因此，不论对设计者还是对用户，正确计算所需流量与管网阻力对压缩机的设计和使用都是十分重要的。

③ 平衡工况的稳定性

上述压缩机与管网联合工作的工况平衡是暂时的还是稳定的，这一问题尚待解决。这里，用小扰动法来分析平衡工况的稳定性。实际上在压缩机和管网系统中总存在各种小扰动因素，如进气条件的变化、转速的波动、管网阻力的变化等等，使平衡工况点离开原来的位置。如果小扰动过去后，工况仍回到原来的平衡工况点，则工况是稳定的；否则就是不稳定的。这就需要自动调节来维持在某一工况点下的工作。设压缩机与管网两者的性能曲线交于 A 点，并达到平衡，如图 11-31 所示。若气流参数产生某种小扰动，使流量瞬间有所增加，即由原来的 q_V 增大为 q_{V1}，则压缩机工况点移至 A_1 点，而管网工况点移至 B_1 点。这时，压缩机所产生的压力 p_{A1} 小于管网阻力 p_{B1}，由于 $\Delta p = p_{B1} - p_{A1}$ 阻力大的作用，迫使系统中的气流减速，流量将有减少的趋势，致使 q_{V1} 又回到原来的 q_V，既又回复到原来的平衡工况点 A 的位置了。同样，若小扰动使流量瞬间内有所减小，使 q_{V_2} 小于 q_V，则压缩机所产生的压力 p_{A2} 大于管网阻力 p_{B2}，致使气流加速，流量又趋回升，两者的工况点也回复到原来的 A 点了。以上这种情况表明，压缩机与管网系统的工况平衡是稳定的。

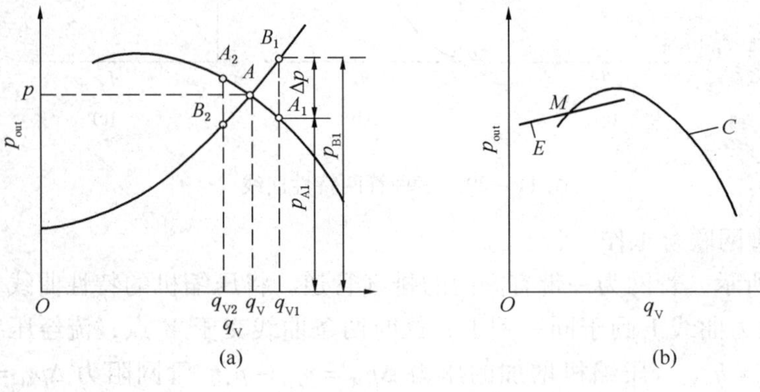

图 11-31　压缩机与管网系统的稳定性

显然，当管网曲线相交于压缩机性能曲线的右分支，其交点处与压缩机的性能曲线相切而具有负斜率时，平衡工况都是稳定的。完整的压缩机性能曲线分为左右两支。当两者相交于左支，且在交点处压缩机的性能曲线所具有的正斜率大于管网曲线的正斜率时，如图 11-31（b），则整个系统就不再处于稳定工况了。在这种情况下，如系统发生小扰动后，工况就不再回复到原来的平衡工况点，而将会发生旋转失速或喘振不稳定现象。

综上所述，其稳定工况点的判别式可归结为：

$$稳定\left(\frac{dp}{dq}\right)_{comp} < \left(\frac{dp}{dq}\right)_{pipe}；不稳定\left(\frac{dp}{dq}\right)_{comp} > \left(\frac{dp}{dq}\right)_{pipe} \qquad (11-54)$$

通常压缩机的喘振点往往就位于驼峰曲线的顶点，故曲线的左支不再画出。

(4) 压缩机的串联与并联

压缩机串联工作可增大气流的排出压力，压缩机并联工作可增大气流的输送流量。压缩机串联或并联工作时，若相互匹配的好，则运行性能正常高效，可满足用户的要求。但也有可能相互匹配的不好，会使运行性能不佳，甚至出现喘振等不稳定的状态，这是需要特别注意的。

① 压缩机串联　两台压缩机串联的情况与一台二级压缩机基本相同。图 11-32（b）中的Ⅰ、Ⅱ和Ⅰ+Ⅱ分别为两个单台和串联的性能曲线。串联的性能曲线是根据在同样质量流量下两台的压力比相乘而得，它比单台的要陡峭，且稳定工况范围更窄。压缩机串联工作例举如下三种情况看其效果如何：一是压缩机接等压容器，管网曲线是图中的水平线1；二是压缩机用来输送气体，管网曲线是图中的线2；三是输送气体的管网阻力较低，管网曲线是图中的虚线3。第一种串联的工况点为 b，第二种串联的工况点为 b'，这两种串联工作较为正常，只是第二种串联，不仅增加了压比，而且比单独工作的流量也有所增加。而从第三种串联工况点 D 可以看出，串联是多余的，只用一台压缩机Ⅰ就够了，如若第二台不停机，不但白浪费功率，而且有时还会影响第一台正常工作。

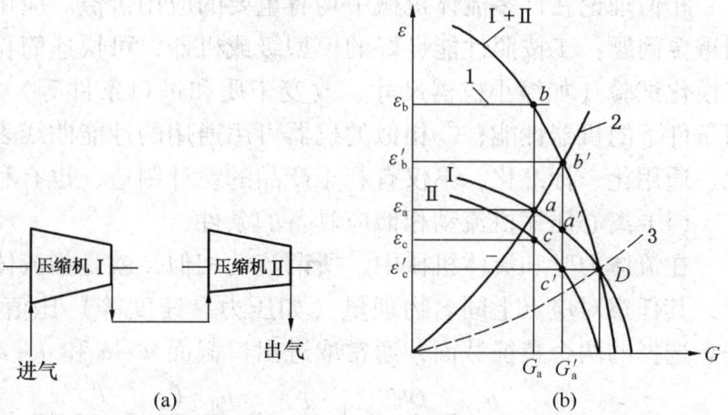

图 11-32　压缩机串联工作

（a）压缩机串联示意图；（b）压缩机串联性能曲线

② 压缩机并联　图 11-33（b）中的Ⅰ、Ⅱ和Ⅰ+Ⅱ分别为两个单台和并联的性能曲

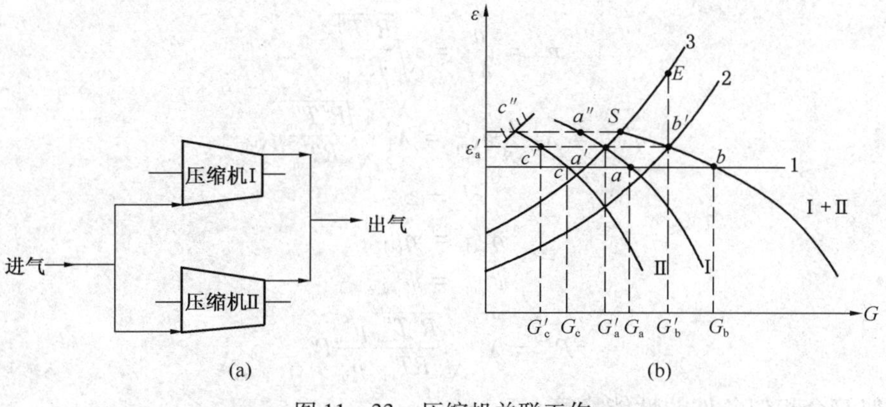

图 11-33　压缩机并联工作

（a）压缩机并联示意图；（b）压缩机并联性能曲线

线，其中并联总的性能曲线是在相同压比下的流量相加而得。压缩机并联工作例举如下三种情况看其效果如何：一是压缩机接等压容器，管网曲线是图中的水平线1；二是压缩机用来输送气体，管网曲线是图中的曲线2；三是输送气体的管网阻力很大，管网曲线是图中的曲线3。第一种并联的工况点为 b，第二种并联的工况点为 b'，这两种并联工作较为正常，只是第二种并联中，每台的流量比单独工作有所减少。而第三种并联工况点 S，由于其中的第二台压缩机的工况点 c'' 已进入喘振状态，致使工况点 S 也不能得到稳定。所以，当管网阻力很大时，为防止喘振，必须让第二台停机，只让第一台工作，这就出现了两台压缩机无法并联工作的情况，是特别要加以注意的。

11.2.2 相似理论在离心压缩机中的应用

相似理论在许多流体机械中均有重要的应用价值。应用相似理论进行性能换算可解决下列重要问题：①按照性能良好的模型级或机器，可快速简化地设计出性能良好的新机器；②将模化试验（如缩小机器尺寸、改变工质和进口条件等）的结果，换算成在设计条件或使用条件下的机器性能；③相似的机器可用通用的性能曲线表示它们的性能；④可使产品系列化、通用化、标准化，不仅有利于产品的设计制造，也有利于产品的选型使用。

（1）离心压缩机流动相似应具备的条件

在流体力学和流体机械中，所谓流动相似，就是指流体流经几何相似的两个通道或机器时，其任意对应点上同名物理量（如压力、速度等）比值相等，如在两个压缩机通流部分任意选择的两个特征截面，通常取进出口截面 $a-a$ 和 $d-d$ 上，有

$$\frac{b'}{b}=\frac{D'}{D}=\lambda_{\mathrm{L}},\frac{p_{a'}}{p_{a}}=\frac{p_{d'}}{p_{d}},\frac{T_{a'}}{T_{a}}=\frac{T_{d'}}{T_{d}},\frac{c_{a'}}{c_{a}}=\frac{c_{d'}}{c_{d}},\frac{w_{a'}}{w_{a}}=\frac{w_{d'}}{w_{d}} \tag{11-55}$$

由此就可获得机器的流动性能（如压力比、流量、效率等）相似。

流动的相似条件有模型与实物或两机器之间几何相似、运动相似、动力相似和热力相似。对于离心压缩机而言，经简化分析与公式推导，其流动相似应具备的条件可归结为几何相似、叶轮进口速度三角形相似、特征马赫数相等，即 $Ma'_{2u}=Ma_{2u}$ 和气体等熵指数相等即 $k'=k$。而符合流动相似的机器其相似工况的压力比和效率相等。

（2）性能换算

① 符合相似条件的性能换算

当两台机器符合相似条件时，只要知道一台机器的性能参数，则可通过相似换算得到另一台机器的性能参数，如

$$n'=\frac{n}{\lambda_{\mathrm{L}}}=\sqrt{\frac{R'T'_{\mathrm{in}}}{RT_{\mathrm{in}}}} \tag{11-56}$$

$$q'_{V\mathrm{in}}=\lambda_{\mathrm{L}}^{3}\frac{n'}{n}q_{V\mathrm{in}}=\lambda_{\mathrm{L}}^{2}\sqrt{\frac{R'T'_{\mathrm{in}}}{RT_{\mathrm{in}}}}q_{V\mathrm{in}} \tag{11-57}$$

$$\varepsilon'=\varepsilon \tag{11-58}$$

$$\eta'_{\mathrm{pol}}=\eta_{\mathrm{pol}} \tag{11-59}$$

$$\psi'_{\mathrm{pol}}=\psi_{\mathrm{pol}} \tag{11-60}$$

$$P'=\lambda_{\mathrm{L}}^{2}\sqrt{\frac{R'T'_{\mathrm{in}}}{RT_{\mathrm{in}}}}\frac{p'_{\mathrm{in}}}{p_{\mathrm{in}}}P \tag{11-61}$$

② 近似符合相似条件的性能换算

其中，包括①定熵指数 k 值相等而 Ma 马赫数不等的近似性能换算；②$k'\neq k$ 时，按压

缩机进出口比容比保持相等的近似性能换算和 $k' \neq k$ 时，保持马赫数近似相等的性能换算[1,3]。

(3) 通用性能曲线

上述一般的性能曲线 $\varepsilon - q_V$、$\eta - q_V$、$P - q_V$，由于受实验介质的气体常数、进口参数、转速等运行条件的限制，使用起来颇为不便。因为一旦介质和进口条件、转速发生变化，则性能曲线也就变了。最好能有一种不随具体运行条件变化的通用性能曲线，使其一台机器的性能实验结果，具有与所有机器相似的通用特性。

根据相似条件，对于几何相似和工质 k 相等的所有机器，只要保持 φ_1 和 M_{2u} 相等就能保持流动相似，则它们的压力比 ε、能量头系数 ψ 和效率相等。所以，可用 φ_1 和 Ma_{2u} 或用其他的可以推导成 φ_1 和 Ma_{2u} 的组合参数，以及 ε、ψ、η 无因次参数来表示它们的性能曲线，则显然与得到性能曲线的运行条件无关。这种性能曲线就具有通用性，故称为通用性能曲线。例如压缩机的通用性能曲线可用图 11－34 表示。其中 $\dfrac{q_{Vin}}{\sqrt{RT_{in}}} = \text{const}\varphi_1 Ma_{2u}$，$\dfrac{P}{p_{in}\sqrt{RT_{in}}} = \text{const}\varphi_1 Ma_{2u}^3$，由于所有相似机器的 φ_1 和 Ma_{2u} 相等，所以它们的 $\dfrac{q_{Vin}}{\sqrt{RT_{in}}}$、$\dfrac{P}{p_{in}\sqrt{RT_{in}}}$ 也相等。

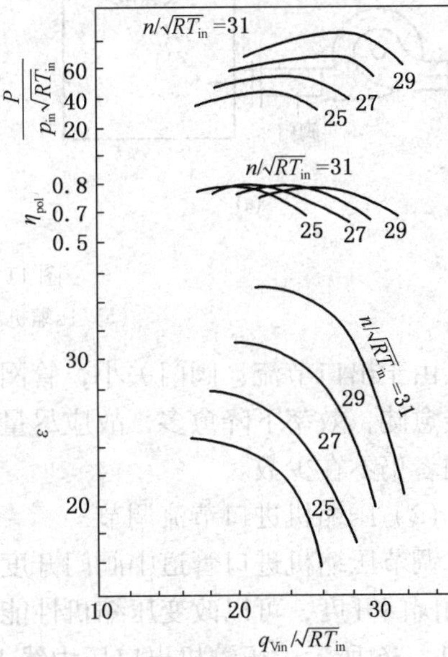

图 11－34　压缩机的通用性能曲线

这种通用性能曲线对于符合相似条件的机器，以及按相似条件组成系列化的所有机器均带来使用上的许多方便，故得到广泛的应用。使用时，只需借用通用性能曲线将本机器所用气体的气体常数 R，进口温度 T_{in}、压力 p_{in}、流量 q_{Vin} 以及转速 n，代入公式之中，即可得到本机器的流量 q_{Vin} 与压力比 ε、效率 η_{pol} 和功率 P 的性能曲线。

11.2.3　压缩机的各种调节方法及其特点

压缩机与管网联合工作时，应尽量运行在最高效率工况点附近。在实际运行中，为满足用户对输送气流的流量或压力增减的需要，就必需设法改变压缩机的运行工况点。实施改变压缩机运行工况点的操作称为调节。

(1) 压缩机出口节流调节

调节压缩机出口管道中的节流阀门开度是一种最简单的调节方法。它的特点是不改变压缩机的特性曲线，仅随阀门开度的不同而改变管网阻力特性曲线，从而改变压缩机的工况点，如图 11－35 所示。在设计工况下出口阀门全开（这样阻力最小，效率最高），如连接管道很短，则管网曲线为水平线 2，压缩机特性曲线为 1，这时交点为 s，见图中的（b）。如用户要求减小流量到 G'_s 而容器中的压力不变仍为 p_r，则只要关小阀门，使管网曲线变为 3，这时交点为 s'，其流量减小到 G'_s。虽然压缩机出口压力增大到 p'_s，而容器中的压力仍保持为 p_r，其压差 $\Delta p = p'_s - p_r = AG'^2_s$ 完全消耗在阀门关小引起的附加损失上了，但满足了用户的要求。又如图中（c），若阀门全开时压缩机曲线 1 和管网水平线 2 交于 s 点，如用户要求压力减小到 p'_s 而流量保持不变仍为 G_s。若仅改变容器中的压力由 p_r 降为 p'_s，则交点在

s'，其流量 $G'_s > G_s$，这就不符合用户要求。为此，应关小阀门使管网曲线变为 3，注意虽交点仍为 s，但容器中的压力却下降为 p'_s，其压差 $\Delta p = p_r - p'_s = AG_s$ 消耗在阀门关小的阻力损失上。这样，流量仍为 G_s，符合用户要求。

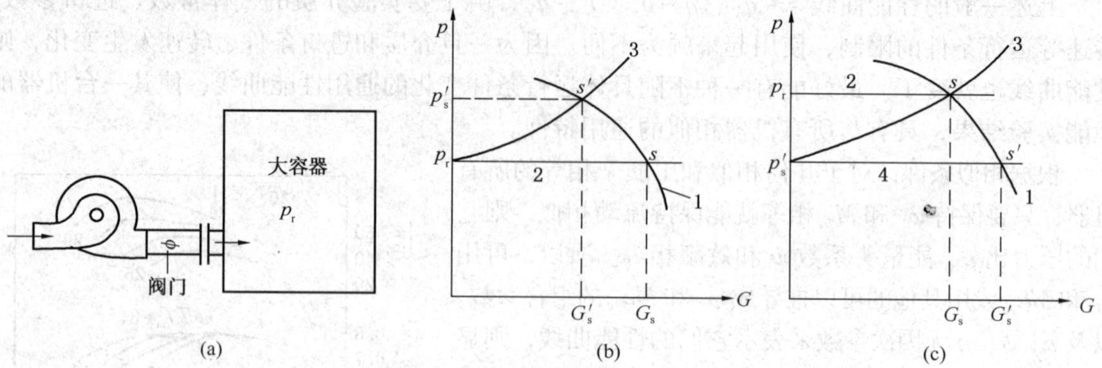

图 11－35　压缩机出口节流调节

（a）压缩机出口节流示意图；（b）（c）性能曲线

由于出口节流，阀门关小，管网阻力加大，使整个系统的效率有所下降，且压缩机性能曲线愈陡，效率下降愈多，故应尽量少用之。不过，这种调节方法简单易行、操作方便，故采用者仍不在少数。

（2）压缩机进口节流调节

调节压缩机进口管道中阀门开度是又一种简便且可节省功率的调节方法。改变进气管道中的阀门开度，可以改变压缩机性能曲线的位置，从而达到改变输送气流的流量或压力。如图 11－36 所示，压缩机出口压力线 1，对应于阀门全开，而进口压力 p_{in} 线 2、4 分别与出口压力 p_{out} 线 3、5 相对应，它们相当于阀门开度关小的两种情况。

由于进气节流可使压缩机进口的压力减小，相应地进口密度减小，在输送相同质量流量的气体时，因 ρ_{in} 小，q_{Vin} 大而使 H_{th}、β_l、β_{df} 都有所减少，其结果使功率 $P = \rho_{in} q_{Vin} H_{th}(1 + \beta_l + \beta_{df})$ 有所减少，从而节省功率。而压缩机的性能曲线愈陡，节省的功率愈多。进气节流的另一优点是使压缩机的性能曲线向小流量方向移动，因而能在更小流量下稳定地工作，而不致发生喘振。缺点是节流阻力带来一定的压力损失并使排气压力降低。

为使压缩机进口流场均匀，要求阀门与压缩机进口之间设有足够长的平直管道。进气节流也因方法简单易行、操作方便，故也是一种较多采用的调节方法。

（3）采用可转动的进口导叶调节（又称进气预旋调节）

在叶轮之前设置进口导叶，并用专门机构使各个叶片绕自身的轴转动，从而改变导向叶片的角度，可使叶轮进口气流产生预旋 $c_{1u} \neq 0$。若要使气流预旋与叶轮旋转方向一致，则 $c_{1u} > 0$ 称正预旋，反之，$c_{1u} < 0$ 称负预旋。H_{th} 随正预旋而减小，随负预旋而增大，且与叶轮直径比的平方有关。图 11－37 为转动进口导叶对级性能影响的实验结果。ψ 表示能量头系数；φ 表示流量系数。当负预旋角 θ 增大时，性能曲线向右上方移动，但其效率曲线变化都不大。采用负预旋时，要注意 Ma_{w_1} 不致过大而使效率下降，以及小流量时不致进入喘振。

总体来说，进气预旋调节比进出口节流调节的经济性好，但可转动导叶的机构比较复杂。故在离心压缩机中实际采用得不多，而在轴流压缩机中采用得较多。

（4）采用可转动的扩压器叶片调节

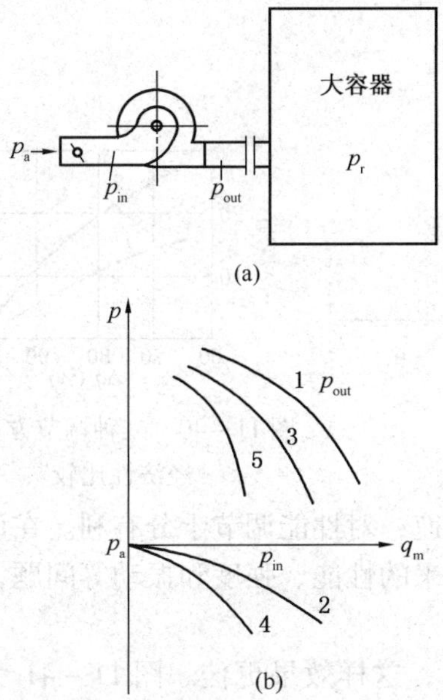

图 11-36　压缩机进气节流

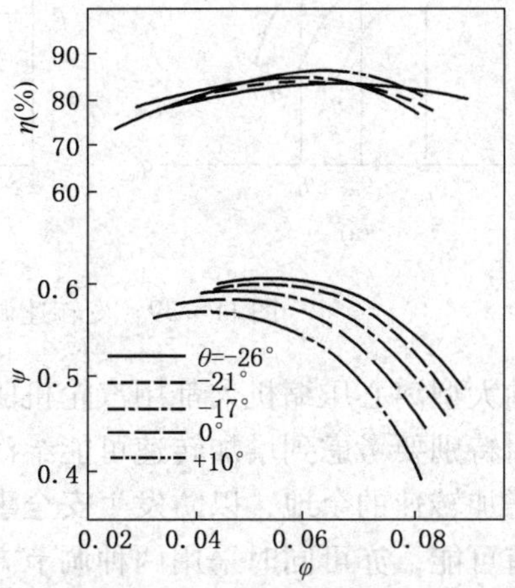

图 11-37　采用进口气流旋绕对级性能的影响

具有叶片扩压器的离心压缩机，其性能曲线较陡，且当流量减小时，往往首先在叶片扩压器出现严重分离导致喘振。但如能改变扩压器叶片的进口角 α_{3A} 以适应来流角 α_3，则可避免上述缺点，从而扩大稳定工况的范围。图 11-38 表明减小叶片角 α_{3A} 可使性能曲线向小流量区大幅度地平移，使喘振流量大为减小，而同时压力和效率变化很小。这种调节方式能很好地满足流量调节的要求，但改变出口压力的作用很小，这种调节机构相当复杂因而较少采用。

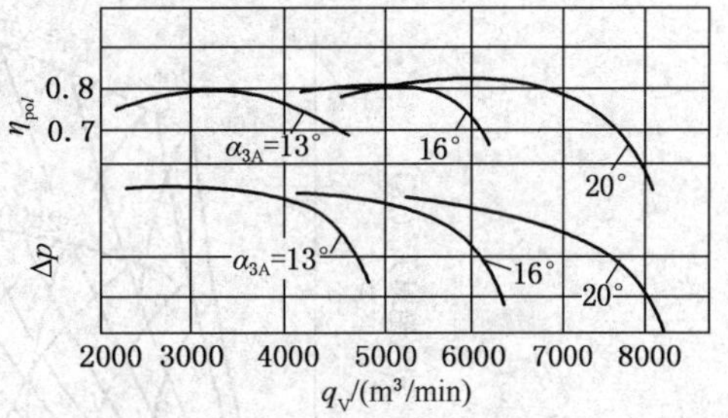

图 11-38　调节扩压器叶片角度时对级性能的影响

（5）改变压缩机转速的调节

如原动机可改变转速，则用调节转速的方法可改变压缩机性能曲线的位置，转速减小性能曲线向左下方移动，如图 11-39 所示。图中（a）为用户要求压力 p_r 不变而流量增大为 q'_{ms} 或减小为 q''_{ms}，调节转速到 n' 或 n''，使性能曲线移动即可满足要求；图中（b）为用户要求流量不变而压力升高到 p'_r 或降低为 p''_r，调节转速到 n'_s 或 n''_s 的情况。

转速调节其压力和流量的变化都较大，从而可显著扩大稳定工况区，且并不引起其他附加损失，亦不附加其他结构，因而它是一种经济简便的方法。应当指出，切割叶轮外径与减小转速有大体相同的性能曲线变化，它也是在不得已的情况下可以采取的一种方法。

（6）三种调节方法的经济性比较及联合采用两种调节

图 11-40 表示了进口节流、进气预旋和改变转速的经济性对比。其中，以进口节流为基准，曲线 1 表示进气预旋比进口节流所节省的功率。曲线 2 表示改变转速比进口节流所节省的功率，显然改变转速的经济性最佳。

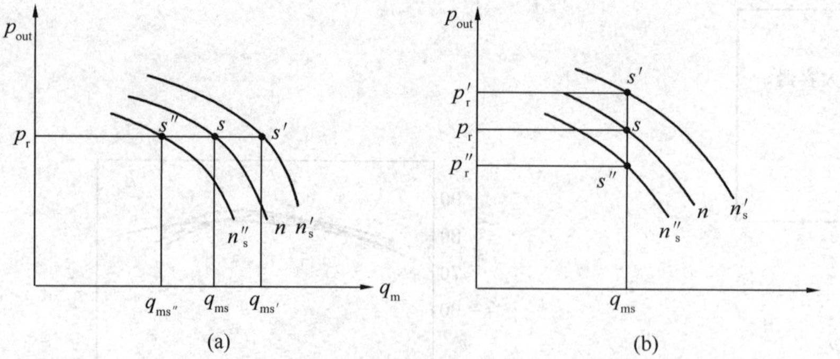

图 11－39　变转速调节

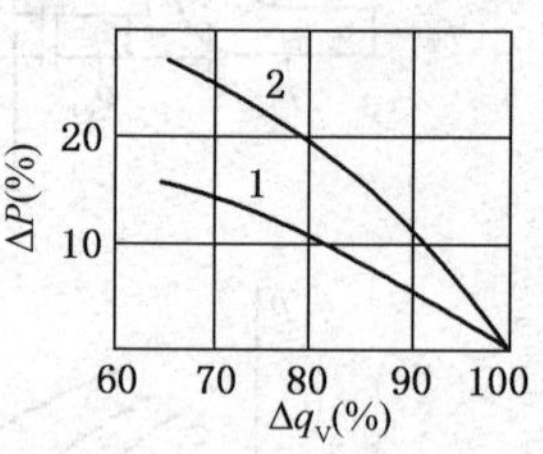

图 11－40　三种调节方法的经济性比较

目前大型离心压缩机大都用汽轮机驱动，它可无级变速，对性能调节十分有利。在设计与使用时特别要考虑到增加转速可能给汽轮机和压缩机带来的性能、强度和振动等问题，而应留有增加转速的余地，以防发生安全事故。

如有可能，亦可同时采用两种调节方法，以取长补短，这样效果更佳。图 11－41 为改变转速与改变扩压器叶片角度联合调节的性能曲线变化情况。图中用分别在两种转速下，改变叶片扩压器开度% 的方法进行调节，开度% 愈小，表示叶片角 α_{3A} 愈小。该图表明，同时采用两种调节方法有十分广阔的稳定工况区域，喘振界线可以向左大幅度地移动。

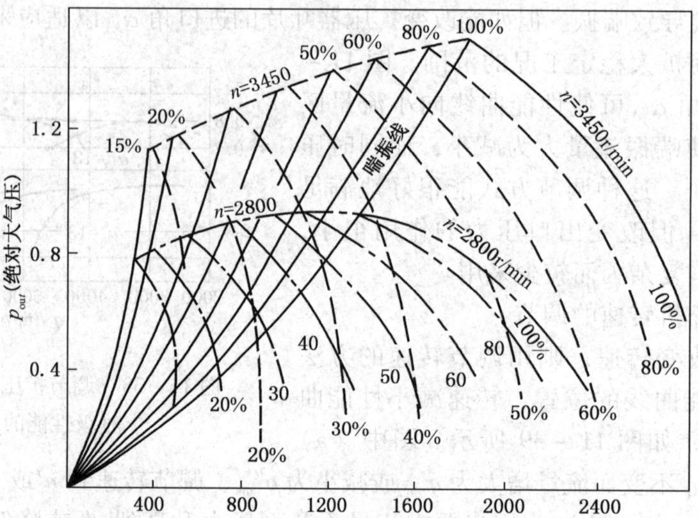

图 11－41　改变转速与改变扩压器叶片角度的性能曲线

11.2.4　附属系统

（1）输送气体的管网系统

用户可能要求压缩机的选型者配备必要的管网系统，如进、排气管道、阀门、过滤器和消声器等。为此，要设计计算出管网系统在设计工况及变工况，不同流量、流速下的管网系统各部件的阻力压降，以便了解管网的阻力特性，并能对压缩机在设计工况下进、出口的压力、温度、流速等参数提出确切的数值。应当指出，如管路过长，阀门等局部阻力部件过多，则选型的压缩机还要为此增加压力比，以克服该段管网的阻力压降，使达到需要压缩气体的设备时具有所要求的进气压力，特别是当压缩机的压力比不大时，更应注意这一问题。

（2）增（减）速设备

当使用电动机驱动压缩机时，由于电动机的转速固定为1500或3000r/min，而要达到压缩机的设计转速，则需要增速，个别需要减速。增（减）速设备多用齿轮变速箱[12]。齿轮变速箱按照增（减）速比和传递的功率来选购，或直接由压缩机制造厂配备。

（3）油路系统

按照压缩机、原动机及齿轮变速箱中的轴承、密封、齿轮等工作的要求，需要由油路系统提供一定流量、压力并保持一定油温的循环润滑油，以起润滑、支撑、密封和吸收热量的作用。图11－42是沈阳鼓风机厂提供的一个润滑、密封油路系统图。油路系统应按各用油处需要带走的热量、油温升及所需的油压，并计入管路的阻力压降来选择能提供所需流量和油压升的油泵，以及管径的尺寸和储油箱的体积。另外，还需要过滤器和冷却器，使油保持清洁和一定的油温。

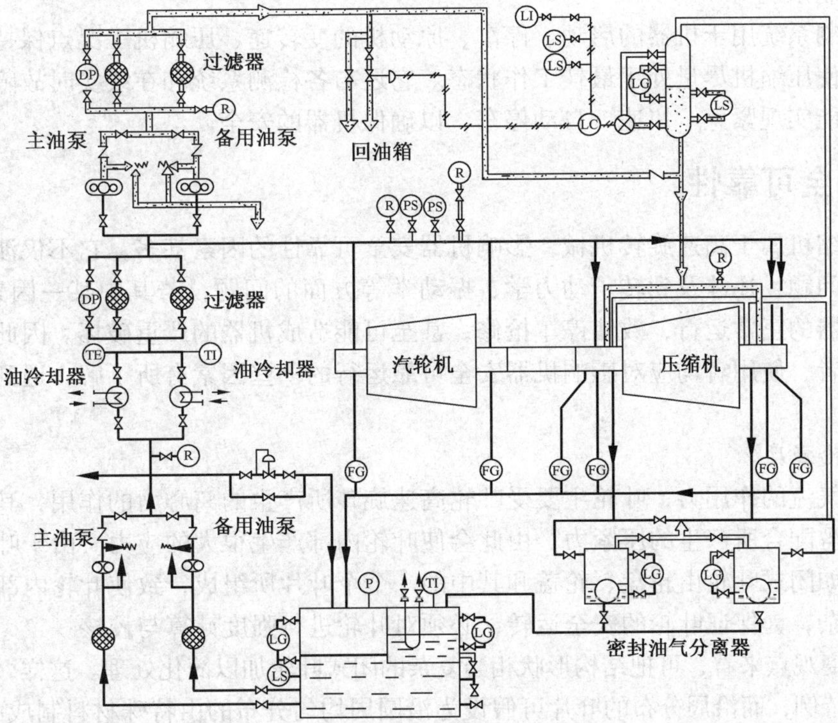

图11－42　润滑、密封的油路系统

在密封装置中油和气体有掺混，流出后应由油气分离器将其分开，然后把油再注入循环油路之中。

有的工厂专门提供各种型号的油站，油站包括油泵、储油箱、过滤器、冷却器等。现场配上管道即可与机器用油部位接通使用，亦可由压缩机制造厂配套提供。

压缩机在启动前、停车后一段时间内，油路系统均应处于工作状态。为防止突然停电、停车、油泵停止工作，还应设置高位储油箱。必要时可打开阀门，使高处的油靠重力流下去润滑机器，带走热量。

（4）水路系统

压缩机中间冷却气体和油路系统冷却油均需设置冷却器。水路系统包括冷却器、阀门、管道等。冷却器是按照一定流量的压缩气体或润滑油，降低一定的温度所需被冷却水带走的热量，与当地的水温，所需的水量和流速等参数，来计算冷却器的换热面积[12]。据此选择合适型号的冷却器，并形成一个水路系统。冷却水要考虑一次使用，还是循环使用，如循环使用还要设置水泵及冷却水塔，用大型风扇为水降温。

（5）检测系统

性能检测系统包括压缩机，有的还有原动机，进出口气体的压力、温度、管路中的流量、机器的转速与功率等参数的测量。安全检测系统包括压缩机振动、转速、功率和转子轴向位移及轴承、密封部位的油温等参数的测量。它们的一次仪表装置在现场机器的各部位上，通过专门的线路与二次仪器接通进行信号处理，再经计算机计算、记录和显示。以便了解机器的运行状态，检查性能参数是否达到要求，机器的运行是否安全，给压缩机的调节控制和故障诊断提供基本信息。

（6）控制系统

自动控制系统用于机器的启动、停车、原动机的变转速、压缩机工况点保持稳定或变工况调节，以使压缩机尽量处于最佳工作状态。它还与各检测系统和在线实时故障诊断系统连锁控制，并能实现紧急、快速、自动停车，以确保机器的安全。

11.3 安全可靠性

离心压缩机属于高速旋转机械，影响机器安全可靠性的因素甚多，它不仅涉及部件的强度、刚度等问题，还涉及到转子动力学、振动学等方面的问题，若其中某一因素发生问题，不仅影响机器的正常运行，致使停车抢修，甚至可能造成机器的严重破坏。因此，机器的设计者、选用者、使用者均应对影响机器安全可靠运行的一些因素有所了解，遇到问题能够分析解决。

11.3.1 叶轮强度

若忽略气流的作用力，叶轮主要受叶轮高速旋转所产生的离心力的作用，其次是叶轮与轴之间的过盈配合所产生的压紧力，由此会使叶轮内部产生很大的应力。由于叶轮结构形状的复杂性，如闭式叶轮由轮盘、轮盖和其中的一个个叶片所组成，致使叶轮内部应力的大小分布十分复杂，为保证叶轮的安全运转，必须对叶轮进行强度计算与校核。

仅从强度观点来看，可把结构形状相当复杂的闭式叶轮加以简化处理。这样，轮盖可视为轮盘的一个特例，而沿周分布的叶片可假设为沿圆周均匀分布的由特殊材料制成的盘形夹层，故叶轮强度计算主要是轮盘应力计算了。轮盘应力计算大致有直接计算法、二次计算法和有限元计算法等。其中，有限元计算法计算网格点密，易于暴露出最大应力的大小和位置，能指导改进叶轮的形状和尺寸，且有十分成熟的计算软件供上机计算，故已得到广泛的应用了。

下面可从旋转厚圆环由于旋转产生离心力 P 的受力情况定性地了解一下强度计算所得出的大致结果。如图 11－43 所示，厚圆环图中（a）相当于一个圆弧形的梁。离心力 P 对截面 AA' 产生拉伸应力如图中（b）所示，又产生弯曲应力如图中（c）所示，综合起来，总的应力分布如图中（d）所示。也就是说，旋转等厚度圆环中的应力分布如图 11－44 所示。由此可得出一个重要结论：最大拉伸应力（切向应力）发生在内径处，高速旋转的离心压缩机轮盘和轮盖一般就是这种情况，即在内径处产生最大的切向应力 σ_t。因此，研究的主要目的是设法减小这个最大应力以增加强度，使叶轮运行安全可靠。

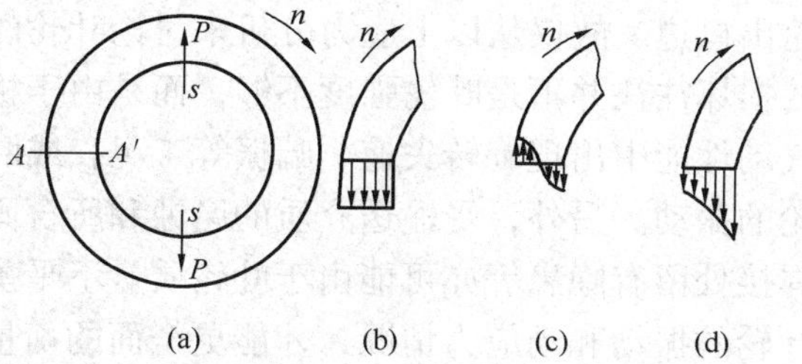

图 11－43　旋转厚圆环的受力情况

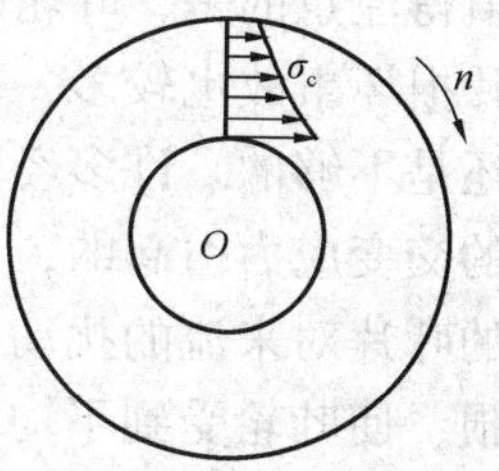

图11－44　旋转厚圆环中的应力分布

对于离心叶轮来说，从叶轮强度出发需要注意以下几点：

① 叶轮的轮盘、轮盖旋转产生的切向应力与它们的结构形状和尺寸有关。一般内孔处应力最大，内孔直径加大，由于轮盖内孔直径比轮盘内孔直径大，故一般轮盖内孔处切向应力最大，如图 11－45 所示，它是叶轮强度上的薄弱环节。由于切向应力 σ_t 大致与叶轮的 ρu^2 成正比，因而由它限制了叶轮圆周速度的提高，并从而限制了主流在一个级中压缩比的提高。对于采用一般合金钢材料制造的闭式叶轮来说，工业用离心压缩机叶轮轮缘圆周速度 u_2 限制在 320m/s 以内。而整体铣制的半开式叶轮，强度可以提高到 450～500m/s。

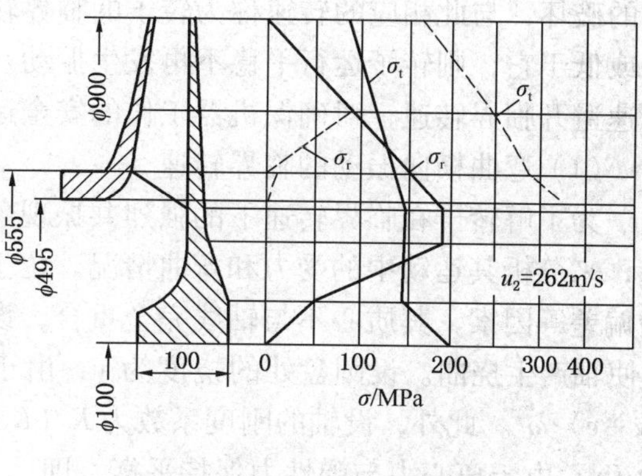

图 11－45　轮盘和轮盖的应力

－－－－轮盖应力；——轮盘应力

② 在强度计算时，单独加工的叶片，焊接或铆接在轮盘轮盖上，叶片旋转产生的离心力可附加与分担作用在轮盘和轮盖上，而在轮盘上铣出的叶片，其叶片离心力全部作用在轮盘上。

③ 就轮盘、轮盖形状而言，外圆削薄对减小应力有利，内孔直径加大，会增大应力，这是十分不利的，因此轮盘和轮盖内径不应过大，也不应太厚，并设计成锥梯形。

④ 从 σ_t 与 ρu^2 成正比可知，衡量材料的强度不应单纯地看屈服点 σ_s 的大小，而应用综合指标 σ_s/ρ 来衡量，因而采用某些优质轻合金作叶轮的材料，从强度上看是有利的。如表 11－2 列出三种材料为例，从中可以看出材料 34CrNi3Mo 的 σ_s 虽然比 LD5、LD10 大，但密度也大。故综合指标 σ_s/ρ 反而比 LD5，LD10 小。

表 11－2　三种材料的性质

名　称	σ_b/（N/mm^2）	σ_s/（N/mm^2）	ρ/（g/cm^3）	$\frac{\sigma_s}{\rho}$/（10^{-3}m^2/s^2）
LD5	353.16～372.18	274.68	2.8	98.1
LD10	451.26	343.35	2.8	122.65
34CrNi3Mo	882.9	373.75	7.85	94.18

应当指出，由于叶轮在离心压缩机中的重要作用和特殊地位，通常均选用优质的材料，考究的制造工艺和偏于安全的圆周速度 u_2，并通过叶轮的强度计算与校核，故叶轮的安全可靠性一般是可以保证的。

但值得注意的是，叶轮的损坏也时有发生，其中轮盖损坏事故较多，且大多在轮盖外缘处，叶片损坏事故也较多，也多发生在叶轮出口边。故仅从以上应力分析来讨论叶轮的安全可靠性还是不够的。许多经验表明，叶轮的损坏往往并不是叶轮强度不够，而是由于机械振动产生的交变应力引起的，如离心压缩机气动性能中出现旋转失速、喘振等工况，或叶片扩压器中的叶片对来流的扰动，都会激起叶轮的振动。另外，受输送介质的腐蚀和所含固体颗粒的磨损，使叶轮受到不均匀的损伤，某焊接处留有隐患等亦可能由于叶轮质量不平衡也会产生振动，造成损坏。因此，还必须分析叶轮的振动和动应力情况，才能更全面的衡量叶轮的可靠性。

11.3.2 转子临界转速

轴及其安装在轴上随轴旋转的（如叶轮、平衡盘、推力盘等）所有零部件一起统称为转子。若转子旋转的角速度与转子振动的固有频率相重合，则转子会发生强烈的共振导致转子的破坏，与此相应的转速称为转子的临界转速。一旦转子离开临界转速，不论是转速高于它或低于它，则转子运行平稳不再发生振动。故对设计与操作者来说，使离心压缩机的工作转速避开临界转速，对确保机器工作的安全运行是十分必要的。

（1）弯曲横向振动的临界转速

为了解转子在临界转速下的强烈共振现象，取一个单元盘而无质量的轴如图 11－46 所示，来分析其运动中的受力和弯曲情况。位于轴中央的圆盘质量为 m，由于材料不均匀、制造偏差等因素，其质心不与轴线完全重合，设偏心距为 e。当转子以 ω 旋转时，由于离心力 F 使轴产生挠曲。设圆盘处的挠度为 y，由于转子绕轴线 $AO'B$ 旋转，因此离心力为 $F=m(y+e)\omega^2$。此外，设轴的刚度系数为 K（K 表示使轴产生单位挠度所需的外力），则弹性力为 Ky。由于离心力与弹性力保持平衡，即

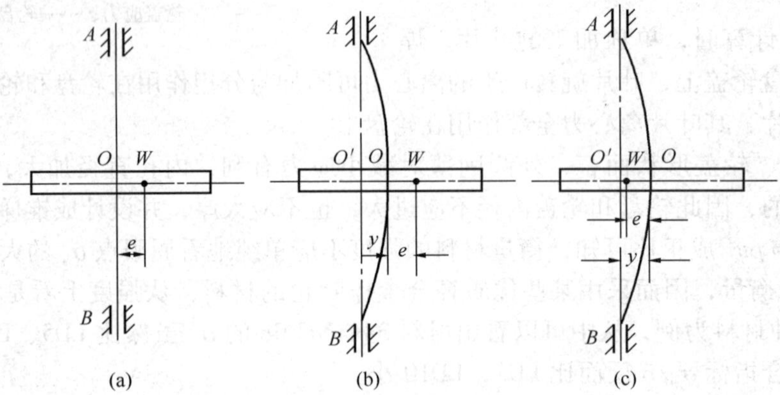

图 11－46　存在偏心距 e 时转子的回转情况

$$m(y+e)\omega^2 = Ky$$

由此得

$$y = \frac{e\omega^2}{\dfrac{k}{m} - \omega^2} \tag{11-62}$$

由该式可见，不论 e 多小，当 ω^2 趋近于 $\frac{k}{m}$ 时，y 趋于无穷大，转子就发生强烈的横向振动，这时的旋转角速度就叫临界角速度。若它以 ω_c 表示，相应的转速以 n_c 表示，则

$$\omega_c = \sqrt{\frac{K}{m}},\ n_c = \frac{60\omega_c}{2\pi} = \frac{30}{\pi}\sqrt{\frac{K}{m}} \tag{11-63}$$

实际上由于轴承等阻尼的作用，轴的横向弯曲受到限制，但此时的挠度还是相当大的，足以导致转子破坏。

若以 $\omega_c = \sqrt{\frac{K}{m}}$ 代入上式，则可得

$$y = \frac{e\omega^2}{\omega_c^2 - \omega^2} = \frac{e}{\left(\frac{\omega_c}{\omega}\right)^2 - 1} \tag{11-64}$$

由该式可知，当 $\omega < \omega_c$，即 $n < n_c$ 时，轴的刚度较大称为刚轴或刚性转子。而把 $\omega > \omega_c$ 即 $n > n_c$ 的轴称为柔轴或柔性转子，表示轴或转子的刚度较小。为使转子安全运转，一般要求刚轴 $n < 0.7n_c$，柔轴 $n > 1.3n_c$，且当为柔轴时，要求转子尽快越过临界转速，决不允许在 n_c 附近逗留，否则转子将因强烈的振动而遭破坏。

若为水平轴并考虑轴的质量引起的重力，则静止时就有一条轴静挠度曲线 $AO''B$，如图 11－47 所示，轴绕 $AO''B$ 旋转。除此之外，与竖立轴完全一样，其离心力仍为 $F = m(y+e)\omega^2$，临界角速度仍为 $\omega_c = \sqrt{\frac{K}{m}}$。

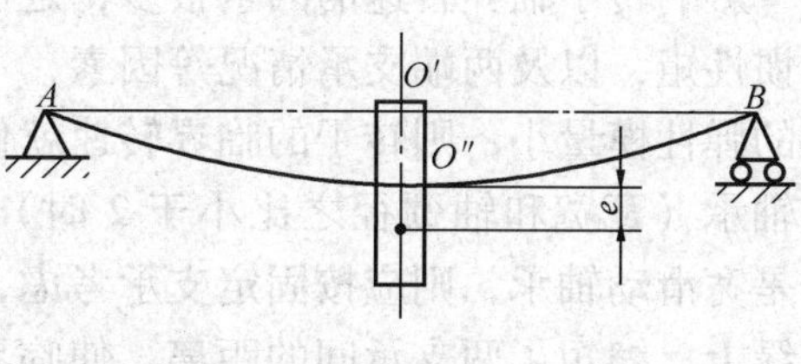

图 11－47　水平转子简图

实际上转子的临界转速是多阶的，它有许多个转速不断提高的临界转速，为便于讨论转子的各阶临界转速和其振型，取一个无圆盘的等直径轴作横向振动，求等直径轴的临界转速，即求等截面简支梁的横向振动固有频率。略去运动微分方程的求解，直接写出所需求得的固有频率为

$$\omega_c = \frac{i^2\pi^2}{l^2}\sqrt{\frac{EJ}{m}} \tag{11-65}$$

式中 E 为弹性模数；J 为轴截面的惯性矩；m 为轴的质量；l 为轴的长度；而 i 为阶数，$i=1$、2、3…，分别为一阶、二阶、三阶……则固有频率为一阶固有频率 ω_{c1}、二阶固有频率 ω_{c2}、三阶固有频率 ω_{c3}……相应地得到轴的挠度曲线，解为

$$Y(x) = c_1 \sin\frac{i\pi x}{l} \tag{11-66}$$

称为振型函数，它描绘了简支梁的，即轴的振动振型为正弦曲线，如图 11－48 所示。

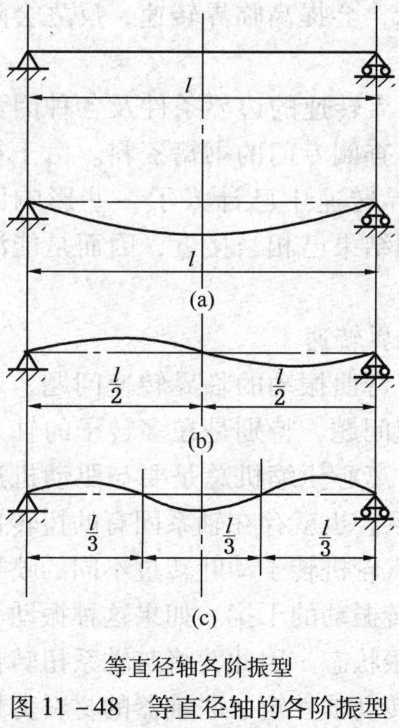

图 11－48　等直径轴的各阶振型

(a) 一阶振型；(b) 二阶振型；(c) 三阶振型

由以上分析可知，等直径轴的临界转速不止一个，而有 i 阶个临界转速，各阶临界转速随 i^2 增大。由振型可知，挠度曲线除端点外，$y=0$ 的点称为节点，一阶振动曲线无节点，二阶振动曲线有一个节点，依次类推。其中一阶振动的振型无节点而振幅值最大，因而有最大的破坏性。

实际的转子虽不是等直径的轴，但它也是一根质量连

续分布的轴，因而情况也是类似的。

为了避开临界转速运转，离心压缩机对于刚轴，即刚性转子的工作转速 n 一般要求

$$n < 0.7n_{c1} \tag{11-67}$$

对于柔轴，即柔性转子的工作转速 n 一般要求

$$1.3n_{c1} < n < 0.7n_{c2} \tag{11-68}$$

且在启动后或停车过程中，要求操作者尽可能迅速地越过临界转速，以避免机器的强烈振动，保证机器的安全。

同时，为了防止出现轴承油膜振荡，工作转速要低于两倍的第一阶临界转速，即

$$n < 2n_{c1} \tag{11-69}$$

根据上述分析可知，计算转轴多阶临界转速就是求转轴各阶弯曲振动的固有频率，而其弯曲振动的弹性线就是各阶的振型。转子临界转速的计算有能量法、普劳尔法等，目前较多采用的是普劳尔法，也称普劳尔传递矩阵法，它已有许多商用计算软件供上机计算，既快速准确，又可计算出各阶的临界转速。

影响转子临界转速的因素很多，定性分析可知，它有转子的材料、质量、轴的跨距、轴的惯性矩，以及两端支承情况等因素，一般来说，转子质量大、跨度大、轴的惯性矩大、材料的弹性模量小，则转子的临界转速就低，反之临界转速就高。转子两端用滚珠轴承或窄滑动轴承（瓦宽和轴颈径之比小于2时）支撑，可以看作铰链支承，不会阻碍轴端的偏转。若是宽滑动轴承，则应按固定支承考虑，当轴的挠度达到一定值时，轴颈会靠在轴承的内侧边缘上，缩短了两支承间的距离，使临界转速有所提高。由于油膜具有弹性，轴承座与基础也有一定的弹性，使轴承支撑的刚性有所下降，从而影响了转子的刚度有所下降，而降低了临界转速。而油膜阻尼的影响却又稍增大临界转速并使振幅衰减。叶轮与轴的过盈配合，使转轴刚度增加，则增大临界转速。另外，由叶轮传递给转子的轴向力，若是拉力会减小轴的弯曲，使临界转速提高；若是压力则相反会降低转速。又如叶轮的所谓陀螺效应，由于轴弯曲使叶轮偏斜产生弯曲力矩，若使挠度减小如图11－49所示，会提高临界转速，反之会降低临界转速。

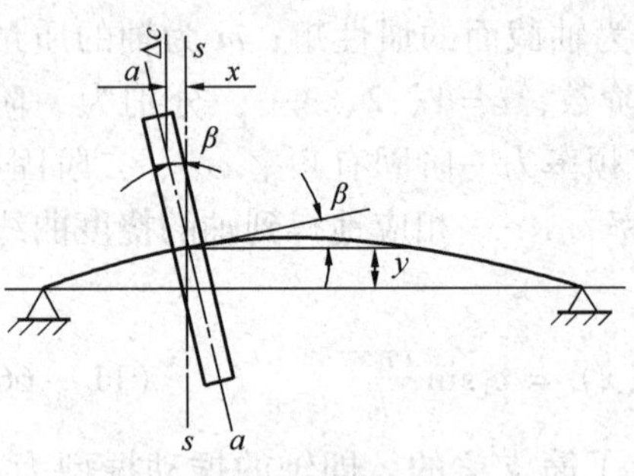

图11－49　陀螺效应影响

总之，有关影响临界转速的边界条件及各种因素在计算中如何加入，可查阅专门的书籍资料。由于在应用普劳尔法计算临界转速中已计入了一些影响因素，其计算结果与实测结果已相当接近，因而是能满足工程实际应用的。

（2）扭曲振动的临界转速

离心压缩机不仅有弯曲振动的临界转速问题，还有扭曲振动的临界转速问题，特别是在多转子的轴系中这一问题相当突出。离心压缩机总是要与驱动机连接，有时压缩机会多缸串联运行，这就形成一个多转子的轴系，也就存在轴系固有的扭转自振频率。机组运行时不可避免地存在扭转振动的干扰，例如汽轮机转子动叶转过不同的喷嘴区，压缩机叶轮转过扩压器叶片或排气蜗舌等，都会形成扭转振动的干扰。如果这种振动干扰频率和轴系转子的扭转振动频率相同，也会使转子处于共振状态。因此，将与轴系扭转自振频率相同的转速定为扭振临界转速。它主要取决于轴系的转动惯性矩、联轴器的材料剪切弹性模数和长度等。

多转子串联的轴系，转子的一阶扭振临界转速较低，而一般压缩机转速较高，又有一些更高频率的干扰扭转振动，因此只计算轴系一阶临界转速还不够，还必须计算轴系多阶的临界转速，在扭振临界转速的计算中，一般要计算前三阶，有时需计算出五、六阶甚至前十阶，以保证压缩机运行时能远离这些扭振临界转速，使其安全运行。

11.3.3 轴向推力的平衡

(1) 转子承受的轴向力

流体作用在叶轮上的轴向力由两部分组成：一部分是叶轮两侧的流体压力不相等（轮盖侧压力低，轮盘侧压力高）；一部分是流经叶轮的流体轴向分动量的变化。流体作用在各个叶轮上的轴向力之和就是转子承受的轴向推力。为防止转子轴向移动，要安装止推轴承。如转子轴向力过大，尚须设法把大部分轴向力平衡掉，以保证止推轴承工作的可靠性。

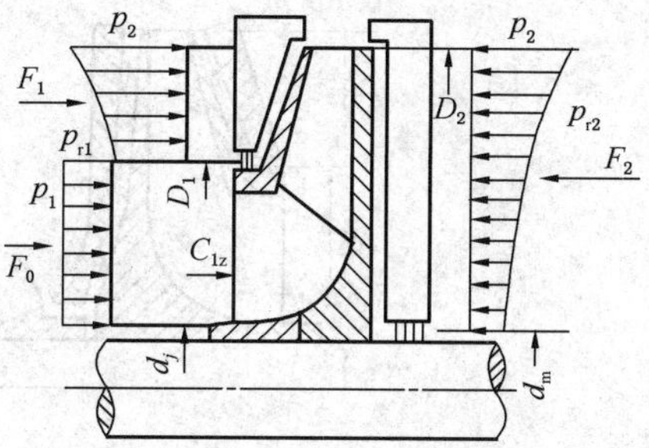

图 11－50 闭式叶轮轴向受力图

① 闭式叶轮轴向推力的计算

图 11－50 为离心压缩机闭式叶轮侧面的受力情况。

向右的轴向力由 F_0 和 F_1 组成，其中

$$F_0 = p_1 \frac{\pi}{4}(D_1^2 - d_j^2) + q_m C_{1z} \tag{11－70}$$

向左的轴向力为 F_2，由此可得叶轮向左的总轴向推力为

$$F = F_2 - F_1 - F_0 = \frac{\pi}{4}(D_1^2 - d_m^2)p_2 - \frac{\pi\rho u_2^2}{32}\left[(D_1^2 - d_m^2) - \frac{1}{2D_2^2}(D_1^4 - d_m^4)\right] - \frac{\pi}{4}(D_1^2 - d_j^2)p_1 - q_m C_{1z} \tag{11－71}$$

式（11－71）是由假定 D_1 至 D_2 两侧的 $p_{r1} = p_{r2}$ 得到的。但实际上，如图 11－51 所示，轮盖侧与轮盘侧间隙中的流体流动方向相反，轮盖侧流体由外径向内径流动，使间隙中的流体圆周速度增加而压力下降。流动损失也较大，又使压力下降。而轮盘侧情况则相反。这样，在式（11－71）的基础上，又产生了一个向左的附加轴向力。但是准确计算这个附加轴向力是很困难的。根据有关的实验资料，归纳出一个计算附加轴向力的公式，即

$$F' = 0.66\rho_m \left(\frac{u_2}{10}\right)^2 D_2^2\left[\frac{1}{2} - \left(\frac{D_1}{D_2}\right)^2 + \frac{1}{2}\left(\frac{D_1}{D_2}\right)^4\right] \tag{11－72}$$

式中 $\rho_m = \frac{\rho_0 + \rho'_0}{2}$，$\rho_0$、$\rho'_0$ 分别为级的进出口流体密度。

综合以上各式，作用于一个叶轮由轮盘指向轮盖的轴向推力为

$$F = F_2 - F_1 - F_0 + F' = \frac{\pi}{4}(D_1^2 - d_m^2)p_2 - \frac{\pi\rho u_2^2}{32}\left[(D_1^2 - d_m^2) - \frac{1}{2D_2^2}(D_1^4 - d_m^4)\right] - \frac{\pi}{4}(D_1^2 - d_j^2)p_1 - q_m C_{1z} + 0.66\rho_m\left(\frac{u_2}{10}\right)^2 D_2^2\left[\frac{1}{2} - \left(\frac{D_1}{D_2}\right)^2 + \frac{1}{2}\left(\frac{D_1}{D_2}\right)^4\right] \tag{11－73}$$

应当指出，式（11－73）对低压压缩机（如 1MPa 以下）较为准确，但对中压，特别是高压

压缩机，在流体压力很大时，密度也很大，离心力的影响也就很大。故按式（11－73）计算的轴向力往往与实际不相符合。这时，最好用现场实际测量的方法，确定转子的轴向推力。进而确定平衡轴向力的措施（如确定平衡盘的合理尺寸），以保证止推轴承的工作可靠性。

② 半开式叶轮轴向推力的计算

图 11－52 为半开式叶轮的受力情况，其中

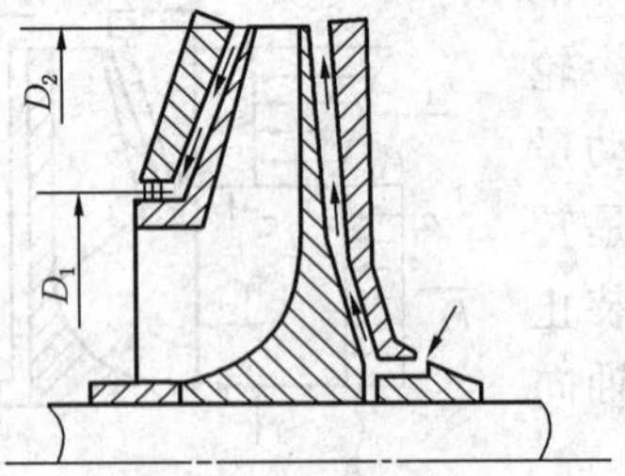

图 11－51　叶轮两侧间隙中流体流动的不同情况

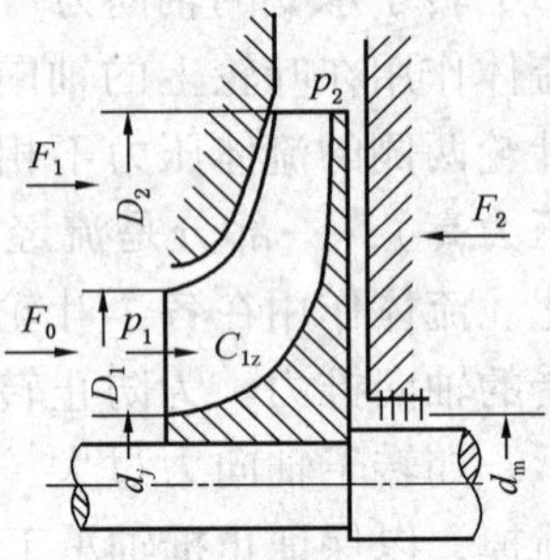

图 11－52　半开式叶轮轴向受力图

$$F_2 = \int_{\frac{d_m}{2}}^{\frac{D_2}{2}} p_{r2} 2\pi r \mathrm{d}r = \frac{\pi}{4}(D_2^2 - d_m^2)p_2 - \frac{\pi\rho u_2^2}{32}\left[(D_2^2 - d_m^2) - \frac{1}{2D_2^2}(D_2^4 - d_m^4)\right] \tag{11－74}$$

假定在 D_1 到 D_2 之间 p_{r1} 的分布为

$$p_{r1} = p_1 + (p_2 - p_1)\left(\frac{r - r_1}{r_2 - r_1}\right)^2 \tag{11－75}$$

则

$$F_1 = \int_{\frac{D_1}{2}}^{\frac{D_2}{2}} p_{r1} 2\pi r \mathrm{d}r = \frac{\pi}{4}p_1(D_2^2 - D_1^2) + \frac{8\pi(p_2 - p_1)}{(D_2 - D_1)^2}\left(\frac{D_2^4}{64} - \frac{D_1^4}{196} - \frac{D_2^3 D_1}{24} + \frac{D_2^2 D_1^2}{32}\right) \tag{11－76}$$

整个叶轮轴向推力为

$$F = F_2 - F_1 - F_0 \tag{11－77}$$

（2）轴向推力的几种平衡措施

① 叶轮对排

图 11－53 表示了叶轮的各种排列方式，其中（a）是叶轮顺排，转子上各叶轮轴向力相加；而（b）和带有中间冷却的（c）是叶轮对排，可使转子上各叶轮轴向力互相抵消，总轴向力大大降低，这对高压压缩机更为适用，但转子的轴向尺寸有所增加。

② 叶轮背面加筋

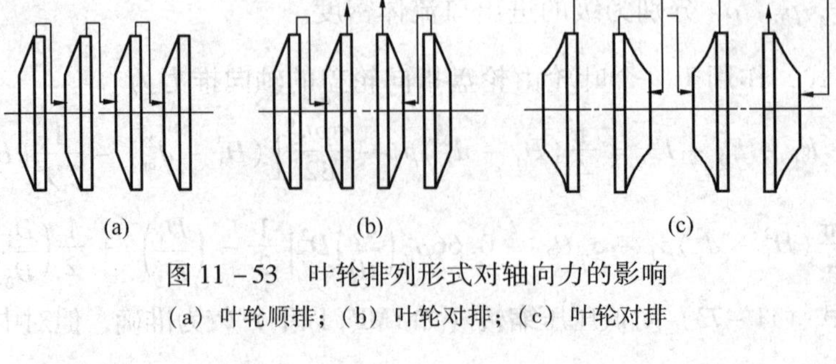

图 11－53　叶轮排列形式对轴向力的影响

（a）叶轮顺排；（b）叶轮对排；（c）叶轮对排

在轮盘背面加几条径向筋片，如图 11－54 所示。这相当于增加一个半开式叶轮。间隙中的流体旋转角速度由无筋时约为$\frac{\omega}{2}$，增加为 ω，从而使离心力增加，压力减小。图 11－54 中 *eij* 线为无筋时的压力分布，而 *eih* 线为有筋时的压力分布，可见靠内径处的压力显著下降了，故使叶轮的轴向力有所减少，这种措施对流体密度大的高压压缩机减小叶轮轴向力颇为有效。

③ 采用平衡盘（亦称平衡活塞）

在末级叶轮之后的轴上安装一个平衡盘，如图 11－55 所示，并使平衡盘的另一侧与吸气管相通，靠近平衡盘端面安装梳齿密封，这样可使转子上的轴向力大部分被平衡掉。作用在平衡盘上的轴向力为

$$F=\frac{\pi}{4}(d_2^2-d_1^2)(p_2-p_{in}) \tag{11-78}$$

式中：p_2为末级叶轮出口压力；p_{in}为压缩机吸气管中的压力。通过配置 d_1和 d_2尺寸大小，可控制平衡盘所承受的轴向推力。

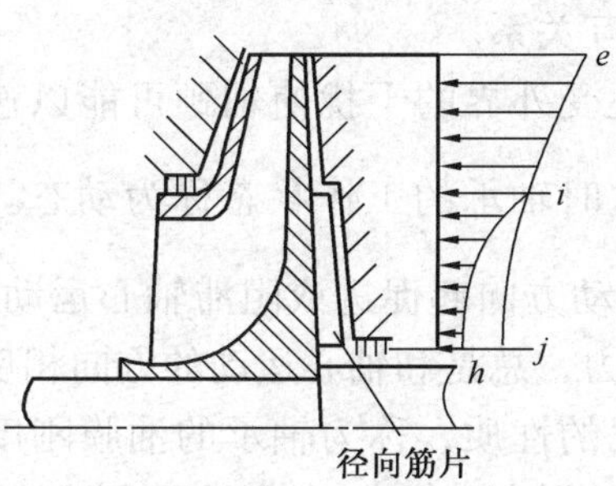

图 11－54　轮盘背面加筋减小轴向力

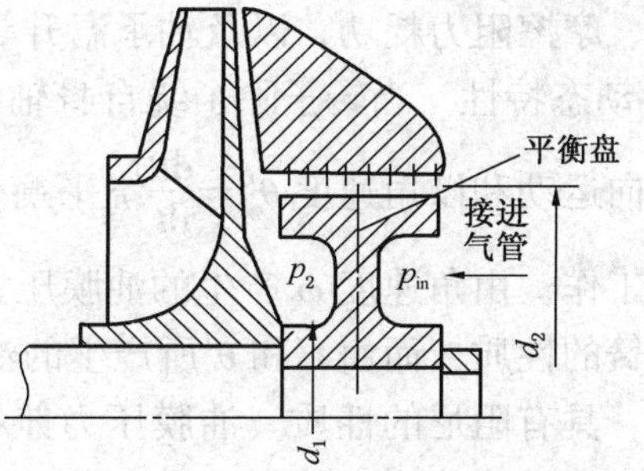

图 11－55　平衡盘

在上述三种措施中，采用最多的是平衡盘。

应当指出，转子上必须保留 3000～8000N 的轴向力使其作用在止推轴承上，以防止转子轴向窜动，否则将使转子遭到破坏。通常应设置转子轴向位移限制器。一旦转子轴向位移超过限定值，则限制器被触发报警，并可立即自动停机。

11.3.4　油润滑轴承、气体轴承与磁悬浮轴承

防止压缩机转子因受重力而下沉需要两个径向轴承，防止转子因受轴向推力而窜动需要轴向止推轴承。一般通风机、鼓风机多采用油润滑轴承中的滚动轴承，而大型鼓风机和一般透平压缩机，由于转子的质量较大，转速较高，故都采用油润滑轴承中的滑动轴承。

近代，随着透平机械不断向高转速发展，使用轴颈高线速度的气体轴承和磁悬浮轴承也获得了新的研究与应用。

（1）滑动轴承

① 滑动轴承的基本工作原理

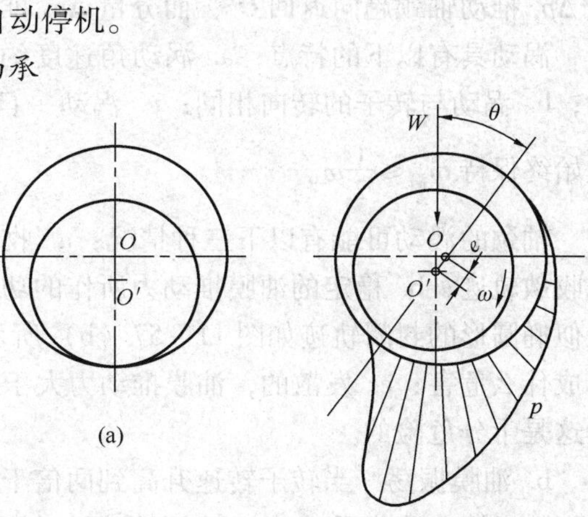

图 11－56　径向轴承的楔形间隙

（a）轴颈静止时的位置；（b）收敛油膜

如图 11－56 所示，转子由静止状态，

如图（a）变为以 ω 角速度转动时，如图（b），转子轴颈被轴颈和轴承之间收敛间隙中流动着的润滑油动压力托起，从而防止了轴颈和轴承表面的干摩擦与碰撞。产生流体动压力的原因是由于当轴颈相对于轴承运动时，若从上面大间隙进入的油量大于下面小间隙流出的油量，则收敛油楔中的油因受挤压而使动压力立即增大，从而使流进油的速度减慢，使流出油的速度增加，以此维持流入和流出的油流量相等，方符合流量的连续性。故收敛油膜亦称油楔，之所以能承受一定的外载荷，是由于能产生流体动压力，托起的轴颈被推向一边。在一般情况下，轴颈就在这样一个偏心的位置上稳定运转。两中心连线 OO' 的长度 e 称为偏心距，OO' 连线与外载荷 W 的作用线之间的夹角 θ 称为偏位角。每个偏心距 e，都反映一定的油楔形状，并一一对应着一定的载荷 W 和偏位角 θ，且偏心距 e 越大，最小油膜厚度 $h_{\min}$ 越小，承载能力就越大。

② 滑动轴承的静态与动态特性

a. 静态特性　当径向轴承工作时，若轴颈仅以角速度 ω 绕自身的轴心 O' 转动，即以不变的偏心距 e 和偏位角 θ 稳定运转，这种工作状态称为静态，人们总是希望轴承在这样一种工作状态下平稳的工作。所谓静态性能一般是指轴承在稳定状态下工作时的油压、油量、承载能力、摩擦阻力耗功，以及轴承温升等各参数的相互关系。

b. 动态特性　当转子除了绕自身轴线转动外，还受外界的干扰使轴颈可能以速度 $e' = \frac{de}{dt}$ 作径向运动和以角速度 $\theta' = \frac{d\theta}{dt}$ 绕平衡位置涡动，这时轴承的工作状态称为动态。轴承在动态下工作，由角速度 ω 产生的油膜压力，按轴心运动方向起促进或阻滞轴心运动的作用，具有弹簧的性质，而由 e' 和 θ' 所产生的油膜压力的合力，总是和轴心运动的方向相反，起阻滞作用，具有阻尼的性质。油膜压力兼有弹簧和阻尼的性质，称为轴承的油膜刚度阻尼特性，它是指轴承油膜对轴颈产生位移和速度扰动的反应特性。实际上当转子角速度较大时，轴承总是在动态下工作的。

③ 半速涡动和油膜振荡

a. 半速涡动　当外界的干扰使轴颈中心瞬时偏离平衡位置由 O' 移至 O''，如图 11 - 57（a）所示，油膜合力 p' 不再和载荷 W 大小相等，方向相反，p' 和 W 形成一个合力 Δp，其分量 Δp_x 推动轴颈趋向返回 O'，而分量 Δp_y 推动轴颈绕平衡位置 O' 涡动。

涡动具有以下的特点：a. 涡动角速度约为转子角速度的一半或稍低，故称之为半速涡动；b. 涡动与转子的转向相同；c. 涡动一旦产生，就在相当广的转速范围内持续下去，而且始终保持 $\omega_{涡} \leqslant \frac{1}{2}\omega$。

轴颈的涡动可能有以下三种情况：a. 收敛的，油膜阻尼力大于推动力，则 O'' 趋向 O' 形成收敛轨迹；b. 稳定的油膜推动力所作的功与阻尼力吸收的功相等，则 O'' 形成一个包围 O' 近似椭圆形的封闭轨迹如图 11 - 57（b）所示，只要 O'' 距 O' 在允许范围内稳定运转则不会形成什么危害；c. 发散的，油膜推动力大于阻尼力，则 O'' 形成不断远离 O' 的发散轨迹，显然这是十分危险的。

b. 油膜振荡　当转子转速升高到两倍于第一阶临界转速时，此时半速涡动的角速度 $\omega_{涡}$ 恰好等于第一阶临界转速 ω_{c1}，则转子 - 轴承等发生共振性振荡，人们将它称为油膜振荡。油膜振荡一旦产生，其振荡频率就趋近并保持第一阶临界转速的频率不变。而不再随转子转速的升高而变化，油膜振荡的振幅比半速涡动的振幅要大得多，常有毁坏机器的危险。为了避免发生油膜振荡，常要求 $n_{工作} < 2n_{c_1}$，此即为式（11－69）。

图 11－58 给出了一个轻载转子油膜涡动发展过程的示例。但应注意，轻载、中载、重载转子发生半速涡动和油膜振荡的起始转速和振幅的大小是有所不同的，有的重载转子，不出现半速涡动，而在转速超过两倍于第一阶临界转速后的某一更大转速时，直接发生油膜振荡。有关油膜振荡的失稳计算可见参考文献［10］。

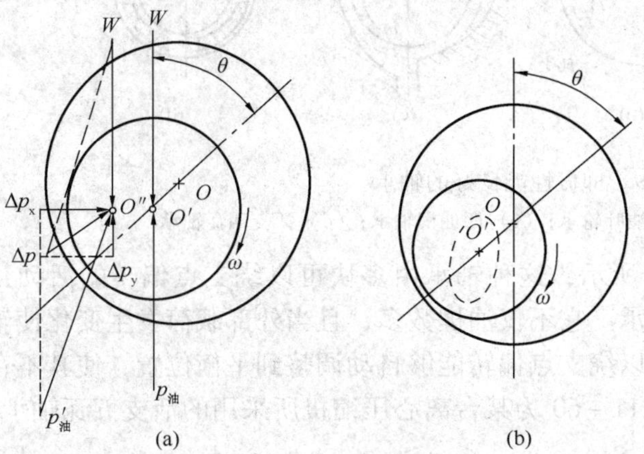

图 11－57　轴颈受力
（a）轴颈的受力；（b）轴心的涡动

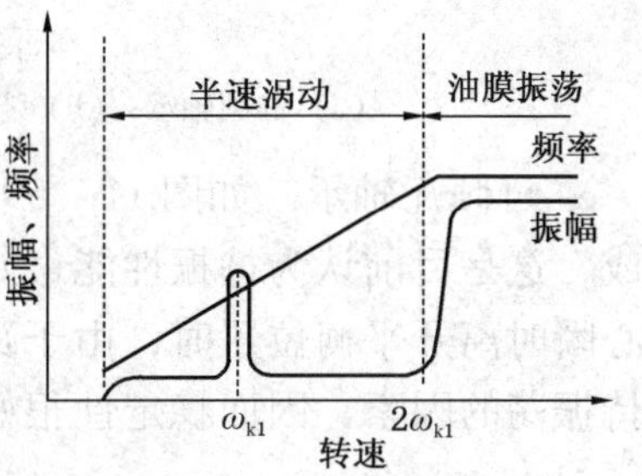

图 11－58　油膜自激涡动发展过程

④ 防止油膜振荡的方法

油膜振荡与转子和轴承两种因素都有关系。因此，防止油膜振荡应从转子和轴承两方面着手。

a. 提高转子刚度　即提高转子的第一阶临界转速，从而可以扩大转子－轴承系统的稳定工作区，使其转子的工作转速 $n < 2n_{c_1}$，这样就可以避免发生油膜振荡。但是对于多级离心压缩机而言，实际应用的多是高速轻载柔性转子，提高转子的刚度往往比较困难。

b. 采用抑振性能良好的轴承　即改变轴承的结构或参数，不涉及压缩机整个系统的结构和性能，相对来说较易实现。滑动轴承发展出多种形式，其中有的轴承既具有很好的承载能力和润滑性能，又具有良好的抑振性能，能够消除油膜振荡，保持转子平稳运转，但其轴承结构往往比一般轴承复杂。

⑤ 抑振轴承

a. 普通的圆柱轴承　这种轴承在低速重载时，轴颈处于较大的偏心下工作，因而是稳定的，可是在高速轻载下处于非常小的偏心下工作，因而很不稳定，油膜振荡一旦发生很难抑制。所以，对于高速轻载转子，圆柱轴承很少采用。

b. 椭圆轴承　这种轴承由上下两段圆弧所构成，如图 11－59（a）所示，由于加工方便，使用较广泛。其特点是上、下两段圆弧都距轴承中心有较大的偏心，并产生两个油楔。其上瓦油楔的油膜压力就会对前述的轴颈失稳起到抑制作用，由于几何的对称性，这种轴承允许轴颈正反转。

c. 多油叶轴承　如图 11－59（b）所示，这种轴承由几块圆弧形瓦块组成，可以是对称的，也可是不对称的，它与椭圆轴承的性能类似，每段都有较大的偏心，且油楔数更多，因轴颈受多方油楔的作用，故抑振性能优于椭圆轴承。

d. 多油楔轴承　如图 11 - 59（c）所示，这种轴承的抑振性能与多油叶轴承类似，但由于油楔的不对称性，故只允许轴颈单向转动。

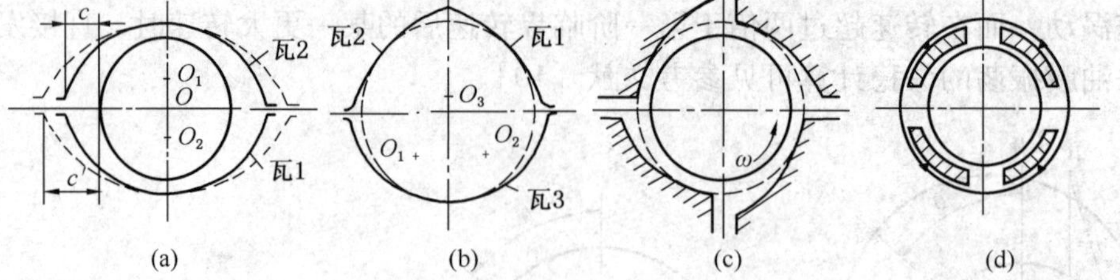

图 11 - 59　抑振性能良好的轴承

（a）椭圆轴承；（b）不对称三油叶轮承；（c）四油楔轴承；（d）活支四瓦轴承

e. 可倾瓦轴承　如图 11 - 59（d）所示，这种轴承由多块可以绕支点偏转的活动瓦块组成，这是目前认为抑振性能最好的轴承。它不仅油楔数多，且当外部载荷发生变化使轴颈中心瞬时离开平衡位置时，由于瓦块可以绕支点偏转能够自动调整到平衡位置，使其不存在维持振荡的因素，因而稳定性很好。图 11 - 60 为某台离心压缩机所采用的活支五瓦轴承。

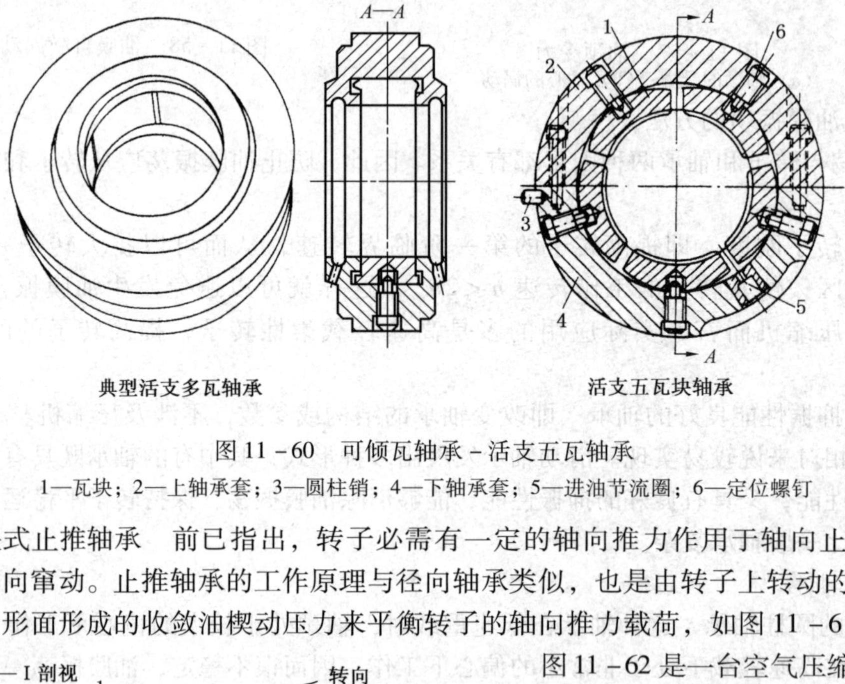

图 11 - 60　可倾瓦轴承 - 活支五瓦轴承

1—瓦块；2—上轴承套；3—圆柱销；4—下轴承套；5—进油节流圈；6—定位螺钉

f. 垫块式止推轴承　前已指出，转子必需有一定的轴向推力作用于轴向止推块上，以防止转子轴向窜动。止推轴承的工作原理与径向轴承类似，也是由转子上转动的推力盘与轴承上几块扇形面形成的收敛油楔动压力来平衡转子的轴向推力载荷，如图 11 - 61 所示。

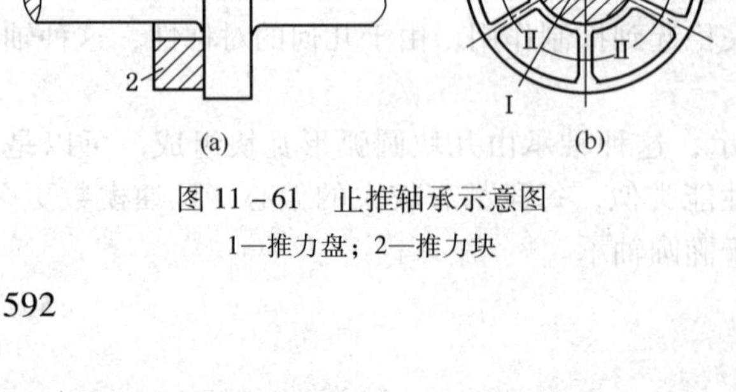

图 11 - 61　止推轴承示意图

1—推力盘；2—推力块

图 11 - 62 是一台空气压缩机采用的金斯伯雷止推轴承。止推瓦块下面还有上水准块、下水准块和基环，见图 11 - 63，它们之间用球面支点接触，保证止推瓦块，水准块可以自由摆动，以使载荷分布均匀。金斯伯雷轴承的特点是载荷分布均匀、调节灵活、能补偿转子的不对中，偏斜，但轴向尺寸长，结构复杂。

（2）气体轴承（空气轴承）

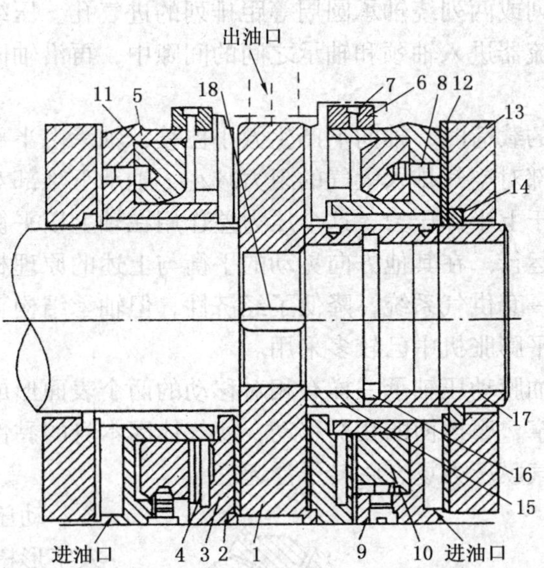

图 11-62　金斯伯雷止推轴承

1—止推盘；2—推力瓦块；3—巴氏合金；4—瓦块支架；5—基环；6—基环键；7—基环螺钉；8—水准块定位销；9—水准块定位螺钉；10—上水准块；11—下水准块；12—垫片；13—推力轴承圈；14—护圈；15—内防松螺母；16—扣环（两半）；17—外防松螺母；18—止推盘键

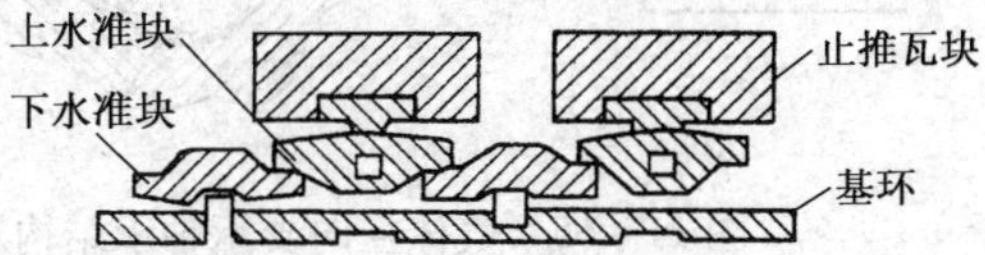

图 11-63　金斯伯雷轴承瓦块示意图

众所周知，气体的黏度很小，仅为润滑油黏度的1/1000，由气体轴承摩擦带来的温升和耗功比油膜轴承低得多。气膜支撑转子的重量也具有相当的承载能力和运行稳定性。且气体轴承可采用实际流程中的工质气体润滑，不会对工质造成污染，又省去了油系统与耗功，自然受到人们的重视。前面介绍的油膜滑动轴承受润滑油黏度大、温升高的限制，其轴颈允许的线速度约60~80m/s。在超高转速（$n > 20000$r/min）的透平压缩机中，轴颈线速度大大超过了这个许用值，故再用油膜轴承遇到很大困难，而高速气体轴承是解决上述难题的良好途径。随着人们在理论研究与技术开发上的不断深入，气体轴承已在微型燃气轮机、低温透平膨胀机和原子能反应堆的循环气压缩机等领域得到应用。

气体轴承与常规使用的油膜滑动轴承的工作原理基本相同。区别在于气体轴承是利用气体（而不是润滑油）的黏性来提高轴颈与轴承间隙中的压力，从而使轴颈浮起。

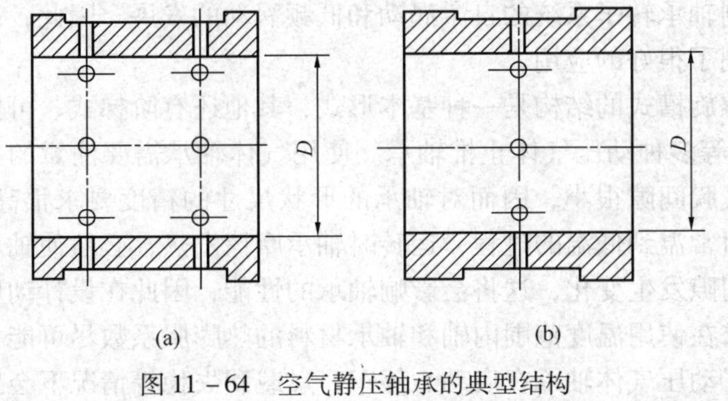

图 11-64　空气静压轴承的典型结构

（a）双列孔空气静压径向轴承；（b）单列孔空气静压径向轴承

现在的气体轴承形式大致有两种，一是静压式，二是动压式。

静压式气体轴承是使用从外部来的加压气体经节流器导入轴承间隙，在间隙内产生静压使转子浮起。节流的作用是改变压力，从而改变轴承的间隙。静压气体轴承的结构较简单，如图 11-64 所示，在圆筒形轴承套上钻有一列或两列绕轴承圆周等距排列的进气孔。压缩空气由外气源送到环绕轴承的储气槽，再经节流器进入轴颈和轴承之间的间隙中，再沿轴向流至轴承端部，然后排到大气中。

当轴受到垂直向下的载荷时，轴向下产生微小位移，轴承上半部的间隙增大，而下半部的间隙减小，轴承上半部对空气排入大气的阻力减小，轴承下半部对空气排入大气的阻力增大，形成下半部压力高于上半部压力，这个压力差作用在轴上以平衡转子重量，使轴维持在一个很小的间隙中稳定运行。在其他方向晃动的平衡与上述的原理相同。

静压气体轴承需要一套供气系统，降低了经济性，但轴承结构较为简单，在我国自行设计制造的空分装置用透平膨胀机中已较多采用。

动压式气体轴承和油膜动压轴承一样有相对移动的两个表面形成楔形间隙，即沿着移动方向间隙的形状逐渐变窄，摩擦面的相对移动，使气体因本身的黏性而被带动，并被压缩到楔形间隙内，由此产生气膜压力场，将转子浮起。

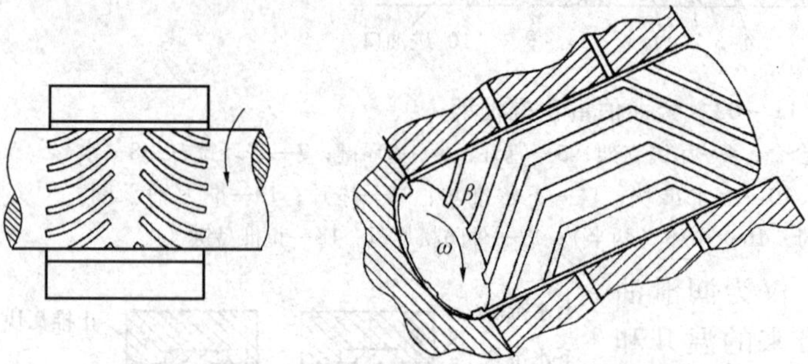

(a) (b)

图 11－65　气体径向支承轴承结构示意图

（a）人字形槽；（b）π 形槽

动压径向支承的主要结构有人字形槽气体轴承和由它发展的 π 形槽气体轴承，如图 11－65。π 形槽轴承在槽的两端可有很小的槽角，能利用斜槽的泵入效应而提高承载能力，加之中间的平行槽，发挥其台阶效应，这又进一步提高其承载能力，并增加运行的稳定性。

另外，箔片式动压径向气体轴承是新近发展的又一重要形式，如图 11－66（d）所示。其最大特点是轴承为柔性表面，原来的刚性表面径向气体轴承气膜间隙的形状在转子运行时是不变的，而且在轴向方向上间隙的大小也是不变的，而在箔片轴承中，由于气体动压作用在气膜间隙中所形成的压力场是变化的，会使弹性的轴承表面也发生变形，从而改变了原有间隙的形状和大小，这就能更好地适应运行时转子负荷和位置的变化。故这种轴承表面柔性结构的特点，使它除了具有一般刚性表面动压气体径向轴承的特性外，还具有高承载力、高稳定性、低摩擦耗功、耐振动冲击、适应工作温度范围宽、容许轴承表面损耗、装配对中要求较低、启动停车性能好，甚至可允许存在污物和水分等诸多运行优点。尤其是它还能有效地抑制轴承转子系统的自激涡动和低频涡动的发展。因此，箔片式动压气体轴承在高速转子中得到了很好的应用。

在动压气体止推轴承中，平面螺旋槽式的结构是一种基本形式，其他还有阶梯式、可倾瓦式和箔片式（如图 11－66 所示）等多种动压气体止推轴承。使用气体轴承需要注意的几个问题是：①由于气体轴承的最小气膜间隙很小，因而对轴承的形状尺寸的精度要求很高；②气体轴承常经历由常温到高温或由常温到低温的过程，运转时轴承摩擦发热，必然使轴承和轴颈发生热膨胀变形从而使轴承间隙发生变化，这将会影响轴承的性能，因此在设计动压气体轴承时就要考虑这一因素，要求在使用温度范围内轴和轴承材料的热膨胀系数尽可能相同，以使轴承间隙保持相对稳定；③动压气体轴承在启动、停车、过载和失稳等情况下会导致轴颈与轴承的接触干摩擦。这时，要求摩擦表面不至发生胶合，磨损量尽可能的小，对轴承的几何形状和尺寸的改变尽可能的小，并希望直接接触时尽量不损坏价格昂贵的转子，使系统具有一定的可修复性。从这两方面考虑要求轴承材料要具有良好的耐摩擦性能，因此可以这样说：只有胜任启动、停车抗住干摩擦状态的动压气体轴承才有实际应用的价值。

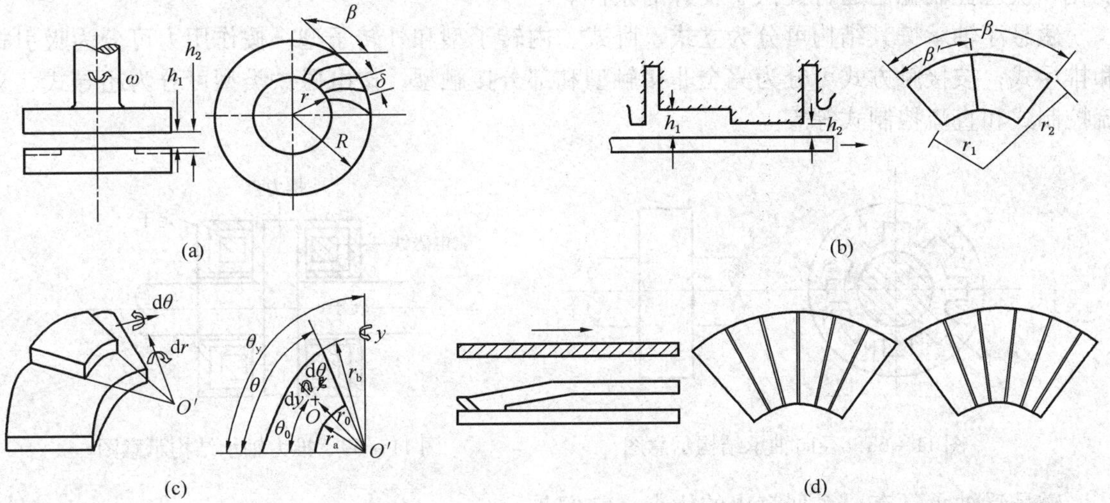

图 11－66　气体止推轴承不同结构示意图

（a）螺旋槽动压止推气体轴承；（b）阶梯动压止推气体轴承；

（c）可倾瓦动压止推气体轴承；（d）平箔式动压止推气体轴承

（3）磁悬浮轴承

磁悬浮轴承是完全区别于以上轴承的另一类新型轴承，它一般是由机械、电气和计算机软件三大部分组成，是一种机电一体化高科技产品。磁悬浮轴承也称电磁轴承或磁力轴承，也简称磁轴承。它具有一般轴承无法比拟的一系列优良品质，并从根本上改变了传统的支承观念。磁悬浮轴承按照提供磁力的方式可分为源磁悬浮轴承（由电磁块提供磁力，也称主动磁轴承）；无源磁悬浮轴承（由永久磁铁提供磁力，也称被动磁悬浮轴承）、还有混合磁悬浮轴承（由电磁铁和永久磁铁联合提供磁力）。磁悬浮轴承的工作原理可用图 11－67 简要说明之，它是由转子、传感器、控制器和执行器（包括电磁铁和功率放大器）四大部分组成。该电磁铁绕组上的电流 I_0，它对转子产生的吸力 F 和转子的重力 mg（m 为转子质量；g 为重力加速度）相平衡，使转子处于悬浮的平衡位置，这个位置也称参考位置。假设转子又受到一个向下的扰动，就会偏离其参考位置向下运动，此时由传感器检测出转子偏离其参考位置的距离。控制器将这一位移信号变换成控制信号，功率放大器又将该控制信号放大并变换成控制电流 I_0+i，电磁铁的磁力变大，从而驱动转子返回到原来的平衡位置。因此，不论转子受到向下、向上或其他方向的扰动，转子始终能受控处于稳定的平衡状态。

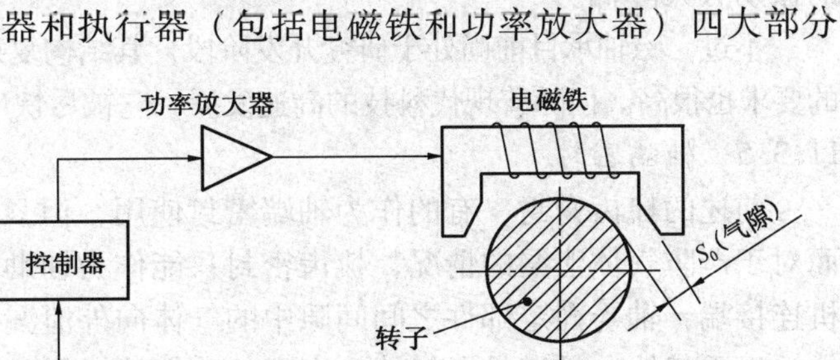

图 11－67　磁悬浮轴承工作原理

图11－68和图11－69分别为磁悬浮径向轴承结构和止推轴承结构示意图，机械系统由转子和定子组成，通常它们都是由铁磁叠片构成的。转子叠片装在轴颈上，定子叠片上开有槽，并缠绕着线圈以提供磁力。计算机及其软件技术的发展为实现整个磁悬浮轴承系统的智能化、快速控制稳定运行提供了良好的条件。

磁悬浮轴承按其结构可分为立式、卧式、内转子型和外转子型；按作用力可分为吸引式和排斥式；按接触方式可分为完全非接触型和部分接触型；按电磁铁类型可分为超导式、交流控制式和直流控制式等等。

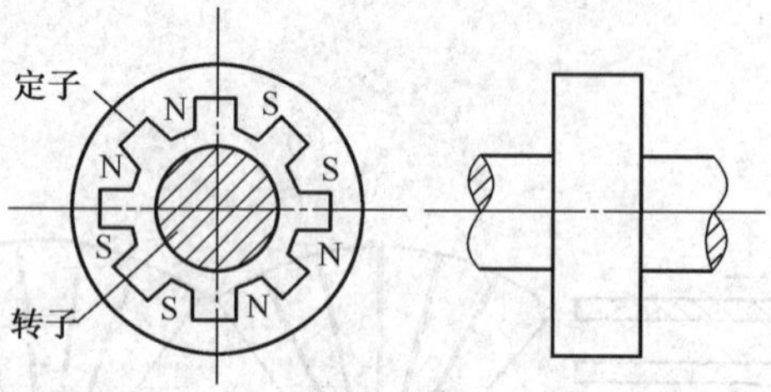

图11－68　径向轴承结构示意图

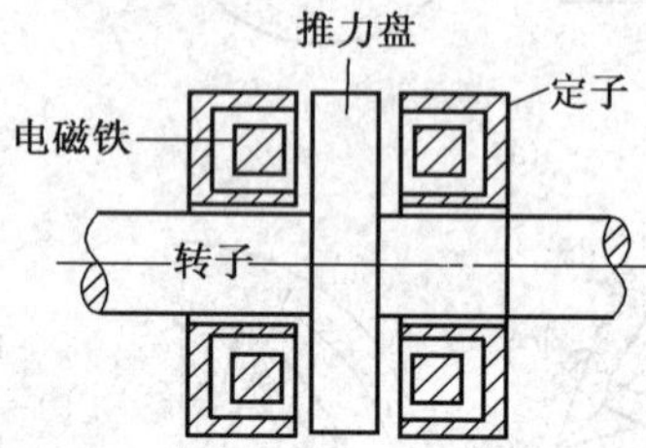

图11－69　推力轴承结构示意图

磁悬浮轴承具有一系列突出的优点，它们是：

① 运转速度高。磁轴承的转子转速只受转子铁磁材料离心力的限制，轴颈处的线速度可达200m/s，转速的提高也不受尺寸的限制，因而可大大增加主轴的惯性刚度。

② 无磨损、功耗低（仅为普通支承1/20～1/5）可显著延长使用寿命降低维护费用。

③ 无需润滑和密封系统，适应多种工作环境（如真空状态或腐蚀介质），并对环境温度不敏感（可在－250～450℃温度下工作）。

④ 刚度大，承载能力强，径向静刚度可达600MN/m，动刚度100MN/m，轴向静刚度可达2000MN/m，动刚度100MN/m，承载能力可达100KN。

⑤ 回转轴心偏移精度高≤0.05mm。

⑥ 可通过电控系统对机器的运行状态进行在线诊断和自动快速调控。

⑦ 具有自动平衡特性，可使转子绕自身的惯性轴旋转，从而消除了不平衡力，使机器的振动大大降低。

不过，磁轴承目前尚处于研究开发阶段，其结构复杂，造价很高，特别是它对材料及其制作的要求也很高。但随着现代科技的高速发展，它被尽快广泛应用的前景是非常看好的。

11.3.5　轴端密封

前述的梳齿密封，有的作为轴端密封使用，但只能用于允许有少量气体泄漏的机器中。而对于严防气体泄漏的情况，梳齿密封只能作为辅助的密封使用。为防止轴端特别是与原动机连接端，轴与固定部件之间间隙中的气体向外泄漏，需要专门设置轴端密封。对于高压气体、贵重气体、易燃易爆气体和有毒气体等更应严防漏气。

（1）机械密封

机械密封如图11－70所示，右侧为被封介质（高压侧）p_h，左侧为大气（低压侧）p_a，密封主要由动环1、静环2、弹簧4、端盖5等组成。弹簧将静环端面紧贴在动环上，使其端面间隙减小到零，以达到封严的目的，故机械密封亦称端面接触式密封。为防止静、动端面干摩擦，还要用密封液润滑，并带走摩擦产生的热量。动静件形成一对摩擦副。一般动件为硬质材料，如碳化钨硬质合金、不锈钢等；静件相对为软质材料，如石墨、青铜、聚四氟乙烯、工程塑料等。弹簧对接触面的压紧力应适当，偏大磨损加快，偏小易于泄漏。

图11－71为用于离心压缩机的机械密封装置，其特点是线速度可达70m/s，且使用寿命较长。在30万吨/年合成氨装置中的一些离心压缩机轴封就采用机械密封。随着材料和技术的发展，这种机械密封适应高压、高温、高速和高寿命的能力也随之增强，有的还发展成为流体动力机械密封，主要是在端面接触处开孔、开槽输入润滑油形成动压油膜，以改善端面的工作状态。机械密封的结构还有单端面或双端面密封、单弹簧或多弹簧结构、平衡型或不平衡型等多种结构形式。

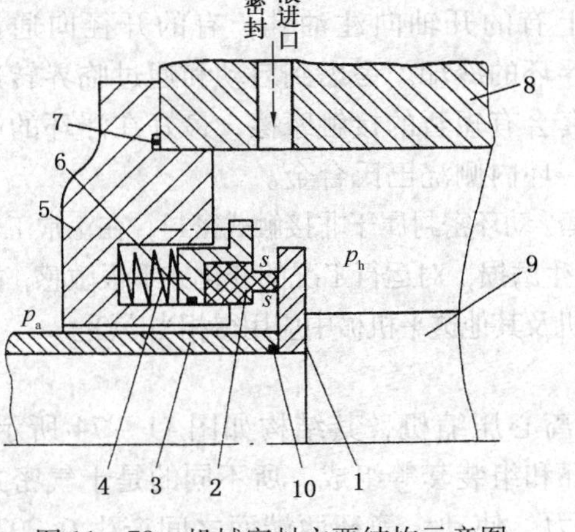

图11－70　机械密封主要结构示意图

1—动环；2—静环；3—套筒；4—弹簧；5—端盖；6、7、10—“O”形环密封；8—壳体；9—轴

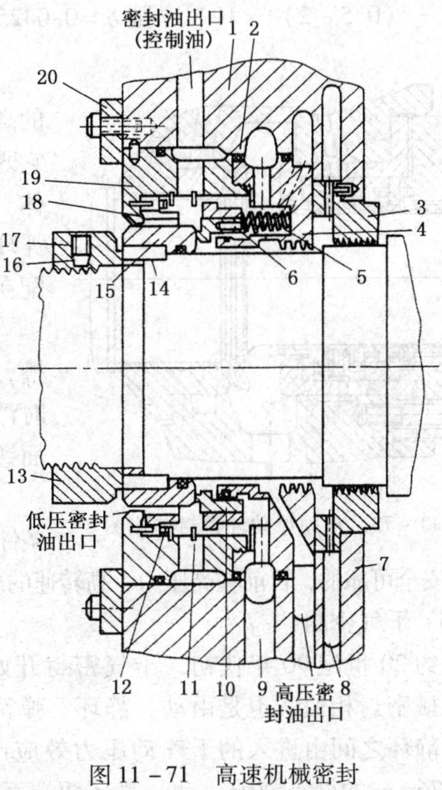

图11－71　高速机械密封

1—缸盖；2—“O”形环；3—迷宫密封；4—密封盒；5、12—弹簧；6—销；7—缸体；8—缓冲气盒；9—密封油管；10、15—密封环；11—开口环；13—防松螺母；14—键；16—尼龙插件；17—固定螺钉；18—密封套；19—衬套盖；20—护圈

（2）液膜密封

液膜密封是在密封间隙中充注带压液体，以阻止被封介质泄漏。由于它将固体间摩擦转化为液体摩擦，故又称为非接触式密封。由于密封间隙中还设置了可以浮动的环，以尽量减小密封间隙，减小带压液体的用量，故又称为浮动环密封。图11－72为液膜浮动环密封的结构示意图，它主要由几个浮动环（1）、（4），轴套（5），L形套环（2）和甩油环（7）等组成。左侧为高压被封介质，右侧为低压或大气。密封油压大于被封气体压力，其间差值$\Delta p = 0.05 \sim 0.1\text{MPa}$。进油流经浮动环（1）、（4）与轴套（5）之间的密封

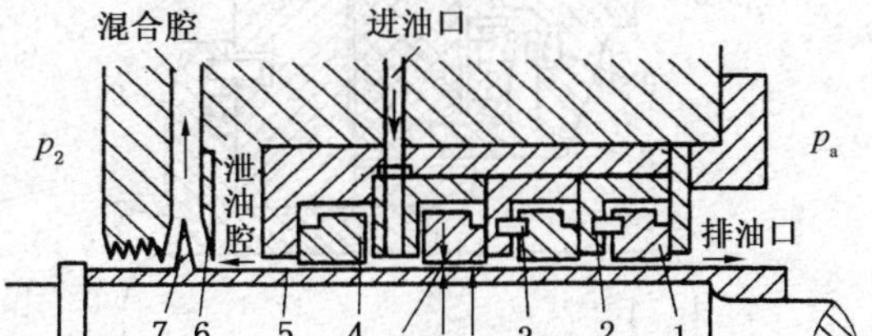

图11－72　液膜浮动环密封结构示意图

1—大气侧浮动环；2—间隔环；3—防转销钉；4—高压侧浮动环；5—轴套；6—挡板；7—甩油环

间隙，沿图示方向向左、右两侧渗出。浮动环是活动的，当轴转动时，由于存在偏心而产生流体动压力将环浮起。由于它具有自动对正中心的优点，故形成液体摩擦状态，且其间的间隙可以做到比轴承间隙还要小得多，因而漏油量也就大大的减少。为了防止浮动环转动，需加防转销钉(3)。在正常工作情况下，浮动的环与轴不会发生接触摩擦，故运行平稳安全，使用寿命长，并特别适合于大压差、高转速的场合。从两边渗出的油经处理后方可继续使用。

由某一算例指出，若浮动环内径为 $d_0=85$mm，该内径与轴套 5 外径之间的间隙为 δ，选取 $\frac{\delta}{d_0}=(0.5\sim2)\times10^{-3}$，则 $\delta=0.0425\sim0.17$mm，由此可见其间隙是相当小的。

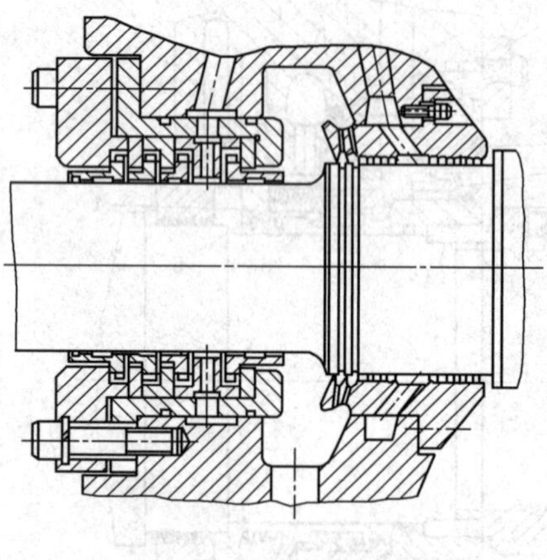

图 11－73　液膜浮动环密封结构图

图 11－73 为液膜浮环密封的结构图。右侧是要密封的高压气体。在浮动环密封之前，先有一段梳齿密封，它既可起到部分密封作用，又可减少被高油压带走的气体。高压密封液从定位环引入，这种密封装置的特点是浮环设计成 L 形，可减少轴向尺寸。整个密封零件都装配在一个可拆卸的套筒上，使现场检修方便。

在浮环上有的开轴向注油孔，有的开径向通油槽，以加强浮环的冷却。考虑到启动和通过临界转速时浮环与轴套会有短暂的接触摩擦，最好在浮环的端面镀锡青铜，环内侧浇巴氏合金。

由于液膜浮动环密封属于非接触式密封，在正常工作条件下不会产生磨损，对运行工况的变化亦不很敏感，故使用是安全可靠的，目前在高压力、高转速的离心压缩机及其他透平机械中应用得相当广泛。

(3) 干气密封

大约 20 世纪 90 年代初，干气密封开始应用于离心压缩机，其结构如图 11－74 所示。它与机械密封相似，也是由动、静环、弹簧、O 形环和组装套等组成。所不同的是干气密封的动、静环之间由进入的干气动压力效应产生开启力，使动、静环两端面之间产生 0.0025～0.0076mm 的微小间隙，动、静环两端面互相不接触。干气密封结构分单环、多环及双端面等形式，其密封件的结构又有扁平密封块、台阶形密封块、楔形密封块和带螺旋槽的密封块等。图 11－75 为开有螺旋槽的动环密封端面示意图。

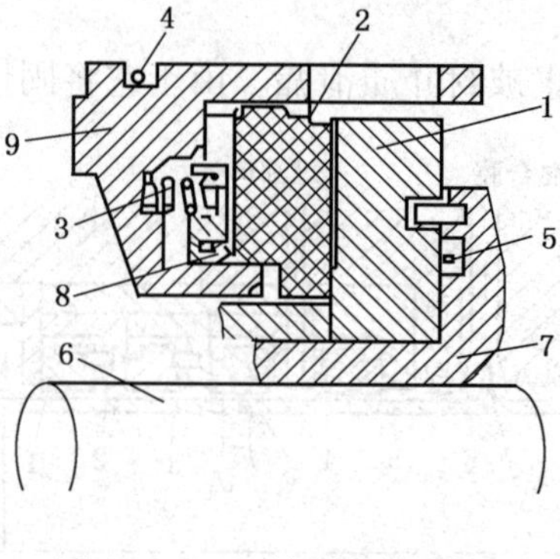

图 11－74　干气密封结构图

1—动环；2—静环；3—弹簧；4、5、8—O 形密封环；6—转轴；7—内组装套；9—外组装套

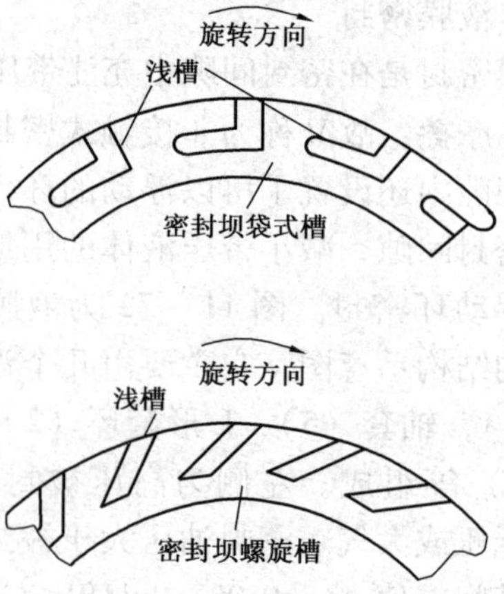

图 11－75　动环螺旋槽密封面

现以带螺旋槽的密封块干气密封结构为例，简要介绍干气密封的工作原理。动、静环工作时的受力情况如图11－76所示，图中动、静环间隙（1）和动环内螺旋槽（2）中的气体压力略大于工作介质的气体压力（3），由环的外侧进入螺旋槽内，形成密封气动压力（4），流动至密封堰时受阻迫使气动压力升至最高值（5），然后迅速降至动静环间的气体压力（6），使静环离开动环保持一个微小的间隙。该间隙的大小是弹簧力（7）、介质气体压力（8）与动静环间隙中密封气压力（4）（5）（6）相平衡的结果。

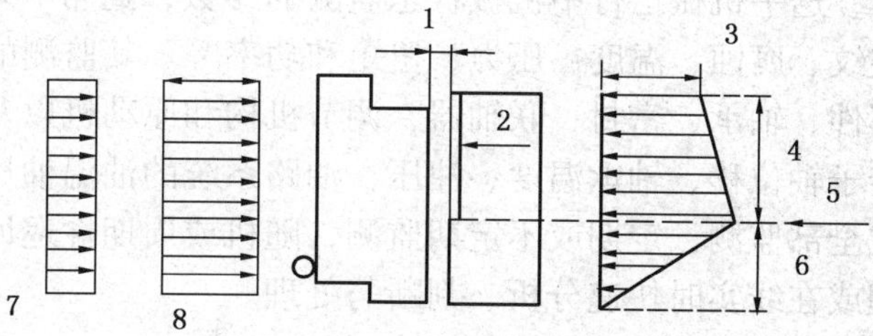

图11－76　动、静环工作受力图

洁净的密封气体可以是来自压缩机出口的工艺气，也可以是外设的氮气，以高于压缩机内被封工艺气的压力注入到密封装置中，用以阻止压缩机工艺气的渗漏。由动、静环间的很小间隙中渗漏出微量工艺气和密封气的混合气，经放空口排出，或经过滤器后再被利用。

和液膜浮动环密封相比，干气密封不需要复杂的辅助系统，只需提供简单的控制系统用来监测密封效果和自动开、停车的情况。干气密封与机械密封、液膜密封最大的不同是采用气体密封，而不采用密封油，这样既节省了密封油系统，并由此节省了占地、维护和能耗，又使工作介质不被油污染。目前在国内应用的干气密封最高压力在10MPa以内。

由于干气密封结构简单、工作可靠、泄漏量甚微，省去了密封油系统，故日益受到重视与推广应用。

11.3.6　透平机械状态监测、故障诊断与处理控制

化工装置日趋大型化，设备精制系统复杂，且多为单线单机，无备用机组。若设备出现故障损坏将带来重大损失。因此，设备的安全可靠性非常重要。在设备的使用中（这里所指的设备可泛指离心、轴流、混流压缩机，蒸汽、燃气轮机等各种透平机械），利用各种现代技术，如应用先进的测量仪器和信息技术进行微机处理和自动控制，对离心压缩机进行状态监测、故障诊断与实时控制处理，以确保压缩机的高效安全、长期可靠的运行，防止事故的发生、机器的损坏，有着十分重要的意义。

所谓故障是指机器丧失工作效能的程度。但通常故障是能够修复或排除的。出现故障的原因很多，有的不易发现，这就需对机器进行在线的、动态的监测与诊断，使机器在运行中或不拆卸的情况下根据机器运行过程中产生的各种物理的、化学的信息进行采集、存储、处理计算和分析，从而及时了解机器的状态和健康状况，对已经形成或将要形成的故障进行诊断，判定故障的部位、性质和程度，及其产生的原因，预测机器未来的技术状况，确定采用消除故障的处理措施，这就是机器故障诊断技术所要从事的工作。

长期以来，采用的是预防性的定期维修制度，即到一定时间，不出故障也要停机大修，拆机解体检查，一些部件即使还不到使用寿命也得更换，造成维修费用很大和停产时间很长等很大损失。如果采用机器故障诊断技术，则可根据对机器运行状态的监测诊断的结果和对状态变化的趋势预估，而确定按需维修，适时维修或局部维修等。将定期大修制度改为预防性的实时维修制度，就可大大延缓停机大修时间，甚至不必定期停机大修，从而既节省了维修费用，又增加了持续生产的时间，其经济效果是显而易见的。

（1）机械状态监测与故障诊断技术

透平机械运行中机械状态监测的参数，通常有转速、振动、声音、应力、变形、磨损、裂纹、腐蚀、温度、压力、扭矩和功率等。其监测的部位，有离心压缩机的进、出口、通流部件、轴承、密封、联轴器、调节机构和原动机以及基础和地基等。所需要测量的信息，有转子轴位移、轴承温度、油压，油路系统的油温油压、油品质及消耗量等。这些参数可部分或全部监测，定期或不定期监测，随机或周期性巡回监测。对这些监测的参数可选择离线处理或在线实时快速分析、判断与处理。

① 机械故障信息的监测技术

通常对可能形成机械故障信息的监测技术有以下几种：

a. 机器振动监测技术　目前在监测技术上应用最多的是利用机器的振动信号进行监测，其原因是振动信号中含有丰富的信息，很多故障能从振动状态异常反应出来，由振动引起的机器损坏比例较高。据统计，机械振动故障率达60%以上。监测过程主要有信号的采集和对数据的处理。

振动信号的采集主要应用各类测振传感器检测机器振动的位移、速度和加速度，并转变为电信号送入分析处理器中。测振传感器的形式有压电式、电容式、电阻式、电磁式、电涡流式等，其中常用的是压电式，因为它灵敏度高、频率范围宽、动态线性范围大、体积小、安装方便，且还可作为测量流体动态压力的压力传感器。被测信号经直接放大可测振动加速度，经一次积分可测振动速度，经两次积分可测振动位移，即振幅。电涡流式传感器是非接触式的，在大型离心压缩机、汽轮机上也已获广泛应用，该传感器有的固定在机体上作为永久性的监测元件监测机器的运动状态，如转子的径向振动、轴向位移、轴心轨迹、油膜厚度等等。

振动信号的数据处理主要是将传感器感受到的各种激振力作用的复杂电信号加工处理，提取与故障有关的特征信息，并从模拟量变化为数字量，然后送入数字运算电路或电子计算机进行信号分析处理，最后获得用于故障分析的数字或图形，如波形图、轴心轨迹图等。

所谓波形图，即振幅随时间变化的图形，从中可检测到振幅、频率、相位和波形形状。如幅值很大且频率与转子转动频率相同或成倍数，则可分析为转子处于临界转速状态或转子不平衡、不对中、油膜振荡和轴承损坏等。例如，某钢厂一台制氧用离心压缩机，轴转速为14885r/min，增速齿轮箱中有四个滑动轴承。运行中用加速度传感器测振，采样频率为20kHz，发现3号轴承振动最大，其振动波形如图11－77所示，每个频带都有能量分布，高

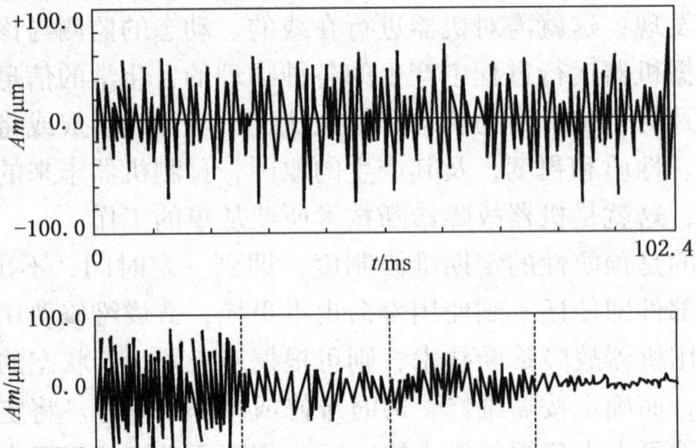

图11－77　齿轮箱检修前3号轴瓦振动波形（上）及其小波包分解（下）

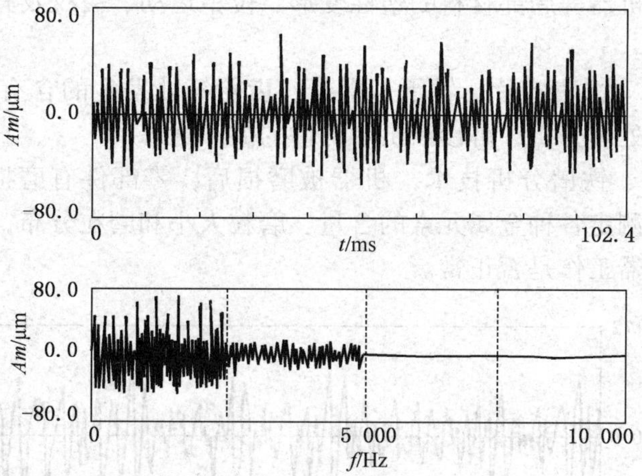

图11－78　齿轮箱检修后3号轴瓦振动波形（上）及其小波包分解（下）

频振动丰富，这是轴瓦损坏的故障特征。停机发现3号轴瓦乌金大面积裂纹，多处碎裂。检修更换3号轴承，开机后振动减小，高频噪声也有明显改善。图11－78与图11－77比较，高频区2.5～10kHz的振动能量减少，特别是2.5～7.5kHz频带范围内显著减少。这一频带给出了齿轮箱轴瓦碎裂故障的特征频带，为监测诊断指明了具体的范围。

所谓轴心轨迹图，即在轴颈中心位置，每隔一定时间测量记录一次转子轴颈中心相对于轴承中心的距离与方位，如图11－79所示，其他还有波德图、极坐标图等。

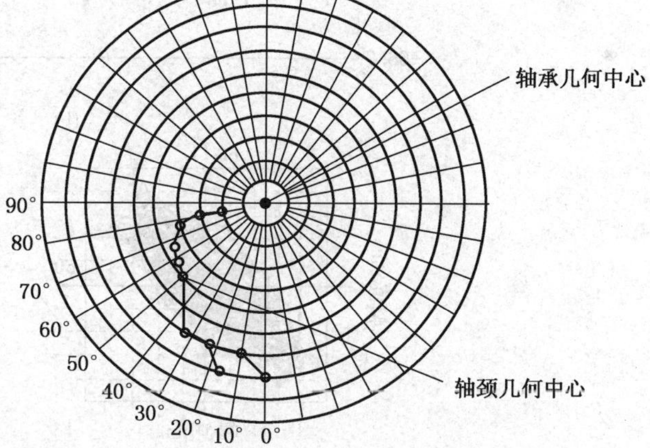

图11－79　轴颈中心位置变化图

图11－80表示转子轴颈中心在运转中环绕某一中心作涡动，该图亦称李沙茹图，其中（c）已处故障失稳状态。

例如某大型化肥厂CO_2压缩机喘振时，采用涡流式位移传感器拾取的振动信号，如图11－81所示。测量参数为：转子转速6530r/min，采样频率2000Hz，数据长度1024点。图中（a）高压缸水平方向X，（b）垂直方向Y的振幅值，（c）原始轴心轨迹。从图中可看出轴心轨迹复杂且不规则，加之较小的高倍工频分量影响，使得轴心轨迹有一些局部能量突变点，表明振动的严重性。（d）显示的分形盒维数$d_B^{0,0}=1.384$，明显比正常机组大。这些图示均说明低频喘振的确是一种强烈的低频不平稳性振动，应严防喘振的发生[25]。

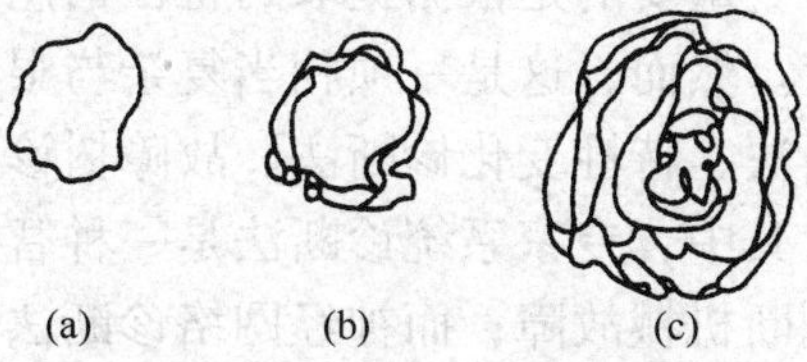

图11－80　轴心轨迹变化图

（a）稳定状态；（b）过渡状态；（c）失稳状态

b. 热红外技术　应用红外热像仪、红外测温仪把不可见的机器表面热分布转变为可见的光图像或数字，以判断热故障。如用它监测旋转机械的轴承温度，可及早排除其中的隐患。

c. 声发射技术　声发射是从材料内部相对运动时

发出的弹性波，发现机器等局部材料的塑性变形、位错运动、裂纹及其扩展、焊接处的缺陷或流体的泄漏等故障。

d. 噪声分析技术　采集叶片、轴承、密封、齿轮等处发生的含有各种频率成分的噪声使用精密声级计并经处理分析，可诊断出零部件的故障状态。

e. 润滑油的光谱、铁谱分析技术　机器被磨损后，零部件有磨损碎屑掺入润滑油中，应用光谱、铁谱分析测定各种金属元素的含量、磨粒大小和磨粒分布，就可获知零部件的磨损程度，从而判断机器工作是否正常。

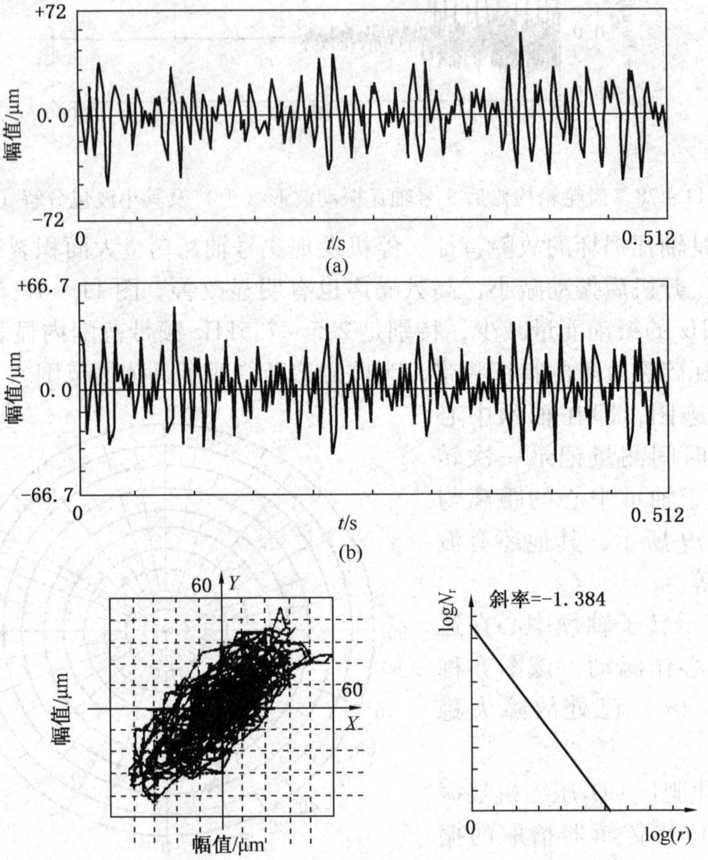

图 11-81　原始信号的时域波形、轴心轨迹和轴心轨迹分形盒维数

（a）X 方向振动信号的时域波形；（b）Y 方向振动信号的时域波形；

（c）原始轴心轨迹 $O^{0,0}$；（d）原始轴心轨迹分形盒维数 $d_B^{0,0}$

② 机械故障诊断方法

机器故障诊断中除了检测状态参数和信号处理之外，更重要的是根据提取的特征信息进行故障识别与诊断，以确定故障发生的部位、类别和程度。然而，这是一项相当复杂与艰巨的工作。现今，故障诊断方法已有多种，如综合比较诊断法、特性变化诊断法、故障树诊断法、模糊诊断法、专家系统诊断法和神经网络诊断法等。其中，专家系统诊断法是一种智能化的计算机诊断系统，能使一般人员像专家一样识别与判断机械故障；而神经网络诊断法是一种由模仿人的大脑神经元网络结构而建立的一种非线性的动力学网络系统，可使专家更为准确地识别与判断机械故障。

③ 机械故障诊断控制系统

机械故障诊断技术所包括的内容比较多，其诊断过程一般包括以下的主要环节：

a. 机器状态参数的监测，即信号采集；

b. 信号处理，提取故障特征信息；

c. 确定故障发生的部位、类型和程度；

d. 对确定的故障作防治处理与监控。

以上四个环节形成一个控制系统，可用框图表示如下：

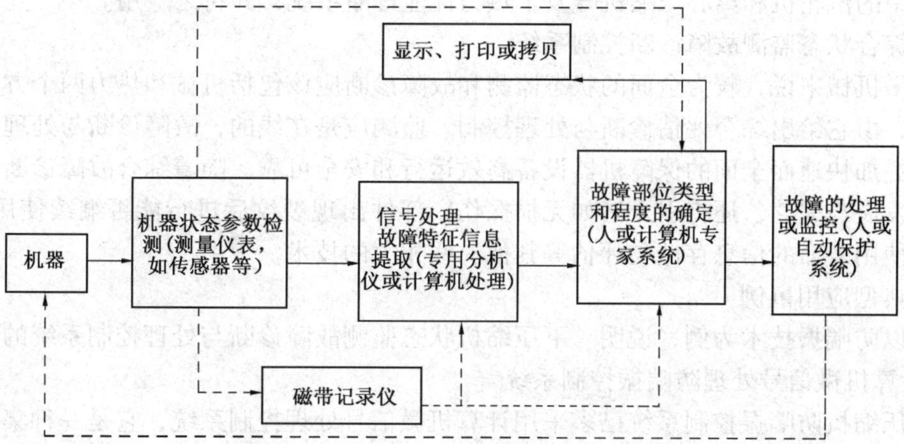

目前，国内外已研究开发出许多机械故障诊断的控制系统，国外如 IRD 的紫宝石自动诊断系统 IQ2000，Bentely 的 ADRE－3 诊断系统，法国的 PSAD 监测和故障诊断系统，日本三菱重工的 MHMS 系统等。国内如哈工大、吉林大学、郑州工学院与大庆石化总公司研究开发的大机组群的计算机状态监测与故障诊断系统，西北工大与四川电子计算机应用所开发的 MD3905、MD3906，清华大学推出的 FS－1 系统等。

（2）热力状态监测和热力性能诊断与控制

透平机械运行中需要检测的气体热力参数，如离心压缩机机器及各段的进、出口处气体的压力、温度、流量，压缩机进口的气体组分等，为了确定压缩机中气体热力状态工况点在性能曲线图上的位置，还需要通过计算获得一些性能参数，如压力比、效率、功率、喘振裕度等。

热力参数监测诊断有两个目的：其一是对压缩机运行时的热力状态进行性能评价及变化趋势的预测，以判断其热力性能是否符合用户的需要，是否在高效区运行，以便确定是否要对压缩机进行性能调节；其二是通过热力状态的变化去揭示机器可能的变化征兆是否要越出稳定边界而将进入喘振等不稳定状态，以便进行控制操作，保持压缩机稳定安全运行，防止出现如喘振等不安全事故。前者直接与压缩机运行的经济性有关，而后者则直接与设备的安全可靠性有关。

为了进行热力性能诊断与控制，不仅要将在线实时监测到的热力参数进行计算分析处理，而且还要将该机器诊断所具备的已有技术资料数据图表加以存储、调用计算与显示，以便将在线实时监测的热力参数与已有备用的资料进行综合利用分析比较与评估，这就需要有足够的备用软件通过计算机进行计算分析处理。例如调用一些热力学和流体力学方程并经简化数值处理用来计算能量头和效率。其中，对多组分气体需要进行多组分配置和热力参数计算，对需要计入可压缩性影响的气体进行压缩性系数和过程指数的计算，热力状态工况点是否临近喘振边界进行喘振裕度的计算。还要调用软件展示该压缩机的性能曲线图谱，并标示压缩机实时的运行热力状态工况点在图谱上的位置，及其位置变化趋向等等。故充足的备用软件和计算机计算分析的处理能力是热力状态监测和热力性能诊断控制系统的技术关键。

以上所述的热力参数诊断技术较之机械状态诊断技术起步较晚。首先，它是在航空航天方面起步，并取得一些成果。至于针对透平机械开展热力参数诊断工作，在国内还是近十余年的事。有些单位针对电站汽轮机开发了技术研究与应用，如大连理工大学已针对大化肥、乙烯装置中的汽轮机和离心压缩机开发了热力性能诊断系统，并付之应用。

(3) 综合状态监测故障诊断控制系统

对透平机械来说，较为全面的状态监测和故障诊断应该包括机械和热力两个方面的综合控制系统，由它给出综合评估诊断与处理控制。监测应是在线的，故障诊断与处理也应是实时的，以更加快速而全面的保障机器设备高效运行和安全可靠。随着综合故障诊断与控制技术的不断发展与完善，还将引入诸如无损探伤，部件出现裂纹后进行能否继续使用的诊断，延长安全使用寿命的信息存储与评估等其他一些相关的技术。

(4) 典型应用事例

这里以防喘振技术为例，说明一下压缩机状态监测故障诊断与处理控制系统的应用。

① 计算机微信号处理防喘振控制系统

当今压缩机防喘振控制系统已多采用计算机微信号处理控制系统，它是一种集驱动机控制、压缩机性能控制和防喘振控制等多个系统为一体而形成的综合控制系统，从而能更有效地防止喘振的发生。如世界著名的瑞士 Wood Ward 公司的 Netcon5000FT 系统，压缩机控制公司（简称 3C）的 3 系列和加强型 4 系列控制器等。

在防喘振数字控制系统中，其防喘振控制的基本方法仍然用最小流量限控制，但可针对不同情况采用不同的对策，使最小流量限可变。还在综合控制系统中利用解耦技术处理防喘振控制与性能控制或多个防喘振回路之间的协调控制。

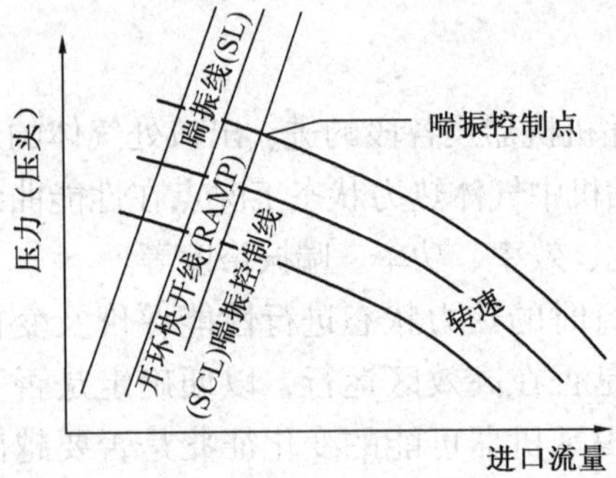

图 11-82　SCL、RAMP 在特性线图上的表示

在诸多控制回路中，如图 11-82 所示，仿照喘振线（SL）设置一条喘振控制线（SCL）回路，它相对喘振线（SL）留有一定的防喘振安全裕度。当运行工况点缓慢移动到 SCL 线上时，控制器开启旁通阀，回流一部分气体，以防止喘振发生。通常，这是一个 PID（比例、积分、微分）回路。当运行工况点移动速率过快，超过一定值时，其运行工况点移动速率控制器也会将旁通阀打开，以防止喘振发生。通常，这也是一个 PID 回路。

另外，还有一个快开阀（RAMP）控制回路，这是一个开环控制回路，它设置在喘振线（SL）和喘振控制线（SCL）之间。当以上两个回路仍未能止住运行工况点的移动，使运行工况点达到 RAMP 线时，控制器向旁通阀发出开启的阶跃信号，将阀开启一个预定量，并留有一定延时，以便查明原因，并及时处理，如再开大旁通阀。

当以上措施还未制止运行工况点向喘振线移动，而出现一次喘振时，通过喘振监测回路应能及时发现这次喘振的发生，并阶跃开启旁通回流阀，以防止喘振的再次发生。

其中，喘振的监测主要是通过参数波动信号测量出来，Wood Ward 控制公司的喘振监测信号为转速、压力、温度的微分信号和流量参数的变化信号。对几个参数信号变化进行比较，只要其中一个变化大，都被认为是喘振发生。

上述控制系统和一般直接数字控制系统一样，它是由压缩机作为被控制对象，监测仪表、执行器（这里为防喘阀）和工业控制机组成。所谓工业控制机，包括 CPU、存储器、通信外设，以及与被控对象联系的输入输出接口等四个部分，其中输入输出接口又包括多路开关、信号预处理 A/D（模/数）接口，开关量输入接口和 D/A（数/模）接口，开关量输出接口以及信号转换及多路开关等。为保证该系统本身的安全，系统各元件特别是计算机的可靠性至关重要。显然，上述工业控制机的运行，除有性能好和可靠的硬件外，必然还要有与之相配的先进的信号处理技术和充备的软件系统作支持。

通过以上状态监测、故障诊断的一系列控制，防喘振的发生或确保喘振只发生一次而不再接连发生，应该是确有把握的了。

② 喘振主动控制模式

自从 Greitzer1985 年对压缩机系统提出喘振主动控制的设想以来，便兴起了喘振主动控制模式的理论与实验研究，并已取得了一些重要成果。喘振主动控制模式与以前的被动控制不同，它主要是直接干预失稳现象本身，使诱发喘振的不稳定过程受到抑制，如对流场实施反馈预扰动来改善整个压缩机系统的性能，使其阻止喘振的发生。从压缩机的特性线看，实施喘振主动控制后，运行点落在喘振线左侧时，能将特性线的斜率由正改为负，从而使压缩机仍能稳定运行，且拓宽了稳定运行的工作范围。

这里着重介绍一个离心压缩机实施喘振主动控制的研究成果。如图 11 - 83 所示，压缩机系统主要包括离心压缩机 C，其后紧连控制阀 CCV，还有管道、大容器罐和节流阀等。安装在紧接压缩机出口的这个紧连控制阀 CCV，它被认为是实施喘振主动控制的一个关键部件。它会给压缩机中的流场一个反馈预干扰，从而改善整个压缩机的性能。即当运行工况点处于原喘振线以左时，原来压缩机特性线移至左支的斜率为正，而通过实施主动控制使压缩机包括 CCV 阀的压降在内的特性线斜率变为负，从而使运行变得稳定。

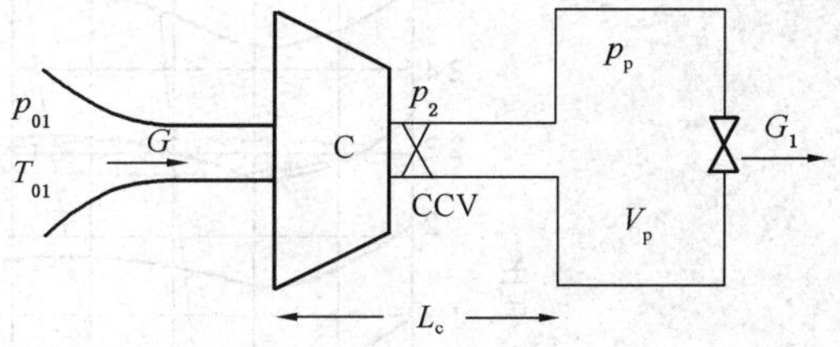

图 11 - 83　压缩系统

图 11 - 84 为压缩机系统 u_1、P_p 和 G 的瞬态响应图。压缩机设定转速为 50000r/min，相当于 $u_1 = 150$m/s，转速按速度规律控制。在未用 CCV 控制时，小流量工况下动态响应如图中实线表示，u_1、P_p 和 G 出现波动表明压缩机已出现喘振，结合图 11 - 85 中特性线和无主动控制的响应线看得更加清楚。而当使用 CCV 阀控制后，u_1、P_p 和 G 响应线如图 11 - 84 中的虚线所示过程变得稳定，喘振现象未出现。于是在图 11 - 85 中的过程轨迹线亦可看出喘振未发生。在图 11 - 84（d）中还给出了 CCV 阀的压降，它大约为 5kPa，这一附加损失相对于压缩机的压升来说是很小的。由图 11 - 83 和图 11 - 85 表明，采用 CCV 阀进行主动控制，使运行点在喘振线左边仍能稳定运行，达到了防止喘振发生的目的。

由此可见，实现主动控制模式，是压缩机非稳定过程研究领域的新方向，值得进行深入的研究与开发应用。

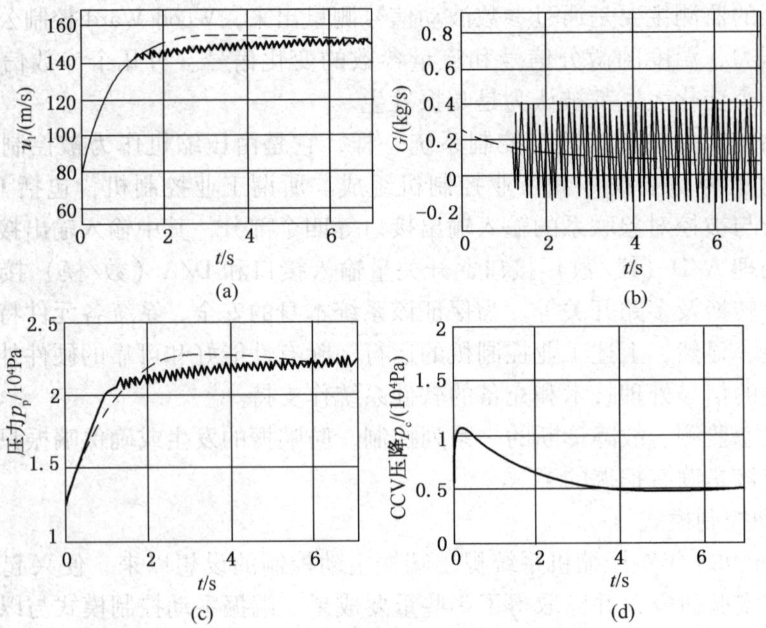

图 11－84　压缩系统瞬态响应图

——无 CCV 阀控制；－－－用 CCV 阀控制

（a）叶轮叶片进口圆周速度；（b）压缩机质量流量；（c）容积室压力；（d）CCV 压降

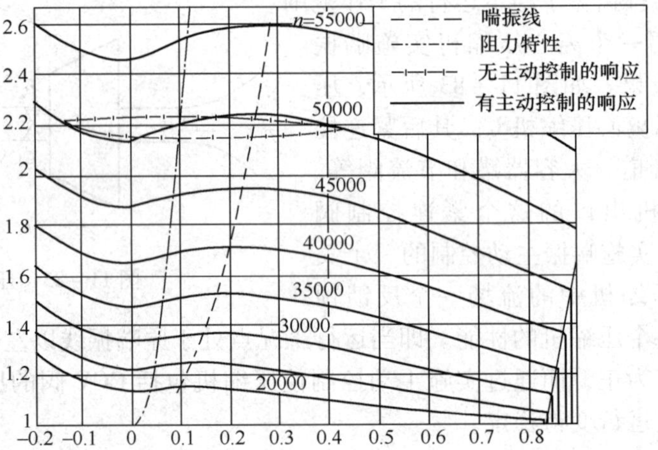

图 11－85　压比 $\frac{p(t)}{p_{01}}$ 对流量 $G(t)$ 的变化轨迹在压缩机特性线场上的表示

11.4　离心压缩机热力设计

设计一台离心压缩机涉及多方面的内容，大致有热力设计、强度振动计算、结构设计、工艺设计、自动控制和调节，以及驱动形式选择等。其中，热力设计主要包括气动热力参数和主要结构尺寸的选择与计算。

11.4.1　离心压缩机的热力设计方法

离心压缩机的热力设计方法大致有三种，即效率法、流道法和模化法。

(1) 效率法

效率法是根据已有压缩机的科学实验和生产经验，预先给定所设计压缩机各级的多变效率，同时对于级的主要几何参数的相对值、主要气动热力参数和各元件的结构形式，按已有的经验数据选取，从而设计计算出压缩机流道主要部分的几何尺寸。

这种方法的缺点主要是用级的平均多变效率代替各部件的效率，然而各部件的效率是不一样的。因此，这种方法不能完全符合各部件的真实情况。但如级效率取值准确，还是能反映整级实际性能的。

(2) 流道法

流道法是以各部件的试验为基础，同样应用已有机器的有关相对几何参数和气流参数的推荐值，来设计计算流道主要部分的几何尺寸。

这种方法的缺点是不能很好地考虑各部件之间的相互影响，而这种影响对于高压比的级却是十分大的。

采用以上两种方法设计的压缩机，其性能偏差约在 ±5% ~10% 以内。为使压缩机达到设计要求，往往要通过级的模型试验进行修整。

(3) 模化法

模化法是以相似理论为基础，根据已有的经过实践的高效率的机器或根据试验获得的高效率模型级，采用相似换算方法设计相似的新机器，采用这种方法设计的新机器性能是相当可靠的。

目前，在设计中应用最广的是效率法，其次是模化法。以下介绍的压缩机设计，用的就是效率法。

11.4.2 离心压缩机的设计步骤

(1) 明确压缩机的设计任务

在从事压缩机设计之初，至少应明确要压缩输送的是什么气体，该气体在其进口的状态参数 p_{in}、T_{in} 和相对湿度 ϕ 是多少，要输送的气体流量 q_m 是多大，该气体在其出口的压力 p_{out} 是多高，以确定压缩机的设计任务。

① 输送的气体　压缩机输送的气体种类繁多，如空气、煤气以及各种石油化工气体等。当输送混合气体时，应给出混合气体的各种成分及其所占的体积百分比或质量百分比。

② 压缩机进口气体状态参数　进口压力 p_{in} 一般应以绝对压力表示。若给定的进口压力是表压，还应给定它是相对于标准大气压，还是某地区的大气压，还要给定 T_{in} 和相对湿度 ϕ。

③ 流量　一般会给出体积流量，也可给出质量流量。对于给定的体积流量应指明是进口还是出口的体积流量，如是进口的体积流量，应指明是进口状态还是标准状态(0.101325MPa，0℃)下的体积流量。

④ 压缩机出口压力 p_{out}　一般给定排出压力以绝对压力或表压表示，也可给定压缩机的压升 Δp，它们之间的关系为 $\Delta p = p_{out} - p_{in}$。

⑤ 其他　除上述要求外，用户根据压缩机的使用条件，还可提出进一步的要求，如工况范围、自动调节等；对于一些特殊气体，可提出轴端密封、耐腐蚀及防爆等要求；也可指明原动机的种类、型号；有的还可对噪声指标提出要求等。

由于压缩机是与管网联合工作的，用户必须确定管网的设置和管网的阻力，使压缩机的设计参数能够正确地反映管网的阻力特性，并使压缩机尽量运行在最佳工况点上，这也是在提出设计参数时必须予以重视的。

（2）整理计算设计参数

在进行设计之前，首先应根据设计任务的要求，对所提供的设计参数进行适当的整理与计算。

① 气体的物性参数　主要是指气体相对分子质量 Mr、气体常数 R、定熵指数 k、定压比热容 c_p 等。对于混合气体，已给定气体的成分及其所占摩尔百分数时，其物性参数可通过下列公式进行计算：

a. 混合气体的相对分子质量 Mr

$$Mr = \Sigma x_i Mr_i \tag{11-79}$$

式中 x_i 为各组成气体的摩尔百分数，mol/hmol；Mr_i 为各组成气体的相对分子质量。

b. 混合气体的定压比热容 c_p，单位为 J/（kg・K）

$$c_p = \Sigma x_i \frac{Mr_i}{Mr} c_{pi} \tag{11-80}$$

c. 混合气体的气体常数 R，单位为 J/（kg・K）

$$R = \frac{8316}{Mr} \tag{11-81}$$

d. 理想混合气体的定熵指数 k

$$k = \frac{1}{1 - \dfrac{R}{c_p}} \tag{11-82}$$

e. 含有水蒸气的混合气体的气体常数 R' 和定熵指数 k' 的计算　若给定的是混合气体的相对湿度 ϕ，则 1kg 干燥混合气体所含水蒸气质量（亦称含湿量），以 χ（kg 水蒸气/1kg 干燥气体）表示为

$$\chi = \frac{R_a \phi p_v}{R_v (p_{in} - \phi p_v)} \tag{11-83}$$

式中 $R_v = 462$J/（kg・K）

p_v 为水蒸气的分压力，当 $t_{in} \leqslant t_{s(p_{in})}$ 时，p_v 便等于水蒸气在温度 t_{in} 下的饱和压力（可查表）。

湿气体的气体常数 R' 和定熵指数 k' 为

$$R' = \frac{R_a + \chi R_v}{1 + \chi} \tag{11-84}$$

$$\frac{k'}{k' - 1} = \frac{c_{pa} + \chi c_{pv}}{R_a + \chi R_v} \tag{11-85}$$

式中 $c_{pv} = 1884$J/（kg・K）（温度在 100℃ 以下）。

对于应考虑可压缩性影响的实际气体，还要计算出可压缩性系数 Z、等压比热容 c'_p 和过程指数 k_v，m_v 等。

② 流量　给定的流量应换算成进口状态下的体积流量 q_{Vin}，单位是 m^3/min（或 m^3/s）。

$$q_{Vin} = q_V \frac{\rho}{\rho_{in}} \tag{11-86}$$

式中 q_V、ρ 是给定的体积流量和密度。

考虑到一般压缩机存在的外漏气及某些考虑不周的问题，设计计算时的进口流量应取得比设计任务中所提出的流量大一些。一般可选取

$$q_{\mathrm{Vinc}} = (1.01 \sim 1.03) q_{\mathrm{Vin}} \tag{11-87}$$

在流量大、压比低时，选取小的数值；在流量小、压比高时，选取大的数值。而对于小流量、高压比的压缩机，有的体积流量提高3% ~5%。

③ 进、出口压力和压力比　进、出口压力均应换算成绝对压力，并计算出压力比 $\varepsilon = \frac{p_{\mathrm{out}}}{p_{\mathrm{in}}}$。为使设计的压缩机性能不低于设计任务的要求，可把计算压升 Δp 提高2% ~5%来确定设计计算的压力比，即

$$\begin{aligned} \Delta p_{\mathrm{c}} &= (1.02 \sim 1.05) \Delta p \\ \varepsilon_{\mathrm{c}} &= \frac{p_{\mathrm{in}} + (1.02 \sim 1.05) \Delta p}{p_{\mathrm{in}}} \end{aligned} \tag{11-88}$$

其中，压升 Δp 较小时，选择较大值；压升 Δp 较大时，选择较小值。

(3) 压缩机的分段和段压力比的计算

在前面多级压缩机小节中，曾提到分段省功的好处与大体的分段数，其中式（11-37）省功比是在假定各段的进气温度、效率、段压比等都相同的条件下得到的，若根据压缩机总耗功最小的条件，在分段数确定后，可进一步分析得出各段最佳压力比的分配公式，即

$$\left.\begin{aligned} \varepsilon_{\mathrm{I}} &= \sqrt[n]{\frac{\varepsilon}{\lambda_1 \lambda_2 \cdots \lambda_{\mathrm{N-1}}}} \left[Y_{\mathrm{I}} Y_{\mathrm{II}} \cdots Y_{\mathrm{N-1}} \right]^{\frac{k}{k-1}} \\ \varepsilon_{\mathrm{II}} &= \frac{\varepsilon_{\mathrm{I}}}{Y_{\mathrm{I}}^{\frac{k}{k-1}}} \\ &\vdots \\ \varepsilon_{\mathrm{N}} &= \frac{\varepsilon_{\mathrm{I}}}{Y_{\mathrm{N-1}}^{\frac{k}{k-1}}} \end{aligned}\right\} \tag{11-89}$$

式中 ε，ε_{I}，$\varepsilon_{\mathrm{II}} \cdots \varepsilon_{\mathrm{N}}$ 为总压力比和Ⅰ ~ N 段的压力比，系数 $Y_{\mathrm{i}} = \frac{T_{\mathrm{in(i+1)}} \eta_{\mathrm{pol\,I}}}{T_{\mathrm{in\,I}} \eta_{\mathrm{pol(i+1)}}}$，例如 $Y_{\mathrm{II}} = \frac{T_{\mathrm{in\,III}} \eta_{\mathrm{pol\,I}}}{T_{\mathrm{in\,I}} \eta_{\mathrm{pol\,III}}}$，其中 $T_{\mathrm{in\,I}}$、$T_{\mathrm{in\,II}} \cdots T_{\mathrm{inN}}$ 为各段的进气温度，即冷却器的排气温度，一般可根据冷却器的进水温度 t_{w1} 决定，它比进水温度高10 ~15℃。$\eta_{\mathrm{pol\,I}}$，$\eta_{\mathrm{pol\,II}} \cdots$ 为各段的多变效率，可按级平均效率计算。

对于含有水蒸气的湿气体，经过中间冷却之后一般气流中会有水析出，故应设排水装置。

(4) 压缩机段的计算

如前所述，分段数及各段压力比的计算是仅从省功考虑的，但还要考虑其他一些因素，并要结合各段中一些主要参数的选择，如各段的工作转速、级数和叶轮形式等，列出几种不同的方案并进行几种方案的计算分析比较，方可最后确定之。故压缩机段的计算也称方案计算。一般应包括以下一些内容：

① 各段进口体积流量 $q_{\mathrm{Vin}i}$ 和各段多变压缩功 $W_{\mathrm{pol}i}$ 的计算

$$q_{\mathrm{V}ini} = q_{\mathrm{Vin\,I}} \frac{p_{\mathrm{in\,I}} T_{\mathrm{in}i}}{p_{\mathrm{in}i} T_{\mathrm{in\,I}}}$$

$$W_{\mathrm{pol}i} = \frac{m_i}{m_i - 1} R T_{\mathrm{in}i} \left(\varepsilon_i^{\frac{m_i - 1}{m_i}} - 1 \right)$$

式中 i 为第几段数；m_i 为 i 段的多变指数。

② 各段各级主要参数的选取与计算

在计算中，各段各级主要参数包括：

压缩机的转速 n；

各段中的级数 j；

各段各级的圆周速度 u_2；

各段各级的叶轮外径 D_2 和出口相对宽度$\frac{b_2}{D_2}$；

各段各级的叶轮叶片出口角 β_{2A}、叶片数 z 及流量系数 ϕ_{2r}；

各段各级的多变效率 η_{pol}；

各段各级的压力比 ε。

下面简要说明一下各段各级主要参数选择计算应考虑分析的问题。

一台压缩机转子不能过长，其上最多安装 8～9 个叶轮，大体包括 2～3 段，显然这些段、级的转速是一致的。就机器结构紧凑、尺寸不要过大而言，转速愈高愈好，但太高要影响到叶轮的强度、机器的振动与尺寸的合理性，它还与压比、流量有关。

段中的级数、圆周速度和级压比之间有十分紧密的制约关系。为使结构紧凑，级数越少越好，但它要受到提高圆周速度和级压比的限制。而提高圆周速度 u_2 受到叶轮材料的限制和叶轮进出口处气流马赫数的限制。这其中还与被压缩气体介质有关，如重气体的气体常数 R 小，耗功就小，需要的级数少，圆周速度小。而轻气体则反之。各级压力比的分配可取相等，但因同一段内后面级的气体温度高，压缩多耗功，气流不均匀性逐级变差，最好前面级取压比大一些，后面级小一些。为使结构紧凑，部件的几何尺寸应尽可能统一，以减少订购锻件毛坯和机加工等的规格，往往在段内甚至缸内选取所有叶轮的外径 D_2 相同。但考虑到体积流量逐级减少，会使后几级的$\frac{b_2}{D_2}$过小，影响效率和加工制造。也有 D_2 逐级减小，或只后两级一样的减小。

在 u_2、ϕ_{2r}、q_{Vin}一定时，叶轮相对宽度$\frac{b_2}{D_2}$为

$$\frac{b_2}{D_2} = \frac{q_{\mathrm{Vin}}}{k_{\mathrm{V2}} \tau_2 u_2^3 \phi_{2r}} \left(\frac{n}{33.9} \right)^2$$

由于体积流量逐级减小，而同一根轴的转速相同，还应顾及到使第一段第一级的$\frac{b_2}{D_2}$不致太大，和末段末级的$\frac{b_2}{D_2}$不致太小，两边的$\frac{b_2}{D_2}$都应在合适的推荐值范围之内。有时因流量很小、压力比较高，或采用多段后体积流量变化太大，致使同一根轴上很难满足各段各级对$\frac{b_2}{D_2}$的要求，只好采用多缸（多台）、平行轴或多轴型结构的压缩机，使各根轴采用不同的转

速，以满足$\frac{b_2}{D_2}$的要求。例如图 11－86 中采用平行轴的 H 型离心压缩机；图 11－87 中采用多轴型压缩机。

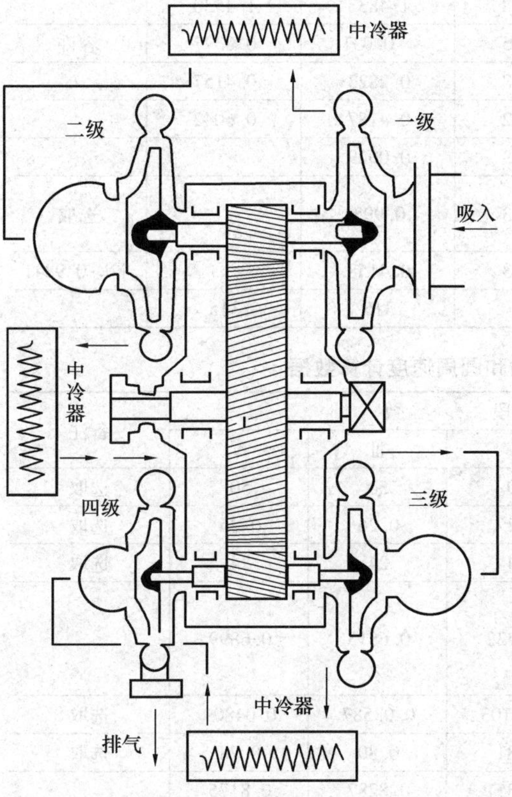

图 11－86　H 型离心式压缩机示意图

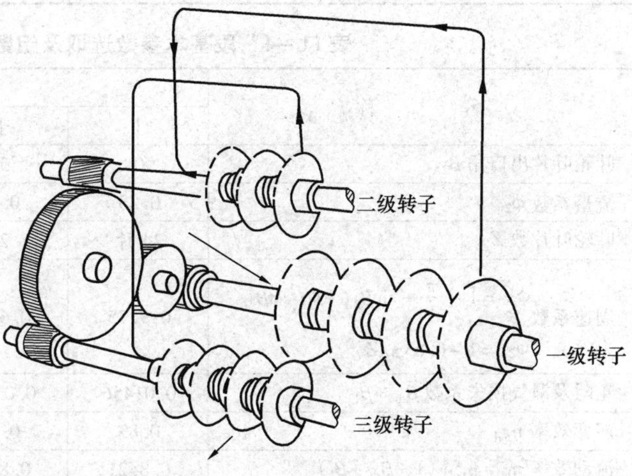

图 11－87　多轴型离心式压缩机示意图

各级中的叶轮叶片出口角 β_{2A}、叶片数 z 及流量系数，它们之间也有相互的关系，并影响到压力比、效率和流量等的性能。往往在段内各级的 β_{2A} 选取相同，如 $\beta_{2A}=40°\sim60°$。同样考虑到体积流量逐级减少，气流逐级性能变差等因素，也有后几级选较小的 β_{2A}，如 $\beta_{2A}=15°\sim30°$，属于强后弯型的叶轮。

流量系数 ϕ_{2r} 的选取主要应使气流在叶道中不致倒流，随所选 β_{2A} 的减小，ϕ_{2r} 选较小值，推荐径向型叶轮 $\beta_{2A}=90°$，$\phi_{2r}=0.24\sim0.40$；后弯型叶轮 $\beta_{2A}=30°\sim60°$，$\phi_{2r}=0.20\sim0.32$；强弯型叶轮 $\beta_{2A}=15°\sim30°$，$\phi_{2r}=0.1\sim0.2$。

离心压缩机的级效率 η_{pol} 一般取 0.70～0.84。当气动参数和几何参数选择较合理时，对于径向直叶片叶轮的级 $\eta_{pol}=0.74\sim0.82$，后弯式叶轮的级 $\eta_{pol}=0.76\sim0.84$，高压小流量的级 $\eta_{pol}=0.60\sim0.75$。在相对宽度$\frac{b_2}{D_2}$较大时采用三元扭曲叶片，叶轮的级效率有明显提高，可达 $\eta_{pol}=0.78\sim0.86$。通常前段前级流动较为均匀，效率可取高一些，后段后几级，因体积流量减小，$\frac{b_2}{D_2}$往往较小，且流动的不均匀较为明显，效率应取低一些。

有关分段数、段压力比及各段级数和主要参数选取的不同方案比较请参见离心压缩机热力设计实例中的方案比较及其中的表 11－3～表 11－6。

表 11-3 调整后的各段压力比和进出口压力

名称	第Ⅰ段	第Ⅱ段	第Ⅲ段	第Ⅳ段	备注
调整前的计算压力比 ε	1.9526	1.5993	1.5308	1.4002	
调整后的计算压力计 ε	1.9213	1.6098	1.4833	1.4530	
调整后的压力比偏差	-0.016	0.0065	-0.031	0.0377	容许
段的进口压力 p_{ln}	0.0951MPa	0.1778	0.2823	0.4157	
段的出口压力 $p_{\text{out}}=\varepsilon p_{\text{in}}$	0.1827MPa	0.2862	0.4187	0.6042	
冷却器压力损失 δp	0.0049MPa	0.0039	0.0029		
冷却器压力损失比 $\lambda=\dfrac{p_{\text{out}}-p_{\text{in}}}{p_{\text{out}}}$	0.9731	0.9863	0.993		选取
下一段进口压力 $p_{\text{in}}=p_{\text{out}}-\delta p$	0.1778MPa	0.2823	0.4158		平均 0.9841
段的进口温度 T_{in}	305K	315	315	315	

表 11-4 段基本参数选取及组数和圆周速度计算数据

名称	段数				备注
	Ⅰ	Ⅱ	Ⅲ	Ⅳ	
叶轮叶片出口角 β_{2A}	90°	50	50	50	选取
流量系数 ϕ_{2r}	0.33	0.27	0.26	0.25	选取
叶轮叶片数 Z_Z	24 片	24	24	24	选取
周速系数 $\phi_{2u}=1-\dfrac{\pi}{z}-\sin\beta_{2A}-\phi_{2r}\cot\beta_{2A}$ $\phi_{2u}=1-0.63\pi/Z$	0.9175	0.6732	0.6815	0.6899	
轮阻及漏气损失系数 $\beta_{df}+\beta_l$	0.01456	0.03103	0.03587	0.04809	选取
多变效率 η_{pol}	0.83	0.81	0.80	0.78	选取
流动效率 $\eta_b=\eta_{\text{pol}}(1+\beta_{df}+\beta_l)$	0.8421	0.8351	0.8287	0.8175	
能量头系数 $\psi=\eta_h\phi_{2u}$	0.7724	0.5622	0.5647	0.5641	
初步选取圆周速度 u'_2	285m/s	285	250	250	选取
段的多变压缩功 $\overline{W}_{\text{pol}}$	65.06kJ/kg	47.57	38.31	36.76	
计算级数 $i'=\dfrac{\overline{W}_{\text{pol}}}{\psi u_2'^2}$	1.037	1.0417	1.0996	1.0427	
圆整后的级数 i	1	1	1	1	选取
圆整后的圆周速度 $u_2=\sqrt{\dfrac{W_{\text{pol}}}{i\psi}}$	290.225m/s	290.885	262.157	255.283	

（5）压缩机逐级气动、热力参数和几何参数的详细计算

在通过上述压缩机分段分压比的几种方案分析比较选定最佳方案后，将根据选定的主要参数（z、i、n、D_2、β_{2A}、$\dfrac{b_2}{D_2}$、ϕ_{2r}、η_{pol}等），逐级进行通流部分各部件，如叶轮、扩压器、弯道、回流器，以及进气室和排气室等各主要截面上的几何参数和气动、热力参数的详细计算，参见设计实例及其中的表 11-8。

在逐级详细计算中，对选定方案中的一些主要参数，还可根据几何、气动和热力参数的合理性进行适当的调整，使最终算出的排出压力能满足设计要求。在方案计算和逐级详细计算中，所选定的诸如轮阻损失系数 β_{df} 和轮盖漏气系数 β_l 在逐级计算中要再作校核，使校核值与选取值一致。否则要作迭代计算。此外，对于轴端采用梳齿密封向外泄露的流量，还要

核算进口流量与原选取值之间的误差，必要时应用核算后的流量重新进行逐级详细计算。对于含有水蒸气的湿气体，经过中间冷却器之后，将有水分析出，所以逐段进口流量还应扣除析出水量。

逐级详细计算之后，还要设计出轴承、推力盘、轴端密封、联轴器的轴向位置和轴颈的尺寸，并计算转子的临界转速 n_k。校核压缩机的转速 n 与 n_k 之比是否符合安全规定。然后，计算压缩机的逐级内功率、轴功率和压缩机的多变效率、等温效率，并选择增速器和原动机。最后，用逐级详细计算得出的各截面几何尺寸，绘制压缩机流道的示意图和设计装配图。在设计装配图时，应考虑各零部件以及中间冷却器、管道等安放的位置、加工制造工艺性和装拆的方便。以及与增速器和原动机的连接与布置等。

以上所述的各项内容，均应在方案选择和比较时有所顾及，甚至在逐级详细计算之中或之后发现问题，而需要修改所选定的方案。或许方案计算和逐级计算是一个反复设计计算的过程，最后才能确定最佳方案，认准逐级详细计算的结果，以及确定压缩机的流道设计和装配设计。

11.4.3 离心压缩机热力设计实例

参照文献［1］，按照效率法，给出一台空气压缩机的热力设计算例，以及化工用多组成气体的离心压缩机其中一个段热力设计的校核算例，以供参考。

（1）热力设计算例

① 设计任务　设计一台空气压缩机，其设计参数为体积流量 $q_v=200m^3/min$（在标准状态：$p_a=0.101325MPa$，$t_a=0℃$），进口参数 $p_{in}=0.0951MPa$，$t_{in}=32℃$，相对温度 $\phi=0.8$，出口参数 $p_{out}=0.5919MPa$，冷却水进口温度 $t_{w1}=30℃$。

② 设计参数的整理与计算

a. 气体的物性参数

确定含水蒸气的湿空气的气体常数 R、定熵指数 κ：

已知相对湿度为 $\phi=0.8$，则 1kg 干燥混合气体所含有的水蒸气 x（kg 水蒸气/1kg 干燥气体）为

$$x=\frac{R_a\phi p_v}{R_v(p_{in}-\phi p_v)}$$

$$=\frac{287.1\times0.8\times0.004793}{461.89(0.0951-0.8\times0.004793)}=0.02611$$

式中　$R_v=461.89J/(kg\cdot K)$；

p_v为水蒸气的分压力，当 $t_{in}\leqslant t_s$（p_{in}）时，p_v便等于水蒸气在温度 t_{in}下的饱和压力。当 $t_{in}=32℃$时，$p_v=0.004793MPa$。

湿空气的气体常数 R 为

$$R=\frac{R_a+xR_v}{1+x}=\frac{287.1+0.02611\times461.89}{1+0.02611}=291.55J/(kg\cdot K)$$

湿空气的定熵指数 k 为

$$\frac{k}{k-1}=\frac{c_{pa}+xc_{pv}}{R_a+xR_v}=\frac{1004.8+0.02611\times1884.06}{287.1+0.02611\times461.89}=3.5231$$

$$k=1.396$$

式中：$c_{pa}=1004.8J/(kg\cdot K)$；$c_{pv}=1884.06J/(kg\cdot K)$

b. 流量

给定的体积流量是在标准状态下，应换算成进口状态下的体积流量 q_{Vin} m³/min（或 m³/s）。

$$q_{Vin} = q_V \frac{p_N T_{in}}{p_{in} T_N} = 200 \times \frac{0.101325 \times 305}{0.0951 \times 273} = 238 \text{m}^3/\text{min}$$

考虑到压缩机存在外漏气，压缩机的进口流量应取得比设计任务中所提出的流量大一些。现选取 $q_{Vin(c)} = 1.03 q_{Vin}$，则压缩机的进口计算流量为

$$q_{Vin(c)} = 1.03 \times 238 = 245 \text{m}^3/\text{min}$$

或

$$q_{min(c)} = q_{Vin(c)} \rho_{in} = 245 \frac{0.095124 \times 10^6}{291.55 \times 305} = 4.368 \text{kg/s}$$

c. 压力比

由给定的进、出口压力，计算压力比

$$\varepsilon = \frac{p_{out}}{p_{in}} = \frac{0.5919}{0.0951} = 6.2239$$

为使压缩机之性能不低于设计任务的要求，把升压 Δp 提高 3%，确定设计计算的压力比 ε_c

$$\Delta p = 1.03(p_{out} - p_{in}) = 1.03(0.5919 - 0.0951) = 0.5117 \text{MPa}$$

$$\varepsilon_c = \frac{p_{in} + \Delta p_c}{p_{in}} = \frac{0.0951 + 0.5117}{0.0951} = 6.38$$

③ 中间冷却及分段

按照计算压力比 $\varepsilon_{计算} = 6.38$，参考压缩机的分段数 N 与省功比 $\Delta\overline{W}$ 的计算，可选择中间冷却次数 $Z = 2$，和中间冷却次数 $Z = 3$ 的二个方案。现以三次中间冷却（$Z = 3$）为例进行段压力比的计算和方案设计。

各段进口温度

$$T_{in\,I} = (32 + 273) = 305\text{K}$$

$$T_{in\,II} = T_{w1} + 12 = 273 + 30 + 12 = 315\text{K}$$

$$T_{in\,III} = 315\text{K}$$

$$T_{in\,IV} = 315\text{K}$$

取各段的多变效率

$$\eta_{pol\,I} = 0.83;\ \eta_{pol\,II} = 0.81;\ \eta_{pol\,III} = 0.80;\ \eta_{pol\,IV} = 0.78$$

则各段的系数为

$$Y_I = \frac{T_{in\,II}\,\eta_{pol\,I}}{T_{in\,I}\,\eta_{pol\,II}} = \frac{315 \times 0.83}{305 \times 0.81} = 1.05828$$

$$Y_{II} = \frac{T_{in\,III}\,\eta_{pol\,I}}{T_{in\,I}\,\eta_{pol\,III}} = \frac{315 \times 0.83}{305 \times 0.80} = 1.07151$$

$$Y_{III} = \frac{T_{in\,IV}\,\eta_{pol\,I}}{T_{in\,I}\,\eta_{pol\,IV}} = \frac{315 \times 0.83}{305 \times 0.78} = 1.09899$$

取整机平均压力损失比

$$\lambda_m = 0.9841$$

可得各段计算压力比为

$$\varepsilon_{\mathrm{I}} = \sqrt[4]{\frac{\varepsilon_{计算}}{\lambda_{\mathrm{m}}^{3}}(Y_{\mathrm{I}} Y_{\mathrm{II}} Y_{\mathrm{III}})^{\frac{\kappa}{\kappa-1}}}$$

$$= \sqrt[4]{\frac{6.38}{0.9841^{3}}(1.05828 \times 1.07151 \times 1.09899)^{3.5231}} = 1.9526$$

$$\varepsilon_{\mathrm{II}} = \frac{\varepsilon_{\mathrm{I}}}{Y_{\mathrm{I}}^{\frac{\kappa}{\kappa-1}}} = \frac{1.9526}{1.05828^{3.5231}} = 1.5993$$

$$\varepsilon_{\mathrm{III}} = \frac{\varepsilon_{\mathrm{I}}}{Y_{\mathrm{II}}^{\frac{\kappa}{\kappa-1}}} = \frac{1.9526}{1.07151^{3.5231}} = 1.5308$$

$$\varepsilon_{\mathrm{IV}} = \frac{\varepsilon_{\mathrm{I}}}{Y_{\mathrm{III}}^{\frac{\kappa}{\kappa-1}}} = \frac{1.9526}{1.09899^{3.5231}} = 1.4002$$

为满足各级设计上的合理性，对上述各段的计算压力比作适当的调整，把第一、三段的压力比降低一些，把二、四段的压力比提高一些。调整后的各段压力比和进、出口压力，列于表 11 -3 中。

④ 各段进口体积流量和多变压缩功的计算

a. 各段进口体积流量 q_{Vin} 的计算

第一段进口体积流量

$$q_{\mathrm{Vin\,I}} = q_{\mathrm{Vin计算}} = 245\mathrm{m}^3/\mathrm{min}$$

第二段进口体积流量

$$q_{\mathrm{Vin\,II}} = q_{\mathrm{Vin\,I}} \frac{p_{\mathrm{in\,I}} T_{\mathrm{in\,II}}}{p_{\mathrm{in\,II}} T_{\mathrm{in\,I}}} = 245 \frac{0.0951 \times 315}{0.1778 \times 305} = 135.324\mathrm{m}^3/\mathrm{min}$$

第三段进口体积流量

$$q_{\mathrm{Vin\,III}} = q_{\mathrm{Vin\,I}} \frac{p_{\mathrm{in\,I}} T_{\mathrm{in\,III}}}{p_{\mathrm{in\,III}} T_{\mathrm{in\,I}}} = 245 \frac{0.0951 \times 315}{0.2823 \times 305} = 85.237\mathrm{m}^3/\mathrm{min}$$

第四段进口体积流量

$$q_{\mathrm{Vin\,IV}} = q_{\mathrm{Vin\,I}} \frac{p_{\mathrm{in\,I}} T_{\mathrm{in\,IV}}}{p_{\mathrm{in\,IV}} T_{\mathrm{in\,I}}} = 245 \frac{0.0951 \times 315}{0.4159 \times 305} = 57.874\mathrm{m}^3/\mathrm{min}$$

b. 各段多变压缩功 W_{pol} 的计算

各段的指数系数

$$\sigma = \eta_{\mathrm{pol}} \frac{\kappa}{\kappa - 1}$$

$$\sigma_{\mathrm{I}} = 0.83 \times 3.5231 = 2.92417$$

$$\sigma_{\mathrm{II}} = 0.81 \times 3.5231 = 2.85371$$

$$\sigma_{\mathrm{III}} = 0.80 \times 3.5231 = 2.81848$$

$$\sigma_{\mathrm{IV}} = 0.78 \times 3.5231 = 2.74802$$

各段的多变压缩功

$$W_{\mathrm{pol}i} = \sigma_i R T_{\mathrm{in},i}(\varepsilon_i^{\frac{1}{\sigma_i}} - 1)$$

$$W_{\mathrm{pol\,I}} = 2.92417 \times 291.547 \times 305 \times (1.9213^{\frac{1}{2.92417}} - 1) = 65.06\mathrm{kJ/kg}$$

$$W_{\mathrm{pol\,II}} = 2.85371 \times 291.547 \times 315 \times (1.6096^{\frac{1}{2.85371}} - 1) = 47.57\mathrm{kJ/kg}$$

$$W_{\mathrm{pol\,III}} = 2.81848 \times 291.547 \times 315 \times (1.4832^{\frac{1}{2.81848}} - 1) = 38.81\mathrm{kJ/kg}$$

$$W_{pol\mathrm{IV}} = 2.74802 \times 291.547 \times 315 \times (1.45306^{\frac{1}{2.74802}} - 1) = 36.76\mathrm{kJ/kg}$$

⑤ 各段基本参数的选取及各段级数 j 和圆周速度 u_2 的初步计算数据

表 11 -4 给出了一组各段基本参数的选取及各段级数 j 和圆周速度 u_2 的初步计算数据。

⑥ 压缩机转速 n 的确定及各段叶轮宽度 $b2$ 和平均轴径比 $\frac{d_{Zm}}{D_{2m}}$ 的计算

a. 第一级叶轮转速计算

第一级叶轮采用径向型。取第一级叶轮的相对宽度 $b_2/D_2 = 0.06536$，阻塞系数 $\tau_2 = 0.9236$

第一级的转速

$$n = 33.9\sqrt{\frac{K_{V2}\tau_2\phi_{2r}(b_2/D_2)u_2^3}{q_{in}}}$$

$$= 33.9\sqrt{\frac{1.2489 \times 0.9236 \times 0.33 \times 0.06536 \times 290.223}{4.0833}} = 13860\mathrm{r/min}$$

式中

$$K_{V2} = \left(1 + \frac{\Delta t_2}{T_{in}}\right)^{\sigma - 1}$$

$$c_{2r} = u_2\phi_{2r} = 290.22 \times 0.33 = 95.766\mathrm{m/s}$$

$$\tan\alpha_2 = \frac{\phi_{2r}}{\phi_{2u}} = \frac{0.33}{0.9175} = 0.3596$$

$$\alpha_2 = \tan^{-1}\frac{\phi_{2r}}{\phi_{2u}} = \tan^{-1}0.3596 = 19°47'$$

$$c_2 = \frac{c_{2r}}{\sin\alpha_2} = \frac{95.766}{\sin 19°47'} = 282.94\mathrm{m/s}$$

$$\Delta t_2 = \frac{k-1}{Rk}\left(\frac{W_{pol}}{\eta_{pol}} - \frac{c_2^2}{2}\right) = \frac{1}{291.547 \times 3.5231}\left(\frac{65060}{0.83} - \frac{282.94^2}{2}\right)$$

$$= 37.344℃$$

$$K_{V2} = \left(1 + \frac{37.344}{305}\right)^{2.92417-1} = 1.2489$$

b. 各段叶轮相对宽度 b_2/D_2 的计算

在转速 $n = 13860\mathrm{r/min}$ 时，各级叶轮相对宽度 b_2/D_2 及宽度 b_2 计算值，列于表 11 -5。

表 11 -5　各级叶轮相对宽度 b_2/D_2 的计算

名　　称	段数				备注
	Ⅰ	Ⅱ	Ⅲ	Ⅳ	
进口体积流量 q_{Vin}	4.0833m³/s	2.2554	1.4206	0.9646	
叶轮出口阻塞系数 τ_2	0.92361	0.90027	0.88919	0.88603	选取
圆周速度 u_2	290.28m/s	200.88	261.25	255.99	
流量系数 ϕ_{2r}	0.33	0.27	0.26	0.25	
$c_{2r} = u_2\phi_{2r}$	95.794m/s	78.376	67.926	63.499	
$\tan\alpha_2 = \frac{\phi_{2r}}{\phi_{2u}}$	0.3596	0.4011	0.3815	0.3623	

续表

名　　称	段　　数				备注
	Ⅰ	Ⅱ	Ⅲ	Ⅳ	
叶轮出口气流方向角 $\alpha_2 = \tan^{-1}\dfrac{\phi_{2r}}{\phi_{2u}}$	19°47′	21°51′	20°53′	19°55′	
叶轮出口气流绝对速度 $c_2 = \dfrac{c_{2r}}{\sin\alpha_2}$	283.025m/s	210.589	190.563	186.396	
$\Delta t_2 = \dfrac{k-1}{Rk}\left(\dfrac{\overline{W}_{pol}}{\eta_{pol}} - \dfrac{c_2^2}{2}\right)$	37.321	35.593	29.55	28.969	单位为℃
$K_{V2} = \left(1 + \dfrac{\Delta t_2}{T_{in}}\right)^{\sigma-1}$	1.2457	1.2195	1.1771	1.1663	
相对宽度 $\dfrac{b_2}{D_2} = \dfrac{q_{Vin}}{K_{V2}\tau_2 u_2^3 \phi_{2r}}\left(\dfrac{n}{33.9}\right)^2$	0.07332	0.05199	0.048935	0.038089	
叶轮直径 $D_2 = \dfrac{60u_2}{\pi n}$	0.40m	0.40	0.36	0.35	
叶轮叶片出口宽度 b_2	29.33mm	20.79	17.17	13.33	
叶轮叶片厚度 δ	6mm	6	6	6	
叶轮叶片出口计算厚度 δ_c	4mm	4	4	4	
叶轮出口阻塞系数 $\tau_2 = 1 - \dfrac{Z\delta_c}{\pi D_2 \sin\beta_{2A}}$	0.9236	0.9003	0.8892	0.8860	校核2项
内功率 $P_i = q_m W_{pol}$	284.12kW	207.78	169.52	160.57	总计822

c. 平均轴颈比 $\dfrac{d_{Zm}}{D_{2m}}$ 的核算

压缩机转子采用柔轴结构，按照转速避开共振区的要求，取第一阶临界转速

$$n_{k1} = \frac{n}{2.7} = \frac{13860}{2.7} = 5133\text{r/min}$$

转子平均直径

$$d_{Zm} = K_d(i + 2.3)D_{2m}\sqrt{\frac{n_{k1}}{1000}}$$

$$= 0.023 \times (4 + 2.3) \times 0.3755 \times \sqrt{\frac{5133}{1000}} = 0.124$$

平均轴颈比

$$\frac{d_{Zm}}{D_{2m}} = \frac{0.124}{0.3775} = 0.328$$

⑦ 方案比较

前面进行了三次中间冷却方案的计算。为了对比分析，对二次中间冷却和一次中间冷却的方案也作了计算。在表11－6中共给出四组方案，若调整级数和转速还可以得到更多的方案。限于篇幅，这里仅对表中方案进行对比分析。

表 11-6　不同方案对比表

方案 参数	一(Z=1)				二(Z=2)				三(Z=2)				四(Z=3)			
段数	Ⅰ		Ⅱ		Ⅰ	Ⅱ	Ⅲ		Ⅰ		Ⅱ	Ⅲ	Ⅰ	Ⅱ	Ⅲ	Ⅳ
级数	1	2	3	4	1	2	3	4	1	2	3	4	1	2	3	4
β_{2A}	55°	55	48	48	55	55	45	45	55	55	48	48	90	50	50	50
η_{pol}	0.83	0.81	0.79	0.78	0.83	0.81	0.79	0.78	0.83	0.80	0.79	0.78	0.80	0.81	0.80	0.78
φ_{2r}	0.26	0.25	0.26	0.25	0.28	0.26	0.25	0.24	0.26	0.25	0.26	0.24	0.33	0.27	0.26	0.25
$\psi=\varphi_{2u}\eta_{hyd}$	0.6011	0.5963	0.5523	0.5555	0.5895	0.5937	0.5407	0.5477	0.6011	0.5895	0.5521	0.5611	0.7443	0.5615	0.5641	0.5651
D_2	0.42m	0.42	0.40	0.38	0.42	0.42	0.38	0.38	0.42	0.42	0.40	0.35	0.40	0.40	0.36	0.36
u_2	304.79m/s	304.79	290.28	275.77	304.79	304.79	275.77	275.77	304.79	304.79	290.28	253.99	290.28	290.28	261.25	261.25
$\overline{W}_{pol}$	55.85kJ/kg	55.45	46.53	42.25	54.76	55.15	41.12	41.66	55.85	54.76	46.52	36.20	62.72	47.32	38.50	38.57
b_2/D_2	0.0801	0.0600	0.0368	0.0349	0.0747	0.04953	0.04425	0.03624	0.0800	0.0602	0.0371	0.0402	0.0738	0.0534	0.0504	0.0359
Δt_{out}	65.44	66.52	58.27	53.59	64.13	66.92	51.52	52.85	65.41	66.57	58.26	46.09	76.21	57.48	47.63	49.1
ε	1.7629	1.6007	1.5982	1.4417	1.7451	1.7275	1.5195	1.4439	1.7628	1.591	1.598	1.4506	1.8725	1.6088	1.483	1.483
p_{out}	0.1676MPa	0.2684	0.4214	0.607	0.1659	0.2782	0.4168	0.6019	0.1676	0.2668	0.4185	0.6014	0.1781	0.2786	0.4073	0.5986
T_{out}	370.44K	436.86	373.27	426.86	369.13	381.92	366.52	419.37	370.41	436.98	373.26	361.09	381.21	372.48	362.63	364.1
P_i	293.93kW	298.03	257.29	236.60	288.18	297.41	227.38	233.27	293.93	299.00	257.23	202.73	342.45	255.17	210.22	216.02
ΣP_ikW	1085.85				1046.24				1052.89				1023.86			

第一方案（$Z=1$），共二段四级，每段有两个叶轮。第一段第一级因相对宽度 b_2/D_2 较大，宜采用三元叶轮，其余各级均用常规后弯式叶轮。各级叶轮相对宽度均在容许范围之内。

由于中间冷却后增加了进气室的轴向距离，在四组方案的叶轮数目相同时，一次中间冷却的方案，转子的轴向跨距为最小 。方案Ⅰ只需要一个中间冷却器，故设备投资及占地面积小，冷却的耗水量也比其他方案小。然而，气体在各段压缩终温较高，均达到150℃以上。压缩机的总耗功率明显地增加，比二次中间冷却的方案Ⅱ、Ⅲ增加约3%，比三次中冷的方案Ⅳ增加5.5%。

方案Ⅱ和Ⅲ都采用二次中间冷却。不同之处是方案Ⅱ中第一、二级叶轮独自成段，而方案Ⅲ中第三、四级叶轮独自成段。两个方案的第一级叶轮都采用三元叶轮。其余为一般后弯式叶轮。方案Ⅱ的三、四级叶轮出口角 β_{2A} 为45°，略小于方案Ⅲ的48°。

由于压缩机的体积流量是逐段逐级减小的，经过中间冷却器后，下降则更明显，若将中间冷却布置在压缩机的前面几级，那里的体积流量相对来说较大，经中间冷却后体积流量的减少对叶轮相对宽度 b_2/D_2 的影响就不甚明显，若将中间冷却布置在压缩机的后面几级，情况正好相反。对比方案Ⅱ和方案Ⅲ可以看出，方案Ⅱ的各级相对宽度 b_2/D_2 比较适中，同时由于第二级压比的提高，使三、四级的压比减小，从而可以采用较小的叶轮出口角 $\beta_{2A}=45°$。后面的级选用较小的 β_{2A}，对协调整机特性，扩大整机的工况范围是有利的。在方案Ⅲ中，由于三、四级的压比没有减小，为了使经过中间冷却器后第四级叶轮的相对宽度 b_2/D_2 提高，只得采用较小的直径，同时提高三、四级叶轮的叶片出口角 $\beta_{2A}=48°$。

方案Ⅳ（$Z=3$），采用三次中间冷却。第一级是配三元径向叶轮，其余各级均用常规后弯型叶轮。该方案的优点，是压缩机总耗功最小；排气温度低，每段排气温度都在100℃左右；叶轮外径 D_2 小，机壳外型尺寸可减小；圆周速度 u_2 比较小，M_{u2} 小，对减小流动损失是有利的。该方案的缺点是，由于用了3个中间冷却器，转子的轴向跨距较大；冷却水耗量增加；水泵功率也增加，设备投资费增加。倘使考虑上水泵功率的增加和耗水量增加的费用，三次中间冷却带来的压缩机总耗功减少的优点就变得不明显了，所以采用三次中间冷却意义不大。

上面对四组方案的气动特性、可靠性和外形尺寸等进行了对比分析，方案Ⅰ压缩机总耗功大，方案Ⅳ设备庞大，采用两次中间冷却的方案Ⅱ又优于方案Ⅲ。所以，方案Ⅱ是一个较好的方案，最好采用方案Ⅱ。

⑧ 对压缩机方案二的第3段进行逐级详细计算。

a. 该段的设计参数如下：

进口温度	$T_{in}=315K$
进口压力	$p_{in}=0.274MPa$
进口流量	$q_m=4.368kg/s$
排出压力	$p_{out}=0.592MPa$
转速	$n=13860r/min$

经方案计算后设计参数选取如表11－7。

段进口法兰截面处气流参数

$$p_{in}=0.274MPa \quad t_{in}=42℃$$

$$\rho_{in}=3.035kg/m^3$$

表 11-7　选取的设计参数

	第一级	第二级		第一级	第二级
叶片出口按装角 β_{2A}	45°	45	级多变效率 η_{pol}	0.79	0.78
流量系数 ϕ_{2r}	0.25	0.24	定熵指数 k	1.4	1.4
进、出口叶片数 Z_2/Z_1	24/12	24/12	叶轮外径 D_2	0.38m	0.38
$1+\beta_l+\beta_{df}$	1.0415	1.0525	叶轮圆周速度 u_2	275.77m/s	275.77

段进口法兰截面尺寸

$$D_{in} = 0.32\text{m}$$

段进口法兰截面处气流速度

$$c_{in} = 18\text{m/s}$$

b. 逐级各截面热力参数计算列于表 11-8 中。

表 11-8　各截面热力参数计算结果

序号	名　称	符号或计算公式	级别 1	级别 2	备注
1	轮毂直径	d	0.125m	0.120	选取
2	速度系数	$K_0=c_1'/c_0$	1.06	1.1	选取
3	直径比	$K_D=D_1/D_0$	1.02	1.02	选取
4	叶片进口阻塞系数	τ_1	0.91	0.904	选取
5	叶片出口阻塞系数	τ_2	0.932	0.932	选取
6	叶轮进口比容比	$K_V=\rho_0/\rho_{in}$	0.987	1.292	选取
7	叶轮出口比容比	$K_{V2}=\rho_2/\rho_{in}$	1.19	1.177	选取
8	叶轮进口直径	$(D_0)_{w1min}=\left\{d^2+\sqrt[3]{2}\left[4\tau_2K_{V2}K_c\phi_{2r}\left(\frac{b_2}{D_2}\right)/\tau_1K_DK_{V0}\right]^{2/3}D_2^2\right\}^{1/2}$	0.205	0.186	
9	叶轮进口 A_0 面积	$A_0=\frac{\pi}{4}(D_0^2-d^2)$	0.0207m^2	0.0159	
10	叶轮进口气流速度	$c_0=c_{min}/(\rho_{in}K_{V0}A_0)$	71.2m^2	72.7	
11	T_0-T_{in}	$\Delta t_0=-(c_0^2-c_{in}^2)/(2RK/(K-1)$	-2.30℃	49.36	
12	叶轮进口比容比	$K_{V0}=1+(\sigma-1)\frac{\Delta t_0}{T_{in}}$	0.987	1.292	校核 6
13	指数系数	$\sigma=\frac{k}{k-1}\eta_{pol}$	2.7618	2.7289	
14	叶片进口直径	$D_1=K_DD_0$	0.210m	0.190	
15	叶片进口圆周速度	$u_1=n\pi D_1/60$	152.4m/s	137.88	
16	进叶片前速度	$c_1'=K_0c_0$	75.47m/s	79.97	
17	进入叶片后速度	$c_1=c_1'/\tau_1$	82.93m/s	87.88	
18	叶片进口气流角	$\beta_1=\tan^{-1}c_1/u_1$	28.55°	32.51	
19	叶片进口安装角	β_{1A}	29°	30	选取
20	冲角	$i=\beta_{1A}-\beta_1$	+0.45°	-2.51	
21	叶片厚度	δ_1	2.4mm	2.4	
22	叶片进口阻塞系数	$\tau_1=1-Z\delta/(\pi D_1\sin\beta_{1A})$	0.9099	0.9035	核算 4

续表

序号	名　　称	符号或计算公式	级别 1	级别 2	备注
23	$T_1 - T_{in}$	$\Delta t_1 = -(c_1^2 - c_{in}^2)/(2R\kappa/(\kappa-1))$	−3.24℃	−1.213 ($c_{in} = c_o$)	
24	叶片进口比容比	$K_{V1} = 1 + (\sigma - 1)\dfrac{\Delta t_1}{T_{in}}$	0.982	0.994	
25	叶片进口宽度	$b_1 = \dfrac{q_{Vin}}{K_{V1} c_1 \pi D_1 \tau_1}$	30.5mm	24.5	
26	叶轮进口相对速度	$w_1 = (c_1^2 + u_1^2)^{1/2}$	173.39m/s	163.5	
27	T_1	$T_1 = T_{in} + \Delta t_1$	311.76K	363.15	
28	叶片进口马赫数	$Ma_{w1} = w_1/\sqrt{\kappa R T_1}$	0.489	0.428	
29	周速系数	$\phi_{2u} = 1 - \dfrac{\pi}{Z_2}\sin\beta_{2A} - \phi_{2r}\cot\beta_{2A}$	0.6574	0.6674	
30	w_2	$w_2 = u_2[(1-\phi_{2u})^2 + \phi_{2r}^2]^{1/2}$	116.96m/s	113.1	
31	叶轮出口圆周速度	$u_2 = \dfrac{n\pi D_2}{60}$	275.77m/s	275.77	
32	叶轮扩压度 K_w	$K_w = w_1/w_2$	1.482	1.446	
33	叶片出口气流角	$\alpha_2 = \tan^{-1}\phi_{2r}/\phi_{2u}$	20.82	19.78	
34	叶轮出口绝对速度	$c_2 = \varphi_{2r} u_2/\sin\alpha_2$	103.97m/s	195.59	
35	绝对速度切向分速度	$c_{2u} = \phi_{2u} u_2$	181.29m/s	184.05	
36	绝对速度径向分速度	$c_{2r} = \phi_{2r} u_2$	68.94m/s	66.18	
37	叶轮加给气体总能量	$h_{tot} = \phi_{2u} u_2^2 (1 + \beta_1 + \beta_{dj})$	52.07kJ/kg	53.42	
38	$T_2 - T_{in}$	$\Delta t_2 = \dfrac{k-1}{kR}\left(h_{tot} - \dfrac{c_2^2 - c_{in}^2}{2}\right)$	33.06℃	36.78	
39	叶轮出口比容比	$\kappa_{V2} = \left(1 + \dfrac{\Delta t_2}{T_{in}}\right)^{\sigma-1}$	1.19	1.18	校核7
40	叶轮出口温度	$T_2 = T_{in} + \Delta t_2$	348.06K	401.14	
41	叶轮出口马赫数	$Ma_{c2} = C_2/\sqrt{kRT_2}$	0.52	0.487	
42	叶片出口厚度	δ_2	2.4mm	2.6	选取
43	叶轮出口宽度	$b_2 = q_{Vin}/(\pi D_2 k\ v_2 \phi_{2r} u_2 \tau_2)$	16.36mm	13.3	
44	叶轮出口相对宽度	b_2/D_2	0.043	0.035	
45	级反作用度	$\rho = \dfrac{(W_1^2 - W_2^2) + (u_2^2 - u_1^2)}{2h_{th}}$	0.692	0.689	

续表

序号	名　　称	符号或计算公式	级别 1	级别 2	备注
46	轮盖倾角	$\theta=\tan^{-1}2\ (b_1-b_2)\ /\ (D_2-D_1)$	9.44^0	6.72	
47	轮盖密封直径	D_s	0.225m	0.211	选取
48	轮盖密封齿数	Z	4片	4	
49	轮盖密封间隙	S	0.4mm	0.4	
50	漏气损失系数	$\beta_l=\dfrac{\overset{-}{\alpha}\dfrac{D_s}{D_2}\dfrac{s}{D_2}\sqrt{\dfrac{3}{4Z}\left[1-(D_1/D_2)^2\right]}}{1000\tau_2 b_2/D_2\phi_{2r}\sqrt{K_{V2}}}$	0.0144	0.01788	
51	轮阻损失系数	$\beta_{df}=\dfrac{0.172}{1000\tau_2\phi_{2r}\phi_{2u}b_2/D_2}$	0.0261	0.03303	
52	$1+\beta l+\beta_{df}$		1.0415	1.0525	校核
53	叶轮出口压比	$\varepsilon_2=\left(1+\dfrac{\Delta t_2}{T_{in}}\right)^{\sigma}$	1.3177	1.3	
54	叶轮出口压力	$p_2=p_{in}\varepsilon_2$	0.3615MPa	0.533	
55	叶片圆弧曲率半径	$R=\dfrac{1-\left(\dfrac{D_1}{D_2}\right)^2}{4\left(\cos\beta_{2A}-\dfrac{D_1}{D_2}\cos\beta_{1A}\right)}D_2$	0.2949m	0.2599	
56	叶片圆弧圆心半径	$R_0=\left[R\ (R-D_1\cos\beta_{1A}+\left(\dfrac{D_1}{2}\right)^2\right]^{1/2}$	0.2093	0.2278	
57	轮盖进口半径	$r=\left(\dfrac{r}{b_1}\right)b_1$	18mm	14.5	$\dfrac{r}{b_1}=0.59$
58	叶片出口阻塞系数	$\tau_2=1-Z_2\delta_2/\ (\pi D_2\sin\beta_{2A})$	0.932	0.932	校核5项
59	无叶扩压器进口直径	$D_3=\left(\dfrac{D_3}{D_2}\right)D_2$	0.40m	0.40	$\dfrac{D_3}{D_2}=1.0526$
60	无叶扩压器进口宽度	$b_3=b_2-\Delta b$	14mm	11	
61	无叶扩压器进口气流角	$\alpha_3=\tan^{-1}\left[\left(\dfrac{b_2}{b_3}\right)\tan\alpha_2\right]$	23.96°	23.5	
62	无叶扩压器出口直径	$D_4=\left(\dfrac{D_4}{D_2}\right)D_2$	0.635m	0.635	$\dfrac{D_4}{D_2}=1.671$
63	无叶扩压器出口宽度	$b_4=b_3$	14mm	11	

续表

序号	名　　称	符号或计算公式	级别 1	级别 2	备注
64	无叶扩压器出口气流角	$\alpha_4=\alpha_3$	23.96°	23.5	
65	无叶扩压器出口比容比	k_{V4}	1.275	1.246	选取
66	无叶扩压器出口气流速度	$c_4=\dfrac{q_{Vin}}{k_{V4}F_4\sin\alpha_4}$	103.26m/s	106.02	
67	T_4-T_{in}	$\Delta t_4=\dfrac{k-1}{kR}\left(h_{tot}-\dfrac{c_4^2}{2}\right)$	46.5°	50.22	
68		$k_{V4}=\left(1+\dfrac{\Delta t_4}{T_{in}}\right)^{\sigma-1}$	1.275	1.247	校核65
69	无叶扩压器出口压比	$\varepsilon_4=\left(1+\dfrac{\Delta t_4}{T_{in}}\right)^{\sigma}$	1.4627	1.4224	
70	无叶扩压器出口温度	$T_4=T_{in}+\Delta t_4$	361.5K	414.58	
71	无叶扩压器出口压力	$p_4=\varepsilon_4 p_{in}$	0.401MPa	0.583	
72	c_{4u}	$c_{4u}=c_4\cos\alpha_4$	94.30	97.23	
73	c_{4r}	$c_{4r}=c_4\sin\alpha_4$	41.93	42.28	
74	回流器进口直径	D_5	0.635		选取
75	回流器进口宽度	b_5	14mm		选取
76	回流器入口气流角	$\alpha_5=\tan^{-1}\dfrac{K\tan\alpha_4 b_4}{b_5}$	33.68°		$K=1.6$
77	回流器叶片入口安装角	β_{5A}	33°		选取
78	弯道转弯内半径	$R_1=b_4\left[(7-14)\sin^2\dfrac{\alpha_4+\alpha_5}{2}-0.25\dfrac{b_5}{b_4}-0.25\right]$	0.0255m		
79	回流器叶片数	$Z_5=\left(\dfrac{l}{t}\right)_{opt}\dfrac{2\pi\sin(\beta_{5A}+\beta_{6A})/2}{\ln\left(\dfrac{D_5}{D_6}\right)}$	11		
80	回流器叶片厚度	$\delta_5=\delta_6$	15mm		选取
81	回流器叶片计算厚度	$\delta_{5c}=\delta_{6c}$	7mm		
82	回流器叶片进口阻塞系数	$\tau_5=1-\dfrac{Z_5\delta_{5c}}{\pi D_5\sin\beta_{5A}}$	0.929		
83	回流器叶片出口阻塞系数	$\tau_6=1-\dfrac{Z_5\delta_{6c}}{\pi D_6}$	0.961		
84	下级进口速度比	$c_o(i+1)/c_6$	1.05		

续表

序号	名　称	符号或计算公式	级别 1	级别 2	备注
85	回流器出口速度	c_6	69.238m/s		
86		$\Delta t_6 = \frac{k-1}{kR}\left(h_{tot} - \frac{c_6^2 - c_{in}^2}{2}\right)$	49.6℃		
87	回流器出口比容比	$K_{V6} = \left(1 + \frac{\Delta t_6}{T_{in}}\right)^{\sigma - 1}$	1.2939		
88	回流器出口直径	D_6	0.208m		
89	回流器出口宽度	$b_6 = \frac{q_{Vin}}{K_{V6}\pi D_6 c_6 \tau_6}$	25.6mm		
90	各级内功率	$p_i = q_m h_{tot}$	227.4kW	233.3	
91	总内功率	ΣP_i	460.7kW		

c. 排气蜗室的计算

按气体自由流动的轨迹设计蜗室，选择圆形对称外蜗室。圆截面半径为

$$\rho = \frac{\phi}{K} + \sqrt{\frac{2r_4\phi}{K}}$$

其中

$$K = \frac{720\pi c_{4u} r_4}{q_{V4}} = \frac{720\pi \times 97.23 \times 0.3175}{1.4392/1.247} = 60502.27$$

圆截面中心离轴心距离

$$R_c = r_4 + \rho$$

现将各不同 ϕ 截面上计算所得的 ρ、R_c 列于表 11－9 中。

表 11－9　排气蜗室几何尺寸计算结果

位置角 ϕ	15°	30	60	90	120	150	180	210	270	300	330	360
ρ	0.0128m	0.0182	0.0261	0.0322	0.0375	0.0422	0.0464	0.0504	0.0577	0.0611	0.0643	0.0674
R_c	0.3303m	0.3357	0.3436	0.3497	0.355	0.3597	0.3639	0.3679	0.3752	0.3780	0.3818	0.3849

出口法兰截面尺寸

$$D_{out} = 0.25m$$

出口法兰截面处气流参数

$$p_{out} = 0.6004MPa \qquad T_{out} = 420K$$

$$\rho_{out} = 4.98kg/m^3$$

出口法兰截面处气流速度

$$c_{out} = 18.4m/s$$

（2）热力设计校核算例

① 某化工厂用多组分气体离心压缩机一个段的热力设计校核计算　该段进、出口参数列于表 11－10 中，其中多级的几何参数列于表 11－11 中，多组分气体的成分与热力特性值列于表 11－12。

表 11-10　进出口参数

名　称	进口流量	吸入压力	吸入温度	排出压力	转　速
符　号	q_m/（kg/h）	p_{in}/MPa	t_{in}/（℃）	p_{out}/MPa	n/（r/min）
数　值	140874	1.9172	37	3.719	5035

表 11-11　各级几何参数

参　　数	级　别			
	Ⅰ	Ⅱ	Ⅲ	Ⅳ
预旋角 γ_1/度	-28°50′	0	+19°48′	0
叶轮出口宽度 b_2/mm	32.2	32.2	32.2	25.5
轮盖倾角 θ/度	0	0	0	0
叶片数 Z/片	12	12	12	12
叶轮外径 D_2/mm	648	648	648	648
叶片进口安装角 β_{1A}/度	25	25	25	25
叶片出口安装角 β_{2A}/度	38°3′	38°3′	38°3′	37°47′
叶轮轮盖处进口直径 D_0/mm	303	303	303	303
叶轮叶道进口直径 D_1/mm	340	340	340	340
叶轮进口轮壳直径 d/mm	197	197	197	197
叶片厚度 δ/mm	6	6	6	6
轮盖密封间隙 s/mm	0.64	0.64	0.64	0.64
轮盖密封齿数 Z/片	3	3	3	3

表 11-12　气体特性值表

成分 \ 参数	相对分子质量 μ_i	偏心因子 ω_i	临界温度 T_{ci}/（K）	临界压力 p_{ci}/MPa	莫尔百分比 x_i
甲　烷	16.042	0.008	190.6	4.6	0.20696
乙　烷	30.068	0.098	305.4	4.884	0.006877
丙　烷	44.094	0.152	369.67	4.246	0.0040099
乙　炔	26.038	0.184	308.3	6.14	0.003998
乙　烯	28.054	0.0856	382.4	5.036	0.32768
丙　烯	42.081	0.1477	365.1	4.62	0.15394
丙二烯	40.065	0.313	393.15	5.472	0.09289
丁　烷	58.12	0.1928	425.2	3.80	0.0008237
丁　烯	56.108	0.1874	419.6	4.02	0.030687
1,3-丁二烯	54.092	0.195	425.37	4.33	0.02678
C_5 组成	71.138	0.248	467.06	3.719	0.007433
C_6-C_8 非芳香族	100.198	0.3435	538.66	2.736	0.002947
苯	78.113	0.212	562.16	4.894	0.0076197
甲　苯	92.141	0.2566	591.79	4.114	0.0008198
苯乙烯	104.152	0.257	647	3.992	0.000027199
C_8-芳香族	106.16	0.3011	617.02	3.609	0.00003108
氢	2.016	-0.22	33.2	1.297	0.121137
一氧化碳	28.01	0.049	132.9	3.496	0.001641
水蒸气	18.02	0.344	647.3	22.05	0.003697

实际混合气体热力特性值

$$\mu_m = \Sigma\mu_i x_i = 28.27$$

$$\omega_m = \Sigma\omega_i x_i = 0.10005$$

$$p_{cm} = 4.559\text{MPa}$$

$$T_{cm} = 271.42\text{K}$$

$$R_m = \frac{8.3143}{\mu_m} = 0.2941\text{kJ/(kg}\cdot\text{K)}$$

理想混合气体状态时的比热容 c_{pm}^0 为

$$c_{pm}^0 = A + BT + CT^2 \text{kJ/(kg}\cdot\text{K)}$$

其中系数 A、B、C 为

$$A = 0.4057$$

$$B = 4.9076 \times 10^{-8}$$

$$C = -1.7993 \times 10^{-6}$$

本例题采用熵平衡法来确定压缩过程指数。实际混合气体的物性参数计算采用 LK 方法。

② 逐级校核计算　各级主要热力参数校核计算的结果列于表 11－13 中，由该表可以看出其中事先选取的多级多变效率 η_{pol}、总能量头、流量系数和叶轮进口速度等与后面的校核值十分一致。

表 11－13　各级主要热力参数校核计算结果

序号	名称	符号或计算公式	级别				备注
			Ⅰ	Ⅱ	Ⅲ	Ⅳ	
1	级进口温度	T_{in}(°K)	310	324.2	337.1	349.3	
2	级进口压力	p_{in}(MPa)	1.9172	2.3193	2.7409	3.2009	
3	级进口对比温度	$T_{rin} = T_{in}/T_{cm}$	1.142	1.1944	1.242	1.2869	
4	级进口对比压力	$p_{rin} = p_{in}/p_{cm}$	0.4205	0.5086	0.6011	0.7019	
5	级多变温升	$\Delta T = T_{out} - T_{in}$(℃)	14.2	12.9	12.2	12.3	选取
6	级出口温度	$T_{out} = T_{in} + \Delta T$(°K)	324.2	337.1	349.3	361.6	
7	级压力比	$\varepsilon = p_{out}/p_{in}$	1.21	1.182	1.168	1.165	选取
8	级出口压力	$p_{out} = \varepsilon p_{in}$(MPa)	2.3193	2.7409	3.2009	3.7265	
9	级出口对比温度	$T_{rout} = T_{out}/T_{cm}$	1.1944	1.242	1.2869	1.3323	
10	级出口对比压力	$p_{rout} = p_{out}/p_{cm}$	0.5086	0.6011	0.7019	0.8173	
11	级出口压缩性系数	Z_{in}	0.9016	0.898	0.894	0.892	查表
12	级出口压缩性系数	Z_{out}	0.898	0.894	0.892	0.890	查表
13	级进口比容	$v_{in} = Z_{in}RT_{in}/p_{in}$(m³/kg)	0.0429	0.0369	0.0324	0.0287	
14	级出口比容	$u_{out} = Z_{out}RT_{out}/p_{out}$(m³/kg)	0.0369	0.0324	0.0287	0.0254	
15	容积多变指数	$m_v = \lg\frac{p_{out}}{p_{in}}/\lg\frac{v_{in}}{v_{out}}$	1.265	1.285	1.276	1.27	
16	指数系数	$\sigma = \frac{m_v}{m_{v-1}}$	4.77	4.52	4.63	4.7	
17	多变效率	η_{pol}	0.735	0.725	0.715	0.71	选取
18	级多变功	$W_{pol} = \frac{m_v}{m_{v-1}}Z_{in}RT_{in}(\varepsilon^{\frac{1}{\sigma}} - 1)$(kJ/kg)	16.03	14.7099	14.0725	14.22	

续表

序号	名称	符号或计算公式	级别				备注
			Ⅰ	Ⅱ	Ⅲ	Ⅳ	
19	级进口余比焓	$h_1-h_1^0$(kJ/kmol)	-858.3	-952.5	-1044.6	-1134.6	
20	级出口余比焓	$h_2-h_2^0$(kJ/kmol)	-952.5	-1044.6	-1134.6	-1235.1	
21	进口理想摩尔热容	$\mu_m c_{pm(in)}^0$(kJ/kmol·K)	49.6	51.1	52.3	53.6	
22	出口理想摩尔热容	$\mu_m c_{pm(out)}^0$(kJ/kmol·K)	51.08	52.3	53.6	55.3	
23	$\mu_m C_{pm}^0 \Delta T$	$\frac{1}{2}(c_{pm(in)}^0+c_{pm(out)}^0)\mu_m\Delta T$(kJ/kmol)	711.76	667.37	648.95	669.89	
24	级总比焓差	$h_1=[(h_1^0-h_1)+(h_2-h_2^0)+\mu_m c_{pm}^0 \Delta T]/\mu_m$(kJ/kg)	21.82	20.25	19.76	20.15	
25	多变效率	$\eta_{pol}=W_{pol}/h_1$	0.735	0.726	0.714	0.71	校核17项
26	流量系数	ϕ_{2r}	0.15	0.132	0.118	0.132	选取
27	周速系数	$\phi_{2u}=1-\frac{\pi}{Z}\sin\beta_{2A}-\phi_{2r}\mathrm{ctg}\beta_{2A}$	0.6455	0.6688	0.686	0.667（取0.65）	
28	叶轮外径圆周速度	$u_2=\pi D_2 n/60$(m/s)	170.5	170.5	170.5	170.5	
29	叶轮叶道进口圆周速度	$u_1=\pi D_1 n/60$(m/s)	89.5	89.5	89.5	89.5	
30	叶轮进口预旋周向分速度	$c_{1u}=\frac{u_1}{1+1/\mathrm{tg}\beta_{1A}\mathrm{tg}\gamma}$(m/s)	-30.8	—	12.89	—	
31	叶轮出口周向分速度	$c_{2u}=\phi_{2u}u_2$(m/s)	110	114	117	111	
32	损失系数	$\beta_{df}+\beta_l$	0.036	0.0397	0.0438	0.045	选取
33	叶轮加给气体总能量	$h_{tot}=\frac{1}{g}(c_{2u}u_2-c_{1u}u_1)(1+\beta_l+\beta_{df}\left(\frac{kJ}{kg}\right)$	22.26	20.70	19.64	19.79	
34	级进口容积流量	$q_{vin}=q_m/\rho_{in}$(m³/s)	1.749	1.506	1.323	1.18	
35	级进口截面积	$F_{in}=\frac{\pi}{4}(D_0^2-d^2)$；首级 $F_{in}=\frac{\pi}{4}D_{in}^2$(m²)	0.0995	0.0417	0.0417	0.0417	
36	级出口截面积	$F_{out}=\frac{\pi}{4}(D_0^2-d^2)$；末级 $F_{out}=\frac{\pi}{4}D_{out}^2$(m²)	0.0417	0.0417	0.0417	0.0995	
37	级进出口比容比	$k_{v_{out}}=v_{in}/v_{out}$	1.161	1.138	1.122	1.127	
38	级进口速度	$c_{in}=q_{vin}/F_{in}$(m/s)	17.55	36.1	31.8	28.2	
39	级出口速度	$c_{out}=q_{vin}/k_{v_{out}}F_{out}$(m/s)	36.1	31.8	28.2	10.52	
40	级进出口动能差	$(C_{out}^2-C_{in}^2)/2$(kJ/kg)	0.4805	-0.161	-0.108	-0.343	
41	级总能量（不包括动能差）	$h_{Ⅱ}=h_{tot}-(C_{out}^2-C_{in}^2)/2$(kJ/kg)	21.78	20.26	19.72	20.13	校核24项

续表

序号	名称	符号或计算公式	级别				备注
			Ⅰ	Ⅱ	Ⅲ	Ⅳ	
42	叶轮出口径向分速度	$c_{2r}=\phi_{2r}u_2(m/s)$	25.6	22.5	20.1	22.5	
43	叶轮出口绝对速度	$c_2=\sqrt{c_{2u}^2+c_{2r}^2}(\mathrm{m/s})$	113	116	118.6	113.2	
44	计算系数	$A_2=\dfrac{h_{pol}-\dfrac{(c_2^2-c_{in}^2)}{2}\eta_{pol}}{\sigma Z_{in}RT_{in}}+1$	1.0291	1.0258	1.023	1.0232	
45	叶轮出口比容比	$k_{v2}=A_2^{\sigma-1}$	1.114	1.0938	1.086	1.0885	
46	叶轮出口阻塞系数	$\tau_2=1-Z\delta/\pi D_2\sin\beta_{2A}$	0.94	0.94	0.94	0.94	
47	叶轮出口截面积	$F_2=\pi D_2b_2\tau_2(\mathrm{m}^2)$	0.0616	0.0616	0.0616	0.0488	
48	叶轮出口径向分速度	$c_{2r}=q_{in}/k_{v2}F_2(\mathrm{m/s})$	25.4	22.4	19.8	22.2	
49	流量系数	$\phi_{2r}=c_{2r}/u_2$	0.149	0.1312	0.1162	0.1305	校核26项
50	叶轮出口压力比	$\varepsilon_2=A_2^{\sigma}$	1.1468	1.126	1.1243	1.114	
51	叶轮出口气流角	$\alpha_2=\mathrm{tg}^{-1}\dfrac{c_{2r}}{c_{2u}}$	13°6′	11°10′	9°45′	11°30′	
52	叶轮叶道进口叶片宽度	$b_1(\mathrm{mm})$	32.2	32.2	32.2	25.5	
53	叶轮叶道进口阻塞系数	$\tau_1=1-Z\delta/\pi D_1\sin\beta_{1A}$	0.84	0.84	0.84	0.84	
54	叶轮叶道进口截面积	$F_1=\pi D_1b_1\tau_1(\mathrm{m}^2)$	0.02885	0.02885	0.02885	0.0229	
55	叶道进口绝对速度	$c_1(\mathrm{m/s})$	70	52	48	51.5	选取
56	计算系数	$A_1=\dfrac{-\left(\dfrac{c_1^2-c_{in}^2}{2}\right)\eta_{pol}}{\sigma Z_{in}RT_{in}}+1$	0.9957	0.9987	0.9989	0.9988	
57	叶轮叶道进口比容比	$k_{v1}=A_1^{\sigma-1}$	0.9826	0.9949	0.995	0.994	
58	叶轮叶道进口径向分速度	$c_{1r}=q_{vin}/k_{v1}F_1(\mathrm{m/s})$	61.6	52	46	51.5	
59	叶道进口绝对速度	$c_1=\dfrac{c_{1r}}{\sin(90-\gamma)}(\mathrm{m/s})$	70	52	48	51.5	校核55项
60	叶道进口相对速度	$w_1=\sqrt{c_{1r}^2+(u_1-c_{1u})^2}(\mathrm{m/s})$	135.2	103.5	89.4	103	
61	叶轮出口相对速度	$w_2=\sqrt{c_{2r}^2+(u_2-c_{2u})^2}(\mathrm{m/s})$	65.6	60.6	57.2	63.5	
62	相对速度比	w_1/w_2	2.06	1.708	1.56	1.622	
63	内漏气损失系数	$\beta_1\dfrac{\alpha\dfrac{D_5}{D_2}\dfrac{1000s}{D_2}\sqrt{\dfrac{3}{4Z}\left(1-\dfrac{D_1^2}{D_2^2}\right)}}{1000\tau_2\phi_{2r}\dfrac{b_2}{D_2}\dfrac{\gamma_2}{\gamma_m}}$	0.0118	0.013	0.0147	0.0166	
64	轮阻损失系数	$\beta_{df}=0.11/1000\tau_2\phi_{2u}\phi_{2r}\dfrac{b_2}{D_2}$	0.0242	0.0267	0.029	0.0282	

续表

序号	名称	符号或计算公式	级别				备注
			Ⅰ	Ⅱ	Ⅲ	Ⅳ	
65	损失系数	$\beta_l+\beta_{df}$	0.036	0.0397	0.0437	0.0448	校核32项
66	各级内功率	$P_i=q_m w_{tot}$(kW)	871	786	767	774	
67	段总功率	ΣP_i(kW)	3198				

11.5 三元流动理论和三元叶轮设计

11.5.1 理论研究与实用需求

(1) 理论方面

在叶轮机械内部流体的流动实际上是三维的空间流动，以往只是为了简单实用，才抽象地认为它是一维的流动。流体实为黏性湍流流动，通常大都简化为理想层流流动，这无疑会带来失真，产生一定的误差。为此，人们应克服困难研究实际的三维空间流动。黏性湍流三维流动的研究乃是现代流体力学、流体机械、计算数学研究领域的重要前沿课题。

当前叶轮机械三元流动的理论研究有三种发展趋向：

吴仲华教授首创的变黏性流体三维流动为理想流体两种交叉流面上的两组二维流动的相互迭代求解。

对黏性湍流流动在求解奈维－斯托克斯运动方程时，作适当的简化处理，提出简化的湍流模型，例如计入雷诺应力的湍流动能及其湍流动能耗散率的 $\kappa-\varepsilon$ 模型等，并将其代入简化的三维流动中作计算。这已开始应用到叶轮机械三元叶轮内的流动中。

在大型计算机上对黏性流体三维流动直接求解奈维－斯托克斯运动方程，目前还仅在比较简单的流道中作求解运算，似乎还未触及到叶轮机械中。

(2) 实用方面

现代工业发展要求叶轮机械进一步扩大产量、节省能耗、改进性能、降低成本，为此要求离心压缩机等叶轮机械进一步扩大流量、提高效率、提高单级压比，并具有较宽的变工况性能适应范围，这就要求制造出叶片既弯又扭的三元叶轮来适应实际的黏性湍流三维空间流动。现今离心压缩机的三元扭曲叶轮已使流量扩大到 $b_2/D_2>0.065\sim0.1$，甚至更大；级效率提高到 $\eta_{pol}>80\%\sim86\%$，甚至更高，并使适应变工况和防喘振的性能使用范围有所扩大。

11.5.2 三元流动的基本方程式

(1) 用圆柱坐标系表示的速度和加速度

研究叶轮中的流体运动使用 r，θ，z 圆柱坐标系比较方便，它与直角坐标系的关系如下：

$$x = r\cos\theta$$
$$y = r\sin\theta$$
$$z = z$$

若用 e_r，e_θ，e_z 表示径向、切向、轴向的单位向量，则质点 M 的位置见图 11－88 所示。

位置：

$$R = re_r + ze_z \tag{11-90}$$

注意单位向量 e_r，e_θ 的方向随 M 的位置而变化，即当有 dR 时，就有改变量 de_r，de_θ，两坐标系的单位向量的关系如图 11－89 所示。

$$\left.\begin{aligned} e_r &= i\cos\theta + j\sin\theta \\ e_\theta &= -i\sin\theta + j\cos\theta \\ e_z &= k \end{aligned}\right\} \tag{11-91}$$

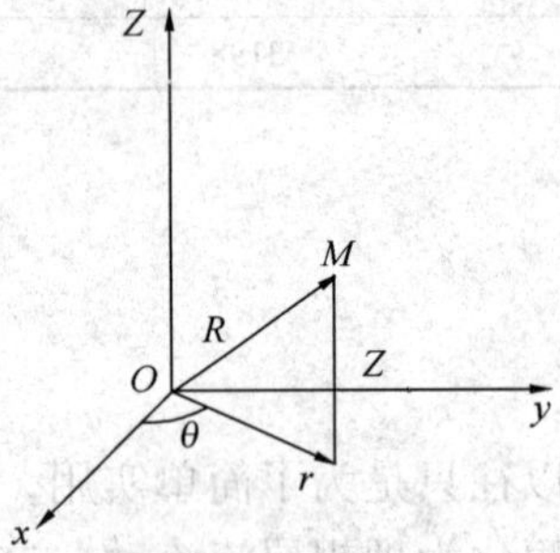

图 11－88　圆柱坐标系

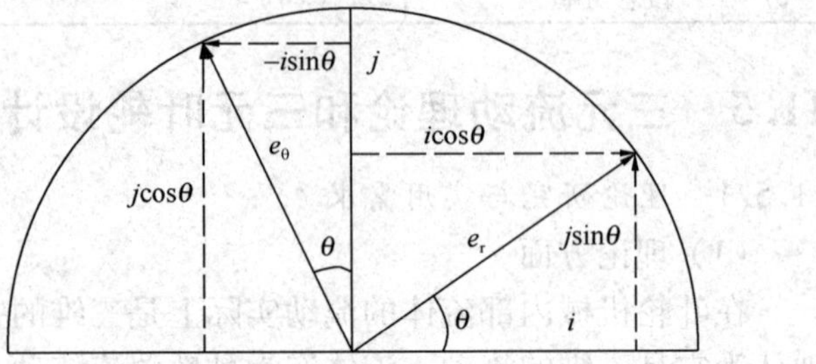

图 11－89　两坐标系的单位向量图

由此知

$$\left.\begin{aligned} \frac{de_r}{dt} &= (-i\sin\theta + j\cos\theta)\frac{d\theta}{dt} = e_\theta\frac{d\theta}{dt} \\ \frac{de_\theta}{dt} &= (-i\cos\theta - j\sin\theta)\frac{d\theta}{dt} = -e_r\frac{d\theta}{dt} \\ \frac{de_z}{dt} &= 0 \end{aligned}\right\} \tag{11-92}$$

速度：即式(11－90)对 t 求导，得

$$C = \frac{dR}{dt} = \frac{dr}{dt}e_r + r\frac{de_r}{dt} + \frac{dz}{dt}e_z = \frac{dr}{dt}e_r + re_\theta\frac{d\theta}{dt} + \frac{dz}{dt}e_z \tag{11-93}$$

$$= c_r e_r + c_u e_\theta + c_z e_z$$

它的分量为

$$\left.\begin{aligned} C_r &= \frac{dr}{dt} \\ C_u &= r\frac{d\theta}{dt} \\ C_z &= \frac{dz}{dt} \end{aligned}\right\} \tag{11-94}$$

由此可知

$$\frac{d\theta}{dt} = \frac{C_u}{r}$$

于是式(11－92)又可写为

$$\left.\begin{aligned} \frac{de_r}{dt} &= \frac{C_u}{r}e_\theta \\ \frac{de_\theta}{dt} &= -\frac{C_u}{r}e_r \\ \frac{de_z}{dt} &= 0 \end{aligned}\right\} \tag{11-95}$$

对于相对运动坐标系而言，如图 11 - 90 所示，则有

$$\left.\begin{aligned} r &= r \\ \theta &= \phi + \omega t \\ z &= z \end{aligned}\right\} \tag{11-96}$$

绝对速度与相对速度的关系

$$\left.\begin{aligned} C_{\mathrm{r}} &= W_{\mathrm{r}} \\ C_{\mathrm{u}} &= r\frac{\mathrm{d}\theta}{\mathrm{d}t} = W_{\mathrm{u}} + r\omega \\ C_{\mathrm{z}} &= W_{\mathrm{z}} \end{aligned}\right\} \tag{11-97}$$

式中 $W_{\mathrm{u}} = r\dfrac{\mathrm{d}\phi}{\mathrm{d}t}$

相对速度 W 与其分量 $W_{\mathrm{m}}(W_{\mathrm{r}}, W_{\mathrm{z}})$、$W_{\mathrm{u}}$ 的关系见图 11 - 91。

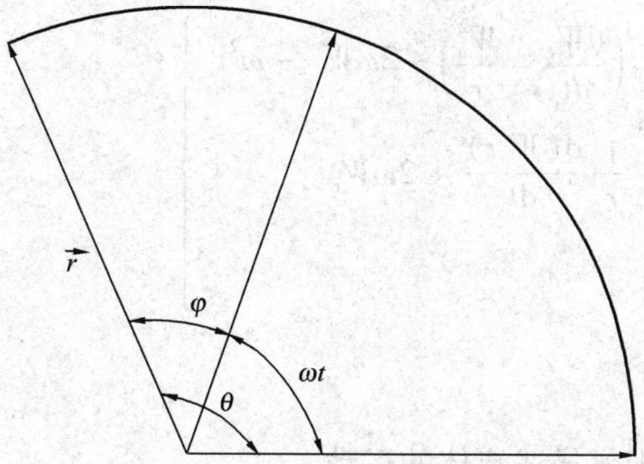

图 11 - 90　绝对坐标与相对坐标间的关系

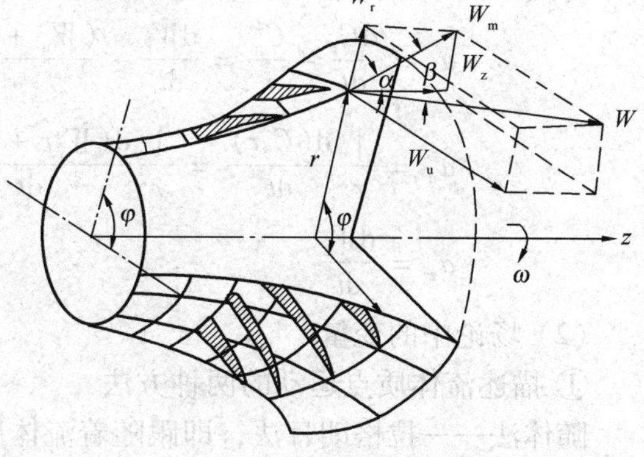

图 11 - 91　相对速度分量

顺便提一下，对于黏性湍流，速度还包含脉动速度，即

$$C = \overline{C} + C', \quad \left.\begin{aligned} C_{\mathrm{r}} &= \overline{C}_{\mathrm{r}} + C'_{\mathrm{r}} \\ C_{\mathrm{u}} &= \overline{C}_{\mathrm{u}} + C'_{\mathrm{u}} \\ C_{\mathrm{z}} &= \overline{C}_{\mathrm{z}} + C'_{\mathrm{z}} \end{aligned}\right\} \tag{11-98}$$

式中 $\overline{C}$ 为时均速度；C'为脉动速度。

注意 $\overline{C'}_{\mathrm{r}} = 0$，但 $\overline{C}'^2_{\mathrm{r}} \neq 0$，$\overline{C'_{\mathrm{r}}C'_{\mathrm{u}}} \neq 0$，它们在一些方程式中又出现了一些独立变量和微分项，使方程式更为复杂了。

加速度

$$\begin{aligned} a &= \frac{\mathrm{d}C}{\mathrm{d}t} = \frac{\mathrm{d}}{\mathrm{d}t}(C_{\mathrm{r}}e_{\mathrm{r}} + C_{\mathrm{u}}e_{\theta} + C_{\mathrm{z}}e_{\mathrm{z}}) \\ &= \left(\frac{\mathrm{d}C_{\mathrm{r}}}{\mathrm{d}t} - \frac{C_{\mathrm{u}}^2}{\mathrm{r}}\right)e_{\mathrm{r}} + \left(\frac{\mathrm{d}C_{\mathrm{u}}}{\mathrm{d}t} + \frac{C_{\mathrm{r}}C_{\mathrm{u}}}{r}\right)e_{\theta} + \frac{\mathrm{d}C_{\mathrm{z}}}{\mathrm{d}t}e_{\mathrm{z}} \end{aligned} \tag{11-99}$$

$$\left.\begin{aligned} a_{\mathrm{r}} &= \frac{\mathrm{d}C_{\mathrm{r}}}{\mathrm{d}t} - \frac{C_{\mathrm{u}}^2}{r} \\ a_{\mathrm{u}} &= \frac{\mathrm{d}C_{\mathrm{u}}}{\mathrm{d}t} + \frac{C_{\mathrm{r}}C_{\mathrm{u}}}{r} = \frac{1}{r}\frac{\mathrm{d}(C_{\mathrm{u}}r)}{\mathrm{d}t} \\ a_{\mathrm{z}} &= \frac{\mathrm{d}C_{\mathrm{z}}}{\mathrm{d}t} \end{aligned}\right\} \tag{11-100}$$

十分明显，上式中 $-\frac{C_u^2}{r}$ 为周向分速 C_u 所引起的向心加速度，因与 r 指向相反，故冠以负号，而 $\frac{C_r C_u}{r}$ 为由于 C_r 的转动引起的 θ 方向的加速度。

类似于绝对加速度的公式(11－100)，相对加速度分量的表达式有

$$\left.\begin{aligned}\left(\frac{dW}{dt}\right)_r &= \frac{dW_r}{dt} - \frac{W_u^2}{r} \\ \left(\frac{dW}{dt}\right)_\phi &= \frac{dW_u}{dt} + \frac{W_r W_u}{r} = \frac{1}{r}\frac{d(W_u r)}{dt} \\ \left(\frac{dW}{dt}\right)_z &= \frac{dW_z}{dt}\end{aligned}\right\}$$

将式(11－100)代入上式，还可写出用相对加速度分量表示的绝对加速度分量为

$$\left.\begin{aligned}a_r &= \frac{dC_r}{dt} - \frac{C_u^2}{r} = \frac{dW_r}{dt} - \frac{(W_u + \omega r)^2}{r} = \left(\frac{dW_r}{dt} - \frac{W_u^2}{r}\right) - 2\omega W_u - \omega^2 r \\ a_u &= \frac{1}{r}\frac{d(C_u r)}{dt} = \frac{1}{r}\frac{d(W_u r + \omega r^2)}{dt} = \frac{1}{r}\frac{d(W_u r)}{dt} + 2\omega W_r \\ a_z &= \frac{dW_z}{dt}\end{aligned}\right\}$$

(2) 场论中的变量

① 描述流体质点运动的两种方法

随体法——拉格朗日法，即跟随着流体质点来观察描述流体的运动。

定点法——欧拉法，即在空间的定点上观察描述流体的运动。

② 用欧拉法描述流体质点运动

设任一物理量为 $A(r, \theta, z)$，A 表示速度或压力等物理量，A 的全导数表示为

$$\frac{dA}{dt} = \underbrace{\frac{\partial A}{\partial t}}_{A\text{在当地随时间的变化率}} + \underbrace{\frac{\partial A}{\partial r}\frac{dr}{dt} + \frac{\partial A}{r\partial \theta}\frac{d\theta}{dt} + \frac{\partial A}{\partial z}\frac{dz}{dt}}_{A\text{随位移}r,\theta,z\text{的变化率}} \tag{11－101}$$

例如绝对速度 C 的全导数表示为

$$\begin{aligned}\frac{dC}{dt} &= \frac{\partial C}{\partial t} + \frac{\partial C}{\partial r}\frac{dr}{dt} + \frac{\partial C}{r\partial \theta}\frac{d\theta}{dt} + \frac{\partial C}{\partial z}\frac{dz}{dt} \\ &= \frac{\partial C}{\partial t} + C_r\frac{dr}{dt} + C_u\frac{d\theta}{dt} + C_z\frac{dz}{dt}\end{aligned}$$

③ 数学和流体力学有关场论中的物理量标量的梯度和向量的散度、旋度的表达式

取汉弥尔登算子 ∇，它是个向量符号。

$$\nabla = \frac{\partial}{\partial x}i + \frac{\partial}{\partial y}j + \frac{\partial}{\partial z}k$$

或

$$\nabla = \frac{\partial}{\partial r}e_r + \frac{\partial}{r\partial \theta}e_\theta + \frac{\partial}{\partial z}e_z \tag{11－102}$$

a. 标量的梯度 $\nabla\phi$

$$\nabla\phi = \mathrm{grad}\phi = \frac{\partial \phi}{\partial r}e_r + \frac{1}{r}\frac{\partial \phi}{\partial \theta}e_\theta + \frac{\partial \phi}{\partial z}e_z \tag{11－103}$$

式中：ϕ 是标量； $\nabla\phi$ 是向量。

b. 向量的散度 $\nabla \cdot A$

$$\nabla\cdot A = \mathrm{div}A = \frac{1}{r}\left[\frac{\partial(rA_r)}{\partial r} + \frac{\partial(A_u)}{\partial\theta} + \frac{\partial(rA_z)}{\partial z}\right] \tag{11-104}$$

式中：A 是向量； $\nabla \cdot A$ 是标量。

c. 向量的旋度 $\nabla\times A$

$$\nabla\times A = \mathrm{rot}A = \begin{vmatrix} \frac{1}{r}e_r & e_\theta & \frac{1}{r}e_z \\ \frac{\partial}{\partial r} & \frac{\partial}{\partial\theta} & \frac{\partial}{\partial z} \\ A_r & rA_\theta & A_z \end{vmatrix} \tag{11-105}$$

式中：A 是向量； $\nabla\times A$ 是向量

（3）三维流动的基本方程式

① 连续方程式　它描述流体质量守恒定律

a. 微分式

$$\frac{\partial\rho}{\partial t} + \nabla\cdot(\rho c) = 0 \tag{11-106}$$

将向量 ρC 的散度写成展开式为

$$\frac{\partial\rho}{\partial t} + \frac{1}{r}\left[\frac{\partial(\rho c_r r)}{\partial r} + \frac{\partial(\rho c_u)}{\partial\theta} + \frac{\partial(\rho c_z r)}{\partial z}\right] = 0 \tag{11-107}$$

同样，亦可写出用相对速度表示的连续方程式

$$\frac{\partial\rho}{\partial t} + \frac{1}{r}\left[\frac{\partial(\rho W_r r)}{\partial r} + \frac{\partial(\rho W_u)}{\partial\phi} + \frac{\partial(\rho W_z r)}{\partial z}\right] = 0$$

b. 积分式　对于定常运动，通过一个封闭控制面的流量为0，若 A_1、A_2 分别表示为进、出口截面，则其流道的质量流量不变，见图 11－92。

$$q_m = \int_{A_1}\rho_1 c_1 \cdot \mathrm{d}A = \int_{A_2}\rho_2 c_2 \cdot \mathrm{d}A = \mathrm{const} \tag{11-108}$$

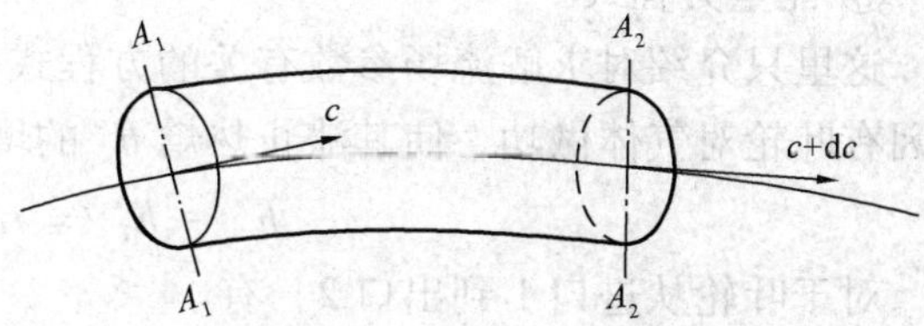

图 11－92　表示连续方程用图

② 运动方程式

在微小质量 $\mathrm{d}m$ 上写出牛顿第二定律表达式，即

$$\mathrm{d}ma = \mathrm{d}F \tag{11-109}$$

式中力 F 有质量力，如重力 X 和表面力如压力 p、摩擦力 f。

单位质量上的牛顿第二定律表达式为

$$\frac{\mathrm{d}C}{\mathrm{d}t} = X - \frac{\nabla p}{\rho} + f \tag{11-110}$$

它的分量形式为

$$\left.\begin{aligned}&\frac{\mathrm{d}C_r}{\mathrm{d}t}-\frac{C_u^2}{r}=X_r-\frac{1}{\rho}\frac{\partial p}{\partial r}+f_r\\&\frac{1}{r}\frac{\mathrm{d}(C_u r)}{\mathrm{d}t}=X_\theta-\frac{1}{\rho r}\frac{\partial p}{\partial \theta}+f_\theta\\&\frac{\mathrm{d}z}{\mathrm{d}t}=X_z-\frac{1}{\rho}\frac{\partial p}{\partial z}+f_z\end{aligned}\right\}\qquad(11-111)$$

用相对运动速度的分量形式表示为

$$\left.\begin{aligned}&\left(\frac{\mathrm{d}W_r}{\mathrm{d}t}-\frac{W_u^2}{r}\right)-2\omega W_u-\omega^2 r=X_r-\frac{1}{\rho}\frac{\partial p}{\partial r}+f_r\\&\frac{1}{r}\frac{\mathrm{d}(W_u r)}{\mathrm{d}t}+2\omega W_r=X_\phi-\frac{1}{\rho r}\frac{\partial p}{\partial \phi}+f_\phi\\&\frac{\mathrm{d}W_z}{\mathrm{d}t}=X_z-\frac{1}{\rho}\frac{\partial p}{\partial z}+f_z\end{aligned}\right\}\qquad(11-112)$$

这样，其运动方程式在 r，$\theta(\phi)$，z 三个方向上有三个独立的分量方程式。

通常重力 X 忽略不计，$X=0$，对于理想流体不计摩擦力 $f=0$。而对于黏性流体，单位质量上的摩擦力可用广义牛顿黏性应力公式表示为

$$f=\frac{1}{\rho}\left\{\nabla\cdot(2\mu E)-\nabla\cdot\left[\frac{2}{3}\mu(\nabla\cdot C)\right]I\right\}\qquad(11-113)$$

式中 μ 为黏性系数；E 为变形率张量；I 为单位张量(张量有 9 个分量)。μ 不是常数，而是变量，它与湍流脉动速度有关。流体微团因受黏性影响，不仅有膨胀或压缩长度变形，而且还有角变形。若将式(11－113)引入到式(11－110)中则为描述黏性流体的运动方程，称之为奈维－斯托克斯方程。由于考虑流体的黏性及其变化，其机理和方程十分复杂，这里不再讨论了。通常需要作一些简化处理，把流体作为理想流体，而由黏性引起的摩擦等能量损失将在总体效率上加以处理。

③ 能量方程式

这里只介绍对求解流场参数有关的方程式，对于从叶轮进口截面 1 到叶轮某任意截面之间因有叶轮对气体做功，使其滞止热焓 h^* 的增量，有

$$h^*-h_1^*=r\omega C_u-r_1\omega C_{1u}$$

对于叶轮从进口 1 到出口 2，有

$$h_2^*-h_1^*=u_2C_{2u}-u_1C_{1u}\qquad(11-114)$$

式(11－114)即为叶轮机械的欧拉方程式。

利用绝对速度与相对速度的关系式，上式可变为

$$h=h_1^*-\omega r_1c_{1u}+\frac{r^2\omega^2-W^2}{2}\qquad(11-115)$$

由该式可知，任意截面上的热焓 h 与叶轮进口 1 截面的 h_1^*，$r_1c_{1u}=\lambda_1$ 有关还与角速度 ω 和该处的 r，W 有关。

由热力学关系式可知

$$\mathrm{d}h=T\mathrm{d}s+\frac{\mathrm{d}p}{\rho}\qquad(11-116)$$

并可写为

$$\nabla h = T\nabla s + \frac{\nabla p}{\rho}, 而 h^* = h + \frac{C^2}{2} \tag{11-117}$$

所以

$$-\frac{\nabla p}{\rho} = T\nabla s - \nabla h^* + \nabla\left(\frac{C^2}{2}\right) \tag{11-118}$$

注意前面式(11－110)牛顿第二定律表达式中的 $-\frac{\nabla p}{\rho}$ 还可由式(11－118)表示。

④ 状态方程式

理想气体的状态方程式

$$pv = RT 或 p = \rho RT \tag{11-119}$$

上述的连续方程式(11－108)，运动方程(三个分量方程式)(11－112)、能量方程式(11－118)和状态方程式(11－119)共六个方程式。流场中需要求解的未知变量有压力、密度(或焓和熵)、温度和三个速度分量 W_r，W_u，W_z(或 C_r，C_u，C_z)形成一个封闭的方程组，这是一个一阶非线性的偏微分方程组。

该方程组在一定的定解条件下可解。对非定常运动要给出初始条件和边界条件；而对定常运动，只需给出边界条件即可。

边界条件：对于黏性流体应为无滑移条件，即切于壁面上的流速为0。对于理想流体应为不能同壁面分离，也不能深入壁面，它在壁面的切平面上有平移速度，即

静止边界

$$C \cdot n = 0 \tag{11-120}$$

转动边界

$$W \cdot n = 0 \tag{11-121}$$

式中 n 为壁面的法线向量。

另一种边界是流道的进出口，在这里要给定流动参数，即这里的流动参数是已知的。

理想流体 f 黏性力是不计的，但其黏性力的影响可用给定效率 η 来笼统地考虑或利用边界层理论及有关公式进行修正。

求解以上联立的一阶非线性偏微分方程组，即可以得到流场中控制体内任意空间点上的六个独立的变量。

11.5.3 简化计算模型

欲求解上述的一阶非线性偏微分方程组是十分困难的。20 世纪 50 年代初，吴仲华教授还在美国时，提出了叶轮机械三元流动求解的通流理论。他首先将流体简化为理想流体，略去重力，并在此基础上提出了一个简化的计算模型，它把直接求解空间各点的三元流动方程组，简化为约束在两类交叉的曲面 S_1 流面组、S_2 流面组上的两组二元流动，取轴流压缩机叶轮上的一部分流道，如

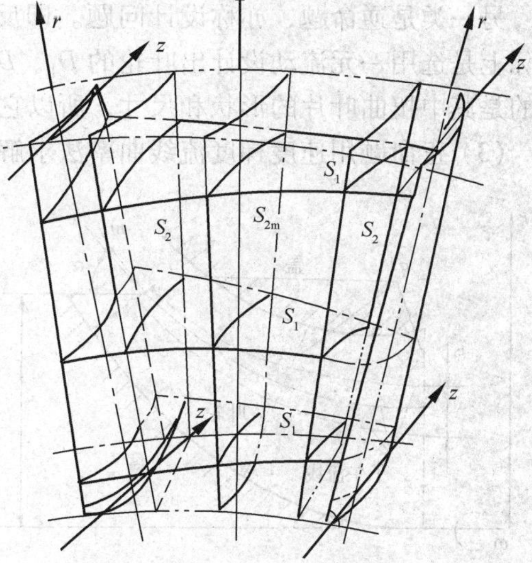

图 11－93　两个相对流面

图 11－93 所示。空间曲面 $S_1 = S_1(r, \phi)$ 和 $S_2 = S_2(r, z)$，它们是个二元函数。给定 r，ϕ 对应在 S_1 曲面上的 z 就被确定了 $z = S_1(r, \phi)$；给定了 r，z 对应在 S_2 曲面上的 ϕ 就被确定了 $\phi = S_2(r, z)$。相应的约束在各流面上的物理量如速度 $W = W_{s1}(r, \phi)$ 或 $W = W_{s2}(r, z)$ 等也是二元函数。因此，这种将理想流体三元流动问题用两组曲面上的二元流动的组合来近似求解成为准三元流动理论或准三元解。

通过层层流面上流动参数的求解，并在相互交叉处上的流动参数取得一致收敛，最终完成三元流动的求解。每个流面组所取的流面数目愈多，则愈能布满空间的任意位置。虽然二元函数的方程求解是可进行的，但对足够多交叉流面上足够多逐点的计算其工作量仍是相当大的。

随后，对两类流面再作简化，它用一个平均相对流面 S_{2m} 取代 S_2 流面组诸多流面，且 S_{2m} 也就是叶片的中心骨架曲面。以 S_{2m} 流面上的若干流线为母线的回转面取代 S_1 流面组。这样，在一个 S_{2m} 平均相对流面和一组回转面 S_1 上进行流动迭代计算直至收敛，从而得到空间流动的准三元解。

到 20 世纪 70 年代以后随着计算机的发展和计算方法的改进，叶轮机械的三元流动计算也就发展起来了。随着加工制造工艺技术的不断革新，以及理论上的逆命题求解的突破，于是适合空间三元流动的三元扭曲型叶片即三元叶轮也就加工制造出来了。这样，吴仲华的叶轮机械三元流动通流理论，两组空间曲面上的二元方程简化计算模型也就得到了迅速的发展和有效的推广应用了。首先和主要的是用于轴流压缩机动、静叶片间流动的分析计算，随后又推广到叶片的成型设计计算。在此基础上，美国、日本和我国的学者又将吴仲华的这个理论推广应用到离心压缩机叶轮的流动分析计算和扭曲叶片的成型设计计算上来了。

11.5.4 离心式三元叶轮流动的求解法

（1）求解方法

大体有两类，一类是流函数法，另一类是速度法或速度梯度法。这里着重介绍的是速度梯度法中的流线曲率法。

（2）求解命题

有两类，一类是正命题，亦称分析问题。即已知几何形状（叶轮的叶片、盘、盖的形状和尺寸），求叶轮内部的速度分布和压力分布（三元流动）。

另一类是逆命题，亦称设计问题。即反之，已知速度分布求几何形状（三元叶轮）。它实际上是选用一元流动设计出叶轮的 D_1、D_2、b_1、b_2、轮盘、轮盖的型线和叶片数 z，要计算的是其中扭曲叶片的形状和尺寸，所以它还是要以一元流动设计计算为基础的。

（3）正命题用速度梯度流线曲率法求解速度分布

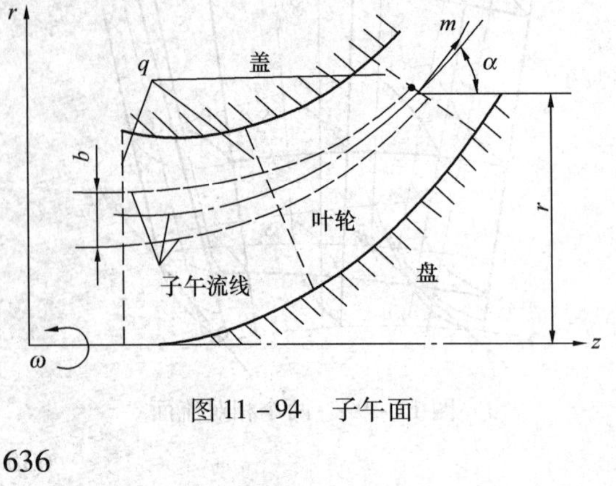

图 11－94　子午面

① 子午面（$r-z$）上的流动

值得注意的是两个相邻叶片之间的平均相对流面 S_{2m}。因为它即反映了叶道间流动的平均，又是叶片的中心曲面。若把平均相对流面在子午面上的投影取为 S_2 流面。即将两类流面中的 S_2 取为叶轮的子午面（r，z），它是个平面；而将 S_1 取为回转面，该回转面为子午面上的子午流线沿轴线转 360°所构成的曲面，如图 11－94 和图 11－95 所示。

在平均相对流面 S_{2m} 上取若干条流线，

将这些流线在子午面上的投影取为一组子午流线 m，如图 11－96 所示。在图 11－96 上取若干条准正交线 q，q 可为直线，它们只与 m 线各相交一次，与 m 线接近垂直，但不必垂直。q 线取完不再移动。一般多采用各准正交线 q 长度的等分点的连线作为初始子午流线，以便于流量的计算与校核。这样计算时流线 m 的位置调整量和次数均不大。由一组 m 线和一组 q 线各自相交形成许多网格计算点，便于作数值计算。

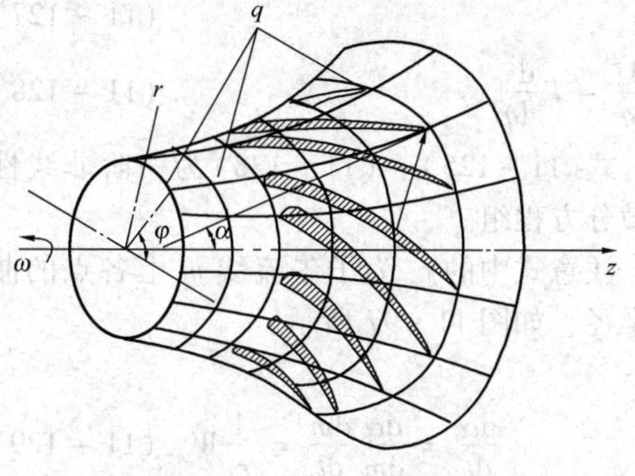

图 11－95　回转流面

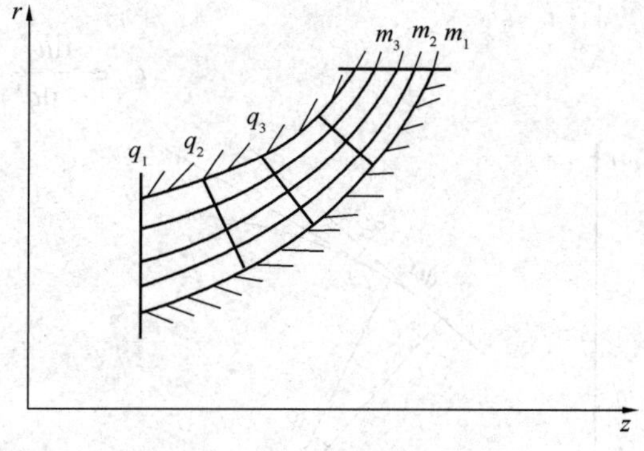

图 11－96　准正交线示意图

综合应用所提到的基本方程组，这里不作具体的公式推导，而直接写出沿子午面 q 准正交线上的速度梯度方程。作为理想流体，不计黏性所引起的摩擦力 f 和重力 X，而黏性摩擦力可在效率或湍流边界层中考虑。

$$\frac{dW}{dq}=\frac{1}{W}\left\{\left[\frac{dW_r}{dt}-\frac{(W_u+r\omega)^2}{r}\right]\frac{dr}{dq}+\frac{dW_z}{dt}\frac{dz}{dq}+\left[r\frac{dW_u}{dt}+W_uW_r+2\omega W_r r\right]\frac{d\phi}{dq}\right\}$$
$$+\frac{1}{W}\left(\frac{dh_1^*}{dq}-T\frac{dS}{dq}-\omega\frac{d\lambda_1}{dq}\right)+\frac{\omega^2 r}{W}\frac{dr}{dq} \tag{11-122}$$

式中叶轮进口角动量为已知 $\lambda_1=r_1C_{1u}$，ω 为叶轮的角速度。

根据速度分量的关系如图 11－91 所示，有

$$\left.\begin{aligned}W_m&=W\cos\beta\\W_u&=W\sin\beta\\W_r&=W_m\sin\alpha=W\cos\beta\sin\alpha\\W_z&=W_m\cos\alpha=W\cos\beta\cos\alpha\end{aligned}\right\} \tag{11-123}$$

对相对速度分量求导数可得

$$\left.\begin{aligned}\frac{dW_r}{dt}&=\frac{W^2\cos^2\beta\cos\alpha}{r_c}+W\cos\beta\sin\alpha\frac{dW_m}{dm}\\\frac{dW_u}{dt}&=W\cos\beta\frac{dW_u}{dm}\\\frac{dW_z}{dt}&=-\frac{W^2\cos^2\beta\sin\alpha}{r_c}+W\cos\alpha\cos\beta\frac{dW_m}{dm}\end{aligned}\right\} \tag{11-124}$$

将式(11－124)代入式(11－122)中可得

$$\frac{dW}{dq}=AW+B+\frac{C}{W} \tag{11-125}$$

其中

$$A = \left(\frac{\cos^2\beta\cos\alpha}{r_c} - \frac{\sin^2\beta}{r}\right)\frac{dr}{dq} - \frac{\cos^2\beta\sin\alpha}{r_c}\frac{dz}{dq} + \sin\alpha\sin\beta\cos\beta\frac{d\phi}{dq} \quad (11-126)$$

$$B = \left(\sin\alpha\cos\beta\frac{dW_m}{dm} - 2\omega\sin\beta\right)\frac{dr}{dq} + \cos\alpha\cos\beta\frac{dW_m}{dm}\frac{dz}{dq} + r\cos\beta\left(\frac{dW_u}{dm} + 2\omega\sin\alpha\right)\frac{d\phi}{dq}$$

(11－127)

$$C = \frac{dh_1^*}{dq} - \omega\frac{d\lambda_1}{dq} - T\frac{ds}{dq} \quad (11-128)$$

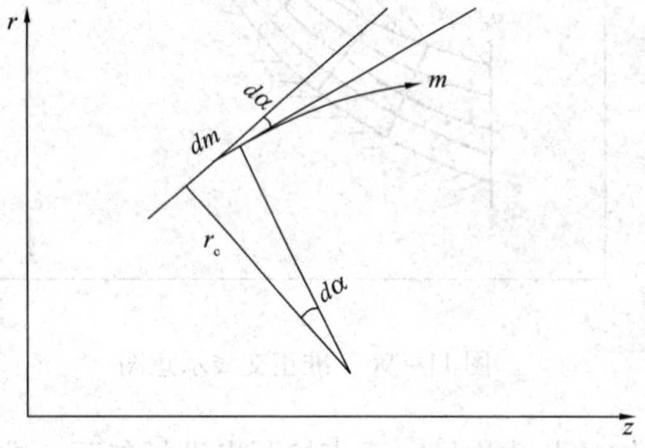

图 11－97　曲率半径图

式(11－125)～(11－128)为一阶非线性常微分方程组。

注意式中的 r_c 为子午流线 m 上各点的曲率半径，如图 11－97 所示。

$$\frac{d\alpha}{dt} = \frac{d\alpha}{dm}\frac{dm}{dt} = \frac{1}{r_c}W_m \quad (11-129)$$

对于子午流线 $m = r(z)$，可计算出

$$\tan\alpha = \frac{dr}{dz}$$

则有流线的曲率

$$\frac{1}{r_c} = \frac{\frac{d^2r}{dz^2}}{\left[1 + \left(\frac{dr}{dz}\right)^2\right]^{3/2}} \quad (11-130)$$

由此可见，r_c 是个重要的参数，它反映了流线的扭曲，又是由计算二阶导数求得，它代表了公式中的最高阶的导数是二阶的，故所谓的流线曲率法这一名称是由此得来的。

只要给定进口速度和 q 线始端一点上的速度作为边界条件，利用计算数学中的差分方程和编制的计算机运算程序，即可求解得出 W 值了。

接下来还需根据以上计算结果调整等分流管的流线 m 的位置，并使其必须满足所给定的质量流量 q_m，为此要用连续方程式(11－108)进行校核。

$$q_m = z\int_0^q \rho W\cos\beta\cos(\psi - \alpha)\left(\frac{2\pi r}{Z} - t_\phi\right)dq \quad (11-131)$$

式中 z 为叶片数；ψ 为 z 轴与 q 线法向之间的夹角；α 为子午流线切线与 z 轴的夹角，如图 11－98 所示；t_ϕ 为叶片在圆周方向的厚度。

叶片中心骨架面的方程为

$$\phi_B = \phi_B(r,z) \quad (11-132)$$

这里的注脚 B 表示叶片，以区别平均相对流面，已知叶片的法向厚度为 t_n，则可算出叶片圆周方向的厚度 t_ϕ。

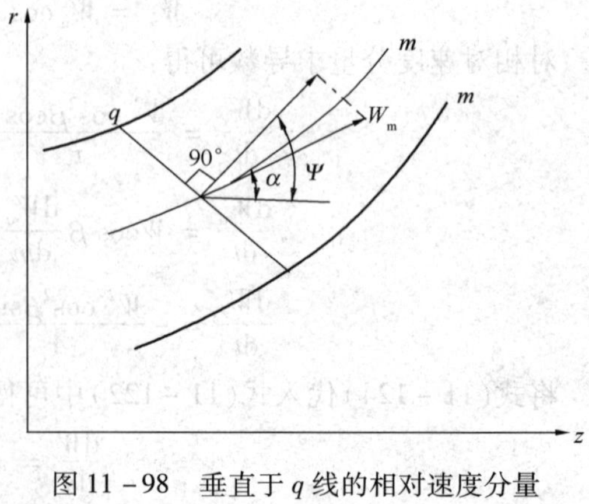

图 11－98　垂直于 q 线的相对速度分量

② 回转面$(r-\phi)$上的流动

同理，在回转面上取准正交线 q 为圆弧线如图 11－95 所示，则有

$$\frac{\mathrm{d}r}{\mathrm{d}q}=0,\quad \frac{\mathrm{d}z}{\mathrm{d}q}=0,\quad \frac{\mathrm{d}\phi}{\mathrm{d}q}=\frac{1}{r} \tag{11－133}$$

另外，还可写出沿诸 q 线上的速度梯度方程，为更明确的表示出回转面上的计算，可借助$\mathrm{d}q=r\mathrm{d}\phi$，直接写出 w 沿 ϕ 的速度梯度方程如下：

$$\frac{\mathrm{d}w}{\mathrm{d}\phi}=r\cos\beta\frac{\mathrm{d}w_{\mathrm{u}}}{\mathrm{d}m}+w\sin\alpha\cos\beta\sin\beta+2\omega r\cos\beta\sin\alpha+\frac{1}{w}\left(\frac{\mathrm{d}h_1^*}{\mathrm{d}\phi}-\omega\frac{\mathrm{d}\lambda_1}{\mathrm{d}\phi}-T\frac{\mathrm{d}S}{\mathrm{d}\phi}\right) \tag{11－134}$$

方程式(11－134)就是回转面内沿准正交线的速度梯度方程。沿 ϕ 解此方程，就可以求得两叶片间沿准正交线上的速度分布。

据此速度分布，校核必须满足的质量流量

$$q_{\mathrm{m}}=z\int_{\phi_{\mathrm{s}}}^{\phi_{\mathrm{p}}}\rho W_{\mathrm{m}}\Delta q r\mathrm{d}\phi \tag{11－135}$$

式中 ϕ_{s}，ϕ_{p} 为准正交线与叶片吸力面、叶片压力面交点处的角度。

Δq 为子午面上两根相邻流线间的垂直距离。

这里的 W_{m} 总是垂直于回转面上准正交线的。

校核流量后，修正速度分布和回转面流线的形状，重复计算，直到符合质量流量为止。

严格说来，必须对子午面和回转面上的速度进行迭代求解，使其速度值在任意交叉点上都相互一致，而后来的经验表明，这种两类流面上的速度值相互迭代很快就可取得一致，甚至亦可免于迭代计算了。

综上所述，之所以能用一维的常微分方程反映一个空间的流动问题，是因为采取了两个简化的步骤：第一步，采用吴仲华教授的流面理论，给定流面的空间形状，在流面上讨论流体的流动，利用流面的约束方程 $S(r,\ \phi,\ z)=0$，即 $\phi=S(r,\ z)$，把三维问题化为两组二维问题；第二步，在中心相对流面的子午投影平面上，取若干准正交线，在该线上讨论流面上的流动问题，利用 q 曲线的约束方程 $q(r,\ z)=0$，即 $r=q(z)$，进一步把流面上流动的二维问题化为一维问题，从而使空间的流动问题大为简化，并可实际计算了。

所求得的速度分布可以作为分析评判该叶轮形状设计的好坏，即速度分布是否合理，如图 11－99 所示。

合理速度分布的基本要求是：

a. 进入叶轮时的气流不发生冲击，即冲角 $i\approx0°$；

b. 沿叶道流线的相对速度变化必须连续、光滑；

c. 叶道中的任何点上的相对速度必须是正值；

d. 必须避免较大的减速；

e. 沿叶道的减速率务必变化平缓，不能过快过大。

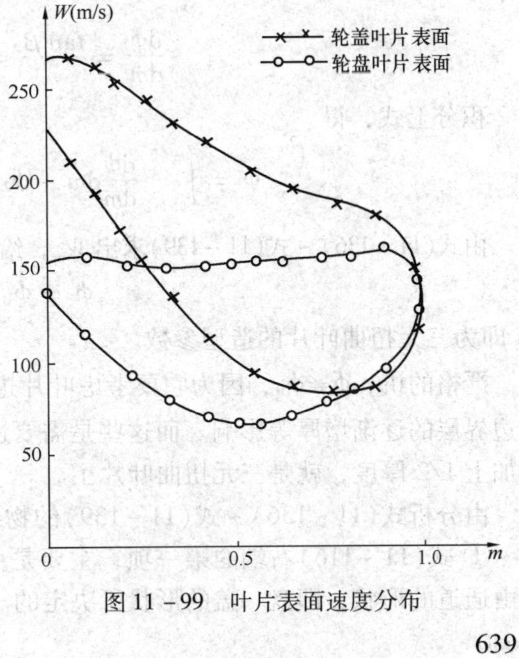

图 11－99　叶片表面速度分布

通过上述分析，指导改进叶片形状和盘、盖型线，可以获得性能更好，效率更高的三元叶轮。

（4）逆命题：三元扭曲叶片造型设计计算

逆命题与正命题相反，倒过来算且不知道叶片的几何形状，这是相当困难的。西安交大的学者于 20 世纪 70 年代中期创造性的解决了离心压缩机三元叶轮扭曲叶片的造型设计计算，提出了用全可控涡法设计离心式三元叶轮。由于逆命题中需求的是叶片形状，故速度梯度方程中，不应包含有叶片形状的几何参数，如贴近叶片的气流角 β。该学者用直接控制气流速度和压力分布的涡分布，即用气流角动量 $\lambda = rc_u$ 的分布来取代气流角 β，如在各条流线上给出 $\lambda = rc_u = f(\overline{m})$，见图 11－100，其中 C_θ 即为 C_u。

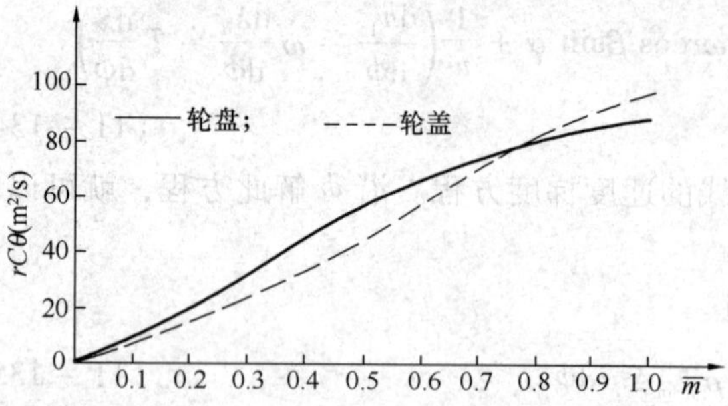

图 11－100　叶片区 rC_θ 沿流线分布曲线

和正命题类似，在子午平面上取盘、盖型线、一组子午流线和一组准正交线，沿准正交线 q 写出由基本方程组经一系列推导而来的速度梯度方程式（方程式推导从略）为

$$\frac{dW_m}{dq} = AW_m + B + \frac{C}{W_m} \tag{11-136}$$

式中

$$A = \frac{\cos(\alpha - \psi)}{r_c} \tag{11-137}$$

$$B = \frac{d\lambda}{dm}\frac{d\phi}{dq} - \frac{d\phi}{dm}\frac{d\lambda}{dq} + \frac{dW_m}{dm}\sin(\alpha - \psi) \tag{11-138}$$

$$C = \frac{dh_1^*}{dq} - \omega\frac{d\lambda_1}{dq} - T\frac{ds}{dq} \tag{11-139}$$

式中

$$\frac{d\phi}{dm} = \frac{\tan\beta}{r} = \frac{W_u}{rW_m} = \frac{\lambda - \omega r^2}{r^2 W_m} \tag{11-140}$$

积分上式，得

$$\phi = \int_{m_2}^{m} \frac{d\phi}{dm}dm + \phi_2 = \int_{m_2}^{m} \frac{\lambda - \omega r^2}{r^2 W_m}dm + \phi_2 \tag{11-141}$$

由式（11－136）～式（11－139）求出 W_m，给定边值 ϕ_2，利用式（11－141）即可求出流面角

$$\phi = \phi_B = \phi(r,z) \tag{11-142}$$

ϕ_B 即为三元扭曲叶片的造型参数。

严格的讲，$\phi \neq \phi_B$，因为它要考虑叶片进口有否冲角，出口段有否分离，以及沿叶片表面边界层的逐渐增厚等影响。而这些是需要进一步修正的，将所求的叶片面 $\phi_B = \phi(r, z)$ 两边加上 1/2 厚度，就是三元扭曲叶片了。

由分析式（11－136）～式（11－139）的物理意义可知：

① 式（11－116）右端的第一项，主要是由子午流线上的曲率 $1/r_c$ 引起的，而 $1/r_c$ 主要是由通道的形状，即盘、盖的形状所决定的。因此，给出一个很好的盘、盖型线至关重要。

② 式(11－116)右端的第二项，可分为两部分，一部分为$\frac{dW_m}{dm}\sin(\alpha-\psi)$项和另一部分为余下的前两项。由于 W_m 沿流线的变化是不大的，而$(\alpha-\psi)$夹角一般很小，故$\frac{dW_m}{dm}\sin(\alpha-\psi)$这一项对 B 值不起主要作用，而余下的两项显然取决于 λ 的分布，而流面的角坐标 ϕ，除了与初值 ϕ_2 有关外，它主要也由 λ 决定，见式(11－138)，故 λ 及其分布是控制速度分布的最重要的手段。

③ 第三项是由进口参数和熵的不均匀性引起的。如果假定进口条件均匀，且认为不存在熵梯度，于是这一项为0，也不要予以考虑了。

以上分析可知，$\frac{dW_m}{dq}$主要是由 $1/r_c$ 和 λ 的分布所决定，因此如何给定 λ 的分布和盘、盖型线，对于流速的梯度变化，即获得很好的流场是极其重要的。

同样，求解好速度梯度方程后，还需要用连续方程式来校核，直到必须满足所通过的质量流量。

回转面上的流动分析与正命题一样，这里不再重复。

叶片负荷及压力分布，经公式推导得

$$p_p - p_s = \int_{\theta_p}^{\theta_s} \rho W_m \frac{d\lambda}{dm} d\theta \tag{11-143}$$

由该式可以看出，叶片负荷和叶片间通道的宽度 $\theta_s-\theta_p$(即叶片数 z)与角动量 λ 沿流线的变化密切有关。因此改变叶片数 z 和$\frac{d\lambda}{dm}$是控制叶片负荷的重要手段。

实际上沿流线所给定的 λ 变化再乘以 ω，就是沿流线逐渐加给气流的欧拉能量头

$$\lambda\omega = r\omega C_u = uC_u, \quad H_{th} = u_2C_{2u} - u_1C_{1u} \tag{11-144}$$

所以，如何沿流线让叶轮给气流加入能量，对叶片的造型和气流的速度分布，以及压力分布是非常重要的。从前面的能量方程、伯努利方程可知，所加入的能量一部分为气流速度的增加，另一部分为压力的增加。而整个级中压力的增加在叶轮中就占了约70%，所以叶轮的造型设计及其性能的好坏、效率的高低，对级和整个压缩机是最为重要的。

图 11－101　三元叶轮

离心压缩机扭曲叶片的三元叶轮如图 11－101 所示，它比按一元流动设计的叶轮图11－5显然复杂多了。对于闭式叶轮，尚需将另外加工好的轮盖焊接到图 11-101 的三元叶轮上去，而这又需要专门的焊接设备和工艺来实现了。

11.6　离心压缩机的选型

由于离心压缩机的选型是需要与轴流压缩机的选型加以对比讨论来进行，又由于两者的

选型在内容上有许多共同之处，为尽量避免内容重复，以节省书中的篇幅，故将离心压缩机与轴流压缩机的选型合并为透平压缩机的选型在第12章第7节予以介绍。

参 考 文 献

1 徐忠. 离心式压缩机原理. 机械工业出版社，1991

2 姜培正. 叶轮机械. 西安交通大学出版社，1991. 8

3 姜培正. 流体机械. 化学工业出版社，1991

4 王尚锦. 离心压缩机三元流动理论及应用. 西安交通大学出版社，1991

5 高慎琴. 化工机器. 化学工业出版社，1992

6 成大先等. 机械设计手册. 第二卷. 化学工业出版社，1993

7 Centrifugal compressor design and performance / David Japikse. Wilder, Vt : Concepts ET1, 1996

8 聂超群，陈静宜. 喘振主动控制模式的研究. 工程热物理学报，1996. 17(4)

9 黄文虎，夏松波，刘瑞岩. 设备故障与诊断原理. 技术及应用. 科学出版社，1996

10 刘士学，方先清. 透平压缩机强度与振动. 机械工业出版社，1997

11 佟德纯，李华彪. 振动监测与诊断. 上海科学技术文献出版社，1997

12 熊欲均. 机械工程手册(第二版)12卷第一篇. 机械工业出版社，1997

13 黄钟岳，王晓放，周宁. 在线诊断中离心压缩机预期性能计算. 大连理工大学学报，1998，38(3)

14 Fluild machinery: performance, analysis and design / Terry Wright. Boca Raton, Fla . : CRC Press, 1999

15 Compressor surge and rotating stall: modelling and control / Jam Tommy Gravdahl and Olav Egeland, London: Springer, 1999

16 Centrifugal compressor surge and speed control/Jan Tommy Gravdahl and Olav Egeland, IEEE Transactions on Control Systems Technology, 1999, 7(5)

17 曾励，黄民双，刘正埙. 磁悬浮轴承的原理及现状. 机械工艺师，1999，(5)

18 黄钟岳，白月维，王晓波. 汽轮机驱动离心压缩机防喘振数字直接控制系统研究. 大连理工大学学报，2000，40(6)

19 昌军. 轴端密封新技术——干气密封. 河南化工，2000，(10)

20 郭立. 空气轴承的原理与应用. 磨床与磨削，2000(2)

21 姜培正. 过程流体机械. 化学工业出版社，2001. 8

22 黄钟岳，王晓放. 透平式压缩机. 化学工业出版社，2004. 8

23 何正嘉，訾艳阳，张西宁. 现代信号处理及工程应用. 西安交通大学出版社，2007. 10

12 轴流压缩机

轴流压缩机由于流量大、效率高，所以应用场合逐渐增多。现代飞机，采用最多的喷气式发动机中都用轴流压缩机为燃烧室增压送风。在大型钢铁厂中，常用轴流压缩机为高炉增压送风。在我国大型化肥厂和炼油厂中，也用轴流压缩机。

12.1 轴流压缩机的结构与工作原理

12.1.1 轴流压缩机的结构

图 12－1 为炼铁高炉用，由汽轮机拖动的我国生产的 Z3250－46 型轴流压缩机的纵剖面结构图。整个转子 1 支持于轴承 2 和止推支持轴承 3 上。

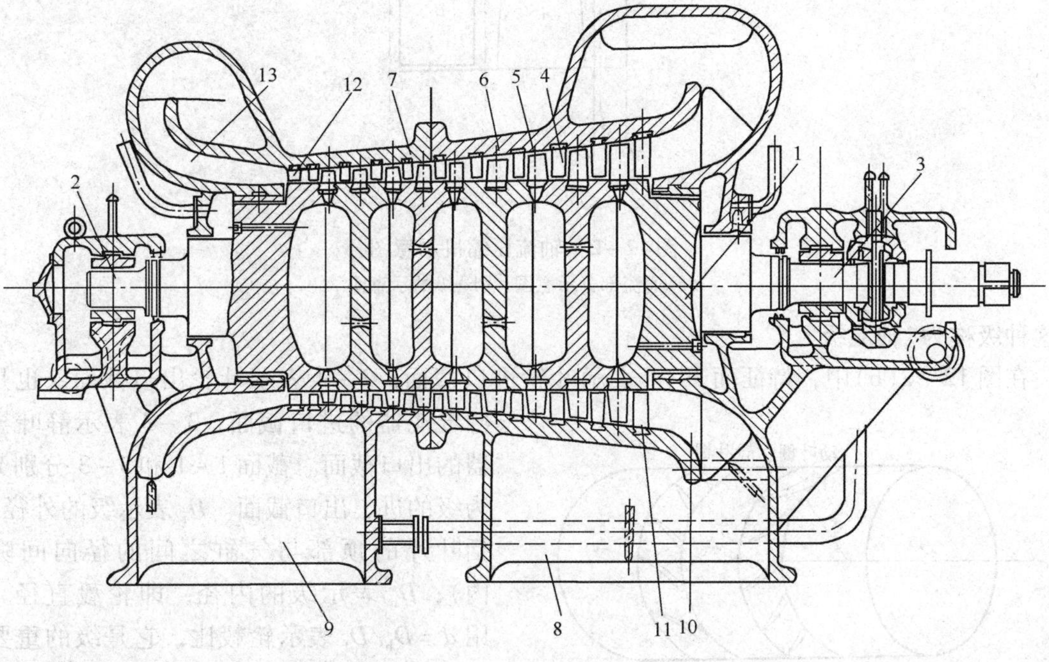

图 12－1　Z3250－46 型轴流压缩机的纵剖面结构图

1—转子；2—支持轴承；3—止推支持轴承；4—静叶；5—动叶；6—前气缸；7—后气缸；8—进气管(进气室)；9—出气管(出气室)；10—收敛器；11—进气导流器；12—出口导流器；13—扩压器

压缩机的通流部分由各级的主要工作元件——静叶(4)与动叶(5)环形叶栅构成。气缸有垂直中分面与水平中分面，并将气缸分为前气缸(6)和后气缸(7)。气体经进气管(8)、收敛器(10)、进气导流器(11)，进入级组中压缩后，经出口导流器(12)、扩压器(13)，再由排气管(9)排出。

与其他叶轮机械一样，级也是轴流压缩机的基本单元，它由旋转的叶轮和静叶导流器组成，如图 12－2 所示。旋转的叶轮 *A* 将外界的机械功传给气体，增加气体的压力能和动能，而静叶导流器 *B* 将从叶轮流出的气体部分动能转变为压力能，并将气体引导至下级叶轮进口，使其具有所需要的速度大小与方向。由于气体在级中主要是沿平行于轴线的方向流动，

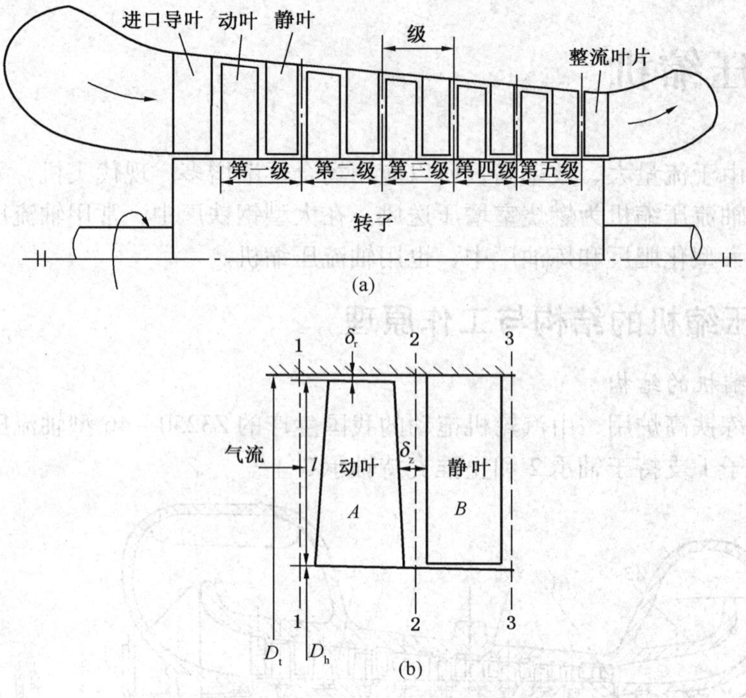

图 12－2　轴流压缩机示意图

(a)通流部分示意图；(b)级的示意图

故这种级称为“轴流级”。

在图 12－2(b)中，特征面 1－1 表示叶轮进口截面；2－2 表示叶轮出口截面，也是静叶导流器的进口截面；3－3 表示静叶导流器的出口截面。截面 1－1 和 3－3 分别又称为级的进、出口截面。D_t 表示级的外径(包括叶片的顶部与气缸之间的径向间隙在内)；D_h 表示级的内径，即轮毂直径。常用 $d = D_h/D_t$ 表示轮毂比，它是级的重要参数之一。δ_r 为径向间隙；δ_z 为轴向间隙。

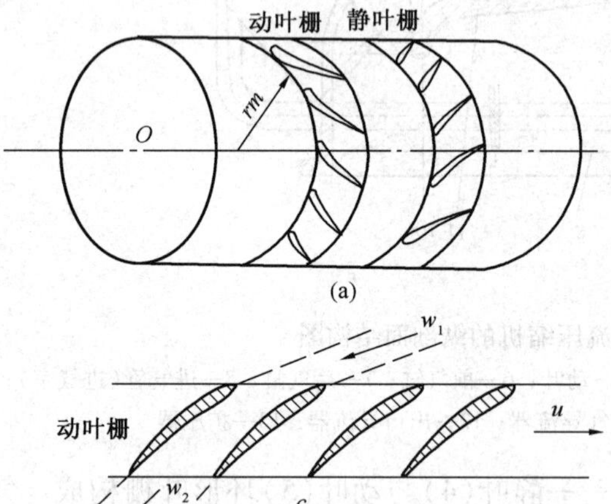

图 12－3　基元级叶栅

(a)环形叶栅；(b)平面叶栅

在级压比不太大的情况下，通常假定级中气体是沿着与轴同心的一个个圆柱表面流动的，这样就可认为气体的径向分速为零，即 $c_r = w_r = 0$。设想用一个直径等于级平均直径的圆柱面去切割级的叶片排，就得到了两排叶片(动叶和静叶)切面，如图 12－3 所示。图中(a)称为环形叶栅。为了研究方便，可将环形叶栅沿轴线切开，并展平成为平面叶栅如图中(b)所示，并认为它在周向是无限长的。由动叶和导叶组成的环形叶栅或平面叶栅，如图中(a)或

(b)称为基元级。压缩机的级正是由无数直径不同的基元级叠加而成的。经验表明，在分析基元级中的流动时，用平面叶栅来代替环形叶栅，既方便又基本上符合实际情况。研究轴流压缩机中的流动与工作原理，可先从基元级着手，进而研究级，最后再研究多级，这是一个比较合理而有效的研究方法。在叶轮和导流器进、出口轴向间隙的截面上，其流动具有轴对称性。

近代轴流压缩机有的单级压比较高，流道收缩较明显，则基元级取在锥面上或任意回转面上，这时基元级中的气流径向分速需加以考虑。

12.1.2 速度三角形

研究轴流级的重要方法是，研究气流在基元级叶栅进出口截面上的速度变化，从而了解叶栅与气流之间的受力与能量转换关系。叶栅进出口截面上的速度变化可用速度三角形表示。由图 12-4 可知，在叶轮叶栅的进口截面 1-1 上，气流绝对速度 c_1，牵连速度 u_1 和相对速度 w_1 组成速度三角形。气流经绕流叶轮叶栅后，在出口截面 2-2 上以相对速度 w_2 牵连速度 u_2 和绝对速度 c_2 组成速度三角形。为了方便起见，常将叶轮叶栅进出口的速度三角形画在一起，如图中的(b)和(c)。由于基元级沿圆柱面流动，则 $u_1=u_2=u$。考虑到亚音速轴流级的压比不太大，动叶进出口容积流量变化不大，一般 c_{1z} 与 c_{2z} 相差不超过 5%，故可近似认为，$c_{1z}=c_{2z}=c_z$，如图中的(c)所示。一般又可近似地认为 $c_3\approx c_1$，故在图(c)中也包括静叶栅进口 c_2 与出口 $c_3=c_1$ 的速度变化了。这样，$\alpha_3\approx\alpha_1$。

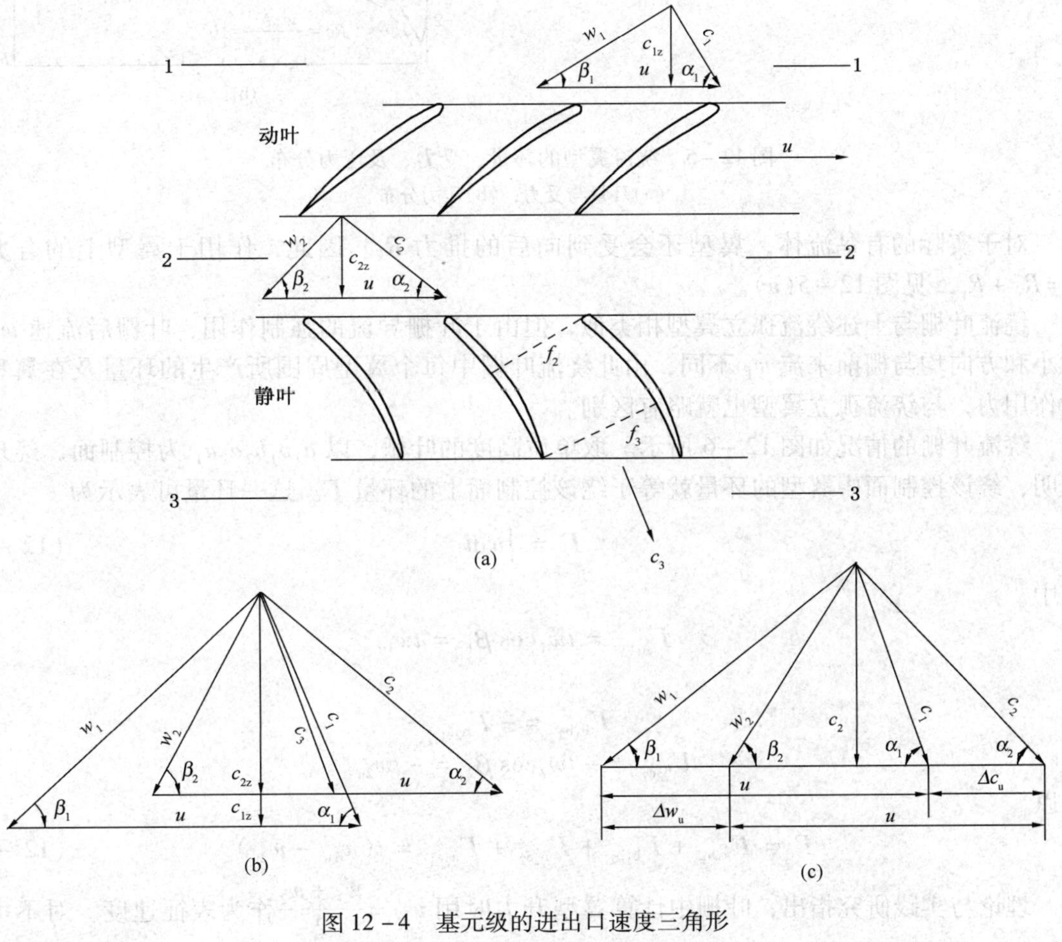

图 12-4 基元级的进出口速度三角形

12.1.3 工作原理

这里按照翼型和叶栅理论来说明旋转叶轮对流体做功的基本工作原理。根据流体力学中的库塔－儒可夫斯基定理，无黏不可压缩流体绕翼型流动时，会在翼型周围产生一个环量 Γ，如图 12－5(a)所示。在翼型背面(亦称吸力面)上来流与 Γ 的环流方向相同，合成后速度增大，压力相应地降低。翼型表面的压力分布如图中的(b)所示。这样，沿着整个翼型表面作用的压力总和，便是流体作用于翼型上的升力 R_y，按儒可夫斯基升力定理表达为

$$R_y = \rho_\infty w_\infty \Gamma \tag{12-1}$$

式中：ρ_∞，w_∞ 分别为来流无限远处的密度和速度；升力 R_y 的方向是沿速度 w_∞ 的方向绕环量的反方向转 90°。

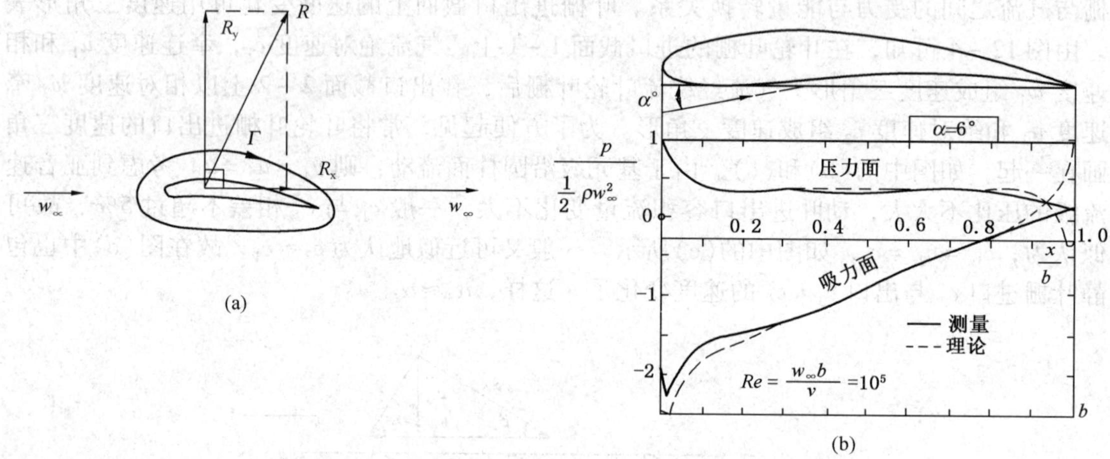

图 12－5 绕流翼型的环量、受力、及压力分布

(a)环量与受力；(b)压力分布

对于实际的有黏流体，翼型还会受到向后的推力 R_x。因此，作用于翼型上的合力为 $R = R_y + R_x$，见图 12－5(a)。

绕流叶栅与上述绕流孤立翼型相类似，但由于叶栅导流的强制作用，叶栅后流速 w_2 的大小和方向均与栅前来流 w_1 不同，由此绕流叶栅中每个翼型周围所产生的环量及在翼型上的作用力，与绕流孤立翼型也就略有区别。

绕流叶栅的情况如图 12－6 所示。取单位高度的叶栅，以 $a_1b_1b_2a_2a_1$ 为控制面，经理论证明，绕该控制面中翼型的环量就等于绕该控制面上的环量 Γ。这一环量可表示为

$$\Gamma = \int w \mathrm{d}l \tag{12-2}$$

其中

$$\Gamma_{a_1b_1} = tw_1\cos\beta_1 = tw_{1u}$$

$$\Gamma_{b_1b_2} = -\Gamma_{a_2a_1}$$

$$\Gamma_{b_2a_2} = -tw_2\cos\beta_2 = -tw_{2u}$$

所以

$$\Gamma = \Gamma_{a_1b_1} + \Gamma_{b_1b_2} + \Gamma_{b_2a_2} + \Gamma_{a_2a_1} = t(w_{1u} - w_{2u}) \tag{12-3}$$

理论与实践研究指出，叶栅中计算翼型升力时用 $w_m = \dfrac{w_1 + w_2}{2}$ 作为表征速度。对不可压

缩流体密度 $\rho=\rho_1=\rho_2$；对可压缩流体 $\rho=\dfrac{2\rho_1\rho_2}{\rho_1+\rho_2}$。由此可得，无黏流体作用于叶栅中任一翼型上的升力为

$$R_y = \rho w_m \Gamma = \rho w_m t(w_{1u} - w_{2u}) \tag{12-4}$$

该升力的指向是沿速度 w_m 的方向绕环量的反方向转 90°。

根据不可压缩流体的连续方程

$$w_{1z} = w_{2z} = w_z, \text{而}\ w_z = w_m \sin\beta_m$$

故作用在翼型上升力为 R_y 的周向分量为

$$R_u = R_y \sin\beta_m = \rho w_z t(w_{1u} - w_{2u}) \tag{12-5}$$

R_y 的轴向分量为

$$R_z = R_y \cos\beta_m = \rho w_{mu} t(w_{1u} - w_{2u}) \tag{12-6}$$

由于 $w_{mu}=\dfrac{w_{1u}+w_{2u}}{2}$，$w_{1z}=w_{2z}$，$w_{1u}^2+w_{1z}^2=w_1^2$，$w_{2u}^2+w_{2z}^2=w_2^2$，则将其代入式(12-6)即可得

$$R_z = \rho t \frac{w_1^2 - w_2^2}{2} \tag{12-7}$$

由无黏不可压缩流体相对运动的伯努利方程可知(注意到 $u_1=u_2=u$)

$$\frac{p_1}{\rho} + \frac{w_1^2}{2} = \frac{p_2}{\rho} + \frac{w_2^2}{2}$$

故式(12-7)又可表示为

$$R_z = \rho t \frac{w_1^2 - w_2^2}{2} = (p_2 - p_1)t \tag{12-8}$$

对于有黏不可压缩流体，如果流体经叶栅的总压损失为 Δp^*，按照相对运动的伯努利方程有

$$\frac{p_1}{\rho} + \frac{w_1^2}{2} = \frac{p_2}{\rho} + \frac{w_2^2}{2} + \frac{\Delta p^*}{\rho} = \frac{p_2}{\rho} + \frac{w_2^2}{2} + H_{hyd1-2} \tag{12-9}$$

则

$$R_z = (p_2 - p_1)t = \frac{1}{2}\rho t(w_1^2 - w_2^2) - t\Delta p^* \tag{12-10}$$

由于控制体内流体的总压损失是沿轴向的，所以该阻力仅对 R_z 有影响，而对 R_u 无影响。即由图 12-6 可见，有黏流体对翼型的作用力为 $R=R_y+t\Delta p^*$，而 R 或 R_y 在周向上的分量是相同的。

考虑到黏性阻力的存在，流体作用于翼型上的实际升力为

$$(R_y) = R_y - t\Delta p^* \cos\beta_m \tag{12-11}$$

而翼型上所受到的阻力为

$$R_x = t\Delta p^* \sin\beta_m \tag{12-12}$$

按照上述分析，假如叶栅不动，因流体对叶栅中的每个翼型有作用力 R，则使叶轮沿 R_u 方向旋转。但在压缩机中，事实上是首先叶轮沿图中所指的 u 方向旋转，每个基元动叶栅给流体施加作用力并做功，才使流体能够沿叶栅流动，从而接受机械能。因此，动叶栅对流体的作用力应为主动力，而流体对动叶栅的作用力为反作用力。作用力与反作用力大小相等方向相反，所以有 $R'_u=-R_u$；$R'_z=-R_z$。即叶轮的周向运动 u 与 R_u 的方向相反，而与

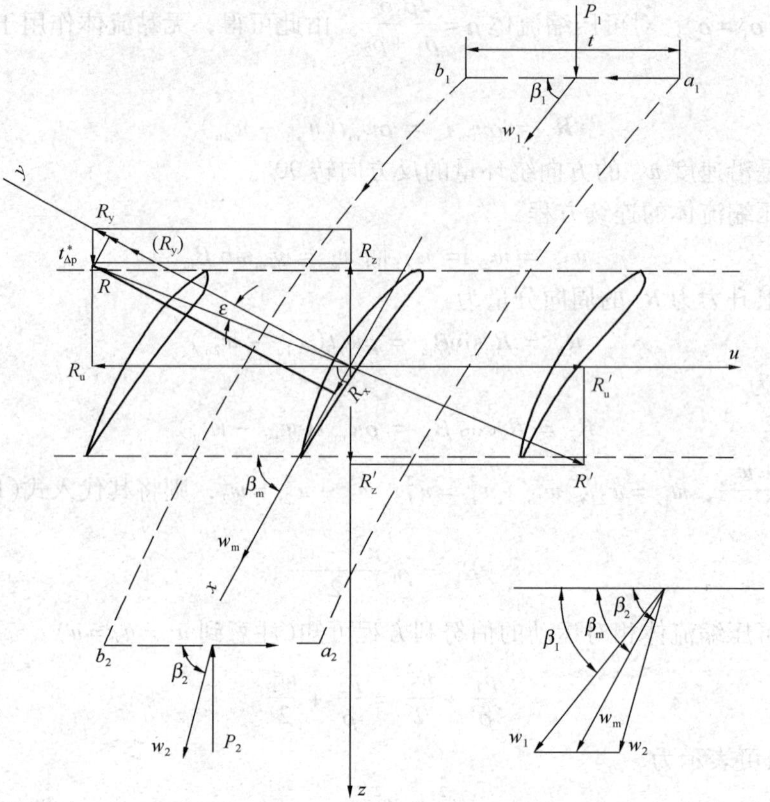

图 12－6　绕流叶栅受力图

R'_u的方向相同，也可以这样理解，R_u 与 u 的方向相反，表明流体对动叶栅作负功，这也就是动叶栅对流体作正功。所以，当动叶栅以圆周速度 u 运动时，每个单位高度的动叶片传递给流体的功率为

$$P' = R'_u u = \rho t w_z (w_{2u} - w_{1u}) u \tag{12-13}$$

又由图 12－3 的速度三角形可知

$$w_{2u} - w_{1u} = c_{2u} - c_{1u}$$

所以

$$P' = \rho t w_z (c_{2u} - c_{1u}) u \tag{12-14}$$

若叶轮的叶片数为 z，叶片高度为 l，以平均半径上基元级的速度来表示沿叶高各基元级速度的平均值，则叶轮旋转时传递给流体的功率 P 为

$$P = P' l z = \rho t l z w_z (c_{2u} - c_{1u}) u$$

该式中 $\rho t l z w_z = G$ 为通过叶轮的质量流量，故功率为

$$P = G u (c_{2u} - c_{1u}) \tag{12-15}$$

由此可得，单位质量流量流体从叶轮中所接受的功率或称为理论能量头为

$$H_{th} = u (c_{2u} - c_{1u}) \tag{12-16}$$

该式与叶轮机械的欧拉方程相同，但这里是由分析叶轮中动叶栅与流体之间的作用力而推导出的，且由上述各式可知，不论按无黏流体还是按有黏流体，叶轮传递给流体的功率都是一样的。这样，对叶轮作功的基本工作原理的理解就更加深入了。

按照速度三角形的关系，同样可得到欧拉第二方程的表达式

$$H_{\mathrm{th}} = \frac{u_2^2 - u_1^2}{2} + \frac{w_1^2 - w_2^2}{2} + \frac{c_2^2 - c_1^2}{2} = \frac{w_1^2 - w_2^2}{2} + \frac{c_2^2 - c_1^2}{2} \qquad (12-17)$$

该式表明，对于轴流式级来说，由于 $u_2 = u_1 = u$，所以式中右边的三项中消去了一项。如果轴流叶轮与离心叶轮的外径尺寸相同，圆周速度相同，则轴流叶轮的作功能力小于离心叶轮的作功能力，所以轴流式级的增压比小于离心式级的增压比。

由图 12－4(c)可知，由于

$$c_{2\mathrm{u}} = u - c_{\mathrm{z}}\mathrm{ctg}\beta_2, c_{1\mathrm{u}} = u - c_{\mathrm{z}}\mathrm{ctg}\beta_1$$

故在轴流式的级中还可将式(12－16)表示为

$$H_{\mathrm{th}} = uc_{\mathrm{z}}(\mathrm{ctg}\beta -_1 \mathrm{ctg}\beta_2) \qquad (12-18)$$

根据通用的伯努利方程可知

$$H_{\mathrm{th}} = \int_1^2 \frac{\mathrm{d}p}{\rho} + \frac{c_2^2 - c_1^2}{2} + H_{\mathrm{hyd1-2}} \qquad (12-19)$$

式中右边第一项为流经叶轮的流体压力能的增加，第二项为动能的增加，第三项为叶轮中的流动损失。

在静叶导流器中为绝能流，其伯努利方程表示为

$$\frac{c_2^2 - c_3^2}{2} = \int_2^3 \frac{\mathrm{d}p}{\rho} + H_{\mathrm{hyd2-3}} \qquad (12-20)$$

图 12－4(a)和该式表明，由于静叶导流器叶栅通流面积 $f_3 > f_2$，故 $c_3 < c_2$，属扩压通道，所以流体在静叶导流器中变动能为压力能，流体压力继续升高，并克服流动损失。

在整个级中按通用的伯努利方程可表示为

$$H_{\mathrm{th}} = \int_1^3 \frac{\mathrm{d}p}{\rho} + \frac{c_3^2 - c_1^2}{2} + H_{\mathrm{hyd1-3}} \qquad (12-21)$$

即在级中，通过旋转叶轮加给流体的机械能，用来在叶轮和静叶导流器中提高流体的压力，使流体的动能发生变化，并克服流动损失。

12.1.4 流量、流量系数和能量头系数

(1) 流量、流量系数

单位时间内流体通过轴流级给定通流截面的数量称为流量。可用容积流量 Q 或质量流量 G 表示。以级进口截面的容积流量为例，可表示为

$$Q_1 = \frac{\pi}{4}(D_{1\mathrm{t}}^2 - D_{1\mathrm{h}}^2)c_{1\mathrm{z}} = \frac{\pi}{4}(1 - d_1^2)D_{1\mathrm{t}}^2 c_{1\mathrm{z}} \qquad (12-22)$$

由该式可知，如果轴流叶轮与离心叶轮的外径尺寸相同，级进口的流速相同，由于轴流叶轮的叶片高度大于离心叶轮的叶片宽度，故轴流式级的流量大于离心式级的流量。而且通常轴流式级的轴向分速 c_{z} 较大，一般运输式压缩机的 $c_{1\mathrm{z}} = 140 \sim 200\mathrm{m/s}$，固定式压缩机的 $c_{1\mathrm{z}} = 80 \sim 120\mathrm{m/s}$，轴流通风机的 $c_{1\mathrm{z}} \leqslant 30 \sim 60\mathrm{m/s}$，故轴流式级的流量远大于离心式级的流量。

当轴流式级的进口状态和进口截面一定时，气流轴向分速 $c_{1\mathrm{z}}$ 表征了轴流式级的流通能力。通常用流量系数 ϕ 表征基元级的流通能力，它表示为

$$\phi = \frac{c_{1\mathrm{z}}}{u} \qquad (12-23)$$

沿半径基元级的流量系数是变化的。例如，在叶片平均半径上一般约取 $\phi_m = 0.5 \sim 0.75$，叶顶处一般约取 $\phi_t = 0.3 \sim 0.5$。

(2) 能量头系数

对于基元级，理论能量头系数表示为

$$\overline{H}_{th} = \frac{H_{th}}{u^2} = \frac{c_{2u} - c_{1u}}{u} \tag{12-24}$$

也有人将理论能量头系数表示为

$$\psi_{th} = \frac{H_{th}}{\frac{u^2}{2}} = \frac{2(c_{2u} - c_{1u})}{u} \tag{12-25}$$

当 $c_{1z} = c_{2z} = c_z$ 时，则

$$\overline{H}_{th} = \phi(\mathrm{ctg}\beta_1 - \mathrm{ctg}\beta_2) \tag{12-26}$$

$$\psi_{th} = 2\phi(\mathrm{ctg}\beta_1 - \mathrm{ctg}\beta_2) \tag{12-27}$$

有效能量头系数分别表示为等熵能量头系数或多变能量头系数

$$\overline{H}_{ad} = \frac{H_{ad}}{u^2} \text{或} \psi_{ad} = \frac{H_{ad}}{\frac{u^2}{2}} \tag{12-28}$$

$$\overline{H}_{pol} = \frac{H_{pol}}{u^2} \text{或} \psi_{pol} = \frac{H_{pol}}{\frac{u^2}{2}} \tag{12-29}$$

各个基元级的能量头系数是不同的，通常用叶片平均半径处的能量头系数代表级的能量头系数。也有人用叶顶处的能量头系数代表级的能量头系数。

当圆周速度一定时，能量头系数表示气体获得能量的大小，它与气流速度及基元级的叶片形状、安装角度有关。流量系数和能量头系数表达了基元级或级的特性，表达了级的通流能力和接受能量的多少，它们都是相似条件中的主要参数之一。

12.1.5 基元级的反作用度与预旋

(1) 反作用度

反作用度定义为动叶栅中理论静压能量头 H_{st} 与理论能量头之比，它表示为

$$\Omega = \frac{H_{st}}{H_{th}} \tag{12-30}$$

其中，理论静压能量头 H_{st} 表示为

$$H_{st} = H_{th} - \frac{c_2^2 - c_1^2}{2} = H_{th} - \frac{(c_{2u} + c_{1u})(c_{2u} - c_{1u})}{2} \quad (\text{当 } c_{1z} = c_{2z} = c_z \text{ 时})$$

所以，基元级的反作用度为

$$\Omega = 1 - \frac{c_{2u} + c_{1u}}{2u} = \frac{w_{2u} + w_{1u}}{2u} \tag{12-31}$$

或

$$\Omega = 1 - \frac{c_{2u} + c_{1u}}{2u} = 1 - \frac{c_{1u}}{u} - \frac{\Delta c_u}{2u} \tag{12-32}$$

由反作用度的定义可知，反作用度表示在基元级中流体所获得的机械能，在不计损失情况下，可能有多少用于动叶栅中压力能的增加；或表示在基元级中流体在动叶栅和静叶栅中

压力提高的分配关系。

(2) 几种典型反作用度的基元级

速度三角形可以表达基元级的工作特性，下面结合速度三角形讨论三种典型反作用度的基元级。假定三种情况有相同的圆周速度 u、轴向速度 c_z 和扭速 Δc_u(或 Δw_u)，即相当于它们有相同的流量和能量头。如果仅改变反作用度，则速度三角形将具有不同的形式，从而产生不同的效果。

① $\Omega=1$ 的基元级

根据定义有

$$\Omega = 1 - \frac{c_2^2 - c_1^2}{2H_{th}} = 1$$

所以

$$c_1 = c_2$$

又因

$$\Omega = 1 - \frac{c_{2u} + c_{1u}}{2u} = 1$$

所以

$$c_{2u} = -c_{1u}$$

图 12-7(a)表示了 $\Omega=1$ 的基元级叶栅及动叶栅进出口的速度三角形。由上述各式和图

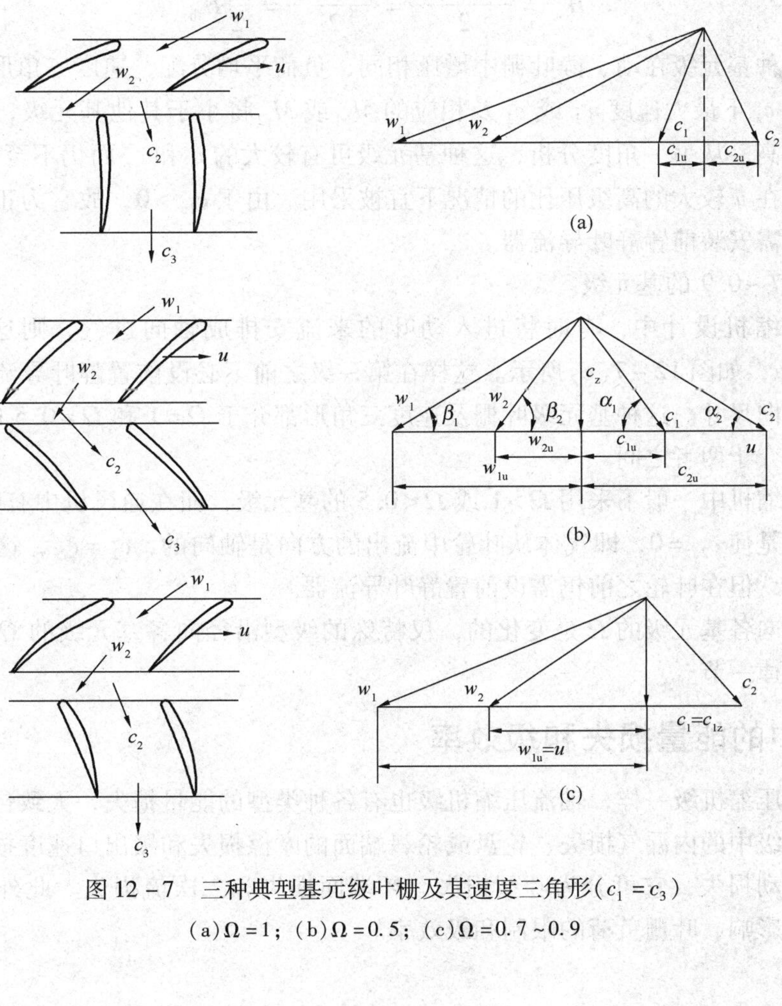

图 12-7　三种典型基元级叶栅及其速度三角形($c_1=c_3$)

(a)Ω=1；(b)Ω=0.5；(c)Ω=0.7~0.9

中(a)可知，这种基元级速度三角形中的 c_1 与 c_2 大小相等，且分别位于轴向两侧呈对称形状。$w_1 > w_2$，且 $w_1 >> c_2$，气流得到的机械能，如无损失则全部在动叶栅中转化为压力能。静叶栅不增压，而只起改变绝对速度方向的作用，它使气流以合适的角度进入下一级。由于 w_1 最大，故要注意防止 M_{w1} 值超过许可值。在固定式的轴流压缩机中，当 u 和 c_z 都不太大时，可应用 $\Omega = 1$ 的基元级。这种基元级为负预旋进气，故对于第一级来说，需要安装前置静叶导流器。

② $\Omega = 0.5$ 的基元级

在图 12-7(b)中，因 $\Omega = 1 - \dfrac{c_{1u} + c_{2u}}{2u} = 0.5$

故

$$c_{1u} + c_{2u} = u$$

$$c_{1u} = u - c_{2u} = -w_{2u}$$

$$c_{2u} = u - c_{1u} = -w_{1u}$$

$$c_1^2 = c_{1u}^2 + c_{1z}^2 = (-w_{2u})^2 + c_z^2 = w_2^2$$

则 $c_1 = w_2$，同理 $c_2 = w_1$，且 $\alpha_1 = \beta_2$，$\alpha_2 = \beta_1$

故

$$H_{st} = \frac{w_1^2 - w_2^2}{2} = \frac{c_2^2 - c_1^2}{2} = \frac{1}{2}H_{th}$$

由此可知，这种基元级在动、静叶栅中增压相同，负荷平均分配，速度三角形成对称状，故在相同的 u 和 c_z 下最大速度 w_1 或 c_2 及相应的 M_{w1} 或 M_{c2} 将小于其他基元级，所以流动损失较小，效率较高。从另一角度分析，这种基元级可有较大的 u 和 c_z 而仍不至使 M_{w1} 或 M_{c2} 超过许可值，故在 u 较大的高级压比的情况下宜被采用。由于 $c_{1u} > 0$，故它为正预旋进气，用在第一级时也需安装前置静叶导流器。

③ $\Omega = 0.7 \sim 0.9$ 的基元级

在轴流压缩机设计中，有时将进入动叶的来流安排成轴向进气，则这时有 $c_1 = c_{1z}$，$c_{1u} = 0$，$w_{1u} = u$，如图 12-7(c)所示。这样在第一级之前不必设前置静叶导流器了，从而可减小整机的轴向尺寸。这种基元级叶栅及速度三角形都介于 $\Omega = 1$ 和 $\Omega = 0.5$ 的基元级之间，其工作特点也介于两者之间。

在轴流压缩机中一般不采用 $\Omega > 1$ 或 $\Omega < 0.5$ 的基元级，而在通风机中有时可看到 $\Omega > 1$ 的级。其特点是使 $c_{2u} = 0$，即气体从叶轮中流出的方向是轴向的，$c_2 = c_{2z}$，这样叶轮后可省掉静叶导流器，但在叶轮之前仍需设前置静叶导流器。

通常沿径向各基元级的 Ω 是变化的，仅特殊的级型沿径向各基元级的 Ω 是不变的，详见叶片扭曲规律一节。

12.2 级中的能量损失和级效率

如同离心压缩机级一样，轴流压缩机级也有各种类型的能量损失，大致包括级通流部分的流动损失、级中的内漏气损失、轮盘或轮毂端面的摩擦损失和级出口速度损失等，本节仅讨论级中的流动损失，它可分为叶型损失、环端面损失和二次流损失。此外，还讨论马赫数、雷诺数的影响、叶栅负荷的限制和级效率。

12.2.1 级中的流动损失

(1) 翼型损失

翼型损失是指流体在翼型表面边界层中的摩擦损失、分离损失和尾迹损失。图 12-8(a)为翼型表面的边界层及尾迹。前曾指出，虽然气体的黏性系数 μ 不大，但由于边界层中沿翼型表面垂直方向气流的速度梯度$\frac{dw}{dn}$较大，故摩擦切应力 $\tau=\mu\frac{dw}{dn}$较大，摩擦损失不能不考虑，而主流区可作为无黏流体不计摩擦损失。摩擦损失与翼型表面的边界层类型有关。层流边界层与紊流边界层中的速度分布不同，摩擦损失计算也不同。边界层类型与来流雷诺数 Re、自由紊流度及叶栅翼型的几何参数有关。在叶栅中，通常所遇到的雷诺数和紊流度范围内，即使出现层流边界层，也会在叶片表面某点处由层流边界层转变为紊流边界层。根据实验资料，转捩时的雷诺数 $Re_\delta=8000$($Re_\delta=w\delta/v$，δ 是翼型表面的边界层厚度)。无分离的边界层厚度与翼型表面摩擦损失可按边界层理论中的有关公式计算，但因计算复杂，工程中常以实验为依据作经验估算。

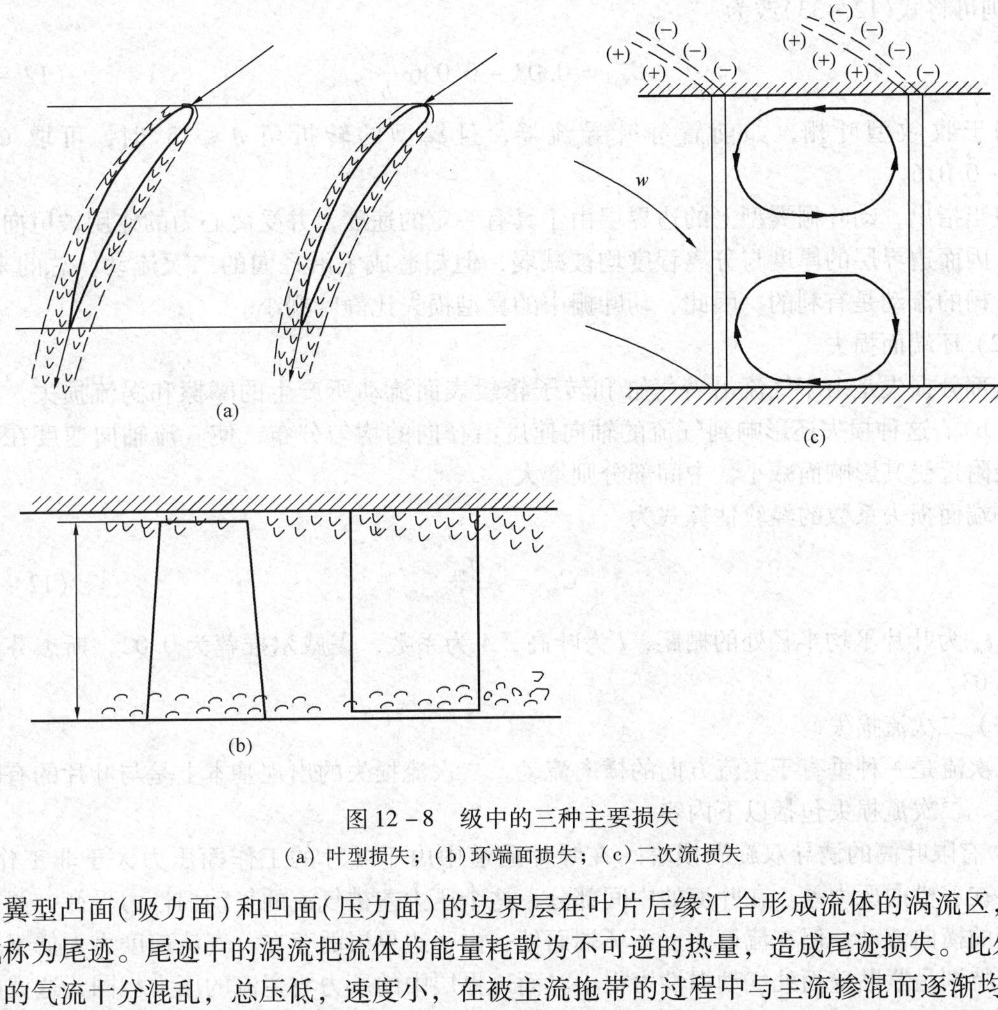

图 12-8 级中的三种主要损失

(a) 叶型损失；(b)环端面损失；(c)二次流损失

翼型凸面(吸力面)和凹面(压力面)的边界层在叶片后缘汇合形成流体的涡流区，这个区域称为尾迹。尾迹中的涡流把流体的能量耗散为不可逆的热量，造成尾迹损失。此外，尾迹中的气流十分混乱，总压低，速度小，在被主流拖带的过程中与主流掺混而逐渐均匀化。这种均匀化过程一般可在 1/4 叶片弦长的距离内基本完成。掺混均匀过程也带来能量损失。

由于气流在压缩机叶栅中是沿压力增大方向前进，当翼型表面边界层较厚，而又压力增高较大时，还会出现边界层的分离，如图 11-15(b)所示，造成很大的分离损失。

层流或紊流边界层分离点的位置可由壁面上的剪切应力 $\tau_w = 0$ 来确定，即当速度梯度 $(\partial w/\partial n)_{n=0} = 0$ 时就发生分离。如同离心压缩机中对分离损失分析的一样，一般分离区多发生在叶型凸面的后部，在变工况时，如流量减小正冲角增大，则在叶型凸面气流分离明显，且分离易扩大，故损失很大。如流量增加，负冲角增大，则在叶型凹面气流分离，但分离不易扩大，损失较小。

翼型损失属于平面叶栅中的流动损失，它可由平面叶栅实验中的总压损失系数求得。当来流 M 数不大，$Re > 3 \times 10^5$ 时 $\left(Re = \frac{wb}{v},\ b\right.$ 为叶片的弦长$\left.\right)$，在设计工况下叶型的损失系数为

$$C_{xp}^* = 0.022 - 0.006\frac{t}{b} \tag{12-33}$$

式中：t 为叶栅栅距(两叶片间的周向距离)；b 为叶片弦长。

当冲角接近零时，翼型损失系数有最小值，一般为 $C_{xp}^* = 0.014 \sim 0.018$。如果 $Re < 1 \times 10^5$，则可将式(12－33)改为

$$C_{xp}^* = 0.03 - 0.006\frac{t}{b} \tag{12-34}$$

对于收敛型叶栅，如前置静叶导流器，且翼型的转折角 $\theta \leqslant 25°$ 时，可取 $C_{xp}^* = 0.012 \sim 0.016$。

应当指出，动叶栅翼型上的边界层由于具有一定的速度，并受离心力的作用被甩向叶片顶部，因而边界层的厚度与分离程度均被减弱，但却造成了沿径向的二次流动。总的来说，对动叶栅的流动是有利的。因此，动叶栅中的翼型损失比静叶栅小。

(2) 环端面损失

这部分损失是由于气流沿着气缸和转子轮毂表面流动所产生的摩擦和涡流损失，如图 12－8(b)。这种损失还影响到气流的轴向速度沿径向的均匀分布，使气流轴向速度在外径和内径附近受其影响而减小，中间部分则增大。

环端面损失系数的经验估算式为

$$C_{xz} = A\frac{t_m}{l} \tag{12-35}$$

式中：t_m 为叶片平均半径处的栅距；l 为叶高；A 为系数，霍威尔推荐为 0.02，斯杰芬逊推荐为 0.03。

(3) 二次流损失

二次流是一种垂直于主流方向的横向流动，二次流损失的出现基本上是与叶片的有限高度有关。二次流损失包括以下内容：

① 有限叶高的诱导双旋涡损失　在叶片通道中由于叶片的工作面压力大于非工作面，所以存在着横向压力差。在叶道的中间部分，这个压力差被气流的气动惯性力平衡，并不引起明显的横向流动。但在流道的上下环端面处，由于边界层的存在，气流速度大大低于主流速度，特别是紧贴壁面处气动惯性力很小。而边界层中的压力与主流的压力相同，这就破坏了气动惯性力与压力差之间的平衡，于是该区域内的流体在横向压力梯度的作用下产生横向流动，从而在叶道中形成了两个旋涡，如图 12－8(c)所示。这两个旋涡被主流带走，影响主流的流动，如图 12－9 (a)、(b)所示，造成有限叶高的诱导双旋涡损失。

② 径向间隙端流损失　为了避免动叶顶部与气缸内壁相撞（对于静叶则是与转子轮毂相撞），其间必须有一定的径向间隙。气流沿叶片工作面绕叶顶径向间隙流至非工作面，造成叶顶附近的涡流，如图 12－9（b）和图 12－10 所示，A 形成涡流损失。同时，因为叶栅后的压力高于栅前，这种轴向压力梯度会引起气流通过径向间隙倒流，如图 12－10 中 B 所示，由此造成倒流损失。

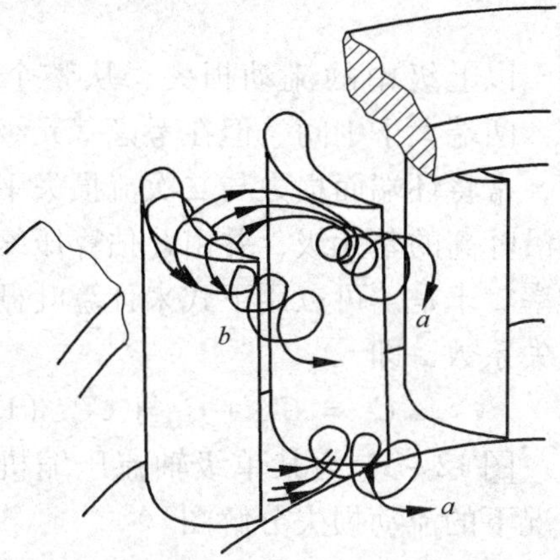

图 12－9　二次流

（a）在通道中；（b）在径向间隙中

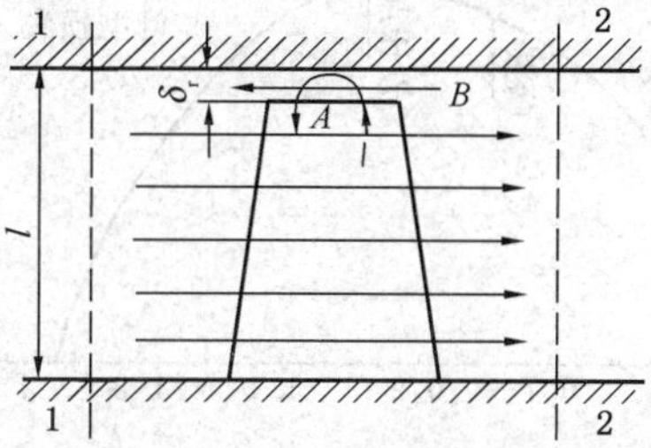

图 12－10　径向间隙中的流动损失

③ 叶片边界层径向潜移流动损失　在级的流道中，气流因周向分速 c_u 的存在而受到离心力。为了保持气流基本上是沿圆柱面流动，应使气流产生径向压力差，从而达到径向力的平衡。但在动叶片的边界层中，气流几乎与叶片一起以圆周速度 u 旋转，而 $u >> c_u$，因而边界层中的气流离心力大于径向压力，于是造成叶片边界层内的气体由叶根向叶顶的径向潜移流动，并产生径向潜移流动损失。而在静叶栅中情况刚好相反，由于静叶上的边界层流速趋于零，则在压差作用下，静叶边界层中的气流由外径向内径潜移，造成损失。

在设计中可用下列经验公式来估算二次流损失系数

$$C_{xs} = 0.018C_y^2 \tag{12-36}$$

或用勃兰特推荐的公式估算为

$$C_{xs} = 0.113\frac{C_y^2}{\pi\frac{l}{b}} \tag{12-37}$$

式中 C_y 为叶栅的升力系数。

经验表明，当径向间隙与叶高之比 $\delta_r/l < 0.01$ 时，对级效率可不作修正；当 $\delta_r/l > 0.01$ 时则需作修正，其经验修正式为 $\eta - \Delta\eta$，其中

$$\left.\begin{aligned} \Delta\eta &= 2.8\left(\frac{\delta_r}{l} - 0.01\right) & \left(当\frac{\delta_r}{l} > 0.01 时\right) \\ \Delta\eta &= 0 & \left(当\frac{\delta_r}{l} \leqslant 0.01 时\right) \end{aligned}\right\} \tag{12-38}$$

由于考虑到运转的安全性，径向间隙绝对值必须有一定的大小，一般 δ_r 取在 0.5～2mm 范围内。为了减小径向间隙损失，末级叶片高度通常不小于 35～40mm。

附带说明一下，两排叶栅之间的轴向距离 δ_z，称轴向间隙，保持适当的轴向间隙能起稳

定均匀气流的作用，如 δ_z 太小会使后排叶栅的进气条件恶化，使级效率降低，有时还会导致叶片振动；如 δ_z 太大会增加环端面损失，并使机器轴向尺寸和重量增大，对结构强度和振动也不利。通常按平均半径处选取

$$\delta_z = (0.25 \sim 0.4)b, \text{至少 } \delta_z > (0.15 \sim 0.25)b$$

轴向间隙中所造成的流动损失已包括在环端面损失和尾迹损失之中，故不必另作单独的计算。

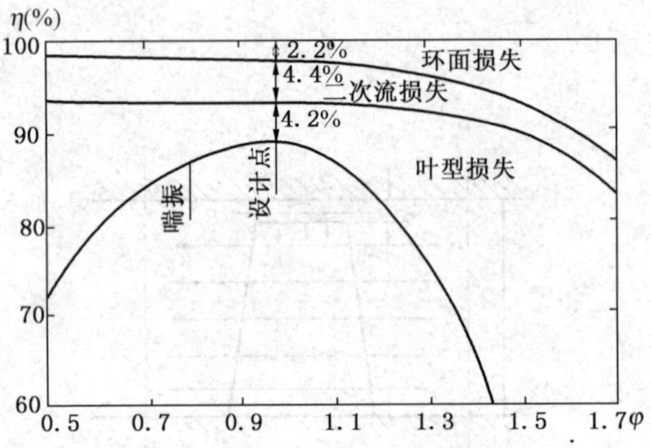

图 12－11　级中的损失、效率随流量系数的变化

以上级中的流动损失，从整个叶道来看，两端大于中间。但在考虑基元级的损失时，常将环端面损失与二次流损失平均分配给沿叶高的基元级，并由此估算压缩叶栅的效率。于是，可以用下式来计算叶栅的流动损失系数，即

$$C_x = C_{xp} + C_{xz} + C_{xs} \quad (12-39)$$

图 12－11 为某单级轴流压缩机在不同工况下的流动损失分解图。

12.2.2　马赫数和雷诺数的影响

关于马赫数 Ma 与雷诺数 Re 对损失和级性能的影响，已在离心压缩机中讨论过了。实际上那里所讨论 Ma 的影响，就是按照轴流叶栅分析的。

近代亚音速轴流压缩机叶栅的 $Ma_{cr}=0.60 \sim 0.85$，而 $Ma_{max}=0.85 \sim 0.95$。近代还有跨音速 $0.8 \sim Ma_1 < 1.2$ 和超音速 $Ma_1 > 1.2$ 的压缩机叶栅，其叶片较薄而弯度较小，它们中有的还靠激波来提高压力比，但会出现附加的激波损失。由于跨、超音速的轴流式级在固定式压缩机中还很少使用，故这里不作讨论。

在轴流式的级中，雷诺数常以下式表示为

$$Re = \frac{w_1 b}{\nu} \text{ 或 } Re = \frac{c_2 b}{\nu}$$

当 $Re > Re_{cr}$ 时，Re 对级的总压损失系数影响可略，但要精确计算各种叶栅的 Re_{cr} 是有困难的。一般经验认为，当 $Re \geqslant (2.2 \sim 5) \times 10^5$ 时，Re 的影响可略；而当 $Re < (2.2 \sim 5) \times 10^5$ 时，则随 Re 的减小损失很快增加，这可能是由于层流边界层分离所致。图 12－12为某种叶栅在给定的进气角 β_1 下，出气角 β_2（相应为 $\Delta\beta$），叶栅总压损失系数 ξ 与 Re 的关系。由该图看来，该叶栅的临界雷诺数 Re_{cr} 约大于 1×10^5。

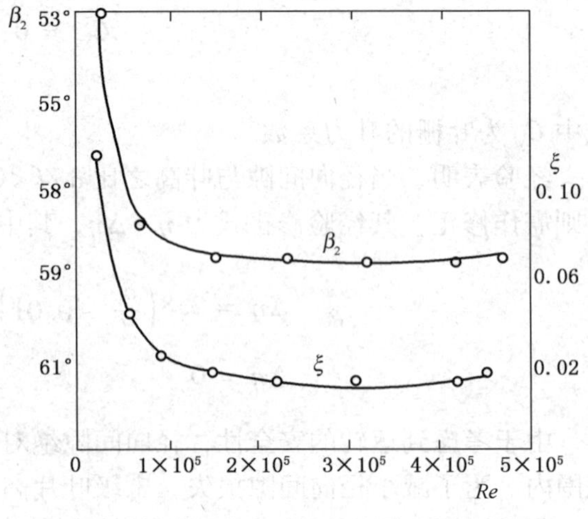

图 12－12　β_2，ξ 与 Re 的变化关系

12.2.3　叶栅负荷或扩压度的限制

在压缩机叶栅的设计中，为了减少损失，往往要校验一下叶栅负荷或扩压度是否太大。类似离心式的$\frac{w_1}{w_2}$要有限制。

（1）扩压因子

雷布林等人提出，用扩压因子 D 作为叶栅极限负荷的准则。扩压叶栅中翼型表面的速度分布大致如图 12－13 所示。翼型边界层的分离主要受翼型背面最大速度 w_{max} 与出口速度 w_2 差值的影响。叶栅的局部扩压因子 D_{loc} 定义为

$$D_{loc} \approx \frac{w_{max} - w_2}{w_1} \qquad (12-40)$$

该式表示了相对减速扩压的程度，但 w_{max} 难以计算。经简化，无需知道叶背上的 w_{max}，即可计算出扩压因子。它定义为

$$D = 1 - \frac{w_2}{w_1} + \frac{\Delta w_u}{2w_1 \frac{b}{t}} \qquad (12-41)$$

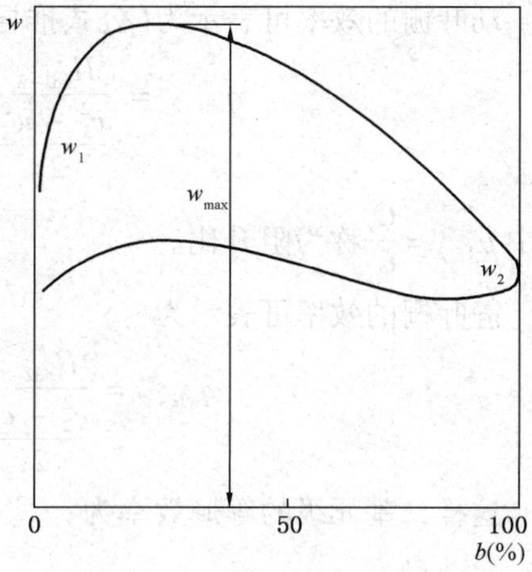

图 12－13　叶栅翼型表面的速度分布

若 $c_{1z} = c_{2z} = c_z$，则有

$$D = 1 - \frac{\sin\beta_1}{\sin\beta_2} + \frac{\sin\beta_1}{2\frac{b}{t}}(\mathrm{ctg}\beta_1 - \mathrm{ctg}\beta_2) \qquad (12-42)$$

扩压因子是轴流压缩机叶栅气动设计中需要考虑的主要因素之一，对某些压缩机首级的实验表明，扩压因子应控制在如下的范围内：

动叶栅的叶尖处　　$D < 0.4$；

动叶栅的叶根处　　$D < 0.6$；

静叶栅　　　　　　$D < 0.6$

该控制范围亦可推广作为其他各级校验的参考值。

（2）当量扩压因子

雷布林还提出以当量扩压因子作为叶栅负荷极限的准则，它表示为

$$D_{eq} = \frac{\sin\beta_2}{\sin\beta_1}\left[1.12 + 0.61\frac{\sin^2\beta_1}{\frac{b}{t}}(\mathrm{ctg}\,\beta_1 - \mathrm{ctg}\,\beta_2)\right] < 2.0 \qquad (12-43)$$

海勒建议应使 $\frac{w_1}{w_2} < 1.4$，霍威尔建议应使 $C_y\left(\frac{w_1}{w_2}\right)^3 < 3.3$。

12.2.4　级效率

（1）用基元级效率表示级效率

根据叶栅理论与实验，可首先得出基元级效率的公式。通常作用于叶片的升力和阻力可表示为

$$(R_y) = C_y \rho b \frac{w_m^2}{2} \qquad (12-44)$$

$$R_x = C_x \rho b \frac{w_m^2}{2} \qquad (12-45)$$

式中 C_y、C_x 分别为升力系数和阻力系数。假定在叶栅前后的轴向间隙中，沿叶高的气流参数已足够均匀，则 C_x 可按式（12－39）来计算。

动叶栅的效率可表示为(公式推导从略)

$$\eta_{ad1-2} = \frac{H_{ad1-2}}{\dfrac{w_1^2 - w_2^2}{2}} \approx 1 - \frac{H_{hyd1-2}}{\dfrac{w_1^2 - w_2^2}{2}} = \frac{1 - \mu_{1-2}\mathrm{tg}\ \beta_m}{1 + \mu_{1-2}\mathrm{ctg}\ \beta_m} \tag{12-46}$$

式中 $\mu_{1-2} = \dfrac{C_x}{C_y}$ 称为阻升比。

静叶栅的效率可表示为

$$\eta_{ad2-3} = \frac{H_{ad2-3}}{\dfrac{c_2^2 - c_3^2}{2}} \approx 1 - \frac{H_{hyd2-3}}{\dfrac{c_2^2 - c_3^2}{2}} = \frac{1 - \mu_{2-3}\mathrm{tg}\alpha_m}{1 + \mu_{2-3}\mathrm{ctg}\alpha_m} \tag{12-47}$$

这样，基元级的等熵效率为

$$\eta_{ad} = \frac{H_{ad}}{H_{th}} = \frac{H_{ad1-2} + H_{ad2-3}}{H_{th}} = \frac{H_{ad1-2}}{\dfrac{w_1^2 - w_2^2}{2}} \frac{\dfrac{w_1^2 - w_2^2}{2}}{H_{th}} + \frac{H_{ad2-3}}{\dfrac{c_2^2 - c_3^2}{2}} \frac{\dfrac{c_2^2 - c_3^2}{2}}{H_{th}}$$

故

$$\eta_{ad} = \eta_{ad1-2}\Omega + \eta_{ad2-3}(1 - \Omega) \tag{12-48}$$

因此，对各半径上的各基元级的效率加以平均则可得到级的等熵效率，通常也可用平均半径处的基元级效率来代替整个级的效率。当径向间隙 $\delta_r/l > 0.01$ 时，还要减去径向间隙对效率的附加损失，这样整个级的效率为

$$\eta'_{ad} = \eta_{ad} - \Delta\eta = \eta_{ad} - 2.8\left(\frac{\delta_r}{l} - 0.01\right) \tag{12-49}$$

(2) 用热力参数表示级效率

如果已知级的进出口热力参数(温度、压力)，假定 $c_1 = c_3$，则 $H_{th} = H_{pol} + H_{hyd}$，则级的等熵效率为

$$\eta_{ad} = \frac{H_{ad}}{H_{pol} + H_{hyd}} = \frac{\dfrac{k}{k-1}RT_1\left[\left(\dfrac{p_3}{p_1}\right)^{\frac{k-1}{k}} - 1\right]}{c_p(T_3 - T_1)} = \frac{T_{3s} - T_1}{T_3 - T_1} \tag{12-50}$$

级的多变效率为

$$\eta_{pol} = \frac{H_{pol}}{H_{pol} + H_{hyd}} = \frac{\dfrac{m}{m-1}RT_1\left[\left(\dfrac{p_3}{p_1}\right)^{\frac{m-1}{m}} - 1\right]}{c_p(T_3 - T_1)} = \frac{\dfrac{m}{m-1}R(T_3 - T_1)}{\dfrac{k}{k-1}R(T_3 - T_1)} = \frac{\dfrac{m}{m-1}}{\dfrac{k}{k-1}} \tag{12-51}$$

也有人用滞止热力参数 p^*，T^* 表示级效率，其公式形式与上式相同，仅将静热力参数改为滞止参数表示即可。

由于气流流经轴流式级的路程较离心式级的路程短得多，且没有较大的转弯，再加上人们为改进叶栅的翼型做了大量的理论和实验研究工作，所以轴流式级的效率比离心式级的效率高。一般亚音速轴流压缩机级的等熵效率约达 90% ~92%。

12.3 平面叶栅实验与设计

在轴流压缩机的设计中，计算选定的基元级进出口速度三角形，应由经过实验获知其

性能的翼型叶栅予以保证。最初，人们曾用孤立翼型的实验方法作为研究设计的基础，该方法对于压比小、叶片少、栅距大的低压头通风机至今仍被采用。但对级压比较高、叶片多、栅距小的轴流压缩机来说，早已采用平面叶栅的实验方法作为研究设计的基础了，因为这种方法能够顾及到气流经叶栅后的转折和相邻叶片间的影响。多年来通过许多平面叶栅的实验，获得了大量有效的实验数据，从而保证了设计的可靠性，良好的级性能和较高的效率。

12.3.1 翼型、叶栅的几何参数及气流特征角

(1) 翼型几何参数(见图 12-14)

中线——图中以点划线表示，是翼型背弧线与腹弧线内切圆的连线；

b——弦长，连接中线两端点的长度；

c——翼型最大厚度，在中线法线上腹背弧线间的最大距离；

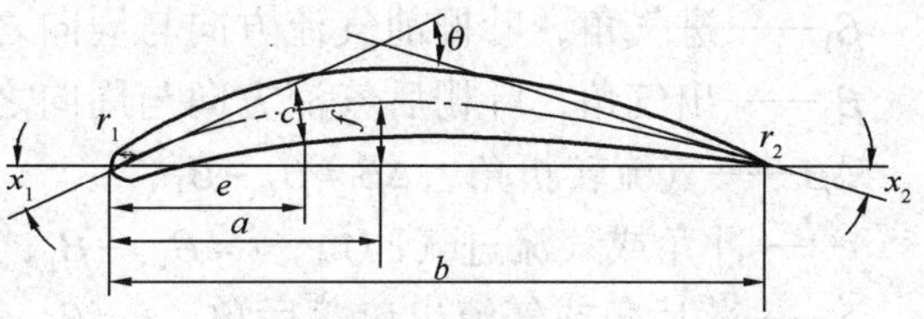

图 12 - 14 翼型几何参数

$\bar{c}$——c/b，翼型的相对厚度；

f——翼型中线最大扰度；

$\bar{f}$——f/b，翼型的相对扰度；

a——翼型前缘至最大扰度处的距离；

e——翼型前缘至最大厚度处的距离；

r_1——前缘圆弧半径；

r_2——后缘圆弧半径；

x_1——前缘几何角，翼型前缘点处中线的切线与叶弦之间的夹角；

x_2——后缘几何角，翼型后缘点处中线的切线与叶弦之间的夹角；

$\theta = x_1 + x_2$——翼型弯曲角。

(2) 叶栅几何参数及气流特征角(见图 12 - 15)

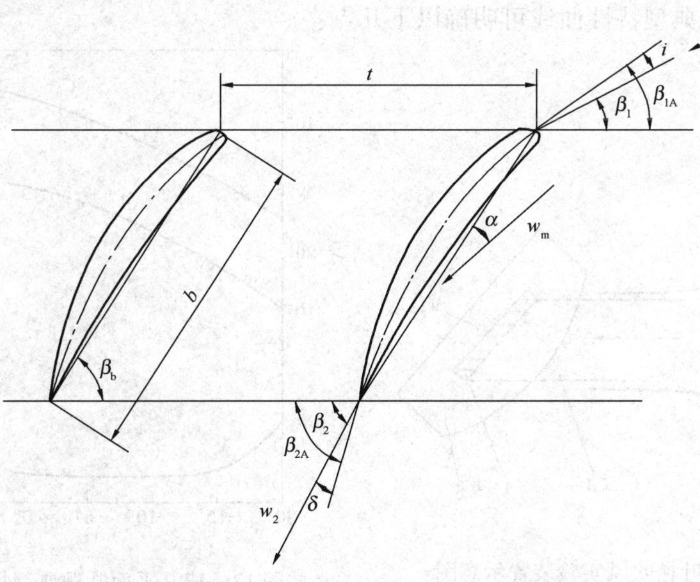

图 12 - 15 叶栅几何参数及气流特征角

t——栅距，叶栅中两相邻翼型在周向之间的距离；

b/t——叶栅稠度，表征叶栅特性的主要无因次参数，它的倒数 t/b 称相对栅距；

β_b——翼型安装角，叶弦与周向之间的夹角，$\beta_b=\beta_{1A}+x_1=\beta_{2A}-x_2$；

β_{1A}——叶型进口几何角，叶型前缘点处中线的切线与周向之间的夹角；

β_{2A}——叶型出口几何角，叶型后缘点处中线的切线与周向之间的夹角；

θ——叶型弯曲角，$\theta=\beta_{2A}-\beta_{1A}$；

β_1——进气角，叶栅前气流方向与周向之间的夹角；

β_2——出气角，叶栅后气流方向与周向之间的夹角；

$\Delta\beta$——气流转折角，$\Delta\beta=\beta_2-\beta_1$；

i——冲角或气流进气冲角，$i=\beta_{1A}-\beta_1$；

δ——落后角或气流出口落后角，$\delta=\beta_{2A}-\beta_2$；

α——攻角，叶弦与平均速度 w_m 方向间的夹角。

12.3.2 平面叶栅的实验特性

图 12－16 是一种平面叶栅实验装置的示意图，由专门的压缩机作为气源。首先，将压缩机送来的空气流入到较大的稳压筒(1)中，经过喷管(2)流入平面叶栅(4)。进气角 β_1 可借助转动盘(5)改变，这时滑板(3)也相应地移动，叶片数应足够多，主要测量周向中间的两个叶片中间高度上所取截面的栅前栅后的气动参数，并在该两叶片中间高度上沿叶片表面开许多测量静压的小孔，以获得沿叶片表面的静压分布。

根据叶栅前气流马赫数的不同，平面叶栅风洞实验装置可分为低速风洞 $Ma_1=0.2\sim0.4$，亚音速风洞 $Ma_1=0.4\sim0.8$，跨音速风洞 $Ma_1=0.8\sim1.2$ 和超音速风洞 $Ma_1>1.2$。下面讨论的平面叶栅实验数据均为低速和亚音速风洞的实验数据。

(1) 平面叶栅的典型特性曲线

评定平面叶栅性能，主要是看在设计工况和变工况下(冲角变化)叶栅的升力系数 C_y、阻力系数 C_{xp} 和气流流经叶栅的转折角 $\Delta\beta$ 的大小和变化情况。图 12－17 是某一平面叶栅的典型特性曲线，由该典型特性曲线可明确以下几点：

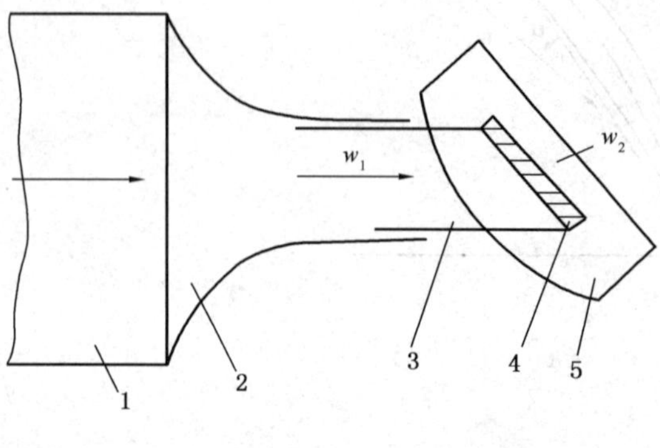

图 12－16 平面叶栅吹风实验装置示意图

1—稳压筒；2—收敛喷嘴；3—滑动板；4—平面叶栅；5—转动盘

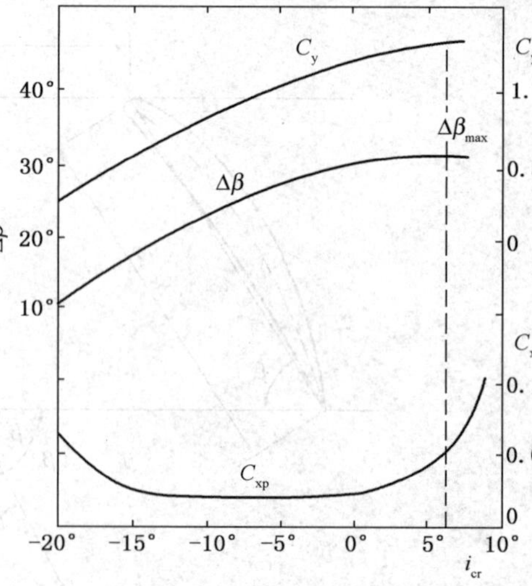

图 12－17 平面叶栅典型特性曲线

① 它是给定叶栅不同工况下的特性曲线，其上的每个点表示叶栅的一个工况。当冲角在一定范围内变化时，升力系数或气流转折角几乎是直线的变化，而阻力系数几乎不变。这表明，当冲角增加时，由于 $\beta_1=\beta_{1A}-i$，β_{1A} 已定，则 β_1 按直线变化减小；

② 又由于 $\Delta\beta$ 几乎按直线变化，则说明 β_2 几乎不变。这样，在 C_{xp} 不随冲角变化的范围内，可任选设计工况点。

③ 当冲角增加（相当于流量减小）到某一临界值 i_{cr} 时，气流转折角增加到最大 $\Delta\beta_{max}$，阻力系数 C_{xp} 则急剧增加；这一工况点称为分离工况或失速工况，$\Delta\beta_{max}$ 称为失速转折角。

④ 当冲角减小到某一负值时，相当于流量增加到某一极大值，这时阻力系数亦急剧增加，这一工况点称为堵塞工况。

⑤ 一般是取 $\Delta\beta^*=0.8\Delta\beta_{max}$ 的工况点作为设计工况点，亦称额定工况点，相应地冲角用 i^* 表示。由于 $i^*<i_{cr}$，可使流量有所减少。$i>i^*$ 时仍能较好地工作。

（2）平面叶栅的额定特性曲线

在设计中最有意义的是设计工况点，即额定工况点。通过对一定数量的平面叶栅实验所得典型特性曲线进行整理分析发现，当 $i=\pm5°$，$\theta=0°\sim40°$，$\bar{c}=5\%\sim12\%$，$a/b=0.4\sim0.5$ 时，各种叶栅典型特性曲线的额定工况存在如下的关系，即

$$\Delta\beta^*=f(b/t,\beta_2^*) \tag{12-52}$$

将这些已知的叶栅实验数据 $\Delta\beta^*$，b/t 和 β_2^* 值画成一组曲线，称为平面叶栅的额定特性曲线，如图 12－18 所示。额定特性曲线的特点是，其上的每一个点代表一个叶栅，不同的点代表不同的叶栅，这些叶栅所具有的参数 $\Delta\beta^*$，β_2^* 和 b/t 都是该叶栅的设计工况参数。显然对于设计者，使用它是非常方便的。例如，通过气动计算得知某基元级动叶栅的气流角 $\beta_1=46°30'$，$\beta_2=70°$，求该叶栅所需要的叶栅稠度，则由 $\Delta\beta^*=\beta_2^*-\beta_1^*=23°30'$ 和 $\beta_2^*=70°$，从图中即可查出要确定的 $b/t=1.0$

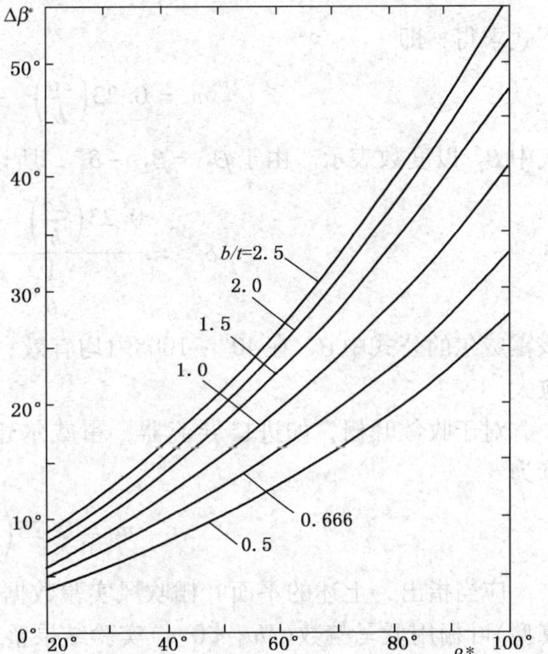

图 12－18 平面叶栅额定特性曲线

$\Delta\beta=0.8\Delta\beta_{max}$；$i=\pm5°$

（3）平面叶栅变工况的综合特性曲线

在分析典型特性曲线时曾指出，当冲角在一定范围内时，$\Delta\beta$ 和 i 几乎成直线关系，即

$$\Delta\beta=i+C \tag{12-53}$$

式中 C 为常数。显然在额定工况下亦有

$$\Delta\beta^*=i^*+C \tag{12-54}$$

将以上二式消去常数 C 可得

$$\Delta\beta=\Delta\beta^*+i-i^*$$

两边各除以 $\Delta\beta^*$，则有

$$\frac{\Delta\beta}{\Delta\beta^*}=1+\frac{i-i^*}{\Delta\beta^*} \tag{12-55}$$

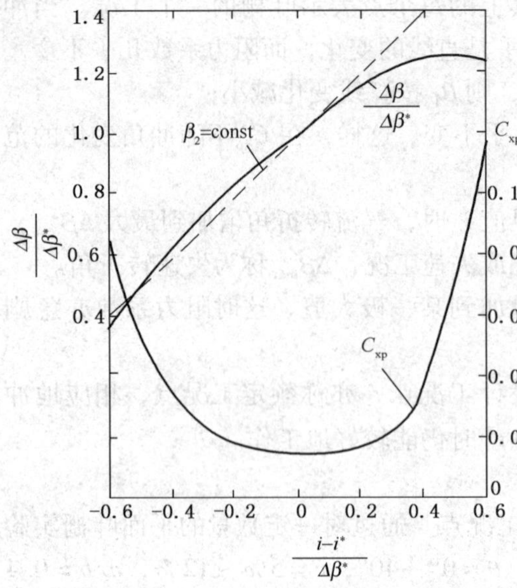

图 12－19　平面叶栅变工况综合特性曲线

图 12－19 给出了相应的阻力系数 C_x 的综合曲线，应用该图可以获知按额定工况设计的叶栅在变工况下的工作特性，它对一般叶栅也是适用的。

（4）平面叶栅出口气流落后角的确定

由于叶栅的强制导向作用，在 $i<i_{cr}$ 的范围内当冲角变化时，β_2 几乎不变，这已为上述实验数据整理分析的结果所证实。而 β_{2A} 一定，故气流落后角 δ 不随冲角 i 变化。当然，额定工况的落后角 δ^* 也不随冲角 i^* 变化。

经过大量的实验验证，额定落后角可按下式计算为

$$\delta^* = m\theta\left(\frac{t}{b}\right)^n \tag{12－56}$$

霍威尔建议，对于扩压叶栅 $n=\frac{1}{2}$，而 m 按下式求得，即

$$m = 0.23\left(\frac{2a}{b}\right)^2 - 0.002\beta_2^* + 0.18 \tag{12－57}$$

式中 β_2^* 以度数表示。由于 $\beta_2^* = \beta_{2A} - \delta^*$，所以

$$\delta^* = \frac{0.23\left(\frac{2a}{b}\right)^2 - 0.002\beta_{2A} + 0.18}{\frac{1}{\theta}\sqrt{b/t} - 0.002} \tag{12－58}$$

该霍威尔的公式中 β_2^* 在 40°～100°内均有效；一般落后角约为 $\delta^* = 3\sim6^\circ$，β_2^* 愈大，取值愈大。

对于收敛叶栅，如进口导流器，霍威尔建议式（12－56）中的 $n=1$，而 m 可按下式计算为

$$m = 0.23\left(\frac{2a}{b}\right)^2 - 0.2 \tag{12－59}$$

应当指出，上述的平面叶栅吹风实验数据，主要是对于某些典型翼型（如英国的 C－4 翼型）叶栅用低马赫数（$Ma_1<0.4$）实验结果整理而成的。然而后来的实验表明，这些数据不仅对各种翼型在低马赫数下均较适用，而且对于较高马赫数的情况亦可作参考与借用。

12.3.3　按平面叶栅吹风数据进行翼型叶栅的设计

（1）原始翼型数据

供轴流压缩机平面叶栅吹风实验用的翼型，大多是由对称的原始翼型弯曲造型而成。各国曾通过大量的吹风实验，首先研制出典型的对称原始翼型，表 12－1 列出了一些典型对称翼型的截面尺寸数据，所有数据均为弦长 b 的百分比。其中，C－4 为英国的翼型；NACA65－010为美国的翼型；ГТУ－42 和 A－40 都是苏联的翼型；BC－6 为英国的翼型（适用于高亚音速）；R_1、R_2 为翼型前、后缘圆弧半径；a 为翼型前缘至最大扰度处的距离。

如将表12－1中的翼型画出并叠合在一起来看，其差异甚小，在中等亚音速范围内，这几种翼型的气动性能相差也很小。一般 C－4 翼型适用于低速，而 NACA65－010 适用于高亚音速，ГTY－42、BC－6 和 A－40 介于两者之间。

表12－1　各种对称原始翼型数据表（最大相对厚度均为 $c/b=10\%$）

$x\%b$	C－4 $\pm y\%b$	NACA65－010 $\pm y\%b$	ГTY－42 $\pm y\%b$	BC－6 $\pm y\%b$	A－40 $\pm y\%b$
0.00	0	0	0	0	0
0.25	—	—	0.712	—	—
0.50	—	0.772	—	0.8	—
0.75	—	0.932	1.232	—	—
1.00	—	—	—	—	1.14
1.25	1.65	1.169	1.564	—	—
1.50	—	—	—	—	1.43
2.50	2.27	1.574	2.159	1.86	1.85
5.00	3.08	2.177	2.935	2.59	2.55
7.00	3.62	2.647	3.459	3.10	—
7.50	—	—	—	—	3.09
10	4.02	3.040	3.784	3.54	3.525
15	4.55	3.666	4.432	—	4.16
20	4.83	4.143	4.761	4.56	4.55
25	—	4.510	—	—	4.788
30	5.0	4.775	5.0	4.92	4.927
35	—	4.924	—	—	4.986
40	4.89	5.0	4.856	5.0	5.0
45	—	4.945	—	—	—
50	4.57	4.782	4.446	4.86	4.858
55	—	4.513	—	—	—
60	4.05	4.159	3.876	4.45	4.442
65	—	3.754	—	—	—
70	3.37	3.346	3.151	3.78	3.783
75	—	2.944	—	—	—
80	2.54	2.539	2.316	2.86	2.85
85	—	2.134	1.855	—	—
90	1.60	1.729	1.368	1.74	1.722
95	1.06	1.324	0.8485	1.15	1.003
99.47	—	—	—	0.63	—
100	0	0	0.3	0	0
前圆半径	$R_1/b=1.2\%$	$R_1/b=1.0\%$	$R_1/b=1.2\%$	$R_1/b=1.04\%$	
后圆半径	$R_2/b=0.6\%$	$R_2/b=0.687\%$	$R_2/b=0.3\%$	$R_2/b=0.63\%$	
	$a/b=30\%$	$a/b=40\%$	$a/b=30\%$	$a/b=40\%$	$a/b=40\%$

（2）翼型设计

所谓翼型造型设计，就是根据气动计算的气流角来确定翼型的几何角（即翼型中心线的前缘角和后缘角）和中心线的几何参数。知道了翼型中心线的形状和在叶栅中的安装位置后，再将对称原始翼型的尺寸数据沿中心线各点的法向摆上去就对了。

① 叶弦 b 的确定　叶弦 b 的选择既要满足气动性能对叶栅稠度的要求，又要考虑强度和振动等问题，因而还要同时考虑到较合适的展弦比$\frac{l}{b}$。初步选定$\frac{l}{b}$在 1.5～3.5 范围内，前几级可取较大值，后几级可取较小值，甚至后级也可取$\frac{l}{b}=1\sim1.5$。

若$\frac{l}{b}$大，为得到合适的$\frac{b}{t}$，叶片数要多，较小的 b 可使整机的轴向尺寸减小，但使级的压力比有所下降而增加级数。若$\frac{l}{b}$小，可使级有较大的压力比，强度振动均好些，且试验表明$\frac{l}{b}$小可推迟不稳定工况的发生，改善变工况性能。但 b 大，整级轴向尺寸大，材料消耗多。

另外，$\Omega=1.0$ 的级，动叶中能量转换大，叶片受的弯曲应力大，故要求$\frac{l}{b}$小些。对 $\Omega=0.5$的级，$\frac{l}{b}$可选得大些。从叶片安装考虑，叶栅稠度$\frac{b}{t}$过大，如当根部$\frac{b}{t}>2.0$ 时，叶片过密，将使叶根往轮毂上安装有困难，一般应检验根部要求$\frac{b}{t}<2$。过小的 b，可能使 $Re<Re_{cr}$时黏性效应增大，效率降低。

② 翼型进出口几何安装角的确定　翼型进口几何角 $\beta_{1A}=\beta_1^*+i^*$，其中的冲角 i^* 是设计时的选取值，一般在 $i^*=\pm2°$之间选取。对于多级轴流压缩机前几级可取 $i^*=-2°\sim0°$，中间几级可取 $i^*=0°$，而后几级可取 $i^*=1°\sim2°$

原苏联中央空气动力研究院推荐 i^* 用下式选取，即

$$i^*=4.5-0.3\frac{\theta}{b/t}\left[1-4\left(\frac{a}{b}-0.45\right)\right]-x_1 \tag{12-60}$$

叶型弯曲角 θ 可由下式求得

$$\theta=\frac{\Delta\beta^*-i^*}{1-m\sqrt{\frac{t}{b}}} \tag{12-61}$$

该式的使用范围是：$b/t=0.7\sim2.0$；$\theta<40°$；$\frac{a}{b}=0.4\sim0.5$；$\frac{c}{b}=0.05\sim0.12$；m 按式（12－57）计算得出。

翼型出口几何安装角 β_{2A}，在气流落后角 δ^* 按式（12－58）确定后，即可确定为 $\beta_{2A}=\beta_2^*+\delta^*$。

③ 翼型中心线的确定　翼型中心线的弯曲弧线，一般采用抛物线或两段圆弧线两种形式。在绘制弯曲翼型时，可认为翼型中心线的弧长 l 为原始翼型的弦长 b，然后将选用的对称原始翼型的坐标尺寸画在中心线的法线上即成，如图 12－20（a）所示。

考虑到气动性能和强度、振动等因素，在沿叶高绘制翼型时，应取不同的相对厚度$\frac{c}{b}$，对动叶片，一般叶顶上的基元级翼型相对厚度$\frac{c}{b}=0.04\sim0.07$，而叶根处选取为$\frac{c}{b}=0.12\sim0.16$。

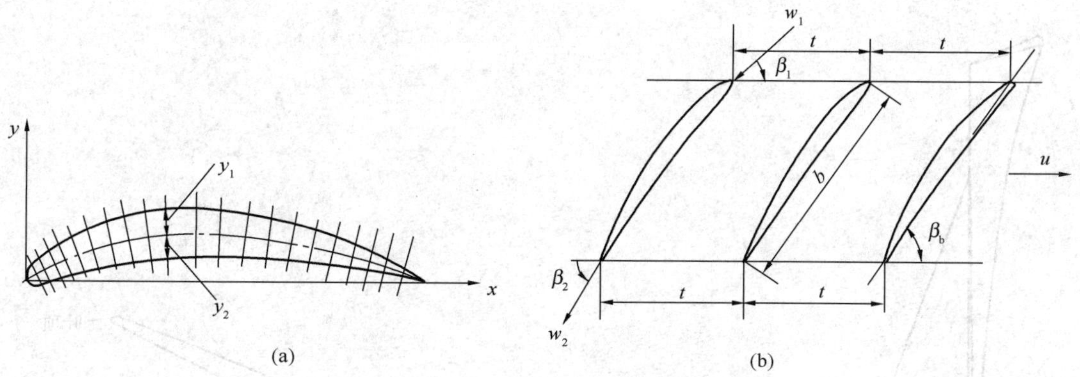

图 12－20　翼型和平面叶栅绘制图

（a）翼型的绘制；（b）基元级平面叶栅的绘制

这样，还需将原始翼型的相对厚度$\frac{c}{b}=0.10$成比例地缩小（对叶顶）和放大（对叶根）。

静叶导流器翼型和进气导流器翼型的设计、绘制与动叶片相类似，只需将速度 w 改为 c，将角度 β 改为 α 就行了。

④ 画基元级平面叶栅图　当选取合适的弦长 b，由额定工况确定$\frac{b}{t}$，即可求得栅距 t。这样，平面叶栅图即可绘制出了。翼型和平面叶栅的绘制图，如图 12－20 所示。如把该平面叶栅按基元级所在的半径位置卷成圆圈，即成该基元级的环形叶栅了。

12.4　叶片扭曲规律

前面所述的基元级，是假定气流在级的某一半径上沿圆柱面流经环形叶栅的情况。然而不同半径上基元级的速度三角形是不同的，例如不同半径上的圆周速度 $u=r\omega$ 就不同。为了适应沿径向速度三角形的变化，即气流参数沿径向变化，叶片沿高度应按一定的要求扭曲成型，如图 12－21 所示，本节讨论叶片扭曲成型的规律。

12.4.1　径向运动方程（或称径向平衡方程）

使用圆柱坐标系，将牛顿第二定律的表达式在忽略重力和黏性力的条件下，以单位质量流量计算，其力与加速度之间的关系在径向上的分式为

$$-\frac{1}{\rho}\frac{\partial p}{\partial r}=\left(\frac{\mathrm{d}c}{\mathrm{d}t}\right)_{\mathrm{r}}=\frac{\mathrm{d}c_{\mathrm{r}}}{\mathrm{d}t}-\frac{c_{\mathrm{u}}^{2}}{r}\tag{12-62}$$

将该式中的全导数按欧拉运动法展开，则式（12－62）又可写成

$$-\frac{1}{\rho}\frac{\partial p}{\partial r}=\frac{\partial c_{\mathrm{r}}}{\partial t}+c_{\mathrm{r}}\frac{\partial c_{\mathrm{r}}}{\partial r}+c_{\mathrm{u}}\frac{\partial c_{\mathrm{r}}}{r\partial\theta}+c_{\mathrm{z}}\frac{\partial c_{\mathrm{r}}}{\partial z}-\frac{c_{\mathrm{u}}^{2}}{r}\tag{12-63}$$

如图 12－22，在轴向间隙中的特征截面 1－1、2－2 和 3－3 上，气流参数可认为是轴对称的，即可假定$\frac{\partial}{\partial\theta}=0$，并且是定常的，也可假定$\frac{\partial}{\partial t}=0$。这样，上式简化为

$$-\frac{1}{\rho}\frac{\partial p}{\partial r}=c_{\mathrm{r}}\frac{\partial c_{\mathrm{r}}}{\partial r}+c_{\mathrm{z}}\frac{\partial c_{\mathrm{r}}}{\partial z}-\frac{c_{\mathrm{u}}^{2}}{r}\tag{12-64}$$

该式（12－64）即为一般径向运动（或平衡）方程式。所谓“径向平衡”，是指在轴向间隙中气体微团受的力在径向是动态平衡的。式（12－64）表明，在径向压力梯度的平衡中，它既考

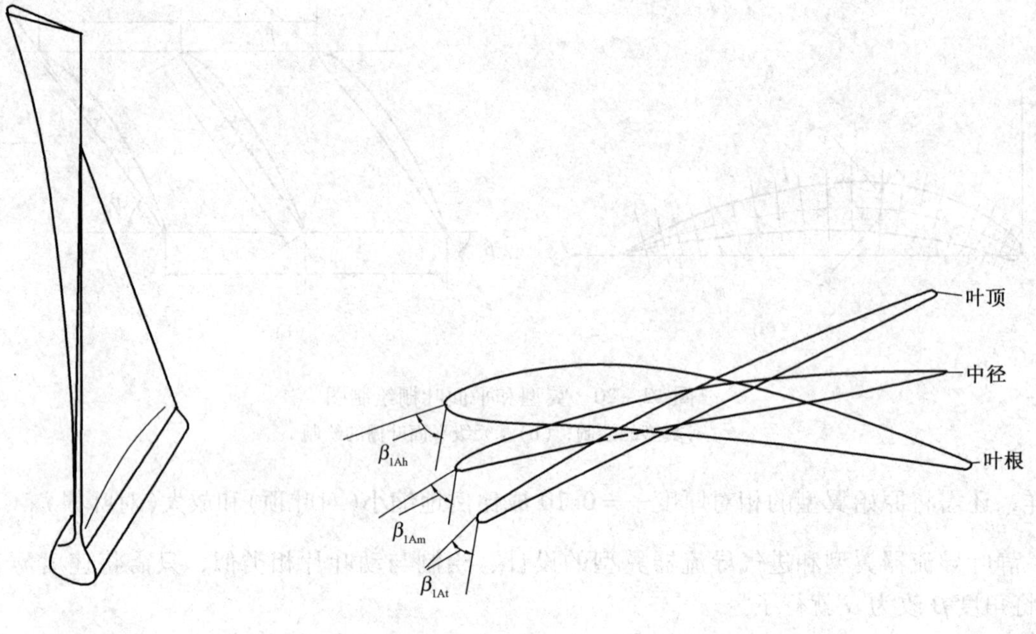

图 12－21　扭曲叶片

(a)变截面扭曲叶片外形图；(b)动叶片预视图

虑了由圆周分速度 c_u 所产生的离心惯性力，又考虑了径向分速沿径向和轴向变化所产生的惯性力。式(12－64)中右边的前两项，反映了流线在子午面($r-z$ 平面)上弯曲的变化。如果再假定气流仅沿圆柱面流动，即再假定径向分速 $c_r=0$，则式(12－64)可简化为

$$\frac{1}{\rho}\frac{\partial p}{\partial r}=\frac{c_u^2}{r} \tag{12-65}$$

该式即为简单径向平衡方程式。其物理意义是，气流切向分速 c_u 所引起的离心惯性力，由径向压力梯度来平衡。不管 c_u 是正值或是负值指向如何，径向压力梯度都必须大于零，即压力随半径的增大而增大。若 c_u 沿径向变化，则压力也要作相应的变化。

下面将由径向运动方程出发，分析气流轴向分速 c_z 沿径向的变化。因为只有知道 u，c_u 和 c_z 沿径向的变化，才可能知道气流速度三角形沿径向的变化，并据此来使叶片扭曲以适应之。

由滞止压力的概念可知

$$\frac{1}{\rho}\frac{\partial p^*}{\partial r}=\frac{1}{\rho}\frac{\partial p}{\partial r}+\frac{\partial\left(\frac{c^2}{2}\right)}{\partial r} \tag{12-66}$$

将一般径向平衡方程式(12－64)代入式(12－66)中，并对 $\frac{\partial\left(\frac{c^2}{2}\right)}{\partial r}$ 按分速度展开，整理后可得

$$c_z\frac{\partial c_z}{\partial r}=\frac{1}{\rho}\frac{\partial p^*}{\partial r}+c_z\frac{\partial c_r}{\partial z}-\frac{c_u}{r}\frac{\partial(rc_u)}{\partial r} \tag{12-67}$$

由热力学的关系式可知

$$\mathrm{d}h=T\mathrm{d}s+\frac{1}{\rho}\mathrm{d}p$$

$$dh^* = Tds + \frac{1}{\rho}dp + d\left(\frac{c^2}{2}\right)$$

将上式对径向偏微分，则

$$\frac{\partial h^*}{\partial r} = T\frac{\partial s}{\partial r} + \frac{1}{\rho}\frac{\partial p}{\partial r} + \frac{\partial\left(\frac{c^2}{2}\right)}{\partial r} = T\frac{\partial s}{\partial r} + \frac{1}{\rho}\frac{\partial p^*}{\partial r} \qquad (12-68)$$

将式(12－68)代入式(12－67)中得

$$c_z\frac{\partial c_z}{\partial r} = \frac{\partial h^*}{\partial r} - T\frac{\partial s}{\partial r} + c_z\frac{\partial c_r}{\partial z} - \frac{c_u}{r}\frac{\partial(rc_u)}{\partial r} \qquad (12-69)$$

式(12－69)为一般径向平衡方程的另一表达式。

若还假定气流的熵沿径向为常数，则 $T\frac{\partial s}{\partial r}=0$。这样，式(12－69)又可简化为

$$c_z\frac{\partial c_z}{\partial r} = \frac{\partial h^*}{\partial r} + c_z\frac{\partial c_r}{\partial z} - \frac{c_u}{r}\frac{\partial(rc_u)}{\partial r} \qquad (12-70)$$

若气流仅沿圆柱面流动，且沿轴向气流是均匀的，则

$$c_z\frac{\partial c_z}{\partial r} = \frac{\partial h^*}{\partial r} - \frac{c_u}{r}\frac{\partial(rc_u)}{\partial r} \qquad (12-71)$$

式(12－70)为不计径向熵梯度的一般径向平衡方程的另一种表达式，式(12－71)为简单径向平衡方程的另一表达式。使用式(12－70)或式(12－71)是为了求解 c_z 沿径向 r 的变化。

如果级的流量较大，级的压比也较大，则级的流道轴向收缩比较大，这时气流在级中的 $c_r\neq0$，$c_z\neq$常数，则应选用一般径向平衡方程式(12－64)、式(12－69)或式(12－70)，甚至需要考虑流道的曲率和锥度，应用三元流动方程进行求解。如果单级的压比不太大，级的流道收缩比不大，其锥角 $\theta<7\sim10°$，如图12－22所示，则可选用简单径向平衡方程式(12－65)和式(12－71)。

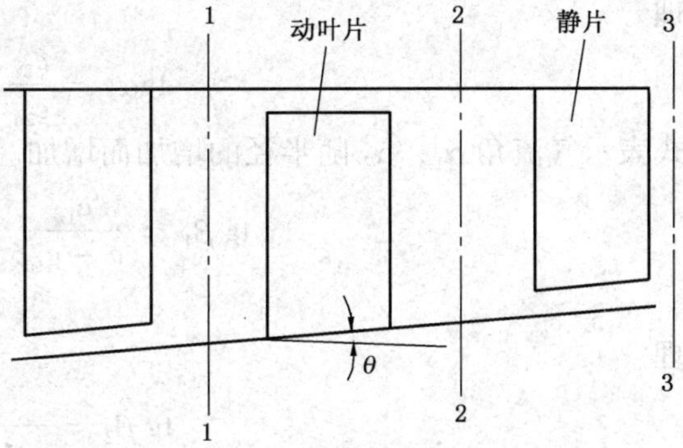

图12－22　轴流压缩机级的通流部分示意图

当应用以上公式求解叶间某一截面上的气流轴向分速沿径向的变化时，必须给定补充条件。根据所给出的补充条件的不同，可以设计出不同的流型级，相应于不同的流型级，则有不同的叶片扭曲规律。应用简单径向平衡方程设计出的扭曲叶片，经单级或多级实验作进一步修正，已成功地应用于轴流压缩机中。现今轴流压缩机有多种流型级，在应用中各有其优缺点。

12.4.2　等环量扭曲规律

等环量扭曲规律又称为等环量流型级，它是最早应用并至今仍在应用的一种扭曲规律。所谓等环量级，就是在级的轴向间隙中，给定气流的切向分速度 c_u 与半径 r 的乘积沿径向等于常数，即

$$c_u r = \text{const} \qquad (12-72)$$

由流体力学知，在半径不同的各个圆周线上，按式(12－72)所得的速度环量 $\Gamma=$

$\int_{0}^{2\pi} c_u r \mathrm{d}\theta = \mathrm{const}$。在这种情况下，气流作无旋涡流动，故等环量级也称自由旋涡级。

将式(12－72)表示的等环量作为补充条件，则级的理论能量头沿径向亦为常数，即

$$H_{th} = u(c_{2u} - c_{1u}) = \omega(c_{2u}r - c_{1u}r) = \mathrm{const} \tag{12-73}$$

一般级进口截面上滞止焓沿径向为常数，而在动叶栅中按式(12－73)沿径向加给气体的能量也为常数，故在动叶后和级后的间隙中滞止焓沿径向应为常数。则

$$h^*(r) = \mathrm{const} \tag{12-74}$$

将式(12－72)和式(12－74)代入简单径向平衡式(12－71)中，则有

$$\frac{\partial c_z}{\partial r} = 0$$

这样必有

$$c_z(r) = \mathrm{const} \tag{12-75}$$

所以，等环量的级沿径向加的能量 H_{th}，熵 s，轴向分速 c_z 和 $c_u \cdot r$ 均为常数。

下面以平均半径处的气动参数为基准(该处的气动参数在设计时应为给定值)，讨论等环量级中有关的气动参数沿径向的变化。

(1) 气流角沿径向的变化

$$\mathrm{tg}\alpha_1 = \frac{c_{1z}}{c_{1u}} = \frac{c_{1z}}{\dfrac{r_m c_{1um}}{r}} = \frac{r}{r_m}\mathrm{tg}\alpha_{1m} \tag{12-76}$$

同理

$$\mathrm{tg}\alpha_2 = \frac{c_{2z}}{c_{2u}} = \frac{r}{r_m}\mathrm{tg}\alpha_{2m} \tag{12-77}$$

该式表示气流角 α_1，α_2 随半径的增加而增加。

$$\mathrm{tg}\,\beta_1 = \frac{c_{1z}}{u - c_{1u}} = \frac{c_{1z}}{\dfrac{r}{r_m}u_m - \dfrac{r_m}{r}c_{1um}} \tag{12-78}$$

同理

$$\mathrm{tg}\,\beta_2 = \frac{c_{2z}}{\dfrac{r}{r_m}u_m - \dfrac{r_m}{r}c_{2um}} \tag{12-79}$$

由于 $u_m > c_{um}$，所以气流角 β_1，β_2 随半径增大而减小。

这种气流角 α，β 沿半径的变化，如图12－23所示。该图反映了叶片必须按此规律沿径向扭曲，其叶片沿径向的扭曲是很大的，特别是动叶片。

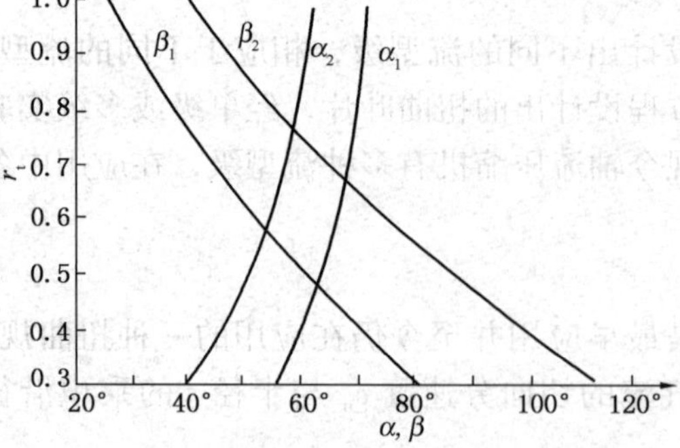

图12－23 等环量级 α，β 角沿半径的变化

(2) 扭速沿径向的变化

因为

$$r\Delta w_u = r\Delta c_u = c_{2u}r - c_{1u}r = \mathrm{const}$$

所以

$$\Delta w_u = \frac{r_m}{r}\Delta w_{um} \tag{12-80}$$

该式表明扭速 Δw_u 和 Δc_u 随半径增大而减小。这样，动叶片在叶尖处弯曲小，在叶根处弯曲大；而静叶片在叶根处（在气缸处）弯曲小，在叶尖处（在轮毂处）弯曲大。

（3）反作用度沿径向的变化

根据反作用度的公式（12－32），两边各乘以 u^2 整理可得

$$\Omega = 1 - (1 - \Omega_m)\left(\frac{r_m}{r}\right)^2 \quad (12-81)$$

该式表明，若选定了平均半径处的反作用度 Ω_m 值，则反作用度随半径的增加而增加，如图 17－24 所示。由该图可以看出，当 Ω_m 较大时，反作用度 Ω 沿半径 r 变化很小；当 $\Omega_m = 1$ 时，$\Omega \equiv 1$；而当 Ω_m 较小时，如 $\Omega_m < 0.5$，则 Ω 随 r 变化很大，特别是当叶片高度很大时，可能在动叶根处出现负反作用度。显然，这种膨胀过程对压缩机来说，是不能允许的。

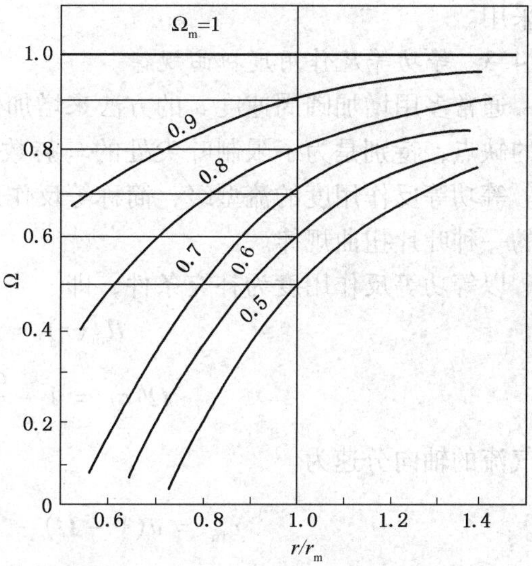

图 12－24　等环量级反作用度沿半径的变化

（4）w_1 和 c_2 沿径向的变化

$$w_1 = \sqrt{c_{1z}^2 + (u - c_{1u})^2} = \sqrt{c_{1z} + \left(\frac{r}{r_m}u_m - \frac{r_m}{r}c_{1um}\right)^2} \quad (12-82)$$

该式表明 w_1 随半径增加而增加。由于压缩机第一级温度较低、音速较小，而第一级动叶叶尖处的 w_{1t} 又很大，所以 $Ma_{w_{1t}}$ 较大，它要受到 Ma_{cr} 和 Ma_{max} 的限制，这也就限制了叶片外径处的圆周速度 u_1，也即限制了级的能量头。因此，对于高级压比的压缩机，第一级不宜采用等环量级。

同理

$$c_2 = \sqrt{c_{2z}^2 + c_{2u}^2} = \sqrt{c_{2z}^2 + \left(\frac{r_m}{r}\right)^2 c_{2um}^2} \quad (12-83)$$

该式表明静叶前的来流速度 c_2 随半径减小而增大。因此，静叶叶尖（在轮毂处）$Ma_{c_{2h}}$ 较大，同时也受到 Ma_{cr} 和 Ma_{max} 的限制。

（5）能量头系数沿径向的变化

$$\overline{H}_{th} = \frac{\Delta w_u}{u} = \frac{\dfrac{r_m}{r}\Delta w_{um}}{\dfrac{r}{r_m}u_m} = \left(\frac{r_m}{r}\right)^2 \overline{H}_{thm} \quad (12-84)$$

该式表明理论能量头系数与半径的平方成反比。在较大圆周速度的动叶叶尖处，能量头系数（相应的升力系数）减少得很多，这样利用圆周速度 u 来提高能量头的可能性减小了。而在动叶根处，能量头系数很大（即升力系数很大），气流转折过大，发生气流分离的可能性增大。

综合以上分析可以看出，等环量级的优点是沿径向能量头和轴向速度不变，并具有无旋运动的特点，因而具有较高的效率，且计算简单方便。实践证明，等环量级的计算值与空间流动情况较为接近。由于长期以来采用这种流型级较多，故已较有经验。等环量级的缺点是

动叶片扭曲的厉害，这对叶片的制造、强度和振动是不利的。另外，叶尖处 Ma_{w_1} 较大和叶根处反作用度较小，甚至为负值，故在高压比大流量的情况下，压缩机的第一级或前几级不宜采用。

12.4.3 等功等反作用度扭曲规律

通常多用增加圆周速度 u 的方法来增加做功能力，增加级压比。为了克服等环量级所带来的缺点，特别是为了限制叶尖处的马赫数不致过大，则要求预旋速度 c_{1u} 随半径增大而增大。等功等反作用度的流型级，简称等反作用度的级，可满足这一要求。该流型也是较常采用的一种叶片扭曲规律。

以等功等反作用度为补充条件，即

$$H_{th}(r) = u\Delta w_u = \text{const} \tag{12-85}$$

$$\Omega(r) = 1 - \frac{c_{1u}}{u} - \frac{\Delta w_u}{2u} = \text{const} \tag{12-86}$$

则气流的轴向分速为

$$c_{1u} = u(1-\Omega) - \frac{\Delta w_u}{2} = u(1-\Omega) - \frac{H_{th}}{2u} \tag{12-87}$$

$$c_{2u} = u(1-\Omega) + \frac{\Delta w_u}{2} = u(1-\Omega) + \frac{H_{th}}{2u} \tag{12-88}$$

该式表明 c_{1u} 随半径的增大而增大，故叶尖处的 w_{1t} 不会太大，较易满足高压比级限制 $Ma_{w_{1t}}$ 的要求。

将式(12-85)和(12-86)作为补充条件代入简单径向平衡方程式(12-71)中，则因等功有 $\frac{\partial h^*}{\partial r}=0$，所以

$$c_z \frac{\mathrm{d}c_z}{\mathrm{d}r} + c_u\left(\frac{c_u}{r} + \frac{\mathrm{d}c_z}{\mathrm{d}r}\right) = 0$$

对于截面 1-1 和 2-2 分别用公式推导整理，可得

$$c_{1z} = \sqrt{c_{1zm}^2 + 2H_{th}(1-\Omega)\ln\frac{r}{r_m} - 2(1-\Omega)^2\omega^2(r^2 - r_m^2)} \tag{12-89}$$

$$c_{2z} = \sqrt{c_{2zm}^2 - 2H_{th}(1-\Omega)\ln\frac{r}{r_m} - 2(1-\Omega)^2\omega^2(r^2 - r_m^2)} \tag{12-90}$$

必须注意，由上两式可知，$c_{1z} \neq c_{2z}$，而所应用的反作用度的公式(12-32)却是由 $c_{1z} = c_{2z}$ 推导出来的，因此上述关系似乎有些矛盾。严格说来，仅能近似地认为反作用度沿半径为常数，或近似地认为 c_{1z} 和 c_{2z} 具有式(12-89)和式(12-90)的关系式。

同样，可以具体分析等反作用度级有关气动参数沿径向的变化，这里从略。

等反作用度级的优点是 c_{1u} 随半径而增加，c_z 随半径而减小，故 $Ma_{w_{1t}}$ 不致过大，且 β_1，β_2 角沿半径变化较小，动叶片沿径向扭曲也较小，这对动叶片的制造、强度和抗振动也是有利的，特别是在轮毂比 $d = \frac{D_h}{D_t}$ 小时更为有利，故这种级适用于高压比大流量的级，特别是适用于多级压缩机中的前面几级。级效率较高的反作用度理想值为 $\Omega = 0.5$，但某些实验表明，叶轮的效率高于静叶导流器的效率，故也采用 Ω 略高于 0.5(如 $\Omega = 0.6 \sim 0.7$)。如 $\Omega = 1.0$，则等反作用度级与等环量级一致了。一般等反作用度级的 $u_t \geqslant 310\text{m/s}$，$d$ 也可 $\leqslant 0.5$。

等反作用级的缺点是计算不够准确，由式(12-89)和式(12-90)计算的 c_{1z} 和 c_{2z} 往往比实测值大，因此设计时还要根据经验系数加以修正。

12.4.4 扭曲规律的一般形式

除了上述的两种典型级的扭曲规律之外，还可根据不同的补充条件，得出更多的流型级。由此可导出级的扭曲规律更为普遍的表达式，即

$$c_{1u} = Ar^n + \frac{B}{r^m} \tag{12-91}$$

$$c_{2u} = Cr^n + \frac{D}{r^m} \tag{12-92}$$

相应的理论能量头为

$$H_{th} = u[(C-A)r^n + (D-B)r^{-m}] = \omega[(C-A)r^{n+1} + (D-B)r^{-(m-1)}] \tag{12-93}$$

式中 A，B，C 和 D 均为常数；n，m 也为常数。

若以上三式中取各种不同的常数值，则可以派生出各种特定的级。例如：

① 若取 $A=C=0$，$m=1$，则为等环量级。

② 若取 $A=C\neq 0$，$B<0$，$D=-B$，且 $n=m=1$，则

$$c_{1u} = Ar - \frac{D}{r}, c_{2u} = Ar + \frac{D}{r}$$

$$\Omega = 1 - \frac{c_{1u}+c_{2u}}{2u} = 1 - \frac{2Ar}{2\omega r} = \text{const}$$

$$H_{th} = u(c_{2u} - c_{1u}) = 2\omega D = \text{const}$$

这种级实质上就是等功等反作用度级。

③ 若取 $A=C$，$B=-D$，$n=0$，$m=1$，则

$$c_{1u} = A - \frac{D}{r}, c_{2u} = A + \frac{D}{r}$$

$$H_{th} = u(c_{2u} - c_{1u}) = 2\omega D = \text{const}$$

$$\Omega = 1 - \frac{c_{1u}+c_{2u}}{2u} = 1 - \frac{A}{\omega r}$$

$$\left.\begin{matrix} c_{1z} \\ c_{2z} \end{matrix}\right\} = \sqrt{\text{const} - 2A^2\left[\ln r \pm \frac{D}{Ar}(1-r)\right]} \tag{12-94}$$

这种级称为指数规律的流型级。它不像等环量级和等反作用度级的叶片扭曲得那样厉害，其反作用度沿径向变化不大，能满足径向平衡，效率较有保证，所以这是一种较好的级型，也被实际所采用。

20世纪70年代初，我国制造的轴流压缩机中采用了一种等 α_m 流型级，即 $\alpha_m(r) = \left(\frac{\alpha_1+\alpha_2}{2}\right) = \text{const}$。这种规律也遵守等功等熵简单径向平衡条件。该流型级的优点是静叶可做成直叶片，简化了制造工艺，还可有较高的级压比和级效率。其不足之处是，特性曲线较陡，变工况性能尚待研究改善。

12.4.5 综述

根据以上各节所述，按照径向平衡方程选定叶片扭曲规律，即可计算出叶片前后各个半径上的气流速度三角形，从而获知进出口处的气流角，按翼型叶栅理论和实验结果选定各个半径上叶片截面的几何形状和尺寸，将其摆放在适应于进出口气流角的位置上，这就完成轴

流压缩机级的叶片设计了。因此，翼型叶栅理论与实验和径向平衡方程是轴流压缩机的基本理论知识和设计计算的基础。

上述的理论与方法，所设计的轴流压缩机，其级的增压比不大，级中叶片前后的容积流量变化也很小，通流部分较平直，故对一个级来说，假设气流是轴对称的，并沿圆柱面流动，即$\frac{\partial}{\partial\theta}=0$和$c_r=0$，是相当接近于实际情况的，所以常被人们应用于亚音速轴流压缩机的设计中，由此所制造的轴流压缩机产品，广泛应用于冶金、化工等各个工业领域。

应当指出，随着压缩机不断向大流量、高压比方向发展，级中容积流量变化大，压缩机首级叶片特别长，通流流道有较大的曲率或锥度，气流径向分速就不再为零而不容忽视了。还由于所加机械功的加大和叶片高度加大，其加功量也将是沿径向变化的，因而所造成的能量损失沿径向也将是不同的，故形成了沿径向变功变熵的情况，这也破坏了沿圆柱面流动的基本假设，这就需要用一般径向平衡方程进行变功变熵的计算了。而采用一般径向平衡方程设计时，还要应用轴对称流动假设，将三元流动降为二元流动，用流函数法或速度法求解，并可采取适当的方法，来减轻径向压力梯度，缓和气流的径向窜动。为此，又出现了按一般径向平衡方程求解的一些新的叶片扭曲规律，来提高其气动性能，因篇幅所限，不再举例。

但是所建立的一般径向平衡方程式，还是应用了轴对称假设，即$\frac{\partial}{\partial\theta}=0$，而在叶片流道内气流参数沿周向的变化也是存在的，实际上是非轴对称的，它当然也会影响到动、静叶间计算截面上的气流参数，使其沿周向也是变化的。因而，采用轴对称假设的计算结果也会带来一定的误差，故若要符合级中流动的真实情况，则必须按三元流动来进行设计计算。

12.5 三元流动理论分析与叶片设计

本节在已论述的三元流动基本方程式和简化计算模型的基础上，对吴仲华教授通流理论S_1、S_2两类流面上的准三元流动作进一步的讨论。取轴流压缩机叶轮上的一部分流道如图12－25所示，第一类流面是沿流动方向从叶片伸展到相邻叶片即跨叶片流面，称为S_1流面，它是接近于周向的扭曲流面；第二类流面是沿流动方向从内廓到外廓接近于径向的扭曲流面，称为S_2流面。前已说明，每一个接近于周向和径向流面上的气流都是二元的，如果通过求解二元气流确定了这二类流面上的气流参数，那么整个流道中的三元流动情况也就基本上被确定了。如果求解每组二元流面S_1和S_2的数目越多，也就越接近三元气流的真实情况。应当指出，即使在求解每组二元流面上的气流参数时，也仍然难于求得解析解。故一般都采用数值解法，而用数值解法解一个流面上气流参数时，必须要知道另一个流面上的气流参数。因此，需要在二组流面之间反复迭代求解，逐次逼近，直到二组流面上的气流参数数据一致收敛为止。上述两类流面上气流参数的求解，还是忽略气体的黏性，从理想流体运动方程出发求解的，仅借助于实验积累的经验来考虑黏性的影响，因而称为准三元

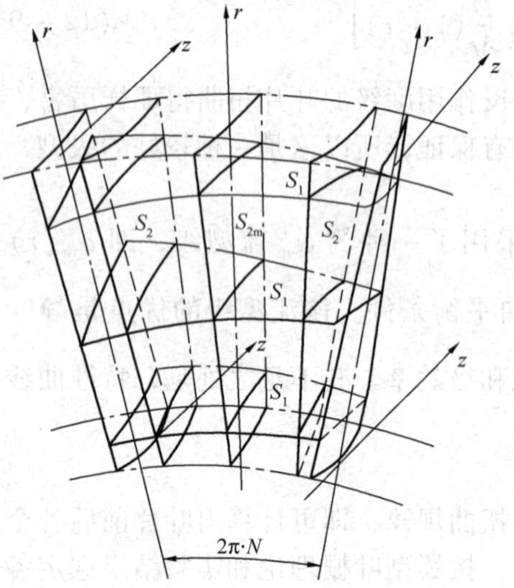

图 12－25　二个相对流面

流计算。进一步的发展是计入黏性的影响求解 $N-S$(奈维－斯托克斯)方程，称为全三元流计算。

12.5.1　S_2 流面上的流动

研究 S_2 流面上的流动，主要考虑气体从内廓到外廓的流动情况，参看图 12－25 在这一类流面中最主要的一个流面是位于两个叶片的中间位置，而将通道中的流量近似等分的流面，将这个流面称为中心流面或平均流面记为 S_{2m}。

(1) 流面参数与沿流面的偏导数

S_2 流面是一个空间曲面，其流面方程一般可以写成

$$S(r,\phi,z) = 0 \tag{12-95}$$

或

$$\phi = \phi(r,z)$$

该流面的单位法向量 n 的三个分量是

$$\left.\begin{aligned} n_r &= -\frac{\partial\phi}{\partial r}\bigg/ n \\ n_\phi &= \frac{1}{r}\bigg/ n \\ n_z &= -\frac{\partial\phi}{\partial z}\bigg/ n \end{aligned}\right\} \tag{12-96}$$

式中 n 为法线模，$n = \sqrt{\left(\frac{\partial\phi}{\partial r}\right)^2 + \left(\frac{1}{r}\right)^2 + \left(\frac{\partial\phi}{\partial z}\right)^2}$

由此得

$$\left.\begin{aligned} \frac{\partial\phi}{\partial r} &= -\frac{n_r}{rn_\phi} \\ \frac{\partial\phi}{\partial z} &= -\frac{n_z}{rn_\phi} \end{aligned}\right\} \tag{12-97}$$

显然，流动速度 $\vec{w}$ 必垂直于法向量 $\vec{n}$ 即

$$\vec{w}\cdot\vec{n} = 0$$

当气流沿着某一个特定的 S_2 流面流动时，流面上的任何参数 q 都可以看作是 r 和 z 的函数。

$$q = q(r,\phi(r,z),z) = q(r,z) \tag{12-98}$$

为了与普通的偏导数相区别，用在偏导数符号上加一横线，来表示它是沿流面的偏导数，利用式(12－97)，沿流面的偏导数表示为

$$\left.\begin{aligned} \frac{\bar{\partial} q}{\partial r} &= \frac{\partial q}{\partial r} + \frac{\partial q}{\partial\phi}\frac{\partial\phi}{\partial r} = \frac{\partial q}{\partial r} - \frac{n_r}{rn_\phi}\frac{\partial q}{\partial\phi} \\ \frac{\bar{\partial} q}{\partial z} &= \frac{\partial q}{\partial z} + \frac{\partial q}{\partial\phi}\frac{\partial\phi}{\partial z} = \frac{\partial q}{\partial z} - \frac{n_z}{rn_\phi}\frac{\partial q}{\partial\phi} \end{aligned}\right\} \tag{12-99}$$

(2) 沿 S_2 流面的流动方程

运用沿流面的偏导数关系式(12－99)，并参照式(11－107)可以写出沿 S_2 流面上的连续方程式(具体的公式推导从略)为

$$\frac{\bar{\partial}(rB\rho W_r)}{\partial r} + \frac{\bar{\partial}(rB\rho W_z)}{\partial z} = 0 \tag{12-100}$$

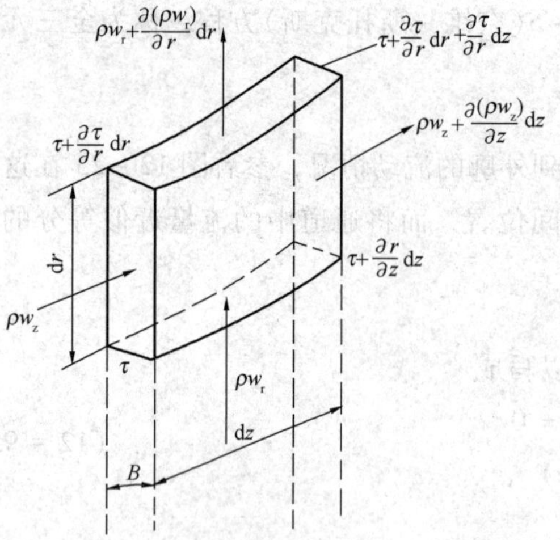

图 12－26　S_2 流面的流片体微元

式中的 B 是以 S_2 流面为中心面的一个薄流片的角厚度，见图 12－26。它是由于流面沿 ϕ 的变化而引起的，而这一变化又主要是由于叶片的厚度变化而引起的，只在轴对称的假设下，B＝常数，即流片的厚度不变。

在写出沿 S_2 流面的运动方程式之前，这里先介绍吴仲华教授引入的一个参量 I，它定义为

$$I = h^* + \frac{1}{2}W^2 - \frac{1}{2}u^2 = h + \frac{c^2}{2} - \omega c_u r \tag{12-101}$$

已知滞止焓 $h^* = h + \frac{c^2}{2}$，它是绝对速度 c 趋于零时的热焓，同样还有相对速度趋于零时的相对滞止焓 $h + \frac{1}{2}W^2$，由速度三角形的关系 $W^2 = c^2 + u^2 - 2uc_u$ 将其代入式（12－101）得

$$I = h^* - uc_u \tag{12-102}$$

根据以上的关系参数 I 既不是滞止焓，也不是相对滞止焓，吴仲华教授将 I 称为滞止转子焓，它在下面的运动方程式中将会被用到。

在运动方程的描述中，气流的二个独立的热力参数压力 p 和密度 ρ，也可用热力参数焓 h 和熵 s 来表示，由热力学关系式（11－117）和式（11－118）可知，用 h^* 和 I 分别代替 h 则有

$$-\frac{\nabla p}{\rho} = T\nabla s - \nabla h^* + \nabla\left(\frac{c^2}{2}\right) \tag{12-103}$$

$$-\frac{\nabla p}{\rho} = T\nabla s - \nabla I + \nabla\left(\frac{\omega^2}{2}\right) - \nabla\left(\frac{\omega^2 r^2}{2}\right) \tag{12-104}$$

将式（12－103）、式（12－104）分别代入牛顿第二定律的表达式，并利用场论中的向量关系式可得适用于叶轮机械静止流道内的运动方程为

$$\frac{\partial c}{\partial t} - c\times(\nabla\times c) = -\nabla h^* + T\nabla s - \nabla(gz) + f \tag{12-105}$$

和适用于叶轮机械叶轮流道内的运动方程为

$$\frac{\partial W}{\partial t} - \omega\times(\nabla\times W) + 2\omega\times W = -\nabla I + T\nabla s - \nabla(gz) + f \tag{12-106}$$

利用 $\nabla\times c = \nabla\times W + 2\omega$ 的关系，还可将式（12－106）写成

$$\frac{\partial W}{\partial t} - W\times(\nabla c) = -\nabla I + T\nabla s - \nabla(gz) + f \tag{12-107}$$

与式（12－105）、式（12－106）和式（12－107）相对应，略去重力和黏性力，且对于定常流动，绝对运动和相对运动方程式的分量形式分别为

$$\left.\begin{aligned}
&-\frac{c_u}{r}\left[\frac{\partial(c_u r)}{\partial r} - \frac{\partial c_r}{\partial\theta}\right] + c_z\left[\frac{\partial c_r}{\partial z} - \frac{\partial c_z}{\partial r}\right] = -\left(\frac{\partial h^*}{\partial r} - T\frac{\partial s}{\partial r}\right)\\
&\frac{c_r}{r}\left[\frac{\partial(c_u r)}{\partial r} - \frac{\partial c_r}{\partial\theta}\right] - c_z\left[\frac{1}{r}\frac{\partial c_z}{\partial\theta} - \frac{\partial c_u}{\partial z}\right] = -\frac{1}{r}\left(\frac{\partial h^*}{\partial\theta} - T\frac{\partial s}{\partial\theta}\right)\\
&-c_r\left[\frac{\partial c_r}{\partial z} - \frac{\partial c_z}{\partial r}\right] + c_u\left[\frac{1}{r}\frac{\partial c_z}{\partial\theta} - \frac{\partial c_u}{\partial z}\right] = -\left(\frac{\partial h^*}{\partial z} - T\frac{\partial s}{\partial z}\right)
\end{aligned}\right\} \tag{12-108}$$

$$
\left.\begin{aligned}
&-\frac{W_{\mathrm{u}}}{r}\left[\frac{\partial(W_{\mathrm{u}}r)}{\partial r}-\frac{\partial W_{\mathrm{r}}}{\partial \phi}\right]+W_{\mathrm{z}}\left[\frac{\partial W_{\mathrm{r}}}{\partial z}-\frac{\partial W_{\mathrm{z}}}{\partial r}\right]-2\omega W_{\mathrm{u}}=-\left(\frac{\partial I}{\partial r}-T\frac{\partial s}{\partial r}\right)\\
&\frac{W_{\mathrm{r}}}{r}\left[\frac{\partial(W_{\mathrm{u}}r)}{\partial r}-\frac{\partial W_{\mathrm{r}}}{\partial \phi}\right]-W_{\mathrm{z}}\left[\frac{1}{r}\frac{\partial W_{\mathrm{z}}}{\partial \phi}-\frac{\partial W_{\mathrm{u}}}{\partial z}\right]+2\omega W_{\mathrm{r}}=-\frac{1}{r}\left(\frac{\partial I}{\partial \phi}-T\frac{\partial s}{\partial \phi}\right)\\
&-W_{\mathrm{r}}\left[\frac{\partial W_{\mathrm{r}}}{\partial z}-\frac{\partial W_{\mathrm{z}}}{\partial r}\right]+W_{\mathrm{u}}\left[\frac{1}{r}\frac{\partial W_{\mathrm{z}}}{\partial \phi}-\frac{\partial W_{\mathrm{u}}}{\partial z}\right]=-\left(\frac{\partial I}{\partial z}-T\frac{\partial s}{\partial z}\right)
\end{aligned}\right\}
\tag{12-109}
$$

$$
\left.\begin{aligned}
&-\frac{W_{\mathrm{u}}}{r}\left[\frac{\partial(c_{\mathrm{u}}r)}{\partial r}-\frac{\partial W_{\mathrm{r}}}{\partial \phi}\right]+W_{\mathrm{z}}\left[\frac{\partial W_{\mathrm{r}}}{\partial z}-\frac{\partial W_{\mathrm{z}}}{\partial r}\right]=-\left(\frac{\partial I}{\partial r}-T\frac{\partial s}{\partial r}\right)\\
&\frac{W_{\mathrm{r}}}{r}\left[\frac{\partial(c_{\mathrm{u}}r)}{\partial r}-\frac{\partial W_{\mathrm{r}}}{\partial \phi}\right]-W_{\mathrm{z}}\left[\frac{1}{r}\frac{\partial W_{\mathrm{z}}}{\partial \phi}-\frac{\partial c_{\mathrm{u}}}{\partial z}\right]=-\frac{1}{r}\left(\frac{\partial I}{\partial \phi}-T\frac{\partial s}{\partial \phi}\right)\\
&-W_{\mathrm{r}}\left[\frac{\partial W_{\mathrm{r}}}{\partial z}-\frac{\partial W_{\mathrm{z}}}{\partial r}\right]+W_{\mathrm{u}}\left[\frac{1}{r}\frac{\partial W_{\mathrm{z}}}{\partial \phi}-\frac{\partial c_{\mathrm{u}}}{\partial z}\right]=-\left(\frac{\partial I}{\partial z}-T\frac{\partial s}{\partial z}\right)
\end{aligned}\right\}
\tag{12-110}
$$

其中，方程式(12－110)更适合用来解反问题，因为在求解反问题时，事先要给定 $c_{\mathrm{u}}r$。

由参数 I 的定义式(12－101)，可算出

$$
\begin{aligned}
-\frac{1}{r}\frac{\partial I}{\partial \phi}&=-\frac{1}{r}\frac{\partial h}{\partial \phi}-\frac{1}{r}\left[\frac{1}{2}\frac{\partial c^{2}}{\partial \phi}-\omega\frac{\partial(c_{\mathrm{u}}r)}{\partial \phi}\right]\\
&=\frac{1}{r}\frac{\partial h}{\partial \phi}-\left[\frac{W_{\mathrm{r}}}{r}\frac{\partial W_{\mathrm{r}}}{\partial \phi}+\frac{W_{\mathrm{u}}}{r^{2}}-\frac{\partial(c_{\mathrm{u}}r)}{\partial \phi}+\frac{W_{\mathrm{z}}}{r}\frac{\partial W_{\mathrm{z}}}{\partial \phi}\right]
\end{aligned}
\tag{12-111}
$$

应用式(12－110)和式(12－111)，略去公式推导，可得出 S_2 流面上的运动方程为

$$
\left.\begin{aligned}
&-\frac{W_{\mathrm{u}}}{r}\frac{\bar{\partial}(c_{\mathrm{u}}r)}{\partial r}+W_{\mathrm{z}}\left[\frac{\bar{\partial} W_{\mathrm{r}}}{\partial z}-\frac{\bar{\partial} W_{\mathrm{z}}}{\partial r}\right]=-\left(\frac{\bar{\partial} I}{\partial r}-T\frac{\bar{\partial} s}{\partial r}\right)-\frac{n_{\mathrm{r}}}{rn_{\phi}}\left(\frac{\partial h}{\partial \phi}-T\frac{\partial s}{\partial \phi}\right)\\
&\frac{1}{r}\frac{\mathrm{d}(c_{\mathrm{u}}r)}{\mathrm{d}t}=-\frac{1}{r}\left(\frac{\partial h}{\partial \phi}-T\frac{\partial s}{\partial \phi}\right)\\
&-W_{\mathrm{r}}\left(\frac{\bar{\partial} W_{\mathrm{r}}}{\partial z}-\frac{\bar{\partial} W_{\mathrm{z}}}{\partial r}\right)-\frac{W_{\mathrm{u}}}{r}\frac{\bar{\partial}(c_{\mathrm{u}}r)}{\partial z}=-\left(\frac{\bar{\partial} I}{\partial z}-T\frac{\bar{\partial} s}{\partial z}\right)-\frac{n_{\mathrm{z}}}{rn_{\phi}}\left(\frac{\partial h}{\partial \phi}-T\frac{\partial s}{\partial \phi}\right)
\end{aligned}\right\}
\tag{12-112}
$$

若记

$$
F_{2}=-\frac{1}{rn_{\phi}}\left(\frac{\partial h}{\partial \phi}-T\frac{\partial s}{\partial \phi}\right)r
\tag{12-113}
$$

其三个分量为

$$
\left.\begin{aligned}
F_{2\mathrm{r}}&=-\frac{n_{\mathrm{r}}}{rn_{\phi}}\left(\frac{\partial h}{\partial \phi}-T\frac{\partial s}{\partial \phi}\right)\\
F_{2\phi}&=-\frac{1}{r}\left(\frac{\partial h}{\partial \phi}-T\frac{\partial s}{\partial \phi}\right)\\
F_{2\mathrm{z}}&=-\frac{n_{\mathrm{z}}}{rn_{\phi}}\left(\frac{\partial h}{\partial \phi}-T\frac{\partial s}{\partial \phi}\right)
\end{aligned}\right\}
\tag{12-114}
$$

则运动方程式(12－112)又可写成

$$\left.\begin{aligned}
&-\frac{W_u}{r}\frac{\bar{\partial}(c_u r)}{\partial r}+W_z\left[\frac{\bar{\partial}W_r}{\partial z}-\frac{\bar{\partial}W_z}{\partial r}\right]=\left(\frac{\bar{\partial}I}{\partial r}-T\frac{\bar{\partial}s}{\partial r}\right)+F_{2r}\\
&\frac{1}{r}\frac{d(c_u r)}{dt}=F_{2\phi}\\
&-W_r\left(\frac{\bar{\partial}W_r}{\partial z}-\frac{\bar{\partial}W_z}{\partial r}\right)-\frac{W_u}{r}\frac{\bar{\partial}(c_u r)}{\partial z}=-\left(\frac{\bar{\partial}I}{\partial z}-T\frac{\bar{\partial}s}{\partial z}\right)+F_{2z}
\end{aligned}\right\}\quad(12-115)$$

用式(11－117)又可将式(12－113)写成

$$F_2=-\frac{1}{rn_\phi}\frac{1}{\rho}\frac{\partial p}{\partial\phi}n\quad(12-116)$$

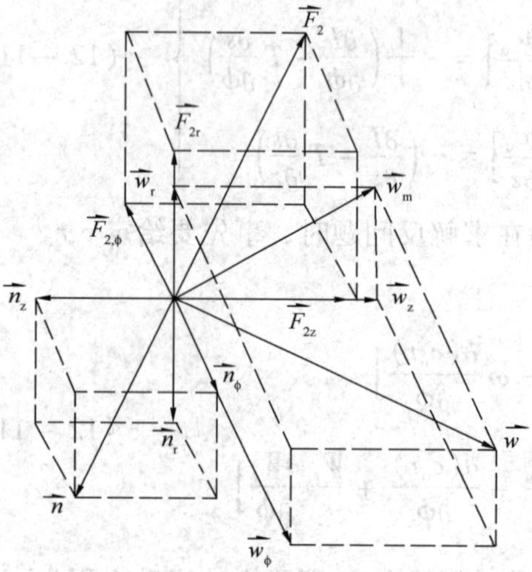

图 12－27　力 F_2 及其分量

从这里可以看出 F_2 是一个力，它代表了流片附近的气流由于压强在切向的梯度而加在流片的力，如图 12－27。这个力与流面相垂直，因此有

$$F_2\cdot W=0\quad(12-117)$$

还可以将运动方程式(12－115)在周向的分方程写成

$$\frac{d}{dt}(c_u r)=F_{2\phi}r\quad(12-118)$$

该式表明，气体的旋绕 $c_u r$ 沿流线的变化率，产生一个力矩 $F_{2\phi}r$，这个力矩就是作用在叶片上的升力矩。

12.5.2　S_1 流面上的流动

S_1 流面是伸展在叶片之间的流面，如图 12－25 所示，其上的流动主要反映了叶片间的流动。因此，有的文献称之为跨叶片分析，对于轴流压缩机而言，在多数情况下，S_1 流面偏离回转面不大，为简化计算，在工程上也常常假定 S_1 流面是一个回转面，因此回转面计算也指的是跨叶片分析。

取 ϕ，z 作为流面的独立变量，S_1 流面方程可表示为

$$S_1(r,\phi,z)=0，或\ r=r(\phi,z)\quad(12-119)$$

类似于 S_2 流面，也能得到 S_1 流面法线 $n(n_r,\ n_\phi,\ n_z)$ 与偏导数之间的关系为

$$\left.\begin{aligned}
\frac{\partial r}{\partial\phi}&=-\frac{rn_\phi}{n_r}\\
\frac{\partial r}{\partial z}&=-\frac{n_z}{n_r}
\end{aligned}\right\}\quad(12-120)$$

S_1 流面上气流的参量 q 是 ϕ 和 z 的函数

$$q=q(\phi,z)$$

于是沿流面的偏导数为

$$\left.\begin{aligned}
\frac{1}{r}\frac{\bar{\partial}q}{\partial\phi}&=\frac{1}{r}\frac{\partial q}{\partial\phi}-\frac{n_\phi}{n_r}\frac{\partial q}{\partial r}\\
\frac{\bar{\partial}q}{\partial z}&=\frac{\partial q}{\partial z}-\frac{n_z}{n_r}\frac{\partial q}{\partial r}
\end{aligned}\right\}\quad(12-121)$$

因此，任一参量 q 沿 S_1 流面的一根流线上的变化率为

$$\frac{\mathrm{d}q}{\mathrm{d}t} = -\frac{W_u}{r}\frac{\bar{\partial} q}{\partial \phi} + W_z \frac{\bar{\partial} q}{\partial z} \tag{12-122}$$

利用式(12－121)可以得到连续方程，写成

$$\frac{1}{r}\frac{\bar{\partial}(\rho W_x)}{\partial \phi} + \frac{\bar{\partial}(\rho W_z)}{\partial z} = \rho\eta \tag{12-123}$$

式中

$$\eta = -\frac{1}{n_r}\left[\frac{n_r}{r}\frac{\partial(W_r r)}{\partial r} + n_\phi \frac{\partial W_u}{\partial r} + n_z \frac{\partial W_z}{\partial r}\right] \tag{12-124}$$

引入量 b，它满足

$$\frac{\mathrm{d}\ln b}{\mathrm{d}t} = -\eta + \frac{n_z}{n_r}\frac{W_z}{r} \tag{12-125}$$

于是式(12－123)可改写为

$$\frac{\bar{\partial}(b\rho W_u)}{\partial \phi} + \frac{\bar{\partial}(b\rho W_z r)}{\partial z} = 0 \tag{12-126}$$

这就是沿 S_1 流面的连续性方程。

从连续性方程(12－126)可以看出，b 是以 S_1 流面为中心面的一个薄流片的径向厚度如图 12－28 所示。将式(12－121)代入式(12－109)，并利用下面的关系式

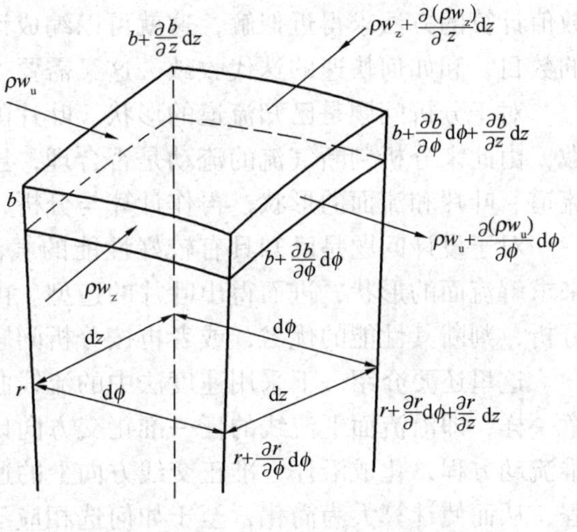

图 12－28　S_1 流面的流片体微元

$$\frac{\partial I}{\partial r} = \frac{\partial h}{\partial r} + W_r\frac{\partial W_r}{\partial r} + W_u\frac{\partial W_u}{\partial r} + W_z\frac{\partial W_z}{\partial r} - \omega^2 r$$

则可得到沿 S_1 流面的运动方程

$$\left.\begin{aligned}
&-\frac{W_u}{r} + \frac{W_u}{r}\frac{\bar{\partial} W_r}{\partial \phi} + W_z\frac{\bar{\partial} W_z}{\partial z} - 2\omega W_u = -\left(\frac{\partial h}{\partial r} - T\frac{\partial S}{\partial r} - \omega^2 r\right)\\
&\frac{W_r W_u}{r} - \frac{W_r}{r}\frac{\bar{\partial} W_r}{\partial \phi} - W_z\left(\frac{1}{r}\frac{\bar{\partial} W_z}{\partial \phi} - \frac{\bar{\partial} W_u}{\partial z}\right) + 2\omega W_r = -\frac{1}{r}\frac{\bar{\partial} I}{\partial \phi} + \frac{T}{r}\frac{\bar{\partial} S}{\partial \phi} - \frac{n_\phi}{n_r}\left(\frac{\partial h}{\partial r} - T\frac{\partial S}{\partial r} - \omega^2 r\right)\\
&-W_r\frac{\bar{\partial} W_r}{\partial z} + W_u\left(\frac{1}{r}\frac{\bar{\partial} W_z}{\partial \phi} - \frac{\bar{\partial} W_u}{\partial z}\right) = -\frac{\bar{\partial} I}{\partial z} + T\frac{\partial S}{\partial z} - \frac{n_z}{n_r}\left(\frac{\partial h}{\partial r} - T\frac{\partial S}{\partial r} - \omega^2 r\right)
\end{aligned}\right\} \tag{12-127}$$

类似于 S_2 流面，有

$$F_1 = -\frac{1}{n_r}\left(\frac{\partial h}{\partial r} - T\frac{\partial S}{\partial r} - \omega^2 r\right)n = -\frac{1}{n_r}\left(\frac{1}{\rho}\frac{\partial p}{\partial r} - \omega^2 r\right)n \tag{12-128}$$

则式(12－127)可简化为

$$\left.\begin{aligned}
&\frac{W_u}{r}\frac{\partial W_r}{\partial \phi} + W_z\frac{\partial W_z}{\partial z} - \frac{W_u}{r} - 2\omega W_u = F_{1r}\\
&\frac{W_r W_u}{r} - \frac{W_r}{r}\frac{\bar{\partial} W_r}{\partial \phi} - W_z\left(\frac{1}{r}\frac{\bar{\partial} W_z}{\partial \phi} - \frac{\bar{\partial} W_u}{\partial \phi}\right) + 2\omega W_r = -\frac{1}{r}\frac{\bar{\partial} I}{\partial \phi} + \frac{T}{r}\frac{\bar{\partial} S}{\partial \phi} + F_{1\phi}\\
&-W_r\frac{\bar{\partial} W_r}{\partial z} + W_u\left(\frac{1}{r}\frac{\bar{\partial} W_z}{\partial \phi} - \frac{\bar{\partial} W_u}{\partial z}\right) = -\frac{\bar{\partial} I}{\partial z} + T\frac{\partial S}{\partial z} + F_{1z}
\end{aligned}\right\} \tag{12-129}$$

12.5.3 三元流动的计算分析与叶片设计

只要获得了以上描述 S_1 和 S_2 流面上气流的两组二维运动方程具体的表达形式，并结合连续方程、能量方程、状态方程，即可联立求解出 S_1 和 S_2 流面上的各个气流参数。由于在求解 S_1 流面上气流的参数时，S_2 流面上的某些参数需要已知，同样求解 S_2 流面上气流参数时，S_1 流面上的某些参数也需要已知，故两者还要进行互相迭代求解，直到一致收敛为止。若要获知整个压缩机流道的所有气流参数，那么所取的 S_1 流面数和 S_2 流面数越多越好，但这将使计算工作量加大许多。实际上有经验的取为数不多的流面数，即可获得一致收敛。

以上运动方程的求解方法有两大类，一是速度法，二是流函数法，它们都可利用简化为数值计算的方法求得近似解，这就可以编成计算机程序，利用计算机求解。至于如何取流面的数目，和如何快速的迭代收敛，这又需要一些另外的知识、经验和技巧了。

对于分析问题是已知流道的形状、叶片的形状和流面的形状，来求解流面上的气流诸参数，由此来分析判断气流的流动是否合理，压缩机的性能是否优越，并可由此指导人们改进流道、叶片和流面的形状，再作计算与分析，以期获得性能优越的压缩机。

对于设计问题是已知具有较好性能的气流参数，例如沿流面上流线方向上的 $c_u r$ 分布，来求解流面的形状，进而得出叶片的造型。由此相应得出的其他气流参量，亦可作为初步的分析，判断其性能的优劣，或者再按分析问题来作详细的计算和分析。

这里还要介绍一下采用速度法中的流线曲率法，或称速度梯度法。与前面离心压缩机一章一样，即沿流面上流线的任一准正交方向计算气流的速度。应用这一方法可把流面上的二维流动方程，化成沿任一准正交线方向上的速度梯度方程，这是一个一阶非线性的常微分方程，从而使计算大为简化，至于如何选相应于 S_2 流面的子午面，并在其上选一组子午流线和一组准正交线，如何选相应于 S_1 流面的回转面，并在其上选一组流线和一组准正交线，沿准正交线计算速度梯度方程，这都与离心压缩机一章所述的基本相同，这里就不再一一赘述了。

应当指出，尽管应用准三维流动理论的正命题，所列出的两类流面上的两组二维运动方程并与其他基本方程联立可得出轴流压缩机流道中的空间气流流动的诸个参数，并可应用逆命题设计出所需要的空间扭曲型的叶片，它比应用机翼平面叶栅理论和实验及简化径向平衡方程所设计出的扭曲叶片更加接近于实际情况。因而轴流压缩机的性能得到了很大的改进，但是正如前面所提到的，这个准三元流动理论对所列出的诸多方程，仍然作了一些假设，如流动是定常的，忽略重力和黏性力，所取的两类流面数目总还是有限的，其解还不是解析解而是近似的数值解等，因而还没有完全反映出真实的流动情况。这就对轴流压缩机的性能带来了影响和损失。为此，还必须进行轴流压缩机的单级实验和多级实验。如瑞士苏尔寿公司就有单级实验台和九个级的多级实验台，通过实验研究来对按简化径向平衡方程或准三元流动方程等理论计算所设计的扭曲叶片进行修型，从而进一步改进轴流压缩机的气动性能提高其流动效率。甚至理论计算设计和实验研究还需反复进行多次，才能达到足够满意的结果。

12.6 多级轴流压缩机

12.6.1 多级轴流压缩机的结构和性能

一般轴流压缩机的级压比不大，约为 $\varepsilon = 1.1 \sim 1.3$，运输式亚音速级压比可达 1.4，跨音速和超音速级压比可大于 1.5。为达到一定的压比，必须采用多级轴流压缩机。目前有的多级轴流压缩机总压比可达 10～15，级数可达 20 级。

在多级中，第一级前要设预旋导流器，末级要设整流器使气流转为轴向。如同离心压缩机一样，前面应设进气管，后面设排气管(蜗壳)。在多级轴流压缩机中，一般不采用中间冷却方式。从结构上看轴流压缩机要比离心压缩机简单一些，在通流部分的各级中，气流大致沿轴向流动，不需要像离心压缩机那样为使气流大转向，各级还需设置弯道、回流器等部件，而且轴流式各级紧靠，级间距离很短，因而流动损失小，效率高。

通流部分的形式对轴流压缩机的尺寸、重量和性能有很大的影响。通流部分的形式一般有如下几种，见图 12－29：

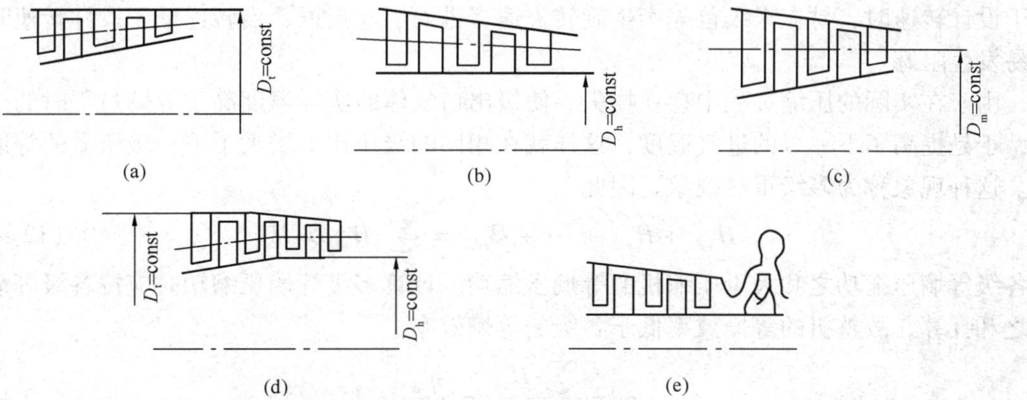

图 12－29　通流部分形式

① 等外径形式 D_t = const，见图 12－29(a)　所有级的外径处都有最大的圆周速度。平均半径从第一级到末级逐级增大，即圆周速度逐级增大，有利于提高级的加功量，和其他形式比较起来，单级压比高，所需级数少。这种形式的气缸加工简单，但最后几级叶片高度可能较短，影响效率。这种形式更适用于运输式压缩机。

② 等内径形式 D_h = const，见图 12－29(b)　这种形式的主要优点是转子的结构简单，加工方便。最后几级叶片高度比等外径的高，从而可保持最后几级的效率不会降低太多。但在相同压比下，这种形式的级数最多，因而转子的轴向尺寸长。它主要适用于固定式压缩机。

③ 等平均半径形式，D_m = const，见图 17－29(c)　从做功能力和提高效率的观点来看，它介于前两者之间。由于它的优点不显著，且气缸和转子的加工都较复杂，所以实际上，较少采用。

④ 通流部分是(1)和(2)的综合，见图 12－29(d)　前几级采用等外径形式，而后几级采用等内径形式。即可减少级数，又可增加后几级的叶片高度，以防叶片过短。这种通流部分形式适用于压比高、流量大的压缩机。

⑤ 轴流－离心综合形式，见图 12－29(e)　对于高压比的压缩机，为了利用离心式单级压比高的优点，在轴流压缩机的末级采用离心式的级，这样做也是为了既减少级数，又避免了末级轴流叶片太短引起效率降低的问题。

在轴流压缩机中，第一级最重要，该级容积流量大，*Ma* 大，*Re* 小，叶片长，轮毂比小，叶片扭曲厉害，故对气动、强度和振动影响较大。但来流均匀，温度低，环端面边界层薄等又是较为有利之处。等反作用度的级，且 $\Omega=0.5\sim0.6$，较宜用于第一级。变工况时第一级冲角变化敏感，以后逐级由于叶片的强制作用，气流角不会有明显的变化。故第一级对变工况适应性差，往往是它首先出现旋转失速进而引起喘振，特别是当转速下降，流量减小时，这种情况更易发生。故设计时应尽量使第一级有较宽的稳定工况范围。

末级的工作条件往往与第一级相反，叶片短是末级的主要问题。环端面损失，二次流损失，轴向速度沿叶高分布的不均匀性逐级加大等，致使末级流场畸变较大，故末级的做功量设计值往往不易得到保证，且效率较低，因此末级压比设计值宜小。但末级叶片短，扭曲不厉害，气流较接近圆柱面流动，末级温度高，马赫数小而不易超过许可值，末级因此可用 Ω 较大的等环量级。工况变化时由于逐级不协调性累计增大，造成末级工况偏离较远，当转速大于设计转速时，易在末级首先产生旋转失速，进而引起喘振；当转速低于设计转速时，末级易发生阻塞。

由于在实际的压缩过程中存在损失，使级出口气体的实际温度高于等熵过程时的出口温度，于是提高了下一级的进气温度，这样就在相同的级压比下增大了下一级所需的等熵压缩功。这种现象称为多级重热现象，因此

$$H_{ad1} + H_{ad2} + \cdots + H_{adn} = \sum H_{ad} > H_{ad} \tag{12-130}$$

即各级等熵压缩功之和大于压缩机的等熵压缩功。计算多级等熵压缩功时应按各级等熵压缩功之和计算，故整机的等熵效率低于各级的等熵效率：

$$\alpha = \frac{\sum H_{ad}}{H_{ad}} = \frac{\eta_{ad}}{\eta_{adc}} > 1 \tag{12-131}$$

式中：α 称为重热系数；η_{adc} 为整机的等熵效率。

目前多级轴流压缩机的等熵效率一般不超过 0.90～0.92。

级间相互影响与协调是多级压缩机的又一问题。前级中产生的某些现象如尾迹损失、分离损失、环端面损失等，会影响到后面级中的流动，而后面级中流动的好坏也在一定程度上影响到前级。沿通道环形壁面，边界层逐级增厚，使有效截面减小，使靠近环壁面处的气流轴向分速 c_z 减小，中间部分 c_z 增大，逐级沿径向的轴向速度分布不均匀。一则这影响实际的流量，二则 c_z 的变化引起 Δw_u 变化，从而影响做功能力。通常需要引入流量储备系数 $K_G > 1$，用 $K_G G$ 作为流量计算值，以使通流截面积适当放大。K_G 逐级取大，例如从第一级至末级的 K_G 由 1.00 逐级增大到 1.08。同时还要引入减功系数 $K_H < 1$，用 $K_H \eta_{ad} H_{th} = H_{ad}$ 作为有效等熵压缩功来计算级压比，例如对于压比小于 10 的压缩机前面几级，取 K_H 为 1.00～0.97，后面几级取 K_H 为 0.9～0.86。

上面已粗略分析了各级的工作特点，总的来说最前几级和最后几级的工作条件最差，而中间各级的工作条件较好，效率较高，且变工况性能较好。故可以在中间各级分配较多的能量头，使其负荷大些，而两头的级能量头适当减少一些。根据以上理由，应使第一级与末级所分配的 H_{ad} 低于平均值 H_{adm}，例如可取

$$H_{ad1} = (0.85 \sim 0.90) H_{adm}（第一级）；$$

$$H_{adn} = (0.90 \sim 0.92) H_{adm}（末级）；$$

$$H_{adl} = (1.0 \sim 1.1) H_{adm}（中间各级）$$

一般固定式压缩机的级平均能量头为 H_{ad} 约为 16 000～25 000J/kg，运输式约为 21 000～35 000J/kg。

目前各级轴向分速 c_z（或 φ）的选取，对于固定式压缩机常取第一级 c_z = 90～120m/s，末

级 $c_z=80\sim110\text{m/s}$；对于运输式压缩机常取第一级 $c_z=140\sim200\text{m/s}$，末级 $c_z=100\sim170\text{m/s}$。一般 c_z 逐级略有所减少。

由于轴流压缩机的叶片对来流冲角变化的敏感性大，故通常轴流压缩机的性能曲线较离心压缩机的陡，且稳定工况范围也较窄，其变工况适应能力较差一些。为了尽量发挥轴流压缩机效率高的优点，并避免发生喘振和阻塞，以扩大稳定工况的范围，轴流压缩机多采用变转速的调节方法，或前几级静叶甚至全部静叶可调的调节方法。

12.6.2 轴流压缩机的设计方法

与离心压缩机的设计方法大体一样，整个设计一般包括气动设计、安全强度振动计算及结构设计三大部分。

气动设计大体有三种方法，第一种是以平面叶栅理论与实验数据和简单径向平衡方程为依据的设计方法，称为平面叶栅设计法。这在前面的章节中已作了简要的介绍，它是以静止平面叶栅的性能与转动的压缩机环形叶栅的性能基本相同这样一种设想为依据的设计方法。它没有考虑到叶片转动对性能的影响，以及前后叶栅排之间存在的相互影响等因素。用这种方法所得的结果，在设计工况下还比较准确，而在变工况时偏差较大。由于多年来已积累了相当丰富的实验数据，所以应用得较多，是轴流压缩机的基本设计方法之一。

第二种是根据相似理论，以单级模型级试验数据为基础的设计方法，称为相似模化设计法。该方法基本上考虑到了单级压缩机中一切实际存在的影响因素。设计时可直接利用模型级的数据和性能曲线，而对机器与模型级间存在的几何相似方面的偏差，以及各级性能影响等用一些系数加以修正。这种方法与第一种方法相比，能较确切地反映压缩机中的实际工作情况，故设计的准确性较高，但设计时一些参数的选择会受到模型级的限制与约束。

第三种是根据理想流体三元流动理论计算为依据的设计方法，称为准三元流设计法，这在前面的章节中已作了简要的介绍。这种设计方法是先以一元流动设计为基础，将级的主要技术参数和内、外轮廓线都给予确定，然后主要是进行较长的扭曲叶片的造型设计。这其中又有两种设计方法，一种是按正命题即分析问题来设计，它是对已初步设计出的压缩机，已知叶片的几何条件对 S_1、S_2 两组流面上的准三元流性能参数进行计算与性能分析，找出存在的问题和需要改善的地方，从而对叶片组进行再修正设计并结合实验进行考核与修正，所以它是一个需要反复计算的设计过程。另一种是按反命题即设计问题来设计，它是先选取性能比较好的气动参数（如给定沿子午流线上 $c_u r=f(m)$ 分布），通过速度法求解速度梯度方程，从而计算出叶片的形状，这种方法比正命题设计简单，是更适用的设计方法。对于轴流压缩机前几级较长的扭曲叶片采用准三元流逆命题设计法是必要的。

无论哪种设计方法都需要通过实验与实践加以验证与修正，才能获得性能好的轴流压缩机产品。

在安全可靠性方面轴流压缩机与离心压缩机的问题大都基本上是一样的。其中，轴流式的特别之处是它的叶片，叶片薄而又长属于悬臂梁结构，对承受静、动应力方面相对说来，比较敏感脆弱，易产生振动，而且叶片排列较密，叶片数目很多，往往十几级的叶片数目多达数百片甚至上千片。由于动叶片都在高速旋转，如若其中一个叶片被折断，则相邻叶片立即被撞击折断，其连续效应迅速扩展，将造成严重的机器破坏事故。每个叶片都有专门加工成一定形状的叶根，其每个动叶片的叶根安装于转子的槽内，每个静叶片的叶根安装于气缸的槽内，均需要形状、尺寸、公差严格控制，保证安装牢固可靠。因此，叶片的设计计算、选择材料、加工制造，安装配合需认真从事，严格把关。拨动转子、初始启动到调整到设计转速运行需要逐步按规程进行。在运转过程中，特别是在减小流量的调节中要格外细心操作控制，严格防止机器振动的发生，严格防止进入旋转失速与喘振状态。上述情况万一发生，则必须立即停车，开缸检查，特别要检查每个叶片是否有变形、裂纹、叶根安装处是否松动等，如有这种情况，则应更换叶片。

其实，只要了解轴流压缩机的特殊情况，认真地把关每一环节，它的长期安全有效的运行是确有把握的。

12.6.3 跨音速级和超音速级的特点与应用

随着科学技术的快速发展，空气动力学在跨音速流和超音速流研究方面的不断进步，使跨、超音速级先是在航空及运输式多级轴流压缩机的前级中得到应用，近期在固定式的工业装置中也已采用前级为跨音速或超音速级的轴流压缩机了。

根据级中气流速度是否达到音速，压缩机级一般分为亚音速级、跨音速级和超音速级三种。其中动叶前或静叶前气流速度均小于音速的为亚音速级。动叶顶或静叶根处气流速度达到超音速而叶栅其他截面仍为亚音速的为跨音速级。动叶前或静叶前或者两者同时沿叶高气流速度都达到超音速的级则为超音速级。根据实际需要，本书主要讨论的是亚音速级，对轴流跨、超音速级只在这里就其特点作一点简单说明。

跨音速级和超音速级的最大优点是由于气流速度大。可跨过气流临界马赫数的限制，使其大于音速。这就可以使压缩机具有更大的通流能力，加大流量，特别是具有更大的级压比，一般可使级压比达到1.5~2.0，甚至更大，从而可以减少级数、缩小机器的尺寸和减轻重量。而超音速级的主要缺点则是级效率不如亚音速级的高，一般设计工况下压缩机的等熵效率 $\eta_s=0.8\sim0.85$，变工况性能差效率更低，特性曲线更陡。跨音速级的性能要好些，基本上接近于亚音速级。一般跨、超音速应用于多级轴流压缩机中的首级或前二、三级，它们之后连接着亚音速级，这样的组合，使后接亚音速级的进口温度升高很多，由此可降低气流的马赫数，从而有可能在设计时采用较高的圆周速度 u，以便获得更多的级能量头，进而可减少级数，使压缩机的结构更加紧凑。

在超音速级叶栅的设计计算中，除了亚音速级所讨论的基本规律都适用之外，其特别之处是增加了激波中的压力突然剧增、激波损失和激波与叶片边界层相互干扰引起的脱离损失等。因而控制激波的增压强度和激波所处的位置是叶型设计的关键。图12-30是不同设计叶型叶栅中的超音速流场。其中，图12-30(a)为双圆弧叶型叶栅，它不仅在高亚音速流中具有优良的特性，而且在超音速流中亦具有较好的特性，激波为脱体激波，不过对冲角变化的适应范围都很窄，因此要求特别注意叶型前段形状对来流的适应性，特别是在叶片端部截面上；图12-30(b)为直线段叶型，它适应于 Ma_{w_1} 稍大于1.0的流场和双圆弧叶型叶栅流场一样，激波仍为脱体激波；图12-30(c)为直线段进口叶型，它适应于 Ma_{w_1} 较高的流场，激波为附体激波，先使来流方向与背弧直线段平行。而叶型内弧直线段与背弧直线段交叉，则在内弧前缘处产生一道斜激波，然后使气流与内弧直线段平行，再然后形成一道正激波，这样可减轻正激波的强度，从而减小能量损失；图12-30(d)为预压缩式叶型，它的前段预压缩曲面，让气流形成一组等熵压缩波区，使超音速气流减速、扩压，这就减小了流道中斜激波前的马赫数，从而减小了损失。

当然影响叶栅特性的还有来流马赫数、背压等重要参数。还由于超音速流的空间特性，基元内叶栅的流动情况与平面叶栅的流动区别也较大，故设计所采用的数据，还应取自单级转子的实验结果。

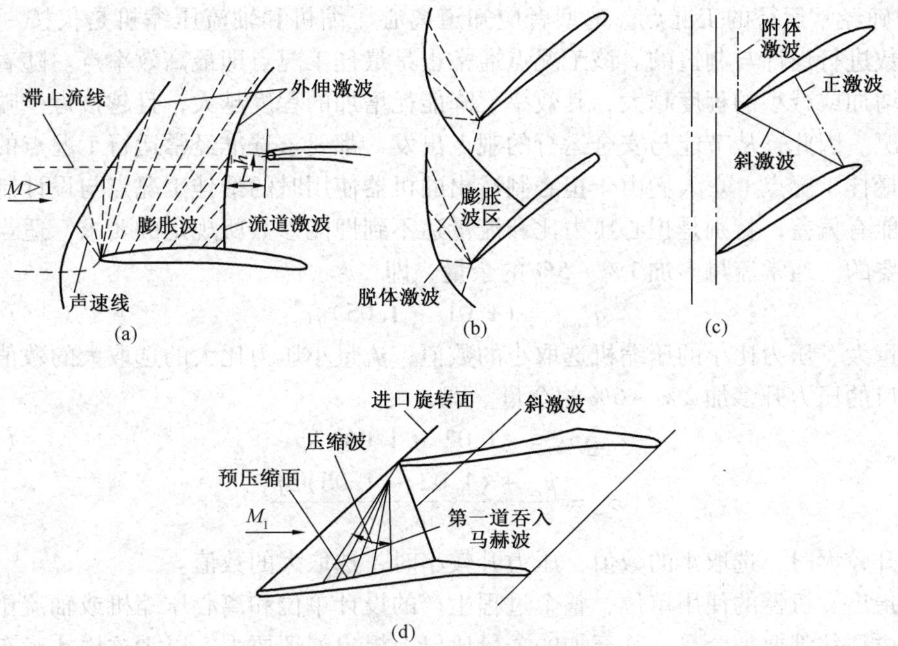

图 12－30　不同叶型叶栅中的超音速流场

(a)双圆弧叶型；(b)直线段叶型；(c)直线段进口叶型；(d)预压缩型叶型

有关跨、超音速级及其在多级轴流压缩机中的应用情况，这里不再进一步详述，有此兴趣的读者，可参阅其他有关文献。

12.7　透平压缩机(离心压缩机和轴流压缩机)的选型

本节介绍透平压缩机选型的基本原则、选型分类、选型方法和选型事例。

12.7.1　选型的基本原则

(1)提出产品应达到的技术指标

① 性能指标

a. 明确性能参数的定义、数值，并作必要的说明。性能参数主要是流量、压力比、效率、功率和变工况的适用范围等。

流量是指质量流量 q_m(kg/h)或进口容器流量 q_{Vin}(m^3/h)。如指进口容积流量，则需注明进口的气体状态压力 p_{in}(Pa)和温度 T_{in}(K)；如指标准容积流量，则它是指在气体压力为1标准大气压、温度为0℃状态下的容积流量。

压力比是指气体在压缩机出口法兰处的压力与进口法兰处的压力之比。如过程装置中在远离压缩机的进出口管道上或设备上安装压力表测量压力作为压力比，则应进行进出口两段管网的阻力压降计算，方可确知压缩机的进出口压力。显然，压缩机的进出口压力比要大于由远离压缩机的管道上两压力表读出的压力比。

效率应指明效率的定义和要求的数值。功率可指出具体数值，亦可不必提出而用以上参数值即可计算出来。

提出变工况稳定工作的适用范围，说明其定义，亦可再提出大流量和小流量各占的比例。

b. 明确经常运行的工况点。选型者应知道离心压缩机和轴流压缩机是仅按一个工况点的性能参数进行设计与制造的。该工况点通常也是最佳工况点即最高效率点。随着流量离开这一点而增加或减小的程度越大，其效率下降能耗增加的程度越大，且越接近于喘振或堵塞不稳定工况。因此，从节能与安全运行的观点出发，都要求选准经常运行工况点的流量与压力比位于最佳工况点上。人们由于担心制造出的机器使用时的最佳工况点与设计制造的最佳工况点可能有偏差，特别是担心压力比和流量达不到性能参数所规定的要求，适当加上一个余量是必要的。通常流量多加1%～5%的余量，即

$$q_{\mathrm{Vinc}} = (1.01 \sim 1.05)\, q_{\mathrm{Vin}} \tag{12-132}$$

其中，流量大、压力比小的压缩机选取小的数值，流量小压力比大的选取大的数值。

进出口的压力升多加2%～6%的余量。即

$$\Delta p_{\mathrm{c}} = (1.02 \sim 1.06)\Delta p \tag{12-133}$$

$$\varepsilon_{\mathrm{c}} = \frac{p_{\mathrm{in}} + (1.02 \sim 1.06)\Delta p}{p_{\mathrm{in}}} \tag{12-134}$$

其中压力升较大时，选取小的数值，压力升较小时，选取大的数值。

应当指出，机器的使用单位，整个过程生产的设计单位和离心压缩机或轴流压缩机的设计制造单位往往都要加余量，甚至加的余量比以上提出的还要大，以为这样才确有把握。但如果这样层层追加余量，可能会使机器的实际运行工况点远离最佳工况点，造成效率下降，能耗增加，且接近于不稳定工况，要么稍减流量运行就喘振，或者稍加流量运行就堵塞。显然这也是不够妥当的。因此，使用单位选型时，应实事求是地给出经常运行的最佳工况的流量和压力比，并说明该数值是否加了余量，或其中已加了多少余量。显然，这样做是十分必要的。

② 节能降噪

a. 节能降耗　前已表明压缩机是一个由机械能转换为气体压力能和动能的能量转换机械。并且在转换过程中有能量损失，其数量往往是很大的。当今，节能降耗保护环境是一个越来越重要的任务。随着科技的发展，压缩机新产品的效率必定会有所提高。因此，效率这一性能指标肯定会与时俱进地不断提高。至于压缩机的效率具体规定为多少，供需双方应充分的讨论商定。

b. 降低噪声　噪声污染环境，有损人的健康。因此，降低压缩机运行的噪声日益受到人们的重视。压缩机噪声的指标规定为多少，供需双方亦应认真讨论商定。有关压缩机降低噪声可以采取的措施，或另加管道与设备，可参阅第18章中的有关内容。

③ 选用性能调节方式

由于过程生产所提供的原料品质、成分、数量的改变，以及物理过程、化学反应等生产工艺的改变等，往往要求压缩机相应改变进气流量和排气压力，这就需要调节压缩机以改变运行工况点。显然，利用出口管道上的阀门开度进行调节，只在等转速下的一条性能曲线上改变工况点是有限的、不经济的。若要获得相当宽的变工况范围，且压缩机仍能在较高效率下工作，则需选用变转速调节、进气导叶调节等调节方式，相应地要求原动机可变转速，或增加进气导叶可调辅助装置等，这在选型时也要合理的予以确定。

④ 安全指标

应合理商定主要零部件的材料（机器承受的压力）；转子动平衡允许的残留不平衡量；工作转速离开第一、二阶转子临界转速的数值；主要零部件的装配尺寸及其间隙值；机器运

行的振动值等，其中最主要的是振动值。国际标准组织(ISO)、国际电工委员会(IEC)联合推荐的汽轮机(压缩机、鼓风机)主轴颈允许的双振幅振动值[7]为

$$l \leqslant \sqrt{\frac{12\ 000}{n}} \times 25.4[um] \tag{12-135}$$

式中 n 为压缩机的转速，r/min。可参考选用式(12-135)，规定其机器允许的振动值。

(2)提出产品的经济指标

① 产品价格

虽然过程生产中所需的透平压缩机台数不算多，但透平压缩机的价格却相当可观，往往占据设备总投资相当大的比例。例如现今一般通用的空气离心压缩机每台价值数百万元，而年产 52 万吨尿素装置中的一套 CO_2 两缸串联离心压缩机组的价格约达 1600 万元，年产 48 万吨乙烯装置中的一套裂解气三缸串联离心压缩机组的价格约达 2400 万元。因此，合理比较各厂商的报价是一件十分重要的工作。但产品的质量(满足使用工况要求的程度、效率、安全可靠性、寿命等)尤为重要，所以不能一味追求廉价，而要产品质量和价格统筹兼顾。

② 供货时间

离心压缩机和轴流压缩机多为单台或小批量生产，生产厂商往往没有正合用户需要的机器马上予以供货。合理商定供货时间是必要的，这一方面取决于生产厂商按质按量提供机器所需的时间，显然如果生产厂商的技术储备(如系列模型级的实验数据、设计软件包等)和物质储备(如主轴、和叶轮锻件毛坯等)充足，则交货期就可较短。另一方面也取决于使用单位计划开工生产的时间(如厂房建设、设备仪表的到货、生产原料到厂的时间等)。如若机器推迟交货，则会影响开工生产，倘若机器提早交货，而生产单位尚不具备开工生产的条件，则可能白白浪费了机器运行考核验收的时间，而过了保险期后机器开车运行出了问题，提供机器的厂商往往就不再负责了。

③ 使用寿命

一般动设备如汽轮机、内燃机、压缩机等，其使用寿命应有 10~15 年。但由于这种机器价格昂贵，较多的机器超期还继续使用，或者只需更换个别的零部件。然而，现今科技进步快，十年后又可能生产出更好的、节能更多的新机器，即使花钱更换机器，也会更为经济合算。另外，过程生产有了新工艺、产品质量可提高，产量可增加，亦需另换机器，这往往也是可能的。故使用寿命不必要求过长，否则机器的价格就会抬高。

(3) 提出必须配备的设备仪表

前面所述的压缩机附属系统(如冷却器、油站等)、检测系统(如测量压力、温度、流量、转速、振动量等确定其测量部位选择测量仪器、仪表等)和控制系统(开停车、防喘振、联锁紧急停车、自动调节保持高效运行工况点等)，以及这些设备仪表的合理选型及由谁供货均需相应地确定下来。

(4) 其他事项

由于压缩机往往是单台或小批量生产，生产厂商可以满足使用单位所提出的各种更为具体的要求。如确定压缩机的转子转向、进排气管的方位、机体的高度等，提供拆装机器的专用工具，以及上面所提到的必需配备的设备仪表等也由压缩机制造厂商一同供货等。双方均可充分协商加以确定，这将会给使用单位今后的工作带来很大的方便。

12.7.2 选型分类

透平压缩机的选型可按用户所需的气体流量、压力、气体介质的特点，机器的结构形式

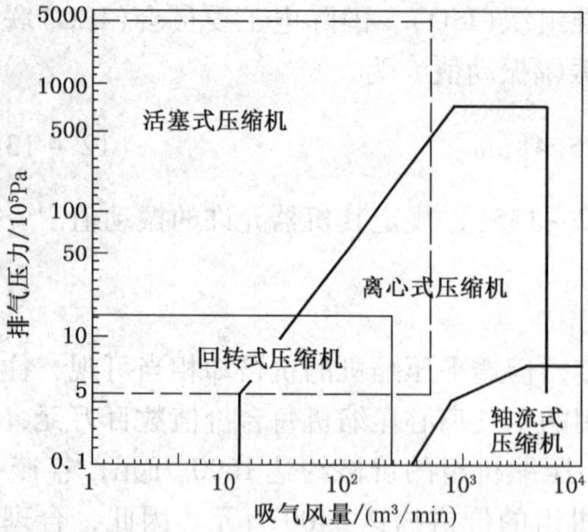

图 12－31　各类压缩机大致适用范围

等选用合适的机器。

（1）按气体流量与压力选型

① 各类压缩机的流量和压力适用范围

容积式压缩机（活塞式、回转式）适用于小流量，其中活塞式还适用于很高的排气压力；而透平压缩机（离心式、斜流式、轴流式）适用于大流量，其中离心式还适用于较高的排气压力。图（12－31）给出了各类压缩机的进气流量和排气压力的适用范围，这是在压缩机选型中首先应该加以选择的。

随着科技的迅速发展，各类压缩机在其适用边界处都有扩展和交叉，特别是离心压缩机在高压力、小流量的适用范围，已较该图的界限有了相当大的扩展，故该图只是一个初步选型的参考。

②按流量选型

这里所指流量的大小，不完全是数量的绝对概念，还是与机器类型和结构几何尺寸有关的相对概念。

对于较小流量应选用窄叶轮的离心压缩机。若所需的流量接近于图 12－31 离心压缩机适用范围左边的边界，则只好选用较窄的叶轮，即$\frac{b_2}{D_2}\leqslant 0.025$；若为小流量高压力比的机器，其级数较多，末级叶轮将更窄，有的$\frac{b_2}{D_2}\leqslant 0.005$，叶轮出口的叶片宽度甚至仅为 1～2mm，这样的叶轮一方面加工制造需采用特殊的工艺（如电火花加工），另一方面级效率将是很低的，甚至 η_{pol} 仅约 60%；若流量再小，应考虑选用容积式的压缩机了。

对于在流量约为 $50\sim5\times10^3 m^3/min$ 范围内，选用离心压缩机较为合适，其叶轮的相对宽度可选在 $0.025\leqslant\frac{b_2}{D_2}\leqslant 0.065$ 范围内。这种机器的性能良好，效率较高。

对于较大流量的压缩机或级，可选用双面进气的叶轮，它不仅适用较大的流量，且作用在叶轮上的轴向推力可自行平衡。

对于大流量的压缩机或级，如$\frac{b_2}{D_2}\geqslant 0.06$ 可选用具有空间扭曲型叶片的三元叶轮，以改善宽叶轮的性能，使其具有较高的效率，具有三元叶轮的级 η_{pol} 约达 80%～86%，图 12－32 为沈阳鼓风机厂加工好的三元叶轮。

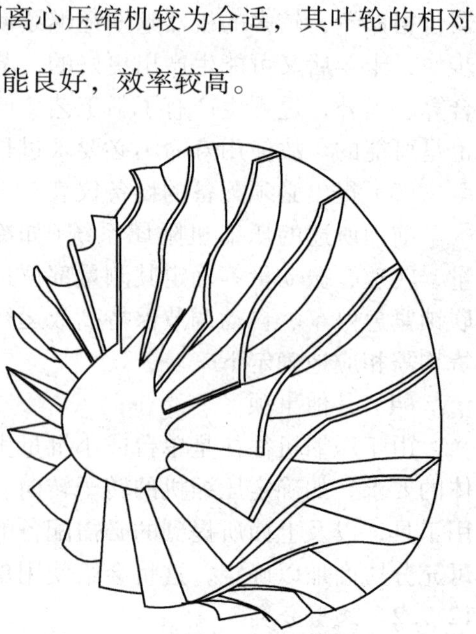

图 12－32　三元叶轮

若流量更大，约在 $1\sim20\times10^3 m^3/min$，而排气压力不高，约在 1MPa 以下或压力比约在 10 以下，则可选用轴流式压缩机。图 12－33 为苏丹喀士穆炼油厂年产 80 万吨炼油催化装置中的主风机，它

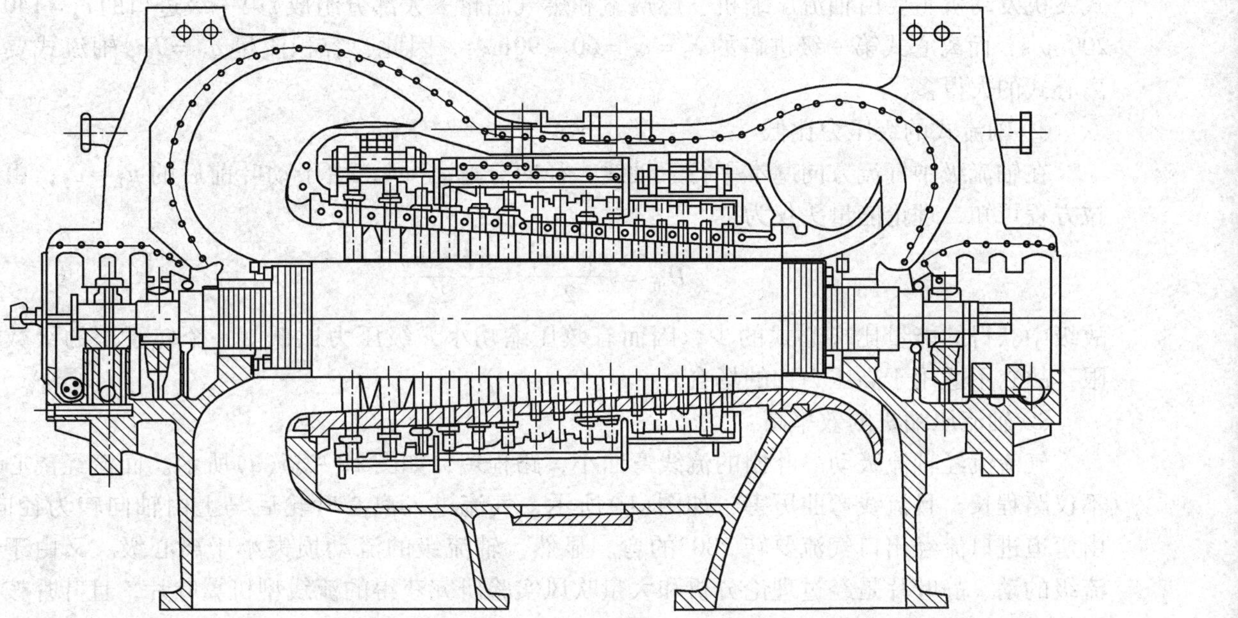

图 12－33　苏丹喀士穆炼油厂 80 万吨/年催化装置用

AV56－14 型轴流式压缩机(各级静叶片全可调)

是选用陕西鼓风机厂生产的 AV56－14 型轴流压缩机。

③ 按压力选型

按排气压力的大小选型，相对于进口为一个大气压(即进口压力约为 0.1MPa)的空气而言，应选用：

压缩机，排气压力在 0.2MPa 以上；

鼓风机，排气压力在 0.115～0.2MPa；

通风机，排气压力在 0.115MPa 以下(表压在 $1500mmH_2O$ 以下)。

需要说明的是鼓风机、通风机大多为离心式，少部分为轴流式，其工作原理、结构形式等与压缩机类同，通风机将在第 13 章介绍。

(2)轴流式与离心式压缩机的性能比较

这里仅作轴流压缩机与离心压缩机的性能对比，以供选型时参考。

① 轴流压缩机适用于更大的流量

如果将轴流式的叶轮外径(即动叶顶部的直径)与离心式的叶轮外径取为相等，则离心叶轮进口的通流面积为 $F=\frac{\pi}{4}(D_0^2-D_d^2)$，见图 12－34(a)。轴流叶轮的进口通流面积为 $F=\frac{\pi}{4}(D_t^2-D_h^2)$，见图 12－34(b)。显然 $F_{轴}>F_{离}$。另外，轴流叶轮进口的流速也比离心式的大，固定式轴流第一级进口的 $c_z=90\sim120m/s$，运输式轴流(喷气

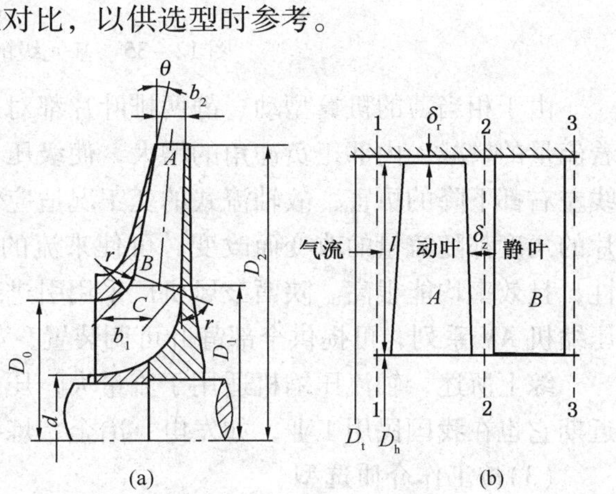

图 12－34　叶轮进口通流面积比较

式飞机发动机主要由轴流压缩机、燃烧室和燃气涡轮三大部分组成)第一级进口的 $c_z = 140 \sim 200\text{m/s}$，而离心式第一级进口的 $c_0 = c_z = 60 \sim 90\text{m/s}$。因此，容积流量 $q_V = Fc_z$ 轴流式要比离心式的大得多。

② 轴流式的级压力比低

在轴流级中气流方向基本平行于轴线，径向分速 $c_r \approx 0$，由于动叶前后的 $u_1 \approx u_2$，由欧拉方程可知，理论能量头仅为

$$H_{th} = \frac{c_2^2 - c_1^2}{2} + \frac{w_1^2 - w_2^2}{2}$$

故级中获得的能量比离心式的少，因而有效压缩功小，级压力比低。一个转子上的级数有限，故它不适用于高压力比的场合。

③ 轴流压缩机的效率高

气流流经轴流级动静叶栅的流线弯曲小，路程短，如图 12－35(a)所示。而流经离心级不仅路程长，且流线弯曲厉害，如图(b)所示，气流进入离心叶轮后马上由轴向转为径向，由弯道进口流经出口气流要转 180°的弯。显然，轴流级的流动损失小于离心级。又由于轴流级的动、静叶片是经过理论分析和大量吹风实验研究获得的流线型机翼叶片，且叶片按一定的流型规律沿径向扭曲，如图 12－36 所示，它比离心式的等厚度板形叶片的流动损失也小，故多级轴流压缩机在最佳工况点下的效率约达 $\eta_{pol} = 90\%$，其效率很高，节能显著。

④ 轴流压缩机的变工况特性较差

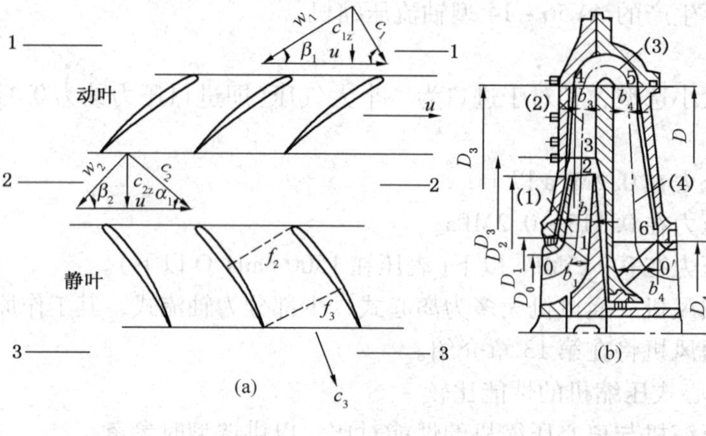

图 12－35　基元级的进出口速度三角形

由于相当薄的机翼型动、静两排叶片都对来流方向十分敏感，且两排叶片靠的很近，随着流量的增减，内部正负冲角的增大，使级压力比变化剧烈，其 $\varepsilon - q_V$ 曲线很陡，$\eta - q_V$ 曲线左右都下降的厉害，故轴流式的变工况适应性较差。但若各级静叶全部可调，让各个静叶片的角度都随流量的改变而改变，可使来流的冲角接近于 0°，则能具有很好的变工况适应性，且效率均能很高。陕西鼓风机厂采用引进瑞士苏尔寿公司的制造技术所生产的多级轴流压缩机 AV 系列，可提供全部静叶可调装置，如图 12－33 所示。

综上所述，轴流压缩机适用于流量大，压力比不太高的场合，其效率很高，节能显著。近期它也在我国民用工业，如发电、冶金、炼油、化工等领域中被选用。

(3)按工作介质选型

① 按轻气体与重气体选型

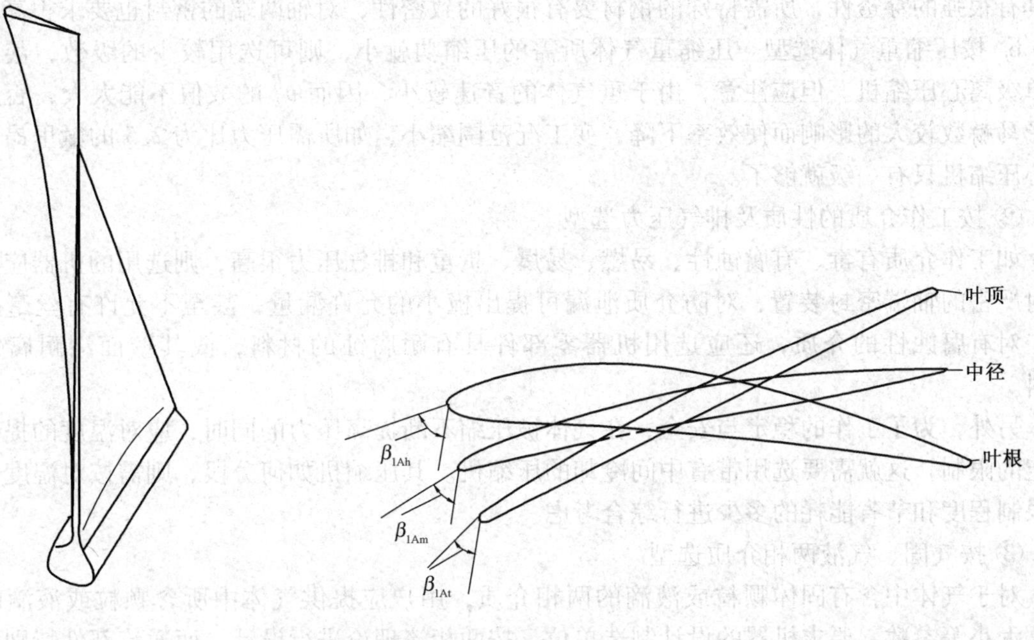

图 12-36　机翼型扭曲叶片

（a）变截面扭曲叶片外形图；（b）动叶片顶视图

a. 按压缩轻气体选型　由于提高气体压力比所需的压缩功与气体常数 R 成正比，而气体常数与气体的相对分子质量成反比，故压缩轻气体所需的有效压缩功就大，因而选用的压缩机级数就多，甚至需要选用多缸串联的压缩机机组。为了使结构紧凑，应尽可能选用优质材料以提高叶轮的 u_2，并选用叶片出口角较大，叶片数较多的叶轮，以尽可能提高单级的压力比，从而减少级数。图 12-37 是一台氢气循环离心压缩机，仅仅为了克服在反应器和很短的连接管道中的压力损失使刚出反应器的氢气再增加一点压力，以再进反应器参加反应，这种氢气循环离心压缩机就需要六级叶轮来为氢气增压。该机气缸为筒形结构，由于氢

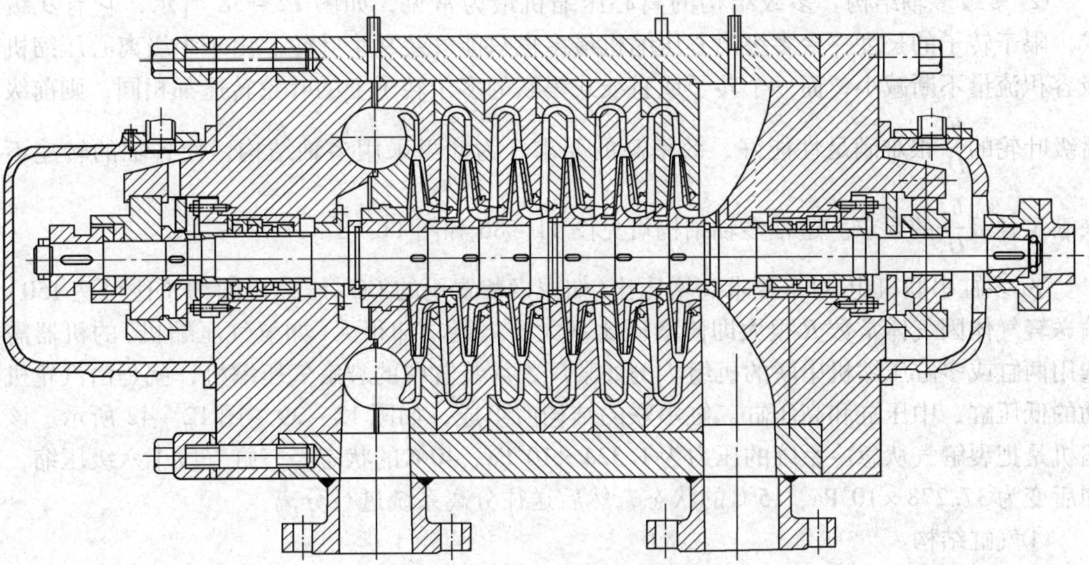
图 12-37　氢气循环离心压缩机

气具有很强的穿透性，所需特殊的钢材要有很好的致密性，对轴两端的密封也要求很高。

b. 按压缩重气体选型　压缩重气体所需的压缩功就小，则可选用较少的级数，甚至选用单级离心压缩机。但应注意，由于重气体的音速较小，因而 u_2 的数值不能太大，否则还将受马赫数较大的影响而使效率下降，变工况范围缩小，如所需压力比为2.5的氟里昂－11离心压缩机只有一级就够了。

② 按工作介质的性质及排气压力选型

如工作介质有毒、有腐蚀性、易燃、易爆、贵重和排气压力很高，则选用的机器应具有密封严密的轴端密封装置，对防介质泄漏可提出极小的允许漏量，甚至不允许有丝毫的泄漏。对有腐蚀性的介质，还应选用机器零部件具有耐腐蚀的材料，或其壁面涂耐腐蚀的材料。

另外，为了工作的稳定与安全，在气体被压缩不断提高压力的同时，应对温度的提高有一定的限制，这就需要选用带有中间冷却的压缩机。其压缩机如何分段，则需按对温度升高的限制程度和节省能耗的多少进行综合考虑。

③ 按气固、气液两相介质选型

对于气体中含有固体颗粒或液滴的两相介质，用户应提供气体中所含颗粒或液滴的浓度、大小等参数，要求机器的设计制造单位，按两相流理论进行设计，而通流部件特别是叶轮、叶片应选用耐磨损、耐锈蚀的材料或表面喷涂硬质合金等进行特殊的表面处理。

（4）按机器结构特点选型

①单级离心压缩机 如工作介质相对分子质量大或要求的压力比不高，则应尽量选用结构简单的单级离心压缩机。为了提高单级离心压缩机的压力比，可选用半开式径向型叶片的叶轮，它的显著特点是强度高，允许的圆周速度大，u_2 可达550m/s，进入导风轮和叶片扩压器的来流速度有的可达超音速，其压缩空气的压力比可达 $\varepsilon=6.5$，这种离心压缩机已在小功率燃气轮机和离心增压器中得到广泛采用。又如泸州天燃气化工厂中一台由瑞士苏尔寿公司生产的水蒸气单级离心压缩机，其半开式叶轮的外径 $D_2=0.6$m，转速 $n=20\ 000$r/min。它还有进口导叶可调装置以改善变工况的性能。

② 多级多轴结构　多级结构的离心压缩机最为常见，如图12－38所示，它有9级组成，限于转子的长度一台多级离心压缩机最多也只能安装9个叶轮。由于多级离心压缩机逐级容积流量不断减小，而一个转子或直线式串联的多个转子上的叶轮转速都相同，则前级和后级叶轮的 $\frac{b_2}{D_2}$ 很难满足性能好、效率高的要求，为此可采用多轴结构，使各轴的转速不同来满足各级 $\frac{b_2}{D_2}$ 的要求。这种多轴结构可见图11－86和图11－87。

③ 多缸串联机组 对于要求高增压比（如尿素装置用的 CO_2 压缩机的增压比可达150）或输送轻气体因气体常数 R 很大即使增压比不大，但耗功却很大（如氢气压缩机）的机器需要选用两缸或多缸压缩机串联的机组。例如某厂乙烯装置中的裂解气压缩机，就是由汽轮机驱动的低压缸、中压缸和高压缸三缸串联的结构所组成，如图12－39～图12－42所示。该压缩机是把裂解气从急冷系统的压力为 1.324×10^5Pa、40℃的状态经三缸五段十六级压缩，冷却后变为 37.278×10^5Pa、15℃的状态，然后送往分离系统进行分离。

④气缸结构

a. 上下中分型气缸。一般多级离心压缩机多选用上、下中分型的气缸，并使进气管和

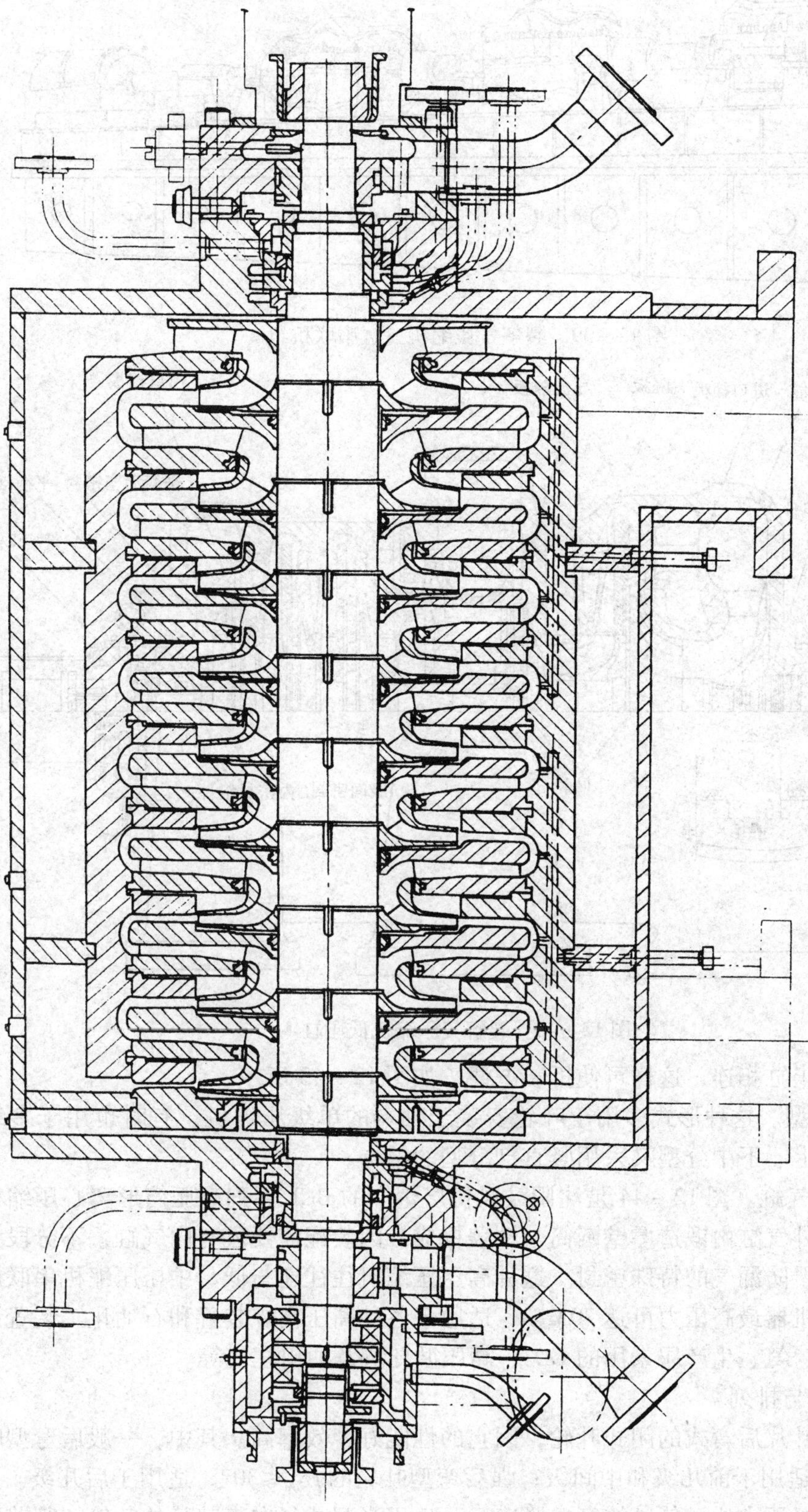

图 12－38　原料气压缩机低压缸 9C26

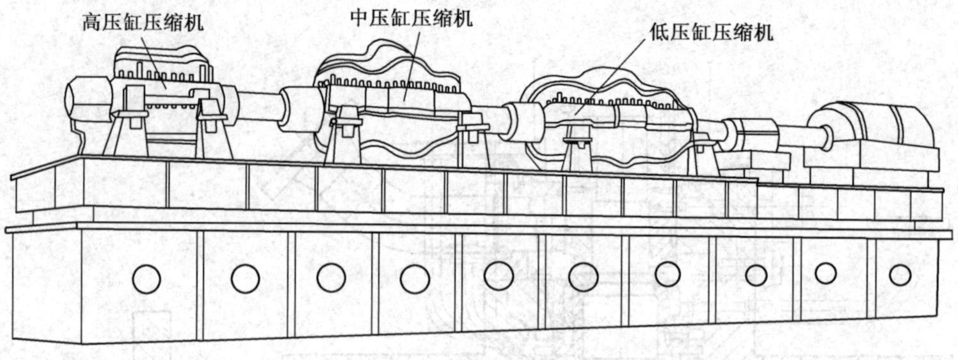

图 12-39　裂解气压缩机三缸串联机组

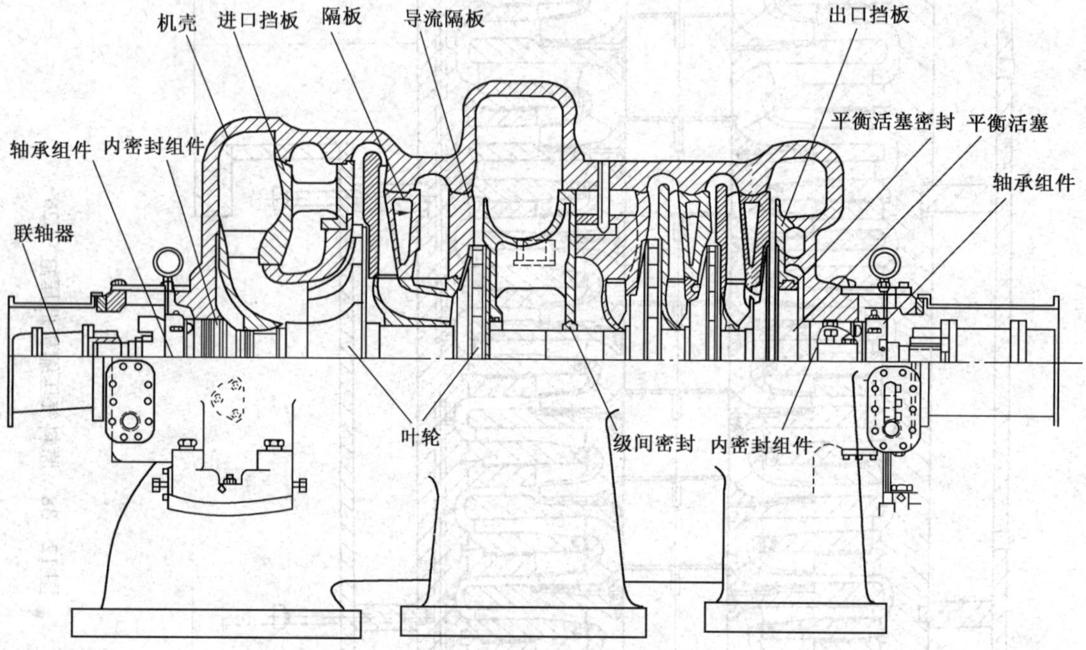

图 12-40　裂解气压缩机低压缸

排气管均要与下半缸相连，这样可使拆装方便，如图 12-43 所示。

b. 竖直剖分型。这种形式多用于叶轮安装于轴端的单级压缩机，有时也用于多级压缩机，或者既采用上、下中分型又采用竖直剖分型的结构。

c. 高压筒型气缸。图 12-44 是沈阳鼓风机厂生产的 BCL 系列高压筒形离心压缩机，该机的结构特点是外气缸由锻造厚壁圆筒与端盖构成。因装配需要还有内气缸，不分段无中间冷却器，轴端有严防漏气的特殊密封。这种高压压缩机往往还与低、中压压缩机串联成机组使用。该系列的机器最高压力可达 70MPa，适用于各种高压精炼装置和石油化工装置，如石油裂解气、甲醇、氨、生产尿素用的 CO_2、高压循环氢及油田注气等。

⑤ 叶轮结构与排列

一般多采用叶片后弯式的闭式叶轮，因它的性能好，效率高。其中，一般后弯型叶轮的 $\beta_{2A}=30°\sim60°$，适用于前几级和中间级；强后弯型叶轮的 $\beta_{2A}\leqslant30°$，适用于后几级。

为了提高单级压力比，使结构简单紧凑，可选用半开式径向直叶片的叶轮，其前面加上

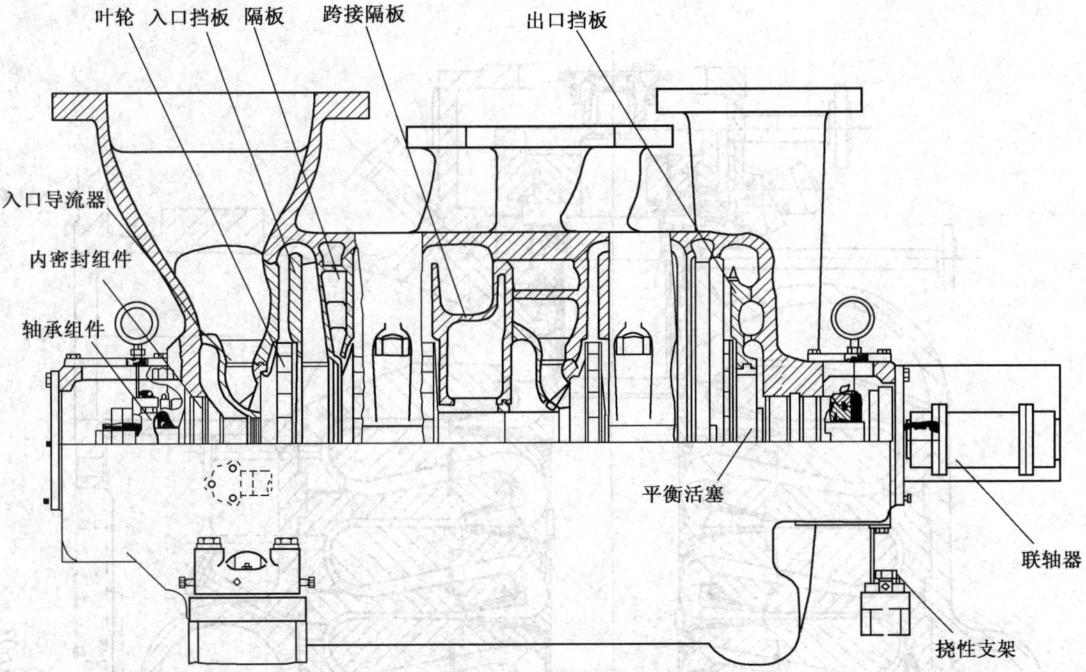

图 12－41　裂解气压缩机中压缸

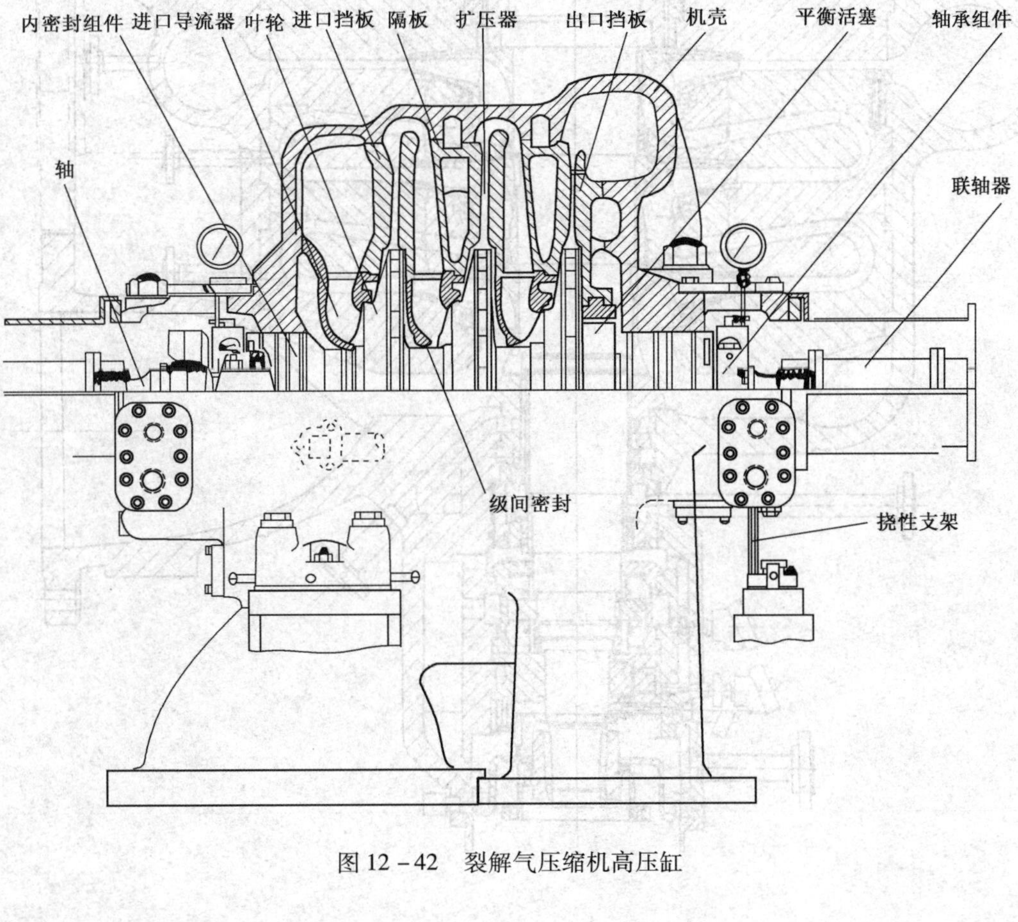

图 12－42　裂解气压缩机高压缸

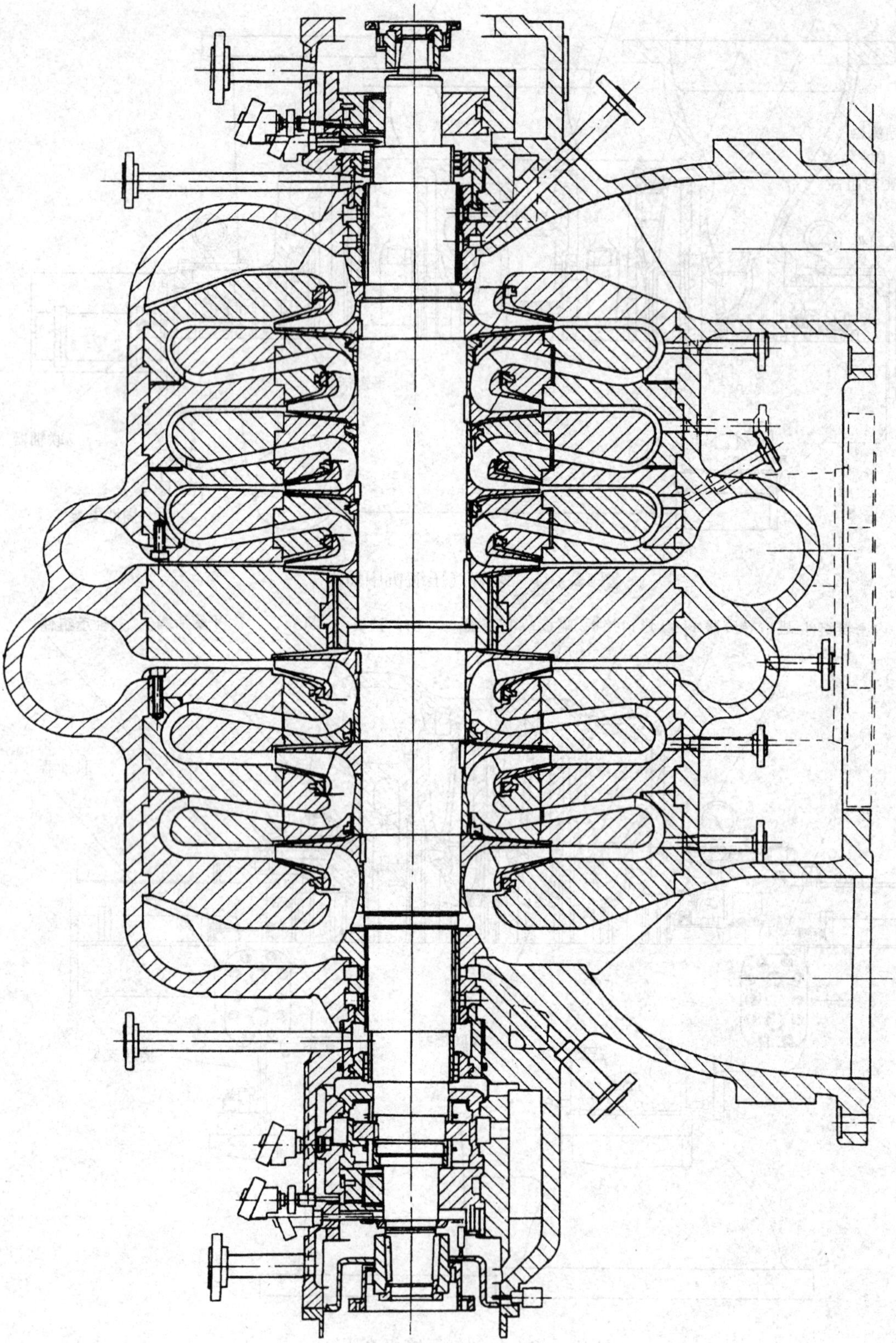

图 12-43 CO_2 压缩机低压缸 2MCL607

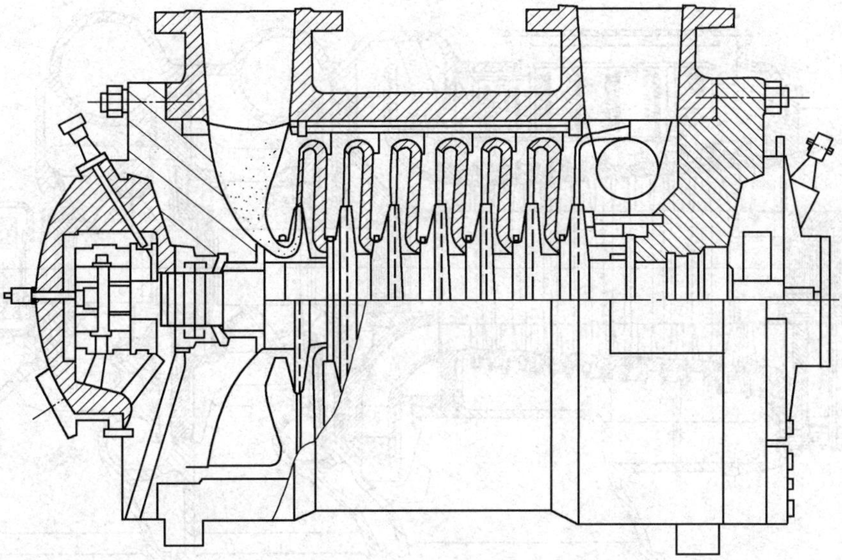

图 12-44　BCL 系列高压缸筒型压缩机

一个沿径向叶片扭曲的导风轮，以适应气流进入叶轮时沿径向不同的圆周速度 u_1。

为适应较大的流量，当前几级 $\frac{b_2}{D_2} \geqslant 0.06$ 时，可选用具有叶片扭曲的三元叶轮，以改善性能提高效率。

为了提高叶轮的作功能力，而又减少叶片进口区的叶片堵塞，有的叶轮可选用长、短叶片相间排列的结构，以增加叶片数，如图 12-45 所示。

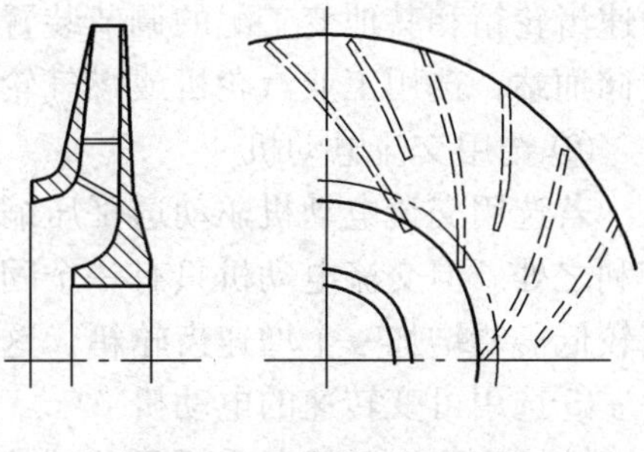

图 12-45　长短叶片叶轮

多级压缩机的叶轮可以顺向排列，也可以对向排列，如图 11-53(b)和(c)所示。选用对向排列结构，可以消除转子上的轴向推力，而不必另加平衡盘。但同时增加了进气管和排气管，这正符合选用分段中间冷却的要求。

⑥ 扩压器结构

一般多级离心压缩机多选用无叶扩压器，因为它结构简单，变工况的适应性好，但在最佳工况点上的效率低一点。

有的单级或个别的多级离心压缩机选用有叶扩压器。这种扩压器的外径尺寸小，结构紧凑，最佳工况点的效率高。但变工况的工作范围小，效率低。如若再选用扩压器叶片角度可调装置，则变工况的范围亦可很宽，效率仍然较高。但扩压器叶片角度可调装置结构较为复杂。

⑦ 轴流离心混合型压缩机

由于前几级的容积流量大，可选用适合大流量的轴流级，而同一轴上后几级的容积流量小，可选用适合较小流量的离心级，这种混合型的压缩机兼取各自的优点，使性能更好、效率更高。如镇海、宁夏、乌鲁木齐化工厂年产 30 万吨合成氨装置中制氮用的空气压缩机都是由德国德马克公司生产的前 8 级轴流后 2 级离心混合型的压缩机，如图 12-46 所示。

（5）按原动机选型

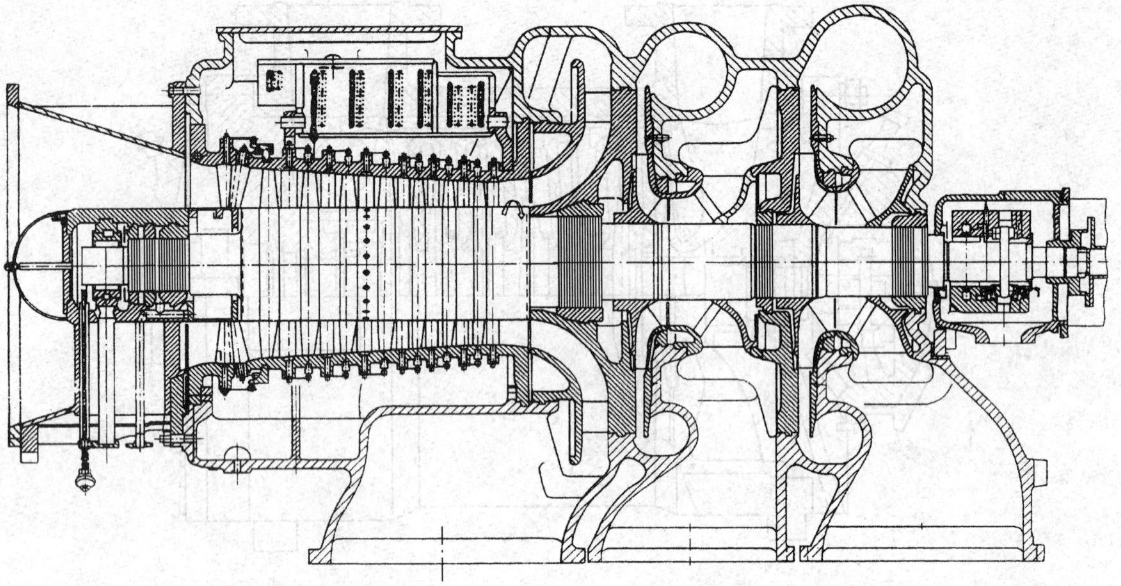

图 12 - 46　轴流 - 离心式压缩机

① 选用高速、变速的工业汽轮机或燃气轮机

为适应透平压缩机的高转速和变工况的要求，应尽量选用具有可变速的高速工业汽轮机或燃气轮机。这种原动机与压缩机直联具有相同的转速，变工况调节方便，效率高，省去了增速齿轮箱和其他变工况的调节装置。在大型冶金、炼油、化工厂中往往都有蒸汽管网系统或储油站，选用工业汽轮机或燃气轮机是较为方便，可行的。

② 选用交流电动机

若选用交流电动机驱动透平压缩机，可从电网输电，且电动机运转维护简单方便，这是有利之处。但交流电动机只有一个固定的转速，不能采取变转速的调节方式改变工况，且转速较低需要增加一个增速齿轮箱，这是不利之处。

③选用可变转速的电动机

选用直流电动机。采用可控硅整流，变交流电为直流电输给直流电动机，而直流电动机可通过改变电阻等调节方式改变转速。

选用变频交流电动机。采用改变励磁等调节方式改变交流电的频率，可使交流电动机改变转速。

以上这两种方式或者需要增加设备，或者增加电动机的造价，且现今输出的功率还不太大，故一般还较少应用。

12.7.3　选型方法

首先，用户可根据已知介质、流量、和进、出口压力、温度等条件和要求，直接查找某生产厂家的产品目录来选型。

其次，用户可根据已知条件和要求，进行初步的方案计算，以选择合适的机器、形式、结构和级数等，并与制造厂商商讨选型。

第三，用户可提出已知条件和要求，委托有关单位(例如美国北方研究工程中心 NREC、中国科学院、西安交通大学等)利用现成的软件进行产品优化选型与性能预测，并与制造厂商协商使选型的机器效果最佳。

12.7.4 选型事例

(1) 通用的空气压缩机选型事例

某炼油厂动力站需要一台离心压缩机，输送空气流量 $q_{VN}=10200Nm^3(V_n)/h$，进口压力 $p_{in}=0.0931MPa$，进口温度 $t_{in}=30℃$，要求出口压力 $p_{out}=0.848\ MPa$，出口温度 $t_{out}=42℃$，交流电动机驱动，其初步方案计算与选型如下：

由于要求的压力比 $\varepsilon=\frac{p_{out}}{p_{in}}=9.1$，比较大，又有出口温度限制，为了节能，宜选用多级中间冷却型的压缩机，级数约为6级或7级。可采用两级中间冷却，但即使末级前设第二个中间冷却器，末级出口空气的温度也将大于42℃，为此只能在压缩机中采用一个中间冷却器，而在压缩机出口之后设置第二个中间冷却器，使排出的空气冷却至接近于常温的42℃。经计算，压力比为9.1，一次中间冷却的省功比为18%。

取流量余量系数为1.02，则该压缩机输送的空气质量流量为

$$q_m=1.02q_{VN}\rho_N=1.02\times\frac{10200}{3600}\frac{101355}{287\times273}=3.7385kg/s$$

取压力升余量系数为1.04，则压缩机进、出口压力比为

$$\varepsilon=\frac{p_{out}}{p_{in}}=\frac{0.0931+1.04\ (0.848-0.0931)}{0.0931}=9.4328$$

前三级为第一段，取相同的参数为 $D_2=450mm$，$n=12238r/min$，$u_2=288.35m/s$，$\beta_{2A}=50°$，$z=22$ 片，$\delta_2=4mm$，$\tau_2=1-\frac{z\delta_2}{\pi D_2\sin\beta_{2A}}=0.9187$。

后三级为第二段，取相同的参数为 $D_2=410mm$，$n=12\ 238r/min$，$u_2=262.72m/s$，$\beta_{2A}=45°$，$z=22$ 片，$\delta_2=4mm$，$\tau_2=1-\frac{z\delta_2}{\pi D_2\sin\beta_{2A}}=0.8937$

下面逐级参数的计算列于表12-2中。

表12-2 参 数 计 算

名称	单位	公式（或选取）	1级	2级	3级	4级	5级	6级	备注
φ_{2r}		选取	0.284	0.26	0.24	0.22	0.20	0.18	
H_{th}	kJ/kg	$(1-\varphi_{2r}ctg\,\beta_{2A}-\frac{\pi}{Z}\sin\beta_{2A})\ u_2^2$	54.237	55.911	57.306	46.868	48.248	49.628	
β_{df}/β_1	—	选取	0.022/0.01	0.023/0.013	0.026/0.015	0.032/0.018	0.035/0.02	0.037/0.023	未校核
H_{tot}	kJ/kg	$H_{th}\ (1+\beta_{df}+\beta_1)$	55.973	57.924	59.656	49.211	50.902	52.606	
η_{pol}	—	选取	0.78	0.77	0.76	0.77	0.76	0.75	
H_{pol}	kJ/kg	$H_{tot}\eta_{pol}$	43.659	44.602	45.339	37.893	38.685	39.455	
ε	—	$\left(\frac{m-1}{m}\frac{H_{pol}}{RT_0}+1\right)^{\frac{m}{m-1}}$	1.585 4	1.494 5	1.425 6	1.476 4	1.414 3	1.366 5	
$p_0'=p_{0+1}$	MPa	$p_0\varepsilon$	0.147 6	0.220 6	0.314 5 *(0.308 2)	0.455 0	0.643 5	0.879 3 *(0.861 7)	*为冷却器后进口处

续表

名称	单位	公式(或选取)	1级	2级	3级	4级	5级	6级	备注
$T'_0=T_{0+1}$	K	$T_0(\varepsilon)^{\frac{m-1}{m}}$	358.7	416.4	475 *(315)	364	414.7	467.1 *(315)	*为冷却器后进口处
q_{V0}	m^3/s	$q_m\dfrac{RT_0}{p_0}$	3.4920	2.6076	2.0254	1.0967	0.8584	0.6915	级进口
q'_{V0}	m^3/s	$q_m\dfrac{RT'_0}{p'_0}$			1.6205			0.57	级出口
k_{v_2}	—	选取	1.2	1.18	1.16	1.17	1.155	1.14	未校核
$\dfrac{b_2}{D_2}$	—	$\dfrac{(1+\beta_1)Q_0}{k_{v_2}\tau_2\varphi_{2r}u_2^3}\times\left(\dfrac{n}{33.9}\right)^2$	0.0612	0.051	0.0437	0.0349	0.0305	0.0277	
N_i	kW	$q_m\sum_1^6 H_{tot}$	1220						内功率
η_m	—	选取	0.97(压缩机包括齿轮箱的机械效率)						
N_s	kW	N_i/η_m	1258						轴功率
N_d	kW	选取	1600						电动机输出功率

根据以上计算，两个冷却器应按进口流量 $q_V=1.62m^3/s$，冷前温度 $T=475K$，冷后温度 $T=315K$ 和 $q_V=0.57m^3/s$，冷前温度 $T=467.1K$，冷后温度 $T=315K$ 选型与设计。

根据以上方案计算结果，这台离心压缩机可参照原沈阳鼓风机厂 MCL 系列型号为 2MCL450 初步选型，见表 12-3。气缸为水平中分型，级内和轴端均为梳齿型密封。它与图 11-1 的图形大体相同。方案计算中第一级的叶轮 $\frac{b_2}{D_2}=0.0612$，稍大了一些，如该级选用三元扭曲型叶轮更为合适，这样该级的多变效率还可取的更大，机器功率消耗还可减少。其他具体要求，选型者可与制造厂商商定。

表 12-3 原沈阳鼓风机厂离心压缩机部分产品型号参数

型号	级数	机壳设计压力/atm($=1.01325\times10^5Pa$)	吸入流量/(m^3/h)	工作转速/(r/min)
空气压缩机				
MCL450	7	40	4000	8500
2MCL450	7	40	12500	12200
MCL600	7	40	7000	5900
2MCL600	6	15	30000	8500
氨合成气压缩机				
BCL407	7	100	5300	13200
BCL407/A	7	200	2400	13200
BCL306/A	6	200	1250	13200
BCL/B	6	350	1100	13200
2BCL508	8	90	9100	11300
BCL407/A	7	200	1500	10900
2 BCL408/A	8	200	3100	11300

(2)合成氨装置用的高压压缩机选型事例

某大型化肥厂年产30万吨合成氨装置中，需要一台压缩机将合成气增压输送到反应器中合成为氨气。合成气的成分为 $N_2=1436$，$H_2=4428$，$CH_4=39$，$C_2H_4=13$，$C_3H_6=11$，$H_2O=16$，单位均为 kmol/h。进口压力为 $p_{in}=64.87\text{atm}$（$1\ \text{atm}=1.01325\times10^5\text{Pa}$），进口温度为 $T_{in}=324\text{K}$，要求出口压力为 $p_{out}=141.8\text{atm}$（$1\ \text{atm}=1.01325\times10^5\text{Pa}$），选用汽轮机驱动，该机器的选型方法如下：

首先，计算混合气体的相对分子质量和气体常数，令 x_i 为单一介质的摩尔百分数，M_i 为单一介质的相对分子质量，则混合气体的相对分子质量和气体常数为

$$M=\sum x_iM_i=8.569$$

$$R=\frac{8314.3}{8.569}=970.3\text{J/kg}\cdot\text{k}$$

由于该气体的进口压力和出口压力均较高，又含烃类气体，则该气体应按实际气体处理，求得压缩性系数 Z 和容积多变指数 m_V。参照本书第1章实际气体一节，作为机器的选型可按经验预估，或选择合适的混合法则，按对比态三参数或四参数法求压缩性系数Z，按熵平衡法求容积多变指数 m_V，这需编程上机计算，由此得出机器进口处的压缩性参数 $Z_{in}=1.055$，容积多变指数 $m_V=1.9586$。总的多变压缩功为

$$H_{pol}=\frac{m_v}{m_v-1}Z_{in}RT_{in}\left[\left(\frac{p_{out}}{p_{in}}\right)^{\frac{m_V-1}{m_V}}-1\right]=316\text{kJ/kg}$$

由于逐级特别是压力更高的后几级叶轮相对宽度 $\frac{b_2}{D_2}$ 较小，故取平均级多变效率 $\eta_{pol}=0.72$，则整台压缩机的总能量头为

$$H_{tot}=\frac{H_{pol}}{\eta_{pol}}=439\text{kJ/kg}$$

考虑到闭式后弯型叶轮所能允许的 u_2 值和通常经验选取的值 φ_{2r}，β_{2A} 和 Z 等参数，平均每级所能提供的 H_{tot_i} 取为55或50kJ/kg，则级数为

$$i=\frac{H_{tot}}{H_{tot_i}}=\frac{439}{55}=7.98\approx8,\text{或}$$

$$i=\frac{H_{tot}}{H_{tot_i}}=\frac{439}{50}=8.78\approx9$$

进口容积流量 q_{Vin} 为

$$q_{Vin}=\frac{Mq_m}{\rho_{in}}=\frac{Mq_mZ_{in}RT_{in}}{p_{in}}=\frac{8.569\times5943\times1.055\times970.3\times324}{64.87\times101\,355}=2568\text{m}^3\text{/h}$$

初步分析，该机器具有以下特点：

① 因为氢气组分占混合气体的74.5%，所以该混合气体属于轻气体。虽然所需的压力比 $\varepsilon=2.186$ 并不大，但因气体常数 R 比空气的大3.38倍。故所需的多变压缩功就很大，这是导致级数为8或9级的主要原因。另外，压缩性系数 Z 使 H_{pol} 增加了5.5%，而 m_v 使 H_{pol} 减少了3.8%，它们对 H_{pol} 影响不太大，且两者相互抵消了一部分。

② 该压缩机的进口容积流量仅为 $2568\text{m}^3\text{/h}$，比上面所举的空气压缩机的 $10200\text{m}^3\text{/h}$ 小约4倍，故属于小流量的离心压缩机，其特点为逐级叶轮更加变窄，叶轮直径 D_2 较小，而转速较高，流量系数 φ_{2r} 较小，β_{2A} 较小，$\frac{b_2}{D_2}$ 较小，因而多变效率较低，这也是导致级数较多

的原因。

③ 由于机器内的气体压力大，最高达 141.8 标准大气压，为了安全，应选用合金钢锻造筒形和端盖结构的气缸，该介质多为可燃气体，压力又大，故轴端应选用浮环式密封或机械密封，严防气体泄漏。

④ 由于排出气体送往反应器，那里的气体在高压高温下合成为氨气，故该压缩机不必采用中间冷却措施。

根据以上计算和特点分析，这台高压压缩机可参照沈阳鼓风机厂 BCL 系列，型号为 BCL407/A 和 2BCL408/A，见摘录表 12－3 选型，它与图 12－44 的图形大体相同，其他具体要求，选型者可与制造厂商商定。

(3)炼油厂催化裂化装置用的大流量低压力比压缩机选型事例

某年产 120 万吨炼油厂催化裂化装置中需要一台主风机，要求输送风量为 $200 \times 10^3 Nm^3/h$，进口压力为 $p_{in} = 0.0986MPa$，温度 $t_{in} = 20℃$，要求出口压力 $p_{out} = 0.305MPa$，电动机驱动，要求具有较宽的变工况范围，该机的选型方法如下。

$$q_{Vin} = q_{VN}\frac{p_N T_{in}}{p_{in} T_N} = \frac{200000}{3600} \times \frac{0.101355 \times 293}{0.0986 \times 273} = 61.29 m^3/s$$

取 $n = 5608 r/min$，$u_2 = 280 m/s$，$\varphi_{2r} = 0.32$，$\tau_2 = 0.908$，$k_{V_2} = 1.12$

则 $\frac{b_2}{D_2} = \frac{q_{Vin}}{k_{V_2}\tau_2\varphi_{2r}u_2^3}\left(\frac{n}{33.9}\right)^2 = \frac{61.29}{1.12 \times 0.908 \times 0.32 \times 280^3}\left(\frac{5608}{33.9}\right)^2 = 0.235$，由于 $\frac{b_2}{D_2} = 0.235 >> 0.065$，显然选用离心压缩机已不可能，而必需选用适合大流量的轴流压缩机。该机要求压力比 $\varepsilon = \frac{p_{out}}{p_{in}} = \frac{0.305}{0.0986} = 3.093$，由于轴流式单级压力比小，若取各级的平均压力比 $\varepsilon_{i_{cp}} = 1.135$，则需要的级数为

$$i = \frac{\ln\varepsilon}{\ln\varepsilon_{i_{cp}}} = 8.92 \approx 9$$

根据以上要求和初算结果，可参照表 12－4 中陕西鼓风机厂型号为 AV63－9 轴流压缩机选型，该型号的机器进、出口压力比为 2.7～3.2，流量为 $156 \sim 215 \times 10^3 Nm^3/h$，9 级，由于该型号的机器全静叶可调，能适应较宽的变工况范围，故能满足需要，它的结构与图 12－33 类同。

表 12－4　AV 型系列轴流压缩机(全静叶可调)部分目录

产品型号	输送介质	级数	进出口压力比	吸入流量 $\times 10^3$[Nm^3/h]	功率 MW	转速	备注
AV40	空气	$\frac{9}{18}$	$\frac{2.7 \sim 3.2}{6.5 \sim 7.2}$	70～85	$\frac{34 \sim 40}{63 \sim 80}$	8833	
AV56	空气	$\frac{9}{18}$	$\frac{2.7 \sim 3.2}{6.5 \sim 7.2}$	135～165	$\frac{62 \sim 80}{130 \sim 160}$	6309	
AV63	空气	$\frac{9}{18}$	$\frac{2.7 \sim 3.2}{6.5 \sim 7.2}$	156～215	$\frac{80 \sim 100}{160 \sim 200}$	5608	
AV100	空气	$\frac{9}{18}$	$\frac{2.7 \sim 3.2}{6.5 \sim 7.2}$	425～550	210～270	3533	

参　考　文　献*

1. Huntington R. A. Evaluation of Polytropic Calculation Methods for Turbomachinery Performance J. of Eng. For Gas Turbine and Power Trans. ASME872. 1985, 107
2. К. П. Селезнев и ЛР. Теорця и гурбокомпрессоров Машцностроенце. 1986
3. 李超俊、余文龙．轴流压缩机原理与气动设计．机械工业出版社，1987. 9
4. 姜培正，岳愉．轴流压缩机气体倒流与喘振的关系．化工机械．1988. 4
5. 姜培正，叶轮机械．西安交通大学出版社，1991. 8
6. 李景垠，刘立军，李超俊．轴流压缩机特性计算模型的研究．机械工程学报，1997，33(2)
7. 熊欲均．机械工程手册(第二版)第12卷第1篇．机械工业出版社，1997
8. 姜培正．过程流体机械．化学工业出版社，2001. 8
9. 黄钟岳，王晓放．透平式压缩机．化学工业出版社，2004. 8

* 这里尚需介绍一个重要的资料，即“石油化工和气体工业用轴流、离心压缩机及膨胀机——压缩机 API 617 标准第7版 2002 年 7 月”(标准分享网 http：//www. bzfxw. com)。它对了解轴流、离心压缩机各方面的技术条件、规定和标准均有重要的参考价值，有时甚至需要参照执行。

13 通风机

13.1 通风机的分类、用途、型号编制与主要性能参数

13.1.1 通风机的分类

（1）按出口压力升值分类

① 通风机　出口压力升值低于15kPa。其中，低压轴流通风机低于490Pa；高压轴流通风机490～4900Pa；低压离心通风机低于980Pa；中压离心通风机980～2940Pa；高压离心通风机2940～14700Pa。

② 鼓风机　出口全压升值（15～35）kPa。

③ 压缩机　出口全压升值大于35kPa。

（2）按用途分类

通风机的用途遍及国民经济及社会居民生活的各个领域，它是用途最广产品最多的一种通用机械。按照各自的用途及其所处理的气体的种类、风量、风压、通风机的结构形式与应用场合可列表分类如下：

按用途分类首先给通风机产品冠以各自的用途代号，如表13－1所示。

表13－1　通风机产品用途代号

序　号	用途类别	代　号	
		汉字	简写
1	工业冷却水通风	冷却	L
2	微型电动吹风	电动	DD
3	一般用途通风换风	通用	T（省略）
4	防爆气体通风换风	防爆	B
5	防腐气体通风换风	防腐	F
6	船舶用通风换风	船通	CT
7	纺织工业通风换风	纺织	FZ
8	矿井主体通风	矿井	K
9	矿井局部通风	矿局	KJ
10	隧道通风换风	隧道	SD
11	锅炉通风	锅通	G
12	锅炉引风	锅引	Y
13	船舶锅炉通风	船锅	CG
14	船舶锅炉引风	船引	CY
15	工业用炉通风	工业	GY
16	排尘通风	排尘	C
17	煤粉吹风	煤粉	M
18	谷物粉末输送	粉末	FM
19	热风吹吸	热风	R
20	高温气体输送	高温	W

续表

序号	用途类别	代号	
		汉字	简写
21	烧结炉烟气	烧结	SJ
22	一般用途空气输送	通用	T（省略）
23	空气动力	动力	DL
24	高炉鼓风	高炉	GL
25	转炉鼓风	转炉	ZL
26	柴油机增压	增压	ZY
27	煤气输送	煤气	MQ
28	化工气体输送	化气	HQ
29	石油炼厂气体输送	油气	YQ
30	天然气输送	天气	TQ
31	降温凉风用	凉风	LF
32	冷冻用	冷冻	LD
33	空气调节用	空调	KT
34	电影机械冷却烘干	影机	YJ

表 13－2 汇总了通风机的各种用途、名称、形式、输送气体、风量、风压及特点。

表 13－2 通风机的各种用途及其特点

用途	名称	形式	输送气体	风量/(m^3/min)（压力/kPa）	特点
1－炼钢炼铁用	烧结炉鼓风机	离心	排气	10 000～40 000（12～17）	由于灰尘较多，应对叶轮、机壳采取耐磨措施。而在不断提高了集尘风机性能的今天，均采用高效后向叶片、机翼型叶片
	烧结炉冷却通风机	轴流、离心	空气	6500～16 000（0.6～1.4）	在强制式通风机中，采用效率高的轴流式为好，但噪声较大 在排气式通风中，由于磨损严重，可采用具有耐磨结构的离心式风机
	高炉气体升压鼓风机	离心	高炉气（B 气体）	300～8000（200～600）	为防止轴封部分的气体泄漏，采用水封；因叶轮附着灰尘会引起不平衡，为洗净灰尘，可装设喷水装置
	转炉气体鼓风机	离心	转炉气体	3000～7000（13～20）	叶片使用有耐蚀性的材料，因会附着灰尘，可以水喷射予以清洗，并装备有手动盘车装置
2－矿山、隧道、地铁用	矿山主排风机	轴流、离心	矿井内气体	2400～13 000（0.8～3.6）	对于大风量，轴流式较好，以动叶可调进口导叶来调节风量，可提高运行效率
	局扇	轴流、离心	矿井内气体		矿井内局部辅助通风用，它为小型、轻量直动式风机
	隧道给排气通风机	轴流	空气	4800～13 000（0.3～2）	根据隧道内烟尘的浓度可自动运转。以动叶可调式可提高运行效率，并在发生火灾时能够逆转，使之排烟

续表

用途	名称	形式	输送气体	风量/(m³/min) (压力/kPa)	特点
2－矿山、隧道、地铁用	喷流式通风机	轴流	空气	500 (0)	短隧道以及辅助通风用，它是吊在天棚上使用 因噪声大，需加消声罩，并可根据风向使之逆转
	地铁用给排气通风机	离心、轴流	空气	1200～3500 (0.3～2)	由于设于地下隧道内，最好为小型，并根据装入口的大小分成几部分。由于给排气口处于市内的地上，在规定严格的地方可特殊要求使用低噪声通风机
3－下水道污水处理用	曝气鼓风机	离心、混流	空气	40～700 (50～75)	由于进气压力高，可采用多级离心鼓风机或齿轮增速型混流式风机。根据负荷的变化选择运转台数，并联运转，可节省功率。用进口阀防止喘振
4－城市煤气用	焦炉煤气鼓风机	离心	焦炉煤气	150～2000 (18～100)	由于气体密度小，需要齿轮增速。因此，要求叶轮具有较高的强度。为防止停车时的焦油凝结，须不断盘车，并进一步用吹入蒸汽进行清扫
	回气式鼓风机	离心	液化天然气	100～200 (10～30)	为使液化天然气储存罐内保持一定的压力，可采用这种风机，为保持超低温，可选用特殊材料
5－发电设备用	引风用通风机	离心	锅炉排气	7600～21 000 (5.2～6.4)	可用于平衡式通风方式，燃烧重油时，须注意由排气中硫的成分所造成的低温腐蚀；燃烧煤炭时，须注意由灰尘所致的磨损。为进一步加大风量，最好使用高效风机
	鼓风用通风机	离心、轴流	空气	1600～273 000 (3.8～15)	在离心式中，选用机翼型叶片，采用进口导叶调节方式，大型机种可选用动叶可调轴流式。在鼓风用通风方式中，因压力较高致使噪声大，须加消声装置
	气体循环通风机	离心	锅炉排气	4600～16 000 (1.7～4)	由于抽吸高温的锅炉排气，则要求一定的耐热强度和结构。为防止停车时的热变形，往往装设盘车装置
	排烟脱硫通风机	离心	锅炉排气		它装于脱硫装置的前面，与引风机相同，装于其后面时，由于往往抽吸的是腐蚀性气体，故采用耐蚀材料
	原子能发电炉用通风机	离心、轴流		850～1400 (2.4)	考虑到原子能发电炉的安全运转，为不产生故障，特别将重点放在质量管理上

续表

用途	名称	形式	输送气体	风量/(m^3/min) (压力/kPa)	特　点
6－空调用	冷却塔用通风机	轴流、离心	空气	100～10000 (0.1)	压力低、风量大，由于装于冷却塔的顶部或侧面，适于使用轻量的轴流通风机。抽吸式中，因吸入湿空气，则应注意耐蚀性
	屋顶风机	轴流	空气	～180	装于建筑物的屋顶上，采用量轻，且不受雨水侵袭的结构
	一般空调用通风机	离心、轴流	空气		在通风及空调用途中，各种风机可单独或组装于其他机器之上使用。一般为低压式，多采用多翼式或横流式的紧凑结构
	空气幕	横流	空气	20～90	
7－水泥窑用	水泥窑尾引风机	离心	排气	9000～12000 (7～10)	抽吸高温排气，则应注意耐热强度。因燃料陆续由石油改成煤炭，须注意磨损问题。因功率消耗大，多采用高效的涡轮式机种
	冷却器用通风机	离心	空气排气	1000～5500 (2～7)	介质差时，往往会磨损，可采用机翼型通风机，并以进口导叶调节；因抽气通风机输送气体中含有煤渣及灰尘，故须采取防磨损措施
	集尘风机	离心	各种气体	100～13000 (1～3.5)	可用各种集尘风机，并按各自输送气体确定结构
8－垃圾焚烧用	引风用通风机	离心	排气	1000～3500 (1.5～3)	往往会因焚烧物而使腐蚀性加大，且附着灰尘
	鼓风用通风机	离心	空气	400～1500 (2～4.5)	抽吸空气往往有污染或磨损，其风量调节多采用进口导叶调节
9－输送物体用	抽吸通风机	离心	空气	100～500 (1～3)	输送物体直接通过通风机内，因附着、磨损严重，可选用径向型，且叶片可更换的叶轮结构
	压送通风机	离心	空气	200～800 (3～5)	输送物体不直接通过通风机内，因此无磨损。输送距离长时，须用高压机种
10－船舶用	鼓风用通风机	离心、轴流	空气	30～100 (0.1～1)	因装于船舶上，则要求小型、量轻、坚固且节能，用机翼型叶片，采取进口导叶的调节方式。大容量机种中，用变极电动机，同时采用速度调节方式
	惰性气体通风机	离心	惰性气体	10～50 (0.6～2)	用于压送为防止油船油槽爆炸的惰性气体的，它抽吸着经海水清洗器洗涤过锅炉排气的气体，故腐蚀严重 叶轮采用铝青铜或特殊不锈钢，机壳进行环氧涂敷

续表

用途	名称	形式	输送气体	风量/(m^3/min) (压力/kPa)	特点
10－船舶用	各种通风换气用通风机	轴流、离心	空气	40～400 (0.2～0.8)	船上各处通风用的风机，多数使用轴流式。为防止海水腐蚀，也有进行镀锌处理的
11－工业炉用	循环通风机	离心、轴流		300～2000 (1～4)	各种工业用炉中，为确保炉内温度均匀，可采用循环用通风机。接触热风的叶轮按耐高温蠕变的要求，采用加钼材料或高镍材料，并制成用绝热材料隔热，以保护轴承的结构
12－化工用	各种通风机	离心、轴流		100～700 (0.5～80)	在化学装置中，强制流动用及冷却、集尘等各种领域内，广泛采用这种通风机，但应选用能耐各自气体性质的材料
	亚硫酸气鼓风机	离心	亚硫酸气	600～3000 (23～48)	叶轮采用耐腐蚀材料
	氯气鼓风机	离心	氯气	25～60 (40～80)	由于采用干燥气体，故用普通碳素钢，又因温升受到限制，则应装设中间冷却器
13－风洞用	风洞实验用	轴流、离心	空气	450～120 000 (1～2.5)	可用于在各方面进行各种实验研究的目的，其主要形式为轴流式

13.1.2　通风机的型号编制规则

(1) 离心通风机的型号编制规则(见表13－3)

表13－3　离心通风机型号组成的顺序关系

形　式	品　种
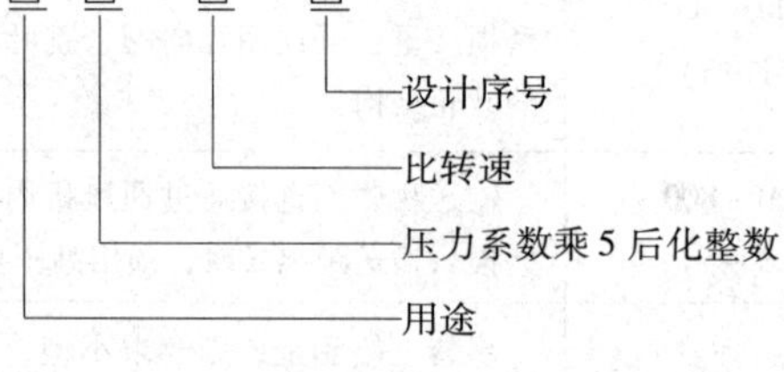	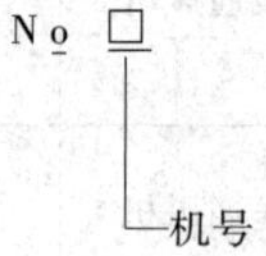

说明：通风机产品用途代号见表13－1；若用两叶轮并联或单叶轮双吸入结构则用2乘比转速；若产品形式中有重复代号或派生型时，则在比转速后用罗马数字加注序号；机号用叶轮直径的分米(dm)数表示。

例如，型号K4－2×72 No20。其中，K表示用于矿井主体通风；4是压力系数乘5后化整数；2表示为叶轮是双吸入式；72是比转速；No20表示该机号的叶轮直径为2000mm。

(2) 轴流通风机的型号编制规则(见表13－4)

表 13-4 轴流通风机型号组成的顺序关系

形 式	品 种
□ □ □ □ □ ——设计序号 ——转子位置 ——叶轮轮毂比 ——用途 ——叶轮数	No □ ——机号

说明：叶轮数代号单叶轮可不表示，双叶轮用2；轮毂比为叶轮内径与外径之比取二位整数；转子位置卧式用A，立式用B表示；若产品形式中有重复代号或派生型时，在设计序号前采用罗马数字加注序号。

例如，型号2K70-1 No18。其中，2表示两个叶轮；K表示用于矿井主体通风；70表示轮毂比为0.7；-1表示对原2K70型产品设计有重大修改；No18表示叶轮直接为1800mm。

13.1.3 通风机的主要性能参数

(1)一般性能参数

① 流量。通风机的流量(排气量或送风量)通常是用出口流量或进口流量换算为大气标准状态下的流量，大多为容积流量，用符号 Q 表示，单位是 m^3/min 或 m^3/h，也有用质量流量 G 表示的，单位是 kg/s。

大气标准状态的参数是压力1atm(760mmHg或101325Pa)，温度20℃，相对湿度50%，密度1.2 kg/m^3。

将出口流量 Q_e 换算成进口流量 Q_i 可按下式计算为

$$Q_i = \frac{\rho_e}{\rho_i} Q_e \qquad (13-1)$$

式中 ρ_e，ρ_i 分别是出口、进口处的气体密度，kg/m^3。

将大气标准状态下的流量 Q_N 换算成进口流量 Q_i 可按下式计算为

$$Q_i = Q_N \frac{p_{b1}}{p_{b1} - \varphi p_{vs}} \frac{T_i}{293} \qquad (13-2)$$

式中：p_{b1}是进气绝对压力，Pa；p_{vs}是水蒸气饱和压力，Pa；φ 是相对湿度；T_i 是进气的绝对温度。

由此看来，在标示流量时，若用容积流量，则必须注明所处的位置和气体状态。

② 压力 为引入正常通风，通风机需要克服管道阻力的压力。通风机的压力分为静压 p_s、动压 p_d 和全压 p_t 三种形式。其中，克服送风阻力的压力为静压；把气体流动所需的动能换算成压力的形式为动压，即 $p_d = \frac{\rho U^2}{2}$；所在点上或所在截面上的静压和动压之和称为全压。

静压 p_s 为气体对平行于气流的物体表面作用的压力，它是通过垂直于其表面的小孔测量出来的。压力的单位均为帕(Pa)，以上各种压力均指表压力。需要更清楚表示时应写成 p(表压力)。绝对压力是表压力加外面的大气压力，写成 p_b(绝对压力)。

所谓通风机的全压 p_{tF} 是指由通风机所给定气体的全压增加量，即通风机的出口和进口之间的全压之差，即

$$p_{tF}=p_{t2}-p_{t1}=(p_{s2}+p_{d2})-(p_{s1}+p_{d1})=(p_{s2}-p_{s1})+(p_{d2}-p_{d1}) \quad (13-3)$$

所谓通风机的静压 p_s 是指通风机的全压减去通风机出口处的动压，即

$$p_{sF}=(p_{t2}-p_{t1})-p_{d2}=(p_{s2}-p_{s1})-p_{d1} \quad (13-4)$$

③转速　通风机叶轮单位时间转过的圈数，用 n 表示，单位是每分钟转速(r/min)。通风机的转速对通风机的流量、压力、功率、效率和噪声都有影响，必须按规定的转速运转，否则达不到设计的要求。若选用可变转速的原动机驱动通风机，则可在较大范围内改变通风机的流量和压力，以适应用户的要求，并可具有较高的效率。

④ 功率　通风机的有效功率是指单位时间内通风机输送气体所获得的有效能量，以 P_e 表示，单位是千瓦(kW)，其中

全压有效功率为
$$P_e=\frac{p_t Q_s}{1000} \quad (13-5)$$

静压有效功率为
$$P_{esF}=\frac{p_{sF} Q_s}{1000} \quad (13-6)$$

式中：p_t，p_{sF} 分别为通风机的全压、静压，Pa；Q_s 为通风机的流量，m^3/s。

通风机的内功率是指单位时间内用风机的叶轮对气体所做的功，用 P_i 表示。内功率等于通风机的有效功率与通风机内部损失所消耗的功率之和。

通风机的轴功率是指单位时间内原动机传递给通风机旋转轴的能量，以 P 表示。通风机的轴功率等于通风机内功率与通风机轴承内部机械损失所耗去的功率之和。

⑤ 效率　通风机的效率是指通风机的有效功率与轴功率之比，以 η 表示，其中

全压效率为
$$\eta=\frac{P_e}{P}=\frac{p_t Q_s}{1000P} \quad (13-7)$$

静压效率为
$$\eta_{sF}=\frac{P_{esF}}{P}=\frac{p_{sF} Q_s}{1000P} \quad (13-8)$$

通风机的内效率是指通风机的有效功率与内功率之比，以 η_i 表示，其中又有全压内效率与静压内效率之分。

通风机的机械效率是指通风机的内功率与轴功率之比，以 η_m 表示，它表征通风机轴承损失和传动损失的大小。

⑥ 比转速　通风机的比转速是反映不同类型通风机的流量、压力和转速之间的综合特性参数。同一台通风机在不同工况点时有不同的比转速，但是通常只把通风机全压效率最高工况点的比转速作为该通风机的比转速值。相似的通风机比转速相等，因此比转速可作为风机分类、相似设计和产品系列化的依据之一，故在通风机设计和选型中被广泛应用。

比转速的表达式为
$$n_s=n\frac{Q^{\frac{1}{2}}}{p_t^{\frac{3}{4}}} \quad (13-9)$$

不同类型的通风机，例如罗茨通风机或其他回转式通风机 $n_s \leqslant (1.8\sim2.7)$；前弯型叶片离心通风机 $n_s=(2.7\sim12)$，后弯型叶片离心通风机 $n_s=(3.6\sim16.6)$；单级双进气或并联离心通风机 $n_s \geqslant (16.6\sim17.6)$；轴流式通风机 $n_s=(18\sim36)$。同一种类型相似通风机的比转速相等。

⑦ 噪声　噪声是环境污染的主要因素之一，对人体健康有害，所以噪声也是通风机的

一个重要的性能参数，近来对它尤为重视。通风机噪声的高低通常用 A 声压级来评定，以 L_A 表示，单位是分贝（dB），或用声功率级来评定，以 L_W 表示，单位也是分贝（dB）。但分贝是无因次的。

（2）通风机的无因次性能参数

通风机的产品大都已系列化，一般是用一台设计研制好的模型机，按照流动过程相似的原理加以放大或缩小尺寸来生产的。因此，某一系列的通风机中各种产品的性能均可用统一的无因次性能参数或性能曲线图来表示，因为遵循相似通风机的下列无因次参数和效率均相等。

① 压力系数

$$\overline{p}=\frac{p}{\rho u_2} \tag{13-10}$$

式中 u_2 是叶轮外径处的圆周速度，m/s。

② 流量系数

$$\overline{Q}=\frac{Q}{\frac{\pi}{4}D_2^2 u_2} \tag{13-11}$$

式中 D_2 为叶轮外径，m。

③功率系数

$$\overline{P}=\frac{1000P_e}{\frac{\pi}{4}\rho D_2^2 u_2^3}=\frac{\overline{pQ}}{\eta} \tag{13-12}$$

式中 η 为全压效率。

13.2 离心式通风机的结构、工作原理、性能和调节

13.2.1 离心式通风机的结构和工作原理

离心式通风机是在风机中应用最广泛的一种风机。它的结构简单，制造方便。图 13-1 是常见的(单吸式)离心通风机的结构示意图。在图中离心通风机是由叶轮、机壳、传动部件、支承部件所组成。其中，叶轮由轴盘(5)、轮盘(6)、轮盖(9)和叶片(8)所组成。机壳包括蜗壳(7)、前导器(进风口)(10)和出风口(11)。传动部件包括皮带轮(1)和主轴(4)。支承部件包括轴承座(2)、(3)和底座(12)。

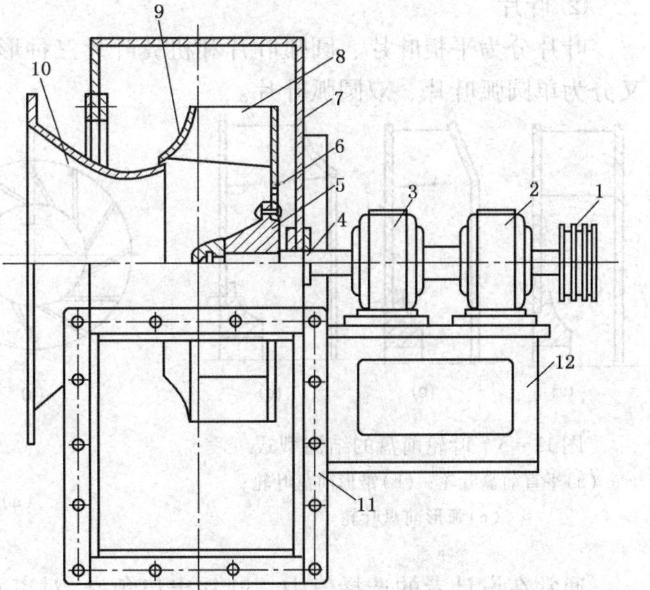

图 13-1 离心通风机结构示意图

1—V 带轮；2，3—轴承座；4—主轴；5—轴盘；6—轮盘；7—蜗壳；8—叶片；9—轮盖；10—前导器；11—出风口；12—底座

图 13-2 是双吸式离心通风机的示意图。气流从进气弯道(2)进入后分成两部分，分别进入背对背排列的叶轮之中，这样流量比单吸式增加了一倍，而且叶轮轴向力本身得到平衡。另外，还有一种单吸双级式通风机，气流是从一侧进风口进入一个叶轮，从该叶轮流出的气流再通过壳体和另一侧进风口流入另一个叶轮，然

后再通过蜗壳排出去。显然，在两个叶轮相同的情况下，双级叶轮产生的风压是单吸叶轮的两倍。

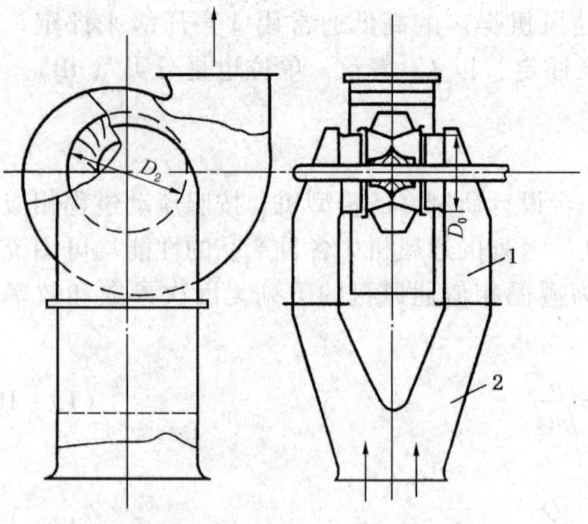

图 13－2 双吸离心通风机简图

1—进气箱；2—进气弯道

（1）叶轮的结构形式

叶轮是通风机的心脏，其功能是将机械能传递给气体，使气体在叶轮的叶片通道中增加静压能和动能，故它是通风机的主要部件。

叶轮是由轮盖、叶片、轮盘和轴盘所构成，它们的几何形状和尺寸对通风机的性能有重大的影响。离心叶轮一般是板式结构，轮盘均是圆形平板，并与轴盘（轮毂）用铆钉铆接起来。叶轮结构形式的区别在于轮盖和叶片的结构形式有所不同。

① 轮盖

轮盖一般分为三种类型，即平直轮盖、锥形轮盖和弧形轮盖，如图 13－3 所示。从制造观点看，平直轮盖最简单，锥形次之，弧形最复杂。

而从流动情况看，平直轮盖因气流进入叶片前有较大的转弯会带来较大的分离损失，其效率较低。而弧形的损失小效率高，锥形居中。

为了获得较高的静压升，有的通风机轮盖和轮盘外径都大于叶片出口处的径向尺寸，其超出的环形空间通道形成了旋转的无叶扩压器，这是通风机叶轮与离心压缩机叶轮不同之处。

② 叶片

叶片分为平板叶片、圆弧叶片和机翼叶片三种形状，如图 13－4 所示。其中，圆弧叶片又分为单圆弧叶片、双圆弧叶片。

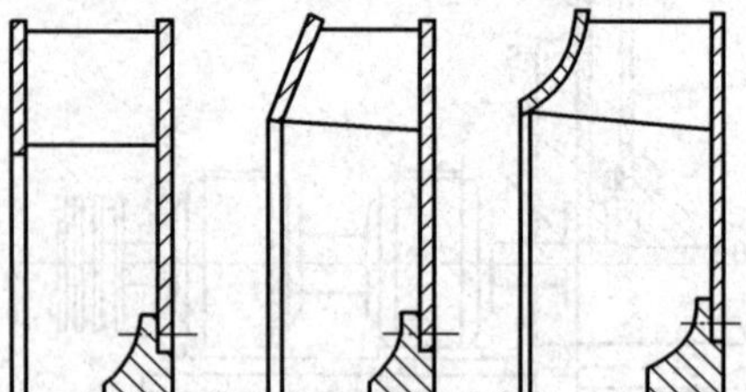

图 13－3 叶轮前盘的结构型式

（a）平直前盘叶轮；（b）锥形前盘叶轮；（c）弧形前盘叶轮

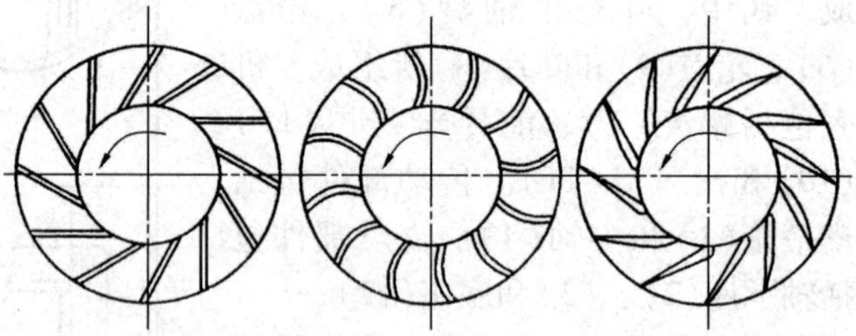

图 13－4 叶片形状的类型

（a）平板叶片；（b）圆弧叶片；（c）机翼叶片

通常在设计者的选择值中，叶片出口角 β_{2A} 对离心通风机的性能影响甚大。其中，$\beta_{2A} < 90°$ 为后向式叶轮；$\beta_{2A} = 90°$ 为径向式叶轮；$\beta_{2A} > 90°$ 为前向式叶轮。表 13－5 列出了叶片形式与出口安置角的范围。其中，前向叶轮一般采用圆弧叶片；后向叶轮中对于大型通风机多采用机翼叶片，对于中小型通风机多采用圆弧叶片或平板叶片。在尺寸、性能等方面三种叶片出口角的比较可见表 13-6。

表 13-5 叶片形式与出口安置角范围

叶片形式	出口安置角 β_{2A}	叶片形式	出口安置角 β_{2A}
后向叶片（水泵型）	20°~30°	径向出口叶片	90°
后向圆弧叶片	30°~60°	径向直叶片	90°
后向机翼型叶片	40°~60°	前向叶片	110°~150°
后向直叶片	40°~60°	强前向叶片（多翼叶轮）	150°~175°

表 13-6 叶片出口安置角三种形式比较

项　目	后向型	径向型	前向型
效率	高	中等	低
尺寸	大	中等	小
工作范围	宽	较宽	窄
叶轮圆周速度	高	中等	低
耐磨性	中等	好	差
耐腐蚀性	好	很好	一般
噪声	低	高	中等
可工作温度	中等	高	中等
成本	高	低	中等
电动机超载	不易	一般	易

在第 11 章离心压缩机中曾提到有限叶片数使气流在叶片出口处产生偏移的现象。根据对离心通风机的分析实验等所积累的经验，计算滑移系数 μ 除了使用斯陀道拉的公式，即

$$\mu = \frac{c_{2u}}{c_{2u\infty}} = 1 - \frac{u_2 \dfrac{\pi}{z}\sin\beta_{2A}}{u_2 - c_{2r}\mathrm{ctg}\,\beta_{2A}}$$

爱克（B·Eck）既考虑轴向涡流，还考虑叶片的曲率所产生离心力的影响，爱克提出的公式为

$$\mu = \frac{1}{1 + \dfrac{\sin\beta_{2A}\pi D_2^2 b_2}{8Sz}} \tag{13-13}$$

式中：S 为静面积矩；z 为叶片数。对于轮盖与轮盘平行的叶轮，有

$$S = \int_{R_1}^{R_2} bR\mathrm{d}R = \frac{b_2}{8}D_2^2\left[1 - \left(\frac{D_1}{D_2}\right)^2\right] \tag{13-14}$$

则

$$\mu = \frac{1}{1 + \sin\beta_{2A}\dfrac{\pi}{z\left[1 - \left(\dfrac{D_1}{D_2}\right)^2\right]}} \tag{13-15}$$

对于轮盖倾斜的叶轮，有

$$S = \left(R_2 + \frac{R_2 - R_1}{3}\frac{2b_1 + b_2}{b_1 + b_2}\right)\frac{b_1 + b_2}{2}(R_2 - R_1) \tag{13-16}$$

根据式(13－13)计算出的μ值在$30° < \beta_{2A} < 50°$的范围内与实验情况相当吻合。而当$\beta_{2A} > 50°$时，误差较大。

实验证明，对于轮盖与轮盘平行的叶轮，如用$1.5 + \left(\frac{1.1\beta_{2A}}{90°}\right)$代替式(13－13)中的$\pi\sin\beta_{2A}$，其计算结果与实验值较为一致。这时，式(13－13)变为

$$\mu = \frac{1}{1 + \frac{1.5 + \left(\frac{1.1\beta_{2A}}{90°}\right)}{z\left[1 - \left(\frac{R_1}{R_2}\right)^2\right]}} \tag{13-17}$$

该式适用于$20° < \beta_{2A} < 170°$的范围内。

对于$20° < \beta_{2A} < 45°$的高效率通风机，宜用下式计算，即

$$\mu = \frac{1}{1 + \frac{0.9 + \left(\frac{3.7\beta_{2A}}{90°}\right)}{z\left[1 - \left(\frac{D_1}{D_2}\right)^2\right]}} \tag{13-18}$$

俄罗斯中央空气动力研究院(ЦАГИ)提出的经验公式是

$$\cos\beta_2 = \cos\beta_{b2} + \rho_Q \frac{c_{2u\infty}}{zu_2} \tag{13-19}$$

由此式可计算出c_{2u}和滑移系数μ，其中ρ_Q值见表13－7。

表13－7　ρ_Q值表

叶　轮	正冲角时	负冲角时
后向叶轮	2	6～8
径向叶轮	3	8
前向叶轮	4	8

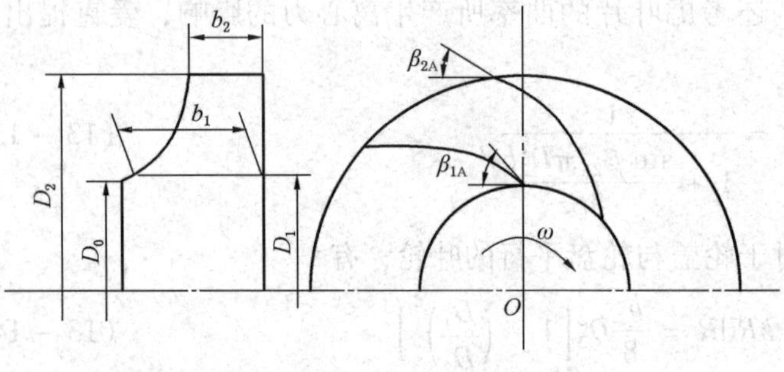

图13－5　叶轮主要几何参数

叶轮几何参数中尚有叶轮外径D_2，叶轮进口直径D_0，叶片进口直径D_1，叶片数z，叶片进口安置角$\beta_{1A} = \beta_1 + i$，叶片进口宽度b_1和阻塞系数τ_1，叶片出口宽度b_2和阻塞系数τ_2等，如图13－5所示。

离心通风机叶轮的旋转方向，从原动机一端正视，可分为顺时针(右旋转)和逆时针(左旋转)。选择时，必须使叶轮只顺着蜗壳螺旋线的展开方向旋转。

(2) 集流器(进气口)

集流器的作用是保证气流均匀地充满叶轮进口截面，以降低流动损失，提高叶轮的效率。常用的集流器有四种形式如图13－6所示。

(3) 进气室(进气箱)

如果在通风机进口之前必须接弯管，就会因气流转弯使叶轮进口截面上的气流不均匀，因此，在进风口之前需设进气室，引导气流尽可能均匀地充满叶轮进口。进气室一般应用在大型离心通风机上，使截面逐渐有些收敛的进气室效果较好。

对于双吸式离心通风机或烟气引风机，进气室要便于安装维护和改善轴承的工作条件。按叶轮“左”或“右”的旋转方向，进气室各有五种不同的进口角度安放位置，如图 13－7 所示。

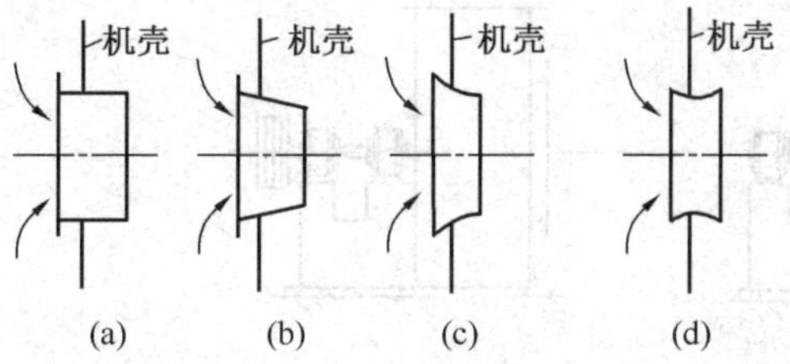

图 13－6　集流器基本形式

(a)圆筒形；(b)圆锥形；(c)圆弧形；(d)喷嘴形

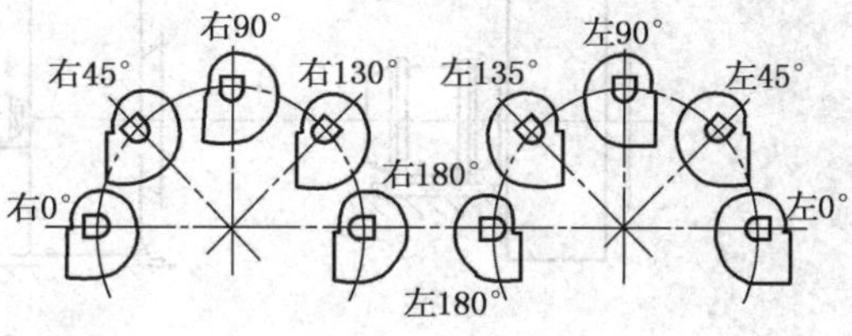

图 13－7　进气室角度位置示意图

(4) 蜗壳

蜗壳是由蜗板和左右两块侧板焊接而成。蜗壳的作用是收集从叶轮外径 360°排出来的气体，并将其引导到蜗壳的管道出口，经过出风口把气体输送到管道中或排到大气中。有的通风机将气体的一部分动能通过蜗壳转变为静压升高。蜗板型线是按等环量法或平均速度法得出的对数螺旋线或阿基米德螺旋线，如图 13－8 所示。为了制造方便，一般将蜗壳设计成等宽矩形截面。在图 13－8 中有个被称为蜗舌的小地方，它是用以防止一部分气体在蜗壳内老是作循环流动的。蜗舌可分为平舌、短舌、深舌和尖舌四种。但采用较多的是短舌和深舌。蜗舌越深，它与叶轮出口间的间隙越小，对提高通风机的压力和效率越有利，但效率曲线变陡，噪声较大。

根据使用的要求，离心通风机的蜗壳出口安置方向规定了如图 13－9 所示的 8 个基本出口位置。

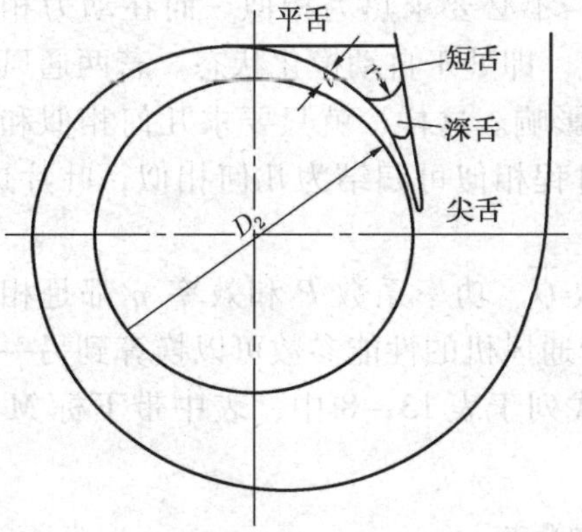

图 13－8　各种不同的蜗舌

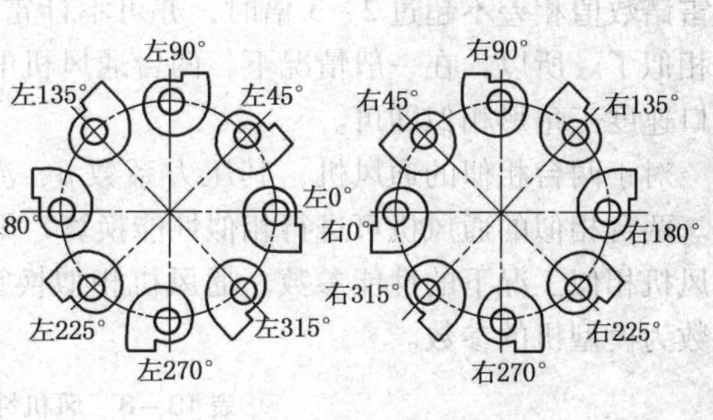

图 13－9　出风口角度位置示意图

(5) 传动方式不同的结构形式

根据使用情况的不同，离心通风机的传动方式也有多种。如果离心通风机与电动机的转速相同时，大号通风机可采用联轴器将通风机与电动机直接联动。小号通风机则可将叶轮直接安装在电动机轴上，其结构更加紧凑。如果离心通风机与电动机的转速不同，则需采用皮带轮变速的传动方式。

通常将叶轮装在主轴的一端称悬臂式，优点是拆装方便。对于双吸式或大型单吸式离心通风机，一般采用叶轮放在两个轴承座的中间，其优点是运转比较平稳。

目前我国生产通风机的工厂，把离心通风机的传动方式规定为图 13－10 所示的几种形式。

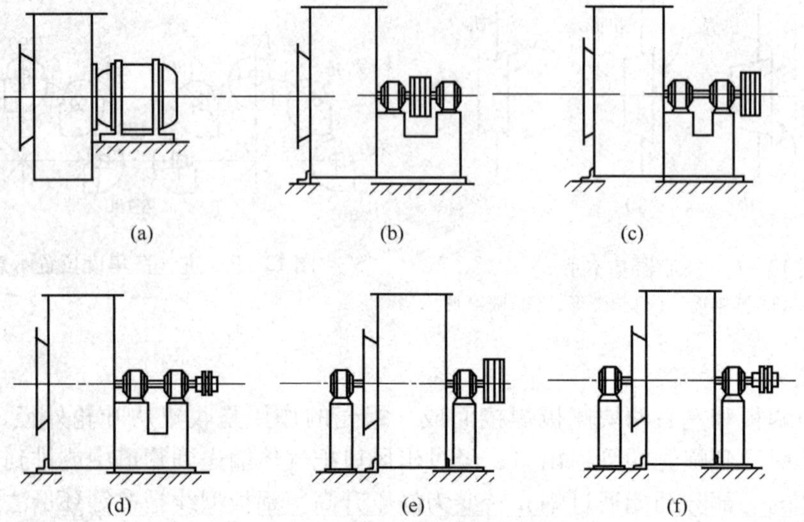

图 13－10　离心通风机传动结构形式

由于离心通风机的工作原理和离心压缩机基本相同，且比离心压缩机还要简单，故在此不再赘述。

13.2.2　相似理论在离心通风机中的应用

在离心通风机的性能相似换算、产品的相似设计与系列化中，相似理论得到广泛的应用。对于离心通风机来说，由于气体流速不大，压升不太高，其两台通风机的流动过程相似的条件通常可简化为几何相似、运动相似、动力相似，不必要求热力相似。而在动力相似中，不必要求马赫数相等，通常雷诺数大都大于临界值，即处于自动模化状态。若两通风机的雷诺数值相差不超过 2～3 倍时，亦可不计雷诺数的影响。这样，就只要求几何相似和运动相似了。所以，在一般情况下，两台通风机的流动过程相似可归结为几何相似，叶片进、出口速度三角形相似即可。

对于两台相似的通风机，其压力系数 $\bar{p}$、流量系数 $\bar{Q}$、功率系数 $\bar{P}$ 和效率 η 都是相等的。两台相似的通风机可进行相似性能换算，即从一台通风机的性能参数可以换算到另一台通风机相似工况下的性能参数。通风机相似换算的公式列于表 13－8 中，表中带下标 M 的参数为模型机的参数。

表 13－8　风机性能换算综合表

换算条件 / 项目	$D_2 \neq D_{2M}$，$n \neq n_M$，$\rho \neq \rho_M$	$D_2 = D_{2M}$，$n = n_M$，$\rho \neq \rho_M$	$D_2 = D_{2M}$，$n \neq n_M$，$\rho = \rho_M$	$D_2 \neq D_{2M}$，$n = n_M$，$\rho = \rho_M$
压力换算	$\frac{p}{p_M} = \frac{\rho}{\rho_M}\left(\frac{D_2}{D_{2M}}\right)^2\left(\frac{n_2}{n_M}\right)$	$\frac{p}{p_M} = \frac{\rho}{\rho_M}$	$\frac{p}{p_M} = \left(\frac{n_2}{n_M}\right)^2$	$\frac{p}{p_M} = \left(\frac{D_2}{D_{2M}}\right)^2$

续表

项目 \ 换算条件	$D_2 \neq D_{2M}$，$n \neq n_M$，$\rho \neq \rho_M$	$D_2 = D_{2M}$，$n = n_M$，$\rho \neq \rho_M$	$D_2 = D_{2M}$，$n \neq n_M$，$\rho = \rho_M$	$D_2 \neq D_{2M}$，$n = n_M$，$\rho = \rho_M$
流量换算	$\frac{Q}{Q_M} = \frac{n}{n_M}\left(\frac{D_2}{D_{2M}}\right)^3$	$Q = Q_M$	$\frac{Q}{Q_M} = \frac{n}{n_M}$	$\frac{Q}{Q_M} = \left(\frac{D_2}{D_{2M}}\right)^3$
功率换算	$\frac{P}{P_M} = \frac{\rho}{\rho_M}\left(\frac{D_2}{D_{2M}}\right)^5\left(\frac{n_2}{n_M}\right)$	$\frac{P}{P_M} = \frac{\rho}{\rho_M}$	$\frac{P}{P_M} = \frac{\rho}{\rho_M}\left(\frac{n_2}{n_M}\right)^3$	$\frac{P}{P_M} = \left(\frac{D_2}{D_{2M}}\right)^5$
效率	$\eta = \eta_M$			

13.2.3 离心通风机的性能曲线

(1) 有量纲的性能曲线

离心通风机的性能曲线是根据在一定转速运行下，它的全压(或静压)、轴功率和效率对应于流量之间的关系而作出的，如图 13－11 所示。由于流动损失等因素在不同工况下的数值难以精确计算出来，一般都是通过实验直接测量而得到性能曲线。它可检测设计参数与实测值之间的偏差，还可判定通风机变工况运行的适应性是否处于高效率状态下运行等。

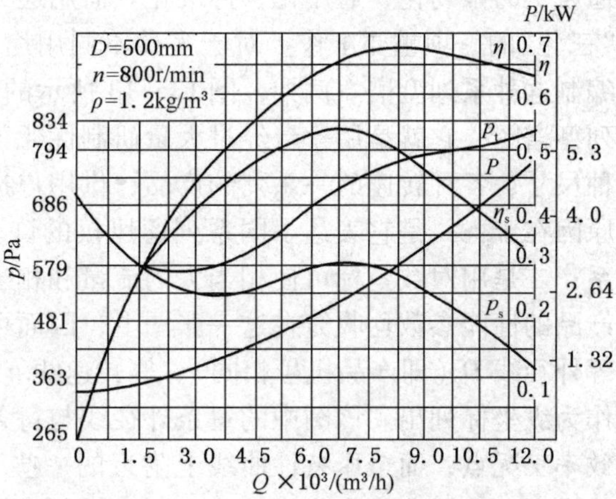

图 13－11 离心通风机的有量纲性能曲线

必须注意的是，性能曲线上的所有这些性能参数均是按被吸入的气体处于标准状态($p_a = 1.01325 \times 10^5$Pa；温度 $T_a = 293$K；相对湿度 $\varphi = 50\%$；空气密度 $\rho = 1.2\text{kg/m}^3$)下作出的(高温通风机例外)。如果通风机吸入的气体状态不同，性能曲线的形状将有所变化。因此，实际的吸入状态参数都应换算成标准大气状态下的参数，以便于比较和应用。即使应用该图来选用通风机时，也应如此。

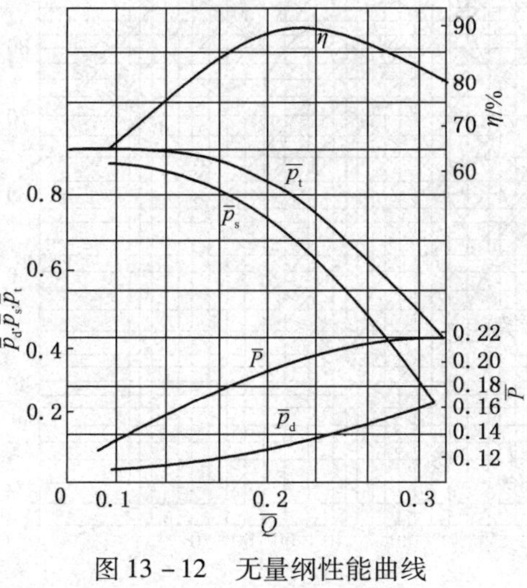

图 13－12 无量纲性能曲线

$\overline{p}_s$—静压系数；$\overline{p}_d$—动压系数

(2) 无量纲的性能曲线

对于离心通风机而言，有量纲的性能曲线是对一定的通风机在固定转速下对一定的气体用实验测得的，因而多个通风机有它各自的性能曲线(特性曲线)，但对于满足相似条件所形成的某一系列中的所有通风机产品而言，由于它们彼此的流动过程相似，故它们的无因次参数 $\overline{Q}$、$\overline{p}$、$\overline{P}$ 和 η 都分别相等。因此，可用其中一个模型机的性能参数实验值加以无因次化，绘制成无因次性能曲线，代表该系列所有产品的无因次性能曲线，如图 13－12 所示。无量纲性能曲线无论是对通风机的产品制造者还是使用者，使用起来都很简单方便，既省时省力，又可使产品优化。例如，根据用户所需要的流量 Q 和全压 p_t 来选择某一确定系列中的一台合适的通风机，就可利 用该系列的无量纲性能曲线，查出最高效率下的 $\overline{Q}$ 和 $\overline{p}_t$，由已知的 p_t 和气体密度 ρ 可算出 $u_2 = \sqrt{\frac{p_t}{\rho\, \overline{p}_t}}$，在确定转速 n 以后便可算出 $D_2 = \frac{60u_2}{\pi n}$，从而可确定该通风机的机号。由于机号是通风机叶轮外径 D_2(mm)除以100得到的，所以满足用户的产品即可选定，而且能在最高效率工况下工作，其他工况点的性能参数也都可知道了。

(3) 对数坐标性能曲线(系列型谱)

为了促进通风机优选品种，扩大批量生产而又能较好地满足广大用户的要求，有必要实现通风机的系列化、通用化、标准化。而用通风机的对数坐标性能曲线编制的系列型谱是实现"三化"的一项重要工作。对于多种不同用途、不同类型的通风机，可根据相似理论来分别编制这种系列型谱。例如，图13－13所示的就是一个Y4－73型锅炉用单吸离心通风机的系列型谱图，它就是用一台经过大量研制优化得到的产品作为模型机，根据相似条件派生出各种尺寸、各种转速的一系列的产品，供用户选择。之所以用对数坐标值来表达性能曲线，其原因在于：一是它表达了同系列通风机的许多主要参数 n、D_2、u_2、Q、p_t、和 P 之间的关系；二是用对数坐标可使相当大的流量和相当大压升的一些产品也与小流量和小压升的一些产品的性能参数均收笼在这一张图上，因而可供选用的产品机号多，用途广；三是可使许多等外径线 D_2(即产品机号相同)、等转速线 n 和等功率线均为简单直线，而圆周速度 u_2 还可作为纵坐标列出。该图中的每条外径线与每条等转速线的交点，为该机号在该转速时的最高效率工况点，而全压特性曲线上附近的一些工况点的效率均在最高效率的90%以上的范围之内。把这段曲线作为样板，分别通过所有等外径线和等转速线的交点上再一一画上去，

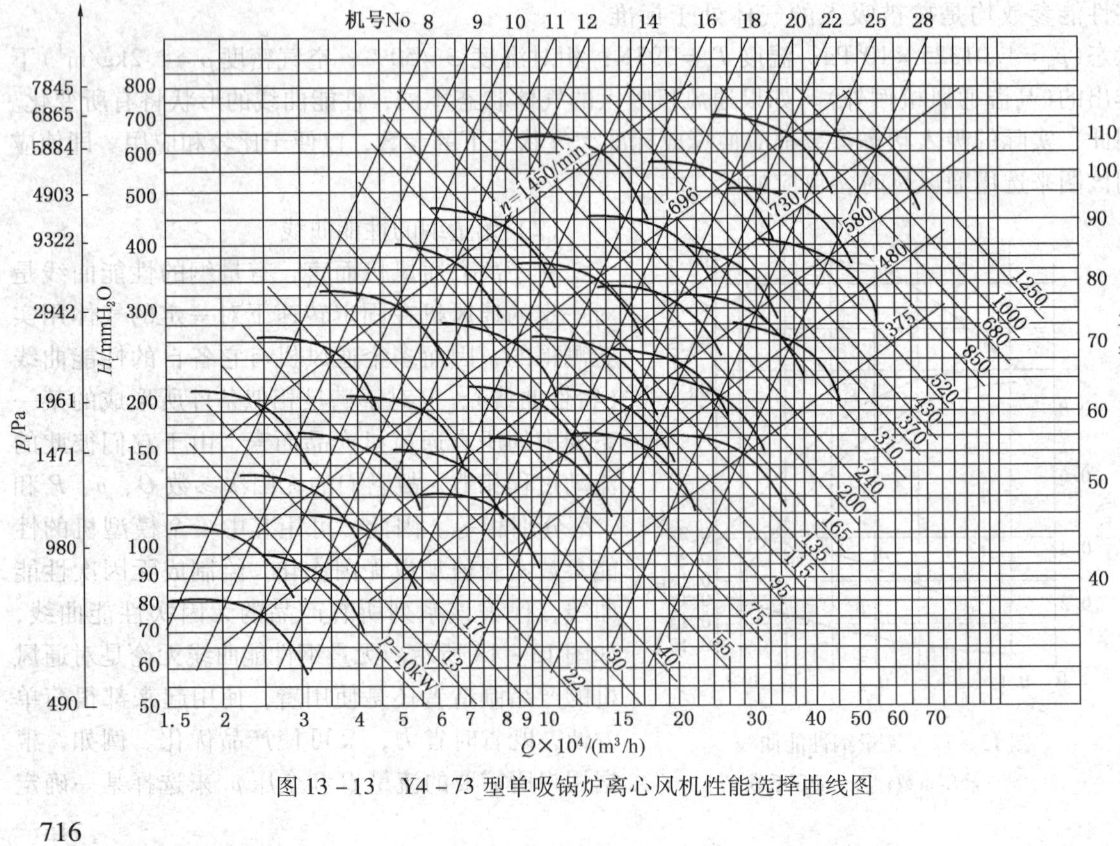

图13－13 Y4－73型单吸锅炉离心风机性能选择曲线图

即组成了这张综合对数坐标性能曲线选择型谱图。

注意该选择曲线图均是在标准大气状态下的数据，在查用该图时，需将用户所处的进气状态参数换算为标准大气状态下的参数。用户只需用所需的流量和全压即可从该图上方便地查到所选用的产品机号(即叶轮外径 D_2)以及转速、圆周速度和功率了。

13.2.4 离心通风机的运行与调节

(1)离心通风机的运行特性

通常离心通风机的性能曲线只表示出其右边的一部分，是处于稳定工作区。而全部的性能曲线如图 13－14 所示有三种类型。

为了满足通风机稳定性的要求，必须保证通风机的压力－流量特性曲线与管网特性曲线的交点只有一个，且这个交点位于该曲线最高点的右边。如出现了两个交点，就破坏了稳定性，或者即使只有一个交点，但这个交点位于最高点的左边时，也是不稳定的。如图 13－14 中的(b)和(c)图，工况点处于最高压升点的左边时，其通风机就处于不稳定工作区了。气流会在叶片通道内出现脱离，或旋转脱离等不稳定的流动，还可能出现喘振状态。这时，通风机忽而正向流动，忽而反向倒流(可参阅第 11 章)。若通风机气流在不稳定状态下工作，不仅性能恶化，而且会引起极其强烈的振动甚至破坏，故必须避免发生这种情况。

为了满足通风机工作的经济性，通常希望通风机的工况位于最高效率点上。该效率最高点的工况称为额定工况。效率最高点所处的流量和压力分别为额定流量和额定压力，如图 13－15 中的 N 点所处的流量 Q_N 和压力 p_N。通风机经济工作区的效率均应维持在最高效率的 85%～90% 以上，如图中的 $Q'_a-Q'_b$，为了保证通风机工作的经济性，其变工况运行的工作范围应限制在这个经济工作区之内。

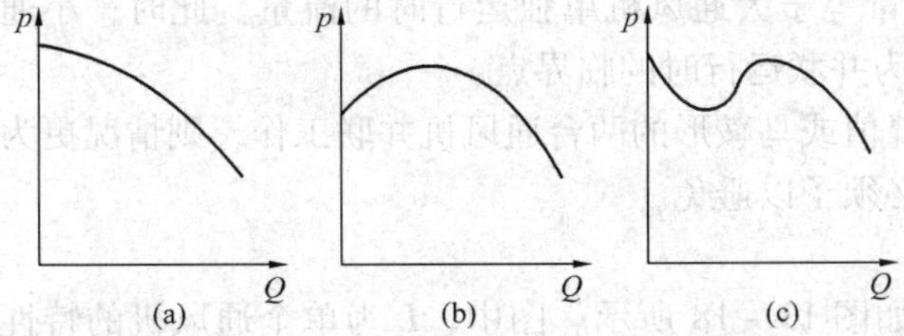

图 13－14 通风机性能曲线形状

(a)平滑曲线；(b)高峰曲线；(c)马鞍形曲线

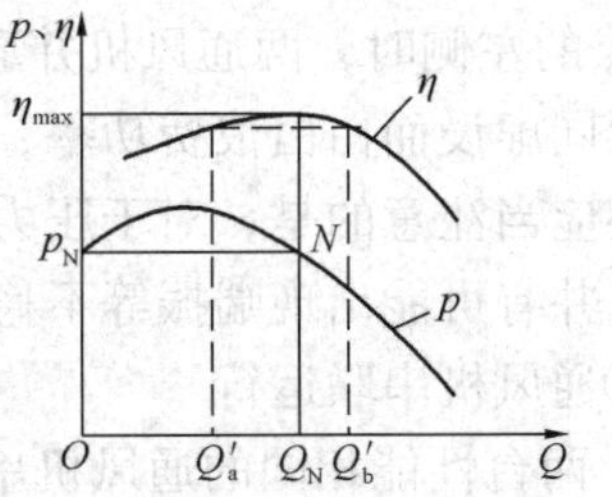

图 13－15 风机的经济工作区

(2)通风机联合运行

所谓通风机联合运行就是把两台(或数台)通风机并联或串联在一起使用。因为联合运行在技术上和经济上都是不够合理的，应尽少采用。只有当一台通风机的风量和压力不能满足使用系统特别大的风量或特别高的压力时，才不得不采用两台以上的通风机并联或串联在同一个管网上运行。

① 通风机并联运行

a. 两台性能相同的通风机并联运行，如图 13－16 所示。其中，曲线 L 为单个通风机的性能曲线；$\bar{L}$ 为两台通风机合成的性能曲线；R 为管网阻力曲线，交点 A 表明并联运行时的流量为 Q_A，压力为 p_A，交点 A_1 表明单个通风机在此管网上运行时的流量为 Q_{A1}，压力为 p_{A1}。显然 $Q_A>Q_{A1}$，而 $p_A>p_{A1}$。因为并联运行时实验测得的两台通风机的工况点为 A'_1，相

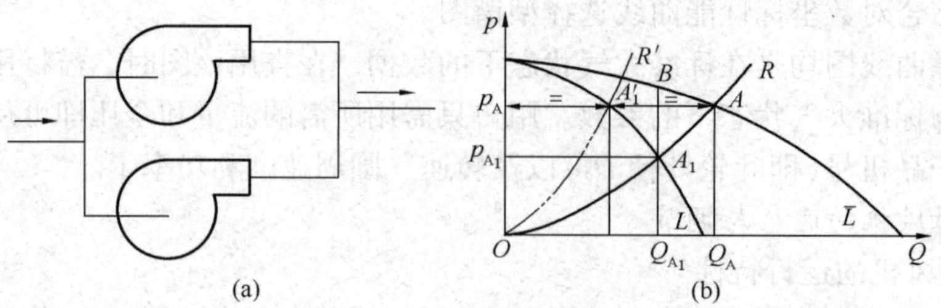

图 13－16　两台相同的无峰值压力曲线通风机的并联运行

当于它们各自在阻力较大的管网 R' 中运行，其压力 p'_{A1} 高于单独运行时的压力 p_{A1} 的原因，可以理解为两台通风机并联运行时，其中一台通风机已经占据了管网的一定容积，对另一台通风机而言，相当于管网过流面积已有所缩小，管网阻力就必然有所增加。

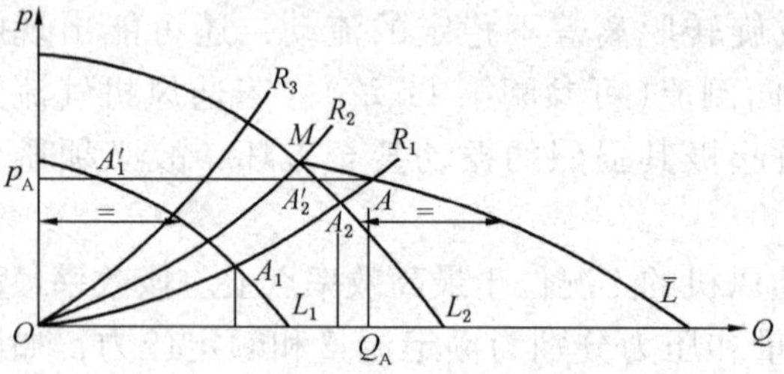

图 13－17　两台不同的无峰值压力曲线通风机的并联运行

b. 两台性能不同的通风机并联工作，如图 13－17 所示。图中 L_1 和 L_2 分别为单个通风机的压力曲线，$\overline{L}$ 为两台通风机并联运行的压力曲线。当管网特性曲线 R_1 与并联压力曲线的交点位于并联曲线上 M 点右边时，可得出与上述两台性能相同一样的结论，只是并联后输出的风量比在管网上单独输出的风量之和更小。当管网曲线 R_2 与并联压力曲线交于 M 点，或管网曲线 R_3 与并联压力曲线交于 M 点的左侧时，两通风机并联运行的流量等于大通风机单独运行时的流量。此时，小通风机形同虚设而白白浪费功率，故称 M 点为并联运行时的临界点。

还应当注意的是，对于压力曲线具有峰值或马鞍形的两台通风机并联工作，则情况更为复杂，并有可能出现喘振等不稳定状态，必须予以避免。

②通风机串联运行

a. 两台性能相同的通风机串联运行，如图 13－18 所示。图中，L 为单个通风机的特性曲线，$\overline{L}$ 为两台串联运行的合成性能曲线，管网特性曲线 R 与合成曲线 $\overline{L}$ 的交点为 A，其流量为 Q_A，压力为 p_A。单个通风机在该管网上运行时的工况点为 A_1，其流量为 Q_{A1}，压力为 p_{A1}。显然 $p_A > p_{A1}$，且 $Q_A > Q_{A1}$，说明串联运行时，不但压力升高，而流量也有所增加，但 $p_A < 2p_{A1}$，说明串联运行时产生的总压力小于两台通风机在该管网上单独运行时所产生的压力之和。实验测得串联运行时两通风机的工况点为 A'_1，相当于它们各自在阻力较小的管网曲线 R' 上运行。此时，单个通风机的压力由 p_A 降到 p'_{A1}，这是由于串联后单个通风机需要克服的阻力减小了，同时输出的流量有所增加。图 13－18 还可看出，两台通风机串联后，若在阻力较大的管网 R_a 中工作，可获得较大的压力增值，而在阻力较小的管网 R_b 中工作，压力增值就很小，几乎只接近于一台通风机的压力了。

b. 两台性能不同的通风机串联运行，如图 13－19 所示，两台通风机各自的压力曲线为 L_1 和 L_2，串联运行时合成的压力曲线为 $\overline{L}$。其中 $\overline{L}$ 与 L_2 交于 M 点，$\overline{L}$ 曲线还延伸至第四象限，管网特性曲线 R_1 与合成压力曲线的交点 A 位于 M 点的左边时，串联运行的压力 p_A 大于大通风机在该管网上单独运行时的压力 p_{A2}，达到了增压的目的。串联运行时的流量也稍大于大通风机在该管网上单独运行的流量。如果管网特性曲线 R_2 恰好与合成压力曲线交于 M 点，则串联运行时合成压力为 p_M，恰好与大通风机的压力相等。此时，小通风机作无效耗功运行。如果管网性能曲线 R_3 与合成压力曲线交于 B 点位于 M 点的右边，则串联运行的总压力 p_B 还小于大通风机在该管网上单独运行时的压力 p_c。此时，小通风机在管网中起副作用，这是不能允许的。由此可知，串联运行的工况点只有在 M 点的左边才能起到提高压力的作用，而且管网阻力越大，增压效果越好，故称 M 点为串联运行的临界点。

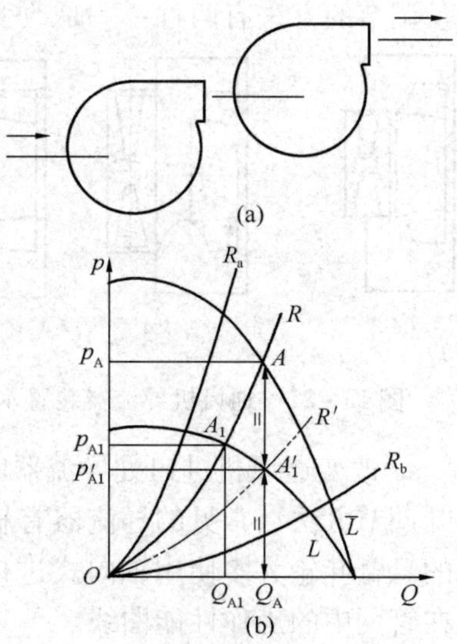

图 13－18　两台相同通风机的串联运行

c. 两台通风机并联运行与串联运行利弊的比较

图 13－20 表示两台性能相同的通风机并联运行与串联运行的性能曲线。图中 p_1 和 P_1 是单台通风机的压力曲线和功率曲线，p_b 和 P_b 是两台通风机并联运行时的合成压力曲线和功率曲线，p_c 和 P_c 是它们串联运行时的合成压力曲线和功率曲线。M 是并联运行的合成压力曲线和串联运行的合成压力曲线的交点。当管网特性曲线 R_2 通过 M 点时，并联与串联运行的工况都在 M 点上，它们运行的效果相同，但此时串联运行的耗功大于并联运行，所以应采用并联运行。

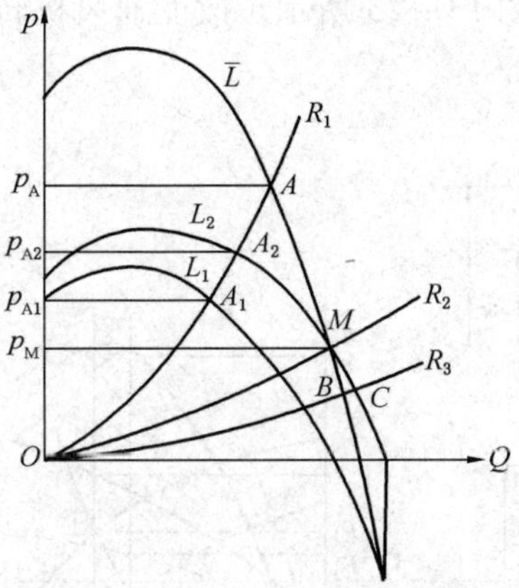

图 13－19　两台不同通风机的串联运行

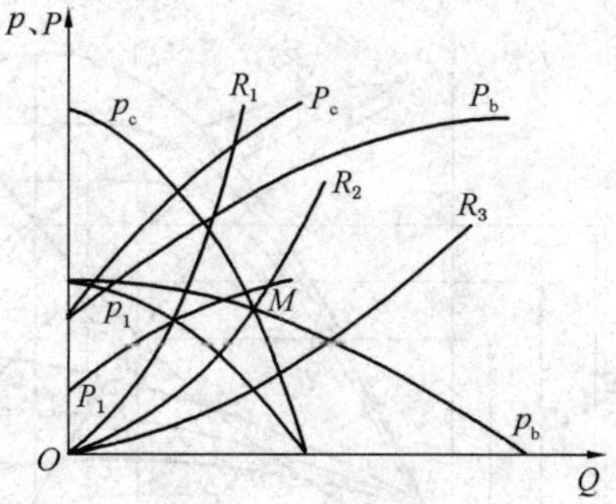

图 13－20　两台通风机并联和串联运行的比较

管网阻力减小的特性曲线为 R_3 时，串联运行产生的合成压力和流量都比并联运行时小，故在此情况下选用串联运行不合理。

管网阻力增大的特性曲线为 R_1 时，串联运行的合成压力和流量都比并联运行时大，功耗也较大，宜采用串联运行。

综上所述，工况点在串联与并联两者的合成压力曲线的交点 M 的左上方，宜采用串联运行，工况点在 M 点的右下方宜采用并联运行。

(3)离心通风机的性能调节

离心通风机性能调节的目的是改变通风机管网中的流量和压力，使其满足用户的使用要求。调节的方法有两种：一是改变管网的特性曲线；二是改变通风机的压力特性曲线。

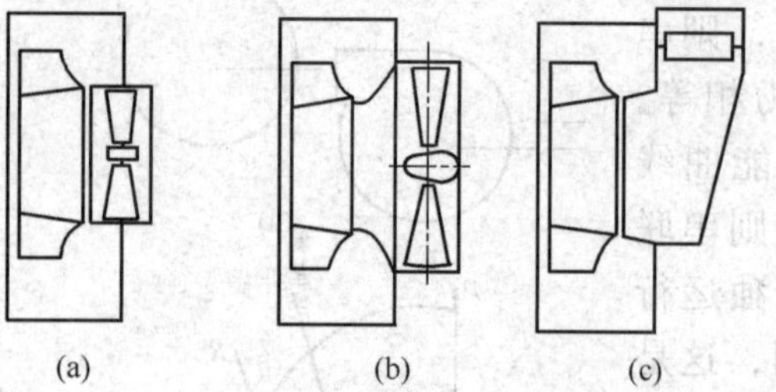

图 13－21　通风机导流器装置示意图

① 改变管网特性曲线的调节法

在通风机排气管道或进气管道上放置节流阀或风门。通过调节节流阀或风门开度的大小来改变管网特性曲线的位置，从而改变通风机运行的工况点，如图 11－35 和图 11－36。这种调节方法结构简单，操作方便，但因增加了阀门阻力，故经济性较差。

② 改变通风机特性曲线的调节法

a. 改变通风机进口处导流器叶片角度调节法　在离心通风机中，一般多采用这种进口导叶调节方法。常见的导流器有轴向和径向两种形式，如图 13－21。一般中、小型单向进气的悬臂叶轮大多使用轴向式进口导叶，图 13－22 表示导叶角度 $\gamma=0°$、30°和 60°时通风机在管网中的工作性能曲线。

大型双支承双向进气的通风机可采用轴向导叶，也可采用径向导叶，如通风机设有进气管，需采用径向导流器。

导流器的结构比较简单，使用可靠。可在不停车条件下进行调节，并能实现自动控制，调节的效率虽比变转速调节差一些，但比管网中的阀门节流调节优越。而在气体中含灰尘较多和气温过高的情况下，不宜采用。

b. 改变通风机转速调节法　从气体流动分析来说，改变转速的调节方法是最合理的。在转速变化 ±20% 范围内，效率基本保持不变，如图 13－23 所示。改变通风机转速的方法，有改变原动机的转速或改变传动机构的传动比等。

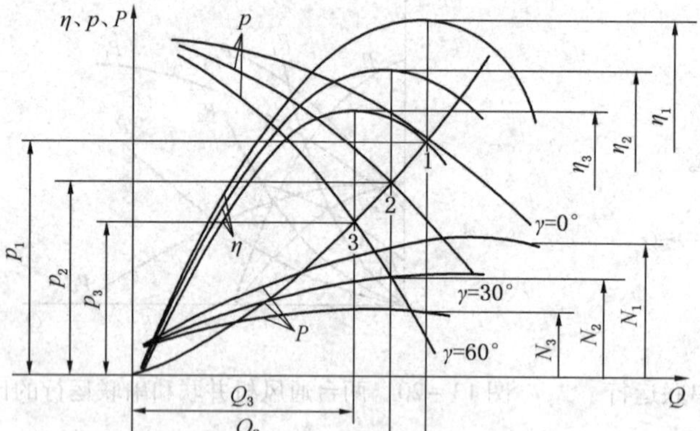

图 13－22　改变前导器叶片角度的调节性能

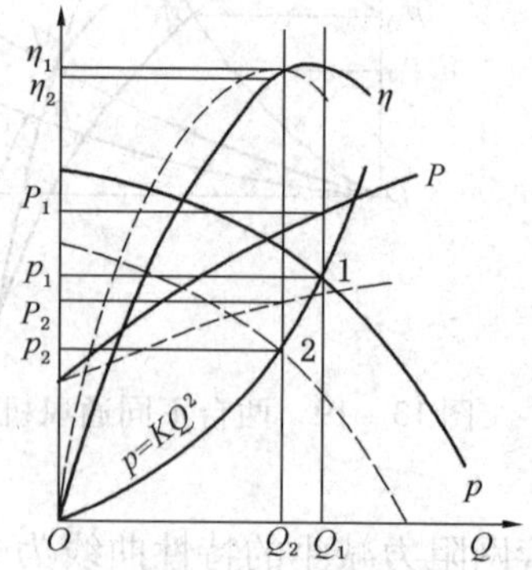

图 13－23　改变风机转速的特性曲线

c. 改变叶片宽度调节法　这是一种较新的调节方法，它是将一个活动盘套在叶片上，装于叶轮前、后盘之间，用调节其叶片的宽度来改变通风机的性能曲线，并使性能保持在高效率范围之内。后向离心通风机采用此法调节流量更为有利。

以上各种调节方法的比较可见表 13－9。

表 13－9　各种调节方法的比较

种类	吸入气体的影响	设备费	调节原理	流量变化	调节时性能稳定性	调节效率	轴功率变化	维修保养
调节阀门开度改变管网性能曲线	与气体直接接触有影响	便宜（结构简单）	增加管网阻力，改变管网性能曲线使工况点移动	与阀的角度不成比例，在全开附近灵敏，从全开至半开流量变化不大	从全开至全关愈调性能愈恶化	最差	沿全开时的功率曲线移动	容易
进口导流器	直接接触气体，结构复杂，只适用于清洁的常温气体	比阀门费用高，比改变转速费用低	改变进入叶片的气流方向，从而改变压力曲线	同上	调节性能好	流量在70%～100%范围内最高	沿全开时的功率更低的曲线移动	较麻烦
改变转速	与吸入气体无关	高	改变叶轮转速以改变压力曲线	与转速成正比例变化	调节时不影响性能的稳定	80%～100%流量范围比进口导流器略低80%以下很好	与转速三次方成正比例变化	麻烦
动叶可调	与无调节一样	高（结构复杂）	改变动叶安装角以改变压力曲线	变化范围宽	调节性能好	最佳	最省功	麻烦

13.3　轴流式通风机的结构、工作原理、性能和调节

轴流式通风机广泛应用于通风机换气、矿井、冶金、纺织、电站、隧道和冷却塔等各个领域。一般高压轴流通风机的压升范围为 490～4900Pa，低压轴流通风机的压升范围在 490 Pa 以下。轴流通风机的流量范围很大在 10～1000m^3/min。

13.3.1　轴流式通风机的结构与工作原理

轴流通风机的典型结构如图 13－24 所示，它主要由集风器、导翼调节门、叶轮、机壳和扩散器组成。叶轮是轴流通风机对气体做功的唯一部件，通过旋转叶轮上的叶片将机械功传递给气体，使气体的静压能和动能得到提高。集风器（吸风口和收敛器）的作用是把外部气体均匀地引入叶轮。叶轮前设有导翼调节门，可对通风机进行性能调节。扩散器的作用是把气体的部分动能转换为静压能使静压力得到进一步的提高，有

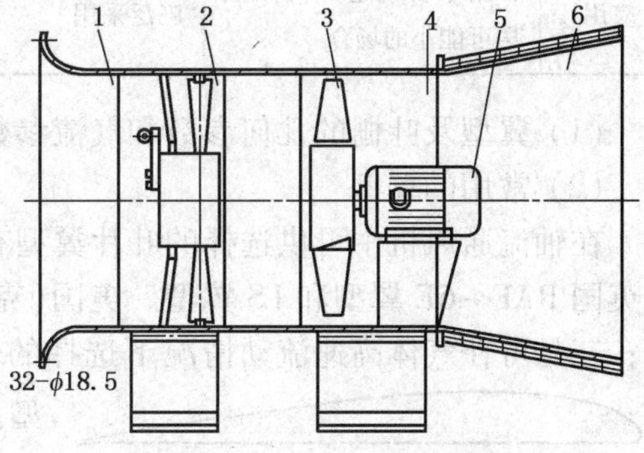

图 13－24　轴流风机结构图

1—集风器；2—调节门；3—叶轮；4—机壳；5—电动机；6—扩散器

的轴流通风机在叶轮后设置导流器，其作用主要是把气流按轴向导出风机，也可使气流的静压力有所提高。

从该结构的通风机来看，气体在其中主要是沿着轴向流动，故取名为轴流式通风机。虽然结构简单，但其工作原理涉及翼形的升力理论和叶栅理论等较为复杂的空气动力学知识。

相对于离心式通风机而言，轴流式通风机具有流量大、体积小、压头低和效率高等特点。目前轴流式通风机的最大叶轮直径可达20多米，流量可达$1.5\times10^7 m^3/h$。图13－25还给出其他的结构与传动形式。表13－10给出了轴流通风机各种级的构成形式。

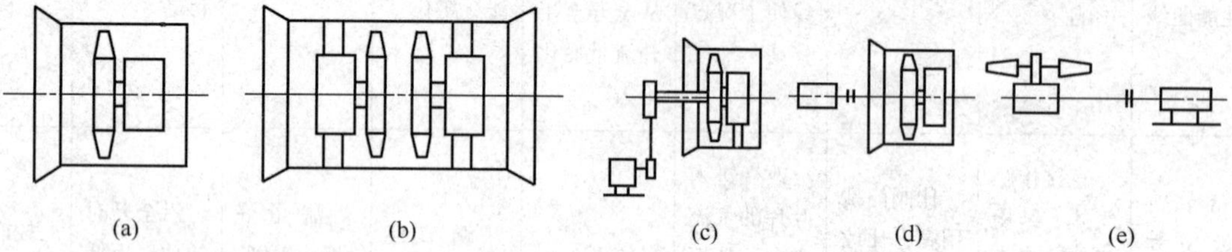

图13－25　轴流通风机基本结构形式

(a)电动机直联；(b)对旋传动；(c)皮带传动；(d)联轴器传动；(e)齿轮传动

13.3.2　轴流式通风机的叶轮

轴流式通风机的叶轮由轮毂和叶片组成。较大的叶轮将叶片和轮毂组装在一起，较小的叶轮将叶片和轮毂铸成一体或焊接在一起。动叶安装角可调式的结构则较为复杂。为改善进入叶轮时的气体流动状态，通常在叶轮前的轮毂上安装整流罩。

表13－10　级　的　形　式

序号	1	2	3	4
图示	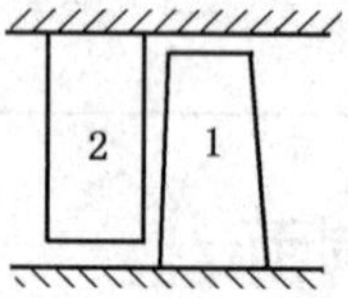 叶轮1前设置导叶2	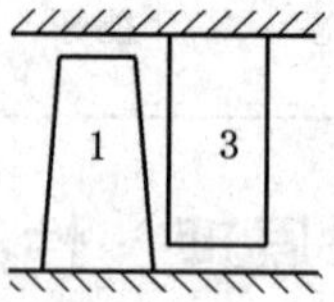 叶轮1后设置导叶3	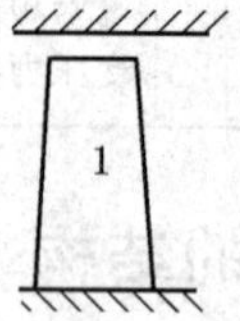 单独叶轮	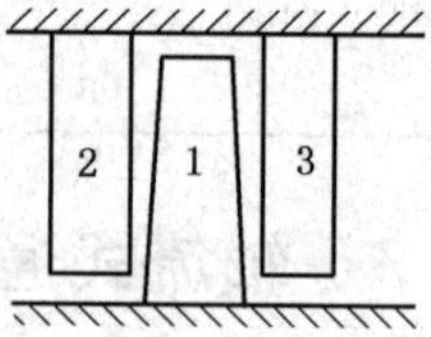 叶轮前后都设置导叶
特点与应用	压力较高、效率中等，常用于要求通风机体积尽可能小的场合	压力、效率都较高，广泛采用	效率较低、结构简单、制造方便，广泛采用	性能介于1、2者之间，主要应用于多级通风机中

(1) 翼型及叶栅的几何参数和气流参数(请可参阅第12章)

(2) 常用的翼型

在轴流通风机中可供选择的叶片翼型有三类：一是等厚度圆弧板翼型；二是国内外常用的英国RAF－6E翼型和LS翼型、美国(克拉克)CLARK Y翼型和德国葛廷根(Göttingen)翼型；三是可在气体高速流动情况下选择的供轴流式压缩机用的美国NACA－65系列中的翼型。有关这些翼型的原始资料，它们的形状、截面尺寸和实验得到的空气动力特性数据与图表可查阅专门的文献资料，这里仅介绍RAF－6E翼型的有关资料，如图13－26、表13－11和图13－27。

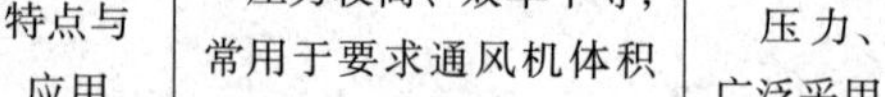

$\bar{c}$=10.3%

图13－26　RAF－6E翼型

表 13－11　RAF－6E 叶型截面尺寸

距前缘坐标 x	0.00	1.25	2.5	5.00	7.50	10.00	15.00	20.00	30.00	
上表面坐标 y	1.15	3.19	4.42	6.10	7.24	8.09	9.28	9.90	10.30	
距前缘坐标 x	40.00	50.00	60.00	70.00	80.00	90.00	95.00	100.00	r_1	r_2
上表面坐标 y	10.22	9.80	8.98	7.70	5.91	3.79	2.58	0.76	1.15	0.76

表中 r_1、r_2—分别为叶型前、后缘半径。x、y、r_1 及 r_2 均取弦长的百分值。

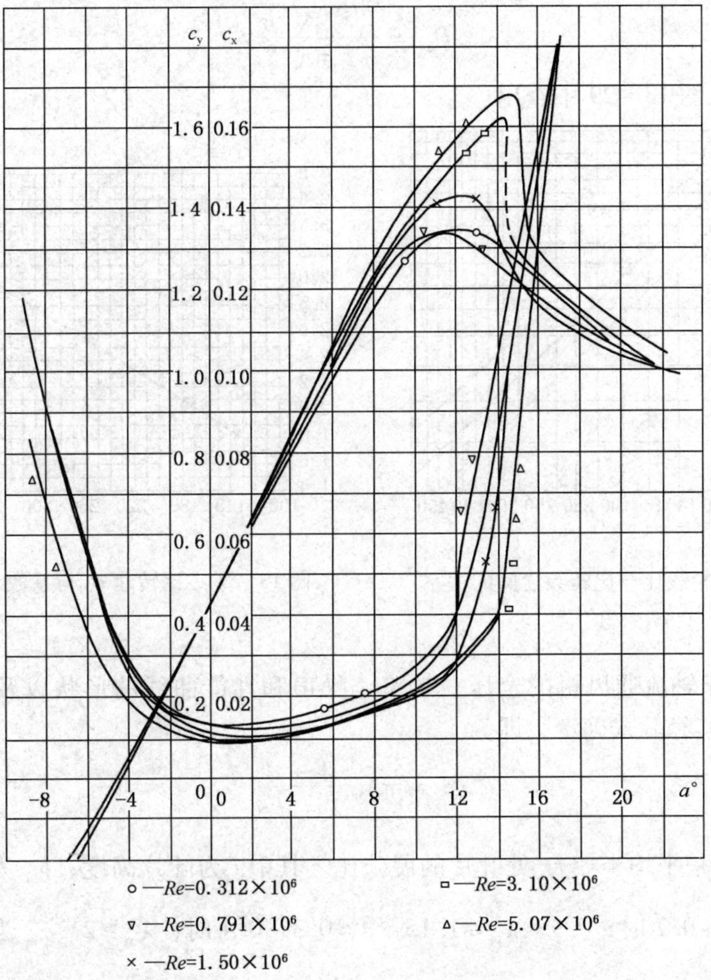

图 13－27　RAF－6E 叶型特性参数

(3) 叶片沿叶高的扭曲规律

参照第 12 章相关内容，叶片扭曲规律、轴流通风机的级也遵循径向平衡条件，对于轮毂比较大的轴流通风机采用等环量级设计扭曲叶片能够得到良好的效果。但对轮毂比较小的轴流通风机来说，由于叶片长，按等环量级设计时，叶片沿半径扭曲很大，制造不方便，且性能也不够好，故可采用沿叶高变环量设计。例如按下式的规律设计，即

$$\Delta c_u r^{\alpha} = \text{const} \tag{13-20}$$

式中一般取 $\alpha = 0 \sim 1$。

(4) 叶轮的内、外径

叶轮内径 d 常用它的相对值轮毂比 $\bar{d}=\dfrac{d}{D_2}$ 表示。$\bar{d}$ 值过小，不仅叶片太长，且使叶根处的 $\dfrac{t}{d}$ 过小，使相邻叶片太靠近，造成叶栅相互干涉，性能下降。$\bar{d}$ 过大则壁面摩擦损失增加，效率下降。一般选择范围是 $\bar{d}=0.25\sim0.75$ 或按图 13－28 选取。

选择了合理的轮毂比后，就要确定叶轮外径 D_2，即

$$D_2=\frac{60K_u\sqrt{\dfrac{2p_t}{\rho}}}{\pi n} \tag{13-21}$$

式中系数 K_u 可从图 13－29 中查出。

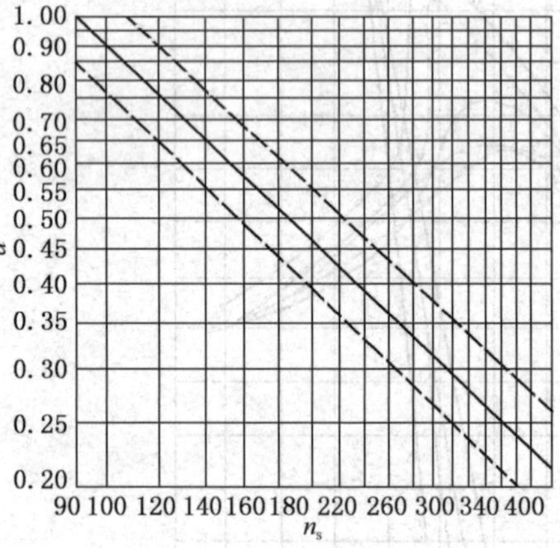

图 13－28　轮毂比与比转数之间的关系

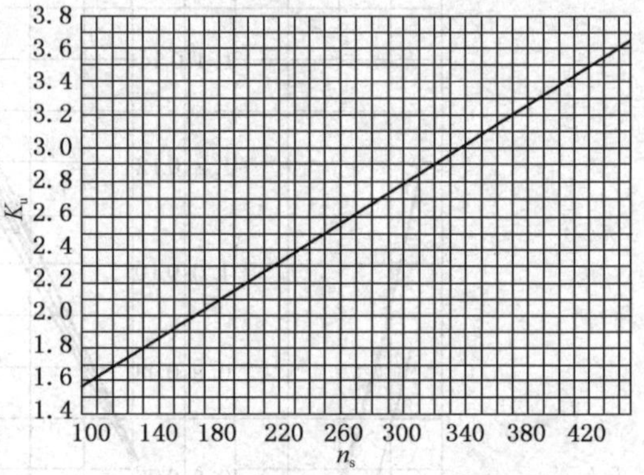

图 13－29　比转速 n_s 与系数 K_u 的关系

（5）叶片数

叶片数 z 对于轴流通风机的全压、效率、噪声和性能曲线的形状以及工作范围都有影响。叶片数可按其经验式确定，即

$$z=\pi\lambda_m\frac{1+\bar{d}}{1-\bar{d}^{\tau_m}} \tag{13-22}$$

式中 $\lambda_m=\dfrac{l}{b_m}$ 是平均半径 r_m 处叶片的展弦比。其中 l 为叶片高度；b_m 为平均半径处的叶片宽度。$\bar{d}=0.5\sim0.7$ 时，$0.9\leqslant\lambda_m\leqslant1.15$；$\bar{d}=0.3\sim0.4$ 时，$\lambda_m\geqslant2$。τ_m 为平均半径处的叶栅稠度。

叶片数也可按表 13－12 选取。

表 13－12　叶片数选择表

$\bar{d}$	0.3	0.4	0.5	0.6	0.7
Z	2～6	4～8	6～12	8～16	10～20

（6）径向间隙与轴向间隙

叶片顶部与机壳之间的间隙为径向间隙 S_r，通常用相对间隙 $\bar{\delta}=\dfrac{\delta_r}{l}$ 表示，其中 l 为叶片高度。$\bar{\delta}$ 的确定原则是在保证叶顶与机壳内壁不相碰的前提下尽量小。通常取 $\bar{\delta}=0.8\%\sim1.5\%$，优良的轴流通风机 $\bar{\delta}=0.8\%\sim1.0\%$。

叶轮叶片和导叶之间的距离为轴向间隙 δ_a。δ_a 过小，受叶片尾迹流的影响，会使进入导叶的气流不均匀，使损失和噪声增大，并可能引起叶片振动。δ_a 过大，又会使轴向尺寸过长，并增加摩擦损失，一般可取 $\delta_a=(0.25\sim0.4)b$，其中 b 为叶片弦长。

13.3.3 轴流通风机的导叶

（1）前导叶

前导叶的作用是使气流进入通风机叶轮之前偏转，以保证气流按接近于零冲角进入动叶之中，一般情况下产生负旋绕，以增大叶轮的做功量。为了实现通风机的性能调节，可将前导叶做成安装角可调，前导叶的叶片数可略少于动叶片数，其相对栅距可取 $t/b=0.8\sim1.5$，叶片宽度（弦长）可取 $b=(0.2\sim1)l$。

（2）后导叶

后导叶的作用是把从叶轮流出的偏转气流旋回轴向，同时将偏转气流的部分动能转变为静压能，故装置后导叶的通风机静压效率显著提高。后导叶可采用机翼型，也可采用等厚度圆弧型，后导叶叶片数一般取叶轮叶片数的 1.5～2 倍之间。为防止叶片振动应使叶轮叶片数与导叶叶片数互为质数。

13.3.4 轴流通风机的性能曲线

轴流通风机的性能曲线如图 13－30 所示，它具有以下的特点：一是压力性能曲线 $p-Q$ 的右侧相当陡峭，而左侧呈马鞍形，C 点的左侧称为不稳定工况区；二是功率性能曲线 $P-Q$ 在小流量时功率特性变化不大，而当流量再减小时功率反而增大，当 $Q=0$ 时，P 达到最大值，所以轴流通风机不宜在零流量下启动；三是最高效率点的位置相当接近不稳定工况区的起始点 C，在做减小流量运行的调节时，应格外当心。

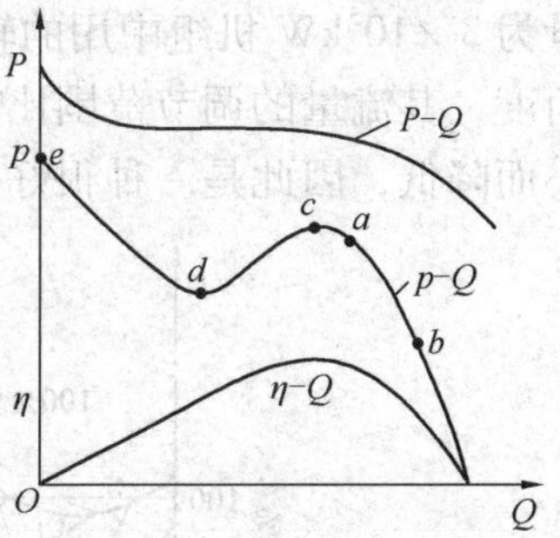

图 13－30 轴流式通风机的性能曲线

轴流通风机这几个性能特点与通风机在不同工况下叶轮内部的气流流动状态有着密切的联系。图 13－31 是轴流通风机在不同流量时叶轮内部气流流动状态的示意图，与图 13－30 相对照，图（a）相当于性能曲线中的最高效率点，在此工况下气流沿叶高均匀分布而平直；图（b）表示超负荷运行的工况点，此时叶顶附近形成一小股回流，使压力下降，效率降低；图（c）、图（d）表示低于设计流量的运行情况。其中图（c）表示 $p-Q$ 特性曲线达到峰值，在动叶背面会产生气流分离，形成的漩涡挤向轮毂处，并传递给后续的相邻叶片，但这种漩涡现象是局部的，对通风机的性能影响不大；图（d）表示随着流量继续减小，p－Q 特性曲线到达最低位置，其轮毂处的涡流不断扩大，同时又在叶顶处形成新的涡流，并造成旋转脱流，使叶片产生振动，甚至会造成疲劳断裂破坏。也有的通风机在工况点 C 后再减小流量时，会瞬间直接到达工况点 d 处。若再减小流量，则上、下涡流区增大，这些涡流区阻塞了流道，迫使气流压力有所升高；图（e）为零流量工况点，e 的情况进出口均被涡流充满，涡流不断形成与扩

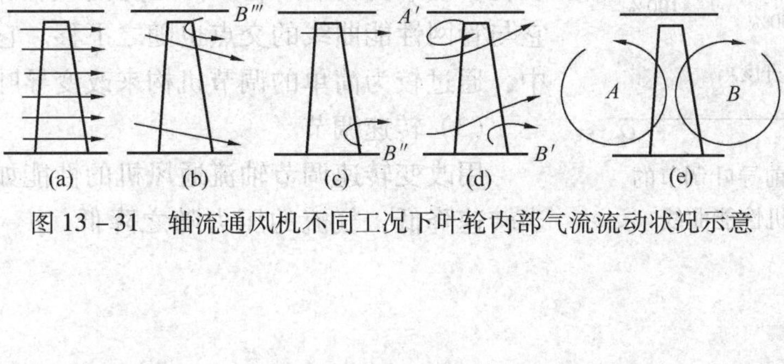

图 13－31 轴流通风机不同工况下叶轮内部气流流动状况示意

展，使压力升至最大值，功率消耗也急剧上升。所以，$c-d-e$ 工况区是通风机的不稳定区，在此区段运行，就会出现流量和压力的脉动等不正常现象，甚至会出现时而正流时而倒流的喘振现象，并引起通风机和管道激烈的振动，甚至造成机器的破坏。因此，从运行安全出发，通风机应尽量避免在 $c-d-e$ 不稳定工况区内运行。

喘振的振幅和频率受通风机及管道系统容积的支配，系统容积越大，喘振的振幅越大，振动也越强烈，但频率较低，因此可以通过减小系统容积来减轻喘振的激烈程度。此外，通风机的转速越高，如遇喘振，其喘振的程度越剧烈，降低转速，可减小其剧烈程度。

13.3.5 轴流通风机的性能和调节

轴流通风机是一种大流量低压头的通风机，从上述的性能曲线上看，轴流通风机有一个较大范围的不稳定工况区，在通风机调节时，应尽量避开这一区域。

轴流通风机性能调节方法大体有动叶调节、前导叶调节、转速调节和节流阀门调节四种。

（1）动叶调节

动叶调节是利用调整动叶的角度来适应负荷的变化，如图 13-32 所示，它是某一发电量为 3×10^5kW 机组中用的轴流式通风机的性能曲线图。这种调节方法的特点是改变动叶的角度，其流量的调节范围比较大，而效率变化不大，仍保持高效率运行，功率随动叶角度减小而降低，因此是一种很好的调节方法。

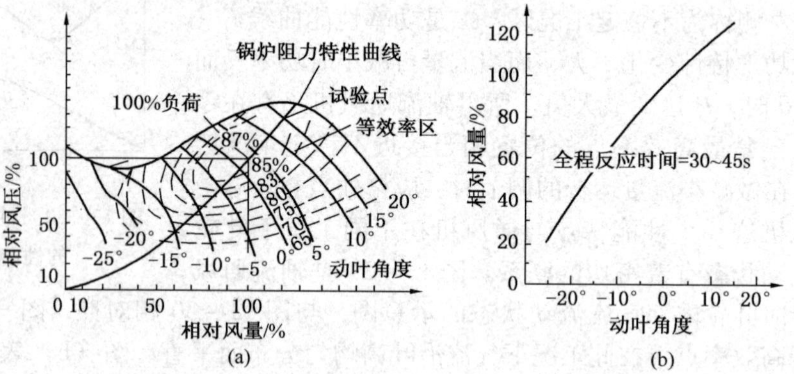

图 13-32 性能曲线和动叶角度与流量的关系

（a）动叶可调的轴流通风机性能曲线；（b）动叶角度调整性能曲线

改变动叶角度有两种方法：一是需要通风机停车；二是不需停车，可在通风机运行中通过调节机构来改变动叶的角度，但其调节机构比较复杂。

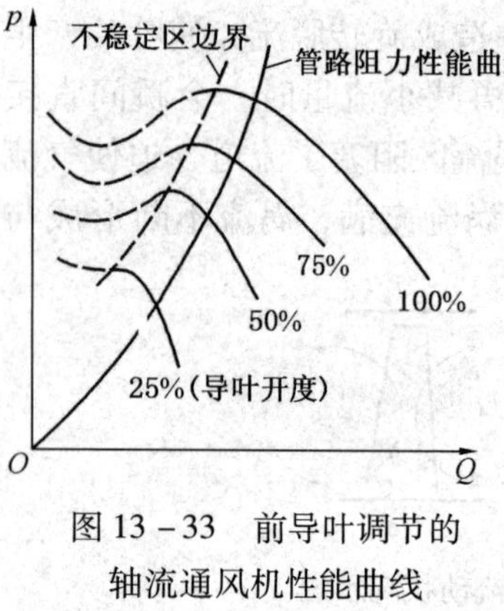

图 13-33 前导叶调节的轴流通风机性能曲线

（2）前导叶调节或称导向静叶调节

前导叶调节的轴流通风机性能曲线的变化如图13-33所示。当导向叶片角度关小时，使进入叶轮的气流产生正旋绕，使压力降低，$p-Q$ 性能曲线基本上是平行下移，它与管网性能曲线的交点也随之下移。它可在通风机运行中，通过较为简单的调节机构来改变导叶的角度。

（3）转速调节

用改变转速调节轴流通风机的性能如图 13-34 所示。当转速降低，气流的压力随之降低，$p-Q$ 性能曲线基本上是平行下移的，而效率性能曲线也近乎是平行移动的，且效率基本保持不变，几乎同前面的图 13－23 一样。

(4) 节流阀门调节

靠改变出气管道或进气管道中的节流阀门的开启程度改变管网阻力曲线，从而减小或增大管网阻力来达到改变通风机流量的目的。采用此法调节时，通风机的压力特性曲线不改变，只改变工况点的位置。图 13－35 是改变出气管节流阀门开度的通风机性能曲线调节图。采用这种方法时，应注意系统所需的最小流量位于阀门的最小开度，且必须大于不稳定区边界的流量。然后，增大阀门开度，可降低管网阻力，增加流量，这种方法可调节的流量变化的范围不太大。由于位于不同开度的阀门，使气流节流造成较大的阻力损失而带来额外的耗功，所以这种调节方法是不经济的。但结构简单，调节方便。

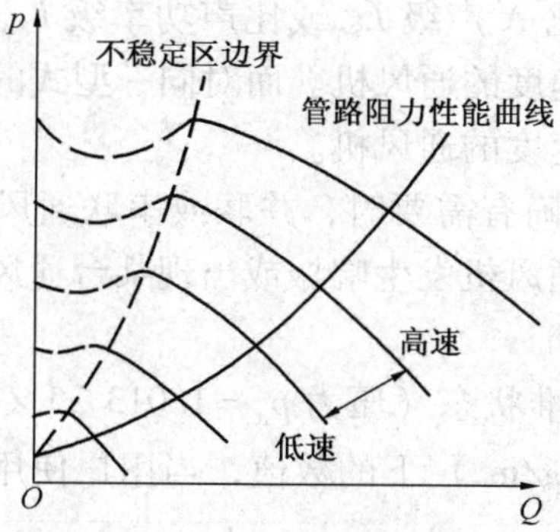

图 13－34 转速调节的轴流通风机性能曲线

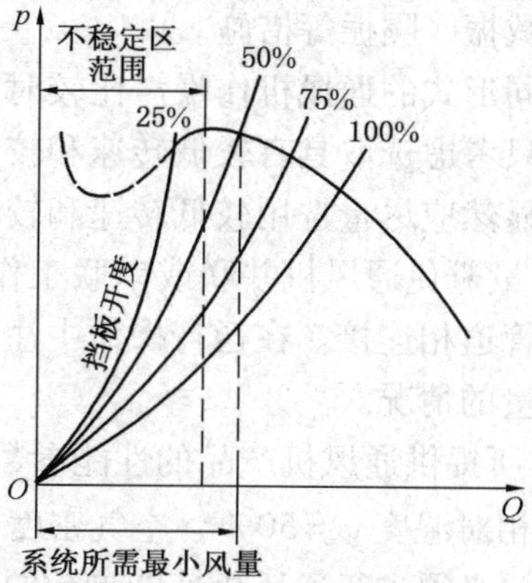

图 13－35 节流阀门调节的轴流通风机性能曲线

13.4 通风机的选型与使用

目前生产通风机是一个相当庞大的行业，生产的通风机类型、品种、系列和型号等非常多。用户可根据需要从中挑选能满足要求，且质量高、性能好的通风机。

13.4.1 通风机的选型

(1) 通风机的选型原则

① 首先，根据输送气体的物理、化学性质选型。如果输送的气体易燃易爆、有腐蚀性、有毒性、高温气体、含粉尘和含砂粒等应选用专门适合这种气体的系列产品，特别要注意产品各部件材料的选用和使用寿命，结构设计是否适用如密封是否可靠，以及如何确保运行安全等问题。

② 根据用途选型，如化工用、炼铁炼钢用、矿井隧道用、发电设备用、空调用等，大都有专门适用其用途的系列产品供其选用。

③ 根据通风机安放场地环境选型，如在工厂内、在医院、剧院内等对通风机的噪声要求显然是不同的。一般空调用的通风机对降低噪声的要求是很高的。

④ 根据所需流量和压力选型，这是具体选用哪个通风机的主要依据。用户在选择通风机产品时，应尽量力求准确确定所需的流量和压力，以此作为额定工况点，这样才能做到通风机在最高效率工况点上运行，以达到节能和降噪的目的。为此，不要为怕达不到流量和压

力的基本要求而故意给流量和压力加上过大的安全系数，而使通风机运行时离开了最高效率工况点，甚至离开高效工作区。此外，还要尽量准确设计通风机的管道系统，并力求尽量减小管道系统上的阻力损失，以达到节能和降噪的目的。有关管道沿程阻力压力损失和局部各部件的压力损失的计算、选型、图表和数据等资料可参考文献［2］第536～614页。

⑤ 根据通风机是否需要经常变动流量或压力运行而选择能较好适应变工况性能调节的通风机。通过性能调节使其能满足所需流量或压力的变化，又能达到节能与降噪的目的。

⑥ 优选高效率的通风机产品，以达到节能的目的。应当指出，一般来说，效率较高的产品，其气动性能较好，如叶片表面的边界层较薄，不易产生旋涡脱离，流道的扩张度不大等，这样的通风机的噪声也就比较低。故节能与降噪是相关联的。

⑦ 对有低噪声要求的通风系统，首先要求通风机本身产生的噪声要低，其次是采取消声、隔声和减振、隔振等措施。

对于不同形式的通风机作噪声比较时，应把比A声级 L_{SA} 或比声功率级 L_{SW} 作为首要条件，而不应只考虑选取具有较低转速和较低圆周速度的通风机。而对同一型式的通风机作噪声比较时，显然应尽量选用较低转速和较低圆周速度的通风机。

⑧ 应尽量避免通风机并联或串联工作。实在确有需要时，并联或串联通风机之间应有一定长度的管道相连接。在运行操作中注意防止通风机发生喘振或出现某台通风机毫无效果白白浪费能量的情况。

⑨ 通常所提供通风机产品的性能参数都是标准状态（压力 $p_a = 1.01325 \times 10^5$Pa；温度 $T_a = 293$K，相对湿度 $\varphi = 50\%$，空气密度 $\rho = 1.2\text{kg/m}^3$）下的数值，当用户使用条件不同于标准状态时，必须进行通风机性能参数的换算。

当前科技发展日新月异，尤其在强调节能环保的今天，许多效率高、噪声低、可靠性强、调节自动化程度高、容量更大的新产品不断地涌现出来。所以，选择通风机时，不仅要查看以前的旧资料，更要特别注意寻找有关的新信息。

（2）通风机的选择方法

根据上述选型原则，在明确所使用的气体、用途和安放场地等情况下，既可按照所需的流量和压力进行选型。由于生产厂家供用户选型用的通风机产品性能参数均是在标准状态下的进气性能参数。当用户使用条件不同于标准状态时，必须首先进行通风机性能参数的换算。

大气压及温度变化时的换算公式为

$$Q_0 = Q,\quad p_0 = p\frac{p_{b0}}{p_b}\frac{273+t}{273+20},\quad P_0 = P\frac{p_{b0}}{p_b}\frac{273+t}{273+20} \tag{13-23}$$

当介质密度与转速变化时的换算公式为

$$Q_0 = Q\frac{n_0}{n},\quad p_0 = p\left(\frac{n_0}{n}\right)^2\frac{\rho_0}{\rho},\quad P_0 = P\left(\frac{n_0}{n}\right)^3\frac{\rho_0}{\rho} \tag{13-24}$$

式中：下角标“0”表示标准状态，即供用户选用产品的性能表上所列的参数；无下角标者表示为通风机实际工作条件下的参数；p_b 为所使用通风机的当地大气压力。

当通风机的介质为空气，当地的湿度有变化时，或当地相对湿度与 $\varphi = 50\%$ 相差较大时，即要考虑它对密度 ρ 的影响，这时的密度为

$$\rho = \rho_w + \rho_a = 3.49\frac{p - 0.378\varphi p_s}{T} \tag{13-25}$$

式中 p_s 为饱和蒸气压力，可由蒸气表查得。

经过换算后的性能参数，为了力求达到所需的要求，往往还要进行如下的修正：

对于流量，$Q=\alpha Q_0$

式中 Q 为待选择通风机的流量；Q_0 为已换算为标准状态下的所需流量；α 为考虑通风机流量有可能降低的安全系数，可取 $\alpha=1.02\sim1.06$。

对于压力，$p=\beta p_0$

式中：p 为待选择通风机的压力；p_0 为已换算为标准状态下的所需压力；β 为考虑通风机压力有可能降低的安全系数，可取 $\beta=1.0\sim1.05$

至于 α、β 是否必要以及取值多少合适，亦可与制造厂家商量确定。

通风机的流量、压力确定之后，就可进行选型。选型可按无量纲性能曲线、有量纲性能曲线、对数坐标性能曲线以及管网阻力等进行。但由于制造厂已对不同用途的产品都按系列型号、机号、规格、转速、叶轮直径等条件给出了产品的性能曲线以及配套资料等，所以在多大数情况下，用户就可根据制造厂的产品目录样本等资料直接挑选合适的通风机了。

如果对所选产品还需了解什么信息，或对所需产品还有什么特殊的或附带的要求（如隔声、降噪、调节方式、原动机、安装方式等），可与厂家直接联系，协商解决。

13.4.2 通风机的安装

各种通风机产品大都有标准的设备安装布置的设计图纸，应遵循执行，或仅作必要且安全可靠的修改。通风机是否能正常运行，是否收到最高效益，还决定于其安装质量的好坏。以往由于通风机安装质量差，造成通风机不能正常运行的事时有发生。如因基础过小或不合格而出现基础开裂，主轴安装偏差超过标准，致使电动机和轴承过热，通风机振动大、噪声高等，这都是要力求防止的。因此，保证安装质量，使之符合设计要求，才能使通风机正常、安全、长期可靠地运行。

（1）对通风机基础的要求

通风机应牢固地固定在一定位置的基础上。通风机和驱动它的电动机属于动设备，它的基础属于动载荷基础，不仅要承受通风机装置全部重量的静载荷，还要承受通风机和电动机转动中剩余不平衡惯性力所引起的动载荷。通风机的基础应符合 JB/TQ 334—87 通风机振动的规定，通风机应装在大于 10 倍通风机质量的基础上，使能吸收和隔离因动力作用所产生的振动，防止基础本身会振坏，又要将振动隔离，以减少对周围其他建筑结构和精密设备仪器的影响。但它却不存在往复压缩机还要承受没有完全被平衡的侧覆力矩。

通风机基础的尺寸，必须与制造厂所给的基础图纸相符合。必须使通风机和电动机的重量，以及它们的转子剩余不平衡质量所产生的离心力或皮带压轴力的合力方向均能落在基础的基底以内。因此，基础的承载面的大小至少应比通风机底座加宽 200～250mm。机器基础不得打在浮土上，在北方至少应打在冻结线以下。

从基础混凝土浇灌完毕到通风机安装，一般不应少于 7～14 天。

有关对通风机基础要求的详细规定，可遵循《动力机器基础设计规范》及其他资料。

（2）对通风机装配的要求

中小型通风机的总装一般已在制造厂进行，厂方已将通风机和电动机安装调试完毕。用户不需要进行通风机本体的机械装配，只是在使用前进行调试即可。对于较大型通风机，为了运输方便，制造厂不能整体供应，而是把机壳、叶轮、轴和轴承箱等部件和电动机分别包装，成套供应，因此通风机装配需要在用户现场进行。

通风机装配必须满足以下要求：

① 严格保证通风机的主要间隙　离心通风机的叶轮与进气口的间隙，对口形式的轴向间隙 δ_a 一般应小于叶轮直径的1%，套口形式的轴向重叠搭接长度应大于或等于叶轮直径的1%。而径向间隙 δ_r 不大于叶轮直径的0.5%～1%。轴流通风机应保证动叶与机壳间的径向间隙 δ_r 不大于动叶高度的1.5%，动叶与导叶间的轴向间隙 δ_a 应小于叶片弦长的0.4。

除轴流式的 δ_a 以外，上述间隙越大，泄漏量越多，能量损失越大，严重影响通风机的气动性能，并影响通风机的安全运行。因此在保证不发生碰撞的前提下，间隙越小越好。

② 对叶轮安装的要求　叶轮是通风机的主要部件，如安装不好，会产生叶轮运动的不平衡，引起额外的振动、噪声和通风机性能的降低。为了保证叶轮正常运转，叶轮的径向跳动和轴向跳动一般不应超过表13－13的规定值。

表13－13　叶轮径向和轴向跳动允许值

叶轮直径/mm	≥200～600	600～1000	1000～1400	1400～2000	2000～2600	2600～3200
轮盖轮盘径向跳动	1.5	2.0	3.0	3.5	4.0	5.0
轮盖轴向跳动	2.0	3.0	4.0	5.0	6.0	7.0
轮盘轴向跳动	1.5	2.5	3.5	4.0	5.0	6.0

③ 对主轴安装的要求　安装好的主轴，其弯曲的挠度应小于主轴长度的（0.3～0.5）/1000或按通风机技术条件所规定的允许偏心距（即转子重心至旋转轴几何中心的距离）一般不应大于表13－14中的规定值。

表13－14　离心式通风机转子允许的偏心距

转子转速 n/（r/min）	≤375	≤500	≤600	≤750	≤1000	≤1450	≤3000	>3000
允许偏心距 e/μm	18	16	14	12	10	8	6	4

检查主轴在滚动轴承的轴颈表面粗糙度，不应高于 $\overset{1.6}{\sqrt{}}$，滑动轴承的轴颈表面粗糙度不应高于 $\overset{0.8}{\sqrt{}}$。

④ 对轴承安装的要求　轴承应按照规定的要求精心安装，在通风机试运转时，要在轴承上用测振器检查轴承的振幅应符合通风机技术条件的规定值，如表13－15所示。另外，试运行时，还要检查轴承温度是否超过表13－16的规定。

表13－15　轴承允许最大振幅

主轴转速/(r/min)	<375	500	600	750	1000	1450	3000	>3000
允许最大振幅/mm	0.18	0.16	0.14	0.12	0.1	0.08	0.06	0.04

表13－16　轴承温度的规定

轴承及润滑类别	轴承温度/℃		入口温度/℃	出口温度/℃	温升/℃
	正常	允许			
滚动轴承压力给油润滑	≤60	≤70	35～45	55～65	≤40
滚动轴承油脂润滑	≤70	≤80			
滑动轴承	≤65	≤70			≤35

⑤ 对机组安装的要求　机组安装除包括通风机机体安装和电动机安装外，也包括联轴

器和皮带轮安装。应着重注意以下几点：

a. 把通风机安装在基础上后，应对轴承座找正找平。找正是保证轴承座不偏斜，找平是保证轴承座的纵向水平度不超过0.2/1000，横向水平度不超过0.3/1000，并以此作为机壳和电动机找正找平的标准。

b. 电动机的安装，主要是调整轴中心线的位置，使其与通风机轴中心线在一条直线上，两者的同轴度，使径向位移不应超过0.05mm，倾斜高度不应超过0.2/1000。

c. 联轴器安装时要找正、对中，尽量消除同轴度和平行度的偏差，联轴器的同轴度允许偏差见表13－17。

表13－17 联轴器同轴度允许偏差

联轴器的外径/mm	两轴同轴度允许偏差	
	径向位移/mm	倾斜度
≤300	0.1	0.8/1000
>300~600	0.2	1.2/1000

d. 用带轮传动时，要进行带轮找正工作。电动机滑轨的位置应保证电动机和通风机两轴的中心线互相平行。当两带轮宽度相同时，它们的端面应位于同一平面上，若是不同宽度的两带轮，则两带轮的垂直轴中心线的中间平面应重合。要注意带轮旋转方向应使带紧边在下，松边在上，这样旋转可增大松边带与轮槽的接触面，以保证接触表面有足够的摩擦力。

13.4.3 通风机的启动和运行

(1) 通风机的启动

通风机启动前必须做好各种检查与准备工作，以保证启动与运转的安全。

通风机启动到正常转速需要一定的时间。个别大型通风机甚至要根据转子的飞轮矩、气动阻力矩等计算所需的启动时间。一般通风机的启动时间限制在20~25s以内。如果在此段时间内通风机达不到额定转速，应停车寻找原因。

离心通风机是当流量最小，即阀门全闭时的气动功率最小，阀门全开流量最大时的气动功率最大。因此，为了保证电动机安全起见，离心通风机启动时，应先把阀门全闭。当通风机转速上升到额定转速以后，再将阀门逐渐打开，以避免电动机启动负荷过大而危及安全。

轴流通风机当阀门全闭时气动功率反而最大，因此启动前不能关闭阀门，而是把阀门打开。

用于锅炉或高温的通风机启动之前气体介质温度难以达到工作温度，往往有待通风机运转而将气体输入炉内加热。而电动机的额定功率是按输送介质正常工作温度（一般大于150℃）选定的。介质温度低时密度就大，耗功就多，这就会使正常功率与启动功率相差甚大。因此，这类通风机是否能直接启动，需要慎重考虑，或者需要采取适当的措施。

通风机启动后应立即检查机器运行是否安全平稳，无撞击声、摩擦声，无明显振动和过大的噪声。气流流动应畅通无阻，无漏气、漏油现象。运行一段时间后轴承处和机壳上无明显过热现象。测量控制仪器仪表应正常显示或记录读数。检查电动机的负载和通风机的风量和全压是否符合要求，如发现机器有摩擦、碰撞声、电动机超负荷等异常情况应立即停车检查原因。

(2) 通风机的运行

当通风机符合启动要求达到额定转速后，可以投入正常工作，可操作调节机构或阀门开度，使其在额定工况下，或用户现场所要求的工况下运行。

对主通风机或重要的通风机不能间断其工作，即使短时的停机也会造成事故者，必须装备两台独立的通风机及时或按期轮换使用，还要设置备用电动机并能迅速更换使用。必须保证正常安全供电，如需停电，必须事先通知通风机的操作人员做好停机准备。

运行操作人员必须熟练操作技术遵守操作规程，备有通风机的设备图、性能曲线图等技术资料，还必须熟悉事故处理方法。注意检查机器的运行是否稳定，而无明显的振动，无额外的噪声，检查轴承处的油温和机壳的温度，检查并记录各种仪表所显示的读数。如发现意外情况而无法立即消除时，应立即上报，甚至立即操作停机，以免机器受到破坏。停机后应立即检查寻找出现意外情况的原因。

操作人员应熟悉机器的性能，尽量使机器运行在最高效率工况点上，以达到高效节能降低噪声的效果，或者至少要尽量使机器运行在高效工作区内。如使用现场所需要的流量和压力，迫使通风机离开高效工作区运行，则应将这种情况告知现场使用人员，商讨能否避开，实在不行，也只好如此。但操作人员应特别注意防止通风机出现喘振等异常情况，一旦出现喘振，应立即采取增加流量的调节措施，使机器马上退出喘振状态，或者立即停机以免机器遭到破坏。操作人员应适时检查记录各种测量仪器仪表的读数，并做好机器运行的值班记录。

当通风机需要停车时，离心通风机应将阀门关闭而后停车，而轴流通风机则先停车，后关闭阀门。对于注油润滑的轴承，通风机停车后仍需要一段时间继续供油，让油带走热量，使轴承的温度降下来。

若通风机是由自动控制设备操作机器的运行、启动与停车，并自动检测与记录各种仪器仪表的测量数据，则能迅速地了解与掌握机器运行的情况并适时做出各种调节操作与应急处理。除主控室有人值班监护外，在通风机现场也应有操作人员进行监护或巡检。偶遇意外，操作人员应能及时干涉处理或紧急停车，以确保机器的安全。

（3）通风机的维修与故障排除

相对于往复式压缩机、透平式压缩机、鼓风机而言，由于通风机结构简单，部件不多，几乎没有易损件。一般来说，大部分通风机是能够长期平稳安全工作的，甚至可以一两年不必大修或检修，亦可裸露在露天风吹日晒日夜运行。但也应适时检查机器是否出现意外情况，如机器是否振动，部件连接处是否漏气，连接件是否松动，机器是否有摩擦声、撞击声等额外的噪声，特别是轴承处温度是否过高，电气仪表、气体动力仪表、监护振动、温升的仪表等显示或记录的读数值是否不正常或超标等。遇有以上情况，应及时处理排除故障，或者立即停车进行必要的检修，甚至开机检查，更换零部件等。例如，轴承已严重磨损则应更换新轴承；检查叶轮是否变形，叶片是否受到严重磨损，主轴是否变形等，必要时应经补焊或更换叶片，重做动力平衡，重新对中找正等；检查与调整间隙，检查蜗壳、进出口、管路、底座、基础等是否有变形、开裂、漏气等现象，连接件是否需要再紧固等。经过认真彻底的检查与必要的处理之后，方可装机，并再经启动操作运行至额定转速后机器能平稳运行，方可投入使用。

一般来说，通常所用的通风机是否需要大修，是否需要定期停机维修，应视通风机的大小、运行中是否出现问题等具体情况作具体的安排。

对于输送气体中含粉尘、砂粒的通风机，输送有腐蚀性以及高温气体等特殊用途的通风机，除运行时应进行更为严格的监护与经常检查以外，还应做定期的检查、定期的维修和大修，以确保机器可靠运行，杜绝出现任何安全事故。

参 考 文 献

1. 续魁昌主编. 风机手册. 机械工业出版社，1995. 5
2. 商景泰主编. 通风机实用技术手册. 机械工业出版社，2005. 4
3. 成心德编著. 离心通风机. 化学工业出版社，2007. 3
4. 姜培正主编. 过程流体机械. 化学工业出版社，2001. 8
5. 康勇等编. 过程流体机械. 化学工业出版社，2008. 7
6. 刘志军等编. 过程机械. 化学工业出版社，2008. 2
7. 王荣祥等编著. 流体输送设备. 冶金工业出版社，2002. 5
8. 李庆宣主编. 通风机. 机械工业出版社，1986
9. 周新祥编著. 噪声控制技术及其新进展. 冶金工业出版社，2007. 7

第五篇　压缩机驱动

压缩机是从动机械，需要由原动机进行驱动。可以用来驱动压缩机的原动机有以下几种：

- 电动机
  - 交流电动机
    - 异步电动机（感应电动机）
      - 单相
      - 三相
    - 同步电动机
      - 励磁
      - 永磁
  - 直流电动机
    - 励磁
    - 永磁
- 内燃机
  - 煤气机（以天然气或炼厂气为燃料）
  - 柴油机
  - 汽油机
- 涡轮机
  - 蒸汽轮机
  - 燃气轮机
- 膨胀机（主要用于有能量回收的场合）
  - 烟气轮机
  - 液力涡轮机
  - 螺杆或滑片

一般固定式压缩机用原动机及其特性见表 14－1，其选择原则如下：

（1）考虑动力来源、价格及投资费用，即初投资与运行费用最小；

（2）驱动机满足转矩，尤其是启动转矩与加速的要求；

（3）工况改变时可能出现的低负荷或过载荷要求。

表 14－1　一般固定式压缩机用原动机及其特性

驱动机类型	功率范围/kW	速度范围/(r/min)	效率/%	启动转矩/%（额定负荷比）	超负荷转矩/%（额定负荷）	调速性
异步电动机	1～5000	电动机极对数 $N=1\sim8$	86(10kW) 91(100kW) 94(1000kW)	60～100	≥150	变化极小[①]
同步电动机	100～20000	$N=2\sim20$	93～97	40($n<500$r/min) 40～100 ($n\geq500$r/min)	150	定转速[②]
蒸汽机（往复式）	50～4000	140～400	50～75(RCE)	120	约 115	100%～20%
蒸气涡轮	约 20000	1800～34000	35～82(RCE)	175～300	最大达 300	100%～25%
煤气机与压缩机组成一体[③]	$n=600$r/min 左右 $P=80$kW $n=300$r/min 左右 P 可大达 8000kW		40 （总热率）	由压缩空气启动	120	100%～60%

驱动机类型	功率范围/kW	速度范围/（r/min）	效率/%	启动转矩/%（额定负荷比）	超负荷转矩/%（额定负荷）	调速性
柴油机与压缩机组成一体[4]	n=600r/min 左右 P=80kW n 较低时 P 可大达 1000kW		32（按柴油热值）	由压缩空气启动	120	100%～60%
煤气机或柴油机通过联轴器驱动	n=600r/min 左右 P=80kW n=360r/min 左右 P 可达 6000kW		41（煤气）36（柴油）	由压缩空气启动	120	100%～60%

①、②不包括变频调速与加变速机构；③、④习称摩托压缩机，现已不应用于大型压缩机。

14 电动机与内燃机

14.1 电动机驱动

在几种原动机中，电动机结构简单、操作方便、运行可靠、价格也最便宜。因此，一般有电源的地方都选用电动机驱动。目前我国电网均为交流电，因此电动机也为交流电动机。

14.1.1 交流电动机基本结构与工作原理

交流电动机主要由定子和转子两部分组成，通过电磁作用力将电能转变为机械能。

（1）定子与旋转磁场

定子由铁芯与绕组构成并固定在壳体内。当通以交变电流后，产生方向改变的旋转磁场。方向改变的速度，取决于电流交变的频率，如频率为50Hz，则交变磁场方向每秒改变50次。图14－1所示为不同相数交变电流的绕组产生的交变磁场，其中单相为一个交变磁场，两相为两个交变磁场，三相为三个交变磁场。因两相磁场即使严格按90°分相，所形成的旋转磁场也不均匀，故很少使用。三相

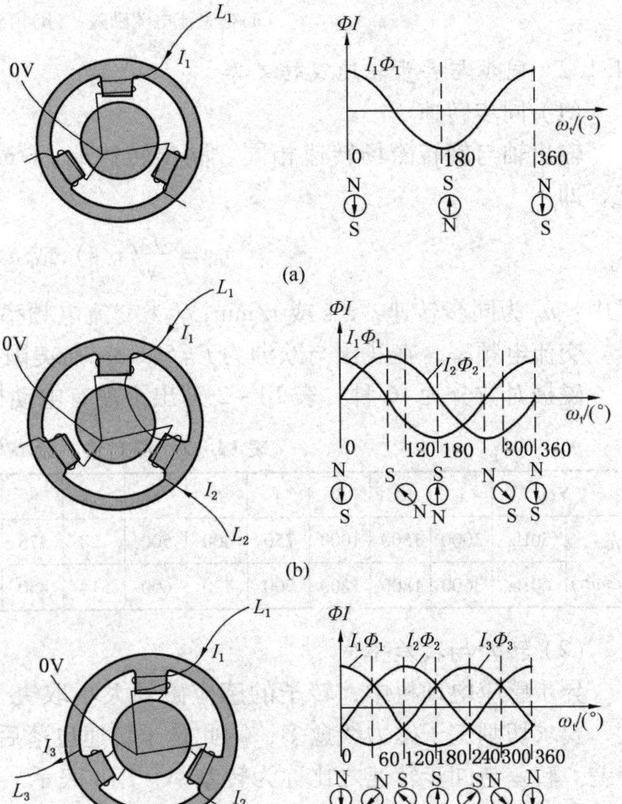

图14－1 不同相绕组产生的交变磁场
（a）单相；（b）双相；（c）三相
Φ—磁通；I—电流；N、S——对磁极；L—绕组

时能产生均匀的旋转磁场，是应用最多的一种方式。

（2）转子与转子磁场

转子由铁芯与绕组及转矩输出轴构成。小型或微型时，也可由铁芯与永磁铁及转矩输出轴构成。转子绕组中通以直流电流或由转子感应电动势所形成的感应电流励磁，如图 14－2 所示。前者转子可与定子旋转磁场同步旋转；后者转子绕组必须切割定子磁场磁力线方能产生感应电势，并产生感应电流与磁场，因此转子速度必然低于定子磁场速度而异步旋转。

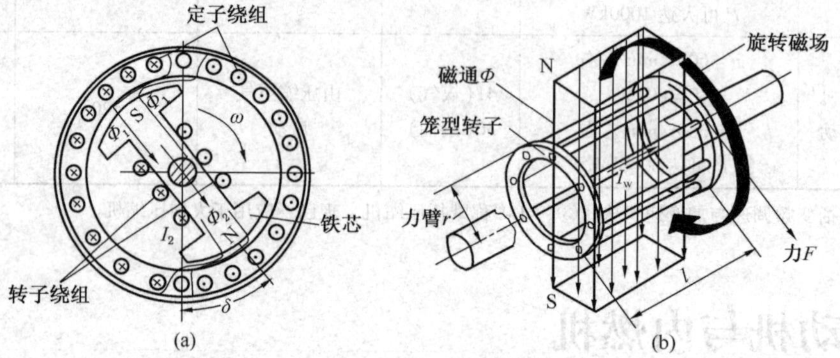

图 14－2 转子励磁方式

（a）通直流电流励磁；（b）由感应电流励磁

14.1.2 同步与异步转速及转差率

（1）同步转速

输出轴与旋转磁场转速相同。同步转速 n_0（r/min）由定子磁极对数与交变电流频率决定，即

$$n_0 = \frac{f}{N}(\mathrm{r/s}),或\ n_0 = \frac{60f}{N} \qquad (14-1)$$

式中：n_0 为同步转速，r/s 或 r/min；f 为交流电频率，Hz；N 为磁极对数。

交流电频率，在我国与欧洲为 $f=50$Hz，在美国等北美国家及日本部分地区 $f=60$Hz。

磁极对数分为 16 种，表 14－2 列出了现有电动机极对数及不同频率时的同步转速。

表 14－2 极对数、频率与同步转速

N		1	2	3	4	5	6	7	8	9	10	12	14	16	18	20	24
n_0/（r/min）	50Hz	3000	1500	1000	750	600	500	428	375	333	300	250	214	187.5	166.6	150	125
	60Hz	3600	1800	1200	900	720	600	514	450	400	360	300	257	225	200	180	150

（2）转差与转差率

异步感应电动机中，转子的感应磁场大小取决于载荷对转子磁场强度的要求，载荷愈大，要求切割定子磁力线愈多，因此转子转速也落后于旋转磁场转速愈多，两者的差值称为转差。转差与同步转速之比称为转差率，用 s 表示。

感应电动机最大转差率 $s>10\%$，最小转差率（空载荷时）$s\to0\%$，一般额定负荷时 $s=2\%\sim4\%$，其值与电动机设计制造质量有关。

图 14－3 表示为转差率特性曲线。图中 $m=M/M_k$，其中 M_k 为异步电动机最大转矩，M 为运转状态下的转矩；$\sigma=s/s_k$，其中 s_k 为相应于 M_k 时的转差率，s 为运转状态下的转差率，在启动过程中（$M<M_k$ 之前）$\sigma<1$；在正常运行中 $\sigma>1$。

(3) 异步转速

因为存在转差，异步转速低于同步转速，其值为

$$n = \frac{(1-s)f}{N}(\mathrm{r/s}) \text{ 或 } n = \frac{60(1-s)f}{N}(\mathrm{r/min}) \qquad (14-2)$$

一般电动机铭牌上标的转速为额定转速，其值与电动机设计制造质量有一定关系。由于随着电动机载荷改变 s 是变化的，故运行转速也会随之在一定范围内波动，因此异步转速不是一个完全确定的数值。

14.1.3 异步电动机机械特性(也称外特性)

机械特性系指电动机输出的转矩与其转速或转差率的关系，如图 14-4 所示。一般特性曲线有三个定义点：

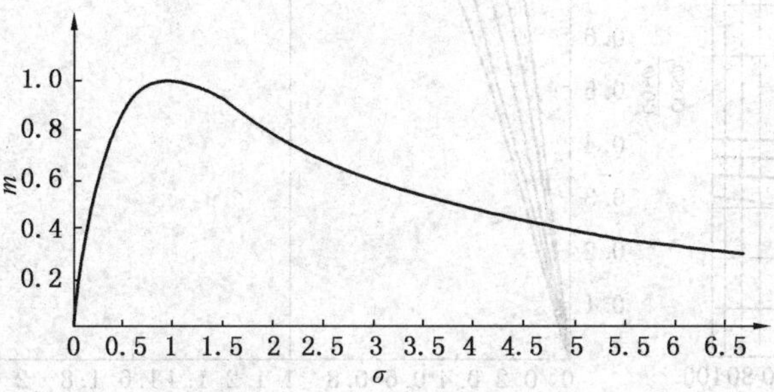

图 14-3 通用转差率特性曲线

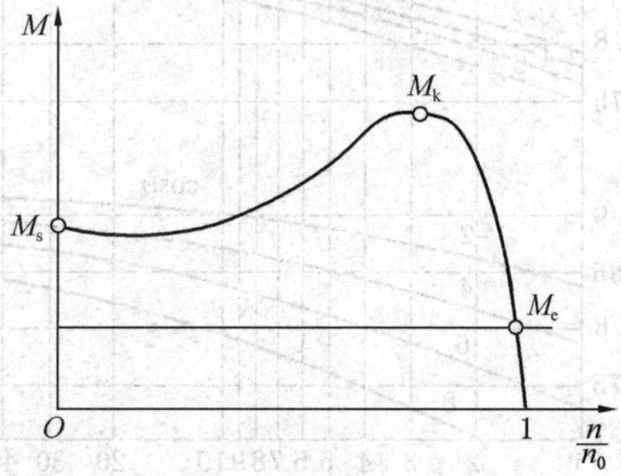

图 14-4 异步电动机机械特性曲线

(1) 启动转矩 电动机能提供给被驱动机械由静止状态进入运行的转矩，即图中 M_s。

(2) 最大转矩 电动机所能提供的最大转矩，也称临界失速转矩，负载大于此值，电动机便失速，图中 M_k 为最大转矩。

(3) 额定转矩 电动机效率最高时的转矩，即直接供驱动负载的转矩，图中 M_e 点。

此外，定义最大转矩与额定转矩之比为电动机功率余度 λ_k，即 $\lambda_k = M_k/M_e$。λ_k 也称为过载能力。

14.1.4 功率因素($\cos\varphi$)

由电网输入电动机定子的功率称为视在功率，其值为电压与电流的乘积，单位为 kVA。由转子轴输出的功率称为有效功率，单位为 W、kW 或 MW。在不同形式的电动机中，两者在数值上是有区别的。在异步电动机中，定子中一部分电流用于转子励磁，即它没有作功，励磁后又返回电网，并落后了一定相位，这部分电流与电压的乘积称为无功功率。相应的电流称为视在电流 I_s、有功电流 I_w 及无功电流 I_B。因为无功电流迟后有功电流一定相位，例如当电源频率 50Hz 时，迟后时间约为 5μs，故视在电流并不等于有功与无功电流之和，而为 $I_s = \sqrt{I_W^2 + I_B^2}$，也即图 14-5 中直角三角形所表示的关系，图中设视在电流与有功电流夹角为 φ，则 $I_w = I_s\cos\varphi$，即有功功率 P 与视在功率 P_s 的关系为

$$P = P_s\cos\varphi \qquad (14-3)$$

式中 $\cos\varphi$ 称为功率因素。

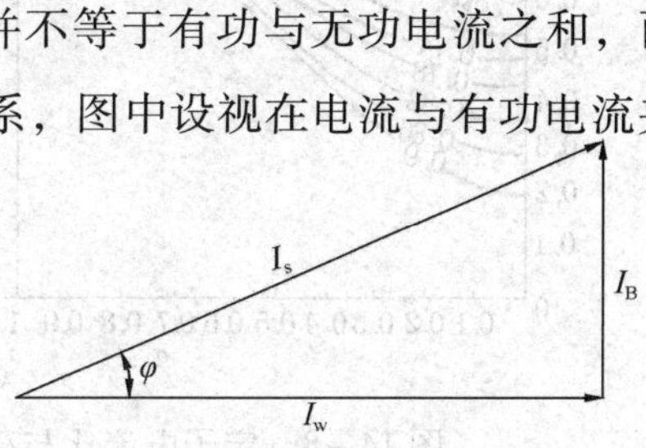

图 14-5 视在、有功与无功电流(功率)关系

无功功率增加了电网的负担，并且无功电流同样要产生电阻损失，因此是有害的，所以 $\cos\varphi$ 值愈趋近于 1

愈好。

图 14－6 表示为不同极对数和功率因素时，电机效率与额定功率曲线。图中示出极数愈多，即转速愈低或额定功率愈小，cosφ 值愈小，也即无功功率所占百分比愈大。电动机效率也随极对数增加、功率减小而降低。

图 14－7 示出同一电动机不同载荷比 λ 与功率因素比值关系。图中曲线按 $\lambda_k=2$ 作出，额定负载时 $\lambda=1$，图中功率因素比也为 1，当 $\lambda<1$ 时，功率因素比额定载荷时更小。

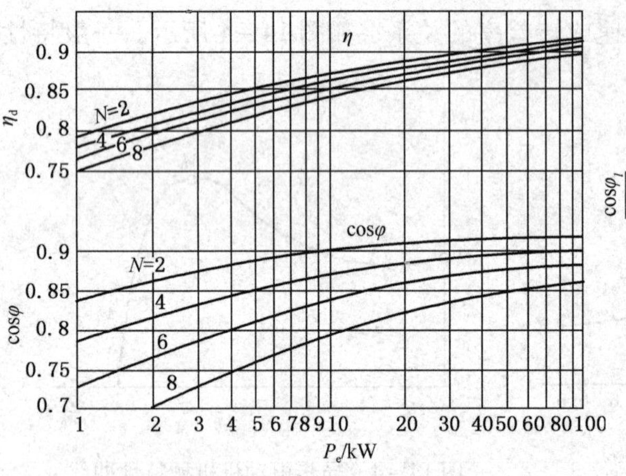

图 14－6　不同极对数和功率因素时额定功率与效率曲线

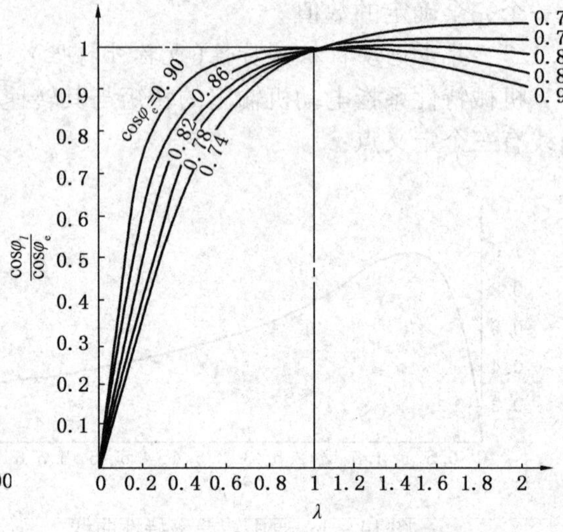

图 14－7　不同载荷比 λ 时的功率因素比（取 $\lambda_k=2$）

图 14－8 示出定子电流比 I/I_e 与载荷转矩比 $\sigma=\lambda/\lambda_e$ 的关系，当 $\sigma<1$ 时，功率因素随载荷转矩减小而降低。当载荷为零时，定子电流可为额定值的 0.2～0.5，也即电动机空载时也要消耗（0.2～0.5）额定功率；当 $\sigma>1$ 时，对功率因素的影响正相反。

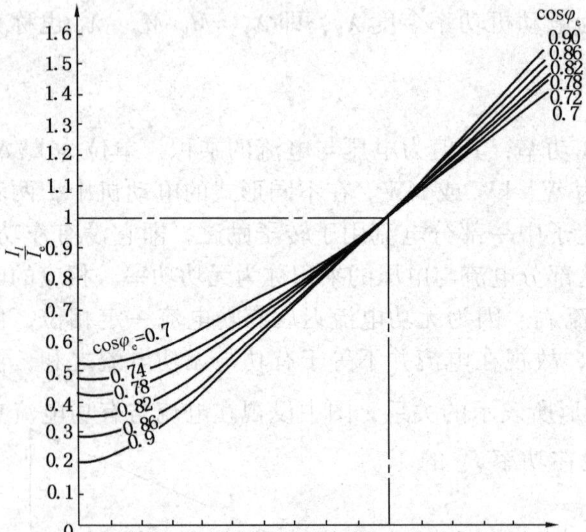

图 14－8　定子电流比与载荷转矩比的关系（取 $\lambda_k=2$）

14.1.5　电动机效率

电动机中有各种损失，如图 14－9 所示，其中有

（1）铜损耗　定子与转子绕组的纯电阻引起的损耗。

（2）铁损耗　由磁滞损耗与电涡流损耗两部分组成。磁滞损耗为铁芯被交流电磁化与去磁都需消耗能量，这部分损耗随频率与磁感应的增加而增加。电涡流损耗是由于磁场在铁芯与导线中感应出电压，从而产生环绕磁场流动的环状电流，它能导致发热并消耗能量。铁芯采用薄片叠合是减少涡流的主要途径。

（3）摩擦损耗　主要是轴承，集流环与电刷等形成的损耗。

（4）风扇损耗　自冷式中风扇的功耗。

电动机效率 η_d 为 $\eta_d = P_2/P_1$。其中，P_1 为电动机输入功率；P_2 为电动机轴输出的功率。

14.1.6　电动机变转速途径

无论交流还是直流、同步还是异步、单相还是三相，都可实现变转速运行。由式(14－2)可知，只要改变其中任一参数便可改变转速。图 14－10 示出了变速的各种方法。

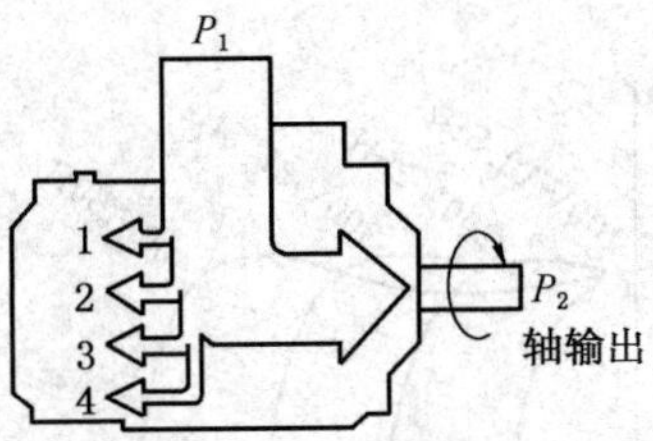

图 14－9　电动机损耗

1—铜损耗；2—铁损耗；3—电摩擦损耗；4—风扇损耗

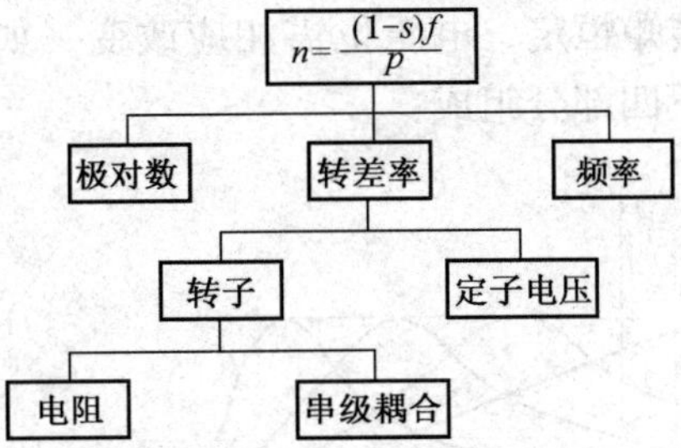

图 14－10　改变电机速度的各种可能性

（1）改变极对数

旋转磁场的速度与极对数有关。50Hz 时，一对极同步转速为 3000r/min。若设计成可切换极对数，则两对极便降为 1500r/min，且转矩特性基本不变，如图 14－11 所示。但是这种速度变化为间断式，符合表 14－2 中的规律。当切换瞬时，由于转子的惯性，会经历一个发电阶段，从而使电动机产生较大的负载，变速范围仅 2～4 挡，且只能向下调速。

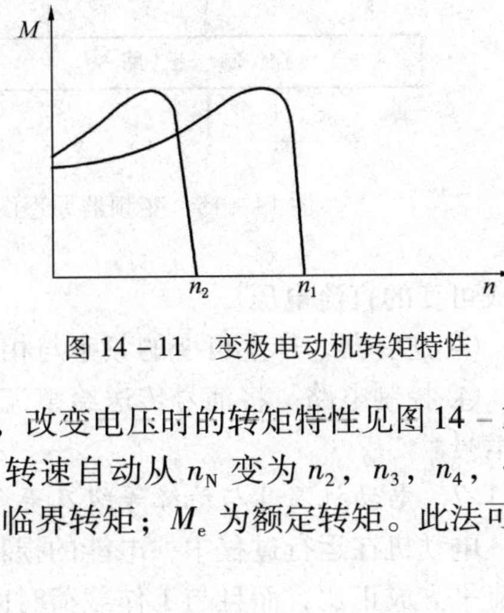

图 14－11　变极电动机转矩特性

（2）转差率控制

用于异步电动机有两种方法：

① 改变定子电压　电动机转矩与电压平方成正比，改变电压时的转矩特性见图 14－12，图中(b)为(a)的端部局部放大。当额定转矩不变时，转速自动从 n_N 变为 n_2，n_3，n_4，…。最小转速受制于比值 $\lambda_= M'_k/M_e$，其中 M'_k 为降压后的临界转矩；M_e 为额定转矩。此法可以连续变速，变速范围为 $n_N \sim n_e$。

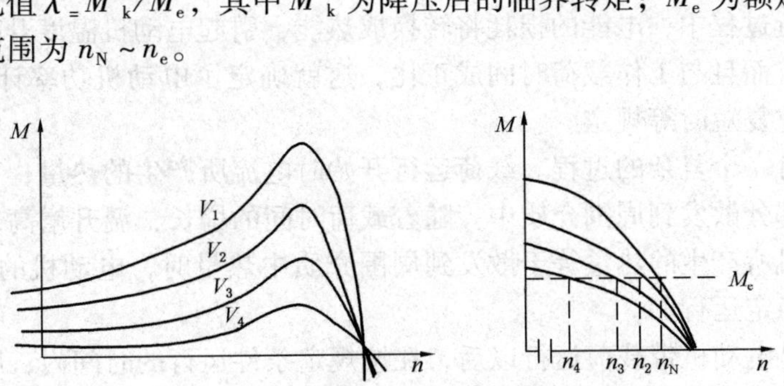

图 14－12　改变定子电压转矩特性与变速范围

(a)不同电压时的机械特性($V_1>V_2>V_3>V_4$)；(b)端部放大

② 改变转子电阻　仅在绕线式电动机中适用。将转子集电环与电阻器连接，借以增加转子功率损耗，从而导致转差值增加，转矩特性如图 14－13 所示。此法临界转矩 M_k 保持定值，当载荷保持不变时，转速随电阻增加而降低，可实现连续调节。该方法在启动阶段，即 $0<n<n_k$ 也可稳定运行。缺点是经济性较差。

(3) 变频调节

用变频器改变供给定子绕组电流的频率，借以调节转速。它可以恒转矩或恒功率运行，不过要维持转矩恒定，电压也需相应改变，如图 14－14 所示。变频器原理如图 14－15 所示，它由以下四部分组成：

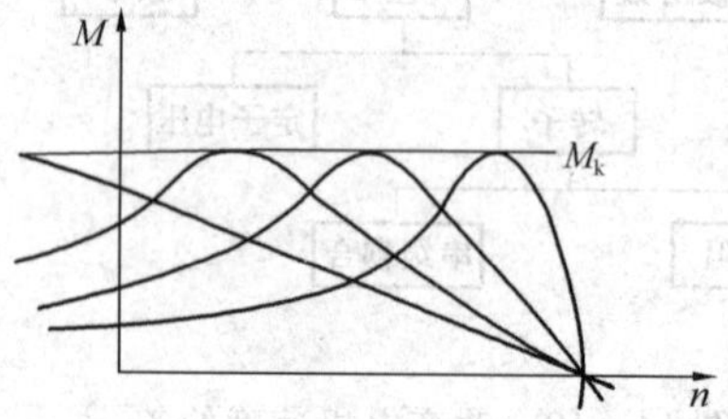

图 14－13　转子串接电阻的转矩特性

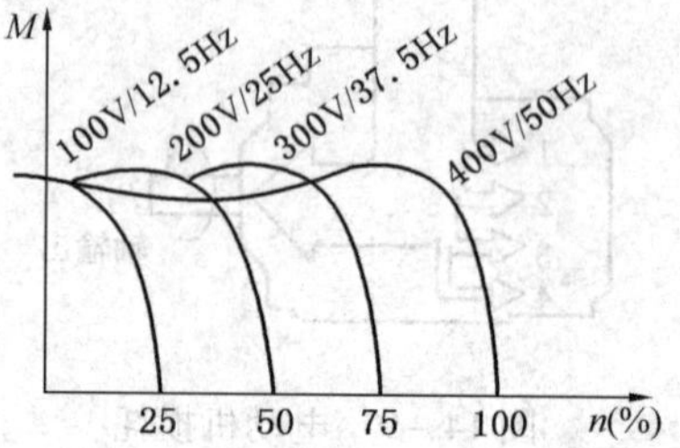

图 14－14　恒定转矩的频率－电压特性

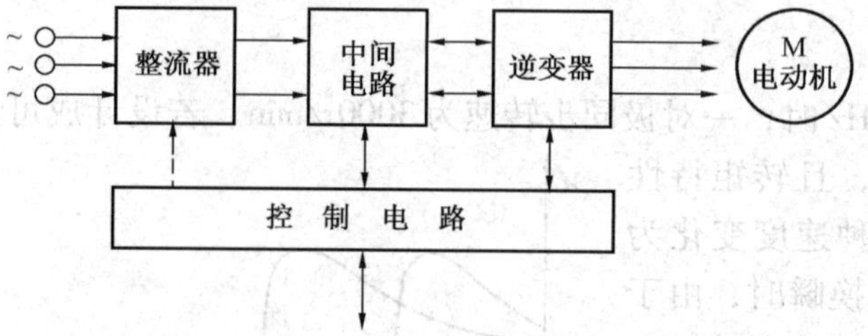

图 14－15　变频器原理图

① 整流器　与单相或三相交流电源连接产生脉动的直流电压。整流器有可控和不可控两种基本类型。

② 中间电路　有以下三种类型：

a. 将整流电压变成直流电源；

b. 使脉动的直流电压变得稳定与平滑，供逆变器使用；

c. 将整流后固定的直流电压，变换成可变的直流电压。

③ 逆变器　产生可变的频率与相应的电压。

④ 控制电路　将信号传送给整流器、中间电路和逆变器，同时它也接收来自这些部分的信号。

14.1.7　电动机温升与绝缘等级及寿命

电动机在运行过程中，电能的损耗将转换成热能，引起电动机温度升高。发热量不但与电流平方成正比，而且与工作载荷时间成正比，这就确定了电动机功率计算中各种工作制，如长期、短时、重复短时等规定。

电动机温升有一个复杂的过程。载荷运行开始时电流所产生的热量，主要用于电动机本身的温升，一小部分散发到周围介质中。随着载荷时间的增长，温升增高，散发的热量比例也增大。当电动机所产生的热量等于散发到周围介质中热量时，电动机的温升就不再增加，而在某一温度上稳定运行。

温升的定义是电动机带载荷运行以后，在按规定条件运行的时间内，所测得的最高温度减去周围环境温度之差。

电动机在运行中的最高温度 t_{max} 不得超过绝缘材料最高允许温度 t_p，这就是按发热条件保证电动机长期运行而选用电动机的依据。

国家标准规定：电动机使用的绝缘材料其最高允许温度及最高允许温升分成七个等级，列于表 14－3。

表 14－3　各种绝缘材料最高允许温度与温升表

绝缘等级	Y	A	E	B	F	H	C
最高允许温度/℃	90	105	120	130	155	180	180 以上
最高允许温升/℃	50	65	80	90	115	140	140 以上
绝缘材料	未经浸漆处理过的棉纱、丝、纸等	用绝缘漆处理过的棉纱、丝、纸等	含有有机材料所组成的绝缘制品，如聚酯薄膜、环氧树脂、聚乙烯、胶纸板等	云母、石棉、玻璃纤维等制品	云母、石棉，用有机合成胶做黏合剂的制品	硅有机材料或用硅有机材料做黏合剂的云母、石棉、玻璃纤维等制品	玻璃、陶瓷、石英灯无机材料

注：以上材料中 Y 级和 C 级在电动机中极少采用。

采用不同的方法测量电动机温升，所得数值不等，表 14－4 中列出了不同测试方法的当量值。

表 14－4　不同绝缘等级不同测试方法温升当量值　℃

绝缘等级	温度计	电　阻	埋置检温计
E	65	75	75
F	85	100	100

电动机寿命主要取决于绝缘老化，当其电气强度与机械强度达极值时，便不能再工作。绝缘老化机理在低电压时与高电压时有所差别。低电压绝缘材料主要为热老化；高电压绝缘材料主要为电老化(包括电晕、电离、电解)。其次，是高温腐蚀。一般低电压电动机寿命试验，在额定条件下连续运行 25000h，实际使用为 15 年。高电压电动机在额定条件下连续运行 35000h，实际使用寿命为 20 年。

电动机超载荷运行，温升会增加，每增加 8～10℃，寿命降低约 20%。

14.1.8　三相交流异步电动机

(1) 结构形式

按转子结构可分为以下三类：

① 笼型异步电动机　这种异步电动机的转子绕组是由嵌在槽内的多根导条组成，并在铁芯两端设有端环将导条短路。有导条嵌在普通深度槽内的普通笼型、用高阻导条的高阻笼型。

图 14－16 所示为一种外壳表面自冷式笼型异步电动机整体结构图。

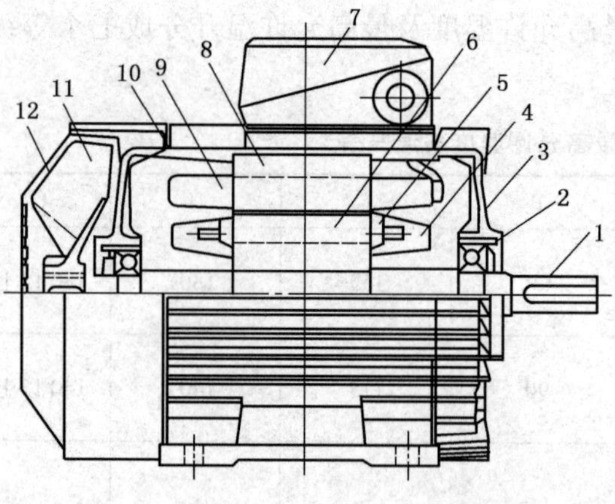

图 14－16　外壳表面自冷式笼型异步电动机结构

1—轴；2—轴承；3—端盖；4—内风扇；
5—端环；6—转子铁芯；7—接线盒；
8—定子铁芯；9—定子绕组；10—机座；
11—外风扇；12—风扇罩

图 14－17 所示为中型自冷防护式笼型异步电动机整体结构图。

② 特殊笼型异步电动机　这种异步电动机为了限制启动电流并增大启动转矩，将转子绕组做成特殊结构。根据结构的不同，又可分为双笼型和深槽笼型异步电动机。

③ 绕线型异步电动机　这种异步电动机的转子绕组是多相绕组，绕组末端通过集电环引出，如图 14-18 所示。

（2）机械特性

① 一般笼型异步电动机　图 14－19 为 37kW 四极笼型异步电动机的特性曲线。图中显示了输出功率、转矩、定子电流、功率因素、效率及转差率的关系。

② 深槽笼型异步电动机　图 14－20 所示为深槽笼型异步电动机机械特性，其启动转矩较大，转矩变化比较平坦。

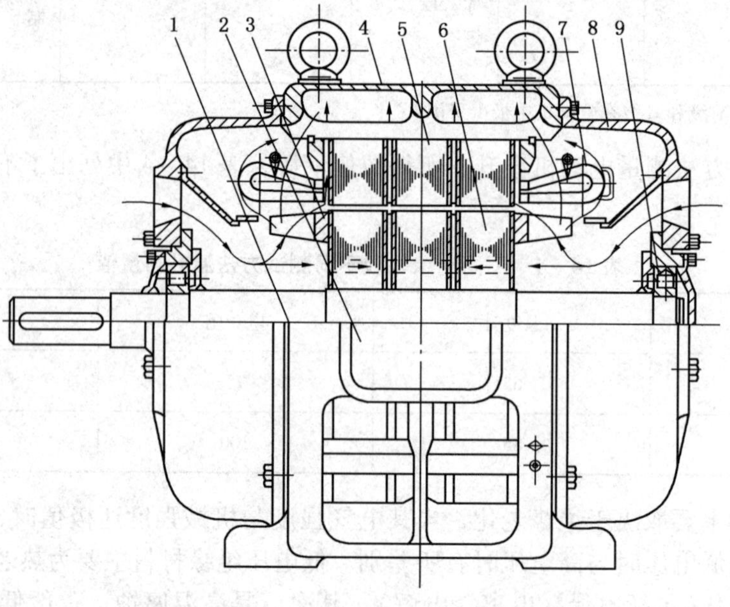

图 14－17　中型自冷防护式笼型异步电动机结构

1—转轴；2—出线盒；3—转子绕组；4—机座；5—定子铁芯；
6—转子铁芯；7—定子绕组；8—端盖；9—轴承

③ 双笼型异步电动机　它由两层笼条构成。图 14－21 示出双笼型的机械特性，其启动转矩较大，转矩曲线也较平坦。

④ 绕线式异步电动机　同感应电动机。

（3）笼型异步电动机启动

启动时的主要矛盾是启动电流大（通常是额定值的 4～7 倍）和启动转矩不大（是额定转矩的 1.0～2.4 倍），因而往往会造成供电线路的电压下降，影响接在同一电力网上的其他电

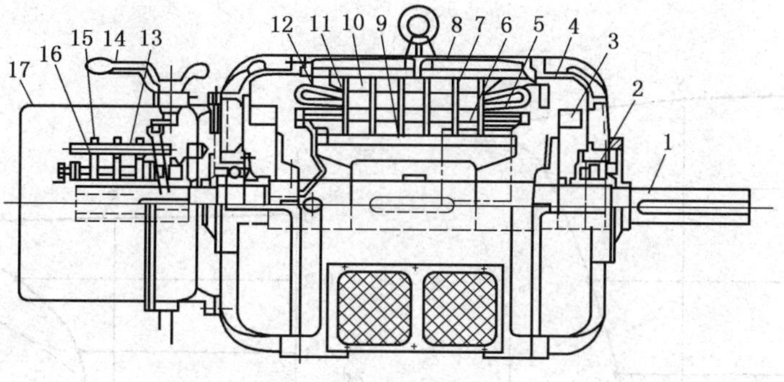

图 14－18　防护式绕线型异步电动机结构

1—轴；2—轴承；3—风扇；4—端盖；5—转子绕组；6—转子铁芯；7—风道；8—机座；9—转子支架；10—定子铁芯；11—铁芯压板；12—定子绕组；13—刷把杆；14—转子绕组短路和举刷装置操作手柄；；15—刷把；16—集电环；17—集电环保护罩

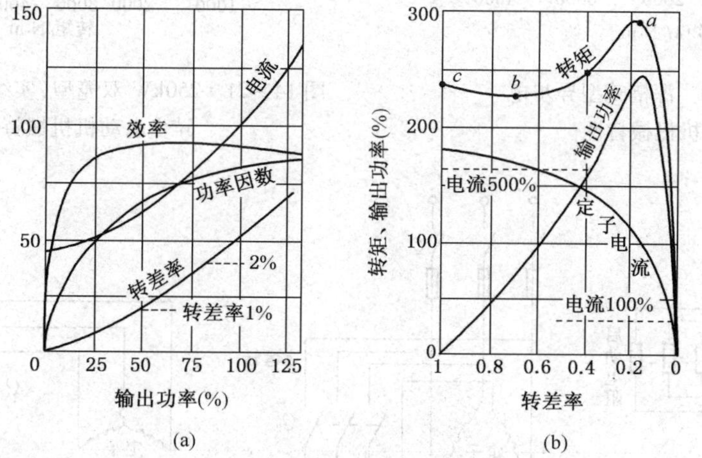

图 14－19　37kW 四极笼型异步电动机性能曲线

(a)转速特性曲线；(b)输出功率特性曲线

气设备的正常工作。笼型异步电动机常用的启动方法有：

① 直接启动　适用于小型笼型异步电动机，且电源容量足够大的情况。电动机是否可以采用直接启动，视电动机的容量与用电单位装置的独立变压器容量之间的比例而定。对于不经常启动的异步电动机，此比例不超过 30%；对于经常启动的异步电动机，此比例不超过 20%。一般规定额定功率为 10kW 及以下的电动机可以直接启动。

② 降压启动　适用于中、大容量的笼型异步电动机。

a. 定子串联电阻降压启动　启动电路如图 14－22(a)所示，启动时先合上刀开关 Q_1，待电动机转速接近额定值时，再将刀开关 Q_2 合上，将电阻器短接。

b. 星形－三角形降压启动　启动电路如图 14－22(b)所示，启动时合上电源刀开关 Q_1，并将刀开关 Q_2 扳向 Y 启动位置，待电动机转速接近额定值时，将刀开关 Q_2 扳向 Δ 运转位置。显然，采用这种降压启动方法，只适用于在正常工作时定子绕组接成三角形的笼型异步电动机。

c. 三相自耦变压器降压启动　启动电路如图 14－22(c)所示，启动时合上刀开关 Q_1，然后将刀开关 Q_2 合在启动位置，待电动机转速接近额定值时，再将刀开关 Q_2 合在运转位置。

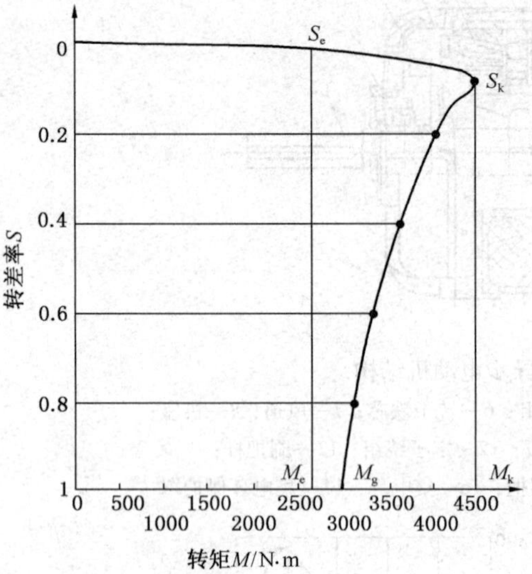

图 14-20 深槽笼型异步电动机机械特性

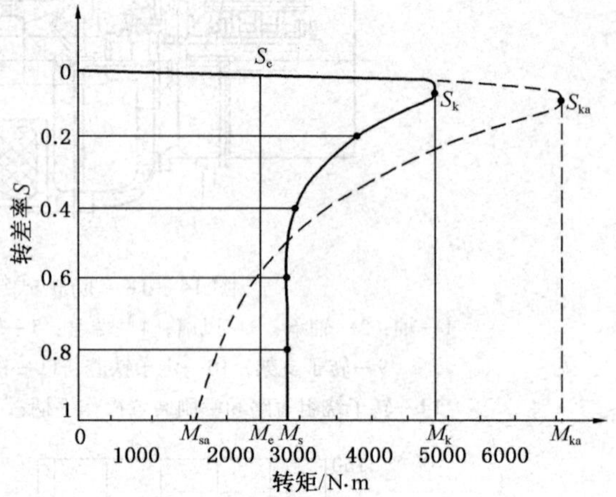

图 14-21 250kW 双笼型（实线）与单笼型（虚线）异步电动机机械特性比较

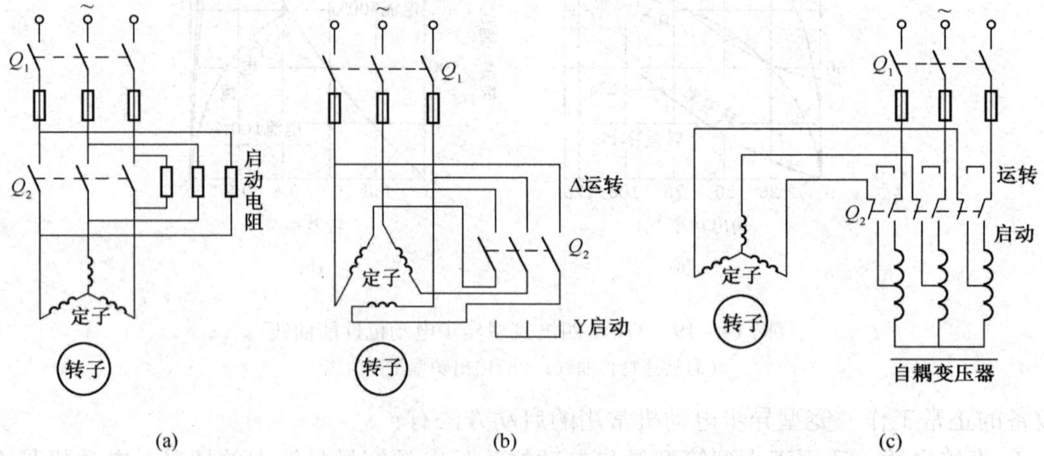

图 14-22 笼型电动机启动方法与电路

（a）电阻降压；（b）星形-三角形降压；（c）自耦变压器降压

（4）绕线式异步电动机的启动

绕线式异步电动机的启动电路如图 14-23 所示。启动时先将启动变阻器的电阻值调到最大，然后合上电源开关 Q_1 启动电动机，随着电动机的转速升高，逐步将启动变阻器的电阻值减小，直到转速接近额定值时，将启动变阻器的全部电阻短接。转子电路串电阻启动的优点是既减小了定子的启动电流，又增大了启动转矩，所以改善了启动性能。

14.1.9 单相交流异步电动机

单相异步电动机定子绕组为单相，转子绕组一般为笼型，如图 14-24（a）示。当单相正弦交流电通过绕组时，产生交变脉振磁场。一个脉振磁场可分解为一个正转与一个反转的旋转磁场。当转子静止时，两个磁场在转子中感应产生两个大小相等、方向相反的电动势和电流，从而使所产生的转矩相互抵消。因此，若不采取其他措施，单相异步电动机的启动转矩为零。若用手推一下，使两转矩失去平衡，则转子便开始旋转，直至达到稳定运行状态。实际电动机中通常定子上另加一套启动绕组 B，与励磁绕组 A 空间相隔 90°，如图 14－24(b) 所示，B 绕组再串联一电容 C，使电流相位差也近 90°。这样，定子中便产生了旋转磁场，电动机便能自行启动。启动绕组中电流较大，只容许短期接通，故一旦转速升至一定数值，便借助离心断开装置或其他自动控制器切断电源。电容器可长期接在电路中，构成分相运转电动机，它还可提高功率因素。

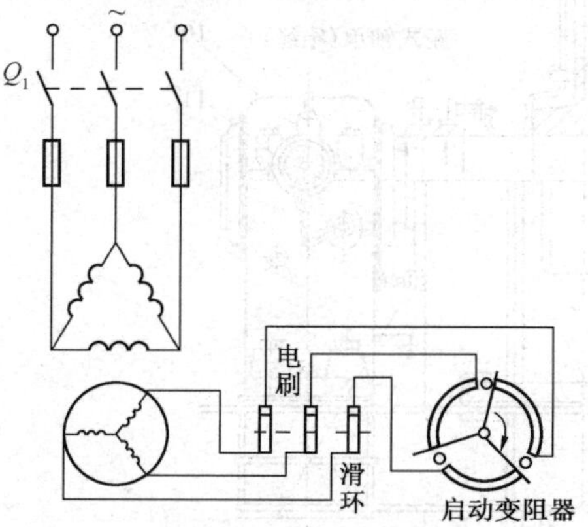

图 14－23　绕线式异步电动机启动电路

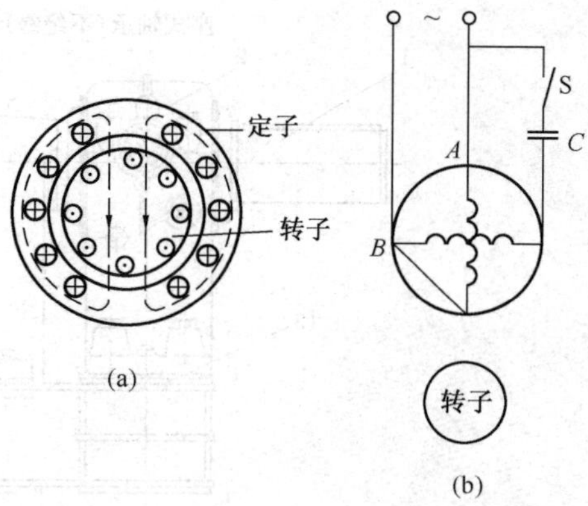

图 14－24　单相异步电动机

(a)单相异步电动机截面；(b)电容分相启动联接

14.1.10　交流同步电动机

转速与旋转磁场同步的同步电动机，有用直流电通过电刷导入转子来励磁和用永磁铁作电枢的两种类型，但永磁铁励磁仅用于小功率电动机。

（1）直流电励磁同步电动机有凸极和隐极两种结构形式

① 凸极　转子做成明显凸出的成对 N－S 极，其上绕有直流绕组〔见图 14－2(a)〕。直流电接线要保证相邻两极性 N 与 S 相互交错。凸极上还嵌有启动用笼型组。凸极结构大都用于极数较多的低速电动机，直径大、转子轴向长度短(呈扁平形)，并具有较大惯性矩，如图 14－25 所示，用于大型往复压缩机的凸极同步电机。

② 隐极　其结构与绕线式异步电动机类似，用于极对数少的高转速时，其直径小、轴向长，转动惯量较小。

（2）功率角

同步电动机中，定子旋转磁场与转子磁场一一对应，定子通过磁力拉着转子同步旋转。由于转子存在载荷，转子磁极中心轴线落后于定子磁极轴线一个 δ 角，δ 称为功率角。从电的意义讲，δ 即定子电压矢量与转子电势矢量间的相位差。

（3）同步电动机启动

同步电动机转子中，设有类似于笼型的短路异步绕组，借以实现电动机启动，因此其启动方法与笼型异步电动机类似。当转子达到异步转速后开始对其励磁，电动机进入同步旋转。

一旦进入同步旋转，异步绕组即失去启动时的作用。但在往复压缩机中，由于转矩的脉动性，转子相对旋转磁场有摆动，并引起绕组中产生电势与电流，这部分电流所产生的磁场(磁拉力)，恰好与摆动方向相反。因此，它有阻止摆动的作用，这一阻尼作用对电动机工作是有益的。

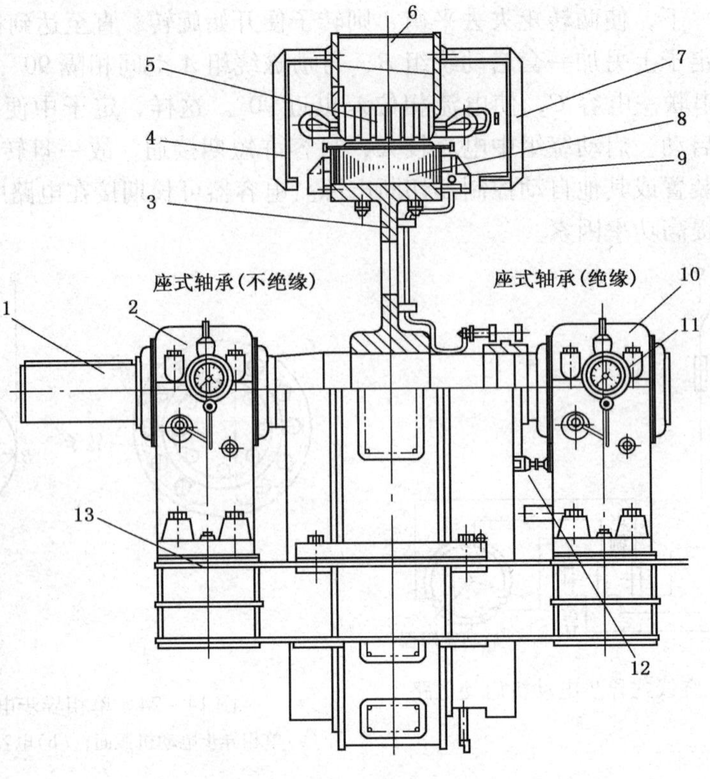

图 14－25　凸极大型扁平型开启式同步电动机结构

1—转轴；2、10—座式轴承；3—转子支架；4、7—端罩；5—定子；
6—机组；8—转子；9—刮板式风扇；11—测温装置；12—电刷装置；13—底板

(4) 电流脉动率与对飞轮力矩的要求

同步电动机对负载的均匀性要求比异步电动机严格。当负载转矩脉动时，电动机电流与功率也相应脉动，但电流脉动与转矩脉动并不成比例变化。其中高阶脉动分量影响很小，而低阶必须重视，因为它会导致共振。

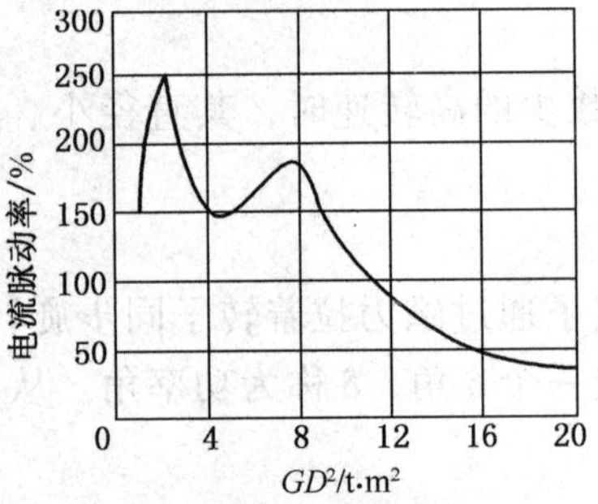

图 14－26　按电流脉动率确定飞轮矩

令电枢脉动电流的最大值与最小值之差与平均值之比，为电流脉动比 ϑ。图 14－26 所示为某电动机 ϑ 与飞轮力矩 GD^2 的关系。当 $GD^2=7.6\text{t}\cdot\text{m}^2$ 时，在转矩 1 阶脉动处共振；当 $GD^2=1.9\text{t}\cdot\text{m}^2$ 时，在转矩 2 阶脉动处共振。一般应按额定载荷下脉动率小于 66% 来确定飞轮矩 GD^2，即在本例中 GD^2 应大于 $12\text{t}\cdot\text{m}^2$。

14.1.11　直流电动机

直流电动机就其本质而言，是一种装有换向器的交流电动机。它依靠换向器将输入的直流电变成交流电，供给转子绕组，如图 14－27 所示。

(1) 直流电动机转矩

其与电流及磁通等的关系为

$$M=K_1\Phi I_a \tag{14-4}$$

$$K_1 = \frac{NZ}{\pi a} \qquad (14-5)$$

式中：Φ 为一对极的磁通，Wb；I_a 为电枢电流，A；N 为极对数；Z 为电枢总导体数；a 为并联支路对数。

若已知空载电流 I_0，则有效转矩为

$$M_e = K_1\Phi(I_a - I_0) \qquad (14-6)$$

有效转矩也可按额定功率与转速求取，即

$$M_e = 9549\frac{P_e}{n} \qquad (14-7)$$

式中：P_e 为有效功率，kW；n 为同步转速，r/min。

（2）直流电动机转速

$$n = K_2\frac{V-(\sum I_a R - e_b)}{\Phi} \qquad (14-8)$$

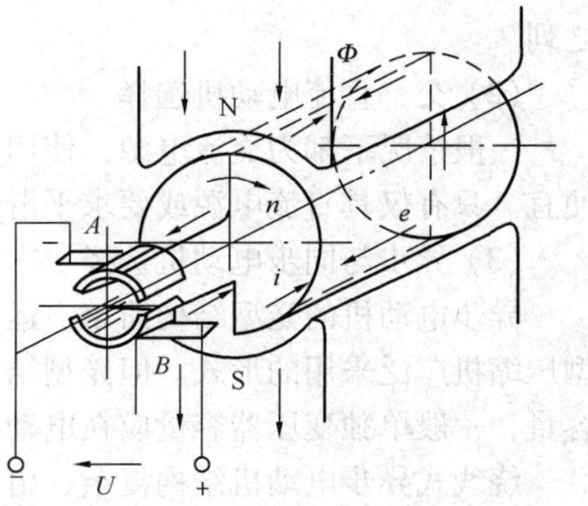

图 14-27　直流电动机原理图

式中：V 为电动机端电压，V；$\sum I_a R$ 为内部电压降，V；e_b 电刷接触压降，V。

$K_2 = \frac{60a}{ZN}$，其中 a、Z、N 同式(14-5)。

直流电动机按励磁绕组与电枢绕组连接方式，分为他励、并励、串励、复励。它们的基本特征，直流电动机调速，直流电动机的启动等可参阅有关电工手册。

我国的直流电动机，最新为 20 世纪 80 年代开发的 Z4 系列，额定电压为 160V 与 440V；用 220V 单相桥式整流供电与 380V 三相全控桥式整流器供电；励磁方式为他励，励磁电压为 180V。具有调磁与调压两种调速方式，调磁属恒功率调速，调压为恒转矩调速；在电流连续条件下，最低可达 20r/min。F 级绝缘，在海拔不超过 1000m，环境温度不超过 40℃时，电动机磁场绕组与电枢绕组温升极限 105℃，换向器温升限值 80℃，轴承温度不超过 95℃，电动机冷却方式为他冷。

14.1.12　电动机的选择

（1）机壳的形式与选择

根据压缩机处理的气体与工作的环境来选择合适的电动机结构。通用的电动机结构分开启式、防护式、封闭式及防爆式四类。一般的选择原则根据工作环境条件，可见表 14-5。

表 14-5　电动机形式及工作环境条件

工作环境条件	电动机的构造形式
没有灰尘、污泥、瓦斯的干燥房间	开启式(IP-11)
干燥的、没有灰尘的房间，但有大的或小的物件掉进电动机的危险	防护式(IP-22、IP-23)
有灰尘或潮湿的房间	封闭式(IP-44、IP-54)
露天	防雨和防溅式
高温房间	有耐火绝缘的封闭式
十分潮湿或有腐蚀气体的房间	用清洁空气通风或有抗酸绝缘的封闭式电动机
有爆炸危险的气体	防爆式或隔爆式

对于有良好通风环境的氢压缩机及天然气(CH_4)压缩机，在不可能形成达到爆炸极限的

混合气情况下，也可选用开启式电动机。

对于半封闭和全封闭式制冷压缩机，它们的电动机是专门设计的，不在一般电动机选择之列。

(2) 交、直流电动机选择

一般情况下都为交流电源，使用交流电十分方便。交流电动机结构相对要简单，价格也便宜。只有仅具直流电源或要求平滑地在广泛的范围内调速的场合，才选用直流电动机。

(3) 异步与同步电动机选择

异步电动机的笼型结构简单、运行可靠、价格便宜，并且对转矩波动不敏感，是中、小型压缩机广泛采用的形式。但笼型结构功率因素较低，启动电流较大，故要求有较大的电网容量，一般单独变压器容量应在电动机功率 2.5 倍以上。

绕线式异步电动机结构复杂、由于有滑环的原因可靠性较差、价格比笼型贵，故仅当启动转矩较大或电网容量偏小而又无法增大时选用。

在压缩机驱动中，异步电动机用于功率小于 150kW 的场合，但在大电网中可达 700 ~1000kW。

同步电动机需专门的转子励磁，结构比较复杂，价格较贵。但其转速、转矩稳定，功率因素与效率较高，低速时可制成扁平型大飞轮力矩结构，一般功率大于 150kW，并且压缩机驱动中最大达 10MW。

实际上同步与异步电动机的应用，与转速也有关，两者区分的范围，大致符合功率与转速之比等于 1，如图 14 - 28 所示。

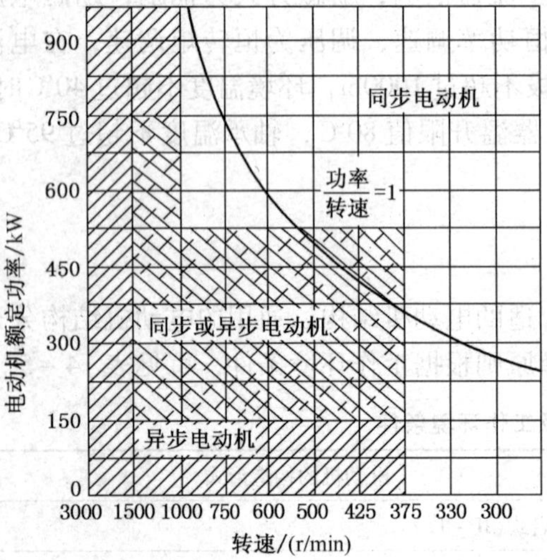

图 14 - 28　同步与异步电动机应用范围

此外，回转式压缩机转速较高，选用异步电动机居多。

(4) 电动机转速选择

当压缩机转速(同步) $n_0 \leqslant 1500$r/min 时，涉及到配何种转速的电动机问题。一般功率大于 150kW 时，考虑到带传动的复杂性，大都选用与压缩机转速相同的电动机。功率小于 150kW，尤其是功率小于 50kW 并且并非连续运行时，选用高于压缩机转速的电动机可能更经济，因为高转速电动机价格便宜、功率因素高、电动机效率高。当这些优点足以克服因用带传动带来的经费支出与带传动功率损耗时，应用高速电动机将是合适的。

(5) 电动机容量(功率)选择

电动机的容量应选得与由它传动的压缩机的工作状况完全相称。压缩机工作的状况有三类：①长期持续运行；②间歇运行(重复短时运行)；③短时运行。电动机也有长时制工作、间歇工作与短时制工作三种。

① 长期持续运行　压缩机大都属恒定转矩工作的机械[图 14 - 29(a)]，应选轴功率尽量与电动机额定功率相等的产品，以使电动机在效率最高与功率因数较大的情况下工作。由电动机转矩 - 转速曲线及寿命试验条件可知，一般室内温度低于 40℃ 情况下，偶尔出现超负荷在 15% 以内，交流电动机是可以自动满足的。因此，电动机选配时没有必要再增加

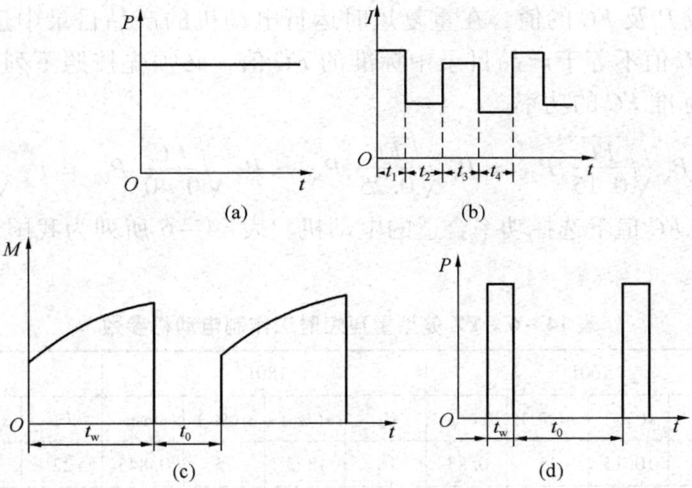

图 14－29　压缩机工作情况

(a)长时恒转矩；(b)变化的短时恒转矩；(c)重复短时变转矩；(d)重复短时运行

10%～15%余度，致使电动机因载荷不满而长期处于低效下工作。一般电动机产品目录中除有特殊说明外，均为长时制工作电动机。

② 经常调节　当压缩机因经常调节等原因，使电动机载荷经常变化时[图 14－29(b)]，应用等效电流的方法来选择电动机容量。

a. 等效电流计算

$$I = \sqrt{\frac{\sum_{i=1}^{n} I_i^2 t}{\sum_{i=1}^{n} t_i}} = \sqrt{\frac{I_1^2 t + I_2^2 t + I_3^2 t + \cdots}{t_1 + t_2 + t_3 + \cdots}} \tag{14-9}$$

当等效电流 I 已由计算求得后，选择电动机的容量原则是 $I_N \geqslant I$(I_N 为电动机连续运行时的额定电流)。当电动机的容量初步选定后，还应根据产品目录中的数据校验其瞬时的过载能力。若不满足，应选较大容量的电动机。

b. 重复短时运行　重复短时运行的电动机在工作期间，温度来不及升高到稳定值便停机。在停歇期间，温度也来不及冷却到周围环境的温度。重复短时运行的负载图如图 14－29(d)所示。

重复短时运行的情况，可以用相对接通时间这一概念来表征。相对接通时间就是指电动机的工作时间 t_w 与整个工作周期 t_p 之比，或称负载持续率，以符号 FC 表示，则

$$FC = \frac{t_1 + t_2 + t_3}{t_1 + t_2 + t_3 + t_0} = \frac{t_w}{t_p} \times 100\% \tag{14-10}$$

专供重复短时运行的电动机制成下列四种标准 FC 值：15%、25%、40%、60%。在 $FC > 60\%$ 时，应该采用按连续运行设计的电动机；在 $FC < 15\%$ 时，应该选择短时运行的电动机。有了重复短时运行的负载图，则可计算出等效转矩或等效功率为

$$M = \sqrt{\frac{M_1 t + M_2 t + M_3 t}{t_1 + t_2 + t_3}} \tag{14-11}$$

$$P = \sqrt{\frac{P_1 t + P_2 t + P_3 t}{t_1 + t_2 + t_3}} \tag{14-12}$$

然后根据 M 或 P 及 FC 的值，在重复短时运行电动机的产品目录中选择更合适的电动机。如果实际的 FC 值不等于产品目录中标准的 FC 值，必须先按照下列公式将实际的 FC 的功率 P_x 换算到标准 FC 的功率。

$$P_{15}=P_x\sqrt{\frac{FC}{0.15}},P_{25}=P_x\sqrt{\frac{FC}{0.25}},P_{40}=P_x\sqrt{\frac{FC}{0.40}},P_{60}=P_x\sqrt{\frac{FC}{0.60}} \qquad (14-13)$$

然后再在标准 FC 值下选择功率合适的电动机。表 14－6 所列为我国 YZ 笼型重复短时工作制电动机参数。

表 14－6　YZ 笼型重复短时工作制电动机参数

		160L				180L				200L			
		P_e	$s(\%)$	$\eta(\%)$	$\cos\varphi$	P_e	$s(\%)$	$\eta(\%)$	$\cos\varphi$	P_e	$s(\%)$	$\eta(\%)$	$\cos\varphi$
FC	15%	11	10.15	75	0.83	16	13.3	75	0.845	22	8.4	83	0.86
	25%	9	7.5	80	0.81	13	9.5	79	0.83	18.5	6.85	84.5	0.84
	40%	7.5	6	83	0.77	11	7.4	81	0.81	15	5.4	86	0.8
	60%	6	4.5	83	0.71	9	5.45	82	0.77	13	4.55	86.5	0.77
	100%	5	3.5	82	0.64	7.5	4.3	82.5	0.72	11	3.7	87.4	0.73

③ 短时运行　一些小型空气压缩机等属短时运行。电动机在运行期间温度达不到额定温升，而在停歇期间内，电动机能冷却到周围媒质的温度。短时运行的载荷图如图 14－29(d)所示。短时运行电动机的容量选择原则是：根据实际载荷及运行时间，求出规定短时工作定额下(如10、30、60、90min)的等效转矩(等效电流或等效功率)，然后根据此等效转矩(电流或功率)，在短时运行电动机的产品目录中选择合适的电动机，并校验其过载能力。

【例 14－1】 一台 $P_e=30\text{kW}$ 长期工作制的电动机，时间常数 $T=200\text{min}$，$\delta=0.7$。若用于短时工作压缩机，工作时间分别为 $t_g=15\text{min}$ 和 $t_g=20\text{min}$，各能适应多大的压缩机轴功率?

解： $t_g=15\text{min}$ 时

$$P_{15}=30\sqrt{\frac{1+0.7e^{\frac{15}{30}}}{1-e^{\frac{15}{30}}}}=57\text{kW}$$

$t_g=20\text{min}$ 时

$$P_{20}=30\sqrt{\frac{1+0.7e^{\frac{20}{30}}}{1-e^{\frac{20}{30}}}}=50\text{kW}$$

可以看出，电动机载荷时间越短，其能承担的功率就越大。当 $t_g=15\text{min}$ 时，竟能提高功率 90%，当然并不是可以无限制的提高，电动机的过载能力 $\lambda_k e^2>1.9$ 时，才能发挥 57kW 能力。

【例 14－2】 某台轴功率为 35kW、$t_g=30\text{min}$ 的短时工作制压缩机，想选用一台长期工作制电动机来拖动，设其时间常数 $T=90\text{min}$，$\delta=0.7$，问其功率应多少?

解： 先求所需要功率过载倍数

$$\lambda=\frac{P_g}{P_e}=\sqrt{\frac{1+0.7e^{-\frac{30}{90}}}{1-e^{-\frac{30}{90}}}}=2.3$$

计算所需电动机额定功率

$$P_e \geqslant \frac{P_g}{\lambda} = 35/2.3 = 15.2\text{kW}$$

选用 $P_e = 18.5\text{kW}$、$\lambda_k = 2$ 的长期工作制电动机，其发热因 $P_e > 15.2\text{kW}$ 可以通过，但还要校验过载能力。选定 $P_e = 18.5\text{kW}$ 后，实际过载倍数为

$$\lambda_{18.5} = \frac{35}{18.5} = 1.89$$

(6) 电源电压选择

电压的选择与电力系统对企业的供电电压有关。我国高压电源通常为10000V、6000V或3000V，低压电源为380V。一般是从低压配电元件的保护考虑出发，按功率界限选择电动机的电压。6000V 或 3000V 用于电动机功率 $P_e \geqslant 150\text{kW}$；380V 用于电动机功率 $P_e < 350\text{kW}$。

(7) 电动机防护形式的选择

按 GB 4208—1984(等效于 IEC 529－1976)标准规定，电动机外壳防护等级代号由特征字母 IP 与防护特征数字组成(详见表14－7与表14－5)。

表14－7　防护等级含义

防护等级 (第一位数字)	含义 (防止固体物进入内部的等级)	防护等级 (第二位数字)	含义 (防止水进入内部的等级)
0	无防护	0	无防护
1	防护大于50mm的固体进入内部	1	防滴
2	防护大于12mm的固体进入内部	2	15℃防滴
3	防护大于2.5mm的固体进入内部	3	防淋水
4	防护大于1mm的固体进入内部	4	防溅
5	防尘进入内部	5	防喷水
6	尘密进入内部	6	防海浪或强力喷水
		7	浸水
		8	潜水

在无防腐或防爆等特殊要求的情况下，应根据防护固体(异物或粉尘等)、风雨、冲洗飞溅的要求，考虑到装置中化学介质和油气含量较高(尚未达到须专门防腐或防爆的危险程度)，采用全封闭式防护(IP44 或 IP54)。防爆电气设备的防护等级应不低于 IP54。

在高温、高湿度和腐蚀性等特殊条件下，电动机的防护能力应根据特殊环境要求，在基本系列的结构设计、材料及涂层选择上作一些改动，使产品具有某种特殊的防护能力，电动机基本系列的防护等级属于 IP55，IP54 或 IP44。选用时需综合考虑，必要时应与制造厂协商，决定最经济、适用的特殊防护形式。电动机的特殊环境代号见表14－8。

表14－8　特殊环境代号

代号	G	H	W	F	T	TH	TA
含义	高原用	海上用	户外用	防腐用	热带用	湿热带用	干热带用

特殊环境代号加在电动机系列规格的后面，如 YB132S2－2W。

(8) 爆炸性和火灾危险性环境的电动机选择

① 爆炸性危险环境的分区　在生产、使用、贮存易燃、易爆危险物品的场所，由于有危险源的存在，通常有产生爆炸或火灾的危险。为预防发生事故，应对此类场所进行分级，并以此作为选择电气设备防爆、防燃结构形式和采取其他安全措施的依据，详见附录 A 中表 A－23。

② 火灾危险性物质　火灾危险性物质包括闪点高于环境温度的可燃液体；在物料操作温度高于可燃液体闪点的情况下，有可能泄露但不能形成爆炸性气体混合物的可燃液体；不可能形成爆炸性粉尘混合物的悬浮状、堆积状可燃粉尘或可燃纤维，以及其他固状可燃物质。

火灾危险物质不分级、分组，仅按分区选择电气设备，参见附录 A 中表 A－23 的(2)。

③ 防爆、防燃电动机的选择

a. 电气设备的分类　考虑防爆设备制造的经济性，包括电动机在内的电气设备分为两类：Ⅰ类为煤矿井下用电气设备；Ⅱ类为工厂用电气设备。由于其使用场所不同，对电气设备的技术要求也不同。如Ⅰ类场所中的爆炸性介质是甲烷，场所是在煤矿井下，工作空间狭窄、经常移动、易发生碰撞和重物冲击，且有煤粉漂浮或积于设备表面，易引起点燃。Ⅱ类场所则几乎涉及所有可燃性气体的蒸气，因此除分类外，又按最大试验安全间隙或最小点燃电流比分为ⅡA、ⅡB、ⅡC 三级；按引燃温度分为 T1～T6 等六组。Ⅰ、Ⅱ类电气设备不能简单代用。

最大试验安全间隙是对各种可燃性气体或蒸气传爆特性的表征，其值越小，则表明隔爆性越强，设备制造要求越高。

引燃温度则是对各种可燃性气体或蒸气引燃特性的表征，其值越小，则表明对电气设备最高表面温度的允许值越小。

防爆、防燃电气设备是能在上述各种危险环境中，安全使用而不会引起危险物质爆炸或燃烧的特种电气设备。普通的电气设备由于可能产生电火花、电弧及危险的高表面温度，成为一种潜在的危险引燃源，因此不能在危险场所中使用。

一种防爆、防燃电气设备可以采用一种防护形式，也可以采用几种防护形式组合而成。不同形式的电气设备，其安全程度是有差别的，因此应根据使用条件来选用。

防爆电动机的基本结构形式按 GB3836.1—1983《爆炸性环境用防爆电气设备通用要求》，防爆形式有以下几种：隔爆型“d”；增安型“e”；本质安全型“i”(ia，ib)；正压型“p”；充油型“o”；充砂型“q”；无火花型“n”，其特点和基本要求见表 14－9。电动机的防爆标志举例见表 14－10。电动机防爆结构的选型见表 14－11。

表 14－9　电气设备或系统的防爆结构类型、标志及基本要求

结构类型	标志	特点及基本要求
隔爆型	d	将能够点燃爆炸性气体混合物的部件安装在一种外壳中，该外壳能承受内部爆炸性气体混合物爆炸产生的、能够阻止爆炸向外壳外部的爆炸性气体混合物传播
增安型	e	采取措施以便运用较高的防护等级防止电气设备内部和外部的部件产生过高温度及电弧、电火花出现的可能性，在正常运行条件下该设备不会出现这些现象
正压型	p	在电气设备的外壳内，通过供给比环境空气压力高的保护性气体，以阻止周围的爆炸性气体混合物进入外壳内，即保护性气体使外壳内保持正压。保护性气体可连续或不连续供给

结构类型	标志	特点及基本要求
无火花型	n	无火花型电气设备可以用在正常条件下没有危险或只短时间存在爆炸性气体混合物，爆炸性气体混合物和点燃源同时出现的可能性低到可接受程度 应保证在以预定方法的操作中有足够的可靠性。这种防爆形式主要用于那些要求在正常运行中不产生电弧、电火花或表面不过热的电气设备

表 14－10　防爆标志举例

防　爆　要　求	防　爆　标　志
Ⅱ类隔爆型 B 级 T3 组	dⅡBT3
Ⅱ类隔爆型，氨气环境专用	dⅡ(NH_3)或 dⅡ(氨)
Ⅱ类增安型，最高表面温度 125℃	eⅡT3 或 eⅡ(125℃)/eⅡ(125℃)T
2 区丁烷气环境，用隔爆型电动机	dⅡAT2
泵选用 YB 电动机(一般生产为 dⅡBT4)	dⅡBT4(T4 组高于 T2 组)
Ⅱ类主体增安，并具有正压部件 T4 组	epⅡT4

注：1. 电动机铭牌及外壳明显处，标志“EX”。

2. 防爆类别、形式、级别、组别构成全部防爆标志。

表 14－11　电动机防爆结构的选型

爆炸危险区域 / 防爆结构 / 电气设备	1 区			2 区			
	隔爆型 d	正压型 p	增安型 o	隔爆型 d	正压型 p	增安型 o	无火花型 n
鼠笼型感应电动机	○	○	Δ	○	○	○	○
绕线型感应电动机	Δ	Δ		○	○	○	×
同步电动机	○	○	×	○	○	○	
直流电动机	Δ	Δ		○	○		
电磁滑差离合器(无电刷)	○	○	×	○	○		Δ

注：1. 表中符合含义：○——适用；Δ——慎用；×——不适用。

2. 绕线型感应电动机及同步电动机采用增安型时，其主体是增安型防爆结构，会发生电火花的部分是隔爆或正压型防爆结构。

3. 无火花型电动机在通风不良及户内具有比空气重的易燃物质区域内慎用。

b. 爆炸性气体环境的电动机选择　爆炸性气体环境电气设备的选择应符合下列规定：

首先，根据爆炸危险区域的分区、电气设备的种类和防爆结构的要求，应选择相应的电气设备(见表 14－9)。

其次，选用的防爆电气设备的级别和组别，不应低于该爆炸性气体环境内爆炸性气体混合物的级别和组别。当存在有两种以上易燃性物质形成的爆炸性气体混合物时，应按危险程度较高的级别和组别选用防爆电气设备(见表 14－10)。

第三，爆炸危险区域内的电气设备，应符合周围环境内化学的、机械的、热的、霉菌及风沙等不同环境条件对电气设备的要求。电气设备结构应满足电气设备在规定的运行条件下不降低防爆性能的要求(见表 14－9、表 14－10)。

④ 爆炸性粉尘环境的电动机选择

a. 爆炸性粉尘环境内的电气设备和线路，应符合周围环境内的化学、机械、热源、霉菌以及风沙等不同环境条件对电气设备的要求。

b. 在爆炸性粉尘环境内，电气设备最高允许表面温度应符合表 14－12 的规定。有可能超载荷的电气设备，应装设可靠的超载荷保护。

c. 爆炸性粉尘环境内的事故排风用电动机，应在生产发生事故情况下，便于操作的地方设置事故启动按钮等控制设备。

表 14－12　电气设备最高允许表面温度

引燃温度组别	无超负荷的设备	超负荷的设备
T11	215℃	196℃
T12	100℃	145℃
T13	120℃	110℃

d. 防爆电气设备选型除可燃性非导电粉尘和可燃纤维的 11 区环境，采用防尘结构(标志为 DP)的粉尘防爆电气设备外，爆炸性粉尘环境 10 区及其他爆炸性粉尘环境 11 区，均采用尘密结构(标志为 DT)的粉尘防爆电气设备，并按照粉尘的不同引燃温度，选择不同引燃温度组别的电气设备。

e. 火灾危险环境的电动机选择。电动机应符合周围环境内的化学、机械、热源、霉菌及风沙等环境条件对电气设备的要求。应根据区域等级和使用条件，按表 14－13 选择相应类型的电动机。

表 14－13　火灾危险环境电动机防护结构类型的选择

电　动　机	火灾危险区域		
	21 区	22 区	23 区
固定安装	IP44	IP44	IP44
移动式、携带式	IP54	IP54	IP54

注：1. 在火灾危险环境 21 区内，固定安装的正常运行时有滑环等火花部件的电动机，不宜采用 IP44 型结构，应采用 IP54 型。

2. 在火灾危险环境 23 区内，固定安装的正常运行时有滑环等火花部件的电动机，不宜采用 IP21 型结构，应采用 IP44 型。

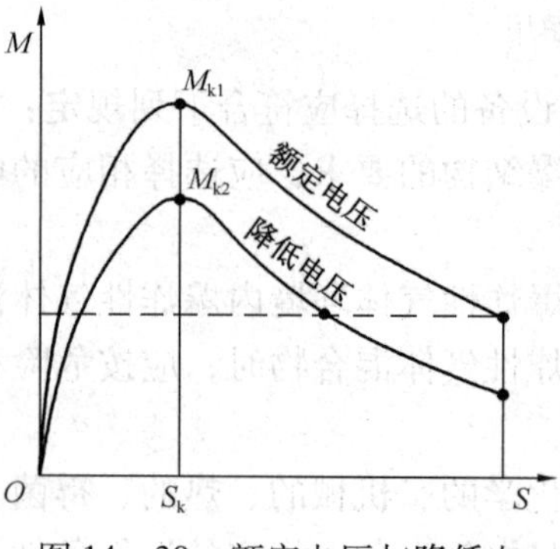

图 14－30　额定电压与降低电压后的机械特性

14.1.13　电压不足条件下工作问题

异步电动机可能在交流电网电压与额定值有偏差情况下运行，此时只要频率不变，临界转差率也不变，但特性将受影响，见图 14－30。最大转矩与电压平方成正比，电压变化后的过载能力为

$$\lambda'_e = \frac{M'_c}{M_e} = \lambda_e e^2 \qquad (14-14)$$

式中：λ'_e为电压降低后的过载能力；M'_c为电压降低后的最大转矩；M_e 为额定转矩；λ_e 为正常电压时的过载能力，一般 $\lambda_e = 2 \sim 2.5$；e 为电压降比，$e = U/U_e$（U_e 为额

定电压，U 为实际电压）。

实际应用中，λ'_e可由已有电动机查得 λ_e、电压降比 e 后算得。当 $\lambda'_e \geqslant 1.5$ 时，若启动与温升允许则可以应用。

14.1.14　不同工作环境的影响问题

一般异步电动机的工作环境设计为海拔 1000m 以下，环境温度不超过 40℃，相对湿度 $\varphi \leqslant 0.95$。

电动机用于海拔高度超过 1000m（如新疆、甘肃、宁夏、云南、贵州的部分地区），或环境温度超过 40℃，相对湿度超过 95% 时，应在订货时注明，并计算功率的降低程度，以满足使用的要求。

（1）环境温度的影响

电动机额定功率 P_e 可按下式修正为

$$P'_e = K_t P_e \tag{14-15}$$

式中：P'_e为校正温度影响后的电动机功率，kW；P_e 为电动机额定功率，kW；K_t 为温度校正系数，见表 14－14。

表 14－14　系数 K_t 值

环境温度或冷却空气进口温度/℃	25	30	35	40	45	50
K_t	1.1	1.08	1.05	1.0	0.95	0.875

（2）海拔高度的影响

海拔高度在 1000m 以上时，每升高 100m 所需的环境温度降低补偿值，规定按温升极限的 1% 折算。若最高环境温度的降低值，不足以补偿由于海拔高度提高所造成的冷却效果的降低，应对电动机的额定输出功率进行修正。

电动机额定输出功率不变时，需满足

$$(h-1000)\Delta\tau \leqslant 40 - t_{at} \tag{14-16}$$

式中：h 为海拔高度，m；$\Delta\tau$ 为海拔高度在 1000～4000m 时，每提高 100m 所需要的最高环境温度补偿值，℃/m；$\Delta\tau = 0.01 \times$ 电机温升极限/100m；t_{at} 为使用地点的最高环境温度，℃。

电动机冷却效果欠补偿，额定输出功率降低时，其关系式为

$$(h-1000)\Delta\tau > 40 - t_{at} \tag{14-17}$$

额定输出功率降低的百分数，可按每欠补偿 1℃ 功率降低 1% 计算（或与电机厂协商确定）。功率降低值的关系式为（已包括环境温度的影响）：

$$\Delta P_e = [(h-1000)\Delta\tau - (40 - t_{at})]\frac{P_e}{100} \tag{14-18}$$

当具体条件不详细时，也可根据表 14－15 估算。表中所列数值是相对于额定功率的百分比，例如当海拔小于 1000m，环境温度低于 30℃ 时，可允许超载荷 7% 运行；当海拔 2000m，环境温度为 30～40℃ 时，只允许 94% 的额定功率运行。

表 14－15　海拔高度与环境温度对允许电动机使用功率的估算值

海拔高度/m	环境温度/℃					
	<30	30～40	45	50	55	60
1000	107	100	96	92	87	82

海拔高度/m	环境温度/℃					
	<30	30～40	45	50	55	60
1500	104	97	93	89	84	79
2000	100	94	90	86	82	77
2500	96	90	86	83	78	74
3000	92	86	82	79	75	70
3500	88	82	79	75	71	67
4000	82	77	74	71	67	63

14.2 内燃机驱动

14.2.1 内燃机种类

（1）按所使用燃料分类

① 柴油机　以柴油为燃料。

② 汽油机　以汽油为燃料。

③ 煤气机　以可燃气体为燃料，主要有天然气（主要成分为甲烷）、液化气（主要成分为丙烷）、石油伴生气（甲烷、丙烷等）。

（2）按冲程分类

内燃机中，活塞的一次行进或一次返回均称为一个冲程。

① 四冲程发动机　活塞需在气缸中往返两次（及发动机转两转）才完成一次工作循环，其工作过程如图 14－31 所示，进、排气由强制驱动的阀门控制。四冲程内燃机可以柴油、汽油或煤气为燃料。

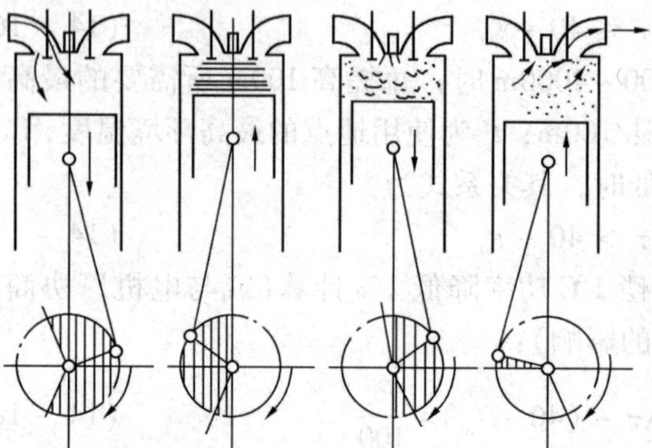

图 14－31　四冲程内燃机工作过程

对于以柴油为燃料的四冲程内燃机，循环中吸进的为新鲜空气，压缩过程的压缩比高达 16～18，使空气温度升至可使喷入的柴油着火，喷入成雾状的柴油与空气混合并燃烧，故称为压燃式发动机，图 14－32（a）为其工作过程的 $p-V$ 图。

对于以汽油为燃料的四冲程内燃机，一般循环中吸进的为汽油（或可燃气体）与空气的混合物，压缩终了的压缩比约为 6，由电火花点火引燃，故称为点燃式发动机，图 14－32（b）为其工作过程的 $p-V$ 图。

② 二冲程内燃机　如图 14－33 所示，活塞在气缸中往返一次即可完成一次工作循环。机器的结构特点是靠孔口配气，有一个进气孔与一个排气孔（大型的也用排气阀），进气过程中有一定压力的废气通过排气口排出，再由一定压力的新鲜空气吹入，扫除残余废气。此种内燃机的特点是：要求新鲜空气有一定压力，即需要增压。因为需要扫气，故不宜做成汽油机或煤气机。

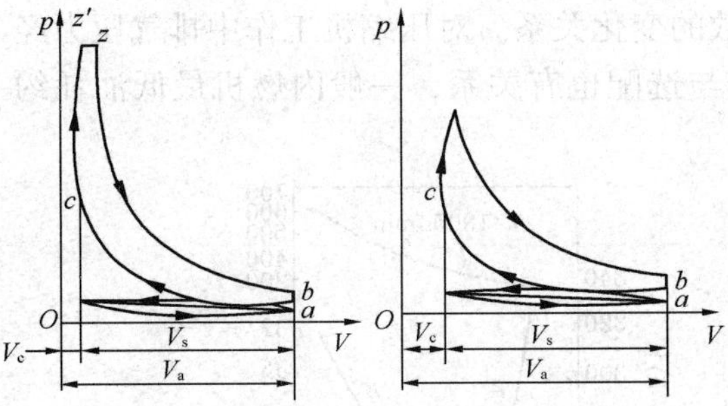

(a)　　　　　　(b)

图 14－32　四冲程内燃机 $p-V$ 图

(a)柴油机；(b)汽油机

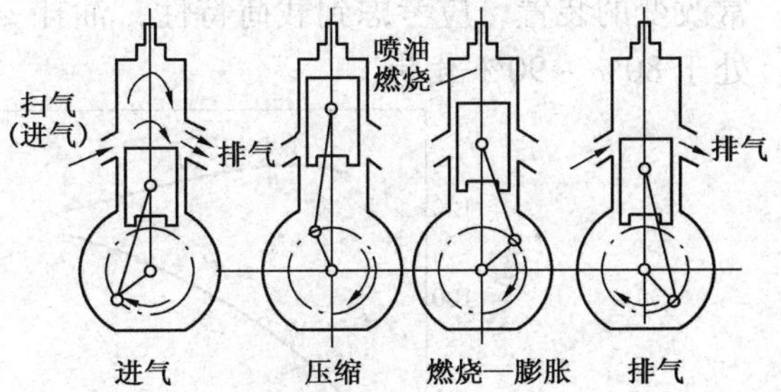

图 14－33　二冲程内燃机工作过程

图 14－34 所示为二冲程柴油机工作过程的 $p-V$ 图。

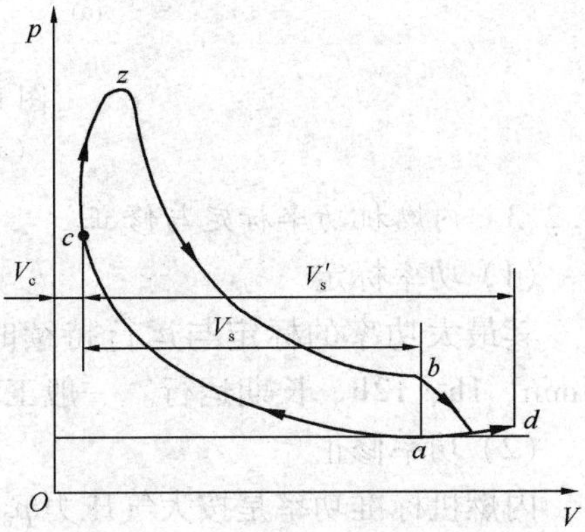

图 14－34　二冲程柴油机 $p-V$ 图

(3) 按转速高低分类

低速　转速小于 300r/min。

中速　转速为 300～1000r/min。

高速　转速大于 1000r/min。

(4) 按冷却方式分类

①水冷　气缸以水冷却，冷却水大都为循环式，由风冷散热器释放冷却水带来的热量。

②风冷　气缸上设有散热片，由风扇吹风冷却。

(5)按进气压力的高低分类

①非增压　自然吸气。

②增压　将被吸入的空气先增至大气压力以上，并按增压的压力，又可分低增压($\varepsilon_b<1.8$)、中增压($\varepsilon_b=1.8\sim2.5$)、高增压($\varepsilon_b=2.5\sim3.6$)。按所用增压器设备，可分为机械增压器，一般为罗茨鼓风机(低增压)，或螺杆压缩机(中、高增压)，由发动机直接传动；废气涡轮增压，由内燃机排出的废气，通过废气涡轮再驱动离心压缩机。

(6)按气缸排列方式分类

分为立式、卧式、V 形等。

14.2.2　内燃机热力特性

内燃机热力特性有转速特性和负荷特性两种。

(1)转速特性

即反映内燃机转速改变时，功率 P_e、转矩 M_e 及油耗 g_e 的变化关系。由图 14－35 可见内燃机转矩曲线比较平坦，这很符合容积式压缩机的要求。

转速特性又称外特性，在选配发动机时很有用。通过外特性曲线可以知道所选配内燃机的转矩储备系数为

$$\varphi_t=\frac{M_{emax}}{M_e} \qquad (14-19)$$

对于工程用内燃机 $\varphi_t=1.15\sim1.30$。

(2) 载荷特性

即在转速不变而载荷改变时，内燃机热力参数的变化关系。对压缩机工作中排气压力经常改变的装置，应考虑到载荷特性，油耗 g_e 一项与选配也有关系，一般内燃机最低油耗约处于 80% ~90% 载荷。

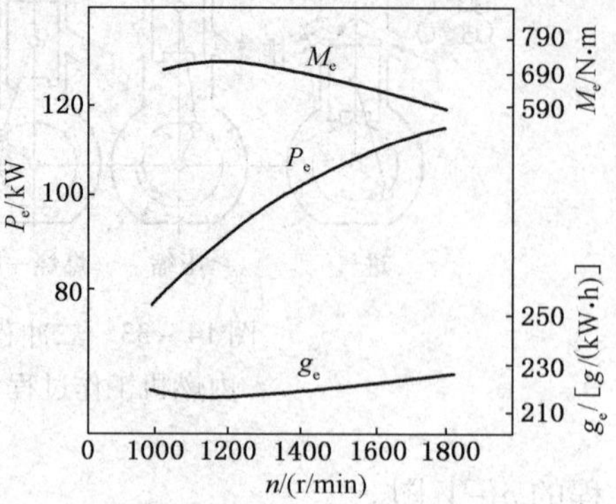

(a)

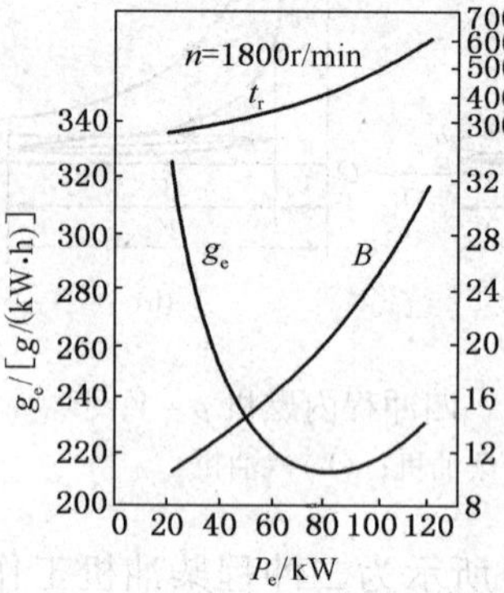

(b)

图 14－35　内燃机特性曲线

(a)转速特性；(b)载荷特性

14. 2. 3　内燃机功率标定与修正

（1）功率标定

其最大功率的标定与运行持续时间有关，我国 GB 1105. 1 规定持续运行时间分四挡：15min、1h、12h、长期运行。一般工程上用移动式压缩机，按持续运行 12h 选配功率。

（2）功率修正

内燃机标准功率是按大气压力 $p_0=100\text{kPa}$、相对湿度 $\varphi=30\%$、大气温度 $T_0=25℃$、冷却水进口温度 $T_{co}=25℃$ 的条件测定。当环境条件改变时应予修正。功率的修正可按下式进行，即

$$P_e=\alpha P_{eo} \tag{14-20}$$

$$\alpha=k+0.7(k-1)\left(\frac{1}{\varepsilon_v}-1\right) \tag{14-21}$$

对于非增压自由进气内燃机

$$k=\left(\frac{p-\zeta\varphi p_s}{p_0-\zeta\varphi_0 p_{s0}}\right)\left(\frac{T_0}{T}\right) \tag{14-22}$$

式中：p_e、p_{eo} 为因环境影响的有效功率与原标准有效功率；α 为考虑环境影响的修正系数；p、p_0 为现场环境大气压力与标准大气压力；φ、φ_0 为现场相对湿度与标准相对湿度；p_s、p_{s0} 为现场温度与标准温度时的饱和蒸气压；T、T_0 为现场温度与标准温度；ζ 为考虑水蒸气分压影响的系数，仅考虑压力影响时 $\zeta=1$，仅考虑温度影响时 $\zeta=0$；ε_v 为内燃机压缩比。

自由进气内燃机随海拔高度与环境温度变化的功率降低，可按表 14－15 粗略计算。对于增压内燃机，详细计算很复杂，表 14－16 提供了估计值。

表 14－16　内燃机工作环境改变对功率的修正

发动机形式	每 1000m 功率降低百分比/%	温度每升高 10℃ 功率降低百分比/%
自由吸气	12	3. 6
增压进气	8	5. 4

14.2.4 内燃机的选择

(1) 一般原则

① 首先要考虑转速、转矩与功率三者与压缩机的匹配;

② 工作环境带来的功率影响;

③ 是否要求全程调速;

④ 工作现场平正性满足内燃机允许的最大倾斜;

⑤ 压缩机若要在寒带工作，则内燃机要能在低温下启动。

⑥ 要求无故障运行的时间，一般工程上为$(8\sim12)\times10^3$h。

(2) 选用举例

涉及选用问题的大都为工程应用的空气压缩机装置，所用的发动机大都为柴油机。对往复压缩机，其额定转速约处于900~1500r/min，可以采用直接驱动，也可通过带驱动；对回转压缩机，额定转速都大于1500r/min，直接驱动很合适。

我国工程应用的发动机，以缸径为135mm系列最普遍，所给的性能不包括带风扇水泵的功耗。一般都以12h的速度特性为基础，并且允许110%载荷运行不超过1h，持续12h运行时，应按90%功率使用。

[例14-3] 设一台动力用空气压缩机，转速$n=1000$r/min，轴功率$P_{sh}=51$kW，试选配一种135系列发动机。

解: 图14-36中列出了四缸的4135G与4135AG型两种型号的速度特性曲线。由图可见，用4135G直接驱动，功率不能满足要求。取发动机转速为1500r/min，通过带传动便能满足要求。当用4135AG型时，1000r/min时的功率接近，可以勉强直接驱动，但油耗率将增加。发动机转速采用1200~1300r/min通过带传动时，不仅满足功率要求，并且此时油耗率最低。

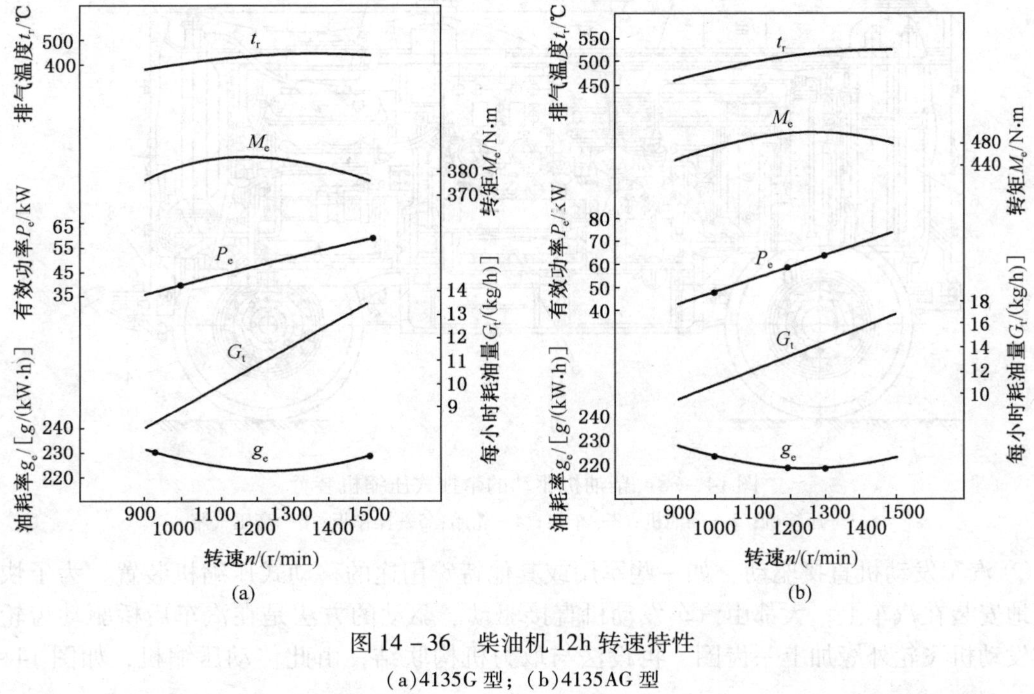

图14-36 柴油机12h转速特性

(a)4135G型；(b)4135AG型

若采用六缸的6135G型驱动，由图14-37的转速特性可知，直接驱动功率可满足要求，

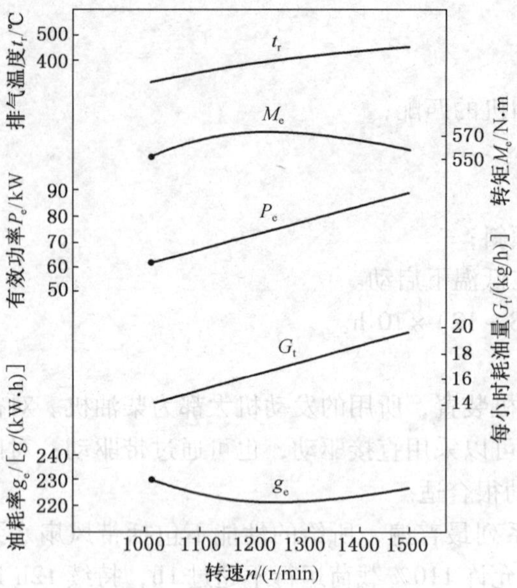

图 14－37　6135G 型柴油机 12h 转速特性

但是增加两个工作缸，将使发动机价格增加，且油耗量也较 4135AG 型 1300r/min 时油耗率 $g_e = 225$g 大。因此，从制造成本着眼，可用 4135AG 发动机直接驱动。若把带传动的成本与运行油耗率进行综合比较，省油带来的效益大于带传动成本时，则可采用带传动。此外，还应注意复合转矩 M_e 是否能满足要求。

14.2.5　内燃机驱动方式

（1）柴油机通过离合器驱动压缩机的牵拽式装置

① 一般工程应用的移动式空气压缩机装置　大都用柴油机通过离合器驱动，并且自成体系，由另外的动力牵拽转移工作场所，图 14－38 所示为这种移动式装置。

柴油机不工作时，离合器使压缩机完全脱开；柴油机启动时，完全处于空载荷状态；及至柴油机达一定转速时，手动或自动将离合器合上，使压缩机开始运转。

用于驱动风动工具或气力机械的移动式空气压缩机装置，其工作特点是消耗空气的载荷变化比较频繁。因此，此类装置的调节非常重要。一般可以依靠调节柴油机转速，使载荷调节 100%～60%；当需要进一步减少气量时，可依靠压开进气阀（往复压缩机）或关闭进气调节阀（回转式压缩机）进行。

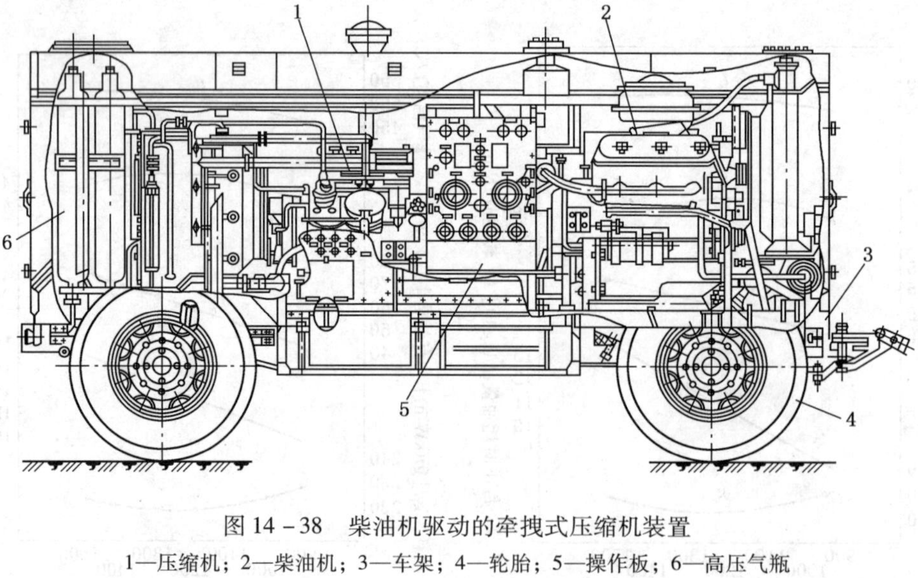

图 14－38　柴油机驱动的牵拽式压缩机装置

1—压缩机；2—柴油机；3—车架；4—轮胎；5—操作板；6—高压气瓶

② 汽车发动机直接驱动　如一些军用或其他特殊用途的移动式压缩机装置，为了快捷、轻便地安装在汽车上，大都由汽车发动机直接驱动。驱动的方法是在汽车后桥驱动齿轮处，或在发动机飞轮外缘加上一齿圈，再设法与取力机构联结，由此传动压缩机，如图 14－39 所示。

（2）撬装式发动机－压缩机组

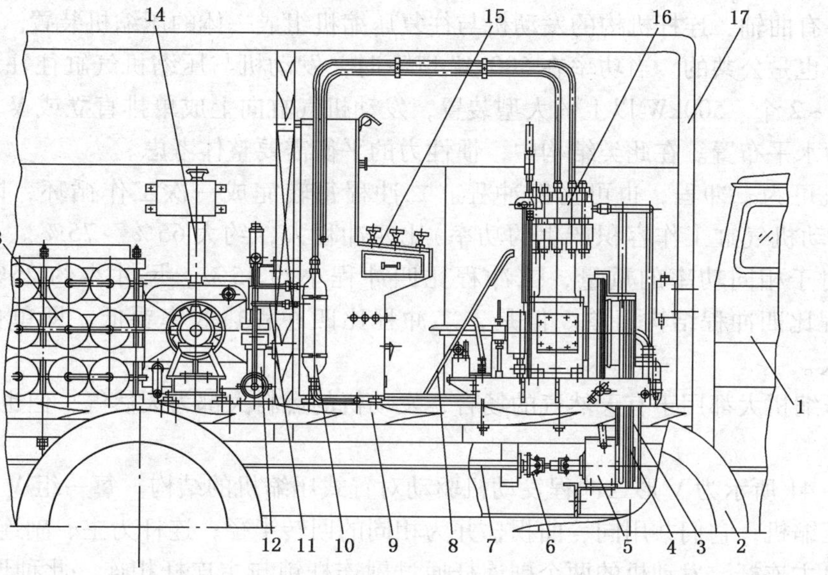

图 14－39　高压气体冲瓶用隔膜压缩机装置

1—驾驶室；2—轮胎；3—传动带罩；4—驱动压缩机的带与带轮；5—操纵箱；6—万向联轴器；
7—转矩传动轴；8—扶梯；9—汽车底板；10—缓冲气瓶；11—木隔板；12、13—贮气瓶；
14—冷却风扇；15—操作台；16—隔膜压缩机；17—车棚

这类装置一般功率都很大，可从几百千瓦到几千千瓦。如图 14－40 所示，它有独立的发动机，通过联轴器驱动独立的压缩机，并装于一共同的底架上。发动机为四冲程，气缸数从直立的 6 缸到 V 形 8～20 缸，转速为 630r/min，允许的环境温度为 43.3℃，压缩机为对置平衡式，曲拐数(压缩机列数)为 2～8 个，行程 $S=228.6\text{mm}$。

采用撬装的目的并不是为了经常搬移，而是为减少用户的安装工作量与时间，尽量把许多工作在工厂进行。撬装式装置可以使用系列化的发动机与系列化的压缩机，并且发动机的燃料便于多样化。

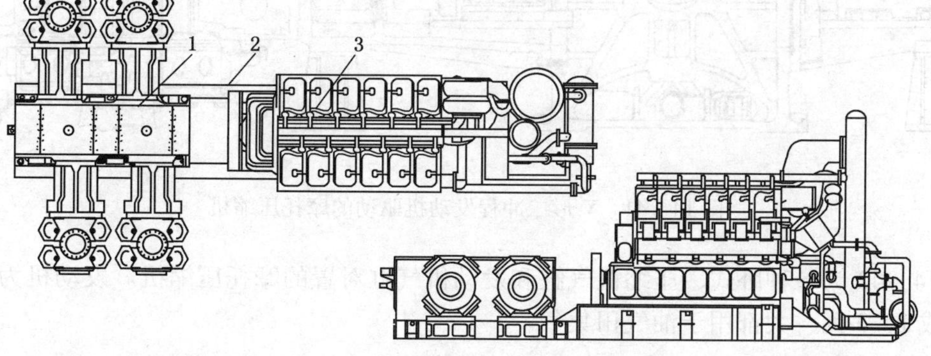

图 14－40　撬装式发动机－压缩机组

1—压缩机；2—联轴器；3—发动机

（3）摩托压缩机

是指具有曲轴、连杆机构的发动机与往复压缩机组成一体的压缩机装置。两者共用一根曲轴，机身也是公共的。当功率在500kW以下时，发动机与压缩机气缸往往水平布置，发动机气缸1~2个。500kW以上的大型装置，发动机气缸向上成单排直立或V形布置，压缩机气缸则为水平布置。在此类结构中，惯性力的平衡需要整体考虑。

发动机可为二冲程，也可为四冲程。二冲程每转完成一次工作循环，因此公升功率（每公升发动机气缸工作容积产生的功率）比四冲程大，约大65%~75%。在有容积式增压器时，对于相同功率的重量，二冲程比四冲程小约45%、尺寸小约25%~30%。此外，二冲程比四冲程结构简单。但是，二冲程比四冲程热效率要低，即单位功率的燃料消耗量要大。

摩托压缩机大都用于有天然气的场合，发动机的燃料大都为天然气，但也可用柴油或重油为燃料。

图14-41所示为V形二冲程发动机驱动对置式压缩机的结构。每一组V形发动机气缸驱动一列压缩机；它们共用同一曲拐，并为相同的回转半径；连杆为主、副连杆结构，压缩机为斜切口主连杆，发动机的两个副连杆通过副连杆销与主连杆相连。此种形式结构复杂，且发动机效率不易提高，故自20世纪80年代末便停止发展了。

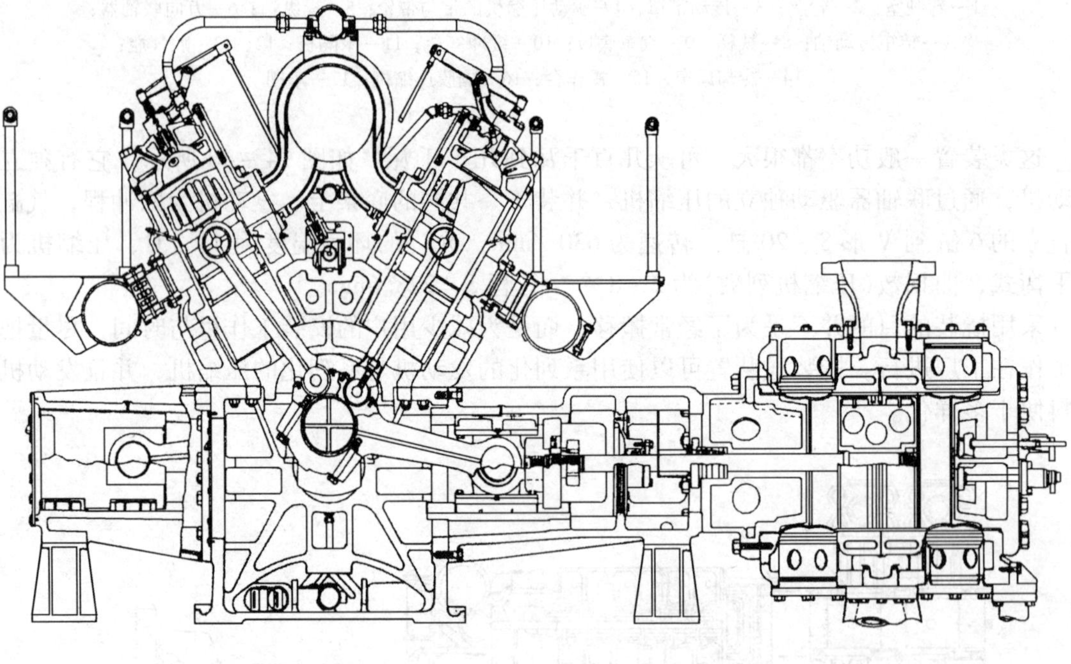

图14-41　V形二冲程发动机驱动的摩托压缩机

图14-42为一种卧式、压缩机气缸和发动机气缸对置的摩托压缩机。发动机为二冲程，并可做成1~3列，大都用于油气田集气。

(a)

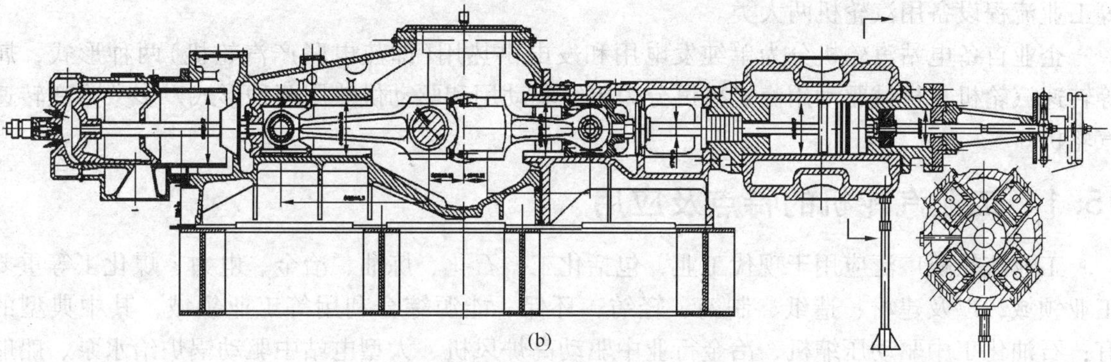

(b)

图 14－42　气缸对置的摩托压缩机

(a)外形图；(b)剖面图

参　考　文　献

1　Gibbs，C. W. Compressed Air and Gas Data(2en. ed.). Ingerssor-Rand，Philipsburg，NewJersey，1971

2　朱承高主编．电工及电子技术手册．北京：高等教育出版社，1990

3　日本电气学会．电工技术手册．北京：机械工业出版社，1984

4　符磊．电工技术与电子技术基础．北京：清华大学出版社，1998

5　蔡方耀编著．电动机应用计算指南．北京：中国计划出版社，1998

6　丹佛斯有限公司编，赵曜等译．变频调速实用基础知识．丹佛斯公司出版，1999

7　陈浩，丁立言．小功率电动机选型手册．北京：机械工业出版社，1998

8　陈世坤．电机设计(修订本)．北京：机械工业出版社，1990

9　沈标正，颜家驹．大电机安装与维修．北京：冶金工业出版社，1989

10　全国化工设备设计技术中心站．工业泵选型手册．北京：化学工业出版社，1998

11　朱仙鼎主编．中国内燃机工程师手册．上海：上海科学技术出版社，2000

15 工业汽轮机

汽轮机又称蒸汽轮机或蒸汽透平，是一种以蒸汽为工质，将工质的热能转换为机械能的旋转式(叶轮式)热力原动机。

作为工业汽轮机工质的蒸汽，可以在锅炉(又称蒸汽发生器)中燃用燃料产生，也可以利用各种工业生产流程中副产热能或其他余热产生。在很多情况下，往往两者兼而有之。

工业汽轮机是指除公用电站及公用热电站汽轮机和船舶推进汽轮机以外的工业企业或事业单位中应用的各种类型汽轮机，包括企业自备电站用汽轮机和驱动各类泵、风机、压缩机等工业流程设备用汽轮机两大类。

企业自备电站汽轮机分为单纯发电用和发电供热用(即热电联产汽轮机)两种形式，属等转速汽轮机；机械驱动用汽轮机可分为单纯驱动用和驱动供热用两种形式，多数为变转速汽轮机。

15.1 工业汽轮机的特点及应用

工业汽轮机广泛应用于现代工业，包括化工、石化、炼油、冶金、电力、煤化工等重要工业领域，以及建材、造纸、制药、轻纺、环保、能源综合利用等工业领域，其中典型的有：石油化工中驱动压缩机、冶金行业中驱动高炉风机、大型电站中驱动锅炉给水泵、船舶用的各类辅助动力用汽轮机。工业汽轮机是国家基础工业领域的重大装备，是现代工业项目建设中的核心动力装置。工业汽轮机属于技术密集型产品，技术的先进性、可靠性、适用性是产品的核心竞争力。国外工业汽轮机厂家主要集中在美国、欧洲、日本、俄罗斯等国家，如美国的GE公司，日本的三菱重工，德国的西门子公司、意大利的新比隆公司、俄罗斯的卡鲁加汽轮机厂等。国内工业汽轮机生产厂主要有杭州汽轮机股份有限公司、青岛捷能动力集团等。

(1) 工业汽轮机的特点

工业汽轮机与电站汽轮机相比，具有如下特点：

① 转速可变，其范围可达70% ~105%额定运行转速。由于采用转速变化的调节方式，比节流调节经济。

② 转速较高，可根据被驱动设备而定，单级机组最高可达30000r/min，可使机组质量比同类型电站汽轮机轻1/3 ~1/4，体积小1/2 ~1/3。

③ 设计品种及规格多，可以适应不同进汽参数、抽汽参数、排汽参数以及不同功率、不同转速、不同布置方式及厂房标高等要求，通常采用系列化“积木块”生产技术，以降低制造成本，缩短生产供货周期，提高产品质量和运行可靠性。

④ 有防爆、防尘的特殊要求，以保证汽轮机在各种不同的工作环境中安全运行。

⑤ 有较高的自动化程度要求，以保证汽轮机在负荷和供汽参数的一定变化范围内，能协调、统一、安全地运行。

工业汽轮机的主要优势表现在以下几方面：

首先，热经济性好。提供了热电联产及余热利用的手段，能使不同能级的蒸汽的热能得到充分利用，有较高的综合热效率。

其次，驱动性能好。作为驱动机械，其启动扭矩大，启动升速平稳，能直接和高转速压缩机、风机及泵等机器连接，也能用于驱动大、中型往复式压缩机，并能用较简单的方法在较大范围内改变运行转速，具有比电动机更为优越的性能，且能量转换次数少。

第三，社会效益好。可利用废气、余热如高炉排空的煤气、硫酸生产过程中产生的反应热量等，不仅具有充分节能的优点，更具有改善环境污染、造福人类健康的益处。

（2）工业汽轮机的发展及在石油化工中的应用

20 世纪 70 年代起，工业汽轮机由于现代工业迅速发展的需要得到了很大的发展，已由单台生产进入成熟的系列化生产阶段，设计与制造现代化水平不断提高，其性能、可靠性和使用寿命等已达到很高的水平。例如，百万吨大型乙烯装置是衡量一个国家石化工业发展水平的重要标志，其中“乙烯三机”(裂解气、丙烯、乙烯压缩机组)驱动用汽轮机是工业汽轮机中难度最大的高端产品。2008 年 11 月我国年产百万吨乙烯装置驱动用汽轮机研制成功。

近年来，随着国家经济保持平稳增长，相关行业产品的需求得到同步增长，同时受国家相关产业振兴规划和重大装备自主化政策的影响，以及全球能源紧张和气候变化控制对节能减排、加强能源综合利用的发展要求，工业汽轮机在促进国内大型装备转型升级过程中将发挥重大作用。石化行业的千万吨级炼油、百万吨级大型乙烯、百万吨级 PTA(对苯二甲酸)、大型空分设备、大化肥、大型煤化工和天然气输送液化储运等成套设备，冶金行业的大型高炉风机、余热利用装置等都为工业汽轮机技术的升级换代提供了市场机遇。目前，工业汽轮机正继续向着提高效率、转速和可靠性三大目标发展，并向大功率、高参数、低能耗、多种汽源余热利用等方向迈进。此外，进一步提高机组自动化水平、改善机组的在线故障诊断、延长机组的使用寿命以及改造老机组等也得到了高度关注。

工业汽轮机在石油化工等(广义称过程工业或流程工业)部门中得以广泛应用，源于现代石化装置的大型化趋势，工业汽轮机能够利用工艺流程中副产热能或向工艺流程提供副产热能等优势，以及被驱动的机泵所需功率极高等一系列事实。表 15－1 给出了工业汽轮机在石化等企业部门中的应用实例。

首先，化工装置大型化是化学工业生产迅速发展的必然趋势，具有单位投资省、能量利用率高、生产成本低、劳动生产率高等优越性。因此，广泛采用工业汽轮机驱动其大容量、高转速的透平压缩机组及其他设备。一般合成氨工厂中采用为数不少的工业汽轮机，例如 30 万吨合成氨/48 万吨尿素装置，配置工业汽轮机多约 30～40 台(如大庆化肥厂为 29 台，洞庭湖氮肥厂为 40 台)。以洞庭湖氮肥厂为例，合成氨装置四大机组总功率为 42.057MW，加上驱动 CO_2 压缩机汽轮机共五大机组，总功率达 49.267MW；全厂汽轮机总功率为 62.5MW，五大机组功率占总功率的 80% 以上，其余是用于驱动泵和风机的小型工业汽轮机。典型的年产 30 万吨合成氨工厂的热动力系统及配置的工业汽轮机的参数和容量如图 15－1 所示。

表 15－1　工业汽轮机的应用实例

应用部门	一般化工		石油化工		天然气液化	冶金		制糖	造纸	大型电站
被驱动机械	压缩机 风机	发电机	压缩机 风机	发电机	压缩机 风机	风机	发电机	压榨机 发电机	发电机	给水泵 风机
功率/MW	0.01～30		0.01～40		0.025～45	18～50		0.5～6	0.75～50	2.5～50

续表

应用部门	一般化工		石油化工		天然气液化	冶金		制糖	造纸	大型电站
被驱动机械	压缩机风机	发电机	压缩机风机	发电机	压缩机风机	风机	发电机	压榨机发电机	发电机	给水泵风机
初压/MPa	1 ~ 13.5		1 ~ 13.5		4 ~ 7	3 ~ 9		1 ~ 4	1.5 ~ 10	0.3 ~ 16
初温/℃	180 ~ 550		180 ~ 550		450 ~ 490	400 ~ 535		230 ~ 400	300 ~ 535	280 ~ 535
转速/(r/min)	3000 ~ 8000	≥3000	3000 ~ 12000	≥3000	3000 ~ 6000	3500 ~ 6000	≥3000	一般带减速器	≥3000	3000 ~ 6000
变速要求	有	无	有	无	有	有	无	有	无	有
运行状况	连续运行		连续运行		连续运行	连续运行		季节性连续运行	连续运行	连续运行
可靠性要求	高	较高	高	较高	高	高	较高	高	较高	高
直接参与企业生产流程	是	否	是	否	是	是	否	是	否	是
防爆条件	有	有	有	有	有	有	有	无	无	无
抗腐蚀性条件	有	有	有	有	有	无	无	无	无	无

又如30万吨乙烯装置共采用20~30台工业汽轮机(如齐鲁烯烃厂为30台，北京燕山前进化工厂为17台，大庆乙烯厂为23台，扬子石化为29台)，主要有驱动裂解气压缩机、丙烯冷冻压缩机、乙烯冷冻压缩机和原料气压缩机四大汽轮机组。图15-2为年产30万吨乙烯厂的典型热动力系统及所配置工业汽轮机的参数和容量。再如：在液化天然气厂，通常有几套串联机组，每套有三台大型压缩机，一般采用大功率凝汽式汽轮机驱动，单机功率可超过40MW。据统计：年产30万吨合成氨装置每生产一吨氨所需工业汽轮机功率为0.13kW；年产30万吨乙烯装置每生产一吨乙烯所需工业汽轮机功率为0.123kW。

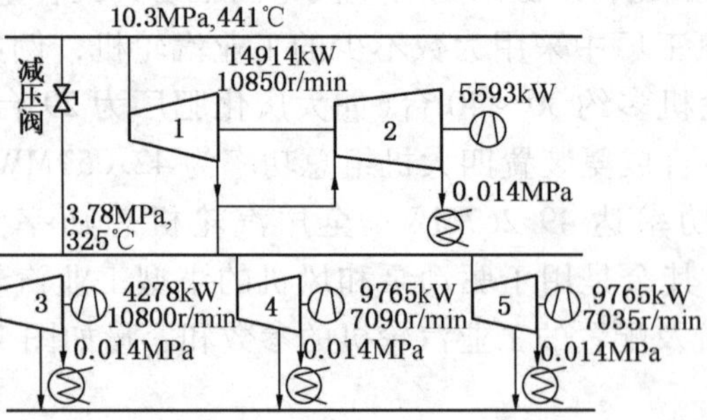

图15-1 年产30万吨合成氨工厂的典型热动力系统及配置

1—驱动合成气压缩机的GJMV-DC型高背压汽轮机；
2—驱动合成气压缩机的GJMV型凝气式汽轮机；
3—驱动原料气压缩机的GJSV型凝气式汽轮机；
4—驱动空气压缩机的KJWV-DF型凝气式汽轮机；
5—驱动氨压缩机的KJDF型凝气式汽轮机

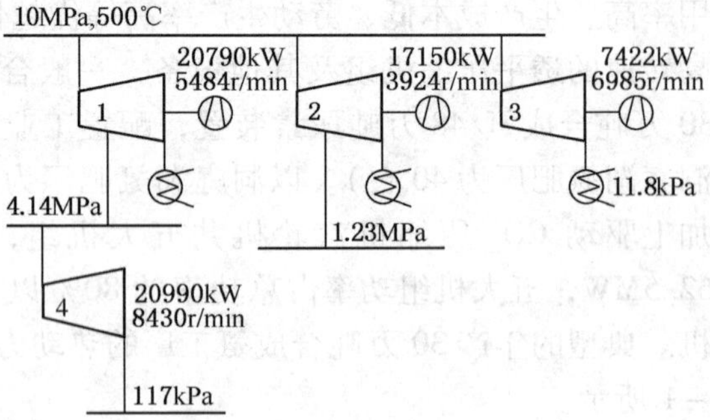

图15-2 年产30万吨乙烯厂的典型热动力系统及配置

1—驱动裂解气压缩机用汽轮机；
2—驱动丙烯压缩机用汽轮机；
3—驱动原料气压缩机用汽轮机；
4—驱动乙烯压缩机用汽轮机

其次，化工企业的化工、石化装置形成一个独立的蒸汽动力系统，具有理想的热联供和低温热回收利用条件。一方面，工业汽轮机向装置提供动力和热能，且排出的低压蒸汽，可用作某些化工反应的加热用汽，或用于蒸发过程中可资利用的低压蒸汽的潜热；另一方面，工业炉排烟废热及化学反应热又可副产蒸汽供汽轮机用，可大大提高热能利用率。电站汽轮机由于排汽往往进入凝汽器凝结成水，大量“潜热”由循环水带走，热效率一般在34%左右，先进的非联合循环电站汽轮机的热效率也仅达42%左右；而采用热电结合，化工厂可充分利用发电后的低压蒸汽潜热，综合热效率可达90%以上。特别是近年来，废气透平—工业汽轮机—压缩机—发电机/电动机组成的所谓“四合一”机组(或“三合一”机组)有了很大发展，这样工业汽轮机与废气透平在利用废气和余热上可以取长补短，从而能够取得更佳的综合效益。随着大型化工装置工艺流程的不断改进，流程反应产生的热量能得到更好利用。而且，在化工企业中机泵不仅在容量上有大型化的要求，而且还有变转速和节能降耗(机泵能耗占全厂能耗比例很高)的要求，因此除采用工业汽轮机作为驱动设备外，就没有更为合适的原动机了。

15.2 工业汽轮机装置和工作原理

15.2.1 工业汽轮机装置

工业汽轮机作为企业自备电站用和驱动用热力原动机，既要与锅炉及其辅助设备配合工作，又要与所驱动的发电机、泵、风机、压缩机等从动机械相配合协调工作，从而形成如图15－3所示的典型工业汽轮机装置的动力循环。

由锅炉生成的具有一定温度和压力的过热蒸汽(有些应用场合也可能是饱和蒸汽)，流经工业汽轮机通流部分膨胀做功，推动汽轮机转子旋转，实现热能到机械功的转变。作过功的蒸汽排入冷凝器中，经冷却水(循环水)冷凝为凝结水，并由锅炉给水泵将凝结水输送回锅炉，从而形成装置的闭合循环。工业汽轮机经联轴器直接或通过变速箱与被驱动机械相连，为企业部门提供动力或电力。

在工业汽轮机装置中，不同的工艺流程，所配的锅炉设备不尽相同(如余热锅炉)，而且也可在企业总蒸汽管道系统的分汽缸上引出蒸汽。若企业有多台工业汽轮机，除每台机组各有独立的凝汽器外，也可将其排汽引入到一个公用的凝汽器中。

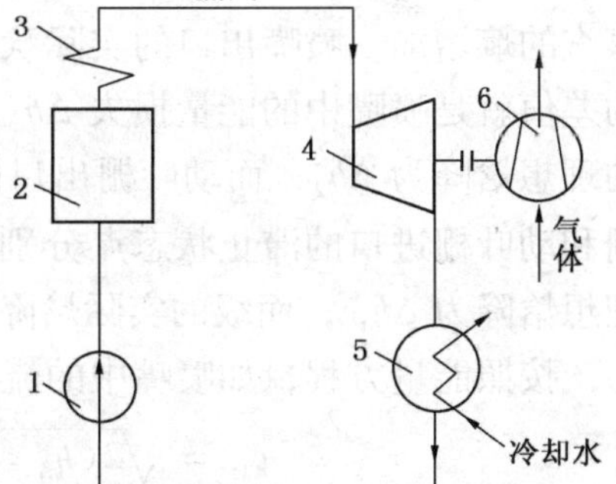

图15－3 典型工业汽轮机装置的动力循环

1—给水泵；2—锅炉；3—过热器；4—工业汽轮机；5—冷凝器；6—压缩机

驱动发电机用工业汽轮机，由于电能生产要求稳定的周波和电压，汽轮机的转速应是恒定的；而驱动泵、风机、压缩机等工业流程设备用汽轮机，应按所驱动机械的负荷变化而改变转速，以达到调节水量、风量和工质流量等，从而达到生产系统的要求，因此这类汽轮机是变转速的。

15.2.2 工作原理

在工业汽轮机中，蒸汽的热能通过喷嘴膨胀加速转变成动能，高速蒸汽随之流经动叶并对动叶产生作用力，推动叶轮和转轴旋转，从而对外输出机械功以驱动其他机械。因此，汽轮机中蒸汽的热能转变为汽轮机转子旋转的机械功需要两次能量转换。

由一列喷嘴组成的静叶栅和一列动叶片组成的动叶栅构成了汽轮机能量转换的基本单元，称为汽轮机级，如图 15－4 所示。汽轮机就是由这样一个或若干个级依次排列所组成的热力原动机。

(1) 汽轮机级的热力过程

蒸汽流经汽轮机级时，汽流在静叶栅中的流动是绝对运动，在动叶栅中则是作相对运动。汽轮机级的热力过程可以在蒸汽的焓－熵图中予以表示，图 15－5 给出了实际汽轮机级的热力过程示意图。

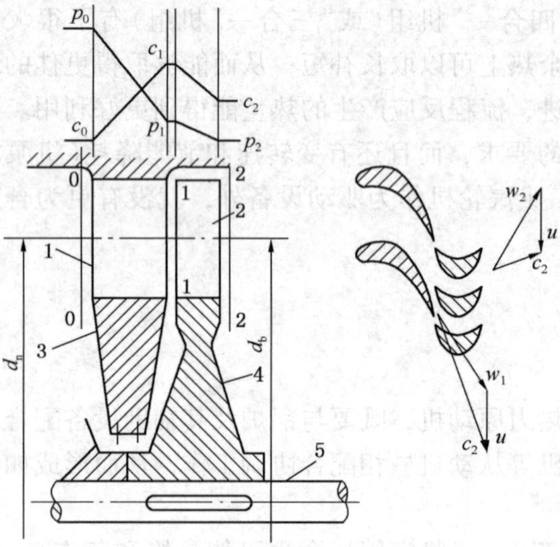

图 15－4　汽轮机级的结构示意图

1—喷嘴；2—动叶；3—隔板；4—叶轮；5—轴

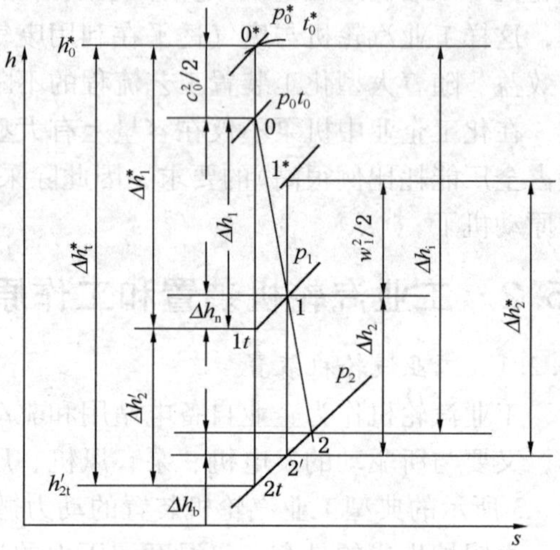

图 15－5　汽轮机级的热力过程

在喷嘴叶栅中，蒸汽由进口压力 p_0 膨胀到出口压力 p_1，所对应的可转换理想焓降为 Δh_1，由于级内蒸汽在流动过程中会产生损失，并以转换成热能的形式加热蒸汽自身，因而蒸汽的熵增加，喷嘴出口的实际状态为“1”点。喷嘴出口蒸汽的实际焓值 h_1 与理想焓值 h_{1t} 的差值就是喷嘴中的能量损失 Δh_n。蒸汽由动叶栅进口压力 p_1 膨胀到出口压力 p_2，可转换的理想焓降为 Δh_2，而动叶栅出口的实际状态为“2”点，动叶栅中的能量损失为 Δh_b。静叶栅和动叶栅进口的滞止状态点分别以“0^*”和“1^*”点表示。此时对应于滞止点“0^*”，级的理想焓降为 Δh_t^*，而级的实际焓降为 Δh_i。级内的实际热力过程为线段 0－1－2 所代表。

按照能量方程，如喷嘴中的流动是理想的，则喷嘴出口蒸汽的理想速度 c_{1t} 为

$$c_{1t} = \sqrt{2(h_0 - h_{1t}) + c_0^2} = \sqrt{2(h_0^* - h_{1t})} = \sqrt{2\Delta h_1^*} \tag{15-1}$$

但是，实际流动中不可避免存在损失，所以实际的喷嘴出口速度 c_1 小于理想速度，即

$$c_1 = \varphi c_{1t} = \varphi\sqrt{2\Delta h_1^*} \tag{15-2}$$

式中，$\varphi = \dfrac{c_1}{c_{1t}} = \dfrac{\sqrt{h_0^* - h_1}}{\sqrt{h_0^* - h_{1t}}}$，称为喷嘴的速度系数。

喷嘴的能量损失 Δh_n 为

$$\Delta h_n = \frac{c_{1t}^2}{2} - \frac{c_1^2}{2} = (1-\varphi^2)\frac{c_{1t}^2}{2} = \left(\frac{1}{\varphi^2} - 1\right)\frac{c_1^2}{2} \tag{15-3}$$

相应的喷嘴的能量损失系数 ζ_n 为

$$\zeta_n = \frac{\Delta h_n}{\Delta h_1^*} = 1 - \varphi^2 \tag{15-4}$$

这也是喷嘴的损失系数与速度系数之间的关系。

同样，动叶栅的速度系数 φ 以及动叶栅出口的实际相对速度 w_2、动叶栅的能量损失 Δh_b 和能量损失系数 ζ_b 分别为

$$\begin{aligned}
\varphi &= \frac{w_2}{w_{2t}} = \frac{\sqrt{h_1^* - h_2}}{\sqrt{h_1^* - h_{2t}}} \\
w_2 &= \varphi w_2 = \varphi\sqrt{2(h_1 - h_{2t}) + w_1^2} \\
&= \varphi\sqrt{2(h_1^* - h_{2t})} = \varphi\sqrt{2\Delta h_2^*} \\
\Delta h_b &= (1-\varphi^2)\Delta h_2^* = (1-\varphi^2)\frac{w_{2t}^2}{2} \\
&= \left(\frac{1}{\varphi^2} - 1\right)\frac{w_2^2}{2} \\
\zeta_b &= \frac{\Delta h_b}{\Delta h_2^*} = 1 - \varphi^2
\end{aligned} \tag{15-5}$$

动叶栅中的理想焓降 Δh_2 占整个级的理想焓降 Δh_t^* 的比值称为级的反动度，以 Ω 表示为

$$\Omega = \frac{\Delta h_2}{\Delta h_t^*} = \frac{\Delta h_2}{\Delta h_1^* + \Delta h_2} \tag{15-6}$$

通常，也可以用级的理想焓降 Δh_t^* 为基数，表示喷嘴的损失系数 ξ_n 和动叶的损失系数 ξ_b，即

$$\xi_n = \frac{\Delta h_n}{\Delta h_t^*};\quad \xi_b = \frac{\Delta h_b}{\Delta h_t^*} \tag{15-7}$$

（2）汽轮机级的工作原理

汽轮机级的工作原理包括蒸汽在级中的能量转换及通流能力、流动效率和变工况特性三个方面的内容。这里主要介绍其能量转换及流动效率方面的问题。

汽轮机级由于能量转换形式的不同，通常可分为冲动级、反动级和带反动度的冲动级三种。

① 冲动级的工作原理

在纯冲动级中，$\Omega=0$，$\Delta h_2=0$，$\Delta h_1^* = \Delta h_t^*$，级的全部滞止焓降在喷嘴叶栅中转换为动能，即蒸汽的膨胀加速、压力和温度下降这样一个热能转变为动能的过程仅在喷嘴中进行；在动叶中只是将蒸汽的动能转换为机械功，即动叶仅仅受到蒸汽的冲动力作用而旋转，气流减速，但压力不变。纯冲动级动叶栅的叶型呈对称弯曲，其流道不收缩，如图 15-6(a) 所示。

② 反动级的工作原理

在反动级中，$\Omega=0.5$，$\Delta h_1^* = \Delta h_2^*$，喷嘴叶栅中转换的焓降与动叶栅中转换的焓降相等，蒸汽的热能除了在喷嘴中膨胀加速转变为动能外，还在动叶中继续膨胀而对动叶产生反作用力，使动叶受到冲动力和反动力的共同作用。因此，反动级同时利用了冲动原理和反动

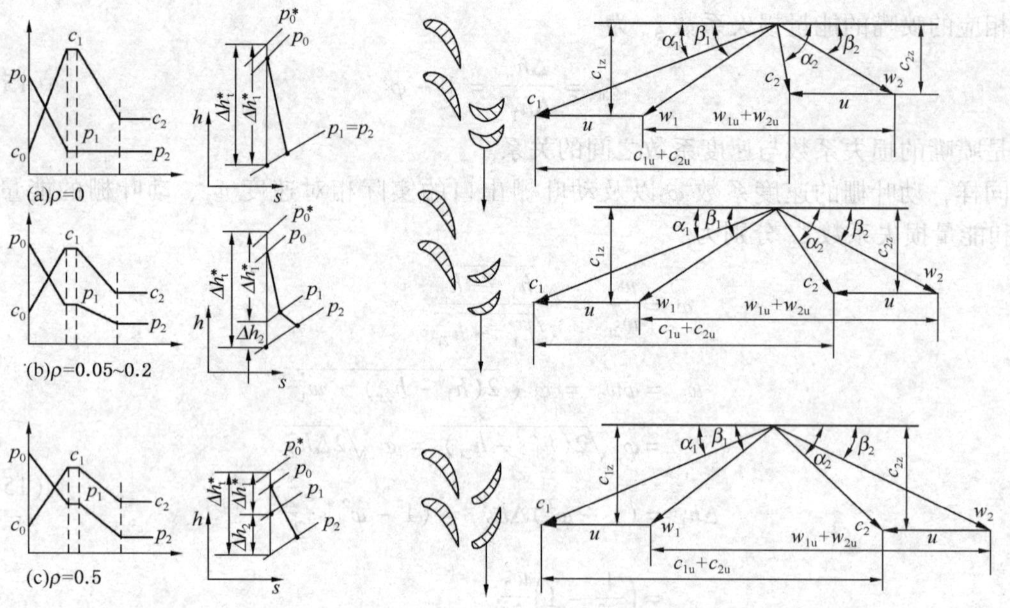

图 15－6　不同形式汽轮机级的热力过程、叶型及速度三角形示意图

原理。反动级的喷嘴叶栅与动叶栅的叶型完全相同，其流道收缩不对称，如图 15－6(c) 所示。

③ 带反动度的冲动级的工作原理

此时，$\Omega=0.05\sim0.2$，介于纯冲动级和反动级之间，其喷嘴叶栅中转换的焓降大于动叶栅中转换的焓降，工作原理以冲动为主，故又称冲动级。这种冲动级的喷嘴叶栅与动叶栅的叶型不完全相同，喷嘴叶栅流道的收缩较动叶栅显著，如图 15－6(b) 所示。

汽轮机级所做的功称为轮周功，单位时间内汽轮机级的轮周功即轮周功率可表示为

$$W_u = \eta_u G\Delta h_t^* \tag{15-8}$$

式中：G 为流量；$G\Delta h_t^*$ 为单位时间内所能利用的理想能量；W_u 是由 $G\Delta h_t^*$ 总能量中通过蒸汽在喷嘴和动叶中的流动而被转换的那一部分；η_u 为轮周效率，即 W_u 对 $G\Delta h_t^*$ 的比值，而 $1-\eta_u$ 表示轮周损失。

动叶栅中蒸汽动能转换为轮周功，体现在蒸汽在动叶进口和出口之间的速度的变化上。为了计算轮周功，必须应用速度三角形确定气流速度变化与所作的功的定量关系。通常用其平均半径上的速度三角形表示动叶栅进口和出口速度的大小和方向的变化关系，如图 15－6 所示。

汽轮机级的轮周功率 W_u 可由蒸汽作用力和动量原理或动量方程表示，即

$$\begin{aligned} W_u &= Gu(c_1\cos\alpha_1 + c_2\cos\alpha_2) \\ &= Gu(c_{1u} + c_{2u}) = Gu\Delta c_u \end{aligned} \tag{15-9}$$

或

$$\begin{aligned} W_u &= Gu(w_1\cos\beta_1 + w_2\cos\beta_2) \\ &= Gu(w_{1u} + w_{2u}) = Gu\Delta w_u \end{aligned} \tag{15-10}$$

上式一般也称为欧拉“透平方程”，以强调它对汽轮机一类透平机械的重要性。

轮周功率也可以由能量守恒定律得出

$$W_u = \frac{G}{2}[(c_1^2 - c_2^2) + (w_2^2 - w_1^2)] \tag{15-11}$$

式中：$\frac{G}{2}c_1^2$ 为蒸汽由喷嘴出来时带入动叶的动能；$\frac{G}{2}(w_2^2 - w_1^2)$ 为蒸汽在动叶栅中继续膨胀加速而增加的动能，它相当于动叶的焓降 Δh_2，如果 $\Delta h_2 = 0$，即 $\Omega = 0$，则考虑到损失后，$w_2 < w_1$，这一项为负；$\frac{G}{2}c_2^2$ 为蒸汽离开汽轮机级时所带走的能量，对该级而言，实际也是一种损失，通常称之为余速损失，用 Δh_{c2} 表示。

上式的物理意义是：轮周功率等于以上三部分能量的代数和。

进一步可以得到轮周效率的表达式为

$$\eta_u = \frac{W_u}{G\Delta h_t^*} = \frac{c_1^2 - c_2^2 + w_2^2 - w_1^2}{c_{1t}^2 + w_{2t}^2 - w_1^2} = \frac{2u\Delta c_u}{c_{1t}^2 + w_{2t}^2 - w_1^2} = \frac{2u\Delta w_u}{c_{1t}^2 + w_{2t}^2 - w_1^2} \tag{15-12}$$

或

$$\eta_u = \frac{W_u}{G\Delta h_t^*} = \frac{G\Delta h_u^*}{G\Delta h_t^*} = \frac{\Delta h_t^* - \Delta h_n - \Delta h_b - \Delta h_{c2}}{\Delta h_t^*} \tag{15-13}$$

式中 Δh_u^* 称为轮周有效焓降。

相应的轮周损失系数为

$$\xi_{c2} = 1 - \xi_n - \xi_b - \xi_{c2} = 1 - \eta_u \tag{15-14}$$

式中 ξ_{c2} 为余速损失系数。

15.3 工业汽轮机的类型和部件结构

15.3.1 类型

工业汽轮机由于所采用的工作原理、热力系统、结构特点、新蒸汽参数、气流方向设计方案及组合方式的不同，可从不同角度分为以下各种类型：

(1) 按工作原理分类

① 冲动式汽轮机　按冲动作用原理设计，蒸汽主要在汽轮机级的喷嘴中膨胀或在动叶中有少量膨胀的汽轮机。其转子采用转盘式，按机组功率大小在一个主轴上设置一个或多个轮盘。冲动式汽轮机应用比较普遍，尤其适合于小功率汽轮机，国产的工业汽轮机多属此种类型。

② 反动式汽轮机　各级按冲动和反动作用原理设计，蒸汽在汽轮机级的喷嘴和动叶中膨胀程度近似相等的汽轮机。其转子采用转鼓式；有些机组的调节级也采用冲动级或速度级。此类型工业汽轮机最早多为国外某些制造厂采用，目前功率稍大的工业汽轮机或用于化工工业驱动用汽轮机基本上是反动式汽轮机。

(2) 按热力系统分类

① 凝气汽汽轮机　蒸汽在汽轮机内做功后，在低于大气压力的真空状态下排入冷凝器并凝结成水的汽轮机。这类汽轮机通常采用回热抽汽加热锅炉给水，以提高装置的循环热效率，除回热抽汽外，其余蒸汽全部排入冷凝器凝结。

② 抽气凝汽式汽轮机　抽汽除供给水加热外，还供给工业或采暖用汽，其余蒸汽进入

冷凝器的汽轮机。由于其抽汽压力在一定范围内可调节，又称调节抽汽凝汽式汽轮机，有一次调节抽汽式和二次调节抽汽式。通常，工业生产用抽汽压力为0.785～1.57MPa，生活采暖用抽汽压力为0.07～0.25MPa。

③ 背压式汽轮机　排汽压力大于大汽压力，排汽可供工业或采暖用汽的汽轮机。排汽压力较高并直接供给中、低压汽轮机工作蒸汽的前置式汽轮机也属于此类。

④ 抽汽背压式汽轮机　工作蒸汽在机组的某中间级抽出供工业用汽，排汽供采暖用汽或其他热负荷用的汽轮机。因其抽汽压力在一定范围内可调节，又称调节抽汽背压式汽轮机。

⑤ 乏汽式汽轮机　利用其他设备的低压排汽或工业生产的工艺流程中副产蒸汽作功的汽轮机，其进汽压力通常较低。

⑥ 多压式汽轮机　利用其他来源的蒸汽引入到相应的中间级，与原有的蒸汽一起膨胀作功的具有多压汽源的汽轮机，又称补汽式汽轮机。通常用于工业生产的工艺流程中，作为蒸汽热量的综合利用。

(3) 按结构特点分类

① 单级汽轮机　由单个级或一个双列速度级(又称复速级)组成的小型汽轮机，机组结构简单，功率约为0.5～3000kW，主要作为辅机而得到广泛应用。其中轴流式双列速度级是其主要形式，具有高背压、大焓降、小流量及部分进汽、高转速的特点。

单级汽轮机有卧式和立式两种类型，其中卧式又分双支座式和悬臂式。

② 多级汽轮机　由多个级单元首尾相连依次排列于同一转轴上构成的汽轮机，采用轴流式结构。机组进汽参数较高、排汽参数较低，总焓降高达840～1840kJ/kg，内效率高达80%～90%，具有大功率和高效率的特点，是工业汽轮机的主要形式。与单级汽轮机相比，多级汽轮机具有热力过程的重热现象、级的余速利用、级间漏汽、转子轴向推力及其平衡和低压级湿蒸汽等特殊问题，其中后两个问题与汽轮机类型相关。

多级汽轮机可按汽缸数目及低压缸或低压末级的分流排汽分为单缸、双缸、三缸以及单流式排汽、双流式(两)排汽、三排汽等不同种类。多级汽轮机以单轴为多，但当机组功率较大且驱动多台工作机械时，也可采用双轴结构。

此外，对于轴流式汽轮机，根据其工作原理不同在结构上也可分为两种形式。冲动式汽轮机采用转轮型结构(又称隔板型结构)，即动叶装在轮盘外缘上，喷嘴装在隔板上，隔板的外缘通过隔板套嵌入或直接嵌入汽缸内壁。反动式汽轮机采用转鼓型结构，没有轮盘和隔板，其动叶直接嵌装在鼓形转子的外缘上，喷嘴则装在汽缸内部圆周表面或持环上。

(4) 按新蒸汽参数分类

① 低压汽轮机　其新蒸汽压力为1.18～1.47MPa。

② 中压汽轮机　其新蒸汽压力为1.96～3.92MPa。

③ 高压汽轮机　其新蒸汽压力为11.77～13.73MPa。

工业汽轮机的进汽压力有时是与工业流程有关，因而也可按压力管道的压力分类。

(5) 按汽流方向分类

① 轴流式汽轮机　级内蒸汽基本上沿轴向流动，这是工业汽轮机的主要形式。

② 径(辐)流式汽轮机　级内蒸汽基本上沿径(辐)向流动，其中向心式汽轮机具有高效、紧凑、简单、可靠等优点，特别适用于小功率工业汽轮机。在同样的进汽量和进、排汽参数下，为同单级向心式汽轮机较轴流式的功率可大15%～50%；同等功率下，向心式汽

轮机的效率可从轴流式的30% ~60%提高到62% ~80%，是进一步发展和应用的单级小功率汽轮机的形式。

③ 周(回)流式汽轮机　级内蒸汽大致沿轮周方向扩张流动的小功率汽轮机。

在化工和石化装置中，可根据装置的蒸汽动力系统的特点和热能、电力及机械动力需求的综合平衡，选用不同类型的工业汽轮机。表15－2给出了化工和石化装置中常用的工业汽轮机的种类。

表15－2　化工装置用工业汽轮机的种类

应用场合	工业汽轮机种类
自备电站	冲动式或反动式，背压或凝汽式，多级轴流式，单流或双流式排汽，抽汽，单缸或多缸，中压或高压
驱动离心式压缩机	冲动式或反动式，背压或凝汽式，多级，轴流式，单流排汽，抽汽，单缸，低压、中压或高压，卧式
驱动风机及工艺泵等	冲动式，背压或凝汽式，单级或多级，轴流或辐流式，单流排汽，抽汽，单缸，低压或中压，卧式或立式

15.3.2　部件结构

工业汽轮机的结构与其工作原理、工作条件、受力情况、工艺要求、材料性质等有密切的关系。通常，中、小功率的汽轮机采用单缸结构，大功率汽轮机则由高压缸、中压缸(或高中压合缸)和低压缸组成。

图15－7是杭州汽轮机厂应用引进德国西门子三系列积木块工业汽轮机设计制造技术生产的国产反动式EHNK/NK型多级抽汽凝汽式汽轮机。其中，该型号中用于52万吨/年尿素装置中驱动CO_2压缩机的ENK40/45/60抽汽注汽凝汽式汽轮机，曾获1989年国家科技进步一等奖。

该型汽轮机采用积木块设计原理，通常由进汽段、中间段或延伸段和排汽段3个区段组成，其基本设计形式为多级反动式。图中所示的工业汽轮机为单轴单缸结构，共有13级，由1个调节级和12个压力级组成，其中调节级采用冲动式设计，压力级采用反动式设计，末几级为带叉型叶根的扭曲叶片。转子为整锻转鼓型，在转子的高压端设有平衡活塞。静子包括外缸(由高压段和排汽段组成)、蒸汽室、导叶持环、迷宫式汽封、轴承等部分。该型汽轮机可根据用户需要设置调节或非调节抽气口，供工业用汽等。提板式调节汽阀通过机械杠杆与油动机相连。调节系统为全液压式，由一系列标准部套组合构成；抽气压力的自动调节系通过将抽气压力变换成电量或气动量，再由电动或气动调节器等一系列调节元件动作来完成。机组还配备具有不同功能的保安监控装置。

由上述典型结构可知，工业汽轮机主要由静子和转子两大部分组成。喷嘴叶栅固定在气缸上，由此构成了汽轮机的静子部分，它包括气缸及其滑销系统、隔板和喷嘴组以及进排气部分、气封和轴承、轴承座等。动叶栅安装在与转动主轴相连的部套上，也就构成了汽轮机的转子部分，其中冲动式转子采用转盘式，反动式转子采用转鼓式，它包括主轴转子以及联轴器和装在轴上的其他零部件。

(1) 静子部分

①汽缸及其滑销系统

汽缸的作用主要是将汽轮机的通流部分(喷嘴、隔板、转子等)与大气隔开，保证蒸汽

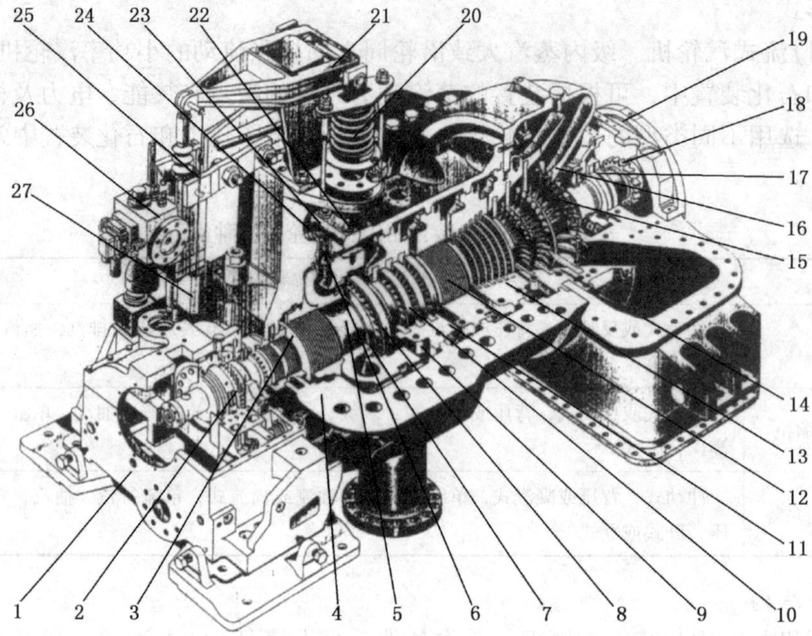

图 15－7　工业汽轮机的典型结构

1—前轴承箱；2—减速齿轮；3—前轴封（平衡活塞）；4—汽缸；5—转子；6—调节阀汽室；7—调节级喷嘴；8—调节级动叶栅；9—进汽段；10—压力级动叶栅；11—压力级静叶栅持环；12—中间轴封；13—中间段；14—排汽段；15—末级动叶栅；16—排汽缸；17—后轴承；18—盘车齿轮；19—联轴器；20—关闭弹簧；21—传递机构；22—提杆；23—提板；24—调节阀；25—固定支架；26—油动机；27—油动机行程指示

汽流在汽轮机内完成其做功过程。同时，它还起着支承内部静止部件（隔板、喷嘴室、汽封套等）的作用。

汽缸通常在通过转子轴中心线的水平面（又称中分面）处分成上、下两部分，以便机械加工、装配、维修和将转子安装在汽缸内。上、下汽缸用较厚的法兰通过螺栓连成一个汽缸整体。汽缸应有足够强度承受各种作用力，并避免产生过大的热应力。汽缸一般为铸造结构，高压缸采用铸钢，低压缸采用铸铁制造，低压缸也可采用焊接结构。

由于汽缸的热应力和热变形在负荷剧烈变动时（如迅速停机、急速启动和暖机不良的情况下启动）最大，也最危险，所以汽轮机的运行方式和方法一定要根据机组各部分的受热情况来确定。

在汽轮机启动、停机和负荷改变时，汽缸各部分的温度都要发生很大的变化。为确保汽缸各部分受热后能自由膨胀，并尽可能保证膨胀过程中静止和转动部分的同心度，在汽缸、轴承座和机座间设置有滑销系统。滑销系统包括引导汽缸沿横向膨胀的横销；引导汽缸沿轴向膨胀，并推动前轴承座轴向移动时保持轴承座与汽缸中心线一致的纵销；引导汽缸沿垂直方向膨胀，并保持汽缸与轴承中心一致的立销。此外，还有猫爪横销、角销和斜销。

② 喷嘴和隔板

喷嘴即静叶，其作用是将蒸汽的热能转变成动能，也就是使蒸汽膨胀降压，速度增加，按一定方向喷射出来，进入动叶做功。喷嘴的形式有渐缩喷嘴和缩放喷嘴两类，在实际汽轮机中，喷嘴均带有斜切部分，蒸汽在其斜切部分中的膨胀特性与直线喷嘴有所不同。

第一级喷嘴通常直接装在喷嘴室的圆弧形槽道中，并根据调速汽门的个数成组布置，每一调速汽门控制一组喷嘴的进汽量，并用来调节汽轮机的进汽量，因此又称调节级喷嘴。喷嘴可以是整段铣制或单个铣制的焊接结构，也可以是精密铸造结构。

在冲动式汽轮机中，采用隔板结构将喷嘴与汽缸连接。而反动式汽轮机，则无隔板结构，喷嘴直接固定在汽缸内壁圆周上或持环上。

隔板是由隔板体、静叶、隔板外缘和隔板汽封等部件组成。隔板用以固定各级静叶片，并将汽轮机通流部分分割成若干个级。根据蒸汽流量和参数的不同，隔板上静叶可采用全周进汽，也可采用部分进汽。隔板制成上、下两部分，分别装在上、下汽缸的凹槽内，并在水平接合面处连接。

隔板结构可分焊接隔板和铸造隔板两种。焊接隔板用于高压段，铸造隔板用于低压段。

③ 汽封

在汽轮机主轴伸出汽缸的前、后端和穿过隔板中心孔处以及动叶顶部处，为避免转动部件与静止部件的摩擦、碰撞，必须留有适当的间隙。由于间隙前后均有压力差存在，间隙处必然会产生漏汽，造成损失。为减少漏汽并确保汽轮机安全、经济地运行，这些间隙处均装有汽封。

汽轮机主轴穿过汽缸两端处的汽封，称为轴端汽封，简称轴封。高压端轴封用来防止高压蒸汽自汽缸内漏出，造成工质损失；低压端轴封用以防止空汽漏入汽缸，破坏冷凝器的正常工作。隔板和动叶顶部汽封的作用是保持隔板和动叶前后的压力差，从而减少级间漏汽。

工业汽轮机的汽封有迷宫(曲径)式、碳精式和水封式三种，现代汽轮机主要采用薄片型和高低齿型迷宫式汽封，近年来还有蜂窝密封和刷子密封的应用。

④ 轴承

汽轮机的轴承包括主轴承和推力轴承。

主轴承(又称支持轴承)的作用是承受转子的重力以及由于部分进汽、振动等原因而引起的附加力，并保持转子转动中心与汽缸中心一致，从而保证转子与汽缸、汽封、隔板等静止部分的径向间隙正确。

推力轴承主要用以承受转子的轴向推力，同时确定转子在汽缸中的轴向位置，即确定动叶与喷嘴之间、汽封的动静部分之间以及叶轮与隔板之间的轴向间隙。转子上的推力包括蒸汽作用在各级叶片上的轴向分力、各级叶轮及动叶片上前后压力差产生的轴向推力以及由于转子的挠度不同而产生的转子重力沿轴向的分力。冲动式汽轮机的轴向推力完全由轴承承受，反动式汽轮机的轴向推力大部分需由设置在汽轮机高压端的平衡活塞来平衡，剩余轴向推力才由推力轴承来承担。

(2) 转子部分

① 转子

汽轮机中所有转动部件的组合体称为转子。转子的作用是将蒸汽的动能转变为汽轮机轴的旋转机械能。

工业汽轮机的转子按其形状可分为转轮型和转鼓型两种。转轮型转子的动叶片装在叶轮上，叶轮紧固在轴上，蒸汽对叶片的作用靠叶轮传给轴。这种转子的级数较少，每一级中的蒸汽焓降较大，一般应用于冲动式汽轮机。转鼓式转子的动叶片直接安装在其圆锥形转鼓上，蒸汽对叶片的作用力靠转鼓传给轴。这种转子结构简单，刚性较大，适用于级数多、每级焓降不大、要求结构强度较高的反动式汽轮机。

转子的基本结构形式有套装转子、整锻转子、焊接转子以及整锻和套装结合的组合转子。其中，套装转子的叶轮和主轴是单独制造的，叶轮采用红套方法安装到主轴上；整锻转子的叶轮和主轴及轴上其他主要零部件是用整体毛坯加工制造的；焊接转子是由若干实心轮盘和轴端部分组合焊接而成。

② 叶轮

叶轮是用来安装和固定动叶片的部件，汽轮机工作时将叶片上的蒸汽旋转力矩传递到主轴上。叶轮一般由轮缘、轮体和轮毂三部分组成为一体，轮缘用以安装和固定叶片；轮毂是叶轮套装于主轴上的配合部分，只有套装转子才有；轮体是叶轮的中间部分，起着连接轮缘和轮毂的作用。

叶轮根据其轮体的断面型线可分为等厚度叶轮、锥形叶轮、双曲线叶轮和等强度叶轮。

③ 动叶片

动叶片直接安装在叶轮或转鼓上接受来自喷嘴的高速蒸汽，将蒸汽的动能转变成机械能，使转子旋转。动叶片一般由根部、工作部分和顶部三部分组成。

叶片根部用来将叶片固定在叶轮轮缘上，常见的叶根结构形式有 T 型叶根、带外包 T 型叶根和双 T 型叶根、菌型叶根、叉型叶根、枞树型叶根等。

叶片工作部分的横截面形状称为叶型，其周线称为型线。相同叶型的叶片以同样的周向间隔(栅距)和角度(安装角)在叶轮轮缘上排列而成为动叶栅。蒸汽在通过由相邻叶片的型线部分所构成的槽道时，完成能量转换。叶片的凹入部分型线称为内弧或压力面，凸出部分型线称为背弧或吸力面。叶片的进汽侧前缘称进汽边，排汽侧尾缘称排汽边。按照叶型截面沿叶片高度的变化规律，叶片可分为等截面直叶片和变截面扭叶片两种，通常分别用于径高比(叶片平均直径与叶片高度之比值)大于 8 的级和小于 10 的级。

叶片顶部包括围带、铆钉头和拉金等连接件。用围带或拉金将几只或整圈叶片连接成组，可以减少叶片所受的动应力，增加叶片的刚性，调整叶片的自振频率，从而提高其振动的安全性。无叶顶连接件的叶片称为自由叶片。根据与叶片连接的形式不同，围带可分整体围带、铆接围带和焊接围带；拉金则为 6 ~ 12mm 的实心或空心金属线，拉金与叶片之间可用银焊焊牢，也可采用松动结构。工业汽轮机的中、短叶片常在叶顶用围带相连成组，而长叶片则在叶片中上部用拉金连成叶片组或互不相干成为自由叶片。

④ 联轴器和减速器

联轴器是汽轮机与从动机主轴之间的连接件，用于传递汽轮机的转动力矩。对于需要减速的从动机，用联轴器将汽轮机与减速器、减速器与从动机彼此连接，从而将汽轮机的机械转动力矩通过减速器传给从动机。常用的联轴器有固定式(刚性)联轴器、活动式(挠性)联轴器和半固定式(半挠性)联轴器；减速器采用斜齿轮减速器。

15.3.3 部件的强度和振动

工业汽轮机的转速较高，常用转速为 4000 ~ 20000r/min，变速范围较大，一般在额定转速的 70% ~ 105% 范围内运行，产生振动或共振的可能性很大；而且要求可直接驱动各类压缩机、风机和泵等从动机械。所以，工业汽轮机对部件结构的强度和振动方面的要求与公用电站及公用热电站汽轮机有所不同。

为保证工业汽轮机的安全运行，对汽轮机转动部件，即动叶片、叶轮和转子的强度及振动特性的安全校核有非常严格的准则和标准，而且必须在较宽的变速范围内作强度振动校核。

(1) 动叶片的强度和振动

工业汽轮机在高速运行时，动叶片将受到作用在其上的工作应力的影响，其中的周期性激振力会使叶片产生振动。当激振力频率等于叶片自振(固有)频率时产生共振，从而造成叶片断裂。一般，当叶片反复振动时，在叶片截面中产生交变应力，一旦叶片某一局部的交变应力超过材料的疲劳极限时，叶片便从该处产生裂纹，裂纹再逐渐扩展致使叶片断裂。因此，叶片的振动断裂均为疲劳断裂。一台工业汽轮机装有数百上千的叶片，运行中叶片的事故据统计高达汽轮机事故率的40%。

动叶片的工作应力 σ 包括静应力 σ_{st} 和动应力 σ_d 两部分，其强度校核也分静强度和动强度两部分进行。

静应力 σ_{st} 主要由离心拉应力 σ_{ct}、离心弯应力 σ_{cb} 和气流弯应力 σ_{sb} 合成，它可造成动叶片拉伸、弯曲和扭曲。叶片的材料和截面积大小必须能保证承受这些拉应力和弯应力的作用，并在安全范围内工作，这就是动叶片静强度校核的任务。

动应力 σ_d 主要由作用在叶片上随时间变化的周期性激振力所激发。激振力按其来源分为机械激振力和气流激振力两类。其中气流激振力是引起叶片共振的主要原因，它又可分为源自喷嘴/静叶尾迹气流脉动的高频激振力以及诸如部分进气、上下隔板接缝、静叶/喷嘴制造和安装误差等结构因素引起的低频激振力。叶片的动应力与叶片的振幅成正比，而振幅又决定于激振力的大小、叶片自振频率与激振频率的值以及全部有效的阻尼。阻尼则由围带和拉金造成，包括叶根和叶片材料中的阻尼以及蒸气流动的阻尼。由于叶片的动应力值不易精确计算，而它又是造成片损坏的主要原因，因此对叶片的动强度校核尤应重视。

叶片振动形式一般分为切向振动、轴向振动、扭转振动及复合振动几种。汽轮机运行中最多发生的是切向振动。叶片和叶片组最常见的振型是 A 型和 B 型。A 型振动时，所有叶片在同一方向振动；B 型振动时，不是组内所有叶片在同一方向振动。而每一种振动形式又有对应于若干多个确定的固有振动频率的振型。通常校核切向振动的 A_0、B_0、A_1 型以及轴向振动的 A_0 型。

与电站汽轮机不同，工业汽轮机通常都是在一个很大的转速范围内长期运行，从而使得动叶片通常会在共振点上长期运行，这对动叶片特别是末级动叶片的安全可靠性提出了更高的要求。我国的《汽轮机叶片振动强度安全准则》将动叶片分为允许长期在共振状态下工作的不调频叶片和需要调开共振状态的调频叶片，并分别规定了它们的校核标准。

① 不调频叶片　主要基于振动时有阻尼存在这样一个事实。不调频叶片在共振条件下安全工作的条件是：其动应力 σ_d($\sigma_d = \sigma_{st}\beta$)必须小于材料的耐振强度 σ_a^*，即

$$\sigma_a^* / \sigma_{st} = A_b \geqslant \beta n_s \qquad (15-15)$$

式中 β、A_b 和 n_s 分别为放大系数、安全倍率和安全系数。当安全倍率 A_b 大于由统计方法给出的安全倍率界限值[A_b]时，便能保证叶片在共振条件下安全运行。

② 调频叶片　当叶片的自振频率不能满足安全避开率的要求，其强度又不能满足不调频叶片的要求时，应对叶片进行调频。调频叶片的自振频率应与激振力频率及其整倍数避开一定安全距离。当避开共振时，其动应力显著下降，因而也就允许有较小的安全倍率界限值。所以，调频叶片必须满足两个指标，即调频指标和安全倍率界限值指标[A_b]。

调频的方法主要有两种：一是改变叶片的自振频率，即改变叶片或叶片组的刚性和质量，如对单个叶片可改变其叶型和叶高，对叶片组还可改变其围带或拉金的尺寸、截面形状

及其与叶片的连接方式；二是改变激振力的频率，主要可通过改变喷嘴数目、改变抽气口位置和数目，以及采用变节距喷嘴等措施达到。但对变转速工业汽轮机而言，要避开所有转速的低阶共振往往不太可能，有时即使要避开几个主要运行工况不产生低阶共振也有困难。因此，还须采取诸如增加叶片振动阻尼、减小激振力和蒸汽的静弯应力等措施。

对于工业汽轮机而言，为确保其在高转速和变转速条件下安全可靠运行，还应注意以下问题：

运行工况变化范围大，调节级、抽气级和末级的激振力大，要重视围带和叶根振动频率的设计计算的可靠性。

蒸汽品质有时较差，运行工况变动频繁时，要注意在过渡区工作的叶片的可靠性。过渡区是指设计工况下，叶片后的过热度≤30℃，叶片前的蒸汽干度$\chi \geqslant 0.96$的区域，因为在此区域内工作的叶片，变工况时有可能在湿蒸气区与过热区反复过渡，使叶片材料的疲劳强度大为降低，并引起应力腐蚀。

③ 末级叶片　在蒸汽干度$\chi \leqslant 0.96$的湿蒸气区工作的末级叶片，常被含有低浓度盐分的凝结水所润湿，当湿度增加时，会析出更多的水分，形成水滴对动叶进口边的撞击，一方面使级效率下降，另一方面使动叶片的金属表面损坏，造成侵蚀。为防止叶片水滴侵蚀，最后几级动叶的进口边的材料应特殊处理，如堆焊硬质合金、电火花加工、表面渗碳等，或在后几级叶片附加去湿结构等。

(2) 叶轮的强度和振动

叶轮在正常工作时，将受到叶轮及安装在其上的动叶片及其围带、拉金等附件旋转产生的离心应力，以及由叶轮温度分布不均匀引起的温度应力和由过盈套装在轴上引起内表面上的红套应力，其中以离心应力为主，这在末几级尤其突出。高速旋转下叶轮的轮周速度很高，在离心力作用下产生很大的切向和径向应力。叶轮的强度计算校核包括应力计算与过盈计算两个相互联系的部分。

叶轮在运行时，由于部分进气、抽气、轴及动叶片的振动，以及温度的不均匀等影响，可能产生轴向振动，形式包括伞形振动、扇形振动(有节径振动)以及复合振动。其中，一阶伞形振动是以转轴为中心，叶轮盘体整个地前后振动；二阶伞形振动为带有一个节圆的振动，即在半径线上出现一个节点，轮盘上各半径的节点组成节圆，依此类推，节圆数越多，轮系自振频率越高。而有节径振动所需能量很小，极易发生，是绝大多数叶轮破坏的主要原因，常见的是两节径、三节径和四节径振动形式。叶轮振动时的节径并不是固定不变的，而是沿着轮缘转动的。叶轮节径振动传播的速度与叶轮旋转速度相等、方向相反时的转速，称为叶轮的临界转速。最危险的叶轮振动是临界转速时共振，其次便是其整倍数转速时的共振。

为保证工业汽轮机的安全运行，应使叶轮的临界转速避开汽轮机工作转速一定范围。通常，应与两节径的叶轮临界转速保持在相差工作转速的15%以上，而与三、四节径的叶轮临界转速保持相差为工作转速的10%。

(3) 转子的强度和振动

汽轮机工作时，转子受到每级叶轮传来的作用在每级动叶片上的蒸汽作用力形成的扭矩而转动，同时汽轮机转子的总扭矩通过联轴器传给从动机的转子，从而带动从动机工作。在扭矩传递过程中，在转子主轴的材料内产生剪应力。在转子自身重量的作用下主轴要弯曲，转动时就会在轴内形成弯应力。此外，在轴向力作用下，轴的材料还承受压应力或拉应力。

在上述应力中，以剪应力为最大。

由于轴的直径沿轴向变化，最大剪应力作用的位置与最大扭矩作用截面可能不重合，因此转子的强度校核应取转子几个危险截面计算由扭转、弯曲和拉伸(压缩)共同作用而引起的转子应力(包括工作应力和热应力)。

转子是一个弹性体，由于制造、安装误差或材料不均匀造成转子质量的偏心，运转时会产生一个周期性的激振力而发生振动。当激振力的频率等于转子的自振频率时，便发生共振，使振幅急剧增大。引起转子共振的转速，即为转子的临界转速。在转子升速过程中，最低的临界转速称为第一临界转速 n_{c1}；按转速升高的次序，依次有第二、第三临界转速 n_{c2}、n_{c3}等。因此，在转子升速至额定转速的过程中，有时要通过几个临界转速。

汽轮机若在临界转速附近运行，轻则使转子振动加剧，引起轴承损坏或转子上轴封、叶片等与静止部件相磨、相碰，重则导致大轴弯曲或断裂等重大事故。因此，汽轮机是不允许在临界转速或临界转速附近运行的。

若转子的第一临界转速比工作转速高，在启动升速和工作时，均不会出现共振现象，这种转子称为刚性转子，常用于变转速汽轮机。若工作转速高于其第一临界转速的转子，则称为挠性转子，挠性转子在启动升速过程中会遇到共振现象，注意应在瞬间超越临界转速，以保证汽轮机的安全，一般多用于固定转速的多级汽轮机。

为保证汽轮机正常运行，其工作转速一定要避开转子的各阶临界转速。对于刚性转子，一般要求转子第一临界转速比工作转速 n_0 大 20% ~25%，但也不允许在 $2n_0$ 附近。对于挠性转子，其工作转速 n_0 在两临界转速之间时，较其中低的一个临界转速要高 40% 左右；较另一较高的临界转速要低 30% 左右。近年来，由于转子制造时都经过高速动平衡，提高了平衡精度，使转子临界转速与避开工作转速的富裕量可适当减小。国外有的制造厂只采用了 5% 的避开裕量。应该注意的是，有些汽轮机转子运行时出现所谓转子低频振动，其频率大约为转速的 1/2。这种类型振动的主要原因是气流力激起转子在滑动轴承油膜中产生自激振动，其振动频率与转子的不平衡及其特性无关。

(4) 汽轮机组振动评价标准

汽轮机组运行时，实际上要完全避免振动是做不到的。因此，用技术规程限制其最大振幅，振幅在机组轴承座上或转子上测得。为防止事故发生，确保工业汽轮机安全运行，对转子的动平衡和允许振幅值提出了严格要求。

国际电工委员会(IEC)和国际标准化组织(ISO)联合推荐的汽轮机主轴颈的允许振动值见表 15－3。主轴颈双振幅容许值也可用下式计算为

$$\sqrt{12000/n} \times 0.0254\text{mm} \qquad (15-16)$$

式中 n 为汽轮机转速，r/min。

表 15－3　汽轮机允许振动值

转速 n/(r/min)	4000	8000	12000	16000	20000	24000	28000
双振幅/mm <	0.0547	0.0318	0.0254	0.0228	0.0203	0.0190	0.0175

15.4　工业汽轮机调节和运行特性

15.4.1　调节

工业汽轮机不论是带动发电设备，还是驱动压缩机、风机、泵等机器，都需要根据用户

负荷的变化，改变汽轮机的流量，进而改变机组的功率或转速。

对于带动发电机的工业汽轮机，需要保证供电的质量，即要保证供电电压和(50±0.5)Hz的周波。在发电机磁极对数一定，周波完全由汽轮发电机组的转速确定，因此要求将汽轮机的转速维持在额定转速范围之内。电压除与机组转速有关外，还可通过励磁机的调整来进行调节。

对于驱动各种类型压缩机、风机、泵等机器的工业汽轮机，其转速大小影响着被驱动机器的流量和压力。为满足流程工艺要求，最经济的调节方式是采用变转速流量调节或变转速压力调节(包括进口压力调节和出口压力调节)；对同时供热的背压式或抽汽式工业汽轮机，还必须调整背压式汽轮机的排汽压力或抽汽式汽轮机的抽汽压力在所要求的压力变化范围内，以保证供热质量。

工业汽轮机调节系统的作用就是要在机组运行过程中，使机组的转速、压力等被调量能按一定的规律变化，以适应机组负荷和工艺管网的要求。同时，为确保机组的安全运行，工业汽轮机还装有一系列的保护装置，在调节系统失灵或发生其他事故时，能及时动作关闭自动主汽门和调节汽门，迅速停机，避免事故扩大和造成设备的损坏。

(1) 调节系统的结构形式

汽轮机调节系统的结构形式很多，有机械式、半液压式、全液压式、电子液压式等。液压工质常用透平油，油压一般为0.5～3MPa，采用抗燃油作工质时，油压可提高到13MPa以上。

工业汽轮机采用机械液压控制系统，其结构组成决定了其调节精度和自动化程度低、工作特性固定及调节功能少等不足。随着工业装置流程的日益复杂化，对工业汽轮机的调节精度与自动化水平要求也不断提高，不仅要求在转速控制上，而且在进汽压力和排汽压力等参数的控制上都有相对严格的控制精度。从20世纪80年代起，电子液压式调节系统得到了迅速发展，并从模拟式向更为先进的数字式发展，已广泛用于驱动用工业汽轮机的调节系统。目前，新一代的数字式调速器以丰富的控制功能、灵活的组态方式、标准的信号与通讯接口，实现了系统中各个装置分散控制、集中管理的目标。同时，电子液压式调节系统保留了液压调节中的伺服放大机构，发挥了液压调节输出作功能力大、惯性小、动作灵敏的优点。

由于石化行业中工业汽轮机的运行特征和工作环境比较特殊和恶劣，因此如何更好地发挥电子液压调节系统的作用至关重要。高级的电子液压式调节器具有高度灵活性，可根据成套工业装置的蒸汽平衡状况，将主蒸汽、补汽、抽汽、排汽等参数作为调节对象，以达到最佳的节能运行。此外还具有状态监测、自动诊断等功能。目前，基于全集成自动化的现代过程控制系统的新一代的调节系统，包含了工业装置流程所需的连续性控制、逻辑、批处理及故障安全的全部功能，通过模块化设计，采用现场总线，可以根据需要选用不同的功能组件进行系统组态设计，达到对工业汽轮机工作过程中的转速和负荷调节及其工况控制。

(2) 调节系统的工作原理

以转速调节为例，图15－8和图15－9分别为直接调节系统和间接调节系统及其工作原理框图。

图15－8为最简单的调节系统。调速器是转速变化的感应机构，由汽轮机主轴直接带动。当汽轮机负荷瞬间降低时，转速升高，调速器飞锤离心力增大，使滑环上移，通过杠杆*AB*的传动，关小调节阀汽门，减小汽轮机功率，直至与外界负荷达到平衡为止。当外界负荷增加时，系统的动作与上述相反。其工作原理框图清楚显示了调节系统各组成元件与调节

对象汽轮机之间的信号转换和传递关系。

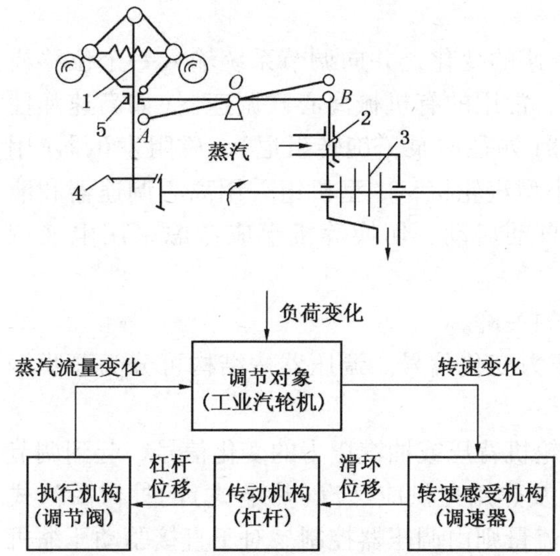

图 15－8　直接调节系统及其框图

1—离心调速器；2—调节阀；
3—汽轮机；4—传动齿轮；5—滑环

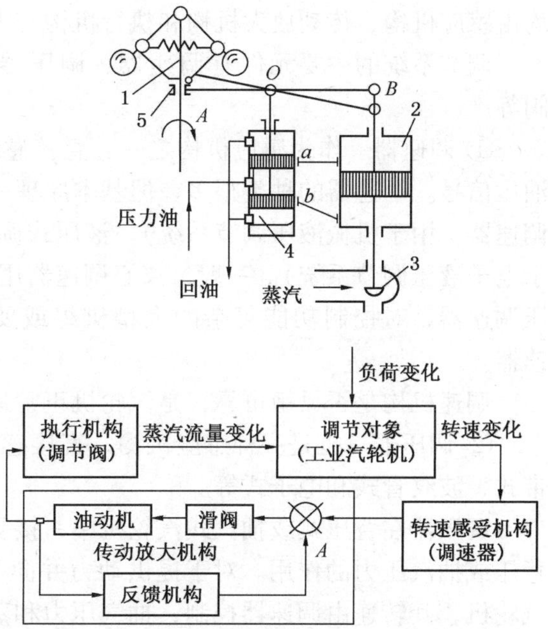

图 15－9　间接调节系统及其框图

1—离心调速器；2—油动机；
3—调节阀；4—滑阀；5—滑环

直接调节系统结构简单，调节汽门动作所需能量直接由转速感应机构调速器供给，因调速器能量有限，该系统只能用在小功率汽轮机上。对于功率较大和新蒸汽参数较高的工业汽轮机，需要将感应机构的输出信号通过中间环节加以放大。这种带有中间放大环节的调节系统，称为间接调节系统。

图 15－9 为间接调节系统。调速器的滑环 A 带动一个错油门滑阀，当汽轮机负荷降低、转速升高时，滑环 A 上移，此时，杠杆 AB 以 B 为瞬时支点带动 O 上移，滑阀活塞随之上移，使滑阀的上油口 a 与来自主油泵的压力油接通，而下油口 b 与排油口接通。导致油动机上油腔进油，下油腔排油，推动油动机活塞下移，关小调节气门。同时，杠杆 AB 又以 A 为瞬时支点带动 O 下移，使滑阀活塞重新回到中间位置，并封住上、下油口，油动机停止移动。这时调节气门亦停留在较前关小的位置，使汽轮机的功率降低并与外界负荷建立起新的平衡。当外界负荷增加时，系统产生与上述相反的动作。其中，油动机活塞对错油门滑阀的反作用称为反馈，反馈作用是一个自动调节系统稳定运行时所必不可少的。实现反馈作用的机构称为反馈装置，上述系统的反馈装置就是杠杆 AB。反映在其工作原理框图上，节点 A 上同时作用着调速器和油动机反馈两个信号。

在间接调节系统中，控制调节汽门动作所需的能量来自油动机活塞上、下之油压差，这是由系统以外的能源提供的。而转速感应机构仅需控制一个摩擦力很小的错油门滑阀，故可以将调速器做得较小，使其具有较高的灵敏度。

在背压式汽轮机的调节系统中，与图 15－9 相比，主要增加了一个供热蒸汽压力的感应机构—调压器，用以将排气压力转换为滑阀的位移。

(3) 调节系统及其组成元件

由上述调节系统工作原理可知，汽轮机的调节系统，不管其实际构造为何种形式，通常均由感应机构、传动放大机构和执行机构三大部分组成。

调节系统的主要元件有调速器、调压器、变速装置(同步器)、放大反馈装置和调节阀等。

① 调速器　作为感应机构之一，直接感受转速的变化，并向调节系统输入一个位移或油压信号。调速器的种类很多，但基本原理一样。常用的有机械离心式调速器(如高速弹性调速器，用于机械液压调节系统)、液压式调速器(如径向泵，旋转阻尼)、磁阻发讯器(用于电子液压调节系统)。一般，离心调速器用于小型汽轮机，中型机组采用离心调速器和液压调速器，对控制功能复杂的大型机组或要求自动启动、切换等机组应考虑采用电液调速器。

调速机构是否灵敏可靠，是汽轮机正常运行的关键。

② 调压器　也是一种感应机构，直接感受压力变化信号。调压器按结构可分为薄膜钢带式、波纹管式和电子式等。

调压器在背压式或抽汽式汽轮机中，接受汽轮机背压或抽汽压力的变化信号，起到调节背压或抽汽压力的作用。对于提供动力并向工艺及热用户供应蒸汽(热电式)的抽汽凝汽式汽轮机，其转速由调速器控制，抽气压力和蒸气流量则由调压器控制。对于直接驱动压缩机的汽轮机组，调压器接受压缩机进口或出口风压信号，调节汽轮机转速，使压缩机在变转速工况下运行。

③ 变速装置(同步器)　又称给定装置。对于驱动压缩机、风机、泵类机器的工业汽轮机以及独立运行的工业汽轮发电机组，它是用来改变机组转速的；对于并网运行的汽轮发电机组，转速是由电网频率决定的，故用于改变负荷和改变机组间的负荷分配，以在规定的转速下控制汽轮机运转，使与电网并列同步，故又称其为同步器。

变速装置能改变转速或与电网同步，是因为它能改变调节系统某个机构的静态特性线。通常可分为两类：一类是改变感应机构的静态特性线；另一类是改变传动放大机构的静态特性线。

变速装置(同步器)一般有辅助弹簧式和附加错油门套筒式等。变速装置可以手动，也可由电动机带动，在控制室远距离操作。

④ 放大反馈装置　属于传动放大机构的一部分，其作用是将感应机构的输出信号经传递、转换和放大，最后由油动机的位移去控制汽轮机调节汽门的开度。图 15－10 为一个具有压力变换器的贯流式信号放大装置的传动放大机构示意图。其中，压力变换器起着信号的幅度放大作用，错油门和油动机起着信号的功率放大作用，反馈油口起着负反馈作用，三者共同组成调节系统的传动放大机构。

上述系统中，反馈油口的反馈作用，能使错油门滑阀在调节过程终了时自动回到中间位置，使调节过程较快稳定下来，不至于在调节过程中产生摆动，使系统稳定性增强。反馈装置一般分杠杆反馈(见图 15－9)、油口反馈(见图 15－10)、弹簧反馈、直流电压信号反馈(电调系统)等数种。

⑤ 调节汽门　在汽轮机调节系统中，调节汽门是根据调速器信号改变汽轮机进气量的装置。能平衡汽轮机转矩和负荷之间的差距，使汽轮机维持在一定的转速。调节汽门和带动调节汽门的传动装置构成了调节系统的执行机构。

调节汽门又称调节阀，通常有球形阀、锥形阀、流线形阀以及用于减小阀门提升力的带减压阀的调节阀。进汽调节方法一般有节流调节、喷嘴调节和滑压调节三种。其中，喷嘴调节是普遍应用的方法，采用喷嘴调节的机组设有若干个调节气门。

（4）调节系统的特性

调节系统的特性分静态特性和动态特性两种，分别表征调节系统在平衡状态和运动过程中的特性。

① 静态特性　调节系统的静态特性描述了稳定工况下调节系统各组成元件之间的关系，以及汽轮机转速 n 和机组功率 P 的对应关系，其特性曲线可由系统的感应机构特性 $n-x$（位移）或 p（油压）、传动放大机构特性 x 或 $p-m$（油动机活塞行程）和执行机构特性 $m-p$，用图 15－11 所示的四象限图的形式表示。

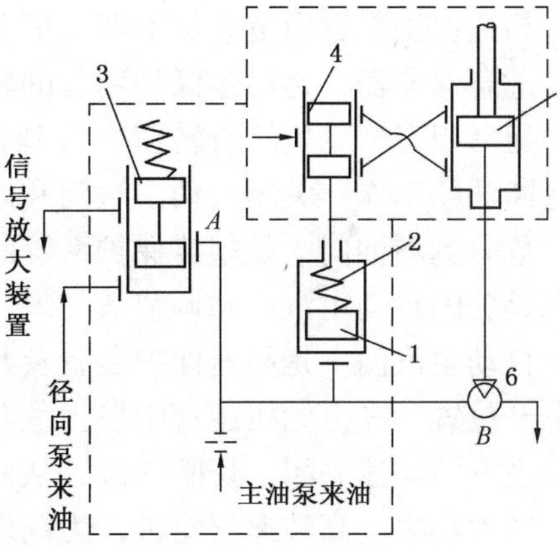

图 15－10　具有压力变换器的贯流式信号放大装置的传动放大机构

1—继动器活塞；2—继动器弹簧；3—压力变换器；4—功率放大装置滑阀；5—油动机；6—反馈油口

调节系统静态特性的好坏，可用速度变动率和迟缓率两个特性指标衡量。速度变动率反映汽轮机由于功率改变所引起的转速变化的大小，对机组负荷分配、甩负荷后机组转速以及运行稳定性有很大影响。速度变动率大，有利于提高调节系统的稳定性，但机组甩负荷动态超速过大；太小则系统的稳定性降低。迟缓率代表汽轮机在同一功率时，对应于升速和减速过程中转速的相对变化，又称不灵敏度。迟缓率过大，会引起调节系统的自发摆动，还可能使甩负荷后机组不能维持空转；一般迟缓率越小越好。

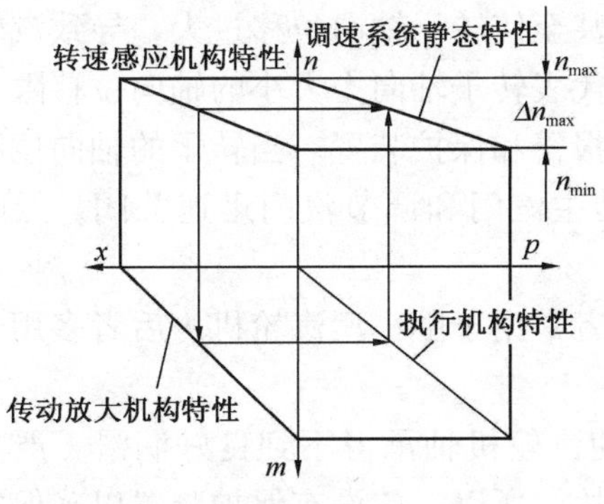

图 15－11　调节系统静态特性四象限图

② 动态特性　是描述从一个稳定工况过渡到另一稳定工况以及受到外界扰动后的动态过程中，调节系统内各个参数，如功率、转速、调节汽门开度、脉冲油压等随时间的变化规律。

通常，用稳定性、超调量和过渡时间等动态性能指标来描述和评价调节过程的动态特性，它们分别反映了调节系统是否工作稳定、升速过程中动态最高转速超过稳定转速的最大差值和从原始平衡状态过渡到新的平衡状态所需的时间。影响动态特性的主要因素有机组的转子飞升时间、中间容积时间以及调节系统的速度变动率和迟缓率。一个性能优良的调节系统要求具有较好的稳定性、较小的超调量和较短的过渡时间。

（5）保护装置

为保证汽轮机的安全运行，除要求调节系统灵敏、稳定、动作可靠外，还应该有必要的保护装置。工业汽轮机的保护装置包括超速保护、轴向位移保护、润滑油压保护和真空保护等。

① 超速保护　工业汽轮机是高速旋转机械，其旋转部件的强度，一般是以额定转速的120%进行设计的，运行转速绝对不允许超过这个极限转速，否则会发生损坏事故。此外，转速过高还会引起叶轮在轴上松脱，造成动、静部分轴向碰撞事故。因此，当转速超过某规定值时，应切断进气，防止转速继续升高。

超速保护装置由危急保安器、危急遮断油门和自动主汽门组成。

危急保安器　是超速保护装置的转速感应机构，有偏心飞锤式和偏心飞环式两种结构形式。通常规定汽轮机运行转速上升到额定转速的110%～112%时，危急保安器动作，使危急遮断油门动作，关闭自动主汽门和调节汽门，迅速停机。

危急遮断油门　是超速保护系统的传动放大机构，接受来自危急保安器的信号，动作的结果是关闭自动主汽门和调节汽门。

自动主汽门　是超速保护装置及其他保护装置的执行机构。正常运行时，自动主汽门处于全开位置；在汽轮机运行中发生危及设备安全的故障时，受保护装置或运行人员的控制，自动主汽门快速关闭，切断气源，从而确保机组安全。

对大功率、高转速汽轮机，为确保机组运行安全，通常同时设置三套超速保护装置。其中，第一套为危急遮断器超速保护装置，第二套为附加超速保护装置，第三套为电气超速保护装置。对危急遮断器超速保护装置，有的机组还备有两只飞锤，以防止卡涩不灵。如果转速上升，超过危急遮断器的动作转速(110%～112%额定转速)而拒绝动作，则附加超速保护装置开始动作，当转速上升至额定转速的114%～115%时，用以快速关闭自动主汽门和调节汽阀，防止超速事故；电气超速保护装置的作用是：当机组低超速时发出超速报警信号，当超速达到极限转速时，装置内开关电路动作，接通自动停机保护控制电路和信号回路，发出声光信号，同时自动停机。

② 轴向位移保护　汽轮机转子的轴向位置是由推力轴承确定的。当机组运行异常、轴向推力过大时，会引起推力轴承过载，造成烧瓦事故，甚至使转子轴向位移过大，导致汽轮机动、静部分摩擦或碰撞的严重损坏事故。因此，应将代表转子轴向力大小的轴向位移限定在某个允许范围内，并在机组上装备轴向位移的测量、报警和保护装置。当转子的轴向位移超过允许值时，轴向位移保护装置发出信号，并使自动主汽门和调节汽门迅速关闭，及时停机。

轴向位移保护装置主要有液压式和电磁式两种，前者常用于中小型汽轮机，后者多用于大功率汽轮机。

③ 轴承润滑油压保护　轴承的润滑油压过低，将使汽轮机轴承得不到良好润滑，严重时会造成轴瓦损坏以及汽轮机动、静部分磨损等恶性事故。所以，应设有保护装置以确保安全。当轴承润滑油压低于正常值时，首先发出信号，提醒运行人员注意并采取措施；当油压继续下降到某一数值，则自动投入辅助油泵，以提高润滑油压；若油压继续降到某一更低值时，关闭自动主汽门和调节汽门停机；停机后启动盘车。

④ 真空保护　汽轮机运行中，由于各种原因会造成真空降低。真空降低会影响汽轮机的出力和经济性，降低过多则还会因排气温度升高而影响到机组安全。因此，较大功率的汽轮机还装有低真空保护装置。当真空降低到一定数值时，发出报警信号；当真空降至规定的极限值时，能自动停机。

15.4.2　运行特性

工业汽轮机的正常运行，直接关系到企业生产的安全性和经济性。工业汽轮机运行的基本任务是：在尽可能经济的条件下，按照调度曲线连续可靠地给用户供电、供热和供汽。如发电用工业汽轮机，当外界用电量发生变化时，要求机组维持转速不变而调整蒸汽流量，以适应输出功率与用电负荷的平衡；又如驱动压缩机、风机、泵的工业汽轮机，则应根据压缩机或风机的流量、压力和泵的给水量的变化来改变其工作转速，达到经济运行。经济性的概念与装置热力循环特性和汽轮机变工况特性相关；可靠性的概念则与经济性有密切的联系，如无故障运行、便于检修和持久耐用都是经济性指标。

(1) 变工况

工业汽轮机是根据给定的工作参数（蒸汽初温和初压、抽汽压力、排汽背压、转速等）和所要求的功率或蒸汽流量等设计的。工业汽轮机在设计参数下运行的工况，称为设计工况，此时机组通常具有最高的效率。但在实际运行过程中，由于所驱动的从动机器常处于偏离设计工况的条件下工作而使工业汽轮机也在非设计工况下运行。例如外界用电量、风机风量，泵的给水量、供汽参数以及工艺热负荷参数等的变化，都会导致机组内部蒸汽膨胀的热力过程偏离设计工况。工业汽轮机在非设计工况下运行称为机组的变工况。根据机组作等转速或变转速运行的不同情况，可分为等转速变工况和变转速变工况。

工业汽轮机在变工况运行时，效率将会降低；偏离设计工况越多，热经济性越差。此外，蒸汽参数的波动还会引起汽轮机通流部分某些部件的应力和轴向力的变化。所以，工业汽轮机在变工况下运行的经济性和强度、振动、安全性等问题，都必须认真考虑并进行必要的校核，以确定机组/级组的流量与压力、焓降，以及级反动度和效率的变工况特性和轴向推力的变化，保证机组安全可靠地运行。

① 内特性和外特性

工业汽轮机的内功率与其他参数之间的关系为

$$P_i = \eta_i G \Delta H_i = M\omega = 2\pi M n \qquad (15-17)$$

式中，内功率 P_i 与内效率 η_i、流量 G 和焓降 ΔH_i 之间的关系称为汽轮机的内特性；内功率 P_i 与转矩 M 和角速度 ω（或转速 n）之间的关系称为汽轮机的外特性。

发电用的工业汽轮机是在等转速下工作的，其启动方式为空负荷启动。当转速达到额定转速时，空转功率和空转转矩较小，仅用于克服空转时的内部摩擦鼓风损失和外部机械损失。因此，等转速汽轮机的转矩与功率成正比，如图 15－12 所示。通常在机组工作范围内效率变化不大，可采用流量和焓降的变化来适应功率和转矩的变化。

变转速的工业汽轮机是带负荷启动的。启动时转速为零，而转矩不为零，往往在低速时启动力矩还相当大；启动以后转速上升，由零变到工作转速，其内效率也在零与最大值之间作相应的变化。因此，在一定的进汽阀开度的条件下，即 $G\Delta H_i$ 一定时，主要是由内效率的变化来适应转矩和功率的变化要求。

图 15－13 为冲动式多级汽轮机的外特性曲线，即 $M-n$ 和 P_i-n 关系曲线。

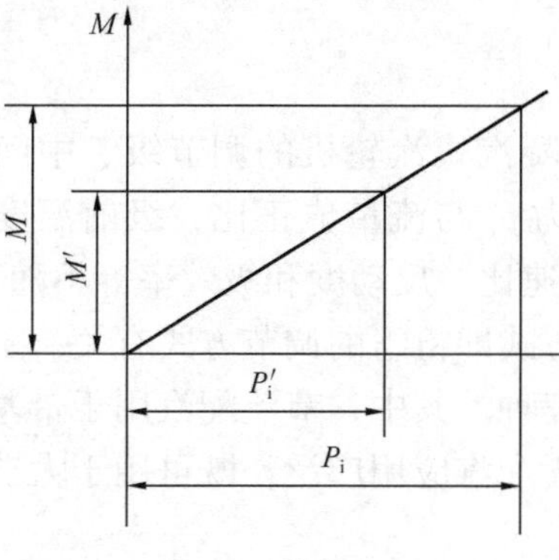

图 15－12　等转速汽轮机的外特性

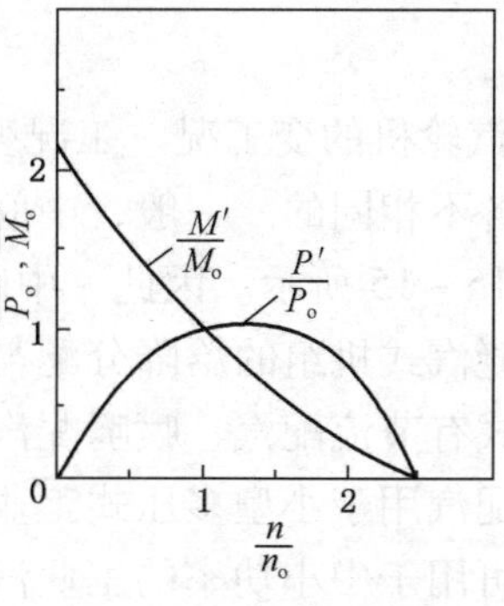

图 15－13　冲动式多级汽轮机的外特性曲线

图 15 - 14 给出了不同 $G\Delta H_i$ 条件下，变转速工业汽轮机的外特性曲线组，也称工况图。图中的虚线为被驱动机械的特性曲线。通常，由工业汽轮机驱动的压缩机、风机和泵等的功率与转速的 2.5 ~3 次方成正比，转矩与转速的 1.5 ~2 次方成正比。工业汽轮机外特性曲线与被驱动机械的特性曲线的交点，就是机组的各平衡运行点。在各平衡点上，虚线与实线基本上成正交，表明对应于一定的 $G\Delta H_i$，只有一个平衡工况，因而机组运行平稳；而且由于启动转矩大，有利于机组快速启动，特别适合作牵引动力，并为热能综合利用创造了前景，故在化工企业中，广泛使用变转速工业汽轮机作驱动用原动机。

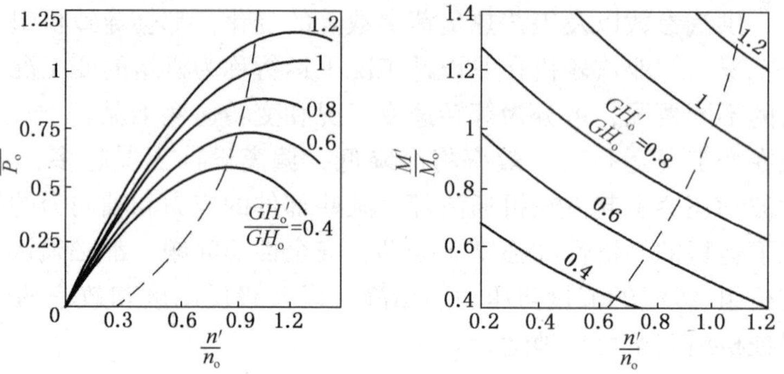

图 15 - 14　变转速汽轮机的工况图

② 等转速工业汽轮机的变工况

汽轮机变工况与设计工况下，级组的流量、压力和温度的关系称为变工况基本关系式。所谓级组，是指由流量相等的若干级组成的分析单元。根据级组中各级汽流速度是否达到临界速度，变工况基本关系式分非临界和临界两种。

非临界工况　级组中各级在变工况下的汽流速度始终处于非临界状态，其基本关系式为

$$\frac{G'}{G} = \sqrt{\frac{p'^2_1 - p'^2_2}{p_1^2 - p_2^2}}\sqrt{\frac{T_1}{T'_1}} \qquad (15-18)$$

式中：G 为级组的流量；p_1 和 p_2 分别为级组的初压和背压，T_1 为级组的初温；上标“′”，表示变工况参数；p_{i1}为级组中任一中间级级前的压力。例如背压机组，排气压力较高，一般情况下末级也不会达到临界状态。

临界工况　如果级组中某一级始终处于临界状态(一般情况下是末级首先达到临界状态)，其基本关系式为

$$\frac{G'}{G} = \frac{p'_{i1}}{p_{i1}}\sqrt{\frac{T_1}{T'_1}} \qquad (15-19)$$

a. 凝汽式汽轮机的变工况　工况变动时，多级凝汽式汽轮机的调节级、中间级和末级的工作特性是各不相同的。一般，中间级的级前压力 p_i 与流量成正比，级前温度可假设近似不变，如图 15 - 15 所示。因此，中间级的焓降、速比、反动度和级效率等不随工况而变。

变工况下凝汽式机组的焓降分配与机组的配汽方式即机组的调节方式有关。工业汽轮机采用的配汽方式有节流配汽、喷嘴配汽和旁通配汽三种。其中，节流配汽用于带基本负荷的汽轮机；旁通配汽用于小型多压式工业汽轮机；喷嘴配汽应用广泛，既可用于大功率基本负荷汽轮机，又可用于中小功率的工业汽轮机。

喷嘴配汽的汽轮机配置多个调节阀及喷嘴组，每个调节阀只控制一个喷嘴组进汽。依次开启和关闭调节阀，就可改变工作喷嘴组的通流面积，以控制进汽量，从而改变功率。因

此，这种汽轮机的第一级又称为调节级。对喷嘴配汽汽轮机，焓降主要在调节级和末级中重新分配，并使这两级工作特性改变。流量减少时，调节级焓降增大，各中间级焓降不变，末级焓降减少；反之则相反。

节流配汽的机组无调节级，流量减少时，汽轮机进口(调节阀后)压力降低，使通流部分焓降减少，其中各中间级焓降不变，末级焓降减少；反之，流量增大时，末级焓降增大。实际上，当机组流量偏离设计值较多时，中间级的焓降也将随流量的减少(增大)而减少(增大)，使中间级的工作特性也发生变化，效率有所改变。

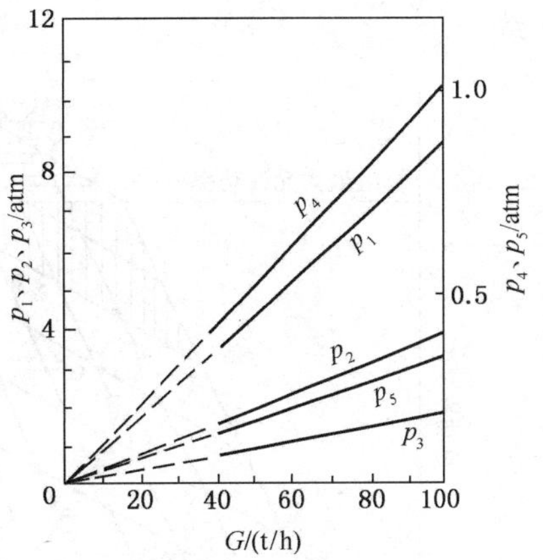

图 15 - 15　凝汽式汽轮机的变工况

b. 背压式汽轮机的变工况　各级压力与流量的变化关系如图 15 - 16 所示。工况变化时，背压机组各级焓降均将发生变化，其他特性如速比、反动度及效率也相应变化。当流量减少时，调节级焓降增大，各压力级焓降减小；反之亦然。各压力级焓降的变化程度是不同的，前几个压力级变化较少，末级改变最多。

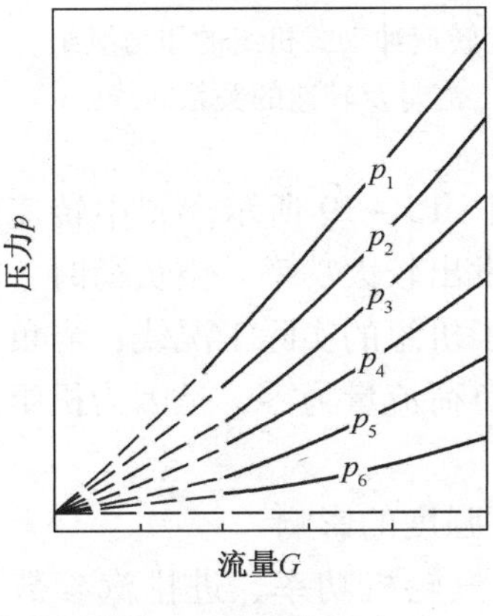

图 15 - 16　背压式汽轮机的变工况

c. 抽汽式汽轮机的变工况　其供汽压力保持恒定，可视为由背压式(高压缸)和凝汽式(低压缸)两台汽轮机组成。图 15 - 17 所示为抽汽式机组的工况图，表示电功率 N_{el}，总流量 G_0 及供热抽汽量 G_b 之间的相互关系及全部可能的工况范围。图中，AD 为机组的纯冷凝工况(抽汽量 $G_b=0$)，AB 线为机组的背压工况(低压缸流量 $G_2=G_{2min}$，用于冷却低压部分)。平行于 AD 的一组曲线是 G_b 为定值时的各个工况，称为等抽气量线；平行于 AB 的一组曲线 G_2 为定值。其中，EC 线为低压阀门全开、抽气压力为定值时的低压缸流量线。CDE 为压力自发升高区，在该区运行时，由于低压调节阀已全开，不再起调节作用，故供汽压力不能保持恒定。F 对应于汽轮机通流能力最大可能发出的功率，因而，抽汽式汽轮机提高出力的潜力是很大的，但要受到机组强度的限制。

③ 变转速工业汽轮机的变工况

变转速汽轮机的变工况基本关系式为

$$\frac{G'}{G}=\sqrt{\frac{p'^2_1-p'^2_2}{p_1^2-p_2^2}}\sqrt{\frac{T_1}{T'_1}}\sqrt{1-0.4\frac{\Delta n}{n}} \tag{15-20}$$

式中：G 为级组的流量；p_1 和 p_2 分别为级组的初压和背压；T_1 为级组的初温；上标“′”表示变工况参数；$\Delta n/n$ 为转速的相对变化值。

由驱动型工业汽轮机带动的压缩机、风机和泵等从动机械，由于其功率与转速的 2.5 ~ 3 次方成正比，随着负荷下降，转速相应下降，如功率减少 50%，则转速约降低 15% 左右。因此，对驱动用多级变转速工业汽轮机的变工况，除考虑流量变化与级间压力及焓降的变化和各级速比的变化以外，还需考虑转速变化对机组特性的影响。

变转速汽轮机工况变动时，级组内压力和焓降随流量变化的基本关系与等转速机组的变工况相类似，图 15 - 18 为不同背压 p_2 条件下，不同转速时机组的流量与初压 p_0 之间的关系曲线。

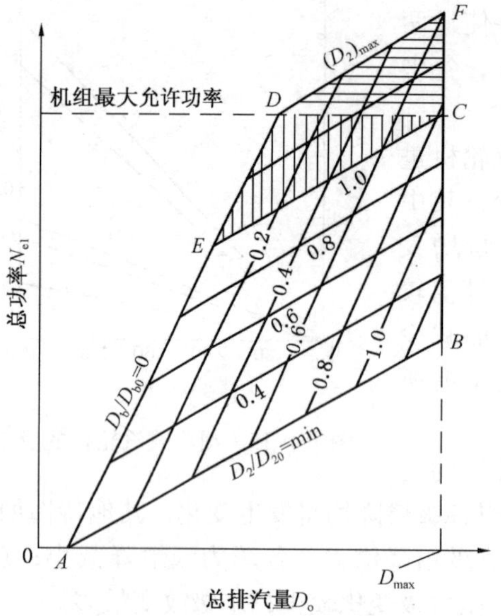

图 15－17　抽汽式汽轮机的变工况

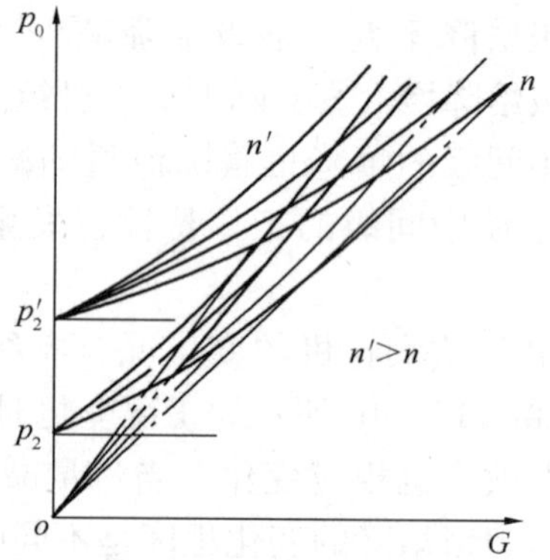

图 15－18　变转速冲动式机组的压力级组的初终压、流量及转速的关系曲线

变转速工业汽轮机不同转速下流量与功率的关系曲线，如图 15－19 所示。图中转速的变化由一组曲线表示，在同一流量下转速越高内效率越高，可发出较大功率。空负荷时，转速越高，空转流量越大，因此几条曲线相交叉，图中虚线给出了机组的实际工况线；当负荷降低时，流量减少，机组工作转速相应也下降，此类机组的空负荷流量为零，是因为机组均带负荷启动，故虚线通过坐标原点。

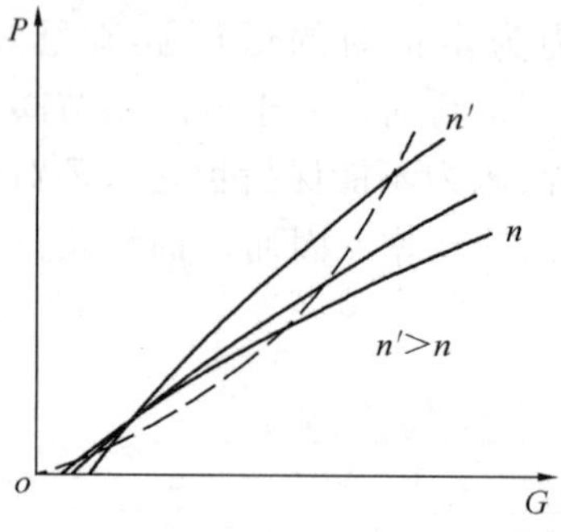

图 15－19　变转速机组的功率、流量及转速的关系曲线

④ 变工况对汽轮机零部件强度的影响

变工况运行时，随着工业汽轮机功率、进排汽参数等的变化，机组各零部件，特别是叶片、隔板和推力轴承的受力状况也要发生变化。应按最大应力工况校核各零部件的强度，以确保机组安全运行。

对喷嘴配汽汽轮机，调节级叶片在第一组阀门全开时承受最大焓降。中间级的叶片和隔板在级流量最大时受力最大。对末级叶片及隔板，流量增加，受力也增大，背压过低还可能使其过载，故排汽压力不能低于某一极限值。对大功率凝汽式机组的末几级，当其背压过高或出口容积流量降低到某一数值后，会在叶片出口根部区产生回流；若容积流量进一步减小，还会在叶片出口顶部区发生脱流，可能引发叶片事故。为保证末级叶片安全运行，对汽轮机的最低运行功率和最高背压值均有限制。

汽轮机变工况运行时，各级压力和反动度的变化将引起轴向推力的改变，当轴向推力过大时，推力轴承将损坏。对凝汽式机组，可近似认为总推力与流量成正比变化，最大功率时达到最大值。但对背压式机组或抽汽式机组，其最大推力发生在某一中间级功率最大时。影响轴向推力增大的因素有新汽温度降低、隔板汽封间隙增大、轴磨损、通流部分结垢和腐蚀、运行不当产生水冲击、负荷急剧变化、制造和安装质量等。此外，当排汽压力(温度)升高，冷凝器的真空度下降，过低的真空度容易造成低压缸变形，机组发生振动。

(2) 运行

工业汽轮机的运行包括启动、停机和正常运行。

① 启动　汽轮机从静止或盘车状态加速到额定转速范围，并将负荷逐渐增加到额定负荷的过程，称为汽轮机的启动。启动过程实质上是对汽轮机各金属部件进行缓慢加热，直至对应负荷下的高温工作状态。其基本原则是使各部件金属的温升、温差、热膨胀等指标控制在机组允许的范围内，尽可能减少热变形和热应力，并在保证安全的前提下，尽量缩短启动时间。

汽轮机的启动过程大致可分启动准备、冲转和升速至额定转速范围、带负荷三个阶段。其启动方式按新蒸汽参数分为额定参数启动(定压启动)和滑参数启动(滑压启动)两种。按汽轮机启动前气缸金属温度的高低可分为冷态启动、温态启动和热态启动。

② 停机　汽轮机由带负荷运行状态转换到静止状态的过程称为汽轮机的停机。停机过程实质上是汽轮机各金属部件的降温冷却过程。由于各金属部件的冷却条件不同，降温冷却过程中也将产生热变形和热应力。

汽轮机停机一般分正常停机和事故停机两类。前者是指按计划安排，完成了各项停机前的检查和准备工作，有准备、有步骤的停机；后者是指当机组或电网突然发生故障，设备无法正常运行的紧急停机。

发电用汽轮机根据不同的热力系统和操作步骤，正常停机又分为额定参数停机和滑参数停机。停机步骤可分为停机前准备、减负荷、汽轮机解列与转子惰走三个阶段。

汽轮机事故停机分为破坏真空紧急停机和不破坏真空紧急停机。两者区别在于前者在手打汽轮机危急保安器切断汽轮机所有进气后，立即停止抽汽器的工作，并开启真空破坏门破坏冷凝器真空。其目的在于增加摩擦鼓风损失，减少转子的惰走时间。由于破坏真空停机时，向正在运转的汽轮机注入了冷空气，这样会引起转子和气缸的内表面急剧冷却，因此只有当转子的继续转动可能导致事故扩大时，才采用破坏真空停机。

③ 正常运行　汽轮机的正常运行是指决定汽轮机安全、经济运行的蒸汽参数、真空以及其他运行参数在容许范围内波动时，负荷保持不变或变化缓慢的运行工况。应该在确保设备安全运行的前提下，努力提高工业汽轮机运行的经济性。

汽轮机运行时，蒸汽参数经常在一定范围内变动。这在运行中不仅是允许的，也是不可避免的。如果这种变动在允许范围内，则仅影响汽轮机运行的经济性，而不影响机组的安全性。若蒸汽参数变动超过允许范围，则会给设备运行造成严重威胁甚至损坏。我国对蒸汽参数波动允许范围的规定见表 15－4。

表 15－4　蒸汽参数允许变化值

额定蒸汽参数		允许变化范围	
压力/MPa	温度/℃	压力/MPa	温度/℃
1.274	340	1.078～1.47	320～360
2.352	390	2.156～2.548	370～400
3.43	435	3.136～3.626	420～445
8.82	535	8.33～9.31	525～540
12.74	515/535	12.25～13.23	505～520/525～540

汽轮机的正常运行还包括对主要仪表的监视、巡回检查、正常的调整和操作，以及对附属设备的定期切换和试验等几方面内容。在运行中，应监视负荷、新蒸汽参数、真空以及监视段压力的变化；监视轴向位移、振动、热膨胀和胀差，以及润滑油温、油压等。同时，应巡回检查汽轮机运转平台、加热器平台、除氧器平台以及零米平台的辅助设备。

参 考 文 献

1 机械工程手册编辑委员会编. 机械工程手册. 第72篇"汽轮机"(第一版), 北京: 机械工业出版社, 1978

2 化学工程手册编辑委员会编. 化学工程手册. 北京: 化学工业出版社, 1986

3 蔡颐年主编. 蒸汽轮机. 西安: 西安交通大学出版社, 1984

4 侯曼西主编. 工业汽轮机. 重庆: 重庆大学出版社, 1995

5 大连工学院工业涡轮机教研室编. 年产三十万吨合成氨厂: 工业汽轮机. 北京: 化学工业出版社, 1982

6 黄忠主编. 工业汽轮机. 用户技术工人培训教材, 杭州: 杭州汽轮机厂, 1993

7 王中森主编. 国外机械工业基本情况: 工业汽轮机. 北京: 机械工业出版社, 1994

8 姜培正. 化工、动力、制冷用叶轮机械. 西安: 西安交通大学出版社, 1991

9 沈士一、庄贺庆、康松、庞立云编著. 汽轮机原理. 北京: 中国电力出版社, 1992

10 A. F. 卡斯丘克、B. B. 福罗洛夫[苏]编著. 夏同棠、刘英哲、唐致实、黄镇安合译. 汽轮机和燃气轮机. 北京: 水利电力出版社, 1991

11 夏同棠主编. 特型汽轮机组. 北京: 水利电力出版社, 1995

12 赵永民主编. 汽轮机设备及运行. 北京: 水利电力出版社, 1982

13 中国石油化工总公司生产部、中华人民共和国化学工业部化肥司制订. 大型化肥厂汽轮机离心压缩机组运行规程. 大连: 大连理工大学出版社, 1988

14 王中森. 工业汽轮机的现状和发展动向. 工业汽轮机, 2004, 第1期

15 丰镇平编. 工业汽轮机. 余国琮主编. 化学机械工程手册(中卷), 第7章, 北京: 化学工业出版社, 2003

16 燃气轮机和烟气轮机

燃气轮机为燃气轮机装置之简称，是以连续流动的气体(空气与燃气)为工质、并将燃气工质的热能转换为机械能的内燃—旋转式热力原动机。一般由压气机、燃烧室和透平(又称涡轮)三大部件、控制系统及基本的辅助设备组成，输出的机械功用来驱动发电机、泵、压缩机、风机、螺旋桨或车轮等。

烟气轮机是以连续流动的烟气为工质并将工质的热能转换为机械能的旋转式热力原动机。烟气轮机的工质是由工艺流程中的副产高温烟气，通常仅由透平及相应的辅助设备组成，因此又称烟气透平、尾气透平等。

16.1 燃气轮机和烟气轮机的特点及应用

(1) 燃气轮机的特点

燃气轮机与汽轮机和内燃机相比，具有如下特点：

① 燃气轮机与汽轮机同属热力叶轮机械，但是其工质为燃气，并由内燃式燃气发生器提供。燃气发生器由压气机、燃烧室和驱动压气机的透平组成。透平进气温度高，对其部件需要进行有效的冷却。

② 燃气轮机也是一种内燃式热力原动机，但与活塞式内燃机的往复式工作过程不同，是续流式的，即其工质是连续流动的，而且流量较大。

③ 燃气轮机功率范围介于内燃机与汽轮机之间，技术经济性原则上可超过内燃机和汽轮机。一般开式循环的单机功率为10~300MW，而作为分布式电源用的微型燃气轮机的单机功率仅为25~300kW。开式循环燃气轮机效率为18%~40%，先进的燃气-蒸汽联合循环装置效率可达到50%~60%，而燃料电池-燃气轮机联合循环装置的效率可以更高。

燃气轮机与汽轮机和内燃机相比，具有下述优点：

① 装置结构紧凑，重量轻，体积小。相同功率条件下燃气轮机的重量和体积只有汽轮机或内燃机的几分之一或几十分之一。材料消耗少，厂房占地少，基建投资省，建设周期短。

② 燃料适应性强、公害少。燃气轮机可以燃用较便宜的燃料，除柴油、天然气外，还可燃用重油、煤气、核燃料、化工尾气以及煤基燃料等，而且同一台机能燃用不同的液体和气体燃料；燃烧效率高，排气比较干净，污染较少，但对 NO_x 还需采取措施，噪声可控制在规定的范围。

③ 启动快速、自动化程度高。燃气轮机从冷车启动到满负荷，只需几分钟到十几分钟，而汽轮机往往需要数小时；燃气轮机启动方便，宜无电源启动(如采用高压气源启动)，在严寒地区也易启动；并且，自动化程度高，便于遥控，现场可不需要运行人员。

④ 运行可靠、费用低，维修方便。燃气轮机设备简单，磨损件少，系列化、标准化、通用化程度高，运行可靠性高，可达99%；冷却水和润滑油用量很少，运行费用低，维修费只有汽轮机装置或内燃机的70%~80%。

燃气轮机的应用范围几乎遍及各个工业部门，其应用方式之多也是任何一种动力机械所不能比的。在空中，占绝对优势，用于涡轮喷气式、涡轮螺桨式、涡轮风扇式、涡轮桨扇式、涡轮轴式发动机或机场启动辅机；在海上，舰艇主机及油船成批采用，舰艇加力机、水翼船、气垫船及海上钻探平台应用占压倒优势；在陆地，尖峰负荷电站、移动电站、移动式多用途总能系统(发电、机械动力、供应压缩空气、供暖及制冷等)、输气、输油管线、油田动力等应用占压倒优势，中间负荷及基本负荷电站、燃气—蒸汽联合循环电站、化工流程及动力、总能系统、坦克等成批应用，机车用的客货机车、调度机车和高速自动车，以及汽车用的大型客货车、载重车、越野车、专用车和小客车等开始采用。

近三十年来，国外燃气轮机技术发展迅速，开发了新一代燃气轮机。世界燃气轮机占总动力的百分比呈稳定上升，1987 年美国燃气轮机的产量首次超过汽轮机。先进燃气轮机的发展目标是：提高效率、功率和降低排放，包括加速发展先进联合循环(如整体煤气化联合循环、燃料电池联合循环等)、热电冷联供和其他燃气轮机总能系统；发展扩大应用蒸汽回注技术，燃用便宜的低热值燃料；研发高温材料，降低材料工艺成本；改进高温冷却技术；发展低污染燃烧技术，改进变工况性能；采用全功能数字式电子控制技术等。

国内很长一个时期内对燃气轮机技术发展缺乏重视和投入，在化工流程工业中应用的燃气轮机装置过去大都是从国外购买或配套引进的，直到本世纪初我国才开始大规模投入研发和制造燃气轮机。2002 年国家高技术研究发展计划(863 计划)燃气轮机重大专项启动，开始分别研发具有自主知识产权的 110MW 重型燃气轮机和 100kW 微型燃气轮机技术。2003 年国家为推进重型燃气轮机国产化，采取“以市场换技术”的政策，对“西气东输”和“广东 LNG”燃气轮机联合循环电厂项目实行捆绑招标，引进 F 级重型燃气轮机技术，第一批招标包括 9 个电站 21 台机组，装机总容量超过 8000MW。在化工等工业领域，2003 年我国南京汽轮电机(集团)有限公司与美国 GE 公司合作，成功开发了 PG6561B. L 型 50MW 高炉煤气燃气轮机发电机组，以高炉煤气掺入少量焦炉煤气的低热值煤气为燃料，热值为 5577kJ/m^3，在吉林通化钢铁集团公司正式投入运行。2005 年，杭州汽轮机股份有限公司与日本三菱公司合作联合承担了河北邯郸钢铁集团有限公司 2 台 50MW 等级的 M251S 型燃气轮机高炉煤气联合循环发电装置。

以上述两个高炉煤气燃气轮机为例，其装置效率在 38% ~40%，是常规锅炉发电效率的 1. 5 ~2 倍，年发电量可达 4 亿度，充分体现了资源的高效利用、洁净环保以及方便提供用户对热电的需求，特别在解决高炉煤气大量放散造成的污染问题上，发挥了最理想的解决方式，煤气放散量为零，使钢铁厂副产煤气的利用更加合理和高效，同时也为钢铁厂提供了大量的电能和热能，给企业带来了可观的经济效益。这也是钢铁企业在余热利用及节能环保方面的主要发展方向。

(2) 烟气轮机的特点

烟气轮机的工作温度高、压力低，工质是带有大量固体微粒的高温烟气，属气固两相介质，且具有腐蚀性，这与汽轮机和燃气轮机不同。在烟气轮机的工作过程中，尽管大部分固体微粒的尺度量级要求在 10μm 以下，但由于流道和叶道内这些微粒的存在及其运动，影响烟气轮机的气动效率，并且使叶片和壳体易于冲蚀、磨损。因此，提高烟气轮机的工作效率和使用寿命，一直是烟气轮机研制发展中所面临的问题。

烟气轮机主要用于工业流程中的能量回收动力装置，以回收高温烟气中的能量，其输出动力可带动风机和发电机等或与汽轮机及被驱动机械组成所谓的“三合一”和“四合一”机组。

应用烟气轮机的能量回收动力装置具有较高的能量回收效率，大约为一般应用余热锅炉的 4 倍，而且还大大减少了废气所造成的污染，自 20 世纪 60 年代得到应用以来发展很快。

我国在20世纪70年代后期开始在流化催化裂化装置(FCC)上应用，经济效益显著，如1978年11月投运的我国首台烟气轮机能量回收动力装置，采用烟气轮机驱动3.8MW风机和2.5MW发电机，每天可节电6万度。1999年，功率为16.5MW的我国当时最大的单级烟气能量回收装置—TP11－160型烟气轮机研制成功，并在中国石化镇海炼化股份有限公司投入运转。2003年7月国产最大功率33MW单级烟气轮机，在兰州石化分公司3.0Mt/a重油催化裂化装置“烟机/风机/汽轮机/电机四合一机组”投入运行，绝热效率达到79%，每年可节电2.365×10^8kW·h，回收效益9000万元。YL3300A型33MW烟汽轮机的研制成功，标志着我国烟气轮机的设计和制造水平已经能够满足我国炼油装置大型化的要求，同时也使我国成为继美国之后第二个可以设计制造特大功率烟气轮机的国家。2010年5月，YL19000A型烟气轮机完成了热态试验，其各项技术指标代表了中国烟气轮机设计制造的最高水平，是目前供国内低海拔地区使用的功率最大的烟气轮机，也是烟气流量最大的烟气轮机。大焓降、高压比的单级烟气轮机正成为烟气轮机发展的新方向。

(3)燃气轮机在石油化工中的应用

燃气轮机在现代石化装置中的应用很广，这是由于石化工业中具有这样的工艺流程：一方面需要大量的压缩空气；另一方面化学反应又释放出大量的热能。因此，各种石化设备中所产生的天然煤气与副产高温燃气可供燃气轮机燃用。同时，燃气轮机可以根据石化部门动力需要带动压缩机等工作机械。据初步统计，欧美发达国家中已有50%的石油化工部门应用燃气轮机来合理有效利用其工艺流程的资源。

图16－1为燃气轮机用于硝酸生产的装置方案，与其他的化工过程一样，硝酸生产过程中需要用加压过的空气，而工艺过程中所生成的高温副产燃气可以在燃气透平中膨胀作功以带动加压空气的压气机，从而大大节省生产用电，使耗电量从每吨硝酸350kW·h降到125kW·h以下。

图16－2为燃气轮机在合成氨厂转化炉的应用示例，其中10MW燃气轮机驱动合成氨生产过程所需的空气压气机，而燃气轮机的排气用作一段转化炉的燃烧空气，压气机出口空气利用转化炉排烟加热，以强化工艺过程。

图16－3为燃气轮机－加热炉联合系统的流程，是燃气轮机热电联供的一个典型实例。系统首先利用高温的压力燃气(燃料为炼厂气)膨胀作功带动一个750kW发电机，然后其排气热作为酮苯装置两个加热炉的热源，热电联供提高了炉用燃料的利用率，其投资回收期为3.2年，经济效益十分明显。

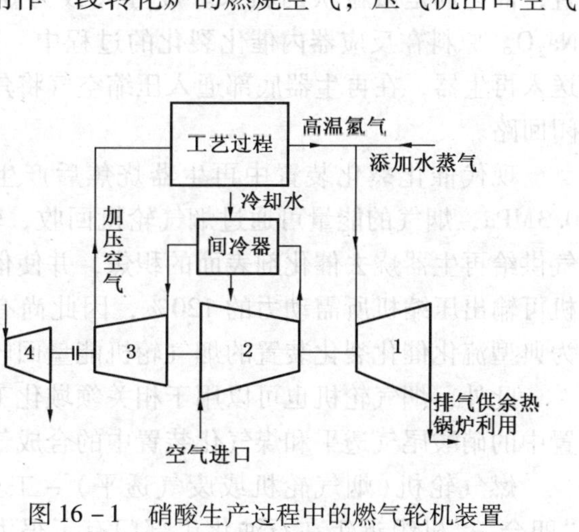

图16－1　硝酸生产过程中的燃气轮机装置

1—燃气轮机；2—轴流压气机；

3—离心压气机；4—汽轮机

燃气轮机热电联供是一项节能、环保、高新技术项目，特别适合石化、冶金、焦化、油田、煤矿企业生产过程中产生的高炉煤气、焦炉煤气、石炼化伴生气、石油井田油气、煤矿瓦斯的开发利用。同时，我国石化工业是二氧化碳排放量最多的行业之一，其中又以各种热裂解炉为最多。因此在这一领域内实施节能减排、发展低碳经济有很大空间，其中燃气轮机与生产工艺用热相联合具有极大优势和发展潜力。目前，使用燃气轮机组

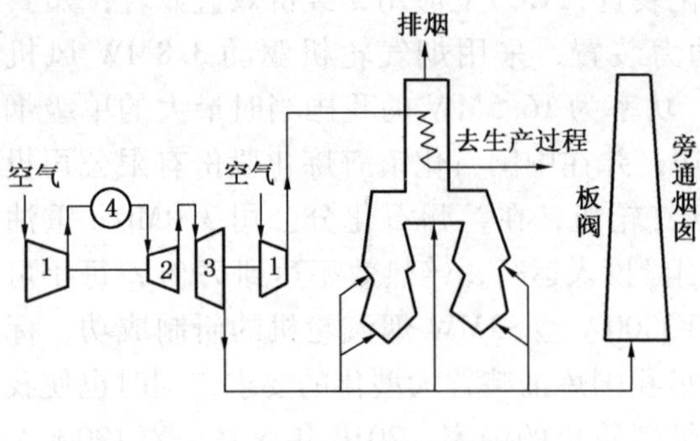

图 16－2　合成氨生产过程中的燃气轮机装置
1—压气机；2—高压透平；
3—低压透平；4—燃烧室

整合乙烯装置主要集中在日本(三菱化学、三井化学等)和韩国(LG 化学、三星等)以及巴西、印尼、意大利、卡塔尔等国家。在乙烯装置中，裂解炉和蒸汽过热炉与燃气轮机结合，能使能耗降低 20% ~30%。能耗大幅度降低的原因在于燃气轮机利用了燃料油(气)的高位热能做功(发电或驱动机泵)之后，其排气不但具有较高的温度(450 ~550℃)，而且含有丰富的氧气。这种排气既可作为热源发生蒸汽或加热工艺介质，也可利用其化学含氧量来作为工艺炉燃料燃烧的助燃剂，从而排气能量可得到充分利用，从而使工艺炉的燃料消耗大幅度下降。因此，整个联产系统总的燃料利用率在 80% 左右，远远高于常规火电厂或蒸汽动力系统。此外，在生产乙炔、甲醇、氧化乙烯、电石等过程中都可以采用燃气轮机。

此外，作为当今国际上先进高效洁净煤发电技术之一的整体煤气化联合循环(Integrated Gasification Combined Cycle，简称 IGCC)技术，目前也为石化工业等相关领域所关注。将 IGCC 技术引用到乙烯装置，采用裂解炉和燃气轮机相结合，将燃气轮机的液体或气体燃料改用煤洁净气化产生的合成气为燃料，而燃气轮机排出的 450 ~500℃的气体，作为裂解炉的助燃气，将成为石化工业节能减排、实现低碳经济有效途径之一。

(4) 烟气轮机在石油化工中的应用

烟气轮机在石油化工部门的应用，主要是基于石化工艺流程装置中高温烟气能量回收的需要，如流化催化裂化装置。催化裂化装置是将烃类催化转换至低沸点产品的二次加工装置，催化剂是微粒状的粉末。成分大致为 60% ~70% SiO_2，30% ~40% Al_2O_3 和小于 1% Na_2O。原料在反应器内催化裂化的过程中，造成催化剂表面积焦，活性降低。为此，将其送入再生器，在再生器底部通入压缩空气将焦层烧去，再生后的催化剂回到反应器，构成封闭回路。

现代催化裂化装置中再生器烧焦后产生的烟气温度可达 700 ~760℃，烟气压力约为 0.3MPa，烟气的能量可通过烟气轮机回收，输出动力可供装置的空气压缩机使用。压缩空气供给再生器烧去催化剂表面的积焦，并使催化剂在反应器和再生器中呈流动状态。烟气轮机可输出压缩机所需动力的 120%，因此尚有 20% 的动力通过电动/发电机发电。图 16－4 为典型流化催化裂化装置的烟气轮机能量回收动力装置的系统简图。

此外，烟气轮机也可以用于相关领域化工装置的能量回收，节能减排。如高压法硝酸装置中的硝酸尾气透平和煤气化装置中的合成气膨胀机，具有广泛的应用前景。

燃气轮机(烟气轮机或废气透平)－工业汽轮机－压缩机－发电/电动机组成的所谓“四合一”机组近年在石油化工部门有了很大发展，这样燃气轮机(烟气轮机)与工业汽轮机在利用废气和余热上可以取长补短，从而能取得更佳的综合效益。此外，随着大型化工装置工艺流程的不断改进，出现了所谓的节能型化工新流程，进一步提高了流程的能量利用率。

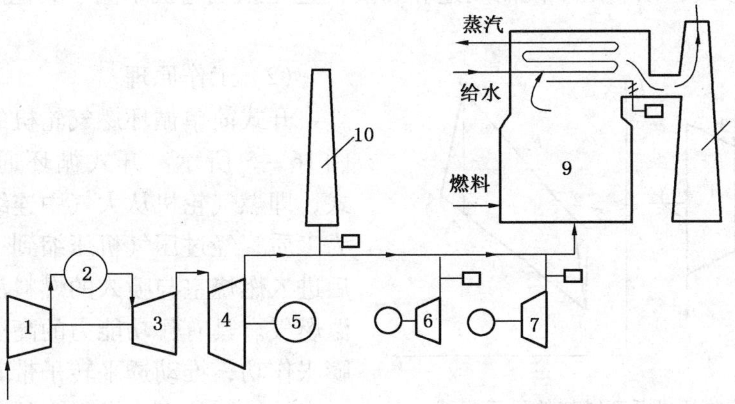

图 16－3　燃气轮机－加热炉联合系统流程

1—压气机；2—燃烧室；3—高压透平；4—低压透平；5—发电机；
6，7—备用风机；8—烟囱；9—原油加热炉；10—旁通烟囱

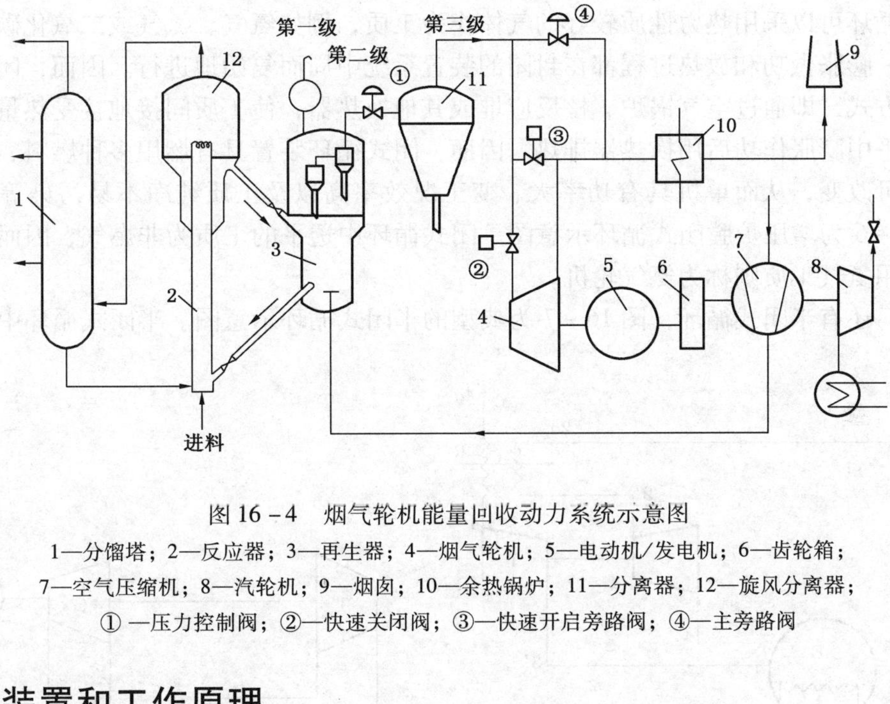

图 16－4　烟气轮机能量回收动力系统示意图

1—分馏塔；2—反应器；3—再生器；4—烟气轮机；5—电动机/发电机；6—齿轮箱；
7—空气压缩机；8—汽轮机；9—烟囱；10—余热锅炉；11—分离器；12—旋风分离器；
① —压力控制阀；②—快速关闭阀；③—快速开启旁路阀；④—主旁路阀

16.2　装置和工作原理

16.2.1　燃气轮机装置和工作原理

（1）燃气轮机装置

燃气轮机是以独立、完整的动力装置形式提供使用的。燃气轮机及其负荷通称燃气轮机装置或燃气轮机机组。

燃气轮机的主要部件包括燃气透平、压气机、燃烧室、换热器等，由于这些部件具有相对独立的功能，而每一个部件还可以再分成几个单独的部分（如燃气透平和压气机可分为高压和低压部分等），加上所驱动的发电机、泵、风机、压缩机等从动机器的不同，可以组成

多种装置方案和形式，以满足不同的用途和需要，这是燃气轮机不同于其他原动机装置的一个主要特点。

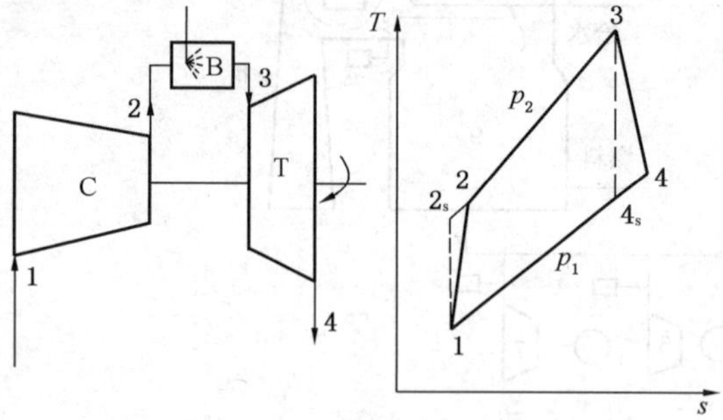

图 16-5 简单开式循环燃气轮机示意图

C—压气机；B—燃烧室；T—透平

（2）工作原理

开式简单循环燃气轮机的工作原理，如图 16-5 所示。开式循环通常采用内燃方式，即燃气轮机从大气中连续地吸入空气作为工质，经过压气机压缩到一定的压力，然后进入燃烧室与喷入的燃料混合燃烧成为高温燃气。具有作功能力的高温燃气进入透平膨胀作功，推动透平转子带着压气机和负荷一起旋转，从而将燃料中的化学能部分地转变为机械功。燃气在透平中膨胀作功，压力和温度逐渐下降，最后排回大气放热，从而完成整个循环。其中，膨胀过程所做的功，要扣除压缩过程及其他损耗所需的耗功之后才是燃气轮机装置的输出机械功，用来驱动各种外负荷。

闭式循环可以采用热力性质较好的气体作为工质，例如氦气、氮气或二氧化碳等，其压缩、加热、膨胀做功和放热过程都在封闭的装置系统中周而复始地进行。因而，闭式循环采用外燃的方式，即通过空气锅炉、核反应堆或其他换热器，使工质间接地接受热量来加热升温，在透平中膨胀作功后用换热器排热。因而，闭式循环装置具有燃用多种燃料、循环基础压力高且可改变，从而单机具有功率大、变工况效率高以及工质纯净不易污染等一系列特点。图 16-6 为增压炉膛闭式循环示意图。闭式循环中透平的工质为非燃气，因而称之为气轮机，若用氦气工质则称为氦气轮机。

此外，还有半闭式循环，图 16-7 为典型的半闭式循环示意图。半闭式循环中工质空气

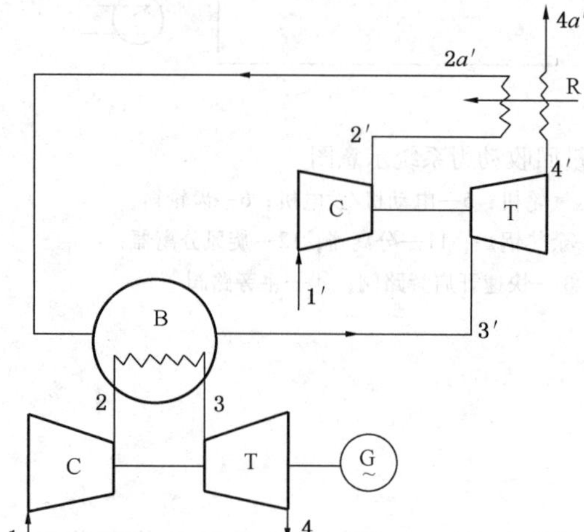

图 16-6 增压炉膛闭式循环示意图

C—压气机；B—换热器；T—透平；G—发电机

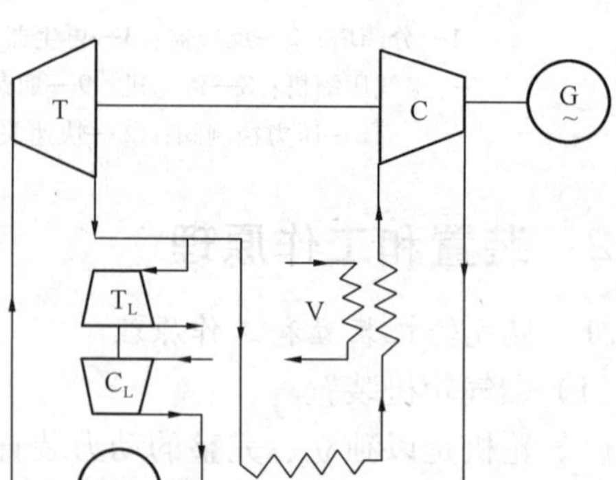

图 16-7 半闭式循环示意图

C—压气机；B—燃烧室；T—透平；

C_L—低压压气机；T_L—低压透平；G—发电机

的主要部分在装置中循环，但放出部分燃烧后的废气（通过低压透平 T_L）至大气，同时也吸入等量的新鲜空气（通过低压压气机 C_L）来补充氧气。

16.2.2 烟气轮机和工作原理

烟气轮机包括烟气透平和产生有用的动力所需要的设备，原则上还应包括烟气发生器和负荷，因此烟气轮机从属于能量回收动力装置。

烟气轮机由于应用范围相对较窄，主要集中在催化裂化装置和高炉装置的能量回收装置方面，因此其方案和形式变化很少。

催化裂化能量回收动力装置的烟气轮机及其工作原理可参见图 16 - 4。含催化剂的再生烟气自再生器的顶部引出，进入三级分离器，使烟气中的催化剂得以分离，净化后烟气中催化剂含量应小于 $0.2g/m^3$，催化剂微粒大于 10μm 的应小于 5%。净化后的烟气一部分（约 10%）通过双动滑阀后到烟囱放空，绝大部分烟气通过入口碟阀进入烟气透平膨胀做功，驱动主风机，为再生器提供烧焦用的压缩空气。根据烟气入口温度和压力，烟气轮机回收功率可大于或小于主风机消耗的功率。大于时可供发电机发电；小于时则由电动机补充不足部分。膨胀作功后的烟气视其温度高低，或直接经烟囱放空，或先经余热锅炉用于其他工质的预热然后再经烟囱放空。因此，烟气轮机的工作过程在原理上属于开式循环。

16.2.3 燃气轮机热力循环和性能参数

大多数燃气轮机采用开式（等压加热）循环，少数采用闭式循环或半闭式循环。有的燃气轮机同其他工业设备有工质的联系，称为工业过程式燃气轮机。

开式等压加热循环是燃气轮机最简单的循环，该循环的加热近似为定压过程。理论上是一种等压加热、等熵膨胀的理想循环，但实际上是不能实现的，只能尽量接近它。燃气轮机排气温度较高，达 450 ~ 600℃左右，因此可采用回热循环，即利用排气热量来加热压缩后的空气，从而在燃烧室加热时就可节省一部分燃料，提高装置效率。由于热力循环中等温的压缩过程及膨胀过程较实际的压缩及膨胀过程有利，可采用压缩过程的间冷和膨胀过程的再热来趋近等温过程，从而提高装置比功，因而相应有间冷循环和再热循环。

燃气轮机也能采用将回热和间冷、再热组合在一起的复杂循环，以提高装置综合性能。也可同其他工作循环结合提高综合经济性能，例如涡轮增压柴油机循环、燃气蒸汽联合循环和化工流程燃气轮机循环。

燃气轮机循环的主要技术性能参数如下：

① 装置比功 W_n　即单位质量工质所输出的有效功，kJ/kg，为气耗率（kg/kJ）的倒数，反映了装置的尺寸和质量。若忽略透平和压气机内工质流量的差别，则装置比功近似等于透平比功 W_T 与压气机比功 W_C 之差。

② 装置热效率 η　是装置输出功与输入的燃料比能之比，反映了装置将燃料比能转化成机械动力的经济程度。

③ 有用功系数 λ　是装置比功与透平比功之比值，反映了装置的相对大小和变工况时装置性能对各部件性能变化的敏感性。λ 越大，装置性能越好。

装置的比功和热效率是衡量燃气轮机性能优劣的最重要指标。而燃气轮机的性能主要是由其温比 τ 和压比 π 两个热力参数所确定的。其中，温比为循环最高温度与最低温度之比值，代表工质加热的程度，是决定循环性能的最重要的参数，τ 愈高，燃气轮机性能愈好；压比为压气机出口与进口的气体总压之比值，代表工质受压缩的程度，也是决定循环性能的重要参数，π 与 τ 配合，对循环性能起着决定性的影响，通常提高 τ 值时，要求 π 值也相应增加。

图 16－8 给出了燃气轮机各种热力循环的特性。

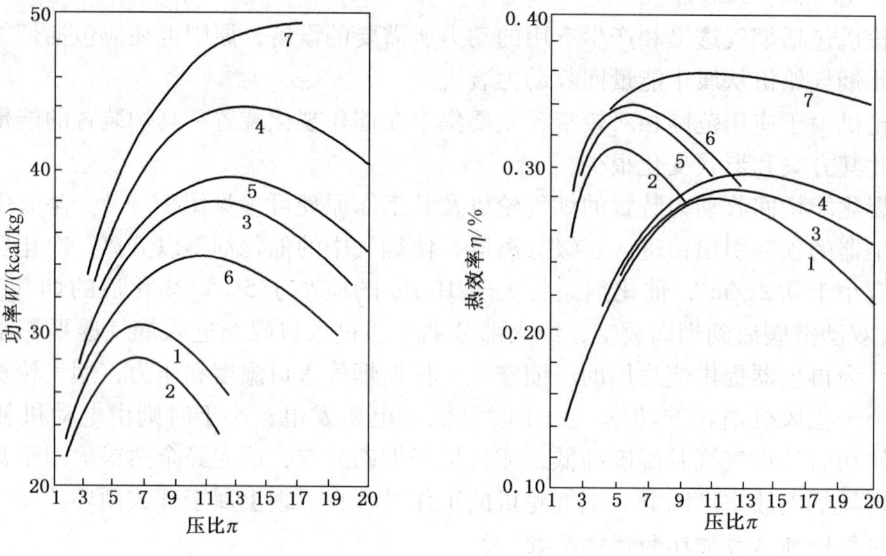

图 16－8　燃气轮机各种热力循环的压比－功率和压比－效率特性

1—简单循环；2—回热循环；3—间冷循环；4—再热循环；

5—再热回热循环；6—间冷回热循环；7—间冷再热回热循环

16.2.4　工业过程燃气轮机和燃气轮机总能系统

工业过程燃气轮机与工业设备有着工质上的联系。在各种需要机械动力或电力的工业中，若还需要高压空气、高温气体、热量，就可考虑由燃气轮机来供应，或者工业过程能向燃气轮机供应气体燃料或工质。在这些工业过程中采用燃气轮机，可以组成强化工艺过程或综合利用能量的联合装置或总能系统，从而提高工业过程和设备的经济性和能源利用率。

工业过程联合装置是指那些主要工业设备采用燃气轮机作为辅机，而主要工业过程中的全部或部分工质流经燃气轮机作为工质的装置。其作用是使气体增压、过程强化、效用增加、体积减少、经济性增加等。广义上可包括燃气轮机总能系统、燃气蒸汽联合循环、内燃机废气涡轮增压、自由活塞燃气轮机、热电两用装置以及与各种广义的工业设备发生工质联系的燃气轮机和烟气轮机。化工部门中的工业设备与燃气轮机联系的各种可能方式很多，从简单的余热利用到复杂的化学－热力循环都有。

燃气轮机总能系统是以燃气轮机为核心并按能量品位梯级利用能量的先进热能动力系统。它不仅着眼提高燃气轮机本身的或工业过程的能源利用率，而且还要从总的方面安排好电与热、功与热的能量综合利用，使燃气轮机能配合工艺过程按能量品位来合理地梯级利用能源。燃气轮机总能系统除供电或供机械动力之外，还能同时供燃气、供热、供热水、供蒸汽或供制冷等多种用途(多联供技术)，从而大大提高总的能源利用水平。例如利用高温段做功、发电，低温段供热，并在可能的情况下做功、发电，其能源利用率可高达 65%～87%。

燃气－蒸汽联合循环是利用了简单燃气轮机循环吸热平均温度高和纯蒸汽轮机循环放热平均温度低的特点而形成的一种吸热温度较高、放热温度较低的联合循环，具有较高的循环热效率。按燃料品种，其形式有燃油、燃天然气、燃煤和核燃料的联合循环。图 16 –9 所示为燃气 – 蒸汽联合循环的四种基本形式。我国煤炭储量丰富（为世界第三位），目前正积极开发燃煤或煤气化燃气 – 蒸汽联合循环发电技术：增压流化床燃煤燃气 – 蒸汽联合循环（PFBGCC）和整体煤气化燃气 – 蒸汽联合循环（IGCC），这是近期可以商业化应用的高效、低污染的先进燃煤发电方式。

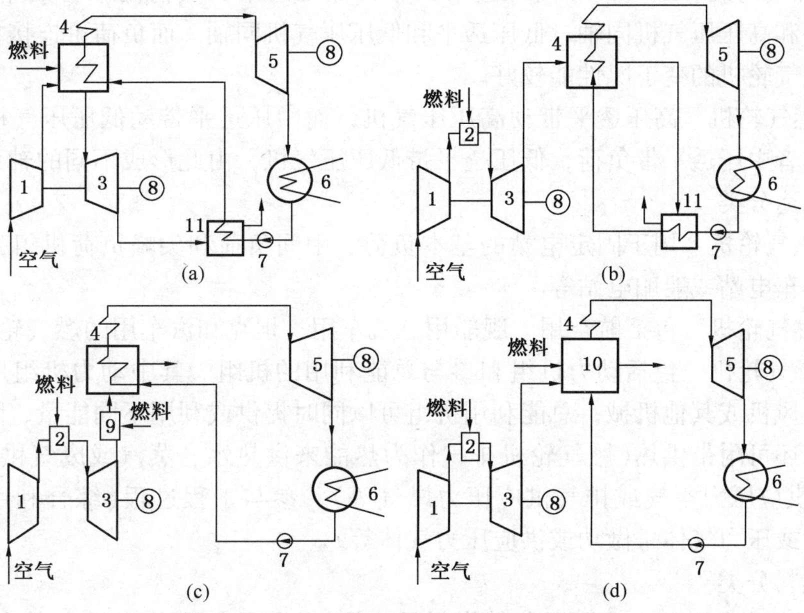

图 16 –9　燃气 – 蒸汽联合循环的基本形式

（a）增压锅炉型；（b）余热锅炉型；（c）余热锅炉加补燃型；（d）排气助燃型

1—压气机；2—燃烧室；3—燃气透平；4—锅炉；5—汽轮机；6—凝气器；

7—水泵；8—发电机；9—补燃型；10—助燃锅炉；11—气水换热器

16.3　类型和部件结构

16.3.1　燃气轮机的类型

燃气轮机的类型很多，可按以下方式分类：

（1）按工质热力循环分类

① 开式循环　工质取自大气，作功后排入大气，多为等压内燃式，但也有某些特殊的开式循环，采用等压外燃式加热。

② 闭式循环　工质在一个封闭的回路里循环，工质经压气机压缩后在气体锅炉中间接加热，经透平膨胀作功后进入预冷器冷却，然后重新回到压气机。闭式循环可采用非空气工质，多为等压外燃式，也能利用核能。工质空气大部分在封闭系统循环，小部分燃烧成燃气排放外界，并同时从外界补充新空气的半闭式循环也属于此类。

③ 工业过程式循环　工质同其他工业设备有联系的燃气轮机循环，是综合利用能量或强化工艺过程的联合循环。化工部门应用的燃气轮机属此类型。

（2）按结构特点分类

① 固定式燃气轮机　一般指 2000kW 以上、不能整体移动而固定的大、中功率燃气轮

机装置，可以是重载荷型燃气轮机，也可以是航机改型燃气轮机。

② 运输式燃气轮机　包括大中小型海陆空运输工具的燃气轮机发动机，以及箱装式、移动式和便携式燃气轮机，大都是航机改型或轻结构工业型燃气轮机。

（3）按轴系形式分类

① 单轴燃气轮机　压气机和负荷是由单个透平驱动，其变工况性能较差。

② 分轴燃气轮机　压气机和高压透平共轴，低压透平和负荷同轴，如船舶的螺旋桨；或者高压透平和高压压气机同轴，低压透平和低压压气机同轴，而负荷可连接在高压轴或低压轴，分轴燃气轮机的变工况性能较好。

③ 多轴燃气轮机　高压透平带动高压压气机，而中压透平带动低压压气机，低压透平带动负荷；或者中压透平带负荷，低压透平带低压压气机，由此形成不同的轴系方案。

（4）按用途分类

① 发电燃气轮机　用于固定电站的基本负荷、中间负荷和尖峰负荷机组，移动电站的列车电站、卡车电站或船舶电站等。

② 交通燃气轮机　包括航空用、舰船用、机车用、坦克和汽车用的燃气轮机。

③ 工业燃气轮机　包括动力机组和参与总能利用的机组。其中动力机组用于驱动各类泵、压缩机、风机或其他机械；总能利用机组可以同时提供或利用不同能量，除发电和提供机械动力外，还可附带供热(燃气轮机排气作为热能来供热水、蒸汽或废气供热)、供应压力气体(抽气供应压力空气或排气供应压力燃气等)、参与工程过程(综合利用工业中的余热、可燃产物或压力气体来做功或供应压力气体等)。

（5）按燃料分类

① 气体燃料燃气轮机　主要的气体燃料是天然气(主要含甲烷 CH_4)，其次是高炉煤气、沼气、炼厂气等。

② 液体燃料燃气轮机　即燃油燃气轮机，大多燃用蒸馏油(重柴油、轻柴油或煤油)，也有燃用重油、原油和渣油等。

③ 固体燃料燃气轮机　即燃煤燃气轮机，分煤先经气化和液化后在燃烧室中燃烧、直接燃煤或烧水煤浆三种，是当前能源利用的重大课题。

④ 核燃料燃气轮机　即利用核反应堆中释放的能量来加热气体，使其膨胀做功。

16.3.2　燃气轮机的部件结构

（1）总体结构

燃气轮机基本上是由压气机、燃烧室和透平三大部件构成，有时还包括换热器(回热器、间冷器等)部件等。与汽轮机相比，由于工作过程、工质性质、参数、加热、冷却以及压缩的方式不同，燃气轮机在总体结构上有其自身的特点。

燃气轮机利用压气机将空气升压，通常采用轴流式压气机，但小功率燃气轮机多用离心式压气机。为获得较高的压力，轴流式压气机的级数较多，一般都在十几级以上，但出口压力在十几到四十几个大气压以下，这也使得燃气在透平中的膨胀比相对较小。由于膨胀比相对较小，燃气透平的级数不多，透平通流面积扩张程度比较小，外径变化比较平缓，总体做功能力低于汽轮机。为增加透平出力，燃气透平进口温度一般都较高，有的已达 1430℃ 左右。因此，透平叶片和缸体不仅要求材料耐高温，而且需要用压缩空气或蒸汽进行冷却，以确保工作安全，从而使燃气透平结构复杂化。在燃气轮机中，压气机由透平直接驱动，中间不带变速装置，传动结构较为简单；压气机耗功较大，一般占透平功率的 60% 左右。燃气轮机工质的加热过程是在燃烧室中通过燃料直接在加压后的空气中混合燃烧而形成高温高压燃气，这种直接加热方式使燃烧室体积小、质量轻。对开式循环机组而言，燃气轮机工质的放热过程是乏气直接排入大气冷却。对闭式循环机组，其工质的加热和放热方式都是间接的，这种结构更为复杂。除此之外，燃气轮机的调节系统、密封系统、轴承形式、轴向推力平衡方法以及联轴结构等，与汽轮机装置基本相似。

由于燃气轮机是一种高温高速叶轮机械，运行时承受着很高的离心力、振动力以及高温引起的热应力、热冲击和热腐蚀等。为确保机组长期安全运行，对燃气轮机结构提出了更高的要求，除保证燃气轮机达到设计的热力性能外，还需保证在各种实际运行条件下机组有足够的刚度和强度，结构简单，便于制造、装配、运输、现场安装和检修维护。

图 16－10 为国产 1MW 单轴燃气轮机，是典型的整体式结构布置，由 11 级轴流式压气机、单管回流式燃烧室和 3 级轴流式透平组成。其中，压气机转子和透平转子由过渡轴连接成整体，整个转子支承在带有推力轴承的前轴承和后轴承上，压气机和透平的气缸连接成整体，燃烧室安装在透平气缸的上方。机组从压气机进气端通过联轴器和减速齿轮箱输出功率。

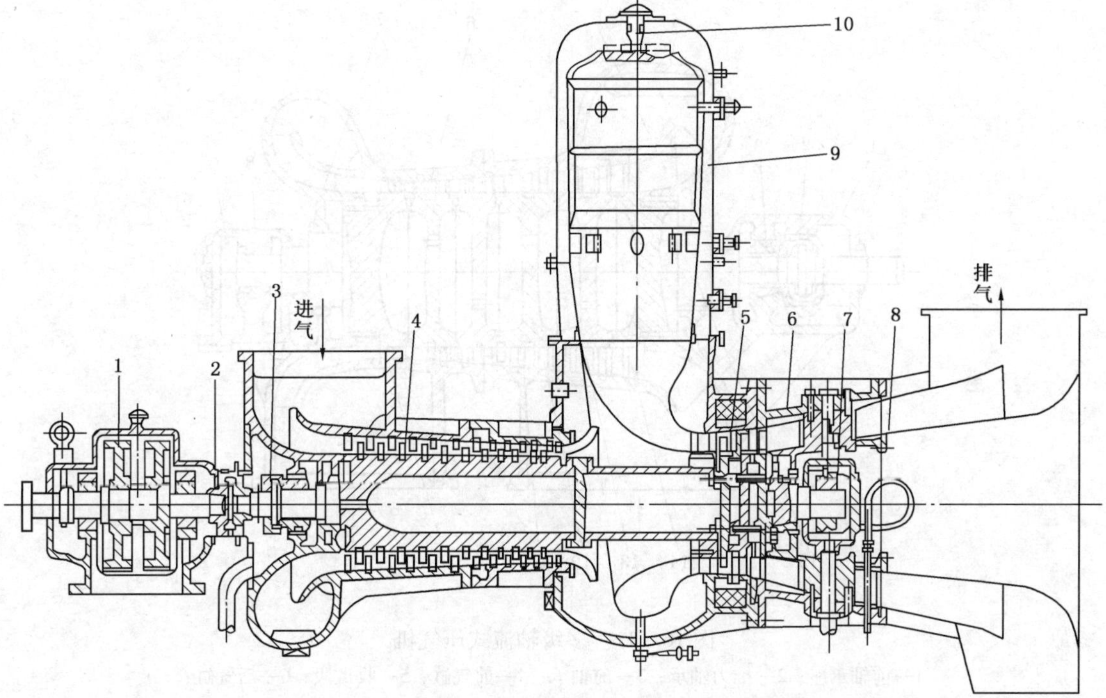

图 16－10　国产 1MW 单轴燃气轮机（R7001 型）

1—减速齿轮箱；2—联轴器；3—前轴承；4—压气机；5—透平；
6—透平扩压机匣；7—后轴承；8—透平排气蜗壳；9—燃烧室；10—喷油嘴

（2）压气机

压气机也称压缩机，是燃气轮机装置中的一个重要部件，从功能上看，压气机属于燃气发生器，为耗功部件，由透平直接驱动，其作用就是提高空气压力并连续不断地向燃烧室提供高压空气。由于压气机耗功占透平功率的比重很大，因此压气机性能是影响整个燃气轮机性能的重要因素之一。

燃气轮机装置采用的压气机为一种叶轮机械，有关压气机工作原理见第十一章与第十二章。

根据气流流动的方向，压气机可分为轴流式和离心式两种。轴流式压气机中气流基本上是在圆柱形回转面上沿着轴线方向流动；离心式压气机中气流从轴向流入工作叶轮，然后转为径向向叶轮外缘方向流动。

图 16－11 所示为多级轴流式压气机，系由转子和静子两部分组成，其中转子部分包括转轴、转鼓（或转盘）及固定在转鼓上的工作（动）叶片，静子部分包括气缸和固定在其上的扩压导向（静）叶片。压气机结构形式与汽轮机相类似，但其工作单元是由一列动叶片和位于其后的一列静叶片所组成的压气机级。轴流式压气机流量较大，效率较高，可达 87% 以上，但亚音速级的增压比只有 1.15～1.35 左右，跨音速级的压比才能达到 2 左右，因而是多级结构，这也是大功率燃气轮机采用的基本结构形式。此外，轴流式压气机的稳定工况区较窄，为防止喘振，除在运行时严格控制参数变化外，在结构上也可以采取措施，诸如中间放气、可调导叶以及将一台压气机分成压比较小的高低压转子依次串联工作等。

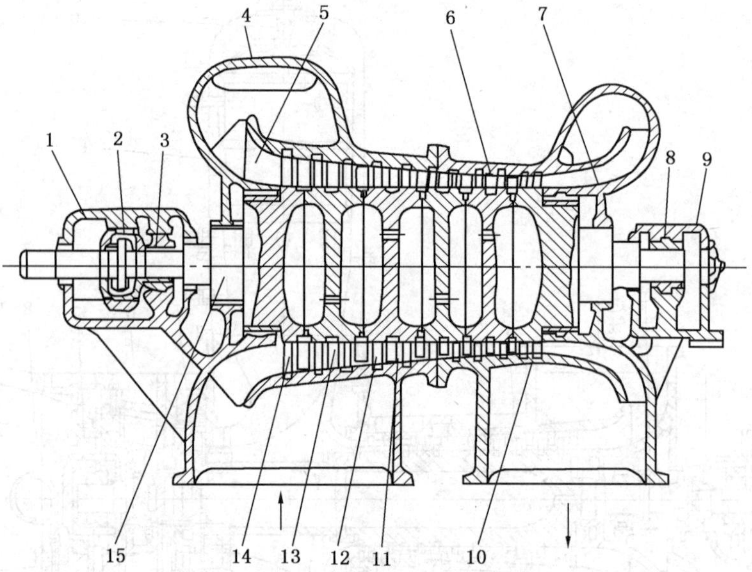

图 16－11　多级轴流式压气机

1—前轴承座；2—推力轴承；3—前轴承；4—前气缸；5—收敛段；6—后气缸；7—扩压段；8—后轴承；9—后轴承座；10—出口导叶；11—级；12—静叶；13—动叶；14—进口导叶；15—转子

离心式压气机的结构通常比轴流式压气机简单，如图 16－12 所示，主要由进气导管、工作叶轮、无叶或有叶扩压器、排气管等组成，分单级和多级两类。由于离心式压气机工作叶轮中的气流受到很强的离心力的作用，其级的增压比可达 4～5 甚至更高，但由于气流流道曲折，效率较低，大致为 80%～85% 左右。此外，因受材料强度、结构和气动性能的限制，工作叶轮进口处的外径不能太大，从而限制了其流量，因此离心式压气机多用于小功率燃气轮机。

为确保燃气轮机在额定工况和过渡工况下都能正常运行，要求压气机有完善的特性，其流量、功率、压比和转速能与透平相匹配。因此，机组设计时应在压气机的特性线上作出与透平的共同工作线，必要时压气机应有放气装置和可调导叶等，以防止喘振，扩大运行范围，改善匹配性能。通常，压气机在小于 80% ~ 90% 额定转速时，不采取任何措施而要求压气机与透平有较好的匹配性能是有困难的。

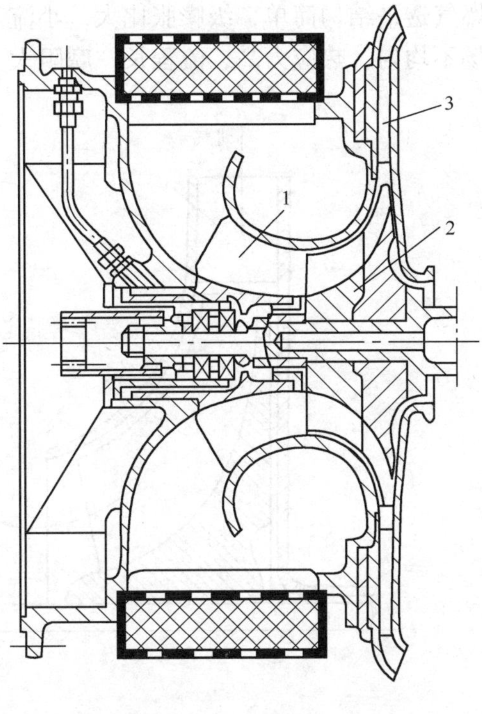

图 16－12　离心式压气机

1—导叶；2—叶轮；3—扩压器

（3）透平

在燃气轮机中，透平是将来自燃烧室的高温高压燃气的热能转变为机械功的部件。单轴燃气轮机由单个透平驱动压气机和负荷，多轴燃气轮机的负荷由其中某个透平驱动，分轴燃气轮机中则将驱动压气机的透平称为燃气发生器透平，将带动负荷的透平称为动力透平。

燃气透平可分成轴流式和径流式两大类。轴流式燃气透平的结构与汽轮机非常相似（见图 16－13），但膨胀比低，级数较少，一般不超过四级，轴向尺寸较短，气缸一般也不再轴向分段。考虑到高温冷却问题，气缸多为双层结构，采用珠光体铸件制造。转子多用盘式或盘鼓式结构，并都设有冷却空气通道；透平静叶片多采用空心结构，由钴基合金精密铸造而成，高温段动叶片用镍基合金精铸，而温度稍低时用奥氏体钢或高铬不锈钢制造，其叶根几乎全部采用枞树形结构。

径流式燃气透平广泛用于小功率燃气轮机和中小型废气涡轮增压器，采用向心式叶轮（见图 16－14），其结构与离心式压气机相似，但工质流动方向相反。与轴流式相比，径流

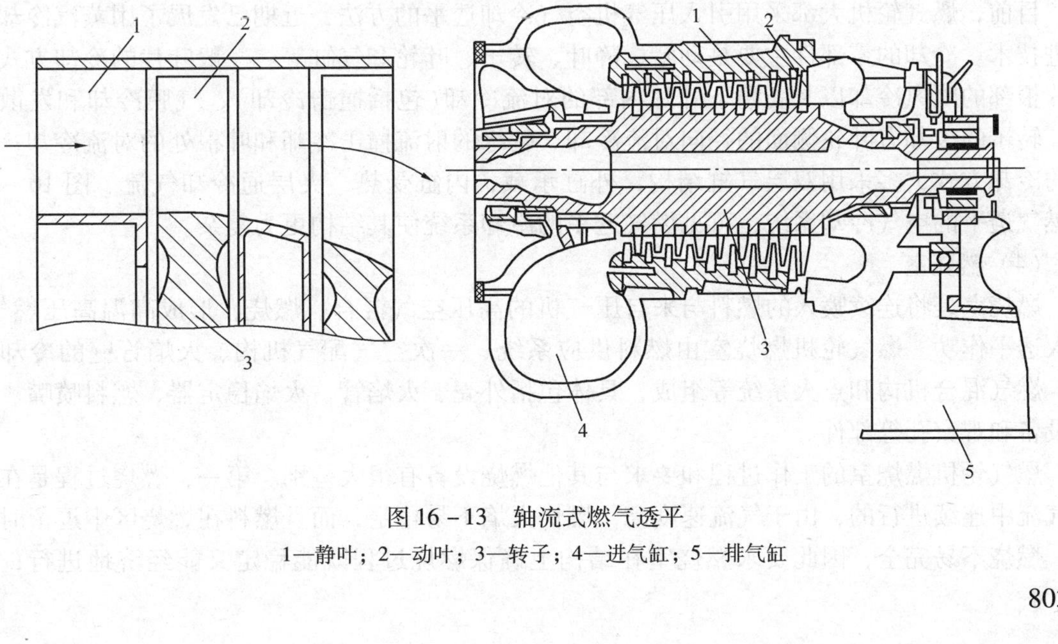

图 16－13　轴流式燃气透平

1—静叶；2—动叶；3—转子；4—进气缸；5—排气缸

式燃气透平结构简单，级膨胀比大，小流量工况时效率高，运行范围较宽；但受热面大，温度场不均匀，热应力高，流程长，摩阻大。

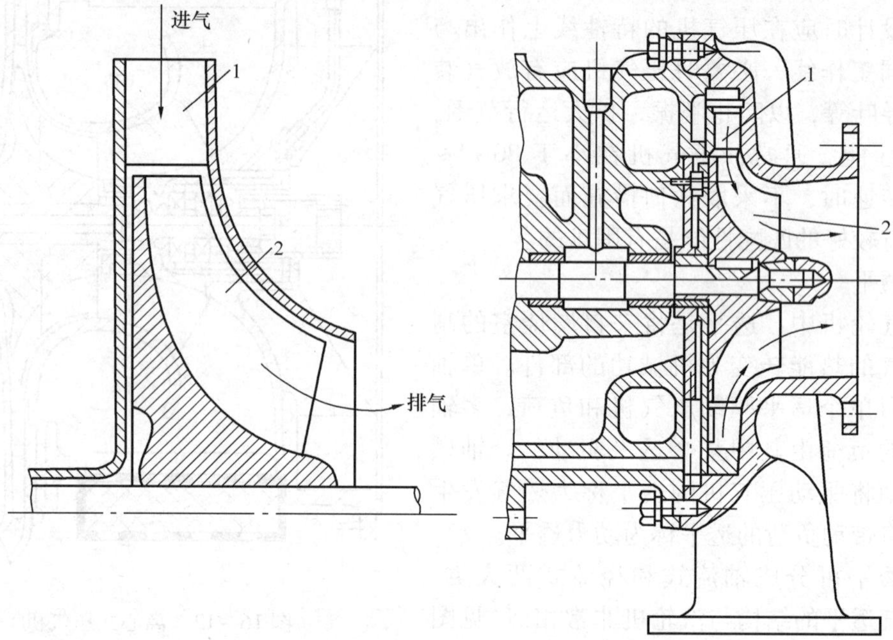

图 16－14　径流式透平

1—静叶环；2—工作转子

提高燃气初温是提高燃气轮机效率的一个主要措施。目前，燃气轮机的燃气初温最高已达 1500℃（正在研发的以氢为燃料的燃气轮机初温目标是 1700℃），由此产生一系列的高温问题，如热膨胀、热应力、热冲击和热腐蚀等，除采用高强度耐热合金材料以及相应的防腐蚀措施外，还必须对透平的高温零部件进行有效的冷却降温，确保材料的工作温度在其允许范围内，使机组长期安全可靠运行。

目前，燃气轮机大都采用引入压气机空气冷却透平的方法，近期已发展了用蒸汽冷却的先进技术。冷却的零部件主要是动叶、静叶、转子、叶轮和气缸等。一般叶片的冷却方式有叶片根部的吹风冷却以及高温下叶片内部的对流冷却（包括撞击冷却）、气膜冷却和发散冷却；转子的冷却有叶轮侧面的径向对流冷却、轮缘的射流撞击冷却和叶根处的对流冷却；静子的冷却方式大多采用双层气缸结构，外缸承载，内缸受热，夹层通冷却气流。图 16－15 为燃气透平的空气冷却系统，可见燃气透平的冷却系统使其结构更为复杂。

（4）燃烧室

燃烧室是将连续喷入的燃料与来自压气机的高压空气混合、燃烧，形成高温高压燃气，进入透平作功。燃气轮机燃烧室由燃料供应系统、一次空气配气机构、火焰管壁的冷却机构、燃气混合机构和点火系统等组成，具体包括外壳、火焰管、火焰稳定器、燃料喷嘴、点火设备和观察孔等部件。

燃气轮机燃烧室的工作过程和要求与其他燃烧设备有很大差别。第一，燃烧过程是在高速气流中连续进行的，由于气流速度高，燃烧火焰不易稳定，而且燃料在燃烧区中逗留时间短，燃烧不易完全，因此要求燃烧室在结构上确保燃烧过程既能稳定又能经济地进行；第

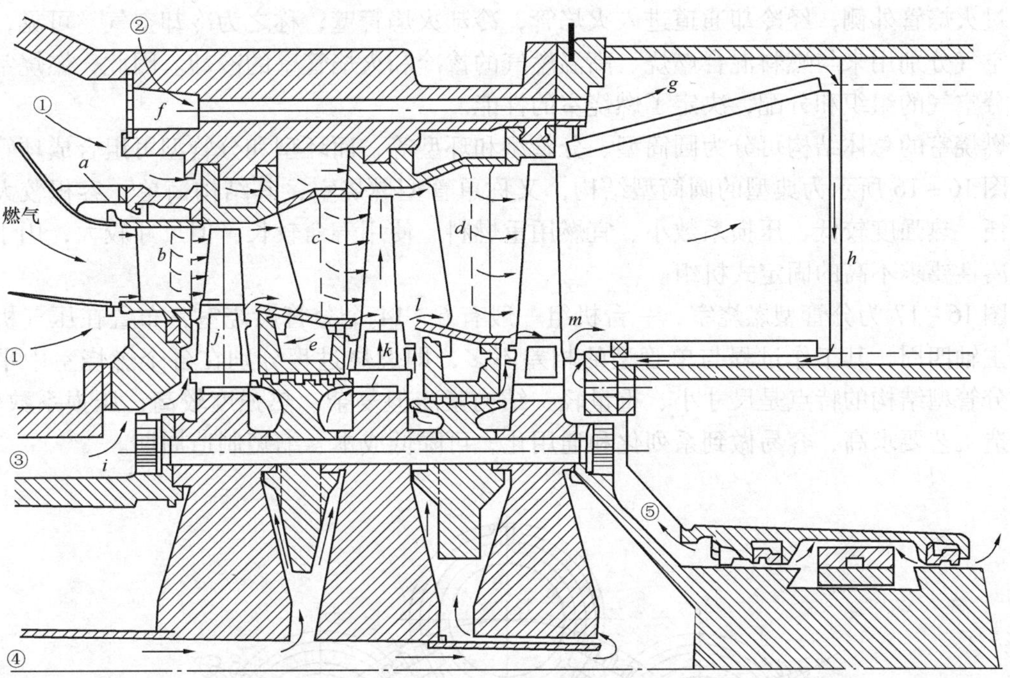

图 16－15　燃气透平的空气冷却系统

二，燃烧强度高，要求燃烧室的燃烧速度高、火焰短、燃料和空气混合好、有较长的工作寿命；第三，过量空气系数大，一般在 4～5 左右，最高达 15，但实际燃烧所要求的过量空气系数约为 1.5，大部分空气是为了与燃烧产物混合并使之降温，以满足透平入口的温度要求，这要求燃烧室在结构上对气流进行有效的分配和组织；第四，运行工况变化大，参数变化范围宽，要求燃烧室在各个工况下燃烧过程既稳定经济，又要使其出口燃气温度均匀。

上述特点和要求须通过燃烧室特有的结构来满足和实现。如图 16－16 所示，进入燃烧室的空气分为三部分：第一部分经旋流器和一次空气射流孔进入火焰管的燃烧区，与经喷油嘴喷射出来的燃料混合和燃烧，形成高温燃气，为使燃烧区中保持较高的温度（1800～2000℃），这部分空气接近燃料完全燃烧的理论空气量，称之为一次空气；第二部分空气称为二次空气，由火焰管后部的混合喷管孔口进入火焰管混合段，与燃烧区流出的高温燃气混合掺冷，使其温度比较均匀地降到透平进口的平均温度；第三部分空

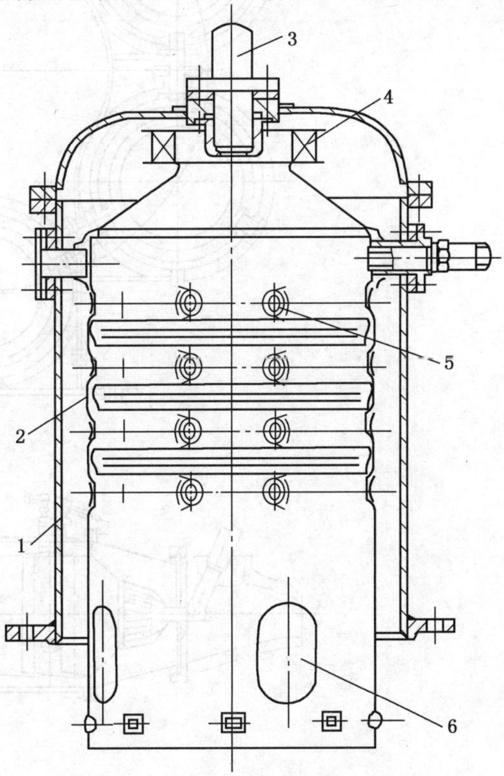

图 16－16　圆筒型燃烧室

1—外壳；2—火焰管；3—喷油嘴；4—旋流器；5—一次空气射流孔；6—混合孔

气流过火焰管外侧，经冷却通道进入火焰管，冷却火焰管壁，称之为冷却空气。可见，这三部分空气分别用来与燃料混合燃烧、高温燃气的掺冷和火焰管壁的冷却。因此，燃烧室中这三部分空气的组织和分配，决定了燃烧室的性能。

燃烧室的总体结构可分为圆筒型、分管型和环型等，而环型和分管型可组合成环管型。

图 16－16 所示为典型的圆筒型结构，又称单管型燃烧室，其结构简单、容积较大、维修方便、热强度较低、压损系数小、宜燃用重燃料、使用寿命较长，但尺寸较大，用于对结构紧凑性要求不高的固定式机组。

图 16－17 为分管型燃烧室，一台机组一般有 6～14 个分管燃烧室，布置在压气机和透平的主轴四周，其工作过程与单管型的相差不多，即燃烧过程分别在各个燃烧室中平行进行。分管型结构的特点是尺寸小、重量轻、结构紧凑但复杂、热强度较高，压损系数较大，且制造工艺要求高，容易做到系列化和通用化，可降低成本、缩短制造周期。

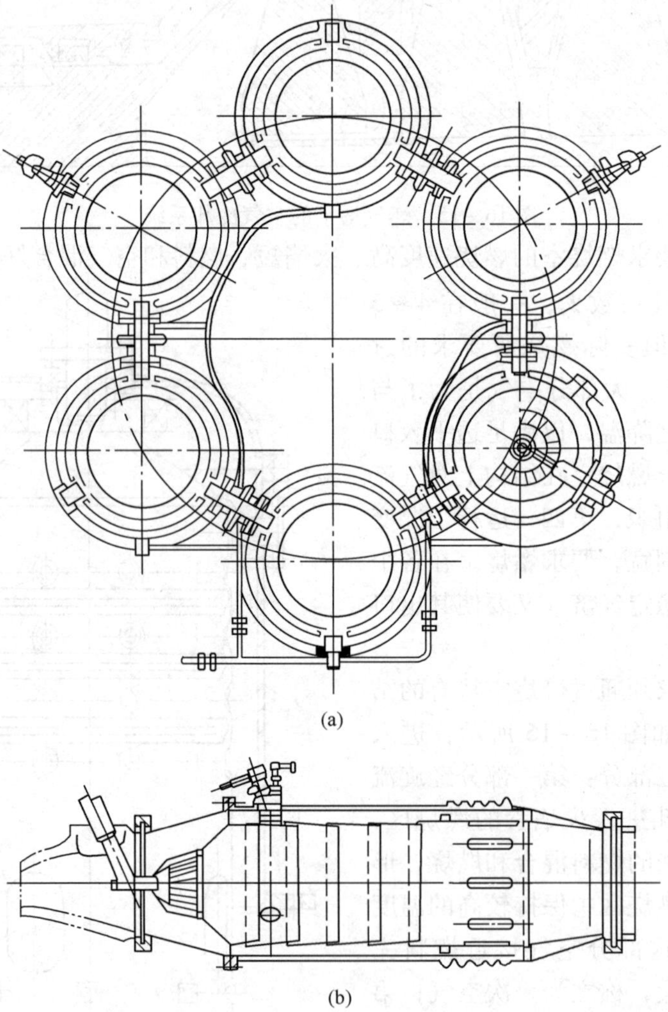

图 16－17　分管型燃烧室

(a)燃烧室分布；(b)单个燃烧室结构

环型燃烧室是由两个圆筒之间的环柱形空间构成的火焰燃烧区，其间有 16～20 个由旋流器和喷油嘴组成的单元排成一圈（见图 16－18），环绕于主轴四周，其特点是体积小，重量轻，压损系数小，联焰方便，出口温度场较均匀，但刚性较差，气流不易组织，燃烧性能不易控制。环管型燃烧室是介于环型与分管型的结构形式，外壳与环型燃烧室一样，火焰管与分管型燃烧室相似，其性能和特点也介于环型和分管型燃烧室之间。

分管型、环型和环管型三种燃烧室的共同优点是重量轻、结构紧凑、燃烧热强度高，缺点是燃烧效率较低。

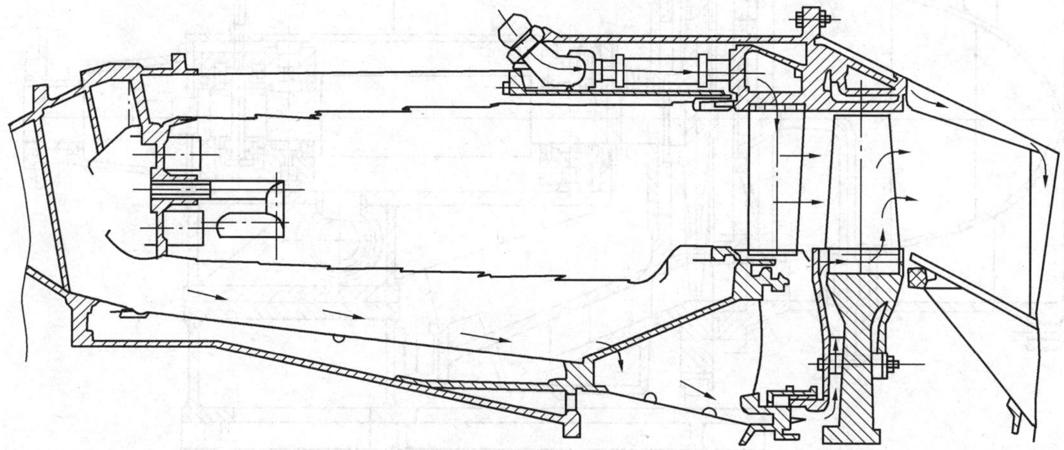

图 16－18　环型燃烧室

（5）换热器

燃气轮机的换热器包括回热器、间冷器、预冷器、冷油器、燃料预热器和气体加热器（气体锅炉）等。

回热器分表面式和再生式两大类，其中表面式又有管式和板式两种，用于大中型机组；再生式有转盘式和转鼓式两种，传热温差大，紧凑性好，回热度高，但有漏气问题，常用于小型燃气轮机。回热器对燃气轮机的性能、尺寸、重量和成本等都有显著影响。回热器是利用燃气排气中的余热来加热压缩后的空气，以代替部分燃料，提高燃气轮机循环的热效率。通常用回热度表示回热器的性能指标，一般回热度高，燃气轮机热效率高，但压损大，功率降低，而且由于回热器大量金属壁的热惯性以及容积惯性，使得燃气轮机的调节反应迟缓。由于这些缺点早些时候较少采用回热，近年来由于燃料涨价和回热器技术的发展，回热器的应用又有新的上升趋势。

间冷器和预冷器通常是以水冷却工质空气。采用间冷器和预冷器是为了减少压气机压缩空气所需的耗功，从而提高燃气轮机装置的比功。

16.3.3　烟气轮机结构

由于烟气的工作压力较低、温度较高、流量较大，烟气轮机基本上采用轴流式类型，分悬臂转子结构和两端支承转子结构两种。其中，单级和两级烟气轮机均采用如图 16－19 所示的悬臂转子结构，这种支承方式源于航空发动机改装燃气轮机时所加的动力透平，具有结构简单、布置紧凑、体积小、重量轻的优点。只有多级烟气透平才采用现代工业燃气透平应用的双支承转子结构，一般都用轮盘组合式，且多为圆周拉杆连接，静子结构与现代燃气透平相同，有利于减少零部件的温差热应力和热变形。同时为使机组紧凑，其进排气大多是径向的，多级烟气轮机的体积一般较大，大型烟气轮机的机壳直径达 2m 以上。

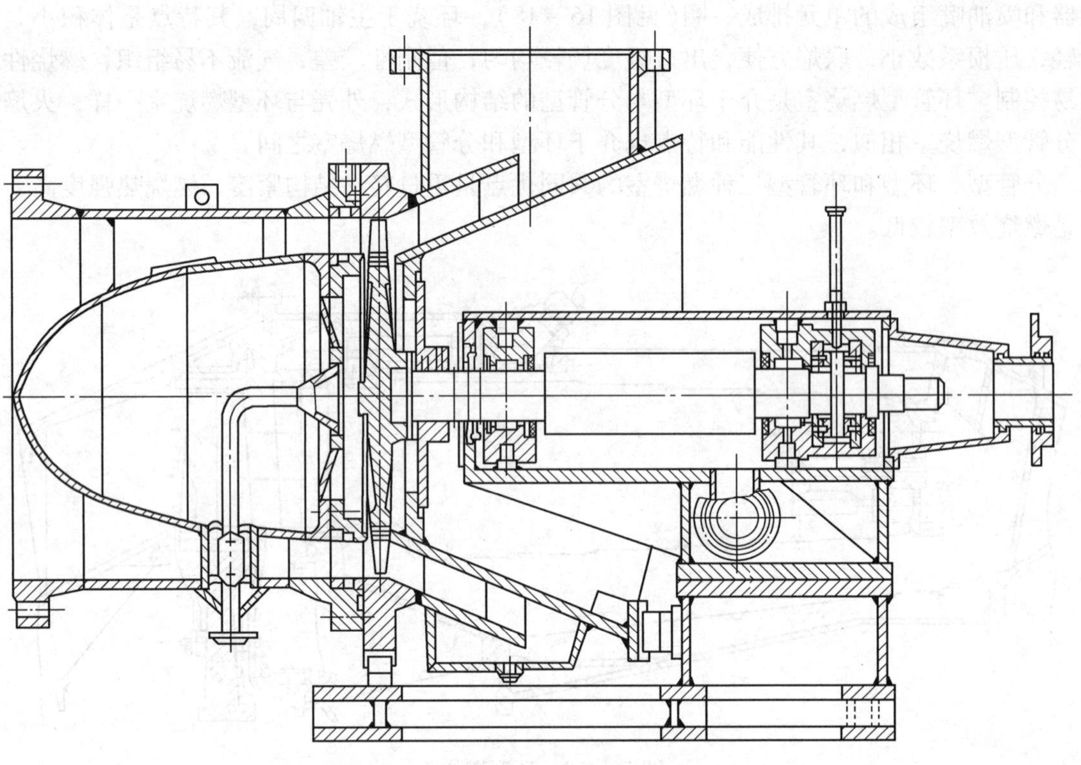

图 16－19　烟气轮机的悬臂转子结构

由于工作介质是催化裂化装置中含有催化剂颗粒的高温烟气，烟气轮机设计具有一定的特殊性。除了考虑高温特别是超高温对烟气轮机部件强度及寿命的影响，还要考虑到催化剂颗粒对部件的冲蚀和附着，催化剂堆积带来的动、静摩擦以及低温腐蚀等影响。因此，掌握固体颗粒的运行规律和磨损规律，采用超过一般透平设计的安全裕度，成了烟气轮机能否安全运行的关键。

与单级或两级烟气轮机相比，多级烟气轮机具有效率高、通流部件耐磨、使用寿命长的特点，同时也适应了催化裂化工艺技术发展所带来的烟气轮机入口压力和温度提高的需要。通常，单级设计不能有效利用烟气的全部焓降，两级设计则有改进，而多级的效率可比单级高 3% ~4%。单级和两级采用轴向进气，虽烟气加速比较均匀，烟气中催化剂分布也较均匀，但相对速度高，由于冲蚀率与速度平方成正比，因而易于冲蚀，叶片寿命低；设计成多级后，级气动负荷低，相对速度大大降低，减弱了催化剂微粒对叶片的冲蚀，且余速损失大大降低，提高了机组的效率和使用寿命。

烟气轮机由于工质温度高，需要对轮盘和叶根进行冷却，同时也需要隔绝高温烟气向轴封及内部各腔室的泄漏。烟气轮机大多采用蒸汽冷却系统，冷却蒸汽自机壳前端引入环形气室，由此喷射到轮缘间隙和轮盘孔冷却第一级叶根和轮盘，再进入第一、二级叶轮之间的腔室，逐级冷却叶根轮盘，最后与烟气混合。

16.4　调节和运行特征

16.4.1　燃气轮机的调节控制

燃气轮机的应用范围非常广泛，不同用途的燃气轮机，对调节系统的控制要求是不相同的。例如：驱动交流发电机时调节机组的转速；驱动风机及泵时调节进出口压力或流量；作机车牵引动力时调节功率及车速；作舰船动力装置时调节其航速；用于航空发动机时调节其转速。因此，完成这些调节任务的原则性调节方案是不同的。同时，不同类型燃气轮机对调节方案也有不同程度的影响。

一般，燃气轮机的调节目的是使机组在运行过程中保持某一参数基本不变(如转速、压力、燃气温度等)，或是按某个预先给定的规律变化，以适应机组负荷(或工艺管网)的要求。同时，燃气轮机还装有一系列的保护装置，在调节系统失灵或发生其他事故时，能及时中断对燃烧室的燃料供应，停车继电器迅速动作，从而迅速停机，避免事故扩大和造成设备的损坏，以确保机组安全运行。

燃气轮机调节系统的工作原理与汽轮机的基本相同。燃气轮机调节系统的结构主要有液压式和电液式两种，其中电液式调节系统由于灵敏度高、自动化程度高、适合于计算机控制等优点而广为应用。

燃气轮机的调节系统由感应机构、传动放大机构和执行机构三大部分组成，此外还包括燃料调节机构和一系列逻辑电路。在电液式调节系统中，各种通过速度、压力、温度感应机构被测得的参数，如转速、压力、温度等，先是被转换成相应的电压信号——模拟电压，一般信号的模拟电压微弱，因此采用运算放大器将电信号放大，并将几个信号按一定的规律加以运算(燃气轮机自动调节中不同的运算规律是用调节器的形式表达的，其基本形式有比例动作调节器、积分动作调节器、比例积分调节器、比例微分调节器以及比例积分微分调节器)，然后将运算结果经过电液转换推动执行机构，如油动机的动作，最终落实到燃料调节机构来控制进入燃烧室的燃料量的变化。燃料调节机构一般由燃油泵和一些可调阀门组成。逻辑电路主要是用来分析燃气轮机的运行情况、作出判断并采取必要的措施，如进行振动保护、超温保护、熄火保护以及启动方式的互为闭锁等，所有这些都是利用具有逻辑意义的门电路完成的。为使调节系统的各个组成部分之间能更好地协调动作，它们之间除了信号的直接传递外，还有从下一个环节返回的反馈信号，这样可使调节过程能较快稳定，不至于产生摆动，使系统具有很大的稳定性。

与汽轮机调节系统类似，燃气轮机调节系统的特性也分静态特性和动态特性两种，用于分别表征调节系统在平衡状态和运动过程中的特性。其中，调节系统的静态特性描述了稳定工况下调节系统内各个机构之间关系以及最终体现为机组转速 n 和功率 P 的对应关系，是调节系统各组成部分特性的综合表现，可用四象限图的形式表示。静态特性线可以用同步器平移，如在单机运行时，向上平移静态特性线，机组转速升高；如并网运行，向上平移静态特性线，机组所带负荷增加。调节系统动态特性描述了从一个稳定工况过渡到另一稳定工况，以及受到外界扰动之后动态过程中调节系统内各个参数，如功率、转速、喷油量等随时间的变化规律。动态特性取决于调节对象、调节系统原则方案、调节部套的工艺结构等多方面因素。

在现代燃气轮机装置中，还配备了包括超速保安器、停车继电器、极限温度调节器以及在燃烧室突然熄火时可以快速切断对燃烧室的燃料供应等必要的保护装置。超速保安器(危急遮断器)的原理与汽轮机装置的相同，它能在燃气轮机超过允许极限值(一般为额定转速的10%～12%)时中断对燃烧室的燃料供应。停车断电器将在需要紧急停车的任何情况下立即起作用。在复杂或多轴燃气轮机中，为保证停车操作的连贯性，除了对燃烧室的燃料供应装置外，所有的各种保护装置都要通过停车继电器才能起作用，例如润滑油或调节系统中油压过低、发电机过热、燃气轮机元件出现损坏等。温度极限调节器是用来限制燃气透平进口处的温度，并在燃气温度过高时停止燃料的供应。在燃烧室熄火时，由于此时燃气透平转速迅速下降，而调节系统却力图增加对燃烧室的燃料供应量，大量堆积在燃烧室内的燃料在重新点火时有发生爆炸的危险，因此当转速值下降超过15%时燃料供应切断装置将起作用。

目前，大功率燃气轮机装置中广泛采用各种由计算机控制的自动调节系统，除调节保安系统外，还包括检测控制和连锁保护，以保证所有工况下的正常运行，同时还包括对装置启动和停车工况在内的自动化控制和保护。

16.4.2 燃气轮机的运行特性

燃气轮机运行的主要任务基本与汽轮机的相同，即在尽可能经济的条件下，按照运转曲线连续而可靠地给用户提供动力或电力。由于燃气轮机运行时需要经常适应用户的要求与环境工况的变动而改变工况，燃气轮机装置的运行特性主要体现在机组的变工况和过渡工况特性，此外还与大气条件相关，这是不同于汽轮机装置运行特性的原因和区别所在。

(1) 燃气轮机的变工况

是指整个机组离开设计工况而运转的各种工况，包括稳定的非设计工况(如部分负荷和大气条件变化时的平衡工况)和不稳定的过渡工况(如启动、升速、加减负荷等机组参数随时间变化的不稳定工况)。鉴定燃气轮机变工况性能的优劣，需要从机组的出力特性、经济性、安全可靠性和加速性等方面综合衡量。了解燃气轮机的变工况特性非常重要，不仅能在设计新机组时为设计人员提供选定机组轴系方案、选择运行线和设计调节系统的依据，而且通过提供的变工况特性线图能为用户及运行部门在选用合适机组或在运行中采取合适的现场措施提供参考意见。

燃气轮机的变工况远比汽轮机复杂。一般汽轮机变工况时除流量变化外，蒸汽初参数不变，而燃气轮机变工况时，燃气的流量和初参数都要发生变化。而且由于燃气轮机装置是由压气机、燃烧室、透平、换热器、进排气系统等部件以及所驱动的负荷组成，每个部件以及负荷各有各的特性(特别是压气机的特性使变工况问题复杂化)，它们之间通过流量、压比、转速和功率四个参数相互关联制约，在变工况时这些参数必须协调配合，机组才能正常工作。因此，燃气轮机的变工况同热力循环、轴系型式及部件和负荷特性等都有密切关系。

燃气轮机机组的变工况特性是由机组和各部件的特性根据运转条件计算得出的，通常采用无量纲参数或具有无量纲实质的折合参数来表示。其中，压气机特性和透平特性中最常用的是$G\sqrt{T^*}/P^*$、π^*、$n/\sqrt{T^*}$、η等四个折合参数，如图16－20所示。燃烧室特性比较简单，变工况时燃烧效率和压损系数可作常数处理。各类负荷特性见表16－1，其中发电机属于恒速负荷，而泵、风机、压缩机则属于螺桨型负荷。

变工况计算就是用功率N(或P)、转速n、流量G和压比π四个参数的平衡方程，将机组各个部件和负荷的特性联系匹配起来，得出在各个负荷时能满足特性线和平衡方程的运转点的参数，再用循环计算得到机组各平衡工况点的效率、油耗等数据，绘成机组的变工况性能线。在压气机特性线图上各平衡运转点的连线即为机组的平衡运转线。

燃气轮机的变工况分单轴、分轴以及双轴和多轴机组驱动恒速和变速负荷等多种情况。表16－2仅给出单轴和分轴机组的变工况特性。

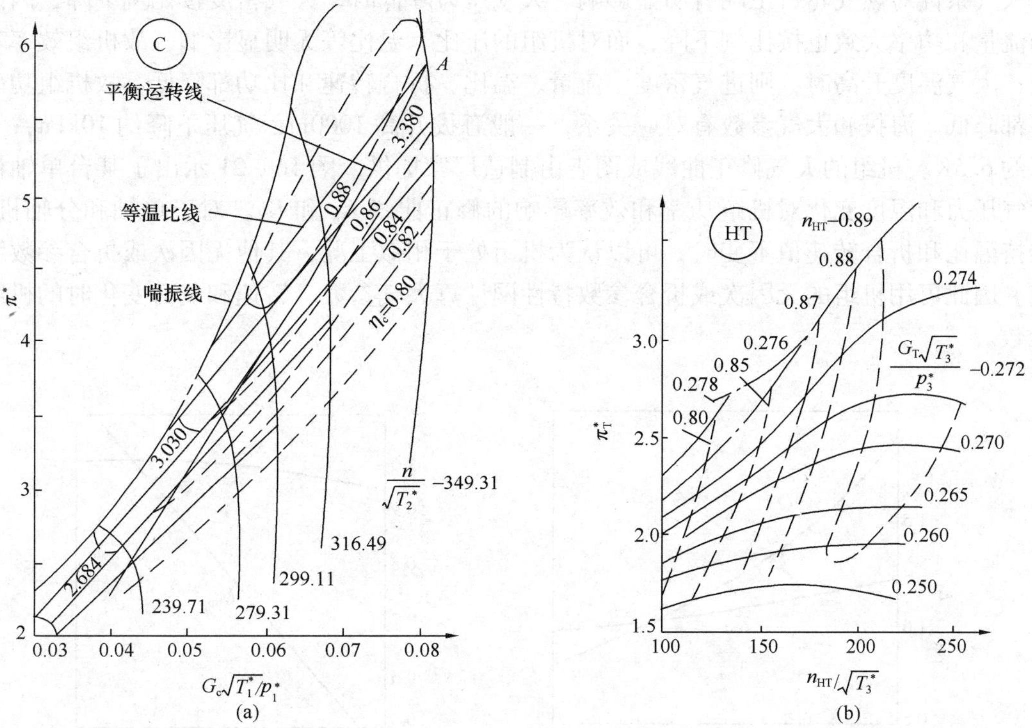

图 16－20　燃气轮机压气机和透平的无量纲特性

(a)压气机特性；(b)透平特性

C—压气机；HT—高压透平；T_1^*、p_1^*—压气机进口总温、总压；T_2^*—压气机出口总温；

T_3^*、p_3^*—透平进口总温、总压；π^*—压比

表 16－1　燃气轮机各类负荷的特性

类别	恒速负荷	螺浆型负荷	直流或交流变频电机	机械传动车辆
实例	交流恒速发电机	泵、风机、压气机、螺旋浆	电传动机车	齿轮传动车轮
特性	$n_L=\text{const}$ $M\propto N_L$	$N_L\propto n_L^3$ $M\propto n_L^2$	利用电系统调整，使 N_L 及 n_L 在一定范围内任意配合	启动力矩要求大 $n_L=0$，$M=\max$ $N_L=M_\omega\propto M_n$
特性线	单轴机组Ⓒ中 $\frac{n_c}{T_1^*}=\text{const}$ 线 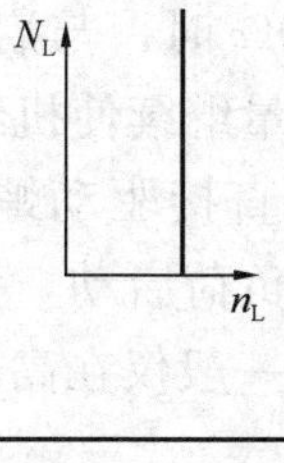 	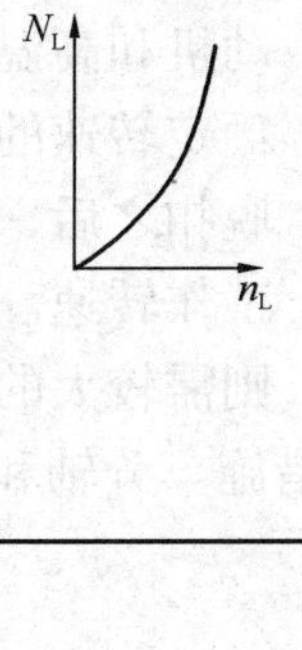 	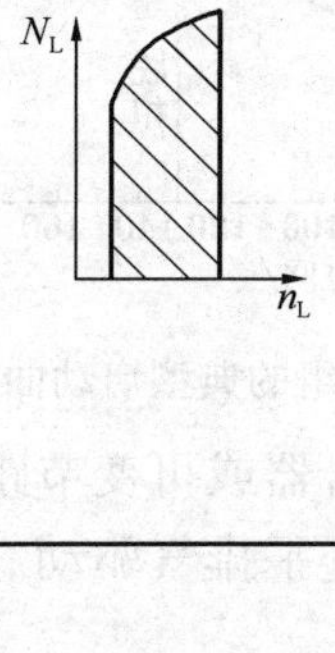 	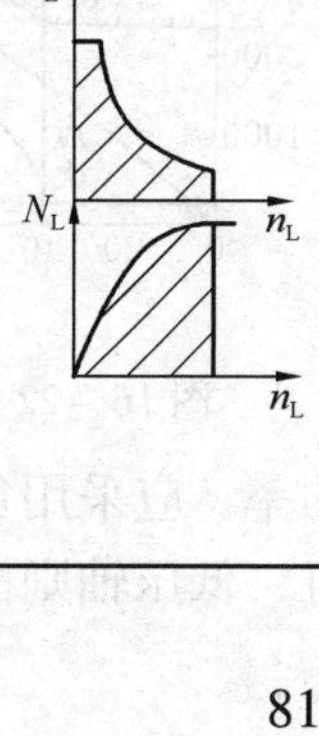

注：表中下脚标 L——负荷

大气条件对燃气轮机工况有明显影响。大气压力降低时，大气密度按比例下降，因而机组的流量和功率大致也按比例下降，而对机组的压比、温比等无明显影响，故机组效率基本不变；大气温度升高时，则进气密度、流量、温比、折合转速和比功都降低，故机组功率和效率都降低。海拔和大气参数有对应关系，一般海拔升高 1000m，气压下降约 10kPa，气温下降约 6.5K。机组的大气修正曲线或图表由制造厂家提供，图 16－21 示出了某台单轴机组的大气压力和温度变化对机组功率和效率影响的修正曲线 K_p 和 K_T。对于单轴和分轴机组，当维持温比和折合转速值不变时，可以认为机组处于相似工况，其他无因次或折合参数维持不变。因此可用机组的无因次或折合参数特性网计算大气参数、转速和负荷变化时的机组性能参数。

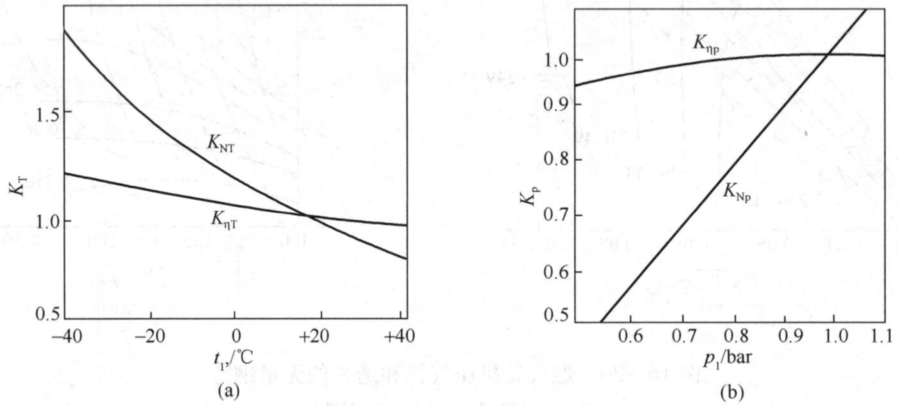

图 16－21　大气参数对机组特性的影响

(a)温度 t_1 的影响；(b)压力 p_1 的影响

（2）燃气轮机的过渡工况

燃气轮机的过渡工况是指从一个平衡工况向另一个平衡工况过渡的过程，如启动、加减速、升卸负荷、停机等。在过渡工况中，机组参数随时间而变，功率并不平衡。过渡工况的优劣对运输动力机组和紧急备用或尖峰负荷机组尤为重要。

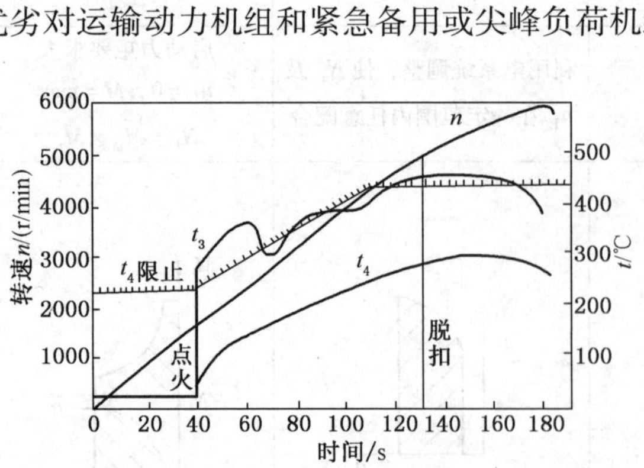

图 16－22　单轴机组的典型启动曲线

图 16－22 为单轴机组的典型启动曲线。燃气轮机在启动过程中，需有启动机带动机组升速，一直到主机达到自持转速以上才能脱扣。通常，由启动机带动主机至额定转速的 15% ~25% 时，燃烧室点火，其后在启动机和高温燃气的共同作用下，主机升速至额定转速的 40% ~60% 时，与启动机脱扣。脱扣之后，调节燃料量继续使机组升速直到工作转速。如果机组直接驱动螺桨型负荷，则需较大的启动机带负荷启动。为减小启动机功率，应采用负荷离合器或可变节距螺桨等措施。分轴和双轴机组一般仅在高压轴上有启动机，低压轴则由高压透平排气驱动。

表 16－2　燃气轮机单轴和分轴机组的变工况特性

轴系	负荷	分　　析	运　行　线	部分负荷特性
单轴 C－T－L	恒速	1. N_L 下降 ① 因为 n 不变，π 下降、G 增加不多，所以 N_c 变化不大，N_T 的变化大部分反映于输出功率，故调节反应快 ② 运行点沿等转速线走向右下方，离开喘振线 ③ η_c 下降，T_3 下降，所以 η_c 下降较多 2. 机组启动时，低速易喘 3. 甩负荷时，因压气机转子惯性大，不易超速	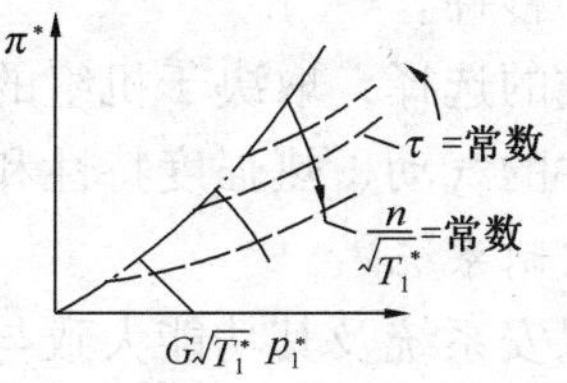	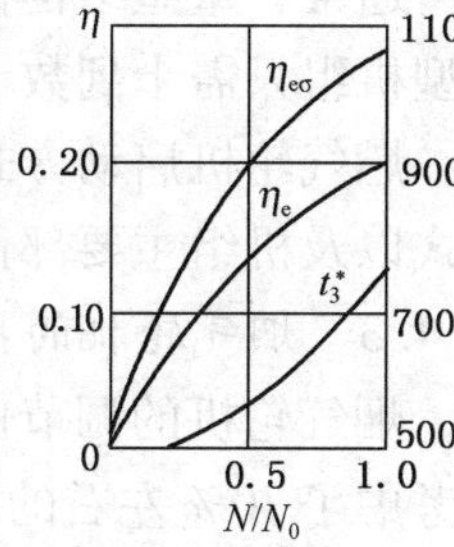
	变转速	1. N_L 下降 ① n 下降、G 下降、π 下降，运行点移向左下方，趋势喘振线，低速时易喘 ② G_T、p_3 同时下降，T_3 下降不多，所以 η_c 的降低比单轴恒速机组少 ③ $n_T=n_c$ 同时变化，N_T 的变化部分须克服转子惯性，故变工况反应慢 2. 带螺桨型负荷启动时即有负荷，要求启动功率大，启动时需采取措施 3. 用变速电机传动，电调 n_L，可使 T_3 下降少或不变来维持 η_c，低速时可使 T_3 下降较多来防喘振 4. 不宜用于机械传动，因启动时 M 及 G 太小	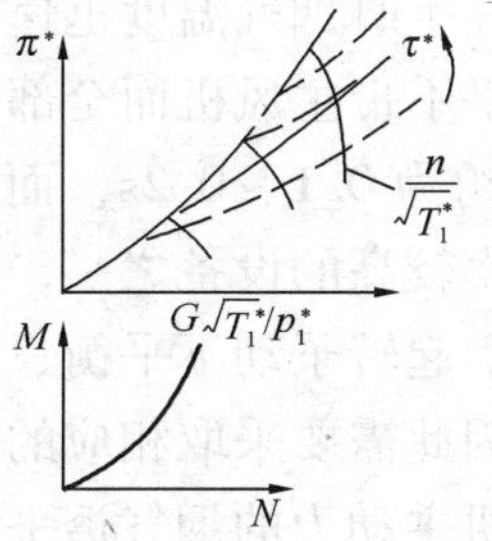	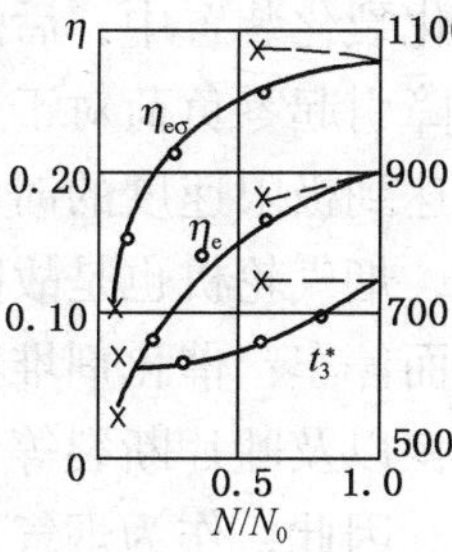
分轴 HT－C LT－L	恒速及变转速	1. 因压气机轴同负荷轴分开，负荷特性对压气机的影响很小，平衡运行线主要取决于低压透平流量特性 2. 带恒速负荷，N_L 下降时，$n_c=n_{HT}$ 下降不多，n_c、G_c 同时下降，不易喘振，且 T_3 下降不多，所以 η_c 比单轴恒速机组下降少，但压气机惯性大，调节反应慢 3. 带变速负荷，N_L 下降时，n_c、G_c 下降不多，所以 T_3 及 η_c 比单轴变转速机组下降多，但不易喘振，并调节反应快 4. 宜用于变转速机械传动，当 n_L 低时 n_c 仍可很高，保持流量和功率使力矩满足 $M_n \propto N$ 5. 甩负荷时，动力透平无压气机“制动”，较易超速，对调节保安系统要求高 6. 低压透平采用可调喷管，则运行范围更广	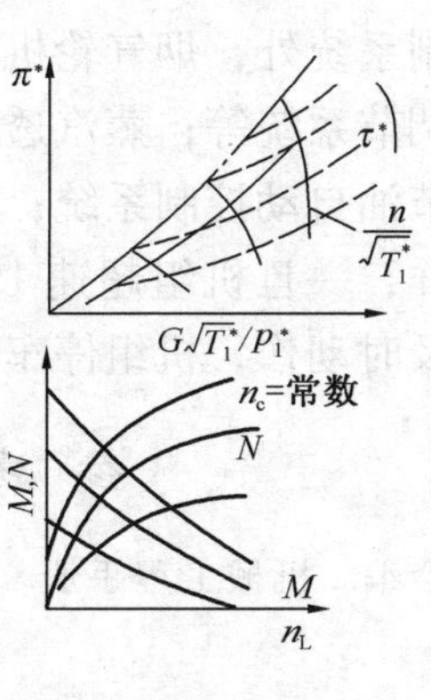	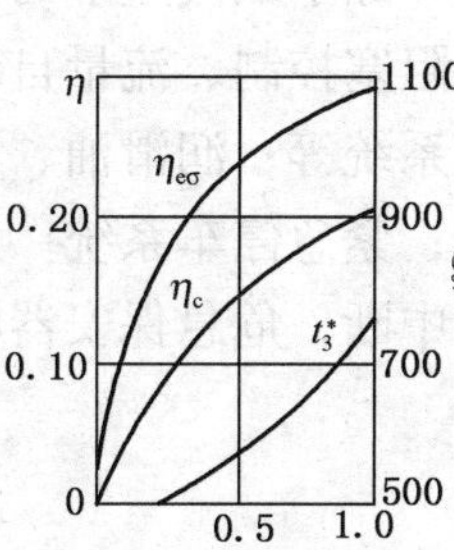

燃气轮机在启动过程中突然增加燃料时，由于惯性使转子来不及立刻升速，运转点将离开平衡运转线向喘振线靠近，此时要注意不能增温过快，否则会引起部件热应力过大和升速喘振(失速不严重时又称热挂)。

通常，重型结构机组从驱动到工作转速需十几分钟，工业型单轴机组约需数分钟，而航空型机组只需十到数十秒钟。

燃气轮机启动方式的选择，取决于机组的循环形式和用途、启动时间指标和启动能源的形式以及机组主要部件的气动、热强度特性和转子惯量等。

16.4.3 烟气轮机的控制系统

烟气轮机的调节保安系统及其功能大致与燃气轮机类似。但由于现代的能量回收装置大多考虑了30%左右的多余功率进行发电，因此其控制系统必须考虑机组处于发电状态时可能突然出现的紧急状况。

烟气轮机运行一般有三种紧急情况：突发二次燃烧；联轴节断裂；电器系统故障造成零负荷。其中，联轴节断裂最危险，此时烟气透平将在0.1s左右达到危险转速，这在运行中无法控制，因此必须采用安全可靠的联轴节。二次燃烧又称后燃问题，存在于不完全再生的催化裂化装置中，后燃发生时烟气温度迅速上升，这对透平叶片的寿命危害极大。电器系统故障引起零负荷对于透平不带主风机而全部用于发电的情况下也非常危险，其原因是零负荷时达到极限速度的时间约为0.1～0.2s，而普通的气动仪表滞后严重，不能及时动作。此外，烟气轮机也是故障率较高的设备之一，运行过程中由于以下问题也容易导致机组出现振动而停车：催化剂堆积引起转子动不平衡、动叶片磨损、轮盘冷却蒸汽使用不当、热态对中不良以及叶片断裂等，因此需要采取相应的处理措施，保证烟机长周期安全高效运行。

因此，作为烟气轮机主动力的烟气透平的控制系统非常重要，一般包括超速控制、反应器－再生器差压控制、密封蒸汽差压控制和烟气流量控制等子系统。通常采用所谓三阀方案，其中A、C为碟阀，采用液压控制，B是双动滑阀，正常时留有5%的开度。A阀和B阀通过差压变送器控制两器(反应器-再生器)差压；C阀为透平进口旁通阀，由速度调节器控制，透平超过额定速度2%时开启，以减少进入透平的烟气量。为防二次燃烧，在轮盘处有测温点，并自动控制冷却蒸汽量。在主风管线上设有由再生器温度控制的事故放空阀，烟气超温时打开。

除了烟气透平的控制系统外，烟气轮机还有其他的控制系统，如主风机的反飞动控制、反阻塞控制、流量自动调节系统等；蒸汽透平的转速调节器、危急保安器、进口调节自动控制系统等；润滑油、调节油自动控制系统；各轴承温度、轴向位移、轴振动等指示与报警系统；紧急停车系统。这样，一旦机组超速15%，或主风机出口超温，或振动过大，或润滑油中断，危急保安器将及时动作，机组停车。

参 考 文 献

1 机械工程手册编辑委员会编. 机械工程手册. 第73篇“燃气轮机”(试用本). 北京：机械工业出版社，1979

2 沈炳正，黄希程. 燃气轮机装置(第二版). 北京：机械工业出版社，1990

3 清华大学燃气轮机教研组. 燃气轮机. 北京：水利电力出版社，1978

4 西安交通大学涡轮机教研室. 燃气轮机装置. 西安：西安交通大学讲义，1975

5 [苏]A.F卡斯丘克，B.B福罗洛夫编著. 夏同棠，刘英哲，唐致实，黄镇安合译. 汽轮机和燃气轮机.

北京：水利电力出版社，1991
6 焦树建，赵士杭．燃气轮机在石化系统中的应用．燃气轮机技术，第2期，1988
7 陈安民编著·石油化工过程节能方法和技术．北京：中国石化出版社，1995
8 钟史明编．燃气－蒸汽联合循环发电．北京：水利电力出版社，1995
9 王松汉．石化工业节能减排实现低碳经济的探讨．化学工业，第28卷第4期，2010
10 卢鹏飞，冀江，杨龙文．中国催化裂化烟气轮机自主创新三十年的回顾．中外能源，第13卷增刊1，2008
11 丰镇平编．燃气轮机与烟气轮机．余国琮主编．化学机械工程手册（中卷）．第8章，北京：化学工业出版社，2003

第六篇　自动控制、防噪声与气体净化

17　压缩机装置控制和自动化

17.1　压缩机测量技术

17.1.1　温度测量

温度是压缩机测量中最常见的最基本的工艺参数之一。在压缩机及其系统中，温度测量的对象主要包括被压缩气体温度、润滑油温度、冷却水温度、填料函温度、汽轮机蒸汽温度、压缩机主轴承温度、主电机轴承温度以及定子线圈温度等。

测量温度的方法从感受温度的途径来分有两类：一类是接触式的，即通过测温元件与被测物体的接触而感知物体的温度；另一类是非接触式，即通过接收被测物体发出的辐射热来判断温度。

常见的接触式测温仪表有膨胀式、压力式、热电阻式和热电偶式温度计。

（1）膨胀式温度计

利用固体或液体热胀冷缩的特性测量温度，具有结构简单、使用方便、测量准确、价格低廉的优点。玻璃管温度计属于液体膨胀式温度计，双金属温度计属于固体膨胀式温度计。它们一般不具有远传功能，只能用作现场温度指示。

常用的液体温度计有充注水银的玻璃管温度计和充注有机液(如酒精)的玻璃管温度计。在压缩机试验研究中，广泛采用分度为0.1℃的水银玻璃管温度计，水银的膨胀系数为0.000181/℃。普通水银温度计的测温范围为－30～300℃之间，若通过加压的方法，其测量上限可以高至700℃。有机液体更适宜于测量低温，如酒精玻璃管温度计的测温范围为－100～75℃，而甲苯玻璃管温度计的测温范围为－90～100℃。

压缩机的现场测量中最常用的是双金属温度计，一般为就地安装，其结构原理如图17－1所示。它由两种膨胀系数不同的双金属片叠焊在一起，制成螺旋形，其一端固定在测量套管的下部，另一端为自由端，与指针轴连接。当被测温度发生变化时，双金属片自由端产生偏转，指针轴转动，经传动机构放大，由指针指示偏转角度，可以测得温度。

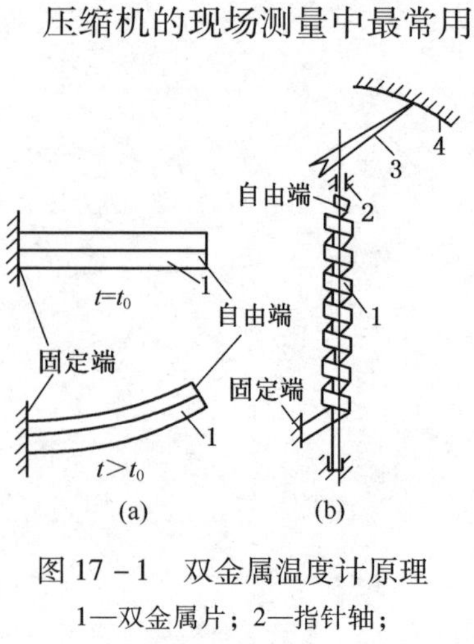

图17－1　双金属温度计原理
1—双金属片；2—指针轴；3—指针；4—刻度盘

（2）压力式温度计

压缩机就地仪表盘上安装的温度计一般是压力式温度计。根据密封在固定容器内的液体或气体，当温度变化时压力发生变化的特性，将温度测量转化为压力的测量。压力式温度计适用于测量气体、蒸汽及对感温包无腐蚀性的液体的温度。测量范围一般为－50～400℃。它具有结构简单、不怕振动、防爆性、价格低廉的优点，缺点是准确度低、测温距离较远时，仪表的滞后性较大。

如图 17－2 所示，压力式温度计主要是由温包、毛细管和弹簧管三部分组成。温包内的介质感受被测温度的变化后，压力提高，引起弹簧管的变形。

（3）电阻式温度计

电阻式温度计根据金属或半导体的电阻值随温度变化的特性测量温度，一般用于远传指示。金属的电阻值随着温度的升高而增加，而半导体的电阻值却随着温度的升高而减少。目前使用最广泛的热电阻材料是铂和铜。热电阻温度计适用于测量液体、气体、蒸汽及固体表面(如轴瓦)的温度。铂电阻温度计测温范围为－200～500℃，而铜电阻温度计测温范围为－50～150℃。热电阻温度计具有远传、自动记录和实现多点测量等优点。而且它输出的信号大，测量准确。1968 年的新温标进一步规定，在－259.34～630.74℃温度范围内以铂电阻温度计作为基准器。压缩机的测量中使用的电阻材料通常是铂，对应的分度号为 100，也称为 Pt100。铂电阻与温度的关系式为

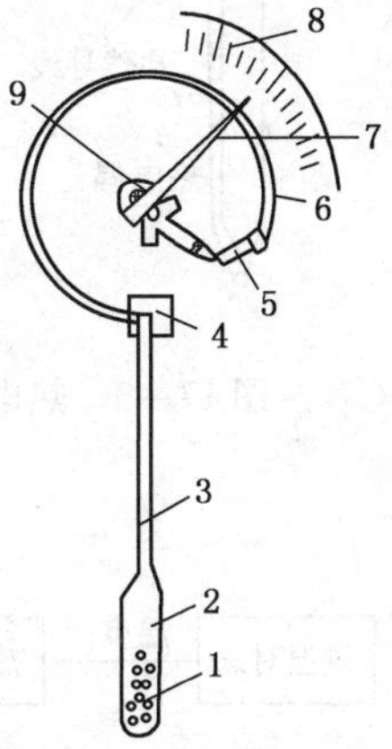

图 17－2　毛细管温度计

1—工作介质；2—温包；3—毛细管；4—接头；5—连杆；6—弹簧管；7—指针；8—刻度盘；9—传动结构

$$R_t = R_{t0}[1 + \alpha(t - t_0)] \quad (17-1)$$

式中：R_t 为温度 t 时的电阻值；R_{t0} 为温度 t_0 时的电阻值；α 为电阻温度系数，即每升高 1°C 时的电阻相对变化量。

对于铂电阻，引线电阻每增加 5Ω，将会引起 10℃左右的测量误差。为了减小引线电阻的影响，通常采用三线制。

（4）热电偶温度计

根据热电效应，将两种不同的导体接触并构成回路时，若两个接点温度不同，回路中便出现毫伏级的热电势，该电势就可准确反映被测物体的温度。将回路与适当的指示仪表结合就组成了热电偶温度计，如图 17－3 所示。热电偶的测温范围为－100～1600℃，上下限根据需要还可以扩展。热电偶具有结构简单、价格低、测温范围宽、准确度高、热惯性小、输出信号为电信号便于远传等优点。与热电阻温度元件相比，热电偶温度计更加适合于测量高温对象，如石油化工反应器或加热炉炉膛温度。随着热电阻的应用领域越来越宽，也可将热电阻温度计用于压缩机流体温度、固体及固体壁面温度的测量。

（5）温度变送器

由于温度传感器(热电阻温度计和热电偶温度计)输出的信号分别是电阻信号和电压信号，因此需要将这些信号转换成压缩机控制系统能够识别的标准信号(4～20m ADC)，这种变换装置称为温度变送器，如图 17－4 所示。由温度变送器组成的测温系统如图 17－5。设计压缩机控制系统时常常将温度变送功能集成到安全栅，因此不需要在现场设置独立的温度变送器。

17.1.2　压力测量

压力是压缩机设计中的重要工艺参数。不但压力本身是表征流体流动过程的重要参数，而且流速(大小和方向)、流量等参数的测量，也往往转换为压力测量问题。在压缩机及其系统中压力测量的对象主要包括被压缩气体压力、润滑油油压、冷却水水压、填料函及中体充氮压力、仪表风压力、控制油压力、密封气压力、蒸汽压力等。

压力是指单位面积上所受的法向力，单位用牛顿/米^2(N/m^2)表示，或称为帕斯卡，用 Pa 表示。

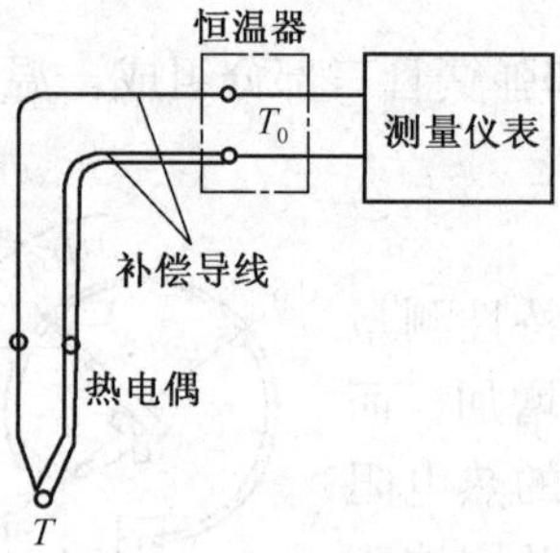

图 17-3　热电偶测温电路

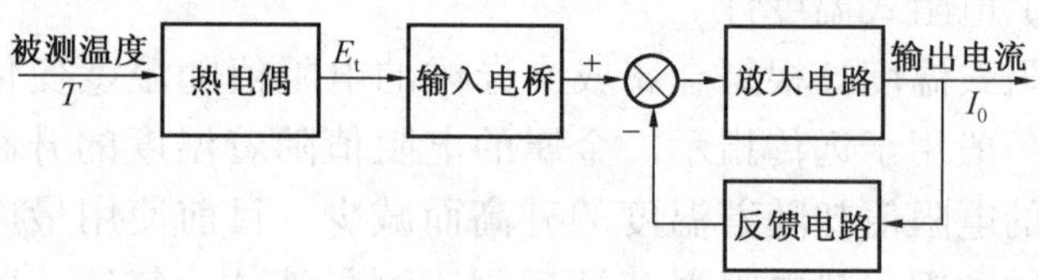

图 17-4　温度变送器的方块图

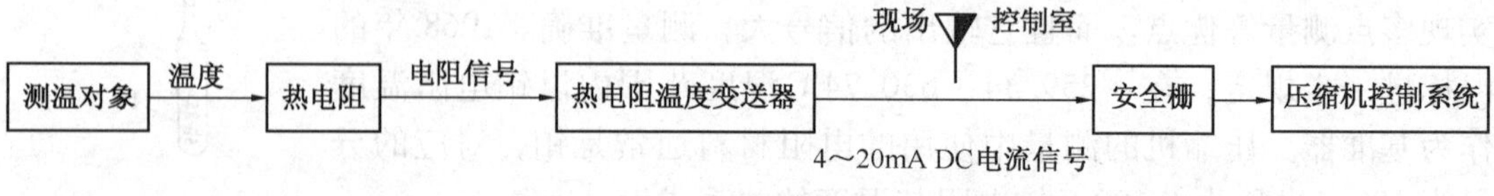

图 17-5　温度变送器测温系统

在空气动力学试验中，必须把气流静压与滞止压力区别开来：气流静压是在气流中某一点的气体，作用在通过该点并顺流线方向的无限小和薄的壁面上的压力，也即在一个流动气体中的真实压力。滞止压力也称总压，是指如果一束流体在没有外功的情况下，可逆地绝热减速到速度为零而产生的气体压力。总压与静压的差值称为速度头，也称动压。

从被测压力的性质来看，压力测量分为静态压力（稳定压力）和动态压力（不稳定压力）的测量。

一般压力指示仪器所测量的是被测介质压力与大气压之差（表压），而介质的绝对压力则是根据压力指示器的读数，加上由大气压力计所测得的大气压力值求得。

根据工作原理，目前所采用的压力指示仪器主要有液柱式、弹性式、活塞式、电气式或电子式等。

（1）液柱式压力计

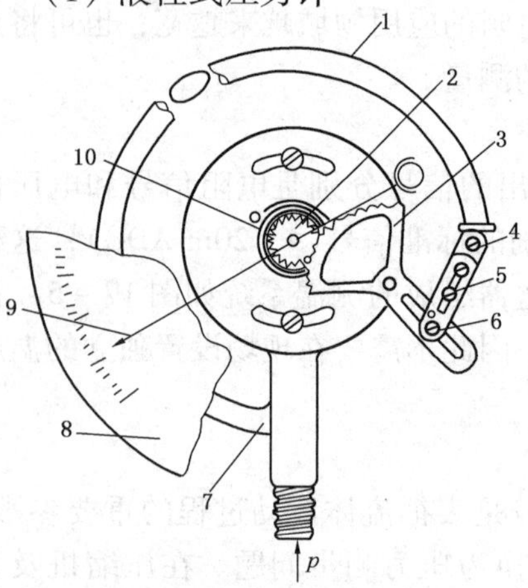

图 17-6　弹簧管压力计

1—弹簧管；2—小齿轮；3—形齿轮；4—拉杆；5—连杆调节螺钉；6—放大调节螺钉；7—接头；8—刻度盘；9—指针；10—游丝

液柱式压力计是根据流体静力平衡的原理制成的，有单管压力计和双管压力计（U 形管压力计）。具有结构简单、准确度高、使用方便价格低的特点。U 形管压力计测量压差的范围很广，其测量上限取决于工作液体的密度，但受管子的强度限制，都有一个最高压力限度；下限由测量准确度要求决定，一般不应小于 2000Pa。微压计用来测量很小的压差，如 20～5000Pa，是一种灵敏、准确度高的测压仪器。

（2）弹性式压力计

弹性式压力计是用各种形式的弹性元件作为感受件，使弹性元件受压后发生的反作用力与被测压力平衡。此时，弹性元件的变形就是被测压力的函数，通过测量变形的方法测得压力。根据测压范围不同，常用的弹性元件有膜片（分为平膜片与波纹膜片）、膜盒（分为单膜盒与双膜盒)、波纹管(分为单波纹管与双波纹管)、弹簧管(分为单圈弹簧管与多圈弹簧管)。其中，膜片、膜盒与波纹管等元件多用于微压和低压的测量；弹簧管则可用于高、中、低压直到真空度的测量。如图17－6所示，压力表的测量元件弹簧管是一根弯成270°圆弧的椭圆形截面的空心管子，管子的自由端封闭，另一端与被测介质连通。在被测压力的作用下，椭圆形截面的弹簧管有变圆的趋势，迫使弹簧管的自由端发生相应的弹性变形，这个变形借助拉杆经齿轮机构予以放大，最终由固定在小齿轮上的指针将被测值在刻度盘上显示出来。

(3) 活塞式压力计

活塞式压力计是以直接作用在已知面积上的重力来平衡被测压力的。常被作为实验室的压力标准器，准确度高。简单活塞式压力计的测量上限为6×10^7Pa，而具有差动活塞的压力计上限可达25×10^7Pa。

压力变送器是将弹性元件受压输出的位移或力等信号变成标准电信号的变换装置。在压缩机测量中常用的压力变送仪表有以下几类：

① 霍尔片式远传压力表　其原理是通过压力－弹簧管位移－霍尔电势的产生，实现压力信号的远传或显示。适用于静态压力测量。

② 应变片式远传压力表　通过应变片将被测压力转换成电阻值的变化，远传至桥式电路获得相应的毫伏级电量输出信号，然后在毫伏计或记录仪上显示。适用于测量快速变化的压力和高压力。

③ 电容式远传压力表　采用变电容原理，用弹性元件受压变形来改变可变电容器的电容量，用测量电容的方法测出电容量便可知被测压力大小，从而实现压力－电容转换。适用于测量快速变化的压力和高压力。

④ 差动式电感压力传感器　由弹簧管和差动式电感转换器组成差动式电感转换器，由公共衔铁和两个相同的简单电感转换器结合在一起构成，通过位移变化引起电感量变化，引起电流变化，或引起输出电压变化，可知被测压力的大小。适用于静态压力测量。

17.1.3　流量测量

压缩机的流量是压缩机的主要性能参数之一，它表征了机组在单位时间内输送气体量的多少。汽轮机的蒸汽消耗量是考核机组性能或装置能耗的一个重要指标，离心压缩机经常将驱动汽轮机的蒸汽消耗量纳入测量范围，并在远程控制系统中适时显示。流量可以采用质量流量，用kg/s表示单位；也可以用体积流量表示，用m^3/s表示单位。工程上常用Nm^3/h表示压缩机的容积流量，而用t/h表示蒸汽消耗。

流量测量方法分为直接测量和间接测量两类。直接测量就是同时测出流体质量(或体积)和所用时间。间接测量主要是测出与流量有关的物理量(如压差)，再换算成流量。

工程上除了小流量有时用直接测量外，大都用间接测量方法。下面主要介绍间接测量方法。

(1) 差压式流量计

利用流体流经节流装置时产生的压力差来实现流量测量，通常是由能将被测流体的流量转换成压差信号的节流装置和能将此压差转换成对应的流量值显示出来的差压流量计所组成的。可用于测量液体、气体和蒸汽的流量。目前国内外节流装置的形式已标准化，称为标准节流装置。标准节流装置的结构形式、尺寸要求、取压方式、使用条件等均有统一规定。

在管道通路上安装孔板、喷嘴或文丘利管等节流装置。当流体流过节流元件时，流束局部收缩，其流速增加，静压降低，使节流元件前后产生静压差。静压差Δp与体积流量Q_v

之间的关系为

$$Q_V = \alpha A_0\sqrt{\frac{2}{\rho}\Delta p} = \alpha F_0\sqrt{\frac{2}{\rho}(p_1 - p_2)} \tag{17-2}$$

式中：α 为流量系数，与节流元件的形式、孔口对管道的面积比及取压方式等因素有关；ρ 为流体密度，kg/m^3；A_0 为节流孔流通面积，m^2；p_1，p_2 为节流孔前后的绝对压力，Pa。

同理，质量流量为

$$Q_m = \alpha A_0\sqrt{2\rho(p_1 - p_2)} \tag{17-3}$$

因此，测出节流元件前后的静压差，就可间接确定流体流量。上式也说明，使用差压变送器测量节流元件前后的压差，由此可以换算成流量。差压流量计原理如图 17－7 所示。压力较低的应用场合适宜用文丘里(Venturi)元件，如催化裂化装置和延迟焦化装置中的富气压缩机；压力较高的场合一般使用孔板流量元件，如加氢装置中的循环氢压缩机。

(2) 转子流量计

在小流量测量中，广泛使用转子流量计，其工作原理是基于节流现象。其节流元件是一个能上下浮动并可以转动的转子，置于圆锥形测量管中。当被测流体自下而上通过时，由于转子的节流作用，在转子前后出现压差 Δp。此压差对转子产生一个向上的推力，使转子向上移动。由于测量管上口较大，因而能取得平衡位置。平衡时，Δp 与转子截面的乘积等于转子重量，为恒值，通流面积的变化可以反映出流量的大小，由式(17－2)计算流量值。指示型转子流量计的工作压力不得超过 2.0MPa，工作温度范围为 －20～120℃，常常应用于往复压缩机填料充氮的流量指示。

(3) 涡轮流量计

涡轮流量计结构如图 17－8 所示。涡轮的轴装在导管的中心线上。流体横向流过涡轮时，推动叶片，使涡轮转动，介质流量近似正比于转速。涡轮流量计具有测量准确度高、反应快、耐压高、适应范围广的特点，但不适于测量脏污介质的流量。涡轮流量计可用于测量压缩机冷却水消耗量。准确度等级一般为 0.25～1.0。

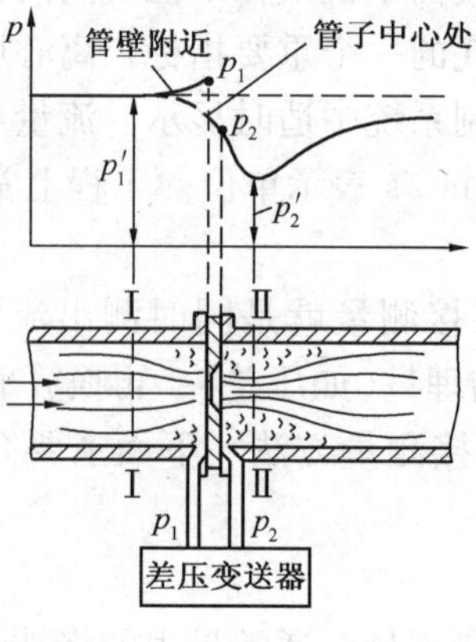

图 17－7　差压流量计原理图

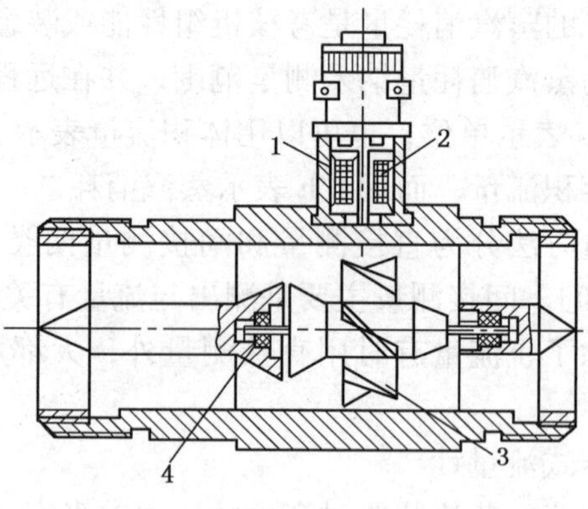

图 17－8　涡轮流量计的结构

1—铁芯；2—感应线圈；3—涡轮；4—轴承

(4) 涡街流量计

应用流体振动原理测量流量的仪表称为涡街流量计。如图 17－9 所示，在管道中设置漩涡发生体，当雷诺数达到一定值时，在物体两侧交替地形成漩涡，并随着流体流动。在一定范围内，漩涡的分离频率与漩涡发生体的几何尺寸、管道的几何尺寸有关，漩涡的频率与流量成正比关系。如式17－4，测得漩涡的频率便可得到流量。

$$f = St\frac{u}{md} \tag{17-4}$$

式中：f为漩涡的频率，Hz；St为斯特劳哈尔(Strouhal)系数，当雷诺数Re位于$2\times10^4 \sim 7\times10^6$范围内，$St$可认为是常数；$u$为流经流量计的平均流速，m/s；$m$为漩涡发生体两侧弓形面积与管道截面积之比；$d$为发生体直径或宽度，m。

涡旋频率的检测方法有许多种，如热敏检测法、电容检测法、应力检测法、超声检测法等，这些方法都是利用漩涡的局部压力、密度、流速等的变化作用于敏感元件，产生周期性的电信号，再经放大整形，最后变换成4～20mA的直流电流输出。

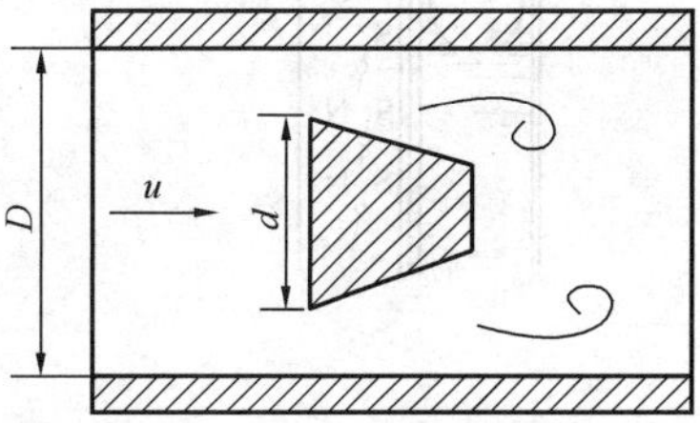

图17－9 漩涡示意图

17.1.4 液位测量

压缩机组中需要测量的液位有主油箱润滑油液位、高位油箱液位、注油器油箱液位、中间分液罐液位、填料漏气收集罐液位及汽轮机表面冷凝器热井液位等。

液位变送器和液位开关可以对液位信号进行远传，它是利用传感器将液位信号转换成电压或电流信号。

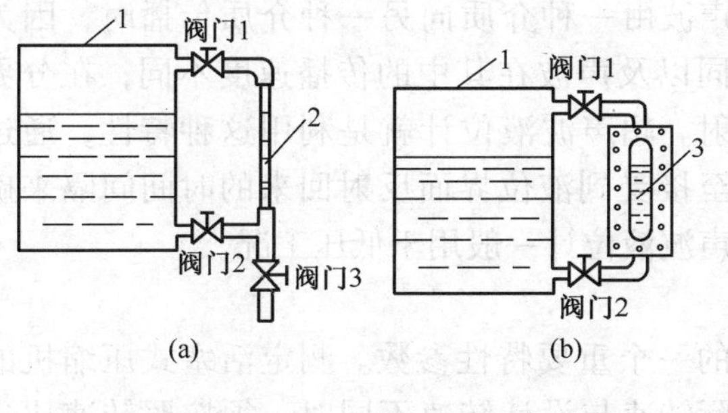

图17－10 玻璃液位计
(a)玻璃管液位计；(b)玻璃板液位计
1—液罐；2—玻璃管；3—玻璃板

(1) 玻璃液位计

这是使用最早、结构最简单的一种直读式液位计。它的一端接容器的气相，另一端接液相，根据连通器的原理工作，有玻璃管和玻璃板两种形式，如图17－10所示。对于低压罐体(如油箱)可以采用透明材质镶嵌在容器上以随时观测罐体内液位，而对于压力大的承压罐体(如中间分液罐)，则可利用连通器原理于容器上引两嘴子接到一透明管两端，该管液位就反映了承压容器内液位的高低(如彩色玻璃板液位计)。

(2) 浮力式液位计

浮力式液位计分为恒浮力式和变浮力式两种形式，主要利用感测元件在液体中的浮力测量液位。图17－11所示为磁翻板液位计，可替代玻璃板和玻璃管液位计，用来测量有压容器或敞口容器的液位，可以同时用作就地指示和远传显示。带有磁性的浮子随管内液位的升降，利用磁性的吸引，使得带有磁铁的红白分明的翻板产生翻转，根据颜色的变化得出实际的液位。

浮筒式液位计是一种变浮力式液位计，如图17－12，当液位发生变化时浮筒上下移动，浮力F、弹簧力和浮筒的重力W达到新的平衡，用差动变压器测得弹簧的压缩位移便可换算出液位。当液体密度变化范围较宽时，浮筒式液位计的输出需要进行必要的修正。

(3) 差压式液位计

它是利用容器内的液位改变时，由液柱产生的静压也相应变化的原理而工作的。各种压

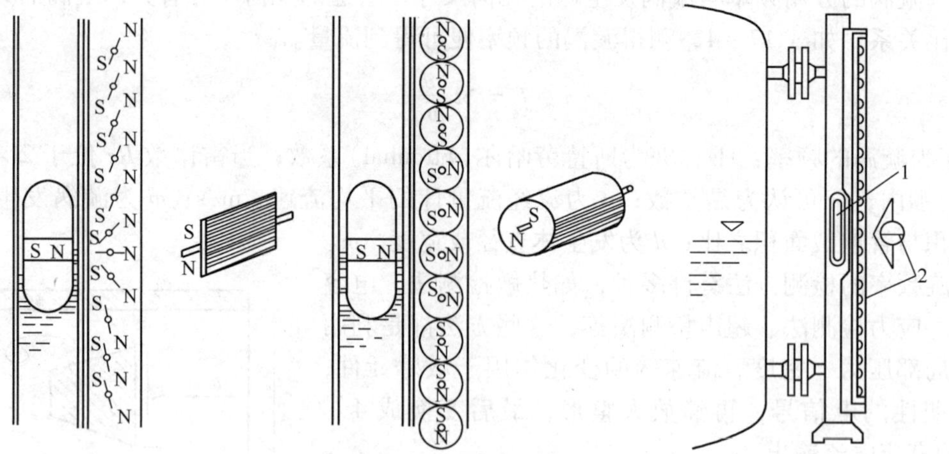

图 17－11　磁翻板液位计

1—磁性浮子；2—磁翻柱

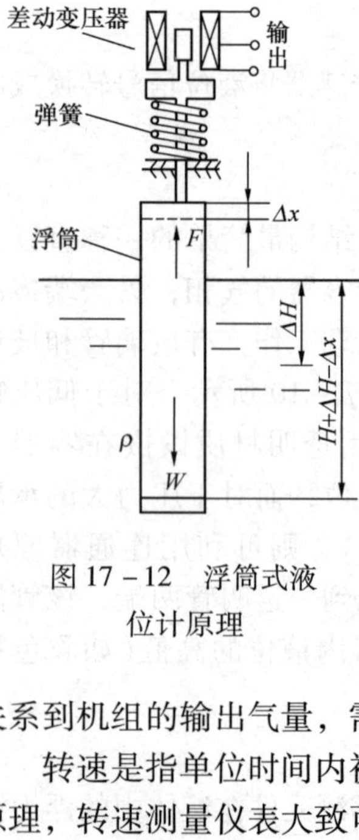

图 17－12　浮筒式液位计原理

力计、差压计和差压变送器，只要量程合适，都可以用来测量液位高度。

(4) 超声波液位计

超声波是指一种频率高于可听频率极限(20kHz 以上频段)的弹性振动，当超声波由一种介质向另一种介质传播时，因为两种介质的密度不同以及声波在其中的传播速度不同，在分界面上产生反射和折射。超声波液位计就是利用这种特性，通过测量超声波从发射至接受到液位界面反射回来的时间间隔来确定液位的高低。超声波液位计一般用于低压工况。

17.1.5　转速测量

转速是压缩机的一个重要特性参数。测定活塞式压缩机的容积流量时，若实际转速与设计转速不同时，须按照转速比进行修正。往复式压缩机在运行过程中，转速直接影响着机组的机械强度、振动及零部件的磨损情况。离心压缩机的转速直接关系到机组的输出气量，需要适时监控，并耦合到装置的工艺控制之中。

转速是指单位时间内被测轴旋转的圈数，以每分钟的转数(r/min)表示。按照测量工作原理，转速测量仪表大致可分为模拟式、计数式和闪频式等。

(1) 模拟式转速计

它是利用与瞬时转速成比例的物理现象，例如离心力、发电机输出电压等的变化，用转速单位连续指示在刻度盘上，故也称瞬时式转速计。这类转速计准确度较差，准确度等级约 1～2，有较大的速度误差，但结构简单，使用方便。此类转速计有离心式转速表、感应式转速计、发电机式转速表等。可以测量低、中、高速。

(2) 计数式转速计

它是用某种方法数出一定时间内的总转数，测量内容包括计数和测时。计数式是转速测量的一种主要方式，测量准确度高，测量转速范围为 $30 \sim 48 \times 10^4$r/min。

其测量方法有机械式和数字电子式。其中，数字电子式是利用传感器将转速值变成电脉冲信号，然后用数字频率计显示出转速值，转速传感器通常有光电式和磁电式两类。投射式光电式传感器是由装在旋转轴上的开孔圆盘，光源及光敏元件组成，开孔元件旋转一周，光敏元件感光的次数与圆盘的孔数相同，从而产生相应数量的电脉冲信号。工业汽轮机常采用磁电式传感器，它是利用旋转着的齿盘与磁极之间气隙磁阻中感应出电势的原理制成的。

（3）闪频测速法

它是基于已知频率的闪光与被测轴转速的关系，用闪光照射以转速 n 旋转的圆盘，若以同一时间单位度量，当闪光的频率 f 和转速 n 相同，或转速 n 比闪光频率大，且 $n/f = m$，m 为正整数时，则圆盘上的 P 点看上去是静止的。一般在 $f = m \cdot n (m = 1、2、3、\cdots)$ 时，看上去 P 点静止于一点、二点、三点、…。利用这种机械转速与闪光频率的关系测量转速的方法称为闪频测速法。闪频测速法测量准确度等级一般为 ±1 ~ 2，为非接触式测速法。

17.1.6 功率测量

测量压缩机的功率一般采用以下方法：(1)用测得的指示功乘以转速，再除以机械效率；(2)用测量转矩和转速的方法直接测定压缩机轴功率；(3)当驱动机为电动机时，测量电动机的输入功率(用两瓦计法得到)，乘以电机效率、传动效率等便可得到压缩机的轴功率；(4)对透平压缩机可采用热平衡方法间接确定其功率；(5)当驱动机为内燃机时，可通过测量内燃机油耗获得。

测量转矩确定压缩机轴功率　旋转机械的轴功率可以表示为

$$P = M\omega = \frac{2\pi Mn}{60 \times 10^3} \tag{17-5}$$

式中：P 为轴功率，kW；M 为转矩，N·m；ω 为角速度，l/s；n 为转速，r/min。

转矩可以通过扭力架测功法或扭力测功法来测量。转矩测量仪由转矩传感器和数字显示仪表组成。转矩传感器是利用转轴受扭后产生的弹性变形来测量转矩的大小。对于大型往复压缩机，一般在高电压回路中通过测量电压和电流来计算压缩机轴功率。

17.1.7 振动测量

振动是表征各种压缩机运行是否平稳的直接参数。往复压缩机常常通过测量曲轴箱或气缸的振动来进行监测，离心压缩机组则通过监测压缩机和汽轮机的轴振动进行诊断与分析。各类型压缩机在出厂前的机械试运转以及在现场安装之后的正常运转阶段，都需要对机械的振动量进行监测。

描述振动的三个主要参量是振幅、频率和相位。振动测量有两种：一种是测量随时间变化的位移、速度和加速度直线振动值及其频率；另一种是测量随时间变化的角度、角速度和角加速度的扭转振动值及其频率。往复压缩机往往测量曲轴箱的振动加速度，离心机则测量轴的振动速度。

振动测量方法常用的有机械测量、电测量和光学测量等。工程上一般用电涡流传感器来测量振动值。电涡流传感器属于电感式传感器的一种，其工作原理是将位移量转换成线圈自感的变化。如图 17－13 所示，压缩机轴或汽轮机轴的 $X-Y$ 向分别安装有测振探头，在探头端部装有高度密封和发射高频信号的线圈。轴与探头端部的距离很小，一般为

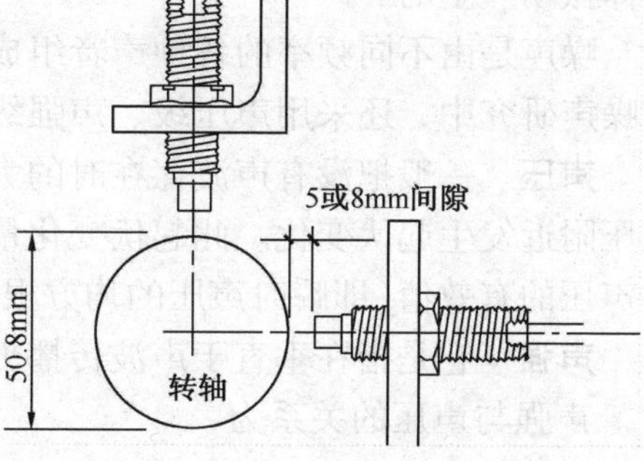

图 17－13　振动探头安装示意图

5 或 8mm，线圈通电后产生高频磁场，轴表面在高频磁场的作用下产生涡流电流。反过来涡流电流也会影响检测线圈的等效阻抗，而等效阻抗与线圈电感量有关，通过检测电感量的变化可以计算出探头与轴之间气隙的变化，从而得出振动速度。这些信号需要经过大量的转换计算后才能变成标准的 4 ~ 20mA 直流信号，所以振动测量往往需要设置专门的监控器，国内习惯称为二次表，如图 17 – 14 所示。

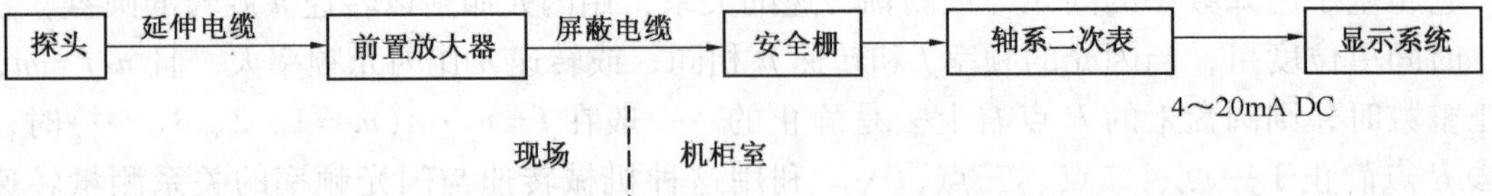

图 17 – 14 振动测量方框图

振动测量还可以使用压电式传感器，其原理是将传感器基座固定在被测振动体上，压电元件受到惯性质量块惯性力作用而变形，在两导电极面上由于压电效应而产生电荷，此传感器的输出电量瞬时值与感受到的机械振动加速度成正比。此类传感器是利用某些晶体在承受压力(或拉力)时，其表面产生电荷的性质来进行工作的，这种现象称为压电效应。石英、酒石酸钾钠、碳酸钡及锆钛酸铅等材料具有压电效应。

机器在其传递能量和完成工作的过程中，会产生激发机器或结构中个别零件振动的力。处于力传递途径中的某些零件，可以很容易地从外部接近。由此可以很方便地测量由激振力引起的振动。只要工作过程保持不变或仅在一定限度内变化，则所测量的振动实际上是不变的。对大多数机器来说，在正常工作条件下，振动频谱有一定特征形状。当机器中开始出现故障时，机器的某些动态过程发生改变，作用在零件上的力，或零件本身的力学特性也发生变化，导致振动频谱改变。这就是利用振动信号测量分析和进行机器故障诊断的基础。

17.1.8 位移测量

机组中位移测量的对象主要有往复压缩机的活塞杆下沉，离心压缩机和汽轮机的轴位移。位移的测量原理同振动测量一样，可以采用电涡流传感器来完成，一般大型往复压缩机的每根活塞杆都设有下沉监测，测点位于压力填料的法兰处。离心压缩机和汽轮机则在轴端都设置位移探头来监测主轴的轴向窜量。比较常用的本特利(Bently)3300 探头既可以用于轴振动测量，也可以用于轴位移测量。

17.1.9 噪声测量

压缩机的噪声性能也是一项重要指标。压缩机噪声主要是由空气动力性噪声和机械噪声所组成的。空气动力性噪声是由气体振动而产生的，是压缩机噪声的主要来源。机械噪声是固体振动产生的。

噪声是由不同频率的各种声音组成的。表征噪声的基本物理量有声压、声功率和声强。在噪声研究中，还采用声压级、声强级和声功率级的概念。

声压 一般把没有声波存在时的大气压力称为静压力。有声波存在时，空气压力就在大气压附近发生起伏变化。此起伏变化量就是某瞬时的瞬时声压，单位用 N/m^2 表示。而把瞬时声压的有效值(即瞬时声压的均方根值)定义为声压。

声强 它是指在垂直于声波传播方向上，单位时间内通过单位面积的声能，单位为 W/m^2。声强与声压的关系为

$$I = \frac{p^2}{\rho c} \qquad (17-6)$$

式中：I 为声强，W/m^2；p 为声压，Pa；ρ 为介质密度，kg/m^3；c 为介质声速，m/s。

声功率是声源在单位时间内辐射出来的总声能，单位为 W，可用下式表示为

$$W = \oint_S I_n S \tag{17-7}$$

式中：W 为声功率，W；I_n 为声强在基元面积 dS 法线方向上的分量，W/m^2；S 为包围声源的封闭面积，m^2。

噪声测量主要是声压级测量。通常将声压传感器信号转换成电信号放大显示。常用的有声级计、频谱分析仪器和声级记录仪等。

所谓声音就是物体的振动，在弹性介质中以疏密波的形式进行传播的过程。因此，对噪声的测量也可采用振动测量的方法类似进行。测声传感器有电容式传声器、压电式传声器和电动式传声器等，它们的共同点是采用金属弹性振膜来感受声波而产生相应的位移。电容式传声器是在振膜背后有一极板与振膜构成电容，振膜的位移导致电容的变化；压电式传声器是由振膜的位移导致压电晶体产生应变，从而因压电效应产生电压输出；电动式传声器是由振膜拖动一个线圈在固定磁场中往复运动，使线圈产生电压输出。

17.1.10 指示图的录取

活塞式压缩机的指示图(或称示功图)，系反映压缩机在一个工作循环中活塞在每一个位置时气缸内气体压力变化的曲线。根据录取的指示图，可以对压缩机的工作过程作一系列的分析计算。例如，根据指示图面积可算出气缸内平均指示压力、指示功率及气阀功率损失。根据吸入线长度可计算容积系数 λ。根据最高和最低压力可算出气缸内实际压力比。根据气体压力所产生的作用力，可以作为动力及强度复核计算的依据等。因此，使用仪器录取和分析压缩机的指示图，是研究压缩机运行工况的一种基本方法。

录取指示图的基本仪器称为指示器(或称示功器)。根据其工作原理和构造特点不同，分为机械式、气电式和电子式等。

在录取指示图时，纵坐标表示压力，而横坐标根据指示器的特点可分别用活塞行程、曲柄转角线或时间来表示。因而实际的指示图曲线有以下三种：

(1)压力 - 行程图($p-S$ 图)，它反映气缸内压力和活塞行程间的关系。

(2)压力 - 转角图($p-\theta$ 图)，它反映气缸内压力和曲柄转角间的关系。

(3)压力 - 时间图($p-t$ 图)，它反映气缸内压力和一个循环周期内不同时刻间的关系。

$p-S$ 图曲线是封闭的；$p-\theta$ 图和 $p-t$ 图曲线是展开的，但可以换算成封闭曲线。

(1) 压电式指示器

目前常用的压电式指示器由压电式压力传感器、电荷放大器和观察记录设备组成。

压电式压力传感器的结构形式很多。由于压电式压力传感器实际产生的电荷量很微弱，必须防止电荷漏失，也即压电式压力传感器的测量电路必须是一只高输入阻抗的放大器。常用的办法是在压电式传感器的输出端先接入一个高阻抗前置放大级(用的较多的是电荷前置放大器)，然后再采用一般放大级。图 17 - 15 给出了电荷放大器方框图，由电荷放大级、低通滤波器、输出放大器以及过载指示和稳压电源等组成。

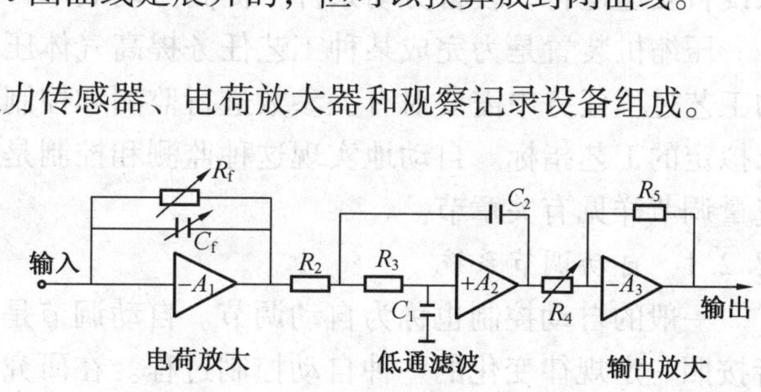

图 17 - 15　电荷放大器电路方框图

压电传感器经电荷放大器放大后的信号已达到毫伏级，可推动光线示波器的振子工作。

(2) 光线示波器

光线示波器又称为振子示波器。它能形象记录各种物理过程的动态变化，从而为分析研究这些动态过程提供重要资料。常用作压缩机的记录仪器录取示功图。

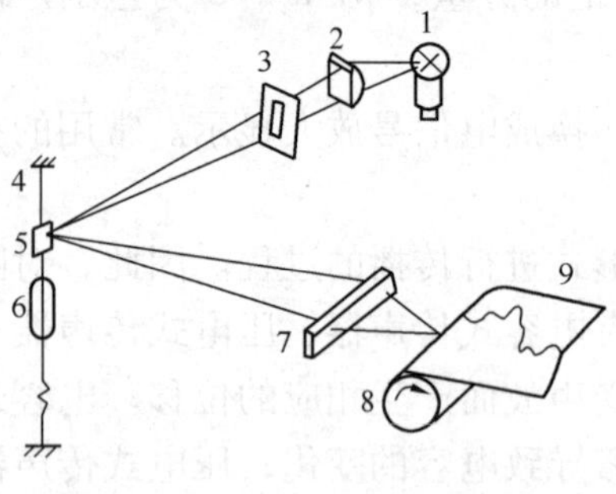

图 17-16　光线示波器原理图

1—光源；2、7—透镜；3—光栅；4—张丝；5—小镜；6—线圈；8—滚筒；9—感光记录纸

一台光线示波器有许多振子，尤其能适应需要同时测量多种记录讯号的场合。其主要测量机构是振子，工作原理如图 17-16 所示。被拉紧的张丝 4 上固定有线圈 6 和镜片 5，线圈 6 处在永久磁铁的磁场中，当线圈中流过恒定电流时，线圈受到力矩作用绕张丝轴偏转，同时使张丝扭转变形产生弹性反力矩，在某一偏转角时两力矩相等使线圈保持平衡，线圈偏转角与流过的电流成正比。如果线圈中流过的是周期性变化的电流，则线圈在磁场中就会发生振动，同时小镜片也随之振动。只要振子的自振频率足够高，振动时镜子的偏转角在任一时刻都能和变化电流的瞬时值成正比。如果这时电光源射到镜片 5 上的光线被反射到感光记录纸上(透镜 2、7 和光栅 3 的作用是使该光线聚焦成一点)，则该光点位置也会记录在记录纸 9 上发生振动，而且光点移动的距离被线性放大。当记录纸以一定速度移动时，就能记录到被测讯号随时间变化的曲线。由于光线速无惯性，所以记录曲线的准确度就主要取决于振子的性能(如自振频率、线性、灵敏度等)。

光线示波器除振子外，还必须有光学系统、电气系统(包括磁系统)、感光纸输出变速系统等协调工作。

17.2　自动控制原理

现代化生产装备都是自动化的。它由各种检测、控制器件以及数字计算机等按照一定规律组成控制系统，对设备和生产过程进行自动控制。

自动控制是指在没有人直接参与的情况下，利用控制系统或自动化仪表使被控对象或生产过程自动地按照预定的规律工作。自动控制技术的应用可以实现生产过程自动化，从而确保设备安全运行，改善劳动条件，提高劳动效率，创造更多经济价值。

压缩机装置是为完成某种工艺任务提高气体压力而采用的一套机器设备。在完成其指定的工艺过程任务中需要对有关参数进行监测和控制，以保证其正常工作，并满足根据各项要求拟定的工艺指标。自动地实现这种监测和控制是压缩机自动化的任务。有关压缩机的容积流量调节详见有关章节。

17.2.1　自动调节系统

一般的自动控制也称为自动调节。自动调节是使生产过程中的某些被调参数保持恒定或者按照一定规律变化的一种自动控制过程。在研究自动控制系统时，通常以方框图来描述系统内各组成部分(环节)间的相互影响和信号传递的关系，如图 17-17 所示。图中每个方框表示一个具体的作用环节，每个环节都有输入信号和输出信号。方框间的连线和箭头表示环节间的信号联系和信号传递方向。

自动调节系统是由调节对象、测量元件、调节器和执行器四个基本环节组成的。有时又

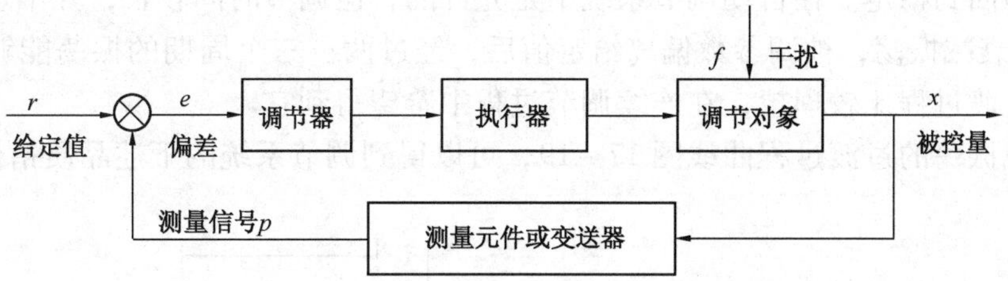

图 17 – 17　自动控制系统方框图

把测量元件、调节器和执行器合起来叫做调节装置，因此自动调节系统由调节装置和调节对象两部分组成。

被调参数是调节对象中的某个受控工艺参数；测量元件检测被调参数的变化，并与给定值比较，向调节器输入偏差信号；调节器根据偏差信号按照一定的调节规律传递调节指令；执行器按调节指令完成调节动作，作用于调节对象。在方框图中，被调参数是调节对象的输出信号。凡是引起被调参数波动的外来因素(除调节作用外)统称为干扰作用。干扰作用和调节作用对被调参数影响的信号传递通道分别称为干扰通道和调节通道。

从信号传递的角度来讲，自动调节系统是个闭合回路，故称为闭环系统。另外，系统的输出是被调参数，但它经过测量元件后又返回到调节器的输入端，这种把系统的输出信号又引到系统输入端的作法称为反馈。若反馈信号使被调参数的变化减小，称为负反馈。反之称为正反馈。

自动调节系统分类按被调参数给定值的变化规律，可以分为：

① 定值调节系统　给定值为某一确定的数值；

② 程序调节系统　给定值按指定的规律变化；

③ 随动调节系统　给定值事先不能确定，随机变化。

按照实现调节动作的特征，可以分为：

① 连续调节系统　系统所有参数在调节过程中连续变化；

② 断续调节系统　在调节过程中系统有一个以上的断续变量。

按照调节规律可分为双位调节、三位调节、比例调节、比例积分调节、比例微分调节和比例积分微分调节。

17.2.2　自动调节系统的调节品质

原来处于稳定平衡态的自动调节系统，当对象受到干扰时，被调参数开始变化，但通过调节作用，可以克服干扰，使系统在一个新的平衡态重新稳定下来。系统的稳定态称为“静态”。从干扰发生、经历调节再到新的平衡这段过程中，系统的各环节和各参数都在不断变化，这种状态称为“动态”。被调参数在动态过程中随时间的变化叫做过渡过程。通过对过渡过程的特性分析，可以获得调节系统的调节品质。

一般来说，对象受阶跃干扰后，系统的过渡过程有图 17 – 18 所示的四种基本类型：

图(a)为增幅振荡，被调参数越来越偏离给定值，系统不能稳定。这种调节系统无法实现调节，在自动调节系统中是不允许的。

图(b)为等幅振荡，被调参数呈既不发散、也不衰减的等幅振荡，它也是不稳定过程。在双位调节中就呈现这样的过程，但在连续调节系统中是不允许的。

图(c)为单调过程，被调参数偏离给定值后，逐渐缓慢地趋近给定值。它属于非周期调节，系统能够回到稳定。在自动调节系统中是允许的，但调节时间较长，并不理想。

图(d)为衰减振荡，被调参数偏离给定值后，经过两、三个周期的振荡能够很快趋于平衡值。这种过渡过程比较理想，在连续调节过程中希望得到它。

对照衰减振荡的过渡过程曲线图 17－19，可以得到调节系统的下述品质指标：

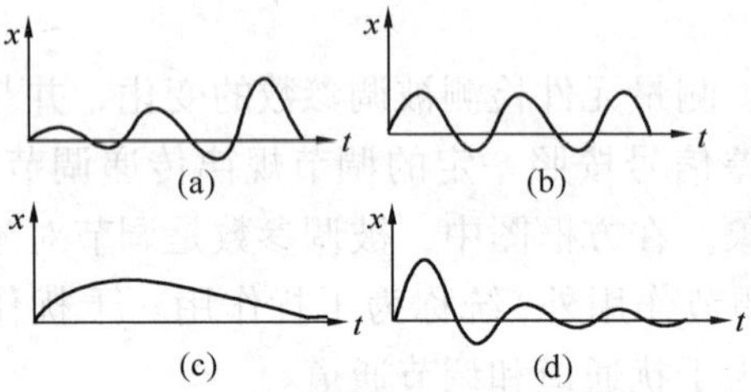

图 17－18　各种典型的过渡过程

（a）增幅振荡；（b）等幅振荡；

（c）单调过程；（d）衰减振荡

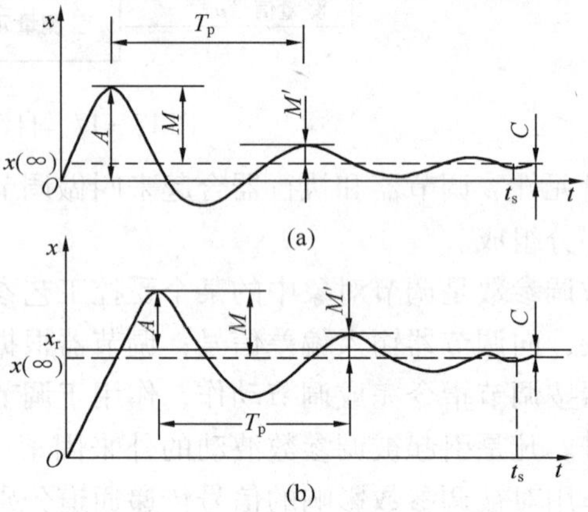

图 17－19　衰减振荡过程调节品质指标示意图

（a）阶跃干扰作用下的过渡过程；

（b）阶跃给定作用下的过渡过程

① 衰减比 n　是反映被调参数振荡衰减程度的指标。它等于同方向前后两个波峰之比，即

$$n = M/M' \tag{17-8}$$

用 n 可以判断振荡是否衰减和衰减程度。$n>1$ 时，系统稳定；$n=1$ 时，等幅振荡；$n<1$时，增幅振荡。通常希望 $n=4\sim10$ 为宜，表明调节作用能够很快克服干扰，将被调参数的波动恢复到允许的范围之内。

② 静差 C　过渡过程终了时，被调参数稳定在给定值附近，稳定值与给定值之差叫做静差。$|C|=0$ 时为无静差；$|C|\neq0$ 时为有静差。生产工艺要求静差限制在一个允许的范围内。

③ 超调量(动差)M　过渡过程中，被调参数相对于新稳态值的最大波动量。

④ 最大偏差 $A=M+C$　它是被调参数相对于给定值的最大偏差。若 A 过大，且偏离时间过长，系统离开指定的工艺状态越远，调节品质越差。

⑤ 振荡周期 T_p 和振荡频率 f　相邻两个波峰所经历的时间为振荡周期，其倒数为振荡频率。

⑥ 调节过程时间 t_s　它指调节系统受干扰后，从被调参数开始波动至达到新稳态值所经历的时间间隔。

17.2.3　调节对象的特性

调节对象的特性对于选择适当的调节装置极为重要。

对象的负荷　自动调节对象处于稳态时，单位时间流入或流出对象的物流量或能量叫做对象的负荷。

对象的容量及容量系数　容量是指被调参数为给定值时，对象中能够蓄存的能量或者物料量。容量系数是指被调参数改变一个单位量时，对象容量的变化。容量系数反映同样干扰下被调参数偏离给定值的程度。容量系数越大，偏离程度越小，系统越容易稳定。反之，越不容易稳定。

对象的自平衡特性　当干扰不大时，即使没有调节作用，被调参数变化到使对象流入与流出间建立起新的平衡时，也将稳定下来。这就是对象的自平衡性。对象在受干扰时，靠自身参数调整自动恢复平衡的能力叫做自平衡能力。对象达到自平衡所经历的过程叫自平衡过程。

调节对象的动态特性微分方程　理论分析调节对象特性的方法是根据支配对象的物理规律(例如能量平衡、质量平衡、力平衡等)，找出对象输出量与输入量的数学关系，从而建立起对象的动态特性微分方程。

调节对象的特性参数　描述调节对象的特性参数，包括放大系数 K_1、时间常数 T_1、滞后 T'，下面以图 17－20 所示的有滞后的单容对象的反应曲线加以说明：

① 放大系数 K_1　放大系数又叫传递系数。它等于飞升过程中被调参数新、旧稳定值的差与干扰幅值之比。K_1 只与干扰前后的两个稳态值有关，而与变化过程无关，所以它代表对象的静特性。反映了对象的自平衡性。K_1 越大，自平衡能力越差；反之，自平衡能力越强。

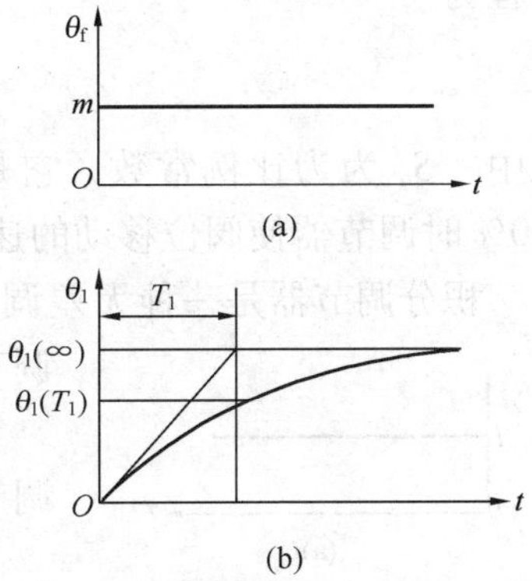

图 17－20　单容对象的反应曲线($\tau=0$)

② 时间常数 T_1　它是对象受干扰后，若被调参数以初始最大变化速度恒速变化到新稳态值所需的时间。时间常数又是被调参数变化到新稳态值的 0.632 倍时所经历的时间。时间常数反映对象自平衡过程时间的长短。

③ 滞后 T'　在对象的输入变化后，输出信号总要迟后一段时间才开始变化，这段时间间隔叫做滞后。滞后对调节过程产生不利影响。由于某种原因不能对干扰和调节立即作出反应，在滞后时间内，被调参数将按原来的趋势继续变化，结果使调节系统的稳定性变差，被调参数的最大偏差增大，过渡过程时间延长。所以应注意尽量减小滞后。

对象的上述特性参数 K_1、T_1、T' 和特性比 T'/T_1 是选择调节装置和进行参数整定的重要依据。

17.2.4　调节器的构成原理

(1) 常用调节器的调节规律

调节器是自动调节系统中的专用仪器。调节器根据被调参数测量值和给定值的偏差信号，按某一调节规律和精度自动调节，使被调参数保持在规定范围或者按照指定的规律变化，它是调节系统的重要组成部分之一。

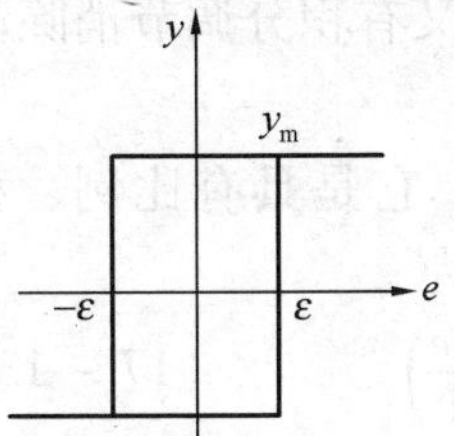

图 17－21　双位调节器的特性

调节器输出信号 y 与输入信号(偏差)e 的关系叫做调节规律。通常按照调节规律划分调节器。

① 双位调节器　双位调节器只有两种输出状态，当正偏差量超过上限值时和负偏差量超过下限值时分别对应一种输出状态，而在中间区内调节器的输出取决于它原来所处的状态，如图 17－21 所示。中间区的出现还有另外两个原因：一是执行机构都有不灵敏区，这时理想双位调节实际上转变为具有中间区的调节；二是采用双位调节的系

统本身的要求就不高，只要求被控变量在两个极值之间，这就是可用中间区的双位调节方案。

$y=+y_m$表示接通状态；$y=-y_m$ 表示断开状态；2ε 为呆滞区。双位调节器的调节作用是断续的。呆滞区的作用是不引起双位调节器产生输出作用的偏差区间。

与双位调节类似的还有三位调节。它的调节器有三种输出状态。三位调节器与电动执行器配合使用，可以实现正转、反转和不转三种调节动作。

② 比例调节器(P 调节器)　比例调节器的输出与偏差成正比。特性方程为

$$y=K_c e \tag{17-9}$$

式中　K_c 为比例调节器的放大系数。

上式说明，只要有调节作用，就有对应的偏差。因此，比例调节存在不可避免的静态偏差。

③ 积分调节器(I 调节器)　积分调节器的输出值的速度和被调量偏差值成正比。特性方程为

$$y=-S_0\int e\mathrm{d}t \tag{17-10}$$

式中　S_0 为为比例常数，它是积分调节器的积分速度，在数值上它等于被调量偏差 e 为100%时调节器使阀位移动的速度。

积分调节器是一种无差调节器。对于无自平衡的调节对象，不能采用积分调节器进行调节。

④ 微分调节器(D 调节器)　它是以被调量的变化速度作为调节器的输出的调节器。特性方程为

$$y=-S_1\frac{\mathrm{d}e}{\mathrm{d}t} \tag{17-11}$$

式中　S_1 为调节器的微分速度。

微分调节起到超前调节的作用，能加快调节速度，改善调节品质。应注意，仅仅由微分作用构成的微分调节器不能作为调节器独立使用。故它只起辅助调节作用。

⑤ 比例积分调节器(PI 调节器)　它是既含比例作用环节，又含积分作用环节的调节器。特性方程为

$$y=K_c\left(e+\frac{1}{T_I}\int_0^t e\mathrm{d}t\right) \tag{17-12}$$

式中　T_I 为积分时间常数。

PI 调节既有比例调节反应迅速的优点，又有积分调节消除静差的优点，可获得较高的静态精度。

⑥ 比例积分微分调节器(PID 调节器)　它是具有比例、积分、微分三种作用环节的调节器。特性方程为

$$y=K_c\left(e+\frac{1}{T_I}\int_0^t e\mathrm{d}t+T_D\frac{\mathrm{d}e}{\mathrm{d}t}\right) \tag{17-13}$$

式中　T_D 为微分时间常数。

PID 调节器功能较全，可以具有很好的调节质量。上述 P 调节、PI 调节和 PID 调节对于单位阶跃输入的动态响应如图 17－22 所示。

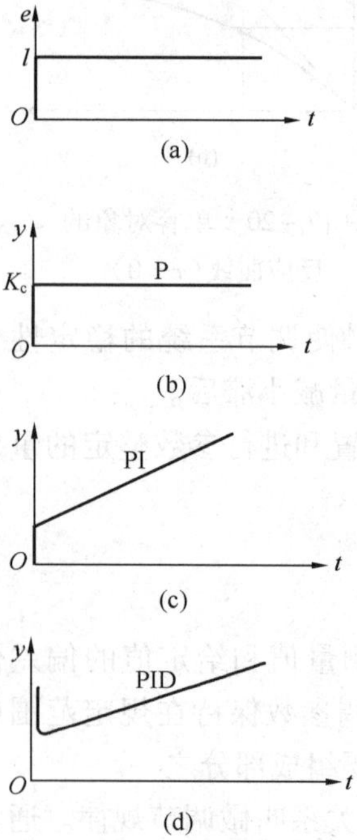

图 17－22　调节器对于单位阶跃输入的响应

(a)调节器输入；

(b)比例调节器输入；

(c)比例积分调节器输出；

(d)比例积分微分调节器输出

总之，比例作用按偏差量成比例地改变调节量，能迅速抑制干扰，是基本的作用环节；积分作用是有偏差量就要进行调节，起消除静差的作用；微分作用则按偏差量的变化速率成比例地改变调节量，起超前调节、缩短调节时间的作用。图 17－23 示出了同一对象在不同调节规律作用下的调节过程比较。

调节器按工作能源分，通常有气动控制仪表和电动控制仪表。气动仪表结构简单，价格便宜，性能稳定，可靠性高，而且本质上是防爆的，在石油化工等危险场所有广泛的应用；电动仪表其信号传输、放大、变换、处理比气动仪表容易得多，便于远距离操作和与计算机接口，而且防爆措施也得到了很好的改善，其应用也是越来越广。

（2）气动调节器

各类气动调节器，具体结构各有特色，其构成原理基本一致，如图 17－24 所示，主要由四个部件组成，现分别予以介绍：

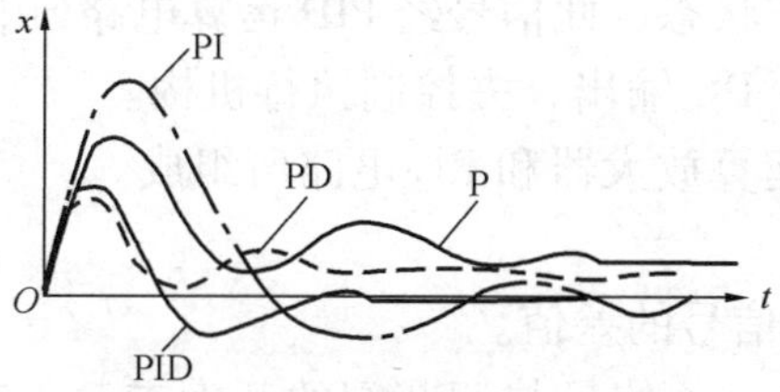

图 17－23　各种调节过程的比较

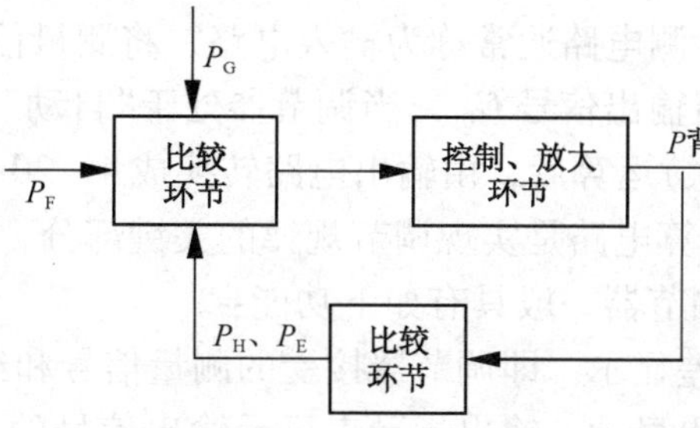

图 17－24　气动调节器的构成原理

比较环节　它的作用是把测量信号 P_F 与给定信号 P_G 相比较，得出调节器的输入信号，然后将输入信号与反馈信号 P_H、P_E 相比较，得到使控制元件产生位移信号的偏差信号，气动调节器的比较机构是应用力学原理的膜片和波纹管等。

控制元件　气动调节器的控制元件通常是各种形式的喷嘴挡板机构。它的作用是把比较环节送来的微小位移量转换成相应的气压信号 $P_{背}$。

功率放大器　它的作用是把控制元件输出的微弱气压信号进行功率放大，以便远距离传送或推动执行机构。

反馈机构　气动调节器中的反馈机构，通常是由各种形式的恒气阻、可调气阻、气容或杠杆等组成的。它不仅有负反馈而且还有正反馈。其作用是为了实现比例、积分、微分控制规律。

比较常见的气动调节器有膜片式气动调节器、波纹管式力矩平衡调节器、气动集装式调节仪表等。

（3）电动调节器

电动调节器有 DDZ－Ⅱ型（电动仪表信号为 0～10mA DC）和 DDZ－Ⅲ型（电动仪表信号为 4～20mA DC），Ⅱ型是分立元件的隔爆型仪表，而Ⅲ型是集成电路的安全火花型防爆型仪表，结构更为合理，功能也更为丰富。下面主要介绍 DDZ－Ⅲ型调节器的组成原理。

DDZ－Ⅲ型调节器由控制单元和指示单元两部分组成。控制单元包括输入电路、PD 电路、PI 电路、输出电路以及软手操和硬手操电路等；指示单元包括测量信号指示电路和设定信号指示电路，如图 17－25 所示。

测量信号和内设定信号均为 1～5V · DC，它们通过各自的指示电路变为 1～5mA · DC 输出，两指示值之差即调节器的输入偏差。外设定信号为 4～20mA · DC，通过 250Ω 的精密电阻转换成 1～5V 直流电压信号，内外给定信号由开关 K6 来选择。

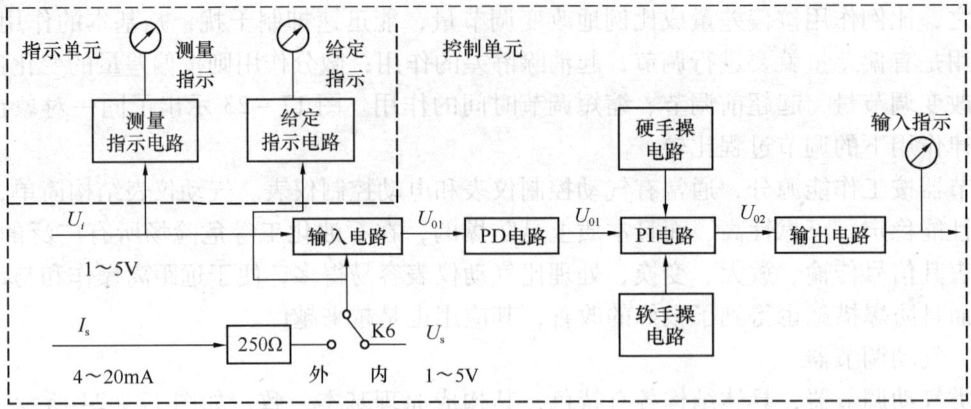

图 17－25　DDZ－Ⅲ型调节器框图

偏差检测电路通常称为输入电路，将测量信号 U_i 和给定 U_s 相减，得到偏差信号，再将偏差放大后输出信号 U_{01}。当调节器处于“自动”工作状态，此信号经 PID 运算电路（由 PD 与 PI 电路串联）运算后，由输出电路转换成 4～20mA · DC 输出，去控制执行机构。

PID 运算电路是实现调节规律的关键部分，由运算放大器和 RC 电路所组成。

电动调节器一般具有如下功能：

① 偏差显示　即调节器接受的测量信号和给定信号的差值。

② 输出显示　输出指示表显示输出信号的大小，该信号与调节阀的开度有一一对应的关系，输出指示表又作调节阀的阀位指示表。

③ 提供内设定信号及内外设定的选择　内设定信号由调节器内部提供，其范围与测量信号范围相同。设定信号的大小根据工艺参数的要求，人为确定。调节器接受的信号由内外设定开关 K6 来选择。

④ 正反作用的选择　为确保压缩机组的安全性，要构成一个负反馈的调节系统，必须正确选用气开式或气关式调节阀。

⑤ PID 参数　调节器的比例度，积分时间，微分时间的大小关系到调节系统的调节质量，所以对它们应能进行调整。

⑥ 手动操作与手操－自动双向切换　调节器的手动操作是必不可少的，正如压缩机的开车，往往是手动开启，待机组稳定后，才转向自动状态。当调节器发生故障时，也必须切向手动操作。

17.2.5　组装式电子综合控制装置

组装式电子综合控制装置（简称控制装置）是在电动单元组合仪表基础上发展起来的一种功能分离、结构组件化的成套仪表装置，它能与工业控制机、程控装置、图象显示装置配合，对压缩机组进行综合控制。具有如下特点：

① 功能分离化。整套装置由调节、显示、操作等功能组件组成，每一组件只完成一种功能，将不同功能的组件组合起来可方便地构成各种控制系统，以满足不同工业对象的需要。

② 结构组件化。整套装置由功能组件插接装配而成。

③ 综合控制。整套装置是以模拟量控制技术为主，模拟量控制技术和数字量控制技术相结合的“综合控制装置”。数字量控制技术主要对系统工况进行监视、控制、联锁，与工业控制机连接，以及在各种逻辑判断中起到重要作用。

④ 成套装置。成套装置是针对特定的对象，按照自动化系统的需要选择各种功能组件，

在制造厂预先装配好，以成套设备的形式提供给用户。

成套装置由运算控制机柜和集中控制台(CRT)两部分组成。运算控制机柜依赖高密度安装各种功能组件，是整个控制装置的主体，它接受来自压缩机组现场的各种信号，并进行运算、控制处理，同时把处理后的信号送至现场和集中控制台；集中控制台是用来为操作人员提供必要的显示和操作手段，装有操作显示等部件，它具有监视压缩机运行情况所必须的指示和记录功能，还具有送出给定值和进行手动－自动切换等功能。

控制装置的功能组件分模拟量功能组件和数字量功能组件两大类。模拟量功能组件包括转换、计算、调节、控制、设定、显示、操作和电源等组件；数字量功能组件是用来构成监控系统，逻辑系统及工业控制机的专用接口，用以加强装置的监控功能，提高系统工作的安全可靠性，并使装置能与工业控制机兼容。

17.2.6 可编程序控制器

可编程控制器(Programmable Logical Controller，简称 PLC)是一种可以由用户编制程序，构成各种控制方式的数字化仪表。它以微处理器为运算控制的核心，是单元组合式仪表向微机化发展和计算机控制向分散化发展，两者结合的产物。它既有逻辑控制、计时、计数、分支以及子程序等顺序控制功能，又有数字运算、数据处理、模拟量调节、操作显示以及联网通信等多种功能，因而广泛应用于各种工业控制领域。目前石化行业的大型压缩机基本都采用 PLC 控制系统。

可编程调节器自 20 世纪 70 年代问世以来，得到很快发展，国际上生产可编程调节器的厂家很多，但其核心控制技术都大同小异，概括有如下特点：

① 系列化；

② 多处理器；

③ 较大存储能力；

④ 很强的输入输出接口；

⑤ 智能外围接口；

⑥ 网络化；

⑦ 紧凑性、高可靠性和保密性；

⑧ 通俗化的编程语言。

典型的可编程调节器由中央处理单元、存储器、输入输出接口电路和其他一些电路组成，如图 17－26 所示。

中央处理器(CPU)是可编程调节器的主要部分，是系统的核心，完成数据传送、运算处理和判断等功能。它通过输入装置将外设的状态按照用户要求去处理，根据处理结果通过输出装置去控制外设。

存储器主要用于存放系统程序、用户程序及工作数据。系统程序是由控制器的生产厂确定，用户只能调用，不能修改。用户应用程序是随工作环境而定的，随生产工艺的不同而变动，一般是由用户根据使用的场合要求而编制的，存放于 EPROM 存储器中，其内容可以擦除，以便将新编制的程序通过编程器再行写入。工作数据是控制器在应用过程中经常变化、经常存取的一些数据，一般不需长久保持，因此这部分数据经常选用 RAM，以适应随机存取的要求。

可编程调节器是一种工业控制的计算机系统，控制对象是压缩机的工作过程或工业生产的全过程，对压缩机组或工业过程的监控是通过 I/O 模板来实现。通过 I/O 接口模板可以检

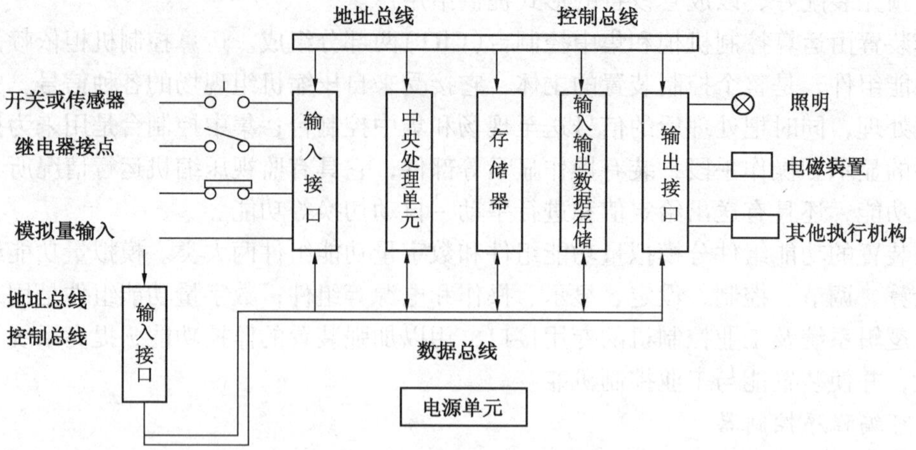

图 17－26　可编程控制器结构示意图

测压缩机的各种参数，并以这些数据作为调节器进行控制的信息，同时调节器通过 I/O 模板将处理结果送到调节阀或电磁阀来实现。为确保这些控制信号的正确无误，可编程调节器的 I/O 模板必须具有良好的抗干扰能力，应这些要求，就有许多 I/O 接口模板，包括数字量输入模板、数字量输出模板、模拟量输入模板、模拟量输出模板。

可编程调节器是以顺序执行存储在它的存储器中的程序来完成其控制功能，根据压缩机操作要求编制出的控制程序通过一定方式输入到存储器，并经过调试后成为可执行的控制程序。编程器的主要任务是输入程序、调试程序和监控程序的执行。

17.2.7　控制系统的设计步骤

以可编程序控制器为核心的控制系统的一般设计思路如图 17－27 所示。

首先，确定受控系统的控制方案，对于往复压缩机组，就是要监测机组各重要点的温度、压力、润滑油压力温度、密封气压力、过滤器差压、分液罐液位、压缩机的转速、轴的振动位移、蒸汽参数和冷凝水的压力液位等，并发出报警或停机信号。例如，润滑油压力低报警，给辅助油泵发出启动命令，压力低低则发出停机信号、入口分液罐液位高报警等。对于离心压缩机组还需要考虑设置调速、超速保护和防喘振控制等。

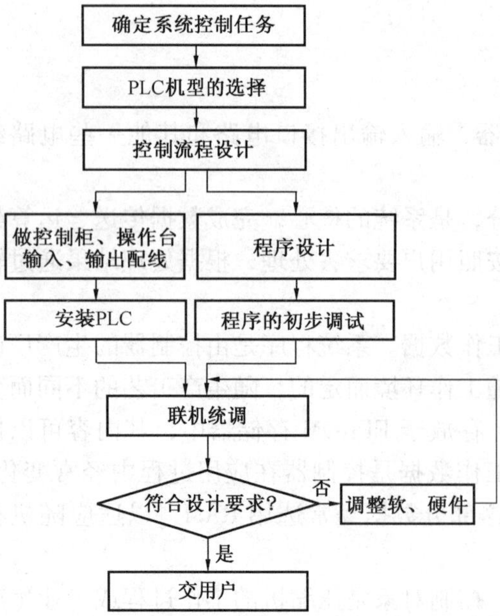

图 17－27　设计步骤

其次，选择机型。PLC 的可靠性是控制系统的关键，由于机组报警及联锁保护的特殊性，一般选用进口 PLC。有时关键机组还必须考虑双冗余或三冗余的 PLC。

第三，进行工程设计。根据机组的检测点以及必需的控制功能，进行硬件组装和软件编程。

第四，出厂调试（Factory Acceptance Test）。所有控制系统都必须经过工厂的模拟测试合格才能交付使用。

17.3 典型压缩机机电一体化系统

随着电子技术的迅猛发展，机电一体化技术在压缩机的监控方面得到应用和发展。特别是使用了可编程序控制器(PLC)及CRT后，压缩机控制系统将更安全、更可靠、更方便。压缩机应装设的热工仪表和保护装置如表17-1所示。

表17-1 压缩机用热工测量仪表和保护装置

仪表类型	设置部位及监测量	设置要求
温　度	各级吸、排气温度	应装
	冷却器出口气体温度	宜装
	冷却水进水总管水温	宜装
	冷却水回水温度	宜装
	压缩机径向和推力轴承温度	应装
	汽轮机径向和推力轴承温度	应装
	主电机定子线圈温度	应装
	主电机轴承温度	应装
	传动机构润滑油温度	应装
压　力	各级气缸吸、排气压力	应装
	储气罐内气体压力	应装
	机组冷却水进口压力	应装
	传动机构润滑油压力	应装
	控制油压力	应装
	密封气压力	应装
	隔离气压力	应装
	蒸汽进排气压力	应装
	过滤器差压	宜装
液　位	气液分离器液位	宜装
	润滑油箱液位	宜装
	注油器液位	宜装
	高位油箱液位	宜装
流　量	冷却水进口总管流量	宜装
	压缩机的容积流量	宜装
	干气密封放火炬流量	应装
	吹扫氮气流量	宜装
电　量	压缩机驱动电动机的电流和电压	应装
保护装置	机组近旁的紧急停车按钮	应装
	各级气缸排气温度越限的声、光报警	应装
	冷却水压越限的声、光显示报警	宜装
	润滑油压力越限的声、光显示及自动停车控制	应装
	电动机的电压和电流越限的声、光显示及自动停车控制	宜装
	汽轮机超速保护装置	应装
	轴承温度越限的的声、光显示及自动停车控制	应装
	轴封放火炬流量越限的声、光显示及自动停车控制	应装

新型炼油厂全厂只设一个中央控制室，压缩机控制机柜以及装置的分散型控制系统DCS(Distributed Control System)机柜均布置在现场机柜间FAR(Field Auxiliary Room)，然后用光缆将这些信号连接到中央控制室CCR(Central Control Room)，图17-28是典型的离心压缩机控制系统的框架图。往复压缩机也可以选用这种模式。

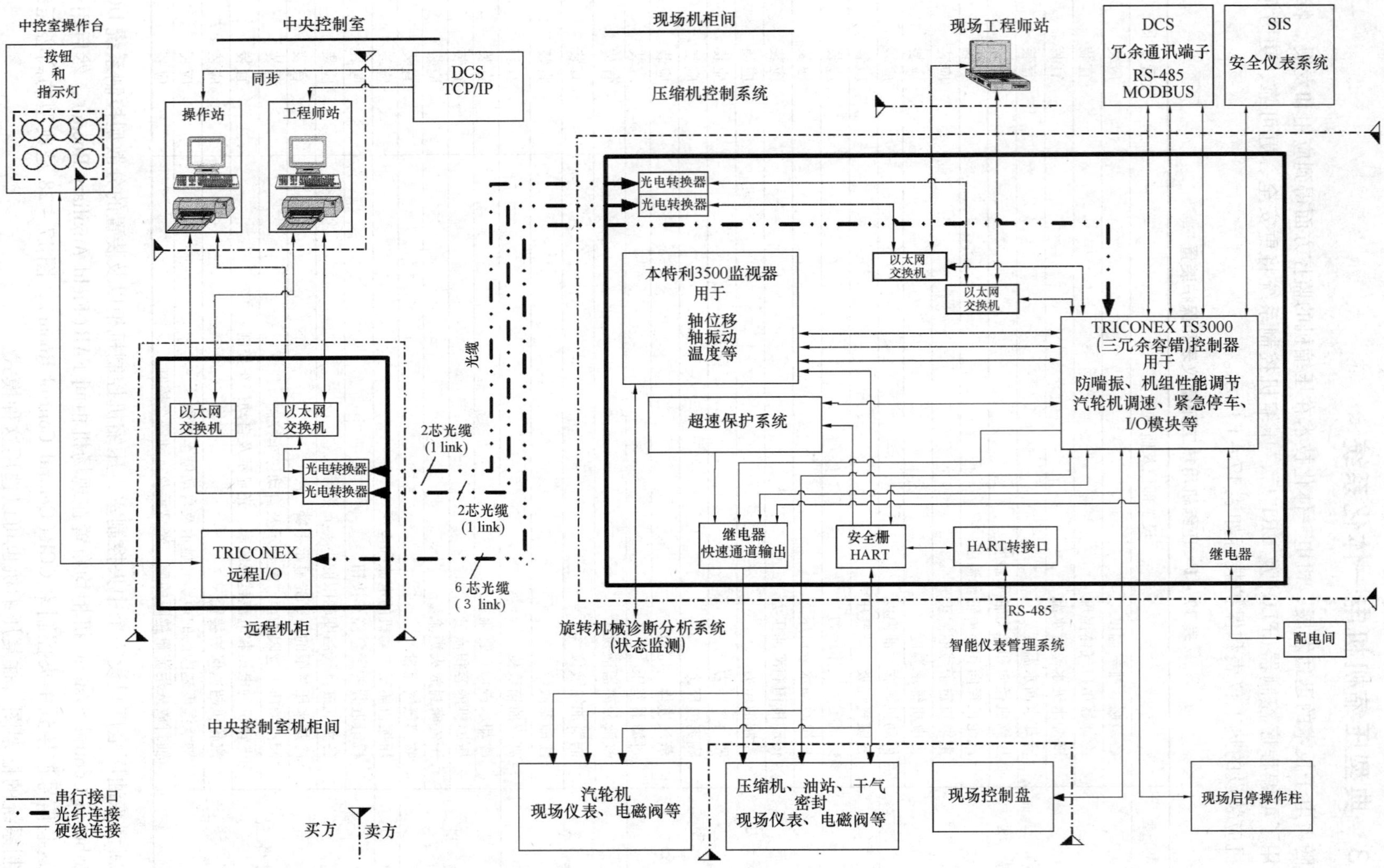

图 17－28　离心压缩机控制系统构架

石油化工用工艺压缩机一般用来压缩易燃易爆的气体(如氢气，碳氢化合物等)，而且要求连续运行不中断，故对控制系统的设计要求更高，更复杂，以下以此类压缩机的控制系统为例作较详细的说明，其他行业用压缩机可作为参考。

17.3.1 压缩机控制系统

(1) 控制系统的组成

控制系统可分为硬件和软件两大部分。

① 硬件部分

主要包括就地仪表，接线盒(箱)，仪表盘(板)，操作柱，控制柜，操作台等。

就地仪表　包括所有测量仪表，如压力表、压力开关、压力变送器；温度计、温度开关、热电偶、热电阻；流量计、流量变送器；液位计、液位开关、液位变送器；以及卸荷用电磁阀、停机用电磁阀等；就地电动仪表有防爆型和非防爆型。

接线盒(箱)　所有需要远传的仪表均要配线至有关的接线盒；接线盒有防爆型和非防爆型之分。

仪表盘(板)　主要装有盘装压力表、温度计、负荷选择开关等。

操作柱　主要装有开/停按钮、选择开关及指示灯，用于电气设备的开/停。一般放在电气设备的旁边便于操作。根据使用场所的不同，可选择防爆型和非防爆型。如果驱动机为汽轮机，必须设置启动按钮、升速降速按钮、允许超速、超速按钮及相关指示灯等。

控制柜　机组控制柜一般布置在就地仪表间，安全区域、辅助操作台则布置在全厂中央控制室 CCR。控制柜一般包括柜内，主要有 PLC 主控制器、I/O 模块、电源卡、机架、信号分配器、安全栅、隔离继电器等。辅助操作台则包括开关、按钮、指示灯和报警灯屏等。

如果将这种控制柜摆放在机组旁边，则必须考虑防爆的问题，如选用正压通风型机柜。此时可以将开关、按钮、指示灯和报警灯屏等布置在柜面上。

操作台　操作台主要有工业级上位计算机、CRT、打印机、鼠标及硬灯屏等。

② 软件部分

主要有 PLC 编程组态软件、上位计算机驱动软件、操作软件等。控制系统一般配备 SOE(Sequence of Events)功能，按时间记录机组顺序发生的各种事件状态，与历史趋势配合可以对机组的故障原因进行分析查找。

(2) 控制系统的选择

① PLC 的选择

PLC 是控制系统的核心部分，压缩机的报警、安全联锁、启停控制均由 PLC 完成。

PLC 的选型主要取决于 CPU、I/O 卡、通讯卡的不同配置。目前常用的 PLC 有 GE－FANUC 公司 90－30，90－70 系列、Triconex 的 TS3000 系统，Siemesn‘S7’系列、ALLEY－BRALEY 系列产品。如有特殊要求，PLC 还可配置成冗余型(REDUNDANT)，即要求 PLC 具有双 CPU、双 I/O、双电源、冗余通讯模块，因而控制系统更安全可靠。其中 TS3000 和 GEFunac90－70 为 TMR 三冗余容错系统(Triple Module Redundant)，广泛应用于大型离心压缩机的控制。GE90－30 以及 SiemensS7－300 一般用于往复压缩机控制系统。

② 操作系统软件、驱动软件、控制软件的选择

操作系统软件环境一般为 WINDOWS 环境，驱动软件要求能适合于以太网接口，控制软件用专门厂商的产品，如美国 WONDERWARE 公司 IN－TOUCH 工控软件。

③ 上位计算机及 CRT 的选择

无特殊要求，用户可根据实际需要进行配置。目前，上位机一般选择工业计算机，CRT选择21吋以上LCD产品。

④ 通讯网络的选择

采用以太网卡、TCP/IP通讯协议，计算机就可在以太网上与PLC实现安全快速可靠的数据通讯。另外，还可设通讯卡(RS485/232MODBUS协议或PROFIBUS协议)与用户的DCS进行通讯。

⑤ CRT画面的选择

可根据用户的要求进行配置，但至少应包括压缩机气路系统、冷却水系统、润滑油系统、机身系统、系统报警窗、棒状图、历史记录、控制油系统、轴系监测，以及蒸汽疏水系统、调速画面、防喘振画面、汽轮机调节油系统、干气密封系统等。

17.3.2 炼厂重整装置往复压缩机的控制系统

以下介绍的控制系统用在某炼油厂的催化重整装置上，控制两台重整氢增压机。

(1) 工艺参数

介质为含氢气体，相对分子质量6.6，进口压力1.1MPa(A)，出口压力2.5MPa(A)，进口流量1800m^3/h，进口温度40℃，出口温度115℃。

(2) 防爆要求

本压缩机组位于防爆区域，防爆等级为2区，IIC，T3。现场仪表必须严格遵守该防爆区域的要求。

(3) 压缩机组基本特征

两台压缩机，一操一备。每台机包括：

① 压缩机为两列，一级、双隔距室、双作用气缸、对称平衡型往复压缩机，微油润滑设计，主轴承为上下瓦块式滑动轴承，每缸的进出口带有缓冲罐；

② 驱动机主电机为增安型(eIIT3)异步电机(700kW，328r/min，6kV)，带有空间加热器(1.6kW，隔爆型dIICT4，220V)，水空冷，主轴承为上下瓦块式滑动轴承；

③ 油站设备主要包括一台主油泵(轴头泵，压缩机曲轴驱动)，一台辅助油泵(电机驱动，5.5kW，dIICT4，380V)，双联油冷器及油过滤器，油箱(曲轴箱)及电加热器(10kW，dIICT4，380V)；

④ 气缸填料注油器(电机驱动，0.55kW，dIICT4，380V)；

⑤ 气动盘车装置；

⑥ 气缸填料漏气收集罐。

(4) 控制系统配置

该重整装置旁设有中央控制室，压缩机控制柜、辅助操作台、操作站等均布置在中央控制室。

说明：两台机组的控制系统配置一样(除CRT操作台两台机组共用外)，以下只针对一台压缩机组来说。

机组相关的管线及仪表流程图(P&ID)有：压缩机气路系统、机身系统见图17－29；油路系统见图17－30；冷却水路系统见图17－31。

① 仪表选型

总的要求：所有的压力仪表均有不锈钢的NPT取压口，压力表为刻度盘指示；所有的温度仪表带有套管，温度表为刻度盘指示；安装在危险区域内的仪表为本安型(iaIICT4)，开

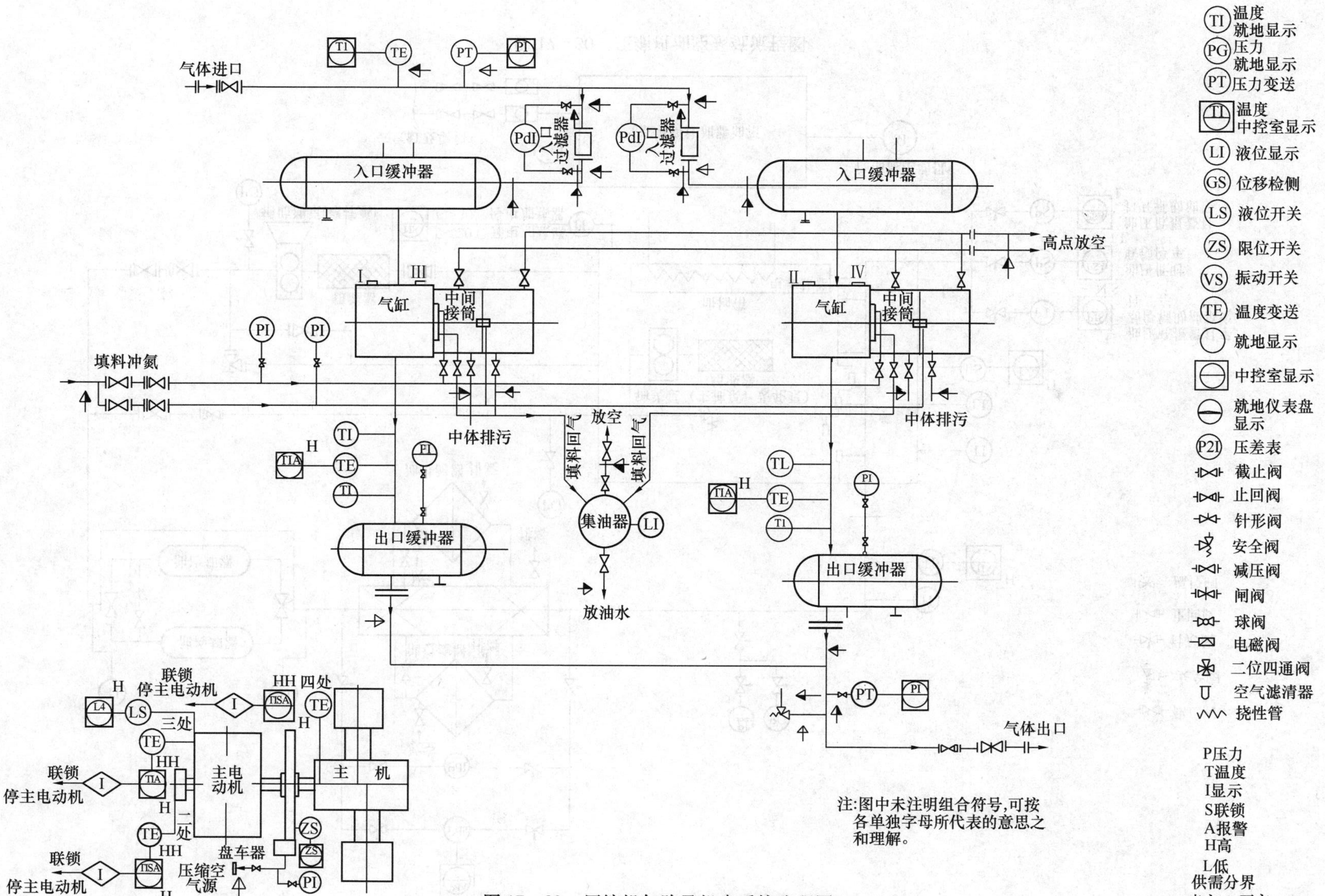

图 17 – 29　压缩机气路及机身系统流程图

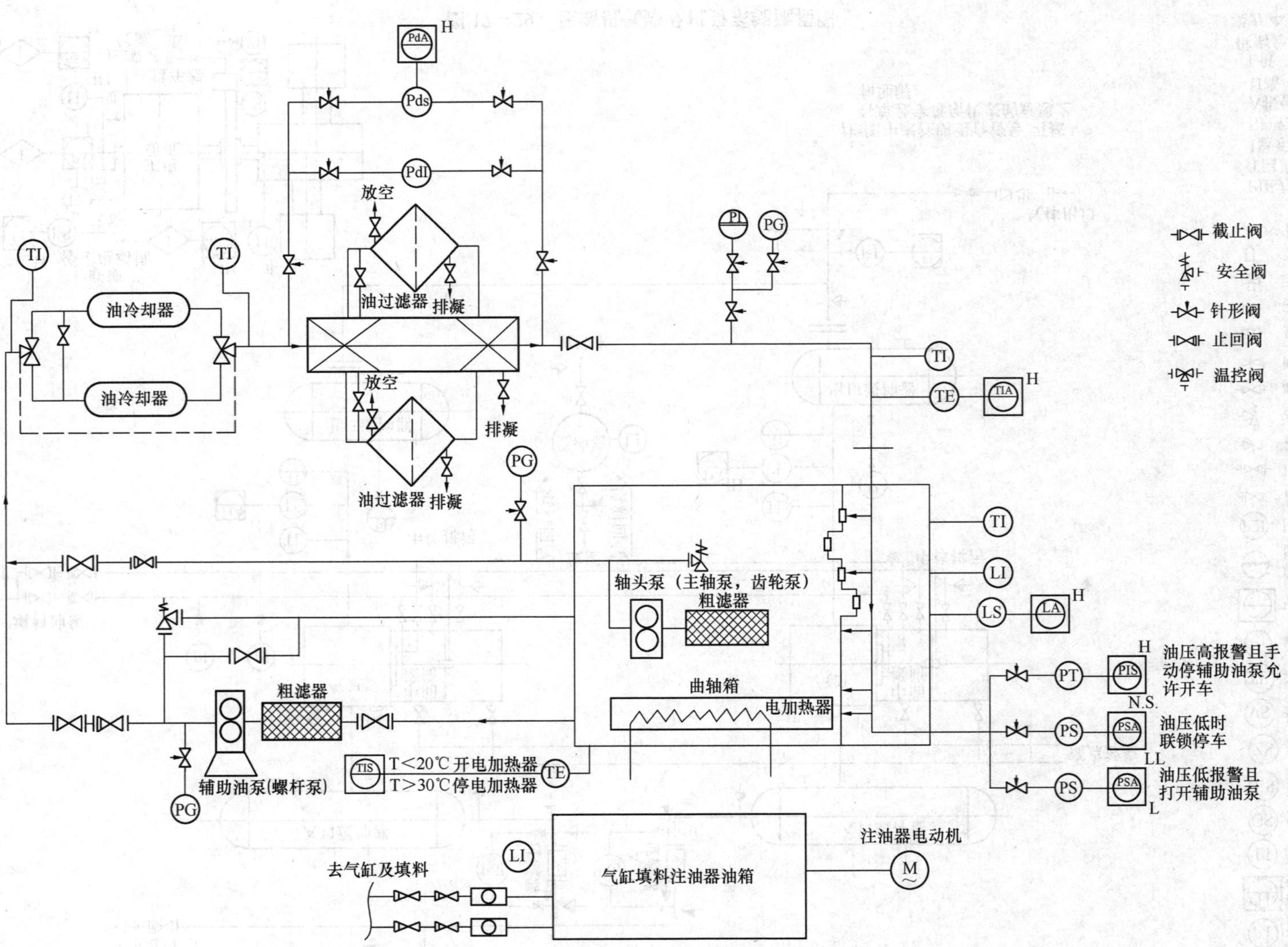

图 17-30　压缩机油路系统流程图

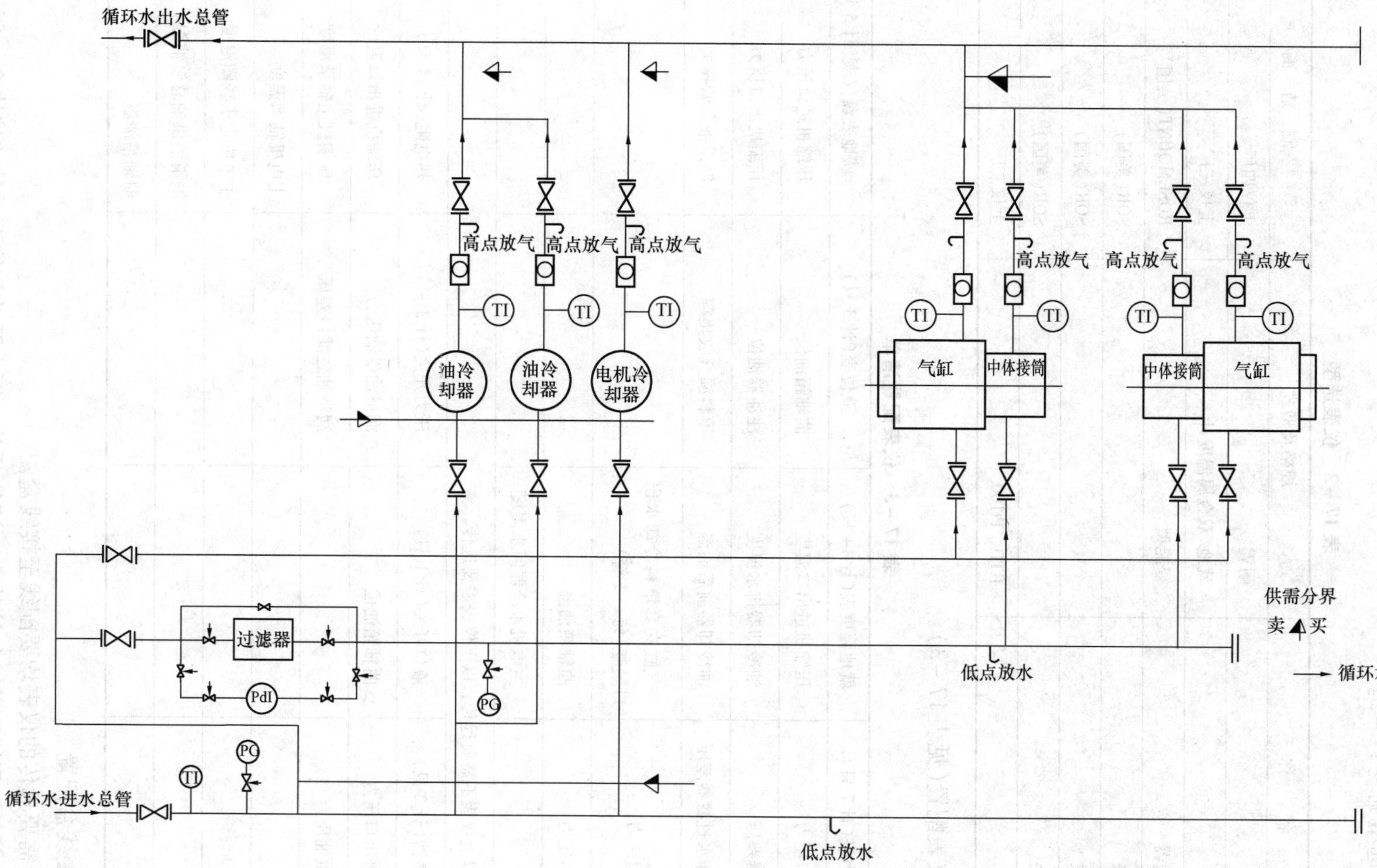

图 17－31　压缩机冷却水路系统流程图

关为隔爆型(dIICT4)，接线盒为隔爆型(dIICT4)或增安型(eIIT3)；本安信号与隔爆信号分设接线盒；所有与气体接触的仪表管路管件均为不锈钢。

具体选型见表17－2。

表17－2 仪表选型

名　　称	规格及型式	制　造　商
压力表	耐震	上仪四厂
温度表	就地/双金属温度计	上仪三厂
压力变送器	智能型	ROSEMOUNT(美国)
压力开关		SOR(美国)
液位开关		SOR(美国)
压差开关		SOR(美国)
热电阻	RTD，Pt100	上仪三厂

② 仪表配置(见表17－3)。

表17－3 仪表配置清单

就地压力表(计7只)	就地温度表(计14只)	液位表(计3只)	就地表盘仪表(计5只)
油泵出口压力	压缩机进出口温度	曲轴箱油位	压缩机进口压力
油过滤器差压	油冷却器排水温度	注油器油位	压缩机出口压力
填料冷却水过滤器差压	油冷却器前后油温	填料漏气收集罐	润滑油总管压力
氮气入口压力	气缸夹套填料冷却水出口温度(每一支管)		
油站供油压力	曲轴箱油温		
	主电机水冷器回水温度		
备注：以上仪表不需要远传，以下仪表需要远传。			
压力变送器(计2只)	液位开关(计1只)	压力开关(计3只)	热电阻(计14只)
压缩机进出口压力	曲轴箱油位	润滑油供油压力	压缩机进出口温度
润滑油供油压力		润滑油过滤器差压	压缩机主轴承温度
			主电机轴承温度
			主电机定子线圈温度
			润滑油供油总管油温
			曲轴箱油温

③ 接线盒配置

以上需要远传的仪表均要配线至接线盒。

压力变送器配线至单独的接线盒，液位开关、压力开关配线至单独的接线盒，压缩机用热电阻配线至单独的接线盒，主电机用热电阻配线至单独的接线盒。

另外，主电机动力电缆配线至单独的接线盒，主电机空间电加热器配线至单独的接线盒，主电机用漏水检测仪(液位开关)配线至单独的接线盒。本机组用七个接线盒。

④ 操作柱配置

主电机配操作柱，装有开/停按钮，运行指示灯，安培表；

空间电加热器配操作柱，装有开/停按钮，运行指示灯；

注油器电机配操作柱，装有开/停按钮，运行指示灯；

辅助油泵电机配操作柱，装有开/停按钮，运行指示灯及'H－O－A'选择开关；

油箱加热器配操作柱，装有开/停按钮，运行指示灯。

共配置五个防爆操作柱(dIICT4)。

⑤ 就地仪表盘配置

配有一块开架式仪表盘，盘上装有压缩机进出口压力表四只，润滑油总管压力表一只。

⑥ 控制柜的配置

PLC 选用的是美国 GE－FANUC90－30 系列。

柜内主要有主控制器、电源卡、主机架、扩展机架、开关量输入模块、开关量输出模块、模拟量输入模块、扩展电缆、以太网通信卡、以太适配器、终端电阻、上位机以太卡、DCS 通信卡等。

柜面主要有电源指示灯。

⑦ CRT 操作台配置(两台压缩机共用)

配有一台工业级上位计算机、一台 21 吋液晶显示器、一台打印机、键盘和鼠标。CRT 的画面见 17.3.1.2 第五项。CRT 对每台机组的监测点如表 17－4 所示。

表 17－4　压缩机状态检测点

项　目	测量值显示	报警显示	停机显示	状态显示	备　注
压缩机排气温度	√	√(高)			
压缩机主轴承温度	√	√(高)	√(高高)		
主电机轴承温度	√	√(高)	√(高高)		
主电机定子线圈温度	√	√(高)	√(高高)		
机身润滑油供油总管温度	√	√(高)			
曲轴箱油温	√				温度高停加热器 温度低开加热器
机身润滑油供油总管压力	√	√(低)	√(低低)		油压低自动启动辅助油泵，低低停机
润滑油过滤器差压	√	√(高)			
主电机漏水检测仪液位	√	√(高)			
曲轴箱油位	√	√(高)			
所有电器设备(主电机，空间加热器，注油器电机，辅助油泵电机，油箱加热器)				运行指示	

操作台上还单独配有以下指示灯(硬灯屏)：

每台机的主电机的运行指示、主电机允许启动指示、紧急停车按钮、辅助油泵的运行指示、公共报警指示、公共停机指示。

⑧ 与 DCS(中控室)以及 MCC(配电间)的联系

通过 DCS 通信卡(RS485)与用户 DCS 进行数据通信。

所有的电器设备开/停干接点信号从控制柜端子排送至用户的 MCC，并接受从 MCC 来的电气设备的运行干接点信号。

⑨ 其他

配有上位计算机用控制软件(美国 WONDERWARE 公司产品 IN－TOUCH)及驱动软件(用于以太网 HCS，美国 WONDERWARE 公司产品 DDE)，PLC 用编程软件(GE－FANUC 公司提供)。

17.3.3 炼厂加氢装置离心压缩机的控制系统

下面介绍某炼油厂柴油加氢精制装置中离心式循环氢压缩机的控制系统。

(1) 工艺参数

介质为含氢气体，相对分子质量 4.5，进口压力 7.4MPa(A)，出口压力 9.0MPa(A)，进口流量 92000Nm^3/h，进口温度 50℃，出口温度 75℃。

(2) 防爆要求

该机组压缩的介质为氢气，防爆区域为 2 区，IIC，T3。

(3) 压缩机组基本特征

一台压缩机，连续操作无备用。机组主要包括：

① 压缩机为单轴多级离心压缩机，型号为 BCL408，叶轮直径 400mm，8 级，筒形结构；

② 驱动机主电机为背压式汽轮机，型号为 NG25/20，入口蒸汽条件 3.5MPaG，排气压力为 1.0MPaG；

③ 油站设备主要包括两台油泵，均由电动机驱动(22kW，dIICT4，380V)；双联油冷器及油过滤器，油箱及电加热器(20kW，dIICT4，380V)；

④ 轴端密封为串联式干气密封；

⑤ 电动冲击式盘车装置。

(4) 控制系统配置

该加氢装置旁设有现场机柜室。压缩机控制柜布置在现场机柜室。辅助操作台、工程师站等均布置在中央控制室，两者之间通过光缆连接。

相关的管线及仪表流程图(P&ID)有：

① 压缩机气路系统图 17－32；

② 油路系统图 17－33；

③ 蒸汽疏水系统图 17－34；

④ 汽轮机轴系仪表监测系统图 17－35；

⑤ 干气密封系统流程图 17－36。

(5)测点统计

根据机组及其辅助系统的工艺流程图，得到如下汇总表 17－5。

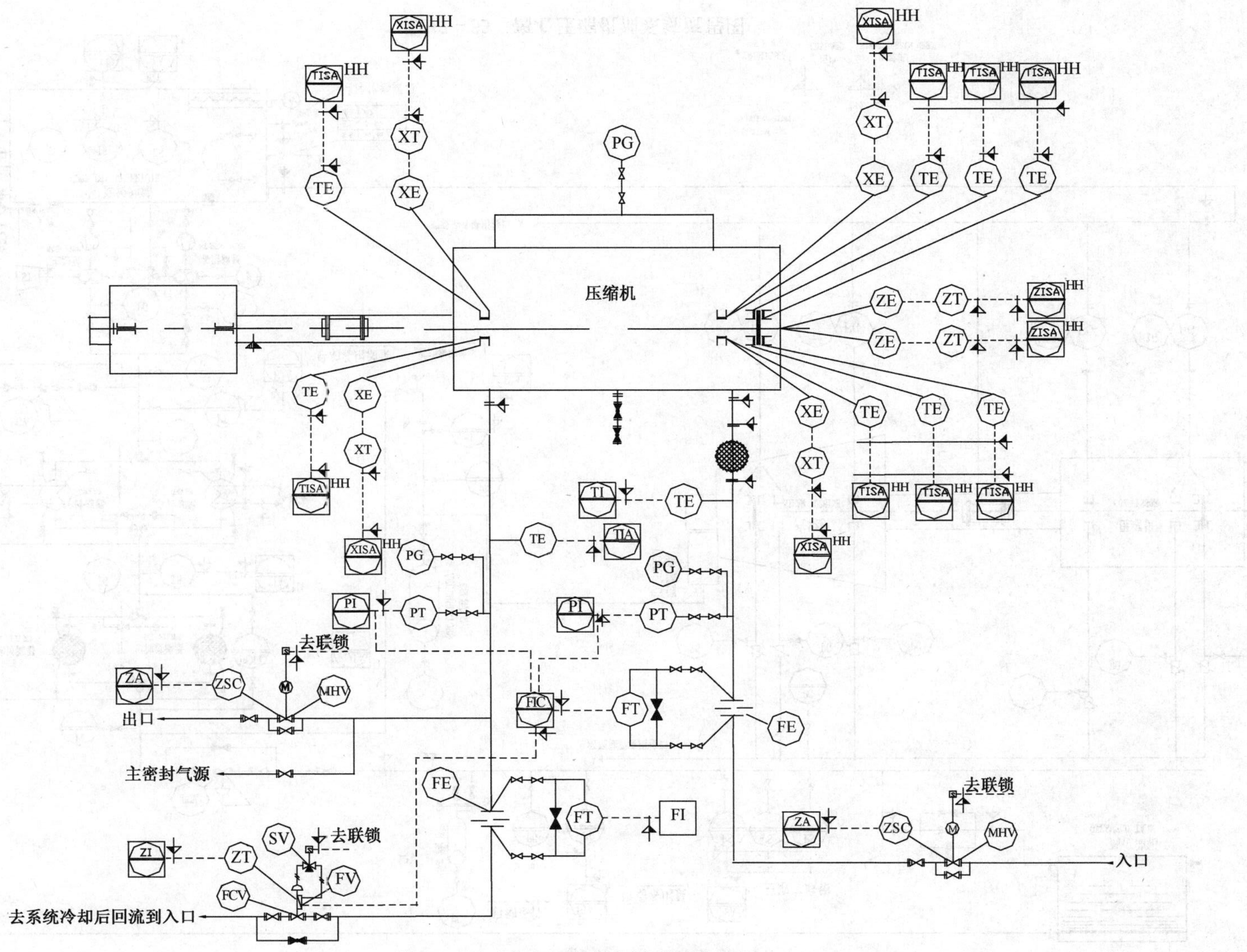

图 17－32　离心压缩机气路系统流程图

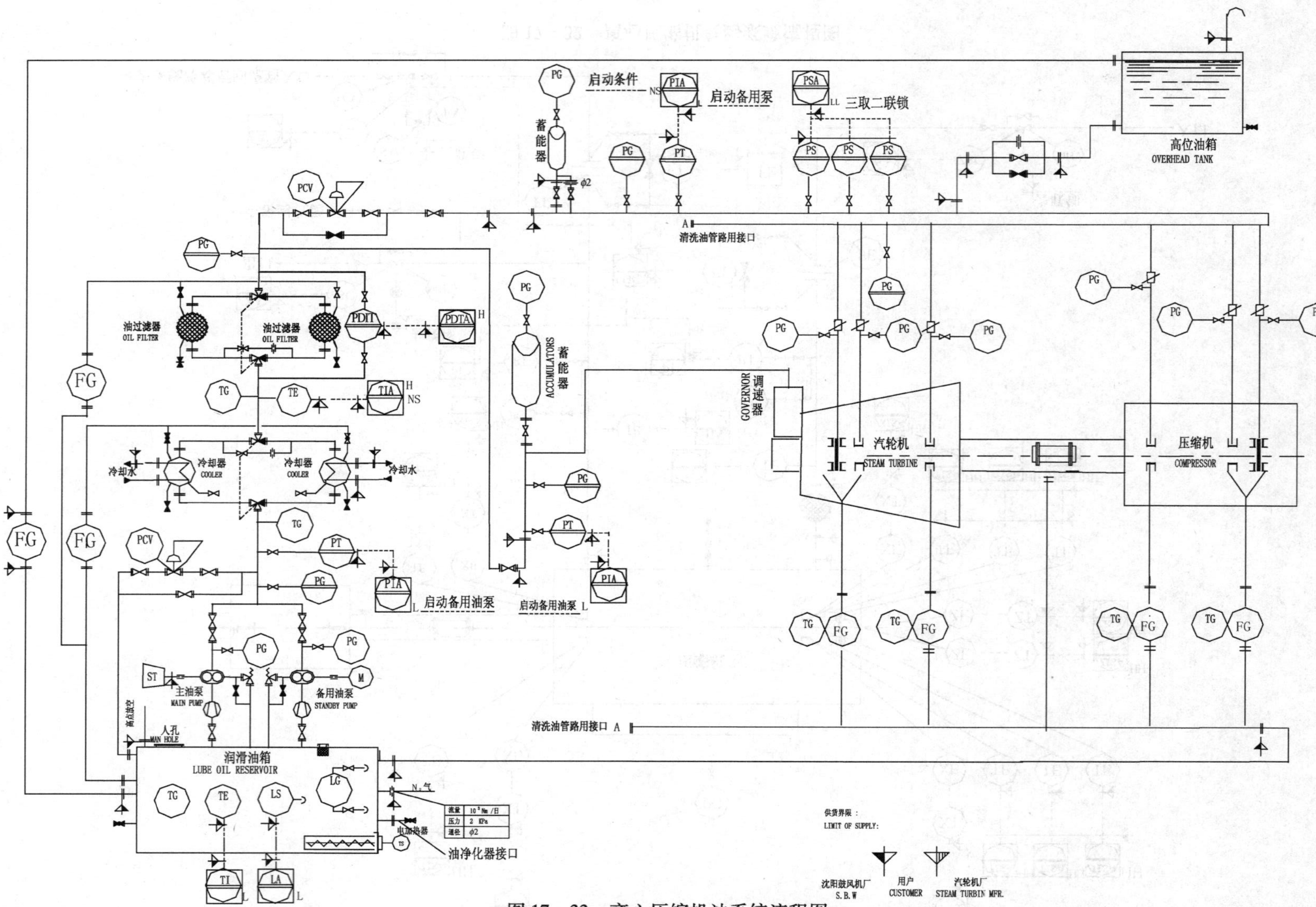

图 17－33　离心压缩机油系统流程图

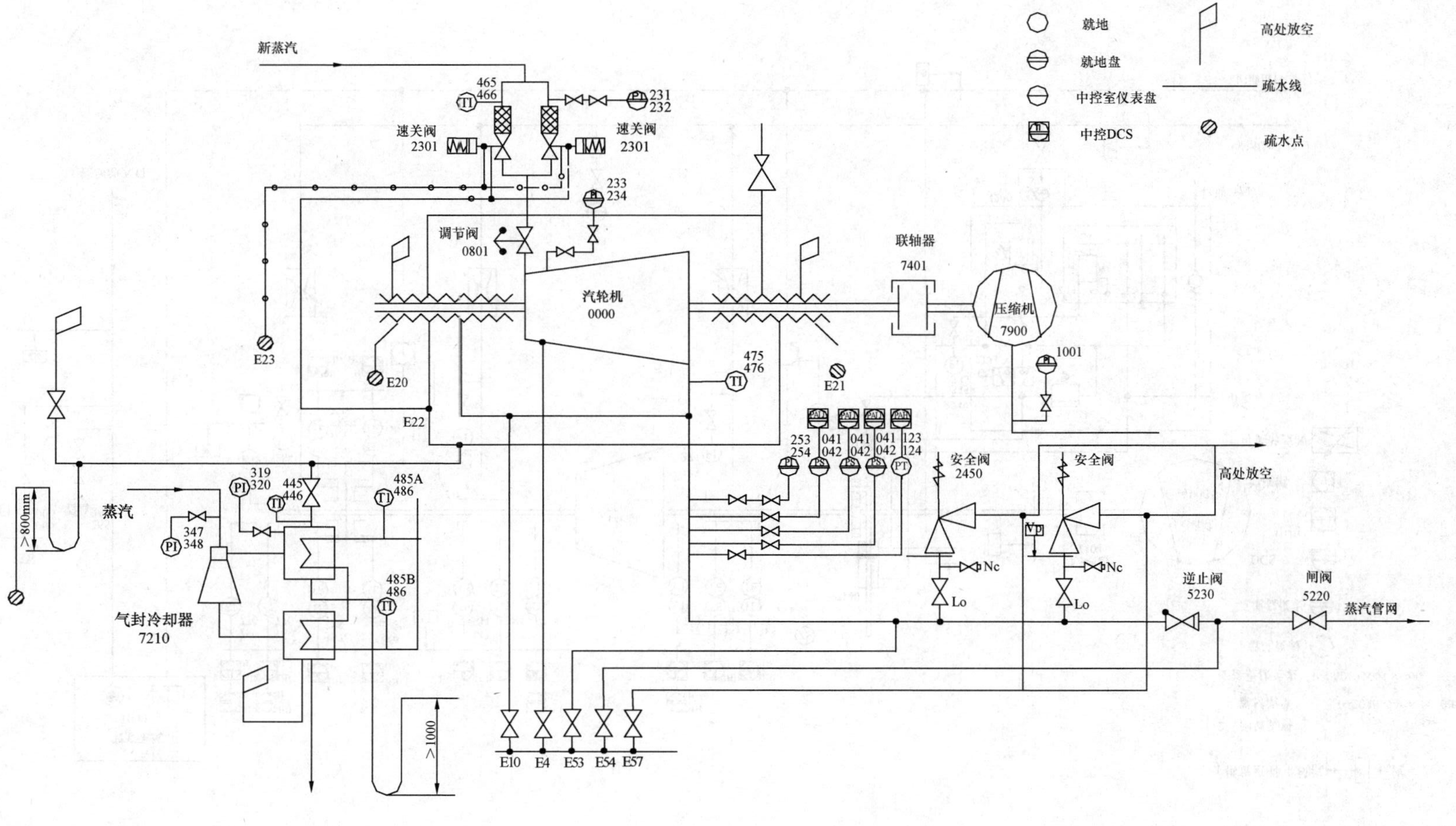

图 17－34　蒸汽疏水系统流程图

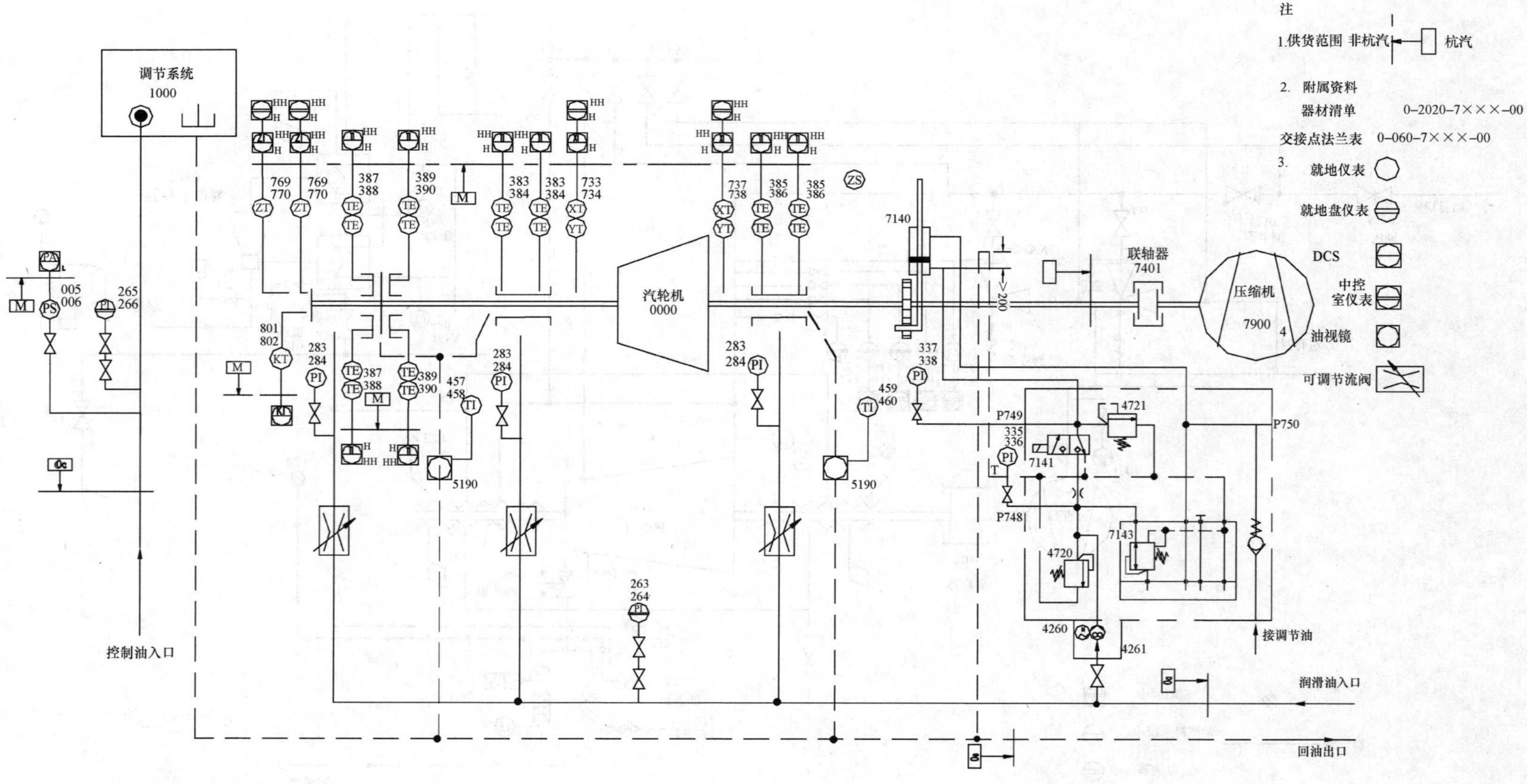

图 17－35　汽轮机轴系仪表流程图

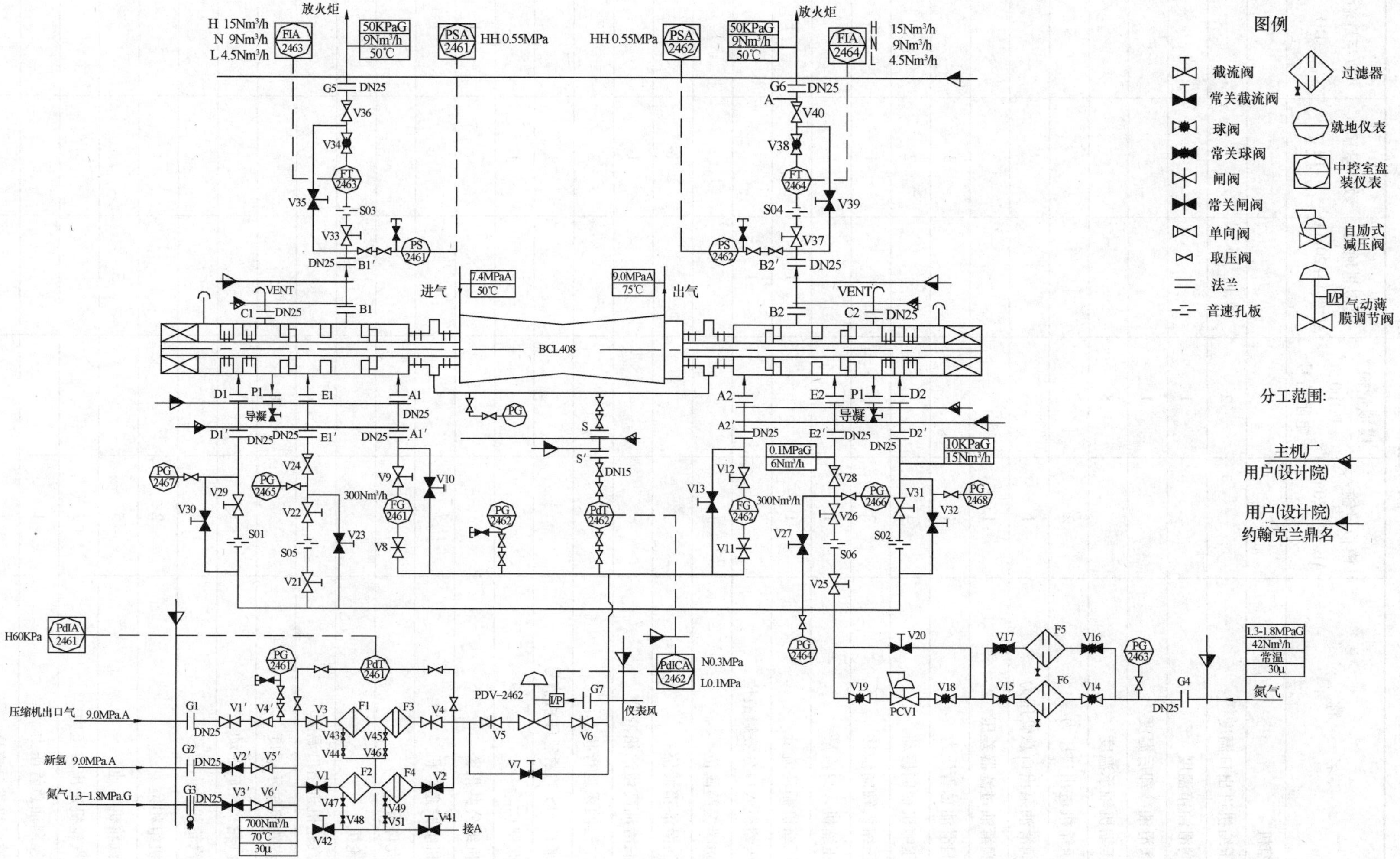

图 17－36　干气密封系统流程图

表 17-5 循环氢压缩机 I/O 清单

序号	名　　称	模拟量输入 AI 4~20mA	模拟量输入 Pt100，电阻信号	模拟量输出 AO 4~20mA	数字量输入 DI	数字量输出 DO
	压缩机					
1	压缩机进出口温度		2			
2	润滑油箱温度		1			
3	润滑油冷却后温度		1			
4	压缩机轴承温度		8			
5	压缩机进出口压力	2				
6	润滑油泵出口总管压力	1				
7	润滑油过滤器差压	1				
8	润滑油总管压力	1			3	
9	压缩机径向振动	4			2	
10	压缩机轴向位移	2			1	
11	压缩机入口流量	1				
12	压缩机循环流量	1		1		1
13	压缩机入口分液罐液位	1		1		
14	防喘振阀阀位	1				
15	润滑油箱液位				1	
16	润滑油高位油箱液位				1	
17	主辅油泵运行状态				2	
18	来自 SIS 的紧急停机信号				1	
19	联锁切除				1	
20	机组公共报警					1
21	机组紧急停机					1
22	允许开车					1
	汽轮机					
23	汽轮机进出口温度		2			
24	汽轮机轴承温度		8			
25	汽轮机径向振动					
26	汽轮机轴向位移	4			2	
27	机组相位	2			1	
28	汽轮机转速	5		2		
29	汽轮机进出口压力	2				
30	控制油总管压力	1				
31	汽轮机进口流量	1				

续表

序号	名　称	模拟量输入 AI　4～20mA	模拟量输入 Pt100，电阻信号	模拟量输出 AO　4～20mA	数字量输入 DI	数字量输出 DO
32	汽轮机就地升速、降速按钮				2	
33	盘车装置电磁阀				1	1
34	速关阀位置开关				2	
35	停机电磁阀					2
	干气密封					
36	一级密封放空流量	2				
37	一级密封放空压力				2	
38	主密封气差压	1		1		
39	过滤器差压	1				

(6) 控制系统功能的实现

离心压缩机控制系统的主要功能有紧急联锁功能、防喘振控制功能、汽轮机的调速控制和机组性能调节。

① 紧急联锁功能

功能一，AI 的转换　从现场采集到的4～20mA 模拟量经过 AI 卡件转换后才能被计算机识别。根据上述汇总表，配置合理数量的模拟量输入卡，以及必要的数字量输入卡。

功能二，启车逻辑　压缩机启动前，必须满足工艺和机械上的一些条件，例如进出口电动阀必须全开，防喘振阀全开，润滑油温度和压力达到规定值，干气密封投入运行等。在逻辑上将上述条件用与门判断后进入启动程序，同时允许启动灯亮，才能从现场操作柱启动压缩机。由于汽轮机的工作温度非常高，必须经过预先设定好的暖机步骤和升速曲线才能达到正常的操作状态。控制系统需要将汽轮机的暖机曲线整定到启车逻辑之中。

功能三，盘车逻辑　本机组配置的电动冲击式盘车装置，当油压达到规定的要求、并且转速必须为零后，系统会发出允许盘车的指令，这时可以启动盘车油泵(油泵的功能是提供约 8.0MPa 的液压油给盘车油缸)，约 60s 后，经过手动确认(可在 CRT 操作画面上实现)进入盘车程序，只有这三个条件全满足后，才能使盘车电磁阀得电，此后进入循环，15s 后使盘车电磁阀失电，15s 后再使电磁阀得电，如此反复，直到人为停止盘车。

机组紧急停车后也需要按上面的步骤启动盘车，防止在汽轮机降温过程中轴发生变形。

功能四，辅助油泵启动逻辑　油泵直接关系到机组的运行安全。所有的工艺离心机都配备有两台润滑油泵，当一台油泵故障失压后，第二台油泵必须马上开启。油泵出口总管压力低于设定值，系统发出自启动信号。

功能五，报警和联锁逻辑　机组控制系统的重要功能就是联锁逻辑，当机组的一些重要参数超过规定值时，系统认为当前的运行状态对机组会造成损害，从而发出联锁停车指令。报警和联锁的逻辑基本相同，但报警逻辑中有一个新报警功能，即系统当前存在报警，报警灯常亮，当再次产生报警后，报警灯会再次闪烁并发出声音。

报警和联锁功能都必须记录其发生的时间，以备查用。

② 防喘振控制

关于喘振发生的机理与预防在其他章节中已有介绍，目前炼油厂常用的防喘振逻辑是动态防喘振模式，如图 17－37 在防喘振画面上有 5 条线，即喘振线、立即快开线、比例快开线、防喘振控制线和徘徊线。

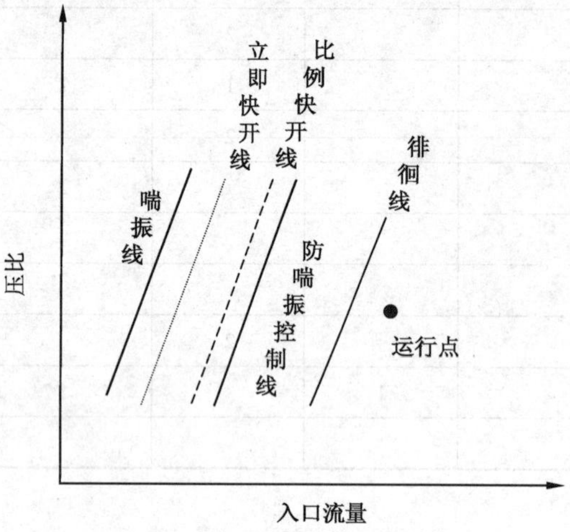

图 17－37　防喘振控制示意图

徘徊线　在正常运行点的左侧 5% 处，用以限制运行点的过快移动。当运行点远离防喘振控制线时，防喘振控制器的输入值为徘徊线的横坐标，此时防喘振阀完全关闭，若工况突然发生变化，运行点快速移动到徘徊线的左侧，徘徊线不会立即跳跃到运行点的左侧，而是按着设定好的速率向左移动，这样在一定时间内，运行点始终在位于徘徊线的左侧，防喘振阀预先微量开启，将运行点拉回徘徊线右侧，防止运行点过快逼近防喘振控制线。

喘振线　是制造商根据压缩机的设计而绘制的机组发生喘振时的曲线。

防喘振线　在程序中设定，一般位于喘振线右侧 10% 处。但如果控制系统的响应不足以避免喘振的发生，防喘振线将随着喘振发生的次数逐次向右移动，如发生一次喘振，防喘振控制线右移 2%。

比例快开线　在喘振线与防喘振控制线之间距离喘振线 70% 处，设定一条比例快开线，0～70% 的流量区域分别对应于防喘振阀开度的 100%～0。

立即快开线　在喘振线与防喘振控制线之间距离喘振线 2% 处，设定一条立即快开线，若运行点移动到立即快开线左侧，防喘振阀立即全开。

③ 汽轮机的调速模块

汽轮机的调速功能分为暖机、升速、正常运行、超速和停机，可以由独立的硬件设备来实现，如 Woodward505，或者通过 PLC 组态由程序实现。

汽轮机的启动必须按照制造商提供的升速曲线逐步提高转速至正常的运行转速。暖机是为了避免汽轮机升速过快，升速控制则是为了合理地避开汽轮机和压缩机的临界转速。

机组的正常运行投入串级控制，压缩机可以采用入口压力控制或流量控制，如图 17－38。流量调节的串级控制的输出作为转速控制的输入，转速控制的输出直接送到汽轮机的调速汽阀。

汽轮机正式投用前应进行一次超速试验，以确定保护系统是否能达到要求。正常运行下调速器是不可以将速度升到跳闸转速的，在现场操作柱上有一个允许超速按钮。根据 API612，控制系统应配置独立的电子跳闸系统，如 Woodward 的 Protect203。只有当允许超速按钮按下后，才能将汽轮机升速至跳闸转速，来验证跳闸系统的可靠性。

④ 机组的监控和调节功能

压缩机控制系统应能适时显示机组及其辅助系统的各参数，并做到及时调节，如润滑油的温度、润滑油的压力、密封气的压力等。

随着系统的集成化程度提高，炼油厂在一套工艺装置中常常只设置一套机组集成控制系统 ITCS（Integrated Turbomachinery Control System），用于全装置所有压缩机和大型流程泵的

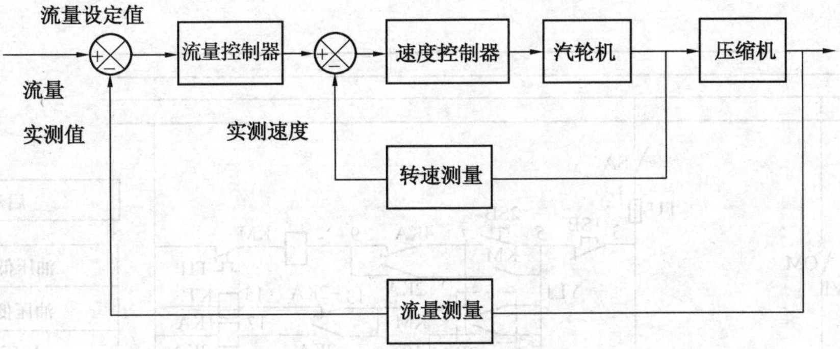

图 17-38　汽轮机的串级调速控制

控制。

17.3.4　$3L_E$-10/8 型无油润滑空气压缩机自动控制装置

在压缩空气生产过程中，信号保护及自动控制装置是自动监视并实现自动操作的一种重要措施。当某些工艺参数或运行状态发生异常情况时，以灯亮或音响信号引起操作人员的注意或使生产设备及时停机而处于安全状态，是确保操作正常和设备与人身安全所必须的。目前国产空气压缩机已有部分产品装有自动控制和信号保护装置，如 $3L_E$-10/8 型无油润滑空气压缩机，以此为例介绍如下：

$3L_E$-10/8 型无油润滑空气压缩机工作压力为 0.4～0.8MPa，该机配有电控柜，压力调节器，具有油压、气压、气温及电气系统等自动控制和保护报警装置。

(1) 装置的组成

① 电控柜　一般安装在现场。能控制电动机(JR115-6/Y280S-6 型三相异步电动机，75kW)的启动和停止，具有过载和短路保护，以及对空气压缩机油、水、气的温度和压力进行检测、控制及保护的功能。

② 传感器　安装在机器和管路有关部位上的传感器，即润滑油压力控制器和对二级排气温度进行报警的双金属温度计，以及用来对储气罐压力进行负荷调节的压力调节器及减荷阀。

(2) 运行方式

空气压缩机的运行方式有自动控制和非自动控制方式两种。自动控制时，可随排气压力的大小实现停机和开机，而非自动控制时则不能，但两种方式都可实现自动保护。$3L_E$-10/8 型无油润滑空气压缩机所配电控柜采用非自动控制运行方式，其电气控制和保护原理见图 17-39 和图 17-40。

该装置具有以下自动保护、控制和信号：

① 齿轮油泵供油系统供油压力低于 0.1MPa 时，进行声、光报警并经 30s 延时，如故障仍未排除则自动停机。

② 二级排气温度高于 160℃时进行声、光报警。

③ 电动机过负荷时，进行报警并停机。

④ 根据储气罐的压力大小连动压力调节器并驱动减荷阀开、关气口，以进行机械式负荷调节。

⑤ 若多台空气压缩机成组运行时，通过电气连锁，可以相互备用。一般分为主机(工作机)与备用机。正常情况下主机工作。当主机发生故障或排气压力下降时，备用机自动启动

并投入工作。

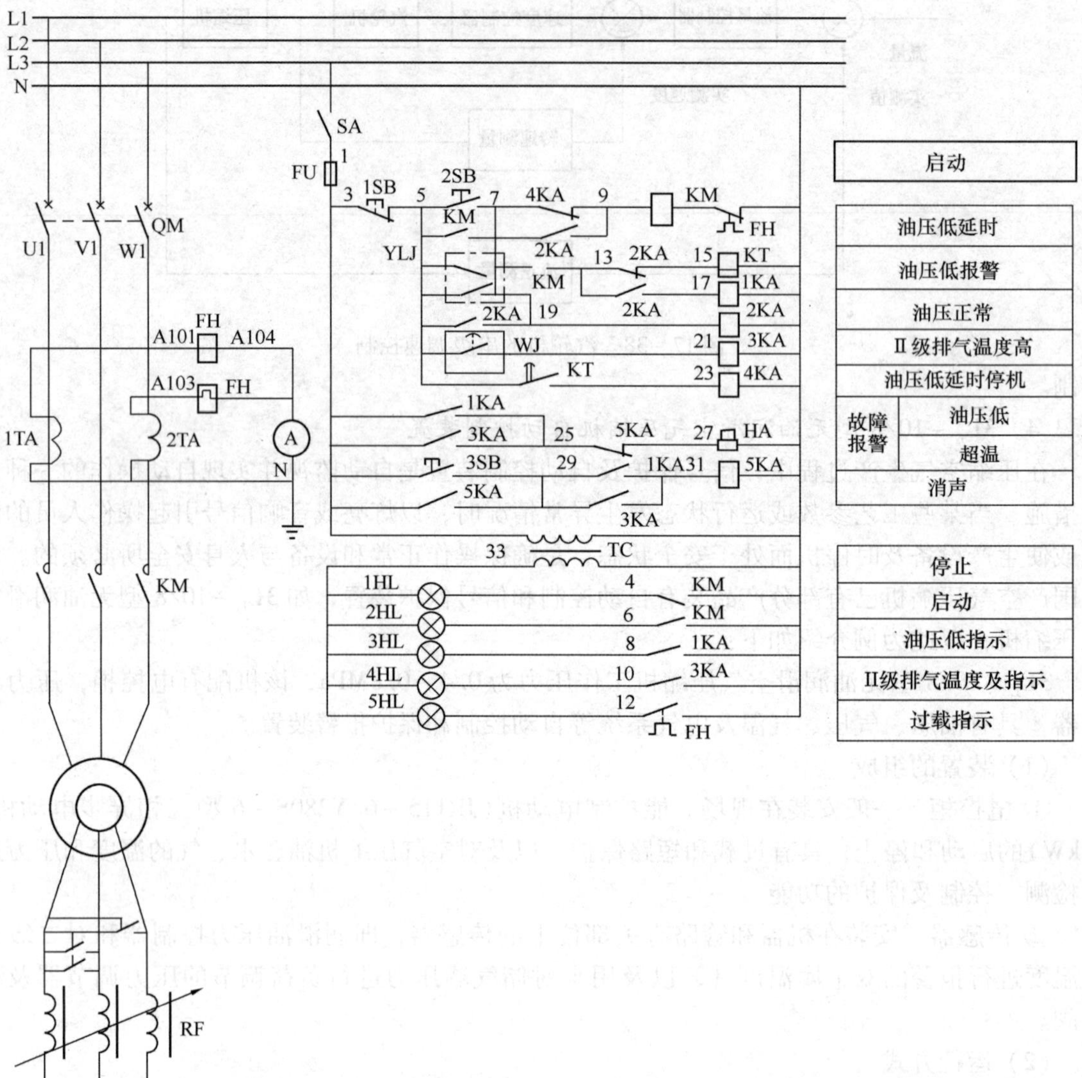

图 17－39　$3L_E$－10/8 型无油润滑空气压缩机电气控制保护原理图(配 JR115－6 型电动机)

17.3.5　LGK 系列螺杆压缩机智能控制装置

目前，国外及国内合资企业生产的压缩机已经基本上采用了微电脑控制技术，这就大大提高了压缩机的整机控制、保护水平以及应用的灵活性。国内压缩机生产企业也开始重视微电脑技术的应用。下面结合北京市计算中心研制的 LGK 系列螺杆式压缩机系列智能控制装置作一些功能简介，见图 17－41。

LGK 系列智能控制装置主要用于螺杆(单螺杆、双螺杆)压缩机的启停、检测、运行、保护、报警、排污、减荷、显示记录、通讯等方面的控制。检测及报警点为网电电压、电机电流、系统压力、排气压力、油压、排气温度、油温、油过滤器、油气分离器、进气过滤器、空车过久停车、电器故障、急停热继、数据故障等内容。产品出厂时根据用户需要设置检测点。

LGK 系列智能控制装置的基本组成结构分本地操作结构和远程操作结构两种。本地操

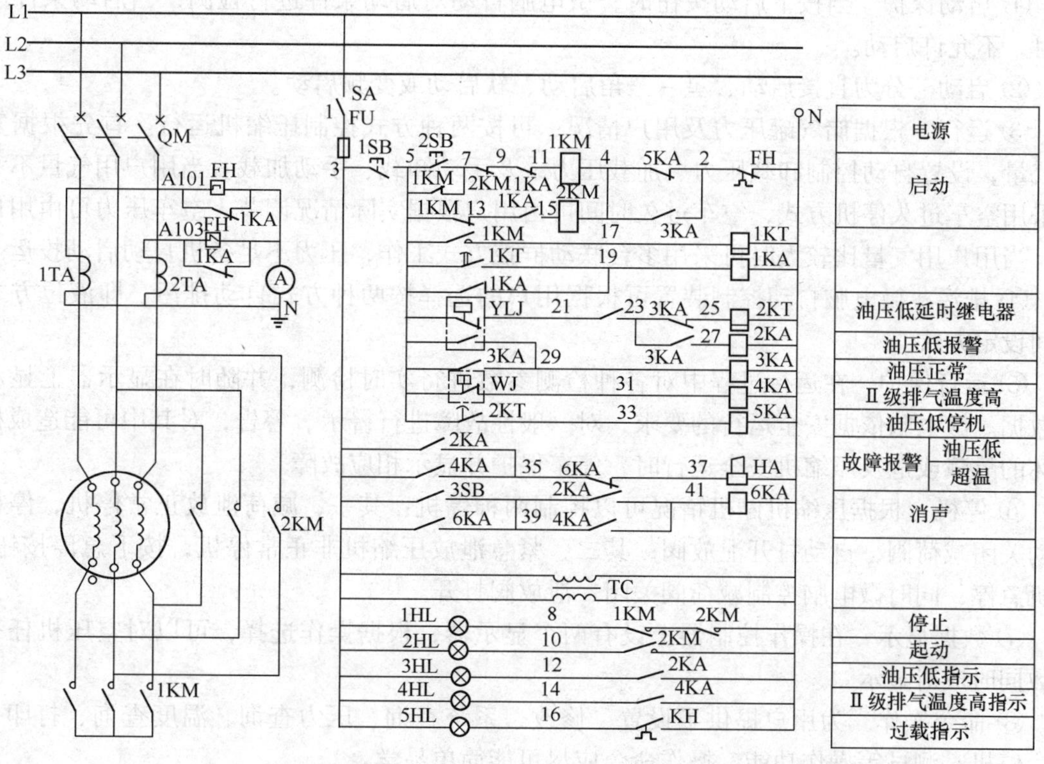

图 17－40　$3L_E-10/8$ 型无油润滑空气压缩机电气控制保护原理图（配 Y280S－6 型电动机）

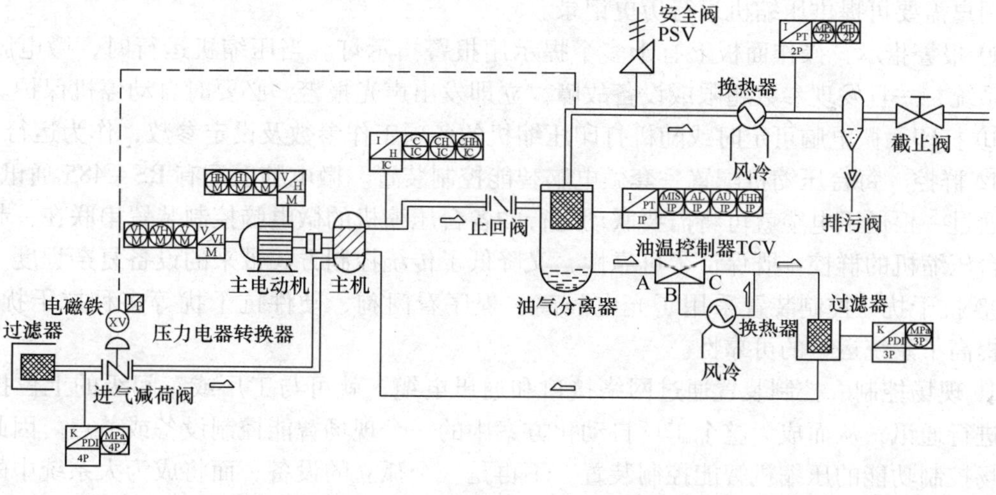

图 17－41　LGK 系列螺杆压缩机控制系统简图

作结构是指提供用户操作之用的面板（键盘、显示、报警、按钮）与控制装置本身一体化安装。远程操作结构是指提供用户操作之用的操作器（键盘、显示、报警、按钮）与控制装置分为两部分，在空间上彼此独立。

LGK 系列智能控制装置采用单片机控制、数码管或液晶显示、薄膜面板、轻触开关、多参量光电隔离输入输出通道技术、先进的抗干扰技术，能够实现操作、远程信号传输、检测、启停、运行、控制、保护、报警、通讯、显示、存储、打印等功能，也可以实现用户提出的特殊控制要求。下面介绍基本功能。

① 启动保护　当按下启动按钮时，微电脑自动对启动条件进行检测，当启动条件不满足时，不允许启动。

② 启动　分为直接启动、星－三角启动、软启动或变频启动。

③ 运行　根据储气罐压力及用户情况，可按两种方式控制压缩机运行。首先根据实际耗气量，设置自动控制卸载压力、加载压力，及手动卸载、手动加载。当用户用气量不大时可采用空车过久停机方式，空车过久时间可由用户根据实际情况调节，空车压力可由用户设定；当用户用气量比较大时可采用多台联动群控方式工作，压力不足备机自动启动投运。

④ 排污　微电脑自动控制装置可根据用户的选择按两种方式自动排污，即液位方式和时间设定方式。

⑤ 运行保护　在运行过程中对各种检测参数进行实时检测，并随时在显示器上显示相关数据。微电脑依据安全运行的要求，对一般性故障进行警示、警告，对其中可能造成机器损坏的故障或危及压缩机安全运行时，停车保护并显示相应故障。

⑥ 停机　根据压缩机停机情况可以控制两种停机：其一，减荷泄放正常停机，停机前自动关闭减荷阀，自动打开泄放阀；其二，紧急泄放压缩机非正常停机，按下急停按钮时，电机急停，同时微电脑控制减荷阀关闭、泄放阀打开。

⑦ 数据显示　在操作控制器上设有两个显示器，根据操作选择，可以对空压机任一级参数同时成对显示。

⑧ 命令操作　为用户提供了设置、修改、系统查询、压力查询、温度查询、打印、启动、停机、测试等操作功能。操作命令应尽可能简单易学。

⑨ 数据存储　控制装置中的微电脑具有掉电保护功能，能自动记录压缩机运行时间，根据用户需要可提供压缩机运行历史记录。

⑩ 报警指示　操作面板上有十多个提示用报警指示灯。当压缩机运行时，微电脑监控整个系统，一旦发现参数超限或设备故障，立即发出声光报警，必要时自动停机保护。

⑪ 打印　微电脑可定时或随机打印压缩机的各项工作参数及设定参数，作为运行记录。

⑫ 群控　每台压缩机配置一套微电脑智能控制装置。微电脑上配有 RS－485 通讯接口，只需通过一根通讯电缆就可将需要联动运行的各台压缩机的微电脑控制装置串联在一起，实现多台压缩机的群控。既保证了可靠性，又降低了传统控制方式带来的设备复杂程度。

⑬ 抗干扰　控制装置采用了光电隔离、程序看门狗、硬件抗干扰等多种抗干扰技术，大大提高了系统运行的可靠性。

⑭ 现场控制　控制装置通过网络接口和通讯电缆，就可与工厂或车间级的上位控制计算机进行通讯，从而成为整个工厂自动化方案中的一个现场智能控制设备或节点。因此，带有现场控制功能的压缩机智能控制装置，不再是一个孤立的设备，而将成为大系统中的一个有机组成部分。

⑮ 运行时间累计功能　可以记录压缩机累计空载时间、累计重载时间、累计易损件时间、累计卸载和加载次数、电机启动次数等。通过定时器可完成一周内的每天自动开车时间、停机时间等。

总之，智能控制装置采用微电脑控制技术和高可靠性、可维护性设计技术，面向通讯，面向网络，功能丰富，大大提高了压缩机运行的安全性和使用寿命，更便于操作和维护，是今后压缩机产品发展的一个新趋势。

17.3.6 往复压缩机状态监测与诊断系统

(1) 大型往复式压缩机的状态监测与故障诊断

随着计算机技术的发展，对于大型往复式压缩机采用计算机进行状态监测与故障诊断已经成为一种发展趋势。下面是德国学者 JohannLenz 在 1999 年欧洲往复压缩机论坛上介绍的往复压缩机在线状态监测系统。

如图 17-42 所示，在四缸双作用式往复压缩机上合适的位置分别安装了温度传感器、压力变送器、加速度传感器、位移传感器，以及触发式传感器，分别检测压缩机的温度、压力、转速、振动等参量。从传感器来的信号经过信号放大后，由模数转换输入到下位计算机中进行存储及分析处理。下位计算机根据运行状态可以输出报警信号、预报警信号，以及紧急停车信号。下位计算机通过 Modem33.6K/ISDN 可以通过电话线或专用光缆向远程终端(如压缩机制造厂)发送该压缩机运行状态资料。同时，下位计算机还与工厂的中央控制室

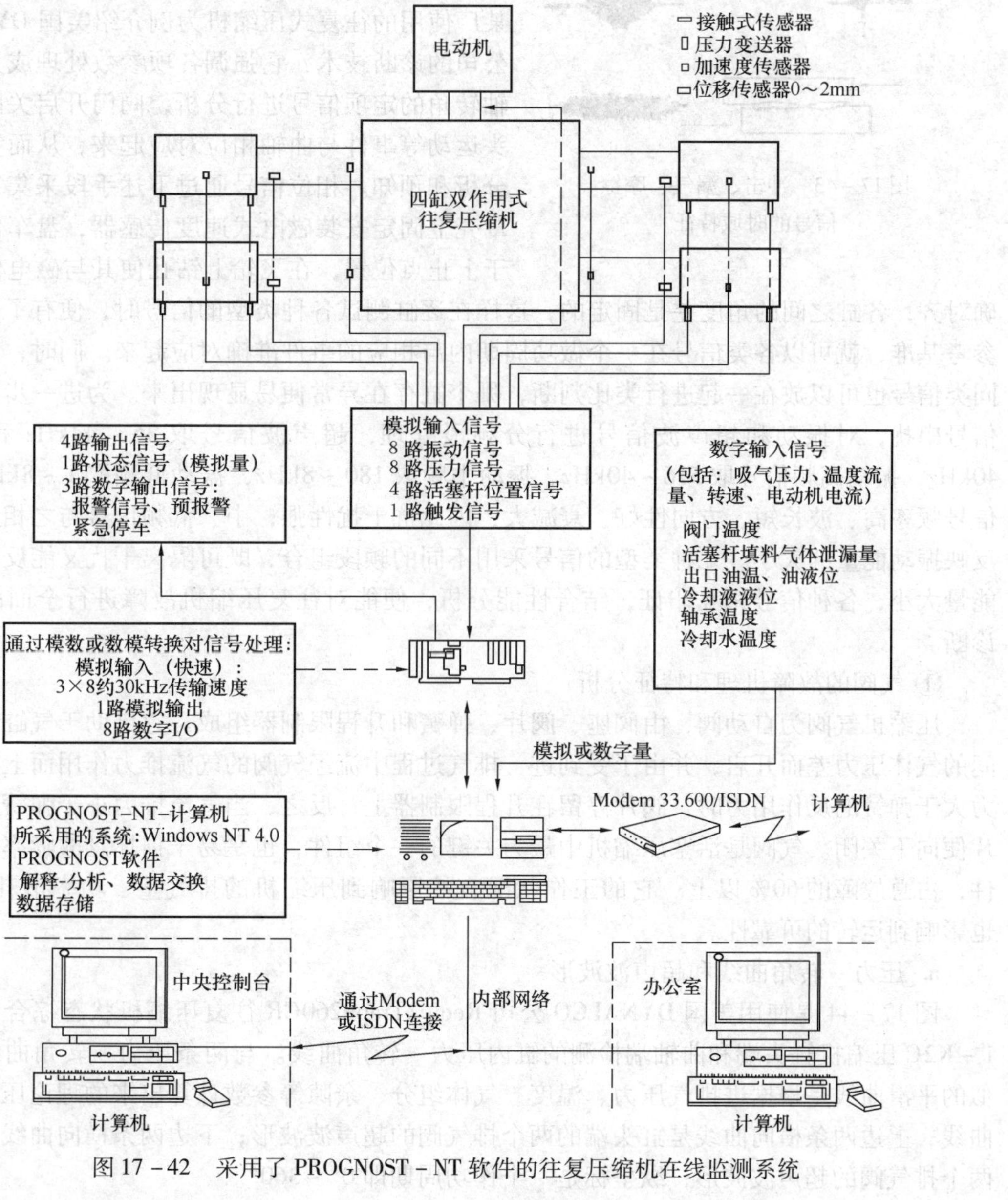

图 17-42 采用了 PROGNOST-NT 软件的往复压缩机在线监测系统

的上位计算机以及操作室的上位计算机相连，向上位机传递状态监测信息，并接受上位机的指令。在操作室的计算机可以在线分析压缩机的示功图，振动频谱分布等，并根据专用软件PROGNOST发出合适的指令。

该系统不仅能实现压缩机的在线状态监测，而且可以利用现代网络技术将压缩机制造商与最终用户紧紧联系在一起，更便于对大型压缩机的状态监控和故障分析处理。因此，它是压缩机技术发展的方向。

（2）往复压缩机典型故障特征分析与诊断实例

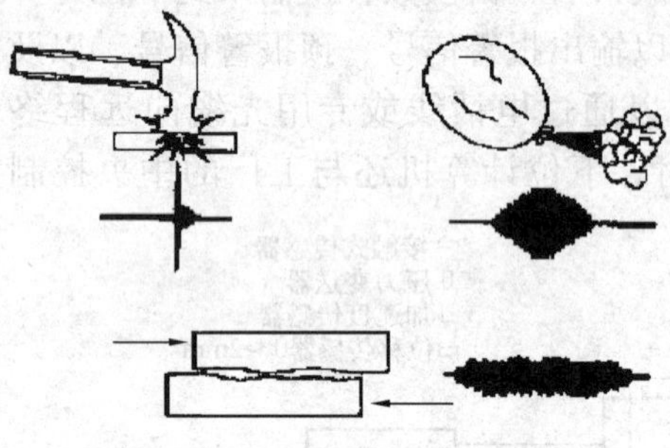

图 17 - 43　冲击、漏气、摩擦信号的时域特征

冲击、漏气和摩擦是往复机械最主要的信号类型，其在时域的特征如图 17 - 43 所示。在现场使用的往复压缩机往往是由多个气缸组成，各缸的进排气阀的开启、关闭冲击信号混杂在一起。下面以某厂使用的往复式压缩机为例介绍美国 DY2NALCO 公司的诊断技术，它强调各项参数处理成为相对曲轴转角的定项信号进行分析，阀门开启关闭、十字头运动等事件与曲轴相位对应起来，从而实现故障分析和预知。相位信号通过下述手段采集，在飞轮罩壳上固定安装磁电式速度传感器，盘车使 1 缸处于上止点位置，在飞轮上钻孔使其与磁电传感器精确对齐，各缸之间的角度差是固定的，这样在逐缸测试各种类型的信号时，便有了一个相位参考基准，就可以各类信号在一个做功周期内与相应的事件准确对应起来。同时，同类缸的同类信号也可以放在一起进行类比判断，哪个缸存在异常便易显现出来。为进一步消除各缸信号串扰，对振动和超声波信号进行分频段处理，超声波信号取 36 ~ 44kHz 和 1515 ~ 40kHz，振动高频信号取 516 ~ 40kHz，振动中频取 180 ~ 8kHz，振动低频取 1 ~ 8kHz。高频信号频率高、波长短、方向性好、衰减大，因此抗干扰性强；中、低频信号与之相反，但能反映振动能量的大小。几种类型的信号采用不同的频段组合，既可隔离干扰又能反映振动的能量大小，各种信号相互印证，结合性能分析，便能对往复压缩机故障进行全面的分析与诊断。

① 气阀的故障机理和特征分析

压缩机气阀为自动阀，由阀座、阀片、弹簧和升程限制器组成。它借助于气缸和阀腔之间的气体压力差而开启，并由于受到进、排气过程中流经气阀的气流推力作用而上升。当推力大于弹簧的反作用力时，阀片停留在升程限制器上；反之，当气流推力小于弹簧力时，阀片便向下关闭。气阀是活塞压缩机中最为关键的一个组件，也是易于损坏且故障率最高的部件，占总故障的 60% 以上。它的工作状况直接影响到压缩机的排气量、功率消耗等性能，也影响到运转的可靠性。

a. 压力 - 转角曲线和超声波波形

图 17 - 44 是使用美国 DYNALCO 公司 Recip2Trap9260CR 往复压缩机状态综合检测仪对 1 - K2C 压缩机缸头端和曲轴端检测的缸内压力 - 转角曲线。与两条压力 - 转角曲线形状近似的平滑曲线是根据进排气压力、温度、气体组分、余隙等参数计算出来的理论压力 - 转角曲线；上边两条横向曲线是缸头端的两个排气阀的超声波波形；下边两条横向曲线是曲轴端两个排气阀的超声波波形；纵坐标是一个作功周期即 0° ~ 360°。

从图中可以看出，缸头端的缸内压力－转角曲线与理论曲线偏离较大。在膨胀阶段，实际压力曲线向右偏移，说明活塞需要移动更远的行程才能使吸气阀打开；在压缩阶段，实际压力曲线向左偏移，说明排气阀提前开启，这表明排气阀存在漏气，而曲轴端的缸内压力－转角曲线与理论曲线吻合很好。在压力－转角曲线上气阀的开启和关闭位置，4 条超声波波形上均有清晰的波峰与之对应，这是常规频谱分析方法很难观察到的。但是，编号为 3HD1 即最上端的超声波曲线在整个作功周期内基线变宽，表明该阀漏气；编号为 3HD2 即第二条超声波波形基线有些变宽，很可能是受 3HD1 阀的影响。

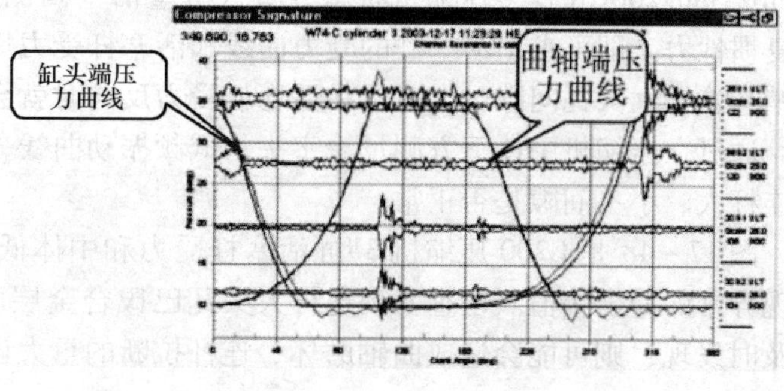

图 17－44　3#缸内压力－转角($p-\theta$)和排气阀的超声波波形

b. 气阀的超声波波形

图 17－45 和图 17－46 是这台压缩机 3#缸不同时间所测的 8 个气阀的超声波波形。图中，上半部分 4 条曲线是缸头端的 4 个阀的超声波波形，下半部分 4 条曲线是缸头端的 4 个阀的超声波波形；左半部分是排气阀，右半部分是吸气阀。图 17－45 中，对应吸气、排气时间均有明显的波峰出现，而其他部分波形幅值很低，这是正常的。图 17－46 中，左上角的排气阀 3HD1（表示 3#缸缸头端排气阀）在整个膨胀、吸气、压缩、排气过程中，基线变宽，在整个作功过程中都存在气体噪声，表明这个气阀漏气，而缸头端的另一排气阀和两个吸气阀也受干扰，波形基线有所变宽。

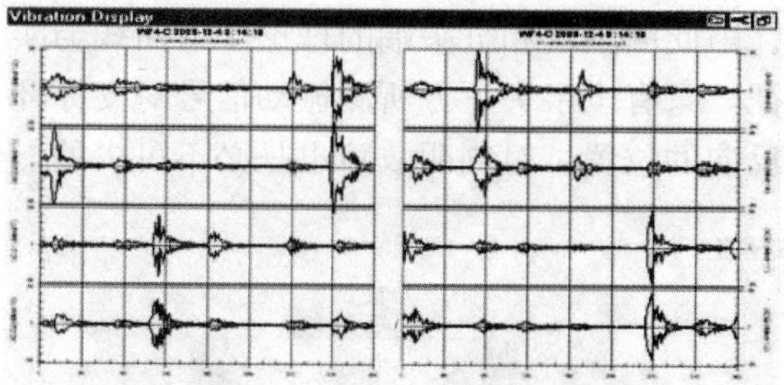

图 17－45　气阀正常的超声波型

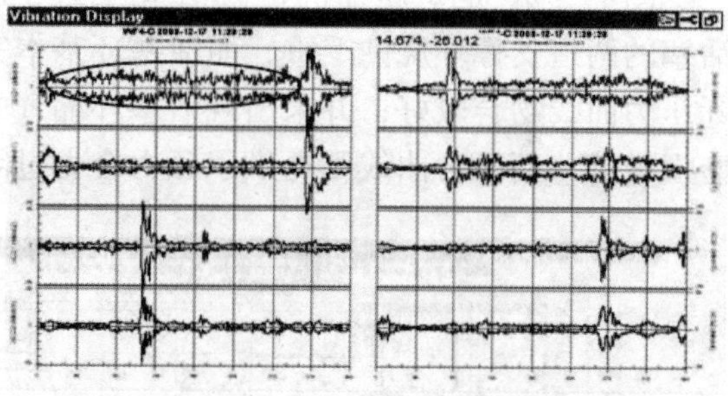

图 17－46　气阀漏气的超声波型

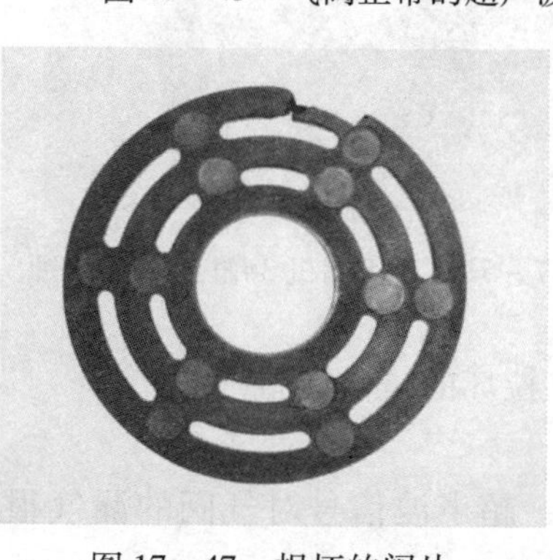

图 17－47　损坏的阀片

检查结果：根据测试分析结论，应停机进行检修。检修发现曲轴端 3HD1 排气阀外圈阀片翘曲折断，如图 17－47 所示。

② 连杆大头瓦磨损的故障机理和特征

对于双作用压缩机，活塞杆受力由作用在活塞两侧的气体压力差，活塞、活塞杆、十字头、连杆产生的往复惯性力，活塞环与气缸、十字头与滑轨产生的摩擦力组成。由于气体压力、往复运动组件的加速度是瞬时变化的，活塞杆的受力也随之变化。使用 DYNALCO 公司

Recip2Trap9260CR 往复压缩机状态分析仪测量活塞两侧的压力曲线，计算往复运动组件的往复惯性力，即可求出活塞杆的受力曲线和活塞杆受力反向的角度。当十字头销与衬套、曲轴销与连杆大头瓦间隙过大时，在活塞杆受力反向时就会产生冲击，间隙大则冲击的幅值也大。通过在压缩机中体下方测量十字头的低频振动曲线，再与活塞杆受力曲线比较，即可判断连杆大、小头间隙是否正常。

图 17－48 是 C200 压缩机 3#缸活塞杆受力和中体低频振动曲线，在活塞杆受力反向时出现异常的冲击幅值。检查发现连杆大头瓦巴氏合金层已磨穿。如图 17－49 所示。如果不是及时发现，则可能会造成曲轴磨坏、连杆拉断的重大设备事故。

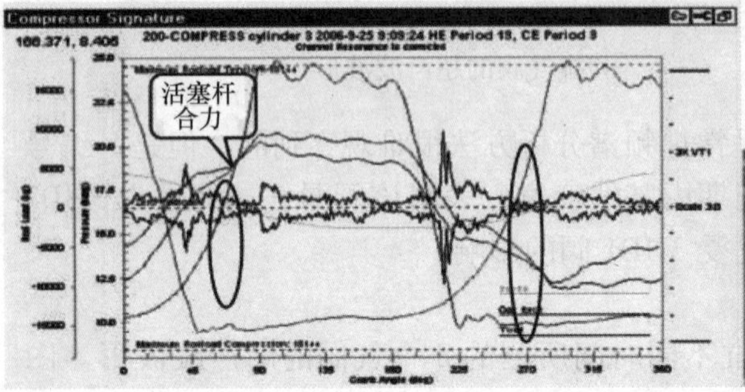

图 17－48　活塞杆载荷曲线

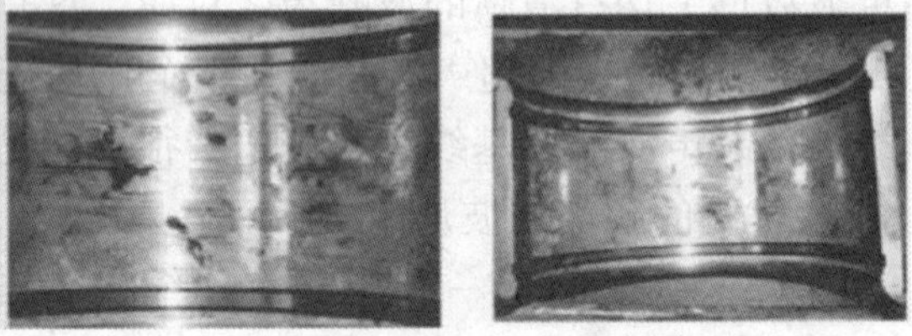

图 17－49　C200 压缩机 3#缸连杆大头瓦图

③ 活塞环烧蚀

若活塞环磨损，则活塞两侧压力的合力反向，在中体下方所测低频振动信号将出现显著的振幅，振幅尖峰出现的位置对应活塞两侧压力的合力曲线过零线的位置。

图 17－50 是 2#压缩机 3#缸活塞杆受力曲线，图 17－51 是检查发现的活塞环烧蚀照片。活塞的两道支撑环烧蚀严重，而活塞环基本完好，因此曲轴端和缸头端的理论压力曲线与实际压力曲线吻合较好，并未出现活塞环漏气的特征。只有十字头下方所测振动信号对支撑环磨损敏感，而压力曲线则提供了压力合力过零即反向的位置，对判明故障也是必不可少的。

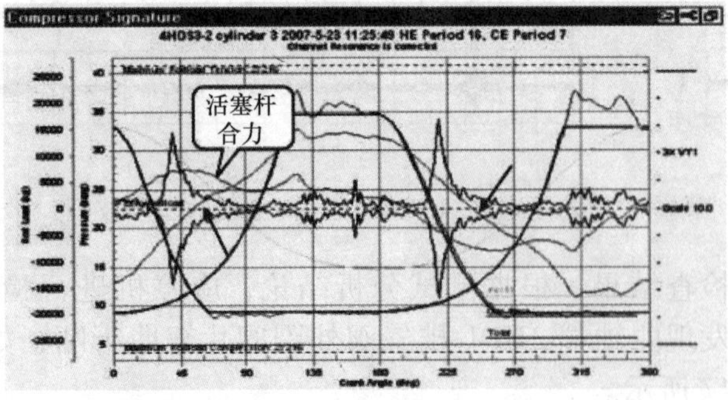

图 17－50　2#压缩机 3#缸活塞杆受力曲线

图 17－51　2#压缩机 3#缸活塞环烧蚀

若不是提前发现故障，则很有可能造成活塞磨损、气缸拉坏的重大设备事故。

④ 气阀松动

在压缩机每个气阀上采集超声波信号和高频振动信号，超声波信号对气阀的漏气很敏感，而振动信号能有效判断气阀出现的冲击。

图 17－52 是 1－K2D 压缩机 1#缸曲轴端 4 个气阀的高频振动信号叠加在压力曲线上。1CS1 即 1#缸曲轴端北侧吸气阀在 20°～40°的曲轴转角范围内出现了较大的冲击尖峰，该位置并非气阀开启位置，也不是其他气阀串扰所致。当曲轴侧缸内压力开始上升约 20°后出现的冲击，表明气阀可能存在松动。开始压缩时，气体压力较低，不足以托起气阀，故起始位置无冲击；当压力升至能托起气阀时，气阀冲向阀罩产生冲击信号。

检查发现，气阀密封垫圈脱落，气阀便在阀室内反复撞击。

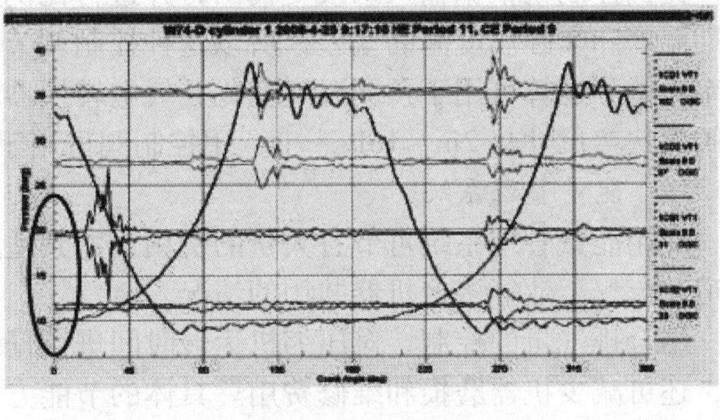

图 17－52　1－K2D 压缩机 1#缸气阀振动波形

17.3.7　离心压缩机的状态监测

图 17－53 是炼油厂普遍应用的透平机械状态监测与诊断系统 S8000PLUS。该系统主要由现场监测站 NET8000PLUS 和 WEB-8000PLUS 中心服务器两部分构成。

现场监测站 NET8000PLUS 通过硬接线与机组二次仪表状态监测专用接口（如 Bently3500 的 20 模块）连接，获取机组轴振动、轴位移、键相等信号，并将这些信号进行处理后再通过 TCP/IP 协议传输给 WEB8000 服务器。WEB8000 服务器接收、存储、备份现场监测站上传的数据（包括实时数据、趋势数据、历史数据及启停机数据等四大类），由管理状态监测数据库向浏览站发布状态监测数据。每台 WEB8000 可以管理 64 台 NET8000PLUS，全厂可以只设置一台服务器。机组的状态信息可以在现场控制室、设备管理部门以及最高管理者办公室查询并提供诊断信息，也可以通过互联网随时监控。

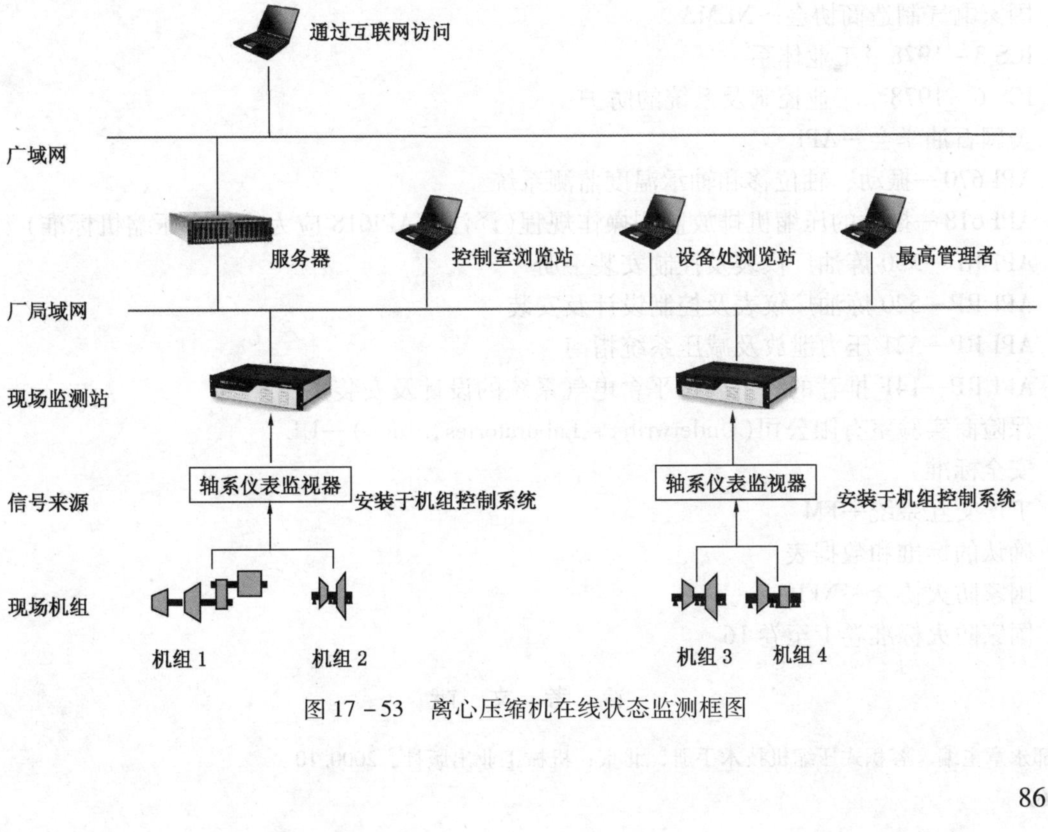

图 17－53　离心压缩机在线状态监测框图

17.3.8 电动和气动温度控制阀

三通温控阀设计为气缸和电动机两种驱动形式。在很低的差压下若要维持控制的场合，应考虑采用该阀。为适应这种场合，外部执行机构应允许使用远传传感元件和控制器。

气动和电动工业用控制器可用这类阀门进行温度调节，也可将这类阀门用于核心装置的工艺控制系统。气动控制器允许将阀门安装在危险区域，如气体管道压缩机站上。

比例控制是根据输入来改变输出，并进行比例、积分、微分(PID)运算的。因其消除了预期温度和实际温度间的偏差，所以这种控制调节更为精确。根据系统经受的温度循环变化频率，微分运算可用于预测温度变化，气电转换器可用于气动和电动的相互转换。市场可供的阀门法兰尺寸从2in~16in。工业用控制阀可用于这种场合，尤其适用于更高压差。

17.3.9 能量管理系统

应用能量管理系统可节省大量的费用，尤其适用于铸造业、汽车制造业或加工厂，以及管道和流程工业等多台机器共用的情况。

结合排气量的控制，对压缩机运转时间进行仔细分析和控制可优化机器的动力消耗。另外，还可减少机器磨损和维修费用。具体的节能方案要经过专门测试分析制订。

17.3.10 规范、法规和标准

目前在美国可以参照的规范、法规和标准如下：

美国仪表协会—ISA

S5.1　仪表符号和定义

S5.4　仪表回路图

S5.5　流程显示图例

RP 12.6　用于危险场合(分区)的本安型仪表的安装

仪表标准及应用

国家电气制造商协会—NEMA

ICS 3-1978　工业体系

ICS 6-1978　工业控制及系统的防护

美国石油学会—API

API 670—振动、轴位移和轴承温度监测系统

API 618—推荐的压缩机排放监测操作规程(译注：API618 应为往复式压缩机标准)

API RP—550 炼油厂仪表及控制安装手册

API RP—520 炼油厂仪表及控制设计及安装

API RP—521 压力泄放及减压系统指南

API RP—14F 推荐的海上生产平台电气系统的设计及安装操作规程

保险商实验室有限公司(Underwriter's Laboratories, Inc.)—UL

安全标准

工厂交互系统—FM

确认的标准和数据表

国家防火协会—NFPA

国家防火标准卷1至卷16

参考文献

1　郁永章主编. 容积式压缩机技术手册，北京：机械工业出版社，2000.10

2 机械工程手册电机工程手册编辑委员会编．机械工程手册：通用设备卷．2 版，北京：机械工业出版社，1997.8
3 《压缩空气站设计手册》编写组编．压缩空气站设计手册．北京：机械工业出版社，1993.12
4 西安交通大学、华中工学院合编．压缩机测试技术与控制．西安交通大学出版社，1988
5 施仁、刘文江编．自动化仪表与过程控制．电子工业出版社，1991
6 华东石油学院等．化工测量及仪表．化学工业出版社，1991
7 涂植英等．自动控制原理．重庆大学出版社，1994
8 大连理工大学．可编程序控制器(PC)原理及应用．1994
9 陈忧先主编．化工测量及仪表(3 版)．北京：化学工业出版社，2010.1
10 王毅、张早校主编．过程装备控制技术及应用(2 版)．北京：化学工业出版社，2007．7
11 张早校主编．过程控制装置及系统设计．北京：北京大学出版社，2010.8
12 王琦编著．机组控制技术．上海：华东理工大学出版社，2007．6
13 冯丽艳．石油炼化中离心压缩机控制系统的设计与实现．沈阳：东北大学硕士学位论文，2008.7
14 Dr. – Ing. Johann Lenz, Diagnoseverfahren zur Zustandsbeurteilung von Kolbenverdichtern, 1st European Forum for Reciprocating Compressor, 4 – 5 November 1999, Dresden, Germany
15 郝点等译，(美)汉隆(Paul C. Hanlon)主编．压缩机手册．北京：中国石化出版社，2003.1
16 朱荣乾，张庆龙，胡青宁，王永宁．往复压缩机典型故障特征分析与诊断实例．压缩机技术，2010 年第 1 期(总 219 期)：45 – 48

18 压缩机、通风机噪声及降噪措施

18.1 噪声概述

噪声是泛指那些令人不愉快的，由不同频率和振幅组成的无调嘈杂声。它使人听觉受到刺激，让人烦躁、厌恶，对人体器官(如耳、神经、心脏、消化系统等)有所损害，甚至引起疾病。因此，噪声是一种公害，也属于环境污染，在人们工作与生活环境中应对噪声加以限制。

工业噪声是指那些由工业设备所引发的噪声。而压缩机、通风机又属于产生高噪声的工业设备，因此降低压缩机、通风机的噪声尤为重要。

18.1.1 声的计量与评价

(1) 声压与声压级

① 声压　声音在介质中的传递是以一种疏密相间的纵向压力波进行的，称之为声波。它具有波的所有特性：波长、振幅、频率、反射等等。声波能使气压迅速起伏，这种起伏就称为声压。声音的强弱与声压的大小有关，因此声压可作为衡量声音或噪声的一个尺度，用 p 表示，其单位是 Pa。

声源所发出的声波，通过空气介质传入人耳。正常人耳刚能听到的声音，其声压为 2×10^{-5}Pa，称为听阈声压；而使耳产生疼痛感觉的声压称为痛阈声压，约为 20Pa；声压高达几百 Pa 时可引起耳鼓膜损伤，耳朵出血。仅从听阈到痛阈，其声压绝对值就相差 100 万倍，可见用声压绝对值来直接表示声音的强弱是不太方便的。

② 声压级　声压级是声压相对于基准声压的一个比值，表示为 L_p

$$L_p = 20\lg\frac{p}{p_0}(\text{dB}) \tag{18-1}$$

式中：L_p 为声压级，dB；p 为声压；p_0 为基准声压，是人耳对频率为 1000Hz 纯音的听阈声压值，$p_0=2\times10^{-5}$Pa。通常人们多用声压级来表示声压的相对大小。

(2) 声强与声强级

① 声强　是指在声波传播方向上单位时间内通过单位面积的声能，用 I 表示，即单位面积上的声功率，其单位是 W/m^2(瓦/米^2)。

② 声强级　它定义为

$$L_I = 10\lg\frac{I}{I_0}(\text{dB}) \tag{18-2}$$

式中：L_I 为声强级，dB；I_0 为基准声强，$I_0=10^{-12}W/m^2$，它是人耳对 1000Hz 纯音的可听阈声强值。

(3) 声功率和声功率级

① 声功率　是指单位时间内声源向外辐射的总能量，用 W 表示，单位是 W(瓦)。

② 声功率级　它定义为

$$L_W = 10\lg\frac{W}{W_0}(\text{dB}) \tag{18-3}$$

式中：L_W 为声功率级，dB；W_0 为 10^{-12}W，它是基准声功率，是人耳对1000Hz纯音的可听阈声功率值。

（4）声强、声功率与声压及其级间的关系

通常声功率级不能直接测得，需要借助表18－1的公式，利用测得的平均声压级和测量计算出的声波辐射面积 S 值计算出声功率级。

表18－1　声压与声强、声功率及声功率级转换关系

转换内容	声压与声强	声压与声功率	声压级与声功率级
计算关系	$I=\frac{p^2}{\rho a}$	$W=\frac{p^2}{\rho a}S$	$L_w=L_p+10\lg S$
注	ρ—平衡状态时空气密度；S—测量处波辐射面积；a—声速		

表18－2提供了若干声压、声强、声功率及其对应级的换算值。

表18－2　声压、声强、声功率及其对应级的换算

各种级/dB	声压/(N/m²)	声强/(W/m²)	声功率/W
120	20	1	1
110	6.3	10^{-1}	10^{-1}
100	2	10^{-2}	10^{-2}
90	0.63	10^{-3}	10^{-3}
80	0.20	10^{-4}	10^{-4}
70	0.063	10^{-5}	10^{-5}
60	0.02	10^{-6}	10^{-6}
50	0.0063	10^{-7}	10^{-7}
40	0.002	10^{-8}	10^{-8}
30	0.00063	10^{-9}	10^{-9}
20	0.0002	10^{-10}	10^{-10}
10	0.000063	10^{-11}	10^{-11}
0	0.00002	10^{-12}	10^{-12}

（5）分贝及其运算

① 分贝　分贝是一个物理量的相对比值，无量纲，其物理意义是表示一个物理量超过基准物理量的程度。在声学中分贝是计量声音强弱的最常用的单位。由于它是个对数的相对比值，因而把这个相对比值大大缩小了，在计算时应按照对数运算的法则进行。

② 分贝的运算　通常，由于一个场所是由多个噪声源同时发声的，即使只有一个噪声源，本底噪声（指所研究对象噪声源处于停止状态）下的背景噪声也是存在的，这就需要求分贝的和与差。它不能简单地用算数加减，而是要按对数法则进行运算。

分贝和的计算公式为

$$L_{Wt}=10\lg\left(\sum_{i=1}^{n}10^{\frac{L_{wi}}{10}}\right) \qquad (18-4)$$

上式表示 n 个声功率级 L_{wi} 的总声功率级 L_{wt}。

【例18－1】　三台通风机的声功率级分别为 $L_{w1}=90$dB，$L_{w2}=95$dB，$L_{w3}=88$dB，其总声功率级为

$$L_{Wt} = 10\lg(\sum_{i=1}^{3} 10^{\frac{L_{wi}}{10}}) = 10\lg(10^{\frac{90}{10}} + 10^{\frac{95}{10}} + 10^{\frac{88}{10}}) = 96.8\text{dB}$$

【例 18－2】 某台机器开动时，在某一点上的声压级为 $L_{pat}=94\text{dB}$，关闭机器后，在该点上的声压级 $L_{pb}=85\text{dB}$，那么该机器本身的噪声声压级为

$$L_{pa} = 10\lg(10^{\frac{94}{10}} - 10^{\frac{85}{10}}) = 93.4\text{dB}$$

③ 平均噪声级　多机器的总声能与机器个数的比值取常用对数，再乘以 10 称为机器的平均噪声级。对同机器在不同时间或不同测点所测噪声级值求平均也是如此，平均噪声级 $\overline{L}$ 可按下式计算为

$$\overline{L} = 10\lg\left(\frac{1}{n}\sum_{i=1}^{n} 10^{\frac{L_i}{10}}\right) \quad (18-5)$$

【例 18－3】 一台机器从周围四个方向测得的噪声级分别为 $L_1=96\text{dB}$，$L_2=100\text{dB}$，$L_3=90\text{dB}$，$L_4=97\text{dB}$，其平均噪声级为

$$\overline{L} = 10\lg\left(\frac{1}{n}\sum_{i=1}^{n} 10^{\frac{L_i}{10}}\right) = 10\lg\left[\frac{1}{4}(10^{\frac{96}{10}} + 10^{\frac{100}{10}} + 10^{\frac{90}{10}} + 10^{\frac{97}{10}})\right] = 97\text{dB}$$

（6）噪声频谱

噪声大多是由许许多多不同频率的杂乱声音组成的复合声音。为了使所采取的噪声控制措施有针对性，分析了解噪声的各个频率成分是十分必要的。以频率为横坐标，以声音的强弱（声压级、声强级或声功率级等）为纵坐标，绘出噪声的强弱及其与之对应的频率分布图叫噪声频谱，图 18－1 就是某一离心通风机在最高效率工况点上实测的噪声频谱或称噪声频率特性。

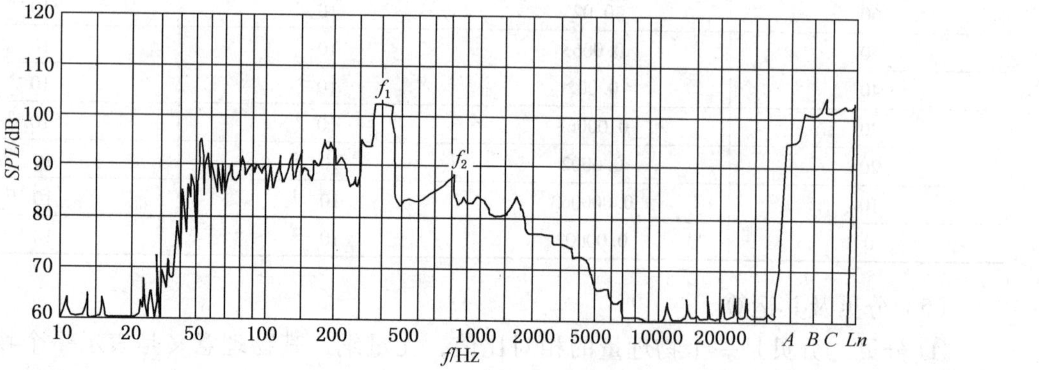

图 18－1　离心通风机噪声频率特性

噪声按其频率特性可分为三类：频谱中最高声级分布在 350Hz 以下的称为低频率噪声；分布在 350～1000Hz 之间的称为中频率噪声；分布在 1000Hz 以上的称高频噪声。通常人们可听声音的频率范围为 20～20000Hz，大小相差 1000 倍，其范围较宽，若按每 Hz 的细度来分析它们的噪声强度非常麻烦，且没有必要。为方便起见，人们把宽频范围划分为若干小频段，即通常所说的频带或频程，用每个频率带在中心频率上的噪声强度代表这个频率带上的平均噪声强度，在噪声测量中最常用的是倍频带和 $\frac{1}{3}$ 倍频带两种。

倍频带指两个相邻频率之比为 2∶1 所确定的频带。若 f_1 为频带的下限截止频率，f_2 为频带的上限截止频率，则中心频率 f 表示为

$$f = \sqrt{f_1 f_2} = \frac{f_2}{\sqrt{2}} = \sqrt{2} f_1 \qquad (18-6)$$

式中 $f_2 = 2f_1$

国际 IEC 规格所规定的常用倍频带如表 18－3 所示。为了获得更详细的频谱特性，则可采用 1/3 倍频带，1/3 倍频带就是在两个相距为 1 倍频带的两频率之间再插入两个频率，使 4 个频率为如下的比例：$1:2^{\frac{1}{3}}:2^{\frac{2}{3}}:2$（即 1:1.26:1.587:2），例如相差 1 倍频带的两个频率为 45Hz 和 90Hz，插入两个频率后的 4 个频率为 45，56，71，90，如表 18－4 所示。

表 18－3 倍 频 程

IEC 规格	频带号	1	2	3	4	5	6	7	8	
	中心频率/Hz	63	125	250	500	1000	2000	4000	8000	
	频率范围/Hz	45	90	180	355	710	1400	2800	5600	11200

表 18－4 1/3 倍频程

频率号	1	2	3	4	5	6	7	8	9	10	11	12	13	
中心频率/Hz	50	63	80	100	125	160	200	250	310	400	500	630	800	
频率范围/Hz	45	56	71	90	112	140	180	224	280	355	450	560	710	900

频率号	14	15	16	17	18	19	20	21	22	23	24
中心频率/Hz	1000	1250	1600	2000	2500	3150	4000	5000	6300	8000	10000
频率范围/Hz	1120	1400	1800	2240	2800	3550	4500	5600	7100	9000	11200

图 18－2 即为一个用倍频程表示的某一通风机的噪声频谱。噪声测量项目中测噪声频谱相当重要。噪声频谱能够清晰地表示出一定频率范围内噪声强度的分布情况，从中可以了解噪声的成分和性质，这就是频谱分析。频谱分析有助于了解噪声源的特性，频谱中多峰值所对应的频率就是由某种噪声源造成的，找到了主要峰值声源就为设法降低该噪声提供了依据。

18.1.2 噪声的主观评价

人耳对声音的感受不仅和声压有关，而且也和频率有关。声压级相同而频率不同的声音听起来的感受是不一样的。声压级都是 85dB 的高压通风机和小汽车，因通风机声音的频率高，听起来要比小汽车响得多。为了更准确地描述噪声对人体感受和危害，还需根据人耳的听觉特性引入一些主观量度。

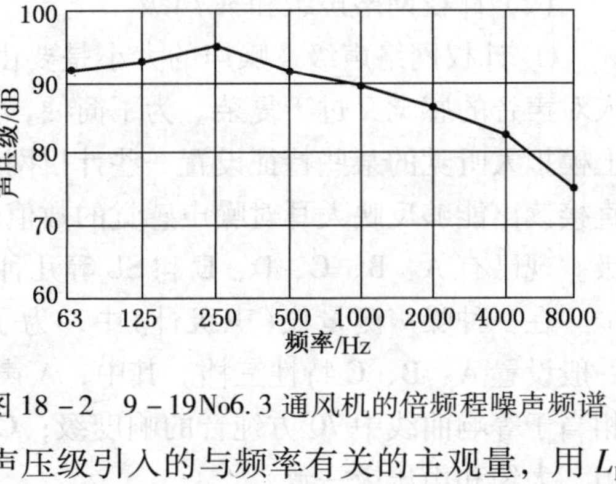

图 18－2 9－19No6.3 通风机的倍频程噪声频谱

（1）响度级与响度

① 响度级 它是根据人耳的听觉特点，仿照声压级引入的与频率有关的主观量，用 L_N

表示，单位为“方”。它是选取1000Hz的纯音作为基准声音，若噪声听起来与该纯音一样响，则该噪声的响度级即方值，就等于这个纯音的声压级即分贝值。所以，响度级是表示声音响度的主观量，它把声压级和频率用一个单位统一起来了。英国 Robinson 和 Dadson 对不同频率的纯音进行听感实验，得出了一组等响度曲线，如图18－3所示。它是以1000Hz的纯音为基准的等响度曲线。其中，任一条曲线相当于频率和声压级不同，但响度级相同的声音。最下面一条曲线是听阈线，最上面一条曲线是痛阈线，听阈线和痛阈线之间是正常人耳的全部可听声音。

② 响度　上述的响度级是相对量，它只表示该对象的声音与什么样的声音响度相当，而没有解决一个声音比另一个声音响多少。

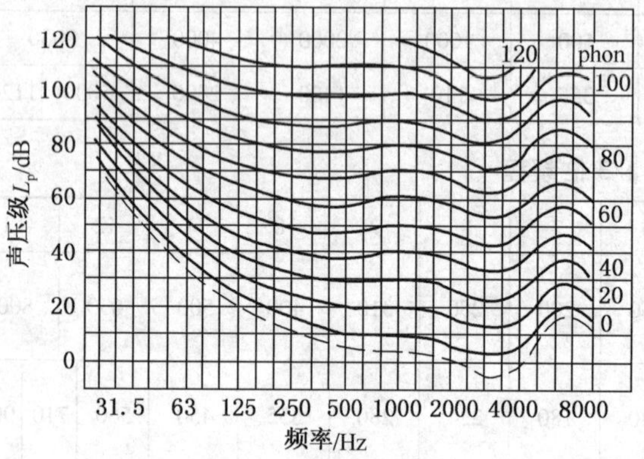

图18－3　自由场中纯音等响曲线

响度是与人对声音的主观感觉成正比的量，用符号N表示，单位为“宋”。在常遇到的响度级范围（20～120方）内，响度级与响度之间接近于直线关系，可表示为

$$N = 2^{\frac{L_N - 40}{10}} \text{ 或 } N = 10^{0.03(L_N - 40)} \tag{18-7}$$

响度级每改变10方，响度近似地改变一倍，国际标准化组织ISO规定40方为1宋，50方为2宋，60方为4宋等，由此得出如表18－5响度级与响度的简单换算关系。

表18－5　响度级与响度的简单换算关系

响度级/方	40	50	60	70	80	90	100	110	120	130	140	150	160
响度/宋	1	2	4	8	16	32	64	128	256	512	1024	2048	4096

总响度按下式计算

$$N = N_{max} + 0.3(\sum N_i - N_{max}) \tag{18-8}$$

式中：N为总响度，宋；N_{max}为倍频带中最大的响度指数，宋；$\sum N_i$为所有倍频带的响度指数之和。可将求出的总响度按下式换算成响度级

$$L_n = 40 + 33.3\lg N \tag{18-9}$$

（2）计权网络声级和A声级

① 计权网络声级　噪声的大小是要由人的感觉来评价的，而采用响度及响度级来反映人对声音的感觉又过于复杂。为了简便，人们便寻求用一条响度曲线来表示，并在声学仪器上模拟人听觉的某些特征设置一些计权网络，使收听到的声音不同程度地衰减或增强，以便直接读出能够反映人耳对噪声感觉的数值来。这种通过计权网络读出的声级称为计权网络声级。现已有A、B、C、D、E和SL等几种计权网络声级。

在一种噪声测量仪（声级计）中，为了使接受的声音按不同程度滤波，根据等响曲线，一般设置A、B、C特性三档。其中，A声级是相当于人耳对40方纯音的响度级；B声级是相当于等响曲线中70方纯音的响度级；C声级相当于100方纯音的响度级。C声级特性平坦，大约和声压级一致。

最常用的是A声级和C声级，D声级主要用于测量航空噪声，SL声级用于衡量噪声对语言的干扰。

② A声级　即A计权网络声级，它是按模拟一条40方等响曲线而设计的。当声音信号通过A计权网络时，把低频声(特别是500Hz以下)按比例给以较大的衰减，而对高频声(1000～5000Hz)不加衰减或稍有放大。这样，计权的结果便做到对低频声灵敏度低，对高频声灵敏度高。实践证明，A声级基本上与人耳对声音的感觉相一致。此外，A声级同人耳听力损伤程度也能很好地对应。因此，到了20世纪70年代，国内外在噪声测量及评价中较为普遍地采用A声级。

A声级用符号L_A表示，其值记作dB(A)，用声级计直接测量，即用A特性测得的总声压级就是噪声的A声级，它也可用8个倍频带声压级计算出A声级，其数学表达式为

$$L_A = 10\lg\sum_{i=1}^{8} 10^{\frac{L_{pi}+\Delta A_i}{10}}\ \mathrm{dB(A)} \qquad (18-10)$$

式中：L_A为A声级；L_{pi}为倍频带声压级；ΔA_i为各倍频带上的计权衰减值，i为1，2，…，8代表倍频带中心频率为63，125，250，…，8k(Hz)，见表18-6。

表18-6　倍频带中心频率的计权衰减值

序　号	1	2	3	4	5	6	7	8
f/Hz	63	125	250	500	1K	2K	4K	8K
ΔA_i/dB	-26.3	-16.1	-8.6	-3.2	0	1.2	1	-1.1

③ 等效连续A声级　在声场内的一定点上，采用能量平均的方法，将一段时间内间隙测量的几个不同A声级的噪声，用一个A声级来表示该时间内的噪声大小，这个声级即为等效连续A声级，它表示为

$$L_{eq} = 10\lg\frac{1}{\sum t_i}\sum(t_i 10^{0.1L_{Ai}}) \qquad (18-11)$$

式中：L_{Ai}为人接触的不同A声级；t_i为接触L_{Ai}的时间，h；$\sum t_i$为每班工作总时间，h。

使用A声级的优点是简单、方便，它可用声级计等仪器直接测量，也可同其他多种评定方法进行换算。所以，国内外都选用A声级或等效A声级来评价工厂噪声和城市交通噪声。其缺点是不能准确地反映噪声源的频谱特性，相同A声级的频谱特性可能有较大的差异。

④ 比A声级和比声功率级　通风机的A声级不仅与通风机系列型号有关，而且还取决于流量和压力的大小。为了比较不同系列型号和不同特性参数的通风机的噪声特性，人们还引入了比A声级L_{SA}，它定义为通风机单位流量、单位全压产生的A声级，比A声级可表达为

$$L_{SA} = L_A - 10\lg Qp^2 + 19.8\quad (\mathrm{dB}) \qquad (18-12)$$

式中：L_A为A声级；Q为流量；p为全压。

按照比A声级的方法，也可以引入比倍频带声压级，它是单位风量和单位全压产生的倍频带声压级，可表达为

$$L_{spi} = L_{pi} - 10\lg Qp^2 + 19.8\quad (\mathrm{dB}) \qquad (18-13)$$

其中i=1，2，…，8分别代表63，125，250，…，8000Hz倍频率。

目前，国内制定的GB 2888—82《风机和罗茨式鼓风机噪声测量方法》和《通风机噪声限制》中，也都采用了比A声级的评价方法来评价通风机的噪声特性和质量。

类似于比 A 声级的还有比声功率级，定义为单位流量和单位全压产生的声功率级，表示为

$$L_{SW} = L_W - 10\lg Qp^2 + 19.8 \ (dB) \tag{18-14}$$

式中：L_{SW}为比声功率级；L_W 为通风机声功率级。

18.2 压缩机、通风机噪声产生的原因

若知压缩机、通风机噪声产生的原因，首先要追究噪声源，然后再就噪声源分析研究它是如何发出噪声的。

压缩机、通风机运行时产生的噪声，对于容积式与动力式来说，其产生的原因是不一样的。对于往复式与回转式压缩机，其每一个工作循环所形成的压力指示图，即为最大压力波，也即最大噪声源；其次，为气阀开启时压力突然降低形成的爆破声及阀片冲击升程限制器或阀座的撞击声。对于动力式压缩机(透平式压缩机、鼓风机、通风机以下文中均只用通风机而代之)主要来源于通流部件与气流之间相互作用所发出的气体动力噪声。此外，均有辅助设备如电动机噪声或其他驱动机噪声、皮带或齿轮噪声等，但这些噪声相对较弱。

18.2.1 容积式压缩机的噪声源

(1) 容积式压缩机气缸内的气体压力波噪声源

容积式压缩机的噪声主要来源于气缸内的最大压力波，该压力波曲线可用周期性函数，经傅里叶变换，展开成下列级数表示，即

$$p(t) = \frac{c_0}{2} + \sum_{n-1}^{\infty} c_n \cos(n\omega_0 t + \varphi_n) \tag{18-15}$$

其中，$c_0 = \frac{2}{T_0}\int_{t_0}^{t_0+T_0} p(t)\,dt, c_n = \sqrt{a_n^2 + b_n^2}$

$$a_n = \frac{2}{T_0}\int_{t_0}^{t_0+T_0} p(t)\cos n\omega_0 t\,dt$$

$$b_n = \frac{2}{T_0}\int_{t_0}^{t_0+T_0} p(t)\sin n\omega_0 t\,dt$$

$\tan\varphi_n = b_n/a_n$； $\omega_0 = 2\pi/T_0$； T_0 为周期。

由式(18-15)可见，气体压力频谱是一离散谐波谱，其基频就是压缩机转速，泛频是该基频的整数倍。实际的傅里叶变换表明，在低、中频率范围内的这些泛频(高次谐波)的振幅，随着阶次的增加而递减。根据声压级的定义，在求得上述气体压力的自功率谱 $G_p(f)$ 后，可用下式求出气缸内气体压力级 L_g，即

$$L_g = 10\lg \frac{G_p(f)}{p_0^2} \tag{18-16}$$

式中：f 为频率，$f=\omega/2\pi$；p_0 为基准声压，$p_0 = 20\mu Pa$。

上述压力级与声压级的数值相同。对于不同形状的气体压力频谱的实际分析表明，一般压力频谱可分为三个频段：①300Hz 以下为低频段；②1500Hz 以上为高频段；③两者之间为中频段。必须说明，这三个频段的界限并不十分严格，对于缸径小、转速高的，其分界频率值偏高，反之偏低。三个频段各具不同的特点：

① 低频段　包含由基频开始的头几个谐波，在此段内气体压力级达到相当大的量级，它们主要是由压缩机气缸内排出压力的高低和示功图面积的大小来决定，它引起气缸等零部件低频强迫振动。由于该气缸等零部件的固有频率较高，远远高于干扰频率，加上低频声辐

射比的值远小于1，故气缸等零部件所辐射出的该频段噪声较低。

② 中频段　此频段内工作过程的周期性变化特征逐渐消失，频谱受冲击性的压力所控制，由离散谱变为连续谱，其压力级随频率增加呈下降趋势，下降速率主要由气体压力曲线的最大压力升高率$\left(\frac{dp}{dt}\right)_{max}$的值来控制，$\left(\frac{dp}{dt}\right)_{max}$值愈大，则压力级随频率增加而下降的趋势就愈小，即中频区的频谱曲线愈平稳、能量越大。例如，对于相对余隙较小的压缩机，当膨胀开始的瞬间，或者罗茨风机、螺杆压缩机内外压缩比不等时的排出瞬间，均会产生较大的$\left(\frac{dp}{dt}\right)_{max}$值，从而产生在该中频段较大的噪声。再如在回转式压缩机中，往往出现封闭容积，造成气体压力突然变化，导致$\left(\frac{dp}{dt}\right)$值较大，故引起该中频段有较大的噪声。

③ 高频段　此频段压力级的幅值，主要取决于压力升高的加速度的最大值$\left(\frac{dp}{dt^2}\right)_{max}$。它具有冲击的性质，会引起缸内气柱共振。气柱共振加剧时，会引起示功图上出现锯齿形压力波，其共振频率为

$$f_0 = \frac{a_{ch}}{2D} \tag{18-17}$$

式中：a_{ch}为冲击波在工质中的传播速度，$a_{ch}=1.10\sim1.15a$；a为工质中的声速；D为气缸直径。该频率与压缩机工作转速无关，但和气缸尺寸、工质有关。

在上述三个频段中，以第二频段的压力激发对噪声影响最大，因为被它所激发的气缸、缸盖、活塞、连杆、曲轴、机体等零件，其固有频率正处在该中、高频段范围，从而易引起后者的共振。这种振动所诱发的噪声，正符合人耳敏感的频率范围，故A声级较高。

上述缸内气体力，主要通过三条途径传递到压缩机表面，从而诱发压缩机表面产生高频振动和结构噪声。其中，以沿着活塞、连杆、曲轴、轴承、曲轴箱(机体)这一条途径产生的噪声最为严重。由于气体力引起气缸壁表面的振动，以及由气体力引起缸盖表面的振动，所诱发的结构噪声的这两条途径次之。

(2) 气阀噪声源

往复压缩机随着气阀的启闭，以及气阀通道中气体流动的变化，引起气阀处的气体声和固体声。气阀噪声由下列部分组成：

① 阀片的敲击声　阀片在开启时敲击升程限制器，关闭时敲击阀座，故在一个工作周期中产生两次敲击。开启时产生的冲击噪声频率与升程限制器结构系统的固有频率有关，关闭时产生的冲击噪声频率与阀座、阀板、缸盖等系统的固有频率有关。敲击激发力的频率为

$$f = ni/60 \tag{18-18}$$

式中：n为转速；i为谐波序数，$i=1$，2，3，…。

由于敲击的时间很短，故敲击力的高次谐波分量较多也较大，常激发出上述系统的1～4kHz的中、高频自鸣固体声。噪声的强度与阀片的撞击速度、阀片质量等因素有关，撞击速度为

$$v = \omega h \tag{18-19}$$

式中：h为阀片升程；ω为压缩机曲轴角速度。

由上式可见，随着阀片升程增加，转速增加，冲击噪声也将增大。其中，以冲击阀座的噪声较大，尤其是当阀片延迟关闭时，阀片关闭瞬间的撞击速度的幅值很大，故产生较大

噪声。

② 涡流噪声　高速气流流经气阀通道，产生大量涡流，从而形成宽频带连续的中、高频气流噪声，其最大峰值频率为

$$f = Sr\frac{u}{d} \tag{18-20}$$

式中：Sr 为斯特哈里数，其值 =0.05 ~0.25；d 为垂直气流方向上障碍物的厚度；u 为气阀的阀隙速度。

这种涡流噪声属于偶极子生源，噪声声功率与气流速度的六次方成正比。

③ 阀片自激振动声　对于弹簧力太大的气阀或无升程限制器的舌簧阀，阀片会出现颤振，其振动频率近似等于阀片的质量弹性系统的固有频率。颤振也会增加撞击阀座或升程限制器的次数，从而增加噪声。

(3) 缓冲器、储气罐、中间冷却器受气流激发产生共振噪声

缓冲器、储气罐、中间冷却器等与压缩机本体有气体管路连接，在这些容器中的气柱固有频率可用下列近似公式计算为

$$f_0 = \frac{a}{2l}i \tag{18-21}$$

式中：a 为气体声速；l 为储气罐气柱有效高度（或长度、或储气罐直径）；i 为谐波序数，i =1，2，3，…。

当气路对储气罐的激发频率与该罐的气柱固有频率一致时，将使罐内产生强烈的气体共振噪声。此噪声又将激发储气罐壁面振动，从而向周围大气辐射出强烈噪声。此外，排气系统的管道振动，也会传递到与该管道相连的储气罐壁面上，引起后者的振动而像周围大气辐射噪声。由于储气罐表面积往往很大，壁厚又较薄，因而所辐射的结构噪声的声功率较大，故常常也是一个重要的压缩机噪声源。有些使用压缩机的动力站，其储气罐的噪声级甚至超过 110dB(A)，大大超过压缩机本机的噪声。

18.2.2　通风机的气体动力噪声源

(1) 气体动力噪声极子源分类

气体动力噪声源于气体受扰动而产生的非稳定流动，使气体与气体及气体与固体相互作用产生噪声。其根源又有多种多样，但可归结为单极子源、偶极子源和四极子源三类。

① 单极子源　当高速气流周期性从排气口排出，或气流发生周期性振荡，会形成单极子源。例如通风机喘振时有较大的流量忽而正流忽而倒流，这种周期性的振荡发生的噪声就属于单极子声源，其脉动辐射指向是球形的。

单极子源的波动方程为

$$\frac{1}{r^2}\frac{\partial}{\partial r}\left(r^2\frac{\partial \varphi}{\partial r}\right) = \frac{1}{a^2}\frac{\partial^2 \varphi}{\partial r^2} \tag{18-22}$$

式中：φ 为速度势；a 为声速。

经过一定的数学运算可得单极子源的声功率表达式，即

$$W \propto \rho L\frac{u^4}{a} = \rho L u^3 Ma \tag{18-23}$$

式中：ρ 为气体密度；L 为特征长度；u 为气流流速；Ma 为马赫数。

② 偶极子源　当气流与物体相互作用的力对空间发生变化时，便形成偶极子源，它是力声源。通风机的气体动力噪声就属于偶极子源。偶极子源的波动方程为

$$\frac{1}{r^2}\frac{\partial}{\partial r}\left(r\frac{\partial \varphi}{\partial r}\right)+\frac{1}{r^2\sin\theta}\left(\frac{\partial}{\partial \theta}\sin\varphi\frac{\partial \varphi}{\partial \theta}\right)=\frac{1}{a^2}\frac{\partial^2 \varphi}{\partial r^2} \tag{18-24}$$

经过一定的数学运算，可得偶极子源的声功率表达式，即

$$W \propto \rho L^2\frac{u^6}{a^3}=\rho L^2u^3Ma^3 \tag{18-25}$$

由此可知，气体动力噪声的声功率 W 与通风机的圆周速度 u 的 6 次方成正比。

③ 四极子源　气体以极高速喷射并无障碍存在，唯有粘滞应力辐射出的声波称为四极子源，它是应力声源，四极子源的声功率表达式为

$$W \propto \rho L^3\frac{u^8}{a^5}=\rho L^3u^3Ma^5 \tag{18-26}$$

通风机出口气流直接排入大气产生的噪声就属于四极子源，其声功率与出口速度的八次方成正比。不过由于通风机排气速度不高，所引起的噪声并不显著。

通风机在正常运转条件下的噪声源主要是偶极子源，它发出的气体动力噪声主要有旋转噪声和涡流噪声两种。

（2）旋转噪声和涡流噪声

① 旋转噪声　又称为离散频率噪声，其发生的机理有以下几个方面的原因；一是由于旋转叶片打击周围空气介质，引起气体的压力脉动而产生噪声；二是从旋转叶片边界层尾迹区流出的流速大大低于叶道主流区流出的流速，这种周向不均匀的气流周期性的作用于周围空气介质产生压力脉动而引起噪声；三是上述的这种不均匀气流作用在蜗壳上和蜗舌上也会引起气流压力脉动而产生噪声。反过来，这种气流压力脉动又作用在旋转叶片上，引起作用在旋转叶片上的力也随之脉动，也使叶片产生旋转噪声。四是对于有前导叶和后导叶的通风机，其导叶所产生的尾迹流与主流动不均匀性对相邻叶片所造成的脉动力也产生噪声。

旋转噪声的频率为

$$f_{\mathrm{r}}=\frac{nz}{60}i \tag{18-27}$$

式中：n 为通风机转速；z 为叶片数；$i=1$，2，3，…谐波序号，$i=1$ 为基频，$i=2$，3，…产生高次谐声。从噪声强度来看，基频最强，高次谐声逐渐减弱。

旋转噪声的周期性脉动压力因其作用于轴流通风机叶片上，还是作用于离心通风机的蜗舌上等等其计算公式各有不同。

② 涡流噪声　又称为旋涡噪声或湍流噪声，它主要是由于气流流经固体（如叶片等）表面等产生湍流边界层及其旋涡和旋涡脱体而引起气流发生压力脉动形成噪声。

涡流噪声的频率为

$$f_i=Sr\frac{W}{L}i \tag{18-28}$$

式中：Sr 为斯特哈里数，$Sr=0.14\sim0.20$，一般可取 0.185；W 为气体与贴近固体的相对速度；L 为物体正表面宽度在垂直于速度平面上的投影；i 为 1，2，3，…谐波序号。

由于相对速度在通风机工作轮中有较大的变化，湍流边界层及其旋涡脱体很不稳定，时而生长，时而衰减，还可能分裂成更小的旋涡或聚合成更大的旋涡，故所形成的涡流噪声具有很宽的频率范围。

通风机涡流噪声发生的机理有以下几个方面的原因：一是物体表面上边界层中气流紊乱的压力脉动作用于物体（如叶片、前盘、后盘、蜗壳的内表面等）产生了噪声；二是若流经

叶片前缘的气流冲角过大时，会造成物体表面上的边界层形成较强烈的旋涡，并导致边界层旋涡脱体，如图 18－4，图 18－5 所示。

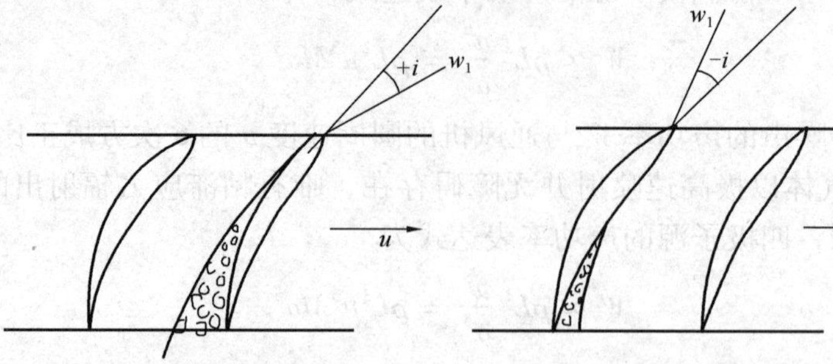

图 18－4　轴流式叶栅叶片叶背、叶腹边界层分离示意图

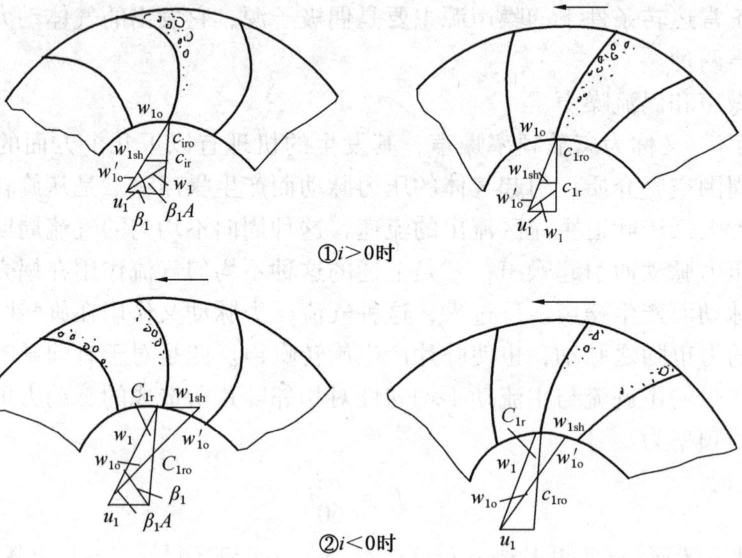

图 18－5　离心式叶轮叶片边界层分离示意图

这种脱体涡流会造成很强烈的气流压力脉动，致使作用于叶片上的环量和作用力有较大的改变而形成噪声，所以它是通风机主要的涡流噪声源。另外，当流道的扩张度过大时也会出现边界层旋涡脱体形成噪声。三是由于来流的湍流度引起叶片作用力的脉动造成噪声。四是由于叶片工作面压力高，非工作面压力低，使叶片边界层中的气流通过离心式叶轮的盘、盖和轴流式的轮毂表面及气缸内壁面形成窜流即所谓二次涡流，也会形成涡流噪声。从物体表面流出的卡门涡街也会引起涡流噪声。

一般认为上述四种产生涡流噪声的原因，由边界层紊流压力脉动和二次涡流产生的噪声功率相对小得多。若来流紊流度不特别大，由它引起的冲角脉动形成的噪声也不明显，于是可以认为通风机的涡流噪声主要是由于第二种原因，即旋涡和旋涡脱体引起叶片升力脉动所造成的涡流噪声，特别是离心通风机在叶片出口靠近前盖区经常会出现涡流脱离区，因此它也是涡流噪声的主要噪声源。

通过分析可知，在通风机正常运行状态下，特别是在最高效率即额定工况下，旋转噪声比涡流噪声的强度要更大一些，通风机的空气动力噪声是由上述两种性质不同的噪声叠加的结果。所以，通风机的空气动力噪声的频谱是一种宽频的连续谱，有时其上有一、两个或几个突出的峰值有调成分。根据通风机型号和工作状态的不同，有的峰值超过连续部分可达 10～20dB。

18.2.3　其他噪声源

（1）电动机噪声

电动机噪声主要为电磁噪声、机械性噪声和冷却风扇的空气动力噪声。电磁噪声源于定子和转子之间的交变电磁引力、磁致伸缩。机械噪声源于轴承噪声及电机转子不平衡，转子受沟槽谐波力作用等引起的振动而产生的噪声，而冷却风扇的空气动力噪声是主要噪声源。

（2）轴承噪声

滑动轴承比滚动轴承的刚度好，阻尼大，产生的噪声较大。球轴承比圆锥滚动轴承的噪声小，但球轴承的刚度小于圆锥轴承。

（3）转子不平衡激发的振动与噪声

若通风机的转子平衡不良，会使转子及其他结构产生振动而引起噪声，锅炉引风机或其他排尘风机常因叶片磨损、积尘而使转子失去平衡，引起整机的剧烈振动与噪声。

（4）管件噪声

在管道中由于阀门开度小，使气流流过时形成喷注而引起噪声。噪声随阀门开度的减小而增大，当开度小到气流达到阻塞时，会发出强烈噪声。另外，气流流经弯头时产生漩涡，局部流速增大会加大噪声。加大弯管的曲率半径可减小漩涡，降低噪声。而弯管本身也会引起消声作用。

（5）次声损害

低于人们听觉范围（<20Hz）的声波，称为次声。近来发现，次声在传播中衰减很小，即使远离次声源，也仍受其影响。人体中有的空腔和弹性系统，如“胸－腹”系统对频率为 3～8Hz 的噪声有明显的共振反应。所以，频率为 3～8Hz 的噪声对人体危害很大，这也是要特别注意的。曾遇到某锅炉房中的鼓风机，因运转一段时间后，出现稍许不平衡而产生的低频振动噪声，引起附近的居民感到身心难受，就是次声损害的一个事例。

18.3　噪声测量

18.3.1　声波在大气中的传播

声波在近距离传播中，随着测点距声源的距离不同，各测点的声压变化有下列三种情况：

① 当一个点声源在室内发声时，假定声场充分扩散，则离开声源不同距离处的声压级 L_p(dB)可用下列稳态声压级公式计算：

$$L_p = L_W + 10\lg\left(\frac{Q}{4\pi r^2} + \frac{4}{R}\right) \tag{18-29}$$

$$R = \frac{S\bar{\alpha}}{1-\bar{\alpha}}$$

式中：L_W 为声源的声功率级，dB；Q 为考虑点声源在室内位置的指向性因数，当声源在房间中央时 $Q=1$，在一面墙或地面上时 $Q=2$，在两墙交线处 $Q=4$，在三面交点处 $Q=8$；r 为离开声源的距离，m；R 为房间常数，m^2；$\bar{\alpha}$ 为室内平均吸声系数；S 为室内总表面积，m^2。

② 当在混响场的情况下，各点声压均匀，即与距离无关，此时将 $Q=0$ 代入式（18－

29)即可算出L_p。

③ 在自由场、半自由场情况下，将 $R=\infty$ 代入式(18－29)，并分别代入 $Q=1$(对于自由场)、$Q=2$(对于半自由场)，即可算出在点声源时不同测点处的相应的声压级。可以看出，在声功率级不变下，测点距声源中心的距离加倍，则声压级(或声强级)减小6dB。对于线声源，距离加倍，则声压级(或声强级)减小3dB；对于面声源，则声压级(或声强级)不衰减，即与距离无关。

18.3.2 声功率级的测量

当声源在向周围大气辐射声功率时，为了测出其声功率级，虽然目前已可以通过测量声强级来计算出声功率级，但目前机械工程中声功率测量仍然多用在特定条件下测出的声压级经过计算而得出。在机械工程中，声功率级测量常用的方法有三种：具有一个反射平面的自由场条件工程法、简测法和标准声源法。

具有一个反射平面的自由场条件工程法典型的运用见ISO 3744。设机器(被测声源)放在硬反射平面(如水泥地面)上，室内其他部分满足自由场条件，即吸声量 A 与测量表面面积之比要足够大，使 $A/S>6$，测量表面可选半球面、矩形体面或与机器形状相似的表面，分布于上述测量表面最少的测点数分别为10、9、8。若条件许可，最好用半球面，但矩形体面应用方便，故用得较多。半球面、矩形体面上的测点分布分别见图18－6和图18－7。半球球心取在声源几何中心在地面上的投影位置，球的半径 r 应大于或等于两倍机器设备的特征尺寸，但不能小于1m，建议采用的半径是1m、2m、4m、6m、8m、12m、14m、和16m。矩形体测量表面与参考箱(恰好罩住待测机器的假想矩形体)面的距离 d，视声源体积和测量环境的实际情况，可取0.25m、0.5m、1m、2m、4m、或8m。一般取1m，但最小不能小于0.25m。被测机器的声功率级为

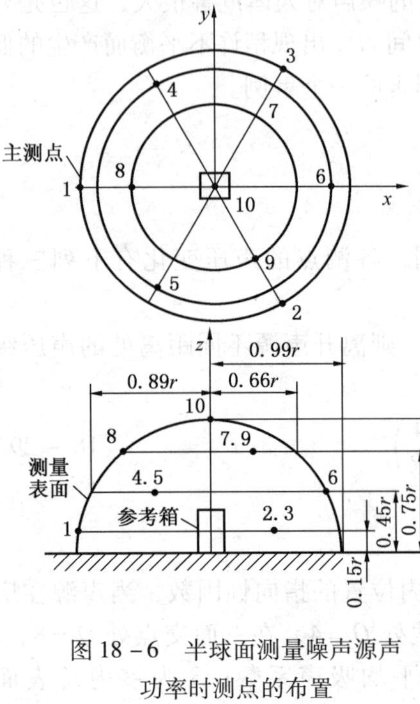

图18－6 半球面测量噪声源声功率时测点的布置

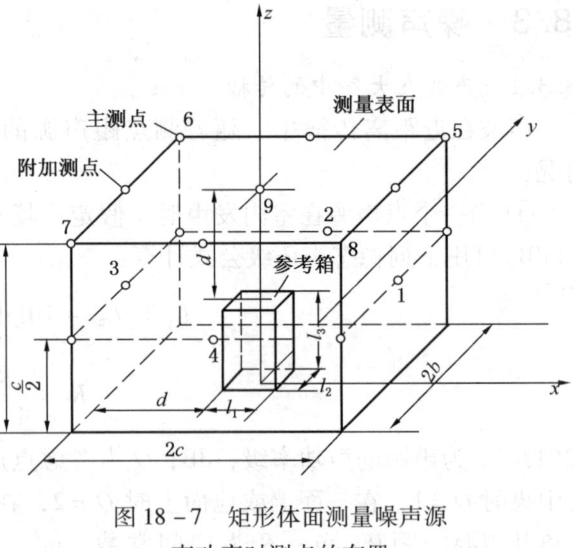

图18－7 矩形体面测量噪声源声功率时测点的布置

$$L_W=\overline{L}_p+10\lg\frac{S}{S_0}-K \qquad (18-30)$$

式中：L_W 为机器的 A 计权声功率级或频带声功率级，基准声功率 $W_0=10^{-12}$W；$\overline{L}_p$ 为测量表面的平均 A 声级或有关频带的平均声压级，基准声压 $p_0=20\mu$Pa；S 为测量表面面积，半球面 $S=2\pi r^2$，长×宽×高 $=2a\times2b\times c$ 的矩形体表面 $S=4[c(a+b)+ab]$；S_0 为基准面积，$S_0=1\text{m}^2$；K 为环境修正系数，当声源无指向性时，$K=10\lg\left(1+\dfrac{4}{A/S}\right)$，当 $A/S>10$，$K=$ 0dB，当 $10>A/S>6$，$K<2$dB，当 $A/S<5$，可按图 18－8 取值，K 的最大允许值为 7dB，即相应要求 $A/S\geqslant1$，A 为测试房间的吸声量。

按照 ISO 3744 规定，A/S 应满足大于 6，且测量过程中要求本底噪声比被测声源噪声低 6dB 以上。

容积式压缩机声功率级的测定，可按照 GB 4980—1985《容积式压缩机噪声声功率级的测定——工程法》进行。

通风机的噪声，需按《国家标准化风机噪声测量方法》进行，或按照 GB/T 8690—1998 执行。其中，对测量场地的要求是测点离声源为 r 和 $2r$ 处声级的差值应不小于 5dB(A)。当叶轮直径大于 1m 时，r 为叶轮直径；当叶轮直径小于 1m 时，取 r 为 1m。另外，要尽量排除或减少周围障碍物对辐射噪声的干扰，测量位置离地面和墙角的距离不能太近。

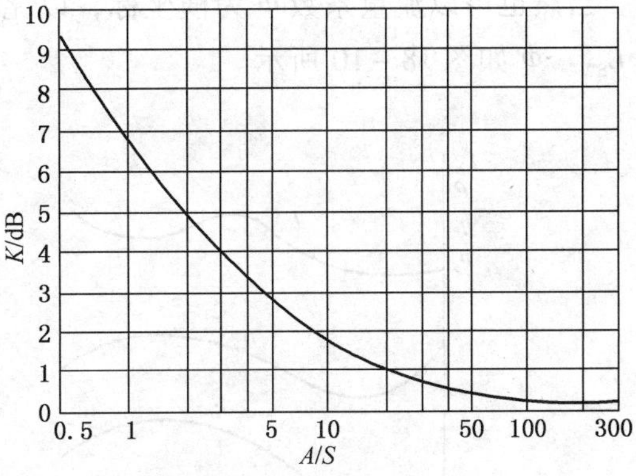

图 18－8　环境修正系数 K 与 A/S 的关系

当测量通风机进气口噪声时，测点应在进气轴线上距进气口 r 处；当测量排气口的噪声时，测点应在排气口轴线成 45°，离排气口中心距离为 r 处。对于装有进、排气管道的通风机，则测量机壳辐射的噪声。测点的位置和数目按照《国家标准通风机噪声测量方法》选定。

在声功率级的测量与计算中，通风机在一定工况下的声功率级是定值，不像声压级那样，随着距离的改变而改变，因此声功率级是评价机器噪声的一个重要的物理量。但声功率级不能直接测出，它是在特定条件下，由测得的 A 声级或倍频带声压级通过下列计算得到的，即

$$L_{WA}=\overline{L}_A+10\lg S \qquad (18-31)$$

或

$$L_{WE}=\overline{L}_{PE}+10\lg S \qquad (18-32)$$

其中 $\overline{L}_A=10\lg\left(\sum_{i=1}^{n}10^{\frac{L_{Ai}}{10}}\right)-10\lg n$，$\overline{L}_{PE}=10\lg\left(\sum_{i=1}^{n}10^{\frac{L_{pEi}}{10}}\right)-10\lg n$

式中：L_{Ai} 为各测点上的 A 声压级；L_{pEi} 为各测点上的声压级；S 为包括被测点在内的声传递面积。

18.3.3　噪声测量仪器

噪声测量常用的仪器有声级计、频率分析仪、自动记录仪和磁带记录仪等。

最常用的是声级计，它由传声器、放大器、衰减器、频率计权网络以及指示器组成。声压信号通过传声器变为电压信号，馈入放大器成为具有一定功率的电信号，再通过计权网络检查并以分贝数值由指示器显示出来。衰减器是防止超负荷的。声级计中的计权网络有 A、

B、C 三档或 A、B、C、D 四档。一般都是用 A 计权网络测量。

频率分析仪是采用分析噪声频谱特性的仪器，主要由放大器和滤波器组成。通过滤波后，可测出倍频带或 1/3 倍频带中心频率的声压级，倍频带要测 8 次，1/3 倍频带要测 24 次才能得到噪声频谱。

自动记录仪是自动记录声波的仪器，把频率分析仪和自动记录仪连用可迅速准确地测量记录噪声级的频谱。

磁带记录仪又称录音机，用它对噪声进行迅速记录，供噪声及其频谱进行分析之用。

18.3.4 通风机的噪声特性

通风机的噪声特性曲线加上最高效率工况的噪声频谱统称为通风机的噪声特性。以通风机的流量为横坐标，以用声压计测量不同工况的 A 声级为纵坐标绘出的曲线 $L_A \sim Q$ 叫做通风机的噪声特性曲线，它往往与通风机的气动性能曲线绘制在同一个图上，如图 18－9 所示。当然也可以流量系数 ϕ 为横坐标，以比声功率级 L_{SW} 为纵坐标绘成的无因次噪声特性曲线 $L_{SW} \sim \phi$ 如图 18－10 所示。

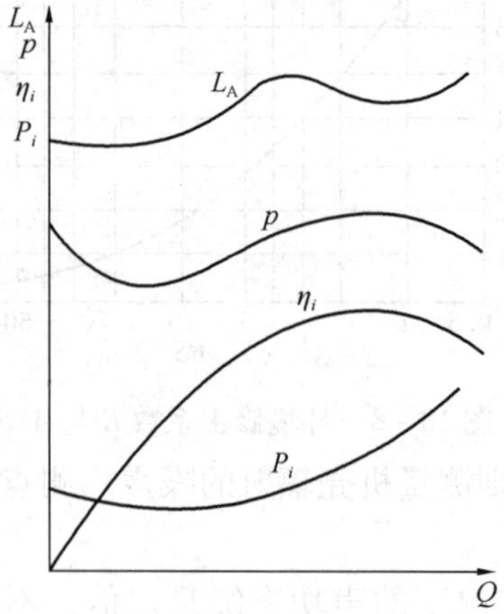

图 18－9 前向通风机的噪声和气动性能曲线

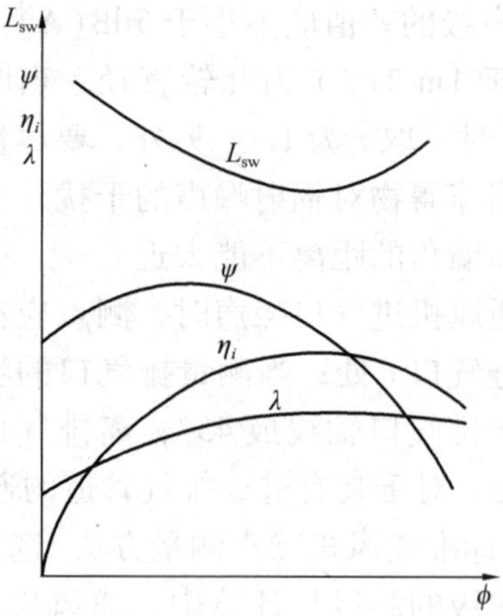

图 18－10 后向通风机的噪声和无因次性能曲线

最高效率工况的噪声频谱是用自动记录仪录下的频谱，如前面的图 18－1 所示。或用折线表示的倍频程频谱，如图 18－2 所示。

应当指出，在这种噪声特性曲线图上和噪声频谱图上，应注明通风机叶轮直径 D_2 和转速 n 的数值及噪声测点的位置。因为它们的数值和测点位置不同时，其 A 声级和噪声频谱也有所不同。

目前许多通风机产品目录与说明中，大都标注出有关噪声的信息。

18.3.5 噪声控制标准

人不能没有声音。一个人在绝对无声的环境中停留 3～4h 就会失去正常的理智，但是过强的噪声对人体健康和生活有害，故需要合适地控制，这就要建立噪声控制的标准和法规。我国已建立一系列标准，其中在劳动保护方面有《工业企业噪声卫生标准》；环境保护方面有《城市区域环境噪声标准》，以及一些机器的噪声控制标准等。

(1)《工业企业噪声卫生标准》简介

该标准规定工业企业的生产车间和作业场所的工作地点，噪声标准为85dB(A)(脉冲声除外)。这是针对每个工作日接触噪声时间为8h计算的。若工作时间每减半一次，则可再放宽3dB(A)；若现有企业暂时达不到标准，可适当放宽5dB(A)。

(2)《城市区域环境噪声标准》简介

此标准所规定的城市各类区域环境噪声标准值见表18－7，计量为等效A声级 L_{Aeq}，测点选在距居住或工作建筑物1m，传声器高于地面1.2m的噪声敏感区。对于夜间频繁出现的噪声，其峰值不超过标准值10dB(A)(如风机排气噪声)。夜间偶然出现的突出噪声(如短促鸣笛声)，则其峰值不超过标准值15dB(A)。

表18－7　城市各类区域环境噪声标准值(等效A声级)

适用区域	昼　间	夜　间	适用区域	昼　间	夜　间
特殊住宅区	45	35	二类混合区、商业中心区	60	50
居民、文教区	50	40	工业集中区	65	55
一类混合区	55	45	交通干线道路两侧	70	55

(3) 压缩机、通风机噪声控制标准

压缩机、通风机属于产生噪声的高噪设备。根据1987年开始实行的噪声防治法规定，凡是高噪设备，必须有噪声控制指标。由于压缩机、通风机大小不一，种类又繁多，不可能有统一的控制标准。读者须注意有关压缩机、通风机新近的噪声控制标准，并遵照执行之。

18.4　压缩机、通风机降噪措施

18.4.1　容积式压缩机降低噪声的措施

如前所述，容积式压缩机的最大噪声源于每一个工作循环所形成的最大压力波，而它就是压缩机工作目的本身。因此不能为了降低噪声而减小需要压缩机所提高的压力。这只有从其他方面来设法降低噪声了。

(1) 降低气阀噪声

如采用非金属阀片，会显著降低气阀噪声，但选择非金属材料与其使用寿命尚需作进一步的研究。减小气阀通道中的涡流及其强度可降低其中的涡流噪声。改变阀片的固有频率，消除阀片可能出现的颤振，也会减少阀片噪声。

(2) 减少压缩机表面的声辐射

减少声辐射部件对激振力的响应措施有：

① 防止共振　当激振频率与固有频率相等或相近时，部件系统会发生强烈振动和声辐射，这就是共振的后果。此时，部件结构的动刚度显著下降，响应振幅急剧增加。为了防止共振，这时若不改变激振频率，则可以改变受激部件的固有频率来达到，使固有频率远离激振频率，一般使固有频率 $f_0 \neq (0.8 \sim 1.2) f$($f$ 为激振频率)，两者远离则动刚度就高。振动幅值就小，增加动刚度的措施有：

a. 在一定条件下，提高静刚度，可使固有频率远远高于强迫频率而提高动刚度，这又可采取下列措施：

首先，配置加强肋，可在不太增加重量的情况下，大大提高静刚度，尤其是弯曲刚度大大提高，从而降低振动和噪声。例如：一曲轴箱加设呈矩形网络分布的加强肋，肋厚 $\delta = 5$mm，肋高 $h = 20$mm，肋矩 $s = 40$mm，加肋以后，使重量增加1倍，固有频率提高5倍，表面辐射的噪声下降4~5dB。加强肋应放置在振动速度的腹点处。

其次，增加壁厚。例如增加轴承座壁厚，不仅增加刚度，而且也增加了振动质量，从而提高了机械阻抗。试验表明，将轴承座壁厚由原来的5mm增加到10mm，噪声可降低2dB。

第三，箱体零件开口的内壁用拉压杆固定支撑，可大大增加刚度。如对称平衡式压缩机的曲轴箱，用拉压杆支撑，可大大增加刚度，减少振动。

b. 当系统的固有频率已处于低于激振频率的范围内时，若使振动系统的部件的质量增加或加设弹性装置(如加设弹簧或橡胶垫等)，则可使整个系统的固有频率远远低于激振频率从而可以提高动刚度，使在同样的激振力下减少振动的响应。

此外，正确安置激发源的位置可抑制共振。例如，对于恒速源，让其处于速度腹点处就不易激发共振。

另外，提高声辐射部件的临界频率，使大于入射的扩散声波的干扰频率，可大大降低辐射声，因为低于临界频率的低频共振模态，具有很低的辐射比(辐射效率)，故声辐射较少。

② 增加结构阻尼　阻尼对共振时的振幅峰值抑制有决定性作用，它阻碍物体作相对运动，并将运动的能量转变为热能。增加结构阻尼的方法有两种：

第一，增加结合面间的摩擦阻尼。例如用铆接、螺接代替焊接，可使阻尼加大，即损耗因子 η 可达0.01~0.05。采用间断焊缝代替连续焊缝也可增加阻尼。

第二，采用高内阻尼材料。具体方法又可分成三种：直接用高内阻尼材料，如橡胶的阻尼损耗因子 η，比一般金属阻尼为高，前者 $\eta=10^{-2}\sim10^{-1}$，后者为 $\eta=10^{-5}\sim10^{-4}$，故可采用橡胶件作为高内阻尼材料，例如在轴承箱中，采用含橡胶阻尼的弹性材料制成的衬套，安装在轴承外环与轴承座孔之间，可获得阻尼，从而吸收振动能量，实验表明可使振动振幅降低80%以上。又如采用铸铁铸造的机器壳体，代替焊接壳体，由于前者内阻尼比后者大，故可明显降低噪声。此外，也可用低噪减振钢，例如将低噪减振钢用于气阀中的阀座材料，可降低冲击噪声。

(3) 采用迴避方法

在气路系统中尽量避免在缓冲器、储气罐、中间冷却器等容器中受气流激发而产生共振，以避免形成气路中的共振噪声。

(4) 采用隔离方法

如果对于压缩机本身及其气路系统所能采取的降噪措施，还无法达到降噪所必须的要求时，还可采取一些辅助的隔声、消声、吸声的措施，如采用隔声层、隔声罩、隔声室、在气路系统中添加消声器，以及采取一些吸声材料等(下面有其专门的介绍)来加以降噪。

18.4.2 透平压缩机、鼓风机、通风机降低噪声的措施

(1) 在通风机制造时降低噪声

在研究设计生产制造方面力求降低通风机的噪声，可从降低噪声源发生的旋转噪声和涡流噪声出发，采取以下一些降低噪声的措施：

①通过空气动力学和声学的研究试验表明，合理优选轴流通风机的翼型叶栅参数可降低涡流噪声。例如表18-8和图18-11所示。

满足一台所需流量 $Q=6000\text{m}^3/\text{h}$，压力 $p=500\text{Pa}$ 的轴流通风机，两种设计工作轮翼型叶栅参数的方案，其声学特性方案2优于方案1。

表 18－8

方案	半径 r	叶栅参数			
		$\bar{f}$	b/t	i	b
方案1：	0.505	0.082	1.33	−5°	64
$D_2 = 0.4$m	0.631	0.05	0.985	−5°	59.5
$d = 0.2$m	0.755	0.033	0.781	−5°	56.4
$n = 3000$r/min	0.88	0.03	0.616	−5°	52
$Z = 13$	1.0	0.029	0.506	−5°	48.4
方案2：	0.7	0.11	2.0	+4°	60
$D_2 = 0.4$m	0.755	0.096	1.75	+2°30′	55.5
$d = 0.265$m	0.85	0.086	1.5	+0°45′	51
$n = 1950$r/min	0.925	0.076	1.25	−1°	46.5
$Z = 34$	1.0	0.07	1.0	−2°30′	42

② 合理选择轴流通风机动叶和静叶的叶片数可降低旋转噪声，由轴流通风机的频谱上可以看出，其声能大部分集中在峰值区内，而峰值比连续部分约大 10～20dB，且这种噪声对人的刺激很大。通过对动叶出口不均匀气流对导叶相互作用产生的脉动压力进行傅里叶级数及其贝赛尔函数的分析和试验研究，可以合理地优选动叶和静叶的叶片数（如两者互为质数，两者的差值尽可能小）可使基频峰值噪声最小，从而降低噪声。

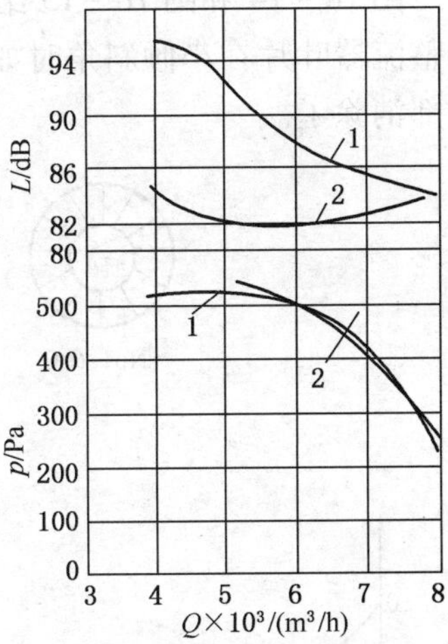

图 18－11　轴流式风机空气动力及噪声特性

1—方案 1；2—方案 2

③ 合理选择动、静叶轴向间隙可降低旋转噪声，适当增大导流器与工作轮叶片或工作轮叶片与整流器叶片之间的轴向间隙，使进入下一排叶片的不均匀气流尽可能拉平，从而减小脉动压力是降低旋转噪声最简单的方法。

一般来说，噪声声功率减少值 ΔL_W 与相对轴向间隙 $\overline{\Delta S}$ 有下述不太严格的关系：

$$\Delta L_W \approx 10\lg \overline{\Delta S}, \quad \overline{\Delta S} = \frac{\Delta S}{b} \qquad (18-33)$$

式中：ΔS 为轴向间隙；b 为叶片弦长。但是 $\overline{\Delta S}$ 增加到超过 1 时，声功率不再下降。

④ 采用倾斜整流器可降低旋转噪声。通过声学研究和数学推导，得出下列确定整流器叶片倾斜角 θ 的计算公式，即

$$\theta = \frac{180}{z_1} + \mathrm{arctg}\frac{(1.1 \sim 1.2)t_1 - a - d - L\cos\alpha - a_1}{L\sin\alpha} \qquad (18-34)$$

如图 18－12 和图 18－13 所示，式中：$L = OA = R - r$ 为叶片径向高度；$t_1 = \frac{2\pi R}{z_1}$ 为工作轮外径处的叶片栅距；d 为整流器叶片的最大厚度；a 和 a_1 见图 18－13，对于不扭曲的整流叶片 $a_1 = 0$。

当使用该式使叶片倾斜时，为保持气动性质不变，其倾斜后的整流器叶片在不同半径处的气流进口角与出口角应保持原设计值不变。

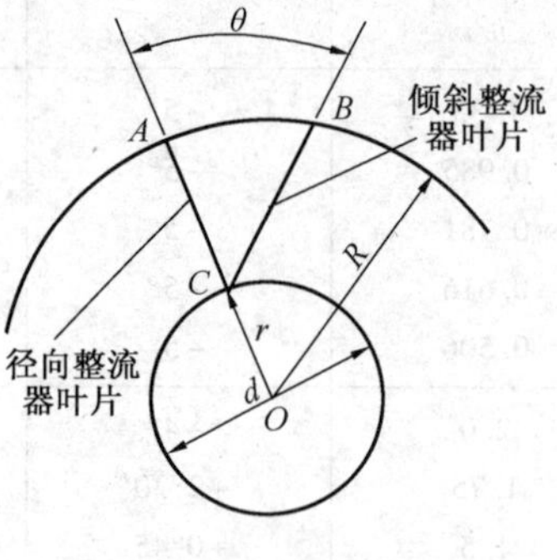

图 18－12　轴流式风机整流器倾斜叶片

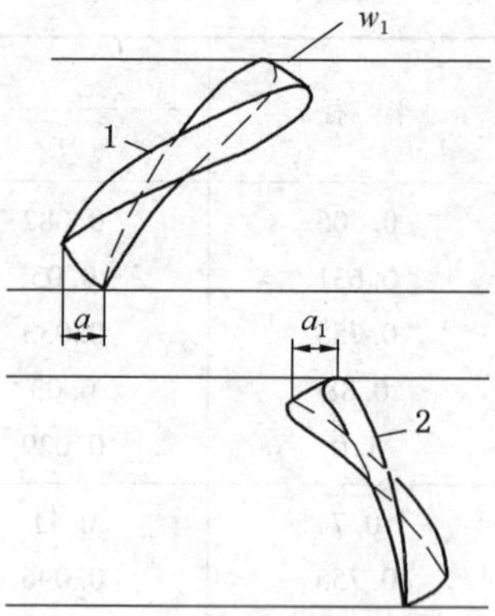

图 18－13　轴流式风机级形式

1—工作轮；　2—整流器

图 18－14 和图 18－15 给出了各种倾斜角下对应的基频 f_z 噪声峰值的降低值，其中花瓣形整流器叶片在小倾斜角时如 No5，亦能获得很大的降噪效果。其 f_z 基频的噪声峰值几乎被全部消除了。

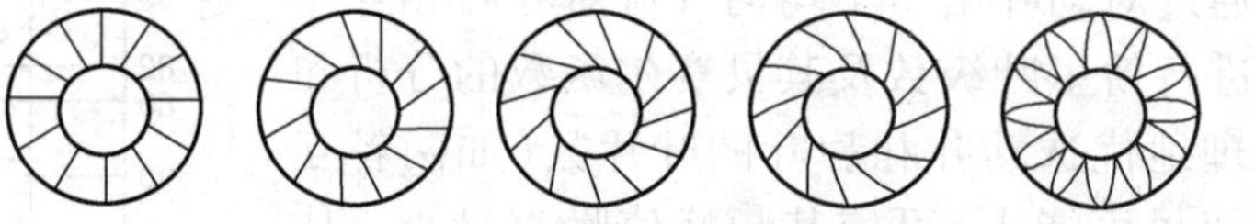

图 18－14　整流器叶片倾斜形式

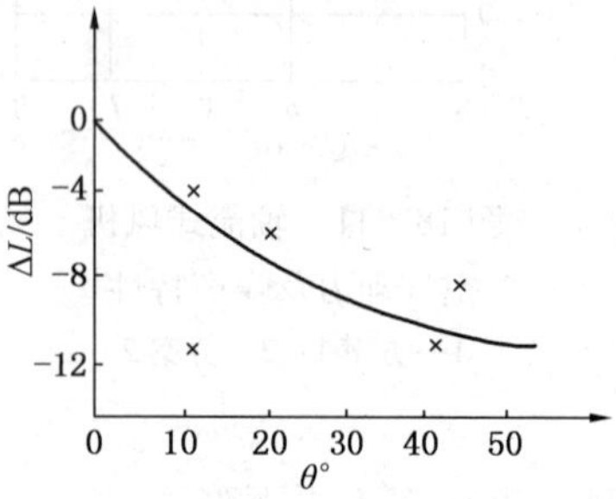

图 18－15　整流器叶片倾斜形式对降低噪声峰值的影响（图中序号见图 18－14）

近年来，大量采用这种倾斜整流器叶片的方法降低轴流通风机的旋转噪声，因为它既不增加通风机的尺寸，也不降低通风机的效率，并在通风机所有工况下都具有降噪效果。对正在使用的通风机，只要采用倾斜整流器叶片来取代径向整流器叶片，立即就可有明显的降噪效果。

⑤ 采用不等间距的叶片栅距，降低旋转噪声。在没有导流器和整流器的单级轴流通风机和径向叶片式离心通风机中，采用不相等的叶片栅距，可降低通风机基频的噪声峰值，并将它移到低频部分，但它不能降低通风机噪声的总声能，仅使基频的声能分布到较宽的频率范围上去，并使通风机的流动效率有所降低。通过分析和试验，可以选择不同叶片数、不等叶片栅距，使其既能保证基频的峰值降低下来，使人感受的噪声刺激有所减弱，又能保证通风机的效率不致有较大的降低。

⑥ 叶片穿孔法降低涡流噪声。采用叶片穿孔法如图 18－16 所示，使部分气流自叶片凹面流向叶片凸面，从而使边界层减薄、吹散并使分离点向下游移动，甚至不再出现脱体分离旋涡，从而降低涡流，同时也会降低阻力系数提高效率。但这会使叶片两面的压差有所降低，引起升力系数下降，使通风机的压升减少。人们对在叶片上开小孔的直径大小、沿弦长叶高各开多少个小孔，以及小孔的倾斜度等对噪声减少值 ΔL，阻力系数 C_x，升力系数 C_y

的减少值进行了许多分析和试验研究，其中有的噪声可降低 10～25dB，效果明显，有的只降低 2～4dB 略有效果。

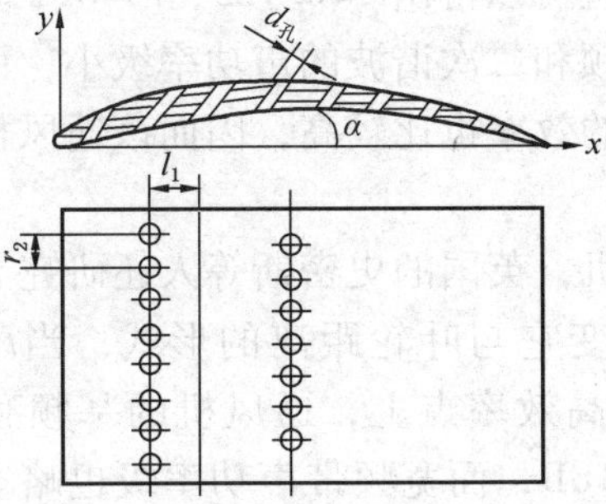

图 18－16　叶片穿孔简图

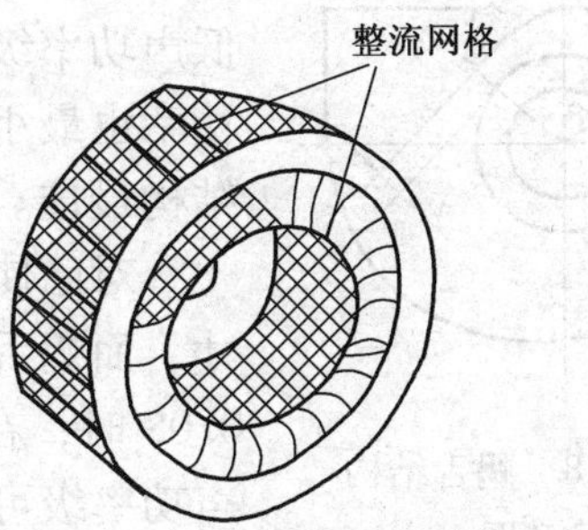

图 18－17　带整流网格的离心式风机叶轮

⑦ 采用整流网格降低涡流噪声。当气流通过叶片通道时，可能产生边界层分离形成旋涡脱离。这种情况在前向通风机中，或一般通风机变工况下经常发生。若在叶道中的合适位置加上一个整流网格，如图 18－17 所示，将使气流转弯，产生一个垂直叶片表面的流速分量，使叶道中主气流的一部分能量转移到边界层中，促使边界层稳定，而不致产生分离，从而使叶道内脱离涡流的区域和强度减小，达到降低涡流噪声的效果。

采用整流网格可用于降低新设计的通风机噪声，也可用于降低已运行通风机的噪声。应当指出，增加整流网格将使通风机的压升有所减小，为此要适当提高一点叶轮的圆周速度，并引起旋转噪声略有增加，但总的效果还是有利的。另外，整流网格还会使超过 6000～100000Hz 的高频噪声稍有提高，如有需要这个高频范围内的噪声可采用其他隔声及消声措施是很容易将其消除的。

对于无边界层分离的后弯式通风机，不必采用整流网格。

试验得出采用整流网格，使通风机总噪声级降低值 ΔL 可用下式计算，即

$$\Delta L = 3.5\lg\left(100\,\frac{a}{z}\right) - 4\left(\bar{S} - \frac{\delta}{t_0}\right)^{0.95} \qquad (18-35)$$

式中：a 为沿栅距方向的整流网格宽度；z 为叶片数；$\bar{S}=\frac{S_a}{S}$为网格通流面积系数，S 为网格总面积，S_a 为网格中气流通道面积；δ 为金属丝直径；t_0 为网格中金属丝的距离。其中$\bar{S}_{opt}=0.5\sim0.6$，$\delta=0.4\sim0.8$mm，随着通风机形式的不同，声压级降低程度有所不同，最佳可使声压级降低 10～15dB。

⑧ 改变蜗舌间隙、改变蜗舌半径、使蜗舌倾斜与采用带声学共鸣器的蜗舌。离心通风机蜗壳出口一端附近都有蜗舌结构如图 18－18，它的作用是防止气体在蜗壳内循环流动。蜗舌附近的流动较为复杂，对通风机的气动性能和噪声都有一定的影响。

a. 蜗舌间隙 t 与蜗舌半径 r 对降噪的影响

蜗舌与叶轮间的距离为 t，蜗舌尖部的圆弧半径为 r，通常用$\bar{t}=\frac{t}{D_2}$和$\bar{r}=\frac{r}{D_2}$表示，D_2 为叶轮直径。

英国的雷弟分别用变化范围为$\bar{t}=0.08\sim0.2$，$\bar{r}=0.05\sim0.1$，做过离心通风机的气动性

能和降噪效果的多种组合试验。随着$\bar{t}$的增加，通风机的基频声功率级单调下降，最大下降值达到 20dB，而对二次谐波和宽频带声功率级的下降不甚明显。

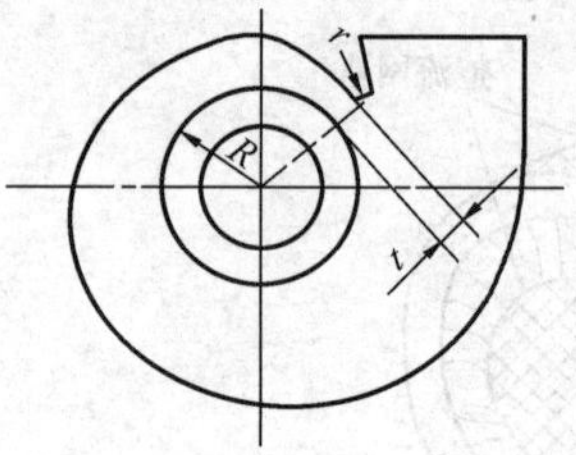

图 18－18　蜗舌结构示意图

比较上述多种试验可以得出$\bar{t}=0.125$，$\bar{r}=0.1$ 时，可得到最低声功率级，不但基频和二次谐波的声功率级小，而且宽频带声功率也最小，通风机的效率也比较高，因而该通风机的这种蜗舌结构最佳。

对已使用的通风机，英国的史密斯等人还研究了保持蜗壳尺寸，而蜗舌作成能改变它与叶轮距离的形式，当$\bar{t}$从 0.03 改为 0.08 时，在通风机最高效率点上，通风机的基频和二次谐波的声功率级可降低 8～11dB，而宽频带声功率级也略有降低。在通风机非高效区，基频声功率级最大降低值小于 4dB。

b. 采用倾斜蜗舌降噪近年来得到广泛应用

通常蜗舌沿轴线是平行的，倾斜蜗舌与轴线有夹角 θ，蜗舌的倾斜必须是从叶轮前盘向后盘倾斜，及夹角位于后盘，如图 18－19 所示。对双吸式离心通风机应该是从两侧前盘向中盘倾斜。英国的卡斯尔和斐得尔通过试验给出倾斜角公式为

$$\mathrm{tg}\theta=\frac{t-2r}{b} \tag{18-36}$$

式中：t 为工作轮出口的栅距；r 为蜗舌半径；b 为工作轮出口宽度。

对于叶片较多的工作轮，采用倾斜蜗舌，在最高效率工况测量的基频噪声可降低 10dB 左右。

倾斜蜗舌即可在新设计的机器中采用，亦可在正使用的通风机中采用，因为倾斜蜗舌的蜗壳容易制造与安装。

c. 采用带声学共鸣器的蜗舌

离心通风机的噪声还可用声学共鸣器来降低，如图 18－20 所示，用 1/4 波长共鸣器的进口代替蜗壳的蜗舌，并由金属穿孔板构成。共鸣器的长度用端部可移动的塞子调节并封住后腔。调节共鸣器的长度可改变共鸣器的频率，从而降低通风机基频噪声。试验表明，它可使通风机的基频声压级降低 20 多 dB，A 声压级降低 7dB，这种降噪方法亦可在正使用的通风机中应用。

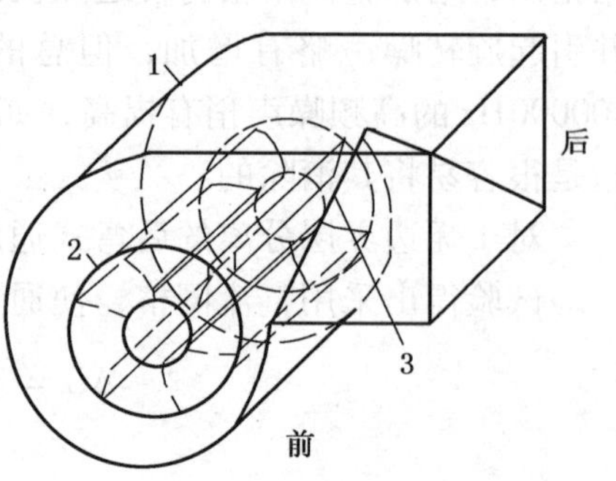

图 18－19　带有倾斜蜗舌的离心式风机形式

1—机壳；2—工作轮；3—倾斜蜗舌

⑨ 采用旋转扩压器。在径向和前向离心通风机中，工作轮出口动压值较大，流入蜗壳后必然产生扩压流动，这不仅使通风机效率下降，还会产生较强的涡流噪声。而采用旋转扩压器降低一部分动能，可改变进入蜗壳的气流流动从而降低涡流噪声。为了合理选择扩压器的相对高度$\frac{D_3}{D_2}$，北京通风机厂对 9－26N06A 离心通风机作了旋转扩压器的切割试验，其结果如图 18－21 所示。试验得出，采用旋转扩压器不仅可以改善这种通风机的气动性能，也可降低通风机的噪声。

⑩ 采用消声蜗壳。通常蜗壳是用不消声的钢板制成，钢板是强反射面，即所谓声学上

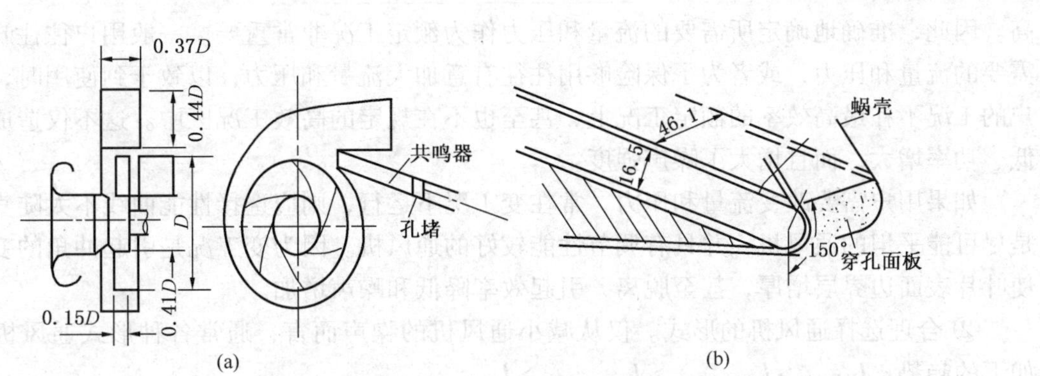

图 18－20　带共鸣器的风机蜗舌

(a)带有共鸣器的风机示意图；(b)具有 λ/4 共鸣器的蜗舌放大图

的硬壁面，入射的声能被吸收得少，被反射得多。其声波在蜗壳内连续反射形成混响声场，故声压级较高。若采用消声蜗壳，其蜗壳的消声饰面是声学上的软壁面，被吸收的声能多，被反射的声能少，从而使声场声压级降低。

消声蜗壳的吸声结构有两种：一种是微穿孔吸声结构；另一种是穿孔板加吸声材料，如玻璃纤维，毛毡等，即可做成蜗板吸声，也可做成蜗板加单侧板或双侧板吸声。

试验研究得出，消声蜗壳的消声量可按下式计算为

$$\Delta L = (0.6 \sim 0.7)\frac{K}{\text{tg}\alpha_0} + (2.4 \sim 3)\frac{2r_0}{B}K \quad \text{dB(A)} \tag{18－37}$$

式中：K 为与吸声结构和吸声系数 α 有关的经验值，$K=0.2 \sim 1.5$，蜗板张开角 $\alpha_0=3 \sim 7°$；r_0 为 $\varphi=0$ 时的蜗壳半径；B 为蜗壳宽度。当只有蜗板消声时，则去掉后一项；当加单侧蜗板时，去掉后一项中的2。

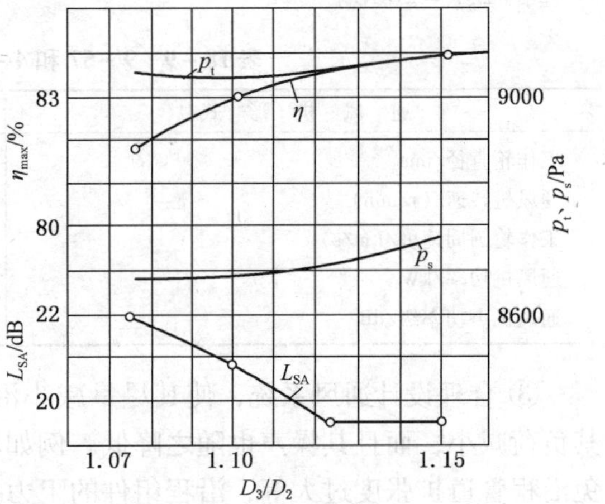

图 18－21　扩压器高度对风机噪声级和空气动力性能影响

($Q_0=8000\text{m}^3/\text{h}$)

试验研究指出，采用较好的吸声材料结构，如其吸声系数可达 0.6～0.7，则 K 达到 1 或者更大。在低比转速时的蜗板消声量可达 11dB，在高比转速时可达 6dB 左右。当 $\frac{r_0}{B}=1.5$ 时，双侧板消声的消声量在低比转速时约 7dB，而在高比转速时约为 9dB。如果吸声结构好，$K=1$，当 $\frac{r_0}{B}=1.5$ 时，消声蜗壳的总消声量可达 15～18dB，这是一个相当可观的噪声数值了。

(2) 在通风机的选择与使用中降低噪声

① 合理确定所用通风机的流量和全压及其工况变化范围，其主要原则是安全可靠、效率高、噪声低、适应性强。一般来说，效率高时的噪声较低，流量愈大、压力愈高的噪声愈

高。因此，准确地确定所需要的流量和压力作为额定工况非常重要。一般用户往往吃不准所需要的流量和压力，或者为了保险够用往往有意加大流量和压力，以致于到使用时，满足用户的工况不在最高效率的额定工况上，甚至也不在规定的高效工况区中。这不仅造成效率降低、功率增大，而且增大了噪声强度。

如果用户需要改变流量和压力，常在变工况下运行，则应选择性能曲线不太陡直的，而是尽可能平坦的通风机，并具有调节性能较好的通风机。因为变工况是引起冲角的变化，易使叶片表面边界层增厚，甚至脱离，引起效率降低和噪声增加。

② 合理选择通风机的形式。仅从减小通风机的噪声而言，通常各种形式通风机大致有如下的趋势：$L_{SA轴流} > L_{SA前向离心} > L_{SA后向离心} > L_{SA多翼离心}$

在选择通风机的形式和机号时应注意看其噪声指标，对不同形式的通风机在选型时应注意通风机本身的噪声特性值，即选比声压级 L_{SA} 或 L_{SW} 小的，而不必计及它们的转速和圆周速度的大小。例如选一台全压升为 1800Pa，流量 $100000m^3/h$ 的通风机，选 4 – 72 型和选 9 – 57 型离心通风机都能满足其要求。但从表 18 – 9 中可以看出，虽然 4 – 72 型的转速和圆周速度高，但其声功率级的分贝值低。经查证，4 – 72 型的比升功率为 $L_{SW} = 19dB$，而 9 – 57 型的 $L_{SW} = 26dB$。

表 18 – 9　9 – 57 和 4 – 72 型离心通风机主要参数

通风机形式	9 – 57	4 – 72
工作轮直径/mm	1600	1600
通风机转速/(r/min)	475	710
工作轮圆周速度/(m/s)	39.8	59.4
通风机功率/kW	100	75
通风机声功率级/dB	121	114

③ 合理设计通风系统，使其尽量减小沿程阻力损失，即可减小通风机的全压升值，使其负荷减小，而且其噪声也随之降低。例如尽量减少沿程转弯，必须转弯时要缓慢转弯。避免沿程管道扩张度过大等，沿程组件的阻力损失计算尽可能准确。另外通风机入口保持气流均匀进气并减小进入气流的紊流度也可减少噪声。

④ 合理选择与控制性能调节。如用户必须变工况使用通风机，则应尽量选用合理的性能调节方法。如改变转速，可变叶片角度的导流器，动叶片角度可调等。而尽量避免阀门调节，因为阀门调节实际上是改变管网的阻力特性，造成多余的压力损失即降低效率，又增加噪声。但阀门调节却是简单方便，如采用阀门调节，则阀门距出口端的距离对通风机系统的噪声有较大的影响。阀门距出口端的距离越大，噪声降低越明显。一般阀门放置在距出口端 10D(管道直径)处，至少要距出口端 1m 远。

对控制通风机运行的操作者而言，尽量使通风机运行在额定工况点上，至少通过调节方法，保持在高效工作区内，以使通风机运行达到节能降噪的效果。

18.4.3　压缩机、通风机的辅助降噪措施

对机器已经产生与发射出的噪声，还可采取一些辅助的降噪措施加以被动的消声，以期不要影响周围的环境。

(1) 隔声降噪措施

气体的隔声问题，属于声波透过一层具有特性阻抗的介质而减少声传播的问题。如图

18－22 所示，$z=\rho a$ 为特性阻抗，隔声材料的厚度为 d，密度为 ρ_2，声波在隔声介质中传播的速度为 a_2，声波是从介质 1 透过介质 2 向介质 3 传播，隔声的任务就是减少向介质 3 中的声传播，图中 p_i、p_r、p_t 分别为入射、反射、透射声压。

隔声措施可采用隔声层、隔声罩和隔声室等，其中：

① 隔声层，是在压缩机或通风机的外壳上覆盖由吸声材料做成为外套。它可有效地降低外壳的辐射噪声，比专门设置隔声室要便宜，操作人员接近机器时受噪声危害也较小。但隔声层影响机器的散热，将使机器的温度有所升高。

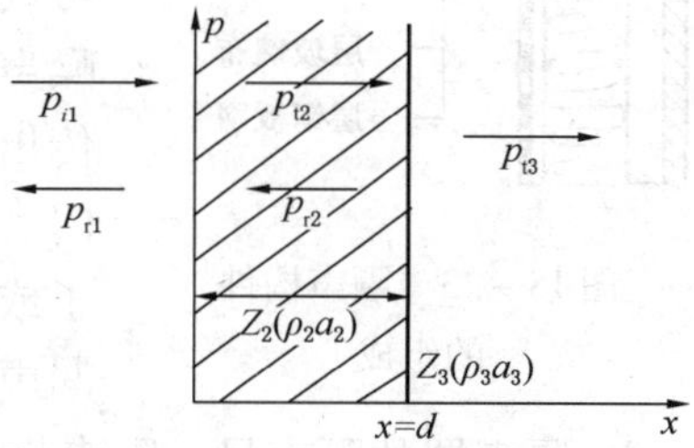

图 18－22　声波的透射

② 隔声罩，这是一种隔断气体噪声的装置，把噪声较大的部件或者整台机器用隔声罩封闭起来，可以有效地控制噪声的外传，减少噪声对周围的影响。当然，设置隔声罩会给维修、监视机器、管路安排、仪表布置等带来不便，成本也有所提高，并且由于隔声罩所用材料和结构一般都不利于机器的散热，从而增加机器温升，有时需要通风以加强冷却罩内的空气。在解决这些问题后，隔声罩仍然是一种可取的降噪的有效措施。

隔声罩设计的要点如下：

a. 隔声罩要选择适当的形状。隔声罩是设置在机器的外围，其形状应与该声源设备的轮廓相似。为了减少罩的体积，罩壁应尽可能接近该声源设备的外壳，但也要考虑满足检修、监视、通风、进排气等要求。曲面形体的刚度应较大，以利于隔声。要尽量少用方形平行罩壁，以防止罩内空气的驻波效应，使隔声量出现低谷。应尽量减少不必要的金属表面，以减少噪声辐射的面积。

b. 隔声罩的壁材应具有足够大传递损失 L_{TL} 的轻型结构材料，如钢板、铝板、铅板等壁薄、密度大的板材为宜，一般采用 2～3mm 的钢板，太厚使用不便也不经济。

c. 用钢板之类的轻型结构作罩壁时，需考虑共振和吻合效应。为此，可在金属板面上加肋或涂、贴阻尼层，以抑制共振或吻合效应时板面的振动，减少声波的辐射。阻尼层的厚度应不小于罩壁厚度的 2～4 倍。

d. 隔声罩内表面应当具有较好的吸声性能，即应具有较大的吸声系数，其值一般不应低于 0.5。为此，在罩内应进行吸声处理，一般多采用 50mm 左右厚的多孔吸声材料。如图 18－23 所示，为一种内衬 50mm 厚的超细玻璃棉（密度 $25kg/m^3$），作为吸声层的隔声罩的基本构件。它是在 2mm 厚的钢板上，牢固地涂贴一层厚 7mm 的沥青石棉绒作为阻尼层。超细玻璃棉护面层由一层玻璃布和一层穿孔率为 25% 的穿孔钢板构成，这种构件平均传声损失在 34～45dB 之间。

e. 隔声罩与机器之间要有隔振处理，不能有刚性连接。否则会形成声桥，将机器的振动和固体声直接传给罩体，使罩体成为新的、更大的噪声辐射面，从而使隔声效果下降。

f. 机器与基础之间、隔声罩与机器基础之间，均需采取隔振措施，以免产生强噪声的大面积辐射。隔振措施通常采用橡胶或毛毡等柔性连接件，夹在两者之间，以隔断或减弱振动和固体声的传递。

g. 罩壳上空洞的处理。隔声罩内声能密度很大，隔声罩上很小的窗口或缝隙都能传出很大的噪声，故一般尽量不开或少开孔、缝。若不得已必需要开时，须做下列的孔缝处理：一是在传动轴必须穿过罩的开孔处加一套管，管内衬以泡沫塑料、毛毡等吸声材料，图 18

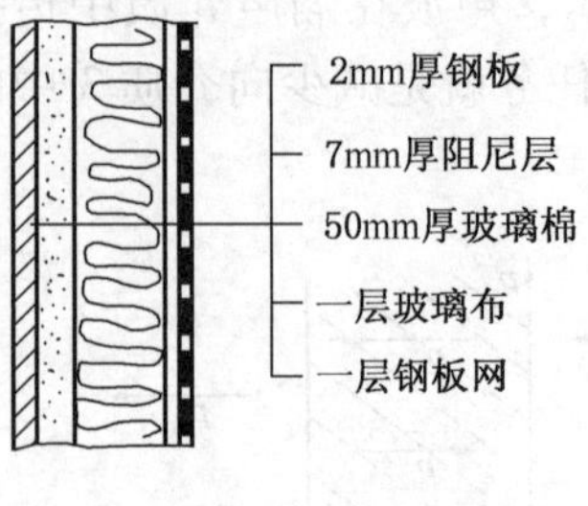

图 18－23　隔声构件的组成

－24 示出其中的一种结构，吸声衬里的长度 l 应大于缝隙径向宽度 δ 的 15 倍，这种结构既避免了声桥，又通过吸声作用降低了缝隙漏声；二是对于因吸、排气或通风散热需要开设的孔洞，可设置消声箱来降低声的传出。消声箱使气体能曲折地流过，噪声经反射和吸收（被消声箱内吸声材料吸收），最终被衰减后传出；三是对与罩体拼接的接缝，以及为便于检修和监视用的门、窗、盖子等接缝处，一定要垫以软橡胶之类的材料。当盖子或门在关闭时，要用专用的锁扣扣紧以保证接缝压实，防止漏声。

h. 隔声罩的隔声量。隔声量主要是由罩壁的面密度与吸声材料的吸声系数及噪声频率来决定。如上述的设计要点稍不注意，也会影响罩的隔声量。

隔声罩的隔声量可用隔声罩前、后，在同一测点的声压级之差（插入损失 L_{IL}）来表示，按下式计算为

$$L_{IL} = L_p - L'_p = L_{TL} + 10\lg \overline{\alpha} \qquad (18-38)$$

式中：L_p 为未使用隔声罩时的声压级；L'_p 为使用隔声罩以后在同一测点所测的声压级；L_{TL} 为罩壁材料本身的隔声量（传递损失）；$\overline{\alpha}$为罩壁内表面的平均吸声系数。

一般的隔声罩可达到20dB 左右的隔声量，算是一种效果显著的控噪措施。图 18－25 为一种全罩式空压机的隔声罩。罩内衬贴有吸声材料，并留有供通风、散热用的进、排气消声通道及供检修用的门孔。正常情况下，操作人员通过安装在罩壳外面的按钮、仪表来操作机器的运行，整个隔声罩与底座进行了隔振处理。

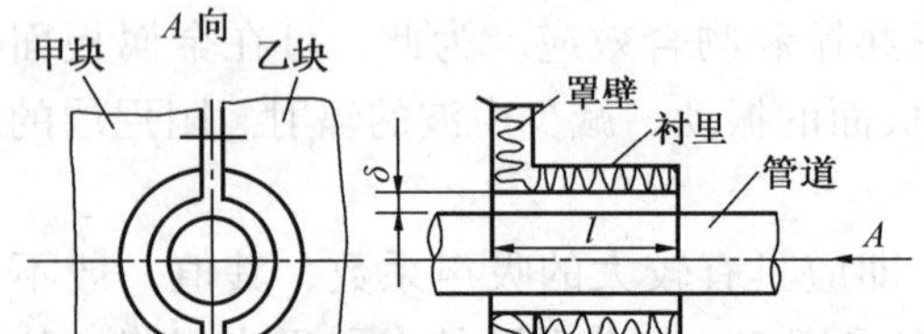

图 18－24　隔声罩与管道衔接

图 18－25　全罩式空压机隔声罩

③ 隔声室　隔声室是把通风机系统安装在具有良好吸声性能的隔声房间里，一砖墙（24mm）的平均隔声量约有 50dB，砖墙夹缝要添满不要有孔隙，门窗安装要符合隔声技术要求，这样通风机噪声对外界的影响大为减小。为降低房间内的噪声，可在房间内墙壁上贴吸声材料，如图 18－26 所示。

以单层壁隔声量的计算为例，对单层壁进行一垂直入射的声波传播时，单层壁的隔声量 R 可用传递损失 L_{TL}表示，即

$$R = L_{TL} = 10\lg\left[1 + \left(\frac{\omega_2 M_2}{2z_1}\right)^2\right] \qquad (18-39)$$

式中：M_2 为隔声材料单位面积的质量，kg/m^2；$M_2 = \rho_2 d$；ω_2 为入射声波的圆频率，rad/s；

z_1 为介质 1 的特性阻抗，Pa・s/m。

当隔声材料两边皆为空气介质时，式(18－39)可简化为

$$R = 20\lg f + 20\lg M_2 - 42.7 \quad (18-40)$$

当入射声波为无规入射时，隔声量按下式计算为

$$R = 20\lg M_2 + 20\lg f - 48 \quad (18-41)$$

上面三个公式都将隔声壁看成是一个单纯的质量系统，即理论上认为隔声材料的面密度 M_2 每增加一倍，则隔声量增加 6dB，这就是所谓的质量定律。实际上，系统不仅有质量，而且还具有弹性和阻尼，实际的隔声量(传递损失)如图 18－27 所示。图中可分成四个区域，Ⅰ区域是弹性控制区，Ⅲ区是质量控制区，在这两个区域的中间，存在一个失效频率，这是由于单层壁在低频范围内出现共振现象所致，也叫下限失效频率。对于长方形且边缘固定的单层壁，其固有频率为

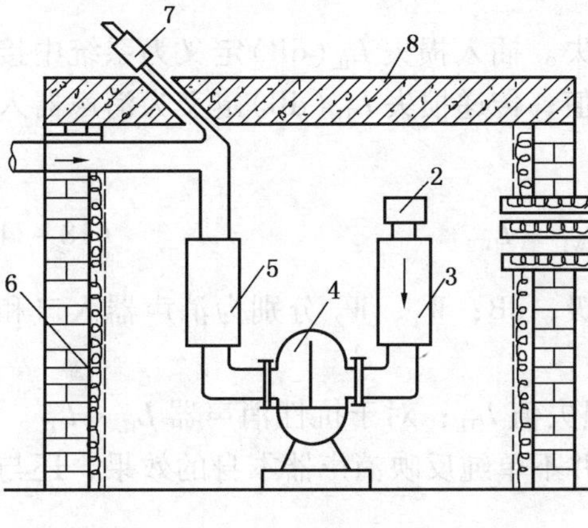

图 18－26　隔声机房降噪措施

1—消声通道；2—过滤器；3—进气消声器；4—通风机；5—排气消声器；6—吸声面；7—旁路消声器；8—加气混凝土板

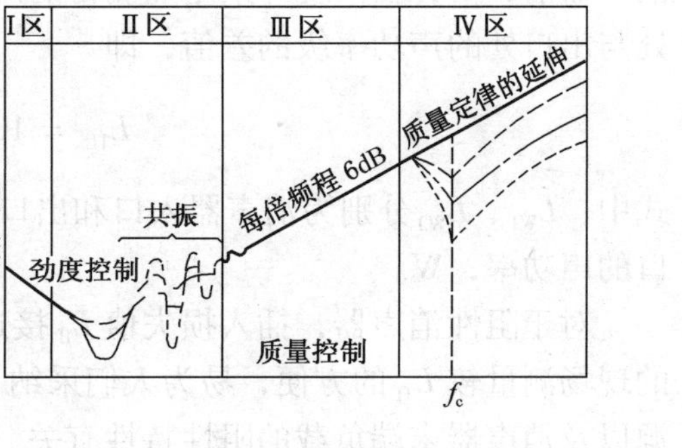

图 18－27　隔声量与频率关系示意图

Ⅰ区——弹性控制区；Ⅱ区——阻尼控制区；Ⅲ区——质量控制区；Ⅳ区——吻合效应区；……低阻尼；—・—中阻尼；－－－－－高阻尼

$$f_{m,n} = 0.45 a_p d\left[\left(\frac{m}{a}\right)^2 + \left(\frac{n}{b}\right)^2\right] \quad (18-42)$$

式中：$f_{m,n}$ 为结构的 m，n 阶固有频率，1/s；a_p 为结构板中的纵波速度，m/s；d、a、b 分别为结构板的厚度、长度、宽度，m；m、n 为任意正整数。

单层壁的隔声量在 $f_{m,n}$ 附近，由于发生共振将明显下降，在此区域内，增加阻尼可抑制隔声量下降的幅度，故此范围叫阻尼控制区，即图上的Ⅱ区。Ⅳ区为吻合效应区，实为质量控制区的延伸。临界吻合频率 f_c 可由下式计算为

$$f_c = \frac{a^2}{1.81}\sqrt{\frac{M_2(1-\mu^2)}{Ed^3}} \quad (18-43)$$

式中：E 为板的纵弹性模量，Pa；a 为空气中的声速，m/s；μ 为泊松比；d 为板厚，m；M_2 为面密度，kg/m²。

凡是高于临界吻合频率 f_c 的声波，都会使板产生吻合效应，故高于临界吻合频率的区域叫吻合效应区。在这个区域中结构隔声效果有所下降，并不遵循由式(18－40)等所表示的质量定律。

在隔声设计中，必须使主要噪声的频率控制在下限失效频率和上限失效频率之间的范围内。这里所指的上限失效频率，即是指临界吻合频率，也就是说隔声设计主要利用图上的质量控制区。

通过上述理论分析及大量构件的测试，发现构件的实际隔声量与上面的公式还有些差异，表现为低频的实际隔声量比理论计算值高，高频的比理论计算值低。通过对大量实验数据整理，总结出对无规入射的隔声量的计算经验式为

$$R = 18\lg M_2 + 12\lg f - 25 \qquad (18-44)$$

（2）消声降噪措施

即使用消声器。消声器是阻止声音传播而允许气流通过的一种器件，是消除空气动力性噪声的一个重要技术措施。消声器有阻性、抗性、阻抗复合式等多种类型，如图 18－28 所示。图中：(1)～(7)为阻性消声器；(8)～(11)和(14)为抗性消声器；(12)和(13)为阻抗复合型消声器。其中，以阻性消声器使用最广。

评价消声性能的指标主要是插入损失与传递损失。插入损失 L_{IL}(dB)定义为系统中接入消声器前、后，在系统外某定点测得的声压级的差值；传递损失 L_{TL}(dB)定义为消声器入口处与出口处的声功率级的差值，即

$$L_{TL} = 10\lg\frac{W_1}{W_2} = L_{W1} - L_{W2} \qquad (18-45)$$

式中：L_{W1}、L_{W2}分别为消声器入口和出口的声功率级，dB；W_1、W_2 分别为消声器入口和出口的声功率，W。

对于阻性消声器，插入损失值 L_{IL}接近于传递损失值 L_{TL}；对于抗性消声器 $L_{IL} < L_{TL}$。L_{IL}的现场测量较 L_{TL}的方便，易为人们采纳，但 L_{IL}值并不单纯反映消声器本身的效果，还与声源以及消声器末端负载的阻性特性有关。

对各类消声器的基本要求是声学性能好，消声量大，气流再生噪声低，空气气动性能好，阻力损失小，结构性好，不生锈，不外漏，安装维修方便等。

① 阻性消声器　阻性消声器是由阻性元件组成的消声器。所谓阻性元件，是指在声学系统中能产生能量损耗的元件。按照气流通道几何形状的不同，阻性消声器可分为直管式、片式、蜂窝式、折板式和声流式等多种形式，图 18－28 中的(1)～(5)图分别示出了它们的结构简图。这些是利用贴附在气流管道内表面上的多孔材料与声流(或气流)接触来吸收声能的。阻性消声器的消声量计算，可参照管式阻性消声器进行，后者的消声量 ΔL 用传递损失 L_{TL}表示，可按下式估算，即

$$\Delta L = L_{TL} = \varphi(\alpha)\frac{Pl}{S} \qquad (18-46)$$

$$\varphi(\alpha) = 4.34(1-\sqrt{1-\alpha})/(1+\sqrt{1-\alpha})$$

式中：α 为多孔吸声材料的吸声系数；S 为气流通道横截面积，m^2；P 为气流通道断面湿周长度，m；l 为消声器的有效长度，m。

由于吸声材料的吸声系数 α 值是随频率变化的，故消声量要一个频带一个频带地计算。当通道面积 S 过大时，声波在消声器中的传播不再符合平面波的条件，高频声波将以窄束的形式沿通道中央直接传出，而不与或少与周边的吸声材料饰面接触，以至消声器的消声效果明显下降。根据平面波推出的计算式(18－46)不再适合。当声波波长小于通道截面尺寸的一半左右时，消声效果开始下降，把这个相应的频率叫做上限失效频率 f_v，其经验公式为

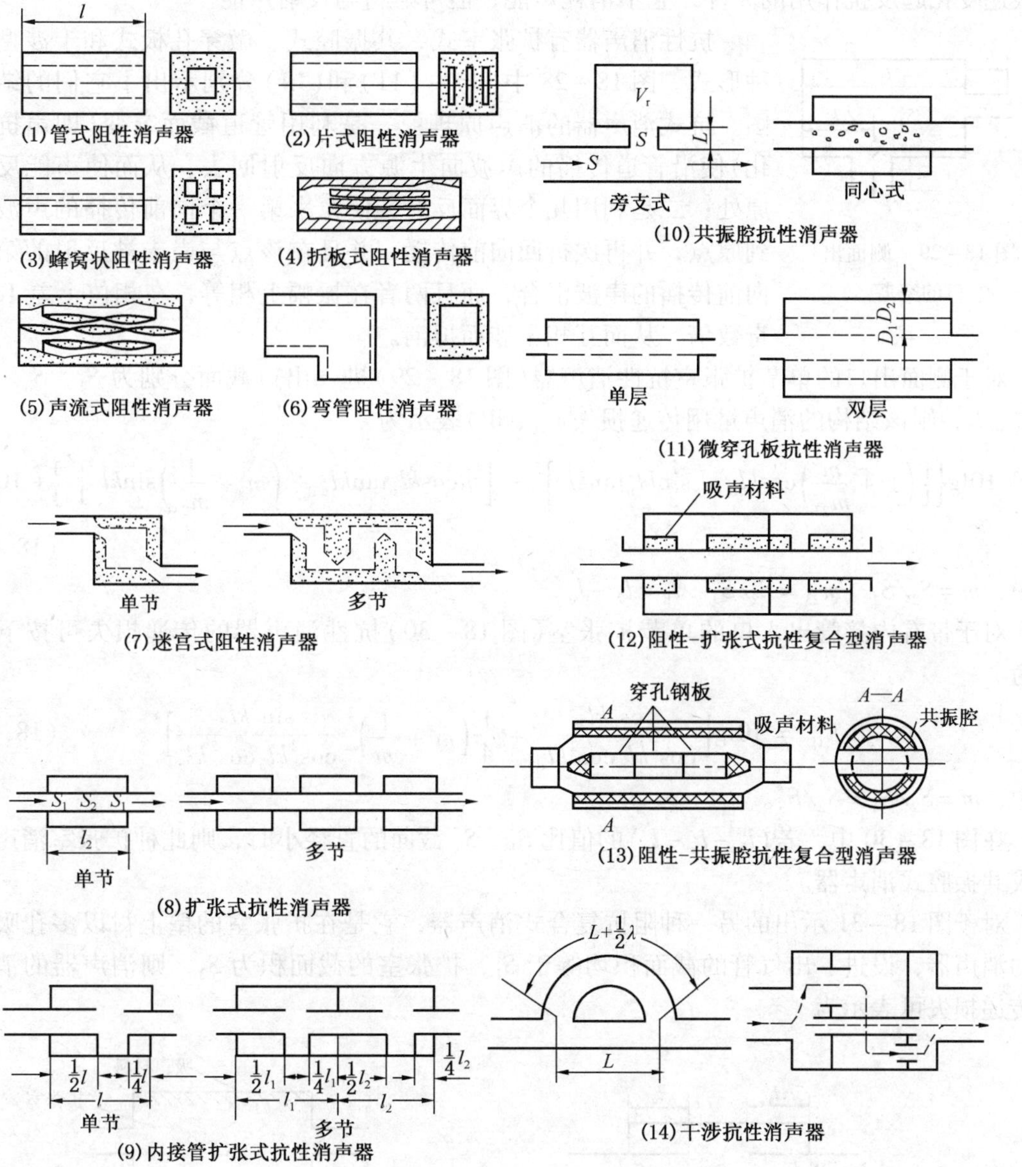

图 18－28　各种常用消声器的形式

$$f_v = 1.85\frac{a}{D} \qquad (18-47)$$

式中：a 为气体声速；D 为通道断面边长的平均值(圆形通道时，D 为直径)。

在消声器中，还存在一与所用吸声材料有关的下限失效频率，在此频率下，由于声波波长太长，吸声材料的吸声性能显著下降。当吸声系数的值降至共振吸声系数 $\alpha_{共}$ 的 1/2 时，与此对应的频率成为下限失效频率。$\alpha_{共}$ 是该材料所特有的，它比其他任何一个频率下的吸声系数要大，是对应于共振频率下的吸声系数。

在设计阻性消声器参数时，务必使需消声的噪声主要频率处于上限与下限失效频率之间。一般阻性消声器高频消声效果较好。

② 抗性消声器　抗性消声器是由声抗性元件组成的消声器。声抗性元件是对声压变化、

声振速变化起反抗作用的元件，它不消耗声能，但可贮蓄与反射声能。

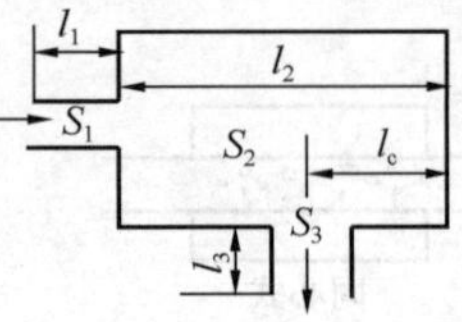

图 18－29　侧面出口的空腔

抗性消声器有扩张室式、共振腔式、微穿孔板式和干涉型等多种形式。图 18－28 中（8）～（11）和（14）分别示出了它们的结构简图。抗式消声器的消声原理：一是利用管道截面突变（即声抗的变化）使沿管道传播的声波向生源方向反射回去，从而使声能反射回原处；二是利用几个界面反射，使原来第一个向前传播的声波又回到原点，并再次折回向前传播，并且在该点与尚未被反射的第二个向前传播的声波汇合，而且两者在振幅上相等，在相位上差 180°的奇数倍，从而互相干涉而抵消。

对于侧面出口的单节扩张室抗性消声器（图 18－29）进、出口截面分别为 S_1、S_3。管长为 l_1、l_3，则该结构的消声量用传递损失 L_{TL}（dB）表示为

$$L_{TL} = 10\lg\left\{\left[\left(1+\frac{m}{m_{23}}\right)\cos kl_b - \sin kl_b \tan kl_c\right]^2 - \left[m\cos kl_b \tan kl_c + \left(m+\frac{1}{m_{23}}\right)\sin kl_b\right]^2\right\} + 10\lg\frac{m_{23}}{m} \tag{18-48}$$

其中，$m = S_2/S_1$　$m_{23} = S_2/S_3$　$l_b = l_2 - l_c$

对于带有内接管出入口的单节扩张室（图 18－30）抗性消声器的传递损失可按下式计算为

$$L_{TL} = 10\lg\left[\frac{\cos^2 kl_2}{\cos^2 kl_a \cos^2 kl_c} + \frac{1}{4}\left(m+\frac{1}{m}\right)^2 \frac{\sin^2 kl_2}{\cos^2 kl_a \cos^2 kl_c}\right] \tag{18-49}$$

其中，$m = S_2/S_1 = S_2/S_3$。

在图 18－30 中，若（$l_2 - l_a - l_c$）的值比 S_1、S_3 截面的直径小时，则此种扩张室消声器已变成共振腔式消声器。

对于图 18－31 示出的另一种阻抗复合式消声器，它是在扩张室的壁上衬以多孔吸声材料的消声器，设进、出气管的截面积均等于 S_1，扩张室的截面积为 S_2，则消声器的消声量用传递损失可表示为

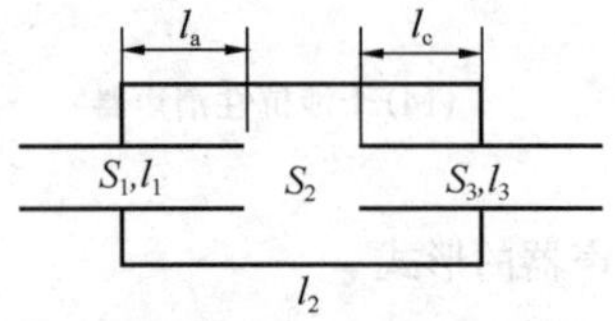

图 18－30　带内接管的单节扩张室

S_1、l_a—进口内接管的截面积和长度；

S_2、l_2—扩张室的截面积和长度；

S_3、l_c—出口内接管的截面积和长度

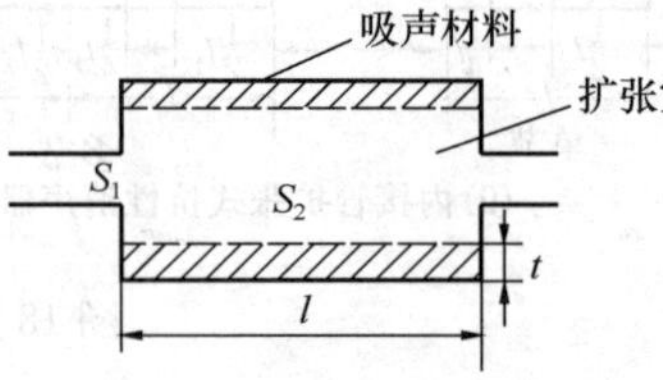

图 18－31　内壁衬以多孔吸声材料的扩张室消声器

$$L_{TL} = 10\lg\left\{\left[\cosh\frac{\sigma l}{2} + \frac{1}{2}\left(m+\frac{1}{m}\right)\sinh\frac{\sigma l}{2}\right]^2 \cos^2 kl + \left[\sinh\frac{\sigma l}{2} + \frac{1}{2}\left(m+\frac{1}{m}\right)\cosh\frac{\sigma l}{2}\right]^2 \sin^2 kl\right\} \tag{18-50}$$

其中

$$\sigma = \frac{1-\sqrt{1-\alpha P}}{1+\sqrt{1-\alpha S_2}}$$

式中：l 为衬管长度；S_2 为扩张室截面积；m 为扩张比，$m = S_2/S_1$，S_1 为进、出口管的截面积，σ 为衬管中每米长的衰减值除以 4.34；α 为吸声材料的吸声系数；P 为吸声材料与气流接触的湿周长度；k 为波数，$k = \omega/a$，a 为气体声速，ω 为声波圆频率。

往复式空气压缩机还有一种常用的文丘利管式消声器如图 18－32 所示。它是将文丘利管以一种内接管的形式插入到单节扩张室中所形成的消声器。

通常由通风机进、出口辐射的空气动力噪声为最强，流通管道也在向外传播噪声。因此，在通风机进、出口以及在管道中安装消声器如图 18－33 所示，是降低辐射与传播噪声的一个既简便又有效的措施。

另外，在管道内壁面上加入具有吸收噪声的衬垫亦可起到减弱管道向外传播噪声的作用。

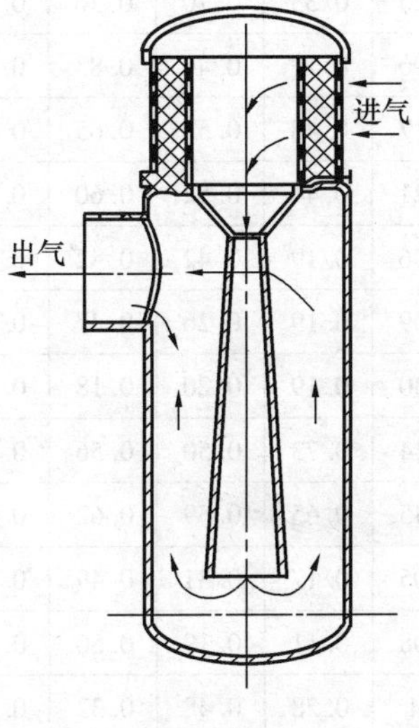

图 18－32　文丘利管进气消声器示意图

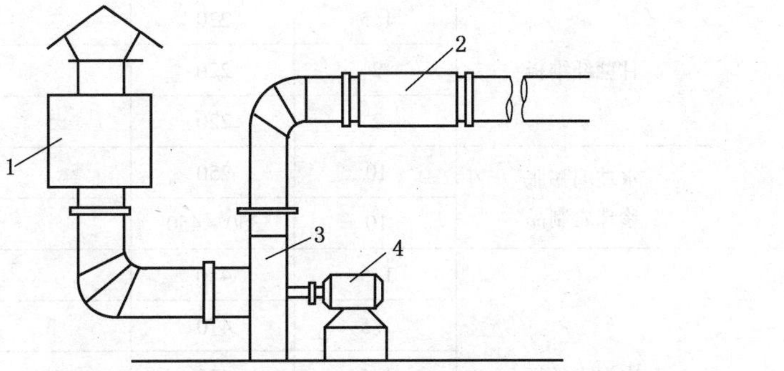

图 18－33　风机管道上安装消声器

1—进口消声器；2—出口消声器；3—风机；4—电动机

（3）吸声降噪措施

当室内有声源辐射噪声时，室内的受声点除了听到由噪声源传来的直达声外，还可听到由平整坚硬的室内四周壁面多次来回反射形成的反射声（混响声）。如果在室内四周壁面或空间悬挂、敷设一些多孔吸声材料或吸声结构，则可以降低反射声，从而可以降低室内总的噪声强度，这就叫吸声处理。这种吸声技术除了用在车间、办公室等的室内之外，也可运用在压缩机、通风机的隔声罩、贮气罐、空调风道及阻性消声器中。

① 多孔吸声材料　常用的多孔吸声材料有玻璃纤维、矿棉板、木丝板、甘蔗板、泡沫塑料、多孔陶瓷和膨胀珍珠岩等。多孔材料中的微孔必须通到表面，形成开孔，当声波透入后，引起空气分子振动，在微孔内与孔壁形成摩擦，利用空气中的粘滞损失，使声能变为热能而吸声。

材料的吸声能力用吸声系数 α 来表示，定义为

$$\alpha = \frac{E_a}{E_0} \tag{18-51}$$

式中：E_a 为材料吸收的声能（包括透射声能在内）；E_0 为入射到材料表面上的声能。

用驻波管法测出的吸声系数用α_0表示，列于表18－10；用混响室法测出的吸声系数用α_T表示。前者属于垂直入射的声波，后者适合于无规入射的声波，两者换算的关系见表18－11所示。

表18－10　多孔材料的吸声系数α_0

材料名称	厚度/cm	密度/(kg/m^3)	腔厚/cm	频率/Hz					
				125	250	500	1000	2000	4000
超细玻璃棉（面径4μm）	2	20		0.04	0.08	0.29	0.66	0.66	0.66
	4	20		0.05	0.12	0.48	0.88	0.72	0.66
	5	15		0.05	0.24	0.72	0.97	0.90	0.98
	10	15		0.11	0.85	0.88	0.83	0.93	0.97
矿渣棉	5	175		0.25	0.33	0.70	0.76	0.89	0.97
矿棉板（表面压纹打孔）	1.5	400		0.06	0.15	0.46	0.83	0.82	0.78
	1.5	400	5	0.17	0.48	0.52	0.65	0.72	0.75
	1.5	400	10	0.21	0.44	0.52	0.60	0.74	0.76
甘蔗纤维板	1.5	220		0.06	0.19	0.42	0.42	0.47	0.58
	2	220		0.09	0.19	0.26	0.37	0.23	0.21
	2	220	5	0.30	0.19	0.20	0.18	0.22	0.31
水玻璃膨胀珍珠岩制品	10	250		0.44	0.73	0.50	0.56	0.53	
	10	350~450		0.45	0.65	0.59	0.62	0.68	
水泥木丝板	1.5	470		0.05	0.17	0.31	0.49	0.37	0.66
	1.5	470	3	0.08	0.11	0.19	0.56	0.59	0.74
	1.5	470	12	0.1	0.28	0.48	0.32	0.42	0.68
	2.5	470		0.06	0.13	0.28	0.49	0.72	0.85
	2.5	470	5	0.18	0.18	0.50	0.47	0.57	0.83
工业毛毡	1	370		0.04	0.07	0.21	0.50	0.52	0.57
	3	370		0.10	0.28	0.55	0.60	0.60	0.59
	5	370		0.11	0.30	0.50	0.50	0.50	0.52
	7	370		0.18	0.35	0.43	0.50	0.53	0.54
聚氨酯泡沫塑料	3	45		0.07	0.14	0.47	0.88	0.70	0.77
	5	45		0.15	0.35	0.84	0.68	0.82	0.82
	8	45		0.20	0.40	0.95	0.90	0.98	0.85
微孔砖	5			0.15	0.40	0.57	0.48	0.60	0.61
木纤维板①	1.3	320		0.1	0.20	0.40	0.50	0.45	0.50

① 软质、表面贴钛白纸，孔径为5mm，孔间距11mm，孔深9.5mm。

表18－11　驻波法与混响室法的吸声系数换算表

α_0	0.1	0.2	0.3	0.4	0.5	0.6	0.7	0.8
α_T	0.25	0.4	0.5	0.6	0.75	0.85	0.9	0.98

合理增加多孔材料的厚度、密度，以及增加多孔材料背后空气层的厚度 D，可增加低频的吸声系数。最大吸声频率 f_0 与 D 的关系为

$$f_0 = \frac{a}{4D} \tag{18-52}$$

② 微穿孔板式吸声　微穿孔是指直径 <1mm 的孔，通过选择不同的穿孔率以及穿孔与其后面腔壁之间的距离的组合，来满足在较宽频率范围的消声要求，这种组合起到阻抗复合式消声器的作用，故也可将该种消声器归到阻抗复合式消声器的一类中去。

计算消声量时，仍可用式(18-46)，但该式中所用的材料吸声系数 α，需从对应的微孔穿板吸声结构的吸声系数表中查取，表 18-12 列出与图 18-28 中(11)结构相对应的吸声系数。表中，对于双层微穿孔板，D_1 为前腔深度，D_2 为后腔深度。由表可见，好的双层微穿孔板，吸声结构的吸声带宽在 3 个倍频程以上。

微穿孔板式消声器在较宽的频率范围内，具有良好的消声效果。加上微穿孔板多用金属板制成，能耐高温、耐水、气冲击，不怕被气流冲走，这是其他一般阻性吸声材料所不及的。

③ 隔声室(罩)内的吸声降噪　当室(罩)内有一不变声功率的声源时，处于混响声场的测点处的声压级可用式(18-29)求出。若室(罩)内吸声处理前、后平均吸声系数分别为 $\bar{\alpha}_1$、$\bar{\alpha}_2$，则进行了吸声处理后声压级降低 ΔL_p 可用下式求出，即

$$\Delta L_p = L_{p1} - L_{p2} \approx 10\lg\frac{R_2}{R_1} \approx 10\lg\frac{\bar{\alpha}_2}{\alpha_1} \tag{18-53}$$

由式可见：若平均吸声系数增加一倍，噪声可降低 3dB；若平均吸声系数增加 10 倍，噪声可降低 10dB。一般的吸声处理，可使室(罩)内的噪声下降 3~10dB 左右。

室(罩)内的吸声处理也可推广运用到贮气罐内、缓冲器、冷却器、进排气腔内，以及全封闭压缩机机壳内。

表 18-12　微穿孔板吸声结构的吸声系数 α_T(板厚 δ=0.8mm，孔径 ϕ=0.8mm)

频率/Hz	单层			双层		
	穿孔率/%					
	1	2		2+1		
	腔深/mm					
	200	150	200	D_1=100 D_2=100	D_1=50 D_2=100	D_1=80 D_2=120
125	0.28	0.18	0.185	0.285	0.25	0.41
250	0.67	0.43	0.496	0.79	0.79	0.91
500	0.52	0.87	0.453	0.70	0.67	0.61
1000	0.42	0.315	0.354	0.637	0.682	0.605
2000	0.40	0.33	0.357	0.413	0.455	0.31
4000	0.30	0.34	0.186	0.422	0.378	0.30

参考文献

1　马大猷主编. 噪声控制学. 北京：科学出版社，1987

2 王文奇等编著．噪声控制技术．北京：化学工业出版社，1987
3 李萌堂主编．环境保护与节能．西安：西安交通大学出版社，1998
4 （日）福里基一，奥田襄介．噪声控制与消声设计．张成译．北京：国防工业出版社，1982
5 方丹群，王文奇，孙家麒．噪声控制．北京：北京出版社，1986
6 周新祥编著．噪声控制技术及其新进展．，北京，冶金工业出版社，2007，7
7 秦国良编．风机噪声与控制．西安交通大学流体机械教研室，1992，1
8 商景泰主编．通风机实用技术手册．北京：机械工业出版社，2005，4
9 郁永章主编．容积式压缩机技术手册．北京：机械工业出版社，2000
10 刘秋洪，祁大同等．离心风机气动声学分析的一个理论模型和计算方法．西安交通大学学报．38(3)：313～316，Mar，2004
11 毛义军，祁大同．叶轮机械气动噪声的研究进展．力学进展．39(2)：189～202．Mar，25，2009
12 师铜墙，袁民健，顾媛媛，祁大同．前向离心风机采用串列叶片叶轮降噪的试验研究．流体机械．38(5)1～4＋17，Mar，2010

19 气体净化与净化设备

19.1 气体净化的重要性

被压缩气体中可能含有一些有害的成分，如固体颗粒、水、油及一些有害气体，如 H_2S、SO_2、CO_2 等等。这些杂质的存在，在某些情况下会对一些设备产生腐蚀和破坏，或者对特定的生产工艺和流程产生严重的影响。如何除去这些有害杂质是一个很重要的问题。除去这些杂质的方法统称为气体的净化，并且在某些特定场合还需要除去气体中的细菌。

19.1.1 压缩空气品质的要求

压缩空气是应用最广泛的气体。各行各业对空气品质的要求是不一样的，为了达到一个统一的衡量标准，国际标准化组织(ISO)在全世界范围内，对压缩空气及净化设备实行标准化和统一化，以便各国进行技术和贸易的交流。在其 118 技术委员会(ISO/TC118)“压缩机、气动机械及工具”委员会下，设立了一个专门工作组 WG5“空气干燥器”和一个分技术委员会 SC4“压缩空气质量”，具体从事这方面的标准制定。其最新的标准为 ISO - 8573 系列，包括一般用压缩空气污染物和质量等级、悬浮油粒的测试方法、湿度的测量、固体粒子的测量、油蒸气的测量、气体污染物的测量和微生物的测量等，而且这些标准正在不断地进行修改和补充。

在压缩空气的应用等级中，国际标准化组织制定的 ISO 8573/1 无疑具有较权威的指导意义，该标准已经被我国等效使用。此外，我国对压缩空气的质量也有一些类似的标准，例如 GB/T 13277—2008《压缩空气》对压缩空气的质量做了详细规定。

按照 GB/T 13277—2008 规定，压缩空气的质量等级可用三个阿拉伯数字表示，如果对某种污染物等级无要求，则用“—”代替。例如 4，6，5 表示压缩空气中固体粒子尺寸和浓度为 4 级，水蒸气含量为 6 级，含油量为 5 级。GB/T 13277—2008 以参考件的形式推荐使用压缩空气质量等级，见表 19 - 1 和表 19 - 2。

表 19 - 1　一般应用的空气质量等级

应用场合	典型质量等级		
	固体颗粒	水	油
空气搅拌	3	5	3
制鞋制靴机	4	6	5
制砖、制玻璃机	4	6	5
零件清洗	4	6	4
颗粒产品输送	2	6	3
粉状产品输送	2	3	2
铸造机械	4	6	5
食品饮料加工	2	6	1
机动工具	4	3	5
采矿	4	5	5

续表

应用场合	典型质量等级		
	固体颗粒	水	油
包装和纺织机械	4	3	3~2
摄影胶片加工	1	1	1
公共土木建筑	4	5	5
凿岩机	4	5~2	5
喷砂	—	3	3
喷涂(漆)	3	3~2	1
焊机	4	6	5

表 19-2 气动设备质量等级要求

应用场合	典型质量等级		
	固体颗粒	水	油
空气轴承	2	3	3
控制仪表	2	2	3
气流动力	—	—	—
气缸(往复式)	3	3	5
气缸(回转式)	—	—	—
重型空气马达	4	6~1	5
轻型空气马达	3	3~1	3
空气涡轮	2	2	3
工业气动工具	4	5~6	5~4
方向控制阀	—	—	—
射流	2	2~1	2
射流探测器	2	2~1	2
逻辑运动元件	4	6	4
气动仪表	2	3	3
精密(压力、流量)调节器	3	2	3
一般车间用空气	4	6	5

注：这些空气等级所对应的具体数值见表 19-3~表 19-5。

表 19-3 最大粒子尺寸和浓度

等级	粒子尺寸/μm	含量/(mg/m^2)
1	0.1	0.1
2	1	1
3	5	5
4	15	8
5	40	10

表 19-4 露点(最大值)

等级	露点/℃
1	-70
2	-40
3	-20
4	3
5	7
6	10
7	不规定

表 19-5 最大含油量

等级	油含量/[mg(油)/m^3(空气)]	等级	油含量/[mg(油)/m^3(空气)]
1	0.01	4	5
2	0.1	5	25
3	1.0		

应用范围和设备类型是选择压缩空气质量等级的主要依据，而最终选择按照两者之中最严格的情况加以确定，例如精密调节器(3，2，3)用于粉状产品输送(2，3，2)时，所要求的压缩空气质量等级应选择为2，2，2。

以上表中所列的是一般场合应用的压缩空气质量等级，但各个场合的压缩空气，例如电子行业，其质量要求的变化是相当快的，而且在某些特种行业，例如医药、食品和化学工艺流程中，不仅对压缩空气中的固体颗粒、油分和水有严格的要求，同时对其中的细菌、其他污染气体等也有严格的规定。鉴于这些标准正在制订，或者由于某些原因无法制订，本章不作介绍。

19.1.2 压缩气体中所含污染物的来源和混入的主要途径

压缩气体中的污染物，根据其混入的途径大致可以分为以下几个方面：

(1) 从系统外部混入的污染物

①粉尘，如灰尘、煤烟、砂粉、灰粉、金属粉末、水泥粉末、纤粉末等；②有害气体和有害物质，如硫化氢、亚硫酸气体、溶剂气体等；③含盐物质；④湿气；⑤其他污染物质。

(2) 系统内产生的污染物质

①水分(析水)；②压缩机润滑油及润滑油氧化生成物；③锈蚀、剥离层；④运转部件磨损产生的金属粉尘及密封材料细粉尘；⑤密封材料或密封材料的磨损片；⑥过滤器滤芯的碎屑；⑦其他。

(3) 机器加工、安装和维修时产生的污物

①加工零件产生的金属粉末附着；②螺钉的毛刺；③铸件上残留的砂子；④焊接氧化皮；⑤破布纱头的纤维屑；⑥密封材料及其碎渣；⑦其他。

在上述污染物中，以大气中的污染物来源最多。图 19-1 示出大气中污染物的颗粒直径分布(图中虚线表示该部分粒径不确定)。

19.1.3 杂质对压缩气体及其系统的危害

含有大量杂质的压缩气体经过储气罐、输气管道进入下游用气设备和装置，将会造成下列很坏的影响：

①油蒸气聚集在管道和储气罐中，容易形成易燃物，有时甚至形成易爆混合物。同时，油分被高温汽化后会产生一种有机酸，对金属设备有腐蚀作用；

②由于固体杂质沉积在输气管道内而减少了管道截面积，使压缩气体压力降增大，造成能量损失；

③凝结水在管道内的聚集，不仅锈蚀管道内壁，使管壁变薄，力学强度下降，而且使气体在管道和附件内的流通截面变小，特别在冰冻季节极易使管道破裂造成气源系统瘫痪。

表 19-6 列出了压缩气体中混有的杂质对气动装置的影响。

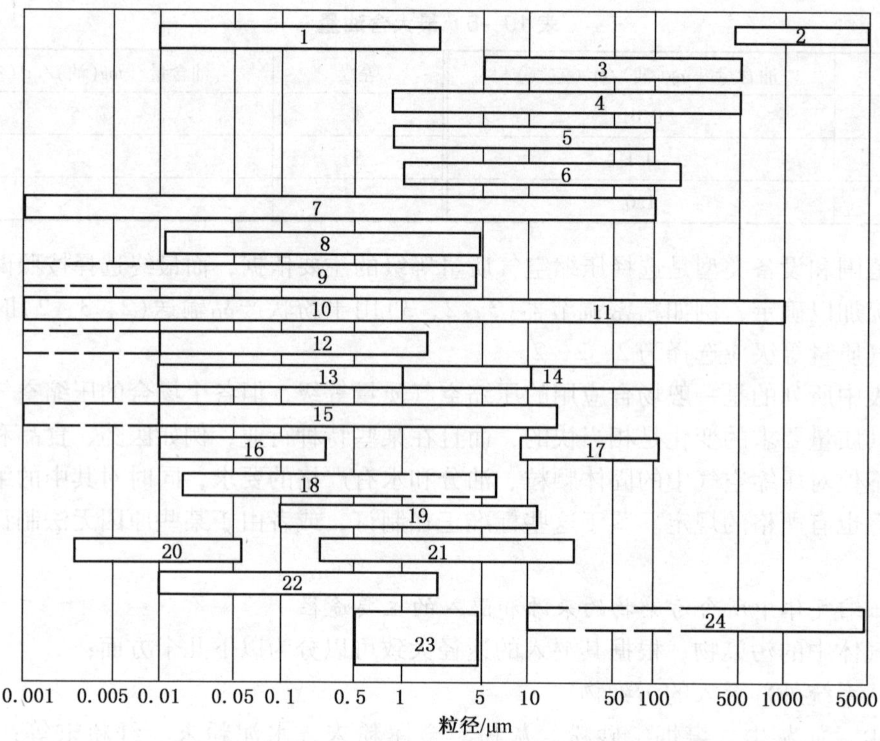

图 19－1　大气污染物粒径分布

1—氯化铵烟尘；2—雨滴；3—粉煤；4—采煤尘埃；5—水泥尘埃；6—飞灰；7—冶金烟尘；8—煤烟；9—雾；10—烟；11—粒尘；12—烟雾；13—烟草烟；14—煤尘；15—大气尘埃；16—炭黑；17—花粉；18—油气悬浮物；19—印刷颜料；20—病毒；21—细菌；22—树脂烟尘；23—损害肺的烟尘；24—肉眼可视范围

表 19－6　各种杂质对气动装置的影响

名称	水分	油分	粉尘	焦油状炭	铁锈
电磁阀	线圈绝缘不良生锈导致阀芯固着，橡胶密封件膨胀	橡胶密封件老化；寿命下降	阀芯固着；堵塞气流通道，使运动失灵	阀芯固着、运动失灵，引起火灾	加剧运动副表面磨损
气缸 回转执行元件	生锈导致活塞杆固着，寿命下降	寿命下降	活塞杆密封不良，出力减小活塞固着，运动失灵		
减压阀 气动继电器	功能下降或者不良，生锈导致寿命下降	功能下降或者不良	阀芯固着		
气动仪表 测量元件	动作不良，影响计测系统准确测试，测试结果误差增大				
气动马达	转速下降，效率降低	转速不均，固着导致动作不良	固着导致动作不良		
气动喷雾器	影响喷涂表面质量				
输送元件	使粉体结块，影响产品质量，功能下降		污染		
气力搅拌	污染被搅拌的物料，影响产品质量				

19.2 气体干燥

当压缩气体从压缩机后的冷却器中出来时，仍然含有一定量的水分。对某些应用领域，这些水分的存在十分敏感，所以要设法将其除去。将水分从压缩气体中除去的过程，称为气体干燥，常用“露点”来衡量压缩气体的干燥程度。例如在气动系统中，水蒸气是其正常工作的最大隐患，在气动系统净化流程中，压缩气体干燥是最重要也是最普通的任务，而为此所付出的成本代价也是最高的。工业上气体干燥所用的方法很多，其研究的重点集中于提高气体的干燥度，降低设备的费用及节约能源。常用的干燥方法有吸附法、冷冻干燥法、压力去湿法、潮解干燥法(化学法)及渗膜干燥法等。

19.2.1 吸附干燥

(1)吸附干燥法的特点

吸附法，属于固体除湿法。所采用的吸湿剂一般有硅胶、铝胶和分子筛。这些物质本身具有大量孔隙，能产生毛细现象，而且材料表面上的蒸气分压力，低于周围气体中的水蒸气分压力，在压差的作用下，压缩气体中的水蒸气产生扩散运动，从而将水分吸收。吸收了一定水分的吸附剂进行脱湿-再生处理后，可以再次应用。

压缩气体中的水蒸气与吸附剂表面一经接触，不需要外界能量的推动，吸附过程就能立即发生，因此吸附过程是完全自发的。但解吸过程却不能自发进行，必须有外界能量的充分介入才能完成。吸附剂的再生方法和再生能耗是影响吸附干燥器运行的主要因素。

为了维持设备的连续运转，一般在设备中采用双塔(筒)，一个塔进行吸附，另一个塔进行再生，两个塔交替工作。按照再生方式的不同，可以将这种干燥器分成加热再生式和无热再生式两种。

吸附法是发展较早，并且技术相对成熟的一种方法。目前在制取-40℃以下常压露点的干燥气体时，它基本上是唯一被广泛采用的方法。吸附法的优点是：运行时不需要冷却水；耗电量比较低；设备简单；投资低廉；维修方便及工作可靠。

吸附法的缺点是：对于某些对干燥度要求不是很高的用户，这种方法的运行费用高。例如，即使以比较节能的无热再生吸附法来讲，用于再生的风量占到总风量的15%以上。此外，吸附剂对气体中的油分和液态水比较敏感，因为这些物质会停留在吸附剂的表面，从而降低吸附剂的性能，所以必须有比较完善的前处理装置。由于吸附法采用双塔交替工作，控制阀容易疲劳损坏，而且在变压吸附中，由于吸附剂直接频繁摩擦，产生粉尘，对压缩气体也可能会造成“二次污染”。

由于吸附法具有悠久的历史和成熟的使用设计经验，在我国仍是一种流行的方法。同时，也应该看到，国外的观点是除非工艺特别需要，应尽量避免选择吸附法。

(2)吸附的基本原理

吸附过程的机理相当复杂，现在有许多关于吸附原理的理论，这些理论对吸附作用的解释都存在一定的优缺点。一般来说，单组分气相吸附可以分为物理吸附和化学吸附两大类。物理吸附是用范德华力的作用，来推动传质作用，从而形成吸附，这种吸附所产生的吸附热比较小；化学吸附是吸附质分子与吸附剂表面的分子产生电子转移或形成络合物。化学吸附的吸附和解析过程比物理吸附慢。其实，物理和化学吸附并没有严格的区别。

吸附剂能够吸附物质的数量是一定的。从宏观的角度来讲，吸附剂吸收了一定数量的物质后就达到了饱和，不能进一步吸附；从微观的方面来看，吸附和解析作用一直是在同时进行的，只是达到了某一个平衡态后，吸附和解析的速率相等。为了表达吸附剂的吸附能力，一般采用吸附等温线、吸附等压线和吸附等量线来描述。

①吸附等温线　表示在一定温度时，吸附量和气体中水分压的关系。通常在一定的温度下，单位质量吸附剂的吸附量和气体中水的分压力，可以用吸附等温方程来描述，但是在工程应用上，一般做出不同吸附剂所对应的吸附等温线。图 19－2 是水蒸气在几种吸附剂上的等温吸附曲线。

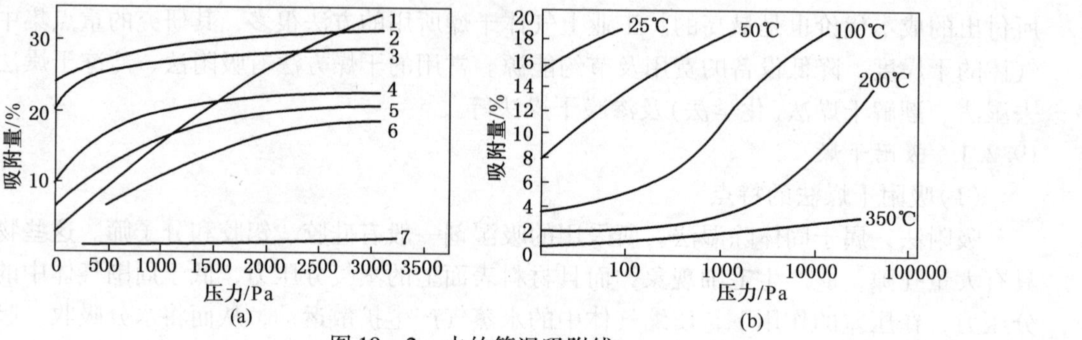

图 19－2　水的等温吸附线

(a)水蒸气的等温吸附线；(b)水在 4A 分子筛上的等温吸附线

1—硅胶(25℃)；2—CaA(25℃)；3—NaA(25℃)；4—CaA(100℃)；

5—NaA(100℃)；6—氧化铝(25℃)；7—硅胶(100℃)

② 吸附等压线　表示在一定的压力下，吸附剂的吸附量和吸附温度之间的关系，如图 19－3 所示。

③ 吸附等量线　表示在一定的吸附量下，所对应的平衡温度和压力之间的关系，如图 19－4 所示。

吸附过程会放出一定的吸附热。从以上图中也可以看出，降低温度和提高水蒸气的分压力可以增加吸附量，反之，脱吸过程应该增加温度和降低压力。

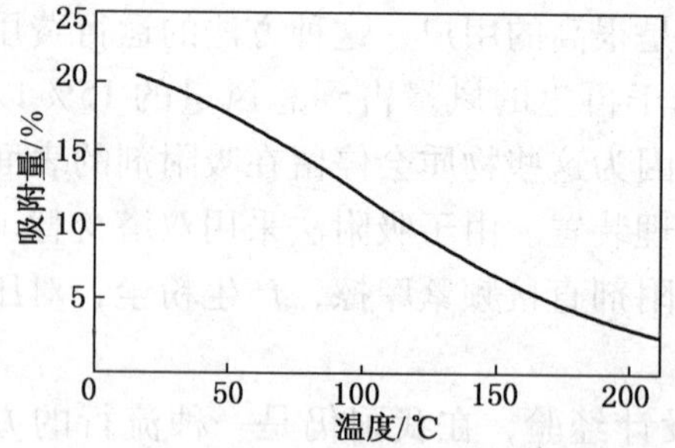

图 19－3　水在 5A 分子筛上的等压吸附线

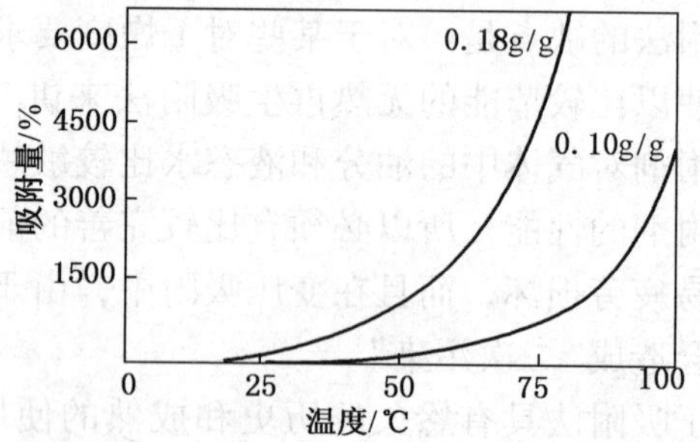

图 19－4　水在 4A 分子上的吸附等量线

由吸附的原理可知，在其他条件相同情况时，吸附剂种类决定了压缩气体的露点。表 19－7～表 19－10 列出了几种常用吸附剂的干燥性能和其他物理性能。

表 19－7　常用吸附剂的干燥性能

吸附剂	分子式	干燥后气体中水蒸气的饱和密度/(g/m^3)	大气压露点/℃
硅胶	$SiO_2 \cdot H_2O$	0.03	－52
铝胶(活性氧化铝)	$Al_2O_3 \cdot H_2O$	0.005	－64
分子筛		0.011～0.003	－60～－70

表 19－8 常用吸附剂物理性能

吸附剂	密度/(kg/L)		机械强度	导热系数/[kJ/(m·h·K)]	比热容/[kJ/(kg·K)]	孔隙率/%	平均孔径/nm
	堆积密度	实际密度					
硅胶	0.4～0.7	1.2	较高	0.71	1.003	43～50	20～40
活性氧化铝	0.7～0.8	2.3～3.3	高	0.47	1.045	45～50	40～50
分子筛	0.72	1.1	较低	2.12	0.752	45	4.8

表 19－9 常用吸附剂吸水/脱水性能

吸附剂	进气含水量/ppm	排气含水量/ppm	吸附量/%		加热再生温度/℃		
			静态	动态	进塔	离塔	最高
硅胶	160～240	8～10	30～50	5～8	180～220	80～140	220
活性氧化铝	160～240	1～3	22	4～6	230～280	100～150	350
分子筛 4A	160～240	1～3	22	8～15	320～370	120～200	475

表 19－10 常用吸附剂使用条件

吸附剂	吸附容量		水滴稳定性	热强度	碱性介质	酸性介质	价格
	低分压时	高分压时					
硅胶	低	高	不稳定	较差	不良	良	低
活性氧化铝	低	高	较稳定	好	良	不良	较贵
分子筛 4A	高	高	不稳定	好	良	不良	贵

(3)常见的吸附干燥方法

① 有热再生吸附　某些吸附剂，如硅胶、活性氧化铝、分子筛等，对气体中水分的吸附能力随温度的变化而变化，吸附温度降低时吸附容量增加，反之吸附能力减小，所以利用吸附剂的这种特性，可以对压缩气体中的水分进行干燥。

吸附过程达到平衡后不能进一步吸附，所以有热再生吸附器一般采用双塔结构，一塔对压缩气体中的水蒸气进行吸附，另外一塔对吸附剂进行脱吸处理，两塔交替工作，工作的周期一般在 8h 以上。图 19－5 为有热再生干燥的原理图。

这种干燥方法能够吸附大量的水蒸气，工作周期长，但是设备体积庞大，而且再生时需要消耗大量的再生蒸气或电能。近年来，利用其他能源作为再生能源的工作系统已经慢慢被采用，这对于节能和提高经济效益的意义比较重大。

有热再生干燥可以分为吸附、再生、吹冷和均压 4 个过程。吸附在常温下进行，然后通入再生蒸气或电能使吸附剂脱吸，脱吸过程完成后将吸附剂降温，使其恢复到吸附状态。在一个工作循环中，吸附器内的温度变化呈现出一定的特性，如图 19－6 所示。

吸附剂再生时温度高，再生就会比较充分，但是实际操作中，由于吸附剂的耐热温度有限，所以过高的再生温度会造成吸附剂局部过热，反而使吸附剂失效。一般使用的再生温度：硅胶 150～200℃；活性氧化铝 250～300℃；分子筛 300～350℃。

②无热再生吸附　某些吸附剂，如硅胶、活性氧化铝分子筛等，对水的吸附容量和水蒸气的分压力有比较大的关系。利用这些特性，可使吸附过程在一定的压力下进行，而脱吸过程在常压或者真空状态下进行。

无热再生吸附也采用双塔结构，两塔交替工作，工作周期为 2～10min。压缩气体进入吸附塔中被干燥，一部分气体被返回用于吹除吸附剂中的水分。这类吸附器的特点是体积小、制造简单，可以制取 -70℃左右露点的干燥气体。应当注意的是，油分可以使吸附剂的吸附能力大幅度降低，所以对压缩气体中的油必须做严格的处理。

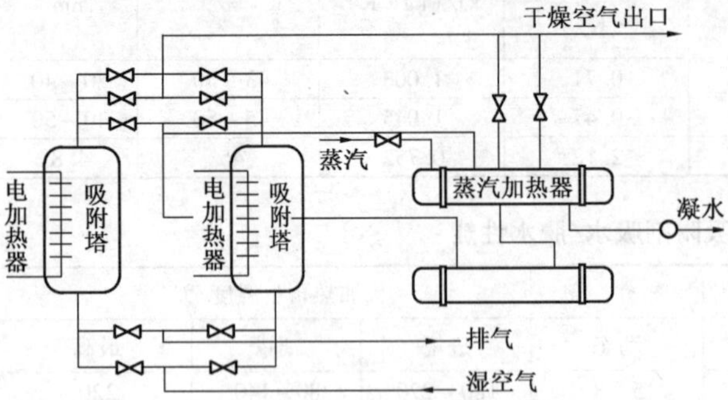

图 19 -5　有热再生干燥原理图

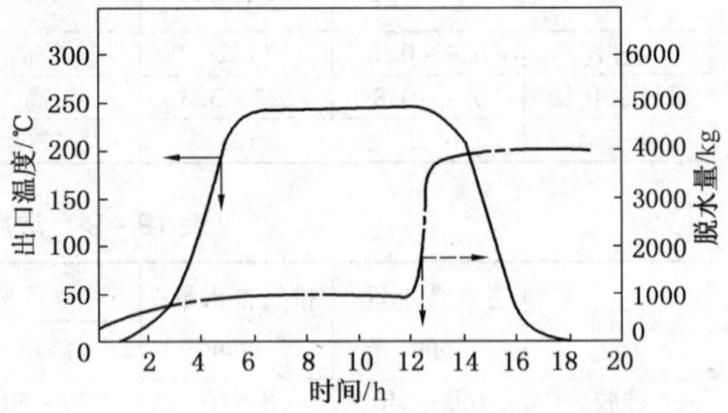

图 19 -6　有热再生过程中温度变化

无热再生干燥由吸附、再生和均压 3 个过程组成，如图 19 -7 所示。压缩气体被送入塔 1 进行干燥，一部分气体返回到塔 2 中，同时气体的压力降低，对塔 2 中的吸附剂进行脱吸处理，然后将塔 2 中的压力恢复到常压，使吸附剂再次具有吸附能力。图中所表示的情况为塔 1 进行吸附，塔 2 进行脱吸时气体的流动方式。

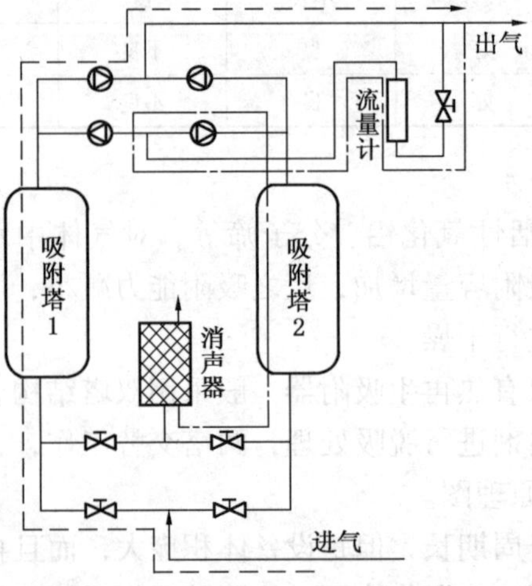

图 19 -7　无热再生吸附方法示意图

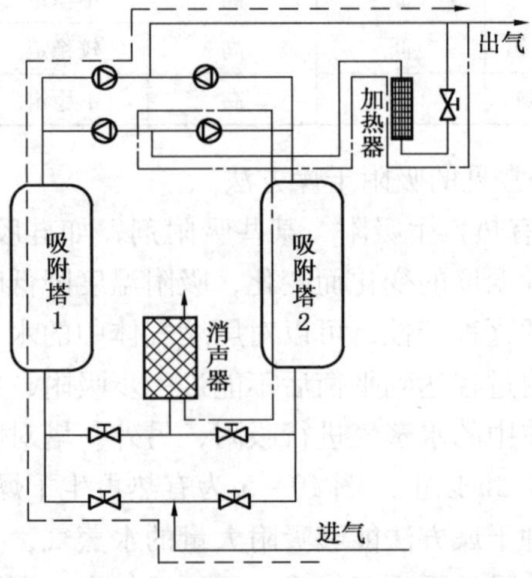

图 19 -8　微热再生吸附方法示意图

由吸附的基本原理可知，吸附是一个放热的过程，而脱吸是一个吸热的过程。在无热再生干燥方法中，必须将吸附热蓄积起来，用于脱吸过程，即回热。产品气会带走一定的热量，所以必须使压缩气体在吸附器中停留的时间较短，而且为了更好地实现回热，也必须使两塔交替工作的周期比较短。

③微热再生吸附　图 19 -8 是微热再生吸附原理示意图。无热再生循环中，一般虽然不需要加入额外的能源，但是由于需要消耗一部分压缩气体用于吸附剂的再生，而且实际操作过程中，理论计算得到的再生气体耗量，一般不能满足吹干吸附剂的要求，这样间接减少了产品气的供给量，所以可以对再生气体进行加热，提高其吹干吸附剂的能力，从而减少再生气体的耗量。微热再生干燥方法是近年来被广为研究的一种比较先进的方法，这种干燥方法工作稳定，工作周期为 30 ~60min。

（4）吸附干燥塔结构参数及吸附剂填充量估算方法

吸附塔无疑是吸附干燥器最重要的结构部件，其几何尺寸由下列因素确定：气体处理量、空塔流速、吸附剂动吸附量、气固两相接触时间及再生方法。上述因素既相对独立而相互之间又有所牵制。

①空塔速度及塔体几何尺寸

空塔流速是一切化工塔设备的重要工作参数。在流通量一定的条件下，空塔流速直接决定了塔体直径；在充填物质及充填量确定的条件下，空塔速度决定了流体在塔内的实际流动速度、流体与充填物之间的接触时间及流通阻力。

在气体干燥器中，根据进气状态基准值及成品气露点，空塔流速可作如下选择：活性氧化铝取0.1～0.3m/s；沸石分子筛取0.05～0.2m/s。根据再生的方式不同，无热再生时，空塔流速取高值，有热再生时，取低值。

空塔流速确定后，吸附塔直径可按下式计算为

$$D = \left(\frac{4q_{\mathrm{v}}}{\pi c_0}\right)^{\frac{1}{2}} \tag{19-1}$$

式中：q_{v}为吸附塔工况进气流量；c_0为空塔流速。

空塔流速选定后，塔体高度H决定了压缩气体与吸附床的接触时间，两相接触时间越长，成品气露点质量越好，一般接触时间至少要大于4s。因此，塔高可根据空塔流速和气体进出吸附塔的时间确定，即

$$H = (4 \sim 5)c_0 \tag{19-2}$$

此外，工程上也可用式（19－1）确定的吸附塔直径来估算高度，即

$$H = (2.5 \sim 4)D \tag{19-3}$$

②吸附剂填充量

当塔高和塔径确定后，则可获得吸附塔的名义容积为

$$V = \frac{\pi D^2 H}{4} \tag{19-4}$$

吸附的填充量为

$$G = \rho V \tag{19-5}$$

【例19－1】 若被干燥空气的流量为$40\mathrm{Nm^3/min}$，空气的压力为0.7MPa，吸附剂为活性氧化铝，试确定吸附塔结构和吸附剂填充量。

解 被干燥空气的工况流量为

$$q_{\mathrm{v}} = q_{\mathrm{v0}}\frac{p_0}{60p_1} = 40 \times \frac{0.1}{60 \times 0.7} = 0.083\mathrm{m/s}$$

假设其为无热再生干燥方式，则取空塔流速为0.3m/s，则吸附塔直径为

$$D = \left(\frac{4q_{\mathrm{v}}}{\pi c_0}\right)^{\frac{1}{2}} = \left(\frac{4 \times 0.083}{3.14 \times 0.3}\right)^{\frac{1}{2}} = 0.59\mathrm{m}$$

取塔体高度为直径的2.5倍，则塔高$H = 1.47\mathrm{m}$。

吸附塔的名义容积为

$$V = \frac{\pi D^2 H}{4} = \frac{3.14 \times 0.59^2 \times 1.47}{4} = 0.4\mathrm{m^3}$$

查表19－8，取吸附剂堆积密度为$750\mathrm{kg/m^3}$，则吸附剂填充质量为300kg。

③动吸附量的选取

上述吸附剂填充量的估算方法并没有考虑吸附容量、出口露点、吸附时间等对吸附剂需求量的影响，因此引入动吸附量的概念。动吸附量是指当两元或两元以上的混合气体通过吸附床后，被吸附气体在吸附床出口端达到脱除精度时，吸附床中吸附剂所吸附气体的质量百分比。显然，干燥器的动吸附量是指排气口气体达到规定露点时，塔内吸附剂所吸附的水分质量与吸附剂充填量的比值，可描述为

$$\alpha = \frac{G_s}{G} \tag{19-6}$$

式中，G_s 是排气露点达到规定值时，吸附床所吸附水分的质量。

动吸附量的选取，既关系到干燥器的制作成本和运行费用，也关系到排气露点的质量。动吸附量大，固然可节省吸附剂充填量，但会引起成品气露点上升而难以达到使用要求，同时会增加吸附剂的再生能耗并使吸附剂提前劣化；反之，不仅要增加吸附剂充填量，而且使塔几何尺寸变得十分庞大。

对每一种吸附剂的动吸附量，厂家在使用说明书上均标有推荐值。对压缩气体干燥而言，在通常工况条件下可按下述推荐值选取：硅胶为5%~8%，活性氧化铝为4%~6%，沸石分子筛为8%~15%。

根据式(19-6)可见，吸附剂填充量为

$$G = \frac{G_s}{\alpha}$$

单位时间内吸附床所吸附水分的质量为

$$\dot{G}_s = q_v \rho_a d \tag{19-7}$$

式中，ρ_a 为干燥器进气压力和温度下的被处理气体密度；d 为气体进出吸附床后的含湿量差。

如果吸附持续的时间为 T，则吸附剂的填充量为

$$G = \frac{\dot{G}_s}{\alpha} = \frac{q_v \rho_a d}{\alpha} T\varphi \tag{19-8}$$

式中，φ 为充填裕量，取1.2~1.3。

【例19-2】 若被干燥空气的流量为40Nm³/min，空气的压力为0.7MPa，温度为40℃，吸附剂为分子筛，吸附持续时间 $T=5\text{min}$，动吸附量 $\alpha=6\%$，试确定吸附剂填充量。

解 假设空气为理想气体，则工况下被处理空气的密度为

$$\rho_a = \frac{p_1 \rho_0 T_0}{p_0 T_1} = \frac{0.7 \times 1.29 \times (273.15 + 20)}{0.1 \times (273.15 + 40)} = 9.70\ \text{kg/m}^3$$

工况下被干燥空气的流量为

$$q_v = q_0 \frac{p_0}{p_1} = 40 \times \frac{0.1}{0.7} = 5\text{m}^3/\text{s}$$

根据湿空气性质图表，可知空气在0.7MPa时

40℃时的饱和含湿量为 $d_0 = 7.8 \times 10^{-3}$ kg/kg(干空气)

−40℃时的饱和含湿量为 $d_1 = 2.2 \times 10^{-5}$ kg/kg(干空气)

进出吸附床的含湿量差值为 $d = d_0 - d_1 \approx d_0 = 7.8 \times 10^{-3}$ kg/kg(干空气)

因此，根据式(19－8)计算可得吸附剂填充量为

$$G = \frac{q_v \rho_a d}{\alpha} T\varphi = \frac{5 \times 9.7 \times 7.8 \times 10^{-3}}{0.06} \times 5 \times 1.2 = 37.8\text{kg}$$

从式(19－8)可见，若要保持动吸附量不变，延长吸附时间须增加吸附剂充填量，从而导致塔体容积增大。加热再生干燥器的吸附时间比无热再生要长得多，而由于受塔体容积限制，吸附剂充填量不可能按比例增加，其结果只能使动吸附量增大，这对成品气露点有影响。

此外，从上述讨论可见，两种方式计算所得的吸附剂填充量差别很大，其原因在于第一种估算方法中认为吸附床体中充满了吸附剂，而且没有考虑吸附时间的影响，而实际的床层的厚度小于塔的高度，故差别很大。实际的干燥塔设计涉及的影响因素很多，更详细的设计方法和步骤可参看文献[1]。

19.2.2 冷冻干燥

(1)冷冻干燥法的原理和特点

气体中的水分一般以过热或饱和态存在于气体之中。当气体的温度被降低后(低于露点)，气体中的水分就会以液态水的形式被析出，从而达到去除水分的目的。

冷冻干燥法就是使用制冷设备将气体冷却，使其露点降到2～10℃，从而干燥压缩气体。冷冻干燥可以单独使用，也可作为吸附干燥的前级使用，先除去气体中的大量水分，从而降低吸附干燥器的工作强度。当作为前级使用时，将压缩气体干燥到压力露点为5℃左右。

冷冻干燥机处理压缩气体有如下特点：

①在传输过程中，只要环境温度不低于压力露点，而使用环境不低于其所对应的大气压露点(－17～－23℃)，则无论传输过程或使用过程都不会有凝结水从管道或气动设备中再次析出；由于二次回温，传输中压缩气体的实际温度要远高于露点(即是不饱和的)，管内气体相对湿度远低于导致金属内壁生锈的湿度条件(相对湿度小于40%)；

②混杂在压缩气体中的固体微粒在水蒸气凝聚过程中充当凝聚核的作用，会随冷凝液一起排出机外，这意味冷冻干燥机具有“自净作用”，因而对进气预处理要求不是很高，并且在本质上也不具备产生二次污染的可能，这是许多其他干燥方法所不具备的优点；

③冷冻干燥机的流通阻力比相同流量的过滤器小，也不比吸附干燥器更大且能长期保持稳定不变；

④冷干机运转能耗与其处理的露点相适应，与相同规格的其他干燥方法相比较低，在除水过程虽也有气量消耗，但往往可以小到忽略不计；

⑤冷冻干燥机基本上没有什么易耗易损件，其工作寿命取决于所用的零部件质量；

⑥与相同规格的吸附干燥器相比，冷干机的外形尺寸要小得多，因而单机处理量可做得很大，整机价格也相对较低。目前冷冻法也随着制冷技术的发展而进步，例如冷冻干燥机单机处理能力，已经可以达到1000Nm^3/min以上；

⑦冷冻干燥法可以实现设备的连续运转；

⑧但这种方法所能达到的干燥度不能很高，因为气体所降的最终温度直接影响到干燥的效果，冷冻干燥的一般温度不能降到0℃以下(水分在0℃以下会结霜或冰，不易清除)；

⑨冷冻法对环境温度比较敏感，加上大容量的冷冻机需要很多冷却水，在高寒、缺水地区，应用这种方法会带来一些问题。

现在，在某些应用领域，冷冻法已经有取代吸附干燥法的趋势。

(2)冷冻干燥过程

图19－9(a)是冷冻干燥法的基本原理示意图。该图中所描述的流程，主要用于处理露点为0℃以上的干燥情况。压缩气体首先进入预冷器1进行初步冷却，析出一定的水分，然后进入气液分离器2中分离出冷凝水。接着，气体进入冷却器3中冷却到所需要的温度，析出水分，最后净化完成的气体再通入热交换器1中和干燥前的气体进行热量交换，最终送给用户。

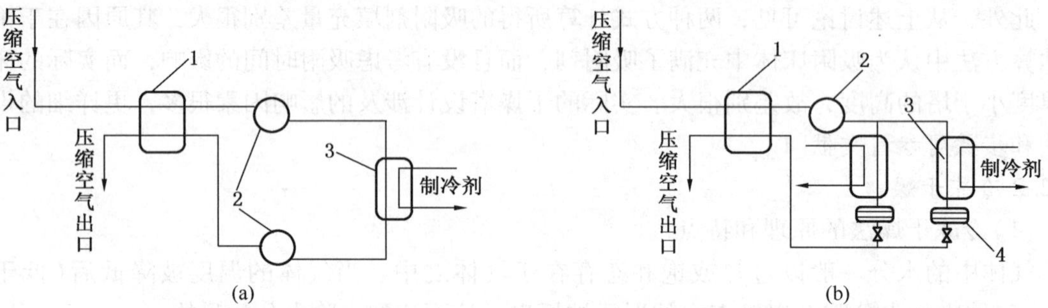

图19－9　冷冻干燥方法示意图

(a)露点温度大于0℃；(b)露点温度小于0℃

1—预冷器；2—气液分离器；3—冷却器；4—过滤器

图19－9(b)的系统用于露点要求低于0℃时的情况。压缩气体经热交换器1(预冷器)和气液分离器2，并预分离出一定的水分后，在冷却器3中冷却到所需要的温度，并将水分留在冷却器3中，然后经过过滤器4除去气体中的雹花，再通热交换器1中、后送给用户。因为凝水在冷却器中冻结，所以冷却器和过滤器需要交替工作，以便完成融霜过程。冷却器中的霜可以采用制冷压缩机排气进行吹除，过滤器中的霜或冰，则采用电加热器加以融化。

一般要使冷冻干燥设备运行良好，应注意以下几点：

①要有一个运行稳定的制冷系统和足够的制冷量；

②压缩气体必须得到充分的热交换，核心在于有足够大的换热面积；

③必须保证管道和设备内不发生或尽量少发生二次蒸发现象。所谓的二次蒸发现象，是由于冷却后的气体中的水分不能被有效地分离出来，以后当气体的温度升高后，残余的水分又蒸发到气体中去，从而影响了干燥的效率，所以在冷冻干燥方法中，设置一个高效的气液分离器尤为关键。

19.2.3　压力去湿

该方法又称为加压减湿法，即将气体的压力提高，以提高水蒸气分压力，再经冷却后析出所含的水分。压缩机工作过程本身就是排除进气中水分的典型例子。虽然通过加压可以减小气体中绝对水分的含量，但加压过程所消耗的能量是非常大的，并且在状态不变条件下气体相对湿度仍然饱和，其工作原理与过程详见第1章。此种方法并不单独使用。

19.2.4　潮解法

这是一种固体除湿法，也称为吸收干燥，是一种较古老的压缩气体干燥方法。它采用一些强亲水性化学物质，例如氯化钙、五氧化二磷、苛性钠、苛性钾和某些高分子化合物，这些物质具有强烈的吸水性，在吸收了水分后本体溶解或发生潮解反应。与吸附法中的吸附剂不同的是，这些物质在吸收水分后，会从固态变到液态，所以其再生比较困难；而且这些物质在吸收了水分后，一般都具有较强的腐蚀性，所以对设备的要求也更加高。与吸附法中的吸附剂一样，这些化学物质的吸水性能也不是一成不变的，一般随所处理气体的露点升高而升高。

在吸附法和冷冻法被大量采用后，这种方法已经基本被淘汰，因为它存在以下严重的问题：

①对本身价值很低的吸湿物质处理再生代价太高，但是如果弃之不用也不现实。

②如果不对这些物质进行再生，或多次使用再生失效后的废渣将污染环境，所以在排放前必须进行废置处理，这样加大了运行成本。

③这些物质的水溶液有强烈的腐蚀性，给使用和维护设备带来了很大的困难。有鉴于此，我国《压缩空气站设计规范》GB 50029—2003 中，对这种设备不予推荐。所以，在找到一种合适的吸湿材料之前，这种方法很难被广泛采用。

19.2.5 渗膜法

(1)渗膜法的基本原理

利用渗膜法干燥过程实际上就是气体中的水蒸气优先通过膜而与气体分离的过程。要使水蒸气透过膜，必须有两个基本条件：首先，需要寻求合适的膜，透湿膜一般是采用亲水性膜，膜的种类可以是有机膜或无机膜，其形态可以是平板式也可以是具有很高装填密度的中空纤维式；其次，必须在膜的两端产生一个浓度差，因为浓度是由温度和压力共同作用的结果，这种浓度差既可由膜两端压力差造成，又可由膜两端温度差造成。目前，膜气体除湿基本都是以膜两边的水蒸气分压差作为驱动势，并采用了中空纤维膜结构。

如图 19－10 所示，压缩气体在压力差推动下进入中空纤维膜，由于中空纤维膜的水蒸气/气体分离系数很高(水蒸气/氧气 >1000，水蒸气/氮气 >10000)，因此渗透压较小的水蒸气就向壁外渗透，干燥的压缩气体则顺着中空膜流出。积存在纤维膜间的水蒸气必须及时用一部分干燥的成品气(吹扫气)吹出，这会导致干燥气体获取率降低。当膜干燥器进气露点温度一定时，其成品气干燥度由操作压力及吹扫气的多少决定。

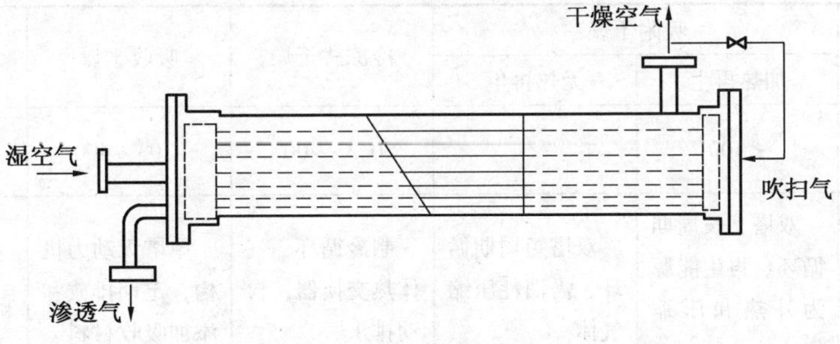

图 19－10　中空纤维膜干燥组件工作示意图

入口气体的露点、出口的露点要求以及操作压力均会对膜的分离效果产生一定的影响，图 19－11 给出了入口空气压力，露点和出口干燥空气与干燥空气产率关系。从图中可以看出：当入口空气压力提高时，空气回收率可以提高；当入口空气湿度升高时，空气回收率会降低；当要求干空气露点越低时，空气回收率会越低。

(2)渗膜法的特点

渗膜法的主要优缺点体现在：

①所产干燥气体露点低，可达到压力下 －40℃或更低(根据压力不同，相当常压 －60 ~

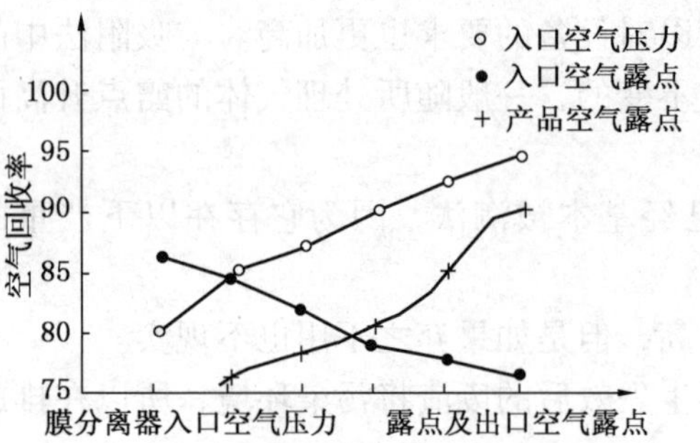

图 19－11　原料空气压力及露点和产品气露点与空气回收率的关系

－65℃左右），可以达到吸附干燥有热再生的水平，优于冷冻干燥和无热再生；

②工艺流程简单可靠，无电耗、无再生过程，这对某些工艺来说，比如某些置于偏僻地区的装置就显得非常重要；

③平时维修费用低，只须定期更换过滤芯即可；运转率高，寿命长达 10 年。一般可在气体温度低于 65℃ 下使用；工作压力可以高至 2.1MPa；

④压缩气体在膜内的流通阻力不大，压力降几乎为零；它可以像过滤器那样方便地悬挂使用；

⑤压缩气体在进入纤维膜之前，必须预先除去气体中游离的液、固、油等杂质，以防这类有害物质污染渗透膜；进气中固体微粒的粒径要控制在 1μm 以下，含油量不能超过 1ppm，不能有液态水存在；

⑥由于压缩气体进气一般说来总处于饱和状态，在环境温度较低时应该对原料气进行低温预热，使其干球温度比露点温度高 5～10℃，以防膜内发生冷凝结露现象；但进气温度提高会减低成品气回收率。

目前，渗膜法常用来处理海上钻井平台上仪表用空气、控制操作板上非爆炸性清洁气、通信电缆加压过程用气、阀门及气动机上用气、矿用设备压缩空气、船舶用供给空气、核能站用气、臭氧制取机原料用气等；天然气输送和加压气站等相对特种的领域也有大量应用的实例。但是，由于渗透膜造价昂贵，处理能力有限，所以制约了这种方法的广泛使用。随着膜科学技术的发展，渗膜法有望成为最具有潜力的干燥处理方法。

19.2.6　几种常用干燥方法比较（见表 19－11）

表 19－11　几种常用干燥方法的比较

项　目	吸附干燥		冷冻式干燥	吸收干燥	膜干燥
	加热再生	无热再生			
气体处理量/(Nm^3/h)	<100		0.3～400	0.03～400	<6
结构及工作特点	双塔，长周期循环、再生能源为外热和压缩气体	双塔短周期循环、需消耗压缩气体	制冷循环，气体热交换器，自动排水	单塔无动力机构，定期排放和添加吸收材料	小规格，无动力机构
工作原理	变温吸附	变压吸附	冷凝结露	吸湿潮解	渗透膜分离
出口露点/℃(0.7MPa 下)	－20～－40	－40～－70	2～10	比进口温度低 12℃	5～15（回收率 85%时）
运行能耗	大	较大	小	无	较大
对进气的质量	油：<0.1ppm 无液态水		无特殊要求	无特殊要求	除油、除液态水除尘
压力降	<0.015MPa		<0.025MPa	小于进气压力的	小

续表

项　目	吸附干燥		冷冻式干燥	吸收干燥	膜干燥
	加热再生	无热再生			
负荷性能	低压下露点升高	低压下再生气耗增大，露点升高	低压下露点升高	基本不受压力影响	低压工作气耗增大，露点升高
初投资	高	较高	较高	低	较高
运行成本	高	较高	较低	低	高

19.3　气体净化的方法

压缩气体中除了含有水分外，还有其他的杂质，如油、固体杂质、不纯气体、细菌等，将这些杂质从压缩气体中去除的方法称为净化。实际上干燥也是净化的一种，但是为了讨论方便，将干燥单独列出。此外，对压缩机的进气也需要进行净化，即气体的前处理，一般采用滤清器对进气进行过滤。

19.3.1　离心分离法

该方法主要用于清除较大的固体颗粒、液滴、油滴等。将压缩气体以较高速度沿切线方向进入一圆形通道，由于离心力的作用，具有较大质量的杂质，仍然有沿切线运动的趋势，因而杂质和分离器侧壁发生碰撞，失去速度，进而沉积下来，而气体由于惯性力较小，迅速折转，达到分离的目的。这种方法原理简单，设备成本低廉，分离效果较好，但是对小微粒的分离效果不好，一般用于分离直径大于20μm的固体颗粒或油滴。

19.3.2　惯性碰撞法

惯性碰撞作用是指微粒随气流运动，当接近障碍物时，气体发生折转，而微粒受质量惯性的影响，与气流产生相对运动，使微粒和障碍物发生碰撞，粘附在障碍物上。直接拦截是指微粒接近过滤元件表面时，由于微粒尺寸大于甚至等于过滤网格的尺寸，使微粒直接拦截粘附在网格上。扩散作用是指尺寸小于0.3μm悬浮在气流中作自由运动的微粒，不随气流通过过滤元件而聚集在网格上。有些结构还兼用重力、离心力或气流直接减速等惯性作用。这种方法一般采用丝网结构，用于除去气体中的液雾。

19.3.3　过滤法

离心分离法和惯性碰撞法一般只能除去一定直径的固体杂质或液滴，在许多场合，用户还需要得到更加纯净的气体，这就需要采用过滤元件对气体中的杂质进行过滤。过滤元件可以分为两大类：一类是多孔陶瓷元件、烧结铜、泡沫塑料及泡沫塑料的编制物；另一类是孔径在制造时已经规定的聚四氟乙烯、醋酸纤维等高聚物作成的膜。前一类的过滤精度为0.1~20μm，后一类为0.01μm以下。

19.3.4　吸附吸收法

食品、医药及化学工艺等行业中，不仅要求一定的固体、液体颗粒含量，对所含的不纯气体、异味等也有严格的要求，所以要使用吸附物质对其中的杂质气体进行吸附。此外，在一些特定的行业，例如化学工艺流程中，所处理的气体不仅仅是空气，对气体中的不纯气体也需要进行净化，这时，吸附方法也被广泛采用，例如用煤基吸附剂吸附SO_2；采用变压吸附法吸附硝酸气；用强碱性离子交换纤维吸附CO_2等。

19.3.5 静电除灰法

用电极使气体中的固体或液体微粒带上一定极性的电荷，然后将这些杂质吸附到相异极性的收集器上，最后用机械或洗涤的方式将杂质除去。这种方法的除尘效果十分显著，而且处理的气量大，但是由于静电的作用力不能很大，所以只能用于处理0.1~0.3μm的杂质微粒。

19.4 气体净化工艺流程

合适的净化工艺流程及设备应技术可靠、经济合理、运行维护方便。

19.4.1 压缩气体干燥工艺选择原则

①按干燥度要求选择。要求压力露点2℃以上的系统，通常选择冷冻干燥；要求压力露点2℃以下的系统，则采用吸附干焕。

②按处理气量选择。一般小气量($20m^3/min$)以下，优选无热再生吸附式；中、大气量($20m^3/min$以上)，宜选择有热再生吸附式或微热再生吸附式。

③按气体压力选择。气体压力越高越有利变压吸附，相反，压力过低只能采用变温吸附。即无热再生吸附宜用于换作压力0.5MPa以上的气体，而且压力越高优势越明显。当气体压力低于0.3MPa时，选择有热再生或微热再生方式。

④接气量供需平衡选择。当压缩气体系统气量有富裕时，可考虑选用无热再生吸附式；如果供气量和用气量基本平衡，则宜于选择有热再生方式。

⑤对于干燥度要求低于-40℃(压力露点)的干燥系统，可考虑选择冷冻干燥串联吸附干燥工艺。

19.4.2 压缩气体过滤工艺

气体完成压缩后经过后冷却器冷却，将高温压缩气体降到40~50℃，气体中约有60%的油、水，被冷凝后分离排出，残余的微量油、水气溶胶及固体微粒则需要通过过滤方法加以去除。在现代过滤工艺中分工更加明确，针对不同的要求及不同的使用地点，过滤工艺都不相同，区别在于传统的一台设备，一次全部完成所有的过程分离任务。对于过滤精度要求高的净化系统，往往采取多级过滤，逐级提高过滤精度，以求在满足用户所需的过滤效率和精度，保护并延长精过滤器的使用周期或寿命，同时设备体积大大减小，方便安装及维护。

气液分离法一般作为过滤工艺的前处理手段，进一步分离压缩气体中夹带的固体微粒及大颗粒液滴，减轻后面过滤器的负担。气液分离法通常采用惯性力(离心力、折转、重力沉降)和丝网除沫器并用，结构简单，制造容易，是一种很好的预处理方法。通常气液分离法经济去除粒子粒径大于5μm，效率达98%以上。

粗过滤的目的是滤除气体中残余的微量固体粒子，以保护后面的高精度过滤器；其次是分离气体中具有一定粒径的油、水气溶胶粒子。市场提供粗过滤商品等级有1μm，5μm，10μm等，效率大于99%。经过粗过滤的气体可以单独供给要求不高的系统使用，如一般车间用气、吹扫等。

精过滤是对气体中残余的油、水气溶胶粒子彻底清楚。市场上提供精过滤器最高过滤精度0.01μm，过滤效率高达99.9999%以上，过滤后残余含油量小于$0.01mg/m^3$。精过滤一般和粗过滤配合使用，以保护延长精过滤器的寿命。

此外，在某些特定场合和行业，如食品、发酵、化工、天然气等采用活性炭吸附气味；用吸收法吸收清除硫化氢、二氧化碳；用三甘醇干燥天然气等。

(1)单级过滤净化流程

本流程由压缩机、后冷却器、储气罐和过滤器组成。储气罐可根据压缩机类型决定是否选用。净化仅由单级过滤器构成最简单的净化系统(见图 19－12)。过滤器一般选择粗过滤器，过滤后的气体性能指标和典型应用见表 19－12，该流程作为最普通用气的净化方法。

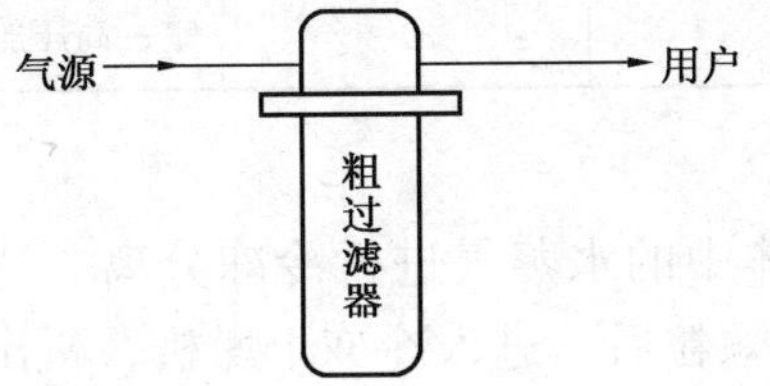

图 19－12 单级过滤净化系统示意图

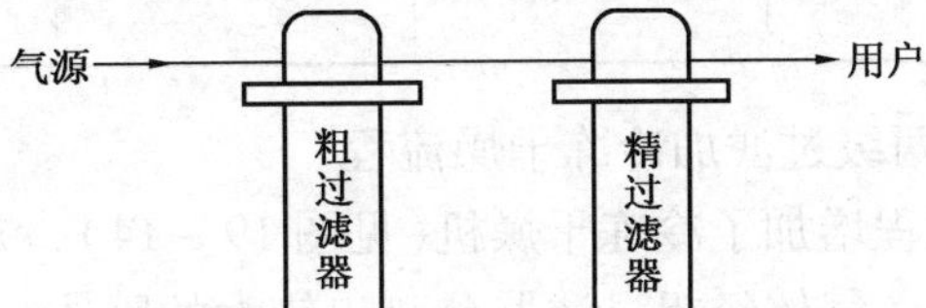

图 19－13 两级过滤净化系统示意图

表 19－12 单级过滤后的气体性能指标及应用

压缩空气质量	压缩空气中的不纯物				应用场合
	水	固体颗粒	油	气味	
有微量灰尘、水分和油存在	有微量液态水分，相对湿度 100%	5μm	$5mg/m^3$	有较浓油味	重型气动机械；零件清洗；吹扫，一般车间用气

表 19－13 两级过滤压缩气体质量

压缩空气质量	压缩空气中的不纯物				应用场合
	水	固体颗粒	油	气味	
几乎所有固体颗粒、液态水和油都被去除	相对湿度 100%	0.01μm	$0.1mg/m^3$	有油味	空气搅拌；颗粒产品输送；食品、饮料加工；一般气动元件

(2)两级过滤净化流程

本流程在单级过滤流程的基础上增加一级精过滤(见图 19－13)，从而达到了较高过滤精度等级，能广泛适用于对干燥器没有严格要求的场合。精过滤器有粗过滤器保护，可显著提高使用周期和寿命，如表 19－13 所示。

表 19－14 两级过滤加冷冻干燥压缩气体质量

压缩空气质量	压缩空气中的不纯物				应用场合
	水	固体颗粒	油	气味	
不含灰尘、油和水，较干燥	压力露点 2～10℃	0.01μm	$0.1mg/m^3$	有油味	包装；纺织机械；粉状产品输送；精密气动技术；喷涂；喷砂

表 19－15　三级过滤加冷冻干燥压缩气体质量

压缩空气质量	压缩空气中的不纯物				应用场合
	水	固体颗粒	油	气味	
不含灰尘、油和水，较干燥，无气味	压力露点 2~10℃	0.01μm	0.003mg/m³	无气味	呼吸用气；药品、食品；罐装；洁净室；高压舱

(3)两级过滤加冷冻干燥流程

本流程增加了冷冻干燥机(见图 19－14)，对气体中的水蒸气进行冷冻分离，达到一定的干燥度。气体经粗过滤器分离出较大的固体、液体颗粒后，进入冷冻干燥机，析出的冷凝油水被自动排放机外，较干燥的气体经换热器回热后输出，最后再经过精过滤器将气体中残余的细小微粒、油、水、气溶胶粒子全部滤除，提供较高品质的压缩气体(见表 19－14)。

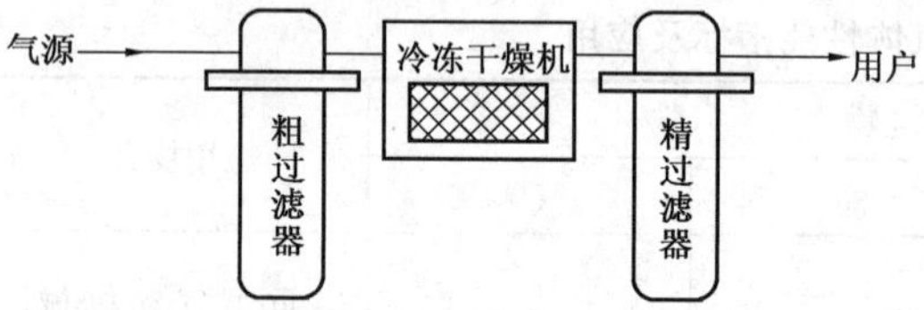

图 19－14　两级过滤加冷冻干燥系统示意图

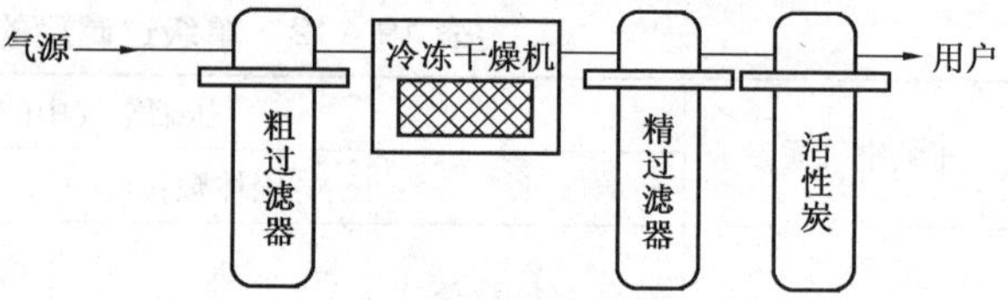

图 19－15　三级过滤加冷冻干燥系统示意图

表 19－16　三级过滤加吸附干燥压缩气体质量

压缩空气质量	压缩空气中的不纯物				应用场合
	水	固体颗粒	油	气味	
不含灰尘、油和水，深度干燥	压力露点 20℃以下	1μm	0.1mg/m³	略有油味	控制仪表；电子，印刷和胶片工艺；空气制冷；空气轴承；高级喷涂

表 19－17　除菌过滤压缩气体质量

压缩空气质量	压缩空气中的不纯物				应用场合
	水	固体颗粒	油	气味	
不含灰尘、油、水及细菌，有一定干燥度	相对湿度 60%以下	0.01μm	0.1mg/m³	视工艺要求而定	制药工业；生物工程；啤酒、酿造；食品加工；牙科器械

(4)三级过滤加冷冻干燥流程：

本流程是在流程(3)的基础上增加了一级活性炭吸附过滤器(见图 19－15)，用于吸附清除气体中的油蒸汽及其他异味，可直接供呼吸及食品、医药用气，见表 19－15 所示。

(5)三级过滤加吸附干燥流程

本流程如图 19－16 所示，由粗、精两级过滤。先将气体中的液态油、水、气溶胶粒子全部清除，保证吸附剂不被油污染而失去吸附性能；然后，气体进入吸附干燥器深度干燥；

干燥后的气体经过一个粉尘过滤器(一般是粗过滤器)，清除由于吸附剂粉末带来的二次污染后输出，如表 19－16 所示。

(6)除菌过滤流程

本流程如图 19－17 所示，在压缩气体终端增加灭菌消毒系统。具有一定湿度的洁净压缩气体经过灭菌过滤器过滤，将气体中的细菌等清除，并定期用蒸汽过滤器的高温蒸汽对灭菌过滤器杀菌消毒，从而提供无菌压缩气体，满足无菌用气的要求。无菌气体的干燥度可视具体工艺要求而定，本流程采用过冷的方法，如盐水冷水机组等，仅做一般处理，控制相对湿度在 60% 以下。如果要求较高的干燥度，可采用以上冷冻或吸附方法，见表 19－17。

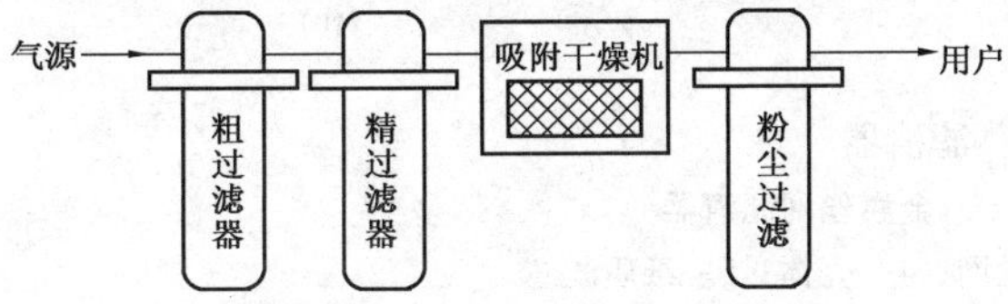

图 19－16　三级过滤加吸附干燥系统示意图

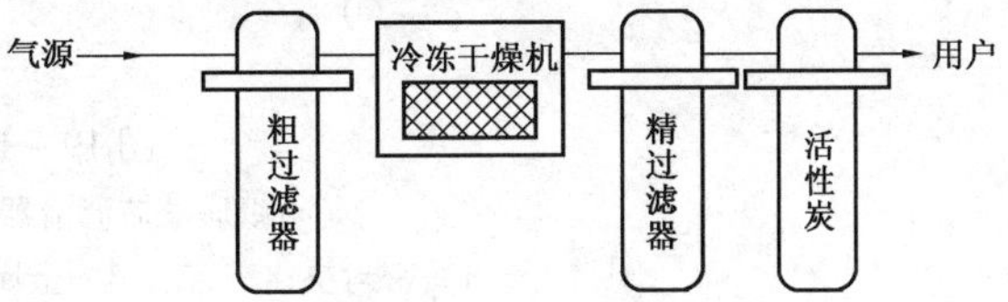

图 19－17　除菌过滤系统示意图

以上只对几种典型的净化工艺流程做简单介绍，实际应用过程中应具体问题具体分析，灵活掌握，坚持合理、可靠、经济、方便的原则。

19.5　典型气体净化设备

19.5.1　过滤分离设备

(1)滤清器

严格意义上讲，滤清器就是一种过滤器，气液分离器也是一种过滤器。本章为了讨论方便，专门将两者单独列出来，因为前者是压缩机气体的前处理设备，而后者的机理和过滤有一定的差别。

气体在进入压缩机前应当去除尘埃等固体物质，防止气缸和活塞环、衬环的过度磨损。一般气体压缩机必须带滤清器，较好的滤清器效率可以达到 99.9%，只有 0.1% 的固体微粒被带入系统。

由于气体的品质随环境的不同而不同，所以在设计和使用滤清器的时候也必须区别对待。一般不同环境中气体含尘量的平均值如下：农村为 0.5～0.9μm；城市为 1.0～1.8μm。

滤清器可以分为干式、湿式和洗涤等几种。洗涤式结构十分复杂，所以现在已经很少使用；湿式过滤是指在滤清元件上涂一层油，或在滤清器壳体下部储存一定的机油，以提高滤清能力。

滤清器由壳体和滤芯组成，图 19－18(a)所示为广泛应用于移动压缩机中的滤清器，滤芯为纸质纤维，可以很方便地更换。图 19－18(b)所示为金属丝网滤清器，为了提高性能，在网的表面涂有黏性油涂层，这种结构在气体压缩机上使用比较普遍，其中的滤清元件可以进行清洗，轮换使用。

现代的微型压缩机的气体滤清器一般都与消声器合二为一，其中的滤清元件大都是一块厚度为 1.0～1.5mm 的合成纤维坂。滤清器的阻力损失为 4.5～58.9Pa，移动压缩机的阻力损失比较高，为 24.5～589Pa。

(2)气液分离器

大多压缩机采用润滑油润滑，为保证气缸的正常润滑，前级的废油和大的水滴应该去

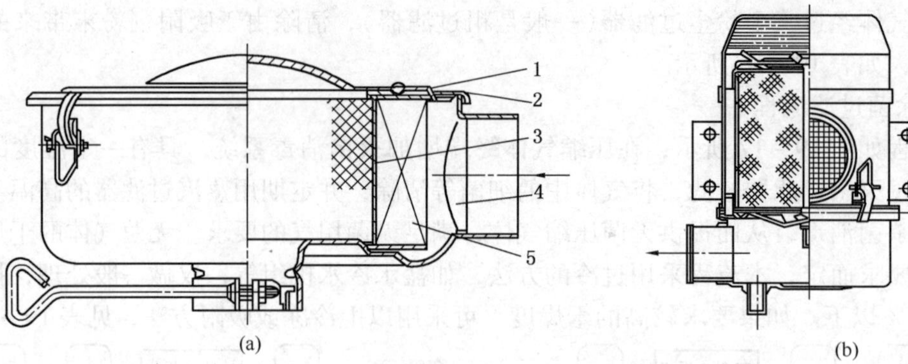

图 19－18　滤清器

(a)纸质滤芯滤清器；(b)金属丝网滤清器

1—密封垫；2—盖；3—金属丝网；4—壳体；5—纸质滤芯

除。润滑油及其分解物聚积在管道中，可能会酿成严重的事故。此外，采用水冷却器，也不希望在气侧含油，因为油膜附在管壁上会降低换热系数。在对油分要求很高的场合，也需要先采用液气分离器将比较大的液滴分离出来，从而降低后面精过滤设备的运行强度，延长使用寿命。

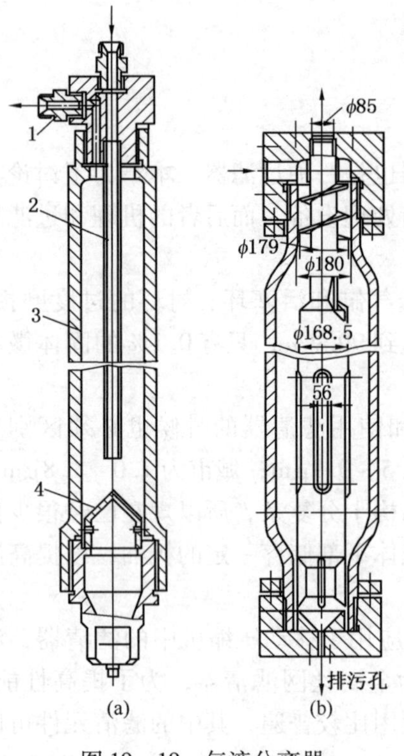

图 19－19　气液分离器

(a)气流转折气液分离器；

(b)高压气液分离器

1—出气管；2—进气管；

3—筒体；4—排污室盖

图 19－19(a)中所示为气流转折气液分离装置，气体沿进气管 2 进入容器后，首先撞击排污室盖 4 的锥面，再反冲击筒体 3 的内壁，然后由出气管 1 排出。气流撞击锥面和筒体内壁时，已经有部分液滴粘在上面；向上回转时，因液滴密度大于气体，所示惯性分离起主要作用；气流向上时，加之气流速度急剧降低，液滴在重力作用下分离。气流向上运动速度越低，分离的效果越好。对于低压级，气流向上的速度一般不超过 1m/s，中、高压级不应该超过 0.5 ~ 0.3m/s。

图 19－19(b)是高压气液分离器，气体切向进入后，因为螺旋板的导流作用，使气体做旋转运动，在离心力作用下，液滴被甩到筒体内壁，向下流到底部。这种结构分离效果较好，分离器的容积利用程度高。

(3)过滤器

① 过滤器的性能　过滤器虽然简单，但是不同的过滤器有不同的过滤机理。对气体的过滤是一个比较复杂的过程，过滤的效率和能力受到过滤材料的物理、化学性能，气体流速和被过滤介质的尺寸大小等因素的影响。为了表示过滤器的过滤能力，一般采用以下几个参数来表征过滤器的过滤性能：

过滤效率　过滤器过滤某种粒径杂质的能力，用百分比表示；

过滤精度　通过过滤器的最大粒径；

透气率　过滤器在单位时间内单位面积的气体流通能力。

② 过滤器的分类　根据过滤精度和能力区分过滤器，一般可以分成以下几种：

粗过滤器　过滤精度小于5μm；

精过滤器　过滤精度小于1μm，残余油量为1.0×10^{-6}；

高精过滤器　过滤精度小于0.1μm，残余油量为0.1×10^{-6}；

超级过滤器　过滤精度小于0.01μm，残余油量为0.005×10^{-6}。

根据过滤元件的结构分类，分为深层型和膜型。深层过液器采用粉末冶金多孔滤芯，或用微孔玻璃、多孔陶瓷、高分子合成纤维、玻璃纤维、金届纤维等材料，制成缠绕式蜂窝状滤芯。这种过滤器主要用于初级和精过滤器。

膜过滤器的滤芯为一种表面过滤筛，主要采用电解镍粉末冶金薄膜和高分子材料。这种过滤器一般应用于对过滤要求高的场合。两种过滤器的比较见表19－28。

表19－28　两种过滤器比较

	深层过滤器	膜过滤器
结构	由纤维、颗粒和条状组成滤芯基体，内部不规则排列形成弯曲通道	由按规定孔径制作的连续的膜型滤芯基体，基体内的孔分布均匀
优点	容尘量大，尘粒由过滤元件表面和内部基体吸附、扑获；能除去空气中比过滤元件名义尺寸小的尘粒；过滤精度适用范围较宽	因连续的滤材，故无基体迁移的影响，不存在滤材剥落而污染气体的可能；能确保过滤精度，选用规定的孔径可阻止通过滤膜孔的最大粒径杂质，比滤膜孔径小的尘粒由滤膜内部加以扑获；过滤速率不受流量和压差变化的影响
缺点	因滤芯基体结构的不连续性，故可能存在滤芯基体的迁移，引起洁净气体的二次污染，当压差波动大时，基体的迁移现象更加明显；滤材基体存在缺陷空间，所以对尘粒的截留效率小于1，随着压差的增加，被扑获的尘粒可能通过过滤基体，引起气体的二次污染	尘埃粒子由滤膜表面所扑获，所以过滤能力有限，容尘量小，相应使用、更换周期短

此外，根据不同的过滤目的，又可以分为除尘过滤器、除油过滤器、除气味过滤器和除菌过滤器等。

③过滤器的选用　在气源净化系统中选择过滤器，应按照过滤对象的不同选择不同类型的过滤器，超过精度要求选用过滤器非但不能达到预定的过滤目的，而且还要付出昂贵的经济代价，所以是完全没有必要的。总的趋势是，过滤精度越高的过滤器，购置成本高、使用寿命越短、过程压力降越大、运行成本越高，所以选用过滤器的精度原则是“适用就行”。

但在选择过滤器的额定流量时，应按所需处理的气体流量(换算成标准状态下)选择响应规格的过滤器，并应充分留有余地，这是保证压缩气体质量的需要。随着使用时间的延长，过滤器各项性能都会逐渐老化，如精度下降、压降增加等；长时间、满负荷使用特别容易出现提前老化的现象，因此在选择时应留出 20% ~30% 的余量。

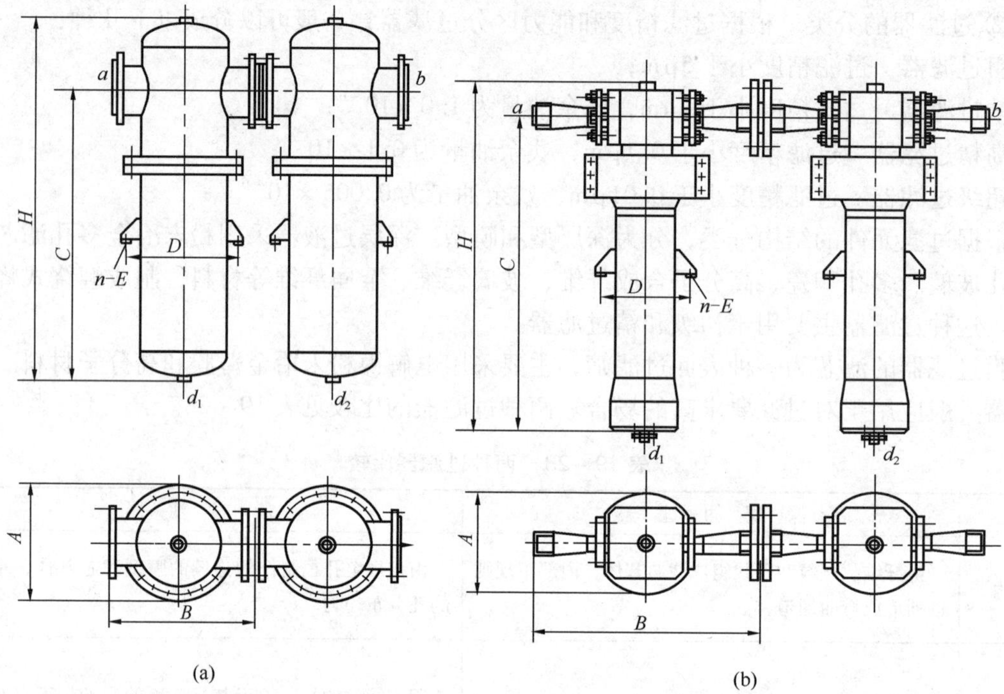

图 19 – 20　两种除油过滤器

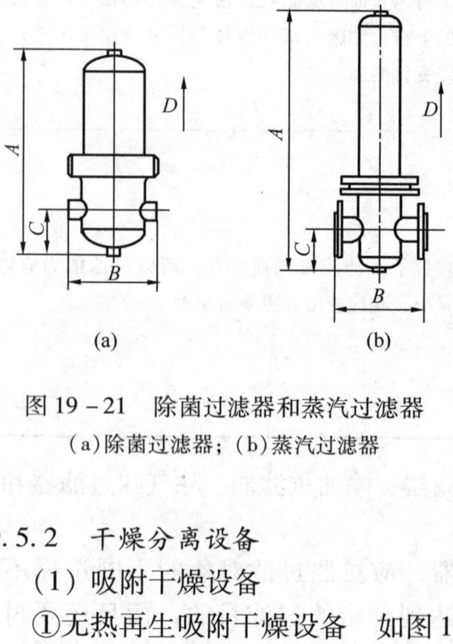

图 19 – 21　除菌过滤器和蒸汽过滤器

(a)除菌过滤器；(b)蒸汽过滤器

另外要注意的是，过滤器的最大穿透率发生在特定粒径(0.1 ~0.3μm)的粒子群上，所以两只相同规格的过滤器串联使用并不能成倍提高过滤效率，能穿透第一只过滤器的粒子，照样能穿透第二只同规格的过滤器，而过滤阻力却成倍地提高。

图 19 – 20 为两种典型的除油过滤器，设备的结构尺寸紧凑，除油效率高。其中，图 19 – 21(a)为除菌过滤器；图 19 – 21(b)为蒸汽过滤器，这两类过滤器有相同的外壳尺寸，除菌过滤器滤芯为三维空间无胶质硅硼超细纤维制造，以高温高压直接成型，过滤精度高。蒸汽过滤器采用高性能烧结不锈钢粉末过滤元件，可以清洗再生。

19.5.2　干燥分离设备

(1) 吸附干燥设备

①无热再生吸附干燥设备　如图 19 – 22 所示，为一种无热再生设备。

②微热再生吸附干燥设备　如图 19 – 23 所示，是一种微热再生干燥器。

(2) 冷冻干燥设备

如图 19 – 24 所示，为一种冷冻干燥设备。该设备自动化程度高、干燥能力强、功耗低。

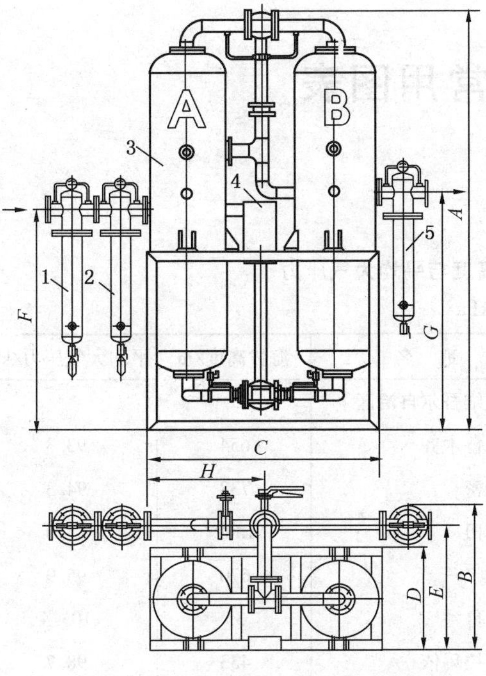

图 19－22　无热再生干燥器

1—前置过滤器；2—精密过滤器；3—干燥罐；

4—程序控制器；5—后置过滤器

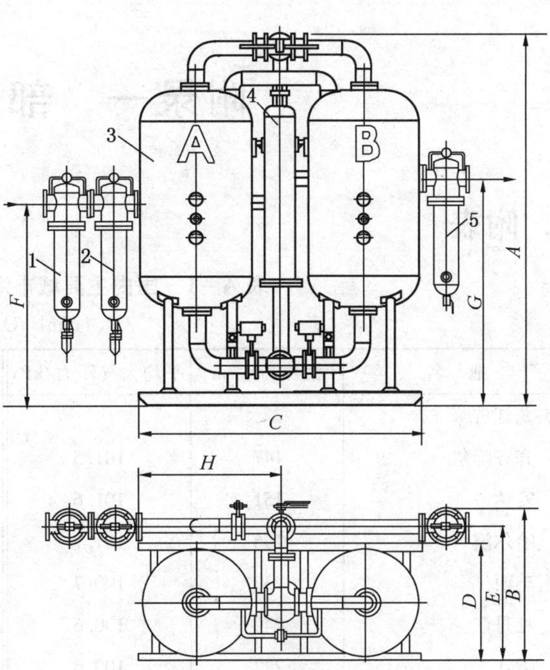

图 19－23　微热再生干燥器

1—前置过滤器；2—精密过滤器；

3—干燥罐；4—加热器；5—后置过滤器

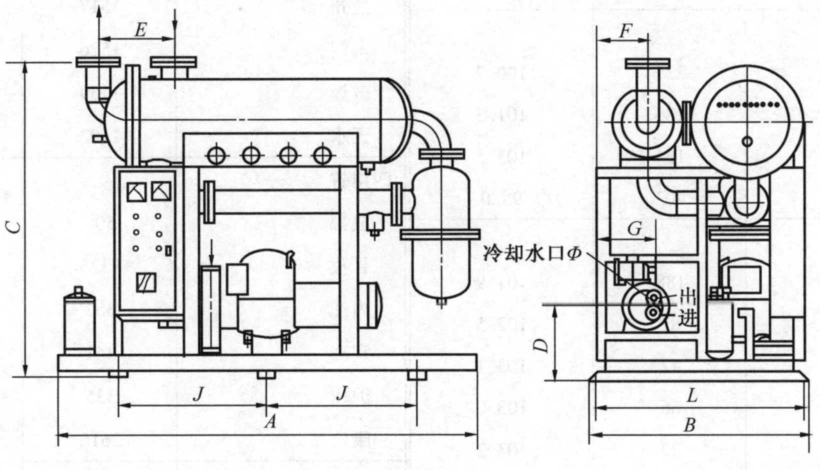

图 19－24　冷冻干燥机

参　考　文　献

1　李申．压缩空气净化原理及设备．杭州：浙江大学出版社，2005

2　郁永章．容积式压缩机技术手册．北京：机械工业出版社，2000

3　《压缩空气站设计手册》编写组．压缩空气站设计手册．北京：机械工业出版社，1993

4　李申．国外压缩机空气净化的现状和发展．压缩机技术．1993，(4)

5　李申．压缩空气干燥机选型比较．压缩机技术，1995，(5)

6　严万程．卡特斯膜空气除湿新工艺．石油与天然气化工，2001，(6)

附录一　部分常用图表

1. 附表

表 A－1　国内主要城市海拔高度与平均大气压力

$1mmH_2O = 10kPa$

地　名	海拔高度/m	平均大气压力/kPa
黑龙江省		
齐齐哈尔	147	101.5
安达	151	101.6
哈尔滨	146	101.7
鸡西	233	100.7
牡丹江	240	100.6
嫩江	222	100.6
海伦	240	100.4
绥芬河	512	97.1
鹤岗	228	100.4
博克图	739	94.4
吉林省		
长春	237	100.7
吉林	184	101.3
四平	164	101.5
通化	403	98.0
辽宁省		
阜新	188	101.9
抚顺	82	102.5
沈阳	42	103.1
锦州	66	103.0
鞍山	22	103.2
营口	4	103.6
丹东	15	103.4
大连	62	102.7
内蒙古自治区		
呼和浩特	1063	91.9
锡林浩特	990	91.8
赤峰	571	96.7
通辽	180	101.5
海拉尔	613	95.5
新疆维吾尔自治区		
乌鲁木齐	654	93.3
哈密	738	94.3
和田	1382	87.6
伊宁	670	95.9
吐鲁番	35	103.4
克拉玛依	433	98.7
甘肃省		
酒泉	1477	86.5
张掖	1469	86.4
兰州	1517	86.8
玉门	1526	86.8
敦煌	1139	90.0
天水	1192	90.5
四川省		
成都	506	97.4
甘孜	3326	68.6
内江	352	99.3
宜宾	341	99.7
泸州	335	99.8
康定	2616	75.5
云南省		
昆明	1891	91.1
蒙自	1301	88.5
大理	1991	81.4
贵州省		
贵阳	1071	91.1
遵义	844	93.5
西藏藏族自治区		
拉萨	3958	66.2

续表

地　名	海拔高度/m	平均大气压力/kPa
山东省		
济南	55	103.2
青岛	17	103.0
江苏省		
徐州	34	103.2
南京	9	103.1
南通	6	103.5
常州	9	103.5
宁夏回族自治区		
中宁	1185	90.0
银州	1112	90.8
青海省		
西宁	2261	79.1
陕西省		
西安	397	98.7
宝鸡	616	95.8
延安	958	92.5
山西省		
大同	1068	91.2
太原	784	94.4
阳泉	691	95.3
河北省		
石家庄	82	102.7
承德	375	99.1
张家口	712	95.3
保定	17	103.3
河南省		
安阳	76	102.7
开封	70	102.7
洛阳	138	101.9
郑州	109	102.5
许昌	72	102.6
湖北省		
汉口	23	103.2
宜昌	70	102.4
湖南省		
长沙	81	102.8
衡阳	103	102.5
湘潭	86	
广东省		
广州	6	103.2
汕头	4	103.2
湛江	26	102.9
广西壮族自治区		
桂林	167	101.1
南宁	123	102.1
海南省		
海口	18	102.8
三亚	3	103.5
安徽省		
合肥	24	103.2
芜湖	15	103.3
安庆	41	103.1
蚌埠	21	103.2
江西省		
南昌	49	103.0
景德镇	46	103.0
九江	32	103.2
浙江省		
杭州	7	103.5
温州	6	103.4
宁波	4	103.5
金华	64	102.7
福建省		
福州	88	102.4
厦门	23	103.1
台湾省		
台北	7	103.5
北京市	52	103.0
天津市	3	103.5
上海市	5	103.5
重庆市	261	100.0
香港与澳门特别行政区	4~6	103.2

表 A-2 各种单位(量纲)换算*

(1) 容积流量单位

容积流量单位	L/s	L/min	m^3/h	m^3/min	m^3/s	gal(UK)/min	gal(US)/min	ft^3/h	ft^3/min	ft^3/s
1L/s	1	60	3.6	0.06	0.001	13.1982	15.8502	127.134	2.1189	0.03531
1L/min	0.01667	1	0.06	0.001	16.6667×10^{-6}	0.21997	0.26417	2.11888	0.03531	0.00059
1m^3/h	0.27778	16.66667	1	0.01667	0.27778×10^{-3}	3.66615	4.40287	35.31467	0.58858	0.00981
1m^3/min	16.66667	1000	60	1	0.01667	219.969	264.172	2118.88	35.31467	0.58858
1m^3/s	1000	60×10^3	3600	60	1	13198.14	15850.32	127132.8	2118.88	35.31467
1gal(UK)/min	0.07577	4.5461	0.27277	4.5461×10^{-3}	75.7683×10^{-6}	1	1.20095	9.6324	0.16054	2.67567×10^{-3}
1gal(US)/min	0.06309	3.7854	0.22712	3.7854×10^{-3}	63.09×10^{-6}	0.83267	1	8.0208	0.13368	2.228×10^{-3}
1ft^3/h	0.00787	0.472	0.02832	0.00047	7.83×10^{-6}	0.1038	0.12467	1	0.01667	0.27783×10^{-3}
1ft^3/min	0.47195	28.3168	1.69901	0.02832	0.47195×10^{-3}	6.22883	7.48052	60	1	0.01667
1ft^3/s	28.317	1699.02	101.9412	1.69902	28.317×10^{-3}	373.698	448.8312	3600	60	1
	升/秒	升/分	米³/时	米³/分	米³/秒	英加仑/分	美加仑/分	英尺³/时	英尺³/分	英尺³/秒
	1/s	1/min				UK GPM	US GPM	CFH	CFM	CFS

* 本表由高其烈高工提供

(2) 压力单位

压力单位	MPa	bar	kgf/cm^2	atm	mmH_2O	mmHg	lbf/in^2(psi)	
1MPa	1	10	10.1972	9.8692	101.97×10^3	7.5006×10^3	145.04	
1bar	0.1	1	1.01972	0.98692	10.197×10^3	750.06	14.504	
1kgf/cm^2	0.098067	0.98067	1	0.96784	10×10^3	735.56	14.233	1kgf/cm^2 = 1at = 1 工程大气压
1atm	0.10133	1.0133	1.0332	1	10332	760	14.696	1mmHg = 1Torr = 1 托
1mmH_2O	9.8067×10^{-6}	98.067×10^{-6}	0.1×10^{-3}	96.784×10^{-6}	1	73.556×10^{-3}	1.4223×10^{-3}	1Pa = 1N/m^2
1mmHg	0.13332×10^{-3}	1.3332×10^{-3}	1.3595×10^{-3}	1/760	13.595	1	19.337×10^{-3}	
1lbf/in^2(psi)	6.8948×10^{-3}	68.948×10^{-3}	70.307×10^{-3}	68.046×10^{-3}	703.07	51.715	1	
	兆帕	巴	千克力/厘米²	标准大气压	毫米水柱	毫米汞柱	磅力/英寸²	

(3) 功率单位

功率单位	kW	kgf · m/s	PS	HP	
1kW	1	101.972	1.35962	1.34102	1W = 1J/s = 1N · m/s　1kcal/h = 1.163W
1kgf · m/s	9.8067×10^{-3}	1	1/75 = 0.01333	0.01315	1kW = 859.845kcal/h　1Btu/h = 0.29307W　1W = 3.412Btu/h
1PS	0.7355	75	1	0.98632	1HP = 550ft · lbf/s　1kcal/h = 1.163W　1kW = 859.845kcal/h
1HP	0.7457	76.040	1.0139	1	
	千瓦	千克力 · 米/秒	米制马力	英制马力	1 冷吨 = 3024 千卡/小时 = 3.5169 千瓦

(4) 功或能单位

能量单位	J	kcal	kgf · m	ft · lbf	Btu	
1J	1	0.2388×10^{-3}	0.102	0.7376	9.4787×10^{-4}	
1kcal	4187	1	427.2	3.09×10^{3}	3.9682	
1kgf · m	9.8	2.341×10^{-3}	1	7.2285	9.2891×10^{-3}	$1erg = 10^{-7}J$
1ft · lbf	1.3558	3.24×10^{-4}	0.1383	1	1.2851×10^{-3}	
1Btu	1055.0	0.252	107.61	778.16	1	
	焦(耳)	千卡	千克力 · 米	英尺 · 磅力	英热单位	

(5) 力单位

力 单 位	N	kgf	lbf	kN	tf	
1N	1	0.1019716	0.224809	1×10^{-3}	0.102×10^{-3}	
1kgf	9.80665	1	2.20462	0.0098	1×10^{-3}	
1lbf	4.44822	0.453592	1	0.00445	0.454×10^{-3}	1kgf = 1kp(kilopond)
1kN	1000	101.9716	224.809	1	0.10197	$1N = 10^{5}dyn = 10^{5}$ 达因
1tf	9806.65	1000	2204.62	9.80665	1	
	牛(顿)	千克力	磅力	千牛(顿)	吨力	

(6) 力矩单位

力矩单位	N · m	kgf · m
1N · m	1	0.101972
1kgf · m	9.80665	1
	牛(顿) · 米	千克力 · 米

(7) 温度

温度单位	换算公式	说明
温度单位	$t(°R) = °F + 459.67$ $t(°F) = [t(°C) \times 9/5] + 32$ $t(°C) = [t(°F) - 32] \times 5/9$ $T(K) = 273.16 + t(°C)$ 温度差：$\Delta t(°F) = \Delta t(°C) \times 9/5$ $\Delta t(°C) = \Delta t(°F) \times 5/9$	°R—列氏度 °F—华氏度 °C—摄氏度 K—开[尔文](热力学温度单位)

(8) 质量单位

质量单位	g	kg	t	oz	lb	US ton	UK ton
1g	1	0.001	1×10^{-6}	0.03527	0.0022	1.102×10^{-6}	0.984×10^{-6}
1kg	1000	1	0.001	35.274	2.20462	0.0011	0.00098
1t	1×10^{6}	1000	1	35274	2204.62	1.10231	0.9842
1oz	28.3495	0.02835	28.35×10^{-6}	1	0.0625	31.25×10^{-6}	0.00003
1lb	453.592	0.45359	0.00045	16	1	0.0005	0.00045
1US ton	907185	907.185	0.90719	32000	2000	1	0.89286
1UK ton	1.016×10^{6}	1016.05	1.01605	35840	2240	1.12	1
	克	千克	吨	盎司(英两)	磅	美吨(短吨)	英吨(长吨)

(9) 速度单位

速度单位	m/s	m/min	ft/min	ft/s
1m/s	1	60	196.85	3.281
1m/min	0.0167	1	3.281	0.0547
1ft/min	0.0051	0.3048	1	0.0167
1ft/s	0.3048	18.288	60	1
	米/秒	米/分	英尺/分	英尺/秒

(10) 体积单位

体积单位	m^3	cm^3	$dm^3 = L$	in^3	ft^3	yd^3	fl. oz. (UK)	fl. oz. (US)	gal(UK)	gal(US)
$1m^3$	1	1×10^{-6}	1×10^{-3}	61023.7	35.31467	1.30795	35.195×10^3	33.814×10^3	219.969	264.172
$1cm^3$	1×10^{-6}	1	0.001	0.06102	35.31×10^{-6}	1.31×10^{-6}	0.0352	0.03381	0.00022	0.00026
$1dm^3 = L$	1×10^{-3}	1000	1	61.0237	0.03531	0.00131	35.1952	33.8138	0.21997	0.26417
$1in^3$	16.3871×10^{-6}	16.3871	0.01639	1	0.00058	21.43×10^{-6}	0.57675	0.55411	0.0038	0.00433
$1ft^3$	28.3168×10^{-3}	28316.8	28.3168	1728	1	0.03704	996.614	957.499	6.22883	7.48052
$1yd^3$	0.76455	764555	764.555	46656	27	1	26908.5	25852.4	168.178	201.972
1fl. oz. (UK)	28.413×10^{-6}	28.413	0.0284	1.73388	0.001	0.00004	1	0.96075	0.00625	0.00751
1fl. oz. (US)	29.5735×10^{-6}	29.5735	0.0296	1.8047	0.00104	0.00004	1.04085	1	0.00651	0.00781
1gal(UK)	4.5461×10^{-3}	4546.09	4.54609	277.42	0.16054	0.00595	160	153.721	1	1.20095
1gal(US)	3.7854×10^{-3}	3785.41	3.78531	231	0.13368	0.00495	133.233	128	0.83267	1
	米^3	厘米^3	分米^3(升)	英寸^3	英尺^3	码^3	英盎司(液)	美盎司(液)	英加仑	美加仑

(11) 面积单位

面积单位	cm^2	m^2	km^2	in^2	ft^2	yd^2
$1cm^2$	1	0.0001	0.1×10^{-9}	0.155	0.00108	0.00012
$1m^2$	10000	1	1×10^{-6}	1550	10.7639	1.19599
$1km^2$	10×10^9	1×10^6	1	1.55×10^9	10.7639×10^6	1.196×10^6
$1in^2$	6.4516	0.645×10^{-3}	0.645×10^{-9}	1	0.00694	0.00077
$1ft^2$	929.03	0.0929	92.9×10^{-9}	144	1	0.11111
$1yd^2$	8361.27	0.83613	0.836×10^{-6}	1296	9	1
	厘米^2	米^2	千米^2	英寸^2	英尺^2	码^2

（12）长度单位

长度单位	mm	cm	m	km	in	ft	vd
1mm	1	0.1	0.001	1×10^{-6}	0.03937	0.00328	0.00109
1cm	10	1	0.01	10×10^{-6}	0.3937	0.03281	0.01094
1m	1000	100	1	0.001	39.37	3.28084	1.09361
1km	1×10^{6}	100×10^{3}	1000	1	39370	3280.84	1093.61
1in	25.4	2.54	0.0254	25.4×10^{-6}	1	0.08333	0.0277778
1ft	304.8	30.48	0.3048	304.8×10^{-6}	12	1	0.33333
1vd	914.4	91.44	0.9144	914.4×10^{-6}	36	3	1
	毫米	厘米	米	千米	英寸	英尺	码

（13）比热容单位

比热容单位	kJ/(kg·K)	kcal/(kg·K)	Btu/(lb·°R)
1kJ/(kg·K)	1	0.23885	0.2388
1kcal/(kg·K)	4.1868	1	1
1Btu/(1b·°R)	4.1868	1	1
	千焦/(千克·开)	千卡/(千克·开)	英热单位/(磅·列氏度)

（14）比体积

比容单位	m^3/kg	ft^3/lb
$1m^3$/kg	1	16.0185
$1ft^3$/lb	0.062428	1
	米³/千克	英尺³/磅

（15）其他单位

动力黏度	$1N\cdot s/m^2=1Pa\cdot s=10P=10^3Cp=20.9\times10^{-3}lb\cdot s/ft^3$	1 牛·秒/米² =1 帕·秒 =10 泊 =10^3 厘泊 =20.9×10^{-3} 磅·秒/英尺²
运动黏度	$1m^2/s=10^4St=10.76ft^2/s=3.875\times10^4ft^2/h$	1 米²/秒 =10 沲 =10.76 英尺²/秒 =3.875×10^4 英尺²/时
扩散系数	$1m^2/h=10.76ft^2/h$	1 米²/时 =10.76 英尺²/时
表面张力	$1N/m=1dyn/cm=1.02\times10^{-4}kgf/m=6.854\times10^{-5}lb/ft$	1 牛/米 =1 达因/厘米 =1.02×10^{-4}千克力/米 =6.854×10^{-5}磅/英尺
热导率	1W/(m·K) =0.861kcal/(m·h·℃) =0.579Btu/(ft·h·℉)	1 瓦/(米·开) =0.861 千卡/(米·时·摄氏度) =0.579 英热单位/(英尺·时·华氏度)
通用气体常数	$R_m=8.3143J/(mol\cdot K)=8.3143\times10^{-3}kJ/(mol\cdot K)=8.3143N\cdot m/(mol\cdot K)=1.987cal/(mol\cdot K)$	

表 A-3 常用物质的物理与热力学性质

序号	分子式	名称	M	T_M/K	T_b/K	T_c/K	p_c/MPa	V_c/(cm^3/mol)	Z_c	ω	ρ/(g/cm^3)	T_ρ/K	μ_P	$c^o_{p,m}/[J/(mol \cdot K)] = A + BT + CT^2 + DT^3$			
														A	B	C	D
1	Ar	氩	39.948	83.8	87.3	150.8	4.874	74.9	0.291	-0.004	1.373	90	0.0	20.800	-0.3211E-4	0.5166E-2	0.0
2	BCl_3	三氯化硼	117.169	165.9	285.7	452.0	3.871	—	—	0.150	1.35	284	0.0	—	—	—	—
3	BF_3	三氟化硼	67.805	146.5	173.3	260.8	4.985	—	—	0.42	—	—	0.0	—	—	—	—
4	Br_2	溴	159.808	266.0	331.9	584	10.335	127	0.270	0.132	3.119	293	0.2	33.852	0.1125E-1	-0.1191E-4	0.4533E-8
5	Cl_2	氯	70.906	172.2	238.7	417	7.701	124	0.275	0.073	1.563	239.1	0.2	26.924	0.3383E-1	-0.3868E-4	0.1547E-7
6	D_2	氘(正常)	4.032	18.7	23.7	38.4	1.662	60.3	0.314	-0.13	0.165	22.7	0.0	30.244	-0.6614E-2	0.1170E-4	-0.3684E-8
7	D_2O	重水	20.031	277.0	374.6	644.0	21.663	55.6	0.225	—	1.105	293	1.9	—	—	—	—
8	F_2	氟	37.997	53.5	85.0	144.3	5.218	66.2	0.288	0.048	1.51	85		23.211	0.3656E-1	-0.3461E-4	0.1204E-7
9	NF_3	三氟化氮	71.002	66.4	144.1	234	4.529	—	—	0.132	1.537	144	0.2	—	—	—	—
10	SiF_4	四氟化硅	104.080	183.0	187	259.0	3.719	—	—	—	1.66	178	0.0	—	—	—	—
11	SF_6	六氟化硫	146.050	222.5	209.3	318.7	3.759	198	0.281	0.286	1.83	223	0.0	—	—	—	—
12	HBr	溴化氢	80.912	187.1	206.1	363.2	8.552	100.0	0.283	0.063	2.16	216	0.8	30.642	-0.9460E-2	0.1722E-4	-0.6237E-8
13	HCl	氯化氢	36.461	159.0	188.1	324.6	8.309	81.0	0.249	0.12	1.193	188.1	1.1	30.286	-0.7200E-2	0.1246E-4	-0.3897E-8
14	HF	氟化氢	20.006	190	292.7	461	6.485	69	0.12	0.372	0.967	293		29.055	0.6610E-3	-0.2032E-5	0.2503E-8
15	HI	碘化氢	127.912	222.4	237.6	424.0	8.309	131	0.309	0.05	2.803	237	0.5	31.152	-0.1427E-1	0.2972E-4	-0.1353E-7
16	H_2	氢(正常)	2.016	14.0	20.4	33.2	1.297	65.0	0.305	-0.22	0.071	20	0.0	27.138	0.9272E-2	-0.1377E-4	0.7644E-8
17	H_2O	水	18.015	273.2	373.2	647.3	22.048	56.0	0.229	0.344	0.998	293	1.8	32.236	0.1923E-2	0.1055E-4	-0.3596E-8
18	H_2S	硫化氢	34.080	187.6	212.8	373.2	8.937	78.5	0.284	0.100	0.993	213.6	0.9	31.935	0.1436E-2	0.2432E-4	-0.1176E-7
19	NH_3	氨	17.031	195.4	239.7	405.6	11.277	92.5	0.242	0.250	0.639	273.2	1.5	27.309	0.2383E-1	0.1707E-4	-0.1185E-7
20	N_2H_4	肼	32.045	274.7	386.7	653	14.692	96.1	0.260	0.328	1.008	293	3.0	9.766	0.1894	-0.1657E-3	0.6024E-7
21	He(4)	氦-4	4.003		4.21	5.19	0.227	57.3	0.301	-0.387	0.123	4.3	0.0	—	—	—	—
22	I_2	碘	253.808	386.8	457.5	819	11.652	155	0.265	0.229	3.74	453.2	1.3	35.585	0.6513E-2	-0.6986E-5	0.2834E-8
23	Kr	氪	83.800	115.8	119.8	209.4	5.502	91.2	0.288	-0.002	2.42	120	0.0	—	—	—	—
24	NO	氧化氮	30.006	109.5	121.4	180	6.485	58	0.25	0.607	1.28	121	0.2	29.340	-0.9377E-3	0.9745E-5	-0.4186E-8
25	NO_2	二氧化氮	46.006	261.9	294.3	431.4	10.132	170	0.480	0.86	1.447	292.9	0.4	24.229	0.4835E-1	-0.2080E-4	0.2930E-9
26	N_2	氮	28.013	63.3	77.4	126.2	3.394	89.5	0.290	0.040	0.804	78.1	0.0	31.144	-0.1356E-1	0.2679E-4	-0.1168E-7
27	N_2O	氧化亚氮	44.013	182.3	184.7	309.6	7.245	97.4	0.274	0.160	1.226	183.6	0.2	21.617	0.7279E-1	-0.5777E-4	0.1830E-7
28	Ne	氖	20.183	24.5	27.0	44.4	2.756	41.7	0.311	0.00	1.204	27	0.0	—	—	—	—
29	O_2	氧	31.999	54.4	90.2	154.6	5.046	73.4	0.288	0.021	1.149	90	0.0	28.101	-0.3679E-5	0.1746E-4	-0.1065E-7
30	SO_2	二氧化硫	64.063	197.7	263	430.8	7.883	122	0.268	0.251	1.455	263	1.6	23.848	0.6698E-1	-0.4960E-4	0.1328E-7
31	O_3	臭氧	47.998	80.5	161.3	261.0	5.573	88.9	0.228	0.215	1.356	161.3	0.6	20.541	0.8008E-1	-0.6241E-4	0.1697E-7
32	Xe	氙	131.300	161.3	165.0	289.7	5.836	118	0.286	0.002	3.06	165	0.0	—	—	—	—
33	$CBrF_3$	三氟溴甲烷	148.90	—	214	340.2	3.972	200	0.280	—	—	—	0.7	—	—	—	—
34	$CClF_3$	三氟氯甲烷	104.459	92.0	191.7	302.0	3.921	180	0.282	0.180	—	—	0.5	22.810	0.1911	-0.1576E-3	0.4458E-7
35	CCl_2F_2	二氟二氯甲烷	120.914	115.4	243.4	385.0	4.124	217	0.280	0.176	1.750	158	0.5	31.592	0.1782	-0.1508E-3	0.4341E-7

续表

序号	分子式	名　称	$\lg(\mu/cP)=A\left(\frac{1}{T}-\frac{1}{B}\right)$		$\Delta H_{f,i}$/(J/mol)	ΔH/(J/mol)	$\ln(p_s/Pa)=A-B/(T+C)^{+4.893}$					ΔH_{vb}/(J/mol)
			A	B			A	B	C	T_{max}/K	T_{min}/K	
1	Ar	氩	107.57	58.76	0.0	0.0	15.2330	700.51	-5.84	94	81	6530
2	BCl_3	三氯化硼	—	—	—	—	—	—	—	—	—	—
3	BF_3	三氟化硼	—	—	—	—	—	—	—	—	—	—
4	Br_2	溴	387.82	292.79	0.00	0.00	15.8441	2582.32	-51.56	354	259	30181
5	Cl_2	氯	191.96	172.35	0.00	0.00	15.9610	1978.32	-27.01	264	172	20428
6	D_2	氘(正常)	19.67	8.38	0.00	0.00	13.2954	157.89	0.00	25	19	1222
7	D_2O	重水	757.92	304.58	-249.36	-234.75	—	—	—	—	—	41358
8	F_2	氟	84.20	52.52	0.00	0.00	15.6700	714.10	-6.00	91	59	6530
9	NF_3	三氟化氮	—	—	-124.66	-127.17	15.6107	1155.69	-15.37	155	103	—
10	SiF_4	四氟化硅	—	—	—	—	—	—	—	—	—	—
11	SF_6	六氟化硫	251.29	180.75	-1221.47	-1117.66	19.3785	2524.78	-11.16	220	159	—
12	HBr	溴化氢	88.08	166.32	-36.25	-53.29	14.4687	1242.53	-47.86	221	184	17665
13	HCl	氯化氢	372.78	277.74	-92.34	-95.32	16.5040	1714.25	-14.45	200	137	16158
14	HF	氟化氢	438.74	199.62	-271.25	-273.35	17.6958	3404.49	15.06	313	206	6698
15	HI	碘化氢	155.15	285.43	26.37	1.59	12.9149	957.96	-85.06	256	215	19775
16	H_2	氢(正常)	13.82	5.39	0.00	0.00	13.6333	164.90	3.19	25	14	904
17	H_2O	水	658.25	283.16	-241.95	-228.72	18.3036	3816.44	-46.13	441	284	40675
18	H_2S	硫化氢	342.79	165.54	-20.18	-33.07	16.1040	1768.69	-26.06	230	190	18670
19	NH_3	氨	349.04	169.63	-45.71	-16.16	16.9481	2132.50	-32.98	261	179	23358
20	N_2H_4	肼	524.98	290.88	95.23	158.61	17.9899	3877.65	-45.15	343	288	42153
21	He(4)	氦-4	—	—	0.00	0.00	12.2514	33.7329	1.79	4.3	3.7	92
22	I_2	碘	559.62	520.55	0.00	0.00	16.1597	3709.23	-68.16	487	383	41860
23	Kr	氪	—	—	0.00	0.00	15.2677	958.75	-8.71	129	113	9665
24	NO	氧化氮	—	—	90.42	86.73	20.1314	1572.59	-4.88	140	95	13814
25	NO_2	二氧化氮	406.20	230.21	33.86	51.99	20.5324	4141.29	3.65	320	230	19067
26	N_2	氮	90.30	46.14	0.00	0.00	14.9542	588.72	-6.60	90	54	5580
27	N_2O	氧化亚氮	—	—	81.59	103.69	16.1271	1506.49	-25.99	200	144	16556
28	Ne	氖	—	—	0.00	0.00	14.0099	180.47	-2.61	29	24	1842
29	O_2	氧	85.68	51.50	0.00	0.00	15.4075	734.55	-6.45	100	63	6823
30	SO_2	二氧化硫	397.85	208.42	-297.00	-300.30	16.7680	2302.35	-35.97	280	195	34928
31	O_3	臭氧	313.79	120.34	142.74	162.88	15.7427	1272.18	-22.16	174	109	11177
32	Xe	氙	—	—	0.00	0.00	15.2958	1303.92	-14.50	178	158	13010
33	$CBrF_3$	三氟溴甲烷	—	—	-649.25	-622.88	—	—	—	—	—	—
34	$CClF_3$	三氟氯甲烷	—	—	-694.88	-654.27	—	—	—	—	—	15513
35	CCl_2F_2	二氟二氯甲烷	215.09	165.55	-481.39	-442.46	—	—	—	—	—	19976

续表

序号	分子式	名称	M	T_M/K	T_b/K	T_c/K	p_c/MPa	V_c/(cm³/mol)	Z_c	ω	ρ/(g/cm³)	T_ρ/K	μ_P	$c^o_{p,m}/[J/(mol \cdot K)] = A + BT + CT^2 + DT^3$ A	B	C	D
36	CCl_2O	光气	98.916	145	280.8	455	5.674	190	0.28	0.204	1.381	293	1.1	28.084	0.1360	-0.1373E-3	0.5069E-7
37	CCl_3F	三氯氟甲烷	137.368	162.0	297.0	471.2	4.408	248	0.279	0.188	—	—	0.5	40.977	0.1630	-0.1416E-3	0.4145E-7
38	CCl_4	四氯化碳	153.823	250	349.7	556.4	4.560	276	0.272	0.194	1.584	298	0.0	40.709	0.2048	-0.2269E-3	0.8841E-7
39	CF_4	四氟化碳	88.005	86.4	145.2	227.6	3.739	140	0.277	0.191	—	—	0.0	13.977	0.2025	-0.1625E-3	0.4513E-7
40	CO	一氧化碳	28.010	68.1	81.7	132.9	3.496	93.1	0.295	0.049	0.803	81	0.1	30.863	-0.1285E-1	0.2789E-4	-0.1271E-7
41	CO_2	二氧化碳	44.010	216.6	194.7	304.2	7.376	94.0	0.274	0.225	0.777	293	0.0	19.791	-0.7342E-1	-0.9787E-4	0.1715E-7
42	CS_2	二硫化碳	76.131	161.3	319.4	552	7.903	170	0.293	0.115	1.293	273	0.0	27.439	0.08125	-0.7665E-4	0.2672E-7
43	$CHClF_2$	二氟氯甲烷	86.469	113	232.4	369.2	4.975	165	0.267	0.215	1.23	289	—	17.297	0.1618	-0.1170E-3	0.3058E-7
44	$CHCl_2F$	二氯氟甲烷	102.923	138	282	451.6	5.168	197	0.272	0.202	1.38	282	1.3	23.659	0.1581	-0.1200E-3	0.3263E-7
45	$CHCl_3$	三氯甲烷	119.378	209.6	334.3	536.4	5.472	239	0.293	0.216	1.489	293	1.1	23.998	0.1893	-0.1841E-3	0.6656E-7
46	HCN	氰化氢	27.026	259.9	298.9	456.8	5.390	139	0.197	0.407	0.688	293	3.0	21.859	0.06061	-0.4960E-4	0.1815E-7
47	CH_2Br_2	二溴甲烷	173.835	220.6	370	563	7.194	—	—	—	2.50	293	1.9	—	—	—	—
48	CH_2Cl_2	二氯甲烷	84.933	178.1	313.0	510	6.079	193	0.277	0.193	1.317	298	1.8	12.951	0.1623	-0.1302E-3	0.4207E-7
49	CH_3Br	溴甲烷	94.939	179.5	276.7	464	8.613	—	—	0.273	1.737	268	1.8	14.425	0.1091	-0.5400E-5	0.1000E-7
50	CH_3Cl	氯甲烷	50.488	175.4	248.9	416.3	6.677	139	0.268	0.156	0.915	293	1.9	13.872	0.1014	-0.3888E-4	0.2566E-8
51	CH_3F	氟甲烷	34.033	131.4	194.8	317.8	5.877	124	0.275	0.190	0.843	213	1.8	13.822	0.08615	-0.2070E-3	-0.1984E-8
52	CH_3I	碘甲烷	141.939	206.7	315.6	528	6.586	190	0.285	0.172	2.279	293	1.6	10.804	0.1389	-0.1041E-3	0.3485E-7
53	CH_4	甲烷	16.043	90.7	111.7	190.6	4.600	99.0	0.288	0.008	0.425	111.7	0.0	19.247	0.05212	-0.1197E-4	-0.1131E-7
54	CH_4O	甲醇	32.042	175.5	337.8	512.6	8.096	118	0.224	0.559	0.791	293	1.7	21.148	0.07091	0.2587E-4	-0.2851E-7
55	C_2ClF_5	五氟氯乙烷	154.467	167	234	353.2	3.161	252	0.271	0.253	—	—	0.3	27.829	0.3491	-0.2890E-3	0.8138E-8
56	$C_2Cl_2F_4$	1,2,2,2-四氟二氯乙烷	170.922	179	277.0	418.6	3.303	294	0.279		1.455	298	—	40.445	0.3278	-0.2751E-3	0.7819E-7
57	$C_2Cl_2F_4$	1,1,2,2-四氟二氯乙烷	170.922	179.3	276.9	418.9	3.263	293	0.275	0.255	1.48	277	0.5	38.771	0.3439	-0.2950E-3	0.8506E-7
58	$C_2Cl_3F_3$	1,2,2-三氯三氟乙烷	187.380	238.2	320.7	487.2	3.415	304	0.256	0.252	1.580	289	—	61.128	0.2874	-0.2420E-3	0.6903E-7
59	C_2Cl_4	四氯乙烯	165.834	251	394.3	620	4.458	290	0.25	—	1.62	293	0.0	45.962	0.2255	-0.2293E-3	0.8380E-7
60	$C_2Cl_4F_2$	1,1,2,2-四氯二氟乙烷	203.831	298	364.7	551	—	—	—	—	1.645	298	—	—	—	—	—
61	C_2F_4	四氟乙烯	100.016	130.7	197.5	306.4	3.942	175	0.271	0.226	1.519	197	—	29.0	0.2277	-0.2036E-3	0.6777E-7
62	C_2F_6	全氟乙烷	138.012	172.4	194.9	292.8	—	224	—	—	1.590	195	0.0	26.811	0.3457	-0.2869E-3	0.8133E-7
63	C_2N_2	氰	52.035	245.3	252.5	400	5.978	—	—	0.24	—	—	0.2	35.928	0.09251	-0.8146E-4	0.2949E-7
64	C_2HCl_3	三氯乙烯	131.389	156.8	360.4	571	4.914	256	0.265	0.213	1.462	293	0.9	30.169	0.2286	-0.2229E-3	0.8242E-7
65	C_2H_2	乙炔	26.038	192.4	189.2	30.3	6.140	113	0.271	0.184	0.615	189	0.0	26.816	0.07577	-0.5006E-4	0.1412E-7
66	$C_2H_2F_2$	1,1-二氟乙烯	64.035	—	—	302.8	4.458	154	0.273	—	—	—	1.4	3.073	0.2444	-0.2099E-3	0.7020E-7
67	C_2H_2O	乙烯酮	42.038	138	232	380	6.485	145	0.30	0.207	—	—	1.4	6.384	0.1638	-0.1084E-3	0.2698E-7
68	C_2H_3Cl	氯乙烯	62.499	119.4	259.8	429.7	5.603	169	0.265	0.122	0.969	259	1.5	5.948	0.2019	-0.1536E-3	0.4772E-7
69	$C_2H_3ClF_2$	1,1-二氟氯乙烷	100.496	142	263.4	410.2	4.124	231	0.279	—	1.10	303	2.1	16.815	0.2756	-0.1992E-3	0.5304E-7
70	$C_2H_3Cl_3$	1,1,2-三氯乙烷	133.405	236.5	386.9	602	4.154	294	0.24	0.22	1.441	293	1.7	6.321	0.3430	-0.2957E-3	0.9791E-7

续表

序号	分子式	名　称	$\lg(\mu/cP)=A\left(\frac{1}{T}-\frac{1}{B}\right)$ A	B	$\Delta H_{f,i}$/(J/mol)	ΔH/(J/mol)	$\ln(p_s/Pa)=A-B/(T+C)^{+4.893}$ A	B	C	T_{max}/K	T_{min}/K	ΔH_{vb}/(J/mol)
36	CCl_2O	光气	—	—	-221.02	-206.87	15.7565	2167.31	-43.15	341	213	24404
37	CCl_3F	三氯氟甲烷	—	—	-284.65	-245.47	15.8516	2401.61	-36.3	300	240	24781
38	CCl_4	四氯化碳	540.15	290.84	-100.46	-58.27	15.8742	2808.19	-45.99	374	253	30014
39	CF_4	四氟化碳	—	—	-933.48	-888.86	16.0543	1244.55	-13.06	148	93	11972
40	CO	一氧化碳	94.06	48.90	110.59	-137.34	14.3686	538.22	-13.15	108	63	6045
41	CO_2	二氧化碳	578.08	185.24	-393.69	-694.57	22.5898	3103.39	-0.16	204	154	17163
42	CS_2	二硫化碳	274.08	200.22	117.12	66.93	15.9844	2690.85	-31.62	342	228	26749
43	$CHClF_2$	二氟氯甲烷	—	—	-501.90	-470.80	15.5602	1704.80	-41.3	240	225	20202
44	$CHCl_2F$	二氯氟甲烷	—	—	-298.88	-268.32	—	—	—	—	—	24949
45	$CHCl_3$	三氯甲烷	394.81	246.50	-101.30	-68.57	15.9732	2696.79	-46.16	370	260	29721
46	HCN	氰化氢	194.70	145.31	130.60	120.18	16.5138	2585.80	-37.15	330	234	25229
47	CH_2Br_2	二溴甲烷	428.91	294.57	-4.19	-5.61	—	—	—	—	—	—
48	CH_2Cl_2	二氯甲烷	359.55	225.13	-95.44	-68.90	16.3029	2622.44	-41.70	332	229	28004
49	CH_3Br	溴甲烷	298.15	211.15	-37.67	-28.17	16.0252	2271.71	-34.83	326	215	23923
50	CH_3Cl	氯甲烷	426.45	193.56	-86.36	-62.92	16.1052	2077.97	-29.55	266	180	21432
51	CH_3F	氟甲烷	—	—	-234.00	-210.10	16.3428	1704.41	-19.27	209	141	—
52	CH_3I	碘甲烷	336.19	229.95	13.98	15.66	16.0905	2639.55	-36.5	325	260	27209
53	CH_4	甲烷	114.14	57.60	-74.89	-50.86	15.2243	597.84	-7.16	120	93	8184
54	CH_4O	甲醇	555.30	260.64	-201.26	-162.58	18.5875	3626.55	-34.29	364	257	35271
55	C_2ClF_5	五氟氯乙烷	—	—	—	—	15.7343	1848.90	-30.88	230	175	19465
56	$C_2Cl_2F_4$	1,2,2,2-四氟二氯乙烷	—	—	—	—	—	—	—	—	—	—
57	$C_2Cl_2F_4$	1,1,2,2-四氟二氯乙烷	—	—	-898.32	—	—	—	—	—	—	23274
58	$C_2Cl_3F_3$	1,2,2-三氯三氟乙烷	—	—	-745.53	—	15.8424	2532.61	-45.67	360	250	27502
59	C_2Cl_4	四氯乙烯	392.58	281.82	-12.14	22.60	16.1642	3259.29	-52.15	460	307	34744
60	$C_2Cl_4F_2$	1,1,2,2-四氯二氟乙烷	—	—	—	—	—	—	—	—	—	—
61	C_2F_4	四氟乙烯	—	—	-658.88	-624.01	15.8800	1574.60	-27.22	210	140	—
62	C_2F_6	全氟乙烷	—	—	-1343.71	-1257.98	15.6422	1512.94	-26.94	200	170	16158
63	C_2N_2	氰	—	—	309.09	297.33	—	—	—	—	—	—
64	C_2HCl_3	三氯乙烯	145.67	196.60	-5.86	19.88	16.1827	3028.13	-43.15	400	260	31395
65	C_2H_2	乙炔	—	—	226.84	209.30	16.3481	1637.14	-19.77	202	194	16953
66	$C_2H_2F_2$	1,1-二氟乙烯	—	—	-345.35	-321.65	—	—	—	—	—	—
67	C_2H_2O	乙烯酮	—	—	-61.12	-60.32	16.0197	1849.21	-35.15	255	170	20637
68	C_2H_3Cl	氯乙烯	276.90	167.04	35.16	51.53	14.9601	1803.84	-43.15	290	185	20637
69	$C_2H_3ClF_2$	1,1-二氟氯乙烷	—	—	—	—	—	—	—	—	—	—
70	$C_2H_3Cl_3$	1,1,2-三氯乙烷	346.72	304.43	-138.56	-77.52	16.0381	3110.79	-56.16	428	302	33321

续表

序号	分子式	名　称	M	T_M/K	T_b/K	T_c/K	p_c/MPa	V_c/(cm^3/mol)	Z_c	ω	ρ/(g/cm^3)	T_ρ/K	μ_P	$c^o_{p,m}/[J/(mol \cdot K)] = A + BT + CT^2 + DT^3$			
														A	B	C	D
71	C_2H_3F	氟乙烯	46.044	130.0	235.5	327.8	5.239	144	0.277	—	—	—	1.4	—	—	—	—
72	$C_2H_3F_3$	1,1,1-三氟乙烷	84.041	161.9	225.5	346.2	3.759	221	0.289	0.257	—	—	2.3	5.743	0.3140	-0.2597E-3	0.8414E-7
73	C_2H_3N	乙腈	41.053	229.3	354.8	548	4.833	173	0.184	0.321	0.782	293	3.5	20.478	0.1196	-0.4492E-4	0.3202E-8
74	C_2H_4	乙烯	28.054	104.0	169.4	282.4	5.036	129	0.276	0.085	0.577	163	0.0	3.805	0.1566	-0.8347E-4	0.1755E-7
75	$C_2H_4Cl_2$	1,1-二氯乙烷	98.960	176.2	330.4	523	5.066	240	0.28	0.248	1.168	298	2.0	12.470	0.2695	-0.2049E-3	0.6300E-7
76	$C_2H_4Cl_2$	1,2-二氯乙烷	98.960	237.5	356.6	561	5.370	220	0.25	0.286	1.250	289	1.8	20.482	0.2310	-0.1438E-3	0.3388E-7
77	$C_2H_4F_2$	1,1-二氟乙烷	66.051	156.2	248.4	36.6	4.499	181	0.253	0.266			2.3	8.673	0.2395	-0.1457E-3	0.3394E-7
78	C_2H_4O	环氧乙烷	44.054	161	283.5	469	7.194	140	0.258	0.200	0.899	273	1.9	-7.518	0.2222	-0.1256E-3	0.2591E-7
79	C_2H_5Br	溴乙烷	108.966	154.6	311.5	503.8	6.231	215	0.320	0.254	1.451	298	2.0	6.656	0.2348	-0.1472E-3	0.3803E-7
80	C_2H_5Cl	氯乙烷	64.515	136.8	285.4	460.4	5.269	199	0.274	0.190	0.896	293	2.0	-0.553	0.2606	-0.1839E-3	0.5546E-7
81	C_2H_5F	氟乙烷	48.060	129.9	235.4	375.3	5.026	169	0.272	0.238	—	—	2.0	4.345	0.2180	-0.1165E-3	0.2410E-7
82	C_2H_6	乙烷	30.070	89.9	184.5	305.4	4.884	148	0.285	0.098	0.548	183	0.0	5.408	0.1781	-0.6936E-4	0.8711E-8
83	C_2H_6O	甲醚	46.069	131.7	248.3	400.0	5.370	178	0.287	0.192	0.667	293	1.3	17.012	0.1790	-0.5233E-4	-0.1917E-8
84	C_2H_6O	乙醇	46.069	159.1	351.5	516.2	6.383	167	0.248	0.635	0.789	293	1.7	9.012	0.2140	-0.8389E-4	0.1373E-8
85	$C_2H_6O_2$	乙二醇	62.069	260.2	470.4	645	7.701	186	0.27		1.114	293	2.2	35.690	0.2483	-0.1497E-3	0.3010E-7
86	C_3H_3N	丙烯	53.064	189.5	350.5	536	4.560	210	0.21	0.35	0.806	293	3.5	10.691	0.2207	-0.1565E-3	0.4600E-7
87	C_3H_4	丙二烯	40.065	136.9	238.7	393	5.472	162	0.271	0.313	0.658	238	0.2	9.904	0.1977	-0.1181E-3	0.2782E-7
88	C_3H_4	丙炔	40.065	170.5	250.0	402.4	5.624	164	0.276	0.218	0.706	223	0.7	14.705	0.1864	-0.1173E-3	0.3224E-7
89	C_3H_5Cl	3-氯丙烯	76.526	138.7	318.3	514	4.762	234	0.26	0.13	0.937	293	2.0	2.528	0.3046	-0.2278E-3	0.7292E-7
90	$C_3H_5Cl_3$	1,2,3-三氯丙烷	147.432	258.5	429	651	3.952	348	0.25	0.31	1.389	293		26.878	0.3621	-0.2786E-3	0.8786E-7
91	C_3H_5N	丙腈	55.080	180.3	370.5	564.4	4.185	230	0.205	0.318	0.782	293	3.7	15.400	0.2245	-0.1100E-3	0.1954E-7
92	C_3H_6	环丙烷	42.081	145.7	240.4	397.8	5.492	170	0.282	0.264	0.563	288	0.0	-35.234	0.3813	-0.2881E-3	0.9033E-7
93	C_3H_6	丙烯	42.081	87.9	225.4	365.0	4.620	181	0.275	0.148	0.612	223	0.4	3.709	0.2345	-0.1160E-3	0.2204E-7
94	$C_3H_6Cl_2$	1,2-二氯丙烷	112.987	172.7	369.5	577	4.458	226	0.21	0.24	1.15	293	1.9	10.448	0.3654	-0.2603E-3	0.7740E-7
95	C_3H_6O	丙酮	58.080	178.2	329.4	508.1	4.701	309	0.232	0.309	0.790	293	2.9	6.300	0.2605	-0.1252E-3	0.2037E-7
96	C_3H_6O	环氧丙烷	58.080	161	307.5	482.2	4.924	186	0.228	0.269	0.829	293	2.0	-8.456	0.3256	-0.1988E-3	0.4822E-7
97	C_3H_6O	乙烯甲醚	58.080	151.5	278	436	4.762	205	0.27	0.34	0.750	293		15.626	0.2341	-0.9695E-4	0.1062E-7
98	C_3H_7Cl	氯丙烷	78.542	150.4	319.6	503	4.580	254	0.278	0.230	0.891	293	2.0	-3.345	0.3625	-0.2508E-3	0.7447E-7
99	C_3H_7Cl	2-氯丙烷	78.542	156.0	308.9	485	4.722	230	0.269	0.232	0.862	293	2.1	1.842	0.3487	-0.2243E-3	0.5860E-7
100	C_3H_8	丙烷	44.097	85.5	231.1	369.8	4.246	203	0.281	0.152	0.582	231	0.0	-4.224	0.3062	-0.1586E-3	0.3214E-7
101	C_3H_8O	正丙醇	60.096	146.9	370.4	536.7	5.168	218.5	0.253	0.624	0.804	293	1.7	2.470	0.3325	-0.1855E-3	0.4295E-7
102	C_3H_8O	异丙醇	60.096	184.7	355.4	508.3	4.762	220	0.248	—	0.786	293	1.7	32.421	0.1885	0.6405E-4	-0.9259E-7
103	C_3H_8O	甲乙醚	60.096	134	280.5	437.8	4.398	221	0.267	0.236	0.700	293	1.2	18.665	0.2685	-0.1024E-3	0.8950E-8
104	$C_3H_8O_2$	二甲氧基甲烷	76.096	168	315	497	—	—	—	—	0.888	291	1.0	—	—	—	—
105	$C_3H_8O_2$	1,2-丙二醇	76.096	213	460.5	625	6.080	237	0.28	—	1.036	293	3.6	0.632	0.4211	-0.2981E-3	0.8950E-7

续表

序号	分子式	名 称	$\lg(\mu/cP)=A\left(\frac{1}{T}-\frac{1}{B}\right)$		$\Delta H_{f,i}/$ (J/mol)	$\Delta H/$ (J/mol)	$\ln(p_s/Pa)=A-B/(T+C)^{+4.893}$					$\Delta H_{vb}/$(J/mol)
			A	B			A	B	C	T_{max}/K	T_{min}/K	
71	C_2H_3F	氟乙烯	—	—	—	—	—	—	—	—	—	—
72	$C_2H_3F_3$	1,1,1-三氟乙烷	—	—	-745.95	-679.09	15.8965	1814.91	-29.92	300	270	19172
73	C_2H_3N	乙腈	334.91	210.05	87.91	105.65	16.2874	2945.47	-49.15	390	260	31395
74	C_2H_4	乙烯	168.98	93.94	52.32	68.15	15.5368	1347.01	-18.15	182	120	13550
75	$C_2H_4Cl_2$	1,1-二氯乙烷	412.27	239.10	-129.98	-73.13	16.0842	2697.29	-45.03	352	242	28716
76	$C_2H_4Cl_2$	1,2-二氯乙烷	473.95	277.98	-129.77	-73.88	16.1764	2927.17	-50.22	373	240	32023
77	$C_2H_4F_2$	1,1-二氟乙烷	319.27	186.56	-493.95	-436.43	16.1871	2095.35	-29.16	273	238	21344
78	C_2H_4O	环氧乙烷	341.88	194.22	-52.66	-13.10	16.7400	2567.61	-29.01	310	200	25618
79	C_2H_5Br	溴乙烷	369.80	220.68	-64.05	-26.33	15.9338	2511.68	-41.44	333	226	26497
80	C_2H_5Cl	氯乙烷	320.94	190.83	-111.77	-60.03	15.9800	2332.01	-36.48	310	200	24697
81	C_2H_5F	氟乙烷	—	—	-261.63	-209.63	16.0686	1966.89	-27.00	252	170	—
82	C_2H_6	乙烷	156.60	95.57	-84.72	-32.94	15.6637	1511.42	-17.16	199	130	14714
83	C_2H_6O	甲醚	—	—	-184.14	-112.98	16.8467	2361.44	-17.10	265	179	21516
84	C_2H_6O	乙醇	686.44	300.88	-234.92	-168.36	18.9119	3803.98	-41.68	369	270	38762
85	$C_2H_6O_2$	乙二醇	1365.0	402.41	-389.51	-304.62	20.2501	6022.18	-28.25	494	364	52534
86	C_3H_3N	丙烯	343.31	210.42	185.02	195.40	15.9253	2782.21	-51.15	385	255	32561
87	C_3H_4	丙二烯	—	—	192.22	202.48	13.1563	1054.72	-77.08	257	174	18628
88	C_3H_4	丙炔	—	—	185.52	194.52	15.6227	1850.66	-44.07	267	183	22144
89	C_3H_5Cl	3-氯丙烯	368.27	210.61	-0.63	43.62	15.9772	2531.92	-47.15	350	230	27104
90	$C_3H_5Cl_3$	1,2,3-三氯丙烷	818.63	342.88	-185.86	-97.83	16.1246	3417.27	-69.15	470	315	38427
91	C_3H_5N	丙腈	366.77	225.86	50.65	96.19	15.9571	2940.86	-55.15	405	270	32274
92	C_3H_6	环丙烷	—	—	53.41	104.44	15.8599	1971.40	-26.65	245	180	20051
93	C_3H_6	丙烯	273.84	131.63	20.43	62.75	15.7027	1807.53	-26.15	240	160	18418
94	$C_3H_6Cl_2$	1,2-二氯丙烷	514.36	281.03	-165.77	-83.13	16.0385	2985.07	-52.16	408	288	31395
95	C_3H_6O	丙酮	367.25	209.68	-217.67	-153.12	16.6513	2940.46	-35.93	350	241	29135
96	C_3H_6O	环氧丙烷	377.43	213.36	-92.80	-25.79	15.3227	2107.58	-64.87	340	225	27000
97	C_3H_6O	乙烯甲醚	318.41	180.98	—	—	14.4602	1980.22	-25.15	315	190	19046
98	C_3H_7Cl	氯丙烷	374.77	215.00	-130.18	-50.69	15.9594	2581.48	-42.95	350	230	27251
99	C_3H_7Cl	2-氯丙烷	306.25	212.24	-146.51	-62.54	16.0384	2490.48	-43.15	340	225	26288
100	C_3H_8	丙烷	222.67	133.41	-103.90	-23.48	15.7260	1872.46	-25.16	249	164	18783
101	C_3H_8O	正丙醇	951.04	327.83	-256.52	-161.87	17.5439	3166.38	-80.15	400	285	41776
102	C_3H_8O	异丙醇	1139.7	323.44	-272.55	-173.47	18.6929	3640.20	-53.54	374	273	39851
103	C_3H_8O	甲乙醚	303.82	171.66	-216.54	-117.71	13.5435	1161.63	-112.4	310	205	24697
104	$C_3H_8O_2$	二甲氧基甲烷	—	—	—	—	15.8237	2415.92	-52.58	315	270	—
105	$C_3H_8O_2$	1,2-丙二醇	1404.2	426.74	-424.17	—	20.5324	6091.95	-22.46	483	357	54167

续表

序号	分子式	名称	M	T_M/K	T_b/K	T_c/K	p_c/MPa	V_c/(cm^3/mol)	Z_c	ω	ρ/(g/cm^3)	T_ρ/K	μ_P	$c^o_{p,m}$/[J/(mol·K)] = $A+BT+CT^2+DT^3$ A	B	C	D
106	$C_3H_8O_2$	1,3-丙二醇	76.096	246.4	487.6	658	5.978	241	0.26		1.053	293	3.7	8.267	0.3675	-0.2161E-3	0.5053E-7
107	C_4H_6	1-丁炔	54.092	147.4	281.2	463.7	4.712	220	0.27	0.050	0.650	293	0.8	12.545	0.2743	-0.1545E-3	0.3449E-7
108	C_4H_6	2-丁炔	54.092	240.9	300.2	488.6	5.087	221	0.277	0.124	0.691	293	0.8	15.924	0.2381	-0.1070E-3	0.1753E-7
109	C_4H_6	1,2-丁二烯	54.092	137.0	284.0	443.7	4.499	219	0.267	0.255	0.552	293	0.4	11.198	0.2723	-0.1468E-3	0.3088E-7
110	C_4H_6	1,3-丁二烯	54.092	164.3	268.7	425	4.327	221	0.270	0.195	0.621	293	0.0	-1.687	0.3418	-0.2340E-3	0.6333E-7
111	C_4H_8	1-丁烯	56.108	87.8	266.9	419.6	4.023	240	0.277	0.187	0.595	293	0.3	-2.993	0.3531	-0.1990E-3	0.4462E-7
112	C_4H_8	2-丁烯(顺)	56.108	134.3	276.9	435.6	4.205	234	0.272	0.202	0.621	293	0.3	0.440	0.2953	-0.1018E-3	-0.6153E-9
113	C_4H_8	2-丁烯(反)	56.108	167.6	274.0	428.6	4.104	238	0.274	0.214	0.604	293	0.0	18.314	0.2563	-0.7012E-4	-0.8987E-8
114	C_4H_8	环丁烷	56.108	182.4	285.7	459.9	4.985	210	0.274	0.209	0.694	293		-50.245	0.5023	-0.3557E-3	0.1047E-6
115	C_4H_8	2-甲基丙烯	56.108	132.8	266.3	417.9	4.002	239	0.275	0.190	0.594	293	0.5	16.049	0.2804	-0.1091E-3	0.9096E-8
116	C_4H_9Cl	1-氯丁烷	92.569	150.1	351.6	542	3.688	312	0.255	0.218	0.886	293	2.0	-2.612	0.4496	-0.2936E-3	0.8079E-7
117	C_4H_9Cl	2-氯丁烷	92.569	141.8	341.4	520.6	3.952	305	0.28	0.30	0.873	293	2.1	-3.433	0.4559	-0.2980E-3	0.8255E-7
118	C_4H_9Cl	2-氯-2-甲基丙烷	92.569	247.8	324	507	3.952	295	0.28	0.19	0.842	293	2.1	-3.931	0.4651	-0.2885E-3	0.7870E-7
119	C_4H_{10}	正丁烷	58.124	134.8	272.7	425.2	3.800	255	0.274	0.193	0.579	293	0.0	9.485	0.3312	-0.1108E-3	-0.2821E-8
120	C_4H_{10}	异丁烷	58.124	113.6	261.3	408.1	3.648	263	0.283	0.176	0.557	293	0.1	-1.390	0.3847	-0.1846E-3	0.2895E-7
121	$C_4H_{10}O$	乙醚	74.123	156.9	307.7	466.7	3.638	280	0.262	0.281	0.713	293	1.3	21.420	0.3358	-0.1035E-3	-0.9356E-8
122	C_5H_8	环戊烯	68.119	138.1	317.4	506.0	—	—	—	—	0.772	293	0.9	-41.504	0.4630	-0.2579E-3	0.5433E-7
123	C_5H_8	1,2-戊二烯	68.119	135.9	318.0	503	4.073	276	0.269	0.173	0.693	293	—	8.824	0.3879	-0.2280E-3	0.5245E-7
124	C_5H_8	1,3 戊二烯(反)	68.119	185.7	315.2	476	3.992	275	0.266	0.175	0.676	293	0.7	30.683	0.2810	-0.6710E-4	-0.2351E-7
125	C_5H_8	1,4-戊二烯	68.119	124.9	299.1	478	3.790	276	0.263	0.104	0.661	293	1.4	6.995	0.3951	-0.2373E-3	0.5597E-7
126	C_5H_8	1-戊炔	68.119	167.5	313.3	493.4	4.053	278	0.275	0.164	0.690	293	0.9	18.063	0.3510	-0.1913E-3	0.4097E-7
127	C_5H_8	异戊二烯	68.119	127.2	307.2	484	3.850	276	0.264	0.164	0.681	293	0.3	-3.412	0.4584	-0.3337E-3	0.1000E-6
128	C_5H_8	3-甲基-1,2-丁二烯	68.119	159.5	314.0	496	4.114	267	0.266	0.160	0.686	293	—	14.684	0.3597	-0.1975E-3	0.4261E-7
129	C_5H_{10}	环戊烷	70.135	179.3	322.4	511.6	4.509	260	0.276	0.192	0.745	293	0.0	-53.614	0.5425	-0.3030E-3	0.6484E-7
130	C_5H_{10}	1-戊烯	70.135	107.9	303.1	464.7	4.053	300	0.31	0.245	0.640	293	0.4	-0.134	0.4328	-0.2317E-3	0.4680E-7
131	C_5H_{10}	2-戊烯(顺)	70.135	121.8	310.1	476	3.648	300	0.28	0.240	0.656	293	—	-14.291	0.4600	-0.2540E-3	0.5454E-7
132	C_5H_{10}	2-戊烯(反)	70.135	132.9	309.5	475	3.658	300	0.28	0.237	0.649	293	—	1.946	0.4181	-0.2177E-3	0.4404E-7
133	C_5H_{10}	2-甲基-1-丁烯	70.135	135.6	304.3	465	3.445	294	0.262	0.232	0.650	293	0.5	10.570	0.3996	-0.1946E-3	0.3313E-7
134	C_5H_{10}	2-甲基-2-丁烯	70.135	139.4	311.7	470	3.445	318	0.280	0.285	0.662	293	—	11.800	0.3508	-0.1116E-3	-0.5806E-8
135	C_5H_{10}	3-甲基-1-丁烯	70.135	104.7	293.3	450	3.516	300	0.282	0.209	0.627	293	—	21.738	0.3889	-0.2007E-3	0.4010E-7
136	C_5H_{12}	正戊烷	72.151	143.4	309.2	469.6	3.374	304	0.262	0.251	0.626	293	0.0	-3.625	0.4873	-0.2580E-3	0.5304E-7
137	C_5H_{12}	2-甲基丁烷	72.151	113.3	301.0	460.4	3.384	306	0.271	0.227	0.620	293	0.1	-9.523	0.5065	-0.2729E-3	0.5722E-7
138	C_5H_{12}	2,2-二甲基丙烷	72.151	256.6	282.6	433.8	3.202	303	0.269	0.197	0.591	293	0.0	-16.589	0.5551	-0.3306E-3	0.7631E-7
139	$C_5H_{12}O$	乙丙醚	88.150	146.5	336.8	500.6	3.253	—	—	0.331	0.733	293	1.2	—	—	—	—
140	C_6F_6	六氟苯	186.056	—	353.4	516.7	3.303	—	—	0.40	—	—	—	36.276	0.5266E-1	-0.4546E-3	0.1455E-6

续表

序号	分子式	名 称	$\lg(\mu/cP)=A\left(\frac{1}{T}-\frac{1}{B}\right)$		$\Delta H_{f,i}$/ (J/mol)	ΔH/ (J/mol)	$\ln(p_s/Pa)=A-B/(T+C)^{+4.893}$					ΔH_{vb}/(J/mol)
			A	B			A	B	C	T_{max}/K	T_{min}/K	
106	$C_3H_3O_7$	1,3-丙二醇	1813.0	406.96	-409.01	—	17.2917	3888.84	-123.2	525	380	56511
107	C_4H_6	1-丁炔	—	—	165.26	202.18	16.0605	2271.42	-40.30	300	200	24990
108	C_4H_6	2-丁炔	—	—	146.38	185.52	16.2871	2536.78	-37.34	320	240	26665
109	C_4H_6	1,2-丁二烯	—	—	162.29	198.54	16.1039	2397.26	-30.88	305	245	24279
110	C_4H_6	1,3-丁二烯	300.59	163.12	110.22	150.74	15.7727	2142.66	-34.30	290	215	22479
111	C_4H_8	1-丁烯	256.30	151.86	-0.13	71.33	15.7564	2132.42	-33.15	295	190	21926
112	C_4H_8	2-丁烯(顺)	268.94	155.34	-6.99	65.89	15.8171	2210.71	-36.15	305	200	23358
113	C_4H_8	2-丁烯(反)	259.01	153.30	-11.18	63.00	15.8177	2212.32	-33.15	300	200	22768
114	C_4H_8	环丁烷	—	—	-26.66	110.09	15.9254	2359.09	-31.78	290	200	24195
115	C_4H_8	2-甲基丙烯	—	—	-16.91	58.10	15.7528	2125.75	-33.15	290	190	22127
116	C_4H_9Cl	1-氯丁烷	783.72	260.03	-147.35	-38.80	15.9750	2826.26	-49.05	385	255	30014
117	C_4H_9Cl	2-氯丁烷	480.77	237.30	-161.58	-53.50	15.9907	2753.43	-47.15	375	250	29218
118	C_4H_9Cl	2-氯-2-甲基丙烷	543.41	253.35	-183.35	-64.13	15.8121	2567.15	-44.15	360	235	27418
119	C_4H_{10}	正丁烷	265.84	160.20	-126.21	-17.16	15.6782	2154.90	-34.42	290	195	22403
120	C_4H_{10}	异丁烷	302.51	170.20	-134.58	-20.89	15.5381	2032.73	-33.15	280	187	21306
121	$C_4H_{10}O$	乙醚	353.14	190.58	-252.33	-122.40	16.0828	2511.29	-41.95	340	225	26707
122	C_5H_8	环戊烯	396.83	218.66	32.94	110.85	15.9356	2583.07	-39.70	378	244	27000
123	C_5H_8	1,2-戊二烯	—	—	145.67	210.51	15.9297	2544.34	-44.30	340	250	27586
124	C_5H_8	1,3 戊二烯(反)	—	—	77.86	146.80	15.9182	2541.69	-41.43	340	250	27042
125	C_5H_8	1,4-戊二烯	—	—	105.49	170.33	15.7392	2344.02	-41.69	320	240	25158
126	C_5H_8	1-戊炔	—	—	144.42	210.35	16.0429	2575.62	-45.97	335	230	—
127	C_5H_8	异戊二烯	328.49	182.48	75.77	145.92	15.8548	2467.40	-39.64	330	250	26079
128	C_5H_8	3-甲基-1,2-丁二烯			129.77	198.71	15.9880	2541.83	-42.26	335	250	27251
129	C_5H_{10}	环戊烷	406.69	231.67	-77.27	38.64	15.8574	2588.48	-41.79	345	230	27309
130	C_5H_{10}	1-戊烯	305.25	174.70	-20.93	79.16	15.7646	2405.96	-39.63	325	220	25208
131	C_5H_{10}	2-戊烯(顺)	305.31	175.72	-28.09	71.87	15.8251	2459.05	-42.56	330	220	26121
132	C_5H_{10}	2-戊烯(反)	349.33	176.62	-31.77	69.95	15.9011	2495.97	-40.18	330	220	26079
133	C_5H_{10}	2-甲基-1-丁烯	369.27	193.39	-36.33	65.64	15.8260	2426.42	-40.36	325	220	25509
134	C_5H_{10}	2-甲基-2-丁烯	322.47	180.43	-42.57	59.69	15.9238	2521.53	-40.31	335	226	26317
135	C_5H_{10}	3-甲基-1-丁烯	—	—	-28.97	74.80	15.7179	2333.61	-36.33	315	210	24111
136	C_5H_{12}	正戊烷	313.66	182.48	-146.51	-8.37	15.8333	2477.07	-39.94	330	220	25786
137	C_5H_{12}	2-甲基丁烷	367.32	191.58	-154.55	-14.82	15.6338	2348.67	-40.05	322	216	24697
138	C_5H_{12}	2,2-二甲基丙烷	355.54	196.35	-166.06	-15.24	15.2069	2034.15	-45.37	305	260	22763
139	$C_5H_{12}O$	乙丙醚	399.87	213.39	—	—	15.4539	2423.41	-62.28	360	246	30516
140	C_6F_6	六氟苯	—	—	-957.09	-879.81	16.1940	2827.53	-57.66	390	270	—

注：M—相对分子质量；T_M—正常熔点，K；T_b—正常沸点，K；T_c—临界温度，K；p_c—临界压力，MPa；V_c—临界体积，cm^3/mol；Z_c—临界压缩性系数；ω—偏心因子；ρ—液体密度，g/cm^3；T_ρ—液体密度基准温度，K；μ_p—偶极矩(debyes)；$c_{p,m}^o$—理想气体摩尔定压比热容，J/(mol·K)；μ—液体黏度，cP；ΔH_{fi}—标准生成焓，J/mol；ΔH—标准生成吉氏能，J/mol；p_s—蒸汽压力，Pa；T_{max}与T_{min}说明公式中最高温度和最低温度范围；ΔH_{vb}—正常沸点蒸发焓，J/mol。

表 A－4　几种常见气体在水中的溶解度

气　体	化学式	单位	温　度/℃											
			0	5	10	15	20	25	30	40	50	60	80	100
氢	H_2	α	0.0215	0.0204	0.0195	0.0188	0.0182	0.0175	0.0170	0.0164	0.0161	0.0160	0.0160	0.0160
氦	He	α	0.0097	—	0.0099	—	0.0099	—	0.0100	0.0102	0.0107	—	—	—
氮(大气氮)	N_2 + 1.185% Ar	α	0.0235	0.0209	0.0186	0.0168	0.0154	0.0143	0.0134	0.0118	0.0109	0.0102	0.0096	0.0095
氧	O_2	α	0.0489	0.0429	0.0380	0.0341	0.0310	0.0283	0.0261	0.0231	0.0209	0.0195	0.0176	0.0172
氯	Cl_2	λ	4.610	(3.58)	3.148	2.680	2.299	2.019	1.799	1.438	1.225	1.023	0.683	0.00
溴	Br_2	α	60.5	(45.8)	35.1	27.0	21.3	17.0	13.8	9.4	6.5	4.9	3.0	—
一氧化二氮	N_2O	α	—	1.048	0.878	0.738	0.629	0.544	—	—	—	—	—	—
一氧化氮	NO	α	0.0738	0.0646	0.0571	0.0515	0.0471	0.0432	0.0400	0.0351	0.0315	0.0295	0.0270	0.0263
氨	NH_3	q	87.5	77.1	67.9	59.7	52.6	46.2	40.3	30.7	22.9	—	15.4	7.4
溴化氢	HBr	λ	612	—	582	—	—	533	—	—	469	—	—	345
氯化氢	HCl	λ	507	491	474	459	442	426	412	386	362	339	—	—
硫化氢	H_2S	α	4.670	3.977	3.399	2.945	2.582	2.282	2.037	1.660	1.392	1.190	0.917	0.81
二氧化硫	SO_2	λ	79.79	67.48	56.65	47.28	39.37	32.79	27.16	18.77	—	—	—	—
一氧化碳	CO	α	0.0354	0.0315	0.0282	0.0254	0.0232	0.0214	0.0200	0.0177	0.0161	0.0149	0.0143	0.0141
二氧化碳	CO_2	α	1.713	1.424	1.194	1.019	0.878	0.759	0.665	0.530	0.436	0.359	—	—
甲烷	CH_4	α	0.0556	0.0480	0.0418	0.0369	0.0331	0.0301	0.0276	0.0237	0.0213	0.0195	0.0177	0.0170
乙烷	C_2H_6	α	0.0987	0.0803	0.0656	0.0550	0.0472	0.0410	0.0362	0.0291	0.0246	0.0218	0.0183	0.0172
乙烯	C_2H_4	α	0.226	0.191	0.162	0.139	0.122	0.108	0.098	—	—	—	—	—
乙炔	C_2H_2	α	1.73	1.49	1.31	1.15	1.03	0.93	0.84	—	—	—	—	—

注：α——吸收系数，当气体分压为760mmHg时，单位体积的液体所吸收的气体体积数(折合成760mmHg和0℃来计算)；

λ——意义和α相似，只是当总压(而非分压)等于760mmHg时；

q——在所给的温度下，当气体总压力(气体分压与吸收温度下液体的饱和蒸气压之和)为760mmHg时，100g纯溶剂所吸收的气体克数。

表 A-5　常见易燃、易爆、有毒物质的主要安全技术数据

物质名称	闪点/℃	自燃点/℃	爆炸极限(体积分数)/%		最高容许含量/(mg/m³)
			上　限	下　限	
氢		560	4.0	75.6	—
一氧化碳		609	12.5	74.2	30
氨(R717)		630	15.5	28	30
硫化氢		260	4.3	45.5	10
二氧化氮		—	—	—	5
二氧化硫(R764)		—	—	—	15
天然气		550~750	4.8	13.46	—
城市煤气		560	5.5	35	—
氯		—	—	—	1
甲烷(R50)	-190	537	5.0	15.5	—
氯甲烷(R40)	—	625	7.1	18.5	—
二氯甲烷(R30)	—	605	13	22	—
乙烷(R170)	-60	515	3.0	15.5	—
氯乙烷	—	510	3.6	14.8	—
1,1-二氯乙烷	-10	—	5.6	~16	—
1,2-二氯乙烷	13	440	6.2	16	25
二氟一氯乙烷(R142)	—	—	6.2	17.9	
丙烷(R290)	-104	470	2.1	9.5	
正氯丙烷	<-20	520	2.6	11.1	
异氯丙烷	<-20	590	2.8	10.7	
1,2-二氯丙烷	15	555	3.4	14.5	
1,2,3-三氯丙烷	74	—	3.2	12.6	
正丁烷(R600)	-60	365	1.5	8.5	
异丁烷(R600a)	—	460	1.8	8.5	
正氯丁烷	-12	245	1.8	10.1	
异氯丁烷	<0	—	2.0	8.8	
正戊烷	<-20	285	1.4	7.8	
异戊烷	<-20	420	1.3	7.6	
正己烷	<-20	240	1.2	7.4	
正庚烷	-4	215	1.1	6.7	
正辛烷	12	210	0.8	6.5	
异辛烷	-12	410	1.0	6.0	
环氧乙烷	—	440	2.6	100	
环丙烷	—	495	2.4	10.4	
1,2-环氧丙烷	<-20	430	1.9	15	
环丁烷	—	—	1.8	—	

续表

物质名称	闪点/℃	自燃点/℃	爆炸极限(体积分数)/%		最高容许含量/(mg/m³)
			上 限	下 限	
乙基环丁烷	< -20	210	1.2	7.7	
环戊烷	< -20	380	—	—	
环己烷	-18	260	1.2	8.3	
乙烯	-60	425	2.7	36	
氯乙烯		413	3.8	29.3	
1,1-二氯乙烯	-10	530	6.5	15	
顺式1,2-二氯乙烯	6	460	6.2	13	
反正1,2-二氯乙烯	6	460	9.7	12.8	
三氯乙烯	—	—	7.9	—	
丙烯	—	455	2.0	11.7	
3-氯丙烯	< -20	390	3.2	11.2	
2-氯丙烯	< -20	—	4.5	16.0	
丁烯	—	440	1.6	9.3	
异丁烯	—	465	1.8	8.8	
氯丁烯	<21	—	2.2	9.3	
乙炔	-17.8	305	1.5	82	
乙烯乙炔	—	—	2	100	
丙炔	—	—	1.7	—	
丙酮	< -20	538	2.5	12.8	400
甲醚	—	240	3.0	18.6	—
二甲醚	-41.11	350	3.4	27	—
甲乙醚	—	190	2.0	10.1	—
甲丙醚	< -20	—	—	—	—
乙醚	< -20	170	1.7	36	500
甲醇	7	455	5.5	44	50
乙醇	12	425	3.5	15	—
甲胺	—	430	4.95	20.8	5
二甲胺	-17.78	400	2.8	14.4	10
乙胺	—	—	3.5	14.0	—
二乙胺	< -20	310	1.7	10.1	—
丙烯腈	-5	480	2.8	28	—
苯	-11	555	1.2	8.0	40
萘	80	540	0.9	5.9	—
酚	79.44	715	—	—	5

表 A-6 某些固体材料的重要热物理性质

(1)固体材料的密度、热导率和比热容

名称	密度/(kg/m³)	热导率		比热容	
		W/(m·K)	kcal/(m·h·℃)	kJ/(kg·K)	kcal/(kg·℃)
1) 金属					
钢	7850	45.3	39.0	0.46	0.11
不锈钢	7900	17	15	0.50	0.12
铸铁	7220	62.8	54.0	0.50	0.12
铜	8800	383.8	330.0	0.41	0.097
青铜	8000	64.0	55.0	0.38	0.091
黄铜	8600	85.5	73.5	0.38	0.09
铝	2670	203.5	175.0	0.92	0.22
镍	9000	58.2	50.0	0.46	0.11
铅	11400	34.9	30.0	0.13	0.031
2) 塑料					
酚醛	1250~1300	0.13~0.26	0.11~0.22	1.3~1.7	0.3~0.4
尿醛	1400~1500	0.30	0.26	1.3~1.7	0.3~0.4
聚氯乙烯	1380~1400	0.16	0.14	1.8	0.44
聚苯乙烯	1050~1070	0.08	0.07	1.3	0.32
低压聚乙烯	940	0.29	0.25	2.6	0.61
高压聚乙烯	920	0.26	0.22	2.2	0.53
有机玻璃	1180~1190	0.14~0.20	0.12~0.17		
3) 建筑材料、绝热材料、耐酸材料及其他					
干砂	1500~1700	0.45~0.48	0.39~0.50	0.8	0.19
黏土	1600~1800	0.47~0.53	0.4~0.46	0.75(-20~20℃)	0.18(-20~20℃)
锅炉炉渣	700~1100	0.19~0.30	0.16~0.26		
黏土砖	1600~1900	0.47~0.67	0.4~0.58	0.92	0.22
耐火砖	1840	1.05(800~1100℃)	0.9(800~1100℃)	0.88~1.0	0.21~0.24
绝缘砖(多孔)	600~1400	0.16~0.37	0.14~0.32		
混凝土	2000~2400	1.3~1.55	1.1~1.33	0.84	0.20
松木	500~600	0.07~0.10	0.06~0.09	2.7(0~100℃)	0.65(0~100℃)
软土	100~300	0.041~0.064	0.035~0.055	0.96	0.23
石棉板	770	0.11	0.10	0.816	0.195
石棉水泥板	1600~1900	0.35	0.3		
玻璃	2500	0.74	0.64	0.67	0.16
耐酸陶瓷制品	2200~2300	0.93~1.0	0.8~0.9	0.75~0.80	0.18~0.19
耐酸砖和板	2100~2400				
耐酸搪瓷	2300~2700	0.99~1.04	0.85~0.9	0.84~1.26	0.2~0.3
橡胶	1200	0.16	0.14	1.38	0.33
冰	900	2.3	2.0	2.11	0.505

(2)固体物料的表观密度

名称	表观密度/(kg/m³)	名称	表观密度/(kg/m³)	名称	表观密度/(kg/m³)
磷灰石	1850	石英	1500	食盐	1020
结晶石膏	1300	焦炭	500	木炭	200
干粘土	1380	黄铁矿	3300	煤	800
炉灰	680	块状白垩	1300	磷灰石	1600
干土	1300	干砂	1200	聚苯乙烯	1020
石灰石	1800	结晶碳酸钠	800		

表 A－7 中位序表

次序数 i	子样容量 n									
	1	2	3	4	5	6	7	8	9	10
1	0.5000	0.2929	0.2063	0.1591	0.1294	0.1091	0.0943	0.0830	0.0741	0.0670
2		0.7071	0.5000	0.3864	0.3148	0.2656	0.2295	0.2021	0.1806	0.1632
3			0.7937	0.6136	0.5000	0.4218	0.3648	0.3213	0.2871	0.2594
4				0.8409	0.6852	0.5782	0.5000	0.4404	0.3935	0.3557
5					0.8706	0.7345	0.6352	0.5596	0.5000	0.4519
6						0.8909	0.7705	0.6787	0.6065	0.5481
7							0.9057	0.7979	0.7129	0.6443
8								0.9170	0.8194	0.7406
9									0.9259	0.8368
10										0.9330

次序数 i	子样容量 n									
	11	12	13	14	15	16	17	18	19	20
1	0.0611	0.0561	0.0519	0.0483	0.0452	0.0424	0.0400	0.0378	0.0358	0.0341
2	0.1489	0.1368	0.1266	0.1178	0.1101	0.1034	0.0975	0.0922	0.0874	0.0831
3	0.2366	0.2175	0.2013	0.1873	0.1751	0.1644	0.1550	0.1465	0.1390	0.1322
4	0.3244	0.2982	0.2760	0.2568	0.2401	0.2254	0.2125	0.2009	0.1905	0.1812
5	0.4122	0.3789	0.3506	0.3263	0.3051	0.2865	0.2700	0.2553	0.2421	0.2302
6	0.5000	0.4596	0.4253	0.3958	0.3700	0.3475	0.3275	0.3097	0.2937	0.2793
7	0.5878	0.5404	0.5000	0.4653	0.4350	0.4085	0.3850	0.3641	0.3453	0.3283
8	0.6756	0.6211	0.5747	0.5347	0.5000	0.4695	0.4425	0.4184	0.3968	0.3774
9	0.7634	0.7018	0.6494	0.6042	0.5650	0.5305	0.5000	0.4728	0.4484	0.4264
10	0.8511	0.7825	0.7240	0.6737	0.6300	0.5915	0.5575	0.5272	0.5000	0.4755
11	0.9389	0.8632	0.7987	0.7432	0.6949	0.6525	0.6150	0.5816	0.5516	0.5345
12		0.9439	0.8734	0.8127	0.7599	0.7135	0.6725	0.6359	0.6032	0.5736
13			0.9481	0.8822	0.8249	0.7746	0.7300	0.6903	0.6547	0.6226
14				0.9517	0.8899	0.8356	0.7875	0.7447	0.7063	0.6717
15					0.9548	0.8966	0.8450	0.7991	0.7579	0.7207
16						0.9576	0.9025	0.8535	0.8095	0.7698
17							0.9600	0.9078	0.8610	0.8188
18								0.9622	0.9126	0.8678
19									0.9642	0.9169
20										0.9659

表 A－8　国内外常用钢铁材料牌号对照表

序号	材料类型	德国 DIN 17007 材料号	德国 DIN 17006 牌号	国际标准 ISO 标准牌号	美国 AISI 牌号	美国 UNS 牌号	美国 ASTM 标准号	美国 ASTM 牌号	英国 BSI 牌号	法国 AFNOR 牌号	日本 JIS 牌号	中国 GB 牌号
1	铸铁	0. 6018	GG 18	—	—	—	A48	Cl 25	1452Gr180	—	FC15	HT150
2		0. 6020	GG 20	185Gr 200			A48	Cl 30	1452Gr 220	Ft20	FC20	HT200
3		0. 6022	GG 22	—	—	—	A48	Cl 30	1452Gr 220	—	FC20	HT200
4		0. 6025	GG 25	185Gr 250	—	—	A48	Cl35，40	1452Gr260	Ft25	FC25	HT250
5		0. 6030	GG 30	185Gr 300	—	—	A48	Cl 45	1452Gr300	Ft30	FC30	HT300
6		0. 7040	GGG-40	1083/400-12	—	—	A536	60-40-18	2789Gr370/17 2789Gr420/12	FGS 400-12	FCD40	QT400-18
7		0. 7042	GGG-42	1083/400-12	—	—	A536	60-40-18	2789Gr420/12	FGS 400-12	FCD40	QT400-18
8		0. 7050	GGC-50	1083/500-7	—	—	A536	60-45-12	2789Gr500/7	FGS 500-7	FCD45	QT400-15
9	铸钢	1. 0420	GS-38. 3	—	—	—	A27	Cr 60-30	3100CrA2	230-400M	SCA1	ZG200-400
10		1. 0443	GS-45	—	—	—	A27	Cr 65-35	3100GrA3	280-480M	SCA2	ZG230-450
11		1. 0446	GS-45. 3	—	—	—	A27	Cr 70-36	3100GrA3	280-480M	SCA2	ZG230-450
12	合金铸钢	1. 4008	G-X12Cr14	—	—	—	A743	Cr CA-15	3100 410C21	Z12CN13. 02M	SCS1	ZG1Cr13
13		1. 4027	G-X20 Cr14	—	—	—	A743	Cr CA-15， CrCA-40	3100 420C29	（Z20C13M）	SCS2	ZG2Cr13
14		1. 4059	G-X22CrNi17	—	—	—	A743	Cr CB-30	3146ANC2	Z22CN17. 01M	SCS12	ZG1Cr17Ni2
15		1. 4138	G-X120CrMo292	—	—	—	A743	~Cr CC-50		Z120CD29. 02M	—	—
16		1. 4308	G-X6CrNi189	—	—	J92600 J92650	A351 A743	Cr CF-8	1504 304C15 3100 304C15	Z6CND18. 10M	SCS13	ZG0Cr18Ni9
17		1. 4313	G-X5CrNi134	—	—	—	A743 A757	Cr CA-6NM CrE3N	—	Z6CN13. 04M	SCS5	—
18		1. 4336	G-X20CrNi248	—	—	—	—	—	—	（Z20CN24. 08M）	—	—
19		1. 4340	G-X40CrNi274	—	—	J92615	A743	~Cr CC-50	—	（Z40CN27. 04M）	—	—
20		1. 4405	G-X5CrNiMo165	DP4991C45	—	—	A743	~Cr CA-6NM	—	—	—	—
21		1. 4408	G-X6CrNiMo1810	—	—	—	A351 A743	CrCF-8M	1504 316C16 3100 316C16	Z6CND18. 12M	SCS14	ZG0Cr18Ni12Mo2
22		1. 4463	G-X6CrNiMo2482	—	—	—	—	—	—	—	—	—
23		1. 4500	G-X7NiCrMoCuNb2520	—	—	—	A351，A743	CrCN-7M	—	Z3NCDU25. 20M	SCS23	—
24		1. 4552	G-X7CrNiNb189	—	—	—	A351 A743	CrCF-8C	1504 347C17 3100 347C17	Z6NNb18. 10M	SCS21	ZG0Cr18Ni11Nb
25		1. 4581	G-X7CrNiMoNb1810	—	—	—	A351	CrCF-10MC	3100 318C17	Z6NNb 18. 12M	SCS22	ZG0Cr18Ni12Mo2Nb
26		1. 6902	G-X6CrNi1810	—	—	J92720	A351	~CrCF-8		Z6CN18. 10M	SCS13	ZG0Cr18Ni9

续表

序号	材料类型	德国		国际标准	美国				英国	法国	日本	中国
		DIN		ISO	AISI	UNS	ASTM		BSI	AFNOR	JIS	GB
		17007 材料号	17006 牌号	标准牌号	牌号		标准号	牌号	牌号	牌号	牌号	牌号
27	结构钢	1.1121	Ck10	683/XI Type2	1010	G10100	A576	Gr1010	~970 040 A10 970 045 M10	XC10	S10C	10
28		1.1141	Ck15	683/XI Type2	1015	G10150	A29 A576	Cr1015 Cr1017	~970 040 A15 970 080 M15	XC18	S15C	15
29		1.1151	Ck22	683/1 C25e	1023	G10230	A29 A576	Cr1023	~970 050 A20 970 070 M20	XC25	S25C	25
30		1.1157	40Mn4	—	1039	G10390	A29 A576	Cr1039	970 150 M36	35M5	—	40Mn
31		1.1158	Ck25	683/1 25e	1025	G10250	A108 A576	Cr1025	970 060 A25	XC25	S25C	25
32		1.1181	Ck35	683/1 C35e	1034	G10340	A29	Cr1034	970 060 A35 970 080 M40	X38H1	S35C	35
33		1.1191	Ck45	683/C55e	1045	G10450	A108 A576	Cr1045	970 080 M46 970 070 M55	XC48H1	S45C	45
34		1.1221	Ck60	683/1 C60e	1064	G106440	A29	Cr1064	970 060 A62 970 080 A62	—	S58C	60
35	结构钢	1.4006	X10Cr13	683/XⅢ 3	410	S41000	A276 A182	Type410 CrF6a	970 410 S21	Z12C13 Z10C13	SuS410	1Cr13
36		1.4021	X20Cr13	683/XⅢ 4	~420	~S42000	A276	Type420	970 420 S37	Z20C13	SuS420J1	2Cr13
37		1.4024	X15Cr13	—	—	—	—	—	970 420 S29	~Z12C13	SuS410J1	1Cr13Mo
38		1.4028	X30Cr13	683/V Ⅲ 5	—	—	—	—	~970 420 S45	Z30C14	SuS420J2	3Cr13
39		1.4034	X40Cr13	683/V Ⅲ 5a	~420	~42000	—	—	~970 420 S45	Z40C14	—	4Cr13
40		1.4057	X22CrNi17	683/X Ⅲ 9	431	S43100	A276	Type431	970 431 S29	(Z22CN17) ~Z15CN16.02	SuS431	1Cr17Ni2
41		1.4104	X12CrMoS17	683/T13 8a	~430F	~S43020	—	—	—	Z10CF17	SuS304F	1Cr17
42		1.4300	X12CrNi188	—	~302	~S30200	—	—	~970 302 S25	~Z10CN18.09	SuS302	1Cr18Ni9
43		1.4301	X5CrNi189	683/X Ⅲ 11	304	S30400	A271 A276	Type304	970 304 S15	Z6CN18.09	SuS304	0Cr19Ni9

续表

序号	材料类型	德国		国际标准	美国				英国	法国	日本	中国
		DIN		ISO	AISI	UNS	ASTM		BSI	AFNOR	JIS	GB
		17007	17006	标准牌号	牌号		标准号	牌号	牌号	牌号	牌号	牌号
		材料号	牌号									
44	高合金钢	1.4306	X2CrNi189	683/XⅢ 10	304L	S30403	A276	Type304L	970 304 S12	Z2CN18.10	SuS304L	00Cr19Nill
45		1.4401	X5CrNimo180	683/XⅢ 20	316	S31600	A276 A182	Type316 Cr F316	970 316 S16	Z6CND17.11	SuS316	0Gr17Ni12Mo2
46		1.4404	X2CrNiMo1810	683/XⅢ 19	316L	S3103	A276	Type316L	~970 316 S12	Z2CND17.12	SuS316L	00Cr17Ni14Mo2
47		1.4406	X2CrNiMoN1812	—	316NL	—	A276	Type 316NL	1501 316 S61-3	—	—	—
48		1.4435	X2CrNiMo1812	683/XⅢ 94a	316L	S31603	A276	Type316L	970 316 S12	Z2CND17.13	SuS316L	00Cr17Ni14Mo2
49		1.4436	X5CrNiMo1812	683/XⅢ 20a	316	S31600	A276 A182	Type316 Cr F316	970 316 S16	Z6CND17.12	SuS316	0Cr17Ni2Mo2
50		1.4460	X8CrNiMo275	—	~329	~S32900	—	—	—	(Z8CND27.05)	Su329J1	0Cr26Ni5Mo2
51		1.4541	X10CrNiTil89	683/XⅢ 15	321	S32100	A276 A193	Type321 B8T	170 321 S12 980-L W18	Z6CNT18.10	SuS321	0Cr18Ni11Ti
52		1.4542	X5CrNiCuNb174	683T16 1	630	S17400	A564	~Type630	~(17/4/2，5PH)	Z6CNU17.04	SuS630	0Cr17Ni4Cu4Nb
53		1.4550	X10CrNiN$_b$189	683/XⅢ 16	347	S34700	A276	Type347	970 347 S17	Z6CNNb18.10	SuS347	0Cr18Ni11Nb
54		1.4571	X10CrNiMoTi1810	683/XⅢ 21	~316Ti	~S31635	A276	~Type316Ti	970 320 S17	Z6CNDT17.13 Z6CNDT17.12	—	1Cr18Ni12Mo2Ti
55		1.6900	X12CrNi189	—	302	S30200	—	—	—	~Z10CN18.09	SuS302	1Cr18Ni9

表 A－9 摩擦副材料性能

材料			物理机械性能：密度/(g/cm³)	硬度 HRA	热导率/[W/(m·K)]	线胀系数/(×10⁻⁶ K⁻¹)	抗压强度/MPa	抗弯强度/MPa	弹性模量/(×10⁵ MPa)	气孔率(%)	使用温度/℃	特性
石墨浸渍材料	浸渍酚醛		1.75～1.9	HS 70～100	5～6		120～300	50～70		3	170	具有良好的自润滑性和导热性，摩擦系数低（f = 0.04～0.05）、线胀系数小，有良好的耐腐蚀性，除强氧化性酸，如浓硫酸、硝酸外，耐各种浓度的酸、碱、盐及有机化合物的腐蚀，还有良好的热稳定性，但强度低、弹性模量小、易发生残余变形 浸渍酚醛石墨耐酸性好，浸渍环氧石墨耐碱性好，浸渍呋喃石墨耐酸入耐碱，浸浸金属石墨耐高温及高的 pv 值
	浸渍呋喃	M106K	1.69	HS 80	4.18	11	120	50	1.4～1.6	5	200	
		M158K	1.68	HS 75～85	5.4～6.2	4～6	200～300	60～70		1	－100～200	
	浸渍环氧	M158H	1.7	HS 65～75	5.4～6.2	4～6	150～200	60～65	1.3～1.7	1	－100～200	
		M220H	1.9	HS 45		11	85	40		5	－100～200	
	浸渍巴氏合金		2.2～3.0	HS 45～90		6	200～250	95～105		1	－100～200	
	浸渍青铜		2.2～3.0	HS 60～90			120～180	45～70		0～6	400	
	浸渍聚四氟乙烯		1.6～1.9	HS 80～100	0.41～0.48		140～180	40～60		8	250	
填充聚四氟乙烯	含质量分数20%石墨		2.16		0.48	0.87（横向100℃）1.46（纵向100℃）	16.4（抗拉）	24.9		吸水率+0.3%	－180～250	具有优异的耐腐蚀性，摩擦系数低，耐温性好，使用温度范围广 根据使用要求，加入不同材料进行改性，如石墨、二硫化钼可减小摩擦系数，加入玻璃纤维可减小磨损，加金属粉可增加导热性
	含质量分数40%玻璃纤维+5%石墨		2.28		0.25	0.67（横向100℃）1.19（纵向100℃）	16（抗拉）	19.9		吸水率+0.47%	－180～250	
	含质量分数40%玻璃纤维+5%石墨		2.28		0.43	0.6（横向100℃）1.2（纵向100℃）	11.2（抗拉）	20.1		吸水率－0.77%	－180～250	

续表

材料		物理机械性能								使用温度/℃	特性
		密度/(g/cm^3)	硬度 HRA	热导率/[W/(m·K)]	线胀系数/($\times10^{-6}$ K^{-1})	抗压强度/MPa	抗弯强度/MPa	弹性模量/($\times10^5$ MPa)	气孔率(%)		
氧化铝陶瓷	含质量分数95%氧化铝(95瓷)	3.3	78~82	16.75	5.8~8		220~360	2.3			热胀系数小，有良好的导热性、硬度高、耐磨好，耐腐蚀性强，但不耐氢氟酸、磷酸、浓碱的腐蚀，能耐一定的温度急变，制造工艺简单、价格低，但脆性大，加工困难
	含质量分数95%氧化铝(99瓷)	3.9	85~90	16.75	5.3	1200~1500	340~540	3.5	0	1300~1700	
碳化硅	反应烧结碳化硅	3.05	91~92	100~125	4.3~5		350~370	3.6~3.8	0.3	2400	硬度高、热胀系数小、导热性好、耐腐蚀性好，但不耐氢氟酸、发烟硫酸、强碱的腐蚀，有自润滑性，摩擦系数小($f=0.1$)，耐热性好，抗热震性与碳化钨相当，优于氧化铝陶瓷
	常压烧结碳化硅	3~3.1	91~92	92	4.3~5		380~460	4	0.1	2400	
	热压碳化硅	3.1~3.2	93~94	84	4.5		450~550	4	0.1	2400	
氧化硅	烧结氮化硅	2.5~2.6	80~85	5	2.5	1200	200~300	1.7~2.2	13~16		耐温差剧变性好、热胀系数小、强度高、硬度高、摩擦系数小、耐磨损、有自润滑性、耐腐蚀性好，除氢氟酸外，几乎耐所有的无机酸和有机溶液的腐蚀
	热压氮化硅	3.1~3.3	91~92		2.7~2.8	1600	700~800	3	1		
碳化钨硬质合金	YG6(含钴6%)	14.6~15	89.5	100	4.5	4500	1400				硬度高、强度大、耐磨性和抗颗粒冲刷性好，导热系数高，热胀系数小，常温下具有一定的耐腐蚀性。含钴低，耐腐蚀性好，抗弯强度低，脆性大，机械加工困难、价格高。含钴高，则反之
	YG8(含钴8%)	14.4~14.8	89	58.6~87.9	4.5	4300	1500	5.6~6.2	0.1	600	
	YG15(含钴质量分数15%)	13.9~14.1	87		5.3	3600	1900				
钢结硬质合金	R5	6.4	HRC 70~73		9.16~11.13		1300				是新开发的、以钢为粘结相、碳化钛为硬质相的硬质合金材料 具有较高的弹性模量、硬度、强度和低的摩擦系数及密度，有较高的耐腐蚀性，能耐如硝酸、氢氧化钠等价质的腐蚀。有较好的加工性
	R8	6.25	HRC 62~66		7.58~10.6		1100				

表 A-10 轴端密封等常用摩擦副材料组合的[pv]值　　MPa·m/s

摩擦副材料组合		非平衡型			平衡型	
静环	动环	水	油	气	水	油
石墨	钨铬钴合金	3.0~9.0	4.5~11.0	4.5~1.0	8.5~10.5	58.0~70.0
	铬镍铁合金	—	20.0~30.0	—	—	—
	碳化钨	7.0~15.0	9.0~20.0	—	26.0~42.0	122.5~150.0
	含碳化钽的碳化钨	25.0	—	—	—	—
	不锈钢	1.8~10.0	5.5~15.0	—	—	—
	铜青铜	1.8	—	—	—	—
	氧化铝陶瓷	3.0~7.5	8.0~15.0	—	21.0	42.0
	喷涂陶瓷	15.0	20.0	—	90.0	150.0
	氧化铬	7.0	—	—	—	—
	工具钢	—	11.0	—	—	—
	铸铁	5.0~10.0	9.0	—	—	—
碳化硅	钨铬钴合金	8.5	—	—	—	—
	碳化钨	12.0	—	—	—	—
	碳石墨	180.0	—	—	—	—
	碳化硅	14.5	—	—	—	—
碳化钨	碳化钨	4.4	7.1	—	26.0	42.0
青铜	铬镍铁合金	—	9.0~20.0	—	—	—
	碳化钨	2.0	20.0	—	—	—
	陶瓷 Al_2O_3	1.5	—	—	—	—
	45，40XH	3.0	10.0	—	—	—
铸铁	钨铬钴合金	—	6.0	—	—	—
	铬镍铁合金	—	6.0	—	—	—
陶瓷	钨铬钴合金	0.5	1.0	—	—	—
填充聚四氟乙烯	钨铬钴合金	3.0	0.5	0.06	—	—
	不锈钢 SUS 36	3.0	—	—	—	—
	高硅铸铁	3.0	—	—	—	—
	含碳化钽碳化钨	5.0	—	—	—	—

注：表中 pv 值意义；p—端面比压；v—密封端面平均周速。

表 A-11 弹性密封材料特性

名称		代号	使用温度/℃	特点	应用
天然橡胶		NR	-50~120	弹性和低温性能好，但高温性能差，耐油性差，在空气中易老化	用于水、醇价质，不宜在燃料油中使用
丁苯橡胶		SBR	-30~120	耐磨性、耐老化性优良、价格低，回弹性良好，耐动、植物油，但不耐矿物油的侵蚀	用于水、动、植物油、酒精类介质，不能用于矿物油中
丁腈橡胶	中丙烯腈（丁腈-26）	NBR	-30~120	耐油、耐磨、耐老化性优良，但耐挠曲、抗撕裂较差。丙烯腈含量高，耐油性好，强度、硬度、耐磨性、耐水性增加，但耐蚀性、弹性和低温性会变差	应用广泛。适用于耐油性高的场合，如用于燃料油、汽油和矿物油的介质中，但不适用于磷酸脂系液压油中
	高丙烯腈（丁腈-40）		-20~120		
硅橡胶		MPVQ MVQ Si	-70~250	高耐热、耐寒性和耐压缩永久变形，但机械强度差，扯断强度仅为丁腈橡胶的1/3，易在酸、碱作用下发生离子型裂解，耐蚀性差	用于高、低温介质及高速旋转的场合，不适用于苯、甲苯、丙酮等介质
氟橡胶		FPM	-20~250	最高耐热性、耐腐蚀性（酸、碱油），几乎耐所有润滑油、燃料油，耐真空性好，耐寒性和耐压缩永久变形差，膨胀系数大，价格高	用于耐高温、耐腐蚀的场合，可广泛用于汽油、石油制品和溶剂，但不适用于酮类溶剂
氯丁橡胶		CR	-40~130	耐老化性、耐臭氧性、耐热性、耐腐蚀性优良，耐油性次于丁腈橡胶而优于其它橡胶，耐酸、碱、溶剂较好	用于临界温度低的矿物油、酸、碱、溶剂等介质，但不能用于芳香烃及氯化轻油介质
填充聚四氟乙烯		PTFE	-100~250	有优异的化学稳定性、耐油、耐溶剂、抗老化、耐热、耐寒、摩擦系数低、透气性低，有一定的强度和不粘着性，弹性差、膨胀系数大，有冷流现象	用于高温或低温条件下的酸、碱、盐、溶剂等强腐蚀性介质
乙丙橡胶		EPDM	-50~150	耐热、耐寒、易老化、耐臭氧、耐酸碱、耐磨性好，不耐一般矿物油系润滑油及液压油	适用于耐热的场合，可用于过热蒸气，但不可用于矿物油
聚硫橡胶		T	0~80	耐油、耐溶剂性能极好，在汽油中几乎不膨胀。强度、撕裂性、耐磨性能差，使用温度范围小	多用于在溶解性强的介质中不允许膨胀的静止密封
柔性石墨			-200~1600（氧化性介质：400）	耐温性、耐腐蚀性优良，耐一般的化学溶剂（如石油产品、酯、蒸汽等），有良好的柔性、回弹性、气密性和机械强度	是用于辅助密封圈的新型材料。高温油泵中，压制成矩形、楔形和V形密封圈

注：API 标准规定密封圈使用温度范围见下表：

材料	聚四氟乙烯	丁腈橡胶	氯丁橡胶	氟橡胶	柔性石墨	玻璃纤维填充聚四氟乙烯
使用温度范围/℃	-73~204	-40~121	-17~93	-17~204	-240~399（非氧化介质为871）	-212~232

表 A－12　气阀弹簧力与气体力之比 μ 值的计算表

（1）向轴行程　$\mu=\left(\sin\theta_2-\frac{\lambda}{2}\sin2\theta\right)^2$

θ_2/(°)	λ															
	$\frac{1}{3.4}$	$\frac{1}{3.6}$	$\frac{1}{3.8}$	$\frac{1}{4.0}$	$\frac{1}{4.2}$	$\frac{1}{4.4}$	$\frac{1}{4.6}$	$\frac{1}{4.8}$	$\frac{1}{5.0}$	$\frac{1}{5.2}$	$\frac{1}{5.4}$	$\frac{1}{5.6}$	$\frac{1}{5.8}$	$\frac{1}{6.0}$	$\frac{1}{6.2}$	$\frac{1}{6.4}$
0	0.0000	0.0000	0.0000	0.0000	0.0000	0.0000	0.0000	0.0000	0.0000	0.0000	0.0000	0.0000	0.0000	0.0000	0.0000	0.0000
5	0.0038	0.0040	0.0041	0.0043	0.0044	0.0045	0.0047	0.0048	0.0049	0.0050	0.0051	0.0051	0.0052	0.0053	0.0054	0.0054
10	0.0152	0.0159	0.0165	0.0171	0.0177	0.0182	0.0186	0.0190	0.0194	0.0198	0.0202	0.0205	0.0208	0.0211	0.0213	0.0216
15	0.0343	0.0359	0.0378	0.0385	0.0397	0.0408	0.0418	0.0427	0.0436	0.0444	0.0452	0.0459	0.0465	0.0472	0.0477	0.0483
20	0.0613	0.0639	0.0663	0.0635	0.0705	0.0723	0.0741	0.0757	0.0771	0.0785	0.0798	0.0810	0.0821	0.0832	0.0842	0.0851
25	0.0961	0.1000	0.1036	0.1068	0.1098	0.1126	0.1152	0.1175	0.1197	0.1218	0.1237	0.1255	0.1271	0.1287	0.1302	0.1316
30	0.1389	0.1442	0.1490	0.1535	0.1575	0.1613	0.1647	0.1679	0.1709	0.1737	0.1762	0.1787	0.1809	0.1830	0.1850	0.1869
35	0.1896	0.1963	0.2024	0.2080	0.2132	0.2179	0.2223	0.2263	0.2300	0.2335	0.2367	0.2398	0.2426	0.2453	0.2478	0.2502
40	0.2480	0.2560	0.2634	0.2701	0.2762	0.2818	0.2870	0.2918	0.2963	0.3004	0.3043	0.3079	0.3112	0.3144	0.3174	0.3202
45	0.3137	0.3229	0.3312	0.3388	0.3458	0.3522	0.3581	0.3635	0.3686	0.3733	0.3776	0.3817	0.3855	0.3891	0.3925	0.3956
50	0.3859	0.3960	0.4051	0.4134	0.4209	0.4279	0.4343	0.4402	0.4456	0.4507	0.4554	0.4598	0.4640	0.4678	0.4715	0.4749
55	0.4637	0.4742	0.4837	0.4924	0.5003	0.5075	0.5141	0.5202	0.5259	0.5311	0.5360	0.5406	0.5449	0.5489	0.5526	0.5561
60	0.5456	0.5561	0.5656	0.5742	0.5821	0.5892	0.5958	0.6019	0.6075	0.6127	0.6175	0.6221	0.6263	0.6302	0.6339	0.6374
65	0.6299	0.6399	0.6489	0.6570	0.6644	0.6712	0.6774	0.6831	0.6884	0.6933	0.6979	0.7021	0.7061	0.7098	0.7132	0.7165
70	0.7143	0.7232	0.7312	0.7385	0.7451	0.7512	0.7566	0.7617	0.7663	0.7707	0.7747	0.7785	0.7820	0.7852	0.7883	0.7912
75	0.7964	0.8037	0.8102	0.8162	0.8216	0.8265	0.8310	0.8351	0.8389	0.8424	0.8457	0.8488	0.8516	0.8543	0.8567	0.8591
80	0.8733	0.8785	0.8832	0.8875	0.8913	0.8948	0.8980	0.9009	0.9037	0.9062	0.9085	0.9106	0.9126	0.9145	0.9163	0.9179
85	0.9422	0.9449	0.9474	0.9476	0.9516	0.9535	0.9552	0.9567	0.9581	0.9594	0.9606	0.9618	0.9628	0.9638	0.9647	0.9656
90	1.0000	1.0000	1.0000	1.0000	1.0000	1.0000	1.0000	1.0000	1.0000	1.0000	1.0000	1.0000	1.0000	1.0000	1.0000	1.0000

（2）向盖行程　$\mu=\left(\sin\theta_2-\frac{\lambda}{2}\sin\theta_2\right)^2$

θ_2/(°)	λ															
	$\frac{1}{3.4}$	$\frac{1}{3.6}$	$\frac{1}{3.8}$	$\frac{1}{4.0}$	$\frac{1}{4.2}$	$\frac{1}{4.4}$	$\frac{1}{4.6}$	$\frac{1}{4.8}$	$\frac{1}{5.0}$	$\frac{1}{5.2}$	$\frac{1}{5.4}$	$\frac{1}{5.6}$	$\frac{1}{5.8}$	$\frac{1}{6.0}$	$\frac{1}{6.2}$	$\frac{1}{6.4}$
0	0.0000	0.0000	0.0000	0.0000	0.0000	0.0000	0.0000	0.0000	0.0000	0.0000	0.0000	0.0000	0.0000	0.0000	0.0000	0.0000
5	0.0127	0.0124	0.0121	0.0119	0.0116	0.0114	0.0112	0.0111	0.0109	0.0108	0.0107	0.0105	0.0104	0.0103	0.0102	0.0101
10	0.0502	0.0489	0.0478	0.0468	0.0460	0.0452	0.0444	0.0438	0.0432	0.0427	0.0422	0.0417	0.0413	0.0409	0.0405	0.0401
15	0.1105	0.1078	0.1054	0.1032	0.1013	0.0996	0.0981	0.0967	0.0954	0.0942	0.0931	0.0921	0.0912	0.0903	0.0895	0.0887
20	0.1906	0.1860	0.1820	0.1784	0.1752	0.1723	0.1697	0.1673	0.1651	0.1631	0.1612	0.1595	0.1580	0.1565	0.1551	0.1539
25	0.2865	0.2799	0.2740	0.2687	0.2640	0.2598	0.2559	0.2524	0.2492	0.2463	0.2436	0.2411	0.2388	0.2367	0.2346	0.2328
30	0.3936	0.3847	0.3769	0.3700	0.3637	0.3581	0.3530	0.3483	0.3441	0.3402	0.3366	0.3333	0.3302	0.3274	0.3247	0.3222
35	0.5066	0.4957	0.4861	0.4775	0.4698	0.4629	0.4566	0.4509	0.4456	0.4408	0.4364	0.4323	0.4285	0.4250	0.4217	0.4186
40	0.6203	0.6077	0.5966	0.5866	0.5776	0.5696	0.5622	0.5556	0.5495	0.5439	0.5387	0.5339	0.5295	0.5254	0.5216	0.5180
45	0.7296	0.7157	0.7034	0.6924	0.6825	0.6736	0.6655	0.6582	0.6514	0.6452	0.6395	0.6342	0.6293	0.6248	0.6206	0.6166
50	0.8297	0.8151	0.8021	0.7906	0.7802	0.7708	0.7623	0.7545	0.7474	0.7409	0.7348	0.7293	0.7241	0.7193	0.7148	0.7106
55	0.9165	0.9019	0.8889	0.8772	0.8668	0.8574	0.8488	0.8410	0.8338	0.8272	0.8211	0.8155	0.8103	0.8054	0.8009	0.7967
60	0.9868	0.9728	0.9604	0.9492	0.9392	0.9301	0.9219	0.9144	0.9075	0.9012	0.8953	0.8899	0.8849	0.8802	0.8758	0.89718
65	1.0383	1.0256	1.0143	1.0041	0.9950	0.9868	0.9793	0.9724	0.9661	0.9603	0.9550	0.9500	0.9455	0.9412	0.9372	0.9335
76	1.0696	1.0588	1.0491	1.0405	1.0327	1.0256	1.0192	1.0133	1.0079	1.0030	0.9984	0.9942	0.9902	0.9866	0.9831	0.9799
75	1.0805	1.0720	1.0644	1.0577	1.0515	1.0460	1.0410	1.0363	1.0321	1.0282	1.0246	1.0212	1.0181	1.0152	1.0125	1.0100
80	1.0714	1.0657	1.0605	1.0559	1.0517	1.0479	1.0445	1.0143	1.0384	1.0357	1.0332	1.0309	1.0288	1.0268	1.0249	1.0232
85	1.0439	1.0410	1.0384	1.0361	1.0340	1.0321	1.0304	1.0288	1.0273	1.0259	1.0247	1.0235	1.0225	1.0214	1.0205	1.0196
90	1.0000	1.0000	1.0000	1.0000	1.0000	1.0000	1.0000	1.0000	1.0000	1.0000	1.0000	1.0000	1.0000	1.0000	1.0000	1.0000

表 A－13　往复压缩机行程－转角转换计算因子 $g_i(\theta)$ 表

（1）盖侧 $g_i(\theta)$ 值 $g_i(\theta)=\dfrac{1-\cos\theta}{2}+\dfrac{\lambda}{4}\sin^2\theta$

θ/(°)	λ								θ/(°)
	$\frac{1}{3.4}$	$\frac{1}{3.6}$	$\frac{1}{3.8}$	$\frac{1}{4.0}$	$\frac{1}{4.2}$	$\frac{1}{4.4}$	$\frac{1}{4.6}$	$\frac{1}{4.8}$	
0	0.0000	0.0000	0.0000	0.0000	0.0000	0.0000	0.0000	0.0000	360
5	0.0025	0.0024	0.0024	0.0024	0.0024	0.0023	0.0023	0.0023	355
10	0.0098	0.0097	0.0096	0.0095	0.0094	0.0093	0.0092	0.0092	350
15	0.0220	0.0217	0.0214	0.0212	0.0210	0.0208	0.0207	0.0025	345
20	0.0388	0.0383	0.0378	0.0375	0.0371	0.0368	0.0365	0.0362	340
25	0.0600	0.0592	0.0586	0.0580	0.0575	0.0570	0.0566	0.0561	335
30	0.0854	0.0843	0.0834	0.0826	0.0819	0.0812	0.0806	0.0800	330
35	0.1146	0.1133	0.1121	0.1110	0.1100	0.1091	0.1083	0.1076	325
40	0.1474	0.1457	0.1442	0.1428	0.1416	0.1405	0.1394	0.1385	320
45	0.1832	0.1812	0.1793	0.1777	0.1762	0.1749	0.1736	0.1725	315
50	0.2218	0.2194	0.2172	0.2153	0.2135	0.2119	0.2105	0.2092	310
55	0.2626	0.2598	0.2574	0.2551	0.2532	0.2513	0.2497	0.2482	305
60	0.3051	0.3021	0.2993	0.2969	0.2946	0.2926	0.2908	0.2891	300
65	0.3491	0.3457	0.3427	0.3400	0.3376	0.3354	0.3333	0.3315	295
70	0.3939	0.3903	0.3871	0.3842	0.3816	0.3792	0.3770	0.3750	290
75	0.4392	0.4354	0.4320	0.4289	0.4261	0.4236	0.4213	0.4192	285
80	0.4845	0.4805	0.4770	0.4738	0.4709	0.4683	0.4659	0.4637	280
85	0.5294	0.5253	0.5217	0.5184	0.5155	0.5128	0.5104	0.5081	275
90	0.5735	0.5694	0.5658	0.5625	0.5595	0.5568	0.5543	0.5521	270
95	0.6165	0.6125	0.6089	0.6056	0.6026	0.6000	0.5975	0.5953	265
100	0.6581	0.6542	0.6506	0.6474	0.6445	0.6419	0.6395	0.6373	260
105	0.6980	0.6942	0.6908	0.6877	0.6849	0.6824	0.6801	0.6780	255
110	0.7359	0.7323	0.7291	0.7262	0.7236	0.7212	0.7190	0.7170	250
115	0.7717	0.7684	0.7653	0.7626	0.7602	0.7580	0.7560	0.7541	245
120	0.8051	0.8021	0.7993	0.7969	0.7946	0.7926	0.7908	0.7891	240
125	0.8361	0.8339	0.3809	0.8287	0.8267	0.8249	0.8233	0.8217	235
130	0.8645	0.8621	0.8600	0.8581	0.8563	0.8547	0.8533	0.8520	230
135	0.8903	0.8883	0.8864	0.8848	0.8833	0.8820	0.8807	0.8796	225
140	0.9134	0.9117	0.9102	0.9088	0.9076	0.9065	0.9055	0.9045	220
145	0.9338	0.9324	0.9312	0.9301	0.9292	0.9283	0.9275	0.9268	215
150	0.9515	0.9504	0.9495	0.9486	0.9479	0.9472	0.9466	0.9460	210
155	0.9663	0.9656	0.9649	0.9643	0.9638	0.9633	0.9629	0.9625	205
160	0.9784	0.9780	0.9775	0.9772	0.9768	0.9765	0.9762	0.9759	200
165	0.9879	0.9876	0.9874	0.9871	0.9870	0.9868	0.9866	0.9865	195
170	0.9946	0.9945	0.9944	0.9943	0.9942	0.9941	0.9940	0.9940	190
175	0.9987	0.9986	0.9986	0.9986	0.9985	0.9985	0.9985	0.9985	185
180	1.0000	1.0000	1.0000	1.0000	1.0000	1.0000	1.0000	1.0000	180

续表

θ/(°)	λ								θ/(°)
	$\frac{1}{5.0}$	$\frac{1}{5.2}$	$\frac{1}{5.4}$	$\frac{1}{5.6}$	$\frac{1}{5.8}$	$\frac{1}{6.0}$	$\frac{1}{6.2}$	$\frac{1}{6.4}$	
0	0. 0000	0. 0000	0. 0000	0. 0000	0. 0000	0. 0000	0. 0000	0. 0000	360
5	0. 0023	0. 0023	0. 0023	0. 002	0. 0022	0. 0022	0. 0022	0. 0022	355
10	0. 0091	0. 0090	0. 0090	0. 0089	0. 0089	0. 0089	0. 0088	0. 0088	350
15	0. 0204	0. 0203	0. 0201	0. 0200	0. 0199	0. 0198	0. 0197	0. 0197	345
20	0. 0360	0. 0358	0. 0356	0. 0354	0. 0352	0. 0350	0. 0349	0. 0347	340
25	0. 0558	0. 0554	0. 0551	0. 0548	0. 0545	0. 0543	0. 0540	0. 0538	335
30	0. 0795	0. 0790	0. 0786	0. 0781	0. 0778	0. 0774	0. 0771	0. 0768	330
35	0. 1069	0. 1062	0. 1057	0. 1051	0. 1046	0. 1041	0. 1037	0. 1033	325
40	0. 1376	0. 1368	0. 1361	0. 1354	0. 1348	0. 1342	0. 1336	0. 1331	320
45	0. 1714	0. 1705	0. 1696	0. 1688	0. 1680	0. 1673	0. 1666	0. 1670	315
50	0. 2079	0. 2068	0. 2058	0. 2048	0. 2039	0. 2031	0. 2023	0. 2015	310
55	0. 2468	0. 2455	0. 2443	0. 2432	0. 2421	0. 2412	0. 2403	0. 2494	305
60	0. 2875	0. 2861	0. 2847	0. 2835	0. 2823	0. 2812	0. 2802	0. 2893	300
65	0. 3298	0. 3282	0. 3267	0. 3254	0. 3241	0. 3229	0. 3218	0. 3208	259
70	0. 3731	0. 3714	0. 3699	0. 3684	0. 3671	0. 3658	0. 3646	0. 3635	290
75	0. 4172	0. 4154	0. 4138	0. 4122	0. 4108	0. 4095	0. 4082	0. 4070	285
80	0. 4617	0. 4598	0. 4581	0. 4565	0. 4550	0. 4536	0. 4523	0. 4511	280
85	0. 5060	0. 5041	0. 5024	0. 5007	0. 4992	0. 4978	0. 4964	0. 4952	275
90	0. 5500	0. 5481	0. 5463	0. 5446	0. 5431	0. 5417	0. 5403	0. 5391	270
95	0. 5932	0. 5913	0. 5895	0. 5879	0. 5864	0. 5849	0. 5836	0. 5823	265
100	0. 6353	0. 6335	0. 6317	0. 6301	0. 6286	0. 6272	0. 6259	0. 6247	260
105	0. 6761	0. 6743	0. 6726	0. 6711	0. 6692	0. 6683	0. 6670	0. 6659	255
110	0. 7152	0. 7135	0. 7119	0. 7104	0. 7091	0. 7078	0. 7066	0. 7055	250
115	0. 7524	0. 7508	0. 7493	0. 7480	0. 7467	0. 7455	0. 7444	0. 7434	245
120	0. 7875	0. 7861	0. 7847	0. 7835	0. 7823	0. 7812	0. 7802	0. 7793	240
125	0. 8203	0. 8190	0. 8179	0. 8167	0. 8157	0. 8147	0. 8138	0. 8130	235
130	0. 8507	0. 8496	0. 8486	0. 8476	0. 8467	0. 8458	0. 8451	0. 8443	230
135	0. 8785	0. 8776	0. 8767	0. 8759	0. 8751	0. 8744	0. 8737	0. 8731	225
140	0. 9037	0. 9029	0. 9022	0. 9015	0. 9008	0. 9002	0. 8997	0. 8992	220
145	0. 9260	0. 9254	0. 9248	0. 9243	0. 9238	0. 9233	0. 9228	0. 9224	215
150	0. 9455	0. 9450	0. 9446	0. 9442	0. 9438	0. 9434	0. 9431	0. 9428	210
155	0. 9621	0. 9617	0. 9614	0. 9611	0. 9609	0. 9606	0. 9604	0. 9601	205
160	0. 9757	0. 9755	0. 9753	0. 9751	0. 9749	0. 9747	0. 9746	0. 9744	200
165	0. 9863	0. 9862	0. 9861	0. 9860	0. 9859	0. 9858	0. 9857	0. 9856	195
170	0. 9939	0. 9939	0. 9938	0. 9938	0. 9937	0. 9937	0. 9936	0. 9936	190
175	0. 9985	0. 9985	0. 9984	0. 9984	0. 9984	0. 9984	0. 9984	0. 9984	185
180	1. 0000	1. 0000	1. 0000	1. 0000	1. 0000	1. 0000	1. 0000	1. 0000	180

（2）轴侧 $g_i(\theta)$ 值 $q_i(\theta)=\frac{1+\cos\theta}{2}-\frac{\lambda}{4}\sin^2\theta$

θ/(°)	λ								θ/(°)
	$\frac{1}{3.4}$	$\frac{1}{3.6}$	$\frac{1}{3.8}$	$\frac{1}{4.0}$	$\frac{1}{4.2}$	$\frac{1}{4.4}$	$\frac{1}{4.6}$	$\frac{1}{4.8}$	
0	1.0000	1.0000	1.0000	1.0000	1.0000	1.0000	1.0000	1.0000	360
5	0.9975	0.9976	0.9976	0.9976	0.9976	0.9977	0.9977	0.9977	355
10	0.9902	0.9903	0.9904	0.9905	0.9906	0.9907	0.9908	0.9908	350
15	0.9780	0.9783	0.9786	0.9788	0.9790	0.9792	0.9793	0.9795	345
20	0.9612	0.9617	0.9622	0.9625	0.9629	0.9632	0.9635	0.9638	340
25	0.9400	0.9408	0.9414	0.9420	0.9425	0.9430	0.9434	0.9439	335
30	0.9146	0.9157	0.9166	0.9174	0.9181	0.9188	0.9194	0.9200	330
35	0.8854	0.8867	0.8879	0.8890	0.8900	0.8909	0.8917	0.8924	325
40	0.8526	0.8543	0.8558	0.8572	0.8584	0.8595	0.8606	0.8615	320
45	0.8168	0.8188	0.8207	0.8223	0.8238	0.8251	0.8264	0.8275	315
50	017782	0.7806	0.7828	0.7847	0.7865	0.7881	0.7895	0.7908	310
55	0.7374	0.7402	0.7426	0.7449	0.7468	0.7487	0.7503	0.7518	305
60	0.6949	0.6979	0.7007	0.7031	0.7054	0.7074	0.7092	0.7109	300
65	0.6509	0.6543	0.6573	0.6600	0.6624	0.6646	0.6667	0.6685	295
70	0.6061	0.6097	0.6129	0.6158	0.6184	0.6208	0.6230	0.6250	290
75	0.5608	0.5646	0.5680	0.5711	0.5739	0.5764	0.5787	0.5808	285
80	0.5155	0.5195	0.5230	0.5262	0.5291	0.5317	0.5341	0.5363	280
85	0.4706	0.4747	0.4783	0.4816	0.4845	0.4872	0.4896	0.4919	275
90	0.4265	0.4306	0.4342	0.4375	0.4405	0.4432	0.4457	0.4479	270
95	0.3835	0.3875	0.3911	0.3944	0.3974	0.4000	0.4025	0.4047	265
100	0.3419	0.3458	0.3494	0.3526	0.3554	0.3581	0.3605	0.3627	260
105	0.3020	0.3058	0.3092	0.3123	0.3151	0.3176	0.3199	0.3220	255
110	0.2671	0.2677	0.2709	0.2738	0.2764	0.2788	0.2810	0.2830	250
115	0.2283	0.2316	0.2347	0.2374	0.2398	0.2420	0.2440	0.2459	245
120	0.1949	0.1979	0.2007	0.2031	0.2054	0.2074	0.2092	0.2109	240
125	0.1639	0.1666	0.1691	0.1713	0.1733	0.1751	0.1767	0.1783	235
130	0.1355	0.1379	0.1400	0.1419	0.1437	0.1453	0.1467	0.1480	230
135	0.1097	0.1117	0.1136	0.1152	0.1167	0.1180	0.1193	0.1204	225
140	0.0866	0.0883	0.0898	0.0912	0.0924	0.0935	0.0945	0.0955	220
145	0.0662	0.0676	0.0688	0.0699	0.0708	0.0717	0.0725	0.0733	215
150	0.0486	0.0496	0.0505	0.0514	0.0521	0.0528	0.0534	0.0540	210
155	0.0337	0.0344	0.0351	0.0357	0.0362	0.0367	0.0371	0.0375	205
160	0.0216	0.0220	0.0225	0.0228	0.0232	0.0235	0.0238	0.0241	200
165	0.0121	0.0124	0.0126	0.0129	0.0130	0.0132	0.0134	0.0135	195
170	0.0054	0.0055	0.0056	0.0057	0.0058	0.0059	0.0060	0.0060	190
175	0.0013	0.0014	0.0014	0.0014	0.0015	0.0015	0.0015	0.0015	185
180	0.0000	0.0000	0.0000	0.0000	0.0000	0.0000	0.0000	0.0000	180

续表

θ/(°)	λ								θ/(°)
	$\frac{1}{5.0}$	$\frac{1}{5.2}$	$\frac{1}{5.4}$	$\frac{1}{5.6}$	$\frac{1}{5.8}$	$\frac{1}{6.0}$	$\frac{1}{6.2}$	$\frac{1}{6.4}$	
0	1. 0000	1. 0000	1. 0000	1. 0000	1. 0000	1. 0000	1. 0000	1. 0000	360
5	0. 9977	0. 9977	0. 9977	0. 9978	0. 9978	0. 9978	0. 9978	0. 9978	355
10	0. 9909	0. 9910	0. 9910	0. 9911	0. 9911	0. 9911	0. 9912	0. 9912	350
15	0. 9796	0. 9797	0. 9799	0. 9800	0. 9801	0. 9802	0. 9803	0. 9803	345
20	0. 9640	0. 9642	0. 9644	0. 9646	0. 9648	0. 9649	0. 9651	0. 9653	340
25	0. 9442	0. 9446	0. 9449	0. 9452	0. 9455	0. 9457	0. 9460	0. 9462	335
30	0. 9205	0. 9210	0. 9214	0. 9219	0. 9222	0. 9226	0. 9230	0. 9232	330
35	0. 8931	0. 8938	0. 8943	0. 8949	0. 8954	0. 8959	0. 8963	0. 8967	325
40	0. 8624	0. 8632	0. 8639	0. 8646	0. 8652	0. 8658	0. 8664	0. 8669	320
45	0. 8286	0. 8295	0. 8304	0. 8212	0. 8320	0. 8327	0. 8334	0. 8340	315
50	0. 7921	0. 7931	0. 7942	0. 7952	0. 7961	0. 7969	0. 7977	0. 7985	310
55	0. 7532	0. 7545	0. 7557	0. 7568	0. 7579	0. 7588	0. 7597	0. 7606	305
60	0. 7125	0. 7139	0. 7153	0. 7165	0. 7177	0. 7188	0. 7198	0. 7207	300
65	0. 6702	0. 6718	0. 6733	0. 6746	0. 6759	0. 6771	0. 6782	0. 6792	295
70	0. 6269	0. 6286	0. 6301	0. 6316	0. 6329	0. 6342	0. 6354	0. 6365	290
75	0. 5828	0. 5846	0. 5862	0. 5878	0. 5892	0. 5905	0. 5918	0. 5930	285
80	0. 5383	0. 5402	0. 5419	0. 5435	0. 5450	0. 5464	0. 5477	0. 5489	280
85	0. 4940	0. 4959	0. 4976	0. 4993	0. 5008	0. 5022	0. 5036	0. 5048	275
90	0. 4500	0. 4519	0. 4537	0. 4554	0. 4569	0. 4583	0. 4597	0. 4609	270
95	0. 4068	0. 4087	0. 4105	0. 4121	0. 4136	0. 4151	0. 4164	0. 4177	265
100	0. 3647	0. 3665	0. 3683	0. 3699	0. 3714	0. 3728	0. 3741	0. 3753	260
105	0. 3239	0. 3257	0. 3274	0. 3289	0. 3304	0. 3317	0. 3330	0. 3341	255
110	0. 2848	0. 2865	0. 2881	0. 2896	0. 2909	0. 2922	0. 2934	0. 2945	250
115	0. 2476	0. 2492	0. 2507	0. 2520	0. 2533	0. 2545	0. 2556	0. 2566	245
120	0. 2125	0. 2139	0. 2153	0. 2165	0. 2177	0. 2188	0. 2198	0. 2207	240
125	0. 1797	0. 1810	0. 1821	0. 1833	0. 1843	0. 1853	0. 1862	0. 1870	235
130	0. 1493	0. 1504	0. 1514	0. 1524	0. 1533	0. 1542	0. 1549	0. 1557	230
135	0. 1214	0. 1224	0. 1233	0. 1241	0. 1249	0. 1256	0. 1263	0. 1269	225
! 40	0. 0963	0. 0971	0. 0978	0. 0985	0. 0992	0. 0998	0. 1003	0. 1008	220
145	0. 0740	0. 0746	0. 0752	0. 0757	0. 0762	0. 0767	0. 0772	0. 0776	215
150	0. 0545	0. 0550	0. 0554	0. 0558	0. 0562	0. 0566	0. 0569	0. 0572	210
155	0：0380	0. 0383	0. 0386	0. 0389	0. 0391	0. 0394	0. 0396	0. 0399	205
160	0. 0243	0. 0245	0. 0247	0. 0249	0. 0251	0. 0253	0. 0254	0. 0256	200
165	0. 0137	0. 0138	0. 0139	0. 0140	0. 0141	0. 0142	0. 0143	0. 0144	195
170	0. 0061	0. 0061	0. 0062	0. 0062	0. 0063	0. 0063	0. 0064	0. 0064	190
175	0. 0015	0. 0015	0. 0016	0. 0016	0. 0016	0. 0016	0. 0016	0. 0016	185
180	0. 0000	0. 0000	0. 0000	0. 0000	0. 0000	0. 0000	0. 0000	0. 0000	180

表 A－14　国内外压缩机油牌号对照表（近似性能）

国外油品名称牌号	国产油品名称牌号
Mobil Rarus 424、425、426、427、429	DAB32、46、68、100、150
Sun Solnus AC Oills 68、100、150	DAB68、100、150
Caltex RPM Compressor Oils	DAB 级
Castrol Aircol PD	DAB 级
Esso Nurex DF	DAB 级
Shell Talpa 30、40、69、G150	DAB68、100、150、DAB150
Total Cortis 70	DAB150
（日）出光 Daphne Super CS68、CS100、CB150	DAB68、100、150
（日）出光 Daphne CS83、CSS83（55#）	DAB100
Mobil DTE 103、105	DAB68、150
丸善压缩机油 RP68、100、150	DAB68、100、150
富士フツエール压缩机油 68、100、150	DAB68、100、150
德国 DIN51506 VC、VCL、VDL32、46、68、100、150	DAB32、46、63、100、150
Mobil Light Rarus424	DAG32
Mobil Rarus824、826、827	4052 N32、N68、N100 双酯型压缩机油
ESSO Synesstic32、68、100	同上
CORROLESS Anderol495、497、500	同上
CENTURY Oils Centair32、100	4502、N32、N100 双酯型压缩机油
（日）F—RA32	4502 N32 双酯型压缩机油
Shell Corena R68、H68、R100、H100	4502 N68、N100 双酯型压缩机油
B. P Energol RC68、RC100	同上
Texaco Epvdl68	4502 N68 双酯型压缩机油
AGIP Dicres100	4502 N100 双酯型压缩机油
昭石 C－P－L100	同上
CASTROL Aircol SN	双酯型合成压缩机油
（美）Tanneco 化学公司 495、496、497、500、750	双酯型压缩机油 N32、N46、N68、N100、N150
Mobil SHC924	合成油型压缩机油
Mobil SHC600 系列产品	合成烃（聚－烯烃）空气压缩机油
Chevron FR，Fluid	磷酸酯难燃空气压缩机油

2. 附图

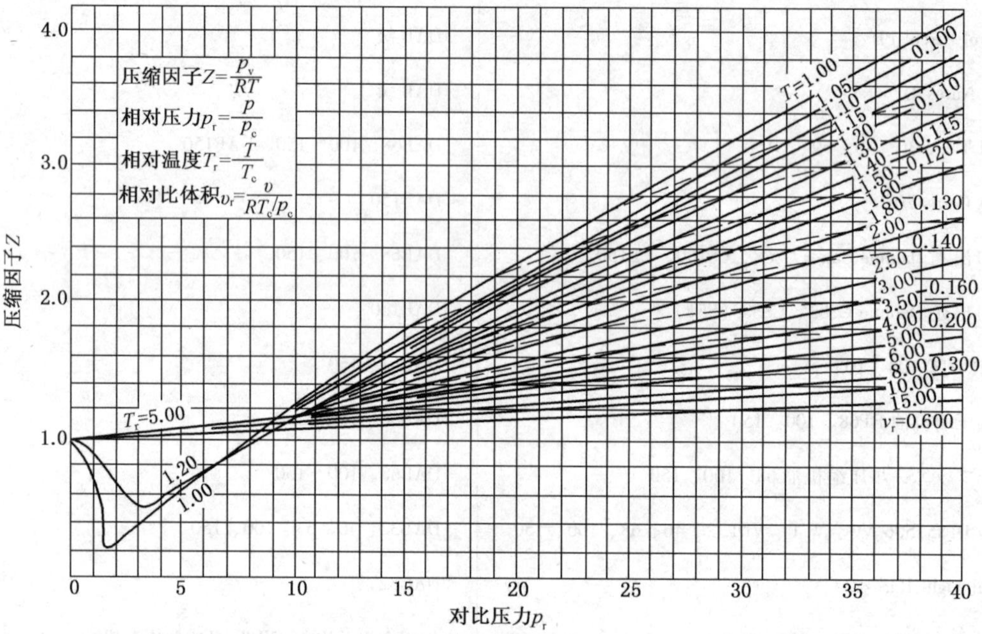

(a)高压区段

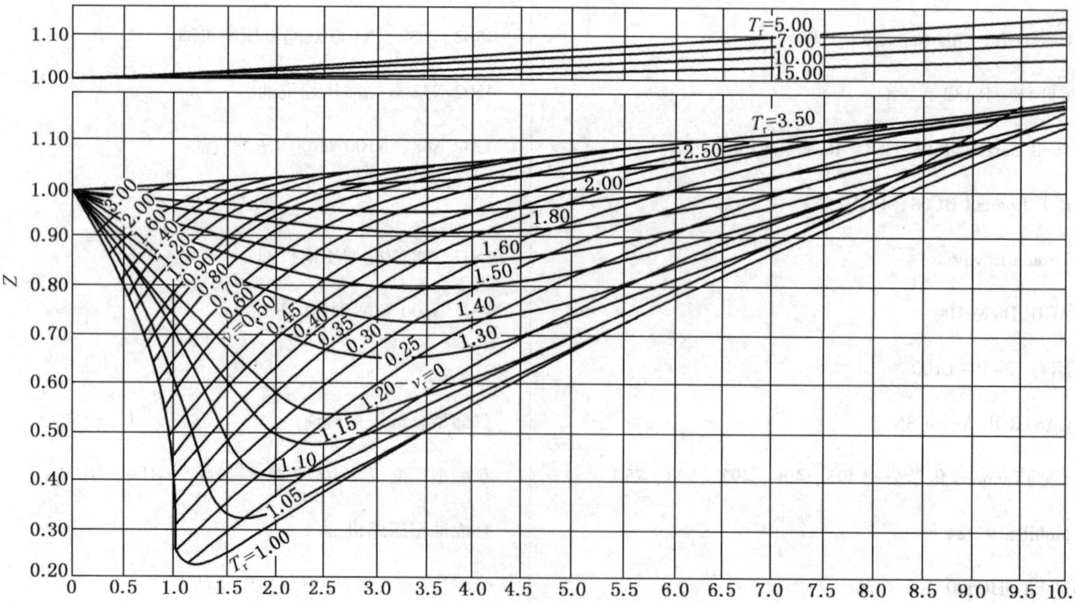

(b)中压区段

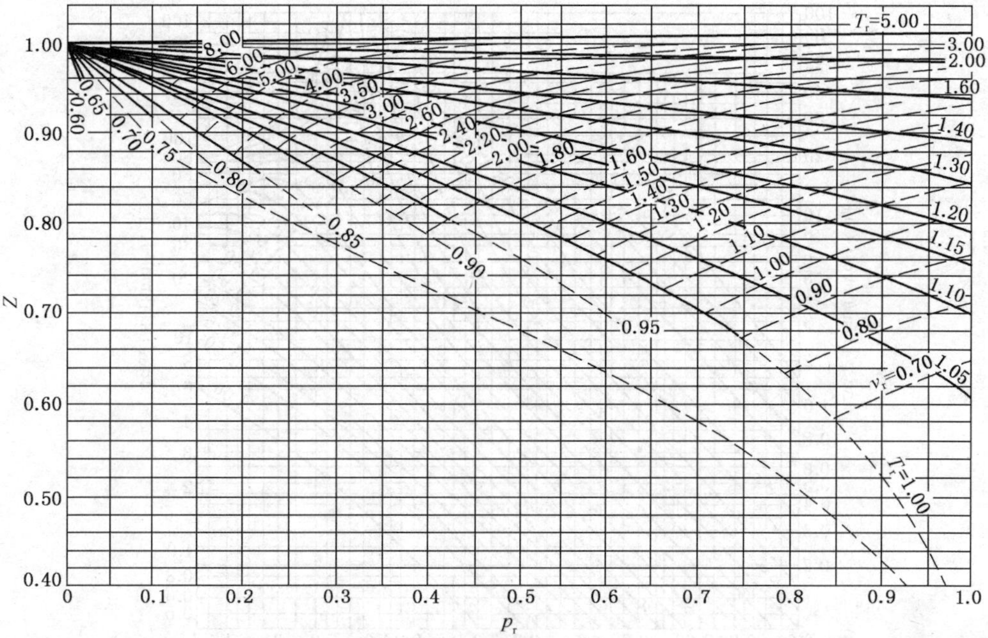

(c)低压区段

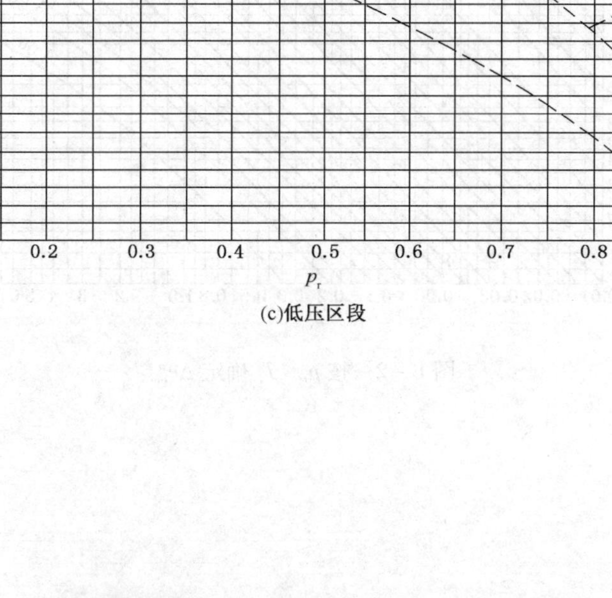

(d)超低压区段

图 B－1　通用压缩因子(压缩性系数)Z 值

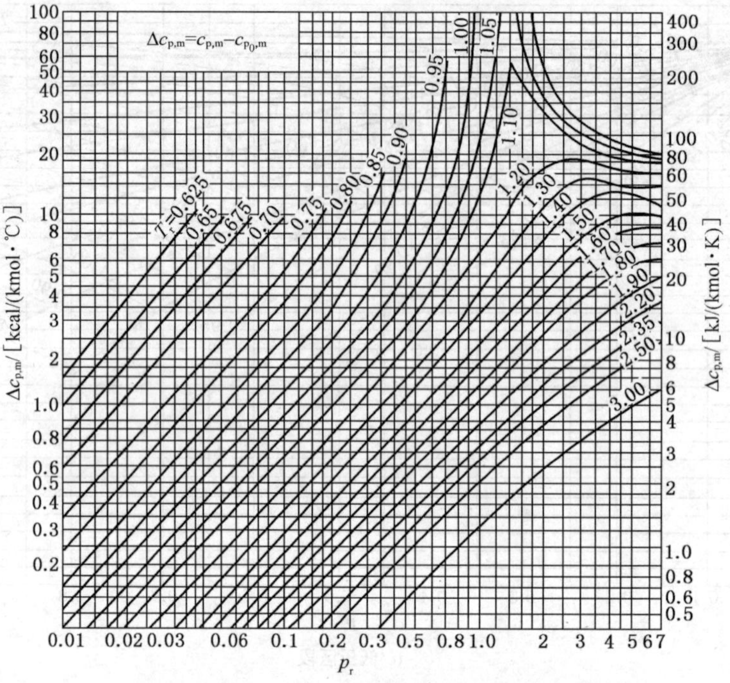

图 B－2 按 p_r、T_r 确定 Δc_{pm}

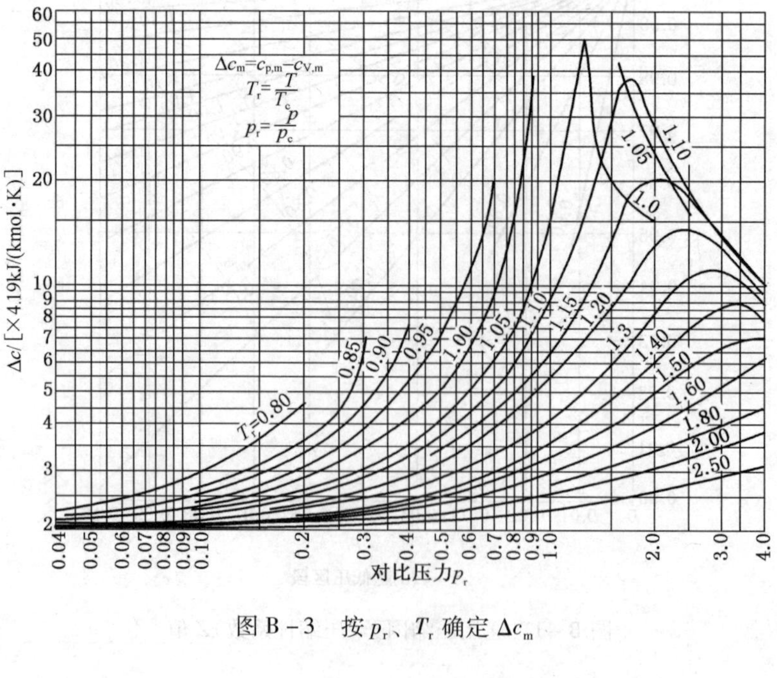

图 B－3 按 p_r、T_r 确定 Δc_m

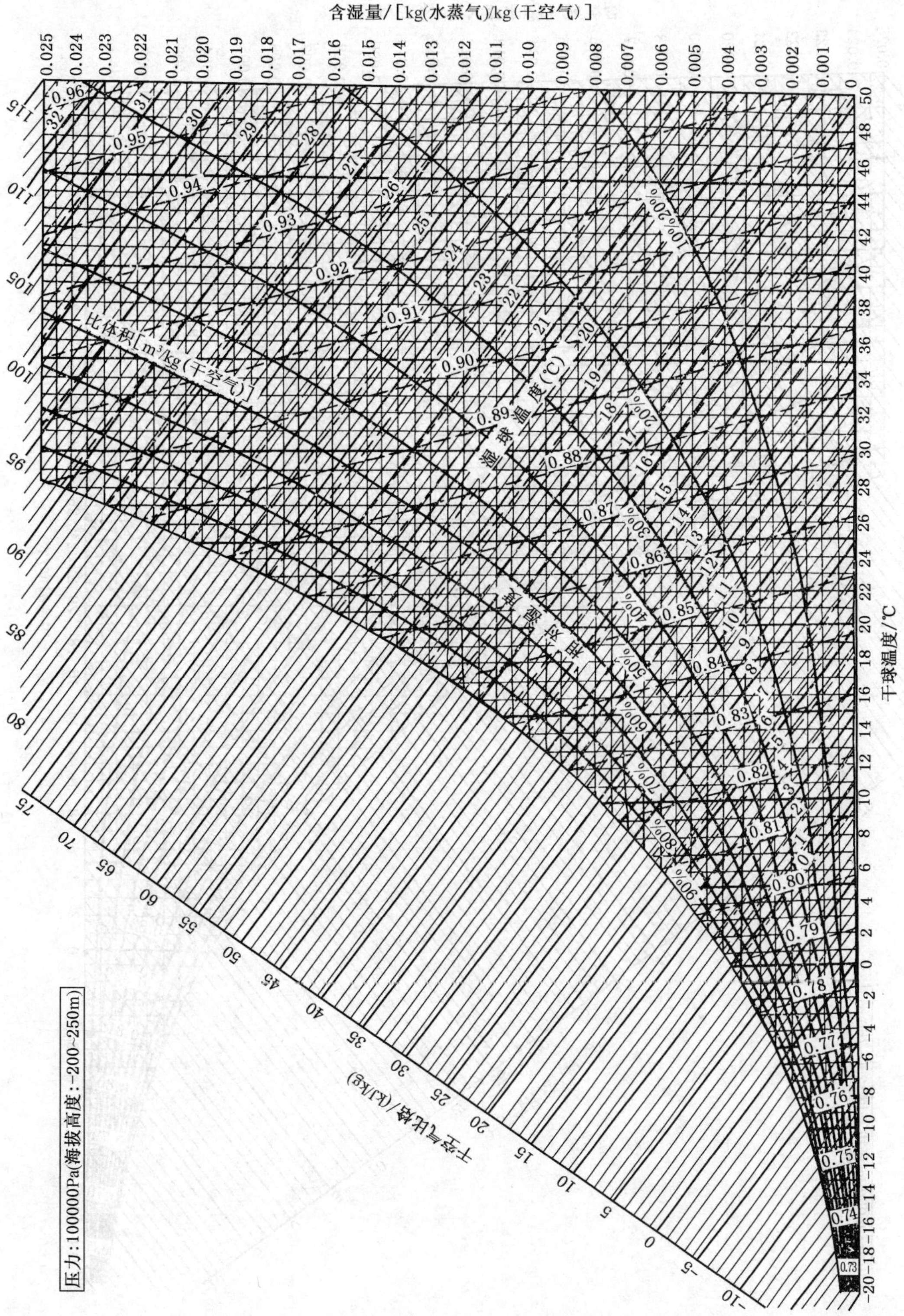
含湿量/[kg(水蒸气)/kg(干空气)]
干球温度/℃
湿球温度(℃)
比体积[m³/kg(干空气)]
相对湿度
干空气比焓/(kJ/kg)
压力:100000Pa(海拔高度:-200~250m)

(a)

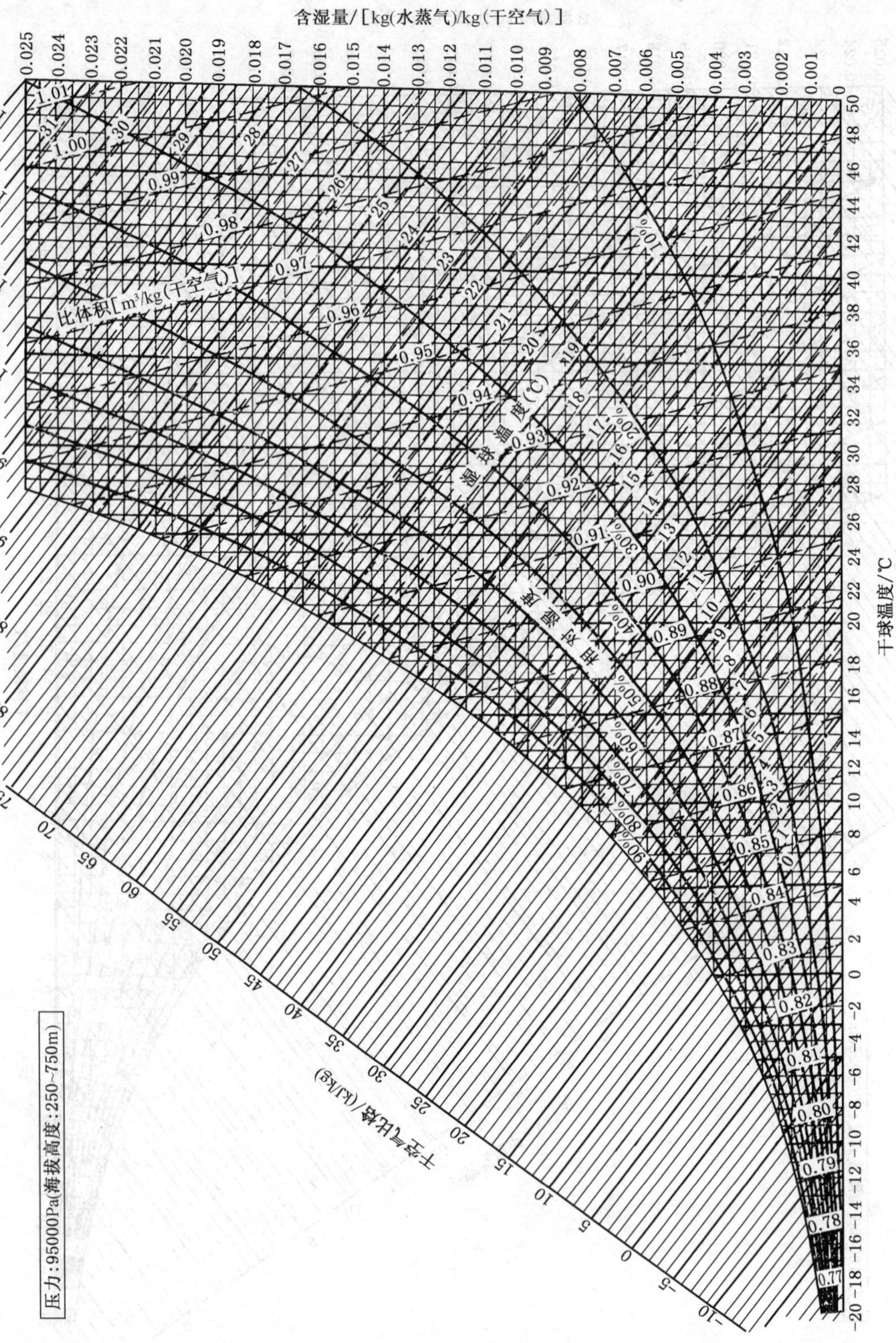
含湿量/[kg(水蒸气)/kg(干空气)]
干球温度/℃
比体积[m³/kg(干空气)]
湿球温度(℃)
相对湿度
干空气比焓/(kJ/kg)
压力:95000Pa(海拔高度:250~750m)
(b)

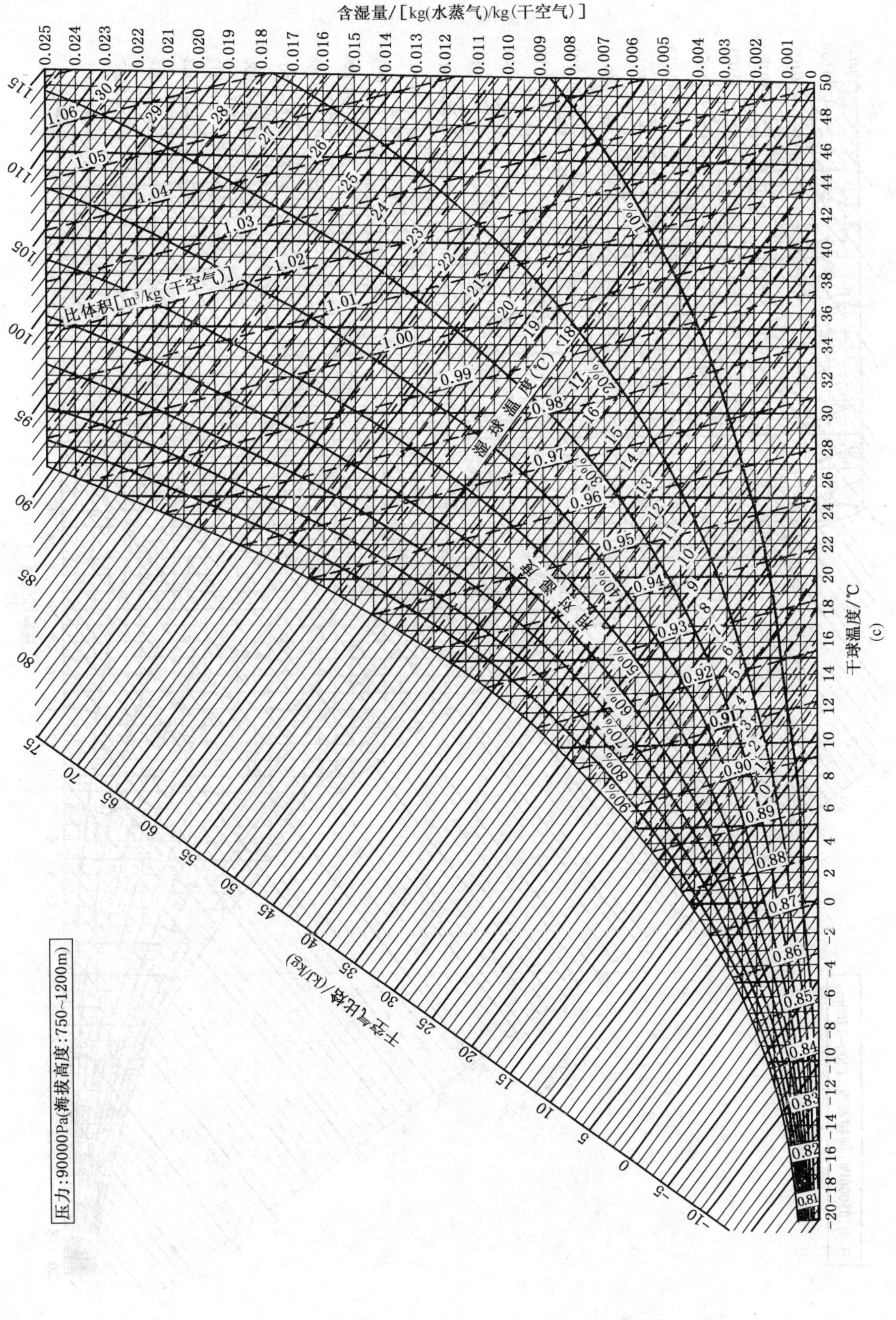

含湿量/[kg(水蒸气)/kg(干空气)]
干球温度/℃
(c)
比体积[m³/kg(干空气)]
湿球温度(℃)
相对湿度
干空气比焓/(kJ/kg)
压力:90000Pa(海拔高度:750~1200m)

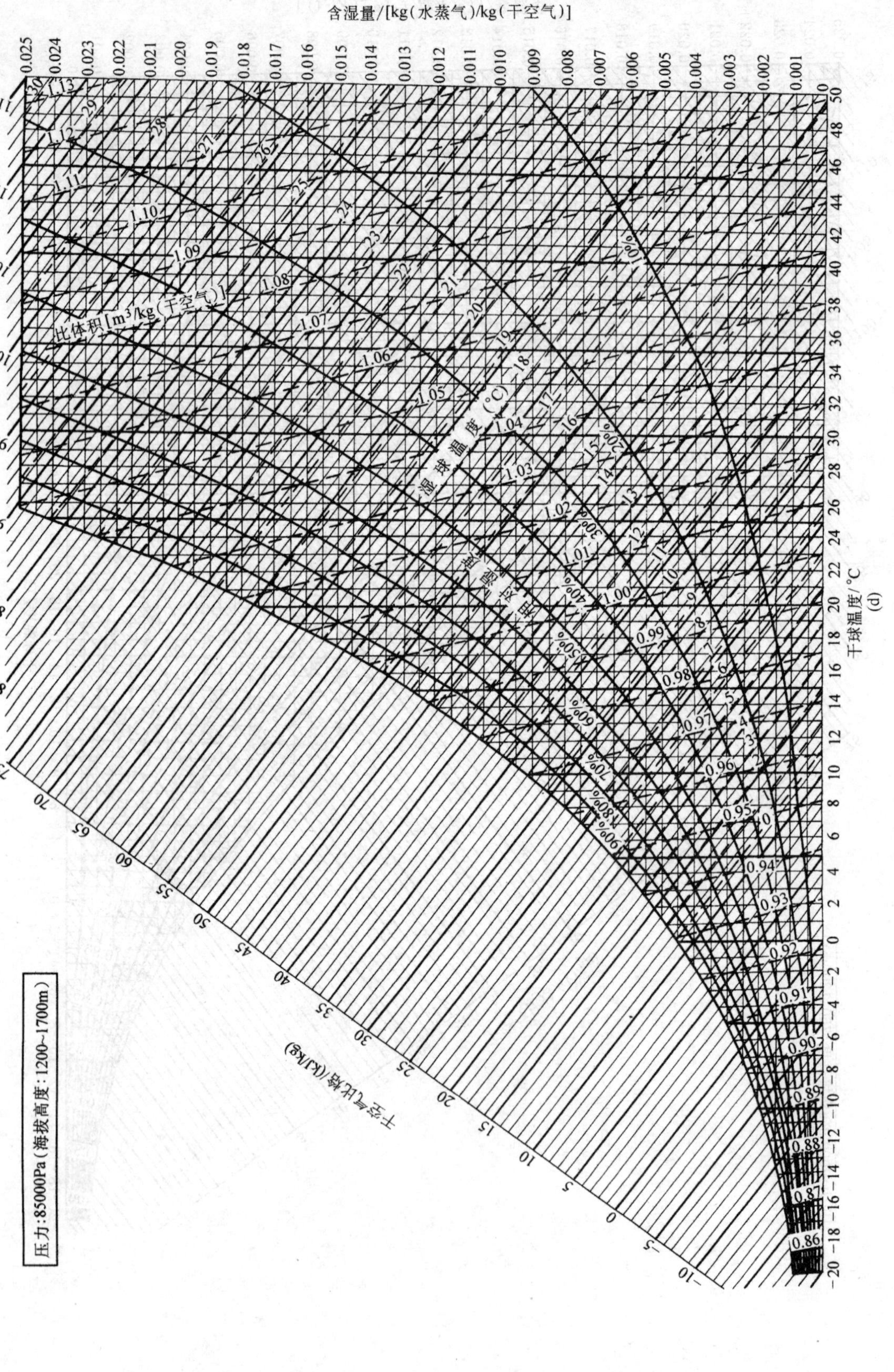
含湿量/[kg(水蒸气)/kg(干空气)]
干球温度/°C
(d)
湿球温度(°C)
比体积[m³/kg(干空气)]
相对湿度
干空气比焓/(kJ/kg)
压力:85000Pa(海拔高度:1200~1700m)

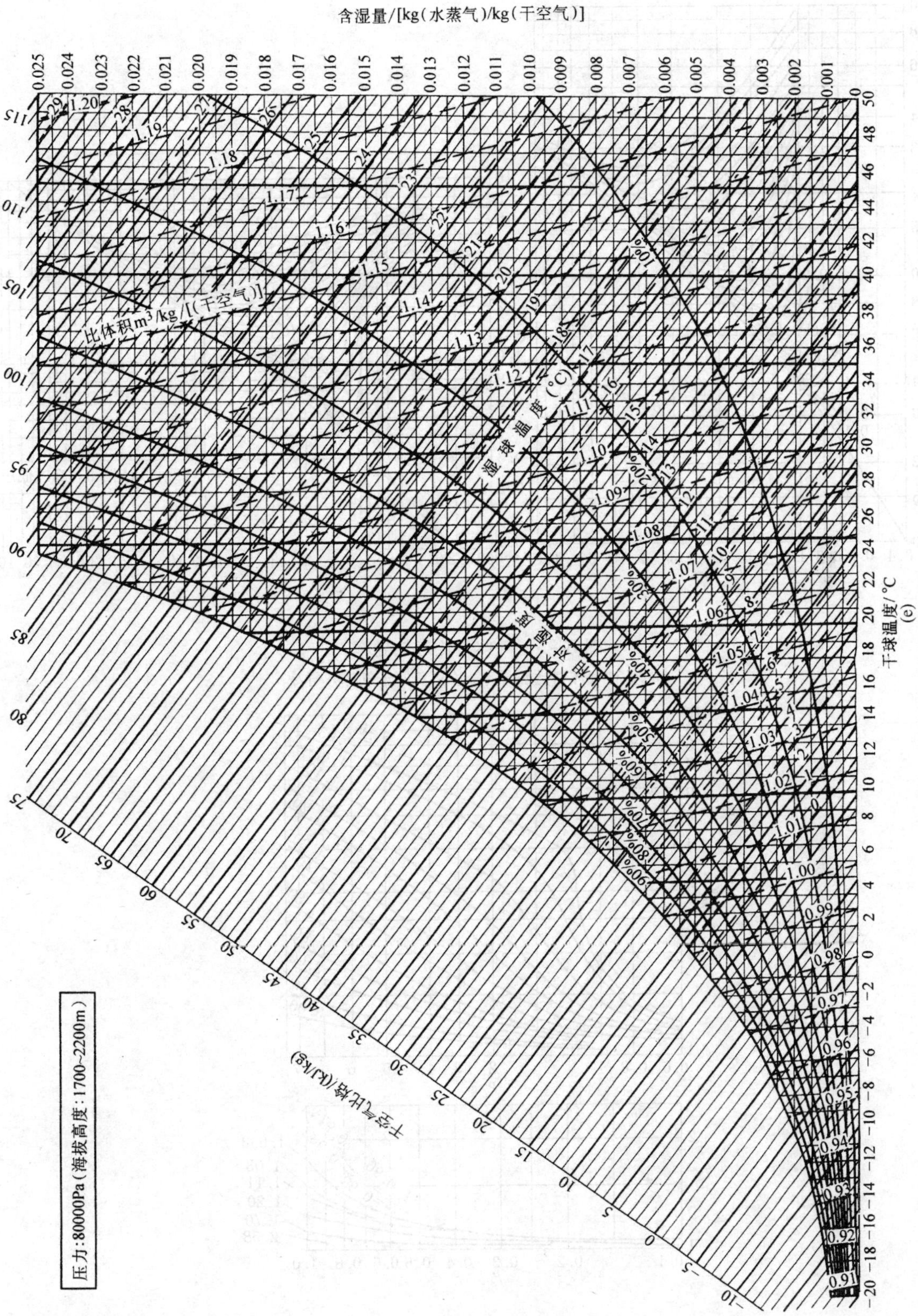
含湿量/[kg(水蒸气)/kg(干空气)]
干球温度/°C
(e)
压力:80000Pa(海拔高度:1700~2200m)
比体积m³/kg/[(干空气)]
湿球温度(°C)
相对湿度
干空气比焓(kJ/kg)

图 B－4　湿空气物性图

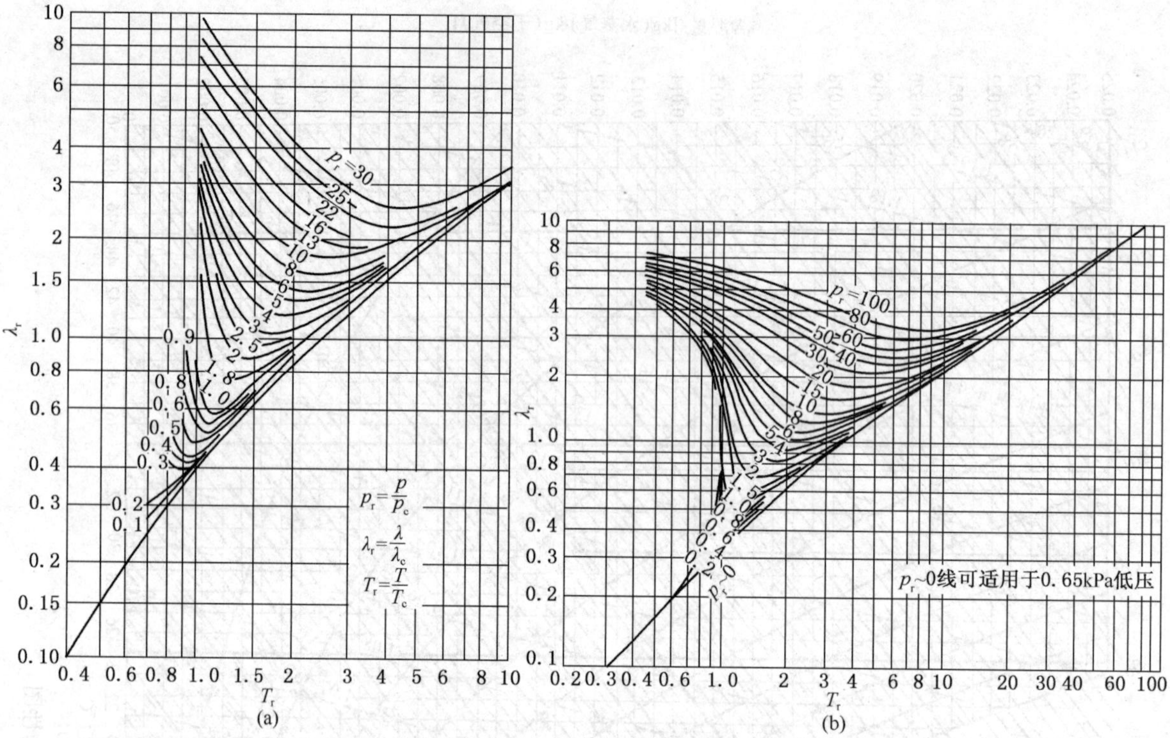

图 B－5　气体对比态热导率

（a）各种气体对比热导率；（b）双原子气体热导率

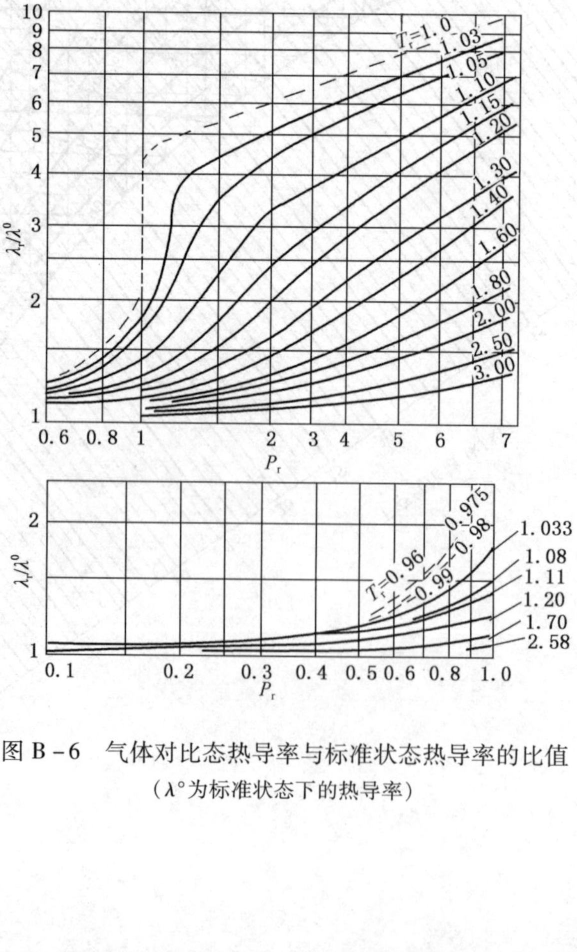

图 B－6　气体对比态热导率与标准状态热导率的比值

（λ°为标准状态下的热导率）

气体黏度共线图坐标值

名称	空气	氧	氮	氢	$3H_2+1N_2$	水蒸气	二氧化碳	一氧化碳	氨	硫化氢	二氧化硫	二硫化碳	一氧化二氮	一氧化氮	氟	氯
X	11.0	11.0	10.6	11.2	11.2	8.0	9.5	11.0	8.4	8.6	9.6	8.0	8.8	10.9	7.3	9.0
Y	20.0	21.3	20.0	12.4	17.2	16.0	18.7	20.0	16.0	18.0	17.0	16.0	19.0	20.5	23.8	18.4
名称	氯化氢	甲烷	乙烷	乙烯	乙炔	丙烷	丙烯	丁烯	戊烷	己烷	三氯甲烷	甲醇	乙醇	丙酮	乙醚	R22
X	8.8	9.9	9.1	9.5	9.8	9.7	9.0	9.2	7.0	8.6	8.9	8.5	9.2	8.9	8.9	10.1
Y	18.7	15.5	14.5	15.1	14.9	12.9	13.8	13.7	12.8	11.8	15.7	15.6	14.2	13.0	13.0	17.0

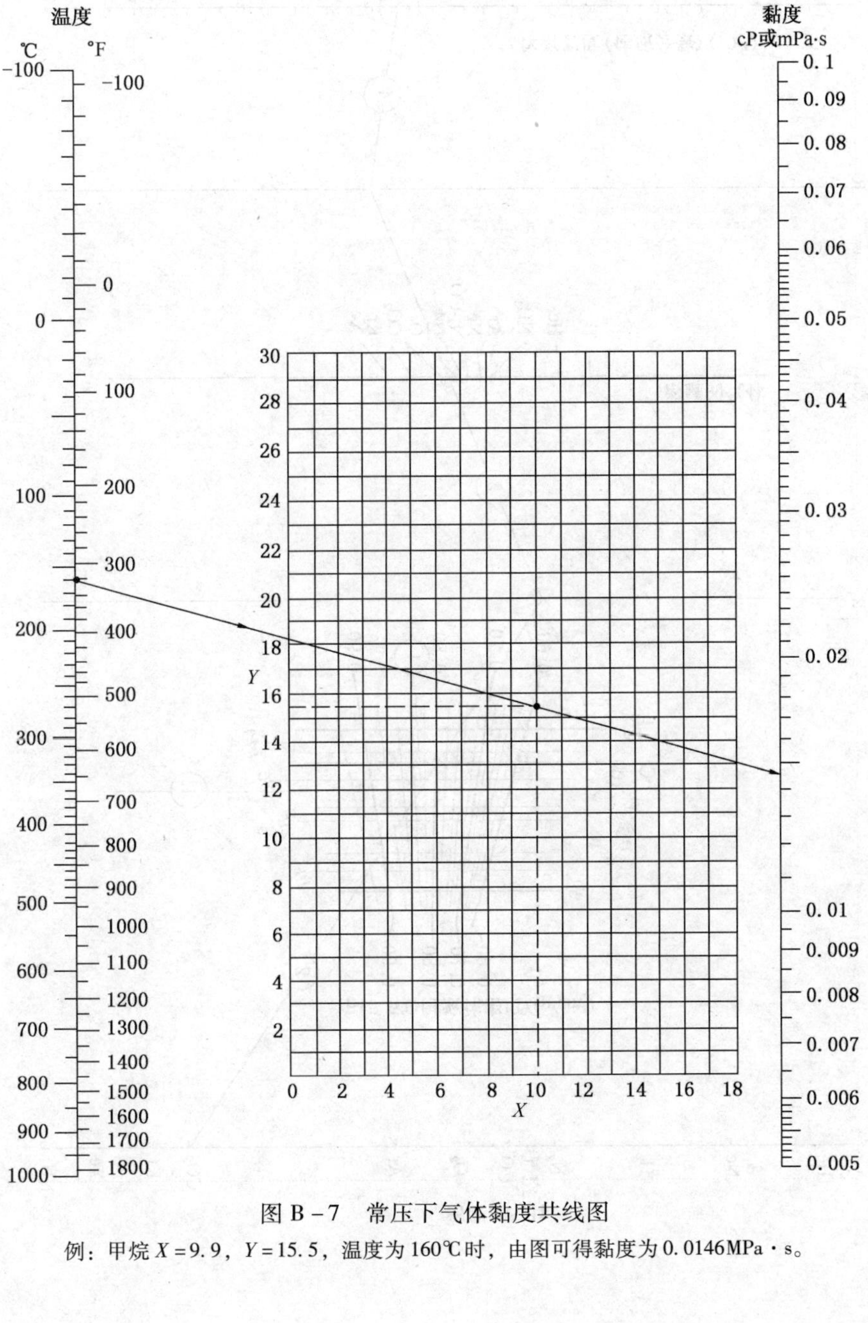

图 B-7　常压下气体黏度共线图

例：甲烷 $X=9.9$，$Y=15.5$，温度为160℃时，由图可得黏度为0.0146MPa·s。

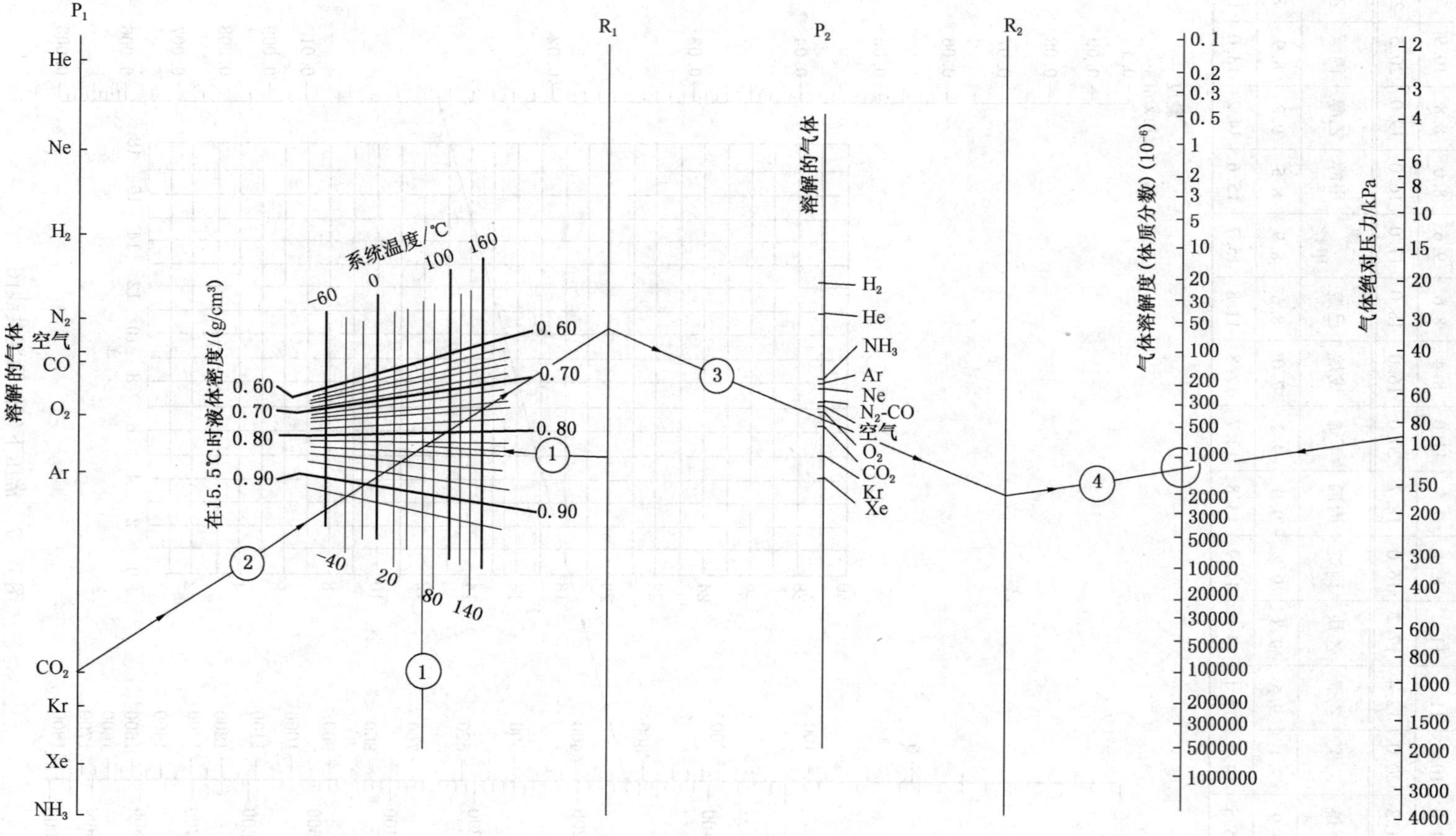

图 B-8 无机气体在石油中的溶解度

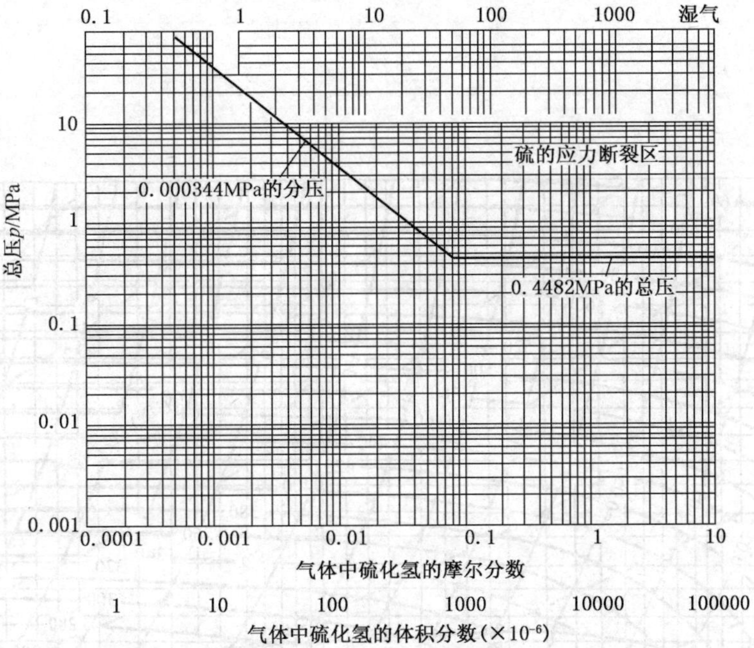

(a)

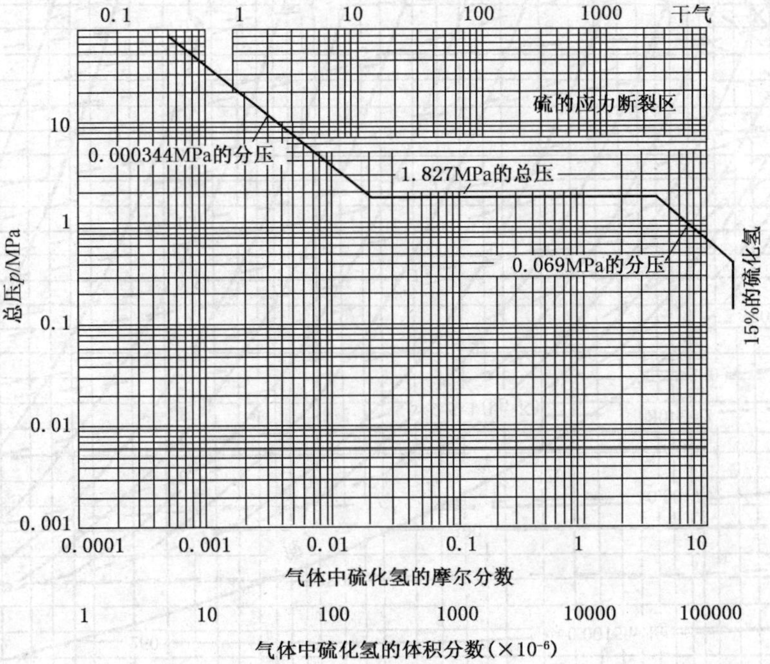

(b)

图 B-9　硫化氢含量对钢的应力腐蚀图

(a)酸性气相系；(b)酸性多相系

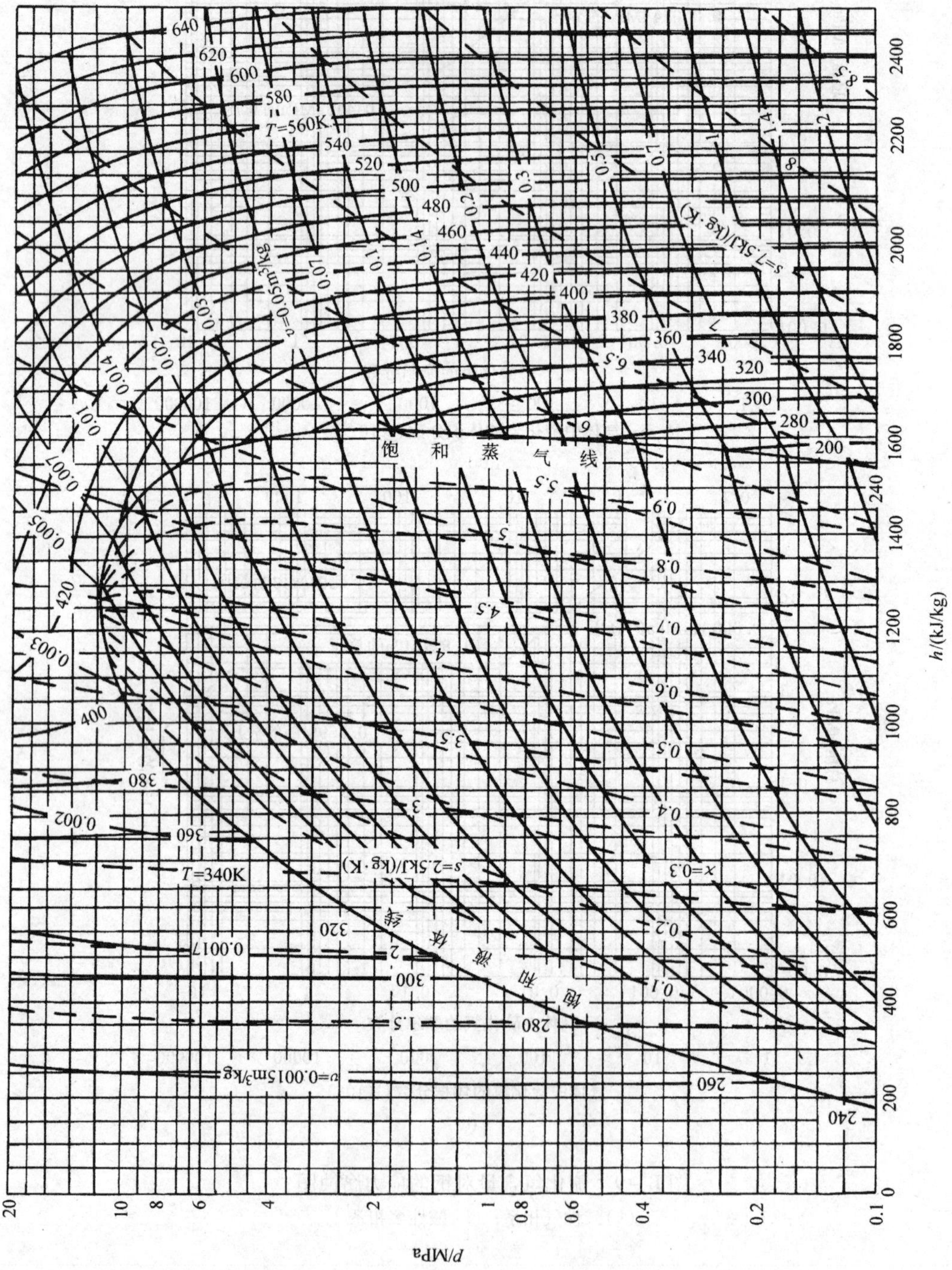
p/MPa
h/(kJ/kg)
饱和蒸气线
饱和液体线
T=560K
T=340K
s=7.5kJ/(kg·K)
s=2.5kJ/(kg·K)
v=0.05m³/kg
v=0.0015m³/kg
x=0.3

图 B－10 氨的压－焓图

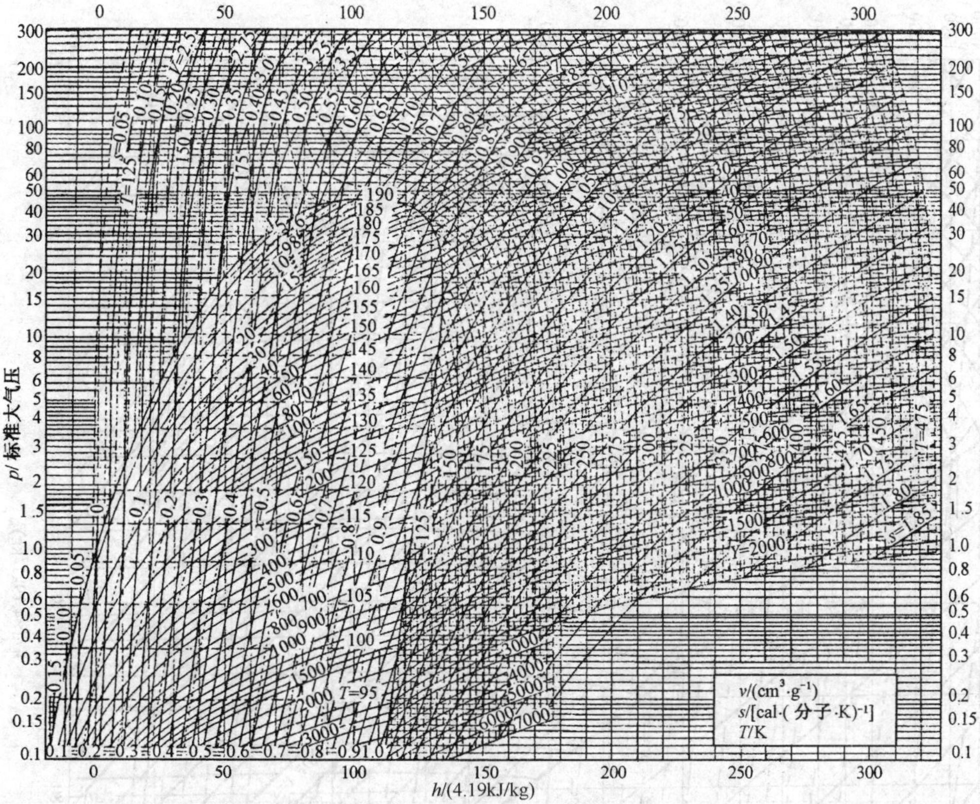

图 B－11　甲烷的压－焓图

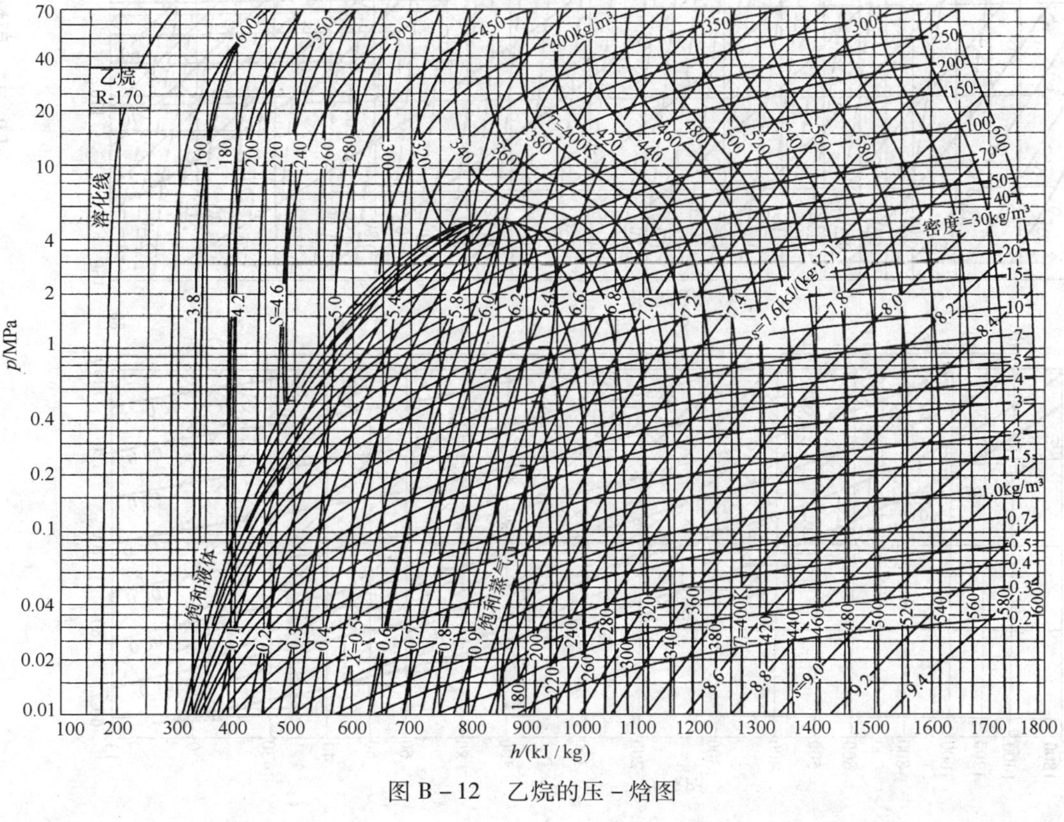

图 B－12　乙烷的压－焓图

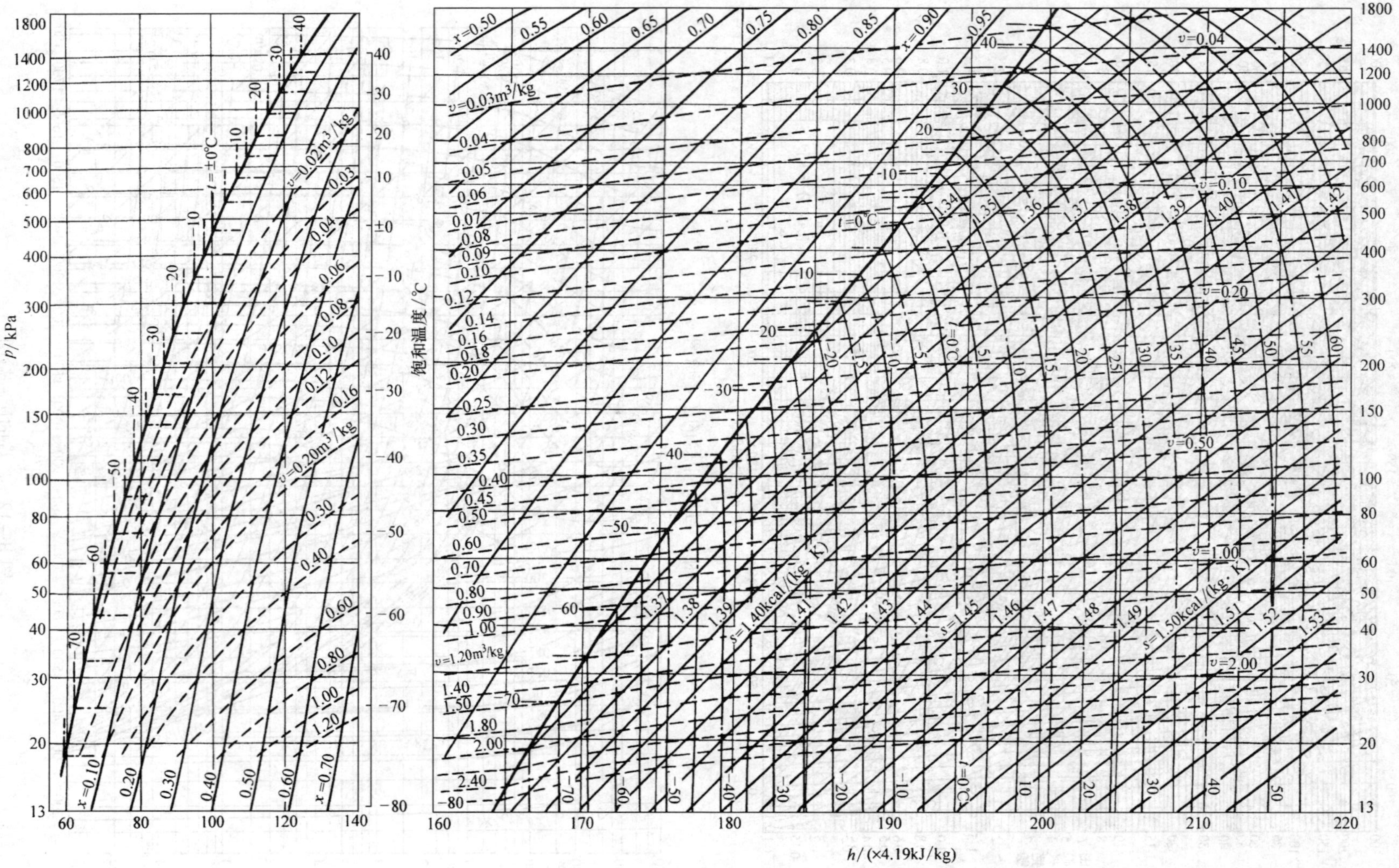

图 B－13　丙烷（R290）的压－焓图

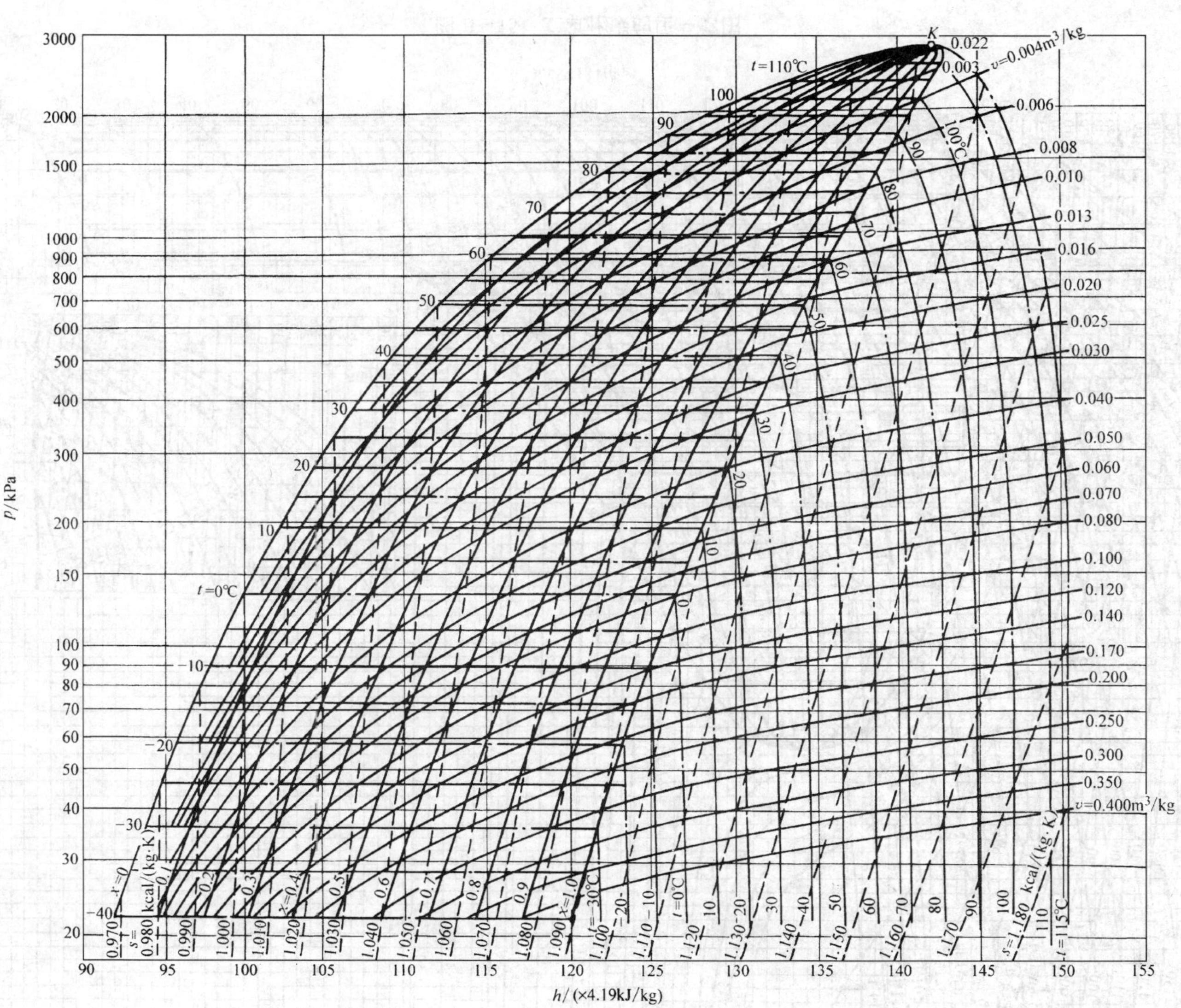

图 B－14　异丁烷（R600a）的压－焓图

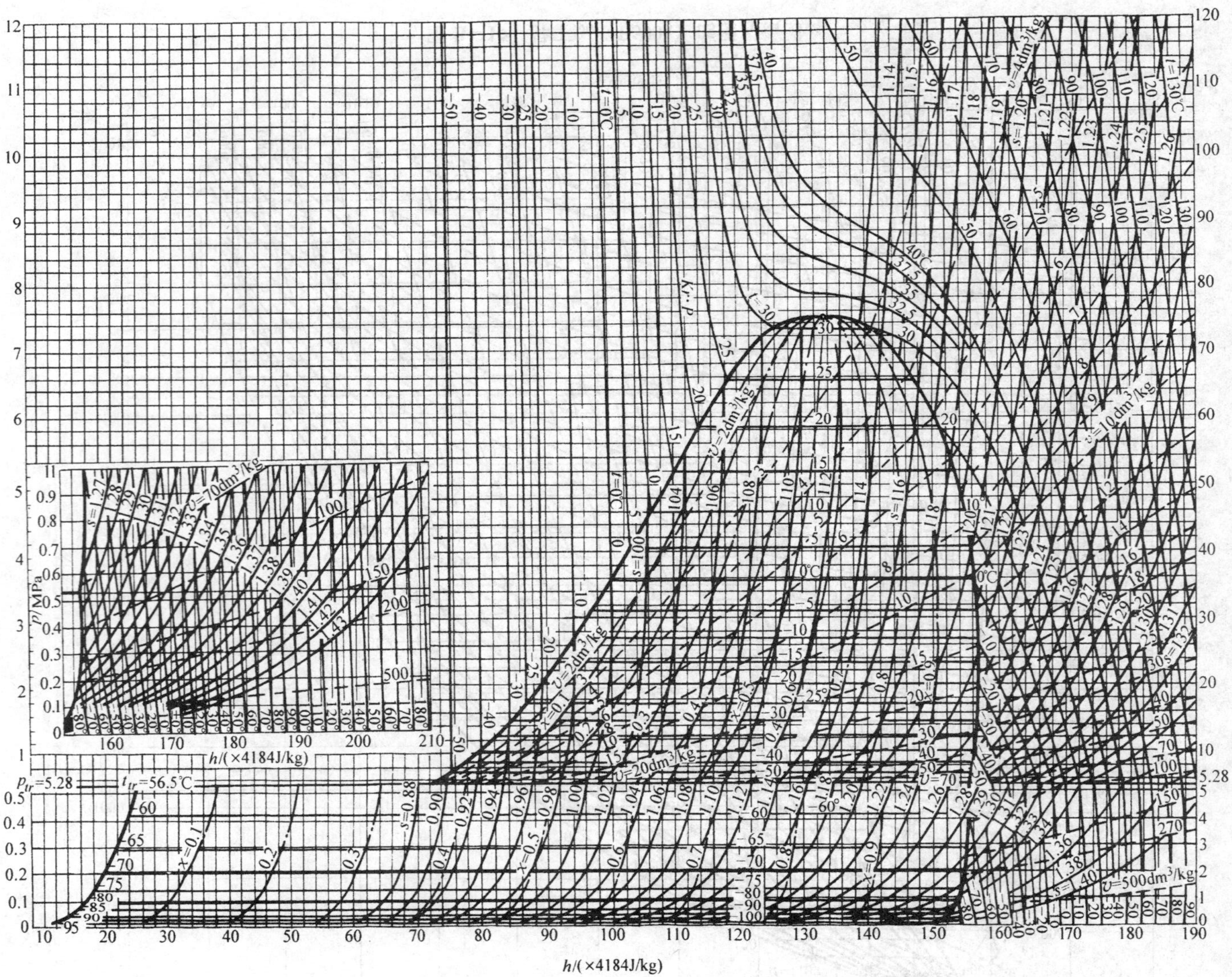

图 B-15 二氧化碳的压-焓图

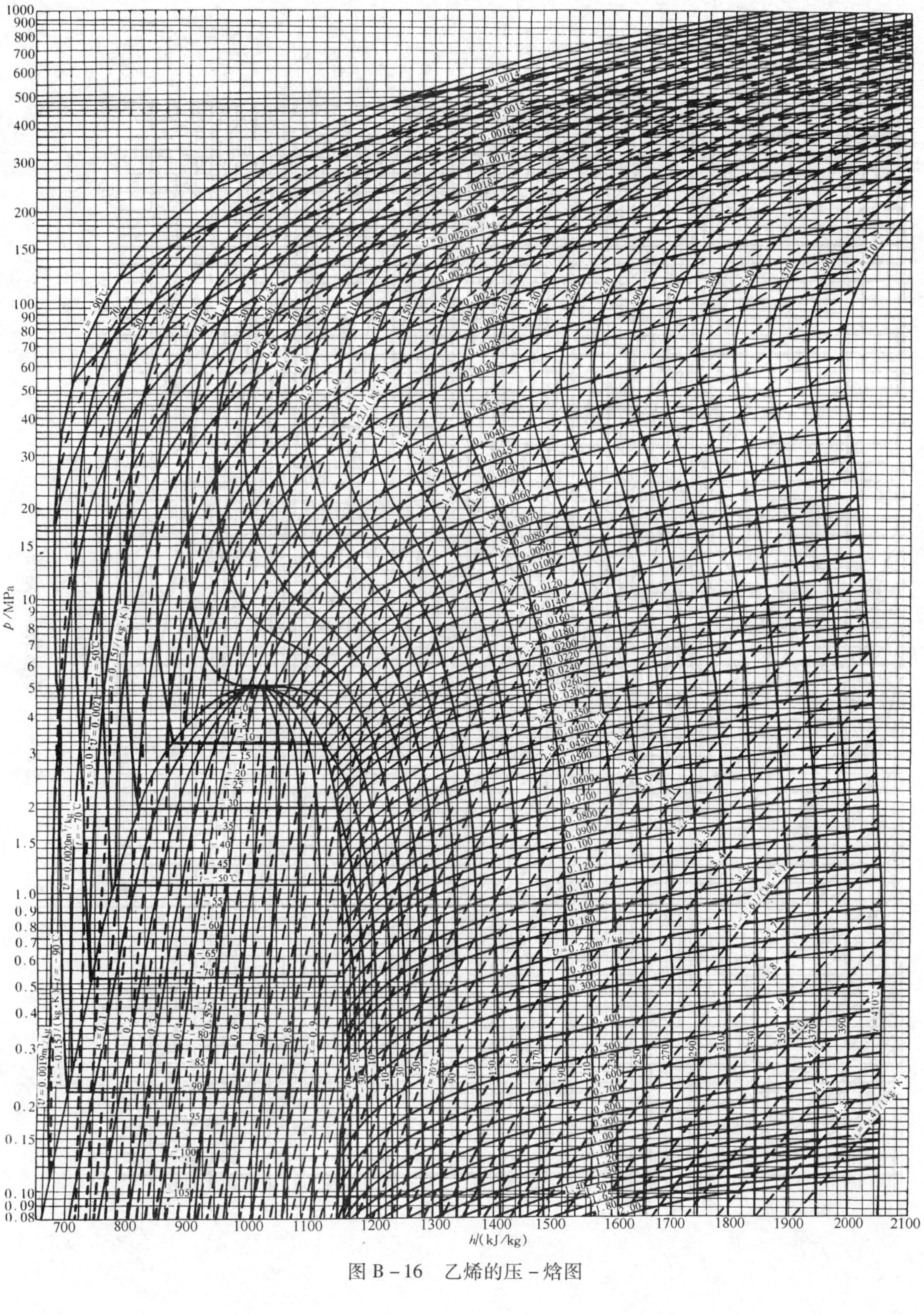
p /MPa
h/(kJ/kg)
1000
900
800
700
600
500
400
300
200
150
100
90
80
70
60
50
40
30
20
15
10
9
8
7
6
5
4
3
2
1.5
1.0
0.9
0.8
0.7
0.6
0.5
0.4
0.3
0.2
0.15
0.10
0.09
0.08
700
800
900
1000
1100
1200
1300
1400
1500
1600
1700
1800
1900
2000
2100

图 B－16　乙烯的压－焓图

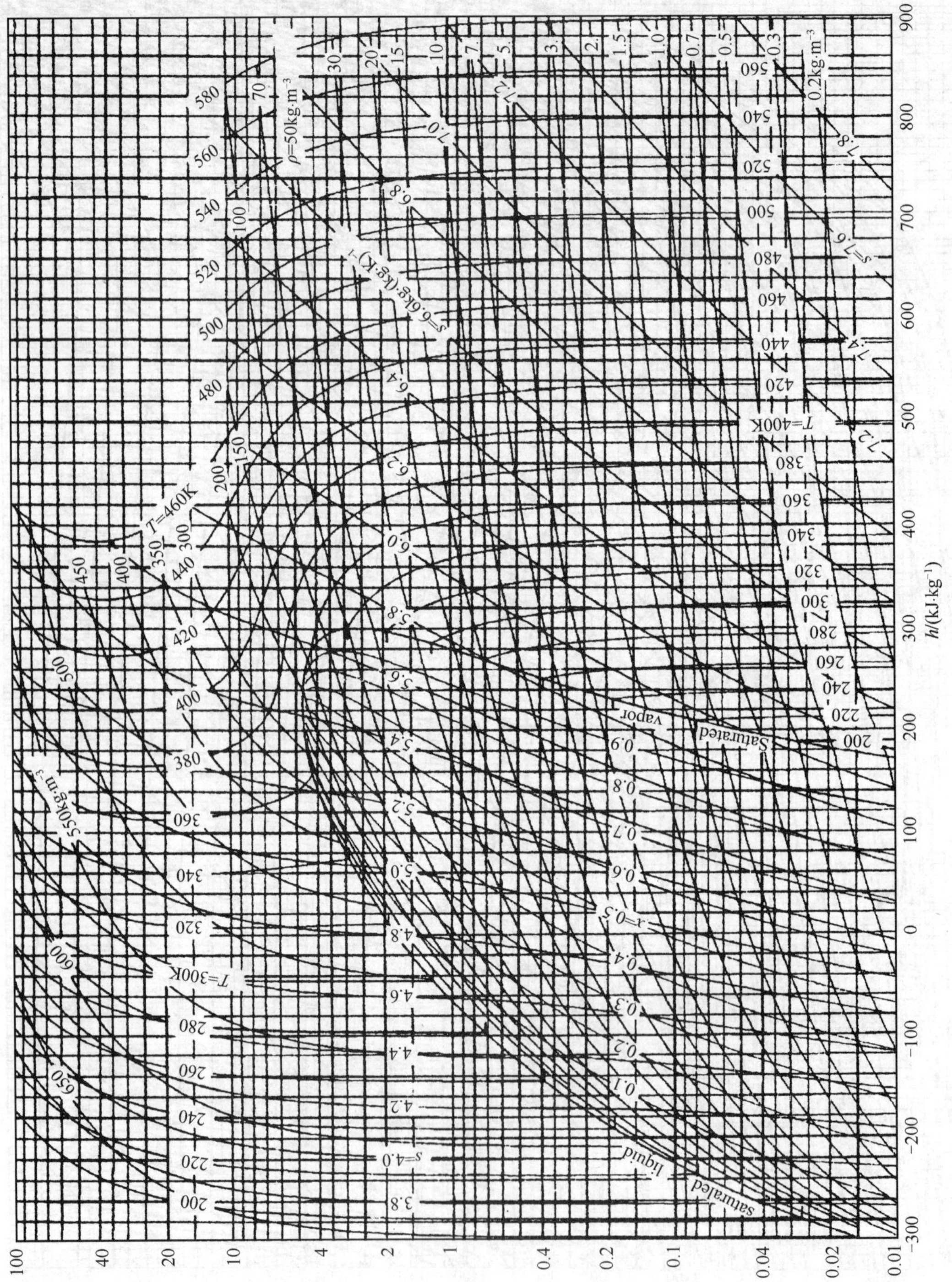

图 B-17　丙烯的压-焓图

3. 往复活塞压缩机部分标准

C－1 往复活塞空气压缩机基本参数(参考 GB/T 13279—2002)

适用于额定排气压力小于、等于 1.25MPa，配用电动机额定功率为 18.5～560kW 的往复活塞空气压缩机(以下简称空压机)。

特殊参数的空压机，可根据供需双方协商确定。

1 空压机的额定排气压力、公称容积流量及配用电动机额定功率，应符合表 C－1－1 的规定。

2 空压机在规定工况下测得的容积流量，应不低于表 C－1－1 规定值的 95%。

空压机的规定工况：

a. 吸气压力 0.1MPa(绝压)；

b. 吸气温度 20℃；

c. 吸气相对湿度 0；

d. 冷却水进水温度 15℃；

e. 二级压缩的空压机消耗的冷却水量≤2.5L/m^3；

f. 额定排气压力(按表 C－1－1 的规定)MPa；

g. 转速(按产品技术文件规定)r/min。

3 当空压机在规定工况下的容积流量大于表 C－1－1 的规定值，允许选取表 C－1－2 中不大于该容积流量的值，作为公称容积流量。

表 C－1－1

配用电动机额定功率/kW	额定排气压力/MPa 0.7		1.0		1.25		配用电动机额定功率/kW	额定排气压力/MPa 0.7	1.0	1.25
	公称容积流量(公称排气量)/(m^3/min)							公称容积流量(公称排气量)/(m^3/min)		
18.5	3.0	*2.6	2.5	*2.2	2.2	*2.0	132	22	18	16
22	3.6	*3.2	3.0	*2.6	2.6	*2.4	160	28	22	20
30	4.8	*4.2	4.0	*3.6	3.4	*3.2	200	35	28	25
37	6.0	*5.3	5.0	*4.5	4.2	*4.0	250	42	34	30
45	7.1	*6.3	6.0	*5.3	5.0	*4.6	315	56	46	40
55	9.5	*8.5	8.0	*7.1	6.7	*6.0	355	63	50	45
(63)	11	*10	9.0	*8.0	8.0	*7.1	400	71	56	50
75	13		10	*10	9.0	*8.5	450	80	63	56
90	16		13		11		500	90	71	63
110	19		15		13		560	100	80	71

注：带＊的值为风冷压缩机公称容积流量，括号内电动机功率值为非优先选用值。

表 C－1－2

公称容积流量/(m^3/min)									
2.0	2.1	2.2	2.4	2.5	2.6	2.8	3.0	3.2	3.4
3.6	3.8	4.0	4.2	4.5	4.8	5.0	5.3	5.6	6.0
6.3	6.7	7.1	7.5	8.0	8.5	9.0	9.5	10	11
12	13	14	15	16	17	18	19	20	21
22	24	25	26	28	30	32	34	36	38
40	42	45	48	50	53	56	60	63	67
71	75	80	85	90	95	100	105	110	120

C－2　一般用固定式往复活塞空气压缩机技术条件（参考 GB/T 13279—2002）

1　主题内容与适用范围

本标准规定了一般用固定式往复活塞空气压缩机（以下简称空压机）的技术要求、试验方法、检验规则和标志、包装及贮存等要求。

本标准适用于驱动电机功率为 18.5～560kW、公称排气压力为 0.7～1.25MPa 的空压机。

公称排气压力小于 0.7MPa 的空压机可参照本标准执行。

2　引用标准

GB 150　钢制压力容器

GB 3853　容积式压缩机验收试验

GB 4980　容积式压缩机噪声声功率级的测定——工程法

GB 5330　工业用金属丝编织方孔筛网

GB 7022　容积式压缩机噪声声功率级的测定——简易法

GB 7777　往复活塞压缩机机械振动测量与评价

GB 7787　往复活塞空气压缩机基本参数

GB 10892　固定的空气压缩机　安全规则和操作规程

GB/T 13306　标牌

JB/T 6441—2008　压缩机用安全阀

GB/T 13384　机电产品包装通用技术条件

3　技术要求

3.1　空压机应符合本标准的要求，并按经规定程序批准的图样及技术文件制造。

3.2　空压机的规定工况为：

a. 吸气压力：0.1MPa（绝压）；

b. 吸气温度：20℃；

c. 吸气相对湿度：0；

d. 水冷空压机冷却水进水温度：15℃；

e. 水冷空压机冷却水量：（按表 C－2－1 规定）；

f. 风冷空压机冷却空气温度：（为吸气温度 20℃时的环境温度）℃；

g. 排气压力：（按表 C－2－2 规定）MPa；

转速：（按产品技术文件规定）r/min。

表 C－2－1

公称排气压力/MPa	0.7	1.0	1.25
规定工况下冷却水量/（L/m^3）	2.5	3	3.5

注：当空压机在非规定工况下运行时，其冷却水量将随进水温度的变化而变，实际运行时应予以注意。

3.3　空压机在规定工况下的比功率应不大于表 C－2－2 的规定，噪声、润滑油总消耗量及清洁度指标应不超过表 C－2－3 的规定。

表 C-2-2

驱动电动机功率/kW	公称排气压力/MPa								
	0.7			1.0			1.25		
	比功率/[kW/($m^3 \cdot min^{-1}$)]								
	水冷有油	水冷无油	风冷有油	水冷有油	水冷无油	风冷有油	水冷有油	水冷无油	风冷有油
18.5 22 30 37	5.80	6.00	6.30	6.91	7.15	7.51	7.73	8.00	8.40
45 55*	5.40	5.75		6.43	6.85		7.20	7.67	
55 (63) 75 90	5.15	5.60	6.10	6.14	6.67	7.27	6.87	7.47	8.13
110 132 160	5.13	5.50	—	6.11	6.55	—	6.84	7.33	—
200 250	5.11	5.40							
315 355 400	5.09	5.35							
450 500 560	5.07	5.30							

注：1. 括号内电动机功率值为非优先选用值。

2. 对55kW一档，带*号指单作用空压机，不带*号指双作用空压机。

3. 风冷空压机比功率值计及冷却风扇功率。

表 C-2-3

驱动电动机功率/kW	噪声声功率级/dB(A)			润滑油总消耗量①/(g/h)	清洁度值 mg
	水冷 有油	水冷 无油	风冷 有油		
18.5	102	104	104	40	700
22~37	103		105	70	900
45~90	104				1400
110~160	105			105	1800
200~250	107			150	2300
315~400	109			195	2700
450~560	110			255	3600

① 不包括无油空压机运动机构的润滑油。

3.4 空压机的公称容积流量与驱动电动机的匹配关系应符合 GB 7787 的规定。

3.5 空压机在规定工况下的实际容积流量应不低于公称容积流量的95%。

3.6　由其他驱动机(除电动机之外)驱动的空压机，其性能指标应根据驱动机功率大小按表 C－2－2、表 C－2－3 的相近功率档次之指标而定。

3.7　空压机一级吸气温度不应超过 40℃，水冷空压机冷却进水温度不应超过 35℃。

3.8　空压机每级压缩后的排气温度，公称排气压力为 0.7MPa 的水冷空压机不应超过 160℃，而风冷空压机不应超过 180℃；公称排气压力为 1.0、1.25MPa 的空压机，不应超过 180℃。空压机机身或曲轴箱内的润滑油温度不应超过 70℃。

3.9　润滑油压力循环系统中应设全流量过滤器和油压指示仪表。油过滤器精度至少为 0.08mm。润滑油压力应不低于 0.1MPa 并可调，润滑系统能承受的压力应不低于 0.4MPa。

3.10　空压机每一压缩级后应设有安全阀，在其工作时应保证系统中的元件压力不超过其最大允许工作压力的 1.1 倍。安全阀应符合 JB 452 标准及《压力容器安全检察规程》的有关规定。

3.11　空压机的储气罐应符合有关标准的规定。

3.12　空压机的其他钢制压力容器应符合 GB 150 及《压力容器安全监察规程》的有关规定。

3.13　空压机应设有自动调节器。调节器应能根据储气罐中气体压力的改变自动进行调节，减小容积流量时，应保证降低空压机所需功率。

3.14　空压机气路、水路、油路的联结应保证密封，不应互相渗漏和外泄。

3.15　空压机的气缸、气缸盖、气缸座、活塞、湿式气缸套、铸造的冷却器壳体等受压零件的气腔应以不低于 1.5 倍的最大允许工作压力作水压试验；气缸、气缸盖和气缸座等零件的水腔应以 0.6MPa 压力作水压试验。保压时间均不少于 30min，不应渗漏。

3.16　空压机的振动烈度不应超过表 C－2－4 的规定。

3.17　空压机主要易损件的更换时间应不少于表 C－2－5 的规定。

表 C－2－4

空压机类别	空压机结构形式	振动烈度
Ⅰ	对动式(对称平衡型)	18.0
Ⅱ	角度式(L 形、V 形、W 形、星形、扇形)、对置式	28.0
Ⅲ	立式、卧式	45.0

表 C－2－5

主要易损件名称		阀片	气阀弹簧	活塞环	填料
更换时间①	有油机	4000		6000	4000
	无油机	2000			

① 更换时间：可有效使用的时间。

3.18　空压机的有关安全要求应符合 GB 10892 的规定。

3.19　根据用户需要，制造厂应附加供应报警、报警停车安全保护装置，并至少能在下列情况之一时报警或报警停车：

a. 压力循环油压过低；

b. 冷却水温度过高或冷却水中断；

c. 排气温度超过规定值。

3.20　用户有特殊要求时，制造厂提供的空压机驱动机的型式、电气特性等应符合用户及相关规程的规定。

3.21　空压机的油管、气管及压力表管等管路应排列整齐，单管的弯曲应圆滑，排管的弯曲圆弧应一致。

3.22　空压机外表面油漆应光洁。紧固件、操作件应作装饰处理。对喷涂油漆的风冷空压机气缸及气缸盖外表面，不应打腻子，且油漆应具有良好的导热性和耐热性。

3.23　随空压机主机一起成套供给用户的应包括：

a. 驱动机、传动装置、启动设备、保护装置；

b. 空压机进、排气法兰接管间的所有部件（包括空气滤清器、中间冷却器、消声器、各级安全阀、润滑装置及排气止回阀等）；

c. 储气罐；

d. 拆卸和装配空压机的全套专用工具；

e. 主要易损件和保用期内需更换的其他备件；

f. 随带文件（产品合格证、产品说明书、安装图、装配示意图、易损件图、装箱单等）。

3.24　随带文件的内容应符合 JB/Z 159 的规定。

3.25　如用户需要，制造厂应附加提供放空阀和后冷却器。

3.26　在用户遵守产品说明书规定的条件下，制造厂应从发货之日起一年半内，对空压机保用一年。在保用期内，产品确因设计制造不良而损坏或不能正常工作时，制造厂应免费予以修理或更换零部件直至整机。

4　试验方法

4.1　空压机性能试验方法按 GB 3853 的规定。

4.2　空压机的噪声声功率级测定方法按 GB 4980 的规定。当场地条件无法满足 GB 4980 规定的条件时，允许采用 GB 7022 规定的简易法。

4.3　空压机的机械振动测量方法按 GB 7777 的规定。

4.4　空压机的清洁度检查方法：将总装后的空压机解体，用清洗剂逐一清洗机身、中体内部、气缸镜面、曲轴、连杆、气阀、填料、十字头及与润滑油接触的其他零部件表面。污物经 4.5 条规定的筛网过滤后，加热至 80℃，烘干 1h。将残留物用不低于 7 级精度的普通天平称重，称得重量即为清洁度值。

4.5　筛网应符合 GB 5330 规定，精度为 3 级，网孔基本尺寸为 0.08mm。

5　检验规则

5.1　检验类型

a. 型式检验；

b. 出厂检验；

c. 抽样检验。

5.2　型式检验

5.2.1　试制的空压机（包括新产品和转厂生产的老产品）应进行型式检验。检验时，满负荷延续运转时间应不少于 500h。其中 48h 为连续超压 5% 进行；此外，还应在 40℃进气、35℃进水的条件下进行 1h 高温试验。

5.2.2　正常生产的空压机，如结构、材料、工艺有较大改变可能影响产品性能时或长期停产的空压机恢复生产时，均应进行型式检验。检验时，满负荷连续运转时间应不少于 200h，其中 24h 为超压 5% 进行。

5.2.3　正常生产的空压机，定期或积累一定数量后，应周期性进行一次型式检验。检验时，满负荷连续运转时间应不少于 24h，其中 4h 为超压 5% 进行。

5.2.4　型式检验的项目及要求按如下规定。

5.2.4.1　检查各零部件的装配质量和相互作用的正确性。

5.2.4.2　在空压机运转开始和终了时，各进行一次性能测试，测定空压机在规定工况下的容积流量、比功率指标，并测定噪声声功率级、振动烈度、润滑油总消耗量等，测得的结果均应符合本标准的规定。

5.2.4.3 高温试验时，应检验油温及排气温度，各温度不应超过3.8条的规定，空压机运行应正常。

5.2.4.4 运转结束后应拆卸检查，测定清洁度值，结果应符合表C-2-3规定；测定并记录易损件及各摩擦面的磨损量，磨损应正常。

5.3 出厂检验

每台空压机应进行出厂检验。检验所做的试验应在空压机运转稳定后进行，满负荷连续运转2h以上。试验过程中除应检查装配质量和零部件相互作用的正确性外，还应按GB 3853的规定进行简化性能试验。测得的容积流量、比功率与型式检验测定值比较，偏差应不超过GB 3853表C-2-4的规定。

5.4 抽样检验

5.4.1 成批生产的空压机应进行抽样检验，抽样方案按表C-2-6规定的一次抽样方案。抽样的时间应均衡地分布在一年中。

表C-2-6

批量 N	一次抽样方案		
	样本大小 n	合格判定数 A_c	不合格判定数 R_c
2~50	2	0	1
51~90	3	0	1
91~150	5	1	2

5.4.2 抽检的空压机应做如下试验：

连续运转试验24h以上。除检验运转过程中所有机构的工作情况外，还应测定空压机在规定工况下的容积流量、比功率等特性指标，并测定噪声声功率级、振动烈度和润滑油总消耗量等指标，测得结果应符合本标准规定。运转结束后，应拆卸检查清洁度，结果应符合表C-2-3规定。

5.4.3 抽查的批不合格时，制造厂应对该批产品逐台检查，将发现的不合格品剔除或修好。

6 标志、包装及贮存

6.1 每台空压机应在明显而平坦的部位固定上铭牌，铭牌的尺寸与技术要求应符合JB 8的规定。铭牌上至少应标出下列内容：

a. 产品型号；

b. 产品名称；

c. 公称容积流量，m^3/min；

d. 额定排气量压力，MPa；

e. 轴功率，kW；

f. 转速，r/min；

g. 外形尺寸(长×宽×高)，mm；

h. 净重；

i. 出厂编号；

j. 出厂年月；

k. 制造厂名称及制造厂所在地(出口产品标注“中华人民共和国”字样)。

6.2　空压机的包装应符合 JB 2759 的规定。

6.3　空压机应贮存于干燥通风的库房或不致受潮的有遮盖场所。

6.4　制造厂自发货之日起，在正常储运条件下，应保证产品一年内不致因包装不良而引起锈蚀、霉损等。特殊要求按供需双方协议执行。

C-3　一般用往复活塞空气压缩机主要零部件技术条件(参考 JB/T 7240—1994)

1　技术要求

1.1　空压机主要零、部件应符合本标准规定，并按经规定程序批准的图样和技术文件制造。

1.2　空压机主要零件材料可按表 C-3-1 的规定选用，性能不低于表 C-3-1 规定牌号的材料也可采用。

表 C-3-1

零件名称	材料牌号	标准号
机身 曲轴箱	HT150，HT200，HT250，HT300	JB/T 6431
	ZL108，ZL109	GB 1173
曲轴	QT600-3，QT700-2	ZB J72 016
	40，45	GB 699
连杆体	QT400-15，QT450-10，QT500-7，QT600-3	ZB J72 016
	35，40，45	GB 699
	40Cr，30CrMo	GB 3077
	LD5，LD8，LD10	GB 3191
十字头体	HT150，HT200，HT250，HT300	JB/T 6431
	QT400-15，QT450-10，QT500-7	ZB J72 016
中体	HT150，HT200，HT250，HT300	JB/T 6431
气缸 气缸套	QT450-10，QT500-7，QT600-3	ZB J72 016
	ZL108，ZL109	GB 1173
活塞	HT150，HT200，HT250，HT300	JB/T 6431
	ZL104，ZL108，ZL109	GB 1173
	LD10	GB 3191
活塞杆	35，40，45	GB 699
	40Cr，38CrMoAl，3Cr13	GB 3077、GB 1220
十字头销 活塞销	20，45	GB 699
	38CrMoAl，20Cr	GB 3077
连杆螺栓	45	GB 699
	30CrMo，35CrMo，40Cr	GB 3077
连杆螺母 活塞杆螺母	35，40，45	GB 699
	30CrMo，20Cr，30Mn2	GB 3077

1.3　空压机灰铸铁零件应符合 JB/T 6431 的规定。机身、曲轴箱、中体、气缸、气缸套、活塞、十字头体等铸件应进行时效处理。未注明铸造圆角半径应为其壁厚的 1/6～1/4。

1.4　空压机钢制锻件零件应符合 JB/T 6908 的规定。锻件不允许有白点、裂纹存在。

1.5　空压机球墨铸件零件应符合 ZB J72 016 的规定。精加工后的球墨铸铁件主要部位不应有肉眼可见的裂纹、缩孔、缩松、砂眼和夹杂物等缺陷。气缸体、气缸座、气缸盖和十字头体等铸件的加强筋不允许有裂纹。

1.6　空压机铝合金铸件零件的供应状态、力学性能等要求应符合 GB 9438 的规定。

1.7　空压机铝合金锻件零件的供应状态、力学性能等要求应符合 GB 3191 的规定。

1.8　空压机曲轴的主轴颈、曲柄销、十字头销、活塞销和活塞杆的外径尺寸应符合 BJ 2230 的规定。

1.9　空压机的气缸直径尺寸应符合 JB 2231 的规定。

1.10　空压机连杆螺栓和螺母、活塞杆和十字头配合处的螺纹精度，内螺纹精度不低于 6H，外螺纹精度不低于 6g。

1.11　空压机主要零件重要部位的公差配合级别应不低于表 C－3－2 的规定。

表 C－3－2

<table>
<tr><th>零件名称</th><th colspan="2">部位名称</th><th>公差等级
（GB 1801）</th></tr>
<tr><td rowspan="4">机　身
曲轴箱</td><td colspan="2">大轴承孔</td><td>H7</td></tr>
<tr><td colspan="2">小轴承孔</td><td>K7</td></tr>
<tr><td colspan="2">轴承座安装孔</td><td rowspan="2">H7</td></tr>
<tr><td colspan="2">滑道孔</td></tr>
<tr><td rowspan="3">曲　轴</td><td rowspan="2">主轴颈</td><td>配滚动轴承</td><td>k6</td></tr>
<tr><td>配滑动轴承</td><td>f6</td></tr>
<tr><td colspan="2">曲柄销</td><td>f7</td></tr>
<tr><td>连杆体</td><td colspan="2">大、小头孔</td><td>H7</td></tr>
<tr><td rowspan="2">十字头体</td><td colspan="2">摩擦表面</td><td>d7</td></tr>
<tr><td colspan="2">销孔</td><td>K7</td></tr>
<tr><td rowspan="2">中　体</td><td colspan="2">两端定位止口</td><td>H8（h7）</td></tr>
<tr><td colspan="2">滑道孔</td><td rowspan="2">H7</td></tr>
<tr><td>气缸（气缸套）</td><td colspan="2">内圆柱摩擦面</td></tr>
<tr><td>活　塞</td><td colspan="2">外圆柱摩擦面</td><td>d7</td></tr>
<tr><td>活塞杆</td><td colspan="2">摩擦表面</td><td>h7</td></tr>
<tr><td>十字头销、活塞销</td><td colspan="2">摩擦表面</td><td>h6</td></tr>
</table>

1.12　空压机主要零件加工表面的表面粗糙度应不大于表 C－3－3 规定的数值。

表 C－3－3　　　　μm

<table>
<tr><th>零件名称</th><th>加工表面</th><th>表面粗糙度 Ra
(GB 1031)</th></tr>
<tr><td>机　身
曲轴箱</td><td>主轴承孔
十字头滑道摩擦面</td><td>1.6</td></tr>
<tr><td>曲　轴</td><td>主轴颈和曲柄销
圆角处及油孔圆角处
安装皮带轮(或联轴器)的轴颈</td><td>0.8
1.6
3.2</td></tr>
<tr><td>连杆体</td><td>大、小头孔及螺栓孔</td><td>3.2</td></tr>
<tr><td>十字头体</td><td>摩擦表面
销孔表面</td><td rowspan="2">1.6</td></tr>
<tr><td>中　体</td><td>两端定位止口
十字头滑道摩擦面</td></tr>
<tr><td>气　缸
(含气缸套)</td><td>内圆柱摩擦面(有油机)
直径≤500mm
>500mm
内圆柱摩擦面(无油机)
≤300mm
>300～500mm
>500mm</td><td>
0.8
1.6

0.4
0.8
1.6</td></tr>
<tr><td>气缸套</td><td>外圆及定位支承端面</td><td>1.6</td></tr>
<tr><td>活　塞</td><td>外圆及活塞环槽两侧面
与活塞杆配合面及贴合端面</td><td>3.2
1.6</td></tr>
<tr><td>活塞杆</td><td>摩擦表面
与活塞配合的贴合端面
螺纹表面
过渡圆弧面</td><td>0.4
1.6
3.2
1.6</td></tr>
<tr><td>十字头销
活塞销</td><td>摩擦表面
圆角处及油孔圆角过渡处</td><td>0.4
0.8</td></tr>
<tr><td>连杆螺栓</td><td>定位部分外圆表面及过渡圆弧面
螺纹表面</td><td>1.6
3.2</td></tr>
<tr><td>连杆螺母
活塞杆螺母</td><td>螺纹表面</td><td>6.3</td></tr>
</table>

1.13 空压机主要零件的形状和位置公差应不低于表 C－3－4 的规定。

表 C－3－4

零件名称	部位及公差名称	公差等级（GB 1184）
机身曲轴箱	各轴承孔对其公共轴线的同轴度	8 级
	安装气缸（或中体）的贴合面对轴承孔公共轴线的平行度	7 级
	十字头滑道轴线对安装气缸（或中体）的贴合面的垂直度	6 级
	十字头滑道轴线对安装气缸（或中体）的定位止口轴线的同轴度	8 级
	十字头滑道的圆柱度	8 级
曲轴	主轴颈和曲柄销的圆柱度	7 级
	曲柄销轴线对主轴颈公共轴线在垂直方向及水平方向上的平行度	6 级
	安装皮带轮或联轴器的轴颈对两端主轴颈公共轴线的径向圆跳动	7 级
连杆体	大头孔、小头孔的圆柱度	7 级
	大、小头孔轴线的平行度	6 级
	两螺栓孔轴线的纵向平行度	9 级
	螺栓孔端面对其轴线的垂直度	6 级
十字头体	十字头摩擦面轴线对与活塞杆相配合的圆柱面（或圆锥面或螺纹）轴线的同轴度	8 级
	安装活塞杆紧固螺母支承面对与活塞杆相配合的圆柱面（或圆锥面或螺纹）的垂直度	6 级
	十字头销孔的轴线对十字头摩擦面轴线的垂直度	6 级
	摩擦面的圆柱度	8 级
中体	两端定位止口对公共轴线的同轴度	8 级
	定位止口轴线对端面贴合面的垂直度	6 级
	十字头滑道轴线对定位止口轴线的同轴度	8 级
	十字头滑道轴线对贴合面轴线的垂直度	6 级
	十字头滑道的圆柱度	8 级
气缸体	内圆柱面圆柱度	8 级
	内圆柱面轴线对与机身（或中体）贴合面的垂直度	6 级
	内圆柱面轴线对定位止口轴线的同轴度	8 级
气缸套	缸套定位凸缘端面对工作表面轴线的垂直度	5 级
	与气缸配合外圆轴线对气缸工作表面轴线的同轴度	8 级
	内圆柱面的圆柱度	8 级

续表

零件名称	部位及公差名称	公差等级（GB 1184）
活　塞	与活塞杆配合的贴合端面对活塞定位孔轴线的垂直度 外圆柱面轴线对活塞定位孔轴线的同轴度 外圆柱面轴线对活塞销孔轴线的垂直度	6级 7级 6级
活塞杆	与活塞配合的圆柱面（或圆锥面）轴线对活塞杆摩擦面轴线的同轴度 摩擦面的圆柱度 与十字头配合的圆柱面（或圆锥面或螺纹）轴线对活塞杆摩擦圆柱面轴线的同轴度 与活塞配合的轴肩端面对活塞杆摩擦圆柱面轴线的垂直度	7级 7级 8级 5级
十字头销 活塞销	摩擦面的圆柱度	7级
连杆螺栓	螺栓支承面对螺栓轴线的垂直度	6级
连杆螺母 活塞杆螺母	螺母支承面对螺纹轴线的垂直度	8级

1.14　空压机的活塞、活塞杆、十字头和连杆的重量应符合图样规定，其重量偏差不应超过规定重量的 ±3%，上述运动件总重量偏差不得超过规定总重量的 ±3%。

1.15　空压机的主要零、部件在装配过程中，应测量下列项目，测得结果应符合产品图样及技术文件的规定。

a. 活塞与气缸的径向间隙；

b. 各级活塞内、外止点间隙；

c. 十字头与十字头滑道的径向间隙和接触情况；

d. 曲轴曲柄销与连杆大头瓦的径向间隙和接触情况；

e. 十字头销与连杆小头瓦的径向间隙和接触情况；

f. 曲轴的轴向游动间隙；

g. 连杆螺栓、螺母间扭力矩值范围及锁定可靠性要求；

h. 总装时活塞杆前、后两螺母的拧紧及锁定要求；

i. 总体装配时空压机与驱动机的同轴度要求。

2　试验方法和检验规则

2.1　空压机机身或曲轴箱油池应进行渗漏试验。向油池内注入煤油，保持 4h 不得渗漏。

2.2　空压机气缸、气缸套、活塞等受压零件的气腔应以不低于1.5倍的最大允许工作压力做水压试验，保压时间不少于30min，不得渗漏。

2.3　空压机气缸等零件的水腔应以0.6MPa压力做水压试验，保压时间不少于30min，不得渗漏。

2.4　灰铸铁零件的力学性能、金相组织检验方法和化学分析方法，按GB 9439的规定，并按JB/T 6431和产品图样及技术文件的规定进行检验。

2.5　空压机主要零件的化学分析、力学性能和热处理要求应符合ZB J72 016、JB/T 6431及JB/T 6908的规定，其试验方法也应按上述标准的有关条文规定进行。

2.6　空压机主要零件的超声波探伤、磁粉探伤试验应分别按照相关规定。

3　标志、包装、贮存

3.1　随空压机主机出厂的零、部件，需单独包装时，应在装箱单上，按箱号写明各箱所装零、部件的图号、名称、数量等项目。并在包装箱外明显位置标明产品型号、名称及箱号。

3.2　空压机主要零、部件以备、配件形式出厂时，除应符合6.1条规定外，还应有制造厂名及该零件合格证明书或合格标记。

3.3　空压机主要零、部件随主机一道包装出厂时，应在产品出厂检验完成后，将机器擦拭干净，油封防锈再行装箱。

3.4　制造厂自发货之日起。在正常贮运条件下，应保证零、部件一年内不致因包装不良而引起锈蚀、霉损等。特殊要求按供需双方协议执行。

C-4　往复活塞压缩机金属平面三、六瓣密封圈尺寸（参考JB/T 9102.3—1999）

1　往复活塞压缩机金属平面三六瓣密封圈（以下简称三六瓣密封圈）分三瓣密封圈和六瓣密封圈两种。

1.1　三瓣密封圈的尺寸、表面粗糙度及配用弹簧应符合图C-4-1和表C-4-1的规定。

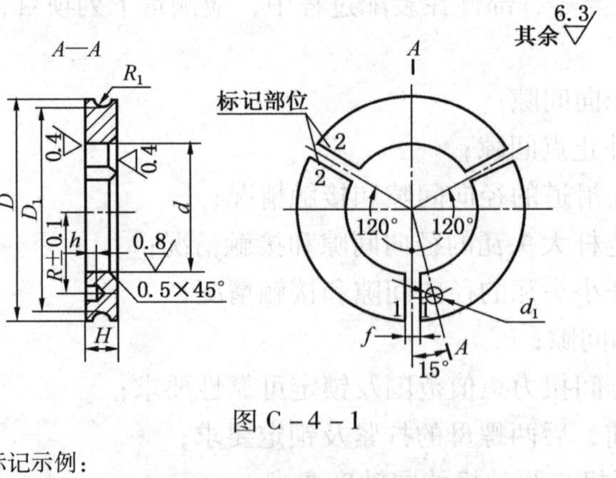

图C-4-1

标记示例：

内孔直径d为45mm的三瓣密封圈应标记为：

三瓣密封圈　45

表 C-4-1　　mm

d 基本尺寸	d 极限偏差	H 基本尺寸	H 极限偏差	D_1	D	R_1	f	d_1	h	R	配用弹簧 ZB J72 005.5—1987
20				41	45					15	0.5×3×98
22	+0.012			43	47					16	0.5×3×98
25	-0.009			46	50					18	0.5×3×106
28				49	53					19	0.5×3×106
32		7		53	57	2				21	0.5×3×115
(35)				56	60			3.5	3.5	22.5	0.5×3×127
36	+0.014			57	61					23	0.5×3×127
40	-0.011			61	65					25	0.5×3×137
45				65	70		1.2			27	0.8×4×189
50				70	75					30	0.8×4×203
(55)			-0.013	75	80					33	0.8×4×217
56			-0.049	76	81					34	0.8×4×217
(60)		8		85	90	2.5				37	0.8×4×243
63	+0.018			88	93					38	0.8×4×256
(65)	-0.012			90	95					40	0.8×4×256
70				95	100			4.5	4.5	42	0.8×4×275
80				105	110					47	0.8×4×300
90				114	120					52	1×5×316
100	+0.022			124	130					57	1×5×341
110	-0.013	9		134	140	3	1.5			62	1×5×368
125	+0.026			149	155					69	1×5×407
140	-0.014			164	170					77	1×5×447

注：括号内数值只限于老产品使用。

1.2　六瓣密封圈的尺寸、表面粗糙度及配用弹簧应符合图 C-4-2 和表 C-4-2 的规定。

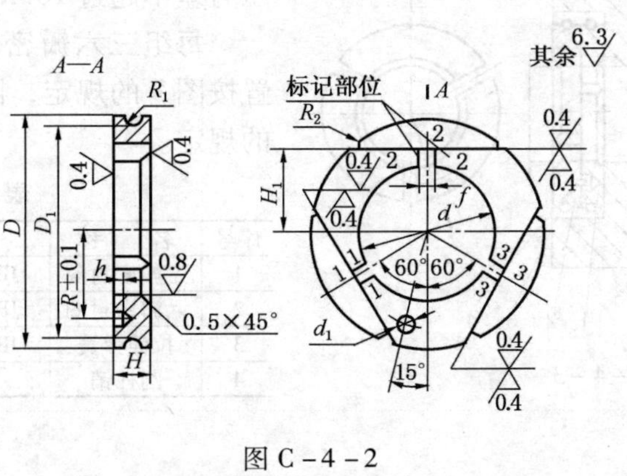

图 C-4-2

标记示例：

内孔直径 d 为 45mm 的六瓣密封圈应标记为：

六瓣密封圈　45

表 C－4－2 mm

d 基本尺寸	d 极限偏差	H 基本尺寸	H 极限偏差	D_1	D	R_1	f	d_1 基本尺寸	d_1 极限偏差	h	R_2	R	H_1	配用弹簧 ZB J72 005.5—1987
20				41	45							15	13.5	0.5×3×98
22	+0.012			43	47							16	14.5	0.5×3×98
25	−0.009			46	50							18	16.5	0.5×3×106
28				49	53	2						19	18.5	0.5×3×106
32		7		53	57			3.5	+0.020	3	1.5	21	20.5	0.5×3×115
(35)				56	60				0			23	21.5	0.5×3×127
36	+0.014			57	61							23	23	0.5×3×127
40	−0.011			61	65							25	24	0.5×3×137
45				65	70		1.2					27	26.5	0.8×4×189
50				70	75							30	29	0.8×4×203
(55)			−0.013	75	80							33	31.5	0.8×4×217
56			−0.049	76	81							34	32	0.8×4×217
(60)		8		85	90	2.5						37	33	0.8×4×243
63	+0.018			88	93							38	34.5	0.8×4×256
(65)	−0.012			90	95							40	36.5	0.8×4×256
70				95	100			4.5	+0.025	4	2	42	39	0.8×4×275
80				105	110				0			47	45	0.8×4×300
90				114	120							52	50	1×5×316
100	+0.022			124	130							57	55	1×5×341
110	−0.013	9		134	140	3	1.5					62	60	1×5×368
125	+0.026			149	155							69	67	1×5×407
140	−0.014			164	170							77	74	1×5×447

注：括号内数值只限于老产品使用。

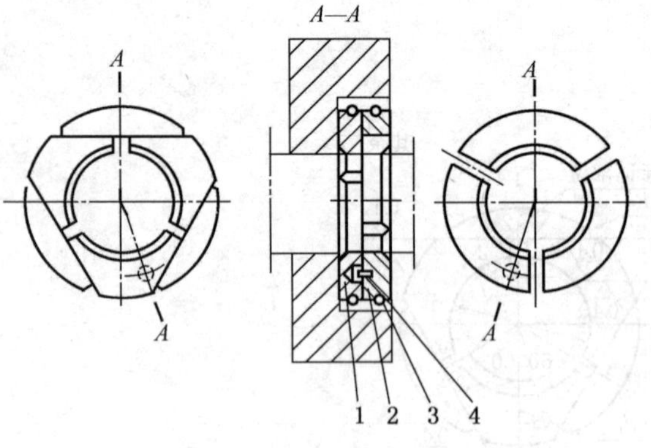

图 C－4－3

2 三六瓣密封圈成组使用，每组包括三瓣密封圈和六瓣密封圈各一件，其密封压力差不超过 10MPa。

每组三六瓣密封圈在填料中的装配位置按图 3 的规定，图中的零件按表C－4－3的规定。

表 C－4－3

序号	名 称	标 准 号	数 量
1	三瓣密封圈	JB/T 9102.3—1999	1
2	六瓣密封圈	JB/T 9102.3—1999	1
3	拉伸弹簧	JB/T 9102.3—1999	2
4	圆柱销	GB 119	1

C－5 往复活塞压缩机金属平面径向切口刮油圈尺寸（参考 JB/T 9102.3—1999）

1 往复活塞压缩机金属平面径向切口刮油圈（以下简称径向切口刮油圈）分 A 型和 B 型两类。

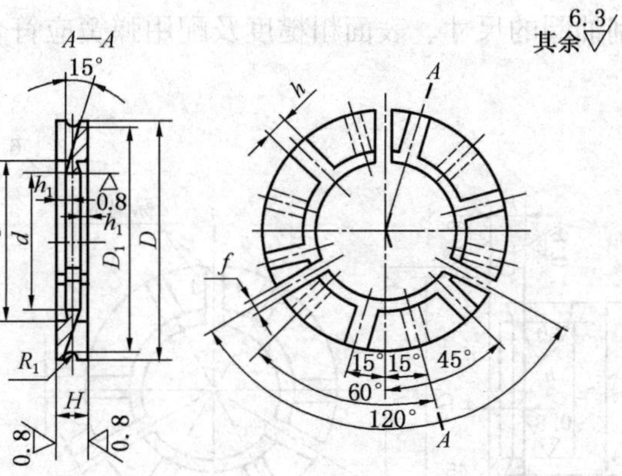

图 C－5－1

标记示例：

内孔直径 d 为 45mm 的 A 型径向切口刮油圈应标记为：

径向切口刮油圈　45－A　JB/T 9102.4—1999

1.1　A 型径向切口刮油圈的尺寸、表面粗糙度及配用弹簧应符合图 C－5－1 和表 C－5－1的规定。

表 C－5－1

mm

d		H		D_1	D	D_2	R_1	h	h_1	f	配用弹簧 ZB J72 005.5—1987
基本尺寸	极限偏差	基本尺寸	极限偏差								
20	+0.012 −0.009	7	−0.013 −0.049	41	45	25	2	4	2	1.2	0.5×3×98
22				43	47	27					0.5×3×98
25				46	50	30					0.5×3×106
28				49	53	33					0.5×3×106
32	+0.014 −0.011			53	57	37					0.5×3×115
(35)				56	60	40					0.5×3×127
36				57	61	41					0.5×3×127
40				61	65	45		5			0.5×3×137
45		8		65	70	50	2.5				0.8×4×189
50				70	75	55					0.8×4×203
(55)	+0.018 −0.012			75	80	61					0.8×4×217
56				76	81	62					0.8×4×217
(60)				85	90	66		6			0.8×4×243
63				88	93	69					0.8×4×256
(65)				90	95	71					0.8×4×256
70				95	100	76					0.8×4×275
80				105	110	86					0.8×4×300
90	+0.022 −0.013	9		114	120	96	3	8		1.5	1×5×316
100				124	130	106					1×5×341
110				134	140	116					1×5×368
125	+0.026 −0.014			149	155	131		10			1×5×407
140				164	170	146					1×5×447

注：括号内数值只限于老产品使用。

1.2　B 型径向切口刮油圈的尺寸、表面粗糙度及配用弹簧应符合图 C－5－2 和表 C－5－2 的规定。

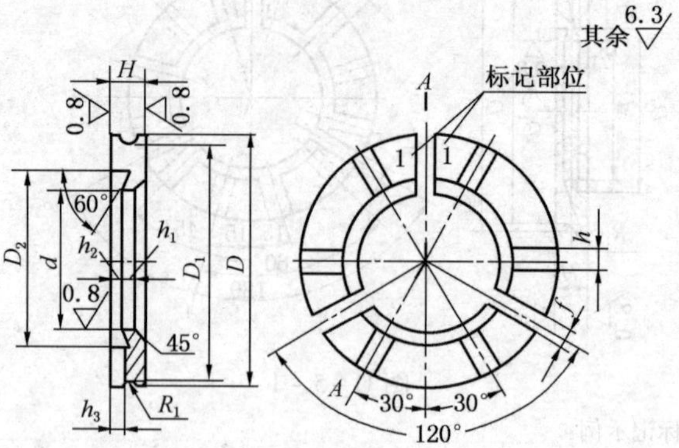

图 C－5－2

标记示例：

内孔直径 d 为 45mm 的 B 型径向切口刮油圈应标记为：

径向切口刮油圈　45—B　JB/T 9102.4—1999

表 C－5－2

mm

d		H		D_1	D	D_2	R_1	h	h_1	h_2	h_3	f	配用弹簧 ZB J72 005.5—1987
基本尺寸	极限偏差	基本尺寸	极限偏差										
20	+0.012 −0.009	7		41	45	25	2	4	3	2.5	2		0.5×3×98
22				43	47	27							0.5×3×98
25				46	50	30							0.5×3×106
28				49	53	33							0.5×3×106
32	+0.014 −0.011			53	57	37							0.5×3×115
(35)				56	60	40							0.5×3×127
36				57	61	41							0.5×3×127
40				61	65	45		5	3.5	3	2.5	1.2	0.5×3×137
45		8	−0.013 −0.049	65	70	50	2.5						0.8×4×189
50				70	75	55							0.8×4×203
(50)	+0.018 −0.012			75	80	61							0.8×4×217
56				76	81	62							0.8×4×217
(60)				85	90	66		6					0.8×4×243
63				88	93	69							0.8×4×256
(65)				90	95	71							0.8×4×256
70				95	100	76							0.8×4×275
80				105	110	86			4	3.5			0.8×4×300
90	+0.022 −0.013			114	120	96	3	8				1.5	1×5×316
100				124	130	106							1×5×341
110				134	140	116							1×5×368
125	+0.026 −0.014			149	155	131		10					1×5×407
140				164	170	146							1×5×447

注：括号内数值只限于老产品使用。

2 径向切口刮油圈成对使用，并和 ZB J72 005.3—1987《往复活塞压缩机金属平面三、六瓣密封圈尺寸》所规定的三、六瓣密封圈配套使用。

2.1 A 型径向切口刮油圈在填料中的装配位置按图 C－5－3 的规定，图中的零件按表 C－5－3 的规定。

表 C－5－3

序号	名称	标准号	数量
1	A 型径向切口刮油圈	JB/T 9102.4—1999	2
2	拉伸弹簧	JB/T 9102.5—1999	2

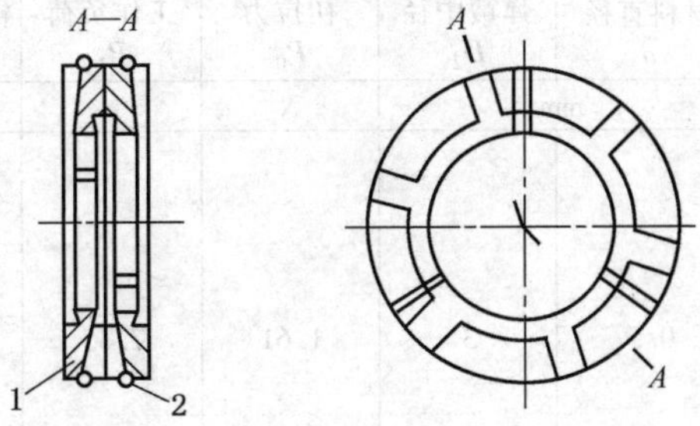

图 C－5－3

2.2 B 型径向切口刮油圈在填料中的装配位置按图 C－5－4 的规定，图中的零件按表 C－5－4 的规定。

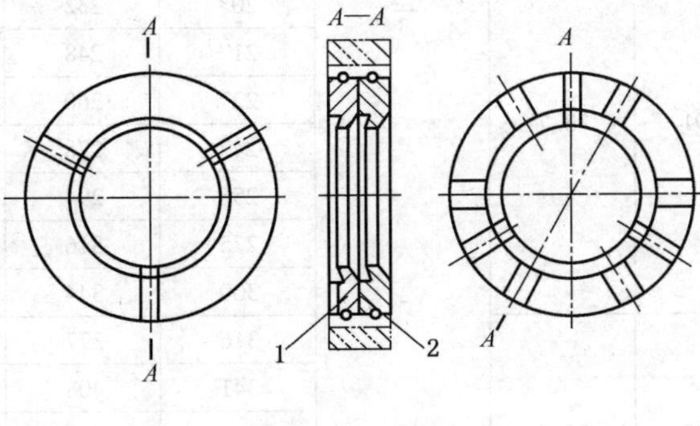

图 C－5－4

表 C－5－4

序号	名称	标准号	数量
1	B 型径向切口刮油圈	ZB J72 005.4—1987	2
2	拉伸弹簧	ZB J72 005.5—1987	2

C－6 往复活塞压缩机金属平面密封圈和刮油圈用拉伸弹簧(参考 JB/T 9102.5—1999)

1 往复活塞压缩机金属平面密封圈和刮油圈用拉伸弹簧(以下简称弹簧)的型式为 GB 2088—1997《普通圆柱螺旋拉伸弹簧(圆钩环压中心型)尺寸》中的 B 型，代号为 LⅢ，参数名称按 GB/T 1239.1—1999《普通圆柱螺旋弹簧》的规定。

2 弹簧的参数应符合图 C－6－1 和表 C－6－1 的规定。

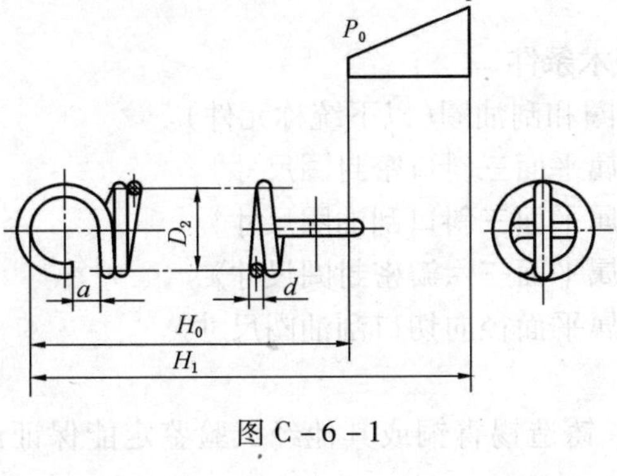

图 C－6－1

3 弹簧的旋向规定为右旋。

4 弹簧负荷、外径、自由长度的允许偏差按 GB/T 1239.1—1999 规定的 3 级精度要求。

5 弹簧的材料用碳素弹簧钢丝Ⅱ组，亦可采用碳素弹簧钢丝Ⅱ$_a$组。

6 弹簧表面应氧化处理。

7 弹簧的标记由名称、代号、型式、尺寸、标准号材料组成。若材料采用碳素弹簧钢丝Ⅱ组，可省略标注。

标记示例：

表 C－6－1

材料直径 d	弹簧中径 D_2	初拉力 P_0	工作负荷 P_1	钩环开口宽度 a	自由长度 H_0	工作长度 H_1	有效圈数 n	展开长度 L
mm		N	N	mm	mm		圈	mm
0.5	3	1.61	7.35	$\frac{D_2}{3}$	79	112	148	1413
					93	126	176	1678
					98	143	185	1761
					106	154	201	1912
					115	168	218	2072
					127	181	243	2307
					137	202	265	2496
0.8	4	5.91	13.7		189	216	225	2851
					203	232	241	3052
					217	248	258	3265
					227	260	275	3479
					243	278	291	3680
					256	294	316	3994
					275	316	341	4308
					300	344	366	4622
1.0	5	9.23	25.5		316	377	307	4831
					341	408	332	5243
					368	440	359	5668
					407	487	398	6280
					447	534	438	6908

a. 材料直径 d 为 0.8mm、弹簧中径 D_2 为 4mm、自由长度 H_0 为 189mm、材料为碳素弹簧钢丝Ⅱ组的弹簧应标记为：

拉簧 LⅢ B0.8×4×189　ZB J72 005.5—1987

b. 材料直径 d 为 1mm、弹簧中径 D_2 为 5mm、自由长度 H_0 为 316mm、材料为碳素弹簧钢丝Ⅱ$_a$ 组的弹簧应标记为：

拉簧 LⅢB1×5×316　ZB J72 005.5—1987

8　弹簧的其他技术要求、试验方法、验收规则、包装与标志、运输与贮存，均应按 GB 1239—1976 的规定。

C－7　往复活塞压缩机金属平面密封圈和刮油圈技术条件

本标准适用于下列标准中规定的金属平面密封圈和刮油圈（以下统称元件）。

JB/T 9102.1——1999　《往复活塞压缩机　金属平面三斜口密封圈尺寸》

JB/T 9102.2——1999　《往复活塞压缩机　金属平面三斜口刮油圈尺寸》

JB/T 9102.3——1999　《往复活塞压缩机　金属平面三六瓣密封圈尺寸》

JB/T 9102.4——1999　《往复活塞压缩机　金属平面径向切口刮油圈尺寸》

技术要求如下：

1. 元件用铁基粉末冶金、灰铸铁（合金铸铁）、铸造锡青铜或其他经试验鉴定能保证设计要求的材料制造。

1.1 铁基粉末冶金的物理机械性能、金相组织应符合 JB/TQ 506—1986《往复活塞压缩机铁基粉末冶金平面密封圈和刮油圈技术条件》的要求。

1.2 灰铸铁(合金铸铁)的物理机械性能、金相组织应符合 JB/TQ 271—1981《容积式压缩机用灰铸铁件技术条件》中的有关要求。

1.3 铸造锡青铜的化学成分、机械性能应符合 GB 1176—1987《铸造铜合金技术条件》中 ZQ Sn6—6—3 或 ZQ Sn 10—1 的规定。

2. 元件的形状和位置公差应不低于表 C－7－1 的规定。

表 C－7－1

项　　目	公差等级 GB/T 1184—1996	项　　目	公差等级 GB 1184—1980
两端面的平行度	5	内孔的圆度	7
两端面的平面度	6		
两端面对内孔轴线的垂直度	6	内孔的圆柱度	7

3. 密封圈的每个切口密封面的漏光长度不得超过其长度之半。

4. 元件的表面不应有气孔、砂眼、裂纹、夹渣等缺陷；不允许有毛刺、掉边缺角；内孔不得有轴向。

C－8 往复活塞压缩机连杆小头衬套(参考 JB/T 2236—1991)

1 主题内容与适用范围

本标准规定了往复活塞压缩机用连杆小头衬套的型式、规格尺寸、技术要求、试验方法和检验规则及其他要求。

本标准适用于往复活塞压缩机有油润滑连杆小头整体衬套(以下简称“衬套”)。

2 引用标准

GB 223.1～223.7　钢铁及合金化学分析方法

GB 1031　表面粗糙度　参数及其数值

GB 1176　铸造铜合金技术条件

GB 1184　形状和位置公差　未注公差的规定

GB 1801　公差与配合　尺寸至 500mm 孔、轴公差带与配合

GB 1957　光滑极限量规

GB 1958　形状和位置公差检测规定

GB 2688　滑动轴承　粉末冶金轴承技术条件

GB 2828　逐批检查计数抽样程度及抽样表(适用于连续批的检查)

GB 5163　可渗透性烧结金属材料　密度的测定

GB 5957　烧结金属材料(不包括硬质合金)抽样

GB 6060.2　表面粗糙度比较样块　磨、车、镗、铣、插及刨加工表面

GB 6804　烧结金属衬套径向压溃强度测定法

GB 8002.1～8002.15　锡青铜化学分析方法

GB 9097.1　烧结金属材料(不包括硬质合金)表观硬度的测定　第一部分：截面硬度基本均匀的材料

3 形式及规格尺寸

3.1 形式

衬套形式按图 C-8-1 的规定，允许采用能保证衬套具有足够承载能力和良好润滑的其他油槽、油孔结构。

3.2 规格尺寸

衬套的内径、外径、宽度及倒角尺寸按表 C-8-1 规定选用，油槽、油孔尺寸按表 C-8-2 规定选用。

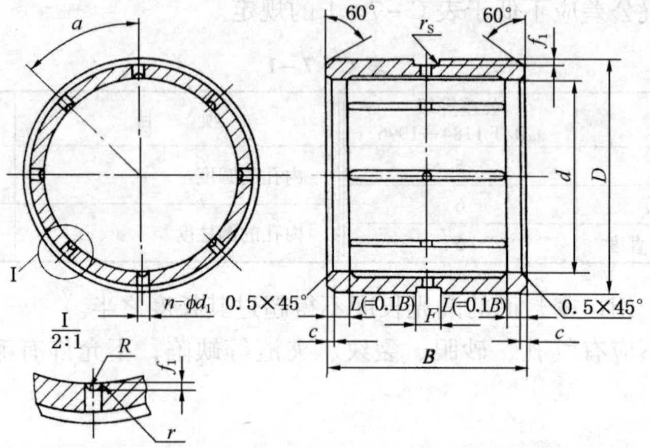

图 C-8-1

表 C-8-1

mm

内径 d	外径 D 薄壁	外径 D 厚壁	宽度 B			倒角 c
12	16	18	12	14	16	1
16	20	22	16	18	20	
20	24	26	20	22	24	
25	30	32	25	26	28	1.6
30	36	38	30	36	40	
35	42	45	30	36	40	
40	48	50	40	45	50	
45	53	55	45	50	56	2
50	58	60	50	56	63	
55	63	65	56	60	63	
60	70	75	63	71	80	
70	80	85	71	80	90	
80	90	95	80	90	100	2.5
90	105	110	90	100	110	
100	115	120	100	110	120	
110	125	130	110	120	130	3
120	135	140	120	130	140	
140	155	160	140	160	180	
160	180	185	160	180	200	
180	200	210	180	200	220	4
200	220	230	200	220	240	

表 C－8－2 mm

内径 d	油槽、油孔尺寸 F								
	F	r_1	f_1	d_1	a	油槽数 n(条)	f_2	R	r
12									
16	4	0.8							
20									
25				1.6			0.4	1	0.28
30		1.2							
35					180°～30°	2～12			
40									
45	6								
50									
55		1.6		2			0.8	1.1	0.35
60									
70									
80									
90		2							
100				3			1.2	1.6	0.5
110	8								
120		3			90°～22.5°	4～16			
140									
160				4			1.6	2.2	0.7
180	10	4							
200				5			2	2.6	0.8

3.3 标记

衬套标记示例：

内径 50mm、外径 60mm、宽度 63mm 的衬套：

衬套 50×60×63 JB/T 2236—1991

4 技术要求

4.1 衬套应符合本标准的规定，并按经规定程序批准的图样及技术文件制造。

4.2 衬套材料按表 C－8－3 规定，但经试验鉴定使用性能不低于表 C－8－3 和附 A 规定的其他材料允许代用。

表 C－8－3

材 料 牌 号	标 准 代 号	布氏硬度 HB
ZCuSn10Pb1	GB 1176	≥785
ZCuSn5Pb5Zn5		≥590
烧结 Fe－50Cu	—	—
FZ2175	GB 2688	

注：材料的许用值$[p]_{max}$、$[v]_{max}$、$[pv]$应符合表 C－8－9 的要求。

4.2.1 用同一铸造锡青铜材料制造的同一型号的衬套硬度差值不得超过 290HB。

4.2.2 当衬套采用烧结 Fe－50Cu 材料制造时，其化学成分和密度、径向压溃强度、表观硬度及同一衬套表观硬度差值应符合表 C－8－4 的规定。

表 C－8－4

材料牌号	化学成分%			密度 /(g/cm³)	径向压溃强度 MPa	表观硬度 HB	表观硬度差 HB
	Fe	Cu	其他				
烧结 Fe－50Cu	余	48～52	<3	≥7.3	≥350	≥590	≤150

4.3 衬套内径、外径、宽度尺寸公差带应符合表 C－8－5 的规定，衬套内孔要求留精加工余量的具体数值由供需双方商定。

4.4 衬套的形状和位置公差等级应不低于表 C－8－6 的规定。

表 C－8－5

部位		公差等级或公差带 (GB 1801)
内径 d	留精加工余量	IT9
	不留精加工余量	H7
外径 D	<90mm	r6
	≥90mm	u6
长度 B		h11

表 C－8－6

项目		公差等级 (GB 1184)
内孔的圆柱度	留精加工余量	8
	不留精加工余量	7
外圆的圆柱度		7
外圆对内孔的同轴度	留精加工余量	8
	不留精加工余量	7

4.5 衬套各表面的表面粗糙度 Ra 值应符合表 C－8－7 的规定。

表 C－8－7　μm

部位		表面粗糙度 Ra (GB 1031)
内孔表面	留精加工余量	3.2
	不留精加工余量	0.8
外圆表面		1.6
端面		3.2
其余表面		6.3

4.6 衬套不得有裂纹，表面不应有砂眼、夹渣、针孔、磕伤、划伤、毛刺与锈蚀等影响质量的缺陷。

4.7 对衬套有特殊要求应在订货时提出。

4.8 在用户遵守往复活塞压缩机使用说明书规定的安装、维护和使用规则的情况下，衬套的保用期应不低于往复活塞压缩机的保用期。在保用期内衬套确因制造质量不良而造成损坏，制造厂应负责更换。

5 检验方法

5.1 衬套材料的化学成分分析按 GB 8002.1～8002.15 和 GB 223.1～223.7 的规定。

5.2 衬套材料的密度、径向压溃强度、硬度、表观硬度、含油率的测定按 GB 5163、GB 6804、GB 1176、GB 9097.1 和 GB 2688 的规定。

5.3 衬套各表面的表面粗糙度评定按 GB 1031 或 GB 6060.2 的规定，有争议时按 GB 1031 的规定仲裁。

5.4 衬套的内径检验用 GB 1957 规定的光滑极限量规或经计量检定合格的内径千分表进行检测，有争议时按内径千分表检测仲裁。

5.5 衬套的形位公差检验按 GB 1958 的规定。

6 检验规则

6.1 每个衬套须经制造厂的质量检验部门检验合格后才能出厂。

6.2 衬套应成批交货验收。订货单位抽验产品质量时，应按 GB 2828 或 GB 5957 和本标准表 C－8－8 的规定，或由供需双方商定。

表 C－8－8

检 验 项 目	合格质量水平（AQL）	质量检查水平	抽样方案
外径尺寸	1.5	一般检查水平Ⅱ级	正常两次抽样方案
内径尺寸			
形状与位置偏差	2.5		
表面粗糙度			
表面质量			
其他尺寸与偏差	4.0		
硬度		特殊检查水平 S－2 级	
硬度差			
表观硬度			
表观硬度差			
密度			
含油率			
化学成分			

7 标志、包装、运输、贮存

7.1 衬套在包装前必须清洁，并作防蚀处理，用结实不透水的中性纸或塑料薄膜包装后装入包装盒。

7.2 每只包装盒内应附有经制造厂质量检验部门检验员签章的产品合格证。

7.3 包装盒应标明：

a. 制造厂名称、注册商标和地址；

b. 产品名称、型号及数量；

c. 包装日期。

7.4 盒装的衬套还必须装入有防潮措施的干燥包装箱内，并保证在正常的运输中不致损伤，每箱总质量不得超过50kg。特殊的包装须经供需双方商定。

7.5 包装箱应标明：

a. 制造厂名称及地址；

b. 产品名称、型号及数量；

c. 总质量；

d. 发货地点、收货站名；

e. 收货单位名称及地址；

f.“小心轻放”、“防潮”、“防压”等标志；

g. 装箱日期。

7.6 包装的衬套应存放在通风和干燥的仓库内，在正常的保管条件下，制造厂应保证衬套自出厂之日起 12 个月内不致锈蚀。

8 衬套材料许用 pv 值（参考值）

当衬套对偶轴十字头销或活塞销的表面粗糙度 Ra 值为 0.4μm，硬度值不低于 57HRC

时，衬套材料许用 pv 值按表 C-8-9 的规定。

表 C-8-9

材料牌号	许用值		
	$[p]_{max}$/MPa	$[v]_{max}$/(m/s)	$[pv]$/(MPa·m/s)
ZCuSn10Pb1	15	8	15
ZCuSn5Pb5Zn5	8	3	10
烧结 Fe-50Cu	14	3	12
FZ2175	11	3	12

C-9 往复活塞压缩机薄壁轴瓦(参考 JB/T 2231.3—1999)

1 名称、代号与标记

1.1 名称与代号

轴瓦各部位名称与代号见表 C-9-1 和图 C-9-1。

表 C-9-1 轴瓦各部位名称与代号

名称	代号	名称	代号
轴瓦外径	D_L	轴瓦宽度	B
测量高出度	h_1	油孔	K
半圆周长公差	Δh	定位唇	Ch
轴瓦壁厚	e_L	油槽	C
轴瓦合金层厚度	e_2	对口平面	M
轴瓦衬背厚度	e_1	自由弹张量	ΔD

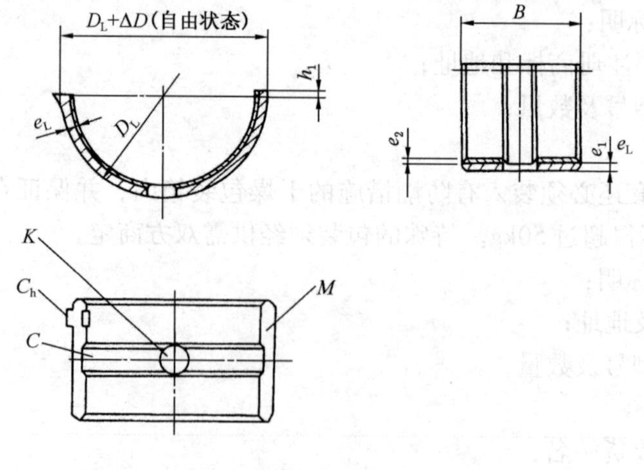

图 C-9-1 轴瓦各部位代号

1.2 标记

轴瓦标记示例：

ZW 71 × 2.5 × 25

- 25 — 轴瓦宽度，mm
- 2.5 — 轴瓦壁厚，mm
- 71 — 轴瓦外径，mm

2 基本尺寸

轴瓦外径、壁厚与内径的尺寸按表 C－9－2 规定选用。

表 C－9－2 轴瓦外径、壁厚与内径 mm

轴瓦外径 D_L	轴瓦壁厚 e_L 1.5	2.0	2.5	4.0	5.0	8.0	10
	轴瓦内径						
20	17						
22	19						
25	22	—	—	—	—	—	—
28	25						
32	29						
36	33						
40		36					
45		41					
50	—	46	—	—	—	—	—
56		52					
63		59					
71			66		—		
80			75		—		
85			(80)		—		
90	—	—	85	—		—	—
100			95		—		
105			—		(95)		
110			105		—		
120				—	(110)		
125				117	—		
140	—	—	—	132	(130)	—	
150				—	(140)		
160				152	(150)		
180					170		—
190					(180)		—
200	—	—	—	—	190	—	—
220					210		—
240					—		(220)
250					240		—
280	—	—	—	—	—	264	—
320						304	—
360	—	—	—	—	—	—	340
400							380

注：括号内数值非优选值。

3 技术要求

3.1 轴瓦材料

3.1.1 衬背

3.1.1.1 铸造锡锑、铅锑轴承合金和铜基合金的衬背，采用 08，10，15 钢。

3.1.1.2　轧制和其他工艺的锡锑、铅锑轴承合金、铜基合金和铝基合金的衬背，采用08Al、08、10号钢。

3.1.1.3　轴瓦衬背材料的化学成分和机械性能，均应符合GB/T 699的规定。

3.1.2　合金

a. 锡锑和铅锑轴承合金；

b. 铜基合金；

c. 铝基合金；

上述合金的代号、化学成分、机械性能、金相组织按附录9－A(补充件)的规定。

如有特殊要求，可按产品图样规定选取其他合金。

3.1.3　其他要求

3.1.3.1　轴瓦合金层表面不得有外来夹杂物、气孔、缩松等缺陷。

3.1.3.2　轴瓦合金层与衬背应牢固结合，不得有脱壳现象。

3.2　轴瓦各部位尺寸与公差

3.2.1　轴瓦的结构要素与公差，应符合GB 3162—1982《滑动轴承薄壁轴瓦尺寸、结构要素与公差》的第3章"轴瓦的结构要素与公差"的规定。

3.2.2　铸铁和钢质轴承座孔直径按GB/T 1801—1979《公差与配合》规定的H6～H7公差带加工。

3.2.3　轴瓦壁厚公差

3.2.3.1　等壁厚轴瓦的壁厚公差应不大于表C－9－3的规定。

表C－9－3　轴瓦壁厚公差

mm

轴瓦外径 D_L		壁厚公差	
大于	至	双层金属轴瓦	带镀覆层的三层金属轴瓦
—	45	0.010	0.015
45	75	0.013	0.018
75	110	0.015	0.020
110	200	0.020	0.025
200	300	0.025	0.030
300	400	0.030	0.035

3.2.3.2　距离定位唇边缘5mm范围内，其壁厚允许减薄0.015mm。

3.2.3.3　一般情况下不推荐选用轴向储油槽结构。若采用轴向储油槽结构，则油槽两边瓦口处壁厚允许减薄，减薄量应由供需双方协商决定。

3.2.4　轴瓦合金层厚度与合金层厚度差应按表C－9－4和表C－9－5的规定。

表C－9－4　轴瓦合金层厚度

mm

合金层材料	合金层厚度 e_2		
	$D_L \leq 140$	$140 < D_L \leq 280$	$D_L > 280$
锡锑、铅锑合金	0.3～0.7	0.6～1.0	1～1.5
铜基合金	0.4～0.9	0.7～1.2	1.2～1.6
铝基合金	0.3～0.7	0.7～1.2	1.2～1.5

表 C-9-5 轴瓦合金层厚度差 mm

合金层材料	轴瓦壁厚 e_L	合金层厚度差≤	
		轧　制	浇　铸
锡锑、铅锑轴承合金	≤3	0.10	0.20
	>3	0.15	0.30
铜基合金	所有值	0.25	0.35
铝基合金	≤3	0.25	0.35
	>3~6	0.35	0.50
	>6~12	0.50	0.70

注：合金层厚度差指同一片轴瓦上合金层厚度的最大值与最小值之差。

3.2.5 轴瓦的宽度尺寸和极限偏差

3.2.5.1 轴瓦宽度尺寸按 GB/T 2822—1981《标准尺寸》*Ra*20 系列选用。

3.2.5.2 轴瓦宽度的极限偏差按表 C-9-6 的规定。

3.2.6 在规定压紧状态下，轴瓦对口平面对外圆母线的平行度公差不大于表 C-9-7 的规定。

3.2.7 轴瓦在自由状态时的弹张量按表 C-9-8 选取：

表 C-9-6 轴瓦宽度的极限偏差 mm

轴瓦外径 D_L	轴瓦宽度(B)的极限偏差
≤110	0 -0.25
>110~250	0 -0.40
>250~500	0 -0.52

表 C-9-7 轴瓦对口平面对外圆母线的平行度 mm

轴瓦宽度 B	平行度公差
≤100	0.020
>100~160	0.030
≥160	0.040

表 C-9-8 轴瓦的自由弹张量 mm

轴瓦外径 D_L	自由弹张量 ΔD
≤160	0.50~1.50
>160	1~3

3.2.8 轴瓦半圆周长公差应不大于表 C-9-9 的规定：

3.3 轴瓦表面要求

3.3.1 外圆表面粗糙度应不低于表 C-9-10 的规定：

3.3.2 内圆表面粗糙度应不低于表 C-9-11 的规定：

3.3.3 对口平面表面粗糙度不低于 *Ra*2.5μm。

3.3.4 轴瓦内外圆表面和对口平面，不允许有划伤、碰伤及压伤。

3.3.5 轴瓦表面必须清洁，非工作表面应镀锡或镀铜，也可采用其他防护措施。镀层厚度为 0.002~0.003mm。镀层应均匀，不得有镀瘤。

3.4 轴瓦外圆衬背的贴合度

轴瓦外径 D_L≤200mm 的，应不小于衬背面积的 85%；轴瓦外径 D_L>200mm 的，应不小于衬背面积的 70%。若存在不贴合表面，则应呈分散分布，且其中最大集中面积不大于衬背面积的 10%。

表 C-9-9 轴瓦半圆周长公差 mm

轴瓦外径 D_L	轴瓦半圆周长公差 Δh
≤45	0.030
>45~75	0.035
>75~110	0.040
>110~160	0.045
>160~200	0.050
>200~250	0.055
>250~300	0.060
>300~400	0.070

表 C-9-10 轴瓦外圆表面粗糙度

轴瓦外径(D_L)mm	表面粗糙度
≤200	1.25
>200	1.6

表 C-9-11 轴瓦内圆表面粗糙度

合金材料	轴瓦外径(D_L)	表面粗糙度
锡锑、铅锑轴承合金	≤200	0.8
	>200	1.6
铜基合金、铝基合金	所有值	1.6

4 检验规则与检验方法

4.1 每片轴瓦须经制造厂的质量检验部门检验合格后才能出厂。检验项目为：

a. 外观质量；

b. 表面粗糙度；

c. 外形尺寸；

d. 几何精度。

4.2 合金层与衬背的粘合检验，以听音为主，轻击轴瓦衬背时，声音应清脆响亮，不得有哑音，也可作破坏性检验，其方法如下：

4.2.1 锡锑、铅锑轴承合金轴瓦：先将轴瓦压平，再压至衬背相互贴紧，视合金断裂处的衬背面上，若留有细绒毛状的合金或呈灰白色，即为粘合良好。

4.2.2 铜基合金轴瓦：先将轴瓦压平，再弯到90°，最后再复压平。允许合金层有裂纹，但不允许合金层与衬背脱离。

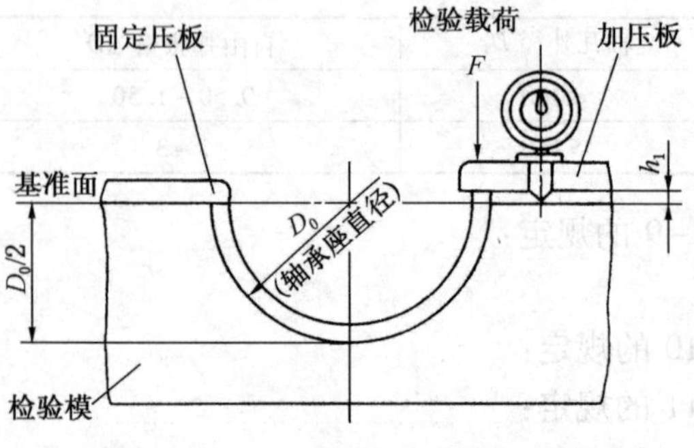

图 C-9-2 半圆周长的检验方法

4.2.3 铝基合金轴瓦：将轴瓦压平，允许合金层有裂缝，但不允许合金层与衬背脱离。

注：对壁厚大于3.5mm的轴瓦作破坏性检验时，可将轴瓦加工成衬背厚度为2.5~3mm，合金层厚度不大于0.9mm试样进行检验。

4.3 轴瓦半圆周长的检验，按图 C-9-2 所示的方法进行。检验模必须具有足够的刚性。轴瓦测量高出度的计算方法见附录 9-B（参考件）。

检验载荷 F 按下列公式计算：

$$F = 100Be_0 \quad (1)$$

（适用于 $e_0/D_L \leqslant 0.05$）

式中 F——检验载荷，N；

B——轴瓦宽度，mm；

e_0——等效厚度，mm。

$$e_0 = e_1 + Ke_2 \quad (2)$$

K——系数，其值规定如下：

锡锑、铅锑合金　$K=0$；

铜基合金　$K=0.5$；

铝基合金　$K=0.3$。

注：1. 检验载荷 F 按500N的正整数倍圆整。

2. 根据制造厂的检验设备，检验载荷也可按 $F=50B\cdot e_0$(N)计算，或者由制造者与用户协商而定。

4.4　轴瓦对口平面对外圆母线的平行度检验

将轴瓦放在专用检验模具中，按本标准第4.3条的规定加载荷进行检验。

4.5　轴瓦衬背面的贴合度的检验

将轴瓦放在专用检验模具中，按本标准第4.3条的规定加载荷，用涂色法进行检验。

4.6　订货单位抽验产品质量时，其抽验数量不多于每批交货数量的2%，但不少于5副。抽验结果如有一片不合格时，应抽取加倍数量复验，如仍有一片不合格，则不予验收。

5　标志、包装和贮存

5.1　每片轴瓦上应标明：

a. 制造厂名称(厂标或商标)；

b. 产品标记；

c. 制造日期：　　年　月。

5.2　每片轴瓦在包装前必须清洁，并作防蚀处理，用结实不透水的包裹材料包好，再装入包装盒内。每只盒内应装入同一机型、同一尺寸组的轴瓦。

附9-A　轴瓦合金

A.1　合金代号

a. 锡锑轴承合金：ChSnSb 11—6　ChSnSb 8—4；

铅锑轴承合金：ChPbSb 10—6；

b. 铜基合金：ZQPb 25—5 ZQPb 30；

c. 铝基合金：20%高锡铝合金(含锡17.5～22.5%，铜0.8～12%，杂质总和不大于1.5%)；

d. 其他符合质量要求的轴承合金。

A.2　化学成分和机械性能应符合GB 1174—1974《铸造轴承合金》、GB 1176—1974《铸造铜合金》的规定。

A.3　金相组织

锡锑、铅锑轴承合金的金相组织可参照JB 3657—84《汽车发动机轴瓦锡基和铅基合金金相标准》的规定，其它合金的金相组织可按用户和制造厂的协议规定。

附9-B　轴瓦半圆周向过盈量及测量高出度的计算方法

为了保证轴瓦装配后的工作可靠性，轴瓦和轴承座孔间应有适度的径向过盈量。薄壁轴瓦的径向过盈量不能用普通方法测量，应在本标准第4.3条图C-9-2所示的装置中进行。轴瓦的径向过盈量是通过制造时预留的周向过盈量而获得的。

B.1　轴瓦径向过盈量(δ)和半圆周向过盈量(h)计算公式：

径向过盈量　$$\delta=\frac{2h}{\pi}$$

半圆周向过盈量 $$h = \frac{\pi}{2}\delta$$

横截面上的压应力 $$\sigma = E\frac{\delta}{D_0}$$

即可得出： $$h = \frac{\pi D_0}{2E}\sigma \tag{B1}$$

式中 h——半圆周向过盈量，mm；

δ——径向过盈量，mm；

D_0——轴承座孔直径的基本尺寸，mm；

E——轴瓦衬背材料弹性模数，取 $E = 2\times10^5\,N/mm^2$；

σ——轴瓦横截面压应力，N/mm^2。

取轴瓦横截面压应力最大值 σ_{max} 代入式(B1)，即可得半圆周向过盈量的最大值 h_{max}。推荐按图 B1 查得 σ_{max}。

B.2 测量高出度(h_1)的计算

$$h = h_1 + h_2$$
$$h_1 = h - h_2 \tag{B2}$$

式中 h_1——在预定的检验载荷(F)使用下，将轴瓦压入检验模孔，轴瓦超过检验模孔半圆周长的尺寸，即测量高出度(单位：mm)。

h_2——检验载荷(F)作用下，轴瓦半圆周向压缩量(单位：mm)。

$$h_2 = 6\times10^{-6}\cdot D_0\frac{F}{B\cdot e_0} \tag{B3}$$

$$h_{1max} = h_{max} - h_2 \tag{B4}$$

$$h_{1min} = h_{1max} - \Delta h \tag{B5}$$

式中 Δh——轴瓦半圆周长公差，由表 C-9-9 查得。

测量高出度的允许范围：

$$+h_{1min} \sim h_{2max}$$

当检验模孔的直径及孔底到测量基准的距离超出标准公差时，h_1 应进行换算。

注：1. 建议将 h_1 数值按 5μm 的正整数倍圆整。

2. 当检验载荷改变时，轴瓦半圆周向压缩量及测量高出度应按公式重新计算。部分锡锑、铅锑轴瓦尺寸和过盈量、测量高出度的计算示例，参见表 B1、表 B2。

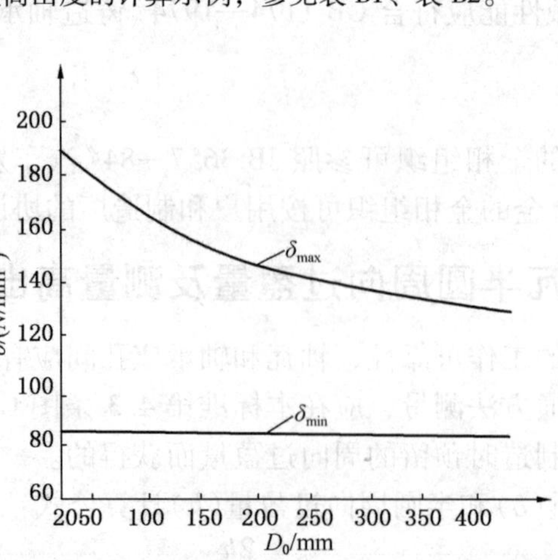

图 B1 往复活塞压缩机用薄壁轴瓦横截面上的压应力 σ 值(推荐)分布图

表 B1 检验载荷 $F=100Be_0$ 时，部分锡锑、铅锑轴瓦尺寸和过盈量、测量高出度的计算值

轴承座孔直径基本尺寸	轴瓦 壁厚	轴瓦 合金层厚	轴瓦 衬背厚	轴瓦 宽度	当量横截面积	检验载荷	推荐选用压应力		半圆周向最大过盈量	周向压缩量	轴瓦在检验载荷作用下 周长公差		
											周长公差	测量高出度	
D_0	e_L	e_2	e_1	B	S	F	σ_{max}	σ_{min}	h_{max}	h_2	Δh	h_{1max}	h_{1min}
					Be_0	100S（已圆整）	从图 B1 查得		$\frac{\pi D_0}{2E}\sigma_{max}$	$6\times10^{-6} D_0 \frac{F}{Be_0}$	查表 C-9-9	$h_{max}-h_2$	$h_{1max}-\Delta h$
	mm				mm^2	N	N/mm^2		mm				
50	2.0	0.3	1.7	20	34.0	3500	180		0.0707	0.0309		0.040	0.005
63	2.0	0.3	1.7	25	42.5	4500	176		0.0871	0.0400	0.035	0.045	0.010
71	2.5	0.5	2.0	32	64.0	6500	175		0.0976	0.0433		0.055	0.020
85	2.5	0.5	2.0	40	80.0	8000	170		0.1135	0.0510	0.040	0.060	0.020
100	2.5	0.5	2.0	45	90.0	9000	165	85	0.1296	0.0600		0.070	0.030
125	4.0	0.5	3.5	63	220.5	22000	159		0.1561	0.0748		0.080	0.035
140	4.0	0.5	3.5	71	248.5	25000	159		0.1748	0.0845	0.045	0.090	0.045
160	4.0	0.7	3.3	80	264.0	26500	152		0.1909	0.0964		0.095	0.050
180	5.0	0.7	4.3	80	344.0	34500	148		0.2092	0.1083	0.050	0.100	0.050

表 B2 检验载荷 $F=50Be_0$ 时，部分锡锑、铅锑轴瓦尺寸和过盈量、测量高出度的计算值

轴承座孔直径基本尺寸	轴瓦				当量横截面积	检验载荷	推荐选用压应力		半圆周向最大过盈量	轴瓦在检验载荷作用下			
	壁厚	合金层厚	衬背厚	宽度						周向压缩量	周长公差	测量高出度	
	e_L	e_2	e_1	B	S	F	σ_{max}	σ_{min}	h_{max}	h_2	Δh	h_{1max}	h_{1min}
D_0					Be_0	$50S$（已圆整）	从图 B1 查得		$\frac{\pi D_0}{2E}\sigma_{max}$	$6\times10^{-6} D_0 \frac{F}{Be_0}$	查表 C-9-9	$h_{max}-h_2$	$h_{1max}-\Delta h$
	mm				mm²	N	N/mm²		mm				
50	2.0	0.3	1.7	20	34.0	1500	180	85	0.0707	0.0132		0.055	0.020
63	2.0	0.3	1.7	25	42.5	2000	176		0.0871	0.0178	0.035	0.070	0.035
71	2.5	0.5	2.0	32	64.0	3000	175		0.0976	0.0200		0.080	0.045
85	2.5	0.5	2.0	40	80.0	4000	170		0.1135	0.0255	0.040	0.090	0.050
100	2.5	0.5	2.0	45	90.0	4500	165		0.1296	0.0300		0.100	0.060
125	4.0	0.5	3.5	63	220.5	11000	159		0.1561	0.0374		0.120	0.075
140	4.0	0.5	3.5	71	248.5	12500	159		0.1748	0.0423	0.045	0.135	0.090
160	4.0	0.7	3.3	80	264.0	13000	152		0.1910	0.0473		0.145	0.100
180	5.0	0.7	4.3	80	344.0	17000	148		0.2092	0.0534	0.050	0.155	0.105

C-10　往复活塞压缩机气阀安装尺寸(参考 JB/T 2231.5)

1　本标准适用于往复活塞压缩机的环状和网状圆形气阀。

2　开式圆形气阀的安装尺寸应符合图 C-10-1 和表 C-10-1 的规定。

3　闭式圆形气阀的安装尺寸应符合图 C-10-2 和表 C-10-1 的规定。

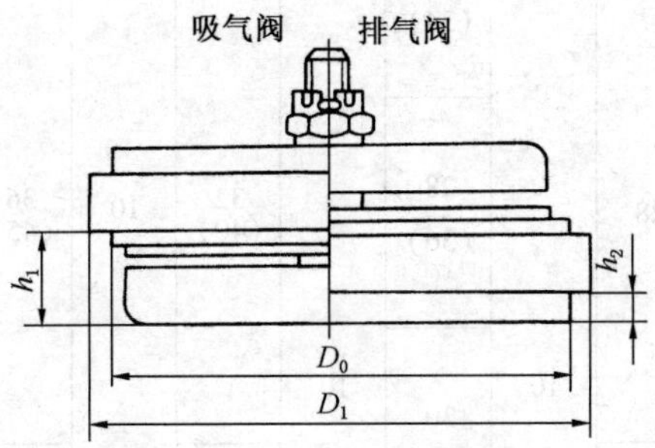

图 C-10-1　开式圆形气阀

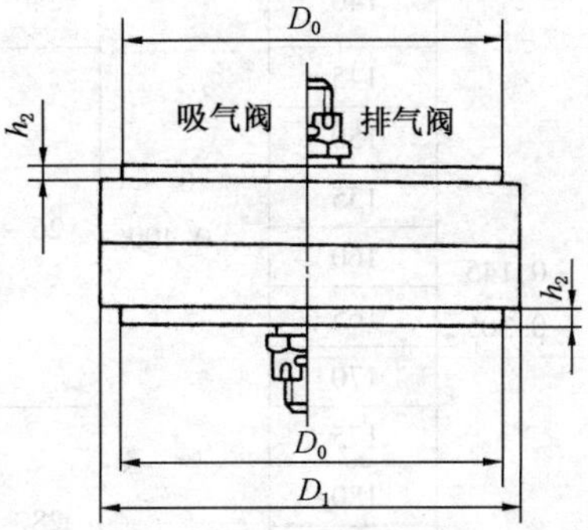

图 C-10-2　闭式圆形气阀

表 C-10-1　　mm

<table>
<tr><th colspan="2">D_0</th><th colspan="2">D_1</th><th colspan="10">各种压差 ΔP(MPa)气阀装置高度</th></tr>
<tr><th rowspan="2">基本尺寸</th><th rowspan="2">极限偏差 d_{10}</th><th rowspan="2">基本尺寸</th><th rowspan="2">极限偏差 h_{12}</th><th colspan="2">≤0.6</th><th colspan="2">>0.6~1.6</th><th colspan="2">>1.6~4.0</th><th colspan="2">>4.0~10.0</th><th colspan="2">>10.0~25.0</th></tr>
<tr><th>h_1≤</th><th>h_2</th><th>h_1≤</th><th>h_2</th><th>h_1≤</th><th>h_2</th><th>h_1≤</th><th>h_2</th><th>h_1≤</th><th>h_2</th></tr>
<tr><td>35</td><td rowspan="4">-0.080
-0.180</td><td>42</td><td rowspan="3">0
-0.250</td><td rowspan="5">—</td><td rowspan="5">—</td><td rowspan="8">18</td><td rowspan="3">4</td><td rowspan="6">20
(25)</td><td rowspan="6">5</td><td rowspan="6">20
(25)</td><td rowspan="6">6</td><td rowspan="6">20
(25)</td><td rowspan="3">8</td></tr>
<tr><td>40</td><td>48</td></tr>
<tr><td>45</td><td>52</td></tr>
<tr><td>50</td><td>58</td><td rowspan="5">0
-0.300</td><td rowspan="3">5</td><td rowspan="8">10</td></tr>
<tr><td>55</td><td rowspan="6">-0.100
-0.220</td><td>62</td></tr>
<tr><td>60</td><td>68</td><td rowspan="3">18</td><td rowspan="3">5</td></tr>
<tr><td>65</td><td>72</td><td rowspan="3">6</td><td rowspan="3">22
(26)</td><td rowspan="13">8</td><td rowspan="6">24
(28)</td><td rowspan="13">8</td><td rowspan="6">28</td></tr>
<tr><td>70</td><td>78</td></tr>
<tr><td>75</td><td>85</td><td rowspan="8">0
-0.350</td><td rowspan="4">20</td><td rowspan="11">6</td><td rowspan="4">20</td></tr>
<tr><td>80</td><td>90</td><td rowspan="10">8</td><td rowspan="3">24
(28)</td></tr>
<tr><td>85</td><td rowspan="9">-0.120
-0.260</td><td>95</td></tr>
<tr><td>90</td><td>100</td></tr>
<tr><td>95</td><td>105</td><td rowspan="7">22</td><td rowspan="7">24</td><td rowspan="7">26
(34)</td><td rowspan="7">26
(30)</td><td rowspan="7">32
(40)</td><td rowspan="7">12</td></tr>
<tr><td>100</td><td>110</td></tr>
<tr><td>105</td><td>115</td></tr>
<tr><td>110</td><td>120</td></tr>
<tr><td>115</td><td>125</td><td rowspan="3"></td></tr>
<tr><td>120</td><td>130</td></tr>
<tr><td>125</td><td>135</td></tr>
</table>

D₀ 基本尺寸	D₀ 极限偏差 d_{10}	D₁ 基本尺寸	D₁ 极限偏差 h_{12}	各种压差 ΔP(MPa)气阀装置高度 ≤0.6 h_1≤	≤0.6 h_2	>0.6~1.6 h_1≤	>0.6~1.6 h_2	>1.6~4.0 h_1≤	>1.6~4.0 h_2	>4.0~10.0 h_1≤	>4.0~10.0 h_2	>10.0~25.0 h_1≤	>10.0~25.0 h_2
130	−0.145 −0.305	140	0 −0.400	24	8	24	8	26 (34)	8	28 (34)	10	34 (42)	12
135		145		26		28	10		10	32 (40)		36 (45)	
140		150											
145		155						28 (36)					
150		160											
155		165											
160		170											
165		175		28	10			30 (38)					
170		180											
175		185				30				36 (45)		40 (50)	15
180		190									12		
185	−0.170 −0.355	195		30 (38)				32 (38)					
190		200											
195		205											
200		210	0 −0.460										
205		220			12	32 (40)	12	36 (40)	12	40 (50)			
210		225											
215		230		32 (40)						40 (50)			
220		235									15		
225		240				36 (45)		40 (50)				—	—
230		245											
240		255	0 −0.520										
245		260			15								
250		265											
255	−0.190 −0.400	270											
265		280		34 (45)			15	—	—	—	—		
270		285											
275		290											
280		295											
290		305				40 (50)							
300		315											
310		325	0 0.570										
315		330											
325	−0.210 −0.440	340		40									
330		345											
335		350											
350		365											
370		385											

注：本标准带括号的 h_1 值，仅适用于使用同轴弹簧的气阀或点弹簧加帽形式的气阀。

C-11 容积式压缩机流量测量方法(参考 GB/T 3853—1998)

1 符号

在无特殊说明的情况下，本标准各主要符号的意义如表 C-11-1。

表 C-11-1 符号

符号	名称或定义	量纲	单位
A	有效截面积	L^2	m^2
C	① 工作状态下节流件流出系数 $C=\alpha\cdot\sqrt{1-\beta^4}$ ② *ASME* 喷嘴的喷嘴系数 $C=\alpha\varepsilon\sqrt{p_1/p_5}$	— —	— —
C′	临界流系数	—	—
D	工作状态下节流件上游管道内径	L	m
f	频率	T^{-1}	Hz
g	储气罐净重	M	kg
G	① 充气后储气罐总重量 ② 以百分数表示的压力表精度级	M —	kg —
Δh	气柜下沉高度	L	m
H_0	安德逊数	—	—
k	气体等熵指数	—	—
K	管壁等效粗糙度	L	m
p	气体的静压力	$ML^{-1}T^{-2}$	Pa
p_m	压力表满刻度值	$ML^{-1}T^{-2}$	Pa
p_d	实测压力值	$ML^{-1}T^{-2}$	Pa
Δp	气体流经节流件时的压力差或气流在管道内压力降	$ML^{-1}T^{-2}$	Pa
q_m	质量流量	MT^{-1}	kg/s
q	容积流量	L^3T^{-1}	m^3/s
Q	换算到压缩机 1 级吸气状态下容积流量	L^3L^{-1}	m^3/s
Q	未计及冷凝水的压缩机容积流量	L^3T^{-1}	m^3/s
Q	压缩机容积流量	L^3T^{-1}	m^3/s
R	理想气体常数	$L^2T^{-2}H^{-1}$	J/kg · K
t	摄氏温度	θ	℃
T	热力学温度	H	K
U	节流件上游管道内气体平均轴向速度	LT	m/s
V	有效容积	L^3	m^3
μ	气体的动力黏度	$WL^{-1}T^{-2}$	Pa · s
υ	气体的运动黏度 $\upsilon=\mu/\rho$	L^3T^{-1}	m^2/s
ρ	密度	ML^{-3}	kg/m^3
τ	① 压力比 $\tau=p_2/p_1$ ② 测量时间	— T	— s

续表

符号	名 称 或 定 义	量 纲	单 位
a_L	喷嘴材料的热膨胀系数	θ	1/K
ζ	真实气体可压缩性系数	—	—
下标 1	压缩机 1 级或节流件上游取压口	—	—
下标 2	节流件下游取压口		
下标 b	大气		
下标 f	流量计		
下标 h	气柜		
下标 k	储气罐		
下标 L	压缩机自身外泄漏		
下标 n	系统泄漏		
下标 x	压缩机吸气		

注：量纲符号：L—长度；M—质量；T—时间；θ—温度。

2 术语

2.1 一次装置

安装于被测流体的管道，用来测量流体流量的装置。

一次装置还包括取压口。

2.2 二次装置

除一次装置外，在测量中所需要的其他装置。

2.3 喉部

节流元件开孔最小横截面处。

2.4 喷嘴

由入口收缩部分和与其相连的喉部组成。

2.5 文丘里管

由入口收缩部分、喉部和圆锥形扩散部分共同组成。

2.5.1 圆弧文丘里喷嘴

收缩部分是圆弧旋转面的文丘里管。

2.6 喷嘴直径(d)

喷嘴喉部直径。

2.7 管壁取压

取压口开在管壁上，其内边缘与管道内壁平齐。

开孔一般是圆形的，但也可以开成数个环形缝隙。

2.8 压差(Δp)

一次装置的两个取压口处，采取管壁取压测得的静压差。

2.9　压力比(τ)

一将装置的两个取压口处，测得的下游静压力与上游静压力之比，即：p_2/p_1。

2.10　直径比(β)

一次装置在工作状态下，喷嘴直径与上游直管段内径(以下简称管径)之比，即：d/D。

2.11　雷诺数(Re_D)

本标准所用的雷诺数是节流件上游直管内气体平均轴向速度与管径乘积和气体运动黏度之比，即：UD/v。

2.12　流量系数(α)

用名义上不可压缩的流体对一次装置进行标定，实测出质量流量 q_m 和与之对应的压差 Δp 后，按(1)式计算出来的无量纲数 α。

$$\alpha = \frac{q_m}{(1/4)\pi d^2(2\rho_1\Delta p)^{1/2}} \tag{1}$$

对于几何相似的一次装置，流量系数仅与雷诺数有关。

2.13　膨胀系数(ε)

用可压缩的流体对一次装置进行标定，实测出质量流量 q_m 和与之对应的压差 Δp 后，按(2)式计算出来的无量纲数 ε。

$$\varepsilon = \frac{q_m}{(1/4)\pi\alpha d^2(2\rho_1\Delta p)^{1/2}} \tag{2}$$

对于给定直径比的一次装置，膨胀系数只与压力比和等熵指数有关。

2.14　不确定度(δ)

可期望被测量的真值能以一定的概率存在的一个范围，详见 10.1 条。

3　总则

3.1　可以采用 GB/T 2624 所规定的任一方法测量压缩机流量，但必须完全满足 GB/T 2624 的要求。

3.2　如果不能全部满足 GB/T 2624 推荐的一次装置的安装要求时，允许缩短其上游直管段长度，但应增设整流器，如采用 ISA 1932 喷嘴为节流件时，按第 7 章规定的方法测量压缩机流量。

3.3　对于动力用空气压缩机(以下简称“空压机”)以及其他压缩介质允许放空的气体压缩机，推荐采用第 8 章规定的方法测量压缩机流量。

3.4　在要求用简单、快速且经济的方法测量空压机流量的场合，而测量精度要求不严格时，可以采用圆弧文丘里喷嘴测量临界流状态下空气容积流量的装置。

3.5　在上述几种测量方法都不适合时，可以采用附 11 – A(补充件)、附 11 – B、附 11 – C 和附 11 – D 给出的四种流量测量的任一种方法。

4　测量的一般要求

4.1　根据 GB 3853 或供需双方商定的压缩机测试工况确定流量的测量工况。每一流量测量工况读数五次，各次读数时间间隔应均匀，各测点参数应尽可能同时读取。以各参数的平均值计算压缩机流量。

4.2　测量应在压缩机运转平稳，工况稳定时进行。测量过程中各被测参数的波动不得超出表 C – 11 – 2 的规定。

4.3　测试仪器仪表的精度应符合本标准有关条款的规定，并经计量部门检验合格。

4.4　压缩机1级吸气压力、吸气温度及大气压力的测量应符合 GB 3853 的规定。

4.5　对于无消声器及进气接管，直接从大气吸气的空压机，其1级吸气压力等于测试处大气压力。

4.6　测试前应对测试系统的全部设备、连接管路、测压点及测温点作密封性检查，不应泄漏。节流件内表面应清洁，不应有污物粘附。

表 C-11-2　被测参数允许的波动值

被测参数	实测值与规定值间允许的最大相对偏差	任一参数的一组读数相对于其平均值的最大允许波动范围
压缩机吸气压力	±10%	±0.5%
总压力比	±5%	±5%
压缩机吸气温度	—	±2℃
主轴转速	±4%	±1%
冷却水流量	±10%	±10%
冷却水和气体间温差	±10℃	±2℃
节流体温度	—	±2℃
节流件压差	—	±3%

4.7　应尽可能测量压缩机排出气体的流量来计算压缩机实际流量。如果不能实测排出气体的流量，但能够以足够的精度测量压缩机泄漏损失，则允许测量压缩机吸气流量来推算出压缩机实际流量。

4.8　节流件一般应逐个进行标定，给出流量系数及其相应的不确定度，供流量测量和误差分析时采用，以提高测量精度。

4.9　对于未经标定的节流件，其制造要求和使用条件应严格地符合本标准的规定。

4.10　在用喷嘴装置测量往复活塞压缩机等的脉动排气流量时，测量系统中必须接入一定容积的缓冲罐。

4.10.1　缓冲罐容积应根据所要求的测量精度按(3)式计算。

$$V = \frac{p_{av} Q_{av} H_o}{f \Delta p} \tag{3}$$

式中　V——压缩机排气口与喷嘴装置之间的缓冲罐(包括管理)容积，m^3；

f——气流脉动频率，Hz；

Δp——压缩机排气口到喷嘴上游取压口的总压力降，Pa；

p_{av}——缓冲罐气体平均绝对压力，Pa；

Q_{av}——喷嘴上游取压口状态的平均容积流量，m^3/h；

H_o——安德逊数，按6.10.2条选择。

4.10.2　对于单作用或单缸压缩机按图 C-11-1，对于多缸双作用压缩机按图C-11-2

确定排气脉动流特性，分别根据所要求的流量测量精度从表 C－11－3 和表 C－11－4 中选择相应的安德逊数。

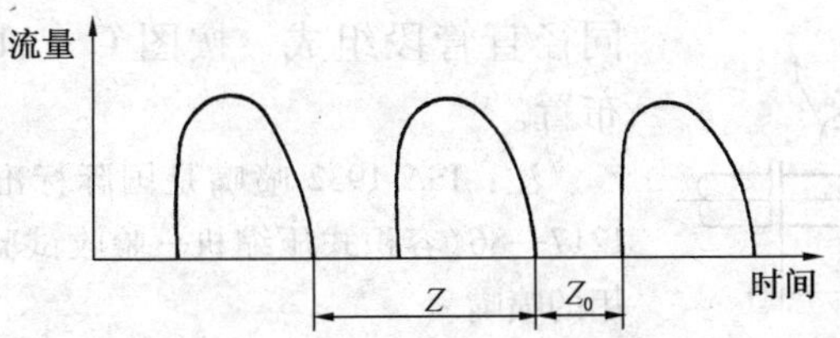

图 C－11－1　间隙脉动流特性

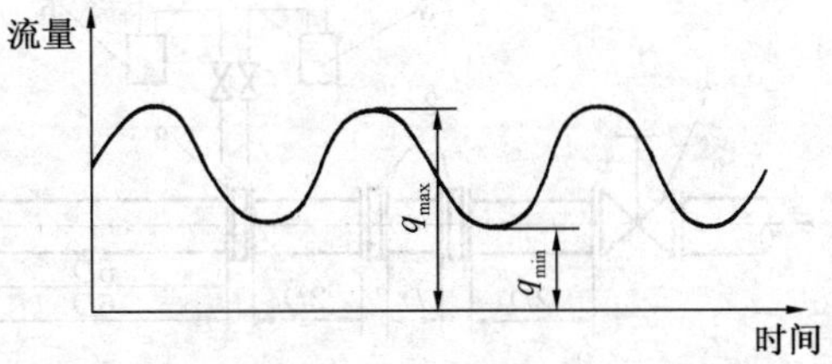

图 C－11－2　脉动流特性

表 C－11－3　间隙脉动流时的安德逊数 H_o

特性 Z_u/Z	脉动流附加不确定度	
	±0.5%	±1.0%
	H_o	
1.0	2.5	1.70
0.8	1.85	1.25
0.6	1.35	0.9
0.4	0.95	0.65
0.2	0.65	0.45
0	0.50	0.35

4.10.3　表 C－11－3 和表 C－11－4 中所规定的为脉动流附加不确定度，在流量不确定度计算中应代数加入。

4.10.4　流量测量系统中接入缓冲容积后，如能确定缓冲罐出口气流特性 $q_{max}/q_{min} \approx 1$，则认为是稳定流动，按本标准的规定测量流量可以不计入脉动气流附加不确定度。

表 C－11－4　脉动流时的安德逊数 H_o

特性 q_{max}/q_{min}	脉动流附加不确定度	
	±0.5%	±1.0%
	H_o	
2	0.14	0.09
3	0.24	0.15
4	0.30	0.19
6	0.35	0.23
8	0.38	0.26
10	0.40	0.27

5　用 ISA 1932 喷嘴加整流器的测量装置测量压缩机流量

5.1　测量装置

5.1.1　测量装置的组成和布置

ISA 1932 喷嘴（本章内简称“喷嘴”）加整流器的测量装置由一个喷嘴和一个整流器以及若干圆的同径直管段组成，按图 C－11－3 布置。

注：ISA 1932 喷嘴是国际标准 ISO 1217—86《容积式压缩机—验收试验》采用的喷嘴。

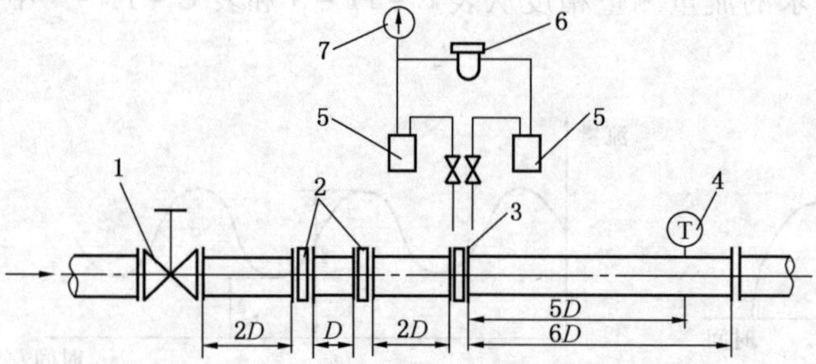

图 C－11－3　ISA 1932 喷嘴加整流器测量装置示意图

1—通径为 D 的阀门；2—按图 C－11－6 规定加工的穿孔板；3—喷嘴；4—温度计；5—压力缓冲器；6—压差计；7—压力表

5.1.2　喷嘴

5.1.2.1　喷嘴可用任何不易锈蚀的材料制成，推荐使用青铜或黄铜。

5.1.2.2　喷嘴形状、尺寸和公差应符合表 C－11－5 及图 C－11－4 或图 C－11－5 的

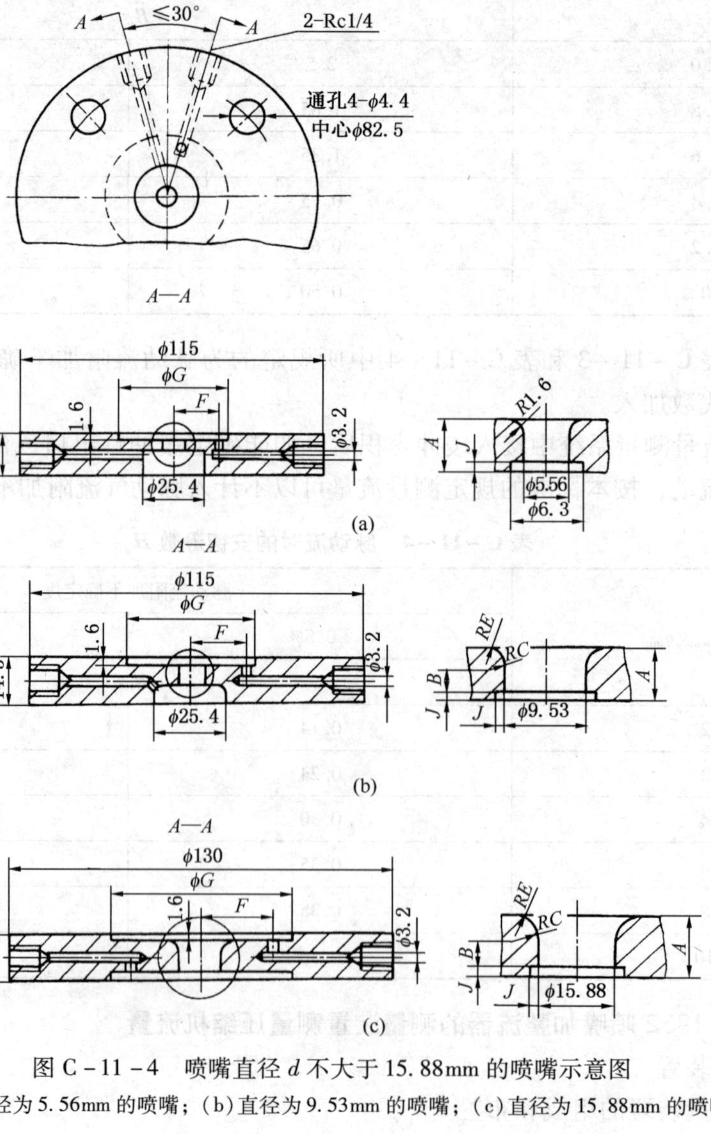

图 C－11－4　喷嘴直径 d 不大于 15.88mm 的喷嘴示意图

（a）直径为 5.56mm 的喷嘴；（b）直径为 9.53mm 的喷嘴；（c）直径为 15.88mm 的喷嘴

规定。喷嘴内表面的轮廓度不得超过表 C－11－5 的规定值，收缩曲面与圆柱部分应相切，并过渡圆滑。

表 C－11－5　喷嘴尺寸及公差　（mm）

管径 D	d	A	B	C	E	曲面轮廓度	F	G	H	J	K
25	5.56 ±0.01	3.18 ±0.06				0.26	19.05	44.45		0.40	
25	9.53 ±0.01	5.77 ±0.06	2.87	3.15	1.91						
40	15.88 ±0.01	9.60 ±0.06	4.78	5.23	3.18		26.19	60.33			
65	25.4 ±0.03	15.37 ±0.08	7.62	8.38	5.08	0.36	38.89	85.73		0.80	29.77
90	38.1 ±0.03	23.06 ±0.10	10.29	12.57	7.62		51.59	111.13	11.11	1.60	44.45
150	63.5 ±0.05	38.43 ±0.13	19.05	20.96	12.70		84.93	177.80		2.40	74.22
270	101.6 ±0.05	61.47 ±0.13	30.48	33.53	20.32	0.50	141.29	292.10	12.70	3.20	117.07
375	152.4 ±0.10	92.20 ±0.18	45.72	50.29	30.48		206.38	425.45	15.83	4.80	117.80
600	254.0 ±0.18	153.67 ±0.25	76.20	83.82	50.80		323.85	660.40	19.05	8.00	293.10
900	381.0 ±0.25	230.51 ±0.38	114.30	125.73	76.20		497.43	971.55		12.20	419.40

5.1.2.3　喷嘴的内表面应光滑，无肉眼能见的划痕、坑凹等缺陷。

5.1.2.4　喷嘴上游端面及喉部表面粗糙度应为 $R_a \leqslant 10^{-4}d$。

5.1.2.5　喷嘴加工完成后应检验喷嘴喉部。至少应在四个间隔角度大致相等的方位上测量喷嘴直径并计算出平均直径。喷嘴喉部任何截面的直径与这个平均直径的偏差不应大于平均直径的 0.05%。

5.1.3　整流器

5.1.3.1　整流器由两个穿孔板中间连接一个长度与管径 D 相等的直管段构成。

5.1.3.2　穿孔板的尺寸应符合图 C－11－6 的规定。

5.1.4　直管段

5.1.4.1　各直管段管径应相同，符合表 C－11－5 的规定，并与所用的喷嘴相对应。

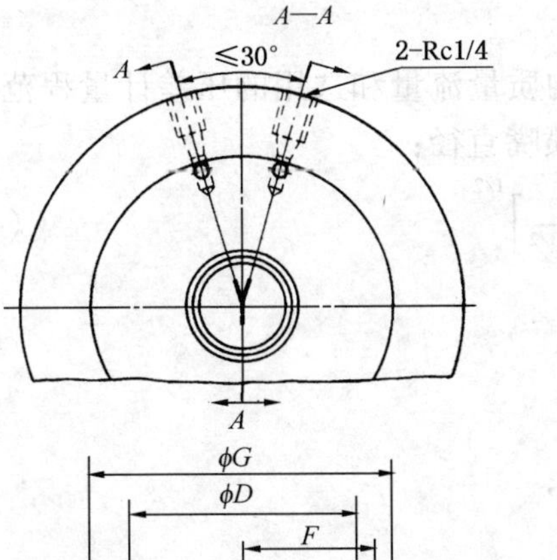

图 C－11－5　喷嘴直径 d 不小于 25.4mm 的喷嘴示意图

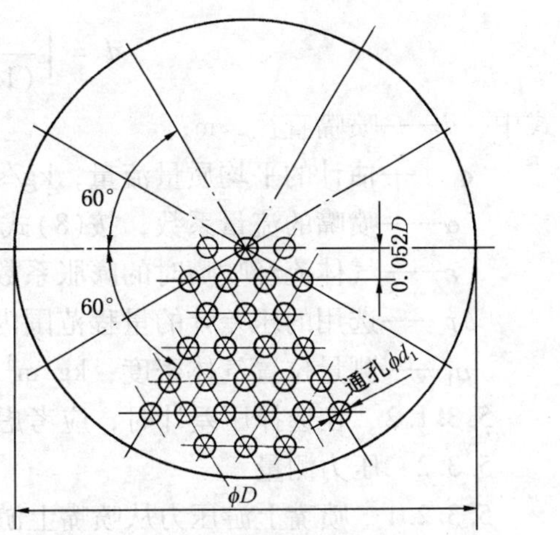

注：穿孔板厚度和 d_1 均为 0.04D

图 C－11－6　整流器穿孔板

5.1.4.2 喷嘴上游至少二倍管径长度内的管道任何截面的管径与按7.3.5条测得的平均管径的偏差不应大于平均管径的0.3%。喷嘴下游至少二倍管径长度内的管道任何截面的管径与按7.3.5条测得的平均管径的偏差不应大于平均管径的3%。

5.1.4.3 喷嘴上游直管段内壁相对等效粗糙度不应超过表C-11-6规定的数值。

表C-11-6 相对等效粗糙度限值

直径比β	≤0.35	0.36	0.38	0.40	0.42
相对等效粗糙度$10^4K/D$	25	18.6	13.5	10.6	8.7

5.2 安装要求

5.2.1 喷嘴喉部与上游侧、下游侧管道应同轴，喉部中心线与上游和下游的管道中心线之间的偏差应不大于$0.0025D/(0.1+2.3\beta^4)$。如果实际偏差超过此值，但不超过$0.005D/(0.1+2.3\beta^4)$，则流出系数C的不确定度应算术相加±0.3%的附加不确定度。

5.2.2 直管段上可以设置排污孔和放气孔，但孔径应小于$0.08D$，且与喷嘴的距离不得小于$0.5D$，与喷嘴取压口中心线周向错角应大于等于90°。测量时不得排污和放气。

5.2.3 喷嘴上游端面应与管道轴线垂直，其偏差不应超过±1°。

5.2.4 安装喷嘴时应尽可能保证上游取压口中心线与节流阀阀杆处于大致相同的管道轴向平面内。

5.2.5 整个测量管段内表面应清洁，没有坑凹和沉积物。

5.2.6 管段间连接处的密封垫不得突入管道。

5.2.7 喷嘴两端的密封垫应尽可能薄，且内径不得小于喷嘴的G值(见表C-11-5和图C-11-4或图C-11-5)。安装时，密封垫不得突入喷嘴ΦG的范围内。

5.2.8 从喷嘴上游二倍管径至下游六倍管径范围内应保温。

5.3 测量

5.3.1 喷嘴的选择。

5.3.1.1 在测量压缩机流量之前，根据估计的平均质量流量和选用的压差计量程范围以及测量位置的气体参数，按(4)式计算，选用适当的喷嘴直径：

$$d=\left[\frac{q_m}{(1/4)\pi\alpha\varepsilon(2\Delta p\rho_1)^{3/2}}\right]^{1/2} \tag{4}$$

式中 d——喷嘴直径，m；

q_m——估计的平均质量流量，kg/s；

α——喷嘴的流量系数，按(8)式估算；

ε——气体流经喷嘴时的膨胀系数，按(9)式估算；

Δp——选用的压差计的量程范围内适当位置，Pa；

ρ_1——测量位置气体密度，kg/m³。

5.3.1.2 在选择压差计时，应考虑气体流过喷嘴时的压力比τ不小于0.75。

5.3.2 压力测量

5.3.2.1 喷嘴上游压力从喷嘴上游取压口按管壁取压方式测得，喷嘴压差从上、下游取压口按管壁取压方式测得。如图C-11-3所示。

5.3.2.2 压力表或压差计应通过缓冲器与取压口相接，缓冲器最小容积为5L，内直径至少是高度的1/4，如图C－11－7所示。引压管内径应不小于6mm。可以通过增加缓冲器容积或加长引压管以消除测量时的压力波动。若管道中压力波动很小时，也允许省略缓冲器。

5.3.2.3　压力表精度应不低于0.4级。压差计应采用刻度不大于1mm，相对误差不大于±0.2%的液柱压差计或精度不低于它的其他压差计。

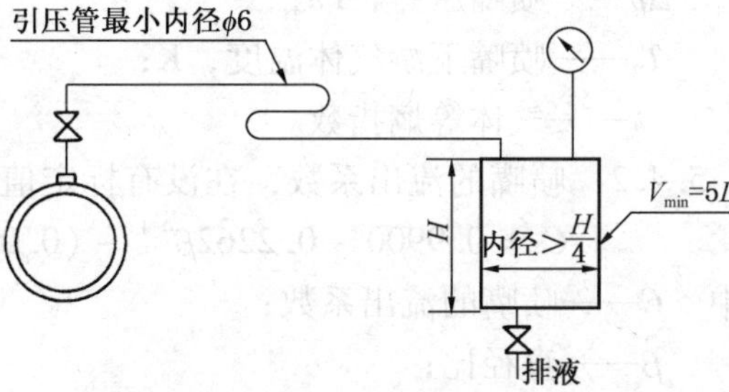

图C－11－7　供测压用的缓冲器示意图

5.3.3　温度测量

5.3.3.1　温度测点位于喷嘴下游，距喷嘴下游端面五倍管径的截面处。

5.3.3.2　测温截面上应设有两套测温装置，它们在圆周方向上布置成90°角，并与邻近的取压口错开成45°角。温度计应尽量直接插入气道，必要时允许加温度计套管，但套管壁应尽可能薄，用钢材制成。套管内充以油或其他液体。温度计或温度计套管应沿管道径向插入。从管道内壁计起，插入深度应为管径的1/3～1/2，管径大于300mm时，插入深度取100mm。如果管道较细，允许将温度计或温度计套管逆流斜插，插入深度应大于温度计感温部分。

5.3.3.3　对于采用棒式水银温度计测量温度，其刻度不应大于0.2℃。

5.3.3.4　对于采用电阻温度计或热电偶温度计测量温度，在300℃以内测量的不确定度不应大于±1℃。

5.3.4　喷嘴直径d测量。

5.3.4.1　喷嘴直径d应尽可能在喷嘴工作温度下测量，至少应在四个间隔角度大致相等的方位上测量喷嘴直径，测量误差不得大于±0.01mm，测得的这四个直径的平均值用于流量计算。

5.3.4.2　不能在工作条件下测量时，允许根据实际温度按(5)式换算。

$$d = d_b[1 + \alpha_L(t_1 - t_b)] \tag{5}$$

式中　d——流量计算用喷嘴直径，mm；

d_b——大气温度下喷嘴直径，mm；

α_L——喷嘴材料的热膨胀系数，mm/mm·℃；

t_b——喷嘴上游气体温度，按(6)式计算℃；

t_1——大气温度，℃。

5.3.5　管径D测量

流量计算用的管径D应为喷嘴上游半个管径长度内的实测平均管径。在喷嘴的上游侧，距上游取压口0D、0.25D和0.5D处各取与管道轴线垂直的一个截面。在每个截面上，以大致相等的角距离测量四个管径的单测值，所得12个单测值的算术平均值则为实测平均管径。

5.4　流量计算

5.4.1　喷嘴上游取压口处的温度按(6)式计算。

$$T_1 = [p_1/(p_1 - \Delta p)]^{(k-1)/k} T_2 \tag{6}$$

式中　T_1——喷嘴上游气体温度，K；

p_1——喷嘴上游气体压力，Pa；

Δp——喷嘴压差，Pa；

T_2——喷嘴下游气体温度，K；

k——气体等熵指数。

5.4.2 喷嘴的流出系数，在没有标定值时按(7)式计算。

$$C = 0.9900 - 0.2262\beta^{4.1} - (0.00175\beta^2 - 0.0033\beta^{4.15})(10^8/Re_D)^{1.15} \tag{7}$$

式中 C——喷嘴的流出系数；

β——直径比；

Re_D——喷嘴上游气体流动的雷诺数。

5.4.3 喷嘴的流量系数按(8)式计算。

$$\alpha = CE \tag{8}$$

式中 α——喷嘴的流量系数；

C——喷嘴的流出系数；

E——$E=(1-\beta^4)^{-1/2}$。

5.4.4 气体流经喷嘴时的膨胀系数按(9)式计算。

$$\varepsilon = \left[\left(\frac{k\tau^{2/k}}{k-1}\right)\left(\frac{1-\beta^4}{1-\beta^4\tau^{2/k}}\right)\left(\frac{1-\tau^{(k-1)/k}}{1-\tau}\right)\right]^{1/2} \tag{9}$$

式中 ε——气体流经喷嘴时的膨胀系数；

β——直径比；

k——气体等熵指数；

τ——压力比。

注：本公式只能用于 $\tau \geqslant 0.75$ 时。

5.4.5 流经喷嘴的气体质量流量按(10)式或(11)式计算。

$$q_m = (\pi/4)\alpha\varepsilon d^2(2\Delta p\rho_1)^{1/2} \tag{10}$$

或

$$q_m = (\pi/4)CE\varepsilon d^2(2\Delta p\rho_1)^{1/2} \tag{11}$$

式中 q_m——流经喷嘴的气体质量流量，kg/s；

α——喷嘴的流量系数；

ε——气体流经喷嘴时的膨胀系数；

C——喷嘴的流出系数；

E——$E=(1-\beta^4)^{-1/2}$；

d——喷嘴直径，m；

Δp——喷嘴压差，Pa；

ρ_1——喷嘴上游气体密度，kg/m^3。

注：在使用(10)式或(11)式计算质量流量时，应先估计一个质量流量，用于计算雷诺数 Re_D 和喷嘴的流量系数或流出系数。利用迭代法逐次逼近质量流量。

5.4.6 未计及冷凝水的压缩机容积流量按(12)式计算。

$$Q_0 = q_m/\rho_{x1} \tag{12}$$

式中 Q_0——未计及冷凝水的压缩机容积流量，m^3/s；

q_m——流经喷嘴的气体质量流量，kg/s；

ρ_{x1}——流经喷嘴的气体在压缩机 1 级吸气状态下的气体密度，kg/m^3。

5.5 不确定度

5.5.1 采用本章所规定的流量测量方法时，稳定流动的条件下，标定喷嘴的流量测量不确定度估算值为 ±13%；未标定喷嘴的流量测量不确定度估算值为 ±2%。

5.5.2 不计 β，D，Re_D 的不确定度，K/D 符合 7.1.4.3 条的规定，流出系数 C 的相对不确定度为 ±0.8%。

5.5.3 膨胀系数 ε 的相对不确定度按(13)式计算。

$$\delta_e/\varepsilon = \pm 2(\Delta p/p_1)\% \qquad (13)$$

式中 δ_e/ε——膨胀系数相对不确定度；

Δp——喷嘴压差，Pa；

p_1——喷嘴上游气体压力，Pa。

5.5.4 本章所规定的流量测量装置在喷嘴的上游采用了控制阀门，引入附加不确定度 ±0.5%，在流量不确定度计算中应代数加入。

6 用 ASME 喷嘴测量装置测量压缩机流量

6.1 测量装置

6.1.1 ASME 喷嘴（本章内简称“喷嘴”）测量装置的结构见图 C－11－8。

注：ASME 喷嘴是 ASME PTC9—1970《容积式压缩机、真空泵、风机试验规范》采用的喷嘴。

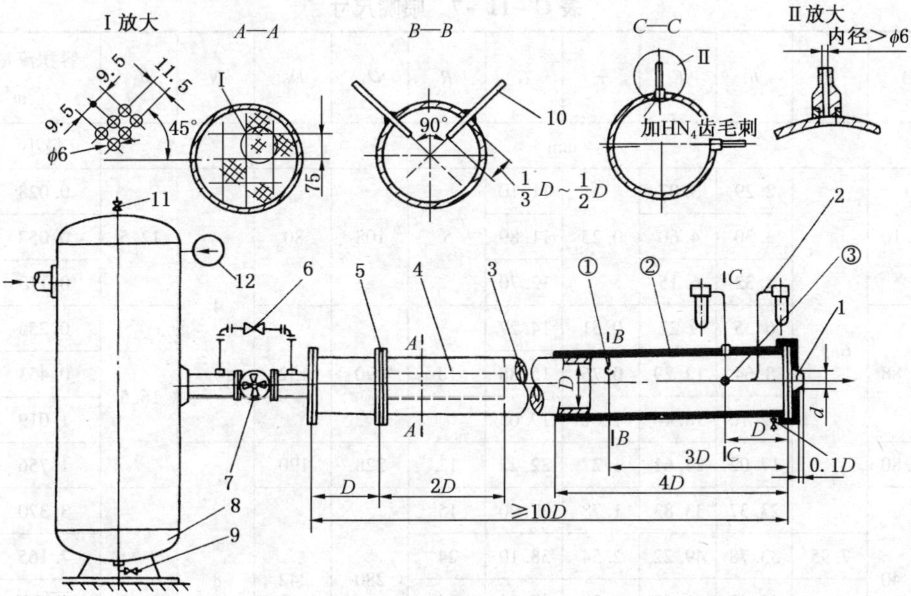

图 C－11－8 ASME 喷嘴测量装置示意图

1—喷嘴；2—压差计；3—直管段；4—导板；5—隔板；6—调压阀（微调）；7—调压阀 8—储气罐；9—排液阀；10—水银温度计；11—安全阀；12—压力表 ①—测压点；②—保温层；③—测温点；d—喷嘴直径；D—管径，$D \geqslant d$

6.1.2 喷嘴

喷嘴形状和尺寸应符合图 C－11－9 和表 C－11－7 规定，收缩曲面与圆柱部分应相切，并过渡圆滑。其余要求应符合 5.1.2.1 条～5.1.2.5 条（5.1.2.2 条除外）的规定。

6.1.3　储气罐

6.1.3.1　储气罐应符合 ZB J72 041 的规定，储气罐容积应不小于该标准的推荐值。

6.1.3.2　对于微型往复活塞空压机，储气罐容积应不小于 GB/T 13928 的规定值。

6.1.3.3　对于全无油润滑往复活塞空压机，储气罐容积应不小于 ZB J72 014.1 的规定值。

6.1.4　直管段

6.1.4.1　在喷嘴上游至少二倍管径长度内的管道任何截面的内径与其平均管径的偏差不应大于平均管径的 0.3%。

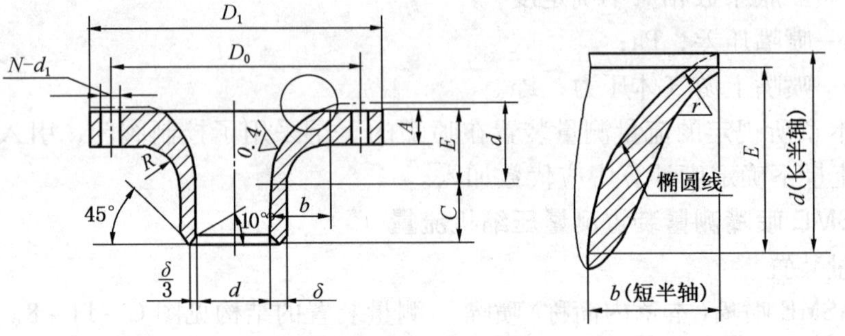

图 C-11-9　喷嘴

表 C-11-7　喷嘴尺寸

d	A	δ	b	E	r	G	R	D_1	D_0	N	d_1	容积流量测量范围 m³/min	
mm												最小	最大
3.18	11.10	6.35	2.29	3.07	0.25	11.10	5	108	80	4	12.5	0.028	0.057
4.76			3.30	4.60		11.89						0.057	0.113
6.35			4.32	6.15		12.70						0.113	0.226
9.52	15.88		6.35	9.22	0.51	14.27	10	190	152		16.5	0.255	0.510
12.70			8.64	12.29	0.76	15.88						0.453	0.906
19.05			12.70	18.44	1.02	19.05						1.019	2.011
25.40	23.80		17.02	24.61	1.27	22.22	12	228	190	8		1.756	3.597
34.92	25.40		23.37	33.83	1.78	27.00	15	280	242		20.5	3.370	6.768
50.80		7.95	33.78	49.22	2.54	38.10	24					7.165	14.330
63.50		9.52	42.42	61.52	3.30	47.62	34					11.243	22.373
76.20			50.80	73.81	3.81	57.15	44					16.001	31.917
101.60	28.58	11.12	67.82	98.42	5.08	76.20	60	342	298			28.603	57.206
127.00	30.18	12.70	84.58	123.04	6.35	95.25	82	406	362	12	24.5	45.029	89.491
152.40	31.75		101.60	147.62	7.62	114.30	103	482	432			64.003	127.723

6.1.4.2　管径应大于等于四倍的喷嘴直径，但不得大于 630mm，且不小于 50mm。

6.1.4.3　直管段内壁等效粗糙度不应超过表 C-11-6 规定的数值，它相对于管径 D 的值应为：$K/D \leqslant 10 \times 10^{-4}$。

6.2 安装要求

6.2.1 直管段安装应符合7.2.1条~7.2.6条(7.2.4条除外)的规定。

6.2.2 在喷嘴上游四倍管径到喷嘴(包括喷嘴)范围内应保温，但不得影响喷嘴排气。

6.2.3 直管段应水平置于支架上，底部与地面距离不小于500mm。在喷嘴下游不得有任何影响测量的障碍物。

6.3 测量

6.3.1 压差测量

6.3.1.1 喷嘴压差应用两套水柱压差计采用管壁取压自喷嘴上游取压口测量，取压口轴线与喷嘴端面距离等于管径。取压口应光滑，除尽毛刺。

6.3.1.2 水柱压差计刻度应不大于10Pa(或1mmH_2O)，相对误差不大于±0.2%，管内径应不小于10mm。充以清水。必要时，允许加入微量水溶性染料，以利读数。

6.3.2 温度测量

6.3.2.1 喷嘴上游气体温度的测点位于喷嘴上游，距离喷嘴端面三倍管径截面处。用两只不带套管的水银温度计测量或精度不低于它的其他温度计测量。温度计在圆周方向上错开90°角，并与喷嘴压差取压口错开45°角。温度计应沿管道径向插入。从管道内壁计起，插入深度应为管径的1/3~1/2，对于管径大于300mm时，插入深度取100mm。温度计杆身应与管道绝热。

6.3.2.2 温度的测量精度应符合5.3.3.3条和5.3.3.4条的规定。

6.3.3 喷嘴直径d应按5.3.4.1条和5.3.4.2条规定测量。

6.4 流量计算

6.4.1 流量系数α与膨胀系数ε的乘积按(14)式计算。

$$\alpha\varepsilon = C(p_b/p_1)^{1/2} \tag{14}$$

式中 p_1——喷嘴上游气体压力，Pa；

p_b——试验处大气压力，Pa；

C——喷嘴系数，按图C-11-10的规定从表C-11-8中选取。

6.4.2 通过喷嘴的气体质量流量按(10)式计算。

6.4.3 未计及冷凝水的压缩机容积流量按(12)式计算。对于空压机，按(15)式计算。

$$Q_0 = 18.82Cd^2\frac{T_{x1}}{p_{x1}}\left(\frac{\Delta p \cdot p_b}{T_1}\right)^{1/2} \tag{15}$$

若空压机吸气压力等于试验处大气压力时，按(16)式计算。

$$Q_0 = 18.82Cd^2T_{x1}\left(\frac{\Delta p}{T_1 p_b}\right)^{1/2} \tag{16}$$

式中 Q_0——未计及冷凝水的压缩机容积流量，m^3/s；

C——喷嘴系数，按图C-11-10的规定从表C-11-8中选取；

d——喷嘴直径，m；

T_{x1}——压缩机1级吸气温度，K；

p_{x1}——压缩机1级吸气压力，Pa；

Δp——喷嘴压差，Pa；

T_1——喷嘴上游气体温度，K；

P_b——试验处大气压力，Pa。

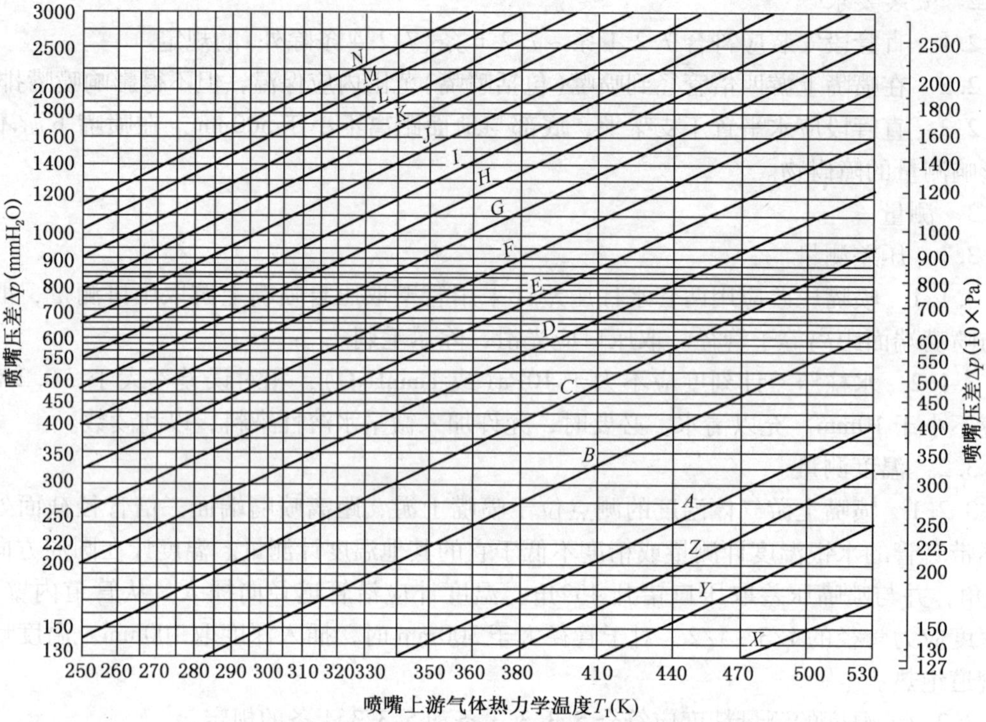

图 C－11－10　选择喷嘴系数特性线图

表 C－11－8　喷嘴系数

<table>
<tr><th rowspan="2">特性线</th><th colspan="14">喷嘴直径，mm</th></tr>
<tr><th>3.18</th><th>4.76</th><th>6.35</th><th>9.52</th><th>12.70</th><th>19.05</th><th>25.40</th><th>34.92</th><th>50.80</th><th>63.50</th><th>76.20</th><th>101.60</th><th>127.00</th><th>152.40</th></tr>
<tr><td>A</td><td>0.938</td><td>0.946</td><td>0.951</td><td>0.957</td><td>0.963</td><td>0.968</td><td>0.973</td><td>0.977</td><td>0.982</td><td>0.984</td><td>0.986</td><td>0.990</td><td>0.993</td><td>0.994</td></tr>
<tr><td>B</td><td>0.942</td><td>0.948</td><td>0.955</td><td>0.960</td><td>0.965</td><td>0.971</td><td>0.975</td><td>0.979</td><td>0.984</td><td>0.987</td><td>0.989</td><td>0.992</td><td>0.994</td><td rowspan="13">0.995</td></tr>
<tr><td>C</td><td>0.944</td><td>0.952</td><td>0.959</td><td>0.964</td><td>0.968</td><td>0.974</td><td>0.978</td><td>0.981</td><td>0.986</td><td>0.990</td><td>0.991</td><td rowspan="2">0.994</td><td rowspan="12">0.995</td></tr>
<tr><td>D</td><td>0.947</td><td>0.954</td><td>0.961</td><td>0.966</td><td>0.970</td><td>0.976</td><td>0.980</td><td>0.983</td><td>0.988</td><td>0.991</td><td>0.993</td></tr>
<tr><td>E</td><td>0.950</td><td>0.957</td><td>0.963</td><td>0.968</td><td>0.972</td><td>0.977</td><td>0.982</td><td>0.985</td><td>0.990</td><td>0.992</td><td rowspan="2">0.994</td><td rowspan="10">0.995</td></tr>
<tr><td>F</td><td>0.953</td><td>0.958</td><td>0.964</td><td>0.969</td><td>0.973</td><td>0.978</td><td>0.983</td><td>0.986</td><td>0.991</td><td>0.993</td></tr>
<tr><td>G</td><td>0.956</td><td>0.960</td><td>0.966</td><td>0.970</td><td>0.974</td><td>0.979</td><td>0.984</td><td rowspan="2">0.988</td><td>0.992</td><td>0.994</td><td rowspan="8">0.995</td></tr>
<tr><td>H</td><td>0.958</td><td>0.962</td><td>0.967</td><td>0.972</td><td>0.976</td><td>0.980</td><td>0.985</td><td>0.993</td><td rowspan="7">0.995</td></tr>
<tr><td>I</td><td>0.959</td><td>0.964</td><td>0.968</td><td>0.974</td><td>0.978</td><td>0.982</td><td>0.986</td><td>0.989</td><td rowspan="3">0.994</td></tr>
<tr><td>J</td><td>0.960</td><td>0.965</td><td>0.970</td><td>0.975</td><td>0.979</td><td>0.983</td><td>0.987</td><td>0.990</td></tr>
<tr><td>K</td><td>0.961</td><td>0.966</td><td>0.971</td><td>0.976</td><td>0.980</td><td>0.984</td><td>0.988</td><td>0.991</td></tr>
<tr><td>L</td><td>0.962</td><td>0.967</td><td>0.972</td><td>0.977</td><td>0.981</td><td>0.985</td><td>0.989</td><td>0.992</td><td rowspan="3">0.995</td></tr>
<tr><td>M</td><td>0.963</td><td>0.968</td><td>0.973</td><td>0.978</td><td>0.982</td><td>0.986</td><td>0.990</td><td>0.993</td></tr>
<tr><td>N</td><td>0.964</td><td>0.969</td><td>0.974</td><td>0.979</td><td>0.983</td><td>0.987</td><td>0.991</td><td>0.994</td></tr>
</table>

6.5　不确定度

6.5.1　按本章所规定的喷嘴装置和储气罐容积，流量不确定度计算中不计入脉动气流附加不确定度。

6.5.2　气体流经喷嘴时的膨胀系数 ε 按(9)式计算，流量系数按(17)式计算

$$\alpha = \frac{C}{\varepsilon}\left(\frac{p_b}{p_1}\right) \tag{17}$$

式中　α——喷嘴的流量系数；

C——喷嘴系数；

ε——气体流经喷嘴时的膨胀系数；

p_b——试验处大气压力，Pa；

p_1——喷嘴上游气体压力，Pa。

6.5.3　不计 $\beta \cdot Re_D$ 的不确定度，流量系数的不确定度按(18)式计算

$$\frac{\delta_0}{\alpha} = \pm(2.5 - 5\beta)\% \tag{18}$$

式中　β——直径比。

6.5.4　膨胀系数 ε 的不确定度按(18)式计算。

7　用圆弧文丘里喷嘴测量装置在临界流状态下测量空压机流量

注：本章定义临界流状态是指气流在喷嘴喉部达到音速。

7.1　测量装置

7.1.1　测量装置的组成和布置

用圆弧文丘里喷嘴(本章内简称“喷嘴”)测量临界流状态下空压机流量的测量装置由1个喷嘴和1个整流器以及若干直管段组成，按图C-11-11布置。

7.1.2　基本要求

7.1.2.1　喷嘴直径的选取应保证喷嘴上下游压力比能使气流在喷嘴喉部达到音速。

7.1.2.2　在喷嘴的下游允许装有一段管子和消声器，但该管和消声器造成的压力降不得影响喷嘴喉部临界流工况。

7.1.3　喷嘴

喷嘴应按图C-11-12和表C-11-9给出的尺寸加工，并符合5.1.2.1条，5.1.2.3条和5.1.2.5条的规定。

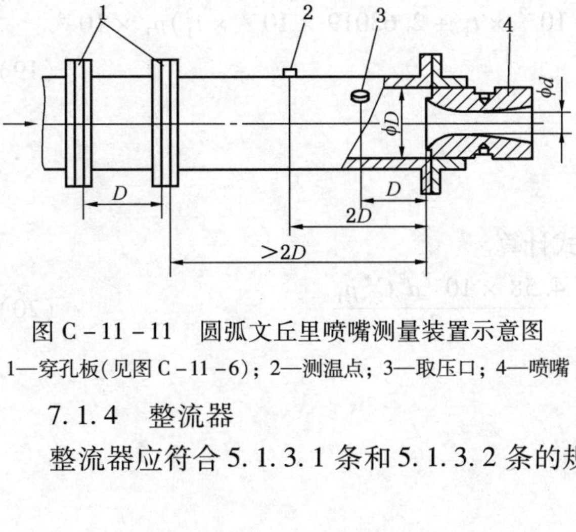

图C-11-11　圆弧文丘里喷嘴测量装置示意图

1—穿孔板(见图C-11-6)；2—测温点；3—取压口；4—喷嘴

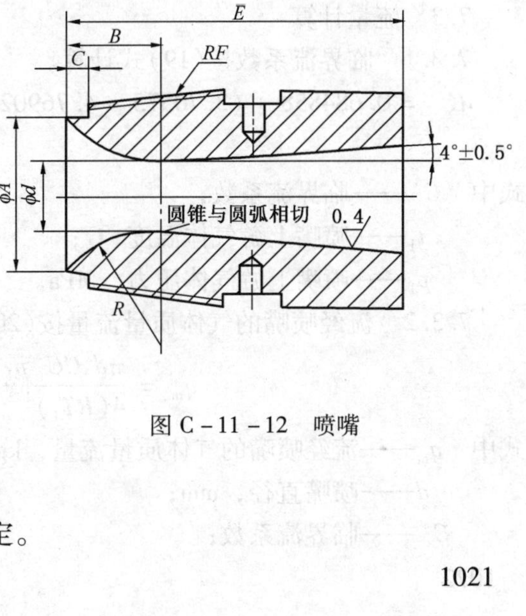

图C-11-12　喷嘴

7.1.4　整流器

整流器应符合5.1.3.1条和5.1.3.2条的规定。

7.1.5　直管段

7.1.5.1　图 C-11-11 中的各管段应是圆形直管。检验时，允许以管道的外圆面作为参考面。

表 C-11-9　喷嘴尺寸

d/mm	A/mm	C/mm	B/mm	r/mm	E/mm	F/m	流量 $10^{-1}m^3/s$
6.350	16.00	2.40	9.96	12.70	60.5	1	12～40
9.525	24.00	3.60	14.95	19.05	91.0	1½	24～90
12.700	32.00	4.60	19.93	25.40	121.5	2	50～160
19.050	48.00	7.10	29.89	38.10	182.0	2½	100～360
25.400	64.00	9.60	39.85	50.80	243.0	3	180～650
31.750	80.00	12.00	49.82	63.50	303.5	3½	280～1000
38.100	95.00	14.20	59.38	76.20	364.0	4	400～1500

注：流量为流经喷嘴的空气在喷嘴上游气体状态下的容积流量。

7.1.5.2　连接整流器与喷嘴的直管段的管径不得小于四倍的喷嘴直径，长度不得小于二倍的管径，内表面应光滑，不得有沉积物。

7.1.5.3　在喷嘴上游二倍管径到喷嘴（包括喷嘴）范围内应保温，但不得影响喷嘴排气。

7.2　测量

7.2.1　压力测量

取压口位于喷嘴上游，与喷嘴距离等于管径的截面处，采用管壁取压方式测量喷嘴上游气体压力，并符合 5.3.2.2 条和 5.3.2.3 条的规定。

7.2.2　温度测量

温度测点位于喷嘴上游距离喷嘴端面二倍管径截面处，按 5.3.3.2 条的规定测量喷嘴上游气体温度。温度计测量的不确定度应不低于 ±1℃。

7.3　流量计算

7.3.1　临界流系数按（19）式计算。

$$C^* = 0.684858 + (3.70575 - 4.76902 \times 10^{-2} \times t_1 + 2.63019 \times 10^{-4} \times t_1^2)p_1 \times 10^{-3} \tag{19}$$

式中　C^*——临界流系数；

t_1——喷嘴上游气体温度，℃；

p_1——喷嘴上游气体压力，MPa。

7.3.2　流经喷嘴的气体质量流量按（20）式计算。

$$q_m = \frac{\pi d^2 C C^* p_1}{4(RT_1)^{1/2}} = \frac{4.58 \times 10^{-2} d^2 C^* p_1}{T_1^{1/2}} \tag{20}$$

式中　q_m——流经喷嘴的气体质量流量，kg/s；

d——喷嘴直径，mm；

C^*——临界流系数；

C——喷嘴流出系数，根据试验数据及规定精度取 $C=0.9888$；

p_1——喷嘴上游气体压力，MPa；

T_1——喷嘴上游气体温度，K；

R——气体常数，对于空气取 $R=287.1\text{J/kg}\cdot\text{K}$。

7.3.3 未计及冷凝水的压缩机容积流量按(21)式计算。

$$Q_0 = \frac{1.315\times10^{-5}d^2C^*p_1T_{x1}}{p_{x1}T_1^{1/2}} \tag{21}$$

式中 Q_0——未计及冷凝水的压缩机容积流量，m^3/s；

d——喷嘴直径，mm；

C^*——临界流系数；

p_1——喷嘴上游气体压力，MPa；

T_1——喷嘴上游气体温度，K；

p_{x1}——压缩机1级吸气压力，MPa；

T_{x1}——压缩机1级吸气温度，K。

7.4 不确定度

对于符合本章要求的测量装置，在稳定的工况下流量测量的不确定度为 ±2.5%。

8 压缩机流量测量不确定度估算

8.1 本标准定义不确定度为一个数值范围，在此范围内测量的真值估计是以95%的概率处于其中。其数值等于统计学术语标准偏差的二倍。

8.2 不确定度可以用绝对值或相对值表示，流量测量结果可以以下列任一种形式给出。

流量 $=q\pm\delta q$

或 流量 $=q(1\pm\delta q/q)$

或 流量 $=q$ 在 $100\delta q/q\%$ 之内

8.3 流量测量不确定度详细计算方法应参照 GB/T 2624。

8.4 本标准认为用于流量计算的各独立量的随机误差符合拉普拉斯－高斯正态分布规律，同时只要测量符合本标准和 GB 3853 的规定，与这些独立量测量不确定度有关的系统不确定度亦作为随机化系统不确定度处理。

8.5 本标准认为对于多数实用场合下，ε、Δp 和 p_1 的不确定度彼此独立，同时也与 α 和 d 的不确定度无关。

8.6 不确定度的计算

8.6.1 如果用于流量 q 计算的各独立量为 X_1、X_2、X_3……X_i，流量可以表示为它们的函数：

$$q = f(X_1、X_2\cdots\cdots X_i)$$

且 X_1、X_2……X_i 相应的不确定度为 δx_1、δx_2……δx_i，则流量的不确定度为：

$$\delta q = \left[\left(\frac{\partial q}{\partial X_1}\sigma x_1\right)^2 + \left(\frac{\partial q}{\partial X_2}\delta x_2\right)^2 + \cdots\cdots + \left(\frac{\partial q}{\partial X_i}\delta x_i\right)^2\right]^{1/2} \tag{22}$$

8.6.2 如果变量 X_i 测量了若干次，各次测量都是独立的，则 X_i 单独测量的不确定度为：

$$\delta x_i = 2\left[\frac{\sum_{i=1}^{n}(\overline{X}_i - X_j)^2}{n-1}\right]^{1/2} \tag{23}$$

式中 $\overline{X_i}$——各次测量的算术平均值；

X_j——各次单独测量的观测值；

n——测量次数。

8.6.3 如果变量 X_i 测量了若干次，各次测量都是独立的，那么，其平均值$\overline{X_i}$是最可信值，它的不确定度为：

$$\delta \overline{x_i} = \delta x_i / \sqrt{n} \tag{24}$$

式中 δx_i——x_i 单独测量的不确定度；

n——测量次数。

8.6.4 如果变量 X_i 不能重复测量或重复次数太少，则应估算出 X_i 取值可能的最大上、下偏差，X_i 的单独测量不确定度为此最大上、下偏差和的一半。

8.7 流量测量不确定度的实际运算

8.7.1 质量流量不确定度 δq_m实用公式为(25)式：

$$\frac{\delta q_m}{q_m} = \left[\left(\frac{\delta\alpha}{\alpha}\right)^2 + \left(\frac{\delta\varepsilon}{\varepsilon}\right)^2 + 4\left(\frac{\beta^4}{\alpha}\right)^2\left(\frac{\delta D}{D}\right)^2 + 4\left(1 + \frac{\beta^4}{\alpha}\right)^2\left(\frac{\delta d}{d}\right)^2 + \frac{1}{4}\left(\frac{\delta\Delta p}{\Delta p}\right)^2 + \frac{1}{4}\left(\frac{\delta\rho_1}{\rho_1}\right)^2\right]^{1/2} \tag{25}$$

8.7.2 在用喷嘴装置测量气体流量时，换算到压缩机一级吸气状态的容积流量 Q_0（未计入冷凝水）的基本公式为：

$$Q_0 = \frac{\pi}{4}\alpha\varepsilon d^2 \frac{T_{x1}}{p_{x1}}(2R\Delta p p_1 / T_1)^{1/2} \tag{26}$$

以(26)式为基础，压缩机容积流量不确定度 δQ_0 实用公式为：

$$\frac{\delta Q_0}{Q_0} = \left[\left(\frac{\delta\alpha}{\alpha}\right)^2 + \left(\frac{\delta\varepsilon}{\varepsilon}\right)^2 + 4\left(\frac{\beta^4}{\alpha}\right)^2\left(\frac{\delta D}{D}\right)^2 + 4\left(1 + \frac{\beta^4}{\alpha}\right)^2\left(\frac{\delta d}{d}\right)^2 + \left(\frac{\delta p_{x1}}{p_{x1}}\right)^2 + \left(\frac{\delta T_{x1}}{T_{x1}}\right)^2 + \frac{1}{4}\left(\frac{\delta\Delta p}{\Delta p}\right)^2 + \frac{1}{4}\left(\frac{\delta T_1}{T_1}\right) + \frac{1}{4}\left(\frac{\delta p_1}{p_1}\right)^2\right]^{1/2} \tag{27}$$

8.7.3 对于采用流出系数 C 代替流量系数 α 计算流量时，(25)式和(27)式中 $\delta\alpha/\alpha$ 应换为 $\delta C/C$，同时不计入变量 E 不确定度的影响。

注：$E = (1-\beta^4)^{-1/2}$。

8.8 独立量测量的不确定度

压力、压差、温度等独立量测量不确定度应参照 GB 3853。

8.8.1 压力测量的不确定度

8.8.1.1 弹簧管型压力表的不确定度 δp 按(28)式估算。

$$\frac{\delta p}{p} = \pm G \frac{p_{\mathrm{m}}}{p_{\mathrm{d}}}\% \tag{28}$$

式中 G——以百分数表示的压力表精度级（如果压力表高于 0.2 级，取 $G=0.2$）；

p_{m}——压力表满刻度值；

p_{d}——实测压力值。

8.8.1.2 液柱压差计测量的不确定度

对精度为 ±10Pa（或 1mmH_2O）的液柱压差计，实测值 Δp 在 $10^3\mathrm{Pa} \leqslant \Delta p \leqslant 10^4\mathrm{Pa}$ 的范围内，其测量不确定度 $\delta\Delta p$ 按(29)式计算。

$$\frac{\delta\Delta p}{\Delta p}=\pm\frac{10}{\Delta p} \tag{29}$$

当 $\Delta p>10^4\text{Pa}$ 时：

$$\frac{\delta\Delta p}{\Delta p}=\pm 0.1\%$$

8.8.2　温度测量的不确定度

8.8.2.1　对于校验有效，使用正确的玻璃棒式水银温度计，其测量值的绝对不确定度 δT 符合表 C－11－10 的规定。

表 C－11－10　棒式水银温度计测量温度的不确定度 δT

温度范围	刻　度		
	0.1	0.2	0.5
－50～－5	0.6	0.8	1.7
－5～60	0.3	0.4	1.0
60～110	0.5	0.6	1.0
110～210	—	1.0	2.0
210～310	—	—	3.0

8.8.2.2　对于校验有效，二次仪表在 0.1 级以上的热电偶或电阻温度计，其测量的绝对不确定度取为 ±1K。

8.8.3　如测量仪表经法定计量部门标定，并给出其测量不确定度，则测量不确定度按标定证书取值。

附 11－A　用充罐法测量压缩机容积流量

用充罐法测量压缩机容积流量，由于截止阀的泄漏以及难以准确测量储气罐内气体温度，因此测量误差较节流装置测量方法大。

A1　测量装置

A1.1　系统如图 A1。全部管路、阀门及附件均应进行密封性检查，不应泄漏。

A1.2　缓冲器 2 和储气罐 6 的容积按下列原则确定。

压缩机向缓冲器充气至公称排气压力的时间应不少于 30s。

压缩机向储气罐充气至公称排气压力的时间应不少于 5min。

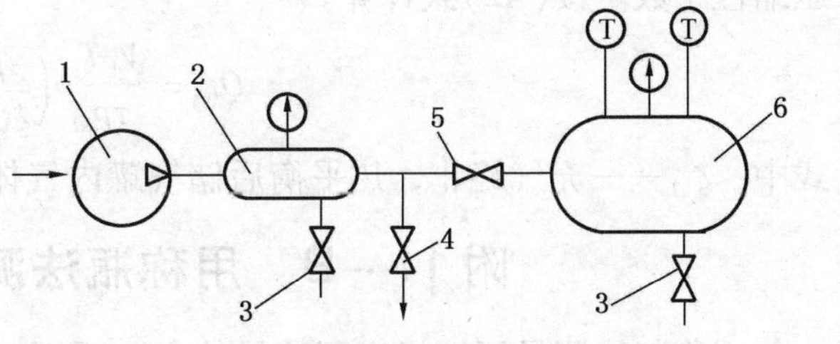

图 A1　充罐法系统示意图

1—压缩机；2—缓冲器；3—排液阀；4—放空阀；5—连通阀；6—储气罐

A1.3　准确测量储气罐容积，测量的相对误差不大于 ±0.2%，推荐充水测量。计算流量用储气罐容积 V_k，包括连通阀 5 与储气罐之间的管道容积。

A2　测量步骤

A2.1　启动压缩机首先向缓冲器充气，微微开启放空阀 4，关闭连通阀 5。保持压缩机规定的排气压力。压缩机运转稳定后，排净缓冲器和储气罐中的冷凝液。

A2.2　稍微开大放空阀 4 使缓冲器内气体压力下降，然后关闭阀 4。

A2.3　这时，压缩机继续向缓冲器充气，当达到规定压力时，缓慢开启连通阀 5，并保持缓冲器内气体为规定的排气压力。

A2.4 当储气罐内气体压力接近规定排气压力的90%时，进一步开大连通阀5使缓冲器内压力略微下降，然后全闭阀5。

A2.5 这时，缓冲器内压力将升高，当达到规定的排气压力时，压缩机停车或卸载。

A2.6 充气时间应以开启储气罐的连通阀5时开始计算，直到全闭阀5后，缓冲器内压力达到规定排气压力的瞬时为止。

A2.7 在开启阀5之前应记录储气罐内气体的温度 T_{k1} 和压力 p_{k1}。

A2.8 储气罐热平衡后，记录其中气体的温度 T_{k2} 和压力 p_{k2}，然后排放冷凝液并进行称量。

A3 流量计算

A3.1 未计及冷凝水的压缩机容积流量为：

$$Q_0 = \frac{V_k T_{x1}}{\tau p_{x1}}\left(\frac{p_{k2}}{T_{k2}} - \frac{p_{k1}}{T_{k1}}\right) \tag{A1}$$

式中 Q_0——未计及冷凝水的压缩机容积流量，m^3/min；

V_k——储气罐容积，m^3；

τ——充气时间，min；

p_{x1}——压缩机1级吸气压力，MPa；

T_{x1}——压缩机1级吸气温度，K；

p_{k1}——充气开始时储气罐内气体压力，MPa；

T_{k1}——充气开始时储气罐内气体温度，K；

T_{k2}——充气终止，热平衡后储气罐内气体温度，K；

p_{k2}——充气终止，热平衡后储气罐内气体压力，MPa。

A3.2 如果压缩气体需要按真实气体处理，则在用A3.1条计算流量时应计及气体的可压缩性系数。按(A2)式计算。

$$Q_0 = \frac{V_k T_{x1}}{\tau p_{x1}}\left(\frac{p_{k2}}{\zeta_{k2} T_{k2}} - \frac{p_{k1}}{T_{k1}}\right) \tag{A2}$$

式中 ζ_{k2}——充气终止，热平衡后储气罐内气体的可压缩性系数。

附11－B 用称瓶法测量压缩机容积流量

用称瓶法测量压缩机容积流量的方法适用于小容积流量的高压压缩机，由于截止阀的泄漏，因此测量误差较节流装置的测量方法大，但排除了难以准确测量储气罐内气体温度的影响，测量精度较充罐法高。

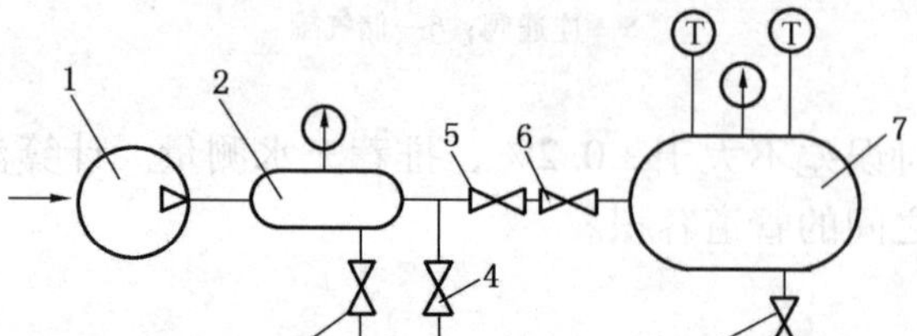

图B1 称瓶法系统示意图

1—压缩机；2—缓冲器；3—排液阀；4—放空阀；5、6—连通阀；7—储气罐；8—放气阀

B1 测量装置

B1.1 系统如图B1。全部管路、阀门及附件均应进行密封性检查，不应泄漏。

B1.2 缓冲器2和储气罐7的容积应不小于附录A中A1.2条的规定。

B1.3 带阀6准确测量储气罐容积，测量误差不应大于±0.2%，推荐充水测量。

B1.4　带阀6准确称量储气罐净重 g(净重 g 不包括储气罐内气体或液体重量)，测量误差不应大于 ±0.2%。

B2　测量步骤

B2.1　试验时全开阀6，试验步骤按附录 A 中 A2.1 条 ~ A2.7 条进行。

B2.2　关闭阀6，并从阀6前拆掉连接管路。

B2.3　准确称量充气后储气罐重量 G，测量误差不应大于 ±0.2%。

B3　流量计算

B3.1　未计及冷凝水的压缩机容积流量为：

$$Q_0 = \frac{1}{\tau \rho_{x1}} (G - g - V_k \rho_{k1}) \tag{B1}$$

式中　Q_0——未计及冷凝水的压缩机容积流量，m^3/min；

τ——充气时间，min；

ρ_{x1}——压缩机1级吸气状态下气体密度，kg/m^3；

G——充气后储气罐重量，kg；

g——储气罐净重，kg；

V_k——储气罐容积，m^3；

ρ_{k1}——充气前储气罐内气体密度，kg/m^3。

附 11 – C　用气柜法测量压缩机容积流量

气柜法适用于从气柜吸气的压缩机容积流量的测量，测量误差较节流装置测量方法大。

C1　试验装置如图 C1。

C2　准确测量气柜的有效截面积 A 或按竣工图确定。

C3　试验宜在阴天或夜间进行。

C4　检查测量系统各阀门以及压缩机各级连接管路，不应有泄漏。

C5　在正式试验前或试验后，应在整个气柜到压缩机吸气口范围内做泄漏试验，确定测量系统的外泄漏量 Q_n

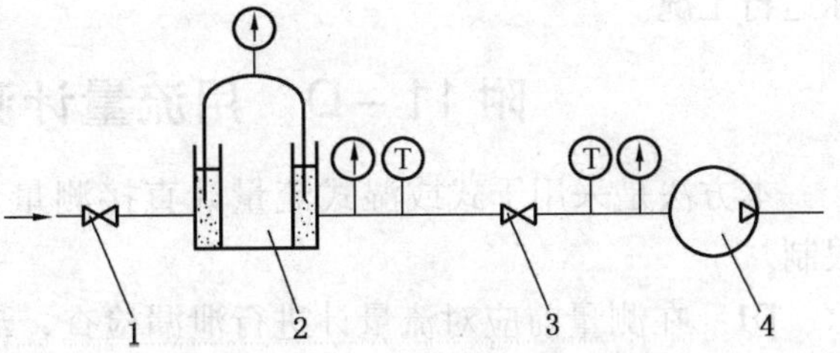

图 C1　气柜法系统示意图

1—进气阀；2—气柜；3—连通阀；4—压缩机

C6　气柜压力应用水柱压差计在气柜出口测量，精度不低于 ±10Pa。

C7　气柜温度应在气柜出口处测量。如果采用玻璃棒式水银温度计测量温度，其刻度不应大于0.2℃。

C8　试验步骤

C8.1　除被测压缩机和气源造气外，应有效地切断气柜与外界的一切联系，且尽量关闭靠近气柜处的阀门。

C8.2　工况稳定后，加大气柜进气量，待气柜升至一定高度时，切断气柜进气，然后测量一段时间 τ 内气柜的下沉高度 Δh 或者测量下沉一定高度 Δh 所需要的时间 τ。不论哪种方法，气柜上应均匀分布四个测点，测量时间 τ 应不少于 5min，升降高度 Δh 的测量误差应不大于 ±2mm，时间 τ 的测量误差应不大于 ±0.5s。用于流量计算的下沉高度 Δh 和测量时

间 τ 为四个测点测量值的平均值。

C8.3　在测量时间 τ 内应两次读取气柜的压力 p_h 和温度 T_h，以及压缩机各测点的测量值。

C8.4　尽量在气柜升降的同时，用干式或湿式流量计测量压缩机各级填函的外泄漏量 Q_L。

C8.5　打开进气阀，开始向气柜充气，待气柜上升到一定高度后进行第二次测量，每一工况，应测量三次。

C9　压缩机容积流量为：

$$Q_1 = \frac{p_h T_{x1}}{p_{x1} T_h} \cdot \frac{A\Delta h}{\tau} - Q_n - Q_L \qquad (C1)$$

式中　Q_1——压缩机容积流量，m^3/min；

p_h——气柜绝对压力，MPa；

p_{x1}——压缩机 1 级吸气压力，MPa；

T_h——气柜出口气体温度，K；

T_{x1}——压缩机 1 级吸气温度，K；

A——气柜有效截面积，m^2；

Δh——气柜下沉高度，m；

τ——气柜下沉时间，min；

Q_n——换算到压缩机 1 级吸气状态下的气柜系统泄漏量，m^3/min；

Q_L——换算到压缩机 1 级吸气状态下的各级填函外泄漏量，m^3/min。

C10　对于气柜到压缩机之间有增压机和工艺装置时，应考虑到从气柜到压缩机之间冷凝水的析出以及化学反应对气体体积带来的改变，同时按 C5 条做泄漏试验应尽可能模拟实际运行工况。

附 11－D　用流量计测量压缩机容积测量

本方法是采用干式或湿式流量计直接测量压缩机容积流量，因此测量范围受流量计的限制。

D1　在测量前应对流量计进行泄漏检查，流量计不应有泄漏。

D2　对于采用液体密封的流量计，液体应饱和于被测气体。

D3　在测量流量的同时应记录流量计进口的气体压力 p_f 和温度 T_f。

D4　每工况测量次数为五次，每次测量不少于 5min，记录单位时间流量计的读数 q_{vf}。

D5　未计及冷凝水的压缩机容积流量为：

$$q_{v0} = q_{vf} \frac{p_f T_{x1}}{p_{x1} T_f} \qquad (D1)$$

式中　q_{v0}——未计及冷凝水的压缩机容积流量，m^3/min；

q_{vf}——单位时间流量计读数，m^3/min；

p_f——流量计前气体压力，MPa；

T_f——流量计前气体温度，K；

p_{x1}——压缩机 1 级吸气压力；MPa；

T_{x1}——压缩机 1 级吸气温度；K。

附录二 国内部分相关工厂、企业信息介绍

沈阳鼓风机集团股份有限公司

沈阳鼓风机集团股份有限公司是我国最大的通用机械生产基地，始建于1934年，新中国成立后经历了不同的发展阶段。2004年，由原沈阳鼓风机集团有限公司、原沈阳气体压缩机股份有限公司、原沈阳水泵股份有限公司等三家公司重组而成。目前，集团拥有员工6182人，资产总额达76.4亿元。集团主要从事风机、压缩机和水泵的研发、设计和制造，是国内风机行业、气体压缩机行业、水泵行业的龙头企业，在国际同行业中居领先地位。

沈阳鼓风机集团股份有限公司主要经营风机、水泵、往复压缩机和离心压缩机产品。半个多世纪以来，公司生产的各类产品已覆盖全国各地，远销世界25个国家和地区。目前，沈阳鼓风机集团股份有限公司生产的离心压缩机和大型鼓风机产品，其市场占有率分别为85%和50%；泵类产品，如冷凝泵、输油管线泵、加氢或除焦泵、高压注水泵和锅炉给水泵，其市场占有率分别为85%、80%、80%、50%和30%；为石化行业及化肥工业生产的往复压缩机产品，其市场占有率分别为80%和60%。由此可见，沈阳鼓风机集团股份有限公司无论在产品数量上，还是在技术水平上，在国内均名列前茅。

风机类产品

风机类产品是沈鼓集团的最主要业务板块。2009年，风机类产品产值达76.4亿元，占到工业总产值的86.7%。公司主要从事科技含量高的离心压缩机、轴流压缩机、离心鼓风机、大型通风机等风机产品的研发、设计、制造、经营活动。

从20世纪70年代开始，公司先后从5个国家引进了11项产品技术和6项核心单元技术。通过对引进技术的消化、吸收与再创新，公司开发了一系列具有自主知识产权的产品和技术，形成64个系列771个品种。分别为：压缩机8个系列、96个规格；鼓风机4个系列、37个规格；膨胀机1个系列、5个规格；冷冻机1个系列、12个规格；通风机50个系列、621个规格。主要产品有MCL、BCL、PCL、MCO、DH型系列离心压缩机，单轴高速GM型系列离心鼓风机，ASN/AST型系列电站轴流通风机等。

图1 山东德州华鲁恒升化工股份有限公司设计制造的$4\times10^4 m^3/h$空气压缩机组

图2 天津石化设计制造的年产100万吨乙烯装置用裂解气压缩机

往复式压缩机

集团主要从事往复式压缩机产品的研发、设计、制造、经营活动。

从20世纪70年代初开始，公司先后引进了瑞士阿瑞柯公司的无油元件产品技术，并由6种原料配方发展到11种，引进了德国博尔其格公司BX22－10至BX50－125九个系列往复压缩机产品技术。同时和海军704所联合开发了舰艇用6610系列产品。通过引进技术的消化、吸收与再创新，公司开发了一系列具有自主知识产权的产品和技术，形成47个系列800多个规格的往复式压缩机产品。主要产品有6610系列船用电动高压空压机、260万吨/年加氢装置用新氢压缩机、40万吨/年合成氨用往复式压缩机、60万吨/年尿素半水煤气压缩机、30万吨/年甲醇装置用汽轮机驱动的水煤气往复压缩机、90万吨/年乙烯氢气压缩机以及各种化工流程用往复式压缩机。

图3　中国石化股份有限公司长岭分公司设计制造的170万吨/年渣油加氢处理装置—4M125－39/24－185－BX新氢压缩机

图4　中国石化股份有限公司金陵分公司设计制造的260万吨/年蜡油加氢装置—2D125－29/25.5－118－BX新氢压缩机。

图5　黄岛电厂14×14×16A5级HDB型超临界机组高压锅炉给水泵

水泵类产品

集团主要从事高压给水泵、强制循环泵、冷凝泵、斜流泵、高压注水泵、输油管线泵等51个系列579个品种泵类产品的设计和制造。现有产品主要用于：20－100万千瓦级火电机组用泵，30～100万千瓦级核电机组用泵，800万吨/年炼油用泵，50万吨/年输油管线用泵，100万吨/日污水处理厂用泵等。

地址：沈阳经济技术开发区开发大路16号甲　邮编：110869
电话：024－25800483，25801199
传真：024－25800188
网址：www. shengu. com. cn

西安陕鼓动力股份有限公司

西安陕鼓动力股份有限公司(以下简称"陕鼓动力")，成立于1999年，是中国工业排头兵企业——陕西鼓风机(集团)有限公司的控股子公司，总部大楼见图1。公司于2010年4月上市，股票代码：601369，上市后陕鼓集团占有61.575%股权。

图1　西安陕鼓动力股份有限公司

陕鼓动力主要服务于冶金、石油、化工、电力、城建、环保、制药、国防等国民经济支柱领域，为这些行业和领域提供动力系统整体解决方案和服务方案。公司主要产品包括轴流压缩机(见图2)、工业能量回收透平装置(见图3)、离心压缩机(见图4)、汽轮机、通风机和鼓风机等。在硝酸三四合一机组、BPRT、空分压缩机组等市场，已经取得诸多业绩突破，在国内市场占据突出优势。

公司拥有雄厚的技术研发能力，有各类专业技术人员1000余人，是国家首批认定的国家级技术中心，国家火炬计划重点高新企业。轴流压缩机、工业能量回收透平装置、高炉煤气联合循环发电系统等三项产品技术荣获国家科学技术进步二等奖，轴流压缩机与工业能量回收透平还相继在2004、2005年获得中国名牌产品。截止2010年12月底，共申请专利107项，授权77项。公司拥有各类生产制造设备4000余台，其中主要设备1000余台；大型、精密、稀有设备200余台。装配车间可同时容纳50～60台大型机组进行组装，试车站的最大起吊能力达100T，配备有风机行业内最大的32T高速动平衡及超速试验装置。2010年，公司完成了工业技术支持中心的建设，建立了旋转机械远程在线监测与故障诊断中心，实现对输出设备的智能维护与健康状态管理。

公司确立了能量转换设备制造、能量转换系统服务和能源基础设施运营三大业务板块，进一步明细了未来发展方向。近年来，陕鼓动力依靠对工业流程技术的深入了解，依托核心设备的设计、成套和制造能力，搭建融资服务平台，发挥项目管理的优势，为用户提供工程总承包。同时，陕鼓动力充分依托强大的系统集成能力和品牌影响力，开展动力装备产业相关服务市场拓展，水处理、工业气体服务等新兴业务模式，截止2010年底累计为用户提供能量转化设备10000余台，实施工程总承项目100多个，曾服务过宝钢、首钢、中石油、中石化等行业龙头企业，获得了广大用户的高度评价。公司2010年实现营业收入43.5亿元，处于国内风机行业领军地位。公司近几年荣获国家、省市各机构颁发的荣誉达百余项。2006年，“陕鼓”文字及图形商标被认定为中国驰名商标。2009年，陕鼓动力成为西北地区和行业内首家荣获“全国质量奖”的企业。陕鼓品牌再次入围“2009年中国品牌500强”行列。

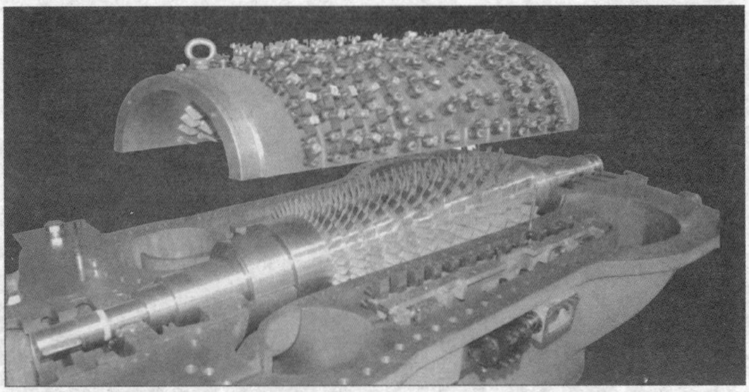

图2　全静叶可调轴流压缩机

图3　高炉煤气余压回收透平机

图4　离心压缩机

公司地址：西安市高新区沣惠南路8号　邮编：710075

客服热线：029－81392800　传真：029－81392315

销售电话：029－88225341　传真：029－88225321

网　　址：www. shaangu. com

西安交大赛尔机泵成套设备有限责任公司

西安交大赛尔机泵成套设备有限责任公司(简称“交大赛尔”)是上市公司沈机集团昆明机床股份有限公司控股的独立子公司，是流体机械及压缩机国家工程研究中心(NERC)的经济实体，国家级“全可控涡”机泵节能技术研究推广中心单位。公司以西安交大王尚锦教授发明的“全可控涡”三元叶轮机泵节能核心技术为依托，形成了一套自主知识产权离心式压缩机、鼓风机及低温透平机械的设计制造体系；配置有世界先进的大型关键加工设备和试验装置。产品具有高效、节能、环保、安全等特点，广泛应用于炼油、煤化工、石油化工、冶金、空分、制药、纺织、环保工业等领域。公司设有西安交大赛尔研发中心和长沙赛尔规模生产基地(见图1)，年创产值近5亿元，可满足年10亿元的产销规模。

图1　公司在西安和长沙的两个生产基地

国内领先的自主知识产权核心技术。赛尔依托王尚锦教授发明的“径、混流式‘全可控涡’三元叶轮设计方法及其流型”为核心，设计制造的三元叶轮具有节能、气动性能稳定、制造工效高、工艺可靠、成本低等特点，可比国外直线三元叶轮节能2%以上，并使径、混流式压缩机流量范围增加35%以上，而且可确保宽叶片或小轴向尺寸条件下应用三元叶轮，较常规(二元)设计叶轮提高效率8%～10%，整机效率可达82%～87%；且整机特性曲线平坦，流量调节范围宽，特别是由于带有缸内静叶可调机构，产品具有十分宽广的工况调节范围，气动性能优越，为机组的安全运行和操作带来了极大地方便。

公司现已形成三元叶轮离心式压缩机、鼓风机组系列产品(见图2)。

公司设有专门的研发、试验和生产基地(见图3)。核心装备有：世界先进的十二轴五座标联动卧式数控加工中心及叶轮真空钎焊热处理炉等一批高科技加工设备，以及四轴联动数控铣床、数显落地镗床、大型龙门铣床、立车及其它各类数控加工和热处理设备；建设了国内首座高速中压闭式循环离心压缩机单级性能试验装置，除此之外还建有离心叶轮超速试验装置、整机机械运转试车装置等，为压缩机核心部件的生产制造和实验提供了保障。

冶金与制药行业离心鼓风机

空分装置单轴等温型压缩机

氮气或 CO_2三轴六级齿式压缩机

20 万吨合成氨装置联合机组

硝酸氨装置氨气压缩机

美国透平技术公司合作标准齿式压缩机

图 2　公司的部分压缩机产品

十二轴五坐标联动卧式数控加工中心

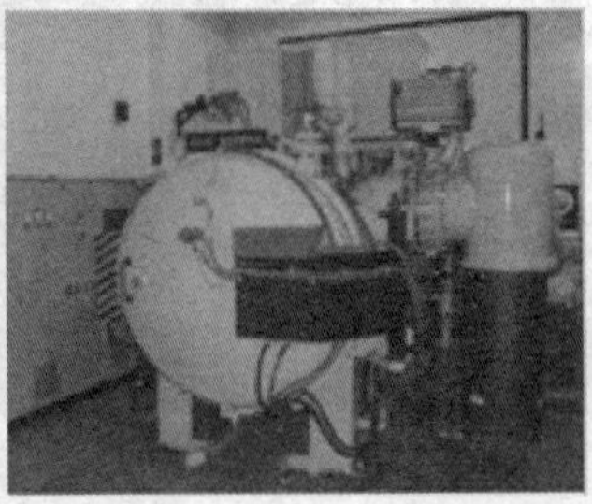

赛克沃克公司真空钎焊热处理炉

落地镗铣床

高速动 平衡机

高速离心压缩机实验台

整机机械运转试车装置

图 3　公司的部分生产设备

地址：陕西省西安市咸宁西路 28 号　邮编：710049
电话：029 - 82663660　传真：029 - 82668079　网址：www. jdser. com

上海电气压缩机泵业有限公司

上海电气压缩机泵业有限公司，由上海电气（集团）总公司投资组建（由创建于1902年的上海大隆机器有限公司与创建于1940年的上海压缩机有限公司重组后的企业），是上海电气贯彻落实国家“振兴装备制造业”的重大战略举措。

公司经营范围：各类气体压缩机、高压泵设计、制造、销售及服务（以及涉及行政许可的凭许可证经营）。

主要产品：工艺气用往复压缩机、工艺气螺杆压缩机、高压往复泵

往复式压缩机

严格按照API618标准设计制造的从2气缸～8气缸压缩机，气体活塞力从3吨～100吨，最大排气压力40MPa，电机功率12800kW，成为国内最大的往复式压缩机制造商之一。

图1　8M100－510/314型 100吨活塞力重型往复式压缩机

100吨活塞力重型往复式压缩机

自行研发与制造，具有自主知识产权的国内最大的活塞式压缩机之一（见图1）。广泛应用新材料、新技术、新工艺，为低能耗环保产品。国家“十一五”期间特大型装备自主化重点产品。是石化、煤化工、冶金等领域专用特大型关键设备。

图2　3D100加氢压缩机

三级三列压缩机

图2是一台非常适合中国炼油行业的三级三列压缩机。由于采用了对置式结构，因此允许设置奇数列气缸。对加氢装置所需的三级压缩机来说，曲柄夹角均分的三列机型既能得到均衡的负荷特性，又能使机型做得最为经济合理。

进口压力：2.21MPaG　排气压力：19.2MPaG

标况流量：30000Nm^3/h　轴功率：2932.29kW

螺杆－往复压缩机串联机组

在焦炉煤气变压吸附工艺中，本公司推出螺杆—往复压缩机串接方式，在前置级采用螺杆压缩机可避免往复压缩机大气缸，不耐焦油，水和粉尘等问题（见图3）。使业主的购买资金、厂房建设面积、操作维护、备品备件等费用大幅下降、而机组无故障运转周期大幅增加，此方式已在锦界天元化工等焦炉工艺气提氢等装置中广泛使用。

图3　2G－435/3.3串联螺杆压缩机

图4　转子直径816mm螺杆压缩机

大型螺杆压缩机

本公司通过引进技术和自行研制，开发了七大系列适应于不同化工流程需要的SRM非对称瓜型线，转子直径Φ108～816mm，螺杆气量3～900m^3/min，最大排气压力2.5MPa，最大轴功率7000kW的40余种产品，累计产量已达5000余台(见图4)，产品市场占有率高，部分产品已出口到东南亚和西亚。

工艺用螺杆式压缩机技术能够满足多种工艺需要，被广泛应用于化工流程的二氧化碳，焦炉煤气、合成氨、甲醇、乙炔、氯乙烯、氯甲烷等压缩系统；还能被用作石化流程的氢气、尾气、火炬气、解析气、裂解气、丁二烯、苯乙烯等行业。

火炬气螺杆压缩机

LG－40/13.5火炬气螺杆压缩机(见图5)为二级压缩、双螺杆结构，这在国内是独一无二的。其冷却方式为喷液，型线为非对称型。该压缩机机组用于火炬、解吸气等回收系统，将气体回收后供油气再生、锅炉燃烧、燃汽轮机发电等。

同类机组有：排气量20～100m^3/min，排气压力0.4～7.5MPa(G)，可压缩不同气体组分的介质，该机组广泛应用于石油化工领域。

图5　LG－40/13.5火炬气螺杆压缩机

高压往复泵

本公司在独立设计、制造大中型往复式高压泵(包括核电泵、隔膜泵)有着相当丰富的经验和规模、雄厚的实力在业界享有声誉。最大推力达115吨，能输送清水、乳化液、油田污水、液氨、胺基甲酸铵液、灰浆、硝酸、洗添剂料浆，放射性硼酸溶液、铅矾土、水煤浆、铁矿浆、沙金矿浆等介质(见图6)。

图6　3KM隔膜泵

公司地址：上海长江西路815号
生产经营地址：上海长江西路850号　邮编：200431
电话：021－66188659　传真：021－56770813
http：//www. compressor－sh. com
E－mail：mayy@ seccp. cn

无锡压缩机股份有限公司

无锡压缩机股份有限公司是“国家大型一类企业”，首批“国家重点高新技术企业”；是中国最大、品种最全、市场覆盖率高、拥有完全自主知识产权的压缩机研发、生产、营销的专业重点骨干企业。公司创建于1955年，拥有50多年的压缩机专业制造历史。截止2009年底拥有资产总额6.61亿元，员工总数600多人，占地面积21万平方米。凭借着悠久的专业历史、先进的研发技术、科学的流程管理、卓越的生产能力和丰富的制造经验，无锡压缩机股份有限公司在行业中率先通过了ISO 9001质量体系认证、ISO 14001环境质量体系认证，是全国压缩机行业中第一家同时通过并取得军民三证的企业。

无锡压缩机股份有限公司是我国专业生产动力、工艺用压缩机的国家级重点骨干企业。公司产品(见图1)包括五大类，即活塞式压缩机、螺杆式压缩机、离心式压缩机、军品及机场地面保障设备和压缩机辅机。其中，生产的螺杆式压缩机包括固定式(微油、无油、喷水)、移动式、防爆型、变频控制、工艺螺杆、制冷螺杆、LHC螺杆活塞串联高压机组；生产的活塞式压缩机包括动力用(喷油、无油)、工艺流程用(活塞力达125T)、油气田用撬装式天然气压缩机、大型迷宫式压缩机(四列四级)、CNG天然气加气站用压缩机。无锡压缩机股份有限公司的产品在世界一流的高精度设备和非常严格的工艺流程控制下生产(见图2)，质量可靠稳定，可以在苛刻的工况环

图1　公司生产的部分压缩机产品

境下每天24小时连续运行，是中国性价比最好的压缩机之一。

锡压牌压缩机2006年被中国商务部评定为首批“最具市场竞争力品牌”（全国压缩机行业只有2家）、是中国通用机械行业“用户满意品牌”（全国只有10家）、2001年荣膺“中国名牌产品”。“锡压”牌多款产品荣获“国家银质奖”（压缩机行业国家最高质量奖）。

日本SNK公司HF-4M数控五面体加工中心

日本森精卧式加工柔性单元：NH6300DCG

日本OKK MCV860立式加工中心

台湾VMC1400立式加工中心

日本MITSUBISHI MVR 五面体加工中心

日本雅思达YBM 8T-80RP卧式加工柔性单元

德国沙曼公司Solon4 型加工中心

美国Brown & Sharp Xcel 122010三坐标测量仪

图2　公司的部分先进生产装备

地址：江苏无锡新区鸿山机光电工业园锡协路99号

邮编：214145

电话：0510－85024889，85024242　传真：0510－85021724（营销中心）

邮箱：market@ compressor－xy. com

网址：www. compressor－xy. com

四川大川压缩机有限责任公司

四川大川压缩机有限责任公司是国内三大压缩机生产企业之一，地处四川省简阳市成渝高速简阳出口处，占地32万平方米，总资产3.1亿元。现有职工782人，各类专业技术人员305人。其中，享受国家津贴专家8人。公司拥有省级企业技术中心，A1、A2级压力容器设计和制造资格许可证，CG1压力管道设计资格证，大型铸造、锻造、热处理、机械加工设备和压力容器焊接设备等，共664台套。公司拥有诸多高精设备——西班牙加工中心、数控龙门铣、数控160镗床、200落地镗床以及曲轴磨床等。

在全球宣扬低碳排放，充分利用工业废气制新能源时，公司与国内、国外用户签订并生产了所需要的适应低碳要求、质量优良的各种压缩机产品（见图1～图9）如：（1）与胜利油田设计院签订的M－4.0/0.45－25二氧化碳压缩机；（2）与河南利源签订的6M－293/39焦炉气压缩机；（3）与天津渤海化工签订的DW－10.7/8.4－33.95、MW－13.5/7－34.45低温技术循环气压缩机；（4）出口北欧CE认证的MW－2.9/79－0.6/78－79合成气循环气联合压缩机，利用工业排放废气制新能源；（5）东方－三菱国内首台F级重型燃气轮机配套，型号4MW－46/4－27无油天然气压缩机；（6）2MT10－2.8～11.4/45型天然气变工况增压压缩机、4M8－36/320B型氮氢气压缩机被评为四川省优秀产品。

图1　出口到北欧的CE认证合成气循环气联合压缩机

图2　6M50－340/314型
氮氢气压缩机

图3　6M－13.2/23－130－7.8/127－137
氮氢气循环气压缩机

图4　6M40－225/314型氮氢气压缩机

图5　4MW－46/4－27天然气增压压缩机

图6　二氧化碳压缩机

图7　闪蒸气、稳定气压缩机

图8　氮气、乙烯、丙烯压缩机

图9　甲醇装置压缩机

公司产品质量优良、安全可靠，已通过ISO 9001国际质量管理体系认证及QHSAS18001职业健康安全管理体系认证。四川大川压缩机凭借优秀的产品，已为化肥、化工、石油、煤炭、军工、塑料、建材、水电等行业提供了数百万套的大型压缩机，CNG加气站用天然气压缩机远销印度、巴基斯坦、尼日利亚等，并有多种产品出口东南亚、非洲、欧洲，实现美誉和荣誉的双赢!

地址：四川省简阳市建设西路　邮编：641400

电话：028－24039328　24038425　传真：028－27012030　24038000

网址：www.scdac.cn　邮箱：sdcclied@yahoo.com.cn

安瑞科(蚌埠)压缩机有限公司

安瑞科(蚌埠)压缩机有限公司(见图1)是天然气、石油、化工、煤炭、矿山、冶金等行业用压缩机的生产企业，拥有近60年设计生产各类压缩机的、经验，以及40多年产品出口几十个国家和地区的历史，在国内外享有盛誉。公司隶属的中集安瑞科控股有限公司是香港主板上市公司，同时也是中国国际海运集装箱(集团)股份有限公司成员企业。

图1　安瑞科(蚌埠)压缩机有限公司外景

公司现有员工652人，其中技术人员90人。现已通过ISO 9001：2008和GJB 9001B：2009质量管理体系认证、美国石油API Q1认证。公司占地面积115762平方米，拥有从日本、德国引进的先进的加工中心、数控机床、涂装及喷抛丸生产线等大型现代化设备，以及先进的检测设备和资深的检测人员。公司依靠科学的管理体系(ERP管理系统)以及专业化的研发队伍能根据用户的需求进行个性化设计与制造，为用户提供优质的售前、售中、售后服务。

近年来，公司生产规模不断扩大，取得了骄人的经营业绩和荣誉。2002年获安徽省民营百强企业；2004年评为“安徽省名牌产品”称号；2005年“汽车加气站用天然气压缩机”获

图2　公司生产的各类压缩机产品

省"科学技术研究成果奖"，并获省"高新技术产品认定证书"；2005 年获省"AAA 级信用企业"奖牌；2007 年获"安徽省著名商标和省名牌产品"称号；2008 年又获得省"质量管理奖"、"高新技术企业和省认定企业技术中心"称号；2009 年获省"守合同重信用单位"称号。

公司产品主要分为 CNG 加气站系列压缩机、高压大排量系列压缩机、中高压系列压缩机、特种介质系列压缩机、D 型、M 型系列压缩机、螺杆系列压缩机、动力系列压缩机，见图 2。可提供排气量从 0.2m^3/min ~ 100m^3/min，排气压力在 0.2MPa ~ 50MPa，并可压缩空气、氮气、液化石油气、煤气、天然气、二氧化碳、丙烷、氢气、氦气、乙烯、氨气等各种介质的不同规格压缩机。产品有近千个品种，广泛用于 CNG 加气站、城市建设、石油、国防、煤炭、地质、化工、冶金、机械制造、医药、食品、饮料等领域。公司可根据用户不同需求，通过技术创新，给用户提供优质的产品和一流的服务。公司 2011 年在蚌埠国家高新产业开发区征地 300 亩新建大型工艺压缩机产业基地，项目建成后将形成年产各种压缩机 2000 台、螺杆压缩机 1000 台的生产能力。

产品型号	介　质	进气压力/MPa	排气压力/MPa	排气量/(m^3/min)	驱动功率/kW	外形尺寸/mm
W-7/400	空气	0	40.0	7	160	7500×2500×2600
V-3/350	空气	0	35.0	3	75	3240×1815×1536
S-10/250	空气	0	25.0	10	227	10280×2496×3990
LG. V-15/400	空气	0	40.0	15	315	9000×2500×2600
LG. WD-21/60	空气	0	6.0	21	303	7500×2400×2000
MDC-1800/35	氮气	0	35.0	1800Nm^3/h		(13000×2500×2300)×2
VW-0.7/10-35	氢气	1	3.5	0.7	45	3100×2270×1536
M-50/0.02	氢气	0.002	1.8	50	400	6700×3700×1700
VFD-0.32/(30-200)-250	天然气	3.0~20.0	25.0	0.32	75	5538×2438×2438
VF-3.2/(3-5)-250	天然气	0.3~0.5	25.0	3.2	220	6300×2500×2500
W-3.6/3-250	天然气	0.15~0.3	25.0	3.6	185	4000×2270×2150
W-7.5/(1-2)-250	煤层气、天然气	0.1~0.2	25.0	7.5	280	5300×2300×2250
D-12.78/4-31.8	原料气	0.4	3.18	12.78	355	7200×5500×3000
D-2.8/(10-16)-250	天然气	1.0~1.6	25.0	2.8	355	5000×3500×2500
D-1.65/(30-40)-250	天然气	3.0~4.0	25.0	1.65	315	5000×3500×2500
D-1.2/(40-80)-250	天然气	4.0~8.0	25.0	1.2	315	5000×3500×2500
ESCW600-8	空气	0	1.2	81	450	4450×2140×2250

地址：安徽省蚌埠市燕山路 187 号　邮编：233052
电　　话：0552-3076500　传　　真：0552-2049249
网　　址：http：//enricbb.cimc.com

沈阳远大压缩机制造有限公司

沈阳远大压缩机制造有限公司(见图1)于1995年创建，是往复活塞式压缩机专业生产的骨干企业之一，是中石化、中石油、中海油、中国化工、中煤集团的网络成员单位。产品广泛服务于石油、化工、化肥、冶金、矿业、电力、科研等国民经济各支柱行业，还远销美洲及东南亚国家。公司总占地面积15万m^2，员工500人，具有年生产250多台套大型工艺压缩机、六亿年产值、铸件五万吨的能力。

图1　公司厂区鸟瞰图

远大压缩机公司经历了起步、发展、跨越的重要阶段。广大员工发扬进取无畏、克难制胜的拼搏精神，不断打造品牌和扩展市场，为用户提供一流的产品和服务。企业通过了GB/TI9001－2008标准质量管理体系、GB/T24001－2004标准环境管理体系和GB/T28001－2001标准职业健康安全管理体系认证，实行ERP信息系统管理，是辽宁省AAA级信誉企业、辽宁省守合同重信用单位、国家高新技术企业。

公司拥有专门从事压缩机设计、工艺等工程技术人员近百人，形成了结构设计、材料设计、电气仪表、工艺、应用程序开发等多门类专业和新老搭接的人才梯队。公司在同行业中率先将多种国际知名CAE软件技术充分应用到新产品研发设计项目的每一个环节，对承受载荷的重要零部件都进行有限元分析，对机组管路系统进行脉动和振动分析，对大型机组的轴系进行扭振分析，以保障机组的可靠运转。公司与高等学校联合创办压缩机工程技术中心，现拥有金属表面非晶态硬化处理新工艺、铝制活塞的阳极硬化处理技术、金属陶瓷涂层新工艺、十字头电弧喷涂巴氏合金等16项专利和数十种专有技术，提高了压缩机整机运行的经济性和可靠性。

公司坚持科技创新，产品始终围绕能源深加工、能源产品的低碳化，主要用于制氢装置、加氢精制装置、重整装置、汽、柴、煤油环保升级装置、天然气液化、煤层气制甲醇、焦炉煤气制甲醇、乙烯装置、丙烯装置、煤制烯烃、煤制油、化工废气的回收、多晶硅装置

(a) (b) (c) (d)

图2　公司的生产与实验现场

以及空分装置等。目前已成功研发了氢气、氧气、硫化氢、烷烃、烯烃、炔烃、氮氢气、一氧化碳、二氧化碳、天然气、氯甲烷、氟甲烷、三氯氢硅等单一介质和混合介质的压缩机，以及适应特殊工况，温度260～－163℃超温压缩机，还有包括电机、柴油机、汽轮机、燃气发动机等多种驱动形式的压缩机。目前已形成了气体力2～800kN的M、D、Z、P、L、V、W型40余种基础件系列共600多种规格产品及12种迷宫系列几十种规格的迷宫压缩机。曾获省科技进步二、三等奖，省自主创新名优产品等荣誉。

公司拥有生产制造压缩机的各类专用数控设备和超音速喷涂、等离子喷涂、高频淬火特种工艺等设备200余台和100吨以上大型专业压缩机试车平台及PLC试车装置(见图2)。公司质量管理机构健全，质量管理文件完整，检测仪器、设备齐全，能有效保证压缩机零部件加工及整机出厂前的装配、工况试车质量。“守合同重信用，为客户提供靓丽、可靠、实惠的产品，更提供及时、周到、完美的服务”，是公司立足和生存之本。公司现按东北、华北、华中、西北、华东、西南六个区域选派专业服务人员，常年驻地或巡视服务，保证接到用户信息后，在8小时内给予答复，24小时内赶至现场解决问题，提供快捷、优质的服务。

地址：沈阳经济技术开发区沧海路1号　邮编：110027

电话总机：024－25366050　销售公司：024－25369782　传真：024－25368551

网址：www.ydysj.com　邮箱：sy@ydysj.com

固耐重工(苏州)有限公司

固耐重工(苏州)有限公司(见图1)是2005年由温州固耐化机制造有限公司与意大利共同出资成立的中、意合资企业，注册资金1600万美元，总投资2980万美元。座落于江苏省太仓市经济开发区，总占地面积170亩，建筑面积8万平方米。年生产能力为8亿元人民币，主营压缩机、数控机床和压力容器，其部分压缩机产品见图2。

图1 公司外观

图2 公司生产的部分压缩机产品

公司技术力量雄厚，有高、中级以上的技术开发人员80余人，具有自行开发、设计、制造大、中、小型各类气体介质（空气、天然气、氧气、氮气、氢气、一氧化碳、二氧化碳、煤气、石油气等）的压缩机、化工工艺用泵(液氨泵、甲铵泵)、真空泵、各类管道泵及其他非标机械等成套设备的能力，全部图纸采用计算机辅助设计和管理，关键件采用有限元分析软件进行应力分析，以确保整机安全可靠运行。公司现有加工设备精良(见图3)，能承接各种大、中、小型压缩机配件及其他各类非标机械零部件的加工。产品销往全国各地，广泛用于石油化工、化肥、交通、冶金、建筑、制药等行业。公司自创立以来，依托先进的技术、良好的质量和信誉，为众多石油化工、化肥、煤化工行业设计制造了压缩机、化工工艺泵、水泵等整机，并为这些企业的压缩机进行了各种技术改造，及时提供各类优质配件，收到了明显效益，赢得广大用户的一致好评。

图3　公司生产车间

公司的技术源泉及迅速发展的坚强后盾——温州固耐化机制造有限公司座落于温州经济开发区的股份制企业，始建于1984年，经过二十几年的发展与积累，已成为全国压缩机行业少数几个能掌握研发、制造大型压缩机技术的企业，并成为浙江省高新技术企业。2001年通过ISO 9001国际质量体系认证。温州固耐化机制造有限公司是中国通用机械压缩机行业协会会员单位，中石化物资资源市场成员单位。2001年通过ISO 9001国际质量管理体系认证。2007年和意大利合资在嘉兴成立固耐重工（嘉兴）有限公司，总注册资金2980万美元，占地面积211亩，总建筑面积十万平方米，总规划年生产能力为10亿，主营压缩机和数控机床，大型铸件和锻件。

主要压缩机产品如下表：

结构形式	活塞力/kN	适用介质	最高排压/MPa	主轴转速/(r/min)	驱动形式与功率
8M	500～1000	焦炉气；煤气；半水煤气；氢氮混合气；天然气；氢气；一氧化碳；二氧化碳	31.4	250～300	电机驱动，最大驱动功率9000kW
6M	200～1000	焦炉气；煤气；半水煤气；氢氮混合气；天然气；氢气；一氧化碳；二氧化碳	31.4	250～333	电机驱动；汽轮机驱动，最大驱动功率6000kW
4M	50～1000	焦炉气；煤气；半水煤气；氢氮混合气；天然气；氢气；一氧化碳；二氧化碳；氮气；	31.4	300～375	电机驱动；汽轮机与电机混合驱动，最大驱动功率5000kW
2D	35～1000	焦炉气；煤气；半水煤气；氢氮混合气；天然气；氢气；一氧化碳；二氧化碳；氮气；氯甲烷	31.4	300～750	电机驱动，最大驱动功率2800kW
ZW	35～120	天然气；氢气；一氧化碳；二氧化碳；氮气；氯甲烷	31.4	496～750	电机驱动，最大驱动功率500kW

地址：江苏太仓经济开发区兴业南路　邮编：215400
电话：0512－53639887　81601666　传真：0512－81601665

浙江强盛压缩机制造有限公司

浙江强盛压缩机制造有限公司(见图1)是在原温州强盛石化机械有限公司的基础上于2009年新建的。温州强盛石化机械有限公司由董事长、总经理冯学强先生于1998年创立，是一个专门制造中、大型往复式压缩机及其关键配套零部件的企业。公司主要产品有天然气汽车加压站系列压缩机、工艺压缩机、焦炉气，火炬气，煤层气压缩机、空气压缩机等(见图2～图6)。公司汇聚了国内众多压缩机行业精英人才，并与西安交通大学组建有“清洁燃料加注成套设备研究与发展中心”，承担了国家十一五863重大项目课题《大型CNG母、子站成套机组研究与开发(项目编号2006AA11A1B8)》，该项目已列入国家火炬计划。

图1　浙江强盛压缩机制造有限公司

近年来公司获得了发明专利两项、实用新型专利六项。主持的863项目《大型CNG母、子站成套机组研究与开发》已通过科技部验收，项目成果CNG母站和子站系列变频压缩机专利产品，在相同供气能力下，装机功率减少了25%～30%，投资成本和运行经济性都大为改善，产品被中石化等多家单位选用。主持的温州市重大科技项目《CNG常规站兼子站压缩机》已通过省级鉴定和验收，该产品可根据气源供应情况在常规站和子站两种运行模式之间自由切换，最大限度保证加气站运营时间，产品填补了国内外相关空白，属国际先进水平，该产品获得了浙江省加快发展装备制造业重点领域首台(套)产品的称号，并获浙江省工业科技进步二等奖。公司还首创了在进气口压力变化的情况下，不采用节流而可安全运行的方

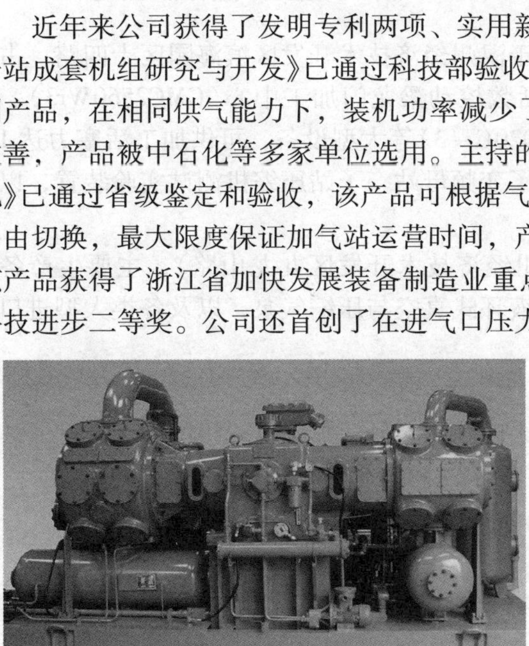

图2　服务于首钢的40立方焦炉气压缩机

图3　天然气汽车加气站CNG压缩机

法与措施，相关专利产品节能效果十分显著，大幅度提高了加气站的利润空间。

图4　服务于吉化公司的 DW－45.6/14.3－24.3 型循环氢压缩机

图5　大型动梁数控加工中心

图6　数控卧式刨台加工中心

新组建的浙江强盛压缩机制造有限公司位于温州经济技术开发区滨海园区十四路，占地面积约50亩。公司先进的加工设备齐全，包括数控动梁龙门加工中心（GMC2560Wr3）、数显卧式镗铣床（TPX6113）、龙门刨铣床（BXM2020C－3）等大型设备，可供加工活塞力达100吨的大型压缩机及其关键零部件。公司还研发了变频母站、子站压缩机测试实验装置，以保证所制造的压缩机产品的性能及运行可靠性。

同时，原温州强盛石化机械有限公司（温州经济技术开发区九龙山路），主要生产各种特种气体往复真空泵、罗茨真空与压缩气泵、液环式真空与压缩气泵，以及各类大型进口压缩机和各种化工机械的零配件等。

地址：温州经济技术开发区滨海园滨海区十四路486号　邮编：325011
电话：0577－85858585，85888899　传真：0577－86555050
网址：www.wzqssh.com　电子邮箱：qiangsheng@wzqssh.com

蚌埠市鸿申特种气体压缩机厂

蚌埠市鸿申特种气体压缩机厂(见图1)是由50余年设计、制造经验的蚌埠压缩机总厂所属分厂改制产生。鸿申秉承国内外压缩机先进技术和设计理念，充分利用集优重组的资源优势，致力于石油、化工、城市燃气、气体等行业需要的各类低、中、高压气体压缩机的研发和制造，运用科学的企业管理，全力提升产品品质，争创国内特种压缩机名牌。为方便用户，鸿申联合相关单位组建鸿申天然气设备成套公司，开展交钥匙工程，仅2010年就承接交钥匙工程近20家。鸿申企业顺利通过ISO9001：2000国际质量体系认证，2003年荣获国内压缩机行业“中国质量万里行”首批质量、信誉双保障实施企业。

鸿申生产压缩机产品可分六大系列，即液化气系列、天然气系列(含天然气增压、原油稳定、轻烃回收、天然气汽车加气、油井干或湿套管气回收、煤层气压缩机系列)、化工工艺压缩机、工业特种气体压缩机，以及一般动力工程用压缩机，以及油田、军用中高压压缩机，近百个规格品种，排气量从0.2m^3/min到4m^3/min，排气压力从0.2MPa到35MPa。产品压缩介质有空气、氮气、氧气、氢气、一氧化碳、二氧化碳、天然气、煤气、二氧化硫、液化石油气、富气、丙烯、丁二烯、氯气、氯化氢、二甲醚、氨气、五氟乙烷、氟利昂等特殊工业气体。其产品(见图2～图9)广泛用于石油、化工、地质、冶金、电力、能源、交通、医药、纺织、玻璃、酿造、气体等行业。现为中国石油天然气总公司、中国石油化工总公司、中国城市燃气协会等物资供应网员单位，在国内外享有相当声誉。

图1　公司主体建筑物

图2　ZW－0.25/0.3－15型五氟乙烷压缩机

图3　ZW－2/16－24型液化石油气压缩机

自贡东方通用压缩机有限公司

自贡东方通用压缩机有限公司(见图1)由东方通用能源有限公司(原东方锅炉集团股份有限公司动能分公司)与原自贡空压机总厂技术精英共同组建，专业从事各类成套气体压缩机、CNG加气站用相关设备的生产、制造、销售。公司得到了西安交通大学、四川理工大学、四川泸天化设计院等的支持和帮助，与西安交通大学流体机械与压缩机国家工程中心签订有长期的合作协议，有多位西安交通大学的教授、博士长期在本公司进行联合技术研发工作。凭借高素质的研究、设计、制造压缩机的员工队伍，公司具有完备的CNG压缩机和通用压缩机产品的设计、开发及批量生产能力，并致力于提供客户专业可靠的产品与服务。

图1　公司厂区主建筑

公司能根据客户需求，量身打造最合适的压缩机精品，同时还拥有一支专业从事CNG加气站建设的安装队伍，具备完善、先进、丰富的建站方案及经验，能承担各类CNG加气站交钥匙工程。公司产品(见图2)主要包括：(1)天然气子站压缩机。为天然气汽车加气子站专门设计和制造，结构紧凑、外观新颖、能耗低，是CNG加气子站的理想设备。(2)天然气标准站压缩机。为中、小型天然气汽车加气站专门设计和制造，结构紧凑、外观新颖、能耗低，是中、小型CNG加气站的理想选择。(3)天然气母站压缩机。为大、中型天然气汽车加气站专门设计和制造，结构紧凑、运行平稳、能耗低，是大、中型CNG加气站的理想设备。(4)天然气增压机。专为天然气管网压力较低，而CNG压缩机进气要求较高的CNG加气站设计，额定进气压力可适应0~1.0MPa，额定排气压力为0.25~6.0MPa，供气量满足100~4000Nm^3/h，可为CNG压缩机提供压力稳定的气源，有效提高CNG压缩机的工作效率和使用寿命。(5)沼气压缩机。专为大型沼气发生站设计，可将0表压进气的生物天然气增压，结合与生物天然气压缩机的串联工作，使得生物天然气可利用槽车长距离运送使用，更能直接作为CNG汽车燃料，公司已先后在山东、广西等多省建成生物燃气站，使用效果得到了用户的肯定。(6)空气压缩机。主要为风动机械、风动工具提供稳定的气源，广泛应用于机械、建材、冶金、铸造、铁路、公路、小电站工程等行业。

公司产品的主要技术优势：可拆卸整圆滑道(填料使用寿命更长、保证加气站运营的连续性、节约压缩机维护成本，ZL200920081053.5)；径向平面浮动活塞(有效保证活塞与气缸的同轴度，减少摩擦耗功，节约能耗，延长使用寿命，ZL200920309249.5）；双向润滑设计（提高了压缩机可靠性，ZL200920311018.8）；氟橡胶密封圈（装拆十分方便）。

图2　公司生产的主要压缩机产品

作为专业的CNG压缩机生产商及CNG方案专家，东方通用在长期的工作实践中，积累了丰富的经验，在与国内外伙伴合作中不断创新进取。使用公司产品建设的部分CNG加气站见图3。除合理的设备配置和专业设计建设外，专业的操作和定期的维护也是保证加气站正常运行的关键要素，通过分设在全国多座城市的办事处及分配在各个片区的售后服务人员和零件库，东方通用能提供客户及时完善的售后服务与技术支持。

图3　使用公司产品建设的部分CNG加气站

地址：四川省自贡市高新工业开发区39号　邮编：643031
电话：0813－82560068256888　传真：0813－82560368256020
邮箱：DFCNG@163.com　网址：www.zgcng.net

贺尔碧格(上海)有限公司

贺尔碧格(上海)有限公司(见图1)是瑞士贺尔碧格集团在上海的独资生产型企业。公司集产品技术、产品设计、生产制造和销售服务为一体，以其精良的高新技术与工艺，配备专业的生产技术人员和世界先进的生产加工设备，向中国及亚太地区的压缩机制造行业、石油、化工、钢铁、造船、PET制瓶、电力、医药、食品加工、制冷及制动等工业领域提供压缩机配件产品和技术服务。

图1　贺尔碧格上海公司厂房

贺尔碧格的压缩机气阀、活塞环及填料、分析调节检测系统等系列产品(见图2)融汇了贺尔碧格一百多年的历史经验，并在实际的工业应用中不断引进领先技术和进行研发革新，为国内各大炼油、化工、船舶等企业压缩机的连续、可靠运行提供了坚实保证，也带来了很好的节约能源、原材料的效果。随着提倡建设节约型小康社会工作的深入推进，贺尔碧格产品及其技术的优越性将更加突出，应用前景将更加广阔。其产品的主要优势在于：

(1)螺杆空压机控制元件，反应迅速、稳定、可靠，决不停机呕油；

(2)舌簧阀，运行极为可靠，使用寿命长，几乎没有磨损；

(3)注油器，强制小流量润滑的可靠保证；

(4)安全防爆阀，保护人员和设备安全；

(5)安全止回阀，采用环境保护和管线系统保护领域的专业技术；

(6)气阀，各类压缩机的专业选型设计，适用各种工况；

(7)活塞环和支承环，适应各类压缩机设计和运行工况；

(8)填料环组/刮油环，采用最先进的材料和设计/有效、安全和环保；

(9)HydroCOM，适于高科技的压缩机气量无级调节系统；

(10)压缩机状态监测系统，实时监测，视情维护。

图2　贺尔碧格上海公司产品

地址：上海市漕河泾新兴技术开发区桂箐路119号　邮编：200233

电话：021－64850855　传真：021－64952593

网址：www. hoerbiger. com　邮箱：hoesha. sales@ hoerbiger. com

贺尔碧格阀业(常州)有限公司

贺尔碧格阀业(常州)有限公司(见图1、图2)作为贺尔碧格压缩机集团在中国最新设立的一家全资子公司，专为中国及亚太地区的客户提供各种规格的防爆阀和舌簧阀产品。这些产品被广泛地应用于船用柴油机、气体加工、粉尘处理、车载容器、工业制冷、汽车和铁路等工业领域。

贺尔碧格防爆阀(见图3)自1964年投入市场以来，被应用到各种易燃易爆行业，至今已生产超过30万件，很多设计理念及生产工艺为贺尔碧格所独有。2009年起，贺尔碧格防爆阀的本地化生产工艺及服务引入中国。目前贺尔碧格常州公司主要生产用于船用柴油发动机曲轴箱的防爆阀产品(供应EVO和EVS两种规格，近20种型号的产品)，同时也正在尝试新安全防爆领域的产品，为21世纪的海事行业提供更多、更有力的安全保障。

图1　贺尔碧格常州公司厂房

图2　贺尔碧格常州公司生产车间

贺尔碧格舌簧阀(见图4)，自2004年从德国贺尔碧格公司引入至今，在中国市场上可配套的产品数量已达到40多种。为更好地服务于全球客户并开发国内市场，2010年舌簧阀产品在贺尔碧格常州公司正式投产。精良的本地化制造与优质的产品服务将能保证与国内的主机厂从初期设计、产品实现、生产制造及配套过程中的紧密合作，并为压缩机带来更可靠的运行基础。

图3　常州公司产品EV阀

图4　常州公司产品LV阀

地址：江苏常州市新北区创业路16号粤海工业园1号厂房　邮编：213033
电话：0519－85606638　传真：0519－85606625
网址：www. hoerbiger. com　邮箱：hoesha. sales@ hoerbiger. com

西安联合超滤净化设备有限公司

西安超滤是国内压缩气体净化行业中科技创新、规模经营、集团化运作能力强，产品品种多，技术档次高的企业，总经理李大明先生任行业标准技术委员会主任委员，行业协会副理事长。公司现有员工150余人，生产办公面积15000平方米。公司共有西安联合超滤净化设备、西安超滤工程、珠海超滤设备、无锡超滤设备四家公司，东西部两个生产基地，其中无锡分公司的生产面积是西安的3倍(见图1、图2)。公司拥有优良资质和强大核心竞争力，西安超滤是行业中唯一拥有ISO 9001和国军标GJB 9001A双质量体系认证企业，拥有15项专利(含两项发明专利及多项国际专利)和3项科技部中小企业创新基金项目。西安超滤定位于中高端客户，拥有中高压技术，擅长中大型产品，专注非标、易燃易爆工艺气。持续创新的西安超滤现已成为全球知名的流体净化与分离设备专业研发、制造、服务商。

图1　西安超滤公司总部

图2　无锡超滤公司生产车间

公司主要有三大优势主导产品(图3~图7)，其优势在于：

(1)新一代高效节能压缩空气吸附式干燥装置　目前，我国各类在用压缩机消耗了全国发电量的近10%，而传统的压缩空气干燥器能耗约占压缩机功耗的15%，西安超滤推出的压缩热新型干燥器具有再生气零排放、产品气低露点、能耗降低50%~90%等巨大优越性。此外，高精度、高可靠性的压缩空气分离、过滤、冷冻式干燥器等产品系列，品种齐全。

图3　压缩空气净化装置

(2)高压气源净化装置 工作压力可达45MPa，是航天、航空、舰船、科研试验等军工、武器装备的首选，也是特殊和非标工艺流程的理想选择，国内市场占有率高达70%以上。

图4 高压净化装置

图5 煤层气净化装置

(3)天然气、煤层气分子筛脱水装置 非标与易燃、易爆气体净化技术和产品是西安超滤的又一核心竞争优势，以高起点、高配置、高性能、高可靠度迅速占领CNG(压缩天然气)加气站和油田伴生气、火炬气回收利用，及新兴煤层气开采、利用市场，成为国内该应用领域脱水干燥装置主要供应商，并以“中国制造”的物美价廉优势稳步推向国际市场。

图6 天然气(CNG)净化装置

图7 天然气净化装置应用现场

地址：西安市高新区高新三路6号 邮编：710075
电话：029 -88313888，029 -88324499 传真：029 -88320027
网址：www. unionfilter. com 邮箱：unionfilter@ china. com

温州市荣德气阀(荣德压缩机)有限公司

温州荣德公司为股份制企业，是中国石油化工国产化网络成员，中国压缩机协会会员单位。企业文化理念为：以市场为先导，以创新为核心，一起成长，共同分享，为振兴中华民族装备制造业贡献一份力量。荣德公司主要生产、销售各类成套 CNG 压缩机和其他气体压缩机，以及各种气阀等配件(见图 1)。公司拥有高素质的研究、设计和制造压缩机的队伍。公司坚持

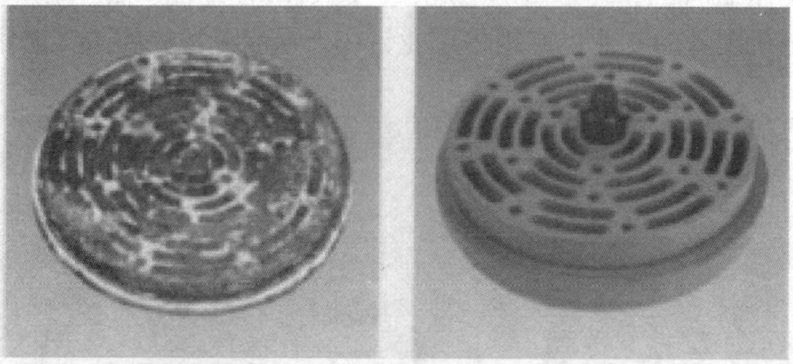

使用后的普通气阀　　　　使用后的防污气阀

(a) 防污气阀

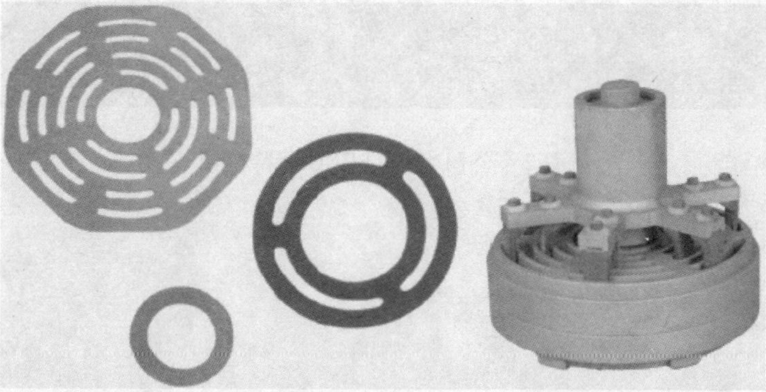

(b) 塑料气阀

(c) PEEK 制品

图 1　公司生产的压缩机配件产品

走科学发展之路，坚持科技创新，以先进技术和管理理念，打造我国的压缩机精品。

近年来，荣德公司汇聚了西安交大、合肥通用所、兰州理工大等知名专家，加大科技开发力度，现已拥有自主知识产权，申请发明专利一项，实用新型专利四项；并拥有合肥通用机械研究院研制的国际标准(ISO)全性能试验台，可对压缩机组性能与可靠性进行测试；生产的压缩机总体性能可以和进口设备相媲美，具有安全可靠、惯性力小、运转平稳、环保、节能等优点。

公司的主要产品有：D型系列的母站、标准站和子站的CNG压缩机组(进气压力0.1～6.0MPa，排气压力25 MPa，供气量400～3000Nm3/h)；天然气、煤层气、沼气、氮气、二氧化碳等各种介质的压缩机。图2、图3是公司生产的CNG压缩机产品。温州荣德公司作为CNG压缩机及各类压缩机配件的专业生产销售企业，在当今能源发展的关键时刻，是非常具有活力的。

图2　公司生产的CNG风冷机组

图3　公司生产的CNG水冷机组

地址：温州经济技术开发区·中国笔都·兴平路52号　邮编：325011
电话：0577－88334259，13905776137，13906654611
网址：www. wzrongde. com　邮箱：13905776137@163. com

浙江开山压缩机股份有限公司

浙江开山压缩机股份有限公司(见图1、图2)是国内最大的空气压缩机制造企业，也是国内产销规模最大的螺杆式空气压缩机制造企业。2010年，公司实现销售收入近17亿元，按照台(套)数计算的销售规模遥遥领先于包括跨国公司在内的所有国内同行企业。公司主要产品是活塞式和螺杆式空压机，其中螺杆式空压机产品功率范围4～630kW，品种覆盖电机动力、柴油动力、井下防爆、两级压缩等规格，是国内产品谱系最齐全的螺杆压缩机专业制造企业之一。

图1　浙江开山压缩机股份有限公司衢州工业园

图2　浙江开山压缩机股份有限公司上海临港工业园

公司拥有一流的核心技术，在美国西雅图成立了泽西北美研发中心(Jersey North America Development Center)。世界知名螺杆压缩机专家汤炎博士领导的专家团队和开山技术中心的工程师一道开发出了可以与世界顶尖产品媲美的空压机组。在美国和国内同时开展工作的实验室保证了产品的可靠性，并确保高端产品系列螺杆机在节能和噪声控制方面处于国际领先水平。2010年开山压缩机公司推向市场的高端系列、节能系列螺杆机与3级能效产品相比，按每天工作10小时计算，已为客户节省电力7000多万度。出口到澳大利亚、南美、中东等市场的节能型螺杆机，用户反映产品的能效水平达到甚至超过了世界知名品牌，是真正的节能产品。除现有的螺杆式压缩机、活塞式压缩机、冷媒压缩机、真空泵、离心机产品之外，今后几年开山压缩机公司还将陆续推出螺杆膨胀机、气体压缩机等一系列产品。

“开山”牌产品及其商标连续多年被评为浙江名牌产品、浙江省知名商号、浙江省著名商标等称号，国内压缩机行业首家荣获“中国驰名商标”称号企业。企业通过ISO 9001：2008质量体系认证，ISO 14001：2004环境管理体系认证和GB/T 28001—2001职业健康安全管理体系认证。开山产品经销网络遍及全国各省区市，设有2000多家营销网点，拥有优质的销售服务(见图2、图3)。开山在美国、德国、日本、韩国、俄罗斯等设有海外直销点，产品销往世界60多个国家和地区。公司积极履行“为节约中国作贡献”的核心使命，倡导节约能源、减少碳排放，不断完善产品，成为空气压缩机行业节能降耗的践行者，为建设绿色中国而努力！

(a) VP55-40填空泵

(b) KAITEC螺杆空气压缩机

(c) 节能型螺杆空气压缩机

(d) 两级压缩柴油移动式螺杆空压机

图3　公司生产的部分产品

(a) 英国钟思敏 EDGETEK 外圆磨床

(b) 日本三井 MHU630A 加工中心

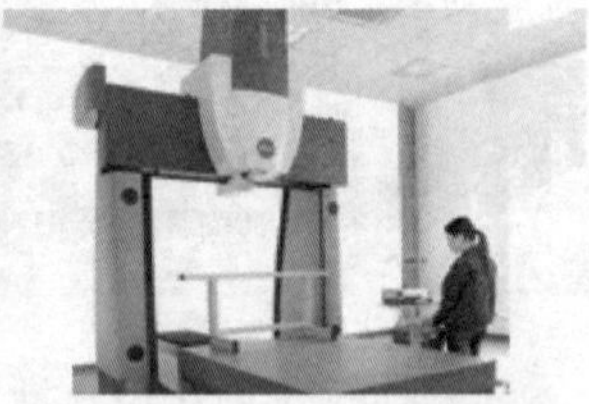

(c) 德国 HEXAGON 三座标测量仪

(d) 日本 UNIACASE 热处理生产线

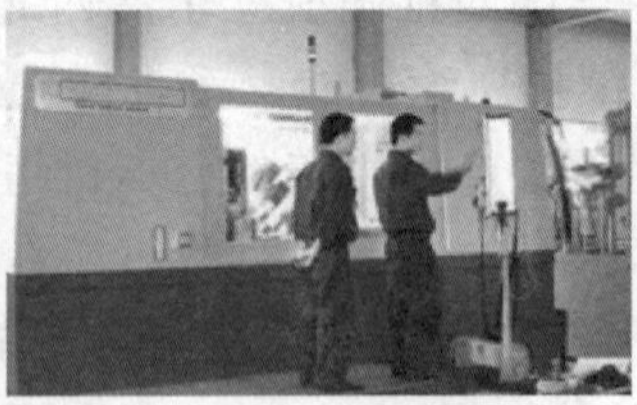

(e) 英国 HOLROYD 数控螺杆转子磨床

(f) 转子动态测量仪

图4　公司的部分先进生产设备

地址：浙江省衢州市经济开发区凯旋西路9号开山工业园　邮编：324002
销售部：sale@ kaishangroup. com　电话：0570 – 3662777　传真：0570 – 3662789
办公室：kaishan@ kaishangroup. com　电话：0570 – 3662800　传真：0570 – 3662801
外贸部：oversea@ kaishangroup. com　电话：0570 – 8581175　传真：0570 – 3662886
网址：www. kaishancomp. com

上海格什特螺杆科技有限公司

上海格什特螺杆科技有限公司成立于2003年(图1)，主要从事压缩机相关产品的代理和压缩机主机的维修业务。Ally - Win是一家创始于德国北威州专业从事压缩机动力产品研发的加工配套型企业，具有深厚的工业文化背景和团队的持续创新能力。2007年Ally - Win作为独立品牌面向市场，同年与上海格什特螺杆科技有限公司进行全面合作，由格什特负责Ally - Win产品在中国组装和全球推广工作。2008年上海格什特公司投入亿元资金全面打造以德国Ally - Win品牌为核心，联合研发新一代的喷油主机、无油主机、离心压缩机的空气动力型产品。

公司占地近30000平方米，拥有ERP系统管理平台、封闭式的恒温生产车间、来自德国、英国先进的高精度自动化生产设备，以及三项发明专利、十余项技术专利的技术密集型企业，是当前国内专业化、规模化生产压缩主机的基地之一。精“芯”打造技术创新型企业，用“芯”研发节能环保压缩机，诚“芯”服务世界空气动力领域，齐“芯”协力共创压缩机世界的美好未来，是本公司一直以来不懈的追求。

图1　公司厂区

螺杆压缩机转子齿型端面型线包含三段圆弧性质、一段椭圆性质的齿曲线，又可以在转子的齿顶和齿根加上齿顶圆弧和齿根圆弧，形成四种不同的组合方案，相邻两段组成齿曲线在连接点处光滑过渡。Ally - Win专利型线(图2)的特点是无单独的点、直线及对应的摆线啮合副，型面加工性能良好；转子接触线短，泄漏三角形小，过流面积大；型面呈流线型，气动阻力小，具有优良的压缩机热力学性能；由顶级精度转子磨床加工出来的转子可使主机密封间隙到达0.02mm，轴向密封性更好，气体泄漏量小，运转噪声低等诸多优点。实践表明，Ally－Win专利型线的革新，能提高压缩机效率达5％以上。

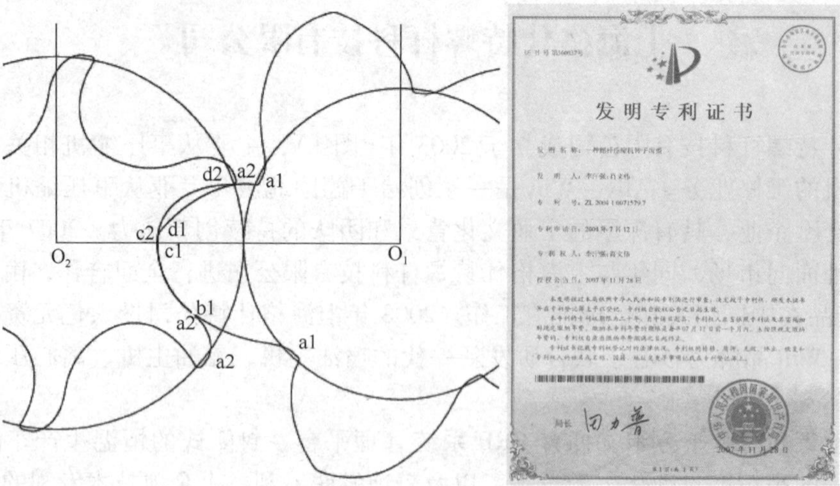

图2　独有的AllyWin专利型线

公司螺杆压缩机产品(图3、图4)的主要技术特点是：(1)不同规格的主机采用轴向、径向、轴径混合各不相同的进气方式；(2)额定转速(3000r/min)、额定功率(22kW、37kW、45kW)及其与之相匹配排气量的直联主机；(3)采用提前排气的方式；(4)专用轴封独特的密封方式；(5)大规格的轴承，并采用“复式圆锥滚柱轴承”结构，使每对轴承承受的轴向和径向推力能相互抵消，保证了主机长时间连续运转；(6)主机达到能效等级2级及以上标准。

图3　喷油螺杆空压机主机(5.5～315KW)

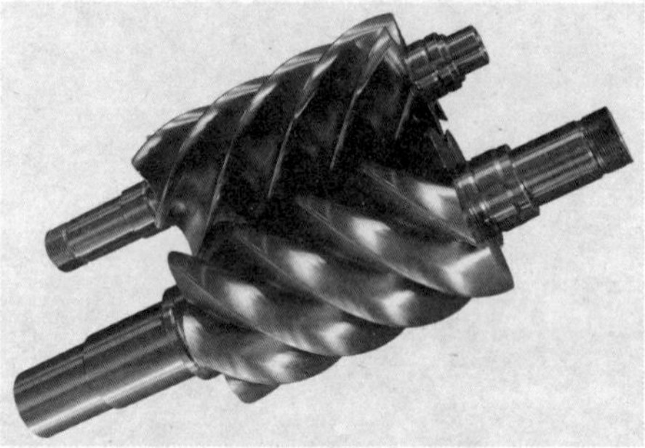

图4　采用自主专利型线的螺杆转子

地址：上海金山区亭林镇松隐工业区松轩路169号　邮编：201504
电话：021－57380909　传真：021－57380202
网址：www.ally－win.com　邮箱：info@ally－win.com

广东正力精密机械有限公司

美的集团广东正力精密机械有限公司(图1)是国家高新技术企业，广东省装备制造业100强重点培育企业，通过GC、GE、ISO 9001等认证，被评为中国压缩机用户满意品牌、广东省名牌产品。正力精工掌握单螺杆压缩机核心技术，获得中、英、法、美、日等五国发明专利；在国内，其首家无油螺杆机达到喷油机节能标准，涡旋机率先实现规模化生产。近年来，公司导入美的集团先进管理模式，协同集团内部产业链优势，依托集团雄厚实力，空压机事业厚积薄发、蓬勃向上，迎来了全新的历史发展机遇。2010年，正力公司取得了无油水润滑空压机国内市场占有率第一、涡旋式空压机国内市场占有率第一的骄人业绩!

图1　美的集团广东正力精密机械有限公司

正力公司是国家工信部节能空压机推荐企业，始终以先进科技实力引领行业节能潮流。2003年，主要负责起草《一般用喷油单螺杆空气压缩机》JB/T 10525—2005行业标准；2005年，参与制定《煤矿井下空气压缩机安全技术检验规范》MT950标准；2006年，作为国内唯一螺杆空压机制造企业代表，参与《煤矿井下空气压缩机》MT687的制订；2008年，作为首席企业起草单位，负责《容积式空气压缩机能效标识实施规则》GB 19153—2009的制订；2009年，公司主要负责起草《一般用喷油单螺杆空气压缩机GB 10525国家标准的修订与审定，并于当年作为中国唯一一家空气压缩机企业，被列入国家工信部《节能节水机电设备推荐目录》；2010年，公司主要负责起草《一般用喷油涡旋式空气压缩机》JB 1692T—2010行业标准。

公司秉承"正以立志、力在创新"的企业宗旨，始终坚持节能、可靠、静音、环保的设计研发理念，以更好的产品与服务满足市场和客户需求。目前，公司拥有单螺杆式和涡旋式两大产品阵营，包括移动式、固定式空压机，覆盖微油机、无油机，囊括中压机、低压机等各种机型，先后推出S单螺杆系列、OGW无油系列、OX涡旋系列、MOG矿用系列及新能源大巴用空压机等系列节能产品(见图2)。做节能的空压机，是正力公司的不懈追求和庄严承诺！展望未来，正力公司将一如既往以领先的技术、优质的产品、专业的服务和多赢的理念，与客户及业内其他合作伙伴一道携手并进、共襄盛举、同谱华章！

正力精工单螺杆主机应用三线啮合、非等宽齿及具有革命性压缩机喷嘴技术，运转平稳，星轮寿命长达5万小时以上，容积率最高可达98%，节能指标领先。采用该主机的正力精工螺杆机产品真正实现节能、静音、可靠效果。其中S系列单螺杆空压机是国内首个达到1级能效标准单螺杆空压机产品，代表着国内空压机行业节能水平，引领行业节能潮流。

正力精工无油水润滑系列空压机是世界上首创全系列采用特殊不锈钢主机，可满足客户全天候生产需求。产品利用了正力精工顶尖的啮合副制造技术，有效克服水的低黏性，提供100%纯无油的高品质压缩空气，无油水润滑单螺杆空压机达到喷油螺杆空压机节能标准。正力精工矿用空压机采用的全气控控制系统由自主研发的卸荷阀、供油阀、放气阀、最小压力阀等构成，保证了正力煤矿井下压缩机具有安全、可靠、节能、低噪等特点。自动调节气量以达到有效节能，自动化程度高适用于环境复杂的工况条件。正力精工涡旋式空压机，推动小排量空压机升级换代。主机集八项专利技术于一体，结构科学精巧，无易损件，省却维修费用。此外，在业内率先使用电机与主机直联技术，避免了以往由皮带传动带来的机械损失与振动，达到一级振动值标准，实现了超级静音效果。

(a) 矿用螺杆空压机 (b) 柴油移动螺杆空压机

(c) 获五国发明专利的单螺杆主机 (d) S 系列单螺杆空压机 (e) 无油水润滑单螺杆空压机

(f) 大排量单螺杆空压机 (g) 车用涡旋空压机 (h)工业用涡旋空压机

图 2 部分产品

地址：广东省佛山市顺德区高新区（容桂）华天路 10 号　邮编：528305
内售：0757 －28390967　外销：0757 －22909692
传真 ：0757 －28390730　售后：0757 －28390796
网址：www. ganey. com. cn　邮箱：ganey@ midea. com. cn

上海施耐德日盛机械(集团)有限公司

上海施耐德日盛机械(集团)有限公司是专业空压机制造企业，建于2000年，注册资本5000万元，生产基地位于上海市沪太路9088号施耐德工业园，占地面积约60000平方米，总投资超亿元。公司主要从事压缩机系统的制造及压缩机技术的推广，产品(见图1)有单螺杆空压机、双螺杆空压机、冷干机、制氮机、制氧机等。产品广泛应用于机械、轻工、纺织、食品、石油、化工、冶金、矿山、电力、城建、医学研究和国防科研等各行业中。公司聘用多名具有丰富理论知识和实践经验的中高级机、电等专职工程师，拥有一支经验丰富、技术熟练、训练有素的技术骨干队伍。

公司生产能力强大，拥有多台大型专用加工机床、知名品牌数控设备和高精度检测设备等，引进意大利TMC先进的生产工艺和管理方法并组建了合资公司，有独立的核心主机加工技术及制造能力。目前，公司具备1~100立方产品的设计制造能力。公司凭借雄厚的技术研发能力和先进的工艺技术水平，不断推出高科技新产品，为广大客户提供优质的产品及服务。为能及时提供周到的售后服务，公司在全国各省市设立了多个办事处，产品及服务深受客户的一致好评!

公司已通过ISO国际质量体系认证，获得了上海市名牌产品、上海市重点新产品、AAA级信用企业、高新技术企业等多项荣誉和称号。公司还建立了博士后工作站、机械行业行为规范研究中心、GPRS物联网研究中心、热能回收利用技术研究中心等多个专项研究机构。2010年，杨春钱总裁获得了上海市标准化管理示范企业先进个人荣誉。2011年3月，获得了国家AAAA级标准化证书。

公司秉承“以人为本、信誉至上、服务客户”的宗旨；依照“科学管理、精心制造”的管理理念；坚持“和谐、务实、优质、创新”的企业精神；以“争创一流民营空压机制造企业”为目标，使公司在技术、质量、管理、及设备上处于同行业领先地位。今后施耐德日盛人将一如既往地以优质的产品、优良的服务与国内外朋友精诚合作。

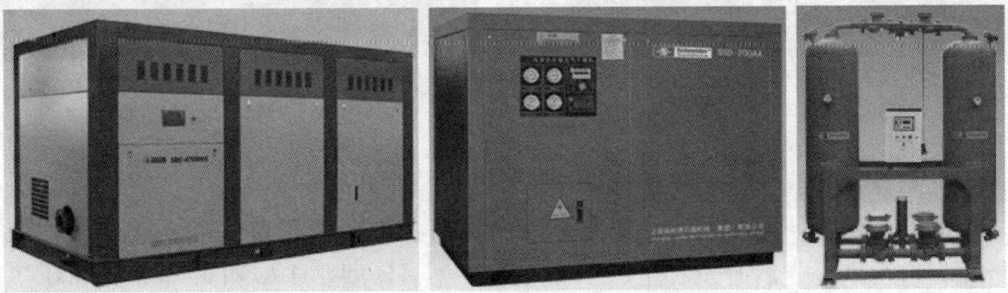

图1　部分产品

(a)双螺杆空气压缩机；(b)；冷冻式干燥机；(c)吸附式干燥机

地址：上海市宝山区沪樊路53号1幢　邮编：200949

电话：021-56977777　传真：021-66053333

销售：800-820-2380，sales@schneider.com.cn

售后：400-820-2380，cs-center@schneider.com.cn

网址：www.schneider.com.cn

山东省潍坊生建集团

山东省潍坊生建集团是全国通用机械行业的骨干企业，国家大二型企业，国家一级计量单位，全国最大的压缩机制造厂家之一。曾荣获“中国500家最大机械工业企业”称号，并通过了ISO 9001质量管理体系认证，山东省企业技术中心认定，以及ISO 14001和OHSAS 18001管理体系认证。企业占地45万平方米，固定资产1.7亿元，主要生产设备600余台，具有铸造、机械加工、热处理、装配、试验等各种冷热加工手段，主导产品有气体压缩机、化肥设备、石油机械、铸件等，已形成年产各种气体压缩机600余台(套)、工业泵300余台(套)、石油机械300余台、铸件1万吨的生产能力，年销售收入6.4亿元。

图1　L型压缩机

图2　M型压缩机

图3　D型空气压缩机

图4　7M50系列压缩机

近年来，生建集团坚持“科技兴企”的发展战略，不断加大科技投入，加快科技创新步伐，与西安交大、合肥通用机械研究院等十余家科研院所保持长期合作，自主创新能力、制造能力都迈入国内同行业先进行列。先后开发和生产了L型、V型、D型、H型和M型系列300多种规格的压缩机，压缩介质包括空气、氮气、氧气、煤气、天然气、石油气、火炬气、二氧化碳、氮氢气、氢气、丙烷、氯乙烯等，容积流量0.5－600m^3/min，排气压力0.2～31.4MPa，最大单机功率8000kW，最大活塞力1000kN，逐步成为国内压缩机行业产品品种最全、应用领域最广的压缩机制造厂家，在产品研发、制造能力、经济规模等方面稳居行业前三位。

地址：山东省潍坊市胜利西街252号　邮编：261011

电话：0536－8181249　传真：0536－8325411

网址：www.shengjian.com.cn　信箱：ysj@shengjian.com.cn

沈阳申元气体压缩机有限责任公司

沈阳申元公司成立于2001年，位于沈阳市于洪区五金工业园区，占地面积3.1万平方米。公司总产值超2个亿，通过了ISO 9001国际质量管理认证，成为中石化、中石油一级供应商。沈阳申元公司主要从事往复压缩机的设计、制造、技术咨询等业务，产品广泛应用在石油、煤炭、化工等行业。企业拥有强大的技术队伍，为辽宁省和沈阳市企业技术中心，压标委成员单位和压缩机协会会员。公司主要产品有P型、Z型、D型、ZD型和M型机，按列数可分为1~8列，其承载能力由2.5吨至80吨。公司从成立至今已生产和改造的压缩机超过300余种，部分产品如下：

型　号	类　型	型　号	类　型
2D3.5-2.4/3.4-134	氮气压缩机	4M6.5-12.3/3.2-40.4	甲烷气压缩机
2D12-80/0.35-5.5	二氧化碳压缩机	4M50-19/42-219	合成气压缩机
2DZ5.5-5.5/135-145	甲醇循环气压缩机	4M12-88/30	煤锁气压缩机
2D25-18/200-220	氨合成循环压缩机	P2.5-6.5/0.5-3	混合气压缩机
2D16-22.4/73.5-81.5	循环气压缩机	4M20-110/49-53	合成气循环气联合机
2D12-12/135-150	醇烃化循环机	6M25-200/34	一氧化碳压缩机
2D12-43.6/18	焦炉气压缩机	6M40-225/314	氮氢气压缩机
2D32-103/2.5-8.5	再生气压缩机	6D32-285/320	氮氢气压缩机
4M8-14.5/14-53	新鲜气压缩机	7M50-305/314	氮氢气压缩机
4M8-27.4/2.5-60	富氢气渗透压缩机	8M80-500/260	氮氢气压缩机

其中，7M50系列氮氢气压缩机(见图1)采用七列布置，基础件的研发在国内是首创的，荣获2009年市科技振兴奖和2010年市科技进步奖三等奖。8M80压缩机(见图2)，单机设计功率为一万千瓦，为目前国内最大的往复压缩机之一，入选国家火炬计划项目。

图1　7M50系列氮氢气压缩机

图2　8M80系列氮氢气压缩机

地址：沈阳市于洪区永康街19-1/2/3号　邮编：110141
电话/传真：024-89305103　024-89305109　024-89305166
网址：www.ln-sy.com　邮箱：zhaods@sina.com sunrise_ s@vip.sina.com

沈阳恒曼压缩机制造有限公司

沈阳恒曼压缩机制造有限公司是以三名在欧洲培训过的专家级高级工程师为核心的技术开发型企业。秉承欧洲不同专业公司的技术理论精髓、设计及工艺制造方法，针对国内外高中压压缩机进行技术改造和备件国产化生产。根据用户需求可自行设计、试制、生产各类压缩机及配套产品，能够有效地减少易损件更换频次，达到机器安全可靠、高效节能、长周期运行的效果，并对公司生产的产品实行长期可靠性跟踪服务。

沈阳恒曼压缩机制造有限公司具有主动、认真、科学、求实的企业精神，本着与用户共存共赢的经营理念，为其提供专业、快捷、及时的服务。公司的经营项目主要有两个方面：往复式压缩机的整机设计制造，以及各类压缩机配件的生产。主要包括：设计、制造12吨以下的活塞式压缩机，以及进行压缩机的安装调试；进口压缩机零部件、备件进行国产化生产；高中压压缩机密封设计和零部件制造；高中压压缩机气阀改造；压缩机零部件测绘、制造；协助用户进行压缩机安装、调试、大修和培训；进行各类压缩机技术的咨询、服务。

沈阳恒曼压缩机制造有限公司生产的配件产品(见图1)主要有以下几个方面：(1)气阀系列，包括组合阀、吸排气阀、卸荷阀、阀片、菌状阀等；(2)特殊塑料系列，包括填充PEEK系列、填充PTFE系列、填充PPS系列、填充PI系列等；(3)密封系列，包括不同介质的往复压缩机无油润滑密封元件、离心压缩机密封环、单螺杆压缩机星轮等；(4)往复式压缩机备品备件，包括机身、气缸、活塞、活塞杆、曲轴、连杆、十字头、滑道、填料函等。

图1　公司生产的部分压缩机配件产品

办公地址：沈阳市铁西区沈辽东路47－2号(宏发国际大厦21楼32号)　邮编：110020
电话：024－25607378　传真：024－25924470
生产地址：沈阳机加泵阀工业园三街二号
电话：024－87994978　传真：024－87994928
邮箱：hmcprs@vip.sina.com

托格(上海)压缩机有限公司

托格(上海)压缩机有限公司专注于螺杆压缩机和大排量中高压压缩机研发、生产、销售，主要有各类螺杆压缩机、PET 吹瓶活塞式压缩机、PET 吹瓶螺杆活塞复合式压缩机、风冷中高压活塞式压缩机、水冷中高压活塞式压缩机、大排量螺杆活塞复合式中高压压缩机、气体增压机、天然气充瓶系列压缩机以及膜制氮系统等产品。公司凭借先进的技术、专业的研发队伍、高素质的管理人才和强大的售后服务团队，为客户提供高品质的螺杆压缩机和中高压压缩机产品。产品主要用于吹瓶、油田注气、钻井、海洋勘探、水电站、检漏、吹扫、船用等行业，其主要性能如下：

产品型号	排气量/(m^3/min)	排气压力/MPa	产品型号	排气量/(m^3/min)	排气压力/MPa
LYW－200	0.33	30	WW－6/40	6	4.0
VF－1/250	1.0	25	WW－10/40	10	4.0
VF－1.5/350	1.5	35	LG. DW－15/40	15	4.0
VF－2/250	2.0	25	LG. DW－30/40	30	4.0
VF－3/250	3.0	25	LG. MW－50/40	50	4.0

江西德莱奥兰机械有限公司系上海盛怡压缩机有限公司在江西投资兴建的子公司，座落在江西南城麻姑山下，占地 6.5 万平方米。工厂生产设备先进，具有数控扳金、喷涂、装配、试验生产流水线。依托上海母公司开发了小型无油压缩机、小型高压压缩机、中压无油吹瓶用压缩机及大排量螺杆串联压缩机组，获得国家科技部科技中小型企业技术创新基金。

(a) LG[1].M-40(100)型空气压缩机　(b) 吹瓶用空气压缩机　(c) 40立方螺杆活塞复合式压缩机

图 1　公司部分压缩机产品

托格(上海)压缩机有限公司
地址：上海华亭工业园沪华路 518 号　邮编：201808
电话：021－59556270 传真：021－59556279　手机：13701755715
邮箱：tuogesh@163. com

江西德莱奥兰机械有限公司
地址：江西南城工业园富民路 18 号　邮编：344700
电话：0794－7179366　传真：0794－7179000　手机：13979425391
邮箱：jxdlol@163. com

北京汇知机电设备有限责任公司

北京汇知机电设备有限责任公司成立于1996年，是隔膜压缩机的专业制造商，也是国内首家取得隔膜压缩机生产许可证的厂家。隔膜压缩机行业的资深专家及技术精英均聚集在我公司，具有丰富的实践经验及现代设计理念。

北京汇知机电设备有限责任公司生产的隔膜压缩机具有密封性能好，许用压力比大的特点，适用于压缩和输送高纯气体、稀有气体、有毒有害气体及腐蚀性气体，被广泛用于石油化工、电子工业、能源、纳米技术、萃取技术、核技术、航天航空技术、医药生物技术、气体分离技术及其他一些重要行业，其系列产品见图1，其中：

GD系列对称平衡型隔膜压缩机为国内首创，已获国家专利，G44系列微小型隔膜压缩机更为国内独家产品，特别适合大专院校及科研院所的实验室使用。

GDS系列隔膜压缩机是近年来又一个独立开发的最新科研成果，可设计成一级、二级、三级、四级压缩，特别适合压缩单原子气体，其综合技术性能指标为国际先进水平，在国内一枝独秀。该机型具有振动小、噪声低、运转平稳、密封性良好、使用维修方便、自动保护系统较完善、可靠的特点，获得由中国机械工业联合会、中国机械工程学会颁发的2009年度科学技术三等奖。

北京汇知机电设备有限责任公司愿与各界用户真诚合作，为广大用户提供多品种规格、性能水平先进的产品和满意的服务。

(a) GD系列

(b) GL447系列

(c) GZ系列

(d) GDS系列

(e) GV系列

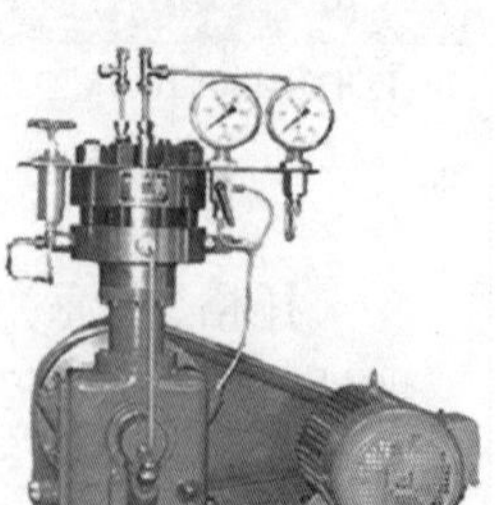
(f) G447系列

图1 部分产品

地址：北京市大兴区西红门镇新建五连环开发区 邮编：100076

传真：010－81784034 电话：010－81285114 81285477 手机：13911017115

网址：www.bjhuizhi.com 邮箱：system@bjhuizhi.com